FACHWÖRTERBUCH
Elektrotechnik · Elektronik
Deutsch–Englisch

DICTIONARY
Electrical Engineering · Electronics
German–English

DICTIONARY

Electrical Engineering
Electronics

German–English

With about 63,000 entries

Edited by
Prof. Dr. sc. techn. Dr. h. c. Peter-Klaus Budig

4th thoroughly revised and enlarged edition

Verlag Alexandre Hatier Berlin – Paris

FACHWÖRTERBUCH

Elektrotechnik
Elektronik

Deutsch–Englisch

Mit etwa 63000 Wortstellen

Herausgegeben von
Prof. Dr. sc. techn. Dr. h. c. Peter-Klaus Budig

4., stark bearbeitete und erweiterte Auflage

VERLAG ALEXANDRE HATIER BERLIN – PARIS

Mitarbeiterverzeichnis:

Günther Böhss, Prof. Dr. sc. techn. Dr. h. c. *Peter-Klaus Budig,* Dipl.-Ing. *Reinhold Drachsel,* Prof. Dr. rer. nat. habil. *Wolfgang Forker,* Prof. em. Dr. sc. techn. *Klaus Göldner*, Dr.- Ing. *Günter Graichen,* Dr.-Ing. *Klaus Hanella*, Prof. Dr. rer. nat. habil. *Hans Hart*, Dr. sc. techn. *Harry Herold*, Prof. Dr.-Ing. habil. *Herbert Höft*, Prof. Dr.-Ing. habil. *Eberhart Köhler*, Prof. Dr.-Ing. *Erich Kolbe*, Dipl.-Ing. *Günter Oelschlegel*, *Johannes Oesterhelt*, Dr.-Ing. *Wolfhard Röske*, Dr.-Ing. *Klaus Seyfarth*, Prof. Dr. sc. techn. *Dieter Sperling*, Dr.-Ing. *Heinz Weißing*, Prof. Dr. sc. techn. *Klaus-Dieter Weßnigk*, Dipl.-Ing. oec. *Günter Wohlfahrt*, Prof. Dr.-Ing. *Günter Wollenberg*, Prof. Dr.-Ing. habil. *Eugen-Georg Woschni*, Dr.-Ing. *Ralf Zimmermann,* Prof. Dr. sc. nat. *Gerhard Zscherpe*

Die Deutsche Bibliothek – CIP-Einheitsaufnahme

Fachwörterbuch Elektrotechnik – Elektronik : Deutsch-Englisch
; mit etwa 63000 Wortstellen / hrsg. von Peter-Klaus Budig. –
4., stark bearb. und erw. Aufl. – Berlin ; Paris : Hatier, 1993
Parallelt.: Dictionary electrical engineering – electronics
ISBN 3-86117-032-9
NE: Budig, Peter-Klaus [Hrsg.]; PT

ISBN 3-86117-032-9

4., stark bearbeitete und erweiterte Auflage

Printed in Germany
Gesamtherstellung: Druckhaus „Thomas Müntzer" GmbH, Bad Langensalza/Thür.
Lektor: *Helga Kautz*

Vorwort zur 4. Auflage

Nachdem kürzlich der englisch–deutsche Teil des Fachwörterbuches Elektrotechnik · Elektronik erschienen ist, steht nunmehr mit diesem Band das Gesamtwerk in stark bearbeiteter und erweiterter Auflage zur Verfügung.
Auch bei der Bearbeitung des deutsch–englischen Bandes wurde die bewährte Gesamtkonzeption beibehalten. Besonders berücksichtigt wurde, daß die stürmische Entwicklung der Informatik, Mikroelektronik und Leistungselektronik die Terminologie verändert und viele neue Fachbegriffe hervorgebracht hat. Diese Gebiete haben wesentlich zur Neuaufnahme von etwa 10000 Wortstellen beigetragen; durch die Streichung veralteter Begriffe wurde auch die Handlichkeit dieses Bandes gewahrt. Der Wortbestand wurde von Fachleuten auf der Grundlage neuester Fachbücher und Fachzeitschriften wie auch von Vorschriftenwerken überprüft, erforderlichenfalls verändert und ergänzt. Auch in dieser Auflage sind die Gebiete Elektroenergieerzeugung, -verteilung und -wandlung, elektrische Maschinen und Antriebe, Hochspannungstechnik, Mikro- und Leistungselektronik, Nachrichtentechnik, Regelungstechnik, Hochfrequenztechnik, Lasertechnik, Supraleitung und Optoelektronik erfaßt. In dem Umfang wie notwendig wurden auch Begriffe der Informatik und Rechentechnik aufgenommen, ohne das Ziel zu verfolgen, spezielle Wörterbücher auf diesen Gebieten ersetzen zu wollen. Das gilt auch für andere Gebiete wie Schweißtechnik oder Optik.
Allgemeinsprachliche und umgangssprachliche Begriffe wurden im allgemeinen vermieden. Das gilt auch für Begriffe, die leicht aus mehreren anderen zusammengesetzt werden können. Abkürzungen wurden nur in unbedingt nötig erscheinendem Umfang aufgenommen. Die Wortstellen sind wiederum in übersichtlichen Wortnestern zusammengestellt, da sich gezeigt hat, daß das nicht nur die Arbeit mit dem Buch erleichtert, sondern gleichzeitig auch den sprachlichen Überblick fördert.
Das Wörterbuch soll Wissenschaftlern, Ingenieuren und Technikern, Dokumentalisten, Übersetzern und Dolmetschern sowie Studenten ein Hilfsmittel bei der Bewältigung fachsprachlicher Aufgaben sein und die deutsch–englische Kommunikation auf den vielfältigen Gebieten der Elektrotechnik befördern. Es wird den Fachleuten der englischen Sprachräume ein nützliches Hilfsmittel zur Erschließung der umfangreichen deutschsprachigen Fachliteratur sein und so zur Verständigung über Ländergrenzen hinweg beitragen.
Den Mitautoren möchte ich auf diesem Weg für ihre konstruktive Zusammenarbeit herzlich danken. Sie haben maßgeblichen Anteil an der Erarbeitung des neuen Wortgutes. Dieser Dank gilt auch dem Verlag Alexandre Hatier für die Förderung der neuen Auflage und der Lektorin Frau *Kautz* für ihre Bemühungen um die Gestaltung des Werkes und die immer sehr gute Zusammenarbeit.
Die schnelle Entwicklung des Fachgebietes wird auch in der Zukunft neue Fachbegriffe hervorbringen. Dazu wird nicht zuletzt auch die internationale Standardisierung beitragen.
Herausgeber und Verlag sind daran interessiert, Hinweise und Anregungen zur Verbesserung des vorliegenden Fachwörterbuches zu erhalten, und bitten, diese an den Verlag Alexandre Hatier, Detmolder Straße 4, 1000 Berlin 31, zu richten.

Peter-Klaus Budig

Preface to the 4th Edition

The publication of this volume of the Dictionary of Electrical Engineering and Electronics, following the recent publication of the English–German volume, completes the extensive revision and enlargement of this dictionary.

In revising the German–English volume, the well-tried overall design has been retained. Particular attention has been paid to the changes in terminology, including many totally new terms, that have been brought about by the whirlwind development of information technology, microelectronics and power electronics. These fields have considerably contributed to 10,000 new entries in the present volume; the elimination of obsolete terms has also ensured that its size remains manageable.

The entire vocabulary has been checked by specialists and updated and added to, where necessary, in the context of recent books, periodicals and specifications. This edition again covers the fields of power generation, distribution and conversion, electrical machines and drives, high-voltage engineering, microelectronics, power electronics, communications, control engineering, high-frequency engineering, laser technology, superconduction, and optoelectronics. Terms used in information technology and computing have also been included where necessary, but it is not our intention to replace special dictionaries in these fields. The same applies to other fields, such as welding technology and optics.

Common names and terms used in conversation have, in general, been avoided. Terms which can easily be formed by combining a number of others have also been omitted. Abbreviations have only been included where they have appeared to be absolutely necessary. The entries have once again been grouped in clearly organised nests, for it has been shown that this not only facilitates the use of the book, but also promotes a fuller grasp of the language.

The dictionary is intended to assist scientists, engineers and technicians, documentalists, translators, interpreters, and students in dealing with specialist works and to facilitate German–English communication in the various fields of electrical engineering. By making the extensive range of subject literature in the German language accessible to English-speaking specialists, it will contribute to communication across national frontiers.

I should like to take this opportunity to express my deep gratitude to the co-authors for their constructive co-operation and the considerable amount of work they have done on the new vocabulary. Thanks are also due to Verlag Alexandre Hatier for their support and assistance and to their reader Mrs *Kautz* for her effort in preparing the new manuscript and for the consistently excellent co-operation.

New terms will continue to arise in this rapidly developing field. International standardisation will also contribute to this. The editor and publishers will be pleased to receive any corrections or suggested improvements. Please address these to Verlag Alexandre Hatier, Detmolder Straße 4, D-1000 Berlin 31.

Peter-Klaus Budig

Benutzungshinweise • Directions for Use

1. Beispiele für die alphabetische Ordnung • Examples of Alphabetization

Dipol
~/schlitzgespeister
~/spannungsgespeister
λ/2-Dipol
Dipolmoment
Dirac-Impuls
Dissoziation/elektrolytische
Distanzschutz
Diversity-Empfang
DMOS
DMOS-Feldeffekttransistor
DM-Vierer
D-Netz
Domänentriggerung
Dotierung
D-Regelung
Drehfeld
Drehkondensator
Drehstrom
Drehstromnetz
~ mit Nulleiter
~/symmetrisches

Schutz
~/anodischer
~ des Energiesystems
~/katodischer
Schütz
Schutzart
Schützfeld
Schutzklasse
Schwebungsgenerator
Sekundärwicklung
Sendeantenne
Sende-Empfangs-Gerät
~/tragbares
senden
~/drahtlos
~/über Relais[station]
Sender-Empfänger
Sendestation
Sendung
• auf ~ sein
servogeregelt
Servomotor

2. Zeichen • Signs

/ Relais/bistabiles = bistabiles Relais

( ) Gleichrichter in Brückenschaltung (Graetz-Schaltung) =
Gleichrichter in Brückenschaltung *oder* Gleichrichter in Graetz-Schaltung
battery (cell) voltage = battery voltage *or* cell voltage

[ ] Minoritäts[ladungs]träger = Minoritätsladungsträger *oder* Minoritätsträger
read[-out] pulse = read-out pulse *or* read pulse

( ) Diese Klammern enthalten Erklärungen
These brackets contain explanations

Abkürzungen • Abbreviations

Ak Elektroakustik / electroacoustics
Am amerikanisches Englisch / American English
An Schaltanlagentechnik / switchgear engineering
Ap elektrische Apparate / electrical apparatus
Ch Elektrochemie / electrochemistry
Dat Rechentechnik – Datenverarbeitung / computer engineering – data processing
El Elektronik und Halbleiter / electronics and semiconductors
Erz Elektroenergieerzeugung / electric power generation
ET theoretische Grundlagen der Elektrotechnik / fundamentals of electrical engineering
Eü Elektroenergieübertragung / electric power transmission
f Femininum / feminine noun
FO Funkortung / radiolocation
Fs Fernsehtechnik / television engineering
Galv Galvanotechnik / electroplating engineering
Hsp Hochspannungstechnik / high-voltage engineering
Isol Isolierungen / insulations
Laser Lasertechnik / laser engineering
LE Leistungselektronik / power electronics
Licht Lichttechnik / lighting engineering
m Maskulinum / masculine noun
MA elektrische Maschinen und Antriebe / electrical machines and drives
ME Mikroelektronik / microelectronics
Meß Meßtechnik / measurement technology
n Neutrum / neuter noun
Nrt Nachrichtentechnik / communications engineering, telecommunications
Ph Elektrophysik / electrophysics
pl Plural / plural
s. siehe / see
s.a. siehe auch / see also
sl Slang / slang
Srt Stromrichtertechnik / converter engineering
Syst Systemtechnik / system engineering
Wä Wärmetechnik / heat engineering
z. B. zum Beispiel / for example

A

A *s.* Ampere
a-Ader *f (Nrt)* a-wire; tip wire, t-wire
AB *s.* Aussetzbetrieb
Abarbeitung *f (Dat)* run, operation *(eines Programms)*
Abarbeitungszeit *f (Dat)* running time *(eines Programms)*; draw-down time *(eines Speichers)*
Abbau *m* 1. demounting, dismantling; disassembly; 2. *(Ch)* decomposition, degradation
abbauen 1. to demount, to dismantle; to disassemble; 2. *(Ch)* to decompose, to degrade
~/eine Verbindung *(Nrt)* to clear a connection
Abbeizbad *n (Galv)* pickling bath, strip
abbeizen 1. *(Galv)* to pickle; 2. to cauterize *(Elektromedizin)*
Abbeizmittel *n* pickling agent
AB-Betrieb *m (Nrt)* AB method, AB operation
Abbild *n* image
abbilden to image; to map *(Mathematik)*
~/punktförmig to form a point image
Abbildtheorie *f* theory of mapping (imaging)
Abbildung *f* 1. imaging, image formation *(Bilderzeugung)*; mapping *(Mathematik)*; 2. image, figure
~/elektronische electronic imaging
~/flächentreue equal-area projection *(Mathematik)*
~/isomorphe isomorphism
~/konforme conformal mapping (representation)
~/optische optical imaging (image formation)
~/punktförmige point image
~/scharfe high-definition image (picture)
Abbildungsfehler *m* image defect, aberration *(Optik)*
Abbildungsgerät *n* imaging device
Abbildungsgleichung *f* imaging equation *(Optik)*
Abbildungslichtbogenofen *m* image arc furnace *(optische Fokussierung des Lichtbogens auf das Schmelzgut)*
Abbildungsmagnet *m* focussing magnet
Abbildungsmaßstab *m* image (reproduction) scale, scale of reproduction
Abbildungsschärfe *f* sharpness of image
Abbildungsspule *f* focus[sing] coil
Abbildungssystem *n* imaging system
Abbindedraht *m* bonding wire
Abbindeklemme *f* bonding clip
abbinden/Kabel to lace a cable
Abblasen *n* blow-off, blowing-off *(Dampf)*
Abblasventil *n* blow-off valve
abblättern to peel [off], to flake [off] *(Metallüberzug)*
abblenden 1. *(Licht)* to dim; to dip *(Scheinwerfer)*; 2. to fade out *(Bild, Ton)*; 3. to stop down *(Kamera)*
Abblenden *n* 1. *(Licht)* dimming; dipping *(Scheinwerfer)*; 2. fade-out *(Bild, Ton)*; 3. stopping down *(Kamera)*
Abblendlicht *n* passing light, dipped headlight (beam) *(Kraftfahrzeug)*
Abblendschalter *m* dimming (dimmer) switch, light dimmer
Abblendsystem *n* headlight dimming system
Abblendung *f s.* Abblenden
Abblendvorrichtung *f* dimmer, dimming device *(zur Helligkeitsregelung von Lampen)*
Abbrand *m* burn-up *(z. B. am Kontakt)*
Abbrandgeschwindigkeit *f* burning rate *(Kerntechnik)*
abbrechen to break off, to stop; *(Dat)* to truncate; *(Nrt)* to abort *(z. B. Verkehr)*
Abbrechfehler *m s.* Abbruchfehler
abbremsen to brake, to decelerate
Abbremsung *f* braking, deceleration
abbrennen to burn off (up)
Abbrennkontakt *m* arcing contact (tips); interchangeable contact piece
Abbrennschweißen *n* flash welding
Abbrennschweißmaschine *f* flash welder
Abbrennstück *n s.* Abbrennkontakt
Abbrennstumpfschweißen *n* flash butt welding
Abbruchfehler *m (Dat)* truncation error
Abbruchschwelle *f* breaking-off threshold *(Genauigkeitsschätzung)*
Abdampf *m* exhaust (waste, dead) steam
abdampfen to vaporize, to evaporate
Abdampfrate *f* evaporation rate
Abdampfrohr *n* steam exhaust [pipe]
Abdampfturbine *f* exhaust-steam turbine
Abdeckbad *n (Galv)* covering strike
Abdeckbild *n* resist image *(Leiterplatten)*
abdecken to cover; to shield; to mask, to tent *(Leiterplatten)*; *(Licht)* to vignette
~/mit einer Maske to mask
Abdeckfolie *f* dry film resist
Abdeckfrequenz *f* shutter cut-off frequency *(Hochfrequenztechnik)*
Abdeckisolierfolie *f* covercoat, adhesive-coated dielectric film
Abdecklack *m* liquid resist; masking lacquer *(Leiterplattenfertigung)*
~/photoempfindlicher photosensitive resist solution, photoresist varnish
Abdeckmaske *f s.* Abdeckschablone
Abdeckplatte *f* cover plate
Abdeckschablone *f* mask, resist pattern mask
Abdeckscheibe *f* cover disk, seal washer
Abdeckschicht *f (ME)* resist coating
Abdeckung *f* 1. covering, cover-laying; masking, tenting *(Leiterplatten)*; 2. cover; mask, masking piece
~/gelochte perforated cover
abdichten to seal; to tighten; to make leakproof
~/gegen Feuchtigkeit to seal against humidity (moisture), to waterproof

~/hermetisch to seal hermetically
Abdichtmasse *f* sealing compound (medium)
Abdichtscheibe *f* seal washer
Abdichtstöpsel *m* sealing plug
Abdichtung *f* seal[ing]
~/akustische acoustic seal
~/hermetische hermeticity
~/keramische ceramic seal
Abdichtungsmaterial *n* sealant, sealing material (agent)
Abdichtwachs *n* sealing wax
abdrehen to turn off
Abdruck *m* replica
Abdrucktechnik *f*, **Abdruckverfahren** *n* replica technique
abdunkeln to darken; to dim; to blank out; to black out
Abdunkelung *f* darkening; *(Nrt, Fs)* blanking
Aberration *f (Licht, Laser)* aberration
~/chromatische chromatic aberration
Aberrationsfehler *m* aberrational defect
Aberrationskonstante *f* aberration constant
Aberrationswinkel *m* aberration angle, angle of aberration
aberregen to de-excite; to de-energize
Aberregung *f* de-excitation; de-energization
A-bewertet *(Ak)* A-weighted
A-Bewertung *f (Ak)* A-weighting
Abfahrautomatik *f* automatic shutting-down *(Turbine)*
Abfahrprozeß *m* shut-down process
Abfall *m* 1. waste [material], refuse; 2. *s.* Abfallen
~/radioaktiver radioactive waste
Abfallager *n* burial ground *(für radioaktive Abfälle)*
abfallen to fall [off], to decrease, to decline, to drop *(z. B. Meßwerte, Spannung, Temperatur)*; to decay; to release *(Relais)*
~/allmählich to fall off gradually
~/exponentiell to fall exponentially
~/steil to fall off steeply
Abfallen *n* fall, fall[ing]-off, decrease, decline, drop[-off] *(z. B. Meßwerte, Spannung, Temperatur)*; decay *(Schwingungen)*; release *(Relais)*; roll-off *(Kurvenzug)*
~ der Empfindlichkeit decrease of sensitivity, fall-off in sensitivity
~/scharfes sharp cut-off *(einer Kennlinie)*
~/verzögertes delayed drop-out *(Relais)*
abfallend/langsam slow-releasing *(Relais)*
~/schräg sloping
Abfallgeschwindigkeit *f* release speed *(Relais)*
Abfallsicherheitsfaktor *m* safety factor for drop-out *(Relais)*
Abfallspannung *f* drop-out voltage, release voltage *(Relais)*
Abfallstrom *m* drop-out current, release current *(Relais)*
Abfallverzögerung *f* release (breaking) delay, drop-off time lag *(Relais)*; delayed drop-out
Abfallverzögerungszeit *f* drop-out time lag, drop-off time lag, fall delay time *(Relais)*
Abfallwert *m* drop-out value, drop-off value *(Relais)*
Abfallzeit *f* fall (decay) time *(z. B. Impuls)*; release (break, drop-off, drop-out) time *(Relais)*
~ des Sperrerholstroms reverse recovery current fall time
Abfallzeitkoeffizient *m* fall time coefficient
abfangen to intercept *(z. B. Nachrichten)*; to absorb *(z. B. Stöße)*
Abfangen *n* interception *(Nachrichten, Licht)*
Abfangkreis *m* intercepting circuit *(Laufzeitröhren)*
Abfangspeicherstelle *f* intercept data storage position
Abfangzeitpunkt *m* moment of interception
abfedern to spring, to cushion
Abfertigung *f* dispatch *(Telegramm)*
Abfertigungs[reihen]folge *f (Nrt)* queue discipline
abflachen to flatten, to level off *(z. B. Kurve)*; to smooth *(Funktion)*
Abfluß *m* 1. drain, outlet; 2. leakage, discharge *(von Ladung)*
Abfrage *f (Dat)* interrogation, inquiry, polling
Abfrageapparat *m (Nrt)* operator's headset (telephone set)
Abfragebetrieb *m (Nrt)* direct trunking
Abfrageeinrichtung *f (Nrt)* answering equipment
Abfragefolge *f* inquiry (interrogation) sequence
Abfragefolgefrequenz *f (Dat)* interrogation (inquiry) recurrence frequency
Abfragefrequenz *f (Dat)* interrogation frequency
Abfragegerät *n (Nrt)* interrogator
Abfrageimpuls *m (Dat)* interrogation (interrogating) pulse, read[-out] pulse
Abfrageklinke *f (Nrt)* [answering] jack
Abfrageklinkenstreifen *m (Nrt)* strip of answering jacks
Abfragelampe *f (Nrt)* answer lamp
Abfrageleitung *f (Nrt)* sense line
Abfragemaschine *f (Nrt)* answering machine
Abfragemodus *m (Dat)* interrogation mode
abfragen *(Dat)* to interrogate, to inquire, to poll; *(Nrt)* to answer; *(FO)* to challenge
Abfragen *n (Dat)* interrogation, inquiry; *(Nrt)* answering *(Systembetrieb)*; sampling
~ ohne Informationsverlust *(Dat)* non-destructive sensing
Abfrage-Nebenzipfelunterdrückung *f (FO)* interrogation-path side lobe suppression
Abfrageplatz *m (Nrt)* A-position, inquiry station
Abfragepunkt *m (Dat)* point of interrogation *(Speicher)*
Abfrageregister *n (Dat)* interrogation register
Abfragereichweite *f (Nrt)* interrogation coverage
Abfrageruf *m* report call
Abfrageschalter *m* sampler; *(Nrt)* talking and speaking key
Abfragesender *m (Nrt)* interrogator

Abfragestation *f (Nrt)* inquiry station
Abfragestelle *f (Nrt)* attendant's set
Abfragestöpsel *m (Nrt)* answering plug
Abfragestrom *m (Nrt)* sensing current
Abfragetaste *f* speaking key
Abfrageterminal *n (Dat)* inquiry terminal
Abfrageüberwachungslampe *f (Nrt)* answering supervisory lamp
Abfrage- und Auskunftssystem *n (Nrt)* interrogation and information system
Abfragevielfach *n (Nrt)* multiple answering equipment
Abfragewert *m (Dat)* sample
Abfühlbürste *f (Dat)* reading brush
Abfühlbyte *n (Dat)* sense byte
Abfühleinheit *f (Dat)* read-out unit
abfühlen to read, to sense, to scan
~/spaltenweise *(Dat)* to read out column by column
~/zeilenweise *(Dat)* to read out line by line
Abfühlimpuls *m (Dat)* read[-out] pulse
Abfühlkontakt *m (Meß)* sensing contact
Abfühlstrom *m* sensing current
abführen to dissipate, to eliminate *(z. B. Wärme)*; to exhaust *(Gase)*
~/elektrische Ladung to bleed off the charge; to reduce charge
Abführung *f* **der Verluste** *(MA)* dissipation of losses
Abgabe *f* output; delivery, release
Abgabenutzleistung *f* useful output power
Abgang *m* 1. loss; deficiency; 2. wastage, waste
Abgänge *mpl* 1. distributing pole (rods) *(für Spannung)*; 2. *s.* Abgang 2.
Abgangsamt *n (Nrt)* originating exchange
Abgangsplatz *m (Nrt)* outgoing position
Abgangsregister *n (Nrt)* outgoing register
Abgangsverkehr *m (Nrt)* outgoing traffic
Abgas *n* exhaust gas
abgeben to deliver *(z. B. Leistung)*; to release, to give off; to donate *(z. B. Elektronen)*; to emit *(z. B. Strahlung)*
~/Energie to release (supply, deliver) energy
~/Gas to gas *(z. B. Sammler)*; to release (output) gas *(Elektroden)*
~/Leistung to supply power
~/Strom to deliver current
~/Wärme to dissipate heat
abgedichtet sealed; leakproof
abgeflacht flat-topped, oblate
abgeglichen balanced; adjusted; aligned
~/nicht out-of-balance; not adjusted
abgegriffen tapped; picked-up
abgehend outgoing
abgeplattet oblate, flattened, flat-topped
abgeschaltet switched-off, off; disconnected; cutout; dead
~ und im Stillstand rest and de-energized, rest and switched-off
abgeschieden/elektrochemisch electrodeposited
abgeschirmt screened, shielded
~/doppelt double-shielded
~/gegeneinander screened (shielded) from each other, mutually screened
~/hochfrequent radio-screened
~/magnetisch magnetically screened (shielded)
~/nicht unscreened, unshielded
~/partiell partially screened (shielded)
~/völlig perfectly screened (shielded)
abgeschlossen 1. *(ET)* terminated; 2. sealed; [en]closed
~/hermetisch hermetically closed (sealed)
~/in sich self-contained
~/wellenwiderstandsrichtig match-terminated
abgeschmolzen sealed[-off] *(z. B. Elektronenröhren)*
abgestimmt tuned; match-terminated
~/auf Resonanz tuned to resonance
~/dekadisch decade-tuned *(z. B. Oszillator)*
~/gleichlaufend gang-tuned
~/scharf sharply tuned
~/unscharf broadly tuned, out-of-tune
abgestuft graded; stepped
~/beidseitig full-cruciform *(Transformatorkern)*
~/einseitig half-cruciform *(Transformatorkern)*
abgetastet sampled; swept *(Frequenzen)*; scanned
~/lichtelektrisch photoelectrically scanned
abgezweigt branched-off
Abgleich *m* adjustment; alignment *(z. B. beim Systementwurf)*; balance, balancing
~ auf gleiche Lautstärke loudness balance
~/automatischer automatic balancing
~/automatischer interner in-place system calibration
~ einer Brücke bridge balance
~ im Empfänger receiver alignment
~ im kalten Zustand cold alignment *(Elektronenstrahlschweißen)*
~/photometrischer photometric balance
~ von Parametern *(Syst)* parameter adjustment
Abgleichanzeiger *m* balance [point] indicator
Abgleichbedingung *f* balance condition
Abgleichbesteck *n* alignment tool
Abgleichbeziehung *f* balance equation
Abgleicheinheit *f* balancing unit
Abgleichelement *n* adjusting element
abgleichen to adjust *(z. B. Meßbrücke)*; to align *(z. B. Verstärker)*; to balance *(z. B. Lautsprecher)*; to trim *(Kondensator)*
~/auf Null to align to zero
~/neu to rebalance; to readjust
Abgleichen *n s.* Abgleich
Abgleichfehler *m* adjustment (alignment, balance) error
Abgleichfrequenz *f* alignment frequency
Abgleichgerät *n* balance (balancing) unit
Abgleichgeschwindigkeit *f* balancing speed

Abgleichgleichung *f* balance equation
Abgleichkondensator *m* balance (trimming) capacitor, trimmer
Abgleichpotentiometer *n* adjusting (balancing, compensating) potentiometer
Abgleichpunkt *m* balance point
Abgleichschaltung *f* balancing circuit
Abgleichsender *m s.* Prüfgenerator
Abgleichsignal *n* trimming signal
Abgleichskale *f* balance dial
Abgleichspule *f* alignment (balance) coil
Abgleichverfahren *n* balance (balancing) method, process of balancing; *(Nrt)* adjustment procedure
Abgleichwerkzeug *n* alignment tool
Abgleichwert *m* adjusted value
Abgleichwiderstand *m* 1. adjustable resistor *(Bauelement)*; adjusting (balancing) resistor *(Funktionselement)*; 2. balancing resistance
Abgleichzustand *m* balance
Abgleitung *f* slip *(Kristalle)*
abgreifen to tap [off]; to pick off; to read off; to scan
Abgreifpunkt *m* tapping (balance) point
Abgriff *m* tapping, tap; pick-up
abhängig/quadratisch in proportion to the square, square-dependent
Abhängigkeit *f*/**gegenseitige** interdependence
~/**lineare** linear dependence
~/**spektrale** spectral dependence
~/**stetige** continuous dependence
~ **vom elektrischen Feld** field dependence
~ **vom Integral** integral dependence *(Variable)*
~/**zufällige** random dependence
Abhängigkeitsbeziehung *f (Syst)* interrelationship
Abhebegeschwindigkeit *f* lifting speed *(eines Kontakts)*
Abhebekraft *f* contact repulsion *(eines Kontakts)*
abheben to lift off; *(Nrt)* to take off, to unhook
~/**den Hörer** to unhook the receiver
Abheben *n* lift-off
~ **der Schreibfeder** pen lift *(Registriergerät)*
Abhebetechnik *f (ME)* lift-off technique, lifting technique
Abhebeverhältnis *n (Ap)* disengaging ratio
Abhitzekessel *m* waste-heat boiler
Abhitzeverwertung *f* waste-heat utilization
Abhörbox *f* monitoring box
Abhöreinheit *f* [audio] monitor, monitoring device
Abhöreinrichtung *f (Nrt)* monitor[ing] equipment
abhören to monitor; *(Nrt)* to intercept; to [wire-]tap, to listen in
~/**ein Telefongespräch** to intercept a conversation
Abhören *n* [aural] monitoring; *(Nrt)* interception; tapping
~ **vor dem Regler** pre-fade listen[ing]
Abhörkontrolle *f (Ak)* audio (auditory) monitoring
Abhörlautsprecher *m* monitoring loudspeaker, control (listening, pilot) loudspeaker
Abhörraum *m* monitor (listening) room
Abhörschutz *n (Nrt)* listening protection
Abhörsicherheit *f (Nrt)* safety from interception
Abhörstelle *f (Nrt)* intercepting station
Abhörtisch *m* sound-editing machine *(Studiotechnik)*
Abhörverstärker *m* monitoring amplifier
abisolieren to strip, to skin, to bare, to denude *(Kabel)*
~/**einen Leiter** to strip a wire
Abisoliermaschine *f* wire stripping machine, [wire] stripper
Abisoliervorgang *m* stripping operation
Abisolierwerkzeug *n* [wire] stripper
Abisolierzange *f* stripping tongs
abkanten to bevel
Abklingcharakteristik *f* decay characteristic; persistence characteristic
Abklingdauer *f* decay time
abklingen to decay; to damp [out], to die down (out); *(Ak)* to fade away
~/**allmählich** to tail away (off) *(Schwingungen)*
~/**nach einer Exponentialfunktion** to decay exponentially
Abklingen *n* decay *(z. B. Signal)*; damping *(Schwingungen)*; *(Ak)* ring-down
~/**aperiodisches** aperiodic decay
~ **der Photoleitfähigkeit** photodecay
~ **einer Erregung** de-excitation
~/**exponentielles** exponential decay
~/**natürliches** natural decay
~/**nichtexponentielles** non-exponential decay
Abklingfaktor *m* decay factor
Abklinggeschwindigkeit *f* decay rate
Abklingkonstante *f* decay constant (coefficient); damping constant (coefficient, factor)
~/**exponentielle** exponential damping constant
Abklingkurve *f* decay characteristic
Abklinglänge *f* attenuation length
Abklingperiode *f* decay period
Abklingrate *f* decay rate
Abklingspektrum *n* decay spectrum
Abklingstrom *m* transient decay current
Abklingvorgang *m* ring-down [process]
Abklingzeit *f* decay time; dying-down time; interval of persistence
~ **eines Impulses** pulse decay (dying-down) time
abkühlen to cool [down]; to refrigerate
~ **auf** to cool down to
Abkühlkammer *f* cooling pit *(bei Tiefofenanlagen)*
Abkühlung *f* cooling [down]; refrigeration
Abkühlungsdauer *f* duration (period) of cooling down
Abkühlungsfläche *f* cooling surface
Abkühlungsgeschwindigkeit *f* cooling rate (speed)
Abkühlungsgesetz *n*/**Newtonsches** Newton's law of cooling

Abkühlungszeit *f* cooling time, cooling[-off] period
abkuppeln to disengage, to disconnect
abkürzen to abridge *(z. B. mathematische Verfahren)*
ablagern to deposit
~**/im Vakuum** to vacuum-deposit
~**/zusammen** to codeposit
Ablagerung *f* 1. deposition; 2. deposit
~**/radioaktive** radioactive deposit
~ **von Staubteilchen** deposit of dust particles
Ablagerungsbedingung *f* deposition condition
Ablagerungskorrosion *f* deposit corrosion
Ablagerungsmaske *f (ME)* deposition mask
Ablagerungsmuster *n (ME)* deposit pattern
Ablagerungsrate *f* deposition rate
Ablauf *m (Dat)* run, course, sequence *(eines Programms)*
~**/periodischer** cyclic sequence (operation)
~ **von Steuerungsvorgängen** control sequence
~**/zeitlicher** time sequence
Ablaufbandteller *m* supply reel
Ablaufdiagramm *n* flow diagram (chart); *(Dat)* sequence chart; *(Nrt)* timing chart
Ablaufen *n* **der Nummernscheibe** *(Nrt)* return[ing] of the dial
ablaufen lassen/die Nummernscheibe *(Nrt)* to release the dial
Ablaufgeschwindigkeit *f* take-off speed *(Magnetband)*
Ablaufprogrammierung *f* run-off programming
Ablaufrolle *f* supply reel *(Magnetband)*
Ablaufschaltwerk *n* sequence processor
Ablaufschaubild *n s.* Ablaufdiagramm
Ablaufschema *n* flow pattern
Ablaufspule *f s.* Abwickelspule
Ablaufsteuerung *f (Syst)* run-off control, sequencing (sequential) control; timing
Ablauftabelle *f* sequence table
Ablaufverfolgung *f* trace *(eines Programms)*
Ablaufzeit *f* running[-down] time
abläuten *(Nrt)* to ring off
Abläutezeichen *n (Nrt)* ring-off signal
ablegen *(Dat)* to file *(in einer Datei)*; to store *(auf Diskette)*
~**/im Speicher** to save
Ablehnungszahl *f* rejection number *(Prüflos)*
Ableitanode *f* relieving anode
ableitbar derivable, differentiable *(Mathematik)*
Ableitdämpfung *f s.* Ableitungsdämpfung
ableiten 1. to drain [off] *(z. B. Elektronen)*; to leak; to bypass, to shunt *(Strom)*; to arrest *(Blitz)*; to dissipate, to remove *(z. B. Wärme)*; 2. to derive, to differentiate *(Mathematik)*
Ableiter *m* 1. arrester; lightning arrester *(Blitz)*; secondary-type arrester *(für Ableitströme < 1500 A)*; 2. *s.* Ableitungswiderstand 2.
~ **für Verteilungsnetze** *(Hsp)* distribution-type arrester; series B arrester *(Ableitstrom etwa 5 kA)*
Ableiteranschlußklemme *f* arrester terminal
Ableiterbaustein *m* prorated unit of an arrester *(Baukastenprinzip für höhere Spannungen)*
Ableitererdung *f* surge diverter earthing
Ableiterfunkenstrecke *f* arrester spark gap
Ableiternennfrequenz *f* rated frequency of an arrester
Ableiternennspannung *f* rated voltage of an arrester
Ableiterrestspannung *f (Hsp)* residual (discharge) voltage of an arrester
Ableiterschalter *m* arrester disconnector
Ableiterstrom *m* arrester discharge current
Ableiterunterbrecher *m* arrester disconnector
Ableitkapazität *f* capacitance to earth, leakage capacitance
Ableitkondensator *m* bypass capacitor
Ableitstoßstrom *m* lightning discharge current
Ableitstrom *m (An)* discharge (follow) current *(Ableiter)*; stray current *(Erdstrom)*; leakance current *(z. B. bei Freileitungen)*
~ **gegen Erde** loss current to earth
Ableitstromprüfung *f (An)* discharge current withstand test
Ableitung *f* 1. *(ET)* leak[age]; *(MA)* shunt conduction; drainage *(z. B. von Flüssigkeiten)*; dissipation *(z. B. von Wärme)*; derivation, differentiation *(Mathematik)*; 2. leak; drain; down conductor *(s. a.* Ableiter*)*; derivative, differential coefficient *(Mathematik)*; 3. *(Nrt)* bypass system *(z. B. für Hochfrequenz)*; 4. leakance, leak conductance *(Querleitwert)*
~**/dielektrische** dielectric leakance
~**/partielle** partial derivative
~**/zeitliche** time derivation
Ableitungsbelag *m* leakance (shunt conductance) per unit length
Ableitungsdämpfung *f* leakage damping (attenuation)
Ableitungsstrom *m* leakance current
Ableitungsverlust *m* leakage loss, loss by leakage, shunt loss
Ableitungsvermögen *n (An)* discharge [current carrying] capacity
Ableitungswiderstand *m* 1. leakage (leak) resistance; resistance to earth; bleeder resistance; 2. bleeder [resistor]
Ableitvermögen *n s.* Ableitungsvermögen
Ableitvorrichtung *f* sink *(z. B. für Wärme)*
Ableitwiderstand *m s.* Ableitungswiderstand
Ablenkamplitude *f* sweep amplitude
Ablenkbereich *m (Fs, Meß)* sweep range
Ablenkblech *n* deflector
Ablenkcharakteristik *f (Fs, Meß)* deflection response
Ablenkdehnung *f (Fs, Meß)* expanded sweep
Ablenkebene *f* deflection plane
Ablenkeinheit *f* deflection unit
Ablenkelektrode *f* deflector (deflecting) electrode, deflector plate

Ablenkempfindlichkeit *f (Meß)* deflection sensitivity
ablenken to deflect, to deviate; to sweep *(Elektronenstrahl)*
~/**Ladungsträger** to deflect carriers
Ablenken *n*/**inkrementales** incremental sweep *(Oszillograph)*
~/**periodisches** *(Fs, Meß)* sweeping
Ablenkendstufe *f (Fs)* scanning output stage
Ablenkfaktor *m (Meß)* deflection coefficient *(reziproke Ablenkempfindlichkeit)*; *(Fs)* deflecting factor
Ablenkfehler *m* deflection error; pattern distortion *(Elektronenstrahlröhre)*
Ablenkfeld *n* deflecting field
~/**magnetisches** magnetic deflecting field
Ablenkfrequenz *f (Meß)* sweep (time-base) frequency
Ablenkgenauigkeit *f* deflection accuracy
Ablenkgenerator *m (Fs, Meß)* scanning generator
Ablenkgeschwindigkeit *f (Fs, Meß)* sweep velocity, deflection speed
Ablenkjoch *n (Fs, Meß)* deflection (deflecting, scanning) yoke
Ablenkkraft *f* deflecting force
Ablenklinearität *f (Fs, Meß)* deflection (scanning, sweep) linearity
Ablenkmagnet *m* deflecting magnet
Ablenkmagnetkern *m s.* Ablenkjoch
Ablenknichtlinearität *f (Fs, Meß)* deflection (scanning) non-linearity, line (field) non-linearity
Ablenkplatte *f* deflecting plate (electrode), deflector [plate] *(Elektronenstrahlröhre)*
Ablenkprisma *n* deviation prism
Ablenkraum *m* deflection space
Ablenkspannung *f (Fs, Meß)* deflecting (deflection, sweep) voltage
~/**horizontale** time-base voltage
Ablenkspiegel *m* deflection mirror
Ablenkspule *f (Fs, Meß)* deflection coil, deflector (scanning, sweep) coil
Ablenkspulenstrom *m* deflector coil current
Ablenksteuerröhre *f* tube with deflection control
Ablenkstrom *m* deflecting current
Ablenksystem *n* deflecting (deflection) system
Ablenkung *f (Fs, Meß)* deflection, deviation; sweep *(z. B. Elektronenstrahl)*
~/**bildgesteuerte** *f* image-controlled deflection *(Elektronenstrahlbearbeitung)*
~ **des Schreibstrahls** display sweep
~/**elektrostatische** electrostatic deflection
~/**getaktete** timed deflection
~/**getriggerte** *(Meß)* triggered sweep
~/**halbkreisförmige** *(Meß)* semicircular deviation
~/**horizontale** horizontal deflection *(Oszillograph)*; horizontal sweep
~ **im elektrischen Feld** electric deflection
~ **im Magnetfeld** magnetic deflection
~/**magnetische** magnetic deflection
~/**periodische** *(Meß)* recurrent sweep
~/**programmierte** programmed deflection *(Elektronenstrahl)*
~/**radiale** radial scan *(Oszillograph)*
~/**vertikale** vertical deflection *(Oszillograph)*; vertical sweep
~/**zeitliche** deflection, sweep
Ablenkungsamplitude *f* deflection amplitude *(Elektronenstrahl)*
Ablenkungsdefokussierung *f* deflection defocussing *(Elektronenoptik)*
Ablenkungsfaktor *m* deflection factor *(Oszillograph)*
Ablenkungsschaltung *f (Fs, Meß)* deflection circuit
Ablenkungsstreuung *f* deflection defocussing *(Elektronenoptik)*
Ablenkungsverstärker *m s.* Ablenkverstärker
Ablenkungswinkel *m* angle of deflection, deflection (deviation) angle
Ablenkverstärker *m (Fs, Meß)* deflection amplifier; sweep amplifier *(z. B. Kippverstärker)*
ablesbar readable
~/**leicht** easily readable
Ablesbarkeit *f* readability
Ableseanzeige *f (Dat)* read-out display
Ablesebürste *f (Dat)* reading brush
Ablesefehler *m (Meß)* reading (observation) error
Ablesegenauigkeit *f (Meß)* accuracy of (in) reading
Ablesegerät *n* dial indicator *(z. B. im elektronischen Meßgerät)*
ablesen to read [off]
Ablesestelle *f (Dat)* starting address
Ablesung *f (Meß)* reading; *(Dat)* read-out
~/**direkte** direct reading
~/**falsche** misreading
ablösbar strippable; detachable
ablösen to strip [off]; to detach, to free *(z. B. Elektronen)*
Ablösetechnik *f (ME)* stripping (lift-off) technique
Ablösung *f* stripping *(z. B. Isolierung, galvanische Schicht)*; delease, ejection, detachment, separation *(z. B. von Teilchen)*
ablöten to unsolder
Abluft *f* exhaust (outlet) air
Abluftkanal *m* air outlet conduit
Abluftleitung *f* air outlet pipe (tube)
Abluftrohr *n* air outlet pipe (tube), exhaust pipe
Abluftstutzen *m* ventilating outlet
abmanteln to dismantle, to bare, to strip *(Kabel)*
~/**die Isolierung** to remove the sheathing
Abmanteln *n* dismantling, stripping
Abmaß *n* dimensional variation, off-size; deviation
abmelden to log off
Abmeldung *f* logoff
Abmessung *f* 1. dimension, size; 2. measurement • **Abmessungen verkleinern** to undersize • **von**

endgültiger ~ final-size • **von kleinen Abmessungen** small-size • **von kleinsten Abmessungen** microsized
~/äußere overall dimension
~/geometrische physical size
~/gesamte overall dimension *(z. B. Bauhöhe)*
~/inkrementale incremental dimension *(Numerik)*
~/zusätzliche complementary dimension
Abmessungsstandardisierung *f* size standardization
Abmessungsverringerung *f* size reduction
abmontieren to demount, to detach; to dismantle
Abnahme *f* 1. decrease, decline, drop, reduction, loss; decrement *(z. B. Amplitude)*; 2. acceptance *(Qualitätskontrolle)*
~ der Spannung voltage (tension) decrease, fall in tension
Abnahmebericht *m* acceptance report
Abnahmegeschwindigkeit *f (Ak)* rate of decay
Abnahmekontrolle *f* final examination, inspection control (test)
Abnahmeprotokoll *n* test certificate
Abnahmeprüfung *f* acceptance test (checking)
~ im Herstellerwerk factory acceptance testing, factory test
Abnahmespannung *f (Eü)* utilization voltage
Abnahmespule *f* pick-up coil
Abnahmespur *f (Dat)* take-off track
Abnahmetoleranz *f* acceptance tolerance
Abnahmeversuch *m* acceptance test (trial)
Abnahmevorschrift *f* quality specification
abnehmbar removable, detachable; demountable
Abnehmebürste *f (Dat)* pick-off brush
abnehmen 1. to decrease, to decline, to drop [off], to fall [off] *(z. B. Druck, Temperatur, Spannung)*; to decelerate *(Geschwindigkeit)*; 2. to remove, to detach; to lift *(z. B. Telefonhörer)*; to pick-up; 3. to accept *(z. B. bei Abnahmeprüfungen)*
~/den Hörter *(Nrt)* to unhook the handset, to take off the receiver
~/exponentiell to decrease exponentially
~/Leistung to consume power
~/monoton to decrease monotonically *(z. B. Funktion)*
Abnehmer *m* 1. *(Ak)* pick-up; 2. customer *(von Energie)*; 3. *(Nrt)* serving trunk
Abnehmeranlage *f (Eü)* consumer's installation
Abnehmeranschluß *m* consumer's main
Abnehmerbündel *n (Nrt)* serving trunk group
Abnehmergebühr *f (Eü)* customer charge
Abnehmergruppe *f (Eü)* class of customers (service)
Abnehmerleitung *f (Eü)* service line; *(Nrt)* serving trunk; outgoing line
~/gemeinsame *(Nrt)* common trunk
~/individuelle *(Nrt)* individual trunk
~/teilweise gemeinsame *(Nrt)* partial common trunk
Abnehmerrolle *f* trolley *(Stromabnehmer)*
Abnehmersicherung *f* consumer's main fuse
Abnehmerteilgruppe *f (Nrt)* grading group
Abnutzung *f* wear *(durch Verschleiß)*; abrasive wear, abrasion *(durch Abrieb)*
~ nach langem Betrieb long-service wear
~/zulässige wearing depth *(Stromwender)*
Abnutzungsbeständigkeit *f* abrasion resistance *(gegen Reibung)*
abprallen to rebound
Abprallwinkel *m (Ph)* angle of rebound
abpumpen to pump off, to evacuate
abquetschen to pinch off, to squeeze [off]
Abrechnungscomputer *m* accounting computer
Abregung *f* de-excitation
Abreißbogen *m* interruption arc
Abreißen *n* **einer Entladung** interruption of a discharge
~ eines Lichtbogens interruption (breaking) of an arc
Abreißfeder *f* restoring spring *(Elektromagnet)*
Abreißkontakt *m* arcing contact *(Schaltgerät)*
Abreißkraft *f* retractile force
Abreißlichtogen *m* interruption arc
Abreißspannung *f* interruption voltage
Abreißzünder *m* break igniter
Abreißzündung *f* break ignition, ignition by contact breaking
Abrieb *m* abrasion, [abrasive] wear
Abriebbeständigkeit *f* abrasion resistance; resistance to wear
abriebfest abrasion-resistant, abrasion-proof
Abriebmessung *f* abrasion measurement
Abruf *m (Dat)* fetch *(eines Befehls)*
Abrufbetrieb *m (Dat)* polling
abrufen *(Dat)* to fetch, to [re]call; to poll; *(Nrt)* to ring off
~/zyklisch to poll
Abrufen *n (Dat)* fetching; polling; *(Nrt)* call-down
~/zyklisches polling
Abrufregister *n (Dat)* calling (interrogation) register
Abrufverzögerung *f* polling delay
Abrufzeichen *n (Nrt)* proceed-to-send signal, start-dialling signal, start-pulsing signal
Abrufzyklus *m (Dat)* fetch cycle
Abrundungsfehler *m* rounding (round-off) error
absaugen to exhaust, to draw off *(z. B. Gas)*; to evacuate
~/mit dem Staubsauger to vacuum-clean
Absaugen *n* exhaustion
Absaugventilator *m* exhaust fan, exhauster
abschälen to peel [off], to flake [off] *(Metallüberzug)*
Abschaltarm *m* turn-off arm
Abschaltautomatik *f* automatic shut-down equipment
Abschaltbatterie *f* cut-off battery
Abschaltdauer *f* break time, interruption duration

~/durch Wischer verursachte transient-caused forced outage duration *(im Netz)*

Abschalteinrichtung *f* interrupting device

abschalten to switch off (out), to cut out (off); to shut down; to break *(Kontakt)*, to disconnect; to turn off; to de-energize; to clean

Abschalten *n* switch[ing]-off, cut-out, cut-off; [circuit] breaking; turn-off

Abschaltenergie *f* breaking energy

Abschaltfunke *m* break spark, contact-breaking spark

Abschaltgeräusch *n* breaking (disconnection) noise

Abschalthilfsrelais *n* auxiliary tripping relay

Abschaltkontakt *m* disconnecting contact

Abschaltkreis *m (Syst)* blanking circuit *(Ablaufsteuerung)*

Abschaltleistung *f* [circuit-]breaking capacity, interrupting rating

Abschaltmagnet *m* disconnecting magnet

Abschaltperiode *f* breaking period

Abschaltprüfung *f* interrupting test

Abschaltrelais *n* switching-off relay, cut-off relay

Abschaltstellung *f* off-position

Abschaltstrom *m* interrupting current

Abschaltthyristor *m* turn-off thyristor; gate turn-off thyristor, GTO thyristor *(durch Gate ausschaltbar)*

Abschaltung *f* switching-off; circuit breaking, current interruption; *(Nrt)* disconnection

~/automatische automatic opening *(Schaltungstechnik)*

~/bestimmt verzögerte definite time-lag circuit breaking

~/durch Wischer verursachte transient-caused forced outage *(im Netz)*

~ eines Kreises circuit opening

~ eines Kurzschlusses clearing of a short circuit

~/einpolige single-pole disconnection (cut-out)

~/funkenfreie clean interruption (break, cut-out)

~/geplante scheduled interruption (break, cut-out)

~/selbsttätige automatic interruption (break, cut-out)

~/ungewollte spurious switching

Abschaltvermögen *n* [current-]breaking capacity *(z. B. einer Sicherung)*

~/hohes high breaking capacity

Abschaltversuch *m* interruption test

Abschaltverzögerung *f* switch-off delay

Abschaltvorgang *m* [circuit] breaking

Abschaltvorrichtung *f* contact-breaking device *(Schaltgerät)*; shut-down device

Abschaltzeit *f* switch-off time; turn-off time, breaking time; total operating time, clearing time *(Sicherung)*

Abschaltzweig *m* turn-off arm

abschatten to shade

Abschattierung *f (Fs)* corner cutting

Abschattung *f* shading

Abschattungseffekt *m* shading effect

Abschattungsverfahren *n* shadow technique

Abschattungsverlust *m* mountain effect *(elektromagnetische Wellen)*

abschätzen to estimate, to assess; to evaluate, to valuate

Abschätzung f/numerische numerical estimation

abscheiden to separate; to deposit *(z. B. durch Elektrolyse)*; to precipitate *(als Niederschlag)*

~/elektrochemisch to electrodeposit

~/miteinander (zusammen) to codeposit

Abscheider *m* separator *(Batterie)*

Abscheidung *f* 1. separation; deposition; precipitation; 2. deposit; precipitate

~ aus der Dampfphase/chemische chemical vapour deposition, CVD

~ einer monomolekularen Schicht monolayer deposition

~/elektrochemische electrolytic deposition, electrodeposition; precipitation by electrolysis

~/elektrophoretische electrophoretic deposition

~/galvanisch aufgebrachte electrodeposit

~/galvanische *s.* ~/elektrochemische

~/gemeinsame codeposition

~/katodische cathodic separation

~ metallorganischer Verbindungen aus der Dampfphase metal-organic chemical vapour deposition

~/polykristalline polycrystalline deposit

~ von Goldlegierungen/galvanische gold alloy plating

~ von Legierungsüberzügen/galvanische alloy plating

Abscheidungselektrode *f* precipitation electrode

Abscheidungsspannung *f (Galv)* deposition voltage

Abschirmbecher *m* screening (shielding) can

Abschirmbehälter *m* shielding container

Abschirmblech *n* screening plate, baffle shield

Abschirmebene *f* shielding plane

Abschirmeffekt *m* screening (shielding) effect

~/magnetischer magnetic screening effect

abschirmen 1. to screen [off], to shield; 2. to shade

~ gegen to shield from

Abschirmfaktor *m* screening (shielding) factor, degree of screening

Abschirmfehler *m* shielding failure

Abschirmgehäuse *n* screening box (case, enclosure)

Abschirmgitter *n* shield grid

Abschirmhaube *f* screening box

Abschirmkabel *n* screened (shielded) cable

Abschirmkäfig *m* Faraday cage

Abschirmklemme *f* shield terminal

Abschirmkonstante *f* screening constant

Abschirmlitze *f* shield braid

Abschirmmantel *m* shield

Abschirmplatte *f* screening plate

Abschirmring *m* grading ring *(Isolator)*
Abschirmrohr *n* screening tube
Abschirmschlauch *m* metallic shielding tube
Abschirmspule *f (Fs)* field neutralizing coil, screening coil
Abschirmtopf *m* screen box
Abschirmung *f* 1. screening, shielding; *(Nrt)* radio shielding, blackout; 2. shadowing; 3. [protective] screen, shield, shielding enclosure
~/akustische acoustic shielding
~/äußere external shielding
~/diamagnetische diamagnetic shielding
~/elektrische electric screening (shielding)
~/elektromagnetische electromagnetic screening (shielding)
~/elektrostatische electrostatic screening (shielding)
~/innere internal shielding
~/magnetische magnetic screening (shielding)
~/paramagnetische paramagnetic screening (shielding)
~/vollständige complete screening (shielding)
Abschirmungsfaktor *m s.* Abschirmfaktor
Abschirmungsprüfung *f* screening test
Abschirmungszahl *f s.* Abschirmkonstante
Abschirmwinkel *m* cut-off angle *(z. B. abgeschirmter Leuchten)*
Abschirmwirkung *f* screening effect
abschleifen to abrade
abschließen 1. *(ET)* to terminate; 2. to seal
~/eine Leitung *(Nrt)* to close a line
~/eine Leitung mit ihrem Wellenwiderstand to terminate a line in its impedance, to match-terminate a line
~/gegen Feuchtigkeit to seal against humidity (moisture)
~/hermetisch (luftdicht) to seal hermetically
~/tot to dead-end
Abschluß *m* 1. *(ET)* termination; load; 2. seal *(z. B. eines Gefäßes)*
~/akustischer acoustic termination
~/angepaßter matched termination
~/induktiver inductive load
~/kapazitiver capacitive load
~/luftdichter airtight (hermetic) seal
~ mit Wellenwiderstand match termination
~/reflexionsfreier non-reflecting termination
~/wellenwiderstandsrichtig abgestimmter match termination
Abschlußbedingung *f* terminal condition
Abschlußblende *f* front diaphragm
Abschlußelement *n* end device *(in Meßeinrichtungen)*
Abschlußglas *n* front glass, light exit panel
Abschlußglocke *f* closing bell
Abschlußimpedanz *f* terminal (terminating) impedance; load impedance
Abschlußkabel *n* terminating cable
Abschlußkapazität *f* terminating capacitance
Abschlußkappe *f* end cap
Abschlußschaltung *f (Nrt)* terminator
Abschlußscheinwiderstand *m* terminating impedance
~ am Leitungseingang input line terminating impedance
Abschlußwiderstand *m* terminal (final) resistance; load resistance; terminating impedance
~/ohmscher ohmic terminating resistance; ohmic load resistance
Abschmelzdraht *m* fuse wire
Abschmelzelektrode *f* consumable electrode *(z. B. beim Vakuumlichtbogenofen)*
abschmelzen 1. to fuse; to smelt; to melt [off]; 2. to seal [off] *(z. B. Elektronenröhren)*
Abschmelzsicherung *f* safety fuse
Abschmelzstrom *m* fusing (blowing) current *(Sicherung)*
Abschmelztemperatur *f* fusing point *(Sicherung)*
Abschmelzung *f* seal-off *(Röhre)*
~/luftdichte airtight seal
Abschmelzzeit *f* time of fusing, fusing (clearing) time *(Sicherung)*
Abschneidefehler *m* cut-off error *(Abtastfehler)*
Abschneidefrequenz *f* cut-off frequency
abschneiden to cut off; to clip *(z. B. Signalspitzen)*; to lop [off] *(Frequenzen)*
Abschneideschaltung *f (El)* clipper circuit
Abschneidewellenlänge *f* cut-off wavelength
Abschneidezeit *f* [virtual] time to chopping *(Stoßspannungsprüftechnik)*
Abschnitte *mpl* **von Fernsprechsystemen/drahtlose** radio extensions of telephone systems
Abschnittslänge *f* bin size
abschnittsweise *(Nrt)* link-by link
Abschnüreffekt *m* pinch-off effect *(Feldeffekttransistor)*
abschnüren to pinch off
Abschnürung *f* pinch-off
Abschnürungsbereich *m* pinch-off region
Abschnürungsspannung *f* pinch-off voltage
Abschnürungsstelle *f* pinch-off point
abschrägen to bevel; to taper
Abschrägung *f* 1. bevelling; 2. taper; bevel
Abschreckbad *n* quench[ing] bath
abschrecken to quench, to chill *(Metall)*
Abschreckung *f* quenching, chill[ing] *(Metall)*
abschwächen to attenuate; to reduce, to weaken; to damp, to deaden; *(Ak)* to mute; *(Nrt)* to fade down
Abschwächer *m (Meß, Nrt)* attenuator
~/einstellbarer adjustable attenuator
Abschwächereinstellung *f (Meß, Nrt)* attenuator setting
Abschwächung *f* attenuation; weakening, reducing; damping; *(Ak)* muting; *(Nrt)* fading
~ der Lautstärke volume reduction
absenken to lower

Absenkung *f* 1. lowering; *(Ak)* de-emphasis; 2. dip
~ **des Potentialwalls** *(El)* [potential] barrier lowering
Absenkziel *n* minimum water level *(Wasserkraftwerk)*
Absetzbecken *n* *(Galv)* settling (sedimentation) tank
absetzen/sich to settle, to sediment; to deposit
Absetzzeit *f* settling time *(Elektroschmelzen)*
absichern to protect; to fuse
Absicherung *f* fuse protection, protection with fuses, fusing; fuse rating
absinken to decrease, to fall, to drop *(Spannung, Meßwerte)*
~**/rasch** to drop rapidly *(z. B. Geschwindigkeit)*
~**/unter einen Wert** to fall below a value
Absinken *n* decrease, fall[-off], drop *(Spannung, Meßwerte)*
Absolutbeschleunigung *f* absolute acceleration
Absolutbestimmung *f* absolute determination
Absolutbewegung *f* absolute motion
Absolutempfänger *m* absolutely calibrated detector
Absolutgeschwindigkeit *f* absolute velocity
Absolutgröße *f* absolute quantity (magnitude)
Absolutlader *m* *(Dat)* absolute loader
Absolutlage *f* absolute position
Absolutpotential *n* absolute potential
Absolutrechnung *f* absolute calculus
Absolutschwelle *f* absolute threshold
Absolutschwingungsaufnehmer *m* vibration (seismic) pick-up
Absolutwert *m* absolute value
Absolutwertgeber *m* absolute-value device
Absolutwertverstärker *m* absolute-value amplifier
Absolutzeit *f* absolute time
Absorber *m* 1. absorber *(Baueinheit)*; 2. absorbing substance (matter)
~**/elektromagnetischer** electromagnetic absorber
~ **für einen beschränkten Frequenzbereich** selective absorber
~**/handelsüblicher** standard absorber
~**/selektiver** selective absorber
Absorbereinheit *f* absorber unit
Absorberelement *n* *(Ak)* acoustic board (tile)
absorbieren to absorb
~**/Feuchtigkeit** to absorb moisture
absorbierend absorbing
Absorption *f* absorption
~**/atmosphärische** atmospheric absorption
~**/auslöschende** *(Laser)* quenching absorption
~ **der Strahlungsenergie** absorption of the radiant energy
~**/dielektrische** dielectric absorption
~**/erzwungene** induced (stimulated) absorption
~**/optische** optical absorption
~**/photoelektrische** photoelectric absorption
~**/schwache** weak absorption
~**/selektive** selective absorption
~**/thermische** thermal absorption
~ **von Röntgenstrahlen** X-ray absorption
Absorptionsband *n* *(ME)* absorption band
Absorptionsbande *f* absorption band *(Spektrum)*
Absorptionsbereich *m* absorption range
Absorptionscharakteristik *f* absorption characteristic
Absorptionsdämpfung *f* absorption loss
Absorptionseigenschaft *f* absorption property
Absorptionsenergie *f* absorption energy, energy of absorption
Absorptionsfähigkeit *f s.* Absorptionsvermögen
Absorptionsfaktor *m* absorption factor
Absorptionsfalle *f* *(Nrt)* absorption trap
Absorptionsfilter *n* absorbing (absorption) filter, attenuation filter; *(Nrt)* absorption trap
Absorptionsfläche *f* absorptive area, surface of absorption; effective area, absorption cross section *(Antennentechnik)*
~**/äquivalente** equivalent absorption area
Absorptionsfrequenz *f* absorption frequency
Absorptionsfrequenzmesser *m* absorption frequency meter
Absorptionsgesetz *n***/Lambert-Bouguersches** Lambert-Bouguer law [of absorption], Lambert's (Bouguer's) law of absorption
Absorptionsgrad *m* absorptance, absorptivity, absorptive power; *(Licht)* absorbance, absorbancy
Absorptionsgrenze *f* absorption limit
Absorptionsindex *m* absorbancy index *(Optik)*
Absorptionskante *f* absorption discontinuity (edge) *(Optik)*; absorption limit *(Spektroskopie)*
Absorptionskennlinie *f* absorption characteristic
Absorptionskoeffizient *m* absorption coefficient (factor)
~**/scheinbarer** apparent absorption coefficient
Absorptionskonstante *f* absorption constant
Absorptionskontinuum *n* absorption continuum
Absorptionskreis *m* *(Nrt)* absorption (absorber) circuit
Absorptionskühlschrank *m* absorption-type refrigerator
Absorptionskurve *f* absorption curve (characteristic)
Absorptionsküvette *f* *(Laser)* absorption cell
Absorptionsleistungsmesser *m* *(Meß)* absorption power meter
Absorptionslinie *f* absorption line
Absorptionslinienbreite *f* absorption line width
Absorptionslinienspektrum *n* absorption line spectrum
Absorptionsmaximum *n* absorption peak
Absorptionsmesser *m* absorption meter, absorptiometer
Absorptionsmessung *f* absorptiometry, absorption measurement

Absorptionsmittel *n* absorbing substance (medium), absorbent, absorber
Absorptionsmodulation *f (Nrt)* absorption modulation
Absorptionsquerschnitt *m* absorption cross section
Absorptionsschalldämpfer *m* absorptive (absorption-type) silencer, acoustic-absorbent silencer
Absorptionsschicht *f* absorption layer
Absorptionsschwund *m (Nrt)* absorption fading
Absorptionssignal *n (Nrt)* absorption signal
Absorptionsspektralanalyse *f* absorption spectrum analysis
Absorptionsspektroskopie *f* absorption spectroscopy
Absorptionsspektrum *n* absorption (dark-line) spectrum
Absorptionssprung *m* absorption discontinuity
Absorptionsstruktur *f* absorption pattern
Absorptionstiefe *f* absorption depth
Absorptionsverlust *m* absorption loss
Absorptionsvermögen *n* absorptivity, absorptance, absorption (absorptive) power, absorption (absorptive) capacity
~/spektrales spectral absorptance (absorption factor)
Absorptionswahrscheinlichkeit *f* absorption probability
Absorptionswellenmesser *m* absorption wavemeter
abspalten to split off, to cleave [off]; to separate
Abspalten *n* **von Teilnetzwerken** segregation of circuits *(z. B. Zweipole)*
Abspannanker *m* guy anchor *(Freileitungsmast)*
Abspannbock *m (Eü)* dead-end pedestal
Abspanndraht *m* guy (stay, bracing, stretching) wire *(Freileitung)*
abspannen 1. to step down; 2. to guy *(Maste)*; to strain *(Leitungen)*
Abspannen *n* step-down transformation
Abspanner *m* step-down transformer
Abspanngittermast *m* anchor tower
Abspannisolator *m* tension insulator, strain[-type] insulator; terminal (shackle) insulator
~/sattelförmiger saddle-shaped strain insulator *(Niederspannung)*
~/walnußförmiger walnut-shaped strain insulator *(Niederspannung)*
Abspannklemme *f* anchor clamp
Abspannkonsole *f* terminal bracket
Abspannmast *m* terminal (end) pole, dead-end structure (tower), anchor tower (pole)
Abspannpflock *m* anchor log
Abspannpunkt *m* tie point
Abspannseil *n* anchoring rope, guy [cable], guy line (rope)
Abspannstange *f* stay pole
Abspannstation *f* step-down substation
Abspanntransformator *m* step-down transformer
Abspannung *f* guying *(Mast)*; straining *(Leitung)*
abspeichern to store; to save
Absperrschieber *m*, **Absperrventil** *n* stop valve
abspielen to play; to replay, to play back *(Schallplatte, Magnetband)*
Abspielen *n* replay, play-back *(Schallplatte, Magnetband)*
Abspielgeräusch *n* needle scratch (noise)
Abspielkopf *m* play-back head *(Magnetbandgerät)*
Abspielnadel *f* [reproducing] stylus
Abspringen *n* **der Nadel** stylus jump
abspulen to unwind, to wind off, to reel off, to unspool
Abstand *m* spacing, separation; interval; clearance; gap • **in gleichem ~** *s.* abstandsgleich
~ **der Leiterzüge** conductor spacing *(Leiterplatte)*
~ **vom Pfeifpunkt** margin of stability, singing margin
~ **von Leiterzug zu Leiterzug** conductor-to-conductor spacing *(Leiterplatte)*
~/zeitlicher time interval
~ **zwischen aufeinanderfolgenden Blöcken** *(El, Dat)* interblock gap (space)
~ **zwischen Valenz- und Leitungsband** valence-conduction band gap
Abstandsbelichtung *f (ME)* proximity printing
abstandsgleich equally spaced
Abstandshalter *m* spacer
Abstandskode *m (Nrt)* space code
Abstandskoordinate *f* distance coordinate
Abstandskopierung *f (ME)* proximity printing
Abstandskurzschluß *m* short-distance short circuit, close-up fault (short circuit); *(Eü)* kilometric fault
Abstandslithographie *f (ME)* proximity lithography
Abstandsmaskierung *f (ME)* out-of-contact masking
Abstandsring *m* spacer [ring]
Abstandsschelle *f* spacing clamp (clip)
Abstandsschicht *f* spacer layer, dielectric spacer *(z. B. beim Interferenzfilter)*
Abstandssensor *m* gap sensor
Abstandsstück *n* spacing (distance) piece, spacer
Abstandstaste *f (Nrt)* spacer (spacing) key, blank, spacer
Abstandsunterscheidung *f (FO)* range discrimination
Abstandsvariation *f* distance variation *(zur Ermittlung des ohmschen Potentialabfalls)*
Abstandswarnradar *n* anti-collision radar
Abstandszeichen *n (Nrt)* spacing signal
abstecken to peg out *(z. B. Trasse)*
~/eine Leitung to stake out a line
absteifen to stiffen
abstellen to switch off (out); to shut down; to stop
Abstellen *n* switch-off, switch-out; shut-down; stop

Abstichelektrode *f* tapping electrode *(Elektroschmelzen)*
Abstimmänderung *f* tuning drift
Abstimmanzeige *f* tuning indication
Abstimmanzeiger *m* tuning indicator
Abstimmanzeigeröhre *f* electron-ray indicator tube, tunoscope
Abstimmauge *n* tuning eye, magic eye [indicator]
abstimmbar tunable
Abstimmbarkeit *f* tunability
Abstimmbereich *m* tuning range *(Kondensator)*
Abstimmeinheit *f* tuning equipment, tuner
Abstimmeinrichtung *f* tuning device
Abstimmempfindlichkeit *f* tuning sensitivity
abstimmen 1. *(Nrt, Fs)* to tune, to attune; 2. *(Meß)* to adjust
~ **auf** to tune (attune) to
~/**aufeinander** to synchronize
~/**falsch** to mistune
~/**zeitlich** to time
Abstimmfähigkeit *f* tuning property, property of tuning
Abstimmfehler *m* tuning error
Abstimmfrequenz *f* centre frequency
Abstimmgerät *n*/**automatisches** servocoupler *(Antenne)*
Abstimmgeschwindigkeit *f* tuning rate
Abstimmhilfe *f* tuning aid
Abstimmhysterese *f* tuning hysteresis
Abstimmkern *m* tuning core
Abstimmknopf *m* tuning knob
Abstimmkondensator *m* tuning (variable) capacitor
Abstimmkreis *m* tuning circuit
Abstimmpult *n* tuning board
Abstimmpunkt *m* tune point
Abstimmsatz *m* tuning unit
Abstimmschärfe *f* tuning sharpness, sharpness of tuning
Abstimmschraube *f* tuning screw
Abstimmskale *f* tuning scale (dial)
Abstimmspule *f* tuning coil (inductance)
Abstimmstichleitung *f* stub tuner
Abstimmung *f* 1. *(Nrt, Fs)* tuning [control], syntony; 2. *(Meß)* adjustment
~ **auf die dritte Harmonische** third-harmonic tuning
~/**elektronische** electronic tuning
~/**genaue** sharp tuning
~/**induktive** permeability tuning
~/**kontinuierlich regelbare** continuously variable tuning
~/**magnetische** permeability tuning
~/**optimale** optimum tuning
~/**selbsttätige** automatic tuning
~/**thermische** thermal tuning
~/**unscharfe** flat tuning
Abstimmungsprogramm *n* *(Dat)* adjustment program
Abstimmvariometer *n* syntonizing variometer
Abstimmvorrichtung *f* tuning arrangement, tuner
Abstimmvorschrift *f* tuning instructions
Abstimmwerkzeug *n* trimming tool *(für Spulen)*
Abstimmzeitkonstante *f* tuning time constant
abstoßen to repel
Abstoßung *f* repulsion
~/**Coulombsche** Coulomb repulsion
~/**elektrostatische** electrostatic repulsion
~/**gegenseitige** mutual repulsion
~/**magnetische** magnetic repulsion
Abstoßungskraft *f* repulsive force
Abstoßungspotential *n* repulsive (repulsion) potential
Abstrahldämmaß *n* *(Ak)* radiation transmission loss
Abstrahldämmung *f* *(Ak)* radiation transmission loss
abstrahlen to radiate, to emit
~/**Schall** to emit (eradiate) sound
~/**Wärme** to radiate heat
Abstrahlgrad *m* *(Ak)* radiation efficiency (factor)
Abstrahlmaß *n* *(Ak)* radiation index
Abstrahlrichtung *f* direction of beam *(Antenne)*
Abstrahlung *f* radiation, emission, eradiation
~/**flache** low-angle radiation *(Antenne)*
~/**senkrechte** vertical radiation *(Antenne)*
Abstrahlungsbreite *f* *(Licht)* beam spread
Abstrahlwinkel *m* angle of radiation *(Antenne)*
abstreifen to strip [off]; to wipe
Abstreifer *m* wiper
Abstreifzange *f* [wire] stripper
Abstufung *f* graduation, grading, gradation; stepping
Abstumpfung *f* **der Kristallkanten** truncation of crystal [edge]
abstützen to strut, to brace; to support
absuchen to search; to sweep *(mit Scheinwerfern)*; *(Nrt)* to hunt
~/**eine Kontaktbank** *(Nrt)* to hunt over a bank
Absuchen *n*/**geordnetes** *(Nrt)* sequential hunting
~/**reihenfolgegerechtes** sequential hunting
~/**zufälliges** random hunting
Abszissenachse *f* abscissa axis, X-axis
Abtastbarkeit *f* scanning ability
Abtastbefehl *m* scan command (instruction)
Abtastblende *f* scanning diaphragm
Abtastbürste *f* pick-off brush
Abtastdichte *f* scanning density
Abtastdiode *f* sampling diode
Abtasteinrichtung *f* scanning device, scanner
Abtastelement *n* scanning element; sampler
abtasten to sample; to sweep *(Frequenzen)*; *(Fs, Nrt, FO)* to scan; to explore; *(Dat)* to read; to sense
~/**ein Signal** to sample a signal
Abtasten *n* sampling; sweep; *(Fs, Nrt, FO)* scanning; exploring, exploration; *(Dat)* reading; sensing *(s. a. unter* Abtastung*)*

~ **im Zeilensprungverfahren** interlaced scanning
~/**reduziertes** reduced sampling
~/**vorspannungsloses** unbiased sampling
~/**zeilenweises** linear scanning
Abtastentwurf *m*/**niveauempfindlicher** level-sensitive scan design
Abtaster *m* scanner, sampler; *(Dat)* reader
~ **für die Sofortbildwiedergabe** real-time scanner
~/**photoelektrischer** photoelectric scanner; photoelectric reader
~ **zur Datenerfassung** data logging scanner
Abtastfeinheit *f* fineness of scanning
Abtastfenster *n* scanning window
Abtastfilter *n* sampled-data filter; anti-aliasing filter *(zur Vermeidung von Abtastverzerrungen)*
Abtastfläche *f (FO)* scanned area; *(Nrt)* scanning field *(Faksimile)*
Abtastfleck *m* scanning spot *(z. B. Oszillograph)*
Abtastfolge *f* scanning sequence
Abtastformat *n* scan size
Abtastfrequenz *f* scanning frequency; sampling frequency
Abtastgerät *n* scanning device (unit), scanner
Abtastgeschwindigkeit *f* scanning speed (rate); *(Syst)* sampling rate
Abtastgeschwindigkeitsgeber *m* sample rate clock
Abtastglied *n* sampler, scanner, scanning unit
Abtast-Halte-Schaltung *f* sample-and-hold circuit
Abtastimpuls *m (Fs, Nrt, Meß)* sampling pulse; *(Dat)* read (read-out) pulse; strobe [pulse]
Abtastimpulsgenerator *m* scanning pulse generator
Abtastintervall *n* sampling interval
Abtastkontakt *m* sensing contact
Abtastkopf *m* sensing head; scanning head; pick-up head; viewing head *(Photozelle)*
Abtastkreis *m* scanning circuit; *(FO)* sweep circuit
Abtastlichtfleck *m* scanning (exploring) spot
Abtastlichtpunkt *m* scanning (exploring) point
Abtastlinienlänge *f* scanning line length
Abtastloch *n* scanning hole
Abtastmatrix *f* scan matrix
Abtastmikrofon *n* scanning microphone
Abtastmikroskop *n* scanning microscope
Abtastmoment *m* sampling instant
Abtastmuster *n* scanning pattern *(Raster)*
Abtastöffnung *f* exploring aperture
Abtastoptik *f* optical scanning system, scanning optics
Abtastoszillograph *m* sampling oscilloscope
Abtastperiode *f* sampling period
Abtastprogramm *n (Dat)* scanning program
Abtastpunkt *m* scanning spot
Abtastrate *f* sampling rate
~ **nach Nyquist** *(Syst)* Nyquist rate
Abtastregelung *f* sampling (sampled-data) control; scanning control
Abtastregler *m* sampling controller; discrete controller
~/**schneller** quick-scan controller
Abtastrichtung *f* scanning direction, direction of scanning
Abtastschalter *m* sampling switch
Abtastschaltung *f* sampling circuit
Abtastscheibe *f* scanning disk; *(Fs)* Nipkow disk
Abtastschlitz *m* scanning slit (slot)
Abtastsignal *n* sampled-data signal
Abtastspalt *m* scanning slit (slot)
Abtastspur *f* scanning track
Abtaststift *m* wand *(z. B. für Balkenkode)*
Abtaststrahl *m* scanning beam
Abtaststrom *m (Dat)* read current
Abtaststromgenerator *m* scan current generator
Abtastsystem *n* sampling (sampled-data) system; scanning system
~/**vermaschtes** multiloop sampled-data system
Abtasttechnik *f* sampling technique; scanning technique
Abtasttheorem *n* sampling (Nyquist) theorem
Abtastung *f* sampling; *(Fs, Nrt,FO)* scanning; exploring; *(Dat)* read-out *(s. a. unter* Abtasten*)*
~/**berührende** contact scanning
~/**berührungslose** gap (non-contacting) scanning
~/**dielektrische** dielectric scanning
~/**differentielle** differential scanning
~/**elektronische** electronic scanning
~/**elektrooptische** electrooptical scanning
~/**fliegende** *(Dat)* on-the-fly read-out
~/**fortlaufende** progressive scanning
~/**magnetische** magnetic scanning; magnetic reading
~/**mechanische** mechanical scanning
~ **ohne Zeilensprung/zeilenweise** sequential scanning
~/**photoelektrische** photoelectric scanning; photoelectric reading
~/**rotatorische** *(Ak)* swivel scan[ning]
~/**selbstanpassende** [self-]adaptive sampling
~/**synchrone** synchronous scanning
~/**veränderliche** variable scanning
~/**zeilenweise** *(Fs)* line-by-line scanning
Abtastverfahren *n* scanning method
Abtastverlust *m* scanning loss
Abtastverstärker *m* scanning amplifier
Abtastvorrichtung *f* scanning device, scanner
Abtastvorschub *m (Nrt)* scanning traverse *(Faksimile)*
Abtastwicklung *f* scanning winding; sense winding; read winding
Abtastzeichen *n* scanning pattern
Abtastzeile *f* scanning line
Abtastzeit *f* scanning time; *(Syst)* sampling time, action period (phase)
Abtastzeitpunkt *m* sampling instant
abteilen to partition [off]
abtragen 1. to erode; 2. to remove

Abtragen *n* removal *(mittels Lasers)*
Abtragung *f***/anodische** anodic erosion
Abtragungsrate *f (ME)* removal rate
abtrennen to separate; to split off; to partition; to detach; to isolate
Abtrennschalter *m* splitting key
Abtrennung *f* separation *(z. B. von Impulsen)*; partition; isolation
Abtriebsglied *n* off-drive member
abwandeln to modify, to vary
Abwandlung *f* modification, variation
Abwärme *f* waste heat
Abwärmekessel *m* waste-heat boiler
Abwärmeturbine *f* waste-heat turbine
Abwärmeverwertung *f* heat recovery
Abwarten *n (Nrt)* look-out
Abwärtsentwurf *m (Dat)* top-down design *(Programmentwurfsverfahren)*
Abwärtsskalierung *f (ME)* scaling-down
Awärtsstrecke *f (Nrt)* down-link
Abwärtstransformation *f* step-down transformation
Abwärtstransformator *m* step-down transformer, reducing transformer
abwärtsverträglich downward compatible
abwärtszählen to count down
Abwärtszähler *m* down-counter
abwechseln to alternate
Abwechseln *n* alternation
abwechselnd alternate, alternating
abweichen to deviate *(z. B. von einer Richtung)*; to depart; to differ, to vary
Abweichung *f* 1. deviation, departure; difference, variation; drift *(z. B. vom Nullpunkt)*; aberration *(Optik)*; run-out; 2. error, inaccuracy
~/bleibende *(Syst)* position (steady-state) offset
~ **des P-Reglers** *(Syst)* position error, [steady-state] offset
~/durchschnittliche *s.* ~/mittlere
~/dynamische *(Syst)* dynamic deviation
~/geschätzte estimated error
~/halbkreisförmige *s.* Halbkreisfehler
~/magnetische magnetic declination
~/minimale minimum deviation
~/mittlere mean (average) deviation
~/mittlere quadratische mean square deviation
~/normale standard deviation
~/obere upper deviation
~ **vom Mittelwert** deviation from the mean *(z. B. eines Meßwerts)*
~ **vom Nennwert** departure from nominal value
~ **vom Soll des Mittelwertes** departure from nominal of the mean value
~ **von Null** zero offset
~/vorgegebene given error
~/zulässige allowable (permissible) deviation, allowable (permissible) variation; tolerance
Abweichungsausregelung *f* deviation control
Abweichungsfaktor *m* diversity factor *(Kehrwert des Gleichzeitigkeitsfaktors)*
Abweichungsmesser *m* deviation detector *(Vergleichsglied in Regelkreisen)*
Abweichungsverhältnis *n* deviation ratio
Abweichungsverzerrung *f* deviation distortion *(Hochfrequenztechnik)*
Abweichungswinkel *m* angle of deviation
abweisen to reject, to repel
Abweisung *f* rejection
Abweisungsrate *f* rejection rate
Abwerfen *n* throwing-off *(Last)*
Abwerfvorrichtung *f* discarding device
Abwesenheitsdienst *m (Nrt)* absent-subscriber service
Abwickelgeschwindigkeit *f* take-off speed
abwickeln 1. to unwind, to reel (wind) off, to unspool; 2 to develop *(Mathematik)*
Abwickelspule *f* take-off reel (spool), supply (wind-off) spool, feed reel
Abwicklung *f* 1. unrolling, unwinding, winding off; 2. development *(Mathematik)*
~ **des Verkehrs** *(Nrt)* forwarding of traffic
Abwurf *m (Nrt)* forced release
~ **auf den Bedienplatz** call-forwarding to attendant
~ **auf Teilnehmerschaltung** line lock-out *(bei Dauerschleife)*
abzapfen to bleed off
abziehbar strippable
Abziehen *n* 1. stripping; withdrawal; 2. subtraction
~/elektrolytisches electrolytic stripping
Abziehfilm *m* stripping film
Abziehlack *m* strippable coating (varnish)
Abziehtechnik *f* stripping technique
Abzug *m* outlet *(z. B. für Gas oder Kühlmittel)*
Abzugselektrode *f (El)* drain electrode
Abzugsöffnung *f* [discharge] outlet
Abzugsrohr *n* vent pipe
Abzweig *m* stub, branch connection; tap *(Leitung)*; branch *(z. B. Netzwerk)*
~/bedingter conditional branch
Abzweigbefehl *m (Dat)* branch order
Abzweigdose *f* junction (distribution, branch, conduit) box, access fitting
~/geteilte split junction box
~/wasserdichte watertight junction box
abzweigen to branch [off], to tee; to tap off
Abzweiger *m (Nrt)* tap
Abzweigfilter *n* ladder[-type] filter
Abzweigkabel *n* stub cable
Abzweigkasten *m* junction (joint) box
Abzweigklemme *f* branch joint; tapping clamp
Abzweigklinke *f* branching jack
Abzweigleiter *m* branch conductor
Abzweigleitung *f* branch (side) line
~/kurze *(Nrt)* spur cable
Abzweigmuffe *f* cable jointing sleeve; tee joint; *(Nrt)* multiple cable joint, branch-T

Abzweignetz[werk] *n* branching network
Abzweigpunkt *m* branch[-off] point
Abzweigsammelschiene *f* branch bar
Abzweigschalter *m* branch switch
~ **mit Aufsteckgriff** detachable key switch
Abzweigschaltung *f* branch circuit
Abzweigschiene *f* branch bar
Abzweigspule *f* tapped coil (inductor)
Abzweigstecker *m* socket-outlet adapter
Abzweigstelle *f* breaking-out point
Abzweigstromkreis *m* branch circuit
Abzweigung *f* 1. branching, branch[ing]-off; tap[-ping] *(Leitung)*; 2. *s.* Abzweig
~ **einer Leitung** wire-netting tapping
Abzweigungspunkt *m* branch-off point
Abzweigungsstromkreis *m* derived circuit
Accupin-Wegmeßgerät *n* Accupin position measuring device
Acetalharz *n* acetal resin
Acetatfaser *f* acetate staple fibre
Acetatfolie *f* acetate foil
Acetatschallplatte *f* acetate disk
Acetatseide *f* [cellulose] acetate rayon
Acetonharz *n* acetone resin
Acetonlack *m* acetone lacquer
Acetylcellulose *f* cellulose acetate *(Ausgangsstoff für Isoliermaterialien)*
Acheson-Graphit *m* Acheson graphite
Achromat *m* achromatic lens, achromat
achromatisch achromatic *(im farbmetrisch vereinbarten Sinne)*
Achsantrieb *m* axle drive; centre drive
Achsdruck *m* weight per axle
Achse *f* axis; axle; shaft *(Welle)*
~ **eines Kristalls/optische** crystal axis
~**/elektrische** electric axis *(Kristall)*
~**/ferroelektrische** ferroelectric axis
~**/magnetische** magnetic axis
~**/optische** optical axis
~**/parallaktische** parallactic axis
~**/vertikale** vertical axis
Achsenankerrelais *n* axial-armature relay
Achseneinstellung *f* axial adjustment
achsensymmetrisch symmetrical about an axis, axially symmetric[al]
Achsentlastung *f* weight transfer
Achsgenerator *m* axle-driven generator
Achshöhe *f* shaft height
Achsmotorantrieb *m* direct drive *(Elektrolok)*
Achssteuerung *f* axis control
Achsstumpf *m* shaft stub
Achtbandsystem *n* eight-band system *(Kennzeichnung der Farbwiedergabe)*
Achtbit-Binär-Dezimal-Kode *m***/erweiterter** *(Dat)* extended binary-coded decimal interchange code, EBCDIC *(für alphanumerische Zeichen)*
Achtelzollmikrofon *n* eighth-inch microphone
Achter *m (Nrt)* double phantom [circuit]
Achtercharakteristik *f* bilateral (bidirectional) characteristic, figure-eight pattern *(Antenne)*
Achterdiagramm *n* figure-eight diagramm (pattern) *(Antenne)*
Achterfeldantenne *f* eight-element dipole array
Achtermikrofon *n* bidirectional microphone
Achterschaltung *f (Nrt)* double phantom circuit
Achtertelegrafie *f* superphantom (double phantom) telegraphy
Achterverseilung *f* spiral-eight twisting; *(Nrt)* quad pair formation
Achtpolröhre *f* octode
Achtsteckersockel *m* eight-pin base
Achtstiftsockel *m* octal base
Achtstundenbetrieb *m* eight-hour duty
Achtungssignal *n (Nrt)* cue
Acrylatharz *n (Isol)* acrylic resin
Acrylnitril-Butadien-Styrol *n (Isol)* acrylonitrile butadiene styrene, ABS
Actin[o]id *n*, **Actionoidenelement** *n* actinoid [element]
A/D, A-D, AD analogue-digital
A/D-... *s.* Analog-Digital-...
Adaptationsbreite *f* range of adaptation
Adaptationsleuchtdichte *f* adaptation (adapting) luminance
Adaptationsniveau *n* adaptation level
Adaptationsvermögen *n* adaptability
Adapter *m* adapter
Adapterkabel *n* adapter cable
Adaptierung *f***/parametrische** *(Syst)* parametric adaptation
~**/strukturelle** structural adaptation
Adaptionsalgorithmus *m (Syst)* adaptation algorithm
adaptiv adaptive
Adaptometer *n* adaptometer
A-Darstellung *f* A display *(Radar)*
Addend *m* addend
Addendenregister *n (Dat)* addend register
Addiereinrichtung *f (Dat)* adder
~**/algebraische** algebraic adder
~**/binäre** binary adder
~**/mechanische** mechanical adding device
addieren to add
Addieren *n***/iteratives (schrittweises)** *(Dat)* iterative addition
addierend/sich cumulative
Addierer *m***/algebraischer** *(Dat)* algebraic adder
Addiergeschwindigkeit *f* adding speed (rate), accumulating speed (rate)
Addierglied *n (Dat)* adder
Addierimpuls *m (Dat)* add pulse
Addiermaschine *f* adding machine
~**/druckende** adding-listing machine
Addierschaltung *f (Dat)* adding circuit
Addierwerk *n (Dat)* adder, summing-up mechanism

Addition *f* addition
~ **aller Verluste** loss summation
~/**geometrische** geometrical addition
~/**logische** logical addition
~ **mit Zwischensummierung** addition with subtotalling
~/**phasenrichtige** in-phase addition
Additionsbefehl *m* add instruction (order)
Additionspunkt *m* summing point
Additionssatz *m* addition theorem
Additionsschaltung *f* adding circuit
Additionsstanzer *m* add-punch machine
Additionstaste *f* addition key
Additionstheorem *n* addition theorem
Additionsübertrag *m* add carry
Additionszähler *m* adding (accumulating) counter
Additionszeit *f* add time
Ader *f* wire, core, conductor *(Kabel)*
~/**kunstoffisolierte** plastic-insulated conductor
~ **zum Stöpselhals** *(Nrt)* ring wire, R-wire
~ **zum Stöpselkörper** *(Nrt)* sleeve wire, C-wire
~ **zum Stöpselring** *(Nrt)* ring wire, R-wire
~ **zur Stöpselhülse** *(Nrt)* sleeve wire, C-wire
~ **zur Stöpselspitze** *(Nrt)* tip wire, t-wire
Aderbruch *m* cable fault; break of conductor
Aderdurchmesser *m* diameter of wire
Aderkennzeichnung *f* core identification
Adern *fpl*/**vertauschte** reversed wires
Adernanordnung *f*, **Adernlage** *f* arrangement of [cable] conductors
Adernpaar *n* pair [off wires]; core pair
Adernzählfolge *f (Nrt)* numbering of cable conductors
Aderquerschnitt *m* core cross section; core cross-sectional area
Aderschluß *m* intercore short-circuit
Aderstärke *f s.* Aderdurchmesser
Aderumhüllung *f* [core] covering
Adervierer *m* quad
Adhäsion *f* adhesion, adherence
Adiabate *f* adiabatic [curve, line]
adiabatisch adiabatic
Adjazenzmatrix *f* adjacency matrix *(Graphentheorie)*
adjungiert adjoint *(z. B. Matrix)*
Adjunkte *f* algebraic component, adjugate [matrix] *(einer Matrix)*
Admittanz *f* admittance *(Scheinleitwert)*
~/**akustische** acoustic admittance
~/**asynchrone** asynchronous admittance
~/**mechanische** mechanical admittance
~/**spezifische akustische** specific acoustic admittance
Admittanzmatrix *f* admittance matrix
Admittanzparameter *m* admittance parameter
Admittanzrelais *n* admittance relay
Adreß... *s. a.* Adressen...
Adressat *m* addressee
Adreßbestätigungsanruf *m (Nrt)* address validation call
Adreßblock *m* addressing module
Adreßbuch *n*/**elektronisches** *(Nrt)* electronic directory
Adreßbus *m* address bus
Adreßdatenabtastimpuls *m* address data strobe
Adresse *f (Dat)* address *(im Speicher)*
~/**absolute** absolute (specific) address
~/**bestimmte** specific address
~/**bezogene** relative address
~ **des Informationsblocks** information block address
~/**direkte** direct (first-level) address
~/**eingeschlossene** implicit address
~/**gleitende** floating address
~/**indirekte** indirect address
~/**mnemotechnische** mnemonic address
~/**relative** relative address
~/**symbolische** symbolic address
~/**ursprüngliche** original address
~/**verändliche** variable address
~/**wahre** true address
Adressen... *s. a.* Adreß...
Adressenänderung *f* address modification
Adressenansteuerung *f* address selection
Adressenanweisung *f* address administration
Adressenaufruf *m*, **Adressenauswahl** *f* address selection
Adressendekodiereinrichtung *f* address decoding facility
Adressendekodierung *f* address decoding
Adressendraht *m* address wire
Adressendruck *m* address printing
Adressenentschlüsselung *f* address decoding
Adressenkarte *f* address card
Adressenkeller[speicher] *m* address stack
Adressenleerstelle *f* address blank
Adressenleitung *f* address line
Adressenlesedraht *m* address-read wire
Adressenmodifikation *f* address modification
Adressenmodifikationsregister *n* modifier register
Adressenoperand *m* address operand
Adressenrechenwerk *n* address arithmetic element (organ)
Adressenrechnung *f* address arithmetic; address computation
Adressenregister *n* address [storage] register
~/**zählendes** counting address register
Adressenschreibdraht *m* address-write wire, a-w wire
Adressenschreibung *f* address printing
Adressenspeicher *m* address memory (store)
Adressensubstitution *f* address substitution
Adressenteil *m* address part (code) *(eines Befehls)*
Adressenwahl *f* address selection
~/**verkürzte** *(Nrt)* abbreviated address dialling
Adressenwahlspur *f* address selection track
Adressenwerk *n* address unit

Adressenwert *m* address value
Adressenzähler *m* address counter
Adressenzuordnung *f* address assignment
Adressenzuweisung *f* address allocation (orienting), address assignment
addressiert/[zeilen]sequentiell *(Dat)* shift-addressed
Addressierung *f (Dat)* addressing *(z. B. eines Speichers)*
~/direkte direct addressing
~/explizite explicit addressing
~/indirekte indirect addressing
~/indizierte indexed addressing
~/relative relative addressing
~/unmittelbare immediate addressing
~/zusammengesetzte built-up addressing
Addressierungsart *f* addressing mode
Adreßkode *m* address code
Adreßraum *m* address space
Adreßraumwechsel *m* space switch
Adreßteil *m (Nrt)* address part
Adreß- und Indexregister *n* B-line [counter], B-box, B-register
Adreßzähler *m* 1. instruction (address) counter; 2. location counter; 3. program counter
adsorbierend adsorbing, adsorbent, adsorptive
Adsorption *f* adsorption
~/gerichtete oriented adsorption
~/spezifische specific adsorption
~ von Verunreinigungen impurity adsorption
Adsorptionsanlage *f* adsorption installation
Adsorptions-Desorptions-Potential *n* adsorption-desorption potential
Adsorptionsdipoldoppelschicht *f* adsorbed dipole double layer
Adsorptionsenergie *f* adsorption energy
Adsorptionsexponent *m* adsorption exponent
adsorptionsfähig adsorptive, adsorbent
Adsorptionsfähigkeit *f s.* Adsorptionsvermögen
Adsorptionsgeschwindigkeit *f* adsorption rate
Adsorptionsgesetz *n* adsorption law
Adsorptionsisotherme *f* adsorption isotherm
Adsorptionskapazität *f* adsorption capacitance
Adsorptionskinetik *f* adsorption kinetics, kinetics of adsorption
Adsorptionsmittel *n* adsorbing substance (material), adsorbent
Adsorptionspotential *n* adsorption potential
Adsorptionsschicht *f* adsorption layer; adsorbed layer
Adsorptionsvermögen *n* adsorption (adsorptive, adsorbing) power, adsorptive capacity, adsorptivity
Adsorptionswärme *f* heat of adsorption
ADU *(Analog-Digital-Umwandler) s.* Analog-Digital-Wandler
A/D-Umsetzer *m s.* Aanalog-Digital-Wandler
AE *s.* Anrufeinheit
Affinität *f*/**elektrochemische** electrochemical affinity
AFN *s.* Frequenznachstimmung/automatische
Aggregat *n* aggregate, set [of machines], unit
Aggregation *f (Syst)* aggregation *(von Modellen)*
Aggregatzustand *m* state of aggregation, physical state (phase)
Aggregatzustandsänderung *f* change of state [of aggregate]
Ah *s.* Amperestunde
AH-Funktion *f (Dat)* acceptor-handshake function
Ähnlichkeit *f* similarity, similitude *(Mathematik)*; resemblance *(zwischen Kennlinien)*
~/geometrische geometrical similarity
Ähnlichkeitsbedingung *f* condition of similarity (similitude)
~/Reynoldssche Reynolds' analogy condition
Ähnlichkeitsdekodierung *f* similarity decoding
Ähnlichkeitsfaktor *m* similarity factor
Ähnlichkeitsgesetz *n* similarity law
Ähnlichkeitsgröße *f* similarity parameter
Ähnlichkeitsinvarianten *fpl* similarity invariants
Ähnlichkeitsprinzip *n* similarity principle
Ähnlichkeitssatz *m* similarity theorem *(Operatorenrechnung)*
Ähnlichkeitssimplex *n* similarity simplex
Aiken-Kode *m (Dat)* Aiken code
Akaroidharz *n (Isol)* acaroid resin
Akkommodationszustand *m* state of accommodation
Akkordfolgenspeicher *m* chord memory
Akku *m s.* Akkumulator
Akkumulator *m* accumulator, accumulator battery, [storage] battery, secondary cell
~/alkalischer alkaline accumulator (storage battery)
~/gasdichter sealed storage battery
~ mit doppelter Stellenzahl *(Dat)* double-length accumulator
~ mit flüssigem Elektrolyten accumulator with liquid electrolyte
~ mit gelatiniertem Elektrolyten unspillable accumulator
~ mit Gitterplatten grid-type accumulator
~/zusätzlicher *(Dat)* auxiliary accumulator
Akkumulatorbetrieb *m* battery operation
Akkumulatoren... *s. a.* Akkumulator...
Akkumulatorenantrieb *m* battery drive
Akkumulatorengleichrichter *m* accumulator rectifier
Akkumulatorenprüfer *m* cell tester
Akkumulatorenzugförderung *f* battery-electric traction
Akkumulatorfahrzeug *n* accumulator car
Akkumulatorgefäß *n* accumulator container (jar)
Akkumulatorgehäuse *n* accumulator housing
akkumulatorgespeist battery-powered
Akkumulatorgitterplatte *f* accumulator grid plate

Akkumulatorhartblei *n* accumulator metal (lead)
Akkumulatorinhalt *m (Dat)* accumulator content
Akkumulatorkasten *m* accumulator box
Akkumulatorladegleichrichter *m* rectifier for battery charging
Akkumulatorplatte *f* accumulator plate
Akkumulatorplattenblock *m* subassembly of [positive and negative] accumulator plates
Akkumulatorplattensatz *m* set of [unipolar] accumulator plates
Akkumulatorregister *n (Dat)* accumulator register
Akkumulatorsäure *f* accumulator acid, [storage] battery acid, acid for storage cells
Akkumulatorzelle *f* accumulator cell, storage [battery] cell
Akku[mulator]zellgefäß *n* cell container
Akline *f* aclinic line *(magnetischer Äquator)*
A-Kreis *m* A-circuit
Akribometer *n* acribometer *(zur Messung sehr kleiner Objekte)*
Aktinität *f* actinity, actinism
aktinoelektrisch actinoelectric
Aktionsradius *m* radius of action, reach, [operational] range
Aktionsstrom *m* action current
Aktionsstufe *f* impulse stage *(Turbine)*
aktiv/elektrochemisch electroactive
~/photoelektrisch photoactive
Aktivator *m s.* Aktivierungsmittel
Aktivbereich *m* active region
aktivieren to activate
~/durch Licht to light-activate
Aktivierung *f* activation
~/katodische cathodic activation
Aktivierungsenergie *f* activation energy
~/elektrochemische electrochemical activation energy
Aktivierungsenthalpie *f* enthalpy of activation, activation enthalpy
Aktivierungsentropie *f* entropy of activation, activation entropy
Aktivierungsmittel *n* activating agent (substance), activator
Aktivierungsniveau *n* activation level
Aktivierungspolarisation *f (Ch)* activation polarization
Aktivierungsstufe *f* activation step
Aktivierungsüberspannung *f (Ch)* activation overvoltage (overtension)
Aktivierungswärme *f* activation heat
Aktivierungszeit *f* activation time
Aktivität *f* activity
Aktivitätskoeffizient *m* activity coefficient
~/mittlerer mean activity coefficient
Aktivitätsunterschied *m* activity difference
Aktivkohle *f* activated charcoal (carbon)
Aktor *m s.* Stellglied
aktualisieren to/update
Akumeter *n* acoumeter *(zur Hörschärfemessung)*
A-Kurve *f* A-weighting curve
Akustik *f* acoustics *(1. Lehre vom Schall; 2. Raumakustik)*
~/einstellbare adaptable acoustics *(eines Raumes)*
~/geometrische geometric[al] acoustics
~ hoher Pegel macrosonics
~/subjektive subjective acoustics
~/trockene dead acoustics
Akustikplatte *f* acoustic tile (board)
akustisch acoustic[al], sonic
akustoelektrisch acoustoelectric
Akzent *m (Ak)* accent
akzentuieren to accentuate
Akzentuierung *f (Nrt)* accentuation; preemphasis *(Vorverzerrung)*
~ durch ein Filter prefiltering
Akzeptor *m (El)* acceptor
akzeptorartig acceptor-like
Akzeptordichte *f* acceptor density
Akzeptordotierung *f* acceptor doping
Akzeptorelement *n* acceptor element
Akzeptorenergieniveau *n* acceptor energy level
Akzeptorkonzentration *f* acceptor concentration
Akzeptorniveau *n* acceptor level
Akzeptorstörstelle *f*, **Akzeptorverunreinigung** *f* acceptor impurity
Akzeptorzentrum *n* acceptor centre
Akzeptorzustand *m* acceptor state
Alarm *m*:
~ bei Grenzwertüberschreitung *(Meß)* deviation alarm
~/dringender prompt alarm
~/nicht dringender deferred alarm
Alarmanlage *f* alarm system
Alarmbereitschaft *f* alarm readiness
Alarmeinrichtung *f* alarm system
Alarmfilterung *f* alarm filtering
Alarmglocke *f* [signal] alarm bell
Alarmgrenze *f* alarm limit
Alarmlampe *f* warning lamp (light); telltale lamp
Alarmleitung *f* alarm circuit
Alarmmeldesignal *n* alarm indication signal
Alarmrelais *n* alarm relay
Alarmsatz *m* alarm set
Alarmschalter *m* alarm switch
Alarmschaltung *f* alarm (warning) circuit
Alarmsicherung *f* alarm fuse
Alarmsignal *n* alarm signal
Alarmstromkreis *m* alarm circuit
Alarmzeichen *n* alarm signal
Alarmzentrale *f (Nrt)* ring-out point
Alarmzustand *m* alert state *(im Energiesystem)*
Albedo *f (Licht)* albedo *(Rückstrahlungsvermögen zerstreut reflektierender Körper)*
ALE *s.* Arithmetik-Logik-Einheit
Alfo-Isolierung *f* aluminium-foil insulation
Algebra *f* **[der Logik]/Boolesche** Boolean algebra, Boole's logical algebra

ALGOL, Algol ALGOL, algorithmic language *(Programmiersprache für wissenschaftlich-technische Aufgaben)*
ALGOL-Compiler *m*, **ALGOL-Übersetzer** *m* ALGOL compiler
Algorithmus *m* algorithm
~ **für Zeichenerkennung** algorithm for pattern recognition
~**/rechnerorientierter** computer-oriented algorithm
Aliasing-Fehler *m (Dat)* aliasing error *(Abtastfehler)*
Aligner *m* aligner *(Pulskodemodulation)*
Alkaliakkumulator *m* alkali accumulator
Alkaliamalgam *n* alkali metal amalgam
alkalibeständig alkali-proof
Alkalielement *n* caustic soda cell
Alkalifehler *m* alkali error *(bei Glaselektroden)*
alkalifest alkali-proof
Alkalilauge *f* [alkaline] lye
Alkaliphotoelement *n*, **Alkaliphotozelle** *f* alkaline photocell
alkalisch alkaline, basic
Alkalisierungseffekt *m (Ch)* alkalization effect
Alkaliverunreinigung *f* alkali contamination
Alkalizelle *f* alkaline cell
Alkydharz *n (Isol)* alkyd resin
Alles-oder-nichts-Gesetz *n* all-or-none law *(Kybernetik)*
Allgebrauchslampe *f* general-[lighting-]service lamp
Allgemeinbeleuchtung *f* general (universal) lighting
Allgemeinbeleuchtungsstärke *f* general illuminance
Allglasausführung *f* all-glass construction
Allglasflachgehäuse *n* all-glass flat pack
Allpaß *m* all-pass network (filter)
Allpaßeigenschaft *f* all-pass property
Allpaßelement *n* all-pass element
Allpaßfilter *n s.* Allpaßnetzwerk
Allpaßlaufzeitfunktion *f* all-pass delay function
Allpaßnetzwerk *n* universal (all-pass) network, all-pass filter
Allpaßschaltung *f* all-pass circuit
Allpaßverstärker *m* all-pass amplifier
Allrichtungsempfang *m* omnidirectional reception
Allstrom *m* alternating-current direct-current, a.c. d.c.
Allstromempfänger *m* a.c.-d.c. receiver, universal (all-mains, transformerless) receiver
Allstromfernsehempfänger *m* a.c.-d.c. television receiver
Allstromröhre *f* a.c.-d.c. valve
Allübertrager *m* universal transformer
Allverstärker *m* universal amplifier
Allwellenempfang *m (Nrt)* general coverage
Allwellenempfänger *m (Nrt)* multirange receiver
Allwellenfilter *n* all-pass network
Allzweckdiode *f* general-purpose diode
Allzweckmeßbrücke *f* universal bridge
Allzweckrechner *m* universal (general-purpose) computer
Allzweckregister *n (Dat)* general-purpose register
Alpha *n* alpha *(Transistorstromverstärkung in Basisschaltung)*
Alphabet *n***/binäres zyklisches** *(Dat)* binary cyclic alphabet
Alphabetlocher *m (Dat)* alphabetic[al] punch
Alphabetlochprüfer *m (Dat)* alphabetic[al] verifier
Alphagrenzfrequenz *f* alpha cut-off frequency
alphanumerisch alphanumeric[al]
Alphaspektrometer *n* alpha-ray spectrometer
Alphazähler *m* alpha counter *(Kernmeßtechnik)*
Alphazerfall *m* alpha decay
Altern *n* ag[e]ing
~**/beschleunigtes** accelerated aging *(bei Alterungsprüfungen)*
Alternativanweisung *f (Dat)* alternative statement
alternieren to alternate
Alternieren *n* alternation
alternierend alternate
Alterung *f***/künstliche** artificial aging
~**/natürliche** natural aging
Alterungsausfall *m* wear-out failure
alterungsbeständig resistant to aging, age-resisting
Alterungsbeständigkeit *f* resistance to aging, aging resistance
Alterungseffekt *m*, **Alterungseinfluß** *m* aging effect
Alterungsempfindlichkeit *f* susceptibility to aging
Alterungshärtung *f* age hardening *(z. B. von Leichtmetallen)*
Alterungsprüfung *f* aging test
Alterungsriß *m* aging crack
Alterungsschutzmittel *n* anti-ager, age-protecting agent *(z. B. für Öle, Plaste)*
Alterungstemperatur *f* aging temperature
Alterungsverfahren *n* aging process
Alterungsversuch *m* aging test
Alterungsvorgang *m* aging mechanism
ALU arithmetical and logical unit
aluminieren to aluminize
aluminiert aluminized, aluminium-coated
Aluminium *n* aluminium, *(Am)* aluminum
Aluminiumaufbringung *f* aluminization
Aluminiumblech *n* sheet aluminium, aluminium plate (sheet)
Aluminiumbreitbandkabel *n* aluminium wide-band cable
Aluminiumdraht *m* aluminium wire
~ **mit Stahlader** steel-cored aluminium wire
Aluminiumelektrolytkondensator *m* aluminium electrolytic capacitor
Aluminiumfolie *f* aluminium foil
Aluminiumgehäuse *n***/eloxiertes** anodized aluminium case (housing)

Aluminiumgleichrichter *m* aluminium rectifier
Aluminiumkabel *n* aluminium cable
Aluminiumkabelschuh *m* aluminium terminal
Aluminiumkondensator *m* **mit Festelektrolyt** solid aluminium capacitor
Aluminiumleiter *m* aluminium conductor
Aluminiumlot *n* aluminium solder
Aluminiummantel *m* aluminium sheath
~/aufgepreßter extruded aluminium sheath *(Kabel)*
Aluminiummantelkabel *n* aluminium-sheathed cable, aluminium-covered cable, aluminium-coated cable
Aluminiumofen *m* aluminium furnace *(zum Umschmelzen)*
Aluminiumoxidkeramik *f* alumina ceramic
aluminiumplattiert aluminium-clad
Aluminiumreflektor *m* aluminium reflector
Aluminiumschweißen *n* aluminium welding
Aluminiumstahlkabel *n* steel-reinforced aluminium cable
aluminiumummantelt aluminium-sheathed, aluminium-coated
Aluminiumummantelung *f* aluminium sheathing (cladding)
Aluminiumverbindungsleitung *f* aluminium interconnection
Aluminiumzellengleichrichter *m* aluminium cell rectifier
Amalgambad *n* amalgamating (amalgam) solution, amalgamating liquid *(Quickbeize)*
Amalgambrennstoffelement *n* amalgam fuel cell
Amalgamelektrode *f* amalgam electrode
Amalgamleuchtstofflampe *f* amalgam fluorescent lamp
Amalgampille *f* amalgam pellet
Amalgamzelle *f (Ch)* mercury cell
Amalgamzersetzer *m* amalgam decomposer
A-Mast *m* A-pole, A-tower
Amateurfunkstelle *f* amateur station
Ambiophonie *f (Ak)* ambiophony
ambipolar ambipolar
Amboßelektrodenkontakt *m* buffer contact
Amidharz *n (Isol)* amide resin
AMI-Kode *m (Dat)* alternating mark inversion code, AMI code *(ein pseudoternärer Kode)*
Aminhärter *m (Isol)* amine hardener *(für Epoxidharze)*
Aminoplaste *mpl (Isol)* aminoplastics
AMI-Signal *n (Nrt)* alternate mark inversion signal, AMI signal
A-Modulation *f* class-A modulation
A-Modulator *m* class-A modulator
Ampere *n* ampere, amp., a, A *(1. SI-Einheit der elektrischen Stromstärke; 2. SI-Einheit der magnetischen Spannung)*
~/absolutes abampere *(Einheit der elektrischen Stromstärke im CGS-System)*
~ je Meter ampere per metre *(SI-Einheit der magnetischen Feldstärke)*
Ampereleiter *m* **je Zentimeter** ampere bars per centimetre
Amperemeter *n* amperemeter, ammeter
~/optisches optical ammeter
Amperesekunde *f* ampere-second
Amperestab *m* ampere conductor
Amperestunde *f* ampere-hour
Amperestunden-Wirkungsgrad *m* ampere-hour efficiency
Amperestundenzähler *m* ampere-hour meter, ahm, quantity meter
Amperewaage *f* ampere (current) balance
Amperewindung *f* ampere turn
Amperewindungen *fpl* **je Zentimeter** ampere turns per centimetre
Amperewindungszahl *f* [number of] ampere turns
Amperezahl *f* amperage
Amperometrie *f* amperometry *(elektrolytisches Verfahren der Maßanalyse)*
amphoter amphoteric *(z. B. Halbleiter)*
Amplidyne *f* amplidyne [generator] *(Verstärkermaschine)*
Amplitude *f* amplitude
~ der Regelabweichung deviation amplitude
Amplitudenabfall *m*/**kurzzeitiger** drop-out
Amplitudenabgleichvorrichtung *f (Meß)* amplitude calibration unit
Amplitudenabweichung *f* amplitude variation
Amplitudenanalysator *m* amplitude analyzer, kick-sorter
Amplitudenänderung *f* amplitude variation
Amplitudenbegrenzer *m* amplitude (peak) limiter
amplitudenbegrenzt amplitude-limited
Amplitudenbegrenzung *f* amplitude (peak) limiting, limitation of amplitude
Amplitudenbegrenzungskreis *m* amplitude limiting (separation) circuit, clipper circuit
Amplitudendarstellung *f* amplitude presentation
Amplitudendichtespektrum *n* amplitude density spectrum
Amplitudendiskriminator *m* amplitude discriminator
Amplitudenfehler *m* amplitude error
~/mittlerer mean amplitude error
Amplitudenfluktuation *f* amplitude fluctuation
Amplitudenfrequenzgang *m* amplitude-frequency characteristic, amplitude[-frequency] response, amplitude characteristic (curve)
Amplitudenfrequenzgangdarstellung *f* amplitude-frequency [response] plot
Amplitudenfrequenzkennlinie *f* amplitude-frequency [response] characteristic
Amplitudenfrequenzverzerrung *f* amplitude-frequency distortion
Amplitudengang *m* amplitude[-frequency] response *(z. B. bei Frequenzkennlinien)*

Amplitudenglied *n* amplitude term *(z. B. einer Gleichung)*
Amplitudenhologramm *n* amplitude hologram
Amplitudenhub *m* amplitude swing
Amplitudenhüllkurve *f* amplitude envelope
Amplitudenkennlinie *f* amplitude characteristic (curve) *(Teil der Frequenzkennlinie)*
~/logarithmische logarithmic amplitude characteristic
Amplitudenkoinzidenzschaltung *f* amplitude coincidence circuit
Amplitudenkonstanz *f* amplitude stability
Amplitudenkurve *f* amplitude curve
Amplitudenmaßstab *m* amplitude scale factor
Amplitudenmeßgerät *n* amplitude-measuring instrument
Amplitudenmodulation *f* amplitude modulation, am, AM
~/sinusförmige sinusoidal amplitude modulation
Amplitudenmodulationsrauschen *n* amplitude-modulation noise
Amplitudenmodulationsunterdrückung *f* amplitude-modulation suppression
amplitudenmoduliert amplitude-modulated
Amplitudenortskurve *f* amplitude locus
Amplitudenphasengang *m (Syst)* gain-phase characteristic
Amplitudenrand *m (Syst)* amplitude margin *(Kennwert der Stabilitätsgüte)*
Amplitudenregelung *f* amplitude control
Amplitudenregler *m* amplitude controller
Amplitudenröhre *f* glow tube amplitude indicator
Amplitudenschrift *f* amplitude trace, variable area track *(Lichtton)*
Amplitudenschwankung *f* fluctuation of amplitude, amplitude variation
Amplitudenselektion *f* amplitude selection
Amplitudensieb *n* amplitude separator (limiter), synchronization separator
Amplitudenspektrum *n* amplitude spectrum; amplitude distribution
Amplitudensteuerung *f* amplitude control
Amplitudentastung *f (Nrt)* amplitude keying
Amplitudenumtastung *f* amplitude shift keying
amplitudenveränderlich variable amplitude
Amplitudenverhalten *n s.* Amplitudengang
Amplitudenverhältnis *n* amplitude ratio, ratio of amplitudes; decrement of damping *(unterkritisch gedämpfter Harmonischer)*
Amplitudenverlauf *m* amplitude response
Amplitudenverteilung *f* amplitude distribution
Amplitudenverzerrung *f* amplitude distortion
Amplitudenverzerrungsfaktor *m* amplitude-distortion factor
Amplitudenverzögerung *f* amplitude delay *(Trägheitsmaß)*
Amt *n (Nrt)* exchange, office, centre, station
~/bemanntes (besetztes) attended exchange (station)
~/betriebsführendes controlling exchange (station)
~ dritter Ordnung tertiary centre
~/elektronisches electronic exchange (station)
~/fernes remote station
~/ferngeregeltes remotely regulated station
~/ferngespeistes dependent station, power-fed station
~/geregeltes regulated station
~/halbautomatisches semiautomatic exchange (station)
~/internationales international exchange (station)
~/kleines small-capacity exchange (station)
~ mit Verlängerungsleitungen office with extension lines
~/nichterweiterungsfähiges non-extendible exchange (station)
~/selbstgespeistes non-power-fed station
~/unbemanntes (unbesetztes) unattended (non-attended) exchange, unattended station
Amtsabfrage *f***/offene** *(Nrt)* unassigned answer
Amtsanruf *m (Nrt)* exchange [line] call
Amtsanschluß *m (Nrt)* public exchange connection
Amtsbatterie *f (Nrt)* exchange battery
Amtsbau *m (Nrt)* exchange construction
amtsberechtigt *(Nrt)* PTT-authorized
Amtseinheit *f (Nrt)* exchange unit
Amtseinrichtung *f (Nrt)* exchange equipment
Amtserde *f (Nrt)* post-office earthing point
Amtsfehler *m (Nrt)* exchange trouble
Amtsfreizeichen *n (Nrt)* exchange tone, dial[ling] tone
Amtsgeräusch *n (Nrt)* exchange noise
Amtsgespräch *n (Nrt)* exchange line call
Amtskabel *n (Nrt)* office cable *(Amtsverdrahtung)*
Amtsklinke *f (Nrt)* exchange jack
Amtsleitung *f (Nrt)* exchange (post-office) line, local loop
Amtsseite *f* **des Hauptverteilers** *(Nrt)* vertical side of main distribution frame
Amtsverbindungsleitung *f (Nrt)* interoffice trunk
Amtsverdrahtung *f (Nrt)* station wiring
Amtswähler *m (Nrt)* code (office) selector
Amtszeichen *n (Nrt)* exchange tone, dial[ling] tone, dial hum
Analogaufzeichnung *f (Dat, Meß)* analogue recording
Analogausgabe *f* analogue output
Analogausgang *m* analogue output
Analogbaustein *m* analogue module
Analogberechnung *f* analogue computation
Analogdaten *pl* analogue data
Analog-Digital-Umwandlung *f* A-D conversion, analogue-[to-]digital conversion
Analog-Digital-Wandler *m* A-D converter (conversion unit), analogue-[to-]digital converter, A.D.C.

~ **nach dem Zweirampenprinzip** dual-slope A-D converter
~/**ultraschneller** ultrafast analogue-[to-]digital converter
Analogeingabe *f* analogue input
Analogeingang *m* analogue input
Analogeingangsabtaster *m* analogue input scanner
Analogfrequenzteiler *m* analogue frequency divider
Analog-Frequenz-Wandler *m* analogue-to-frequency converter
Analogie *f* analogy
~/**elektrische** electrical analogy
Analoginformation *f* analogue information
Analogkorrektur *f* analogue correction
Analogrechenanlage *f* analogue computer (computing system)
Analogrechenverstärker *m* analogue computing amplifier
Analogrechenzentrum *n* analogue computing centre
Analogrechner *m* analogue computer
~/**elektronischer** electronic analogue computer
~/**repetierender** repetitive analogue computer
Analogrechneranlage *f*/**schnelle** fast analogue computing equipment
Analogrechnersimulation *f* analogue computer simulation
Analogrechnersystem *n* analogue computing system
Analogrechnung *f* analogue computation
Analogschalter *m* analogue switch
Analogschaltkreis *m* analogue circuit
Analogsichtgerät *n* *(Dat)* analogue display unit
Analogsignal *n* analogue signal
Analogspeichergerät *n* analogue [information-] storing device
Analogstromkreis *m* equivalent circuit
Analogtor *n* analogue gate
Analogvervielfacher *m* analogue multiplier
Analogwert *m* *(Dat)* analogue value; *(Meß)* analogue quantity
Analysator *m* analyzer
~/**aufzeichnender** recording analyzer
~/**harmonischer** *(Syst)* Fourier (harmonic) analyzer *(zur Zerlegung periodischer Vorgänge in Sinusschwingungen)*
~ **mit durchstimmbarer Bandsperre** *(Ak)* distortion analyzer
~ **mit konstanter absoluter Bandbreite** constant-bandwidth analzyer, wave analyzer; heterodyne analyzer
~ **mit konstanter relativer Bandbreite** constant-percentage bandwidth analyzer
~/**statistischer** *(Ak)* statistical processor, noise level analyzer
~/**stetig durchstimmbarer** continuous band analyzer
~/**ununterbrochen arbeitender** continuous analyzer
Analyse *f* **der Häufigkeitsverteilung** statistical distribution analysis
~ **der Pegelverteilung** level distribution analysis
~/**drehzahlbezogene** rpm tracking analysis
~/**elektrochemische** electroanalysis
~/**elektrolytische** electrolytic analysis
~/**graphische** graphic analyzation
~/**harmonische** harmonic analysis
~/**mathematische** mathematical analysis
~ **mit dem Signalflußbild** *(Syst)* black-box method
~ **mit gleitendem Zeitfenster** *(Ak)* scan analysis
~/**numerische** numerical analysis
~/**polarographische** polarographic analysis
~ **von Einschwingvorgängen** transient analysis
Analysemethode *f* **für die Softwareentwicklung** structured analysis and design method, SADT
Analysenmeßgerät *n* analyzer
Analyseproblem *n* analysis problem *(z. B. Netzwerk)*
anätzen to etch
anbauen to fit
Anbauflansch *m* mounting flange
Anbieten *n* *(Nrt)* offering
Anbietwähler *m* *(Nrt)* trunk offering selector
Anbietzeichen *n* *(Nrt)* offering signal
Anbindung *f* lacing *(Kabel)*
anbringen to fix, to attach, to mount
andauern to continue, to persist
ändern to change, to alter, to modify
~/**das Vorzeichen** to change sign
~/**sich** to change, to vary
~/**sich linear** to vary linearly
~/**sich sinusförmig** to vary sinusoidally
~/**sich sprunghaft** to change suddenly
~/**sich ständig** to fluctuate *(z. B. Strom, Spannung)*
~/**sich zeitlich** to vary with time
~/**stufenlos** to vary steplessly
~ **wie/sich im umgekehrten Verhältnis** to vary inversely as
ändernd/sich zeitlich time-varying
Anderson-Brücke *f* Anderson's bridge *(für C- und L-Messung)*
Anderson-Röhre *f* Anderson tube
Anderthalb-Leistungsschalter-Methode *f* one-and-a-half breaker arrangement
Änderung *f* change, alteration; modification
~/**adiabatische** adiabatic change
~ **des spezifischen Widerstands** variation of resistivity
~/**isoenergetische** isoenergetic change
~/**plötzliche** abrupt change
~/**reversible** reversible change
~/**rückführbare** restorable change
~/**sinusförmige** sine-law variation, sinusoidal change

~**/sprunghafte** discontinuous change
~ **um eine Größenordnung** change by one order of magnitude
~**/umkehrbare** reversible change
~**/zeitliche** variation with time
Änderungsausfall *m (Ap)* change failure
Änderungsband *n (Dat)* change tape
Änderungsbit *n* modifier bit
Änderungsdatei *f* update file
Änderungsgeschwindigkeit *f* rate of change
Änderungsprogramm *n (Dat)* change program
Änderungsprozeß *m (Dat)* patching process
Änderungsrate *f* rate of change
Andrückhülle *f* collapsible cladding
Andruckkraft *f* pressure force
Andruckrolle *f* pinch roll[er], capstan [idler], pad roll, pinch wheel *(Magnetband)*
Andruckrollentrieb *m* pinch-roller drive, capstan drive
Andruckverbinder *m* zero insertion force connector
anerkannt approved *(z. B. den Schutzbestimmungen entsprechend)*
anfachen *(ET)* to build up
Anfachraum *m* generator (working) space *(Elektronenröhre)*
Anfachung *f (ET)* building-up; anti-damping
Anfachzeit *f* building-up period
Anfahrautomatik *f* automatic starting-up *(Turbine)*
Anfahrbrennelement *n (An)* booster element
Anfahrdoppelsammelschiene *f* double starting bus bar
anfahren to start up
~**/eine Leitung** to charge a line
~**/kalt** to start up cold
~**/leer** to start without load
~**/stoßfrei** to start without a jerk
Anfahren *n* start-up, start
Anfahrgeschwindigkeit *f* starting velocity
Anfahrmoment *n* starting torque; breakaway torque
Anfahrprogramm *n* start-up program
Anfahrschalter *m***/automatischer** *(Ap)* controller regulator
Anfahrtransformator *m* starting transformer
Anfahrverluste *mpl* accelerating loss[es]
anfällig susceptible
Anfangsadresse *f (Dat)* initial address, start[ing] address
Anfangsamplitude *f* initial amplitude
Anfangsbedingung *f* initial condition
Anfangsbefehl *m (Dat)* initial instruction (command), key instruction (order)
Anfangsbeschleunigung *f* initial acceleration
Anfangsbetriebsbedingungen *fpl* initial operating conditions
Anfangsdruck *m* initial pressure
Anfangsdurchschlag *m* initial breakdown
Anfangseinstellung *f (Syst)* initial adjustment (alignment) *(z. B. einer Nachformeinrichtung)*
Anfangselektron *n* initiating electron
Anfangsenergie *f* initial energy *(z. B. von Elektronen)*
Anfangsereignis *n* starting event *(Graph)*
Anfangserregungsgeschwindigkeit *f* initial excitation (voltage) response *(bei Erregeranordnungen)*
Anfangsfehler *m* initial (datum) error
Anfangsgeschwindigkeit *f* initial velocity (speed, rate)
Anfangsimpuls *m* initial impulse
Anfangsionisierung *f* initial ionization
Anfangskapazität *f***/differentielle** initial differential capacitance
Anfangskonzentration *f* initial concentration
Anfangskurzschlußwechselstrom *m (An)* initial short-circuit alternating current, subtransient (initial symmetrical) short-circuit alternating current
Anfangslader *m* bootstrap loader *(Vorbereitungsprogramm für das Programmeinlesen)*
Anfangsladung *f* initial charge
Anfangslage *f* initial position
Anfangslichtstrom *m* initial lamp lumen
Anfangsmarke *f* beginning mark
Anfangsnachhallzeit *f (Ak)* early decay time
Anfangsnummer *f (Nrt)* initial sequence number
Anfangspermeabilität *f* [magnetic] initial permeability
Anfangsphase *f* initial phase
Anfangspotential *n* initial potential
Anfangsprüftemperatur *f* initial test temperature
Anfangspunkt *m* point of origin, initial point *(z. B. der Phasenbahn)*; starting position
Anfangsspannung *f* initial (starting) voltage *(bei Teilentladungen)*; inception voltage *(bei Entladungen)*
Anfangssperrspannung *f* initial reverse voltage
Anfangssteilheit *f* initial rate of rise
Anfangsstellung *f* starting position
Anfangsstörung *f (Syst)* initial displacement *(der Signalwerte)*
Anfangsstrom *m* initial current
Anfangsstufe *f* input stage; *(Nrt)* low-power stage
Anfangssuszeptibilität *f* initial susceptibility
Anfangstemperatur *f* initial temperature
Anfangsverhalten *n* initial behaviour
Anfangsverlauf *m* **der Wiederkehrspannung** *(An)* initial transient recovery voltage
Anfangsverteilung *f* initial distribution
Anfangsvorspannung *f* initial bias
Anfangswert *m* 1. initial (original) value; reset value; 2. initial argument *(Vektor)*
~**/verschwindender** zero initial condition
Anfangswertproblem *n* initial-value problem
Anfangswertsatz *m* initial-value theorem *(Grenzwertsatz der Laplace-Transformation)*

Anfangswertstellung *f* reset condition
Anfangswiderstand *m* initial resistance
Anfangszeitkonstante *f* subtransient time constant
Anfangszustand *m* initial state (condition)
anfeuchten to moisten, to damp[en], to humidify
Anflugbefeuerung *f* approach lighting
Anflugfeuer *n* approach light
Anflugfunkfeuer *n* homing beacon
Anflugkontrolle *f* approach control *(Flugsicherung)*
Anflugleitgerät *n* approach guidance equipment *(Flugsicherung)*
Anflugradar *n* approach [control] radar
Anflugscheinwerfer *m* approach searchlight
Anforderung *f (Dat, Nrt)* request
~/bedingte conditional request
~ der Gebührenübernahme reverse charging request
~ einer Information request for information
Anforderungsdienst *m (Dat)* request service
Anforderungsdienstbearbeitung *f (Dat)* request servicing
Anfragesignal *n (Nrt)* request signal
Anfragesprache *f* query language *(Programmierung)*
Anfressung *f* corrosion; pitting; staining
Angabe *f* **des Zeitmaßstabs** time scaling *(z. B. Phasenbahnen)*
Angaben *fpl* data; information; specification[s]
Angebot *n (Nrt)* intensity of traffic offered
Angebotsminderung *f (Nrt)* availability reduction
Angebotsverlust *m (Nrt)* grade of service
angedrückt/durch Feder spring-loaded
angelenkt hinged
angelötet brazed
angenähert approximate
angeordnet/in gleichen Abständen equally spaced
~/in Plättchen laminar
~/lamellenartig lamellar
~/mit Abstand spaced
angepaßt adapted; matched
~/falsch mismatched
~/nicht unmatched
~/richtig well-matched
angeregt excited; activated
~/durch Laserstrahl laser-beam induced
~/lichtelektrisch photoexcited
~/nicht unexcited
~/thermisch thermostimulated, thermally excited
angeschlossen connected; linked; on-line
angetrieben/durch Motor power-driven
~/elektrisch electrically driven
angleichen to adjust; to adapt; to match
angreifen to attack *(z. B. durch Chemikalien)*; to corrode
angreifend aggressive; corrosive
angrenzend contiguous; adjacent
Angriff *m***/chemischer** chemical attack; corrosion
Angriffspunkt *m* point of application (attack) *(einer Kraft)*; point of entry
Angriffswinkel *m* attack angle
anhaften to adhere, to stick [to] *(z. B. Schmutz)*
Anhall *m (Ak)* rising of sound
anhalten to stop, to halt; to arrest
anhaltend continuous, persistent; permanent
Anhaltevorrichtung *f* stopper
anhängen/den Hörer *(Nrt)* to restore (hang up, replace) the receiver, to put back (on) the receiver
anhäufen to accumulate; to aggregate
anhäufend/sich cumulative
Anhäufung *f* 1. accumulation; aggregation; pile-up; 2 cluster, agglomerate; *(ME)* collection; 3. *(Nrt)* congestion
Anhäufungszeichen *n (Nrt)* congestion tone, group busy signal
anheben to raise; to elevate; to lift
Anhebung *f (Ak)* emphasis, boost, emphasizing, accentuation *(Tonfrequenzbereiche)*
~ des Erdpotentials/transiente transient ground potential rise, TGPR, transient groundrise, TGR
Anhebungsfilter *n (Nrt)* accentuator (pre-emphasis) filter
Anhebungsschaltung *f (Nrt)* pre-emphasis network
anheizen to heat up
Anheizverzögerung *f* heating delay
Anheizzeit *f* heating (preheating) time, heat[ing]-up time, warm-up period (time)
anhören to listen to
Anilin-Formaldehyd-Harz *n (Isol)* aniline-formaldehyde resin
Anion *n* anion, negative ion
Anionenaustausch *m* anion exchange
Anionenaustauscher *m* anion exchanger
Anionenleerstelle *f*, **Anionenlücke** *f* anion vacancy
Anionenstörstelle *f (El)* anion defect (impurity)
Anionenstrom *m* anionic current
anisotrop anisotropic
Anisotropie *f* anisotropism, anisotropy
Anker *m* 1. *(MA)* armature *(Wicklung, in der Spannung induziert wird)*; core; 2. anchor; stay *(z. B. Masten)*
~/beweglicher moving armature
~/blockierter fixed armature
~ eines Magneten armature of a magnet
~/genuteter slotted armature
~/glatter smooth armature
~ mit in sich geschlossener Wicklung closed-circuit armature, closed-winding armature
~ mit offener Wicklung open-circuit armature, open-winding armature
~ mit Stabwicklung bar-wound armature
~/nutloser *s.* ~/glatter
~/ruhender stationary armature

Ankerabfall *m* release of armature
Ankerabschlußblech *n* armature end-plate
Ankerausgleichsleiter *m* armature winding equalizer
Ankerbandage *f* armature bandage
Ankerbandagenisolation *f* armature bandage insulation
Ankerblech *n* armature core disk, armature stamping (punching, lamination)
Ankerblechpaket *n* armature core
Ankerblechschnitt *m* armature punching
Ankerbohrung *f* armature bore
Ankerbolzen *m* anchor (stay) bolt
Ankerbüchse *f* armature hub
Ankerdraht *f* armature wire
Ankerdruckplatte *f* armature end plate
Ankereisen *n* armature iron (core)
Ankereisenverlust *m* armature iron loss
Ankerendplatte *f* armature head
Ankerfahne *f* armature end connection
Ankerfeld *n* armature field
Ankerfluß *m* armature (magnetic) flux
Ankerformspule *f* diamond-type armature coil
Ankerfuß *m* stay block
Ankerhaken *m* stay hook (stopper)
Ankerhub *m* armature stroke
Ankerjoch *n*, **Ankerkern** *m* armature core
Ankerklotz *m* stay block
Ankerkraftfluß *m* armature flux
Ankerkühlschlitz *m* armature duct
Ankerlager *n* armature bearing
Ankerleiter *m* armature conductor (wire)
Ankernabe *f* armature hub
Ankernut *f* armature slot
Ankernutkeil-Einschiebemaschine *f* armature wedge inserter
Ankerplatte *f* tie plate
Ankerprellen *n* armature chatter
Ankerpreßplatte *f* armature end plate
Ankerprüfgerät *n* armature tester
Ankerquerfeld *n* armature field
Ankerrückwirkung *f* armature reaction
Ankerrückwirkungsfeld *n* armature reaction field, opposing magnetic field of armature
Ankerschelle *f* pole ring *(an Masten)*
Ankerseil *n* guy *(eines Mastes)*
Ankerspannung *f* armature voltage
Ankerspule *f* armature coil
Ankerstab *m* 1. *(MA)* armature bar (conductor); 2. stay rod
Ankerstabisolation *f* armature conductor insulation
Ankerstellung *f* position of armature
Ankerstreufluß *m* armature leakage flux
Ankerstreuung *f* armature leakage
Ankerstrom *m* armature current
Ankerstromkreis *m* armature circuit
Ankerstromregelung *f* armature current control
Ankerurspannung *f* armature voltage
Ankerwelle *f* armature shaft
Ankerwickelmaschine *f* armature winder (winding machine)
Ankerwicklung *f* armature winding
~/einfach geschlossene simplex winding
~/offene open-coil armature winding
~ ohne Eisenkern coreless armature
Ankerwiderstand *m* armature resistance
Ankerzweig *m* path of armature winding
ankleben to stick; to glue *(mit Leim)*; to adhere
anklebend sticking; adhesive
Anklemmamperemeter *n* clamp ammeter
anklemmen to clamp; to connect
Anklingzeit *f* build-up time
Anklopfen *n (Nrt)* call waiting *(Systembetrieb)*
Anklopfschutz *m* intrusion protection
Anklopfton *m* call waiting tone
Anklopfverbindung *f* call waiting connection
ankommend incoming
ankoppeln to couple
Ankoppelöffnung *f* coupling aperture
Ankoppelschleife *f* input coupling loop
Ankoppelspule *f* feed retardation coil
Ankopplung *f* coupling
Ankopplungskreis *m* coupling network
Ankündigungston *m (Nrt)* call waiting tone
Ankündigungszeichen *n (Nrt)* presignal
Ankunftsplatz *m (Nrt)* incoming position
Ankunftsregister *n (Nrt)* incoming register
Anlage *f* 1. equipment; installation; assembly; set, system; plant; 2. arrangement, layout • **unabhängig von der ~ arbeitend** *(Syst, Dat)* off-line
~/datenverarbeitende data processor
~/elektrische electrical installation; electric plant
~/evakuierte evacuated plant
~ für hochwertige Wiedergabe *(Ak)* high-fidelity [reproducing] system
~/ortsfeste fixed installation
~/tonfrequente audio system
Anlagenausfall *m* system failure
Anlagenlabor *n* plant test laboratory
Anlagennullpotential *n* central ground
Anlagensteuerung *f* plant control
Anlagentechnik *f* industrial engineering
Anlagenzuverlässigkeit *f* system reliability
anlagern to add; to attach *(z. B. Elektronen)*
~/sich 1. to become attacked, to add; 2. to adsorb
Anlagerung *f* 1. addition; attachment *(von Elektronen)*; 2. adsorption
Anlagerungsenergie *f* attachment energy
Anlagerungsfrequenz *f* attachment frequency
Anlagerungskoeffizient *m* attachment coefficient
Anlaßanode *f* starter anode
Anlaßbatterie *f* starter battery
Anlaßbürste *f* starting brush
Anlaßdruckknopf *m* starting button
anlassen 1. to start; 2. to temper; to anneal *(Metalle)*

Anlassen *n* 1. starting [operation], start[-up]; 2. tempering; annealing *(Metalle)*
~/**asynchrones** asynchronous starting
~/**automatisches** automatic starting
~/**langsames** slow-speed starting
~ **mit Hilfsphase** split-phase starting
~ **mit Widerstand** rheostatic starting
Anlasser *m (MA)* starter, motor (resistance) starter; starting box *(Schalter)*
~/**automatischer** self-starter
~/**gekapselter** enclosed starter
~ **mit Schaltwalze** barrel controller
Anlasserkreis *m*, **Anlasserschaltung** *f (MA)* starting circuit
Anlasserwalze *f* starter drum
Anlaßhäufigkeit *f* starting frequency
Anlaßhebel *m* starting lever
Anlaßkabel *n* starting cable
Anlaßknopf *m* starting button
Anlaßkondensator *m* starting capacitor
Anlaßleistung *f* starting capacity
Anlaßmagnet *m* magneto; start (booster) magnet
Anlaßmotor *m* starting motor
Anlaßphasenschutz *m* starting open-phase protection
Anlaßregler *m* starting rheostat
Anlaßrelais *n* starting relay
Anlaßritzel *n* starter pinion
Anlaßschalter *m* 1. starting switch, switch[ing] starter, direct switch[ing] starter, [breaker] starter *(s. a.* Anlasser*)*; 2. *s.* Anlaßschütz
~/**mehrstufiger** multiple starting switch
Anlaßschaltung *f* starting connection
Anlaßschleifer *m* starting brush
Anlaßschütz *n* accelerating contactor, contactor starter
Anlaßspule *f* starting coil
Anlaßsteuerwalze *f* starter drum
Anlaßstrom *m* starting current
Anlaßstromstoß *m* starting impulse
Anlaßstufe *f* starter step; *(MA)* starter contact
Anlaßtransformator *m* transformer starter; starter autotransformer *(in Sparschaltung)*
Anlaßvorrichtung *f* starting device
Anlaßwicklung *f* starting winding
Anlaßwiderstand *m* 1. starting resistance; 2. starting resistor
Anlaßzeitrelais *n* time-limit start relay
Anlauf *m* start[-up], starting
~ **mit Kondensator** capacitor starting
~ **mit Spartransformator** autotransformer starting
~ **mit Widerstand** rheostatic starting
Anlaufbedingungen *fpl* starting conditions
Anlaufdrehmoment *n s.* Anlaufmoment
anlaufen 1. to start; 2. to tarnish *(Metalle)*
~/**leer** to start without load
Anlauferwärmung *f* starting temperature rise
Anlaufglas *n* temperature coloured glass
Anlaufkäfig *m* amortisseur *(bei Synchronmaschinen)*
Anlaufkäfigstab *m* amortisseur bar
Anlaufleistung *f* starting power
Anlaufmoment *n* starting (initial, stall, breakaway) torque
Anlaufnocken *m* start cam
Anlaufprüfung *f* starting test
Anlaufschicht *f* tarnishing film
Anlaufschritt *m (Nrt)* starting step, start pulse
Anlaufspannung *f* starting (initial) voltage
Anlaufstoß *m* starting impulse
Anlaufstrom *m* 1. starting (initial, stall) current; locked-rotor current; 2. residual current
Anlaufstromgebiet *n* residual current region
Anlaufverhalten *n* transient behaviour
Anlaufverhältnis *n* starting ratio
Anlaufwert *m* **eines Zählers** passivity of a meter
Anlaufwicklung *f* amortisseur winding *(bei Synchronmaschinen)*
Anlaufzeit *f* 1. start[ing] time; response time; 2. rise time *(der Übergangsfunktion)*
Anlaufzeitkonstante *f* acceleration constant
Anlaufzustand *m* residual current state
Anlegemeßgerät *n* hook-on meter *(z. B. Zangenstrommesser)*
anlegen to apply, to feed *(z. B. Spannung)*
~ **an** to apply to
~/**Besetztspannung** *(Nrt)* to apply busying potential
~/**eine Spannung** to apply voltage (tension)
Anlegen *n* **einer Spannung** voltage application, application of voltage
~ **eines Signals** *(Nrt)* application of a signal
Anlegewandler *m* split-core-type transformer, split-wire-type transformer
anleuchten to floodlight
anlöten an to solder to
Anmeldeleitung *f (Nrt)* recording line
anmelden to log on
~/**ein Gespräch** *(Nrt)* to file a call; to book a trunk call
Anmeldung *f* logon
annähernd approximate
Annäherung *f* 1. approach; 2. approximation *(Mathematik)*
~ **erster Ordnung** first-order approximation
~/**grobe** rough approximation
~/**lineare** linear approximation
~ **nullter Ordnung** zeroth (zero-order) approximation
~/**schrittweise** successive approximation
~/**stetige** continuous approximation
Annäherungsbeleuchtung *f* approach lighting
Annäherungskurve *f* approximate curve
Annäherungsschalter *m* proximity switch
Annäherungssignalsystem *n (FO)* approach control [system]
Annäherungswert *m* approximate value

Annahmetelefonistin *f* incoming operator
Annahmewert *m* assumed value
annehmen 1. to accept; 2. to assume *(einen Wert)*
~/Daten to accept data
Anode *f* anode; plate *(Elektronenröhre)* • **mit mehreren Anoden** multianode
~/bipolare bipolar anode
~/geschwärzte carbonized anode
~/massive solid anode
~/ringförmige annular anode
~/virtuelle virtual anode
O-Anode *f* freewheel[ing] diode
Anodenabfall *m* anode drop
Anodenableitung *f* anode (plate) conductance
Anodenakkumulator *m* anode accumlator
Anodenanschluß *m* anode connection (terminal, lead); anode supply
Anodenarm *m* anode arm
Anodenbasisschaltung *f* grounded-anode circuit, cathode follower *(Elektronenröhre)*
Anodenbasisverstärker *m* grounded-anode amplifier
Anodenbatterie *f* anode battery
Anodenbelastung *f* anode load
Anodenbelastungswiderstand *m* anode load resistance
Anodenbezugsspannung *f* anode potential
Anodenblech *n* anode plate
Anoden-B-Modulation *f* anode B modulation, B-modulation
Anodenbogen *m* anode arc
Anodenbrücke *f* anode bridge
Anodenbrumm *m* anode hum
Anodendrossel *f* anode choke (reactor)
Anodendunkelraum *m* anode dark space
Anodendurchbruchspannung *f* critical anode voltage
Anodendurchführung *f* anode leading-in wire
Anodeneffekt *m* anodic (anode) effect
Anodeneingangsleistung *f* plate power input
Anodenfall *m* anode drop
Anodenflamme *f* anodic flame *(Hochstromkohlebogen)*
Anodenfleck *m* anode spot
Anodenflüssigkeit *f* anolyte
Anodengebiet *n* anode region
Anodengitterkapazität *f* anode-grid capacitance
Anodengleichrichter *m* anode bend detector, plate detector
Anodengleichrichtung *f* anode [bend] rectification, plate detection
Anodengleichspannung *f* d.c. anode (plate) voltage
Anodengleichstrom *m* d.c. anode (plate) current
Anodengleichstromleistung *f* d.c. rating of anode (plate)
Anodenglimmen *n* anode glow
Anodenglimmhaut *f* anode sheath
Anodenglimmlicht *n* anode (positive) glow
Anodenhals *m* anode neck
Anodenkapazität *f* anode (plate) capacitance
Anodenkappe *f* anode cap
Anoden-Katoden-Abstand *m* anode-[to-]cathode distance
Anoden-Katoden-Kapazität *f* anode-cathode capacitance
Anodenklemme *f* anode (positive) terminal *(Batterie)*
Anodenkorb *m* anode cage
Anodenkreis *m* anode (plate) circuit
~/abgestimmter tuned anode circuit
~/zwischenfrequenzabgestimmter *(Nrt)* intermediate-frequency tank circuit
Anodenkreisspule *f* anode (plate) coil
Anodenkühlung *f* anode cooling
Anodenkupfer *n* anode copper
Anodenlebensdauer *f* anode life
Anodenleistung *f***/zugeführte** anode input power
Anodenleitung *f* plate conductor
Anodenleitwert *m* plate conductance
Anodenmetall *n* anode metal
Anodenmodulation *f* 1. anode [voltage] modulation, plate modulation; 2. Heising modulation *(mit Parallelröhre)*
Anodenneutralisation *f* anode (plate) neutralization
Anodenplatte *f* anode plate
Anodenpolarisation *f* anodic polarization
Anodenpotential *n* anode potential
Anodenpulsmodulation *f* plate pulse modulation
Anodenraum *m* anode (anodic) region; anode compartment
Anodenrauschen *n* anode (plate) noise
Anodenreaktion *f* anode (anodic) reaction
Anodenreinigung *f* anode cleaning *(Elektrolyse)*
Anodenrest *m* anode residue (scrap)
Anodenrückkopplung *f* anode (plate) feedback
Anodenruhestrom *m* steady (quiescent) anode current, steady plate current
Anodensack *m* anode bag
Anodenschicht *f* anode layer
Anodenschirm *m* anode screen (shield)
Anodenschlamm *m (Ch)* anode mud (slime, sludge)
Anodenschneiden *n* anode cutting
Anodenschutzgitter *n* anode screen
Anodenschutzwiderstand *m* anode stopper
Anodenschwamm *m* anode sponge *(elektrolytische Bleigewinnung)*
Anodenschwingkreis *m* tank-circuit oscillator, tank circuit
Anodenschwingkreiskapazität *f* tank capacity
Anodenseite *f* anode end
anodenseitig anode-end
Anodenspannung *f* 1. anode voltage (potential), plate voltage; 2. acceleration voltage, beam voltage *(Klystron)*
~/kritische cut-off voltage *(Elektronenröhre)*

Anodenspannungsabfall *m* anode voltage drop
Anodenspannungsalarmrelais *n* alarm relay for plate potential
Anodenspannungsänderung *f* change in plate voltage
Anodenspannungskennlinie *f* plate voltage characteristic
Anodenspannungsmodulation *f* anode (plate) voltage modulation, plate modulation
anodenspannungsmoduliert plate-modulated
Anodenspannungsschwankung *f* anode voltage fluctuation
Anodenspannungsverlust *m* anode voltage drop
Anodenspeisespannung *f* anode (plate) supply voltage
Anodenspeisung *f* anode (plate) supply
Anodenspitzenspannung *f* anode peak voltage, peak anode voltage
~ **in Durchlaßrichtung** peak forward anode voltage
~ **in Sperrichtung** peak inverse anode voltage
Anodenspitzensperrspannung *f* peak inverse anode voltage
Anodenspitzenstrom *m* peak anode current
Anodenspule *f* anode coil
Anodenspulenabgriff *m* anode tapping point
Anodenstab *m* anode stem
Anodenstrahl *m* anode ray
Anodenstrahlen *mpl* [corpuscular] anode rays
Anodenstrom *m* anode (anodic, plate) current
Anodenstrom-Anodenspannungs-Kennlinie *f* anode-current anode-voltage characteristic
Anodenstromdichte *f* anode (anodic) current density
Anodenstromfläche *f* anode current surface
Anodenstrom-Gitterspannungs-Kennlinie *f* grid-potential anode-current characteristic, plate-current grid-voltage characteristic
Anodenstromkennlinie *f* plate current characteristic
Anodenstrommodulation *f* anode current modulation
Anodenstromoberfläche *f* anode current surface
Anodenstromtastung *f* anode (plate) current keying
Anodenstromverlauf *m* plate current response
Anodenstumpf *m* anode butt
Anodentastung *f* anode keying
Anodentemperatur *f* anode temperature
Anoden- und Gitterkorrektur *f* anode and grid correction
Anodenverluste *mpl* anode dissipation
Anodenverlustleistung *f* anode (plate) dissipation [power], plate dissipation [power]
Anodenwiderstand *m* anode load (resistance); anode impedance
Anodenwinkel *m* anode angle; target angle *(Elektronenröhre)*
Anodenwirkungsgrad *m* anode (plate) efficiency
Anodenzerstäubung *f* anode sputtering
Anodenzündspannung *f* anode breakdown voltage; peak anode breakdown voltage *(Thyratron)*
Anodenzündung *f* anode firing
anodisch anodic
Anodisierung *f* anodization, anodizing, anodic oxidation
Anodisierungstechnik *f* anodization technique
Anolyt *m* anolyte
Anomalie *f*/**magnetische** magnetic anomaly
anordnen to arrange, to group, to place; to lay out
~/**in einem Gehäuse** to house
~/**in Kaskade** to cascade
~/**in Reihe** to array (join) in series, to seriate, to bank
~/**in Tabelle[n]** to tabulate
~/**kompakt** to compact
~/**mit Zwischenraum** to space
~/**schichtweise** to sandwich
Anordnung *f* arrangement; assembly; set-up; layout; configuration; bank
~/**bistabile** bistable arrangement
~ **der Instrumente** instrument layout
~ **hoher Dichte** high-density assembly *(Mikrobaugruppe)*
~ **in der Rückführung** feedback arrangement *(Regelkreis)*
~/**oberflächengesteuerte** *(ME)* surface effect structure
~/**reihenweise** series arrangement, seriation, array
~ **von Heizwiderständen** resistor assembly
Anotron *n* anotron
Anpaßeinheit *f* matching unit
anpassen to adapt; to adjust; to match; to fit; to suit; 2. to accommodate; 3. to line up
~ **an** to adapt to; to fit to
~/**sich** to adapt; to adjust
Anpassen *n* **mittels Stichleitung** stub matching
~/**richtiges** proper matching
anpassend/sich adaptive
Anpaßglied *n s.* Anpassungsglied
Anpaßstecker *m* adapter plug
Anpaßstichleitung *f* matching stub
Anpaßstück *n* adapter
Anpaßübertrager *m* matching transformer
Anpassung *f* 1. adaptation, adaption; adjustment; matching; fitting; 2. accommodation
~/**falsche** mismatch
~ **mit Hilfe der Fehlerquadratmethode** least squares fit
~/**richtige** correct match
~/**schlechte** maladaptation
Anpassungsblende *f* matching plate *(Wellenleiter)*
Anpassungsdämpfung *f* matching (non-reflection) attenuation
Anpassungseinrichtung *f* matching equipment

anpassungsfähig adaptable, adaptive; compatible; flexible
Anpassungsfähigkeit *f* adaptability; flexibility
~/größte maximum flexibility *(z. B. eines Geräts)*
Anpassungsfilter *n* 1. impedance transforming filter; 2. *(Licht)* visual correction filter, viscor filter
Anpassungsgerät *n* aligner
Anpassungsglied *n* adapter, matching element (pad); transforming (building-out) section *(HF-Leitung)*
~/peripheres *(Dat)* peripheral interface adapter, PIA
Anpassungsgrad *m* degree of match[ing]
Anpassungsimpedanz *f* matching impedance
Anpassungskabel *n* adapter cable
Anpassungskreis *m* matching circuit
Anpassungsleitung *f* matching line (stub)
Anpassungsnetzwerk *n* matching (conditioning) network; *(Nrt)* four-wire network
Anpassungsprogramm *n* postprocessor [program]
Anpassungsschaltung *f* 1. matching circuit; interface [circuit]; 2. adapter *(Gerät)*
~/elektronische interface [circuit]
Anpassungsscheinwiderstand *m* matching impedance
Anpassungsstift *m* matching pillar *(Wellenleiter)*
Anpassungsstreifen *m* matching strip *(Wellenleiter)*
Anpassungstransformator *m* [impedance-]matching transformer, coupling transformer
Anpassungsübertrager *m* matching transformer
~ für Mikrofone microphone transformer
Anpassungsvermögen *n* adaptability
Anpassungsverstärker *m* adapter amplifier
anpeilen to take a bearing
Anpeilung *f* taking of a bearing
Anpreßdruck *m* surface pressure; bearing pressure *(in Lagern)*
anquetschen to crimp
anregbar excitable
Anregbarkeit *f* excitability
Anregeglied *n* starting element *(Relais)*
Anregekontakt *m* initiating contact
anregen to excite; to activate; to energize; to power; to induce; to stimulate
~/durch Photonenabsorption to photoexcite
~/gewaltsam to force
Anregung *f* excitation; activation; stimulation
~/akustische acoustic excitation
~ durch Strahlung radiation excitation
~ eines Gases excitation of a gas
~/lichtelektrische photoexcitation, photoelectric excitation
~/mechanische mechanical excitation
~/stufenweise stepwise (step-by-step) excitation
~/thermische thermal excitation
Anregungsband *n* excitation band; *(Laser)* pumping band
Anregungsbedingung *f* excitation condition
Anregungsdauer *f* period of excitation
Anregungsenergie *f* excitation (stimulation) energy
Anregungsfrequenz *f* excitation frequency; forcing frequency
Anregungskurve *f* excitation curve
Anregungsmechanismus *m* *(Laser)* excitation mechanism
Anregungsniveau *n* excitation level
Anregungsquerschnitt *m* excitation cross section
Anregungsspannung *f* excitation voltage (potential)
Anregungsspektrum *n* excitation spectrum
Anregungstemperatur *f* excitation temperature
Anregungswellenlänge *f* excitation wavelength
Anregungszustand *m* excitation (excited) state
anreichern to enhance; to concentrate
Anreicherung *f* enhancement; concentration
Anreicherungsbetrieb *m* *(ME)* enhancement mode
Anreicherungs-MOS-Transistor *m* enhancement MOS transistor
Anreicherungsschicht *f* *(ME)* enhancement (accumulation) layer
Anreicherungs[transistor]treiber *m* enhancement driver
Anreicherungs-Verarmungs-Inverter *m* enhancement-depletion inverter, ED-inverter
Anreiz *m* stimulus
Anreizimpuls *m* stimulation pulse, stimulus
Anreizung *f* activation *(z. B. eines Gatters)*
Anruf *m* *(Nrt)* 1. [telephone] call *(s. a. unter* Ruf *und* Gespräch*)*; 2. *s.* Anrufversuch
~ an alle general call
~/angenommener accepted call
~/automatischer auto call, keyless ringing
~/bedingter conditional call
~/drahtloser wireless call
~ mit Abheben off-hook call
~/nicht zur Verbindung führender lost call
~ ohne Abheben on-hook call
~/unbeantworteter no-reply call
~/wiederholter recall
~/zurückgestellter deferred call
Anruf... *s. a.* Ruf... *und* Gesprächs...
Anrufabsicht *f* call intent
Anrufabstand *m* inter-arrival time
Anrufabweisung *f* call not accepted
Anrufanweisung *f* call statement
Anrufanzeiger *m* call indicator
anrufbar *(Dat)* callable
Anrufbeantworter *m* answering set, telephone responder
~/automatischer automatic answering equipment
Anrufbeantworter-Benachrichtungsdienst *m* customer-recorded information service
Anrufbestätigungszeichen *n* call-confirmation signal

Anrufbetrieb *m* **auf Fernleitungen** trunk signalling working
Anrufblockierung *f* call congestion
~**/relative** call congestion ratio
Anrufeinheit *f* call unit
Anrufeinrichtung *f* calling device
anrufen *(Nrt)* to call [up], to make a call, to [tele-] phone
Anrufen *n* calling
Anrufer *m* caller
Anruferkennung *f* call identification
Anruffolgedichte *f* arrival rate
Anrufhäufigkeit *f* calling rate
Anrufidentifizierung *f* calling line identification
Anrufintensität *f* call intensity
Anrufkette *f* call string
Anrufklappe *f* calling (switchboard) drop
Anrufklinke *f* calling jack
Anruflampe *f* calling [line] lamp
Anrufordner *m* allotter, traffic distributor
Anruforgan *n* answering equipment
Anrufschutz *m* incoming-call protection
Anrufsuchen *n* finding [action]
Anrufsucher *m* call (line) finder, finder [switch]
~**/erster** subscriber's line finder, primary line switch
~**/zweiter** second line finder, secondary line switch
Anrufteilung *f* call sharing
Anrufübernahme *f* call pick-up
Anruf- und Schlußlampe *f* calling and clearing lamp
Anrufverlegung *f* call transfer
Anrufversuch *m* bid
Anrufverteiler *m* call (traffic) distributor, hunting switch
Anrufverteilung *f*, **Anrufverteilungssystem** *n* call distribution (queueing) system
Anrufwecker *m* call bell
Anrufwelle *f***/allgemeine** *(Nrt)* general calling wave
Anrufwiederholabstand *m* call-repetition interval
Anrufwiederholung *f* call repetition
Anrufzeichen *n* call sign (signal)
~**/abgekürztes** abridged call sign
Ansagedienst *m (Nrt)* recorded information service, verbal announcement [service]
Ansagegerät *n (Nrt)* answer-only machine
ansagen/den Beginn einer Sendung to sign on *(Rundfunk)*
Ansager *m* [radio] announcer
Ansagestudio *n* continuity studio *(Rundfunk)*
ansammeln/sich to accumulate; to gather, to collect
Ansatz *m***/vektorieller** vectorial statement
Ansatzfeld *n (Nrt)* extension multiple section
Ansaugdruck *m* intake pressure
ansaugen 1. to absorb *(z. B. Elektronen)*; 2. to suck, to draw [in]
Ansaugen *n* 1. absorption *(z. B. von Elektronen)*; 2. suction, drawing
Ansauggeräusch *n* intake noise
Ansauggeräuschdämpfer *m* [air] intake silencer, air silencer, suction muffler
Ansaugluft *f* intake air
Ansaugschalldämpfer *m s.* Ansauggeräuschdämpfer
Ansaugstutzen *m* air intake
Ansaugsystem *n* suction system
Ansaugtakt *m* intake stroke
Ansaugventil *n* admission valve
Anschaltaktivierung *f (ME)* self-activation
anschalten to switch on, to turn on
Anschalten *n* switching-on, turning-on
Anschaltenetz[werk] *n (Nrt)* access network
Anschaltesatz *m (Nrt)* access relay set, connector
Anschaltklinke *f (Nrt)* operator's jack
Anschaltleitung *f (Nrt)* transfer circuit
Anschaltrelais *n (Nrt)* connecting relay
Anschaltstöpsel *m (Nrt)* operator's plug
Anschaltung *f (El)* activation *(s. a.* Anschalten*)*
Anschaltverlust *m (Nrt)* insertion loss
Anschlag *m (Ap)* stop, catch
~**/positiver** positive stop
anschlagdynamisch velocity-sensitive *(Tastatur)*
anschlagen to strike, to touch
~**/eine Taste** to strike a key
Anschlaghammer *m (Nrt)* printing hammer
Anschlagkraft *f* impact force
Anschlagnocken *m* stop dog
Anschlagschraube *f* stop screw
Anschlagstift *m* stop pin
anschließen to connect; to link; to plug in *(durch Steckkontakt)*; *(ME)* to bond; to attach
~**/in Reihe** to join in series
~**/mit Kabel** to cable-connect, to join by cable
Anschliff *m* polished section
Anschluß *m* 1. connection; telephone connection; 2. [connecting] terminal; port *(Mikrorechner)*; pin *(Steuerschaltkreis) (s. a.* Anschlußstück*)*; 3. *s.* Anschlußstelle • ~ **bekommen** *(Nrt)* to get through • ~ **genehmigt** attachment approved • **mit einseitigen Anschlüssen** single-ended
~**/elektrischer** electric[al] connection
~**/flexibler** flexible connection
~**/massiver** solid connection
~**/neutraler** neutral connection
~**/nichtbeschalteter** *(Nrt)* vacant number
~**/rückseitiger** rear connection
~**/sechspoliger** six-terminal connection
~**/symmetrischer** balanced feeder connection
~ **von unten** bottom connection
~**/vorderseitiger** front connection
~**/zugänglicher** accessible terminal
Anschlußabschirmung *f* connector shield
Anschlußart *f* mode (type) of connection
Anschlußauftrag *m (Eü)* follow-up order
Anschlußauge *n* terminal pad *(Leiterplatten)*

Anschlußbedingung *f* terminal condition
Anschlußbelegung *f* pin connections *(z. B. eines Chips)*; pin configuration *(z. B. eines Steckers)*; pinning [diagram]; terminal lead designation
anschlußbelegungskompatibel pin-compatible
Anschlußbereich *m (Nrt)* exchange (telephone) area
Anschlußbereichsgrenze *f (Nrt)* exchange boundary
Anschlußbesetztton *m (Nrt)* line-busy tone
Anschlußblock *m* connection (connecting) block
Anschlußbonden *n* interconnection bonding
Anschlußbrett *n* terminal board
Anschlußbuchse *f* connecting socket
Anschlußdichte *f (Nrt)* subscriber line density
Anschlußdose *f* connection (connecting, junction) box; wall socket *(unter Putz)*
Anschlußdraht *m* connecting wire, attachment (terminal) lead; *(ME)* bonding wire
Anschlußdrähtchen *n* pigtail
Anschlußebene *f* **zum Prozeß** process boundary
Anschlußeinheit *f* attachment unit interface
~ **an Glasfaserkabel** fibre optic medium attachment unit
~**/periphere** *(Dat)* peripheral interface unit, PIU
Anschlußelektrode *f* pad electrode
Anschlußelement *n* connector element
Anschlußfahne *f* tag, connection lug
Anschlußfaser *f* fibre optic pigtail
Anschlußfeld *n (ME)* conductor land, bonding pad (island), pad
Anschlußfinger *m* connection finger
Anschlußfläche *f* terminal pad *(Leiterplatten)*
Anschlußfolge *f (Dat)* linking sequence
anschlußfrei connectionless
Anschlußhülse *f* ferrule terminal
Anschlußimpedanz *f* supply impedance
Anschlußisolation *f* connection insulation
Anschlußkabel *n* connection (connecting) cable, power cord
Anschlußkanal *m* access channel
Anschlußkapazität *f* access capability
Anschlußkennung *f* calling line identity, station answerback
Anschlußklasse *f (Nrt)* class of line
Anschlußklemmblock *m* terminal block
Anschlußklemme *f* connecting (wiring, junction) terminal, [clamp] terminal, terminal (feeder) clamp
~**/schraubenlose** screwless terminal
Anschlußklemmenblock *m* terminal block
Anschlußklemmleiste *f* terminal strip
anschlußkompatibel pin-compatible
Anschlußkompatibilität *f* pin-to-pin compatibility
Anschlußkontakt *m* connection (connecting, terminal) contact
Anschlußkopf *m* junction head
Anschlußkosten *pl* connection charge
Anschlußlampe *f* working (reference) standard lamp
Anschlußlasche *f* terminal lug
Anschlußleiste *f* terminal connector (strip)
Anschlußleistung *f (An)* installed load
Anschlußleitung *f* connecting attachment, flying lead; service line; *(Nrt)* subscriber (branch) line
Anschlußloch *n* terminal hole *(Leiterplatten)*
Anschlußmodul *m* line module
Anschlußmöglichkeit *f* interconnection option
Anschlußmuffe *f* cable jointing sleeve
Anschlußnetz *n (Nrt)* subscriber line network
Anschlußnummer *f (Nrt)* call number
anschlußorientiert connection-oriented
Anschlußort *m* point of connection
Anschlußöse *f* terminal lug
Anschlußplatte *f* connection plate
Anschlußprüfung *f* connection check
Anschlußpunkt *m* connection (wiring) point; contact point; *(An)* junction point *(Maschennetz)*
Anschlußraum *m* wiring space
~**/großer** abundant wiring space *(Bauelemente)*
Anschlußschiene *f* connecting bar
Anschlußschnur *f* connection (connecting) cord, flexible cord (lead), cord, flex
Anschlußschraube *f* connecting screw (bolt), connection screw, terminal (binding) screw
Anschlußsockel *m* connector base
~ **für Thermoelemente** thermocouple connector base
Anschlußsperre *f (Nrt)* service denial
Anschlußstecker *m* attachment plug
Anschlußstelle *f* connection (connecting) point; *(ME)* bonding site, contact pad
Anschlußsteuerung *f* terminal control
Anschlußstift *m* [connecting] pin, connector (terminal) pin
Anschlußstöpsel *m* **der Sprechgarnitur** *(Nrt)* plug for operator's headset
Anschlußstück *n* connecting piece, connector, coupling
~**/faseroptisches** pigtail
Anschlußteile *npl* connection facilities
Anschlußtemperatur *f* lead temperature
Anschlußvereinbarung *f* linkage convention
Anschlußvermittlung *f* access switch
Anschlußverzerrung *f (Ak)* interface intermodulation
Anschlußvorschriften *fpl* power supply regulations
Anschlußwert *m* connected load *(Gerät)*; *(An)* installed load
Anschlußzubehör *n* connection accessories
anschuhen to shoe *(z. B. Masten)*
anschwellen to rise, to increase; *(Ak)* to swell
Anschwellen *n* rise, increase *(z. B. Strom)*; *(Ak)* swell
Anschwingen *n* oscillation build-up, starting of oscillations

Anschwingsteilheit *f* initial transconductance
Anschwingstrom *m* preoscillation current, transient state current
anspannen to strain, to stress
~/straff to tauten
Anspielautomatik *f*, **Anspielbetrieb** *m* *(Ak)* intro check
Ansprechbedingungen *fpl* operate conditions
Ansprechcharakteristik *f* response characteristic
Ansprechdauer *f* 1. melting (prearcing) time *(Schmelzsicherung)*; 2. *(Ak)* reacting duration
Ansprechempfindlichkeit *f* responsivity, response (operate) sensitivity, responsiveness
ansprechen to respond, to operate *(z. B. Relais)*; to pick up *(Meßfühler, Relais)*; to react; *(Ak)* to attack
~ auf/schnell to give quick response to
~/langsam to be sluggish in response
~ lassen/ein Relais to operate a relay
Ansprechen *n* response *(Relais)*; pick-up *(Meßfühler, Relais)*; *(Ak)* attack *(Ton)*
~ eines Ventilableiters *(Hsp)* spark-over of an arrestor
~/erzwungenes forced response
~/langsames slow (sluggish) response
~/schnelles quick (fast) response
~/sofortiges instant response
~/träges slow (sluggish) response
~/unbeabsichtiges false operation
~/unerwünschtes spurious response
~/ungewolltes unwanted response
~/verzögertes delayed response (action); slow pick-up
~/vorübergehendes transient response
ansprechend/langsam slow-response, slow-operating, slow-acting *(Relais)*
~/schnell quick-response, quick-operating, fast-response, fast-operating, fast-acting *(Relais)*
~/träge sluggish in action
Ansprechfrequenz *f* operating frequency
Ansprechfunktion *f* response function
Ansprechgeschwindigkeit *f* speed of response, operate speed *(Relais)*
Ansprechgleichspannung *f* d.c. spark-over voltage
Ansprechgrenze *f* operate (operating) margin; cut-off [margin] *(Relais)*
~ Null zero threshold
Ansprechimpulsspannung *f* *(Hsp)* impulse spark-over voltage
Ansprechkonstante *f* sensitivity constant
Ansprechmoment *n* pull-up torque *(Relais)*
Ansprechpegel *m* sensitivity level; operation level *(Relais)*
Ansprechschaltspannung *f* switching impulse spark-over voltage
Ansprechschaltspannungs-Kennlinie *f* switching impulse spark-over voltage-time curve
Ansprechschnelligkeit *f* *(Ak)* attack rate
Ansprechschwelle *f* 1. response (operation, operating) threshold *(Relais)*; 2. *(Meß)* discrimination threshold, dead band, threshold sensitivity, control resolution
Ansprechsicherheit *f s.* Ansprechsicherheitsfaktor
Ansprechsicherheitsfaktor *m* safety factor for response (pick-up) *(Relais)*
Ansprechsignal *n* threshold signal
Ansprechsollwert *m* must-operate value, specified pick-up value
Ansprechspannung *f* minimum operating voltage; threshold (critical, pick-up) voltage *(Relais)*; spark-over voltage *(Ableiter)*
50-Hz-Ansprechspannung *f* power-frequency spark-over voltage *(Ableiter)*
Ansprechstrom *m* minimum operating (working) current, threshold current; operating (actuating, pick-up) current *(Relais)*; fusing (minimum blowing) current *(Sicherung)*
Ansprechstromstärke *f* striking current *(Sicherung)*
Ansprechverhalten *n* spark-over performance (characteristic) *(Ableiter)*
Ansprechverhältnis *n* threshold ratio
Ansprechvermögen *n* responsivity; sensitivity, susceptibility
Ansprechverzögerung *f* operate delay *(Relais)*
Ansprechverzug *m s.* Ansprechzeit
Ansprechwechselspannung *f* alternating spark-over voltage *(Ableiter)*
Ansprechwert *m* minimum operating value; threshold [value]; responding (switching) value, pick-up (must-operate) value *(Relais)*
Ansprechzeit *f* reaction time; responding (response, pick-up, operating) time *(Relais)*; time to spark-over *(Ableiter)*; *(Meß)* answering time
Ansprechzeitkennlinie *f* response-time characteristic; impulse spark-over voltage-time characteristic *(Ableiter)*
Ansprechzeitkonstante *f***/elektrische** electric reaction time constant
ansprengen to wring [in contact]
Ansteckleuchte *f* on-base illuminator
ansteigen to rise, to increase; to ascend
Ansteigen *n s.* Anstieg
Ansteuerelektronik *f* control electronics
Ansteuerimpuls *m* drive pulse
ansteuern to drive; *(El)* to trigger *(durch Impuls)*; to gate *(Elektronenröhre)*
~/den Fernplatz *(Nrt)* to route the B-operator
~/eine Röhre to trigger a tube
Ansteuerschaltkreis *m* driver circuit, driver IC
Ansteuerung *f* drive; *(El)* activation *(z. B. eines Gatters)*; *(Dat)* selection
~ für Kleinrelais small relay driver
Ansteuerungskontrolle *f* *(Dat)* selection check
Ansteuerungsleitung *f* *(Dat)* selection line
Ansteuerungssatz *m* *(Nrt)* access circuit

Ansteuerungsschaltung *f (Dat)* selection circuit
Ansteuerungsstrom *m* drive current
Ansteuerungsverfahren *n (Dat)* selection technique
Ansteuerungsverhältnis *n (Dat)* selection ratio
Ansteuerungszeit *f* switching time; gate-controlled rise time *(Thyristor)*
Ansteuerverfahren *n (Dat)* selection technique
Anstieg *m* rise, rising, increase; slope *(Kurve)*
~ **der Absorption/allmählicher** gradual rise of absorption
~ **der Leitfähigkeit** rise in conductivity
~/**schroffer** abrupt rise
~/**sprungförmiger** jump rise; stepwise rise
~/**steiler** steep rise
Anstiegsantwort *f (Syst)* ramp response *(Rampenfunktion)*
Anstiegsdauer *f* rise time *(Impuls)*
Anstiegsfunktion *f (Syst)* ramp [function] *(Rampenfunktion)*
Anstiegsgeschwindigkeit *f* rate (rating) of rise, rise rate (speed); slewing rate
Anstiegskante *f* leading edge *(Impuls)*
Anstiegssteilheit *f* rise gradation
Anstiegsverzögerung *f* ramp response
Anstiegsvorgang *m* ramp
Anstiegszeit *f* rise time, time of rise; build-up time; *(Syst)* ramp response time
~ **des Sperrerholstroms** reverse recovery current time of rise
~ **eines Impulses** pulse rise time
~/**kurze** fast rise time
Anstiegszeitkonstante *f* time constant of rise
Anstoßelektron *n* impact electron
anstoßen/einen Stromkreis to impulse
Anstoßschalter *m* trip pressure switch
anstrahlen to floodlight
Anstrahlung *f* floodlighting
Anstrahlungswinkel *m* radiation angle
Anstrich *m* coat [of paint], paint; coating, painting, covering
~/**glänzender** glossy coat
~/**leitfähiger** conducting paint (coat)
Anstrichlack *m*/**thixotroper** gel lacquer *(z. B. für Tauchlackierung)*
Anteil *m* portion; proportion; fraction; component
~ **des Ausgangssignals/nützlicher** *(Syst)* desired portion of the output [signal]
Antenne *f* aerial, *(Am)* antenna
~/**abgeschirmte** screened aerial
~/**abgestimmte** tuned (resonant) aerial
~/**aperiodische** untuned (non-resonant, aperiodic) aerial
~/**ausziehbare** telescopic aerial
~/**belastete** loaded aerial
~/**dielektrische** dielectric aerial
~/**gespeiste** active aerial
~/**horizontal gebündelte** broadside aerial
~/**horizontal polarisierte** horizontally polarized aerial
~/**in der Mitte erregte** centre-fed aerial
~/**indirekt gespeiste** *s.* ~/mittelbar gespeiste
~/**künstliche** artificial (dummy) aerial
~/**mehrfach abgestimmte** multiple-tuned aerial
~ **mit abgeschirmter Zuleitung** anti-interference aerial, antistatic aerial
~ **mit Dachkapazität** top-capacitor aerial, top-loaded aerial
~ **mit Deltaanpassung** delta-matched aerial
~ **mit Endbelastung** loaded aerial
~ **mit fortschreitenden Wellen** travelling-wave aerial, progressive-wave aerial
~ **mit schwenkbarem Strahlungsdiagramm** array with variable polar diagram
~ **mit schwenkbarer Strahlungsrichtung** steerable aerial
~ **mit stehenden Wellen** standing-wave aerial
~/**mittelbar gespeiste** indirectly fed aerial, parasitic aerial
~/**nichtabgestimmte** *s.* ~/aperiodische
~/**oberwellenerregte** harmonic aerial
~/**offene** open aerial
~/**parallelgespeiste** shunt-fed aerial
~/**scharfbündelnde** pencil beam aerial
~/**schwundmindernde** antifading (fading-reducing) aerial
~/**steuerbare** steerable aerial
~/**störungsarme** antistatic (anti-interference) aerial
~/**stromgespeiste** current-fed aerial
~/**unbelastete** unloaded aerial
~/**verstellbare** steerable aerial
λ/4-Antenne *f* quarter-wave aerial
Antennenabgleichmittel *npl* aerial tuning means
Antennenableitdrossel *f* choke coil
Antennenableiter *m* aerial discharger
Antennenableitung *f* aerial down-lead
Antennenabschwächer *m* aerial attenuator
Antennenabstand *m* spacing between aerials
Antennenabstandsfehler *m* aerial spacing error
Antennenabstimmhaus *n* aerial tuning house (hut)
Antennenabstimmkondensator *m* aerial tuning capacitor
Antennenabstimmspule *f* aerial tuning coil, aerial [tuning] inductance
Antennenabstimmung *f* aerial tuning
Antennenanfachung *f* aerial excitation
Antennenankopplung *f* 1. aerial coupling *(Vorgang)*; 2. aerial [coupling] coil
Antennenanlage *f* aerial system
Antennenanordnung *f* **für Längsstrahlung** end-on directional array
~/**lineare** linear aerial array
Antennenanpassungskreis *m* aerial matching circuit

Antennenanpassungsschaltung *f* aerial coupling circuit
Antennenantrieb *m* aerial drive *(zum Drehen)*
Antennenanzeigeskale *f* aerial repeat dial
Antennenblindwiderstand *m* aerial reactance
Antennenbuchse *f* aerial jack (socket)
Antennencharakteristik *f* [aerial] radiation pattern, directional pattern (characteristic), radiation characteristic (diagram)
Antennendämpfung *f* aerial damping
Antennendämpfungsdekrement *n* aerial decrement
Antennendraht *m* aerial wire
Antennendrossel *f* aerial choke
Antennendurchführung *f* aerial duct
Antenneneffekt *m* vertical effect, [residual] aerial effect
Antenneneinführung *f* aerial lead-in
Antenneneingang *m* aerial input
Antenneneingangsimpedanz *f* aerial feed impedance
Antenneneingangsleistung *f* aerial input
Antennenelement *n*/**strahlungsgekoppeltes (ungespeistes)** parasitic aerial element
Antennenendgewicht *n* fish *(Schleppantenne)*
Antennenerdungsschalter *m* aerial earthing switch, *(Am)* antenna grounding switch
Antennenfeld *n* aerial bay
Antennenfrequenzwandler *m* antennaverter
Antennenfuß *m* aerial base
Antennengewinn *m* aerial (power) gain
~/**relativer** relative [aerial] gain
Antennengruppe *f* aerial array
~/**phasengesteuerte** phased array
Antennenhaspel *m(f)* aerial winch (reel)
Antennenhöhe *f* aerial height
~/**effektive** effective [aerial] height
~/**mittlere** average aerial height
Antennenimpedanz *f* aerial impedance
Antenneninduktivität *f* aerial inductance
Antennenisolator *m* aerial insulator
Antennenjustierachse *f* aerial boresight axis
Antennenkabel *n* aerial cable
Antennenkapazität *f* aerial capacitance
Antennenkombination *f* aerial array
Antennenkoppelspule *f* aerial [coupling] coil
Antennenkopplungskondensator *m* aerial coupling capacitor
Antennenkopplungsspule *f* aerial [coupling] coil
Antennenkreis *m* aerial circuit
Antennenkreistastung *f* aerial circuit keying
Antennenlänge *f*/**effektive** effective aerial length
Antennenleistung *f* aerial power
Antennenlinse *f* aerial lens *(Radar)*
Antennenlitze *f* [stranded] aerial wire
Antennenmast *m* aerial mast (tower)
~/**abgespannter** guyed aerial mast
~/**freitragender** self-supporting aerial mast
~/**selbstschwingender** mast-stayed radiator
Antennenmeßfeld *n* aerial testing site
Antennennachführungseinrichtung *f* aerial tracking system
Antennenöffnung *f* aerial aperture
Antennenprüfgerät *n* aerial testing set
Antennenquerschnitt *m* aerial cross section
Antennenquerstrebe *f* aerial yard
Antennenrauschen *n* aerial noise (pick-up)
Antennenreflektor *m* aerial reflector
Antennenrichtdiagramm *n* aerial directivity pattern
Antennenschalter *m* aerial switch
Antennenschaltfeld *n* aerial control table
Antennenscheinwiderstand *m* aerial impedance
~ **am Speisepunkt** aerial feed impedance
Antennenspannung *f* aerial voltage
Antennenspeisekabel *n* aerial feeder
Antennenspeiseleitung *f* aerial feeder (transmission line)
Antennenspeisescheinwiderstand *m* aerial feed impedance
Antennenspeisung *f* aerial feeding
~/**direkte** direct feed of the aerial
Antennenspiegel *m* aerial reflector
Antennenspule *f* aerial coil
Antennenstab *m* aerial rod
Antennenstrahlungswiderstand *m* aerial radiation resistance
Antennenstrom *m* aerial current
Antennenstützmast *m* aerial-supporting tower
Antennenstützpunkt *m* aerial support
Antennensystem *n*/**interferenzarmes** anti-interference aerial system
~/**lineares** linear aerial array
~/**schwundminderndes** antifading aerial system
~/**störungsarmes** anti-interference aerial system
Antennentechnik *f* aerial engineering
Antennenträger *m* aerial support
Antennentransformator *m* aerial transformer
Antennentrommel *f* aerial winding drum, aerial winch
Antennenturm *m* aerial tower (mast)
Antennenübersprechen *n* aerial cross talk
Antennenumschalter *m* aerial change-over switch
Antennenverkleidung *f* radome; aerial fairing
Antennenverkürzungskondensator *m* aerial shortening (series) capacitor
Antennenverlängerungsspule *f* aerial loading coil (inductance)
Antennenverlust *m* aerial loss
Antennenverlustwiderstand *m* aerial loss resistance
Antennenverstärker *m* aerial amplifier (booster), *(Am)* antennafier
Antennenverstärkereinheit *f* aerial amplifier unit
Antennenverstärkereinschub *m* aerial amplifier insert
Antennenverstärkung *f* aerial gain
Antennenwand *f* aerial curtain

Antennenweiche *f* combiner; *(Nrt)* multiplexer
Antennenwinde *f* aerial winch (reel)
Antennenwirkungsgrad *m* aerial (radiation) efficiency
Antennenwirkwiderstand *m* aerial resistance
Antennenzuführung *f* aerial down-lead
Antennenzug *m* aerial strain
Antennenzuleitung *f* aerial lead-in
Anti-Aliasing-Filter *n (Syst)* anti-aliasing filter *(zur Vermeidung von Abtastverzerrungen)*
Antiblockiersystem *n* antiblocking system
Antiferroelektrika *npl* antiferroelectrics
antiferroelektrisch antiferroelectric
Antiferroelektrizität *f* antiferroelectricity
antiferromagnetisch antiferromagnetic
Antiferromagnetismus *m* antiferromagnetism
Antihavarietraining *n* anti-average training
Antikatode *f* anticathode; target *(Elektronenröhren)*
Antikatodenleuchten *n* anticathode luminescence
Antikoinzidenzschaltung *f* anticoincidence circuit
Antikollisionslichter *npl* anticollision lights
antimagnetisch antimagnetic, non-magnetic
Antimonelektrode *f* antimony electrode
Antiparallelschaltung *f* antiparallel (back-to-back) connection
~/**kreisstromfreie** circulating-current-free antiparallel coupling
Antireflexbelag *m (Licht)* antireflection coating (film)
Anti-Stokes-Linie *f* anti-Stokes line *(Optik)*
Antivalenz *f* exclusive OR, XOR *(Schaltalgebra)*
Antivalenzelektron *n* antibonding electron
Antivalenzschaltung *f* exclusive OR circuit
antreiben *(MA)* to drive; to propel
~/**einen Strom** to drive a current
Antrieb *m* 1. drive; propulsion; 2. prime mover *(für Generatoren)* • **mit elektrischem** ~ electrically driven
~/**begrenzter** limited drive
~ **des Stellgliedes** *(Syst)* drive of regulating unit
~ **des Zeitmarkengebers** time motor
~/**dieselelektrischer** Diesel-electric drive
~/**direkter** direct drive
~/**drehzahlgeregelter** adjustable-speed drive
~/**drehzahlkonstanter** constant-speed drive
~/**elastischer** shock-absorbing drive *(mit Stoßdämpferkupplung)*
~/**elektromechanischer** electromechanical drive
~/**frequenzgestellter** variable-frequency drive
~/**geregelter** closed-loop controlled drive
~/**hydraulischer** hydraulic drive
~/**mechanischer** mechanical drive
~ **mit einstellbarer Drehzahl** adjustable-speed drive
~ **mit Elektromotor** electric motor drive
~ **mit veränderlicher Drehzahl** variable-speed drive
~/**turboelektrischer** turbo-electric drive
~/**unstetiger** discontinuous drive
~/**zweiseitiger** double-sided drive
Antriebsbalg *m* actuator bellows *(pneumatische Regelung)*
Antriebsdrehzahl *f* driving speed
Antriebseinheit *f* propulsion unit
Antriebsfrequenz *f* drive frequency
Antriebshebel *m* actuating arm
Antriebsimpuls *m* driving pulse
Antriebsknopf *m* driving knob
Antriebskraft *f* driving force
Antriebsleistung *f* 1. drive (driving) power; 2. input
Antriebsmagnet *m* drive (driving) magnet
Antriebsmaschine *f* prime mover *(für Generatoren)*
~/**elektrische** electric driving machine
Antriebsmechanismus *m* driving mechanism
Antriebsmotor *m* drive (driving) motor
~/**direkter** direct-drive motor
~ **für die Tonrolle** capstan motor *(Tonbandgerät)*
~ **für eine hydraulische Pumpe** hydraulic-pump motor
Antriebsorgan *n* drive (driving) element
Antriebsregler *m* motor controller
Antriebsritzel *n* driving pinion
Antriebsrolle *f* capstan *(Magnetbandgerät)*
~/**gegenläufige** contrarotating capstan
Antriebsschraube *f* propeller
Antriebsseite *f (MA)* driving side
Antriebsspule *f* driving coil
Antriebsstrom *m* driving current
Antriebsstromkreis *m* driving circuit
Antriebssystem *n* driver unit *(z. B. bei Lautsprechern)*
Antriebsüberwachung *f* propulsion control
Antriebswelle *f* drive shaft, driving (drive) axle; capstan *(Magnetbandgerät)*
Antwort *f* answer, response, reply
~/**automatische** auto answer
~/**unbedingte** definite response
Antwortbake *f* responder beacon; radar beacon, racon
Antwortempfänger *m* reply receiver
Antwortfrequenz *f* reply frequency
Antwortgerät *n (Nrt)* answering set, responsor
Antwortimpuls *m* reply pulse
Antwortrahmen *m (Nrt)* response frame
Antwortschaltkreis *m* reply circuit
Antwortsender *m* transmitter responder, transponder
Antwortwelle *f (Nrt)* answering wave
anwachsen to increase, to grow, to rise
Anwachsen *n* increase, growth, rise; increment
~/**monotones** monotonous increase
anwachsend increasing, rising; incremental
anwärmen to warm up, to preheat
Anwärmen *n* warming[-up], preheating, heating[-up]

Anwärmofen *m* preheater, preheating oven
Anwärmzeit *f* warming-up period (time), heat-up period (time), heating[-up] time
anweisen 1. to assign, to allocate *(Frequenzen, Speicherplätze)*; 2. *(Dat)* to instruct, to command
Anweisung *f* 1. assignment; 2. *(Dat)* statement, instruction, command *(s. a. unter* Befehl*)*
~/allgemeine general statement (instruction)
~/bedingte conditional statement
~/einfache basic statement (instruction)
~/markierte labelled statement (instruction)
~/rechnergestützte computer-aided statement (instruction)
~/unbedingte unconditional statement (instruction)
~/verschachtelte nested statement (instruction)
~/zusammengesetzte compound[ed] statement, compound[ed] instruction
Anweisungssprache *f* query language *(Programmierung)*
anwendbar applicable
anwenden to apply, to use
~/wieder to reapply
anwenderfreundlich user-oriented
Anwenderkonfiguration *f*, **Anwenderoberfläche** *f* user environment
Anwenderprogramm *n* user program
Anwenderschnittstelle *f* user interface
Anwendersoftware *f (Dat)* custom (user) software; application software
anwenderspezifisch user-specific, user-oriented
Anwenderteil *m* **für Betrieb und Wartung** operations and maintenance application part, OMAP
~ für Fernsprechen telephone user part
~ für ISDN-Zwecke *(Nrt)* ISDN user part, integrated services digital network user part
Anwendung *f* application, use
~ der Infrarotstrahlung infrared application
~/praktische practical application
~ von magnetischen Feldern application of magnetic fields
Anwendungsausfall *m* use failure
Anwendungsbedingungen *fpl* normal conditions of use
Anwendungsbereich *m* application range, scope of application
Anwendungsgebiet *n* application field, field of use (application)
Anwendungsinformation *f* application information
Anwendungsklasse *f (Nrt)* applicability class
Anwendungsmöglichkeit *f* application possibility
~/industrielle industrial application
anwendungsorientiert application-oriented, user-oriented
Anwendungsprogramm *n (Dat)* application program
Anwendungsschicht *f* application layer
Anwurfmotor *m* starting motor
Anwurfschalter *m* motor-starting switch
Anzahl *f* **der Dunkelimpulse** dark pulse rate
~ der Windungen number of turns
Anzapfdrossel *f* tapped inductor
Anzapfeinstellung *f* tap setting
anzapfen to tap [off]; to bleed *(Dampf)*
~/eine Leitung to tap a wire
~/in der Mitte to centre-tap
Anzapfen *n s.* Anzapfung
Anzapfschaltwerk *n* off-circuit tap changer *(stromlos schaltbares Schaltwerk)*
Anzapfschütz *n* tapping contactor
Anzapfstelle *f* tapping point
Anzapftransformator *m* tapped transformer; split transformer *(mit geteilter Wicklung)*
Anzapfturbine *f* bleeding turbine
Anzapfumschalter *m* centre-type off-load tap changer
Anzapfung *f* tap[ping]; bleeding *(von Dampf)*
Anzapfungsleiter *m* branch conductor
Anzapfwiderstand *m* tapped resistor
Anzeige *f* 1. indication; reading; read-out *(z. B. Speicher)*; display *(optisch)*; meter indication; response *(Meßgerät)*; warning; 2. *s.* Anzeigegerät
~ der Abstimmitte tuning centre indication
~/digitale digital indication (display)
~/direkte direct indication *(Meßgerät)*
~/dreiziffrige three-digit display (indication)
~ durch Punktreihe incremental display
~/einzeilige in-line display (read-out)
~/elektrochrome electrochromic display, ECD
~/elektrophoretische electrophoretic image display
~/fehlerhafte erroneous indication
~/ferroelektrische ferroelectric display
~/fünfstellige five-place display (read-out)
~/helle brilliant display
~/kontinuierliche (laufende) continuous display
~/lichtstarke brilliant (high-intensity) display
~/lineare linear display
~/numerische numerical indication
~/optische visual (visible) display, optical read-out
~/sechsstellige six-digit display (indication)
~/sofortige instantaneous display
~/vierstellige four-digit display (read-out)
~/visuelle *s.* ~/optische
~ von parasitären Regelschwingungen hunting indication
Anzeigeänderung *f* variation [in indication] *(durch Einflußgröße)*
Anzeigebereich *m* indicating range; primary indicator range *(Arbeitsbereich auf der Skale)*
Anzeigebildröhre *f* display tube
Anzeigebit *n* condition code bit
Anzeigedynamik *f* speed of indication, [speed of] response
~ „Impuls“ *(Ak)* impulse response
~ „Langsam“ *(Ak)* slow response
~ „Schnell“ *(Ak)* fast response
Anzeigeeinheit *f* display unit

Anzeigeeinrichtung *f* indicating (read-out, display) device, indicator; telltale
Anzeigefehler *m* indication error, error of indication (response)
Anzeigefeld *n* panel for display
Anzeigefunkenstrecke *f* indicating gap *(Ableiter)*
Anzeigegenauigkeit *f* indicating accuracy
Anzeigegerät *n* display (read-out) device, display (presentation) unit, read-out equipment, indicator
Anzeigegeschwindigkeit *f* speed of indication; read-out rate
Anzeigeinstrument *n* indicating instrument *(s. a.* Anzeigegerät*)*
Anzeigelampe *f* indicating lamp, indicator light
anzeigen to indicate; to display; to read
~/**auf einer Katodenstrahlröhre** to display on a cathode-ray tube
~/**auf einer Skale** to dial
~/**digital** to display in digital form
~/**optisch** to indicate optically, to display
~/**sichtbar** to indicate visually
Anzeigepunkt *m* indication point
Anzeiger *m* indicator
~ **einer Regelabweichung** deviation indicator
Anzeigeregister *n* display register
Anzeigeröhre *f* display (indicator, indicating) tube, read-out bulb, visual indicator tube
Anzeigeschaltung *f* indicating (read-out) circuit; meter circuit
Anzeigeschirm *m* display screen
Anzeigeskale *f* indicating scale
Anzeigetafel *f* indication (indicator) panel; display board
Anzeigevorrichtung *f* indicating (read-out) device
~ **mit Leuchtziffern** luminescent digital indicator
Anzeigewert *m* indicated value
Anzeigewort *n* condition word
Anzeigezeit *f* display time *(Sichtspeicherröhre)*
anziehen 1. to pick (pull) up, to respond, to operate *(Relais)*; 2. to attract *(z. B. Elektronen)*
~/**Feuchtigkeit** to attract moisture
Anziehen *n* pick-up, pull-in *(Relais)*
Anziehung *f* attraction
~/**elektrostatische** electrostatic attraction
~/**gegenseitige** reciprocal (mutual) attraction
~/**magnetische** magnetic attraction
~/**molekulare** molecular attraction
~/**wirksame** active attraction
Anziehungskraft *f* attractive force (power)
~/**magnetische** magnetic attraction
Anzugsdrehmoment *n s.* Anzugsmoment
Anzugsmoment *n* initial (starting, stall) torque; locked-rotor torque
Anzugsstrom *m* making current; pick-up current *(Relais)*
Anzugszeit *f* pull-in time *(Relais)*
aperiodisch aperiodic, non-periodic
~ **ausschwingend (gedämpft)** dead-beat, aperiodic damped, non-oscillatory-damped

Apertur *f* aperture *(Optik)*
~/**numerische** numerical aperture
Aperturbegrenzung *f* aperture limitation
Aperturblende *f (Licht)* aperture diaphragm (stop); *(Laser)* aperture correction (iris)
Aperturkopplung *f* aperture coupling
Aperturwinkel *m* aperture angle
Aplanat *m* aplanatic system *(Optik)*
A-Platz *m (Nrt)* A-position
Apostilb *n s.* Candela je Quadratmeter
Apparat *m* apparatus, device, set, equipment; *(Nrt)* telephone [set], phone • **am ~ bleiben** *(Nrt)* to hold the line
Apparatesatz *m* assembly
Apparateverzerrung *f (Nrt)* inherent (characteristic) distortion
Apparatur *f* equipment, apparatus
Apparatwecker *m (Nrt)* station ringer
Applikatenachse *f* Z-axis
Approximation *f* approximation
~/**lineare** linear approximation
~/**schrittweise** stepwise approximation
~/**stückweise lineare** broken-line approximation
~/**Tschebyscheffsche** Chebyshev['s] approximation
Approximationsfunktion *f* approximation function
Approximationsgerade *f* approximating line
Approximationsintervall *n* approximation interval
Approximationsmethode *f* method of approximation
approximativ approximate
approximieren to approximate
APT APT, automatic programming for tools *(Programmiersprache für Werkzeugmaschinen)*
Aquadag-Belag *m* aquadag film *(Katodenstrahlröhre)*
äquidistant equidistant, equally spaced
äquipotential equipotential, isopotential
Äquipotentialfläche *f* equipotential (isopotential) surface
Äquipotentialkatode *f* equipotential cathode
Äquipotentiallinie *f* equipotential (isopotential) line
äquivalent equivalent
Äquivalent *n*/**elektrochemisches** electrochemical (Faraday) equivalent
Äquivalentanode *f* virtual anode
Äquivalentblendung *f (Licht)* equivalent glare
Äquivalentdosis *f*/**höchstzulässige** maximum permissible dose equivalent *(Strahlenschutz)*
Äquivalentkontrast *m (Licht)* equivalent contrast
Äquivalentleitfähigkeit *f* equivalent conductivity
Äquivalentleuchtdichte *f* equivalent luminance
Äquivalentstromdichte *f (Ch)* equivalent current density
Äquivalenzbeziehung *f (Ak)* trading relation[ship]
Äquivalenzparameter *m* [level-time] exchange rate *(Dauerschallpegel)*

Äquivalenzschaltelement *n* equivalence switch
Äquivalenzschaltung *f* equivalence circuit
Äquivokation *f* equivocation *(Informationstheorie)*
ARAEN *s.* Bezugsapparat zur Bestimmung der Ersatzdämpfung
ARAEN-Sprachvoltmeter *n* ARAEN speech voltmeter
Arbeit *f* 1. *(Ph)* work, energy; 2. operation; function
~/äußere external work
~/elektrische electric[al] work, electric energy
~/maximale maximum work
~/mechanische mechanical work
arbeiten to work, to operate; to run *(z. B. Maschine, Motor)*; to function
~/auf einer Wellenlänge to operate on a wavelength
~/in Einzelbetrieb to operate as isolated plant *(Kraftwerk)*
~/in Phasenopposition to act in opposite phases
~/mit Wechselstrom to operate on a.c. mains
Arbeiten *n*:
~/gleichzeitiges concurrent operation
~ in Reihenschaltung series working
~ mit natürlicher Erregung free-current operation
~/richtungsabhängiges directional operation *(z. B. Relais)*
~/verzögertes delayed action
Arbeiten *fpl* **mit Rechnerunterstützung/technische** computer-aided engineering, CAE
arbeitend/im Dialogbetrieb *(Dat)* conversational
~/indirekt indirect-acting
~/kontinuierlich continuously operating
~/selbständig autonomous
~/unabhängig *(Dat)* off-line
~/unter Rechnerführung on-line
Arbeitsablauf *m* sequence of operations, operating sequence, operational procedure
Arbeitsabstand *m* working distance
Arbeitsbedingung *f* working (service) condition; operating (operational) condition
Arbeitsbereich *m* operating (working) range *(z. B. eines Reglers)*; region of operation *(Relais)*
~ der Dauerschwingungen *(Syst)* self-oscillating range *(z. B. im Kennlinienfeld)*
~ einer Regelung *(Syst)* full operating range
~/instabiler *(Syst)* unstable range of operation
~/linearer *(Syst)* linear range of operation
~/sicherer *(Dat)* safe operating area
Arbeitscharakteristik *f* load (operating) characteristic
Arbeitsdiagramm *n* performance chart
Arbeitselektrode *f* working electrode
Arbeitsfolge *f* operating sequence; *(Dat)* routing sequence
Arbeitsfolgeplan *m* *(Dat)* routing sheet
Arbeitsfrequenz *f* working (operating) frequency; *(Nrt)* traffic frequency
~/optimale *(Nrt)* optimum traffic frequency
Arbeitsgang *m* operation, working process; procedure; cycle [of operation]; pass
Arbeitsgas *n* working gas
Arbeitsgeschwindigkeit *f* 1. operating (operation, working) speed, speed of operation[s]; 2. *(Dat)* calculating speed, computing speed (velocity)
Arbeitskennlinie *f* working (operating, load) characteristic; performance characteristic
Arbeitskondensator *m* work[ing] capacitor
Arbeitskontakt *m* normally open contact (interlock); make (operating) contact, make-contact element (unit) *(Relais)*; *(Ap)* off-normal contact
Arbeitslage *f* operative position
Arbeitsmeßmittel *npl* working [measuring] instruments, ordinary measuring instruments
Arbeitsmodul *m* *(Nrt)* index of cooperation *(Faksimile)*
Arbeitsnormal *n* working standard
Arbeitsplatz *m* operating position
Arbeitsplatzbeleuchtung *f* local lighting
Arbeitsplatzkonzentration *f***/maximale** maximum allowable concentration
Arbeitsplatzleuchte *f* local lamp, close work fitting
Arbeitsprinzip *n* operating principle
Arbeitsprogramm *n* *(Dat)* working program
Arbeitsprüfung *f* service test; operating duty test *(Ableiter)*
Arbeitspunkt *m* operating (working) point; bias point *(Kennlinien)*
~ für große Aussteuerung high-level operating point
~/mittlerer mean operating point *(auf einer Kennlinie)*
~/statischer quiescent point
Arbeitsraum *m* working space *(Ofen)*
Arbeitsrechner *m* main processor
Arbeitsregistersatz *m* *(Dat)* working register set
Arbeitsschutzbestimmungen *fpl* safety regulations
Arbeitsspannung *f* operating (working) voltage, work tension; closed-circuit voltage, on-load voltage *(Batterie)*
Arbeitsspeicher *m* *(Dat)* working memory, internal memory; main memory (store) *(Digitalrechner)*
Arbeitsspeicherung *f* *(Dat)* working storage
Arbeitsspiel *n* operational (working) cycle, cycle; *(MA, Ap)* duty cycle
Arbeitsstellung *f* working position; on-position
Arbeitsstrom *m* operating current; full-load current
Arbeitsstromalarmgerät *n* open-circuit alarm device
Arbeitsstromauslöser *m* operating current release, overload release
Arbeitsstrombetrieb *m* open-circuit working
Arbeitsstromkontakt *m* open contact
Arbeitsstromrelais *n* working current relay
Arbeitsstromschaltung *f* *(Ap)* circuit-closing connection
Arbeitsstromsystem *n* open-circuit system

Arbeitstakt *m* operating (working, action) cycle
Arbeitstemperatur *f* operating (working) temperature
Arbeitstemperaturbereich *m* operating temperature range
Arbeitsverzerrung *f (Nrt)* operational distortion
Arbeitsweise *f* working (operating) method, [mode of] operation; operating (working) procedure; function *(Gerät)*
~/automatische automatic operation
~/parallele *(Dat)* parallel operation
~/serielle *(Dat)* serial operation
Arbeitswelle *f (Nrt)* working wave
~/elektrische electric driving gear
Arbeitswert *m* operation value
Arbeitswiderstand *m* load resistance
Arbeitszeitzähler *m* running-time meter
Arbeitszustand *m* operate condition *(Relais)*
Arbeitszyklus *m* operating (working) cycle, cycle [of operation]; *(MA, Ap)* duty cycle
~/vollständiger closed cycle
Areafunktion *f* inverse hyperbolic function *(Mathematik)*
Argonarc-Schweißen *n* argonarc welding
Argongehalt *m* argon content
Argoninjektion *f* argon injection *(Lichtbogenstabilisierung)*
Argonlichtbogen *m* argon arc
Argonplasma *n* argon plasma
Argonspektrallampe *f* argon spectral lamp
Argument *n***/komplexes** complex argument
Arithmetik *f***/ganzzahlige** integer arithmetic
Arithmetik-Logik-Einheit *f (Dat)* arithmetic-logic unit, ALU, arithmetical unit
Armatur *f* fitting[s]
Armaturenbrett *n* instrument board; dashboard *(Kraftfahrzeug)*
Armaturenleuchte *f* dashboard lamp
armieren to armour *(z. B. Kabel)*; to reinforce
Armierung *f* armour *(von Kabeln)*; reinforcement
Armstern *m* rotor spider *(Läufer)*
Aron-Schaltung *f* Aron measuring circuit *(2-Wattmeter-Schaltung)*
Aron-Zähler *m* Aron (pendulum, clock) meter
arretieren to lock, to arrest, to stop
Arretierfeder *f* stop spring
Arretierhebel *m* stop lever
Arretierknopf *m* stop knob
Arretierschraube *f* stop screw
Arretierstift *m* retention (locking) pin
Arretierungsstange *f* stop bar
Arretierungsvorrichtung *f* catch, arresting mechanism, locking device
As *s.* Amperesekunde
Asbestbeton *m* asbestos concrete
Asbestdichtung *f* asbestos gasket
Asbestgarn *n* asbestos yarn
Asbestglimmer *m* asbestos mica
Asbestkordel *f s.* Asbestschnur
Asbestpapier *n* asbestos paper
Asbestpappe *f* asbestos board (felt)
Asbestplatte *f* asbestos plate
Asbestschnur *f* asbestos cord (twine, rope)
Asbestzement *m* asbestos cement
A-Schallpegel *m* sound level A, A level
A-Schirm *m* A scope *(Radar)*
ASCII-Kode *m* ASCII code, American Standard Code for Information Interchange *(Kodenorm für Informationsaustausch zwischen Geräten verschiedener Hersteller)*
A-Seite *f (MA)* driving side
Aser *m s.* Quantenverstärker
Assembler *m s.* Assemblerprogramm
Assemblerbefehl *m***/mnemotechnischer** *(Dat)* mnemonic assembler instruction
Assemblerprogramm *n (Dat)* assembly routine (program), assembler
Assemblersprache *f* assembler (assembly) language *(maschinenorientierte Programmiersprache)*
assemblieren to assemble
Assembliersprache *f s.* Assemblerprache
Assoziativspeicher *m (Dat)* associative memory, content-addressed (content-addressable) memory, CAM
Ast *m* branch *(z. B. eines Netzwerks)*; limb
~ der Hystereseschleife/absteigender descending limb of hysteresis loop
~ der Hystereseschleife/aufsteigender ascending limb of hysteresis loop
astabil astable
astatisch astatic, astatized
Astatisierung *f (Meß)* astatization, astatizing
Asymmeter *n* asymmeter *(zur Unsymmetrieanzeige in Drehstromnetzen)*
Asymmetriefehler *m* asymmetry error *(Optik)*
Asymmetriepotential *n* asymmetry potential
asymmetrisch asymmetric[al]
Asymptotenrichtungen *fpl* asymptotic directions
asymptotisch asymptotic[al]
asynchron asynchronous
Asynchronanwurfmotor *m* asynchronous starting motor
Asynchronbetrieb *m* asynchronous operation *(z. B. Rechner, Steuerung)*
Asynchronfunkenstrecke *f* asynchronous (non-synchronous) spark gap
Asynchrongenerator *m* asynchronous generator (alternator)
Asynchronmaschine *f* asynchronous (induction) machine
~/zweiseitig gespeiste double-fed asynchronous machine
Asynchronmotor *m* asynchronous (induction) motor
~/kompensierter compensated asynchronous motor

~ **mit Polumschaltung** pole-change asynchronous motor
~/**synchroniserter** synchronous-asynchronous motor, synchronous-induction motor
Asynchronreaktanz *f* asynchronous reactance
Asynchronrechner *m* asynchronous computer
Asynchron-Zeitmultiplex *n*, **Asynchron-Zeitvielfach** *n* asynchronous time division
Atelierbeleuchtung *f* studio lighting
atherman athermanous
ATLAS ATLAS, abbreviated test language of avionic systems *(eine Programmiersprache für Luftfahrtelektronik)*
Atmosphäre *f* atmosphere
~/**kontrollierte** controlled atmosphere *(z. B. bei Schutzgasbetrieb)*
~/**künstliche** artificial atmosphere
~/**reduzierende** reducing atmosphere
~/**staubige** dust-laden atmosphere
~/**umgebende** ambient (surrounding) atmosphere
atmosphärisch atmospheric[al]
Atom *n*/**angeregtes** excited atom
~ **auf Zwischengitterplatz** interstitial [atom]
Atomabstand *m* atomic distance (spacing), interatomic distance
Atomanordnung *f* atomic configuration
atomar atomic
Atombindung *f* atomic (covalent, homopolar) bond
Atomenergie *f s.* Kernenergie
Atomfrequenznormal *n* atomic frequency standard
Atomhülle *f* atomic shell
atomisieren to atomize
Atomkern *m* [atomic] nucleus
Atomkernenergie *f s.* Kernenergie
Atomkonstante *f* atomic constant
Atomkraftwerk *n s.* Kernkraftwerk
Atomladung *f* atomic charge
Atomlagenepitaxie *f* atomic layer epitaxy
Atomlampe *f* atomic (isotope, radioactive) lamp
Atommassenkonstante *f* atomic mass constant
Atommodell *n* atomic model
~/**Bohrsches** Bohr atom [model], Bohr-Rutherford atom [model]
Atommüll *m* atomic (radioactive) waste
Atomradius *m* atomic radius
Atomspektrum *n* atomic spectrum
Atomstrahlgenerator *m* atomic-beam oscillator (generator)
Atomstrahlmaser *m* atomic-beam maser
Atomuhr *f* atomic clock
Atomumlagerung *f* atomic displacement
Atomverband *m* atomic union
Atomverschiebung *f* atomic shift (displacement)
Atomwärme *f* atomic heat
Atomzerfall *m* atomic disintegration
ATT-Diode *f* avalanche transit time diode *(mit Lawinen- und Laufzeiteffekt)*
Attributprüfung *f* inspection by attributes *(Gütekontrolle)*
Ätzbad *n* etching bath
Ätzbehandlung *f* etch treatment
ätzen 1. to etch *(z. B. Metalle)*; 2. to cauterize *(Elektromedizin)*
~/**galvanisch** to electroetch
Ätzen *n* 1. *(ME)* etching; 2. cauterization
~/**anodisches** *s.* ~/elektrolytisches
~/**elektrolytisches** electrolytic (anodic) etching, electroetching, electroengraving
~/**naßchemisches** wet chemical etching
~ **vor dem Wachsen** pregrowth etching
ätzfest etch-resistant
Ätzfigur *f* etch figure
Ätzflüssigkeit *f* etching fluid
Ätzgrübchen *n*, **Ätzgrube** *f* etch pit
Ätzgrubendichte *f* etch pit density, density of etch pits
Ätzgrubenverteilung *f* etch pit distribution
Ätzgrund *m* etching ground (varnish)
Ätzhügel *m* etch hill
Ätzlauge *f* caustic lye
Ätzlösung *f* etching solution
Ätzmaske *f* etching mask; etch resist
Ätzmethode *f* etching method
Ätzmittel *n* etchant, etching agent, corrodent
Ätzmuster *n* etch pattern
ätzpolieren to etch-polish
Ätzprozeß *m* etching process
Ätzrate *f* etch[ing] rate
Ätzschutzlack *m* etch resist
Ätzstopp *m* etch stop
Ätztechnik *f* etching technique
Ätztiefe *f* etch depth
Ätzverbindung *f* etching compound
Ätzverfahren *n* etching procedure
~/**photomechanisches** photomechanical etch technique *(gedruckte Schaltung)*
Ätzvertiefung *f* etch[ing] pit
Ätzverzerrung *f* descum and etch bias *(bei der Photolithographie)*
Ätzwiderstand *m* 1. etch[ing] resistance; 2. etch resist *(Abdeckmaterial)*
Ätzwirkung *f* etching action
Ätzzeit *f* etch[ing] time
Au *s.* Audion
Aubert-Blende *f* cat's-eye diaphragm (aperture)
Audiogramm *n (Ak)* audiogram
Audio-Meßplatz *m* audio test station
Audiometer *n (Ak)* audiometer *(zur Hörfähigkeitsmessung)*
Audiometerfrequenz *f* audiometric frequency
Audiometerhörer *m* audiometer earphone
Audiometerkabine *f* audiometric booth
Audiometrie *f (Ak)* audiometry, audiometric testing
Audion *n (Nrt)* audion, grid detector
~ **mit Rückkopplung** audion with feedback

~/rückgekoppeltes (schwingendes) autodyne oscillator
Audiongittergleichrichtung *f* leaky grid rectification
Audiongleichrichter *m* grid leak rectifier
Audiongleichrichtung *f* grid leak rectification
Audionröhre *f* audion
Audionstufe *f* audion (detector) stage
audiovisuell audio-visual
Auf-Ab-Zähler *m* up-down-counter
Aufbau *m* 1. building[-up], erection, mounting, assembly; 2. construction; structure; architecture; design; layout; set-up
~ des magnetischen Feldes build-up of magnetic field
~ digitaler Multiplexeinrichtungen/stufenweiser *(Nrt)* digital multiplex hierarchy
~ eines Wortes *(Dat)* word format
~/geschlossener packaged construction
~/kompakter compact construction (design), compactness
~/konstruktiver mechanical layout
~/logischer logical design (layout)
Aufbauanordnung *f* mounting arrangement
Aufbauantenne *f* built-on aerial
aufbauen to build up, to mount, to assemble; to set up; to erect; to construct
~/als Brettschaltung to breadboard
~/ein Magnetfeld to create (set up) a magnetic field
~/wieder to reconstruct
Aufbauinstrument *n* surface-type instrument; salient instrument
Aufbauplatte *f* mounting plate, chassis
Aufbauschalter *m* base-mounted switch
Aufbauzeit *f* 1. build[ing]-up time, setting-up time; run-up time *(einer Apparatur)*; 2. formative time
Aufbereitung *f* **eines Problems** *(Dat)* problem preparation
Aufbereitungsprogramm *n (Dat)* editor
aufbewahren to store; to keep, to preserve
Aufbewahrung *f* storage; keeping
aufblenden to fade in *(Film, Ton)*
Aufblenden *n* fade-in *(Film, Ton)*
aufblitzen to flash [up]
Aufblitzen *n* flash, flashing *(z. B. Leuchtstofflampen)*; scintillation
Aufbrechen *n* breaking; rupture
aufbrennen to fire on
aufbringen to apply; to deposit *(z. B. eine Schicht)*
~/Bondhügel to bump
Aufbringen *n* **von metallischen Überzügen** metallization, deposition of metallic coatings
Aufdampfanlage *f* deposition apparatus
Aufdampfbedingung *f* deposition condition
aufdampfen to evaporate, to vapour-deposit, to deposit [by evaporation]
Aufdampfen *n* evaporation [coating], [vapour] deposition
~/chemisches chemical vapour deposition, CVD
~ im Vakuum vacuum evaporation (deposition)
~/plasmaunterstütztes chemisches plasma-enhanced chemical vapour deposition
Aufdampfkatode *f* evaporation cathode
Aufdampfmaske *f (ME)* evaporation (deposition) mask
Aufdampfplattierung *f* vapour plating
Aufdampfrate *f* evaporation (deposition) rate
Aufdampfschicht *f* evaporated film, vapour-deposited coating
Aufdampfung *f s.* Aufdampfen
Aufdampfverfahren *n* evaporation process (method)
aufdrehen/den Regler to advance the control
aufdrücken to impress *(z. B. eine Spannung)*
Aufeinanderfolge *f* sequence, succession
Auferregung *f* build-up of the self-excitation *(Generator)*
Auffanganode *f* passive anode (plate), collector anode (plate) *(Elektronenröhre)*
Auffangdüse *f (Syst)* receiving nozzle *(Strahlrohrregler)*
Auffangelektrode *f* 1. collecting (gathering) electrode, [electron] collector; 2. target electrode
auffangen to collect *(z. B. Elektronen)*; to catch; *(Nrt)* to intercept; to pick up *(z. B. Signale)*
Auffangen *n* **des Strahls** beam capture
~ von Funksendungen interception of radiocommunications
Auffänger *m* collector; target *(Elektronenröhre)*
Auffang-Flipflop *n* latch, D-type flip-flop
Auffangschirm *m* collecting (receiving) screen
Auffangspeicher *m (Dat)* cache
auffinden to locate; to spot
Auffinden *n* **der Störstelle** location of fault
Aufflackern *n* blinking, flare
auffordern *(Dat)* to prompt *(über den Bildschirm)*
Aufforderung *f* **zum Senden** *(Nrt)* request to send
Aufforderungsbetrieb *m (Nrt)* normal response mode
Aufforderungszeichen *n (Nrt)* forward transfer signal
auffrischen *(Dat)* to refresh *(z. B. Speicher)*
Auffrischen *n (Dat)* refresh
Auffrischzyklus *m* refresh cycle
Auffüllung *f* filling-up; replenishment *(z. B. mit Ladungsträgern)*; loading *(Batterie)*
~ mit Zeichen *(Dat)* character fill
Auffüllungsgrad *m* degree of filling *(Energieniveaus)*
Aufgabe *f (Dat)* task *(selbständiger Programmteil)*
Aufgabenüberwachung *f* task supervision
Aufgabenverteilung *f* load levelling *(in Computern)*
Aufgabenwert *m (Syst)* prescribed (predetermined, set) value *(Führungsgröße)*
aufgedampft evaporated, vapour-deposited

~/im Vakuum vacuum-evaporated, deposited by vacuum evaporation
aufgehängt/elastisch (federnd) spring-suspended
~/frei freely suspended
~/im Rahmen frame-supported
aufgeladen charged
~/negativ negatively charged
~/positiv positively charged
aufgelegt/frei freely supported
aufgeschrumpft shrunk on
aufgeweitet/glockenförmig bell-mouthed
aufhängen to suspend; to hang up
Aufhängeöse *f* suspension (ball) eye *(Freileitung)*
Aufhängerahmen *m* mounting frame
Aufhängevorrichtung *f* suspension attachment (device)
Aufhängung *f* 1. suspension; nose suspension *(Tatzlagermotor)*; 2. suspension mount; nose *(Tatzlagermotor)*
~/bewegliche flexible suspension
~/bifilare bifilar suspension
~/elastische (federnde) elastic (spring) suspension
~/kardanische cardanic suspension
~/starre rigid suspension
aufheben/die Vorspannung *(El)* to debias
~/einander to cancel out
~/eine Verbindung *(Nrt)* to clear a connection
~/Fehler to nullify (cancel) errors
Aufhebung *f* **der Vorspannung** debiasing
~/gegenseitige cancellation
Aufheizcharakteristik *f* heating[-up] characteristic
Aufheizelektrode *f* heating[-up] electrode
aufheizen to heat up, to warm up
Aufheizenergie *f* heating[-up] energy
Aufheizgeschwindigkeit *f* heating rate
Aufheizimpuls *m* heating pulse
Aufheizkurve *f* heating (warming) curve
Aufheizleistung *f* heating[-up] power
Aufheizperiode *f s.* Aufheizzeit
Aufheizprozeß *m* heating process
Aufheizspannung *f* heating[-up] voltage
Aufheizstrahlung *f* heating radiation
Aufheizstrom *m* heating[-up] current
Aufheizung *f* heating[-up], warming[-up]
~ durch Wärmeleitung heating by conduction
Aufheizverlust *m* heating[-up] loss
Aufheizwiderstand *m* heating[-up] resistor
Aufheizzeit *f* heating[-up] time, heat[ing]-up period, warm-up time (period)
aufhellen to light [up] *(z. B. Schatten)*
Aufheller *m (Licht)* booster light; reflecting screen
Aufhelleuchte *f* fill-in lamp
Aufhellimpuls *m (Fs)* bright-up pulse; *(Meß)* light-up pulse
Aufhellung *f* bright-up; light-up
~ von Impulsteilen *(Meß)* brightening of pulse segments
Aufhellungssteuerung *f* Z-axis modulation *(Oszillograph)*
Aufklärung *f***/elektronische** electronic intelligence
Aufklärungsradar *n* search radar
aufkleben to glue on, to bond *(z. B. Dehnmeßstreifen)*
Aufkrümmung *f* warp
aufladen 1. to charge *(Kondensator, Batterie)*; to electrify; 2. to load
~/sich to charge up, to be charged *(z. B. Batterie)*; to electrify
~/sich elektrostatisch to acquire static electricity
Aufladezeitkonstante *f* charging time constant
Aufladung *f* 1. charging *(Kondensator, Batterie)*; electrification; 2. charge
~/[elektro]statische static electrification, electrostatic charging
Aufladungsgrad *m* degree of charge
Aufladungsprozeß *m* charging process
Aufladungsstörungen *fpl* **durch atmosphärische Niederschläge** precipitation noise *(Antennentechnik)*
Auflage *f* 1. support; rest; 2. [protective] coating; overlay; *(Galv)* plate
~/federnde resilient support
Auflagedruck *m* tracking (vertical) force *(z. B. des Tonabnehmers)*
Auflagefläche *f* 1. bearing surface (area) *(bei Lagerungen)*; 2. area of contact *(Kontaktelement)*
Auflagekraft *f* stylus force *(Tonarm)*
Auflagemaske *f (ME)* overlay mask
Auflageplatte *f* home plate
Auflagepunkt *m* bearing point, point of support; contact point
Auflager *n* support, bearing
Auflageschichtdicke *f* thickness of plating
auflegen/den Hörer *(Nrt)* to restore (hang up, replace) the receiver, to ring off
Auflegen *n***/befohlenes** *(Dat)* imperative mount
aufleuchten to flash [up]; to light up
Aufleuchten *n* flash, flashing *(z. B. Leuchtstofflampen)*; lighting up
Auflicht *n* incident light
Auflichtbeleuchtung *f* incident (vertical) illumination, illumination by incident light
Auflichtbetrachtung *f* observation by incident (reflected) light
Auflichtholographie *f* direct-light holography
Auflichtkatode *f* opaque cathode
Auflichtprojektion *f* front[side] projection
Auflistung *f (Dat)* listing
Auflöseelement *n* resolution element
Auflösefehler *m* resolution error
Auflösekeil *m* resolution wedge
auflösen 1. to resolve *(Optik)*; 2. *(Ch)* to dissolve; to disintegrate, to decompose; 3. to solve *(Mathematik)*
~/eine Gleichung to solve an equation

~ **nach** to solve for
Auflösung *f* 1. resolution; *(Syst)* [control] resolution; *(ME)* pattern definition *(der Struktur)*; 2. *(Ch)* dissolution; disintegration, decomposition
~**/anodische** anodic dissolution
~ **eines Meßgeräts** discrimination of a measuring instrument
~ **mit Frequenzlupe** zoom resolution
Auflösungsäquivalentstrom *m (Ch)* equivalent dissolution current
Auflösungsempfindlichkeit *f* resolution sensitivity
Auflösungsgenauigkeit *f* accuracy of resolution
Auflösungsgeschwindigkeit *f (Ch)* dissolution rate, dissolving speed
Auflösungsgrenze *f* resolution (resolving) limit
Auflösungskriterium *n* criterion of resolution
Auflösungsstromdichte *f (Ch)* [equivalent] dissolution current density
Auflösungsvermögen *n* resolution, resolving power, resolution capability *(Optik)*; definition
~ **des Gehörs** aural resolving power
~**/instrumentelles** instrumental resolving power *(Optik)*
Auflösungszeit *f* resolution (resolving) time
Auflösungszeitkorrektur *f* resolution time correction
Auflötschaltstück *n* solder-on contact
aufmagnetisieren to magnetize
Aufmagnetisierung *f* magnetization
aufmodulieren to modulate upon
Aufnahme *f* 1. acceptance *(z. B. von Elektronen)*; reception *(z. B. von Impulsen)*; absorption; take-up, uptake; 2. input *(Leistung)*; 3. [sound] recording; plotting *(Diagramm)*; 4. *(Nrt)* pick-up *(z. B. Signale)*; 5. *(Fs)* taking, shooting; 6. photo[graph]; take, shot; record; 7. receptacle; bushing; housing
~**/unerwünschte** stray pick-up
Aufnahmecharakteristik *f***/spektrale** pick-up spectral characteristic
Aufnahmeelement *n (Nrt)* pick-up element
aufnahmefähig absorptive, absorbent
Aufnahmefähigkeit *f* 1. capacity; receptivity; *(Nrt)* traffic capacity; 2. *s.* Aufnahmevermögen 2.
Aufnahmefaktor *m (Nrt)* pick-up factor
Aufnahmefilter *n* taking filter
Aufnahmefrequenzgang *m* recording characteristic (frequency response)
Aufnahmekamera *f (Fs)* [shooting] camera
Aufnahmekopf *m* record[ing] head *(Tonbandgerät)*
Aufnahmeloch *n* location (locator, indexing) hole *(Leiterplatten)*
Aufnahmeorgan *n (Nrt)* pick-up element
Aufnahmepegel *m* record level
Aufnahmerelais *n* receiving relay
Aufnahmeröhre *f (Fs)* camera (pick-up) tube
Aufnahmeschlitz *m* location (indexing) notch *(Leiterplatten)*
Aufnahmespeicherröhre *f* camera storage tube
Aufnahmespule *f* pick-up coil
Aufnahmestift *m* adapter pin; dowel pin *(Leiterplatten)*
Aufnahmestreifen *m* teleprinter tape; *(Nrt)* signal tape
Aufnahmestudio *n* studio; television studio
Aufnahmetaste *f* record button
Aufnahme- und Wiedergabegerät *n* recorder-reproducer
Aufnahme- und Wiedergabekopf *m***[/kombinierter]** record-repeat head, record[ing]-playback head
Aufnahme- und Wiedergabequalität *f***/hohe** high fidelity, hi-fi, HiFi
Aufnahmevermögen *n* 1. *(ET)* susceptibility; 2. absorbency, absorbing capacity; absorptivity, absorptive power
Aufnahmeverstärker *m* recording amplifier
Aufnahmewinkel *m* pick-up angle
Aufnahmezeit *f* recording time
aufnehmen 1. to accept *(z. B. Elektronen)*; to receive *(z. B. Lichtimpulse)*; to absorb; to consume *(z. B. Leistung)*; to take up; 2. to record *(z. B. Magnetband)*; to plot *(Kurven, Kennlinien)*; 3. to pick up *(Aufnehmer)*; 4. *(Fs)* to take, to shoot; 5. to accommodate, to house
~**/auf Band** to record on tape, to tape-record
~**/die Kennlinie** to plot the characteristic (curve)
~**/ein Kabel** to take up a cable
~**/eine Verbindung** *(Nrt)* to set up a connection
~**/Energie** to absorb (gain) energy, to take up energy [from]
~**/Feuchtigkeit** to absorb (take up) moisture
~**/in eine Tabelle** to table
~**/Leistung** to absorb (consume) power
~**/Wärme** to absorb heat
~**/wieder** to resume *(z. B. Verkehr)*
Aufnehmer *m* pick-up, sensor, sensing element; transducer; susceptor *(z. B. von Proben in einem Epitaxiereaktor)*
~**/berührungsloser** proximity pick-up
~**/elektroakustischer** electroacoustic pick-up, acoustic transmitter (pick-up)
~**/elektrodynamischer** electrodynamic pick-up, dynamic (moving-coil) pick-up
~ **für hohe Intensitäten** *(Ak)* blast gauge
~ **für kleine Beschleunigungen** low-g accelerometer
~ **in Viertelbrückenschaltung** single-arm sensor
~**/induktiver** 1. *(Meß)* reluctance pick-up; 2. variable-inductance pick-up
~**/intelligenter** smart sensor
~**/kapazitiver** capacitor (condensor) pick-up
~**/magnetischer** magnetic pick-up
~ **mit [integriertem] Mikrorechner** soft sensor
~**/ohmscher** resistance sensor (pick-up)
~**/piezoelektrischer** piezoelectric pick-up
~**/piezoresistiver** piezoresistive pick-up

Aufnehmerspeisung *f* transducer (pick-up) excitation
Aufnehmerspule *f* pick-up coil
Aufprall *m* impact, impingement
aufprallen auf to impinge [up]on
Aufputzschalter *m* surface switch, switch for surface mounting
Aufputzsteckdose *f* surface socket
aufrechterhalten to maintain, to sustain, to keep up, to preserve
~/die Temperatur to maintain the temperature
~/ein Feld to sustain (maintain) a field
Aufrechterhaltung *f* maintenance, upkeep, preservation
aufreißen 1. to lay out *(Zeichnung)*; 2. to tear [up]; to break
aufrichten to erect; to right
Aufrichtmoment *n* righting moment
aufrollen to reel (wind, coil) up, to roll [up]
Aufruf *m (Dat)* call[-in]; fetch; polling
Aufrufanweisung *f* call statement
Aufrufbefehl *m* call instruction
Aufrufbetrieb *m* polling-selecting mode
aufrufen *(Dat)* to call; to call in
~/zyklisch to poll
Aufruffolge *f* calling sequence
Aufrufsignal *n* ready signal
Aufrufverfahren *n* polling-selecting mode
aufrunden *(Dat)* to round [off], to half-adjust
Aufsaugen *n* absorption *(z. B. von Elektronen, Gasen)*
Aufsaugvermögen *n* absorptivity, absorbency
Aufschalteeinrichtung *f* intrusion device
Aufschalten *n (Nrt)* [trunk] offering, intrusion, [busy] override
~ auf eine besetzte Leitung break-in on a busy line
Aufschalteschutz *m (Nrt)* intrusion protection
Aufschalteton *m (Nrt)* offering (intrusion) tone
Aufschalteverhinderung *f (Nrt)* prevention from offering
Aufschaltezeichen *n (Nrt)* offering signal
Aufschaltung *f s.* Aufschalten
aufschaukeln to build up *(Schwingung)*
Aufschaukeln *n* build-up
~ der Schwingung amplitude increase of a vibration
Aufschiebestromwandler *m* slip-on current transformer
Aufschiebeverbindungshülse *f* push-on sleeve connector
Aufschlag *m* 1. impact, impingement; knock-on *(z. B. von Ladungsträgern)*; 2. additional charge *(Gebühren)*
Aufschlagkraft *f* impact force
aufschleudern to spin on
aufschreiben to record
Aufschrumpfen *n* shrinking-on, heat shrinking
Aufschwingfaktor *m* rate-of-rise factor

Aufsicht *f (Nrt)* inspection, supervision
Aufsichtsdienst *m (Nrt)* observation service
Aufsichtsfarbe *f (Licht)* surface (object) colour
Aufsichtsplatz *m (Nrt)* supervisor's position
aufspalten to split [up]; to break up; to delaminate
~/sich 1. to split; 2. to dissociate *(in Ionen)*
Aufspaltung *f* 1. splitting[-up]; breaking-up; delamination *(von Schichtstoffen)*; 2. disintegration; *(Ph)* fission
~ der Energieniveaus splitting of energy levels
~/magnetoionische magnetoionic splitting
Aufspannplatte *f***/magnetische** holding chuck
Aufspannstation *f (Eü)* step-up substation
aufspeichern to store, to accumulate
aufsprechen *(Ak)* to record
Aufsprechentzerrer *m (Ak)* recording equalizer
aufspulen to reel (wind, coil) up, to wind on reels
Aufspulen *n* **einer Verbindung** *(Nrt)* tail eating
aufsteckbar plug-in, clip-on
Aufsteckbauart *f* plug-in type
Aufsteckgriff *m* **für Sicherungen** fuse link replacement handle
Aufsteckregler *m* clip-on controller
Aufstelleistung *f (An)* output site (place of installation)
aufstellen to set up; to mount; to install
~/genau to position
~/mit Zwischenraum to space
Aufstellung *f* 1. set-up; mounting; installation; 2. drawing-up; 3. record; list
~ des Wartungsprogramms maintenance programming
~/Ebertsche Ebert's mounting *(Spektralgeräte)*
~/erschütterungsfreie antivibration mounting
~/federnde flexible mounting *(Maschinen)*
~/genaue specification
~/schwingungsisolierte shock-absorbing mounting, antivibration mounting
~ von Prüfprogrammen *(Dat)* drawing-up of test schedules
Aufstellungsplan *m* layout plan
Aufstreichmethode *f* paint-on method
aufsuchen/einen Fehler to trace a fault
Auftastgenerator *m* gate generator *(Radar)*
Auftastimpuls *m* gate (gating) pulse
Auftastimpulsauslösediode *f* gate time diode
Auftastschaltung *f* gate circuit
Auftaugerät *n* thawing device
Aufteilung *f* partitioning
Aufteilungsmuffe *f (Nrt)* multiple-joint box
Auftrag *m (Dat)* job *(Zusammensetzungen s. unter* Job*)*
auftragen 1. to plot; to trace; 2. to apply, to deposit *(z. B. Schichten)*
~ als Funktion von to plot against
~ über to plot against
Auftragen *n* 1. plotting; 2. application, deposition
~/galvanisches electrodeposition

Auftraggeschwindigkeit *f* plotting rate *(beim Aufzeichnen)*
Auftragmaschine *f* coating (treating) machine *(Leiterplatten)*
Auftragmittel *n* finishing agent *(Leiterplatten)*
Auftragsablauf *m (Dat)* job *(Zusammensetzungen s. unter* Job*)*
Auftragseingabe *f (Dat)* job entry
Auftragssprache *f s.* Jobsteuersprache
Auftragverfahren *n* deposition process
auftreffen to impinge [upon], to strike
Auftreffen *n* impingement, striking
auftreffend incident *(Strahlung)*
Auftreffplatte *f* target *(z. B. für Ladungsträger)*
Auftreffwinkel *m (Ph)* angle of impact; incident angle
auftrennen/den Sternpunkt to separate the neutral connections
~/eine Leitung to open a line
Auftrennverzögerung *f (Nrt)* splitting delay
Auftrennzeit *f (Nrt)* splitting time
auftreten to occur, to appear
~/regellos to occur randomly *(z. B. Impulse)*
Auf-und-ab-Methode *f (Hsp)* up and down test
Aufwachsen *n***/epitaxiales** *(El)* epitaxial growth
Aufwärts-Abwärts-Zähler *m (Dat)* up-down counter
~/binärer binary up-down-counter
Aufwärtsmischer *m (Dat)* up-converter
Aufwärtsskalierung *f (ME)* scaling-up
Aufwärtsstrecke *f (Nrt)* up-link
Aufwärtstransformation *f* upward transformation
Aufwärtstransformator *m* step-up transformer
Aufwärtsumsetzer *m* up-converter
aufwärtszählen to count up
Aufwärtszähler *m (Dat)* up-counter
~/binärer binary up-counter
Aufweitung *f* **des Laserstrahls** expansion of laser beam
Aufwickelbandteller *m* take-up reel (spool)
Aufwickelgeschwindigkeit *f* take-up speed
Aufwickelkassette *f* take-up cassette
aufwickeln to reel (wind, coil) up, to roll [up]
Aufwickelrolle *f* take-up reel
Aufwickelspule *f* take-up reel (spool), wind-up reel (spool), winding bobbin
Aufwickelteller *m* wind-up reel (spool)
Aufwickeltrommel *f* winding drum
Aufwickelvorrichtung *f* take-up unit (mechanism)
aufzeichen 1. to record *(auf Band oder Platte)*; to plot; to trace; 2. to register, to schedule; to log *(Daten)*
~/auf Band to record on tape, to tape-record
~/in Listen to list
Aufzeichnung *f* 1. recording; plotting; registering *(z. B. Meßwerte)*; 2. [graphic] record; write-out; plot • **Aufzeichnungen machen** to keep a record
~ auf Platte disk recording
~ auf Tonband [magnetic] tape recording
~ auf Urband/digitale digital master recording
~/automatische automatic recording (plotting)
~/binäre binary recording *(z. B. Signalverlauf)*
~/digitale digital recording
~/digitale optische digital optical recording
~/elektrochemische electrochemical recording
~/elektrographische electrographic recording
~/elektrolytische electrolytic recording
~/elektrostatische electrostatic recording
~/fotografische photographic recording
~/gleichzeitige in-phase recording
~/graphische graphic record
~/gruppenkodierte (gruppenweise kodierte) group-coded recording
~ in Amplitudenschrift variable-area recording
~ in Sprossenschrift variable-density recording
~ in Tiefenschrift vertical (hill-and-dale) recording
~ in Zackenschrift variable-area recording
~/lichtempfindliche photosensitive recording
~/magnetische magnetic recording
~ mit Gleichstromvormagnetisierung d.c. bias recording
~ mit konstanter Amplitude constant-amplitude recording
~ mit konstanter Geschwindigkeit constant-velocity recording
~ mit Pegelschreiber graphic level recording
~/optische optical recording
~/punktweise point plotting
~/seitliche *(Ak)* lateral recording *(Nadeltontechnik)*
~/sichtbare visual recording
~/thermoplastische *(Dat)* thermoplastic recording
~/unmittelbare direct recording
~/verschachtelte *(Dat)* interlaced recording
~ von Ergebnissen result recording
Aufzeichnungsamplitude *f* amplitude of write-out
Aufzeichnungsbereich *m* recording range
Aufzeichnungsdichte *f (Dat)* recording density, [information] packing density
Aufzeichnungsfrequenzgang *m* recording characteristic, recording [frequency] response
Aufzeichnungsgenauigkeit *f* recording accuracy
Aufzeichnungsgerät *n* recorder; plotter; grapher
~/mechanisches mechanical recorder
~ mit Endlosband continuous-loop recorder
~ mit zwei Spuren two-pen recorder *(z. B. Zweischleifenoszillograph)*
Aufzeichnungsgeschwindigkeit *f* recording speed, plotting rate
Aufzeichnungskopf *m* recording head
~/magnetischer magnetic recording head
Aufzeichnungsmaterial *n*, **Aufzeichnungsmedium** *n* recording medium
Aufzeichnungspunkt *m* recording spot
Aufzeichnungsspalt *m* recording gap
Aufzeichnungsspur *f* recording trace
Aufzeichnungsstift *m* recording stylus
Aufzeichnungsträger *m* record carrier

Aufzeichnungsumfang *m* recording range
Aufzeichnungsverfahren *n* recording technique
Aufzeichnungsverlust *m* recording loss
Aufzeichnungsverstärker *m* recording amplifier
Aufzug *m* 1. lift, elevator; 2. hoist *(Winde)*
Aufzugsnullspannungsschalter *m* lift potential switch
Aufzugsschlaffseilschalter *m* lift slack-cable switch
Aufzugssteuergerät *n* lift (elevator) controller
Aufzugssteuerschalter *m* lift controller
Aufzugssteuerung *f* lift control
Aufzugsüberdrehzahlmeßeinrichtung *f* lift overspeed device
Auf-Zu-Relais *n* on-off relay
Auge *n*/**magisches** magic eye [indicator], tuning eye (indicator), visual indicator tube, cathode-ray indicator
Augenblicksausfallrate *f* instantaneous failure rate
Augenblicksbelastung *f* instantaneous load
Augenblicksfehler *m* instantaneous error
Augenblicksfrequenz *f* instantaneous frequency
Augenblicksleistung *f* instantaneous power
Augenblickspegel *m* actual level
Augenblicksspannung *f* instantaneous voltage
Augenblicksstrom *m* instantaneous current
Augenblickswert *m* instantaneous (momentary) value
~ **des Quadrats einer Stromstärke** instantaneous current squared
~ **des Stroms** instantaneous value of current
Augendiagramm *n* eye pattern *(Pulskodemodulation)*
Augenöffnung *f* eye opening *(Pulskodemodulation)*
Auger-Abtastsonde *f* scanning Auger microprobe
Auger-Effekt *m* Auger effect
Auger-Koeffizient *m* Auger coefficient
Auger-Rekombination *f* Auger recombination
Auger-Übergang *m* Auger transition
„Aus“ “off” *(Schalterstellung)*
Aus *n* low *(unterer Signalpegel in der Digitaltechnik)*
ausbackend/durch Lösungsmittel solvent-bonding *(Isolierlacke)*
Ausbackverhalten *n* curing performance *(Isolierlacke)*
ausbalancieren to equilibrate
Ausbalancieren *n* equilibration
Ausbau *m* 1. extension; 2. removal *(z. B. von Bauteilen)*; disassembly
Ausbaubereichsplan *m* extension survey map
ausbauchen/sich to bulge
Ausbauchung *f* bulge, swell
Ausbaueinheit *f (El)* module, modular unit
ausbauen 1. to extend; to complete; 2. to remove; to demount
Ausbaufallhöhe *f* net head *(Wasserkraftwerk)*
Ausbaugrad *m* extension ratio
Ausbauplanung *f* extension planning
Ausbauverhältnis *n* extension ratio
Ausbeute *f* yield; efficiency
~/**zeitliche** time yield
Ausbeuteverbesserung *f* yield improvement
Ausbeuteverhältnis *n* yield ratio
Ausbeuteverlust *m* yield loss
Ausbeuteverteilung *f* yield distribution
Ausbildung *f* **am Datenverarbeitungsgerät** data processor training
~/**rechnerunterstützte** computer-assisted education, computer-aided education
Ausbildungsanalogrechner *m* educational analogue computer
Ausbildungsgerät *n* training device
Ausbildungsprogramm *n (Dat)* training program
Ausblasegeräusch *n* exhaust noise
ausblasen to blow off (out) *(Dampf)*
Ausblasventil *n* blow[-off] valve, exhaust valve
ausbleien to lead
Ausblendbefehl *m (Dat)* extract instruction
ausblenden 1. *(Dat)* to extract *(Informationen)*; 2. to fade down (out) *(Film, Ton)*; to gate out *(durch Torung)*
Ausblenden *n* fade-out *(Film, Ton)*; gating *(Zeitsignale)*
Ausblenderegister *n (Dat)* extract register
Ausblendungsverhältnis *n (Nrt)* front-to-back ratio
ausbreiten/sich to propagate *(z. B. Wellen)*; to spread [out]
Ausbreitung *f* propagation *(z. B. von Wellen)*; spread, spreading *(Streuung)*
~ **im freien Raum** free-space propagation
~/**quasitransversale** *(Nrt, FO)* quasitransverse propagation
~/**transhorizontale** *(Nrt, FO)* transhorizon (beyond-the-horizon) propagation
Ausbreitungsart *f* mode of propagation
Ausbreitungscharakteristik *f* propagation characteristic
Ausbreitungsdämpfung *f (Ak)* divergence decrease
Ausbreitungsfaktor *m* propagation factor
Ausbreitungsfehler *m (Nrt)* distant site error
Ausbreitungsgeschwindigkeit *f* propagation speed (velocity); spreading velocity
Ausbreitungskonstante *f* propagation constant
Ausbreitungsmedium *n* medium of propagation
Ausbreitungsmessung *f* propagation measurement
Ausbreitungsmodell *n* propagation model
Ausbreitungsrichtung *f* propagation direction
Ausbreitungsstörung *f* propagation disturbance
Ausbreitungsvektor *m* propagation vector
Ausbreitungsverlust *m* propagation loss; spread loss
Ausbreitungsverzögerung *f* propagation delay

Ausbreitungsweg *m* propagation path
Ausbreitungswiderstand *m* 1. spreading (diffusion) resistance; 2. earth-electrode resistance, resistance of earth *(Erdung)*
ausbrennen to burn out; to glow out
Ausbrennen *n* burn[ing]-out, burnout
Ausbruch *m* burst, outburst
Ausbruchsimpuls *m* burst pulse *(bei Teilentladungen)*
Ausdehnbarkeit *f* expansibility, extensibility
ausdehnen to expand, to extend
Ausdehnung *f* expansion, extension; dilatation; prolongation
~**/lineare** linear expansion
~**/räumliche** cubic expansion
~**/thermische** thermal expansion
Ausdehnungselement *n* extension element
Ausdehnungsgefäß *n* 1. expansion tank; 2. *s.* ~ für Öl
~ **für Öl** conservator *(Transformator)*
Ausdehnungskoeffizient *m* expansion coefficient
~**/kubischer (räumlicher)** volume expansion coefficient, coefficient of cubic[al] expansion
Ausdehnungsmesser *m* extensometer; dilatometer
Ausdehnungsthermometer *n* expansion (dilatation) thermometer
Ausdehnungsthermostat *m* differential expansion thermostat
Ausdehnungsvermögen *n* expansibility, expansiveness *(räumlich)*; dilatability *(linear)*
Ausdiffundieren *n*, **Ausdiffusion** *f* outdiffusion
Ausdruck *m* 1. expression, term *(Mathematik)*; 2. *(Dat)* print-out
~**/alphanumerischer** alphanumeric expression
~**/analytischer** analytical expression
~**/einfacher arithmetischer** simple arithmetic expression *(ALGOL 60)*
~**/einfacher logischer** simple Boolean expression *(ALGOL 60)*
~**/finiter** finite expression
~**/imaginärer** imaginary *(Mathematik)*
Ausdruckdauer *f (Dat)* print-out period
ausdrucken *(Dat)* to print out
Ausdrucken *n* **der Nachricht** *(Nrt)* message printing
ausdrücken/kodiert to express in code
Ausdrucksignal *n (Dat)* print-out signal
auseinandernehmen to disassemble, to demount; to dismantle
auseinanderziehen to expand *(z. B. Skale)*
Ausfächerung *f (El)* fan-out *(am Ausgang)*
Ausfall *m* failure; outage; breakdown; malfunction; *(Dat)* drop-out, shut-down
~**/abhängiger** dependent failure
~ **bei unzulässiger Beanspruchung** *(Ap)* excessive stress failure
~ **bei zulässiger Beanspruchung** *(Ap)* permissible stress failure
~**/frühzeitiger** wear-in failure
~**/funktionsverhindernder** function-preventing failure
~**/funktionsverschlechternder** function-degrading failure
~**/funktionszulassender** function-permitting failure
~**/kritischer** critical failure
~**/partieller** partial failure
~**/schwerer** heavy failure
~**/systematischer** systematic failure
~**/unabhängiger** independent failure
~**/unvorhergesehener** *(Dat)* unscheduled shutdown
~**/zeichenabhängiger** *(Dat)* pattern-sensitive fault
~**/zufälliger** random failure; *(Dat)* chance failure (drop-out)
Ausfallabstand *m***/mittlerer** mean time between failures
Ausfallanalyse *f* failure analysis
Ausfallanzeige *f* failure indication
Ausfallbericht *m* fault report; failure record
Ausfalldauer *f* down-time; forced outage duration
Ausfalldefekt *m* fatal defect
Ausfalldiagnose *f* fault diagnosis
Ausfalldichte *f* failure density
ausfallen to fail, to break down; to drop out *(z. B. Relais)*
Ausfallen *n* **der Maschine** machine failure
Ausfallereignis *n (Dat)* failure occurrence
Ausfallhäufigkeit *f* failure frequency; failure rate
~**/temporäre** temporary failure frequency
Ausfallkriterium *n* failure criterion
Ausfallkurve *f* mortality curve *(z. B. eines Lampentyps)*
Ausfallmechanismus *m* failure mechanism
Ausfallquote *f* outage rate
Ausfallquotient *m***/kumulativer** cumulative failure ratio
Ausfallrate *f* failure (fault) rate; mortality rate *(z. B. eines Lampentyps)*
~**/berechnete** assessed failure rate
~**/erzwungene** *(An)* forced outage rate
~**/vorausgesagte** predicted failure rate
Ausfallsatz *m* cumulative failure frequency, failure ratio
ausfallsicher fail-safe
Ausfallsicherung *f* fuse cut-out
Ausfallsummenhäufigkeit *f* cumulative failure frequency
Ausfallsummenverteilung *f* distribution of cumulative failure frequency
Ausfallursache *f* failure cause
Ausfallverteilung *f* failure distribution
Ausfallwahrscheinlichkeit *f* failure probability
~**/inkrementale** incremental probability of failure
~**/temporäre** temporary (conditional) probability of failure

Ausfallwahrscheinlichkeitsdichte *f* failure-probability density
Ausfallwahrscheinlichkeitsinkrement *n* failure-probability increment
Ausfallwinkel *m* reflecting angle
Ausfallzeit *f* outage time; down-time; fault time
~/mittlere mean down-time
Ausfallzeitpunkt *m* instant of failure
Ausfallzustand *m (Dat)* fail state
ausfiltern to filter out
Ausflockung *f* flocculation *(z. B. bei Isolierölen)*
Ausfluß *m* discharge; outflow
Ausflußgeschwindigkeit *f* velocity of outflow (efflux)
Ausfrieranlage *f* freezing installation *(Kernkraftwerk)*
ausfrieren to freeze out
Ausfrierfalle *f* low-temperature trap, cold trap
ausführen to execute, to perform, to carry out
~/einen Befehl *(Dat)* to execute an instruction
~/logische Operationen *(Dat)* to perform logical operations
~/schalldicht to soundproof
~/technisch to engineer
Ausführung *f* 1. execution, performance; implementation; 2. version, model, type; layout
~ für Batteriebetrieb battery-operated version
~ für Gestelleinbau rack-mounted version
~/genaue correct execution *(Regelungsvorgang)*
~/korrosionsfeste corrosion-resistant finish
~/praktische *(Dat)* implementation
Ausführungsadresse *f* executable address *(Anfangsadresse)*
Ausführungsanweisung *f (Dat)* do-statement
Ausführungseinheit *f (Dat)* execution unit, EU
Ausführungszeit *f (Dat)* execution time *(für einen Befehl)*
Ausführzeit *f (Dat)* object time *(z. B. eines Programms)*
Ausfüllen *n* **mit Rechtecken** boxing *(beim Schaltkreisentwurf)*
Ausgabe *f* output; write-out; read-out *(Speicher)*
~ alphanumerischer Zeichen *(Nrt)* alphanumerical message type-out
~/dezimale decimal read-out
~/numerische numerical read-out; numerical display
~/parallele parallel output
Ausgabebefehl *m* output instruction; exit order
Ausgabedaten *pl* output data
Ausgabedrucker *m* output printer
Ausgabeeinheit *f* output unit; display unit
Ausgabeeinrichtung *f* output equipment
Ausgabeelement *n* output element
Ausgabegerät *n* output device (equipment)
Ausgabegeschwindigkeit *f* output rate (speed)
Ausgabeglied *n* output element
Ausgabegröße *f* output quantity
Ausgabeprogramm *n* output routine; display routine (program)
Ausgabespeicher *m* output store (memory)
Ausgabesteuerprogramm *n* output control program
Ausgabeteilprogramm *n* output subprogram
Ausgabeumsetzer *m* outscriber *(z. B. für Daten)*
Ausgabeunterprogramm *n* output subprogram
Ausgang *m* output; outlet
~/ausgeglichener balanced output
~/dezimaler *s.* Ausgabe/dezimale
~/digitaler *(Dat)* digital output
~/erdfreier floating output
~/kodierter coded output
~/kontinuierlicher continuous output
~/maximaler maximum output
~/mehrphasiger multiphase output
~ mit drei [möglichen] Zuständen *(Srt, Nrt)* three-state output
~/niederohmiger low-impedance output
~/potentialfreier floating output
~/symmetrischer balanced output
~/unsymmetrischer unbalanced (single-ended) output
~/zweiphasiger biphase output
Ausgänge *mpl***/getrennt regelbare** separately adjustable outputs
Ausgangsabtastwert *m (Nrt)* reconstructed sample
Ausgangsadmittanz *f* output admittance
Ausgangsadresse *f (Dat)* original (home) address
Ausgangsauffächerung *f (El)* fan-out
Ausgangsbelastbarkeit *f* fan-out *(Digitalschaltstufe)*
Ausgangsbelastungswiderstand *m* output load resistor
Ausgangsbuchse *f* output jack
Ausgangsdämpfung *f* output attenuation
Ausgangsdaten *pl (Dat)* raw data
Ausgangsdatenabtastimpuls *m* output data strobe
Ausgangsdrehwähler *m* rotary out-trunk switch
Ausgangsdrehzahl *f* output speed
Ausgangselektrode *f* output electrode
Ausgangsenergie *f* energy output
Ausgangsfrequenz *f* output frequency
~/quarzgenaue crystal-accurate output frequency, crystal-controlled output frequency
Ausgangsfunktion *f (Syst)* output function
Ausgangsgleichspannung *f* d.c. output voltage
Ausgangsgleichstrom *m* d.c. output current
Ausgangsgröße *f* 1. output quantity (value); 2. initial (basic) parameter
Ausgangshöchstspannung *f* maximum output voltage
Ausgangsimpedanz *f* output impedance
Ausgangsimpuls *m* output pulse
Ausgangsinformation *f***/digitale** *(Dat)* digital output

Ausgangskapazität *f* output capacitance
Ausgangskennlinie *f* output characteristic
Ausgangsklemme *f* output terminal
Ausgangskonzentration *f (Ch)* initial concentration
Ausgangskreis *m* output circuit; plate-filament circuit *(einer Röhre)*
~/durchgeschalteter effectively conducting output circuit *(Relais)*
~/gesperrter effectively non-conducting output circuit *(Relais)*
~ mit Öffnerfunktion output break circuit *(Relais)*
~ mit Schließerfunktion output make circuit *(Relais)*
Ausgangskurzschlußscheinwiderstand *m* short-circuit output impedance
Ausgangslastfaktor *m (El)* fan-out
Ausgangsleistung *f* output power, [power] output
~/maximale maximum output
~/verfügbare available output power
Ausgangsleistungsmesser *m* output meter (indicator)
Ausgangsleitwert *m* output admittance
Ausgangsleitwertparameter *m* output admittance parameter
Ausgangslogik *f* output logic
Ausgangslösung *f (Ch)* initial (parent) solution
Ausgangsmaterial *n* starting (original, base) material, parent material (substance)
Ausgangsmatrix *f (Syst)* output (measurement) matrix *(Zustandsgleichung)*
Ausgangsnennbelastung *f* output rating
Ausgangsnennspannung *f* nominal output voltage
Ausgangsoberwellenspannung *f* output ripple voltage
Ausgangspegel *m* output level
Ausgangsphasenversetzung *f* output phase displacement
Ausgangspuffer *m* output buffer
Ausgangspunkt *m* basis point *(Diagramm)*; starting point; [point of] origin
Ausgangsrauschen *n* output noise
Ausgangsrauschleistung *f* output noise power
Ausgangsrauschstrom *m* output noise current
Ausgangsrauschverhältnis *n* output noise ratio
Ausgangsregler *m* output control
Ausgangsresonator *m* output resonator; catcher
Ausgangsschaltung *f* output circuit
Ausgangsscheinwiderstand *m* output impedance
Ausgangssignal *n (Syst)* output signal; *(Dat)* read-out signal
~/binäres binary output signal
~/quasiperiodisches quasi-periodic output signal
~/symmetrisches balanced output signal
~/unstetiges discontinuous output signal
Ausgangsspannung *f* output voltage; load voltage
Ausgangsspannungsregelung *f* output-voltage regulation
Ausgangsspannungsstabilisierung *f* output-voltage stabilization
Ausgangsspektrum *n (Nrt)* output spectrum
Ausgangsstellung *f* starting (initial) position, home [position]; reset state
Ausgangssteuerung *f* output control
Ausgangsstufe *f* output stage
Ausgangstransformator *m* output transformer
Ausgangstransistor *m* output transistor
Ausgangsübertrager *m* output transformer
Ausgangsvektor *m (Syst)* output vector *(Zustandsgleichung)*
Ausgangsverstärker *m* output amplifier
Ausgangsverzweigung *f (El)* fan-out
Ausgangswähler *m (Nrt)* outgoing selector
Ausgangswert *m* 1. output value; 2. initial (original) value
Ausgangswicklung *f* output winding
Ausgangswiderstand *m* 1. output resistance; 2. initial resistance
Ausgangswirkwiderstand *m* output resistance
Ausgangszeit *f* reference time
Ausgangszustand *m* initial state
ausgeben to output *(Daten)*; to read out
ausgekleidet/absorbierend *(Ak)* absorbent-lined
ausgelegt für rated at; designed for
~/normgerecht standard-dimensioned
ausgelöst/durch Laserstrahl laser-beam induced
ausgerüstet mit fitted (equipped) with
ausgeschaltet off, switched off, out of circuit
ausgewuchtet balanced
Ausgleich *m* 1. balance, compensation; equalization; 2. *(Syst)* self-recovery, self-regulation *(z. B. bei P-Gliedern)*
~/automatischer *(Syst)* automatic compensation
~ einer Baßabsenkung *(Ak)* bass compensation
~ einer Höhenabsenkung *(Ak)* high-frequency compensation
~ von Gleichlaufschwankungen *(Ak)* flutter compensation
Ausgleich... *s. a.* Ausgleichs...
Ausgleichbatterie *f* balancing battery
Ausgleichbecken *n* surge tank *(Wasserkraftwerk)*
ausgleichen to balance; to compensate; to equalize; to level; to smooth [out]
~/nach oben to level up
~/nach unten to level down
Ausgleichen *n* balancing, compensating; equalization; levelling
Ausgleicher *m* equalizer; balancer; compensator
Ausgleichgetriebe *n* differential [gear]
Ausgleichkapazität *f* balancing capacitance
Ausgleichkondensator *m* balancing capacitor; building-out capacitor
Ausgleichmagnetometer *n* null astatic magnetometer *(astatisches Kompensatiosmagnetometer)*

Ausgleichmaschinensatz *m* balancer-set
Ausgleichregler *m* balancer-booster
Ausgleichs... *s. a.* Ausgleich...
Ausgleichsdauer *f* *(Syst)* duration of self regulation
Ausgleichsdrossel *f* balance (compensating) coil; *(Srt)* interphase reactor (transformer)
Ausgleichsdrosselverlust *m* interphase transformer loss
Ausgleichselement *n* compensating element
Ausgleichsfilter *n* *(Licht)* balancing filter; *(Nrt)* pre-emphasis filter
Ausgleichsimpuls *m* *(Fs)* equalizer (equalizing) pulse
Ausgleichskreis *m* compensating circuit
Ausgleichsladung *f* equalizing charge
Ausgleichsleiter *m* *(MA)* equalizer
Ausgleichsleitung *f* balancing network; compensating lead (line)
Ausgleichsnetzwerk *n* compensating (correcting) network
Ausgleichspule *f* balance (compensating) coil
Ausgleichsring *m* equalizing (equalizer) ring
Ausgleichsschalter *m* equalizer switch
Ausgleichsschaltung *f* compensating circuit, corrective network
Ausgleichsschwingung *f* transient oscillation
Ausgleichsspannung *f* compensating voltage; transient voltage (potential difference)
Ausgleichsstrom *m* compensating (balancing, equalizing) current; transient current
Ausgleichsstromkreis *m* compensation circuit
Ausgleichsverbinder *m* equalizer
Ausgleichsverbindung *f* equalizing connection
Ausgleichsverhalten *n* correction method
Ausgleichsvorgang *m* 1. transient, transient process (reaction, effect, phenomenon); switching transient *(beim Schalten)*; circuit-breaking transient *(beim Ausschalten)*; 2. compensation process
Ausgleichswelle *f*/**elektrische** electrical compensating link
Ausgleichszeit *f* balancing time
Ausgleichszustand *m* balance condition; transient state
Ausgleichtransformator *m*, **Ausgleichübertrager** *m* balancer-transformer
Ausgleichverstärker *m* balancer-booster
Ausgleichvorrichtung *f* balancer
Ausgleichwattmeter *n* composite-coil wattmeter
Ausgleichwicklung *f* compensation winding
Ausgleichwiderstand *m* compensating resistor
ausglühen to anneal; to glow out
Aushändigung *f* *(Nrt)* delivery
aushärten to age[-harden] *(Metalle)*; to cure *(Plaste)*
Aushärtung *f* age hardening, aging *(Metalle)*; curing, cure *(Plaste, Lacke)*
~ **durch Elektronenstrahl** electron beam curing
Aushärtungsmittel *n* curing agent
Aushärtungstemperatur *f* curing temperature
Aushärtungszeit *f* cure (curing) time
ausheizen to bake [out] *(Röhren)*
Ausheiztemperatur *f* baking temperature
Aushilfsklinke *f* *(Nrt)* auxiliary (ancillary) jack
„Aus"-Impedanz *f* off impedance
Auskleidung *f* lining
~/**säurefeste** acid-proof lining
~/**schallabsorbierende** sound-absorptive lining, sound-absorbing lining
~ **zur Wärmeisolation** heat-insulating lining
ausklingen *(Ak)* to die away
Ausklingen *n* *(Ak)* decay [of sound]
ausklinken 1. to unlatch; to trip out; 2. *(MA)* to disengage *(Kupplung)*
Ausklinkvorrichtung *f* release mechanism
Auskoppelbuchse *f* *(Nrt)* output jack
Auskoppelfeld *n* *(Nrt)* absorbing field *(Hochfrequenztechnik)*
Auskoppelleitung *f* auxiliary guide
auskoppeln to couple out *(z. B. Laserstrahlung)*
Auskoppelöffnung *f* coupling aperture
Auskoppelraum *m* *(Meß)* catcher space
Auskoppelstrom *m* *(Meß)* catcher current
Auskopplungsglied *n* *(Meß)* catcher
Auskopplungsprisma *n* *(Laser)* feed-out prism
Auskunft *f* information desk
Auskunftsersuchen *n* *(Nrt)* request for information
Auskunftsplatz *m* *(Nrt)* inquiry desk, information board
Auskunftsspeicher *m* *(Dat)* inventory store
Auskunftsstelle *f* information desk
auskuppeln to disengage; to uncouple
Auslandsamt *n* *(Nrt)* international exchange
Auslandsgespräch *n* *(Nrt)* international call
Auslandskopfamt *n* *(Nrt)* international switching centre
Auslandsleitung *f* *(Nrt)* international line
Auslaß *m* outlet; exit
auslassen *(Dat)* to ignore
Auslastung *f* loading; duty *(von Maschinen)*; [rate of] utilization; capacity utilization
~ **bei Spitzenlast** gross generating-plant margin *(prozentuale Differenz zwischen installierter Leistung und Spitzenleistung eines Kraftwerks)*
Auslastungsplan *m* loading schedule
Auslauf *m* 1. *(MA)* retardation; 2. outlet, discharge point
auslaufen 1. to run down (out) *(Motor)*; 2. to wear out *(Lager)*
Ausläufer *m* tail *(z. B. eines Impulses)*
Auslauflänge *f* end section
Auslaufrille *f* run-out groove (spiral), locked (throw-out, lead-out) groove *(Schallplatte)*
Auslaufverfahren *n* *(MA)* retardation method
Auslaufversuch *m* *(MA)* retardation test

Auslaufzeit *f* time of slowing down *(z. B. bei Isolierlackprüfung)*
auslegen to lay out; to design; to rate
Ausleger *m* extension arm; cantilever; bracket *(Konsole)*
Auslegung *f (An, MA, Hsp)* [arrangement of] design; *(ME)* layout; rating
Auslegungsspannung *f* design voltage *(bei der Dimensionierung)*
auslenken to deflect *(z. B. Strahl)*; to displace *(z. B. Phase)*
Auslenkfläche *f (Fs)* scanned area
Auslenkung *f* deflection; displacement; deviation *(Zeiger)*
~/seitliche lateral deflection *(z. B. eines Strahls)*
~/statische static deflection
~/zu weite overtravel
Auslenkungsrichtung *f* deflection direction
Auslenkungswinkel *m* displacement angle
auslesen *(Dat)* to read out *(z. B. Daten)*
Auslesen *n (Dat)* read-out, reading
~/löschendes destructive read-out
~ mit Informationsverlust *s.* ~/zerstörendes
~/nichtlöschendes (nichtzerstörendes) *s.* ~/zerstörungsfreies
~/taktgesteuertes clock-actuated read-out
~ während der Bewegung on-the-fly read-out
~/zerstörendes destructive read-out
~/zerstörungsfreies non-destructive read-out, NDRO
Auslesespeicher *m* read-out memory (store), read-only memory (store), ROM *(Zusammensetzungen s. unter* ROM*)*
Auslesevorgang *m* read-out operation
ausleuchten to illuminate
~/voll to fully illuminate
Ausleuchtung *f* illumination
~/gleichmäßige uniform (even) illumination
Auslieferungsbefehl *m (Dat)* delivery instruction
auslöschen 1. to extinguish; to quench; 2. to erase *(z. B. Magnetband)*; to blank out *(z. B. Speicher)*
Auslöschmechanismus *m* cancelling release
Auslöschung *f* 1. extinction; quenching; 2. destructive interference
~ benachbarter Störer/völlige *(Nrt)* infinite adjacent-channel rejection
~/optische *(Laser)* optical quenching
Auslöseader *f (Nrt)* release wire
Auslöseanforderung *f (Nrt)* clear request
Auslösebatterie *f* tripping battery
Auslösebestätigung *f (Nrt)* clear confirmation
Auslösedauer *f (Nrt)* releasing delay
Auslöseelektrode *f* trigger electrode
Auslöseempfindlichkeit *f* tripping sensitivity
Auslösefläche *f* trip area *(Relaisschutz)*
Auslösefunken *m* trip spark
Auslösefunkenstrecke *f* trigger gap; exciting spark gap
Auslösefunktion *f* triggering function
Auslöseglied *n (Ap)* disconnecting link
Auslösehebel *m* release lever; actuating arm
Auslöseimpuls *m* trigger (transfer) pulse; tripping impulse *(Kippimpuls)*; initiating pulse *(z. B. bei Antrieben)*; ignition pulse *(bei Stromrichtern)*
Auslösekennlinie *f* tripping characteristic
~ der Sicherung fuse time-current characteristic
Auslöseknagge *f* release catch
Auslöseknopf *m* release button
Auslösekontakt *m* release contact
Auslösekraft *f* release force
Auslösekriterium *n* trigger criterion
Auslösemagnet *m* release (trip, trigger) magnet
Auslösemechanismus *m* release mechanism
Auslösemeldung *f (Nrt)* clear indication
Auslösemittel *npl***/magnetische** magnetic tripping means
auslösen 1. to release, to trip; to trigger; 2. to initiate; to actuate; to activate; to fire *(Zündung)*; 3. to liberate, to knock off *(Elektronen)*; 4. to unlatch; to disconnect *(Kupplung)*
~/ein Relais to trip a relay
~/Laserwirkung to initiate (start) laser action
~/Schwingungen to release oscillations
auslösend/langsam slow-releasing
Auslösequittung *f (Nrt)* dear acknowledgement
Auslösequittungszeichen *n (Nrt)* release-guard signal
Auslöser *m* trigger; tripping device, trip, release; *(Ap)* cut-out switch; initiating switch
~/elektromagnetischer electromagnetic trip (tripping device)
~/elektrothermischer electrothermal release
~/indirekter indirect release
~/thermischer thermal trip (cut-out)
~/unverzögerter instantaneous release
~/[zeit]verzögerter time-delay trip, time-lag trip
~ zum Ausschalten opening release
~ zum Einschalten closing release
Auslöserelais *n* release (trip, tripping, initiating) relay; *(Nrt)* clear-out relay
Auslöseschalter *m* trigger switch; initiating switch
Auslöseschaltung *f* trigger circuit; trip circuit *(Ausschaltstromkreis)*; *(Dat)* toggle circuit
Auslösescheibe *f* release disk
Auslösesignal *n* trigger (trip-off) signal; initiating (actuating) signal
Auslösespannung *f* tripping (release) voltage
Auslösespule *f* trip (release) coil
Auslösesteuersignal *n* trip-off control signal
Auslösestrecke *f* trigger gap
Auslösestrom *m* tripping (release) current; actuating current *(z. B. für Schalter)*
~/konventioneller conventional tripping current
Auslösestromkreis *m* tripping (release) circuit
Auslösestromstärke *f* release current intensity (strength)
Auslösetaste *f* release key

Auslöseverzögerung *f*, **Auslöseverzug** *m* tripping (release) delay; release retardation
Auslösevorrichtung *f* tripping (releasing) device; trigger [device]
Auslösewicklung *f* trip coil
Auslösezeichen *n (Nrt)* release signal; disconnect signal, clear-forward signal
Auslösezeit *f* tripping time; release (delay-action) time, delay (lag) of release *(Relais)*; time of liberation *(Elektronen)*; *(An)* breaker operating time
Auslösung *f* 1. release, releasing, tripping, trip [operation]; trip-out *(Relais)*; triggering; 2. initiation; actuation; *(An)* opening; firing *(Zündung)*; 3. liberation *(Elektronen)* • **keine** ~ *(Nrt)* no clearance
~/abhängig verzögerte inverse time-lag tripping
~/automatische automatic tripping; automatic cut-out
~/begrenzt verzögerte definite time-lag tripping
~ durch den zuerst auflegenden Teilnehmer *(Nrt)* first-party release, first-subscriber release
~ durch den zuletzt auflegenden Teilnehmer *(Nrt)* last-party release, last-subscriber release
~ eines Schalters/indirekte indirect tripping of a circuit breaker
~/einmalige one shot
~/elektromagnetische electromagnetic release
~/erzwungene forced release
~/falsche false release
~/magnetische magnetic release
~/mechanische mechanical trip
~ mit Verzögerung time-lag tripping
~/mittelbare indirect tripping
~ ohne Verzögerung instantaneous tripping
~/selbsttätige *s.* ~/automatische
~/selektive selective release
~/thermisch verzögerte thermally delayed release
~/thermische thermal release (tripping)
~/unabhängige independent trip
~/unmittelbare direct trip[ping]
~/verzögerte slow release, time-lag tripping; delayed-action circuit breaking *(Schalter)*
~/vorzeitige premature release
auslöten to unsolder
Auslötwerkzeug *n* unsoldering tool
Ausmauerung *f* [brick] lining *(Öfen)*
ausmessen to measure
~/Leitungen to identify wires
~/mit Echolot to sound
Ausmitteln *n* **von Signalen** signal averaging
Ausnahmeanforderung *f* exception request
Ausnahmeanschluß *m (Nrt)* foreign exchange line
Ausnahme-Anschlußleitung *f* out-of-area subscriber's line
Ausnahmeantwort *f* exception response
Ausnutzungsfaktor *m*, **Ausnutzungsgrad** *m* utilization factor; efficiency factor *(Anlagen)*; plant load factor *(Kraftwerk)*; space factor *(Spule, Wicklung)*
ausprüfen 1. to test out; to check out; 2. *(Dat)* to debug
~/Leitungen to identify wires
Auspuff *m* exhaust
auspuffen to exhaust *(z. B. Gas)*
Auspuffgeräusch *n* exhaust noise
Auspuffschalldämpfer *m* exhaust silencer (muffler)
auspumpen to exhaust, to pump out; to evacuate
ausquetschen to squeeze out *(z. B. Lötaugen)*
Ausrastbereich *m* pull-out range
Ausrastfrequenz *f* pull-out frequency
ausrechnen to calculate; to compute
Ausregelgeschwindigkeit *f* correction rate
ausregeln to line out
~/den Regler to advance a control
Ausregelung *f* **einer Abweichung** deviation control
Ausregelzeit *f* correction time
Ausreißer *m* run-out
Ausreißer *mpl* outliers *(Statistik)*
ausrichten to align; to straighten, to make straight; to direct; to orient *(z. B. Kristall)*; to adjust
ausrichtend/sich selbst self-aligning
Ausrichtung *f* alignment; straightening; orientation; adjustment
Ausrichtungsfehler *m* alignment error
ausrollen to run out *(Kabel)*
ausrücken *(MA)* to disengage, to disconnect *(Kupplung)*
Ausrückkupplung *f* clutch
ausrüsten to equip, to fit [out]
Ausrüstung *f* equipment, installation
~/akustische sound equipment
~/automatisierte automated equipment
~/elektrische electrical equipment
~ für Leiterplatten printed circuit kit
~/meßtechnische measuring equipment
~ mit Geräten instrumentation
Ausrüstungen *fpl* **für Rechenanlagen** computing instrumentation
Aussage *f*/**zweiwertige** EITHER-OR proposition *(logische Operation)*
Ausschaltbedingung *f* cut-off condition
Ausschaltbewegung *f* opening operation *(Schalter)*
Ausschaltdauer *f* interrupting time; total break time; total operating time *(einer Sicherung)*
ausschalten to switch (turn) off, to cut out (off); to break, to interrupt, to disconnect
Ausschalten *n* cut-off, cut-out; switching-off, turning-off; breaking operation; circuit breaking, disconnection; opening operation *(Schalter)*
~ der Vermittlung *(Nrt)* disconnection of switching
~/einpoliges single-pole interruption
~/selbsttätiges automatic cut-out

~/stromloses current-free opening
Ausschalter *m* contact breaker, interrupter; switch; circuit breaker; *(Ap)* cut-out [switch]; single-throw switch
~/doppelpoliger double-pole cut-out
~ mit Wiedereinschaltvorrichtung auto-reclose circuit breaker
~/zweipoliger single-throw double-pole switch
Ausschaltimpuls *m* off-impulse
Ausschaltklinke *f (Nrt)* service jack
Ausschaltknopf *m* stop button
Ausschaltkontakt *m* interrupter contact
Ausschaltleistung *f s.* Ausschaltvermögen
Ausschaltnennstrom *m* rated breaking current
Ausschaltorgan *n* disconnecting device
Ausschaltpunkt *m* release point
Ausschaltrelais *n* cut-out relay, cut-off relay
Ausschaltrille *f s.* Auslaufrille
Ausschaltspitzenstrom *m* cut-off [peak] current
Ausschaltstellung *f* off (switch-off) position
Ausschaltstrom *m* [prospective] breaking current
~/maximaler [circuit-]breaking transient current
~/unbeeinflußter prospective breaking current
Ausschaltstromstoß *m* circuit-breaking transient current
Ausschaltthyristor *m* turn-off thyristor
Ausschaltüberspannung *f* reclosing surge
Ausschaltung *f s.* Ausschalten
Ausschaltvermögen *n* breaking (interrupting, interruptive) capacity, breaking power
~ bei Phasenopposition out-of-phase breaking capacity
Ausschaltverzögerung *f*, **Ausschaltverzug** *m* turn-off delay; opening time *(Schalter)*
Ausschaltvorgang *m* turn-off transient
Ausschaltvorrichtung *f* contact-breaking device *(s. a.* Ausschalter*)*
Ausschaltwinkel *m***/kritischer** critical switching angle
Ausschaltzeit *f* off-time, off-period; break (contact-opening) time; gate-controlled turn-off time *(Thyristor)*; clearing (total operating) time *(Sicherung)*
Ausschaltzustand *m* open-circuit condition, off state
ausscheiden 1. to separate; to eliminate; 2. to set free *(z. B. Gase)*; to deposit
~/sich to precipitate, to deposit, to settle out
Ausschlag *m* 1. *(Meß)* deflection, excursion, deviation, swing, throw *(Zeiger)*; response; 2. amplitude
~/maximaler maximum deflection
~/zu großer (weiter) overtravel
ausschlagen to deflect; to swing
Ausschlagfaktor *m (Meß)* deflection factor *(reziproke Empfindlichkeit)*
Ausschlagkompensator *m (Meß)* deflection potentiometer
Ausschlagkraft *f (Meß)* deflection force
Ausschlagmethode *f (Meß)* deflection method
Ausschlagwinkel *m (Meß)* deflection angle
Ausschließungsprinzip *n***/Paulisches** Pauli exclusion principle
Ausschnitt *m* cut-out; sector *(Mathematik)*; *(ME)* blank; *(Dat)* window *(auf einem Bildschirm)*
Ausschnittvergrößerung *f (Dat)* windowing
ausschreiben *(Dat)* to print out
ausschwenkbar swing-out, swing-away
Ausschwingdauer *f* decay time
ausschwingen to die away, to decay
Ausschwingen *n* dying-away, dying-out
Ausschwingstrom *m* decay[ing] current
Ausschwingvorgang *m* dying-out transient, decay process
Ausschwingzeit *f* final oscillation time, decay (die-away, dying-down) time
Außenabmessungen *fpl* outer (outside, overall) dimensions
~/standardisierte standard outlines
Außenanlage *f* outdoor installation (plant, station)
Außenanodenröhre *f* external-anode valve
Außenanschlußkappe *f* external connection cap
Außenanstrich *m* outer (outside) coating
Außenantenne *f* outdoor (open) aerial
Außenarmatur *f* outdoor fitting
Außenaufnahme *f (Nrt, Fs)* outdoor pick-up, field recording, remote
Außenaufnahmekamera *f* field television camera
außenbeheizt externally heated
Außenbeleuchtung *f* outdoor illumination (lighting), exterior lighting
Außenbeleuchtungsanlage *f* outdoor lighting equipment
Außenbereich *m (Nrt)* external district
aussenden to emit; *(Nrt)* so send out; to give out; to beam *(gerichtet)*
~/Strahlen to radiate, to emit [rays]
~/Wellen to emit waves
Aussenden *n* **von Schall** sound emission (projection)
Aussendung *f***/wiederholte** *(Nrt)* retransmission
Außenelektrode *f* outer electrode
Außenfläche *f* outside (external) face, surface
Außengasdruckkabel *n* external gas-pressure cable
Außengehäuse *n (MA)* outer frame
Außengitter *n* outer grid
Außengitterröhre *f* outer-grid valve
Außenhaut *f***/glatte** smooth skin
Außenisolator *m* outdoor insulator
Außenkabel *n* outside (external) cable
~ mit Bleimantel/gummiisoliertes rubber-insulated lead-covered outside cable
Außenkolben *m (Licht)* outer (external) bulb
Außenkontaktsockel *m* side[-contact] base, external-contact base *(Röhren)*
Außenkühlung *f* external forced cooling
Außenlage *f* outer (external) layer

Außenlagenleiterzug *m* outer layer conductor, surface conductor *(Leiterplatten)*
Außenlager *n* outer bearing
Außenlärm *m* outdoor noise
Außenläufermotor *m* external rotor motor
Außenleiter *m* outer conductor; phase conductor (wire) *(eines verketteten Netzes)*
Außenleiterzug *m* external track *(Leiterplatten)*
Außenleuchte *f* outdoor-lighting fitting (fixture), outfitting, external fitting
Außenluft *f* external (surrounding) air
Außenmantel *m* outer casing; covering *(Kabel)*
Außenmessung *f* field (outdoor) measurement
Außennebenstelle *f (Nrt)* off-premises extension station, private branch exchange outside extension
Außenpolgenerator *m* external-pole generator
Außenreflektor *m* external reflector
Außenreflexionsanteil *m (Licht)* external reflected component
Außensockel *m* side base
Außenspeicher *m (Dat)* external store
Außenstellenrechner *m* satellite computer
Außensteuerröhre *f* external-control valve
Außenstrom *m* external current
Außenstudio *n* remote studio
Außenübertragung *f* outside broadcast [transmission], field broadcasting, outdoor pick-up
Außenwiderstand *m* external resistance
Außenzündstreifen *m*, **Außenzündstrich** *m (Licht)* outer [starting] strip
außeraxial abaxial; off-axis
Außerbetriebsetzen *n* shut [down], putting out of operation; switching-off
außermittig off-centre
Außertrittfallen *n* falling out of step, pulling out of synchronism *(bei Drehstrommotoren)*; loss of synchronism
Außertrittfallmoment *n* pull-out torque, step-out torque *(bei Drehstrommotoren)*
Außertrittfallprüfung *f* pull-out test *(bei Drehstrommotoren)*
Außertrittfallrelais *n* out-of-step relay
Außertrittfallschutz *m* out-of-step protection
Außertrittfallschutzrelais *n* pull-out protective relay
Außertrittfallversuch *m* pull-out test
Aussetzbelastung *f* intermittent load[ing]
Aussetzbetrieb *m* intermittent operation (duty, action, service); discontinuous operation; periodic duty *(mit Einfluß des Anlaufs auf die Temperatur)*
~ **mit elektrischer Bremsung** periodic duty-type with electric braking
~ **mit veränderlicher Belastung** variable intermittent duty
aussetzen 1. to intermit, to interrupt; to discontinue; 2. to fail; to die *(Motor)*; 3. to expose *(einer Einwirkung)*
~/dem Lärm to expose to noise
~/einer Röntgenstrahlung to expose to X-rays
Aussetzen *n* 1. intermittence, interruption; 2. failure; breakdown; blocking *(z. B. eines Oszillators)*; 3. exposure
aussetzend [/zeitweise] intermittent; discontinuous
Aussetzfeldstärke *f* extinction stress *(bei Teilentladung)*
Aussetzspannung *f* extinction voltage *(bei Teilentladung)*
aussieben to filter out *(z. B. Signalteile)*; to select
aussondern to separate, to sort out
Ausspeicherungsschaltung *f (Dat)* read-out circuit
ausstatten to equip; to fit [out]
Ausstattung *f* equipment; outfit
„Aus"-Stellung *f* "off" position
Aussteuerbereich *m* modulation range, range of modulation
aussteuern 1. to modulate; 2. to control
Aussteuerung *f* 1. modulation; 2. control
~/automatische automatic volume (level) control, AVL
~/ungenügende undermodulation
~/zu geringe *(Ak)* underload
Aussteuerungsautomatik *f* volume (level) control automatic
Aussteuerungsbereich *m* modulation range; *(Ak)* pulse range
~/dynamischer *(Ak)* dynamic headroom
Aussteuerungsfaktor *m* driving factor
Aussteuerungsgrad *m* degree (depth) of modulation, modulation percentage
Aussteuerungskontrolle *f (Ak)* 1. monitoring of transmission (recording) level, checking of transmission level; 2. record level indicator *(Magnetbandtechnik)*
Aussteuerungskontrollinstrument *n s.* Aussteuerungsmesser 2.
Aussteuerungsmesser *m* 1. *(Nrt)* modulation percentage indicator (meter); 2. *(Ak)* tone control measuring set, level monitor (indicator, gauge), peak program meter, volume indicator, volume [unit] meter, VU meter
~/spitzenwertanzeigender peak program meter
Aussteuerungsregelung *f* volume range control
~/automatische automatic volume control
Aussteuerungsreserve *f* 1. power-handling capacity, crest-factor capacity (capability); *(Ak)* peak-handling capacity; impulse capability *(für Impulse)*; 2. *(Ak)* headroom
Aussteuerungsüberwachung *f (Ak)* monitoring of transmission (recording) level
ausstoßen to eject, to expel
Ausstoßen *n* ejection, expulsion
Ausstoßvorrichtung *f* ejecting mechanism
ausstrahlen 1. to emit, to radiate *(z. B. Licht, Wärme)*; 2. *(Nrt)* to transmit

Ausstrahlung *f* emission, radiation
~ **mit kleinem Winkel** *(FO)* low-angle radiation
~/**spezifische** *(Licht)* [radiant] emittance, radiance
~/**unerwünschte** spurious emission
Ausstrahlungsbedingung *f* radiation condition
Ausstrahlungsbreite *f (Licht)* beam spread
Ausstrahlungsfläche *f* radiating surface
Ausstrahlungskurve *f* emission characteristic
Ausstrahlungsvermögen *n* radiating capacity, [radiant] emissivity
Ausstrahlungswinkel *m* radiation angle, angle of radiation
ausströmen 1. to flow (leak) out; to escape; 2. to emanate, to emit
Ausströmen *n* **des Plasmas** rotating outflow of plasma
aussuchen to select
austasten *(Nrt, Fs)* to blank; to gate *(z. B. Zeitsignale)*; to key off
Austasten *n (Nrt, Fs)* blanking; gating *(z. B. von Zeitsignalen)*
Austastimpuls *m (Nrt, Fs)* blanking pulse (signal), blackout pulse
Austastlücke *f (Nrt, Fs)* blanking interval
~/**vertikale** vertical blanking interval, VBI
Austastpegel *m (Nrt, Fs)* blackout level
Austastsignal *n (Nrt, Fs)* blanking (blackout) signal; strobing signal
Austastung *f (Nrt, Fs)* blanking, blackout; gating *(z. B. von Zeitsignalen)*
Austastwert *m (Nrt, Fs)* blanking level
Austausch *m* 1. exchange, interchange; replacement; 2. swapping *(z. B. von Programmen)*
austauschbar interchangeable; replaceable
Austauschbarkeit *f* exchangeability, interchangeability; replaceability
~/**mechanische** mechanical interchangeability
Austauschbefehl *m* exchange command
Austauschdatei *f (Dat)* swap data set
Austauschdiffusion *f* interchange diffusion
austauschen 1. to exchange, to interchange; to replace; 2. to swap *(z. B. Programme)*
~/**Daten** to exchange data
~/**Energie** to interchange energy
Austauscher *m* exchanger, interchanger
Austauschgleichgewicht *n (Ch)* exchange equilibrium
Austauschkapazität *f (Ch)* exchange capacity *(z. B. einer Membran)*
Austauschkräfte *fpl* exchange forces
Austauschmöglichkeit *f* **der Rechner** computer compatibility
Austauschregister *n (Dat)* exchange register
Austauschstoff *m* substitute [material]
Austauschstrom *m* exchange current
Austauschstromdichte *f* exchange current density
Austrag *m (Galv)* drag-out
austreten to emerge [from]; to escape *(z. B. Gas)*; to leak out
~ **lassen** to strip *(Licht aus dem Lichtleitermantel)*
Austritt *m* 1. emergence; emission; ejection; leakage; 2. exit, outlet
~ **ins Vakuum** ejection to the vacuum
Austrittsarbeit *f* [electronic] work function
~/**äußere** outer work function
~/**glühelektrische** thermionic work function
~/**innere** inner work function
~/**Richardsonsche** Richardson work function
~/**thermionische** thermionic work function
Austrittsarbeitsdifferenz *f* work function difference
Austrittsende *n* exit edge *(z. B. beim Linearmotor)*
Austrittsgeschwindigkeit *f* velocity of emission *(Elektronen)*
Austrittskoeffizient *m* escape coefficient
Austrittsluke *f* exit window
Austrittsöffnung *f* exit port
Austrittspotential *n* exit potential
Austrittsspalt *m* exit slit
Austrittsspannung *f* work potential *(Elektronen)*
~/**elektrische** exit electric tension
Austrittsstrahl *m* emergent [light] beam, exit beam
Austrittsverlust *m* exit-edge loss *(beim Verlassen des Randes eines Feldes)*
Austrittswinkel *m* exit angle
austrocknen to dry out, to desiccate, to exsiccate
Auswahl *f* selection; choice
~/**sofortige** *(Dat)* immediate selection
Auswahleinheit *f (Dat)* selection (feed control) unit
auswählen to select, to pick out
auswählend selective
Auswahlgerät *n* choice device
Auswahlimpuls *m* selection pulse
Auswahlinformation *f (Dat)* choice information
Auswahlkontrolle *f (Dat)* selection check
Auswahlleitung *f (Dat)* selection line
Auswahlordinatenverfahren *n* selected-ordinate method *(Farbmessung)*
Auswahlpriorität *f (Dat)* dispatching priority
Auswahlregel *f* selection rule
Auswahlschaltung *f* selection circuit
Auswahlsteuerung *f (Syst)* selective control
Auswahlzeichen *n (Dat)* deselect character
auswechselbar exchangeable, interchangeable; replaceable
Auswechselbarkeit *f* exchangeability, interchangeability; replaceability
~/**mechanische** mechanical interchangeability
~ **von Kontakten** exchangeability of contacts
Auswechselelement *n* renewal element
Auswechselfehler *m* substitution error
auswechseln to exchange, to interchange; to replace
Auswechselteil *n* renewal part

Auswechs[e]lung *f* exchange, interchange; replacement; renewal *(z. B. von Bauteilen)*
Ausweichpfad *m* alternate path
Ausweichvermittlung *f (Nrt)* auxiliary exchange
Auswerfmechanismus *m* eject[ing] mechanism
Auswerteeinheit *f (Syst)* evaluation unit
Auswertegerät *n* evaluation instrument
auuswerten 1. to evaluate; to analyze; *(Dat)* to interpret; 2. to plot *(Kennlinien, Kurven)*
Auswerteprogramm *n (Dat)* evaluation program (routine)
Auswerteschablone *f* protractor
Auswertetisch *m* plotting table
Auswertezeit *f (Dat, Nrt)* recognition time
Auswertung *f* 1. evaluation; 2. *(Dat)* handling *(z. B. von Daten)*; interpretation
Auswertungszeit *f (Dat)* interpretation time
Auswuchtebene *f* correction plane
auswuchten to balance, to equilibrate
Auswuchtung *f* balancing, equilibration
Auswurfmechanismus *m* eject mechanism
Auswurftaste *f* eject button
ausziehbar extendable, telescopic
ausziehen 1. to extend; to draw, to pull out; 2. to extract
Ausziehkraft *f* withdrawal force
Ausziehvorrichtung *f* extractor
Auszug *m* 1. extension; 2. extraction *(z. B. aus einer Gesamtentwurfszeichnung)*; 3. *(Dat)* dump *(aus einem Speicher)*
„Aus"-Zustand *m* “off” state
Autoantenne *f* car (automobile) aerial
Autobatterie *f* car (automobile) battery
Autodyn *n (Nrt)* autodyne
Autoempfänger *m* car radio [receiver]
Autoionisation *f* autoionization
Autokode *m (Dat)* autocode
Autokoder *m (Dat)* autocoder
Autokollimationsfernrohr *n* autocollimator, autocollimating telescope
Autokollimationsspektrograph *m* autocollimating spectrograph
Autokorrelationsfunktion *f (Syst)* autocorrelation function *(bei Zufallsprozessen)*
Autokorrelator *m* autocorrelator *(Gerät zur Berechnung der Autokorrelationsfunktion)*
Autokorrelogramm *n* autocorrelogram
Automat *m (Syst)* automaton, automatic machine
~/analoger analogue-operating automaton
~/determinierter determinated automaton
~/endlicher finite automaton
~/initialer fixed initial state automaton
~/lehrender teaching automaton
~/lernender learning automaton
~/stochastischer stochastic automaton
~/unendlicher infinite automaton
Automatengraph *m* automata graph *(Kybernetik)*
Automatentheorie *f* automata theory, theory of automata
Automatik-Hand-Umschaltung *f* automatic-to-hand transfer
Automation *f s.* Automatisierung
automatisch automatic[al], self-acting
automatisieren to automate
Automatisierung *f* automation, automatization
~ des Netzbetriebs *(An)* network automation
~/industrielle industrial automation
~ von Vorgängen process automation
Automatisierungsgrad *m* degree of automation
Automatisierungstechnik *f* automation technique, automatic control engineering
Automobilelektronik *f* automotive electronics
Automünzfernsprecher *m* drive-in coin telephone
autonom *(Syst)* autonomous *(unabhängig von zeitlich veränderlichen Eingangssignalen)*
Autonomie *f (Syst)* non-interaction
Autonomiekriterium *n* criterion of non-interaction
Autopilot *m* autopilot
Autoradio *n* car radio
Autoscheinwerfer *m* car headlight [lamp]
Autotelefon *n* [in-]car telephone
Autotransformator *m* autotransformer
Avalanche-Diode *f* avalanche diode
Avalanche-Photodiode *f* avalanche photodiode, APD
A-Verstärker *m* class-A amplifier
AWACS AWACS, airborne warning and control system
A-W-Draht *m s.* Adressenschreibdraht
AWE *(**a**utomatische **W**ieder**e**inschaltung)* autoreclosing, automatic circuit reclosing, automatic reclosure
AWE-Relais *n* autoreclose relay
A_1-Wert *m* permeance
AWE-Zyklus *m (An)* rapid autoreclosing cycle
Axialanschluß *m* axial termination
Axialgebläse *n* axial blower, propeller-type blower
Axialkanone *f* axial gun *(Elektronenstrahlerzeugung)*
Axialkraft *f* axial force
Axiallüfter *m* axial[-flow] fan, propeller fan
Axialschwingung *f* axial vibration
Axialströmung *f* axial flow
axialsymmetrisch axially symmetric
Axialverdichter *m* axial-flow compressor
Ayrton-Widerstand *m* Ayrton shunt
Azidität *f* acidity
Azimutdarstellung *f (Nrt, FO)* azimuth display
Azimutdurchlauf *m (FO)* azimuth sweep

B

B *s.* Baud
Babbeln *n (Nrt)* babble, inverted cross talk
Background *m s.* Grundgeräusch
Backlackdraht *m* self-bonding wire
Backofen *m***/elektrischer** electric [baking] oven

Backplane-Bus *m (Dat)* backplane bus
Backup-Regler *m* back-up controller *(Ersatzregler bei Rechnerausfall einer DDC-Regelung)*
Backus-Erfassung *f*, **Backus-Notation** *f* Backus notation *(Programmierung)*
Backverhalten *n* curing characteristic *(Isolierlack)*
Backward-Diode *f* backward diode
Bad *n s.* 1. Badbehälter; 2. ~/galvanisches
~/alkalisches alkaline bath
~/außenbeheiztes externally heated bath
~/galvanisches [electro]plating solution, bath
~/saures acid bath
Badbehälter *m* tank
Badbewegung *f* bath movement *(z. B. in Induktionsöfen)*
Baddrehung *f* bath rotation *(z. B. Lichtbogenofen)*
b-Ader *f (Nrt)* ring wire, R-wire
Badewannenkondensator *m* bathtub capacitor *(kleiner Festkodensator)*
Badewannenkurve *f* bathing-tub diagram, bathtub curve
Badkuppe *f* bath meniscus *(Induktionsofen)*
Badofen *m***/elektrischer** electric bath furnace
Badreaktion *f* bath reaction *(Schmelzbad)*
Badspannung *f (Galv)* bath (cell, tank) voltage
Badstrom *m (Galv)* bath (plating) current
Badverlustleistung *f* [standing] bath losses
Badwiderstand *m* bath resistance *(Elektroofen)*; tank resistance *(Elektrolyse)*
Badzusatz *m (Galv)* bath preparation
Bahn *f* 1. trajectory *(z. B. von Elektronen)*; path, track; 2. *s.* ~/elektrische
~/elektrische electric railway
Bahnbeschleunigung *f* path acceleration, acceleration along the path
Bahngenauigkeit *f* path accuracy *(numerische Steuerung)*
Bahngenerator *m* traction generator *(elektrische Zugförderung)*
Bahngeschwindigkeit *f* rate of contouring travel
Bahnkorrektur *f* contour compensation
Bahnkraftwerk *n* railway power station *(elektrische Zugförderung)*
Bahnmotor *m* traction motor *(elektrische Zugförderung)*
Bahnsteuerung *f* continuous-path control *(Roboter)*; *(Syst)* contouring control
Bahnstromfrequenz *f* main frequency of the railway *(elektrische Zugförderung)*
Bahnstromgenerator *m* traction generator *(elektrische Zugförderung)*
Bahnstromleitung *f* traction supply line *(elektrische Zugförderung)*
Bahnstromversorgung *f* traction (railway power) supply *(elektrische Zugförderung)*
Bahntransformator *m* traction (railway supply) transformer *(Unterstation)*
Bahnumformer *m* railway converter *(elektrische Zugförderung)*
Bahnunterstation *f*, **Bahnunterwerk** *n* traction (railway) substation *(elektrische Zugförderung)*
Bahnwiderstand *m* path (bulk) resistance
Bahnwinkel *m* path angle
Bajonettfassung *f* bayonet socket (holder, mounting); bayonet-type lamp holder
Bajonettkupplung *f* bayonet coupling (catch)
Bajonettsockel *m* bayonet cap
~ mit Zentralkontakt centre-contact bayonet cap
Bajonettsteckverbinder *m* bayonet locking connector
Bajonettverbindung *f* bayonet joint
Bajonettverschluß *m* bayonet lock (catch, joint)
Bake *f (FO)* beacon, radio (directive signalling) beacon
Bakelit *n* bakelite
Bakenantenne *f* beacon aerial
Balance *f***/harmonische** *(Syst)* harmonic balance *(Untersuchung auf sinusförmige Signale)*
Balanceregler *m (Ak)* balance control
Balg *m* bellows *(pneumatisches Meßglied)*
Balgfeder *f* bellows-type spring
Balkendiagramm *n* bar graph chart
Balkengenerator *m (Fs)* bar generator
Balkenkode *m (Dat)* bar code
~ für Waren universal product code, UPC
Balkenkodeleser *m* bar code reader (scanner)
Balkenmuster *n (Fs)* bar pattern
Ballaströhre *f* ballast tube
Ballastwiderstand *m* 1. ballast resistor; 2. ballast resistance
Ballempfang *m (Nrt, Fs)* relay reception
Ballempfänger *m (Nrt, Fs)* relay (direct pick-up) receiver
Ballonsonde *f* sounding balloon
ballsenden *s.* senden/über Relais[station]
Bananenbuchse *f* banana jack
Bananenröhre *f* banana tube *(Farbbildröhre)*
Bananenstecker *m* banana pin (plug), split plug
Band *n* 1. [recording] tape *(s. a. unter* Magnetband*)*; ribbon; 2. band, range *(z. B. Energieband)*; 3. *s.* Lochband; 4. *s.* Frequenzband
~/besetztes *(El)* filled band
~/einseitig beschichtetes single-faced tape
~/endloses endless (looped) tape
~/erlaubtes *(El)* allowed band
~/frequenzhöheres high[er] band
~/frequenzniedrigeres low[er] band
~/gefülltes filled tape
~/halbleitendes conductive band
~/imprägniertes impregnated tape
~/jungfräuliches *s.* ~/noch nicht benutztes
~/leitendes conductive band
~/magnetpulverbeschichtetes magnetic-powder-impregnated tape
~/nichtbesetztes *(El)* unoccupied band
~/noch nicht benutztes virgin[al] tape, raw tape
~/schmales *(Nrt)* narrow band
~/unterdrücktes *(Nrt)* suppressed frequency band

~/verbotenes *(El)* rejection (forbidden) band, energy gap
Band... *s. a.* Magnetband...
Bandabhebevorrichtung *f* tape lifter
Bandablage *f s.* Bandarchiv
Bandabstand *m (ME)* energy (band) gap, band distance
Bandabtastung *f* tape sensing
Bandabwickelvorrichtung *f* tape unreeling device
Bandage *f* bandage, [binding] band *(Kabel)*
Bandagenverluste *mpl* band loss[es] *(Kabeltechnik)*
bandagieren to bandage *(Kabel)*
Bandagiermaschine *f* taping machine
Bandanfang *m* begin of tape, BOT
Bandanfangslücke *f* initial gap *(Magnetband)*
Bandanfangsmarke *f* BOT (begin-of-tape) label; load point *(Magnetband)*
Bandanlauf *m* tape start
Bandansage *f (Nrt)* recorded announcement
Bandantenne *f* tape aerial
Bandantrieb *m* tape drive *(Magnetbandgerät)*; belt drive *(Transmission)*
Bandantriebsachse *f* capstan *(Magnetbandgerät)*
~/gegenläufige contrarotating capstan
Bandarchiv *n* tape file; [magnetic] tape archive, tape store
Bandarmierung *f* tape armouring *(Kabel)*
Bandaufhängung *f* ribbon (strip) suspension
Bandaufnahme *f* 1. [magnetic] tape recording; 2. tape record
~ von Fernsehsignalen video tape recording
Bandaufnahmedichte *f* tape density
Bandaufnahmegerät *n* tape recorder
Bandaufzeichnung *f s.* Bandaufnahme
Band-Band-Rekombination *f (ME)* band-to-band recombination
Band-Band-Übergang *m (ME)* band-to-band transition, interband transition
Bandbefehl *m (Dat)* tape order (instruction)
Bandbegrenzung *f (Fs)* band limiting
Bandbeschleunigung *f* tape acceleration
Bandbeschneidung *f* bandwidth limitation
bandbetätigt tape-operated
Bandbewicklung *f* taping
Bandblock *m* tape block
Bandbreite *f* bandwidth
~/belegte (besetzte) occupied bandwidth
~ des Helligkeitskanals luminance channel bandwidth
~/erforderliche necessary bandwidth, communication band
~/konstante absolute constant (fixed) bandwidth, constant absolute bandwidth
~/konstante relative proportional (constant-percentage) bandwidth
~/relative bandwidth ratio
~/spektrale spectral bandwidth
Bandbreitenbegrenzung *f* bandwidth limitation
Bandbreitenbereich *m* bandwidth coverage
Bandbreitenregelung *f* bandwidth control
~/mechanische mechanical band spreading
Bandbreitenüberstreichung *f* bandwidth coverage
Bandbreitenumschalter *m* bandwidth switch
Bandbreitenverkleinerung *f* band compression
Bandbremse *f* strap brake
Bändchengalvanometer *n* band galvanometer
Bändchenlautsprecher *m* ribbon loudspeaker
Bändchenmikrofon *n* ribbon (tape) microphone
Banddehnung *f* 1. band spreading; 2. tape stretching *(Tonband)*
Banddiagramm *n (ME)* band diagram
Banddicke *f* tape thickness
Banddurchziehofen *m* continuous strand furnace
Bande *f* band
Bandeinfädelung *f* tape threading *(Magnetband)*
Bandeinheit *f (Dat)* tape unit
Bandeinmessung *f***/automatische** auto tape tuning
Bandelektrode *f* strip electrode
Bandende *n* end of tape, EOT, tape outage
Bandendemarke *f* end-of-tape label, EOT marker
Bandenfolge *f* sequence of bands
Bandenintensität *f* intensity of the band
Bandenreihe *f s.* Bandenfolge
Bandenspektrum *n* band spectrum
Bandensystem *n* band system
Bänderdarstellung *f (ME)* band picture
Banderder *m* strip earth conductor
~ aus Eisen iron-strip earth conductor
Bändermodell *n (El)* [energy] band model
Bänderschema *n (El)* band scheme
Bandetikett *n* tape label
Bandfilter *n* band-pass filter, [wave-]band filter
Bandfilterbecher *m* intermediate-frequency can
Bandfilterkette *f* band-pass ladder filter
Bandfilterverstärker *m***/selektiver** band-pass selective amplifier
Bandführung *f* tape guidance (guide)
Bandführungstrommel *f* head drum
Bandgenerator *m* belt (Van de Graaff) generator
~/elektrostatischer electrostatic belt generator
Bandgerät *n* tape recorder; tape deck *(s. a. unter* Magnetbandgerät*)*
~ für zweikanalige Aufzeichnung dual-channel tape recorder
~ ohne Verstärker tape deck
Bandgeschwindigkeit *f* tape speed (velocity)
bandgesteuert tape-controlled
Bandgrenze *f* band edge
Bandheizelement *n* strip heating element
Bandheizkörper *m* strip heater (heating element), ribbon heater
~ mit Wärmeableitrippen finned strip heater
Bandheizwiderstand *m* ribbon heating resistor
Bandisolierung *f* tape insulation
Bandkabel *n* tape (ribbon, flat) cable
Bandkante *f (El)* band edge

Band-Karte-Umsetzer *m (Dat)* tape-to-card converter, punched-tape to punched-card converter
Bandkern *m* wound core
Bandkleben *n* tape splicing
Bandkleber *m* tape cement
Bandkondensator *m* tape capacitor
Bandkopie *f* copy tape
Bandkopieren *n* tape duplication
Bandkristall *m* ribbon crystal
Bandkrümmung *f (El)* band bending, curvature of the band
Bandlampe *f* ribbon-filament lamp
Bandlänge *f* tape length
Bandlängenzähler *m* tape length (position) indicator; tape [footage] counter
Bandlauf *m* tape travel, [tape] run
~ **in Rückwärtsrichtung** reverse run
~ **in Vorwärtsrichtung** forward run
Bandlaufgeschwindigkeit *f s.* Bandgeschwindigkeit
Bandlaufwerk *n* tape drive
Bandlautsprecher *m* ribbon loudspeaker, ribbon-type dynamic [loud]speaker
Bandleiter *m* strip conductor; microstrip
Bandleitung *f* strip [transmission] line, twin lead, metal strip
Bandleser *m* tape reader *(s. a.* Lochbandleser*)*
Bandlocher *m* tape perforator (punch)
~**/schneller** high-speed paper tape punch
Bandlöscheinrichtung *f* tape degausser (eraser)
Bandlücke *f (El)* band gap
Bandmarke *f* tape mark
Bandmikrofon *n* ribbon (tape) microphone
Bandmitte *f* mid-band *(Frequenzband)*
Bandmittenfrequenz *f* mid-band frequency
Bandmittenverstärkung *f* mid-band gain
Bandmontage *f s.* Bandschnitt
Bandoberkante *f (El)* upper band edge
Bandpaß *m* band-pass [filter], band filter
Bandpaßbegrenzer *m* band-pass limiter
Bandpaßfiltersatz *m* band-pass filter set
Bandpaßkopplung *f* band-pass coupling
Bandpaßrauschen *n* band noise
Bandpaßselektivverstärker *m* band-pass selective amplifier
Bandpaßverstärker *m* band-pass amplifier
Bandpegel *m* band level
Bandrauschen *n* tape [background] noise
Bandriß *m* tape interruption (breakage)
Bandrißfühler *m* tape interruption sensor
Bandrücklauf *m* tape rewind
Bandsalat *m* tape spillage *(durch Herauslaufen des Tonbandes aus der Führung)*
Bandschallpegel *m* band-pressure level
Bandschalter *m* wave switch *(Frequenzband)*
Bandschleife *f* tape loop
Bandschleifeneinrichtung *f* tape-loop arrangement
Bandschnitt *m* editing (cutting) of a tape
Bandschräglauf *m* skew
Bandschreiber *m* strip chart recorder, chart recorder (recording instrument), [paper] tape recorder
~**/schneller** high-speed tape recorder
Bandsortenerkennungssystem *n***/automatisches** automatic tape response system, ATRS
Bandsortenwähler *m* tape selector [switch]
Bandspannung *f* tape tension, tension of the [magnetic] tape
Bandspannungsfühler *m* **auf der Aufwickelseite** take-up reel tensioning arm
Bandspannungskorrektor *m* skew corrector *(Videorecorder)*
Bandspeicher *m (Dat)* tape store (memory)
Bandsperre *f* band-elimination filter, band-stop filter, band-rejection filter
~**/schmalbandige** notch filter
Bandsperrfilter *n s.* Bandsperre
Bandspreizkondensator *m* band-spread capacitor
Bandspreizung *f* band spreading
Bandspule *f* tape spool (reel), bobbin; ribbon coil
~**/hochkant gewickelte** edgewise-wound ribbon coil
Bandstellensuchsystem *n* computer-coded search system, CCS *(für Kassettenbandgeräte)*
Bandsteuereinheit *f* tape control unit
Bandstreifen *m* tape strip
Bandstruktur *f* band structure
Bandteller *m* [tape] reel *(Magnetbandgerät)*
Bandtellerbremse *f* reel brake
Bandtransport *m* tape transport
Bandtransportmechanismus *m* tape transport mechanism
Bandtrockner *m* belt dryer
Bandüberlappung *f (ME)* band overlap
Bandumschalter *m (Nrt)* band switch
Bandunterdrückung *f* band elimination
Bandunterkante *f (ME)* lower band edge
Bandunterlage *f* tape base
Bandverbiegung *f (ME)* band bending
Bandverschiebung *f (ME)* band shift
Bandvorbereitung *f* tape preparation
Bandvorschub *m* tape feed
Bandwahlschalter *m* band selector switch *(für Frequenzen)*
Bandwickel *m* [tape] reel
~**/loser** slack
Bandwiderstand *m* ribbon resistor *(Heizleiter)*
Bandzähler *m s.* Bandzählwerk
Bandzählwerk *n* tape counter; tape length indicator
Bandzug *m* tape tension
Bandzugregelung *f* [tape] tension control
bang-bang-Regelung *f* bang-bang control *(spezielle Erregerregelung beim Schlüpfen der Synchronmaschine)*

Bank *f*/**optische** optical bench
Bankphotometer *n* bench photometer
Bankschaltung *f* bank connection *(Transformator)*
Barin-Methode *f* Barin method *(Reparaturverfahren für Lichtbogenöfen)*
Baritflintglas *n* barium flint [glass]
Baritkronglas *n* barium crown [glass]
Barkhausen-Effekt *m* Barkhausen effect
Barkhausen-Kurz-Schwingung *f* Barkhausen-Kurz oscillation, retarding-field oscillation *(Bremsfeldröhren)*
Barkhausen-Schwingungen *fpl* Barkhausen (brake-field) oscillations
Barkhausen-Sprung *m* Barkhausen jump
Barometerrelais *n (FO)* barometric switch
Barretter *m* barretter, bolometric instrument *(mit Draht- oder Schichtwiderstand)*
Barriere *f* barrier
Barrierenabsenkung *f (ME)* barrier lowering
Barrierenerniedrigung *f (ME)* barrier lowering
~ **durch Bildkraft** image-force barrier lowering
Barrierenhöhe *f (ME)* barrier height
Barrierenisolation *f* barrier insulation
Barristor *m* barristor *(Halbleiterbauelement)*
Basaltwolle *f (Isol)* basalt wool
Basenüberschuß *m (Ch)* excess of base
BASIC BASIC, beginner's all-purpose symbolic instruction code *(Programmiersprache)*
Basis *f* base; basis
Basis-4-Addierer *m (Dat)* base-4-adder
Basisanschluß *m* 1. base terminal *(Transistor)*; base contact; 2. *(Nrt)* basic access
Basisanschlußdraht *m* base wire
Basisanschlußkanal *m* basic access channel
Basisanschlußmultiplexer *m* basic access multiplexer
Basisanschlußpunkt *m* basic access point
Basisausbreitungswiderstand *m* base spreading resistance
Basisband *n* baseband *(Frequenz)*
Basisbandeinheit *f* baseband unit
Basisbandnetz *n* baseband LAN
Basisbandübertragung *f* baseband transmission *(Verfahren)*
Basisbandverstärker *m* baseband amplifier
Basisbreite *f* base width
Basisbreitenmodulation *f* base-width modulation
Basisdatei *f* base data set
basisch basic, alkaline
Basisdiffusion *f (ME)* base[-type] diffusion
Basisdiffusionsfenster *n (ME)* base-diffusion window
Basisdraht *m* base wire
Basiseinheit *f* 1. *(Meß)* [primary] fundamental unit, base unit; 2. *(Syst)* base unit *(einer Regeleinrichtung)*
Basiselektrode *f* base electrode
Basis-Emitter-Spannung *f* base-emitter voltage
Basisfrequenzband *n* basic frequency band
Basisgebiet *n* base region
Basis-Gleichstrom *m* continuous base current *(z. B. des Transistors)*
Basisgröße *f (Meß)* base quantity
Basisklemme *f* base terminal
Basiskontakt *m* base contact
Basiskontaktstreifen *m* base contact strip
Basiskontaktwiderstand *m* base contact resstance
Basislaufzeit *f* base transit time *(Transistor)*
Basisleistung *f* base power
Basislösung *f (Syst)* basis solution *(der linearen Optimierung)*
Basismaterial *n* base material
~/**metallkaschiertes** metal-clad base material
Basismetallisierungsfenster *n (ME)* base-metallization window
Basisplatte *f* 1. base plate; 2. substrate
Basisrechner *m* basic computer
Basissatz *m* primary set
Basisschaltung *f* basic circuit; *(ME)* common-base circuit (connection), grounded-base circuit
Basisschicht *f* base layer *(Transistor)*
Basisspannung *f* base voltage
Basissteuerung *f* basic control
Basisstörstelle *f (ME)* base impurity
Basisstreifen *m (ME)* base stripe
Basisstrom *m* base current
Basistemperatur *f* base temperature
Basistiefe *f (ME)* base depth
Basistransportgrenzfrequenz *f (ME)* base transport cut-off frequency
Basisverbreiterung *f* base widening
Basisverstärker *m* grounded-base amplifier
Basiswiderstand *m (ME)* base resistance
~/**äußerer** external base resistance
~/**innerer** internal base resistance
Basiszahl *f* base number
Basiszone *f* base region
Basiszugriff *m (Dat)* basis access
Basiszugriffsverfahren *n (Nrt)* basic access method
Basizität *f* basicity, alkalinity
Baß *m (Ak)* bass
Baßanhebung *f* bass boost[ing], low-note accentuation
Baßentzerrer *m* bass compensator
Baßentzerrung *f* bass compensation
Baßfilter *n* bass-cut filter
Baßlautsprecher *m* bass loudspeaker
Baßreflexbox *f* bass reflex cabinet, [bass] reflex box
Baßreflexlautsprecher *m* bass reflex loudspeaker
Baßregler *m* bass control
Baßton *m* bass [note]
Baßwiedergabe *f* bass response
Batalumgetter *m* batalum getter *(Elektronenröhren)*
Batterie *f* 1. [single-cell] battery; [storage] battery, accumulator; 2. [capacitor] bank

~/**aufladbare** rechargeable battery
~/**dichte** sealed [storage] battery
~/**eingebaute** internal battery
~/**elektrische** electric battery
~ **für einen Teilbereich** dedicated battery
~/**galvanische** galvanic (voltaic) battery
~/**lecksichere** leakproof battery
~/**ortsfeste** stationary battery
~/**radioaktive** radioactive battery
~/**thermoelektrische** thermoelectric battery
~/**transportable** portable battery
~/**trockengeladene** conserved-charge battery
~/**verbrauchte** used (run-down) battery
~/**vergossene** sealed-in battery
~/**Voltasche** *s.* ~/galvanische
Batterieanschlußklemme *f s.* Batterieklemme
Batterieantrieb *m* battery drive; accumulator drive
• **mit** ~ battery-driven, battery-operated
Batterieaufladung *f* battery charging
Batterieausgangsleistung *f* battery output
Batteriebehälter *m* battery box (compartment)
Batteriebetrieb *m* battery operation
batteriebetrieben battery-driven, battery-operated
Batterieelektrode *f* battery electrode
Batterieempfänger *m* battery[-operated] receiver, portable receiver
Batterieentladungsanzeiger *m* low-battery indicator
Batterieersatzgerät *n* battery eliminator
Batteriefahrzeug *n* accumulator car, electric battery vehicle
Batteriegefäß *n* battery jar
Batteriegehäuse *n* battery box
batteriegepuffert battery-backed, battery-maintained
batteriegespeist battery-powered
Batterieheizung *f* battery heating
Batteriekabelschuh *m* battery terminal
Batteriekaskade *f* cascade battery
Batteriekasten *m* battery (accumulator) container, battery box
Batterieklemme *f* battery [connecting] terminal, battery clip (clamp)
Batteriekontrolle *f* 1. battery check; 2. battery condition indicator
Batterieladebaustein *m* battery charging module
Batterieladegerät *n* battery charger (charging set), accumulator charging apparatus (set)
Batterieladevorschriften *fpl* battery charge regulations
Batterielüftungsventil *n* battery vent valve
Batteriepolklemme *f* terminal post
Batterieprüfer *m* battery (charge) tester
Batterieprüfung *f* battery check
Batteriesäureheber *m* battery syringe
Batterieschalter *m* battery (accumulator) switch; discharge switch
Batterieschalttafel *f* accumulator switchboard
Batteriespannung *f* battery (cell) voltage
Batteriespeisung *f* battery supply
Batterietrog *m* tray
Batterieumschalter *m* battery reversing switch
Batterie-Unterspannungsanzeige *f* battery low indicator
Batteriezellenschalter *m* battery (accumulator) switch
Batteriezündung *f* battery (cell) ignition
Batteriezustandsanzeige *f* battery condition indicator
Bauakustik *f* building (architectural) acoustics
Bauart *f* design; type; make; construction
~/**bestätigte** approved pattern *(von Meßmitteln)*
~ **eines Meßmittels** pattern of a measuring instrument
~/**kompakte** compact design; compactness
~/**modulare** modular design
Bauch *m* antinode bulge *(z. B. einer Schwingung)*
~ **einer stehenden Welle** antinode of a stationary wave
Bauchelektrode *f* bulge electrode
Baud *n* baud *(Einheit der Schrittgeschwindigkeit und Kapazität von Nachrichtenkanälen; 1 Bd = 1 bit/s)*
Baudot-Telegraf *m* Baudot telegraph
Baueinheit *f* assembly, [standard] component; unit, module
~/**leichte** light-weight unit
~ **mit Thyristoren** thyristor module
Bauelement *n* 1. *(El)* component; [structural] element; unit; device; 2. *(Ap)* constructional member
~/**aktives** active component (device, element)
~/**angepaßtes** matched component
~/**auf der Oberfläche montiertes** surface-mount[ed] component, SMC; surface-mounted device, SMD
~/**bipolares** bipolar component
~/**diskretes** discrete component
~/**elektronisches** electronic component
~/**faseroptisches** fibre-optic device
~/**feldgesteuertes** field-controlled device
~ **für fortschreitende Ladungsverschiebeschaltung** peristaltic CCD
~ **für Oberflächenbestückung** surface-mounting device, SMD
~ **für Oberflächenmontage** surface-mounted component, SMC
~ **für schnelle Rechner** high-speed computing component (device, element)
~ **hoher Arbeitsgeschwindigkeit** *(ME)* high-speed component (device, element)
~/**integriertes elektronisches** integrated electronic component
~/**konzentriertes** lumped component
~/**ladungs[träger]gekoppeltes** charge-coupled device, CCD
~/**lineares** linear component; linear device
~/**luftdicht verschlossenes** hermetic-sealed component

~/**magnetisches** magnetic component
~ **mit einem pn-Übergang** *(ME)* single p-n junction component (device, element)
~/**nichtlineares** non-linear [circuit] component; non-linear device
~/**optoelektronisches** optoelectronic device
~/**passives** passive (inactive) component; passive device
~/**peristaltisches ladungsgekoppeltes** peristaltic CCD
~/**tropenfestes** tropicalized component
~/**verlustbehaftetes** lossy component
Bauelementanordnung *f* component layout
Bauelementanschluß *m* pin; component terminal
Bauelementausbeute *f* component yield
Bauelementdichte *f* component density
Bauelemente *npl*/**auf Streifen magazinierte** taped components *(für Leiterplatten)*
~/**gegürtete** components on [continuous] tape
Bauelementeanzahl *f* component count
Bauelementebestückungsmachine *f* component inserting machine
Bauelementeherstellung *f* component processing; component technology
Bauelementesystem *n* component system
Bauelementlebensdauer *f* component life
Bauelementminiaturisierung *f* minimization of [electronic] component
Bauelementmodellierung *f* device modelling
Bauelementpackungsdichte *f* component packing density
Bauelementparameter *m* component parameter
Bauelementplatte *f* component board
Bauelementtechnologie *f* component technology
Bauelementzuverlässigkeit *f* component dependability (reliability)
Bauform *f* design; structural form, form of construction
Bauglied *n s.* Bauelement
Baugröße *f* 1. size; 2. *s.* Baugrößennummer
Baugrößennummer *f* frame number *(in einer Typenreihe)*
Baugruppe *f* package, [packaged] unit, unit package; [sub]assembly; module
~/**elektromagnetische** electromagnetic unit (module)
~/**kompakte** packaged unit (module), package
~ **mit Thyristoren** thyristor module
Baugruppenaustauschbarkeit *f* *(Dat)* [hardware] modularity
Baugruppenbauweise *f* modular construction
Baugruppenprüfung *f* block testing
Baukastenentwurf *m* modular design
Baukastenkonstruktion *f* unit[ized] construction, modular (building block) construction
Baukastenprinzip *n* module (unitized) principle
Baukastensystem *n* modular [construction] system; unit-composed system
Baukastentechnik *f* modular [construction] technique
Baum *m*/**komplementärer** co-tree
Baumbeleuchtung *f* [christmas] tree illumination
Baumelbindung *f* *(ME)* dangling bond *(ungesättigte Bindung eines Oberflächenatoms)*
Baumrechner *m* *(Dat)* tree computer
Baumwollschnitzel *npl* chopped cotton fabric *(Füllstoff für Preßmassen)*
Baumwollstreifen *m* cotton tape *(für Isolierzwecke)*
baumwollumsponnen cotton-covered *(Draht)*
~/**doppelt** double-cotton-covered
Baureihe *f* series
Bausatz *m* kit
Bauschaltplan *m* wiring diagram
Baustein *m* unit; building block; module, [standard] modular unit; component; package
~/**elektromagnetischer** electromagnetic component (module)
~/**elektronischer** electronic component (module, unit)
~ **für automatische Steuerungen** control component
~ **für Ein- und Ausgabe** *(Dat)* peripheral interface adapter, PIA
~ **für Mikrominiaturschaltung** microminiature circuit module
~ **für parallele Dateneingabe und -ausgabe** parallel input-output controller
~/**genormter** standard unit (component)
~/**kaskadierbarer** slice [component]
~/**leichter** light-weight unit
~/**logischer** logical component
~ **mit Thyristoren** thyristor module
~/**optoelektronischer** opto-electronic element
~/**standardisierter** standard [modular] unit, standardized part
bausteinartig modular [designed]
Bausteine *mpl*/**gestapelte** stacked units
Bausteinfertigung *f* component (module, unit) production
Bausteinfreigabe *f* chip enable
Bausteingehäuse *n* modular case
Bausteinkonstruktion *f* modular construction
Bausteinraster *m* modular grid
Bausteinsystem *n* modular system
Bausteintechnik *f* modular construction technique
Baustoffe *mpl*/**feuerfeste** refractory lining material *(Auskleidung für Elektroöfen)*
Bauteil *n* component, structural element (member), [structural] part
~/**magnetisches** magnetic component
~/**standardisiertes** standardized component (part); standard modular unit
Bauteildichte *f* *(ME)* packing density
Bauteilpaar *n*/**angepaßtes** matched pair [of components]
Bautrupp *m* constructions gang (squad)

Bautruppführer *m* gang foreman, construction chief
Bauweise *f* construction; design
~/raumsparende space-saving design
~/schalldichte acoustic construction
~/wickellose unwrapped construction
B-bewertet *(Ak)* B-weighted
B-Bewertung *f (Ak)* B-weighting
BCD *s.* Dezimalzahl/binärkodierte
BCD-Darstellung *f* binary-coded decimal representation
BDC-Ziffer *f* binary-coded decimal digit
Bd *s.* Baud
B-Darstellung *f (FO)* B display, range-bearing display
BE *s.* Bauelement
Beam-lead-Bonder *m (ME)* beam-lead bonder
Beam-lead-Technik *f (ME)* beam-lead technology
beanspruchbar/hoch high-duty
Beanspruchbarkeit *f* stressability
beanspruchen to stress; to strain
Beanspruchung *f* stress; strain
~/dielektrische dielectric stress
~/elektrische electric stress *(Isolierstoff)*
~/funktionsbedingte functional stress
~/thermische thermal stress
~/umgebungsbedingte environmental stress
Beanspruchungszyklus *m* stress cycle
Beantwortungszeit *f* response time
bearbeiten/im Vakuum to vacuum-process
Bearbeitung *f***/automatische** automatic processing
~/computergestützte computer-aided engineering, CAE
~ durch Funkenerosion spark erosion machining
~/elektroerosive electric discharge machining
~ mit Glimmentladung glow-discharge processing
~ nach der Aufnahme postproduction editing *(Studiotechnik)*
Bearbeitungsprogramm *n (Dat)* editor
beaufschlagen/mit Impulsen to pulse
beblasen/magnetisch magnetically blown
Beblasung *f***/magnetische** magnetic blow
Becher *m***/Faradayscher** Faraday cylinder
Becherelektrode *f* cup electrode
Becherkondensator *m* potted (encased) capacitor
~/runder round-can capacitor
Becherkonstruktion *f* canned assembly *(Röhren)*
Beck-Bogenlampe *f* Beck (flame) arc lamp
Beck-Lichtbogen *m* Beck arc, high-intensity carbon arc
bedampfen to coat, to evaporate
~/mit Metall to metallize
Bedampfung *f* **bei Normaldruck/chemische** atmospheric pressure CVD, APCVD
~/chemische chemical vapour deposition, CVD
~/metallorganische chemische metal-organic chemical vapour deposition
Bedarf *m***/augenblicklicher** instantaneous demand *(an Energie)*
Bedarfsentwicklung *f* growth of demand
Bedarfsspitze *f* maximum demand *(Energie)*
bedecken to cover; to cap
Bedecken *n* capping *(z. B. mit Schutzüberzug)*
Bedeckung *f* coverage, covering
Bedeckungsgrad *m* degree of coverage
Bedieneinheit *f* operating unit; console
Bedienelement *n* operating (control) element, control [knob]
~ zur Kursorverschiebung (Parameteränderung) speeder
bedienen to attend *(Anlagen)*; to operate *(z. B. Schalter)*; to handle
Bediener *m* operator
Bedienerdialog *m* operator communication
Bedienereingriff *m (Dat)* operator intervention
Bedienerführung *f* user guidance *(Menü-Technik)*
bedienergeführt operator-controlled
Bedienernachricht *f (Dat)* operator message
Bedienung *f* attendance; operation; handling, manipulation • **ohne ~** unattended
~/falsche wrong manipulation
Bedienungsanforderung *f* service request
Bedienungsanforderungszustand *m* service request state
Bedienungsanweisung *f* service instruction, operating instruction[s]
Bedienungsaufruf *m* service request
Bedienungsblattschreiber *m* operator console typewriter
Bedienungseinrichtung *f* operating device
Bedienungselement *n s.* Bedienelement
Bedienungsfehler *m* operating error, error in operation
Bedienungsfeld *n* control panel
Bedienungsfernsprecher *m* attendant telephone
Bedienungshandbuch *n* operator manual
Bedienungshebel *m* operating lever
Bedienungskabine *f* operating cabin
Bedienungsknopf *m* operating button, operation knob, [control] knob
Bedienungsmannschaft *f* operating crew
Bedienungsöffnung *f* access opening
Bedienungsperson *f* operator
Bedienungspersonal *n* operating personnel
Bedienungsplatz *m***/zentraler** central control position
Bedienungsprozeß *m* serving process *(Bedienungstheorie)*
Bedienungspult *n* control console (desk), operator console
Bedienungsraum *m* control room
Bedienungstafel *f* control panel
Bedienungstisch *m* control console
Bedienungs- und Wartungsfeld *n* operating and maintenance panel

Bedienungsvorschrift *f* service instruction, operating instruction[s]
Bedingung *f* condition; if-clause *(ALGOL 60)*
~ **am Leitungsende** terminal condition
~/**ausfallsichere** failsafe condition
~/**notwendige** *(Syst)* necessary condition
~/**stationäre** steady-state condition
Bedingungen *fpl*/**atmosphärische** atmospheric conditions
~ **für das Optimum** optimization conditions
~ **für technische Realisierbarkeit** feasibility conditions
Bedingungsanweisung *f (Dat)* modal command; if-statement *(ALGOL 60)*
Bedingungsgleichung *f* conditional equation
beeinflussen to influence
~/**einander** to interact
~/**störend** to interfere with
~/**systematisch** to bias
Beeinflussung *f* influence
~ **des Fernsprechverkehrs [durch Telegrafie]** cross fire
~/**elektromagnetische** electromagnetic interference; electromagnetic influence
~/**gegenseitige** [mutual] interaction, mutual influence, cross feeding *(z. B. in vermaschten Systemen)*
~/**induktive** inductive coupling
~/**kapazitive** capacitive coupling
~/**ohmsche** conductive (resistive) coupling
~/**störende** interference
~/**wechselseitige** *s.* ~/gegenseitige
Beeinflussungsstrecke *f* interference zone
beeinträchtigen to interfere with
Beeinträchtigung *f* **des Hörvermögens** impairment of hearing
beenden to finish; to complete
Beendigung *f* finishing, completion; termination
Beendigungsanzeiger *m (Dat)* completion flag
Beendigungszeichen *n (Nrt)* sign-off signal
Befehl *m (Dat)* instruction, command, order; statement *(ALGOL) (s. a. unter* Anweisung*)*
~/**adressenfreier** addressless instruction, zero-address command
~/**bedingter** conditional instruction
~/**belangloser** dummy instruction
~/**externer** external command
~ **für Programmstopp** exit instruction
~ **für unbedingten Sprung** unconditional jump instruction
~/**iterativer** iterative order
~/**kodierter** coded instruction
~/**konstanter** constant instruction
~/**logischer** logical instruction
~/**mikroprogrammierbarer** microprogrammable instruction
~ **„Nicht verarbeiten"** ignore instruction
~/**organisatorischer** organizational instruction
~/**rechnerunterstützter** computer-assisted instruction, CAI
~/**symbolischer** symbolic instruction, pseudoinstruction
~ **variabler Länge** variable-length instruction
~ **zur Verarbeitung von Zeichenketten** string command
Befehlsabarbeitung *f* instruction execution
Befehlsabbruch *m* instruction abort
Befehlsablauf *m* control sequence
Befehlsabruf *m* instruction fetch
Befehlsadresse *f* instruction (command) address
Befehlsadressenänderung *f* command address change
Befehlsadressenregister *n* instruction address register
Befehlsänderung *f* instruction modification
Befehlsaufbau *m* command structure
Befehlsausführung *f* instruction execution
Befehlsausgabe *f* command output
Befehlsauslösung *f* command action
Befehlsblock *m* block of instructions
Befehlsdatei *f* instruction file
Befehlsdauer *f* command duration
Befehlsdekodierschaltung *f* instruction decoder
Befehlseingabe *f* command input
Befehlserfassung *f* command acquisition
Befehlsfolge *f* sequence of instructions (orders), instruction (order) sequence; string
Befehlsfolgeregister *n* sequence (sequential) control register
Befehlsfreigabe *f* command release
Befehlsfunktion *f* instruction function
Befehlsgabe *f* command initiation
Befehlsgeber *m* command initiator
Befehlsholen *n*/**vorausschauendes** instruction prefetch
Befehlsimpuls *m* command pulse
Befehlskarte *f* order card
Befehlskette *f* chain of commands
Befehlskettung *f* command chaining
Befehlskode *m* instruction (command) code
Befehlskodezyklus *m* fetch cycle
Befehlslesezyklus *m* instruction op-code fetch
Befehlsliste *f* list of instructions, instruction set (list)
Befehlslochkarte *f* instruction card
Befehlsmodifikation *f* instruction modification
Befehlsrahmen *m* command frame
Befehlsregister *n* instruction register, IR, control register
~/**momentanes** current instruction register
Befehlssatz *m* instruction set
~/**erweiterter** extended instructions *(z. B. bei Mikrorechnern für die Steuerung von Arithmetikprozessoren)*
~ **für den Mikroprozessor** microprocessor instruction set

Befehlsschalter *m***/handbetätigter** *(Ap)* manual control switch
Befehlsschema *n* operational chart
Befehlsschleife *f* command loop, loop of instruction
Befehlsschlüssel *m* command (operation) code
Befehlssignal *n* 1. command (order) signal; 2. [control] command
Befehlsstelle *f* instruction location
Befehlssteuerung *f* command control
Befehlsstreifen *m* instruction tape
Befehlsstruktur *f* command structure, instruction format (structure)
Befehlsumadressierung *f* instruction address change
Befehlsumsetzung *f* command conversion
Befehlsunterbrechung *f* instruction abort
Befehlsverteilerkanal *m* instruction distribution channel
Befehlsvorrat *m* instruction set (repertoire)
Befehlswort *n* instruction word, order
~/einfaches single instruction word
Befehlszähler *m* instruction counter, program counter, PC; address counter; control counter
Befehlszählerregister *n* instruction counting register
Befehlszeichenfolge *f* command string
Befehlszeile *f* command line
Befehlszyklus *m* instruction cycle
befestigen to fasten, to clamp; to attach; to mount; to secure
Befestigung *f* 1. fastening; attachment; mounting; anchorage; 2. mounting; tie *(z. B. von Masten)*
Befestigungsbolzen *m* clamping bolt
Befestigungsdraht *m* binding wire
Befestigungselement *n* **im Kabelendverschluß** pothead entrance fitting
Befestigungsflansch *m* mounting (fixing) flange
Befestigungsklemme *f* mounting clip
Befestigungsöse *f* mounting lug, grommet
Befestigungsplatte *f* mounting panel (plate); stub *(eines Mastes)*
Befestigungsschiene *f* attachment rail
Befestigungsschraube *f* fastening (locking) screw
Befestigungsstift *m* securing pin
befeuchten to damp[en], to moisten, to humidify
Befeuchtung *f* damp[en]ing, moistening
befeuern to light, to beacon
Befeuerung *f* navigation lights
befindlich/außen external
~/im Innern inside
~/in Betrieb active
~/in Ruhe non-operative, inoperative
~/unter Spannung alive, live, voltage-carrying
befreien to release; to [set] free
~/Elektronen to liberate (release) electrons
~/von Eis to deice
Befundprüfung *f* *(Meß)* inspection examination
begehen/eine Linie *(Nrt)* to inspect (patrol) a line
Beginn *m* beginning, start; initiation; onset
~ der Bestrahlung onset (initiation) of irradiation
~ des Durchbruchs onset of breakdown
~ des Hauptimpulses *(El)* advent of main pulse
Beginnzeichen *n* *(Nrt)* answer (off-hook) signal
~ mit Zählunterdrückung answer non-meter signal
Beginnzustand *m* answer state
Beglaubigung *f* 1. verification, *(Am)* calibration *(eines Meßmittels)*; 2. certificate
Beglaubigungsfehlergrenze *f* *(Meß)* legalized limit of error
Begleitmuster *n* accompaniment pattern
begrenzen to limit, to set limits; to clip *(z. B. Signale)*; to restrict; to bound *(z. B. Flächen)*
~/den Kurzschlußstrom to limit the short-circuit current
~/die Zeit to set a time limit
Begrenzer *m* limiter, peak chopper; clipper *(von Signalen)*; *(Dat)* delimiter; *(Syst)* restrictor
~ mit Totzone *(Syst)* limiter with deadband
~/partieller partial limiter
Begrenzerdiode *f* 1. limiter diode; 2. breakdown diode
Begrenzerröhre *f* limiter valve
Begrenzerschaltung *f* 1. limiting (limiter, cut-off) circuit; clipper [circuit]; 2. suppressor circuit
Begrenzerstufe *f* limiter stage
Begrenzerverstärker *m* limiter amplifier
begrenzt/durch Streuung scattering-limited
~/nicht unrestricted
Begrenzung *f* **des Eingangssignals** limiting of input [signal]
~ des Übergangsverhaltens *(Syst)* performance limitation
Begrenzungsblitzspannung *f* lightning impulse protective level
Begrenzungsdrossel *f* limiting coil (reactor)
Begrenzungseinsatz *m* onset of clipping
Begrenzungskennlinie *f* limiting characteristic
Begrenzungsleuchte *f* side (clearance) lamp *(Kraftfahrzeug)*
Begrenzungsschaltspannung *f* switching impulse protective level
Begrenzungsspannung *f* clamp voltage
Begrenzungsverstärker *m* limiting amplifier
Begrenzungsverzerrung *f* clipping distortion
Begrenzungswiderstand *m* [current-]limiting resistor
Begrenzungswirkung *f* limiting action
Begrenzungszeichen *n* flag
Begriffseinheit *f* *(Dat)* entity
Behaglichkeitskurve *f* *(Licht)* cosiness curve
Behältersystem *n***/geschlossenes** sealed tank system
behandeln to process, to treat; to handle; to finish
~/anodisch to anodize
~/die Oberfläche to surface
~/galvanisch to galvanize *(Elektromedizin)*

Behandlung *f* processing, treatment; handling
~**/analytische** analytical treatment
~**/anodische** anodizing, anodic treatment (oxidation)
~**/numerische** numerical treatment
~**/thermische** heat treatment
Behandlungsverfahren *n* treatment technique; treating process
Behandlungsweise *f* method of treatment
Behandlungszeit *f* treating time
beharrungsgesteuert inertia-controlled
Beharrungstemperatur *f* permanent operating temperature
Beharrungsvermögen *n* inertia
Beharrungswert *m* steady-state value, final value *(eines Signals)*
Beharrungszustand *m* steady-state condition, steady (stationary) state; permanent regime
beheben to eliminate, to remove, to cure *(z. B. Fehler)*; to clear
~**/einen Kurzschluß** to remove (clear) a short circuit
beheizen/durch Strahlung to heat by radiation
~**/elektrisch** to heat electrically
~**/induktiv** to heat by induction
Beheizung *f***/direkte elektrische** direct electric heating
~**/indirekte** indirect (external) heating
~**/unmittelbare** direct heating
Behelfsanlage *f* makeshift plant
Behelfsantenne *f* auxiliary (provisional, makeshift) aerial
Behelfsbeleuchtung *f* standby lighting
Behelfsvorrichtung *f* makeshift device
beiderseits kein Ruf *(Nrt)* no ring each way
beidohrig *(Ak)* binaural
Beidraht *m* additional wire
beidseitig at both ends
Beilauffaden *m* tracer *(Kabel)*
beimengen to admix; to add
Beimengung *f* 1. admixture; 2. admixture, additive; dopant; impurity
beimischen *s.* beimengen
Beizbad *n (Galv)* pickling bath (solution), [acid] pickle, acid dip
Beize *f s.* 1. Beizbad; 2. Beizen
beizen *(Galv)* to pickle; to etch
Beizen *n (Galv)* [acid] pickling, acid dipping
~**/anodisches** anodic pickling
~**/elektrolytisches** electrolytic pickling
~**/katodisches** cathodic pickling
Beizflüssigkeit *f* pickling fluid (solution)
Beizmittel *n* pickling chemical (agent); etchant
Beizsprödigkeit *f* pickle brittleness
Bekämpfung *f* **von Funkstörungen** *(Nrt)* radio interference control
Békésy-Audiometer *n* Békésy-type audiometer, tracking (automatic recording) audiometer
Békésy-Verfahren *n* method of tracking *(Audiometrie)*
bekleben to paste
Bel *n* bel *(dekadisch-logarithmisches Pegelmaß)*
Belag *m* coat[ing], cover; layer, film
~**/dielektrischer** dielectric layer
~**/eingezwängter** *(Ak)* constrained layer
~**/leitender** conducting coat[ing]
~**/reflexvermindernder** *(Licht)* antireflection coating (film)
~**/säurefester** acid-proof lining
Belastbarkeit *f* 1. load[-carrying] capacity, power-handling capacity; rating *(Nennwert)*; 2. stressability *(mechanisch)*
~ **des Wählers** *(Nrt)* selector carrying capacity
~**/mittlere** *(Nrt)* average traffic flow
~**/thermische** thermal rating
belasten 1. to load; 2. to stress
~**/mit Spulen** *(Nrt)* to pupinize
belastet loaded, on-load; active
~**/gleichmäßig** uniformly loaded
~**/mittelstark** medium-heavy loaded
~**/punktförmig** *(Nrt)* lump-loaded
~**/stark** heavily loaded
Belastung *f* 1. load, loading *(s. a. unter* Last*)*; demand *(Leistungsforderung)*; 2. stress • **bei ~** on load
~**/aussetzende** intermittent load[ing]
~ **außerhalb der Spitzenzeit** off-peak load
~ **der Anode/zulässige** anode rating
~ **durch Reibung** friction load
~ **durch Trägheit und Reibung** inertia-plus-friction load
~**/effektive** actual load
~ **eines Zählers** load of a meter
~**/geringe** light load
~**/gleichbleibende (gleichförmige)** uniform (constant, steady) load
~**/höchstzulässige** maximum permissible load
~**/hohe** heavy load
~**/induktionsfreie** non-inductive load
~**/induktive** inductive (reactive, lagging) load
~**/jahreszeitliche** seasonal load
~**/kapazitive** capacitive (leading) load
~**/konstante** constant (permanent) load
~**/kritische** critical load
~**/künstliche** artificial load
~**/magnetische** magnetic loading
~ **mit Spulen** *(Nrt)* Pupin loading
~**/mittlere** mean (average) load
~**/ohmsche** ohmic (resistive) load
~**/pulsierende** pulsating load
~**/stoßweise** pulsating load
~**/stufenweise** stepwise loading
~**/symmetrische** balanced (symmetrical) load
~**/thermische** thermal (heat) load
~**/tote** dead load
~**/unsymmetrische** unbalanced (out-of-balance) load

~ von außen external load *(Störgröße)*
~/voreilende leading (capacitive) load
~/zulässige allowable (permissible) load; safe load
Belastungs... *s. a.* Last...
Belastungsadmittanz *f* load admittance
Belastungsänderung *f* load variation (change), variation in load, fluctuation of load
Belastungsanzeiger *m* load indicator
Belastungsaufteilung *f* division of load
Belastungsbedingung *f* load condition
Belastungsbereich *m* load range
~ eines Zählers meter load range
Belastungsdauer *f* load duration
Belastungsdiagramm *n* load characteristic (diagram)
Belastungsfähigkeit *f* load[-carrying] capacity, loadability
Belastungsfaktorsteuersystem *n* load-factor control system *(z. B. für Lichtbogenöfen)*
Belastungsfehler *m* load[ing] error
Belastungsgebirge *n* three-dimensional load diagram
Belastungsgenerator *m* dynamometer
Belastungsgrad *m* plant[-capacity] factor *(Kraftwerk)*
Belastungsgrenze *f* load[ing] limit; maximum load
Belastungsimpedanz *f* load impedance
Belastungsintensität *f* intensity of load
Belastungskapazität *f* load capacitance
Belastungskennlinie *f* load characteristic (line)
~ für reine Blindlast zero power-factor characteristic *(Synchronmaschinen)*
Belastungskoeffizient *m* load factor
Belastungskreis *m* load circuit
Belastungskurve *f* load curve
Belastungsleistung *f* load power
Belastungslinie *f* load line
Belastungsmessung *f* load measurement
Belastungsmoment *n* load torque
Belastungsregler *m* load controller (regulator)
Belastungsscheinleitwert *m* load admittance
Belastungsschwankung *f* change of (in) load
Belastungsschwerpunkt *m* load centre
Belastungsspannung *f* load voltage
Belastungsspitze *f* load peak, peak load
Belastungsspule *f* loading coil
Belastungsstärke *f* intensity of load
Belastungsstrom *m* load current
Belastungsstromkreis *m* load circuit
Belastungstal *n* off-peak load
Belastungsteilung *f* load sharing
Belastungsverhältnis *n* stress ratio
Belastungsversuch *m* 1. load test; 2. *(MA)* braking test *(Bremsversuch)*
Belastungsverteilung *f* load distribution (division)
Belastungswiderstand *m* 1. load resistance, load; 2. load[ing] resistor, load rheostat; ballast resistor
Belastungszeit *f* load period; *(An)* running time (period)
Belastungszustand *m* loading condition
Belegauswahl *f (Dat)* document selection
Belegdatenverarbeitung *f* document data processing
belegen to coat, to cover
~/eine Leitung *(Nrt)* to seize a line
Belegen *n* 1. coating, covering; 2. *(Nrt)* seizing
~ ohne Wahl *(Nrt)* holding without dialling
Belegleser *m (Dat)* document reader; *(Nrt)* record reader
Belegschreibsystem *n (Dat)* document writing system
Belegsortierer *m (Dat)* document sorter
belegt *(Nrt)* busy, engaged
~/[vom Prinzip her] nicht *(Dat)* don't care *(z. B. Speicherplätze)*
Belegtlampe *f (Nrt)* busy lamp
Belegtzustand *m* busy status
Belegung *f (Nrt)* seizure; holding
~ eines Kondensators plate of a capacitor *(Elektrode)*
~/einfallende arriving call
~ von beiden Seiten/gleichzeitige *(Nrt)* head-on collision
~/wartende *(Nrt)* delayed call
~/zum Rand abfallende tapered (gabled) distribution *(Antennentechnik)*
Belegungen *fpl* **je Leitung** *(Nrt)* calling rate
Belegungsangebot *n* number of incoming calls
Belegungsdauer *f (Nrt, Dat)*, holding time
~/mittlere mean (average) holding time
Belegungsfaktor *m (Nrt)* utilization factor
Belegungsgrad *m* degree of coverage
Belegungskennzeichen *n (Nrt)* hold[ing] code signal
Belegungsminute *f (Nrt)* call minute
Belegungsplan *m* routing assignment, face plan
Belegungsquittung *f (Nrt)* proceed-to-send signal
Belegungsquittungszeichen *n (Nrt)* seizure acknowledg[e]ment signal
Belegungsrate *f* usage rate
Belegungsregistrierung *f (Nrt)* call-count record
Belegungsspektrum *(Nrt)* call mix
Belegungsstunde *f (Nrt)* traffic carried hour, TC hour
Belegungsversuch *m (Nrt)* call attempt
Belegungsverteilung *f (Nrt)* distribution of occupancies
Belegungsvorgang *m (Nrt)* seizure; holding
Belegungszähler *m (Nrt)* position meter, peg count meter (register)
Belegungszeichen *n (Nrt)* seizing signal
Belegungszeit *f (Nrt, Dat)* holding time
Belegungszustand *m (Nrt)* state of occupancy
Belegverarbeitung *f (Dat)* document processing
beleuchten to light, to illuminate
~/elektrisch to light by electricity

~/**von hinten** to back-light
~/**von vorn** to front-light
Beleuchter *m (Fs)* lighting cameraman
Beleuchterbrücke *f* footlight bridge
beleuchtet/seitlich side-illuminated
Beleuchtung *f* lighting, illumination
~/**arbeitsplatzorientierte** task-oriented lighting
~/**blendungsfreie** glareless lighting
~/**diffuse** diffuse lighting
~/**direkte** direct illumination
~/**exponierte** emphasis lighting
~/**gemischte** mixed (combined) lighting
~/**gerichtete** directional lighting
~/**gestreute** diffuse lighting
~/**indirekte** indirect lighting
~/**kohärente** coherent illumination
~/**Köhlersche** Köhler illumination
~ **mittels Lichtleitfaser** fibre optic lighting
~/**schräge** oblique illumination
~/**unangenehme** discomfort [in] lighting
~/**unzureichende** insufficient illumination
~/**vorwiegend direkte** semidirect lighting
~/**vorwiegend indirekte** semi-indirect lighting
Beleuchtungsanforderungen *fpl* lighting requirements
Beleuchtungsanlage *f* lighting installation (equipment, plant)
~ **mit großer Lichtpunkthöhe** high-bay installation
Beleuchtungsanordnung *f* lighting scheme
Beleuchtungsapertur *f* illuminating (illumination, condenser) aperture
Beleuchtungsberatungsdienst *m* lighting advisory service
Beleuchtungsberechnung *f* lighting calculation
Beleuchtungsbetonung *f* accent (emphasis) lighting
Beleuchtungsbewertung *f* lighting evaluation (appraisal)
Beleuchtungsbewertungssystem *n* lighting evaluation system
Beleuchtungseffekt *m* lighting effect
Beleuchtungseinstellung *f* adjustment for illumination
Beleuchtungsgerät *n* illuminator, illuminating apparatus
Beleuchtungsgestaltung *f*/**wartungsfreundliche** lighting design for maintenance
Beleuchtungsgüte *f* quality of lighting
Beleuchtungsintensität *f* lighting (illumination) level
Beleuchtungskörper *m* lighting fitting (fixture), light fitting
~/**regengeschützter** rainproof fitting
Beleuchtungsmesser *m s.* Beleuchtungsstärkemesser
Beleuchtungsmilieu *n* lighting environment
Beleuchtungsniveau *n* lighting level
Beleuchtungsplan *m* lighting project
Beleuchtungsplaner *m* lighting designer, designer of lighting systems
Beleuchtungspraxis *f* lighting practice
Beleuchtungsprinzip *n*/**Köhlersches** Köhler method
Beleuchtungsquelle *f* lighting source
Beleuchtungsregelung *f* lighting control
Beleuchtungsregler *m*/**photoelektrischer** photoelectric lighting controller
Beleuchtungsrichtlinien *fpl* lighting principles
Beleuchtungsschwankung *f* variation in illuminating
Beleuchtungsspiegel *m* illumination mirror
Beleuchtungsstärke *f* illuminance *(auf die Fläche bezogene Dichte des Lichtstroms; SI-Einheit: Lux)*; intensity (level) of illumination
~/**horizontale** horizontal illuminance (illumination density)
~/**mittlere räumliche** scalar illuminance
Beleuchtungsstärkediagramm *n* illuminance (illumination) diagram
Beleuchtungsstärkemesser *m* illuminance (illumination) photometer, luxmeter, illuminometer
Beleuchtungsstativ *n* lighting stand
Beleuchtungsstrahlengang *m* illuminating beam
Beleuchtungsstudie *f* lighting study
Beleuchtungssystem *n* illuminating system
Beleuchtungstechnik *f* lighting (illumination) engineering
Beleuchtungsvektor *m* direction of flow of light
Beleuchtungsverfahren *n* illumination method
Beleuchtungsverhältnisse *npl* lighting conditions, conditions of illumination
Beleuchtungswartung *f* lighting [installation] maintenance, maintenance of lighting equipment
Beleuchtungswechsel *m* illumination change
Beleuchtungswirkungsgrad *m* utilization factor (coefficient)
belichtbar exposable
belichten to expose *(Film)*
Belichtung *f* exposure
~/**gleichbleibende** constant exposure
~/**kurze (kurzzeitige)** short-time exposure
~/**lange** prolonged exposure
~/**nochmalige** re-exposure
~/**zulässige** permissible exposure
Belichtungsanzeige *f* exposure reading
Belichtungsautomatik *f* automatic exposure control
Belichtungsdauer *f* exposure duration
Belichtungsfehler *m* exposure error
Belichtungsfrequenz *f (Nrt)* flashing frequency *(Faksimile)*
Belichtungsmesser *m* [incident-light] exposure meter, light meter
~ **für Objektmessung** reflected-light exposure meter
~ **mit Cadmiumsulfidzelle** cadmium sulphide exposure meter

Belichtungsmessung *f* exposure measurement
Belichtungsregelung *f* exposure control
Belichtungsregler *m* exposure controller (integrator)
Belichtungsstufe *f* exposure step
Belichtungstabelle *f* exposure table
Belichtungsumfang *m* exposure range (interval, latitude)
Belichtungsverlängerung *f* exposure increase, increase in exposure
Belichtungswert *m* light value
Belichtungszeit *f* exposure time
Belichtungszeitpunkt *m* moment of exposure
Bellini-Tosi-Peilverfahren *n (FO)* Bellini-Tosi system, BT system
Bellini-Tosi-Richtantenne *f* Bellini-Tosi aerial
belüften to ventilate, to air, to aerate
belüftet/getrennt separately ventilated
~/seitlich side-vented *(Mikrofonkapsel)*
~/über Kühlkanal inlet-duct-ventilated
~/über Rohr inlet-pipe-ventilated
~/von hinten back-vented *(Mikrofonkapsel)*
Belüftung *f* ventilation, airing, aeration
~/künstliche induced ventilation
~/natürliche natural ventilation
~/zweiseitige double ventilation
Belüftungs... *s. a.* Lüftungs...
Belüftungsanlage *f* ventilating (aeration) system
Belüftungseinrichtung *f* ventilating device
Belüftungskappe *f* air-vent protector
Belüftungsnut *f* ventilating slot
Belüftungsöffnung *f* ventilating opening; air bleed; vent *(z. B. einer Mikrofonkapsel)*
Belüftungsrohr *n* vent pipe
Belüftungssystem *n* ventilation system
Bemerkung *f* comment *(ALGOL)*
bemessen to rate; to design
bemessen/für Dauerleistung continuously rated
Bemessungsdaten *pl* ratings
benachbart adjacent, adjoining, contiguous
benachrichtigen/telegrafisch to telegraph
Benachrichtigungsdienst *m* announcement (message) service
~/öffentlicher *(Nrt)* public recorded information service
Benachrichtigungsgebühr *f (Nrt)* report charge
Benchmark-Programm *n (Dat)* benchmark program *(zur Feststellung der durchschnittlichen Befehlsausführungsdauer)*
Bendmann-Ableiter *m* horn-shaped arrester
benennen to designate
Benennung *f* 1. designation; *(Dat)* labelling; 2. label; term
Benutzergruppe *f***/geschlossene** *(Nrt)* closed user group
Benutzerklasse *f (Nrt)* user class [of service]
Benutzerklassenzeichen *n* user class character
Benutzer-Netzschnittstelle *f* user network interface
Benutzerprogramm *n* user program
Benutzerschnittstelle *f* user interface
Benutzerstation *f* user terminal
Benutzerteil *n* **für Fernsteuerung** remote control user part
Benutzung *f* utilization
Benutzungsdauer *f* utilization period (time), service period
Benutzungsfaktor *m* utilization factor
Benutzungsgebiet *n (Nrt)* area of use
Benutzungssperre *f* use lock
Beobachtbarkeit *f* observability *(eines Systems)*
Beobachterfehler *m* personal error
Beobachtung *f***/Maxwellsche** Maxwellian view *(Optik)*
Beobachtungsabstand *m* observation (viewing) distance
Beobachtungsbedingungen *fpl* observation[al] conditions
Beobachtungsbereich *m (FO)* detection range
Beobachtungsdaten *pl (Dat)* observational data
Beobachtungsdauer *f* observation time, viewing period
Beobachtungsfehler *m* observation[al] error
Beobachtungsfenster *n* observation hole
Beobachtungsmatrix *f (Syst)* output matrix *(Zustandsgleichung)*
Beobachtungsöffnung *f* observation (viewing) port
Beobachtungsplatz *m (Nrt)* observation desk
Beobachtungspunkt *m* observation point
Beobachtungsreihe *f* series of observations
Beobachtungsstelle *f* observation point
Beobachtungswinkel *m* viewing angle, angle of observation
Beobachtungszeit *f* observation time
Beobachtungszeitraum *m* period of observation
Beratungsbezirk *m* advisory area *(z. B. bei Fernsprecheinrichtungen)*
Beratungsdienst *m* advisory service
Beratungsstelle *f* advisory board
berechnen to compute, to calculate
Berechnung *f* computation, calculation
~/analoge analogue computation
~/angenäherte approximate computation
~ der Adresse address computation
~ der Gesamtlautstärke loudness computation (addition)
~/einfache straightforward calculation
~/wissenschaftliche scientific calculation
Berechnungsfehler *m* calculation error; computational mistake *(von Daten)*
Berechnungsmethode *f* computational method
Berechnungszeit *f* calculation time
Berechtigungssignal *n (Nrt)* authentification signal
Beregnungsprüfung *f*, **Beregnungsversuch** *m (Isol)* rain (wet) test
Bereich *m* range, region; field; district, zone; do-

main *(z. B. in Ferromagnetika)*; band *(Frequenz)*
~/aktiver active region
~/akustischer audible region
~ **der Arbeitsgeschwindigkeit** operating-speed range
~ **der zulässigen Abweichungen** *(Syst)* region of admissible deviations
~ **des konstanten Moments** constant-torque range
~ **des nahen Infrarots** near-infrared range
~ **des negativen Widerstands** negative-resistance region *(Thyristor)*
~/erfaßter *s.* ~/überdeckter
~ **guten Empfangs** *(Nrt)* good service area
~ **konstanter Drehzahl-Drehmoment-Kennlinie** constant torque-speed range
~/kurzwelliger short-wavelength region
~/laminarer streamline regime *(Strömung)*
~/langwelliger long-wavelength region
~ **maximalen Wirkungsgrads** peak efficiency range (region)
~/nutzbarer usable range
~/passiver passive region
~/sichtbarer visible region *(Spektrum)*
~ **starker Absorption** strong absorption region
~/starrer *(Nrt)* direct service area
~/überdeckter *(FO, Nrt)* coverage, covered range
~/wirksamer *(Syst)* effective range *(eines Signals)*
Bereichsdiskriminator *m* range discriminator *(Frequenzen)*
Bereichseinengung *f (Meß)* range suppression
Bereichseinstellung *f* range adjustment
~/automatische autoranging, automatic ranging
Bereichsende *n* end of volume, EOV
Bereichserweiterung *f* range extension
Bereichsfaktor *m (Meß)* multiplying factor
Bereichsfehler *m* range error; interval error *(zeitlich)*
Bereichsgrenze *f* band edge
Bereichskennung *f* area identification signal
Bereichsmarke *f* range mark
Bereichsregler *m* span control
Bereichsschalter *m* range switch (selector), [range] selector switch; *(Nrt)* band switch
Bereichsspule *f* band coil
Bereichssucher *m* range finder
Bereichsumschalter *m s.* Bereichsschalter
Bereichsumschaltung *f* range switching (changing); range control
Bereichsverschiebung *f* range shifting
Bereichswahl *f* range selection
~/automatische auto-range, autorange
Bereichswähler *m* range selector
Bereichswert *m* range value
Bereitkennzeichen *n (Nrt)* final-selector repeating signal
Bereitschaft *f* 1. standby; 2. readiness
Bereitschaftsausrüstung *f* back-up
Bereitschaftsbetrieb *m* standby mode
Bereitschaftsdienst *m* standby service
Bereitschaftskanal *m* standby channel
Bereitschaftslampe *f* ready (function) lamp
Bereitschaftsleistung *f* standby capacity
Bereitschaftsschalter *m* standby switch
Bereitschaftsstellung *f* standby position *(z. B. Schalter)*
Bereitschaftssystem *n* back-up system
Bereitschaftszeichen *n (Nrt)* proceed-to-send signal
Bereitschaftszeit *f* standby time (duration)
Bereitschaftszustand *m* standby condition
bereitstehen to stand by
bereitstellen/Daten *(Dat)* to supply data
Bereitzustand *m (Dat)* acceptor ready state, ACRS
~ **der Senke** *(Nrt)* acceptor ready state
Bereitzustandswort *n* ready-status word
Bergmann-Serie *f* Bergmann series *(Spektrallinien)*
Berichtigung *f* 1. *(Meß)* calibration, adjustment; 2. correction
~/automatische (selbsttätige) *(Dat)* autocorrection
Berichtigungskonstante *f* correction factor
Berliner-Schrift *f s.* Seitenschrift
Berstprobe *f* burst test
beruhigen to smooth; to stabilize, to steady
Beruhigungsdrossel *f* ripple-filter choke
Beruhigungskondensator *m* smoothing capacitor
Beruhigungskreis *m*, **Beruhigungsschaltung** *f (Syst)* antihunting circuit
Beruhigungswiderstand *m* smoothing resistance
Beruhigungszeit *f* 1. *(Meß)* damping time (period); 2. *(Syst)* settling time
~ **des Ausgangssignals** output transient time *(Umsetzer)*
berühren to contact; to touch
Berührung *f* 1. contact; 2. touch[ing]
~/metallische metal-to-metal contact
~ **von Leitungen** touching of conductors (wires)
~/zufällige accidental contact
Berührungs-EMK *f* contact electromotive force, contact emf
Berührungsfläche *f* 1. contact area (surface); 2. interface
berührungsfrei, berührungslos contactless, noncontacting
Berührungspotential *n* contact potential
Berührungspunkt *m* contact point
Berührungsschalter *m* touch switch
Berührungsschutz *m* 1. protection against [accidental] contact; 2. protection (protective) screen • **mit** ~ protected
Berührungsschutzfassung *f* shock-proof lampholder
Berührungsschutzkondensator *m* shock-protection capacitor

berührungssicher safe from contact (touch)
Berührungsspannung *f* contact voltage, touch potential (voltage)
Berührungsspannungsschutz *m* protection against electric shock [hazard]
Berührungsstrom *m* contact current
Berührungszündung *f* ignition by contact
Berührungszwillinge *mpl* juxtaposition twins *(Kristalle)*
beschädigungsfrei damage-free
Beschaffenheitsprüfung *f* external administrative examination
beschallen to expose, to sound, to irradiate acoustically
~/mit Ultraschallwellen to expose to ultrasonic waves
Beschallung *f* exposure to sound, acoustic irradiation
Beschallungsanlage *f* announce loudspeaker system, sound system, public address system
~ für Sprache speech reinforcement system
beschalten to wire
beschaltet wired-up
Beschaltung *f* wiring
Beschaltungsbuch *n (Nrt)* cable record
Beschaltungsgrad *m (Nrt)* subscriber's fill
Beschaltungsliste *f* wiring list
Beschaltungsplan *m* wiring scheme (plan)
Bescheidansage *f* intercept announcement, intercepting
Bescheiddienst *m* intercept service; changed number interception
Bescheidleitung *f (Nrt)* intercepting trunk, information line
Bescheidzeichen *n (Nrt)* information tone
beschichten to coat; to plate *(mit Metall)*; to laminate *(z. B. mit Kunststoffolie)*
~/elektrochemisch to electroplate
~/mit Thorium to thoriate
Beschichten *n* coating; plating *(mit Metall)*
~ durch Tauchen dip coating
~/galvanisches electroplating
beschichtet/mit Polyamid polyamide-coated *(z. B. zur Isolierung)*
~/mit Thorium thorium-coated
Beschichtung *f* 1. coating; plating *(mit Metall)*; 2. coat; deposition
~/magnetische magnetic coating
Beschichtungsanlage *f* coating plant
Beschichtungsdicke *f* coating thickness
Beschichtungsmasse *f* coating compound
beschleunigen to accelerate, to speed up
Beschleuniger *m* accelerator
~/saurer acidic accelerator *(für Gießharze)*
beschleunigt/gleichförmig uniformly accelerated
Beschleunigung *f* acceleration
~/absolute absolute acceleration
~/automatische automatic acceleration
~/geradlinige linear acceleration
~/gleichförmige uniform acceleration
~/konstant vorgegebene constant applied acceleration
~/natürliche *(MA)* inherent acceleration
~/negative deceleration
~/stochastische stochastic acceleration
~/ungleichförmige non-uniform acceleration
Beschleunigungsanode *f* accelerating (accelerator) anode *(Katodenstrahlröhre)*
Beschleunigungsaufnehmer *m* 1. accelerometer, acceleration sensor (pick-up); moving-coil generator; 2. g-meter
~ für kleine Werte low-g accelerometer
~ mit Dehnungsmeßstreifen strain-gauge accelerometer
~ mit eingebautem Verstärker integrated-amplifier accelerometer
~/piezoelektrischer piezoelectric accelerometer
Beschleunigungsbereich *m* acceleration area
Beschleunigungsdrehmoment *n* accelerating torque
Beschleunigungselektrode *f* accelerating electrode
Beschleunigungsenergie *f* acceleration energy
Beschleunigungsfeld *n* accelerating field
Beschleunigungsfläche *f* acceleration area
Beschleunigungsfunktion *f* ramp function
Beschleunigungsgeber *m (Meß)* acceleration sensitive element, acceleration sensor (pick-up)
Beschleunigungsgenerator *m (Syst)* booster
Beschleunigungsgitter *n* accelerator (accelerating) grid
Beschleunigungsgradient *m* acceleration gradient
Beschleunigungskammer *f* accelerating chamber
Beschleunigungskraft *f* accelerating (accelerative) force
Beschleunigungslinse *f* accelerator lens *(Oszillographenröhre)*
Beschleunigungsmesser *m* accelerometer *(s. a.* Beschleunigungsaufnehmer*)*
Beschleunigungsmoment *n* moment of acceleration
Beschleunigungsraum *m* acceleration (accelerating) space *(Elektronenröhre)*
Beschleunigungsrelais *n* accelerating relay
Beschleunigungsröhre *f* accelerating tube
Beschleunigungsrückführung *f* acceleration feedback *(im Regelkreis)*
Beschleunigungsschreiber *m* accelerograph, recording accelerometer
Beschleunigungssensor *m* **mit seismischer Masse** *(Meß)* mass cantilever
Beschleunigungsspalt *m* accelerating gap
Beschleunigungsspannung *f* accelerating voltage, acceleration potential; beam voltage *(Katodenstrahloszillograph)*
Beschleunigungsvektor *m* acceleration vector
Beschleunigungsvermögen *n* accelerating ability

Beschleunigungszeit *f* acceleration (accelerating) time
Beschleunigungszyklus *m* accelerating cycle
beschneiden to cut-off, to trim; to clip *(z. B. Signale)*
Beschneidung *f* cut-off; clipping *(z. B. von Signalen)*
Beschränkung *f* limitation, restriction
~ **der Gesprächsdauer** *(Nrt)* limitation of duration of calls
~ **des Übertragungsfaktors** *(Syst)* gain boundary (restriction)
~**/durch Ungleichung gegebene** *(Syst)* inequality constraint
Beschreibungsfunktion *f* describing function
~**/dimensionslose** non-dimensional describing function
~ **eines Glieds mit Sättigung** saturation describing function
~ **für ein gemischtes Eingangssignal** dual-input describing function
Beschriftung *f* lettering; labelling
beseitigen to eliminate, to remove *(Fehler)*; to clear
~**/einen Fehler** to remove (clear) a fault
~**/Störungen** to remove troubles, *(Am)* to debug
Beseitigung *f* elimination, removal; clearance
~ **der Regelabweichung [/automatische]** automatic offset correction *(Wirkung eines I-Reglers)*
~ **der Verzerrung** distortion elimination
~ **einer Störung** *(Nrt, Nrt)* fault clearance
~ **von Gasresten** outgassing *(z. B. in Elektronenröhren)*
besetzen to occupy *(z. B. Gitterplätze)*; to populate, to fill *(z. B. Energieniveaus)*
besetzt *(Nrt)* busy, engaged
~**/alle Fernleitungen** all trunks busy
~**/nicht** disengaged
Besetztanzeige *f***/optische** *(Nrt)* visual busy signal
Besetztanzeigelampe *f s.* Besetztlampe
Besetzteinfluß *m (Nrt)* influence of engagement
Besetztfall *m (Nrt)* engaged condition
Besetztflackerzeichen *n (Nrt)* busy-flash signal
Besetztklinke *f (Nrt)* busy back jack
Besetztlampe *f (Nrt)* [visual] busy lamp, engaged lamp
Besetztmeldung *f (Nrt)* busy response
Besetztprüfen *n* **gegen Erde** *(Nrt)* earth testing
Besetztprüfrelais *n (Nrt)* busy test relay
Besetztprüfung *f (Nrt)* busy (engaged) test
~**/akustische** audible [busy] test
~ **mit Summerton** busy test with tone signal
~**/optische** visual engaged test
Besetztrelais *n (Nrt)* busy relay
Besetztschauzeichen *n (Nrt)* busy-signal light
Besetztstellung *f (Nrt)* busy condition
Besetztton *m (Nrt)* busy tone (signal), number-unobtainable tone, engaged tone
Besetztzeichen *n* busy signal *(s. a.* Besetztton*)*
Besetztzustand *m (Nrt)* busy condition
Besetzung *f* occupation, occupancy *(z. B. von Gitterplätzen)*; population *(z. B. von Energieniveaus)*
~**/inverse** inverse population
Besetzungsdichte *f* population density
Besetzungsfunktion *f* occupation function
Besetzungsgrad *m (ME)* occupancy, degree of filling
Besetzungsinversion *f (Laser)* population inversion
Besetzungswahrscheinlichkeit *f* occupation probability
Besetzungszustand *m* occupation state
Bespielgerät *n* tape loader
bespulen to coil; *(Nrt)* to coil-load, to load with coils
bespult *(Nrt)* coil-loaded
~**/schwer** heavy loaded *(Kabel)*
~**/sehr leicht** extra light loaded *(Kabel)*
Bespulung *f* loading, coil (series) loading *(z. B. Kabel)*
~**/leichte** light loading
Bespulungsplan *m (Nrt)* loading scheme
Bessel-Funktion *f* Bessel's function
beständig 1. stable, resistant; proof; durable; 2. continuous, permanent
Beständigkeit *f* 1. stability, resistance; proofness; durability; 2. continuity; permanence
~**/chemische** chemical resistance (stability)
~ **eines Meßmittels** constancy (stability) of a measuring instrument
~**/thermische** thermal stability (endurance)
Beständigkeitskonstante *f* stability constant
Bestandsspeicher *m (Dat)* inventory store
Bestandteil *m* constituent; component [part]
Bestandteile *mpl* **von Lichtwellenleiter-Übertragungsstrecken** in-line optical fibre components
bestätigen/den Empfang *(Nrt)* to receipt
Bestätigung *f***/negative** *(Dat)* negative acknowledge[ment]
~ **ohne Folgenummer** unnumbered acknowledgement
Bestätigungsprüfung *f* confirmatory test
bestimmbar/statisch statically determinable
bestimmen to determine; to identify
~**/den Wert** to evaluate
~**/Leitungen** to identify wires
bestimmt definite *(Mathematik)*
Bestimmung *f* determination
~**/angenäherte** approximate determination
~ **der Gesprächsdauer** *(Nrt)* timing to calls
~ **der Maximalwahrscheinlichkeit** maximum-probability detection
~ **des Stabilitätsbereichs** stability region determination *(z. B. in Kennwertdiagrammen)*
~**/graphische** graphic[al] determination
~**/kalorimetrische** calorimetric determination

~ **von Meßgrößen/berührungslose** non-intrusive determination of quantities
Bestimmungsamt *n (Nrt)* destination office
Bestimmungsfunkstelle *f (Nrt)* station of destination
Bestimmungsgleichung *f* defining equation *(Mathematik)*
Bestlast *f* **eines Kraftwerksblocks** economical load of a unit
bestrahlen to irradiate, to expose to radiation
~**/mit Röntgenlicht** to X-ray
Bestrahlung *f* irradiation
Bestrahlungsdosis *f* radiation dosage (dose)
Bestrahlungsmenge *f* amount of radiation
Bestrahlungsstärke *f* radiation intensity, irradiance, irradiation; exposure rate *(bei Belichtungsvorgängen)*
Bestrahlungszeit *f* radiation (exposure) time
bestreichen *(Nrt, FO, Meß)* to sweep [over], to scan; to cover
bestücken/mit Bauelementen to insert components
~**/mit Transistoren** to transistorize
Bestückung *f* 1. insertion; 2. component parts
~ **mit Geräten** instrumentation
Bestückungsdichte *f* packing density *(z. B. einer Leiterplatte)*
Bestückungsloch *n* component [lead] hole, board (component) mounting hole, clear via hole *(Leiterplatten)*
Bestückungsmaschine *f* component inserting machine *(für Leiterplatten)*
Bestückungsplan *m* component mounting diagram
Bestückungsprozeß *m* assembly process
Bestückungsseite *f* component side
Bestückungsverfahren *n* **für Oberflächenmontage** surface-mounted assembly, SMA *(von Chip-Bauelementen)*
Bestwert *m* optimum [value]
Bestwertregelung *f (Syst)* optimum control
Bestzeitprogramm *n (Dat)* optimum (optimally coded) program, minimum-access routine, minimum latency routine
Bestzeitprogrammierung *f (Dat)* optimum programming, minimum-access programming (coding)
Besuchsschaltung *f (Nrt)* call transfer
Beta *n* beta *(Transistorverstärkung in Emitterschaltung)*
Beta-Absorptionsdickenmesser *m* beta absorption gauge
Betadickenmesser *m* beta thickness gauge, beta [thickness] meter
Betagrenzfrequenz *f* beta cut-off frequency
Betastrahler *m* beta emitter
Betateilchen *n* beta particle
betätigen to actuate, to operate; to manipulate
~**/die Nummernscheibe** *(Nrt)* to dial
~**/periodisch** to cycle
betätigt/elektrisch electrically operated
~**/magnetisch** solenoid-operated
~**/mechanisch** mechanically operated
~**/thermisch** thermally operated
~**/von außen** externally operated
Betätigung *f* actuation, operation; manipulation *(Handhabung)*
~**/automatische** automatic actuation (operation)
~**/direkte** direct operation
~**/falsche** wrong manipulation
~**/indirekte** indirect operation
~ **mit Kraftantrieb** *(Ap)* power operation
~**/schnelle** quick operation
Betätigungselement *(Ap)* actuator
Betätigungsfolge *f* operating sequence, sequence of operations
Betätigungshebel *m* operating lever, actuating arm; hand lever
Betätigungskabel *n* operating cable
Betätigungsknopf *m* button actuator
Betätigungskraft *f* operating (actuating) force
Betätigungsleitung *f* operating line (conductor)
Betätigungsmagnet *m* operating (drive) magnet
Betätigungsmechanismus *m* operating (actuator) mechanism
Betätigungsschalter *m* actuating switch
Betätigungssignal *n (Syst)* actuating signal
Betätigungsspule *f* operating coil
Betätigungsstrom *m* actuating current *(z. B. für Schalter)*
Betätigungssystem *n* actuating system
Betätigungsvorgang *m (Ap)* actuating operation
Betätigungsvorsatz *m* actuator
Betätigungszyklus *m* operating (actuating) cycle
Betäubung *f* blackout effect *(Elektronenröhren)*
Betazähler *m* beta counter
Betazerfall *m* beta decay (disintegration)
betonen *(Ak)* to accent[uate], to emphasize, to stress
Betonmast *m* concrete pole; concrete column
Betonummantelung *f* concrete casing
Betonung *f (Ak)* accent, accentuation, emphasis
Betrachtungseinheit *f (Nrt)* item, component, unit
Betrachtungsschirm *m* viewing screen
Betrag *m* amount; value
~**/absoluter** absolute value
~ **des Fehlers** *(Meß)* absolute value of [an] error
~ **des Vertrauensbereichs** *(Meß)* range of uncertainty, confidence interval
Betragsfeld *n* amount field *(Vektoranalysis)*
Betragsmittelwert *m* rectified average *(Wechselgröße)*
betreibbar/autonom self-contained
betreiben to operate, to run, to drive
~**/in Mehrfachschaltung** *(Nrt)* to multiplex
~**/mit Arbeitsstrom** to work on open circuit
Betrieb *m* operation, service; run *(einer Maschine)*
• **außer** ~ out of operation, inoperative, out-of-

action, idle • **in ~ [befindlich]** operating, operative, active • **in ~ nehmen** to put (set) into operation, to bring into service • **in ~ sein** to operate, to function, to run *(z. B. Maschine, Motor)* • **ständig in ~ sein** to run full time
~/abschnittsweiser *(Nrt)* link-by-link operation
~/abwechselnder alternating operation
~/asynchroner asynchronous operation; asynchronous response mode
~/asynchroner symmetrischer asynchronous balanced mode
~/aussetzender intermittent operation (duty, service)
~/automatischer automatic working (operation)
~ bei maximaler Leistung maximum power operation
~ bei niedriger Spannung low-voltage operation
~/direkter *(Dat)* on-line operation
~/diskontinuierlicher intermittent operation, batch working
~/drahtloser connectionless service
~/durchgehender permanent (continuous) service
~/dynamischer *(Syst)* dynamic regime
~/einhändiger one-hand operation
~/fehlerfreier faultless operation
~/gemischter *(Nrt)* mixed service
~/halbautomatischer semiautomatic operation (working)
~/handvermittelter *(Nrt)* manual working (operation)
~ im geschlossenen Rohr *(ME)* sealed-tube operation *(Diffusionstechnik)*
~ in einer Anwendungsart single-mode operation
~/indirekter *(Dat)* off-line operation
~/intermittierender intermittent operation
~/konkurrierender *(Nrt, Dat)* contention [mode]
~/kontinuierlicher continuous working; *(Laser)* continuous wave operation, CW operation; continuous running duty
~/kurzzeitiger short-time operation (service)
~/mehrgleisiger *(Dat)* time-shared operation
~ mit Anlauf und Bremsung/ununterbrochener continuous operation duty-type with electric braking
~ mit Arbeitsstrom open-circuit operation
~ mit Blindbelegung und Umsteuerung *(Nrt)* discriminating selector working
~ mit mehreren Arbeitsweisen (Betriebsarten) multimode operation
~ mit natürlicher Erregung free-current operation
~ mit Nennspannung rated voltage operation
~ mit Rückkehr zum Grundzustand return-to-bias method *(bei Arbeit mit mehr als zwei Signalpegeln)*
~ mit Rufnummernanzeige *(Nrt)* call indicator working
~ mit unterdrücktem Träger suppressed-carrier operation
~ mit veränderlichem Zyklus *(Dat)* variable cycle operation
~ mit veränderlicher Belastung/aussetzender variable intermittent duty
~ mit veränderlicher Belastung/kurzzeitiger variable temporary duty
~ mit vertauschten Frequenzen *(Nrt)* reversed-frequency operation
~ mit Vorbereitung *(Nrt)* advance-preparation service
~/ortsfester fixed operation
~/periodisch aussetzender intermittent periodic duty
~/periodischer intermittent operation
~/programmierter polled operation *(Mikrorechner)*
~/prozeßentkoppelter off-line operation
~/schritthaltender *(Dat)* on-line operation
~/seitenweiser page mode
~/selbsterregter free-running operation
~/sequentieller *(Nrt)* one-at-a-time mode
~/stabiler stable operation
~/starterloser *(Licht)* starterless operation
~/stationärer *(Syst)* stationary process
~/störungsfreier trouble-free operation; *(Nrt)* interference-free service
~ über Ortsverbindungsleitungen *(Nrt)* local interoffice trunking
~/unabhängiger *(Dat)* off-line operation
~/unbemannter unattended operation
~/unterbrochener intermittent operation
~/unüberwachter unattended operation
~/ununterbrochener continuous operation, no-break operation (service)
~/veränderlicher varying duty
~/verzögerter time-lag operation
~/vollautomatischer full-automatic working, fully automated operation
~/vollzyklischer completely cyclic mode
~/wechselseitiger *(Nrt)* alternate working; *(Dat)* both-way working (operation)
~/zeitgeschalteter (zeitgestaffelter) *(Dat)* time-shared operation
~/zeitweiliger temporary duty
betrieben/direkt on-line
~/indirekt off-line
~/mit Druckluft air-powered
~/mit Kernenergie nuclear-powered
~/mit Sonnenenergie solar-powered
~/mit Wechselstrom alternating-current operated, a.c.-operated
~/mit zu hoher Drehzahl *(MA)* overdriven
~/vom Netz operated on the mains
~/wechselseitig both-way
Betriebsanforderungen *fpl* operational requirements
Betriebsanleitung *f* operating (working) instructions; instruction manual
Betriebsart *f* [operating] mode, method (mode) of operation; duty classification

Betriebsausfall *m* interruption of operation; operating failure
Betriebsausnutzung *f* plant utilization
Betriebsausrüstung[en *fpl*] *f* plant equipment; service equipment
Betriebsbedingungen *fpl* operating (operational, working) conditions; *(Syst)* regime
~/erschwerte aggravating operating conditions
~/optimale optimum conditions of operation
~/ungeeignete unusable service conditions
~/wechselnde variable operating conditions
Betriebsbelastung *f* 1. operational (working) load; 2. operating wattage
Betriebsbereich *m* operating range
betriebsbereit ready for operation (service)
Betriebsbereitschaft *f* readiness for operation (service), standby; availability; plant preparedness
Betriebsbereitschaftsrelais *n* prepare-for-start relay
Betriebsdämpfung *f* effective attenuation, overall [attenuation] loss; *(Nrt)* composite attenuation (loss)
Betriebsdämpfungsfunktion *f* insert loss function
Betriebsdaten *pl* operating data; operating characteristics; ratings
Betriebsdauer *f* 1. operating (working) time, operating period; 2. *s.* Betriebslebensdauer
Betriebsdienst *m (Nrt)* traffic section (department)
Betriebsdienstplatz *m* technical service position
Betriebsdruck *m* operating (working) pressure
Betriebsebene *f* service level
Betriebserde *f (An)* station earth system, system earth *(Netz)*
Betriebserfahrungen *fpl* operating (field) experience
Betriebserprobung *f* shop test
betriebsfähig operational, operative, in working order
Betriebsfähigkeit *f* availability
Betriebsfähigkeitsfaktor *m (Ap, Erz)* availability factor
Betriebsfehler *m* error in operation
betriebsfertig ready for operation (service)
Betriebsfrequenz *f* operating (working) frequency, frequency of operation
~/günstigste optimum working frequency
Betriebsfrequenzbereich *m* operational (operating) frequency range
Betriebsfunk *m* service radio
Betriebsfunkspruch *m* service radio message
Betriebsfunkstation *f* service radio station
Betriebsfunkstelle *f* commercial radio station
Betriebsfunktion *f* operational function
Betriebsgleichspannung *f* direct-current working voltage
Betriebsgrenzwerte *mpl* operating limits
Betriebsgüte *f* service quality, grade of service
Betriebskanal *m* service (working) channel
Betriebskapazität *f* earthed capacitance *(eines Leiters)*
Betriebskennlinie *f* operating (working) characteristic
Betriebskomfort *m* smartware
Betriebskontrolle *f* process control
Betriebskurzschlußstrom *m* available short-circuit current
Betriebslärm *m* production (plant) noise
Betriebslaufzeit *f* overall transmission time, delay-transmission time
Betriebslebensdauer *f* useful life [period], operating (operational) life
Betriebslebensdauerprüfung *f* operating (operational) life test
~ bei Zimmertemperatur room-temperature operating life test
Betriebsleistung *f* operating efficiency (power)
Betriebsleistungspegel *m* operating power level
Betriebsmechanismus *m* operating mechanism
Betriebsmerkmal *n* operational feature
Betriebsmeßgerät *n* shop test equipment
Betriebsmittel *npl*/**elektrische** electrical equipment
~/schlagwetter- und explosionsgeschützte elektrische electrical equipment for explosive gas atmosphere, fire-damp and explosion-proofed electrical equipment
Betriebsnennleistung *f* service rating
Betriebsparameter *m* operating (performance) parameter; circuit parameter
Betriebsphase *f* operating phase
Betriebsphasenmaß *n* effective phase angle
Betriebsprogramm *n (Dat)* operating program
Betriebsprüfmittel *n* shop test equipment
Betriebsprüfung *f* field (functional) test, maintenance proof test
Betriebspunkt *m (Syst)* working point
Betriebsruhezustand *m (Nrt)* free-line condition
Betriebsschaltung *f (Nrt)* service connection
betriebssicher reliable [in service]; fail-safe
Betriebssicherheit *f* [operational] reliability, performance (working) reliability; safety of operation, operational safety
~/absolute absolute reliability
~ des Bauelements component reliability
~ des Geräts equipment reliability
~/hohe high-degree reliability, high-level reliability
Betriebssicherung *f* active fuse
Betriebsspannung *f* working (operational, operating, service) voltage; running voltage; rail voltage *(elektrische Bahnen)*
~ gegen Erde working voltage to earth
~/höchste maximum operating voltage
Betriebsspannungsleitung *f* power supply conductor; power rail *(elektrische Bahnen)*
betriebsspezifisch user-oriented
Betriebsspiel *n (MA, Ap)* duty cycle

Betriebsspielraum *m* operational receive margin *(Telegrafie)*
Betriebsspitzenspannung *f* **im Aus-Zustand** working peak off-state voltage *(Thyristor)*
Betriebsstellung *f* connected position *(bei metallgekapselter Schaltanlage)*
Betriebsstillstand *m* outage
Betriebsstillstandsdauer *f*/**geplante** scheduled outage duration
Betriebsstörung *f* operating trouble; breakdown of service, outage; interruption *(Unterbrechung)*
Betriebsstrom *m* operating (working) current
~/**maximal zulässiger** *(Meß)* rated [temperature-rise] current
Betriebsstunden *fpl* hours of operation (operating service)
Betriebsstundenzähler *m* [elapsed-]hour meter, time meter
Betriebssystem *n* operating system, OS
~/**algebraisches** algebraic operating system
~ **für Magnetplattenspeicher** disk operating system, DOS
~/**zeitgeschachteltes** *(Dat)* time-sharing operating system, TOS
Betriebstemperatur *f* working (service) temperature
Betriebstemperaturbereich *m* operating temperature range
Betriebstest *m* service test
Betriebsüberlast *f* operating overload
Betriebsübertragungsmaß *n* transfer constant (factor), effective transmission factor
Betriebsüberwachung *f* 1. control of operations; in-service monitoring; operating observation; fault complaint service; 2. plant supervision
Betriebsumgebungstemperatur *f* operating ambient temperature
Betriebsunterbrechung *f* interruption of operation, service interruption
~/**kurzzeitige** temporary stoppage (interruption) of service
Betriebsverhalten *n* [operational] behaviour
~ **des Geräts** device performance
Betriebsverhältnisse *npl* service conditions
Betriebsversuch *m* field trial (test)
Betriebsvorschrift *f* service instructions
Betriebsweise *f* [operating] mode, mode of operation (working)
~/**bistabile** *(El)* bistable operating (working) mode
Betriebswert *m* working value
Betriebszeit *f* operation (operating) time, running time (period); uptime
~/**akkumulierte** accumulated operating time
~/**fehlerfreie** mean time between failures, MTBF
Betriebszeiten *fpl*/**genormte** standard duty periods
Betriebszeitfaktor *m* operating time ratio
Betriebszeitzähler *m* running time meter
Betriebszentrale *f* *(Nrt)* central traffic office
Betriebszustand *m* operating (working) condition; *(Syst)* regime
~/**aperiodischer** aperiodic regime
~ **der erzwungenen Schwingungen** forced-oscillations regime
~/**eingeschwungener** *s.* ~/stationärer
~/**erzwungener** forced regime
~ **im Schwingungsbereich** oscillating regime
~ **mit freien Schwingungen** free-oscillations regime
~ **mit mehreren Schwingungsperioden** multiperiodic regime
~/**quasiperiodischer** quasi-periodic regime, almost periodic regime
~/**stationärer** stationary (steady-state) regime
~/**statischer** static regime
Betriebszuverlässigkeit *f* operational reliability, service (use) reliability
Betriebszyklus *m* working cycle
Bettleuchte *f* bed-lighting fitting
Bettung *f*/**elastische** elastic foundation
beugen to diffract *(Strahlen, Wellen)*; to bend
Beugung *f* diffraction; bending
~ **am Spalt** diffraction by a slit, slit diffraction
~ **elektromagnetischer Wellen** electromagnetic wave diffraction
~/**Fresnelsche** Fresnel diffraction
~ **von Röntgenstrahlen** X-ray diffraction
Beugungsbegrenzung *f* diffraction limitation
Beugungsbild *n* diffraction pattern (image)
Beugungserscheinung *f* diffraction phenomenon
Beugungsfarben *fpl* prismatic colours
Beugungsfigur *f* diffraction pattern
Beugungsgitter *n* diffraction grating
Beugungsgrenze *f* diffraction limit
Beugungsmaximum *n* diffraction maximum
Beugungsmessung *f* *(Licht)* diffractometry
Beugungsordnung *f*/**erste** first-order diffraction
Beugungsringe *mpl* diffraction fringes
Beugungsscheibchen *n* diffraction disk
Beugungsspektrum *n* diffraction spectrum
Beugungsspule *f* bending coil
Beugungstheorie *f* diffraction theory
Beugungswelle *f* diffraction wave
Beugungswinkel *m* diffraction angle
Beugungszone *f* diffraction region
Beuken-Modell *n* Beuken model *(elektrisches RC-Netzwerk zur Lösung von Wärmeströmungsvorgängen)*
Beuken-Zahl *f* Beuken number *(Ähnlichkeitskriterium)*
Beurteilungsnote *f* *(Nrt)* opinion score
Beurteilungspegel *m* noise rating level *(Lärmbewertung)*
Beutelelement *n* sack cell (element) *(Batterie)*
bewahren/vor Nässe to keep dry
bewegen/sich to move; to travel
~ **zickzackförmig/sich** to zigzag
beweglich mobile; portable *(Gerät)*

Beweglichkeit *f* mobility
~ **eines geladenen Teilchens** mobility of a charged particle
~/**elektroosmotische** electroosmotic mobility
beweglichkeitsgeregelt, beweglichkeitsgesteuert mobility-controlled
Bewegtbild-Dienst *m* videophone teleservice
Bewegtbild-Übermittlung videophone transmission
Bewegung *f* motion, movement; travel
~/**axiale** axial motion
~/**beschleunigte** accelerated motion
~/**Brownsche** Brownian motion
~/**geradlinige** straight-line motion
~/**gleichförmige** uniform motion
~/**harmonische** harmonic motion
~/**hin- und hergehende** alternating motion
~/**intramolekulare** intramolecular motion
~/**kreisende** circulatory motion
~/**laminare** laminar flow
~/**nichtstationäre** unsteady motion
~/**ruckartige** jerky movement
~/**schrittweise** intermittent movement, step motion
~/**sinusförmige** sine movement
~/**stationäre** steady-state motion
~/**stochastische** random motion
~/**thermische** thermal agitation
~/**ungleichförmige** non-uniform motion
~/**wellenförmige** wave motion
~/**wiederkehrende gleichförmige** periodic uniform motion
~/**zufällige** random motion
Bewegungsart *f* mode of motion
Bewegungsbahn *f* track of travel
Bewegungsenergie *f* kinetic energy
Bewegungsgegenkopplung *f* motion feedback
Bewegungsgesetz *n* law of motion
Bewegungsgleichung *f* motion equation, equation of motion
Bewegungsimpedanz *f* motional impedance
bewegungslos immobile; at rest
Bewegungsreibung *f* kinetic friction
Bewegungsrichtung *f* direction of motion
Bewegungsrückkopplung *f* motion feedback
Bewegungsrücklauf *m* return of motion
Bewegungsunschärfe *f* motional blurring; *(Nrt)* motional distortion
Bewegungszustand *m* state of motion
bewehren to armour *(Kabel)*; to reinforce *(Beton)*
bewehrt armoured *(Kabel)*
~/**nicht** unarmoured, non-armoured
Bewehrung *f* armour *(von Kabeln)*; wrapping; reinforcement
Bewehrungsbitumen *n* bituminous armouring compound
Bewehrungsschelle *f* armour clamp
Beweis *m* proof, evidence
~/**analytischer** analytical proof
beweisen to prove; to verify
bewerten to rate, to evaluate, to value; *(Ak)* to weight
Bewertung *f* rating, evaluation; *(Ak)* weighting
~ **der Übertragungsgüte/zahlenmäßige** transmission performance rating
~ **mit der A-Kurve** *(Ak)* A-weighting
~ **mit Ultraschallsperrfilter** *(Ak)* U-weighting
Bewertungsfaktor *m* *(Ak)* weighting factor
Bewertungsfilter *n* *(Ak)* weighting network (filter)
~ **für die A-Kurve** A network
Bewertungskurve *f* rating curve; *(Ak)* weighting curve
~ **A** A-weighting curve
Bewertungsprogramm *n* *(Dat)* benchmark program (routine) *(s. a.* Auswerteprogramm*)*
Bewetterung *f* ventilation; aeration *(s.a.* Bewitterung*)*
bewickeln to wrap, to tape
~/**Draht** to cover wire
~ **mit** to wind with
Bewicklung *f* wrapping
Bewitterung *f* weathering
bezeichnen to designate; to term; to denote
Bezeichnung *f* 1. designation; 2. term, name
Bezeichnungsschild *n* designation card
Bezeichnungsstreifen *m* designation strip
Bezeichnungsweise *f* *(Dat)* notation
beziehen/sich to relate
Beziehung *f* relation[ship]; reference
~/**Einsteinsche** Einstein relation
~/**lineare** straight-line relationship
~/**thermodynamische** thermodynamic relation
Bezirk *m* region; district, domain *(z. B. im Magnetwerkstoff)*; zone *(im Kristall)*
~/**ferromagnetischer** ferromagnetic domain
~/**Weissscher** Weiss domain *(Magnetismus)*
Bezirkskabel *n* district cable *(Fernleitungskabel)*
Bezirkssender *m* *(Nrt, Fs)* regional broadcasting station, regional (district) transmitter
Bezirksverkehr *m* *(Nrt)* toll traffic
Bezirkswähler *m* *(Nrt)* code selector
Bezugnahme *f*/**unzulässige** *(Dat)* invalid reference
Bezugsabsorption *f* *(Ak)* reference absorption
Bezugsabsorptionsfläche *f* *(Ak)* reference absorption area
Bezugsachse *f* reference axis
Bezugsamplitude *f* reference amplitude *(bei normierter Darstellung)*
Bezugsapparat *m* **zur Bestimmung der Ersatzdämpfung** *(Nrt)* reference apparatus for the determination of transmission performance ratings
Bezugsatmosphäre *f* *(Nrt)* basic reference atmosphere
Bezugsaufnehmer *m* reference accelerometer
Bezugsband *n* standard [magnetic] tape, reference tape
Bezugsbedingungen *fpl* reference conditions

Bezugsbereich *m* reference range *(einer Einflußgröße)*; reference excursion *(Analogrechentechnik)*
Bezugsdämpfung *f (Nrt)* reference equivalent *(eines Übertragungssystems)*; *(Meß)* reference attenuation, relative damping; *(Ak)* volume loss
~ **für die Verständlichkeit** *(Nrt)* articulation reference equivalent
~ **je Längeneinheit** *(Nrt)* volume loss per unit length
~/**relative** relative equivalent
Bezugsdämpfungsmesser *m* objective reference equivalent meter
Bezugsdämpfungsmeßplatz *m* reference equivalent meter
Bezugsdaten *pl* reference data
Bezugsebene *f* reference plane
Bezugselektrode *f* reference (comparison) electrode
Bezugselement *n* reference element (cell)
Bezugserde *f* reference earth
Bezugsfilter *n (Nrt)* reference filter
Bezugsfläche *f* reference surface
Bezugsfrequenz *f* reference frequency
Bezugsgenauigkeit *f* reference accuracy
Bezugsgenerator *m* reference generator
Bezugsgitter *n* reference grid
Bezugsgröße *f (Meß)* reference quantity
Bezugshörschwelle *f* normal threshold of audibility (hearing), zero hearing loss
Bezugsimpedanz *f* base impedance
Bezugsinstrument *n* reference instrument
Bezugskreis *m* reference circuit
~/**hypothetischer** *(Nrt)* hypothetical reference circuit (connection)
Bezugslampe *f* reference lamp
Bezugslast *f* reference ballast
Bezugslautstärke *f (Ak)* reference volume
Bezugsleistung *f* reference (base) power
Bezugslichtart *f* reference (referent) illuminant
Bezugslinie *f* reference line
Bezugsmeßsender *m* reference signal generator
Bezugsmeßverfahren *n* reference method of measurement; reference test method
Bezugsmodell *n (Syst)* reference model *(adaptive Steuerung)*
Bezugsmotor *m* master drive
Bezugsnormal *n* reference standard
Bezugspegel *m* reference (relative) level
Bezugspeilung *f (FO)* relative bearing
Bezugsphase *f* reference phase
Bezugspotential *n* reference potential
Bezugspotentiometer *n* reference potentiometer
Bezugspunkt *m* reference point; control point *(der Regelung)*
Bezugsraster *m* reference grid
Bezugsrauschwert *m* reference noise
Bezugsredundanz *f* relative redundancy
Bezugsregister *n s.* Indexregister
Bezugsschalldruck *m* reference sound pressure
Bezugsschalldruckpegel *m* reference sound [pressure] level
Bezugsschallquelle *f* reference sound source
Bezugssender *m (Nrt)* master transmitter (station)
Bezugssignal *n* reference signal
Bezugssignalgenerator *m* reference signal generator
Bezugsspannung *f* reference voltage
~ **der Elektrode** reference voltage of the electrode
Bezugsspannungsquelle *f* reference power supply
Bezugssprechkopf *m* reference standard for recording sound head *(Magnettontechnik)*
Bezugsspur *f* reference track *(Magnetband)*
Bezugsstrahlungskeule *f* reference lobe *(Antennentechnik)*
Bezugsstrom *m* reference current
Bezugssystem *n* reference system
~/**absolutes** absolute reference system
Bezugstaktgeber *m* reference clock
Bezugstemperatur *f* reference temperature
Bezugston *m* reference tone
Bezugstonband *n* standard magnetic tape
Bezugsübertragungsfaktor *m* reference sensitivity
Bezugsverbindung *f*/**hypothetische** *(Nrt)* hypothetical reference circuit
Bezugsverhalten *n* reference performance
Bezugsverzerrung *f (Nrt)* reference distortion; start-stop distortion
~/**nacheilende** lagging reference distortion
~/**voreilende** leading reference distortion
Bezugsverzerrungsmesser *m (Nrt)* start-stop distortion meter
Bezugsweiß *n (Fs)* reference white
Bezugsweißpegel *m* reference white level
Bezugswellenlänge *f* reference wavelength
Bezugswert *m* reference (basic) value; *(Meß)* fiducial value
Bezugswicklung *f* reference winding
Bezugswiderstand *m* base impedance
Bezugszeit *f* reference time
Bezugszelle *f* reference cell
Biberschwanzantenne *f (FO)* fanned-beam aerial
Biberschwanzstrahl *m* beavertail beam *(Antennentechnik)*
Bibliotheksprogramm *n (Dat)* library program (routine)
Bibliothekssystem *n (Dat)* library system
Bibliotheksunterprogramm *n (Dat)* library subroutine
Bicap binary capacitor, BICAP
Biegebeanspruchung *f* bending stress
Biegeeigenfrequenz *f (Ak)* natural flexural frequency
Biegeelastizität *f* bending (flexural) elasticity
Biegefestigkeit *f* bending (flexural) strength
Biegemoment *n* bending moment (couple)

biegen to bend; to deflect; to flex
Biegeprüfung *f* bending test
Biegeschutz *m* cord connector guard
Biegeschwinger *m* bending (flexural) vibrator, bending resonator
Biegeschwingung *f* bending vibration
Biegespannung *f* bending stress
Biegesteifigkeit *f* bending rigidity (stiffness)
Biegewechselfestigkeit *f* reversed bending strength, bending-change strength
Biegewelle *f* bending (flexural) wave
Biegung *f* 1. bend; deflection; flexure; 2. bending
~/elastische elastic bending
BIFET *m* bipolar insulated field-effect transistor, BIFET
Bifilaraufhängung *f* bifilar suspension
Bifilarbrücke *f* bifilar bridge
Bifilarelektrometer *n* Wulf electrometer
Bifilarwicklung *f* bifilar winding
BIGFET *m* bipolar insulated-gate field-effect transistor, BIGFET
Bilanz *f (Dat)* balance
Bilanzgleichung *f* balance equation
Bild *n (Fs, Nrt)* picture, image; pattern *(z. B. bei Oszillographen)*
~/elektronisches electronic image
~/gestörtes distorted picture
~/geteiltes split image
~/helles brilliant image
~/kodiertes coded image
~/kontrastarmes low-contrast image
~/kontrastreiches high-contrast image
~/latentes latent image
~/negatives negative image
~/oszillographisches pattern; display
~/ruhendes still image (picture)
~/scharfes sharp picture
~/stehendes solid (stationary) picture, still image
~/unscharfes *(Fs)* ghost [image]
~/unverzerrtes undistorted picture
~/verzerrtes distorted picture
~/virtuelles virtual image
~/weiches soft picture
~/zusammengesetztes *(FO)* complex display
Bildablenkgenerator *m (Fs)* vertical time-base generator
Bildablenkschaltung *f (Fs)* frame time-base circuit
Bildablenkspule *f (Fs)* frame coil
Bildablenkung *f (Fs)* frame deflection; vertical sweep *(in den Zeilen)*
Bildabschattung *f (Fs)* shading *(Bildaufnahmeröhre)*
Bildabtaster *m (Fs)* [image] scanner
Bildabtaströhre *f (Fs)* scanning tube
~/doppelseitige two-side mosaic pick-up tube
Bildabtastung *f (Fs)* frame scanning
~/fortlaufende straight scanning
Bildamplitudenregler *m (Fs)* frame amplitude control
Bildanordnung *f* image array
Bildanzeigegerät *n* video display unit
Bildauflösung *f* [image] resolution, picture definition
Bildaufnahme *f* picture record; television pick-up
Bildaufnahmeanlage *f* television pick-up system
Bildaufnahmeröhre *f (Fs)* [video] pick-up tube, camera tube
Bildaufnahmetechnik *f* television studio technique
Bildaufzeichnung *f (Nrt)* 1. picture record; display; 2. picture recording
~/magnetische magnetic picture recording
Bildaustastimpuls *m (Fs)* vertical blanking pulse
Bildaustastsynchronsignal *n (Fs)* composite [video] signal
Bildaustastung *f (Fs)* frame suppression
Bildbereich *m* Laplace domain *(Laplace-Transformation)*
Bildbreiteregelung *f* width control
Bildbühne *f* slide stage
Bilddarstellung *f* picture representation
Bilddatei *f* metafile
Bilddeckung *f (Fs)* image registration
Bilddetail *n* image detail
Bilddrucker *m* image-mode printer
Bildebene *f* image (focal) plane
Bildeingabe *f (Dat)* graphic computer input
Bildeinstellung *f (Fs)* framing
Bildelektrode *f* image plate
Bildelement *n (Fs)* picture (pictorial) element, image element scanning point (element)
Bildempfänger *m (Nrt)* facsimile receiver
Bildempfangsröhre *f***/speichernde** viewing storage tube
bilden/eine Warteschlange to queue
Bildendstufe *f* video output stage
Bilderkennung *f* picture recognition
Bilderzeugung *f* picture generation, image formation, imaging
~ durch Elektronenstrahl *(ME)* electron-beam imaging
Bildfangregler *m (Fs)* hold control
Bildfeinheit *f (Fs)* detail of a picture
Bildfeld *n* image field, [picture] field
Bildfeldausleuchtung *f* lens field illumination
Bildfeldgröße *f* field size
Bildfeldkrümmung *f*, **Bildfeldwölbung** *f* [image] field curvature, curvature of field
Bildfeldzerlegung *f* picture (image) field dissection, image (frame, field) scanning
Bildfenster *n* [projector] aperture, gate [aperture]
Bildfernsprechen *n s.* Bildtelefonie
Bildfernsprecher *m s.* Bildtelefon
Bildfernübertragung *f (Nrt)* picture (facsimile) transmission, telephotography
Bildfläche *f (Nrt)* message surface *(Faksimile)*

Bildfolge *f* image sequence; sequence of frames; series of [single] pictures
Bildfolgefrequenz *f* picture frequency; frame (framing) rate
Bildformat *n* image format (shape), picture (frame) size
Bildfrequenz *f* image (picture, frame) frequency; *(Fs)* video (transversal) frequency
Bildfunk *m s.* Faksimile
Bildfunkdienst *m (Nrt)* radio facsimile service
Bildfunkgerät *n (Nrt)* radio facsimile set, wireless picture telegraph
Bildfunktelegramm *n* photoradiogram
Bildfunktion *f* 1. image function; 2. Laplace transform
Bildgeberröhre *f* **mit fester Testfigur** *(Fs)* monotron
Bildgerät *n* display unit (device)
Bildgleichförmigkeit *f (Fs)* uniformity of [the] picture
Bildgleichrichter *m (Fs)* video detector
Bildgröße *f (Fs)* image (picture) size; frame size
Bildgüte *f* image quality
Bildhelligkeit *f (Fs)* image (picture) brightness
~/mittlere average (mean) picture brightness
Bildhöhe *f (Fs)* image height; frame height
Bildimpuls *m (Fs)* frame pulse
Bildinformation *f*, **Bildinhalt** *m* video information
Bildinstabilität *f (Fs)* jitter
Bildkante *f (Fs)* frame border
Bildkippgenerator *m (Fs)* vertical time-base generator
Bildkippgerät *n (Fs)* frame sweep unit
Bildkippspannung *f (Fs)* frame sweep voltage
Bildkontrast *m (Fs)* image contrast
Bildkontrolle *f* image control
Bildkontrollgerät *n* [television] picture monitor
Bildkoordinaten *fpl* image coordinates
Bildkristallgleichrichter *m* crystal video rectifier
Bildleitkabel *n* image guide, coherent guide (flexible bundle), coherent image-transmitting fibre bundle
Bildleitung *f* 1. transmission of images; 2. image line
Bildmaske *f (Fs)* framing mask
Bildmatrix *f* image array
Bildmischpult *n* video mixer
Bildmonitor *m (Fs)* picture monitor
Bildmuster *n* pattern *(z. B. bei Oszillographen)*
Bildnachleuchten *n* afterglow of picture
Bildpaar *n*/**stereoskopisches** stereopair
Bildpegel *m* picture level
~/mittlerer *(Fs)* average picture level
Bildplastik *f (Fs)* relief effect
Bildplatte *f* video disk
Bildplattenabspielgerät *n* video disk player
Bildpotential *n* image potential
Bildprüfung *f* image test
Bildpunkt *m (Fs)* pixel, picture point, scanning point, image point (spot)
Bildpunktdauer *f* persistence of image spot
Bildpunkte *mpl*/**hellste** highlights
Bildpunktfrequenz *f* dot frequency
Bildpunktgenerator *m* dot rate generator
Bildpunktverlagerung *f* spot shift
Bildqualität *f* [television] picture quality, pictorial quality
Bildrand *m* margin of image
Bildraster *m* raster
Bildregelung *f (Fs)* framing control
Bildröhre *f* picture tube, kinescope [tube], television [picture] tube
~ **für unmittelbare Bildbetrachtung** direct viewing [picture] tube
Bildröhrenanzeige *f*, **Bildröhrenausgabe** *f (Dat)* tube display
Bildrücklauf *m (Fs)* frame flyback
Bildrundfunk *m* picture radio telegraphy
Bildschärfe *f* image (picture) sharpness, [image] definition
Bildschiefe *f* inclination of picture
Bildschirm *m* [display] screen; *(Fs)* [television] screen, viewing screen; [scope] screen, face *(Katodenstrahlröhre)*; scope *(Radar)*
~/aluminisierter aluminized screen
~ **für graphische Darstellung** graphics display
Bildschirmantwort *f (Dat)* prompt
Bildschirmarbeitsplatz *m* video (visual) display terminal
~/graphischer graphic visual display terminal
Bildschirmausgabe *f (Dat)* [scope] display, oscilloscope display; prompt
~/graphische graphic[al] display
Bildschirmausgabeeinheit *f* visual display unit
Bildschirmbetriebsart *f* screen mode
Bildschirmeinheit *f* visual display unit
Bildschirmfläche *f* [tube] face
Bildschirmgerät *n* visual (video) display unit
Bildschirmleitstand *m* screen control
Bildschirmmodus *m* screen mode
Bildschirmrollen *n* scrolling *(nach oben oder unten)*
Bildschirmterminal *n* visual display terminal
Bildschirmtext *m* 1. [broadcast] videotex, VTX, teletext *(Fernseh-Rundfunk-Verteildienst)*; 2. interactive videotex, Btx *(Übertragungsdienst über öffentliche Fernsprechleitung)*
Bildschirmtext-Endgerät *n* videotex terminal
Bildschirmtext-Modem *m* modem of videotex
Bildschirmtext- und Teletextsystem *n* videotex system
Bildschirmträger *m* display console
Bildschirmverzerrung *f* on-screen distortion
Bildschirmzeitung *f* viewdata
Bildschlupf *m (Fs)* picture (frame) slip
Bildschreiber *m (Nrt)* facsimile recorder
Bildschrumpfung *f* image contraction

Bildschwankung *f* picture jitter
Bildseiteneinstellung *f (Fs)* horizontal centring control
Bildseitenverhältnis *n (Fs)* aspect ratio, width-height ratio
Bildseitenverschiebung *f* lateral-shift control *(Einregelung auf gewünschte Lage)*
Bildsendeleistung *f (Fs)* vision transmitter output
Bildsender *m (Fs)* video (vision) transmitter; *(Nrt)* facsimile transmitter
Bildsende- und -empfangsanlage *f (Nrt)* facsimile transceiver set
Bildsensor *m* image-processing sensor
Bildsignal *n* video (picture, camera) signal
Bildsondenröhre *f* image dissector [tube]
Bildspannung *f* picture voltage
Bildspeicher *m* image memory
Bildspeicherdienst *m* picture mail
Bildspeicherplatte *f* video disk
Bildspeicherröhre *f* image storing tube, storage[-type] camera tube; [image] iconoscope
Bildspur *f* trace *(Katodenstrahlröhre)*
Bildstandregelung *f (Fs)* centring control
Bildsteuerung *f* picture control
Bildstörung *f (Fs)* 1. image interference (trouble); 2. double image; ghost [image]
~/kurzzeitige flash
Bildstrahl *m* image ray
Bildstricheinstellung *f (Fs)* framing
Bildsynchronisierimpuls *m (Fs)* vertical synchronizing pulse (signal), frame synchronizing impulse
Bild-Synchronsignal-Verhältnis *n* picture-synchronizing ratio
Bildtelefon *n* video telephone, videophone, viewphone, picture-phone, display telephone
Bildtelefonie *f* video telephony, videophony
Bildtelegraf *m* phototelegraph [apparatus], picture telegraph
Bildtelegrafie *f* phototelegraphy, picture telegraphy (transmission), telephotography
~/drahtlose radiophotography, radio facsimile
Bildtelegrafieendstelle *f* terminal phototelegraph station
Bildtelegrafiegerät *n* phototelegraph [apparatus], facsimile equipment
Bildtelegrafieträger *m* phototelegraph carrier
Bildtelegramm *n* phototelegram, radiophotogram, wirephoto, photoradiogram
Bildtest *m* image test
Bildträger *m* picture (image, video) carrier
~/videomodulierter video-modulated picture carrier
Bildtransformation *f* image transformation
Bildübertragung *f* 1. image (picture) transmission; facsimile [transmission], telephotography; 2. pattern transfer
Bildübertragungsdauer *f* picture transmission period
Bildübertragungsgerät *n* phototelegraphy equipment
Bildübertragungssystem *n* visual communication system
Bildumkehr *f* picture (image) inversion, image reversal
Bildumkehrlinse *f* inversion lens
Bildumkehrung *f s.* Bildumkehr
Bildung *f* **des Spitzenwerts** peaking
~ von Farbzentren *(Fs)* formation of colour centres
Bildungsenthalpie *f* formation enthalpy
Bildunschärfe *f* lack of picture definition, image blurring (unsharpness, spread)
Bildverarbeitung *f (Nrt)* image processing
Bildverarbeitungssoftware *f* image-processing software
Bildverbreiterung *f* image spread
Bildverdopplung *f (Fs)* split image
Bildverriegelung *f* picture lock
Bildverschiebung *f* image shift (displacement)
~/seitliche lateral image shift
Bildverstärker *m (Fs)* video (vision) amplifier, image intensifier
Bildverstärkerröhre *f* image intensifier tube
Bildverstärkung *f* image intensification (enhancement)
Bildverzerrung *f* image distortion
Bildvorlage *f* scanning plan *(Faksimile)*
Bildwähler *m* display selector
Bildwand *f* projection (cinema) screen
~/metallisierte metallized screen
Bildwandausleuchtung *f* screen illumination
Bildwandhelligkeit *f* screen brightness
Bildwandler *m* image converter
~ mit einstellbarer Vergrößerung variable-magnification image converter
Bildwandlergerät *n* image conversion equipment
Bildwandlerröhre *f* image converter tube
~/impulsgesteuerte pulsed image converter tube
Bildwechselfrequenz *f (Fs)* picture (frame) frequency
Bildweichheit *f (Fs)* bloom
Bildwerfer *m* projector
Bildwerferkatodenstrahlröhre *f* projection cathode-ray tube
Bildwerferlampe *f* projector lamp
Bildwiedergabe *f* image reproduction; [visible] display; *(Nrt)* facsimile recording
Bildwiedergabegerät *n (Nrt)* facsimile recorder (receiver)
Bildwiedergaberöhre *f* picture tube, kinescope
Bildwinkel *m* viewing (field) angle, angle (field) of view
~/tote dead sector *(Faksimile)*
Bildwirkung *f* image effect
Bildzeichen *n* vision signal
Bildzeile *f (Fs)* [scanning] line
Bildzeilenlänge *f* scanning line length

Bildzerleger *m (Fs)* [image] dissector
Bildzerlegerröhre *f* image dissector [tube]
Bildzerlegung *f* image dissection (segmentation) *(s. a.* Bildabtastung*)*
Bildzerreißung *f (Fs)* tearing
Billiter-Zelle *f (Galv)* Billiter cell
Biluxlampe *f* bilux bulb lamp, anti-dazzle lamp
Bimetall *n* bimetal
Bimetallauslöser *m* bimetallic release
Bimetalldraht *m* bimetallic wire
Bimetallelement *n* **mit Schnappeinrichtung** snap-action bimetal element
Bimetallfeder *f* bimetal spring
Bimetallinstrument *n* bimetallic instrument
Bimetallkontakt *m* bimetallic contact
Bimetallregler *m* bimetallic thermostat
Bimetallrelais *n* bimetallic strip relay
Bimetallscheibe *f* bimetal disk
Bimetallstreifen *m* bimetal (bimetallic) strip
Bimetallthermometer *n* bimetal thermometer
Bimetallthermostat *m* bimetal (bimetallic) thermostat
Bimetall-Zeitverzögerungsrelais *n* bimetallic time-delay relay
Bimsstein *m* pumice stone
Binant *m* semicircular segment *(bei elektrostatischen Meßwerken)*
Binäraddierer *m* binary adder
Binärarithmetik *f* binary arithmetic
Binäraufzeichnung *f* binary recording *(Signalverlauf)*
Binär-Dezimal-Konverter *m* binary-[to-]decimal converter
Binär-Dezimal-Konvertierung *f* binary-[to-]decimal conversion
Binär-Dezimal-Konvertierungsschaltung *f* binary-[to-]decimal conversion circuit
Binär-Dezimal-Umsetzer *m* binary-[to-]decimal converter
Binär-Dezimal-Umwandlung *f* binary-[to-]decimal conversion
Binärelement *n* binary element
Binärentschlüsselungsfolge *f* binary decoding sequence
Binärglied *n* binary unit
Binärkode *m* binary code
~ **für Dezimalziffern** binary-coded decimal code, BCD-code
~/reiner pure binary code
Binärkodeübersetzer *m* binary conversion equipment
Binärkodewandler *m* binary code converter
binärkodiert binary-coded
Binärkomma *n* binary point
Binärnachricht *f* binary message
Binär-Oktal-Dekoder *m* binary-to-octal decoder
Binär-Oktal-Umsetzung *f* binary-to-octal conversion
Binärphasenoszillator *m* binary phase oscillator
Binärschlüssel *m s.* Binärkode
Binärschreibweise *f* binary notation
Binärsignal *n* binary signal
Binärspeicherelement *n* binary store (memory) element
Binärspeicherschaltung *f* binary store circuit
Binärstelle *f* binary position (place)
Binärstufe *f* binary stage
Binärsystem *n* binary system
Binärteilerstufe *f* binary division stage
binärverschlüsselt binary-coded
Binärverschlüsselungsfolge *f* binary coding sequence
Binärzahl *f* binary number
Binärzahlensystem *n* binary number system
Binärzähler *m* binary counter
Binärzeichen *n* binary digit, bit
Binärzelle *f* binary cell
Binärziffer *f* binary digit, bit
Binärziffernaddierer *m* binary[-digit] adder
binaural *(Ak)* binaural
Bindedraht *m* binding (bonding, tie) wire
Bindeeditor *m s.* Binder
Bindeglied *n* [connecting] link
Bindekraft *f* adhesive power (force), adhesiveness; setting power
Bindemittel *n* binding (bonding, cementing) agent; binder; adhesive [agent]
~/härtbares curable binder
binden 1. *(Ph, Ch)* to bond, to bind, to link; 2. to set, to harden; to cement; 3. to tie, to fasten
Binder *m (Dat)* linker, link[age] editor, linkage edit generator
Bindevermögen *n* adhesive (binding) strength, setting power, adhesiveness
Bindung *f* 1. *(Ph, Ch)* bonding, binding, linking *(Vorgang)*; 2. bond
~/elektrostatische (elektrovalente) *s.* ~/heteropolare
~/heteropolare [hetero]polar bond, ionic (electrostatic, electrovalent) bond, electrovalence
~/homöopolare homopolar (atomic) bond, nonpolar (covalent) bond
~/kovalente *s.* ~/homöopolare
~/polare *s.* ~/heteropolare
~/unpolare *s.* ~/homöopolare
Bindungsenergie *f* bond (bonding) energy
Bindungsenergiebereich *m* bonding energy range
bindungsfähig bondable, linkable
Bindungsfestigkeit *f* bond (bonding, binding) strength
Bindungskette *f* bond chain
Bindungskraft *f* 1. bond[ing] force; 2. *s.* Bindevermögen
Binistor *m* binistor *(Halbleiterbauelement)*
binokular binocular, two-eyed
Binomialformel *f* binomial formula
Binomialkoeffizient *m* binomial coefficient

Binomialreihe *f* binomial series
Binomialverteilung *f* binomial distribution
binomisch binomial
Bioanode *f* bioanode
Biobatterie *f* biochemical battery
bioelektrisch bioelectric
bioelektrochemisch bioelectrochemical
Bioelektrode *f* bioelectrode
Biokatode *f* biocathode
Biokristall *m* biocrystal
Biolaser *m* biolaser
Biolumineszenz *f* bioluminescence
Bionik *f* bionics
Bionikrechner *m* bionic computer
Biosignal *n* biosignal
Biot-Zahl *f* Biot number, Bi-number
Bipolarbetriebsart *f* bipolar mode
Bipolar-Feldeffekttransistor *m* bipolar insulated field-effect transistor, BIFET
~ **mit isoliertem Gate** bipolar insulated-gate field-effect transistor, BIGFET
Bipolarkode *m* **[erster Ordnung]** *(Dat)* alternating mark inversion code, AMI code *(ein pseudoternärer Kode)*
Bipolarsignal *n (Nrt)* alternate mark inversion signal
Bipolarspeicher *m* bipolar memory
Bipolarsystem *n* bipolar electrode system
Bipolartastung *f (Nrt)* bipolar operation
Bipolartransistor *m* bipolar transistor
~ **mit integriertem Gate** integrated-gate bipolar transistor, IGBT
Bipolarverletzung *f* alternate mark inversion violation
Biprisma *n* biprism
Biquinärkode *m (Dat)* biquinary code
biquinärverschlüsselt biquinary-coded
Birnenformlampe *f* pear-shape lamp
bistabil bistable
bit *s.* Bit
Bit *n* bit, binary digit *(1. Einheit des Informationsinhalts in der Nachrichtentechnik; 2. eine dimensionslose Einheit der Speicherkapazität in der Datenverarbeitung)*
~/führendes leading bit
~/höchstwertiges most-significant bit, MSB, highest-order bit (digit)
~ **mit höchstem Stellenwert** *s.* ~/höchstwertiges
~ **mit niedrigstem Stellenwert** *s.* ~/niederwertigstes
~/niederwertigstes least significant bit, LSB, lowest-order bit (digit)
Bitbündel *n* burst
Bitdichte *f* bit density
Bitfehler *m* bit error
Bitfehlerhäufigkeit *f*, **Bitfehlerrate** *f* bit error rate
Bitfolgeunabhängigkeit *f* bit sequence independence
Bitfrequenz *f* bit frequency, bit rate
Bitgeschwindigkeit *f* bit rate
~/äquivalente equivalent bit rate
Bitintegrität *f* bit integrity
Bitmuster *n* bit pattern
Bitmuster *npl***/pseudostatistische** pseudorandom bit pattern
bitmusterempfindlich pattern-sensitive
Bitpaar *n* pair of bits
Bitperiode *f* bit period
Bitrate *f* bit (binary) rate
Bits *npl* **je Meter** bits per metre *(Einheit der Speicherdichte)*
~ **je Quadratmeter** bit per square metre *(Einheit der Speicherdichte)*
~ **je Sekunde** bits per second *(Einheit für den Informationsfluß)*
~ **je Zoll** bits per inch, bpi, BPI *(Einheit der Informationsdichte auf einem Datenträger)*
Bitscheibe *f* bit slice *(Mikroprozessorelement)*
Bitscheibenmikroprozessor *m* bit-slice microprocessor
Bitscheibenrechner *m* bit-slice computer
Bit-slice-Mikroprozessor *m* bit-slice microprocessor
Bit-slice-Prozessor *m* bit-slice processor
Bitübertragungsgeschwindigkeit *f* bit rate
Bitübertragungsschicht *f (Nrt)* physical layer *(in Netzen)*
Bitumenlack *m* bitumen (bituminous) varnish
Bitverlust *m* slippage *(Dekodierung)*
bitweise in bit mode
Bitzelle *f* bit cell
b-Komplement *n* complement on b *(z. B. Zehnerkomplement im Dezimalsystem)*
(b-1)-Komplement *n* complement on (b-1) *(z. B. Einerkomplement im Dezimalsystem)*
B-Kurve *f (Ak)* B-weighting curve
Black-box *(Syst)* black box *(Glied unbekannter Struktur)*
Black-box-Methode *f* black-box method *(zur Untersuchung unbekannter Glieder)*
Black-Diagramm *n* Black characteristic (diagram) *(Frequenzgangdarstellung)*
blank bare *(Draht)*; uninsulated
Blankdraht *m* bare (blank) wire
Blankdrahtheizelement *n* bare-wire heating element
Blankdrahtspule *f* blank-wound coil
Blankloch *n* bare hole *(Leiterplatten)*
Blankverdrahtung *f* bare wiring; *(Nrt)* strapping, piano wiring
Blase *f* 1. bubble; 2. blister, blow-hole *(bei Gießharzen)*
Blaseinrichtung *f***/magnetische** *(Ap)* magnetic blow-out
Blasenbildung *f* 1. bubbling, formation of bubbles; 2. formation of blow-holes, blistering *(in Isolierstoffen)*
Blasenspeicher *m* bubble memory

Blasentest *m* bubble test
Blasfeld *n (Ap)* blow field
Blaskammer *f (Ap)* blow-out chute
Blasmagnet *m* magnetic blow-out, arc deflector; blow magnet *(z. B. Schalter)*
Blassicherung *f (Ap)* blow-out fuse
Blasspule *f* blow-out coil; arc-suppression coil
Blasung *f*/**magnetische** magnetic blow
Blaswirkung *f* blowing action *(Lichtbogen)*
~ **des Lichtbogens** arc blow
Blatt *n* 1. leaf; 2. blade *(Turbine, Lüfter)*
Blättchen *n* lamina, lamella; foil
λ/4-Blättchen *n* quarter-wave plate
Blättchenelektroskop *n (Meß)* gold-leaf electroscope
Blattdruck *m (Nrt, Dat)* page printing
Blattdruckempfänger *m (Nrt)* page-printing receiver
Blattdrucker *m (Nrt, Dat)* page printer (printing apparatus), typewriter
Blattdrucktelegraf *m* page-printing telegraph
Blattelektroskop *n* leaf electroscope
Blattempfang *m (Nrt)* page reception
blättern/rückwärts to page down
~/**vorwärts** to page up
Blattfeder *f* leaf (plate, flat) spring
Blattfernschreiber *m* page teleprinter
Blattgold *n* gold foil
Blattkupfer *n* copper foil
blättrig lamellar
Blattschreiber *m s.* Blattdrucker
Blattvorschub *m* page feed *(Schreiber)*
Blattwechsel *m*/**automatischer** automatic skipping
Blattzinn *n* tin foil
Blauanteil *m (Licht)* blue content
Blaubrenne *f (Galv)* blue dip
Blauglas *n (Licht)* blue filter
Blauglaskolben *m* blue glass bulb
Blaukolbenblitzlampe *f* blue[-tinted] flash lamp
Blaze-Wellenlänge *f (Licht)* blaze wavelength
Blech *n* 1. sheet [metal], plate; 2. lamination, lamella, lamina *(Trafokern)*
~/**feuerverzinntes** hot-dipped tin plate
~/**gestanztes** stamping; lamina
Blechen *n (MA)* lamination
Blechkern *m* laminated core
Blechkettenrotor *m* chain rim rotor
Blechmantel *m*/**gefalzter** folded metallic armour *(Kabel)*
Blechpaket *n* stack of sheets
Blechung *f (MA)* lamination
Blechwandreflektor *m* solid-sheet reflector *(Antenne)*
Bleiakkumulator *m* lead[-acid] accumulator, lead-acid [storage] battery, lead cell (storage battery)
~ **mit gepasteten Gitterplatten** pasted-plate accumulator
Bleianode *f* lead anode
Bleibad *n (Galv)* lead[-plating] bath
bleiben/am Apparat *(Nrt)* to hold the line
~/**auf Empfang** *(Nrt)* to stand by
~/**in der Leitung** *(Nrt)* to hold the line
bleibend permanent; residual
Bleiboratglas *n* lead borate glass
Bleichen *n*/**elektrolytisches** electrolytic bleaching
Bleigitter *n* lead grid *(im Akkumulator)*
Bleiglanzdetektor *m s.* Bleisulfiddetektor
Bleikabel *n* lead[-covered] cable, lead-sheathed cable
~/**blankes** plain lead-covered cable
Bleikabellöter *m* lead cable jointer
Bleimantel *m* lead sheath (sheathing, coating) *(Kabel)*
Bleimantelkabel *n* lead-covered cable, lead-sheathed cable
Bleimuffe *f* lead sleeve
Bleiplatte *f* lead plate
Bleisammler *m s.* Bleiakkumulator
Bleischlamm *m* lead sludge (deposit) *(Akkumulator)*
Bleiselenidzelle *f* lead selenide cell
Blei-Silberoxid-Element *n* lead-silver oxide cell
Bleisilicatglas *n* lead silicate glass
Bleistiftröhre *f* pencil tube; pencil triode
Bleisulfiddetektor *m* lead sulphide detector, galena detector
Bleisulfidphotowiderstand *m* lead sulphide photoresistance cell
Bleisulfidwiderstandszelle *f* lead sulphide photoresistance cell
Bleisulfidzelle *f* lead sulphide cell *(Photoelement)*
Bleiüberzug *m* lead coating
Blende *f* aperture *(bei optischen Systemen)*; diaphragm *(bei Röntgenstrahlen)*
~/**halbe** half f-number
blenden to glare, to dazzle
Blenden *n* dazzling *(durch Gegenlicht)*
Blendenabstand *m* disk spacing
Blendenautomatik *f*/**lichtgesteuerte** automatic exposure control
Blendenbereich *m* aperture (diaphragm) range
Blendendurchmesser *m* aperture diameter
Blendenebene *f* aperture (diaphragm) plane
Blendeneinsatz *m* aperture (diaphragm) holder
Blendeneinstellung *f* aperture (diaphragm) setting
Blendenflügel *m* shutter blade
Blendengröße *f* f-number; aperture size
Blendenloch *n* anode aperture *(Katodenstrahlröhre)*
Blendenöffnung *f* aperture *(eines optischen Systems)*; diaphragm aperture (opening); lens aperture
Blendenscheibe *f* orifice plate *(Meßblende)*
Blendenskale *f* aperture scale
Blendenverschluß *m* aperture (diaphragm) shutter

Blendenvorrichtung *f* aperture (diaphragm) attachment
Blendenwert *m*, **Blendenzahl** *f* aperture ratio number, stop number (value), f-number, f-ratio
Blendleuchtdichte *f* glare luminance
Blendlichtquelle *f* glare source
Blendschutz *m* 1. glare (light) shield; 2. glare protection
Blendschutzbrille *f* anti-glare goggles
Blendschutzglas *n* glare protection glass
Blendung *f (Licht)* glare, dazzle
~/blindmachende blinding glare
~/direkte direct glare
~/indirekte indirect glare
Blendungsbegrenzung *f* glare limitation
Blendungsbewertung *f* glare evaluation, assessment (evaluation) of glare
Blendungsbewertungskriterium *n* glare evaluation criterion
Blendungserscheinung *f* glare phenomenon
Blendungsformel *f* glare formula
blendungsfrei dazzle-free, non-glare
Blendungsgrad *m* degree of glare
Blendungsindex *m* glare index
Blendungsskala *f* glare scale
Blendwinkel *m* glare angle
Blindanflugsystem *n (FO)* radio approach system
Blindbefehl *m (Dat)* dummy instruction
Blindbelegung *f (Nrt)* dummy connection
Blindenergie *f* reactive (wattless) energy
Blindfaktor *m* reactive factor
Blindflansch *m* blank flange
Blindgeber *m (Meß)* dummy probe
Blindgeschwindigkeit *f (Nrt)* blind speed
Blindkomponente *f* reactive (reactance, wattless, quadrature) component
~ der Spannung reactive component of voltage
Blindlast *f* reactive (wattless) load
Blindlastkennlinie *f* reactive load characteristic
Blindlastmagnetisierungskurve *f* zero power-factor magnetizing (saturation) curve
Blindlastprüfung *f* zero power-factor test
Blindleistung *f* reactive (wattless) power
~ in VA (Volt-Ampere) volt-ampere reactive, var, VAr
Blindleistungsausgleich *m s.* Blindleistungskompensation
Blindleistungsfaktor *m* power (reactive) factor
Blindleistungsfaktormesser *m* power (reactive) factor meter
Blindleistungskompensation *f* power-factor compensation, reactive power compensation (correction)
~ durch Reihenkondensator *(Eü)* series compensation with capacitors
Blindleistungskompensationsrelais *n* power-factor compensating relay
Blindleistungskompensator *m (Eü)* var booster (compensator), volt-ampere [reactive] compensator
~/statischer static var compensator
Blindleistungsmaschine *f* rotary phase converter (changer)
Blindleistungsmesser *m* reactive volt-ampere meter, varmeter, idle-current wattmeter
Blindleistungsregelung *f* reactive power control
Blindleistungsregler *m* reactive power regulator
Blindleistungsrelais *n* reactive power relay
Blindleistungsverbesserung *f* power-factor correction
Blindleistungsverstärker *m (Eü)* var (volt-ampere reactive) booster
Blindleitwert *m* susceptance
~/bezogener per unit susceptance
~/induktiver inductive susceptance
Blindleitwertbelag *m* per unit susceptance
Blindloch *n* blind hole *(Leiterplatten)*
Blindmodulator *m* reactance modulator
Blindpermeabilität *f* reactive permeability
Blindröhre *f* reactance valve (tube)
Blindschallfeld *n* reactive sound field
Blindschaltbild *n* mimic [connection, system] diagram; *(An)* blank (empty) panel; spare panel
Blindschaltfeld *n (An)* blank (empty) panel
Blindsicherung *f* dummy fuse
Blindsignal *n s.* Leersignal
Blindspannung *f* reactive (reactance, wattless) voltage
Blindspannungsabfall *m* reactive voltage drop, reactance [voltage] drop
Blindspannungskomponente *f* reactive voltage component
Blindspule *f* idle coil
Blindstab *m* idle bar
Blindstandwert *m*/**akustischer** acoustic reactance
~/mechanischer mechanical reactance
~/spezifischer specific acoustic reactance
Blindstecker *m (Nrt)* dummy plug
Blindstöpsel *m (Nrt)* peg
Blindstrom *m* reactive (wattless) current; reactive amperage
~/kapazitiver leading reactive current
~/nacheilender lagging reactive current
~/voreilender leading reactive current
Blindstromamperemeter *n* idle-current meter
Blindstromaufnahme *f* reactive current input
Blindstromkompensator *m* reactive current compensator
Blindstromkomponente *f* reactive current component, idle-current component
Blindstrommesser *m* idle-current meter
Blindstromtarif *m* power factor rate
Blindverbrauchszähler *m* reactive power meter, reactive-energy meter, var-hour meter, wattless component meter
Blindverkehr *m (Nrt)* waste traffic

Blindvierpol *m* reactance quadripole
Blindwattstundenzähler *m* reactive volt-ampere hour meter
Blindwiderstand *m* reactance, reactive impedance
~/akustischer acoustic reactance
~ einer Masse/akustischer acoustic inertance
~/induktiver inductance, inductive (magnetic) reactance
~/kapazitiver capacitive (negative) reactance, condensance
~/mechanischer mechanical reactance
~/nichtlinearer non-linear reactance
Blindwiderstände *mpl***/konjugiert-komplexe** conjugate impedances
Blinkanzeige *f (Nrt)* flashing indication
blinken to blink; to flash
Blinker *m s.* Blinkleuchte
Blinkfeuer *n* blinking (intermittent) light
Blinkgeber *m* blinker unit; flasher unit
Blinkgerät *n* signalling lamp
Blinkleuchte *f* flashing [direction-]indicator lamp *(Kraftfahrzeug)*
Blinklicht *n* flashing light *(Kraftfahrzeug)*
Blinklichtschalter *m***/automatischer** flasher
Blinkrelais *n* flasher relay
Blitz *m* 1. lightning; 2. *s.* Blitzlicht
Blitzableiter *m* lightning arrester (protector, rod, conductor); *(Eü)* surge arrester (diverter)
Blitzbahn *f* lightning track (path)
Blitzbombe *f* photoflash bomb
Blitzdauer *f* flash duration
Blitzeinschlag *m s.* Blitzschlag
blitzen to flash
Blitzentladung *f* lightning discharge
Blitzerscheinung *f* lightning phenomenon
Blitzfeuer *n* flash signal *(Sonderform des Leuchtfeuers)*
Blitzfolge *f* flashing rate
Blitzgerät *n* flash gun (unit)
Blitzgespräch *n (Nrt)* top priority call, lightning call
Blitzimpuls *m* lightning impulse
Blitzlampe *f* photoflash lamp (bulb), flash lamp
~/abgebrannte fired flash bulb
~/blaugefärbte blue-tinted flash bulb
Blitzlampenauswerfer *m* [flashing] bulb ejector
Blitzlampenstecker *m* flash (firing) plug
Blitzlampenwürfel *m* flash cube
Blitzleuchte *f* flasher lamp
Blitzlicht *n* flash[light], flashing light
Blitzlichtanschluß *m* flash contact
Blitzlichtauslöser *m* flash release
Blitzlichtbatterie *f* [photo]flashlight battery
Blitzlichtkabel *n* flash lead (cable)
Blitzlichtlampe *f* flashlight lamp, photoflash lamp (bulb)
Blitzmeßgerät *n* surge-measuring instrument *(Blitzforschung)*
Blitzpfad *m* lightning path
Blitzröhre *f* [photo]flash tube, electronic flashlamp
Blitzschaden *m* lightning damage
Blitzschlag *m* lightning stroke
~/direkter direct stroke
~/indirekter indirect stroke
Blitzschutz *m* 1. lightning protection; 2. *s.* Blitzschutzanlage
Blitzschutzanlage *f* lightning arrester (protector)
Blitzschutzerde *f (Nrt)* protective earth
Blitzschutzmaßnahme *f* lightning protective measure
Blitzschutzrelais *n* [lightning] arrester relay
Blitzschutzschalter *m* lightning switch
Blitzschutzsicherung *f* lightning arrester; *(Nrt)* protector block
Blitzschutzsicherungsblock *m (Nrt)* protector block
Blitzschutzvorrichtung *f* lightning protector (rod)
Blitzspannung *f* lightning impulse voltage
Blitzspannungsbegrenzungsfaktor *m (Hsp)* lightning impulse protection factor
Blitzstoßspannung *f***[/gepulste]** chopped lightning impulse
Blitzstrahl *m* lightning flash
Blitzstrom *m* lightning[-stroke] current
Blitzsynchronisation *f* flash synchronization
Blitzüberspannung *f* lightning overvoltage, lightning-stroke voltage; lightning surge
Blitzverdampfung *f* flash evaporation
Blitzweg *m* lightning path
Blitzwelle *f* lightning surge
Blitzwürfel *m* flash cube
Bloch-Wände *fpl* Bloch walls
Bloch-Welle *f* Bloch wave
Block *m* 1. block; unit *(Baustein)*; 2. [data] block; 3. power-station unit *(Kraftwerk)*
~/fehlerhaft empfangener *(Dat)* erroneous block
Blockabstand *m (Dat)* interrecord gap, interblock gap (space) *(Speicherung)*
Blockadresse *f (Dat)* block address
Blockauswahl *f (Dat)* block selection
Block-Basis-Schaltung *f (El)* grounded-base connection, common-base circuit
Blockbauweise *f (An)* block-unit system
Blockbegrenzung *f (Dat)* flag
Blockbetrieb *m (An)* unitized system, unit-system operation • **im ~** in unit connection
Blockdiagramm *n (Dat, Syst)* block diagram
Blockeigenbedarfstransformator *m* [power-station] unit auxiliary transformer
Blockeinschub *m* module
Blockfehlerwahrscheinlichkeit *f (Nrt)* block error rate
Blockgenerator *m* unit-connected generator
Blockiereigenschaft *f (ME)* blocking property
blockieren to block, to lock; to interlock; *(MA)* to jam *(festfressen)*; *(Nrt)* to place (take) out of service

Blockierkennlinie *f* off-state characteristic *(Thyristor)*
Blockierregler *m* antiblocking controller
Blockierring *m* locking ring *(zum Befestigen)*
Blockierschaltung *f* clamping circuit
Blockierspannung *f* blocking (off-state) voltage *(Thyristor)*; continuous off-state voltage
~/höchste peak off-state voltage *(Thyristor)*
Blockierung *f* blocking, interlocking; *(MA)* jamming *(Festfressen)*; *(Dat)* hang-up
~/äußere *(Nrt)* external blocking (congestion)
~/innere *(Nrt)* internal blocking (congestion)
Blockierungsdauer *f (Nrt)* busy period
~/relative time congestion [ratio]
Blockierungsrelais *n* interlocking relay
Blockierungsschaltung *f* blocking circuit
Blockierungsstromkreis *m (An)* blocking current circuit, interlock[ing] circuit
Blockierverlust *m (ME)* off-state dissipation
Blockierzustand *m* off-state *(Thyristor)*
Blockkabel *n (Nrt)* block cable
Blockkondensator *m* blocking capacitor
Blockkontrollsignal *n (Nrt)* block control signal
Blockkopf *m* block header
Blockkraftwerk *n* unit-system power station, unitized (unit-type) power station
Blocklänge *f (Dat)* block length (size)
Blockleistung *f (An)* unit capacity
Blocklücke *f* interrecord gap
Blockmarkier[ungs]spur *f (Dat)* block marker track
Blockmatrix *f***/diagonale** *(Dat)* block diagonal matrix
Blocknetz *n (Nrt)* block network
Blockprüfung *f (Nrt)* block check
~/zyklische *(Dat)* cyclic redundancy check
Blockprüfzeichen *n (Nrt)* block check character
Blockprüfzeichenfolge *f (Nrt)* block check[ing] sequence, frame check[ing] sequence
Blockregister *n (Dat)* block register
Blockrelais *n* block relay
Blockschaltbild *n (Dat, Syst)* block diagram; functional block diagram *(mit Darstellung der Gliedfunktionen)*
Blockschaltung *f* unit connection *(Kraftwerk)*
Blockschaltungsgenerator *m* unit-connected generator
Blockschema *n* block [schematic] diagram, block (skeleton) diagram
Blocksicherungsverfahren *n (Dat)* block protection method
Blockspeicherheizgerät *n* block storage heater
Blocksystem *n***/automatisches** *(Ap)* automatic block system
Blocktarif *m* block tariff
Blocktransformator *m* unit[-connected] transformer, generator transformer
Blocktransport *m***/automatischer** *(Dat)* automatic block transfer *(Programmablauf)*
Blockübertragung *f (Dat)* block transfer
Blockverschachtelung *f (Nrt)* burst interleaving
Blockwahl *f (Nrt)* en-bloc dialling
blockweise block by block
Blockzwischenraum *m* interblock gap (space) *(z. B. Magnetbandspeicherung)*
B-Modulation *f* class-B modulation
B-Modulator *m* class-B modulator
Bobby *m* [winding] bobbin
Bode-Diagramm *n* Bode diagram (plot)
Bode-Methode *f* Bode method *(Stabilitätsuntersuchung)*
Boden *m* 1. ground *(Erdoberfläche)*; 2. bottom; floor
Bodenanker *m* foundation bolt
Bodenanlagen *fpl***/elektronische** *(Nrt, FO)* ground-based electronic equipment
Bodenaustrocknungsbereich *m* dried-out zone *(Kabel)*
Boden-Boden-Digitaldatenverbindung *f* ground-to-ground digial data link
Boden-Bord-Anruf *m* ground-to-air calling
Boden-Bord-Betrieb *m* ground-to-air operation
Boden-Bord-Fernschreibverkehr *m* ground-to-air teletype
Boden-Bord-System *n* ground-to-air system
Boden-Bord-Verkehr *m* ground-to-air communication
Bodendämpfung *f* ground attenuation
Bodendeckel *m* bottom cover
Bodendruckgeber *m (Meß)* ground pressure pick-up
Bodendurchführung *f* floor bushing
Bodenecho *n (FO)* ground return; *(Ak)* bottom echo
Bodenelektrode *f* bottom (hearth) electrode *(Lichtbogenofen)*
Bodenfläche *f* bottom surface; *(ME)* floor area
Bodenfunkdienst *m* ground radio service
Bodenfunkfeuer *n* ground [radio] beacon
Bodenfunkstelle *f* ground [radio] station; aeronautical station
Bodengerät *n (Nrt)* ground equipment
Bodenheizelement *n* bottom heating element
Bodenheizung *f* floor heating
Bodenhindernisanzeiger *m* terrain clearance indicator
Bodenkapazität *f (ME)* floor capacitance
Bodenklappe *f* bottom cover
Bodenkontakt *m* floor contact; earth leakage terminal *(Lichtbogenofen)*; *(Licht)* contact plate
Bodenleitfähigkeit *f* earth conductivity
Bodenpeilgerät *n (FO)* ground-based direction finder
Bodenplatte *f* bottom plate
Bodenradargerät *n (FO)* ground-based radar equipment
Bodensatz *m (Galv)* deposit
Bodenseil *n* counterpoise *(Freileitung)*

Bodenstation *f* ground station
Bodenwelle *f (Nrt)* ground wave (ray), direct wave
Bodenwellenmißweisung *f (Nrt)* ground-path error
Bodyeffekt *m (ME)* body effect
Boff-Diode *f* step-recovery diode
Bogen *m* 1. [electric] arc *(s. a. unter* Lichtbogen*)*; 2. conduit elbow *(Rohrverbindung)*; 3. bend; curve; curvature
~/kurzer short arc
~/nichtübertragener non-transferred arc
~/ruhig leuchtender quiet arc
~/übertragener transferred arc
Bogen... *s. a.* Lichtbogen...
Bogenanregung *f* arc excitation
Bogenbahn *f* arcuate track *(Gasentladung)*
Bogenbildung *f* arcing, arc formation
Bogencharakteristik *f* arc characteristic
Bogenkatode *f* arc cathode
Bogenlampe *f* [carbon-]arc lamp
Bogenlampenkohle *f* arc lamp carbon
Bogenlampenscheinwerfer *m* arc lamp projector
Bogenlänge *f* arc length
Bogenlicht *n* arc light
Bogenmauer *f* arch dam *(Wasserkraftwerk)*
Bogenmindeststrom *m* arc sustaining current
Bogenrückschlag *m* arc back *(bei Rückzündung)*
Bogenskale *f* graduated arc
Bogenspannung *f* arc voltage
Bogenspannungsabfall *m* arc[-voltage] drop
Bogenspektrum *n* arc spectrum
Bogensperrmauer *f* arc dam
Bogenstück *n* curved piece, knee; [conduit] bend
Bogentemperatur *f* arc temperature
Bogenverhalten *n* arc behaviour
Bogenzündung *f* [arc] initiation
Bohnermaschine *f***/elektrische** electric floor polisher
Bohrmaschine *f***/elektrische** electric drilling machine
Boiler *m* boiler, geyser
Bolometer *n* bolometer
Bolometerdetektor *m* bolometer detector
Bolometerstreifen *m* bolometer strip
Boltzmann-Gleichgewicht *n* Boltzmann equilibrium
Boltzmann-Gleichung *f* Boltzmann equation
Boltzmann-Konstante *f* Boltzmann constant
Boltzmann-Näherung *f* Boltzmann approximation
Boltzmann-Statistik *f* Boltzmann statistics
Boltzmann-Verteilung *f* Boltzmann distribution
Bolzen *m* pin *(bei Isolatoren)*; stud; bolt
Bolzenende *n* pinball *(bei Isolatoren)*
Bolzenkatode *f* bolt-type cathode *(Elektronenkanone)*
Bolzenmontage *f* stud mounting
Bondanlage *f* bonding system
Bondanschluß *m (ME)* bonding lead
Bonddraht *m (ME)* bonding wire
bonden *(ME)* to bond
Bonden *n* bonding *(Kontaktierungsverfahren)*
Bonder *m*, **Bondgerät** *n (ME)* bonder, bonding apparatus
Bondhügel *m (ME)* bump • **~ aufbringen, mit Bondhügeln versehen** to bump
Bondinsel *f (ME)* bond[ing] island, bonding pad
Bondkopf *m (ME)* bonding head
Bondstelle *f (ME)* bond, bonding site
Bondverbindung *f (ME)* bond
Booster *m* [power] booster
Booster-Pumpe *f* booster pump
Booster-Steuerung *f* booster control
Booster-Verstärker *m* booster amplifier
Bootstrap-Generator *m* bootstrap generator *(Integrationsschaltung)*
Bootstrap-Schaltung *f* bootstrap circuit
Bordabtastgerät *n* airborne scanner *(Radar)*
Bordbeleuchtung *f* airborne lighting
Bord-Boden-Fernsehanlage *f* air-to-ground television installation
Bord-Boden-Verbindung *f* air-to-ground communication
Bord-Boden-Verkehr *m* air-to-ground communication
Bord-Bord-Verkehr *m* ship-to-ship communication; air-to-air communication
Bordempfangsgerät *n* ship receiver; aircraft receiver (receiving set)
Bordfernsehempfänger *m* airborne television receiver
Bordfunk *m* aircraft intercommunication
Bordfunkausrüstung *f* aircraft (airborne) radio equipment
Bordfunker *m* radio operator
Bordfunkgerät *n* aircraft radio set (equipment)
Bordfunkstelle *f* board radio station; aircraft radio station (room); ship radio station
Bord-Land-Verbindung *f* ship-to-shore communication
Bord-Land-Verkehr *m* ship-to-shore traffic
Bordnetz *n* airborne supply system, on-board network
bordotiert *(ME)* boron-doped
Bordpanoramagerät *n* airborne all-round radar search apparatus
Bordpeilanlage *f (FO)* airborne direction-finding equipment; ship direction-finding installation
Bordpeiler *m*, **Bordpeilgerät** *n (FO)* airborne direction-finding equipment, airborne direction finder; bearing compass; radio compass *(Schiff)*
Bordradargerät *n* airborne radar equipment
Bordrechner *m* board computer; trip computer *(im Kfz)*
Bordsendeempfänger *m* airborne transceiver (transmitter-receiver)
Bordsender *m* aircraft [radio] transmitter
Bordsprechanlage *f* aircraft intercommunication system, aircraft [radio] interphone system

Bordsprechfunkstelle *f* ship radiotelephone station; aircraft radiotelephone station
Bordsprechgerät *n s.* Bordtelefon
Bordsuchgerät *n* airborne search apparatus *(Radar)*
Bordtelefon *n* aircraft interphone (intercommunication telephone)
Bordwarnradar *n* cloud and collision warning system
Bordwetterradar *n* airborne weather radar
Borsilicatglas *n* borosilicate glass
Bose-Einstein-Statistik *f* Bose-Einstein statistics
Bose-Einstein-Verteilung *f* Bose-Einstein distribution
Bose-Einstein-Verteilungsfunktion *f* Bose-Einstein distribution
Bottom-up *n (Dat)* bottom-up *(Programmierung von unten nach oben)*
Bottom-up-Methode *f* bottom-up method *(logischer Schluß)*
Bourdonrohr *n* Bourdon tube
Boxcar-Oszillograph *m* boxcar oscilloscope *(verbesserter Sampling-Oszillograph)*
Boxdiffusion *f (ME)* box [method] diffusion
B-Platz *m (Nrt)* B-position
Brackett-Serie *f* Brackett series *(Spektrallinien)*
Branchenfernsprechbuch *n* classified directory (phonebook)
Bratpfanne *f***/elektrische** electric frying pan
Braunstein-Trockenelement *n***/alkalisches** alkaline manganese dry cell
Breakdown-Diode *f* breakdown diode
brechen to refract *(Licht)*
Brechkraft *f* optical (refractive) power
Brechung *f* refraction *(Licht)*
~/akustische acoustic refraction
~ der elektrischen Feldlinien electrostatic refraction
Brechungsexponent *m s.* Brechzahl
Brechungsfaktor *m* transmission coefficient *(Wanderwelle)*
Brechungsfehler *m* refraction error
Brechungsindex *m s.* Brechzahl
Brechungskoeffizient *m* refraction (refractive) coefficient
Brechungsvermögen *n* refractivity *(s. a.* Brechzahl*)*
Brechungswinkel *m* refracting angle, angle of refraction
Brechungszahl *f s.* Brechzahl
Brechzahl *f* refractive (refraction) index, index of refraction
Brechzahlmesser *m* refractometer
Brechzahlprofil *n* refractive index profile *(von Lichtleitern)*
B-Register *n (Dat)* B-register
Breitband *n (Nrt)* broad band, broadband, wide band, wideband
Breitbandantenne *f* broad-band aerial, aperiodic (wide-band) aerial
Breitbandantennenvermittlungsstelle *f* broad-band aerial exchange
Breitbandempfang *m* broad-band (wide-band) reception
Breitbandfernmeldenetz *n***/integriertes** broad-band integrated services digital network, B-ISDN
Breitbandfilter *n* broad-band (wide-band) filter
Breitbandgeräusch *n s.* Breitbandrauschen
breitbandig wide-band
Breitband-ISDN *n s.* Breitbandfernmeldenetz/integriertes
Breitbandkabel *n* broad-band (wide-band) cable; high-frequency carrier cable
Breitbandkanal *m* broad-band (wide-band) channel
Breitbandkommunikationsnetz *n* broad-band communications network
Breitbandkoppelfeld *n* broad-band switching matrix
Breitbandmillivoltmeter *n* broad-band millivoltmeter
Breitbandnetz *n***/lokales** broad-band local area network
Breitbandnetzabschluß *m* broad-band network termination
Breitbandoberwellengenerator *m***[/quarzgesteuerter]** broad-band [crystal] harmonic generator
Breitbandoszillograph *m* wide-band oscilloscope
Breitbandpegelmesser *m* broad-band (wide-band) level meter
Breitbandrauschen *n* broad-band (wide-band) noise
Breitbandrechenverstärker *m* broad-band computing amplifier
Breitbandrichtfunksystem *n* broad-band (wide-band) radio relay system
Breitbandsignal *n* broad-band (wide-band) signal
Breitbandspektrum *n* broad-band (wide-band) spectrum
Breitbandsperre *f* broad-band (wide-band) filter
Breitbandstufe *f* broad-band (wide-band) stage
Breitbandsymmetrierübertrager *m* broad-band (wide-band) balun
Breitbandsystem *n* broad-band (wide-band) system
Breitbandtelegrafie *f* broad-band (wide-band) telegraphy
Breitband-TF-System *n* broad-band (wide-band) carrier system
Breitbandton[frequenz]verstärker *m* broad-band (wide-band) audio amplifier
Breitbandtransistor *m* wide-band transistor
Breitbandtransitvermittlung *f* broad-band transit switch
Breitbandübertragung *f* broad-band (wide-band) transmission

Breitbandvermittlungseinheit *f* broad-band switching unit
Breitbandvermittlungsstelle *f* broad-band switching centre
Breitbandverstärker *m* broad-band (wide-band) amplifier
Breitbandverstärkung *f* broad-band (wide-band) amplification
Breitbandverteilnetz *n* wideband-distribution network
Breitbasisdiode *f* wide-base diode
Breitbasisentfernungsmesser *m* long-base range finder
Breitbasistransistor *m* wide-base transistor
Breite *f* width
~ **der Sperrschicht** *(ME)* depletion (barrier) layer width
breitenmoduliert width-modulated *(z. B. Impulse)*
Breitenregelung *f* width control
Breitschirmisolator *m* wide-petticoat insulator
Breitstrahler *m* broad-beam spotlight, wide-angle lighting fitting
Breitwandbild *n* wide-screen picture
Breitwinkelstreuung *f* wide-angle diffusion
Bremsaudion *n s.* Bremsfeldaudion
Bremsdynamometer *n* brake dynamometer
Bremse *f* brake; drag *(Bandgerät)*
~**/elektrische** electric brake
~**/elektromagnetische** electromagnetic brake
~**/hydraulische** hydraulic brake
~**/magnetische** magnetic brake
Bremselektrode *f* reflecting electrode *(Braunsche Röhre)*; *(Fs)* decelerating (retarding) electrode
bremsen to brake; to moderate *(Teilchen)*
Bremsen *n* **durch Phasentausch** plug breaking *(Asynchronmaschine)*
Bremsfeld *n* brake (retarding) field *(Elektronenröhren)*
Bremsfeldaudion *n* electron-oscillating field detector, retarding-field detector, reverse-field detector
Bremsfeldelektrode *f* retarding-field electrode
Bremsfeldröhre *f* retarding-field tube, brake-field tube, transitron
Bremsfeldschwingung *f* Barkhausen oscillation
Bremsgenerator *m* Prony dynamometer
Bremsgitter *n* decelerating grid (electrode), suppressor grid (electrode)
Bremsgittermodulation *f* suppressor (barrier grid) modulation
Bremsgitterröhrenspeicher *m* barrier grid tube memory
Bremskreis *m* brake circuit
Bremsleistung *f* brake horsepower
Bremsleuchte *f* stop lamp *(Kfz)*
Bremslicht *n* stop light *(Kfz)*
Bremslüfter *m* 1. *s.* Bremsmagnet; 2. centrifugal brake operator
Bremslüftmagnet *m* brake lifting magnet
Bremsmagnet *m* brake (braking) magnet; *(Meß)* meter braking element, damping magnet *(zum Dämpfen des Meßwerks)*
Bremsmoment *n* braking (retarding) torque
Bremsmotor *m* brake motor
~ **mit Scheibenbremse** disk brake motor
Bremspotential *n* retarding potential *(im elektrischen Feld)*
Bremsregler *m* [rheostatic] braking controller; braking chopper
Bremsschalter *m* braking controller
Bremsschaltung *f* braking circuit
Bremsspannung *f* negative anode potential *(Elektronenröhren)*
Bremsstrahlung *f* bremsstrahlung
Bremsstrom *m* braking current
Bremstrommel *f* brake drum
Bremsumschalter *m* braking switchgroup
Bremsung *f* braking; retardation; moderation *(von Teilchen)*
~**/elektrische** electric braking
~**/elektromagnetische** electromagnetic braking
~ **von Neutronen** moderation of neutrons
Bremsverfahren *n* braking method
Bremsversuch *m (MA)* braking test
Bremsvorrichtung *f* braking element, brake
Bremszeit *f* braking (stop) time; moderation time *(Teilchen)*
brennbar combustible; [in]flammable
~**/nicht** non-combustible, incombustible
Brennbarkeit *f* combustibility; [in]flammability
Brenndauer *f* 1. burning (operating, working, service) life, lifetime *(Lampe, Röhre)*; arc duration *(Lichtbogen)*; 2. *(Srt)* conduction time, conducting period; 3. baking time *(Einbrennlack)*; firing time *(Isolierkeramik)*
Brennebene *f* focal plane *(Optik)*
Brennelementkanal *m* fuel element channel
brennen 1. to burn; 2. to bake; to fire *(Isolierkeramik)*
Brenner *m* burner *(z. B. an Lampen)*
Brennfleck *m* arc spot *(Lichtbogen)*; focal spot (point) *(Optik)*; *(Laser)* cross-over point
Brennfleckcharakteristik *f* focal spot characteristic
Brennfleckdurchmesser *m* [focal] spot diameter
Brennfleckjustierung *f* adjustment of focal position *(Elektronenstrahlbearbeitung)*
Brennlage *f***/zulässige** *(Licht)* admissible burning position
Brennlinie *f* focal line *(Optik)*
~**/sagittale** sagittal focal line
Brennofen *m* baking (burning) oven
~**/elektrisch beheizter** electrically fired kiln
Brennpunkt *m* focus, focal (focussing) point
~**/bildseitiger** image-side focal point
~**/dingseitiger** object-side focal point
~**/magnetischer** magnetic focus
Brennpunktfläche *f* focal-point area

Brennschwindung *f* fire (firing) shrinkage *(Isolierkeramik)*
Brennspannung *f* burning (operating, running, conducting) voltage *(Lampe, Röhre)*; maintaining voltage, arc[-drop] voltage *(Lichtbogen)*
Brennstelle *f (Licht)* lighting outlet (point)
Brennstellung *f (Licht)* burning (working) position
~/zulässige admissible burning position
Brennstoff *m*/**keramischer** ceramic fuel *(Kernenergieerzeugung)*
Brennstoffbatterie *f* fuel battery (cell)
~/biochemische biochemical battery, biobattery
Brennstoffelement *n* fuel cell
~/alkalisches alkaline fuel cell, AFC
~/biochemisches biochemical fuel cell, bio-fuel cell, biocell
~/direkt methanolbetriebenes direct methanol fuel cell, DMFC
~/mit Biogas betriebenes biomass-derived fuel cell, BDFC
~ mit Carbonatschmelzen molten carbonate fuel cell, MCFC
~ mit festem Elektrolyt solid oxide fuel cell, SOFC
~ mit Phosphorsäure phosphoric acid fuel cell, PAFC
Brennstoffzelle *f s.* Brennstoffelement
Brennstrahl *m* focal ray *(Optik)*
Brennstunden *fpl* burning hours *(Lampe)*
Brenntemperatur *f* firing (baking) temperature *(Isolierkeramik)*
Brennweite *f* focal distance (length)
Brennweitenbereich *m* [zoom] focal range
Brennzeit *f s.* Brenndauer
Brettschaltung *f* breadboard circuit (model)
Brewster-Fenster *n (Laser)* Brewster window
Briefkasten *m*/**elektronischer** electronic mailbox
Briefkastenprinzip *n* mailbox principle
Briefträger *m*/**elektronischer** electronic mailman
Brillouin-Spektroskopie *f* Brillouin spectroscopy
Brillouin-Streuung *f* Brillouin scattering
~/stimulierte stimulated Brillouin scattering
bringen:
~/auf den neuesten Stand to update *(z. B. Informationen)*
~/auf Gleichlauf to synchronize
~/aus dem Gleichgewicht to unbalance
~/aus der Phase to outphase
~/das Relais zum Abfallen to release the relay
~/den Schutzkreis zum Ansprechen to operate the guard circuit
~/in Gang to initiate
~/in Phase to phase
~/in Verbindung to intercommunicate
~/ins Gleichgewicht to balance, to equilibrate
~/wieder in Form to reshape
~/zum Stillstand to arrest, to stop
~/zur Deckung to register *(Maskentechnik)*
Broca-Galvanometer *n* Broca galvanometer
Brodeln *n* bubble *(Funkempfangstechnik)*
Brodhun-Photometer *n* Brodhun photometer
Bromglühlampe *f* tungsten bromine lamp, incandescent bromine cycle lamp
Brotröster *m*/**elektrischer** electric toaster
Bruce-Antenne *f* Bruce aerial
Bruch *m* break, fracture, rupture
Bruchdehnung *f* breaking elongation; failure strain
Bruchlast *f* breaking (crushing) load
Bruchlochwicklung *f* fractional-slot winding
bruchsicher break-proof
Bruchspannung *f* ultimate (failure) stress
Brücke *f* bridge *(s. a.* Brückenschaltung*)*
~/abgeglichene balanced bridge
~/akustische acoustic bridge
~/dreipolige three-terminal bridge
~/einphasige single-phase bridge
~/halbgesteuerte *(Srt)* half-controlled bridge
~ mit Gleitkontakt slide bridge
~/Scheringsche *(Meß)* Schering bridge
~/Schustersche acoustic bridge
~/selbstabgleichende self-balancing bridge
~/Thomsonsche Thomson bridge
~/vierarmige four-arm bridge
~/Wheatstonesche Wheatstone bridge
~/Wiensche Wien bridge
Brückenabgleich *m* bridge balance (balancing)
Brückenabgleichpunkt *m* bridge balance point
Brückenanordnung *f* bridge configuration (arrangement, assembly)
Brückenatom *n (ME)* bridge atom
Brückenausgang *m* bridge output
Brückenbildung *f* bridge formation *(bei Isolierölen)*
Brückendemodulator *m* ratio detector
Brückenduplexschaltung *f* bridge duplex connection
Brückeneingang *m* bridge input
Brückenergänzung *f* bridge completion
Brückenfilter *n* lattice filter
Brückengegenkopplung *f* bridge feedback
Brückengegensprechen *n (Nrt)* bridge duplex
Brückengegensprechschaltung *f (Nrt)* bridge duplex connection
Brückengegensprechsystem *n (Nrt)* bridge duplex system
Brückengleichgewicht *n* bridge balance
Brückengleichrichter *m* bridge[-connected] rectifier
Brückenglied *n* bridge section
Brückenion *n* bridging ion
Brückenkapazität *f* bridge capacitance
Brückenkontakt *m* bridge contact
Brückenlinearität *f* bridge linearity
Brückenmethode *f (Meß)* bridge-type method; *(Hsp)* balanced detection method *(bei Teilentladungsmessung)*
Brückennetzwerk *n* bridge network

Brückenrückkopplung *f* bridge feedback
Brückenschaltung *f* bridge circuit (connection, network); diamond circuit *(Gleichrichterbrücke)*
• **in ~** bridge-connected
~/selbstabgleichende self-balancing bridge circuit
Brückenspannung *f* bridge voltage
Brückenspeisespannung *f* bridge supply (driving) voltage
Brückenspeisung *f* bridge supply
~ mit Gleichspannung direct-current bridge supply
Brückentemperaturwächter *m* bridge thermostat
Brückenübertrager *m (Nrt)* differential (hybrid) transformer
Brückenverstärker *m* bridge amplifier
Brückenverstimmung *f* bridge unbalance
Brückenweiche *f* bridge[-type] diplexer
Brückenwiderstand *m* 1. bridge resistance; 2. bridge resistor *(Bauelement)*
~/äußerer external bridge resistor
Brückenzweig *m* bridge arm (branch), arm (leg) of the bridge
~ mit Einstellwiderstand *(Meß)* standard arm
Brumm *m* hum, ripple
Brummabstand *m* signal-to-hum ratio
Brummanteil *m* hum component
Brummeffekt *m* hum effect; chatter effect *(des Kerns)*
Brummeinkopplung *f*, **Brummeinstreuung** *f* hum pick-up
brummen to hum, to ripple
Brummen *n* hum[ming], ripple; boom
~/elektromagnetisches electromagnetic hum
~/magnetisches magnetic hum
Brummfaktor *m* hum (ripple) factor
Brummfilter *n* ripple filter, hum eliminator
brummfrei hum-free
Brummfrequenz *f* hum frequency; double-frequency ripple *(bei Zweipulsgleichrichtung)*
Brummgeräusch *n* humming noise
Brummkompensationsspule *f* hum-bucking coil *(Lautsprecher, Tonbandgerät)*
Brummpegel *m* hum noise level
Brummschleife *f* hum (ripple) pick-up
Brummsiebung *f* hum reduction
Brummspannung *f* hum voltage, ripple [voltage]
Brummspannungsverhältnis *n* ripple ratio
Brummstörungen *fpl* hum troubles
Brummstreifen *m* hum streak[ing]
Brummstrom *m* ripple current
Brummton *m* humming noise, hum
Brustmikrofon *n* breast-plate microphone, breast transmitter
Brüter *m s.* Brutreaktor
Brutreaktor *m* breeder reactor
~/schneller fast breeder
Bruttoleistung *f* gross output *(z. B. eines Kraftwerks)*
B-Schirm *m* B scope *(Radar)*
B-Schirmbild *n* B display, range-bearing display *(Radar)*
B-Teilnehmer *m* B party, called subscriber
BTR-Schnittstelle *f* behind tape reader interface
Btx *s.* Bildschirmtext 2.
Btx-ISDN-Anschluß *m* videotex-ISDN access
Bubble-Speicher *m* bubble memory
Buchholz-Relais *n* Buchholz relay, gas-and-oil-actuated relay
Buchholz-Schutz *m* 1. Buchholz relay protection; 2. cover-type gas-actuated relay *(des Transformatorkessels)*; pipe-line-type gas-actuated relay *(in Ölleitungen)*
Buchse *f* 1. socket [connector]; jack; cable entry body; 2. bush *(für Lager)*
~ auf der Frontplatte panel socket
~ für Bananenstecker banana jack
~/umrüstbare convertible (adaptable) socket
~/zweipolige twin jack (contact connector)
Buchsenfeld *n* jack panel; *(Nrt)* pegboard, change-over panel; *(Dat)* patch-board
Buchsenkontakt *m* socket contact
Buchsenleiste *f* contact strip; edge socket connector *(für Leiterplatten)*
Buchsensteckverbinder *m* female connector
Buchsenteil *m* female [insert] contact *(einer Steckvorrichtung)*
Buchstabenabstand *m (Nrt)* letter space
Buchstabenschreiblocher *m (Dat)* alphabetic printing punch
Buchstabensymbol *n* letter symbol
Buchstabentelegraf *m* A.B.C. telegraph
Buchstabentelegrafie *f* alphabetic telegraphy
Buchstabenumschaltung *f*, **Buchstabenwechsel** *m (Dat, Nrt)* letter shift
Buchstaben-Ziffern-Wechsel *m*/**automatischer** unshift-on-space *(Telegrafie)*
Bucht *f (Nrt)* bay
Buchtenkraftwerk *n* bay-type hydroelectric power station
Buchungsautomat *m* automatic accounting apparatus
Buchungsbeleg *m* account document
Buchungsformular *n* account sheet
Buchungskarte *f* account card
Buchungsmaschine *f* accounting (book-keeping) machine
Buchungsrechner *m* accounting computer
Buddy-System *n (Dat)* buddy system *(zur Hauptspeicherverwaltung)*
Bügelabnehmer *m s.* Bügelstromabnehmer
Bügeleisen *n*/**elektrisches** electric iron
Bügelkontakt *m (Ap)* bow contact
Bügelmaschine *f*, **Bügelpresse** *f* ironer, ironing (pressing) machine
Bügelschleifkohle *f* sliding-bow carbon brush
Bügelstromabnehmer *m* current collector bow, bow collector *(Bahn)*
Bühnenbeleuchtung *f* stage lighting

Bühnenbeleuchtungsregler *m* stage-lighting control system
Bühnenlichtregler *m* stage-light[ing] dimmer
Bühnenmikrofon *n* stage microphone
Bühnenscheinwerfer *m* stage projector
Bühnenstellwarte *f* stage-lighting control board
Bündel *n* 1. beam, cone *(z. B. von Strahlen)*; 2. bundle; *(Nrt)* group [of lines]
~/breites broad beam
~/geordnetes oriented bundle *(Faseroptik)*
~/schmales narrow beam
~/ungeordnetes unoriented bundle
~/unvollkommenes *(Nrt)* limited-availability group
~/vollkommenes *(Nrt)* full-availability group
Bündelbreite *f* beam width
Bündelendröhre *f* beam power [tetrode] valve
Bündelführung *f* trunk group layout
Bündelholztechnik *f* cordwood technique *(Mikroschaltungstechnik)*
Bündelkabel *n* bunched (bank) cable
Bündellänge *f (Dat)* burst length *(Gruppenübertragung)*
Bündelleiter *m* bundle conductor, conductor bundle
~ aus (mit) drei Teilleitern triple (triplex bundle) conductor, three-conductor bundle
bündeln 1. to bundle; 2. to focus, to concentrate *(Strahlen)*; *(Licht)* to collimate
Bündelnetzsteuerung *f* trunking system control
Bündelöffnung *f* beam spread [angle]
Bündeloktode *f* beam octode
Bündelröhre *f* beam power valve
Bündelstärke *f* number of transmission channels
Bündeltetrode *f* beam tetrode
Bündeltrennung *f* trunk grouping
Bündelung *f* 1. bunching; bundling; 2. focussing, concentrating *(z. B. von Strahlen)*; *(Nrt)* trunking
~ durch Permanentmagnet permanent-magnet focussing
~/magnetische magnetic focussing
Bündelungselektrode *f* focussing electrode
Bündelungsgewinn *m* directive gain *(Antennentechnik)*
Bündelungsgrad *m* sound power concentration
Bündelungskreis *m (El)* convergence circuit
Bündelungsmaß *n (Ak)* directivity index, directional gain
Bündelungsschärfe *f (Ak)* directivity sharpness, concentration degree
Bündelungsspule *f* convergence coil
Bündelungswinkel *m* angle of aperture *(Antenne)*
Bündelzerstreuung *f* debunching *(Elektronenröhren)*
Bündelzuordnung *f (Nrt)* group affiliation
Bunsen-Photometer *n* Bunsen photometer, grease-spot photometer
Buntsignal *n (Fs)* [carrier] chrominance signal
Bürde *f* burden, apparent ohmic resistance *(Wandler)*
~ eines Meßwandlers burden of an instrument transformer
Bürdenspannung *f* compliance voltage
Burn-in *n* burn-in *(Zuverlässigkeitsprüfung durch Betrieb bei erhöhter Temperatur)*
Bürobeleuchtung *f* office lighting
Bürofernschreiben *n s.* Teletex
Bürofernschreiber *m* teletex terminal
Bürofernschreibverfahren *n s.* Teletex
Bürokommunikation *f* office communication
Büroleuchte *f* office lighting fitting
Bürorechenmaschine *f* office (business) calculating machine
Burst *m* burst
Bürste *f* [contact] brush • **ohne Bürsten** brushless
~/metallisierte metallized brush
Bürstenabhebevorrichtung *f* brush lifting device
Bürstenabnehmer *m* brush lifter
Bürstenanschluß *m* brush connection
Bürstenbedeckungsfaktor *m* brush arc-to-pole pitch ratio
Bürstenbogen *m* brush arc
Bürstenbrücke *f* brush rocker
Bürstendruck *m* brush pressure
Bürstendruckfinger *m* brush finger (hammer)
Bürsteneinstellung *f* brush adjustment
Bürstenfeuer *n* brush light (spark), sparking [of brushes], commutator sparking
Bürstenfinger *m* brush finger
Bürstenfläche *f* brush face
Bürstenfunken *n* brush spark[ing]
Bürstengalvanisierung *f* brush plating
Bürstenhalter *m* [commutator-]brush holder
Bürstenhalterarm *m* brush rod, brush holder arm (stud, support)
Bürstenhalterauflager *n* brush holder support
Bürstenhalterbrücke *f* brush rocker (holder yoke)
Bürstenhalterfeder *f* brush spring *(Wählerkontaktarm)*
Bürstenhalterfinger *m* brush holder finger
Bürstenhalterkasten *m* brush holder box
Bürstenkante *f***/ablaufende** leaving edge [of brush], brush heel
~/auflaufende leading edge [of brush]
Bürstenkontakt *m* brush contact
Bürstenkontrolle *f (Dat)* brush compare check *(auf Abtastfehler)*
Bürstenlänge *f* brush length
bürstenlos brushless
Bürstenmaschine *f* brush machine
Bürstenpaar *n* pair of brushes
Bürstenplattierung *f (Galv)* brush (sponge) plating
Bürstenreibung *f* brush friction
Bürstenreibungsverlust *m* brush friction loss
Bürstensatz *m***/doppelter** double set of brushes
Bürstenschalter *m* brush switch
Bürstenstaub *m* carbon dust
Bürstenstellmotor *m* brush-shifting motor

Bürstenstellung *f* brush position
Bürstenstrom *m* brush current
Bürstenträger *m* brush carrier
Bürstenübergangsverlust *m* brush contact loss
Bürstenübergangswiderstand *m* brush resistance
Bürstenvergleichsprüfung *f s.* Bürstenkontrolle
Bürstenverschiebung *f* brush displacement (shift)
Bürstenverstellung *f*[**/voreilende]** brush lead
Bürstenwähler *m (Nrt)* brush selector
Bürstenwinkel *m* angle of brushes
Bus *m* [data] bus *(im Mikrorechner)*; bus system
~/bidirektionaler bidirectional bus
Busadapter *m* bus adapter
Busanforderung *f* bus request
Busaufrufsignal *n* bus enable signal
Büschelentladung *f* brush (bunch) discharge
Büschellicht *n* brush light
Busfreigabesignal *n* bus enable signal
Busleitung *f* bus line
Bus-Schnittstelleneinheit *f* bus interface unit, BIU
Bussteuerung *f* bus control
Bussystem *n* bus system
Bustreiber *m* bus driver
Busverriegelung *f* bus [inter]locking
B-Verstärker *m* class-B amplifier
Byte *n (Dat)* byte *(Speichereinheit einer Folge von 8 Bit)*
byte-organisiert byte-organized
byteweise in byte mode
Bytezählregister *n* byte count register

C

C *s.* Coulomb
Cache-Speicher *m* cache momory
c-Ader *f (Nrt)* C-wire, sleeve wire
Cadmiumakkumulator *m* cadmium storage cell
Cadmiumelement *n* cadmium cell *(Normalelement)*
~/Westonsches Weston cadmium cell
Cadmiumlinie *f***/rote** cadmium red line *(Spektrum)*
Cadmiumsammler *m* cadmium storage cell
Cadmiumselenid-Photowiderstand *m* cadmium selenide [photoresistance] cell
Cadmium-Silber-Legierung *f* cadmium-silver alloy
Cadmiumspektrallampe *f* cadmium spectral lamp
Cadmiumsulfid[photo]widerstand *m* cadmium sulphide cell
Cadmiumtellurid *n* cadmium telluride
Cadmiumüberzug *m* cadmium coating
Caesium-Antimon-Photokatode *f* caesium-antimony photocathode
Caesiumoxidphotozelle *f* caesium-oxide photocell
Caesiumphotozelle *f* caesium phototube (photoelectric cell)
Caesiumschicht *f* caesium film
Calciumcarbidofen *m* calcium carbide furnace
Calrod-Heizkörper *m* Calrod heating element *(elektrischer Rohrheizkörper mit Metallmantel)*
CAM 1. content-addressable memory; 2. computer-aided manufacturing
CAMAC-System *n* computer application to measurement and control, CAMAC *(Zweiweg-Interface-System für kernphysikalische Experimentiertechnik)*
Campbell-Brücke *f* Campbell bridge *(Gegeninduktivitätsmeßbrücke)*
Campbell-Colpitts-Brücke *f* Campbell-Colpitts bridge *(Kapazitätsmeßbrücke)*
Candela *f* candela, cd *(SI-Einheit der Lichtstärke)*
~ je Quadratmeter candela per square metre, cd/m² *(SI-Einheit der Leuchtdichte)*
CARAM content-addressable random-access memory, CARAM
Carbidofen *m* [calcium] carbide furnace
Carbonyleisenpulver *n* carbonyl iron powder
Carbonylnickelpulver *n* carbonyl nickel powder
CARD *(Dat)* CARD, compact automatic retrieval device *(kompakte Einrichtung zum Wiederauffinden von Informationen)*
Carson-Transformation *f* Carson transformation *(Abart der Laplace-Transformation)*
CATT-Triode *f* CATT triode *(Mikrowellentransistor)*
Cauer-Parameter-Filter *n* Cauer (elliptic-function) filter
CB-Band *n (Nrt)* citizens' [wave]band *(Frequenzband)*
C-bewertet *(Ak)* C-weighted
C-Bewertung *f (Ak)* C-weighting
C-Bus *m* communications bus
CCD-Anordnung *f* CCD array, charge-coupled [device] array
CCD-Bildaufnahmeelement *n* **mit mäanderförmigen Kanalstrukturen** meander CCD, meander charge-coupled device
CCD-Bildaufnehmer *m* CCD imager, charge-coupled [device] imager
CCD-Bildwandler *m* charge-coupled [device] converter
CCD-Element *n* charge-coupled device, CCD
CCD-RAM *m* charge-coupled random-access memory, CCRAM
CCD-Speicher *m* charge-coupled memory
~ mit wahlfreiem Zugriff *s.* CCD-RAM
CCD-Zeile *f s.* CCD-Anordnung
CCITT = Comité Consultatif International Télégraphique et Téléphonique
CCITT-Bezugssystem *n* fundamental reference system of the CCITT
CCITT-Hochsprache *f* CCITT high level language, CHILL
CD *f s.* CD-Platte
C-Darstellung *f* C-display *(Radar)*
CD-Platte *f* CD, compact disk

~/einmalig beschreibbare write-once compact disk, WO-CD
~/lösch-, les- und beschreibbare erasable digital read and write compact disk, EDRAW-CD
CEE = Commission on rules for the approval of electrical equipment
CEE-Kragengerätestecker *m***[/genormter]** CEE-equipment plug
Cellulose *f* cellulose *(Ausgangsmaterial für Isolierstoffe)*
~/cyanethylierte cyanoethylated cellulose *(Spezialpapier)*
Celluloseacetat *n* cellulose acetate
Cellulosediacetat *n* cellulose diacetate
Celluloseester *m* cellulose ester
Celluloseether *m* ethylcellulose
Cellulosenitratlack *m* cellulose nitrate varnish
Cellulosetriacetat *n* cellulose triacetate
Cent *n (Ak)* cent *(1 Cent = 1/100 Halbton = Oktave/1200)*
Cepstrum *n* cepstrum *(Spektrum eines Spektrums)*
Cerkatode *f* cerium cathode
Cermet *n* cermet, ceramal, metal ceramic
Cermet-Brennstoff *m (Erz)* cermet fuel
C-Glied *n (Ak)* C network
CGS-System *n***/elektromagnetisches** *(Meß)* CGS electromagnetic system [of units], CGSm
~/elektrostatisches CGS electrostatic system [of units], CGSe
Channelstopp *m* channel stop
Charakteristik *f* 1. characteristic; 2. characteristic [curve]
~/dynamische dynamic characteristic
~/fallende falling (descending) characteristic
~/innere internal characteristic
~/quadratische square-law characteristic
~/statische static characteristic
Charge *f* charge, batch
Chargenbearbeitung *f* batch processing
Chargenbetrieb *m* batch processing (working) *(z. B. eines Elektroofens)*
Chargenprozeß *m* batch (discontinuous) process *(z. B. eines Elektroofens)*; *(Syst)* semibatch process
Chargenregistriergerät *n* batch recorder
Chargenzähler *m* batch counter
Chargenzeit *f* charge time
Chargiermaschine *f* charging machine
Chassis *n* chassis, frame, mounting board; motherboard
Chassisaufbau *m* chassis mounting
Check-Liste *f* check list
Chef-Telefonanlage *f* executive telephone system
Chef-und-Sekretär-Anlage *f (Nrt)* "manager-and-secretary" station
CHEMFET *m* chemical FET *(mit chemischer Membran als Gate)*
Chemiefaser *f* artificial (man-made) fibre
chemikalienbeständig, chemikalienfest chemical-resistant
Chemilumineszenz *f* chemiluminescence
Chemo-FET *m* chemical FET *(mit chemischer Membran als Gate)*
Chiffre *f* cipher, cypher
Chiffresystem *n* **mit öffentlichen Schlüsselwörtern** *(Dat)* public-key system
chiffrieren to cipher, to code
Chiffrierschlüssel *m* key, code
CHIL-Technik *f (ME)* current hogging injection logic, CHIL *(Kombination von I²L- und CHL-Technik)*
Chinhydronelektrode *f* quinhydrone electrode
Chinhydronhalbzelle *f* quinhydrone half-cell
Chip *m* 1. chip, die *(Siliciumplättchen)*; 2. chip *(integrierter Schaltkreis)* • **innerhalb eines Chips [befindlich]** intra-die • **zwischen verschiedenen Chips** inter-die
~ mit Bondhügeln bumped chip
~ mit integriertem Schaltkreis integrated circuit chip
~/organischer bio-chip
Chipansteuerlogik *f* chip-select logic
Chipausbeute *f* die [sort] yield *(von einer Scheibe)*
Chipauswahl *f* chip selection
Chipauswahllogik *f* chip-select logic
Chip-Bauelement *n* **für Oberflächenmontage** surface-mounted component, SMC
Chipbonden *n* chip bonding
Chipentwurf *m* chip layout
Chipfläche *f* chip area
Chipfreigabe *f* chip enable
Chipmontage *f* chip assembly
Chiptechnik *f* chip technology
Chipträger *m* chip carrier
Chipwiderstand *m* chip resistor
Chireix-Modulation *f (Nrt, FO)* Chireix (outphasing) modulation
Chloranilelektrode *f* chloranile electrode
Chlorkautschuk *m (Isol)* chlorinated rubber
Chlorkautschukfarbe *f (Isol)* chlorinated-rubber paint
Chlorkautschuklack *m (Isol)* chlorinated-rubber lacquer
Chloropren *n (Isol)* chloroprene
Chlorstörstellen *fpl* chlorine impurities
Chlorwasserstoffgas *n* hydrogen chloride gas
CHL-Technik *f (ME)* current hogging logic, CHL *(Schaltkreistechnik mit Lateralinjektion)*
Chopper *m* chopper *(Zusammensetzungen s. unter* Zerhacker*)*
Christiansen-Filter *n* Christiansen (band-pass) filter
Chroma *f (Fs, Licht)* [Munsell] chroma
chromatisch chromatic
Chromatron *n (Fs)* chromatron, Lawrence tube *(Einstrahlröhre mit Farbsteuergitter)*
chromdiffundieren to chromize

Chromdioxidband *n* chromium dioxide tape
Chromieren *n (Galv)* chromizing
Chrominanz *f* chrominance
Chrominanzkanal *m (Fs)* chrominance channel
Chrominanzsignal *n (Fs)* chrominance signal
Chromionenspektrum *n (Laser)* chromium ion spectrum
Chrommagnesitstein *m* chrome-magnesite brick *(Feuerfestmaterial)*
Chrommaske *f (ME)* chrome mask
Chromnickeldrahtwendel *f* chromium-nickel wire coil
Chromnickelheizleiterband *n* chromium-nickel heating strip (tape)
Chromnickelwiderstand *m* chromium-nickel resistor
Chromreflektor *m* chromium reflector
Chronoamperometrie *f (Ch)* chronoamperometry
Chronopotentiometrie *f (Ch)* chronopotentiometry
CIE-Farbmaßsystem *n* CIE standard colorimetric system
CIE-Farbtafel *f* CIE colour plane
CIE-Testfarbenverfahren *n* CIE test-colour method
CIL *f (ME)* current injection logic, CIL *(extrem schnelle Logik mit Josephson-Brücken)*
c-Kontaktarm *m (Nrt)* private wiper, test brush
c-Kontaktbank *f*, **c-Kontaktsatz** *m (Nrt)* private bank
C-Kurve *f (Ak)* C-weighting curve
Clamping-Schaltung *f* clamping circuit
Clarke-Komponenten *fpl* Clarke's components
Clean-room *m (ME)* clean room
Clusteranalyse *f* cluster analysis
CMOS *m* CMOS, complementary metal-oxide semiconductor
~/dynamischer dynamic CMOS
~/örtlich oxydierter local oxidation CMOS
C²MOS clocked complementary MOS
CMOS-Schaltkreis *m* complementary CMOS circuit
CMOS-Schaltung *f*/**dynamische** dynamic CMOS
~/getaktete clocked complementary MOS,C²MOS
CMOS-Technik *f* CMOS technology, complementary metal-oxide semiconductor technology
C-Netz *n* C network, cellular radiotelephone network
C-Netz-Vermittlungsstelle *f* mobile switching centre
Cobaltfremdatom *n* cobalt impurity atom
COBOL COBOL, common business oriented language *(Programmiersprache für ökonomische Aufgaben)*
COBOL-Aufbau *m* COBOL structure
Cockcroft-Walton-Generator *m* Cockcroft-Walton cascade generator
Cocktailparty-Effekt *m* cocktail-party effect *(Fähigkeit, sich beim zweiohrigen Hören auf eine unter vielen Schallquellen zu konzentrieren)*
Code *m s.* Kode
Codec *m (Nrt)* codec
Coder *m s.* Kodierer
codieren *s.* kodieren
Co-Fire *n* co-fire *(gleichzeitiges Einbrennen mehrerer Schichten)*
COLAPS COLAPS, conversational language programming system
CO_2-Laser *m* CO_2-laser
Colpitts-Oszillator *m* Colpitts oscillator
Colpitts-Schaltung *f* Colpitts circuit *(Oszillatorschaltung mit Spannungsteilung an der Schwingkreiskapazität)*
COMFET *m* COMFET, conductivity-modulation field-effect transistor
Common-Mode-Ausfall *m* common mode failure *(Mehrfachausfall aufgrund einer gemeinsamen Ursache)*
Compact-Disk *f* compact disk, CD *(Zusammensetzungen s. unter* CD-Platte*)*
Compiler *m (Dat)* compiler, compiling program (routine)
Compiler-Technik *f (Dat)* compiler technique
Compositron *n* compositron *(Profilstrahlröhre)*
Compton-Effekt *m* Compton effect
Compton-Elektron *n* Compton electron
Compton-Streuung *f* Compton scattering
Computer *m* computer, computing (calculating) machine, calculator *(Zusammensetzungen s. unter* Rechner *und* Rechenmaschine*)*
Computer... *s. a.* Rechner...
computergerecht computerized
computergesteuert computer-controlled, computer-operated
computergestützt computer-aided, computer-assisted, CA, computer-based
Computergraphik *f* computer graphics
Computerkommunikation *f* computer communications
Computerlogik *f* computer logic
Computermagnetband *n* computer [magnetic] tape
Computermagnetbandgerät *n* computer tape unit
Coolidge-Röhre *f* Coolidge tube *(Röntgenröhre)*
Cordwood-Modul *m* cordwood module *(Mikroschaltungstechnik)*
cos-φ-Meßgerät *n* phase meter, reactive factor meter
Coulomb *n* coulomb, C *(SI-Einheit der Elektrizitätsmenge oder der elektrischen Ladung)*
Coulomb-Anregung *f* Coulomb excitation
Coulomb-Energie *f* Coulomb energy
Coulomb-Kraft *f* Coulomb force
Coulombmeter *n s.* Coulometer
Coulomb-Streuung *f* Coulomb scattering
Coulometer *n* coulo[mb]meter, voltameter
Coulometrie *f* coulometry
coulometrisch coulometric

Countdown *m* count-down
CPM-Verfahren *n s.* Methode des kritischen Weges
Crash-Sensor *m* collision sensor *(Kfz)*
CRC-Zeichen *n* cyclic redundancy check character *(Kontrollzeichen, Datenaufzeichnung)*
Cresolharz *n (Isol)* cresol (cresylic) resin
Cresolresol *n* cresol-resol *(Imprägniermittel für Holz, Papier und Gewebe)*
Crosby-Schaltung *f* Crosby phase modulation circuit
Cross-Assembler *m* cross assembler *(Übersetzungsprogramm)*
Crossbar-System *m (Nrt)* cross-bar system
Crossbar-Wähler *m (Nrt)* cross-bar selector (switch)
Crosspoint-Technik *f (Nrt)* cross-point technique
Cross-Simulator *m* cross simulator *(Simulationsprogramm)*
Cross-Software *f* cross software *(Entwicklungs- und Testprogrammpaket)*
Cross-Unterstützung *f (Dat)* cross support
CRT CRT, cathode-ray tube *(Zusammensetzungen s. unter* Katodenstrahlröhre*)*
CRT-Bildschirmeinheit *f* cathode-ray tube terminal
CRT-Display *n* cathode-ray tube display
C-Schirm *m (FO)* C-scope
CSJFET CSJFET, charge-storage junction field-effect transistor
CSMA-CD Bus *m* CSMA/CD bus, carrier sense multiple access/collision detection bus
Cue-Review-Funktion *f* cue-review function *(Videorecorder)*
Curbsenden *n* curbing, curbed signalling *(Telegrafie)*
Curbsender *m* curb transmitter *(Telegrafie)*
Curie-Punkt *m* Curie point, magnetic transition point
Cursor *m (Dat)* cursor
~/löschender destructive cursor
Cursor-Technik *f (Dat)* cursor technique
cuttern to cut *(Film, Magnetband)*
CVD-Beschichtungsverfahren *n* chemical vapour deposition
C-Verstärker *m* class-C amplifier
Cyanid[salz]bad *n (Galv)* cyanide bath (solution)
Cycle-Stealing *n* cycle-stealing *(Zyklusabzweigung, Rechenorganisation)*
Czochralski-Technik *f* Czochralski technique *(Kristallzüchtung)*

D

D *s.* Dämpfungsfaktor
D-A, D/A, DA digital-analogue
D/A-... *s.* Digital-Analog-...
DAB *s.* Durchlaufbetrieb mit Aussetzbelastung
Dach *n* top *(Impuls)*
~/horizontales horizontal top
Dachabfall *m s.* Dachschräge
Dachantenne *f* roof aerial
Dachbodenantenne *f* loft aerial
Dachgestänge *n* roof (house) pole *(Freileitung)*
Dachisolator *m* roof insulator
Dachleiter *m* roof conductor
Dachschräge *f* [pulse] tilt
d-Achse *f (MA)* direct axis
Dachstabantenne *f* car[-top] rod aerial
Dahlander-Schaltung *f* Dahlander [pole-changing] circuit
Daisy-chain-Verfahren *n* daisy chaining *(Reihungsverfahren)*
Dämmeigenschaft *f* insulating property
dämmen to insulate *(Schall, Wärme)*
Dämmerlicht *n* subdued (dimmed) light
Dämmerungseffekt *m (FO)* night effect (error)
Dämmerungsschalter *m* daylight control [switch]
Dämmfaktor *m (Ak)* sound insulation factor
Dammhöhe *f* dam height *(Talsperre)*
Dämmplatte *f* [structural] insulation board; acoustical plate
Dämmschicht *f* insulating layer
Dämmstoff *m* insulant, insulating material (substance), insulator; lag
Dämmung *f* insulation *(Schall, Wärme)*
Dämmzahl *f (Ak)* sound insulation factor
Dampf *m***/gesättigter** saturated steam
Dampfabscheidung *f***/chemische** *s.* Aufdampfen/chemisches
dampfbeständig vapour-safe, vapour-proof
dampfdicht vapour-tight; steam-tight
Dampfdichte *f* vapour density
Dampfdruck *m* vapour pressure
Dampfdruckthermometer *n* vapour pressure thermometer
Dampfdruckthermostat *m* vapour bulb thermostat
dämpfen 1. to attenuate, to damp, to dampen *(z. B. Schwingungen)*; to muffle, to mute, to deafen *(z. B. Schall)*; to subdue *(z. B. Farben)*; 2. to buffer *(Stoß)*; to cushion
~/überkritisch to overdamp
dampfentfetten to vapour-degrease
Dampfentladungslampe *f* vapour-discharge lamp
Dämpfer *m* 1. *(Ak)* muffler, mute, silencer, [sound] damper; 2. cushion *(z. B. Dämmpolster)*
Dämpferkäfig *m* amortisseur *(bei Synchronmaschinen)*
Dämpferkäfigstab *m* amortisseur bar
Dämpfermagnet *m (Meß)* damping magnet
Dämpferspule *f* damping coil
Dämpferwicklung *f* amortisseur (damper) winding
Dampferzeuger *m* steam generator, boiler
Dampferzeugerwirkungsgrad *m* boiler efficiency
Dampferzeugung *f* steam generation
Dampferzeugungsanlage *f* steam-generating plant
dampfgeschützt vapour-proof

Dampfkraftgenerator *m* turbine-generator
Dampfkraftwerk *n* steam [power] plant, steam-electric station; thermal power station
Dampfkreislauf *m* steam circuit
Dampfphasenepitaxie *f* vapour-phase epitaxy, VPE
Dampfphasenzüchtung *f* vapour-phase growth *(Kristalle)*
Dampfplattierung *f* vapour plating
Dampfspannungsmesser *m* vaporimeter
Dampfspannungsthermometer *n* vapour pressure thermometer
Dampfstrahl *m* steam jet
Dampfturbine *f* steam turbine
Dampfturbinensatz *m*, **Dampfturbosatz** *m* turbo-set, turbo-set
dampfundurchlässig vapour-tight, vapour-proof; steam-tight
Dämpfung *f* 1. attenuation, damping; *(Ak)* muffling, muting; 2. coupling loss *(bei Lichteinkopplung oder -auskopplung auftretender Effekt eines Lichtwellenleiters)*; 3. *s.* ~/optische • **mit niedriger ~** low-loss
~/aperiodische aperiodic damping *(z. B. eines Signals)*
~ der Wahlstufe *(Nrt)* switching point loss
~ des Seitenbands sideband attenuation
~ durch Reflexion an einem Kanalende *(Ak)* end-reflection loss
~/elektromagnetische electromagnetic damping
~ je Längeneinheit *s.* ~/spezifische
~/innere *(Ak)* internal (material) damping
~/kritische critical damping
~/lineare linear damping
~/magnetische magnetic damping
~/magnetomechanische magnetomechanical damping
~/modenabhängige mode-dependent attenuation
~/optimale optimal damping
~/optische optical absorption
~/resultierende resultant damping
~/spezifische attenuation per unit length, specific attenuation *(Leitung)*
~/überkritische supercritical damping, overdamping
~/unendlich große infinite attenuation *(Filter)*
~/unterkritische subcritical damping, underdamping
~/viskose viscous damping
Dämpfungsänderung *f*[**/optische**] optical absorption change
Dämpfungsaufteilung *f (Nrt)* attenuation allocation
Dämpfungsausgleich *m (Nrt)* attenuation compensation (equalization); transmission loss adjustment
Dämpfungsausgleichsschaltung *f* attenuation equalizing arrangement
Dämpfungsbereich *m* attenuation region (range)
Dämpfungsdekrement *n* damping decrement (factor)
Dämpfungsdiode *f* damping diode
Dämpfungsdrehmoment *n* damping torque
Dämpfungseinrichtung *f* damper, attenuator
Dämpfungseinstellung *f* damping adjustment
Dämpfungsentzerrer *m* attenuation compensator; *(Nrt)* attenuation equalizer, equalizing network
Dämpfungsentzerrung *f (Nrt)* attenuation equalization
Dämpfungsfähigkeit *f* damping capacity *(eines Werkstoffs)*
Dämpfungsfaktor *m* damping factor (coefficient, constant, ratio), attenuation factor
Dämpfungsflügel *m (Meß)* damping vane
Dämpfungsflüssigkeit *f* damping fluid
Dämpfungsfrequenzgang *m* attenuation-frequency curve, attenuation response (curve), frequency response of attenuation
Dämpfungsfunktion *f* attenuation (damping) function
Dämpfungsgang *m s.* Dämpfungskennlinie
Dämpfungsglied *n* attenuator [pad], attenuation element (network, unit), damper; pad
~/einstellbares variable attenuator
~ für Hohlleiter attenuator for waveguides
~/hydraulisches *(Syst)* dashpot
~/koaxiales coaxial pad
Dämpfungsgrad *m* damping (attenuation) ratio
Dämpfungskennlinie *f* attenuation characteristic (curve)
~ des offenen Regelkreises open-loop attenuation characteristic
~/tatsächliche actual attenuation characteristic
Dämpfungskoeffizient *m* damping coefficient
~/atomarer *(Laser)* atomic attenuation coefficient
Dämpfungskonstante *f* attenuation constant (coefficient)
~/dielektrische dielectric attenuation constant
Dämpfungskreis *m* damping circuit
Dämpfungskurve *f* attenuation (damping) curve
Dämpfungslänge *f* attenuation distance (length)
Dämpfungsmagnet *m (Meß)* damping magnet
Dämpfungsmaß *n* attenuation constant (ratio, factor), attenuation equivalent (standard)
Dämpfungsmesser *m* attenuation-measuring set, decremeter; *(Ak)* attenuation (decibel) meter
Dämpfungsmessung *f* attenuation test; *(Nrt)* attenuation (transmission) measurement
Dämpfungsmoment *n* damping torque
Dämpfungsöl *n* damping fluid
Dämpfungsplan *m (Nrt)* transmission plan
Dämpfungspol *m* damping pole; peak of attenuation *(maximale Dämpfung)*
Dämpfungsprüfung *f* attenuation test
Dämpfungsreduktion *f* damping reduction
Dämpfungsregler *m* [adjustable] attenuator
Dämpfungsröhre *f* damping valve *(im Zeilenablenkkreis)*

Dämpfungsschalter *m* attenuation switch
Dämpfungsschaltung *f* damping circuit
Dämpfungsschwund *m* attenuation fading
Dämpfungsterm *m (Syst)* damping term *(einer Gleichung)*
Dämpfungsvektor *m* attenuation vector
Dämpfungsverhalten *n* attenuation response
Dämpfungsverhältnis *n* damping ratio; subsidence ratio *(bei Wellenausbreitung)*
Dämpfungsverlauf *m* attenuation curve (characteristic)
Dämpfungsverlust *m* attenuation loss
Dämpfungsverminderung *f* damping reduction
Dämpfungsverzerrung *f* attenuation (frequency) distortion
Dämpfungsvorrichtung *f* damper
Dämpfungswert *m* **der Übertragungsgüte** *(Nrt)* transmission performance rating
Dämpfungswicklung *f* damping (damper) winding
Dämpfungswiderstand *m* 1. damping (dissipative) resistance; loss resistance *(Stoßspannungsanlage)*; 2. damping resistor
Dämpfungswirkung *f (Meß)* damping effect; damping action
Dämpfungszahl *f* damping coefficient
Dämpfungszylinder *m* **[/hydraulischer]** dashpot
Daniell-Element *n*, **Daniell-Zelle** *f* Daniell cell
Darlington-Leistungstransistor *m* Darlington power transistor
Darlington-Schaltung *f* Darlington circuit
Darlington-Transistor *m* Darlington transistor
Darlistor *m s.* Darlington-Transistor
d'Arsonval-Galvanometer *n* d'Arsonval galvanometer
darstellen to [re]present; to display; to plot
~/digital to digitize, to present digitally
~/graphisch to graph, to represent graphically
~/vektoriell to represent vectorially
Darstellung *f* 1. [re]presentation; *(Dat)* notation; 2. display; plot *(graphisch)*; 3. *(Dat)* font *(Schriftart)*
~/alphanumerische alphanumeric representation
~ als Signalflußbild *(Syst)* block representation
~/analoge analogue display
~/bildliche pictorial representation (display)
~/binäre *(Dat)* binary notation
~/biquinäre *(Dat)* biquinary notation
~ der Dämpfung attenuation-frequency presentation *(als Funktion der Frequenz)*
~/digitale digital representation (display)
~/elektronische electronic display
~/exzentrische off-centre display
~/graphische 1. graphic (diagrammatic) representation, plotting; 2. graph, diagram, plot
~ in auseinandergezogener Anordnung exploded view
~ in Bruchform *(Dat)* fractional representation
~ in der Zahlenebene complex-plane plot
~/kanonische canonical representation
~/komplexe complex notation, complex [quantity] representation
~/lineare linear display
~/maschineneigene (maschinengebundene) *(Dat)* hardware representation
~/quasi-dreidimensionale waterfall display
~/schematische schematic diagram
~/speicherorientierte *(Dat)* memory mapping
~/technische engineering notation *(z. B. Potenzen von 10^3, 10^6, 10^9)*
~/überhäufte *(Nrt)* cluttered display *(z. B. von Echos)*
~/vektorielle vectorial display (representation)
Darstellungsschicht *f (Nrt)* presentation layer *(in Netzen)*
Datagrammwarteschlange *f* datagram queue
Datei *f* [data] file, data bank (set)
Dateiabtastfunktion *f* file scan function
Dateianfangskennsatz *m (Dat)* file header label
Dateianfangssatz *m* header
Dateibezeichnung *f* file identifier
Dateiende *n* end of file, EOF
Dateiende[kenn]satz *m* end-of-file label
Dateiendezeichen *n* end-of-file marker
Dateifernübertragungssystem *n* remote file transfer system
Dateigröße *f* data set size
Dateigruppe *f* file set
Dateikennsatz *m* file label
Dateikennzeichen *n* data set label
Dateiorganisation *f* data set organization
Dateirücksprung *m* file return jump
Dateischutz *m* file protection
Dateisteuerblock *m* file control block
Dateiverarbeitung *f* file processing
Dateivorsatz *m* file header
Datel-Dienst *m (Nrt)* Datel service
Datel-Netz *n (Nrt)* Datel network
Daten *pl* data • **„Daten nicht angenommen"** "not data accepted" *(Interface)* • **„nicht bereit für Daten"** "not ready for data"
~/alphabetische alphabetic data
~/ausgegebene output data
~/bedeutungslose irrelevant data
~ der Regelstrecke *(Syst)* working characteristic data
~/disjunktive disjunctive data
~/eingehende incoming data
~/eingelesene read-in data
~/gespeicherte stored data
~/gleichbleibende permanent data
~/numerische numerical data
~/technische technical data, specifications
~/verkettete concatenated data
~/vorverarbeitete preprocessed data
~/wertlose garbage
Datenabnahmezustand *m* accept data state, ACDS
Datenadresse *f* data address

Datenanalyseanlage *f* data analysis set-up
Datenannahmestation *f* acceptor [of information]
Datenannahmezustand *m* accept data state, ACDS
Datenaufbereitung *f* data preparation
Datenaufzeichnung *f* data recording
~/hochdichte (kompakte) high-density recording
Datenaufzeichnungsgerät *n* data recording device
Datenaufzeichnungsmedium *n* data recording medium
Datenausgabe *f* data output (terminal)
Datenaustausch *m* data exchange
~/asynchroner asynchronous data exchange
Datenauswahl *f* data selection
Datenauswertung *f* data evaluation
Datenbahn *f* data way
Datenbank *f* data bank *(von mehreren Anwendern nutzbare Datenbasis)*; data base *(Datenbestand)*
Datenbasis *f* data base *(Datenbestand)*
Datenblatt *n* data sheet; specification sheet *(technische Beschreibung)*
Datenblock *m* data block
Datenbus *m* data bus
Datenbusleitung *f* data bus
Datenbyte *n* data byte
Datenbyteübertragung *f* data byte transfer
Datendarstellung *f* data presentation
Datendrucker *m* data printer; data plotter
Datendurchlauf *m* [data] throughput; data flow rate
Dateneingabe *f* data input, insertion of data
~ von Hand manual data input
Daten-Eingabe-Ausgabe *f* data in-out, data in/out, data I/O, DIO
Dateneingabegerät *n*, **Dateneingabeterminal** *n* [data entry] terminal
Datenein- und -ausgabe *f* data in-out, data in/out, data I/O, DIO
Datenelement *n* data item; entity
Datenempfang *m* data reception
Datenempfänger *m (Nrt)* data receiver (sink)
Datenendeinrichtung *f* data terminal equipment
Datenendgerät *n***/digitales** digital data terminal
Datenendgeräteingangsprozessor *m* terminal interface processor
Datenendstation *f* data processing terminal
Datenendstelle *f* [data] terminal
Datenentnahme *f* data withdrawal
~ aus Tabelle[n] table look-up
Datenerfassung *f* data acquisition (collection, logging)
~/direkte direct data capture
Datenerfassungsanlage *f* data acquisition (logging) equipment
Datenerfassungsgerät *n* data acquisition device, data logger *(Registrierung)*
Datenerfassungssystem *n* data acquisition (collecting, logging) system
Datenfeld *n* data field (array)
Datenfernübertragung *f* data remote transfer
Datenfernverarbeitung *f* data remote processing, [data] teleprocessing
Datenfernverarbeitungsnetz[werk] *n* [data] teleprocessing network
Datenfernverarbeitungssystem *n* remote data processing system
Datenfluß *m* data flow
Datenflußdiagramm *n*, **Datenflußplan** *m* data flow chart (diagram)
Datenflußprogramm *n* data flow program
Datenführung *f***/elektronische** electronic filing
Datengeber *m* data generator
Datengeschwindigkeit *f* data rate
Datenkanal *m* data channel, port
Datenkategorie *f* data category
Datenkode *m* data code
Datenkodierung *f* data coding (encoding)
Datenkompression *f* data compression
~/asynchrone asynchronous data compression
Datenkomprimierung *f* data compaction
Datenkonzentrator *m (Nrt)* pack-unpack device
Datenkoppler *m* data coupler
Datenleitsystem *n* data control system
Datenleitung *f* data line *(s. a.* Datenbus*)*
Datenleser *m* data reader
Datenlogger *m* data logger *(Registrierung)*
Datenmenge *f* data bulk (quantity), volume of data
~/geordnete data set
Datenmonitor *m* data monitor
Datennachricht *f* data message
Datennetz *n* data network
~/integriertes integrated data network
~/leitungsvermitteltes öffentliches circuit-switched public data network
~/lokales local area network
~/paketvermitteltes öffentliches packet-switched public data network, PSDN
Datennetzsignalisierung *f* data network signalling
datenorientiert data-driven *(Programmierung)*
Datenpaket *n* packet of data
Datenpegel *m* data level
Datenprozessor *m* data processor
~/numerischer numerical data processor
Datenquelle *f* data source
Datenquittungsleitung *f* data accepted line
Datenreduktion *f*, **Datenreduzierung** *f* data reduction
Datenregister *n* data cartridge (register)
~/allgemeines general data register
Datenregistriergerät *n* data logger
Datenregistrierung *f* data logging (recording)
Datenringleitung *f* data highway
Datenrückgewinnung *f* data retrieval
Datensammelleitung *f* data highway; data bus
Datensammeln *n*, **Datensammlung** *f s.* Datenerfassung

Datensatz *m* [data] record; data set *(geordnete Datenmenge)*
Datenschreiber *m* data plotter; data printer
Datenschutz *m* data protection; privacy data protection
Datensendepegel *m* data sending level
Datensender *m* data transmitter
Datensenke *f (Nrt)* data sink
Datensicherheit *f* data integrity (security)
Datensicherung *f* data securing
Datensichtgerät *n* data display module (unit), display, cathode-ray tube display [screen]
Datensichtstation *f* cathode-ray-tube terminal, CRT-terminal; video data terminal
Datensignal *n* data signal
Datensignalempfänger *m* data sink
Datensignalquelle *f* data source
Datensignalsenke *f* data sink
Datensortiergerät *n* data sorter, data selector [unit]
Datenspeicher *m* data store (memory, storage unit); data logger *(für Registrierung)*
~/elektromagnetischer electromagnetic [data] store
~/fotografischer photographic [data] store
~/permanenter permanent [data] store
Datenspeicherplatz *m* data storage (store) position
Datenspeicherung *f* data storage
~ auf Diskette disk data storage
Datenspur *f* data track
Datenstation *f* [data] terminal, data station
~/intelligente intelligent terminal
~ mit Direktanschluß local terminal
~/programmierbare intelligent terminal
Datensteuerung *f* data control
Datenstrom *m* data stream
Datenstruktur *f* data structure
Datenstruktur-Pointer *m* data structure pointer
Datensuche *f* data research; file search[ing]
Datensynchronisiergerät *n* data synchronizer
Datensystem *n* **für Ausbildungszwecke** educational data system
~/graphisches graphic data system
Datenteilnehmerstation *f (Nrt)* data subset
Datenträger *m* data carrier (medium)
~/maschinell verarbeitbarer machinable data carrier
Datenträgerende *n* end of volume, EOV
Datenträgerendesatz *m* end-of-volume label
Datentransfer *m* data transfer
Datenübermittlungsabschnitt *m* data link
Datenübermittlungssystem *n* data communication system
Datenübernahme *f* data acceptance
Datenübernahmezustand *m* accept data state
Datenübertragung *f* data transmission (transfer), [data] communications
~/asynchrone asynchronous data transfer
~/digitale digital data transmission
~/fehlerfreie error-free data transmission
~/parallele parallel data transmission
~/reihenweise data transfer in rows
~/satzweise data transfer in records
~/schnelle high-speed data transmission
~/serielle serial transmission
~ von Karte zu Karte card-to-card transceiving
Datenübertragungsanlage *f (Nrt)* data link
Datenübertragungsblock *m* [data] transmission block
Datenübertragungsdienst *m* data communication service
Datenübertragungseinheit *f* data transmission unit
Datenübertragungseinrichtung *f (Nrt)* data communication equipment
Datenübertragungsendgerät *n* data transmission terminal
Datenübertragungsgeschwindigkeit *f* data transfer rate; *(Nrt)* data signalling rate
Datenübertragungskreis *m* data transmission circuit
Datenübertragungsnetz *n* data transmission network
Datenübertragungsrechner *m* communication processor
Datenübertragungsschnittstelle *f* data communication interface
Datenübertragungssteuerung *f***/gesicherte** high-level data-link control, HDLC
~/synchrone synchronous data-link control, SDLC
Datenübertragungssystem *n* data transmission (transfer) system
Datenübertragungsumschaltung *f* data link escape
Datenübertragungsverbindung *f* data transmission link *(Leitung)*
Datenübertragungsweg *m* data [transmission] bus
Datenüberwachung *f* data surveillance
Datenumsetzer *m* data converter
Datenumsetzung *f* data conversion
Datenursprung *m* data origination
Datenverarbeitung *f* data processing
~/absatzweise *s.* ~/satzweise
~/automatische automatic data processing
~/digitale digital data processing
~/direkte on-line data processing
~/elektronische electronic data processing
~/externe external data processing
~/graphische computer graphics
~/integrierte integrated data processing
~/kommerzielle commercial (business) data processing
~/linguistische computational linguistics
~/mitlaufende *s.* ~/direkte
~/nichtnumerische non-numerical data processing

~/programmierte programmed data processing
~/satzweise off-line data processing
~/verteilte distributed data processing
~/zentralisierte centralized data processing
Datenverarbeitungsanlage *f* data processing machine (system), data processor
~/elektronische electronic data processing machine
Datenverarbeitungseinheit *f* data processing unit
~/zentrale central data processor
Datenverarbeitungsmaschine *f* data processing machine
Datenverarbeitungsschaltung *f* data processing circuit
Datenverarbeitungssystem *n* data processing system
~/elektronisches electronic data processing system
Datenverarbeitungszentrum *n* data processing centre
Datenverbindung *f* data connection (link)
Datenverbindungsblock *m* data set association block
Datenverdichtung *f* data compaction (compression)
Datenverlust *m* overrun, loss of data
Datenvermittlung *f* data switching
Datenverschlüsselung *f* data [en]coding, data encryption
Datenverstärker *m* data amplifier
Datenverteiler *m* data distributor
Datenverwaltung *f* data management
Datenwandler *m* data translator (converter, transducer)
Datenweg *m* data path *(s. a.* Datenbus*)*
Datenwegsteuerung *f* data path control
Datenwiederauffinden *n* data retrieval
Datenwort *n* data word
Datexdienst *m* data exchange service
Datexpaketsystem *n* datex system
Datumdrucker *m* date printer
DAU *(Digital-Analog-Umwandler) s.* Digital-Analog-Wandler
Dauer *f* duration; period
~ des Verbindungsaufbaus call set-up time
Daueranzeige *f* steady
Daueraufzeichnung *f* permanent record
Dauerausfall *m* permanent fault
Dauerbeanspruchung *f* continuous stress
Dauerbefestigung *f* permanent fitting
Dauerbelastbarkeit *f s.* Dauerstrombelastbarkeit
Dauerbelastung *f* continuous (permanent, steady-state) load
~/langfristige long-term continuous (permanent) load
Dauerbelastungsprobe *f* continuous test
Dauerbelegung *f (Nrt)* permanent call
Dauerbenutzung *f* continuous use
Dauerbeständigkeit *f***/thermische** thermal endurance
Dauerbetrieb *m* continuous duty (operation), permanent operation (service); *(MA)* continuous running [duty]
~ mit Aussetzbelastung continuous operation with intermittent loading
~ mit konstanter Belastung continuous duty
~ mit Kurzzeitbelastung continuous operation with short-time loading
~/periodischer continuous periodic duty
Dauerbetriebsbedingung *f* steady-state condition
Dauerbetriebsrelais *n* continuous-duty relay
Dauerbetriebsspiel *n* continuous-duty cycle
Dauerbrandbogenlampe *f* enclosed arc lamp
Dauerbrenner *m (Nrt)* permanent loop
Dauerbruch *m* fatigue fracture
Dauerdurchlaßstrom *m* continuous forward current
Dauerdurchschlagspannung *f* asymptotic voltage
Dauereingabe *f* continuous input
Dauereingangsleistung *f* continuous input rating
Dauereingangsstrom *m* continuous input current
Dauerentladung *f* continuous (permanent, steady) discharge
Dauererdschluß *m* sustained earth [fault], continuous earth [fault]
Dauererdschlußstrom *m* sustained earth fault current
Dauerfehler *m* permanent fault
Dauerfestigkeit *f* fatigue strength, endurance limit
Dauerfluß *m* permanent flux
Dauergeräuschspektrum *n* continuous noise spectrum
Dauergleichstrom *m* continuous direct on-state current, continuous d.c. forward current *(z. B. des Transistors)*
Dauergrenzstrom *m* limiting average on-state current; average [output] rectified current *(Stromrichter)*; rectified output current *(Thyristor)*
dauerhaft 1. durable, long-lasting; stable; 2. durable, permanent
Dauerhaftigkeit *f* 1. durability, longevity; stability; 2. durability, permanence
Dauerhaltbarkeit *f* fatigue durability (endurance) *(Bauteile, Geräte)*
Dauerinstallation *f* permanent installation
Dauerkennzeichen *n (Nrt)* continuous signal
Dauerkollektorstrom *m***/maximaler** maximum continuous collector current
Dauerkurzschlußprüfung *f* sustained short-circuit test
Dauerkurzschlußstrom *m* sustained (steady-state) short-circuit current
~/dreiphasiger sustained three-phase short-circuit current
~/einphasiger sustained single-phase short-circuit current

~/zweiphasiger sustained two-phase short-circuit current
Dauerlärmeinwirkung *f* continuous noise exposure
Dauerlaser *m* continuous-action laser
Dauerlast *f* steady (permanent) load
Dauerleistung *f* continuous [power] output, constant power, continuous rating
~/maximale maximum continuous rating
Dauermagnet *m* permanent magnet
Dauermagnetfeld *n* permanent-magnetic field
Dauermagnetisierung *f* permanent magnetization
Dauermagnetismus *m* permanent magnetism
Dauermagnetkreis *m* permanent-magnetic circuit
Dauermagnetmaschine *f* permanent-magnet machine
Dauermagnetstahl *m* permanent-magnet steel
Dauermagnetsynchronmotor *m* permanent-field synchronous motor
Dauermagnetwerkstoff *m* hard magnetic material
Dauernennlast *f* continuously rated load
Dauernennleistung *f* continuous rating
Dauerpegelverschiebung *f* continuous level shift
Dauerquelle *f* continuous grade
Dauerruf *m* *(Nrt)* permanent ring, continuous ringing
Dauerschalleistungspegel *m***/äquivalenter** *(Ak)* equivalent continuous sound-power level
Dauerschallpegel *m***/äquivalenter** equivalent continuous [sound] level, Leq, time average [sound pressure] level, equivalent steady level
~/energieäquivalenter true-energy averaged [sound] level
Dauerschallpegelmesser *m* integrating sound level meter, noise average meter, Leq meter
Dauerschaltprüfung *f* *(An)* life test
Dauerschwingfestigkeit *f* fatigue stength, endurance limit
Dauerschwingung *f* continuous oscillation
Dauerschwingungspegel *m***/äquivalenter** *(Ak)* equivalent continuous vibration level
Dauersignal *n* *(Ak)* sustained audio signal, continuous sound *(s. a.* Dauerton*)*
Dauerspalt *m* permanent gap
Dauerspannung *f* continuous operating voltage
Dauerspannungsprüfung *f* long-time breakdown test
Dauerspeicher *m* permanent store (memory), non-volatile memory
Dauerspektralanalyse *f* continuous analysis of the spectrum
Dauersperrspannung *f* continuous reverse voltage
Dauerstandfestigkeit *f* creep resistance, resistance to creep stress
Dauerstandversuch *m* creep test; *(MA)* long-run test
Dauerstrich *m* continuous (long) dash *(Telegrafie)*
Dauerstrichbetrieb *m* continuous-wave operation, CW operation *(z. B. eines Lasers)*
Dauerstrichfestkörperlaser *m* continuous-wave solid laser
Dauerstrichgaslaser *m* continuous-wave gas laser
Dauerstrichgerät *n* continuous-wave equipment
Dauerstrichlaser *m* continuous-wave laser, CW laser
Dauerstrichlaserquelle *f* laser continuous-wave source, laser CW source
Dauerstrichleistung *f* *(Laser)* continuous-wave power
Dauerstrichmagnetron *n* continuous-wave magnetron
Dauerstrichmodulation *f* continuous-wave modulation
Dauerstrichradar *n* continuous-wave radar
Dauerstrichsender *m* continuous-wave transmitter
Dauerstrichstörsender *m* continuous-wave jammer
Dauerstrichsystem *n* continuous-wave system
Dauerstrichverfahren *n* continuous-wave method
Dauerstrom *m* continuous (steady, permanent) current; persistence current *(Kryotechnik)*
Dauerstrombelastbarkeit *f* current-carrying capacity *(Relais)*
Dauertemperatur *f* steady-state temperature *(im eingeschwungenen Zustand)*
Dauerton *m* continuous tone (sound), permanent note (signal), sustained [audio] signal
Dauertrennstrom *m* *(Nrt)* continuous spacing current
Dauerüberlastbarkeit *f* continuous overload capacity
Dauerüberlastung *f* continuous overload
Dauerumschaltung *f* shift-out
Dauerumschaltungskode *m* shift-out code
Dauerverbindung *f* *(Nrt)* full-time circuit
Dauerverdampfungsquelle *f* continuous evaporation source
Dauerverfügbarkeit *f* constant availability
Dauerverlustleistung *f***/höchstzulässige** maximum allowable continuous power dissipation
Dauerversuch *m* 1. long-time test, extended-time test; *(MA)* continuous run trial; 2. fatigue test
Dauerwahl *f* *(Nrt)* continuous hunting
Dauerwechselbelastung *f* prolonged alternating loading
Dauerwert *m* steady-state value
Dauerzeichen *n* *(Nrt)* continuous mark (marking signal)
Dauerzeichengabe *f* *(Nrt)* continuous signalling
Dauerzeichenstrom *m* *(Nrt)* continuous marking current
Dauerzugkraft *f* continuous tractive effort
Dauerzustand *m* steady state
D-Auffangflipflop *n* D-latch

Daumenregel *f* thumb (Ampere's) rule, Amperian float law
Davis-Gibson-Filter *n (Licht)* Davis-Gibson filter
dazwischenschichten to sandwich
dB *s.* Dezibel
DB *s.* Dauerbetrieb
DCTL direct-coupled transistor logic, DCTL
DCTL-Schaltkreis *m* direct-coupled transistor logic circuit
D-Darstellung *f* D display *(Radar)*
Dead-band-Effekt *m* dead-band effect *(Grenzeffekt)*
Dead-beat-Regelung *f (Syst)* dead-beat control
de-Broglie-Welle *f* de Broglie wave
de-Broglie-Wellenlänge *f* de Broglie wavelength
Debugger *m (Dat)* debugger *(Fehlersuchprogramm)*
Decca-Kette *f (FO)* Decca chain
Decca-Navigationssystem *n (FO)* Decca (hyperbolic) navigation system
Decca-Verfahren *n (FO)* Decca, hyperbolic position finding
dechiffrieren to decode, to decipher
Dechiffrierung *f* decoding
Deckanstrich *m* finish[ing] coat, covering coat, top coat
Deckbad *n* [covering] strike, strike (flash) solution, striking bath *(für Leiterplatten)*
Deckel *m* cover [plate], cap, lid; header *(Transistor)*; roof *(Lichtbogenofen)*
Deckelelektrode *f* roof electrode *(Lichtbogenofen)*
Deckelgewölbe *n* arch of the roof *(Lichtbogenofen)*
Deckelring *m* roof rim (ring) *(Lichtbogenofen)*
Deckelschalter *m* lid-operated switch
Deckenbeleuchtung *f* ceiling lighting
Deckendurchführung *f* ceiling bushing; ceiling duct
Deckenheizung *f* ceiling (panel) heating
Deckenleuchtdichte *f* ceiling luminance
Deckenleuchte *f* ceiling [light] fitting, surface-mounted luminaire
Deckenlicht *n* ceiling light
Deckenreflexion *f (Licht)* ceiling reflection
Deckenreflexionsgrad *m (Licht)* ceiling reflectance (reflection factor)
Deckenschalter *m* ceiling switch
Deckenspannung *f* ceiling voltage *(im Regelkreis)*; nominal exciter ceiling voltage *(Erregermaschine)*
Deckenstrahl *m (Licht)* upward component
Deckenstrahlungsheizung *f* radiant ceiling heating
Deckfähigkeit *f* covering power *(von Farben)*
Deckfarbe *f* finish[ing] paint, topcoat paint
Decklack *m*/**photoempfindlicher** [photo]resist
Decklage *f* covering ply *(Leiterplatten)*
Deckmasse *f*, **Deckmaterial** *n* coating material (compound), cover coat
Deckmetall *n* plating metal
Deckplatte *f* cover plate
Deckschicht *f* covering layer, cover, overlay, surface layer (film); tarnishing film; final coating
~/**poröse** porous layer
Deckschichtpositionsmarke *f* coverlay locating mark *(Leiterplatten)*
Decküberzug *m* strike, flash *(Leiterplatten)*
Deckungsgenauigkeit *f*, **Deckungsgleichheit** *f* accuracy of registration, register *(Maskentechnik)*
Deckungsmarke *f* register mark *(Leiterplatten)*
DE-Einrichtung *f s.* Datenendeinrichtung
Deemphasis *f* de-emphasis
Defekt *m* defect, fault
~/**zum Ausfall führender** fatal defect
Defektdichte *f* defect concentration
Defektelektron *n* defect electron, [positive] hole, p-hole *(Halbleiter)*
Defektelektron-Elektron-Paar *n* hole-electron pair
Defektelektronenbeweglichkeit *f* hole mobility
Defektelektronendichte *f* hole density
Defektelektronenleitung *f* hole conduction
Defektelektronenstrom *m* hole current
defektfrei defect-free
Defekthalbleiter *m* defect (hole) semiconductor, p-type semiconductor
Defektkonzentration *f (El)* defect concentration
defektleitend *(El)* p-conducting
Defektleitung *f (El)* hole conduction
Defektzentrum *n* defect centre
Definitionsbereich *m* domain of definition
Defokussierung *f* defocus[s]ing *(z. B. von Strahlen)*
Defokussierungseffekt *m* blooming effect
Deformationspotential *n (ME)* deformation potential
Dehnbarkeit *f* extensibility, expansibility, expandability
dehnen to extend, to expand; to stretch; to strain
Dehner *m* expander
Dehnmeßstreifen *m s.* Dehnungsmeßstreifen
Dehnschraube *f* stretching screw
Dehnung *f* 1. extension, expansion; dila[ta]tion; elongation; stretch; strain; magnification *(eines Zeitmaßstabs)*; 2. *s.* ~ einer Skale
~/**bleibende** permanent (plastic) strain
~ **einer Skale** zoom expansion
~/**elastische** elastic strain
Dehnungsfaktor *m* gauge factor *(Dehnungsmeßstreifen)*
Dehnungskoeffizient *m* coefficient of elongation (linear extension)
Dehnungsmeßbrücke *f* strain[-gauge] measuring bridge, strain bridge
Dehnungsmeßelement *n* strain cell (element)
Dehnungsmesser *m* strain gauge; extensometer, dilatometer

Dehnungsmeßfühler *m* strain sensing element, strain gauge (cell)
Dehnungsmeßstreifen *m* [resistance] strain gauge, foil (wire) strain gauge
~/aktiver active strain gauge
~/akustischer acoustical strain gauge
~/flachgewickelter flat-grid strain gauge
~/induktiver inductance strain gauge
~/kapazitiver capacitance strain gauge
~/magnetostriktiv wirkender magnetostriction strain gauge
~/nichtaktiver dummy strain gauge
~/nichteingebetteter unbonded strain gauge
~/rundgewickelter wrap-around strain gauge
Dehnungsmeßstreifen-Meßgerät *n* magnetostriction gauge
Dehnungsmeßstreifenrosette *f* strain-gauge rosette
Dehnungsmessung *f* strain measurement
Dehnungsriß *m* expansion crack
Dehnungsschwingung *f* dilatation mode
Dehnvorrichtung *f* expanded-trace facility *(Zeit, Frequenz)*
Dehnwelle *f* dilatational wave
Deionisationsschalter *m* deionization circuit breaker
deionisieren to deionize
dekadenabgestimmt decade-tuned *(z. B. Oszillator)*
Dekadenbrücke *f* decade bridge
Dekadenimpulsgeber *m* decade pulse generator
Dekadenkontakt *m (Nrt)* decade (level) contact
Dekadenmeßbrücke *f* decade [measuring] bridge
Dekadennormalkondensator *m* decade standard capacitor
Dekadenschalter *m* decade switch
Dekadenschaltung *f* decade switching
Dekadenstufe *f* decade step
Dekadensystem *n* decade system
Dekadenteiler *m* decade divider
Dekadenuntersetzer *m* decade scaler, scale-often circuit
Dekadenvervielfacher *m* decade multiplier
Dekadenwiderstand *m (Meß)* ten-turn rheostat, decade resistor
Dekadenwiderstandskombination *f* decade box
Dekadenwiderstandssatz *m* decade box
Dekadenzähler *m* decade counter
~/umkehrbarer reversible decade counter
Dekadenzählröhre *f* decade counting tube
Dekadenzählung *f* decade count[ing]
Dekatron *n* dekatron
Dekatronstufe *f* dekatron stage
Dekatronwählröhre *f* dekatron selector tube
Deklination *f* [magnetic] declination
Deklinationsmeßgerät *n* declinometer
Dekoder *m* decoder
Dekodierbaum *m* decoding tree *(in D-A-Wandlern)*
Dekodiereinrichtung *f* decoding device (unit), decoder
dekodieren to decode
Dekodierer *m*, **Dekodiergerät** *n* decoder
Dekodiermatrix *f* decoder matrix
Dekodierschaltung *f* decoding circuit, decoder
Dekodierung *f* decoding
~/sequentielle sequential decoding
Dekodierungsalgorithmus *m* decoding algorithm
Dekodierungsgeräusch *n* noise of decoding
Dekodierungssatz *m* decoding theorem
Dekrement *n* decrement
~/logarithmisches logarithmic decrement [of damping], damping factor, decay coefficient
Delogarithmierer *m*, **Delogarithmierschaltung** *f* antilog converter
Delon-Gleichrichter *m* Delon rectifier
Deltaanpassung *f* delta match, Y-match
Deltafunktion *f*/**Diracsche** Dirac delta function *(Stoßfunktion)*
Deltamodulation *f* delta modulation
Deltapulskodemodulation *f* delta pulse-code modulation
Delta-Stereophoniesystem *n* Delta stereophony system
Deltastrahl *m* delta ray
Deltatakt *m (Dat)* delta clock
Demodulation *f* demodulation, detection
Demodulationseffekt *m* demodulation effect
Demodulationseinrichtung *f* demodulating equipment
Demodulationsstufe *f* demodulating stage
Demodulationsverfahren *n* demodulation method
Demodulator *m* demodulator
~ für Frequenzmodulation frequency discriminator
~/phasenempfindlicher phase-sensitive demodulator
Demodulatoreinheit *f* demodulator unit (device), detector unit (device)
Demodulatorröhre *f* detector (detecting) valve
Demodulatorschaltung *f* demodulator circuit
Demodulatorstufe *f* detector stage
demodulieren to demodulate, to detect
Demonstrationsmodell *n* demonstration model
demontieren to demount, to dismantle
Dendritenbildung *f* dendrite formation
Densitometer *n* densitometer *(Optik)*
Depaketierung *f* packet disassembly
Deplistor *m* deplistor *(Halbleiterbauelement)*
Depolarisation *f* depolarization
Depolarisationsfaktor *m* depolarization factor
Depolarisationsgemisch *n* depolarizing mix
Depolarisationsgrad *m* degree of depolarization
Depolarisator *m* depolarizer
depolarisieren to depolarize
Derating-Kurve *f* derating curve *(Leistungsverminderungskurve)*
Deri-Motor *m* Deri motor *(Repulsionsmotor)*

de-Sauty-Brücke *f* de Sauty bridge *(Kapazitätsmeßbrücke)*
desensibilisieren to desensitize
Desensibilisierung *f* desensitization
Desorption *f* desorption
Detailkontrast *m (Fs)* detail contrast
detailreich *(Fs)* high-definition, of high definition
Detektor *m* detector
~/lichtelektrischer photodetector
Detektorempfänger *m* crystal set
Detektorempfindlichkeit *f* detector sensitivity (response)
Detektorkennlinie *f* detector characteristic
Detektorphotowiderstand *m* photoconductive detector
Detektorröhre *f* detector valve
Detektorschaltung *f* detector circuit
Detektorverstärkung *f* detector gain
Determinante *f***/Gramsche** *(Syst)* Gram determinant
~/Hurwitzsche Hurwitz determinant
Determination *f* determination
Deuterium *n* deuterium, heavy hydrogen
Deuteriumlampe *f* deuterium lamp
deutlich distinct, clear, sharp; *(Ak, Nrt)* intelligible, articulate
Deutlichkeit *f* distinctness, clearness; *(Ak, Nrt)* intelligibility, articulation
Deutung *f***/semantische** *(Dat)* semantic interpretation
Deviationstabelle *f (Meß)* calibration card
dezentrieren to decentre
Dezentrierung *f* decentring, decentration; eccentricity
Dezibel *n* decibel, dB *(dekadisch-logarithmisches Pegelmaß)*
Dezibelmeßgerät *n* decibel meter
Dezibelskale *f* decibel scale
Dezibelstufe *f* decibel step
Dezimalanzeige *f* decimal display (presentation, reading)
Dezimalausgabe *f* decimal output
dezimalbinär decimal-binary
Dezimal-Binär-Umsetzung *f*, **Dezimal-Binär-Umwandlung** *f* decimal-[to-]binary conversion
Dezimaldämpfungsregler *m* decimal attenuator
Dezimaldarstellung *f* decimal notation
~/binärverschlüsselte binary-coded decimal notation
~/kodierte (verschlüsselte) coded decimal notation
Dezimaleingabe *f* decimal input
Dezimalkode *m* decimal code
~/zyklischer cyclic decimal code
Dezimalkomma *n* decimal point
Dezimalkommaausrichtung *f* decimal alignment
Dezimalkonvertierung *f* decimal conversion
Dezimalschreibweise *f* decimal notation
~/kodierte (verschlüsselte) coded decimal notation
Dezimalschritt *m* decimal step
Dezimalstelle *f* decimal place
Dezimalsystem *n* decimal system
Dezimalzahl *f* decimal number
~/binärkodierte binary-coded decimal
Dezimalzahlensystem *n* decimal number system
Dezimalzähler *m (Dat)* decimal (decade) counter; *(Meß)* decimal scaler, scale-of-ten circuit
Dezimalziffer *f* decimal digit
~/binärkodierte binary-coded decimal digit
~/kodierte (verschlüsselte) coded decimal digit
Dezimeterwelle *f* ultrahigh-frequency wave, decimetric wave
Dezimeterwellenbereich *m* decimetre (decimetric) wave range, ultrahigh-frequency wave range
Dezimeterwellentechnik *f* ultrahigh-frequency technique, u.h.f. technique
D-Glied *n (Syst)* differentiator, derivating block (element)
Diac *s.* Triggerdiode/bidirektionale
Diagnose *f (Dat)* recovery
Diagnosegerät *n* diagnostic device
Diagnoseprogramm *n* diagnostic program (routine), error search program
Diagnostik *f***/zerstörungsfreie** non-destructiv diagnostic
diagnostizieren to diagnose
Diagometer *n* diagometer *(Elektroskop zur Leitfähigkeitsbestimmung)*
Diagramm *n* diagram, graph, plot; chart
~/logarithmisches logarithmic plot
~/logisches logical (functional) diagram
~/Smithsches Smith chart
Diagrammbreite *f* chart width
Diagrammleser *m* graph reader
Diagrammstreifen *m* strip chart
Diagrammträger *m* record chart
Dialog *m* **zwischen Bediener und Computer** operator-computer dialogue
Dialogbetrieb *m (Dat)* interactive (conversational) mode • **im ~ arbeitend** conversational
Dialogeinheit *f s.* Dialoggerät
dialogfähig *(Dat)* conversational
Dialoggerät *n (Dat)* interactive terminal *(zur unmittelbaren Datenein- und -ausgabe)*
dialogorientiert *(Dat)* conversational
Dialogsprache *f (Dat)* conversational language
Dialogstation *f*, **Dialogterminal** *n s.* Dialoggerät
Dialogtester *m (Dat)* interactive debugger
Diamagnetikum *n* diagmagnet, diamagnetic [substance]
diamagnetisch diamagnetic
Diamagnetismus *m* diamagnetism
Diamantgitter *n* diamond lattice
diamanthart adamantine
Diamantnadel *f* diamond stylus
Diamantsäge *f* diamond saw

Diamantspitze *f* diamond tip
Diamantstaub *m* diamond grit (dust)
Diamantstruktur *f* diamond[-type crystal] structure
Diaphanometer *n* diaphanometer *(zur Lichtdurchlässigkeitsbestimmung)*
Diaphragma *n* diaphragm, membrane
Diaphragmafilterzelle *f* diaphragm filter cell
Diaphragmazelle *f* diaphragm-type cell *(Elektrolyse)*
Diapositiv *n* diapositive, [photographic] slide, [still] transparency
Diaprojektion *f* slide (diascopic) projection
Diaprojektor *m* slide (still) projector
Diaskop *n* diascope
Diathermiegerät *n* diathermic apparatus *(Elektromedizin)*
Diatonvortrag *m* tape-slide lecture
Diazed-Sicherung *f (An)* Diazed fuse
Dichroismus *m* dichroism *(Kristall)*
dichroitisch dichroic
Dichromatelement *n* dichromate cell
dichromatisch dichromatic, dichroic
dicht tight, [leak]proof, impervious; sealed, closed; dense, compact *(Struktur)*
~/hermetisch hermetically closed (sealed)
Dichte *f* 1. *(ET)* density *(bei Strömungsfeldern)*; 2. [mass] density *(Masse je Volumeneinheit)*; denseness, compactness *(Struktur)*; 3. *s.* ~/optische
~ **der angeregten Atome** excited-atom density
~ **der Ladungsträger** carrier density, density of carriers
~ **der magnetischen Feldlinien** flux density
~ **des Elektronenstroms** electron current density
~/optische optical density
~/spektrale spectral density (concentration)
Dichteänderung *f* density change
Dichtegefälle *n*, **Dichtegradient** *m* density gradient
Dichtemesser *m* densimeter, density meter (indicator)
Dichtemodulation *f* density modulation
dichten to seal, to make tight (leakproof)
Dichtepegel *m***/spektraler** *(Ak)* spectrum pressure level
Dichteverhältnis *n* density ratio
Dichteverteilung *f* density distribution
dichtgepackt close-packed
Dichtheit *f* 1. denseness, compactness; 2. *s.* Dichtigkeit
Dichtigkeit *f* tightness, proofness, imperviousness
Dichtigkeitsgrad *m* degree of tightness
Dichtigkeitsprüfung *f* seal (leakage) test
Dichtung *f* seal; packing; gasket
~/wasserfeste waterproof seal
Dichtungsband *n* sealing tape
Dichtungsdurchführung *f* packing gland *(z. B. bei Kabeln)*
Dichtungsmanschette *f* gasket
Dichtungsmasse *f* sealing compound
Dichtungsmaterial *n* sealing (packing) material
Dichtungsmittel *n* sealant, sealing medium; impregnant, impregnating agent
Dichtungsring *m* sealing ring
Dichtungsscheibe *f* gasket, washer
Dichtungsschnur *f* packing cord
Dichtungsstreifen *m* sealing tape
Dicke *f* thickness
~ **der Oberflächenschicht** surface thickness
~ **des Überzugs** coating thickness
~/optische optical thickness
Dickenänderung *f* thickness variation
Dickenmesser *m* thickness gauge
Dickenmessung *f* thickness measurement (gauging)
Dickenschwinger *m (Ak)* thickness (compression-type) vibrator, thickness resonator
Dickenschwingung *f (Ak)* thickness (compression-type) vibration, thickness oscillation
Dickentoleranzmeßgerät *n* thickness-tolerance meter
Dickfilm *m s.* Dickschicht
Dickschicht *f* thick film
Dickschichtbauelement *n* thick-film element (component)
Dickschichthybridschaltung *f* thick-film hybrid circuit
Dickschichtkapazität *f*, **Dickschichtkondensator** *m* thick-film capacitor
Dickschichtpaste *f* thick-film paste
Dickschichtschaltkreis *m* thick-film circuit
Dickschichtschaltung *f* thick-film circuit
Dickschichttechnik *f* thick-film technique
Dickschichttechnologie *f* thick-film technology
Dickschichttinte *f* thick-film ink
Dickschichtwiderstand *m* thick-film resistor
dickwandig thick-walled
Dielektrikum *n* dielectric [material], non-conductor
~/anisotropes anisotropic dielectric
~/festes solid dielectric
~/gasförmiges gaseous dielectric
~/geschichtetes laminated dielectric
~/ideales ideal (perfect, lossless) dielectric
~/schlechtes poor dielectric
~/verlustbehaftetes imperfect (lossy) dielectric
~/verlustfreies (verlustloses) *s.* ~/ideales
~ **zwischen integrierten Bauelementen** interdevice dielectric
dielektrisch dielectric, non-conducting
Dielektrizität *f* dielectricity
Dielektrizitätskonstante *f* dielectric constant (coefficient), permittivity
~/absolute [absolute] permittivity
~ **des Vakuums** free-space permittivity
~/komplexe complex permittivity
~/relative relative permittivity
Dielektrizitätsverlust *m* dielectric loss
Dielektrizitätszahl *f* relative permittivity

Dienst *m*/**verbindungsloser** *(Nrt)* connectionless service
Dienstabfrageklinke *f (Nrt)* order-wire jack, service answering jack
Dienstabfragetaste *f (Nrt)* order-wire key
Dienstanforderung *f (Nrt)* facility request
Dienstanruflampe *f (Nrt)* order-wire lamp
Dienstanrufschalter *m (Nrt)* service-call key
Dienstanrufzeichen *n (Nrt)* order-wire signal
Dienstanschluß *m (Nrt)* service (official) telephone
Dienstart *f (Nrt)* type of service
Dienstbetriebsfähigkeitszustand *m* service operability performance *(eines Netzes)*
Dienstekennzeichnung *f (Nrt)* service indicator
Dienstewechsel *m* changing of services
Dienstgespräch *n (Nrt)* service call
Dienstgruppenwähler *m (Nrt)* group selector for service calls
Dienstgüte *f*/**verminderte** degraded service
Dienstindikator *m (Nrt)* facility indicator
Dienstleitung *f (Nrt)* order (service) wire, service (traffic, call) circuit
~ **für den inneren Betrieb** operator's speaker circuit
Dienstleitungsbetrieb *m* order-wire working (operation)
Dienstleitungsklinke *f* order-wire jack
Dienstleitungstaste *f* order-wire key, call circuit key
Dienstleitungsverteiler *m* order-wire distributor
Dienstleitungswähler *m* order-wire selector (distributor)
Dienstmerkmal *n (Nrt)* facility, service attribute
dienstneutral service-independent
dienstorientiert service-related
Dienstprimitiv *n (Nrt)* service primitive
Dienstprogramm *n (Dat)* duty (utility) program, service program
Dienstprogrammsystem *n* utility [program] system
Dienstsignal *n (Nrt)* call progress signal
Dienstsprechtaste *f (Nrt)* order-wire speaking key
Dienstspruch *m (Nrt)* service message
Diensttaste *f (Nrt)* order-wire button
Diensttelefon *n* official telephone
Diensttelegramm *n* service message
Dienstträger *m* service provider
Dienstübergang *m* service intercommunication
Dienstunterbrechungsdauer *f* loss-of-service duration, service off-time
Dienstverfügbarkeitszustand *m* service availability *(eines Netzes)*
Dienstverkehr *m (Nrt)* service traffic
Dienstvorschrift *f* service instruction
Dienstwähler *m (Nrt)* order-wire selector; service connector
Dienstzeichen *n (Nrt)* service signal; housekeeping digit
Dienstzugangspunkt *m* service access point
Dienstzuverlässigkeitszustand *m* service reliability performance *(eines Netzes)*
Dieselaggregat *n*, **Dieselgeneratoranlage** *f* Diesel generating set
Dieselhorst-Martin-Kabel *n* multiple-twin cable
Dieselhorst-Martin-Verseilung *f* multiple-twin formation
Dieselhorst-Martin-Vierer *m* multiple-twin quad [cable], twisted-pair quad
Dieselkraftwerk *n* Diesel engine plant
Differentialanalysator *m* differential analyzer
Differentialausdehnungstemperaturregler *m* differential expansion thermostat
Differentialbalgendurchflußmesser *m* bellows differential flowmeter
Differentialbogenlampe *f* differential arc lamp
Differentialdiskriminator *m* differential discriminator
Differentialechosperre *f* differential echo suppressor
Differentialeingang *m* differential input
Differentialerregung *f* differential excitation
Differentialgalvanometer *n* differential galvanometer
Differentialgeber *m (Syst)* differential transducer (pick-up)
Differentialgegenverkehrssystem *n (Nrt)* differential duplex system
Differentialgleichung *f* differential equation
~/**Fouriersche** Fourier differential equation
~/**Laplacesche** Laplace['s] equation
Differentialgleichungssystem *n*/**simultanes** simultaneous differential equations
Differentialglied *n (Syst)* derivative (differential) element
Differentialkondensator *m* differential (split-stator) capacitor
Differentialmagnet *m* differential electromagnet
Differentialmeßbrücke *f* differential bridge
~ **nach Jaumann** Jaumann's differential bridge *(Gütefaktormessung)*
Differentialoperator *m* differential operator
Differentialquotient *m* derivative, differential quotient (coefficient)
~/**zeitlicher** derivative with respect to time
Differentialregelung *f (Syst)* derivative[-action] control, D control, differential[-action] control, rate control
Differentialregler *m (Syst)* derivative (rate) controller, differential[-action] controller, differential regulator
Differentialreglerverhalten *n (Syst)* derivative controller action
Differentialrelais *n* [percentage-]differential relay *(Vergleichsschutz)*

Differentialschaltung *f* differential circuit (arrangement)
Differentialschutz *m* differential protection; circulating current protection
Differentialschutzgerät *n* differential protective equipment
Differentialschutzrelais *n* differential (discriminating) relay
Differentialsteuersender *m* control differential transmitter
Differentialsynchroempfänger *m* synchro differential receiver
Differentialsynchroübertrager *m* synchro differential transmitter
Differentialtitration *f* differential titration [method] *(potentiometrische Titration)*
Differentialtransformator *m* differential transformer
Differentialtransformatorbrücke *f* differential transformer bridge
Differentialtransmitter *m* differential transmitter
Differentialübertrager *m (Nrt)* differential transformer, hybrid transformer (coil)
Differentialverhalten *n (Syst)* derivative [control] action, D action, differential (rate) action *(eines Reglers)*
Differentialverstärker *m* differential (difference) amplifier
~ **in Steck[karten]bauweise** plug-in differential amplifier
Differentialwasserschloß *n* differential surge tank *(Kraftwerk)*
Differentialwicklung *f* differential winding
Differentialzeit *f (Syst)* derivative (rate) time, differential[-action] time
Differentiator *m* differentiating network, differentiator
Differenzdruck *m* difference (differential) pressure
Differenzeingang *m* differential input
Differenzen *fpl***/zentrale** central differences
Differenzengleichung *f (Syst)* difference equation *(z. B. bei abgetasteten Systemen)*
Differenzenquotient *m* difference quotient
Differenzhub *m* movement differential
differenzierbar/stetig continuously differentiable
Differenziereinrichtung *f* differentiator, differentiating network
differenzieren/nach x to differentiate with respect to x
Differenziergerät *n* differentiator
Differenzierglied *n* differentiating network; *(Syst)* differentiating (advance) element
Differenzierschaltung *f* differentiating circuit
Differenzkondensator *m* differential capacitor
Differenzkontrolle *f (Dat)* difference check
Differenzmesser *m* differential measuring instrument
Differenzmeßmethode *f* differential method of measurement
Differenzphasenumtastung *f (Nrt)* differential phase modulation
Differenz-Pulskodemodulation *f* differential pulse-code modulation
Differenzschaltung *f* differential connection
Differenzsignal *n* differential signal
Differenzspannung *f* difference (differential) voltage
Differenzspannungsmesser *m* differential voltmeter
Differenzstrom *m* differential current
Differenzstromrelais *n* differential-current relay
Differenzton *m* difference (differential) tone, intermodulation frequency
Differenztonverfahren *n (Ak)* twin-tone method
Differenztonverzerrung *f (Ak)* twin-tone distortion
Differenzträgerfrequenz *f (Fs)* intercarrier frequency
Differenzträgerstörung *f* intercarrier interference
Differenzträgerverfahren *n (Fs)* intercarrier [sound] system, ICS system
Differenzverstärker *m* differential (difference) amplifier; comparator [device]
Differenzverstärkung *f* differential gain
diffundieren to diffuse
diffundierend diffusive
diffundiert/flach *(ME)* shallow-diffused
diffus diffuse; scattered
~**/vollkommen** uniform diffuse
Diffuseichung *f s.* Diffusfeldeichung
Diffusfeldeichung *f (Ak)* diffuse-field calibration
Diffusfeldempfindlichkeit *f (Ak)* diffuse-field sensitivity (response), random (reverberant-field) sensitivity
Diffusfrequenzgang *m (Ak)* random-incidence response (characteristic)
Diffusion *f* diffusion
~**/ambipolare** ambipolar diffusion
~**/eindimensionale** unidimensional diffusion
~**/elektrochemische** electrochemical diffusion
~**/Gaußsche** Gaussian diffusion
Diffusionsadmittanz *f* diffusion admittance (conductance)
Diffusionsanteil *m* diffusion component
Diffusionsatmosphäre *f* diffusion atmosphere
Diffusionsbarriere *f* diffusion barrier
diffusionsbegrenzt diffusion-limited
Diffusionsbreite *f* diffusion latitude
Diffusionschromieren *n* chromizing
Diffusionselektrode *f* diffusion electrode
diffusionsfähig diffusible
Diffusionsfenster *n (ME)* diffusion window
Diffusionsflächentransistor *m* diffused-junction transistor
Diffusionsfolge *f* diffusion sequence
Diffusionsgeschwindigkeit *f* diffusion velocity (rate)
Diffusionsgleichung *f* diffusion equation
Diffusionsgrenzschicht *f* limiting diffusion layer

Diffusionsgrenzstrom *m* limiting diffusion current
Diffusionsgrenzstromdichte *f* limiting diffusion current density
Diffusionsimpedanz *f* diffusion impedance
Diffusionskapazität *f* diffusion capacitance (capacity)
Diffusionskoeffizient *m* diffusion coefficient
Diffusionskonstante *f* diffusion constant
Diffusionslänge *f* diffusion length
~ **im Materialinneren** bulk diffusion length
Diffusionslaufzeit *f* transit diffusion time
diffusionslegiert alloy-diffused
Diffusionslegierungstransistor *m* diffused-alloy transistor
Diffusionslegierungsverfahren *n* diffused-alloy process; diffused base alloy technique
Diffusionsleitwert *m s.* Diffusionsadmittanz
Diffusionslichthof *m* diffuse halation
Diffusionsmaskierung *f* diffusion masking
Diffusionsofen *m* diffusion furnace
Diffusionsperiode *f* diffusion period
Diffusionspotential *n (ME)* diffusion (junction) potential; *(Ch)* diffusion (liquid-junction) potential, diffusion electric tension
Diffusionspotentialdifferenz *f* diffusion potential difference
Diffusionsprofil *n* diffusion profile
Diffusionspumpe *f* [vacuum] diffusion pump
Diffusionsquerschnitt *m* diffusion cross section
Diffusionsrohr *n* diffusion tube
Diffusionsschicht *f* diffusion (diffused) layer; diffusion coating
Diffusionsschichtdicke *f* diffusion layer thickness
Diffusionsschritt *m* diffusion step
Diffusionsspannung *f* diffusion voltage
Diffusionsstrom *m* diffusion current
Diffusionsstromdichte *f* diffusion current density
Diffusionsströmung *f* diffusion flow
Diffusionssystem *n* **mit Feststoffquelle** solid-source diffusion system
~ **mit flüssiger Quelle** liquid-source diffusion system
~ **mit gasförmiger Quelle** gaseous-source diffusion system
Diffusionstechnik *f (ME)* diffusion technique; diffusion technology
Diffusionstemperatur *f* diffusion temperature
Diffusionstiefe *f* diffusion depth
Diffusionstransistor *m* diffusion (uniform base) transistor
Diffusionsüberspannung *f* diffusion overpotential (overvoltage)
Diffusionsvakuumpumpe *f* diffusion vacuum pump
Diffusionsverfahren *n* diffusion technique (process)
Diffusionswanne *f* diffusion pocket
Diffusionsweg *m* diffusion path
Diffusionswiderstand *m* diffusion resistance
Diffusionszeit *f* diffusion time
Diffusionszone *f* diffusion zone
Diffusionszyklus *m* diffusion cycle
Diffusität *f (Ak)* diffusivity
Diffuskalibrierung *f s.* Diffusfeldeichung
Diffuskorrektur *f* **[des Übertragungsmaßes]** *(Ak)* front-to-random sensitivity index
Diffusor *m* 1. diffuser, diffusor; 2. random-incidence corrector *(Mikrofonzubehör)*
Diffusorschicht *f* diffuser layer
Diffusübertragungsfaktor *m (Ak)* random-incidence response (sensitivity), random response
digital/rein all digital
Digitalablesung *f* digital read-out
Digitalabtastvoltmeter *n* sample-and-hold digital voltmeter
Digital-Analog-Datenumsetzung *f* digital-[to-]analogue data conversion, D/A conversion
Digital-Analog-Schaltung *f***/gemischte (hybride)** hybrid digital-analogue circuit, D/A hybrid circuit
Digital-Analog-Umsetzer *m s.* Digital-Analog-Wandler
Digital-Analog-Umwandlung *f* digital-[to-]analogue conversion, D/A conversion
Digital-Analog-Wandler *m* digital-[to-]analogue converter, D/A converter
Digitalanschluß *m (Nrt)* digital connection; digital line; digital interface
Digitalanzeige *f* digital display (read-out)
Digitalanzeigeeinheit *f* digital display (read-out) unit
Digitalanzeigemeßgerät *n* digital read-out meter
Digitalanzeigeröhre *f* digital display (indicating) tube
Digitalaufzeichnung *f* digital recording
Digitalausgabe *f* digital output
Digitalbaustein *m* digital module, digital block [module]
Digitalbrücke *f***/Wheatstonesche** *(Meß)* digital Wheatstone bridge
Digitaldarstellung *f* digital notation (representation), digitizing, digitization
Digitaldaten *pl* digital data
Digitaldatenverbindung *f* digital data link *(Datenübertragung)*
Digital-Differentialanalysator *m* digital differential analyzer
Digitaldrehgeber *m* digital shaft encoder
Digitaldrucker *m* digital printer
Digitaleingabe *f* digital input
Digitalelement *n (Nrt)* digit
Digitalfehler *m* digital error
Digitalfilter *n***/rekursives** recursive digital filter
Digitalfrequenzmesser *m (Meß)* digital frequency meter
Digitalinterface *n* digital interface
digitalisieren to digitize
Digitalisiergerät *n* digitizer

Digitalisiertablett *n*, **Digitalisiertafel** *f s.* Digitalisiertisch
Digitalisiertisch *m (Dat)* digitizer tablet, digitizing pad
Digitalisierung *f* digitization
Digitalkleinstanzeige *f* miniature digital display
Digitalmeßgerät *n* digital measuring instrument (equipment)
Digitalmultimeter *n* digital multimeter, DMM
Digital-Multiplex-Schnittstelle *f* digital multiplexed interface
Digitalnetz *n***/dienstintegriertes** *(Nrt)* integrated services digital network, ISDN
~**/integriertes** integrated digital network, IDN
Digitaloszilloskop *n* digital read-out oscilloscope *(Abtastoszilloskop mit digitalem Röhrenvoltmeter)*
Digitalplatte *f* compact disk, CD *(Zusammensetzungen s. unter* CD-Platte*)*
Digitalprozessor *m* digital processor
Digitalrate *f (Nrt)* digit rate
Digitalrechenmethode *f* digital calculating method
Digitalrechner *m* digital computer
~**/direktgekoppelter** direct-coupled digital computer
~**/elektronischer** electronic digital computer
~**/programmgesteuerter** program-controlled digital computer
~**/synchron arbeitender** synchronous digital computer
Digitalrechnertechnik *f* digital computer technique
Digitalregelung *f* digital control
Digitalregler *m* digital controller
Digitalschallplatte *f* compact disk, CD *(Zusammensetzungen s. unter* CD-Platte*)*
Digitalschallplattensystem *n* compact disk digital audio, CD-DA
Digitalschaltung *f* digital circuit
Digitalschreiber *m* digital printer
Digitalsignalabschnitt *m* digital section
Digitalsignalgrundleitung *f (Nrt)* digital line path
Digitalsignal-Grundleitungsabschnitt *m* digital line section
Digitalsignalprozessor *m* digital processor
Digitalsignal-Richtfunk-Grundleitung *f* digital radio path
Digitalsignal-Richtfunksystem *n* digital radio system
Digitalsignalverteiler *m* digital cross connect equipment
Digitalspeicher *m* digital memory (store)
Digitaltechnik *f* digital technique
Digitalteilerkette *f* digital divider chain
Digital-Teilnehmeranschlußeinheit *f* subscriber digital access unit
Digitalteilung *f* digital division
Digitaluhr *f* digital clock
Digitalumsetzer *m (Dat)* digital converter
Digitalvoltmeter *n (Meß)* digital voltmeter; sample-and-hold digital voltmeter, clamp-and-hold digital voltmeter *(nach dem Amplitudenverfahren)*
Digitalwandler *m* digital converter (transducer)
Digitalzähler *m* digital counter
Digitperiode *f (Nrt)* digit period
Digitron *n* digitron
Digitzeitlage *f (Nrt)* digit time slot
Diktiergerät *n* dictating device, dictation machine
Dilatometer *n* dilatometer
DIL-Gehäuse *n* dual-in-line package
Dimension *f* 1. dimension, size; 2. dimension *(einer physikalischen Größe)*
Dimensionierung *f* dimensioning, sizing; dimensional design
Dimensionierungsgleichung *f*, **Dimensionsgleichung** *f* dimensional equation
dimensionslos dimensionless, non-dimensional
Dimmer *m (Licht)* dimmer
DIMOS double-implanted MOS
Diode *f* diode
~**/heiße** thermionic diode
~**/hochsperrende** high-back-resistance diode
~**/infrarotemittierende** infrared-emitting diode, IRED
~**/integrierte** integrated diode
~ **mit spannungsabhängiger Kapazität** voltage-variable capacitance diode, varactor
~ **mit veränderlicher Kapazität** variable-capacitance diode, varicap
~**/reihengeschaltete** series diode
~**/schnelle** fast [switching] diode
~**/zweifach infrarotemittierende** twofold infrared-emitting diode
diodenähnlich diodelike
Diodenanordnung *f* diode array
Diodenbegrenzer *m* diode limiter (clipper)
Diodenblindwiderstandsmodulator *m* diode reactance modulator
Diodenbrücke *f* rectifier bridge
Diodendetektor *m***/phasenempfindlicher** diode phase-sensitive detector
Dioden-Dioden-Transistor-Logik *f* diode-diode-transistor logic, DDTL
Diodenfrequenzvervielfacher *m* diode frequency multiplier
Diodenfunktionsgenerator *m* diode function generator
Diodengatter *n* diode gate
~ **mit mehreren Eingängen** multiple-input diode gate
Diodengehäuse *n* diode outline
Diodengleichrichter *m (Srt)* diode rectifier; *(El)* diode detector
Diodengleichrichterschaltung *f* diode detector circuit
Diodengleichrichtung *f (Srt)* diode rectification; *(El)* diode detection

Diodengleichung *f* diode equation
Diodengruppe *f* diode array
Diodenimpedanz *f* diode impedance
Diodeninjektionslaser *m* diode injection laser
Diodenkennlinie *f* diode characteristic
Dioden-Kondensator-Dioden-Gatter *n* diode-capacitor-diode gate, DCD gate
Diodenkreis *m* diode circuit
Diodenlaser *m* diode laser
Diodenlegierungsofen *m* diode alloying oven (furnace)
Diodenmatrix *f* diode matrix
Diodenmatrixverschlüßler *m* diode matrix encoder
Diodenmischer *m* diode mixer
Diodenmodul *m* diode module
Diodenmodulator *m* diode modulator
Diodennetzwerk *n* diode network
Dioden-NOR-Gatter *n* diode NOR gate (circuit)
Dioden-ODER-Gatter *n* diode OR gate (circuit)
Diodenrauschen *n* diode noise
Diodenringmodulator *m* diode ring modulator
Diodenschalter *m* diode switch
Diodenschaltsystem *n* diode switch system
Diodenschaltung *f* diode circuit
Diodensicherung *f* diode fuse
Diodenspannung *f* diode voltage
Diodenstrecke *f* diode region
Diodenstrom *m* diode current
Dioden-Thyristor-Modul *m* diode-thyristor module
Dioden-Transistor-Logik *f* diode-transistor logic, DTL
~ **mit Lastkompensation** load-compensated diode transistor logic
~ **mit Z-Dioden** diode transistor logic with Zener diodes
Dioden-UND-Gatter *n* diode AND gate (circuit)
Diodenverstärker *m* diode amplifier
Diodenvoltmeter *n* diode voltmeter
Diodenwiderstand *m* diode resistor
Diodenzähler *m* diode counter
Diode-Triode *f* diode triode
DIP-Gehäuse *n* dual-in-line package, DIP
Diplexbetrieb *m* *(Nrt)* diplex operation
Diplexer *m* *(Fs)* diplexer
Diplexsystem *n* *(Nrt)* diplex system
Diplextelegrafie *f* *(Nrt)* diplex telegraphy
Diplexübertragung *f* *(Nrt)* diplex transmission
Diplexverkehr *m* *(Nrt)* diplex operation
Dipol *m* 1. dipole, [electric] doublet; 2. *(FO, Nrt)* dipole [aerial]
~**/abgestimmter** tuned dipole
~**/elektrischer** electric dipole (doublet)
~**/flacher** plain dipole
~**/gefalteter** folded dipole
~**/Hertzscher** Hertzian dipole (doublet, oscillator), elementary dipole
~**/in der Mitte erregter** centre-fed dipole
~**/linearer** linear dipole
~**/magnetischer** magnetic dipole
~**/rotierender** rotating dipole
~**/schlitzgespeister** slot-fed dipole
~**/spannungsgespeister** voltage-fed dipole
~**/struktureller** structural dipole
λ/2-Dipol *m* half-wave dipole
Dipolachse *f* dipole axis
Dipolanordnung *f***/lineare** linear dipole array
Dipolanregung *f* dipole excitation
Dipolantenne *f* *(FO, Nrt)* dipole aerial, dipole *(s. a.* Dipol/Hertzscher*)*
Dipolbildung *f* dipole formation
Dipol-Dipol-Kopplung *f* dipole-dipole coupling
Dipoldoppelschicht *f* dipole double layer
Dipolgruppe *f* dipole array
Dipolimpedanz *f* dipole impedance
Dipolkörper *m* dipole solid
Dipolmolekül *n* *(Ch)* dipole (dipolar) molecule
Dipolmoment *n* dipole moment
~**/elektrisches** electric dipole moment
~**/magnetisches** magnetic dipole moment
Dipolquellenbelegung *f* dipole source covering
Dipolrahmen *m***/viereckiger** square loop *(Antenne)*
Dipolreihe *f* broadside [dipole] array
Dipolschicht *f* dipole layer
Dipolschwingung *f* dipole oscillation (mode)
Dipolsingularität *f* dipole singularity
Dipolspalte *f* vertical row of dipoles
Dipolstrahlung *f* dipole radiation
~**/magnetische** magnetic dipole radiation
Dipolströmung *f* dipole current flow
Dipolwand *f* dipole curtain, curtain array *(Antenne)*
Dipolzeile *f s.* Dipolreihe
Dipolzeilenantenne *f* collinear aerial
Dirac-Impuls *m* Dirac impulse
Directory-Dienst *m* *(Nrt, Dat)* directory service
Direktadresse *f* *(Dat)* direct address
direktadressierbar *(Dat)* direct addressable
Direktadressierung *f* *(Dat)* direct addressing
Direktanschluß *m* direct access
Direktansprechen *n* direct addressing
Direktantworten *n* direct answering
Direktanzeige *f* direct indication
Direktaufzeichnung *f* direct recording
Direktbefehl *m* *(Dat)* immediate instruction
Direktblendung *f* *(Licht)* direct glare
Direktdruckwerk *n* *(Dat)* direct printer
direktgekoppelt direct-coupled; *(Dat)* on-line
Direktionskonstante *f* *(Meß)* control constant
Direktkode *m* *(Dat)* direct code
Direktleitung *f* *(Nrt)* tie trunk; hot line
Direktlicht *n* *(Fs)* key light
Direktmessung *f* direct measurement
Direktor *m* director *(Antenne)*
Direktorsystem *n* *(Nrt)* director system
Direktregler *m* *(Syst)* self-actuated controller
Direktruf *m* *(Nrt)* direct call; hot line
Direktrufnetz *n* network for fixed connections

Direktschallfeld *n* primary sound field
Direktschnitt *m* direct disk recording *(Schallplatte)*
~ **auf Metallplatte** direct metal mastering, DMM
direktschreibend direct-recording
Direktschreiber *m* direct-writing recorder, direct-acting recorder
Direktsendung *f* live program
Direktsichtbildröhre *f* direct view tube, direct viewing [picture] tube, direct-vision tube
Direktsicht-Wiedergabeeinrichtung *f* direct view display
Direktspeicherzugriff *m* direct memory access, DMA
Direktstartlampe *f* instant-start lamp
Direktstartschaltung *f (Licht)* instant-start circuit
Direktsteuerung *f* direct control
~**/numerische** direct numerical control, DNC
Direktstrahlung *f* direct radiation
Direktübertragung *f* live broadcast (transmission)
Direktumrichter *m* cycloconverter
Direktverbindung *f (Nrt)* hot line [connection]
Direktwahlsystem *n (Nrt)* direct dialling (switching) system
Direktweg *m (Nrt)* direct route
Direktzugriff *m (Dat)* direct access
Direktzugriffsspeicher *m* direct-access memory, random-access memory, RAM *(Zusammensetzungen s. unter* RAM*)*
Disassembler *m (Dat)* disassembler
Disilicid *n* disilicide
Disjunktion *f* disjunction, logic[al] sum; OR operation, OR circuit, inclusive disjunction (OR) *(Schaltalgebra)*
Disjunktionsoperation *f* disjunction operation *(logische Operation)*
Diskantregler *m (Ak)* treble control, tone control for treble
Diskette *f (Dat)* diskette, floppy disk, [magnetic] flexible disk
Diskettenbetriebssystem *n (Dat)* diskette operating system
Diskettendoppellaufwerk *n* twin (dual) diskette drive
Disketteninhaltsverzeichnis *n* diskette directory
Diskettenlaufwerk *n* diskette (floppy-disk) drive
diskontinuierlich discontinuous, intermittent
Diskretheit *f* discreteness
Diskretisierung *f (ME)* discretization
Diskriminator *m* discriminator
Disparität *f* disparity *(Pulskodemodulation)*
Dispatcherleitung *f* coordination circuit
Dispatchersteuerung *f* dispatch centre control
dispergieren to disperse *(Stoffe)*
Dispersion *f* 1. dispersion *(Teilchen, Wellen)*; 2. dispersive system; 3. variance *(Statistik)*
~**/anomale** anomalous (abnormal) dispersion
~**/dielektrische** dielectric dispersion
~**/normale** normal dispersion
~ **zwischen zwei Moden** bimodal dispersion *(Lichtwellenleiter)*
Dispersionsbeziehung *f* dispersion relation
Dispersionsbeziehungen *fpl***/Kramers-Kronigsche** Kramers-Kronig relations
Dispersionselement *n* dispersing component (element)
Dispersionsfilter *n* dispersion filter
Dispersionsformel *f* dispersion formula
Dispersionskoeffizient *m* dispersion coefficient
Dispersionskonstante *f* dispersion constant
Dispersionskräfte *fpl* dispersion (London) forces
Dispersionskurve *f* dispersion curve
Dispersionsmittel *n* dispersant, dispersing agent
Dispersionsprisma *n* dispersing prism
Dispersionstyp *m***/unorientierter** unoriented dispersion type *(Kristall)*
Dispersionsvermögen *n* dispersive power
Display *n* display
Disponent *m* scheduler
~**/sequentieller** sequential scheduler
Dissektorröhre *f (Fs)* image dissector, Farnsworth tube
Dissipation *f* dissipation *(Umwandlung von Energie in Wärme)*
Dissipationsfunktion *f* dissipation function
Dissipationskonstante *f* dissipation constant
dissipativ dissipative *(verlustbehaftet)*
dissonant *(Ak)* discordant
Dissonanz *f (Ak)* discord
~**/elektrische** electric discord
Dissoziation *f***/elektrolytische** electrolytic ionization (dissociation)
Dissoziationsenergie *f* dissociation energy
Dissoziationsgleichgewicht *n* dissociation equilibrium
Dissoziationsgrad *m* degree of dissociation
Dissoziationskonstante *f* dissociation (ionization) constant
Dissoziationskontinuum *n* dissociation continuum
Dissoziationswärme *f* heat of dissociation
dissoziieren to dissociate; to ionize
Distanzadresse *f (Dat)* displacement [address]
Distanzhalter *m* separator, spacer
Distanzrelais *n* distance relay
~ **mit Stufenkennlinie** step-type distance relay
Distanzring *m* spacer ring
Distanzschutz *m (Eü)* distance relaying, distance (impedance) protection
~ **mit stetiger Auslösekennlinie** *(An)* continuous-curve distance-time protection
~ **mit Stufenkennlinie** stepped-curve distance-time protection
Distanzstück *n* spacer, spacing piece; separator piece *(zum Trennen)*
Distributivitätsgesetz *n* distribution law
DI-Transistor *m* double-implanted MOS
Divergenzwinkel *m* divergence angle

Diversity *f s.* Diversity-Übertragung
Diversity-Antenne *f* diversity aerial
Diversity-Empfang *m (Nrt)* diversity reception
~ **mit linearer Addition** equal-gain diversity [reception]
~ **mit quadratischer Addition** square-law diversity [reception], ratio-squarer diversity
Diversity-Übertragung *f* diversity
Dividiereinrichtung *f (Dat)* divider
~/**mechanische** mechanical dividing device
Dividierglied *n (Dat)* division unit *(Bauelement)*
Dividierschaltung *f (Dat)* dividing (division) circuit
Divisionsbefehl *m (Dat)* division command
Divisorregister *n (Dat)* divisor register
DKB *s.* Durchlaufbetrieb mit Kurzzeitbelastung
DMM[-Technik *f***]** *(Ak)* direct metal mastering, DMM
DMOS *m* double-diffused metal-oxide semiconductor, double-diffused MOS, DMOS
~ **mit erweitertem Draingebiet** extended drain DMOS, XDMOS
DMOS-Feldeffekttransistor *m* double-diffused metal-oxide silicon field-effect transistor, double-diffused MOSFET
D-MOSFET *m s.* DMOS-Feldeffekttransistor
DMOS-Struktur *f* DMOS structure
DMOS-Transistor *m* DMOS transistor
DMOS-Verfahren *n* double-diffused MOS technique
DMS-Meßgerät *n* magnetostriction gauge
DM-Vierer *m s.* Dieselhorst-Martin-Vierer
D-Netz *n s.* Funkfernsprechnetz/digitales
Dochtelektrode *f* cored electrode
Dochtkohle *f* cored carbon
Dochtmaschine *f* coring machine
Dolby-System *n* Dolby system *(Rauschminderung)*
Dolezalek-Elektrometer *n* Dolezalek electrometer
Domäne *f (ME)* domain
Domänenauslösung *f* domain triggering
Domänenbildung *f* domain formation
Domänendynamik *f* domain dynamics
Domänenschiebespeicher *m* domain tip propagation memory, DOT memory
Domänenspeicher *m***/magnetischer** magnetic domain storage
Domänentransportspeicher *m* magnetic domain storage
Domänentriggerung *f* domain triggering
Domänenverzögerung *f* domain delay
Donator *m (ME)* donor
donatorartig donor-like
Donatordichte *f* donor density
Donatorelement *n* donor element
Donatorenergieniveau *n* donor energy level
Donatorkonzentration *f* donor concentration
Donatorniveau *n* donor level
Donatoroberflächenzustand *m* donor surface state
Donatorplatz *m* donor site
Donatorstörstelle *f*, **Donatorverunreinigung** *f* donor impurity
Donatorwanderung *f* donor migration
Donatorzentrum *n* donor centre
Donatorzustand *m* donor state
Donnan-Gleichgewicht *n (Ch)* Donnan [membrane] equilibrium
Donnan-Potential *n* Donnan potential *(Bionik)*
Donnan-Potentialdifferenz *f* Donnan potential difference
Doppelabspannung *f (Eü)* double straining; double dead-ending
Doppelabstimmanzeigeröhre *f* double-range tuning indicator valve
Doppelader *f* pair, twin wire
~/**abgeschirmte** screened pair
~/**symmetrische** *(Nrt)* balanced pair
doppeladrig twin-wire[d]
Doppelakzeptor *m (ME)* double acceptor
Doppelamplitudenvoltmeter *n* peak-to-peak voltmeter
Doppelankerrelais *n* double-armature relay
Doppelanregung *f* double excitation
Doppelarbeitskontakt *m (Ap)* double-make contact
Doppelarbeitsplatz *m* dual benchboard
Doppelaufhängung *f* bifilar suspension
Doppelausleger *m* double bracket *(Leitung)*
Doppelauslösung *f* dual release
Doppelausschalter *m* double cut-out
Doppelausschlag *m* double deflection
Doppelbande *f* double band
Doppelbasisdiode *f* unijunction transistor, double-base diode
Doppelbegrenzer *m* slicer, amplitude gate
Doppelbelegung *f (Nrt)* double seizing
Doppelbelichtung *f* double exposure
Doppelbild *n (Fs)* ghost image (picture), double image (picture), echo image
Doppelbogen *m* double arc
doppelbrechend birefrigent, double-refracting
Doppelbrechung *f* birefringence, double refraction
~/**magnetoionische** magnetoionic birefringence *(Radiowellen)*
Doppelbreitbandempfang *m (Nrt)* dual diversity reception *(Schwundverminderung)*
Doppelbreitbandempfänger *m (Nrt)* dual diversity receiver
Doppelbrücke *f***[/Thomsonsche]** double (Kelvin) bridge, Thomson [double] bridge *(Widerstandsmessung)*
Doppelbrückenschaltung *f* bridge duplex connection
Doppelbrückenverstärker *m (Nrt)* double-bridge two-way amplifier (repeater)
doppeldiffundiert *(ME)* double-diffused
Doppeldiffusion *f (ME)* double diffusion
Doppeldiffusions-Metalloxidhalbleiter *m* double-

diffused metal-oxide semiconductor, double-diffused MOS, DMOS *(Zusammensetzungen s. unter* DMOS*)*
Doppeldigitalspeicher *m (Dat)* twin digital store
Doppeldiode *f* duodiode, double (twin) diode
~ **mit getrennten Katoden** twin diode with separate cathodes
Doppeldipolantenne *f* double-dipole aerial
Doppeldraht *m* twin wire
Doppeldrehkondensator *m* two-gang capacitor
Doppeldrehregler *m* double-rotor induction regulator
Doppeldrehzahlwechselstromregelung *f* two-speed alternating-current control
Doppeldreieckschaltung *f* double-delta connection
Doppeleingang *m (Meß)* parallel input
Doppelelektronenstrahl *m* split electron beam
doppelepitaxial *(ME)* double-epitaxial
Doppelerdschluß *m* double earth fault, two-line-to-earth fault
Doppelfächerantenne *f* di-fan aerial
Doppelfadenaufhängung *f* bifilar suspension
Doppelfadenlampe *f* twin filament lamp
Doppelfahrdraht *m* twin (double) contact wires
Doppel-Flipflop *n* dual flip-flop
Doppelfokusröhre *f* double-focus valve
Doppelfokussierung *f* double focussing
Doppelfrequenzinduktionshärtung *f* dual-frequency induction hardening
Doppelfrequenzkanal *m* double-frequency channel
Doppelgate *n* dual gate
Doppelgegenschreiben *n (Nrt)* quadruplex telegraphy
Doppelgegensprechbetrieb *m (Nrt)* quadruplex working
Doppelgegensprechen *n (Nrt)* polar duplex
Doppelgegensprechsystem *n (Nrt)* quadruplex system
Doppelgehäuse *n (MA)* double casing
doppelgehäusig double-cased
Doppelgitterröhre *f* double-grid valve, bigrid valve; negatron *(zur Erzielung negativer differentieller Widerstände)*
Doppelglockenisolator *m* double bell[-shaped] insulator, double-cup insulator
Doppelhausanschlußdose *f* double-service box
Doppelhebelschalter *m* double-lever switch
doppelhöckrig double-humped *(Kurve)*
Doppelimplantat *n (ME)* dual implant
Doppelimpuls *m* double pulse
Doppelimpulsauflösung *f* double-pulse resolution
Doppelimpulsgeber *m*, **Doppelimpulsgenerator** *m* double-pulse generator
Doppelimpulsmethode *f* double-pulse method
Doppelimpuls-ohne-Rückkehr-zu-Null-Verfahren *n* double-pulse NRZ (non-return-to-zero) recording
Doppelimpuls-Rückkehr-zu-Null-Verfahren *n* double-pulse RZ (return-to-zero) recording
Doppelinjektion *f (ME)* double injection
Doppelinjektionsdiode *f* double injection diode
Doppelintegrator *m* double integrator
Doppelionisationskammer *f* double ionization chamber
Doppelisolatorkette *f* double string of insulators
Doppelkabel *n* duplex (dual) cable
Doppelkäfig *m* double [squirrel] cage
Doppelkäfiganker *m* double squirrel-cage armature, double-cage armature
Doppelkäfigläufer *m* double squirrel-cage rotor, double-cage rotor
Doppelkäfigmotor *m* double squirrel-cage motor, double-cage motor
Doppelkäfigwicklung *f* double squirrel-cage winding, double-cage winding
Doppelkammagnetron *n* interdigital magnetron
Doppelkammleitung *f* interdigital line
Doppelkappenisolator *m* double-cap insulator
Doppelkassettendeck *n* double cassette deck
Doppelkatodenstrahlröhre *f* double cathode-ray tube
Doppelkernwähler *m (Dat)* two-core switch
Doppelkohlemikrofon *n* push-pull carbon microphone
Doppelkondensator *m* twin capacitor
Doppelkondensor *m (Licht)* double condenser
Doppelkontakt *m* double (twin, collateral) contact; split contact; three-terminal contact; change-over contact *(Schalter)*
Doppelkonus *m* twin cone *(Lautsprecher)*
Doppelkonusantenne *f* biconical aerial
Doppelkonuslautsprecher *m* duo-cone loudspeaker
Doppelkopfhörer *m* double headphone
Doppelkranzlampe *f* double-crown lamp
Doppelkreisdiagramm *n (MA)* double-circle diagram
Doppelkreuzrahmenantenne *f* double crossed-loop aerial
Doppelkristall *m* twin crystal
Doppelkurbelwiderstand *m* double resistance box
Doppelkurzschlußkäfig... *s.* Doppelkäfig...
Doppellackdraht *m* double-coated wire
Doppelleerstelle *f (ME)* double vacancy, divacancy
Doppelleiter *m* twin conductor, two-core cable
Doppelleiterkabel *n*/**konzentrisches** twin concentric cable
Doppelleiterplatte *f* dual board
Doppelleitung *f* 1. two-wire line, double-circuit line, double[-conductor] line, double lead, pair [of leads] *(Freileitung)*; 2. *s.* Doppelleiter
~/**asymmetrische** asymmetric two-wire system
~/**symmetrische** balanced-pair transmission line, balanced twin

~/ungekreuzte *(Nrt)* non-transposed metallic circuit
~/verdrillte twisted pair
Doppellinie *f* doublet *(Spektrum)*
Doppellitze *f* twin flex (flexible cord)
Doppelmast *m* H-pole, double pole *(für Freileitungen)*
Doppelmeldung *f (Nrt)* double-point information
Doppelmeßbrücke *f s.* Doppelbrücke
Doppelmesserschalter *m* double-bladed knife switch, double-throw knife switch
Doppelmodulation *f* double (dual) modulation
Doppelmonochromator *m* double monochromator
Doppelmotor *m* double (twin) motor
doppeln to duplicate
~/Lochkarten *(Dat)* to reproduce punched cards
Doppeln *n* duplication
Doppelnutkäfig *m* double-slot [squirrel] cage, twin-slot [squirrel] cage *(Kurzschlußkäfig)*
Doppelnutmotor *m* double-slot motor, twin-slot motor
Doppelnutrotor *m* double-slot squirrel-cage rotor, twin-slot squirrel-cage rotor *(Kurzschlußkäfig)*
Doppeloszillator *m* twin oscillator
Doppelpentodenendröhre *f* double output pentode
Doppelplatine *f* dual board
doppelpolig bipolar
Doppelpotentiometer *n* dual-operated potentiometer
Doppelprisma *n* biprism, double prism
Doppelprüfrelais *n* double-test relay
Doppelpuls... *s.* Doppelimpuls...
Doppelpunkt *m (Dat)* colon, double-point *(Programmierung)*
Doppelregelung *f (Syst)* duplex control
Doppelresonanzmethode *f (Meß)* double resonance method
Doppelringheizelement *n* twin-ring heating element
Doppelröhre *f* twin (double) valve
Doppelröhrenvoltmeter *n* twin-tube voltmeter
Doppelruhekontakt *m* double-break [contact]
Doppelsammelschiene *f* double bus [bar]
Doppelsatz *m (MA)* double set
Doppelschalter *m* double cut-out; single-actuated dual switch
Doppelschaltpult *n* duplex switchboard
Doppelschaltung *f* double circuit
Doppelschicht *f (Ch)* double layer
~/äußere outer double layer
~/diffuse diffuse double layer
~/elektrische (elektrochemische) electrical double layer
~/innere inner double layer
~/starre compact double layer
Doppelschichtaufladung *f* double-layer charging
Doppelschichtdielektrikum *n* double-layer dielectric
Doppelschichtimpedanz *f* double-layer impedance
Doppelschichtkapazität *f* double-layer capacity (capacitance)
~/differentielle differential capacitance of the double layer
Doppelschichtung *f* double stacking *(Leiterplatten)*
Doppelschleifkontakt *m* twin wiper contact *(Potentiometer)*
Doppelschlitzantenne *f* dual-slotted wave-guide array
Doppelschluß/mit compound-wound
Doppelschlußcharakteristik *f* compound characteristic
Doppelschlußerregung *f* compound excitation
Doppelschlußgenerator *m* compound-wound generator
Doppelschlußmotor *m* compound motor
Doppelschlußverhalten *n* compound characteristic
Doppelschlußwicklung *f* compound winding
Doppelschnur *f* twin cord
~ **mit verschiedenfarbigen Adern** two-colour conductor cord *(zur Kennzeichnung)*
Doppelschritt *m* dual slope *(bei der Digital-Analog-Wandlung)*
Doppelseitenbandmultiplexanlage *f (Nrt)* double-sideband multiplex equipment
Doppelsicherung *f* dual element fuse
Doppelspalt *m* double slit
Doppelspaltversuch *m* two-pinhole experiment, two-slit experiment *(Optik)*
Doppelspeichersystem *n (Dat)* twin store system
Doppelsperrklinke *f* double detent, pair of pawls
Doppelsperrschicht *f (ME)* double barrier layer
Doppelspielband *n* double tape
Doppelspitzenwert *m* peak-to-peak value (level)
~ **der Ausgangsspannung** peak-to-peak output voltage level
Doppelsprechbetrieb *m (Nrt)* phantom working
Doppelsprechen *n* phantom telephony
Doppelsprechschaltung *f* phantom telephone connection
Doppelsprung *m (Dat)* double jump *(Programmierung)*
Doppelspule *f* double (twin, compound) coil
Doppelspuraufzeichnung *f* twin-track recording
Doppelspurbetrieb *m* dual-trace operation
Doppelspurtonbandgerät *n* dual-trace recorder
Doppelstatordrehkondensator *m* split-stator variable capacitor
Doppelstecker *m* twin (double) plug, biplug; two-way plug
Doppelsternschaltung *f* duplex star connection
~ **mit Saugdrossel** hexaphase connection with interphase reactor

Doppelsternverseilung *f* spiral-eight twisting, quad pair formation
Doppelsteuermischröhre *f* double-control converter tube
Doppelsteuerröhre *f* double-control tube
Doppelsteuerung *f* dual (double) control; *(Ap)* dual operation
Doppelstrahler *m* dual radiator *(Antenne)*
Doppelstrahlröhre *f* double-beam tube *(Elektronenstrahlröhre)*
Doppelstrich *m* double dash
Doppelstrom *m (Nrt)* double current
Doppelstrombetrieb *m (Nrt)* double-current working (operation)
Doppelstromgegensprechsystem *n (Nrt)* polar duplex system
Doppelstrom-Ruhestrom-Telegrafie *f* double-current closed-circuit telegraphy
Doppelstromsignal *n (Nrt)* polar signal
Doppelstromtaste *f (Nrt)* double-current key
Doppelstromtastung *f (Nrt)* double-current keying; bipolar operation
Doppelstromtor-Strahlsteuerungsröhre *f* gated-beam tube
Doppelstromübertragung *f (Nrt)* double-current transmission
Doppel-T-Anker *m* H-armature, shuttle armature
Doppeltarif *m* double tariff
Doppeltarifzähler *m* double-tariff meter, two-rate meter
Doppeltastung *f (Nrt)* double[-pole] keying
Doppeltiegelmethode *f* double-crucible method *(Kristallzüchtung)*
Doppel-T-Netzwerk *n* twin-T network
Doppeltontelegrafie *f* two-tone telegraphy
Doppeltransformator *m* double transformer
Doppeltransistor *m* dual transistor
~ **mit vier Grenzschichten** tetra-junction transistor *(pnpn)*
Doppel-T-Richtkoppler *m (FO)* cross-guide coupler
Doppeltriode *f* twin triode
Doppel-T-Schaltung *f* parallel-T network
doppeltwirkend double-acting
Doppelüberlagerungsempfänger *m* double heterodyne receiver
Doppelunsymmetrie *f* double unbalance
Doppelunterbrechung *f* twin break, double interruption
Doppelunterbrechungsklinke *f (Nrt)* double-break jack
Doppel-V-Antenne *f* double-V aerial
Doppelverkehr *m (Nrt)* duplex communication
Doppelvoltmeter *n* double[-range] voltmeter
Doppelwähler *m (Nrt)* dual-purpose selector
doppelwandig double-walled
Doppelwattmeter *n* double wattmeter
Doppelweggleichrichter *m* full-wave rectifier
Doppelwegthyristor *(LE)* triac, bidirectional triode thyristor
Doppelwendel *f* coiled-coil filament, coiled coil
Doppelwendelausführung *f* coiled-coil construction
Doppelwendelheizelement *n* coiled-coil heating element
Doppelwendellampe *f* coiled-coil lamp
Doppelwirbelstromkäfig *m s.* Doppelkäfig
Doppelzackenschrift *f* duplex variable-area track, bilaterial [area] track, double-edged variable width sound track *(Tonfilm)*
Doppelzellenschalter *m* double cell (battery) switch, double-pole battery [regulating] switch
Doppelzugriff *m (Dat)* dual access
Doppelzündung *f* double ignition
Doppelzweipolröhre *f* double diode
Doppelzwilling *m* two-pair core cable
Doppelzwischengitterplatz *m (ME)* diinterstitial
Doppler *m (Dat)* duplication punch
Doppler-Breite *f* Doppler width
Doppler-Effekt *m* Doppler effect
~/optischer optical Doppler effect
Doppler-Frequenzverschiebung *f* Doppler frequency shift
Doppler-Gerät *n***/akustisches** audible Doppler enhancer *(Radar)*
Doppler-Navigationssystem *n* Doppler navigation system
Doppler-Radar *n* Doppler radar
Doppler-Signal *n* Doppler signal
Dopplerstufe *f* doubler stage *(Frequenzverdopplung)*
Doppler-Verbreiterung *f* Doppler broadening (widening)
Doppler-Verschiebung *f* Doppler shift
Dopplung *f* doubling *(Frequenz)*; *(Dat)* duplication
Dorno-Bereich *m* Dorno region *(Wellenlängenbereich von 280,4 bis 313,2 nm)*
Dose *f* box; capsule *(z. B. Tonabnehmer)*; jack *(s. a.* Abzweigdose, Verteilerdose*)*
Dosenfernhörer *m (Nrt)* watch receiver
Dosenkontakt *m* female [insert] contact *(Steckdose)*
Dosenschalter *m* box switch
Dosensicherung *f* box fuse
Dosis *f***/absorbierte** absorbed dose
~/höchstzulässige maximum permissible dose (level)
~/zulässige permissible dose
Dotand *m (ME)* dopant
Dotandatom *n* dopant atom
Dotandengas *n* dopant gas
Dotandenion *n* dopant ion
Dotandenkonzentration *f* dopant concentration
Dotandenmaskierung *f* dopant masking
dotieren *(ME)* to dope
~/mit Gold to gold-dope

dotiert/mit Akzeptoren acceptor-doped
~/mit Donatoren donor-doped
Dotierung *f (ME)* doping
~/lamellenförmige lamella doping
Dotierungsatom *n* doping atom
Dotierungsgas *n* doping gas
Dotierungskompensation *f* doping compensation
Dotierungskonzentration *f* doping concentration
Dotierungsmetall *n* doping metal
Dotierungsmittel *n* dopant, doping agent, dope additive
Dotierungspegel *m* doping level
Dotierungsprofil *n* doping (impurity) profile
Dotierungsschwankung *f* doping fluctuation
Dotierungsstoff *m* doping material
Dotierungssubstanz *f s.* Dotierungsmittel
Dotierungstechnik *f (ME)* doping technique
DOT-Speicher *m s.* Domänenschiebespeicher
Drachenantenne *f* kite aerial
Draht *m* wire
~/abgeschirmter shielded (screened) wire
~/abisolierter skinned wire
~/achtförmig gewickelter eight-form wire
~/asbestisolierter asbestos-insulated wire, asbestos-covered wire
~/blanker naked (bare, uncovered) wire
~/einmal mit Papier isolierter single-paper-covered wire
~/emaillierter enamel-insulated wire
~/feuerverzinkter tin-coated wire, hot-tinned wire
~/gelitzter stranded wire
~/gummiisolierter rubber-covered wire
~/gummiisolierter doppeltbewehrter rubber-covered double-braided wire
~/gummiisolierter wetterfester rubber-covered weatherproof wire
~/isolierter insulated wire
~/kupferummantelter coper-clad wire, copper-coated wire
~/lackleinenisolierter varnished-cambric [insulated] wire
~/papierisolierter paper-insulated wire
~/schraubenförmig gewendelter helically coiled wire
~/seideisolierter silk-covered wire
~/stromführender conducting wire
~/toter dead (idle) wire
~/umflochtener braided wire
~/ummantelter sheathed wire
~/umsponnener covered wire
~/umwickelter taped wire
~/unisolierter *s.* ~/blanker
~/verdrillter twisted wire
~/verkupferter coppered wire
~/verseilter twisted wire
~/verzinkter galvanized wire
~/verzinnter tinned (tin-coated) wire
~/zusammengesetzter composite wire
Drahtabfall *m* scrap wire
Drahtabisolierzange *f* wire-stripping pliers
Drahtanschluß *m* wire termination
Drahtanschrift *f* telegram (cable, telegraphic) address
Drahtantenne *f* wire aerial
Drahtbefestigung *f* wire (lead) attachment
Drahtbewehrung *f* wire armouring
Drahtbonden *n (ME)* wire bonding
Drahtbonder *m (ME)* wire bonder
Drahtbruch *m* 1. break (rupture) of wire, wire break; 2. broken wire
Drahtbruchrelais *n* wire (line) break relay; safety relay for interrupted circuit
Drahtbügelkopplung *f* strapping *(Vielfachmagnetron)*
Drahtbündel *n* wire bundle
Drahtdehn[ungs]meßstreifen *m* wire strain gauge
Drahtdicke *f* wire size (diameter)
Drahtdrucker *m (Dat)* wire (stylus) printer
Drahtdurchgangsverbindung *f* wire-through connection *(Leiterplatte)*
Drahtdurchmesser *m* wire diameter
Drahtelement *n* wire-wound element
drahten *s.* telegrafieren
Drahtende *n* pigtail
Drahterosionsmaschine *f* wire spark-erosion machine *(elektroerosive Bearbeitung)*
Drahtfederrelais *n* wire spring relay
Drahtfernmeldeanlage *f* wired telecommunication installation
Drahtfernsprechen *n* wire telephony
Drahtfilter *n* wire grating
Drahtführung *f* wire guide
Drahtfunk *m (Nrt)* wire[d] broadcasting, wire[d] broadcast, line radio (diffusion)
~/niederfrequenter audio frequency wire broadcast[ing]
Drahtfunkleitung *f* carrier line (circuit)
Drahtfunksender *m* line-radio station
Drahtfunksystem *n* wire carrier system
Drahtfunkverstärker *m* line-radio amplifier
Drahtgabel *f* wire pike
drahtgebunden *(Nrt)* on-wires
drahtgewickelt wire-wound
Drahtgitter *n* wire screen
Drahthalter *m* wire holder
Drahthaspel *f(m)* wire reel
Drahtheizkörper *m* wire[-wound] heating element
~/offener open wire-heating element
Drahtkabel *n* uncovered cable
~/vielsträngiges stranded wire cable
Drahtkern *m* wire core
Drahtkontakt *m***/gekreuzter** cross-point contact
Drahtkontaktfläche *f* wire (lead) contact area
Drahtkreuzung *f (Nrt)* wire crossing, transposition of wires
Drahtlack *m* wire enamel
Drahtlackiermaschine *f* wire enamelling machine

drahtlos wireless
Drahtmodelldarstellung *f* wire-frame representation *(computergestützte Konstruktion)*
Drahtnachricht *f s.* Telegramm
Drahtpotentiometer *n* wire-wound potentiometer
Drahtprüfanlage *f* wire testing plant
Drahtquerschnitt *m* wire cross section
Drahtregelwiderstand *m* wire-wound rheostat
Drahtrundfunk *m* wire broadcasting
Drahtschirm *m* wire screen
Drahtschleife *f* wire loop
Drahtseil *n* steel cable (rope), wire cable
Drahtspannung *f* wire tension *(mechanisch)*
Drahtspeicher *m* plated-wire memory, wire store
Drahtspeichergerät *n* wire recorder
Drahtspirale *f* spiral wire
Drahtspule *f* wire bobbin
Drahttelefonie *f* wire telephony
Drahttelegrafie *f* wire (line, land) telegraphy
Drahttonaufnahme *f (Ak)* magnetic wire recording
Drahttongerät *n (Ak)* [magnetic] wire recorder
Drahtübertragungsweg *m (Nrt)* metallic circuit
Drahtüberzug *m* wire coating
Draht- und Funkwege *mpl***/kombinierte** *(Nrt)* combined line and radio circuits
Drahtverbindung *f* wired (wiring) connection
~/lötfreie wire-wrap
Drahtverbindungshülse *f* jointing sleeve
drahtverspannt wire-braced
Drahtwendel *f* wire filament, helix of wire
Drahtwendelheizkörper *m* spiral wire-heating element
Drahtwendelleiter *m* helical conductor
Drahtwickel *m* wire-wrap
Drahtwickelmaschine *f* wire coil winding machine
Drahtwickeltechnik *f* wire-wrap method
Drahtwiderstand *m* wire[-wound] resistor
~/fester fixed wire-wound resistor
Drain *m* drain *(Elektrode eines Feldeffekttransistors)*
Drainbasisschaltung *f (El)* grounded-drain circuit
Drainbasisverstärker *m (El)* grounded-drain amplifier
Drainelektrode *f* drain [electrode]
Drainerweiterung *f (El)* drain extension
Drain-Gate-Durchbruchspannung *f (El)* drain-gate breakdown voltage
Drainleitwert *m (El)* drain conductance
Drainsättigungsstrom *m (El)* drain saturation current
Drain-Schaltung *f* common drain *(Transistor)*
Drain-source-Durchbruchspannung *f (El)* drain-source breakdown voltage
Drain-source-Durchlaßspannung *f (El)* drain-source on-state voltage
Drain-source-Einschaltwiderstand *m (El)* drain-source turn-on resistance
Drain-source-Spannung *f (El)* drain-source voltage
Drainspannung *f (El)* drain voltage
Drainstrom *m (El)* drain current
~/gepulster pulsed drain current
Drainverstärker *m (El)* grounded-drain amplifier
Drainwiderstand *m (El)* drain resistance
Drall *m* 1. spin, angular momentum; 2. twist *(Kabel, Leitungen)*
Drallänge *f* lay *(Kabel)*
drallfrei 1. non-spinning; 2. non-twisting *(z. B. Kabel)*
Drallvektor *m* torsion vector
Drängeanzeige *f (Nrt)* queue indication
Drängelampe *f (Nrt)* speeding-up lamp
~ im Fernverkehr group busy signal
D-Regelung *f s.* Differentialregelung
Drehachse *f* 1. rotation axis *(gedachte Linie)*; 2. rotating shaft *(rotierende Welle)*
Drehanode *f* rotating anode
Drehanodenröhre *f* rotating anode tube
Drehantenne *f (FO)* spinner, rotating aerial
drehbar rotatable, revolving
Drehbeschleunigung *f* angular (circular) acceleration
Drehbeschleunigungsmesser *m* angular accelerometer
Drehbewegung *f* rotary (rotational) motion
Drehdauer *f* time of rotation
Drehdruckschalter *m* lock-down switch
Dreheiseninstrument *n* moving-iron instrument, soft-iron instrument, electromagnetic (ferrodynamic) instrument
~ mit Magnet permanent-magnet moving-iron [needle] instrument
Dreheisenmeßinstrument *n s.* Dreheiseninstrument
Dreheisenmeßwerk *n* iron-vane movement (instrument)
Dreheisenoszillograph *m* soft-iron oscillograph
Dreheisenvoltmeter *n* moving-iron voltmeter
drehen 1. to rotate; to turn; 2. to shift *(Phase)*
~/die Polarisationsebene to rotate the plane of polarization
~/sich to rotate, to revolve, to turn; to spin
Drehfeder *f* torsion spring
Drehfeld *n (MA)* rotating [magnetic] field, revolving [magnetic] field
~/elliptisches elliptical field
Drehfeldantenne *f* rotating field aerial
Drehfeldempfänger *m* synchro-receiver, selsyn repeater, torque-synchro receiver *(für Drehmomente)*
Drehfeldgeber *m* synchro transmitter (generator), selsyn [transmitter], torque-synchro transmitter *(für Drehmomente)*
drehfeldgespeist energized in field (phase) rotation, fed in quadrature *(Antenne)*
Drehfeldimpedanz *f* cyclic impedance

Drehfeldinstrument *n* rotating field instrument
Drehfeldleistungsmesser *m* Ferraris wattmeter (instrument)
Drehfeldrichtungsanzeiger *m* phase-sequence indicator
Drehfeldsystem *n* synchro system
Drehfeldtransformator *m* rotating field transformer
Drehfeldumformer *m* rotating field converter
Drehfunkfeuer *n (FO)* rotating (revolving) radio beacon
Drehgalgen *m* **[für Mikrofon]** rotating microphone boom
Drehgeschwindigkeit *f* rotational (rotating) speed
Drehimpuls *m* angular momentum, moment of momentum, spin *(z. B. von Elementarteilchen)*
Drehimpulsdurchflußmesser *m* angular momentum flowmeter
Drehimpulsquantenzahl *f* azimuthal (rotational) quantum number
Drehklinke *f* turning pawl
Drehknopf *m* [rotating] knob
Drehko *m s.* Drehkondensator
Drehkondensator *m* variable capacitor
~/**frequenzgerader** straight-line frequency capacitor
~ **mit quadratischer Kennlinie** square-law capacitor
~/**wellengerader** straight-line wavelength capacitor
Drehkondensatorplatten *fpl* **mit Mittellinienschnitt** midline plates
Drehkreuz *n* turnstile
Drehkreuzantenne *f* turnstile aerial
Drehkreuzstrahler *m* turnstile aerial
Drehkristall *m* rotating (rotation) crystal
Drehkupplung *f* rotating joint, rotary coupler
Drehmagnet *m* moving (rotary) magnet
Drehmagnetgalvanometer *n* moving-magnet galvanometer
Drehmagnetinstrument *n* moving-magnet instrument
Drehmelder *m* resolver, synchro, selesyn
Drehmelderanzeigeempfänger *m* resolver (synchro) indicator
Drehmelderdifferentialempfänger *m* resolver (synchro) differential receiver
Drehmelderdifferentialgeber *m* resolver (synchro) differential transmitter
Drehmelderempfänger *m* resolver (synchro) receiver
Drehmeldergeber *m* resolver (synchro) transmitter
Drehmelderrückmelder *m* resolver (synchro) control transformer
Drehmeldersteuerempfänger *m* resolver (synchro) control receiver
Drehmoment *n* 1. torque, moment of couple (rotation); 2. torsion[al] moment • **ein ~ ausüben** to apply a torque [on]
~/**antreibendes** driving torque *(bei Meßinstrumenten)*
~/**asynchrones** asynchronous torque
~/**bezogenes** torque-weight ratio *(eines Zählers)*
~/**synchrones** reluctance torque
~/**synchronisierendes** synchronizing torque
Drehmomentabgleich *m* torque adjustment
Drehmomentanzeiger *m* torque indicator
Drehmomentbegrenzer *m* torque limiter
Drehmomentdiagramm *n* torque diagram
Drehmomentdifferentialempfänger *m* torque differential receiver
Drehmomentdifferentialgeber *m* torque differential transmitter
Drehmoment-Drehzahl-Kennlinie *f* torque-speed characteristic, mechanical characteristic
Drehmomentgleichung *f* torque equation
Drehmomentmesser *m* torquemeter, torsimeter, torsion meter
Drehmomentmotor *m* torque motor
Drehmomentregler *m* torque regulator
Drehmomentstellmotor *m* variable-torque motor
Drehmomentverstärker *m* torque amplifier
Drehmomentwandler *m* torque converter
Drehofen *m* **mit Rundherd** rotating annular hearth furnace
Drehpeiler *m (FO)* rotating direction finder
Drehpotentiometer *n* rotary potentiometer
Drehpunkt *m* centre of rotation; pivot point
Drehrahmenantenne *f (FO)* rotating frame (loop) aerial
Drehrahmenpeiler *m (FO)* rotating frame direction finder
Drehrelais *n* wiper relay
Drehrichtantenne *f*, **Drehrichtstrahler** *m* rotary beam aerial
Drehrichtung *f* direction of rotation, rotational direction
~ **des Ankers** direction of armature rotation
Drehrichtungs[anzeige]schild *n* rotation plate
Drehrichtungsumkehr *f* change of rotation
Drehschalter *m* rotary (turn) switch; *(Hsp)* rotating insulator switch; screwdriver-actuated switch
Drehschalterkombination *f* rotary switch combination
Drehscheibe *f* turntable, rotary table
Drehscheibenteiler *m* rotary attenuator
Drehschieber *m* rotary disk valve
Drehschritt *m (Nrt)* rotary step
Drehschub *m* tangential force
Drehschwinger *m (Ak)* torsional vibrator (resonator)
Drehschwingung *f* torsional (rotational) vibration
Drehschwingungsdämpfer *m* torsional damper
Drehschwingungsfrequenz *f* torsional frequency
Drehsinn *m* rotation sense, sense (direction) of rotation
~ **des Feldes** sense of field rotation

Drehspiegel *m* rotating mirror
Drehspiegelapparat *m* lamp rotator
Drehspulamperemeter *n* moving-coil ammeter
Drehspulaufhängung *f* moving-coil support
Drehspule *f* moving (revolving) coil
Drehspulgalvanometer *n* moving-coil galvanometer, d'Arsonval galvanometer
Drehspulgeber *m* moving-coil transducer
Drehspulinstrument *n (Meß)* [permanent-magnet] moving-coil instrument, magnetoelectric instrument, torque coil magnetometer
Drehspulmeßgerät *n s.* Drehspulinstrument
Drehspulmeßwerk *n* [permanent-magnet] moving-coil mechanism, d'Arsonval movement
Drehspulrelais *n* moving-coil relay, magnetoelectric relay
Drehspulspannungsmesser *m* moving-coil voltmeter
Drehspulspiegelgalvanometer *n* moving-coil mirror galvanometer
Drehspulstrommesser *m* moving-coil ammeter
Drehspultonabnehmer *m* dynamic (moving-coil) pick-up
Drehspulvibrationsgalvanometer *n* moving-coil vibration galvanometer
Drehspulvoltmeter *n* moving-coil voltmeter
Drehspulzeigergalvanometer *n* moving-coil pointer galvanometer
Drehstab *m* torsion rod (bar)
Drehstabfeder *f* torsion spring
Drehstellantrieb *m* positioning device
Drehstrom *m* three-phase current
Drehstromanker *m* three-phase armature
Drehstromanlage *f* three-phase system (installation) *(s. a.* Drehstromnetz*)*
Drehstromanlasser *m* three-phase starter
Drehstromasynchronmotor *m* three-phase asynchronous motor
Drehstrombrücke *f* three-phase bridge
Drehstrombrückenschaltung *f* three-phase bridge circuit (connection)
Drehstromdoppelleitung *f* three-phase double-circuit line
Drehstromdreileiteranlage *f* three-phase three-wire system
Drehstromdurchführung *f* three-phase bushing
Drehstromeinfachleitung *f* three-phase single-circuit line
Drehstromelektrodenkessel *m* three-phase electrode boiler
Drehstromendverschluß *m* trifurcating box
Drehstromgenerator *m* three-phase generator
Drehstromgruppe *f* three-phase bank
Drehstromhintermaschine *f* Scherbius advancer
~/selbsterregte Leblanc exciter
Drehstrominduktionsmotor *m* three-phase induction motor
Drehstromkohlebogenlampe *f* three-phase carbon-arc lamp
Drehstromkommutatormotor *m* three-phase commutator motor
Drehstromkreis *m* three-phase circuit
Drehstromleistung *f* three-phase [circuit] power
Drehstromleistungsschalter *m* three-phase circuit breaker
Drehstromlokomotive *f* three-phase electric locomotive
Drehstrommagnet *m* three-phase magnet
Drehstrommotor *m* three-phase [current] motor
Drehstromnebenschlußmotor *m* three-phase shunt commutator motor
~/läufergespeister three-phase self-compensated motor
Drehstromnetz *n* three-phase [supply] network, three-phase system
~ mit Nulleiter (Sternpunktleiter) three-phase four-wire system
~ ohne Nulleiter (Sternpunktleiter) three-phase three-wire system
~/symmetrisches balanced 3-phase network
~/unsymmetrisches unbalanced 3-phase circuit
Drehstromreihenschlußmotor *m* three-phase compound commutator motor
Drehstromschalter *m* three-phase switch (circuit breaker)
Drehstromsteller *m* three-phase alternating-current chopper
Drehstromsynchronmotor *m* three-phase synchronous motor
Drehstromsystem *n s.* Drehstromnetz
Drehstromtransformator *m* three-phase transformer
Drehstromtrennschalter *m* three-phase switch
Drehstromvierleiteranlage *f* three-phase four-wire system
Drehstromwicklung *f* three-phase winding
Drehsymmetrie *f* rotational symmetry
Drehtisch *m* rotary (rotating) table; turntable
Drehtransformator *m* rotary (adjustable) transformer, rotatable phase-adjusting transformer, induction regulator
Drehtrenner *m* centre rotary disconnector (switch), centre-break disconnector (switch)
Drehtrommelofen *m* rotating-drum furnace
Drehumformer *m* rotary converter
Drehung *f* revolution; turn
~ der Polarisationsebene rotation of the plane of polarization, rotary polarization
~ gegen den Uhrzeigersinn anticlockwise rotation
~ im Uhrzeigersinn clockwise rotation
~/magnetische magnetic rotation
~/magnetooptische magnetooptic rotation *(Faraday-Effekt)*
~/optische optical rotation
Drehungsachse *f s.* Drehachse
Drehvektor *m* torsion vector
Drehvermögen *n* rotatory power

~/optisches optical activity (rotatory power)
Drehvorwähler *m (Nrt)* rotary preselecting line switch
Drehwähler *m (Nrt)* rotary switch, uniselector, single-motion selector
Drehwählerrelais *n* uniselector relay
Drehwählersystem *n (Nrt)* rotary [switching] system
Drehwahlschalter *m (Ap)* convertible rotary selector kit
Drehwiderstand *m* [rotary] rheostat, variable resistor
Drehwinkel *m* rotational angle, angle of rotation
~/elektrischer function angle *(Potentiometer)*
Drehzahl *f* speed [of rotation]; number of revolutions [per unit time]
~ beim Kippmoment breakdown-torque speed
~/eingestellte adjusted speed
~/einstellbare adjustable speed
~/koppelkritische combined critical speed
~/kritische critical speed
~/regelbare adjustable speed
~/stufenlos veränderliche steplessly variable speed
Drehzahlabfall *m* speed drop
Drehzahländerung *f* speed variation, change of speed
Drehzahlanstieg *m* speed rise
Drehzahlanzeiger *m* speed indicator
Drehzahlbegrenzer *m* speed-limiting device, overspeed limiter
Drehzahlbereich *m* [operating] speed range
Drehzahl-Drehmoment-Kennlinie *f* speed-torque characteristic (curve)
Drehzahleinstellung *f* speed adjustment
Drehzahlfehler *m* speed error
Drehzahlgeber *m* speed sensor
~/elektrischer tachogenerator, tachometer generator
Drehzahlkorrektur *f* speed correction
Drehzahlmesser *m* speed (revolution) counter; speedometer, tachometer
~/mechanischer centrifugal tachometer
~/stroboskopischer stroboscopic tachometer, strobotac
Drehzahlmeßsonde *f* tachometer probe
Drehzahlmessung *f* speed measurement
Drehzahlregelbereich *m* speed control range
Drehzahlregelkennlinie *f* speed regulation characteristic
Drehzahlregelsystem *n* speed control (governing) system
Drehzahlregelung *f* 1. [rotary] speed control, speed regulation; closed-loop speed control; 2. *(Ak)* pitch control *(Schallaufzeichnung)*
~ des Motors motor-speed control
Drehzahlregelwiderstand *m* speed-regulating resistor (rheostat)
Drehzahlregler *m* speed controller (governor), [rotary] speed regulator; speed-regulating resistor (rheostat)
~/digitaler digital speed controller
Drehzahlrelais *n* angular-speed relay
Drehzahlrückführung *f* tachometer feedback
Drehzahlsollwertangabe *f* standard r.p.m. (revolutions per minute) set value
Drehzahlstabilisierung *f* constant-speed control
Drehzahlstellbereich *m* speed[-adjusting] range, speed control range
Drehzahlsteller *m* speed controller
Drehzahlstellmotor *m* adjustable constant-speed motor
Drehzahlstellung *f***/stufenlose** variable speed adjustment
Drehzahlumschalter *m* speed selector
drehzahlveränderlich variable-speed
Drehzahlverhalten *n* speed characteristics
Drehzahlverhältnis *n* speed ratio
Drehzahlvorwahl *f* speed preselection
Drehzahlwähler *m* speed selector
Dreiadreß... *s.* Dreiadressen...
Dreiadressenbefehl *m (Dat)* three-address command (instruction)
Dreiadressenkode *m (Dat)* three-address code
Dreiadressenrechner *m* three-address computer
Dreiadressensystem *n (Dat)* three-address system
dreiadrig three-wire, three-core
Dreiamperemeterverfahren *n* three-ammeter method
Dreibanden-Leuchtstofflampe *f* triphosphor tube fluorescent lamp, primecolour fluorescent lamp
Dreibereichsfarbmeßgerät *n* tristimulus (three-colour) colorimeter
Dreiebenenresist *n* tri-level resist
Dreieckantenne *f* triangle aerial
Dreiflächenantenne *f* multiwire triadic aerial
dreieckgeschaltet delta-connected, connected in delta (mesh)
Dreieckimpuls *m* triangle (triangular) pulse
Dreieckmodulation *f* delta modulation
Dreiecksanordnung *f* triangular (delta) arrangement
Dreieckschaltung *f* delta connection
~/offene open delta connection
Dreieckschwingung *f* triangular oscillation
Dreieckspannung *f* delta (mesh) voltage, phase-to-phase voltage
Dreieckwelle *f* triangular wave
Dreieckwellenform *f* triangle (triangular) waveform
Dreieckwicklung *f* delta winding
Dreieingangs-NAND-Gatter *n* three-input NAND gate
Dreielektrodenröhre *f* three-electrode valve
Dreielektrodensystem *n* three-electrode system *(Elektronenstrahler)*
Dreielektrodenzelle *f* three-electrode cell

Dreieradresse *f (Dat)* triple address
Dreieralphabet *n (Nrt)* ternary alphabet
Dreierbündel *n* triple conductor, three-conductor bundle, triplex bundle conductor
Dreierstoß *m* three-body collision
Dreierverbindung *f* three-party call
Dreifachbandfilter *n* three-section band filter
dreifachdiffundiert *(ME)* triple-diffused
Dreifachdiffusion *f (ME)* triple diffusion
Dreifachdiffusionstechnik *f* triple-diffused technique
Dreifachdrehkondensator *m* three-gang capacitor
Dreifach-Flipflop *n* triple flip-flop
Dreifachkabel *n***/konzentrisches** triple concentric cable
Dreifachkäfiganker *m* triple [squirrel-]cage armature
Dreifachkäfigläufer *m* triple [squirrel-]cage rotor
Dreifachkäfigmotor *m* triple [squirrel-]cage motor
Dreifachkondensator *m* triple condenser
Dreifachkorrelation *f* triple correlation
Dreifachkurzschlußkäfig *m* triple squirrel cage
Dreifachkurzschlußkäfig... *s.* Dreifachkäfig...
Dreifachlogik *f (Dat)* tristate logic
Dreifachröhre *f* three-purpose valve
Dreifachsammelschienenstation *f* triple bus-bar substation
Dreifachschnur *f* triple cord
Dreifachspielband *n* triple tape
Dreifachstecker *m* three-pin plug, triplug
Dreifachtarifzähler *m (Nrt)* triple-tariff meter, three-rate meter
Dreifachwendel *f* triple-coil filament
Dreifachzeilensprungabtastung *f (Fs)* triple interlaced scanning
Dreifadenaufhängung *f* trifilar suspension
Dreifadenlampe *f* three-filament lamp
Dreifarbenbildröhre *f* tricolour picture tube
Dreifarbenelektronenstrahlröhre *f (Fs)* tricolour cathode-ray tube
Dreifarbenmessung *f* tricolour (trichromatic colour) measurement
Dreifarbenmischung *f* three-colour mixture
Dreifarbenprojektion *f* three-colour projection
Dreifarbenröhre *f (Fs)* tricolour tube
~ **mit Indexsteuerung** beam-indexing tube, apple [beam-indexing] tube
Dreifarbenverfahren *n* three-colour method
dreifarbig trichromatic, three-coloured
Dreifingerregel *f* hand rule
~ **der linken Hand** left-hand (Fleming's) rule
~ **der rechten Hand** right-hand (corkscrew) rule
Dreigangdrehkondensator *m* three-gang capacitor
Dreigitterröhre *f* three-grid valve, triple-grid tube
dreigliedrig three-membered
Dreiklanggong *m* three-tone chime
Dreiklang-Tonruf *m* three-tone ringing
Dreiknopfschalter *m* three-button switch
Dreikomponentenaufnehmer *m* triaxial sensor (pick-up)
Dreikörperrekombination *f* three-body recombination
Dreikörperstoß *m* three-body collision
Dreileistungsmesserverfahren *n* three-wattmeter method
Dreileiteranlage *f* three-wire installation (system)
Dreileiterbündel *n* three-conductor bundle
Dreileiterendverschluß *m* trifurcating box (sealing end) *(für Dreileiterkabel)*
Dreileitergenerator *m* three-wire generator
Dreileiterkabel *n* three-conductor cable, three-core cable, triple-core cable, cable in triples
~**/konzentrisches** concentric three-core cable
Dreileiterkoaxkabel *n* concentric three-core cable
Dreileiterschnur *f* three-conductor cord
Dreileitersystem *n* three-wire system
~ **ohne Nulleiter (Sternpunktleiter)** three-phase three-wire system
Dreilinsensystem *n* three-lens system; triplet [lens] *(Objektiv)*
Dreilochmontage *f* three-hole mounting
Dreilochspeicherkern *m (Dat)* three-hole memory core
Dreilochwicklung *f* three-slot winding
Dreiminutengebühr *f (Nrt)* three-minute charge (rate)
Dreiniveaulaser *m* three-level laser [system]
Dreiniveausystem *n* three-level system *(Laser, Maser)*
Dreiphasenanker *m* three-phase armature
Dreiphasenanschluß *m* three-phase connection
Dreiphasen-Asynchronmaschine *f* three-phase asynchronous machine (motor)
Dreiphasenbrücke *f***/halbgesteuerte** three-phase half-controlled bridge
~**/vollgesteuerte** three-phase fully controlled bridge
Dreiphasengleichrichter *m* three-phase rectifier
Dreiphasen-Graetz-Schaltung *f* three-phase bridge-type rectifying circuit
Dreiphasengrenze *f* three-phase boundary
Dreiphasenkollektormotor *m* three-phase commutator motor
Dreiphasenleitung *f* three-phase line
Dreiphasenmaschine *f* three-phase machine
Dreiphasenmotor *m* three-phase motor
Dreiphasennebenschlußmotor *m* three-phase shunt commutator motor
Dreiphasennetz *n* three-phase circuit (system, network)
~**/symmetrisches** balanced 3-phase network
Dreiphasenreihenschlußmotor *m* three-phase series commutator motor
Dreiphasenschaltung *f* three-phase connection
Dreiphasenstrom *m s.* Drehstrom

Dreiphasen-Synchronmaschine *f* three-phase synchronous machine (motor)
Dreiphasensynchroskop *n* three-phase synchroscope
Dreiphasensystem *n* three-phase system
Dreiphasentransformator *m* three-phase transformer
Dreiphasenwechselstrom *m* three-phase alternating current
Dreiphasenwicklung *f* three-phase winding
dreiphasig three-phase
Dreipol *m* triple pole
dreipolig tripolar, three-terminal, triple-pole
Dreipolröhre *f* triode
Dreipolschalter *m* triple-pole switch
Dreipolschaltung *f* three-terminal network
Dreiprismenspektrograph *m* three-prism spectrograph
Dreipunktregelung *f (Syst)* three-step control, three-position control
Dreipunktregler *m* three-position controller
Dreipunktschaltung *f* three-point connection (circuit)
~/induktive Hartley circuit (oscillator)
~/kapazitive Colpitts oscillator
Dreipunktverhalten *n (Syst)* three-step action, three-level action
~ mit Nullwert (Totzone) positive-negative three-level action
Dreiröhrenfarbkamera *f (Fs)* three-tube colour camera
Dreischichtenaufbau *m* three-layer structure *(Glaselektrode)*
Dreischlitzmagnetfeldröhre *f*, **Dreischlitzmagnetron** *n* three-split magnetron, three-slot magnetron
Dreispannungsmesserverfahren *n* three-voltmeter method
Dreispitzensonde *f* three-point probe
Dreispitzensondenmessung *f* three-point probe measurement
Dreistellungsrelais *n* three-position relay
Dreistiftstecker *m* three-pin plug
Dreistiftzentralsockel *m* three-pin central base
Dreistoffsystem *n* ternary system
Dreistrahlfarbfernsehröhre *f* three-gun colour picture tube
Dreistrommesserverfahren *n* three-ammeter method
Dreistufenschalter *m* three-heat switch *(Heizgeräte)*
Dreistufenverstärker *m* three-stage amplifier
dreistufig three-stage
Dreitemperaturverfahren *n* three-temperature process
Dreivoltmeterverfahren *n* three-voltmeter method
Dreiwattmeterverfahren *n* three-wattmeter method
Dreiwegeklinke *f* three-way jack
Dreiwegelautsprecher *m* three-way [loud]speaker system
Dreiwegeschalter *m* three-way switch, three-position switch, three-point switch
Dreiwegestecker *m* three-way plug
Dreizonensteuerung *f* three-zone control *(Temperaturregler)*
Dreizustandsausgang *m* three-state output, tri-state output
Dreizustandsgatter *n* three-state gate *(Schaltung mit drei Zuständen)*
Dreizustandsregister *n* three-state register
Drift *f (ME, Meß)* drift
Driftanteil *m* drift component
Driftausfall *m* degradation failure, gradual failure
Driftbeweglichkeit *f* drift mobility
driften to drift
Driftfeld *n* drift field
~/inneres internal drift field
Driftfeldfaktor *m* drift field factor
Driftgebiet *n* drift region
Driftgeschwindigkeit *f* drift speed (velocity)
Driftkompensation *f* drift compensation
driftkompensiert drift-corrected, drift-balanced
Driftkomponente *f* drift component
Driftkorrektur *f* drift correction
Driftlänge *f* drift length
Driftraum *m* drift space
Driftstrom *m* drift current
Drifttransistor *m* drift (graded base) transistor
Drillmoment *n* twisting moment
Drillung *f* twist; torsion
Dringlichkeitszeichen *n (Nrt)* urgency signal
Dröhnen *n (Ak)* boom, roar[ing]
Dropout *m* drop-out *(bei Ton- und Videoaufzeichnungen)*
Drossel *f* choke, choking coil, reactor *(s. a.* Drosselspule*)* • **ohne ~** chokeless
~/brummfreie not-humming choke
~ einer Leuchtstofflampe fluorescent lamp ballast
~/eisenlose air-core choke (reactor)
~/gesättigte choke with saturated iron core
~/luftgekühlte air-cooled reactor
~ mit einstellbarer Induktivität adjustable inductor
~ mit Mittelpunktsanzapfung equalizing coil
~ mit Rechteckschleife square-loop choke (reactor)
~ mit veränderlichem Luftspalt choke (inductor) with adjustable air gap
~ ohne Eisenkern *s.* ~/eisenlose
~/regelbare adjustable choke (inductor)
~/sättigungsfähige saturable reactor
~/stromausgleichende current-balancing reactor
~/strombegrenzende current-limiting reactor
Drosselerdung *f* inductive earthing
Drosselflansch *m* choke connector

Drosselflanschverbindung *f* choke coupling (connection)
Drosselkette *f***/mechanische** mechanical [wave] filter
Drosselkolben *m* choke piston (plunger) *(Wellenleiter)*
Drosselkopplung *f* choke (impedance) coupling
Drosselkreis *m* choking circuit
Drosselmodulator *m* choke modulator
drosseln 1. to choke; 2. to throttle *(mechanisch)*
Drosselregelung *f* reactor control
Drosselrelais *n* high-impedance relay
Drosselröhre *f* choking valve
Drosselspule *f* choke [coil], choking (inductance, reactance) coil, inductor, reactor [coil]
Drosselspulenleistung *f* reactor capacity
Drosselspulenverlust *m* choke loss
Drosselverstärker *m* choke-coupled amplifier
Drosselvorschaltung *f* choke (inductor) ballast
Drosselwiderstand *m* choke impedance
Druck *m* 1. pressure; compression; 2. printing; print *(von Daten)*
~/atmosphärischer atmospheric pressure
~/elektrodynamischer electrodynamic pressure
~/hydraulischer hydraulic pressure
~/mittlerer medium pressure
~/niedriger low pressure
~/ruhender (statischer) static pressure
~/verminderter diminished (reduced, decreased) pressure
Druckabfall *m* pressure decrease
Druckabhängigkeit *f* pressure dependence
Druckamplitude *f* pressure amplitude
Druckänderung *f* pressure change
Druckanstieg *m* pressure increase, rise in pressure
Druckapparat *m (Nrt)* printing set
Druckaufnehmer *m* pressure gauge; barometric sensor
~/piezoelektrischer piezoelectric pressure gauge
Druckausgleich *m* equalization of pressure; pressure compensation
~/statischer static pressure equalization
Druckausgleichskapillare *f* vent *(Mikrofonkapsel)*
Druckausgleichsöffnung *f* pressure-equalizing leak *(Mikrofon)*
Druckbauch *m* pressure antinode *(stehende Welle)*
Druckbefehl *m (Dat)* printing command (instruction)
Druckbefehlsimpuls *m* print command pulse
Druckbereich *m* pressure range
druckbetätigt pressure-actuated, pressure-operated
druckdicht pressure-tight, pressure-sealed
Druckdifferenz *f* pressure difference
Druckdifferenzgeber *m* pressure-difference transducer
Druckdose *f* [pressure] capsule
Druckeichung *f* pressure calibration
Druckeinrichtung *f* printing device *(für Daten)*
Druckeinstellung *f* pressure adjustment
Druckempfang *m (Nrt)* printing reception
Druckempfänger *m* printing telegraph, printer
druckempfindlich pressure-sensitive, pressure-responsive
Druckempfindlichkeit *f* pressure sensitivity (response)
drucken to print
drücken 1. to push; 2. to squeeze
Drucken *n (Dat, Nrt, Meß)* printing
~ der Summe total printing
~/einzeiliges single-space printing
~/elektrolytisches electrolytic printing
~/ferromagnetisches ferromagnetic printing
~/photoelektrisches photoelectric printing
Druckentlastungseinrichtung *f* pressure-relief device *(Ableiter)*
Drucker *m (Dat, Nrt, Meß)* printer, printing device
~/direktarbeitender direct printer
~/leitungsgetrennt arbeitender off-line printer
~/mechanischer impact printer
~ mit Register register printer
~ mit rotierender Typenwalze on-the-fly printer
~ mit Tastatur keyboard printer
~/nichtmechanischer non-impact printer
~/xerographischer xerographic printer
~/zweibahniger two-column printer
Druckerhitzung *f* heating under pressure
Druckerhöhung *f* pressure increase, rise in pressure
Druckerniedrigung *f* pressure decrease (reduction, lowering)
Druckerzwischenspeicherung *f (Dat)* print spooling
druckfest resistant to pressure (compression)
Druckfinger *m (MA)* end finger
Druckfrequenzgang *m* pressure response (characteristic)
Druckfühler *m* pressure gauge; barometric sensor
Druckgaskabel *n* gas[-pressure] cable, compressed-gas insulated cable
Druckgasschalter *m* [compressed] gas-blast circuit breaker, air-blast breaker, gas-blast switch
Druckgeber *m (Meß)* pressure pick-off, pressure sensor
Druckgefälle *n* pressure gradient
Druckgeschwindigkeit *f* printing speed (rate)
Druckgießen *n* pressure die casting
Druckgießmaschine *f* [pressure] die-casting machine
Druckgradient *m* pressure gradient
Druckgradientenmikrofon *n* pressure-gradient microphone, velocity microphone
Druckguß *m* [pressure] die casting *(Metall)*
Druckgußgehäuse *n* die-cast box (case)
Druckgußstück *n*, **Druckgußteil** *n* [pressure] die casting

Druckhammer *m (Nrt)* printing hammer
Druckimpuls *m* 1. pressure [im]pulse; 2. printing pulse
druckisoliert pressure-insulated
Druckkabel *n* pressure cable
~/geschlossenes self-contained pressure cable
Druckkabelendverschluß *m* pressure-type pothead
Druckkalibrierung *f* pressure calibration
Druckkammer *f* pressure chamber
Druckkammereichung *f* pressure-chamber calibration
Druckkammerlautsprecher *m* pneumatic (pressure-chamber, air-chamber) loudspeaker
Druckknopf *m* push button, [press] button, key
~/freier free push button
~/geführter guided push button
~/quadratischer square push button
~/rechteckiger rectangular push button
~/verkeilter keyed push button
Druckknopfabstimmung *f* push-button tuning, press-button tuning
Druckknopfbetätigung *f* push-button operation
druckknopfgesteuert push-button-controlled
Druckknopfschalter *m* [push-]button switch, finger push switch
Druckknopfsteuerung *f* [push-]button control
Druckknopftaste *f* plunger key, push button
Druckknopftaster *m* push-button switch
Druckknopfwähler *m* auto-dial
Druckknoten *m* pressure node *(stehende Welle)*
Druckkondensator *m* pressure-type capacitor
Druckkontakt *m* pressure contact, push (butt) contact
Druckkopf *m (Dat)* print head
Druckkraftgeber *m s.* Kraftmeßdose
Drucklager *n* thrust bearing
Druckluft *f* compressed air
Druckluftanlage *f* compressed-air plant
Druckluftantrieb *m* compressed-air drive, pneumatic drive
Druckluftarmatur *f* compressed-air fitting
druckluftbetätigt air-operated, air-driven, air-powered
Drucklufterzeuger *m* [air] compressor
Druckluftkondensator *m* compressed-air capacitor
Druckluftkühlung *f* forced-air cooling
Druckluftleistungsschalter *m* air-blast circuit breaker
Druckluftleitung *f* compressed-air line
Druckluftlöschsystem *n* compressed-gas arc quenching system
Druckluftnormalkondensator *m* compressed-air standard capacitor
Druckluftprüfung *f* [air-]pressure test
Druckluftschalter *m* 1. air-pressure circuit breaker, air-blast [circuit] breaker; air-pressure switch; 2. pneumatic switch
~ mit Selbstblasung autopneumatic circuit breaker
Druckluftschütz *n* electropneumatic contactor
Druckluftspeicher *m* compressed-air storage
Druckluftsteuerung *f* pneumatic (compressed-air) control
~/elektrisch betätigte electropneumatic control
Druckluftventil *n* pneumatic (air control) valve
~/elektrisch betätigtes electropneumatic valve
Druckluftversorgung *f* compressed-air supply
Druckmagnet *m* printer magnet
Druckmeßdose *f* pressure (load) cell, pressure sensor
Druckmesser *m* pressure gauge
Druckmeßfühler *m* pressure sensor
Druckmeßinterferometer *n* pressure measurement interferometer
Druckmeßwertwandler *m* pressure transducer
Druckmikrofon *n* [sound] pressure microphone
Druckminderer *m s.* Druckminderungsventil
Druckminderung *f* pressure reduction (drop)
Druckminderungsventil *n* [pressure-]reducing valve, pressure reducer
Druckölentlastung *f* oil lift system
Druckölkabel *n* oilostatic cable
Druckösllagerung *f* oil lift bearing
Druckölschmierung *f* pressure-feed [oil] lubrication
Druckoriginal *n* artwork (production) master, master pattern, photomaster, artwork *(Leiterplatten)*
druckoxydieren to pressure-oxydize
Druckpegelmesser *m (Ak)* sound level meter
Druckpolieren *n*/**manuelles** hand-burnishing
Druckprüfung *f* pressure test
Druckrad *n (Dat)* type wheel
Druckreduzierung *f* pressure reduction
Druckreduzierventil *n* pressure-reducing valve, pressure reducer
Druckregister *n (Dat)* printing register
Druckrelais *n* pressure relay
Druckrolle *f* 1. pressure (pad) roll; 2. *(Dat)* type wheel
Druckschalter *m* pressure (sliding key) switch
Druckschaltung *f (El)* printing circuit
Druckschaltungsbaustein *m*, **Druckschaltungseinheit** *f* printed circuit unit
Druckschaltungskarte *f* printed circuit card
Druckschaltungsmodul *m* printed circuit module
Druckschaltungsplatte *f* printed circuit panel
Druckschaltungstechnik *f* printed circuit technique, technique of printed wiring; printed circuit technology
Druckschaltungsverbinder *m* printed circuit connector
Druckschaltungsverdrahtung *f* printed circuit wiring
Druckscheibe *f (Dat)* print wheel

Druckschienenkontakt *m* electrical depression bar
Druckschmierung *f* forced lubrication
Druck-Schnelle-Sonde *f* pressure-velocity probe, p-u probe
Druckschreiber *m (Meß)* pressure recorder, recording manometer
Druckschwankung *f* pressure fluctuation
Druckschweißen *n* pressure welding
Drucksensor *m* pressure sensor
~/kapazitiver variable-capacitance pressure gauge
Drucksonde *f* static [pressure] tube
Druckstau *m* pressure increase *(z. B. beim Mikrofon)*
Druckstock *m* artwork, printed circuit (wiring) master, master pattern, photomaster *(Leiterplatten)*
Druckstocktechnik *f* artwork technique
Druckstockzeichnung *f* artwork drawing
Druckstreifen *m* printing tape
Druckstufe *f* pressure stage *(Vakuumsystem)*
Drucktakt *m (Dat)* printing cycle
Drucktaste *f* push (press) button, key *(s. a. unter* Druckknopf*)*
~/abgedeckte covered push button
Drucktastenfeld *n* push-button keyboard
Drucktastenstation *f* push-button station
Drucktastenvorsatz *m***/ansprechverzögerter** delayed-action push button
~/eingelassener flush push button
~/kurzer short push button
~/langer long push button
~ mit Rückstellverzögerung time-delay push (press) button
~/ummantelter shrouded push button
~/verriegelter latched push button
~/versenkter recessed push button
Drucktaster *m* push-button switch
Drucktelegraf *m* printing telegraph
Drucktelegrafie *f***/schreibende** mosaic telegraphy
Druckübertrager *m* pressure transducer
Druckübertragungsfaktor *m (Ak)* pressure sensitivity (response)
Druckübertragungsmaß *n***/relatives** pressure frequency response level
Druckumlauf *m* forced circulation [system]
Druckunterdrückung *f (Dat)* print suppression
Druckunterschied *m* pressure difference
Druckverbreiterung *f* pressure broadening (widening)
Druckverfahren *n***/photoelektrisches** *(Dat)* photoelectronic (photronic) printing
Druckverhalten *n* pressure response
Druckverlust *m* pressure drop (loss)
Druckverschiebung *f* pressure shift
Druckvorlage *f* photographic original, master pattern, photomaster, artwork master *(Leiterplatten)*
Druckwandler *m* pressure transducer
Druckwasser *n* pressurized water
Druckwasserreaktor *m* pressurized water reactor, PWR
Druckwelle *f* compressional wave
Druckwerk *n (Dat, Nrt, Meß)* printer, printing mechanism, print-out device (unit)
Druckwerksteuerung *f* printer control
Druckzeile *f* printed line, line of print
Druck-Zug-Tastenvorsatz *m* push-pull button
Druckzunahme *f* pressure increase, rise in pressure
Druckzyklus *m (Dat)* printing cycle
DT-Logik *f* diode-transistor logic, DTL
DTL-Schaltung *f* **mit Z-Dioden** *(El)* diode transistor logic with Zener diodes, DTLZ
3-D-Ton *m s.* Raumton
DT-Schaltkreistechnik *f s.* DT-Logik
dual dual, binary
Dual-in-line-Gehäuse *n* dual-in-line package, DIP *(mit zwei Reihen Anschlußkontakten)*
Dual-in-line-Kunststoffgehäuse *n* dual-in-line plastic package
Dual-in-line-Verkappung *f* dual-in-line package, DIP *(mit zwei Reihen Anschlußkontakten)*
Dualitätsprinzip *n* duality principle
Dualnetzwerk *n* reciprocal network
Dualschaltung *f* dual circuit
Dual-slope-Methode *f (El)* dual-slope method
Dualstelle *f* binary place (position)
Dualsystem *n* binary [number] system
Dualzahl *f* binary number
DÜ-Block *m (Nrt)* data transmission block
Duddell-Oszillograph *m* Duddell oscillograph
DÜ-Einrichtung *f (Nrt)* data communication equipment
Dummy *n* dummy *(funktionslose Leiterbahn)*
dunkel 1. dark, deep *(Farbe)*; 2. dull *(Ton)*
Dunkeladaptation *f (Licht)* dark adaptation
Dunkelentladung *f* dark (silent, cold electronic) discharge
Dunkelfeld *n* dark field (ground)
Dunkelfeldbeleuchtung *f* dark-field illumination
Dunkelfeldbild *n* dark-field image
Dunkelfeldblende *f* dark-field stop (aperture)
Dunkelfeldkondensor *m* dark-field condenser
Dunkelimpuls *m* dark pulse
Dunkelkammerbeleuchtung *f* darkroom illumination
Dunkelkammerleuchte *f* darkroom [safe-light] fitting
Dunkelleitfähigkeit *f (ME)* dark conductivity
Dunkelleitung *f* dark conduction
Dunkelperiode *f* dark interval (period)
Dunkelraum *m* dark space
~/Astonscher Aston['s] dark space, primary dark space
~/Crookesscher Crookes dark space
~/Faradayscher Faraday dark space
~/Hittorfscher Hittorf (cathode) dark space

Dunkelrotfilter *n* dark (deep) red filter *(Pyrometrie)*
Dunkelschaltung *f* synchronizing-dark connection (method)
Dunkelschriftröhre *f* dark-trace tube, skiatron
Dunkelschriftschirm *m* dark-trace screen
Dunkelsteuerimpuls *m (Fs)* blanking pulse
Dunkelsteuersignal *n (Fs)* blanking signal
Dunkelsteuerung *f* Z-axis modulation *(Oszillograph)*; *(Fs)* [retrace] blanking
Dunkelstrahler *m* dark[-ray] radiator
Dunkelstrahlung *f* dark (invisible) radiation
Dunkelstrom *m* dark current
Dunkelstromeingang *m* dark-current input
Dunkelstromsignal *n* dark spot signal
Dunkeltastung *f (Fs, Nrt)* blanking *(s. a.* Dunkelsteuerung*)*
Dunkelwiderstand *m* dark resistance
~/spezifischer dark resistivity
Dunkelzeit *f* dark interval (period)
Dünnfilm *m s.* Dünnschicht
Dünnschicht *f* thin film (layer)
Dünnschichtelement *n***/passives** thin-film passive [circuit] element
Dünnschichthalbleiter *m* thin-film semiconductor
Dünnschichtisolator *m* thin-film insulator
Dünnschichtkondensator *m* thin-film capacitor
Dünnschichtmikroschaltung *f* thin-film microcircuit
Dünnschichtschaltkreis *m* thin-film circuit
Dünnschichtschaltung *f* thin-film circuit
~/integrierte thin-film integrated circuit, thin-film IC
Dünnschichtschaltungselement *n***/passives** thin-film passive [circuit] element
Dünnschichtspeicher *m* thin-film memory (store)
~/assoziativer associative thin-film memory
~/magnetischer magnetic thin-film memory
Dünnschichtspeichermatrix *f* thin-film store matrix
Dünnschichtspeicherung *f* thin-film storage
Dünnschichttechnik *f* thin-film technique
Dünnschichttechnologie *f* thin-film technology
Dünnschichtträger *m* thin-film carrier
Dünnschichttransistor *m* thin-film transistor
Dünnschichtwiderstand *m* thin-film resistor
dünnwandig thin-walled
Dünnwandzähler *m* thin-wall counter
Dunst *m* damp, haze
Dunstabzug *m* extract ventilation *(z. B. bei Lacktrockenöfen)*
Dunstdurchdringung *f (Licht)* haze penetration
Dunststreuung *f (Licht)* haze scattering
Duodiode *f* twin (double) diode, duodiode
Duoschaltung *f* dual lamp circuit, twin-lamp circuit *(Leuchtstofflampen)*
Duotelegrafie *f* duplex telegraphy
Duotriode *f* double triode
Duovorschaltgerät *n* twin lamp ballast
Duplexaddiermaschine *f (Dat)* duplex adding machine
Duplexapparat *m (Nrt)* duplex apparatus
Duplexbetrieb *m (Nrt)* duplex operation
Duplexgerät *n* duplexer *(Radar)*
Duplexkabel *n* duplex cable
Duplexkanal *m (Nrt)* duplex channel
Duplexleitung *f (Nrt)* duplex circuit
Duplexsprechverkehr *m* duplex telephony
Duplexsprechweg *m (Nrt)* two-frequency channel
Duplexverbindung *f (Nrt)* duplex circuit
Duplexverfahren *n (Nrt)* duplex (send-receive) method
Duplexverkehr *m (Nrt)* duplex communication
Duplizieren *n (Dat)* duplication
Duplizierkontrolle *f* duplication check
Duplizierlocher *m* duplication punch
Duplizierprüfung *f* duplication (twin) check
Düppel *m (FO)* window
Düppelstraße *f* window cloud
Düppelung *f* window (flasher) dropping
Durchbiegefestigkeit *f* cross-breaking strength
Durchbiegung *f* 1. deflection; sagging; 2. bending *(Linsen)*
Durchbiegungsmesser *m* deflectometer
durchbrennen to blow [out], to fuse *(Sicherung)*; to burn out *(Lampe, Spule)*
Durchbrennen *n* blow-out, blowing, fusing *(Sicherung)*; burn-out *(Lampe, Spule)*
Durchbrennstrom *m* blowing current *(Sicherung)*
Durchbruch *m* 1. breakdown, disruptive discharge *(elektrische Spannung)*; 2. cut, opening
~/sekundärer (zweiter) second breakdown *(bei Dioden)*
Durchbruchdiode *f* avalanche (breakdown) diode
Durchbruchfeldstärke *f* breakdown field strength
Durchbruchgebiet *n* breakdown region
Durchbruchspannung *f* breakdown voltage, disruptive discharge voltage; avalanche voltage *(Diode)*
Durchbruchspannungsprüfung *f* disruptive discharge test
Durchdrehempfänger *m (Nrt)* swept receiver
durchdrehen to turn *(Turbogenerator)*; *(Nrt)* to hunt over a complete level
Durchdrehen *n (Nrt)* level overflow motion, continuous hunting *(von Wählern)*
„Durchdreher“ *mpl* traffic lost
Durchdrehstellung *f (Nrt)* overflow position
Durchdrehzähler *m (Nrt)* overflow meter
durchdringen to penetrate
Durchdringungsvermögen *n* penetrating power; permeativity
~ des Elektronenstrahls penetrating power of the electron beam
durchflechten to interweave *(Litze)*
durchfließen to flow (pass) through *(Strom)*
Durchfluß *m* flow, flowing-through, passage
Durchflußanalysator *m* flow analyzer

Durchflußerhitzer *m* flow heater
Durchflußgeschwindigkeit *f* flow rate
Durchflußmenge *f* flow volume (rate)
Durchflußmesser *m* flowmeter, rate meter, flow gauge
~/elektromagnetischer (induktiver) electromagnetic flowmeter
Durchflußmeßgerät *n s.* Durchflußmesser
Durchflußmessung *f* flow measurement
Durchflußregelung *f* flow control
Durchflußregler *m* flow controller
Durchflußsensor *m* charge flow sensor
Durchflutung *f* magnetomotive force, mmf
Durchflutungsgesetz *n* Ampere's law (principle)
Durchführbarkeitsuntersuchung *f* feasibility study
durchführen to pass (lead) through *(z. B. elektrische Leitungen)*
~/eine Streckenmessung *(Nrt)* to make an end-to-end test
Durchführung *f* 1. bushing, grommet *(für Kabel)*; outdoor bushing *(Freiluftausführung)*; lead-through, feed-through [lead]; 2. leading through
~/abgedichtete sealed bushing
~ aus imprägniertem Papier *(Isol)* impregnated-paper bushing
~ aus vorbehandeltem Papier *(Isol)* treated-paper bushing
~/auswechselbare interchangeable bushing
~ eines Programms *(Dat)* execution of a program
~/eingegossene compound-filled bushing
~ für Kabelanschluß cable box bushing
~/gegossene cast insulating bushing
~/gesteuerte capacitor bushing
~/harzgebundene papierisolierte resin-bonded paper-insulated bushing
~/isolierte grommet *(z. B. beim Rundfunkgerät)*
~/kapazitiv gesteuerte capacitance-graded bushing
~/keramische ceramic bushing
~/massegefüllte compound-filled bushing
~/ölgefüllte oil-filled bushing
~/vollständig eingebettete completely immersed bushing
~/zusammengesetzte composite bushing *(aus mehreren Dielektrika)*
Durchführungsdraht *m* seal wire *(z. B. in gasdichte Gefäße)*
Durchführungselektrode *f* lead-through electrode
Durchführungselement *n* feed-through
Durchführungsfilter *n* lead-through filter
Durchführungshülse *f* bushing, grommet
Durchführungsisolator *m* [wall] bushing insulator, insulated bushing, wall tube insulator; lead-through insulator, leading-in insulator; down-lead insulator *(Antennen)*
Durchführungsklemme *f* capacitor type terminal
Durchführungskondensator *m* bushing-type capacitor, duct (wall bushing) capacitor; feed-through capacitor
~/keramischer feed-through ceramicon
Durchführungsloch *n* feed-through hole
Durchführungsstromwandler *m* bushing-type current transformer
Durchführungswandler *m* bushing transformer
Durchgang *m* 1. passage, pass; transit; 2. transmission *(Strahlung)*
~ von Interferenzstreifen interferential fringe shifts
Durchgangsamt *n (Nrt)* transit exchange (centre), through exchange, via office (exchange)
Durchgangsbetrieb *m (Nrt)* tandem operation (working)
Durchgangsdämpfung *f (Nrt)* via net loss
Durchgangsdämpfungsfaktor *m* via net loss factor
Durchgangsdrehzahl *f* runaway (throughput) speed
Durchgangsfenster *n (ME)* via window *(zwischen zwei Verbindungsleitungsebenen)*
Durchgangsfernamt *n (Nrt)* through-trunk exchange, trunk control centre
Durchgangsfernleitung *f (Nrt)* through toll line
Durchgangsfernplatz *m (Nrt)* through-switching position
Durchgangsgespräch *n (Nrt)* transit (through) call
Durchgangsleistung *f* throughput [rating]; power handling capacity
Durchgangsleitung *f* 1. *(Nrt)* transit (through) line, transit (via) circuit; 2. primary guide *(beim Richtkoppler)*
Durchgangsloch *n* through hole
Durchgangsmatrix *f* transmission matrix *(Zustandsgleichung)*
Durchgangsmuffe *f* straight joint
Durchgangspegeldiagramm *n (Nrt)* through-level diagram
Durchgangsplatz *m (Nrt)* through position
Durchgangsprüfung *f* continuity check (test)
Durchgangsscheinleitwert *m* transadmittance *(Elektronenröhren)*
Durchgangsschutz *m* runaway protection
Durchgangsstellung *f* through position *(Schalter)*
Durchgangstransformator *m* throughput transformer
Durchgangsverbindung *f (Nrt)* through (built-up) connection
Durchgangsverkehr *m (Nrt)* transit (through, via) traffic
Durchgangsvermittlungsstelle *f (Nrt)* tandem exchange, transit centre
Durchgangswahl *f (Nrt)* tandem dialling
Durchgangswähleinrichtung *f (Nrt)* tandem switching
Durchgangswähler *m (Nrt)* tandem selector
Durchgangswahlstufe *f (Nrt)* tandem stage

Durchgangswiderstand *m* volume resistivity, specific insulation resistance
Durchgangszeit *f* transit time *(Elektronen)*
durchgeben/eine Anmeldung *(Nrt)* to pass a booking
durchgebrannt burnt-out
durchgehen to race, to run away *(Maschine)*
durchgeschaltet patched through
Durchgreifeffekt *m (ME)* punch-through effect
Durchgreifen *n (ME)* punch-through
Durchgreifspannung *f (ME)* punch-through voltage, penetration voltage
Durchgriff *m* inverse amplification factor, reciprocal of amplification [factor] *(Elektronenröhren)*
Durchhang *m* sag
~/unbelasteter unloaded sag
durchhängen to sag
Durchhangsprüfung *f* sag test
durchkommen to come through *(Ferngespräch)*
durchkontaktieren to plate through
Durchkontaktieren *n* through[-hole] plating, through contacting (metallizing)
Durchkontaktierung *f* 1. plated-through [interconnection] hole, interfacial connection, feedthrough *(Leiterplatten)*; 2. *s.* Durchkontaktieren
Durchkontaktierungsanlage *f* through-hole plating plant
Durchkontaktierungshülse *f* plated-through-hole barrel
Durchkontaktierungstechnik *f* through-hole plating technology; through-hole plating technique
Durchkontaktierungsverfahren *n* through-hole process
durchkopieren to print through *(z. B. Tonband)*
Durchlaß *m* passage; outlet
Durchlaßband *n* pass-band, passband *(z. B. eines Filters)*
Durchlaßbandbreite *f* filter pass-band
Durchlaßbereich *m* 1. pass-band [width], pass (filter) range *(Filter)*; transmission band (range); 2. conducting region
Durchlaßbreite *f* pass-band, band width
Durchlaßcharakteristik *f* transmission characteristic
Durchlaßdämpfung *f* pass-band attenuation
Durchlaßeinstellung *f* all-pass setting
durchlassen 1. to pass *(z. B. Filter)*; to transmit; 2. to gate *(Impuls)*
Durchlaßerholzeit *f* forward recovery time
Durchlaßfehlerkorrektur *f* forward error correction
Durchlaßfehlerkorrektureinrichtung *f* forward error-correcting system
Durchlaßfrequenz *f* pass frequency
Durchlaßfrequenzband *n* filter transmission band
Durchlaßgitterspannung *f* forward gate voltage *(Thyristor)*
Durchlaßgitterstrom *m* forward gate current *(Thyristor)*
Durchlaßgrad *m* transmittance
~/spektraler spectral transmittance (transmission factor)
Durchlaßgrenze *f***/obere** upper pass limit
durchlässig transmissive, transmitting; transparent *(z. B. für Licht)*; diathermic *(z. B. für Wärme)*
~/teilweise partially transmitting
Durchlässigkeit *f* 1. transmissivity, transmission; transparency *(z. B. für Licht)*; diatherma[n]cy *(z. B. für Wärme)*; 2. *s.* Durchlässigkeitsgrad
~/diffuse diffuse transmission
~/gerichtete specular transmission
~/gestreute diffuse transmission
~/magnetische permeability
~/spektrale spectral transmissivity (transmission)
Durchlässigkeitsbereich *m* free transmission range; pass-band *(Filter)*
Durchlässigkeitsfaktor *m* transmission factor (coefficent)
Durchlässigkeitsgrad *m* transmittance, transmittancy
Durchlässigkeitsgrenze *f (Licht)* transmission limit
Durchlässigkeitskurve *f***/spektrale** spectral transmission (transmittance) curve
Durchlässigkeitsverlust *m* transmission loss
Durchlaßkennlinie *f* forward characteristic; conducting voltage-current characteristic *(z. B. eines Halbleiters)*
Durchlaßkennwert *m* characteristic forward value
Durchlaßkurve *f* transmission curve; band-pass characteristic (response), filter characteristic
Durchlaßleitwert *m* forward conductance
Durchlaßnennstrom *m* mean forward current
Durchlaßperiode *f* gating period *(Impuls)*
Durchlaßpotential *n* forward potential
Durchlaßrichtung *f* 1. forward (conducting) direction; 2. *(Licht)* direction of transmission
Durchlaßscheitelsperrspannung *f* circuit crest working off-state voltage
Durchlaßspannung *f* forward voltage; *(ME)* on-state voltage; conducting voltage
Durchlaßspannungsabfall *m* forward voltage drop
Durchlaßspitzenspannung *f***/periodische** circuit repetitive peak off-state voltage
Durchlaßstrom *m* forward current; *(ME)* [continuous] on-state current; conducting-state current
~/höchstzulässiger effektiver maximum r.m.s. on-state current
~/maximaler peak on-state current
Durchlaßverlust *m* forward loss; *(ME)* on-state loss; conducting-state power loss
Durchlaßverlustleistung *f* forward power loss; conducting-state power loss
Durchlaßverzögerungszeit *f*, **Durchlaßverzug** *m* forward recovery time
Durchlaßvorspannung *f* forward bias
Durchlaßwiderstand *m* forward resistance; *(ME)* on-state resistance

~/differentieller differential forward resistance
Durchlaßwinkel *m s.* Durchlaßzeit 2.
Durchlaßzeit *f* 1. conducting period, conduction interval; gate time; 2. conduction (conducting) angle *(Zeit, in der ein Ventil stromführend ist)*
Durchlaßzustand *m* conducting condition (state); on state *(Thyristor)*
Durchlauf *m* pass; sweep
~/einmaliger single sweep
~/mehrfacher repetitive sweep
Durchlaufbetrieb *m* continuous [operation] duty
~ mit Aussetzbelastung continuously running duty with intermittent loading
~ mit Aussetzbelastung und elektrischer Bremsung continuous operation duty with electric braking
~ mit Kurzzeitbelastung intermittent periodic duty
~ mit veränderlicher Drehzahl continuous operation duty with related load-speed changes
durchlaufen to pass [through], to sweep
~/eine Periode to pass through a cycle
Durchlauferhitzer *m* continuous-flow water heater, flow-type heater
Durchlaufgeschwindigkeit *f* sweep speed *(Kippgenerator)*
Durchlaufprinzip *n s.* FIFO-Prinzip
Durchlaufprüfung *f* scanning test *(z. B. bei Kabeln)*
Durchlaufschaltbetrieb *m* continuous multi-cycle duty
Durchlaufspeicher *m (Dat)* first-in-first-out-memory, FIFO store; *(Nrt)* transit store
Durchlaufvakuummetallbedampfer *m* continuous vacuum metallizer
Durchlaufzeit *f* 1. run time, turn-around time *(eines Programms)*; 2. throughput time *(z. B. bei Fertigung)*
durchleuchten 1. to transilluminate; 2. to X-ray; to screen
Durchleuchtung *f* 1. transillumination; 2. X-ray examination; screening
Durchlicht *n* transmitted light
Durchlichtbeleuchtung *f* transmittent illumination, transparent lighting
Durchlichtbetrachtung *f* observation by transmitted light
Durchlichtverfahren *n* direct-light method
Durchmesser *m***/freier** clear diameter
~/wirksamer effective (usable) diameter
Durchmesserwicklung *f* diametral (full-pitch) winding
Durchmetallisieren *n s.* Durchkontaktieren
durchmoduliert fully modulated
durchmustern to sample; to scan
Durchmusterung *f (El)* sampling; *(Dat)* scanning [operation]
Durchperlungselektrode *f* bubbling-type electrode
durchplattieren *s.* durchkontaktieren
durchprüfen to test (check) out
Durchprüfung *f* checkout test
durchrechnen/einen Strahl to trace a ray *(Optik)*
Durchrückprinzip *n s.* FIFO-Prinzip
durchrufen *(Nrt)* to ring through
Durchrufen *n (Nrt)* through-ringing
~ in Schleifenschaltung loop ringing
~ in Simultanschaltung composite ringing
Durchsagekennung *f* traffic announcement [indication]
durchsagen *(Nrt)* to telephone, to phone
Durchsatz *m* 1. throughput; 2. *s.* Durchsatzgeschwindigkeit
Durchsatzgeschwindigkeit *f* rate of flow, flow rate
Durchsatzrate *f (Dat)* throughput rate
Durchschallung *f* irradiation by ultrasonic waves
Durchschalteamt *n (Nrt)* through-connection station
Durchschalteeinheit *f* switching unit
Durchschalteeinrichtung *f (Nrt)* talk-through facility
Durchschaltefilter *n (Nrt)* through-connection filter
durchschalten to connect through; to switch through *(mit Schalter)*; *(Nrt)* to put through, to patch [through]; to jumper *(Kabeladern)*
Durchschaltenetz *n (Nrt)* connecting (switching) network
Durchschaltepegel *m* switching level
Durchschalteprüfsignal *n* connection test signal
Durchschalteprüfung *f* connection testing
Durchschaltepunkt *m (Nrt)* through-connection point, interconnection point
Durchschalteverzögerung *f (Nrt)* through-connection delay
Durchschalthebel *m (Ap)* block switch
Durchschaltmatrix *f (Syst)* transmission matrix *(Zustandsgleichung)*
Durchschaltrelais *n* connecting relay
Durchschaltung *f (Nrt)* through connection (switching)
~/verzögerte delayed transfer
~ von Hand manual patching
Durchschaltvermittlung[stechnik] *f (Nrt)* circuit switching
Durchschaltzeit *f (Srt)* gate-controlled rise time
durchscheinend translucent
Durchschlag *m* breakdown, disruptive discharge (breakdown), puncture
~ bei Stoßspannung impulse breakdown
~/dielektrischer dielectric breakdown
~ durch Erhitzung heat breakdown
~ eines Funkens striking of a spark
~/elektrischer electrical breakdown
~ im Vakuum vacuum breakdown
Durchschlagbedingung *f* breakdown condition
~/statische static breakdown condition
Durchschlagbeginn *m* primary fault
durchschlagen to break down, to puncture *(Dielektrikum)*

Durchschlagfeldstärke *f* breakdown field strength
durchschlagfest puncture-proof
Durchschlagfestigkeit *f* breakdown (dielectric, electric, disruptive, puncture) strength, dielectric rigidity; *(Ap)* critical gradient
durchschlagsicher puncture-proof
Durchschlagsicherung *f* overvoltage protector (protective device)
Durchschlagspannung *f* breakdown (puncture) voltage, disruptive [discharge] voltage
~ **in Sperrichtung** reverse breakdown voltage
Durchschlagspannungsprüfung *f* disruptive discharge test
Durchschlagstoßspannung *f* breakdown impulse voltage
Durchschlagstrom *m* **in Sperrichtung** reverse breakdown current
Durchschlagversuch *m* insulation breakdown test
Durchschleifeingang *m* *(Nrt)* feed-through input
durchschmelzen to fuse, to blow out *(Sicherung)*; to melt through
Durchschmelzen *n* blow-out *(Sicherung)*
Durchschmelzmelder *m* fuse controller *(Sicherung)*
durchschmoren to scorch *(Kabel)*
Durchschnitt *m* average; mean
Durchschnittsbelastung *f* average load
Durchschnittsbestimmung *f* averaging
Durchschnittsgeschwindigkeit *f* average speed
Durchschnittslast *f* average (mean) load
Durchschnittsleistung *f* average power
Durchschnittsverbrauch *m* average consumption
Durchschnittswert *m* average value
Durchsenkung *f*/**statische** static deflection
Durchsicht *f* inspection
durchsichtig transparent
Durchsichtigkeit *f* 1. transparency; 2 *(Ak)* clarity [of tone]
Durchsteckstromwandler *m* bar-type [current] transformer
Durchsteckwandler *m* bushing transformer
~ **ohne Primärleiter** window-type current transformer
durchstellen *(Nrt)* to put through
durchstimmbar tunable
Durchstimmbereich *m* tuning range
durchstimmen to tune
Durchstimmgeschwindigkeit *f* sweep rate
durchstrahlen to radiate through
Durchstrahlverfahren *n* transmission technique
durchsuchen to scan *(Informationsverarbeitung)*
Durchsuchverfahren *n* scan search *(Informationsverarbeitung)*
durchtränken to soak, to impregnate, to penetrate
Durchtränkung *f* soaking, impregnation, penetration
Durchtrittsfaktor *m* *(Ch)* charge-transfer coefficient, symmetry factor *(Elektrodenreaktion)*
~/**effektiver** effective transfer coefficient
Durchtrittsgeschwindigkeit *f* *(Ch)* transfer rate
Durchtrittsrate *f* *(ME)* permeation rate
Durchtrittsreaktion *f* *(Ch)* [charge-]transfer reaction
~/**oxydative** oxidative charge-transfer reaction
~/**reduktive** reductive charge-transfer reaction
Durchtrittsstrom *m* *(Ch)* charge-transfer current
Durchtrittsstromdichte *f* *(Ch)* charge-transfer current density
Durchtrittsüberspannung *f* *(Ch)* [charge-]transfer overvoltage
Durchtrittswertigkeit *f* *(Ch)* [charge-]transfer valence
Durchtrittswiderstand *m* *(Ch)* [charge-]transfer resistance
durchtunneln *(ME)* to tunnel [through], to channel
Durchtunnelungsstrom *m* tunnelling current
Durchverdrahtung *f* through-wiring
Durchwahl *f* *(Nrt)* through dialling
~ **zur Nebenstelle** direct inward dialling, direct dialling-in
durchwählen *(Nrt)* to dial through
durchwärmen to heat throughout
Durchwärmung *f*/**induktive** induction through heating
Durchzeichnung *f* *(Fs)* deep dimension picture
Durchziehofen *m* draw-through furnace, pull-through furnace *(Drahtziehen)*
Durchziehwicklung *f* pull-through winding
Durchzugsbelüftung *f* open-circuit ventilation
Durchzündung *f* *(Srt)* crow-bar firing; conduction-through; arc-through, arc-back
Duroplast *m* thermoset[ting plastic]
Düsenbohrung *f* nozzle bore
Düsenkanaldurchmesser *m* nozzle channel diameter *(Plasmabrenner)*
Düsenkanallänge *f* nozzle channel length *(Plasmabrenner)*
Düsenlärm *m* jet noise
Düsen-Prallplatten-System *n* nozzle-baffle system (unit), nozzle-flapper system *(Pneumatik)*
Düsenstrahler *m* nozzle; spout *(Antenne)*
D-Verhalten *n* *(Syst)* derivative [control] action, D-action
D_2-Verhalten *n* *(Syst)* second-derivative action
Dynamik *f* *(Ak)* volume (dynamic) range, sound [volume] range
Dynamikbegrenzer *m* *s.* Dynamikkompressor
Dynamikbereich *m* *s.* Dynamik
Dynamikdehner *m* [dynamic] expander, [automatic] volume expander
Dynamikdehnung *f* [volume] expansion, [automatic] volume expansion
Dynamikexpansion *f* *s.* Dynamikdehnung
Dynamikkompression *f* [automatic] volume contraction, [automatic] volume compression
Dynamikkompressor *m* [automatic] volume contractor, [dynamic] compressor, volume compressor

Dynamikpressung *f s.* Dynamikkompression
Dynamikregeleinrichtung *f* dynamic range control means (system)
Dynamikregelung *f* dynamic (volume) range control; companding
Dynamikregler *m* compandor
Dynamiksteigerung *f* [volume] expansion
Dynamikumfang *m* dynamic span
Dynamikverlauf *m* volume range characteristic
Dynamikverringerung *f* [volume] contraction
dynamisch dynamic[al]
Dynamo *m* dynamo
~/magnetohydrodynamischer magnetohydrodynamic (hydromagnetic) dynamo
Dynamoanker *m* dynamo armature
Dynamoblech *n* dynamo sheet
~/gestanztes stamping, lamella, lamina
Dynamoblechlack *m* core-plate varnish
Dynamobürste *f* dynamo brush
dynamoelektrisch dynamoelectric
Dynamomaschine *f* dynamoelectric machine
Dynamometer *n* dynamometer
Dynatron *n* dynatron *(Elektronenröhre)*
Dynatronkennlinie *f* dynatron characteristic
Dynatronwirkung *f* dynatron effect
Dynode *f* dynode
Dynodenstruktur *f* dynode structure
D-Zerlegung *f (Syst)* D-decomposition *(Methode der Stabilitätsuntersuchung)*

E

e *s.* Elementarladung
E *s.* Dielektrizitätskonstante/komplexe
E/A *(Dat)* input–,output, I/O, IO
E/A-... *s.* Eingabe-Ausgabe-...
EAROM[-Speicher] *m* EAROM, electrically alterable read-only memory
EBAM EBAM, electron beam addressed memory
EBCDIC-Kode *m (Dat)* extended binary-coded decimal interchange code, EBCDIC *(8-Bit-Kode für alphanumerische Zeichen)*
Ebene *f* 1. bay *(einer Antenne)*; 2. *(MA)* tier *(einer Wicklung)*
Ebenheit *f* evenness *(z. B. einer Oberfläche)*; flatness
ebnen to flatten; to level
Ebonit *n* ebonite, hard rubber
Eccles-Jordan-Schalter *m* Eccles-Jordan trigger
Eccles-Jordan-Schaltung *f* Eccles-Jordan [bistable] circuit, Eccles-Jordan trigger [circuit]
Echelettegitter *n (Licht)* echelette grating
Echellegitter *n (Licht)* echelle [diffraction] grating
Echellegramm *n* echellegram *(Spektrogramm)*
Echo *n (Ak)* echo
~/fehlerhaftes ghost (spurious) echo *(Ultraschall)*
~/künstliches artificial echo
~/nacheilendes post-echo
~ von der Gegenfläche bottom echo
~/voreilendes pre-echo
Echoabgleich *m* echo matching
Echoanzeige *f (FO)* blip
Echoausblendung *f* echo gating
Echobezugsdämpfung *f* echo reference equivalent
Echobild *n (Fs)* echo pattern *(s. a.* Geisterbild*)*
Echobox *f* echo box, phantom target
Echodämpfung *f* echo [current] attenuation, [active] return loss
Echoentstörung *f* echo suppression
Echoentzerrer *m* echo equalizer
Echoerkennung *f* echo recognition
Echofehler *m* reflection error
Echogramm *n* echo pattern; reflectogram
Echoimpuls *m* echo pulse
Echokompensation *f* echo cancellation
Echokontrolle *f (Dat)* echo checking, read-back check
Echolaufzeit *f* echo delay (transmission) time, echo interval
Echolot *n* echo sounder, sonic depth finder, depth (ultrasonic, acoustic) sounder
Echolotgerät *n s.* Echolot
Echolotsystem *n* echo sounding system
Echolotung *f* echo [depth] sounding, echo (ultrasonic, reflection, acoustic) sounding, supersonic [echo] sounding, phonotelemetry
Echoortung *f* echo ranging
Echoplexmodus *m (Nrt)* echoplex mode
Echoprüfung *f (Dat)* echo checking, read-back check
Echos *npl***/übereinstimmende** consistent echoes
Echoschutz *m (Nrt)* echo protection
Echospannung *f* return voltage
Echosperrdämpfung *f (Nrt)* suppression loss, blocking attenuation
Echosperre *f (Nrt)* echo suppressor
~/stetig arbeitende rectifier-type echo suppressor, valve-type echo suppressor
~/unstetig arbeitende relay-type echo suppressor
~/vollständige full echo suppressor
~/vom fernen Leitungsende gesteuerte far-end operated terminal echo suppressor
~/vom nahen Leitungsende gesteuerte near-end operated terminal echo suppressor
Echostörung *f (Nrt, Fs)* echo interference (trouble); *(Ak)* echo effect
Echostrom *m* echo (return) current
Echostromdämpfung *f* active return loss
Echoteilung *f (Nrt)* echo splitting
Echounterdrücker *m* echo suppressor; echo canceller
Echounterdrückung *f* echo suppression; echo cancellation
Echounterdrückungsschaltkreis *m* echo canceller circuit
Echoverlust *m* reflection loss

Echoweg *m (Nrt)* echo path
Echowelle *f (Nrt, FO)* echo (reflected) wave
Echowirkung *f* echo effect
Echozeichen *n (FO)* blip
Echozeitunterscheidung *f (Nrt)* echo-time discrimination
Echtzeit *f* real time
Echtzeitabtaster *m* real-time scanner
Echtzeitanalysator *m* real-time analyzer
Echtzeitanalyse *f* real-time analysis
Echtzeitausführung *f* real-time execution
Echtzeitbetrieb *m* real-time processing (operation)
Echtzeitbildverarbeitung *f* real-time image processing
Echtzeitdatenverarbeitung *f* real-time data processing
Echtzeitfrequenzbereich *m* real-time frequency range
Echtzeitnachbildung *f* real-time simulation
Echtzeitoperation *f* real-time operation
Echtzeitprogrammierung *f* real-time programming
Echtzeitrechner *m* real-time computer
Echtzeitrechnung *f* real-time computation
Echtzeit-Schmalbandanalysator *m (Ak)* real-time narrow-band analyzer
Echtzeitsignalverarbeitung *f* real-time signal processing
Echtzeitsimulator *m* real-time simulator
Echtzeitsystem *n* real-time system
Echtzeittestadapter *m* in-circuit emulator
Echtzeituhr *f* real-time clock, RTC
Echtzeitverarbeitung *f* real-time processing
Eckfrequenz *f* edge (corner, break, cut-off) frequency
Eckmast *m* angle pole (tower)
Eckplatz *m* corner site *(Kristallographie)*
Eckstoß *m* corner joint *(Transformator)*
ECL ECL, emitter-coupled logic
ECL-Schaltkreis *m* emitter-coupled logic circuit
ECTL ECTL, emitter-coupled transistor logic
E-Darstellung *f* E-display *(Radar)*
Edelgas *n* inert (noble, rare) gas
Edelgasatmosphäre *f* inert-gas atmosphere
Edelgasbogen *m* inert-gas-shielded arc, arc in rare gases
Edelgasfüllung *f* inert-gas filling, rare-gas filling
Edelgas[-Glühkatoden]gleichrichter *m* rare-gas rectifier, tungar rectifier (tube)
Edelgasionenlaser *m* noble-gas ion laser
Edelgaslampe *f* rare-gas lamp
Edelgaslaser *m* noble-gas laser
Edelgasphotozelle *f* rare-gas photoelectric cell
Edelgasplasma *n* inert-gas plasma
Edelmetallanode *f* noble-metal anode
Edelmetallkontakt *m* noble-metal contact
Edelmetallmotordrehwähler *m (Nrt)* noble-metal uniselector motor switch; uniselector with gold-plated contacts
Edelmetallschnellkontaktrelais *n (Nrt)* high-speed relay with noble-metal contacts
Edelsteinlager *n*, **Edelsteinlagerung** *f* jewel bearing *(z. B. in Meßinstrumenten)*
Edelsteinnadel *f* jewel stylus
ED-Inverter *m (El)* ED-inverter, enhancement-depletion inverter
Edison-Akkumulator *m* Edison accumulator (cell), Edison storage battery, iron-nickel accumulator
Edison-Fassung *f* Edison lamp-holder [socket]
Edison-Gewinde *n* Edison screw
Edison-Glühlampenfassung *f* Edison screw lamp-holder
Edison-Schrift *f* Edison track *(Schallplatte)*
Edison-Sockel *m* [Edison] screw cap
Editor *m (Dat)* editor
EDV electronic data processing
EE-Inverter *m* enhancement-enhancement inverter, EE-inverter *(mit Verarmungstransistoren als Last- und Schalttransistor)*
Effekt *m*:
~/akustoelektrischer acoustoelectric effect
~/äußerer lichtelektrischer (photoelektrischer) external photoelectric effect, photoemissive effect
~/elektrokalorischer electrocaloric effect
~/elektrooptischer electrooptical Kerr effect; Pockels effect
~/elektrophoretischer electrophoretic effect
~/elektroviskoser electroviscous effect
~/galvanomagnetischer galvanomagnetic effect
~/glühelektrischer thermionic emission
~/innerer lichtelektrischer internal photoelectric effect, photoconductive effect
~/magnetoelastischer magnetoelastic effect
~/photoelastischer photoelastic effect
~/photoelektrischer photoelectric effect
~/photoelektromagnetischer photoelectromagnetic effect, PEM effect
~/photomagnetoelektrischer photomagnetoelectric effect
~/piezoelektrischer piezoelectric effect
~/pyroelektrischer pyroelectric effect
~/reziproker piezoelektrischer converse piezoelectric effect
~/seismoelektrischer seismoelectric effect
~/stroboskopischer stroboscopic effect
~/thermoelektrischer thermoelectric effect
~/thermomagnetischer thermomagnetic effect
~/viskoelektrischer electroviscous effect
Effektbeleuchtung *f* effect (decorative) lighting
Effektbogenlampe *f* flame[-arc] lamp
Effektivdruck *m*/**mittlerer** mean effective pressure
Effektivleistung *f* actual power
Effektivnennleistung *f* effective rating
Effektivspannung *f* effective (root-mean-square) voltage, r.m.s voltage
Effektivstrom *m* effective (root-mean-square) current, r.m.s current

Effektivwert *m* [mean] effective value, root-mean-square value, r.m.s value
~ **der Oberwelle** root-mean-square ripple value
~ **der Spannung** *s.* Effekktivspannung
~ **des Durchlaßstroms** root-mean-square on-state current
~ **des Stroms** *s.* Effektivstrom
Effektivwertanzeiger *m* root-mean-square value detector
Effektkohle *f* flame carbon
Effektpedal *n* flanger
Effektscheinwerfer *m* spotlight, effect projector
EFL EFL, emitter-follower logic
e-Funktion *f* exponential function
Eichblatt *n*, **Eichdiagramm** *n* calibration chart; calibration plot
Eicheinrichtung *f* calibrator, calibration facility
Eichelektrode *f*/**elektrostatische** electrostatic actuator
Eichelröhre *f* acorn valve
eichen to calibrate; to standardize
Eicherreger *m* calibration exciter
Eichfaktor *m* calibration factor
Eichfehler *m* calibration error
Eichfehlergrenzen *fpl* calibration error limits
Eichfilter *n (Nrt)* reference filter
Eichfrequenz *f* calibration frequency
Eichgefäß *n* calibration vessel
Eichgenerator *m* calibrating generator
Eichgerät *n* calibrator
Eichgitter *n*/**elektrostatisches** electrostatic actuator
Eichimpuls *m* calibrating pulse
Eichimpulsgenerator *m* calibrating pulse generator
Eichinstrument *n* calibration instrument
Eichkabel *n* calibration cable
Eichkondensator *m* calibrating capacitor
Eichkontrolle *f* calibration check
Eichkreis *m* calibration circuit
Eichkurve *f* calibration curve (plot)
Eichleitung *f* calibration [transmission] line, standard line
Eichmarke *f* calibration mark (label)
Eichmaß *n* standard measure
Eichmessung *f* calibration measurement
Eichmikrofon *n* standard microphone (transmitter)
Eichmotor *m* calibration motor
Eichnormal *n* standard measure, calibration standard
Eichofen *m* **für Thermoelemente** thermocouple calibration oven
Eichoszillator *m* calibration oscillator
Eichpegel *m* calibration level
Eichplakette *f* calibration sticker
Eichpotentiometer *n* calibrating potentiometer
Eichprotokoll *n* calibration report
Eichschallquelle *f* 1. acoustic calibrator *(Mikrofonkalibrierung)*; 2. reference noise generator *(Schalleistungsnormal)*
Eichschaltung *f* calibration circuit
Eichschwingtisch *m* vibration calibrator, calibration exciter
Eichsignal *n* calibration signal
Eichspannung *f* calibration (reference) voltage
Eichspannungsquelle *f*/**eingebaute** built-in reference voltage [source]
Eichstrom *m* calibration current
Eichtabelle *f* calibration chart
Eichtisch *m s.* Eichschwingtisch
Eichton *m* reference tone
Eichtreppenspannung *f* calibrating stair-case voltage
Eichung *f* calibration; standardization
~ **am Meßort** on-the-spot calibration
Eichvorschrift *f* calibration specification
Eichwelle *f* standard wave
Eichwert *m* standard value
Eichwiederholbarkeit *f* calibration traceability
Eichzähler *m* calibration (standard) meter
Eichzeit *f* calibration time
Eichzyklus *m* calibration cycle
Eigenabsorption *f* self-absorption
Eigenanwendung *f* in-house application
Eigenausgleich *m (Syst)* inherent regulation *(einer Strecke)*
Eigenbedarf *m* [internal] consumption, internal power consumption
Eigenbedarfsanlage *f* station service plant (installation); house service installation (plant)
Eigenbedarfsgenerator *m* station service generator *(Kraftwerk)*; house turbogenerator; ancillary generator
Eigenbedarfsleistung *f* station service power, capacity for station auxiliaries, capacity for internal requirements *(eines Kraftwerks)*
Eigenbedarfsschaltanlage *f* station service switchgear *(Kraftwerk)*; house-service installation
Eigenbedarfstransformator *m* station service transformer *(Kraftwerk)*; house-service transformer
Eigenbedarfsturbine *f* auxiliary [power] turbine; house turbine
eigenbelüftet self-ventilated
Eigenbelüftung *f* self-ventilation
Eigendämpfung *f* self-damping
Eigendiffusion *f* self-diffusion
Eigenenergie *f* intrinsic energy, self-energy
eigenerregend self-exciting
Eigenerregermaschine *f* direct-connected exciter
eigenerregt 1. *(MA)* self-excited; 2. *(El)* self-oscillatory, self-oscillated
Eigenerregung *f* self-excitation, excitation from direct-coupled exciter
Eigenerwärmung *f* self-heating
Eigenfehlordnung *f* intrinsic lattice disorder
Eigenfeld *n* self-consistent field

Eigenfrequenz *f* natural (characteristic) frequency; *(Ak)* eigentone
~ **des Parallelresonanzkreises** antiresonance frequency
~**/ungedämpfte** undamped natural frequency
Eigenfunktion *f* eigenfunction, characteristic function
~**/entartete** degenerate eigenfunction
~**/ungerade** odd eigenfunction
eigengekühlt self-cooled
Eigengenauigkeit *f* intrinsic accuracy
Eigengeräusch *n s.* Eigenrauschen
Eigengetterung *f* intrinsic gettering
Eigenhalbleiter *m* intrinsic (i-type) semiconductor
Eigenhalbleitung *f* intrinsic semiconduction
Eigenharmonische *f* inherent harmonics
Eigenimpedanz *f* self-impedance, intrinsic impedance
Eigeninduktivität *f* self-inductance, inherent inductance
Eigenionisation *f* autoionization
Eigenkapazität *f* self-capacitance, inherent (internal, natural) capacitance
Eigenkühlung *f* self-cooling, natural cooling
Eigenleistung *f* natural capacity
eigenleitend *(El)* intrinsic, intrinsically conducting, i-type
~**/nicht** extrinsic
Eigenleiter *m (El)* intrinsic conductor
Eigenleiterschichttransistor *m* intrinsic barrier transistor
Eigenleitfähigkeit *f (El)* intrinsic conductivity
Eigenleitung *f (El)* intrinsic conduction
Eigenleitungsbereich *m* intrinsic region
Eigenleitungsdetektor *m* intrinsic detector
Eigenleitungs-Fermi-Niveau *n* intrinsic Fermi level
Eigenleitungsgebiet *n* intrinsic region
Eigenleitungsniveau *n* intrinsic level
Eigenleitungsschicht *f* intrinsic (i-type) layer
Eigenleitungstemperatur *f* intrinsic temperature
Eigenleitungstemperaturbereich *m* intrinsic temperature range
Eigenleitungsverbindungsdämpfung *f (Nrt)* intrinsic junction loss
Eigenleuchten *n* self-fluorescence
Eigenlüftung *f* self-ventilation
eigenmagnetisch self-magnetic
Eigenmagnetismus *m* self-magnetism
Eigenmode *f* eigenmode *(Lichtwellenleiter)*
Eigenmodulation *f* self-modulation, self-pulse modulation
Eigenmoment *n*/**magnetisches** intrinsic magnetic moment
Eigenpeilung *f* self-bearing
Eigenperiode *f* natural period
Eigenphotoemission *f* intrinsic photoemission
Eigenphotoleiter *m* intrinsic photoconductor
Eigenphotoleitung *f* intrinsic photoconduction
Eigenprüfeinrichtung *f* self-test facility
Eigenrauschen *n* inherent (internal, basic) noise, self-noise; background noise; residual noise
~ **eines Geräts** set noise
Eigenreibung *f* internal friction
Eigenresonanz *f* self-resonance, natural resonance
Eigenresonanzfrequenz *f* self-resonant frequency
Eigenschaft *f*:
~**/dielektrische** dielectric property
~**/dynamische** dynamic property
~**/ergodische** ergodic property *(bei stochastischen Signalen)*
~**/ferroelektrische** ferroelectric property
~**/paramagnetische** paramagnetic property
~**/physikalische** physical property
~**/richtungsabhängige** directional property
Eigenschaften *fpl*/**durch Störstellenleitung bedingte** extrinsic properties
~ **im Materialinnern** bulk properties
Eigenschutzeinrichtungen *fpl* fail-safe facilities
Eigenschwingfrequenz *f* self-resonant frequency
Eigenschwingung *f* 1. autooscillation, natural (free) oscillation, self[-sustained] oscillation *(bei elektromagnetischen Schwingungen)*; 2. natural vibration, [vibrational] mode, eigenvibration *(bei mechanischen Schwingungen)*; 3. natural resonance, self-resonance
~**/diskontinuierliche** interrupted autooscillation
~**/parasitäre** parasitic autooscillation
Eigenschwingungen *fpl*/**nichtsymmetrische** non-symmetrical autooscillations
~**/symmetrische** symmetrical autooscillations
Eigenschwingungsdauer *f* natural period of vibration
eigenschwingungsfrei dead-beat, aperiodic[al]
Eigenschwingungsfrequenz *f s.* Eigenfrequenz
Eigenschwingungsunterdrücker *m* antihunting circuit
Eigenschwingungszustand *m (Syst)* self-oscillating regime
Eigensicherheit *f* inherent (intrinsic) safety
Eigenspannung *f* internal stress *(mechanisch)*
Eigensperrung *f (Nrt)* release guard
Eigenstabilisierung *f* self-stabilization
Eigenstabilität *f (Syst)* inherent stability *(eines Gliedes)*
Eigenstörung *f* internal disturbance
Eigenstrahlung *f* characteristic radiation
Eigentemperatur *f* natural (intrinsic) temperature
Eigentriggerung *f* auto-triggered mode
Eigenverbrauch *m* 1. *s.* Eigenbedarf; 2. power consumption *(z. B. von Meßgeräten)*
Eigenverlust *m* internal loss
Eigenversorgung *f* 1. in-plant generation, internal power supply, self-generated supply; 2. *(An)* independent power supply
Eigenverzerrung *f* inherent distortion

Eigenverzerrungsgrad *m* degree of inherent distortion
Eigenverzögerung *f* inherent lag
Eigenwahl *f* own-number dialling
Eigenwelle *f* natural wave
Eigenwellenlänge *f* natural (fundamental) wavelength
Eigenwert *m* eigenvalue, inherent (intrinsic, characteristic) value
~/dominanter dominant eigenvalue
Eigenwertfestsetzung *f*, **Eigenwertzuweisung** *f* *(Syst)* eigenvalue placement
Eigenwiderstand *m* inherent (internal) resistance; source resistance *(Stromquelle)*
Eigenwiederzündspannung *f* inherent restriking voltage
Eigenzeit *f* time element *(Schalter)*
Eigenzeitkonstante *f* residual time constant
Eigenzustand *m* eigenstate, characteristic state
Eignungsprüfung *f* apitude (ability) test
Eiisolator *m* egg[-shaped] insulator
Eilgang *m* rapid traverse (feed)
Eimerkettenschaltung *f*, **Eimerkettenspeicher** *m* *(Dat)* bucket brigade device, BBD
Ein *s.* Ein-Zustand
„Ein" "on" *(Schalterstellung)*
Einadreßbefehl *m* *(Dat)* one-address instruction, single-address instruction
Einadreßkode *m* *(Dat)* one-address code, single-address code
Einadreßprogramm *n* *(Dat)* single-address program
Einadreßrechner *m* one-address computer
Einadreßsystem *n* *(Dat)* one-address system, single-address system
einadrig single-wire, single-core, single-conductor
Einankerumformer *m* rotary (single-armature) converter
Einanodengefäß *n* single-anode tank
Einanodengleichrichter *m* single-anode rectifier
Einanodenventil *n* single-anode rectifier
Ein-Aus-Anzeiger *m* on-off indicator
Ein-Ausgabe *f* input-output, I/O, IO
Ein-Ausgabe-... *s.* Eingabe-Ausgabe-...
Ein-Aus-Regelung *f* *(Syst)* on-off control, two-position control; bang-bang control *(Relais)*
Ein-Aus-Regler *m* *(Syst)* on-off controller; bang-bang servo
Ein-Aus-Schalten *n*/**verzögerungsfreies** close-open operation
Ein-Aus-Schalter *m* on-off switch, single-throw switch
Ein-Aus-Schaltung *f* on-off switching (function)
Ein-Ausschalt-Zeit *f* make-break time
Ein-Aus-Tasten *n* on-off keying *(Telegrafie)*
Ein-Aus-Thermostat *m* on-off thermostat
Ein-Aus-Verhalten *n* *(Syst)* on-off action
Einbahnschiene *f* monorail
Einbau *m* 1. installation, mounting, building-in; 2. *(ME)* introduction, incorporation, addition, 3. integration
~/starrer rigid mounting
~ von Verunreinigungen introduction of impurities *(z. B. in Kristalle)*
Einbauantenne *f* built-in aerial; housing aerial
Einbaubuchse *f* panel jack
einbauen 1. to mount, to build (set) in, to install; to fit; to assemble; 2. to incorporate, to insert
Einbaufassung *f* insert socket *(Steckverbindung)*
Einbaugerät *n* rack-mount model *(in ein Gestell)*
Einbauhöhe *f* mounting height
Einbauinstrument *n* panel (flush-mounting) instrument, panel[-type] meter
Einbauleuchte *f* [built-in] base illuminator; built-in lamp
Einbaumikrofon *n* built-in microphone
Einbaumotor *m* built-in motor; shell-type motor *(ohne Gehäuse und Welle)*
Einbauschalter *m* built-in switch, flush[-mounted] switch
Einbauscheinwerfer *m* built-in headlamp
Einbauteil *n* built-in unit
Einbauthermostat *n* built-in thermostat
Einbereichinstrument *n* single-range instrument
Einbereichmeßgenerator *m* single-range signal generator
Einbettung *f* [em]bedding, embedment
Einbettungsmedium *n* *(Isol)* embedding (ambient) medium
einblenden to fade in *(Film, Ton)*; to insert; to gate *(Impulse)*; to superimpose *(Frequenz)*
Einblendung *f* fade-in *(Film, Ton)*; flash *(Funk)*
Einblicktubus *m* viewing hood
Einbrenndauer *f* *s.* Einbrennzeit
Einbrennemaillack *m*, **Einbrennemaille** *f* baking enamel
einbrennen 1. to burn in; to bake *(z. B. Lack)*; 2. to fire *(Elektronenröhre)*
Einbrennen *n* 1. burning-in; baking *(Lack)*; 2. firing *(Elektronenröhre)*
Einbrennlack *m* baking varnish (lacquer), stoving varnish
Einbrenntemperatur *f* baking (stoving) temperature
Einbrenntiefe *f* depth of [beam] penetration *(Elektronenstrahl)*
Einbrennvorgang *m* burn-in procedure
Einbrennzeit *f* 1. burning-in time, stoving time *(bei ofentrocknenden Lacken)*; 2. firing time *(Elektronenstrahlröhre)*
Einbruch *m* notch *(z. B. bei der Netzspannung von Stromrichtern)*
Einbruchmelder *m* burglary alarm
Einbruchsicherungsanlage *f* burglary alarm system
Einchipbauelement *n* single-chip component
Einchipcomputer *m* one-chip computer

Einchipmikrocomputer *m* one-chip (single-chip) microcomputer
Einchipmodul *m* single-chip module
Einchipschaltung *f* single-chip circuit
Einchiptechnik *f* monochip (one-chip) technique
Eindekadenzähler *m* single-decade counter
eindeutig unique, single-valued
eindiffundieren to diffuse into, to indiffuse
eindimensional one-dimensional, unidimensional
Eindrahtantenne *f* single-wire aerial
Eindrahteinspeisung *f* single-wire feeding
eindrähtig single-wire, single-conductor, unifilar
Eindrahtinstallation *f* single-conductor wiring
Eindrahtleitung *f* single-wire circuit (line), one-wire line
Eindrahtoberleitung *f* single-trolley system
Eindrahtsteuerung *f* single-wire control
Eindringbereich *m* zone of penetration
eindringen to penetrate [into]
Eindringen *n* penetration
~ **des Feldes** field penetration
Eindringparameter *m (ME)* drive-in parameter
Eindringphase *f (ME)* drive-in phase
Eindringtiefe *f* skin depth; penetration depth, depth of penetration
~/begrenzte limited penetration
~/mittlere mean penetration depth
Eindringvermögen *n* penetrating power
Eindringzeit *f (ME)* drive-in time
„Ein"-Druckknopf *m* “on” push button
Einebenendrehschalter *m* single-gang rotary switch
einebnen *s.* ebnen
Einebnungsmittel *n (Galv)* levelling agent
Einelektrodenkondensator *m* single-electrode capacitor
Einelektrodenofen *m* single-electrode furnace
Einelektronenatom *n* one-electron atom
Einelektronentheorie *f* one-electron theory
Einelementsicherung *f* single-element fuse
Einfachballempfangsantenne *f* single-bay relay receiving aerial
Einfachdiode *f* single diode
Einfachdrehkondensator *m* single-gang variable capacitor
Einfachecho *n* single echo
Einfacheinspeisung *f (Eü)* single feeding
Einfachelektrode *f* simple electrode
einfachepitaxial single-epitaxial *(Kristallographie)*
Einfacherdschluß *m* single earth
Einfachfreileitung *f* single-circuit line
Einfachhohlleiter *m* uniconductor waveguide
Einfachimpuls *m* single pulse
Einfachkette *f* single string *(Isolator)*
Einfachkontakt *m* single contact
Einfachlager *n* single bearing
Einfachleitung *f* single-wire line, single-circuit line
Einfachmonochromator *m* simple monochromator
Einfachsammelschiene *f* single bus bar
Einfachschalter *m* single-break switch
Einfachschicht *f* monomolecular layer (film), monolayer, unilayer
Einfachschleifenwicklung *f* simple parallel winding
Einfachseil *n (Eü)* single conductor
Einfachstreifen *m* single strip
Einfachstreuung *f* single scattering
Einfachstrom *m* single current
Einfachstrombetrieb *m* single-current working (operation)
Einfachstromtastung *f (Nrt)* unipolar operation
Einfachstromübertragung *f* single-current transmission
Einfachtelegraf *m* single-channel telegraph
Einfachtelegrafie *f* simplex telegraphy
Einfachunterbrecher *m* single-break switch
Einfachunterbrechung *f* single break *(Schaltgeräte)*
Einfachwendel *f* single-coil filament
Einfachwendellampe *f* single-coil lamp
Einfachzählung *f (Nrt)* single metering
Einfachzeichen *n* single-component signal
Einfachzeichenempfang *m (Nrt)* single[-component] signal reception
Einfadenaufhängung *f* unifilar suspension
Einfadenelektrometer *n* unifilar electrometer
Einfadenlampe *f* single-filament lamp
einfädig unifilar
Einfahrhilfen *fpl (Dat)* debugging facilities *(Programmerprobung)*
Einfall *m* incidence *(Strahl, Welle)*
~/diffuser random incidence
~/frontaler frontal incidence
~/schräger oblique incidence
~/senkrechter vertical (normal) incidence
~/streifender grazing incidence
einfallend incident; incoming
~/frontal frontally incident
~/schräg obliquely incident
Einfallsfaser *f* injection fibre *(Lichtwellenleiter)*
Einfallsrichtung *f* incident direction, direction of incidence *(Strahl, Welle)*
Einfallsstrahl *m* incident beam (ray)
Einfallswinkel *m* incident angle, angle of incidence *(Strahl, Welle)*
Einfallswinkelmesser *m* incidence indicator
Einfang *m* capture, trapping *(z. B. von Elektronen)*
~ **eines Strahls** beam capture
Einfangbereich *m* capture range
einfangen to capture, to trap *(z. B. Elektronen)*
Einfangprozeß *m* capture process
Einfangquerschnitt *m* capture cross section
Einfangrate *f* capture rate
Einfangstelle *f* trap
Einfangwahrscheinlichkeit *f* capture probability
Einfangzentrum *n* trap
Einfärbbarkeit *f* colourability

einfarbig monochromatic
Einfarbigkeit *f* monochromaticity
Einfingerbedienung *f* single-digit operation
einflechten to interlace *(z. B. Speicheradressen)*
Einflügelblende *f* single-blade shutter
Einflugleitstrahlbake *f* airport runway beacon
Einfluß *m* influence; effect
~ **der Wellenform** waveform influence
~**/verstimmender** detuning influence
Einflußbereich *m* sphere of influence
Einflußgröße *f* influence variable (quantity); *(Syst)* actuating variable
~**/unabhängige** *(Syst)* independent actuating variable *(z. B. Führungsgröße, Störgröße)*
Einfrequenzmessung *f* single-frequency measurement
Einfrequenzsignalgabesystem *n* single-frequency signalling system
einfrieren to freeze
Einfrieren *n* freezing[-in]
Einfriermethode *f* freezing method *(Festhalten der Potentialverteilung in einem RC-Modell)*
Einfriertemperatur *f* freezing-in temperature
einfügen to insert; to fit in
Einfügung *f* insertion
Einfügungsabstand *m* enclosure distance
Einfügungsdämpfung *f* insertion loss
Einfügungsgewinn *m* insertion gain
Einfügungsphasenverschiebung *f* insertion phase shift
Einfügungsstück *n* insert *(Kabel)*
Einfügungsverlust *m* insertion loss
Einfügungsverstärkung *f* insertion gain
einführen to introduce; to lead in *(Leitung)*; to plug in *(Stecker)*
Einführung *f* 1. introduction; 2. bushing; lead-in
~ **des Wählbetriebs** *(Nrt)* introduction of automatic working
~ **eines Zeitmaßstabs** time scaling
Einführungsdraht *m* lead[ing]-in wire
Einführungsfaser *f* injection fibre *(Lichtwellenleiter)*
Einführungsisolator *m* inlet (leading-in) insulator *(Kabel)*
Einführungskabel *n* leading-in cable
Einführungsleitung *f* leading-in wire, drop wire
Einführungsöffnung *f* insertion opening
Einführungstülle *f* bushing
Einführungszeit *f* lead time
Eingabe *f* 1. *(Dat, Meß)* input *(allgemein)*; read-in; write-in *(Speicher)*; 2. feed[ing] • **„Eingabe löschen"** "clear entry"
~**/digitale** digital input
~ **für Rechner/graphische** graphic computer input
~**/inkrementale** incremental input
~**/kontinuierliche** continuous input
~**/manuelle** keyboard entry
~**/parallele** parallel input
Eingabeanruf *m* submission call
Eingabe-Ausgabe *f (Dat)* input-output, I/O, IO
~**/serielle** serial input-output, serial in/out, serial I/O
Eingabe-Ausgabe-Anschluß *m* input-output port, I/O port
Eingabe-Ausgabe-Baugruppe *f* input-output board, I/O board
Eingabe-Ausgabe-Baustein *m* input-output chip, I/O chip
Eingabe-Ausgabe-Bus *m* input-output bus, I/O bus
Eingabe-Ausgabe-Chip *m* input-output chip, I/O chip
Eingabe-Ausgabe-Einheit *f* input-output unit, I/O unit
Eingabe-Ausgabe-Gerät *n* input-output device, I/O device
~**/digitales** digital input-output device (equipment)
Eingabe-Ausgabe-Kanal *m* port *(Mikrorechner)*
Eingabe-Ausgabe-Programm *n* operator-communication program
Eingabe-Ausgabe-Prozessor *m* input-output processor, I/O processor
Eingabe-Ausgabe-Pufferspeicher *m* input-output buffer store
Eingabe-Ausgabe-Steuerung *f* input-output control, I/O control
Eingabe-Ausgabe-Tisch *m* input-output table
Eingabe-Ausgabe-Tor *n* input-output port, I/O port
Eingabeband *n* input tape
Eingabebefehl *m* input instruction; IN *(Programmierung)*
Eingabebereich *m* input area
Eingabeblock *m* input block (unit)
Eingabedatei *f* input [data] file
Eingabedaten *pl* input data
Eingabedatenübersetzer *m* input data translator
Eingabedatenumsetzer *m* input data converter
Eingabeeinheit *f* input unit (block)
Eingabeeinrichtung *f* input equipment
Eingabeformat *n* input format
Eingabegerät *n* 1. input device (equipment, unit); feed equipment; 2. tape loader
Eingabegeschwindigkeit *f* input (read-in) speed, input rate
Eingabeinformation *f (Nrt)* order
Eingabe-Interface-Rechner *m* terminal interface processor
Eingabekarte *f* input card
Eingabekode *m* input code
Eingabelochband *n* input [punched] tape
Eingabelogik *f* input logic
Eingabemanipulation *f* input manipulation
Eingabeprogramm *n* input program (routine)
Eingabepuffer *m* input buffer
Eingabepufferspeicher *m* input buffer storage
Eingaberate *f* input rate

Eingaberegelung *f* input control
Eingaberegister *n* input register
Eingaberegler *m* input control unit
Eingabespeicher *m* input store (memory)
Eingabesteuerprogramm *n* input control program
Eingabesteuerung *f* input control
Eingabeübesetzer *m* input translator
Eingabewerk *n* input unit (device)
Eingabezeit *f* input time
Eingang *m* input; entry
~/differenzierender differential input
~/digitaler *(Dat)* digital input
~/erdfreier floating input
~ **für Bezugssignal** *(Syst)* level input
~/potentialfreier floating input
~/sinusförmiger sinusoidal input
~/zustandsgesteuerter level-operated input
Eingänge *mpl***/symmetrische** balanced inputs
Eingangsadapter *m* input adapter
Eingangsadmittanz *f* input (driving-point) admittance
~/wirksame effective input admittance
Eingangsadresse *f (Dat)* entry point address
Eingangsauffächerung *f (El)* fan-in
Eingangs-Ausgangs-Beziehung *f* input-output relation
Eingangs-Ausgangs-Operation *f (Dat)* in-out operation
Eingangsbefehl *m (Dat)* entry [instruction]
Eingangsbegrenzer *m* input limiter
Eingangsblindwiderstand *m* input reactance
Eingangsbuchse *f* input socket
Eingangscharakteristik *f* input characteristic
Eingangsdämpfung *f* input attenuation
Eingangsdämpfungsglied *n* **des Wandlers** converter input attenuator
Eingangsdatenabtastimpuls *m* input data strobe
Eingangsdiode *f* input diode
Eingangsdrift *f* input drift
Eingangsenergie *f* energy input
Eingangserregungsgröße *f* input energizing quantity
Eingangsfächerung *f (El)* fan-in
Eingangsfehlstrom *m* input offset current
Eingangsfrequenz *f* input frequency
Eingangsgleichspannung *f* direct-current input voltage, input d.c. voltage
Eingangsgleichstrom *m* d.c. input current
Eingangsgröße *f (El, Syst)* input variable (quantity), input
Eingangsimpedanz *f* input (driving-point) impedance
Eingangsimpuls *m* input pulse
Eingangsinformation *f* input information
~/digitale digital input
Eingangsisolator *m***/vergossener** pothead insulator
Eingangskapazität *f* input capacitance; capacitance to source terminals
Eingangskennlinie *f* input characteristic
Eingangsklemme *f* input terminal
~ **für den Setzimpuls** set terminal *(z. B. eines Flipflops)*
Eingangsklemmenpaar *n* input pair of terminals
Eingangskondensator *m* input capacitor
Eingangskopplung *f* input coupling
Eingangskreis *m* input circuit
Eingangslastfaktor *m (El)* fan-in
Eingangsleistung *f* [active] input power, input
Eingangsleitwert *m* input conductance; input admittance
~ **der Röhre** input admittance of the valve
Eingangslogik *f* input logic
Eingangsoffsetstrom *m* input offset current
Eingangsoptik *f (Laser)* fore (entrance) optics
Eingangspegel *m* input level
Eingangsplatz *m (Nrt)* incoming position
Eingangsrauschen *n* input noise
Eingangsrauschspannung *f* input noise voltage
Eingangsrauschwiderstand *m* input noise resistance
Eingangsreaktanz *f* input reactance
Eingangsregister *n* channel register
Eingangsregler *m* preregulator
Eingangsresonator *m* input resonator, buncher [resonator]
Eingangsruhestrom *m* input bias current
Eingangsschaltung *f* input circuit
Eingangsscheinleitwert *m s.* Eingangsadmittanz
Eingangsscheinwiderstand *m s.* Eingangsimpedanz
Eingangsschwellenspannung *f* input threshold voltage
Eingangsseite *f* sending end
Eingangssignal *n (Syst)* input [signal]
~/diskontinuierliches intermittent input [signal]
~/diskretes discrete input [signal]
~/rampenförmiges ramp input [signal]
~/regelloses random input [signal]
~/sinusförmiges sinusoidal input [signal], harmonic (sine-wave) input
~/sprungförmiges step input [signal]
~/stationäres zufälliges stationary random input [signal]
Eingangsspalt *m* input gap
Eingangsspannung *f* input voltage; sending end voltage
Eingangsspannungsnullabweichung *f* input-offset voltage
Eingangsspektrum *n* input spectrum
Eingangssperrverhältnis *n* input inhibit ratio
Eingangssteuerung *f (Dat)* input control [unit]
Eingangsstrom *m* input current
Eingangsstromnullabweichung *f* input-offset current
Eingangsstufe *f* input stage
Eingangstemperatur *f* inlet temperature
Eingangstransformator *m* input transformer

Eingangsübertrag *m* input carry
Eingangsvariable *f* input variable
Eingangsverstärker *m* input amplifier
Eingangsvorverstärker *m* input preamplifier
Eingangswähler *m (Nrt)* incoming selector
Eingangswahlschalter *m* input selector switch
Eingangswellenform *f* input waveform
Eingangswert *m (Nrt)* pick-up factor
Eingangswicklung *f* input winding
Eingangswiderstand *m* input resistance; sending end impedance
~/**komplexer** complex input impedance
Eingangswirkleitwert *m* input conductance
Eingangswirkwiderstand *m* input resistance
Eingangszeit *f* input time
Eingangszeitkonstante *f* input time constant
Eingangszuleitung *f* input lead
eingebaut built-in; self-contained
~/**bündig** flush-mounted
eingeben to feed, to input; to read in, to enter *(Daten)*; to load *(Programm)*; to push *(z. B. in den Stapelspeicher)*
eingebettet/in Isoliermaterial embedded (enclosed) in insulating material
~/**in Kunststoff** plastic-encapsulated
~/**in Öl** oil-immersed
eingehäusig single-cylinder
eingekapselt encapsulated, enclosed
eingeprägt applied, impressed *(z. B. Spannung)*
eingeschaltet on, switched on; closed *(Stromkreis)*
eingeschmolzen sealed-in, fused-in
eingeschwungen steady-state
eingestellt/nicht scharf out of focus *(Optik)*
~/**richtig (scharf)** sharply focussed, in focus
~/**vom Anwender** user-set
Eingitterröhre *f* single-grid valve
Einglockenwecker *m* single-dome bell
eingravieren to engrave, to cut
eingreifen *(Dat)* to force, to interrupt *(Programmablauf)*; to intervene; to action
eingrenzen 1. to limit; 2. to localize; to isolate
~/**einen Fehler** *(Nrt)* to sectionalize a fault
Eingrenzung *f* 1. limitation; 2. localization
Eingriff *m* 1. engagement, gearing, mesh *(z. B. von Zahnrädern)*; 2. *(Dat, Syst)* intervention; action
Eingriffsprogramm *n (Dat)* interrupt program (routine)
Einhandbedienung *f* one-hand operation
Einhängegestell *n (Galv)* plating rack
einhängen/Anoden to insert anodes
~/**den Hörer** *(Nrt)* to hang up, to replace the receiver
Einheit *f* 1. unit *(Maßeinheit)*; 2. unit, set; component
~/**abgeleitete** derived unit
~/**angeschlossene** *(Dat)* on-line equipment
~/**arithmetische und logische** arithmetical and logic unit
~/**asynchrone** *(Dat)* asynchronous unit (device)
~/**binäre** binary unit (digit)
~ **der Wellenlänge** unit of wavelength
~/**elektrische** electric unit
~/**elektromagnetische** electromagnetic unit, emu
~/**elektrostatische** electrostatic unit, esu
~/**kohärente** coherent unit
~/**physikalische** physical unit
~/**photometrische** photometric unit
~/**programmierbare logische** programming logic array, PLA
~/**selbständige** *(Dat)* off-line equipment
~/**strahlungsphysikalische** radiometric unit
~/**synchrone** *(Dat)* synchronous unit (device)
Einheitensystem *n* system of units
~/**absolutes elektrisches** absolute system of electrical units
~/**Gaußsches** Gaussian system [of units]
~/**Giorgisches** Giorgi system [of units], MKSA system
~/**Internationales** International System of units, SI system
Einheitenzähler *m* unit counter
Einheitenzeichen *n* symbol of unit of measurement
einheitlich uniform; unified, standardized
Einheitsabschnitt *m* unit interval *(Telegrafie)*
Einheitsanwärmzeit *f* unit warm-up time
Einheitsbaugruppe *f* standard module
~/**funktionelle** functional module
~/**in Digitaltechnik ausgeführte** digital module
Einheitsbaustein *m* standard modular unit
Einheitsbausteinkonstruktion *f* modular framework
Einheitsbauweise *f* unit construction
Einheitsbogen *m* unit arc
Einheits-Breitbandkanal *m* uniform broad-band channel
Einheitsempfindlichkeit *f (Meß)* unit sensitivity
Einheitsgebühr *f* uniform rate
Einheitsgitter *n* unit lattice
Einheitsgröße *f* standard size
Einheitsimpuls *m* unit [im]pulse
Einheitsimpulsfunktion *f* unit pulse function
Einheitskarte *f* module card
Einheitskraftwerk *n* standard power plant (station)
Einheitskugel *f* unit sphere
Einheitskurzrufnummer *f* standard abbreviated call number
Einheitsladung *f* unit charge
Einheitsleiterbild *n* standard pattern *(Leiterplatte)*
Einheitsleiterplatte *f* standard [pattern] printed circuit board
Einheitslichtquelle *f* unit source of light
Einheitsmatrix *f* unit matrix
Einheitsquelle *f* unit source

Einheitsrampenfunktion *f* unit ramp function
Einheitsröhre *f* unit tube
Einheitsschaltfeld *n* unit switchboard (panel)
Einheitsschritt *m* unit element *(Telegrafie)*
Einheitsschrittkode *m* equal-length multi-unit code
Einheitssignal *n* standard signal
Einheitssprung *m* 1. unit step [function]; 2. *(El)* unit pulse
Einheitssprungantwort *f* unit step response
Einheitssprungfunktion *f s.* Einheitssprung 1.
Einheitssprungsignal *n* unit step [function] signal, step-function signal
Einheitstarif *m* all-in tariff
Einheitsunterstation *f* unit substation
Einheitszeit *f* standard time
einhüllen to envelop; to sheathe; to encapsulate
Einkanalanlage *f* single-channel system
Einkanalbetrieb *m* single-channel operation
Einkanalresonanz *f* one-channel resonance
Einkanalschreiber *m* single-channel recorder
Einkanalsimplexverkehr *m* single-channel simplex
Einkanalsystem *n* single-channel system, unichannel system
Einkanalübertragung *f* single-channel transmission
Einkanalverstärker *m* single-channel amplifier
einkapseln to encapsulate, to enclose, to encase
Einkapselung *f* encapsulation
Einkartenrechner *m* single-board computer
Einkesselschalter *m* single-tank switch (circuit breaker)
einklinken to latch
Einknopfabstimmung *f* single-knob tuning, single-control tuning
Einknopfbedienung *f* single-knob control, single-dial control
Einkomponentenleuchtstoff *m* single-component phosphor (electroluminescent material)
einkoppeln to couple into *(in einen Lichtwellenleiter)*
Einkoppelstrecke *f* buncher space
Einkristall *m* single crystal, monocrystal
Einkristallempfänger *m* single-crystal detector
Einkristallfaden *m* single-crystal filament
Einkristallfläche *f* single-crystal face
einkristallin single-crystal[line], monocrystalline
Einkristallkörper *m* boule
Einkristallzüchtung *f* single-crystal growth
Einlage *f* insert *(Steckverbindung)*
Einlagenleiterplatte *f* single-layer [printed circuit] board
Einlagenschaltung *f* single-layer board *(gedruckte Schaltung)*
Einlagenspule *f* single-layer coil
einlagern to insert, to include *(Kristallographie)*
Einlagerung *f* insertion, inclusion
Einlagerungstelegrafie *f* intraband telegraphy
Einlageschicht *f* interlayer
einlagig single-layer
Einlaß *m* intake, inlet
einlassen/Luft to admit air
Einlaßrohr *n* inlet tube, admission pipe
Einlaßventil *n* inlet (admission) valve
Einlaufbauwerk *n* inlet structure *(Wasserkraftwerk)*
Einlaufbecken *n* forebay *(Wasserkraftwerk)*
einlaufen to run in (warm) *(z. B. ein Maschine)*
~ **lassen** to run in
Einlauffallschütz *n* sliding gate *(Kraftwerk)*
Einlaufprüfung *f* running-in test
Einlaufrille *f* run-in spiral (groove), lead-in spiral *(Schallplatte)*
Einlaufzeit *f* run[ning]-in period, warm-up period (time); wear-in period
einlegen to feed in, to thread *(Film, Tonband)*
Einlegewachstum *n*, **Einlegezüchtung** *f* boule growth *(GaAs-Kristalle)*
einleiten to initiate, to start
Einleiten *n* **der Selbsterregung** build-up of self-excitation
Einleiterendverschluß *m* cable sealing box
Einleiter-H-Kabel *n* H-type cable
Einleiterkabel *n* single[-core] cable
Einleiterstromkreis *m* single-circuit system
Einleitung *f* 1. initiation, start; initialization; 2. introduction; discharge
Einleitungsbetrieb *m* one-line working
Einleitungsprozeß *m s.* Einleitung 1.
Einlesemodus *m* read-in mode
einlesen to read in, to enter *(Daten)*; to load *(Programm)*
Einlesen *n* read-in
~ **eines Befehls** instruction fetch
~ **in den Stapelspeicher** push
Einleseverfahren *n* read-in mode
Einlinienschreiber *m* one-pen recorder
Einlochbefestigung *f* bushing mount *(für Potentiometer)*
Einmal-Drucktaste *f* single-shot push button
Einmaleinskörper *m* *(Dat)* multiplying unit
Einmanntelegraf *m* single-operator telegraph
Einmessen *n* calibration
~ **der Zeitbasis** time-base calibration *(Oszillograph)*
~**/stroboskopisches** stroboscopic calibration (checking)
~ **während des Betriebs** field calibration
Einmeßkurve *f* calibration curve
Einminuten-50-Hz-Stehspannungsprüfung *f* **im beregneten Zustand** *(Isol)* wet one-minute power-frequency withstand voltage test
~ **im trockenen Zustand** *(Isol)* dry one-minute power-frequency withstand voltage test
einmischen to merge *(z. B. Daten, Farbvalenzen)*; to collate *(Lochkarten)*
einmitten to centre

Einmodenbetrieb *m (Laser)* single-mode operation
Einmoden[lichtleit]faser *f* single-mode [optical] fibre
einmotorig one-engined
Einniveaunäherung *f (ME)* one-level approximation
Einniveaurekombination *f (ME)* single-level recombination
einohrig *(Ak)* monaural
einordnen 1. to arrange; to sequence; 2. to classify
Einordnen *n* **in Lärmzonen** noise zoning
einpassen to fit [in]; to position
Einpegelung *f* level adjustment
Einpendeln *n* hunting
Einperiodenstoßstrom *m* one-cycle surge [forward] current
Einphasenanker *m* single-phase armature
Einphasenanlasser *m*, **Einphasenanlaßschalter** *m (MA)* single-phase starter (starting switch)
Einphasenasynchronmotor *m* single-phase asynchronous motor
Einphasenbahn *f* single-phase railroad (railway)
Einphasenbahnbetrieb *m* single-phase traction
Einphasenbetrieb *m* single-phase operation
Einphasenbrückenschaltung *f* single-phase bridge connection
Einphasen-Dreileiter-Stromkreis *m* single-phase three-wire circuit *(Nulleiter)*
Einphasengenerator *m* single-phase alternator
Einphasengleichrichter *m* single-phase rectifier
Einphasenkreis *m* single-phase circuit
Einphasenlokomotive *f* single-phase electric locomotive
Einphasenmaschine *f* single-phase machine
Einphasenmotor *m* single-phase motor
~ **mit induktiver Hilfsphase** reactor-start motor
~ **mit Kondensatorhilfsphase** capacitor-start motor
~ **mit Widerstandshilfsphase** resistor-start motor
Einphasennetz *n* single-phase mains (system), single-phase power supply
Einphasenreihenschlußmotor *m* single-phase [series] commutator motor
~ **mit Kompensationswicklung** single-phase commutator motor with [series] compensation winding
Einphasenreluktanzmotor *m* single-phase reluctance motor
Einphasenschaltung *f* single-phase circuit
Einphasenstrom *m* single-phase current, monophase current
Einphasensynchrongenerator *m* single-phase synchronous generator
Einphasensystem *n* single-phase system
~ **mit Erdrückleiter** single-wire earth return
Einphasentransformator *m*, **Einphasenwandler** *m* single-phase transformer, single-phase voltage (current) transformer
Einphasenwechselrichter *m (Srt)* single-phase inverter, monophase inverter
Einphasenwechselstrom *m* single-phase alternating current
Einphasenwicklung *f* single-phase winding
Einphasenzähler *m* single-phase meter
Einphasen-Zweileiter-Stromkreis *m* single-phase two-wire circuit
einphasig single-phase, monophase, one-phase
Einphotonenabsorption *f* one-photon absorption
Einplatinenrechner *m* single-board computer
einpolig single-pole, unipolar, one-pole
Einpolröhre *f* single-pole valve
Einpolstecker *m* tip plug
einprägen to impress
~**/einem Stromkreis eine Spannung** to impress a voltage upon a circuit
Einpreßstiftverbindung *f* interference fit-pin connection
Einpulsgleichrichter *m* single-pulse rectifier, simple rectifier
einpulsig single-pulse, monopulse
Einpulsverfahren *n* single-pulse method, monopulse method
Einpunktabtastung *f* one-point scanning
Einquadrantenantrieb *m* one-quadrant drive
Einrastbolzen *m* drop-in pin
Einrastdruckschalter *m* lock-down switch
einrasten to lock [in place]; to latch
Einrastknopf *m* lock knob
Einrastrelais *n* latch-in relay
Einrasttaste *f* lock-down button
einregeln to adjust; *(Nrt)* to line up
Einregelung *f* adjustment, *(Nrt)* lining-up
Einregelungspegel *m (Nrt)* lining-up level
Einregelungszeit *f (Nrt)* line-up period
einregulieren to adjust
einreihen *(Dat, Nrt)* to enqueue *(in eine Warteschlange)*
einrichten to install; to set up; to arrange; to adjust
Einrichten *n* arrangement; setting-up; adjustment
Einrichtung *f* 1. equipment, device, unit; facility; 2. installation; set-up; 3. *s.* Einrichten
~**/austauschbare** interchangeable item (unit)
~**/bistabile** bistable device
~ **eines Teilnehmeranschlusses** installation of a subscriber's telephone
~**/elektrische** electrical equipment
~ **für das Zählen der Hunderter** *(Dat)* count-hundreds facility
~ **für das Zählen der Zehner** *(Dat)* count-tens facility
~ **für regelmäßige Prüfungen** routine test equipment, routiner
~ **für Schützsteuerung** contactor equipment
~ **mit Lichtbogenerwärmung** arc heating installation (equipment)
~**/optoelektronische** optoelectronic device

~/**temperaturempfindliche** temperature-sensitive device
~/**tonfrequente** audio system
~ **zum Wiederauffinden von Informationen** automatic retrieval device
~ **zur beschleunigten Wiedergabe** *(Ak)* speed-up device
~ **zur Frequenzverschiebung** frequency shifter
~ **zur verlangsamten Wiedergabe** *(Ak)* slow-down device
Einrichtungsantenne *f* unidirectional aerial
Einrichtungswandler *m* unilateral transducer
einrücken to engage, to throw in *(Kupplung)*
Eins *f* unity
~/**gestörte** *(Dat, Syst)* disturbed one
einsammeln to collect *(z. B. Elektronen)*
Einsammelwirksamkeit *f* collection efficiency
Einsattelung *f* dip *(Kurvenzug)*
Einsatz *m* 1. application, use; 2. initiation, start; 3. insert *(Teil)*; 4. charge; batch
~ **der Signalbeschneidung** onset of clipping
~/**konischer** conical insert *(bei Kappenisolatoren)*
Einsatzbedingungen *fpl* field conditions
~/**anomale (besondere)** abnormal service conditions *(z. B. für Werkstoffe)*
einsatzbereit ready-to-use, ready for operation (service)
Einsatzentladung *f* pilot spark
Einsatzfeldstärke *f* inception stress *(bei Teilentladungsprozessen)*
Einsatzgitter *n* insert lattice
Einsatzmöglichkeit *f* application possibility
Einsatzpunkt *m* **der Begrenzung** *(Ak)* clipping level
Einsatzreaktanz *f* charge reactance
Einsatzsicherung *f* switch fuse
Einsatzspannung *f* inception (initial, starting) voltage *(bei Teilentladungen)*; cut-off voltage *(Elektronenröhren)*; threshold voltage
Einsatzstück *n* insert *(Steckverbindung)*; adapter
Einschalt-Ausschalt-Zeit *f* make-break time
Einschaltbedingung *f* closing condition *(Thyristor)*
Einschaltdauer *f* cyclic duration factor, percentage duty cycle; on-period
~/**relative** 1. relative cyclic duration factor; 2. duty ratio *(elektrische Antriebe)*
einschalten 1. to switch on, to turn on; to connect; to energize; 2. to insert
~/**die Beleuchtung** to light up
~/**einen Stromkreis** to close a circuit
~ **in** to tap into
~/**in einen Stromkreis** to switch into a circuit, to put (place) in circuit, to loop in
~/**sich in eine Leitung** *(Nrt)* to listen in a circuit
Einschalten *n* 1. switching on (in); closing *(Stromkreis)*; turn-on; start-up; 2. inserting; 3. closing operation, making operation
~ **der Vermittlung** *(Nrt)* connection of switching system
~/**schrittweises** step-by-step starting
Einschalter *m* circuit closer, [closing] switch, contactor
Einschaltestelle *f (Nrt)* siting *(z. B. eines Entzerrers)*
Einschaltfeder *f* closing spring
Einschaltgeschwindigkeit *f* closing speed
Einschalthandlung *f* making operation
Einschaltimpuls *m* starting pulse
Einschaltkontakt *m*/**einpoliger** single-pole single-throw contact
Einschaltmessung *f* step-function measurement
~/**galvanostatische** galvanostatic step-function measurement, current pulse measurement, galvanostatic (chronopotentiometric) method
Einschaltmoment *n (MA)* switching torque
Einschaltphasenwinkel *m* turn-on phase
Einschaltpunkt *m* operate point
Einschaltrelais *n* closing relay
Einschaltsignal *n* trip-on signal
Einschaltspannung *f* sealing voltage *(Schalter, Relais)*
Einschaltsperre *f* closing lock-out, lock-out device
Einschalt-Sperrelais *n* trip-free relay
Einschaltspitze *f* 1. inrush load; 2. surge peak *(z. B. Spannungsspitze)*
Einschaltspule *f* closing coil
Einschaltstellung *f* on (switch-on) position, closed position *(Schalter)*
Einschaltsteuersignal *n* trip-on control signal
Einschaltstoß *m* transient [current] pulse
Einschaltstoßstrom *m* inrush current
Einschaltstrom *m* starting (making, make) current, inrush current
~/**unbeeinflußter** prospective making current
Einschaltstromkreis *m* closing circuit
Einschaltstromstoß *m s.* Einschaltstoß
Einschaltüberspannung *f* closing overvoltage (surge)
Einschaltventil *n* closing valve
Einschaltvermögen *n* making capacity
Einschaltverzögerer *m* closing-delay device
Einschaltverzögerung *f* turn-on delay; *(Syst)* closing delay; make time *(Relais)*
Einschaltverzögerungszeit *f* turn-on [delay] time
Einschaltverzug *m s.* Einschaltverzögerung
Einschaltvorgang *m* circuit closing; turn-on transient
~/**galvanostatischer** galvanostatic transient
~/**potentiostatischer** potentiostatic transient, transient potentiostatic process
Einschaltvorrichtung *f* closing device
Einschaltwicklung *f* closing winding
Einschaltwiderstand *m* closing resistor
Einschaltzeit *f* 1. turn-on time; closing time; on-time; 2. gate-controlled rise time *(Thyristor)*; 3. on-period
Einschaltzustand *m* closed-circuit condition, on-state

Einschichtwicklung *f* single-layer winding, one-position winding
einschieben to insert
~ **zwischen** to sandwich
Einschienenbahn *f* monorail (single-rail) train
Einschießen *n* injection *(Teilchenbeschleunigung)*
Einschlafschaltung *f* sleep timer
einschleifen to loop in *(in eine Meßkette)*
Einschleifensystem *n* one-loop system *(Regelung)*
einschleifig single-loop
einschließen 1. to encase *(in ein Gehäuse)*; to encapsulate *(z. B. in Vergußmasse)*; 2. to lock (shut) in
Einschluß *m* enclosure, inclusion *(z. B. in einem Kristall)*
Einschlußtiefe *f (Isol)* cavity (void) depth
Einschmelzdraht *m* seal (sealing-in) wire
einschmelzen to seal (fuse) in
Einschmelzmaschine *f* sealing-in machine *(Elektronenröhrenherstellung)*
Einschmelzung *f* seal, sealing[-in], fusing-in
einschnappen to catch
~ **lassen/einen Druckknopf** to latch a push button
Einschnappkontakt *m* snap-in contact
einschneiden to cut [in]; to engrave
Einschnüreffekt *m (Ph)* pinch[-in] effect; magnetic pinch effect; *(ME)* crowding effect
Einschnurschrank *m (Nrt)* single-cord switchboard
Einschnürung *f* **der Stromlinien** contraction of current lines
einschränken to set limits
Einschreibeimpulsdauer *f* write pulse duration
einschreiben to write [in], to enter in[to]
Einschub *m* plug-in [unit], slide-in module
Einschubbaustein *m* plug-in module (unit)
Einschubeinheit *f s.* Einschub
Einschubelektronik *f* plug-in electronics
Einschubkarte *f (Dat)* slip-in card, plug-in board
Einschubplatte *f* plug-in board
Einschubschrank *m* rack
Einschubumsetzer *m* plug-in converter
Einschubverstärker *m* plug-in amplifier
Einschuß *m* **von Elektronen** electron bombardment
Einschwingbewegung *f* transient motion
Einschwingdauer *f* build-up time
Einschwingen *n* transient oscillation
~ **beim Ausschalten** circuit breaking transient
~ **des Stroms** build-up of current
~**/kriechendes** aperiodic transient, undershoot
~**/oszillierendes** oscillating transient
einschwingend transient, building-up
Einschwingfrequenz *f* transient (natural) frequency
Einschwingimpuls *m* transient [im]pulse
Einschwingkoeffizient *m* synchronizing coefficient
Einschwingspannung *f* transient voltage; *(Eü)* prospective transient recovery voltage
Einschwingstrom *m* transient-state current, pre-oscillation current
Einschwingüberlastung *f* transient overload
Einschwingung *f* initial transient
Einschwingverhalten *n* transient behaviour (response)
Einschwingvorgang *m* [initial] transient, transient effect (phenomenon), building-up process (transient); switching transient *(beim Schalten)*
~ **bei Frequenzmodulation** transient in frequency modulation
~**/oszillatorischer** building-up transient oscillation process
Einschwingzeit *f* 1. transient period, [transient] response time, time of response; build[ing]-up time, building-up period; 2. settling (settle-out) time, damping period
~**/konstante** transient-time constant; time constant of rise *(eines Impulses)*
Einschwingzustand *m* transient condition (state, regime)
Einseitenband *n* single sideband
~**/kompatibles (verträgliches)** compatible single sideband
Einseitenbandamplitudenmodulation *f* single-sideband amplitude modulation
Einseitenbandbetrieb *m* single-sideband operation
Einseitenbandempfänger *m* single-sideband receiver
Einseitenbandfernsprechen *n* single-sideband telephony
Einseitenbandfilter *n* single-sideband filter
Einseitenbandmodulation *f* single-sideband modulation
Einseitenbandsignal *n* single-sideband signal
Einseitenbandtelefonie *f* single-sideband telephony
Einseitenbandübertrager *m* single-sideband transmitter
Einseitenbandübertragung *f* single-sideband transmission (operation)
Einseitenbandverfahren *n* single-sideband method
einseitig single-sided; unilateral
Einsekundenspeicherschaltung *f* one-second memory circuit
einsetzen 1. to insert, to place [in position], to set in; 2. to initiate
~**/das Teilprogramm** *(Dat)* to assemble the subprogram
~**/wieder** to reinsert, to replace
Einsetzen *n* 1. insertion, installation; 2. initiation, start
~ **der Zündung** initiation of firing

Einsondenverfahren *n* single-probe technique
einspannen to clamp, to fix
Einspannstelle *f* clip position
Einspannvorrichtung *f* clamping device
einspeichern to store, to read in *(Daten)*
Einspeicherung *f (Dat)* storage, line-to-store transfer
Einspeicherungsfehler *m (Dat)* loading error
Einspeicherungsimpuls *m (Dat)* read-in pulse
Einspeicherungsprogramm *n (Dat)* loading routine
Einspeicherungsvorgang *m (Dat)* reading-in action
einspeisen to feed [into]; to supply
~/parallel to parallel-feed
~/Strom to feed current
Einspeisepunkt *m* feeding (feed-in, supply) point
Einspeisezentrale *f* feeder distribution centre
Einspeisung *f* 1. feeding; supply; 2. line entry *(Freileitung)*; incoming feeder
~ aus dem öffentlichen Netz supply from public power system
Einspeisungsspannung *f* **des Steuerkreises** *(Ap)* control supply voltage
Einspeisungsübergangsspannung *f* supply transient voltage
einspielen/sich to balance *(z. B. Zeiger)*
Einspielkreis *m (Nrt)* feedback circuit
Einsprechöffnung *f* acoustic (microphone, transmitter) inlet
Einspritzdauer *f* duration of injection
Einspritzdruck *m* injection pressure
Einspritzdüse *f* injector
einspritzen to inject
Einspritzventil *n* injection (sprayer) valve
Einspritzvorrichtung injection device, injector
Einsprungadresse *f (Dat)* vector [address]
Einsprungbefehl *m* entry command
Einsprungnachrichtensatellitensystem *n* single-hop communication satellite system
einspulig single-coil
Einspuraufzeichnung *f* single-track recording
einspurig single-track
Einstabmeßkette *f* combined [measuring and reference] electrode
Einstandentfernungsmesser *m* monostatic range finder *(mit kleiner Basisbreite und einem Beobachtungspunkt)*
Einständerlinearmotor *m*, **Einstatorlinearmotor** *m* single-stator linear motor, mono-stator linear motor
Einsteckausführung *f* plug-in type
Einsteckbauelement *n* plug-in device (element)
Einsteckeinheit *f* plug-in unit
einstecken to plug [in] *(z. B. Stecker)*; to insert
Einsteckhörer *m* insert (insertion) earphone, telephone olive
Einsteckkondensator *m* plug-in capacitor
Einsteckkopf *m* plug-in head
Einsteckplatte *f* plug-in board
Einsteckrelais *n* plug-in relay
Einstecksicherung *f* plug-in fuse
Einstecksockel *m* plug-in cap *(Lampe)*
Einsteckspule *f* plug-in coil
Einsteigöffnung *f* manhole
Einstein-Bose-Statistik *f* Einstein-Bose statistics
Einstellager *n***/sphärisches** spherical-seated bearing
einstellbar adjustable
~/getrennt separately adjustable
~/nicht non-adjustable
~/stetig continuously adjustable
~/stufenlos steplessly (infinitely) adjustable
~/stufenweise step-adjustable
Einstellbarkeit *f* adjustability
Einstellbedingung *f* setting parameter
Einstellbegrenzung *f* setting limitation
Einstellbereich *m* adjustment (setting) range; *(Laser)* focus[s]ing range
Einstellehre *f* setting gauge
Einstelleinrichtung *f* adjuster
Einstellelement *n* adjustment control, regulation element
einstellen 1. to adjust, to set; 2. to dial, to tune in *(Sender)*; to attune
~ auf to set at; to attune to
~/auf Mitte to centre
~/auf Null to zero
~/den Nullpunkt automatisch to autozero
~/den Verkehr *(Nrt)* to suspend traffic
~/genau to position
~/neu to reset
~/neutral to adjust to neutral
~/scharf to focus
~/sich to settle *(auf einen Wert)*
~/sich automatisch to adjust itself automatically
~/vorher to preset
~/zentrisch to centre
Einsteller *m* adjuster
Einstellfehler *m* adjustment (setting) error
Einstellgenauigkeit *f* adjustment (setting) accuracy
Einstellhebel *m* adjusting lever
einstellig one-digit
Einstellimpuls *m* set pulse
Einstellknopf *m* adjustment (control) knob, setting control
Einstellmagnet *m* setting magnet
Einstellmarke *f* adjustment (setting, reference) mark; index dot
Einstellmoment *n* controlling torque
Einstellnormale *f* master, standard
Einstellpotentiometer *n* adjustable (adjusting) potentiometer; trimming potentiometer; coefficient-setting potentiometer
Einstellpunkt *m* index dot
Einstellring *m* adjusting collar

Einstellschraube *f* adjusting (setting) screw; levelling screw; tuning screw
Einstellspannung *f* adjusting voltage
Einstelltoleranz *f* setting tolerance
„Ein"-Stellung *f* "on" position
Einstellung *f* 1. adjustment, adjusting, setting; positioning; 2. regulation
~ **auf Gleichheit** equality adjustment
~ **auf konstante Geschwindigkeit** continuous-speed adjustment
~ **des Nullpunkts** zero adjustment
~**/fehlerhafte** misplacement
~**/optimale** optimal adjustment *(z. B. eines Reglers)*
~**/periodische** *(Syst)* sampling action
~ **von Hand** manual adjustment
Einstellungsfehler *m* positioning error
Einstellverhältnis *n* setting ratio *(Relais)*
Einstellverstärkung *f* setting gain
Einstellvorrichtung *f* adjusting device
~ **für den Kleinlastabgleich** low-load [meter] adjustment *(Energiezähler)*
~ **für den Nennlastabgleich** full-load [meter] adjustment *(Energiezähler)*
~ **für den Phasenabgleich** power-factor adjustment
Einstellwert *m* setting [value], adjustment value
Einstellwicklung *f* set[ting] winding, setting coil
Einstellwiderstand *m* adjustable resistor
Einstellwinkel *m (Meß)* indicated angle
Einstellzeit *f* response (damping) time *(Meßinstrument)*; setting time
Einstieg *m*, **Einstiegloch** *n* manhole
Einstiegschacht *m* manhole chimney
Einstiftsockel *m* single-pin cap
einstöpseln *(El)* to patch
Einstrahlflächenspeicherröhre *f* single-beam storage tube
Einstrahlgerät *n* single-beam instrument
Einstrahlmaser *m* one-port cavity maser
Einstrahloszilloskop *n* single-beam oscilloscope
Einstrahlröhre *f* **mit Farbsteuergitter** *s.* Chromatron
Einstrahlung *f* 1. irradiation; 2. insolation *(Sonne)*
Einstrahlwinkel *m* angle of arrival
Einströmen *n* inflow
Einströmgeschwindigkeit *f* rate of inflow; inlet velocity
Einströmventil *n* inlet (admission) valve
Einstufenverstärker *m* single-stage amplifier
einstufig single-stage, single-step
Eins-Zustand *m* one-state *(binärer Schaltkreis)*
Eintaktausgang *m* single-ended output
Eintakten *n* retiming *(Pulskodemodulation)*
Eintakt-Schaltnetzteil *n* single-ended switching power supply
Eintalhalbleiter *m* single-valley semiconductor
eintasten *(Nrt, Dat)* to key in
Eintasten *n* **und Abtasten** *n (Nrt)* keying and reading
Eintastenaufnahme *f* one-touch record
eintauchen to plunge; to dip, to immerse
Eintauchplattierung *f (Galv)* dip (immersion) plating
Eintauchtiefe *f* depth of immersion
Eintauchtrommel *f* dipping drum
Eintauchversilberung *f* immersion silvering (silver plating), silver dipping *(Leiterplatten)*
eintaumeln to align *(Tonkopf)*
Eintaumeln *n* [gap] alignment
einteilen 1. to classify; 2. to divide *(Skale)*
~**/in Grade** to graduate
Einteilung *f* 1. classification; 2. [sub]division *(Skale)*; partitioning *(eines elektronischen Systems auf einzelne Chips)*
~ **in Lärmzonen** noise zoning
~ **in Zonen** zoning
Eintonbetrieb *m (Nrt)* single-tone operation
Eintonspringschreiber *m* single-tone start-stop teleprinter
Eintontastung *f (Nrt)* single-tone keying
Eintrag *m (Galv)* drag-in *(eingeschleppte Lösung)*
eintragen 1. to plot, to record; to register; to map *(auf einer Karte)*; 2. to enter, to carry in *(Information)*
Einträgerinjektionsdiode *f* one-carrier injection diode
Eintransistoroszillator *m* single-transistor oscillator
Eintreibschritt *m* drive-in step *(Halbleiter)*
Eintreten *n* cut-in, entry
eintreten/in eine Verbindung *(Nrt)* to enter a circuit
Eintretezeichen *n (Nrt)* forward transfer signal
eintrimmen to align
Eintritt *m* entrace, entry *(z. B. Strahl)*; admission, inlet
Eintrittsfläche *f (Laser)* acceptance surface
Eintrittsgeschwindigkeit *f* speed of entry; inlet velocity
Eintrittsöffnung *f* throat *(eines Schalltrichters)*
Eintrittspupille *f* entrance pupil (diaphragm)
Eintrittsrohr *n* admission (inlet) pipe
Eintrittsspalt *m* entrance slit
Eintrittstemperatur *f* inlet temperature
Eintrittsverlust *m* admission loss
Eintrittswahrscheinlichkeit *f (Syst)* occurrence probability
Eintrittswinkel *m* entrance (entry) angle
Ein- und Ausblenden *n***/nachträgliches** *(Ak)* postfading
Ein- und Ausgabe *f***/parallele** *(Dat)* parallel input-output, PIO
Ein- und Ausgabe... *s.* Eingabe-Ausgabe-...
Ein- und Ausschaltanzeiger *m* on-off indicator
Ein- und Ausschalter *m***/einpoliger** single-pole single-throw switch

Einwahl *f (Nrt)* dial-in
einwählen *(Nrt)* to dial in
Einwählen *n (Nrt)* in-dialling
Einwahlmöglichkeit *f* **in Nebenstellenanlagen** *(Nrt)* in-dialling facility to P.B.X. extensions
Einwahlnummer *f (Nrt)* in-dialling number
Einwegdienst *m (Nrt)* one-way service
Einweggleichrichter *m* half-wave rectifier, single-wave rectifier, single-way rectifier, one-way rectifier
Einweggleichrichterröhre *f* half-wave rectifying valve
Einweggleichrichtung *f* half-wave rectification, single-wave rectification, single-way rectification, one-way rectification
Einwegleitung *f (Nrt)* unidirectional circuit (trunk, line); one-way circuit
Einwegschalter *m* single-way switch
Einwegschaltung *f* half-wave circuit, single-wave circuit, single-way circuit, one-way circuit
Einwegübertragung *f (Nrt)* one-way transmission (communication)
Einwegverstärker *m (Nrt)* one-way repeater, simplex repeater
Einwegwähler *m (Nrt)* uniselector
Einwellenstrom *m* single-wave current
Einwertangabe *f* single-number rating
einwertig single-value *(Funktion)*
„Ein"-Widerstand *m* "on" resistance *(Leistungstransistor)*
Einwirkdauer *f s.* Einwirkzeit
einwirken to act [on]; to influence
~ [lassen]/aufeinander to react
~/störend to interfere with
Einwirkung *f* influence; effect, action
~ der Belastung *(Syst)* load action *(Störgröße)*
~ eines Impulses pulse action
~/induktive inductive influence
~/wechselseitige interaction
Einwirkungsraum *m* interaction space *(Wanderfeldröhre)*
Einwirk[ungs]zeit *f* 1. exposure time; 2. on-time, on-period
Einwortbefehl *m* one-word instruction (command)
Einzahlangabe *f* single-number rating; single-unit descriptor
Einzeilenanzeige *f* in-line read-out
einzeilig in-line
Einzelabtastung *f* single scan
Einzeladresse *f* single address
Einzelanruf *m (Nrt)* selective ringing
~ mit zugeteilten Frequenzen harmonic selective ringing
Einzelanschluß *m* main station line
Einzelanschlußleitung *f* individual line
Einzelantrieb *m* individual (single) drive
Einzelauswechs[e]lung *f* individual replacement
Einzelbauelement *n* individual (separate, discrete) component
Einzelbelichtung *f* single exposure
Einzelbitspeicher *m (Dat)* single-bit memory (store)
Einzelblindlastkompensation *f* single power-factor compensation
Einzelbuchse *f* individual socket
Einzelchipschaltkreis *m* single-chip circuit
Einzelelektron *n* single (unpaired) electron
Einzelelektronimpuls *m* single-electron pulse
Einzelempfänger *m* single receiver
Einzelfasermantel *m* single fibre jacket *(Lichtwellenleiter)*
Einzelfehler *m* individual error
Einzelfilter *n* single filter
Einzelfrequenz *f* single frequency
Einzelfunke *m* separate spark
Einzelfunkenstrecke *f* quench-gap unit *(Ableiter)*
Einzelgebührennachweis *m* detailed record of charges
Einzelgerät *n* individual (stand-alone) unit
Einzelgesprächserfassung *f (Nrt)* detailed registration
Einzelgesprächsgebührensystem *n (Nrt)* message-rate system
Einzelgesprächszählung *f (Nrt)* single-fee metering
Einzelimpuls *m* single [im]pulse, individual pulse
Einzelimpulsbetrieb *m* single-pulse operation
Einzelimpulsquelle *f* single-pulse source
Einzelkanalüberwachung *f* single-channel supervision
Einzelkartenprüfung *f* single-card check
Einzelkompensation *f* **für Blindlast** single power-factor compensation
Einzelkopfhörer *m* single headphone
Einzelleiter *m* single conductor; strand *(eines verseilten Leiters)*
Einzelleitung *f* single[-wire] line
Einzellötstelle *f* single solder joint
Einzelmotorantrieb *m* single (individual) motor drive
einzeln individual; discrete
Einzelnachricht *f* discrete message
Einzelnormal *n* individual standard
Einzelpol *m* salient pole
Einzelpolmaschine *f* salient-pole machine
Einzelpotential *n* single potential
Einzelpunktsteuersystem *n* point-to-point positioning system
Einzelpunktsteuerung *f* point-to-point positioning control
Einzelruf *m (Nrt)* individual call
Einzelschalter *m* separate switch
Einzelschnur *f* single cord
Einzelschrittsteuerung *f (Nrt)* individual step control
Einzelsilbe *f* monosyllable
Einzelspur *f* single trace (track)
Einzelstecker *m* individual plug

Einzelsteuerung *f* individual control
Einzelstoß *m* bump
Einzelstrahl *m* single beam *(Licht)*
Einzelteil *n* individual component (part), component, part
Einzelteildichte *f* component density
Einzelteilverlust *m* component loss
Einzelteilzeichnung *f* detail drawing
Einzeltonmodulation *f* single-tone modulation
Einzelverdrahtung *f* discrete wiring
Einzelverlust *m* component loss; separate (individual) loss
Einzelverlustverfahren *n* loss-summation method
Einzelversetzung *f* single dislocation *(Kristall)*
Einzelzellenschalter *m* single-battery switch
Einzelzulassung *f* individual type approval
Einziehdraht *m* conduit (draw) wire, fish-wire
einziehen to pull (draw) in *(z. B. Kabel)*
Einziehlänge *f* draw-in length *(Kabel)*
Einzollmikrofon *n* one-inch microphone
Einzonendurchlaufofen *m* single-zone continuous furnace
einzügig single-duct *(Kabelkanal)*
Einzugsschaltung *f* pull-in circuit *(Monitor)*
Einzugsvorrichtung *f* feeding device *(z. B. am Drucker)*
Ein-Zustand *m* high *(logischer Zustand H)*
„Ein"-Zustand *m* "on" state
Einzweckrechner *m* single-purpose computer
einzylindrig single-cylinder
Eisabstreifer *m* sleet cutter *(an Freileitungen)*
Eisen *n* iron
α-Eisen *n* alpha iron
Eisenabschirmung *f* iron screen
Eisenanode *f* iron anode
Eisenbahn *f***/elektrische** electric railway
Eisenbahnstromkreis *m* track circuit
Eisenband *n* metal [alloy] tape
Eisenbandbewehrung *f* [iron-]tape armouring *(Kabel)*
Eisenbewehrung *f* iron armouring (sheathing)
Eisenblechkern *m* laminated iron core
Eisenbogen *m* iron arc
Eisenbogenlampe *f* iron arc lamp
Eisenbrand *m* core burning
Eisenbreite *f* [iron] core length
Eisen-Chrom-Band *n* ferrichrome tape
eisendotiert *(ME)* iron-doped
Eisendrossel[spule] *f* iron-cored inductor, iron-core reactor
Eisenelektrode *f* iron electrode
Eisenelement *n* iron cell
Eisenfeilspäne *mpl* iron filings
eisenfrei iron-free, non-ferrous
eisengekapselt iron-clad
eisengeschirmt iron-screened
Eisengittermast *m* steel tower
Eisengleichrichter *m* steel-tank rectifier, steel-armour rectifier
Eisenkapselung *f* iron-clad encapsulation; iron-clad case
Eisenkern *m* iron core • **ohne ~** *s.* eisenlos
~/abgestufter stepped iron core
~/offener open [iron] core *(ohne äußeren Eisenschluß)*
Eisenkerndrossel *f* iron-cored inductor
Eisenkerninstrument *n* iron-core instrument
Eisenkernspule *f* iron[-core] reactor, iron inductor; iron-dust core coil *(feinkörniger Kern)*
Eisenkreis *m* ferromagnetic (iron) circuit
~/geschlossener closed core
Eisenlänge *f* [iron-]core length
eisenlos iron-free, non-ferrous; coreless, air-core *(Spule)*
Eisenmast *m* steel tower
Eisennadelinstrument *n* iron needle instrument, [permanent-magnet] moving-iron instrument
Eisen-Nickel-Akkumulator *m* iron-nickel accumulator, Edison [storage] battery
Eisenpulver *n* iron powder, powdered iron
~/magnetisiertes ferromagnetic powder
Eisenpulverkern *m* iron-dust core, [compressed] iron-powder core
Eisenquerschnitt *m* [iron-]core cross section
~/wirksamer active cross section of core
Eisensättigung *f* magnetic saturation
Eisenschirmung *f* iron screen
Eisenschluß *m* magnetic shunt
Eisenspule *f s.* Eisenkernspule
Eisenstaubkern *m s.* Eisenpulverkern
Eisenstörstelle *f (ME)* iron impurity
Eisenüberzug *m***/galvanisch abgeschiedener** iron plate
Eisenverlust *m* iron (core) loss
Eisenverlustmessung *f* iron-loss measurement (test), core-loss measurement (test)
Eisenverluststrom *m* core-loss current
Eisenverlustwiderstand *m* equivalent core-loss resistance
Eisenwasserstoffröhre *f*, **Eisenwasserstoffwiderstand** *m* [iron-hydrogen] barretter
eisfrei ice-free
eisgeschützt sleetproof
Eislast *f* ice loading *(Freileitung)*
Eisüberzug *m* sleet *(Freileitung)*
Elastizitätsmodul *m* [Young's] modulus of elasticity, elastic (stress) modulus
Elektret *n(m)* electret
Elektret-Fernsprechmikrofon *n* electret telephone microphone
Elektret[kondensator]mikrofon *n* electret microphone, prepolarized capacitor microphone
elektrifizieren to electrify
Elektrifizierung *f* electrification
Elektrik *f* 1. electrical installation; electrical equipment; 2. *s.* Elektrizitätslehre
Elektriker *m* electrician
elektrisch electric[al]

elektrisieren to electrize
Elektrisiermaschine *f* electrostatic (static electricity) machine, friction[al electric] machine
Elektrizität *f* electricity
~/**atmosphärische** atmospheric electricity
~/**galvanische** galvanic electricity
~/**gebundene** bound (dissimulated) electricity
~ **gleichnamiger Polarität** electricity of the same sign (polarity)
~/**latente** latent electricity
~/**statische** static electricity
~ **ungleichnamiger Polarität** electricity of opposite sign (polarity)
~/**voltaische** voltaic electricity
Elektrizitätslehre *f* [science of] electricity
Elektrizitätsmenge *f* electric charge *(SI-Einheit: Coulomb)*
Elektrizitätsversorgung *f* electricity (power) supply
Elektrizitätswerk *n* [electric] power station
Elektrizitätszähler *m* electricity (supply) meter, electric [energy] meter, kilowatt-hour meter
~/**elektrolytischer** electrolytic meter
Elektroaffinität *f* electroaffinity
Elektroakustik *f* electroacoustics
elektroakustisch electroacoustic[al]
Elektroanalyse *f* electroanalysis, electrolytic analysis
Elektroantrieb *m* electric drive (propulsion)
Elektroantriebssystem *n* electric driving (propulsion) system
Elektroätzen *n* electrolytic etching; electroengraving
Elektroauto[mobil] *n* electric automobile (motor car), electromobile
Elektrobackofen *m* electric baking oven
Elektrobeschichtung *f* electrocoating
Elektrobiologie *f* electrobiology
Elektrobioskopie *f* electrobioscopy
Elektroblech *n (MA)* lamina
Elektrobohrer *m* electric drill
Elektroboiler *m* electric boiler
Elektrobus *m* electric bus
Elektrochemie *f* electrochemistry
elektrochemisch electrochemical
Elektrochromatographie *f* electrochromatography
Elektrodampfkessel *m* electric steam boiler
Elektrode *f* electrode
~/**abgerundete** curved electrode
~/**abschmelzbare** consumable electrode
~/**aktive** active electrode
~/**aktivierte** activated electrode
~ **aus Umschmelzmaterial** electrode from remelted (cast) material
~/**bipolare** bipolar electrode
~/**blanke** bare electrode
~/**breitflächige** broad-area electrode
~ **des MOS-Transistors** source of MOS transistor
~/**einfache** simple electrode
~/**eingekapselte** enclosed electrode
~/**eingetauchte** submerged electrode
~ **für Körperhöhlen** body cavity electrode
~/**gekrümmte** curved electrode
~/**getauchte** dipped (dip-coated) electrode
~/**grüne** *s.* ~/ungebrannte
~/**halbkontinuierliche** semicontinuous electrode *(z. B. Söderberg-Elektrode)*
~/**massive** solid electrode
~/**mehrfache** multiple electrode
~ **mit gasumhülltem Lichtbogen** shielded-arc electrode *(Elektroschweißen)*
~ **mit Schutzring** guard-ring electrode
~/**negative** negative electrode, cathode
~/**nichtabschmelzende** non-fusing electrode
~/**platinierte** platinized electrode
~/**positive** positive electrode, anode
~/**ringförmige** annular (circular) electrode
~/**rotierende** rotating electrode
~/**selbstbackende (selbstbrennende)** self-baking electrode, Soederberg electrode
~/**selbstverzehrende** consumable electrode
~/**starre** rigid electrode
~/**tief eingebrannte** deep-penetration electrode
~/**tropfende** dropping electrode
~/**umhüllte** coated (sheathed) electrode
~/**umkehrbare** reversible electrode
~/**ummantelte** covered (coated) electrode
~/**ungebrannte** green electrode
~/**ungeschützte** bare electrode
~/**vakuumdicht eingeschmolzene** vacuum-sealed electrode
~/**verstellbare** sliding electrode
~/**vorgebrannte** prebaked electrode
~/**zweifache** twofold electrode
Elektrodenabbrand *m* electrode burn-off
Elektrodenabstand *m* interelectrode distance (gap), electrode spacing (separation, gap)
Elektrodenadmittanz *f* electrode admittance
Elektrodenanordnung *f* electrode arrangement (system)
~/**bipolare** bipolar electrode system
~/**konzentrische** coaxial electrode system
~/**schräge** oblique electrode structure
~/**unipolare** unipolar electrode system
Elektrodenanschluß *m* electrode connection
Elektrodenansprechzeit *f* electrode response time
Elektrodenantrieb *m* electrode drive *(z. B. Elektrodenofen)*
Elektrodenausleger *m* electrode arm
Elektrodenaustausch *m* electrode replacement
Elektrodenbaugruppe *f* electrode assembly
elektrodenbegrenzt electrode-limited
Elektrodenbeschleunigung *f* electrode acceleration
elektrodenbestimmt electrode-determined
Elektrodenbewegung *f* electrode motion (movement)

Elektrodenbezugsspannung *f* electrode potential
Elektrodenblindleitwert *m* electrode susceptance
Elektrodenblindwiderstand *m* electrode reactance
Elektrodenbruch *m* electrode breaking
Elektrodenbruttoreaktion *f (Ch)* overall electrode reaction
Elektrodencharakteristik *f* electrode characteristic
Elektrodendampfkessel *m*/**automatisch gesteuerter** automatically controlled electrode boiler
Elektrodendeckschicht *f* electrode surface layer
Elektrodendraht *m* electrode wire *(Schweißdraht)*
Elektrodendunkelstrom *m* electrode dark current
Elektrodendurchführung *f* electrode bushing
Elektrodendurchlauferhitzer *m* electrode continuous heater
Elektrodendurchmesser *m* electrode diameter
Elektrodenerwärmung *f* electrode heating
Elektrodenfassung *f* electrode clamp *(s. a.* Elektrodenhalter*)*; electrode base
Elektrodenfehlstrom *m* fault electrode current
Elektrodenfläche *f* electrode surface (face)
~/**wirksame** active (working) surface of electrode
Elektrodenform *f* electrode shape
Elektrodenführung *f* electrode support
Elektrodenfuß *m* stem *(Elektronenröhre)*
Elektrodengeometrie *f* electrode geometry
Elektrodengeschwindigkeit *f* electrode speed, speed of the electrode motion
Elektrodengift *n* electrode poison
Elektrodenglasschmelzofen *m* electrode glass melting furnace
Elektrodengleichgewichtspotential *n* equilibrium electrode potential
Elektrodenhalter *m* electrode support; [welding] electrode holder
Elektrodenheizgerät *n* electrode heating appliance
Elektrodenhöhe *f* vertical height of electrode
Elektrodenimpedanz *f* electrode impedance
Elektrodenjustierung *f* electrode adjustment
Elektrodenkante *f* electrode edge
Elektrodenkapazität *f* interelectrode capacitance *(Röhren)*; [total] electrode capacitance
Elektrodenkennlinie *f* electrode characteristic
Elektrodenkessel *m* electrode boiler
Elektrodenkesselanlage *f*/**geschlossene** self-contained electrode boiler unit
Elektrodenkinetik *f* electrode kinetics
Elektrodenkitt *m* electrode compound
Elektrodenklemme *f* electrode terminal
Elektrodenkohle *f* electrode carbon
Elektrodenkombination *f* electrode couple
Elektrodenkonduktanz *f* electrode conductance
Elektrodenkontaktierung *f* electrode contacting
Elektrodenkopf *m* electrode head
Elektrodenkraft *f* electrode force *(Schweißen)*
Elektrodenleitung *f* electrode lead
elektrodenlos electrodeless
Elektrodenlötzange *f* electrode soldering jaws
Elektrodenmantel *m* electrode shell
Elektrodenmasse *f* electrode mix (paste)
Elektrodenmaterial *n* electrode material
Elektrodenmetall *n* electrode metal
Elektrodenmontage *f* electrode assembly
Elektrodennachschubmotor *m* electrode feed motor
Elektrodennachsteller *m* electrode adjusting gear
Elektrodennippel *m* electrode nipple
Elektrodenoberfläche *f* electrode surface
Elektrodenofen *m* electrode furnace
~ **mit indirekter Beheizung** indirect electrode furnace
Elektrodenpaar *n* electrode couple
Elektrodenplatte *f* electrode plate
Elektrodenpolarisation *f* electrode polarization
Elektrodenpotential *n* electrode potential *(gegen Katode)*
~/**absolutes** absolute electrode potential
~/**dynamisches** dynamic electrode potential
~/**relatives** relative electrode potential
~/**statisches** static electrode potential
Elektrodenprozeß *m* electrode process
Elektrodenrand *m* electrode edge
Elektrodenraum *m* electrode compartment
Elektrodenreaktanz *f* electrode reactance
Elektrodenreaktion *f (Ch)* electrode reaction
~/**gesamte** bulk electrode reaction
Elektrodenreaktionswertigkeit *f* electrode reaction valence
Elektrodenregelung *f* electrode control
Elektrodenregelungssystem *n* electrode control system, electrode motion-regulating system
Elektrodenregler *m* electrode controller
Elektrodensalzbad *n* electrode salt bath
Elektrodenscheinleitwert *m* electrode admittance
Elektrodenscheinwiderstand *m* electrode impedance
Elektrodenschlitten *m* electrode sliding clamp *(Elektrodenofen)*
Elektrodenspannung *f* electrode voltage (tension); electrode potential difference
Elektrodenspannungsabfall *m* electrode [voltage] drop
Elektrodenspitze *f* electrode tip (point)
Elektrodenspitzenstrom *m* peak electrode current
elektrodenstabilisiert electrode-stabilized
Elektrodensteuerung *f* electrode control
Elektrodenstift *m* electrode rod
Elektrodenstrom *m* electrode current *(Elektronenröhren)*
~/**größter** peak electrode current
Elektrodenteilkreisdurchmesser *m* electrode pitch circle diameter *(Lichtbogenofen)*
Elektrodenteilreaktion *f (Ch)* partial electrode reaction

Elektrodentemperatur *f* electrode temperature
Elektrodenträger *m* electrode support
Elektrodentrennung *f* electrode separation *(Schalter)*
Elektrodenüberzug *m* electrode coating
Elektrodenverbindungsstück *n* joint for electrodes
Elektrodenverbrauch *m* electrode consumption
Elektrodenverlust *m* electrode loss
Elektrodenverlustleistung *f* electrode dissipation
Elektrodenverstelleinrichtung *f* electrode shifting device
Elektrodenverstellung *f* electrode adjusting
Elektrodenverstellwerk *n* electrode adjusting gear
Elektrodenvorspannung *f* electrode bias
Elektrodenwechsel *m* electrode change (replacement)
Elektrodenwerkstoff *m* electrode material
Elektrodenwirkleitwert *m* electrode conductance
Elektrodenwirkwiderstand *m* electrode resistance
Elektrodenzuführung *f* electrode lead; electrode feed[ing]
Elektrodenzusammensetzung *f* electrode composition (make-up)
Elektrodynamik *f* electrodynamics
elektrodynamisch electrodynamic
Elektroendosmose *f* electro[end]osmosis
Elektroenergie *f* electric energy
Elektroenergieübertragung *f* electric power (energy) transmission
Elektroenergieverbrauch *m* consumption of electricity, electric power consumption
Elektroenergieverlust *m* electric loss
Elektroenergieversorgung *f* electric supply
Elektroenergieverteilerschalttafel *f* electric power distribution panel
Elektroenergieverteilung *f* electric power distribution
Elektroerosion *f* electroerosion *(elektroerosive Metallbearbeitung)*
Elektroerosionsmaschine *f* electric discharge machine
Elektrofahrzeug *n* electric truck (motor car), electromobile
~ **mit Einzelachsantrieb** electric vehicle with independent axles
~ **mit Stromschiene** third-rail electric car
Elektrofilter *n* electrostatic precipitator (filter), electrical precipitator
Elektrofunkenmethode *f* sparking method *(für lokale Veredelung)*
Elektrogeräte *npl* electrical equipment (appliances)
Elektrogong *m* single-stroke bell
Elektrograph *m* electrograph
Elektrographie *f* electrography
Elektrographit *m* electrographite, Acheson graphite
Elektrogrill *m* electric grill
Elektrohaushaltherd *m s.* Elektroherd
Elektroheizkörper *m* electric heater
Elektroheizung *f* electric heating
Elektroherd *m* electric cooker (range)
Elektroinstallateur *m* electrician, electrical fitter
Elektroinstallation *f* electrical installation
elektrokapillar electrocapillary
Elektrokapillarität *f* electrocapillarity
Elektrokapillarkurve *f* electrocapillary curve
Elektrokardiogramm *n* electrocardiogram
Elektrokardiograph *m* electrocardiograph
Elektrokarren *m* electric [battery] truck, storage battery truck
Elektrokauterisation *f* hot-wire cautery *(Elektromedizin)*
Elektrokeramik *f (Isol)* electroceramics
Elektrokessel *m* electric boiler
Elektrokinetik *f* electrokinetics
elektrokinetisch electrokinetic
Elektrokoagulation *f* electrocoagulation
Elektrokocher *m* electric boiler
Elektrokorund *m* electric (fused) corundum
Elektrokristallisation *f* electrocrystallization
Elektrolokomotive *f* electric locomotive
~/**autonome** self-propelled electric locomotive
~ **mit Stromschiene** third-rail electric locomotive
Elektrolumineszenz *f* electroluminescence
Elektrolumineszenzdiode *f* electroluminescent diode
Elektrolumineszenzeffekt *m* electroluminescent effect
Elektrolumineszenzplatte *f* electroluminescent panel
Elektrolyse *f* electrolysis
~ **bei konstanter Stromstärke** constant-current electrolysis
~/**innere** internal electrolysis
Elektrolysebad *n* electrolytic bath
Elektrolysedaten *pl* electrolytic values
Elektrolyseschlamm *m* electrolytic slime
Elektrolysezelle *f* electrolysis (electrolytic) cell
elektrolysieren to electrolyze
Elektrolyt *m* electrolyte, electrolytic conductor; *(Galv)* [electro]plating solution, bath
~/**erschöpfter** exhausted electrolyte
~/**erstarrter** solidified (frozen) electrolyte
~/**geschmolzener** fused (molten) electrolyte
~/**organischer** organic electrolyte
~/**verbrauchter** spent (foul) electrolyte
Elektrolytableiter *m* electrolytic [lightning] arrester; electrolytic surge arrester *(für Überspannungen)*
Elektrolytblei *n* electrolytic lead
Elektrolytdetektor *m* electrolytic detector
Elektrolytgleichrichter *m* electrolytic rectifier, electrolytic (electrochemical) valve

elektrolytisch electrolytic[al]
Elektrolytkondensator *m* electrolytic capacitor
~/gepolter polarized electrolytic capacitor
~/ungepolter non-polarized electrolytic capacitor
Elektrolytkupfer *n* electrolytic (electrolyte, cathode) copper
Elektrolytlösung *f* electrolytic (electrolyte) solution
~/regenerierte regenerated electrolyte [solution]
Elektrolytphase *f* electrolyte phase
Elektrolytregenerierung *f* regeneration of electrolyte
Elektrolytschmelze *f* fused (molten) electrolyte
Elektrolytüberspannungsableiter *m* electrolytic surge arrester
Elektrolytunterbrecher *m* electrolytic interrupter
Elektrolytwiderstand *m* electrolyte resistance
~/ohmscher ohmic resistance of the electrolyte
Elektrolytzähler *m* electrolytic meter
Elektrolytzirkulation *f* electrolyte circulation
Elektrolytzusammensetzung *f* composition of the electrolyte
Elektromagnet *m* electromagnet
Elektromagnetik *f* electromagnetics *(Lehre)*
elektromagnetisch electromagnetic[al]
Elektromagnetismus *m* electromagnetism
Elektromaschine *f* electric machine
Elektromechanik *f* electromechanics
elektromechanisch electromechanical
Elektrometallisierung *f* electrometallization
Elektrometallurgie *f* electrometallurgy
elektrometallurgisch electrometallurgical
Elektrometer *n* electrometer
Elektrometerröhre *f* electrometer valve (tube)
elektrometrisch electrometric
Elektromigration *f* electromigration
Elektromobil *n s.* Elektroauto
Elektromotor *m* electric motor, electromotor
Elektromotorantrieb *m* electric motor drive
elektromotorisch electromotive
Elektron *n* electron
~/äußeres outer[-shell] electron
~/beschleunigtes accelerated electron
~/eingefangenes trapped electron
~/energiereiches high-energy electron
~/freies free (unbound) electron
~/gebundenes bound electron
~/heißes hot electron *(hochenergetisch)*
~/inneres inner[-shell] electron
~/kreisendes circling electron
~/negatives negative electron, negatron
~/positives positive electron, positron
~/quasifreies quasi-free electron
~/vagabundierendes stray electron
Elektron-Defektelektron-Paar *n (El)* electron-hole pair
elektronegativ electronegative
Elektronegativität *f* electronegativity
Elektron-Elektron-Stoß *m* electron-electron collision
Elektron-Elektron-Streuung *f* electron-electron scattering
Elektronenabgabe *f* electron delivery, donation of electrons
Elektronenablösung *f* electron detachment (liberation)
Elektronenabtaststrahl *m* electron scanning beam
Elektronenaffinität *f* electron affinity
Elektronenakzeptor *m* electron acceptor
Elektronenanlagerung *f* electron attachment (capture)
Elektronenanordnung *f* electron configuration (arrangement)
Elektronenanregung *f* electron[ic] excitation
Elektronenaufnahme *f* acceptance of electrons
Elektronenaufnehmer *m* electron acceptor
Elektronenauslösung *f s.* Elektronenablösung
Elektronenausstrahlung *f* emission of electrons
Elektronenaustausch *m* electron exchange
Elektronenaustritt *m* exit of electrons
Elektronenaustrittsarbeit *f* electron[ic] work function, thermionic work function
Elektronenbahn *f* electron[ic] orbit, electron path (trajectory)
Elektronenballung *f* electron bunching
Elektronenbefreiung *f* electron liberation
Elektronenbeschleuniger *m* electron accelerator; cathode-ray accelerator
~/linearer linear electron accelerator
Elektronenbeschuß *m* electron bombardment
Elektronenbeschußheizung *f* electron bombardment heating
Elektronenbesetzung *f* electron population (occupation)
elektronenbestrahlt electron-irradiated
Elektronenbeweglichkeit *f* electron mobility
Elektronenbewegung *f* electron motion
Elektronenbild *n* electron[ic] image
Elektronenbildröhre *f* electron image tube
Elektronenbildzerleger *m* image dissector, dissector tube
Elektronenblitz *m* electronic flash
Elektronenblitzgerät *n* electronic flash unit
Elektronenblitzröhre *f* electronic flash tube
Elektronenbremsung *f* electron retardation
Elektronenbrennfleck *m* electron spot
Elektronenbündel *n s.* Elektronenstrahl
Elektronenbündelung *f* electron focussing
~/elektrostatische electrostatic focussing
Elektronendichte *f* electron density
Elektronendichteprofil *n* electron density profile
Elektronendonator *m* electron donor
Elektronendrift *f* electron drift
Elektronendruck *m* electron pressure
elektronendurchlässig electron-transmitting
Elektroneneindringtiefe *f* electron penetration depth
Elektroneneinfang *m* electron capture (trapping)

Elektroneneinsammlung *f* electron collection
Elektronenemission *f* electron[ic] emission
~/thermische thermionic electron emission
Elektronenemitter *m* electron emitter
Elektronenenergie *f* electron[ic] energy
Elektronenenergieniveau *n* electron energy level
Elektronenenergietermschema *n* electron energy scheme
Elektronenenergieverlustspektroskopie *f* electron energy loss spectroscopy
Elektronenentladung *f* electron discharge
Elektronenerzeugung *f* electron production
Elektronenfackel *f* electronic torch
Elektronenfalle *f* electron trap
Elektronenfluß *m* electron flow (flux)
Elektronenflußdichte *f* electron flux density
Elektronenfokussierung *f* electron focus[s]ing
Elektronengas *n* electron gas
~/entartetes degenerate electron gas
Elektronengehirn *n* electronic brain
elektronengekoppelt electron-coupled
Elektronengeometrie *f* electron geometry *(Elektronenstrahlverbreiterung)*
Elektronenhaftstelle *f* electron trap
Elektronenhülle *f* electron shell, electronic envelope
Elektroneninjektor *m* electron injector
Elektronenkanone *f* electron gun
~ mit Gitteranode mesh anode electron gun
~ mit linienförmigem Strahl strip-beam gun
~ mit Plasmakatode plasma cathode electron gun
Elektronenkonfiguration *f* electron[ic] configuration, electron arrangement
Elektronenkonzentration *f* electron density, concentration of electrons
Elektronenladung *f s.* Elementarladung
Elektronenlaufzeit *f* electron transit time
Elektronenlawine *f* electron avalanche, [Townsend] avalanche
Elektronenlebensdauer *f* electron lifetime
Elektronenleerstelle *f* electronic vacancy
elektronenleitend electron-conducting, *n*-type
Elektronenleiter *m* electron[ic] conductor
Elektronenleitfähigkeit *f* electron[ic] conductivity
Elektronenleitung *f* electron conduction
Elektronenlinse *f* electron lens
~/elektrostatische electrostatic electron lens
Elektronenmangel *m* electron deficit (deficiency)
Elektronenmasse *f* electron[ic] mass
Elektronenmikroskop *n* electron microscope
Elektronenmikrosonde *f* electron microprobe
Elektronenniederschlag *m* electron deposition
Elektronenniveau *n* electron[ic] level, energy level, term
Elektronenoptik *f* electron optics
elektronenoptisch electron-optical
Elektronenort *m* electron position
Elektronenpaar *n* electron pair
Elektronenphysik *f* electron physics
Elektronenplasma *n* electron plasma
Elektronenpolarisation *f* electronic polarization
Elektronenquelle *f* electron source
Elektronenrechner *m* electronic computer
Elektronenreichweite *f* electron range
Elektronenrelais *n* electron (thermionic) relay
Elektronenresonanz *f*/**paramagnetische** *s.* Elektronenspinresonanz
Elektronenröhre *f* electron[ic] tube, electron[ic] valve
~ mit Ablenkungssteuerung deflection tube
Elektronenröhrengleichrichter *m* electronic rectifier
Elektronenrückstreuung *f* backscattering of electrons
Elektronenruhemasse *f* electron rest mass
Elektronensäule *f* electron beam column
Elektronenschale *f* electron[ic] shell
~/äußere valence shell
Elektronenschalter *m* electronic switch
Elektronenschicht *f* electron sheath
Elektronenschleuder *f* electron gun
~ mit gekreuzten Feldern crossed-field gun
Elektronenschmelzanlage *f* electron melting installation
Elektronenspender *m* electron donor
Elektronenspiegel *m* electron mirror *(Röhren)*
Elektronenspiegelbildwandler *m* electron mirror image converter *(Bild-Bild-Wandlerröhre)*
Elektronenspiegelmikroskop *n* mirror-type electron microscope
Elektronenspin *m* electron spin
Elektronenspinresonanz *f* electron spin (paramagnetic) resonance, paramagnetic [electronic] resonance
Elektronensprung *m* electron jump
Elektronenstatistik *f* electron statistics
Elektronenstoß *m* electron impact (pulse)
Elektronenstoßionisation *f* ionization by electron impact
Elektronenstrahl *m* electron beam
~/dichter dense electron beam
~/geschwindigkeitsgesteuerter velocity-modulated electron beam
~/konvergenter convergent electron beam
~/magnetisch fokussierter magnetically focus[s]ed electron beam
~/zylindrischer cylindrical electron beam
Elektronenstrahlabgleich *m* electron-beam adjusting
Elektronenstrahlablenksystem *n* electron-beam deflection system
Elektronenstrahlanzeigeröhre *f* electron[-beam] display tube
Elektronenstrahlapertur *f* electron-beam aperture
Elektronenstrahlbearbeitung *f* electron-beam machining
Elektronenstrahlbelichtung *f* electron-beam exposure

Elektronenstrahlbeschichtung *f* electron-beam coating
Elektronenstrahlbeschleunigungsspannung *f* electron-beam accelerating voltage
Elektronenstrahldotierung *f* electron-beam doping
Elektronenstrahldurchmesser *m* electron-beam diameter
Elektronenstrahlenergie *f* electron-beam energy
Elektronenstrahler *m* electron emitter
Elektronenstrahlerwärmung *f* electron-beam heating
Elektronenstrahlerzeuger *m s.* Elektronenstrahlkanone
elektronenstrahlerzeugt electron-beam-generated
Elektronenstrahlfleck *m* electron[-beam] spot
Elektronenstrahlfokussierung *f* electron-beam focus[s]ing
Elektronenstrahlfräsen *n* electron-beam milling
Elektronenstrahlgenerator *m* electron-beam generator
Elektronenstrahlheizquelle *f* electron-beam heating source
Elektronenstrahlheizung *f* electron-beam heating
Elektronenstrahlinstrument *n* electron-beam instrument
Elektronenstrahlkanone *f* electron[-beam] gun
~ **vom Pierce-Typ** Pierce-type gun
Elektronenstrahllaser *m* electron-beam laser
Elektronenstrahllithographie *f* cathodolithography
Elektronenstrahlmagnetometer *n* electron-beam magnetometer
Elektronenstrahl-Mehrkammerofen *m* electron-beam multichamber furnace
Elektronenstrahlmikroanalysator *m* electron-beam microanalyzer
Elektronenstrahlofen *m* electron-beam furnace
Elektronenstrahloszillograph *m*, **Elektronenstrahloszilloskop** *n* cathode-ray oscillograph, Braun oscillograph
Elektronenstrahl-Plasmaverstärkerröhre *f* [electron-]beam plasma amplifier tube
Elektronenstrahlprofil *n* electron-beam profile
Elektronenstrahlprüfung *f* electron-beam testing
Elektronenstrahlpunkt *m* electron[-beam] spot
Elektronenstrahlreinigen *n* electron-beam refining
Elektronenstrahlröhre *f* 1. electron-beam tube, cathode-ray tube; 2. beam-deflection tube
~ **mit Planschirm** flat-faced cathode-ray tube
Elektronenstrahlröhrenvoltmeter *n* cathode-ray voltmeter
Elektronenstrahlsäule *f* electron-beam column
Elektronenstrahlschalter *m* electron-beam switch
Elektronenstrahlschmelzen *n* electron-beam melting
Elektronenstrahlschmelzofen *m* electron-beam melting furnace
Elektronenstrahlschreiben *n* electron-beam direct writing
Elektronenstrahlschweißen *n* electron-beam welding
Elektronenstrahlschweißmaschine *f* electron-beam welding machine
Elektronenstrahlstrom *m* electron-beam current
Elektronenstrahltechnik *f*, **Elektronenstrahltechnologie** *f* electron-beam technology
Elektronenstrahlungsquelle *f* electron source
Elektronenstrahlverbreiterung *f* electron-beam dispersion
Elektronenstrahlverdampfersystem *n* electron-beam evaporator system
Elektronenstrahlverdampfung *f* electron-beam evaporation
Elektronenstrahlverdampfungsquelle *f* electron-beam evaporating source
Elektronenstrahlverstärker *m* electron-beam amplifier
Elektronenstrahlwandlerröhre *f* electron-beam converter
Elektronenstreuung *f* electron scattering
Elektronenstrom *m* electron current; electron flow (stream)
Elektronenstromdichte *f* electron current density
Elektronenströmung *f* electron stream (flow)
~**/wirbelbehaftete** vortical electron flow
Elektronenteleskop *n* electron telescope
Elektronentemperatur *f* electron temperature
Elektronenterm *m s.* Elektronenniveau
Elektronentransport *m* electron transport
Elektronentunnelung *f* electron tunnelling
Elektronenübergang *m* electron[ic] transition
Elektronenübergangsbauelement *n (ME)* transferred-electron device
Elektronenüberschuß *m* electron excess
Elektronenunterschuß *m* electron deficit
Elektronenverarmungszone *f* depletion region *(Halbleiter)*
Elektronenverdampfung *f* electron evaporation
Elektronenverschiebung *f* electron shift, electronic displacement
Elektronenverteilung *f* electron distribution
Elektronenvervielfacher *m* electron multiplier
Elektronenvolt *n* electron volt, eV
Elektronenwanderung *f* electron migration (drift)
Elektronenwelle *f* electron (de Broglie) wave
Elektronenwellenmagnetfeldröhre *f* electron wave magnetron
Elektronenwellenröhre *f* electron wave tube
Elektronenwolke *f* electron cloud
Elektronenzähler *m* electron counter
Elektronenzusammenstoß *m* electron collision
Elektronenzustand *m* electron[ic] state
Elektronenzustandssumme *f* electronic partition function

elektroneutral electrically neutral
Elektroneutralität *f* electroneutrality
Elektroneutralitätsbedingung *f* requirement of electroneutrality
Elektron-Gitter-Wechselwirkung *f* electron-lattice interaction *(Halbleiter)*
Elektronik *f* 1. electronics; 2. electronic engineering; 3. electronic equipment
~/industrielle industrial electronics
~/integrierte integrated electronics
Elektroniker *m* electronician; electronics engineer
Elektronikindustrie *f* electronics industry
Elektronikregler *m* electronic controller
Elektron-Ion-Rekombination *f* electron-ion recombination
Elektron-Ion-Wandrekombination *f* electron-ion wall recombination
elektronisch electronic
Elektron-Loch-Paar *n* electron-hole pair *(Halbleiter)*
Elektron-Loch-Rekombination *f* electron-hole recombination
Elektron-Phonon-Wechselwirkung *f* electron-phonon interaction
Elektroofen *m* electric furnace (oven)
~ für chargenweise Beschickung batch-type electric furnace
~ für diskontinuierlichen Betrieb electric discontinuous furnace
~ für kontinuierlichen Betrieb electric continuous furnace
~ mit Schutzgasatmosphäre electric protective-atmosphere furnace
~ mit Stetigförderer electric conveyor furnace
Elektrooptik *f* electrooptics
elektrooptisch electrooptic[al]
Elektroosmose *f* electroosmosis
Elektrophor *m* electrophorus
Elektrophorese *f* electrophoresis
elektrophoretisch electrophoretic
Elektrophotolumineszenz *f* electrophotoluminescence
Elektrophysiologie *f* electrophysiology
elektroplattieren to electroplate
Elektroplattierung *f* electroplating
elektropneumatisch electropneumatic
Elektropolieren *n* electropolishing
Elektroporzellan *n* electrical (insulation) porcelain
elektropositiv electropositive
Elektroraffination *f* electrorefining, electrolytic refining
Elektrorasierer *m* electric shaver (razor)
Elektroretinogramm *n* electroretinogram
Elektroretinographie *f* electroretinography
Elektroschlacke-Raffinationsofen *m* electroslag refining furnace
Elektroschlacke-Raffinationsprozeß *m* electroslag refining process
Elektroschlackeschweißen *n* electroslag welding
Elektroschlackeumschmelzen *n* electroslag remelting (refining)
Elektroschlackeumschmelzofen *m* electroslag remelting furnace, ESR furnace
Elektroschmelzofen *m* electric melting furnace
Elektroschweißen *n* electric [arc] welding
Elektroschweißmaschine *f* electric welding machine
Elektroskop *n* electroscope
Elektrospeicherofen *m* electric storage stove
Elektrostahl *m* electric steel
Elektrostahlofen *m* electric steel furnace
Elektrostatik *f* electrostatics *(Lehre)*
elektrostatisch electrostatic[al]
Elektrostriktion *f* electrostriction, converse piezoelectric effect
elektrostriktiv electrostrictive
elektrotauchlackieren to electrocoat, to electropaint
Elektrotauchlackierung *f* electrocoating, electrophoretic painting (dipping)
Elektrotechnik *f* 1. electrical engineering *(Fachrichtung)*; 2. electrical technology *(Verfahren)*; 3. electrical (electrotechnical) industry
Elektrotechniker *m* electrician
elektrotechnisch electrotechnical
Elektrotherapie *f* electrotherapeutics, electrotherapy
Elektrothermie *f* electrothermics
elektrothermisch electrothermal, electrothermic
Elektrothermometer *n* electric thermometer
Elektrothermostat *m* electrothermostat
Elektrotod *m* electrocution
Elektrotraktion *f* electric traction
Elektrounterstation *f* electric power substation
Elektrovalenz *f* *(Ch)* 1. electrovalency; 2. ionic valency (bond)
Elektrowärme *f* electric heat
Elektrowärmeanlage *f* electrothermal installation (equipment)
Elektrowärmeanwendung *f* application of electric heat
Elektrowärmelehre *f* electrothermics
Elektrowärmetechnologie *f* electric-heat technology
Elektrowärmeverbrauch *m* electric-heat consumption
Element *n* 1. element, component; 2. cell, battery
~/aktives active element
~/alkalisches caustic soda cell
~/astatisches astatic element
~/auflösbares pixel *(Bildelement)*
~/bistabiles *(Syst)* bistable element; two-state device *(Schaltungselement)*
~ der Stromrichterschaltung rectifier circuit element
~/diskretes discrete element (component)
~/elektrochemisches electrochemical (galvanic, voltaic) cell

~/elektrothermisches electrothermal element
~/empfindliches sensing element *(eines Meßfühlers)*
~ für Taschenlampen torch cell
~/galvanisches *s.* ~/elektrochemisches
~/gleichrichtendes rectifying element
~/hydroelektrisches hydroelectric cell
~/komplexes complex element *(in der komplexen Ebene)*
~/konstantes constant-voltage cell *(Batterie)*
~/ladungs[träger]gekoppeltes charge-coupled device, CCD
~/leitfähiges conductive (conducting) element
~/logisches logic[al] element
~ mit hoher Eingangsimpedanz high-input impedance device
~ mit mehreren pn-Übergängen *(ME)* multiple p-n junction device
~/nichtverschwindendes non-zero element *(Matrix)*
~/optoelektronisches opto-electronic element
~/reversibles reversible cell *(Akkumulator)*
~/temperaturempfindliches temperature-sensing element
~/thermoelektrisches thermoelectric couple (element), thermocouple
~/Voltasches Volta cell
~/volumenladungsgekoppeltes bulk charge-coupled device
Elementaranalyse *f* elementary analysis
Elementardipol *m* elementary dipole, Hertzian dipole (doublet), [elementary] doublet
Elementargitterzelle *f* elementary lattice cell
Elementarladung *f***[/elektrische]** elementary charge, unit [electric] charge, [elementary] electronic charge
Elementarquantum *n***/elektrisches** *s.* Elementarladung/elektrische
Elementarschaltung *f* basic circuit
Elementarteilchen *n* elementary (fundamental) particle
Elementarwelle *f* elementary wave
~/ebene elementary plane wave
Elementarzelle *f* elementary (unit) cell *(Kristall)*
Elementbehälter *m* battery box (jar)
Elementendichte *f (ME)* number of elements per chip, element density
Elementgefäß *n* battery box (jar)
Elementhalbleiter *m* elemental semiconductor
Elementprüfer *m* battery tester
Elementschlamm *m (Galv)* battery mud (sediment)
Elevatorofen *m* elevator furnace
Elfstiftstockel *m* magnal base *(Katodenstrahlröhre)*
eliminieren to eliminate
Eliminierung *f* elimination
E-Linien *fpl* E lines *(Äquipotentiallinien im elektrischen Feld)*
Elko *m s.* Elektrolytkondensator
Ellipsoidkernantenne *f* ellipsoidal core aerial
Ellipsoidspiegel *m* ellipsoidal mirror (reflector)
Ellipsoidspiegellampe *f* ellipsoidal (elliptical) reflector lamp
Ellipsometrie *f* ellipsometry
ellipsometrisch ellipsometric
E-Lok *f*, **E-Lokomotive** *f s.* Elektrolokomotive
Eloxalverfahren *n*, **Eloxieren** *n* anodic (electrolytic) oxidation, anodization
Email *n* enamel
Emailledraht *m* enamelled (enamel-insulated, enamel-covered) wire
Emaillelack *m* enamel [varnish]
Emaillereflektor *m (Licht)* enamelled reflector
emaillieren to enamel
Emaillierofen *m* enamelling furnace
EMB *s.* Beeinflussung/elektromagnetische
EMD *s.* Edelmetallmotordrehwähler
Emission *f* emission; ejection
~/erzwungene stimulated (induced) emission
~/glühelektrische thermionic emission
~/induzierte *s.* ~/erzwungene
~/lichtelektrische photoemission
~/stimulierte *s.* ~/erzwungene
~/thermische thermionic emission
Emissionsbande *f* emission band *(Bandenspektrum)*
emissionsbegrenzt emission-limited
Emissionselektrode *f* emitter *(Transistor)*
Emissionsfaktor *m* emission factor
Emissionsfläche *f* emitting surface
Emissionsgeschwindigkeit *f* velocity of emission
Emissionsgrad *m* emission rate, emittance
Emissionskante *f* emission edge (discontinuity)
Emissionskennlinie *f* emission characteristic
Emissionskoeffizient *m* emission coefficient
Emissionskontinuum *n* emission continuum, continuous emission spectrum
Emissionslinie *f* emission line
Emissionslinienspektrum *n* emission line spectrum
Emissionsmaximum *n* emission peak (maximum)
Emissionsprüfung *f* filament activity test *(Röhren)*
Emissionsrate *f* emission rate
Emissionsschicht *f* emitting layer
Emissionsspektrum *n* emission (bright-line) spectrum
Emissionsstrom *m***/feldfreier** field-free emission current *(Langmuir-Katode)*
Emissionsvermögen *n* emissive power, emission capability, emissivity
Emissionsverschiebung *f* displacement of emission *(Röhren)*
Emitter *m* 1. emitter [electrode]; 2. *s.* Emitterzone
~/gemeinsamer common emitter, ce
Emitteranschluß *m* emitter terminal
Emitteranschlußdraht *m* emitter wire
Emitteraustrittsarbeit *f* emitter work function

Emitter-Basis-Diode *f* emitter-base diode
Emitter-Basis-Reststrom *m* emitter-base leakage current
Emitter-Basis-Schaltung *f* grounded-emitter circuit
Emitter-Basis-Spannung *f* emitter-base voltage
Emitter-Basis-Sperrschichtkapazität *f* emitter-base transition capacitance
Emitter-Basis-Übergang *m* emitter-base junction
Emitter-Basis-Verstärker *m* grounded-emitter amplifier
Emitterboden *m* emitter floor
Emitterbreite *f* emitter width
Emitterdiffusion *f* emitter diffusion
Emitterdiffusionsfenster *n* emitter diffusion window
Emitterdiode *f* emitter diode *(Bipolartransistor)*
Emitterelektrode *f* emitter electrode
Emitter-Emitter-gekoppelt emitter-emitter-coupled
Emitterfläche *f* emitter area
Emitterfolger *m* emitter follower
Emitterfolgerlogik *f* emitter-follower logic, EFL
Emittergebiet *n* emitter region
emittergekoppelt emitter-coupled
Emittergeometrie *f* emitter geometry
Emittergleichstrom *m* d.c. emitter current
Emittergrenzfrequenz *f* emitter cut-off frequency
Emitterkante *f* emitter edge
Emitterkontakt *m* emitter contact
Emitterkontaktstreifen *m* emitter stripe
Emitterkreis *m* emitter circuit
Emitterkügelchen *n* emitter pellet
Emitterladungszeitkonstante *f* emitter charging-time constant
Emittermetallisierungsfenster *n* emitter metallization window
Emitterperle *f* emitter dot
Emitterpille *f* emitter pellet
Emitterreststrom *m* emitter-base cut-off current
Emitterschaltung *f* [common] emitter circuit
Emitterschicht *f* emitter layer
Emitterspannung *f* emitter voltage
Emittersperrschicht *f* emitter barrier (depletion layer)
Emitterstreifengeometrie *f* emitter strip geometry
Emitterstrom *m* emitter current
emitterstrombegrenzt emitter-current-limited
Emitterstromeinschnürung *f* emitter-current crowding
Emittertiefe *f* emitter depth
Emitterübergang *m* emitter junction
Emitterumfang *m* emitter periphery
Emitterunwirksamkeit *f* emitter inefficiency
Emitterverstärker *m* emitter amplifier
Emitterwiderstand *m* emitter resistance
Emitterwirkungsgrad *m* emitter [injection] efficiency
Emitterzone *f* emitter region
Emitterzuleitung *f* emitter lead
emittieren to emit, to eject
~/Elektronen to emit (eject) electrons
emittierend emissive
EMK *(elektromotorische Kraft)* electromotive force, emf
EMK-Messung *f* electromotive force measurement
E-Modul *m s.* Elastizitätsmodul
Empfang *m (Nrt)* reception • **auf ~ bleiben** to stand by
~/drahtloser wireless reception
~/gerichteter directional reception
~/kompatibler compatible reception
~ mit Mehrfachantenne spaced aerial reception
~/schlechter poor (bad) reception
~/ungültiger invalid reception
empfangen *(Nrt)* to receive
Empfänger *m (Nrt)* receiver, receiving set; detector
~/einpoliger single-pole receiver
~/elektroakustischer electroacoustic receiver
~/lichtelektrischer *s.* ~/photoelektrischer
~/optischer optical receiver
~/photoelektrischer photoconductive (photocell) receiver, photodetector
~/pneumatischer pneumatic detector
~/thermoelektrischer thermoelectric detector
Empfängerabgleich *m* receiver alignment
Empfängerausgang *m* receiver output
Empfängerausgangsleistung *f* receiver output [power]
Empfängereichung *f* receiver calibration
Empfängereingang *m* receiver input
Empfängerfläche *f* receiver surface
Empfängergehäuse *n* receiver cabinet
Empfängergrundfarbe *f (Fs)* receiver primary
Empfängermeßsender *m s.* Empfängerprüfgenerator
Empfängerprüfgenerator *m (Meß)* radiofrequency service oscillator, alignment generator
Empfängerrauschzahl *f* receiver noise figure
Empfängerregelröhre *f* medium cut-off tube
Empfängerröhre *f* receiving valve; *(Fs)* viewing tube
Empfänger-Sender *m***/universeller asynchroner** universal asynchronous receiver-transmitter, UART
~/universeller synchron-asynchroner universal synchronous-asynchronous receiver-transmiter, USART
~/universeller synchroner universal synchronous receiver-transmitter, USRT
Empfängersperröhre *f* transmit-receive tube
Empfängertastung *f* receiver gating
Empfangsanlage *f* receiving set
Empfangsantenne *f* receiving aerial, wave collector
Empfangsantennendiagramm *n* reception diagram

Empfangsanzeige *f (Nrt)* notification of delivery
Empfangsaufruf *m (Nrt)* selecting
Empfangsbandbreite *f* receiving bandwidth
Empfangsbedingungen *fpl* receiving conditions
Empfangsbereich *m* reception coverage; service area *(z. B. eines Senders)*
Empfangsbereichschalter *m* band switch
empfangsbereit *(Nrt)* ready to receive
Empfangsbestätigung *f (Nrt)* acknowledgement of receipt
Empfangsbestätigungszeichen *n (Nrt)* reception confirmation signal
Empfangsbezugsdämpfung *f* receiving reference equivalent
~/relative relative equivalent for receiving
Empfangsbild *n* received picture
Empfangsdiagramm *n* reception diagram
Empfangsdruckstreifen *m* printed receive tape
Empfangseinrichtung *f* receiving equipment
Empfangsempfindlichkeit *f* receiving sensitivity
Empfangsendstelle *f* receiving terminal
Empfangsentscheidung *f* receiving decision
Empfangsfeldstärke *f* received field strength
Empfangsfläche *f* receiving surface
Empfangsfolgenummer *f* backward (transmitter receive) sequence number, number of receive
Empfangsfrequenz *f* receiving (reception) frequency
Empfangsfunkstelle *f* receiving station
Empfangsgerät *n* receiver, receiving set
Empfangskennlinie *f***/herzförmige** heart-shaped reception diagram
Empfangskonverter *m* receiving converter
Empfangsleistung *f* received power
Empfangsleitung *f* receive line
Empfangsloch *n* radio shadow (pocket), dead spot
Empfangslocher *m (Nrt)* receiving perforator, reperforator
~/druckender printing (typing) reperforator
Empfangslochstreifen *m (Nrt)* perforated receive tape
Empfangslochung *f (Nrt)* reperforation
Empfangsmagnet *m* receiver magnet
Empfangsmodem *m (Nrt)* receive modem
Empfangsparametron *n* receiving parametron
Empfangspegel *m* input level
Empfangsplatz *m (Nrt)* receiving [operator's] position
Empfangsraum *m* receiving room
Empfangsregelung *f* reception control
Empfangsrelais *n* receiver relay
Empfangsröhre *f* receiving valve
Empfangssatz *m (Nrt)* receiving set
Empfangsseite *f* receiving end, receive side
Empfangs-Sende-Gerät *n***/tragbares** walkie-talkie
Empfangs-Sende-Schleife *f* receive-to-send loop
Empfangs-Sende-Verhältnis *n* receive-transmit ratio
Empfangssignal *n (Nrt)* incoming (received) signal
Empfangsspannungsempfindlichkeit *f* receiving-voltage sensitivity
Empfangssperre *f (Nrt)* reception lock-out switch
Empfangsspielraum *m* receiving margin; receiver margin
Empfangsspule *f* telecoil *(Induktionsschleife)*
Empfangsstation *f (Nrt)* receiving station; called station
Empfangsstelle *f* head end
Empfangsstörung *f* receiving disturbance
Empfangssystem *n* receiving system
Empfangstrichter *m* receiving horn
Empfangsverhältnisse *npl* receiving conditions
Empfangsverstärker *m* receiving amplifier
Empfangsverteiler *m* receiving distributor
Empfangswelle *f* receiving (picked-up) wave
Empfangszeit *f (Nrt)* time of receipt
Empfangszentrale *f* receiving centre
empfindlich sensitive; responsive
Empfindlichkeit *f* sensitivity, sensitiveness; responsivity, responsiveness; response
~/absolute *(Meß)* absolute sensitivity
~/axiale axial response (sensitivity)
~ bei tiefen Frequenzen *(Ak)* bass response
~ beim relativen Pegel Null zero relative level sensitivity
~ des Meßfühlers detector sensitivity
~ des Y-Verstärkers Y-amplifier sensitivity
~ eines Meßmittels sensitivity of measuring instrument
~/elektrische electrical sensitivity
~ gegen Dehnung der Unterlage base strain sensitivity
~ gegen elektromagnetische Störungen electromagnetic susceptibility
~ gegen Umgebungseinflüsse environmental sensitivity
~ im diffusen Schallfeld random[-incidence] sensitivity, random[-incidence] response
~ in Achsrichtung *(Ak)* on-axis response
~/lokale local sensitivity
~/nutzbare usable sensitivity; useful response
~/nutzbare spektrale *(Fs)* effective colour response
~/relative *(Meß)* relative sensitivity
~/spektrale spectral sensitivity (response); colour response *(z. B. Farbfernsehen)*
~/statische *(Ak)* static sensitivity
Empfindlichkeitsabfall *m*, **Empfindlichkeitsabnahme** *f* fall-off in sensitivity, sensitivity decrease
Empfindlichkeitsänderung *f* sensitivity shift
Empfindlichkeitsbereich *m* sensitivity range
Empfindlichkeitseinstellung *f* sensitivity adjustment
Empfindlichkeitsfaktor *m* 1. sensitivity factor; 2. gauge factor *(Dehnungsmeßstreifen)*

Empfindlichkeitsfunktion *f* sensitivity function
Empfindlichkeitsgrenze *f* sensitivity (response) limit; detection limit
Empfindlichkeitskehrwert *m* sensitivity reciprocal
Empfindlichkeitskontrolle *f* sensitivity check
Empfindlichkeitskurve *f* sensitivity curve
~/spektrale spectral sensitivity (response) curve
Empfindlichkeitsmaximum *n* sensitivity (response) peak
Empfindlichkeitsregelung *f* sensitivity control
~/automatische automatic sensitivity control
Empfindlichkeitsschwelle *f* threshold of sensitivity, response threshold
~/untere threshold of detectability
Empfindlichkeitssteigerung *f* increase in sensitivity
Empfindlichkeitsuntersuchung *f* analysis of sensitivity
Empfindlichkeitsverteilung *f*/**spektrale** spectral sensitivity characteristic; spectral response *(z. B. Farbfernsehen)*
Empfindlichkeitszahl *f* sensitivity factor
Empfindung *f* sensation, perception
Empfindungsgeschwindigkeit *f* speed of sensation *(z. B. für Licht)*
Empfindungspegel *m (Ak)* sensation level
Empfindungsschwelle *f (Ak)* threshold of sensation (perception), sensory threshold
Emulator *m* emulator *(Mikrorechner-Nachbildungsprogramm)*
Emulsionslack *m (Isol)* emulsive varnish
Emulsionsmaske *f* emulsion mask
EMV *f (elektromagnetische Verträglichkeit)* electromagnetic compatibility, EMC *(Teil der Störfestigkeit)*
~ **zwischen Subsystemen** intra-system EMC
~ **zwischen System und Umgebung** inter-system EMC
Endabnahme *f* final acceptance [test]
Endabschaltung *f*/**automatische** automatic switching-off, auto-stop, autostop
Endabschnitt *m (Nrt)* end section
Endamt *n (Nrt)* end office, terminal [office], terminal exchange (station)
Endamtsleitung *f (Nrt)* terminal exchange line, final route
Endanode *f* end (final) anode, ultor [anode]
Endausbau *m* final installation; *(Nrt)* ultimate capacity *(eines Amtes)*
Endausschalter *m* [final] limit switch
~/automatischer final terminal-stopping device
Endausschlag *m* full-scale deflection (travel) *(Meßinstrument)*
Endbetrieb *m (Nrt)* terminal service
Endbildschirm *m* final screen
Endbügel *m* clip end
Enddose *f* sealing end
Enddraht *m* end wire
Ende *n* termination *(Abschluß)*; [exit] edge *(eines Linearstators)*
~ **der Übertragung** *(Nrt)* end of transmission
~ **des Datenträgers** end of medium
~ **einer Ausgangsleitung** load end
~ **eines Schwingkreises/nichtgeerdetes** live end of a resonant circuit
~/fernes remote end *(Leitung)*
~/isoliertes sealed end *(Kabel)*
~/stromloses dead end
Endechosperre *f (Nrt)* terminal echo suppressor
~/ferngesteuerte far-end operated terminal echo suppressor
~/ortsgesteuerte near-end operated terminal echo suppressor
Endeinrichtung *f (Nrt)* terminal equipment; local end
Endekennsatz *m* end-of-file label
Endentgasung *f* clean-up *(Röhren)*
Ende- oder Identifizierungsanforderung *f* end-or-identify, EOI *(Interface)*
Endezeichen *n (Nrt)* final character
Endfernamt *n (Nrt)* terminal trunk exchange, toll centre
Endfläche *f* end face
Endgerät *n (Dat)* terminal *(z. B. Ein- und Ausgabeeinheit)*
~ **für Paketbetrieb** packet mode terminal
~ **für Zeichenbetrieb** character mode terminal
Endgeräteanpassung *f* terminal adapter
Endgeräte-Anschalteinheit *f* medium attachment unit
Endgerätehersteller *m* original equipment manufacturer
Endgerätewechsel *m* change of terminals
Endgestell *n (Nrt)* terminal (terminating) rack
Endgröße *f*/**geregelte** ultimately controlled variable
Endimpedanz *f* end impedance
Endkapazität *f* top capacity, terminating capacitance
Endkatode *f* end cathode
Endkontakt *m* end contact
Endkontrolle *f* final examination (inspection)
Endlagenschalter *m* limit switch
Endleistungsmesser *m* output meter
Endlosbandgerät *n* tape-loop recorder
Endlosformular *n (Dat)* endless (continuous) form
Endmast *m* terminal pole, dead-end tower *(Freileitung)*
Endmontage *f* final assembly
Endmuffe *f* socket end
endotherm endothermic
Endpentode *f* output pentode
Endplatte *f* end plate
Endprüfung *f* final test; final inspection
Endpunkt *m* 1. end point *(z. B. von Phasenbahnen)*; 2. terminal point; 3. end position
Endregelglied *n* final control element

Endröhre *f* output valve
Endschalter *m* limit switch; overtravel switch; position switch
Endscheibe *f (MA)* end of fibre *(am Blechpaket)*
Endscheibenaufsteckmaschine *f (MA)* end of fibre placer
Endsignal *n* sign-off signal
Endspannung *f* final (end-point) voltage, cut-off voltage *(Batterie)*
Endspeiseleitung *f* dead-end feeder
Endstelle *f (Nrt)* terminal [station], local end; subscriber's apparatus
~/leicht zugängliche ready-access terminal
~ mit automatischer Anrufbeantwortung automatic answering terminal
Endstellenbetrieb *m (Nrt)* terminal station service
Endstellenleitung *f (Nrt)* in-house wiring; subscriber's service line
Endstellenzubringerlinien *fpl (Nrt)* terminal link
Endstellung *f* end (ultimate) position
Endstufe *f* 1. [power] output stage, power amplifier *(Leistungsverstärker)*; 2. final stage
~/eisenlose transformerless [power] output stage
Endstufenmodulation *f* high-level modulation, high-power modulation
Endsumme *f* final total
Endsystemteil *m (Nrt)* user agent
Endtelegrafenstelle *f* telegraph office
Endtemperatur *f* final temperature
Endtetrode *f* **mit Elektronenbündelung** beam power tetrode
Endtransformator *m* terminal transformer
Endtransistor *m* output transistor
Endtriode *f* output triode
Endumschalter *m* travel-reversing switch
Endverbraucher *m* ultimate user
Endverkehr *m (Nrt)* terminal (terminating) traffic
Endverkehrsbelegungszeichen *n (Nrt)* terminal seizing signal
Endverschluß *m* terminal box, termination *(Kabel)*; sealing end
~ für Drehstromkabel trifurcating box
Endverstärker *m* power (output) amplifier *(Leistungsverstärker)*; *(Nrt)* terminal amplifier (repeater); main amplifier
Endverstärkergestell *n (Nrt)* terminal repeater bay
Endverstärkerstufe *f* power amplifier stage
Endverzweiger *m (Nrt)* pedestal
Endwert *m* final value; *(Nrt)* accumulated value
~/asymptotischer *(Syst)* asymptotic final value
~ des Ablesebereichs full-scale value
Endwertsatz *m* final-value theorem, limit-value theorem *(Laplace-Transformation)*
Endzeitpunkt *m* finite-time instant
Endzelle *f* end cell *(Batterie)*
Endzustand *m* final state
Energetik *f* energetics
energetisch energetic
Energie *f* energy; power
~/abgegebene energy output
~/absorbierte absorbed energy
~/chemische chemical energy
~ des elektrischen Feldes electric field energy
~/elektrische electric energy
~/elektromagnetische electromagnetic energy
~/freie free energy
~/gespeicherte stored energy
~/Gibbssche freie Gibbs free energy
~/innere internal (intrinsic) energy
~/kinetische kinetic energy
~/magnetische magnetic energy
~/mittlere mean energy
~/nukleare nuclear energy
~/potentielle potential energy
~/zugeführte supplied energy, energy input
Energieabfall *m* energy drop
Energieabgabe *f* energy release (delivery), output of energy
energieabhängig energy-dependent
Energieabnahme *f* energy decrement
Energieabsorption *f* energy absorption
Energieabstand *m s.* Energielücke
Energieabstrahlung *f* radiation of energy, power dissipation
Energieanschlußvorschriften *fpl* power supply regulations
Energieanteil *m* energy component
energiearm low-energy, poor in energy
Energieaufnahme *f* energy absorption
Energieaufwand *m* energy expenditure
Energieausbeute *f* energy efficiency
Energieausgleich *m* equalization of energy
Energieausnutzung *f* energy utilization
Energieaustausch *m* interchange of energy, energy exchange
Energieband *n* energy band
~/erlaubtes allowed [energy] band
~/leeres empty band
~/teilweise besetztes partially occupied band
~/verbotenes forbidden [energy] band, energy gap
~/vollbesetztes filled band
Energiebanddiagramm *n* [energy] band diagram
Energiebändermodell *n*, **Energiebänderschema** *n* energy band model (scheme, diagram)
Energiebandstruktur *f* energy band structure
Energiebandüberlappung *f* energy band overlap
Energiebarriere *f* energy barrier
Energiebedarf *m* energy requirement[s], power demand
Energiebereich *m* energy region (range)
Energieberg *m* energy barrier
Energiebilanz *f* energy balance
Energiediagramm *n s.* Energieniveaudiagramm
Energiedichte *f* energy density
~ der Strahlung radiant energy density
Energiedichtespektrum *n* energy-density spectrum

Energiedissipation *f s.* Energieverlust
Energiedosis *f* absorbed dose
Energiedosisleistung *f* absorbed dose rate
Energieerhaltung *f* energy conservation
Energieerhaltungssatz *m* energy conservation law, energy principle (theorem)
Energieerzeugung *f* power generation (production), energy production
~/magnetohydrodynamische magnetohydrodynamic power generation
~/thermoelektrische thermoelectric power generation, thermoelectric generation of electricity
Energieerzeugungsanlage *f* power plant
Energiefluenz *f* energy fluence
Energiefluß *m* energy flow (flux)
Energiefreigabe *f*, **Energiefreisetzung** *f* energy release
Energiegehalt *m* energy content
Energiegewinn *m* energy gain
Energiegewinnung *f s.* Energieerzeugung
energiegleich equal-energy
Energiegleichgewicht *n* energy balance
Energiegleichung *f* energy equation
Energiehaushalt *m* energy balance
Energieinhalt *m* energy content
Energieleitung *f* transmission (power) line; feeder *(Antennentechnik)*
Energielieferung *f* delivery of energy
Energielücke *f* energy [band] gap, forbidden band *(im Energiebändermodell)*
Energiemesser *m* ergometer
Energieminimum *n* energy minimum
Energieniveau *n* energy level
Energieniveaudiagramm *n* energy-level diagram (scheme), term diagram (scheme)
Energieniveaudichte *f* energy-level density
Energieniveauschema *n s.* Energieniveaudiagramm
Energieniveauübergang *m* energy-level transition
Energieniveauverteilung *f* energy-level distribution
Energieoperator *m* energy operator
Energiepegel *m (Ak)* sound exposure level
Energieprinzip *n* energy principle
Energiequant[um] *n* energy quantum
Energiequelle *f* 1. power source, source of energy; 2. power supply; network feeder *(Netzeinspeisung)*
Energiereaktor *m* power reactor
Energieregler *m* power control switch; energy regulator (controller) *(Wärmegeräte)*
energiereich 1. high-energy, energy-rich; energized; 2. hard *(Strahlen)*
Energie-Reichweite-Beziehung *f (Nrt)* energy-range relation
Energieresonanz *f* energy resonance
Energieressourcen *fpl* energy resources *(z. B. eines Landes)*
Energierückgewinnung *f* energy recovery (recuperation)
Energiesatz *m s.* Energieerhaltungssatz
Energieschema *n s.* Energieniveaudiagramm
Energieschritt *m* energy step
Energieschwelle *f* energy barrier (threshold)
Energiesenke *f* energy depression
energiesparend power-saving
Energiesparlampe *f* energy-saving lamp
Energiespeicher *m* energy store
Energiespeicherglied *n (Syst)* energy storage element
Energiespeicherung *f* energy storage (accumulation)
~/magnetische magnetic energy storage
~ mit supraleitendem Magnet superconducting magnetic energy storage
Energiestreuung *f* spread in energy
Energiestrom *m* energy flow (flux)
Energiestromdichte *f* energy flux density
Energieströmung *f s.* Energiestrom
Energiesystem *n* power system
Energieträger *m* energy (power) carrier
Energietransport *m* energy transport
Energieüberführung *f*, **Energieübergang** *m* energy transfer
Energieübertragung *f* energy transfer; energy (power) transmission
~ durch Strahlung energy transfer by radiation
~/elektrische electric power transmission
Energieumformung *f*, **Energieumsetzung** *f s.* Energieumwandlung
Energieumwandler *m* energy converter
~/elektronischer electronic energy (power) converter
~/thermischer thermionic energy converter
Energieumwandlung *f* energy conversion (transformation)
energieunabhängig energy-independent
Energieverbrauch *m* 1. energy (power) consumption; 2. measurement energy *(des Meßmittels)*
~/spezifischer specific energy consumption
Energieverlust *m* energy loss (dissipation), power loss
Energieversorgung *f* power supply
~/öffentliche public power supply
~/stromkonstante (stromstabilisierte) current-stabilized power supply
Energieverteilung *f* energy distribution
~/anisotrope anisotropic energy distribution *(z. B. der Elektronen)*
~/elektrische electric power distribution
~/flächenhafte area-wise power distribution
~/relative spektrale *(Licht)* relative spectral energy distribution
Energievorausplanung *f* power forecast
Energievorrat *m* energy reserve
Energievorräte *mpl s.* Energieressourcen
Energiewandler *m s.* Energieumwandler

Energiewirtschaft *f* 1. power economy; 2. power industry; energy sector, *(Am)* energy utilities
Energiezerstreuung *f* energy dissipation
Energiezufuhr *f* energy input (supply)
Energiezustand *m* energy state
~ **des Elektrons** electronic energy state
~**/erlaubter** permitted energy state
Energiezuwachs *m* gain of energy
Energiewiderstand *m* constriction resistance
engmaschig close-meshed
Engpaßleistung *f* 1. *(An)* maximum capacity; 2. *(Erz)* gross generating power
entarten to degenerate *(Halbleiter)*
Entartung *f* degeneracy, degeneration *(Halbleiter)*
~ **der Energieniveaus** degeneracy of energy levels
Entartungsfaktor *m* degeneracy factor
Entartungskonzentration *f* degeneration concentration
Entartungskriterium *n* criterion of degeneracy
Entartungstemperatur *f* degeneracy temperature
Entbrummen *n* hum filtering
Entbrummer *m* hum potentiometer (eliminator)
Entbrummkondensator *m* anti-hum capacitor
Entbrummspule *f* hum-bucking coil, hum-bucker *(Lautsprecher, Tonbandgerät)*
Entbündelung *f* 1. debunching *(Elektronenröhren)*; 2. defocus[s]ing
entdämpfen to reduce damping
Entdämpfung *f* damping reduction; *(Nrt)* de-attenuation
entdrillen to untwist *(z. B. Kabel, Freileitungen)*
entdröhnen *(Ak)* to deaden
entdröhnt [sound-]deadening
Entdröhnung *f* [sound] deadening
Entdröhnungsmittel *n* [sound-]deadening material, sound deadener
Entdröhnungsspachtel *m* mastic deadener
enteisen to de-ice, to defrost
Enteisungsanlage *f*, **Enteisungsvorrichtung** *f* de-icer, sleet-melting provision
entfärben to decolour[ize], to discolour
Entfärbung *f* decolourization, discolouration; bleaching
~**/elektrolytische** electrolytic bleaching
entfernen to remove, to eliminate
~**/den Grat** *s.* entgraten
entfernt distant
~**/gleichweit** equidistant
Entfernung *f* range
Entfernungsauflösungsvermögen *(FO)* range resolution (discrimination)
Entfernungsfehler *m (FO)* distance error
Entfernungsgesetz *n*/**photometrisches (quadratisches)** inverse square law [of photometry]
Entfernungskreis *m (FO)* range circle; distance mark
Entfernungsmeßeinrichtung *f* distance-measuring equipment, DME
Entfernungsmesser *m* range finder, telemeter
~**/akustischer** sound ranger
~ **mit kleiner Basis** short-base range finder, single-station range finder
Entfernungsmeßimpuls *m (FO)* ranging pulse
Entfernungsmeßmarke *f (FO)* range marker
Entfernungsmessung *f* distance measurement, ranging, telemetry
~**/akustische** sound (acoustic, sonic) ranging, phonotelemetry
Entfernungsradar *n* radar range finder
Entfernungs- und Höhenanzeiger *m (FO)* height-position indicator, range-height indicator
Entfernungs- und Höhenwinkelanzeiger *m (FO)* elevation-position indicator
Entfestigung *f* softening
Entfestigungsspannung *f* softening voltage
Entfestigungstemperatur *f* softening point
Entfettungsbad *n*/**elektrolytisches** electrolytic degreasing bath
Entfettungsmittel *n* degreasing agent
entfeuchten to dehumidify, to dry
Entfeuchtung *f* dehumidification
entflammbar [in]flammable
~**/nicht** non-[in]flammable, flameproof
Entflammbarkeit *f* [in]flammability
entflammen to inflame
Entfokussieren *n* defocus[s]ing
Entformung *f* mould release *(Spritzgußteile)*
Entfrittung *f* decoherence
entgasen to degas, to degasify, to outgas; to bake out *(Röhren)*
Entgaser *m* degasser; deaerator
Entgasung *f* degassing, degasification, outgassing; [gas] clean-up *(z. B. von Elektronenröhren)*
entglasen to devitrify
Entglasung *f* devitrification
Entgoldung *f* gold stripping
entgraten to deburr, to remove burrs
Entgratmaschine *f* deburring machine
Enthalpie *f* enthalpy, heat content
~**/freie** free enthalpy, Gibbs free energy
Enthärtungsmittel *n* softening agent (material), softener
entionisieren to deionize
Entionisierung *f* deionization
Entionisierungsdiode *f*/**stufenweise** step-recovery diode
Entionisierungsgeschwindigkeit *f* deionization (deionizing) rate
Entionisierungsgitter *n* deionization (deionizing) grid
Entionisierungspotential *n*, **Entionisierungsspannung** *f* deionization potential
Entionisierungszeit *f* deionization time
Entity *(Dat)* entity *(1. Begriffseinheit; 2. Datenelement)*
Entkeimungslampe *f* germicidal lamp

entkoden *s.* dekodieren
entkoppeln to decouple, to uncouple
Entkopplung *f* 1. decoupling, uncoupling; *(Syst)* non-interaction; 2. neutralization
Entkopplungsfilter *n* decoupling filter
Entkopplungskapazität *f* decoupling (balancing) capacitance
Entkopplungskondensator *m* decoupling (neutralizing) capacitor
Entkopplungsschaltung *f* decoupling circuit
Entkopplungsspalt *m (El)* interaction gap
Entkopplungsstufe *f* separator, isolating stage
Entkopplungsverlust *m* interaction loss
Entkopplungswiderstand *m* decoupling resistor
Entlade... *s. a.* Entladungs...
Entladeanzeiger *m* discharge indicator
Entladedauer *f* discharge duration (time)
Entladefähigkeit *f* discharge capacity
Entladegrenzspannung *f* cut-off voltage *(Batterie)*
Entladeleistung *f* discharge capacity
Entladelöschspannung *f* discharge extinction voltage
Entlademenge *f* discharge rate *(Batterie)*
entladen 1. to dicharge, 2. to unload
~/sich to discharge
entladen/nicht undischarged
Entladenennstrom *m* discharge current rating
Entladeschaltung *f* discharge circuit
Entladeschlußspannung *f* cut-off voltage *(Batterie)*
Entladeverzug *m* 1. discharge delay; 2. carrier storage time
Entladung *f* discharge
~/aperiodische aperiodic discharge; dead-beat discharge *(Meßgerät)*
~/atmosphärische atmospheric discharge
~/beschränkte limited discharge
~/eingeschnürte constricted (pinch-off) discharge
~/elektrische electric discharge
~/elektrodenlose electrodeless discharge
~/elektrostatische static discharge
~/gasförmige gaseous discharge
~/halbselbständige semi-self-maintained discharge
~/intermittierende intermittent discharge
~ mit Unterbrechungen interrupted discharge *(Batterie)*
~/oszillatorische (periodische) oscillatory (oscillating) discharge
~/selbständige self-maintained discharge, self-sustaining discharge
~/stabilisierte stabilized discharge
~/stille dark discharge
~/subnormale subnormal discharge
~/übermäßige overdischarge
~/unabhängige independent discharge
~/unselbständige non-self-maintained discharge
~/ununterbrochene permanent discharge
~/wandstabilisierte wall-stabilized discharge
Entladungs... *s. a.* Entlade...
Entladungsanzahl *f* **[je Zeiteinheit]** number of discharges per unit time
Entladungsbild *n* discharge pattern
Entladungscharakteristik *f* discharge characteristic
Entladungsdetektor *m* discharge detector
Entladungseinsatz *m (Hsp)* discharge inception
Entladungseinsatzspannung *f* discharge inception voltage
Entladungsenergie *f* discharge energy
Entladungserscheinung *f* discharge phenomenon
Entladungsfolge *f* discharge sequence
Entladungsform *f* discharge pattern
entladungsfrei discharge-free
Entladungsfunke *m* discharge spark
Entladungsgefäß *n* discharge tube
Entladungsgeschwindigkeit *f* discharge rate
Entladungsinstabilität *f (Hsp)* discharge instability
Entladungskanal *m* discharge channel *(z. B. im Isolierstoff)*
Entladungskapazität *f* discharge capacity
Entladungskreis *m* discharge circuit
Entladungskurve *f* discharge diagram
Entladungslampe *f* discharge lamp
~/röhrenförmige tubular discharge lamp
Entladungsmechanismus *m* discharge mechanism
Entladungsmethode *f* discharge method
Entladungsnachweis *m* discharge detection
Entladungsnachweisgerät *n* discharge detector
Entladungsnormal *n* discharge standard
Entladungsöffnung *f (MA)* discharge opening
Entladungsraum *m* discharge space
Entladungsreaktion *f* discharge reaction
Entladungsröhre *f* [gas] discharge tube, discharger
Entladungssonde *f* discharge probe
Entladungsspannung *f* discharge potential (voltage)
Entladungsspur *f* discharge pattern; discharge path
Entladungsstabilität *f* discharge stability
Entladungsstärke *f* discharge power
Entladungsstelle *f* discharge point
Entladungsstoß *m* discharge pulse; burst
Entladungsstrecke *f* discharge path; discharge gap
Entladungsstrom *m* discharge (discharging) current
~/anomaler anomalous discharge current
Entladungsstromkreis *m* discharge circuit
Entladungstyp *m* discharge mode
Entladungsvorgang *m* discharge reaction
Entladungsweg *m* discharge path
Entladungswiderstand *m* 1. discharge resistance *(Größe)*; 2. discharge (discharging) resistor *(Bauelement)*

Entladungszähler *m* discharge counter
Entladungszeit *f* discharge (discharging) time; service life *(einer Batterie)*
Entladungszeitkonstante *f* discharging time constant
entlasten to remove the load, to unload
~/völlig to put off load
Entlastung *f (An)* load reducing
Entlastungsseil *n* additional steel suspension *(Antenne)*
Entleerungsschicht *f s.* Erschöpfungsschicht
Entlötgerät *n* solder extraction device
Entlötwerkzeug *n* solder extraction tool (device), unsoldering (de-soldering) tool
entlüften to deaerate, to de-air; to ventilate
Entlüfter *m* deaerator; exhauster, exhaust fan (blower), air extraction fan
Entlüftung *f* deaeration; ventilation; [air] exhaustion
Entlüftungsöffnung *f* air bleed, air vent (relief)
entmagnetisieren to demagnetize, to degauss
Entmagnetisierung *f* demagnetization, degaussing
Entmagnetisierungseinrichtung *f* degaussing equipment
Entmagnetisierungsfaktor *m* demagnetization (demagnetizing) factor
Entmagnetisierungsgenerator *m* degaussing generator *(auf Schiffen)*
Entmagnetisierungsspule *f* degaussing coil
Entmetallisierung *f***/elektrolytische** electrolytic stripping
Entmetallisierungsbad *n* strip[per]
Entmischung *f* disintegration, decomposition *(in einer Gasentladung)*
entmodeln to demodulate *(im Empfänger)*
Entmodelung *f* demodulation *(im Empfänger)*
Entnahmebefehl *m (Dat)* pop instruction
Entnahmekreis *m* output (load) circuit
entnehmen to take out (off), to withdraw; *(Dat)* to pop *(z. B. aus dem Stapelspeicher)*
~/Energie to absorb energy [from]
~/Proben to sample
~/Strom to draw current [from], to take current [from]
entpupinisieren *(Nrt)* to deload *(Kabel)*
entriegeln to unlock; to unlatch
Entriegelung *f* unlatching, unblocking
Entriegelungsdruckknopf *m* unlocking push button
Entriegelungsschalter *m* unlocking switch
Entropie *f* 1. entropy *(Thermodynamik)*; 2. entropy, average information content *(Informationstheorie)*
~/bedingte conditional entropy, average conditional information content
~ der Adressierung entropy of addressing
Entropieänderung *f* entropy change
Entropiebilanz *f* entropy balance
Entropiefluß *m* entropy flux
Entropieverlust *m* entropy loss
Entropiezunahme *f* entropy increase, positive entropy change
Entrostung *f***/chemische** chemical rust removal
entsalzen to desalinate, to desalt; to demineralize
Entsättigung *f (Fs)* desaturation
entschachteln *(Nrt, Dat)* to demultiplex
Entscheidung *f* **bei Risiko** decision with risk
~/logische logical decision
Entscheidungsamplitude *f* decision amplitude
Entscheidungsaugenblick *m* **eines Signals** decision instant of a signal
Entscheidungselement *n* decision element
Entscheidungsfähigkeit *f* decision-making ability
Entscheidungsfindung *f* decision making
Entscheidungsfunktion *f* decision function
Entscheidungsglied *n* decision element
Entscheidungsinhalt *m* decision content
Entscheidungslogik *f* arbitration logic *(Programmierung)*
Entscheidungsnetzwerk *n* arbitration network *(Programmierung)*
Entscheidungsproblem *n* decision problem
Entscheidungsschaltung *f* decision circuit *(Logikschaltung)*
Entscheidungsschwellwert *m* decision level
Entscheidungssystem *n* decision system
Entscheidungswert *m* decision value
entschlüsseln to decode
Entschlüsselung *f* decoding
Entschlüsselungsvorrichtung *f* decoding device (unit), decoder
Entschlüßler *m***/fehlerberichtigender** error-correcting decoder
Entspannung *f* release, stress relief; expansion *(Gase)*
entsperren 1. to unlock, to unblock; *(Nrt)* to reconnect; 2. to reset
Entsperren *n* 1. unlocking; deblocking; *(Nrt)* unblocking *(einer Teilnehmerleitung)*; 2. resetting
entspiegelt [antireflection-]coated
Entspiegelung *f* dereflection, elimination of reflections
entsprechen to correspond to, to conform to
~/einer Gleichung to fit an equation
entspulen *(Nrt)* to deload *(Kabel)*
entstabilisieren to destabilize
entstellen *(Nrt)* to mutilate
Entstellung *f (Nrt)* mutilation
Entstördichte *f (Fs)* interference inverter [diode]
entstören to eliminate interference; to suppress noise; to clear faults; to screen
Entstörer *m* 1. [interference] suppressor; 2. *(Nrt)* faultsman
Entstörfilter *m* RFI (radio-frequency interference) suppression filter
entstört interference-suppressed, interference-free

Entstörung *f* interference (noise) suppression, disturbance elimination; screening; static suppression *(Rundfunk)*
Entstörungsdienst *m* fault clearing (complaint) service; repair service
Entstörungsfilter *n* interference suppression filter
Entstörungskondensator *m* anti-interference capacitor
Entstörungsmessung *f* interference elimination measuring
Entstörvorrichtung *f* [interference] suppressor
Entsymmetrierungsmatrix *f* symmetrical component transformation matrix *(Netzberechnung)*
Enttrübung *f (Nrt)* compensation
ENTWEDER-ODER *n* OR-ELSE *(Schaltlogik)*
ENTWEDER-ODER-Aussage *f* EITHER-OR proposition
ENTWEDER-ODER-Schaltung *f* OR-ELSE circuit
entweichen to escape, to leak [out]
entwerfen to design; to lay out; to plan; to project; to draft
Entwerfen *n* **und Zeichnen** *n***/rechnergestütztes** computer-aided design and drafting
entwickeln 1. to evolve, to liberate, to generate *(z. B. Gase)*; 2. to develop *(z. B. Fotografien)*
~/Gas to gas *(Akkumulator)*
~/nach steigenden Potenzen to expand in ascending powers
Entwickler *m*, **Entwicklersubstanz** *f* developing agent, developer *(Fotografie)*
Entwicklung *f* 1. evolution, generation, liberation *(z. B. von Gas)*; 2. development *(z. B. Fotografie)*; 3. expansion *(Mathematik)*
~/asymptotische asymptotic expansion
~/langfristige long-term development
~/xerographische xerographic development
Entwicklungsnetzplan *m* development network map
Entwicklungsschleier *m* development fog *(Fotografie)*
Entwicklungsstadium *n* development (developing) stage
Entwicklungssystem *n* computer development system *(für Mikrorechnerprogramme)*
Entwicklungstemperatur *f* development temperature
Entwicklungsunterstützung *f (Dat)* development software
Entwicklungszeit *f* development time
Entwurf *m* design, layout; plan; draft, sketch
~ auf Layoutebene layout level design
~ auf Logikebene logic level design
~ auf Schaltbildebene circuit level design
~ auf Transistorebene transistor level design
~/aufgeteilter structured design
~/dynamischer dynamic design
~/eingeteilter (gegliederter) structured design
~/logischer logical design
~/modernster logischer advanced logical design
~ nach Kundenwunsch custom design
~/prüffreundlicher test-friendly design
~/rechnergestützter (rechnerunterstützter) computer-aided design, CAD
~/strukturierter structured design
~ von Verknüpfungsschaltungen design of switching circuits
~ von Verzögerungsleitungen design of delay lines
~/vorläufiger preliminary design
Entwurfsabschluß *m* design cut-off
Entwurfsautomatisierungsprogramm *n* design automation program
Entwurfsdaten *pl* design data
Entwurfsdatensatz *m* design file
Entwurfsdialogsystem *n***/rechnergestütztes** computer-aided design interactive system, CADIS
Entwurfsgrenzwert *m* design limit
Entwurfsgrundsätze *mpl* design philosophy
Entwurfshilfe *f* design aid
Entwurfshilfsmittel *n* design tool; design aid
Entwurfskontrolle *f* design check
Entwurfsleistung *f* designed output
Entwurfsmethode *f* design procedure
Entwurfsmethodik *f* design methodology
Entwurfsnennstrom *m* designed current
Entwurfsparameter *m* design parameter
Entwurfsplan *m* design chart
Entwurfsprinzip *n* design principle
Entwurfsregel *f* design rule
Entwurfsstrom *m* designed current
Entwurfstheorie *f* design theory
Entwurfsüberprüfung *f* design verification
Entwurfswiederholung *f* redesign
Entwurfszuverlässigkeit *f* inherent reliability
entzerren 1. *(El)* to equalize, to eliminate distortion, to compensate; 2. to rectify
Entzerrer *m* equalizer, correcting device (filter), anti-distortion device, compensator; *(Ak)* equalizing filter; equalizing (correction, correcting) network
~/regelbarer variable equalizer
Entzerrerbaustein *m* component equalizer network *(Tonbandgerät)*
Entzerrerschaltung *f* corrector (correcting, compensation) circuit
Entzerr[er]spule *f* peaking coil (inductance)
Entzerrung *f* 1. equalization, equalizing, correction; *(Nrt)* de-emphasis; 2. rectification
Entzerrungsbereich *m* frequency range of equalization
Entzerrungsdrossel *f* antiresonant coil
Entzerrungsfilter *n* filter-type equalizer; de-emphasizing filter
Entzerrungsgrenze *f* [frequency] limit of equalization
Entzerrungskreis *m* de-emphasizing network
Entzerrungsnetzwerk *n* equalizing network

Entzerrungsschalter *m* anti-distortion switch
Entzerrungsschaltung *f* peaking circuit (network), signal shaping circuit
Entzerrungsspule *f* peaking coil (inductance)
entziehen *(Ch)* to abstract, to extract
~/**Feuchtigkeit** *f* to dehumidify, to desiccate
~/**Wasser** to dehydrate, to dewater
entziffern to decipher
entzündbar ignitable, [in]flammable
~/**leicht** [highly] inflammable, easy to ignite
Entzündbarkeit *f* ignitability, [in]flammability
entzünden to ignite, to inflame, to fire
~/**sich** to ignite, to inflame, to fire
Epidiaskop *n* epidiascope
Episkop *n* episcope, reflecting projector
Episkoplampe *f* episcope lamp
epitaxial epitaxial *(Kristall)*
Epitaxialwachstum *n (ME)* epitaxial growth
Epitaxie *f* epitaxy *(Aufwachsen von einkristallinen Schichten)*
Epitaxiediffusionstransistor *m* epitaxial diffused transistor
Epitaxiedotierung *f* epitaxial doping
Epitaxiemesatransistor *m* epitaxial mesa transistor
Epitaxieplanarstruktur *f* epitaxial planar structure
Epitaxieplanartransistor *m* epitaxial planar transistor
Epitaxiereaktor *m* epitaxial reactor
Epitaxieschicht *f* epitaxial layer
Epitaxiethyristor *m* epitaxial thyristor
Epitaxieverfahren *n* epitaxial process
Epoxidglasfaserlaminat *n* epoxy glass laminate *(für Leiterplatten)*
Epoxidharz *n* epoxide (epoxy) resin
Epoxidharzumhüllung *f* epoxy case
Epoxidlaminat *n*/**glasfaserverstärktes kupferkaschiertes** epoxy glass-reinforced copper-clad laminate
Epoxidspritzmasse *f* epoxide moulding compound
EPROM[-Speicher] *m* EPROM, erasable PROM, erasable programmable read-only memory
Erdanschluß *m* 1. earth [terminal] connection; 2. *s.* Erdanschlußklemme
Erdanschlußklemme *f* earthing terminal, earth terminal (end)
Erdanschlußöse *f* earth lug
Erdantenne *f* earth aerial
Erdatmosphäre *f* earth's (terrestrial) atmosphere
Erdausbreitungswiderstand *m* earth[ing] resistance
Erdbeschleunigung *f* acceleration of gravity
Erdbodenabsorption *f* ground absorption
Erdbuchse *f* earth jack
Erde *f* 1. *(ET)* earth, *(Am)* ground; 2. neutral earth *(Nullpotential)*; 3. ground level • **über ~** above ground level
~/**fremdspannungsfreie** clean earth
~/**künstliche** counterpoise *(Antennentechnik)*
~/**Wagnersche** Wagner earth *(in Meßbrücken)*
Erdefunkstelle *f* earth station
Erdelektrode *f* earth[ing] electrode
~/**unabhängige** independent earth electrode
erden to earth, to connect (short) to earth, *(Am)* to ground
~/**direkt** to earth direct
Erder *m* earth[ing] electrode
Erderplatte *f* earth plate
Erdfehler *m* earth fault
Erdfehlerschutz *m* earth-fault relaying
Erdfeld *n* earth field
erdfrei earth-free, floating; *(Am)* ungrounded
~/**völlig** fully earth-free, fully floating, fully isolated from earth
erdfühlig in contact with earth *(Kabel)*
Erdfühligkeit *f* continuous earthing *(von Kabeln)*
Erdisolation *f* earth insulation
Erdkabel *n* underground (buried) cable
Erdkapazität *f* earth capacitance, capacity to earth
Erdklemme *f s.* Erdungsklemme
Erdkontakt *m* earth contact
Erdkurzschluß *m s.* Erdschluß
Erdleiter *m* earth[ing] conductor
Erdleiteranschluß *m* earth terminal
Erdleitung *f* earth lead (wire), earth[ing] conductor
erdmagnetisch geomagnetic
Erdmagnetismus *m* earth (terrestrial) magnetism, geomagnetism
Erdmeßleitung *f* earth-detection ring
Erdoberfläche *f*/**äquivalente** equivalent earth plane
Erdpotential *n* earth potential • **auf ~ liegen** to be at ground • **ohne ~** *s.* erdfrei
Erdrückleitung *f* earth return *(von Strom durch die Erde)*
Erdrückschluß[kreis] *m* earth return circuit
Erdsammelleitung *f* earth bus
Erdschellack *m (Isol)* acaroid resin
Erdschelle *f* earth clamp
Erdschiene *f s.* Erdungssammelleitung
Erdschleife *f* earth circuit; *(Am)* ground loop
Erdschluß *m* line-to-earth fault, earth-leakage fault, short circuit to earth
~/**aussetzender** intermittent earth [fault]
~/**dreipoliger** three-phase short circuit involving ground
~ **einer Phase** single phase-to-earth fault
~/**einfacher** single fault to earth, single earth fault
~/**einpoliger** one-line-to-earth fault, single line-to-earth fault
~/**satter** dead earth [fault]
~/**schleichender** earth leakage
~/**unvollkommener** partial earth fault
~/**völliger** dead earth [fault]
~/**vorübergehender** temporary earth [fault], transient earth fault
~ **zweier Phasen** two phase-to-earth fault, double earth fault

~/zweipoliger double line-to-earth fault, two-line-to-ground short circuit
Erdschlußanzeige *f* earth[-fault] indication
Erdschlußanzeiger *m* earth[-fault] indicator, leakage (earth-fault) detector, earth detector
Erdschlußautomat *m (Ap)* earth-leakage trip
Erdschlußbeseitigung *f* elimination (clearing, quenching) of earth fault
Erdschlußbestimmung *f* earth-fault location
Erdschlußdrossel[spule] *f* earthing (earth-fault) reactor
Erdschlußerfassung *f* earth-fault detection
Erdschlußlichtbogen *m* eart-fault arc, arcing ground
Erdschlußlöschspule *f* earth-fault neutralizer, arc-suppression coil
Erdschlußlöschung *f* extinction of earth faults, earth-fault neutralizing
Erdschlußmesser *m* earth-leakage meter
Erdschlußortung *f* earth-fault location
Erdschlußprüfer *m s.* Erdschlußanzeiger
Erdschlußprüfung *f* earth-fault test, earth-leakage test
Erdschlußreaktanz *f* neutral compensator (auto-transformer)
Erdschlußrelais *n* earth[-fault] relay, earth-leakage relay
Erdschlußschutz *m* earth[-fault] protection, leakage protective system; earth-fault relaying
~/gerichteter directional earth-fault protection
Erdschlußstrom *m* earth[-fault] current, fault-to-earth current, loss current to earth
Erdschlußüberwachung *f* earth-fault monitoring
Erdschlußwächter *m* earth-fault monitor, earth-leakage monitor
Erdschlußwischer *m* momentary single-phase-to-earth fault, transitory line-to-earth fault
Erdschutzleiter *m* earth-continuity conductor
Erdschwingungsaufnehmer *m* seismicrophone
Erdseil *n* earth wire (conductor) *(bei Freileitungen)*; counterpoise *(Antennenerde)*
Erdstrom *m* earth [return] current, stray (fault) current
Erdstromkreis *m* earth circuit
Erdstrommeßgerät *n* electrotellurograph
Erdstromunsymmetrieschutz *m (Ap)* core balance protective system
erdsymmetrisch balanced to earth
Erdtaste *f (Nrt)* earthing (grounding) key
Erdtelegrafie *f* ground telegraphy
Erdtrennschalter *m s.* Erdungstrennschalter
Erdumlaufecho *n (Nrt)* round-the-world echo
Erdumschaltung *f* earth switching
Erdung *f* 1. *(ET)* earthing, *(Am)* grounding; 2. earth connection, connection to earth, earthing system; *(An)* direct earthing
~/getrennte independent earthing
~/induktive inductive earthing
~/kapazitive capacitance earthing
~/provisorische temporary earthing
~/unabhängige independent earthing
~/wirksame good earthing
Erdungsanlage *f* earthing system (installation)
Erdungsanschluß *m* earthing connection; earth connection point
Erdungsband *n* earthing strip
Erdungsblech *n* earth plate
Erdungsbürste *f (MA)* earth [return] brush
Erdungsdrossel[spule] *f (Ap)* discharge (bleeding) coil *(s. a.* Erdschlußdrossel*)*
Erdungseinrichtung *f* neutral earthing device
Erdungselektrode *f s.* Erdelektrode
Erdungsklemme *f* earth[ing] terminal, earthing clamp (clip), earth clamp
Erdungskondensator *m* neutral earthing capacitor
Erdungskontakt *m* earth[ing] contact
Erdungskreis *m* earth [return] circuit, earth loop, leak circuit
Erdungsmantel *m* earth sheath
Erdungsnetz *n* earth network
Erdungspunkt *m* earth connection point
Erdungsrohr *n* earth rod
Erdungssammelleitung *f*, **Erdungssammelschiene** *f* earth bus [bar], earth bar
Erdungsschalter *m* earth[ing] switch
~ für Trägerfrequenz carrier terminal earthing switch
Erdungsschiene *f s.* Erdungssammelleitung
Erdungsschraube *f (Ap)* earthing screw
Erdungsspule *f* earthing coil
Erdungssymbol *n* earth symbol
Erdungssystem *n* earthing system
Erdungstrenner *m s.* Erdungstrennschalter
Erdungstrennschalter *m* [isolating] earthing switch, earthing isolator
Erdungswiderstand *m* 1. earth[ing] resistance, resistance of earthed conductor; 2. *(Ap)* discharging resistor
Erdungswiderstandsmeßgerät *n* earth resistance meter, earth tester
erdunsymmetrisch unbalanced to earth
Erdverbindung *f* earth connection
erdverlegt buried
Erdverlegung *f* underground (buried) wiring, buried laying *(Kabel)*
Erdwärmekraftwerk *n* geothermal power station
Erdwiderstand *m s.* Erdungswiderstand
Ereignis *n* event
~/in Verbindung stehendes compound event
Ereignismarkierung *f* event marking
Ereignisschreiber *m* event marker
Ereignisse *npl***/gleich wahrscheinliche** events of equal probability
Ereignisspeicher *m* event recorder
Ereignissystem *n* event system
Ereigniswahrscheinlichkeit *f* occurrence probability

Ereigniszähler *m* event counter
Erfahrungswert *m* experimental value
erfassen 1. to register *(schriftlich)*; to log; 2. to capture, to acquire *(z. B. Meßwerte)*; 3. *(FO, Meß)* to cover *(einen Bereich)*
Erfassung *f* registration; acquisition *(z. B. Daten)*; coverage *(Bereich)*
~/optische optical detection
~ von Informationen *(Dat)* acquisition of information
~ von Transienten (Übergangsvorgängen) *(Ak)* transient capture
Erfassungsweite *f (FO)* detecting range
Erfassungszeit *f* acquisition time
erfüllen to comply [with] *(z. B. Schutzbestimmungen)*; to satisfy
ergänzen to complete; to supplement; to add; to back up
Ergänzung *f* 1. completion; 2. complement
Ergänzungsblock *m (Meß)* trailer block
Ergänzungsgeräte *npl* back-up equipment
Ergänzungskode *m (Dat)* complementary code
Ergänzungsmöglichkeit *f* option
Ergänzungsnetzwerk *n (Nrt)* line building-out network
Ergänzungsspeicher *m (Dat)* backing memory (store), auxiliary storage
Ergänzungswiderstand *m* supplementary resistance
Ergebnisimpulsreihe *f* train of result pulses
Ergebnispaket *n* result packet *(Programmierung)*
Ergibtanweisung *f (Dat)* assignment statement
Ergodenhypothese *f (Syst)* ergodic hypothesis
Ergodentheorie *f* ergodic theory *(Theorie stochastischer Signale)*
erhalten 1. to obtain, to receive; 2. to maintain; to keep; to preserve, to conserve
~/auf einem Potential to maintain at a potential
erhaltend/sich selbst self-sustaining *(z. B. eine Entladung)*
Erhaltung *f* maintenance; conservation
~ der Ladung conservation of charge
Erhaltungssatz *m* conservation law *(Masse, Energie)*
Erhaltungsspannung *f* sustain voltage *(zur Aufrechterhaltung einer Erscheinung)*
Erhebungswinkel *m* angle of elevation *(eines Strahlers)*
erhellen to illuminate; to light up
Erhitzung *f* heating
~ durch Ionenwanderung heating by ion migration
erhöhen to raise, to elevate *(z. B. Temperatur)*; to step up *(Spannung)*; to boost *(Druck)*; to increase *(z. B. eine Größe)*
Erhöhung *f* raising, raise, elevation; rise, elevation; step-up *(Spannung)*; increase
~ der Leistung increase of power
~ der Leistungsfähigkeit increase of performance *(z. B. einer Anlage)*
~ des Wirkungsgrads increase of efficiency
erholen/sich to recover
Erholung *f (ME)* recovery *(Abbau überschüssiger Ladungsträger)*
Erholungsdauer *f* recovery period
Erholungseffekt *m* recovery effect
Erholungsgeschwindigkeit *f* recovery rate
Erholungspause *f* relief (recreation) period *(z. B. eines Oszillators)*
Erholungsvorgang *m* recovery process
Erholungszeit *f* recovery time
Erholungszeitkonstante *f* recovery time constant
Erholungszyklus *m* recovery cycle
erkalten to cool [down]
Erkennbarkeit *f* detectability, recognizability, recognition capability
erkennen to detect; to recognize; to sense
~/einzeln to discriminate
Erkenntnisstand *m* brainware *(Programmierung)*
Erkennung *f* detection; recognition; identification; discrimination
Erkennungsfeuer *n*, **Erkennungsfunkbake** *f* identification beacon
Erkennungsfunktion *f (Dat)* recognition function
Erkennungsschaltung *f (Dat)* recognition circuit
Erkennungszeit *f (Dat, Nrt)* recognition time
Erl *s.* Erlang
Erlang *n (Nrt)* erlang *(Einheit für Verkehrswerte)*
Erlangmeter *n (Nrt)* erlangmeter
erlöschen to extinguish; to go out
ermitteln to determine; to detect, to find out
~/den Durchschnitt to average
ermüden to fatigue *(z. B. Werkstoffe)*
Ermüdung *f* fatigue
~/lichtelektrische photoelectric fatigue
Ermüdungsbeständigkeit *f* fatigue resistance (strength)
Ermüdungsbruch *m* fatigue failure (fracture)
Ermüdungsdauer *f* fatigue duration
Ermüdungsgrenze *f* fatigue (endurance) limit
Ermüdungsprüfung *f* fatigue test[ing]
Ermüdungsriß *m* fatigue crack
Erneuerung *f* renewal *(z. B. von Bauteilen)*
erniedrigen to lower, to reduce, to decrease
Erniedrigung *f* lowering, reduction, decrease
erodieren to erode
EROM[-Speicher] *m* erasable read-only memory, EROM
Erosion *f* erosion
Erprobungszulassung *f* trial approval
errechnen to calculate
Erregbarkeit *f* excitability
erregen to excite; to energize
Erreger *m* exciter
~/bürstenloser brushless exciter
Erregeranode *f* exciting (excitation, ignition) anode

Erregerdeckenspannung *f* exciter ceiling voltage
Erregerdipol *m* energized (driven) dipole *(Antenne)*
Erregerdrehzahl *f***/kritische** critical [exciter] build-up speed
Erregereinrichtung *f* exciter (excitation) equipment
Erregerfeld *n* exciter (excitation) field
Erregerfeldwiderstand *m* exciter field rheostat
Erregerfunkenstrecke *f* exciting spark gap
Erregergrad *m* effective field ratio
Erregergruppe *f* exciter set
Erregerkreis *m* exciter (exciting) circuit
Erregerlampe *f* exciter lamp
Erregerlaterne *f* exciter dome *(Wasserkraftgenerator)*
Erregermagnet *m* exciter (excitation, field) magnet
Erregermaschine *f* exciter
~/regelbare controllable exciter
Erregermaschinensatz *m* exciter set
Erregerquelle *f* excitation source
Erregersatz *m* exciter set
Erregerschalter *m* excitation switch
Erregerschutzrelais *n* field protective relay
Erregerspannung *f* exciting (excitation) voltage; inductor voltage *(am Rotor des Generators)*
Erregerspannungszeitverhalten *n* exciter voltage-time response
Erregerspule *f* exciting (excitation, field) coil
Erregerspulenisolation *f* field coil flange
Erregerstabilität *f* excitation system stability
Erregerstrom *m* exciting (excitation, exciter) current
~/induzierter induced field current
Erregerstromquelle *f* excitation source
Erregersystem *n* excitation system; feed system *(Antennentechnik)*
Erregersystemstabilität *f* excitation system stability
Erregerumformer *m* converter exciter
Erregerverhalten *n* exciter response
Erregerverlust *m* exciter (excitation) loss
Erregerwicklung *f* exciting (excitation, magnet) winding, field winding (coil); control field winding
Erregerwicklungsanschluß *m* field terminal
Erregerwicklungsschutz *m* field protection
Erregerwiderstand *m***/kritischer** critical [exciter] build-up resistance
erregt/nicht unexcited
~/statisch statically excited
Erregung *f* excitation
~/akustische acoustic excitation
~/beschleunigte field forcing
~/elektrische electric excitation
~/erzwungene forced excitation
~/natürliche natural excitation
~/parametrische *(Syst)* parametric excitation
~/remanente residual excitation
~/sinusförmige *(Syst)* sinusoidal excitation
~/unbelastete no-load excitation
Erregungsausfallrelais *n* field-failure relay
Erregungsausfallschutz *m* field-failure protection
Erregungsbegrenzung *f* field limitation
Erregungsdiagramm *n* **des Relais** relay working diagram
Erregungseinrichtung *f* excitation system
Erregungsenergie *f* excitation energy
Erregungsfluß *m* excitation flux
Erregungsfunktion *f* *(Syst)* excitation function *(eines Glieds)*
Erregungsgeschwindigkeit *f* excitation response
~/anfängliche initial excitation response
Erregungsgröße *f* energizing quantity *(Relais)*
Erregungskurve *f* excitation curve
Erregungsniveau *n* excitation level
Erregungsregelung *f* field control
Erregungsverlust *m* excitation loss
Erregungsverstärker *m* excitation amplifier
erreichbar/nicht *(Nrt)* not obtainable
Erreichbarkeit *f* availability, accessibility *(z. B. Netzgestaltung)*
~/äquivalente equivalent availability
~/begrenzte limited availability
~/quasi-vollkommene *(Nrt)* quasi-full availability
~/ständige *(Nrt)* constant availability
~/steuerbare controlled availability
~/unvollkommene limited availability
~/variable variable availability
~/volle full availability
erreichen to achieve, to reach
~/einen stationären Wert to level off
Ersatzanker *m* *(Ap)* spare armature
Ersatzanlage *f* emergency [power] set *(Notstromversorgung)*
Ersatzantenne *f* reserve aerial
Ersatzbatterie *f* reserve (standby) battery; emergency battery *(Notstrombatterie)*
Ersatzbaustein *m* replacement module
Ersatzdämpfung *f* *(Nrt)* articulation reference equivalent
Ersatzdiode *f* diode equivalent
Ersatzeinrichtung *f* substitute item
Ersatzgenerator *m***/Helmholtzscher** Thévenin generator
Ersatzgerät *n* back-up unit
Ersatzglied *n* *(Syst)* equivalent element
Ersatzgröße *f* equivalent parameter
Ersatzlampe *f* spare (replacement) lamp
Ersatzleistung *f* substitution power
Ersatzleiter *m* spare conductor
Ersatzleitung *f* spare circuit
Ersatzmodul *m* replacement module
Ersatzquellenverfahren *n* charge simulation method
Ersatzröhre *f* spare valve
Ersatzschalldruckpegel *m* equivalent sound [pressure] level *(Mikrofon)*

Ersatzschaltbild *n* equivalent network diagram; equivalent [electric] circuit
~/thermisches thermal equivalent circuit
~/transformiertes transformed equivalent circuit diagram
π-Ersatzschaltbild *n s.* π-Ersatzschaltung
Ersatzschaltung *f* equivalent network (circuit)
~/elektrische equivalent (analogous) electric circuit
~ in T-Form T-parameter equivalent circuit
~ mit H-Parametern H-parameter equivalent circuit
π-Ersatzschaltung *f* equivalent circuit, equivalent-π
Ersatzschaltzeichen *n (Nrt)* change-over signal
Ersatzscheinwerfer *m* substitute headlight
Ersatzsender *m* spare transmitter
Ersatzsicherung *f* spare fuse
Ersatzspannungsverfahren *n* insert-voltage technique *(Kalibrierung)*
Ersatzspur *f* alternate track
Ersatzsternschaltung *f* **einer Dreieckschaltung** star connection equivalent to delta connection
Ersatzstromquelle *f* equivalent current source
Ersatzstromquellenverfahren *n* charge simulation method
Ersatzsystem *n***/dauernd bereitstehendes** *(Dat)* hot standby
Ersatzteil *n* spare (replacement) part, spare
Ersatzteilausrüstung *f* spare equipment
Ersatzübertragungsfunktion *f (Syst)* equivalent transfer function
Ersatzverstärker *m (Nrt)* spare repeater
Ersatzvolumen *n* **eines Mikrofons** [microphone] equivalent volume, equivalent air volume
Ersatzweg *m (Nrt)* alternative route
Ersatzwellenquelle *f* equivalent wave source
Ersatzwiderstand *m* substitutional (equivalent) resistance
erschöpfen to exhaust, to deplete
Erschöpfung *f* exhaustion, depletion
~ der Batterie exhaustion of the battery
Erschöpfungsbereich *m*, **Erschöpfungsgebiet** *n* exhaustion region *(Halbleiter)*
Erschöpfungsschicht *f* exhaustion layer *(Halbleiter)*
Erschütterung *f* shock
erschütterungsfest vibration-proof, shock-proof
Erschütterungsfestigkeit *f* vibration (shock) resistance
erschütterungsfrei anti-vibration, vibration-free
ersetzbar substitutable
ersetzen to substitute [for]
Erstanruf *m (Nrt)* fresh call attempt
erstarren to solidify; to freeze
Erstarrung *f* solidification; freezing
Erstarrungsgeschwindigkeit *f* freezing rate
Erstarrungspunkt *m* solidification (freezing) point *(einer Schmelze)*
Erstarrungstemperatur *f* solidification (freezing) temperature
Erste-Hilfe-Anleitung *f* first-aid suggestions
Ersteichung *f* initial verification; *(Am)* first (factory) calibration
Ersteinmessung *f* reference measurement
Erstkurve *f* virgin curve *(Magnetisierung)*
Erstmagnetisierung *f* initial magnetization
Erstprüfung *f* **der Entladungsgeschwindigkeit** initial output test *(Batterie)*
Erstschrift *f (Dat)* master copy
Erstweg *m (Nrt)* first choice circuit, primary route
ertönen to sound
erwärmen to heat, to warm [up]
~/durch Konvektion to heat by convection
~/durch Strahlung to heat by radiation
~/induktiv to heat by induction
Erwärmung *f* 1. heating, warming, warm-up; 2. temperature rise
~/dielektrische dielectric heating
~ durch Ultraschall ultrasonic heating
~ durch Wärmeleitung heating by conduction
~/gleichmäßige even heating
~/induktive induction heating
~/lokale local (localized) heating
~ mit ultrahohen Frequenzen ultrahigh-frequency heating
~ über Elektroden/direkte direct electrode heating
~ über Elektroden/indirekte indirect electrode heating
Erwärmungsanlage *f***/dielektrische** dielectric heating installation (plant), dielectric heater
~/konduktive conduction heating installation
Erwärmungsgeschwindigkeit *f* heating (warming) rate
Erwärmungsgrenze *f* heating limit; temperature-rise limit
Erwärmungskurve *f* heating curve
Erwärmungsprozeß *m* heating (warming) process
Erwärmungsprüfung *f* heating test, temperature rise test
Erwärmungsstufe *f* heating stage
Erwärmungstiefe *f* depth of heating *(z. B. bei Induktionshärtung)*
Erwärmungsverlauf *m* heating practice
Erwärmungszeit *f* time of heating; heating period
Erwärmungszone *f* heating zone
Erwärmungszyklus *m* heating cycle
Erwartungswert *m* expectation (expected, anticipated) value *(Statistik)*
Erweichung *f***/thermische** thermal (heat) softening, thermal plasticization
Erweichungspunkt *m* softening point
~/hoher high-temperature softening point
Erweichungstemperatur *f* softening temperature
erweitern/den Meßbereich to extend the range [of measurement]
Erweiterung *f* extension; expansion; enlargement

~/**analytische** analytical expansion
~ **der Korrelationsfunktion** correlation function expansion
Erweiterungsfähigkeit *f* extension capability *(z. B. Bausteinsystem)*
Erweiterungsfaktor *m (Meß)* multiplying factor
Erweiterungsspeicher *m* add-on memory
Erythemstrahler *m* erythemal lamp
erzeugen to generate *(z. B. Elektroenergie, Dampf)*; to produce
~/**durch Photonenabsorption** to photogenerate
~/**einen Kode** to generate a code
~/**Plasma** to generate plasma
~/**Schall** to generate sound
~/**Spannung** to generate voltage
~/**stabiles Verhalten** to generate stability *(bei Regelungen)*
~/**Strom** to generate current
Erzeugende *f* generating function
Erzeugung *f* generation *(z. B. Elektroenergie, Dampf)*; production, making, make
~ **einer Pseudorauschfunktion** pseudorandom noise generation
~/**lichtelektrische** photogeneration
~/**thermische** thermal generation
~ **von Fernsehsignalen** television signal generation
~ **von Ladungen** charge production
~ **von Ladungsträgern** generation of charge carriers
~ **von Laserwirkung** generation of laser action
~ **von Sinusfunktionen** sine generation
~ **von Steuerimpulsen** control pulse generation
Erzeugungsrate *f* generation rate
Erzielung *f* **eines Verhaltens** *(Syst)* attainment of performance
erzwungen forced; constrained
Esaki-Diode *f* Esaki diode
E-Schicht *f* E-layer
E-Schirm *m* E-scope *(Radar)*
E-Schweißen *n s.* Elektroschweißen
ES-Schweißen *n s.* Elektroschlackeschweißen
Esterharz *n* ester gum
Estrich *m*/**schwimmender** *(Ak)* floating floor
ESU-Ofen *m s.* Elektroschlackeumschmelzofen
Ettinghausen-Effekt *m* Ettinghausen effect *(thermomagnetischer Effekt)*
Ettinghausen-Nernst-Effekt *m* Ettinghausen-Nernst effect *(thermomagnetischer Effekt)*
Europaplatte *f* Eurocard, Europe card, European standard-size [p.c.] board
eV *s.* Elektronenvolt
evakuieren to evacuate, to exhaust, to pump down
Evakuierung *f* evacuation, exhaustion
Evans-Methode *f (Syst)* Evans method *(Stabilitätsuntersuchung)*
E-Welle *f* E wave, transverse magnetic wave, TM wave
Exchange-Befehl *m* exchange command
Excitron *n s.* Exzitron
Ex-Gerät *n s.* Gerät/explosionsgeschütztes
exgeschützt *s.* explosionsgeschützt
Exhaustor *m* exhauster, exhaust blower (fan)
Existenzbedingungen *fpl* conditions of existence
Existenzspannung *f* sustain voltage *(zur Aufrechterhaltung einer Erscheinung)*
Exklusion *f* exclusion *(Schaltalgebra, z. B. NAND-Funktion)*
Exklusivkode *m (Dat)* exclusive code
Exklusiv-NOR-Gatter *n* exclusive NOR gate
Exklusiv-ODER-Gatter *n* exclusive OR gate
Exner-Elektrometer *n* Exner['s] electrometer
exotherm exothermic
Expander *m (Ak)* automatic volume expander
Expansion *f* expansion
~/**adiabatische** adiabatic expansion
Expansionsfähigkeit *f* expansibility, expandability
Expansionsschalter *m* expansion switch (circuit breaker)
Expansionsstufe *f* expansion stage
experimentell experimental, by laboratory means
Expertensystem *n*/**wissensbasiertes** knowledge-based expert system
Explosion *f* explosion, blast, detonation
explosionsgefährdet explosion-endangered
explosionsgeschützt explosion-proof
Explosionsschutz *m* explosion protection
explosionssicher explosion-proof
Explosionswirkung *f* explosive action
explosiv explosible
Explosivplattierung *f* detonation plating *(z. B. mit Hilfe elektromagnetischer Felder)*
Exponentialfunktion *f* exponential function
Exponentialgesetz *n* exponential law
Exponentialkennlinie *f* exponential characteristic
Exponentialkurve *f* exponential curve
Exponentialleitung *f* exponential line
Exponentialröhre *f* variable-mu tube, variable-mutual [conductance] valve
Exponentialsignal *n*/**aperiodisches** aperiodic exponential signal
Exponentialtrichter *m (Ak)* exponential (logarithmic) horn
Exponentialverstärker *m* variable-mu amplifier
Exponentialverteilung *f* exponential distribution
Exponentialvorgang *m* exponential process
exponieren to expose *(z. B. einer Strahlung)*; to expose [to light] *(Fotografie)*
Exposition *f* exposure [to light] *(Fotografie)*
extern external
Externspeicher *m (Dat)* external memory (store), secondary store
Externverkehr *m* interexchange traffic
Extinktion *f* extinction, optical density
Extinktionskoeffizient *m* extinction coefficient
Extrafeinabstimmung *f* extra fine tuning
Extraktion *f* extraction
~/**elektrolytische** electroextraction

~ **von Ladungsträgern** *(ME)* extraction of [charge] carriers
Extrapolationsmeßmethode *f* extrapolation method of measurement
Extrapolationsstrecke *f* extrapolation distance *(Kernreaktor)*
extraterrestrisch extraterrestrial
Extremwert *m* extremum
Extremwertregelung *f* high-low-responsive control, peak-holding control, extremal control
Extremwertregler *m* extremal (peak-holding) controller
Exzenterdipol *m* off-centre dipole
exzentrisch eccentric, off-centre
Exzeß-Drei-Kode *m* excess-three code, three-excess code
Exziton *n* *(ME)* exciton, electron-hole pair
Exzitron *n*, **Exzitronröhre** *f* excitron [valve]

F

F *s.* Farad
Fabrikationslänge *f* factory length *(Kabel)*
Fabrikautomatisierung *f* factory automation
Fabry-Perot-Interferometer *n* Fabry-Perot interferometer
Fabry-Perot-Interferometrie *f f* Fabry-Perot interferometry
Fabry-Perot-Laser *m* Fabry-Perot laser
Fabry-Perot-Resonator *m* *(Laser)* Fabry-Perot resonator
Face-down-Bonden *n*, **Face-down Verbindungstechnik** *f* *(ME)* face-down bonding [technique] *(Kontaktierungsverfahren mit der Kontaktseite nach unten)*
Facettenbildung *f* facet[t]ing *(Kristallwachstum)*
Facettenspiegel *m* facet mirror
Face-up-Bonden *n*, **Face-up-Verbindungstechnik** *f* *(ME)* face-up bonding [technique] *(Kontaktierungsverfahren mit der Kontaktseite nach oben)*
Fächerantenne *f* fan (fanned-beam) aerial
Fächerfunkfeuer *n* fan marker beacon
Fächerstrahl *m* fan beam *(Antennentechnik)*
Fädelwirkung *f* pull-through winding
Faden *m* filament; thread; string *(z. B. im Galvanometer)*; fibre
Fadenaufhängung *f* 1. filament tensioning support *(Spannvorrichtung für Heizfäden)*; 2. fibre (filament) suspension *(z. B. bei Meßgeräten)*
Fadenelektrometer *n* filament (thread) electrometer
Fadenentladung *f* pinch discharge
Fadengalvanometer *n* thread galvanometer
Fadenkatode *f* filamentary cathode
Fadenkreuz *n* cross hairs (lines), hairline cross, reticle
Fadenkristall *m* whisker
Fadenmikrometer *n* filar micrometer
Fadenokular *n* filar eyepiece
Fadenschatteninstrument *n* string-shadow instrument
Fadensonde *f* filament probe
Fadenspannung *f* filament voltage
Fadentransistor *m* filament transistor
Fade-out *n* radio fade-out
Fading *n* *(Nrt)* fading
Fadingautomatik *f* *(Nrt)* automatic volume control circuit, AVC circuit
Fadingeffekt *m* fading effect
Fadingfrequenz *f* fading frequency
Fadinghexode *f* fading hexode, automatic gain control mixer hexode
Fahne *f* vane; lug
Fahnenbildung *f* *(Fs)* streaking, tailing
Fahnenmagnetron *n* vane magnetron
Fahnenrelais *n* vane-type relay
Fahnenziehen *n* *(Fs)* hangover *(überzeichneter Kontrast)*
Fahrbahnbeleuchtung *f* road[way] lighting
Fahrbahnleuchtdichte *f* road surface luminance
fahrbar mobile; [trans]portable
Fahrdraht *m s.* Fahrleitung
Fahrdraht... *s. a.* Fahrleitungs...
Fahrdrahtaufhängung *f* catenary suspension
Fahrdrahtausleger *m* bracket arm
Fahrdrahtkreuzung *f* overhead crossing
Fahrdrahtnetz *n* overhead contact-wire system
Fahrdrahtspeiseleitung *f* trolley wire feeder
Fahrdrahtverbindungsklemme *f* splicing fitting
Fahrdrahtweiche *f* overhead (trolley) frog
fahren/ein Kraftwerk to run a power plant
Fahrkorbschaltersteuerung *f* cab-switch control
Fahrkorbschaltung *f* cab-switch [lift] connection
Fahrleitung *f* overhead contact wire, collector wire; trolley wire (line); train line
~**/doppelpolige** two-pole trolley wire
Fahrleitungs... *s. a.* Fahrdraht...
Fahrleitungsanlage *f* overhead contact[-wire] system
Fahrleitungsnetz *n* overhead line network
Fahrleitungsschalter *m* line breaker
Fahrleitungsschleifkohle *f* trolley shoe *(Oberleitungsbus)*
Fahrleitungsspannung *f* trolley (contact-wire) voltage
Fahrmotor *m* traction motor
Fahrschachttürkontakt *m* hoistway door [electric] contact
Fahrschalter *m* 1. [electric motor] controller, camshaft controller *(Elektromotor)*; 2. traction switch *(Elektrotraktion)*
~**/handbetätigter** manual controller
~**/motorbetätigter** motor-driven controller (switchgroup)
Fahrstand *m* [driving] cab *(Kran, Elektrolokomotive)*

Fahrstandsignal *n* cab signal
Fahrstraßenrelais *n* route relay
Fahrstrom *m* traction current
Fahrstuhl *m* lift, elevator
Fahrstuhl... *s.* Aufzugs...
Fahrt *f* **mit schiebender Last** propelling movement
Fahrtrichtungsanzeiger *m* direction indicator [lamp]
Fahrtrichtungsschalter *m* direction switch
Fahrtwender *m* reversing switchgroup
Fahrtwende- und Motortrennschalter *m* disconnecting switch reverser
Fahrwasserfeuer *n* channel lights
Fahrwiderstand *m* train resistance *(Elektrotraktion)*
~/spezifischer specific train resistance
Fahrzeug *n***/entstörtes** suppressed [radio noise] vehicle
~/nichtentstörtes unsuppressed [radio noise] vehicle
Fahrzeug[antriebs]batterie *f* traction (vehicle) battery
Fahrzeugbeleuchtung *f* vehicle (automobile, autocar) lighting
Fahrzeughalogenlampe *f* tungsten-halogen auto lamp
Fahrzeugprüfstand *m* chassis dynamometer
Fahrzeugtransformator *m* traction transformer
Faksimile *n (Nrt)* facsimile
Faksimilegerät *n* facsimile apparatus (equipment, device)
Faksimileschreiber *m* facsimile recorder
Faksimilesender *m* facsimile transmitter
Faksimilesignal *n* facsimile signal
Faksimilesignalpegel *m* facsimile signal level
Faksimilestempel *m* facsimile stamp
Faksimiletelegraf *m* facsimile telegraph
Faksimiletelegrafie *f* facsimile telegraphy
Faksimiletelegramm *n* facsimile telegram
Faksimileübertragung *f* facsimile transmission
Faksimileverkehr *m***/verschlüsselter** enciphered facsimile communications
Faktor *m* factor, coefficient
~/Carterscher *(MA)* Carter's coefficient, air-gap factor
~ für das Vergessen forgetting factor *(Steueralgorithmen)*
~/integrierter integrating factor
faktorisieren to factorise *(Netzberechnung)*
Fakturiermaschine *f (Dat)* billing (invoicing) machine
Fall *m***/ungünstigster** worst case
Fallbügel *m* chopper bar, locking device
Fallbügelinstrument *n* chopper bar instrument, instrument with locking device
Fallbügelregistrierung *f* chopper bar recording *(punktweise Registrierung)*
Fallbügelregler *m (Syst)* chopper bar controller, controller with locking device, hoop drop controller
Fallbügelrelais *n* chopper bar relay, hoop drop relay
Fallbügelschreiber *m* chopper bar recorder
Falle *f* trap
~ für den Eigenton *(Fs)* accompanying sound trap
fallen to fall, to drop, to decrease *(z. B. Spannung, Temperatur)*
~/außer Tritt to pull out of synchronism *(Synchronmotor)*
~/in Tritt to pull into synchronism *(Synchronmotor)*
Fallen *n* fall, drop, decrease
Fallhöhe *f* head *(Wasserkraftwerk)*
~/nutzbare net head
Fallklappe *f* annunciator drop, drop indicator *(Relais)*; *(Nrt)* indicating disk, disk drop
~ mit Signalkontakt *(Nrt)* indicator with alarm contact
Fallklappenanlage *f* annunciator
Fallklappenprüfung *f* drop test
Fallklappenrelais *n* annunciator relay, drop indicator relay
Fallklappentafel *f* annunciator
Fallklappenwecker *m (Nrt)* indicator bell
Fallrohr *n* downpipe
Fallscheibe *f (Nrt)* indicating disk; drop indicator *(Relais)*
Fallwähler *m (Nrt)* drop selector
Fallwasser *n* headrace *(Kraftwerk)*
Falschanruf *m (Nrt)* wrong number call, false ring (call)
Falschansprechen *n (Nrt)* false operation
Falschauslösung *f* false tripping
Falschsignal *n* false signal
Falschverbindung *f (Nrt)* wrong connection
Falschwahl *f (Nrt)* faulty selection
Falschzählung *f (Nrt)* false metering
Faltenbalg *m* bellows *(pneumatisches Meßglied)*
Faltenbildung *f (Fs)* fold-over *(der Zeilen)*
Faltreflektor *m (Licht)* folding (fan) reflector
Faltung *f* convolution *(Mathematik)*
Faltungsintegral *n (Syst)* convolution (Duhamel) integral *(beim Faltungssatz)*
Faltungssatz *m* convolution theorem
Faltungssumme *f* convolution sum
Faltungsverzerrung *f (Nrt)* fold-over distortion
FAMOS floating[-gate] avalanche-injection metal-oxide semiconductor, FAMOS
FAMOS-Halbleiterspeicher *m***/elektrisch löschbarer** electrically erasable FAMOS, E^2FAMOS
FAMOST *m*, **FAMOS-Transistor** *m* floating[-gate] avalanche-injection MOS transistor
Fangbereich *m* capture (pull-in, lock-in) range
Fangbügel *m* safety bow
Fangeinrichtung *f (Nrt)* interception circuit
Fangelektrode *f* collecting (gathering) electrode; target *(Elektronenröhren)*
fangen to trap, to capture *(z. B. Elektronen)*; *(Nrt)* to catch *(Teilnehmer)*

Fangen *n* trapping *(Elektronen)*; *(Nrt)* backward hold, call tracing
~ **bei Platzanruf** *(Nrt)* manual hold
Fanggitter *n* suppressor grid *(Elektronenröhren)*
Fangnetz *n (Hsp)* guard cradle
Fangstelle *f* trapping centre, trap *(Halbleiter)*
Fangstellenniveau *n* trap level
Fangstoff *m* getter
Fan-in *n (El)* fan-in
Fan-out *n (El)* fan-out
Farad *n* farad, F *(SI-Einheit der elektrischen Kapazität)*
Faraday-Drehung *f* Faraday rotation
Faraday-Effekt *m* Faraday [magnetooptic] effect
Faraday-Impedanz *f* faradic (faradaic) impedance
Faraday-Käfig *m* Faraday (screened) cage
Faraday-Kapazität *f* faradic (faradaic) capacity
Faraday-Konstante *f* Faraday constant
Faradisation *f*, **Faradotherapie** *f* faradism, faradization *(Elektromedizin)*
Farbabgleich *m* colour matching
Farbabmusterung *f (Licht)* colour matching, object colour inspection
Farbabschalter *m (Fs)* colour killer
Farbabstand *m* colour distance
Farbabstandsformel *f* colour-difference formula
Farbabstimmung *f* colour match[ing], colour balance (adaptation)
Farbabstufung *f* gradation of colours
Farbabweichung *f* chromatic aberration
Farbanpassung *f* colour match[ing]
Farbanstrich *m*/**halbleitender** semiconducting paint
Farbart *f* chromaticity
Farbartkoordinate *f (Fs)* chromaticity coordinate
Farbartsignal *n (Fs)* [carrier] chrominance signal
Farbartunterscheidung *f* chromaticity discrimination
Farbbalkenkode *m (Fs)* colour bar code
Farbbalkentestbild *n (Fs)* colour bar pattern
Farbband *n* [ink] ribbon
Farbbandvorschub *m* ink-ribbon feed
Farbbereich *m (Fs)* colour gamut
Farbbildröhre *f* colour [television] picture tube
~ **mit hoher Punktdichte** high density colour t.v.-tube, precision in-line tube
Farbbildröhrenkolben *m* colour television bulb
Farbdeckung *f (Fs)* registration
Farbdemodulator *m (Fs)* chrominance[-subcarrier] demodulator, colour demodulator
Farbdichte *f*/**spektrale** *(Fs)* excitation purity
Farbdifferenz *f* colour difference
Farbdifferenzmesser *m* differential colorimeter
Farbdifferenzsignal *n (Fs)* colour difference signal
Farbdisplay *n* coloured data display unit
Farbe *f* colour, *(Am)* color; hue; tint; paint *(Antrich)*
~/**leitende** conductive paint
Farbeindruck *m s.* Farbempfindung
Farbelement *n* colour element
farbempfindlich colour-sensitive
Farbempfindlichkeit *f* colour sensitivity (response); spectral response *(Fernsehaufnahmeröhre)*
Farbempfindung *f* colour (chromatic) sensation, colour perception
färben to colour; to dye
~/**elektrolytisch** to colour electrolytically
Farben *fpl*/**Fechner-Benhamsche** Fechner's colours
~/**gleichabständige** equispaced colours
~/**leuchtende** brilliant (glowing) colours
Farbenatlas *m* colour atlas (chart)
Farbenflimmern *n* colour (chromatic) flicker
Farbengedächtnis *n* colour memory
Farbenhintergrund *m* background of dye
Farbenindex *m* colour index
Farbenraum *m* colour space
Farbentransformation *f* colour transformation
Farbenumsetzung *f* colour translation
Farbenunterscheidung *f* colour discrimination
Farbenwiedergabetreue *f* colour fidelity
Farbenzerlegung *f* colour dispersion (separation)
Farbenzug *m* **des schwarzen Strahlers** blackbody locus, Planckian (full-radiator) locus
Farberkennung *f* colour identification
Farbfehler *m* chromatic (colour) aberration
Farbfeldregler *m (Fs)* colour-correction control
Farbfernsehbildröhre *f s.* Farbbildröhre
Farbfernsehempfänger *m* colour television receiver (set)
Farbfernsehen *n* colour television, colorvision
Farbfernsehkamera *f* colour television camera
Farbfernsehröhre *f s.* Farbbildröhre
Farbfernsehsignal *n* colour television signal
Farbfernsehtechnik *f* colour television technology
Farbfernsehübertragung *f* colour television transmission
Farbfernsehwiedergabe *f* colour television display
Farbfestlegung *f* colour specification
Farbfeuern *n (Fs)* cross-colour
Farbfilm *m* colour film
Farbfilter *n* colour (spectral) filter
Farbfilterrevolver *m* colour filter turret
Farbfilterscheibe *f (Fs)* colour filter disk
Farbfläche *f (Fs)* colour plane
Farbfolge *f (Fs)* colour sequence
~/**kontinuierliche** continuous colour sequence
~/**wechselnde** reversing colour sequence
Farbfotografie *f* colour photography
Farbgleichheit *f* colour balance (match)
Farbgleichung *f* colour equation
Farbgrenzen *fpl* colour boundaries
Farbinformation *f (Fs)* colour information
Farbkennzeichen *n*, **Farbkode** *m* colour code *(z. B. auf Widerständen)*

Farbkoder *m (Fs)* colour encoder
farbkodiert colour-coded
Farbkodierung *f (Fs)* composite coding
Farbkomponente *f* colour (chromatic) component
Farbkontrast *m* colour contrast
Farbkörper *m* colour solid
Farbkorrektur *f* colour (chromatic) correction
Farbmaske *f (Fs)* colour mask
Farbmeßgerät *n* colorimeter, colour-measuring instrument
~ nach dem Dreibereichsverfahren tristimulus (three-colour) colorimeter
~/photoelektrisches photoelectric colorimeter
Farbmeßtechnik *f* colorimetry
Farbmischkurve *f (Fs)* colour mixture curve
Farbmischung *f* colour mixture
~/additive additive colour mixture
~/subtraktive subtractive colour mixture
Farbmischwerte *mpl (Fs)* colour mixture data
Farbmodulator *m (Fs)* chrominance[-subcarrier] modulator, colour modulator
Farbmonitor *m* colour monitor
Farbpyrometer *n* colour [radiation] pyrometer, colour optical pyrometer
Farbrand *m* colour fringe, coloured edge
Farbraster *m* colour screen
Farbreiz *m* colour stimulus
Farbreizfunktion *f* colour stimulus function
Farbrestfehler *m* residual chromatic (colour) aberration
farbrichtig colour-correct
Farbröhrchenschreiber *m* siphon recorder
Farbsättigung *f* colour saturation
Farbsaum *m* colour fringe, coloured edge
Farbschicht *f* paint film
Farbschirm *m (Fs)* colour picture screen
Farbschreiber *m* ink writer
Farbsichtgerät *n* colour monitor
Farbsignal *n (Fs)* 1. colour signal; 2. *s.* Farbartsignal
Farbsignalregelung *f* chrominance control
Farbstichfolie *f* colour correction foil
Farbstimmung *f (Licht)* 1. *s.* Farbabstimmung; 2. chromatic adaptive state
Farbstoff *m* colouring matter, colourant; dye
Farbstoff-Flüssigkristallanzeige *f* guest-host liquid crystal display, guest-host LCD
Farbstofflaser *m* dye laser
~/abstimmbarer tunable dye laser
Farbsynchronsignal *n (Fs)* colour synchronizing burst
Farbsystem *n* colour system
Farbtafel *f* chromaticity (chromatic) diagram, colour chart
Farbtemperatur *f* colour temperature
Farbtemperaturnormallampe *f* colour temperature standard lamp
Farbtemperaturskala *f* colour temperature scale
Farbtest *m (Fs)* colour chek
Farbtestleuchte *f* colour-matching unit
Farbtoleranz *f* colour tolerance
Farbton *m* hue, shade, tint
Farbtonabstufung *f* hue scale
Farbtonkanalschutz *m (Fs)* chromaticity channel protection
Farbtonkreis *m* hue circle
Farbtonregelung *f* hue control
Farbtonregler *m (Fs)* chroma control
Farbtonunterschied *m* difference of hue
Farbtonunterschiedsempfindlichkeit *f* hue discrimination; colour discrimination
Farbtonunterschiedsschwelle *f* differential hue threshold
Farbträger *m (Fs)* chrominance [sub]carrier, colour carrier
Farbträgerkanal *m (Fs)* chrominance channel
Farbträgeroszillator *m (Fs)* colour subcarrier oscillator, chroma (colour) oscillator
Farbträgerstörung *f (Fs)* colour subcarrier interference
Farbtreue *f* colour fidelity
Farbtripel *n* colour triad
Farbübersprechen *n (Fs)* colour cross talk
Farbüberzug *m* paint coat (cover)
Farbumfang *m* colour gamut
Farbumstimmung *f (Licht)* change of chromatic adaptation
Färbung *f* colouration
~/elektrolytische electrolytic colouration
Farbunterscheidungsvermögen *n* colour discrimination
Farbunterschiedsschwelle *f* colour difference (discrimination) threshold, differential colour threshold
Farbveränderung *f* colour change
Farbverfälschung *f (Fs)* colour purity (registration) error
Farbverschiebung *f* colour (colorimetric) shift, colour displacement
Farbverschmelzung *f* colour fusion (contamination)
Farbverzerrung *f* distortion of colour, chromatic distortion
Farbwechsel *m* colour change
Farbwert *m* chromaticity
Farbwertanteil *m (Licht)* chromaticity coordinate
Farbwertdiagramm *n* chromaticity diagram
Farbwertflimmern *n* chromaticity flicker
Farbwertgröße *f (Fs)* chrominance primary
Farbwertrechner *m* colour computer
Farbwertsignal *n (Fs)* chrominance signal
Farbwertsubträger *m* chrominance subcarrier
Farbwertverschiebung *f (Fs)* colour contamination
Farbwiedergabe *f* colour rendition (rendering)
Farbwiedergabeeigenschaft *f* colour-rendering property
Farbwiedergabeindex *m* colour-rendering index

Farbwiedergabestufe *f* colour-rendering grade
Farbwiedergabetoleranz *f* colour-rendering tolerance
Farbwiedergabetreue *f (Fs)* colour fidelity
Farbzelle *f (Fs)* colour cell
Farbzerlegung *f* colour dispersion
Farnsworth-Bildröhre *f* [Farnsworth] image dissector [tube]
Faser *f* fibre, *(Am)* fiber
~/meßgrößenempfindliche sensing fibre
~/optische optical fibre
~/ummantelte coated fibre
Faser... *s. a.* Lichtleitfaser... *und* Glasfaser...
Faseranordnung *f* array of fibres
Faserasbest *m (Isol)* amianthus
Faserbeschichtung *f* fibre coating
Faserbündel *n* fibre bundle
Fasergyroskop *n (Meß)* optical (fibre loop) gyroscope, Sagnac interferometer, [optical-fibre] interferometer
Faserhülle *f* fibre jacket
Faserisolation *f* fibre insulation
Faserkern *m* optical fibre core
Faserkoppler *m* [optical-]fibre coupler
Fasermantel *m* fibre cladding *(eines Lichtwellenleiters)*
Fasermikrofon *n* interferometric acoustic sensor *(in Mach-Zehnder-Interferometeranordnung)*
Faseroptik *f* fibre optics
faseroptisch fibre-optic
Faserparameter *m* intrinsic parameter
Faserplatte *f* fibre board *(Schalldämmung)*
Faserreserve *f* additional fibre length *(Lichtwellenleiter)*
Faserschicht *f* layer of fibres
Faserschutzmantel *m* fibre coating
Fasersensor *m* [optical-]fibre sensor
Faserspleiß *m***/geschweißter** fused fibre splice
Faserspule *f* fibre coil
Faserstoff *m* fibrous material, fibre
~/isolierender fibrous insulating material
Faserstoffisolierung *f* fibrous insulation
Faserstoffkabel *n* fibre-covered cable
Faserversatz *m (Laser)* fibre offset *(senkrecht zur Achse)*
Faservlies *n (Isol)* chopped mat
Fassadenanstrahlung *f* front illumination
Fassung *f* socket, mount; [fuse] base *(Sicherung)*; bulb (lamp) holder
Fassungsgewinde *n* holder thread
Fassungsleisten *fpl* **für gedruckte Schaltungen** printed circuit receptacles
Fäulnisbeständigkeit *f* decay resistance *(z. B. von Isolierstoffen)*
FAX *s.* Faksimile
faxen to fax, to send by fax
F-Darstellung *f* F-display *(Radar)*
Feder *f* 1. spring; 2. pen
~ mit progressiver Federkonstante hardening spring
Federantrieb *m* spring action
Federaufhängung *f* spring suspension
Federbalg *m* bellows, sylphon bellows *(pneumatisches Meßglied)*
federbelastet spring-loaded
Federdämpfung *f* spring damping
Federdraht *m* spring wire
Federdrahtrelais *n* **mit Abfallverzögerung** slow-release wire-spring relay
Federgalvanometer *n* spring galvanometer
Federhebel *m* spring leaf actuator
~ mit Achslagerung axle-suspended spring leaf actuator
~ mit Justierschraube spring leaf actuator with setting screw
~ mit Rolle spring leaf actuator with roller
Federklammer *f* clamping spring
Federklemme *f* spring terminal
Federklinke *f* spring catch
Federkontakt *m* spring contact
Federkraftrückstellung *f* spring return
Federleiste *f* female [multipoint] connector; clip connector
~ für gedruckte Schaltung printed circuit connector
Feder-Masse-Dämpfungssystem *n* spring-mass-damper system
Feder-Masse-System *n* spring-[and-]mass system
Federsatz *m* spring set
Federschalter *m* spring (snap) switch
Federsockel *m* shock-mount base
Federspannung *f* spring-tension
federsteif *(Ak)* compliance-controlled, stiffness-controlled
Federstift *m* spring pin
Federthermometer *n* pressure-spring thermometer
Federung *f* spring suspension
~/akustische acoustic compliance
Federunterlage *f* spring pad
Federweg *m* spring deflection
Federwirkung *f* compliance
Fehlabstimmung *f* mistuning
Fehlanpassung *f* mismatch[ing], faulty adaptation
Fehlanpassungsfaktor *m*, **Fehlanpassungskoeffizient** *m (Nrt)* standing wave loss factor, mismatch factor
Fehlanpassungswinkel *m* angle of misfit *(Kristallographie)*
Fehlanruf *m (Nrt)* false (lost) call, false ring (signal)
Fehlanzeige *f* erroneous indication
Fehlauslösung *f* fault throwing *(Relais)*
Fehlbedienung *f* wrong manipulation, faulty operation
Fehlbelegung *f (Nrt)* false occupation

Fehleinstellung *f* misadjustment, maladjustment; misplacement
Fehler *m* error; fault, defect *(z. B. Material)*; imperfection *(Kristall)*; trouble; *(Am)* bug • **vor dem ~** pre-fault *(Stabilität)*
~/abschätzbarer appreciable error
~/absoluter absolute error
~/akkumulierter accumulated error
~ bei Belastung loading error
~/bewußt zugelassener *(Meß)* conscious error
~/bleibender permanent (remaining) error, sustained fault
~/doppelter double error
~ durch Abweichung von der Sinusform *(Meß)* waveform error
~ durch Umgebungsbedingungen (Umwelteinflüsse) environmental error
~ durch Zeitverschiebung *(Dat)* [interchannel] time displacement error
~/dynamischer dynamic error
~ einer Maßverkörperung error of a material measure
~ eines Meßgeräts instrumental error, error [of indication] of a measuring instrument
~ ersten Grades first-degree error
~/formaler formal error
~/geschätzter estimated error
~/grober gross error
~ im Amt *(Nrt)* exchange fault
~/integrierender cumulative error
~/intermittierender intermittend fault
~/mitgeschleppter *(Dat)* inherited error
~/mittlerer mean (average, standard) error
~/mittlerer quadratischer root-mean-square error
~/partieller partial error
~/programmabhängiger (programmbedingter) *(Dat)* program-sensitive error
~/prozentualer percentage error
~/reduzierter reduced error
~/relativer relative error; percentage error
~/scheinbarer apparent error *(der Meßreihe)*
~/statischer static error
~/subjektiver subjective (personal, human) error
~/systematischer systematic (regular) error; bias error
~/vorgegebener given error
~/vorübergehender soft error *(z. B. durch Teilchenbestrahlung)*
~/wahrscheinlicher probable error
~/wiederholt auftretender repetitive error
~/wiederkehrender intermittent fault
~/zufälliger random (accidental) error; stochastic error
~/zulässiger admissible (allowable, permissible, tolerable) error
~/zusätzlicher complementary error
Fehler *mpl***/sich kompensierende** compensating errors
Fehlerabschätzung *f* error estimation
Fehleranalyse *f* error analysis
~/digitale digital fault analysis
Fehleranfälligkeit *f* fault liability
Fehleranteil *m***/grober** gross error
~/zufälliger random error
Fehleranzeige *f* error (malfunction) indication, error detection
~/selbsttätige automatic fault signalling
Fehleranzeigegerät *n*, **Fehleranzeiger** *m* error (malfunction) indicator, fault detector
Fehleranzeigerelais *n* fault detector relay
Fehlerart *f* failure mode
Fehleraufzeichnung *f* fault recording
Fehlerausbreitung *f* error spread
Fehlerausdruck *m* error print-out
Fehlerausfallperiode *f* wear-out failure period
Fehlerausgleich *m* compensation (adjustment) of errors
Fehlerballung *f* error burst
Fehlerbedingung *f* error condition
Fehlerbehandlung *f*, **Fehlerbehebung** *f* error recovery
Fehlerbereich *m* error range
~/zugelassener area of permissible errors
Fehlerbeseitigung *f* removal of faults, fault clearance (clearing); *(Am)* debugging
~ durch wiederholte Übertragung *(Nrt)* error deletion by iterative transmission
~ in einem Programm *(Dat)* program debugging
Fehlerbeseitigungsprogramm *n (Dat)* error removing routine (program), debugging routine
Fehlerbetrachtung *f (Meß)* evaluation of measuring errors
Fehlerbündel *n (Dat, Nrt)* error burst
Fehlerdämpfung *f* balance attenuation; [balance] return loss, obtained balancing result
~/aktive active balance return loss
~ in Stromkreisen ohne Verstärker passive balance return loss
Fehlerdämpfungsmesser *m* balance attenuation measuring set, return loss measuring set
Fehlerdämpfungsmessung *f* balance attenuation measurement
Fehlerdiagnose *f* [fault] diagnosis
Fehlerdichte *f* error rate
Fehlerecho *n* flaw echo *(Ultraschallwerkstoffprüfung)*
Fehlereingrenzung *f* fault localization, localization of defects
Fehlererkennung *f* error (fault) detection; failure recognition
Fehlererkennungskode *m* error-detecting code
Fehlererkennungsprogramm *n (Dat)* error detection routine
Fehlererkennungssystem *n* error detection system
Fehlererkennungswahrscheinlichkeit *f* error detection probability

Fehlererkennungszeichen *n* error detection character, EDC
Fehlerfernerfassung *f* remote error sensing
Fehlerfernmessung *f* remote error measuring
Fehlerfeststellung *s.* Fehlererkennung
Fehlerfortpflanzung *f* error propagation
Fehlerfortpflanzungsgesetz *n* error propagation theorem (law)
fehlerfrei error-free, free from error; free from defects; faultless
Fehlerfreiheit *f* accuracy; freedom from faults (defects)
Fehlerfunktion *f* error function
Fehlergleichung *f* error equation
Fehlergrenze *f* error limit; *(Meß)* accuracy limit *(eines Geräts)*; limiting error
Fehlergröße *f* magnitude of error
fehlerhaft faulty; imperfect; defective
Fehlerhäufigkeit *f* error rate; frequency of errors
Fehlerimpedanz *f* fault impedance
Fehlerintegral *n*/**Gaußsches** Gauss error integral
~/komplementäres complementary error function, erfc
Fehlerintegraldiffusion *f* complementary error function diffusion, erfc diffusion
Fehlerintegralprofil *n* complementary error function profile, erfc profile
Fehlerklasse *f* class; type of error
Fehlerkoeffizient *m* error coefficient
Fehlerkontrollzeichen *n* error-checking character
Fehlerkorrektur *f* error correction
~/automatische automatic error correction
~/vorwärts gerichtete forward error correction
Fehlerkorrektureinrichtung *f* error-correcting feature
Fehlerkorrekturgerät error-correction device
Fehlerkorrekturkode *m* error-correcting code
~/statistischer random error-correcting code
Fehlerkorrekturprogramm *n (Dat)* error-correcting program
Fehlerkorrektursystem *n*/**automatisches** automatic error-correcting system
Fehlerkorrekturzeichen *n* error-correcting character
fehlerkorrigiert aberrationally corrected *(Optik)*
Fehlerkurve *f* 1. error curve; 2. *(Meß)* calibration curve
Fehlerlöschung *f (Dat)* deletion of errors
Fehlermanagement *n* fault management
Fehlermechanismus *m* failure mechanism
Fehlermeldegerät *n* error message device
Fehlermeldung *f* error message; *(Nrt)* alarm message; fault signal
Fehlermeßglied *n* error detector
Fehlermeßvorrichtung *f* error measuring means
Fehlermöglichkeit *f* error possibility
Fehlermuster *n* error pattern
Fehlernachricht *f* error message
Fehlernachweis *m* error detection
Fehlerort *m* point of fault
Fehlerortsbestimmung *f* fault location
Fehlerortsmeßbrücke *f* fault localizing bridge *(für Kabel)*
Fehlerortsmessung *f*, **Fehlerortsprüfung** *f* fault location test, determination of fault location
Fehlerortssuche *f s.* Fehlerortung
Fehlerortung *f* fault location (finding), trouble location
Fehlerprogramm *n (Dat)* error program
Fehlerprotokoll *n* error log (logging map)
Fehlerprozentsatz *m* percent ratio of error, error percent ratio
Fehlerprüfkode *m (Nrt)* error-checking code
Fehlerprüfschalter *m (Ap)* fault-feeler switch
Fehlerprüfung *f* error control; fault checking
Fehlerquadrat *n* square of [the] error
~/mittleres mean square error
Fehlerquadratmethode *f* method of [least] error squares
Fehlerquelle *f* error source
Fehlerquote *f*, **Fehlerrate** *f* fault (error) rate
Fehlerrechnung *f* 1. computation (calculation) of error; 2. evaluation of measuring errors
Fehlerrelais *n* fault detector relay
Fehlersammelmeldung *f* error list signal
Fehlerschutz *m* fault protection, leakage protection *(gegen Erdschluß)*
~ in Ausgleichschaltung balanced protective system
Fehlerschwelle *f* error threshold
Fehlersignal *n* error signal
Fehlerspannung *f* fault voltage
Fehlerspannungsauslöser *m* fault-voltage circuit breaker; *(Ap)* voltage-operated circuit breaker
Fehlerspannungsschutzschalter *m* fault-voltage switch (circuit breaker), voltage-operated earth-leakage circuit breaker, earth-leakage trip
Fehlerspannungsschutzschaltung *f* voltage-operated earth-leakage protection
Fehlerspannungsschutzsystem *n* fault-voltage protective system
Fehlerstammdatenkartei *f* history data set
Fehlerstatistik *f* error (fault, trouble) statistics
Fehlerstelle *f* fault position (location), point of fault; blemish *(z. B. im Speicher)*
Fehlerstoppanzeige *f* check-stop indication
Fehlerstrecke *f (Meß, Nrt)* faulty section, fault section
Fehlerstrom *m* fault current; leakage current *(Leckstrom)*
Fehlerstromschutzschalter *m (Ap)* fault-current circuit breaker; *(Eü)* current-operated earth-leakage circuit breaker, earth-leakage mcb, miniature circuit breaker with fault current release
Fehlerstromschutzschaltung *f* current-operated earth-leakage protection
Fehlerstromschutzsystem *n (Ap)* fault current protective system

Fehlersuche *f* fault finding, trouble tracking (shooting); error searching (detection); defect detection
Fehlersuchgerät *n* fault finder (location instrument); set analyzer *(z. B. zur Prüfung von Rundfunkgeräten)*
Fehlersuchpaket *n (Dat)* debugger
Fehlersuchprogramm *n (Meß)* error detection routine, diagnostic program; *(Dat)* error search program (routine), tracing program; debugger
Fehlersuch- und -korrekturprogramm *n (Dat)* debugger
Fehlertheorie *f* theory of error
Fehlertoleranz *f* fault tolerance
fehlertolerant, fehlertolerierend fault-tolerant, fail-soft *(Anlage)*
Fehlerüberwachung *f* error control
Fehlerunterbrechung *f* error interrupt
Fehlerursache *f* cause of failure
Fehlerverhalten *n* error performance
Fehlerverteilung *f* error distribution
~/Gaußsche Gaussian error distribution, normal distribution
Fehlerverteilungskurve *f*/**Gaußsche** Gauss error distribution curve
Fehlervervielfachung *f* error multiplication
Fehlerwahrscheinlichkeit *f* error probability
Fehlerwiderstand *m* fault resistance *(Widerstand der Fehlerstelle)*
Fehlerwort *n (Dat)* error word
Fehlerzähleinrichtung *f* fault counting device
Fehlerzeichen *n* error pattern
Fehlfunktion *f* malfunction
fehlgeordnet disordered *(Kristall)*
Fehlimpulsrate *f* missed pulse rate
fehlleiten *(Nrt)* to misroute
Fehlleitung *f (Nrt)* misrouting
Fehllochung *f (Dat)* off punch
Fehlordnung *f* [lattice] disorder, imperfection *(Kristall)*
~/Frenkelsche Frenkel disorder
Fehlschaltung *f* faulty switching (operation); maloperation
Fehlsekunde *f* errored second
Fehlstelle *f* 1. [lattice] defect, imperfection; vacancy *(Kristall)*; 2. *(ME)* [electron] hole *(s. a.* Defektelektron*)*; 3. *(Isol)* dry spot *(durch Kriechstrom)*; blow hole *(Gießharz)*; 4. drop-out *(Magnetbandaufzeichnung)*; 5. *(Dat)* blemish *(Speicher)*
~/Frenkelsche Frenkel defect
Fehlstellenleitfähigkeit *f (ME)* p-type conductivity
Fehlstrom *m* non-operate current *(bei Schaltgeräten)*
Fehlverbindung *f* 1. wrong connection; *(Nrt)* wrong number call; 2. defective joint *(beim Löten)*
Fehlverhalten *n* erratic behaviour
Fehlwahl *f (Nrt)* faulty selection
Fehlzeichen *n* false signal; *(Nrt)* signal imitation
Fehlzündung *f* misfire, false firing *(Elektronenröhren)*
Feinabgleich *m* fine adjustment, trimming [adjustment]
Feinabstimmknopf *m* fine tuning knob, slow-motion control knob
Feinabstimmkondensator *m* vernier capacitor
Feinabstimmung *f* fine (sharp, vernier) tuning
~ des Abschwächers fine attenuator control
Feinabtastung *f (Fs)* fine (close) scanning
Feinantrieb *m* vernier drive
Feinanzeige *f* microindication
Feinbewegung *f* fine (slow) motion
Feindraht *m* fine wire
~/beschichteter coated filament
Feineinstellkondensator *m* vernier capacitor
Feineinstellskale *f* vernier (fine adjustment) dial
Feineinstellung *f* fine (sensitive) adjustment, fine (slow-motion) control, fine setting; vernier adjustment *(mit Nonius)*; fine tuning control
Feineinstellwiderstand *m* fine rheostat
Feinfokussierung *f* fine focus[s]ing
Feingefüge *n* microstructure, microscopic structure
Feinkontrast *m (Fs)* detail contrast
feinkörnig fine-grain[ed], close-grained
feinmaschig fine-meshed, close-meshed
Feinmeßinstrument *n* fine (precision) measuring instrument
Feinregelung *f* fine (vernier) control
Feinregler *m* fine controller
Feinreinigung *f (Galv)* final cleaning
Feinsicherung *f* microfuse, miniature (fine-wire) fuse, heat coil fuse
Feinsicherungseinsatz *m* heat coil
Feinstellskale *f* slow-motion dial
Feinstelltrieb *m*, **Feinstellvorrichtung** *f* slow-motion drive
Feinstrahl *m* microbeam
Feinstrahlmethode *f* microbeam technique
Feinstruktur *f* fine structure, microstructure, microscopic structure
Feintrieb *m* fine (vernier, slow-motion) drive
Feintrimmen *n* vernier tuning
Feinwiderstand *m* fine rheostat
Feld *n* 1. field *(z. B. elektrisch, magnetisch)*; 2. *(Fs, Nrt)* frame; 3. panel *(z. B. eines Gestells)*; 4. *(Nrt)* section *(einer Strecke)*; 5. *(Dat)* array
~/abklingendes evanescent field *(direkt nach Austritt aus einem Lichtleiterkern)*
~/äußeres external field
~/beschleunigendes accelerating field
~/bewegtes moving field
~/dielektrisches dielectric field
~/diffuses *(Ak)* diffuse (reverberant) field
~/divergentes divergent electric field
~/einschwingendes magnetisches transient magnetic field
~/elektrisches electric field

~/**elektromagnetisches** electromagnetic field; reactive field *(bei Antennen)*
~/**elektrostatisches** [electro]static field
~/**entgegengesetzt umlaufendes** *s.* ~/gegenläufiges
~/**entgegengesetztes** opposing field
~/**entmagnetisierendes** demagnetizing field
~/**erdmagnetisches** terrestrial magnetic field
~ **fester Länge** *s.* ~/festes
~/**festes** fixed field *(Lochkkarte)*
~/**fortschreitendes äußeres** propagating external field
~/**freies** *(Ak)* free field
~/**fremdes** external field
~/**gegenläufiges** negative-sequence field, contrarotating field
~ **gleicher Lichtstärke** uniform luminance area
~/**homogenes** homogeneous (uniform) field
~ **im Luftspalt** air-gap field
~/**inhomogenes** inhomogeneous (non-homogeneous, non-uniform) field
~/**inneres** internal field
~/**magnetisches** magnetic field
~/**magnetisierendes** magnetizing field
~/**magnetostatisches** magnetostatic field
~/**Maxwellsches** Maxwell field
~/**mitlaufendes** positive-sequence field
~/**programmierbares logisches** programmable logic array, PLA
~/**quellenfreies** solenoidal field
~/**radiales** radial field
~/**rotationssymmetrisches** rotational-symmetric field
~/**rotierendes elektromagnetisches** rotating electromagnetic field
~/**ruhendes** fixed field
~/**schwaches** low (weak) field
~/**sinusförmig veränderliches** sinusoidally varying field
~/**skalares** scalar field
~/**stationäres** stationary (steady-state) field
~/**statisches** static field
~ **stehender Wellen** standing-wave field
~/**überlagertes** bias field
~/**umlaufendes** rotating field
~/**ungestörtes** unperturbed field
~/**wechselwirkendes** interacting field
~/**wirbelfreies** irrotational (non-cyclical, lamellar) field
feldabhängig field-dependent
Feldabhängigkeit *f* field dependence
Feldänderung *f* field change (changing)
Feldanregung *f (MA)* field excitation
Feldanschluß *m (MA)* field terminal
Feldbegrenzung *f* field definition
Feldbeschleunigung *f* field acceleration
Feldbild *n* field pattern (configuration); flow pattern *(Flußbild)*
~/**elektrisches** electric field pattern
Feldbus *m* field bus
Felddichte *f* field density
Felddurchschlag *m* field breakdown
Feldeffekt *m* field effect
Feldeffektdiode *f* field-effect diode
Feldeffektflüssigkeitsanzeige *f* field-effect liquid-crystal display
Feldeffektphototransistor *m* field-effect phototransistor, photo-FET, photofet
Feldeffekttetrode *f* field-effect tetrode
Feldeffekttransistor *m* field-effect transistor, FET, unipolar transistor
~/**hexagonaler** hexagonal field-effect transistor, HEXFET
~/**ionensensitiver** ion-sensitive field-effect transistor
~/**magnetfeldabhängiger** magneto FET, MAG-FET
~ **mit isoliertem Gate (Tor)** insulated-gate field-effect transistor, IGFET
~ **mit isolierter Gate-Elektrode (Steuerelektrode)** insulated-gate field-effect transistor, IGFET *m*
~ **mit Ladungsspeicherung** charge-storage junction field-effect transistor, CSJFET
~ **mit Leitfähigkeitsmodulation** conductivity-modulation field-effect transistor, COMFET
~ **mit sechseckiger Struktur** *s.* ~/hexagonaler
~ **mit Verstärkereffekt** gain enhancement-mode field-effect transistor, GEMFET
~ **nach dem MOS-Prinzip** MOS-gated field-effect transistor
~/**selbstleitender** depletion-type field-effect transistor
~/**selbstsperrender** enhancement-type field-effect transistor
~/**vertikaler** vertical field-effect transistor, VFET
Feldelektrode *f* field plate
Feldelektronenemission *f s.* Feldemission
Feldelement *n* element of field, field element
Feldemission *f* field (cold) emission, autoelectronic (field electronic) emission
~/**innere** internal field emission
Feldemissionsquelle *f* field-emission source
Feldemissionsröhre *f* field-emission tube
Feldemissionsstrahler *m (El)* field-emission gun
Feldempfindlichkeit *f* field sensitivity
Feldenergie *f* field energy
~/**magnetische** magnetic field energy
feldentgegengesetzt field-opposed
Felder *npl*/**gekreuzte** crossed fields
Felderhöhung *f* field forcing (crowding)
Felderregung *f (MA)* field excitation
Felderzeugung *f* field generation
Feldfernkabel *n* long-distance field cable
Feldfernsprecher *m* field telephone
Feldfernsprechvermittlung *f* field telephone switchboard
Feldform *f* field configuration

Feldformfaktor *m (MA)* field form factor *(Luftspaltfeld)*
feldfrei field-free, zero-field
Feldfunksprechapparat *m* field radio-telephone, walkie-talkie
Feldgröße *f* field quantity
feldinduziert field-induced
Feldinhomogenität *f* field inhomogeneity
Feldionenemission *f* field ion emission
Feldionisation *f* field ionization
feldionisiert field-ionized
Feldkabel *n* 1. field cable (wire); 2. army cable
Feldklappenschrank *m (Nrt)* field switch-board
Feldkomponente *f***/elektromagnetische** electromagnetic field component
Feldlinie *f* [electric] flux line, field (gradient, characteristic) line
~/elektrische electric flux (field) line
~/magnetische magnetic flux (field) line, line of magnetic field strength
Feldlinienbild *n* field pattern
Feldliniendichte *f* field [line] density, field [line] intensity
Feldlinienpfad *m* flux path
Feldlinienröhre *f s.* Feldröhre
feldlos *s.* feldfrei
Feldmagnet *m (MA)* field magnet; alternator magnet *(im Generator)*
Feldplatte *f* **mit digitalem Ausgangssignal** *(Meß)* Hall-effect digital switch
Feldpol *m* field pole
Feldrechner *m (Dat)* array processor; bay computer *(analoge Rechentechnik)*
Feldregelung *f (MA)* field control
Feldregler *m (MA)* [exciter] field rheostat, field regulator
Feldrichtung *f* field direction
Feldring *m* field ring
Feldröhre *f* field tube
~/elektrische Faraday tube
Feldschritt *m* field pitch
Feldschwächer *m* field suppressor
Feldschwächung *f (MA)* field weakening
~ durch Anzapfung field weakening by tapping
~ durch Nebenschluß field shunting
Feldspannung *f* field voltage
Feldspule *f* field (magnetizing) coil
Feldspulenhalter *m* coil support
Feldstärke *f* field strength (intensity)
~/elektrische electric field strength, electric force (intensity), intensity of electric field; voltage gradient *(im Feldbild)*
~ im freien Raum free-space field strength (intensity)
~/magnetische [applied] magnetic field strength (intensity), magnetizing force
~/maximale magnetische peak magnetic field force
~/remanente remanent field strength
Feldstärkediagramm *n* radiation pattern *(Antenne)*
Feldstärkegewinn *m* **durch Reflexion** *(Nrt)* reflection gain
Feldstärkelinie *f* line of field strength
Feldstärkemesser *m* field strength (intensity) meter, field strength indicator
Feldstärkemessung *f* field strength measurement
Feldstärkeverlauf *m* field strength flow
Feldstärkeverteilung *f* field strength distribution
Feldstation *f (Nrt)* field station; portable telephone set
Feldtheorie *f* field theory
Feldtrenner *m*, **Feldtrennschalter** *m* field break[-up] switch
Feldumkehr *f (MA)* [exciting] field reversal, exciter field reversal
feldunterstützt field-aided
Feldvektor *m* field vector
~/elektrischer electric field vector
~/magnetischer magnetic field vector
Feldverarbeitung *f (Dat)* array processing
Feldverdrängung *f s.* Flußverdrängung
Feldvereinbarung *f (Dat)* array declaration
Feldverlauf *m s.* Feldverteilung
Feldverschiebung *f* field displacement
Feldversuch *m* field trial (test)
Feldverteilung *f* field [strength] distribution, field configuration
Feldverzerrung *f* field distortion
Feldverzögerung *f* field deceleration
Feldwaage *f* magnetic balance
Feldwicklung *f* field winding
Feldwiderstand *m* wave impedance *(Hohlleiter)*
Feldzusammendrängung *f* field crowding
Felici-Waage *f* Felici balance *(Gegeninduktivitätsmeßbrücke)*
Fenster *n***/faseroptisches** fibre-optic window
Fenstertechnik *f (Dat)* windowing *(bei Bildschirmdarstellungen)*
Fermi-Energie *f* Fermi energy
Fermi-Funktion *f* Fermi function
Fermi-Integral *n* Fermi integral
Fermi-Kante *f* Fermi level
Fermi-Näherung *f* Fermi approximation
Fermi-Niveau *n* Fermi [characteristic energy] level
Fermi-Statistik *f* Fermi statistics
Fermi-Verteilung *f* Fermi distribution
Fernablesung *f* distant (remote) reading
Fernamt *n (Nrt)* trunk exchange, trunk (toll) office
~ mit Anrufverteilern trunk exchange with automatic call distribution
~ mit mehreren Unterämtern multioffice exchange
Fernamtsaufsicht *f* trunk supervisor
Fernamtsauskunft *f* trunk directory inquiry
Fernamtsmeldeleitung *f* record circuit
Fernamtstelefonistin *f* long-distance operator
Fernamtstrennung *f* through clearing

Fernanruf *m (Nrt)* trunk (long-distance) call
Fernanruflampe *f* trunk calling lamp
Fernanrufrelais *n* long-distance line relay
Fernanrufzeichen *n* trunk (long-distance) call signal
Fernanschluß *m (Nrt)* trunk subscriber's line
Fernanzeige *f* remote indication (display, readout); *(Nrt)* remote signalling
Fernanzeigegerät *n* remote-indicating device (instrument)
fernanzeigend remote-indicating
Fernaufnahme *f (Fs)* long shot, telephoto [shot]
Fernaufzeichnung *f* telerecording
Fernaufzeichnungsgerät *n* telerecording equipment
fernbedienbar remote-controllable
Fernbedienpult *n* remote operator control panel
fernbedient remote-operated, remote[-controlled], remotely controlled
Fernbedienung *f* remote operation (control)
Fernbedienungsteil *n* remote control unit
fernbesetzt *(Nrt)* trunk-busy
Fernbesetztzeichen *n (Nrt)* sign for busy trunk line
fernbetätigt *s.* fernbedient
Fernbetrieb *m (Nrt)* trunk working
~ **mit Wartezeit** delay (demand) working
Fernbetriebsüberwachung *f (Nrt)* trunk line observation
Ferndrehzahlmesser *m* teletachometer
Ferndrucker *m* teleprinter; *(Nrt)* printing telegraph
Ferndurchgangsplatz *m (Nrt)* through-switching position
Fernempfang *m (Nrt)* long-distance reception, distant reception
Fernerfassung *f* remote acquisition
Fernfeld *n* far field (region), Fraunhofer region, far (radiation) zone *(Antennentechnik)*; distant field
ferngelenkt *s.* ferngesteuert
ferngespeist remote-fed
Ferngespräch *n (Nrt)* trunk (long-distance) call
~**/abgehendes** outgoing trunk call
~**/gewöhnliches** routine call
ferngesteuert remotely controlled, remote[-operated], telecontrolled; remotely piloted
Fernhörer *m* [telephone] receiver, telephone earphone
~**/elektrodynamischer** moving-coil receiver, moving-conductor receiver
~**/elektromagnetischer** electromagnetic (moving-iron) receiver
Fernhörerkapsel *f* receiver case
Fernhörerschnur *f* telephone cord
Ferninterferenz *f* distant interference
Fernkabel *n (Nrt)* trunk (long-distance) cable *(s. a.* Fernmeldekabel*)*
Fernkabelmeßtrupp *m* trunk cable testing staff
Fernkabelnetz *n* trunk cable network
Fernknotenamt *n (Nrt)* trunk junction exchange
Fernkontrolle *f* remote control (monitoring)
Fernkopie *f* telecopy
Fernkopieren *n* telecopy[ing]; facsimile transmission
Fernleitung *f* 1. *(Nrt)* trunk circuit (line), trunk; 2. *(Eü)* [long-distance] transmission line • **„alle Fernleitungen besetzt“** “all trunks busy”
~ **für beschleunigten Verkehr** *(Nrt)* demand trunk circuit
Fernleitungsabschluß *m (Nrt)* trunk terminating unit
Fernleitungsendverstärker *m (Nrt)* terminal repeater
Fernleitungshauptverteiler *m (Nrt)* trunk distribution frame
Fernleitungsnetz *n (Nrt)* trunk (long-distance) network
Fernleitungsschema *n (Nrt)* trunking scheme
Fernleitungsverlust[e *mpl*] *m (Nrt)* trunk loss
Fernleitungswähler *m (Nrt)* final selector for distance traffic
fernlenken to remote-control
Fernlenkung *f* remote control
Fernlicht *n* long distance light, main (upper, headlight) beam driving light
Fernlichtkontrollampe *f* main beam warning lamp
Fernmeldeanlage *f* communication facility (system), telecommunication installation
Fernmeldebau *m* line construction
Fernmeldebetriebsanweisung *f* communication operation instruction
Fernmeldebetriebszentrale *f* communication centre
Fernmeldedienst *m* [tele]communication service, teletraffic
Fernmeldedurchschaltzentrale *f* transit switching centre
Fernmeldegeheimnis *n* secrecy of telecommunication (correspondence)
Fernmeldegerät *n* communication device
Fernmeldekabel *n* [tele]communication cable
Fernmeldemechaniker *m* lineman; communication electronics installer
Fernmeldemeßkoffer *m* portable voice frequency measurement set
Fernmeldenetz *n* telecommunication network, communications network, telecommunication system
~**/öffentliches** public communication[s] network
Fernmeldeortsnetz *n* local communication network
Fernmelderechnungsdienst *m* telephone accounts service
Fernmeldesatellit *m* telecommunications satellite
Fernmeldesteckdose *f***/einheitliche** universal telecommunication socket
Fernmeldesteuerung *f* communications control
Fernmeldesystem *n* telecommunication (communications) system
~**/integriertes** integrated communications system

Fernmeldetechnik *f* telecommunications, telecommunication engineering
Fernmeldetechniker *m* telecommunication[s] engineer
Fernmeldeturm *m* [tele]communication tower
Fernmeldeübertrager *m* line transformer
Fernmeldeverbindung *f* telecommunication circuit
Fernmeldeverkehr *m* telecommunication traffic, teletraffic
Fernmeldewesen *n* telecommunications, communications
Fernmeldezentrum *n* communication centre
Fernmeßeinrichtung *f* telemetering device (equipment), telemeter
Fernmeßempfänger *m* telemetering receiver
fernmessen to telemeter
Fernmeßgeber *m* remote pick-up
Fernmeßgerät *n* telemeter
Fernmeßsystem *n* telemetering system
Fernmeßtechnik *f* technique of telemetry
Fernmessung *f* telemetry, telemetering, remote measurement
~/elektrische electric telemetering
~ mit veränderlicher Frequenz variable-frequency telemetering
Fernnachwähler *m (Nrt)* long-distance switch
Fernnebensprechdämpfung *f (Nrt)* far-end crosstalk attenuation
Fernnebensprechen *n (Nrt)* far-end cross talk
Fernnetz *n s.* Fernleitungsnetz
Fernordnung *f* long-range order *(Kristall)*
Fernplatz *m (Nrt)* trunk position, long-distance attendant
Fernplatzrufleitung *f* switching trunk
Fernprogrammierung *f (Dat)* remote programming
Fernrechenzentrum *n (Dat)* telecalculating centre
Fernregelung *f* remote (distant) control, telecontrol
Fernregistrierung *f* telerecording
Fernrückmeldung *f* telerepeating
Fernschaltanlage *f* remote switching system
fernschalten to remote-switch
Fernschalter *m* remote [control] switch, teleswitch, remote-controlled switch
Fernschaltgerät *n* remote control unit
Fernschrank *m (Nrt)* trunk switchboard, long-distance section
Fernschreib... *s. a.* Telex...
Fernschreibalphabet *n* teletypewriter code
Fernschreibanschluß haben to be on the telex
Fernschreibapparat *m s.* Fernschreiber 1.
Fernschreibdienst *m* teleprinter exchange service, telex [service]
Fernschreibempfangsgerät *n* telegraph receiving equipment
fernschreiben to teletype, to telewrite
Fernschreiben *n* 1. telex, teleprinter exchange service, teletyping; 2. telex [message], teletype message *(Dokument)* • **als ~ übermitteln** to telex • **per ~** by telex
~/drahtloses radio teletype
Fernschreibendstelle *f* teletype terminal station
Fernschreiber *m* 1. teleprinter, telex [machine]; telegraph; teletypewriter, teletype apparatus; 2. teletypist, teletype operator *(Bedienungsperson)*
~/elektronischer electronic teleprinter
~ hoher Geschwindigkeit high-speed teleprinter
Fernschreiberkode *m s.* Fernschreibkode
Fernschreib-Handvermittlung *f* telex manual exchange
Fernschreibkode *m* teleprinter (teletypewriter) code
Fernschreibkonferenzschaltung *f* teletype conference circuit
Fernschreibleitung *f* teletype circuit, telex line (circuit)
Fernschreiblocher *m* teleprinter perforator
Fernschreibmaschine *f* teleprinter, teletypewriter, teletyper
Fernschreibmeßgestell *n* teletype control panel
Fernschreibmeßsender *m* teleprinter signal generator
Fernschreibnetz *n* teletype (teleprinter) network
Fernschreibnummer *f* telex number
Fernschreibprüfstreifen *m* teletyper test tape
Fernschreibsende- und -empfangsnetz *n* send-receive teletype service
Fernschreibsignal *n* teleprinter signal
Fernschreibstreifen *m* teletype tape
Fernschreibteilnehmer *m* teletype (telex) subscriber
Fernschreibübertragung *f* teletype transmission
Fernschreibverbindung *f* teletype communication
Fernschreibverkehr *m* teletype service; telex traffic
Fernschreibvermittlung *f* teleprinter (telex) exchange
Fernschreibvermittlungsdienst *m* teleprinter exchange service, telex
Fernschreibvermittlungsschrank *m* telegraph switchboard
Fernschreibzeichen *n* teleprinter character
Fernschreibzeichenlänge *f* telegraph character length
Fernschreibzentrale *f* teleprinter exchange
fernschriftlich by teleprint, by teletype
Fernsehabstimmsystem *n* video tuning system
Fernsehanalysator *m* television analyzer
Fernsehantenne *f* television aerial
Fernsehapparat *m s.* Fernsehgerät
Fernsehaufnahmeröhre *f* camera tube
Fernsehaufnahmewagen *m* television car
Fernsehaufzeichnung *f* television [picture] recording
Fernsehband *n* television band
Fernsehbild *n* television picture (image)
Fernsehbildaufzeichnung *f* television [picture] recording

Fernsehbildröhre *f* [television] picture tube
Fernsehbildschirm *m*/**flacher** flat television panel, flat TV-panel
Fernsehbildspeicherröhre *f* television information storage tube
Fernsehbildstörung *f s.* Bildstörung
Fernsehempfang *m* television reception
Fernsehempfänger *m* television receiver (set), TV set
fernsehen to watch television, to teleview
Fernsehen *n* television, t.v., TV • **im ~ ansehen** *s.* fernsehen • **über ~ ausstrahlen (übertragen)** to televise
~/hochauflösendes (hochzeiliges) high-definition television, HDTV
~/industrielles industrial television
~/innerbetriebliches closed-circuit TV, CCTV
~/kommerzielles commercial television
~/niedrigzeiliges low-definition television
~/schnellabtastendes fast scan television
Fernseher *m s.* Fernsehgerät
Fernsehfilm *m* telecine, television film
Fernsehfokusanzeiger *m* television focus indicator
Fernsehgegensprechen *n* combined television-telephone service
Fernsehgerät *n* television receiver (set), TV set
~/tragbares portable television set
Fernsehkabel *n* television (video pair) cable
Fernsehkabelnetz *n* television cable network
Fernsehkamera *f* television camera, telecamera
~ für Außenaufnahmen field television camera
~/tragbare walkie-lookie
Fernsehkanal *m* television channel
Fernsehkanalabstand *m* television channel spacing
Fernsehkanalschalter *m* [television] channel switch *(s. a.* Fernsehkanalwähler*)*
Fernsehkanalumsetzer *m* television frequency converter unit
Fernsehkanalwähler *m* television tuner, channel selector
Fernsehmodulationsstelle *f* television modulation centre
Fernsehnetz *n* television network
Fernsehnormwandler *m* television system converter
Fernsehprojektor *m* television projector
Fernsehprüfgenerator *m* television pattern generator
Fernsehraster *m* television frame
Fernsehrelaisverbindung *f* television station link
Fernsehrichtstrahlfeld *n* television directional array
Fernsehröhre *f s.* Fernsehbildröhre
Fernsehrundfunk *m* broadcasting television
Fernsehrundfunkempfänger *m* television radio receiver
Fernsehrundfunksender *m s.* Fernsehsender
Fernsehsatellit *m* television satellite
Fernsehschirm *m* television screen
Fernsehsektor *m* television field
Fernsehsender *m* television [broadcasting] transmitter
Fernsehsenderöhre *f* camera tube
Fernsehsendestation *f* television [broadcasting] station, television transmitter [station]
Fernsehsendung *f* telecast, television broadcast
Fernsehsignal *n* television signal (emission)
Fernsehsprechdienst *m* combined television-telephone service
Fernsehsprechverbindung *f* two-way television intercommunications
Fernsehstörung *f* television interference
Fernsehstudio *n* television studio
Fernsehstudioeinrichtung *f* television studio equipment
Fernsehsynchrontrenner *m* television sync separator
Fernsehsystem *n* **mit langsamer Abtastung** slow-scan television system
Fernsehtechnik *f* television engineering; video technique *(Praxis)*
Fernsehtechniker *m* television engineer
Fernsehteilbild *n* television frame
Fernsehtelefon *n* video telephone, videophone, viewphone, picture-phone; display telephone
Fernsehtelefonie *f* video telephony, videophony
Fernsehtelefonnetz *n* television intercommunication network
Fernsehtestbild *n* television test chart
Fernsehtonsender *m* television sound transmitter
Fernsehtuner *m* television tuner
Fernsehturm *m* television tower
Fernsehübertragung *f* television transmission
Fernsehumsetzerstation *f* television (TV) transmitter station
Fernsehverbindung *f* television link
Fernsehverzerrung *f* television distortion
Fernsehwellen *fpl* type A5 waves
Fernsehzeile *f* television line
Fernsehzuschauer *m* television viewer, televiewer
Fernsignalisierung *f* remote signalling
Fernsperre *f (Nrt)* barred trunk service, toll restriction
Fernsprech... *s. a.* Telefon...
Fernsprechamt *n* telephone office (exchange); *(Am)* central [office]
~ mit speicherprogrammierter Steuerung stored-program controlled telephone exchange
~ mit Zentralbatteriebetrieb central battery exchange
Fernsprechanlage *f* telephone installation (plant, equipment)
~/halbautomatische semiautomatic telephone system
Fernsprechanschluß *m* telephone [connection];

line • ~ **haben** to be on phone, to be connected to the telephone network
~/**drahtloser** wireless subscriber's station
Fernsprechapparat *m* telephone [set], phone *(s. a. unter* Telefon*)*
~ **für Handvermittlungsanschluß** manual telephone set
~ **für Wählbetrieb** subscriber's automatic telephone set
~ **mit Induktoranruf** magneto telephone set
~ **mit Lautstärkeregelung** volume control telephone set
~ **mit Ortsbatterie** local battery telephone set
~ **mit Rückhördämpfung (Seitenbandunterdrückung)** anti-sidetone telephone set
~ **mit Sprechtaste** key telephone set
~ **mit Tastenwahl** touch-tone set, touch-dialling hand-set, touch dialler set
~ **mit Zentralbatterie** common-battery telephone set
~/**öffentlicher** public pay phone
~ **ohne Rückhördämpfung (Seitenbandunterdrückung)** sidetone telephone set
~/**schnurloser** cordless telephone, hand-free telephone set
Fernsprechauftragsdienst *m* absent subscriber's service
Fernsprechauskunftsdienst *m* directory inquiries service
Fernsprechautomat *m* coin telephone [station], coin-box phone
Fernsprechbautrupp *m* telephone construction crew
Fernsprechbauwagen *m* telephone construction car
Fernsprech-Benutzerteil *m* telephone user part, TUP
Fernsprechbereitschaftsdienst *m* telephone stand-by service
Fernsprechbetrieb *m* telephone operation (working)
Fernsprechbezugsleistung *f* reference telephone power
Fernsprechdichte *f* telephone density
Fernsprechdienst *m* telephone service, voice service
Fernsprecheichkreis *m* telephone transmission reference circuit (system)
fernsprechen to telephone, to phone
Fernsprechen *n* telephony
~/**kommerzielles** commercial telephony
~ **mit Trägerunterdrückung** quiescent-carrier telephony
Fernsprechendvermittlung *f* telephone terminal exchange
Fernsprechentstörung *f* telephone fault clearance
Fernsprecher *m s.* Fernsprechapparat
Fernsprecher-Sprechentfernung *f* telephone modal distance
Fernsprechfernvermittlung *f* telephone trunk exchange
Fernsprechformfaktor *m* **der Spannung** voltage telephone interference factor
Fernsprechfreileitung *f* open-wire telephone line
Fernsprechgebühr *f* telephone charge (toll)
Fernsprechgerät *n s.* Fernsprechapparat
Fernsprechhandapparat *m* [telephone] hand-set
Fernsprechhandvermittlung *f*/**teilnehmereigene** private manual exchange (extension station)
Fernsprechhaube *f* acoustic hood
Fernsprechhauptanschluß *m* subscriber's main station
Fernsprechhaupteichkreis *m s.* Fernsprecheichkreis
Fernsprechinformationsdienst *m* telecommunications information service
Fernsprechinneneinrichtung *f* internal telephone installation
Fernsprechkabel *n* telephone cable
Fernsprechkabelprüfgerät *n* telephone cable test set
Fernsprechkanal *m* telephone channel
Fernsprechkapsel *f* capsule
Fernsprechklappenschrank *m* telephone switchboard
Fernsprechkreis *m* telephone circuit
Fernsprechkundendienst *m* absent subscriber's service
Fernsprechleitung *f* telephone line (circuit)
Fernsprechmeßdienst *m* telephonometry service
Fernsprechnahverkehr *m* short-distance telephone traffic
Fernsprechnebenstelle *f* telephone extension set *(s. a.* Nebenstelle*)*
Fernsprechnetz *n* telephone network (system)
~ **mit Wählbetrieb** dial telephone system
~/**öffentliches** public telephone network (system)
~/**öffentliches vermitteltes** public switched telephone network
Fernsprechnummer *f s.* Rufnummer
Fernsprechoberwellenfaktor *m* telephone harmonic factor
Fernsprechordnung *f* telephone regulations
Fernsprechprüfschleife *f* telephone test loop
Fernsprechprüfverbindung *f* telephone test connection
Fernsprechrechnungsstelle *f* telephone account section
Fernsprechreihenanlage *f* intercommunication telephone system
Fernsprechrelais *n* telephone relay
Fernsprechschleife *f* telephone loop
Fernsprechschlüssel *m* telephone code
Fernsprechschnellverkehr *m* express (no-delay) telephone service

Fernsprechschrank *m* telephone switchboard
Fernsprechschreiber *m* telephonograph
Fernsprechsonderdienst *m* special telephone service
Fernsprechstelle *f* telephone (call) station
~/öffentliche pay (public telephone) station; public pay phone
Fernsprechstörfaktor *m* telephone interference factor
Fernsprechstörung *f* telephone breakdown
Fernsprechstromversorgungskreis *m* telephone feed circuit
Fernsprechsystem *n* telephone system
~/direkt gesteuertes directly controlled telephone system
~/handbetriebenes manual telephone system
~/indirekt gesteuertes indirectly controlled telephone system
~ mit Tastenwahl touch-dialling telephone system
Fernsprechtarif *m* telephone tariff
Fernsprechtechnik *f* telephone engineering
Fernsprechteilnehmer *m* [telephone] subscriber
Fernsprechteilnehmerverzeichnis *n* telephone directory
Fernsprechtelegrammaufnahme *f* phonogram section
Fernsprechübertrager *m* telephone transformer, repeater coil
Fernsprechübertragungstechnik *f* telephone transmission technique
Fernsprech- und Datennetz *n*/**integriertes** integrated telephone and data network
Fernsprechverbindung *f* telephone communication; telephonic connection, telephone link
Fernsprechverkehr *m* telephone communication (traffic)
Fernsprechvermittlung[sstelle] *f* telephone exchange
Fernsprechvermittlungstechnik *f* telephone switching technique
Fernsprechverstärker *m* telephone amplifier (repeater)
Fernsprechverstärkeramt *n* telephone amplifier (repeater) station
Fernsprechverstärkerröhre *f* telephone amplifying tube, telephone repeater valve
Fernsprechwählsystem *n* automatic telephone system
Fernsprechweitverkehr *m* long-distance telephone service
Fernsprechwesen *n* telephony
Fernsprechzelle *f*/**öffentliche** public telephone (call) box
Fernsprechzone *f* telephone zone
Fernsprechzwischenverstärker *m* telephone repeater
Fernstapelverarbeitung *f (Dat)* remote batch processing
fernsteuern to remote-control, to telecontrol
Fernsteuerung *f* remote control, telecontrol
~ durch Funk remote radio control
Fernsteuerungsstromkreis *m* remote control circuit
Fernsteuerungssystem *n* telecontrol (remote control) system
Fernsteuerventil *n* remote[-control] valve
Fernsteuervorrichtung *f* telerepeating device *(mit Rückmeldung)*
Fernteilnehmer *m (Nrt)* distant subscriber
Fernthermometer *n* telethermometer
Fernübertragungsleitung *f (Nrt)* trunk transmission line
Fernüberwachung *f* remote monitoring
Fernüberwachungsplatz *m (Nrt)* trunk control centre
Fernverbindung *f (Nrt)* trunk connection
Fernverbindungen *fpl*/**nationale** *(Nrt)* nationwide dialling
Fernverbindungsplatz *m (Nrt)* junction position
Fernverkehr *m (Nrt)* trunk traffic (working), long-distance communication (traffic)
Fernverkehrsausscheidungsziffer *f* national trunk access code
Fernverkehrsdienst *m* **zu Ortsgebühren** extended area service
Fernverkehrsplatz *m* long-distance trunk position
Fernverkehrssperre *f* barred trunk service
Fernvermittlung *f (Nrt)* trunk exchange
Fernvermittlungsklinke *f* trunk junction jack
Fernvermittlungsleitung *f* trunk junction line (circuit)
Fernvermittlungsschrank *m* trunk junction switchboard
Fernvermittlungsstelle *f* trunk exchange
Fernversorgung *f (Eü)* long-distance supply
Fernvielfachfeld *n (Nrt)* trunk multiple
Fernwahl *f (Nrt)* trunk dialling, long-distance dialling (selection)
~/abgehende dialling-out
~/ankommende dialling-in
Fernwählen *n s.* Fernwahl
Fernwahlleitung *f (Nrt)* trunk circuit with dialling facility
fernwirkend remote-control; long-range
Fernwirktechnik *f* remote control technique
Fernwirkung *f* remote (distant) effect; action at a distance; teleoperation
Fernzähler *m* telecounter
~ mit Zählwertausgabe remote read-out counter *(Digitalmeßtechnik)*
Fernzone *f (Nrt)* trunk zone
Fernzündung *f* remote control lighting
Ferranti-Effekt *m* Ferranti effect *(Spannungserhöhung bei Lastabwurf)*
Ferraris-Generator *m* Ferraris (drag-cup) generator *(Tachogeber)*
Ferraris-Instrument *n* Ferraris instrument (watt-

meter), shade-pole [induction] instrument, shielded-pole [induction] instrument
Ferraris-Motor *m* Ferraris (drag-cup) motor
Ferraris-Relais *n* induction relay
Ferraris-Tachodynamo *m* drag-cup tachometer
Ferrichromband *n* ferrichrome tape
Ferrit *m* ferrite *(keramischer Magnetwerkstoff)*
~ mit rechteckiger Magnetisierungsschleife square-loop ferrite
~/nichtvormagnetisierter unbiased ferrite
Ferritantenne *f* ferrite aerial
Ferritbegrenzer *m* ferrite limiter
Ferritblock *m* ferrite slab
Ferritdetektor *m* **für Mikrowellen** ferrite microwave detector
Ferritkern *m* ferrite core
~/lesegestörter *(Dat)* read-disturbed ferrite core
Ferritkernmatrix *f (Dat)* ferrite core matrix
Ferritkernschnellspeicher *m (Dat)* high-speed ferrite core memory
Ferritkernspeicher *m (Dat)* ferrite core memory (store)
Ferritplattenspeicher *m (Dat)* ferrite plate memory
Ferritringkern *m* ferrite toroid, square-loop ferrite core
Ferritschalenkern *m* ferrite pot core
Ferritschalter *m* ferrite switch
Ferritschaltkern *m* ferrite switching core
Ferritscheibenspeicher *m (Dat)* ferrite disk memory
Ferritspeicher *m (Dat)* ferrite memory (store)
~/lamellierter laminated ferrite memory
Ferritstab *m* ferrite rod
Ferritstabantenne *f* ferrite-rod aerial
Ferrittopfkern *m* ferrite cup core
Ferrodielektrikum *n* electret
Ferroelektrikum *n* ferroelectric [material]
ferroelektrisch ferroelectric
Ferroelektrizität *f* ferroelectricity
Ferromagnetikum *n* ferromagnetic [material]
ferromagnetisch ferromagnetic
Ferromagnetismus *m* ferromagnetism
Ferrometer *n* ferrometer *(zum Messen der relativen Permeabilität)*
Ferroresonanz *f* ferroresonance
Ferroresonanzkreis *m* ferroresonant circuit
Ferroresonanz-Nebenschlußkompensator *m* ferroresonance-type shunt compensator
Ferrosilicium *n* ferrosilicon
Ferrosiliciumofen *m* ferrosilicon furnace
Ferroxylprobe *f (Galv)* ferroxyl test *(zur Bestimmung der Porosität von Überzügen)*
Fertigfeinpolieren *n* finish polishing
Fertigmeldung *f (Dat)* ready message
Fertigmontage *f* final assembly
Fertigreinigung *f (Galv)* final cleaning
Fertigung *f*/**rechnergestützte** computer-aided manufacturing, CAM
~/rechnerintegrierte computer-integrated manufacturing, CIM
Fertigungssteuerung *f* manufacturing control
~/rechnergestützte computer-aided manufacturing; computer-integrated manufacturing
Fertigungssystem *n*/**flexibles** flexible manufacturing system
Fertigungsüberwachung *f* process inspection (monitoring)
fest [angebracht] fixed
Festabstandsmethode *f* fixed-distance method *(Photometrie)*
Festanodenröhre *f* stationary-anode tube
Festanschluß *m (Nrt)* permanent connection
Festantenne *f* fixed aerial
Festantennenpeiler *m* fixed [aerial] direction finder
Festbildtelefonie *f* still picture viewphone
Festdielektrikum *n* solid dielectric
Festecho *n (FO)* permanent echo
Festelektrolyt *m* solid electrolyte
Festelektrolytbrennstoffelement *n* solid electrolyte fuel cell
Festfeuer *n* fixed light
Festfrequenz *f* fixed frequency
Festfrequenzgenerator *m* fixed-frequency generator
Festfrequenzmagnetron *n* fixed-frequency magnetron
Festfrequenzoszillator *m* fixed-frequency oscillator
Festfrequenzübertrager *m* fixed-frequency transmitter
festfressen/sich *(MA)* to freeze, to jam, to seize
Festhaltefeder *f* stop spring
Festhaltehebel *m* stop lever
festhalten to hold
Festigkeit *f* strength, stability, resistance *(z. B. von Werkstoffen gegen verschiedenste Einflüsse)*; durability, endurance *(Dauerhaftigkeit)*
~/dielektrische dielectric (electric) strength; insulating capacity
~/dynamische dynamic strength
~/thermische thermal stability (strength), thermostability
Festion *n* bound ion *(in Ionenaustauschern)*
festkeilen to key, to wedge
Festkleben *n* **der Schweißelektrode** freezing of the electrode
festklemmen to clamp [in place]
~/sich to jam, to stick
Festkomma *n (Dat)* fixed (stated) point
Festkommaaddition *f* fixed-point addition
Festkommaarithmetik *f* fixed-point arithmetic
Festkommabetrieb *m* fixed-point operation
Festkommadarstellung *f* fixed-point representation
Festkommaoperation *f* fixed-point operation
Festkommarechnung *f* fixed-point calculation

Festkommasystem *n* fixed-point system
Festkondensator *m* fixed capacitor
Festkontakt *m* fixed contact; stationary contact
Festkopfplatte *f* fixed-head disk
Festkörper *m* solid
Festkörperabtastung *f* solid-state scanning
Festkörperbandtheorie *f* band theory of solids
Festkörperbauelement *n* solid-state component (element), solid[-state] device
Festkörperbildsensor *m* solid-state picture (image, video) sensor
Festkörperdiffusion *f* solid-state diffusion
Festkörperdigitalrechner *m* solid-state digital computer
Festkörperdisplay *n* solid-state display
Festkörperelektronik *f* solid-state electronics
Festkörpergehalt *m* solids content
Festkörperlampe *f* solid-state lamp
Festkörperlaser *m* solid-state laser (optical maser)
Festkörpermaser *m* solid-state maser
Festkörperphysik *f* solid-state physics
Festkörperreibung *f* solid friction
Festkörperrelais *n* solid-state relay
Festkörperschall *m* solid-borne noise (sound), structure-borne sound
Festkörperschalter *m* solid-state switch
Festkörperschaltkreis *m* solid[-state] circuit, [monolithic] integrated circuit, monolith
Festkörperschaltung *f* solid[-state] circuit, monolithic circuitry
~/integrierte integrated solid[-state] circuit
Festkörperspeicher *m* solid-state memory
festkörperübertragen solid-borne, structure-borne *(Wellen)*
Festkörperverstärker *m* solid-state amplifier
Festkörpervidikon *n* solid-state vidicon
Festkörperzustand *m* solid state
Festlast *f* fixed load
festlegen to determine
~/ein Verhältnis to ratio *(z. B. W/L beim Schaltkreisentwurf)*
~/einen Grenzwert to set a limit
~/zeitlich to time, to schedule
Festlegung *f***/automatische** automatic location *(Speicherplatz)*
~ des Pegels level fixing
~/örtliche location
Festmustermetallisierung *f (ME)* fixed-pattern metallization
Festphasenhärten *n* solid-phase hardening
Festplatte *f* hard (fixed) disk
Festplattenspeicher *m* hard-disk storage, fixed-disk store
Festprogrammrechner *m* fixed program computer
Festrolle *f* fixed pulley
Festschaltstück *n* fixed contact
Festsetzen *n* **der Gesprächsdauer** *(Nrt)* timing of calls
Festsignal *n* fixed signal
Festspannung *f* fixed voltage
Festspeicher *m s.* Festwertspeicher
feststellen 1. to detect, to ascertain; to determine; 2. to lock, to clamp; to fix, to fasten; to arrest
~/die örtliche Lage to locate
~/eine Taste to latch a push button
Feststellennumerierung *f (Nrt)* fixed numbering
Feststellvorrichtung *f* locking (clamping) device
Feststoff *m* solid [material]
Feststoffbatterie *f* solid electrolyte battery
Feststoffdurchführung *f* solid bushing
Feststoffisolation *f* solid insulation
Feststoffsicherungseinheit *f* solid-material fuse unit
Festtemperaturfeueralarmanlage *f* fixed-point fire-alarm system
Festtransformator *m* untapped (fixed-ratio) transformer
Festverbindung *f (Nrt)* dedicated connection
Festverhältnisfrequenzvervielfacher *m* locked ratio frequency multiplier
Festwert *m* fixed value
Festwertregelung *f (Syst)* fixed set-point control, constant value control, fixed command control
Festwertregler *m (Syst)* constant value controller, automatic stabilizer
Festwertspeicher *m* read-only memory, ROM *(s. a. unter* ROM*)*
~/änderbarer alterable read-only memory
~/elektrisch änderbarer electrically alterable read-only memory, EAROM
~/elektrisch löschbarer electrically erasable read-only memory, EEROM
~/elektrisch löschbarer programmierbarer electrically erasable programmable read-only memory, EEPROM
~/elektrisch veränderbarer *s.* ~/elektrisch änderbarer
~/löschbarer erasable read-only memory, EROM
~/löschbarer und [wieder] programmierbarer erasable programmable read-only memory, erasable PROM, EPROM
~/maskenprogrammierbarer mask-programmable read-only memory
~/maskenprogrammierter mask-programmed ROM
~ mit Schmelzbrücken fusible read-only memory, fusible ROM, FROM
~/neuprogrammierbarer *s.* ~/umprogrammierbarer
~/programmierbarer programmable read-only memory, PROM
~/umprogrammierbarer reprogrammable read-only memory, REPROM
~/UV-löschbarer ultraviolet erasable read-only memory, ultraviolet erasable ROM

~/vom Hersteller programmierbarer factory-programmable read-only memory, FROM
Festwiderstand *m* fixed resistor
~/nichtgewickelter fixed non-wire-wound resistor
Festzeichen[echo] *n (FO)* fixed echo, permanent echo, PE
Festzeichenlöscher *m*, **Festzeichenunterdrücker** *m* moving-target indicator
Festzeichenunterdrückungsradar *n* moving-target indication radar
Festzeitgespräch *n*, **Festzeitverbindung** *f (Nrt)* fixed-time call
Festzielecho *n s.* Festzeichenecho
FET *m* FET, field-effect transistor, unipolar transistor *(Zusammensetzungen s. unter* Feldeffekttransistor*)*
FET-Logik *f***/direktgekoppelte** direct-coupled field-effect transistor logic
Fettfleckphotometer *n* Bunsen (grease-spot) photometer
feucht moist, damp
Feuchte *f* moisture, wetness, dampness, humidity
Feuchte... *s. a.* Feuchtigkeits...
Feuchtegehalt *m* moisture content, humidity [content]
Feuchtegrad *m* degree of moisture (humidity)
Feuchtemesser *m* moisture meter *(für Material)*; hygrometer
Feuchteregelung *f* moisture (humidity) control
Feuchtesensor *m* moisture sensor
Feuchtigkeit *f s.* Feuchte
~/durchsickernde seep *(z. B. in Isolierungen)*
Feuchtigkeits... *s. a.* Feuchte...
Feuchtigkeitsaufnamevermögen *n* moisture-carrying capacity
Feuchtigkeitsbehandlung *f* wet treatment
feuchtigkeitsbeständig moisture-resistant, moisture-proof, damp-proof, humidity-resistant
feuchtigkeitsdicht moisture-tight
Feuchtigkeitseinfluß *m* influence of moisture
feuchtigkeitsfest *s.* feuchtigkeitsbeständig
Feuchtigkeitsfilm *m* film (layer) of moisture
feuchtigkeitsgeschützt moisture-proof
Feuchtigkeitsschutz *m* protection against moisture (damp)
Feuchtigkeitsschutzlack *m* moisture protection varnish
feuchtigkeitssicher *s.* feuchtigkeitsbeständig
Feuchtraum *m* damp room
Feuchtraumanlage *f* moisture-proof installation
Feuchtraumfassung *f* moisture-proof socket, damp-proof socket
Feuchtraumisolator *m* mushroom insulator
Feuchtraumlagerung *f* humidity storage *(Klimaprüfung)*
Feuchtraumsteckdose *f* moisture-proof outlet
Feueralarmsytem *n***/handbetätigtes** manual fire-alarm system
~/kodiertes coded fire-alarm system
feuerbeständig fire-resistant, fire-resisting, fireproof
Feuerbeständigkeit *f* fire resistance
feuerdämmend fire-retardant, fire-retarding
feuerfest fireproof, fire-resistant; refractory *(Keramik)*
Feuerfestauskleidung *f* refractory lining
Feuerfestmaterial *n* refractory material
feuerhemmend fire-retardant, fire-retarding
Feuermeldeanlage *f* fire-alarm system
Feuermelder *m* [electric] fire alarm
~/selbsttätiger auto fire alarm
feuern 1. to fire *(Kessel)*; 2. to spark *(Bürstenfeuer)*
Feuerschiff *n* lightship, light vessel
Feuerschutztürmagnet *m* fire-door magnet
Feuerschutztürschließsystem *n* fire-door release system
Feuerschutzwand *f* fire protection wall *(Transformator)*
feuersicher fireproof, flameproof
Feuerverbleiung *f* hot-dip leading, hot lead dipping (coating)
Feuervergoldung *f* fire (hot) gilding
Feuerversilberung *f* fire silvering, hot-dip silver plating
Feuerverzinkung *f* hot[-dip] galvanization, hot galvanizing
Feuerverzinnung *f* hot-dip tinning
Feuerwächter *m* fire-alarm thermostat
Fieldistor *m* fieldistor *(ein Feldeffekttransistor)*
FIFO-Prinzip *n (Dat)* first-in-first-out principle, FIFO [principle] *(Speicherprinzip, bei dem die zuerst eingegebenen Informationen als erste wieder ausgelesen werden)*
FIFO-Prinzip-Liste *f* push-up list
FIFO-Speicher *m* first-in-first-out memory, FIFO store, push-up storage
Figur *f***/Lichtenbergsche** Lichtenberg figure *(Gleitentladung)*
Figuren *fpl***/Lissajoussche** *(Syst)* Lissajous figures (pattern)
File *m s.* Datei
Film *m* 1. film, layer; 2. motion picture, movie [film]
~/beidseitig beschichteter double-emulsion film
~/infrarotempfindlicher infrared-sensitive film
~/passivierender passivating film
Filmabtaster *m* film reading (sensing) device
Filmaufnahmekamera *f* motion-picture camera
Filmaufzeichnung *f* 1. film record; 2. film recording
filmbildend film-forming
Filmebene *f* film plane
Filmistor *m* filmistor, film resistor
Filmkamera *f* film (motion-picture) camera
Filmkühlung *f* film cooling
Filmmikroschaltung *f* film microcircuit
Filmprojektionslampe *f* film projector lamp

Filmprojektor *m* cine (motion-picture) projector
Filmschallwandler *m* acoustic film transducer
Filmunterlage *f* film base (support)
Filmvorführgerät *n* motion-picture projector
Filter *n* filter; harmonic absorber
~/**abgestimmtes** matched filter
~/**abgestuftes** graded filter
~/**abstimmbares** tunable filter
~/**akustisches** acoustical filter
~/**angrenzendes** contiguous filter
~/**dynamisches** dynamic filter
~/**elektrisches** electric filter *(Hochfrequenztechnik)*
~ **für Rosa-Rauschen** *s.* Rosa-Filter
~/**gedächtnisloses nichtlineares** zero-memory non-linear filter
~ **geringer Durchlaßbreite** narrow-band filter
~/**hohlraumgekoppeltes** cavity-coupled filter
~ **mit Drosseleingang** choke-input filter
~ **mit geschalteten Kapazitäten** switched-capacity filter
~ **mit geschalteten Kondensatoren** switched-capacitor filter, SC filter
~ **mit induktivem Eingang** choke-input filter
~ **mit kapazitivem Eingang** capacitor input filter
~ **mit Keramikresonator** ceramic resonator filter
~ **mit konstanter [absoluter] Bandbreite** constant-bandwidth filter
~ **mit konstanter relativer Bandbreite** constant-percentage bandwidth filter, constant-ratio filter
~ **mit minimaler Induktivität** minimum inductor filter
~ **mit T-Gliedern** T-section filter
~/**mittelwertbildendes** averaging filter
~/**nichtlineares** non-linear filter
~/**nichtrekursives** FIR (finite impulse response) filter, non-recursive filter
~/**optisches** [optical] filter
~/**piezoelektrisches** piezoelectric filter
~/**rekursives** IIR (infinite impulse response) filter, recursive filter
~/**signalangepaßtes** matched filter
~/**steiles** sharp-cutting filter
~/**verlustkompensiertes** predistorted filter
~ **zur Klangfärbung** *(Ak)* tone-forming filter
~ **zur Unterdrückung von Knacktönen** click filter
~/**zusammengesetztes** compound (composite wave) filter
π-Filter *n* pi-type filter
Filterabschluß *m* filter termination
Filteranordnung *f*/**digitale mehrphasige** digital polyphase filter bank
Filteranschluß *m* filter terminal
Filterantwort *f* filter response
Filterausrüstung *f* filtering equipment
Filterbank *f* multifilter, filter bank
Filterbereichswechsel *m* *(Ak)* filter shift
Filterdrossel *f* filter choke
Filterdurchlaßbereich *m* filter transmission (pass) band
Filterdurchlässigkeit *f* filter transmittance (transmission)
Filterfaktor *m* filter factor *(Optik)*
Filterfarbe *f* filter colour
Filterflanke *f* filter skirt
Filterfrequenzgang *m* filter response
filtergekoppelt filter-coupled
Filterglied *n* 1. filter section; 2. *(Syst)* shaping network *(zur Signalverformung)*
Filterkette *f* filter ladder (network), ladder-type filter
Filterkondensator *m* filter capacitor
Filterkreis *m* filter circuit, frequency-selective circuit; harmonic absorber
Filterkurve *f* filter curve (characteristic)
Filterkurvenform *f* filter shape
Filternetzwerk *n* filter network
Filteröffnung *f* filter aperture
Filterpressenzelle *f* filter-press cell *(Elektrolysezelle)*
Filterquarz *m* quartz filter
Filtersatz *m* filter set *(Optik)*
Filterschaltung *f* filter[ing] circuit
~/**regelbare** variable filter circuit
Filtersperrbereich *m* filter stop band
Filtersteckverbinder *m* filter connector
Filterübertragung *f* filter transmission
Filterumschaltung *f* *(Ak)* filter shift
Filterung *f* filtering
~/**optimale** optimal filtering
Filterweiche *f* notch diplexer
Filterwendel *f* filter helix
Filterwirkung *f* filtering action, filter effect
Filterzweig *m* filter branch
Filtration *f* filtration, filtering
filtrieren to filter
Filzabstreifer *m* felt wiper
Filzandruckröllchen *n* felt pad *(Tonbandgerät)*
Fingeranschlag *m* *(Nrt)* finger stop
Fingerhutröhre *f* thimble tube
Fingerkontakt *m* finger[-type] contact, contact finger
Fingerspitzenschalter *m* toggle switch
Finitdifferenzenmethode *f* finite difference method
Finite-Elemente-Methode *f* finite element method
Fin-Leitung *f* *(Nrt)* fin-line
Firmware *f* *(Dat)* firmware *(vom Hersteller in ROMs mitgelieferte Programme)*
Firnispapier *n* oiled paper
Fischbauchmast *m* *(Nrt)* cigar-shaped mast
FI-Schutzschalter *m* *s.* Fehlerstromschutzschalter
FI-Schutzschaltung *f* *s.* Fehlerstromschutzschaltung
Fittings *npl*/**geteilte** split fittings
FIX n *n* *(Dat)* FIX n *(n-Stellen genau nach dem Komma)*
Fixierstift *m* alignment pin
Fixierstöpsel *m* stop dowel

Fizeau-Interferometer *n* Fizeau interferometer
flach flat
~/maximal maximally flat *(z. B. Frequenzgang)*
Flachanode *f* flat anode
Flachausführung *f* flat-pack assembly *(integrierte Halbleiterbauelemente)*
Flachbahnanlasser *m* faceplate (disk-type) starter
~ mit Ausschalter faceplate breaker controller
Flachbahnfahrschalter *m*, **Flachbahnkontroller** *m* faceplate controller
Flachbahnregler *m* disk-type rheostat, sliding control; flat-scale fader
Flachbahnsteuerschalter *m* faceplate controller
Flachbandkabel *n* flat (ribbon) cable
Flachbandkapazität *f* flat band capacitance *(MOS-Kondensator)*
Flachbandspannung *f* flat band voltage *(Halbleiter)*
Flachbatterie *f* flat-type battery
Flachbettabtastung *f (Nrt)* flat-bed scanning *(Faksimile)*
Flachdraht *m* flat (rectangular) wire
Flachdrahtbewehrung *f* flat-wire sheathing
Fläche *f* area; face *(Kristall)*; land *(auf einer Schaltungsplatte)*; surface
~/aktive active area
~/beheizte heated surface
~/bestrahlte irradiated area
~ des Übergangs *(ME)* junction area
~/emittierende emitting surface
~ gleichen Potentials isopotential surface
~/kartesische Cartesian surface
~/orientierte oriented surface
~/spiegelnde specular surface
~/vollkommen mattweiße perfect (uniform) diffuser
~/wirksame effective area
Flächenabstaster *m* area scanner
Flächenanstrahlung *f* area floodlighting
Flächenantenne *f* plane aerial
Flächenberührung *f* surface contact
Flächendichte *f* area (surface) density
Flächendiode *f* [p-n] junction diode
Flächendiodenlaser *m* junction diode laser
Flächendruck *m* surface pressure
Flachendverschluß *m* trifurcating sealing end *(für Dreileiterkabel)*
Flächeneinheit *f* unit of area
Flächeneinsparung *f (ME)* area saving
Flächenelement *n* surface element; area segment (unit)
Flächenentladung *f* sheet discharge
Flächengalvanisieren *n* panel plating *(Leiterplatten)*
Flächengitter *n* two-dimensional lattice
Flächengleichrichter *m* surface-contact rectifier; *(ME)* junction rectifier
Flächengleichrichtung *f* surface-contact rectification
Flächenheizkörper *m*/**elektrischer** electric panel heater
Flächenheizung *f* panel heating *(Niedertemperaturstrahlungsheizung)*
Flächenhelle *f*, **Flächenhelligkeit** *f* luminance
Flächenhelligkeitsverteilung *f* luminance distribution
Flächenimpuls *m* area pulse
Flächenimpulsgeber *m* area pulse generator
Flächeninduktionsspule *f* pancake [induction] coil
Flächenintegral *n* area (surface) integral
~/Fresnelsches Fresnel surface integral
Flächenisolierstoff *m* sheet insulation material
Flächenkabelrost *m* planar cable shelf
Flächenkatode *f* plate[-shaped] cathode, large-surface cathode
Flächenkontakt *m* [large-]area contact, [large-] surface contact, plane contact
Flächenkriterium *n* equal-area criterion *(Stabilität)*
Flächenladung *f* surface charge
Flächenlast *f* area load
Flächenleitwert *m* sheet conductance
Flächenmasse *f* mass per unit area
flächenmontiert surface-mounted
Flächenpotential *n* surface potential
Flächenpressung *f* surface pressure; bearing pressure *(in Lagern)*
Flächenprüfer *m* surface tester
Flächenquelle *f* surface source
Flächenreflektor *m* plane reflector *(Antenne)*
Flächenscherschwinger *m* face shear vibrator
Flächenspeicherröhre *f* plane storage tube
Flächenstrahldichte *f* radiance of surface
Flächenstrahler *m* batwing radiator *(Antenne)*
Flächenstrahlungsheizung *f* radiant panel heating
Flächentetrode *f* junction tetrode
Flächentransistor *m* [p-n] junction transistor
~/gezogener grown junction transistor
Flächentransistortetrode *f* tetrode junction transistor
flächentreu equiareal
Flächentriode *f* junction triode
Flächenwiderstand *m* sheet resistance
flächenzentriert face-centred *(Kristall)*
~/kubisch face-centred cubic
Flachflanschverbindung *f* butt joint
Flachgehäuse *n* flat pack; slim cabinet
Flachgehäuseverschlußmaschine *f* flat-pack sealer
Flachheit *f* flatness
Flachheizkörper *m* **mit Kühlrippen/streifenförmiger** finned strip heater
~/streifenförmiger strip[-type] heater, strip heating element
Flachkabel *n* flat (ribbon) cable
Flachkabelstecker *m* flat-cable plug; rectangular cable connector

Flachkatode *f* plane cathode
Flachkernwendel *f* flat mandrel filament
Flachklemme *f* flat terminal
Flachkollektor *m* flat-plate collector
Flachkontakt *m* flat contact
Flachkristall *m* sheet crystal
Flachkupfer *n* flat-bar copper *(Sammelschienenkupfer)*
Flachlautsprecher *m* flat-core [loud]speaker, pancake (wafer) loudspeaker
Flachleiter *m* flat conductor
Flachlötöse *f* flat-flanged eyelet *(Leiterplatten)*
Flachrelais *n* flat-type relay
Flachringanker *m (MA)* Gramme (flat) ring armature
Flachröhre *f* flat television tube
Flachschiene *f* plate rail
Flachschutzschalter *m* slim-line circuit breaker
Flachseekabel *n (Nrt)* intermediate-type submarine cable, shallow-sea cable
Flachsockel *m* wafer socket
Flachspule *f* flat coil, disk (slab, pancake) coil
~/quadratische flat-square coil
Flachspulinstrument *n* flat-coil measuring instrument *(ein Dreheiseninstrument)*
Flachstecker *m* plain connector, flat-cable plug; rectangular connector
Flachsteckhülse *f* quick-connect receptacle
Flachsteckverbinder *m* **[für Kabel]** rectangular cable connector
Flachsteckverbindersystem *n* flat plug-connector system
Flachstrahlkanone *f* strip beam gun *(Elektronenstrahlerzeuger)*
Flachstreifenstecker *m* quick-connect tab connector
Flachwähler *m (Nrt)* panel selector
Flachwählersystem *n (Nrt)* panel system
Flachzelle *f* flat cell
Flackereffekt *m (Licht)* flicker effekt
Flackerlampe *f* flicker lamp
flackern *(Licht)* to flicker
Flackerrelais *n* flashing relay
Flackertaste *f* flicker-signal key
Flackerzeichen *n* flickering (flashing) signal
Flag *n (Dat)* flag
Flagregister *n* flag register
Flammenabsorptionsspektrometrie *f* flame absorption spectrometry
Flammenanregungsquelle *f (Licht)* flame source
Flammenbogen *m* flame (flaming) arc
flemmenhemmend flame-retardant
Flammenphotometer *n* flame photometer
Flammenphotometrie *f* flame photometry
Flammenspektrum *n* flame spectrum
flammfest, flammwidrig flameproof, flame-resistant
Flanger *m* flanger *(Effektsteller an elektronischen Musikinstrumenten)*
Flanke *f* 1. slope, edge *(z. B. eines Impulses)*; 2. ramp *(z. B. einer Funktion)*
~/abfallende downward slope, falling (trailing, negative-going) edge
~/ansteigende upward slope, rising (leading) edge
~/hintere tail
~/negativgehende *s.* ~/abfallende
~/steile steep edge, sharp slope
Flankenanstieg *m* rise of pulse
flankengesteuert edge-triggered
Flankensteilheit *f* slope (edge) steepness, slope rate *(Impuls)*
Flankenübertragung *f (Nrt)* bypass transmission
Flankenwegübertragung *f (Ak)* flanking transmission
Flansch *m* flange, mounting (coupling, connector) flange
~/ebener plain flange
~/fester fixed flange
~/isolierter insulated flange
Flanschmotor *m* flange-mounted motor
Flanschsockel *m* flanged cap
Flanschsteckverbinder *m* flange connector
Flanschverbindung *f* flanged connection (joint)
Flanschwelle *f* stub shaft *(ohne eigenes Lager)*
Flanschzwischenlage *f* **für Wellenleiter** waveguide shim
Flanschzwischenstück *n* connection piece for flanges
Flasche *f***/Leidener** Leyden jar *(Glaskondensator)*
Flaschenelement *n* bottle battery (cell)
Flashtaste *f* flash key (button)
Flat-pack-Gehäuse *n* flat pack[age]
Flatterecho *n* flutter echo
Flattereffekt *m (Ak)* flutter [effect]
flattern to flutter *(z. B. Empfangssignale)*; to bounce *(z. B. Ventil)*; to wobble
Flattern *n* **der Kontakte** bouncing (chattering) of contacts
~ des Lichtbogens fluttering (scattering) of the arc
Fleck *m* spot, stain; patch, dot
~/blinder *(Licht)* blind spot
~/trockener *(Isol)* dry spot *(bei Kriechstromerscheinungen)*
Fleckdurchmesser *m* spot diameter
Fleckenbeständigkeit *f* stain resistance
Fleckigkeit *f (Fs)* spottiness; blurring
Fleckunschärfe *f* **bei Ablenkung** deflection defocussing *(Elektronenoptik)*
Fleckverzerrung *f* spot distortion
Fleischfarbtöne *mpl (Fs)* flesh tints
Flemming-Röhre *f* Flemming valve
Flickereffekt *m (Licht)* flicker effect
Flickerkompensation *f (Licht)* flicker compensation
Fliehkraft *f* centrifugal power (force)
Fliehkraftanlasser *m* centrifugal starter

Fliehkraftbeschleunigung *f* centrifugal acceleration
Fliehkraftbremse *f* centrifugal brake
Fliehkrafteinrichtung *f* centrifugal mechanism
Fliehkraftkupplung *f* centrifugal clutch
Fliehkraftregler *m* centrifugal force controller (governor)
Fliehkraftrelais *n* centrifugal relay
Fliehkraftschalter *m* centrifugal switch, tachometric relay
Fliehkrafttachometer *n* centrifugal force tachometer, flyweight speed sensor
Fließbettechnik *f* fluidized-bed technique
Fließbettofen *m* fluidized-bed furnace
Fließbettverfahren *n* fluidized-bed process
fließen 1. to flow; 2. to yield *(Werkstoffe)*
Fließfestigkeit *f* resistance to flow
Fließgrenze *f* yield point *(Werkstoffe)*
Fließlöten *n* flowsoldering
Fließlötverfahren *n* flowsolder method (principle) *(Leiterplatten)*
Fließpunkt *m* melting point
Flimmereffekt *m (Licht)* flicker effect
flimmerfrei *(Licht)* flicker-free
Flimmerfrequenz *f (Licht)* flicker frequency
Flimmergesetz *n* **nach Ferry-Porter** *(Licht)* Ferry-Porter law of flicker
Flimmerindex *m (Licht)* flicker index
Flimmerlicht *n* flicker light
flimmern to flicker; to scintillate
Flimmern *n* flicker[ing]; scintillation
Flimmerphotometer *n (Licht)* flicker photometer
Flimmerphotometrie *f (Licht)* flicker photometry
Flimmerreiz *m* flicker stimulus
Flimmerverfahren *n (Licht)* flicker method
flinkträge quick-slow *(z. B. Sicherung)*
Flip-Chip *m* flip chip *(Bauelement mit nach unten gerichteter aktiver Seite)*
Flip-Chip-Bondtechnik *f (ME)* flip-chip bonding [technique]
Flipflop *n* flip-flop, bistable multivibrator
~/flankengesteuertes edge-triggered flip-flop
~/monostabiles one-shot multivibrator
~/taktgesteuertes clocked flip-flop
~/zweiflankengesteuertes clock-skewed flipflop
Flipflopausgang *m* flip-flop output, Eccles-Jordan output
Flipflopauslöser *m* flip-flop trigger, Eccles-Jordan trigger
Flipflopgenerator *m* bistable multivibrator
Flipflopkette *f* flip-flop chain
Flipflopregister *n* flip-flop register, register of flip-flops
Flipflopschaltung *f* flip-flop circuit, bistable circuit
~ mit Transistoren transistorized flip-flop circuit
Floating-Gate *n* floating gate *(Schwebegate)*
Floating-Gate-Lawineninjektion-Metall-Oxid-Halbleiter *m* floating[-gate] avalanche-injection metal-oxide semiconductor, FAMOS
Floating-Gate-Transistor *m* floating-gate transistor
Flockenbildung *f* flocculation *(z. B. bei Isolierölen)*
Floppy-Disk *f*, **Floppy disk** *f (Dat)* floppy disk, diskette, [magnetic] flexible disk
Floppy-Disk-Laufwerk *n* floppy-disk drive
Floppy-Disk-Speicher *m* floppy-disk memory
Floppy-Disk-Steuerung *f* floppy-disk controller
Flossenantenne *f* [skid-]fin aerial *(Flugzeug)*
Flossenleitung *f (Nrt)* fin-line
flüchtig 1. volatile; 2. transient
Flugbahn *f* flight track (path)
Flugbahnberechnung *f* trajectory computation
Flügel *m* wing; blade; vane *(z. B. eines Elektrometers)*
Flügelanker *m* vane armature *(z. B. eines Relais)*
Flügelantenne *f* wing aerial
Flügelradanemometer *n* vane anemometer
Flügelradströmungsmesser *m* vane current meter
Flugfernmeldenetz *n***/stationäres** aeronautical fixed telecommunication network
Flugfunkdienst *m* aeronautical (aircraft) radio service
Flughafenbefeuerung *f* airport lighting
Flughafenbezugspunkt *m* airport reference point
Flughafenfunkstelle *f* airport radio station, aeronautical [radio] station
Flughafenkennzeichen *n* airport identification sign
Flughafenkontrolldienst *m* airport control service
Flughafenleuchtfeuer *n* airport beacon
Flughafenrundsichtradargerät *n* airport surveillance radar
Flughafenüberwachungsradargerät *n* airport control radar
Fluglärm *m* aircraft noise; fly-over noise *(beim Überflug)*
Fluglärmüberwachungsanlage *f* airport noise monitoring system; airpot noise monitor
Flugleitsystem *n* flight control (director) system
Flugmeldedienst *m* position reporting service
Flugplatzbefeuerung *f* aerodrome (airfield, aviation ground) lighting
Flugplatzkennfeuer *n* airodrome beacon
Flugplatzkontrollradar *n* aerodrome control radar
Flugregler *m* autopilot
Flugschreiber *m* flight data recorder, flight-recorder
Flugsicherung *f* air-traffic control, flight-traffic control
Flugsicherungsanflugkontrolldienst *m* approach control service
Flugsicherungsbereich *m* air-traffic area, flight-security area
Flugsicherungsdienst *m* air-traffic control [service], air-safety service
Flugsicherungskontrollsystem *n* air-traffic control system

Flugsicherungskontrollturm *m* aerodrome control tower
Flugsimulator *m* flight simulator
Flugstreckenfeuer *n* airway (air route) beacon
Flugüberwachungsrundsichtradar *n* air route surveillance radar
Flugwegrechner *m* flight course computer
Flugzeugantenne *f* aircraft aerial
Flugzeugfernsteuerung *f* airplane remote control
Flugzeugfunkempfänger *m* aircraft receiver (receiving set)
Flugzeugfunkgerät *n* aircraft (airborne) radio equipment
Flugzeugradar *n* airborne radar
Flugzeugsender *m* aircraft [radio] transmitter
Flugzeugsende- und -empfangsgerät *n* aircraft [radio] transmitter-receiver
Fluoreszenz *f* fluorescence
Fluoreszenzausbeute *f* fluorescence efficiency (yield)
Fluoreszenzlicht *n* fluorescent light
Fluoreszenzlinie *f* fluorescence (fluorescent) line
Fluoreszenzmesser *m* flurometer, fluorimeter
Fluoreszenzmessung *f* fluorometry, fluorimetry
Fluoreszenzquecksilberlampe *f* fluorescent mercury lamp
Fluoreszenzschirm *m* fluorescent screen
Fluoreszenzspektralanalyse *f* fluorescence analysis
Fluoreszenzspektrum *n* fluorescence [emission] spectrum, fluorescent spectrum
Fluoreszenzstrahlung *f* fluorescence (fluorescent) radiation
Fluoreszenzverfahren *n* fluorescence method
Fluoreszenzverstärkung *f* auxofluorescence
Fluorglühlampe *f* fluorine-cycle incandescent lamp
Fluorimetrie *f s.* Fluorometrie
Fluorlampe *f s.* Fluorglühlampe
Fluorometer *n* fluorometer, fluorimeter
Fluorometrie *f* fluorometry, fluorimetry
Fluß *m* flux, flow
~/magnetischer magnetic flux
~/nutzbarer effective flux
~/quellenfreier conservative flux
~/remanenter remanent flux
Flußachse *f* flux axis
Flußbild *n* flow pattern
Flußbügel *m* flux plate
Flußdiagramm *n* flow chart (diagram), operational chart
~/logisches logical flow diagram, logical operational chart
Flußdiagrammübersetzer *m* flow-chart translator
Flußdichte *f***/dielektrische** dielectric flux density
~/größte peak flux density
~/magnetische magnetic flux density
~/remanente remanent flux density
Flußdichtemesser *m* gaussmeter
~ mit Hall-Sonde Hall-effect gaussmeter
flüssig liquid, fluid
Flüssig-fest-Grenzfläche *f* liquid-solid interface
Flüssig-flüssig-Grenzfläche *f* liquid-liquid interface
Flüssigkeit *f* liquid, fluid; liquor
~ im Anodenraum anolyte
~ im Katodenraum catholyte
~/korrosive corrosive liquid
~/leitende conductive fluid
Flüssigkeitsanlasser *m* liquid starter
Flüssigkeitsausdehnungsthermostat *m* liquid bulb thermostat
Flüssigkeitsdämpfung *f* hydraulic (liquid) damping, fluid friction damping
flüssigkeitsdicht liquid-tight, fluid-tight
Flüssigkeitsdiffusionspotential *n* liquid-junction potential, diffusion potential *(z. B. zwischen zwei Elektrolytlösungen)*
Flüssigkeitsdruckgeber *m* liquid-pressure pick-up
Flüssigkeitsdruckmeßdose *f* hydraulic capsule
Flüssigkeitsdruckmesser *m* piezometer
Flüssigkeitsdurchflußzähler *m* liquid-flow counter
Flüssigkeitselement *n* one-fluid cell *(galvanisches Element)*
Flüssigkeits-Festkörper-Grenzfläche *f s.* Flüssig-fest-Grenzfläche
Flüssigkeitsfilm *m* liquid film
Flüssigkeitsfilter *n (Licht)* liquid (aqueous) filter
flüssigkeitsgekühlt liquid-cooled
Flüssigkeitskatode *f* pool cathode
Flüssigkeitskristall *m s.* Flüssigkristall
Flüssigkeitskühlmittel *n* liquid coolant
Flüssigkeitskühlung *f* liquid cooling
~/direkte direct liquid cooling
Flüssigkeitskupplung *f* fluid coupling
Flüssigkeitsküvette *f* liquid cell
Flüssigkeitslaser *m* liquid[-state] laser
Flüssigkeitsmanometer *n* liquid manometer
Flüssigkeitspotential *n s.* Flüssigkeitsdiffusionspotential
Flüssigkeitsregler *m* liquid controller
Flüssigkeitsreibung *f* fluid (hydraulic) friction
Flüssigkeitsreibungsverlust *m* fluid friction loss
Flüssigkeitsschalter *m* liquid switch
Flüssigkeitsschicht *f* liquid film (layer)
~/isolierende insulating liquid film
Flüssigkeitsstand *m* liquid level
Flüssigkeitsstandanzeiger *m* liquid level indicator
Flüssigkeitsstandmesser *m* liquid level gauge
Flüssigkeitsstandregler *m* liquid level controller
Flüssigkeitsstandschreiber *m* liquid level recorder
Flüssigkeitsstrahlschreiber *m* ink-jet recorder
Flüssigkeitsthermometer *n* liquid thermometer
Flüssigkeitsthermostat *m* liquid bulb thermostat
Flüssigkeitswiderstand *m* liquid resistor
Flüssigkeitszählrohr *n* liquid counter tube

Flüssigkristall *m* liquid crystal
Flüssigkristallanzeige *f* liquid-crystal display, LCD
Flüssigmetallkühlung *f* liquid-metal cooling *(Reaktor)*
Flüssigphasenepitaxie *f (ME)* liquid-phase epitaxy
Flußkabel *n* river (subaqueous) cable
Flußkonzentration *f* flux-squeezing
Flußkriechen *n* flux creep *(Supraleiter)*
Flußleitwert *m* forward conductance
Flußlinie *f* flux line
~/elektrische electric flux line
~/magnetische magnetic flux line
Flußlinienverteilung *f* flux distribution
Flußmesser *m* fluxmeter
~/magnetischer magnetic fluxmeter
Flußmittel *n* [brazing] flux
Flußmittelbad *n* flux bath
Flußmittelentferner *m* flux remover
Flußpfad *m* flux guide
Flußrichtung *f* 1. direction of flux; 2. flow direction *(im Flußdiagramm)*
Flußröhre *f* flux tube
Flußstärkemesser *m s.* Flußmesser
Flußstrom *m* forward current
Flußumkehr *f* flux reversal
Flußvektor *m* flow vector
Flußverdrängung *f* [magnetic] skin effect
Flußverhältnis *n* flux ratio
Flußverkettung *f* flux linkage (interlinking)
~/magnetische [magnetic] flux linkage
Flußverteilung *f* flux distribution
Flußwandler *m* flux converter, flow transducer
Flußwiderstand *m* forward resistance
Flußzeit *f* on-period *(Stromfluß)*
Flutkatoden *fpl* flood gun *(Oszillographenröhre)*
Flutlicht *n* floodlight
Flutlichtanlage *f* floodlighting equipment (installation)
Flutlichtbeleuchtung *f* floodlighting
Flutlichtberechnung *f* floodlight calculation
Flutlichtleuchte *f* floodlight fitting (projector), floodlighting lantern
Flutlichtmast *m* floodlight[ing] tower
Fluxmeter *n* fluxmeter
FM *(Nrt)* FM, frequency modulation *(Zusammensetzungen s. unter* Frequenzmodulation*)*
FM-Doppler-Radar *n* FM-Doppler radar, frequency-modulation Doppler [radar]
FM-Quadraturdetektor *m* FM (frequency-modulation) quadrature detector
FM-Radar *n* FM (frequency-modulated) radar
Fokus *m* focus, focal point, focus[s]ing point
Fokusänderung *f* change of focus
Fokuseinstellung *f* focus control
Fokussiereinrichtung *f* focussing device
Fokusssierelektrode *f* focussing electrode
fokussieren to focus
Fokussierlinse *f* focussing lens
Fokussiermagnet *m* focussing magnet
Fokussiersolenoid *n*, **Fokussierspule** *f* focussing solenoid, focus coil
Fokussiersystem *n* focussing system
Fokussierung *f* focus[s]ing
~/magnetische magnetic focussing
~ von Elektronenstrahlen electron beam focussing
Fokussierungsbereich *m* focussing range
Fokussierungselektrode *f* focussing electrode
Fokussierungsfehler *m* focussing error
Fokussierungslichtbogenofen *m* image arc furnace, arc image furnace
Fokussierungslinse *f* focussing lens
Fokussierungswirkung *f* focussing action
Fokusweite *f* focal length
Folge *f* sequence; series
~/arithmetische arithmetical progression
~/beschränkte finite sequence
~/bevorzugte *(Dat)* preferred sequence
~ der Arbeitsgänge sequence (succession) of operations
~ der Signalwerte/diskrete *(Syst)* discrete signal-data sequence
~/stochastische stochastic sequence
~ von Anschlußbefehlen *(Dat)* calling sequence
~ von Impulsen sequence (train) of impulses
~/zyklische wrap-around sequence
Folgeadresse *f (Dat)* sequence (subsequent) address
Folgeanruf *m (Nrt)* repeated call attempt
Folgeantrieb *m* follow drive
Folgeausfall *m* secondary failure
Folgebefehl *m (Dat)* sequence instruction, sequential order
Folgediagramm *n* sequence chart
Folgeeinheit *f*, **Folgeeinrichtung** *f* follower unit
Folgeelement *n***/logisches** sequential logic element
Folgefehler *m* secondary fault
Folgefrequenz *f* repetition frequency (rate)
folgegesteuert sequence-controlled
Folgehandlung *f* sequential operation
Folgekarte *f* **für Schaltvorgänge** sequence chart for switching
Folgekontakt *m* sequence[-controlled] contact
Folgekreis *m* follow-up circuit
folgen *(FO)* to track
Folgepol *m* consequent pole *(im Magnetfeld)*
Folgepolläufer *m (MA)* salient-pole rotor
Folgepolmaschine *f* consequent pole machine
Folgeprüfprogramm *n (Dat)* sequence checking routine, tracing routine
Folgepunkt *m s.* Folgepol
Folgeraster *m (Fs)* consecutive scanning
Folgerechner *m* sequential computer
Folgeregelung *f (Syst)* sequential (follow-up) control

Folgeregelungssystem *n (Syst)* sequential (follow-up) control system, servosystem
Folgeregler *m (Syst)* sequence (follow-up) controller, servo governor
Folgerelais *n* sequencing (sequence-action, sequential) relay
Folgeschalter *m* sequence switch
Folgeschaltung *f* sequence (follow-up) circuit
Folgeschaltungsrelais *n* sequence interlock relay
Folgesignal *n* sequence signal
Folgesteuerung *f (Syst)* [automatic] sequence control, sequencing (sequential) control; secondary control
Folgesteuerungsfunktion *f* secondary function
Folgesteuerungspotentiometer *n* servo potentiometer
Folgestrom *m (Syst)* [power-]follow current
Folgesystem *n***/mehrschleifiges** *(Syst)* multiloop follow-up system
Folgeumschalter *m* make-before-break contact
Folge- und Halteschaltung *f* track-and-hold circuit
Folgeverstärker *m* follower amplifier
Folgewechsler *m* change-over make-before-break contact
Folgezeitgeber *m* sequence-timer
Folie *f* foil; film; sheet; lamina *(Kunststoff)*
~/geätzte etched foil *(bei Leiterplatten)*
~/kalandrierte calendered sheet
~/kaschierte backed foil
Folienätzdurchmetallisierungsverfahren *n* etched foil through-hole process *(Leiterplattenfertigung)*
Folienätztechnik *f* etched-foil technique *(Leiterplattenfertigung)*
Folienätzverfahren *n* etched-foil process, subtractive process *(Leiterplattenfertigung)*
Folienaufwalzgerät *n* solid photoresist machine *(Leiterplattenfertigung)*
Foliendehnungsmeßstreifen *m* foil strain gauge
Folienelektret *m* foil electret
Folienhaftfestigkeit *f* foil bond strength *(Leiterplatten)*
Folienspeicher *m (Dat)* floppy disk
~/flacher plane film memory (store)
Folienspeichersteuerung *f* floppy-disk controller
Fön *m* electric hair dryer, hair drying apparatus
Förderbanddurchlaufofen *m* continuous conveyor oven
Förderbandmotor *m* conveyor motor
Förderbandofen *m* conveyor oven (furnace), belt conveyor type furnace
Forderungen *fpl***/technische** standard requirements
forderungsorientiert demand-driven *(Programmierung)*
Form *f* form, shape, figure; configuration; geometry
~ der Elektrode electrode geometry
Formaldehyd[kunst]harz *n* formaldehyde resin
Formalparameterteil *m (Dat)* formal parameter part *(ALGOL 60)*
Formänderung *f* change of (in) shape; strain
Formänderungsenergie *f* strain energy
Formantenfilter *n (Ak)* formant filter
Formantensynthese *f* formant synthesis
Format *n* 1. format *(Datenanordnung)*; 2. format, size
formatgebunden *(Dat)* formatted
formatieren *(Dat)* to format
Formatkennzeichnung *f* format identifier
Formatsteuerzeichen *n* format effector control
Formatwandlung *f* format conversion
Formbeständigkeit *f* shape retention; dimensional stability *(Kunststoff)*
Formel *f***/binomische** binomial formula
~/Eulersche Euler's formula
~/Simpsonsche Simpson's rule
~/Taylorsche Taylor formula
Formelsprache *f***/universelle** *(Dat)* universal formula language
Formelübersetzer *m (Dat)* formula translator
Formelübersetzung *f (Dat)* formula translation
Formenwahrnehmung *f (Licht)* perception of form *(Bewertung der Beleuchtungsgüte)*
Formenwahrnehmungsgeschwindigkeit *f (Licht)* speed of perception of form
Formfaktor *m* form factor *(Verhältnis des Effektivwerts zum Mittelwert einer periodischen Funktion)*
~ des Lichtbogens arc shape factor
Formfaktormeßgerät *n* form factor meter
Formfilter *n* shaping filter
Formieren *n* forming *(z. B. Akkumulatorplatten, Halbleiterbauelemente)*
Formiergas *n* forming gas
Formierglied *n (Syst)* shaping (signal-forming) network
Formierspannung *f* forming (formation) voltage
Formierung *f s.* Formieren
Formierungsstrom *m* baking current
Formlampe *f* shape[d] lamp
Formlitze *f* compressed strand
Formparameter *m* shape (shaping) parameter
Formspule *f* preformed (form-wound) coil
Formspulenwicklung *f* preformed winding
Formteil *n* moulded article
Formular *n* form, blank
Formularvorschub *m (Dat)* form feed
Formularzuführung *f (Dat)* form feeding
Formulierungssprache *f (Dat)* formulation language
Formung *f* **durch Funkenentladung** electroforming
fortleiten to transmit, to conduct
Fortleitung *f* transmission, conduction
Fortpflanzungsgeschwindigkeit *f* propagation velocity (speed), velocity of propagation

Fortpflanzungskonstante *f* propagation constant (coefficient)
Fortpflanzungsrichtung *f* direction of propagation, propagation direction
FORTRAN FORTRAN, formula translator *(Programmierungssprache für technische und mathematisch-wissenschaftliche Aufgaben)*
fortschalten to advance *(z. B. Zähler, Lochstreifen)*
Fortschaltkommando *n* stepping command
Fortschaltmagnet *m* stepping (impulsing) magnet
Fortschaltrelais *n* notching (stepping) relay
Fortschaltung *f***/schrittweise** step-by-step switching
Fortschaltwerk *n* stepping mechanism (device)
fortschreiten to advance; to travel
Fortsetzung *f***/analytische** *(Syst)* analytic continuation
Foto... *s. a.* Photo...
Fotoblitzgerät *n* photoflash device
Fotokopie *f* photocopy
Fotokopierverfahren *n* photocopying process
Fotolampe *f* photographic lamp
Fotoschicht *f s.* Photoschicht
Foucault-Strom *m* eddy (Foucault) current
Fourier-Analysator *m* Fourier (harmonic) analyzer
Fourier-Analyse *f* Fourier (harmonic) analysis
~ **einer Wellenform** wave-shape analysis
Fourier-Entwicklung *f* Fourier (harmonic) expansion
Fourier-Integral *n* Fourier integral
Fourier-Komponente *f* Fourier component, harmonic
Fourier-Reihe *f* Fourier series
Fourier-Spektrum *n* Fourier (harmonic) spectrum
Fourier-Transformation *f* Fourier transform[ation]
~**/diskrete** discrete Fourier transform
~**/schnelle** fast Fourier transform[ation], FFT
Fourier-Transformierte *f* Fourier transform
Fourier-Zahl *f* Fourier number
Fourier-Zerlegung *f* Fourier decomposition
Fowler-Nordheim-Emission *f (ME)* Fowler-Nordheim emission
Fowler-Nordheim-Tunnelung *f (ME)* Fowler-Nordheim tunnelling
Fox-Kode *m (Nrt)* fox message
Frage-Antwort-System *n (Dat)* question-and-answer system
Franz-Keldysch-Effekt *m* Franz-Keldysh effect *(Optik)*
Fraunhofer-Linien *fpl* Fraunhofer absorption lines
Fraunhofer-Spektrum *n* Fraunhofer spectrum
frei free; unbound *(z. B. Teilchen)*; disengaged *(z. B. Leitung)*; *(Nrt)* idle, not busy • ~ **halten** *(Nrt)* to keep clear
~ **von Störungen** *(Nrt)* free from (of) unwanted signals
Freiauslösung *f* trip-free release, free-tripping • **mit** ~ trip-free • **mit mechanischer** ~ mechanically trip-free
Freiauslösungsschalter *m* trip-free circuit breaker
Freifeld *n* free field *(Schallfeld)*
Freifeldeichung *f (Ak)* free-field calibration
Freifeldempfindlichkeit *f (Ak)* free-field sensitivity (response)
Freifeldfrequenzgang *m (Ak)* free-field response (characteristic)
Freifeldkorrektur *f (Ak)* free-field correction
Freifeldmessung *f (Ak)* free-field measurement (test)
Freifeldprüfung *f (Ak)* free-field test
Freifeldraum *m (Ak)* free-field room, anechoic room
Freifeldspannungsempfindlichkeit *f (Ak)* free-field voltage sensitivity
Freifeldspannungsverhalten *n (Ak)* free-field voltage response
Freifeldübertragungsfaktor *m (Ak)* free-field sensitivity, free-field [voltage] response
Freifeldverfahren *n (Ak)* free-field method
Freiflächenbeleuchtung *f* outdoor areas lighting
Freigabe *f* release, releasing *(z. B. Schaltgerät)*; clearing, opening
~**/bedingte** conditional release
Freigabekommando *n* release command
Freigabeschaltung *f (Nrt)* drop-out circuit *(Monitor)*; *(Dat)* release circuit
Freigabetaste *f* releasing key
Freigabezeichen *n (Nrt)* release-guard signal
freigeben to release; to clear
Freiheitsgrad *m* degree of freedom
Freilampe *f (Nrt)* free-line signal
Freilauf *m* 1. *(MA)* freewheel; 2. *s.* Freilaufen
Freilaufarm *m* free arm
Freilaufdiode *f* free-wheeling diode, inverse diode
Freilaufen *n (Srt)* freewheeling
freilaufend free-running, freewheeling
Freilauffrequenz *f* free-running frequency
Freilaufkippvorgang *m* free-running sweep
Freilaufkreis *m* 1. free-running circuit, freewheeling circuit; 2. freewheeling arm
Freilaufstrom *m* freewheeling current
Freilaufventil *n* freewheeling valve
Freilaufzweig *m* freewheeling arm
Freileiter *m* overhead conductor
Freileitung *f* overhead (open) line, open-wire [pole] line, open wire
Freileitungsableiter *m* intermediate-line-type arrester; series A arrester *(Ableitstrom etwa 5 kA)*
Freileitungsabspannung *f* line guy
Freileitungsanlage *f* overhead-line system, open-wire system
Freileitungsarmatur *f* overhead-line fitting
Freileitungsauslösung *f* line triggering
Freileitungsbau *m* overhead-line construction, open-line construction

Freileitungsfeld *n* mast (pole) section
Freileitungsisolator *m* overhead[-line] insulator, line insulator
Freileitungskabel *n* overhead cable
Freileitungsmonteur *m* lineman
Freileitungsnachbildung *f* open-line balancing network
Freileitungsnetz *n* overhead-line system
Freileitungsseilklemme *f* transmission wire clamp
Freileitungsspannung *f* overhead-line voltage
Freileitungsstromkreis *m* open-wire circuit
Freileitungssystem *n* open-wire system
Freileitungstelegrafie *f* open-wire telegraphy
Freileitungsverbindung *f* overhead junction
Freileitungsverteilerstelle *f* overhead distribution point
Freilochausführung *f* clearance hole type *(Leiterplatten)*
Freiluftanlage *f* outdoor installation (plant, station); outdoor substation
~/elektrische outdoor electrical installation
Freiluftaufstellung *f* outdoor installation
Freiluftausführung *f* outdoor construction (type)
Freiluftdurchführung *f* outdoor wall bushing; outdoor pull-through type bushing *(Transformator)*
Freiluftgerät *n* outdoor apparatus
Freiluft-Innenraum-Durchführung *f* outdoor-indoor bushing
Freiluftisolation *f* outdoor insulation
Freiluftisolator *m* outdoor insulator
Freiluftkabel *n* open-air installed cable
Freiluftkondensator *m* outdoor capacitor
Freiluftschaltanlage *f* outdoor switching station; *(Am)* switch yard; outdoor substation
Freiluftschaltgerät *n* outdoor switchgear
Freiluftschweißen *n* open-air welding
Freiluftstation *f* outdoor station
Freilufttransformator *m* open-air transformer
Freiluftunterstation *f* outdoor substation
Freiluftwanddurchführung *f* outdoor wall bushing
Freimaß *n* size without tolerance, free size
Freimaßtoleranz *f* free size tolerance
Freimeldelampe *f* *(Nrt)* visual engaged lamp
Freimeldestromkreis *m* *(Nrt)* clearing circuit
Freimeldung *f* *(Nrt)* idle status indication
Freiraumausbreitung *f* free-space propagation
Freiraumdämpfung *f* *(Nrt)* free-space attenuation
Freiraumfeldstärke *f* unabsorbed field strength
Freiraumradargleichung *f* free space radar equation
freischalten to disconnect *(z. B. Register)*; to release
Freischalten *n* disconnection; release; *(Nrt)* clearing, forced release, clear-down
~ der Verbindung *(Nrt)* line lock-out *(bei Dauerschleife)*
Freischauzeichen *n* *(Nrt)* free-line signal
Freischwinger *m* induction (free swinging) loudspeaker
freisetzen to free, to set free, to release
~/Elektronen to liberate electrons
~/Energie to release energy
Freisetzung *f* release; liberation
Freisignal *n* *(Nrt)* clear (line-clear) signal
Freisprecheinrichtung *f* intercom[munication station]
Freisprechen *n* hands-free talking (operation)
Freisprechtaste *f* hands-free talk key
Freistrahldoppelturbine *f* double impulse turbine
Freistrahlturbine *f* impulse turbine, Pelton wheel (turbine)
Freisuchen *n* *(Nrt)* hunting
Freiton *m* *(Nrt)* ringing signal
Freiwahl *f* *(Nrt)* hunting movement
~ über verschiedene Höhenschritte level hunting
freiwählen *(Nrt)* to hunt over a bank
Freiwählen *n* *(Nrt)* hunting (finding) action
Freiwähler *m* *(Nrt)* hunting selector (switch)
Freiwahlzeit *f* *(Nrt)* selector hunting time
Freiwerden *n* release, liberation
Freiwerdezeit *f* *(El)* recovery time; *(LE)* circuit commutated recovery time
Freizeichen *n* *(Nrt)* ringing tone (signal), call-connected signal, free-line signal, line-clear signal
Freizustand *m* *(Nrt)* idle condition
Fremdatomzusatz *m* impurity addition
Fremdbeimengung *f* impurity addition
fremdbelüftet forced (separately) air-cooled, separately ventilated; fan-cooled
Fremdbelüftung *f* separate (external) ventilation; fan cooling
Fremdbestandteil *m* impurity
Fremdeinspeisung *f* outside supply, power supply from outside
Fremdelektrolyt *m* foreign electrolyte
Fremdelektrolytüberschuß *m* excess of an indifferent electrolyte
Fremdelektron *n* stray electron
fremderregt separate-excited
Fremderregung *f* separate (foreign) excitation
Fremdfeld *n* external (separate) field
~/magnetisches external magnetic field
Fremdfeldeinfluß *m* external field influence
fremdgekühlt separately cooled
Fremdgeräusch *n* extraneous noise
fremdgesteuert master-excited *(bei elektrischen Schwingkreisen)*
Fremdhalbleiter *m* extrinsic (impurity) semiconductor
Fremdion *n* foreign (impurity) ion, ionic impurity
Fremdkühlung *f* separate cooling
Fremdlicht *n* extraneous light
Fremdmetallverunreinigung *f* foreign-metal impurity
Fremdmodulation *f* external modulation
Fremdnetz *n* *(Nrt)* visited network
Fremdrauschen *n* external noise

Fremdschicht *f* contamination (pollution) layer; tarnishing film *(Anlaufschicht)*
Fremdschichtprüfung *f* [artificial] pollution test
Fremdschichtüberschlag *m (Hsp)* contamination (pollution) flash-over
Fremdsignal *n* external signal
Fremdspannung *f* external (extraneous) voltage; noise[-level] voltage
Fremdspannungsabstand *m* unweighted signal-to-noise ratio
Fremdspannungsmesser *m* noise-level meter
Fremdspannungsmessung *f* noise-level measuring
Fremdspeicher *m (Dat)* external memory; secondary memory
Fremdstoff *m* foreign material (substance), contaminant, impurity *(Kristall)*
Fremdstoffadsorption *f* impurity adsorption
Fremdstoffgehalt *m* impurity content
Fremdstörstelle *f* [lattice] impurity
Fremdstrahler *m* secondary source
Fremdstrom *m* parasitic current
Fremdteilchen *n* foreign particle
Fremdversorgung *f* external power supply
Frenkel-Defekt *m* Frenkel defect *(Halbleiter)*
Frequenz *f* frequency; oscillation (oscillating, vibrational) frequency
~**/abstimmbare** tunable frequency
~**/angelegte** applied frequency
~**/aufgedrückte** impressed frequency
~ **bei Bildschwarz** black frequency *(Faksimile)*
~ **bei Bildweiß** white frequency *(Faksimile)*
~ **der Zeitsteuerungsimpulse** timing pulse rate
~ **des Bildsignals** video frequency
~**/diskrete** discrete (spot) frequency
~**/feste** fixed frequency
~**/geplante** scheduled frequency
~**/geregelte** regulated frequency
~**/gleitende** gliding frequency
~**/harmonische** harmonic frequency
~ **im Kennlinienknick** break (cut-off) frequency
~**/kritische** critical (crest) frequency
~ **mit dem Wert Null** zero frequency
~**/mittlere** centre frequency
~ **Null** zero frequency
~**/quarzgesteuerte** crystal-controlled frequency
~**/subharmonische** subharmonic frequency
~**/technische** industrial frequency
~**/unhörbar hohe** ultra-audible frequency
~**/unhörbar tiefe** ultralow (subaudio, infra-acoustic) frequency
~**/veränderliche** variable frequency
~**/zugeteilte** assigned frequency
45°-Frequenz *f* break (corner) frequency
frequenzabhängig frequency-dependent
Frequenzabhängigkeit *f* frequency dependence
Frequenzablage *f* frequency departure
Frequenzabstand *m* frequency distance (space, interval), distance between frequencies
Frequenzabstimmung *f* frequency tuning
Frequenzabtasteinrichtung *f* frequency scanning device
Frequenzabtastung *f* frequency scanning
Frequenzabweichung *f* frequency deviation (departure), swing of frequency
~**/zulässige** frequency tolerance
Frequenzabzweigung *f* frequency frogging
Frequenz-Amplituden-Modulation *f (Nrt)* frequency amplitude modulation
Frequenzanalysator *m* frequency analyzer; harmonic (wave) analyzer
Frequenzanalyse *f* frequency (spectrum) analysis; harmonic analysis
Frequenzänderung *f* alteration of frequencies; frequency change
Frequenzanzeiger *m* frequency indicator
Frequenzaufzeichnung *f* frequency record
Frequenzausgleich *m* frequency compensation
Frequenzauswahl *f* frequency selection
Frequenzauswanderung *f* frequency drift *(des Oszillators)*
Frequenzband *n* frequency band (range); service band *(Funkdienst)*
~**/breites** wide frequency band
~**/effektiv übertragenes** *(Nrt)* effectively transmitted band of frequencies
~**/schmales** narrow frequency band
Frequenzbandbegrenzung *f* frequency-band limiting
Frequenzbandbeschneidung *f* clipping of frequency range, bandwidth limitation
Frequenzbandbreite *f* frequency bandwidth
Frequenzbandkennziffer *f* frequency-band number
Frequenzbandkompression *f* frequency[-band] compression
Frequenzbegrenzung *f* frequency limitation
Frequenzbereich *m* frequency range (band), range of frequencies
~**/durchstimmbarer** adjustable frequency range
~**/erfaßter** frequency coverage
~**/großer** wide frequency range
~**/hörbarer** audio (audible) frequency range
Frequenzbereichschalter *m* frequency-range switch
Frequenzbereichumschaltung *f* band switching (change)
frequenzbeschnitten band-passed
Frequenzbestimmung *f* frequency determination
frequenzbewertet frequency-weighted
Frequenzbewertung *f* frequency weighting
Frequenzbewertungsfilter *n* frequency-weighting network
Frequenzcharakteristik *f* frequency characteristic (response) *(s. a. unter* Frequenzgang*)*
~**/harmonische** harmonic response [characteristic]
Frequenzdiversityempfang *m (Nrt)* frequency diversity reception

Frequenzdrift *f* frequency drift *(z. B. des Oszillators)*
Frequenzdurchlauf *m* frequency sweep
Frequenzdurchstimmung *f***/zyklische** *(Ak)* frequency cycling
Frequenzeinfluß *m* frequency influence
Frequenzeinstellung *f* frequency setting (adjustment)
frequenzempfindlich frequency-sensitive
Frequenzerneuerung *f* frequency restoration
Frequenzerzeuger *m* frequency synthesizer
Frequenzfahrplan *m* frequency schedule
Frequenzfehler *m* frequency error
Frequenzfilter *n* frequency[-selective] filter
Frequenzgang *m* frequency response (characteristic), harmonic response [characteristic], response
~ **bei hohen Frequenzen** *(Ak)* high-note response
~ **bei tiefen Frequenzen** *(Ak)* low-note response
~**/brauchbarer** useful frequency response
~ **der Dämpfung** frequency response of attenuation, attenuation curve
~ **der Verzerrung** distortion response
~ **des [geschlossenen] Regelkreises** *(Syst)* closed-loop frequency response
~ **des Verstärkers** amplifier response
~**/glatter** flat (smooth) frequency response
~ **im Pegelmaßstab** frequency response level
~**/linearer** linear (flat) frequency response
~**/phasenverschobener** out-of-phase frequency response
~**/tatsächlicher** real frequency characteristic
~**/trapezförmiger** trapezoidal frequency response
Frequenzganganalyse *f (Syst)* frequency-response analysis
Frequenzgangausgleich *m* [frequency response] equalization
Frequenzgangcharakteristik *f* amplitude-frequency response characteristic
Frequenzgangentzerrer *m* equalizer
Frequenzgangentzerrung *f* equalization of frequency response
Frequenzgangfehler *m* frequency-response error
Frequenzgangkennlinie *f* frequency-response characteristic, amplitude-frequency characteristic
Frequenzgangkorrekturfilter *n* equalizer [of frequency response]
Frequenzgangmessung *f* frequency-response measurement
Frequenzgangmethode *f* Bode method *(Stabilitätsuntersuchung)*
Frequenzgangprüfeinheit *f* [frequency-]response test unit
Frequenzgangschreiber *m* frequency-response recorder
Frequenzgangsichtgerät *n* frequency-response tracer
Frequenzgangverzerrung *f* distortion of frequency response
Frequenzgehalt *m* frequency content
Frequenzgemisch *n* frequency composition
Frequenzgenauigkeit *f* frequency accuracy
Frequenzgenerator *m* frequency synthesizer, frequency-generating set
Frequenzgleichlage *f*, **Frequenzgleichlageverfahren** *n (Nrt)* hybrid separation
Frequenzgrenze *f* frequency limit
~**/obere** upper frequency limit
~**/untere** lower frequency limit
Frequenzgruppe *f (Ak)* aural critical band
Frequenzhalbierschaltung *f* scale-of-two circuit, frequency halver
Frequenzhalbierung *f* frequency halving
Frequenzhub *m* frequency deviation (swing, sweep)
Frequenzinstabilität *f* frequency instability
Frequenzkennlinie *f* frequency[-response] characteristic, frequency response
~**/logarithmische** logarithmic frequency-response characteristic, Bode diagram (plot)
Frequenzkomponente *f* frequency component
frequenzkonstant stable in frequency
Frequenzkonstanz *f* frequency stability (constancy)
Frequenzkontrolle *f* frequency check
Frequenzkontrollgerät *n* frequency monitor
Frequenzkurve *f* frequency-response curve (characteristic)
Frequenzleistungsregelung *f* power-frequency control
Frequenzlinearität *f* frequency linearity
Frequenzliste *f (Nrt)* frequency list
Frequenzlupe *f***/hochauflösende** *(Ak)* wide-angle zoom *(Frequenzanalyse)*
~**/signalerhaltende** non-destructive zoom
Frequenzmarkengeber *m* [frequency] marker generator
Frequenzmehrfachempfang *m (Nrt)* frequency diversity reception
Frequenzmeßbrücke *f* frequency [measuring] bridge
Frequenzmesser *m* frequency meter; frequency counter *(Impulszählverfahren)*
~**/direktanzeigender** direct-reading frequency meter
~**/integrierender** integrating frequency meter
Frequenzmessung *f* frequency measurement
Frequenzmischung *f* frequency mixing
Frequenzmodulation *f* frequency modulation, FM
~**/direkte** direct frequency modulation
~ **mit Hilfsträger** subcarrier frequency modulation
~**/modifizierte** modified frequency modulation
~**/periodische** periodic frequency modulation
Frequenzmodulations... *s. a.* FM-...
Frequenzmodulationsaufzeichnung *f* frequency-modulation [carrier] recording
Frequenzmodulationsdetektor *m* frequency-modulation discriminator

Frequenzmodulationsmagnetbandgerät *n* frequency-modulation tape recorder
Frequenzmodulationssteilheit *f* frequency-modulation slope
Frequenzmodulationsstörung *f* frequency-modulation distortion
Frequenzmodulator *m* frequency modulator
~ **mit Induktivitätsröhre** valve-reactor frequency modulator
frequenzmoduliert frequency-modulated
Frequenzmultiplex[system] *n (Nrt)* frequency-division multiplex [system]
Frequenzmultiplex-Vielfachzugriff *m (Nrt)* frequency division multiple access
Frequenznachstimmung **f/automatische** automatic frequency control, AFC
Frequenznormal *n* frequency standard
Frequenzparameter *m* frequency parameter
Frequenzphasenkennlinie *f (Syst)* frequency-phase characteristic
Frequenzprüfung *f* frequency check
Frequenzraster *m* frequency raster
Frequenzregelkreis *m* frequency control loop
Frequenzregelung *f* frequency control
~**/automatische** automatic frequency control, AFC
Frequenzregistrierung *f* frequency registering
Frequenzregler *m (Syst)* frequency controller (regulator)
Frequenzrelais *n* frequency[-sensitive] relay
Frequenzschachtelung *f* frequency overlap
Frequenzscharfabstimmung *f* frequency peaking
Frequenzschrieb *m* frequency record
Frequenzschutz *m* frequency protection
Frequenzschwankung *f* frequency variation (fluctuation)
Frequenzselektion *f* frequency selection
frequenzselektiv frequency-selective
Frequenzselektivität *f* frequency selectivity
Frequenzsieb *n* electric wave filter
Frequenzspektrum *n* frequency spectrum
Frequenzsprung *m* frequency jumping
frequenzstabil stable in frequency
Frequenzstabilisator *m* frequency stabilizer
Frequenzstabilisierung *f* frequency stabilization
Frequenzstabilität *f* frequency stability
~ **des Systems** system frequency stability
Frequenzstabilitätskriterium *n* frequency stability criterion
Frequenzsteueranlage *f* synchronization bay *(Sendeanlagen)*
Frequenzsteuerung *f* frequency control
Frequenzstreuung *f* frequency spread
Frequenz-Strom-Kennlinie *f* frequency-current characteristic
Frequenzteiler *m* frequency divider; *(Fs)* field (line) divider
~**/induktiver** reactance frequency divider
Frequenzteilerstufe *f* scaling stage
Frequenzteilung *f* frequency division
Frequenzteilungssystem *n* frequency-division multiplex system
Frequenztoleranz *f* frequency tolerance
Frequenztransformation *f* frequency transformation
Frequenztransformator *m* frequency transformer
Frequenztrennung *f* frequency separation
Frequenztreue *f* high-fidelity response
Frequenzübersprechen *n* frequency cross talk
Frequenzüberwachung *f* frequency control
Frequenzumfang *m* frequency range
Frequenzumformer *m* frequency converter (transformer)
Frequenzumschaltung *f* frequency change
Frequenzumsetzer *m* frequency converter (changer, translator)
Frequenzumsetzung *f* frequency conversion (translation, transformation); *(Dat)* frequency inversion
Frequenzumtasttelegrafie *f* frequency-shift telegraphy
Frequenzumtastung *f* frequency-shift keying, FSK
~**/binäre** binary fsk (frequency-shift keying)
Frequenzumwandlung *f* frequency conversion (change)
frequenzunabhängig frequency-independent, independent of frequency
Frequenzunabhängigkeit *f* independence of frequency
Frequenzuntersetzer *m* frequency divider
Frequenzuntersetzerschaltung *f* **1:2** scale-of-two circuit
~ **1:10** scale-of-ten circuit
Frequenzverdoppler *m* frequency doubler
Frequenzverdopplung *f* frequency doubling
Frequenzverdreifacher *m* frequency tripler
Frequenzverdreifachung *f* frequency tripling
Frequenzvergleich *m* frequency comparison
~**/digitaler** digital frequency comparison
Frequenzvergleicher *m* frequency comparator
Frequenzvergleichsschaltung *f* frequency comparison circuit
Frequenzverhalten *n* frequency [harmonic] response, harmonic response
Frequenzverschachtelung *f* frequency interlace
Frequenzverschiebung *f* frequency shift (pulling)
~ **durch Doppler-Effekt** Doppler shift
Frequenzverteilung *f* 1. frequency distribution; 2. *s.* Frequenzzuteilung
Frequenzvervielfacher *m* frequency multiplier
Frequenzvervielfachung *f* frequency multiplication
Frequenzvervielfachungsklystron *n* frequency-multiplier klystron
Frequenzverzerrung *f* frequency distortion
Frequenzwahl *f* frequency selection
Frequenzwandler *m* frequency converter, frequency changer [set]
~**/ruhender** static frequency converter (changer)

Frequenzweiche *f* frequency-dividing network; *(Nrt)* diplexer
Frequenzwiedergabe *f (Ak)* frequency response
Frequenzwobbelung *f* frequency scanning, wobbling
Frequenzwobbler *m* wobbler
Frequenzzähler *m* frequency counter *(Impulszählverfahren)*
Frequenzzuteilung *f*, **Frequenzzuweisung** *f (Nrt)* frequency allocation (assignment, allotment), allocation of frequencies
Fresnel-Linse *f* Fresnel (echelon) lens
Fresnel-Zahl *f* Fresnel number
Freund-Feind-Kennung *f (FO, Nrt)* identification friend or foe
Friktionstrieb *m* friction drive
Frischluftgebläse *n* forced-draught fan
Frischluftkühlung *f* open-circuit ventilation
Frischprüfung *f* initial output test *(einer Batterie)*
Fritteffekt *m* fritting
fritten to frit
Frittspannung *f* fritting voltage
Frittung *f* fritting
FROM *m s.* 1. Festwertspeicher/vom Herstellerwerk programmierbarer; 2. Festwertspeicher mit Schmelzbrücken
Front *f* front *(z. B. von Wellen)*
Frontalbeleuchtung *f* frontal lighting
Frontlinse *f* front lens
Frontplatte *f* face[plate], front panel (plate, cover)
Frontplattenbeleuchtung *f* faceplate illumination
Frontplattenbuchse *f* front-panel socket
Frontplattendeckel *m* front-panel cover
Frontplatteneinbau *m* panel[-frame] mounting
Frontplattenknopf *m* panel button
Frontplattenschalter *m* [front-]panel switch
Frontseite *f* front [side]
Froschbeinwicklung *f* frog-leg winding
frostbeständig frost-proof
Frostschutzmittel *n* antifreezing agent, antifreeze [compound]
Frühausfall *m* early failure, wear-in failure, infant mortality
Frühausfallperiode *f* early failure period
Frühwarnradar *n* [distant] early-warning radar
Frühwarnung *f* early warning
Frühzündung *f* preignition
F-Schirm *m* F scope *(Radar)*
Fugenvergußmasse *f* joint sealing compound
Fühlelement *n* sensing element, sensor
~/induktives variable-inductance sensing element
fühlen to sense
Fühler *m* sensor, sensing element (head); probe *(Zusammensetzungen s. unter* Sensor*)*
Fühlerkondensator *m* pick-up capacitor
Fühlerwiderstand *m* sensor resistor
Fühlfinger *m* tracer finger
Fühlglied *n* sensing element
Fühlhebel *m* sensing lever
Fühlstift *m* stylus, tracer
führen to conduct, to lead, to guide
~/eine Leitung unterirdisch to route a line underground
~/[einen] Strom to carry a current
Führung *f* 1. guidance, guide *(s. a.* Führungsbahn*)*; 2. run *(von Kabeln)*
~/rechnergestützte computer-aided management, CAM
Führungsautonomie *f (Syst)* command autonomy
Führungsbahn *f (MA)* guideway, slideway
Führungscomputer *m* guidance computer *(Rechnerhierarchie)*
Führungsfrequenz *f* control frequency
Führungsfrequenzgang *m (Syst)* reference frequency response, control frequency response
Führungsgenerator *m* reference generator
Führungsgröße *f (Syst)* reference input (value), control (set) input, reference input variable
Führungskugel *f* track ball *(Kugel zur Cursorsteuerung)*
Führungslager *n (MA)* guide bearing
Führungsloch *n* sprocket (guide) hole *(Lochstreifen)*
Führungsphase *f* leading phase
Führungsrad *n* guiding wheel
Führungsregler *m (Syst)* master controller
Führungsrille *f* track groove *(Schallplatte)*
Führungsrolle *f* idle pulley, guiding wheel
Führungsschiene *f* guide rail (bar)
Führungssignal *n* driving signal
Führungssollwert *m* reference (master) setpoint
Führungsstange *f* guide bar (rod), sliding bar
Führungssteuerung *f (Syst)* pilot control
Führungsstift *m* guide (alignment) pin; aligning plug *(Röhrensockel)*
Führungsstück *n* guide piece
Führungssystem *n* guidance system
Führungs- und Dispositionsebene *f* corporate management level, management and scheduling level
Führungszapfen *m s.* Führungsstift
Fulchronograph *m* fulchronograph *(Blitzstrommessung)*
füllen to fill
Füllfaktor *m* space (filling) factor *(Spule, Wicklung)*; *(ME)* stacking factor
Füllgas *n* filling gas
Füllgrad *m* degree of filling; groove spacing *(Schallplatte)*
Füllsender *m (Fs)* gap-filling transmitter, gap-filler *(Zusatzantenne zum Versorgen der Strahlungslücken)*
Füllsignal *n s.* Leersignal
Füllstand *m* [filling] level
Füllstandsanzeige *f* level indication
Füllstandsanzeiger *m* level indicator
Füllstandsfühler *m* level sensor
Füllstandsmesser *m* level meter (gauge)

Füllstandsmessung *f* level measurement
Füllstandsregelung *f* level control
Füllstandsregler *m* level controller (regulator)
Füllstandswächter *m* level monitor
Füllstoff *m* filler, filling (loading) material, back-up material
Füllung *f* batch, charge
Füllwort *n (Nrt)* stuffing word
Füllzeichen *n (Nrt)* filler; *(Dat)* fill character, nil, dummy
Fundament *n* foundation [plate] *(für Maschinen)*
~/schwingungsisolierendes vibration-insulating support
Fundamentalmatrix *f (Syst)* fundamental matrix
Fundamentalschwingung *f* fundamental mode (oscillation), fundamental (first) harmonic
Fundamentalserie *f* fundamental series *(Spektrallinien)*
Fundamentalsystem *n* fundamental system *(Lösungssatz einer linearen Differentialgleichung)*
Fundamentplatte *f* foundation plate (slab)
Fünfadressenbefehl *m (Dat)* five-address instruction
Fünfelektrodenröhre *f* five-electrode valve
Fünferalphabet *n s.* Fünfschrittalphabet
Fünferkode *m* five-track code
Fünfertelegrafiekode *m* five-track telegraphic code
Fünfgittermischröhre *f* pentagrid [converter]
Fünfgitterröhre *f* pentagrid valve
Fünfkanalkode *m (Dat)* five-channel code, five-track code
Fünfkanallochstreifen *m (Dat)* five-hole punched tape
Fünfleiterkabel *n* five-wire cable, cable in quintuples
Fünfpolröhre *f* pentode, five-electrode valve
Fünfschichtdiode *f* biswitch diode
Fünfschichtstruktur *f* five-layer structure
Fünfschrittalphabet *n (Nrt)* five-unit alphabet (code)
Fünfstiftsockel *m* five-pin base, five-prong base *(Röhren)*
Fünfstrahl[elektronen]röhre *f* five-gun cathode-ray tube, five-beam cathode ray tube
Fünfstufenschalter *m* five-heat switch *(Heizgeräte)*
Funk *m* radio, wireless • **durch** ~ by radio
Funk... *s. a.* Radio...
Funkamateur *m* radio amateur
Funkanlage *f* radio installation
Funkapparat *m* radio set
Funkausrüstung *f* radio equipment
Funkbake *f* [radio] beacon *(Zusammensetzungen s. unter* Funkfeuer*)*
Funkbeobachtung *f* radio observation
Funkbereich *m* radio range
Funkbereitschaft *f* radio alert
Funkbeschickung *f (FO)* bearing calibration, direction-finding correction
Funkbeschickungskurve *f (FO)* correction curve
Funkbeschickungssender *m (FO)* calibration station
Funkbeschickungstabelle *f (FO)* calibration chart
Funkbetrieb *m* radio service
Funkbild *n* photoradiogram, radio picture, radiophotograph
Funkbildübertragung *f s.* Faksimile
Funkbrücke *f* radio link (relay)
Funkdämpfung *f* radio attenuation
Funkdienst *m* radio service
~/beweglicher mobile radio service
~/fester fixed radio service
Funkdiensttelegramm *n* service radio telegram
Funk-Doppler *m* radio-Doppler
Funke *m* spark
~/elektrischer electric spark
Funkecholot *n* radio (reflection) altimeter, ground-clearance indicator *(Höhenmesser)*
Funkeinrichtung *f* radio installation (set)
Funkelfeuer *n (Licht)* quick-flashing light
funkeln to sparkle, to scintillate
Funkelrauschen *n* 1. flicker noise; 2. excess noise ratio
Funkempfang *m* radio reception
Funkempfänger *m* radio receiver (set), radio receiving set
Funkempfangsstation *f* radio receiving station
funken 1. to radio; to radiotelegraph; 2. to spark *(am Stromwender)*; to arc [over] *(am Schaltgerät)*
Funken *n* radio transmission
Funkenableiter *m* spark (gap) arrester
~/magnetisch beblasener magnetic blow-out arrester
Funkenanzeiger *m* spark indicator
Funkenbahn *f* path of spark
Funkenbildung *f* sparking
Funkenbüschel *n* pencil of sparks
Funkenentladung *f* spark discharge
Funkenentladungsstrecke *f s.* Funkenstrecke
Funkenerosion *f* spark erosion, discharge destruction
Funkenerosionsbearbeitung *f* spark erosion machining, electric discharge machining
Funkenerosionsmaschine *f* spark erosion machine, electric discharge machine
Funkenfänger *m* spark catcher
funkenfest spark-proof
funkenfrei *(El)* non-arcing; spark-free
Funkengenerator *m* spark generator
Funkenhärten *n* spark hardening
Funkeninduktor *m* spark (induction) coil, hammer-break spark coil
~/Ruhmkorffscher *(Hsp)* Ruhmkorff coil
Funkenkammer *f* arc chute
Funkenkondensator *m* spark capacitor

Funkenkontinuum *n* spark-discharge continuum
Funkenlänge *f* spark length, sparking distance
Funkenlinie *f* spark line
Funkenlöscher *m* spark extinguisher (quencher, absorber); arc break
Funkenlöschermagnet *m s.* Funkenlöschmagnet
Funkenlöschkondensator *m* spark [quenching] capacitor
Funkenlöschkreis *m* spark quenching circuit
Funkenlöschmagnet *m* spark-extinguisher magnet, spark-absorber magnet
Funkenlöschspule *f* spark blow-out coil, [magnetic] blow-out coil
Funkenlöschung *f* spark extinguishing (quenching); arc quenching (blow-out)
Funkenmikrometer *n* spark micrometer
Funkenpotential *n* sparking potential
Funkenprüfung *f* spark test
Funkenschaltröhre *f***/gesteuerte** trigatron *(Impulsmodulationsröhre)*
Funkenschlagweite *f* striking distance
Funkenschreiber *m* spark recorder
Funkenschwächer *m* spark reducer
Funkensender *m* spark transmitter
~/zeitgesteuerter timed spark transmitter
Funkenspannung *f* sparking voltage
Funkenspektrum *n* spark spectrum
Funkenstrahlung *f* spark radiation
Funkenstrecke *f* spark (discharge) gap, sparking distance; spark discharge; arcing air gap
~/asynchron rotierende asynchronous rotary spark gap
~/äußere external series gap *(Löschrohrableiter)*
~ im Ableiter arrester spark gap
~/rotierende (umlaufende) rotary spark gap
~/verengte constricted spark gap
~/zeitgesteuerte timed spark gap
Funkenstreckenmodulation *f* spark-gap modulation
Funkenstreckenüberschlag *m* spark-gap flashover
Funkentfernungsmessung *f* radio range finding
Funkentstörkondensator *m* [radio] interference suppression capacitor, antinoise capacitor
funkentstört noise-suppressed
Funkentstörung *f* [radio] noise suppression, suppression of [radio] interference
Funkenüberschlag *m* spark-over, flash-over, spark breakdown
Funkenweg *m* path of spark
Funkenwiderstand *m* spark resistance
Funkenzieher *m* spark drawer
Funkenzündung *f* spark ignition
Funker *m* radio (wireless) operator
Funkerfassung *f* radio detection
Funkfax *n* radiofax, radio telefax
Funkfeinhöhenanzeiger *m* terrain clearance indicator
Funkfeld *n* radio hop
Funkfelddämpfung *f* transmission loss
Funkfernlenkung *f* radio control
Funkfernmessung *f* radiotelemetry, radiotelemetering
Funkfernschreiben *n* radio teletype
Funkfernschreiber *m* radio teleprinter (teletypewriter)
Funkfernschreibnetz *n* radio teleprinter network
Funkfernsprechbetrieb *m* radiotelephone operation
Funkfernsprechen *n* radiotelephony, wireless telephony
Funkfernsprecher *m* radiotelephone, radiophone
Funkfernsprechnetz *n***/digitales** digital radiotelephone network
~/zellulares cellular mobile radiotelephony network
Funkfernsprechtechnik *f* radiophony
Funkfernsprechverkehr *m* radiophone communication
Funkfernsteuerung *f* radio control
Funkfeuer *n* radio beacon
~/gerichtetes directional radio beacon
~ mit Kennung [radio] marker beacon
~/rotierendes rotating [radio] beacon
~/ungerichtetes non-directional [radio] beacon
Funkfrequenz *f* radio frequency
Funkführung *f* radio guidance
Funkgerät *n* radio set (equipment)
~ mit Trockenbatteriebetrieb/tragbares all-dry portable [radio set]
Funkgespräch *n* radiotelephone call
funkgesteuert radio-controlled
Funkhaus *n* broadcasting centre
Funkhöhenmesser *m* radio altimeter
Funkkanal *m* radio channel
Funkleitstrahl *m* radio beam (leg); localizer beam
Funkleitung *f* radio guidance
Funklinie *f* radio communication line, radio link
~/feste point-to-point communication
Funkmeldesystem *n* radio signalling system
Funkmeldung *f* radio message (report)
Funkmeß... *s.* Radar...
Funknachricht *f* radio message
Funknavigation *f* radio navigation
Funknetz *n* radio network
Funknotruf *m*, **Funknotsignal** *n* radio distress (emergency) signal
Funkortung *f* radio position finding, radiolocation
Funkpeildienst *m* radio direction-finding service
Funkpeiler *m*, **Funkpeilgerät** *n* radio direction finder, radiogoniometer; radio compass
Funkpeilnetz *n* direction-finding network
Funkpeilstelle *f* direction-finding station
Funkpeilung *f* radio direction finding, [radio] bearing
~/aufgenommene observed radio bearing
~/korrigierte corrected radio bearing
Funkprüfgerät *n* radio analyzer

Funkraum *m* radio room
Funkreichweite *f* range *(eines Senders)*
Funkruf *m* radio call
Funkschatten *m* radio shadow, dead spot
Funksender *m* radio transmitter
Funksignal *n* radio signal
~ **mit hohem Pegel** high-level radio-frequency signal
Funksignalbake *f* station location marker
Funksonderdienst *m* special radio service
Funkspektrum *n* radio[-frequency] spectrum
Funksprechanlage *f* radiotelephone system
~**/bewegliche (fahrbare)** mobile radiotelephone system
Funksprechbetrieb *m* radiotelephone operation
Funksprechdienst *m* radiotelephony service
funksprechen to radiotelephone
Funksprechen *n* radiotelephony
Funksprechgerät *n* radiophone, radiotelephone
~**/tragbares** walkie-talkie
Funksprechleitung *f* radiotelephone circuit
Funksprechstelle *f* radiotelephony station
Funksprechverbindung *f* radiotelephone communication (circuit), radio link
Funksprechverkehr *m* radiotelephone traffic, radio telephony
Funksprechzentrale *f* radiotelephony exchange
Funkspruch *m* radiogram, radio message
~**/offener** clear radio message
~**/verschlüsselter** radio code message
Funkstation *f* radio station
~**/bewegliche** mobile radio station
~ **im Gelände** radio field station
~**/ortsfeste** fixed radio station
Funkstelle *f s.* Funkstation
Funksteuerung *f* radio control
Funkstille *f* radio silence; silence (silent) period
Funkstörfeldintensität *f*, **Funkstörfeldstärke** *f* radio-noise field intensity, [radio-]noise field strength
Funkstörmeßgerät *n* radio interference meter, interference measuring apparatus
Funkstörpegel *m* radio interference level
Funkstörung *f* radio interference (noise, disturbance), radio-frequency interference
Funkstörungsmessung *f* radio interference measurement
Funkstreuung *f* [radio] scattering
Funktäuschung *f* radio deception
Funktechnik *f* radio engineering
Funkteilnehmer *m* subscriber
Funktelefon *n* radio[tele]phone, cordless telephone
Funktelefonie *f* radiotelephony, radiophony
Funktelegraf *m* radiotelegraph
Funktelegrafendienst *m* radiotelegraph service
Funktelegrafie *f* radiotelegraphy
Funktelegrafiezeichen *n* radiotelegraph signal
funktelegrafisch by radiotelegraphy
Funktelegramm *n* radiotelegram, radiogram, wireless telegram (message)
Funktion *f***/Besselsche** Bessels function
~**/Boolesche** Boolean function
~ **des Ausgangssignals** *(Syst)* output function
~ **des Eingangssignals** *(Syst)* input function
~**/Diracsche** Dirac delta function, unit impulse function
~**/erzeugende** generating function
~**/gerade** even function
~**/Greensche** Green function
~**/Hankelsche** Hankel function
~**/harmonische** harmonic function
~**/Hermitesche** Hermite function
~**/Hertzsche** Hertzian radiation integral
~ **im Oberbereich** time domain function *(Laplace-Transformation)*
~**/innere** *(Dat)* intrinsic function
~**/Ljapunowsche** Ljapunov function *(Stabilitätsbestimmung)*
~**/logische** logical (Boolean) function
~**/meromorphe** meromorphic function
~**/monotone** monotonic function
~**/normierte** normalized function
~**/Peircesche** Peirce (dagger) function *(Schaltlogik)*
~**/rampenförmig ansteigende** ramp function
~**/retardierte** retarded function
~**/Sheffersche** NAND function
~**/stationäre stochastische** stationary random function
~**/stochastische** random function
~**/systembestimmende** system-driving function
~**/tabellierte** tabulated function
~**/ungerade** odd function
~**/unstetige** discontinuous function
δ-Funktion *f***[/Diracsche]** *s.* Funktion/Diracsche
Funktional *n* composite function
Funktionalgleichung *f* functional equation
Funktionaltransformation *f* functional transformation
funktionieren to function, to operate, to work
Funktionieren *n***/fehlerhaftes** malfunctioning
Funktionsanweisung *f* functional command
Funktionsbaugruppe *f* functional module
Funktionsbereich *m* function range
Funktionsblock *m* functional block (unit, box), functional element
~**/elektronischer** functional electronic block
Funktionsdauer *f***/mittlere** mean time to failure
Funktionsdiagramm *n* functional [block] diagram; *(Dat)* action (function) chart
Funktionsdichte *f (ME)* functional density
Funktionseinheit *f* 1. functional (operational) unit; 2. *s.* Chip
Funktionselement *n s.* Funktionsblock
funktionsfähig functional; in working order; efficient
~**/teilweise** fail-soft

Funktionsgenerator *m* function generator
~ **für nichtlineare Funktionen** non-linear function generator
~ **mit Dioden** diode function generator
~**/synthetischer** synthesizer
Funktionsgruppe *f*, **Funktionsmodul** *m* functional module
Funktionsmultiplizierer *m* function multiplier
Funktionsplan *m* sequential function chart, control system flowchart (function chart), logic diagram
Funktionspotentiometer *n* function potentiometer
Funktionsprüfung *f* functional test (check), performance test
Funktionsschalter *m* function switch *(in einem Stromkreis)*
Funktionsschema *n* operating schematic diagram
Funktionsschreiber *m* function plotter
Funktionssicherheit *f* [functional] reliability
Funktionssimulation *f* functional simulation
Funktionsstörung *f* malfunction
Funktionstabelle *f* function table (chart)
Funktionstabellenprogramm *n* function table program
Funktionstastatur *f* function keyboard
Funktionstaste *f* function key; *(Dat)* soft key; control key
Funktionsteil *n* functional (operational) part
Funktionsteilung *f* function sharing; *(Nrt)* task sharing
Funktionstisch *m* plotting board (table)
Funktionsüberwachung *f* watchdog
Funktionsvereinbarung *f (Dat)* function declaration
Funktionsverstärker *m* operational amplifier
Funktionswähler *m* function selector
Funktionsweise *f* mode of operation
Funktor *m* functor *(Schaltlogik)*
Funkturm *m* radio (aerial) tower
Funkübertragungsweg *m* radio link (circuit)
Funküberwachung *f* radio monitoring
Funküberwachungsgerät *n* radio monitor
Funkverbindung *f* 1. radio communication; 2. radio link *(Übertragungsweg)*
Funkverbindungskanal *m* radio communication channel
Funkverkehr *m* radio communication (traffic)
~**/einseitiger** one-way communication
~ **vom Boden zum Flugzeug** ground-to-airplane communication
~ **zwischen zwei festen Punkten** point-to-point radio communication
Funkverkehrsbereich *m* radio traffic area
Funkverkehrsdienst *m***/fester** point-to-point communication service
Funkwarnung *f* radio warning
Funkweg *m* radio link (circuit)
~ **mit „optischer Sicht“** line-of-sight path
Funkwellen *fpl* radio waves
Funkwettervorhersage *f* radio weather forecast
Funkzeugnis *n* **erster Klasse** first-class certificate
Funkzielanflug *m* radio homing
FUP *s.* Funktionsplan
Furchenabstand *m* groove spacing *(Gitter)*
Furchenprofil *n* groove profile (contour), profile of grating
Furchenzahl *f* number of grooves per unit length
FU-Schutzschaltung *f s.* Fehlerspannungsschutzschaltung
Fusionsenergie *f* [nuclear] fusion energy
Fuß *m* base; foot; stem; pinch *(Elektronenröhren)*; pole footing *(Mast)*
Fußbetätigung *f* actuation (operation) by foot
Fußbodenheizung *f* floor heating
Fußbodenkontakt *m* floor contact
Fußbodenspeicherheizung *f* floor storage heating, thermal storage floor heating
Füßchen *n* pinch *(Röhre)*
Fußhebel *m* foot lever
Fußisolator *m* base insulator
Fußkontakt *m* pedal (foot-switch, floor) contact
fußlos footless
Fußpunkt *m* base *(Antenne)*
Fußpunktisolator *m* base insulator *(Antenne)*
Fußpunktkopplung *f***/kapazitive** bottom-end capacitive coupling
Fußpunktspeisung *f* end-feed, base energizing *(Antenne)*
Fußquetschung *f* pinch *(Röhren)*
Fußschalter *m* foot[-operated] switch, pedal switch
Fußtaster *m* momentary foot switch
Fußumschalter *m* pedal change-over switch

G

GaAs-FET *s.* Galliumarsenid-Feldeffekttransistor
GaAs-IRED *s.* 1. Galliumarseniddiode/infrarotemittierende
Gabel *f (Nrt)* cradle, rest; 2. *s.* Gabelschaltung
~ **mit Nachbildung** hybrid termination
Gabelabgleich *m (Nrt)* hybrid balance
Gabeldämpfung *f (Nrt)* attenuation of a terminating set
Gabelkontakt *m* forked (bifurcated) contact *(Steckerleiste)*
Gabelmuffe *f* trifurcating joint *(Drehstromkabel)*; bifurcating joint *(Zweileiterkabel)*
gabeln/sich to bifurcate
Gabelpunkt *m (Nrt)* hybrid terminal
Gabelschaltung *f (Nrt)* 1. hybrid [switching]; 2. terminating set (unit), hybrid four-wire terminating set
Gabelübergang *m* hybrid transition
Gabelübergangsdämpfung *f* transhybrid (hybrid transformer) loss
Gabelumschalter *m (Nrt)* cradle (hook) switch, gravity switch

Gabelung *f* bifurcation
Gabelverkehr *m (Nrt)* forked working
Gabor-Hologramm *n* Gabor['s] hologram
Gabor-Zonenplatte *f* Gabor zone plate
Galgen *m* boom *(für Mikrofon)*
Galgenmikrofon *n* boom microphone
Galliumantimonid *n* gallium antimonide
Galliumarseniddiode *f***/infrarotemittierende** gallium arsenide infrared-emitting diode, GaAs IRED
Galliumarsenid-Feldeffekttransistor *m* gallium arsenide field-effect transistor, GaAs FET (field-effect transistor)
Galliumarsenidlaser *m* gallium arsenide laser
Galliumarsenidlaserdiode *f* gallium arsenide laser diode
Galliumarsenidsolarzelle *f* gallium arsenide solar cell
Galliumarsenidtunneldiode *f* gallium arsenide tunnel diode
Galton-Pfeife *f* Galton whistle
Galvani-Potential *n (Ch)* Galvani (inner electric) potential
Galvani-Potentialdifferenz *f* Galvani potential difference
galvanisch 1. galvanic, voltaic *(z. B. Strom)*; 2. electroplated *(Überzug)*
Galvanisierabdeckung *f* plating resist *(Leiterplattenfertigung)*
Galvanisierbad *n* [electro]plating bath, plating electrolyte
galvanisieren to electroplate, to plate; to electrodeposit
Galvanisieren *n* electroplating, plating; electrodeposition
~/halbautomatisches semiautomatic electroplating
~/vollautomatisches full-automatic electroplating
Galvanisiergehänge *n* plating rack
Galvanisierresist *n* plating resist *(Leiterplattenfertigung)*
Galvanismus *m* galvanism
Galvani-Spannung *f (Ch)* Galvani tension, Galvani potential difference
~ bei Stromlosigkeit zero-current-Galvani tension
Galvano *n* electrotype
Galvanoabdeckung *f* plating resist *(Lackabdekkung)*
Galvanokaustik *f* galvanocautery *(Elektromedizin)*
Galvanomaske *f* stopping-off
Galvanometer *n* galvanometer
~/astatisches astatic galvanometer
~/ballistisches ballistic galvanometer
~/integrierendes integrating galvanometer
~ mit Spannbandlagerung suspension galvanometer
~/registrierendes recording galvanometer, galvanometer recorder
Galvanometerkonstante *f* galvanometer constant
Galvanometerschreiber *m* galvanometer recorder
Galvanometerspiegel *m* galvanometer mirror
Galvanometerspule *f* galvanometer coil
Galvanoplastik *f* electroforming, galvanoplastics, galvanoplasty
galvanoplastisch galvanoplastic
Galvanoskop *n* galvanoscope
galvanostatisch galvanostatic
Galvanostegie *f* electroplating
galvanotechnisch by electroplating
Gammafunktion *f* gamma function
Gammakorrektur *f (Fs)* gamma correction
Gammastrahl *m* gamma ray
Gammastrahlenabsorption *f* gamma-ray absorption
Gammastrahlenkonstante *f***/spezifische** specific gamma-ray constant
Gammastrahlung *f* gamma radiation
Gammaverteilung *f* gamma distribution
Gammawert *m* gamma [value]
Gang *m***/ruhiger** quiet run[ning]
~/toter backlash, lost motion
Ganghöhe *f* **eines Gitters** grid pitch
Gangunterschied *m* [optical] path difference *(Interferometrie)*; phase difference (shift); retardation
Ganzkörperschwingung *f* total (whole-body) vibration
Ganzlochwicklung *f* integer-slot winding
Ganzmetallkonstruktion *f* all-metal construction
Ganzmetallmagnetron *n***/abstimmbares** all-metal tunable magnetron
Ganzmetallröhre *f* all-metal valve
Ganzwellenantenne *f*, **Ganzwellendipol** *m* full-wave dipole
ganzzahlig integer
Garantiefehler *m* guarantee error
Garantiefehlergrenze *f* guarantee limit of errors
Garantiekarte *f* warranty card
Gas *n***:**
~/entartetes degenerate gas
~/inertes inert gas
~/ionisiertes ionized gas
~/korrosives corrosive gas
~/plasmabildendes plasma-producing gas
~/restliches residual gas
Gasanalysator *m* gas analyzer
Gasanodisation *f* gaseous anodization
Gasanzeigeröhre *f* gas indicator tube
Gasaufzehrung *f* gas clean-up *(Elektronenröhre)*
Gasaustritt *m* 1. emission of gas *(Elektronenröhre)*; gas escape (leakage); 2. gas outlet *(Öffnung)*
Gasblase *f* 1. gas bubble; 2. *s.* Gaseinschluß
gasdicht gas-tight; gas-proof
Gasdichtemessung *f* gas density measurement
Gasdiffusionsbrennstoffzelle *f* gas-diffusion fuel cell
Gasdiode *f* **mit Glühkatode** hot-cathode gaseous diode

Gasdruck *m* gas pressure
gasdruckisoliert gas-pressure-insulated
Gasdruckkabel *n* gas-pressure cable
Gaseinschluß *m* occlusion of gas; gas-filled cavity, blister, blow hole *(z. B. in Gießharz)*; gas pocket *(z. B. im Kabel)*
Gaseinströmung *f* gas inflow
Gaseintritt *m* gas inlet
Gaselektrode *f* gas electrode, bubbling-type electrode
Gaselement *n* gas cell
gasen to gas *(z. B. Akkumulator)*
Gasen *n* gas formation, gassing *(Akkumulator)*
Gasentladung *f* gas[eous] discharge, discharge in a gas
~ **bei niedrigem Druck** low-pressure gas discharge
Gasentladungsanzeige *f* gas-discharge display
Gasentladungsgleichrichter *m* gas-filled valve rectifier
Gasentladungslampe *f* gas-discharge lamp
Gasentladungslaser *m* gas-discharge laser
Gasentladungsofen *m*/**elektrischer** electric gas-discharge furnace
Gasentladungsplasma *n* gas-discharge plasma
Gasentladungsrelais *n* gas-discharge relay
Gasentladungsröhre *f* gas-discharge tube
~ **mit Napfkatode** pool tube
~ **mit Napfkatode/gittergesteuerte** grid pool tube
Gasentladungsventil *n s.* Gasentladungsgleichrichter
Gasentwicklung *f* generation (evolution) of gas, gassing
Gasfokussierung *f* gas (ionic) focussing *(Elektronenstrahlröhre)*
~/**magnetische** magnetic gas focussing
Gasfüllung *f* gas filling
gasgekühlt gas-cooled
Gasgleichrichter *m* gas rectifier
Gasgleichrichterröhre *f* gas-filled rectifier
Gasionenlaser *m* gaseous ion laser
Gasionenstrom *m* gas current *(Röhren)*
Gasionisierung *f* gas ionization *(Elektronenröhre)*
Gaskabel *n* gas (pressure) cable
Gaslaser *m* gas laser, gaseous[-state] laser
~/**kontinuierlicher** continuous-wave gas laser (optical maser)
Gaslaserinterferometer *n* gas laser interferometer
Gaslaserstrahl *m* gas laser beam
Gasleitung *f* 1. gas conduction; 2. gas main
Gaslinse *f* gas lens
Gas-Luft-Gemisch *n* gas-air mixture
Gasmitschleppung *f* gas entrainment
Gasphase *f* gaseous phase
Gasphasengemisch *n* gas-phase mixture
Gaspore *f* blow hole *(bei Gießharzisolierung)*
Gasreinheit *f* purity of gas
Gasreinigung *f* purification of gas, gas clean-up
Gasrest *m* gas residue
Gasröhre *f* gas tube *(Elektronenröhre)*
Gasrotation *f* gas rotation
Gasrückstand *m* gas residue
Gassäule *f*/**eingeschnürte** pinched gas
Gasschaltröhre *f* gas switching tube
Gasschicht *f* gas layer
Gasschleier *m* screen of gas
gassenbesetzt *(Nrt)* path busy
Gasspürgerät *n* gas[-leak] detector
Gasstrahl *m* gas jet
Gasstrecke *f* gas path
Gasstrom *m* 1. gas flow (stream); 2. gas current *(Röhren)*
Gasstromschalter *m* gas-blast circuit breaker
Gasströmungszählrohr *n* gas-flow counter tube
Gasthermometer *n* gas thermometer
Gastriode *f* gas[-filled] triode
gasundurchlässig gas-tight; gas-proof
Gasverstärkung *f* gas amplification *(Entladungsröhre)*
Gasverunreinigung *f* gas contamination
Gaswirbelstabilisation *f* gas vortex stabilization
Gaszählrohr *n* gas counter tube
Gaszelle *f* gas cell
Gate *n* 1. gate [electrode] *(Feldeffekttransistor)*; 2. *s.* Gatter
~/**abgesetztes** offset gate
~/**vergrabenes** buried gate
Gate... *s. a.* Gatter...
Gate-Array *n* gate array
Gate-Basisschaltung *f* grounded-gate circuit
Gate-Basisverstärker *m* grounded-gate amplifier
Gatebreite *f* gate width
Gateeinschnitt *m* gate notch
Gateelektrode *f* gate [electrode]
Gatefeld *n* gate field (array)
Gatefinger *m* gate finger
Gategraben *m* gate notch
Gate-Isolation *f* gate insulation
Gatekapazität *f* gate capacitance
Gatesammelleitung *f* gate bus
Gateschaltung *f* [grounded-]gate circuit; common gate *(Transistor)*
Gate-source-Schwellwertspannung *f* gate-source threshold voltage
Gate-source-Spannung *f* gate-source voltage
Gate-source-Sperrspannung *f* gate-source cut-off voltage, reverse gate-source voltage
Gatespannung *f* gate voltage
Gatestrom *m* gate current
Gateverluste *mpl* gate losses
Gateverstärker *m* [grounded-]gate amplifier
Gatevertiefung *f* gate notch
Gatter *n* gate, gating circuit *(logisches Verknüpfungselement)*
~ **mit einem Eingang** single-input gate
~ **mit zwei Eingängen** two-input gate
Gatter... *s. a.* Gate...

Gatteranordnung *f*, **Gatterfeld** *n* gate array
gattern to gate
Gatterschaltung *f* gate circuit
GAT-Thyristor *m* gate-assisted thyristor
Gauß-Diffusion *f* Gaussian diffusion
Gaussistor *m (Ap)* gaussistor *(magnetischer Verstärker)*
Gauß-Kurve *f* Gauss [error distribution] curve, Gaussian (bell-shaped) curve, curve of normal distribution
Gaußmeter *n* gaussmeter
Gauß-Profil *n* Gaussian profile
Gauß-Verteilung *f* Gaussian (normal) distribution
Gauß-Verteilungsfunktion *f* Gaussian [error] function
GCA-Radarlandeverfahren *n* ground-controlled approach [system], GCA
G-Darstellung *f* G-display *(Radar)*
gealtert/künstlich artificially aged
geätzt etched *(z. B. Waferoberfläche)*
Gebäudeanstrahlung *f* floodlighting of buildings
Gebegeschwindigkeit *f (Nrt)* keying speed
geben to key; to Xmit *(Telegrafie)*
~/eine Leitung wieder in Betrieb to restore a circuit to service
~/Morsezeichen to morse
~/Takt to time
~/Zeichen to signalize
~/Zeichenstrom to mark
Geber *m* 1. transmitter; primary (detecting) element, detector; pick-up; *(Syst)* primary unit *(erstes Glied des Reglers)*; 2. *(Nrt)* sender; telegraph transmitter
~ für Impulsfolgen strobe-pulse generator
~ für periodische Impulsfolgen strobe-pulse oscillator
~/induktiver inductive[-type] transducer, inductance pick-up
~/kapazitiver capacity transducer (pick-up), capacitance gauge
~/magnetischer magnetic pick-up
Geberbrücke *f* transducer bridge
Gebermaschine *f* master drive *(für elektrische Welle)*
Geberseite *f (Nrt)* sending (transmitting) end
Geberwicklung *f* sense (pick-up) winding
Gebiet *n* 1. region, area; field; domain, range; 2. band *(Spektrum)*
~ der Überbelichtung overexposure region
~ unsicherer Peilung *(FO)* bad-bearing area (sector)
Gebläse *n* blower [set], fan, air (fan) blower, ventilator
Gebläseflügel *m* fan blade (vane)
Gebläsekühlung *f* fan (forced-air) cooling
Gebläseluft *f* air blast
geblecht laminated *(z. B. Eisenkerne)*
Gebrauchsanleitung *f* instructions (directions) for use
Gebrauchskategorie *f* utilization category
Gebrauchsnormal *n* working standard
Gebühr *f* charge, fee; rate *(Gebührensatz)*
Gebührenansage *f (Nrt)* rate notification
Gebührenanzeige *f* [call] charging indication
Gebührenanzeiger *m* charge indicator, subscriber's check meter
Gebührenbefreiung *f* exemption from charges
Gebührendaten *pl (Nrt)* call-charge data
Gebührendauerbemessung *f* charging by time
Gebühreneinheit *f* charge (charging, tariff) unit, unit fee
Gebührenerfassung *f (Nrt)* call charge registration, registration of message rates
Gebührenerfassungseinrichtung *f (Nrt)* automatic message accounting system
Gebührenimpuls *m* metering pulse
Gebührenstand *m* charge meter position
Gebührentakt *m (Nrt)* meter clock pulse
Gebührenübernahme *f* **durch B-Teilnehmer** *(Nrt)* freephone service
Gebührenzähler *m (Nrt)* subscriber's meter, subscriber usage meter
Gebührenzone *f (Nrt)* charging area, rate (metering) zone
gebündelt 1. bundled; 2. focussed *(Strahlen)*; directed, directional
~/eng tightly collimated *(z. B. Laserstrahlen)*
~/stark highly directional *(Antenne)*
Gedächtniseffekt *m* memory effect
gedächtnislos zero-memory
gedämpft damped *(Schwingung)*
~/aperiodisch [aperiodic] damped, dead-beat, non-oscillatory[-damped]
~/exponentiell exponentially damped
~/gut highly damped
~/kritisch critically damped
~/schwach weakly damped
~/stark strongly damped
~/überkritisch overdamped
~/unterkritisch underdamped
geebnet/maximal maximally flat *(z. B. Frequenzgang)*
geerdet earthed, earth-connected, *(Am)* grounded
~/induktiv reactance-earthed
~/nicht non-earthed, unearthed
~/starr solidly earthed
Gefahr *f* **einer Schädigung** damage risk
Gefahrenfeuer *n* hazard beacon
Gefahrenklasse *f* danger class, dangerous material class *(z. B. bei Isolierlacken)*
Gefahrenleuchte *f* hazardous-area luminaire
Gefahrenmeldung *f* danger report
Gefahrenschalter *m* danger switch
Gefahrenzustand *m* emergency state *(im Energiesystem)*
gefahrlos without (free from) danger; safe, secure
Gefahrlosigkeit *f* freedom from danger; safety, security

Gefälle *n* [downward] slope; gradient
~/adiabatisches adiabatic gradient
Gefälleänderung *f* slope change
gefedert shock-mounted, spring-loaded
Gefrierapparat *m* freezer, freezing apparatus
Gefrierpunkt *m* freezing point
Gefrierschrank *m* freezer [cabinet]
Gefrierschutzmittel *n* antifreezing agent
Gefriertemperatur *f* freezing temperature
Gefriertrockner *m* freeze dryer
Gefriertrocknung *f* freeze drying
Gefüge *n* structure; texture
Gefügefehler *m* structural defect
Gegenamperewindungen *fpl* back (counter) ampere turns, demagnetizing turns
Gegenamt *n (Nrt)* distant exchange
Gegenanschluß *m* mating connector *(Steckverbinder)*
Gegenbelegzeichen *n (Nrt)* opposite-seizing signal
Gegenbeleuchtung *f* back lighting
Gegendotierung *f (ME)* counterdoping
Gegendrehmoment *n (MA)* countertorque
Gegendrehung *f* counterrotation
Gegendruck *m* counterpressure
Gegenelektrode *f* back-plate electrode, counterelectrode, opposite electrode; back plate *(z. B. beim Kondensatormikrofon)*
Gegen-EMK *f* counterelectromotive force, counteremf, back electromotive force
Gegenfeder *f* return spring
Gegenfeld *n* negative-sequence field, contrarotating field
~/elektrisches opposing electric field
~/magnetisches opposing magnetic field
Gegenfeldmethode *f* opposing fields method, retarding potential method
Gegenfeldwiderstand *m* negative-sequence resistance
Gegenfernsehbetrieb *m* two-way television
Gegenfunkstelle *f (Nrt)* opposite station
Gegengewicht *n* 1. counterweight; 2. counterpoise *(Antennen)*
Gegeninduktion *f* mutual induction
Gegeninduktionskoeffizient *m* mutual induction coefficient
Gegeninduktivität *f* 1. mutual inductivity, mutual inductance; 2. mutual inductor *(Spule)*
Gegeninduktivitätsbelag *m* mutual inductance per unit length
Gegeninduktivitätskoeffizient *m s.* Gegeninduktionskoeffizient
Gegenion *n* counterion, compensating ion
Gegenkomponente *f* negative-[phase-]sequence component
Gegenkompoundierung *f* counter compounding
Gegenkontakt *m* opposite (mating) contact
Gegenkontaktfeder *f* mating spring
Gegenkopplung *f* negative feedback, inverse (reversed, degenerative) feedback
Gegenkopplungsfaktor *m* negative feedback factor
Gegenkopplungsgrad *m* negative feedback ratio
Gegenkopplungsschaltung *f* negative feedback circuit
Gegenkopplungsverstärker *m* negative (reversed) feedback amplifier
Gegenkraft *f* counterforce, counteracting force
Gegenlauf *m* counterrotation
gegenläufig counterrotating, contrarotating, backward-travelling; *(ET)* negative-sequence
Gegenlicht *n* back (counter) light
Gegenlichtblende *f* lens hood (shade, shield)
Gegenmagnetisierung *f* back magnetization
Gegenmitsprechen *n (Nrt)* side-to-phantom far-end cross talk
Gegenmodulation *f* modulation in opposition
Gegennebensprechdämpfung *f* far-end cross-talk attenuation
Gegennebensprechen *n (Nrt)* far-end cross talk
Gegennetz *n* negative-[phase-]sequence network *(z. B. von Spannungszeigern im unsymmetrischen Drehstromnetz)*
Gegenparallelschaltung *f* anti-parallel connection
Gegenphase *f* antiphase, opposite (reverse) phase • **in ~** *s.* gegenphasig
Gegenphasensystemimpedanz *f s.* Gegensystemimpedanz
gegenphasig in phase opposition, opposite in phase
Gegenphasigkeit *f* phase opposition
Gegenpol *m* antipole
Gegenreaktanz *f* negative-[phase-]sequence reactance, inverse reactance
Gegenrichtung *f* opposite (reverse) direction
Gegenschaltung *f* counterconnection, antiparallel connection
Gegenschaltungsmethode *f (Meß)* opposition method
Gegenschein *m* counterglow
Gegenscheinleitwert *m* transadmittance *(Elektronenröhren)*
Gegenschreiben *n (Nrt)* full-duplex operation
Gegenschreibschaltung *f (Nrt)* full-duplex circuit
Gegensehbetrieb *m s.* Gegenfernsehbetrieb
Gegenselbstadmittanz *f* self-admittance of negative-sequence network
Gegenselbstimpedanz *f* self-impedance of negative-sequence network
Gegenspannung *f* back[-off] voltage, backlash potential (voltage), back (reverse) potential, countervoltage; *(El)* offset voltage
~ in Sperrichtung reverse voltage
Gegenspannungsgenerator *m***/eigenerregter** autogenous backlash generator
Gegensprechanlage *f* interphone system, intercommunication (intercom) system

Gegensprechbetrieb *m* duplex operation
Gegensprecheinrichtung *f* **in Brückenschaltung** bridge duplex installation
~ **in Differentialschaltung** differential duplex installation
Gegensprechen *n* *(Nrt)* duplex communication, [full-]duplex operation
Gegensprechkanal *m* duplex channel
Gegensprechmikrofon *n* talk-back microphone
Gegensprechsatz *m* duplex set
Gegensprechsystem *n* duplex system
Gegensprechtaste *f* reversing key
Gegenstation *f* *(Nrt)* opposite (remote, distant) station
Gegenstecker *m* counterplug
Gegensteckverbinder *m* mating connector
Gegenstelle *f* *s.* Gegenstation
Gegenstörung *f* *(FO, Nrt)* anti-jamming
Gegenstörverfahren *n* anti-jamming system *(Radar)*
Gegenstrom *m* 1. *(ET)* countercurrent, reverse (back) current; 2. counterflow, countercurrent flow
Gegenstrombremsung *f* *(MA)* countercurrent (plug) braking, plugging
Gegenstromrelais *n* reverse-current relay
Gegenstromschütz *n* plugging contactor
Gegensystem *n* negative-[phase-]sequence system
Gegensystemimpedanz *f* negative-[phase-] sequence impedance
Gegensystemwiderstand *m* negative-phase-sequence resistance
Gegentaktanregung *f* excitation in the push-pull mode
Gegentaktarbeitsweise *f* push-pull operation
Gegentaktaufzeichnung *f* push-pull recording
Gegentaktausgang *m* push-pull output
Gegentaktbetrieb *m* push-pull operation
Gegentaktdemodulator *m* demodulator operating with negative feedback
Gegentakteingang *m* push-pull input
Gegentakteingangstransformator *m* push-pull input transformer
Gegentaktendverstärker *m* push-pull power amplifier
Gegentakterregung *f* excitation in the push-pull mode
Gegentaktfrequenzverdoppler *m* push-pull frequency doubler
Gegentaktgleichrichter *m* push-pull rectifier, back-to-back rectifier
Gegentaktmikrofon *n* push-pull microphone
Gegentaktmodulation *f* *(Nrt)* push-pull modulation
Gegentaktmodulator *m* *(Nrt)* balanced modulator
~ **im B-Betrieb** B class modulator
Gegentaktniederfrequenzverstärker *m* audio frequency feedback amplifier
Gegentaktoszillator *m* push-pull oscillator
Gegentaktparallelverstärker *m* parallel push-pull amplifier
Gegentaktröhrenbetrieb *m* push-pull valve operation
Gegentaktschaltnetzteil *n* push-pull switching power supply
Gegentaktschaltung *f* push-pull circuit (connection, arrangement)
Gegentaktschwingkreis *m* split tank circuit *(mit geerdetem Mittelpunkt)*
Gegentaktstrom *m* push-pull current
Gegentaktstufe *f* push-pull stage
Gegentakttransformator *m* push-pull transformer
Gegentakttransverter *m* push-pull inverter
Gegentakttreiber *m* superbuffer
Gegentaktverstärker *m* push-pull amplifier, paraphase (reversed feedback) amplifier
~/symmetrischer balanced push-pull amplifier
Gegentaktwelle *f* push-pull [mode] wave
Gegentaktwirkung *f* push-pull action
Gegenübersprechen *n* *(Nrt)* side-to-side far-end cross talk
Gegenuhrzeigersinn *m* anticlockwise (counterclockwise) direction • **im** ~ anticlockwise, counterclockwise
Gegenurspannung *f* counterelectromotive force, back electromotive force, counter-emf
Gegenverbunderregung *f* differential [compound] excitation
Gegenverbundgenerator *m* differential compound-wound dynamo
gegenverbundgeschaltet differential-compounded
Gegenverbundmotor *m* differential compound-wound motor, decompounded motor
Gegenverbundwicklung *f* differential [compound] winding, decompounding winding
Gegenwicklung *f* opposing (counteracting) winding
Gegenwindung *f* back-turn
Gegenzelle *f* countercell, counterelectromotive force cell; regulating cell *(Batterie)*
Gehäuse *n* case, casing, housing; box, cubicle; cabinet; enclosure; *(MA)* frame; *(El)* package
~/feuchtigkeitsgeschütztes damp-protecting case
~/feuerfestes flameproof housing
~/flammfestes flameproof case
~/gasdichtes gas-tight case
~/keramisches ceramic package
~/massives solid enclosure
~ **mit vier Anschlußreihen** *(El)* quad-in-line package, QUIL
~/schalldämmendes (schalldichtes) blimp *(für Filmkameras)*
~/spritzwassergeschütztes splash-proof enclosure
~/staubsicheres dustproof (dust-tight) case

~/wassergeschütztes waterproof case (enclosure)
~/wetterfestes weatherproof (all-weather, outdoor) enclosure
Gehäuseanschluß *m* container connection
Gehäuseantenne *f* housing aerial
Gehäusebodentemperatur *f* base temperature
Gehäusegröße *f* case size; *(MA)* frame size
Gehäuseinduktivität *f* case inductance
Gehäusekapazität *f* capacitance to frame
Gehäuseklang *m* boxiness, box sound
Gehäuseklemme *f* box connector
Gehäusemasse *f* package ground
Gehäuseoberfläche *f* *(MA)* frame surface
Gehäuseresonanz *f* cabinet (cavity) resonance
Gehäusering *m* *(MA)* frame ring
Gehäuseschwingung *f* casing (enclosure) vibration
Gehäusesteckverbinder *m* fixed connector
Gehäusestift *m* package pin
Gehäusewange *f* *(MA)* frame ring
Gehäusewinkelstecker *m* fixed angle connector
Geheimhaltungseinrichtung *f* *(Nrt)* secrecy device, privacy device (equipment)
Geheimnummer *f* unlisted number
Geheimsystem *n* *(Nrt)* secrecy (privacy) system
Geheimtelefonie *f* scrambled (secret) telephony
geheizt/elektrisch electrically heated
~/indirekt indirectly heated
gehen/in die Leitung *(Nrt)* to enter the line
Gehör *n* hearing • **nach** ~ by ear
Gehörermüdung *f* auditory (hearing) fatigue
Gehörmessung *f* audiometry
Gehörpeilung *f* auditory direction finding
Gehörprüfung *f* hearing test
gehörrichtig tone-compensated *(Lautstärkeregelung)*
Gehörschärfe *f* hearing acuity
Gehörschutz *m* 1. hearing conservation; 2. *s.* Gehörschützer
Gehörschützer *m* ear-protective device, ear protector (defender)
Gehörschutzgleichrichter *m* *(Nrt)* acoustic shock suppressor
Gehörschutzhelm *m* noise[-exclusion] helmet
Gehörschutzkappe *f* ear muff
Gehörschutzkondensator *m* acoustic shock capacitor
Gehörschutzstöpsel *m* ear plug
Gehrungsecke *f* mitred corner *(Transformator)*
Geiger-[Müller-]Bereich *m* Geiger-Müller region
Geiger-Müller-Zählrohr *n*, **Geiger-Zähler** *m* Geiger-Müller counter [tube], Geiger-Müller tube, Geiger counter (tube)
Geister *mpl* ghosts
Geisterbild *n* *(Fs)* ghost [image], double (multiple) image, echo; fold-over *(in Zeilen)*
Geisterecho *n* spurious echo

gekapselt encapsulated, enclosed; protected *(in Schutzgehäuse)*
~/ganz fully enclosed
~/metallisch metal-enclosed; metal-clad
~ **und belüftet** enclosed fan-cooled, enclosed-ventilated
~/vollständig totally enclosed
gekoppelt coupled
~/automatisch self-coupled
~/direkt close-coupled; *(Dat)* on-line
~/fest close-coupled
~/galvanisch direct-coupled, galvanic-coupled
~/indirekt *(Dat)* off-line
~/induktiv inductively coupled
~/kapazitiv capacitively coupled
~/lose loosely coupled
~/magnetisch magnetically coupled
~/optisch optically coupled
~/starr solid-coupled
gekühlt/einseitig single-side[d] cooled
~/indirekt indirectly cooled
~/zweiseitig double-sided cooled
geladen charged
~/einfach singly charged
~/elektrisch electrified, electrically charged
~/entgegengesetzt oppositely charged
~/entgegengesetzt elektrisch oppositely electrified
~/mehrfach multiply charged
~/negativ negatively charged
~/negativ elektrisch electronegative [charged]
~/positiv positively charged
~/positiv elektrisch electropositive [charged]
gelagert/drehbar pivoted, journaled
~/federnd spring-mounted
Geldscheinannahme *f*, **Geldscheineingabe** *f* money acceptor *(z. B. beim Geldscheinwechsler)*
gelöscht clear *(Speicher)*
Gemeinschaftsanschluß *m* *(Nrt)* party-line station (connection), shared line
Gemeinschaftsantenne *f* community (shared) aerial; master antenna
Gemeinschaftsantennenfernsehen *n* community-aerial television [system]
Gemeinschaftsband *n* *(Nrt)* shared band
Gemeinschaftseinrichtung *f* *(Nrt)* shared-line equipment
Gemeinschaftsfernsehen *n* community television
Gemeinschaftsleitung *f* *(Nrt, Dat)* party line
Gemeinschaftsleitungsbus *m* *(Dat)* party-line bus
Gemeinschaftsleitungssystem *n* *(Dat)* party-line system
Gemeinschaftssendung *f* simultaneous broadcast
Gemeinschaftswarte *f* *(An)* joint control board
GEMFET *m* gain enhancement-mode field-effect transistor, GEMFET

Gemischtbasissystem *n (Dat)* mixed-base system
gemittelt averaged
Genauigkeit *f* accuracy; precision • **von hoher ~** high-accuracy
~/bezogene calibrated accuracy
~ der Bildgeometrie *(Fs)* picture geometry accuracy
~/doppelte long precision
~/dynamische dynamic accuracy
~/erreichbare obtainable accuracy
~/geforderte required accuracy
~/hohe high-accuracy performance *(z. B. einer Regelung)*
~/statische static accuracy
Genauigkeitsgrad *m* accuracy grade, degree of accuracy
Genauigkeitsgrenze *f* accuracy limit *(eines Geräts)*
Genauigkeitsklasse *f* accuracy class (grade)
Generalschalter *m* master switch
Generation *f* generation *(von Ladungsträgern)*
Generationsdauer *f* generation time
Generationsrate *f* generation rate
Generations-Rekombinations-Strom *m* generation-recombination current
Generationsstrom *m* generation current
Generator *m* [electric] generator; alternator
~/elektrostatischer electrostatic generator
~ für die Vormagnetisierung bias generator (oscillator)
~ für Rechteckspannungen square-wave generator, rectangular waveform generator
~ in Blockschaltung unit-connected generator
~/magnetelektrischer magneto, magnetoelectric generator
~/magnetohydrodynamischer magneto-hydrodynamic generator
~ mit Drehzahlregelung controlled-speed generator
~ nach Marx/mehrstufiger Marx multistage generator
~/permanenterregter *s.* ~/magnetelektrischer
~/rotierender rotary generator
~/stabilisierter stabilized generator
~/statischer solid state generator
~/stetig durchstimmbarer sweep (swept frequency) oscillator
~/thermoelektrischer thermoelectric generator
~/wassergekühlter water-cooled generator
Generatorableitung *f (Erz)* generator connections (main leads, bus bar)
Generatoranker *m* alternator armature
Generatorausleitung *f s.* Generatorableitung
Generatordifferentialschutz *m* generator differential protection
Generatorerregungsregler *m (MA)* generator field controller
Generatorgehäuse *n* generator frame
Generatorgrube *f* generator pit
Generatorgruppe *f* generator (generating) set
Generatorinnenwiderstand *m* source impedance
Generatorklemme *f* generator terminal
Generatorkreis *m* generator circuit
Generatorleistung *f* generator rating (output)
Generatornachbildung *f* equivalent generator *(Netzmodell)*
Generatorsammelschiene *f* generator bus bar
Generatorsatz *m* generator (generating) set
Generatorschalttafel *f* generator panel
Generatorschutz *m* generator protection
Generatorschutzeinrichtung *f* generator protective equipment
Generatorschutzrelais *n* generator protective relay
Generatorseite *f (Nrt)* sending end
Generatorspannungsregler *m* generator voltage (field) controller
Generatorwirkungsgrad *m* generator efficiency
Generatorzeichenfolge *f* generator signal sequence
genormt standardized
Gentex-Netz *n (Nrt)* gentex system
Gentex-Verbindung *f (Nrt)* gentex call
Gentex-Vollzugsordnung *f (Nrt)* gentex regulations
genügen/den Sicherheitsvorschriften to comply with [safety] regulations
~/einer Gleichung to fit an equation
Geoelektrik *f* geoelectrics
geoelektrisch geoelectric
geöffnet open-circuited *(z. B. Kontakt)*
Geomagnetik *f* geomagnetics
geomagnetisch geomagnetic, earthmagnetic
Geomagnetismus *m* geomagnetism, terrestrial magnetism
geothermisch geothermal
gepanzert armoured, shielded *(z. B. Kabel)*; iron-clad
gepolt polarized
~/entgegengesetzt oppositely poled
gepulst pulsed
~ mit einem Tastverhältnis von ... chopped at a rate of ...
gepumpt/luftleer exhausted of air
~/optisch *(Laser)* optically pumped
Gerade *f* straight [line]
Geradeausempfänger *m* straight[-through] receiver
Geradeausprogramm *n (Dat)* direct program
Geradeausschaltung *f* straight circuit *(Rundfunkgerät)*
Geradeaussteilheit *f* straight transconductance
Geradeausverdrahtung *f* straight-on wiring
Geradeausverstärker *m* straight[-through] amplifier
Geradeauszähler *m* straight counter
Geradeninterpolation *f* linear interpolation

Geradenkennlinie *f* straight-line characteristic
geradlinig straight[-line]; linear
Geradsichtempfänger *m* direct-vision receiver
Geradsichtprisma *n* direct-vision prism
Geradsichtspektroskop *n* direct-vision spectroscope
geradzahlig even-numbered
Gerät *n* apparatus, instrument, unit, device; equipment; appliance; set • **„Gerät auslösen"** *(Dat)* "device trigger" *(Interface)* • **„Gerät löschen"** *(Dat)* "device clear" *(Interface)* • **„Gerät rücksetzen"** *(Dat)* "device clear" *(Interface)*
~/**abhängiges** slave device
~/**analog wirkendes** analogue device
~/**anpassungsfähiges** flexible unit, adaptable device
~/**auf der Maschine montiertes** machine-mounted device
~/**batteriebetriebenes** battery-powered instrument
~/**berührungsgeschütztes** screened apparatus
~ **der zweiten Generation** second-generation instrument
~/**direktaufzeichnendes** direct-recording apparatus
~/**elektronisches** electronic device
~/**entstörtes** cleared device; interference-suppressed device
~/**ex[plosions]geschütztes** explosion-proof apparatus
~/**fahrbares** mobile set
~ **für Warmwasserbereitung** water heating appliance (device)
~/**gekapseltes** totally enclosed device
~ **mit akustischem Ausgangssignal** audible device
~ **mit Elektronenstrahlheizung** electron-beam heater (heating device)
~ **mit Lichtbogenheizung** arc heater (heating device)
~ **mit Netzanschluß** mains-operated set (unit), all-mains set
~ **mit Widerstandsheizung** resistance heater (heating device)
~/**netzbetriebenes** mains-operated set (unit)
~/**nicht berührungsgeschütztes** open-type apparatus
~/**nichtentstörtes** not cleared device, not interference-suppressed device
~/**offenes** open-type apparatus
~/**ölgefülltes** oil-immersed apparatus
~/**peripheres** peripheral device (unit)
~/**sprachgesteuertes** voice-controlled (voice-operated) device
~/**tragbares (transportables)** [hand-]portable equipment, portable set (unit), portable
~/**verzögert ansprechendes** time-lag apparatus
~ **zur analogen Informationsspeicherung** analogue information-storing device
~ **zur fotografischen Schallaufzeichnung** photographic sound recorder
~ **zur Oberflächeninduktionserwärmung** superficial induction heater (heating device)
~ **zur optischen Schallaufzeichnung** optical sound recorder
~ **zur optischen Schallwiedergabe** optical sound reproducer
~ **zur seriellen Datenübertragung** universal synchronous-asynchronous receiver-transmitter, USART
Geräte *npl*/**periphere** *(Dat)* peripherals, peripheral (ancillary) equipment
geräteabhängig device-dependent, DD
Geräteanschluß *m* appliance coupler
Geräteanschlußschnur *f* connecting cable (cord)
Geräteanschlußvorrichtung *f* appliance coupler
Geräteaufbau *m* instrument layout
Geräteausfallrate *f* equipment failure rate
Geräteausstattung *f* instrumentation
Gerätebaugruppe *f (El)* [instrument] package
Gerätebaustein *m* instrument module
Gerätebeschreibung *f* descriptive leaflet; instruction manual
Geräte-Betriebsjahre *npl* unit years
Gerätebuchse *f* electric coupler receptacle
Geräteeingang *m* appliance inlet
Geräteeinheit *f (Dat)* hardware unit
Geräteein- und -ausgänge *mpl* equipment inputs and outputs
Geräteentwurf *m* instrument (equipment) design
Gerätefehler *m* instrument defect; *(Meß)* instrument[al] error; *(Dat)* hardware failure
Gerätegenauigkeit *f* instrumental accuracy
Gerätegeräusch *n* equipment noise
Gerätegruppe *f* cluster, group of devices
Gerätehandbuch *n* instruction manual
Geräteinterfacebus *m*/**universeller** *(Dat)* general-purpose interface bus, GPIB
Gerätekenndaten *pl* instrument characteristics
Geräteklasse *f* class of apparatus
gerätekompatibel *(Dat)* hardware-compatible
Gerätekonstante *f s.* Meßmittelkonstante
Gerätekonstruktion *f* device construction, equipment design
Gerätekontakt *m* device terminal
Gerätesatz *m* set
Geräteschalttafel *f* instrument control panel
Geräteschnur *f* appliance cord
Geräteschutz *m* apparatus protection
Geräteschutzsicherung *f* instrument fuse
Geräteselbstprüfung *f (Dat)* hardware check
Gerätesicherung *f* instrument fuse
Gerätesteckdose *f* coupler (set) socket; convenience receptacle *(z. B. für Haushaltgeräte)*
Gerätestecker *m* appliance coupler (plug), [appliance] connector, coupler (inlet) plug, coupler connector
Gerätesteckvorrichtung *f* coupler

Gerätesteuerung *f* device control
Gerätetragschiene *f* mounting rail
geräteunabhängig device-independent, DI
Gerätezuordnung *f* device allocation (assignment)
Gerätezuverlässigkeit *f* equipment reliability; *(Dat)* hardware reliability
Geräusch *n* noise *(s. a. unter* Lärm*)*; sound
~ **der Klebestelle** splice bump *(Tonband)*
~**/elektromagnetisches** electromagnetic noise *(Elektromaschine)*
~**/impulsartiges** burst
~**/psophometrisch bewertetes** psophometrically weighted noise
~**/verdeckendes** *(Ak)* masking noise, masker
Geräusch... *s. a.* Lärm...
Geräuschabstand *m (El)* signal-to-noise ratio; *(Ak)* psophometric potential difference
Geräuschanalysator *m* noise analyzer
geräuscharm low-noise; noiseless
Geräuscharmut *f* silence [in operation], quietness in operation
Geräuschbegrenzer *m***/selbsttätiger** automatic noise limiter *(z. B. bei Rundfunkempfängern)*
Geräuschbewertung *f* noise weighting, psophometric weight
geräuschdämpfend antinoise, silencing; soundproof
Geräuschdämpfer *m* silencer
Geräuschdämpfung *f* silencing, quieting, noise deadening
Geräuscheinheit *f* noise unit
Geräuschempfindlichkeit *f* sensitivity to noise
Geräuschfilter *n* noise filter (suppressor)
geräuschfrei *s.* geräuschlos
Geräuschkulisse *f* background-effect source
Geräuschleistung *f* noise (psophometric) power
geräuschlos noiseless, noise-free, soundless
Geräuschlosigkeit *f* noiselessness, silence
Geräuschmesser *m* noise [level] meter, sound level meter
Geräuschmessung *f* noise measurement
Geräuschpegel *m* [circuit] noise level; interference level
Geräuschprüfung *f* noise[-level] test
Geräuschspannung *f (El)* [audible] noise voltage; *(Ak)* psophometric voltage (potential)
Geräuschspannungsanzeiger *m* circuit noise meter
Geräuschspannungsmesser *m (El)* noise [measuring] meter; *(Ak)* psophometer
Geräuschspannungsunterdrücker *m* noise suppressor
Geräuschspektrum *n* noise spectrum
~**/kontinuierliches** continuous noise spectrum
Geräuschsperre *f* noise suppressor (filter)
~**/trägergesteuerte** carrier-operated antinoise muting system
Geräuschspitze *f* noise peak
Geräuschspur *f* buzz track
Geräuschstärke *f* intensity of noise
Geräuschtöter *m* noise killer
Geräuschunterdrücker *m* noise suppressor (blanker)
Geräuschunterdrückung *f* noise suppression (reduction, abatement), squelch
Geräuschunterdrückungsempfindlichkeit *f* squelch sensitivity
Geräuschunterdrückungsschaltung *f* noise suppression circuit
Geräuschverhalten *n* noise characteristics
geräuschvoll noisy
Geräuschwächter *m* noise-limit indicator
geregelt controlled; regulated
~**/elektronisch** electronically controlled
~**/lastabhängig** load-controlled
~**/thermostatisch** thermostatically controlled
~**/vom Armaturenbrett aus** dash-controlled
gereinigt/durch Umkristallisieren purified by recrystallization
~**/nach dem Zonenschmelzverfahren** float-zone-refined
gerichtet directional
~**/doppelt** *(Nrt)* bothway
~**/einseitig** unidirectional
~**/zweiseitig** bidirectional
geriffelt ribbed; grooved
Gerinnungsmittel *n* coagulant *(z. B. für Isolierlacke)*
gerippt ribbed; gilled *(Heizkörper)*
Germanat-Leuchtstoffe *mpl* germanate phosphors
Germaniumdiode *f* germanium diode
Germaniumdioxid *n* germanium dioxide
Germaniumeinkristall *m* germanium single crystal
Germaniumflächengleichrichter *m* germanium junction rectifier
Germaniumgleichrichter *m* germanium rectifier
Germaniumlegierungstransistor *m* germanium alloy transistor
Germaniumleistungsdiode *f* germanium power diode
Germaniumnitrid *n* germanium nitride
Germaniumoxid *n* germanium oxide
Germaniumplättchen *n* germanium slab
Germaniumprobe *f* germanium specimen
Germaniumtetrahalogenid *n* germanium tetrahalide
Gerüst *n* framework, frame, stand, stage, staging
Gesamtabmessung *f* overall dimension
Gesamtabsorption *f* total absorption
Gesamtanordnung *f* general layout *(z. B. einer Anlage)*
Gesamtausbeute *f* overall (total) yield
Gesamtausfall *m (Ap)* blackout
Gesamtausschaltzeit *f* total break time *(Relais)*; total clearing time
Gesamtbelastung *f* total load
Gesamtbelegungszähler *m (Nrt)* traffic recorder

Gesamtbereich *m* total range
Gesamtbetriebsgüte *f* overall grade of service
Gesamtbetriebszeit *f* accumulated operating time
Gesamtdämpfung *f* total attenuation; resultant damping
Gesamtdauer *f*/**scheinbare** virtual total duration
Gesamtdrehimpuls *m* total angular momentum
Gesamtdruckhöhe *f* total [static] head
Gesamtdruckhöhenmeßrohr *n* total head tube
Gesamteinschaltzeit *f* total turn-on time
Gesamteisenverluste *mpl* total iron losses
Gesamtelektrodenreaktion *f* bulk electrode reaction
Gesamtemission *f* total emission
Gesamtemissionsvermögen *n* total emissivity (emissive power)
Gesamtenergieaufnahme *f* total energy absorption, total power consumption
Gesamtenergieverbrauch *m* total power consumption
Gesamtenergieverlust *m* total energy loss
Gesamtentwurfszeichnung *f* composite drawing
Gesamtfehler *m* total (accumulated) error, composite error
Gesamtfehlergrenzen *fpl (Meß)* limits of inaccuracy
Gesamtfeld *n* total field
Gesamtfluß *m* total flux
Gesamtfrequenzgang *m* overall frequency characteristic (response)
Gesamtheit *f*/**statistische** population *(Qualitätskontrolle)*
Gesamtheizfläche *f* total heating surface
Gesamtionisation *f* total ionization
Gesamtkapazität *f* total capacity
Gesamtklirrfaktor *m* total distortion [factor], total harmonic distortion [factor]
Gesamtkontrast *m* overall contrast [ratio]
Gesamtladung *f* total charge
Gesamtlast *f* total load
~ **eines Meßwandlers** burden of an instrument transformer
Gesamtlautstärke *f* master volume *(elektronisches Musikinstrument)*
Gesamtleistung *f* 1. total power [output]; total wattage *(in Watt)*; 2. total (overall) performance
Gesamtleistungsverlust *m* total power loss
Gesamtleitwert *m* total conductance
Gesamtleuchtkraft *f* overall luminosity
Gesamtlichtstrom *m* total luminous flux
Gesamtlöschtaste *f* clear-all key
Gesamtluftreibungsverluste *mpl* total windage loss *(Luftreibungs- und Lüfterverluste)*
Gesamtmeßbereich *m* total [measuring] range
Gesamtmeßunsicherheit *f* inaccuracy of measurement
Gesamtpegel *m* overall level
Gesamtprüfung *f* checkout, overall test
Gesamtreflexionsgrad *m* total reflectance (reflection factor)
Gesamtschaltstrecke *f* length of break
Gesamtskalenbereich *m (Meß)* total range
Gesamtspannung *f* total (overall) voltage
Gesamtstellenzahl *f* total number of digits
Gesamtstrahlung *f* total radiation
Gesamtstrahlungsnormal *n* standard of total radiation
Gesamtstrahlungspyrometer *n* total radiation pyrometer
Gesamtstrahlungstemperatur *f* total (full) radiation temperature
Gesamtstrom *m* total current
Gesamtstromdichte *f* total [electric] current density
Gesamtsumme *f* sum total
Gesamtsystem *n (Syst)* total system
Gesamtteilungsfehler *m* accumulated pitch error *(optisches Gitter)*
Gesamtummagnetisierungsverluste *mpl* total iron losses
Gesamt- und Überverbrauchszähler *m* excess and total meter
Gesamtverbindung *f (Nrt)* end-to-end connection
Gesamtverdrahtung *f* assembly wiring
Gesamtverkehrsrelais *n (Nrt)* demand totalizing relay
Gesamtverlust *m* total [power] loss, overall (net) loss
Gesamtverlustleistung *f* total power loss (dissipation)
Gesamtverstärkung *f* total (overall) amplification; overall (net) gain
Gesamtverzerrung *f* total distortion, total harmonic distortion [factor]
Gesamtvielfachfeld *n (Nrt)* complete multiple
Gesamtwiderstand *m* total resistance
Gesamtwirkungsgrad *m* total (overall, all-round) efficiency
Gesamtzeichnung *f* composite drawing
Gesamtzeitkonstante *f* total (summary) time constant
gesättigt saturated
geschachtelt nested
Geschäftsanschluß *m* business telephone
geschaltet connected; switched
~/**antiparallel** inverse-parallel connected
~/**im Stern** star-connected
~/**in Brücke** bridged [across], bridge-connected
~/**in Dreieck** delta-connected, mesh-connected, connected in delta (mesh)
~/**in Kaskade** cascaded
~/**in Nebenschluß** shunted
~/**in Reihe (Serie)** series-connected, serially connected, connected in series
~/**mehrfach** multiple-connected
~/**parallel** parallel-connected, connected in parallel
geschichtet laminated; sandwiched

geschirmt/magnetisch magnetically screened (shielded)
Geschirrspülmaschine *f* dish washer (washing machine)
geschlitzt slotted
geschlossen 1. closed *(Stromkreis)*; 2. encapsulated, enclosed *(z. B. Maschinenteile)*
~ **rohrbelüftet** totally enclosed pipe-ventilated
~ **unbelüftet** totally enclosed non-ventilated
geschützt/gegen [zufällige] Berührung partially enclosed, screened *(Gerät)*
Geschwindigkeit *f* speed; rate • **mit hoher** ~ at high velocity, high-speed
~ **der digitalen Darstellung** digitizing speed
~ **der Energiefortpflanzung** velocity of energy transmission
~**/eingestellte** adjusted velocity
~**/vorgeschriebene** specified velocity
Geschwindigkeitsabweichung *f* velocity error
Geschwindigkeitsamplitude *f* velocity amplitude
Geschwindigkeitsänderung *f* alteration of velocity, velocity variation; change in speed
Geschwindigkeitsanzeiger *m* velocity indicator
Geschwindigkeitsaufnehmer *m* velocity pick-up
Geschwindigkeitsaussteuerung *f* depth of velocity modulation
geschwindigkeitsbegrenzt velocity-limited
geschwindigkeitsbestimmend rate-determining
Geschwindigkeitsmesser *m* speedometer, tachometer
Geschwindigkeitsmeßfühler *m* moving-coil generator
Geschwindigkeitsmeßwandler *m* speed transducer
Geschwindigkeitsmodulation *f* velocity modulation
Geschwindigkeitspegel *m* velocity (speed) level
Geschwindigkeitsregelung *f* speed control; *(Ak)* pitch control *(Schallaufzeichnung)*
Geschwindigkeitsregler *m* speed controller (regulator)
Geschwindigkeitsrückführung *f (Syst)* rate (speed) feedback *(bei der Lageregelung)*
Geschwindigkeitssättigung *f* velocity saturation
Geschwindigkeitssortierung *f* velocity sorting *(z. B. von Elektronen)*
Geschwindigkeitsüberwachungsrelais *n* speed supervisory relay; *(Eü)* engine relay
Geschwindigkeitsumsetzung *f* speed conversion
Geschwindigkeitsvektor *m* velocity (speed) vector
Geschwindigkeitsverteilung *f* velocity (speed) distribution
Geschwindigkeitswahlschalter *m* speed selector
Gesellschaftsanschluß *m (Nrt)* party-line station
Gesellschaftsleitung *f (Nrt)* multiparty line
~ **für vier Anschlüsse** four-party line

Gesetz *n*:
~**/Ampéresches** Ampere's law (principle) *(Durchflutungsgesetz)*
~**/Beersches** Beer['s] law *(Lichtabsorption)*
~**/Bergersches** *(Ak)* mass law [of sound insulation]
~**/Biot-Savartsches** Biot-Savart law, Laplace theorem *(Elektrodynamik)*
~**/Coulombsches** Coulomb's law, law of electrostatic attraction
~ **der Abnahme mit der Entfernung** inverse distance law
~**/erstes Kirchhoffsches** first Kirchhoff['s] law, Kirchhoff's current law *(Knotenpunktsatz)*
~**/Faradaysches** Faraday['s] law *(Elektrolyse)*
~**/Grassmannsches** Grassmann's law *(Farbmessung)*
~**/Joulesches** Joule['s] law *(Thermodynamik)*
~**/Lenzsches** Lenz's law (rule) *(Induktionsvorgänge)*
~**/Ohmsches** Ohm's law *(Widerstandsgesetz)*
~**/Paschensches** Paschen['s] law *(Durchschlagspannung in Gasen)*
~**/Stefan-Boltzmannsches** Stefan-Boltzmann law [of black-body radiation]
~**/Stokessches** Stokes law [of fluorescence]
~**/zweites Kirchhoffsches** Kirchhoff['s] second law, Kirchhoff's voltage law *(Maschensatz)*
Gesetze *npl* **[der Stromverzweigung]/Kirchhoffsche** Kirchhoff's laws [of networks]
geshuntet shunted
Gesichtsfeld *n* field of view (vision)
Gesichtsfeldgrenzen *fpl* limits of the field of view
Gesichtsfeldwinkel *m* visual field angle
Gesichtswinkel *m* angle of view; aspect *(Radar)*
gespeist/elektrisch electrically powered
~**/mit Gleichstrom** d.c.-powered
~**/mit Wechselstrom** a.c.-powered
~**/netzunabhängig** independently powered
~**/von Solarbatterien** solar-powered
Gespräch *n* [telephone] call *(s. a. unter* Anruf*)* • **ein ~ anmelden** to book (put in) a call • **ein ~ vermitteln** to handle (put out) a call
~**/abgehendes** outgoing call
~**/ankommendes** incoming call
~**/dringendes** express call
~**/erfolgreiches** successful call
~**/gebührenfreies** free call
~**/gestörtes** faulty call
~**/gewöhnliches** ordinary (non-precedence) call
~**/internes** intraoffice call
~ **mit Gebührenansage** call with request for charges
~ **mit Herbeiruf** messenger call
~ **mit Mehrfachzählung** multi-metered call
~ **mit Voranmeldung** personal call
~ **mit Zeitzählung** timed call
~ **ohne Zeitzählung** untimed call
~ **von Sprechstelle zu Sprechstelle** station-to-station call

Gesprächsabwicklung *f* handling of calls
Gesprächsanmeldung *f* booking of a call, call booking, request for call
Gesprächsanzeiger *m* call indicator
Gesprächsaufzeichnung *f* call recording
Gesprächsbeginnzeichen *n* answer signal
Gesprächsdauer *f* call duration, duration of call
~/gebührenpflichtige chargeable duration of call
Gesprächsdauermessung *f* call timing, timing of calls
Gesprächsdichte *f* calling rate
Gesprächseinheit *f* message unit
Gesprächsende *n* end of call
Gesprächsfolge *f* order of calls
Gesprächsgebühr *f* [call] charge; calling (message) rate
Gesprächsreihenfolge *f* order of calls
Gesprächsuhr *f* time recorder, timing device, chargeable-time indicator
Gesprächsunterbrechung *f* answer-hold
Gesprächsverlustanteil *m* proportion of lost calls
Gesprächszähler *m* call meter (counter), subscriber's meter (register), message register
~/registrierender recording call (demand) meter
Gesprächszählung *f* call metering
Gesprächszeitbegrenzer *m* call (speech) time limiter control
Gesprächszeitmesser *m* chargeable-time clock (indicator), time check
Gesprächszeitmessung *f* call timing, timing of calls
Gesprächszettel *m* call ticket
Gesprächszustand *m* talk state
gestaffelt staggered; cascaded; graded
~/zeitlich time-graded
Gestalt *f* shape, form, figure
~ der Übertragungsfunktion shape of transfer function
~/treppenförmige stair-stepped fashion *(von Signalen)*
Gestaltsänderung *f* change in (of) shape
Gestaltsparameter *m* shape parameter
Gestaltung *f* design; construction; layout arrangement
~ des Fernsprechnetzes layout of the telephone network
~/kundenspezifische custom design
Gestänge *n* support; [standard] poles *(für Freileitungen)*
Gestell *n* [apparatus] rack; frame, stand; *(Nrt)* bay • **in Gestellen untergebracht** *(Nrt)* bay-mounted
Gestellaufbau *m (Nrt)* bay installation
Gestelleinbau *m* rack mount, rack-mounting installation
Gestelleinschub *m* rack-assembly, plug-in unit
Gestellfeld *n* rack panel
Gestellmotor *m* frame-suspended motor *(Elektrolokomotive)*
Gestellrahmen *m* framework, rack frame
Gestellreihe *f* rack suite, suite (row) of racks
Gestellreihenfuß *m* rack row base
Gestellrost *m* rack shelf
Gestellschaltvorrichtung *f* frame-type switchboard
Gestellschlußschutz *m* frame-leakage protection
Gestellsockel *m* rack base
Gestellverkabelung *f* rack cabling
gesteuert controlled
~/direkt numerisch direct numerically controlled, DNC
~/drahtlos radio-controlled
~/durch Rechner computer-controlled
~/elektronisch electronically controlled
~/numerisch numerically controlled, NC
~/selbsttätig self-controlled
gestimmt/hoch *(Ak)* high-pitched
~/tief low-pitched
gestört disturbed; *(Nrt)* out-of-order; contaminated with noise, noisy *(durch Rauschen)*
~/magnetisch magnetically disturbed
~/stochastisch stochastically disturbed
Gestörtzeichen *n (Nrt)* out-of-order tone
gestreut/rückwärts backscattered
gestuft stepped; cascaded
getaucht/in Flüssigkeit liquid-immersed
Getrenntlageverfahren *n (Nrt)* separate channel system
Getriebe *n* gear [drive]
~/einseitiges unilateral gear
~/einstufiges single-reduction gear
~/zweiseitiges bilateral gear
~/zweistufiges double-reduction gear
Getriebegehäuse *n* gear box (case), gearbox
Getriebegeräusch *n* gear noise *(als Störquelle)*
Getriebekasten *m s.* Getriebegehäuse
Getriebemotor *m* geared motor
getriggert triggered
~/automatisch auto-triggered
Getter *m* getter, gettering agent
gettern to getter
Getterplatte *f* getter plate
Getterschicht *f* getter layer
Getterstoff *s.* Getter
Getterung *f* gettering *(Vakuumelektronik)*
Getterverdampfung *f* getter vaporization
Getterwirkung *f* gettering action
gewachsen/im Vakuum vacuum-grown *(Kristall)*
~/in Luft air-grown *(Kristall)*
gewählt/durch Schalter switch-selected
Gewebe *n* fabric
~/beschichtetes *(Isol)* coated fabric
~/imprägniertes impregnated fabric
Gewebeeinlage *f* fabric insert (ply) • **mit ~** fabric-filled
gewendelt coiled, spiralled
Gewerbetarif *m* commercial rate
Gewicht *n* **einer Messung** weight of [a] measurement

~ **eines Kodeworts** weight of a code word
Gewichtsfunktion *f (Syst)* weighting function, unit-impulse response, unit-step response
Gewichtsordinate *f* weighted ordinate
Gewichtsordinatenverfahren *n* weighted ordinate method
Gewichtsverlagerung *f* weight transfer *(zur Achsentlastung)*
gewickelt wound *(Spule)*
~/bifilar double-wound
~/gegenläufig counter-wound
~/hochkant edgewise-wound
~/im Nebenschluß shunt-wound
~/in Schichten layer-wound
~/in Stufen bank-wound
~/kapazitätsarm bank-wound
~/lagenweise layer-wound
~/mit Abstand space-wound
~/neu rewound
~/schichtenweise layer-wound
~/verteilt distributed-wound
~/weitläufig space-wound
Gewindesockel *m* screw cap (base), Edison screw cap (base) *(Glühlampe)*
Gewindesockelautomat *m* cap threading machine
Gewinn *m* gain *(z. B. Antennentechnik)*
~/verfügbarer available gain
Gewinnfaktor *m* gain factor
Gewinnung *f* extraction; capture *(von Daten)*
Gewitterelektrizität *f* thunderstorm electricity
Gewitterüberspannung *f* lightning surge; overvoltage of atmospheric origin
gewobbelt swept
Gewölbestromwender *m* arch commutator
gewuchtet/dynamisch dynamically balanced
Gezeitenkraftwerk *n* tide (tidal) power station, bay-type hydroelectric power station
gezogen *s.* gezüchtet
~/blank bright-drawn, cold-drawn *(Draht)*
gezüchtet grown *(Kristall)*
~/an der Luft air-grown
~/aus dem Tiegel crucible-grown
~/aus der Dampfphase vapour-grown
~/aus der Schmelze melt-grown
~/künstlich artificially grown, cultured
~/nach dem Czochralski-Verfahren Czochralski-grown
~/nach dem Zonenschmelzverfahren zone-melting-grown, floating-zone-grown
gezündet/nicht unfired *(beim Stromrichter)*
Gibbs-Zelle *f* Gibbs cell *(Elektrolyse)*
Giebe-Brücke *f* bifilar bridge
Gießanlage *f* casting resin plant *(Isolierungen)*
Gießform *f* [casting] mould *(für Isolierteile)*
Gießharz *n* cast[ing] resin
Gießharzisolator *m* cast-resin insulator
Gießmasse *f* moulding (potting) compound
Gießtemperatur *f* casting temperature
Gießverfahren *n* casting procedure
Gipfel[punkt] *m* peak *(einer Kurve)*
Gitter *n* 1. gate; grid *(z. B. eines Transistors)*; 2. lattice *(Kristall)*; 3. [optical] grating; 4. grille *(Verkleidung)*
~/Bravaissches Bravais lattice *(einfaches Translationsgitter)*
~/ebenes plane grating
~/engmaschiges fine grid
~/gestörtes defect lattice
~/gleichrichtendes detecting grating *(Mikrowellentechnik)*
~/ideales ideal (perfect) lattice
~/isotropes isotropic lattice
~/offenes free (floating) grid
~ **ohne festes Potential** floating grid
~/optisches grating, [optical] diffraction grating
~/ungestörtes *s.* ~/ideales
~/weitmaschiges open grid
Gitterableitung *f* grid leak
Gitterableitwiderstand *m* grid leak resistance
Gitterabschaltspannung *f* gate-turn-off voltage
Gitterabschaltstrom *m* gate-turn-off current
Gitterabschaltung *f* grid extinguishing
Gitterabschirmkappe *f* grid shielding can
Gitterabsorptionskante *f* lattice absorption edge
Gitterabstand *m* lattice spacing
Gitterabstimmung *f* grid tuning
Gitter-Anoden-Kapazität *f* grid-anode capacity, grid-plate capacitance
Gitter-Anoden-Strecke *f* grid-anode gap, grid-plate gap
Gitteranschluß *m* gate terminal; grid cap (clip) *(Röhren)*
Gitteranschlußring *m* grid connection ring
Gitteratom *n* lattice atom
Gitteraufweitung *f* lattice expansion
Gitteraussteuerung *f* grid excitation *(Röhren)*; grid swing
Gitteraussteuerungsbereich *m* grid sweep *(Röhren)*
Gitterbasiseingangsstufe *f* grounded-grid input stage
Gitterbasisschaltung *f* grounded-grid circuit
Gitterbasistriode *f* grounded-grid triode
Gitterbasisverstärker *m* grounded-grid amplifier
Gitterbatterie *f* [grid] bias battery, C-battery
Gitterbaufehler *m* lattice defect
Gitterbeweglichkeit *f* lattice mobility
Gitterblockierung *f* grid blocking
Gitterblockkondensator *m* grid blocking capacitor
Gitterbrumm *m* grid hum
Gittercharakteristik *f* grid characteristic
Gitterdefekt *m* lattice defect
Gitterebene *f* 1. grid plane, plane of grid *(Röhre)*; 2. lattice (atomic) plane *(Kristall)*
Gitterebenenrichtung *f* lattice plane direction
Gittereckplatz *m* corner lattice site *(Kristall)*
gittereigen intrinsic

Gittereinschaltstrom *m*/**kleinster** gate trigger current
Gitterelektrode *f* grid electrode *(Akkumulator)*
Gitterelektron *n* lattice electron
Gitteremission *f* grid emission *(Röhre)*
Gitterenergie *f* lattice energy
Gitterfehler *m* lattice defect (imperfection) *(Kristall)*
Gitterfehlordnung *f* lattice disorder *(Kristall)*
Gitterfehlstelle *f s.* Gitterleerstelle
Gitterfilter *n* wire grating
gitterfremd foreign to the lattice *(Kristall)*
Gitterfurche *f* grating (diffracting) groove
Gittergegenspannung *f* peak inverse grid voltage
gittergesteuert gate controlled *(z. B. Gleichrichter)*
Gittergleichrichter *m* grid rectifier (detector)
Gittergleichrichtung *f* grid [current] rectification
Gittergleichspannung *f* d.c. grid voltage
Gittergleichstrommodulation *f* d.c. grid modulation
Gitterglühemission *f* thermionic grid emission
Gitterimpedanz *f* impedance of grid
Gitterkappe *f* grid cap (clip) *(Röhren)*
Gitter-Katoden-Kapazität *f* grid-cathode capacity
Gitter-Katoden-Raum *m* grid-cathode space
Gitter-Katoden-Strecke *f* grid-cathode gap (path)
Gitterkennlinie *f* gate characteristic
Gitterkondensator *m* grid capacitor
Gitterkonstante *f* 1. lattice constant (spacing) *(Kristall)*; 2. grating constant *(Beugungsgitter)*
~/**optische** groove spacing
Gitterkopie *f* replica grating *(Beugungsgitter)*
Gitterkreis *m* grid circuit
Gitterkreisimpedanz *f* grid impedance
Gitterleerstelle *f* lattice vacancy (hole), vacant [lattice] site
Gitterleistung *f* gate power
~/**maximale** peak gate power
~/**mittlere** average gate power
Gitterlinien *fpl* diffracting grooves
Gitterloch *n* lattice hole
Gitterlöschung *f* grid extinguishing
Gitterlücke *f s.* Gitterleerstelle
Gittermasche *f* grid mesh *(Röhren)*
Gittermaskenröhre *f* chromatron, Lawrence tube *(Einstrahlröhre mit Farbsteuergitter)*
Gittermast *m* lattice mast (tower), pylon *(für Hochspannungsleitungen)*
Gittermaststab *m* lattice girder *(Freileitung, Antenne)*
Gittermodulation *f* grid modulation
Gittermonochromator *m* grating monochromator
Gitternetz *n* grid [system]
Gitternormale *f* grating normal
Gitteröffnung *f* grating aperture
Gitterordnung *f* 1. lattice arrangement *(Kristall)*; 2. order of diffraction *(Beugungsgitter)*
Gitterparameter *m* lattice parameter
Gitterplatte *f* grid plate *(Akkumulator)*
Gitterplatz *m* lattice site (position)
~/**besetzter** occupied lattice site
Gitterpotential *n* 1. grid potential (voltage); 2. lattice potential
Gitterprofil *n* groove provile (contour), profile of grating
Gitterpulsmodulation *f* grid pulse modulation
Gitterrauschen *n* grid noise
Gitterrauschwiderstand *m* grid-noise resistance
Gitterrückstrom *m* reverse grid current *(Thyristor)*; negative grid current
Gitterschaltstrom *m* gate trigger current
Gitterschwingung *f* lattice vibration (oscillation)
Gitterspannung *f* 1. gate voltage (potential), grid voltage; 2. lattice strain
~/**höchste** peak gate voltage
~ **in Durchlaßrichtung** forward gate voltage *(Thyristor)*
~/**kritische** critical grid voltage
~/**nichtzündende** gate non-trigger voltage
Gitterspannungskurve *f* grid voltage curve
Gitterspannungsmodulation *f* grid [voltage] modulation
Gitterspektrograph *m* grating spectrograph
Gitterspektrometer *n* grating spectrometer
Gitterspektroskop *n* grating spectroscope
Gitterspektrum *n* grating (normal) spectrum
Gittersperrkreis *m* grid stopper
Gittersperrspannung *f* cut-off bias (voltage), grid bias
Gitterspitzenleistung *f* peak gate power
Gitterspitzenstrom *m* peak grid current
Gitterspule *f* grid choke
Gittersteuerspannung *f* grid control voltage
Gittersteuerung *f* grid control
Gitterstift *m* grid pin
Gitterstörstelle *f* lattice imperfection (defect), structural defect *(Kristall)*
~/**atomare** lattice impurity
Gitterstörung *f s.* Gitterstörstelle
Gitterstreuung *f* lattice scattering
Gitterstrom *m* grid (gate) current *(Elektronenröhre)*
~ **im ausgeschalteten Zustand** reverse gate current
~ **im eingeschalteten Zustand** forward gate current
~ **in Durchlaßrichtung** forward gate current
~ **in Durchlaßrichtung/maximaler** peak forward gate current
~ **in Sperrichtung** reverse grid current
~/**nichtzündender** gate non-trigger current
Gittertastung *f* grid keying
Gitterteilungsfehler *m* grating imperfection
Gittertransformator *m* grid transformer
Gittertranslation *f (Laser)* fundamental translation of lattice
Gitterverformung *f* 1. lattice deformation *(Kristall)*; 2. grid warping *(Elektronenröhren)*

Gitterverkleidung *f* grille cloth *(z. B. der Lautsprecheröffnung)*
Gitterverlustleistung *f* gate (grid) dissipation
Gitterverriegelung *f* grid blocking
Gitterverspannung *f* lattice strain *(Kristall)*
Gitterverstärker *m* grid amplifier
Gittervorspannung *f* grid bias [voltage]
~/automatische automatic grid bias, self-bias
~/feste fixed grid bias
~/negative negative grid bias
~/selbsttätige *s.* ~/automatische
Gittervorspannungsmodulation *f* grid bias modulation
Gittervorspannungsregelung *f***/selbsttätige** automatic bias control
Gitterwandler *m* grating converter *(Umwandlung der Wellenform)*
Gitterwechselspannung *f* a.c. grid voltage
Gitterwerk *n* framework
Gitterwiderstand *m* grid resistance
Gitterzahl *f* grid number
Gitterzelle *f* lattice cell
Gitterzündspannung *f* critical grid voltage
Gitterzündstrom *m* critical grid current
GKS *s.* Kernsystem/graphisches
Glanz *m* lustre, gloss, brightness
Glanzbildner *m (Galv)* brightening agent, brightener
Glanzbrennen *n (Galv)* bright dipping
glanzeloxieren to anode-brighten
glänzend lustrous; glossy
glanzlos lustreless, matt; dead
Glanzmesser *m* gloss[i]meter
Glanzmittel *n (Galv)* brightener, brightening agent
Glanzüberzug *m (Galv)* bright plate (electrodeposit)
Glanzverzinken *n* bright zinc plating
Glanzzusatz *m s.* Glanzbildner
Glas *n*:
~/elektrisch leitendes electroconducting glass
~/hitzebeständiges heat-resisting glass
~/hochbrechendes high-refractive-index glass
~/photochromes photochromatic (photosensitive) glass
~/reflexfreies non-reflecting glass
~/strahlungsunempfindliches protected (non-browning) glass
~/wärmeabsorbierendes heat-absorbing glass
Glaseinschmelzung *f* glass sealing
Glaselektrizität *f* vitreous electricity *(positive Reibungselektrizität)*
Glaselektrode *f* glass electrode
Glasfaden *m* glass filament
Glasfaser *f* glass fibre, fibre (fibrous) glass
~/nackte unjacketed [glass] fibre
~/optische glass optical fibre
Glasfaser... *s. a.* Faser... *und* Lichtleitfaser...
Glasfaserdämpfung *f* transmission loss of optical fibre *(Durchlässigkeitsverlust)*
Glasfaser-Datenübertragungssystem *n* fibre-optic data transmission system
Glasfasergewebe *n* glass[-fibre] fabric, fibre glass fabric, woven [glass-fibre] cloth
~/flexibles flexible glass-fibre fabric
~/imprägniertes impregnated glass-fibre fabric
Glasfaserinterferometer *n* **in Mach-Zehnder-Anordnung** Mach-Zehnder fibre-optic interferometer [arrangement]
Glasfaserkabel *n* optical-fibre cable
Glasfaserkern *m* optical-fibre core
Glasfaserkoppler *m* optical-fibre coupler
Glasfaserkunststoff *m* glass-fibre reinforced plastic
Glasfaserlaser *m* fibre[-glass] laser
Glasfasermantel *m* fibre cladding
Glasfasermeßfühler *m* optical sensor
Glasfasermikrofon *n* optical-fibre acoustic sensor; interferometric acoustic sensor *(in Mach-Zehnder-Interferometeranordnung)*
Glasfaser-Nachrichtennetz *n* fibre-optic communication network
Glasfasernetz *n* optical fibre network
~/lokales glass-fibre local area network
Glasfaseroptik *f* fibre optics
Glasfaserschichtstoff *m* glass-fibre [reinforced] laminate
Glasfaserschutzmantel *m* jacket, coating
Glasfasersensor *m* [optical-]fibre sensor
Glasfasersteckverbinder *m* fibre-to-fibre coupler, optical-fibre coupler, optical connector
Glasfaserstoff *m* glass-fibre fabric
Glasfasersystem *n* fibre-optic system
Glasfaserteilnehmernetz *n (Nrt)* fibre-optic subscriber network
Glasfasertemperatursensor *m* fibre-optic thermometer
Glasfaserübertragungsstrecke *f (Nrt)* fibre communication link
Glasfaserumhüllung *f* fibre coating
Glasfaser-Unterwassermikrofon *n* interferometric fibre-optic hydrophone *(in Mach-Zehnder-Interferometeranordnung)*
Glasfaservakuumpreßverfahren *n* Marco process
Glasfaserverbindung *f* fibre-optic link
Glasfaserversatz *m* fibre offset *(senkrecht zur Achse)*
glasfaserverstärkt glass-fibre reinforced
Glasfaserverzweiger *m* optical-fibre coupler
Glasfaservlies *n* glass fleece
glasgekapselt glass-encapsulated
Glasgewebe *n s.* Glasfasergewebe
Glashalbleiter *m* amorphous semiconductor
glasieren to glaze *(Isolierkeramik)*
Glasisolator *m* glass insulator
Glasisoliermantel *m* glass insulating sheath
Glasisolierschicht *f* glass insulating film
glasisoliert glass-insulated

Glaskolbengleichrichter *m* glass-bulb rectifier
Glaskolbenstrahler *m* glass-bulb radiator *(Lampenstrahler, Hellstrahler)*
Glas-Luft-Grenzfläche *f* air-glass surface, glass-[to-]air surface
Glasmantel *m* glass sheath
Glas-Mantel-Durchführung *f* glass-to-metal seal
Glas-Metall-Röhre *f* glass-metal type valve
Glas-Metall-Verschmelzung *f* glass-to-metal seal
Glasröhre *f*/**metallisierte** metallized glass-type tube
Glasrohrstrahler *m* glass-tube radiator
Glasseidengewebe *n* glass silk fabric
Glasseidenmatte *f (Isol)* chopped [strand] mat
Glasseidenstränge *mpl*/**zerhackte** *(Isol)* chopped strands
Glassockel *m* glass base
Glassockellampe *f* capless bulb
Glassubstrat *n* glass substrate
Glasträger *m* glass substrate
glasummantelt glass-sheathed
Glasunterlage *f* glass base (substrate)
Glasur *f* glaze *(Isolierkeramik)*
~/halbleitende semiconducting glaze
Glasurbrand *m* glaze baking
Glasur[brand]ofen *m* glazing kiln (oven)
Glaswiderstand *m*/**galvanischer** electrically coated glass resistor
Glaswolle *f* glass wool
glatt smooth, even
Glätte *f* 1. smoothness; 2. *s.* Glanz
glattrandig straight-cut
Glättung *f* smoothing *(z. B. eines Signals)*
Glättungsdrossel *f* smoothing (filter) choke, ripple-filter choke, smoothing reactor (inductor)
Glättungsfilter *n* smoothing (ripple) filter
~ hinter Digital-Analog-Umsetzer reconstruction filter
Glättungskondensator *m* smoothing (filter) capacitor
Glättungskreis *m* smoothing circuit
Glättungsschaltung *f* smoothing (filter) circuit, smoothing network
Glättungswiderstand *m* smoothing resistance
gleichachsig coaxial; equiaxed
Gleichanteil *m* steady component
gleichartig homogeneous; uniform
Gleichartigkeit *f* homogeneity
gleichbleibend constant, invariable; steady[-state]
Gleichenergieströmung *f* d.c. energy flow
Gleichenergieweiß *n* equal-energy white
gleichfarbig homochromatic, isochromatic
Gleichfeld *n* constant (steady) field, d.c. field; unidirectional field
~/magnetisches constant (steady) magnetic field
Gleichfeldhysterese *f* static hysteresis
Gleichfeldhystereseschleife *f* static hysteresis loop (curve)
gleichförmig uniform
Gleichförmigkeitsgrad *m* degree of uniformity
gleichfrequent equifrequent
gleichgerichtet unidirectional
Gleichgewicht *n* equilibrium, balance • **aus dem ~** off-balance • **aus dem ~ bringen** to unbalance • **ins ~ bringen** to balance, to equilibrate, to bring into equilibrium • **nicht im ~** non-equilibrium
~/dynamisches dynamic (flowing) equilibrium *(z. B. bei Dauerschwingungen)*; *(MA)* running balance
~/gestörtes non-equilibrium
~/statisches static balance
~/statistisches statistical equilibrium
~/thermisches thermal equilibrium
~/thermokinetisches thermokinetic equilibrium
Gleichgewichtsanzeiger *m* balance [point] indicator
Gleichgewichtsdiagramm *n* equilibrium diagram
Gleichgewichtseinstellung *f* establishment of equilibrium, equilibration
Gleichgewichtselektronendichte *f* equilibrium electron density
Gleichgewichts-Fermi-Niveau *n* equilibrium Fermi level
Gleichgewichts-Galvani-Spannung *f* equilibrium Galvani tension
Gleichgewichtskonstante *f* equilibrium constant
Gleichgewichtskonzentration *f* equilibrium concentration
Gleichgewichtslage *f* equilibrium position, [position of] equilibrium
~/stabile stable equilibrium position
Gleichgewichtspotential *n* equilibrium potential, potential of equilibrium
~ einer Elektrode equilibrium electrode potential
Gleichgewichtspunkt *m (Syst)* equilibrium point (position), balance (rest) point *(z. B. im Kennlinienfeld)*
~/instabiler divergent equilibrium point
~/stabiler convergent equilibrium point
Gleichgewichtsspannung *f* equilibrium tension
Gleichgewichtsstabilität *f* steady-state stability
Gleichgewichtsstadium *n* equilibrium stage
Gleichgewichtstemperatur *f* equilibrium (steady-state) temperature
Gleichgewichtsverschiebung *f* displacement of equilibrium
Gleichgewichtsverteilung *f* equilibrium distribution
Gleichgewichtszellspannung *f* equilibriumm cell tension (voltage)
Gleichgewichtszusammensetzung *f* equilibrium composition
Gleichgewichtszustand *m* 1. equilibrium state (condition), state of equilibrium; 2. stationary state *(im Stromkreis)*
Gleichglied *n (Syst)* d.c. value *(Teil eines periodischen Signals)*

~ **des Kurzschlußstroms** aperiodic component of [a] short-circuit current
Gleichheit *f* **der Helligkeit** equality of brightness
Gleichheitsphotometer *n* equality of luminosity (brightness) photometer
Gleichkanalbetrieb *m* *(Nrt)* common-channel operation, co-channel operation
Gleichkanalsender *m* co-channel transmitter
Gleichkanalstörung *f* *(Nrt)* common-channel interference
Gleichkomponente *f* steady component
Gleichlauf *m* synchronism, synchronous operation • **auf ~ bringen** to synchronize • **im ~** synchronous; in step • **nicht im ~** asynchronous
~**/mechanischer** ganging
Gleichlaufabstimmung *f* alignment of tuned circuits
Gleichlaufeinrichtung *f* synchronizing device
~**/extern gesteuerte** synchro control transformer
gleichlaufend synchronous *(elektrisch)*; ganged *(mechanisch)*
Gleichlauffehler *m* 1. synchronism error, tracking error; 2. *(Dat)* clocking (timing) error
Gleichlaufimpuls *m* synchronizing (synchronization, sync) pulse; *(Nrt)* correcting impulse
Gleichlaufkorrektur *f* *(Nrt)* synchronous correction
Gleichlaufregelung *f* synchronization control
Gleichlaufrelais *n* *(MA)* correcting relay
Gleichlaufschwankung *f* *(Ak)* wow *(langsame Schwankung)*; flutter *(schnelle Schwankung)*; wow and flutter
Gleichlaufschwankungsmesser *m* wow-and-flutter meter
Gleichlaufspielraum *m* *(Nrt)* isochronous margin
Gleichlaufstörungen *fpl* synchronization troubles (disturbance)
Gleichlaufstrom *m* *(Nrt)* correcting current
Gleichlaufsystem *n* *(Nrt)* synchronous system
Gleichlaufverzerrungsgrad *m* *(Nrt)* degree of isochronous distortion
Gleichlaufwinkel *m* synchro angle
Gleichlaufzeichen *n* synchronizing signal
gleichmachen to equalize
gleichmäßig uniform *(z. B. Beschleunigung)*; even, smooth *(z. B. Oberfläche)*; constant *(z. B. Temperatur)*
Gleichmäßigkeit *f* uniformity; steadiness; evenness; constancy
gleichphasig equiphase, equal-phase, cophasal, in-phase • **~ sein** to agree (be) in phase
Gleichpolfeldmagnet *m* hommopolar field magnet
Gleichpolgenerator *m* unipolar generator
gleichpolig homopolar
Gleichpolsynchronmaschine *f* homopolar synchronous machine
gleichrichten 1. to rectify; 2. *(Nrt)* to demodulate, to detect *(im Empfänger)*
Gleichrichter *m* 1. rectifier; 2. *(Nrt)* demodulator; [signal] detector *(im Empfänger)*
~**/elektronischer** electronic rectifier
~**/geschlossener** sealed rectifier
~**/gesteuerter** controlled rectifier
~**/gittergesteuerter** grid-controlled rectifier, cumulative grid rectifier
~**/halbgesteuerter** half-controlled rectifier
~**/idealer** perfect rectifier
~ **in Brückenschaltung (Graetz-Schaltung)** bridge[-connected] rectifier, Graetz rectifier
~**/linearer** linear rectifier; straight-line detector
~**/magnetischer** magnetic detector
~**/mechanischer** mechanical (commutator, Delon) rectifier
~ **mit Außengittersteuerung** cathetron
~ **mit flüssiger Katode** pool rectifier
~ **mit Gittersteuerung** grid-controlled rectifier
~ **nach Marconi/magnetischer** Marconi detector
~**/phasenabhängiger** phase-selective rectifier
~**/phasenempfindlicher** phase-sensitive rectifier, synchronous rectifier
~**/phasengesteuerter** phase-controlled rectifier
~**/quadratischer** square-law rectifier
~**/ungesteuerter** diode rectifier
~**/vorgespannter** biased rectifier
Gleichrichteranlage *f* rectifier equipment
Gleichrichteranode *f* rectifier anode
Gleichrichteranordnung *f* rectifier assembly
Gleichrichteranschluß *m* rectifier junction
Gleichrichterblock *m* rectifier stack
Gleichrichterbrücke *f* rectifier bridge
Gleichrichterdiode *f* rectifier diode
~ **im Sinterglasgehäuse** rectifier diode in sintered-glass case
~**/schnelle** fast rectifier diode
Gleichrichtereinheit *f* rectifier unit
Gleichrichterelement *n* rectifying element
Gleichrichterfahrzeug *n***/elektrisches** rectifier electric motorcar
Gleichrichtergerät *n* rectifier [unit], rectifier equipment (assembly) *(Zusammensetzungen s. unter* Gleichrichter*)*
Gleichrichtergruppe *f* 1. rectifier group; 2. rectifier-transformer unit
Gleichrichterinstrument *n* rectifier instrument
Gleichrichterkatode *f* rectifier cathode
Gleichrichterkolben *m* rectifier bulb
Gleichrichterkontakt *m* rectifying contact
Gleichrichterkristall *m* rectifying crystal
Gleichrichterlokomotive *f***/elektrische** rectifier electric locomotive
Gleichrichterröhre *f* rectifier tube (valve); detector valve; anode converter
~**/gasgefüllte** gas-filled rectifier tube (valve), gaseous rectifier tube
~**/ungesteuerte** phanotron
Gleichrichterrückzündung *f* backfiring
Gleichrichtersatz *m*, **Gleichrichtersäule** *f* rectifier stack
Gleichrichterschalter *m* rectifier switch

Gleichrichterschaltung *f* rectifier circuit
~/spannungsverdoppelnde voltage-doubling circuit
Gleichrichterschaltzelle *f* rectifier cell
Gleichrichterscheibe *f* rectifier disk
Gleichrichterstation *f* rectifier station
Gleichrichterstromkreis *m*/**sterngeschalteter** star rectifier circuit
Gleichrichtertransformator *m* rectifier transformer
Gleichrichterventil *n* rectifier valve (tube), rectifying valve
Gleichrichtervoltmeter *n* rectifier voltmeter
Gleichrichterwirkung *f* 1. rectifying (valve) action; 2. asymmetric conductivity *(physikalische Eigenschaft)*
Gleichrichterzelle *f* rectifier cell
Gleichrichtung *f* 1. rectification; 2. *(Nrt)* demodulation, detection *(im Empfänger)*
~ **eines Wechselstroms** rectification of an alternating current
~/Faradaysche faradic (faradaic) rectification
~/lineare linear (straight-line) rectification; linear detection
~/quadratische square-law rectification; square-law detection
Gleichrichtungscharakteristik *f* rectification characteristic
Gleichrichtungseffekt *m* rectifying action
Gleichrichtungsfaktor *m* rectification factor, degree of current rectification
Gleichspannung *f* direct voltage (potential), d.c. voltage
~/ideelle ideal no-load d.c. voltage
~ **im gesperrten (nicht geschalteten) Zustand** continuous off-state voltage *(beim Stromrichter)*
Gleichspannungsabfall *m* d.c. voltage drop
~/ohmscher resistive d.c. voltage drop
Gleichspannungsanalogrechner *m* d.c. [voltage] analogue computer
Gleichspannungsdurchführung *f* d.c. [voltage] bushing
Gleichspannungskabelprüfanlage *f* d.c. [voltage] cable testing plant
Gleichspannungskomponente *f* direct-voltage component, d.c. [voltage] component
Gleichspannungskonstanthalter *m* d.c. [voltage] regulator
Gleichspannungsmesser *m* d.c. [voltage] voltmeter
Gleichspannungsmeßgerät *n* d.c. [voltage] indicating instrument
Gleichspannungspegel *m* d.c. [voltage] level
Gleichspannungspotential *n* d.c. [voltage] potential
Gleichspannungsprüfanlage *f* d.c. [voltage] testing plant
Gleichspannungsquelle *f* direct-current [voltage] source, d.c. source (supply), constant potential source (supply)
Gleichspannungsrechner *m* d.c. [voltage] computer
Gleichspannungsschreiber *m* d.c. [voltage] recorder
Gleichspannungssignal *n* d.c. voltage signal
Gleichspannungsspeisegerät *n* d.c. [voltage] supply unit, d.c. bridge supply unit
Gleichspannungssteller *m* d.c. [voltage] controller
Gleichspannungsüberspannungsprüfung *f* continuous-voltage rise test
Gleichspannungsverstärker *m* d.c. [voltage] amplifier
~ **mit hoher Verstärkung** high-gain d.c. amplifier
Gleichspannungsverstärkung *f* d.c. voltage gain
Gleichspannungswandler *m* d.c. voltage transformer, d.c.-to-d.c. converter
Gleichspannungszwischenkreis *m* constant-voltage d.c. link
Gleichsperrspannung *f* continuous direct off-state current *(z. B. des Thyristors)*
~/höchstzulässige limiting reverse d.c. voltage
~/positive forward direct off-state voltage
Gleichstrom *m* direct current, d.c., D.C.
~/gepulster chopped direct current
~/hochgespannter high-voltage direct current, h.v.d.c.
~/pulsierender pulsating direct current
~/unterbrochener intermittent direct current
~/zerhackter chopped direct current
Gleichstromamperemeter *n* d.c. amperemeter (ammeter)
Gleichstromanalogrechner *m* d.c. analogue computer
~/elektronischer d.c. electronic analogue computer
Gleichstromanker *m* d.c. armature
Gleichstromankerwicklung *f* d.c. armature winding
Gleichstromanlage *f* d.c. plant
Gleichstromanteil *m* d.c. component
Gleichstromantrieb *m* d.c. drive
Gleichstromanzeiger *m* d.c. detector
Gleichstromausgleichsmaschine *f* d.c. balancer (machine)
Gleichstrombahnmotor *m* d.c. traction motor
Gleichstrombetrieb *m* d.c. operation
gleichstrombetrieben d.c.-operated
Gleichstrombremsung *f* d.c. braking *(Drehstrommotor)*
Gleichstrombrücke *f* d.c. bridge
~/Wheatstonesche d.c. Wheatstone bridge
Gleichstromcharakteristik *f* d.c. characteristic
Gleichstromdiode *f* d.c. restorer
Gleichstromdrift *f* d.c. drift *(Oszillator)*
Gleichstromdurchführung *f* d.c. bushing
Gleichstromeingangssignal *n* d.c. input signal

Gleichstromelektrolokomotive *f* d.c. electric locomotive
Gleichstrom-EMK *f* direct electromotive force, direct emf
Gleichstromerregung *f* d.c. excitation
Gleichstromerzeugungsanlage *f* d.c. generating plant
Gleichstromformfaktor *m* d.c. form factor
Gleichstromgenerator *m* d.c. generator
Gleichstromgerät *n* d.c. device (equipment)
gleichstromgespeist d.c.-powered, d.c.-energized
Gleichstromgitterleistung *f* d.c. gate power
Gleichstromgleisstromkreis *m* d.c. track circuit
Gleichstromglied *n* **des Kurzschlußstroms** *(Eü)* aperiodic component of short-circuit current
Gleichstromheizung *f* d.c. heating *(Elektronenröhren)*
Gleichstromhochspannung *f* high direct (d.c.) voltage
Gleichstromimpuls *m* unidirectional pulse, d.c. pulse
Gleichstrominstrument *n* d.c. instrument
Gleichstromkennlinie *f* d.c. characteristic
Gleichstrom-Kilowattstundenzähler *m* d.c. kilowatt-hour meter
Gleichstromkomponente *f* d.c. component, zero-frequency component
Gleichstromkopplung *f* d.c. coupling
Gleichstromkreis *m* d.c. circuit
Gleichstrom-Kristallisationswiderstand *m* d.c. crystallization resistance
Gleichstromkurzschlußverhältnis *n* d.c. dynamic short-circuit ratio
Gleichstromlagegeber *m* d.c. self-synchronous system
Gleichstromleistung *f* d.c. power
Gleichstromleitfähigkeit *f* d.c. conductivity
Gleichstromleitung *f* d.c. line
Gleichstromleitwert *m* d.c. conductance
Gleichstromlichtbogen *m* d.c. arc
Gleichstrom-Lichtbogenplasmaschweißen *n* d.c. arc plasma welding
Gleichstromlichtbogenschweißen *n* d.c. arc welding
Gleichstromlichtbogenschweißumformer *m* d.c. arc welding converter
Gleichstromlöschkopf *m* d.c. erasing head *(Magnetband)*
Gleichstrommagnetbremslüfter *m* d.c. brake-lifting magnet
Gleichstrommagnetlüfter *m* magnetic brake for d.c. circuits, d.c. magnetic brake
Gleichstrommeßbrücke *f* d.c. [measuring] bridge
Gleichstrommesser *m* d.c. ammeter
Gleichstrommeßgerät *n*[**/anzeigendes**] d.c. indicating instrument
Gleichstrommeßtransduktor *m* d.c. measuring transductor
Gleichstrommessung *f* d.c. measurement
Gleichstrommeßwandler *m* d.c. transformer
Gleichstrommotor *m* d.c. motor
Gleichstromnachlaufregler *m* d.c. positional servomechanism
Gleichstromnebenschlußmotor *m* d.c. shunt-wound motor
Gleichstromnetz *n* d.c. mains (network, system)
Gleichstromnetzmodell *n* d.c. analyzer
Gleichstrompegel *m* d.c. level
Gleichstromplasmafackel *f* d.c. arc plasma torch
Gleichstrompotentiometer *n* d.c. potentiometer
Gleichstromquelle *f* d.c. source (supply)
Gleichstromreaktionswiderstand *m* d.c. reaction resistance
Gleichstromreihenschlußmotor *m* d.c. series-wound motor, commutator series motor
Gleichstromrelais *n* d.c. relay
Gleichstromröhre *f* d.c. valve (tube)
Gleichstromrückkopplung *f* d.c. feedback
Gleichstromruf *m* *(Nrt)* d.c. ringing
Gleichstromschweißgenerator *m* d.c. [arc] welding generator
Gleichstromschweißumformer *m* d.c. arc welding converter
Gleichstromselsyn *m* d.c. self-synchronous system
Gleichstromspannungscharakteristik *f* d.c. current-voltage characteristic
Gleichstromspannungskurve *f* d.c.-voltage curve
Gleichstromsperrspannung *f* continuous direct reverse voltage *(Thyristor)*
Gleichstromspitzenwert *m* peak d.c. value *(Thyristor)*
Gleichstromspule *f* d.c. coil
Gleichstromsputtern *n* **mit Plasmatron/reaktives** reactive d.c. plasmatron sputtering
Gleichstromsteller *m* d.c. motor controller, d.c. chopper
Gleichstromsymmetrierung *f* d.c. balancing
Gleichstromsystem *n* d.c. system (mains)
Gleichstromtachometerdynamomaschine *f* d.c. tachogenerator
Gleichstromtastung *f* *(Nrt)* d.c. keying
Gleichstromtelegrafie *f* d.c. telegraphy
Gleichstromtransformator *m* d.c. transformer (static converter)
Gleichstromturbogenerator *m* d.c. turbo-dynamo
Gleichstromübertragung *f* d.c. transmission
Gleichstromumformer *m* d.c. converter
Gleichströmung *f* steady flow
Gleichstromunterbrecher *m* d.c. interrupter
Gleichstromverbindung *f* d.c. link
Gleichstromversorgung *f* d.c. [power] supply
Gleichstromverstärker *m* d.c. amplifier
Gleichstromverstärkerschaltung *f* d.c. amplifier circuit
Gleichstromverstärkungsfaktor *m* d.c. amplification factor *(Transistor)*
Gleichstromverteilung *f* d.c. distribution

Gleichstromvielfachmeßgerät *n* d.c. multimeter
Gleichstromvormagnetisierung *f* d.c. bias, d.c. magnetic biasing
Gleichstromwahl *f (Nrt)* d.c. dialling
Gleichstromwandler *m* d.c. transformer (measuring transductor)
Gleichstrom-Wechselstrom-Einankerumformer *m* inverted rotary converter
Gleichstrom-Wechselstrom-Konverter *m* inverter
Gleichstrom-Wechselstrom-Umsetzer *m* direct-current/alternating current converter, d.c.-to-a.c. converter *(bei digitalen Regelungen)*
Gleichstromwecker *m (Nrt)* d.c. bell
Gleichstromwendermaschine *f* d.c. commutator machine
Gleichstromwert *m*/**größter** peak d.c. value
Gleichstromwicklung *f* d.c. winding; closed-coil armature
~/**geschlossene** closed-circuit d.c. winding
Gleichstromwiderstand *m* d.c. resistance, ohmic resistance
Gleichstromwiedergewinnung *f (Nrt)* d.c. restoration
Gleichstromzähler *m* d.c. [kilowatt-hour] meter
Gleichstromzeichengabe *f (Nrt)* d.c. signalling
~ **durch Stromumkehr** single commutation d.c. signalling
Gleichstromzwischenkreis *m* d.c. link, d.c. intermediate circuit *(Umrichter)*
Gleichstromzwischenkreisstromrichter *m* d.c. link converter
Gleichtaktfeuer *n* isophase light
Gleichtaktrückkopplung *f* common-mode feedback
Gleichtaktschaltung *f* in-phase arrangement
Gleichtaktsignal *n* common-mode signal
Gleichtaktspannung *f* common-mode voltage *(z. B. bei Meßverstärkern in Differenzschaltung)*
Gleichtaktstörsignalüberlagerung *f*, **Gleichtaktstörung** *f* common-mode interference *(zwischen Meßkreis und Erde)*
Gleichtaktunterdrückung *f* common-mode rejection [ratio], in-phase suppression
Gleichtaktverstärker *m* in-phase amplifier
Gleichtaktverstärkung *f* common-mode gain, in-phase gain
Gleichtaktwelle *f* wave of parallel mode
Gleichung *f*:
~/**Boltzmannsche** [Maxwell-]Boltzmann equation *(Stoßgleichung)*
~/**Child-Langmuirsche** Child-Langmuir-Schottky equation, Child's law *(Raumladungsgesetz)*
~ **der ersten Näherung** first-approximation equation
~ **dritten Grades** cubic [equation]
~/**Gibbs-Helmholtzsche** Gibbs-Helmholtz relation *(Thermodynamik)*
~/**Poissonsche** Poisson equation *(Potentialtheorie)*
~/**Van-der-Polsche** van der Pol's equation *(Schwingungssysteme)*
~ **vierten Grades** quartic [equation]
Gleichungen *fpl*/**gekoppelte** coupled equations
~/**Maxwellsche** Maxwell equations *(des elektromagnetischen Feldes)*
Gleichungssystem *n*/**unverträgliches** inconsistent system of equations
gleichverteilt uniformly (evenly) distributed
Gleichverteilung *f* equal-probability distribution *(Wahrscheinlichkeitstheorie)*
Gleichwelle *f (Nrt)* common wave (frequency)
Gleichwellenbetrieb *m (Nrt)* common-frequency working
Gleichwellenrundfunk *m* common-frequency broadcasting, simultaneous broadcasting, mutual broadcasting system
gleichwertig equivalent
gleichzeitig simultaneous, concurrent
Gleichzeitigkeit *f* simultaneity, concurrence
Gleichzeitigkeitsfaktor *m* coincidence factor
Gleichzeitigkeitsprüfung *f* coincidence check
Gleisbeleuchtung *f* track lighting
Gleiskontakt *m* rail contact
Gleismagnet *m* track magnet
Gleisrelais *n* track relay
Gleisstromkreis *m* track circuit
Gleitantrieb *m* slipping drive
Gleitbahn *f* slideway
Gleitband *n* slip band
Gleitdraht *m* skid wire
Gleitebene *f* glide (slip) plane *(Kristall)*
Gleiteigenschaften *fpl* antifriction properties
gleiten to slide; to slip; to float
Gleitentladung *f* creeping (sliding) discharge, surface discharge
Gleitfigur *f* sliding figure
Gleitfläche *f* sliding surface *(Kristall)*; slide[way]
Gleitfrequenzaudiometer *n* sweep audiometer
Gleitfunke *m* creepage spark
Gleitfunkenanordnung *f* creepage design
Gleitfunkenentladung *f s.* Gleitentladung
Gleitfunkenmeßstrecke *f* klydonograph
Gleitfunkenoberfläche *f* creepage surface
Gleitkomma *n (Dat)* floating point
~/**dezimales** decimal floating point
Gleitkommaaddition *f* floating-point addition
Gleitkommaarithmetik *f* floating-point arithmetic
~/**verdrahtete** hardware floating-point arithmetic
Gleitkommabefehl *m* floating-point instruction
Gleitkommabetrieb *m* floating-point operation
Gleitkommadarstellung *f* floating-point representation
Gleitkommadivision *f* floating-point division
Gleitkommamultiplikation *f* floating-point multiplication
Gleitkommaoperation *f* floating-point operation

Gleitkommaoperationen *fpl* **je Sekunde** floating-point operations per second, FLOPS *(Maß für Rechnerleistung)*
Gleitkommaprogramm *n* floating-point routine
Gleitkommaprozessor *m* floating-point processor
Gleitkommarechnung *f* floating-point calculation (computation)
Gleitkommasubtraktion *f* floating-point subtraction
Gleitkommasystem *n* floating-point system
Gleitkommazahl *f* floating-point number
Gleitkontakt *m* sliding (gliding, rubbing) contact
Gleitkupplung *f* slipping clutch
Gleitlager *n* sliding (plain) bearing
Gleitmittel *n* lubricant, slip agent
Gleitpunkt *m s.* Gleitkomma
Gleitreibung *f* sliding friction
Gleitrichtung *f* slip direction *(Kristall)*
Gleitring *m* slip ring
Gleitschiene *f* slide bar; slide rail
Gleitschuh *m* contact slipper
Gleitschütz *n* sliding gate *(Kraftwerk)*
Gleitsinus *m* sweep (swept) sine *(Sinus mit gleitender Frequenz)*
Gleitsinusprüfung *f* sweep sine test
Gleitsitz *m* sliding fit
Gleitskale *f* sliding scale
Gleitstück *n* sliding part, slider
Gleitung *f* slip *(Kristall)*
Gleitwegbake *f* glide path beacon
Gleitwegempfang *m (FO)* glide slope reception
Gleitwegempfänger *m* glide slope receiver
Gleitwegsender *m* glide slope transmitter
Gleitzeiger *m* sliding pointer
Gleitzustand *m (Syst)* sliding state
Glied *n* 1. element, block *(im Blockschaltbild)*; 2. unit, device *(Bauglied)*; 3. link *(einer Kette)*; 4. term *(Mathematik)*
~/abgestimmtes tuned element
~/ausbaubares detachable link
~/bistabiles bistable element
~ im Vorwärtszweig forward[-path] element, feed-forward block *(Regelkreis)*
~ in einer Schleife loop element *(Signalflußplan)*
~/kontaktgebendes contact maker (making device)
~/lineares linear element
~/logisches logical element
~ mit Ausgleich element with self-regulation
~ mit hohem Übertragungsfaktor high-gain element
~ mit konzentrierten Parametern element with lumped parameters
~ mit totem Gang backlash element *(z. B. Getriebespiel)*
~ mit Trägheitsverhalten energy storage element
~ mit verteilten Parametern element with distributed parameters
~/nichtlineares non-linear element (component)
~ ohne Ausgleich element without self-regulation
~/unstetiges unsteady element *(z. B. Zweipunktglied)*
~/unsymmetrisches unsymmetric element (component)
Glieder *npl***/zusammengeschaltete** interconnected elements
Glimmanzeigeröhre *f* glow indicator tube; neon indicator tube
glimmen to glow
Glimmentladung *f* glow (corona) discharge
~/anomale abnormal glow discharge
~/behinderte obstruction glow discharge *(durch zu kleinen Elektrodenabstand)*
~/normale normal glow discharge
~/subnormale subnormal glow discharge
~/unvollständige *s.* ~/behinderte
Glimmentladungsbearbeitung *f* glow-discharge processing
Glimmentladungskontinuum *n* glow-discharge continuum
Glimmentladungsröhre *f* glow-discharge valve, glow[-discharge] tube
Glimmentladungsventil *n* glow-discharge rectifier
Glimmer *m* mica
~/aufgeschlossener integrated mica
Glimmerband *n* mica tape
Glimmerblatt *n* mica sheet
Glimmerfeingewebe *n* mica fine fabric
Glimmerflitter *m* mica spangle
Glimmerhülse *f* mica bush
Glimmerkondensator *m* [foil-]mica capacitor
Glimmerpapier *n* mica paper
Glimmerplatte *f* mica slab (sheet, table)
Glimmerseidenband *n* mica silk tape
Glimmerstreifen *m* mica strip
Glimmersubstrat *n*, **Glimmerunterlage** *f* mica substrate
Glimmerunterlegscheibe *f* mica washer
Glimmfaktor *m* glow factor
Glimmfestigkeit *f (Isol)* corona resistance
Glimmgleichrichter *m* glow-discharge rectifier
Glimmhaut *f* surface glow
Glimmkatode *f* glow-discharge cathode
Glimmlampe *f* glow[-discharge] lamp, negative (neon-filled) glow lamp, neon indicator tube
~ mit Neonfüllung neon lamp
Glimmlicht *n* glow [light]
~/blaues blue glow
~/negatives negative glow
Glimmlichtanzeigeröhre *f* neon [glow] indicator
Glimmlichtgleichrichter *m* glow-discharge rectifier, glow lamp rectifier, cold-cathode [gaseous] rectifier
Glimmlichtoszilloskop *n* ondoscope
Glimmoszillator *m* neon oscillator
Glimmrelais *n* [grid] glow relay, ionical relay
Glimmröhre *f* glow[-discharge] tube
Glimmschalter *m* glow switch

Glimmschutz *m* corona grading
Glimmschutzlack *m* glow-protection varnish
Glimmspannungsteiler *m* glow-gap divider
Glimmstabilisatorröhre *f* neon-stabilizer, gas regulator tube
Glimmstift *m* incandescent cartridge
Glimmstrom *m* glow current
Glimmverlust *m (Eü)* corona loss
Glimmzählröhre *f* glow counting tube
Glimmzünder *m (Licht)* glow starter [switch]
Globalstrahlung *f* global radiation
Globar *m* globar [lamp]
Glocke *f* sounder
~/elektromechanische electromechanical bell
glockenförmig bell-shaped
Glockenimpuls *m* bell-shaped pulse
Glockenisolator *m* bell[-shaped] insulator, cup (petticoat) insulator
Glockenkurve *f* bell-shaped curve *(von Verteilungen)*
GLSI giant large-scale integration
Glühanlage *f* annealing installation
Glühdraht *m* [heating] filament, glow wire
~/gewendelter coiled filament
Glühdrahtkochplatte *f* open-type hot plate
Glühdrahtzünder *m* thermal starter switch, hot starter
glühelektrisch thermionic
Glühelektrode *f* hot electrode
Glühelektron *n* thermoelectron, thermionic electron, thermion
Glühelektronenemission *f* thermionic emission
Glühelektronenentladung *f* thermionic discharge
Glühelektronenquelle *f* thermionic electron source
Glühelektronenstrom *m* thermionic [emission] current
Glühemission *f* thermionic emission
Glühemissionskonstante *f* thermionic constant
glühen 1. to glow; 2. to anneal *(Metall)*; to bake *(Keramik)*
Glühen *n* glow; incandescence
Glühfaden *m* [incandescent] filament, lighting filament *(Lampe)*
~/gestreckter elongated filament
~/graphitisierter graphitized filament
Glühfadenlampe *f* filament lamp
Glühfadenpyrometer *n* disappearing filament pyrometer, optical pyrometer
Glühfadentemperatur *f* filament temperature
Glühfadenträger *m* filament support
Glühfadenumhüllung *f* envelope of filament
Glühkatode *f* hot (thermionic) cathode, glow (incandescent) cathode
~/helleuchtende bright emitter
Glühkatodenemitter *m* thermionic emitter
Glühkatodenentladung *f* 1. hot-cathode discharge, thermionic (incandescent) cathode discharge; 2. *s.* Glimmentladung
Glühkatodengenerator *m* thermionic generator
Glühkatodengleichrichter *m* thermionic rectifier
Glühkatodenlampe *f* hot-cathode lamp, thermionic (incandescent) cathode lamp
Glühkatoden-Quecksilberdampfgleichrichter *m* hot-cathode mercury-vapour rectifier
Glühkatodenröhre *f* hot-cathode valve, thermionic tube; Coolidge tube *(Röntgenröhre mit Glühkatode)*
Glühkatodenventil *n* thermionic rectifier
Glühkaustik *f* hot-wire cautery *(Elektromedizin)*
Glühkerze *f* glow (heater) plug *(für Dieselmotoren)*
Glühkörper *m* incandescent body, glower
Glühlampe *f* incandescent[-filament] lamp, filament lamp
~/gasgefüllte gas-filled [incandescent] lamp
~ mit Argonfüllung argon-filled [incandescent] lamp
~ mit Kryptonfüllung krypton-filled [incandescent] lamp
Glühlampenanlage *f* filament lamp installation
Glühlampenbeleuchtung *f* incandescent (tungsten) lighting
Glühlampenherstellung *f* incandescent lamp manufacture
Glühlampenkolben *m* incandescent lamp bulb
Glühlampenleuchte *f* incandescent lamp fitting, tungsten fitting
Glühlampenlicht *n* incandescent (tungsten) light
Glühlampenreflektorleuchte *f* incandescent reflector fitting
Glühlampenscheinwerfer *m* incandescent lamp reflector
Glühlampenstrahler *m* heat[ing] lamp *(Infrarotstrahler)*
Glühlampenstromkreis *m* incandescent lamp circuit
Glühlicht *n* incandescent (tungsten) light
Glühstartlampe *f* hot-start lamp
Glühtemperatur *f* annealing temperature
Glühübertrager *m* adapter transformer *(zur Widerstandsanpassung bei HF-Induktionserwärmungsanlagen)*
Glühventil *n* valve tube, thermionic rectifier
Glühwendel *f* coiled filament
Glühzündung *f* ignition by incandescence
GM-Zählrohr *n s.* Geiger-Müller-Zählrohr
Golay-Empfänger *m*, **Golay-Zelle** *f* Golay [pneumatic] detector, Golay cell
Golddotierung *f* gold doping
Golddraht *m* gold wire
Golddrahtdiode *f* gold-bonded diode, gold point diode
Golddrahtrelais *n* gold-wire relay
Goldfolie *f* gold foil
Goldplattierung *f* gold plating
Goldüberzug/mit gold-coated
Goliath-Sockel *m* Goliath cap, mogul base
Goniophotometer *n* goniophotometer

Goubau-Leitung *f* surface-wave transmission line, SWTL
Gouy-Chapman-Schicht *f* Gouy-Chapman layer *(diffuser Teil der elektrochemischen Doppelschicht)*
g-Pol *m* gate [electrode]
Graben *m (ME)* groove, trench, moat *(Ätzgraben)*
~/V-förmiger V-shaped groove
Grabenätzung *f (ME)* trench etching, trenching
Grabenisolation *f (ME)* trench (moat) isolation
Grad *m* degree
~ **der Anregung** *(Ph)* degree of excitation
~ **der Erkennbarkeit** *(Licht)* visibility factor
~ **der gerichteten Reflexion** *(Licht)* direct reflection factor
~ **der gerichteten Transmission** *(Licht)* direct transmission factor
Gradationsentzerrung *f (Fs)* gamma-correction
Gradationsfehler *m (Fs)* image defect, picture distortion
Gradationsumkehrung *f***/teilweise** *(Nrt)* partial tone reversal
Gradient *m* gradient
Gradientenfaser *f* graded-index [optical] fibre, gradient fibre
Gradientenindex *m* graded index *(Lichtwellenleiter)*
Gradientenindexfaser *f s.* Gradientenfaser
Gradientenlichtwellenleiter graded-index [optical] waveguide
Gradientenmikrofon *n* gradient microphone
Gradientenrelais *n* rate-of-change relay
Gradientkopplung *f* gradient coupling
Gradientlinie *f* gradient line
Gradientspule *f* gradient coil
Gradual-Channel-Näherung *f (ME)* gradual-channel approximation
graduieren to graduate, to divide *(Skale)*
Graetz-Gleichrichterschaltung *f s.* Graetz-Schaltung
Graetz-Schaltung *f* Graetz (bridge) rectifier, full-wave bridge circuit
Grammophon *n* gramophone, phonograph
Grammophonverstärker *m* phonograph amplifier
Graph *m* graph
Graphecon-Speicherröhre *f* graphecon storage tube
Graphenkode *m* graph code *(Flußdiagramm)*
Graphentheorie *f* theory of graphs
Graphikbildschirmwiedergabe *f* graphics display
Graphikdisplay *n* graphics display
Graphit *m***/amorpher** armorphous graphite
~/kolloidaler colloidal graphite
Graphitblock *m* graphite block
Graphitbogen *m* graphite arc
Graphitbürste *f* graphite brush
Graphitelektrode *f* graphite electrode *(Lichtbogenelektrode)*
~ **mit Gewinde** threaded graphite electrode
~ **mit Gewindefassung** graphite electrode with threaded socket
~ **mit Gewindezapfen** graphite electrode with connecting pin
~/umhüllte coated graphite electrode
Graphitgitter *n* graphite lattice
graphitieren to graphitize, *(Am)* to graphite
Graphitierung *f* graphitizing *(z. B. von Kohleelektroden)*
Graphitierungsanlage *f* graphitizing installation
Graphitierungsofen *m* graphitizing furnace
Graphitkohlebürste *f* carbon graphite brush
Graphitnippel *m* graphite nipple *(zum Anstücken von Elektroden)*
Graphitschiffchen *n* graphite boat
Graphitschmelztiegel *m* graphite melting pot
Graphitschmiermittel *n* graphite lubricant
Graphittiegel *m* graphite crucible
Graphitwiderstand *m* graphite resistance
Gras *n* grass *(Radarstörung)*
Grashof-Zahl *f* Grashof number *(Ähnlichkeitskriterium)*
Graubild *n (Fs)* grey-level image
Graufilter *n* neutral[-density] filter, non-selective filter, grey filter (absorber)
Graukeil *m* neutral[-density] wedge, optical (non-selective) wedge
Graukeilphotometer *n* wedge photometer
Graukeilspektrograph *m* wedge spectrograph
Grauschirm *m* black screen
Grauskala *f* grey [step] scale
Graustrahler *m* grey body, non-selective radiator
Graustrahlung *f* grey-body radiation
Graustufenkeil *m* neutral[-density] step wedge
Graustufenskala *f* grey [step] scale
Grautreppe *f (Fs)* grey scale *(Testbild)*
gravieren to engrave
Gravierung *f* engraving
Gravitationsbeschleunigung *f* gravitation (gravity) acceleration
Gravitationsfeld *n* field of gravity
Gravur *f* engraving
Gray-Kode *m (Dat)* Gray code
Greiferantrieb *m* pin movement *(Filmtransport)*
Greinacher-Schaltung *f* Greinacher circuit, Greinacher half-wave voltage doubler *(zur Spannungsverdopplung)*
Greinacher-Vervielfacherschaltung *f s.* Greinacher-Schaltung
Grenzamt *n (Nrt)* frontier station
Grenzauflösung *f* limiting resolution
Grenzbeanspruchung *f* maximum limited stress; tolerated stress
Grenzbedingung *f* limiting (boundary) condition; threshold condition
Grenzbelastungsfähigkeit *f***/mechanische** ultimate mechanical strength
Grenzdaten *pl* maximum ratings

~/absolute absolute maximum ratings
Grenzdrehzahl *f* limiting speed, speed limit
Grenze *f* limit; boundary; threshold
~ **der asymptotischen Stabilität** *(Syst)* boundary of asymptotic stability
~ **der statischen Stabilität** steady-state stablity limit
~ **des Hörbereichs** limit of audibility
~/kurzwellige short-wave[length] limit
~/langwellige long-wave[length] limit
~/obere upper limit
~/untere bottom (lower) limit
~/zulässige tolerable limit
Grenzeffekt *m* dead-band effect
Grenzempfindlichkeit *f* threshold sensitivity (response), ultimate (limiting, absolute) sensitivity
Grenzenergie *f* threshold energy
Grenzenliste *f (Dat)* bound pair list
Grenzerwärmung *f* maximum permissible temperature rise, limit of temperature rise
Grenzfall *m* limiting case
Grenzfläche *f* boundary [area], boundary (bounding) surface; interface
~ **flüssig-fest** liquid-solid interface
~ **flüssig-flüssig** liquid-liquid interface
~ **Kern-Mantel** core-cladding interface *(Lichtwellenleiter)*
Grenzflächenbedingung *f* interface (boundary) condition
Grenzflächendiffusion *f* interfacial diffusion
Grenzflächenecho *n* boundary echo
Grenzflächenenergie *f* interfacial energy
Grenzflächenerscheinung *f* interfacial phenomenon
Grenzflächenkapazität *f* interface capacitance
Grenzflächenmikrofon *n* pressure-zone microphone
Grenzflächenpolarisation *f* interfacial polarization
Grenzflächenpotential *n* interface (boundary) potential
Grenzflächenpotentialdifferenz *f* interfacial potential difference
Grenzflächenspannung *f* interfacial tension
Grenzflächenspannungsmesser *m* interfacial tensiometer
Grenzflächenstreuung *f* boundary scattering
Grenzflächenzustand *m* interface state
Grenzfrequenz *f* limiting (cut-off, critical, threshold) frequency; edge (cross-over) frequency; penetration frequency *(der Ionosphäre)*
~ **des Basistransportfaktors** *(ME)* base transport cut-off frequency
~ **des Sperrbereichs** stop band edge frequency
~ **eines Filters** critical frequency of a filter
~/endliche finite cut-off frequency
~ **für 3 dB Abfall** half power cut-off frequency
~ **für Spuranpassung** *(Ak)* coincidence cut-off frequency
~/obere high-frequency cut-off, upper limiting frequency
~/untere low-frequency cut-off
Grenzgebiet *n* 1. boundary region; 2. fringe area *(Interferenzgebiet mehrerer Sender)*
Grenzgeschwindigkeit *f* limiting velocity (speed)
Grenzkennlinie *f* cut-off characteristic
Grenzkontakt *m* limit contact *(z. B. bei Steuerungen)*
Grenzkreisfrequenz *f* cut-off angular frequency
Grenzkurve *f* limit cycle *(bei nichtlinearen Systemen)*; limiting curve, limit curve of critical state
Grenzlänge *f* cut-off length
Grenzlast *f* maximum load
Grenzlebensdauer *f* limiting lifetime
Grenzleistung *f* limiting performance
~ **der Turbine** turbine output limit
Grenzlinie *f* border line boundary
Grenzoszillator *m* marginal oscillator
Grenzpegel *m* threshold level
Grenzpotential *n* boundary (limiting) potential
Grenzradius *m* diffuse-field distance
Grenzregister *n (Dat)* limit register
Grenzschalter *m* [main] limit switch
Grenzscheitelsperrspannung *f* maximum-crest working reverse voltage
Grenzschicht *f* boundary layer, interface; *(El)* barrier [layer] *(mit Potentialbarriere) (s. a.* Sperrschicht*)*
~ **zwischen ein- und polykristallinem Material** single-poly interface
Grenzschichteffekt *m* interface effect
Grenzschichtkapazität *f* junction capacitance
Grenzschichtpotential *n* barrier (boundary) potential
Grenzstabilität *f (Syst)* limit stability
Grenzstrahl *m* 1. limiting ray; 2. grenz ray *(weiche Röntgenstrahlung)*
Grenzstrom *m* limiting current; minimum fusing current *(Sicherung)*
~/dynamischer instantaneous short-circuit current, short-circuit current rating, short-time current rating
~/thermischer thermal limit current, rated short-circuit current, rated short-time thermal current
Grenzstromdichte *f* limiting current density
Grenzstromgebiet *n* range of the limiting current
Grenzstromrelais *n* marginal relay
Grenzstromstärke *f* limiting current
Grenzstromsteuerschalter *m* control limit switch
Grenztaster *m* limit switch
Grenztemperatur *f* limiting temperature
~/obere upper category temperature
~/untere lower category temperature
Grenztoleranz *f* limit tolerance *(z. B. für die Regelabweichung)*
Grenzüberlastungsdurchlaßstrom *m* limiting forward overload current

Grenzwelle *f* critical (cut-off) wave *(Wellenleiter)*
Grenzwellenlänge *f* limiting (cut-off, critical) wavelength *(Wellenleiter)*; threshold wavelength *(Photoeffekt)*
Grenzwert *m* limit[ing] value, limit
~/einseitiger one-sided limit
Grenzwerteinstellung *f* limit setting
Grenzwertmelder *m*/**akustischer** noise limit indicator
Grenzwertprüfung *f* limit check, marginal check[ing]
Grenzwertregelung *f (Syst)* limit (two-step, two-position, on-off) control
Grenzwertschalter *m* limit [value] switch
Grenzwertselektor *m* auctioneering device
Grenzwertsignal *n* limit signal
Grenzwertüberwachung *f* limit monitoring (check)
Grenzwiderstand *m* limit (boundary) resistance; *(Meß)* critical resistance
Grenzwinkel *m* limiting (critical) angle; rated phase angle *(der Genauigkeitsklasse)*
~ der Totalreflexion critical angle of total reflection
Grenzzeit *f* time limit
Grenzzyklus *m (Syst)* limit cycle *(z. B. im Zustandsraum)*
~/halbstabiler semistable (half-stable) limit cycle
~/instabiler unstable limit cycle
~ ohne Eingangssignal zero limit cycle
~/semistabiler *s.* ~/halbstabiler
~/stabiler stable limit cycle
Gridistor *m* gridistor *(Feldeffekttransistor)*
Grieß *m* snow *(Bildstörung)*
griffest touch-dry
Griffschalter *m* lever[-operated knife] switch
Grobabgleich *m* coarse balance
Grobabstimmung *f* coarse (flat) tuning
Grobabtastung *f (Fs)* coarse scanning
Grobätzung *f* coarse etching
Grobeinstellung *f* coarse (flat) adjustment, coarse setting
Grobeinstellwiderstand *m* coarse rheostat
Grob-Fein-Einrichtung *f* coarse-fine system *(zweistufige Regeleinrichtung)*
Grob-Fein-Regelung *f* coarse-fine [controller] action
Grobmodell *n* coarse model
Grobpassung *f* coarse fit
Grobpositionieren *n* coarse positioning
Grobregelung *f (Syst)* coarse control
Grobschaltung *f* coarse-step connection
Grobschritt *m* coarse step
Grobstufenschalter *m* coarse-adjustment switch
Grobsynchronisieren *n (MA)* random paralleling (synchronizing)
Grobwiderstand *m* coarse rheostat
Großantenne *f* giant aerial
Großanzeigegerät *n* large-size indicator
Großbasisantenne *f (FO)* wide-aperture aerial
Großbasispeiler *m (FO)* wide-aperture direction finder
Großbereichregler *m* wide-range controller
Großbildkoordinatenschreiber *m* large-screen coordinate plotter
Großbildkoordinatensichtgerät *n* large-screen coordinate display unit
Großbildschirmanzeige *f* large-screen display
Größe *f* 1. quantity; [physical] size, dimension; magnitude; 2. amount *(Betrag, Menge)*; value
~/abgeleitete derived quantity
~/angenäherte approximate quantity
~ der Gleichstromkomponente degree of asymmetry *(im Stoßkurzschlußstrom)*
~ der Regelabweichung/relative relative deviation value
~ der Signalspannung magnitude of signal voltage
~/dimensionslose dimensionless quantity
~/effektive actual dimension
~/elektrische electric quantity
~/erregende actuating quantity
~/gerichtete directional quantity
~ im Querkreis/elektrische *(MA)* quadrature-axis component
~/imaginäre imaginary number (quantity)
~/komplexe complex quantity
~/komplexe sinusförmige complex sinusoidal (harmonic) quantity
~/konjugiert-komplexe conjugate complex quantity
~/magnetische magnetic quantity
~/meßbare measurable quantity
~/nichtelektrische non-electrical amount
~/periodische periodic quantity
~/photometrische photometric quantity
~/skalare scalar quantity
~/stochastische stochastic quantity
~/strahlungsphysikalische radiometric quantity
~/tatsächliche actual dimension; actual (real) value
~/vektorielle vector quantity
~/veränderliche variable [quantity]
~/zeitabhängige time-dependent quantity
Größenordnung *f* **des Fehlers** order of error
Größenwandler *m* quantizer *(z. B. Analog-Digital-Umsetzer)*
Großflächenstrahler *m* large-area radiator (fitting)
Großfunkstelle *f* high-power radio station
Großintegration *f (ME)* large-scale integration, LSI
Großintegrationsschaltung *f* large-scale integrated circuit, LSI circuit
Großkraftwerk *n* high-power plant
Großkreispeilung *f (FO)* long-path bearing
Großlautsprecher *m* high-power loudspeaker

Großleistungsröhre *f* power valve
Großraumspeicher *m* bulk (file) memory, large[-capacity] memory
Großrechner *m* large-scale digital computer, large computer
Großrechneranlage *f* large computer system
Großrundfunksender *m* high-power broadcasting station
Großschaltkreis *m* **/integrierter** large-scale integrated circuit, LSI circuit
Großschirmbildspeicherung *f* large-screen picture storage
Großsendeanlage *f* high-power radio station
Großsichtanzeigegerät *f* large-size indicator (display unit)
Großsignal *n* large signal
Großsignalbereich *m* large-signal region
Großsignalbetrieb *m* large-signal operation *(eines Übertragungsglieds)*
Großsignalersatzschaltung *f* large-signal equivalent circuit
Großsignalstromverstärkung *f* large-signal current gain
Großsignalverhalten *n* large-signal behaviour
Großsignalverstärkung *f* large-signal amplification
Großspeicheranlage *f* mass storage system
Größtintegration *f (ME)* very large-scale integration, VLSI
Großtransformator *m* large transformer
Größtwert *m* maximum (peak, crest) value
~ der Skale maximum scale value
Großverbraucher *m* large consumer *(Energie)*
Großverbundnetz *n (An)* overall interconnection
Großwinkelkorngrenze *f* large-angle grain boundary *(Kristall)*
Grübchen *n* pit
Grübchenbildung *f* pitting
Grubenbeleuchtung *f* mine lighting
Grubenelektrofahrzeug *n* mine electric jeep (car)
Grubenkabel *n* mine cable
Grubenlokomotive *f* **/elektrische** electric mine locomotive
Grubensignalanlage *f* mine-signalling system
Grubenventilator *m* mine fan
Grünanteil *m (Licht)* green content
Grundablaß *m* bottom (deep) sluice; drainage gallery *(Kraftwerk)*
Grundabsorption *f* fundamental absorption
Grundanstrich *m s.* Grundierung 1.
Grundanweisung *f (Dat)* basic statement
Grundaufbau *m* basic build-up
Grundausbauplan *m (Nrt)* extension survey map
Grundbahn *f (ME)* elementary path
Grundband *n* baseband *(Frequenz)*
Grundbaugruppe *f* base unit *(einer Regeleinrichtung)*
Grundbaustein *m* basic element (unit, building block), standard modular unit
~/genormter standardized basic unit
Grundbefehl *m (Dat)* basic instruction
Grundbeleuchtung *f* base lighting
Grunddämpfung *f* residual (pass-band) attenuation *(Filter)*
Grunddrehzahl *f* base speed
Grundeinheit *f* 1. *(Meß)* base unit *(eines Einheitensystems)*; 2. fundamental (elementary) unit *(z. B. einer Struktur)*
Grundelement *n* basic module *(beim Schaltungsentwurf) (s. a.* Grundbaustein*)*
Grundfarbe *f* primary (fundamental) colour, primary
Grundfarbeneinheit *f (Fs)* unit quantity of primary colour
Grundfehler *m* **eines Meßmittels** intrinsic error of a measuring instrument
Grundfilter *n* prototype filter
Grundfläche *f* base [area, surface]; floor space
Grundflächengröße *f* base size
Grundflächenplan *m* floor plan *(Chipflächenaufteilung auf Funktionsgruppen)*
Grundfrequenz *f* fundamental (basic, lowest) frequency; first harmonic
Grundgebühr *f (Nrt)* fixed charge, subscriber's rental
Grundgenauigkeit *f* basic accuracy
Grundgeräusch *n* [back]ground noise; *(Ak)* noise floor; idle-channel noise *(eines Kanals)*
Grundgeräuschpegel *m* background noise level
Grundgesetz *n* **/photometrisches** basic law of photometry
Grundgitter *n* fundamental (matrix) lattice *(Kristall)*
Grundgitteranregung *f* intrinsic excitation
Grundgruppe *f (Nrt)* [basic] group
Grundgruppenbildung *f (Nrt)* basic group formation
Grundgruppenrahmen *m (Nrt)* group distribution frame
Grundgruppenumsetzer *m (Nrt)* basic group translator
Grundgruppenverteilerrahmen *m (Nrt)* group distribution frame
Grundharz *n* base resin
Grundhelligkeit *f* background brightness
grundieren to prime, to ground *(Oberflächenschutz)*
Grundierfarbe *f* priming (prime) paint
Grundiermittel *n* primer, priming; *(Galv)* wash primer *(mit Rostschutz)*
Grundierung *f* 1. priming coat, primer *(Stoff)*; 2. priming
Grundimpulsfolgefrequenz *f (Nrt)* basic repetition rate
Grundisolierung *f* base insulation
Grundkapazität *f* basic capacity

Grundkomponente *f* basic (fundamental) component
Grundlast *f* base (basic) load
Grundlastkraftwerk *n* base-load plant (power station)
Grundlastmaschine *f* basic machine
Grundmaterial *n* base (basic) material
Grundmetall *n* base metal
Grundmode *f* fundamental (dominant, principal) mode
Grundmuster *n (El)* basic pattern
Grundniveau *n s.* Grundzustand
Grundoperationen *fpl (Dat)* primitives
Grundperiode *f* fundamental period
Grundplatine *f s.* Mutterleiterplatte
Grundplatte *f* 1. base (bottom) plate, base-board; mounting plate; 2. *s.* Mutterleiterplatte
~ **des Motors** motor support
Grundpreistarif *m* two-part rate (tariff)
Grundrastersystem *n* base grid system *(Leiterplatten)*
Grundprogramm *n (Dat)* nucleus *(eines Betriebssystems)*
Grundrauschen *n* noise background; noise floor; idle-channel noise *(eines Kanals)*
Grundrechenelement *n* basic computing element
Grundrechner *m* basic computer
Grundschaltbild *n* basic (elementary) circuit diagram
Grundschaltung *f* basic (elementary, principal) circuit; basic network
Grundschicht *f (Galv)* primary layer
Grundschwingung *f* fundamental (dominant, principal) mode, fundamental oscillation; fundamental (first) harmonic, fundamental [component]
Grundschwingungsform *f* fundamental mode
Grundschwingungsleistungsfaktor *m* power factor of the fundamental
Grundschwingungsquarz *m* fundamental crystal
Grundspannung *f* fundamental voltage
Grundstellung *f* 1. normal position *(z. B. eines Schalters)*; initial state; centre position; 2. basic setting (status)
Grundsteuerung *f* primary control; basic control
Grundstimmung *f (Ak)* master tune
Grundstromkreis *m* fundamental circuit; *(Nrt)* bearer circuit
Grundsubstanz *f* matrix *(im Kristall)*
Grundterm *m* ground (fundamental, normal) term
Grundton *m (Ak)* fundamental sound (tone)
Grundtyp *m* fundamental mode *(einer Welle)*
Grundübertragungsdämpfung *f (Nrt)* basic path attenuation
Grundverknüpfung *f* 1. *(El)* basic interconnection
Grundwelle *f* fundamental (basic, dominant) wave
Grundwellendämpfung *f* fundamental frequency attenuation
Grundwellenfrequenz *f* fundamental wave frequency
Grundwellenkomponente *f* fundamental component
Grundwellenlänge *f* fundamental wavelength
Grundwellenwirkleistung *f* fundamental active power, first-harmonic active power
Grundzeiteinheit *f (Dat)* basic time unit
Grundzustand *m* 1. ground state (level, term), normal (fundamental) state, basic term; 2. standby status
Grundzyklus *m (Dat)* basic machine time
Grünfäule *f* green rot *(Zerstörung von Chrom-Nickel-Heizleitermaterial)*
Gruppe *f* group; set; assembly; array; block; bank *(z. B. von Transformatoren)*
~**/adreßanzeigende** address-indicating group
~ **von Befehlen** *(Dat)* block of instructions
Gruppenabstand *m (Nrt)* interword space
Gruppenankunft *f (Nrt)* bulk arrival
Gruppenanruf *m (Nrt)* multiparty call
Gruppenantrieb *m* group drive
Gruppenanzeige *f (Dat)* group indication, last-card indication
Gruppenauswechslung *f* group replacement
Gruppenbesetztzeitzähler *m (Nrt)* group occupancy time meter
Gruppenbildung *f (Nrt)* trunking
Gruppencharakteristik *f* array factor *(Antennentechnik)*
Gruppendrehwähler *m (Nrt)* rotary group selector
Gruppenfaktor *m* space factor *(Antennentechnik)*
Gruppenfilter *n* group filter
Gruppenfrequenz *f* group frequency
Gruppengeschwindigkeit *f* group (envelope) velocity
Gruppenkode *m* group code
~**/linearer** linear group code
Gruppenkompensation *f* 1. group correction *(einer Leuchtstofflampenanlage)*; 2. group power-factor compensation, group reactive-power compensation
Gruppenkontrolle *f* **von Lampen** group control of lamps
Gruppenlaufzeit *f* group (envelope) delay, group [delay] time
Gruppenlaufzeitentzerrung *f (Nrt)* group delay equalization
Gruppenlaufzeitmesser *m* group delay meter (measuring equipment)
Gruppenlaufzeitverhalten *n* group delay response
Gruppenlaufzeitverlauf *m* group delay characteristic
Gruppenlaufzeitverzerrung *f (Nrt)* group delay distortion
Gruppenlaufzeitverzögerungsmeßgerät *n s.* Gruppenlaufzeitmesser
Gruppennormal *n (Meß)* collective standard

Gruppenpilot *m (Nrt)* group [reference] pilot
Gruppenrahmen *m* group frame *(Pulskodemodulation)*
Gruppenredundanz *f* group redundancy
Gruppenschalter *m* group (gang) switch
Gruppenschaltung *f* series parallel *(Batterie)*; *(Nrt)* series multiple connection
Gruppenträger *m* group carrier
Gruppentrenner *m*, **Gruppentrennzeichen** *n* group separator
Gruppenumsetzer *m (Nrt)* group modulator
Gruppenumsetzergestell *n (Nrt)* group translating bay, bay of group translators
Gruppenumsetzung *f (Nrt)* group modulation
Gruppenverbindung *f (Nrt)* group link
Gruppenverbindungsplan *m (Nrt)* grading (trunking) diagram
Gruppenverstärker *m* group amplifier
Gruppenverteiler *m (Nrt)* group distribution frame
Gruppenverteilung *f (Nrt)* group allocation
Gruppenverzögerung *f* group delay
Gruppenverzögerungsentzerrer *m* group delay equalizer
Gruppenverzögerungssteilheit *f* group delay slope
Gruppenverzweiger *m (Nrt)* group distribution frame
Gruppenvorwähler *m (Nrt)* Keith-master switch
Gruppenwahl *f (Nrt)* group hunting
Gruppenwähler *m (Nrt)* group selector
~ **für Hauptvermittlungen** sectional centre group selector
~ **für Knotenvermittlungen** junction-centre group selector
Gruppenwechselschrift *f (Dat)* group-coded recording, GCR
Gruppenzähler *m* batch counter
Gruppierung *f* grouping, arrangement; *(Nrt)* trunking [arrangement]; array
~/**waagerechte** *(Nrt)* straight wiring
GSI *(ME)* GSI, giant-scale integration
GT *s.* Gleichstromtelegrafie
GTO-Thyristor *m* gate turn-off thyristor, GTO
Gültigkeitsbereich *m* validity range
Gültigkeitsdauer *f* period of validity
Gültigkeitsgrenze *f* validity limit
Gültigkeitskontrolle *f* validity check
Gummi *m* rubber
Gummiader *f* rubber-covered wire, rubber-insulated wire
Gummiband *n* rubber tape
Gummibandhülle *f* rubber tape covering
Gummibleikabel *n* rubber-insulated lead-covered cable
Gummidichtungsring *m* rubber gasket, grommet
Gummidraht *m* rubber-covered wire, rubber-insulated wire
Gummidurchführung *f* rubber bushing
gummigelagert rubber-cushioned
Gummihaftfähigkeit *f* rubber adhesiveness *(z. B. auf Metallen)*
Gummiisolierband *n* combination rubber tape
gummiisoliert rubber-insulated
Gummiisolierung *f* rubber insulation
Gummikabel *n* rubber[-insulated] cable
Gummikissen *n s.* Gummipolster
Gummilager *n (Ak)* silent block
Gummilinse *f* zoom lens
Gummilitze *f* rubber-covered litz wire
Gummimatte *f* rubber mat
Gummipolster *n* rubber pad (cushion) *(Dämpfungsblock)*
Gummischlauchleitung *f* rubber-jacket cord, cabtyre line, non-kinkable flex
~/**feste** tough rubber-sheathed cable
Gummiüberzug *m* rubber coating
gummiummantelt rubber-covered
Gummizwischenlage *f* cushion *(z. B. für Räder)*
Gunn-Diode *f* Gunn element (diode), Gunn oscillator
Gunn-Domäne *f (El)* Gunn domain
Gunn-Effekt *m (El)* Gunn effect
Gunn-Element *n* Gunn element *(Mikrowellen-Halbleiterbauelement)*
Gunn-Halbleiter *m* Gunn semiconductor
Gunn-Oszillator *m* Gunn oscillator
Gunn-Schwingung *f* Gunn oscillation
Gunn-Verstärker *m* Gunn amplifier
Gürtelkabel *n* belted [insulation] cable
Gürtellinse *f* belt lens *(Optik)*
gußgekapselt cast-encapsulated; metal-clad *(Gerät)*
Gußkapselung *f* [cast-]iron case
Güte *f* 1. quality; 2. *s.* Gütefaktor
~ **der Glättung** smoothing quality *(Signal)*
~ **der Spule** coil quality, coil Q
~ **des Übergangsverhaltens** *(Syst)* transient response performance
~ **des Vakuums** hardness *(Röhren)*
Gütebedingungen *fpl* quality (performance) conditions *(z. B. für eine Regelung)*
Gütefaktor *m* Q factor, quality (performance) factor, figure of merit
~ **einer Spule** coil magnification (amplification) factor
Gütefaktormesser *m* Q-meter
Gütefunktion *f (Syst)* criterion function
gütegeschaltet Q-switched
Gütegrad *m* degree of quality; efficiency factor
Gütekontrolle *f* quality control
Gütekriterium *n* quality (effectiveness) criterion *(einer Regeleinrichtung)*
~/**integrales** integral performance criterion
Güteschalter *m* Q-switch
Güteschaltungstechnik *f* Q-switching technique
Gütesicherung *f*/**rechnergestützte** computer-aided quality assurance
Güteüberwachung *f* quality monitoring

Gütevorschrift *f* quality specification
Güteziffer *f (Syst)* index of quality, quality (performance) index
Gutgrenze *f* acceptable quality level, AQL *(Qualitätskontrolle)*
Gut-Schlecht-Prüfung *f* go no-go test
Gutzahl *f* acceptance number *(Qualitätskontrolle)*
GW *s.* 1. Gruppenwähler; 2. Grenzwelle
Gyrobus *m* gyrobus
gyromagnetisch gyromagnetic
Gyrometer *n* gyrometer

H

H *s.* Henry
Haardraht *m* capillary (hair) wire
Haarfeder *f* hairspring *(für Meßinstrumente)*
Haarnadelanordnung *f* hairpain arrangement *(z. B. von Heizelementen)*
Haarnadelkatode *f* hairpin cathode
Haarriß *m* hair (fine, tiny) crack, microflaw; fire crack *(Isolierkeramik)*
Haarrißbildung *f* crazing *(Isolierkeramik)*
Haarröhrchen *n* capillary [tube]
Haartrockner *m* hair dryer (drying apparatus)
Haas-Effekt *m* Haas (first arrival) effect *(akustische Ortung nach der ersten Wellenfront)*
Habann-Röhre *f* split-magnetron tube
Habitus *m* habit *(Kristall)*
H-Adcock-Peiler *m (FO)* balanced Adcock direction finder
Hafenfunkdienst *m* port operations service
Haftelektrode *f* sticking electrode
haften to adhere, to stick
Haften *n* adherence, adhesion, sticking
Haftfähigkeit *f* adhesiveness, adhesive (sticking) power
Haftfestigkeit *f* adhesive (bond) strength; peel strength *(Überzüge)*
Haftgrundierung *f (Galv)* wash (self-etching) primer
Haftmagnet *m* clamping magnet, magnetic clamp (chuck), magnet base mount
Haftmaskierung *f (ME)* adhesive masking
Haftmittel *n* adhesive (sticking) agent; coupling agent *(für Laminate)*
Haftreibung *f* static friction
Haftrelais *n* [magnetic] locking relay, remanent (latching) relay
Haftsitz *m* tight fit
Haftstelle *f* trap *(Halbleiter)*
~/**flache** shallow trap
~/**tiefliegende** deep trap
Haftstellendichte *f* trap density
Haftstelleneinfangquerschnitt *m* trap capture cross section
haftstellenfrei trap-free
Haftterm *m* trap level *(Halbleiter)*
Haftung *f s.* Haften
Haftvermögen *n s.* Haftfähigkeit
Haftzentrum *n* trapping centre *(Halbleiter)*
Haken *m* hook; clamp
~ **und Öse** *f* hook and eye *(für Isolatoraufhängungen)*
Hakenbolzen *m* hook bolt
Hakenisolatorenstütze *f* hook insulator pin
Hakenschalter *m s.* Hakenumschalter
Hakentransistor *m* hook[-collector] transistor
Hakenumschalter *m (Nrt)* hook[-type] switch, switch hook, cradle switch, receiver rest
Halbaddierer *m (Dat)* half adder
halbamtsberechtigt *(Nrt)* semirestricted
halbautomatisch semiautomatic[al]
Halbbild *n (Fs)* field
Halbbildaustastperiode *f* field-blanking period
Halbbildaustastung *f* field blanking
Halbbilddauer *f* field duration
Halbbildfrequenz *f* field frequency
Halbbildkontrollröhre *f* field-monitoring tube
Halbbrückenschaltung *f* half-bridge circuit
halbduplex *(Nrt)* two-way alternate
Halbduplexbetrieb *m (Nrt)* half-duplex operation, alternate operation, up-and-down working
halbdurchlässig 1. semitransmitting, semitransparent, semiopaque; 2. semipermeable
Halbechosperre *f* half-echo suppressor
Halbelement *n* half-element, half-cell *(Batterie)*
halbhallig *(Ak)* semianechoic, semireverberant
Halbierungsparameter *m* [level-time] exchange rate *(Dauerschallpegel)*
Halbimpulshöhe *f* half-pulse height
Halbisolator *m* semi-insulator
halbisolierend semi-insulating
Halbkreiselektrometer *n* semicircular electrometer
Halbkreisfehler *m (Meß)* semicircular deviation
Halbkreisfehlerkomponente *f (FO)* semicircular error component
Halbkreisfokussierung *f* semicircular focussing
Halbkristallage *f* semicrystal (kink) site *(Kristallwachstum)*
Halbkugelspiegelanordnung *f* hemispherical mirror configuration
Halbkundenwunschschaltkreis *m (El)* semicustom circuit (IC)
Halblastpumpe *f* half-load pump
halbleitend semiconducting, semiconductive
Halbleiter *m* semiconductor
~/**amorpher** amorphous semiconductor
~/**diskreter** discrete semiconductor
~/**entarteter** degenerate semiconductor
~/**gemischter** mixed semiconductor
~/**indirekter** indirect-type band gap semiconductor
~/**kristalliner** crystalline (crystal) semiconductor
~ **mit großem Bandabstand** wide-gap semiconductor

~ **mit großer Energielücke** large energy gap semiconductor
~ **mit kleiner Energielücke** low-gap semiconductor
Halbleiterbauelement *n* semiconductor component (element), solid-state device; chip
Halbleiterbildsensor *m* solid-state image sensor; resistive-gate sensor *(im Ladungsverschiebesystem)*
Halbleiterblockschaltung *f* monolithic integrated circuit
Halbleiterchip *m* semiconductor chip
Halbleiterdehnungsmeßstreifen *m* semiconductor strain gauge
Halbleiterdetektor *m* semiconductor detector
Halbleiterdiode *f* semiconductor [rectifier] diode
Halbleiterdioden[licht]quelle *f* semiconductor diode source *(z. B. Leuchtdiode)*
Halbleiterelektronik *f* semiconductor electronics
Halbleiterelement *n* semiconductor component (element)
Halbleiterfestkörperschaltung *f* semiconductor solid-state circuit
Halbleiterfrequenzwandler *m* semiconductor frequency changer
Halbleitergebiet *n* semiconductor region (zone)
Halbleitergerät *n* semiconductor device
Halbleitergleichrichter *m* semiconductor rectifier
~/gesteuerter semiconductor-controlled rectifier
Halbleitergleichrichterbaustein *m* semiconductor rectifier component
Halbleitergleichrichterdiode *f* semiconductor rectifier diode
Halbleiterkondensator *m* semiconductor capacitor
Halbleiterlaser *m* solid-state laser, semiconductor (semiconducting, injection) laser
Halbleiter-Metall-Kontakt *m* semiconductor-metal contact
Halbleiteroberfläche *f* semiconductor surface
Halbleiterphotoeffekt *m* photoconductive effect
Halbleiterphotoelement *n* semiconductor photocell, barrier-layer [photoelectric] cell
Halbleiterphotowiderstand *m* photoconductive cell
Halbleiterprobe *f* semiconductor sample
halbleiterrein semiconductor-grade
Halbleiterschalter *m* semiconductor switch; solid-state thyratron
Halbleiterschaltkreis *m* semiconductor solid circuit, chip circuit
Halbleiterschaltung *f***/integrierte** semiconductor integrated circuit, integrated semiconductor circuit
Halbleiterscheibe *f* [semiconductor] wafer, [semiconductor] slice
Halbleiterschicht *f* semiconductor layer
Halbleiterschütz *n* solid-state contactor
Halbleitersensor *m* semiconductor sensor
Halbleiterspeicher *m (Dat)* semiconductor memory (store)
Halbleiterstab *m* semiconductor bar
Halbleiterstrahlungsempfänger *m* semiconductor radiation detector
Halbleitertechnik *f* semiconductor technique
Halbleitertechnologie *f* semiconductor technology
Halbleiterthyratron *n* solid-state thyratron
Halbleiterübergang *m* [semiconductor] junction
Halbleiterumrichter *m* semiconductor power converter
Halbleiterwerkstoff *m* semiconductor material
Halbleiter-Widerstandsthermometer *n* semiconductor resistance thermometer
Halbleiterzone *f* semiconductor zone
Halbperiode *f* half-period, half-cycle; alternation *(einer Schwingung)*
halbpolar half-polar, semipolar
Halbraum *m* half-space, semispace
Halbringelektromagnet *m* semicircular electromagnet
Halbschatten *m* half (partial) shadow, penumbra [shadow], half shade
Halbschattenanalysator *m* half-shade analyzer
Halbschattenplatte *f* half-shade plate
Halbspur *f* half-track *(Tonband)*
Halbstrom *m* half-current
Halbstufenpotential *n* half-wave potential *(Polarographie)*
Halbton *m* 1. half-tone *(Optik)*; 2. *(Ak)* semitone, half-step
Halbtonbild *n* half-tone image (picture)
Halbtonbildspeicherröhre *f* half-tone storage tube, half-picture storage tube
~ **für Direktbetrachtung** direct view half-tone storage tube
Halbtonübertragung *f (Nrt)* half-tone transmission
Halbversetzung *f* half dislocation *(Kristall)*
halbverspiegelt semisilvered, half-silvered; semireflecting
Halbwählimpuls *m* half-select pulse
Halbwählstrom *m* half-select current *(z. B. für Koinzidenzspeicher)*
Halbwelle *f* half-wave
Halbwellenantenne *f* half-wave aerial
Halbwellenbetrieb *m* half-wave operation
Halbwellendemodulator *m* half-wave demodulator
Halbwellendifferentialschutz *m* half-wave differential protection
Halbwellendipol *m* half-wave dipole
Halbwellengleichrichter *m* half-wave rectifier
Halbwellengleichrichterkreis *m* half-wave rectifier circuit
Halbwellengleichrichtung *f* half-wave rectification
Halbwellenlänge *f* half-wavelength
Halbwellenleitung *f* half-wave line
Halbwellenpotential *n* half-wave potential
Halbwellenschaltung *f* half-wave circuit

Halbwellenspannung *f* half-wave tension
Halbwellenstromversorgung *f* half-wave power supply
Halbwertsbreite *f* half-width
Halbwertsdauer *f* half-peak duration
Halbwerts[schicht]dicke *f* half-thickness, half-value layer (thickness)
Halbwert[s]zeit *f* [radioactive] half-life, half-value period; *(Ch)* half-time
Halbwort *n (Dat)* half-word
halbzahlig *(Dat)* half-integer, half-integral
Halbzeilenimpuls *m (Fs)* half-line pulse; equalizing pulse
Halbzelle *f* half-element, half-cell *(Batterie)*
Halbzellenreaktion *f* half-cell reaction
Halbzollmikrofon *n* half-inch microphone
Halbzyklus *m* half-cycle
Hall *m (Ak)* reverberation sound *(s. a.* Nachhall*)*
~/künstlicher artificial echo
Hall-Ausgangsspannung *f* Hall output voltage
Hall-Beweglichkeit *f* Hall mobility
Hall-Effekt *m* Hall effect
Hall-Effekt-Aufnehmer *m* Hall-effect pick-up
Hall-Effekt-Modulator *m* Hall-effect modulator
Hall-Effekt-Vervielfacher *m* Hall-effect multiplier
Halleinrichtung *f (Ak)* reverberator
Hall-Elektrode *f* Hall electrode
Hall-Element *n* Hall-effect device, Hall cell; Hall-effect pick-up
hallen to reverberate
hallend reverberatory, reverberant
Hallfeld *n (Ak)* reverberant field
~/diffuses diffuse [sound] field
Hall-Feldstärke *f* Hall field strength (intensity)
Hall-Generator *m* Hall generator
Hallgerät *n (Ak)* reverberator, reverberation (reverb) unit
Halligkeit *f* [acoustical] liveness
Hall-Koeffizient *m* Hall coefficient
Hall-Konstante *f* Hall constant
Hall-Magnetgabelschranke *f* Hall-effect vane switch
Hallradius *m (Ak)* diffuse-field distance
Hallraum *m (Ak)* reverberant room (chamber), echo (reverberation) chamber
Hallraummessung *f*, **Hallraumprüfung** *f* reverberant-field test
Hallraumverfahren *n* reverberant-field method *(Schalleistungspegelmessung)*
Hall-Signal *n* Hall signal
Hall-Sonde *f* Hall probe
Hall-Spannung *f* Hall voltage
Hall-Spannungssignal *n* Hall signal
Hall-Urspannung *f* Hall voltage
Hall-Winkel *m* Hall angle
Halobildung *f* halation
Halogenabtragung *f (ME)* halogen pitting
Halogenbehandlung *f (ME)* halogen treatment
Halogenbogenlampe *f* halarc lamp
Halogenflutlicht *n* tungsten-halogen floodlight
Halogenflutlichtlampe *f* [tungsten-]halogen floodlighting lamp
Halogenglühlampe *f* [tungsten-]halogen [incandescent] lamp, regenerative cycle lamp
halogenidfrei halide-free
Halogenkreislauf *m (Licht)* [tungsten-]halogen cycle
Halogenlichtfluter *m* tungsten-halogen floodlight [fitting]
Halogenlichtwurflampe *f* tungsten-halogen projector lamp
Halogenscheinwerfer *m* tungsten-halogen projector; [tungsten-]halogen headlight *(Kfz)*
Halogenscheinwerferlampe *f* quartz iodine headlamp
Hals *m* neck *(z. B. einer Katodenstrahlröhre)*
Halslager *n* neck bearing
Halsrille *f* neck groove *(Isolator)*
Halt *m* 1. [mechanical] stop; 2. *(Dat)* breakpoint *(Zwischenstopp)*
~/bedingter conditional breakpoint
~/vollständiger *(Dat)* drop dead, halt
Haltanweisung *f (Dat)* stop statement
Haltbarkeit *f* durability, stability; service (operating) life
~/mechanische mechanical durability
Haltbefehl *m (Dat)* breakpoint instruction (order), halt instruction
Halteanode *f* keep-alive electrode *(bei Gasentladungsröhren)*
Haltebereich *m* retention (retaining, hold) range *(z. B. eines Oszillators)*
Haltebügel *m* retaining clip
Halteeinrichtung *f***/automatische** automatic holding device
Haltefeder *f* retaining spring
Haltefrequenz *f* holding frequency
Halteglied *n (Syst)* holding element; holding circuit *(Abtastregelung)*
Halteimpuls *m* stop pulse
Halteklammer *f* retaining clip
Haltekontakt *m* holding (hold-in) contact
Haltekontaktbogen *m (Hsp)* precontact arc
Haltekraft *f* holding power
Haltekurzzeitstrom *m* short-time withstand current
Haltelast *f* holding load
Haltemagnet *m* holding magnet
halten to hold; to retain *(Daten sichern)*; to keep; to freeze *(Anzeigewerte)*
~/belegt to hold *(Rechner)*
~/ein Kabelnetz unter Druck *(Nrt)* to pressurize a cable network
~/eine Kabelanlage unter Überdruck *(Nrt)* to pressurize a cable system
~/eine Leitung besetzt *(Nrt)* to hold (guard) a circuit
~/frei *(Nrt)* to keep clear

~/**im Gleichgewicht** to balance; to keep in equilibrium
~/**in Betrieb** to keep going
~/**konstant** to keep (hold) constant; to stabilize *(z. B. Temperatur)*
~/**Takt** to keep time
~/**trocken** to keep dry
~/**Wärme** to store heat
Halten *n (Nrt)* forward hold
~ **des Maximalwerts** maximum hold (capture)
~ **des Spitzenwerts** peak (maximum) hold
~ **einer Verbindung** *(Nrt)* call hold
~ **fehlerhafter Verbindungen** *(Nrt)* holding of faulty connections
Halteplatte *f* supporting plate *(in Röhren)*
Halter *m* holder; clip; base *(Sicherung)*; bracket *(für Isolatoren)*; support *(z. B. zur Leuchtdrahtbefestigung)*
Halterelais *n* holding relay; *(Syst)* blocking relay *(bei Abtastungen)*
~/**magnetisches** magnetic latching relay
Halterung *f* holder; mount fixture
~/**aufreihbare** *(El)* end-stackable mounting part
Halteschalter *m* holding key
Halteschaltung *f* holding circuit
Halteseil *n* guy
Haltesicherheitsfaktor *m* safety factor for holding *(Relais)*
Haltespannung *f* holding voltage
Haltespeicher *m* [hold] latch; retention buffer
Haltesperre *f* holding interlock
Haltespule *f* holding (retaining, restraining) coil, hold-on coil; hold winding
Haltestellung *f (Dat)* hold condition
Haltestift *m* retention pin
Haltestoßstrom *m* peak withstand current
Haltestrom *m* hold (holding, retaining) current *(Thyristor)*
~/**dynamischer** *(Ap)* latching current
~/**größter** limiting no-damage current *(Sicherung)*
~/**maximaler** maximum holding current *(Thyristor)*
Haltestromkreis *m* holding (retaining) circuit, circuit of holding coil *(Relais)*; *(Nrt)* interception (holding) circuit
Haltetaste *f* hold key; *(Nrt)* holdover key
Halteverbindung *f* hold connection
Halteverstärker *m* retaining amplifier
Haltevorrichtung *f* holding appliance, holding (carrying) device, holdfast
Halteweg *m* stop distance *(z. B. eines Bandlesers)*
Haltewert *m* holding value *(Relais)*
Haltewicklung *f* holding winding; bias winding (coil), restraining winding
Haltewirkung *f (Syst)* holding action
Haltezeit *f* hold[ing] time *(Relais)*; stability duration *(Pulskodemodulation)*
Haltezone *f (Wä)* holding zone
Haltezustand *m (Nrt)* manual hold
Haltsignal *n* stop signal
Halttaste *f* stop button
Hamilton-Operator *m* Hamilton[ian] operator
Hammer *m*/**Wagnerscher** *s.* Hammerunterbrecher
Hammerunterbrecher *m* hammer break (interrupter), Wagner interrupter *(elektromagnetischer Unterbrecher)*
Hammerwerk *n* impact [noise] generator, tapping machine *(für Trittschallmessung)*
Hamming-Abstand *m (Dat)* Hamming distance
Hamming-Kode *m (Dat)* Hamming code
Handabstimmung *f* manual tuning
Handamt *n (Nrt)* manual exchange
Handanlasser *m* manual motor starter
Handanlauf *m* manual starting
Handantrieb *m* manual drive
Handapparat *m s.* Handfernsprecher
Hand-Arm-Schwingung *f (Ak)* hand-arm vibration
Handauflegemethode *f* hand (wet) lay-up technique *(Kontaktpressen von Kunststoffteilen)*
Handauslöser *m* hand release trip; manual firing switch *(am Blitzgerät)*
Handauslösung *f* hand (manual) release
~/**selbständig zurücklaufende** self-reset manual release
Handausschalter *m* manually operated circuit breaker
Handbedienung *f* manual operation (control), hand operation
handbetätigt manually operated, hand-operated, hand-actuated
Handbetätigung *f* manual (hand) operation, hand actuation
~/**indirekte** indirect manual operation
~/**unabhängige** independent manual operation
Handbetrieb *m* manual operation (working) • **mit** ~ hand-operated, manually [operated]
Handbuch *n* [instruction] manual
Handdateneingabe *f* manual data input
Handeingabe *f* manual input; keyboard entry; hand keying *(Telegrafie)*
Handeinstellung *f* manual (hand) adjustment, hand setting
Handempfänger *m* hand receiver
Händetrockner *m*/**elektrischer** electric hand dryer
Handfahrschalter *m* manual controller
Handfernbetätigung *f* remote manual operation
Handfernsprecher *m* hand telephone, [telephone] handset, HS; [hand] microtelephone set
Handfunk[fern]sprechgerät *n* walkie-talkie, hand-held cordless telephone
Handgerät *n* hand set *(Sender und Empfänger)*
handgetastet hand-keyed *(Telegrafie)*
handhaben to operate; to handle, to manipulate
Handhabevorrichtung *f* handler
Handhabung *f* handling, manipulation
Handhabungsbedingungen *fpl* handling conditions
Handhabungsfehler *n* handling (operation) error
Handhabungsgerät *n* manipulator

Handhebel *m* hand lever
Handlautstärkeregler *m* manual volume control
Handler *m (Dat)* handler *(Handhabungsprogramm zur Steuerung der Peripherie)*
Handleuchte *f* hand lamp
Handlocher *m (Dat, Nrt)* manual (hand, key) punch
Handregel *f* hand rule
Handregelung *f* manual (hand) control
Handregler *m* hand-operated regulator
Handrückstellrelais *n* hand-reset relay
Handrückstellung *f* manual (hand) reset • **mit ~** hand-restoring
Handruf *m (Nrt)* manual ringing
Handschalter *m* manual (hand) switch
Handschrifterkennung *f* handwriting recognition *(Informationsverarbeitung)*
Handsender *m (Nrt)* keyboard transmitter
Handshake-Betrieb *m (Dat)* handshake, handshaking
Handshake-Bus *m* handshake bus
Handshake-Quelle *f* source handshake
Handshake-Senke *f* acceptor handshake, AH
Handspektroskop *n* hand spectroscope
Handsteuergerät *n* manual controller
Handsteuerung *f* manual (hand) control
Handsystem *n (Nrt)* manual system
Handtastatur *f* manual keyboard
Handtaste *f* key
Handtastung *f* manual (hand) keying *(Telegrafie)*
Handtelefon *n s.* Handfernsprecher
Handtempo *n* key speed *(Telegrafie)*
handvermittelt *(Nrt)* operator-switched
Handvermittlung *f (Nrt)* 1. manual exchange; 2. operator-assisted calls
Handvermittlungsschrank *m (Nrt)* manual switchboard
Handvermittlungsstelle *f*, **Handzentrale** *f (Nrt)* manual exchange
Hängeisolator *m* suspension insulator; disk insulator
Hängekette *f* suspension string
Hängeklemme *f* suspension clamp
Hängeleuchte *f* pendant lamp
Hängemantel *m* suspended jacket *(Haltesystem bei Söderberg-Elektroden)*
Hängenbleiben *n* cogging *(beim Hochlauf)*
Hängeschalter *m* pendant switch
Hängestromschiene *f* overhead conductor rail
Hantierer *m s.* Handler
HAPUG-Modulation *f (Nrt)* [Harbich-Pungs-Gehrt] controlled-carrier modulation, Hapug (floating-carrier, variable-carrier) modulation
Hardware *f (Dat)* hardware *(Gerätetechnik einer Datenverarbeitungsanlage)*
hardwarekompatibel *(Dat)* hardware-compatible
Hardwaremodularität *f (Dat)* hardware modularity
Hardwaresimulator *m (Dat)* hardware simulator
Harmonische *f* harmonic [component]
~/erste *s.* Grundschwingung
~/geradzahlige even harmonic
~ höherer Ordnung higher (upper) harmonic
härtbar hardenable
Härte *f* hardness
Härtebeschleunigung *f* hardening acceleration
Härtegrad *m* 1. grade (degree) of hardness; 2. contrast grade
Harteloxierung *f* hard anodic coating
Härtemesser *m s.* Härteprüfer
Härtemittel *n* hardener, hardening agent; curing agent *(Kunststoffe)*
härten to harden *(z. B. Stahl)*; to cure *(Kunststoffe)*
Härten *n* hardening; curing
Härteofen *m* hardening furnace (stove)
Härteprüfer *m* hardness tester
Härtetiefe *f* depth of hardening (hardness)
Härtezeit *f* hardening time; curing time *(Kunststoffe)*; stoving time *(Gießharze)*
Hartfasermaterial *n* fibre board material
Hartfaserplatte *f* hardboard
Hartgasschalter *m* hard-gas circuit breaker
Hartgewebe *n* laminated fabric, fabric-reinforced laminate
Hartgoldbad *n* hard-gold bath (plating solution)
Hartgummi *m*, **Hartkautschuk** *m* hard rubber, ebonite, vulcanite
Hartkopie *f (Dat)* hard copy
Hartley-Oszillator *m*, **Hartley-Schaltung** *f* Hartley oscillator (circuit)
Hartlot *n* brazing (hard) solder
hartlöten to braze, to hard-solder
Hartlöten *n* **im Vakuum** vacuum brazing
Hartlötflußmittel *n* brazing flux
Hartlötschweißen *n* braze welding
Hartlötverbindung *f* brazed joint
hartmagnetisch magnetically hard, hard magnetic *(Werkstoff)*
Hartmessing *n* hard brass
Hartmetall *n* hard metal
Hartmetallfilm *m* hard-metal film
Hartpapier *n (Isol)* hard (laminated, bakelite, kraft) paper; cardboard
~/kupferkaschiertes copper-clad laminated paper
Hartpappe *f* hardboard
Hartporzellan *n* hard porcelain
Harttastung *f (Nrt)* hard keying
Härtung *f s.* Härten
Hartverchromung *f* hard chromium plating
hartvergütet hard-coated
hartverzinkt hard-galvanized
Hartzementüberzug *m* hard cement coating
Harz *n* resin
~/flammwidriges fire-retarding resin
harzgetränkt resin-impregnated
Harzkitt *m*, **Harzkleber** *m* resin cement
Harzlack *m* resinous varnish
Harzschallplattenaufzeichnung *f* lacquer recording

harzvergossen resin-cast
Häufigkeit *f* frequency
Häufigkeitsdichte *f* frequency density
Häufigkeitsfaktor *m* frequency factor
Häufigkeitsfunktion *f* frequency function
Häufigkeitskurve *f* frequency curve
Häufigkeitsverhältnis *n* abundance ratio *(von Isotopen)*
Häufigkeitsverteilung *f* frequency distribution
Häufigkeitswert *m* frequency value
Häufigkeitszähler *m* frequency counter *(statistische Gütekontrolle)*
Häufung *f* accumulation
Häufungspunkt *m* accumulation point
Hauptabmessungen *fpl* main (principal) dimensions
Hauptabsorptionsbande *f* main absorption band
Hauptabstimmung *f* main tuning
Hauptachse *f* principal axis *(Kristall)*; main axis; major axis *(Mathematik)*; *(MA)* d-axis
Hauptamt *n (Nrt)* [telephone] central office
Hauptamtskabel *n (Nrt)* sub-zone centre cable
Hauptanflugfeuer *n* inner marker beacon *(Instrumentenlandesystem)*
Hauptanode *f* main anode
Hauptanschluß *m* 1. main lead (line); 2. *(Nrt)* main [telephone] station, subscriber's main station
~/sekundärer main secondary terminal
Hauptanschlußdichte *f (Nrt)* main station density; telephone penetration (line density)
Hauptanschlußklemme *f* main terminal
Hauptanschlußleitung *f* main lead (line)
Hauptapparat *m (Nrt)* main set, master telephone, subscriber's main station
Hauptausstrahlungsrichtung *f* main direction of radiation
Hauptband *n* master tape
Hauptbatterie *f* main battery
Hauptbedieneinheit *f* master console
Hauptbelastung *f* main load *(Energieversorgung)*
Hauptbelastungszeit *f* peak time *(Energieversorgung)*
Hauptbeleuchtung *f* main lighting
Hauptbogen *m* main arc
Hauptdateiverzeichnis *n* master file directory
Hauptebene *f* principal plane *(Optik)*
Hauptecho *n* main echo
Haupteichkreis *m (Nrt)* telephone transmission reference system
Haupteinflugzeichen *n* middle marker beacon *(Instrumentenlandesystem)*
Haupteinheit *f* master unit
Hauptelektrode *f* main electrode
Hauptempfangsrichtung *f (Nrt)* main receiving direction
Hauptentladung *f* main discharge
Hauptentladungsstrecke *f* main discharge gap
Haupterreger *m* main exciter
Hauptfeldlängsreaktanz *f (MA)* direct-axis armature reactance
Hauptfeldspannung *f* transient internal voltage
Hauptfeldwicklung *f* field winding
Hauptfernamt *n (Nrt)* main zone centre
Hauptfluß *m* main flux
Hauptfunktion *f*/**Hamiltonsche** principal function of Hamilton
Hauptgenerator *m* main generator
Hauptgitter *n* parent lattice *(Kristall)*
Hauptgruppentrennzeichen *n (Dat)* file separator
Hauptimpuls *m* master pulse
Hauptinduktivität *f* main (principal) inductance
Hauptisolation *f* major insulation *(z. B. bei Transformatoren)*
Hauptkabel *n* main cable
Hauptkabelnetz *n (Nrt)* main [cable] network
Hauptkapazität *f* main capacitance *(bei Freileitungen)*
Hauptkarte *f (Dat)* master card *(s. a.* Leitkarte*)*
hauptkartengesteuert *(Dat)* master-card-controlled
Hauptkeule *f* main (principal, major) lobe *(Richtcharakteristik)*
Hauptknotenvermittlungsstelle *f (Nrt)* main junction centre
Hauptkompaß *m* master compass
Hauptkontakt *m* main contact
Hauptkopplung *f* main coupling *(bei Mehrgrößensystemen)*
Hauptlappen *m s.* Hauptkeule
Hauptlastverteiler *m* main distribution centre
Hauptleitung *f* [electric] main; power transmission line; *(Nrt)* main line; bus *(Sammelschiene)*
~ vom Speicher zum Rechner number transfer bus
Hauptlicht *n* main light; *(Fs)* key light
Hauptlichtbogen *m* main arc
Hauptlinie *f* main line
Hauptlüfter *m* main ventilator
Hauptmode *f (ME)* dominant mode
Hauptnetzsicherung *f* main power fuse
Hauptperiode *f (Dat)* major cycle
Hauptphase *f* main phase
Hauptpol *m (MA)* main (field) pole
Hauptprogramm *n (Dat)* main program (routine), master program, MP; background program *(bei interruptfähigem System)*
Hauptprozessor *m (Dat)* main (master) processor
Hauptpunkt *m* principal point *(Optik)*
Hauptquantenzahl *f* main (principal, first) quantum number
Hauptregelgröße *f (Syst)* primary control variable, final controlled variable
Hauptregelkreis *m (Syst)* main control loop
Hauptregelschleife *f (Syst)* majority loop
Hauptregistersatz *m* main register set
Hauptregler *m* main regulator

Hauptreihe *f* standard line (rating) *(Glühlampenstaffelung)*
Hauptrelais *n* primary relay
Hauptrichtungsanzeiger *m* master direction indicator
Hauptrückführung *f* primary (monitoring, major) feedback *(im Regelkreis)*
Hauptsägezahnspannung *f* main sweep *(eines Oszilloskops)*
Hauptsammelschiene *f* main bus bar
Hauptschaltanlage *f* main switchgear; main switch station
Hauptschalter *m* main (master) switch
Hauptschaltpult *n* main switch desk
Hauptschalttafel *f* main switchboard; main control panel
Hauptschaltwarte *f* main switch[ing] station
Hauptschieber *m* main valve
Hauptschleife *f (Syst)* majority loop
Hauptschluß *m (MA)* series connection
Hauptschlußbogenlampe *f (Licht)* series arc lamp
Hauptschlußerregung *f (MA)* series excitation
Hauptschlußgenerator *m (MA)* series[-wound] generator, main current generator; series connection dynamo
Hauptschlußmaschine *f (MA)* series-wound machine
Hauptschlußmotor *m (MA)* series[-wound] motor, main current motor
Hauptschlußwicklung *f (MA)* series winding
Hauptschutz *m* main protection
Hauptschütz *n* master contactor
Hauptschwingungstyp *m* principal (dominant) mode
Hauptseitenband *n* main sideband
Hauptsender *m* main transmitter; *(Am)* key station *(Rundfunk)*
Hauptserie *f* principal series
Hauptsicherung *f* main [power] fuse
Hauptskalenteilungen *fpl* major graduations
Hauptspannung *f* main voltage
Hauptspeicher *m (Dat)* main memory, general (primary) store, working storage
Hauptspeicherwerk *n (Dat)* main accumulating register
Hauptspeiseleitung *f* main feeder
Hauptstation *f* master station
Hauptsteuerprogramm *n* main (master) control program
Hauptsteuerpult *n* central control desk
Hauptsteuerschalter *m* master controller
Hauptstrahl *m* principal (central) ray *(Optik)*
Hauptstrahlrichtung *f* main (primary) transmitting direction *(Sender)*
Hauptstrahlungszipfel *m* main lobe of radiation *(Richtcharakteristik)*
Hauptstrom *m* main current
Hauptstromanlasser *m* series starter
Hauptstrombahn *f* **eines Schaltgeräts** main circuit of a switching device
Hauptstromfeld *n* series current field *(magnetisches Feld)*
Hauptstromkreis *m (MA)* main circuit; *(Eü)* power circuit
Hauptstromrelais *n* primary relay
Hauptsymmetrieachse *f* principal axis *(Kristall)*
Haupttaktspur *f* main clocking track
Haupttaste *f* master key
Hauptträger *m* main carrier *(Modulation)*
Hauptträgerwelle *f* main carrier wave
Haupttragseil *n* main carrier cable *(Fahrdraht)*
Haupttransformator *m* main transformer
Haupttrasse *f (Nrt)* main artery
Haupttrennschalter *m* master circuit breaker
Haupttyp *m s.* Hauptschwingungstyp
Hauptuhr *f* master clock
Hauptumspanner *m* main transformer
Haupt- und Zwischenverteiler *m (Nrt)* combined distribution frame
Hauptverkehrsstunde *f (Nrt)* busy (rush) hour
~/zeitlich festgelegte time-consistent busy hour
Hauptverkehrszeit *f (Nrt)* busy period (hours), rush hour
Hauptvermittlung *f (Nrt)* parent exchange
Hauptverstärker *m* main amplifier
Hauptverstärkeramt *n (Nrt)* main repeater station
Hauptverstärkungsregler *m* master gain controller
Hauptverteiler *m (Nrt)* main distribution frame, MDF
Hauptverteilerstelle *f*, **Hauptverteilerzentrale** *f* branch-circuit distribution centre
Hauptvielfachfeld *n (Nrt)* full multiple
Hauptwelle *f* principal wave (mode) *(Schwingung)*
Hauptwicklung *f* main winding
~/sekundäre main secondary winding
Hauptzweig *m (Srt)* main arm
Hauptzyklus *m (Dat)* major cycle
Hausanschluß *m* service tap (line); *(Nrt)* private (house) connection
Hausanschlußkasten *m* service box
Hausanschlußleitung *f* service line
Hausanschlußmuffe *f* service box
Hausanschlußschalter *m* service switch
Hausanschlußsicherung *f* main [power] fuse
Hauseinführung *f (Nrt)* house lead-in
Hausgenerator *m* house (auxiliary) generator; station service generator
Haushaltelektrogerät *n* domestic electrical appliance, household [electrical] appliance
Haushaltelektronik *f* 1. domestic [appliance] electronics; 2. [domestic] electronical appliance, household electronical appliance
Haushaltgerät *n*/**elektrisches** *s.* Haushaltelektrogerät
Haushaltklimatisierung *f* domestic air conditioning

Haushaltkühlschrank *m* domestic refrigerator
Haushaltsicherung *f* domestic fuse
Haushaltstromabnehmer *m* domestic consumer
Haushalttarif *m* domestic rate
Haushaltverbrauch *m* domestic consumption
Hausinstallation *f* house wiring, domestic (house) installation
Hausnebenstellenanlage *f* **mit Wählbetrieb** *(Nrt)* private automatic exchange, PAX
Haussprechstelle *f (Nrt)* private station
Haustelefon *n* internal telephone, house (domestic) telephone
Haustelefonanlage *f* internal telephone system
Haustransformator *m* auxiliary (station service) transformer
Hausturbine *f* house (auxiliary) turbine
Hausturbogenerator *m* house turbogenerator
Hausverteilertafel domestic distribution board
Hauszentrale *f* domestic power plant *(Kraftanlage)*
Hautableitung *f* skin derivation
Hautdicke *f* skin thickness *(Skineffekt)*
Hauteffekt *m s.* Skineffekt
Hautkristall *m* web crystal
Hauttiefe *f* skin depth
Hautwiderstand *m* skin resistance
Havariereparatur *f* breakdown (emergency) repair
Hawkins-Element *n* zinc-iron cell
Hay-Brücke *f* Hay bridge *(Induktivitätsmeßbrücke)*
H-Bogen *m* H-bend, edgewise bend *(Wellenleiter)*
H-Darstellung *f* H-display *(Radar)*
HDB 3-Kode *m* high density bipolar of order 3, HDB 3 *(modifizierter pseudoternärer Kode)*
H-Dipolantenne *f* double-dipole aerial
HdO-Gerät *n* behind-the-ear hearing instrument, BTE
Heaviside-Brücke *f* Heaviside bridge *(Gegeninduktivitätsmeßbrücke)*
Heaviside-Campbell-Brücke *f* Heaviside-Campbell bridge *(Meßbrücke zur Bestimmung von Selbst- und Gegeninduktivitäten)*
Heaviside-Effekt *m* Heaviside effect *(Stromverdrängung)*
Heaviside-Funktion *f* Heaviside unit function
Hebbewegung *f (Nrt)* vertical [upward] motion
Hebdrehwähler *m (Nrt)* two-motion selector
Hebel *m* lever
~ **mit Federwippe** lever with spring toggle
Hebelanlasser *m* lever-type starter
Hebelanzeige *f* lever indication
Hebelbürstenhalter *m* cantilever brush holder
Hebelschalter *m* lever switch, single-throw knife switch
Hebelsperreinrichtung *f* lever blocking device
Hebelsteuerung *f* lever (joystick) control
heben to lift, to elevate
Heberelais *n (Nrt)* cable relay
Heberschreiber *m* siphon recorder
Hebkontakt *m (Nrt)* vertical interrupter contact
Hebmagnet *m (Nrt)* vertical magnet
Hebschritt *m (Nrt)* vertical step
Hebsperrfeder *f (Nrt)* vertical lock spring
Heckleuchte *f* tail lamp
Heimbeleuchtung *f* domestic (home) lighting
Heimcomputer *m* home computer
Heimleuchte *f* domestic (home) lighting fitting
Heimmikrofon *n* home microphone *(besondere konstruktive Form für Heimgeräte)*
Heimsystem *n* video home system
Heimtelefonanlage *f* internal telephone system
Heimtonbandgerät *n* home recorder
Heising-Modulation *f* Heising (choke, constant-current) modulation
Heising-Parallelröhrenmodulation *f* choke control modulation
Heißelektron *n* hot electron *(hochenergetisch)*
Heißelektronendiode *f* hot-electron diode
Heißelektronenstromschwingung *f* hot-electron current oscillation
Heißelektronentransistor *m* hot-electron transistor
Heißelektronentriode *f* hot-electron triode
Heißleiter *m* negative temperature coefficient resistor, thermistor, NTC resistor
Heißluftdusche *f* electric hair dryer
Heißpunkt *m* hot spot
Heißtauchen *n* hot-dip coating, hot dipping *(Aufbringen organischer Schutzschichten)*
Heißverzinnung *f* hot tinning
Heißwanddiffusion *f* hot-tube diffusion
Heißwassermantel *m* hot-water jacket
Heißwasserspeicher *m* [thermal] storage water heater
~**/elektrischer** electrical storage water heater
Heizaggregat *n***/elektrisches** electric heating aggregate (equipment, unit)
Heizanlage *f* heating equipment (unit, installation)
Heizband *n* 1. heating tape (band), strip heater; 2. filament ribbon *(Röhren)*
~**/isoliertes** insulated heating tape
~**/ummanteltes** jacket-type band heater
Heizbatterie *f* filament battery, A-battery *(Röhren)*
Heizbinde *f***/elektrische** electric heating tape
Heizdecke *f***/elektrische** electric blanket
Heizdraht *m* heating wire; [heating] filament *(Röhren)*
~**/thorierter** thoriated filament
Heizdrossel *f* filament choke
Heizeinrichtung *f* heating equipment (installation)
~**/thermoelektrische** thermoelectric heating device
Heizeinsatz *m***/auswechselbarer** heating inset (cartridge)
Heizelektrode *f* heating electrode
Heizelement *n* heating element (unit), heater; resistance element
~**/anklemmbares** clamp-on heating element
~**/eingegossenes** cast-in heating element
~**/elektrisches** electric heating element

~/frei abstrahlendes heating element of the bare-wire type, [exposed] heating spiral
~/geschütztes protected heating element
~/glimmerisoliertes mica-insulated heating element
~ mit Kühlrippen (Wärmeableitrippen) finned-type heating element
~/nichtumhülltes *s.* ~/frei abstrahlendes
~/streifenförmiges strip-type heating element
Heizelementoberflächenbelastung *f* heating element surface rating
heizen to heat, to fire
Heizenergiebedarf *m* heating requirement
Heizfach *n* heating compartment (shelf, partition)
Heizfaden *m* [heating] filament, heater
~/aktiver activated filament *(Röhren)*
~ mit Oxidschicht oxide-coated filament
~ mit Thoriumschicht thoriated filament
Heizfadenanschluß *m* filament terminal
Heizfadengleichstromversorgung *f* d.c. filament supply
Heizfadenmittenabgriff *m* filament centre tap
Heizfadenspannung *f* filament voltage
Heizfadentemperatur *f* filament (heater) temperature
Heizfadenüberbrückungskondensator *m* filament (heater) bypass capacitor
Heizfadenwiderstand *m* filament resistance
Heizfähigkeit *f* heating capacity
Heizfläche *f* heating surface
~/gesamte total heating surface
Heizfolie *f* heating foil
Heizgerät *n***/elektrisches** electric heater (heating apparatus)
Heizgewebe *n***/elektrisches** electric heating fabric
Heizgitter *n* heating grid
Heizgleichrichter *m* A-rectifier *(Radio)*
Heizimpuls *m* heating pulse
Heizinduktor *m* heating inductor
Heizkabel *n* heating cable
Heizkatode *f* hot (incandescent) cathode
Heizkondensator *m* heating capacitor *(Arbeitskondensator)*
Heizkörper *m* heater, heating element
~/eingegossener cast-in heater *(in Metall)*
~/elektrischer electric heater
~/offener open-type heater, [exposed] heating spiral
~/ringförmiger ring-type heater
Heizkörperträger *m* heating element carrier, heating element carrying (holding) device
Heizkraftwerk *n* thermal power-station, heat-generating station
Heizkreis *m* heater (heating) circuit
Heizkreuz *n* heating cross
Heizlampe *f* heating lamp
~ mit Innenreflektor internal reflector-type heating lamp
Heizlast *f* heating load
Heizleistung *f* heating power; filament power (wattage)
Heizleiter *m* heating conductor, heater
Heizleiteranordnung *f* arrangement of heating conductors *(z. B. im Ofenraum)*
Heizleiterträger *m* heating conductor support
Heizleiterwerkstoff *m* heating conductor material
Heizlüfter *m* fan heater
Heizmantel *m* heating jacket (blanket, sleeve)
~/elektrischer electric heating jacket
Heizmuffel *f* heating muffle
Heizpatrone *f* heating cartridge (inset)
Heizplatte *f* heating (warming, hot) plate
Heizraum *m***/gasdichter** gas-tight heating chamber *(Industrieofen)*
Heizregler *m* filament rheostat *(Elektronenröhren)*
Heizrohr *n* heating tube; boiler tube
Heizschlange *f* heating (heater) coil
Heizsonne *f* electric [bowl] fire
Heizsonnenreflektor *m* electric fire bowl
Heizspannung *f* heating (heater, filament) voltage
Heizspirale *f* heating (heater) coil, heating spiral
Heizspule *f* heating (heater) coil
Heizstab *m* rod for heating spirals
Heizstrom *m* heating (heater, filament) current
~/zulässiger safe filament current *(Elektronenröhren)*
Heizstromkreis *m* heating (heater, filament) circuit *(Röhren)*
Heizstromverbrauch *m* filament current consumption *(Röhren)*
Heizstromversorgung *f* filament [power] supply *(Röhren)*
Heizteppich *m* heating (electric) carpet
Heiztisch *m***/elektrisch beheizter** electrically heated hot-table
Heiztransformator *m* filament (heating) transformer *(Röhren)*
Heizung *f* heating
~/direkte elektrische direct electric heating
~/indirekte elektrische indirect electric heating
Heizungsanlage *f* heating installation
Heizungstechnik *f* 1. heating technique; 2. heating engineering
Heizvorrichtung *f* heating device (appliance), heater
Heizwendel *f* heating (heater) coil, heating spiral
~ aus Chromnickeldraht heating spiral of nickel chromium wire
~/offene open-type heating spiral, [exposed] heating spiral
Heizwicklung *f* filament winding
Heizwiderstand *m* 1. heating (heater, filament) resistance; 2. heating resistor (element) *(Widerstand zu Heizzwecken)*; filament rheostat *(für Röhren)*
Heizwirkung *f* heating effect
Heizzeit *f* heating time, warming-up period (time)
Heizzone *f* heating zone *(z. B. eines Ofens)*

Heliumentladungsröhre *f* helium discharge tube
Heliumlampe *f* helium lamp
Helium-Neon-Laser *m* helium-neon laser
Heliumübertragungseinrichtung *f* helium transfer equipment *(Generator)*
hell 1. bright, light; 2. clear *(z. B. Klang)*
Helladaptation *f* light (bright) adaptation
Hell-Dunkel-Steuerung *f* light-dark control; *(Fs)* black-white control, brilliance control
Hell-Dunkel-Tastung *f* Z-axis modulation *(Oszillograph)*
Hell-Dunkel-Verhältnis *n* light-dark ratio, bright-dark ratio
Hellempfindlichkeitsfunktion *f* luminosity function
Hellempfindlichkeitsgrad *m***/spektraler** *(Licht)* relative luminous efficiency (factor)
Hellempfindlichkeitskurve *f***/spektrale** *(Licht)* [spectral] luminous efficiency curve, spectral response curve
Hellempfindungsgrad *m (Licht)* relative luminous efficiency
Hellfeld *n* bright field *(Optik)*
Hellfeldbeleuchtung *f* bright-field illumination
Hellfeldbetrachtung *f* bright-field observation (examination)
Hellfeldkondensator *m* bright-field condenser
Hellichtentwicklung *f* bright-light development
Helligkeit *f* 1. brightness; lightness; 2. luminosity, apparent (subjective) brightness; 3. luminance *(Photometrie)*
Helligkeitsabfall *m* decrease (fall-off) in brightness
Helligkeitsänderung *f* change in brightness
Helligkeitsbereich *m* brightness range
Helligkeitseindruck *m* apparent brightness
Helligkeitseinstellung *f (Fs)* brightness control
Helligkeitsflimmern *n* luminance flicker
Helligkeitsgrad *m* luminosity factor
Helligkeitsimpuls *m* brightening pulse
Helligkeitsindex *m* luminosity index
Helligkeitskanal *m (Ph)* luminance channel
Helligkeitskontrast *m* brightness (liminosity) contrast
Helligkeitsmarke *f (Fs)* bright-up marker
Helligkeitsmodulation *f (Fs)* brightness (intensity) modulation; brilliance modulation *(Oszilloskopmeßtechnik)*
Helligkeitspegel *m (Fs)* brightness (intensity) level
Helligkeitsregelung *f (Fs)* brightness control
Helligkeitsregelwiderstand *m* dimming resistor
Helligkeitsregler *m* lighting [control] dimmer, lighting controller, dimmer, dimming device; dimmer switch
Helligkeitsschwankung *f* variation in brightness, brightness fluctuation
Helligkeitsschwelle *f* luminance threshold
Helligkeitssignal *n (Fs)* brightness (luminance) signal
Helligkeitssprung *m* brightness jump
Helligkeitssteuerung *f* intensity control *(eines Katodenstrahls)*
Helligkeitsumfang *m* brightness range
Helligkeitsunterschied *m* brightness difference
Helligkeitsvergleich *m* brightness comparison
Helligkeitsverlust *m* brightness loss
Helligkeitsverringerung *f* diminution of brightness
Helligkeitsverstärker *m* intensity amplifier
Helligkeitsverteilung *f* distribution of brightness
Helligkeitsverzerrung *f (Fs)* distortion of brightness
Helligkeitswert *m* brightness value; *(Fs)* brightness level
Hellperiode *f* light period
Hell-Schreiber *m (Nrt)* Hell printer
Hellsteuerung *f* 1. *s.* Helligkeitsmodulation; 2. unblanking; intensity modulation; Z modulation *(Oszillograph)*; 3. *s.* Helltastung
Hellsteuerungssignal *n (Fs, Nrt)* unblanking signal
Hellstrahler *m* heating lamp, radiant lamp heater
~ **mit Innenreflektor** internal reflector-type heating lamp
Hellstrom *m* illummination current
Helltastimpuls *m (Fs, Nrt)* bright-up pulse, unblanking pulse
Helltastsignal *n (Fs, Nrt)* unblanking signal
Helltastung *f (Fs)* unblanking; spot unblanking; trace unblanking
Helmholtz-Fläche *s.* Helmholtz-Schicht
Helmholtz-Resonator *m* Helmholtz resonator
Helmholtz-Schicht *f* Helmholtz double layer, Helmholtz plane
Helmholtz-Spule *f* Helmholtz coil
Helmlampe *f***/geschlossene** sealed-beam headlamp
hemmen to retard; to stop, to block
Hemmung *f* 1. retardation, retarding; stoppage, blocking; 2. drag; retarding (braking) device
Hemmwerk *n* retarder
HEMT high-electron movement transistor
Henry *n* henry, H *(SI-Einheit der Induktivität)*
Heptode *f* heptode
Herabführung *f* leading down *(Antennentechnik)*
herabsetzen to reduce, to lower, to degrade; to decrease *(z. B. Leistung)*
~**/die Dämpfung** to reduce damping
~**/die Geschwindigkeit** to decelerate
~**/die Spannung** to reduce the voltage
herabtransformieren *s.* heruntertransformieren
heranführen to link up *(eine Leitung)*
herauftransformieren to step up
Herauftransformieren *n* step-up transformation
herausfiltern to filter out; to isolate
Herausfiltern *n* **der niedrigen Frequenzanteile** low-pass filtering *(z. B. eines Signals)*
herausholen *(Dat)* to pop [from a stack] *(aus einem Stapelspeicher)*

herausziehen/den Stecker to unplug
Herdelektrode *f* hearth electrode
Herdschmelzofen *m* hearth-type melting furnace
Herdwagendurchlaufofen *m* continuous car-type furnace
hergestellt/nach Bestellung (Kundenwünschen) custom-built, custom-made
Herkon-Relais *n* Herkon relay
Hermetikkompressor *m* hermetic (sealed refrigeration) compressor *(für Kältemaschinen)*
hermetisch hermetic[al]
herstellen to manufacture, to make, to produce
~/eine Verbindung to make (set up) a connection, to establish a connection
~/galvanoplastisch to electroform
Herstellung *f* **von Strukturen im Mikrometerbereich** microfabrication
Herstellungstoleranz *f* manufacturing (fabrication) tolerance
Herstellungstoleranzbereich *m* manufacturing spread
Herstellungsverfahren *n* manufacturing procedure (technique), manufacturing process
Herstellungszeit *f (Nrt)* setting-up time *(für eine Verbindung)*
Hertz *n* hertz, cycles per second, cps *(SI-Einheit der Frequenz)*
Hertz-Dipol *m* Hertzian dipole
Hertz-Effekt *m* Hertz effect
herunterkühlen to cool down
heruntertransformieren to step down
Heruntertransformieren *n* step-down transformation
hervorheben to accentuate, to emphasize *(Frequenzen)*
Herzkurve *f* cardioid [curve]
Herzschall *m* cardiosound, cardiac sound
Herzschrittmacher *m* cardiac pacemaker
heterochrom heterochromatic
Heterodynempfang *m* heterodyne reception
Heterogenität *f* **des Adsorptionsverhaltens** heterogeneity of adsorption *(einer Oberfläche)*
heteromorph heteromorphic *(z. B. Kristall)*
heteropolar heteropolar
Heteroübergang *m* heterojunction *(Halbleiter)*
Heulboje *f* sounding (acoustic) buoy
heulen to howl *(durch Rückkopplung)*
Heuler *m (Nrt)* howler
Heulfrequenz *f* wobble frequency
Heulton *m* howl *(durch Rückkopplung)*
Heultonfrequenz *f* wobble audio frequency
Heultongenerator *m* wobbler
Heultonne *f* sounding buoy
Hewlett-Isolator *m* Hewlett insulator
Hexadezimalkode *m*, **Hexa-Kode** *m* hexadecimal code
HEXFET *m* hexagonal field-effect transistor, HEXFET
Hexode *f* hexode, six-electrode tube
Hexodenkappe *f* top cap of hexode
Heydweiler-Brücke *f* Heydweiler bridge *(zur Messung fast gleicher Widerstände)*
Heyland-Diagramm *n* Heyland diagram *(Asynchronmaschine)*
HF high frequency, HF, h.f. *(3 bis 30 MHz)*; radio frequency, Rf, r.f. *(30 kHz bis 3 MHz)*
HF-Abschirmung *f* high-frequency shielding
HF-Anlage *f* **für dielektrische Erwärmung** dielectric high-frequency heating installation (plant, equipment)
HF-Anpassung *f* high-frequency match[ing]
HF-Anschluß *m* high-frequency connection
HF-Band *n* high-frequency band
HF-Behandlung *f* high-frequency treatment *(Elektromedizin)*
HF-Bereich *m* high-frequency range
HF-Brücke *f* high-frequency bridge
HF-Diode *f* high-frequency diode
~ mit negativem Widerstand high-frequency negative-resistance diode
HF-Drahtfunk *m* wired broadcasting (wireless)
HF-Drossel[spule] *f* high-frequency choke (coil)
HF-Durchbruch *m* high-frequency breakdown
HF-Eisenkern *m* high-frequency iron core, dust[-iron] core
H-Feld *n* magnetic field-strength field
HF-Elektronik *f* high-frequency electronics
HF-Elektrowärmeeinrichtung *f* high-frequency electroheating installation (appliance)
HF-Energie *f* high-frequency energy
HF-Entladung *f* high-frequency discharge
HF-Entladungsröhre *f* high-frequency gas tube
HF-Erreger *m* high-frequency exciter
HF-Ersatzschaltung *f* high-frequency equivalent circuit
HF-Erwärmung *f* high-frequency heating, dielectric heating
~/dieletrische dielectric HF heating
HF-Erzeuger *m* high-frequency generator
HF-Feldstärke *f* high-frequency field strength
HF-Feldstärkemesser *m* high-frequency field intensity meter *(Teilentladungstechnik)*
HF-Filter *n* high-frequency attenuator
HF-Funkstation *f* high-frequency radio station
HF-Gasentladung *f* high-frequency [gas] discharge
HF-Gasentladungsdurchschlag *m* high-frequency gas discharge breakdown
HF-Gasentladungsröhre *f* high-frequency gas tube
HF-Generator *m* high-frequency generator, radio-frequency generator
HF-Gleichrichter *m* high-frequency rectifier, radio-frequency rectifier; demodulator, detector
HF-Heizgerät *n* high-frequency heater
HF-Heizung *f* high-frequency heating, dielectric heating
HF-Impuls *m* high-frequency pulse

HF-Induktionserwärmungsanlage *f* high-frequency induction heating equipment (installation)
HF-Induktionshärten *n* high-frequency induction hardening
HF-Induktionsofen *m* high-frequency induction furnace
~/kernloser coreless HF-induction furnace
HF-Isoliermaterial *n* high-frequency insulating material
HF-Kabel *n* high-frequency cable, radio-frequency cable
HF-Katodenzerstäubung *f* high-frequency cathode sputtering
HF-Keramik *f* high-frequency ceramic
HF-Koagulierung *f* diathermic coagulation *(Elektromedizin)*
HF-Koaxialstecker *m* high-frequency coaxial connector
HF-Kreis *m* high-frequency circuit
HF-Legierungstransistor *m* high-frequency alloy junction transistor
HF-Leistung *f* high-frequency power
HF-Leitfähigkeit *f* high-frequency conductivity
HF-Litze *f* stranded wire, litz [wire], litzendraht [wire]
HF-Lot *n* high-frequency sounder
HF-Mehrfachfernsprecher *m* high-frequency multiple telephone
HF-Meßbrücke *f* high-frequency [measuring] bridge
HF-Meßgenerator *m*, **HF-Meßsender** *m* high-frequency signal generator
HF-Ofen *m* high-frequency furnace
HF-Oszillator *m* high-frequency oscillator
HF-Plasmabrenner *m* high-frequency plasma burner
HF-Plasmagenerator *m*, **HF-Plasmatron** *n* high-frequency plasma generator
HF-Prüfgenerator *m* high-frequency service oscillator
HF-Relais *n* coaxial relay
HF-Röhrengenerator *m* high-frequency tube generator
HF-Rundfunkstation *f* high-frequency broadcasting station
HF-Schall *m* high-frequency sound
HF-Schaltröhre *f* cell-type tube
HF-Schaltung *f* high-frequency circuit
HF-Schweißen *n* high-frequency welding
HF-Schwingung *f* high-frequency oscillation
HF-Signal *n***/schwaches** low-power high-frequency signal
HF-Spannung *f* high-frequency voltage
HF-Spektrum *n* high-frequency spectrum
HF-Sperre *f* high-frequency choke (coil)
HF-Sperrkreis *m* low-pass selective circuit
HF-Spule *f* high-frequency coil
HF-Störanfälligkeit *f* radio-frequency susceptibility
HF-Störung *f* high-frequency interference, radio-frequency noise
HF-Störunterdrückung *f* high-frequency interference suppression
HF-Strahlung *f* high-frequency radiation
HF-Streuung *f* high-frequency leakage
HF-Strom *m* high-frequency [alternating] current
HF-Stromverstärkung *f* high-frequency current gain
HF-Stufe *f* high-frequency stage
HF-Technik *f* high-frequency engineering, radio-frequency engineering
HF-Telefonie *f* high-frequency telephony
HF-Telegrafie *f* high-frequency telegraphy, radiotelegraphy
HF-Träger *m* high-frequency carrier
HF-Trägerstromtelegrafie *f* high-frequency carrier telegraphy
HF-Transformator *m* high-frequency transformer
HF-Transistor *m* high-frequency transistor
HF-Übertragung *f* high-frequency transmission
HF-Verhalten *n* high-frequency performance (response)
HF-Verstärker *m* high-frequency amplifier
HF-Vormagnetisierung *f* high-frequency biasing
HF-Vorverstärker *m***/abgestimmter** preselector
HF-Wärme *f* high-frequency heat
HF-Wechselspannung *f* high-frequency alternating-current voltage, h.-f. a.-c. voltage
HF-Widerstand *m* high-frequency resistance
HF-Zerstäubung *f* high-frequency sputtering
HF-Zerstäubungstechnik *f* high-frequency sputtering technique
HF-Zündung *f* high-frequency ignition
H-Glied *n* H-network, H-section
HGÜ *s.* Hochspannungsgleichstromübertragung
HI-Bogen *m* high-intensity carbon arc, Beck arc
HIC hybrid integrated circuit
Hi-C-Zelle *f s.* Hochkapazitätszelle
Hierarchie *f (Syst)* hierarchy
Hi-Fi *(Ak)* high fidelity, hi-fi *(Qualitätsbegriff für weitgehend originalgetreue Tonwiedergabe)*
Hi-Fi-Anlage *f* high-fidelity set
Hi-Fi-Liebhaber *m* audiophile
Hi-Fi-Verstärker *m* high-fidelity amplifier
Hi-Fi-Wiedergabe *f* high-fidelity reproduction
High Fidelity *f (Ak)* high fidelity, hi-fi *(Qualitätsbegriff für weitgehend originalgetreue Tonwiedergabe)*
High-speed-Schaltkreis *m* high-speed circuit
~/integrierter high-speed integrated circuit, high-speed IC
Highway-Gruppe *f (Nrt)* highway-group
HI-Kohle *f* high-intensity carbon
Hilfsader *f* pilot core (wire, conductor) *(Kabel)*
Hilfsadresse *f (Dat)* auxiliary address
Hilfsakkumulator *m (Dat)* auxiliary accumulator
Hilfsamt *n (Nrt)* sub-exchange
Hilfsanlagen *fpl* auxiliary installation

Hilfsanode *f* auxiliary anode; exciting (excitation, ignition, keep-alive) electrode
Hilfsantenne *f* auxiliary aerial; gap filler *(Radar)*
Hilfsantrieb *m* accessory drive
Hilfsausrüstung *f* auxiliary (ancillary) equipment
Hilfsbatterie *f* auxiliary (standby) battery
Hilfsbetriebe *mpl* **in Kraftwerken** power-station auxiliaries
Hilfsdienst *m (Nrt)* auxiliary service
Hilfseinrichtung *f* auxiliary (ancillary) equipment
Hilfselektrode *f* 1. auxiliary electrode; 2. guard ring *(am Isolator)*
Hilfsentladung *f* auxiliary discharge
Hilfsentladungskreis *m* keep-alive circuit
Hilfsentladungsstrecke *f* auxiliary discharge gap *(in Gasentladungsröhren)*
Hilfserreger *m* pilot exciter
Hilfserregermaschine *f* pilot exciter machine
Hilfserregungsgröße *f* auxiliary energizing quantity
Hilfsfrequenz *f* auxiliary frequency
Hilfsfunkenstrecke *f* auxiliary spark gap
Hilfsfunktion *f* auxiliary function
Hilfsgenerator *m* auxiliary generator (power unit)
Hilfsgeräte *npl* auxiliary equipment, auxiliaries
~ **für Bodenstationen** *(Nrt)* ground support equipment
Hilfsgitter *n* auxiliary (intermediate) grid *(Pentoden)*
Hilfsgleichrichter *m* complementary rectifier
Hilfsgröße *f* auxiliary (subsidiary) quantity
Hilfskabel *n* auxiliary cable; *(Nrt)* interruption (emergency) cable; control cable *(zur Überwachung)*
Hilfsklinke *f (Nrt)* ancillary jack
Hilfskontakt *m* auxiliary contact; dependent contact; control contact
Hilfskreis *m s.* Hilfsstromkreis
Hilfskühlwasserpumpe *f* auxiliary cooling-water pump
Hilfslampe *f* auxiliary lamp
Hilfsleiter *m* pilot conductor *(Kabel)*
Hilfsleitstelle *f (Nrt)* sub-control station
Hilfsmaschinenaggregat *n* auxiliary power unit
Hilfsmotor *m* auxiliary motor; pony motor; servomotor *(in Regelsystemen)*
Hilfsöffnungskontakt *m* normally closed auxiliary contact
Hilfsoszillator *m* auxiliary oscillator
Hilfsphase *f* auxiliary phase (winding)
Hilfsphasenmotor *m* single-phase [induction] motor
Hilfsplatz *m (Nrt)* ancillary position
Hilfsplatzrufnummer *f (Nrt)* assistance code
Hilfspol *m* auxiliary pole
Hilfsprogramm *n (Dat)* auxiliary program (routine)
Hilfspumpe *f* booster pump
Hilfsregelgröße *f* indirectly controlled variable
Hilfsregelkreis *m* auxiliary [control] loop, servo loop, *(Syst)* subsidiary control loop
Hilfsregelsystem *n* servo system
Hilfsregister *n* scratch-pad register
Hilfsrelais *n* auxiliary (booster, supplementary, slave) relay
Hilfssammelschiene *f* auxiliary (reserve) bus bar
Hilfsschalter *m* auxiliary switch (controller)
Hilfsschiene *f* transfer bar *(Schaltanlagen)*
Hilfsschließkontakt *m* normally open auxiliary contact
Hilfsschütz *n* auxiliary contactor
Hilfssignal *n***[/überlagertes]** *(Ak)* dither
Hilfsspannung *f* auxiliary voltage
Hilfsspannungsversorgung *f* auxiliary voltage supply
Hilfsspeicher *m (Dat)* auxiliary memory (store), secondary (backing) memory
Hilfsspeicherung *f (Dat)* auxiliary (secondary, backing) storage
Hilfsspule *f* auxiliary coil
Hilfsstrahler *m* auxiliary radiator
Hilfsstrom *m* auxiliary current
Hilfsstromauslösung *f* independent trip
Hilfsstromkreis *m* auxiliary (ancillary, subsidiary) circuit, subcircuit
Hilfsstromquelle *f* auxiliary power supply
Hilfsstudio *n* satellite studio *(Studiotechnik)*
Hilfssystem *n* **für die Strahlführung** beam-positioning servo system
Hilfsthyristor *m* amplifying gate *(bei steuerstromverstärkenden Thyristoren)*
Hilfsträger *m (Nrt, Fs)* subcarrier
Hilfsträgerfrequenzkabel *n* auxiliary carrier cable *(HF-Technik)*
Hilfsträgermodulation *f* subcarrier (auxiliary carrier) modulation
Hilfstragseil auxiliary bearer cable; auxiliary suspending cable
Hilfstransformator *m* auxiliary (booster) transformer
Hilfsturbine *f* auxiliary turbine
Hilfsvariable *f* auxiliary variable
Hilfsvermittlungskraft *f (Nrt)* assistance operator
Hilfsversorgung *f* auxiliary supply
Hilfsverstärker *m* servo amplifier
Hilfsvoramt *n (Nrt)* subcontrol station
Hilfswähler *m (Nrt)* auxiliary selector
Hilfsweg *m (Nrt)* emergency route
Hilfswicklung *f* auxiliary winding
Hilfszeichen *n* auxiliary symbol
Hilfszündung *f* auxiliary ignition
Himmelsfaktor *m* sky factor *(Helligkeitsbeurteilung)*
Himmelsleuchtdichte *f* sky luminance
Himmelslichtanteil *m* sky component
Himmelslichtquotient *m* sky factor
Himmelsstrahlung *f* sky radiation
Hindernisfeuer *n* obstruction light

hindurchgehen to pass through; to traverse
hindurchlassen to transmit, to pass
hindurchlegen/eine [analytische] Kurve to curve-fit *(durch gemessene Werte)*
Hinterätzeinrichtung *f* etch-back equipment, acid etch equipment *(Leiterplatten)*
Hinterätzen *n* etch-back, acid etch *(Leiterplatten)*
hintereinandergeschaltet series-connected, serially connected, in series
hintereinanderschalten to connect in series; to cascade, to connect in cascade
Hintereinanderschaltung *f* series connection (circuit); cascade connection
Hintergrundabtastung *f (Nrt)* background scanning
Hintergrundbeleuchtung *f* background lighting
Hintergrundgeräusch *n* background noise
Hintergrundhelligkeit *f (Fs)* background brightness
Hintergrundprogramm *n (Dat)* background program
Hintergrundspeicher *m (Dat)* background memory, backing store
Hintergrundverarbeitung *f (Dat)* background processing
Hinterwandzelle *f* back-wall cell *(bei Photoelementen)*
Hin- und Rückleitung *f* go-and-return line, up-and-down line
Hin- und Rückweg *m (Nrt)* go-and-return channel
Hinweisansagegerät *n (Nrt)* intercept announcement unit
Hinweisdienst *m (Nrt)* intercept service; changed number interception
Hinweisleitung *f (Nrt)* interception trunk
Hinweisstöpsel *m (Nrt)* signal plug
Hinweiston *m (Nrt)* intercept tone; number-unobtainable tone
Histogrammrechner *m* histogram computer
Hitzdraht *m* hot wire
Hitzdrahtamperemeter *n* hot-wire ammeter
Hitzdrahtanemomenter *n* hot-wire anemometer, catharometer
Hitzdrahtausbrennung *f* hot-wire cautery *(Elektromedizin)*
Hitzdrahtfedersatz *m* thermocontact
Hitzdrahtgalvanometer *n* hot-wire galvanometer
Hitzdrahtinstrument *n* hot-wire instrument, expansion instrument
Hitzdraht-Leistungsmesser *m* calorimetric power meter
Hitzdrahtmeßinstrument *n* hot-wire meter
Hitzdrahtmeßwerk *n* hot-wire mechanism
Hitzdrahtmikrofon *n* hot-wire microphone
Hitzdrahtrelais *n* hot-wire relay
Hitzdrahtsonde *f* hot-wire probe
Hitzdrahtströmungsmeßgerät *n* hot-wire anemometer
Hitzdrahtvoltmeter *n* hot-wire voltmeter, Cardew voltmeter
hitzebeständig heat-resistant, heat-resisting, heat-proof, thermally stable
Hitzebeständigkeit *f* heat resistance, heat (thermal) stability
hitzehärtbar thermosetting *(Kunststoffe)*
H-Krümmer *m* H-bend, H-plane bend *(Wellenleiter)*
H/L-Signal *n (Syst)* high-low signal
HMOS-Technik *f (ME)* high-performance MOS (metal-oxide semiconductor) technique, H-MOS technique
HNIL high-noise-immunity logic
hoch high[-pitched] *(Tonhöhe)*
~/logisch logical high
Hochantenne *f* elevated (overhead) aerial; outdoor aerial
hochauflösend high-resolution, highly resolving
hochbelastbar heavy-duty
Hochbelastbarkeit *f* heavy-load capacity, heavy-duty capacity
Hochbelastungsanforderungen *fpl* heavy-duty requirements
hochdotiert heavily doped
Hochdruckbogen *m* high-pressure arc
~/wasserstabilisierter water-stabilized high-pressure arc
Hochdruckbogenentladung *f* high-pressure arc discharge
Hochdruckentladung *f* high-pressure discharge
Hochdruckentladungslampe *f s.* Hochdrucklampe
Hochdruckkessel *m* high-pressure boiler
Hochdrucklampe *f* high-pressure [discharge] lamp
Hochdrucklichtbogen *m s.* Hochdruckbogen
Hochdruckoxydation *f* high-pressure oxidation
Hochdruckpolyeth[yl]en *n*/**chloriertes** chlorinated high-pressure polyethylene *(für flammfeste Isolierüberzüge)*
Hochdruckquecksilberdampflampe *f* high-pressure mercury [vapour] lamp
Hochdruckschmierung *f* high-pressure lubrication
Hochdrucksterilisator *m* high-pressure sterilizer
Hochdruckstollen *m* high-pressure tunnel *(Wasserkraftwerk)*
hochempfindlich highly sensitive; highly responsive
hochenergetisch high-energy
Hochfahrautomatik *f* automatic [sequential] starting circuit *(Sender)*
hochfahren to start up *(Sender)*; to run up *(Motor)*
~/eine Leitung to charge a line
Hochfahren *n* [automatic] sequential starting *(Sender)*; running-up *(Motor)*
Hochfeldbeweglichkeit *f (El)* high-field mobility

Hochfelddomäne *f* high-field domain
hochfrequent high-frequency
Hochfrequenz *f* high frequency, HF, h.f. *(3 bis 30 MHz)*; radio frequency, RF, r.f. *(30 kHz bis 3 MHz) (Zusammensetzungen s. unter* HF*)*
hochgereinigt highly purified
Hochgeschwindigkeitsabtasttechnik *f* high-speed scan-technique, HSS technique *(Elektronenstrahlbearbeitung)*
Hochgeschwindigkeitselektrotraktion *f* high-speed electric traction
Hochgeschwindigkeitsfotografie *f* high-speed photography
Hochgeschwindigkeitsfulchronograph *m* high-speed fulchronograph *(Blitzforschung)*
Hochgeschwindigkeitskamera *f* high-speed camera
Hochgeschwindigkeitskanal *m* high-speed channel
Hochgeschwindigkeitskartenleser *m (Dat)* high-speed card reader
Hochgeschwindigkeitslochbandleser *m (Dat)* high-speed paper tape reader
Hochgeschwindigkeitslochbandstanzer *m (Dat)* high-speed paper tape punch
Hochgeschwindigkeitsoszillograph *m* high-speed oscillograph
Hochgeschwindigkeitsparalleladdierer *m (Dat)* high-speed parallel adder
Hochgeschwindigkeitsschaltkreis *m* high-speed circuit
Hochgeschwindigkeitsspeicher *m (Dat)* high-speed memory (store), rapid [access] store
Hochgeschwindigkeitssystem *n* high-speed system
Hochglanz *m* high polish (glaze)
Hochglanzaluminium *n* bright aluminium
Hochglanzfolie *f* chrome glazing plate
hochglanzpolieren to mirror-finish, to high gloss
hochglanzpoliert highly polished
Hochglanzschicht *f (Galv)* fully bright deposit
hochheben/die Kappe *(Nrt)* to restore the shutter
hochheizen to heat (warm) up
Hochimpulsstrom *m* high-impulse current
Hochinjektionswirkungsgrad *m (ME)* high-level injection efficiency
Hochintensitätskohle *f* high-intensity carbon
hochionisiert highly (strongly) ionized
Hochkantwicklung *f* edge winding
Hochkapazitätszelle *f* high-capacity cell, Hi-C cell (structure)
Hochlauf *m* run-up, start-up *(s. a.* Anlauf*)*
Hochlaufdauer *f* run-up period
hochlaufen to run up, to start up; to accelerate *(Motor)*
Hochlauffunktion *f* ramp function
Hochlaufkurve *f* starting characteristic
Hochlaufperiode *f* run-up period
Hochlaufverluste *mpl* starting loss[es]; accelerating loss[es]
Hochlaufzeit *f* starting time; acceleration time
Hochleistungsbildverstärkerröhre *f* high-gain image intensifier tube
Hochleistungsblitzgerät *n* high-performance flash unit
Hochleistungselektrode *f* heavy-duty electrode
Hochleistungsendschalter *m* heavy-duty limit switch
hochleistungsfähig high-efficiency; high-capacity
Hochleistungsfrequenzverdoppler *m* high-power frequency doubler
Hochleistungsfulchronograph *m* high-speed fulchronograph *(Blitzforschung)*
Hochleistungsfunksignal *n* high-level radio-frequency signal
Hochleistungsgleichrichterdiode *f* high-power rectifying diode
Hochleistungsgleichrichterröhre *f* high-power rectifying valve
Hochleistungsimpuls *m* high-power pulse
Hochleistungsimpulsgenerator *m* high-power pulse generator
Hochleistungsinstrument *n* high-performance instrument
Hochleistungskanal *m* high-speed channel
Hochleistungskartenleser *m (Dat)* high-speed card reader
Hochleistungsklystron *n* high-power klystron
~/abstimmbares high-power tunable klystron
Hochleistungskondensator *m* high-performance capacitor
Hochleistungskorrelator *m* high-speed correlator
Hochleistungslautsprecher *m* high-power loudspeaker
Hochleistungsleuchte *f* high-intensity illuminator
Hochleistungsleuchtfeuer *n* high-intensity beacon
Hochleistungsleuchtstofflampe *f* high-efficiency fluorescent lamp, high-output fluorescent lamp
Hochleistungslichtbogen *m* high-current arc
Hochleistungslichtbogenofen *m* high-capacity arc furnace, UHP (ultrahigh-power) arc furnace
Hochleistungslichtstrahl *m***/pulsierender** *(Laser)* high-power pulsating light beam
Hochleistungslochbandleser *m (Dat)* high-speed paper tape reader
Hochleistungslochbandstanzer *m (Dat)* high-speed paper tape punch
Hochleistungslogik *f (Dat)* high-level logic, HLL
Hochleistungsmikroskop *n* high-power microscope
Hochleistungs-Mikrowellenerwärmungssystem *n* high-power microwave heating system
Hochleistungs-MOS-Technologie *f (ME)* high-performance MOS technology, HMOS technology; HMOS technique
Hochleistungsobjektiv *n* high-performance lens
Hochleistungsoszillograph *m* high-speed oscillograph

Hochleistungsprojektionslampe *f* high-power projector lamp, high-intensity projector lamp
Hochleistungsrechteckwellengenerator *m* high-performance square-wave generator
Hochleistungsröhre *f* high-power valve, high-performance valve
Hochleistungsschalter *m* heavy-duty switch; heavy-duty circuit breaker
Hochleistungssicherung *f* high-power fuse, high-breaking-capacity fuse, high-interrupting-capacity fuse
Hochleistungsthyristor *m* high-power thyristor
~/schneller fast high-power thyristor
Hochleistungstransformator *m* high-power transformer
Hochleistungsverstärker *m* high-gain amplifier
~/abgestimmter high-gain tuned amplifier
Hochleistungsxenonbogenlampe *f* high-powered xenon-arc lamp
Hochmastbeleuchtung *f* high-mast lighting
Hochmastbeleuchtungsanlage *f* high-mast installation
hochohmig high-resistive, high-impedance
Hochohmmessung *f* high-resistance measurement
Hochohmwiderstand *m* high-value[d] resistor, high-wattage resistor
Hochohmzelle *f* high-resistance photocell
Hochpaß *m (Ak, Nrt)* high-pass, HP
~/akustischer acoustical high-pass
Hochpaßfilter *n (Ak, Nrt)* high-pass filter, HPF
Hochpaßwirkung *f* lower frequency band limitation
Hochpegellogik *f* high-level logic, HLL
Hochrate-Sputtern *n (ME)* high-rate sputtering
hochreflektierend highly reflecting
Hochschaltung *f (Ap)* delayed switching
Hochschieberegister *n* shift-up register
hochschmelzend high-melting, high-fusion
hochselektiv highly selective
Hochspannung *f* high voltage (tension), h.v., H.V.
Hochspannungsableiter *m* high-voltage arrester
Hochspannungsabnehmertarif *m* high-voltage customers' rate
Hochspannungsanlage *f* high-voltage plant
Hochspannungsanode *f* ultor [anode]
Hochspannungsanschluß *m* high-voltage terminal
Hochspannungsbatterie *f* high-voltage battery
Hochspannungsbauelement *n (ME)* high-voltage device
Hochspannungsbeschleuniger *m* high-voltage accelerator
Hochspannungsbogen *m* high-voltage arc
Hochspannungsdurchführung *f* high-voltage bushing
Hochspannungselektrode *f* high-voltage electrode
Hochspannungselektronenmikroskopie *f* high-voltage electron microscopy, HVEM
Hochspannungserzeuger *m* high-voltage generator (dynamo)
Hochspannungsfeld *n* high-voltage bay
Hochspannungsfreileitung *f* high-voltage [overhead] line *(über 750 kV)*
Hochspannungsgenerator *m* high-voltage generator
hochspannungsgeschützt high-voltage-protected
Hochspannungsgleichrichterröhre *f* high-voltage rectifier valve
Hochspannungsgleichstrom *m* high-voltage direct current, h.v.d.c., HVDC
Hochspannungsgleichstromsystem *n* **mit mehreren Stationen** multiterminal HVDC system
Hochspannungsgleichstromübertragung *f* high-voltage direct-current transmission
Hochspannungsglimmgleichrichter *m* high-voltage glow-discharge rectifier
Hochspannungsglühkatodengleichrichter *m* high-voltage thermionic rectifier
Hochspannungshochleistungssicherung *f* high-voltage HBC fuse
Hochspannungsimpulsgenerator *m* impulse high-voltage generator
Hochspannungsisolation *f* high-voltage insulation
Hochspannungsisolator *m* high-voltage insulator
Hochspannungskabel *n* high-voltage cable
Hochspannungsklemme *f* high-voltage terminal
Hochspannungskondensator *m* high-voltage capacitor
Hochspannungslabor[atorium] *n* high-voltage laboratory
Hochspannungslastschalter *m* high-voltage [load] switch
Hochspannungsleitung *f* high-voltage [transmission] line
Hochspannungsleuchtröhre *f* high-voltage luminescent tube
Hochspannungslichtbogen *m* high-voltage arc
Hochspannungsmast *m* high-voltage tower, high-voltage [transmission] pole
Hochspannungsmeßkopf *m* high-voltage probe
Hochspannungsmotor *m* high-voltage motor
Hochspannungsnetz *n* high-voltage system
Hochspannungspol *m* high-voltage terminal
Hochspannungspolverkleidung *f* top corona shield *(zur Koronaunterdrückung)*
Hochspannungsporzellan *n* high-voltage [electrical] porcelain, hard procelain
Hochspannungsprüfgerät *n* high-voltage tester
Hochspannungsprüfkreis *m* high-voltage testing circuit
Hochspannungsprüfschaltung *f* high-voltage testing circuit

Hochspannungsprüftechnik *f* high-voltage testing technique
Hochspannungsprüfung *f* high-voltage test
Hochspannungsprüfverfahren *n* high-voltage test technique
Hochspannungsquelle *f* high-voltage source
Hochspannungsrechteckimpuls *m* high-voltage square pulse
Hochspannungsrelais *n* high-voltage relay
Hochspannungssammelschiene *f* high-voltage bus bar
Hochspannungsschaltanlage *f* high-voltage switching station
Hochspannungsschalteinrichtung *f* high-voltage switchgear
Hochspannungsschalter *m* high-voltage switch
Hochspannungsschaltgerät *n* high-voltage switchgear
Hochspannungsschalttafel *f* high-voltage switchboard
Hochspannungsschutz *m* high-voltage protection
Hochspannungsseite *f* high-voltage side (end)
hochspannungssicher high-voltage protected
Hochspannungssicherung *f* high-voltage fuse
Hochspannungsspeiseleitung *f* high-voltage feeder
Hochspannungsstation *f* high-voltage [sub]station
Hochspannungssteckvorrichtung *f* high-voltage cable coupling
Hochspannungsstelltransformator *m* high-voltage regulating transformer
Hochspannungssteuerung *f* high-voltage control *(bei Wechselstrom-Triebfahrzeugen)*
Hochspannungsstrom *m* high-voltage current, high-tension current
Hochspannungsstromversorgung *f* high-voltage power supply
Hochspannungstechnik *f* 1. high-voltage technique; 2. high-voltage engineering
Hochspannungstransformator *m* high-voltage transformer
Hochspannungsübertragung *f* high-voltage transmission
Hochspannungsübertragungsleitung *f* high-voltage transmission line
Hochspannungsübertragungsnetz *n* primary transmission network
Hochspannungsversorgung *f* high-voltage [power] supply
Hochspannungsversorgungsnetz *n* high-voltage mains (network)
Hochspannungsverteilung *f* high-voltage distribution
Hochspannungsvoltmeter *n* high-voltage voltmeter
Hochspannungswarnpfeil *m* danger arrow
Hochspannungswicklung *f* high-voltage winding
Hochspannungszeitprüfung *f* high-voltage time test
Hochspannungszweig *m* high-voltage arm *(Schering-Brücke)*
Hochspeicher *m* headwater pond, elevated reservoir *(Wasserkraftwerk)*
Hochsprache *f (Dat)* high-level language, HLL
hochstabil high-stability
Höchstädter-Kabel *n* Hoechstaedter (shielded-conductor) cable, H-type cable
Höchstbedarf *m* maximum demand
Höchstbelastung *f* maximum [permissible] load, peak load
Höchstbetriebswerte *mpl* maximum ratings
Höchstdauer *f* maximum duration
Höchstdrehzahl *f* maximum speed
Höchstdrehzahlanzeiger *m* speed limit indicator
Höchstdrucklampe *f* superpressure (very high pressure) lamp
Höchstenergie *f* superhigh energy
Höchstfehler *m (Meß)* limiting error
Höchstfrequenz *f* extremely high frequency, e.h.f. *(> 30 MHz)*
Höchstfrequenz... *s. a.* Mikrowellen...
Höchstfrequenzofen *m* microwave furnace
Höchstfrequenztechnik *f* microwave engineering
Höchstfrequenzverstärker *m* microwave amplifier
Höchstfrequenzverstärkung *f* microwave amplification
Höchstfrequenzwelle *f s.* Mikrowelle
Höchstgeschwindigkeit *f* maximum speed
Höchstinduktion *f* peak induction
Höchstintegration *f (ME)* very large-scale integration, VLSI, giant-scale integration, GSI
Höchstlast *f*/**thermische** *(MA)* thermal limit
Höchstlastanzeiger *m* maximum demand indicator
Höchstleistung *f* 1. maximum capacity (performance); 2. maximum power (output)
Höchstleistungsrechner *m* supercomputer
Höchstnennbelastbarkeit *f* maximum load rating
Höchstnennstrom *m* maximum current rating
Höchstnennwerte *mpl* maximum ratings
Hochstromanschluß *m* high-current connection
Hochstrombahn *f* high-current path
Hochstrombogen *m* high-current arc; high-intensity carbon arc, Beck arc
Hochstromelektronenkanone *f* high-current electron gun
Hochstromfestigkeit *f* high-current impulse withstand *(Ableiter)*
Hochstromimpuls *m* high-current pulse
Hochstromimpulsgeber *m* high-current pulse generator
Hochstrominjektion *f (ME)* high-level injection *(von Stromträgern)*
Hochstromkohlebogen *m* high-current carbon arc, high-intensity carbon arc, Beck arc

Hochstromkohlebogenlampe *f* high-intensity carbon arc lamp
Hochstromleitung *f* heavy-current line
Hochstromlichtbogen *m* high-current arc
Hochstromofen *m* high-current furnace
Hochstrompegel *m* high-current level
Hochstrompfad *m* high-current path
Hochstromphänomen *n* high-current phenomenon
Hochstromprüfung *f* high-current test
Hochstromtransistor *m* high-current transistor
Hochstromverbindung *f* high-current connection
~/flexible flexible heavy-current connection
Hochstromverstärkung *f (ME)* high-level current gain
Höchstspannung *f* extra-high voltage (tension), e.h.v., EHV, ultrahigh voltage, uhv, UHV
Höchstspannungsfreileitung *f* extra-high voltage line
Höchstspannungsimpulsgenerator *m* pulse extra-high voltage generator
Höchstspannungsisolation *f* extra-high voltage insulation
Höchstspannungsleitung *f* extra-high voltage line, very high voltage line, high-potential line *(> 750 kV)*
Höchststrom *m*, **Höchststromstärke** *f* peak current
Höchsttemperatur *f* peak temperature
~/zulässige maximum admissible (safe) temperature
Höchstvakuum *n* ultrahigh vacuum
Höchstverbrauchszähler *m* [maximum] demand meter
Höchstverbrauchszeiger *m* maximum demand pointer
Höchstverstärkung *f* maximum gain
Höchstverzerrung *f* peak distortion
Höchstwert *m* maximum [value]; peak (crest) value
~/nomineller nominal maximum value
Höchstwertanzeiger *m* peak[-reading] indicator
Höchstwertbegrenzer *m* peak limiter
höchstzulässig maximum permissible
Höchstzuverlässigkeit *f* maximum reliability
Hochtemperaturbrennstoffelement *n* high-temperature fuel cell, HTFC
Hochtemperaturheizkörper *m* high-temperature heater
Hochtemperaturkatode *f* bright-emitting cathode *(Elektronenröhre)*
Hochtemperaturlegierungsdraht *m* high-temperature alloy wire
Hochtemperaturlichtbogen *m* high-temperature arc
Hochtemperaturmeßgerät *n* pyrometer
Hochtemperaturmessung *f* pyrometry
Hochtemperaturofen *m* high-temperature furnace *(Widerstandsofen)*
~ mit Wolframheizrohr tungsten tube furnace
Hochtemperaturplasmastrahl *m* high-temperature plasma beam
Hochtemperaturreaktor *m* high-temperature [gas-cooled] reactor, HTGR
Hochtemperaturstrahler *m* high-temperature emitter (radiator)
Hochtemperatursupraleiter *m* high-temperature superconductor, high-T_C superconductor
Hochtemperatur-Wärmedämmstoff *m* high-temperature insulating material
Hochtemperaturzone *f* high-temperature zone
hochtönend *(Ak)* high-pitched
Hochtonkegel *m (Ak)* tweeter
Hochtonlautsprecher *m* tweeter [loudspeaker], high-frequency [loud]speaker, treble loudspeaker
Hochtonregler *m* treble control, [tone] control for treble
Hochtontrichterlautsprecher *m* horn tweeter
Hochtonwiedergabe *f* high-note response
Hochtransformieren *n* upward transformation
Hochvakuum *n* high vacuum
Hochvakuumanlage *f* high-vacuum plant
Hochvakuumbedampfung *f* vacuum-coating [by evaporation], metallizing by high-vacuum evaporation
Hochvakuumbedampfungsanlage *f* high-vacuum coating equipment, [high-]vacuum coater, vacuum coating evaporator
Hochvakuumdiode *f* hard diode
Hochvakuumdiodengleichrichterröhre *f s.* Hochvakuumgleichrichterröhre
Hochvakuumdurchschlag *m* high-vacuum breakdown
Hochvakuumentladung *f* high-vacuum discharge
Hochvakuumgefäß *n* high-vacuum glass envelope
Hochvakuumgleichrichter *m* high-vacuum rectifier, vacuum tube (valve) rectifier
Hochvakuumgleichrichterröhre *f* high-vacuum rectifier valve, kenotron
Hochvakuumhochspannungsventil *n* high-voltage high-vacuum valve
Hochvakuumimprägnieranlage *f* high-vacuum impregnation plant
Hochvakuumkatodenstrahlröhre *f* high-vacuum cathode-ray tube
Hochvakuumofen *m* high-vacuum furnace
Hochvakuumpumpe *f* high-vacuum pump
Hochvakuumröhre *f* 1. high-vacuum tube; 2. high-vacuum glass envelope
Hochvakuumtechnik *f* high-vacuum technique
Hochvakuumwiderstandsofen *m* high-vacuum resistance furnace
Hochvakuumzüchtung *f* high-vacuum growing *(Kristalle)*
hochverstärkend high-gain
Hochvoltgenerator *m* high-voltage generator
Hochvoltkatode *f* high-voltage cathode

Hochvoltleitung *f* high-voltage line
Höckerspannung *f* peak point voltage *(Tunneldiode)*
Höckerstrom *m* peak point current *(Tunneldiode)*
Höcker-Tal-Stromverhältnis *n* peak-to-valley point current ratio
Höhe *f* 1. height; 2. altitude *(über Normalnull)*; elevation; 3. level *(Niveau)*; head *(Druckhöhe von Flüssigkeiten)*; 4. amount
~/**äquivalente** equivalent height *(Antenne)*
~ **der Badkuppe** bath meniscus height *(Schmelzbad)*
~ **der Potentialschwelle** [potential] barrier height *(Halbleiter)*
~/**scheinbare** virtual height
Höhenabsenkung *f (Ak)* treble cut
Höhenabstand *m* vertical interval
Höhenanhebung *f (Ak)* high-note accentuation (compensation, emphasis), high-frequency accentuation, treble boost[ing], treble emphasis
Höhenantenne *f* elevated aerial
~/**stromgespeiste** current-fed elevated aerial
Höhenausgleich *m (Ak)* treble (high-frequency) compensation
höhenbeschnitten *(Ak)* low-passed
Höhenbestimmungsradar *n (FO)* height-finding radar
Höhendipol *m* elevated dipole
~/**stromgespeister** current-fed elevated dipole
Höhenentzerrer *m (Ak)* treble corrector (compensator)
Höhenentzerrung *f (Ak)* treble correction
Höhengewinn *m* height gain
Höhenmesser *m* altimeter, height indicator
~/**elektronischer** electronic altimeter [set]
~/**radioelektrischer** radio altimeter, terrain clearance indicator
Höhenmessereinstellung *f* altimeter setting
Höhenmesserkontrollgerät *n* altimeter control equipment *(Radar)*
Höhenmesserträgheit *f* altimeter fatigue (lag)
Höhenmeßradar *n (FO)* height-finding radar
Höhenpegel *m* amplitude level *(von Impulsen)*
Höhenregler *m (Ak)* treble control, [tone] control for treble
Höhenschlucker *m (Ak)* high-frequency absorber
Höhenschreiber *m* altigraph, altitude recorder
Höhenschritt *m (Nrt)* vertical step
~/**freier (unbesetzter)** spare (vacant) level
Höhenschrittvielfach *n (Nrt)* level multiple
Höhensichtgerät *n* altitude indicator *(Radar)*
Höhensimulator *m* altitude simulator
Höhensonne *f* artificial sun[light]; ultraviolet (sun) lamp
Höhenstrahlung *f* cosmic radiation
Höhenüberdeckung *f (Nrt)* vertical coverage
höhen- und tiefenbeschnitten *(Ak)* band-passed
Höhen- und Tiefenregelung *f (Ak)* bass-treble control
Höhenwarnanzeiger *m* terrain clearance warning indicator
Höhenwiedergabe *f (Ak)* high-note response
Höhenwinkel *m (Nrt)* angle of elevation (sight), elevation angle
Höhenzeiger *m* altitude (height-position) indicator
Hohlanode *f* hollow (tubular) anode
Hohlanodenelektronenstrahlkanone *f* hollow-anode electron gun
Hohlanodenionenstrahlkanone *f* hollow-anode ion gun
Hohlanodenlampe *f* hollow-anode lamp
Hohlelektrode *f* hollow electrode *(Lichtbogenofen)*
Hohlgitter *n* [spherical] concave grating
Hohlkatode *f* hollow cathode
Hohlkatodenentladung *f* hollow-cathode discharge
Hohlkatodenlampe *f* hollow-cathode [discharge] lamp
Hohlkern *m* hollow core
Hohlkernisolator *m* hollow-core[-type] insulator
Hohlleiter *m* 1. waveguide *(Mikrowellentechnik)*; 2. hollow conductor *(z. B. zur Kühlmittelführung)*
~/**beweglicher** flexible waveguide
~/**blendenbeschwerter** disk-loaded waveguide, diaphragm-loaded waveguide
~/**dielektrisch ausgekleideter** dielectric-lined waveguide
~ **für zwei Wellentypen** two-mode waveguide
~/**gebogener** bent waveguide
~ **in Stegausführung** ridged waveguide
~/**metallischer** metallic waveguide
~ **mit dieletrischem Belag** dielectric-coated waveguide
~/**rechteckiger** rectangular waveguide
~/**runder** circular (hollow-pipe) waveguide
~/**starrer** rigid waveguide
~/**wassergekühlter** water-cooled hollow conductor
~/**wendelförmiger** helical (helix) waveguide
~/**zylindrischer** cylindrical waveguide
Hohlleiterabschluß *m* waveguide termination
Hohlleiterabschlußwiderstand *m* waveguide termination resistance
Hohlleiterachse *f* waveguide axis
Hohlleiterblende *f* waveguide shutter
Hohlleiterdämpfungsglied *n* waveguide attenuator
Hohlleiterdichtung *f* waveguide gasket
Hohlleiterfilter *n* sheet grating
Hohlleitergrenzfrequenz *f* waveguide cut-off frequency
Hohlleiterklemme *f* waveguide clamp
Hohlleiter-Koaxial[kabel]-Übergang *m* waveguide to coaxial [cable] transition
Hohlleiter-Koaxial-Übergangsstück *n* waveguide-to-coaxial adapter
Hohlleiterkopplung *f* waveguide junction (joint)
Hohlleitermischer *m* waveguide mixer
Hohlleiterquerschnitt *m* waveguide cross section

Hohlleiterresonanzkreis *m* waveguide resonator
Hohlleiterschalter *m* waveguide switch
Hohlleiterspeisung *f* waveguide feed
Hohlleiterverbindung *f* waveguide junction (joint)
Hohlleiterverzweigung *f* waveguide branch
Hohlleiterwelle *f* guided wave
Hohlleiterzuführung *f* waveguide feed
Hohllinse *f* concave lens
Hohlmast *m* tubular pole
Hohlraum *m* cavity; void; pocket
~/abgeschlossener closed cavity
~/angeregter excited cavity
~/gasgefüllter gas pocket *(z. B. im Kabel)*
Hohlraumanordnung *f* cavity assembly
Hohlraumbandpaß *m* cavity bandpass
Hohlraumbildung *f* formation of cavities; piping effect *(z. B. in Isolierharzen)*
Hohlraumentladung *f* internal discharge
Hohlraumfilter *n***/mehrphasiges** multi-cavity filter
hohlraumfrei void-free
Hohlraumfrequenzmesser *m* cavity frequency meter
Hohlraumgitter *n* resonator grid
Hohlraumisolation *f* air-space insulation *(Kabel)*
hohlraumisoliert cavity-insulated *(Kabel)*
Hohlraumkabel *n* air-space[d] cable
Hohlraumleiter *m s.* Hohlleiter
Hohlraummaser *m* cavity maser
Hohlraumpotential *n* free (empty) space potential
Hohlraumresonanz *f* cavity resonance [effect]
Hohlraumresonator *m* cavity resonator, resonant cavity (chamber); rhumbatron
Hohlraumstrahler *m* black-body radiator
Hohlraumstrahlung *f* black-body radiation, cavity radiation
Hohlraumtiefe *f (Isol)* cavity (void) depth
Hohlraumtür *f* cavity door *(z. B. Mikrowellenherd)*
Hohlraumverfahren *n* cavity method *(Mikrowellenerwärmung)*
Hohlrohrteiler *m* cut-off attenuator
Hohlseil *n* hollow-stranded conductor
Hohlspiegel *m* concave (collector) mirror
Hohlspiegelpyrometer *n* concave-mirror [radiation] pyrometer
Hohlwelle *f* hollow shaft
Hohlwellenantrieb *m* hollow-shaft motor drive
Hohlwellenleiter *m s.* Hohlleiter
Holen *n (Dat)* fetch *(eines Befehls)*
Hollerith-Karte *f (Dat)* Hollerith card
Hollerith-Kode *m (Dat)* Hollerith code
Hollerith-Lochkarte *f (Dat)* Hollerith card
Hollerith-Maschine *f (Dat)* Hollerith machine
Hologramm *n* hologram
Hologramminterferometrie *f* hologram interferometry
Hologrammplatte *f* hologram plate
Holographie *f* holography
holographisch holographic
Holzmast *m* wood[en] pole
Homodynempfang *m (Nrt)* homodyne (zero beat) reception *(bei Schwebungsnull)*
homogen homogeneous; uniform
Homogenfeld *n* uniform field
Homogenfelddurchbruch *m*, **Homogenfelddurchschlag** *m* uniform-field breakdown
Homogenkohle *f* homogeneous (pure) carbon
Homoübergang *m* homojunction *(Halbleiter)*
Honigwabenspule *f* honeycomb coil
Hook-Transistor *m* hook[-collector] transistor, pn hook transistor
hörbar audible
~ machen to render audible
Hörbarkeit *f* audibility
Hörbarkeitsgrenze *f* audibility limit
Hörbarkeitsschwelle *f* threshold of audibility
Hörbarkeitszone *f* zone of audibility
Hörbedingungen *fpl* listening conditions
Hörbereich *m* range (area) of audibility; auditory area, audible (audio) range *(zwischen Hör- und Schmerzschwelle)* • **über dem ~ [liegend]** superacoustic, supra-acoustic • **unter dem ~ [liegend]** infrasonic, subaudio
Hörbrille *f* eyeglass hearing aid
Horchgerät *n* auditory direction finder, aural (acoustic, sound) detector, listening set
Höreingabe und -ausgabe *f (Dat)* audio response
Hörempfang *m* audio (sound) reception
Hörempfindung *f* auditory sensation
Hören *n***/beidohriges** binaural hearing
~/räumliches (stereophones) stereophonic hearing
Hörer *m* 1. headphone, earphone, [head] receiver *(Zusammensetzungen s. unter* Kopfhörer*)*; *(Nrt)* [telephone] receiver, receiving set, phone; 2. listener *(Person)*
Höreradresse *f***/eigene** *(Nrt)* my listen address
Hörerauflegezeichen *n (Nrt)* clear-back signal
Hörergehäuse *n (Nrt)* receiver case
Hörerkapsel *f (Nrt)* receiver capsule (inset)
Hörerkissen *n* earphone cushion
Hörerkuppler *m* earphone coupler, artificial ear
Hörermuschel *f s.* Hörmuschel
Hörerpaar *n* headset, [pair of] earphones, headphones
~/schalldämmendes noise-excluding headset
Hörerschnur *f (Nrt)* receiver cord
Hörfläche *f* auditory [sensation] area, listening area
Hörfrequenz *f* audio (audible) frequency, af, AF, tonal frequency
Hörfrequenzbereich *m* audio[-frequency] range
Hörfrequenzverstärker *m* audio amplifier
Hörfunk *m* audio (sound) broadcasting
Hörgerät *n* hearing (deaf) aid, auditory prosthesis
~/hinter dem Ohr zu tragendes behind-the-ear hearing instrument, BTE
~/im Gehörgang zu tragendes canal hearing instrument

~/im Ohr zu tragendes [all-]in-the-ear hearing instrument, ITE
~/richtungsgerechtes directional hearing aid
Hörgeräteprüfkammer *f* hearing-aid test box
Hörgerätetechniker *m* audiologist
Hörgrenze *f* limit of audibility
Hörhilfe *f s.* Hörgerät
Horizontalablenkgenerator *m (Fs)* horizontal sweep oscillator
Horizontalablenkgerät *n* horizontal deflection unit
Horizontalablenkplatten *fpl* horizontal plates, X-plates *(Katodenstrahlröhre)*
Horizontalablenkung *f* horizontal deflection (sweep), line sweep
Horizontalablenkungssystem *n* horizontal deflection system
Horizontalablenkverstärker *m* horizontal amplifier
Horizontalabtastung *f* horizontal scanning
Horizontalaustastlücke *f (Fs)* line blanking interval
Horizontalbeleuchtung *f* horizontal illumination (lighting)
Horizontalbeleuchtungsstärke *f* horizontal illuminance
Horizontaldiagramm *n* horizontal pattern (diagram)
Horizontalendstufe *f (Fs)* horizontal final stage
Horizontalfrequenz *f (Fs)* line frequency
Horizontalkippgerät *n s.* Horizontalablenkgerät
Horizontalleuchte *f* horizontal lighting fitting
Horizontalliniendiagramm *n* skyline graph
Horizontalmast *m (Eü)* H-frame
Horizontalpolarisation *f* horizontal polarization *(z. B. von Wellen)*
Horizontalregelung *f (Fs)* horizontal centring control
Horizontalstrahl *m* horizontal beam
Horizontalstrahlungsdiagramm *n* horizontal radiation pattern *(Antennentechnik)*
Horizontalsynchronimpuls *m (Fs)* horizontal synchronization pulse
Horizontalsynchronisation *f (Fs)* horizontal synchronization
Horizontaltabulator *m* horizontal tabulator
Horizontalverschiebung *f* horizontal displacement
Horizontalverstärker *m* horizontal amplifier
Horizontalverstärkungsregelung *f (Fs)* horizontal gain control
Hörkopf *m s.* Abspielkopf
Hörkurve *f* audiogram
Hörmuschel *f* [receiver] ear-piece, receiver [ear-]cap
Horn *n (Ak)* horn *(Signaleinrichtung)*
Hornantenne *f* horn aerial
Hörnerableiter *m* [horn-]gap arrester, horn-shaped arrester *(Überspannungsableiter)*
Hörnerfunkenstrecke *f* horn gap
Hörnerschalter *m* horn[-gap] switch
Hörnerüberspannungsableiter *m* [horn-]gap arrester, horn-shaped arrester
Hornkreuz *n* arcing horn *(Freileitungsisolierung)*
Hornlautsprecher *m* horn loudspeaker
Hornreflektorantenne *f* horn reflector aerial
Hornstrahler *m* horn[-type] radiator, horn flare
Hörpegel *m (Ak)* sensation level
Hörrohr *n* hearing tube
Hörrundfunk *m* sound broadcasting
Hörsamkeit *f* **eines Raums** acoustic properties of a room
Hörschall *m (Ak)* audible sound
Hörschärfe *f* hearing (aural) acuity
Hörschärfemessung *f* audiometric testing, audiometry
Hörschwelle *f* audibility (hearing) threshold; minimum audible field *(im freien Schallfeld)*
Hörschwellenverschiebung *f* threshold shift
~/bleibende permanent threshold shift, PTS
~/zeitweilige temporary threshold shift, TTS
Hör-Sprech-Garnitur *f (Nrt)* communication headgear, two-way communication headset
Hör-Sprech-Kopf *m* recording-playback head, recorder-repeat head
Hör-Sprech-Schalter *m* talk-listen switch
Hörspule *f* listening coil
Hörtest *m* listening test
Hörverlust *m* hearing loss; permanent threshold shift, PTS
~/bezogener relative hearing loss
~ für Sprache speech [hearing] loss
Hörvermögen *n* hearing capability; [power of] hearing; audibility [acuity]
~/prozentuales percent hearing
Hörzeichen *n (Nrt)* signalling (audible) tone, audible (tone) signal
Hörzeichentoleranz *f* audible signal tolerance
h-Parameter *m s.* Hybridparameter
H-Pegel *m* 1. *(El)* high [level], high state *(oberer Signalpegel bei Binärsignalen)*; 2. *(Dat)* high level *(logischer Pegel)*
HSL high-speed logic
HTSL *s.* Hochtemperatursupraleiter
H-Typ *m s.* TE-Mode
Hub *m* 1. *(MA)* stroke; *(Ap)* [contact] travel; lift; 2. [frequency] deviation, swing *(Frequenzmodulation)*
~/elektrischer function stroke *(Potentiometer)*
~/logischer logic swing
Hubkraft *f* lifting power, portative force *(eines Magneten)*
Hubmagnet *m* lifting (crane) magnet
Hubmesser *m* deviation meter *(Frequenzmodulation)*
Hubverhältnis *n* deviation ratio *(Frequenzmodulation)*
Hubzähler *m* stroke counter
Hufeisenmagnet *m* horseshoe magnet
Hufeisenmontierung *f* horseshoe mounting

Hughes-Relais *n* Hughes relay
Hughes-Telegrafenapparat *m* Hughes telegraph apparatus
Hughes-Typendrucker *m (Nrt)* Hughes printing telegraph
Hüllenelektron *n* sheath (shell) electron
Hüllenspektrum *n* shell spectrum
Hüllintegral *n* surface integral
Hüllkurve *f* envelope [curve]
Hüllkurvenformer *m* envelope shaper
Hüllkurvengenerator *m* envelope generator
Hüllkurvengleichrichtung *f* envelope detection
Hüllkurvenmodulation *f* peak envelope modulation
Hüllwellenform *f* envelope waveform
Hull-Zelle *f (Galv)* Hull cell *(zur Badprüfung)*
Hülsendipol *m* sleeve dipole
Hülsenwürgebund *m* twisted sleeve joint
Humanschwingungsmesser *m (Ak)* human[-response] vibration meter
Hupe *f* electric hooter (horn)
Hurwitz-Determinante *f (Syst)* Hurwitz determinant
Hurwitz-Kriterium *n (Syst)* Hurwitz criterion
Huth-Kühn-Sender *m* tuned-plate tunded-grid oscillator
H-Welle *s.* TE-Mode
Hybrid-Digital-Umsetzung *f (Dat)* hybrid-digital conversion
Hybrideinheit *f* hybrid unit
Hybridersatzschaltung *f* hybrid equivalent four-pole network
Hybrid-π-Ersatzschaltung *f* hybrid-π equivalent circuit
Hybridgerät *n* hybrid set
Hybridisierung *f* hybridization
Hybridleiterplatte *f* flexible-hardboard combination, hybrid printed circuit board
Hybridmatrix *f* hybrid matrix
Hybridnetz *n* hybrid network
Hybridparameter *m* hybrid parameter, h-parameter *(Transistor)*
Hybridrechensystem *n* hybrid [computing] system, analogue-digital computing system
Hybridrechner *m* hybrid (analogue-digital) computer
Hybridrechnung *f* hybrid computation
Hybridregelung *f* hybrid control *(Digital-Analog-Regelung)*
Hybridrelais *n* hybrid relay
Hybridrichtkoppler *m* hybrid coupler
Hybridschaltkreis *m* hybrid circuit
~/integrierter hybrid integrated circuit
Hybridschaltung *f* hybrid integrated circuit
Hybridsignal *n* hybrid signal
Hybridstation *f (Nrt)* combined station
Hybridtechnik *f* hybrid technique
Hybridtechnologie *f* hybrid technology
Hybridvierpol *m* hybrid four-terminal network
Hybridwellen *fpl* hybrid waves
Hydraulik *f* 1. hydraulics; 2. hydraulic power system; hydraulic circuit
Hydraulikmotor *m* hydraulic motor
Hydraulikpumpe *f* hydraulic pump
hydraulisch hydraulic
Hydroakustik *f* hydroacoustics
Hydrochinonelektrode *f* hydroquinone electrode
Hydrodynamik *f* hydrodynamics
hydrodynamisch hydrodynamic
hydroelektrisch hydroelectric
Hydrogenerator *m* hydraulic generating set
Hydromagnetik *f s.* Magnetohydrodynamik
Hydromotor *m* hydraulic motor
Hydrophon *n* hydrophone
Hygrograph *m* moistograph
Hyperbelortung *f (FO)* hyperbolic position finding
Hyperfeinaufspaltung *f* hyperfine splitting
Hyperschallgeschwindigkeit *f* hypersonic speed
Hysterese *f* hysteresis
~/dielektrische dielectric hysteresis
~/magnetische magnetic hysteresis
~/mechanische backlash
~/thermische thermal hysteresis
Hysteresearbeit *f* hysteresis energy
hystereseartig hysteretic
Hystereseenergie *f* hysteresis energy
Hystereseexponent *m* hysteresis index
Hysteresefaktor *m s.* Hysteresekoeffizient
Hysteresefehler *m* hysteresis error
Hysteresekennlinie *f* hysteresis characteristic
Hysteresekoeffizient *m* hysteresis coefficient (factor)
~ der Steinmetz-Formel Steinmetz coefficient
~/dielektrischer dielectric hysteresis factor
Hysteresekonstante *f* hysteresis constant
Hysteresekurve *f* hysteresis curve, [magnetic] hysteresis loop, hysteresis (magnetic) cycle; BH curve *(bei Ferromagnetika)*
~/dynamische flux-current loop
~/statische static hysteresis loop
Hysteresemesser *m* hysteresis meter
Hysteresemotor *m* hysteresis motor
Hystereseschleife *f s.* Hysteresekurve
Hystereseschleifenschreiber *m* hysteresis curve (loop) recorder
Hystereseverlust *m* [magnetic] hysteresis loss
~/dielektrischer dielectric hysteresis loss
Hystereseverlustzahl *f* hysteresis [loss] coefficient
Hysteresewinkel *m*/**dielektrischer** dielectric hysteresis angle
Hysteresezyklus *m* hysteresis cycle
Hysteresis *f s.* Hysterese
Hz *s.* Hertz
50-Hz-Ansprechspannung *f* power-frequency spark-over voltage *(Ableiter)*
H-Zustand *m* high [state], H state *(logischer Zustand)*

I

Iatron *n* iatron
Iatron-Speicherröhre *f* iatron storage tube
IBT insulated-base transistor
IC integrated circuit
IC-Technologie *f* integrated-circuit technology
IC-Träger *m* lead frame *(Leiterrahmen)*
I-Darstellung *f* I-display *(Radar)*
Idealgitter *n* ideal (perfect) lattice *(Kristall)*
Idealisierung *f (Syst)* idealization *(bei Modellierung)*
Idealkristall *m* ideal (perfect) crystal
Idealleiter *m* ideal conductor
Idealweiß *n* equal-energy white
Identifikation *f (Syst)* identification
~ **durch Kreuzkorrelation** cross-correlation identification
~ **von Regelstrecken** controlled-system identification
Identifikationsalgorithmus *m (Dat)* algorithm of identification
Identifikationszeit *f (Syst)* identification time *(Prozeßoptimierung)*
identifizierbar identifiable
identifizieren to identify
Identifizierung *f* identification
~ **der Rufnummern** *(Nrt)* number identification
~ **des rufenden Teilnehmers** *(Nrt)* calling-subscriber's identification, automatic number identification
Identitäts[kenn]zeichen *n (Dat)* label
Identkarte *f* identity card
Idlerfrequenz *f* idler frequency *(im parametrischen Verstärker)*
Idlerkreis *m* idler circuit *(im parametrischen Verstärker)*
IdO-Gerät *n* [all-]in-the-ear hearing instrument, ITE
IEC International Electrotechnical Commission
IEC-Bus *m* IEC bus, IEC interface system
IEC-Empfehlung *f* IEC recommendation
IGBT integrated-gate bipolar transistor
Igeltransformator *m* hedgehog transformer
IGFET insulated-gate field-effect transistor
~/**bipolarer** bipolar insulated-gate field-effect transistor, BIGFET
I-Glied *n (Syst)* integral (integrating) element
Ignitor *m* ignitor *(Gasentladungsröhre)*
Ignitron *n*, **Ignitronröhre** *f* ignitron
IGT insulated-gate transistor
i-Halbleiter *m* intrinsic (i-type) semiconductor
IIL *s.* I^2L
Ikonoskop *n* iconoscope *(Bildaufnahmeröhre)*
I^2L *(ME)* integrated injection logic, I^2L, IIL
I^2L-Logik *(ME)* integrated injection logic
I^2L-Schaltkreis *m (ME)* integrated injection logic circuit
I^3L *(ME)* isoplanar integrated injection logic, I^3L
Ilgner-Antrieb *m*, **Ilgner-Schaltung** *f (MA)* Ilgner system
Ilgner-Umformer *m* Ilgner (flywheel) motor-generator set
Imaginärteil *m* **des spezifischen Standwerts** *(Ak)* unit-area acoustic reactance
Immersionsflüssigkeit *f* index-matching liquid
Immersionslinse *f* immersion lens
Immersionsobjektiv *n* immersion objective (lens)
Immittanz *f* immittance *(Oberbegriff von Impedanz und Admittanz)*
Immunitätsbereich *m* immunity region
IMPATT-Diode *f* impact avalanche and transit-time diode
Impedanz *f* 1. impedance, apparent resistance *(Größe)*; 2. impedor *(Bauelement)*
~/**akustische** acoustic impedance
~/**asynchrone** asynchronous impedance
~/**charakteristische** characteristic impedance *(eines Mediums)*
~ **des Gegenfeldes** negative-sequence field impedance
~/**gegenseitige** mutual impedance
~/**kinetische** motional impedance
~/**konzentrierte** lumped impedance
~/**mechanische** mechanical impedance
~/**negative** negative impedance
~/**relative** normalized impedance
~/**spezifische akustische** specific acoustic impedance
~/**synchrone** direct-axis synchronous impedance
~/**transformierte** reflected impedance *(Vierpoltheorie)*
Impedanzanpassung *f* impedance match[ing]
Impedanzanpassungsschaltung *f* impedance-matching circuit
impedanzarm low-impedance
Impedanzausgleich *m* impedance balancing
Impedanzbrücke *f* impedance bridge
Impedanzfilterkompensator *m* filter impedance compensator
Impedanzfunktion *f* impedance function
impedanzgeerdet impedance-earthed
Impedanzkomparator *m* impedance comparator
Impedanzkopplung *f* common-impedance coupling
Impedanzkurve *f* impedance characteristic
Impedanzmatrix *f* impedance matrix, Z-matrix
~/**quadratische** square impedance matrix
Impedanzmeßbrücke *f* impedance bridge
Impedanzmesser *m* impedance meter
Impedanzmeßkopf *m* impedance [measuring] head
Impedanzortskurven *fpl* curves for impedance loci
Impedanzrelais *n* impedance relay
Impedanzrotor *m* high-impedance rotor
Impedanzrückkopplung *f* impedance feedback
Impedanzschutz *m* impedance protection
Impedanzsymmetrierung *f* impedance balancing

Impedanzverhältnis *n* impedance ratio
Impedanzwandler *m* impedance converter (transformer)
Impedanzwandlung *f* impedance conversion (transformation)
Impedanzzweipol *m* two-terminal impedance [network]
Impfkristall *m* seed crystal
Implantat *n (ME)* implant
Implantationsdotierung *f (ME)* implantation doping
Implantationsmaske *f (ME)* implant mask
implantieren *(ME)* to implant
~/Ionen to ion-implant
Implementierung *f (Dat)* implementation
Implementierungsverfahren *n (Dat)* emulator implementation method
Implikation *f* implication, inclusion *(Boolesche Verknüpfung)*
Implosion *f* implosion
Implosionsschutz *m* implosion protection
imprägnieren *(Isol)* to impregnate
Imprägnierharz *n* impregnating resin
Imprägnierlack *m* impregnating (coating) varnish
Imprägniermasse *f* impregnating compound
Imprägniermittel *n* impregnating agent, impregnant
Impuls *m (ET, El)* impulse, pulse *(s. a. unter* Puls*)*
~/ankommender input pulse
~/einpoliger single-polarity pulse
~ einstellbarer Breite variable-width pulse
~/falscher *s.* ~/unechter
~/fester fixed pulse
~/fremderregter externally generated pulse
~/gezahnter serrated pulse
~/glockenförmiger bell-shaped pulse
~/kurzer spike
~ mit großer Anstiegsgeschwindigkeit fast rise time pulse
~/negativer *(Hsp)* negative polarity impulse
~/positiver *(Hsp)* positive polarity impulse
~/rechteckiger square (rectangular) pulse
~/regelloser random pulse
~/trägerloser pulse without carriers
~/unechter spurious pulse, afterpulse
~/verfälschter split pulse
~/zufälliger random pulse
Impuls... *s. a.* Puls...
Impulsabfall *m* pulse decay (fall)
Impulsabstand *m* pulse spacing (interval, separation), pulse-digit spacing
Impulsabtrennung *f* pulse clipping
Impulsamplitude *f* pulse amplitude (height)
Impulsamplitudenanalysator *m s.* Impulshöhenanalysator
Impulsamplitudenmodulation *f* pulse-amplitude modulation, PAM
Impulsanstieg *m* rise of pulse
Impulsantwort[funktion] *f* pulse response
Impulsanzeige *f* blip *(auf dem Bildschirm)*
impulsartig impulsive
Impulsausgang *m* pulse output
Impulsauslösung *f* pulse triggering, trigger action
Impulsauswahl *f* pulse selection
Impulsauswahlschaltung *f* pulse selecting circuit
Impulsbandbreite *f* pulse bandwidth
Impulsbegrenzer *m* pulse clipper
Impulsbelastung *f* pulse loading
Impulsbeleuchtung *f* pulsed illumination
impulsbetätigt pulse-operated
Impulsbetrieb *m* 1. pulse[d] operation, pulse action, pulsing; 2. intermittent operation
impulsbetrieben pulsed, pulse-operated
Impulsbewertung *f* [im]pulse weighting, I-weighting
Impulsbreite *f* pulse width (duration)
~/endliche finite pulse width
Impulsbreitenaufzeichnung *f* pulse-width recording
Impulsbreitendiskriminator *m* pulse-width discriminator
Impulsbreiten-Impulshöhen-Wandler *m* pulse width-amplitude converter
Impulsbreitenkode *m* pulse-width code
Impulsbreitenmodulation *f* pulse-width modulation
Impulsbreitenmodulator *m* pulse-width modulator
Impulsbreitenregelung *f* pulse-width control
Impulscharakter *m* impulsiveness
Impulsdach *n* pulse top
Impulsdachschräge *f* pulse tilt
Impulsdaten *pl* pulse data
Impulsdauer *f* pulse duration (width, length); on-time [of a pulse]
~/endliche finite pulse duration
Impulsdauermodulation *f* pulse-duration modulation, PDM
Impulsdehner *m* pulse stretcher
Impulsdemodulator *m* pulse detector
Impulsdichte *f* pulse rate *(s. a.* Impulsfrequenz*)*
~/hohe pulse crowding
Impuls-Doppler-Radar *n* pulse Doppler radar
Impulse *mpl* **je Kanal** pulses (counts) per channel
~ je Sekunde pulses (counts) per second
~ mit genauem Abstand accurately spaced pulses
~/periodische recurrent pulses
~/symmetrische balanced pulses
Impulsecho *n* pulse echo
Impulsechospannung *f* pulse echo voltage
Impulsechoverfahren *n* pulse echo technique
Impulseingang *m* pulse input
Impulselement *n* pulse element
Impulsempfänger *m* pulse receiver
Impulsenergie *f* pulse energy
Impulsentladung *f* pulse discharge
Impulsentladungslampe *f* pulse discharge lamp
Impulsentladungszeit *f* pulse spark-over time

Impulsentzerrer *m* pulse regenerator (corrector)
Impulsentzerrung *f* pulse regeneration (correction)
Impulserregung *f* [im]pulse excitation
Impulserzeuger *m* pulse generator, pulser
Impulserzeugung *f* pulse generation
Impulsfernmeßgerät *n* pulse-type telemeter
Impulsflanke *f***/steile** steep edge of a pulse
Impulsflankensteilheit *f* pulse slope
Impulsfolge *f* pulse train (sequence, repetition) succession of [im]pulses, pulse train
Impulsfolgefrequenz *f* pulse repetition frequency (rate), PRF, pulse [recurrence] frequency; *(Hsp)* discharge repetition rate *(bei Teilentladungen)*
Impulsfolgefrequenzsignal *n* pulse repetition frequency signal
Impulsfolgefrequenzteilung *f* skip keying *(Radar)*
Impulsform *f* pulse form (shape)
Impulsformer *m* pulse shaper
Impulsformerleitung *f* pulse-forming line
Impulsformerschaltung *f* pulse-forming circuit, pulse-shaping circuit
Impulsformgenerator *m* pulse [waveform] generator
Impulsformung *f* pulse forming (shaping)
Impulsfrequenz *f* pulse frequency (rate)
~/niedrigste minimum pulse frequency
Impulsfrequenzmodulation *f* pulse-frequency modulation, PFM
Impulsfront *f* pulse front
Impulsfunkhöhenmesser *m* pulse radioaltimeter
Impulsfunktion *f* impulse function
Impulsgabe *f* pulsing
Impulsgeber *m* pulse generator, pulser, pulsing device *(s. a. unter* Impulsgenerator*)*
~/drehzahlabhängiger (drehzahlproportionaler) rotation[al] pulse detector (sensor)
Impulsgeberrelais *n* pulsing relay
Impulsgeberschaltung *f* trigger circuit
Impulsgebertaste *f* pulse sending key
Impulsgenerator *m* pulse generator, pulser
~/elektronischer electronic pulse generator
~ mit einstellbarer Frequenz variable pulse-rate generator
Impulsgerät *n* pulse device, pulser unit
Impulsgeräusch *n* pulse noise
impulsgesteuert [im]pulse-controlled, pulse-operated, pulsed
impulsgetastet pulsed
Impulsgruppenfrequenz *f* pulse frame repetition rate
Impulshaltigkeit *f* impulsiveness
Impulshammer *m* impact hammer *(Modalanalyse)*
Impulshärten *n* pulse hardening *(z. B. durch Laser, HF-Induktionserwärmung)*
Impulshinterflanke *f* pulse trailing edge
Impulshöhe *f* pulse height (amplitude)
Impulshöhenanalysator *m* pulse-height analyzer, kick-sorter
Impulshöhendiskriminator *m* pulse-height discriminator
Impulshöhenverteilung *f* pulse-height distribution
Impulsinformation *f* pulse information
Impulsintegrationsschaltung *f* pulse-averaging circuit
Impulsintervall *n* pulse interval
Impulsintervallanalysator *m* pulse interval analyzer
Impulsintervalle *npl***/aufeinanderfolgende** successive pulse intervals
Impulskette *f* pulse train
Impulskipprelais *n* beam-type impulse relay
Impulskode *m* pulse code
Impulskodemodulation *f* pulse-code modulation, PCM
Impulskohärenzverfahren *n (FO)* coherent pulse operation
Impulskontakt *m* [im]pulse contact
Impulskontaktelement *n* pulse contact element
Impulskopfabweichung *f* pulse top variation
Impulskopfbreite *f* plateau duration
Impulskorrektur *f* pulse correction
Impulslagenmodulation *f* pulse-position modulation, pulse-phase modulation, PPM
Impulslampe *f* pulsed lamp (light source)
Impulslänge *f* pulse length (duration, width)
Impulslängenmodulation *f s.* Impulsdauermodulation
Impulslaser *m* pulsed (pulse-type) laser
Impulslaserquelle *f* laser pulsed source
Impulslaufzeit *f* pulse-time delay
Impulsleistung *f* pulse power
Impulsleistungsmesser *m* pulse-power calibrator
Impulsleitung *f (Nrt)* stepping line
Impulslichtbogenschweißen *n* pulsed arc welding
Impulslichtquelle *f* pulsed light source
Impulslogik *f* pulse logic
Impulsmesser *m* pulse meter
Impulsmeßtechnik *f* pulse measurement technique
Impulsmischschaltung *f* pulse mixing circuit
Impulsmischung *f* pulse mixing
Impulsmodulation *f* pulse modulation, PM
Impulsmodulationsaufzeichnung *f* pulse-modulation recording
Impulsmodulator *m* pulse modulator
Impulsmodulatorröhre *f* pulse modulator tube
Impulsnennbeginn *m* virtual origin of an impulse
Impulsoptimierung *f* pulse-response optimization
Impulsoszillator *m* pulsed oscillator
Impulsoszillograph *m* pulsed-oscillograph, recurrent-surge oscillograph (recorder)
Impulspaket *n* burst
Impulspause *f* [im]pulse interval, off-time [of a pulse]
Impulspeilung *f* pulse direction finding

Impulspeilverfahren *n* pulse direction finding method
Impulsperiode *f* pulse period
Impulsphasenverzerrung *f* jitter
Impulsquelle *f* pulse source
Impulsrahmensynchronismus *m (Nrt)* frame synchronism
Impulsrand *m* impulse margin
Impulsrate *f* pulse rate; chopping rate
~/wahre true pulse rate
Impulsrauschen *n* pulse noise
Impulsreflexionsverfahren *n* pulse reflection method
Impulsregelung *f* pulse (discontinuous) control
Impulsregelungssystem *n* discontinuous control system, intermittent regulation system
Impulsregenerationsschaltung *f* pulse regenerating circuit
Impulsregenerierung *f* pulse regeneration
Impulsregistriergerät *n* pulse registration device
Impulsreihe *f* pulse train (sequence), series of impulses (pulses)
Impulsrelais *n* pulse relay
Impulsrubinlaser *m* pulsed ruby laser
Impulsrücken *m* tail of an impulse
Impulsrückstrahlverfahren *n (FO)* pulse reflection method
Impulsschallpegel *m* [im]pulse sound level
Impulsschallpegelmesser *m* [im]pulse sound level meter
Impulsschalter *m* pulse switch
Impulsschaltung *f* [im]pulse circuit
~ mit Lawinentransistor avalanche transistor pulse circuit
Impulsschema *n* [im]pulse diagram
Impulsschreiber *m* [im]pulse recorder
Impulsschweißen *n* [im]pulse welding
Impulsschwingung *f* pulsed oscillation
Impulsselektor *m* pulse selector
Impulssender *m* pulse transmitter; *(Nrt)* pulse machine
Impulssieb *n* pulse separator
Impulssignal *n* pulse signal
Impulsspannung *f* pulse voltage
~/keilförmige linearly rising [im]pulse voltage
Impulsspannungswert *m***/maximaler** pulse peak value
Impulsspeicher *m* [im]pulse storing device
Impulsspeicherrelais *n* notching relay
Impulsspeicherzeit *f* pulse storage time
Impulssperrung *f (Fs)* gating
Impulsspitzenleistung *f* peak pulse power
Impulsstärke *f* magnitude of an [im]pulse
Impulsstehvermögen *n* impulse inertia
Impulssteilheit *f* pulse slope
Impulssteuerung *f* pulse control; pulse triggering
Impulsstörung *f* pulse noise
Impulsstrom *m* pulsed current
Impulsstromkreis *m* pulsing (pulse) circuit; *(Nrt)* stepping circuit
Impulssystem *n* pulse system
~/geschlossenes closed-loop pulse system
~ mit Totzeit/geschlossenes closed-loop pulse system with retardation
~ mit Verzögerung pulse system with delay (retardation)
~/offenes open-loop pulse system
~/optimales geschlossenes closed-loop optimum pulse system
~/vermaschtes multiloop pulse system
Impulstachometer *n* pulse tachometer
Impulstaktfrequenz *f* pulse [repetition] frequency, pulse repetition rate
Impulstastung *f* pulse timing
Impulstastverhältnis *n* pulse duty factor; *(Dat)* mark-to-space ratio
Impulstechnik *f* pulse [circuit] technique, pulsing technique
Impulsteilung *f* pulse division
Impulstelegrafie *f* pulse telegraphy
Impulstorschaltung *f***/transistorisierte** transitorized flip-flop circuit
Impulsträger *m* pulse carrier
Impulstransformator *m* pulse transformer
~ eines Magnetrons magnetron pulse transformer
Impulstrennung *f* pulse separation
Impulstriggerung *f* pulse triggering
Impulsübergangsfunktion *f* unit-impulse response, weighting function
Impulsübergangskennlinie *f* pulse response characteristic
Impulsüberschlagszeit *f* pulse flash-over time
Impulsübertrager *m* pulse transformer; *(Nrt)* pulse repeater
Impulsübertragung *f (Nrt)* pulse repeating
~/zeitmultiplexe optische time-segmented optical pulse transmission
Impulsübertragungsfunktion *f* pulse response
Impulsübertragungsmatrix *f* pulse-response matrix
Impulsübertragungsrelais *n* pulse-transmitting relay
Impulsuntersetzer *m* pulse scaler
Impulsuntersetzerschaltung *f* pulse-scaling circuit
Impulsverfahren *n* pulse technique
Impulsverformung *f* pulse distortion
Impulsverhalten *n* [im]pulse response
Impulsverhältnis *n* pulse ratio
Impulsverlängerung *f* pulse lengthening
Impulsverschachtelung *f* pulse interleaving
Impulsverstärker *m* pulse amplifier
~/linearer linear pulse amplifier
Impulsverteiler *m* pulse discriminator (distributor)
Impulsverzerrung *f* pulse distortion
Impulsverzögerung *f* pulse delay
Impulsverzögerungszeit *f* pulse delay time

Impulswahl *f (Nrt)* pulse action
Impulswähler *m* pulse selector
Impulswahlfernsprecher *m* dial-pulse telephone
Impulswahl-Tastenwahlblock *(Nrt)* decadic push button, decadic key pad
Impulswandler *m* pulse transformer (converter)
Impulswärmeimpedanz *f* thermal pulse impedance
Impulswellenformgenerator *m* pulse waveform generator
Impulswert *m*/**maximaler** pulse peak value
Impulswiederholer *m* pulse repeater
Impulswiederholungsfrequenz *f s.* Impulsfolgefrequenz
Impulszahl *f* pulse number
Impulszähler *m* [im]pulse counter, pulse[-counting] meter, [pulse] scaler
~/schreibender pulse recorder
Impulszählertechnik *f* pulse-counter technique
Impulszeichengabe *f* pulse signalling
Impulszeitgeber *m* clock-pulse generator
Impulszeitmodulation *f* pulse-time modulation, PTM
Impulszeitverzögerung *f* pulse-time delay
Imputzschalter *m* semiflush (semisunk, semirecessed) switch
inaktiv inactive, non-active, passive; inert
Inbetriebnahme *f (MA)* putting into operation (service), bringing into service; starting; commissioning *(Kraftwerk)*
Inbetriebnahmeprüfung *f* commissioning test
inchromieren *(Galv)* to chromize
Inchromierung *f* chromizing
Index *m* index
~/oberer superscript
~/unterer subscript
Indexanpassung *f* index matching
Indexausdruck *m* subscript expression
Indexfehler *m* index error
Indexfläche *f* index surface
Indexgrenzenliste *f (Dat)* bound pair list
Indexieren *n*/**automatisches** *(Dat)* automatic indexing
~/maschinelles machine indexing
Indexkarte *f (Dat)* index (guide, master) card
Indexklammer *f* subscript bracket
Indexmarke *f* index gap *(Floppy-Disk)*
Indexnut *f* polarizing slot
Indexraste *f* index notch
Indexregister *n (Dat)* index (modifier) register, B-register, B-box, B-line [counter]
Indexspur *f* index track
Indexstreifen *m* index stripe
Indexträger *m (Nrt)* pilot carrier
Indikator *m* 1. indicating apparatus, detecting instrument; 2. indicator; tracer
~/radioaktiver radioactive indicator, radiotracer
~/schwarzer *(Nrt)* black detector
Indikatordiagramm *n* indicator diagram
Indikatormethode *f* tracer method
Indikatorpapier *n* indicator (test) paper
Indikatorverfahren *n* [radioactive] tracer method *(Markierung durch radioaktive Isotope)*
Indirektmessung *f* indirect measurement
Indistor *m* indistor *(LC-Glied)*
Indiumantimonid *n* indium antimonide *(Halbleitermaterial)*
Indiumantimoniddetektor *m* indium antimonide detector
Indiumantimonidphotowiderstand *m* indium antimonide photoresistor
Indiumphosphid *n* indium phophide *(Halbleitermaterial)*
Indiumpille *f* indium pellet
indizieren to index
Indizierung *f* indexing
Induktanz *f* inductive reactance
Induktion *f* 1. induction *(Auftreten von elektrischer Spannung)*; 2. magnetic flux density *(magnetische Größe)*
~/äußere magnetische external magnetic induction
~/eingeprägte intrinsic induction
~/elektrische electric induction
~/elektromagnetische electromagnetic induction
~/elektrostatische static induction
~/gegenseitige mutual induction
~/innere intrinsic induction
~/magnetische magnetic induction (flux density)
~/remanente (zurückbleibende) residual (remanent) induction, remanent flux density
induktionsarm low-inductance
Induktionserwärmung *f* induction heating
~/direkte direct induction heating
~/indirekte indirect induction heating
Induktionserwärmungsanlage *f* induction heating equipment
Induktionsfeld *n* induction field
Induktionsfluß *m* magnetic flux
induktionsfrei non-inductive
Induktionsfrequenzwandler *m* induction frequency converter
Induktionsfunke *m* induction spark
Induktionsgenerator *m* induction generator
Induktionsgesetz *n*[**/Faradaysches]** law of induction
Induktionsglühanlage *f* induction annealing equipment
Induktionshärteanlage *f* induction hardening plant
Induktionshärtung *f* induction hardening
Induktionsheizgerät *n* induction heater
Induktionsheizspule *f* induction heating coil, inductor
Induktionsheizung *f* induction heating
Induktionsinstrument *n* induction instrument
~ mit Spaltpol shaded-pole induction instrument
Induktionskern *m* induction cup *(Topfmagnet)*

Induktionskesselheizung *f* induction vessel heating
Induktionskoeffizient *m* coefficient (factor) of induction
Induktionskompaß *m* induction compass *(Flugzeug)*
Induktionskonstante *f* space permeability
induktionslos non-inductive
Induktionslöten *n* induction brazing
Induktionsmaschine *f* induction machine
Induktionsmeßgerät *n* induction meter (instrument), gaussmeter
Induktionsmotor *m* induction motor
~/**kompensierter** compensated induction motor
~/**läufergespeister kompensierter** self-compensated induction motor
~/**linearer** travelling-field [induction] motor, asynchronous linear motor
~/**synchronisierter** synchronous induction motor
Induktionsmotorzähler *m* induction motor meter
Induktionsofen *m* induction[-heated] furnace
~/**kernloser** coreless-type induction furnace
~ **mit Eisenkern** core-type induction furnace
~ **nach Northrup** Northrup furnace
~ **zur Kristallzüchtung** crystal-growing induction furnace
Induktionspumpe *f* induction pump *(z. B. zum Transport flüssiger Metalle)*
Induktionsrelais *n* induction relay
Induktionsringerhitzer *m* induction ring heater
Induktionsrinnenofen *m* induction channel furnace, induction furnace with submerged channel
Induktionsschleife *f* induction (inductive) loop
~ **für Hörgeräte** audio induction loop
Induktionsschleifringläufermotor *m* wound-rotor [induction] motor
Induktionsschmelzanlage *f* induction melting equipment
Induktionsschutz *m* anti-inductive protection
Induktionsschwinger *m* induction vibrator
Induktionsspannung *f* induced voltage (electromotive force)
Induktionsspannungsregler *m* induction [voltage] regulator
Induktionsspule *f* induction (inductance) coil, inductor; *(Hsp)* Ruhmkorff coil
~ **der Platzschaltung** *(Nrt)* telephone transformer in operator's circuit
~ **mit mehreren Windungen** multi-turn induction coil, solenoid coil
Induktionsstörung *f* **des Fernsprechverkehrs** cross fire *(durch Telegrafie)*
Induktionsstrom *m* induction (induced) current
Induktionsströmungsmesser *m* induction flowmeter
Induktionstachogenerator *m* induction tachogenerator
Induktionstauchheizkörper *m* immersion induction heater
Induktionstiegelofen *m* induction crucible furnace
Induktionsvibrator *m* induction vibrator
Induktionswarmhalteofen *m* induction holding furnace
Induktionswattstundenzähler *m* induction watthour meter
Induktionszähler *m* induction [motor] meter
Induktionszylinder *m* induction cylinder
induktiv inductive
~/**rein** perfectly inductive
Induktivgeber *m* induction transducer, inductive (inductance) pick-up
Induktivität *f* 1. inductance, inductivity *(Größe)*; 2. inductance coil, inductor
~/**differentielle** incremental inductance
~/**gegenseitige** mutual inductance
~/**gleichmäßig verteilte** continuously (evenly) distributed inductance
~/**innere** internal inductance, inner self-inductance
~ **je Längeneinheit** inductance per unit length
~/**konzentrierte** concentrated inductance
~/**kritische** critical inductance
~/**regelbare** adjustable inductor
~/**schwebende** floating inductance
~/**stetig einstellbare** continuously adjustable inductor
~/**stetig verteilte** continuously distributed inductance
~/**veränderliche** variable inductance; 2. adjustable inductor
~/**verteilte** distributed inductance
induktivitätsarm low-inductance
Induktivitätsbelag *m* distributed inductance, inductance per unit length
~/**homogener** evenly distributed inductance
Induktivitätsbrücke *f* inductance bridge
induktivitätsfrei non-reactive
Induktivitäts-Kapazitäts-Schaltung *f* inductance-capacitance circuit (network), LC network
Induktivitätskasten *m* inductance box *(für Meßzwecke)*
Induktivitätsmeßbrücke *f* inductance bridge
Induktivitätsmeßgerät *n* inductometer, inductance meter, henrymeter
Induktivitätsnormal *n* inductance standard
Induktivitätssatz *m* inductance box *(für Meßzwecke)*
~ **mit Stöpselschaltung** inductance box with plugs
Induktor *m* inductor, induction [heating] coil
~ **mit Eisenkern** core-type inductor
~/**regelbarer** variable inductor
Induktoranruf *m (Nrt)* magneto ringing (calling)
Induktorfrequenzwandler *m* inductor frequency converter
Induktorgehäuse *n (Nrt)* generator box
Induktorkreis *m* inductor circuit
Induktorkurbel *f* magneto crank
Induktorruf *m s.* Induktoranruf

Induktorspannung *f* inductor voltage
Induktorstromkreis *m* inductor circuit
Induktorwicklung *f* inductor (induction) coil
Indusistor *m* indusistor *(Transistorschaltung)*
Industrie *f***/elektronische** electronic industry
Industrieabnehmertarif *m* industrial rate
Industrieanlagentechnik *f* industrial engineering
Industrieatmosphäretest *m* industrial atmosphere test
Industriebeleuchtung *f* factory lighting
Industrieelektronik *f* industrial electronics
Industriefernsehen *n* industrial television, closed-circuit television, CCTV
Industriekohlebürste *f* industrial [carbon] brush
Industriekraftwerk *n* industrial power station
Industrielärm *m* industrial noise
Industrieleuchte *f* factory fitting
Industrieofenkühlsystem *n* industrial furnace cooling system
Industrieroboter *m* industrial robot
Industrieschalter *m* industrial switch
~/explosionsgeschützter explosion-proof industrial switch
~/gekapselter enclosed industrial switch
~/gußgekapselter cast-iron enclosed industrial switch
~/regendichter raintight industrial switch
~/tropfwassergeschützter drip-proof industrial switch
Industriesteuerung industrial control system
induzieren to induce
ineinandergreifen to [inter]mesh
~/fingerartig to interdigitate
ineinanderpassen to fit together *(Steckverbindung)*
ineinanderschiebbar telescopic
ineinanderschieben to telescope
~ lassen/sich to telescope
ineinanderstecken to fit one another *(Steckverbindung)*
Inertgas *n* inert gas
Inertgas-Lichtbogenschweißen *n* inert-gas-shielded arc welding
Infeldblendung *f* direct glare
Influenz *f* influence, electrostatic (electric) induction
Influenzmaschine *f* influence machine, electrostatic generator, continuous electrophorous machine
Influenzrauschen *n* induced noise
Influenzstrom *m* influence current
Informatik *f* informatics *(wissenschaftliche Theorie und Methodik der Informationsverarbeitung)*
Information *f (Dat, Nrt)* information
~/alphabetische alphabetic information
~/asynchrone asynchronous information
~/binäre binary information *(binär dargestellte Daten)*
~/digitale digital information
~/eingeschriebene recorded information
~/gebündelte *(Nrt)* multiplexed information
~/handgeschriebene handwritten information
~/kontinuierliche continuous information
~/nichtnumerische non-numeric information
~/numerische numeric[al] information
~/redundanzbehaftete information with redundancy
~/redunanzfreie information without redundancy
~/statistische statistical information
~/übertragene transmitted information
~/verstümmelte garbled information
~/zweiwertige bivalent information
Informationsabfrage *f***/nichtzerstörende** non-destructive sensing (reading)
Informationsabtastsystem *n* information sampling system
Informationsaufzeichnung *f* information recording
Informationsausbeute *f* yield of information
Informationsaustausch *m* information interchange; *(Nrt)* communication
Informationsauswahlsystem *n* information selection system
Informationsbandbreite *f* information (data) bandwidth
Informationsbelag *m***/mittlerer** *(Nrt)* average information content per symbol
Informationsbit *n* information bit
Informationsblock information frame, information block (group)
Informationsdarstellung *f* information representation
Informationsdichte *f* information (packing) density
Informationsdraht *m* information wire *(Speicher)*
Informationsdurchsatz *m* information throughput
Informationseingangssignal *n* information input signal
Informationseinheit *f* information unit
~/binäre information bit
Informationsentropie *f* entropy *(Informationstheorie)*
Informationserfassung *f* information acquisition
~/zentralisierte centralized information acquisition
Informationsfluß *m* information flow (rate)
~/beidseitiger *(Nrt)* both-way communication
~/einseitiger *(Nrt)* one-way communication
~/mittlerer average information rate
~/wechselseitiger *(Nrt)* either-way communication
Informationsgehalt *m* information content
~/bedingter conditional information content
~ in binären Kodeelementen information bit content
~/mittlerer average information content; entropy *(Informationstheorie)*
Informationsgeschwindigkeit *f* information rate
Informationsgewinn *m* information gain
Informationsinhalt *m s.* Informationsgehalt
Informationskanal *m* information channel

Informationskapazität *f* information[-carrying] capacity
~ **eines Kanals** channel capacity
Informationskontrollsystem *n* information checking system
Informationsladung *f* information charge
Informationslesen *n* information reading
Informationsmenge *f* information quantity
~ **bei vorgeschriebenen Verzerrungen** rate-distortion function
~**/große** bulk information
Informationsparameter *m* information parameter
Informationsquelle *f* information source
Informationsrate *f* information rate
Informationsreduzierung *f* information reduction
Informationsregister *n (Dat)* information storage register
Informationsregistrierungssystem *n***/automatisches** *(Dat)* automatic message registering system, AMR-system
Informationsrückmeldung *f* information feedback
Informationsschreibgeschwindigkeit *f* information writing speed *(z. B. des Oszillographen)*
Informationssenke *f* information sink (drain)
Informationssignal *n* information signal
~ **in Steuerungen** information in controls
Informationsspeicher *m* information memory (store)
Informationsspeicherung *f* information storage
Informationsstrom *m s.* Informationsfluß
Informationssystem *n* information system
Informationssystemdienst *m* information supply service
Informationstakt *m* cycle of information, information cycle
Informationstechnik *f* information technique
Informationstheorie *f* information theory
Informationsträger *m* 1. information carrier *(Speichermedium)*; 2. power-line carrier *(auf Starkstromleitungen)*
Informationsträgersteuerung *f* information carrier control
Informationsübertragung *f* information transmission (transfer)
Informationsübertragungsgeschwindigkeit *f* information transmission rate (speed)
Informationsumfang *m* information volume (content)
Informationsumlauf *m* information cycle
Informationsverarbeitung *f* information processing
~**/elektronische** electronic information processing
~**/integrierte** integrated information processing
~ **mit hoher Arbeitsgeschwindigkeit** high-speed information processing
Informationsverdichtung *f* information reduction
Informationsverlust *m* information loss
Informationswiedergewinnung *f* information retrieval
Informationswort *n* information word
Informationszeile *f* information line
infraakustisch infrasonic, infra-acoustic, subaudio, subsonic
Infrarot *n* infrared, IR
Infrarotabbildung *f* infrared imaging
Infrarotabsorption *f* infrared absorption
Infrarotanregung *f* infrared stimulation
Infrarotaufnahmeröhre *f* infrared pick-up tube
Infrarotbande *f* infrared band
Infrarotbandenspektrum *n* infrared band spectrum
Infrarotbildabtaströhre *f* infrared pick-up tube
Infrarotbildwandler *m* infrared image converter
Infrarotdetektor *m* infrared detector
~**/lichtelektrischer** photoconductive infrared detector
Infrarotdurchlässigkeit *f* infrared transmittancy (transparency)
Infrarot-Durchlauftrocknungsanlage *f* continuous infrared drying plant
Infrarotempfänger *m* infrared detector
infrarotempfindlich infrared-sensitive
Infraroterregung *f* infrared stimulation
Infrarotfilm *m* infrared-sensitive film
Infrarotfilter *n* infrared filter
Infrarotfotografie *f* infrared photography
Infrarotgrenze *f* infrared limit
Infrarotheizelement *n*, **Infrarotheizkörper** *m* infrared heater (heating element)
Infrarotheizung *f* infrared heating
Infrarotheizungsanlage *f* infrared heating plant
Infrarotlampe *f* infrared lamp
Infrarotlaser *m* infrared laser, IRASER, iraser
Infrarotlöten *n* infrared soldering
Infrarotmaser *m* infrared maser *(Molekularverstärker für infrarotes Licht)*
Infrarotofen *m* infrared oven
Infrarotphotometer *n* infrared photometer
Infrarotphotozelle *f* infrared photocell
Infrarotquarzrohrstrahler *m* infrared tubular quartz emitter (radiator)
Infrarotquelle *f* infrared source
Infrarotradar *n* infrared radar
Infrarotscheinwerfer *m* infrared searchlight
Infrarotspektralphotometer *n* infrared spectrophotometer
Infrarotspektroskopie *f* infrared spectroscopy
Infrarotspektrum *n* infrared spectrum
Infrarotstrahler *m* infrared radiator (emitter)
Infrarotstrahlung *f* infrared radiation
Infrarotstrahlungsheizung *f* heating by infrared radiation, infrared radiation heating
Infrarotstrahlungslampe *f* infrared lamp
Infrarotstrahlungsmesser *m* infrared detector
Infrarotstrahlungsofen *m* infrared furnace
Infrarotstrahlungswand *f* infrared radiation panel
Infrarotsuchsystem *n* infrared search system
Infrarottechnik *f* infrared engineering

Infrarottilgung *f* infrared quenching *(der Photoleitfähigkeit)*
Infrarottrockenanlage *f* infrared drying plant
Infrarottrockner *m*/**elektrischer** electric infrared dryer
Infrarottunnelofen *m* infrared tunnel oven (furnace)
Infraschall *m* infrasonics, infrasound, subaudio sound
Infraschallbereich *m* infrasonic frequency range
Infraschallfrequenz *f* infrasonic (subaudio, infraacoustic) frequency, ultralow frequency, ULF
Infraschallfrequenzbereich *m* infrasonic frequency range
Infraschallquelle *f* infrasonic source
Infraschallwelle *f* infrasonic wave
Ingenieurtätigkeit *f*/**rechnergestützte** computer-aided engineering, CAE
Inhaltsüberwachung *f (Dat)* contents supervision
Inhaltsverzeichnis *n (Dat)* [contents] directory
inhibieren to inhibit
Inhibition *f* inhibition, exclusion *(Boolesche Verknüpfung)*
Inhibitionsschaltung *f* inhibiting circuit
Inhibitor *m* inhibitor, retarding catalyst
~/**anodischer** anodic inhibitor
~/**katodischer** cathodic inhibitor
Inhibitorschicht *f* inhibitor layer
Inhibitorwirkung *f* inhibitory action; inhibitor effect
inhomogen inhomogeneous, non-homogeneous; non-uniform
Inhomogenität *f* inhomogeneity
Initialisierung *f (Dat)* initialization
Injektion *f (ME)* injection *(von Minoritätsladungsträgern)*
~/**geringe** low-level injection
~/**starke** high-level injection
Injektionsgrad *m* injection level
Injektionskapazität *f* injection capacity
Injektionslaser *m* injection (semiconducting) laser
Injektionsleuchten *n* injection luminescence
Injektionslogik *f*/**integrierte** *(ME)* integrated injection logic I^2L, IIL
~/**isoplanare integrierte** isoplanar integrated injection logic, I^3L
Injektionslumineszenzdiode *f* injection luminescence diode
Injektionspegel *m* injection level
Injektionsstelle *f* injection point
Injektionswinkel *m* injection angle *(beim Plasmaspritzen)*
Injektionswirkungsgrad *m (ME)* injection efficiency
~ **bei niedrigem Pegel** low-level injection efficiency
Injektor *m* injector
injizieren to inject *(z. B. Elektronen)*
Inklination *f*/**magnetische** magnetic inclination, [magnetic] dip
Inklinationsnadel *f* dip needle
Inklinationswinkel *m* angle of inclination
Inklusion *f* inclusion *(z. B. in einem Kristall)*
inkohärent incoherent
Inkohärenz *f* incoherence
inkompatibel incompatible
Inkompatibilität *f* incompatibility
Inkrement *n* increment, increase
Inkrementalrechner *m* incremental computer
Inlandsverbindung *f (Nrt)* domestic (inland) connection
Inlandsverkehr *m (Nrt)* domestic (inland) traffic
Innenanschluß *m* indoor connection; inside (internal) connection; inner lead *(Bonden)*
Innenantenne *f* indoor (inside) aerial
Innenaufbau *m* 1. internal structure; 2. *(Dat)* internal organization *(Mikroprozessor)*
Innenbelag *m* inner envelope
Innenbeleuchtung *f* indoor (interior) lighting
Innenbeleuchtungsanlage *f* indoor lighting equipment
Innenbonden *n (ME)* inner lead bonding
Innenelektrode *f* internal electrode
Innenfeld *n* internal field *(Magnet)*
Innenfeldinduktor *m* internal field inductor *(Induktionserwärmung)*
Innenfläche *f* internal (inside) surface
innengekühlt *(MA)* direct-cooled
Innengeräusch *n* interior noise
Inneninstallation *f* internal installation; interior wiring
Innenkabel *n* internal cable; *(Nrt)* inside (house) cable
~ **für Amtsverdrahtung** *(Nrt)* office cable
Innenlage *f* inner layer *(Spule)*
~/**durchkontaktierte (durchmetallisierte)** through-hole plated buried layer *(Leiterplatten)*
Innenlagenverbindung *f* internal (interlayer) connection, buried interconnection, intraconnection *(Leiterplatten)*
Innenleiter *m* inner (centre, central) conductor *(Koaxialkabel)*
~/**gewendelter** helical inner conductor
Innenleuchte *f* indoor [lighting] fitting, indoor-type luminaire
Innenlötauge *n* inner pad *(Leiterplatten)*
Innenmantel *m* inside sheath *(Koaxialkabel)*
Innenpol *m* internal pole
Innenpolmaschine *f* inner-pole machine, revolving-field machine
Innenrahmen *m* inner frame
Innenraumanlage *f* indoor (internal) plant
~/**elektrische** indoor electrical equipment (installation)
Innenraumaufstellung *f* indoor mounting
Innenraumbeleuchtung *f* indoor lighting
Innenraumdurchführung *f* indoor bushing
~/[**einseitig**] **eingebettete** indoor immersed bushing

Innenraumgerät *n* indoor apparatus
Innenraumisolator *m* indoor insulator
Innenraumkabelmuffe *f* indoor pothead
Innenraumleuchte *f s.* Innenleuchte
Innenraumschaltgerät *n* indoor switchgear
Innenraumwanddurchführung *f* indoor wall bushing
Innenreflektor *m* internal reflector
Innenreflexionsanteil *m (Licht)* internal reflected component, interreflection component
Innenstator *m* inner frame
Innensteuerung *f* car-switch [lift] control *(Aufzug)*
Innentemperatur *f* internal temperature
Innenverbindung *f* intraconnection, internal connection *(Mehrlagenleiterplatten)*
Innenverdrahtung *f* internal wiring
Innenwiderstand *m* 1. internal resistance; 2. anode [differential] resistance; *(Am)* plate resistance *(Elektronenröhren)*; 3. source resistance *(Generator)*
~ **einer Röhre** valve a.c. resistance
~ **in Ohm/Volt** ohms-per-volt rating *(eines Voltmeters)*
Innenzündstreifen *m*, **Innenzündstrich** *m (Licht)* inside starting strip, internal ignition strip
Input *m* input *(Zusammensetzungen s. unter* Eingang *und* Eingabe*)*
Inselbetrieb *m (An)* isolated operation
Inseleffekt *m (ME)* island effect
Inselkraftwerk *n* isolated [power] plant
Inselnetz *n (An)* isolated system
Inselnetzwerk *n (Nrt)* island network
instabil instable, unstable; non-equilibrium
Instabilität *f* instability; hunting
~ **des Plasmas** instability of plasma
~**/natürliche** *(Syst)* inherent instability
~**/thermische** *(ME)* thermal runaway
~**/zeitliche** jitter
Instabilitätsbereich *m* instablity region
Installation *f***/offene** clear wiring
Installationsabnahmeprüfung *f* installation test
Installationsbedingung *f* condition of installation
Installationsplan *m* layout diagram
Installationsschalter *m* installation switch
Installationstaster *m* installation push button
Installationstechnik *f* installation engineering
Installationswerkzeug *n* electrician's (lineman's) tool
installieren to install *(z. B. eletrische Geräte)*; *(An)* to mount; *(Dat)* to install *(z. B. Software)*
instandhalten to maintain, to service
Instandhaltung *f* maintenance, servicing; upkeep
~ **des Systems** system maintenance
~ **nach Außerbetriebnahme** shut-down maintenance
~**/vorbeugende** preventive maintenance
Instandhaltungseignung *f* maintainability performance
Instandsetzung *f* repair, reconditioning; corrective (breakdown) maintenance *(z. B. nach Ausfall einer Anlage)*
Instandsetzungsarbeiten *fpl* repair work
Instandsetzungsdauer *f* active repair time; corrective maintenance time
~**/vorausberechnete mittlere** assessed mean active maintenance time
Instandsetzungsrate *f* [mean] repair rate
Instanz *f* entity *(Vermittlungsinstanz)*
Instruktion *f s.* Befehl
Instrument *n*:
~**/aperiodisch** gedämpftes aperiodic instrument
~**/astatisches** astatic instrument
~**/bolometrisches** bolometric instrument
~**/direktanzeigendes** direct-reading instrument
~**/eisengeschlossenes elektrodynamisches** ferrodynamic instrument
~**/elektrodynamisches** electrodynamic instrument, electrodynamometer
~**/elektrostatisches** electrostatic instrument, electrometer
~**/elektrothermisches** electrothermic instrument
~**/ferrodynamisches** ferrodynamic instrument
~**/gedämpft schwingendes** damped periodic instrument
~**/magnetisch geschirmtes** magnetically screened instrument
~ **mit Fernanzeige** distant-reading instrument
~ **mit Kontakteinrichtung** instrument with contacts
~ **mit mehreren Meßbereichen** multirange instrument (meter)
~ **mit Nebenschluß (Nebenwiderstand)** shunted instrument
~ **mit Schwerkraftrückstellung** gravity-controlled instrument
~ **mit symmetrischer Skale** centre zero instrument
~**/thermisches** electrothermic instrument
~**/tragbares** portable instrument
~**/versenkbares** flush-type instrument
Instrumentenbeleuchtung *f* instrument lighting
Instrumentenbrett *n* instrument board (panel); dashboard *(Kraftfahrzeug)*
Instrumentenfehler *m* instrument[al] error; pointer centring error
Instrumentengenauigkeit *f* instrumental accuracy
Instrumentenkonstante *f* [instrument] constant
Instrumentenlandesystem *n (FO)* instrument landing system
Instrumentenschalter *m* instrument switch
Instrumententafel *f* instrument board (panel)
Instrumententisch *m* instrument table
Instrumentenzeiger *m* instrument pointer
Instrumentierung *f* instrumentation
Integralfaktor *m (Syst)* integral-action factor
Integralkennwert *m* **[für die Regelgüte]** integral performance index

Integralkriterium *n* integral estimation *(z. B. der Regelgüte)*
~/quadratisches integral square estimation
Integralregelung *f (Syst)* integral[-action] control, I control, floating (reset) control
Integralregler *m (Syst)* integral[-action] controller, I controller, floating (reset) controller
Integralreglerverhalten *n (Syst)* integral controller action
Integralverhalten *n (Syst)* integral [control] action, I action; floating (reset) action
Integralzeit *f (Syst)* integral-action time
Integration *f***/angenäherte** approximate integration
~ **auf Bauelementebene** component-level integration
~ **auf Schaltungsebene** circuit-level integration
~ **auf Subsystemebene** subsystem-level integration
~ **auf Systemebene** system-level integration
~ **im Komplexen** complex integration
~/numerische numerical integration
~/partielle integration by parts
Integrationsbeiwert *m (Syst)* integral-action factor
Integrationsgrad *m (El)* integration level, integration
~/extrem hoher giant large-scale integration, GLSI
~/hoher large-scale integration, LSI
~/mittlerer medium-scale integration, MSI
~/niedriger small-scale integration, SSI
~/sehr hoher very large-scale integration, VLSI
Integrationsintervall *n* integration interval
Integrationsoperator *m* integral operator
Integrationsschaltung *f* integrating network (circuit); averaging circuit
Integrationsschritt *m* integration step
Integrationsverstärker *m* integrating amplifier
Integrationsweg *m* contour (path) of integration
Integrationszeit *f* integration time (period), integrating time
Integrator *m* integrator
integrieren to integrate; to pack *(in Chips)*
Integriergerät *n* integrator
Integrierglied *n (Syst)* integrating element (unit)
Integrierschaltung *f* integrating network (circuit)
Integrierverstärker *m (Syst)* integrating amplifier
Intelligenz *f***/künstliche** artificial intelligence, AI, machine intelligence
Intensimeter *n* intensitometer *(Messung von Röntgenstrahlung)*
Intensität *f* intensity; strength
~ **der Bande** band intensity
~ **der Einwirkung** exposure intensity (strength)
~/residuelle residual intensity
Intensitätsabfall *m* intensity fall-off
Intensitätsfluktuation *f (Laser)* intensity fluctuation
intensitätsgesteuert intensity-controlled
Intensitätskarte *f* intensity map
Intensitätskorrelation *f* intensity correlation
Intensitätsmaximum *n* intensity maximum
Intensitätsmeßsonde *f* intensity probe
Intensitätsmikrofon *n* intensity microphone
Intensitätsmodulation *f* intensity modulation; brilliance modulation *(Oszilloskopmeßtechnik)*
Intensitätspegel *m* intensity level
Intensitätsschwächung *f* intensity decrease
Intensitätssonde *f* intensity probe
Intensitätsspektrum *n* intensity spectrum
Intensitätsunterschiedsschwelle *f* threshold of intensity difference
Intensitätsvektor *m* intensity vector
Intensitätsverschiebung *f* intensity displacement
Intensitätsverteilung *f* intensity distribution
~/spektrale spectral distribution of intensity
Intercarrier-Verfahren *n (Fs)* intercarrier [sound] system, ICS system
Interdigitalleitung *f* interdigital line
Interdigitalmagnetron *n* interdigital magnetron
Interdigitalwandler *m* interdigital transducer *(Eingangs- und Ausgangswandler für AOW-Bauelemente)*
Interface *n* interface *(Anpassungsschaltung) (s. a. unter* Schnittstelle*)*
~/byteserielles bitparalleles IEC bus
~/intelligentes intelligent interface
Interface... *s. a.* Schnittstellen...
Interfacebaustein *m* interface module (unit)
~ **für die Datenübertragung/programmierbarer** programmable communication interface [unit]
~/programmierbarer peripherer programmable peripheral interface
~/universeller general-purpose interface bus, GPIB
Interfaceschaltung *f* interface circuit
~ **für Verbindungsleitungen** digital trunk interface circuit
Interfaceverträglichkeit *f* interface compatibility
Interferenz *f* interference *(von Wellen)*
~/atmosphärische atmospheric interference
Interferenzabsorber *m* interference absorber
Interferenzbild *n* interference pattern (image, figure)
Interferenzerscheinung *f* interference phenomenon
Interferenzfähigkeit *f* [phase] coherence factor *(Laser)*
Interferenzfarben *fpl* interference colours
Interferenzfeld *n* interference field
Interferenzfigur *f* interference pattern (figure, image)
Interferenzfilter *n* interference filter
~/schmalbandiges narrow-band interference filter
Interferenzfleck *m* interference spot
Interferenzfrequenzmesser *m* heterodyne frequency meter
Interferenzgebiet *n* 1. interference area; 2. *(Nrt)*

fringe (mush) area *(Strömungsgebiet bei Gleichwellenbetrieb)*
Interferenzkontrastmikroskopie *f* interference contrast microscopy
Interferenzlänge *f* coherence distance (length) *(Laser)*
Interferenzmeßgerät *n* interferometer
Interferenzmeßtechnik *f* interference metrology
Interferenzmeßverfahren *n* interferometry
Interferenzmikroskop *n* interference microscope
Interferenzmuster *n* interference pattern
Interferenzordnung *f* order of interference
Interferenzprisma *n* interference prism
Interferenzringe *mpl* circular interference fringes
Interferenzschwund *m (Nrt)* interference fading
Interferenzspektroskop *n* interference spectroscope
Interferenzspektrum *n* interference spectrum
Interferenzspiegel *m* interference mirror
Interferenzstrahlengang *m* interfering beam
Interferenzstreifen *mpl* interference fringes
Interferenzwellenmesser *m* heterodyne wavemeter
Interferenzwirkung *f* interference action; beating effect
interferieren to interfere
Interferogramm *n* interferogram
Interferometer *n* interferometer
Interferometerzweig *m* interferometer arm
Interferometrie *f* interferometry
~/holographische holographic interferometry
~ mit polarisiertem Licht polarized interferometry
Interflexionswirkungsgrad *m (Licht)* interreflection rate
Intermittenzeffekt *m* intermittence effect
intermittierend intermittent
Intermodenverzerrung *f* intermodal distortion *(Lichtwellenleiter)*
Intermodulation *f* intermodulation
Intermodulationsabstand *m* intermodulation ratio
Intermodulationseffekt *m* intermodulation effect
Intermodulationsprodukt *n* intermodulation product
Intermodulationsrauschen *n* intermodulation noise
Intermodulationsverzerrung *f* intermodulation (combination tone) distortion
intern internal
Internverkehr *m (Nrt)* internal calls
Interpolation *f* interpolation
~/lineare linear (straight-line) interpolation
Interpolationsfehler *m* interpolation error
Interpolationsfeinheit *f* 1. interpolation resolution; 2. interpolation sensitivity
Interpolationsmeßmethode *f* interpolation method of measurement
Interpolator *m*/**digitaler parabolischer** digital parabolic interpolator
~/linearer linear interpolator
Interpreter *m* interpreter, interpreting routine
interpretieren to interpret
Interpretieren *n* **von Daten** data interpretation, interpretation of data
Interrupt *m(n) (Dat)* interrupt • **„Freigabe Interrupt“** “enable interrupt” • **„Sperren Interrupt“** “disable interrupt”
~/gerichteter vectored interrupt
~/maskierbarer maskable interrupt
~/nichtmaskierbarer non-maskable interrupt
~/synchroner trap *(Programmunterbrechung durch unerlaubte Befehle)*
~ über Software polled interrupt *(Programmierung)*
~/umgekehrter reverse interrupt
Interruptanforderung *f* interrupt request
~/maskierbare maskable interrupt request
~/nichtmaskierbare non-maskable interrupt request
Interruptbeantwortung *f* interrupt-respone *(Reaktion auf eine Unterbrechung)*
Interruptbefehl *m* interrupt command
Interrupteingang *m* interrupt input
Interruptfreigabe *f* interrupt enable
Interruptleitung *f* interrupt line
Interruptlogik *f* **mit Prioritätskaskadierung** daisy chain priority interrupt logic
Interruptprioritätskette *f* daisy chain priority interrupt logic
Interruptprogramm *n* interrupt program, interrupt (service) routine
Interruptregister *n* interrupt register
Interrupts *mpl*/**verschachtelte** *(Dat)* nested interrupts
Interruptschaltkreis *m* interrupt controller
~/programmierbarer programmable interrupt controller
Interruptsignal *n* interrupt signal
Interruptsteuerschaltkreis *m* interrupt controller
Interruptsteuerung *f* interrupt control
Interruptverarbeitung *f* interrupt processing
Interruptverzug *m* interrupt delay
interstitiell interstitial
Intervall *n* interval
~/gestörtes disturbed interval
Intervallanalysator *m* interval analyzer
Intervalley-Streuung *f (ME)* intervalley scattering
Intervallschachtelung *f* interval sharing *(Systemanalyse)*
Interventionszeichen *n (Nrt)* forward transfer signal
Intrinsic-Getterung *f* intrinsic gettering
Intrinsic-Halbleiter *m* intrinsic (i-type) semiconductor
Intrinsic-Niveau *n* intrinsic level
Intrinsic-Photoleitung *f* intrinsic photoconduction
Intrittfallen *n* pulling in[to] synchronism
Intrittfallmoment *n* pull-in torque, picking-up torque *(Synchronmotor)*

Intrittfallprüfung *f*, **Intrittfallversuch** *m* pull-in test
Invariante *f*/**Abbesche** Abbe's [refraction] invariant
Inversion *f (ME, Laser)* inversion
Inversionsbereich *m* inversion (transition) region
Inversionsdichte *f* inversion density
Inversionsdiode *f* inverted diode
Inversionsfaktor *m* inversion factor
Inversionsgebiet *n* inversion region
Inversionsladung *f* inversion charge
Inversionsmechanismus *m* inversion mechanism
Inversionsmethode *f (Meß)* method of inversion
Inversionspunkt *m* inversion point
Inversionsschaltung *f* inverse (inverting) gate
Inversionsschicht *f (ME)* inversion layer
Inversionsschwingung *f (Laser)* inversion in molecular vibration
Inversionssymmetrie *f* inversion symmetry
Inversionstemperatur *f* inversion temperature
Inversionszentrum *n* inversion centre
Inversmagnetisierung *f* inverse magnetization
Inverter *m (Nrt)* inverter, phase-inverting; invert gate *(Schaltlogik)*
Inverterschaltung *f* inverter circuit
Invertiergatter *n* inverse (inverting) gate
Inzidenzmatrix *f* unit matrix, connection matrix *(Netzberechnung)*
Iodaufzehrung *f* iodine migration
Ioddampf *m* iodine vapour
Iodglühlampe *f* tungsten-iodine lamp
Iodlampe *f* iodine lamp
Iod-Methanol-Methode *f* iodine-methyl alcohol method *(zur Ablösung von Deckschichten)*
Iod-Methode *f* iodine method *(zur Ablösung von Deckschichten)*
Iodzusatz *m* iodine addition
Ion *n* ion
~/angeregtes excited ion
~/mehrfach geladenes multiply charged ion
~/negatives (negativ geladenes) anion, negative ion
~/positives (positiv geladenes) cation, positive ion
~/zweifach geladenes doubly charged ion
Ionenableiter *m* ionic discharge device
ionenaktiv ion-active
Ionenaktivität *f* ion activity
Ionenanhäufung *f* ion cluster
Ionenäquivalentleitfähigkeit *f* equivalent ion[ic] conductivity
Ionenart *f* type of ion, ionic species
Ionenatmosphäre *f* ion[ic] atmosphere, ion cloud
Ionenätzen *n (ME)* ion milling (etching)
~/reaktives reactive ion etching
Ionenaustausch *m* ion[ic] exchange
Ionenaustauscher *m* ion exchanger
Ionenaustauschereigenschaft *f* ion-exchange property
Ionenaustauschermembran *f* ion-exchange membrane
Ionenaustauscheroberfläche *f* ion-exchange surface
Ionenaustauschharz *n* ion-exchange resin
Ionenaustauschtheorie *f* ion-exchange theory
Ionenbeschichtung *f* ion deposition
Ionenbeweglichkeit *f* ion[ic] mobility
Ionenbewegung *f* ion[ic] movement, ion motion
Ionenbindung *f* ionic (electrovalent, heteropolar) bond, electrovalence
Ionenbrennfleck *m* ion spot
Ionencharakter *m* ionicity
Ionencluster *m* ion cluster
Ionendichte *f* ion density
Ionendiffusion *f* ion diffusion
Ionendipol *m* ion dipole
Ionendosis *f* ion dose (dosage)
Ionendrift *f* ion drift
Ionendriftgeschwindigkeit *f* ion drift velocity
Ionendruck *m* ion pressure
ionendurchlässig ion-permeable
Ioneneinbau *m*, **Ioneneinpflanzung** *f s.* Ionenimplantation
Ioneneinschlag *m* ion incident
Ionenentladung *f* ion discharge
Ionenerzeugung *f* ion generation (production)
Ionenfalle *f* ion trap
Ionenfallenmagnet *m* ion-trap magnet
Ionenfehlstelle *f* ion vacancy
Ionenfestkörper *m* ionic solid
Ionenfleck *m* ion spot
Ionenfluß *m* ion flow
Ionenfräsen *n (ME)* ion milling
Ionenfrequenzumformer *m* ionic frequency converter
Ionengeschwindigkeit *f* ionic velocity (speed)
Ionengetterpumpe *f* ion[ic] getter pump
Ionengitter *n* ion [crystal] lattice
Ionengröße *f* ion[ic] size
Ionenhalbleiter *m* ionic semiconductor
Ionenimplantation *f (ME)* ion implantation
Ionenimplantationstechnik *f* ion implantation technique
ionenimplantiert ion-implanted
Ionenkonzentration *f* ion[ic] concentration
Ionenkristall *m* ionic crystal
Ionenladung *f* ionic charge
Ionenlaser *m* ion laser
Ionenlautsprecher *m* ionic loudspeaker
Ionenlawine *f* ion avalanche
Ionenleerstelle *f* ion vacancy
ionenleitend ion-conducting, ionically conductive
Ionenleiter *m* ionic conductor
~/gemischter mixed ionic conductor
Ionenleitfähigkeit *f* ionic conductivity (conductance)
Ionenleitung *f* ion conduction
Ionenlithographie *f* ion lithography

Ionenlücke *f* ion vacancy
Ionenmikrofon *n* ionic microphone
Ionenmikroskopie *f* ion microscopy
Ionenmikrosonde *f* ion microprobe
Ionenpaar *n* ion pair
Ionenpaarbildung *f* ion pairing
Ionenplasma *n* ion plasma
Ionenplattierung *f* ion plating
Ionenquelle *f* ion source
Ionenrekombination *f* ion recombination
Ionenröhre *f* ion tube (valve)
Ionenschallwelle *f* ion-acoustic wave
Ionenschwarm *m* ion cluster
Ionenschwingung *f* ion oscillation
Ionenstörstelle *f* ionic impurity
Ionenstörung *f* ionic defect
Ionenstoß *m* ion impact
Ionenstrahl *m* ion beam
Ionenstrahlätzen *n (ME)* ion-beam milling, ion-beam etching
Ionenstrahlbearbeitung *f (ME)* ion-beam processing
Ionenstrahler *m* ion gun
Ionenstrahlfräsen *n (ME)* ion[-beam] milling
Ionenstrahlröhre *f* ion-beam tube
Ionenstrahlstrom *m* ion-beam current
Ionenstrahltechnologie *f* ion-beam technology
Ionenstrahlzerstäubung *f* ion-beam sputtering
Ionenstrom *m* ion current (flow)
Ionenübergang *m* ion transfer
Ionenventil *n* ion valve
Ionenverlust *m* ion loss
Ionenwanderung *f* ion[ic] migration, migration of ions
~/elektrochemische electrochemical migration
Ionenwanderungsgeschwindigkeit *f* ion [drift] velocity, ionic speed
Ionenwertigkeit *f* ionic valence
Ionenwindvoltmeter *n* ionic wind voltmeter
Ionenwolke *f* ion (corona) cloud, ionic atmosphere
Ionenzustand *m* ionic state
Ion-Ion-Rekombination *f* ion-ion recombination *(Rekombination von positiven und negativen Ionen)*
Ionisation *f* ionization
~ durch Strahlung radiation ionization
~/lawinenartige cumulative ionization
~/thermische thermal ionization
Ionisationsanemometer *n* ionized-gas anemometer
Ionisationsdosimeter *n* ionization dosimeter
Ionisationsdruck *m* ionization pressure
Ionisationselektrometer *n* ionization elctrometer
Ionisationsenergie *f* ionization energy
Ionisationsereignis *n* ionizing event
Ionisationsgeschwindigkeit *f* ionization rate
Ionisationsgrad *m* ionization degree
Ionisationsimpuls *m* ionization pulse
Ionisationsintegral *n* ionization integral
Ionisationskammer *f* ionization chamber
Ionisationskontinuum *n* ionization continuum
Ionisationslöschspannung *f* ionization extinction voltage
Ionisationsmanometer *n* ionization gauge (manometer) *(s. a.* Ionisationsvakuummeter*)*
Ionisationsmessung *f* ionization measurement
Ionisationspegel *m* ionization level
Ionisationspunkt *m* ionization point
Ionisationsquerschnitt *m* ionization cross section
Ionisationsrate *f* ionization rate
Ionisationsrauchmelder *m* ionization smoke detector
Ionisationsrauschen *n* ionization noise
Ionisationsschwelle *f* ionization level
Ionisationsspannung *f* ionization potential (voltage)
Ionisationsspannungserniedrigung *f* lowering of ionization potential
Ionisationsstörung *f* ionization disturbance
Ionisationsstoß *m* ionization pulse
Ionisationsstrom *m* ionization current
Ionisationsvakuummeter *n* ionization vacuum gauge, ion[ization] gauge
Ionisationsverluste *mpl* ionization loss[es]
Ionisationsvermögen *n* ionizing power
Ionisationswahrscheinlichkeit *f* ionization probability
Ionisationswärme *f* heat of ionization, ionization heat
Ionisationszeit *f* ionization (ionizing) time *(z. B. bei Gasentladungen)*
Ionisationszustand *m* ionization state
ionisch ionic
ionisierbar ionizable
Ionisierbarkeit *f* ionizability
ionisieren to ionize
ionisiert durch Lichtbogenentladung ionized by an arc discharge
~/einfach singly ionized
~/mehrfach multiply ionized
~/nicht unionized
Ionisierung *f s.* Ionisation
Ionisierungskoeffizient *m* coefficient of ionization
~/mittlerer mean ionization coefficient
Ionisierungszone *f* ionizing zone
Ionizität *f* ionicity
Ionolumineszenz *f* ionoluminescence
Ionophorese *f* ionophoresis, ion transfer
Ionosphäre *f* ionosphere
~/horizontal geschichtete horizontally stratified ionosphere
Ionosphärenecho *n* ionospheric echo
Ionosphärenstörung *f* ionospheric disturbance
Ionosphärensturm *m* ionospheric storm
Ionosphärenwelle *f* ionospheric wave *(Fernwelle)*
IP interelement protection *(Kennzeichen für Schutzgrad)*
IR-... *s.* Infrarot...

IRASER *m*, **Iraser** *m* infrared laser, iraser
IRED infrared emitting diode
I-Regelung *f s.* Integralregelung
I-Regler *m s.* Integralregler
Irisblende *f* iris
irreversibel irreversible, non-reversible
Irrtumswahrscheinlichkeit *f* significance level
Irrung *f* rub-out, erase *(Telegrafie)*
Irrungstaste *f* erase key
Irrungszeichen *n* rub-out signal
IS *s.* Schaltung/integrierte
i-Schicht *f* i-type layer, intrinsic layer *(Halbleiter)*
ISDN *(Nrt)* ISDN, integrated services digital network
ISDN-Anwenderteil *n* ISDN user part
ISDN-Benutzeranschluß *m* ISDN user port
ISDN-Konzentrator *m* ISDN remote subscriber unit
ISDN-Teilnehmer[anschluß]modul *m* ISDN subscriber module
Isocandela-Diagramm *n (Licht)* isocandela diagram (curve)
Isocandela-Schreiber *m* isocandela recorder
isochrom isochromatic, homochromatic
isochron isochronous
isoelektrisch isoelectric
isoelektronisch isoelectronic
isoenergetisch isoenergetic
Isokontrastkennlinie *f* constant contrast characteristic *(Monitor)*
Isolation *f* 1. *(ET)* isolation *(Trennung vom Stromkreis)*; insulation *(durch nichtleitendes Material)*; 2. *(Ak, Wä)* insulation *(Dämmung)*; *(s. a. unter* Isolierung*)*; 3. *s.* Isoliermaterial
~**/abgestufte** coordinated insulation
~**/äußere** external insulation
~ **der Käfigwicklung** *(MA)* cage-winding insulation
~ **durch pn-Übergang** *(El)* p-n junction insulation
~ **gegen Erde** insulation to (against) earth
~ **gegen innere Überspannung** *(An)* switching surge insulation
~ **gegen netzfrequente Spannungen** *(An)* power-frequency insulation
~**/geschichtete** laminar insulation
~**/innere** internal insulation *(z. B. beim Transformator)*
~**/koordinierte** coordinated insulation
~**/thermische** thermal insulation
~ **zwischen [integrierten] Bauelementen** interdevice dielectric
~ **zwischen Wicklungen** interwinding insulation
Isolations... *s. a.* Isolier...
Isolationsabschirmung *f* insulation shielding
Isolationsaufquellung *f* balo *(bei Kabeln)*
Isolationsbeschaffenheit *f* condition of insulation
Isolationsdicke *f* thickness of insulation
Isolationsdiffusion *f (ME)* insulation diffusion
Isolationsdurchschlag *m* insulation (dielectric) breakdown
Isolationseigenschaft *f* insulating property
Isolationsfehler *m* insulation fault (defect), defect in insulation
Isolationsfestigkeit *f* insulation strength
Isolationskanal *m* insulating conduit
Isolationskapazität *f (El)* insulation capacitance
Isolationsklasse *f* insulation class
~**/genormte** standard insulation class
Isolationskoordination *f* insulation coordination
Isolationsmaterial *n* s. Isoliermaterial
Isolationsmeßeinrichtung *f* insulation measuring device
Isolationsmeßgerät *n* insulation testing apparatus (set)
Isolationsmessung *f* insulation measurement
Isolationsnennspannung *f* rated insulation voltage
Isolationsniveau *n* basis insulation level, BIL
Isolationspegel *m* insulation level
Isolationsprüfer *m s.* Isolationsprüfgerät
Isolationsprüfgerät *n* insulation testing apparatus (set), insulation tester (detector, indicator), leakage indicator, megohmmeter
Isolationsprüfung *f* insulation test (measurement), dielectric test
Isolationsschalter *m (Hsp)* insulator switch
Isolationsschicht *f* insulating layer, layer of non-conducting material
Isolationsschutz *m* insulation protection, protective insulation
Isolationsspannung *f* [circuit] insulation voltage
Isolationsstörung *f* defect insulation
Isolationsstrom *m* insulation (leakage) current
Isolationstasche *f (ME)* insulation pocket
Isolationstechnik *f* **mit vergrabenem Oxid** *(ME)* buried oxide isolation technique
Isolationstyp *m***/feldorientierter** field-oriented insulation type *(Kristall)*
Isolationsverlust *m* insulation loss
Isolationsverlustfaktor *m* insulation loss factor
Isolationsvermögen *n* insulating capacity
Isolationswand *f (ME)* insulation wall
Isolationswanddiode *f* insulation-wall diode
Isolationswanne *f (ME)* insulation tub
Isolationswiderstand *m* insulation resistance
~**/spezifischer** insulativity
Isolationswirkung *f* insulation effect
Isolationszustand *m* insulation condition
Isolator *m* insulator; dielectric *(s. a.* Isoliermaterial*)*
~**/einteiliger** single-section insulator
~**/fremdschichtbehafteter** polluted insulator
~ **für Starkstromtechnik** insulator for power circuits
~**/gasförmiger** gaseous dielectric
~ **in Spulenform** spool-shaped insulator
~**/keramischer** ceramic (porcelain) insulator
~**/kriechstromfester** non-tracking dielectric

~ **mit schraubenförmigem Schirm** helicoidal insulator
~/**nicht zusammengesetzter** single-section insulator
~/**pilzförmiger** mushroom-shaped insulator
~/**scheibenförmiger** disk-shaped insulator
~/**starrer** rigid-type insulator
~/**verlustloser** perfect (ideal) dielectric
~/**verschmutzter** polluted insulator
~ **zwischen Ebenen (Leitbahnebenen)** interlevel insulator *(in integrierten Schaltkreisen)*
Isolatordoppelstütze *f* double insulator spindle
Isolatoreinheit *f* insulator unit
Isolatoreinkerbung *f* groove *(zur Leiterbefestigung)*
Isolatorenaufhängung *f* **in Kettenform** insulator chain system
Isolatorenkette *f* chain insulator, insulator string
~ **aus Hängeisolatoren** suspension insulator string
~ **aus n Elementen** n-unit insulator string
~/**n-gliedrige** n-unit insulator string
Isolatorenklöppel *m* insulator pin *(zur Befestigung des Isolatorkörpers)*
Isolatorensäule *f* insulator column
Isolatorenstütze *f* insulating support; insulator pin *(zur Befestigung des Isolatorkörpers)*
Isolatorglocke *f* petticoat insulator
Isolatorkappe *f* insulator cap
Isolatorkette *f s.* Isolatorenkette
Isolatorkörper *m* insulator body
Isolatormantel *m* insulator shed
Isolatormuffe *f* insulating bush
Isolatorschutzarmatur *f* insulator arcing horn
Isolatorstütze *f* insulator bracket, insulating support
Isolatorüberschlag *m* insulator arc-over
Isolier... *s. a.* Isolations...
Isolierabstand *m* insulating clearance
Isolieranstrich *m* insulating paint (coat)
Isolierband *n* insulating (electrical) tape
~/**halbleitendes** semiconducting [insulating] tape
~/**thermoplastisches** thermoplastic [insulating] tape
isolierbar insulatable; isolatable
Isolierbauplatte *f* structural insulation board *(Schalldämmung)*
Isolierbuchse *f* insulating bush[ing]
Isolierei *n* egg[-shaped] insulator
isolieren 1. *(ET)* to isolate *(vom Stromkreis trennen)*; to insulate *(mit nichtleitendem Material)*; 2. *(Ak, Wä)* to insulate *(dämmen)*; to lag *(mit Dämmstoff verkleiden)*
~/**durch pn-Übergang** *(El)* to junction-isolate
~/**gegen Feuchtigkeit** to seal against humidity (moisture)
isolierend insulating
Isolierfähigkeit *f* insulating capacity, ability to insulate
Isolierfaserstoff *m* fibrous insulating material
Isolierfestigkeit *f* insulating strength
Isolierfilz *m* insulating felt
Isolierflüssigkeit *f* insulating fluid (liquid)
Isolierfolie *f* insulating foil (sheet)
Isolierfuß *m* insulating support
Isolierhülle *f* insulating cover (sheath)
Isolierhülse *f* protective sleeve; slot liner *(Nutisolierhülse)*
Isolierkeil *m* insulating key
Isolierklemme *f* insulator cleat
Isolierkörper *m* insulator; plug insulator *(Zündkerze)*
Isolierlack *m* insulating varnish (lacquer)
Isoliermanschette *f* **eines Stromwenders** commutator vee-ring insulator
Isoliermantel *m* insulating sheath (casing, jacket)
Isoliermasse *f* insulating compound
Isoliermaterial *n* insulating material, insulant *(s. a. unter* Isolierstoff*)*
~/**festes** solid insulating material
~/**keramisches** ceramic insulating material
~/**verdichtetes** compressed insulating material *(z. B. Einbettmassen für Heizleiter)*
Isoliermatte *f* insulating mat
Isoliermuffe *f* insulating joint
Isolieröl *n* insulating oil
Isolierpapier *n* [electrical] insulating paper, varnish (cable) paper
Isolierpappe *f* insulating cardboard
Isolierperle *f* insulating bead
Isolierplatte *f* insulating slab
Isolierporzellan *n* insulation (electrical) porcelain
Isolierrohr *n* insulating tube (conduit)
Isolierrohranordnung *f* conduit system
Isolierscheibe *f* insulating disk
Isolierschemel *m* insulating stool
Isolierschicht *f* insulating layer
Isolierschicht-Feldeffekttransistor *m* insulated-gate field-effect transistor, IGFET
Isolierschirm *m* insulating screen
Isolierschlauch *m* [flexible] insulating tubing, flexible varnished tubing; loom
Isoliersockel *m* insulating base
Isolierspannung *f* insulating voltage
Isoliersteg *m* barrier; commutator insulating segment *(bei Stromwendermaschinen)*
Isolierstoff *m* insulating (non-conducting) material, insulant *(s. a. unter* Isoliermaterial*)*
~/**flammsicherer** non-inflammable insulating material
~/**flüssiger** liquid insulating material, insulating fluid (liquid)
~/**gasförmiger** gaseous insulating material
~/**geschichteter** laminated insulating material
~/**glasartiger** vitreous insulating material
~/**idealer** ideal (no-loss) dielectric
~/**nichtentflammbarer** non-inflammable insulating material

~/organischer organic insulating material
~/steifer rigid insulating material
Isolierstoffklasse *f s.* Isolationsklasse
Isolierstütze *f* insulating support
isoliert insulated; unearthed *(Sternpunkt)*
~/gegen Erde insulated from earth
Isolierteppich *m* insulating mat
Isoliertransformator *m* insulating transformer, one-to-one transformer
Isoliertuch *n* insulating cloth
Isolierturm *m* insulating shroud *(Hochspannungsprüfanlage)*
Isolierumhüllung *f s.* Isoliermantel
Isolierung *f* 1. *(ET)* insulation *(durch nichtleitendes Material)*; isolation *(Trennung vom Stromkreis)*; 2. *(Ak, Wä)* insulation *(Dämmung) (s. a. unter* Isolation*)*; 3. *s.* Isoliermaterial
~/eingebundene taped insulation
~/elektrische insulation
~/gewickelte taped insulation
~ mit Aluminiumfolie aluminium-foil insulation
~/nicht selbstregenerierende non-self-restoring insulation
~/selbstregenerierende self-restoring insulation
~/thermoplastische thermoplastic insulation
~/verstärkte reinforced insulation
Isolierverbindung *f* insulating joint
Isoliervermögen *n* insulating power (property)
Isolierwandler *m* insulated instrument transformer
Isolierwiderstand *m* insulation resistance
Isolierzange *f* insulated pliers (tongs)
Isolierzwischenlage *f* insulating spacer (separator)
Isoluxe *f* isophot curve, isolux (equilux) line
Isomerieverschiebung *f* isomeric shift
isomorph isomorphic, isomorphous *(z. B. Kristall)*
isopolar isopolar
isopotentiell isopotential
Isostilbe *f* isoluminance curve
Isotherme *f* isothermal [line]
Isotop *n* isotope
isotopenangereichert isotope-enriched
Isotopenanreicherung *f* isotope enrichment
Isotopenaustausch *m* isotope exchange
Isotopeneffekt *m* isotope (isotopic) effect
Isotopenfraktionierung *f* isotope fractionation (separation)
Isotopengemisch *n* isotope mixture
Isotopenhäufigkeit *f* isotope abundance
Isotopenlampe *f* isotope (radioactive, atomic) lamp
Isotopentrennanlage *f* isotope separation plant
Isotopentrennung *f* isotope separation
~/elektrolytische electrolytic separation of isotopes
Isotopenverdünnung *f* isotopic dilution
Isotopenzusammensetzung *f* isotopic composition
Isotopieeffekt *m* isotope effect
Istgröße *f*, **Istmaß** *n* actual dimension (size)
I-Stromrichter *m* constant-current d.c.-link converter
Istwert *m* 1. actual (true, real) value; feedback value *(im Regelkreis)*; 2. measured value
Istwert-Sollwert-Vergleich *m* comparison of actual and setpoint values, actual/setpoint comparison
Istzeit *f* real time
Ist-Zuverlässigkeit *f (Syst)* actual reliability *(Ergebnis der Prüfung)*
Iteration *f (Dat)* iteration
Iterationsmethode *f (Dat)* iteration (iterative) method, method of successive approximation
Iterationsparameter *m (Dat)* iteration (iterative) parameter
Iterationsschleife *f (Dat)* iteration loop
Iterationsschritt *m (Dat)* iteration step
Iterationsverfahren *n (Dat)* iteration procedure *(s. a.* Iterationsmethode*)*
iterativ iterative
I-Verhalten *n s.* Integralverhalten
I-Zeit *f s.* Integralzeit

J

J *s.* Joule
Jacobi-Matrix *f (Syst)* Jacobian matrix *(Linearisierung)*
Jahresbelastungsdauer *f* annual load duration
Jahresbelastungsdiagramm *n* annual load diagram
Jahresbelastungskoeffizient *m* annual load factor
Jahresbelastungskurve *f* annual load curve
Jahresbenutzungsdauer *f* annual load duration
Jahresbenutzungskoeffizient *m* annual load factor
Jahresspeicher *m* yearly storage reservoir *(Wasserkraftwerk)*
Jahresspitze *f* annual peak *(Energieversorgung)*
Jahresverbrauch *m* annual consumption
Ja-Nein-Kode *m (Dat)* on-off code
Japanlack *m* japan [lacquer]
jaulen to howl, to whine
Jaulen *n* wow *(langsame Schwankung)*; flutter *(schnelle Schwankung)*; wow and flutter
Jaumann-Brücke *f* Jaumann's differential bridge, Q-bridge *(zur Gütefaktormessung)*
Jedermann-Band *n (Nrt)* citizens' [wave]band
JEDOCH-NICHT-Gatter *n*, **JEDOCH-NICHT-Tor** *n* EXCEPT gate
Jeweils-Änderung *f (Dat)* running modification
Jeweils-Parameter *m (Dat)* program parameter
JFET junction field-effect transistor
Jitter *m* jitter
Job *m (Dat)* job *(eines Computersystems)*
~ ohne Wiederanlaufmöglichkeit non-set-up job

Jobanweisung *f* job statement
Jobbetriebssprache *f* job control language
Jobdisponent *m* job scheduler
Jobeingabe *f* job entry
Jobeingabestrom *m* input job stream
Jobprotokoll *n* job log
Jobstapelverarbeitung *f* stacked job processing
Jobsteueranweisung *f* job control statement
Jobsteuersprache *f* job control language
Jobsteuerung *f* job control
Jobstrom *m* job stream
Joch *n* yoke *(magnetischer Kreis)*
Jochmethode *f* yoke method *(Permeabilitätsprüfung)*
Jochrückkopplung *f* yoke kickback
Jod... *s.* Iod...
Johnson-Effekt *m* Johnson effect *(thermisches Rauschen)*
Joly-Photometer *n* Joly (wax block) photometer
Josephson-Bauelement *n* Josephson [junction] device
Josephson-Brücke *f* Josephson bridge
Josephson-Flipflop *n* Josephson flip-flop
Josephson-Rechnertechnologie *f* Josephson computer technology
Josephson-Speicher *m* Josephson [junction] memory, Josephson store
Josephson-Tunnelübergang *m* Josephson tunnel junction
Josephson-Übergang *m* Josephson junction
Josephson-Übergangselement *n* Josephson [junction] device
Josephson-Verbindung *f* Josephson junction
Joule *n* joule, J *(SI-Einheit für Arbeit, Energie und Wärmemenge)*
Joule-Effekt *m* Joule effect *(Magnetostriktion)*
Journalfernschreiber *m* journal teleprinter
Jupiterlampe *f* sun lamp *(lichtstarker Linsenscheinwerfer)*
Justage *f* adjustment
justierbar adjustable
Justiereinrichtung *f s.* Justiergerät
Justierelement *n* adjustment control
justieren to adjust; to calibrate
Justieren *n s.* Justierung
Justiergerät *n* adjusting device (unit), adjuster
Justierkappe *f* adjustment cover
Justierkreuz *n* alignment pattern (cross)
Justierlampe *f* adjustment lamp
Justiermarke *f* adjusting (alignment) mark; fiducial mark
Justierschraube *f* adjustment (adjusting) screw
Justierung *f* adjustment, adjusting
Justiervorrichtung *f* adjusting device, adjuster
Justierwiderstand *m* trimming (adjusting) resistor
Justierzeit *f* adjustment time
Jute *f* jute

K

K *s.* Kelvin
Kabel *n* 1. cable; 2. *(Nrt)* cablegram, cable
~/abgeschirmtes shielded[-type] cable, screened cable
~/achterverseiltes quadruple pair cable
~/armiertes armoured cable
~/bandbewehrtes band-armoured cable
~/baumwoll- und seidenumsponnenes silk-and-cotton-covered cable
~/belastetes loaded cable
~/bespultes *(Nrt)* coil-loaded cable
~/bewegliches travelling cable
~/bewehrtes armoured cable
~/bewehrtes flexibles flexible armoured cable
~/biegsames flexible cable
~/biegsames wassergekühltes flexible water-cooled cable
~/blankes bare (uncovered) cable
~/bündelverseiltes unit cable
~/doppeladriges double-core cable, two-conductor cable, two-wire cable, twin (loop) cable
~/drahtbewehrtes wire-armoured cable
~/dreiadriges three-core cable, three-conductor cable, triple-core cable
~/dreimal mit Papier isoliertes triple paper-covered cable
~/einadriges single-core cable
~/entspultes *(Nrt)* deloaded cable
~/extrudiertes extruded cable
~/fest verseiltes tight cable
~/flexibles flexible (BX) cable
~ für Erdverlegung underground cable
~/gemeinsam geschirmtes collectively shielded cable
~/gemischtadriges (gemischtpaariges) composite (combined) cable
~/gummiisoliertes rubber-insulated cable
~/hochflexibles extra flexible cable
~/induktionsfreies anti-induction cable
~/isoliertes insulated cable
~/juteisoliertes jute-insulated cable
~/kapazitätsarmes low-capacitance cable
~/koaxiales coaxial [cable], coax, coaxial [transmission] line, concentric cable (line) *(Zusammensetzungen s. unter* Koaxialkabel*)*
~/kombiniertes composite (combined) cable
~/konzentrisches *s.* ~/koaxiales
~/lackleinenisoliertes varnished-cambric [insulated] cable
~/massearmes non-draining cable, non-bleeding cable
~/mehradriges multicore (multiconductor) cable, multiple[-conductor] cable
~ mit abgeschirmten Leitern screened-conductor cable, shielded-conductor cable
~ mit Bandage armoured cable
~ mit Bleimantel lead-covered cable

~ **mit Gasfüllung** gas-filled cable
~ **mit geringer Adernzahl** small-capacity cable
~ **mit Hilfsadern** cable with pilot cores
~ **mit Juteschutz** jute-protected cable
~ **mit Luft[raum]isolierung** air-space[d] cable
~ **mit Metallmantel** metal-clad cable
~ **mit Stahl[band]bewehrung** band-armoured cable
~ **mit Sternverseilung (Viererverseilung)** quad[ded] cable
~ **mit zwei Innenleitern/konzentrisches** twin concentric cable, twinax cable
~**/störspannungsarmes** low-noise cable
~**/symmetrisches** symmetrical cable
~**/umhülltes** covered cable
~**/unbespultes** *(Nrt)* unloaded cable
~**/verlustarmes** low-loss cable
~**/verseiltes** stranded cable
~**/vieladriges** *s.* ~/mehradriges
~**/vielpaariges** multipair cable, large-capacity cable
~**/vieradriges** four-core cable, four-conductor cable
~**/viererverseiltes** quad[ded] cable
~**/wasserdichtes** watertight cable
~**/zweiadriges** two-core cable, twin[-core] cable
~**/zweipaariges** two-pair core cable
Kabelabfangung *f* cable clamping
Kabelabschalter *m* cable disconnector
Kabelabschirmung *f* cable screening (protection)
Kabelabschluß *m* cable termination (head)
Kabelabschnitt *m* cable section
Kabelabstreifgerät *n* cable stripper
Kabelabwickler *m* cable dereeler
Kabelabzweig *m* cable branching
Kabelabzweigmuffe *f* cable distribution box
Kabelabzweigpunkt *m* cable tapping point
Kabelabzweigung *f* cable branching
Kabelader *f* cable conductor (core)
Kabeladerausnutzung *f (Nrt)* cable fill
Kabeladereinbindung *f* cable core binder
Kabeladernpaar *n* cable pair
Kabelanhebepunkt *m* cable lifting point
Kabelanhebung *f* cable lifting
Kabelanschluß *m* cable connection; cable terminal *(Klemmenanschluß)*
Kabelanschlußgarnitur *f* cable terminal fittings
Kabelanschlußkasten *m* cable connection box, cable joint (terminal, sealing) box
Kabelanschlußklemme *f* cable connecting terminal
Kabelanschlußpunkt *m* cable access point
Kabelanschlußraum *m* cable terminal compartment
Kabelarmatur *f* cable fitting
Kabelarmierungsdraht *m* cable armouring wire
Kabelaufbau *m* cable construction, cable design
Kabelaufführung *f s.* Kabelanhebung
Kabelaufhänger *m* cable suspender (bearer)
Kabelausgleich *m (Nrt)* cable balancing network
Kabelbahn *f* cable run
Kabelbaum *m* cable harness (trunk), harness form, harness [of connections], wiring harness
Kabelbaumverdrahtung *f* cable form wiring
Kabelbaumzeichnung *f* harness drawing
Kabelbefestigungsschelle *f* cable clamp
Kabelbeilauf *m* fillers of a cable
Kabelbelegungsplan *m (Nrt)* cable assignment record
Kabelbett *m* cable bedding
Kabelbewehrung *f* 1. cable armouring; 2. armour of a cable, cable armour
Kabelbewehrungsdraht *m* cable armouring wire
Kabelbewehrungsmaschine *f* cable armouring machine
Kabelboden *m (An)* cable basement (cellar, room) *(unter dem Erdgeschoß)*; cable gallery *(über dem Erdgeschoß)*
Kabelbruch *m* cable break
Kabelbrunnen *m (Nrt)* jointing manhole
Kabelbündel *n* bunched cable
Kabeldämpfung *f* cable attenuation
Kabeldichtung *f* cable seal; cable gland
Kabeldichtungsmasse *f* cable sealing compound
Kabeldurchführung *f* cable bushing
Kabeleinführung *f* cable entry; cable inlet
Kabeleinführungsarmatur *f* cable entry fitting
Kabeleingangsarmatur *f* cable entrance fitting *(bei Durchführungen)*
Kabeleinspeisung *f* 1. cable feeding; 2. cable feeder
Kabeleinziehwinde *f* cable pulling machine
Kabelempfänger *m* line receiver
Kabelendanschluß *m* cable distribution head
Kabelende *n* cable head (termination)
~**/verbleites** sealed cable end
Kabelendgestell *n* cable support (terminating) rack
Kabelendmuffe *f* pothead
Kabelendverschluß *m* cable terminal box (enclosure), cable termination, cable end box (piece); cable pothead
~**/vergossener** cable sealing head (end)
Kabelendverschlußgehäuse *n* pothead body
Kabelendverschlußisolator *m* pothead insulator
Kabelendverschlußmontagefläche *f* pothead mounting plate
Kabelendverstärker *m* line amplifier
Kabelendverteiler *m* cable distribution head, dividing box
Kabelentzerrer *m* cable equalizer
Kabelerdschelle *f* earth cable bond
Kabelfehler *m* cable fault; cable interruption (break)
Kabelfehlersuchgerät *n* cable fault locator
Kabelfernsehanlage *f* 1. cable television equipment; 2. *s.* Kabelfernsehsystem
Kabelfernsehen *n* cable television

Kabelfernsehsystem *n* cable television system; cable distribution TV system
Kabelfett *n* cable filler
Kabelflachklemme *f* cable lug-type screw terminal
Kabelflansch *m* cable gland
Kabelformstein *m* cable duct block, conduit brick, cement duct
Kabelführung *f* cable run
Kabelführungsplan *m* cable-layout plan
Kabelfüllmaterial *n* cable filler
Kabelgarnitur *f* cable fittings (accessories); cable terminal fittings
Kabelgeschirr *n* cable gear
Kabelgestell *n* cable rack
Kabelgraben *m* cable trench (ditch), troughing
Kabelhalter *m* cable bearer (support), cable stay
Kabelhaspel *f(m)* cable drum (reel)
Kabelhausanschlußkasten *m* cable service box
Kabelhochführungsschacht *m* cable chute
Kabelhülle *f* cable sheathing
Kabelisoliermaschine *f* cable covering machine
Kabelisolieröl *n* cable oil
Kabelkanal *m* [cable] duct, cable channel (conduit) duct unit
~/begehbarer cable tunnel
~/einzügiger single-way duct
~/mehrzügiger multiway duct
Kabelkanalanlage *f* conduit plant
Kabelkanaleinstiegloch *n* cable manhole
Kabelkanalformstein *m s.* Kabelformstein
Kabelkanalsystem *n* [cable] duct run
Kabelkapazität *f* cable capacity
Kabelkasten *m* cable box
Kabelkeller *m* cable cellar (vault) *(unter dem Erdgeschoß)*; underground distribution chamber
Kabelkennzeichnung *f* cable identification
Kabelkitt *m* cable mastic
Kabelklemme *f* cable [connecting] terminal, cable lug (clamp)
Kabelklemmschraube *f* cable clamp screw
Kabelkode *m (Nrt)* cable code
Kabelkonsole *f* cable bearer (bracket)
Kabelkopplung *f* cable coupling (connecting socket)
Kabelkran *m* aerial cableway, cableway crane
Kabellack *m* cable lacquer
Kabelladestrom *m* cable charging current
Kabellageplan *m (Nrt)* cable layout plan, cable map
Kabellänge *f* cable length
Kabellegemaschine *f* cable-laying machine
Kabellegeschiff *n* cable[-laying] ship, cable layer
Kabellegung *f* cable laying
Kabelleistungsfaktor *m* cable power factor
Kabelleiter *m* cable conductor
Kabellitze *f* cable strand
Kabellöter *m* splicer, [cable] jointer, [cable] solderer
Kabellöterzelt *n* wireman's tent
Kabellötstelle *f* cable joint
Kabelmantel *m* cable sheath[ing], cable coating (jacket)
Kabelmantelisolator *m* cable sheath insulator
Kabelmantelverbinder *m*, **Kabelmantelverbindung** *f* cable [sheath] bond
Kabelmasse *f* cable compound (filler), [sealing] compound
Kabelmast *m* cable post (pole)
Kabelmerkstein *m* [cable] marker
Kabelmeßdienst *m* cable test service
Kabelmeßeinrichtung *f* cable test set
Kabelmesser *n* cable stripping (dismantling) knife, stripper
Kabelmeßkoffer *m* portable cable-measuring set
Kabelmeßstelle *f* cable monitoring point
Kabelmessung *f* cable test[ing]
Kabelmeßwagen *m* cable testing car (truck, van)
Kabelmontage *f* cable assembly
Kabelmuffe *f* cable [junction] box, cable sleeve (fitting); joint (splice) box
kabeln *(Nrt)* to cable
Kabelnachricht *f* cablegram, cable
Kabelnetz *n* cable network (system)
Kabelnetzplan *m s.* Kabellageplan
Kabelortungsgerät *n* cable detector (localizer, locator)
Kabelöse *f* cable lug (eye)
Kabelpaar *n* cable pair
Kabelpanzer *m* cable armour
Kabelpapier *n* cable [binding] paper, Manila paper
Kabelpflichtenheft *n (Nrt)* cable specification
Kabelpflug *m* cable plough
Kabelplan *m s.* Kabellageplan
Kabelpritsche *f* cable tray
Kabelprüfanschluß *m* live cable test cap
Kabelraum *m* cable compartment
Kabelregister *n s.* Kabelpritsche
Kabelring *m* cable coil
Kabelrinne *f* cable tray; cable channel
Kabelrohr *n* cable conduit *(s. a.* Kabelschutzrohr*)*
Kabelrolle *f* 1. cable roller *(Vorrichtung zum Auslegen von Kabeln)*; 2. *s.* Kabeltrommel
Kabelrost *m* cable rack (shelf), cable runway (trough)
Kabelrundfunk *m* cable broadcast, wire broadcasting
Kabelsalat *m* cable clutter
Kabelschacht *m* cable runway (shaft), cable [pit] vault; manhole; cable jointing chamber
~/aufwärtsführender cable chute
Kabelschalter *m* cable disconnector
Kabelschelle *f* cable clamp (clip, collar)
Kabelschiff *n s.* Kabellegeschiff
Kabelschirm *m* cable shield
Kabelschnellverleger *m* quick-fixing cable clamp
Kabelschrank *m* cable terminal box
Kabelschuh *m* [cable] lug, cable (wire) terminal, cable socket (thimble)

~/gabelförmiger forked terminal (tongue)
~/geschlossener ring tongue
~/offener spade end (terminal)
~/selbstanpressender self-crimping lug
Kabelschuhhülse *f* barrel of terminal
Kabelschutz *m* cable protection
Kabelschutzhülle *f* protective sheath of cable
Kabelschutzrohr *n* cable [protective] conduit, cable duct (pipe, tube)
Kabelseele *f* cable core *(Mehrleiterkabel)*
Kabelsichtgerät *n* cable detecting device
Kabelspleißung *f* cable splice
Kabelspürgerät *n s.* Kabelsuchgerät
Kabelstecker *m* cable plug (socket)
Kabelstein *m* cable tile
Kabelstollen *m* cable subway
Kabelstrecke *f (Nrt)* cable line
Kabelstromwandler *m* cable (slip-over) current transformer
Kabelstück *n* cable section
Kabelstumpf *m* cable end
Kabelstutzen *m* pothead, cable gland (sealing end)
Kabelsucher *m s.* Kabelsuchgerät
Kabelsuchgerät *n* cable detector (localizer, locator)
Kabelsystem *n* cable system
~/hochkanaliges *(Nrt)* high-capacity cable system
Kabelträger *m* cable bearer (bracket)
Kabeltragseil *n* messenger cable
Kabeltränkmasse *f* cable-impregnating compound
Kabeltrasse *f* cable route (run)
Kabeltraverse *f* cable suspender
Kabeltreiber *m* line driver
Kabeltrennlage *f* cable separator *(zum Trennen zweier Leiter)*
Kabeltrommel *f* cable drum (reel)
Kabeltrommelwagen *m* cable drum car
Kabelummantelung *f* cable sheathing (armouring)
Kabelumwickelmaschine *f* cable covering machine
Kabelunterbrechung *f* cable interruption (break); open-circuit fault
Kabelverbinder *m* cable connector (coupler), cable [jointing] sleeve
~/hermetischer leak-tight connector
Kabelverbindung *f* cable connection (joint); cable coupling *(meist Steckverbindung)*
Kabelverbindungskasten *m* cable joint box
Kabelvergußmasse *f* cable sealing compound
Kabelverlegemaschine *f* cable-laying machine, cable layer
Kabelverlegewinde *f* cable-laying hoist
Kabelverlegung *f* cable laying
Kabelverlust *m* cable loss
Kabelverlustfaktor *m*, **Kabelverlustwinkel** *m* cable power factor
Kabelverseilmaschine *f* cable stranding (twisting) machine, cabling machine
Kabelverstärker *m* line driver
Kabelverteilanlage *f* cable distribution system
Kabelverteiler *m* cable terminal box
Kabelverteilergestell *n* cable distribution rack
Kabelverteilerraum *m* cable spreading room
Kabelverteilerschrank *m* cable distribution cabinet (pillar), cable junction cabinet
Kabelverteilungsgebiet *n* underground distribution area
Kabelverzweiger *m* cable distribution box
Kabelverzweigung *f* cable branching
Kabelwachs *n* cable wax (paraffin), adhesive pitch
Kabelweg *m* cable run
Kabelwickelpapier *n* cable binding paper
Kabelwinde *f* cable winch
Kabelwinkelstecker *m* free angle connector
Kabelziehkeil *m* cable grip
Kabelzubehör *n* cable fittings (accessories)
Kabine *f* cabin, booth
~/schallisolierte soundproof cabin
Kabinenbeleuchtung *f* cabin lighting
Kabinenschaltung *f* car switch operation *(Aufzug)*
Kabinensteuerung *f* car switch [lift] control *(Aufzug)*
kadmiert cadmium-plated
Kadmierung *f* cadmium plating
Kadmium... *s.* Cadmium...
Käfig *m* cage
~/Faradayscher Faraday cage (screen, shield), electrostaic screen
Käfiganker *m* quirrel-cage rotor
Käfigankermotor *m* squirrel-cage [induction] motor
Käfigantenne *f* cage aerial
Käfigdipol *m* cage dipole
Käfigläufer *m* squirrel-cage rotor
Käfigläufermotor *m* [squirrel-]cage motor
Käfigmagnetron *n* squirrel-cage magnetron
Käfigmotor *m* cage motor
Käfigwicklung *f* squirrel-cage winding
Kalenderteil *m* calendar section *(z. B. einer Digitaluhr)*
Kalibratoröffnung *f* calibrator port
Kalibriereinrichtung *f* calibrator, calibration system
~/eingebaute (innere) internal (built-in) calibration system
kalibrieren to calibrate; to gauge
Kalibrieren *n* calibration; gauging, pointing
Kalibrierfehler *m* calibration error; gauging error *(einer Maßverkörperung)*
Kalibriergenauigkeit *f* calibration accuracy
Kalibriermarke *f* calibration mark
Kalibrierschallquelle *f* sound level calibrator
Kalibrierspannung *f* calibration voltage
Kalibrierung *f* calibration
~ am Meßort on-the-spot calibration
~ nach dem Ersatzspannungsverfahren insert-voltage calibration

~ **unter Betriebsbedingungen** field calibration
Kalibrierwiderstand *m* calibration resistance
Kaliumspektrallampe *f* potassium spectral lamp
Kalkner-Kupplung *f* resonant link
Kalomelektrode *f* calomel [reference] electrode, calomel half-cell, mercury-mercurous chloride electrode
~/**gesättigte** saturated calomel electrode, SCE
n/10-Kalomelelektrode *f* decinormal calomel electrode
Kalomelhalbzelle *f s.* Kalomelelektrode
Kalorie *f s.* Joule
Kalorimeter *n* calorimeter
Kalorimetermessung *f* calorimetric measurement (test)
Kalorimetrie *f* calorimetry
kalorimetrisch calorimetric
kalorisch caloric
kaltabbindend cold-setting *(Isolierstoffe)*
Kaltanlauf *m s.* Kaltstart
kaltbrüchig cold-short
Kaltbrüchigkeit *f* cold shortness, low-temperature brittleness
Kaltdruck *m* cold pressure *(Hochdrucklampe)*
Kälteanlage *f* refrigeration (refrigerating) plant
kältebeständig cold-resistant
Kältebeständigkeit *f* resistance to cold, cold resistance
Käteerzeugung *f* refrigeration
Kälteerzeugungsanlage *f* refrigerating (cooling) plant
Kälteleistung *f* refrigerating capacity
Kältemaschine *f* refrigerating machine, refrigerator
Kältemedium *n s.* Kältemittel
Kaltemission *f* cold (field) emission, autoelectronic emission
Kältemittel *n* refrigerant, refrigerating (cooling) agent, refrigerating medium; cryogen, cryogenic agent
Kälteprüfung *f* cold test
Kälteregler *m* cryostat
Kälteträger *m s.* Kältemittel
Kaltfluß *m* cold flow *(Löten)*
kalthärtend cold-curing, cold-setting *(Isolierstoffe)*
Kalthärtung *f* cold curing (setting); aging at room temperature
Kaltkatode *f* cold cathode, cold electron emitter
Kaltkatodenanzeigeröhre *f* cold-cathode [character] display tube
Kaltkatodenbildröhre *f* cold-cathode [optical] display tube
Kaltkatodenentladung *f* cold-cathode discharge
Kaltkatodenglimmlampe *f* [cold-cathode] glow-discharge tube
Kaltkatodenlampe *f* cold-cathode lamp
Kaltkatodenleuchtstoffröhre *f* cold-cathode fluorescent tube
Kaltkatodenröhre *f* cold-cathode [fluorescent] tube
Kaltkatodenröhrenschaltung *f* cold-cathode tube circuit
Kaltkatodentriggerröhre *f* cold-cathode trigger tube
Kaltkatodenzählrohr *m* cold-cathode counting tube
Kaltleiter *m* positive temperature coefficient resistor, PTC resistor
Kaltlichtfilter *n* cold-light filter, dichroic filter
Kaltlichtlampe *f* cold-light lamp, cool-light lamp
Kaltlichtspiegel *m* cold-light reflector, dichroic mirror (reflector)
Kaltlötstelle *f* cold solder joint, dry-soldered connection
Kaltpressen *n* cold moulding *(von Kunststoff)*
Kaltschweißen *n* cold welding
Kaltstanzausführung *f* cold-punch grade *(Leiterplatten)*
Kaltstart *m* cold start[-up], start from cold state; cold booting *(Rechner)*
Kaltstartlampe *f* cold-start lamp
Kaltverfestigung *f* strain hardening
Kaltvergußmasse *f* cold-setting compound, cold-filling compound, cold-pouring compound
Kaltwandofen *m* cold-wall furnace
Kaltwiderstand *m* initial resistance *(Anfangswiderstand)*
Kamera *f* camera *(s. a.* Fernsehkamera*)*
~/**elektronische** electronic camera
Kamerakontrollgerät *n (Fs)* camera monitor
Kameraröhre *f (Fs)* camera [pick-up] tube
Kamerasignal *n (Fs)* camera signal
Kameraspeicherröhre *f (Fs)* camera storage tube
Kameraverbindungssender *m (Fs)* pick-up link transmitter
Kamm *m* fanning strip *(Lötösenstreifen)*
Kammblende *f (Licht)* comb diaphragm
Kammerofen *m* chamber kiln (oven), box-type furnace
Kammertongenerator *m (Ak)* standard tone generator
Kammfilter *n* comb (matched) filter
Kammrelais *n* cradle relay
Kampometer *n* kampometer *(zum Messen der Strahlungsenergie)*
Kanal *m* 1. *(Nrt, Fs)* channel; *(Dat)* channel; port; 2. [cable] conduit; canal, duct; tunnel
~/**auslöschender** erasure channel
~/**benachbarter** flanking channel
~/**digitaler** digital path
~/**frequenzniedriger** lower-frequency channel
~/**gestörter** disturbed channel
~/**mehrzügiger** multiple-duct conduit, multiple-way duct
~ **mit Pulskodenmodulation** pulse-code modulation channel
~/**n-leitender** n-type conductive channel, n-channel

~/p-leitender p-type conductive channel, p-channel
~/störender disturbing channel
Kanalabbau *m* channel degradation
Kanalabschluß *m (El)* channel termination
Kanalabschlußdiffusion *f (El)* channel termination diffusion
Kanalabstand *m (Nrt)* interchannel spacing, channel separation (spacing)
Kanalabtastung *f* channel scanning *(z. B. in der Fernmeßtechnik)*
Kanaladapter *m* channel adapter
Kanaladresse *f (Dat)* channel address
Kanaladressierung *f (Dat)* port addressing
Kanalanfang *m* duct entrance
Kanalanordnung *f (Nrt)* channel arrangement
Kanalanschlußgerät *n* channel adapter
Kanalausfallmeldung *f (Nrt)* channel failure alarm
Kanalauskleidung *f* duct lining
Kanalauslastung *f (Nrt)* channel usage factor
Kanalauslegung *f* channel design
Kanalausnutzung *f (Nrt)* channel utilization
Kanalausnutzungsindex *m* channel utilization index
Kanalbandbreite *f (Nrt)* channel bandwidth
Kanalbegrenzung *f* channel stop
Kanalbeweglichkeit *f (El)* channel mobility
Kanalbildung *f (El)* channel formation
Kanalblende *f (Nrt)* channel filter
Kanalbreite *f (El)* channel width
Kanaldaten *pl* channel data
Kanaldotierung *f* channel doping *(Feldeffekttransistor)*
Kanaleingang *m* channel entry
Kanaleinteilung *f (Nrt)* channel arrangement (allocation)
Kanalelektron *n (El)* channel electron
Kanalelektronenvervielfacher *m (El)* channel electron multiplier, CEM
Kanalende *n (El)* channel termination
Kanalentladung *f* channel discharge *(Gasentladung)*
Kanalfilter *n (Nrt)* channel filter
Kanalführung *f* ducting *(Lüftungskanäle)*
Kanalgebiet *n (El)* channel region
kanalgebunden *(Nrt)* channel-associated
Kanalgeometrie *f (El)* channel geometry
Kanalgruppe *f (Nrt)* channel group
Kanalkapazität *f (Nrt)* channel capacity
Kanalkennzeichnung *f (Nrt)* channel identification
Kanallage *f (Nrt)* channel position
Kanallänge *f (El)* channel length
Kanallängenmodulation *f (El)* channel length modulation
Kanalleitfähigkeit *f (El)* channel conductance
Kanalleitung *f* channel conduction
Kanallücke *f (Nrt)* interchannel gap
Kanalmarkierung *f (Nrt)* channel identification
Kanalnebensprechen *n (Nrt)* [inter]channel cross talk
Kanalnummer *f (Nrt)* channel number
Kanalschalter *m (Fs)* turret
Kanalschaltung *f* channel switching
Kanalstatistik *f* channel statistics
Kanalstopp[er] *m* channel stop
Kanalstoppimplantation *f (El)* channel-stop implantation
Kanalstörung *f* co-channel interference
Kanalstrahlanalyse *f* canal-ray analysis
Kanalstrahlen *mpl* canal (positive) rays
Kanalstrahlentladung *f* canal-ray discharge
Kanalstrahlrohr *n* canal-ray [discharge] tube
Kanalstrecke *f* duct run
Kanalstrom *m (El)* channel current
Kanalteiler *m (Nrt)* varioplex
Kanaltor *n (Nrt)* channel gate
Kanalüberwachung *f* channel monitoring
Kanalumschaltung *f* channel switching
Kanalumsetzer *m (Nrt)* channel modulating equipment, channel translator, [channel] modulator
Kanalumsetzereinrichtung *f s.* Kanalumsetzer
Kanalumsetzergestell *n (Nrt)* channel translating bay
Kanalumsetzung *f (Nrt)* channel modulation
Kanalverhinderung *f* channel stop
Kanalverkürzung *f (El)* channel shortening
Kanalverlängerung *f* channel extension
Kanalversetzung *f (Nrt)* staggering
Kanalverteiler *m (Nrt)* channel distributor
Kanalverwaltung *f* channel scheduling
Kanalwähler *m* channel selector; [television] tuner
Kanalwählertaste *f* channel selector key
Kanalwahlschalter *m* multiplexer, channel selector [switch]
Kanalweiche *f (Nrt)* channel separating filter
Kanalwiderstand *m* channel resistance
Kanalwirkungsgrad *m (Nrt)* channel utilization index
Kanalzeitlage *f (Nrt)* channel time-slot, time-slot pattern
Kanalzuordnung *f (Fs)* channel allocation
Kante *f* edge, rim
~/ablaufende 1. trailing edge; 2. *s.* Bürstenkante/ablaufende
~/gebrochene chamfered edge
Kanteneffekt *m* edge effect *(beim Linearmotor)*
Kantenemission *f (El)* edge emission
Kantenerkennung *f* edge detection *(Signaltheorie)*
Kantengestaltung *f (El)* edge contouring
kanteninjiziert *(El)* edge-injected
Kantenmenge *f* edge set *(Graph)*
Kantenschärfe *f (El)* edge acuity (definition)
Kantenstrom *m (El)* edge current
Kantentauchlöten *n* edge dip soldering
Kanzelbeleuchtung *f* cockpit lighting *(Flugzeug)*
Kapazitanz *f* capacitive reactance

~ **des Mitsystems** positive-sequence capacitive reactance
~ **des Nullsystems** zero-sequence capacitive reactance
Kapazität *f* 1. capacity, capacitance, C *(Kenngröße)*; 2. ampere-hour capacity *(z. B. eines Sammlers)*; 3. capacitor *(Bauelement) (Zusammensetzungen s. unter* Kondensator*)*
~ **der Leitungen** wiring capacitance
~**/differentielle** differential capacitance
~ **eines Schwingkreises** tank capacitance
~ **gegen Erde** capacitance to earth
~**/gegenseitige** mutual capacitance
~**/gemeinsame** joint capacitance
~**/gesteuerte** controlled capacitance
~ **in Wattstunden** watt-hour capacitance
~**/innere** inner capacitance
~**/integrale** integral capacitance
~ **je Flächeneinheit** unit-area capacitance
~ **je Längeneinheit** capacitance per unit length
~**/parasitäre** parasitic capacitance
~**/punktförmig verteilte** lumped capacitance
~**/reziproke** elastance
~**/stetig verteilte** continuously distributed capacitance
~**/verlustlose** pure capacitance
~**/verteilte** distributed capacitance
~**/wirksame** effective capacitance
~ **zwischen den Elektroden** internal (total electrode) capacitance
~ **zwischen Windungen** wire-to-wire capacitance
Kapazitätsabgleich *m* capacity alignment; capacity levelling
Kapazitätsabstimmbereich *m* capacitance tuning range
Kapazitätsabstimmung *f* capacitance tuning
Kapazitätsabweichung *f* capacitance deviation
Kapazitätsänderung *f***/zeitliche** capacitance drift with time
kapazitätsarm low-capacitance
Kapazitätsausgleich *m* capacitance balance (balancing)
Kapazitätsbelag *m* 1. distributed capacitance, capacitance per unit length *(Parameter)*; 2. capacitor coating, metal foil of a capacitor
Kapazitätsdiode *f* [variable] capacitance diode, varicap, varactor *(Halbleiterdiode mit spannungsabhängiger Kapazität)*
Kapazitätsdiodenspeicher *m (Dat)* capacitor diode memory (store)
kapazitätsfrei non-capacitive
Kapazitätsgrundabstimmbereich *m* basic capacitance tuning range
Kapazitätshub *m* capacitance swing
Kapazitätskonstanz *f* capacitance stability
Kapazitätsmeßbrücke *f* capacitance bridge
Kapazitätsmesser *m*, **Kapazitätsmeßgerät** *n* capacitance meter (metering device), faradmeter
Kapazitätsmeßtechnik *f* capacitance measuring technique
Kapazitätsmodulator *m* capacitor modulator
Kapazitäts-Spannungs-Kennlinie *f* capacitance-voltage characteristic
Kapazitätsverhältnis *n* capacitance ratio
Kapazitätsverlust *m* capacitance loss
kapazitiv capacitive
kapillar capillary
kapillaraktiv capillary-active
Kapillaranziehung *f* capillary attraction
Kapillarbogen *m* capillary arc
Kapillare *f* capillary [tube]
Kapillarelektrometer *n* capillary electrometer
kapillarinaktiv capillary-inactive
Kapillarität *f* capillarity
Kapillarlampe *f* capillary lamp
Kapillarröhrchen *n* capillary [tube]
Kapillarschreiber *m* siphon recorder
Kapillarspitze *f* capillary tip
Kapillarstrom *m* electrocapillary current
Kapillarwirkung *f* capillary action (attraction, effect), capillarity
Kaplan-Turbine *f* Kaplan turbine
Kappenisolator *m* cap-and-pin insulator, bell[-shaped] insulator
Kapsel *f* capsule *(z. B. eines Mikrofons)*; case, box *(Gehäuse)*; cap *(Deckel)*; enclosure
Kapselgehäuse *n* cartridge housing
Kapselkapazität *f* cartridge capacitance
~ **bei anliegender Polarisationsspannung** polarized cartridge capacitance
kapseln to encapsulate, to enclose [totally]; to can
Kapselrauschen *n***/thermisches** cartridge thermal noise
Kapselung *f* encapsulation, enclosure, encasing
~**/belüftete** ventilated enclosure
Kapselungsmaterial *n* encapsulation material
Kardiogramm *n* cardiogram *(Elektromedizin)*
Kardiograph *m* cardiograph *(Elektromedizin)*
Kardioide *f* cardioid
Kardioidmikrofon *n* cardioid microphone
Kardioid-Tauchspulmikrofon *n* moving-coil phase-shift microphone
Kardiometer *n* cardiometer *(Elektromedizin)*
Karnaugh-Diagramm *n (Syst)* Karnaugh map
Karte *f* 1. *(Dat)* card *(s. a.* Lochkarte*)*; *(ME)* [printed circuit] card, board; 2. map
~**/elektronische** electronic map *(Radar)*
~**/ungelochte** blank card
Karte-Band-Umsetzer *m* card-to-tape converter
Kartei *f* card index (catalogue); file
Kartenabbildung *f* card image
Kartenabfühlgerät *n* card reader (sensing unit)
Kartenablage[einrichtung] *f* card stacker
Kartenabtaster *m* card scanner (reader)
Kartenabtastung *f* card sensing (reading)
Kartenbahn *f* card channel
Kartenbild *n* card image

Kartendoppler *m* card duplicator, reproducer
~ **mit Zeichenabtastung** mark-sensing reproducer
Kartendopplung *f***/automatische** automatic card duplication
Kartendrucker *m* card printer
Karteneinblendung *f* superposition of a map *(Radar)*
Karteneinschub *m* card plug-in unit, card slide-in unit
Kartengang *m* card cycle
~**/leerer** idling cycle
Kartenglätter *m* card reconditioner
Kartenkode *m* card code
Kartenlesegerät *n s.* Kartenleser
Kartenleser *m* card reader
~**/photoelektrischer** photoelectric card reader
Kartenlocher *m* card punch (perforator)
Kartenlochung *f* card punching
Kartenmagazin *n* card magazine (hopper)
Kartenmischer *m* collator
Kartenpaket *n* pack of cards
Kartenprogramm *n* card program
kartenprogrammiert card-programmed
Kartenprüfer *m* card verifier
Kartenprüfung *f* card verifying
Kartensatz *m (Dat)* [card] deck, card batch
Kartenschlüssel *m* card code
Kartensortiermaschine *f* card sorting machine
Kartenspalte *f* card column
Kartenspeicher *m* card memory (store)
Kartenstanzer *m* card punch (perforator)
Kartenstapler *m* stacker
Kartenstau *m (Dat)* jam
Kartenstoß *m* pack of cards
Kartentelefon *n* phonecard phone
Kartenvergleichsgerät *n (FO)* chart-comparison unit
Kartenwendeeinrichtung *f* card reversing device
Kartenzähler *m* card counter
Kartenzählung *f* card count
Kartenzuführung *f* card feed
Kartenzuführungsmagazin *n* [card] hopper
Kartenzyklus *m* card cycle
Kartothek *f* card index (catalogue)
Karussellofen *m* rotary hearth furnace
Karussellspeicher *m (Dat)* carrousel memory
Karzinotron *n* carcinotron [tube] *(Lauffeldröhre)*
kaschieren to back, to coat; to line, to laminate; to clad *(mit Metall)*
Kaschierpapier *n* lining paper
kaschiert/mit Gewebe fabric-backed
Kaskade *f* 1. cascade [set]; 2. *s.* Prioritätskaskade
~**/dreistufige** *(Hsp)* three-stage cascade (connection)
~**/zweistufige** *(Hsp)* two-stage cascade (connection)
Kaskadenbetrieb *m (ME)* cascaded operation
Kaskadengenerator *m* cascade generator
Kaskadengleichrichter *m* cascade rectifier
Kaskadenlaser *m* cascade laser
Kaskadenlöten *n* cascade soldering
Kaskadenprüftransformator *m (Hsp)* cascade test transformer, cascaded testing transformer
Kaskadenregelung *f (Syst)* cascade control [system] *(Regelung mit unterlagerten Regelkreisen)*
Kaskadenröhre *f* cascade [X-ray] tube
Kaskadenschaltung *f* cascade connection, cascaded circuit; concatenation *(zur Drehzahlstellung für Asynchronmotoren)*
Kaskadenspannungswandler *m* cascade voltage transformer
Kaskadenstromrichter *m* cascade converter
Kaskadenübergang *m* cascade transition
Kaskadenübertrag *m (Dat)* cascaded carry
Kaskadenumformer *m* cascade (motor) converter
Kaskadenverstärker *m* cascade amplifier
Kaskadenzerfall *m* cascade decay
Kaskadierung *f* daisy chaining
Kaskodenschaltung *f* cascode circuit
Kaskodentriggerschaltung *f* cascode trigger circuit
Kaskodenverstärker *m* cascode amplifier
Kaskodeschaltung *f s.* Kaskodenschaltung
Kassette *f* 1. cassette; 2. cartridge
Kassettenabspielgerät *n* cassette player
Kassettenanfangskennsatz *m* volume header label *(Magnetband)*
Kassettenauswurf *m***/gedämpfter** soft eject
Kassettenband *n* cassette tape
Kassettendeck *n* cassette deck
Kassettenende[kenn]satz *m* end of volume label
Kassettenfach *n* cassette compartment
Kassettengerät *n***/tragbares** walkabout cassette player
Kassettenlaufwerk *n* cassette [tape] deck; cartridge tape drive
Kassettenrecorder *m* cassette[-type] recorder
Kassettenspeicher *m* cassette storage
Kassettenverschluß *m* cassette door
Kastenbauweise *f* box-type design
Kasteneinschub *m* box (cassette) plug-in unit, box slide-in unit
Kastenplatte *f* box negative *(Batterie)*
Katalysator *m* catalyst, catalyzer
katalytisch catalytic
Katharometer *n* katharometer *(Wärmeleitfähigkeitsmesser für Gase)*
Kathode *f s.* Katode
Kation *n* cation, positive ion
Kationenaustausch *m* cation exchange
Kationenaustauscher *m* cation exchanger
Kationenleerstelle *f* cation vacancy
Kationenleitfähigkeit *f* cationic conductivity
Kationenstörstelle *f (ME)* cation defect (impurity)
Kationenwanderung *f* cation migration
Katode *f* cathode

~/bewegliche movable cathode
~/direktgeheizte directly heated cathode; filament-type cathode
~/entladungsgeheizte ionic-heated cathode
~/flüssige pool cathode
~/geschichtete coated cathode
~/halbindirekt geheizte semidirectly heated cathode
~/imprägnierte impregnated cathode
~/indirekt geheizte indirectly heated cathode; equipotential cathode
~/kalte cold cathode
~/reelle actual cathode
~/scheinbare virtual cathode
~/stabförmige rod-shaped cathode
~/thermische heated cathode
~/thorierte thoriated cathode
~/verdampfende evaporating cathode
~/vielschichtige multilayer cathode
~/virtuelle virtual cathode; potential-minimum surface
Katodenabbau *m* cathode disintegration
Katodenabfall *m* cathode drop (fall)
Katodenabkühlzeit *f* cathode cooling time
Katodenablagerung *f* cathode deposit
Katodenableitung *f* cathode tail
Katodenanheizzeit *f* cathode preheating (warming) time, cathode warm-up period
Katoden-Anoden-Abstand *m* cathode-[to-]anode distance
Katoden-Anoden-Kapazität *f* cathode-anode capacitance
Katoden-Anoden-Strecke *f* cathode-anode path
Katodenanschluß *m* cathodic connection
Katodenausgang *m* cathode output
Katodenausgangsstufe *f* cathode output stage
Katodenaustrittsarbeit *f* cathode work function
Katodenbasisschaltung *f* grounded-cathode circuit
Katodenbasisverstärker *m* grounded-cathode amplifier, cathode-base amplifier
Katodenbecher *m* concentrating (focussing) cup *(Elektronenfokussierung)*
Katodenblock *m* bypass capacitor
Katodenbogen *m* cathode arc
Katodenbrennfleck *s.* Katodenfleck
Katodendunkelraum *m* cathode dark space
Katodenemission *f* cathode emission
Katodenendstufe *f* cathode output stage
Katodenerschöpfung *f* cathode exhaustion
Katodenerwärmung *f* cathodic heating
Katodenfall *m* cathode drop (fall)
~/anomaler subnormal cathode fall
~/normaler normal cathode fall
Katodenfallableiter *m* cathode-drop arrester, lightning arrester, valve-type surge diverter
Katodenfehlerstrom *m*/**maximaler** peak cathode fault current
Katodenfilm *m* cathode film
Katodenfläche *f* cathode area (surface)
~/bestrahlte irradiated cathode area
Katodenfleck *m* cathode spot
~/fixierter fixed cathode spot
Katodenfleckwanderung *f* cathode-spot migration, migration of cathode spot
Katodenfluoreszenz *f* cathode fluorescence
Katodenflüssigkeit *f* catholyte, cathode liquor
Katodenfolger *m* cathode follower
~/mitlaufender bootstrap cathode follower
Katodenform *f* cathode shape
Katodengebiet *n* cathode (cathodic) region
Katodengegenkopplung *f* cathode feedback
katodengekoppelt cathode-coupled
Katodenglimmlicht *n* cathode glow
Katodenglimmschicht *f* cathode-glow layer, cathode sheath
Katodenhals *m* cathode neck
Katodenhalterung *f* cathode anchor
Katodenheizfadenrückleitung *f* filament-cathode return
Katodenheizleistung *f* cathode heating power
Katodenheizung *f* cathode heating
Katodenkondensator *m* cathode bypass capacitor
Katodenkopplung *f* cathode coupling
Katodenkörper *m* cathode body
Katodenkupfer *n* cathode copper
Katodenlebensdauer *f* cathode durability
Katodenlumineszenz *f* cathodoluminescence, cathode luminescence
Katodenmasse *f* cathode mix
Katodenmaterial *n* cathode material
Katodenmodulation *f* cathode modulation
Katodennähe *f* near-cathode region
Katodenniederschlag *m* cathode (cathodic) deposit
Katodenoberfläche *f* cathode surface
Katodenphosphoreszenz *f* cathode phosphorescence
Katodenpolarisation *f* cathodic polarization
Katodenpulsmodulation *f* cathode pulse modulation
Katodenraum *m* cathode (cathodic) region
Katodenrauschen *n* cathode noise
Katodenreaktion *f* cathode (cathodic) reaction
Katodenrückkopplung *f* cathode feedback
Katodensaum *m* cathode border
Katodenschicht *f* cathode layer (film)
Katodenschutz *m* cathode protection
Katodenspannung *f* cathode voltage
Katodenspannungsabfall *m* cathode voltage drop
Katodenspitzenstrom *m* peak cathode current
Katodenstift *m* cathode pin
Katodenstrahl *m* cathode ray
Katodenstrahlablenkung *f* cathode-ray deflection
Katodenstrahlbündel *n* cathode-ray pencil
Katodenstrahlen *mpl* cathode rays

Katodenstrahlfernsehröhre *f* cathode-ray television tube
Katodenstrahlfleck *m* cathode-ray spot
Katodenstrahloszillograph *m* cathode-ray oscillograph, CRO, oscilloscope
Katodenstrahloszilloskop *n* Braun oscillograph
Katodenstrahlröhre *f* cathode-ray tube, CRT, oscillograph (Braun) tube
~ **für Projektionen** projection cathode-ray tube
~ **mit ebener Bildfläche** flat-ended cathode-ray tube, flat-faced cathode-ray tube
~ **mit magnetischer Fokussierung** internal magnetic focus tube
~ **mit quadratischem Schirm** square-faced cathode-ray tube
Katodenstrahlröhren... *s. a.* CRT-...
Katodenstrahlröhrenspeicher *m* cathode-ray tube memory
Katodenstrahlspeicherröhre *f* cathode-ray storage (memory) tube
Katodenstrom *m* cathode (cathodic) current, inverse electrode current
Katodenstütze *f*, **Katodenträger** *m* cathode support (base)
Katodentransformator *m* cathode transformer
Katodenüberzug *m* cathode coating
Katodenvergiftung *f* cathode contamination (poisoning)
Katodenverstärker *m* cathode follower, cathode amplifier
Katodenverstärkerröhre *f* cathode follower tube
Katodenverunreinigung *f* cathode contamination
Katodenwiderstand *m* cathode resistor *(Gittervorspannung)*
Katodenzerstäubung *f* cathode (cathodic) sputtering
~ **mit Getter** getter-sputtering
~ **mit Vorspannung** bias-sputtering
Katodenzerstörung *f* cathode disintegration
Katodenzuführung *f* cathode lead
Katodenzusammensetzung *f* cathode composition
Katodenzweig *m* cathode leg
Katodenzwischenschichtwiderstand *m* cathode interface impedance
katodisch cathodic
Katodoluminszenz *f* cathodoluminescence, cathode luminescence
Katolyt *m* catholyte
Katzenaugenblende *f* cat's-eye diaphragm (stop)
Kausalitätsprinzip *n* principle of causality
Kaustik *f* caustic [curve] *(Linsen, Hohlspiegel)*
k-Auswahlregel *f* k-selection rule
Kauterisation *f* cauterization *(Elektromedizin)*
Kauterisierapparat *m* cautery apparatus *(Elektromedizin)*
Kautschuk *m* rubber
Kavernenkraftwerk *n* cavern-type power station, underground power station
KB *s.* Kurzzeitbetrieb
K-Darstellung *f* K display *(K-Schirmbild)*
Kegelabtasten *n (FO)* conical scanning
Kegelanode *f* cone anode
Kegelendverschluß *m* conical sealing box *(Kabel)*
Kegelkondensator *m* cone capacitor
Kegelkupplung *f* cone clutch
Kegellager *n* cone bearing
Kehlkopfmikrofon *n* larynx (throat, necklace) microphone, laryngophone
Kehrantenne *f* back-to-back aerial
Kehrlage *f* inverted sideband; reverse frequency position
Keil *m*/**optischer** optical wedge
~/**verschiebbarer** swing wedge
keilbonden *(ME)* to wedge-bond
Keilbonder *m (ME)* wedge (stitch) bonder
Keilfilter *n* wedge filter
Keilkonstante *f* wedge constant
Keilphotometer *n* wedge photometer
Keilspektrograph *m* wedge spectrograph
Keiltrog *m* tilted [electrolytic] tank
Keilverbindung *f (ME)* wedge (stitch) bond
Keilwinkel *m* wedge angle
Keim *m* nucleus *(Kristall)*
~/**kritischer** critical nucleus
Keimbildung *f* nucleation, formation of nuclei *(Kristallisation)*
Keimbildungsgeschwindigkeit *f* nucleation rate
Keimbildungshäufigkeit *f* nucleation frequency
Keimbildungszentrum *n* nucleation centre
Keimkristall *m* seed crystal
Keimzustand *m* nucleation state
Keith-Vorwähler *m* Keith master switch
Kelleranzeiger *m* stack pointer *(Register zur Speicherung des zuletzt in den Stack eingegebenen Registerinhalts)*
kellern *(Dat)* to stack
Kellerspeicher *m (Dat)* last-in-first-out memory, LIFO stack, push-down store (stack)
Kellerspeicherungsbefehl *m (Dat)* push instruction
Kellerungsverfahren *n (Dat)* last-in-first-out, LIFO *(Speicherprinzip, bei dem die zuletzt eingegebenen Informationen als erste wieder ausgelesen werden)*
Kellerzeiger *m s.* Kelleranzeiger
Kellog-Schalter *m* Kellog switch
Kelvin *n* kelvin, K, degree Kelvin *(SI-Einheit der Temperatur und Temperaturdifferenz)*
Kelvin-Elektrometer *n*/**absolutes** Kelvin electrometer, attracted disk electrometer
Kelvin-Schaltung *f* asymmetric heterostatic circuit *(bei Elektrometern)*
Kelvin-Skale *f* Kelvin temperature scale
Kennabschnitt *m* significant interval *(Telegrafie)*
Kennbuchstabe *m* code letter; classification letter
Kenndaten *pl* characteristic data, characteristics
Kenndatendrift *f* characteristics (parameter) drift

Kennfaden *m* coloured tracer thread, cotton binder *(für Kabel)*
Kennfeuer *n* character (code, identification) light
Kennfrequenz *f (Nrt)* assigned frequency
Kenngröße *f* characteristic [quantity]
~/dynamische dynamic characteristic *(Meßinstrument)*
~/statische static parameter
Kennimpedanz *f* characteristic impedance *(eines Mediums)*
Kennleitwert *m* indicial admittance (conductance)
Kennlinie *f* characteristic [curve, line]
~/äußere external characteristic
~ des Dynamikbereichs *(Ak)* volume range characteristic
~/dynamische dynamic characteristic
~/eindeutige simple characteristic
~/exponentielle exponential characteristic
~/idealisierte idealized characteristic
~/innere internal characteristic
~/lineare linear characteristic
~ mit Totzone *(Syst)* characteristic with deadband
~/nichtlineare non-linear characteristic
~/parabelförmige parabolic characteristic
~/statische calibration curve
~/thermische thermal characteristic
Kennlinienknick *m* bend of a characteristic
Kennlinienschreiber *m* [characteristic] curve tracer, plotter
~ für Transistoren transistor curve tracer
Kennliniensteilheit *f* modulation sensitivity
Kennlochung *f* indentifying perforation, detection punch
Kennmelder *m* indicating pin *(Sicherung)*
Kennpuls *m (Nrt)* identifying pulse
Kennsatz *m (Nrt)* label
Kennung *f* 1. *(Nrt)* identification signal; 2. characteristic of a beacon *(eines Leuchtfeuers)*
~ der sendenden Station transmitting subscriber identification
~/nachgesetzte *(Nrt)* suffix
~/vorgesetzte *(Nrt)* prefix
Kennungsgeber *m (Nrt)* answer-back unit
~/automatischer *(Dat)* automatic identification key
Kennungsinformation *f* identifying information
Kennungsleuchtfeuer *n* land mark beacon
Kennungsschalter *m* challenge switch *(Radar)*
Kennungssignal *n (Nrt)* identifying (code) signal
Kennungssystem *n***/digitales** digital coding system
Kennwert *m* characteristic value; parameter [value]; final endurance value *(Relais)*
~ für Sprachübertragungsqualität rapid speech transmission index, RASTI
Kennwertbestimmung *f* **[aus der Ortskurve]** *(Syst)* root-locus analysis
Kennwerte *mpl* **für das Verhalten** *(Syst)* performance characteristics
~/vorläufige tentative data
Kennwertermittlung *f (Syst)* identification, parameter estimation (recognition)
Kennwertkonverter *m* parametric converter
Kennwertoptimierung *f (Syst)* parameter optimization
Kennwiderstand *m (Fs)* image impedance
Kennwort *n* key word; *(Dat)* password
Kennzahl *f* 1. code number; 2. *(Nrt)* area code
~/einstellige single-digit code
~/gesperrte barred code
Kennzahlenbereich *m (Nrt)* numbering area
Kennzahlengabe *f***/offene** *(Nrt)* open numbering
~/verdeckte closed (self-contained) numbering
Kennzahlenplan *m (Nrt)* numbering scheme (plan)
~/offener open-end numbering plan
~/verdeckter closed-end numbering plan
Kennzeichen *n* identification character; mark sign; *(Dat)* flag, label
~ für Kommunikationssteuerungen *s.* Token
Kennzeichenabschnitt *m* signalling data link
Kennzeichenbeleuchtung *f* number (licence) plate lighting *(Kraftfahrzeug)*
Kennzeichenflipflop *n* flag flip-flop
Kennzeicheninformation *f* signalling data
Kennzeichenkanal *m* signalling channel
Kennzeichenleuchte *f* number plate lamp, licence [plate] lamp *(Kraftfahrzeug)*
Kennzeichennachricht *f* signalling message
Kennzeichenregister *n (Dat)* flag register
Kennzeichensystem *n***/leitungsgebundenes** *(Nrt)* line-signalling system
Kennzeichenübertragung *f* **durch gebündelte Signalkanäle** *(Nrt)* out-slot signalling
~ durch verteilte Signalkanäle in-slot signalling
~ im gemeinsamen Signalkanal common-channel signalling [system]
~/kanalweise channel-associated signalling
~ mit Sprechkanalbit speech digit signalling
Kennzeichenumsetzer *m* signalling converter
Kennzeichenverzerrung *f* signal mark distortion
Kennzeichen-Zeitkanal *m* signalling time slot
kennzeichnen to mark; to identify; to characterize
Kennzeichnung *f* marking; identification; labelling
Kennzeichnungsschlüssel *m* marking code *(z. B. bei Bauelementen)*
Kennzeichnungsstreifen *m* designation strip
Kennzeichnungswähler *m***/erster** *(Nrt)* A-digit selector
Kennzeichnungsziffer *f (Nrt)* code letter
Kennzeitpunkt *m (Nrt)* significant instant
~/idealer ideal instant
Kennziffer *f* index [figure], identification number; characteristic; *(Nrt)* code letter
~/bewertete weighted index
Kennziffernregister *n (Dat)* index register
Kennzustand *m (Nrt)* significant condition (state)
Kenotron *n* kenotron *(Hochvakuumgleichrichterröhre)*

Kerametall *n* cer[a]met *(metallkeramischer Werkstoff)*
Keramik *f* ceramics
~ **mit geringen Verlusten** low-loss ceramics
~/**piezoelektrische** piezoceramics, piezoelectric ceramics
Keramikdurchführung *f* ceramic bushing
Keramikelement *n* ceramic element
Keramikfilter *n* ceramic filter
Keramikgehäuse *n* ceramic package (case)
Keramikisolation *f* ceramic insulation
Keramikisolator *m* ceramic insulator
Keramikklemmenträger *m* ceramic terminal support
Keramikkondensator *m* ceramic [dielectric] capacitor
Keramikleiterplatte *f* ceramic printed circuit (wiring) board
Keramikrohrstrahler *m* ceramic tube radiator
Keramiksockel *m* ceramic base
Keramikstrahler *m* ceramic rod radiator *(elektrischer Infrarotstrahler)*
Keramikstützer *m*, **Keramikstützisolator** *m* ceramic post insulator
Keramikwerkstoff *m* ceramic material
keramisch ceramic
Keraunograph *m* keraunograph *(zum Registrieren elektrischer Entladungen)*
Keraunometer *n* keraunometer *(zum Bestimmen der Ausstrahlungscharakteristik elektrischer Entladungen)*
Kerbausrüstung *f* crimping equipment *(zum Quetschen von Kerbkabelschuhen)*
Kerbfestigkeit *f* notch toughness
Kerbschlagfestigkeit *f* notch impact strength
Kern *m* 1. core *(z. B. einer Magnetspule)*; 2. nucleus *(z. B. bei Kristallisation)*; 3. *(Dat)* kernel *(eines Betriebssystems)* • **mit** ~ cored • **ohne** ~ coreless
~/**bandgewickelter** tape-wound core
~/**bewickelter** wound core
~ **einer Integralgleichung** kernel of the integral equation
~ **eines Heizinduktors** core of a heating inductor
~/**geblechter (geschichteter)** laminated core
~/**geschlossener** closed core
~/**massiver** solid core
~ **mit rechteckiger Hystereseschleife** square-loop core
~/**mittlerer** central core *(beim Transformator)*
Kernader *f* core wire *(Kabel)*
Kernarchitektur *f (Dat)* kernel architecture
Kernauswahl *f* core selection
Kernbatterie *f* atomic (radioactive) battery
Kernbereich *m (Nrt)* core area *(Netzgestaltung)*
~ **eines Netzes** core of network
Kernblech *n* core lamination (plate), core sheet *(Transformator)*
~/**gestanztes** core punching
Kernbrechungsindex *m* core index
Kernbrennstoff *m* nuclear [reactor] fuel
Kernbrennstoffkreislauf *m* nuclear fuel cycle
Kerndrehimpuls *m* nuclear spin
Kerndurchmesser *m* core diameter
Kerndurchmessertoleranz *f* core diameter tolerance *(Lichtwellenleiter)*
Kerne *mpl*/**zusammengeschaltete** interconnected cores
Kerneisen *n* core iron *(z. B. vom Transformator)*
Kernenergie *f* nuclear (atomic) energy; nuclear power *(nutzbar)*
Kernenergieanlage *f* nuclear power plant
Kernenergieantrieb/mit atomic-powered
Kernenergieerzeugung *f* nuclear power production
kernenergiegetrieben atomic-powered
Kernfenster *n* core window
Kernfluß *m* core flux
Kernfusion *f* nuclear fusion
Kernfusionsenergie *f* nuclear fusion energy
Kerngröße *f* nuclear size
Kernkraftwerk *n* nuclear power plant (station), atomic power plant
Kernkreis *m* core circle
Kernkreisfüllfaktor *m* core circle space factor
Kernladungszahl *f* atomic (nuclear charge) number
Kernleiter *m* central wire *(Kabel)*
kernlos coreless
Kernmagnet *m* core magnet
Kernmagnet-[Drehspul-]Meßwerk *n* core-magnet moving-coil mechanism, core magnet [measuring] system
Kernmatrix *f (Dat)* core matrix (array)
Kernmatrixblock *m (Dat)* core matrix block
Kernmittelpunkt *m* core centre *(Lichtwellenleiter)*
Kernmoment *n*/**magnetisches** nuclear magnetic moment, magnetic moment of the nucleus
Kernphotoeffekt *m* nuclear photoeffect (photoelectric effect)
Kernprogramm *n (Dat)* nucleus *(eines Betriebssystems)*
Kernquerschnitt *m* core cross section; core area
Kernreaktor *m* [nuclear] reactor, atomic (nuclear) pile
Kernresonanz *f* nuclear resonance
Kernresonanzspektroskopie *f*/**magnetische** nuclear magnetic resonance spectroscopy, n.m.r. spectroscopy
Kernschirm *m* core screen
Kernspaltung *f* nuclear fission
Kernspaltungsenergie *f* fission energy
Kernspeicher *m (Dat)* core memory (store), [magnetic] core storage unit
~/**direktadressierbarer** direct addressable core memory
~/**magnetischer** magnetic core memory
Kernspeicherkapazität *f* core storage capacity

Kernspeichermatrix *f* core matrix (array)
Kernspeicherung *f* core storage
Kernspeicherzykluszeit *f* core store cycle time
Kernstrahlung *f* nuclear radiation
Kernsystem *n*/**graphisches** graphical kernel system, GKS
Kerntechnik *f* nuclear engineering
Kerntoleranzbereich *m* core tolerance field *(Lichtwellenleiter)*
Kerntransformator *m* core[-type] transformer
Kernverschmelzung *f* nuclear fusion
Kernverschmelzungsenergie *f* nuclear fusion energy
Kernwerkstoff *m* core material
Kernzusammensetzung *f* core composition *(Lichtwellenleiter)*
Kerr-Drehung *f* Kerr (electrooptical) rotation
Kerr-Effekt *m* Kerr effect
~/**elektrooptischer** electrooptical Kerr effect
~/**magnetooptischer** magnetooptical Kerr effect
Kerr-Konstante *f* Kerr constant
Kerr-Zelle *f* Kerr cell, optical lever
Kerr-Zellenverschluß *m* electrooptical shutter
Kerzenentstörstecker *m* spark plug suppressor *(Zündkerze)*
Kerzenformlampe *f* candle lamp
Kerzenzündung *f* spark plug ignition *(Zündkerze)*
Kessel *m* boiler *(s. a.* Dampferzeuger*)*
~ **mit Widerstandsheizung** resistance boiler
Kesselgebläse *n* boiler blower
Kesselölschalter *m* bulk (dead-tank) oil circuit breaker
Kesselspeisepumpe *f* boiler feed pump, boiler feeder
Kesselspeisewasser *n* boiler feed[ing] water
Kesselspeisewasserpumpe *f* boiler-water feed pump
Kesselsteuerung *f* boiler (combustion) control
Kesselwirkungsgrad *m* boiler efficiency
Kette *f* chain; string *(z. B. Isolatoren)*
~ **aus Hängeisolatoren** suspension insulator string
~/**galvanische** galvanic (voltaic) cell
~/**logische** operation path *(Schaltungstechnik)*
~/**verzweigte** forked chain
Kettenaufhänger *m* chain hanger
Kettenaufhängung *f* chain suspension
Kettenausbreitungsmaß *n* iterative propagation constant (factor)
Kettenbeleuchtung *f* catenary lighting
Kettendämpfung *f* iterative attenuation [constant]
~ **je Glied** iterative attenuation per section
Kettendämpfungsfaktor *m*, **Kettendämpfungsmaß** *n* iterative attenuation factor
Kettendrucker *m (Dat)* chain (belt) printer
Kettenfahrleitung *f* vertical overhead contact system; catenary line
Kettenförderofen *m* continuous chain-conveyor-type furnace
Kettengespräch *n (Nrt)* serial call
Kettenglied *n* network mesh *(Filter)*
Kettenimpedanz *f* iterative impedance
Kettenisolator *m* chain (string) insulator
Kettenkode *m (Dat)* chain code
~/**allgemeiner** general chain code
Kettenlaufzeitmaß *n* iterative propagation constant (factor)
Kettenleiter *m* ladder (lattice) network
~/**symmetrischer** ladder-type filter
Kettenmaß *n* incremental dimension
Kettenmatrix *f* chain (cascade, iterative) matrix
Kettenmethode *f* iterative method
Kettennetzwerk *n s.* Kettenleiter
Kettenparameter *m* iterative parameter
Kettenrad *n*, **Kettenrolle** *f* chain pulley
Kettenschaltung *f* cascade connection, chain connection; chain circuit
Kettenspannungsteiler *m* ladder attenuator
Kettenstromkreis *m* chain circuit
Kettenübertragungsmaß *n* iterative propagation constant (factor), iterative transfer constant
Kettenverbindung *f (Nrt)* serial calls
Kettenverstärker *m (Dat)* chain amplifier; distributed amplifier; *(Nrt)* transmission line amplifier
Kettenverstärkerstufe *f* chain-amplifier stage
Kettenwiderstand *m* iterative impedance
Kettenwinkelmaß *n* **je Glied** wavelength constant per section
Kettung *f (Nrt)* linking
Keule *f* lobe *(im Richtdiagramm)*
Keulenauffiederung *f* lobe splitting *(Antennentechnik)*
Keulenumtastung *f* [beam] lobe switching *(Antennentechnik)*
K-Faktor *m* gauge factor *(Dehnungsmeßstreifen)*
Kfz-Elektronik *f s.* Kraftfahrzeugelektronik
KI *s.* Intelligenz/künstliche
Kilohertz *n* kilocycle per second *(SI-Einheit der Frequenz)*
Kilovoltampere *n* kilovoltampere *(Einheit der Scheinleistung)*
Kilowatt *n* kilowatt *(SI-Einheit der Leistung)*
Kilowattstunde *f* kilowatt-hour
Kilowattstundenzähler *m* kilowatt-hour meter, energy meter
Kineskop *n* kinescope
Kinoeinstellsockel *m* prefocus cap
Kinolampe *f* cinema (motion-picture) lamp
Kinoleinwand *f* cinema screen
Kinoprojektion *f* cine (motion-picture) projection
Kippablenkung *f* sweep deflection; relaxation scanning
Kippamplitude *f (Fs)* sweep amplitude; *(El)* relaxation amplitude
Kippdauer *f* sweep duration
Kippdiagramm *n* sweep diagram
Kippdiode *f* breakover diode

Kippeinrichtung *f* tippler *(Lichtbogenofen)*
kippen 1. to tilt, to tip; to throw *(Schalter);* 2. to sweep; to toggle *(z. B. Flipflops, Gatter)*
Kippen *n* 1. tilting; 2. sweep; toggling; relaxation
Kipperiode *f* sweep period; relaxation period
Kipperscheinung *f* jump phenomenon
Kippfrequenz *f* sweep (time-base) frequency; toggle rate; relaxation frequency
Kippgenerator *m* sweep (blocking) oscillator, sweep (circuit) generator; relaxation generator (oscillator)
~/stromgesteuerter current-controlled sweep generator
Kippgitter *n* sweep gate
Kippglied *n*/**bistabiles** bistable circuit, flip-flop circuit
~/freischwingendes free-running multivibrator
~/monostabiles monostable (one-stable, one-shot) multivibrator
Kipphebel *m* toggle lever
kipphebelbetätigt toggle-actuated
Kipphebelschalter *m* toggle (tumbler) switch; trigger switch
Kippkennlinie *f* relaxation diagram
Kippkreis *m* sweep (time-base, trigger) circuit; relaxation circuit
Kippleistung *f* **/transiente** transient power limit
Kippmoment *n* breakdown (pull-out) torque *(bei Drehstrommotoren)*
~/relatives breakdown factor
Kipposzillator *m* sweep (saw-tooth wave) oscillator; relaxation oscillator
Kipprelais *n* trigger (throw-over, bistable) relay; locking relay
Kippröhre *f* **/gasgefüllte** gas-filled relaxation valve
Kippschalter *m* toggle (tumbler, tilting) switch; single-throw switch; snap switch; *(Nrt)* lever key
~/zweipoliger double-pole snap switch
Kippschaltung *f* sweep (time-base) circuit
~/astabile multivibrator *(Zusammensetzungen s. unter* Multivibrator*)*
~/bistabile flip-flop [circuit], Eccles-Jordan [bistable] circuit, bistable (scale-of-two) multivibrator
~/freischwingende free-running multivibrator
~/monostabile monostable (one-shot) multivibrator, monoflop, delay flop
Kippschwinger *m* multivibrator, relaxation oscillator, C-R oscillator, capacitor-resistor oscillator
Kippschwingung *f* relaxation (saw-tooth) oscillation; tilting oscillation *(Oszillograph)*
Kippschwingungsdauer *f* relaxation period
Kippschwingungserzeuger *m*, **Kippschwingungsgenerator** *m s.* Kippschwinger
Kippschwingungsoszillator *m* sweep oscillator; relaxation oscillator
Kippschwingungswandler *m* relaxation inverter
Kippspannung *f* sweep (time-base, saw-tooth) voltage; *(El)* peak off-state breakover voltage
~/negative *(El)* reverse breakover voltage
~/positive *(El)* forward breakover voltage
Kippspule *f* tilting coil
Kippstrom *m* sweep (scan) current; *(El)* breakover current
~/sägezahnförmiger saw-tooth-shaped current
kippsynchron sweep-frequency synchronized
Kipptreppengenerator *m* staircase generator
Kipptriode *f* sweep triode, controlled rectifier (switch)
Kippunkt *m* cut-off point, relay reach point *(Distanzschutz)*
Kippverstärker *m* sweep amplifier
Kippverstärkung *f* sweep amplification
Kippvorgang *m* single-sweep operation
Kippwert *m* balance value *(Relais)*
Kippzeitkonstante *f* relaxation time constant
Kippzwischenzeit *f* sweep recovery time
Kissenverzeichnung *f (Fs)* pincushion distortion
~/horizontale horizontal pincushion distortion
~/vertikale vertical pincushion distortion
Kissenverzerrung *f s.* Kissenverzeichnung
Klammer *f* 1. clip; clamp; 2. bracket
Klammerprotokoll *n* brackets protocol
Klang *m (Ak)* sound; tone *(s. a. unter* Ton*)*
~/heller brilliant tone, brilliance
~/stereophoner stereophonic sound
~/strahlender *s.* ~/heller
~/zusammengesetzter complex sound
Klang... *s. a.* Ton...
Klangabstimmung *f* tone tuning
Klanganalysator *m* sound analyzer
Klangbild *n* sound impression
Klangblende *f* tonalizer *(s. a.* Klangregler*)*
Klangcharakter *m* tonality
Klangdiffusor *m* sound diffuser
Klangeindruck *m* sound impression
Klangfarbe *f* quality of sound (tone), tonality, tone [quality], [tone] colour, timbre
Klangfarbenkorrektur *f* tone correction
Klangfarbenregler *m* tone regulator, sound corrector, bass-treble control
Klangfärbung *f* colouration
Klangfiguren *fpl*/**Chladnische** sound (acoustic) pattern, [Chladni's] acoustic figures
Klangfilter *n* sound filter
Klangfülle *f* richness (volume) of tone, tone (sound) volume
Klangqualität *f* tonal quality, quality of tone (sound)
Klangregelung *f* tone regulation (control), sound correction, bass-treble control
Klangregler *m* tone regulator (control), sound corrector, bass-treble control[ler]
Klangspeicherkassette *f* voice cartridge
Klangsynthese *f* sound synthesis
klangtreu *(Ak)* orthophonic
Klangtreue *f (Ak)* orthophony
~/hohe high fidelity, hi-fi

Klangverschmelzung *f* tonal fusion, sound blend
Klangverteilung *f* sound distribution
Klangverzerrung *f* sound distortion
Klangwirkung *f* sound (tonal) effect
Klappanker *m (An)* clapper, hinged armature
Klappendurchflußmesser *m* airfoil flowmeter
Klappenschrank *m (Nrt)* indicator (drop) switchboard
~ für Induktoranruf magneto switchboard
Klappenstreifen *m (Nrt)* strip of drops (indicators)
Klappenströmungsmesser *m* vane current meter
klappern to chatter, to rattle
Klappinduktor *m* jaw inductor *(Induktionshärten)*
Klappkondensator *m* book capacitor
Klappspiegel *m* wing mirror
klar clear; distinct
Klarglaskolben *m* clear [glass] bulb
Klarschrift *f (Dat, Nrt)* plain writing
Klarschriftleser *m* character reader
Klartext *m* clear text, text in clear
Klartextausgabe *f* clear text output
Klartonamplitudenschrift *f* variable area noiseless recording
Klasse-H-Isolation *f* class-H insulation
Klassenwähler *m* class selector
klassieren/Pegel *(Ak)* to analyze the level distribution
Klassifikationssystem *n* classification system (schedule)
klassifizieren to classify
Klassifizierung *f* classification
Klassifizierungskennzeichen *n[pl]* classification code
Klaue *f* claw; jaw; dog
Klauenbefestigung *f* claw fixing
Klauenkupplung *f* claw clutch
Klauenpolmaschine *f* claw-pole machine
Klebblech *n* residual plate *(des Relais)*
Klebeband *n* adhesive tape; splicing tape *(Tonband)*
Klebefolie *f* adhesive film
Klebeisolierband *n* adhesive tape
Klebelack *m* adhesive lacquer
Klebelehre *f* splicing gauge, splicer *(Tonband, Film)*
Klebemittel *n* splicing (bonding) cement *(für Tonband, Film)*
kleben to paste, to cement, to bond; to splice *(Tonband, Film)*; to stick, to adhere
Kleben *n* bonding; sticking
~ des Relais relay sticking (freezing)
Klebenbleiben *n* **der Schweißelektrode** freezing of the electrode
klebend sticky, adhesive
Kleber *m s.* Klebstoff
Kleberdeckschicht *f* cover-lay adhesive *(Leiterplatten)*
Klebestelle *f* joint; splice *(Tonband, Film)*
Klebharz *n* adhesive resin
Klebmoment *n* cogging torque, pull-up torque
Klebschicht *f* adhesive coat
Klebstift *m* residual stud *(des Relais)*
Klebstoff *m* adhesive [agent], paste; splicing (bonding) cement *(Tonband, Film)*
~/stromleitender conductive adhesive
Klebstreifen *m* adhesive tape
Klebtest *m* bonding test *(Leiterplatten)*
Klebzeit *f* tack time *(Leiterplatten)*
Klebzeitprüfung *f* tack time test *(Leiterplatten)*
Kleeblattantenne *f* cloverleaf aerial
Kleinabnehmertarif *m* small customers rate
Kleinakku[mulator] *m* small accumulator
Kleinbatterie *f* microbattery
Kleinbürste *f* miniature brush
Kleinempfänger *m* midget receiver
Kleinfernhörer *m (Nrt)* small receiver
Kleinflächenkontakt *m* small-area contact
kleinflächig small-area
Kleinfunkfernsprecher *m* portable radiotelephone set
Kleinintegration *f* small-scale integration, SSI
Kleinklima *n* microclimate
Kleinkondensator *m* midget capacitor
Kleinkühlung *f* microrefrigeration
Kleinlampe *f* miniature lamp
Kleinleistungslogikschaltung *f* low-power logic [circuit], low-level logic [circuit]
Kleinleistungs-Schottky-Schaltkreis *m* low-power Schottky-TTL
Kleinleistungstransistor *m* low-power transistor
Kleinmaschine *f* fractional horsepower machine *(Leistung < 750 W)*
Kleinmotor *m* small-power motor, small-type motor, fractional (integral) horsepower motor
Kleinrechner *m* minicomputer
Kleinsignal *n* small signal, low-level signal
Kleinsignalbetrieb *m* small-signal operation *(eines Übertragungsgliedes)*
Kleinsignalersatzschaltbild *n* small-signal equivalent circuit
Kleinsignalparameter *m* small-signal parameter
Kleinsignalschaltung *f* small-signal circuit, low-level circuit
Kleinsignalspannungsverstärkung *f* small-signal voltage gain
Kleinsignaltheorie *f* small-signal theory
Kleinsignalverhalten *n* small-signal behaviour
Kleinsignalverstärkung *f* small-signal gain
Kleinsignalwert *m* small-signal value
Kleinsignalwiderstand *m* small-signal resistance
Kleinspannung *f* low voltage
Kleinstdrossel *f* subminiature choke
Kleinstempfänger *m (Nrt)* miniature radio (receiver), personal radio
Kleinstfunksprechgerät *n* handy-talkie
Kleinstgerät *n* miniature device
Kleinstkondensator *m* billi capacitor *(Trimmer)*

Kleinstlampe *f* subminiature (microminiature) lamp
Kleinstleuchtfleck *m* microspot
Kleinstmotor *m* subminiature (pilot) motor
Kleinstrelais *n* subminiature relay
Kleinströhre *f* subminiature tube (valve), miniature (peanut, lipstick) tube; doorknob tube; bantam junior tube *(für Hörapparate)*
~ **mit Oktalsockel** bantam tube
Kleinstschalter *m* [sub]miniature switch
Kleinstschalttafel *f* miniature panel
Kleinstspannung *f* extra-low voltage
Kleinstspannungsbeleuchtung *f* extra-low voltage lighting
Kleinstufenverfahren *n* step-by-step method *(heterochrome Photometrie)*
Kleinstwert *m (ME)* valley value
~ **der Skale** minimum scale value
Kleinwählerzentrale *f (Nrt)* unit automatic exchange
Kleinwinkelstreuung *f* small-angle scattering
Kleinzyklus *m (Dat)* minor cycle *(Wortzeit einschließlich Zeit zwischen zwei Wörtern)*
Klemm... *s. a.* Klemmen...
Klemmband *n* clamp fitting
Klemmbrett *n* connecting terminal plate
Klemmbürstenhalter *m* clamp type brush holder
Klemmdiode *f* clamp[ing] diode
Klemmdose *f* connection (connecting) box
Klemme *f* terminal; clamp, clip
~ **eines Elements** cell terminal
~**/geerdete** earthed terminal
~**/negative** negative terminal
~**/positive** positive terminal
Klemmeinrichtung *f* clamper
klemmen to clamp
Klemmen... *s. a.* Klemm...
Klemmenabdeckung *f* terminal cover
Klemmenanschluß *m* clamp terminal
Klemmenblock *m* terminal block
Klemmenbrett *n* terminal board
Klemmenbrettabdeckung *f* terminal board cover
Klemmendeckel *m* terminal cover
Klemmenimpedanz *f* terminal impedance
Klemmenkapazität *f* terminal capaictance
Klemmenkasten *m* terminal (lead, conduit) box
~**/druckfester** pressure-containing terminal box
~ **mit Druckausgleich** pressure-relief terminal box
~ **mit Phasentrennung** phase-segregated terminal box
~**/offener** open terminal box
~**/phasenisolierter** phase-insulated terminal box
Klemmenleiste *f* terminal strip (block), connection (connecting) block, connection strip
Klemmenpaar *n* terminal pair
Klemmenspannung *f* terminal voltage (potential difference)
~ **der Phase** terminal voltage of phase
~**/symmetrische** symmetrical terminal voltage
Klemmenstrom *m* terminal current
Klemmenverbindung *f* terminal connection
Klemmenwiderstand *m* terminal resistance
Klemmenzuleitung *f* terminal lead
Klemmimpuls *m* terminal pulse
Klemmisolator *m* cleat insulator
Klemmkabelschuh *m* clamp cable bus
Klemmkontakt *m* clip contact
Klemmleiste *f s.* Klemmenleiste
Klemmplatte *f* connection plate
Klemmring *m* clamp collar; clamping ring
Klemmschaltung *f* clamping circuit
Klemmschelle *f* clamp
Klemmschraube *f* terminal screw (bolt); clamping screw (bolt)
~ **mit Steckerbuchse** jack-top binding post
Klemmstreifen *m* assembly terminal
Klemmuffe *f* clamping sleeve
Klemmung *f* clamping
Klemmverbindung *f* clipped connection
Klemmverstärker *m* clamped amplifier
Klemmvorrichtung *f* **für lötfreie Verbindungen** solderless connector
klicken to click
Klicken *n* click
Klimaanforderungen *fpl* climatic requirements
Klimaanlage *f* air-conditioning plant (equipment, system), air conditioner
Klimabeanspruchung *f* climatic stress
Klimabedingungen *fpl* climatic conditions
Klimabeständigkeit *f* resistance to climate
Klimakammer *f* climatic chamber
Klimaleuchte *f* air-handling fitting
Klimaprüfklasse *f* climatic category
Klimaprüfung *f* climate investigation (test), climatic test
Klimaschutz *m* climatic (environmental) protection
Klimatechnik *f* air-conditioning technique
klimatisieren to air-condition *(durch Klimaanlage)*
Klimatisierung *f* air conditioning
Klimatisierungsanlage *f* air conditioner, air-conditioning system
Klingel *f***/elektrische** electric bell
Klingelanlage *f* [electric] bell system
Klingelbatterie *f* ringing battery
Klingeldraht *m* bell (ringing) wire
Klingelkasten *m* ringer box
Klingelknopf *m* bell push, [bell-]button
klingeln to ring
Klingeltransformator *m* bell transformer
Klingelzeichen *n* bell signal
Klingen *n* microphonic effect
Klinke *f* pawl; latch; *(Nrt)* detent; jack; *(Ap)* spring jack
~**/selbstschaltende** self-closing jack
~**/zweiteilige** two-point jack
Klinkenfeld *n (Nrt)* jack panel (field), change-over panel
Klinkenhülse *f (Nrt)* jack bush (barrel)

Klinkenkörper *m (Nrt)* jack body
Klinkenschaltwerk *n* pawl-and-detent controlled [stopping] mechanism
Klinkenstecker *m*, **Klinkenstöpsel** *m (Nrt)* jack plug, telephone[-type] plug
Klinkenstreifen *m (Nrt)* jack strip
Klinkenumschalter *m (Ap)* jack switch
Klirrfaktor *m* [harmonic] distortion factor, distortion coefficient, percentage harmonic content, ripple factor
Klirrfaktormeßbrücke *f* distortion [measuring] bridge, harmonic detector
Klirrfaktormeßgerät *n* distortion analyzer, distortion [factor] meter
Klirrfaktormessung *f* distortion factor measurement
Klirrgeräusch *n* intermodulation noise
Klirrkoeffizient *m s.* Klirrfaktor
Klirrleistung *f* total harmonic power, THP
Klirrverzerrung *f* non-linear distortion
Klopfer *m* sounder *(Telegrafie)*
Klopfgeräusch *n* tapping (impact) noise
Klopfrelais *n* sounding relay
Klöppeleinsatz *m*/**konischer** conical insert *(Kappenisolator)*
~/**kugelförmiger** spherical ring-type insert
Klydonograph *m* klydonograph, surge-voltage recorder *(Registriergerät für Überspannungen)*
Klystron *n* klystron
Klystronoszillator *m* klystron oscillator
Klystronsteuergitter *n* klystron control grid
knacken *(Nrt)* to click
Knacken *n* **bei Besetztprüfung** *(Nrt)* engaged click
Knackgeräusch *n* [acoustic] clicks, spluttering
Knackprüfung *f (Nrt)* engaged test; click testing
Knackschutz *m (Nrt)* acoustic shock reducer, click suppressor
Knackton *m (Nrt)* click
Knall *m* crack, crash; acoustic shock
Knallgaselement *n* oxyhydrogen (hydrogen-oxygen) cell
Knallgeräusch *n* acoustic shock, crackling
Knallteppich *m* sonic boom carpet *(Überschallknall)*
knattern to crackle; to sizzle *(Funkempfang)*
Knebelkippschalter *m* toggle switch
Knebelschalter *m* turn knob snap switch
Knick *m* break, bend *(Kurve)*
Knickbeanspruchung *f*, **Knickbelastung** *f* buckling load
Knickfestigkeit *f* buckling resistance (strength)
Knickfrequenz *f* break (corner) frequency
Knickpunkt *m* break point *(Kurve)*
Knickspannung *f* buckling (critical) stress
Kniehebel *m* toggle lever
Kniespannung *f* knee voltage, breakover voltage
Kniestrom *m* breakover current
knistern to crackle; to sizzle *(Funkempfang)*
Knistern *n* sizzle *(beim Funkempfang)*
Knochenleitungsaudiometrie *f* bone-conduction audiometry
Knochenleitungshörer *m* bone-conduction headphone (receiver), bone vibrator, osophone
Knopf *m* knob, button
Knopfeinstellung *f* knob setting
Knopflochmikrofon *n* lapel (buttonhole) microphone
Knopfröhre *f* acorn (doorknob) tube
Knopfschmelzleiter *m* button-type fuse link
Knopfschweißung *f* button welding
Knopftaster *m (Ap)* control push button
Knopfzelle *f* button cell
Knoten *m* 1. node; 2. *s.* Knotenpunkt 1.
Knotenamt *n (Nrt)* tandem central office, main centre office, repeating centre
Knotendarstellung *f* nodal diagram
Knotenkapazität *f* nodal capacitance
Knotenladung *f* node charge
Knotenpunkt *m* 1. branch point, junction [point], joint, nodal point *(Verzweigungspunkt des Netzwerks)*; 2. node, nodal point *(Schwingung)*
~/**instabiler** *(Syst)* unstable node
~/**stabiler** *(Syst)* stable node
Knotenpunktabstand *m* nodal point separation
Knotenpunktadmittanzmatrix *f* nodal (network) admittance matrix
Knotenpunktelimination *f* node elimination *(Netzberechnung)*
Knotenpunktgleichung *f* nodal equation
Knotenpunktimpedanzmatrix *f* nodal impedance matrix
Knotenpunktsatz *m* Kirchhoff['s] current law, first Kirchhoff's law
Knotenpunktspannung *f* nodal voltage
Knotenpunktverfahren *n* nodal voltage method
Knotenvermittlungsstelle *f (Nrt)* regional exchange, junction centre, nodal exchange
Knudsen-Manometer *n* Knudsen [radiometer] gauge, Knudsen absolute manometer
koaxial coaxial, concentric[al]
Koaxialanschluß *m* coaxial connector
Koaxialantenne *f* coaxial aerial
Koaxialbaustein *m (El)* coaxial package
Koaxialbuchse *f* coaxial socket (jack)
Koaxialdiode *f* coaxial diode
Koaxialkabel *n* coaxial [cable], coax, coaxial [transmission] line, concentric cable (line)
~ **mit Luftspalt** air-spaced coax
~ **mit Vollisolierung** coaxial cable with solid dielectric
~/**schichtweise aufgebautes** laminated coaxial cable
Koaxialkabelsystem *n* coaxial cable system
Koaxialleiter *m* coaxial conductor
Koaxialleitung *f* coaxial [transmission] line, concentric line (cable)
~/**geschlitzte** slotted coaxial line
Koaxialmagnetfeld *n* coaxial magnetic field

Koaxialmagnetron *n* coaxial magnetron
Koaxialpaar *n* coaxial pair
Koaxialpackung *f (El)* coaxial package
Koaxialplasmatron *n* coaxial plasmatron
Koaxialrichtkoppler *m* coaxial directional coupler
Koaxialrohr *n* coaxial tube
Koaxialstecker *m* coaxial connector, coaxial [entry] plug
Koaxialsteckverbindung *f* concentric plug and socket
Koaxial-TF-System *n (Nrt)* coaxial carrier system
Koaxialtransistor *m* coaxial transistor
Koaxkabel *n*, **Koaxleitung** *f s.* Koaxialkabel
Kocher *m* cooker, cooking apparatus
Köcherbürstenhalter *m* cartridge-type brush holder
Kochplatte *f*/**elektrische** electric cooking (hot) plate
Kochprobe *f*, **Kochversuch** *m* boiling test *(Isolierstoffprüfung)*
Kode *m (Dat, Nrt)* code
~/**achtzeiliger** eight-line code
~/**alphabetischer** alphabetic code
~/**binärer** binary code
~/**biquinärer** biquinary code
~/**bistabiler** on-off code
~/**dichtgepackter** close-packed code
~/**direkter** direct code
~/**fehlererkennender** error-detecting code
~/**fehlerkorrigierender** error-correcting code
~ **gleicher Schrittzahl** equal-length code
~/**gleichgewichtiger** fixed-ratio code, fixed-count code
~/**hochredundanter** high-redundant code
~/**linearer** linear code
~/**majoritätslogischer zyklischer** majority-logic cyclic code
~ **mit alternierender Zahlenumkehr** alternating mark inversion code, AMI code *(ein pseudoternärer Kode)*
~ **mit linearer Vorhersage** linear predictive code
~ **mit schwacher Disparität** low-disparity code
~ **mit variablen Adressen** variable address code
~/**mnemonischer** mnemonic code
~/**nur für Adressen geltender** exclusive address code
~/**redundanter** redundant code
~/**reflektierter** reflected code
~/**selbstkorrigierender** error-correcting code
~/**selbstprüfender** self-checking code, error-detecting code
~/**spaltenbinärer** column-binary code
~/**symbolischer** pseudocode
~/**trennbarer** separable code
~/**ungültiger** invalid code
~/**zyklischer** cyclic (recurrent) code
2-aus-5-Kode *m* two-out-of-five code
Kodeaufbau *m* code structure
Kodebuchstabe *m* code letter
Kodedrucker *m* code-letter printer
Kodeeingabedraht *m* code input wire
Kodeelement *n* code element
Kodeerkennung *f* code recognition
Kodeerzeugungsprogramm *n* code generating routine
Kodeflächenmuster *n* code pattern
Kodegruppe *f* code group
Kodekombination *f* code combination
~/**unzulässige** forbidden code combination
Kodekonverter *m s.* Kodeumsetzer
Kodeleser *m* code [mark] reader
~/**optischer** optical code reader
Kodeloch *n* code hole *(Lochband)*
Kodemehrfachzugriff *m* code division multiple access
Kodemuster *n* code pattern
Koder *m* coder *(s. a.* Kodierer*)*
Kodescheibe *f* code (coded, encoder) disk
Kodescheibenumsetzer *m* code disk converter, disk-type converter
Kodeschlüssel *m* key
Kodesignal *n* code signal
Kodesprache *f* code language
Kodespreizung *f* interleaving
Kodetabelle *f* code table (schedule), table of codes
Kodetrommel *f* code drum
Kodeübersetzer *m* code translator
Kodeumsetzer *m* code converter, digital conversion equipment
~/**vollelektronischer** all-electronic code converter
Kodeumsetzung *f* code conversion (converting)
Kodeumwandler *m s.* Kodeumsetzer
kodeunabhängig code-independent
Kodewahl *f* code selection; *(Nrt)* code dialling
Kodewähler *m* code selector
Kodewählschalter *m* code selection switch
Kodewählsystem *n (Nrt)* permutation code switching system
Kodewandler *m s.* Kodeumsetzer
Kodewechsel *m* code change
Kodewort *n* code word
~/**korrigiertes** corrected code word
Kodezahl *f* code number
~ **des Befehls** code number of instruction
Kodezeichen *n* code character
Kodierbolzen *m* coding pin
Kodierbrücke *f* coding jumper
Kodierbuchse *f* orientation socket
Kodiereinrichtung *f s.* Kodierer 1.
kodieren to code, to encode
Kodierer *m* 1. encoder, coder, coding device (set); 2. coder *(Person)*
~/**lesender** reading encoder (coder)
~/**nichtlinearer** non-uniform coder
Kodierer-Dekodierer *m* codec, coder-decoder
Kodierröhre *f* coding tube
Kodierschalter *m* coding switch
Kodierstecker *m* coding plug

kodiert/binär binary coded
~/numerisch numerically coded
Kodierung *f* coding, encoding
~/absolute absolute coding
~/automatische automatic coding
~/digitale digital coding
~ durch Phasenverschiebung phase-shift keying
~/numerische numerical coding
~/semantische semantic coding
~/sequentielle sequential coding
~/überlagernde superimposed coding
Kodierungsfolge *f* coding sequence
Kodierungsgesetz *n*, **Kodierungskennlinie** *f* encoding law
Kodierungskreis *m* coding circuit
Kodierungsrelais *n* coding relay
Kodierungssatz *m* coding theorem
Kodierungsschaltung *f* coding circuit
Kodierungsspeicher *m* coding memory (store)
Kodierungstheorem *n* coding theorem
Kodierungstheorie *f* coding theory
Koeffizient *m*:
~ der Beschleunigungsabweichung acceleration error coefficient
~ der gegenseitigen Induktion coefficient of mutual induction
~ der Selbstinduktion coefficient of self-induction
~ der viskosen Reibung viscous damping coefficient
~ des dynamischen Fehlers dynamic error coefficient
~/periodischer periodic coefficient
~/zeitlich veränderlicher time-varying coefficient
Koeffizienten[einstell]potentiometer *n* coefficient-setting potentiometer
Koerzitivfeldstärke *f* coercive force (intensity), coercivity *(eines Ferroelektrikums)*
~/elektrische coercive electric field
Koerzitivkraft *f s.* Koerzitivfeldstärke
Koerzitivspannung *f* coercive voltage *(eines Ferroelektrikums)*
Koffereinbau *m* portable case mounting
Kofferempfänger *m* portable receiver (set)
Kofferfernsehgerät *n* portable television set
Koffergerät *n* portable [set]
Kofferradio *n* portable radio (receiver, set), personal radio (receiver)
Koffertonbandgerät *n* portable tape recorder
kohärent coherent
~/partiell (teilweise) partially coherent
Kohärenz *f* coherence
~/partielle partial coherence
~/räumliche space coherence
Kohärenzbedingung *f* coherence condition
Kohärenzgebiet *n* coherence area
Kohärenzgrad *m* degree of coherence
Kohärenzlänge *f* coherence length (distance)
Kohärenzmatrix *f* coherence matrix
Kohärenzoszillator *m* coherent oscillator
Kohärenzzeit *f* coherence time
Kohäsionsenergie *f* cohesion energy
Kohäsionskraft *f* cohesive force
Kohle *f* 1. carbon; 2. *s.* Kohlebürste
~/imprägnierte impregnated carbon
~/verkupferte coppered (copper-plated) carbon
Kohlebogen *m* carbon arc
Kohlebogenlampe *f* carbon arc lamp
Kohlebürste *f* carbon brush
~ für Höheneinsatz altitude-treated [current-carrying] brush
Kohledocht *m* carbon core
Kohledruckaufzeichnung *f* carbon print recording
Kohledruckregler *m* carbon regulator
Kohledrucksäule *f* carbon pile
Kohledruckspannungsregler *m* carbon pile voltage regulator
Kohledruckübertrager *m* carbon telephone transmitter
Kohleelektrode *f* carbon [arc] electrode, carbon
Kohleelement *n* carbon element
Kohlefaden *m* carbon filament
Kohlefadenlampe *f* carbon [filament] lamp
Kohlefaserbürste *f* carbon-fibre brush
Kohlegrieß *m* granular (granulated) carbon *(Mikrofonkohle)*
Kohlehalter *m* carbon holder
Kohleheizstab *m* carbon element
Kohlekontakt *m* carbon contact
Kohlekörner *npl* granulated carbon
Kohlekörnermikrofon *n s.* Kohlemikrofon
Kohlelichtbogen *m* carbon arc
Kohlelichtbogenlampe *f* carbon-arc lamp
Kohlelichtbogenschweißen *n* carbon arc welding
Kohlemikrofon *n* carbon microphone, [carbon] transmitter, carbon granule (granular) microphone
~/einkapseliges single-button carbon microphone
Kohlemikrofontonabnehmer *m* carbon contact pick-up
Kohlenachschub *m* carbon feed
Kohlendioxidfeuerlöscher *m* carbon dioxide fire extinguisher
Kohlendioxidlaser *m* carbon dioxide laser, CO_2-laser
Kohlendioxidsystem *n* carbon dioxide system
Kohlenstaub *m* carbon dust; powdered coal
Kohlenstaubmikrofon *n* carbon dust microphone (transmitter)
Kohlenstoff *m* carbon
~/amorpher amorphous carbon
~ hohen Reinheitsgrades high-purity carbon
Kohlenstoffeinschluß *m* carbon inclusion *(z. B. im Dynamoblech)*
Kohlenstoffgehalt *m* carbon content
Kohlenstoffgewebe *n* carbon fabric
Kohlenstoffilz *m* carbon felt
Kohlenstoffolie *f* carbon foil
Kohlenstoff-Sauerstoff-Brennstoffelement *n* carbon oxygen fuel cell

Kohlenstoffstein *m* carbon brick
Kohlenstofftinte *f* carbon ink
Kohlenwasserstoffilm *m* hydrocarbon film
Kohleschichtdrehwiderstand *m* carbon track potentiometer
Kohleschichtschiebepotentiometer *n* carbon-film rectilinear potentiometer
Kohleschichtwiderstand *m* carbon-film resistor, carbon-layer resistor, carbon [deposited] resistor
~ **mit aufgedampfter Schicht** vaporized carbon resistor
Kohleschleifstück *n* carbon shoe
Kohlestab *m* carbon rod
Kohlestabwiderstand *m* rod-type carbon resistor
Kohlestift *m* carbon pencil
Kohletiegel *m* carbon crucible
Kohlewechsel *m* carbon replacement
Kohlewiderstand *m* carbon resistor
Kohlewiderstandssäule *f* carbon pile
Kohle-Zink-Element *n* carbon-zinc cell
Kohle-Zink-Sammler *m* carbon-zinc battery
Koinzidenz *f* coincidence
~**/verzögerte** delayed coincidence
Koinzidenzauswahl *f* coincident-current selection
Koinzidenzimpuls *m* coincidence (gate) pulse
Koinzidenzmeßmethode *f* coincidence method of measurement
Koinzidenzmikrofon *n* coincidence microphone
Koinzidenzprüfung *f* coincidence check
Koinzidenzregister *n* coincidence register
Koinzidenzröhre *f* coincidence tube
Koinzidenzschaltung *f* coincidence circuit, AND circuit
~**/langsame** slow coincidence circuit
Koinzidenzsignal *n* coincidence signal
Koinzidenzspeicher *m* coincidence memory (store)
Koinzidenzverknüpfung *f* coincidence operation
Koinzidenzzähler *m* coincidence counter
Kolben *m* 1. bulb, envelope *(Röhre, Lampe)*; cone *(Elektronenstrahlröhre)*; piston *(Mikrowellenröhre)*; 2. piston, plunger *(z. B. Hydraulikkolben)*
~**/farbloser** clear bulb *(für sichtbare Strahlung durchlässig)*
~**/innenmattierter** inside-frosted bulb, satin-etched bulb
~**/verspiegelter** mirrored (metal-coated) bulb
Kolbenabschmelzautomat *m* bulb cutting machine
Kolbenabschwächer *m* piston attenuator
Kolbenantrieb *m***/hydraulischer** hydraulic piston drive
Kolbendämpfungsglied *n* piston attenuator
Kolbenform *f* bulb form (shape)
Kolbenhals *m* bulb neck
Kolbenhalter *m* bulb holder
Kolbenhub *m* piston stroke
kolbenlos tubeless *(Röhre)*
Kolbenreinigung *f* bulb cleaning
Kolbenschwärzung *f* bulb (internal) blackening
Kolbenspülautomat *m* bulb cleaning machine
Kolbentemperatur *f* bulb temperature
Kolbenüberzug *m* bulb coating
Kolbenverschluß *m***/ringförmiger** ring seal *(Elektronenröhren)*
Kolbenwand *f* bulb wall
Kollektivmittelwert *m* ensemble average *(einer stochastischen Größe)*
Kollektor *m* 1. *(MA)* collector, commutator; 2. *(El)* collector; 3. *(Licht)* light collector, lamp condenser, collector lens
~**/gemeinsamer** common collector
Kollektor... *s. a.* Kommutator... *und* Stromwender...
Kollektoranschluß *m* 1. collector terminal; 2. commutator connector
Kollektor-Basis-Diode *f* collector-base diode
Kollektor-Basis-Schaltung *f (El)* common-collector circuit, grounded-collector circuit
Kollektor-Basis-Spannung *f (El)* collector-base voltage
Kollektor-Basis-Übergang *m (El)* collector-base junction
Kollektor-Basis-Verstärker *m (El)* grounded-collector amplifier
Kollektordiffusionsfenster *n (El)* collector diffusion window
Kollektordiffusionskapazität *f (El)* collector diffusion capacitance
Kollektordurchbruch *m (El)* collector breakdown
Kollektordurchbruchspannung *f* collector breakdown voltage *(Transistor)*
Kollektorelektrode *f (El)* collector electrode, collector
Kollektor-Emitter-Dauerspannung *f (El)* collector-emitter sustaining voltage *(Thyristor, Transistor)*
Kollektor-Emitter-Reststrom *m* collector-emitter cut-off current
Kollektor-Emitter-Sättigungsspannung *f (El)* collector-emitter saturation voltage
Kollektor-Emitter-Spannung *f (El)* collector-emitter voltage
Kollektorentkopplung *f (El)* collector decoupling
Kollektorfahne *f* commutator connector (riser, lug)
Kollektorfeld *n* collector area
Kollektorgebiet *n (El)* collector region
kollektorgekoppelt collector-coupled
Kollektorgleichstrom *m* continuous collector current *(z. B. des Transistors)*
Kollektorglimmer *m* commutator mica
Kollektorkapazität *f* collector capacitance *(Transistor)*
Kollektorkontakt *m (El)* collector contact
Kollektorkontaktfläche *f (El)* collector contact area
Kollektorkopplung *f (El)* collector coupling
Kollektorkreis *m* collector circuit *(Transistor)*
Kollektorladezeitkonstante *f (El)* collector charging-time constant

Kollektorlasche *f* collector tab
Kollektorlastwiderstand *m (El)* collector [load] resistor
Kollektormanschette *f* commutator collar
Kollektormetallisierungsfenster *n (El)* collector metallization window
Kollektormotor *m* collector motor
Kollektor-Netz-Elektrode *f* collector mesh electrode
Kollektorpille *f (El)* collector pellet
Kollektorpotentialbarriere *f (El)* collector potential barrier
Kollektorraum *m* commutator compartment
Kollektorrestrückstrom *m (El)* residual collector back (reverse) current
Kollektorreststrom *m (El)* collector residual (leakage) current, collector[-base] cut-off current
Kollektorring *m*/**geteilter** split collector ring
Kollektorschaltung *f (El)* common-collector [circuit], grounded-collector circuit
Kollektorseite *f* commutator end
Kollektorspannung *f (MA)* commutator voltage
Kollektorsperrschicht *f (ME)* collector barrier (depletion layer)
Kollektorsperrschichtkapazität *f (ME)* collector depletion layer capacitance
Kollektorsperrstrom *m (ME)* collector cut-off current
Kollektorspitzenstrom *m (ME)* peak (maximum) collector current
Kollektorstrom *m (ME)* collector current
Kollektorstromausbreitung *f (ME)* collector current spreading
Kollektor-Substrat-Übergang *m (ME)* collector-substrate junction
Kollektorteilung *f* commutator bar pitch
Kollektorübergang *m (El)* collector junction
Kollektorverlustleistung *f (El)* collector dissipation
Kollektorverrohrung *f* collector ganging
Kollektorverstärker *m (El)* collector amplifier
Kollektorvervielfachung *f (El)* collector multiplication
Kollektorvervielfachungsfaktor *m* collector multiplication factor
Kollektorvolumen *n (El)* collector bulk
Kollektorwiderstand *m (El)* collector resistance
~/**spezifischer** collector resistivity
Kollektorzone *f (El)* collector [region]
Kollektorzuleitung *f (El)* collector lead
Kollimator *m* collimator
Kollimatorlinse *f* collimator lens
Kollimatoröffnung *f* collimator aperture
Kollimatorspiegel *m* collimator (condensing) mirror
Kollimatorstrahl *m* collimator ray
kollimieren *(Licht)* to collimate
kollinear collinear
Kollisionserkennung *f* collision detection
Kolloidgleichrichter *m* colloid rectifier
Kolloidgraphit *m* colloidal graphite
Kolloidlösung *f* colloidal solution
Kolloidzustand *m* colloidal state
Kolophonium *n* colophony, [pine] resin, rosin
Kolophoniumlötzinn *n* rosin-core solder
Kolorimeter *n* colorimeter
~/**lichtelektrisches** photoelectric colorimeter
Kolorimetrie *f* colorimetry
Kombinationsfilter *n* composite wave filter
Kombinationsfrequenz *f* combination frequency
Kombinationsplatte *f* combination board *(Mehrlagenleiterplatte)*
Kombinationsschalter *m* combination (multiple) switch
Kombinationsschicht *f* composite layer
Kombinationston *m (Ak)* combination tone; *(Nrt)* intermodulation frequency *(Störung)*
Kombinatorikindex *m* combinatory index *(Informationsverarbeitung)*
Kombiwandler *m* combined instrument transformer
Komforttelefon *n* [added-]feature telephone
Komma *n (Dat)* decimal point, point
~/**binäres** binary point
~/**dezimales** decimal point
~/**einstellbares** adjustable point
~/**festes** fixed point
~/**gleitendes** floating point
Kommaanzeige *f (Dat)* decimal point indication
Kommabestimmung *f*/**automatische** *(Dat)* automatic point determination
Kommadarstellung *f (Dat)* decimal point presentation
Kommaeinstellung *f (Dat)* decimal point location
Kommando *n* command
Kommandogabe *f* control initiation *(Schaltanlage)*
Kommandogeber *m* command device (module) *(bei Steuerungen)*
Kommandoleitung *f* talk-back circuit *(Rundfunk)*
Kommandowerk *n* control unit *(z. B. Rechenanlage)*
Kommandozeit *f* operating time
Kommastellung *f (Dat)* decimal point position
Kommaverschiebung *f (Dat)* point shifting
kommen:
~/**in Gleichlauf** to fall in step
~/**in Reichweite** to pass within range
~/**in Synchronismus** to fall in synchronism (step)
~ **mit/in Kontakt** to make contact with
~/**näher** to approach
Kommentaranweisung *f (Dat)* comment statement
Kommentarfeld *n (Dat)* comment field
Kommentarleitung *f (Nrt)* commentary circuit
Kommunikation *f* communication
~/**integrierte** integrated communication
~/**interaktive** interactive communication
~ **offener Systeme** open systems interconnection, OSI
Kommunikations-Betriebssystem *n* communication operating system

Kommunikationskette *f* communication chain
Kommunikationskontrolle *f* communication control
Kommunikationsnetz *n* communications network
~/lokales local area communication network
Kommunikationsprotokoll *n* communication protocol *(Regeln für Verbindungen im Rechnernetz)*
Kommunikationsschicht *f (Nrt)* session layer *(in Netzen)*
Kommunikationsschnittstelle *f* communication interface
~/programmierbare programmable communication interface
Kommunikations-Steuerungsschicht *f (Nrt)* session layer *(in Netzen)*
Kommunikationssystem *n*/**offenes** open system
Kommunikationstechnik *f* communication[s] engineering; telecommunications
~/optische optical telecommunication engineering
Kommunikationszugriffmethode *f* communication access method
Kommutator *m (MA)* commutator, collector
Kommutator... *s. a.* Stromwender...
Kommutatorabbrand *m* burning of commutator
Kommutatorfahne *f* commutator lug (riser)
Kommutatorgleichrichter *m* commutator rectifier
Kommutatorläufer *m* commutator armature
Kommutatorlötmaschine *f* commutator soldering machine
Kommutatormaschine *f*/**läufererregte** commutator machine with inherent self-excitation
Kommutator-Mikanit *m* commutator mica
Kommutatorschalter *m* commutator switch
kommutieren to commutate
Kommutierung *f* commutation
~/erzwungene forced commutation
~/funkenfreie sparkless commutation
Kommutierungsanode *f* transition anode
Kommutierungsblindleistung *f* commutation reactive power
Kommutierungsdauer *f* commutating period
Kommutierungseinbruch *m* commutation notch *(der Spannung)*
Kommutierungselement *n* commutation element
Kommutierungsfaktor *m* commutation factor
Kommutierungsfeld *n* commutating field
Kommutierungsimpedanz *f* commutating impedance
Kommutierungsinduktivität *f* commutator inductance
Kommutierungskreis *m* commutating circuit
Kommutierungsreaktanz *f* commutating reactance
Kommutierungsschaltung *f* commutating circuit
Kommutierungsspannung *f* commutation voltage
Kommutierungswinkel *m* commutating angle
Kommutierungszeit *f* commutating time (period)
Kompaktbaustein *m* micromodule, packaged unit, microcircuit module
Kompaktbauweise *f* compact construction
Kompaktbox *f* closed box *(Lautsprecher)*
Kompaktgehäue *n* closed-box enclosure *(Lautsprecher)*
Kompaktkassettensystem *n* compact cassette system
Kompaktleitung *f* compact line
Kompaktleuchtstofflampe *f* compact fluorescent lamp *(Energiesparlampe)*
Kompaktmaschine *f* compact machine
Kompaktplatte *f* compact disk, CD
Kompaktrechner *m* compact computer
Kompaktspeicherplatte *f* compact disk, CD
Kompaktstation *f* kiosk substation
Kompander *m* compandor, compander
~ **mit gleitendem Einsatzpunkt** *(Ak)* sliding-band compandor
~ **mit gleitender Grenzfrequenz** *(Ak)* sliding-band compander
Kompandergewinn *m* companding advantage
Kompandierung *f* companding, volume range control
Kompandierungsgrad *m* degree of companding
Kompandor *m s.* Kompander
Komparator *m (Syst)* comparator [device], comparing element
Kompaß *m* [magnetic] compass
kompatibel compatible
~/abwärts downward compatible
Kompatibilität *f* compatibility
Kompatibilitätsbedingung *f* compatibility condition
Kompensation *f* compensation, balancing
~/automatische *(Syst)* automatic compensation
~ **des Spannungsflackerns** voltage flicker compensation
~ **durch Ölbremse** dashpot compensation *(Turbinenregler)*
~ **mittels I-Glieds** *(Syst)* compensation by integral control, integral compensation
Kompensationsbandschreiber *m* self[-balancing] recording potentiometer
Kompensationsdiode *f* balancing diode
Kompensationsdrossel *f* [line charge-]compensation reactor
Kompensationsdurchflutung *f* compensating ampere-turns
Kompensationsgrad *m* degree of compensation
Kompensationshalbleiter *m* compensated semiconductor
Kompensationskeil *m* compensating wedge
Kompensationskondensator *m* compensating (power-factor) capacitor
Kompensationslinienschreiber *m s.* Kompensationsschreiber
Kompensationsmagnet *m* compensating magnet
Kompensationsmagnetometer *n*/**astatisches** null astatic magnetometer
Kompensationsmethode *f* compensation (potentiometer, opposition) method, [null-]balance method

Kompensationsregler *m (Syst)* cancellation controller
Kompensationsrelais *n* [power-factor] compensating relay
Kompensationsröhre *f* balancing valve
Kompensationsröhrenvoltmeter *n* compensating (slide-back) valve voltmeter
Kompensationsschaltung *f* compensation circuit, compensating network
Kompensationsschreiber *m* balancing-type recorder, self-balancing recorder, potentiometric recorder, recording compensator
Kompensationsspannung *f* compensating (balancing, bucking) voltage
Kompensationsspule *f* compensation (compensating, bucking) coil
Kompensationsstrom *m* compensation (balancing) current
Kompensationsstromkreis *m* compensating (bucking) circuit
Kompensationsverfahren *n* compensation method
Kompensationsverstärker *m* compensated amplifier
Kompensationsvoltmeter *n* compensated (slide-back) voltmeter
Kompensationswattmeter *n* compensated wattmeter
Kompensationswicklung *f* compensating [field] winding
Kompensationswiderstand *m* compensating resistor
Kompensator *m* potentiometer [circuit] *(s. a. unter* Potentiometer*)*; *(Meß)* compensator
~/direktanzeigender selbstabgleichender indicating self-balancing potentiometer
~/komplexer complex [alternating-current] potentiometer, coordinate-type [alternating-current] potentiometer
~/mechanischer mechanical potentiometer
~ mit direkter Ablesung direct-reading potentiometer
~ mit hoher Auflösung microstep potentiometer
~/registrierender recording potentiometer
~/selbstabgleichender auto-potentiometer, self-balancing potentiometer
~/thermospannungsfreier thermoelectric emf-free potentiometer
Kompensatorfeldstärkemesser *m* magnetic potentiometer
kompensieren to compensate, to balance; to equalize; to slide back *(Instrumentenausschlag)*
Kompensierung *f* compensation, balancing
Kompiler *m (Dat)* compiler
Kompilerprogramm *n (Dat)* compiling program (routine)
kompilieren to compile
Komplement *n***/binäres** *(Dat)* binary complement, two's complement
b-Komplement *n* complement on b *(z. B. Zehnerkomplement im Dezimalsystem)*
(b-1)-Komplement *n* complement on (b-1) *(z. B. Einerkomplement im Dezimalsystem)*
komplementär complementary
Komplementärfarbe *f* [additive] complementary colour
Komplementärmeßverfahren *n* complementary method of measurement
Komplementärtransistor *m* complementary transistor
Komplementärzustand *m* complementary state
Komplementdarstellung *f* complement representation
Komplementgatter *n (El)* complement gate
Komplementkode *m* complement code
Komplettierungsverfahren *n* first ended first out
komplex/konjugiert complex conjugate
Komponente *f* component
~ der Nullfolge/symmetrische zero-phase-sequence symmetrical component
~ des Gegenfeldes negative-phase-sequence symmetrical component
~ des Kurzschlußstroms/aperiodische aperiodic component of short-circuit current
~ des Mitsystems/symmetrische positive-sequence symmetrical component
~/direkte direct component
~ eines symmetrischen Systems component of a symmetrical system
~/freie free component
~/gleichphasige in-phase component
~/harmonische harmonic [component]
~/ohmsche ohmic component
~/reelle real component
~/subharmonische subharmonic component *(eines Signals)*
~/symmetrische symmetrical component
~/unsymmetrische unbalanced component
α-γ-Komponenten *fpl* Clarke's components
Komponentenanlage *f* component system
Komponentenkodierung *f (Fs)* component coding
Komponentenschaltung *f* component circuit
Kompoundband *n (Isol)* compound tape
Kompounddynamomaschine *f* compound-wound generator
Kompounderregung *f* compound excitation
kompoundieren to compound
Kompoundmotor *m* compound motor
Kompoundschicht *f* flooding compound *(Kabel)*
Kompression *f* compression
~/adiabatische adiabatic compression
Kompressionskühlschrank *m* compression-type refrigerator
Kompressor *m* compressor
Kompressor-Expander *m s.* Kompander
Kompromiß *m***/technischer** engineering compromise

Kondensanz *f* condensance, capacitive (negative) reactance
Kondensationsdampfkraftwerk *n* condensing power plant
Kondensationsharz *n* condensation resin
Kondensationspolymer[es] *n* condensation polymer
Kondensationssatz *m* condensing set
Kondensator *m* 1. *(ET)* capacitor; 2. condenser *(Verflüssiger)*
~ **aus versilberten Glimmerblättchen** silvered-mica capacitor
~/**binärer** binary capacitor, BICAP
~/**dekadisch einstellbarer** *(Meß)* decade capacitance box
~/**dreipoliger** three-terminal capacitor
~/**einstellbarer** adjustable capacitor
~/**frequenzgerader** straight-line frequency capacitor
~ **für Blindleistungskompensation** power-factor correction capacitor
~/**gedruckter** printed capacitor
~/**idealer** ideal (perfect) capacitor
~ **im Faradbereich** supercapacitor
~/**induktionsfreier** non-inductive capacitor
~/**kapazitätsproportionaler** straight-line capacitance capacitor
~/**keramischer** ceramic capacitor, ceramicon
~/**logarithmischer** logarithmic capacitor
~ **mit drei Anschlüssen** three-terminal capacitor
~ **mit Festelektrolyt** solid electrolyte capacitor
~ **mit Keramikplatten** ceramic vane capacitor
~ **mit logarithmischem Kapazitätsverlauf** logarithmic-law capacitor
~ **mit Luftkühlung** air capacitor
~/**nichtlinearer** non-linear capacitor
~/**parallelgeschalteter** parallel capacitor
~/**polarisierter** non-reversible capacitor
~/**regelbarer** adjustable (variable) capacitor
~/**selbstheilender** self-healing capacitor
~/**spannungsveränderlicher** voltage-variable capacitor, varactor, varicap
~/**unterteilter** subdivided capacitor
~/**vergossener** moulded capacitor
~/**verlustarmer** low-loss capacitor
~/**verlustloser** no-loss capacitor, perfect capacitor
Kondensatorachse *f* capacitor shaft (spindle)
Kondensatoranlage *f* capacitor installation, capacitor equipment
Kondensatoranschlüsse *mpl* capacitor leads
Kondensatorantenne *f* capacitor aerial
Kondensatorauslöser *m* capacitor release
Kondensatorausschaltvermögen *n* capacitance switching rating
Kondensatorbank *f*, **Kondensatorbatterie** *f* capacitor bank, bank of capacitors
Kondensatorbelag *m* capacitor plate, capacitor foil
Kondensatorblitzleuchte *f* [battery] capacitor flashgun
Kondensatorbremsen *n (MA)* capacitor braking
Kondensatordeckbelag *m* top-capacitor plate *(Dünnschichttechnik)*
Kondensatordielektrikum *n* capacitor dielectric
Kondensatordurchführung *f* capacitor bushing
Kondensator-Einschaltstrom *m* capacitor bank inrush making current
Kondensatorelektrometer *n* dynamic capacitor electrometer
Kondensatorelektroskop *n* capacitor electroscope
Kondensatorenblock *m* capacitor bank
Kondensatorentladung *f* capacitor discharge
Kondensatorentladungs[impuls]härten *n* capacitor discharge hardening
Kondensatorerregung *f* capacitor excitation
Kondensatorfelderwärmung *f* dielectric heating
Kondensatorfernhörer *m (Nrt)* electrostatic receiver
Kondensatorgehäuse *n* capacitor enclosure (box)
Kondensatorkette *f* capacitor filter
Kondensatorkopfhörer *m (Nrt)* capacitor receiver
Kondensatorlautsprecher *m* capacitor (electrostatic) loudspeaker
Kondensatorleistung *f* power of capacitor
Kondensatormikrofon *n* capacitor (electrostatic) microphone, capacitor transmitter
Kondensatormotor *m* capacitor motor; capacitor split-phase motor; capacitor-run motor *(mit Betriebskondensator)*
~ **mit Anlaufkondensator** capacitor start motor
~ **mit Anlauf- und Betriebskondensator** capacitor start-and-run motor, two-value capacitor motor
~ **mit Betriebskondensator** capacitor run motor
~ **mit einem Kondensator für Anlauf und Betrieb** permanent split capacitor motor
Kondensatoroberplatte *f* capacitor upper plate
Kondensatorplatte *f* capacitor plate
Kondensatorsatz *m* **in Stöpselschaltung** capacitance box with plugs *(für Meßzwecke)*
Kondensatorschalter *m* capacitor circuit breaker
Kondensatorschaltvermögen *n* capacitance switching rating
Kondensatorscheibe *f* capacitor plate
Kondensatorschweißmaschine *f* capacitor discharge welder
Kondensatorspeicher *m (Dat)* capacitor memory (store)
Kondensatorspeichertechnik *f* capacitor storage technique
Kondensator-Stoßentladungsschweißen *n* electrostatic percussion welding
Kondensatorteiler *m* capacitor divider
Kondensatorumladestrom *m* reverse charging current
Kondensatorunterplatte *f* capacitor lower plate
Kondensatorverlängerungsachse *f* capacitor extension shaft (spindle)
Kondensatorverluste *mpl* capacitor losses

Kondensor *m* condensor *(Optik)*
Kondensorblende *f (Licht)* aperture diaphragm (iris)
Kondensorlinse *f* condenser lens
Kondensoröffnung *f* condenser aperture
Kondensoroptik *f* condenser optics
Kondensorsystem *n* condenser (condensing) system
Konduktanz *f* [electrical] conductance
Konduktanzmeßbrücke *f* conductance bridge
Konduktanzrelais *n* conductance relay
Konduktometrie *f* conductometry
Konferenz *f* **mit Zuschaltung von Teilnehmern** *(Nrt)* meet-me conference
Konferenzanlage *f* conference system
Konferenzgespräch *n* party call
Konferenzschaltung *f (Nrt)* conference circuit (connection, service)
Konferenzschaltungsregister *n* party register
Konferenzschaltungssystem *n* conference communication system
Kongruenzschaltung *f (Syst)* congruence circuit
König-Martens-Spektralphotometer *n* König-Martens spectrophotometer
konjugiert-komplex conjugate complex
Konjunktion *f* conjunction, logic product, AND-operation
Konjunktionsoperation *f* conjunction operation
Konjunktionsschaltung *f* AND-circuit
Konkavgitter *n* concave grating
Konkavlinse *f* concave lens, dispersive (divergent) lens
Konkavspiegel *m* concave (collector) mirror
Konkurrenzbetrieb *m (Nrt, Dat)* contention [mode]
Konkurrenzmodell *n (Syst)* competition model
Konkurrenzstrategie *f (Syst)* competitive strategy
Konnektor *m (Dat)* linkage *(im Programmablaufplan)*
konphas equal-phase, in-phase
Konsole *f* console; [cable] bracket
konstant 1. constant, unvarying; 2. fixed
Konstantan *n* constantan
Konstantandraht *m* constantan wire
Konstantdrehmomentmotor *m* constant-torque motor
Konstantdrehzahlmotor *m* constant-speed motor
Konstante *f* constant [quantity]
~/Boltzmannsche Boltzmann constant
~ des Faraday-Effekts Verdet constant
~/elektromagnetische speed of light in empty (free) space
~/Joulesche Joule's equivalent
~/Verdetsche Verdet constant *(des Faraday-Effekts)*
Konstantfehlerzeit *f* constant-failure period *(Zuverlässigkeit)*
Konstantfrequenzregelung *f* constant-frequency control
Konstanthalteleistung *f* holding load
konstanthalten to maintain constant; to stabilize
Konstanthalter *m* stabilizer
Konstanthaltung *f* stabilization
~ der Ausgangsspannung *(Nrt)* bottoming
Konstanthochspannungsquelle *f* stabilized high-voltage supply
Konstant-K-Filter *n* constant-K filter, K-filter
Konstantleistungsbereich *m* constant-power range
Konstantleistungsmotor *m* constant-power motor
Konstantspannung *f* constant voltage; stabilized voltage
Konstantspannungsanodisation *f (El)* constant-voltage anodization
Konstantspannungsgenerator *m* constant-voltage generator
Konstantspannungsquelle *f* constant-voltage source (power supply)
Konstantspannungsregler *m* **für Batterien** cell constant adjustment control
Konstantspannungsstromrichter *m* constant-voltage d.c. link converter
Konstantspannungstransformator *m* constant-voltage transformer
Konstantspannungsversuch *m (Hsp)* multiple-level test
Konstantspeicher *m* fixed memory
Konstantstrom *m* constant current
Konstantstromanodisation *f (El)* constant-current anodization
Konstantstromdiagramm *n* constant-current diagram
Konstantstromerregung *f* constant-current excitation
Konstantstromgenerator *m* constant-current generator
Konstantstromladung *f* constant-current charging
Konstantstromlogik *f***/komplementäre** *(El)* complementary constant-current logic, C³L
Konstantstromquelle *f* constant-current source (power supply); stabilized power supply
Konstantstromregler *m* constant-current regulator
Konstantstromsystem *n* constant-current system
Konstantstromtransformator *m* constant-current transformer
Konstantsummenspiel *n* constant-sum game *(Spieltheorie)*
Konstanz *f* **eines Meßmittels** constancy (stability) of a measuring instrument
~/zeitliche time stability
Konstruieren *n* **und Fertigen** *n***/rechnergestütztes** computer-aided designing and manufacturing, CAD/CAM
Konstruktion *f* 1. construction; designing; 2. design; structure
~/geschlossene packaged construction
~/koronafreie *(An)* corona-free design
Konstruktionsblatt *n* design sheet
Konstruktionsdaten *pl* constructional characteristics, design data
Konstruktionselement *n* constructional element

Konstruktionsfehler *m* defect of construction
Konstruktionsmerkmal *n* constructional (design) feature
Konstruktionsparameter *m* design parameter (value)
Konstruktionsprinzip *n* constructional (design) principle
Konstruktionswert *m* design value
Konsumgüterelektronik *f* domestic appliances electronics
Kontakt *m* 1. contact; 2. *s.* Kontaktstück • **~ haben** to contact
~/angefressener pitted contact
~/beweglicher movable (moving) contact
~/breitflächiger large-surface contact
~ der Kohlebürste brush contact
~/direkter physical contact
~/eingeschmolzener seal-in contact
~/einpoliger single[-pole] contact
~/elektrischer electric[al] contact
~/federnder spring contact
~/fehlerhafter defective contact
~/fester fixed (tight) contact
~/freier vacant contact
~/gekapselter sealed contact
~/gequetschter crimped contact
~/geschlossener closed contact
~/gleichrichtender unidirectional contact
~/großflächiger large-area contact, large-surface contact
~/guter (haftender) tight contact
~/intermittierender intermittent contact
~/körperlicher physical contact
~/lamellierter laminated contact
~/ohmscher ohmic contact
~/schlechter poor (imperfect) contact
~/selbsteinschnappender snap-in contact
~/selbstreinigender self-cleaning contact, self-wiping contact
~/thermischer thermal contact
~/trockenschaltender dry-circuit contact *(ohne Last)*
~/unabhängiger independent contact
~/unterbrechungsloser continuity-preserving contact *(Relais)*
~/vergoldeter gold-plated contact
~/verschmorter scorched contact
Kontaktabbrand *m* contact burn, contact erosion, burning of contact
Kontaktabhebekraft *f* contact repulsion
Kontaktabnutzung *f* contact wear
~/zulässige contact-wear allowance
Kontaktabstand *m* contact distance (clearance, separation, gap); break distance
Kontaktabtastung *f* contact scanning
Kontaktanordnung *f* contact arrangement; contact configuration
Kontaktarm *m* wiper, contact wiper (arm)
Kontaktarmträger *m* wiper shaft
Kontaktausbrennung *f* contact pitting
Kontaktbacke *f* contact jaw
Kontaktbahn *f* contact deck
Kontaktband *n* contact strip
Kontaktbank *f* contact bank, [line] bank
Kontaktbauelement *n* contact device
Kontaktbeben *n* contact vibration
Kontaktbelastung *f***/zulässige** contact rating
Kontaktbelegung *f* contact assignment; connector pin assignment
Kontaktberührung *f* contact touch
Kontaktbildschirm *m* touch screen
Kontaktblock *m* contact block (bank)
Kontaktbolzen *m* stud
Kontaktbrücke *f* contact bridge
Kontaktbuchse *f* female [insert] contact *(einer Steckvorrichtung)*
Kontaktbügel *m* contact bridge
Kontaktbürste *f* [contact] brush, carbon brush
Kontaktdauerstrom *m* [contact] current-carrying capacity *(Relais)*
Kontaktdiffusion *f* contact diffusion
Kontaktdose *f* contact box
Kontaktdraht *m***[/feiner]** whisker
Kontaktdrähte *mpl***/gekreuzte** crossed-rod contacts
Kontaktdruck *m* contact pressure
Kontaktdruckfeder *f* contact pressure spring
Kontaktdurchbruch *m* contact cut
Kontaktdurchfederung *f* contact follow-through travel
Kontakteinführung *f* contact lead-in
Kontakteinsatz *m* contact insert
Kontaktelektrizität *f* contact electricity
Kontaktelektrode *f* contact electrode
Kontaktelement *n* contact element
Kontakt-EMK *f* contact electromotive force, contact emf
Kontaktentfestigung *f* contact softening
Kontakterwärmung *f* heating by [direct] contact
Kontaktfahne *f* contact tag, tab
Kontaktfeder *f* contact spring, cantilever; brush spring *(Wählerkontaktarm)*
Kontaktfedersatz *m* contact spring bank (assembly, set)
Kontaktfehler *m* contact fault (defect)
Kontaktfeld *n* contact bank
Kontaktfenster *n (ME)* contact window
Kontaktfinger *m* contact finger
Kontaktfläche *f* contact [sur]face, contact area (land)
Kontaktflattern *n s.* Kontaktprellen
Kontaktfleck *m* bonding pad (island), land
Kontaktflüssigkeit *f* contact fluid
kontaktfrei non-contacting
Kontaktfreigabekraft *f* contact releasing force
Kontaktgabe *f* contact making
Kontaktgalvanisierung *f* contact plating
Kontaktgeber *m* contactor, contact maker (making device)

Kontaktgeräusch *n* contact noise
Kontaktgleichrichter *m* commutator rectifier
Kontaktgruppe *f* contact set
Kontakthammer *m* trembler
Kontakthebel *m* contact lever
Kontaktheizung *f* contact heating
Kontakthöcker *m (ME)* [contact] bump
Kontakthub *m* contact gap
Kontakthülse *f* contact bush (tube)
kontaktieren *(ME)* to bond; to contact
Kontaktierung *f* **eines pn-Übergangs** junction termination
Kontaktinstrument *n* instrument with contacts
Kontaktkamm *m* contact comb; printed [edge board] contact, finger tab
Kontaktkammer *f* contact cavity
Kontaktkette *f* chain of contacts
Kontaktklammer *f* contact clip
Kontaktkleben *n* contact sticking
Kontaktkleber *m* contact adhesive
Kontaktklotz *m* contact stud (block)
Kontaktkohle *f* contact carbon
Kontaktkolben *m* contact piston
Kontaktkopie *f* contact print
kontaktkopieren to contact-print
Kontaktkopieren *n* contact printing
Kontaktkorrosion *f* contact corrosion
Kontaktkraft *f* contact force
Kontaktkranz *m* group of contacts
Kontaktlast *f* contact load
Kontaktleiste *f* contact strip; rack-and-panel connector; multiple plug
Kontaktlithographie *f* contact lithography
Kontaktloch *n* contact cut; via hole
kontaktlos contactless, non-contacting
Kontaktmaske *f (ME)* in-contact mask
Kontaktmaskierung *f (ME)* in-contact masking
Kontaktmaterial *n* contact material
Kontaktmesser *n* contact blade
Kontaktmikrofon *n* contact microphone
Kontaktmuster *n* contact pattern
Kontaktnachlauf *m* contact follow
Kontaktniet *m* contact rivet
Kontaktnocken *m* contact-breaker cam
Kontaktöffnung *f* contact opening
Kontaktpflegemittel *n* contact cleaner
Kontaktplan *m* ladder diagram
Kontaktplanprogrammierung *f* ladder-diagram programming
Kontaktplättchen *n* contact plate
Kontaktplatte *f* contact plate; *(Ch)* collector plate *(in der Auskleidung einer Elektrolysezelle)*
Kontaktplattierung *f (Galv)* contact plating
Kontaktpotential *n* contact potential
Kontaktprellen *n* contact bounce (chatter); armature chatter
Kontaktprofil *n* contact trace
Kontaktrahmen *m* contact carriage
Kontaktrauschen *n* contact noise
Kontaktreihe *f* row of contacts, contact bank
Kontaktreiniger *m* burnisher
Kontaktreinigung *f* contact cleaning
Kontaktreinigungsmittel *n* contact cleaner
Kontaktring *m* contact ring
Kontaktsatz *m* contact set (unit, complement); *(Nrt)* contact bank, [line] bank
Kontaktschale *f* contact shell
Kontaktscheibe *f* contact disk (washer)
Kontaktschelle *f* contact clamp
Kontaktschicht *f* contact layer
Kontaktschieber *m* contact slide; adjusting slide *(bei abgleichbarem Widerstand)*
Kontaktschiene *f* contact bar (rail)
Kontaktschließdauer *f* contact holding time
Kontaktschlitten *m* contact carriage
Kontaktschmoren *n* scorching of contacts
Kontaktschraube *f* contact screw
Kontaktschuh *m* collector shoe
Kontaktschutz *m* contact protection
Kontaktschweißung *f***/selbsttätige** automatic contact welding
Kontaktsegment *n* contact segment
Kontaktspannung *f* contact voltage; contact potential difference; *(Ap)* contact electricity
Kontaktspannungsabfall *m* contact[-voltage] drop, contact potential drop
Kontaktspiel *n* contact float
Kontaktspitze *f* contact tip
Kontaktstab *m* contact rod; *(Ch)* collector plate *(in der Auskleidung einer Elektrolysezelle)*
Kontaktsteck- und -ziehkraft *f* contact engaging and separating force *(Leiterplatten)*
Kontaktstelle *f* contact point; *(El)* junction; *(ME)* bonding site (pad)
Kontaktstellentemperatur *f* junction temperature *(Thermoelement)*
Kontaktstellung *f* contact position
Kontaktstift *m* contact tag (plug, pin); connector pin; contact finger
Kontaktstoffwanderung *f* contact transfer
Kontaktstöpsel *m* contact plug
Kontaktstörung *f* contact disturbance
Kontaktstrecke *f* contact path
Kontaktstreifen *m* contact track *(gedruckte Schaltung)*
Kontaktstück *n* contact [member], contact piece (plate)
~**/auswechselbares** interchangeable contact piece
~ **für Schutzrohrkontakte** reed blade
~**/rollendes** rolling contact
Kontakttemperatur *f* junction temperature *(Thermoelement)*
Kontaktthermometer *n* contact thermometer
Kontakttrennung *f* contact separation (parting)
Kontakttrockner *m* contact dryer
Kontaktübertragung *f s.* Kontaktkopieren
Kontaktumschaltzeit *f* contact transfer time

Kontaktverformung *f* deformation of contacts
Kontaktverlust *m* contact loss
Kontaktverschweißen *n* contact welding
Kontaktvervielfacher *m* contact multiplier
Kontaktverzinnung *f* contact tinning
Kontaktvielfachfeld *n*/**unverschränktes** *(Nrt)* straight banks
~/**verschränktes** slipped banks
Kontaktvorrichtung *f* contact maker (making device)
Kontaktweg *m* contact path; *(An)* contact travel
Kontaktweite *f* contact clearance
Kontaktwerkstoff *m* contact material
Kontaktwiderstand *m* contact resistance
Kontaktwiderstandsschweißen *n* contact resistance welding
Kontaktwinkel *m* contact angle; contact bevel angle *(bei Kohlebürsten)*
Kontaktzahl *f* number of contacts
Kontaktzeit *f* contact duration
Kontaktzunge *f* reed *(Reed-Relais)*
Kontenblatt *n (Dat)* account sheet
Kontenkarte *f (Dat)* account card
Kontenrahmen *m (Dat)* accounting scheme
Kontextanalyse *f* context analysis *(Programmierung)*
kontinuierlich continuous; steady
Kontinuität *f* continuity
Kontinuitätsbedingung *f* continuity condition
Kontinuitätsbeziehung *f* continuity relation
Kontinuitätsgleichung *f* continuity equation
Kontonummernsuchen *n (Dat)* account number detection
Kontraktion *f*/**anodische** contraction at the anode
Kontraktionspunkt *m* constriction point *(z. B. eines Elektronenstrahls)*
Kontrast *m* contrast
Kontrastabfall *m (Fs)* falling-off of contrast
Kontrastausgleich *m (Fs)* contrast equalization (equalizing)
Kontrastempfindlichkeit *f (Fs)* contrast sensitivity
Kontrastfeld *m (Fs)* contrast field
Kontrastgradient *m (Fs)* contrast gradient
Kontrastlosigkeit *f (Fs)* flatness
Kontrastphotometer *n (Licht)* contrast photometer
Kontrastphotometerfeld *n* contrast photometer field
Kontrastphotometerkopf *m* contrast photometer head
Kontrastregelung *f (Fs)* contrast control
konstrastreich high-contrast, rich in contrast
Kontrastschwelle *f* contrast threshold
Kontraststeigerung *f* increase of contrast
Kontrastübertragungsfunktion *f* contrast transfer function
Kontrastumfang *m* contrast range
Kontrastunterschied *m* contrast difference
Kontrastunterschiedsschwelle *f* contrast difference threshold
Kontrastverhältnis *n (Fs)* contrast ratio
Kontrastverringerung *f* contrast reduction
Kontrastwahrnehmungsgeschwindigkeit *f* speed of contrast perception
Kontrastwirkung *f* contrast effect
Kontrollablesung *f* check reading
Kontrollampe *f* control lamp, indicator (pilot, signal, warning) lamp
Kontrollantenne *f* monitoring aerial
Kontrollapparat *m* control apparatus
Kontrollaufgabe *f* check problem
Kontrollausdruck *m* blowback *(eines Patterngenerators)*
Kontrollautsprecher *m* pilot (control, monitor, listening) loudspeaker
Kontrollbefehl *m* check command
Kontrollbild *n* monitoring picture; blowback *(eines Patterngenerators)*
Kontrollbildröhre *f* monitor[ing] tube
Kontrollbit *n (Dat)* check (control) bit
Kontrolldrucker *m (Dat)* monitor printer
Kontrolle *f* control, check[ing], inspection; supervision, monitoring
~/**automatische** automatic check[ing]
~/**eingebaute** built-in check
~/**festverdrahtete** wired-in check
~/**gerade** even (parity) check
~/**programmierte** programmed check[ing]
~/**ungerade** imparity check
~ **während des Aufsprechens** read-after-write control *(Magnetband)*
Kontrolleichung *f* calibration check
Kontrolleinrichtung *f* checking device, control[ling] equipment
Kontrollelement *n* monitoring element
Kontrollempfang *m* monitoring reception
Kontrollempfänger *m* monitoring [radio] receiver, monitor
Kontroller *m* [electric motor] controller, camshaft (barrel, circuit) controller
Kontrollesen *n (Dat)* read-after-write
Kontrollfernschreiber *m* check (journal) teleprinter
Kontrollfrequenz *f* check (control) frequency
Kontrollfunkenstrecke *f* tell-tale spark gap
Kontrollgerät *n* control unit, controlling (check) instrument; monitor[ing device]
Kontrollglimmlampe *f* neon tester
Kontrollicht *n* indicator (pilot) light
kontrollieren to control, to check, to inspect; to monitor
~/**die Aussteuerung** to monitor (check) the transmission level
~/**die Stabilität** *(Syst)* to check for stability, to make check on stability
Kontrollimpuls *m* check pulse
Kontrollinstrument *n s.* Kontrollgerät
Kontrollkopfhörer *m* monitor earphone
Kontrollmessung *f*/**audiometrische** monitoring audiometry

Kontrolloszilloskop *n* monitor oscilloscope
Kontrollplatz *m (Nrt)* monitor's position, observation desk
Kontrollprobe *f* monitor sample
Kontrollprüfung *f* check test
Kontrollpult *n* control desk; monitoring console (desk)
Kontrollpunkt *m* check (monitoring) point; rerun (roll-back) point *(in Rechenprogrammen)*
Kontrollraum *m* listening room *(Tonaufzeichnung)*
Kontrollrelais *n* monitoring relay
Kontrollschalter *m* control switch[group], function switch
Kontrollschaltung *f* check circuit
Kontrollscheibe *f (ME)* monitor slice
Kontrollsignal *n* control signal
Kontrollsignal *n* **„Alles in Ordnung"** *(Syst)* all-seems-well signal
Kontrollspur *f (Dat)* monitoring track
Kontrollstelle *f (Dat)* checking digit
Kontrollstellung *f* check position
Kontrollstreifen *m (Dat)* control chart; *(Nrt)* home record
Kontrollsystem *n* control system; monitor system
Kontrolltafel *f* control board
Kontrolltaste *f* check key
Kontrolluhr *f (Nrt)* time recorder
Kontrollverstärker *m* monitor[ing] amplifier
Kontrollversuch *m* check test
Kontrollwecker *m (Nrt)* pilot alarm (bell)
Kontrollwerk *n (Dat)* control unit
Kontrollwort *n (Dat)* check word
Kontrollzeichen *n* check (control) character
Kontrollzeit *f* checkout time
Kontrollzentrum *n* control centre
Kontrollziffer *f (Dat)* check (control) digit
Kontrollzifferprüfung *f (Dat)* control digit test
Konusantenne *f* cone (conical) aerial
Konuskupplung *f* cone clutch
Konuslautsprecher *m* cone loudspeaker
Konusmembran *f* cone (conical) diaphragm
Konvektion *f* convection
~/erzwungene forced convection
~/natürliche natural convection
Konvektionserwärmung *f* convection heating
Konvektionsheizung *f* convection heating
Konvektionskühlung *f* convection cooling
Konvektionsofen *m* convection oven (furnace)
~/elektrischer electric convector *(für Raumheizung)*
~ für kontinuierlichen Betrieb continuous convection oven
~/widerstandsbeheizter convection resistance furnace
Konvektionsschalter *m* convection circuit breaker
Konvektionsstabilisierung *f* convective arc stabilization *(Lichtbogen)*
Konvektionsstrom *m* convection current
Konvektionsstromdichte *f* convection current density
Konvektionsverlust *m* convection loss
konvektiv convective
Konvektorschalter *m* convector circuit breaker
Konvergenz *f*/**dynamische** *(Fs)* dynamic convergence
~/gleichmäßige uniform convergence
~/statische *(Fs)* static convergence
~/ungleichmäßige non-uniform convergence
Konvergenzabszisse *f* abscissa of absolute convergence *(Laplace-Transformation)*
Konvergenzbedingung *f* convergence condition
Konvergenzbereich *m* region (domain) of convergence
Konvergenzbeschleunigung *f* convergence acceleration
Konvergenzelektrode *f (Fs)* convergence electrode
Konvergenzfläche *f (Fs)* convergence plane
Konvergenzgebiet *n* region (domain) of convergence
Konvergenzgeschwindigkeit *f* convergence rate
Konvergenzkreis *m* 1. circle of convergence; 2. convergence circuit
Konvergenzkriterium *n (Syst)* convergence criterion
Konvergenzmagnet *m (Fs)* convergence magnet
Konvergenzwinkel *m* convergence angle
konvergieren to converge
Konversion *f* conversion
~/innere internal conversion
Konversionsfilter *n* conversion filter
Konversionsgenauigkeit *f* conversion accuracy
Konversionskoeffizient *m* internal conversion coefficient
Konversionslinie *f* conversion line
Konversionsreaktor *m* converter [reactor], conversion (regenerative) reactor
Konversionsschicht *f* chemical conversion coating *(zum Schutz oder zur Dekoration)*
Konversionsverhältnis *n*/**anfängliches** initial conversion ratio
~/ralatives relative conversion ratio
Konversionswiderstand *m* conversion resistance *(Röhre)*
Konverter *m* converter
~/thermionischer thermionic converter
Konvertereinheit *f (Dat)* conversion unit
Konvertierungsprogramm *n (Dat)* conversion program
Konvertierungszeit *f (Dat)* conversion time
Konvexlinse *f* convex (converging) lens
Konvexspiegel *m* convex mirror
Konzentration *f* concentration
~ der Dunkelstromladungsträger *(ME)* dark carrier concentration
~ tiefer Niveaus *(ME)* deep level concentration
~ von Fremdatomen impurity concentration
konzentrationsabhängig concentration-dependent

Konzentrationsabhängigkeit *f* concentration dependence
Konzentrationsänderung *f* concentration change
Konzentrationselektrode *f* focussing electrode *(bei Röhren)*
Konzentrationselement *n* concentration cell *(Batterie)*
Konzentrationsgefälle *n* concentration gradient
Konzentrationsimpedanz *f* concentration impedance
Konzentrationspegel *m* concentration level
Konzentrationspolarisation *f* concentration polarization
Konzentrationsprofil *n* concentration profile
Konzentrationsstufe *f* concentration stage
Konzentrationsüberspannung *f* concentration overvoltage
Konzentrationsverteilung *f* concentration distribution
Konzentrationswiderstand *m* concentration resistance
Konzentrationszelle *f* concentration cell *(Batterie)*
~ **mit Überführung** concentration cell with transport
~ **ohne Überführung** concentration cell without transport
Konzentrator *m (Wä)* concentrator, focus inductor; *(Nrt)* concentrator
Konzentratorsystem *n (Nrt)* concentrator system
konzentrieren to concentrate
~**/Strahlung** to concentrate radiation
konzentrisch concentric[al]
Konzentrizität *f* concentricity
Koordinaten *fpl***/dimensionslose** dimensionless coordinates
~**/ebene rechtwinklige** plane rectangular coordinates
~**/elliptische** confocal coordinates
~**/kartesische** Cartesian coordinates
~**/krummlinige** curvilinear coordinates
~**/raumfeste** space-fixed coordinates
~**/räumliche** (spatial) coordinates
~**/schiefwinklige** skew coordinates
Koordinatenachse *f* coordinate axis, axis of coordinates
Koordinatenbeschriftung *f* annotation
Koordinatenbewegung *f* coordinate movement
Koordinatendrehung *f* coordinate rotation
Koordinatendreibein *n* coordinate trihedral
Koordinatenmeßgerät *n* coordinate measuring instrument
Koordinatenmessung *f***/akustische** acoustic coordinates measurement
Koordinatennetz *n* net of coordinates
Koordinatenschalter *m (Nrt)* cross-bar selector (switch)
Koordinatenschalteramt *n (Nrt)* cross-bar exchange
Koordinatenschaltersystem *n (Nrt)* cross-bar system
Koordinatenschalter-Vermittlungssystem *n***/automatisches** *(Nrt)* automatic cross-bar telephone switching equipment
Koordinatenschreiber *m* coordinate plotter, X-Y plotter (recorder)
~**/elektronischer** electronic X-Y recorder
Koordinatenstärke *f* coordinate line intensity
Koordinatensystem *n* coordinate system
~**/kartesisches** Cartesian coordinate system, Cartesian grid
~**/krummliniges** curvilinear coordinate system
~**/rotierendes** rotating coordinate system
Koordinatentisch *m* x-y table (stage)
Koordinatentransformation *f* coordinate transformation
Koordinatenverschiebung *f* coordinate displacement
Koordinatenwähler *m (Nrt)* cross-bar selector (switch)
Koordinatenwandler *m* coordinate converter, resolver
Koordination *f* **der Isolation** insulation coordination
Koordinationsalgorithmus *m (Syst)* coordination algorithm
Koordinationsgitter *n (ME)* coordination lattice
Koordinationskompensator *m* coordinate potentiometer
Koordinatograph *m* coordinatograph
KOP *s.* Kontaktplan
Kopf *m* 1. head; top; 2. *s.* Tonkopf
Kopfamt *n (Nrt)* gateway exchange
Kopfankerrelais *n* front armature relay
Kopfanschlußkappe *f* top cap
Kopfanweisung *f* header statement
Kopfbügel *m* head bow (band)
Kopfbügelmikrofon *n* headset microphone
Kopfgruppe *f* head stack *(Magnetbandgerät)*
Kopfhörer *m* headphone, [head] receiver, earphone
~**/dynamischer** dynamic (moving-coil) headphone
~**/elektrostatischer** electrostatic (capacitor) headphone
~**/ohrumschließender** circumaural (supra-aural) earphone
Kopfhörer *mpl* headset, headphones
Kopfhöreranschluß *m* headphone connection
Kopfhörerbuchse *f* headphone socket
Kopfhörerbügel *m* headphone bow (band)
Kopfhörergarnitur *f* headset
Kopfhörerlautstärke *f* headphone level
Kopfhörerpaar *n* [pair of] headphones, headset
Kopfkontakt *m (Nrt)* vertical off-normal contact
Kopfsatz *m (Dat)* header
Kopfspiegel *m* head mirror *(Magnettontechnik)*
Kopfstation *f (Eü)* terminal station
Kopftelefon *n* head gear [receiver]

Kopfträger *m* head assembly
Kopf-Trommel-Abstand *m (Dat)* head-to-drum separation (space)
Kopfverstärker *m* head amplifier
Kopie *f* 1. copy, duplicate; hard copy *(vom Rechner mit ausgedruckt)*; *(Ak)* dub, rerecording *(Magnetband)*
~ **der Originalmaske** *(ME)* submaster, copy of the original mask
Kopiereffekt *m* spurious (accidental, magnetic) priting
kopieren to copy, to duplicate; to print; *(Ak)* to dub *(Magnetband)*
Kopieren *n* copying, duplication; printing; tape dubbing *(Bänder, Kassetten)*
~/**optisches** optical printing
~/**unerwünschtes** *s.* Kopiereffekt
Kopiergerät *n* copier, duplicator *(z. B. für Bänder)*; printer
Kopierlack *m* photoresist *(Zusammensetzungen s. unter* Photoresist*)*
Kopiermodell *n* master form
Kopierschablone *f* master
Kopiertelegraf *m* copying telegraph
Kopierverstärker *m* unity-gain amplifier
Kopiervorlage *f* artwork
Koppel... *s. a.* Kopplungs...
Koppelabschnitt *m (Nrt)* switching section
Koppeladmittanz *f* coupling admittance
Koppelanordnung *f (Nrt)* coupling arrangement, switching network
~/**gestreckte** straight switching arrangement
~/**homogene** homogeneous switching network
~/**inhomogene** heterogeneous switching network
~/**mehrstufige** multirank switching stages
~ **mit Rücküberlauf** entraide, reentrant link system
Koppelbeziehung *f* interrelation *(Mehrgrößensysteme)*
Koppelbogen *m* bend coupling *(Wellenleiter)*
Koppelbreite *f*/**kritische** *(Ak)* critical bandwidth
Koppeldämpfung *f* coupling attenuation (loss) *(bei Lichtein- oder -auskopplung auftretender Effekt)*
Koppeleinheit *f s.* Interface
Koppeleinrichtung *f (Nrt)* switching entity
Koppelelement *n* coupling element; *(Nrt)* switching element
~/**optoelektronisches** *s.* Koppler/optoelektronischer
Koppelfaktor *m* coupling coefficient; coupling ratio *(bei Lichtwellenleitern)*
Koppelfeld *n (Nrt)* coupling multiple, switching matrix, switching (cross-point) array
Koppelfeldeinheit *f (Nrt)* switch unit
Koppelfeldkontakt *m* cross-point contact
Koppelimpedanz *f* coupling (mutual) impedance
~/**elektroakustische** electroacoustic coupling impedance
~ **für Stoßwellen** mutual surge impedance
~/**mechanische** mechanical transfer impedance
Koppelkapazität *f* mutual capacitance
Koppelkreis *m* coupling circuit
koppeln to couple; to interconnect; to interface
Koppelnetz *n* coupling network; *(Nrt)* switching (connecting) network
Koppelplan *m* wiring diagram *(Verdrahtungstechnik)*
Koppelpunkt *m* cross-point
Koppelreihe *f (Nrt)* switching (connecting) row
Koppelrelais *n* coupling (cross-point) relay
Koppelschalter *m* tie switch *(Trennschalter)*; tie circuit breaker *(Leistungsschalter)*
Koppelschlitz *m* window *(eines Transformators)*
Koppelsoftware *f* link-up software
Koppelstufe *f (Nrt)* coupling (switching, connecting) stage
Koppeltreiber *m* communications driver
Koppelvielfach *n (Nrt)* switching matrix, common switching multiple
Koppelvielfachreihe *f* switching-matrix row
Koppelwirkung *f* coupling effect
Koppler *m* coupler; flexible lead connector
~/**akustischer** acoustic coupler
~/**optischer** optical[-fibre] coupler, opto-coupler, opto-isolator
~/**optoelektronischer** opto-electronic coupler
Kopplung 1. *(ET)* coupling; interconnection; switching; linkage; 2. *s.* Koppler
~/**bewegliche** movable coupler *(Stecker)*
~/**elektrische** electrical coupler *(Stecker und Steckdose)*
~/**elektromagnetische** electromagnetic coupling
~/**elektromechanische** electromechanical coupling
~/**enge** close coupling
~/**feste** tight coupling
~/**galvanische** galvanic (direct, conductive) coupling
~/**induktive** inductive (magnetic) coupling, [inductive] flux linkage
~/**intermediäre** intermediate coupling
~/**kapazitive** capacitive (capacity, electrostatic) coupling
~/**kritische** critical coupling
~/**lose** loose coupling
~/**magnetische** *s.* ~/induktive
~/**modenselektive** mode-selective coupling
~ **nächster Nachbarn** *(ME)* nearest neighbour coupling
~/**ohmsche** resistive coupling
~/**parasitäre** stray coupling
~/**stabile** stable coupling
~/**transformatorische** mutual coupling
~/**überkritische** overcoupling, overcritical coupling
~/**unterkritische** undercoupling, undercritical coupling
~/**vollkommene** unity coupling
~ **zwischen Röhren** intervalve coupling

λ/4-Kopplung *f* quarter-wave coupling
Kopplungs... *s. a.* Koppel...
Kopplungsbeiwert *m* coupling coefficient
Kopplungsblock *m* fixed coupling capacitor *(Kondensatoren)*
Kopplungselement *n*/**optoelektronisches** optoelectronic coupler
Kopplungsfaktor *m* coupling factor, coefficient of [inductive] coupling
Kopplungsgrad *m* coupling degree (coefficient); coupling ratio *(bei Lichtwellenleitern)*
Kopplungskoeffizient *m* coupling coefficient
Kopplungskondensator *m* coupling (blocking, stopping) capacitor
Kopplungsleitung *f* interconnection line, tie line (feeder)
Kopplungsmatrix *f* coupling (connecting) matrix
Kopplungsplan *m* coupling plan
Kopplungsschaltung *f* coupling circuit
Kopplungsschema *n* coupling scheme
Kopplungsschleife *f* coupling loop
Kopplungsschwingung *f* oscillation of coupled circuits
Kopplungsspartransformator *m* auto-leak transformer
Kopplungsspule *f* coupling coil; coupler
Kopplungsstecker *m* coupler (adapter) plug, coupler connector
Kopplungstransformator *m* coupling transformer; jigger *(bei Sendeanlagen)*
Kopplungswiderstand *m* coupling impedance
Korbbeschickung *f* bucket charging *(Lichtbogenofen)*
Korbbodenspule *f* spider-web coil
Korbbodenwicklung *f* spider-web winding
Korbrechen *m* hook-shaped rack *(Kraftwerk)*
Korbspule *f* basket (spider-web) coil
Korkenzieherregel *f* corkscrew rule
Korkverschalung *f* cork lagging *(Wärmeisolation)*
Korn *n* grain, particle
Körnchen *n* granule, [small] grain
Körnermikrofon *n* granular (carbon granule) microphone
Kornform *f* grain shape
Korngefüge *n* grain structure
Korngrenze *f* grain boundary
Korngrenzenangriff *m* grain boundary attack
Korngrenzenbruch *m* intercrystalline failure (fracture)
Korngrenzenenergie *f* grain boundary energy
Korngrenzenkorrosion *f* intercrystalline (intergranular) corrosion
Korngrenzenleitung *f* grain boundary conduction
Korngrenzenriß *m* grain boundary crack
Korngrenzenversetzung *f* grain boundary dislocation
Korngrenzenzerfall *m* grain boundary breakdown
Korngröße *f* grain size

körnig granular, granulated, grainy, grained
• **~ machen** to granulate
Körnigkeit *f* granularity; graininess *(z. B. eines Bildschirms)*
kornorientiert grain-oriented
Kornstruktur *f* grain structure
Körnung *f* granularity
Kornverfeinerung *f* grain refining (refinement)
Kornverzerrung *f* grain deformation
Kornwachstum *n* grain growth
Korona *f* corona
Koronabeständigkeit *f* corona resistance, resistance to corona [discharge]
Koronadämpfung *f* corona attenuation (damping)
Koronaeffekt *m* corona [effect]
Koronaeinsatz *m* corona inception
Koronaeinsatzspannung *f* corona starting voltage
Koronaentladung *f* corona discharge, [electric] corona
Koronaentladungsröhre *f* corona-discharge tube
Korona[impuls]ladung *f* corona charge
Koronaleistung *f* corona discharge power
Koronalöschung *f* corona extinction
Koronamessung *f* corona measurement
Koronaoberwellen *fpl* corona harmonics
Koronaphon *n* coronaphone *(zur Ortung von Funkstörungen)*
Koronaschutz *m* corona shielding
Koronastabilisator *m* corona stabilizer
Koronastörspannung *f* corona interference voltage
Koronaverlust *m* corona loss
Koronavoltmeter *n* corona voltmeter
Koronawiderstandsfähigkeit *f* corona resistivity
Koronazerstörung *f* corona damage
Koronazündimpuls *m* initial corona pulse
Körper *m* body
~/absorbierender absorber
~/diffus strahlender diffuser
~/durchscheinender translucent body
~/durchsichtiger transparent body
~/farbiger coloured body
~/fester solid
~/grauer grey body
~/lichtstreuender diffuser
~/lichtundurchlässiger opaque body
~/schwarzer black body, full (ideal) radiator
~/selektiv streuender selective diffuser
~/weißer white body
Körperfarbe *f* object (body) colour
Körperschall *m* solid-borne sound (noise), structure-borne sound
Körperschallbekämpfung *f* solid-borne noise control
Körperschalldämmung *f* solid-borne noise isolation, noise isolation
Körperschallisolator *m* vibration (shock) isolator
Körperschallmikrofon *n* contact microphone, vibration pick-up
~ für Bodenschwingungen seismicrophone

Körperschluß *m* body contact; *(An)* fault to frame
Korpuskularstrahlen *mpl* corpuscular rays
Korpuskularstrahlung *f* corpuscular radiation
Korrektion *f* correction *(eines Meßergebnisses)*; bias correction *(der Anzeige eines Meßmittels)*
Korrektionsfaktor *m (Meß)* [bias] correction factor
Korrektionsfunktion *f* correction function
Korrektionskreis *m* correction (corrector) circuit
Korrektionskurve *f* **eines Meßmittels** correction curve of a measuring instrument
Korrektionsschaltung *f* correcting network
Korrektionsumlaufschalter *m* rotary corrector switch
Korrektor *m***/adaptiver** *(Dat)* adaptive corrector
Korrektur *f* correction
~ **der dynamischen Eigenschaften** *(Syst)* correction of dynamic properties
~ **des Zeitverhaltens** *(Syst)* correction of transient response
~ **mit Analoggliedern** *(Dat, Syst)* analogue correction
Korrekturbefehl *m (Dat, Syst)* patch
Korrekturbit *n (Dat)* correction bit
Korrekturdaten *pl* correction data
Korrektureingabe *f* compensating input
Korrekturfaktor *m* correction factor; cable correction *(für Kabellänge)*
Korrekturfehler *m (Dat)* patch[ing] error
Korrekturfilter *n* correction filter
Korrekturfunktion *f* correction function
Korrekturglied *n* 1. correcting element (filter), compensating element *(im Blockschaltbild)*; 2. correcting unit, compensating network *(Bauglied)*; 3. correction term *(in einer Gleichung)*
~/in Reihe geschaltetes sequential correcting element
~/parallelgeschaltetes parallel correcting element
Korrekturgröße *f* correcting quantity *(Relais)*
Korrekturinkrement *n* correction increment
Korrekturkurve *f* correction curve
Korrekturlinse *f* correction lens
Korrekturnetzwerk *n (Syst)* correction circuit, compensating network
Korrekturschaltung *f* correction circuit
Korrekturschritt *m* correction increment
Korrektursignal *n* correction signal
Korrektursollwert *m* correcting setpoint
Korrekturvorgang *m (Dat)* patching process
Korrekturwert *m (Meß)* correction value *(Größe)*
Korrekturwirkung *f* corrective action *(des Reglers)*
Korrelationsdetektor *m* correlation detector
Korrelationsfehler *m* correlation error
Korrelationsfunktion *f* correlation function
Korrelationskoeffizient *m* correlation coefficient (factor) *(Statistik)*
Korrelationskoeffizientenmatrix *f* correlation coefficient matrix
Korrelationsmethode *f* correlation method *(bei stochastischen Vorgängen)*
Korrelationsrechner *m* correlation computer
Korrelationsreichweite *f* correlation range
Korrelationsverhältnis *n* correlation ratio
Korrelator *m* correlator
Korrelatorfehler *m* correlator error
korrodierbar corrodible
Korrodierbarkeit *f* corrodibility
korrodieren to corrode
korrodierend [wirkend] corrosive
Korrosion *f* corrosion • **die ~ fördern** to promote corrosion
~/anodische anodic corrosion
~/durch Belastung beschleunigte stress-accelerated corrosion
~ **durch Streuströme** electrocorrosion
~/ebenmäßige uniform corrosion
~/elektrochemische electrochemical corrosion
~/elektrolytische electrolytic corrosion, wet (liquid) corrosion
~/galvanische galvanic (contact) corrosion, bimetallic corrosion
~/interkristalline intercrystalline (intergranular) corrosion
~/katodische cathodic corrosion
~/lokale (örtliche) local[ized] corrosion
~/selektive selective corrosion
korrosionsanfällig corrodible, susceptible (sensitive) to corrosion
Korrosionsanfälligkeit *f* corrodibility, susceptibility to corrosion
Korrosionsangriff *m* corrosive attack
Korrosionsbereich *m* corrosion region
korrosionsbeständig corrosion-resistant, non-corroding, corrosion-proof
Korrosionsbeständigkeit *f* corrosion resistance
Korrosionselement *n* corrosion cell
Korrosionsermüdung *f* corrosion fatigue
korrosionsfest *s.* korrosionsbeständig
Korrosionsgeschwindigkeit *f* corrosion velocity (rate)
korrosionshindernd corrosion-preventive
Korrosionsinhibitor *m* corrosion inhibitor
Korrosionsmittel *n* corrosive [agent]
Korrosionsschutz *m* 1. corrosion protection, protection against corrosion; 2. corrosion-protective serving *(Kabel)*
~/anodischer anodic protection
~/katodischer cathodic protection
Korrosionsschutzanlage *f***/elektrische** electric corrosion-protection installation
Korrosionsschutzmantel *m* anticorrosion (corrosion-protective) covering
Korrosionsschutzmittel *n* corrosion inhibitor, anticorrosive [agent]
Korrosionsschutzschicht *f* anticorrosive coating
korrosionssicher corrosion-proof *(z. B. Konstruktionen)*

Korrosionsstrom *m* corrosion current
Korrosionsstromdichte *f* corrosion current density
Korrosionsverhalten *n* corrosion behaviour
korrosionsverhindernd anticorrosive, corrosion-preventive
korrosiv corrosive
Kosinusanpassung *f* cosine matching *(Lichtmeßtechnik)*
Kosinusfehler *m* cosine error (deviation)
Kosinusfunktion *f*/**abklingende** damped cosine [function]
Kosinusgesetz *n*[/**Lambertsches**] Lambert['s] cosine law, cosine emission law
Kosinusprogramm *n (Dat)* cosine program
Kosinustransformation *f* cosine transform
Kosinuswelle *f* cosine wave
Kovarianz *f* covariance *(Korrelationsmoment stochastischer Größen)*
Krachgeräusche *npl (Nrt)* crashes
Krachtöter *m* noise gate
Kraft *f* 1. force; power; 2. thrust *(Schubkraft)*
~/abstoßende repulsive force
~/äußere external force
~/Coulombsche Coulomb force
~ der Bewegung/elektromotorische rotational electromotive force
~ der Ruhe/elektromotorische transformer electromotive force
~ einer galvanischen Zelle/elektromotorische cell electromotive force
~/eingeprägte elektromotorische impressed electromotive force
~/elektrodynamische electrodynamic force
~/elektrodynamische magnetische Lorentz force
~/elektromagnetische electromagnetic force
~/elektromechanische electromechanical force
~/elektromotorische electromotive force, emf
~/elektrostatische electrostatic force
~/gegenelektromotorische counter-electromotive force, counter-emf, back electromotive force
~/geräuschelektromotorische psophometric electromotive force
~/induzierte elektromotorische induced electromotive force
~/innere internal force
~/innermolekulare intramolecular force
~/magnetische magnetic force
~/magnetomotorische *s.* Durchflutung
~/parasitäre (störende) elektromotorische parasitic electromotive force
~/thermoelektrische thermoelectromotive force, thermo emf, thermoelectric power
Kraftanlage *f* power plant
Kraftaufnehmer *m s.* Kraftmeßdose
Kraftausgleich *m* force balance
Kraftbedarf *m* power demand
Kraftbelastung *f* power load
Kraftbetätigung *f* power operation
Kräftepaar *n* couple of forces
Kraftfahrzeugbatterie *f* motorcar (automobile) battery
Kraftfahrzeugbeleuchtung *f* [motor]car lighting
Kraftfahrzeugelektrik *f* automotive electrical equipment; [car] electrical system *(Anlage)*
Kraftfahrzeugelektronik *f* car (automotive) electronics
Kraftfahrzeugsensor *m* automotive sensor
Kraftfeld *n* force field, field of force
Kraftfluß *m* flux of force
~/magnetischer magnetic flux
Kraftflußdichte *f*/**magnetische** magnetic flux density, magnetic induction
Kraftflußlinie *f* line of flux
Kraftflußröhre *f* tube of flux
Krafthaus *n* electric power house *(Wasserkraftwerk)*
Kraftkompensation *f* force balance
Kraftkomponente *f* force component
Kraftlinie *f* line of force
~/elektrische electric line of force
~/magnetische magnetic line of force
Kraftliniendichte *f* density of lines of force
Kraftlinienrichtung *f* direction of lines of force
Kraftlinienstreuung *f*[/**magnetische**] flux leakage
Kraftlinienweg *m* flux path
~/magnetischer magnetic path
Kraftlinienzahl *f*/**remanente** remanent flux density
Kraftmaschine *f* prime mover *(zum Antrieb von Generatoren)*
Kraftmeßdose *f* force gauge (transducer), load cell
Kraftmeßeinrichtung *f (Meß)* force-summing device
Kraftmeßgerät *n* dynamometer
Kraftmeßglied *n (Meß)* force-summing member
Kraftnetz *n* power system (mains)
Kraftquelle *f* power source, source of energy
Kraftrichtung *f* direction of force
Kraftsensor *m* force sensor
Kraftspeicherbetätigung *f (An)* stored energy operation
Kraftsteckdose *f* power receptacle (socket outlet)
Kraftstecker *m* power plug
Kraftstrom *m* power[-line] current
Kraftstromkabel *n* [electric] power cable
Kraftstromschalttafel *f* power [switch] board
Krafttarif *m* motive-power tariff
Kraftübertragungsfaktor *m*/**elektroakustischer** electroacoustic force factor
Kraft- und Wärmesystem *n*/**kombiniertes** combined power and heating system
Kraftvektor *m* force vector
Kraftvergleichsregler *m* force-balance regulator
Kraftverstärker *m* power amplifier
Kraftverstärkung *f* power amplification
Kraft-Wärme-Kopplung *f* combined heat and power coupling
Kraft-Weg-Wandler *m (Meß)* force-summing device

Kraft-Weg-Wandlerelement *n (Meß)* force-summing member
Kraftwerk *n* electric power station, power plant, generating station (plant)
~/automatisiertes automatic power station
~/unbesetztes unattended power station
Kraftwerksblock *m* power-station unit
Kraftwerkseigenbedarf *m* plant auxiliary demand
Kraftwerkseigenbedarfsanlage *f* power-station service plant
Kraftwerkseigenverbrauch *m* power-station internal consumption
Kraftwerkseinrichtung *f* power-station equipment
Kraftwerkskaskade *f*, **Kraftwerkskette** *f* chain of [power] stations
Kraftwerksleistung *f* station (plant) capacity
Kragensteckdose *f* socket with shrouded contacts
Krämer-Kaskade *f (MA)* Krämer drive *(Krämer-Antrieb)*
Krampe *f* stay staple
Kranmotor *m* crane motor
Kransteuerschalter *m* crane controller
Kranzwendel *f* wreath filament
krarupisieren *(Nrt)* to krarupize, to load continuously
krarupisiert continuously loaded *(Leitung)*
Krarupisierung *f (Nrt)* krarupization, continuous (Krarup) loading
Krarup-Kabel *n*, **Krarup-Leitung** *f (Nrt)* Krarup cable, continuously loaded cable
Krarup-Umspinnung *f* iron whipping *(Kabel)*
Krater *m* crater; arc crater *(beim Lichtbogenschweißen)*
Kraterbildung *f* crater formation
Kraterrand *m* crater edge
Kratertemperatur *f* crater temperature
Kratertiefe *f* crater depth
Kratzen *n* scratch *(der Nadel)*
Kratzer *m* scratch
kratzerbeständig, kratzfest scratch-resistant
Kratzfestigkeit *f* scratch resistance
Kratzgeräusch *n* scratching (frying) noise, scratching, crackling; line scratch[ing] *(in Leitungen)*
Kräusellack *m* shrivel varnish
kräuseln/sich to curl
Kräuseln *n* curl *(z. B. eines Magnetbands)*
Kreis *m* 1. circuit *(Stromkreis)*; 2. loop *(Regelkreis)*; 3. circle
~/abgestimmter tuned circuit
~/adaptiver adaptive loop
~/angekoppelter coupled circuit
~/äußerer external circuit
~/eisenloser ironless circuit
~/geöffneter opened loop
~/geschlossener 1. closed circuit; 2. *(Syst)* closed path *(als Signalweg)*
~/induktionsfreier non-inductive circuit
~/logischer logic[al] circuit
~/magnetischer magnetic circuit
~ mit Luftspalt/magnetischer gapped magnetic circuit
~ mit verteilten Elementen distributed element circuit
~ mit verteilten Parametern distributed parameter circuit
~/nichtabgestimmter untuned circuit
~/nichtgeschlossener magnetischer imperfect magnetic circuit
~/offener open circuit
~/ohmscher resistance circuit
~/permanentmagnetischer permanent-magnetic circuit
~/stabiler stable circuit
~/stromführender live circuit
~/umschaltbarer reversible circuit
Kreisabtastung *f* circular scanning *(Radar)*
Kreisanalysator *m* circuit analyzer
Kreisantenne *f* circular aerial
Kreisbahn *f* circular path
Kreisbewegung *f* circular motion
Kreisblatt *n (Meß)* circular (round) chart
Kreisblattschreiber *m* circular-chart recorder, round-chart instrument
Kreisbogen *m* arc of circle
Kreischton *m* squealing
Kreisdämpfung *f* circuit damping
Kreisdiagramm *n* circle diagram
~ der Asynchronmaschine Heyland diagram
Kreise *mpl***/entkoppelte** *(Syst)* non-interacting loops
~/vermaschte interconnected networks
~/versetzt abgestimmte *(Nrt)* stagger-tuned circuits
Kreisel *m* gyro[scope]
~/elektrostatisch aufgehängter electrostatic-fixed gyroscope
~/kryogener cryogenic gyroscope
Kreiselantrieb *m* gyro drive
Kreiseldämpfung *f* gyro damping
Kreiselelektrode *f* annular electrode
Kreiselgebläse *n* centrifugal (rotary) blower, turboblower
Kreisellüfter *m* centrifugal fan, fan blower
Kreiselpumpe *f* centrifugal pump
Kreiselverdichter *m* centrifugal compressor
Kreisfrequenz *f* angular (radian) frequency, pulsatance
~ der Abtastung *(Syst)* sampling frequency
Kreisfunktion *f* circular function
Kreisfunktionenmultiplikation *f* circular-function multiplication
Kreisgrenzfrequenz *f* angular cut-off frequency
Kreisgüte *f* circuit quality, circuit magnification [factor]
Kreisinterpolation *f* circular interpolation *(z. B. bei numerisch gesteuerten Maschinen)*
Kreiskoordinaten *fpl* circular coordinates
Kreislauf *m***/geschlossener** closed circuit (cycle)

Kreislaufkühlung *f* closed-circuit ventilation
Kreismagnetisierung *f* solenoidal magnetization
kreispolarisiert circularly polarized
Kreisprozeß *m* cycle *(Thermodynamik)*
Kreisrauschen *n* circuit noise
Kreisresonanz *f* circular resonance
Kreisscheibenresonator *m* circular disk resonator
Kreisskale *f* circular (dial) scale
Kreisstrom *m* ring current; circular (circulating) current *(Stromrichter)*
Kreisstromdrossel *f* circulating-current reactor
kreisstromfrei circulating-current-free
Kreisverhalten *n (Syst)* [closed-]loop response
Kreisverstärkung *f (Syst)* [closed-]loop gain
Kreiswendel *f* circular coil filament
Kreiswirbel *m* circular vortex
Kreiszeichnerschaltung *f* circle plotting circuit
Kreuzdipol *m* turnstile aerial
kreuzen/sich to cross
Kreuzfeldinstrument *n* crossed-fields instrument
Kreuzglied *n* lattice section (network)
Kreuzgliedfilter *n* lattice-type filter (network)
Kreuzgriff *m* star knob
Kreuzkern *m* cross core *(Transformator)*
Kreuzklemme *f* four-wire connector
Kreuzkopplung *f* cross coupling
Kreuzkorrelation *f* cross-correlation *(z. B. zweier stochastischer Signale)*
Kreuzkorrelationsfunktion *f* cross-correlation function
Kreuzkorrelationsmethode *f* cross-correlation method
Kreuzkorrelator *m* cross-correlator
Kreuzmodulation *f (Nrt)* cross modulation, intermodulation
Kreuzmodulationsfaktor *m* cross-modulation factor
Kreuzpeilung *f (FO)* cross bearing
kreuzpolarisiert cross-polarized
Kreuzpunktkontakt *m* cross-point contact
Kreuzrahmenantenne *f* crossed-loop aerial, crossed-coil aerial, Bellini-Tosi aerial
Kreuzrahmenpeiler *m* crossed-frame coil direction finder
Kreuzschalter *m* intermediate switch
Kreuzschaltung *f* cross connection, back-to-back connection
Kreuzschienenfeld *n (Nrt)* cross-bar matrix
Kreuzschienenverbinder *m* cross-bar connector
Kreuzschienenverteiler *m* cross-bar distributor
Kreuzschienenwähler *m (Nrt)* cross-bar selector (switch)
Kreuzspektraldichte *f (Syst)* cross-spectral density
Kreuzspektrum *n* cross spectrum
Kreuzspule *f* cross coil
Kreuzspulmeßinstrument *n* crossed-coil [measuring] instrument
Kreuzstück *n* cross [piece]
Kreuztisch *m* X-Y stage
Kreuzung *f* overcrossing, crossing *(von Leitungen)*; *(Nrt)* transposition *(am Gestänge)*
Kreuzungsmast *m* crossing pole (structure) *(Leitung)*
Kreuzungspunkt *m* crossing point, cross-point
Kreuzungsschema *n (Nrt)* transposition scheme *(für Freileitungen)*
Kreuzwickelspule *f* honeycomb coil
Kriechdehnung *f* creep strain
kriechen to creep, to leak
Kriechen *n* creepage, creep[ing], [surface] leakage *(von Strömen)*
Kriechentladung *f* creep discharge (leakage), charge dissipation
Kriechfestigkeit *f* creep resistance
Kriechgalvanometer *n* fluxmeter
Kriechgeschwindigkeit *f* creep rate
Kriechkurve *f* creep curve
Kriechpfad *m* sneak path
Kriechspur *f* creeping (tracking) path, surface leakage path, path of tracking
Kriechspurbildung *f* tracking
Kriechstrecke *f* creeping (tracking) distance, leakage distance *(beim Isolator)*; creep (leakage current) path
Kriechstrom *m* creeping (tracking) current, [surface] leakage current
~ **gegen Erde** earth-leakage current
Kriechstrombeständigkeit *f s.* Kriechstromfestigkeit
Kriechstromerdung *f* creeping-current earthing
Kriechstromfehler *m* leakage error *(z. B. bei Meßinstrumenten)*
kriechstromfest track-resistant, non-tracking, antitracking
Kriechstromfestigkeit *f* creep (tracking) resistance, resistance to tracking
Kriechstromprüfung *f* creep test
Kriechstromspur *f s.* Kriechspur
Kriechstromverlust *m* creeping [current] loss, leakage [current] loss
Kriechstromweg *m s.* Kriechspur
Kriechstromwiderstandsfähigkeit *f s.* Kriechstromfestigkeit
Kriechüberschlagstrecke *f* leakage distance
Kriechweg *m s.* Kriechstrecke
Kristall *m* crystal
~/**aktivierter** activated crystal
~/**dotierter** doped crystal
~/**flüssiger** liquid crystal
~/**gestörter** imperfect crystal
~/**gezogener** pulled crystal
~/**idealer** perfect (ideal) crystal
~/**im Vakuum gezüchteter** vacuum-grown crystal
~/**längsschwingender** longitudinal crystal
~/**leitender** conducting crystal
~/**linksdrehender** left-handed crystal
~ **mit Störstellen** impurity crystal
~/**molekularer** molecular crystal

~/**nadelförmiger** needle (spicule) crystal
~/**nichtidealer** non-ideal crystal
~/**optisch zweiachsiger** biaxial crystal
~/**piezoelektrischer** piezoelectric crystal
~/**polarer** polar crystal
~/**realer** imperfect crystal
~/**ungestörter** perfect crystal
~/**verspannter** strained crystal
~/**verunreinigter** contaminated crystal
~/**wärmebehandelter** heat-treated crystal
Kristallachse *f* crystal (crystallographic) axis
Kristallaufnehmer *m* 1. *(ME)* crystal support (holder); 2. crystal pick-up *(Tonarm)*
Kristallautsprecher *m* piezoelectric loudspeaker, crystal [loud]speaker
Kristallbau *m* crystal structure
Kristallbaufehler *m* crystal defect (imperfection), lattice defect
Kristallbildempfänger *m (Fs)* crystal video receiver
Kristallbildung *f* crystallization
Kristallbindungsenergie *f* crystal-binding energy
Kristalldehnung *f* crystal dilatation
Kristalldetektor *m* crystal detector
Kristalldiode *f* crystal diode (rectifier)
Kristalldotierung *f* crystal doping
Kristalldurchmesser *m* crystal diameter
Kristallebene *f* crystal plane
Kristalleigenschaft *f* crystal property
Kristallempfänger *m* crystal receiver
Kristallendfläche *f* terminal face of a crystal
Kristallfadenwachstum *n* whisker growth
Kristallfehler *m* crystal defect (imperfection)
Kristallfehlordnung *f* crystal disorder
Kristallfeldaufspaltung *f* crystal field splitting
Kristallfilter *n* quartz filter
Kristallfläche *f* crystal face
Kristallform *f* crystal form (shape)
Kristallgitter *n* crystal lattice, [space] lattice
Kristallgleichrichter *m* crystal rectifier
~ **mit hoher Sperrspannung** high-inverse-voltage rectifier
Kristallgleichrichterzelle *f* semiconductor rectifier diode
Kristallgrenzfläche *f* crystal interface (boundary)
Kristallhalter *m (ME)* crystal holder (support)
Kristallisation *f* crystallization
Kristallisationsaustauschstromdichte *f (Ch)* crystallization exchange current density
Kristallisationsgeschwindigkeit *f* velocity of crystallization
Kristallisationsimpedanz *f* crystallization impedance
Kristallisationskapazität *f* crystallization capacity
Kristallisationskeim *m* crystal (initial) nucleus
Kristallisationspolarisation *f* crystallization polarization
Kristallisationsüberspannung *f* crystallization overvoltage
Kristallisationswärme *f* heat of crystallization
kristallisieren to crystallize
Kristallit *m* crystallite
Kristallkante *f* crystal edge
Kristallkeim *m* crystal nucleus, seed [crystal]
Kristallmessung *f* crystallometry
Kristallmikrofon *n* piezoelectric (crystal) microphone
Kristallmischer *m* crystal mixer *(bei Wellenleitern)*
Kristallmodulator *m* crystal modulator (frequency changer), frequency changer crystal
Kristallnadel *f* crystal needle
Kristallordnung *f* crystal ordering
Kristallorientierung *f* crystal[lographic] orientation
Kristalloszillator *m* crystal[-controlled] oscillator
Kristallperiodizität *f* crystal periodicity
Kristallreinigung *f* crystal refinement
Kristallresonator *m* piezoelectric resonator
Kristallrohling *m* crystal ingot (blank)
Kristallscheibe *f* crystal wafer (slice)
Kristallschwingung *f* crystal vibration
Kristallspaltung *f* crystal cleavage
Kristallstab *m* crystal rod
Kristallsteuerstufe *f* crystal control stage (set), quartz-excited control stage
Kristallsteuerung *f* crystal control (drive)
Kristallstörung *f* crystal imperfection
Kristallstruktur *f* crystal structure
Kristallsymmetrie *f* crystal symmetry
Kristallsystem *n* crystal (crystallographic) system
Kristalltonabnehmer *m* piezoelectric (crystal) pick-up
Kristallumdrehung *f* crystal rotation
Kristallwachstum *n* crystal growth, growth of crystals *(Zusammensetzungen s. unter* Kristallzüchtung*)*
Kristallzähler *m* crystal counter
Kristallzerteilung *f* crystal cutting
Kristallziehanlage *f* crystal puller
Kristallziehen *n* crystal pulling
~ **aus der Schmelze** crystal pulling from the melt *(Czochralski-Verfahren)*
Kristallziehgerät *n* crystal puller
Kristallziehverfahren *n* crystal pulling [method, technique]
Kristallzüchtung *f* crystal growing (growth)
~ **nach dem Czochralski-Verfahren** Czochralski crystal growth
~ **nach dem Schwebezonenverfahren** floating-zone crystal growth
~ **nach dem Verneuil-Verfahren** Verneuil (flame fusion) crystal growth
Kristallzüchtungsbedingungen *fpl* crystal-growing conditions
Kristallzüchtungsofen *m* crystal-growing furnace
Kristallzusammensetzung *f* crystal composition
Kristallzustand *m* crystalline state
Krokodilklemme *f* alligator (crocodile) clip
Krone *f* [dam] crest *(Talsperre)*

Kronenhöhe *f* crest level *(Dammkrone)*
Kronenlänge *f* crest length *(Dammkrone)*
Kronleuchter *m* chandelier, electrolier, lustre
Krümmung *f* 1. bending; 2. curvature, bend; curve
Krümmungsdämpfung *f* curvature loss *(Lichtwellenleiter)*
Krümmungsfehler *m* error of curvature, curvature error
Krümmungsradius *m* radius of curvature; bend[ing] radius *(Faseroptik)*
Krümmungsspule *f* bending coil
Krümmungsverlust *m* bending loss *(Lichtwellenleiter)*
Krümmungszahl *f* flare factor *(Lautsprechertrichter)*
Kryoelektronik *f* cryoelectronics
kryoelektronisch cryoelectronic
Kryogenik *f* cryogenics
Kryokabel *n* cryogenic cable, cryocable
Kryometer *n* cryometer *(Tieftemperaturthermometer)*
Kryosar *m* cryosar *(Tieftemperatur-Halbleiterbauelement)*
Kryoschalter *m* cryogenic breaker
Kryosistor *m* cryosistor *(Tieftemperatur-Halbleiterbauelement)*
Kryospeicher *m* *(Dat)* cryogenic memory (store); Josephson [junction] memory
Kryostat *m* cryostat
Kryostatlaser *m* cryostat laser
Kryotechnik *f* cryogenic engineering, cryogenics
Kryotron *n* cryotron *(Tieftemperaturschalter)*
Kryotronik *f* cryotronics
Kryotronschalter *m* cryotron switch
Kryotronschaltung *f* cryotron circuit
Kryotronspeicher *m* *(Dat)* cryotron memory (store)
Kryptonlampe *f* krypton-filled incandescent lamp
K-Schirm *m* K scope *(Radar)*
Kugel *f* sphere; ball; bulb *(beim Thermometer)*
~/schwarze black sphere
~/Ulbrichtsche Ulbricht sphere
Kugelanode *f* ball anode
Kugelanstrich *m* sphere paint *(beim Kugelphotometer)*
Kugelantenne *f* isotropic aerial
Kugelblitz *m* ball lightning
kugelbonden *(ME)* to ball-bond
Kugelcharakteritik *f* omnidirectivity, omnidirectional (non-directional) response
Kugeldruckhärte *f* ball pressure hardness *(z. B. von Isolierlacken)*
Kugelelektrode *f* *(Hsp)* ball (sphere) electrode, sparking ball
Kugelfallschallquelle *f* falling-ball acoustic calibrator
Kugelfenster *n* integrator (sphere) window *(Optik)*
Kugelfunkenstrecke *f* sphere gap, ball [spark] gap, measuring spark gap
~/horizontale horizontal ball spark gap
~ mit Messingkugeln brass sphere gap
Kugelfunkenstreckenvoltmeter *n* sphere gap voltmeter
Kugelkalotte *f* sphere (spherical) cap *(für Meßzwecke)*
Kugelkappe *f* spherical cap
Kugelkondensator *m* spherical capacitor
Kugelkoordinaten *fpl* spherical coordinates
Kugelladung *f* ball load *(Elektrostatik)*
Kugellampe *f* globe (globular, spherical, round-bulb) lamp
Kugelmikrofon *n* omnidirectional (non-directional, spherical) microphone
Kugelphotometer *n* sphere (globe) photometer, integrating[-sphere] photometer
Kugelphotometrie *f* sphere photometry
Kugelreflexion *f* hemispherical reflectance *(bei Wellenausbreitung)*
Kugelschallquelle *f* isotropic sound source
Kugelspannungsmesser *m* sphere gap voltmeter
Kugelspiegel *m* spherical mirror (reflector)
Kugelspule *f* spherical coil
Kugelstrahler *m* spherical (omnidirectional, non-directional) source
Kugelvoltmeter *n* sphere gap voltmeter
Kugelwelle *f* spherical wave
Kühlanlage *f* cooling (refrigerating) plant
Kühlblech *n* cooling plate
Kühleinrichtung *f*/**thermoelektrische** thermoelectric cooling device
kühlen to cool; to refrigerate *(im Kühlschrank)*
~/durch flüssiges Metall to cool by liquid metal
Kühler *m* cooler, cooling apparatus; [vapour] condenser
Kühlfalle *f* cold (cooling, low-temperature) trap
Kühlfläche *f* cooling surface
Kühlflansch *m* cooling flange
Kühlflügel *m* electrode radiator *(Röhre)*
Kühlflüssigkeit *f* cooling liquid
Kühlflüssigkeitsbehälter *m* cooling tank
Kühlgebläse *n* cooling fan
Kühlgerät *n* cooling device (unit); refrigerator
Kühlgeschwindigkeit *f* cooling rate (speed)
Kühlkammer *f* cooling chamber
Kühlkanal *m* cooling channel; air (cooling) duct
Kühlkörper *m* 1. cooling attachment (body); 2. heat sink *(in Halbleiterbauelementen)*
Kühlkreislauf *m* cooling cycle; coolant circulation
Kühllamelle *f* cooling fin
Kühllasche *f* cooling strip *(an Bauelementgehäusen)*
Kühllast *f* cooling load *(z. B. der Klimaanlage)*
Kühlluft *f* cooling air, air coolant
Kühlmantel *m* cooling jacket; water jacket *(bei Wasserkühlung)*
Kühlmittel *n* cooling agent (medium), coolant
~ im äußeren Kühlkreislauf secondary coolant
~ im inneren Kühlkreislauf primary coolant
Kühlmittelbehälter *m* cooling tank
Kühlmittelfluß *m* cooling-medium flow

Kühlmitteltemperatur *f* coolant temperature
Kühlnut *f (MA)* ventilating slot
Kühlofen *m* cooling oven (furnace)
Kühlöl *n* cooling oil
Kühlplatte *f* cooling plate
Kühlraum *m* cooling (cold-storage) room
Kühlring *m* cooling ring *(z. B. zur Elektrodenkühlung)*
Kühlrippe *f* cooling fin (rib), radiator [cooling] rib, radiator fin
~ **der Anode** anode fin
Kühlschlange *f* cooling coil
Kühlschlitz *m* air (cooling) duct *(Luftkühlung)*
Kühlschrank *m* refrigerator
Kühlschrankmotor *m* hermetic motor
Kühlsystem *n* cooling system
Kühlung *f* cooling *(Wärmeabfuhr z. B. bei Geräten)*; refrigeration *(im Kühlschrank)*
~ **durch selbsttätigen Umlauf** cooling by automatic circulation, thermosiphon cooling, natural circulation water cooling
~**/gleichmäßige** even cooling
~**/intensive** intensive cooling
~ **mit flüssigem Metall** liquid-metal cooling
~ **mit Gebläse** fan cooling
~**/natürliche** natural cooling
~**/zusätzliche** auxiliary cooling
Kühlungsart *f*, **Kühlverfahren** *n* cooling method
Kühlvorrichtung *f* cooler, cooling facility
Kühlwasser *n* cooling water
Kühlwasserkreislauf *m* cooling-water circuit
Kühlwassermantel *m* [cooling] water jacket
Kühlwasserpumpe *f* cooling-water pump
Kühlwasserstrom *m* cooling-water flow
Kühlwassertemperaturregler *m* cooling-water [temperature] controller
Kühlwasserverbrauch *m* cooling-water consumption
Kühlwasserversorgung *f* cooling-water supply
Kühlweg *m* ventilating passage *(bei Luftkühlung)*
Kühlwirkung *f* cooling effect (action); refrigerating effect
Kühlzeit *f* cooling time
Kühlzone *f* cooling zone
Kulissenscheinwerfer *m* wing reflector
Kulissenwähler *m (Nrt)* 500-point selector
Kundendienstingenieur *m* customer engineer
Kundenschaltkreis *m* custom circuit
~ **mit Gitteranordnung** gate-array circuit
~**/vorgefertigter** semicustom circuit
Kunstglimmer *m* micanite
Kunstharz *n* artificial (synthetic) resin
kunstharzisoliert resin-insulated
Kunstharzkleber *m* synthetic-resin adhesive
Kunstharzlack *m* synthetic-resin varnish
Kunstharzlager *n* synthetic resin bearing
Kunstharzüberzug *m* resin coating
Kunsthorn *n* artificial horn, casein plastic
Kunstkopf *m* dummy head
Kunstleitung *f* artificial line
Kunstlicht *n* artificial light
Kunstlichtfilm *m* indoor film
Kunstlichtquelle *f* artificial light source
Kunstseidenlackdraht *m* enamelled artificial-silk-covered wire
Kunststoff *m* plastic [material]
~**/duroplastischer** thermosetting plastic, thermoset [resin]
~**/kupferkaschierter** copper laminated plastic
~**/optischer** optical plastic
~**/thermoplastischer** thermoplastic [material]
~**/verstärkter** reinforced plastic
Kunststoffaseroptik *f* synthetic fibre optics
Kunststoffausführung *f* [all-]plastic construction
Kunststoffgehäuse *n* plastic case (casing), plastic package
~ **mit Kühlfahne** plastic case with cooling fin
kunststoffgekapselt plastic-encapsulated
Kunststoffilter *n* plastic filter
Kunststoffkabel *n* plastic cable
Kunststofflaser *m* plastic laser
Kunststoffleuchte *f* plastic lighting fitting, all-plastic fitting
Kunststoffolie *f* plastic foil, thin-sheet plastic
Kunststoffoliekondensator *m* plastic film capacitor
Kunststoffmantelkabel *n* plastic-sheathed cable
Kunststoffraster *m (Licht)* plastic louvres
Kunststoffschicht *f* plastic film
Kunststoffsteckgehäuse *n* plastic plug-in package
kunststoffüberzogen plastic-coated
Kunststoffüberzug *m* plastic coat (covering)
kunststoffverkappt plastic-encapsulated
Kunststoffverpackung *f* plastic package
Kupfer *n* copper
~**/elektrolytisches** electrolytic copper
~ **hoher Leitfähigkeit** *f* high-conductivity copper, H.C. copper
~**/weichgeglühtes** annealed copper
Kupferabschirmung *f* copper screening
Kupferanode *f* copper anode
Kupferband *n* copper tape (strip)
Kupferbandspule *f* copper-strip coil
Kupferbelastung *f***[/spezifische]** copper loading
kupferbeschichtet copper-coated, copper-clad
Kupferblech *n* copper sheet, sheet copper
Kupferbürste *f* copper brush
Kupfercoulometer *n* copper voltameter (coulometer)
Kupferdraht *m* copper wire
~**/lackisolierter** enamellad copper wire
~ **mit Stahlader** steel-cored copper wire
~**/verzinkter** zinc-coated copper wire, galvanized copper wire
~**/verzinnter** tinned copper wire
Kupferfolie *f* copper foil
Kupferfüllfaktor *m* copper space factor
Kupfergewebe *n* copper gauze

Kupferhartlöten *n* copper brazing
kupferkaschiert copper-coated, copper-clad
Kupferkaschierung *f* copper coating (cladding)
Kupferkohle *f* copper-plated carbon, coppered carbon
Kupfer-Konstantan-Thermoelement *n* copper-constantan thermocouple
Kupferkontakt *m* copper contact
Kupferlackdraht *m* enamelled copper wire
Kupferlegierung *f* copper alloy
Kupferleiter *m* copper conductor
Kupferleiterkabel *n* copper-conductor cable
Kupferlitze *f* copper strand (litz wire), stranded copper [wire]
Kupferlot *n*/**eutektisches** copper eutectic solder
Kupfermanteldraht *m* copper-clad wire, copper-coated wire
Kupfermantelkabel *n* copper-sheathed cable
Kupfermantelrelais *n* slugged relay *(Verzögerungsrelais)*
Kupfer(I)-oxid-Gleichrichter *m* copper oxide rectifier, cuprox rectifier
Kupfer(I)-oxid-Zelle *f* copper oxide cell
Kupferoxydul... *s.* Kupfer(I)-oxid-...
Kupferplatte *f* copper plate
kupferplattieren to copper-plate
Kupferschieben *n* copper drag[ging] *(bei Stromwendern)*
Kupferschwamm *m (Galv)* copper sponge
Kupferschwerpunkt *m (Nrt)* copper (wire) centre *(optimaler Netzknotenpunkt)*
kupferüberzogen copper-coated, copper-clad
Kupferüberzug *m* copper coating
~/**galvanisch abgeschiedener** copper plate
kupferummantelt copper-clad
Kupferverlust *m* copper loss
Kupfervoltameter *n* copper voltameter
Kupfer-Zink-Element *n* copper-zinc cell (element)
Kuppelbeleuchtung *f* dome lighting
Kuppelleitung *f* interconnecting feeder (bar)
kuppeln *(MA)* to couple
Kuppelschalter *m (An)* bus-tie switch, section switch; bus coupler circuit breaker
Kuppeltrennschalter *m (An)* section isolating switch
Kuppenkontakt *m* butt contact
Kuppler *m* [earphone] coupler, artificial ear
Kupplerempfindlichkeit *f (Ak)* coupler sensitivity
Kupplerübertragungsmaß *n (Ak)* coupler sensitivity level
Kupplervolumen *n (Ak)* coupler capacity
Kupplung *f (MA)* coupling *(starr)*; clutch
~/**elastische** flexible coupling
~/**elektromagnetische** electromagnetic clutch
~/**magnetische** magnetic clutch
~/**mechanische** ganging *(Kondensator)*
~/**starre** rigid (solid) coupling
Kupplungsbelag *m* clutch facing
kupplungsbetätigt clutch-operated
Kupplungsflansch *m* coupling flange
Kupplungshälfte *f* clutch half
Kupplungsmagnet *m* clutch magnet
Kupplungsmuffe *f* coupling sleeve *(Kabel)*
Kupplungsschalter *m* 1. coupled switch; 2. clutch operator
Kupplungsseite *f (MA)* back *(z. B. eines Generators, eines Motors)*
Kupplungsstecker *m* coupler connector (plug)
Kupplungsstück *n* coupling
Kuproxgleichrichter *m s.* Kupfer(I)-oxid-Gleichrichter
Kurbel *f* crank, handle
Kurbelinduktivität *f* [switch] inductance box
Kurbelinduktor *m* hand (magneto) generator *(z. B. für Isolationsprüfung)*
~ **für Widerstandsmessung** magneto ohmmeter
Kurbelkondensator *m* [switch] capacitance box
Kurbelwiderstand *m* rotary switch-type resistor
Kursabweichung *f* course-line deviation
Kursabweichungsanzeiger *m* course-line deviation indicator
Kursanzeigebake *f* course-indicating beacon
Kursfeuer *n* route beacon
Kursfunkfeuer *n* track beacon, radio range
Kursgeber *m* course transmitter
~/**elektronisch gesteuerter** electronic autopilot
Kursrechner *m* course-line computer, bearing distance computer
Kursschreiber *m* course recorder, track plotter
Kurve *f* curve; characteristic
~/**adiabatische** adiabatic [curve]
~ **gleichen Lärmpegels (Schallpegels)** *(Ak)* noise contour
~ **gleicher Lästigkeit** *(Ak)* equal noisiness contour
~ **gleicher Lautstärke** equal-loudness contour, loudness-level contour
~/**jungfräuliche** virgin curve *(Magnetisierung)*
~/**logarithmische** logarithmic curve
~/**stetige** continuous curve
Kurvenabtaster *m* curve scanner
Kurvenbild *n* plot, graph, diagram
Kurvenform *f* curve shape
Kurvenkennzeichner *m* trace identifier
Kurvenmaximum *n* curve peak
Kurvenscheibe *f (MA)* cam disk
Kurvenschreiben *n* curve tracing
Kurvenschreiber *m* curve (graph) plotter, curve tracer, graphic display unit
Kurvenschrieb *m* plot of the function
Kurvensteilheit *f* slope of the characteristic
Kurvenverlauf *m* curve shape
Kurzadresse *f (Dat)* short address
Kurzanschrift *f (Nrt)* telegram (cable) address, registered address
Kurzbasisdiode *f* short-base diode
Kurzbezeichnung *f* short designation
Kurzbogenlampe *f* short arc lamp
kurzgeschlossen short-circuited

Kurzkanaleffekt *m* short-channel effect
Kurzlichtbogen *m* short arc
Kurzruf *m (Nrt)* short ring
Kurzrufnummer *f***/gemeinsame** common abbreviated number
kurzschließen to short [out], to short-circuit
~/gegen Erde to short to earth
Kurzschließen *n* short-circuiting, shorting
Kurzschließer *m* short-circuiting device, short-circuiter
~/automatischer automatic short-circuiter
Kurzschluß *m* short circuit, short
~/akustischer acoustic short circuit
~ am Eingang short-circuited input
~/aussetzender intermittent short circuit
~/dreipoliger three-phase short circuit
~/einpoliger one-line-to-earth short circuit
~/gedämpfter limited short circuit
~ im Netz system short circuit
~ in der Leitung/vorübergehender temporary line fault
~ Leiter gegen Leiter line-to-line fault
~/metallischer dead (saturated) short circuit
~ mit Erdberührung double line-to-earth fault
~ mit Erdberührung/dreipoliger *(Eü)* three-phase short circuit involving ground
~ mit Erdberührung/zweipoliger *(Eü)* two-line-to-ground short circuit
~ ohne Erdberührung/dreipoliger *(Eü)* three-phase short circuit not involving ground
~/satter saturated (dead) short circuit
~/symmetrischer symmetric short circuit
~/unsymmetrischer asymmetric short circuit
~/unvollkommener imperfect short circuit
~/vollkommener dead short [circuit]
~/zweipoliger line-to-line fault
~ zwischen zwei Phasen line-to-line fault
Kurzschlußanker *m* squirrel-cage armature (rotor)
Kurzschlußausgangsadmittanz *f* short-circuit output admittance
Kurzschlußausgangsimpedanz *f* short-circuit output impedance
Kurzschlußauslöser *m* short-circuit trip
Kurzschlußauslösung *f (Eü)* short-circuit release
Kurzschlußausschaltvermögen *n (Eü)* short-circuit breaking (rupturing) capacity
Kurzschlußbeanspruchung *f* short-circuit stress
Kurzschlußbegrenzungs[drossel]spule *f s.* Kurzschlußdrossel
Kurzschlußberechnung *f* short-circuit calculation (computation)
Kurzschlußbremsung *f* short-circuit braking
Kurzschlußbrücke *f* jumper
Kurzschlußbügel *m* shorting (link) bar; *(Nrt)* U-link
Kurzschlußdauer *f* short-circuit duration
Kurzschlußdrossel[spule] *f* current-limiting reactor, short-circuit limiting reactor
Kurzschlußeingangsadmittanz *f* short-circuit input admittance
Kurzschlußeingangsimpedanz *f* short-circuit input impedance
Kurzschlußeinschaltvermögen *n (Eü)* short-circuit making capacity
Kurzschlußersatzschaltbild *n* constant-current equivalent circuit
Kurzschlußerwärmung *f* short-circuit heating
kurzschlußfest short-circuit-proof
Kurzschlußfestigkeit *f* short-circuit strength (capacity), ability to withstand short circuit
Kurzschlußfortschaltung *f* automatic [short-circuit] reclosing, automatic rapid reclosing
Kurzschlußimpedanz *f* short-circuit impedance, closed-end impedance
Kurzschlußinduktivität *f* short-circuit inductance
Kurzschlußkäfig *m* squirrel-cage winding
Kurzschlußkennlinie *f* short-circuit characteristic
Kurzschlußkolben *m* shorting (short-circuiting) plunger
Kurzschlußkontakt *m* shorting (sparking) contact, arcing tips
Kurzschlußläufer *m* [squirrel-]cage rotor
Kurzschlußläuferinduktionsmotor *m* squirrel-cage induction motor
Kurzschlußläufermotor *m* squirrel-cage motor, three-phase induction motor
Kurzschlußleistung *f (An)* short-circuit power (capacity)
Kurzschlußlichtbogen *m* short-circuit arc
Kurzschlußlöschung *f (Srt)* circuit interruption by grid control
Kurzschlußprüfung *f* short-circuit test
Kurzschlußring *m* short-circuit ring, [rotor] end ring, cage ring; shading coil *(im Spaltpol)*
Kurzschlußrückwärtssteilheit *f* reverse transfer admittance *(Transistor)*
Kurzschlußsättigungskennlinie *f* short-circuit saturation curve
Kurzschlußschalter *m* short-circuiting switch
Kurzschlußscheibe *f* short-circuiting disk
Kurzschlußscheinleitwert *m* short-circuit admittance
Kurzschlußschieber *m* shorting (short-circuiting) plunger
Kurzschlußschnellauslösung *f (Eü)* short-circuit high-speed release
Kurzschlußschutz *m* short-circuit protection, protection against short circuits
kurzschlußsicher short-circuit-proof
Kurzschlußsicherung *f* short-circuit fuse
Kurzschlußspannung *f* short-circuit voltage, impedance voltage (drop) *(Transformator)*; percentage reactance *(beim Transformatorkurzschluß)*
Kurzschlußspannungsprüfung *f* impedance voltage test
Kurzschlußsperre *f* short-circuit locking device

Kurzschlußspule *f* current-limiting coil
Kurzschlußstab *m (MA)* rotor bar
Kurzschlußstecker *m* short-circuit termination
Kurzschlußstichleitung *f* closed stub
Kurzschlußstöpsel *m* bridging (short-circuiting) plug
Kurzschlußstrom *m* short-circuit current, s-c current
~/bedingter conditional residual [short-]circuit current
~/transienter (transitorischer) transient short-circuit current
~/zu erwartender prospective short-circuit current
Kurzschlußstrombegrenzer *m (Eü)* fault-current limiter
Kurzschlußstrombegrenzung *f* short-circuit limitation; *(Eü)* fault-current limiting
Kurzschlußstromverstärkung *f* short-circuit current gain *(Bipolartransistor)*
Kurzschlußsucher *m* short-circuit detector
Kurzschlußtastung *f (Nrt)* short-circuit triggering
Kurzschlußverbindung *f* shorting link
Kurzschlußverhältnis *n* short-circuit ratio
Kurzschlußverlust *m* short-circuit loss, impedance loss *(z. B. beim Transformator)*
Kurzschlußversuch *m* short-circuit test
Kurzschlußvorrichtung *f* short-circuiting device
Kurzschlußvorwärtssteilheit *f* forward transadmittance
Kurzschlußwechselstrom *m***/subtransienter** subtransient short-circuit alternating current, initial [symmetrical] short-circuit alternating current
~/transienter transient three-phase short-circuit current, transient [symmetrical] short-circuit current
Kurzschlußwicklung *f* short-circuit winding, cage winding; shading coil *(im Spaltpol)*
Kurzschlußwiderstand *m* short-circuit impedance, closed-end impedance
Kurzschlußwindung *f* short-circuited turn
Kurzschlußwirkung *f* short-circuit effect
Kurzschlußzeit *f* short-circuit time
Kurzschlußzeitkonstante *f* short-circuit time constant
~/transiente short-circuit transient time constant
Kurzstablampe *f* bar-shaped discharge lamp, miniature fluorescence lamp
Kurzständerlinearmotor *m* short-stator linear motor
Kurztest *m* accelerated test
~ für Alterungsprüfung accelerated aging test
Kurzton *m* tone burst
~/hoher beep
Kurzunterbrechung *f* rapid reclosing *(einer Leitung)*; automatic reclosing
~/einpolige single-pole rapid reclosing
Kurzunterbrechungsfolge *f* auto-reclose sequence
Kurzunterbrechungsrelais *n* auto-reclose relay
Kurzunterbrechungszyklus *m (An)* rapid reclosing cycle
Kurzverfahren *n* short-cut method
Kurzwahl *f (Nrt)* abbreviated address dialling
Kurzwelle *f* short wave, s-w *(3 bis 30 MHz)*
Kurzwellenantenne *f* short-wave aerial
Kurzwellenbereich *m* short-wave range, high-frequency range
Kurzwellenempfänger *m* short-wave receiver, high-frequency receiver
Kurzwellensender *m* short-wave transmitter, high-frequency transmitter
Kurzwellenspule *f* short-wave coil
Kurzwellentelegrafie *f* short-wave telegraphy
Kurzwellentotalschwund *m* radio fade-out
Kurzwellenübertragung *f* short-wave transmission
Kurzwellenverbindung *f* short-wave communication
Kurzwellenvorsatz *m*, **Kurzwellenvorsatzgerät** *n* short-wave converter (adapter)
kurzwellig short-wave
Kurzzeitbelastung *f* short-time loading
Kurzzeitbetrieb *m* short-time duty (service)
Kurzzeitbewitterung *f* accelerated weathering
Kurzzeitfotografie *f* high-speed photography
Kurzzeitgrenzstrom *m***/thermischer** thermal short-time current rating
kurzzeitig short-time
Kurzzeitkonstante *f (Nrt)* short-time stability
Kurzzeitleistung *f* short-time rating
Kurzzeitmeßgerät *n* short-time measuring apparatus
~/digital anzeigendes digital timer
Kurzzeitprüfung *f* short-time test, short-term test; accelerated test
Kurzzeitschwankung *f* short-term fluctuation
Kurzzeitspeicher *m* short-time memory (store)
Kurzzeitstabilität *f* short-term stability
Kurzzeitstrom *m* short-time [withstand] current
Kurzzeitversuch *m* short-time test, acclerated test
Kurzzeit-Wechselspannungs-Stehspannungsprüfung *f (Hsp)* dry short-duration power-frequency withstand voltage test *(im trockenen Zustand)*
Küstenbrechung *f (FO)* coastal refraction
Küstenecho *n (FO)* land return
Küsteneffekt *m (FO)* shore (coastal) effect, coastal deviation
Küstenfunkdienst *m* coastal (ship-to-shore) radio service
Küstenfunkstelle *f* coastal radio station, shore [radio] station
Küstenkabel *n (Nrt)* intermediate-type submarine cable, shore-end cable
Küstenscheinwerfer *m* coastal searchlight
Küvette *f* [sample] cell, cuvette
Küvettenhalter *m* cell holder (mount)
Küvettenraum *m* cell housing

KW *s.* Kurzwelle
Kybernetik *f* cybernetics
~/technische engineering cybernetics
kybernetisch cybernetic[al]
Kymograph *m* kymograph

L

L *s.* Lambert
labil labile, instable, unstable
Labilität *f* lability, instability, unstableness
Laboratoriumsbedingungen *fpl* laboratory conditions
Laboratoriumsversuch *m* laboratory test
Laborautomatisierung *f* laboratory automation
Labormodell *n* laboratory model
Laborofen *m* laboratory furnace
Labyrinthdichtung *f* labyrinth seal ring
Lack *m* lacquer, varnish; enamel
~ für Metallätzung metal etch resist *(z. B. für Leiterplatten)*
~/leitfähiger conductive lacquer (varnish)
~/lichtempfindlicher photoresist, [photosensitive] resist *(Zusammensetzungen s. unter* Photoresist*)*
~/ofentrocknender stoving (baking) varnish
~/photoempfindlicher *s.* ~/lichtempfindlicher
~/säurebeständiger acid-resisting lacquer
Lackabbeizmittel *n* varnish remover
Lackanstrich *m* varnish coat[ing]
Lackbaumwollkabel *n* varnished-cambric [insulated] cable
Lackbeschichtungsschleuder *f* spin coater
Lackdraht *m* enamelled (enamel-insulated) wire, lacquered (varnished) wire
~/runder enamelled round wire
~/selbstbackender self-bonding enamelled wire
Lackfarbe *f* lacquer, paint
Lackfilm *m* lacquer film (coating); resist film *(z. B. für Leiterplatten)*
Lackfolie *f* lacquer blank
Lackfolienaufnahme *f* lacquer recording *(Schallplatte)*
Lackgewebe *n* varnished (coated) fabric
Lackgewebeschlauch *m* varnished tubing
Lackharz *n* varnish (coating) resin
lackieren to lacquer; to varnish; to enamel
Lackiergeschwindigkeit *f* enamelling speed *(Drahtlackiermaschine)*
Lackkabel *n* enamelled-wire cable
Lackleinen *n* varnished fabric
Lacklösungsmittel *n* lacquer solvent
Lackmaske *f* resist mask *(z. B. für Leiterplatten)*
Lackmatrize *f***[/unbespielte]** lacquer blank
Lackpapier *n* varnished paper
Lackschallplatte *f* lacquer master
Lackschicht *f* lacquer coating (film), enamel coating
Lackschichttechnik *f* lacquer film technique
Lackschlauch *m* flexible varnished tubing
Lackseide *f* varnished silk
Lacküberzug *m* lacquer (varnish) coating; enamel finish
Laddic *n* laddic *(leiterförmige Anordnung von Ferritkernen)*
Ladeaggregat *n* charging set
Ladebefehl *m (Dat)* load instruction
Ladedauer *f* duration (time) of charge, charging time
Ladeeinrichtung *f* charging device, charger
Ladefaktor *m* charging (charge) factor
Ladegenerator *m* charging generator
Ladegerät *n* [battery] charger, charging set
Ladegestell *n* charging rack
Ladegleichrichter *m* charging rectifier
Ladekapazität *f* charging capacity
Ladekarte *f* load card
Ladekennlinie *f* charging characteristic
Ladekondensator *m* charging capacitor
Ladekontrollampe *f* charge control lamp
Ladekreis *m* charging circuit
Ladekurve *f* charging curve
Ladeleistung *f* charging power *(Batterie)*
Ladeleistungskompensation *f* shunt compensation *(durch Querdrosseln)*
Lademenge *f* charging rate *(Batterie)*
laden 1. *(El)* to charge; 2. *(Dat)* to load *(ein Programm)*
~/eine Batterie to charge a battery
~/elektrisch to electrify
Laden *n* 1. *(El)* charging; 2. *(Dat)* loading *(eines Programms)*
~ bei konstantem Strom constant-current charging, constant-voltage charging *(Batterie)*
Ladeprogramm *n (Dat)* loading routine, loader, bootstrap [program] *(Zusammensetzungen s. unter* Lader*)*
Lader *m* 1. *(Dat)* loading routine, loader; bootstrap [program]; 2. *s.* Bespielgerät
~/absoluter absolute loader
~ für verschiebbare Programme relocatable (relocating) loader
Ladereaktion *f* charge reaction
Ladeschalter *m* charging switch
Ladeschalttafel *f* charging switchboard
Ladeschaltung *f* charging circuit
Ladespannung *f* charging voltage *(Batterie)*
Ladesteckdose *f* charging socket
Ladestecker *m* charging plug
Ladestelle *f* load point *(Magnetband)*
Ladestrom *m* charging (charge) current
Ladestromdrossel *f* charging current choke
Ladestromkontrollampe *f* charge control lamp
Ladestromkreis *m* charging circuit
Ladestromstoß *m* charging current impulse (surge)
Ladeumformer *m* charging converter

Ladeverschiebungs-Bildabtaster *m* charge transfer image sensor
Ladevorgang *m* charging [process]
Ladewiderstand *m* charging resistor *(Bauteil)*
Ladewirkungsgrad *m* charge efficiency
Ladezeit *f* 1. *(El)* time of charge, charging time (period); 2. *(Dat)* load time, time of loading *(eines Programms)*
Ladezeitkonstante *f* charging time constant
Ladezustand *m* state of charge
Ladung *f* 1. *(El)* charge *(z. B. einer Batterie)*; 2. *s.* Laden; 3. load, batch
~/**ableitbare** free charge
~/**bewegliche** mobile (moving) charge
~ **des Elektrons** electron[ic] charge
~ **des Elektrons/spezifische** electron charge-mass ratio
~/**effektive** effective charge
~ **eines Kondensators** charge of a capacitor
~/**elektrische** electric charge
~/**elektrostatische** electrostatic charge
~/**freie** free charge
~/**gebundene** bound charge
~/**gespeicherte** stored charge
~/**induzierte** induced charge
~/**magnetische** charge of magnetism
~/**ruhende** stationary (static) charge
~/**spezifische** specific charge, charge-mass ratio
~/**verteilte** distributed charge
~/**zurückbleibende** retained charge
Ladungen *fpl*/**gleichnamige** like charges
~/**ungleichnamige** unlike charges
Ladungsableiter *m* charge bleeder
Ladungsableitung *f* charge dissipation
Ladungsanzeige *f* charge indication
Ladungsanzeigevorrichtung *f* charge indicator
Ladungsaufnahme *f* charge acceptance
Ladungsaufteilung *f* charge sharing
Ladungsaufteilungseffekt *m* charge-sharing effect
Ladungsaufteilungskennlinie *f* charge-sharing characteristic
Ladungsausgleich *m* charge equalization (balancing)
Ladungsaustausch *m* charge exchange
Ladungsaustauschionisation *f* ionization by charge exchange
Ladungsbewegung *f (ME)* charge movement
Ladungsbild *n* charge pattern (image), electrical image
Ladungsdichte *f* charge density
~/**räumliche** volume charge density
Ladungsdichteverteilung *f* distribution of charge density
Ladungsdoppelschicht *f* electric double layer
Ladungsdurchtritt *m* charge transfer
Ladungsdurchtrittsreaktion *f* charge transfer reaction
Ladungseinheit *f* unit charge
~/**elektrostatische** unit quantity of electricity
Ladungsempfindlichkeit *f* charge sensitivity (response)
Ladungserhaltung *f* charge conservation (retention)
Ladungserhaltungssatz *m* law of conservation of [electric] charge
Ladungserzeugung *f* charge generation
Ladungserzeugungsstrom *m* charge generation current
Ladungsfluß *m* charge flow
Ladungsflußtransistor *m* charge flow transistor
ladungsfrei uncharged, free of charge
Ladungsgegenkopplung *f* negative charge feedback
ladungsgekoppelt charge-coupled
ladungsgesteuert charge-controlled
Ladungsgleichgewichtsbedingung *f (ME)* charge-balance condition
Ladungsgleichgewichtsgleichung *f (ME)* charge-balance equation
ladungsinduziert charge-induced
Ladungskompensation *f* charge compensation
Ladungskurve *f* charge curve (diagram)
Ladungsmengenmesser *m* voltameter, coulo[mb]meter
Ladungs[mengen]messung *f* charge measurement, coulometry
Ladungsmultiplett *n* charge multiplet
Ladungsneutralität *f* charge neutrality
Ladungsrückstand *m* residual charge
Ladungsschicht *f* layer (sheet) of charge
Ladungsschichtungsspeicher *m* stratified charge memory
Ladungsspeicher *m (Dat)* charge-coupled memory (store)
Ladungsspeicherbaustein *m* charge-coupled device, CCD *(Zusammensetzungen s. unter CCD)*
Ladungsspeicherdiode *f* charge-storage diode
Ladungsspeicherröhre *f* charge-sorage tube
Ladungsspeicher-Sperrschicht-Feldeffekttransistor *m* charge-storage junction field-effect transistor
Ladungsspeicherung *f* charge storage (accumulation)
Ladungsspeicherzeit *f* carrier storage time
Ladungssteuerparameter *m (ME)* charge control parameter
Ladungssteuerung *f (ME)* charge control
Ladungssteuerungsprinzip *n (ME)* charge control principle
Ladungsteilungseffekt *m* charge-sharing effect
Ladungsteilungskennlinie *f* charge-sharing characteristic
Ladungsträger *m* charge carrier, carrier
~/**freier** free carrier
~/**gebundener** bound carrier
~/**schneller** hot carrier

Ladungsträgerbeweglichkeit *f* charge carrier mobility
Ladungsträgerdichte *f* charge carrier density (concentration), density of carriers
Ladungsträgerdichteverschiebung *f* carrier density misfit
Ladungsträgerdiffusion *f* charge carrier diffusion
Ladungsträgereinlagerung *f* charge carrier injection
Ladungsträgererzeugung *f* charge carrier generation (production)
Ladungsträgerextraktion *f* charge carrier extraction
Ladungsträgergas *n* [charge] carrier gas
Ladungsträgerinjektion *f* charge carrier injection
Ladungsträgerkonzentration *f s.* Ladungsträgerdichte
Ladungsträgerlaufzeit *f* charge transit time
Ladungsträgermenge *f*/**gespeicherte** charge carrier rate
Ladungsträgerrekombination *f* charge carrier recombination
Ladungsträgerspeicherung *f* charge carrier storage
Ladungsträgertransport *m* charge carrier transport
ladungsträgerverarmt carrier-depleted
Ladungsträgerverarmung *f* carrier depletion
Ladungsträgerverdrängung *f* carrier depletion
Ladungsträgervervielfachung *f* charge carrier multiplication
Ladungstransport *m* charge transport; charge transfer
Ladungstrennung *f* charge separation
Ladungsübertragung *f* charge transfer
Ladungsübertragungselemente *npl* charge transfer devices
Ladungsübertragungsfaktor *m* charge sensitivity (response)
Ladungsunveränderlichkeit *f* charge invariance
Ladungsverlauf *m* charge curve
Ladungsverlust *m* charge loss
Ladungsvermögen *n* ampere-hour capacity *(z. B. eines Sammlers)*
Ladungsverschiebeverlust *m* charge transfer loss
Ladungsverschiebung *f* charge transfer
Ladungsverschiebungselement *n* charge transfer device
Ladungsverschiebungsschaltung *f* charge transfer device, bulk charge-coupled device
Ladungsverstärker *m* charge amplifier
Ladungsverteilung *f* charge distribution
Ladungsvervielfachung *f* charge multiplication
Ladungszahl *f* charge number
Ladungszustand *m* charge state (condition)
Lage *f* 1. layer, coat *(Schicht)*; 2. position, location; 3. topology *(der Elemente in integrierten Schaltungen)*
~ **einer verteilten Wicklung** layer of a distributed winding
Lageanzeiger *m* position indicator
Lageeinfluß *m* position influence *(z. B. bei elektrischen Meßgeräten)*
Lageeinstellung *f* positioning
Lageeinstellungsfehler *m* positioning error
lageempfindlich position-sensitive
Lagefehler *m* position (site) error, attitude
Lagegeber *m (FO)* position encoder
~/**rotierender** shaft encoder
Lage-Istwert *m* actual position
Lagemelder *m* position indicator
Lagemißweisung *f (Meß)* site error
Lagenaufbau *m* layer construction *(Leiterplatte)*
Lagenwicklung *f* layer winding
~ **mit Abstand** spaced layer winding
Lageplan *m* 1. layout [plan]; 2. location plan
Lager *n* 1. *(MA)* bearing; 2. store
~/**druckgeschmiertes** pressure-lubricated bearing
~/**federverspanntes** spring-loaded bearing
~/**isoliertes** insulated bearing
~/**selbsteinstellendes** self-aligning bearing
~/**selbstschmierendes** self-lubricating bearing
Lagerbock *m* bearing pedestal, pillow block
Lagerbockabdeckung *f* bearing-pedestal cap
Lagerbuchse *f* bearing bush[ing]
Lageregelung *f* [closed-loop] position control
Lageregelungssystem *n* position control system
Lageregler *m (Syst)* position controller
Lagerfähigkeit *f* storage property, storability
Lagerfähigkeitsprüfung *f* storage (shelf) test
Lagerfehler *m* bearing error *(bei Meßgeräten)*
Lagergehäuse *n* bearing housing
Lagerkopf *m* bearing cartridge
Lagerluft *f s.* Lagerspiel
Lagerölbehälter *m* bearing oil reservoir
Lagerreibung *f* bearing friction; pivot friction *(bei Spitzenlagerung)*
Lagerreibungsfehler *m* pivot-friction error
Lagerreibungsverlust *m* bearing-friction loss
Lagerrückführung *f (Syst)* position feedback
Lagerschale *f* bearing shell, bearing bush[ing]
~/**ausgegossene** bearing liner
~/**obere** top half bearing
Lagerschild *m* end shield
Lagerschmiersystem *n* bearing oil system
Lagersitz *m* bearing seat
Lagerspiel *n* bearing clearance (play); slackness *(durch Verschleiß)*
Lagerstrom *m* bearing current, shaft current
Lagerthermometer *n* bearing thermometer
Lagerung *f* 1. bearing; support, mounting; 2. storage
~ **der Drehspule** moving-coil support
Lagerungsdauer *f* storage life *(z. B. einer Batterie)*; shelf life *(z. B. von Bauelementen)*
Lagerzapfen *m* journal *(bei Gleitlagern)*
Lage-Sollwert *m* position setpoint

Lagesteuerung *f* position control
Lagetoleranz *f* position tolerance
Lageunempfindlichkeit *f* position insensitivity
Lagezeichen *n* position mark
Lagrange-Funktion *f* Lagrange (Lagrangian) function
Lalande-Element *n* Lalande cell *(Zink-Eisen-Primärelement)*
Lambda-Halbe-Drosselspule *f* half-wave suppressor coil
Lambda-Halbe-Umwegleitung *f* half-wave balun *(Antennentechnik)*
Lambda-Viertel-Antenne *f* quarter-wave aerial
Lambda-Viertel-Plättchen *n* quarter-wave plate
Lambert *n* lambert, L *(Einheit der Leuchtdichte in USA)*
Lambertfläche *f* uniform diffuser
Lamelle *f* 1. lamella; blade *(z. B. einer Irisblende)*; 2. *(MA)* commutator bar *(des Stromwenders)*
lamellenartig lamellar
Lamellenkupfer *n* commutator bar copper
Lamellenkupplung *f* multiple-disk clutch
Lamellenmagnet *m* lamellar (laminated) magnet
Lamellensicherung *f* laminated fuse; bridge fuse *(in Steckdosen)*
Lamellenspannung *f* segment (bar) voltage
Lamellenteilung *f* segment pitch
Lamellenverschluß *m* bladed shutter
Lamellierung *f* lamination
laminar laminar
Laminararbeitsplatz *m* *(ME)* laminar work station
Laminarbox *f* *(ME)* laminar box, laminar flow fume hood
Laminarströmung *f* laminar flow, stream-line flow [motion]
Laminat *n* laminate, laminated material (plastic) *(z. B. für Leiterplatten)*
~/**epoxidharzverstärktes** epoxy-reinforced laminate
~/**kupferkaschiertes** copper-clad laminate
~ **mit Opferfolie** sacrificial-clad laminate
~/**vorgespanntes** prestressed laminate
laminieren to laminate
Lampe *f* lamp
~/**abgeschmolzene** sealed-off lamp
~/**ausfallsichere** fail-safe lamp
~/**energiesparende (energiewirtschaftliche)** energy-save lamp, watt saver lamp
~ **für das Dezimalkomma** *(Dat)* decimal point lamp
~/**gasgefüllte** gas-filled lamp
~/**gealterte** aged lamp
~/**innenmattierte** inside-frosted lamp, internally frosted lamp
~/**innenverspiegelte** internal mirror lamp, interior reflected lamp
~/**kuppenverspiegelte** silvered bowl lamp
~/**luftgekühlte** air-cooled lamp
~/**mattierte** frosted lamp
~ **mit begrenzter Lebensdauer** limited-life lamp
~ **mit Doppelheizfaden** double-filament lamp
~ **mit extrem hoher Lichtausbeute** ultra-high efficiency lamp
~/**mit Überspannung betriebene** overrun lamp
~/**mit Unterspannung betriebene** underrun lamp
~/**verspiegelte** mirrored (metallized, silvered) lamp
~/**wassergekühlte** water-cooled lamp
Lampenabmessungen *fpl* lamp dimensions
Lampenabstand *m* lamp spacing
Lampenalterung *f* lamp ag[e]ing
Lampenanlasser *m* arc lamp starter *(Bogenlampe)*
Lampenanzeige *f* lamp indication
Lampenausfall *m* lamp failure (mortality)
Lampenaustauschbarkeit *f* interchangeability of lamps
Lampenauswechslung *f* replacement of lamps
Lampenbelastung *f* lamp load
Lampenbrenner *m* internal lamp bulb
Lampenfassung *f* lamp holder (socket, cap); bulb holder
~/**federnde** spring lamp holder
Lampenfeld *n* *(Nrt)* bank of [indicator] lamps, lamp panel; display panel *(für Ziffernanzeige)*
Lampenfokussierung *f* lamp focus[s]ing
Lampenfuß *m* stem, lamp stand
Lampengehäuse *n* lamp housing (case), lamphouse
Lampengehäusebelüftung *f* lamphouse ventilation
Lampengehäuseerwärmung *f* lamphouse heating
Lampengestell *n* lamp mount, filament (wire) support
Lampenglocke *f* lamp globe
Lampenhaus *n* *s.* Lampengehäuse
Lampenjustierung *f* lamp adjustment
Lampenkalibrierung *f* lamp calibration
Lampenkolben *m* [lamp] bulb
~/**lacküberzogener** varnish-coated bulb
Lampenleistung *f* lamp power (rating)
Lampenlichtstrom *m* lamp lumens
Lampenprüfstand *m* lamp-test bench (stand)
Lampenschaltschrank *m* lamp switchboard
Lampenschirm *m* lamp shade
Lampenschutzkorb *m* lamp guard
Lampensockel *m* lamp base (cap, socket)
Lampenstab *m* flash holder
Lampenstativ *n* lamp stand
Lampenstrahler *m* radiant lamp heater *(z. B. Infrarothellstrahler)*
Lampenstreifen *m* **mit Signallampen** *(Nrt)* lamp strip
Lampenstrom *m* lamp current
Lampenstromkreis *m* lamp [operating] circuit
Lampenverhalten *n* lamp behaviour
Lampenwendel *f* lamp filament
Lampenwender *m* lamp rotator
Lampenwiderstand *m* lamp resistance
Lampenzentrierung *f* lamp centring

Lampenzwischenfassung *f* lamp-cap adapter
Lampenzylinder *m* lamp chimney
LAN local-area network, LAN
Landau-Niveau *n* Landau level
Landeanweiser *m* landing direction indicator
Landebahnbefeuerung *f* runway lighting
Landebahnfeuer *n* runway light
Landebahnleuchte *f* landing-area floodlight
Landebake *f* landing radio beacon
Landé-Faktor *m* Landé g-factor, [atomic] g-factor
Landefeuer *n* landing light
Landekursbake *f* localizer beacon
Landekursempfänger *m* localizer course receiver
Landekurssender *m* localizer
Landelicht *n* landing (approach) light
Landescheinwerfer *m* landing light (floodlight)
Landeskennzahl *f (Nrt)* country code
Landestrahl *m* landing beam
Landfernsprechnetz *n* rural telephone system
Landfunkdienst *m*/**beweglicher** land mobile radio service
Landfunksprechdienst *m*/**beweglicher** land mobile radiotelephone service
Landfunkstelle *f* land [radio] station
~/**bewegliche** land mobile [radio] station
~/**feste** base station
Landolt-Ring *m* Landolt circle
Landungsmonitor *m*/**autonomer** independent landing monitor
Landverbindung *f (Nrt)* land link
Langdrahtantenne *f* long-wire aerial; Beverage aerial
Länge *f* **des Einheitsschrittes** *(Nrt)* unit (signal) interval
Längenänderung *f* linear deformation
Längenausdehnungszahl *f* linear expansion coefficient
Längenzunahme *f* elongation
Langlaufzeitecho *n (FO)* long[-delay] echo
Langlebensdauerlampe *f* long-life (duro-life) lamp
Langlebensdauerröhre *f* long-life valve
Langlebensdauertransistor *m* long-life transistor
Langleitungseffekt *m* long-line effect
Langmuir-Schicht *f* Langmuir layer
Längsachse *f* 1. longitudinal axis; 2. *(MA)* direct axis
Längsachsenankerstrom *m* direct-axis component of armature current
Längsachsenstrom *m* direct-axis current
langsam slow, low-speed
Langsameinschaltung *f (MA)* step-by-step starting
langsamlaufend slow-running
Langsamschaltung *f* time-delay connection
Langsamspeicher *m* slow memory
Langsamtrennschalter *m* slow-break switch
Längsaufstellung *f* longitudinal arrangement
Längsbewegung *f* longitudinal motion
Längsbiegeschwinger *m* longitudinal flexural oscillator
Langschlitzrichtkoppler *m* long-slot directional coupler *(Wellenleiter)*
Längsdämpfung *f* longitudinal damping; *(Nrt)* longitudinal attenuation *(Kabel)*
Längsdehnungsschwinger *m* longitudinal dilatation oscillator
Längsdifferentialschutz *m (An)* longitudinal differential protection, biased differential protection (protective system)
Längsdrossel[spule] *f* short-circuit limiting reactor
Längsentzerrer *m* series equalizer
Längsentzerrung *f* series equalization
Längsfaser *f* longitudinal fibre
Längsfeld *n* longitudinal (axial) field
~/**magnetisches** longitudinal (axial) magnetic field
Längsfluß *m*/**magnetischer** direct-axis magnetic-flux component
Längsglied *n* series element *(eines Netzwerks)*
Längsimpedanz *f* series (direct-axis) impedance
~/**synchrone** direct-axis synchronous impedance
Längsinduktivität *f* series inductance
Längskraft *f* axial force
Längskreisdurchflutung *f* direct-axis component of magnetomotive force
Längsleitfähigkeit *f* longitudinal conductivity
längsmagnetisiert longitudinally magnetized
Längsmagnetisierung *f* longitudinal magnetization
Langspielband *n* long-play[ing] tape
Langspielbildplatte *f* video long-play record, video high-density disk
Langspielplatte *f* long-play[ing] record, LP
Längsreaktanz *f* direct-axis reactance
~/**subtransiente** direct-axis subtransient reactance
~/**synchrone** direct-axis synchronous reactance
~/**transiente** direct-axis transient reactance
Längsrichtstrahler *m* end fire aerial (array), end-on directional array
Längsrichtung *f* longitudinal direction
Längsrippe *f* longitudinal rib *(Heizkörper)*
Längsschwingung *f* longitudinal oscillation
Längsspannung *f* direct-axis component of voltage
~/**subtransiente** direct-axis synchronous impedance
Längsspannungsabfall *m* **über dem Wirkwiderstand** percentage resistance voltage *(Transformator)*
~ **über der Reaktanz** percentage reactance voltage *(Transformator)*
Längsstegkoaxialhohlraum *m* septate coaxial cavity
Längsstrahler *m s.* Längsrichtstrahler
Langstabisolator *m* rod-type suspension insulator, long-rod insulator
Langstatorlinearmotor *m* long-stator linear motor
Längstragseil *n* longitudinal carrier cable
Längstransformator *m* transformer booster *(zur Spannungserhöhung)*

Langstreckennavigation *f (FO)* long-range navigation [system], loran
Langstreckennetz *n* wide area network
Langstreckenradar *n* long-range radar system *(Ortungsverfahren)*
Langstreifengeometrie *f* long-strip geometry *(Leiterplattenherstellung)*
Längstrennschalter *m* sectionalizing switch
Längstwelle *f* myriametre (myriametric) wave, very low frequency wave, very long wave *(λ > 10 000 m)*
Längstwellenfrequenz *f* very low frequency *(3 bis 30 kHz)*
Längsvergleichsschutz *m* longitudinal differential protection
Längsvergrößerung *f* longitudinal (axial) magnification
Längsversetzung *f* edge dislocation *(Kristall)*
Längswelle *f* longitudinal wave
Längswiderstand *m* series resistance
Längszeitkonstante *f***/subtransiente** direct-axis subtransient time constant
~/transiente direct-axis transient time constant
Langwelle *f* long (kilometric) wave, low-frequency wave *(λ = 1 000 bis 10 000 m)*
Langwellenband *n* long-wave band
Langwellenbereich *m* long-wave range
Langwellenfestigkeit *f* long wave withstand *(Ableiter)*
Langwellensender *m* long-wave transmitter
Langwellenspule *f* long-wave coil
Langzeitdurchschlagspannungsprüfung *f* long-time breakdown test
Langzeitecho *n (FO)* long[-delay] echo
Langzeitfehler *m* drift
Langzeitgenauigkeit *f* long-term accuracy
Langzeitmessung *f* long-term measurement
Langzeitprüfung *f* long-time (long-term) testing; long-run testing
Langzeitrelais *n* long-time relay
Langzeitspeicher *m* long-term storage (memory)
Langzeitspeicherung *f* long-term storage
Langzeitstabilität *f* long-term stability, long-time stability
Langzeitverhalten *n* long-time response (behaviour)
Langzeitversuch *m* long-time test; long-run test
Langzeitzuverlässigkeit *f* long-term reliability
LAN-Netzübergangseinheit *f* LAN gateway
L-Antenne *f* L[-shaped] aerial
Laplace-Bereich *m* Laplace domain
Laplace-Integral *n* Laplace integral
Laplace-Operator *m* Laplace operator, Laplacian
Laplace-Transformation *f* Laplace transformation
Laplace-Transformierte *f* Laplace transform
LARAM *(Dat)* line-addressable random-access memory
Lärm *m (Ak)* noise; noisiness *(s. a. unter* Geräusch*)*
~/impulsiver impulsive noise
~ mit schwankendem Pegel fluctuating noise
Lärm... *s. a.* Geräusch...
Lärmabstrahlung *f* noise radiation
Lärmabwehr *f s.* Lärmbekämpfung
Lärmanteil *m* noise component
lärmarm noise-reduced; noiseless
lärmbedingt noise-induced
Lärmbekämpfung *f* noise abatement (control, reduction), suppression (deadening) of noise
Lärmbelastung *f* noise loading
Lärmbewertung *f* noise rating (weighting)
Lärmbewertungsindex *m* noise-exposure index
Lärmbewertungskurve *f* noise-rating curve
Lärmbewertungszahl *f* noise-rating number
Lärmdosimeter *n* noise dosimeter (dosemeter), sound (noise) exposure meter
Lärmdosis *f* noise dose, noise (sound) exposure
~/individuelle personal noise exposure
Lärmdosispegel *m* sound (noise) exposure level, SEL
Lärmeinwirkung *f* noise immission; noise exposure, exposure to noise
~/unerwünschte noise pollution
~/zeitlich konstante steady-state noise exposure
Lärmemission *f* noise emission
Lärmentstehung *f* noise generation
Lärmexpositionspegel *m* noise exposure level
Lärmgebiet *n* noise area (zone)
Lärmgefährdung *f* noise hazard (damage risk)
lärmgemindert noise-reduced
Lärmgrenzwert *m* noise limit (criterion)
Lärmgrenzwertmelder *m* noise-limit indicator (detector)
Lärmimmission *f s.* Lärmeinwirkung
Lärmintensität *f* noise [exposure] intensity, exposure intensity
Lärmkarte *f* noise map
Lärmkontrolle *f* noise monitoring
Lärmkriterium *n* noise criterion
Lärmlästigkeit *f* noise nuisance
Lärmmeßausrüstung *f* noise-measuring equipment (instrumentation)
Lärmmeßgerät *n* noise-measuring instrument, noise [level] meter
Lärmmeßstelle *f***[/festinstallierte]** noise monitoring terminal
Lärmmessung *f* noise measurement
~/orientierende noise survey
Lärmmilieu *n* noise environment
Lärmminderung *f* noise (sound) reduction, noise suppression, deadening of noise
Larmor-Frequenz *f* Larmor frequency
Lärmpegel *m* noise [exposure] level, exposure level
Lärmpegelanzeiger *m* noise-survey meter
Lärmpegelüberwachung *f* noise monitoring
Lärmprofil *n* noise profile
Lärmquelle *f* noise source
Lärmschadensrisiko *n* noise hazard (damage risk)

Lärmschutzbestimmung *f* antinoise ordinance (regulation)
Lärmschutzhelm *m* noise[-exclusion] helmet
Lärmschutzkabine *f*, **Lärmschutzkapsel** *f* noise enclosure
Lärmschutzmittel *npl* noise guards
Lärmschutzschirm *m* noise shield
Lärmsensoranlage *f* sound detection system
Lärmspitze *f* noise peak
Lärmstärke *f* perceived noise level *(Lästigkeitspegel)*
Lärmstudie *f* noise survey
Lärmüberwachung *f* noise monitoring
Lärmwächter *m* noise monitor (sentinel, guard)
Lärm-Zeit-Struktur *f* noise profile
Lärmzone *f* noise zone
Laser *m* laser
~/abstimmbarer chemischer tunable chemical laser
~/durchstimmbarer tunable laser
~/kontinuierlich angeregter continuous-pumped laser
~/kontinuierlich arbeitender continuous-wave laser, CW laser, continuous operating (action) laser
~ mit Impulsanregung pulsed laser
~/optisch gepumpter optical pumped laser
Laserabbildungssystem *n* laser imaging system
Laserabgleich *m* laser trimming
Laserablation *f* laser ablation
Laserabtastverfahren *n* laser scanning technique
Laserausgang *m* laser output
Laserbearbeitung *f* laser machining (processing)
Laserbearbeitungsanlage *f* laser working equipment
Laserbearbeitungsverfahren *n* laser machining technique
Laserbeleuchtung *f* laser illumination
Laserbestrahlung *f* laser irradiation
Laserbetrieb *m***/ungeschalteter** normal laser operation
laserbetrieben laser-operated
Laserblitz *m* laser spike (flash), spike of the laser
Laserbohren *n* laser drilling
Laserdiode *f* laser diode
Laserdrucker *m* laser printer
Lasereffektdiode *f* laser-effect diode
Laseremissionsspektrum *n* laser emission spectrum
Laserendbearbeitung *f* laser finishing
Laserentfernungsmesser *m* laser range finder, laser ranger
Laserfaser *f* lasing fibre
Laserfeinbearbeitung *f* laser finishing
Laserfeinstbearbeitung *f* laser high-microfinish
Lasergenerator *m* laser oscillator
Lasergerät *n* laser unit (instrument)
lasergesteuert laser-controlled
Lasergyroskop *n* laser rotation rate sensor
Laserimpuls *m* laser impulse
Laserkopf *m* laser head
Laserleistung *f* laser performance (power)
Laser-Lesegerät *n* laser scanner
Laserlicht *n* laser light
Laserlichtverstärkung *f* laser light amplification
Lasermaterialbearbeitung *f* laser material processing
Lasermedium *n* lasing medium
Lasermeßmikroskop *n* laser measuring microscope
Lasermikroanalysator *m* laser microprobe (probe)
Lasermikroschweißgerät *n* laser microwelder
Lasermikroskop *n* laser microscope
Lasern *n* lasing
Lasernachführgerät *n* laser tracker
Laseroptik *f* laser optics
laserprogrammiert laser-customized
Laserradar *n* laser (optical) radar, lidar, light detection and ranging
Laserrauschen *n* laser noise
Laserresonator *m* laser [resonant] cavity
Laserresonatorbeugungsgitter *n* intracavity laser diffraction grating
Laserritzen *n* laser scribing
Laserröhre *f* laser tube
Laserschuß *m* laser shot
Laserschutzbrille *f* antilaser goggles
Laserschweißen *n* laser welding
Laserschweißgerät *n* laser welder (welding unit)
Laserschweißstand *m* laser welding stand
Laserschwellwert *m* laser threshold
Lasersender *m* laser transmitter
Laserspeicher *m* laser memory
Laserspektroskopie *f* laser spectroscopy
Laserspiegel *m* laser mirror
Laserstab *m* laser rod
Laserstrahl *m* laser beam • **durch ~ angeregt (ausgelöst)** laser-beam induced
Laserstrahlabtastgerät *n* laser scanner
Laserstrahlabtastsystem *n* laser-beam scanning system
Laserstrahlätzung *f* laser-beam etching
Laserstrahlengang *m* laser-beam path
Laserstrahlleistung *f* laser-beam power
Laserstrahlsignal *n* laser-beam signal
Laserstrahlung *f* laser radiation
Laserstromversorgung *f* laser power supply [unit]
Lasersystem *n***/ungeschaltetes** normal-operation laser system
Lasertechnologie *f* laser technology
Lasertrennen *n* laser cutting
Laserübergang *m* laser junction (transition)
Laserverstärker *m* laser amplifier
~/faseroptischer fibre laser amplifier
Laserwelle *f* laser mode
Laserwirkung *f* laser action
Laserwirkungsgrad *m* lasing efficiency
Laserzündung *f* laser firing (ignition)

Last *f* [electrical] load *(s. a. unter* Belastung*)*
• unter ~ on-load
~/blindstromfreie non-reactive load
~/gleitende sliding load
~/induktive inductive (lagging, reactive) load
~/kapazitive capacitive (leading) load
~/kritische critical load
~/maximal zulässige maximum permissible load
~/mittlere average load
~/nacheilende *s.* ~/induktive
~/ohmsche resistive (non-inductive) load
~/reaktive *s.* ~/induktive
~/symmetrische symmetrical (balanced) load
~/tote dead load
~/unsymmetrische unbalanced (out-of-balance) load
~/zusätzliche additional load
Last... *s. a.* Belastungs...
lastabhängig load-dependent
Lastabhängigkeit *f* dependence on load
Lastabschaltung *f* **bei Störungen (Überlastungen)** *(An)* emergency load shedding
Lastabschaltversuch *m* load rejection test
Lastabsenkung *f* load decrease
Lastabwurf *m* [emergency] load shedding, load rejection (decrease, dump), throwing-off
Lastabwurfautomatik *f* automatic load-shedding control equipment
Lastabwurfimpuls *m* load dump impulse
Lastabwurfrelais *n* load-shedding relay
Laständerung *f* load change (variation)
~/schrittweise step load change
Lastanpassung *f* load matching
Lastanstieg *m* load increase
Lastanzeige *f* load indication
Lastanzeiger *m* load indicator
Lastausgleich *m* load balance; load levelling *(in Computern)*
Lastausgleichsnetz *n* load-matching network
Lastausgleichsschalter *m* load-matching switch
Lastbedingung *f* load condition
Lastbegrenzung *f* load limitation
Lastbegrenzungsrelais *n* load-limiting relay, load-levelling relay
Lastbetrieb *m* load operation
Lastcharakteristik *f* load characteristic
Lastdichte *f* load density
~/geringe light load density
~/große heavy load density
~/mittlere medium load density
Lasteinfluß *m* loading effect *(Störgröße)*
Lastfaktor *m* load factor; output factor
~ am Ausgang *(El)* fan-out
~ am Eingang *(El)* fan-in
Lastfehler *m* load error
Lastfluß *m (An)* load flow
Lastflußberechnung *f* load flow calculation (computation); power flow calculation
Lastgrenze *f* load limit
Lasthebemagnet *m* lifting magnet
Lästigkeit *f* annoyance, nuisance *(von Lärm)*
~/effektive effective perceived noisiness
Lästigkeitspegel *m (Ak)* perceived noise level
~/effektiver effective perceived noise level
Lastimpedanz *f* load impedance
~/einstellbare adjustable impedance-type ballast
Lastkapazität *f* load capacitance
Lastkreis *m* load circuit
Lastleistung *f* load power
Lastmagnet *m* lifting magnet
~ mit beweglichen Polen lifting magnet with movable poles (pole shoes)
Lastminderung *f* derating
Lastregelung *f* load control
Lastrücknahmepunkt *m* unloading point *(Elektrolokomotive)*
Lastsättigung *f* load saturation
Lastschalter *m* on-load switch, power circuit breaker
Lastschaltergehäuse *n* load-break switch box
Lastschalterrelais *n* on-load tap-changer control relay *(Transformator)*
Lastschaltung *f* load switching
Lastscheinleitwert *m* load admittance
Lastschwerpunktsstation *f* load centre substation
Lastspiel *n* 1. operational cycle; 2. stress cycle *(bei mechanischer Wechselbeanspruchung)*
Lastspitze *f* load peak, peak load
Lastspule *f* load coil
Laststeigerung *f* load increase
Laststrom *m* load current
Laststufenschalter *m* on-load tap changer
Lastteilung *f* load sharing
Lasttrennschalter *m* switch disconnector, load-break switch, load-interrupter switch
Last- und Verarmungstransistor *m* enhancement-depletion inverter, ED-inverter
Lastverluste *mpl* load losses *(Generator, Transformator)*
Lastverschiebung *f* load shifting
Lastverstimmung *f* pulling *(z. B. bei Elektronenröhren)*
Lastverstimmungsmaß *n* pulling figure
Lastverteilersystem *n***/automatisches** automatic dispatching system
Lastverteilerzentrum *n* load dispatching centre
Lastverteilung *f* load distribution, load levelling *(in Computern)*
Lastvorhersage *f* load prediction
Lastwiderstand *m s.* Belastungswiderstand
Lastwinkel *m* load angle
Lastwinkelkurve *f* load-angle curve
Lastwinkelsteller *m* load-angle regulator
Lastzyklus *m* load cycle
Latch *n (Dat)* latch
Latchflipflop *n* latch (D-type) flip-flop
Lateralanordnung *f (ME)* lateral structure

Lateraltransistor *m* lateral transistor
Lauf *m* run[ning] *(einer Maschine)*; travel
~/**freier** *(Nrt)* automatic rotation
~/**gleichförmiger** smooth running
~/**ruhiger** quiet (noiseless) running
Laufangabe *f (Dat)* for-clause *(ALGOL 60)*
Laufanweisung *f (Dat)* for-statement *(ALGOL 60)*
Laufbild *n* motion picture
Laufbildkamera *f* motion-picture camera
Laufbildprojektion *f* motion-picture projection
Laufbildwerfer *m* motion-picture projector
laufen to run *(z. B. Maschine)*; to travel; to operate
~/**im Zickzack** to zigzag
~/**leer** to run idle
~ **lassen/nochmals** to rerun *(z. B. ein Programm)*
Läufer *m (MA)* rotor; armature *(Gleichstrommaschine)*
~/**blockierter** locked rotor
~/**geteilter** split rotor
~/**gezahnter** toothed-ring armature
~/**massiver** solid-iron rotor
~ **mit großem Blindwiderstand** high-reactance rotor
~ **mit massivem Polschuh** solid-pole rotor
~/**segmentierter** segmental rotor
~/**stillstehender** locked rotor
Läufer... *s. a.* Rotor...
Läuferanlasser *m* rotor [resistance] starter
Läuferanordnung *f* rotor-core assembly
Läuferblech *n* rotor-core lamination
Läuferblechpaket *n* rotor core
Läuferklemme *f* rotor terminal
Läuferkreis *m* rotor circuit
Läufernut *f* rotor slot
Läufernutgrundisolation *f* rotor slot armour
Läuferrad *n* magnet wheel
Läuferscheibe *f* **eines Zählers/stroboskopische** stroboscopic meter disk
Läuferspule *f* rotor coil
Läuferstab *m* rotor bar
Läuferstern *m* rotor [field] spider *(Synchronmaschine)*; armature spider *(Gleichstrommaschine)*
Läuferstillstandserwärmung *f* locked-rotor temperature-rise rate
Läuferstrom *m* rotor current; armature current *(Gleichstrommaschine)*
Läuferwiderstand *m* rotor resistance; armature resistance *(Gleichstrommaschine)*
Läuferwiderstandsanlauf *m* rotor resistance starting
Lauffeldröhre *f* travelling-wave tube, progressive-field tube
Laufgeräusch *n* motor rumble *(z. B. des Plattenspielers)*
Laufkraftwerk *n s.* Laufwasserkraftwerk
Lauflängenkode *m* run-length code
Lauflängenkodierung *f* run-length coding *(Kodierungstheorie)*
Lauflistenelement *n (Dat)* for-list element *(ALGOL 60)*
Laufmarke *f (Dat)* cursor
Laufnummer *f (Dat, Fmt)* sequence (serial) number
Laufnummernanzeiger *m (Dat)* sequence-number indicator
Laufnummernausdruck *m (Dat)* sequence-number read-out *(Schrieb)*
Laufnummerngeber *m (Dat)* sequence-number generator, numbering machine; *(Nrt)* numbering transmitter
Laufnummernkontrolle *f (Dat)* sequence-number check
Laufrad *n* runner *(Turbine)*
Laufradflügel *m* runner vane
Laufradkranz *m* runner band
Laufradnabe *f* runner hub
Laufradschaufel *f* runner bucket *(Freistrahlturbine)*
Laufraum *m* drift space
Laufraumelektrode *f* drift tunnel
Laufrichtungsumkehr *f*/**automatische** auto reverse
Laufring *m* shaft collar *(Wasserturbine)*
Laufrinne *f* runner
Laufruhe *f* silence in operation
Laufruhewächter *m* vibration sentinel (guard)
Laufschaukel *f* moving blade *(Turbine)*
Laufschiene *f* slide (running) rail
Laufwasserkraftwerk *n* run-off river plant (power station), river-run plant
Laufwasserkraftwerkskaskade *f* chain of run-off river plants
Laufwerk *n* 1. tape transport, [recorder] deck, drive *(z. B. Magnetbandgerät)*; 2. *s.* Laufwasserkraftwerk
Laufwerkplatte *f* motor band *(Magnetbandgerät)*
Laufwinkel *m* transit phase angle
Laufzeit *f* 1. *(Syst)* delay [time], lag [time], dead time; 2. running time (period); object time *(z. B. eines Programms)*; 3. transit (travel) time *(z. B. Impuls)*
~ **des Schalls** sound travel time
~ **durch die Sperrschicht** *(ME)* depletion-layer transit time
~ **durch die Übergangsschicht** *(ME)* transition-layer transit time
~/**geebnete** flat delay
~ **in einer Richtung** *(Nrt)* one-way propagation time
Laufzeitausgleich *m* delay equalization
Laufzeitdiode *f* velocity-modulated diode
Laufzeiteffekt *m* transit-time effect
Laufzeitentzerrer *m* delay equalizer (correction network)
Laufzeitentzerrung *f* delay distortion correction, transit-time correction
Laufzeitentzerrungsschaltung *f* delay correction network

Laufzeitfehler *m* relative time delay; phase delay error *(in rotierenden Systemen)*
Laufzeitfunktion *f* delay function
Laufzeitglied *n (Syst)* lag element
Laufzeitintervall *n* delay time interval
Laufzeitkette *f* delay line, [time-]delay network
~/stufenweise einstellbare step-variable delay line
Laufzeitnetzerk *n* time-delay circuit
Laufzeitplan *m* lattice diagram *(Wanderwellen)*
Laufzeitröhre *f* transit-time tube; velocity-modulated tube; drift tube, klystron
Laufzeitschwingungen *fpl* electron oscillations *(Magnetron)*
Laufzeitspeicher *m* delay-line store (memory), circulating memory
~/akustischer acoustic delay-line memory
Laufzeitspektrograph *m* time-of-flight mass spectrograph
Laufzeitstereophonie *f* spaced-apart stereophony
Laufzeitüberwachung *f* 1. execution time check; 2. watchdog timer
Laufzeitunterschied *m* transit time difference
Laufzeitverstärkerröhre *f* beam amplifier valve
Laufzeitverzerrung *f* delay[-frequency] distortion, delay-time distortion, transit-time distortion, phase-delay distortion
Laufzeitverzögerung *f* propagation delay
Laufzeitwinkel *m* transit phase angle
Laugenbad *n* lye bath
laugenbeständig alkali-proof, caustic-resistant
Laugensprödigkeit *f*, **Laugenrißkorrosion** *f* caustic embrittlement (cracking)
Lauritsen-Elektroskop *n* Lauritsen electroscope
L-Ausgang *m***/ungestörter** *(Syst, Dat)* undisturbed-one output *(Binärsignal)*
läuten to ring
Läuten *n (Nrt)* ring[ing]
~/überlagertes superimposed ringing
Läutewerk *n***/elektrisches** electric ringing apparatus
lautgetreu orthophonic
Lautheit *f (Ak)* loudness *(in Sone)*; intensity of noise
~/subjektiv empfundene subjective (perceived) loudness
Lautheitsaddition *f* loudness addition (summation)
Lautheitsanalysator *m* loudness analyzer
Lautheitsbewertung *f* loudness rating
Lautheitsdiagramm *n s.* Lautheitsmuster
Lautheitsindex *m* loudness index
Lautheitsmaßstab *m* sone scale
Lautheitsmuster *n* loudness pattern (distribution)
Lauthöreinrichtung *f* loudspeaker facility
Lauthörgerät *n* speakerphone
Lauthörtaste *f (Nrt)* direct listening key
Lautsprechen *n* loudspeaking
Lautsprecher *m* loudspeaker, reproducer, speaker
~/dynamischer electrodynamic (moving-coil, moving-conductor, coil-driven) loudspeaker
~/elektrodynamischer *s.* ~/dynamischer
~/elektromagnetischer *s.* ~/magnetischer
~/elektrostatischer electrostatic (capacitor) loudspeaker
~/fremderregter energized (excited-field) loudspeaker
~/handelsüblicher standard loudspeaker
~/magnetischer [electro]magnetic loudspeaker, induction (inductor, magnet-type) loudspeaker
~/magnetostriktiver magnetostriction loudspeaker
~/permanentdynamischer permanent-magnet [dynamic] loudspeaker
~/permanentmagnetischer *s.* ~/permanentdynamischer
~/piezoelektrischer piezoelectric (crystal) loudspeaker
Lautsprecheranlage *f* public-address system, announce loudspeaker system
Lautsprecheranschluß *m* loudspeaker terminal; loudspeaker connection
Lautsprecherbespannung *f* loudspeaker (grill) cloth
Lautsprechergehäuse *n* loudspeaker enclosure (cabinet, housing)
Lautsprechergruppe *f* loudspeaker combination (assembly)
Lautsprecherimpedanz *f* loudspeaker impedance
Lautsprecherkabel *n* loudspeaker drive cable
Lautsprecherkegel *m* loudspeaker cone
Lautsprecherklemme *f* loudspeaker terminal
Lautsprecherkombination *f* loudspeaker combination, composite (multiple) loudspeaker
Lautsprecherkondensator *m* loudspeaker capacitor
Lautsprechermembran *f* loudspeaker diaphragm
Lautsprecherröhre *f* loudspeaker valve
Lautsprecherschwingspule *f* loudspeaker voice coil
Lautsprecherständer *m* speaker stand
Lautsprecherstativ *n* speaker stand
Lautsprechertrichter *m* loudspeaker horn (trumpet)
Lautsprecherübersteuerung *f* loudspeaker overdriving
Lautsprecherwagen *m* loudspeaker car (van, truck), sound truck
Lautstärke *f* loudness level, [sound] volume, volume (intensity) of sound *(in Phon)*
~/subjektive equivalent (perceived) loudness *(durch Hörvergleich ermittelt)*
Lautstärkeabgleich *m* loudness balance (balancing)
Lautstärkebegrenzer *m* volume limiter
Lautstärkeberechnung *f* loudness computation
Lautstärkebereich *m* volume range
Lautstärkebewertung *f* loudness rating

Lautstärkeeinheit *f*[**/technische**] volume unit
Lautstärkeeinstellung *f* volume control
Lautstärkeempfindung *f* loudness perception (sensation)
Lautstärkegleichheit *f* loudness balance
Lautstärkekontrolle *f* loudness check
Lautstärkemaßstab *m* phon scale
Lautstärkemeßeinrichtung *f* sound-measuring device
Lautstärkemesser *m* volume (sound-level, loudness-level) meter, phonometer, sonometer
Lautstärkemessung *f* loudness (sound) measurement
~**/objektive** objective loudness measurement
~**/subjektive** subjective loudness measurement; *(Nrt)* audibility test
Lautstärkeminderung *f* volume reduction
Lautstärkepegel *m* loudness level
Lautstärkeregelung *f* volume control (adjustment)
~**/gehörrichtige** [acoustically] compensated volume control, automatic bass compensation
~**/geschwindigkeitsabhängige** speed-controlled volume *(Autoradio)*
Lautstärkeregler *m* volume control (regulator), attenuator
~**/fernbedienbarer** remote volume control
Lautstärkeumfang *m* volume range
Lautstärkevergleich *m* loudness comparison
Lautverständlichkeit *f (Nrt)* sound articulation (intelligibility)
Lautwechsel *m* sound shift
Lawine *f (El)* avalanche
Lawinenbildung *f* avalanche formation
Lawinendiode *f* avalanche diode
Lawinendurchbruch *m* avalanche breakdown
~**/gesteuerter** controlled avalanche [breakdown]
Lawinendurchbruchspannung *f* avalanche [breakdown] voltage
Lawinendurchschlag *s.* Lawinendurchbruch
Lawinengebiet *n* avalanche region
Lawinengleichrichter *m* avalanche rectifier
Lawinengleichrichterdiode *f* avalanche rectifier diode
Lawinenionisation *f* avalanche (cumulative) ionization
Lawinenlaufzeit *f* [impact] avalanche transit time
~**/gesteuerte** controlled avalanche transit time, CATT
Lawinenlaufzeitdiode *f* avalanche transit-time diode, impact avalanche and transit-time diode
Lawinenphotodiode *f* avalanche photodiode, APD
Lawinenresonanz *f* avalanche resonance
Lawinenthyristor *m* bulk avalanche thyristor
Lawinentransistor *m* avalanche transistor
Lawinenvervielfachung *f* avalanche multiplication
Layout *n (ME)* layout *(z. B. Anordnung von Schaltelementen)*
Layoutkontrolle *f* layout checking

LCD liquid crystal display
LC-Generator *m* LC oscillator
LC-Kopplung *f* choke-capacitance coupling
LC-Schaltung *f* LC circuit (network)
L-Darstellung *f* display *(Radar)*
Lebensdauer *f* operating (working, service) life *(z. B. von Anlagen)*; burning life *(Glühlampe)*; lifetime, life [period]
~ **bei Belastung** load life *(z. B. von Meßgeräten)*
~ **bei hoher Ladungsträgerdichte** *(ME)* high-level lifetime
~ **bei niedriger Ladungsträgerdichte** *(ME)* low-level lifetime
~ **der Kontakte** contact life *(z. B. Relais)*
~**/mechanische** mechanical life
~**/mittlere** average working time
~**/praktische** useful life [period]
~**/voraussichtliche** life expectancy (expectation) *(z. B. eines Bauteils)*
Lebensdauererprobung *f* life endurance test
Lebensdauererwartung *f* life expectancy (expectation) *(von Anlagen, Bauteilen)*
Lebensdauergesetz *n* life law, Montsinger['s] law *(z. B. für Isolierstoffe)*
Lebensdauergetterung *f (ME)* lifetime gettering
Lebensdauerkennlinie *f* life characteristic
Lebensdauerprüfung *f* life test[ing]
~**/beschleunigte** accelerated life test *(z. B. von Heizleitermaterial)*
~**/elektrische** voltage endurance test
Lebensdauerprüfverfahren *n* life testing method
Lebensdauerregel *f s.* Lebensdauergesetz
Lebensdauerverkürzung *f* lifetime reduction
Lebensdauerverteilung *f* life distribution
Lebenserwartung *f s.* Lebensdauererwartung
Lecher-Leitung *f* Lecher wires (line), parallel-wire line, two-wire resonant line
Lecher-System *n* Lecher system
Leck *n* leak, leakage
lecken to leak
Leckpfad *m* leakage path
Leckprüfer *m* leak detector
Leckprüfung *f* leak test[ing]
Leckrate *f* leak[age] rate
lecksicher leak-proof
Leckstelle *f* leakage [point]
Leckstrom *m* leakage current
Leckstromkorrosion *f* stray-current corrosion
Leckstromquelle *f* leakage source
Lecksuche *f* leak detection
Lecksuchgerät *n* leak detector
Leckverlust *m* leak[age] rate
Leckweg *m* leakage current path
Leclanché-Element *n* Leclanché battery (dry cell), sal ammoniac cell
LED *f* LED, light-emitting diode, injection luminescence diode
~ **mit Licht[wellen]leiteranschluß** LED-to-fibre coupler

Ledermembran *f* leather diaphragm *(z. B. für pneumatische Geräte)*
leer empty; vacant, unoccupied *(z. B. Gitterplatz)*; blank *(z. B. Speicherzelle)*
Leerbefehl *m* dummy instruction, do-nothing command, skip instruction (command), blank instruction, no-operation instruction
Leerkarte *f (Dat)* blank card
Leerklemme *f* vacant terminal
Leerkontakt *m* vacant contact; spare contact
Leerlauf *m* no-load running (operation), no-load, running without load; open-circuit operation; *(MA)* idle running, idling
~ **am Eingang** open-circuited input
Leerlaufadmittanz *f* open-circuit admittance
Leerlaufanzapfumschalter *m* centre type off-load tap changer
Leerlaufausgangsimpedanz *f* open-circuit output impedance
Leerlaufausschalter *m* no-load cut-out
Leerlaufbedingungen/unter open-circuited
Leerlaufcharakteritsik *f* no-load characteristic
Leerlaufdrehzahl *f* no-load speed
Leerlaufeingangsimpedanz *f* open-circuit input impedance
Leerlaufeinstellung *f* no-load adjustment
leerlaufen *(MA)* to [run] idle
leerlaufend open-circuited, open-ended; *(MA)* idle
Leerlauferregung *f* no-load excitation
Leerlaufersatzschaltbild *n* constant-voltage equivalent circuit
Leerlauffeld *n* no-load field
Leerlauffrequenz *f* idler frequency *(im parametrischen Vertärker)*
Leerlaufgang *m (Dat)* idling cycle
Leerlaufgleichspannung *f* floating voltage
Leerlaufimpedanz *f* no-load impedance; open-circuit impedance
Leerlaufkennlinie *f* no-load characteristic; open-circuit characteristic
Leerlaufkreis *m* idler circuit *(im parametrischen Verstärker)*
Leerlaufkühlsystem *n* no-load cooling system
Leerlaufkurzschlußverhältnis *n* short-circuit ratio
Leerlaufleistung *f* no-load power
Leerlaufmessung *f* no-load test; open-circuit test
Leerlaufnocken *m* slipping cam
Leerlaufphasenwinkel *m* open-loop phase angle
Leerlaufprüfung *f* no-load test; open-circuit test
Leerlaufpunkt *m* no-load point
Leerlaufsättigungskurve *f* open-circuit saturation curve
Leerlaufscheinleitwert *m* open-circuit admittance
Leerlaufscheinwiderstand *m* no-load impedance; open-circuit impedance
Leerlaufspannung *f* no-load voltage; open-circuit voltage
Leerlaufspannungsrückwirkung *f* open-circuit reverse voltage transfer ratio
Leerlaufspannungsverstärkung *f* open-loop voltage gain
Leerlaufstrom *m* no-load current
Leerlaufübersetzungsverhältnis *n* no-load ratio
Leerlaufübertragungsfaktor *m (Ak)* open-circuit sensitivity
Leerlaufverlust *m* no-load loss; open-circuit loss
Leerlaufverluste *mpl* idle-run losses, no-load run losses; constant losses
Leerlaufverstärkung *f* open-loop gain
Leerlaufwiderstand *m* no-load resistance; open-circuit resistance
Leerlaufzeit *f (Dat)* down-time; unoccupied (idle) time
~**/externe** external idle time *(fehlende Aufgaben)*
Leerlaufzustand *m* idle (no-load) condition; open circuit
Leerlaufzyklus *m (Dat)* idling cycle
Leerplatte *f* blank board *(Leiterplatte)*
Leersignal *n (Dat)* dummy
Leerspalte *f (Dat)* blank column
Leerspule *f* empty spool (coil)
Leerstelle *f* 1. [lattice] vacancy, vacant site *(Kristall)*; 2. *(Dat)* blank; space
Leerstellenansammlung *f* vacancy cluster
Leerstellenkonzentration *f* vacancy concentration
Leerstellentaste *f s.* Leertaste
Leerstellenwanderung *f* vacancy migration
Leerstellenzusammenballung *f* vacancy cluster
Leerstellen-Zwischengitterplatz-Paar *n* vacancy-interstitial pair
Leertaste *f (Dat)* space key (bar)
Leerzeit *f s.* Leerlaufzeit
Leerzustand *m* empty condition *(z. B. eines Zählers)*
legen:
~**/an Erde** to connect to earth (ground)
~**/an Masse** to connect to frame, to connect to earth (ground)
~**/ein Kabel** to run (lay) a cable
~**/eine Leitung** to install (erect) a line
~**/eine Leitung auf einen freien Platz** *(Nrt)* to transfer a circuit to a reserve position
~**/in Schleifen** to loop
Legierung *f* alloy
~**/binäre** binary alloy
~**/leichtschmelzende** fusible (low-melting) alloy
~**/magnetische** magnetic alloy
Legierungsbestandteil *m* alloying constituent (element)
legierungsdiffundiert *(ME)* alloy-diffused
Legierungsdiffusionstechnik *f (ME)* alloy diffusion technique
Legierungsdiffusionstransitor *m* alloy-diffused transistor
Legierungsdiode *f* alloy[-junction] diode
Legierungseffekt *m* alloying effect
Legierungsofen *m* alloying oven
Legierungsplattierschicht *f* alloy cladding

Legierungstechnik *f* alloying technique
Legierungstiefe *f* alloying depth
Legierungstransistor *m* alloy[-junction] transistor
Legierungsübergang *m (ME)* alloy junction
Legierungsüberzug *m* alloy plate (plating)
Legierungsverfahren *n* alloying technique
Legierungszusatz *m* alloy[ing] addition
Leichtkabel *n* light-weight cable
Leichtmetall *n* light metal
Leichtmetallegierung *f* light alloy
Leichtmetallgehäuse *n* light-alloy housing
leichtschmelzend low-melting
Leichtwasserreaktor *m* light-water reactor
Leiste *f* strip; block
Leistung *f* 1. power, P; wattage *(in Watt)*; 2. performance; efficiency; output • **mit voller** ~ on full power
~**/abgebbare** available power
~**/abgegebene** output [power]
~**/abgenommene** consumed power
~**/abgestrahlte** radiated (radiant) power
~ **am Zughaken** output at the drawbar
~**/ankommende** incoming power
~**/aufgenommene** input [power]; absorbed power
~ **der Drosselspule** reactor capacity
~ **der Quantisierungsverzerrung** *(Nrt)* quantization distortion power *(Pulskodemodulation)*
~ **des Mitsystems** positive-sequence power
~**/effektive** effective power; actual output
~ **eines Motors** motor rating (output)
~**/einfallende** incident power
~**/elektrische** electric power
~**/erforderliche** power requirement
~**/gekoppelte** coupled power
~**/höchste verfügbare** maximum available power
~ **im kalten Zustand** cold power *(eines indirekten Widerstandsofens)*
~**/installierte** *(An)* installed power (capacity)
~**/komplexe** complex power
~**/konstante** constant power
~**/maximale** maximum capacity
~**/mittlere** average (mean) power; average output
~**/pulsierende** fluctuating (oscillating) power
~**/sekundäre** secondary power
~**/spezifische** specific power; specific output
~**/synchronisierende** synchronizing power
~**/tatsächliche** *s.* ~/wirkliche
~**/verfügbare** available power; available capacity
~**/verfügte** utilized capacity
~**/volle** full-load output
~**/wirkliche** actual (true) power
~**/zugeführte** input [power], power input, supplied power
Leistungsabfall *m* decrease (drop) of power
Leistungsabführung *f* power dissipation
Leistungsabgabe *f* [power] output
Leistungsanforderungen *fpl* performance requirements
Leistungsangaben *fpl* output data *(z. B. eines Motors)*
Leistungsanpassung *f* matching for power transfer
Leistungsanstieg *m* power increase; increase of output *(der abgegebenen Leistung)*
Leistungsanzeige *f* indication of power
Leistungsaufnahme *f* power consumption; [power] input; power requirement, wattage
Leistungsausfall *m* power failure
~ **in einer Phase** failure of power in one phase
Leistungsbaustein *m* power element
Leistungsbedarf *m* power demand (requirement)
Leistungsbegrenzung *f* power limitation
~**/selbsttätige** automatic load limitation
Leistungsbegrenzungseinrichtung *f* load-limiting equipment *(Turbine)*
Leistungsbegrenzungsschutz *m* **für Überlast** overpower protection
~ **für Unterlast** underpower protection
Leistungsbereich *m* power range; *(An)* range of capacity
Leistungsbetrieb *m* power operation
Leistungsdiagramm *n* power chart *(Synchronmaschine)*
Leistungsdichte *f* power density
~**/spektrale** power spectrum density
Leistungsdichtespektrum *n* power density spectrum
Leistungsdiode *f***/schnelle** fast-recovery power diode
Leistungsdrehfeldgeber *m* power selsyn
Leistungselektrik *f* heavy-current electrical engineering
Leistungselektronik *f* power electronics
Leistungsendstufe *f* power output stage
Leistungserhaltungssatz *m* law of conservation of power
Leistungsexkursion *f (An)* power excursion
Leistungsfähigkeit *f* efficiency; performance; capacity
Leistungsfaktor *m* 1. power factor; 2. factor of merit *(z. B. eines Strahlungsempfängers)*
~ **der Belastung** load power factor
~ **der Grundwelle** power factor of the fundamental
~ **Eins** unity power factor
~**/induktiver** lagging (reactive) power factor
~**/kapazitiver** leading power factor
~**/nacheilender** *s.* ~/induktiver
~**/voreilender** *s.* ~/kapazitiver
Leistungsfaktorausgleich *m* power-factor compensation
Leistungsfaktormesser *m* power-factor meter (indicator), cos-φ-meter, phase meter
Leistungsfernmeßgerät *n* telewattmeter
Leistungsfluß *m* load flow
Leistungsflußberechnung *f* load flow computation (calculation)

Leistungsfrequenzregelung *f* load-frequency control
Leistungsgewinn *m* power gain
Leistungsgleichrichter *m* power rectifier
Leistungsglied *n* driver
Leistungsgradabweichung *f (An)* off-standard performance
Leistungsgrenze *f* power limit
Leistungsgrenzwert *m***/zulässiger oberer und unterer** *(Meß)* limit of power range for accuracy
Leistungshalbleiter *m* power semiconductor
Leistungshalbleitermodul *m* power semiconductor module
Leistungshalbleitersatz *m* power semiconductor assembly
Leistungsimpuls *m* power pulse
Leistungsinstallation *f* power-feeding installation
Leistungsintegral *n* integral of power
Leistungsinvarianz *f* power invariant
Leistungskabel *n* electric power cable
~ **mit innerer Wasserkühlung** internally water-cooled power cable
Leistungskenngrößen *fpl* performance characteristics
Leistungsklemmkasten *m* power junction box
Leistungsklystron *n* power klystron
Leistungskondensator *m* power capacitor
Leistungskontrolle *f* power control
Leistungskreisbegrenzungsschalter *m* power-circuit limit switch
Leistungskreisregelung *f* power-circuit control
Leistungskurve *f* performance curve
Leistungsleitung *f* load lead
leistungslos wattless
Leistungsmanagement *n* performance management
Leistungsmangel *m* power shortage
Leistungsmerkmal *n (Nrt)* [service] feature, facility
Leistungsmesser *m* [active] power meter; wattmeter; dynamometer
~**/elektrodynamischer** electrodynamometer wattmeter, dynamometer-type wattmeter
~**/elektronischer** electronic wattmeter
~ **in Aron-Schaltung** Aron meter
~ **mit Hilfswicklung** compensated wattmeter
Leistungsmeßsender *m* power signal generator
Leistungsmessung *f* power measurement
Leistungsmodulation *f* power modulation
Leistungs-MOSFET *m* power metal-oxide semiconductor field-effect transistor, power MOSFET
Leistungsoszillator *m* power oscillator
Leistungsparameter *m* performance parameter
Leistungspegel *m* power level
~**/absoluter** absolute power level
Leistungspreis *m* demand charge *(Energietarif)*
Leistungspreistarif *m* demand charge tariff
Leistungsquelle *f* power source
~**/dauerverfügbare** constant-available power source
Leistungsreaktor *m* power reactor
Leistungsregelung *f* power control
Leistungsregler *m* power controller (regulator), load regulator
Leistungsrelais *n* power relay
Leistungsreserve *f* 1. power reserve; 2. reserve capacity *(einer Maschine)*
~ **eines Generators** spinning reserve
~**/installierte** installed reserve
Leistungsrichtungsrelais *n* directional power relay, power direction relay
Leistungsrichtungsschutz *m (An)* directional power protection
Leistungsröhre *f* power tube (valve)
~ **mit Elektronenbündelung** beam power tetrode valve
Leistungssatz *m* law of conservation of power
Leistungsschalter *m* power switch; *(Hsp)* power circuit breaker, [heavy-current] circuit breaker
~**/einpoliger** single-pole circuit breaker
~ **für schweren Schaltbetrieb** heavy-duty circuit breaker
~ **mit kombinierter Druckluft- und Ölstrahlwirkung** pneumo-oil switch
~ **mit Kurzschlußfortschaltung** autoreclosing circuit breaker
~ **mit magnetischer Bogenlöschung** deionization circuit breaker
~ **mit selbsttätiger Wiedereinschaltung** automatic reclosing circuit breaker
~**/ölarmer** oil-poor circuit breaker
~**/ölloser** oilless circuit breaker
Leistungsschalterraum *m* circuit-breaker compartment
Leistungsschaltkreis *m* load-circuit; power-switching circuit
Leistungsschiene *f* power bus bar
Leistungsschild *n* rating plate
Leistungsschildangaben *fpl* rating plate data
Leistungsschreiber *m* power recorder; output recorder
Leistungsschutz *m* power protection
Leistungsschwankung *f* power fluctuation
Leistungssicherung *f* power [current] fuse
Leistungsspektrum *n (Syst)* power-density spectrum *(z. B. eines Signals)*
Leistungsstehwellenverhältnis *n* power standing wave ratio
Leistungssteigerung *f* increase of output, power output increase *(der abgegebenen Leistung)*; increase of performance (efficiency)
Leistungsstellglied *n* power positioning element
Leistungssteuerschalter *m* power control switch
Leistungssteuerung *f* power control
Leistungsstufe *f* power stage; level of performance (efficiency)
Leistungsteiler *m* power divider
Leistungsthyristor *m* power thyristor
Leistungstransformator *m* power transformer

~ **für ultrahohe Spannungen** ultrahigh-voltage power transformer
Leistungstransistor *m* power transistor
Leistungstrenner *m*, **Leistungstrennschalter** *m* circuit interrupter, isolating (disconnecting) switch
Leistungstriode *f* power triode
~**/druckluftgekühlte** forced-air cooled power triode
~**/siedegekühlte** vapour-cooled power triode
Leistungsübertragung *f* power transfer (transmission)
Leistungsübertragungsfunktion *f* power transfer function
Leistungsübertragungsgrad *m* power response
Leistungsübertragungsrelais *n* power transfer relay
Leistungsumsatz *m* power conversion
Leistungsumsetzer *m* power converter
Leistungsumsetzung *f* power conversion
Leistungsumwandlung *f* power conversion
Leistungsventil *n* power valve
Leistungsverbrauch *m* power consumption; *(ME)* power drain
Leistungsverhältnis *n* power ratio
Leistungsverlust *m* power loss; loss of performance
Leistungsverminderung *f* degradation of performance
~ **durch Lagerung** storage depreciation *(Batterie)*
Leistungsverminderungskurve *f* derating curve
Leistungsvermögen *n* capacity; power capability (rating)
Leistungsversorgung *f* power supply
Leistungsversorgungseinrichtung *f* power supply equipment
Leistungsverstärker *m* power amplifier (booster); power element *(im Regelkreis)*
Leistungsverstärkerröhre *f* power [amplifier] tube
Leistungsverstärkerstufe *f* power amplifier stage
Leistungsverstärkung *f* power amplification (gain); power-level gain *(im Pegelmaßstab)*
Leistungsverstärkungsverhältnis *n* power amplification ratio
Leistungsverteilerkabel *n* power distribution cable
Leistungsverteilung *f* 1. power distribution; 2. power junction box *(Vorrichtung)*
Leistungs-Verzögerungszeit-Produkt *n* power-delay product
Leistungswandler *m* power converter
Leistungswechselrichter *m* power inverter
Leistungswechselrichtung *f* d.c.-a.c. power inversion
Leistungswicklung *f* power winding
Leistungswinkelkennlinie *f* power-angle curve *(Generator)*
Leistungszählung *f (Nrt)* load counting
Leistungszeiger *m* power phasor
Leistungszufuhr *f***/automatisch gesteuerte** automatic power input control
Leistungszunahme *f* power increase
Leitadresse *f (Dat)* leading (key) address
Leitapparat *m* gate apparatus; distributor *(Turbine)*
Leitband *n* 1. *(Dat)* master tape; 2. *s.* Leitungsband
Leitbefehl *m (Nrt)* routing directive
Leitbehelf *m (Nrt)* routing chart
Leitblech *n* deflector
Leitelektrolyt *m* supporting electrolyte
leiten 1. to conduct *(Strom, Wärme)*; 2. *(Nrt)* to route
leitend conductive, conducting • ~ **machen** to render conducting • ~ **werden** to go into conduction
~**/gut** highly conductive
~**/ideal** ideally conducting
~**/in Sperrichtung** *(ME)* reverse-conducting
~**/in zwei Richtungen** bidirectional conducting
~**/schlecht** poorly conducting
Leiter *m* conductor; core *(Kabel)*
~**/abgeschirmter** screened conductor
~**/äußerer** external conductor
~**/bewegter** moving conductor
~**/blanker** bare (plain) conductor
~**/dielektrischer** dielectric conductor
~**/eindrähtiger** single-wire conductor
~**/elektrischer** electric[al] conductor
~**/elektrolytischer** electrolytic conductor
~ **erster Klasse (Ordnung)** electronic (first-class) conductor
~**/flexibler** flexible conductor
~**/flüssiger** liquid conductor
~**/gebündelter** bundle conductor
~**/geerdeter** earthed conductor
~**/geformter** shaped conductor
~**/geladener** charged conductor
~**/gemischter** mixed conductor
~**/gerader (geradliniger)** straight conductor
~**/geröbelter** transposited conductor
~**/geschichteter** laminated conductor
~**/geteilter** split conductor
~**/idealer** ideal (perfect) conductor
~**/isolierter** insulated conductor
~**/massiver** solid conductor
~**/mehrdrähtiger** multistrand conductor
~**/metallischer** metallic conductor
~**/plattenförmiger** plate[-shaped] conductor
~**/positiver** positive conductor
~**/runder** circular conductor
~**/schlechter** poor conductor
~**/spannungsloser** dead conductor
~**/stromführender** current-carrying conductor; charged conductor
~**/stromloser** dead conductor
~**/verseilter** stranded conductor
~**/verwürgter** intertwisted conductor
~**/verzinnter** tinned conductor

~/vielschichtiger multilayer conductor
~ zweiter Klasse (Ordnung) ionic (second-class) conductor
Leiter *mpl***/parallele** parallel conductors
Leiterabstand *m* conductor spacing *(gedruckte Schaltung)*
Leiterader *f* conductor core
Leiteranordnung *f (Eü)* conductor arrangement; conductor assembly
Leiterarmierung *f* conductor shielding
Leiteraufbau *m* composition of conductor
Leiterbahn *f* [conducting] track, conductive track, conductor line (path), interconnection trace
~/gedruckte [printed] circuit board conductor
Leiterbahn... *s. a.* Leiterzug...
Leiterbahnseite *f* conductor side, circuit trace side
Leiterbild *n* conductor (conductive) pattern, wiring (circuit) configuration, [board] pattern *(Leiterplatte)*
~/drahtgelegtes wire pattern
~/geätztes etched pattern
~/vorgefertigtes preformed graphic circuit pattern
Leiterbildseite *f* conductor (non-component) side
Leiterbreite *f* conductor width *(Leiterplatte)*
Leiterbruch *m* conductor (wire, circuit) break
Leiterbruchschutz *m* open-phase protection
Leiterbruchschutzrelais *n* open-phase protection relay
Leiterbrücke *f* connecting post *(von Leiterzug zu Leiterzug)*
Leiterbündel *n* group of conductors, conductor bundle (assembly)
Leiterdicke *f* conductor thickness
Leiterdurchhang *m* conductor sag
Leiterdurchmesser *m* conductor diameter
Leiterebene *f* conductor plane
Leiter-Erde-Spannung *f* phase-to-earth voltage
Leiterfläche *f* conductor area; conductor surface
Leiterfolge *f* conductor sequence
Leiterfolie *f* conductor foil
leitergekühlt conductor-cooled, direct-cooled
Leitergröße *f* conductor size
Leitergruppe *f* group of conductors
Leiterisolation *f* conductor (wire, strand) insulation; core insulation *(bei Kabeln)*
Leiterkarte *f* printed circuit card, pc card, printed circuit board *(Zusammensetzungen s. unter* Leiterplatte*)*
Leiterkartensteckleiste *f* pcb (printed circuit board) connector, terminal strip connector
Leiter-Leiter-Abstand *m* phase-to-phase clearance
Leitermaterial *n* conductive material
Leitermuster *n s.* Leiterbild
Leiteroberfläche *f* conductor surface
Leiterplatte *f* [printed] circuit board, pc board, pcb, printed [wiring] board, pwb, [printed wiring] circuit card
~/bestückte assembled printed circuit board, printed circuit assembly
~/doppelseitige (doppelt kaschierte) double-sided [printed circuit] board, double-faced pcb
~/durchkontaktierte (durchmetallisierte) through-hole plated printed circuit board, p-t-h [printed circuit] board
~/einseitig geätzte single-sided etched board
~/einseitige (einseitig kaschierte) single-sided printed circuit board
~/flexible flexible printed [circuit] board
~ für Rückverdrahtung back panel, backplane
~/geätzte etched printed circuit board, detail board
~/kaschierte clad printed circuit board
~/lötaugenlose padless printed circuit board
~ mit durchmetallisierten Löchern *s.* ~/durchkontaktierte
~ mit eingelegtem (eingepreßtem) Leiterbild flush printed circuit board
~/nichtflexible (starre) rigid printed circuit board
~/steckbare plug-in board
~/unbestückte bare printed circuit board, basic printed wiring [board]
~/zweiseitige double-sided printed circuit board
Leiterplattenanschluß *m* printed circuit connection
Leiterplattenbestückung *f* pcb insertion; pcb assembling
Leiterplattenentwurf *m* pcb layout
Leiterplattenfertigung *f* pcb manufacture (production)
Leiterplattenmontage *f* pcb mounting
Leiterplattenmontagegruppe *f* printed circuit [board] assembly
Leiterplattenoriginal *n* printed circuit master
Leiterplattenprüfgerät *n* printed circuit [board] tester
Leiterplattenprüfung *f* circuit board testing
Leiterplattenreinigungsmaschine *f* circuit board cleaning machine
Leiterplattenschrubbmaschine *f* circuit board scrubber
Leiterplattensteckerleiste *f* pcb (terinal swip) connector
Leiterplattentechnik *f* printed circuit technique; printed circuit technology
Leiterpreßverbindung *f* compression connection
Leiterquerschnitt *n* conductor cross section
Leiterrahmen *m* lead frame
Leiterschiene *f* conductor rail
Leiterschirm *m* conductor screen *(beim Kabel)*
Leiterschleife *f* conductor loop
Leiterschwingungsschutz *m (An)* vibration protection; *(Eü)* conductor vibration damper
Leiterseele *f* core of conductor
Leiterseil *n* stranded conductor
Leiterspannung *f* line voltage; circuit voltage *(zwischen Phasen)*
Leiterstab *m* bar

Leiterstift *m* lead
Leiterstrom *m* conductor current
Leiterstruktur *f* conductive pattern *(eines Schaltkreises)*
Leitertanzen *n* conductor galloping
Leiterteilung *f* conductor splitting
Leiterunterbrechung *f* open
~/dreipolige three-conductor open
~/einpolige one-conductor open
Leiterwerkstoff *m* conducting material, [electric] conductor
Leiterwiderstand *m* conductor resistance
Leiterzug *m* [conducting] track, conductor run, [printed circuit board] trace, wiring path *(einer Leiterplatte)*
~ auf Innenlagen/angeschnittener interlayer copper edge
~/eingelegter (eingepreßter) flush conductor
~/in Z-Richtung verlaufender Z-axis conductor
~/schmaler narrow track
~/vorgefertigter prefabricated (prefab) printed circuit conductor
Leiterzugabstand *m* conductor (track) spacing
~ auf einer Ebene coplanar conductor spacing
Leiterzugbreite *f* conductor (line) width
Leiterzugdicke *f* conductor thickness
Leiterzugeinschnürung *f* reduced conductor width, line width reduction
Leiterzugflanke *f* conductor line edge
Leiterzugführung *f* conductor tracking
Leiterzugkreuzung *f* printed circuit [conductor] cross-over
Leiterzugrißbildung *f* conductor cracking
Leiterzugschärfe *f* line (edge) definition
Leiterzugüberkreuzung *f* printed circuit crossover
Leiterzugunterbrechung *f* track break, conductor open
Leiterzugverlegeprogramm *n* tracking program
Leiterzugverlegung *f* tracking
Leiterzugwachstum *n* conductor outgrowth
leitfähig conductive, conducting
Leitfähigkeit *f* conductivity, conductance
~/anomale anomalous conductivity
~/äquivalente equivalent conductivity *(verlustbehaftetes Dielektrikum)*
~/axiale axial conductivity
~ des Erdbodens soil conductivity
~ des Überzugs *(Galv)* coating conductivity
~/dielektrische dielectric conductance; leakance *(Leitung, Isolator)*
~/elektrische electric[al] conductivity
~/elektrolytische electrolytic conductivity
~/ideale perfect (ideal) conductivity
~ in Metallen metallic conductivity
~/induzierte induced conductivity
~/isotherme elektrische isothermal electrical conductivity
~/magnetische magnetic conductivity, magnetoconductivity; permeance
~/optische optical conductivity
~/photoelektrische photoconductivity
~/richtungsabhängige asymmetric[al] conductivity
~/spezifische specific conductivity
~/spezifische elektrische conductivity
~/stationäre stationary conductivity
~/thermische thermal conductivity
~/vollkommene *s.* ~/ideale
Leitfähigkeitsabfall *m* conductivity decay
Leitfähigkeitsänderung *f* conductivity change
Leitfähigkeitsart *f* mode of conductivity
Leitfähigkeitsband *n s.* Leitungsband
Leitfähigkeitscharakteristik *f* conductivity characteristic
Leitfähigkeitsdichtemesser *m* conductance-bridge hydrometer
Leitfähigkeitsdickenmeßgerät *n* electrical conductance thickness gauge
Leitfähigkeitsfeuchtemesser *m* conductivity-type moisture meter; resistance hygrometer
Leitfähigkeitskoeffizient *m* conductivity (conductance) coefficient, conductivity ratio
Leitfähigkeitsmeßbrücke *f* conductivity [measuring] bridge, conductance bridge
Leitfähigkeitsmeßgerät *n* conductivity (conductance) meter, conductivity measuring instrument, conductometer
Leitfähigkeitsmessung *f* conductivity (conductance) measurement, conductometry
Leitfähigkeitsmeßzelle *f* conductivity cell
Leitfähigkeitsmodulation *f* conductivity modulation
Leitfähigkeitsmodulationstransistor *m* conductivity modulation transistor
Leitfähigkeitstensor *m* conductivity tensor
Leitfähigkeitstitration *f* conductometric titration
Leitfähigkeitstransistor *m* conductivity transistor
Leitfähigkeitstyp *m (ME)* conductivity type
Leitfähigkeitsverschlechterung *f* decrease in conductivity
Leitfeuer *n* leading light
Leitfolie *f* conductor (conductive) foil
Leitfunkstelle *f (Nrt)* directing (net-control) station
Leitgerät *n (Syst)* guiding (master) device, master unit, control station
Leitimpuls *m* master (key) pulse
Leitinformation *f (Nrt)* routing information
Leitisotop *m* isotopic indicator, [isotopic] tracer
Leitkabel *n* leader cable
Leitkarte *f (Dat)* guide (master, register) card
Leitkartensortiereinrichtung *f (Dat)* master card sorting device
Leitlack *m* conductive lacquer (ink), conducting (conductive) varnish
Leitlochband *n (Dat)* pilot tape
Leitlochung *f (Dat)* control punching
Leitpapier *n* conductive paper
Leitplan *m (Nrt)* routing chart

Leitprogramm *n (Dat)* master program, MP, main program; executive routine; supervisor, supervisory routine
Leitprozessor *m* main (master) processor
Leitrechner *m* master [computer]; supervisory computer, host computer
Leitregler *m (Syst)* master controller
Leitsalz *n (Galv)* conducting salt
Leitscheibe *f* deflector
Leitschicht *f* conducting layer
Leitsignal *n* pilot signal
Leitsilberelektrode *f (Galv)* fluid-silver electrode
Leitstand *m (An)* control station
Leitstation *f* control station; master station
Leitstelle *f (Nrt)* routing desk
Leitsteuerung *f* primary control
Leitsteuerungsfunktion *f (Nrt)* primary function
Leitstrahl *m* 1. *(FO)* guide (guiding, localizer) beam, equisignal line, radial; 2. radius vector *(Mathematik)*
~ **für die Horizontalnavigation** lateral guidance *(Vertikalleitebene)*
~/**umlaufender** rotating beam
Leitstrahldrehung *f (FO)* beam (lobe) switching, lobing
Leitstrahlführung *f (FO)* control by pilot beam
Leitstrahlgerät *n (FO)* guide-beam unit
Leitstrahllandeverfahren *n (FO)* beam approach beacon system
Leitstrahllinie *f (FO)* equisignal line
Leitstrahlpeiler *m (FO)* switched beam direction finder
Leitstrahlsektor *m (FO)* equisignal zone
Leitstrahlsender *m (FO)* localizer, directional signalling beacon, equisignal radio-range beacon
Leitstrahlwinkel *m (FO)* angle of beam
Leitsystem *n* guidance system
Leitumspannwerk *n* master substation
Leitung *f* 1. [electric] line; [conducting] wire, cable; [flexible] lead; cord; main *(Hauptleitung)*; 2. conduit *(Kabelleitung)*; piping *(Rohrleitung)*; transmission line; circuit line; 3. conduction • **in der ~** on the line • **in der ~ bleiben** *(Nrt)* to hold the line • **in die ~ gehen** *(Nrt)* to enter the line
~/**abgehende** outgoing line
~/**abgeschaltete** dead line
~/**abgeschirmte** screened line
~/**abgeschirmte symmetrische** shielded pair
~/**abgeschlossene** terminated (closed) line
~/**abgestimmte** tuned line, resonant transmission line, resonant line [circuit] *(z. B. Lecher-Leitung)*
~/**am Ende kurzgeschlossene** closed-end line
~/**angepaßte** matched line
~/**angezapfte** tapped line
~/**ankommende** incoming line
~/**aperiodische** non-resonant line
~/**automatisch betriebene** *(Nrt)* automatic circuit
~/**belastete** loaded line, line under load
~/**belegte (besetzte)** *(Nrt)* busy line
~/**bespulte** *(Nrt)* coil-loaded circuit, loaded transmission line
~/**betriebsfähige** perfect circuit
~/**dielektrische** dielectric path
~/**dreiphasige** three-phase line
~/**durchgehend verlegte** continuous run of wiring
~/**durchgehende** through-wiring; *(Nrt)* transit (through) circuit
~/**eindrähtige** one-wire line
~/**einfache** single line
~/**einphasige** single-phase line
~/**einseitig betriebene** *(Nrt)* one-way circuit
~/**elektrische** electric line
~/**elektrolytische** electrolytic conduction
~/**erdsymmetrische** balanced line
~/**freie** *(Nrt)* disengaged (vacant, idle) line
~ **für abgehenden Verkehr** *(Nrt)* outgoing [one-way] circuit
~ **für ankommenden Verkehr** *(Nrt)* incoming [one-way] circuit
~/**gemeinsam benutzte** shared line
~/**gemischte** mixed conduction
~/**geschlitzte** slotted line
~/**gestaffelte** *(Nrt)* echelon circuit
~/**gestörte** *(Nrt)* faulty line, line in trouble
~/**handbediente** *(Nrt)* manually operated circuit, manual circuit
~/**homogene** homogeneous (uniform) line
~/**ideale** lossless line
~/**inhomogene** inhomogeneous line
~/**koaxiale (konzentrische)** coaxial [transmission] line, concentric line (cable)
~/**künstliche** artificial line
~/**kurzgeschlossene** short-circuited line
~/**metallische** metallic conduction
~ **mit hoher Fortpflanzungsgeschwindigkeit** *(Nrt)* high-velocity propagation line
~ **mit Inhomogenitäten** line with irregularities
~ **mit Kreuzungsausgleich** *(Nrt)* transposed transmission line
~ **mit Verlusten** line with dissipation
~/**mittelschwer bespulte** *(Nrt)* medium-heavy-loaded line
~/**offene** open-ended line
~ **ohne Verstärker** *(Nrt)* non-repeated circuit
~/**photoelektrische** photoconduction
~/**provisorische** temporary wire
~/**richtungsbetriebene** *(Nrt)* straightforward circuit
~/**sehr leicht bespulte** *(Nrt)* very lightly loaded line
~/**stromführende** live line (wire)
~/**stromlose (tote)** dead line (wire)
~/**unbeschaltete** spare line
~/**unbespulte** *(Nrt)* unloaded line
~/**unendlich lange** infinite line
~/**unsymmetrische** unbalanced line
~/**verkabelte** *(Nrt)* cable line, line in cable
~/**verlustbehaftete** lossy line; dissipative line
~/**verlustlose** lossless line, no-loss line; dissipationless line

~/verseilte stranded-wire line
~/verzerrungsfreie distortionless line
~/zeitweise vermietete *(Nrt)* part-time private wire circuit
~/zweiadrige twin flex (flexible cord)
λ/4-Leitung *f* quarter-wave line (conductor)
Leitungen *fpl***/gebündelte** bunched circuits
~/parallele parallel lines
Leitungsabgleich *m* line compensation
Leitungsabschluß *m* line termination
Leitungsabschlußeinheit *f (Nrt)* network termination; front end control element
Leitungsabschnitt *m (Nrt)* circuit section
Leitungsabzweigung *f* branching-off of conductor; branching of a circuit
Leitungsanfang *m (El)* sending end
Leitungsansatz *m* stub line
Leitungsanschluß *m* line terminal, output terminal, load terminal; input (supply) terminal
Leitungsanschlußeinrichtung *f (Nrt)* line connecting equipment
Leitungsanschlußmodul *m* line access module
Leitungsauftrennung *f (Nrt)* line splitting
Leitungsausfall *m* circuit outage
Leitungsausgang *m* line-out
Leitungsausgleich *m (Nrt)* line equalization
Leitungsband *n* conduction (conductivity, conductance) band *(Energiebändermodell)*
~/besetztes occupied conductance band
~/unbesetztes empty band
Leitungsbandenergieniveau *n* conduction band energy level
Leitungsbandkante *f* conduction band edge
Leitungsbandkrümmung *f* conduction band curvature
Leitungsband-Valenzband-Tunnelung *f* conduction-to-valence band tunnelling
Leitungsbau *m* line construction
Leitungsbauelement *n* line component
Leitungsbaugruppe *f* line assembly
Leitungsbefestigung *f* lead attachment
Leitungsbelag *m* linear electric constant
Leitungsberührung *f* line contact, line touch; line-to-line fault
Leitungsblockierung *f (Nrt)* lock-out
Leitungsbruch *m* cable break; line interruption, open-circuit fault
Leitungsbruchrelais *n* line-break relay
Leitungsbündel *n (Nrt)* bundle of trunks, circuit (trunk, junction) group, group of [junction] lines
~/ankommendes group of incoming trunks
~/gemeinsames common trunk group
~/vollkommenes full-availability group
Leitungsdämpfung *f* 1. line attenuation *(Antennenleitung)*; standard cable equivalent *(in Standard Cable Miles)*; 2. line loss; transmission loss
Leitungsdiagramm *n* transmission line chart
~/Smithsches Smith chart
Leitungsdichte *f* line density
Leitungsdifferentialschutz *m* line differential protection
Leitungsdraht *m* conducting (line) wire, conductor
Leitungsdruckverbinder *m* pressure wire connector
Leitungsdurchschalter *m (Nrt)* line concentrator
Leitungseigenschaften *fpl* transmission-line characteristics
Leitungseinführung *f* bush; cable entry; leading-in
Leitungseingang *m* line-in
Leitungselektron *n* conduction electron
Leitungsempfänger *m* line receiver
Leitungsendeinrichtung *f* circuit terminating equipment
Leitungsentzerrer *m (Nrt)* circuit equalizer
Leitungsentzerrung *f* line equalization
Leitungsfehler *m***/vorübergehender** temporary line fault
Leitungsfeld *n* 1. *(Eü)* line section; line (feeder) bay *(Freiluftschaltanlagen)*; 2. *(An)* line (feeder) panel
Leitungsfilterung *f (Nrt)* line filtration
Leitungsfrequenzverteilung *f (Nrt)* line frequency allocation
Leitungsführung *f* [electric] wiring, arrangement of conductors; *(Nrt)* [cable] route; routing *(beim Schaltungsentwurf)*
~/offene open wiring
leitungsgebunden line-conducted
Leitungsgeräusch *n (Nrt)* circuit (line) noise
Leitungsgerüst *n* lead frame
leitungsgesteuert line-controlled
Leitungsgleichung *f* line equation
Leitungsglied *n***/nichtlineares** non-linear conduction device
Leitungsimpedanz *f* line impedance
Leitungsinduktivität *f* line (lead) inductance
Leitungsinformationsspeicher *m* line information store
Leitungsinhomogenität *f* line inhomogeneity (irregularity)
Leitungsisolator *m* line insulator
Leitungskabel *n* cable
Leitungskapazität *f* line capacitance
~ je Längeneinheit specific line capacity
Leitungskarte *f (Nrt)* line-up record
Leitungskette *f (Nrt)* chain of circuits
Leitungsklemme *f* cable clip; line (wiring) terminal; circuit clip
Leitungsknoten *m (ET)* node
Leitungskode *m* cable (line) code
Leitungskonstante *f* [transmission-]line constant; circuit constant
~/gleichmäßig verteilte distributed constant
~/punktförmig verteilte lumped constant
Leitungskonzentrator *m (Nrt)* concentrator circuit; *(Fs)* line concentrator

Leitungskopplung *f* cable connecting socket
Leitungskreis *m* transmission line circuit
~/abgehender outgoing line circuit
Leitungskreuzung *f* crossing of lines; *(Nrt)* transposition *(am Gestänge)*
Leitungslänge *f* line length
Leitungsmaterial *n* conductive material
Leitungsmodell *n* artificial balancing line
Leitungsmuster *n* conductor pattern *(Leiterplatte)*
Leitungsnachbildung *f* artificial [balancing] line, balancing network, line balance, equivalent line
Leitungsnetz *n* network, [power] system, public mains
Leitungsnummer *f* circuit number
Leitungspaar *n* pair of leads
Leitungspilot *m (Nrt)* line pilot
Leitungsplan *m* wiring diagram
Leitungsprüfer *m* line (continuity) tester, circuit tester
Leitungsquerscnitt *m* line cross section
Leitungsquetschverbinder *m* pressure wire connector
Leitungsrauschen *n* line (circuit) noise
Leitungsrauschpegel *m* circuit noise level
Leitungsregelung *f* line regulation
Leitungsregelungsabschnitt *m (Nrt)* regulated line section
Leitungsregler *m* line regulator
Leitungsrelais *n* line relay
Leitungsrichtung *f* conduction direction
Leitungsschalter *m* line circuit breaker
Leitungsschelle *f* clip
Leitungsschleife *f* loop, looped circuit
Leitungsschnur *f* [flexible] cord
Leitungsschutz *m* line protection
Leitungsschutzdrossel *f* line choking coil
Leitungsschutzschalter *m* circuit breaker; automatic cut-out
Leitungsschwingkreis *m* line resonator, resonant line [circuit] *(z. B. Lecher-Leitung)*
Leitungsseite *f* track side; wiring side *(Leiterplatte)*
Leitungsspannung *f* line voltage
Leitungssteuerblock *m* line control
Leitungsstörung *f* line fault
Leitungsstrom *m* 1. conduction current; 2. line current
Leitungsstromdichte *f* conduction current density
Leitungsstützisolator *m* line-post insulator
Leitungssuche *f***/freie** *(Nrt)* free line selection, PBX hunting
Leitungssystem *n* line system
~/[erd]symmetrisches balanced line system
Leitungsteil *n***/nichtlineares** non-linear conduction device
Leitungstheorie *f* [transmission] line theory, theory of transmission lines
Leitungsträger *m* conductor support
Leitungstransformator *m s.* Leitungsübertrager
Leitungstreiber *m* line (output) driver; line (output) transmitter
Leitungstrennschalter *m* feeder disconnector
Leitungstyp *m* conduction type
Leitungsübertrager *m (Nrt)* line transformer; repeater (repeating) coil
Leitungsübertragung *f (Nrt)* line transmission
Leitungsumschaltung *f* change of line; *(Nrt)* rerouting
Leitungsunterbrechung *f* [line] disconnection, cable interruption
Leitungsverbinder *m* [cable] connector, conductor joint
Leitungsverlegung *f* [line] installation, wiring
~ auf Putz surface wiring
~ unter Putz buried (concealed) wiring
Leitungsverlust *m* 1. line (transmission) loss; mains leakage; 2. conduction loss
Leitungsvermittlung *f* line (connection) switching, circuit switching
Leitungsverstärker *m* line amplifier; *(Nrt)* line repeater
Leitungsverteilergestell *n* distribution frame
Leitungsverzerrung *f* line distortion
Leitungsverzögerung *f* line lag
Leitungsvoltmeter *n* feeder voltmeter
Leitungswähler *m (Nrt)* final (line) selector
~ mit Durchwahl final selector with through dialling
Leitungswählergestell *n (Nrt)* final selector rack
Leitungswählervielfach *n (Nrt)* final selector multiple
Leitungswahlstufe *f (Nrt)* final selection stage
Leitungswärme *f* heat of conduction
Leitungsweg *m* conduction path
Leitungswiderstand *m* line (conductor) resistance
~/charakteristischer characteristic impedance
Leitungswirkungsgrad *m* line efficiency
Leitungszeichen *n (Nrt)* line signal
Leitungszugangsverfahren *n (Nrt)* link access procedure
~ für D-Kanal D channel link access protocol
Leitungszusammenschaltung *f (Nrt)* line interconnection
Leitungszustand *m* line condition
Leitverkehr *m (Nrt)* controlled communication
Leitvermögen *n s.* Leitfähigkeit
Leitweg *m (Nrt)* [traffic] route
Leitwegangabe *f* route indication
Leitweganzeiger *m* routing indicator
Leitwegauswahl *f* [traffic] routing
Leitwegführung *f s.* Leitweglenkung
Leitweginformation *f* routing information
Leitweglenkung *f* routing guidance (guide), [alternative] routing, re-routing
Leitwegplan *m* routing plan

Leitwegsteuerung *f* **der Zeichengabe** signalling routing control
Leitwegsystem *n* routing system
Leitwerk *n (Dat)* control unit
Leitwert *m s.* 1. ~/elektrischer; 2. ~/komplexer
~/bezogener per unit admittance (conductance)
~/differentieller incremental admittance (conductance)
~/einstellbarer *(Meß)* adjustable conductance
~/elektrischer [electric] conductance *(SI-Einheit: Siemens)*
~/komplexer admittance
~/magnetischer magnetic conductance *(SI-Einheit: Henry)*; permeance
~/mechanischer mechanical admittance
~/ohmscher (reeller) conductance *(Wirkleitwert)*
~/spezifischer specific conductance, conductivity
~/spezifischer akustischer specific acoustic admittance
Leitwertbelag *m* per unit admittance *(komplexe Größe)*
Leitwertdiagramm *n* admittance chart *(komplexe Größe)*
Leitwertmatrix *f* admittance matrix, Y-matrix
Leitwertmesser *m* conductometer
Leitwertnormal *n* conductance standard
Leitwertparameter *m* admittance parameter
Leitwort *n (Dat)* control word
Leitzahl *f* 1. *(Nrt)* routing code; guide number; 2. flash factor *(Lichtblitz)*
Lenkerblinkleuchte *f* handle-bar flash lamp
Leporelloformular *n (Dat)* endless (continuous) form
Lernautomat *m* learning automaton (machine)
lernend learning, self-adapting *(Automat)*
Lernmatrix *f* learning matrix *(Schaltstruktur)*
Lernmodellverfahren *n* learning-model technique
Lernphase *f* learning phase
Lernprogramm *n* learning program
Lernstruktur *f* learning structure
Lernsystem *n* learning system
L-Ersatzschaltbild *n* equivalent-L
lesbar readable *(z. B. Zeichen)*
~/leicht easily readable
~/zerstörungsfrei non-destructively readable
Lesbarkeit *f* readability *(von Zeichen)*
Lesebetrieb *m (Dat)* read operation (mode); sensing operation *(Speicher)*; read mode
Lesebürste *f* reading brush
Lesedraht *m* read (sense) wire
Leseeinheit *f* read-out unit
Lesegerät *n* reader, reading device *(Zusammensetzungen s. unter* Leser*)*
Lesegeschwindigkeit *f* reading rate (speed)
Leseimpuls *m* read[-out] pulse
Lesekopf *m* read[ing] head
Lesekreis *m* read[-out] circuit
Leselampe *f* read[ing] lamp
Leseleitung *f* read (sense) wire
Leselocher *m* read punch
Lesemarke *f* read mark
Lese-Modifizierungs-Schreib-Zyklus *m* read-modify-write cycle
Lesemodulator *m***/optischer** Pockels read-out optical modulator *(auf dem Pockels-Effekt basierend)*
lesen to read; to sense
~/spaltenweise to read out column by column
~/zeilenweise to read out line by line
Lesen *n* reading; sensing
~/löschendes destructive reading (read-out)
~/nichtlöschendes non-destructive read-out, NDRO
~/photoelektrisches photoelectric reading
~/seitenweises page read mode
~ und Schreiben *n***/gleichzeitiges** read-while-write
~/visuelles visual read-out
~/zerstörendes *s.* ~/löschendes
~/zerstörungsfreies *s.* ~/nichtlöschendes
Leseoperation *f* reading operation
Leseprogramm *n* reading program
Leser *m* reader
~/elektronischer electronic reader
~ für Schriftzeichen (Zeichen) character reader
~/optischer optical reader
~/photoelektrischer photoelectric reader
Lesereinheit *f* reader unit
Leseschaltung *f* read circuitry
Lese-Schreib-Kopf *m* read-write head
Lese-Schreib-Register *n* read-write register
Lese-Schreib-Speicher *m* read-write memory
Lese-Schreib-Verstärker *m* read-write amplifier
Leseschutz *m* fetch protection
Lesesignal *n* read[-out] signal
Lesespannung *f* reading (playback) voltage
Lesespur *f* read track
Lesestift *m* pin reader
~/elektronischer [scanning] wand *(z. B. für Balkenkode)*
Lesestrom *m* read current
Lesetaste *f* read-out [push] button
Lese- und Schreibtakt *m***/unterteilter** split read-and-write cycle *(Speicher)*
Leseverfahren *n* reading method
Leseverstärker *m* read[-out] amplifier, sense amplifier
Lesevorgang *m* reading operation
Lesewicklung *f* read winding (coil), sense winding
Lesezeit *f* 1. *(Dat)* read[ing] time; 2. display time *(bei Sichtspeicherröhren)*
Lesezugriffszeit *f* reading access time
Letztquerweg *m (Nrt)* service-protection route
Letztweg *m (Nrt)* final (last choice) route
Leuchtanzeige *f* illuminated display
Leuchtband *n* luminous row
Leuchtbaustein *m* luminous tile
Leuchtboje *f* light buoy

Leuchtbombe *f* illuminating (flash) bomb
Leuchtdauer *f* flash duration
Leuchtdecke *f* luminous (illuminated) ceiling
Leuchtdeckenelement *n* luminous ceiling panel
Leuchtdichte *f* luminance, [photometric] brightness; luminous density
Leuchtdichtebereich *m* luminance range
Leuchtdichtefaktor *m* luminance factor
Leuchtdichtemesser *m* luminance meter
Leuchtdichtenormal *n* luminance standard
Leuchtdichteskale *f* luminance scale
Leuchtdichtetechnik *f* brightness engineering
Leuchtdichteunterscheidungsvermögen *n* luminance discrimination
Leuchtdichteunterschiedsempfindlichkeit *f* luminance difference sensitivity
Leuchtdichteunteschiedsschwelle *f* luminance difference threshold
Leuchtdichteverhältnis *n* luminance ratio
Leuchtdichteverteilung *f* luminance distribution
Leuchtdiode *f* light-emitting diode, LED, injection luminescence diode
~ **mit Licht[wellen]leiteranschluß** LED-to-fibre coupler
Leuchtdiodenanzeige *f* LED display
Leuchtdraht *m* filament *(Glühlampe)*
~/geflochtener stranded [lamp] filament
~/gestreckter straight filament
Leuchtdrahtdurchmesser *m* filament diameter
Leuchtdrucktaste *f* illuminated push button
Leuchte *f* lighting fitting, [lighting] luminaire
~/asymmetrische asymmetrical lighting fitting
~/dreilampige tree-lamp fitting
~/drucksichere pressurized fitting
~/einlampige single-lamp fitting
~/explosionsgeschützte explosion-proof lighting fitting
~ **für Reflektorleuchtstofflampen** reflector fluorescent luminaire
~/hermetisch abgeschlossene airtight luminaire
~/regenwassergeschützte rainproof fitting
~/spritzwassergeschützte splashproof fitting
~/staubgeschützte dustproof fitting
~/symmetrische symmetrical lighting fitting
~/tropfwassergeschützte drip-proof fitting
~/wasserdichte watertight fitting
~/wassergekühlte water-cooled fitting
~/zweilampige twin-lamp fitting
Leuchtelektron *n* optical (valency) electron
leuchten to emit (give off) light; to glow; to luminesce
Leuchten *n* light emission; luminescence
Leuchtenabmessung *f* luminaire size
Leuchtenabschluß *m* closure of fitting
Leuchtenabstand *m* luminaire spacing
Leuchtenanordnung *f* fitting arrangement
Leuchtenaufhängung *f* luminaire suspension
leuchtend luminous
Leuchtendach *n* canopy
Leuchtenentwurf *m* fitting (luminaire) design
Leuchtenklassifizierung *f* luminaire classification
Leuchtentyp *m* fitting type, type of lighting fitting
Leuchtenüberhang *m* overhang of lighting fittings
Leuchtenwirkungsgrad *m* efficiency (light output ratio) of a fitting
Leuchterscheinung *f* luminescence glow, luminous effect
Leuchtfaden *m* streamer *(Gasentladungsstadium)*
Leuchtfarbe *f* luminous (luminescent) paint
Leuchtfeld *n* luminous field
Leuchtfeldabmessungen *fpl* luminous field dimensions (size)
Leuchtfeldblende *f* field diaphragm (stop)
Leuchtfeuer *n* beacon
~/unterbrochenes intermittent (scintillating, occulting) light
Leuchtfläche *f* luminous area; emitting surface
~/ebene flat luminous area
Leuchtfleck *m* [luminous] spot *(Katodenstrahlröhre)*; light spot; *(FO)* blip
Leuchtfleckdurchmesser *m* [luminous] spot diameter
Leuchtfleckunterdrückung *f* luminous spot suppression
Leuchtkondensator *m* electroluminescent cell lamp, luminescent panel (plate)
Leuchtkörper *m* luminous (glow) body, illuminant
Leuchtkraft *f* luminosity, luminous power
Leuchtpfeil *m* projected arrow *(Lichtzeiger)*
Leuchtpilz *m* luminous fungal (mushroom) *(Verkehrszeichen)*
Leuchtpult *n* light table
Leuchtpunkt *m* [luminous] spot; phosphor dot *(Farbbildröhre)*
Leuchtpunktgröße *f* spot size
Leuchtquarz *m* glow crystal
Leuchtreklame *f* advertising sign, luminous advertising
Leuchtröhre *f* 1. tubular discharge lamp; 2. cold-cathode [fluorescent] tube
Leuchtröhrenbeleuchtung *f* high-voltage lighting, cold-cathode lighting
Leuchtsäule *f* luminous column; illuminated bollard *(Verkehrszeichen)*
Leuchtschaltbild *n* illuminated circuit diagram
Leuchtschalter *m* illuminated [control] switch
Leuchtschild *n* illuminated sign
Leuchtschirm *m* fluorescent (luminescent) screen; phosphor [viewing] screen
~/feinkörniger *(Fs)* fine-grain fluorescent screen
Leuchtschirmröhre *f* luminescent-screen tube
Leuchtskale *f* illuminated scale (dial)
Leuchtspektrum *n* luminescent spectrum
Leuchtspur *f* luminous trace, [line of] trace
Leuchtstab *m* illumination rod
Leuchtstärke *f* luminosity
Leuchtstift *m* light pen

Leuchtstoff *m* luminescent material, luminophor, phosphor
~/aktivierter activated phosphor
Leuchtstoffaktivierung *f* activation of phosphor
Leuchtstofflampe *f* [tubular] fluorescent lamp
~/kältefeste low-temperature fluorescent lamp
~ mit integriertem Vorschaltgerät integrally ballasted fluorescent lamp
Leuchtstofflampenanlage *f* fluorescent lamp installation
Leuchtstofflampenbeleuchtung *f* fluorescent lighting
Leuchtstofflampenflimmern *n* fluorescent flicker
Leuchtstofflampen-Helligkeitsregelung *f* fluorescent lamp dimming control
Leuchtstofflampenstarter *m* fluorescent starter switch
Leuchtstofflampenvorschaltgerät *n* fluorescent lamp ballast
Leuchtstofflampenwendel *f* fluorescent lamp filament
Leuchtstoffpunkt *m* phosphor dot *(Farbbildröhre)*
Leuchtstoffröhre *f* tubular fluorescent lamp, high-voltage fluorescent tube, luminescent tube *(s. a.* Leuchtstofflampe*)*
Leuchttafel *f* luminous board
Leuchttaste *f* illuminated (luminous) key
Leuchttaster *m* illuminated control push button, indicator push-button unit
Leuchttemperatur *f* luminance (brightness) temperature *(eines strahlenden Körpers)*
Leuchtturm *m* lighthouse
Leuchtwählscheibe *f (Nrt)* luminescent dial
Leuchtwanne *f* trough fitting
Leuchtzeichen *f* illuminated sign; flare (light) signal
Leuchtzentrum *n* light centre
Leuchtziffer *f* [self-]luminous figure
Leuchtzifferblatt *n* luminous dial
L-Funktion *f* listener function *(Interface)*
L-Glied *n* L-network
LH-Band *n* low-noise high-output tape
Licht *n* light
~/abgehendes launched light
~/diffuses diffused light
~/durchfallendes transmitted light
~/einfallendes incident light
~/einfarbiges monochromatic light
~/eingekoppeltes launched light
~/elliptisch polarisiertes elliptically polarized light
~/farbiges coloured light
~/gedämpftes subdued (soft) light
~/gerichtetes directed light
~/gestreutes diffused (spread) light
~/gleichfarbiges homochromatic (isochromatic) light
~/in einen Lichtwellenleiter eingekoppeltes launched light
~/inkohärentes incoherent light
~/intermittierendes intermittent light
~/kohärentes coherent light
~/künstliches artificial light
~/linear polarisiertes plane-polarized light
~/monochromatisches monochromatic light
~/natürliches natural light
~/reflektiertes reflected light
~/unpolarisiertes unpolarized light
~/verschiedenfarbiges heterochromatic light
~/weißes white (achromatic) light, continuous-wave light
~/zirkular polarisiertes circulary polarized light
Lichtabfall *m* light decrease (loss)
Lichtablenkung *f* light deflection
Lichtabschirmung *f* light shield
lichtabsorbierend light-absorbing
Lichtabstufung *f* gradation of light
Lichtaggregat *n* lighting set
lichtaktivierend light-activating
Lichtaktivierung *f* light activation
Lichtanlage *f* electric light plant, electric lighting installation
Lichtanpassung *f* light adaptation
Lichtanregung *f* light excitation
Lichtäquivalent *n***/mechanisches** mechanical equivalent of light
Lichtarchitektur *f* architectural lighting
Lichtart *f* illuminant
Lichtausbeute *f* light (luminous) efficiency, light yield
Lichtausgang *m* light output
Lichtausstrahlung *f***/spezifische** radiance, luminous emittance
Lichtaustritt *m* light exit
Lichtaustrittsscheibe *f* light exit panel *(Scheinwerfer)*
Lichtband *n* luminous row
Lichtbandbreitenverfahren *n* Christmas-tree pattern *(Lichttontechnik)*
Lichtbatterie *f* lighting battery
Lichtbedarf *m* lighting need
lichtbeständig stable in light, resistance to light
Lichtbeständigkeit *f* light resistance
Lichtblitz *m* light flash
Lichtblitzanalysator *m* flashometer
Lichtblitzmethode *f* stroboscopic method
Lichtblitzstroboskop *n* stroboscope
Lichtbogen *m* [electric] arc *(s. a. unter* Bogen*)*
~/abgeschnittener chopped arc
~/eingeschlossener enclosed arc
~/elektrischer electric arc
~/flackernder unsteady (erratic) arc
~/geschlossener internal arc
~/hochfrequenzstabilisierter high-frequency stabilized arc
~/offener open[-burning] arc, free-burning arc
~/schwingender oscillating arc
~/selbständiger self-sustained arc
~/selbstregelnder self-adjusting arc

~/**thermionischer** thermionic arc
~/**thermischer** thermal arc
~/**wandernder** migrating (erratic) arc
~/**wirbelstabilisierter** whirl-stabilized arc
~/**zischender** hissing (frying, noisy) arc
Lichtbogen... *s. a.* Bogen...
Lichtbogenabfall *m* arc drop
Lichtbogenbedingung *f* arcing condition
Lichtbogenbeständigkeit *f* arc stability
Lichtbogenbrenndauer *f* arc duration
Lichtbogenbrennschneiden *n* oxy[gen]-arc cutting
Lichtbogendurchschlag *m* breakdown *(Isolation)*
Lichtbogendurchzünden *n* arc-back
Lichtbogenelektrode *f* arc electrode
Lichtbogenentladung *f* arc discharge
Lichtbogenentladungsröhre *f* arc discharge tube
Lichtbogenerdschluß *m* arcing ground
Lichtbogenerwärmung *f* arc heating
Lichtbogenfestigkeit *f* arc resistance, resistance to arc[ing]
Lichtbogenflackern *n* arc flicker
Lichtbogenflamme *f* arc flame
Lichtbogenfunke *m* arc spark
Lichtbogenfußpunkt *m* cathode point (root); anode point (root)
Lichtbogengenerator *m* arc generator
Lichtbogengeräusch *n* arc noise (sound)
Lichtbogengleichrichter *m* arc rectifier
Lichtbogenheizeinrichtung *f* **mit magnetisch rotierendem Bogen** magnetically rotated arc heater
Lichtbogenheizung *f* arc heating
Lichtbogenhörner *npl* secondary arcing contact, arcing horn
Lichtbogenimpedanzregler *m* arc impedance regulator *(z. B. für Lichtbogenschmelzofen)*
Lichtbogeninstabilität *f* arc instability
Lichtbogenkammer *f* arc chamber
Lichtbogenkern *m* arc core (centre)
Lichtbogenkohle *f* arc carbon
Lichtbogenkontakt *m* arcing contact
Lichtbogenkopf *m* arc terminal
Lichtbogenkrater *m* arc crater *(beim Lichtbogenschweißen)*
Lichtbogenlampe *f* arc lamp
Lichtbogenlampenzünder *m* arc lamp starter
Lichtbogenleistung *f* arc power
Lichtbogenlöschkammer *f* arcing (arc quench) chamber *(Löschrohrableiter)*; blow-out chute, arc chute *(Schalter)*
Lichtbogenlöschmittel *n* arc-extinguishing medium *(in Sicherungen)*
Lichtbogenlöschspule *f* arc-extinction coil, arc-suppression coil
Lichtbogenlöschung *f* arc extinction (suppression), quenching of the arc
~/**magnetische** magnetic blow-out
Lichtbogenlöschvorrichtung *f* arc extinction (control) device
Lichtbogenlöten *n* arc brazing (hard soldering)
Lichtbogenofen *m* [electric] arc furnace
~ **mit Abschmelzelektrode** consumable-electrode arc furnace
~ **mit direkter Heizung** direct[-heating] arc furnace
~ **mit indirekter Heizung** indirect[-heating] arc furnace
Lichtbogenofenelektrode *f* arc furnace electrode
Lichtbogenofentransformator *m* arc furnace transformer
Lichtbogenplasma *n* arc plasma
Lichtbogenplasmabrenner *m* arc plasma torch
Lichtbogenplasmagenerator *m* arc plasma generator
Lichtbogenraffination *f* **unter Vakuum** vacuum-arc refining
Lichtbogenreduktionsofen *m* arc reduction furnace
Lichtbogenregler *m* [electric] arc regulator
Lichtbogen-Sauerstoff-Schneidelektrode *f* oxy-arc cutting electrode
Lichtbogensäule *f* arc column
Lichtbogenschaukelofen *m* rocking arc furnace
Lichtbogenscheinwerfer *m* arc lamp projector
Lichtbogenschmelzen *n* arc melting
Lichtbogenschmelzofen *m* arc melting furnace
Lichtbogenschneidelektrode *f* arc cutting electrode
Lichtbogenschneiden *n* [electric] arc cutting
Lichtbogenbogenschutz *m* 1. arc shield; 2. flash guard *(Blendschutz)*
Lichtbogenschutzarmatur *f* arc-protection fitting, arcing device
Lichtbogenschutzhorn *n* arcing horn
Lichtbogenschutzkammer *f* arc deflector
Lichtbogenschutzring *m* arcing ring
Lichtbogenschutzstrecke *f* arcing air gap
Lichtbogenschweißapparat *m* arc welding apparatus (set)
Lichtbogenschweißelektrode *f* arc welding electrode
Lichtbogenschweißen *n* [electric] arc welding
~ **mit Metallelektrode** metal-electrode arc welding
~ **unter Schutzgas** inert-gas[-shielded] arc welding
Lichtbogenschweißgenerator *m* [electric] arc welding generator
Lichtbogenschweißtransformator *m* arc welding transformer
Lichtbogenschweißumspanner *m*/**selbstregelnder** self-regulating arc welding transformer
Lichtbogensender *m* arc transmitter
Lichtbogenstabilisierung *f* arc stabilization
Lichtbogenstabilisierungsmagnet *m* arc stabilization magnet
Lichtbogenstabilität *f* arc stability

Lichtbogenstrecke *f* arc gap
Lichtbogenstrom *m* arc current
Lichtbogenstromregler *m* arc current regulator
Lichtbogentrennen *n* [electric] arc cutting
Lichtbogenüberschlag *m* arcing-over, arc flash-over
Lichtbogenunterdrückung *f* arc suppression
Lichtbogenventil *n* arc rectifier
Lichtbogenverfahren *n* [electrical] arc process
Lichtbogenverlust *m* arc-drop loss *(im Lichtbogen)*; arc loss *(in Röhren)*
Lichtbogenversuch *m* arcing test
Lichtbogenwanderung *f* arc migration
Lichtbogenwandler *m* arc converter (oscillator)
Lichtbogenwiderstand *m* arc resistance
Lichtbogenwiderstandsofen *m* arc-resistance furnace
Lichtbogenzeit *f* arc[ing] time
Lichtbogenzischen *n* arc hissing
Lichtbogenzündung *f* arc ignition (starting)
lichtbrechend refracting, refractive
Lichtbrechung *f* refraction of light
Lichtbrechungsvermögen *n* refractivity
Lichtbündel *n* light bundle
Lichtbündelung *f* light bunching, concentration of light
Lichtdämpfung *f* **durch Mikrobiegung** microbending loss *(eines Lichtleiters)*
lichtdicht light-tight, light-trapped
Lichtdiffusor *m* light diffuser
Lichtdurchgang *m* light passing
lichtdurchlässig transparent, translucent
Lichtdurchlässigkeit *f* light transmission (transmittance), transparency
Lichteinfall *m* light incidence
Lichteinfallsebene *f* incident-light plane
Lichteinfallsrichtung *f* incident direction [of light], direction of incidence (incident light)
Lichteinwirkung *f* action of light
lichtelektrisch photoelectric
Lichtemission *f* light emission
Lichtemissionsdiode *f* light-emitting diode
Lichtempfänger *m* optical receiver, light detector
~ mit Pinphotodiode pin-diode detector
lichtempfindlich light-sensitive, photosensitive
Lichtempfindlichkeit *f* photosensitivity, sensitivity to light, luminous sensitivity; photoresponse
Lichtempfindung *f* sensation of light
Lichtenergie *f* light energy; optical power
Lichterkette *f* illumination set (chain)
Lichterzeugung *f* light generation, production of light
Lichtfalle *f* light trap
Lichtfarbe *f* illuminant chromaticity (colour)
Lichtfilter *n* light (optical) filter
Lichtfiltersatz *m* filter set
Lichtfleck *m* light spot, spot (patch) of light *(s. a. unter* Lichtpunkt*)*
~/beweglicher moving spot [of light]
~/intensiver hot (high) spot
~/wandernder travelling light spot
Lichtfluß *m* light (luminous) flux
Lichtfluter *m* floodlight fitting (projector), floodlighting lantern
lichtgekoppelt photocoupled
Lichtgenerator *m* laser oscillator
lichtgeschützt light-proof, protected from light
lichtgesteuert light-controlled
Lichtgewinn *m* light gain (increment)
Lichtgriffel *m* light pen
Lichthof *m* halo, halation
Lichthofbildung *f* halation, formation of halos
lichthoffrei antihalo
Lichthofschutz *m* antihalation protection
Lichthupe *f* flash light *(Kfz)*
Lichtimpuls *m* light pulse
Lichtimpulsgeber *m* light pulse generator
Lichtintensität *f* light intensity (level)
Lichtintensitätsverteilungsdiagramm *n* candle-power distribution curve
Lichtkabel *n* lighting cable, electric light cable
Lichtkegel *m*, **Lichtkonus** *m* light (illuminating) cone, cone of light
Lichtkoppler *m* light connector
Lichtkopplung *f* light coupling
Licht-Kraft-Steckdose *f* combined power and lighting socket outlets
Lichtkuppel *f* light dome
Lichtlabor[atorium] *n* lighting (photometric) laboratory
Lichtleistung *f* light output (power); optical power *(eines Lasers)*
Lichtleitbündel *n* fibre [optics] bundle, light wire [bundle]
Lichtleiter *m* light guide (pipe, line), optical guide; optical (glass) fibre
Lichtleiter... *s. a.* Lichtwellenleiter...
Lichtleiterbus *m* fibre-optic bus
Lichtleiterdämpfung *f* transmission loss of optical fibre *(Durchlässigkeitsverlust)*
Lichtleiterfaserspule *f* fibre coil
Lichtleiterkoppler *m***/optischer** optical coupler
Lichtleitermeßfühler *m* [optical-]fibre sensor
Lichtleiterrotationssensor *m s.* Lichtleitfasergyroskop
Lichtleiterschallsensor *m* optical-fibre acoustic sensor
Lichtleiterschutzmantel *m* optical waveguide coating
Lichtleiterstecker *m* optical connector
Lichtleitertechnik *f* optical guided-wave technology
Lichtleiterthermometer *n* fibre-optic thermometer
Lichtleiterübertragungstechnik *f* optical-fibre transmission
Lichtleiterverbindung *f* fibre-optic transmission link

Lichtleiterzubehör *n* fibre-optic system components
Lichtleitfaser *f* [optical] fibre *(s. a.* Lichtleiter*)*
~/meßgrößenempfindliche sensing fibre
~/ummantelte coated fibre
Lichtleitfaser... *s. a.* Faser... *und* Glasfaser...
Lichtleitfasergyroskop *n (Meß)* Sagnac interferometer, [optical-fibre] interferometer, optical (fibre loop) gyroscope
Lichtleitfaserkern *m* optical-fibre core
Lichtleitfasersensor *m* optical sensor
Lichtleitkabel *n* glass fibre cable
Lichtleitkabelverbindung *f* junction of optical cable
Lichtleitstab *m* light-conducting rod
Lichtleitung *f* 1. light conduction, guidance of light *(Faseroptik)*; 2. lighting mains *(Anlage)*
Lichtmagnet *m* light magnet
Lichtmarke *f* light spot (marker)
~ des Spiegelgavanometers galvanometer spot
Lichtmarkengalvanometer *n* light-spot galvanometer, reflecting galvanometer
Lichtmarkeninstrument *n* light-beam instrument, instrument with optical pointer
Lichtmast *m* lighting pole (column), lamp pole
Lichtmaximum *n* light intensity maximum
Lichtmenge *f* light quantity
Lichtmessung *f* photometry, photometric (light) measurement
Lichtmode *f* fibre mode *(in einem Lichtwellenleiter)*
Lichtmodulation *f* light modulation, modulation of light
Lichtmodulator *m* light modulator
~/elektrooptischer electrooptical light modulator
Lichtnetz *n* lighting circuit (network)
Lichtnorm *f* colorimetric standard
Lichtnormal *n* primary standard [of light]
lichtoptisch photooptical
Lichtpauslampe *f* photoprinting (photocopying, blueprinting) lamp
Lichtpunkt *m* light spot, spot (point) of light *(s. a. unter* Lichtfleck*)*
~/bewegter flying spot
~ mit Bewegungssteuerung controlled-movement luminescent light spot
Lichtpunktabtaster *m* flying-spot scanner, light-spot scanner
Lichtpunktabtaströhre *f* flying-spot scanning tube
Lichtpunktabtastung *f* flying-spot scanning, light-spot scanning
Lichtpunktspeicher *m* flying-spot store
Lichtquant *n* photon, light quantum (particle)
Lichtquantenimpuls *m* photon momentum
Lichtquantentheorie *f* light-quantum theory, quantum theory of light
Lichtquelle *f* light (luminous) source
~/ausgedehnte extended light source
~/punktförmige point light source
~/ringförmige annular illumination source
~/spaltförmige slit source
Lichtquellenabschirmung *f* shielding of light source[s]
Lichtquellenanordnung *f* [light] source arrangement, lamp arrangement
Lichtquellenbild *n* source image
Lichtquellenfarbe *f* light source colour
Lichtquellengröße *f* source size
Lichtquellenort *m* light source mounting position
Lichtradar *n* laser radar
Lichtraster *m* louvre, spill shield
Lichtraumprofil *n* obstruction gauge limit *(Transformatoren, elektrische Großmaschinen)*
Lichtregelung *f* light control
Lichtregistriergalvanometer *n* galvanometer recorder
Lichtrelais *n* light relay *(Lichtschalter)*; photoelectric relay *(auf photoelektrischer Basis)*
Lichtschalter *m* light (lighting) switch
Lichtschirm *m* light screen
Lichtschleuse *f* light-locked passage, light trap
lichtschluckend light-absorbing
Lichtschranke *f* 1. light barrier; on-off-photocell control device; 2. photosensitive relay
Lichtschreiber *m*, **Lichtschreibstift** *m* light pen; galvanometer recorder
Lichtschutzfilter *n* safelight filter
Lichtschwächung *f* light attenuation; optical absorption
~ durch Streuung optical-stray loss
Lichtschwächungsänderung *f* optical absorption change
Lichtschwankung *f* light fluctuation
Lichtschwerpunkt *m* light centre
Lichtsender *m* optical transmitter
Lichtsignal *n* light (optical) signal
~/intermittierendes intermittent light signal
Lichtspalt *m* light gap (slit)
Lichtspaltmessung *f* light-gap testing
Lichtspektrum *n* light (luminous) spectrum
Lichtsprechgerät *n* optical telephone equipment, optophone
lichtstabil light-stable
lichtstark light-intense
Lichtstärke *f* light (luminous) intensity
Lichtstärkenormal *n* standard lamp for luminous intensity, luminous intensity standard
Lichtstärkeverteilungskurve *f* light distribution curve, distribution curve of luminous intensity
Lichtsteller *m* light controller
Lichtsteuergerät *n* dimmer, dimming device, dimmer switch; dimmer control equipment
Lichtsteuerröhre *f* light modulator
Lichtstift *m* light pen
Lichtstrahl *m* light ray (beam), ray of light
~/divergenter divergent light beam
~/eng gebündelter narrow light beam

Lichtstrahloszillograph *m* moving-coil oscillograph, Duddell (loop, galvanometer) oscillograph
Lichtstrahlschreiber *m* light-beam recorder
Lichtstreuung *f* light scattering, scattering of light
Lichtstrom *m* luminous flux; light flux
~**/oberer hemisphärischer** upper hemispherical flux
~**/unterer hemisphärischer** lower hemispherical flux
Lichtstromabfall *m* light decrease (decay), lumen depreciation
Lichtstromabfallkurve *f* lumen maintenance curve
Lichtstromdichte *f* luminous flux density
Lichtstrommesser *m s.* Lichtstromphotometer
Lichtstromnormal *n* standard lamp for luminous flux, lumen standard lamp
Lichtstromphotometer *n* [integrating] sphere photometer, globe photometer
Lichtstromscheitelwert *m* full-peak light output
Lichtstromverfahren *n* lumen (luminous flux) method
Lichtstromverteilung *f* luminous flux distribution
Lichttechnik *f* lighting (illuminating) engineering
Lichttelefon *n* photophone
Lichttisch *m* light table
Lichtton *m* optical sound, sound on film
Lichttonaufnahmegerät *n* optical (photographic) sound recorder
Lichttonspur *f* optical sound track
Lichttonverfahren *n* sound-on-film system
Lichttonwiedergabegerät *n* optical (photographic) sound reproducer
Lichtträger *m* light carrier
Lichttransformator *m* light transformer
Lichtübertragung *f* luminous transfer; light transmission
Licht- und Klimaanlage *f***[/kombinierte]** lighting-air-conditioning system
lichtundurchlässig light-tight, light-proof; optically (actinically) opaque
Lichtundurchlässigkeit *f* opacity, lighttightness, lightproofness
lichtunempfindlich insensitive to light
Lichtvektor *m* light vector
Lichtventil *n* light valve
Lichtverhältnisse *npl* light[ing] conditions, conditions of illumination
Lichtverlust *m* light loss
~ **durch Mikrobiegung** microbending loss *(eines Lichtleiters)*
Lichtverstärker *m* light amplifier (intensifier)
Lichtverstärkung *f* light amplification (intensification)
~ **durch induzierte Strahlungsemission** light amplification by stimulated emission of radiation, laser
Lichtverteilung *f* light (luminous intensity) distribution
~**/symmetrische** symmetrical intensity distribution
~**/unsymmetrische** asymmetrical intensity distribution
Lichtverteilungskurve *f* light distribution curve
Lichtverteilungsphotometer *n* light distribution photometer, polar-curve photometer
Lichtwandler *m* light converter
Lichtwanne *f* trough fitting
Lichtwechselfrequenz *f* beam chopping frequency
Lichtweg *m* light (optical) path
Lichtwelle *f* light wave
Lichtwellenleiter *m* [optical] waveguide; [optical] fibre
~ **mit ebener Endfläche** plane-ended optical fibre
~ **mit loser Ummantelung** loose-jacket optical fibre
~ **mit mehreren Kernen** multiple-core optical fibre
~ **mit rauher Endfläche** rough-ended optical fibre
~**/thermisch gespleißter** fusion-spliced optical fibre
~**/verkabelter** cabled optical fibre
Lichtwellenleiter... *s. a.* Lichtleiter...
Lichtwellenleiteranschluß *m* 1. fibre optic pigtail; fibre optic connector; 2. fibre optic connection
Lichtwellenleiter-Breitbandübertragung *f* wide-band fibre optic communication
Lichtwellenleiterbündel *n* optical fibre bundle
Lichtwellenleiter-Datenübertragungssystem *n* fibre optic data transmission system
Lichtwellenleiter-Fernsehzubringer *m* optical fibre vision link
Lichtwellenleiter-Freileitungskabel *n* overhead (aerial) optical cable
Lichtwellenleiterkabel *n* optical-fibre cable
Lichtwellenleiterkabelanlage *f* fibre optic cable system
Lichtwellenleiterkabelmuffe *f* optical fibre cable joint box
Lichtwellenleiterkabeltechnologie *f* optical cable technology
Lichtwellenleiterkabelverbindung *f* optical cable junction
Lichtwellenleiterkoppler *m* optical-fibre coupler (connector)
Lichtwellenleiterluftkabel *n* aerial (overhead) optical cable
Lichtwellenleiter-Nachrichtennetz *n* fibre optic communication network
Lichtwellenleiternetz *n* optical (glass) fibre network
~**/breitbandiges lokales** fibre optic broad-band local area network
~**/lokales** optical fibre local area network
Lichtwellenleiter-Schweißverbindung *f* fused fibre splice
Lichtwellenleiterseekabel *n* submarine optical fibre cable
Lichtwellenleitersensor *m* [optical] fibre sensor

Lichtwellenleitersystem *n* fibre optic system
Lichtwellenleitertechnik *f* fibre optics, optical guided-wave technology
Lichtwellenleiter-Teilnehmerkabel *n* subscriber optical fibre cable
Lichtwellenleiter-Teilnehmernetz *n* fibre optic subscriber network
Lichtwellenleiterübertragung *f* optical-fibre transmission
Lichtwellenleiter-Übertragungseinrichtung *f* fibre optic transmission equipment
Lichtwellenleiter-Übertragungsstrecke *f* fibre-optic transmission link, [optical] fibre communication link
Lichtwellenleiterverbindung *f* optical-fibre link; fibre-optic [transmission] link
Lichtwellenleiterverteiler *m* optical fibre distribution frame
Lichtwellenleiter-Verzögerungsleitung *f* fibre optic delay line
Lichtwelligkeit *f* fluctuation of luminous intensity, luminous ripple
Lichtwirkung *f* light action
Lichtwurflampe *f* projection (projector) lamp
Lichtzähler *m* photon (quantum) counter
Lichtzeichen *n* lamp (light) signal
Lichtzeiger *m* light (flashlight) pointer *(zur Projektion)*; luminous spot *(auf Meßinstrumenten)*
Lichtzeigergalvanometer *n* light-beam galvanometer
Lichtzeigerinstrument *n* light-beam instrument
Lichtzentrumsabstand *m* light-centre length
Lichtzerhacker *m* light[-beam] chopper
Lichtzerlegung *f* dispersion of light
Lichtzündung *f* light firing (activation) *(Thyristor)*
Lichtzusammensetzung *f* light composition
Liebenow-Greinacher-Schaltung *f*, **Liebenow-Greinacher-Vervielfacherschaltung** *f* voltage-doubling circuit, Greinacher half-wave voltage doubler *(Spannungsverdopplung)*
liefern to supply, to deliver *(z. B. Energie)*; to donate *(z. B. Elektronen)*; to yield
Lieferspule *f* delivery spool *(für Wickeldrähte)*
Liefertrommel *f* shipping reel *(für Kabel)*
liegen/auf Erdpotential to be at ground
LIFO-Prinzip *n (Dat)* last-in-first-out principle, LIFO [principle] *(Speicherprinzip, bei dem die zuletzt eingegebenen Informationen als erste wieder ausgelesen werden)*
LIFO-Speicher *m* LIFO (last-in-first-out) stack, push-down store (stack)
Lift *m* lift, elevator
~ **mit Handantrieb** hand elevator
Lift... *s.* Aufzugs...
Likelihood-Verfahren *n* likelihood method
Liliputröhre *f* miniature tube
linear linear; flat *(Frequenzgang)*
~/gebietsweise piecewise linear
Linearantenne *f* linear aerial
Linearantrieb *m* linear drive
Linearbeschleuniger *m* linear accelerator *(für Teilchen)*
Linearbeschleunigung *f* linear acceleration
Lineardispersion *f* linear dispersion
Linearinterpolation *f* linear interpolation
linearisiert linearized
Linearisierung *f* linearization *(z. B. von Kennlinien)*
~/äquivalente equivalent linearization *(bei stochastischen Signalen)*
~/harmonische harmonic linearization *(Methode der Beschreibungsfunktion)*
~/statistische statistical linearization
Linearisierungsbereich *m* linearization range
Linearisierungswiderstand *m (Fs)* peaking resistor
Linearität *f* **des Verstärkers** amplifier linearity
Linearitätsabweichung *f* linearity error
Linearitätsbereich *m* linear range, zone of linearity *(z. B. einer Kennlinie)*
Linearitätsfehler *m* linearity error
Linearitätsregelung *f (Fs)* linearity control
Linearitätssatz *m* linearity theorem *(der Laplace-Transformation)*
Linearkombination *f* linear combination
Linearmotor *m* linear motor
~/asynchroner asynchronous linear motor, travelling-field [induction] motor
Linearplasmatron *n* linear plasmatron
Linearpolarisation *f* linear polarization
Linearschaltkreis *m* linear circuitry
Linearspeicher *m* linear memory
Linearverstärker *m* linear amplifier
Linie *f* line
~ **der elektrischen Feldstärke** line of electric field strength
~/Fraunhofersche Fraunhofer absorption line
~ **gleichen Potentials** isopotential line
~/punktierte dotted line
~/strichpunktierte dash-dotted line, dash-and-dot line
Linien *fpl* **ähnlichster Farbtemperatur** isotemperature lines
~ **gleichen Farbtons** lines of constant hue
~ **gleicher Horizontalfeldstärke** isodynamic lines
~ **gleicher Sättigung** lines of constant saturation
~ **gleicher Tageslichtquotienten** isodaylight factor curves
Linienabstand *m* line spacing
Linienaufspaltung *f* line splitting *(Spektrallinien)*
Linienbau *m (Nrt)* line construction
Linienbegehung *f (Nrt)* inspection of a line
Linienbreite *f* line width (breadth); width of the spectral line
Liniendefekt *m (ME)* line defect
Liniendipol *m* line dipole
Linienfestpunkt *m* storm-guyed pole
Linienform *f* line profile *(Spektrallinien)*

Liniengruppe *f* group of lines
Linienintensität *f* line intensity
Linienkontakt *m* line contact
Linienkrümmung *f* line curvature
Linienmikrofon *n* line microphone *(mit scharfer Richtwirkung)*
Liniennachweis *m* *(Nrt)* line-up record, line records
Linienprofil *n* line profile *(Spektrallinien)*
Linienquelle *f* line source
Linienraster *m* line grating
Linienrelais *n* *(Nrt)* line relay; main relay
Linienrufstrom *m* *(Nrt)* line ringing current
Linienschalter *m* *(Nrt)* line switch
Linienschärfe *f* line definition *(Leiterplatten)*
Linienschreiber *m* continuous line drawing recorder
Linienschütz *n* line breaker
Linienserie *f* line (spectral) series
Linienspeicherröhre *f* line storage tube
Linienspektrum *n* line (discrete) spectrum
Linienstrahler *m* line radiator (radiation source)
Linienstrahlung *f* atomic line radiation
Linienstruktur *f* line structure
Linienumkehr *f* line reversal
Linienumschalter *m* *(Nrt)* line switch
Linienverbreiterung *f* line broadening, broadening of spectral lines
Linienverschiebung *f* line shift
Linienverzweiger *m* *(Nrt)* main cabinet
Linienwähleranlage *f* *(Nrt)* intercommunication plant
~/private house telephone system
Linienzug *m* *(Nrt)* route
Linke-Hand-Regel *f* left-hand rule, Fleming's rule
Linker *m* *(Dat)* link editor
Link-Kopplung *f* link coupling
Link-Leitung *f* link line
linksbündig left-justified
linksdrehend 1. counterclockwise, anticlockwise; 2. laevorotatory, laevogyratory, laevogyric *(optische Aktivität)*
Linksdrehung *f* 1. counterclockwise (anticlockwise, left-hand) rotation; 2. laevoroation *(optische Aktivität)*
linksgängig, linksläufig left-hand[ed] *(Gewinde)*
Linkspolarisation *f* left-handed polarization
linkspolarisiert left-handed polarized
Linksquarz *m* left-handed quartz
Links-Rechts-Verschiebung *f***/arithmetische** arithmetic shift left-right *(Schieberegister)*
Linksschieberegister *n* shift-left register
Linksverschiebung *f* left shift[ing] *(Schieberegister)*
Linkswicklung *f* left-handed winding
Link-Trainer *m* Link trainer *(Flugsimulator)*
Linse *f* lens
~/achromatische achromatic lens
~/dielektrische dielectric lens
~/elektromagnetische electromagnetic lens
~/elektrostatische electrostatic [electron] lens
~/verzeichnungsfreie distortionless lens
Linsenantenne *f* lens aerial
~/gestaffelte echelon lens aerial
Linsendicke *f* lens thickness
Linsenfassung *f* lens mount (cell)
Linsenfehler *m* lens aberration
Linsenform *f* lens shape (form)
Linsengruppe *f* lens cluster
Linsenraster *m* lenticular screen
Linsenrasterverfahren *n* lenticular process *(z. B. in der Farbfotografie)*
Linsenscheinwerfer *m* [lens] spotlight
Linsenschirm *m* *(Fs)* gobo, flag
Linsensystem *n* lens system
Linsenvergütung *f* antireflection [lens] coating
Lippenmikrofon *n* lip microphone
Liste *f* list; schedule; file
~ der Eingänge *(Dat)* list of inputs
~/nach dem Siloprinzip aufgebaute *(Dat)* push-up list
Listendruck *m* *(Dat)* list print[ing], listing
Listendrucker *m* *(Dat)* list printer, lister
Listenerfunktion *f* listener function *(Interface)*
Listenfunktion *f* *(Dat)* tally function
Listenkamera *f* sequential card camera *(Informationsverarbeitung)*
Listenprogrammgenerator *m* report program generator
Listenschreibung *f s.* Listendruck
Listenverarbeitung *f* *(Dat)* list processing
Littrow-Aufstellung *f* Littrow['s] mounting *(Prismenanordnung)*
Litze *f* stranded wire (conductor), strand; litz [wire], litzendraht *(Hochfrequenzlitze)*
~/zweiadrige twin strand
Litzendraht *m s.* Litze
Litzenflechtmaschine *f s.* Litzenmaschine
Litzenmaschine *f* stranding machine
Litzenspule *f* stranded [wire] coil
Litzenverseilmaschine *f s.* Litzenmaschine
Lizenz *f* licence
Lizenzinhaber *m* licensee
Ljapunow-Funktion *f* *(Syst)* Liapunov function *(Stabilitätsbestimmung)*
L-Katode *f* L cathode *(bei Scheibentrioden)*
L-Kettenglied *n* mid-shunt termination
lm *s.* Lumen
L-Mode *f s.* TEM-Mode
lms *s.* Lumensekunde
Loch *n* 1. hole; 2. *(El)* [positive] hole, p-hole, defect electron
~/blindes dead hole *(Leiterplatten)*
~/durchkontaktiertes (durchplattiertes) plated-through [interconnection] hole *(Leiterplatten)*
~/freies blank hole *(Leiterplatten)*
~ im Oxid/nadelfeines oxide pinhole
~/lötaugenloses landless hole *(Leiterplatten)*

~/positives *s.* Loch 2.
~/unplattiertes plain hole *(Leiterplatten)*
Lochabmessung *f* hole size
Lochanker *m* armature with closed slots
Lochausreißfestigkeit *f* hole pull strength *(Leiterplatten)*
Lochband *n (Dat)* punched [paper] tape, [paper] tape
~/gestanztes punched [paper] tape
~/kodiertes coded punched tape
~ mit allgemein üblichem Kode common-language paper tape
~/von Hand hergestelltes manually prepared punch tape
Lochband... *s. a.* Lochstreifen...
Lochbandabtaster *m* [punched-]tape reader
~/blockweise arbeitender block tape reader
Lochbandabtastung *f* tape sensing, [punched-] tape reading
Lochbandaufzeichnung *f* punched-tape record
Lochbandausgabe *f* punched-tape output
Lochbandeingabe *f* punched-tape input
lochbandgesteuert punched-tape controlled
Lochbandkarte *f* punched-tape card, edge-punched card
Lochbandleser *m* punched-tape reader, [paper] tape reader
~/photoelektrischer photoelectric tape reader
~/schneller high-speed paper tape reader
Lochbandlocher *m* punched-tape punch, [paper] tape punch
Lochband-Lochkarte-Umsetzer *m* punched-tape to punched-card converter, [paper] tape-to-card converter
Lochband-Magnetband-Umsetzer *m* punched-tape to magnetic-tape converter
Lochbandprogrammierung *f* punched-tape programming
Lochbandprogrammsystem *n* paper-tape software system
Lochbandsteuerung *f* punched-tape control
Lochbestückungstoleranz *f* hole insert clearance *(Leiterplatten)*
Lochbild *n* hole pattern *(Leiterplatten)*
Lochblende *f* aperture plate; anode aperture *(Katodenstrahlröhre)*; pinhole aperture
Lochboden *m* hole bottom
Lochdurchmesser *m* hole diameter
Locheinfang *m s.* Löchereinfang
Loch-Elektron-Paar *n* hole-electron pair *(Halbleiter)*
lochen to punch, to perforate
Locher *m* punch, perforator
~/automatischer automatic punch
~/druckender printing punch
~/elektrischer electric punch
~ mit automatischem Vorschub automatic-feed punch
~/pneumatischer pneumatic punch

Löcheranteil *m (El)* hole component
Locherbaueinheit *f* punching unit
Löcherbesetzung *f (El)* hole population
Löcherbeweglichkeit *f (El)* hole mobility
Löcherdichte *f (El)* hole density
Löcherdiffusionskonstante *f (El)* hole diffusion constant
Löcherdiffusionsstrom *m (El)* hole diffusion current
Löchereinfang *m (El)* hole trapping (capture)
Löchereinfangquerschnitt *m (El)* hole-capture cross section
Löchereinfangzentrum *n (El)* hole trapping centre
Löcheremission *f (El)* hole emission
Löcherfalle *f*, **Löcherfangstelle** *f (El)* hole trap
Löcherfluß *m (El)* hole flow
Löcherinjektion *f (El)* hole injection
löcherinjizierend *(El)* hole-injecting
Löcherkonzentration *f (El)* hole concentration
Löcherlebensdauer *f (El)* hole lifetime
löcherleitend *(El)* hole-conducting
Löcherleitfähigkeit *f (El)* hole conductivity
Löcherleitung *f (El)* hole (p-type) conduction
Lochernadel *f* perforating pin
Löcherspeicherung *f (El)* hole storage
Löcherstrom *m (El)* hole current
Löcherstrombestandteil *m* hole current component
Löcherstromdichte *f* hole current density
Lochfalle *f (El)* hole trap
Lochfraß *m* pitting
Lochfraßkorrosion *f* pitting corrosion
Lochgeometrie *f* hole geometry *(Leiterplatten)*
Lochgeschwindigkeit *f* punching rate
Lochgruppe *f* **mit gemeinsamer Achse** clearance holes *(Leiterplatten)*
Lochkarte *f* punched card, [punch] card
~/kodierte coded punched card
Lochkarte-Lochband-Umsetzer *m* punched-card to punched-tape converter
Lochkarte-Magnetband-Umsetzer *m* punched-card to magnetic-tape converter
Lochkartenausgabegerät *n* punched-card output device
Lochkartendopplung *f***/automatische** automatic card duplication
Lochkartenformat *n* punched-card format
lochkartengesteuert punched-card-controlled
Lochkartenkode *m* [punch] card code
Lochkartenleser *m* punched-card reader (interpreter)
Lochkartenprogrammierung *f* punched-card programming
Lochkartenprüfer *m* punched-card verifier, key-verifying unit
Lochkartenspalte *f* card column
Lochkartensteuerung *f* punched-card control
Lochkartenübersetzer *m* punched-card interpreter

Lochkatode *f* perforated cathode
Lochmaske *f (Fs)* shadow (aperture) mask
Lochmaskenröhre *f (Fs)* three-gun shadow-mask kinescope
Lochmetallisierungsdicke *f* hole plating thickness *(Leiterplatten)*
Lochplattierung *f* [in-]hole plating *(Leiterplatten)*
Lochpositionstoleranz *f* hole location tolerance *(Leiterplatten)*
Lochprüfer *m (Dat)* [card] verifier
Lochraster *m* matrix of holes
Lochrasterfeld *n* user area *(bei Leiterplatten)*
Lochreinigungsverfahren *n* hole cleaning process *(Leiterplatten)*
Lochrißbildung *f* hole cracking *(Leiterplatten)*
Lochscheibe *f* chopper (chopping) disk
Lochschriftübersetzer *m* [punched-]card interpreter
Lochspeicherung *f (Dat)* hole storage
Lochstanzen *n (Dat)* hole punching
Lochstanzensteuergerät *n (Nrt)* reperforator control unit
Lochstation *f (Dat)* punch station
Lochstreifen *m* [punched] paper tape, perforated tape *(Zusammensetzungen s. unter* Lochband*)*
Lochstreifen... *s. a.* Lochband...
Lochstreifenempfänger *m (Nrt)* reperforator
~/mitschreibender printing reperforator
Lochstreifenfortschaltung *f* tape feed
Lochstreifengeber *m* [perforated] tape transmitter
Lochstreifenrücklauf *m* tape rewind
Lochstreifensender *m (Nrt)* tape transmitter
~ mit Kulissenführung loop tape transmitter *(für zweimaliges Abtasten des Lochstreifens)*
~/vollautomatischer coupled reperforator and tape reader
Lochstreifensendung *f (Nrt)* tape transmission, auto-transmission
Lochstreifenstanzer *m* [paper-]tape punch, tape perforator
Lochstreifenübertragung *f (Nrt)* perforated tape transmission
Lochstreifenvermittlung *f (Nrt)* reperfarator switching
Lochstreifenvermittlungsstelle *f (Nrt)* perforated tape exchange, reperforator switching centre
Lochtaster *m* key punch
Lochtoleranz *f* hole tolerance *(Leiterplatten)*
Lochumrandung *f* hole periphry, annular ring *(Leiterplatten)*
Lochung *f* 1. punching; 2. perforation; punch
~/geprüfte checked punching
Lock-in-Gleichrichter *m* lock-in detector
Lock-in-Verstärker *m* lock-in amplifier
LOCMOS local oxidation of metal-oxide semiconductor *(Maskentechnik)*
LOCOS local oxidation of silicon *(Maskentechnik)*
Logarithmierverstärker *m* logarithmic amplifier
Logatom *n (Ak)* logatom
Logik *f* logic *(s. a. unter* Logikschaltung*)*
~/adaptive adaptive logic
~/asynchrone non-synchronous logic
~/äußere external logic
~/basisgekoppelte base-coupled logic, BCL
~/digitale digital logic
~/direktgekoppelte direct-coupled logic
~/elektronische electronic logic
~/Emitter-Emitter-gekoppelte emitter-emitter-coupled logic, EECL
~/emittergekoppelte emitter-coupled logic, ECL
~/festverdrahtete [hard-]wired logic
~/formale formal logic
~ für hohen Schwell[en]wert high-threshold logic
~/kollektorgekoppelte collector-coupled logic, CCL
~/komplementäre complementary logic
~/langsame störsichere low-speed logic
~/leistungsarme low-level logic
~/mathematische mathematical (symbolic) logic
~/mehrwertige many-valued logic, multiple-valued logic
~ mit hohem Störabstand high-level logic, HLL, high-noise-immunity logic
~ mit variabler Schwelle variable-threshold logic
~/negative negative logic
~/positive positive logic
~/probabilistische probabilistic logic
~ programmierbarer Datenfelder (Felder) programmable array logic, PAL
~/schwellenwertfreie non-threshold logic
~/selbstanpassende adaptive logic
~/sequentielle sequential logic
~/stromgeschaltete current-mode logic, CML
~/stromziehende austauschbare compatible current-sinking logic
~/stromliefernde austauschbare compatible current-sourcing logic
~/superschnelle ultrahigh-speed logic
~/symbolische symbolic logic
~/synchrone synchronous logic
~/transistorgekoppelte transistor-coupled logic
~/verteilte distributed logic
Logikablaufplan *m* logic flow chart
Logikanalysator *m* logic analyzer
Logikanalyse *f* logic analysis
Logikanordnung *f* logic array
~/programmierbare programmable logic array, PLA
~/vom Anwender programmierbare field-programmable logic array
Logik-Array *n s.* Logikanordnung
Logikbaustein *m* logic unit (building block), logic module
~/vorgefertigter uncommitted logic array, ULA *(nach Kundenwunsch verdrahtbar)*
Logikdiagramm *n* logic diagram
Logikeinheit *f* logic unit
~/dioden- und transistorenbestückte diode-transistor logic unit

~/programmierbare programmable logic array, PLA
Logikelement *n* logic[al] element
Logikentwurf *m* logic design
Logikfamilie *f* logic family
Logikfeld *n* logic array *(Zusammensetzungen s. unter* Logikanordnung*)*
Logikgatter *n* logic gate
Logikkomparator *m* logic comparator
Logikkontrolle *f* logical (consistency) check
Logikmatrix *f***/vom Anwender programmierbare** field-programmable logic array
Logikmodul *m* logic module
Logikpegelanzeige *f* logic level display
Logikprüftabelle *f* logic check table
Logikschaltbild *n* logic diagram
Logikschaltkreis *m* logic circuit
Logikschaltplan *m* logical diagram
Logikschaltung *f* logic[al] circuit, logic array *(s. a. unter* Logik*)*
~/fest verdrahtete [hard-]wired logic
~ für hohen Schwell[en]wert high-threshold logic
~/integrierte integrated logic circuit
~ mit Mehrfachkollektorstrukturen multicollector logic, MCL
~/störsichere high-level logic, HLL, high-noise-immunity logic
~/stromgesteuerte current mode logic, CML
Logiksimulator *m* logic simulator *(Gerät oder Programm)*
Logiksumme *f* logic sum
Logiksystem *n* logic system
Logiktastkopf *m* logic probe
Logiktransistor *m* logic transistor
Logikverarbeitungssystem *n***/weiterentwickeltes** advanced logic processing system
logisch hoch logical high
Lokaladaptation *f (Licht)* local adaptation
Lokalbatterie *f* local battery
Lokalbetrieb *m (Nrt)* local mode
Lokalelement *n* local cell (element) *(Kontaktkorrosion)*
Lokalkopie *f* local copy
Lokalstrom *m* local current
Lokalstromwiderstand *m* local current resistance
Lokomotive *f***/elektrische** electric locomotive
Lokomotivtransformator *m* electromotive transformer
Loktalröhre *f* loktal (loctal) tube, loktal valve
Loktalsockel *m* loktal (loctal) base
Longitudinalleitfähigkeit *f* longitudinal conductivity
Longitudinalschwingung *f* longitudinal oscillation
Longitudinalwelle *f* longitudinal wave
Loran *n (FO)* long-range navigation [system], loran
Lorentz-Kraft *f* Lorentz force
Losbrechmoment *n* breakaway torque
Losbrechwiderstand *m* breakaway force *(bei Roll- oder Gleitbewegungen)*
Löschbarkeit *f* erasability *(z. B. eines Magnetbands)*
Löschbefehl *m (Dat)* clear instruction, erase (cancel) command
Löschbit *n* erase (resetting) bit
Löschdauer *f* arcing time *(Sicherung, Ableiter)*
Löschdiode *f* anti-surge diode
Löschdrossel *f* 1. [tape] eraser, tape degausser (demagnetizer) *(Magnetband)*; 2. quenching choke
Löscheingang *m* clear input, reset[ting] input
löschen 1. to erase, to delete, to clear *(z. B. Magnetband)*; to reset *(z. B. Speicher)*; 2. to quench *(Lichtbogen)*; to extinguish *(Feuer)*
~/den Akkumulator *(Dat)* to clear the accumulator
~/die Markierung *(Dat)* to unmark
~/durch Überschreiben *(Dat)* to overwrite
~/Informationen *(Dat)* to cancel information
Löschen *n* **mit UV-Licht** ultraviolet-light erasing *(Speicher)*
~/selektives selective erasure *(Speicher)*
~/unbeabsichtigtes accidental erasure
~/wahlweises selective erasure *(Speicher)*
Löscher *m* extinguisher; quencher
Löschfunke *m* quenched spark
Löschfunkensender *m* quenched-spark transmitter
Löschfunkenstrecke *f* quenching gap, [quenched] spark-gap *(z. B. bei Ableitern)*
Löschgas *n* arc extinction gas
Löschgerät *n* bulk eraser *(für Magnetband)*
Löschgeschwindigkeit *f* erasing speed *(Magnetband)*
Löschimpuls *m* 1. erase pulse (signal), reset pulse; 2. quenching pulse
Löschkammer *f* 1. arcing chamber *(bei Löschrohrableitern)*; 2. explosion chamber *(z. B. bei Leistungsschaltern)*; 3. arc chute, blow-out chute *(beim Schalter)*
Löschkammerblech *n* deion plate
Löschkammerkontakt *m* blast contact
Löschkammerschalter *m* explosion-pot circuit breaker
Löschkoeffizient *m s.* Extinktionskoeffizient
Löschkondensator *m* quench capacitor; *(Srt)* commutating capacitor
Löschkontakt *m (Dat)* reset contact
Löschkopf *m* erase (erasing) head *(Tonbandgerät)*
~ mit Permanentmagnet permanent-magnet erasing head
Löschkreis *m* quenching circuit; *(Srt)* commutating circuit
Löschmittel *n* quenching (arc-extinguishing) medium
Löschmittelfüllung *f* fuse filler *(einer Sicherung)*
Löschrelais *n* arc-suppression relay
Löschrohr *n* expulsion tube
Löschrohrableiter *m* expulsion-type arrester, line-

type expulsion arrester, [expulsion] protector tube; transmission-class expulsion-type arrester *(Freileitungstyp)*; distribution-class expulsion-type arrester *(Netztyp)*
Löschrohrsicherung *f* expulsion fuse
Löschschaltung *f (Srt)* quenching circuit
Lösch-Schreib-Takt *m* clear-write cycle *(Speicher)*
Löschsicherung *f* erasure prevention lag, protection tab *(Kassette)*
Löschsignal *n (Dat)* erase signal
Löschspannung *f* [deionization] extinction voltage, extinction potential
Löschspule *f* quenching (blow-out) coil
Löschstrom *m* erasing current; extinction current *(minimaler Strom zur Aufrechterhaltung einer Gasentladung)*
Löschtaste *f* delete (erase, clear) key, cancel[-lation] key
Löschthyristor *m* quenching thyristor
Löschtransformator *m* neutralizing transformer, neutral compensator
Löschung *f* 1. erasure, deletion, clearing *(z. B. Magnetband)*; reset *(Speicher)*; 2. [arc] quenching *(Entladung)*; 3. extinction
~ **durch Infrarotbestrahlung** infrared quenching *(der Photoleitfähigkeit)*
~ **einer Gasentladung** quenching of discharge
~**/magnetische** magnetic quenching
~ **von Fehlern** *(Dat)* erasure of errors
Löschzeichen *n* delete (erase) character
Löschzeit *f* deionization time *(im Lichtbogen)*; 2. erasing (erase) time
~ **einer Sicherung** arcing time of a fuse
Löschziffer *f (Dat)* erase number
Löschzweig *m* turn-off arm
loskuppeln *(MA)* to disengage; to disconnect
löslich soluble, dissoluble
~**/nicht** insoluble, non-soluble
Löslichkeit *f* **im festen Aggregatzustand** solid solubility *(Metalle)*
Löslichkeitsprodukt *n (Ch)* solubility product
loslösen to liberate, to release *(Elektronen)*; to detach
loslöten to unsolder
Lösung *f* solution
~**/asymptotische** asymptotic solution
~**/eingeschleppte** *(Galv)* drag-in
~**/feste** solid solution
~ **für den Übergangszustand** transient solution
~**/gesättigte** saturated solution
~**/geschlossene** *(Syst)* closed-form solution
~**/herausgeschleppte** *(Galv)* drag-out
~**/stationäre** steady-state solution
Lösungsmittel *n* solvent, dissolvent
Lösungsmittelbeständigkeit *f* solvent resistance, fastness to solvents
lösungsmittelfrei solventless *(z. B. Tränklack)*
Lot *n* solder
Lötanschluß *m* soldered connection; solder[-type] terminal, soldering terminal
Lötauge *n* soldering eye (tag, pad, land), eyelet
Lötautomat *m* automatic soldering machine
lötbar solderable
Lötbarkeit *f* solderability
Lötbarkeitstauchprüfung *f* edge dip solderability test *(Leiterplatten)*
Lotbrücke *f* solder bridge
Lötbrücke *f* jump wire connection, solder strap
Lotbrückenbildung *f* solder bridging
Lötbrunnen *m* jointing chamber
Lötdraht *m* solder wire, wire solder
löten to solder
Löten *n* soldering
~**/elektrisches** electric soldering
~**/induktives** inductive soldering
~ **mit Lasern** soldering by lasers
Lötfahne *f* solder[ing] lug, solder[ing] tag
Lötfett *n* soldering paste
Lötflußmittel *n* [soldering] flux
lötfrei solderless
Lötgrube *f* jointing chamber
Löthülse *f* solder cup
Lötklemme *f* soldering terminal
Lötkolben *m* [soldering] iron
Lötkolbenheizpatrone *f* soldering-iron heater
Lötkontakthügel *m* solder bump
Lötkopf *m* soldering head
Lötlasche *f* soldering tab (tag)
Lötlegierung *f* solder alloy
lötlos solderless
Lötmaschine *f* soldering machine
Lötmaske *f* solder[ing] mask
Lötmetallrückfluß *m* solder reflow
Lötmittel *n s.* 1. Lot; 2. Flußmittel
Lötmittelrest *m* flux residue
Lötmuffe *f* soldering sleeve (box)
Lötöse *f* soldering lug (tag, eye), pad
Lötösenleiste *f* soldering-lug strip; terminal board
Lötösenleisten *fpl* trunk frame terminal assembly
Lötösenmaschine *f* eyeletting machine
Lötösenstreifen *m* soldering-lug strip
Lötpunkt *m* soldering point
Lötresist *n* solder resist
Lötrichtung *f* soldering direction
Lötschacht *m* jointing chamber
Lötschicht *f* solder layer
Lötschweißen *n* braze welding
Lötseite *f* [flow] solder side, opposite (solder dip) side *(einer Leiterplatte)*
Lotsenfunk *m* pilot radio service
Lötspalt *m* capillary gap
Lötstelle *f* soldering point; [soldered] joint, junction
~ **des Thermoelements** thermocouple junction, thermojunction
~**/heiße** hot junction
~**/kalte** dry junction, dry (cold, faulty soldered) joint

~/thermoelektrische thermocouple junction, thermojunction
Lötstift *m* soldering pin
Lötstopplack *m s.* Lötresist
Löttemperatur *f* soldering temperature
lotüberzogen coated with solder
Lotung *f* sounding *(mit Echolot)*
Lötverbindung *f* soldering (soldered) joint, solder[ed] connection
Lötwasser *n* soldering fluid (liquid)
Lötwelle *f* solder wave
Lötwulst *m(f)* wiped joint *(Kabel)*
Lötzinn *n* soldering tin, tin-base solder
Low-Zustand *m (Dat)* low
LPE *(ME)* liquid-phase epitaxy
L-Pegel *m* 1. *(El)* low [level], low state *(unterer Signalpegel bei Binärsignalen)*; 2. *(Dat)* low level *(logischer Pegel)*
LPL-Schaltung *f* low-power logic circuit
LSB *(Dat)* least significant bit
L-Schaltung *f* L network
L-Schirm *m* L scope *(Radar)*
LSI *(ME)* large-scale integration
L-Signal *n*/**ungestörtes** *(Syst, Dat)* undisturbed one (L) *(Binärsignal)*
LSI-Schaltkreis *m (ME)* large-scale integrated circuit
LSL low-speed logic
L-Typ *m s.* TEM-Mode
Lücke *f* gap, interstice; [lattice] vacancy *(Kristall)*
Lückenzeit *f (Nrt)* blackout time
Luft *f* air
~/entfeuchtete dehydrated air
~/flüssige liquid air
~/klimatisierte conditioned air
~/staubhaltige dust-laden air
~/umgebende ambient air
Luftabschluß *m* exclusion of air
Luftabsorption *f* atmospheric (air) absorption
Luftabzugsrohr *n* air vent pipe
Luftabzugsventil *n* air escape valve
Luftansauggeräuschdämpfer *m* air intake silencer
Luftauslaß *m*, **Luftaustritt** *m* air outlet
Luftaustrittsöffnung *f* air outlet hole; *(MA)* air-discharge opening
Luftbefeuchtung *f* air moistening
luftbeständig airproof, stable in air
Luftblase *f* air bubble, blister
Luft-Brennstoff-Gemisch *n* fuel-air mixture
Luftdämpfer *m* air damper *(für Meßinstrumente)*
Luftdämpfung *f* air [friction] damping *(bei Meßinstrumenten)*
luftdicht airtight
Luftdichte *f*[**/spezifische**] air density
Luftdichtekorrektur *f* air density correction
Luftdichtekorrekturfaktor *m* air density correction factor
Luftdrehkondensator *m* variable air capacitor
Luftdrossel *f* air-core choke
Luftdruck *m* air (atmospheric) pressure
Luftdruckausgleich *m* air-pressure compensation
Luftdruckmesser *m* air-pressure gauge
Luftdruckschalter *m* compressed-air circuit breaker, air-blast circuit breaker, pneumatic pressure switch
Luftdurchgang *m* air passage
Luftdurchschlag *m* air discharge (spark-over)
Luftdurchschlagstrecke *f* air discharge gap
Luftdüse *f* air nozzle
Lufteinschluß *m* air inclusion *(z. B. in Isoliermaterial)*
Lufteintritt *m* air inlet
Lufteintrittsöffnung *f* air inlet (intake) opening, air inlet [hole]
Luftelektrizität *f* atmospheric electricity
Luftelektrode *f* air electrode
Lüften *n* venting
Luftentfeuchter *m* dehydrating breather *(Transformator)*
Luftentladung *f* air discharge
Lüfter *m* fan, blower, ventilator, ventilating fan, [air] extraction fan
~/transportabler portable blower
Lüfterabdeckung *f* fan cover
Lüfterdrehzahlsteuerung *f* fan speed control
Lüftergehäuse *n* fan housing (casing)
Lufterhitzer *m* air heater, air-heating apparatus
~/außen angeordneter external air heater
Lufterhitzerbatterie *f* air-heater battery
Lufterhitzung *f* air heating
Lüfterlärm *m* blowes (fan, ventilating) noise
Lüftersatz *m* blower set
Lufterwärmung *f* air heating
Luftfahrtleuchtfeuer *n* aeronautical beacon (ground light)
Luftfeder *f* air spring
Luftfeuchte *f* air humidity (moisture)
~/absolute absolute humidity
~/relative relative [air] humidity
Luftfeuchtekorrekturfaktor *m* humidity correction factor
Luftfeuchtemesser *m* hygrometer, humidity meter
Luftfeuchteschreiber *m* moistograph, hygrograph
Luftfeuchtigkeit *f s.* Luftfeuchte
Luftfilter *n* air filter (cleaner)
Luftflimmern *n* air scintillation
Luftführung *f* air guide (ducting)
Luftfunkenstrecke *f* spark gap in air
Luftgebläse *n* air blower
luftgekühlt air-cooled; fan-cooled
luftgesättigt air-saturated
luftgetrocknet air-dried
lufthärtend air-hardening *(z. B. Isolierlack)*
Lufthülle *f* atmosphere
Luftisolation *f* air insulation
luftisoliert air-insulated
Luftkabel *n* aerial (overhead) cable

~ **am Tragseil** catenary aerial cable
~/**freitragendes** self-supporting aerial cable
Luftkabellinie *f (Nrt)* aerial cable line
Luftkammer *f* air chamber
Luftkanal *m* air vent (duct), ventilating duct
Luftkern *m* air core • **mit** ~ air-core *(Spule)*
Luftkissen *n* air cushion (pad)
Luftkompressor *m* air compressor
Luftkondensator *m* air [dielectric] capacitor
Luftkorrosion *f* atmospheric corrosion
Luftkreislauf *m*/**geschlossener** closed air circuit
Luftkühler *m* air cooler
Luftkühlung *f* air cooling • **mit** ~ air-cooled
~/**natürliche** natural air cooling
Luftlager *n* air bearing
Luftlageradar *n* air position radar
Luftlagerung *f* air suspension *(durch Luftpolster)*
luftleer evacuated, exhausted
Luftleitblech *n* air baffle
Luftleiter *m* aerial conductor
Luftleitschild *m* air shield
Luftleitung *f* 1. air line (duct); 2. *(Ak)* air conduction
Luftleitungsaudiometrie *f* air-conduction audiometry
Luftleitungshörer *m* air-conduction earphone
Luftleuchten *n (Licht)* air glow
Luftmeldestation *f* airway communication station
Luftmotor *m* air motor
Luftöffnung *f* air opening
Luftplasma *n* air plasma
Luftpuffer *m* air damper
Luftpumpe *f* air pump
Luftpyrometer *n* air pyrometer
Luftraum *m* 1. air space (gap) *(Zwischenraum)*; 2. airspace
~/**überwachter** *(Nrt)* controlled airspace
Luftraumkabel *n* air-space cable
Luftraumüberwachung *f* air-traffic control
Luftreibung *f* air friction, windage
Luftreibungsverluste *mpl* windage losses
Luftreiniger *m* air cleaner (purifier)
Luftrohr *n* air pipe *(Zu- oder Ableitung)*
Luftröhrenkühler *m* air-tube radiator
Luftsauerstoffbatterie *f* air cell battery
Luftsauerstoffelement *n* air[-depolarized] cell
~/**alkalisches** alkaline zinc air cell
Luftsauerstoffzelle *f s.* Luftsauerstoffelement
Luftsäule *f* column
Luftschacht *m* air shaft (vent)
Luftschall *m* airborne sound
Luftschallabsorption *f* atmospheric sound absorption
Luftschalldämmung *f* airborne sound insulation
Luftschalldämpfung *f* airborne sound attenuation
Luftschalleitung *f* air conduction
Luftschallisolation *f* airborne noise isolation
Luftschallot *n* aerial sounding line
Luftschallquelle *f* airborne sound source
Luftschallschutzmaß *n* airborne insulation margin
Luftschallüberwachung *f* airborne noise control
Luftschallverlust *m* airborne transmission loss
Luftschalter *m* air switch (circuit breaker), air-break switch[gear]
Luftschaltstrecke *f* air break gap
Luftschicht *f* 1. layer (film) of air; 2. atmospheric layer
Luftschleuse *f* air lock, air-locked chamber
Luftschlitz *m* 1. air slit (port); 2. core duct *(im Rotor)*
Luftschütz *n* air-break contactor
Luftspalt *m* air gap; magnet gap *(Magnet)*; head gap *(Tonkopf)*
~ **mit homogenem Feld** uniform-field gap
~/**radialer** radial air gap
Luftspaltbreite *f* gap clearance
Luftspaltdrossel *f* air-gap choke
Luftspaltfluß *m* air-gap flux
Luftspaltinduktion *f* air-gap flux density
Luftspaltkennlinie *f* air-gap characteristic *(z. B. bei der Magnetisierungskennlinie)*
Luftspaltlänge *f* length of air gap
Luftspaltmagnetometer *n* flux-gate magnetometer
Luftspaltstreuung *f (MA)* circumferential gap leakage
Luftspaltwicklung *f* air-gap winding
Luftspaltwiderstand *m*[/**magnetischer**] gap reluctance
Luftspeicherkraftwerk *n* compressed air power station
Luftspule *f* air coil, air-cored coil
Luftstörungen *fpl (Nrt)* atmospherics, strays
Luftstrahl *m* air jet
Luftstrecke *f* clearance
~ **zwischen spannungführenden Teilen** clearance between poles
~ **zwischen spannungführenden und geerdeten Teilen** clearance to earth
Luftstreuung *f* Rayleigh scatter[ing], light scattering
Luftstrom *m* air current (stream, flow), blast of air
Luftstromschalter *m* air-blast circuit breaker
Luftsystem *n* air system
Lufttransformator *m* air-core transformer
Lufttrennstrecke *f* air break; *(An)* isolating air gap
lufttrocken air dry
Lufttrockner *m* air (atmospheric) dryer
Lufttrocknung *f* [open-]air drying
Luftüberschuß *m* excess of air, surplus (overplus) air
luftübertragen airborne *(Schall)*
Luftumlauf *m* air circulation
~/**erzwungener** forced air circulation
Luftumlaufheizung *f* heating by circulating air
Luftumwälzung *f* air circulation
Luftumwälzventilator *m* air-circulating fan
Lüftung *f* ventilation, airing, aeration

Lüftungs... *s. a.* Belüftungs...
Lüftungsanlage *f* ventilating system
Lüftungskanal *m* ventilating (ventilation, air) duct
Lüftungsöffnung *f* ventilating aperture, vent, air relief
Lüftungsschacht *m* ventilating (ventilation, air) duct
Lüftungsverlust *m* ventilating loss
Luftventil *n* air (atmospheric) valve
Luftverdichter *m* air compressor
Luftverkehrskontrollsystem *n* air-traffic control system
Luftversorgung *f* air supply
Luftvorwärmer *m* air prehaeter
Luftwarndienst *m* aircraft warning service
Luftwiderstand *m* air resistance
Luftzufuhr *f* air supply (admission)
Luftzuführung *f* air inlet *(s. a.* Luftzufuhr*)*
Luftzutritt *m* air access, admission of air
Luftzwischenraum *m* air space (gap)
Lumen *n* lumen, lm *(SI-Einheit des Lichtstroms)*
Lumenmeter *n* lumen meter
Lumenmethode *f* lumen method of lighting design *(Beleuchtungsplanung)*
Lumensekunde *f* lumen-second, lms *(SI-Einheit der Lichtmenge)*
Lumenstunde *f* lumen-hour, lmh
Lumineszenz *f* luminescence
~/stoßwelleninduzierte shock-induced luminescence
Lumineszenzanregung *f* luminescence excitation
Lumineszenzanzeige *f* electroluminescent display
Lumineszenzausbeute *f* quantum (luminescence) efficiency
Lumineszenzbildröhre *f* luminescence-screen tube
Lumineszenzdiode *f* light-emitting diode, LED, luminescence (luminescent) diode
~ **rot-grün** red-green light-emitting diode
Lumineszenzhalbleiter *m* luminescence semiconductor
Lumineszenzintensität *f* luminescence intensity
Lumineszenzlicht *n* luminescent light
Lumineszenzschirm *m* luminescent screen
Lumineszenzschwelle *f* luminescence threshold
Lumineszenzspektrum *n* luminescence spectrum
lumineszieren to luminesce
Luminophor *m* luminescent material, luminophor
Lummer-Brodhun-Photometer *n* Lummer-Brodhun photometer
Lupeneinrichtung *f* expanded-trace facility *(Frequenz, Zeit)*
Lupenwirkung *f* zoom expansion
Luvo *s.* Luftvorwärmer
Lux *n* lux, lx *(SI-Einheit der Beleuchtungsstärke)*
Luxmeter *n* lux[o]meter, illumination photometer
Luxsekunde *f* lux-second, lxs *(SI-Einheit der Belichtung)*
LV *s.* Linienverzweiger
LW *s.* Langwelle
L-Welle *f* L-wave, transverse electromagnetic wave, TEM wave
LWL *m s.* Lichtwellenleiter
lx *s.* Lux
lxs *s.* Luxsekunde
Lyman-Kontinuum *n* Lyman continuum *(Spektrum)*
Lyman-Serie *f* Lyman series *(Spektrallinienserie)*
Lyrakontakt *m* lyre-shaped contact
L-Zustand *m* 1. L state, one-state; 2. low [state], L state *(logischer Zustand)*

M

Mäanderelement *n* zigzag heating element
Mäanderleitung *f* meander (delay) line *(in gedruckten Schaltungen)*
Mäanderwicklung *f* meander winding
machen:
~/aktiv to activate
~/außermittig to decentre
~/hörbar to render audible
~/leitend to render conducting
~/Licht to light up
~/lichtempfindlich to [photo]sensitize
~/luftleer to exhaust, to evacuate
~/radioaktiv to [radio]activate
~/schalldicht to soundproof, to deafen, to deaden
~/sichtbar to render visible; to display
~/stromlos to de-energize, to make dead
~/taub to deafen *(durch Lärmeinwirkung)*
~/unempfindlich to desensitize
~/unwirksam to disable; to inactivate
Machzahl *f* Mach number
Mach-Zehnder-Interferometer *n* Mach-Zehnder [heterodyne] interferometer
~ **aus Lichtleitfasern** Mach-Zehnder fibre-optic interferometer [arrangement]
Maclaurin-Entwicklung *f* Maclaurin expansion
Macro *n (Dat)* macro *(Zusammenfassung von Befehlen einer Programmiersprache)*
Madistor *m* madistor *(Magnetdiode)*
MADT mircoalloy diffused transistor, MADT
Magazin *n* magazine; cassette; *(Dat)* hopper *(Kartenzuführung)*
Magazinwechsel *m* magazine changing
Magazinzuführung *f* 1. magazine loading (feeding); 2. magazine feed attachment
Magnafluxmethode *f s.* Magnetpulverprüfung
Magnesiumblitzlampe *f* magnesium flash lamp
Magnesiumelement *n* magnesium cell
Magnet *m* magnet
~/eisenfreier coreless magnet
~/künstlicher artificial magnet
~ **mit geblechtem Eisenkern** laminated (lamellar) magnet
~/zusammengesetzter compound magnet

Magnetachse *f* magnetic axis
Magnetanker *m* [magnet] armature
Magnetanlasser *m* magnet-type starter
Magnetaufzeichnungsgerät *n* magnetic recorder
Magnetaufzeichnungsverfahren *n* magnetic recording technique
Magnetband *n* magnetic [recording] tape, tape
~ **auf Kunststoffgrundlage** plastic-based magnetic tape
~/**beschichtetes** coated magnetic tape
~/**endloses** loop of magnetic tape
~ **für digitale Aufzeichnungen** digital magnetic tape
~ **für Schallaufzeichnung** audio tape
~ **[mit] hoher Ausgangsleistung/rauscharmes** low-noise high-output tape
Magnetbandadressierung *f (Dat)* magnetic tape addressing
Magnetbandanlage *f* magnetic tape system
Magnetbandaufnahme *n* 1. magnetic [tape] recording; 2. tape record
Magnetbandaufnahmegerät *n s.* Magnetbandgerät
Magnetbandaufnahme- und -wiedergabeeinrichtung *f* magnetic tape record-reproduce system
Magnetbandaufzeichnung *f* magnetic [tape] recording
Magnetbandbefehl *m* magnetic tape order (command)
Magnetbanddatenverarbeitung *f* magnetic tape data processing
Magnetbandeinheit *f* magnetic tape unit
Magnetbandetikett *n* tape label
Magnetbandgerät *n* magnetic tape recorder
~ **für meßtechnische Anwendung** instrumentation [magnetic] tape recorder
~ **mit endlosem Band** tape-loop recorder
Magnetbandkassette *f* [magnetic] tape cassette, [tape] cartridge
Magnetbandlaufwerk *n* tape drive, deck
Magnetbandleser *m* magnetic tape reader
Magnetbandprogramm *n* magnetic tape program
Magnetbandspeicher *m* magnetic tape memory (store)
Magnetbandspeicherung *f* magnetic tape storage
Magnetbandspur *f* magnetic tape track
Magnetbandsteuerung *f* magnetic tape control
Magnetbandtransport *m* magnetic tape transport
Magnetbandumsetzer *m* magnetic tape converter
Magnetblasenspeicher *m* magnetic bubble memory, MBM
Magnetblasschalter *m* magnetic blow-out circuit breaker
Magnetbremse *f* magnetic brake
Magnetdetektor *m* magnetic detector
Magnetdiode *f* magneto diode, madistor
Magnetdraht *m* magnetic wire
~/**plattierter** magnetic plated wire
Magnetdrahtspeicher *m* plated wire memory, magnetic wire store
Magnetdrucker *m* magnetic printer
Magnetfeld *n* magnetic field
~/**angelegtes** applied magnetic field
~/**axial gerichtetes** axially oriented magnetic field
~ **der Erde** terrestrial (earth's) magnetic field
~ **großer Feldstärke** high-intensity magnetic field
~/**homogenes** homogeneous (uniform) magnetic field
~ **im Luftspalt** magnetic air-gap field
~/**inhomogenes** inhomogeneous magnetic field
~/**kritisches** critical magnetic field *(Supraleitung)*
~/**longitudinales** longitudinal magnetic field
~/**pulsierendes** pulsating magnetic field
~/**quasistationäres** quasi-stable magnetic field, quasi-stationary magnetic field
~/**remanentes** remanent magnetic field
~/**schwaches** low magnetic field
~/**starkes** high magnetic field
~/**stationäres** stationary magnetic field
~/**statisches** static magnetic field, magnetostatic field
~/**toroidales** toroidal magnetic field
Magnetfelddichte *f* magnetic field (flux) density, magnetic induction
Magnetfelderzeugung *f* magnetic field generation
Magnetfeldlinie *f* line of magnetic field strength, magnetic line of force (flux)
Magnetfeldregler *m* field regulator
Magnetfeldröhre *f* travelling-wave magnetron, magnetron [tube]
Magnetfeldröhrenkennlinie *f* critical-voltage parabola, cut-off parabola
Magnetfeldstärke *f* magnetic field intensity (strength)
Magnetfilm *m* magnetic [thin] film
Magnetfilmspeicher *m* magnetic-film memory (store)
Magnetfleck *m* magnetic (magnetized) spot
Magnetfluß *m* magnetic flux
~/**permanenter** permanent-magnetic flux
Magnetflußumkehr *f* magnetic flux reversal
Magnetgehäuse *n* magnet case (housing)
Magnetgestell *n* magnet frame
Magnetglied *n*/**statisches logisches** static logic magnetic element
Magnethalter *m* magnet holder
Magnetinduktor *m* magneto [generator], magnetoelectric generator
magnetisch magnetic[al]
~/**vollständig** all-magnetic
magnetisierbar magnetizable
Magnetisierbarkeit *f* magnetizability, ability to be magnetized
magnetisieren to magnetize
magnetisiert/axial axially magnetized
~/**radial** radially magnetized
Magnetisierung *f* magnetization

~/bleibende *s.* ~/remanente
~/erzwungene forced magnetization
~/induzierte induced magnetization
~/remanente remanence, remanent (residual) magnetization
~/umgekehrte invese magnetization
Magnetisierungsarbeit *f* magnetization power
Magnetisierungsfeld *n* magnetizing field
Magnetisierungsintensität *f* intrinsic induction, intensity of magnetization
Magnetisierungskennlinie *f s.* Magnetisierungskurve
Magnetisierungskraft *f* magnetizing force
Magnetisierungskurve *f* magnetization curve (characteristic), B-H curve, saturation curve
~ des Eisens iron [magnetization] curve
~/hysteresefreie ideal magnetization curve
Magnetisierungsrichtung *f* direction of magnetization
Magnetisierungsschleife *f* hysteresis loop (cycle), curve of cyclic magnetization, cycle of magnetization
Magnetisierungsspule *f* magnetizing coil
Magnetisierungsstrom *m* magnetizing (exciting) current
Magnetisierungsvektor *m* magnetization vector
Magnetisierungsverlust *m* magnetic [hysteresis] loss
Magnetisierungswärme *f* heat of magnetization
Magnetismus *m* 1. magnetism; 2. magnetics *(als Lehre)*
~/bleibender *s.* ~/remanenter
~/flüchtiger temporary magnetism
~/permanenter permanent magnetism
~/remanenter remanent (residual) magnetism
Magnetjoch *n* magnet yoke (frame)
Magnetjochverfahren *n* magnetic-yoke method
Magnetkabelzündung *f* magnetic cable firing *(von Thyristoren)*
Magnetkarte *f (Dat)* magnetic card
Magnetkartenrechner *m* magnetic-card computer
Magnetkartenspeicher *m* **[mit willkürlichem Zugriff]** card random-access memory
Magnetkern *m* magnetic core, core
~/lesegestörter read-disturbed magnetic core
~/massiver solid [magnetic] core
~/multistabiler multistable magnetic core
Magnetkernantenne *f* magnetic core aerial
Magnetkernmatrixschalter *m* magnetic matrix switch
Magnetkernspeicher *m* magnetic core memory (store), core memory
Magnetkernwähler *m* magnetic core switch *(Rechner)*
Magnetkompaß *m* magnetic compass
Magnetkopf *m* magnetic head, head
~/aufsteckbarer plug-in head
~/beweglicher moving magnetic head
~/fester fixed head
~/gleitender flying head
Magnetkopfspalt *m* head gap
Magnetkopplung *f* electromagnetic coupling
Magnetkraft *f* magnetic force
Magnetkreis *m* magnetic circuit; magnetic flux guide
Magnetkreisprüfung *f* magnetic core test
Magnetkupplung *f* magnetic clutch *(bei Wellen)*
Magnetkurs *m* magnetic course *(durch magnetisch Nord bestimmt)*
Magnetlegierung *f* magnetic alloy
Magnetlocher *m* magnetic punch
Magnetnadel *f* magnetic needle
magnetoakustisch magnetoacoustic
Magnetochemie *f* magnetochemistry
Magnetodynamik *f* magnetodynamics
magnetoelektrisch magnetoelectric
Magneto-EMK *f* magneto e.m.f.
Magnetogramm *n* magnetogram
Magnetograph *m* magnetograph *(zum Aufzeichnen des zeitlichen Verlaufs der magnetischen Erdfeldstärke)*
Magnetohydrodynamik *f* magnetohydrodynamics
Magnetohydrodynamikgenerator *m* magnetohydrodynamic (MHD) generator
Magnetohydrodynamikkraftwerk *n* magnetohydrodynamic thermal power station, MHD power station
magnetohydrodynamisch magnetohydrodynamic
magnetomechanisch magnetomechanical
Magnetometer *n* magnetometer
~ mit Abgleichspule null coil magnetometer
~ mit Impedanzänderung impedance magnetometer
~ mit Quecksilberstrahl *m* mercury jet magnetometer
~ mit sättigungsfähigem Kern saturable magnetometer
magnetomotorisch magnetomotive
Magnetooptik *f* magnetooptics
magnetooptisch magnetooptic
magnetoplasmadynamisch magnetoplasmadynamic
Magnetorotation *f* magnetooptic rotation *(Drehung der Polarisationsebene)*
Magnetoskop *n* magnetoscope
Magnetostatik *f* magnetostatics
magnetostatisch magnetostatic
Magnetostriktion *f* magnetostriction
Magnetostriktionsempfänger *m* magnetostriction receiver
Magnetostriktionssender *m* magnetostriction transmitter
magnetostriktiv magnetostrictive
Magnetplatte *f* magnetic disk, platter
~/flexible diskette, floppy disk, [magnetic] flexible disk
Magnetplattenaufzeichnung *f* magnetic disk recording

Magnetplattenspeicher *m* magnetic-disk memory (store)
Magnetpol *m* magnetic pole
Magnetprüfer *m* magnet tester
Magnetpulver *n* ferromagnetic powder
Magnetpulverprüfung *f*, **Magnetpulververfahren** *n* magnetic particle test, magnaflux method *(zerstörungsfreie Werkstoffprüfung)*
Magnetron *n* magnetron
~/betriebsfertiges packaged magnetron
~ für dielektrische Erwärmung magnetron for dielectric heating
~/inverses inverted magnetron
~ mit Doppelkäfig donutron
~ mit Kopplungsbügeln strapped magnetron
Magnetrongenerator *m* magnetron oscillator
Magnetronleistung *f* magnetron power
Magnetronverstärker *m* magnetron amplifier
Magnetrückschluß *m* keeper
Magnetsatz *m* set of magnets
Magnetschalter *m* solenoid[-operated] switch; contactor *(magnetisches Relais)*
Magnetscheibe *f* magnetic disk *(Speicher)*
Magnetschenkel *m* magnet leg (limb)
Magnetschicht *f* magnetic film (layer)
Magnetschrift *f* magnetic writing
Magnetschriftdrucker *m* magnetic printer
Magnetschrifterkennung *f* magnetic ink character recognition
Magnetschriftsortierer *m (Dat)* magnetic character sorter
Magnetschriftzeichen *n* magnetized ink character
Magnetschriftzeichenerkennung *f* magnetic ink character recognition
Magnetschütz *n* magnetic cut-out
Magnetsonde *f* magnetic field probe
Magnetspeicher *m* magnetic memory (store)
Magnetspeicherplatte *f s.* Magnetplatte
Magnetspektrograph *m* magnetic spectrograph
Magnetspule *f* magnet[ic] coil; solenoid coil
Magnetspur *f* magnetic (recording) track
Magnetstab *m* magnetic bar
Magnetstreifen *m* magnetic strip
Magnetstreufeld *n* magnetic stray field
Magnetsummer *m* magnetic buzzer
Magnetsystem *n* magnet[ic] system
Magnettinte *f* magnetic ink
Magnetton *m* magnetic sound
Magnettonaufzeichnung *f* magnetic sound record[ing]
Magnettonband *n* magnetic [recording] tape
Magnettongerät *n* [magnetic] tape recorder, magnetic sound recorder
Magnettonkopieranlage *f* magnetic sound-record copying machine
Magnettontechnik *f* **mit feststehendem Kopf/digitale** digital audio stationary head, DASH
Magnettrommel *f* magnetic drum
Magnettrommelgroßspeicher *m* magnetic drum file memory
Magnettrommelspeicher *m* magnetic drum memory, [magnetic] drum store
Magnettrommelsystem *n* magnetic drum system
Magnetvariometer *n* magnetic variometer
Magnetventil *n* solenoid[-operated] valve
Magnetverstärker *m* magnetic (magneto-resistive) amplifier, transductor; amplistat
Magnetwerkstoff *m* magnetic material
Magnetwicklung *f* magnet winding
Magnetzähler *m* magnetic counter
Magnetzeichenleser *m* magnetic character reader
Magnetzündung *f* magneto ignition
Magnistor *m* magnistor *(magnetisches Halbleiterbauelement mit einer Sperrschicht)*
Mailbox-Prinzip *n (Nrt)* Mailbox principle
Majoritätsemitter *m (El)* majority emitter
Majoritätsentscheidungslogik *f (Syst)* majority decision logic
Majoritätsladungsträger *m (El)* majority [charge] carrier
Majoritätslogik *f (Dat)* majority logic
Majoritätsspiel *n (Syst)* majority game
Majoritätsträger *m (El)* majority [charge] carrier
Majoritätsträgerextraktion *f* majority carrier extraction
Majoritätsträgerkonzentration *f* majority carrier concentration
Majoritätsträgerlebensdauer *f* majority carrier lifetime
Majoritätsträgerstrom *m* majority carrier current
Majoritätsträgerverteilung *f* majority carrier distribution
makeln *(Nrt)* to toggle
Makeln *n (Nrt)* broker's call
Makro *n (Dat)* macro *(Zusammenfassung von Befehlen einer Programmiersprache)*
Makroablauf *m (Dat)* macroaction *(eines Befehls)*
Makroanweisung *f (Dat)* macroinstruction
Makroassembler *m (Dat)* macroassembler, macroassembling program
Makrobefehl *m (Dat)* macroinstruction
Makrobefehlsspeicher *m (Dat)* macroinstruction store (memory)
Makrobibliothek *f (Dat)* macrolibrary, macroinstruction library
Makrobiegung *f* macrobending
Makrogefüge *n* macrostructure
Makrokode *m (Dat)* macrocode
Makrokodierung *f (Dat)* macrocoding
Makrokörper *m (Dat)* macrobody *(Programm)*
Makrokrümmung *f* marcobending
Makropotential *n***[/elektrisches]** macroscopic [electric] potential
Makroprogramm *n (Dat)* macroprogram
Makroprogrammierung *f (Dat)* macroprogramming
Makrosprache *f (Dat)* macrolanguage

Makrozelle *f (Dat)* macrocell
MAK-Wert *s.* Arbeitsplatzkonzentration/maximale
Mammutantenne *f* mammoth aerial
Mangel *m* 1. deficiency; lack; 2. defect, fault
Mangelelektron *n* electron hole
Mangelhalbleiter *m* defect (p-type) semiconductor, hole conductor
Mangelleitfähigkeit *f (El)* hole (p-type) conductivity
Mangelleitung *f (El)* hole (p-type) conduction
Manipulation f/algebraische *(Dat)* algebraic (symbolic) computation
Manipulator *m* manipulator
Mannloch *n* manhole, inspection opening
Manometer *n* manometer, [pressure] gauge
~/piezoelektrisches piezoelectric pressure gauge
Manschette *f* sleeve; collar *(z. B. einer Röhre)*
Manschettendipol *m* sleeve dipole
Manschettenheizkörper *m* ring-type clamp-on heater
Mantel *m* cover, coat; sheath[ing] *(Kabel)*; jacket, shell
~ für Wasserkühlung water-cooling jacket
~/halbleitender semiconducting jacket
~/optischer [fibre] cladding *(eines Lichtwellenleiters)*
Mantelabscheidung *f* cladding deposition *(Lichtwellenleiter)*
Mantelbrechungsindex *m* cladding index *(Lichtwellenleiter)*
Manteldurchmesser *m* cladding diameter *(Lichtwellenleiter)*
Manteldurchmesserabweichung *f* cladding surface diameter deviation
Mantelelektrode *f* covered (coated) electrode
Mantelexzentrizität *f* cladding eccentricity *(Lichtwellenleiter)*
Mantelheizkörper *m* mantle-type heater
Mantelheizung *f* jacket heating
Mantelindex *m* cladding index *(Lichtwellenleiter)*
Mantelkabel *n* sheathed cable
~/papierisoliertes paper-insulated covered cable
Mantelkühlung *f* jacket cooling; jacket ventilation
Mantelleiter *m* external conductor
Mantelleitung *f* light plastic-sheathed cable, nonmetallic-sheathed cable
Mantellicht *n* cladding mode *(Lichtwellenleiter)*
Mantelmaterial *n* cladding material *(Lichtwellenleiter)*
Mantelmittelpunkt *m* cladding centre *(Lichtwellenleiter)*
Mantelmode *f* cladding mode *(Lichtwellenleiter)*
Mantelstrom *m* sheath current *(eines Kabels)*
Manteltemperatur *f* casing temperature
Manteltransformator *m* shell-type transformer
Mantelverlust *m* sheathing loss *(Kabel)*
Mantelwirbelstrom *m* sheath eddies
Mantisse *f (Dat)* mantissa, fixed-point part
MAOS metal-aluminium oxide semiconductor
MAP *s.* Netzprotokoll für Fertigungsautomatisierung
Marconi-Antenne *f* Marconi aerial *(Vertikalantenne)*
Marke *f* mark; label; tag; *(Dat)* sentinel *(Hinweissymbol)*
Markengeber *m* marker [generator], event marker [unit], marking generator
~/kristallgesteuerter crystal marker [generator]
Markengenerator *m s.* Markengeber
Markiereinrichtung *f* marking device
markieren to mark; to label; to tag
Markierer *m (Nrt)* marker
Markiererstufe *f (Nrt)* marking stage
Markierimpuls *m* [event] marker pulse; [screen] marker *(auf Bildschirm)*
Markierkanal *m (Dat)* mark channel
Markierkreis *m* range (distance) marker *(Radarschirm)*
Makierspur *f (Dat)* mark trace; cue track *(z. B. bei Tonfilm)*
Markierung *f* 1. marking; labelling *(z. B. mit Isotopen)*; 2. mark, marker; label; tag
Markierungsabtastung *f (Dat)* mark sensing
Markierungsbake *f* marker beacon
Markierungsbit *n (Dat)* flag bit *(Programmierung)*
Markierungsfunkfeuer *n* radio marker beacon
Markierungsimpuls *m (Nrt)* mark (marker) pulse
Markierungslampe *f* marker lamp *(z. B. Schlußleuchte)*
Markierungslesen *n (Dat)* mark reading (sensing)
Markierungsleser *m (Dat)* mark reader
~/optischer optical mark reader
Markierungspuls *m* marking pulse
Markierungsregister *n (Dat)* flag register
Markierungszeichen *n* mark; flag; *(Dat)* flag bit *(Programmierung)*
Markierwähler *m* marker switch
Markierzeichen *n* cursor, marker
Markierzone *f* marking zone
Marx-Gleichrichter *m* atmospheric rectifier
Marx-Schaltung *f* Marx circuit
Masche *f* 1. *(ET)* mesh *(in Netzwerken)*; delta network *(aus drei Zweigen bestehend)*; 2. *(Syst)* loop
~/geschlossene closed loop
Maschenanode *f* mesh anode
maschenartig mesh-like
Maschengleichung *f* mesh equation
Maschenimpedanzmatrix *f* mesh impedance matrix
Maschenmethode *f* mesh method *(zur Netzwerkberechnung)*
Maschennetz *n* mesh[ed] network, network [system]; *(Nrt)* mesh layout
Maschennetzrelais *n (An)* network relay
Maschennetzschalter *m (An)* network protector
Maschennetztransformator *m (An)* network transformer

Maschenpunktregel *f s.* Maschensatz
Maschenregel *f* mesh rule
Maschensatz *m* Kirchhoff['s] voltage law, second Kirchhoff's law
Maschenschaltung *f* mesh (delta) connection
Maschenstrom *m* mesh current
Maschenstrommethode *f s.* Maschenmethode
Maschenverfahren *n* mesh-current method, loop method
Maschine *f* machine; engine; motor
~/berührungsgeschützte screen-protected machine
~/datenverarbeitende data processor
~/dichte impervious machine
~/elektrische electric machine
~/explosionsgeschützte explosion-proof machine
~/fremdbelüftete externally ventilated machine
~/geeichte calibrated machine
~/gekapselte fremdbelüftete enclosed separately ventilated machine
~/gekapselte selbstbelüftete enclosed self-ventilated machine
~/halbgeschlossene semiguarded machine
~/lernende *(Syst)* learning machine
~/mehrpolige multipolar machine
~ mit Ansaugstutzen/offene open pipe-ventilated machine
~ mit Berührungsschutz screen-protected machine
~ mit Dauermagnet permanent-magnet machine
~ mit Elektromagnet dynamoelectric machine
~ mit glatter Oberfläche plain-surface machine
~ mit Mantelkühlung double-casing machine
~ mit Radiatorkühlung ventilated radiator machine
~ mit Umlaufkühlung machine with closed-circuit ventilation
~ mit Vollpolläufer turbine-type machine
~ mit zwei Wellenenden double-ended machine
~/numerisch gesteuerte numerically controlled machine
~/offene open-type machine
~/programmierte programmed machine
~/selbsterregte self-excited machine
~/strahlwassergeschützte hose-proof machine
~/wasserdichte water-tight machine
~/wassergeschützte waterproof machine
~/wasserstoffgekühlte hydrogen-cooled machine
~/zweipolige bipolar machine
Maschinenadresse *f (Dat)* machine address
Maschinenantrieb *m* machine drive
Maschinenbauteil *n* machine element
Maschinenbefehl *m (Dat)* machine instruction
Maschinendarstellung *f (Dat)* machine (hardware) representation
Maschinendrehmoment *n* engine torque
Maschineneinheit *f (Dat)* machine unit
Maschinenelement *n* machine element
Maschinenfehler *m* machine fault (error)
Maschinengeber *m (Nrt)* automatic transmitter, autotransmitter
Maschinengleichung *f* machine equation
Maschinengröße *f (Dat)* machine variable
Maschinenhaus *n* [electric] power house *(Wasserkraftwerk)*
Maschinenkode *m* machine code, MC, absolute (object, computer) code
maschinenlesbar machine-readable
Maschinennullpunkt *m* machine origin
maschinenorientiert *(Dat)* machine-oriented, computer-oriented *(z. B. Programmsprache)*
Maschinenperiode *f (Dat)* machine cycle
Maschinenpositioniergenauigkeit *f* machine positioning accuracy
Maschinenprogramm *n (Dat)* machine program (routine)
~/allgemeines general routine
Maschinenprogrammierung *f* machine programming
Maschinenprogrammkode *m (Dat)* object code
Maschinenprüfung *f (Dat)* machine (hardware) check
Maschinensatz *m* set [of machines]; *(MA)* cascade set
~/fahrbarer portable set [of machines]
Maschinensender *m (Nrt)* automatic transmitter, autotransmitter
Maschinensendung *f (Nrt)* autotransmission
Maschinensprache *f (Dat)* machine (computer) language, machine code, MC, object language
~/einheitliche common machine language
~/symbolische symbolic machine language
Maschinensteuerung *f* machine control
Maschinenstopp *m* machine (drop dead) halt
~/ungeklärter *(Dat)* hang-up
Maschinenübersetzung *f (Dat)* machine translation
Maschinenvariable *f (Dat)* machine variable
Maschinenvorschubregelung *f* machine feed control
Maschinenwicklung *f* machine winding
Maschinenwort *n (Dat)* machine (computer) word
Maschinenwortlänge *f (Dat)* machine word length
Maschinenzeit *f (Dat)* machine time, computer time
~/verfügbare available machine time
Maschinenzyklus *m (Dat)* machine cycle
Maser *m* maser, microwave amplification by stimulated emission of radiation
~/kontinuierlicher optischer continuous wave optical maser
~/optischer laser, optical maser
Maserausgang *m* maser response
Masergenerator *m* maser generator (oscillator), quantum (molecular) oscillator
Maserinterferometer *n* maser interferometer
Maseroszillator *m s.* Masergenerator
Maserschwingung *f* maser oscillation

Maserstrahl *m* maser beam (ray)
Maserstrahlung *f* maser radiation
Maserübergang *m* maser transition
Maserverstärker *m* maser amplifier
Maske *f (ME, Fs)* mask
~/berührungsfreie out-of-contact mask
~/elektronenlithographisch hergestellte electron-beam mask
Maskenanpassung *f* mask alignment
Maskenanpassungsmikroskop *n* mask alignment microscope
Maskenfarbbildröhre *f (Fs)* shadow mask tube
Maskengenerator *m (Dat)* screen edit generator
Maskenhalter *m* mask holder
Maskenherstellung *f* mask making
Maskenkennzeichnung *f* mask identification
Maskenkontrolle *f* mask control
Maskenkopie *f* mask copy
Maskenkopierverfahren *n* masking technique
Maskenloch *n (Fs)* shadow mask hole *(Farbbildröhre)*
Maskenprogrammierung *f* mask programming
Maskenröhre *f s.* Maskenfarbbildröhre
Maskensatz *m* set of masks
Maskenträger *m* mask carrier
Maskenverfahren *n* masking technique
maskieren *(ME)* to mask
Maskierung *f (ME)* masking
~ gegen Störstellen impurity masking
Maskierungseigenschaft *f (ME)* masking property
Maskierungsschritt *m (ME)* masking step
Maß *n* 1. measure; 2. dimension; 3. gauge
~ der Stabilitätsgüte measure of stability
Maßabweichung *f* dimensional variation; allowance
~/zulässige permissible amount of dimensional variation
Maßanalyse *f*/elektrometrische electrometric titration
~/potentiometrische potentiometric titration
Masse *f* 1. earth, *(Am)* ground *(Erdanschluß)*; 2. mass; 3. compound
~/aktive active mass
~/akustische acoustic inertia (mass), inertance
~ des Elektrons electron mass
~/hochfeuerfeste highly refractory material
~/punktförmig konzentrierte point mass
~/reduzierte reduced mass
~/träge inertial mass
Masseanschluß *m* earthing; mass (frame) connection
Masseband *n* homogeneous tape *(Tonband)*; metal-powder tape, metal-alloy tape
Masseebene *f* earth plane *(Leiterplatten)*
Masse-Energie-Beziehung *f* mass-energy relation
Masse-Feder-System *n (Ak)* mass-and-spring system
massefrei off-earth, floating
Maßeinheit *f* unit [of measurement], measurement unit
~/abgeleitete derived unit
~/technische engineering unit
Maßeinteilung *f* scale *(eines Meßinstruments)*
Massekabel *n* compound-impregnated cable, solid-type cable
~/papierisoliertes paper-insulated compound-impregnated cable
Massekern *m* powdered-iron core, [iron-]dust core
Massekernspule *f* iron-dust core coil
Massemarkierung *f* earth symbol *(Erdanschluß)*
Massenanziehung *f* mass attraction
Massenausgleich *m* balancing of masses *(Auswuchttechnik)*
Massenbeschleunigung *f* mass acceleration
Massendichte *f* **des Plasmas** plasma mass density
Massengesetz *n (Ak)* mass law [of sound insulation]
Massenkraft *f* inertia (inertial, mass) force
Massenmittelpunkt *m* mass centre
Massenspeicher *m* mass memory, mass storage device, file memory, bulk storage
Massenspeichersystem *n* mass storage system
Massenspeicherung *f (Dat)* mass storage
Massenspektrograph *m* mass spectrograph
~ mit Geschwindigkeitsfokussierung velocity focussing mass spectrograph
Massenspektrometer *n* mass spectrometer
180-Massenspektrometer *n* semicircular-focussing magnetic spectrometer
Massenspektrometrie *f* mass spectrometry
Massenspektroskopie *f* mass spectroscopy
Massenträgheit *f* inertia
Massenträgheitsmoment *n* [mass] moment of inertia
Massenvoltameter *n* weight voltameter
Masseschichtwiderstand *m* composition-film resistor
Masseschluß *m* body contact
Masseverbindung *f* earth connection *(Erdanschluß)*; bonder
Massewiderstand *m* composition resistor
~/spezifischer earth resititivity *(Erdanschluß)*
massiv solid; massive
Massivanode *f* solid (heavy) anode
Massivisolation *f* solid insulation
Massivkatode *f* solid cathode
Maßkontrolle *f*/automatische automatic dimension check
Maßstab *m* 1. scale; 2. rule
~/verkleinerter reduced scale
Maßstabsfaktor *m* scale (scaling) factor *(Übertragungsverhältnis, Umrechnungsverhältnis)*
Maßstabsfehler *m* scaling error
Maßstabsfestlegung *f* scaling *(z. B. für Signale)*
maßstabsgerecht scaled, [true] to scale • **~ sein** to be to scale

Maßstabsumrechnung *f* scaling *(Analogrechentechnik)*
Maßstabswahl *f***/automatische** auto-scale, autoscale
Maßsystem *n* system of units *(Zusammensetzungen s. unter* Einheitensystem*)*
Maßtreue *f* pattern fidelity *(der Struktur)*
Maßverkörperung *f* 1. material measure, gauge, standard; 2. material representation [of a unit]
Mast *m* tower, pylon *(für Hochspannungsleitungen)*; mast *(Antenne)*; pole, post
~/angeschuhter shoed pole
~/mit Seilen abgespannter guyed tower
~/roher untreated pole
~/selbsttragender self-supporting tower
Mastabstand *m* span, distance between supports
Mastanker *m* anchor
Mastansatzbeleuchtung *f* slip-fitter street lighting
Mastaufsatzleuchte *f* post-top lantern (luminaire)
Mastausleger *m* cantilever, side arm
Mastausrüstung *f* pole fittings *(Freileitung)*
Mastbeleuchtung *f* tower lighting
Mastbild *n* tower outline
Masterdungswiderstand *m* tower earthing resistance
Master-slave-Anlage *f (Dat)* master-slave system
Master-slave-Anordnung *f (Dat)* master-slave configuration
Master-slave-Betrieb *m (Dat)* master-slave operation *(Verbundsystem mit großer Leistung und Speicherkapazität)*
Master-slave-Einheit *f (Dat)* master-slave unit
Master-slave-System *n (Dat)* master-slave system
Master-slice-Technik *f (ME)* master-slice technology
Mastfundament *n* mast (pole) foundation; tower base
Mastfuß *m* mast base; pole footing (butt) *(Holzmast)*; tower base (footing) *(Stahlmast)*; pylon footing
Mastkopf *m* head of the tower *(Stahlmast)*; head of the pole *(Holzmast)*
Mastkopfbild *n* conductor arrangement, [structure] configuration, tower outline
Mastschaft *m* tower body
Mastschalter *m* mast (pole) switch
Mastschelle *f* pole strap
Mastspitze *f* mast head; point of the pole *(Holzmast)*
Maststrahler *m* mast radiator
Masttransformator *m* pole-mounted transformer
Masttrennschalter *m* pole-type disconnector
Mastübergangswiderstand *m* structure footing resistance
MAT microalloy transistor
Material *n*:
~ des Mantels cladding material *(Lichtwellenleiter)*
~/energieabsorbierendes energy-absorbing material
~/feuerfestes refractory material
~/halbleitendes semiconducting material
~/kriechstromfestes non-tracking material
~/leitfähiges conductive (conducting) material
~/lichtempfindliches photosensitive material
~/lichtleitendes electrooptically active material
~ mit direktem Bandabstand *(El)* direct band gap material
~ mit hohem spezifischem Widerstand high-resistivity material
~ mit indirektem Bandabstand *(El)* indirect band gap material
~/n-leitendes *(El)* n[-type] material
~/p-leitendes *(El)* p[-type] material
~/radioaktives [radio]active material
~/schallabsorbierendes sound-absorbing material, acoustic-absorbing material, sound-deadening material
~/spaltbares fissionable material
Materialabtragrate *f (Ch)* material removal rate
Materialbearbeitung *f* material processing
Materialbearbeitungslaser *m* machining laser
Materialdispersion *f* dispersion of the material
materialeigen *(El)* intrinsic
Materialfehlerprüfung *f* defectoscopy
Materialwanderung *f* 1. material (contact) transfer *(an elektrischen Kontakten)*; 2. creep of material
~ durch Lawinendurchbruch *(El)* avalanche-induced migration, AIM
Materialwelle *f* matter (de Broglie) wave
Materialwiderstand *m* bulk resistance; bulk resistivity
Matrix *f* matrix, array *(Datenstruktur)*
Matrixadressierung *f* matrix addressing
Matrixdruck *m* matrix printing
Matrixdrucker *m* matrix-printer; dot-matrix printer
Matrixkodierer *m* matrix encoder
Matrixpunkt *m* matrix dot
Matrixröhre *f* matrix storage tube
Matrixschaltkreis *m* matrix [integrated] circuit *(Festkörperschaltkreis)*
Matrixspeicher *m* matrix memory (store), array store
~/magnetischer magnetic matrix memory
Matrixstromkreis *m* matrix circuit
Matrize *f* matrix; die; stamper *(für Schallplatten)*
~/positive *(Galv)* positive matrix
Matrizen *fpl***/unsymmetrische** non-symmetrical matrices
matt mat[t], dull *(Oberfläche)*; flat *(z. B. Farbe)*; frosted *(Glas)*; tarnished *(Metall)*
mattätzen to frost *(Glas)*
Matte *f (Ak)* blanket
Mattglas *n* frosted (ground) glass
Mattglasglocke *f* frosted-glass globe
Mattglaskolben *m* frosted[-glass] bulb
Mattglaslampe *f* frosted lamp

Mattglasscheibe *f* frosted-glass pane, ground-glass plate
mattiert frosted; mat[t]
Mattierungsharz *n* matting resin
Mattscheibe *f* 1. *s.* Mattglasscheibe; 2. focussing screen; 3. *(sl) s.* Bildschirm
MAU *s.* Medium-Anschlußeinheit in einem LAN
Maus *f* mouse [device], cursor-steering device; control ball
MAVAR mixer amplifier by variable reactance
Maximalamplitude *f* maximum amplitude
Maximalanodenspannung *f* **in Durchlaßrichtung** peak forward anode voltage
Maximalarbeit *f* maximum work
Maximalauslenkung *f* maximum deflection *(Zeiger)*
Maximalauslösung *f* overcurrent circuit breaking
Maximalausschalter *m* overload circuit breaker
Maximalausschlag *m* maximum deflection *(Zeiger)*
Maximalelektrodenstrom *m* peak electrode current
Maximalfehler *m (Meß)* limiting error
Maximalfeld *n* peak field
Maximalflußdichte *f* peak flux density
Maximalfrequenz *f* maximum frequency
Maximalhub *m* peak deviation, maximum amplitude
Maximalinduktion *f* peak induction
Maximalleistung *f* maximum [available] power; maximum output
Maximal-Minimal-Relais *n* over-and-under-current relay
Maximalrelais *n* maximum [current] relay, overcurrent relay
Maximalschalter *m* maximum current circuit breaker, overload switch
Maximalschwärzung *f (Licht)* maximum density
Maximalstrom *m* maximum current
Maximalstromrelais *n s.* Maximalrelais
Maximaltemperatur *f* maximum temperature
Maximalverstärkung *f (Ak)* maximum [available] gain
Maximalwert *m* maximum [value], peak value
Maximalwertmodulationsmesser *m* peak modulation meter
Maximum *n* maximum; peak • **mit zwei Maxima** double-humped
~/breites broad maximum
~ der Elektrokapillarkurve electrocapillary maximum
~/flaches flat maximum
~/steiles sharp peak
Maximumanzeige *f* maximum indication
Maximumanzeiger *m* peak-reading indicator; demand attachment *(eines Zählers)*
~ mit aussetzender Registrierung restricted hour maximum demand indicator
Maximumdetektor *m* maximum detector *(z. B. zur Zeichenerkennung)*
Maximum-Minimum-Thermometer *n* maximum and minimum thermometer
Maximum-Minimum-Verhältnis *n* peak-to-valley ratio
Maximumpeilung *f* maximum direction finding
Maximumprinzip *n* [Pontrjagin] maximum principle *(Optimierung)*
Maximumregistriergerät *n* maximum recording attachment
Maximumthermometer *n* maximum thermometer
Maximumzähler *m* maximum demand meter
~/schreibender meter with maximum demand recorder
Maximumzeiger *m* maximum pointer
Maxwell-Brücke *f* Maxwell bridge
Maxwell-Feld *n* Maxwell field
Maxwell-Verteilung *f* Maxwell distribution
Maxwell-Wien-Brücke *f* Maxwell-Wien bridge
MAYDAY *(Nrt)* MAYDAY *(internationales Notrufzeichen)*
MCL multicollector logic
MC-Sprache *f s.* Maschinensprache
M-Darstellung *f* M-display *(Radar)*
mechanisch-elektrisch mechanoelectrical, mechanical-electrical
mechanisieren to mechanize
Mechanismus *m*/**servobetätigter** servo-actuated mechanism
Medium *n* medium
~/brechendes refracting medium
~ für Schallausbreitung sound-propagating medium
~/geschichtetes stratifield medium
~/strömendes fluid
Medium-Anschlußeinheit *f* **in einem LAN** medium attachment unit, MAU
Meeresecho *n (FO)* sea returns
Meereswärmekraftwerk *n* ocean temperature-gradient power station
Megaohmmeter *n* megohmmeter *(Messung von Isolationswiderständen)*
Megaphon *n* megaphone
Mehrabschnittsrichtfunksystem *n* multirelay transmission system
Mehrabschnittsrichtfunkverbindung *f* multirelay link
Mehrachsantrieb *m* coupled axle drive
Mehrachsenbahnsteuerung *f* multi-axis continuous-path control, multi-axis contouring control *(z. B. bei Robotern)*
Mehrachsensteuerung *f* multi-axis control *(z. B. bei Werkzeugmaschinen)*
Mehradressenbefehl *m (Dat)* multiple-address instruction, multiaddress instruction
Mehradressenkode *m (Dat)* multiple-address code

Mehradressenruf *m (Nrt)* multiaddress (multiple-address) call
mehradrig multicore, multiwire
Mehranodengleichrichter *m* multianode rectifier
mehranodig multianode
Mehraufgabenbetrieb *m* multitasking
Mehrbandantenne *f* multiband aerial
Mehrbandbetrieb *m (Nrt)* multiband operation
Mehrbereichsinstrument *n* multirange instrument (meter)
Mehrchipgehäuse *n (ME)* multichip package
Mehrchipträger *m (ME)* multichip carrier
Mehrchipuntersystem *n (ME)* multichip subsystem
mehrdeutig ambiguous; multivalued, many-valued
Mehrdeutigkeit *f* ambiguity
~ **der Relaiskennlinie** ambiguity of relay characteristic *(z. B. bei Hysterese)*
Mehrdiensteanschluß *m (Nrt)* multiservice station
Mehrdienstenetz *n (Nrt)* multiservice network
Mehrdrahtantenne *f* multiple-wire aerial
Mehrdrahtauslegeverfahren *n s.* Mehrdrahtlegeverfahren
mehrdrähtig multiple-wire
Mehrdrahtlegeverfahren *n* multiwire processing *(Leiterplattenherstellung)*
Mehrdrahtleiterplatte *f* multiwire [circuit] board
Mehrdrahtleiterzug *m* multiwire conductor
Mehrdrahtschaltung *f* multiwire circuit
Mehrdrahtschaltungsplatte *f s.* Mehrdrahtleiterplatte
Mehrdrahtsteuerung *f* multiwire control
Mehrdrahtverbindungsplatte *f* multiwire interconnection board
Mehrebenenleiterplatte *f* multilevel p.c. board *(s. a.* Mehrlagenleiterplatte*)*
Mehrebenensteuerung *f (Syst)* multilevel control
Mehreinheitenrechner *m* multi-unit computer
Mehrelektrodenofen *m* multielectrode furnace
Mehrelektrodenröhre *f* multielectrode valve
Mehrelektrodensystem *n* multielectrode system
Mehrelektrodenzählröhre *f* multielectrode counter tube
Mehrelektronenproblem *n* multielectron problem
Mehrelementantenne *f* multi-unit aerial
Mehretagenverbindung *f (ME)* multilayer interconnection
Mehrfachabruf *m (Nrt)* multiple polling
Mehrfachabstimmkondensator *m* gang tuning capacitor
Mehrfachabstimmungskreis *m* ganged circuit *(im Gleichlauf)*
Mehrfachadresse *f (Dat)* multiple address
Mehrfachanregung *f* multiple excitation
Mehrfachanschluß *m* multiaccess point, multipoint access; multiaccess line • **mit ~ [versehen]** multiterminal
Mehrfachanschlußapparat *m (Nrt)* multiple-line apparatus
Mehrfachanschlußleitung *f* party line
Mehrfachantenne *f* multi-unit aerial
Mehrfachantennenpeiler *m* spaced aerial direction finder
Mehrfachausbreitung *f s.* Mehrwegeausbreitung
Mehrfachausfall *m* common mode failure *(auf Grund einer gemeinsamen Ursache)*
Mehrfachausnutzung *f (Nrt)* multiplexing, channelling
~ **durch Zeitteilung** time-division multiplex
~ **von Teilnehmerleitungen/hochfrequente** high-frequency multiple use of subscriber's lines
Mehrfachbelichtung *f* multiple exposure
Mehrfachbeschichtung *f* multilayer coating
Mehrfachbetätigung *f* **von Tasten** roll-over *(Dateneingabe)*
Mehrfachbetrieb *m (Nrt)* multiplexing, multiplex operation
Mehrfachblitz *m* multiple stroke
Mehrfachbus *m (Dat)* multiple bus
Mehrfachbusstruktur *f* multiple-bus structure
Mehrfachdrehkondensator *m* gang[ed] capacitor
Mehrfachdruckmaschine *f* multiple printing machine
Mehrfachecho *n (FO)* multiple (flutter) echo
Mehrfacheinspeisung *f* multiple feed
Mehrfachelektrode *f* multiple electrode, polyelectrode
Mehrfachemittertransistor *m* multiemitter transistor
Mehrfachempfang *m (Nrt)* multipath (multiplex) reception; diversity reception
Mehrfach-Endgeräteanschluß *m* multi-terminal installation
Mehrfacherdschluß *m* multiple earth (ground) fault
Mehrfacherregung *f* multiple excitation
Mehrfachfestkondensator *m* capacitor bank
Mehrfachfilter *n* compound filter, multifilter
Mehrfachfrequenzumtastung *f (Nrt)* multiple frequency shift keying
Mehrfachfunkenstrecke *f* multiple spark gap
Mehrfachfunktelegramm *n* multiple radiotelegram
Mehrfachfunktionselement *n* multifunction device
Mehrfachgebührenerfassung *f* repetitive metering
Mehrfachgleichrichter *m* multiple rectifier
Mehrfachhebelschalter *m* tandem knife switch
Mehrfachimpulsgenerator *m* multiple-pulse generator
Mehrfachinstrument *n s.* Mehrfachmeßgerät
Mehrfachinterferenz *f* multiple-beam interference
Mehrfachionisierung *f* multiple ionization
Mehrfachkabelanordnung *f* multicable arrangement
Mehrfachkondensator *m* multiple[-unit] capacitor, gang[ed] capacitor
Mehrfachkontakt *m* multiple contact; *(Nrt)* hunting contacts

Mehrfachkoppler *m (Dat, Nrt)* multiplexer
Mehrfachleitung *f* multiple (multiwire) line
Mehrfachleitungswähler *m (Nrt)* private branch exchange final selector
Mehrfachmeßgerät *n* universal measuring instrument, multipurpose instrument (meter), multimeter
Mehrfachmodellverfahren *n (Syst)* multiple-model technique
Mehrfachmodulation *f (Nrt)* multiple (compound) modulation, multiplex modulation *(Frequenzfilterung)*
Mehrfachnebenstellenanlage *f (Nrt)* multi-PBX
Mehrfachnebenwiderstand *m* universal (Ayrton) shunt *(für Galvanometer)*
Mehrfachplayback *n* multi-playback
Mehrfachpotentiometer *n* gang[ed] potentiometer
Mehrfachprogramm *n (Dat)* multiprogram
~/automatisches automatic multiprogram
Mehrfachprogrammierung *f (Dat)* multiprogramming
Mehrfachprozessor *m* multiprocessor
Mehrfachprozessoranordnung *f* multiple-processor configuration
Mehrfachpunktschreiber *m* multipoint recorder
Mehrfachrahmenpeiler *m* spaced loop direction finder
Mehrfachrechnersystem *n* polyprocessor system
Mehrfachreflexion *f* multiple (zigzag) reflection, multireflection
Mehrfachrhombusantenne *f* multiple rhombic aerial
Mehrfachröhre *f* multiple[-unit] valve, multi-unit valve
Mehrfachsammelschiene *f* multiple bus
Mehrfachscanning *n* multiple-spot scanning
Mehrfachschalter *m* multiple switch, gang[ed] switch
Mehrfachschicht *f* multilayer
~/dielektrische multilayer dielectric coating
Mehrfachschreiber *m* multiple recorder
Mehrfachskale *f* combination scale
Mehrfachsprengeinheit *f* multiple-shot blast unit
Mehrfachsteckdose *f* multiway socket outlet
Mehrfachstecker *m* multiple [outlet] plug, multipoint (multicontact) plug *(Kontaktleiste)*; multipoint (multiway) connector; socket-outlet adapter
Mehrfachsteckverbinder *m* multipoint (multiway) connector *(s. a.* Mehrfachstecker*)*
Mehrfachstrahlinterferenz *f* multiple-ray interference
Mehrfachstreuung *f* multiple scattering
Mehrfachstromkreis *m* multiple circuit
Mehrfachtarif *m* multiple rate (tariff)
Mehrfachtarifschalter *m* multirate (multiple tariff) switch
Mehrfachtarifzähler *m* multiple tariff meter
Mehrfachtelefonie *f* multiple (multiplex) telephony
Mehrfachtelegraf *m* multiple (multiplex, multichannel) telegraph
~ in Gabelschaltung split-multiplex telegraph
~ in Staffelschaltung series multiplex telegraph
Mehrfachtelegrafie *f* multiple telegraphy
Mehrfachträgerfrequenz-Fernsprecheinrichtung *f* multichannel carrier telephone system
Mehrfachübermittlungsverfahren *n* multilink procedure
Mehrfachübertragung *f* 1. *(Nrt)* multiplex (multiple) transmission; 2. multipath transmission
Mehrfachverarbeitung *f (Dat)* multiprocessing
Mehrfachverbindung *f* multiple junction; *(Nrt)* multipoint link
Mehrfachverkehr *m (Nrt)* multiplexing
Mehrfachverstärker *m* multiple (multistage) amplifier
Mehrfachverteiler *m (Nrt)* multiplex distributor mechanism
Mehrfach-Vielpolschalter *m* multiple multipole circuit breaker
Mehrfachwicklung *f* multiple winding
Mehrfachzählung *f (Nrt)* multimetering, multiple metering (registration)
~ durch Impulse pulse multimetering
Mehrfachzugriff *m (Dat)* multiple access
Mehrfachzuleitung *f* multiple feeder
Mehrfachzuweisung *f (Nrt)* multiple assignment
Mehrfadenlampe *f* multiple-filament lamp, multi-filament light bulb
Mehrfaserkabel *n* multifibre cable
Mehrfrequenzenzeichen *n (Nrt)* compound signal
Mehrfrequenzkodewählverfahren *n (Nrt)* multifrequency code signalling method
Mehrfrequenzrufgenerator *m (Nrt)* multifrequency ringing generator
Mehrfrequenzsignalgabesystem *n (Nrt)* multifrequency signalling system
Mehrfrequenzsystem *n (Nrt)* multifrequency system
Mehrfrequenztastenwahl *f (Nrt)* voice frequency key sending
Mehrfrequenz-Tastenwahlblock *m* multifrequency key pad, frequency push-button dial
Mehrfrequenzwahlfernsprecher *m* tone-dialling telephone
Mehrfrequenzzeichen *n (Nrt)* compound signal
Mehrgangpotentiometer *n (Meß)* helipot
Mehrgitterröhre *f* multigrid (multiple-grid) valve; multielectrode valve
Mehrgrößenregelung *f (Syst)* multiple (multivariable) control
Mehrgrößenregelungssystem *n* multivariable control system, multidimensional system
Mehrgrößenregler *m/selbsttätiger* *(Syst)* automatic combination controller
Mehrgrößensteuerung *f (Syst)* multiple control
Mehrgrößensystem *n (Syst)* multidimensional system

Mehrheitslogik *f (Dat)* majority logic
Mehrheitsträger *m s.* Majoritätsträger
Mehrkabelanordnung *f* multicable arrangement
Mehrkammerelektronenstrahlofen *m* multichamber electron beam furnace
Mehrkammerklystron *n* multicavity klystron
Mehrkammermagnetron *n* multicavity (multisegment) magnetron
Mehrkanalanalysator *m* multichannel analyzer
Mehrkanalbetrieb *m (Nrt)* multiplexing, multiplex operation
Mehrkanaleinrichtung *f* multiplexing equipment
Mehrkanalfernmeldesystem *n* multichannel communication system
Mehrkanalfernsehen *n* multichannel television
Mehrkanalfernsprechen *n* multichannel telephony
Mehrkanalfunkenerosionstechnik *f* multichannel electroerosion technique
Mehrkanalgerät *n (Nrt)* multiplex[ing] equipment, multichannel equipment
mehrkanalig multichannel
Mehrkanalkabel *n* multichannel cable
Mehrkanallautsprecheranlage *f* multichannel loudspeaker [system]
Mehrkanalmagnetbandgerät *n* multichannel tape recorder
Mehrkanalmeßschreiber *m* multichannel recorder
Mehrkanalregler *m* multichannel controller
Mehrkanalsystem *n* **mit unabhängigen Seitenbändern** *(Nrt)* independent sideband multichannel system
Mehrkanalträgerfrequenztelefonie *f* multiplex carrier-current telephony
Mehrkanalübertragung *f* multichannel transmission
Mehrkanalverstärker *m* multichannel amplifier
Mehrkomponentenisolation *f* composite insulation
Mehrkomponentenplasma *n* multicomponent plasma
Mehrkontaktrelais *n* multicontact relay
Mehrkreisempfänger *m* multituned circuit receiver
Mehrkreisfilter *n* multicircuit filter, multisection filter [circuit]
Mehrladungszustand *m (ME)* multiple-charge state
Mehrlagenleiterplatte *f* multilayer printed circuit (wiring) board, multilayer p. c. board, multilayer [circuit] board
~/durchkontaktierte (durchmetallisierte) plated-through-hole multilayer printed circuit board
~/gemaserte measled multilayer printed circuit board
~ mit einfacher Durchkontaktierung simple through-hole [p.c.] board
~ mit Innenlagenverbindung through-hole board with intermediate connections
~/verpreßte composite board, laminate
Mehrlagenleiterplattendicke *f* multilayer board thickness
Mehrlagenleiterplattenloch *n* multilayer hole
Mehrlagenleiterplattensteckkarte *f* multilayer printed circuit daughter board
Mehrlagenleiterplattentechnik *f* multilayer board technology, multi-layering
Mehrlagenphotokatode *f* multilayer photocathode
Mehrlagenplatte *f s.* Mehrlagenleiterplatte
Mehrlagenrückverdrahtungsplatte *f* multilayer back panel, grandmother board
Mehrlagenschaltung *f* 1. multilayer circuitry; 2. multilayer circuit
Mehrlagenspule *f* multilayer coil
Mehrlagenwicklung *f* multilayer winding
mehrlagig multilayer[ed], multi-ply
Mehrlampenleuchte *f* multiple-lamp fitting
Mehrleiterantenne *f* multiple-wire aerial
Mehrleitergleichstromnetz *n* multiple-wire d.c. system
Mehrleitergürtelkabel *n* belted [insulation] cable
Mehrleiterkabel *n* multiconductor (multicore) cable
Mehrleitersystem *n* multiconductor (multiple-conductor, multiwire) system
Mehrlochferritkern *m* multiaperture ferrite core
Mehrlochkanal *m (Nrt)* multiple-duct conduit, multiple-way duct
Mehrlochkern *m* multiaperture core, transfluxor
Mehrlochkernlogik *f* transfluxor logic
Mehrmikroprozessorsystem *n (Dat)* multimicroprocessor system
Mehrmodenfaser *f* multimode fibre
Mehrmodenlichtwellenleiter *m* multimode optical fibre
Mehrmotorenantrieb *m* multimotor drive
Mehrphasengenerator *m* polyphase generator
Mehrphasengleichrichter *m* polyphase rectifier
Mehrphasenimpulsgenerator *m* polyphase pulse generator
Mehrphaseninduktionsmotor *m* polyphase induction motor
Mehrphasenleistungsmesser *m* polyphase power meter
Mehrphasenmaschine *f* polyphase machine
Mehrphasenmotor *m* polyphase motor
Mehrphasennebenschlußmotor *m* polyphase shunt commutator motor
~/ständergespeister double-fed polyphase shunt commutator motor
Mehrphasennetz *n* polyphase power system
Mehrphasenreihenschlußmotor *m* polyphase series commutator motor
~ mit Zwischentransformator polyphase series commutator motor with rotor transformer
Mehrphasenrelais *n* polyphase relay
Mehrphasensammelschiene *f* polyphase bus
Mehrphasenschaltung *f* polyphase circuit
Mehrphasensteller *m* polyphase chopper
Mehrphasenstrom *m* polyphase current

Mehrphasenstromkreis *m* polyphase circuit
Mehrphasensynchrongenerator *m* polyphase synchronous generator
Mehrphasensystem *n*/**symmetrisches** symmetrical polyphase system
Mehrphasentransformator *m* polyphase transformer
Mehrphasenwattmeter *n* polyphase wattmeter
Mehrphasenwechselstrom *m* polyphase alternating current
Mehrphasenwicklung *f* polyphase winding
Mehrphasenzähler *m* polyphase watt-hour meter
mehrphasig polyphase, multiphase, many-phase
Mehrpol *m* multipole
mehrpolig multipolar, multipole; multiterminal
Mehrpolleitwertmatrix *f* multipole admittance matrix
Mehrprogrammbetrieb *m* multiprogramming, multi-job operation
Mehrprozessor *m s.* Multiprozessor
Mehrpunkt-Konferenzsystem *n* multipoint conference system
Mehrpunktregelung *f (Syst)* multipoint control
Mehrpunktregler *m (Syst)* multipoint (multiposition, multistep) controller
Mehrpunktsignal *n (Syst)* multipoint signal
Mehrpunktverbindung *f (Nrt)* [centralized] multiendpoint connection
Mehrpunktverhalten *n (Syst)* multipoint (multistep) action
Mehrquadrantenantrieb *m (MA)* multiquadrant drive
Mehrrechnersystem *n (Dat)* multicomputer system
Mehrrohrdurchführung *f* composite bushing *(aus mehreren Dielektrika)*
Mehrröhrenempfänger *m* multivalve receiver
Mehrscheibenkupplung *f* multidisk clutch
Mehrschichtenfilter *n* multilayer filter
Mehrschichtenkonstruktion *f* sandwich construction
Mehrschichtenplatte *f* sandwich panel
Mehrschichtenstruktur *f* multilayer structure
Mehrschichtenwicklung *f* multilayer winding
mehrschichtig multilayer[ed], multi-ply; laminated
Mehrschichtkatode *f* multilayer cathode
Mehrschichtresist *n (ME)* multilayer resist
Mehrschichtschaltung *f* multilayer circuit
Mehrschichttechnik *f* multilayer technique
Mehrschichtüberzug *m (Galv)* multicomponent (combined) coating
Mehrschlitzmagnetron *n* multislot magnetron
Mehrschrittalgorithmus *m (Dat)* multistep algorithm
Mehrsondenmanipulator *m* multiprobe manipulator
Mehrsondentester *m* multiprobe tester
Mehrsondenvorrichtung *f* multiprobing fixture (tool)
Mehrspulenrelais *n* multicoil relay
Mehrspuraufzeichnung *f* multitrack recording
mehrspurig multitrack, multiple-track, multitrace
Mehrspurmagnetkopf *m* multitrack head, multiple [magnetic] head, head stock
Mehrstabdipolantenne *f* multirod dipole aerial
Mehrstellenumschalter *m* multipoint selector
Mehrstellenwiderstandsschweißung *f* multiple resistance welding
Mehrstrahlelektronenröhre *f* multigun cathoderay tube
Mehrstrahloszillograph *m* multibeam oscillograph (oscilloscope)
Mehrstrahlröhre *f* multibeam tube
Mehrstromgenerator *m* multiple-current generator
Mehrstufenentscheidungsprozeß *m (Syst)* multistage decision process
Mehrstufenröhre *f* multistage tube
Mehrstufenverstärker *m* multistage (cascade) amplifier, multiple-stage amplifier
Mehrstufenvervielfacher *m* multistage multiplier
mehrstufig multistage, multi-stage
Mehrsystemröhre *f* multisection valve; multiple[-unit] valve, multi-unit valve
Mehrtarifzähler *m* multirate meter
Mehrteilchensystem *n* many-particle system
Mehrtor *n* n-port network
Mehrverdrahtungsverfahren *n* multiwire technique
Mehrwegeausbreitung *f (Nrt)* multipath propagation
Mehrwegeempfang *m* multipath reception
Mehrwegereflexion *f* multipath reflection
Mehrwegeschalter *m* multiple-unit switch
Mehrwegeübertragung *f (Nrt)* multipath transmission
Mehrwegeübertragungssystem *n (Nrt)* multipath communication system
Mehrwegeverzerrung *f (Nrt)* multipath distortion
mehrwegig multipath *(Ausbreitung)*; multichannel
Mehrwegverzweigung *f* multiway branch
Mehrwegvielpolschalter *m* multichannel multipole switch
Mehrwertdienst *m (Nrt)* value-added service
Mehrwertnetz *n* value-added network
Mehrwortbefehl *m (Dat)* multiword instruction
Mehrzeilendruck *m (Dat)* multiple-line printing
Mehrzonendurchlaufofen *m* multizone continuous furnace
Mehrzweckchip *m (El)* multipurpose chip
Mehrzweckkernspeicher *m* general-purpose core memory
Mehrzweckleuchte *f* multipurpose fitting
Mehrzweck-Mehrbereich-Instrument *n* universal measuring instrument
Mehrzweckpunktschweißmaschine *f* multipurpose spot welding machine
Mehrzweckrechner *m (Dat)* multipurpose (universal) computer

Mehrzweckregler *m (Syst)* all-purpose controller
Mehrzwecksimulationssystem *n (Syst)* general-purpose system simulator
Mehrzweckstudio *n* multipurpose studio *(für Musik- und Sprachaufnahmen)*
Mehrzweckverdrahtungsplatte *f* universal wiring board
Mehrzweckverstärker *m* general-purpose amplifier
Mehrzweckverwendung *f* general-purpose use
Meißner-Oszillator *m* Meissner oscillator
Meißner-Schaltung *f* Meissner circuit, feedback oscillator circuit
Meisterkarte *f (Dat)* master (guide, register) card
Meisterschalter *m* master controller (switch); auxiliary controller
Meisterwalze *f* master controller; barrel controller *(bei Anlaßschaltern)*
Meist-Lese-Speicher *m* read-mostly memory, RMM
Mel *n* mel *(Kennwort für frequenzabhängige empirisch ermittelte Tonhöhenempfindungen; Kurzzeichen: mel)*
Melaminharz *n* melamine resin
Meldeamtsbetrieb *m (Nrt)* direct record working
Meldedauer *f (Nrt)* answer-signal delay
Meldefernplatzbetrieb *m (Nrt)* combined line and recording operation
Meldelampe *f* lamp repeater
Meldeleitung *f (Nrt)* control line (circuit), record [operator's] line, record telling circuit
~ **zur Bildkontrolle** vision control circuit
Meldeleuchte *f* signal lamp; indicating lamp
melden to signalize, to signal; to indicate
~**/sich** *(Nrt)* to answer
Meldeplatz *m (Nrt)* [trunk] record position
Melderelais *n* signal (indicator) relay *(Anzeigerelais)*; *(Nrt)* supervisory (pilot) relay
Meldeschalter *m* auxiliary switch; *(Nrt)* pilot switch
Meldesignal *n* reply [signal]
Meldestromkreis *m* signal circuit
Meldetafel *f* signal board; indicator board (panel)
Meldetisch *m (Nrt)* recording desk
Meldeverteiler *m (Nrt)* position distributor
Meldeverzug *m (Nrt)* answering delay
Meldezeichen *n (Nrt)* alarm signal
Meldung *f (Nrt)* message
~ **über Nichtzustellbarkeit** advice of non-delivery
Meldungsbehandlung *f* signalling message handling
Meldungslenkung *f* message routing
Meldungsunterscheidung *f* message discrimination
Membran *f* membrane, diaphragm
~**/eingespannte** stretched diaphragm
~**/semipermeable** semipermeable membrane
Membranakkumulator *m* diaphragm accumulator, membrane battery
Membranantrieb *m* diaphragm actuator (drive) *(z. B. Stellmotor)*
Membranbruchsicherung *f (An)* pressure-relief diaphragm
Membrandämpfung *f* diaphragm damping
Membrandeckel *m* diaphragm cap
Membranelektrode *f* membrane electrode
Membrangleichgewicht *n* membrane equilibrium
Membrankondensator *m* membrane capacitor
Membranlautsprecher *m* diaphragm loudspeaker
Membranmotor *m* diaphragm motor *(Pneumatik)*
Membranpotential *n* membrane potential
Membranrelais *n* diaphragm relay
Membranschalter *m* membrane [touch] switch
Membranschwingung *f* diaphragm oscillation
Membransteifigkeit *f* diaphragm stiffness
Membranstellglied *n* membrane actuating mechanism
Membranventil *n* diaphragm (membrane) valve
Membranverstärker *m* membrane amplifier *(Pneumatik)*
Membranwiderstand *m* membrane resistance
Memistor *m* memistor, memory resistor
Menge *f* 1. quantity, quantum, amount; 2. collection *(Mathematik)*
~**/abzählbare** countable collection (set), enumerable collection (ensemble)
~**/unscharfe** fuzzy set
Mengenmesser *m* quantity meter; flow meter (gauge)
Mengenregelung *f* quantity control; flow control
Meniskus *m***/sammelnder** converging (concavo-convex) meniscus
~**/streuender** divergent (convexo-concave) meniscus
Mensch-Maschine-Beziehung *f (Dat)* man-machine relationship
Mensch-Maschine-Dialog *m (Dat)* operator-computer dialogue
Mensch-Maschine-Kommunikation *f* man-machine communication, MMC
Mensch-Maschine-Schnittstelle *f* man-machine interface
Mensch-Maschine-System *n (Dat)* man-machine system
Menü *n* menu *(auf dem Bildschirm ausgegebene Zusammenstellung von Programmfunktionen zur Benutzerführung)*
Menüfeld *n* menu field
menügeführt, menügesteuert menu-assisted, menu-driven
Menüverfahren *n* menu method
Merker *m* flag, marker
Merkmal *n* feature; characteristic [sign]; criterion
Merkmalsextraktion *f*, **Merkmalsgewinnung** *f (Dat)* feature extraction
meromorph meromorphic *(Funktionentheorie)*
Mesaanordnung *f (ME)* mesa configuration

Mesadiode *f* mesa diode
~ **mit Lawinen- und Laufzeiteffekt** avalanche transit-time diode
Mesastruktur *f (ME)* mesa structure
Mesatechnik *f (ME)* mesa technique
Mesatransistor *m* mesa transistor
Mesatransistortechnik *f* mesa transistor technology
MESFET *m* metal-semiconductor field-effect transistor, MESFET
Meßader *f* pilot wire *(Kabel)*; pressure wire *(im Druckkabel)*
Meßanlage *f* measuring equipment
Meßanordnung *f* measuring arrangement (set-up), test (experimental) set-up
Meßanschluß *m* test connector
Meßantastspitze *f* probe
Meßantenne *f* test aerial
Meßanzapfung *f* **einer Kondensatordurchführung** capacitor bushing tap
Meßart *f* measurement mode
Meßausrüstung *f* measuring (measurement) equipment
Meßbatterie *f* test[ing] battery
Meßbereich 1. measuring range, range of measurement; 2. *s.* ~/effektiver
~ **des Instruments** instrument (meter) range; [meter] scale range *(einer Skale)*
~/**effektiver** effective (measuring, working) range *(im Gegensatz zum Anzeigebereich)*; effective part of scale
Meßbereichseinstellung *f*/**automatische** autoranging
Meßbereichsendwert *m* full-scale reading, rating *(auf der Skale)*
Meßbereichserweiterung *f* range extension
Meßbereichsgrenze *f*/**obere** maximum capacity
~/**untere** minimum capacity
Meßbereichsnennwert *m* rating
Meßbereichs[um]schalter *m* meter [scale] switch, range switch
Meßbereichsumschaltung *f* range changing (shifting)
Meßblende *f* orifice [plate]
Meßbrücke *f* [measuring] bridge
~ **für Gegeninduktivitäten** mutual induction bridge
~/**Maxwellsche** Maxwell bridge
~/**Maxwell-Wiensche** Maxwell-Wien bridge
~ **mit dekadischer Unterteilung** decade bridge
~ **mit Digitalanzeige** digital read-out bridge
~/**selbstabgleichende** self-balancing bridge
Meßbrückenverstärker *m* bridge amplifier
Meßbürste *f* pilot brush
Meßdaten *pl* measurement data
Meßdatenauswertung *f* measurement data evaluation
Meßdiagonale *f* galvanometer arm *(Meßbrücke)*
Meßdraht *m* pilot wire *(Kabel)*; slide wire *(Brückenschaltung)*
Meßeinheit *f* measuring (measurement) unit *(einer technischen Einrichtung)*
Meßeinrichtung *f* measurement device (equipment, facility, set-up), measuring apparatus (equipment)
~/**akustische** sound-measuring instrumentation (instrument, device)
~/**automatische** automatic measuring device
~ **für Impulslärm** impact-noise analyzer
Meßelektrode *f* measuring electrode
Meßelement *n* measuring element; sensor, sensing element
Meßempfindlichkeit *f* measuring sensitivity
messen to measure, to meter; to gauge; to sense
~/**die Zeit** to time
~/**Licht** to photometer
Messen *n*/**berührungsloses** non-contacting measurement
~/**rechnergestütztes** computer-assisted [automated] measurement; computer-aided testing, CAT
Meßerdleiteranschluß *m* measuring earth terminal
Meßergebnis *n* result of measurement, measuring (test) result, test reading
~/**korrigiertes** corrected result [of a measurement]; measured value [of a quantity]
~/**vorgetäuschtes** measurement artifact
Messerkontakt *m* knife [blade] contact
Messerleiste *f* male multipoint connector; multipoint (multiple) plug; edge connector
Messerschalter *m* knife [blade] switch
Messerzeiger *m* knife-edged pointer
Meßfehler *m* measuring (metering) error, error of (in) measurement
~ **durch Umgebungsbedingungen (Umwelteinflüsse)** environmental error
~/**wahrscheinlicher** probable measuring error
Meßfilter *n (Nrt)* reference filter
Meßfläche *f* measuring face, testing surface
Meßfleck *m* measuring dot
Meßfolge *f* measurement sequence
Meßfrequenz *f* measuring frequency; test frequency
Meßfühler *m* [measuring] sensor, measuring (sensing, detecting, primary) element, detector; [measuring] probe, sensing head; pick-off, pickup *(im Sinne von Geber)*
~/**kapazitiver** dielectric gauge *(mit Dielektrikumänderung)*
~ **ohne Hilfsenergie** self-generating sensor, detecting element
~/**photoelektrischer** photoelectric gauge
~/**Wirbelstrom ausnutzender** eddy current gauge
Meßfühlerring *m* sensing coil
Meßfühlerwirkprinzip *n* sensor performance
Meßfunkenstrecke *f* measuring (calibrated) spark gap

~/horizontale horizontal [ball] spark gap
Meßgeber *m* 1. *(Ak)* pick-up; 2. *s.* Meßwertgeber
Meßgenauigkeit *f* measurement accuracy (precision), [measuring] accuracy
Meßgenerator *m* measuring generator, [standard-]signal oscillator, test signal oscillator, signal generator
~ mit einem Bereich single-range signal generator
Meßgerät *n* measuring device (instrument, apparatus, unit), meter; gauge *(s. a. unter* Meßinstrument*)*
~/analog anzeigendes analogue [measuring] instrument
~/anzeigendes indicating [measuring] instrument
~/digital anzeigendes digital [measuring] instrument
~/direktanzeigendes direct-reading meter, indicating instrument
~/eingebautes built-in meter
~/elektronisches electronic instrument
~ für Spitzenmodulation peak modulation meter
~/integrierendes integrating [measuring] instrument
~/kombiniertes *(ME)* integrated circuit tester
~ mit Einhandbedienung hand-held meter
~ mit Fasersensor fibre-optic measuring instrument
~ mit Gleichrichter rectifier instrument
~ mit Mittennullpunkt nullmeter
~/registrierendes (schreibendes) recording [measuring] instrument, graphic (self-registering) meter, recorder
~/summierendes totalizing [measuring] instrument
~/thermoelektrisches thermocouple instrument, thermoinstrument
~/tragbares portable instrument
~ zur Weitergabe einer Einheit transfer instrument
Meßgerätanschluß *m* meter terminal
Meßgerätanzeige *f* meter indication (reading)
Meßgeräteeichung *f* instrumentation calibration
Meßgerätekorrektur *f* instrumentation correction
Meßgerätesatz *m* set of instruments, measuring set
~/kombinierbarer test gear
Meßgerätklemme *f* meter terminal
Meßgerätverstärker *m* meter amplifier
Meßgleichrichter *m* measuring rectifier, meter rectifier
Meßglied *n* measuring (pick-off) element; detector *(s. a.* Meßfühler*)*; discriminating element
~ für die Regelabweichung error-sensing device
Meßgröße *f* quantity to be measured; quantity being measured, quantity under measurement; measurable variable; measured quantity (value)
Meßgrößenwandler *m* measuring transformer
~/piezoelektrischer piezoelectric transducer
Meßimpedanz *f* detection impedance
Meßimpuls *m* test pulse
Messing *n* brass
Messingblech *n* sheet brass
Meßingenieur *m* measurement engineer
Messinggehäuse *n* brass housing
Messinglot *n* brass solder
Messingnetz *n* brass gauze
Meßinstrument *n* measuring instrument, meter *(s. a. unter* Meßgerät*)*
~/eisengeschlossenes iron-core instrument
~/elektrisches electric meter
~/faseroptisches fibre-optic measuring instrument
~ für absolute Messungen instrument for absolute measurement
~ für wissenschaftliche Zwecke scientific measuring instrument
~/idiostatisches idiostatic instrument
~/indirekt arbeitendes indirect-acting instrument
~ mit rechteckigem Frontrahmen edgewise instrument
~ mit unterdrücktem Nullpunkt suppressed-zero measuring instrument, inferred-zero instrument, set-up scale instrument, segmental meter
~/träges sluggish measuring instrument
~/unabhängiges self-contained instrument
Meßinstrumentenkonstante *f* [instrument] constant
Meßkabel *n* measuring cable; test lead (cable)
Meßkante *f* metering edge
Meßkette *f* measuring sequence
Meßklemme *f* test terminal
Meßkoffer *m* test set, measurement kit
Meßkondensator *m* precision capacitor *(Kapazitätsnormal)*
Meßkondensatorenbatterie *f* capacitance box *(im geschlossenen Gehäuse)*
Meßkondensatorsatz *m* **in Kurbelschaltung** switch capacitance box
Meßkopf *m* measuring head; sensing head, sensor; gauging head; probe
~/aperiodischer untuned measuring head
Meßkopfhörer *m* audiometer earphone
Meßkreis *m* measuring circuit; test[ing] circuit, pilot circuit
Meßleitung *f* measuring line; *(Nrt)* s-wire, c-wire
~/geschlitzte slotted line *(Wellenleiter)*
~/schlitzlose non-slotted line *(Wellenleiter)*
~/symmetrische balanced measuring line
Meßleitungsdetektor *m*/**mitlaufender** travelling detector
Meßmarke *f* measuring mark; strobe marker
Meßmembran *f* measuring diaphragm
Meßmethode *f* measuring method (technique)
~/absolute absolute (fundamental) method of measurement
~/direkte direct method of measurement
~/indirekte indirect method of measurement
~ mit direktem Vergleich direct-comparison method of measurement

Meßmikrofon *n* measuring (measurement) microphone
Meßmittel *npl* measuring means (instruments)
Meßmittelart *f* category of measuring instruments
Meßmittelbeglaubigung *f* measuring instrument verification
Meßmittelfehler *m* instrument error
Meßmittelkonstante *f* instrument constant, constant of a measuring instrument
Meßmittelprüfung *f* examination of measuring instruments, measuring instrument verification
Meßmodulator *m* measuring modulator
Meßnebenwiderstand *m* instrument shunt
Meßnormal *n* laboratory standard
Meßobjekt *n* unit under test; target
Meßort *m* measuring position, measurement (test) location
Meßpegel *m* test level; absolute level
Meßperiode *f* measuring period
Meßplan *m* **für periodische Messungen** schedule of periodic tests
Meßplatz *m* measuring set[-up]
Meßpotentiometer *n* [range] potentiometer *(Pegelschreiber)*
Meßpraxis *f* testing technique
Meßprinzip *n* 1. principle of measurement, measuring principle; 2. sensor performance
Meßpunkt *m* measuring (test) point
Meßrad *n* odometer
Meßraum *m* measuring room; test room
Meßreihe *f* measurement (test) series; run; series of readings
~ **zur Bestimmung der Frequenzabhängigkeit** frequency run
Meßrelais *n* measuring (metering) relay
~ **mit abhängiger Zeitkennlinie** dependent-time measuring relay
~ **mit unabhängiger Zeitkennlinie** independent-time measuring relay
~**/unverzögertes** instantaneous measuring relay
~**/zeitabhängiges** *s.* ~ mit abhängiger Zeitkennlinie
Meßschallplatte *f* gliding-frequency record
Meßschalter *m* measuring switch; instrument switch *(am Instrument)*
Meßschaltung *f* measuring (metering) circuit; gauging circuit
Meßschaltzeit *f* measured switch time
Meßschleife *f* measuring loop; test loop
Meßschnur *f* instrument lead
Meßschreiber *m* recording [measuring] instrument
Meßsender *m s.* Meßgenerator
Meßserie *f s.* Meßreihe
Meßshunt *m* instrument shunt
Meßsignal *n* measuring signal
Meßsignalerfassung *f* measuring signal acquisition
Meßskale *f* meter scale
Meßsonde *f* measuring (sensing) probe; test probe
Meßspannung *f* measurement (measuring) voltage
Meßspannungsteiler *m* measurement voltage divider
Meßspitze *f* [measuring] tip; probe tip
Meßspule *f* measuring coil
Meßspulensatz *m* **in Kurbelschaltung** switch inductance box
Meßstelle *f* point of measurement, measuring point (position); measuring junction *(eines Thermopaars)*; monitoring point
Meßstellenschalter *m* selector (check) switch, multipoint (channel) selector, point switch box
~**/automatischer** automatic selector
Meßstellenumschalter *m s.* Meßstellenschalter
Meßstellung *f* measuring position; gauging position
Meßsteuerung *f* automatic work-size control *(numerische Steuerung)*
Meßstift *m* [measuring] stylus; test pin
Meßstöpsel *m* test plug
Meßstreifen *m* strip chart
Meßstrom *m* measurement (measuring) current
Meßsystem *n* measurement (measuring, metering) system
Meßtechnik *f* 1. metrology; measuring technology (engineering); 2. measurement (measuring) technique, method of measurement
~**/elektronische** electronic measurement technique
~**/rechnergestützte** computerized measurement technique
Meßteil *m* measuring unit *(einer technischen Einrichtung)*
Meßthermoelement *n* measuring thermocouple
Meßtisch *m* measuring (instrument) table, test board (desk)
Meßtoleranz *f* measurement tolerance, permissible limits
Meßton *m* test tone
Meßtonbandgerät *n* instrumentation [magnetic] tape recorder
Meßtransduktor *m* measuring transductor
Meßtransformator *m s.* Meßwandler
Meßtrupp *m* testing crew
Meßuhr *f* clock frequency gauge
Meßumfang *m* measuring range; scale range *(einer Skale)*
Meßumformer *m s.* Meßwandler
Messung *f* measurement, metering
~**/abschnittsweise** sectionalization test *(z. B. zur Fehlereingrenzung)*
~**/akustische** acoustical measurement
~ **am [geschlossenen] Regelkreis** *(Syst)* closed-loop measurement
~ **an optischen Übertragungsstrecken** optical link measurement

~/**berührungslose** non-intrusive determination of quantities
~ **der Knochenleitungsschwelle** *(Ak)* bone-conduction audiometry
~ **der Luftleitungsschwelle** *(Ak)* air-conduction audiometry
~ **der Restdämpfung** overall attenuation measurement
~ **des Gleichstromwiderstands** ohmic resistance test
~/**direkte** direct measurement
~/**drehzahlbezogene** rpm tracking analysis
~ **im Freien** outdoor measurement
~/**indirekte** indirect measurement
~/**kalorimetrische** calorimetric measurement
~/**lichtelektrische** photoelectric measurement
~ **mit Echolot** acoustic sounding
~ **nach der Punktmethode** point-by-point measurement
~/**potentiometrische** potentiometric measurement
~/**pyrometrische** pyrometric measurement
~/**rückkopplungsfreie** *(Syst)* open-loop measurement
~/**statische** steady-state measurement
~ **unter Betriebsbedingungen** field measurement
Meßungenauigkeit *f* measuring accuracy, accuracy of (in) measurement
Meßunsicherheit *f* uncertainty (inaccuracy) of measurement; measurement accuracy
Meßverfahren *n* measuring (metering) method, measurement method (technique); testing technique
Meßverstärker *m* measuring amplifier; meter amplifier; test amplifier
~/**magnetischer** measuring transductor
~ **mit Schwingkondensator** dynamic capacitor electrometer
Meßvorgang *m* measurement (measuring) process, measuring operation
Meßvorrichtung *f* measuring device *(s. a.* Meßgerät*)*
Meßwagen *m* instrument car, testing van; *(Nrt)* test trolley (van)
Meßwandler *m* measuring (measurement) transformer, [measuring] transducer, instrument (control) transformer, instrument converter
~ **in Sparschaltung** instrument autotransformer
~/**induktiver** magnetic circuit transducer
~/**kompensierter** compensated instrument transformer
~ **mit Hilfsenergie** passive transducer
~ **mit Vorhalt** differential transmitter
~ **ohne Hilfsenergie** self-generating transducer
~/**piezoelektrischer** piezoelectric transducer
Meßwandlerverschiebung *f* transducer displacement
Meßwandlerzähler *m* measuring transformer meter
Meßwarte *f* control room (station, centre)
Meßwerk *n* instrument (meter) movement, measuring (movement) system
Meßwerkdämpfung *f* meter damping
Meßwerkregler *m* direct-acting controller
Meßwerkspule *f* movement coil
Meßwert *m* measuring (measured) value; measurable value
~/**fehlerhafter** misreading
Meßwertaufnehmer *m* sensor, pick-up *(s. a.* Meßwertgeber*)*
Meßwertdrucker *m* data printer
Meßwerte *mpl* data
~/**abgetastete** sampled data
Meßwerterfassung *f* data acquisition
Meßwertfernübertragung *f* telemetry, telemetering
Meßwertgeber *m* [data] transmitter; primary [measuring] element, detecting element, measuring converter; sensing device; pick-up
Meßwertreihe *f s.* Meßreihe
Meßwertschreiber *m* [data] recorder, logger
Meßwertsender *m* data transmitter
Meßwertspeicherung *f* data storage
Meßwertspur *f* data track
Meßwertübertragung *f* data transmission
Meßwertumformer *m* [measuring] transducer
Meßwertumsetzer *m* measuring converter
Meßwertverarbeitung *f* data processing
~/**digitale** digital data processing
Meßwertverstärker *m* data amplifier
Meßwesen *n* metrology
~/**gesetzliches** legal metrology
~/**technisches** engineering metrology
Meßwiderstand *m* measuring (precision) resistor; instrument shunt
~/**koaxialer** coaxial shunt *(für Stoßstrommessungen)*
Meßwiderstandssatz *m* **in Kurbelschaltung** switch resistance box
~ **in Stöpselschaltung** resistance box with plugs
Meßzeitpunkt *m* time of measurement (taking a reading)
Meßzentrale *f s.* Meßwarte
Meßzuleitung *f* instrument lead
Metadyne *f* metadyne
Metadyngenerator *m* metadyne generator
Metall *n*/**anodisch behandeltes** anodized metal
~/**plattiertes** clad metal
~/**schwammiges** spongy metal
~/**Woodsches** Wood's alloy (metal)
Metallabscheidung *f* 1. metal deposition; 2. metal deposit
Metallabschirmung *f* metal screening
Metall-Aluminiumoxid-Halbleiter *m* metal-aluminium oxide semiconductor, MAOS
Metallanfärbung *f*/**galvanische** galvanic metal colouring
Metallätzen *n* metal etching
Metallauflösung *f*/**aktive** active metal dissolution

Metallauftrag *m* 1. deposition of metallic coating, metal application; 2. metal[lic] coating
Metallband *n* metal [alloy] tape
Metallbasis *f (ME)* metal base
Metallbasistransistor *m* metal-base transistor
Metallbearbeitung f/elektroerosive electroerosive machining, electroerosion metal working [process]
Metallbedampfung *f* vapour deposition of metals
Metallbedampfungsanlage *f* metallizing machine
Metallbelag *m* metal coat[ing]
Metallbindung *f* metallic bond
Metallblechgehäuse *n* sheet metal box
Metallbürste *f* metal brush
Metalldampfbogen *m* metal vapour arc
Metalldampfionenlaser *m* metal vapour ion laser
Metalldampflampe *f* metal vapour lamp
Metalldampflaser *m* metal vapour laser
Metalldraht *m* metal wire; metal[lic] filament *(Lampe)*
Metalldrahtelektrode *f* metal wire electrode
Metalldrahtlampe *f* metal filament lamp
Metalleiter *m* metallic conductor
Metallelektrode *f* metal[lic] electrode
Metallfaden *m* metal[lic] filament
Metallfadenglühlampe *f* metallic filament [incandescent] lamp
Metallfilmmaske *f (ME)* metal film mask
Metallfolie *f* metal[lic] foil, foil metal
Metallfolienmaske *f (ME)* metal foil mask
Metallgehäuse *n* metal[lic] case, metal housing; *(ME)* metal package • **mit** ~ metal-cased
metallgekapselt metal-clad *(Gerät)*
Metallgewinnung f/elektrolytische electrowinning
Metall-Glas-Tinte *f (Dat)* metal-glass composition ink
Metallgleichrichter *m* metal rectifier
Metallgraphit *m* metal graphite *(für Schleifkohlen)*
Metallgraphitbürste *f* metal graphite brush, compound brush
Metall-Halbleiter-Feldeffekttransistor *m* metal-semiconductor field-effect transistor, MESFET
Metall-Halbleiter-Grenzfläche *f* metal-semiconductor interface
Metall-Halbleiter-Sperrschicht *f* metal-semiconductor barrier
Metall-Halbleiter-Übergang *m* metal-semiconductor junction
Metall-Halogen-Allgebrauchslampe *f* halarc lamp
Metallhalogenidbogen *m* metal halide arc
Metallhinterlegung *f* metal backing
Metallichtbogen *m* metal[lic] arc
Metallichtbogenschweißen *n* metal-arc welding
Metallinterferenzfilter *n* metal-dielectric interference filter
Metallionenelektrode *f* metal-ion electrode
Metallionenpotential *n* metal-ion potential
metallisieren to metallize; to coat with metal
Metallisieren *n* metallizing; metal coating *(Tauchverfahren)*; plating-through *(Leiterplattenherstellung)*
metallisiert/nicht unplated *(z. B. auf Leiterplatten)*
Metallisierungsausfall *m* metallization failure
Metallisierungsbahn *f (ME)* metallization path
Metallisierungsfehler *m* metallization failure
Metallisierungsmuster *n (ME)* metallization pattern
Metall-Isolator-Halbleiter-Feldeffekttransistor *m* metal-insulator-semiconductor field-effect transistor, MISFET
Metall-Isolator-Halbleiter-Schaltkreis *m* metal-insulator-semiconductor circuit
Metall-Isolator-Halbleiter-Struktur *f* metal-insulator-semiconductor structure, MIS structure
Metallkappe *f* metal end cap
metallkaschiert metal-clad
Metallkaschierung *f* metal cladding
Metallkeramik *f* 1. metal ceramics, cer[a]met; 2. *s.* Pulvermetallurgie
metallkeramisch metal-ceramic, cerametallic
Metallkernleiterplatte *f* metal-core printed circuit board, metal printed wiring board
Metallkolbenröhre *f* metal-envelope tube
Metallkolloid *n* colloidal metal
Metallkonusbildröhre *f* metal-cone picture tube
Metall-Luft-Batterie *f* metal-air battery
Metallmantel *m* metal sheath (shell)
Metallmaske *f (ME)* metal mask
Metallmembran *f* metal[lic] membrane
Metallnebel *m* metal mist (fog)
Metallniederschlag *m* metal deposit
Metall-Nitrid-Oxid-Feldeffekttransistor *m* metal-nitride-oxide silicon field-effect transistor, MNOS-FET
Metall-Nitrid-Oxid-Halbleiter *m* metal-nitride-oxide semiconductor, MNOS
Metalloriginal *n* metal master *(Schallplattenherstellung)*
Metall-Oxid-... *s.a.* MOS-...
Metalloxidableiter *m* metal oxide arrester
Metalloxidhalbleiter *m* metal-oxide semiconductor, MOS *(Zusammensetzungen s. unter* MOS*)*
Metall-Oxid-Halbleiter-Feldeffekttransistor *m* metal-oxide-semiconductor field-effect transistor, MOSFET
Metall-Oxid-Halbleiter-Kondensator *m* metal-oxide-semiconductor capacitor, MOS capacitor
Metall-Oxid-Halbleiter-Struktur *f* metal-oxide-semiconductor structure, MOS structure
Metall-Oxid-Halbleiter-Transistor *m* metal-oxide-semiconductor transistor, MOST *(Zusammensetzungen s. unter* MOS-Transistor*)*
Metalloxidkatode *f* incandescent metallic oxide cathode
Metall-Oxid-Silicium-Feldeffekttransistor *m* metal-oxide-silicon field-effect transistor, MOS-FET
Metall-Oxid-Silicium-Transistor *m* metal-oxide-silicon transistor, MOS transistor

Metalloxidvaristor *m* metal-oxide varistor
Metalloxidwiderstand *m* metal oxide resistor
Metallpapierkondensator *m* metallized-paper capacitor, MP capacitor
Metallpapierpackung *f***/galvanische** electrodeposited metallic paper packing
Metallpassivität *f* anodic passivity
metallplattiert metal-clad
Metallpulver *n* metal[lic] powder, powder[ed] metal
Metallresist *n* metal etch resist *(z. B. für Leiterplatten)*
Metallröhre *f* metal tube, metal envelope tube (valve)
Metallrohrstrahler *m* metal tube radiator *(Infrarotstrahler)*
Metallscheidung *f***/elektrolytische** electrolytic parting
Metallschicht *f* metal[lic] film, metal coating
~/aufgedampfte evaporated metal layer, coat of evaporated metal
Metallschichtwiderstand *m* metal film resistor
Metallschirm *m* metal screen
Metallschleifstück *n* metal shoe
Metallschnittechnik *f***/direkte** *(Ak)* direct metal mastering, DMM
Metallschutzrohr *n***/biegesteifes** rigid metal conduit *(für Kabelverlegungen)*
Metallschwamm *m (Galv)* spongy metal
Metall-Silicium-Feldeffekttransistor *m* metal silicon field-effect transistor, MESFET
Metallspiegel *m* metal[lic] mirror
Metallspitzenkontakt *m* metal point contact
Metallträger *m* metal base *(des Metallbasistransistors)*
metallüberzogen metal-coated, metal-clad, plated
Metallüberzug *m* metal coat[ing]
~ auf Kunststoff plastics plating
~/aufdiffundierter cementation coating
~/galvanischer electroplated deposit, galvanic (electrodeposited) coating
metallumflochten metal-braided *(Kabel)*
metallumkleidet metal-cased
metallumsponnen metal-spun *(Kabel)*
Metallverbindungs[leitungs]muster *n (ME)* metal interconnection pattern
Metallwiderstand *m* metallic resistor
Metamerie *f* metamerism *(bedingte Gleichheit von Farben)*
Metamerieindex *m* index of metamerism
Metasprache *f (Dat)* meta language
Meter-Kilogramm-Sekunde-Ampere-System *n s.* MKSA-System
Meterwelle *f* metric (metre) wave, very-high-frequency wave, VHF-wave *(λ = 1 bis 10 m)*
Meterwellenbereich *m* metric wavelength range, very-high-frequency range, VHF-range
Meterwellenfrequenz *f* very high frequency *(30 bis 300 MHz)*
Methode *f* method, procedure, technique
~/deduktive top-down method *(Logik)*
~ der Beschreibungsfunktion describing-function method
~ der harmonischen Linearisierung method of harmonic balance, describing-function method
~ der Integralfehler integral error method
~ der kleinen Variationen small variations method *(Störungsrechnung)*
~ der kleinsten Fehlerquadrate method of least error squares
~ der kleinsten Quadrate least squares method
~ der leeren Abschnitte empty-slot method *(Kommunikationssteuerungen)*
~ der Linearprogrammierung *(Dat)* linear programming method
~ der Phasenebene method of phase plane
~ der symmetrischen Komponenten *(MA)* symmetrical-component method
~ der Wurzelortskurve root-locus method
~ der zufälligen Suche *(Syst)* random walk method
~ des kritischen Weges critical path method *(Netzplantechnik)*
~ des steilsten Abstiegs method of steepest descent *(Optimierung)*
~ des steilsten Anstiegs steepest-ascent method *(Optimierung)*
~ des systematischen Probierens trial-and-error method
~/induktive bottom-up method *(logischer Schluß)*
~/Ljapunowsche method of Liapunov *(Stabilitätsuntersuchung)*
~/numerische numerical method
~/numerisch-graphische numerical-graphical method
~/stochastische stochastic method
~/stroboskopische stroboscopic method
~/symbolische symbolic method *(Wechselstromlehre)*
~ trapezförmiger Frequenzcharakteristiken method of trapezoidal frequency responses
~/versuchsweise tentative method
~ zur Festlegung des Stabilitätsbereichs method of determining stability domain *(z. B. einer Kennlinie)*
Metrologie *f* metrology
~/gesetzliche legal metrology
MFM modified frequency modulation
MHD *s.* Magnetohydrodynamik
MHD-Generator *m* magnetohydrodynamic (MHD) generator
MHD-Kraftwerk *n* MHD power station, magnetohydrodynamic thermal power station
MHS-System *n* message handling system
Mie-Streuung *f* Mie scattering
Mietleitung *f (Nrt)* leased circuit (wire), private wire circuit, rented circuit (line)

Mietleitungsdienst *m (Nrt)* leased (rented) circuit service
Migration *f* migration; electromigration *(Wanderung im elektrischen Feld)*
~/lawineninduzierte *(El)* avalanche-induced migration, AIM
Migrationsenergie *f* energy of migration
Migrationsgeschwindigkeit *f* migration speed (velocity)
Migrationslänge *f* migration length
Migrationsstrom *m* migration current
Mikaband *n s.* Glimmerband
Mikafolium *n* mica folium *(Isolierstoff)*
Mikanit *n* micanite *(Isolierstoff)*
Mikanitpapier *n* micanite paper
Mikroamperemeter *n* microammeter
Mikroanzeige *f* microindication
Mikroassembler *m* microcode assembler
Mikroätzung *f* microetching
Mikroaufnehmer *m* microsensor
Mikroausscheidung *f* microsegregation
mikrobearbeiten/maschinell to micromachine
Mikrobearbeitung *f* micromachining; microfabrication
Mikrobefehl *m (Dat)* microinstruction, microcommand
Mikrobefehlskode *m (Dat)* microcode, microinstruction code
Mikrobiegung *f* microbending
Mikrobilderzeugung *f* microimaging
Mikrobogen *m* microarc
Mikrocomputer *m* microcomputer, MC
~ der n-ten Generation n-generation microcomputer
Mikrocomputer... *s. a.* Mikrorechner...
Mikrocomputeranwendung *f* microcomputer application
Mikrocomputerentwicklungssystem *n* microcomputer development system
Mikrocomputerprogramme *npl* microcomputer software
Mikrodraht *m* microwire
Mikrodrahtbonder *m* lead bonder
Mikroeinschluß *m* microinclusion
Mikroelektrode *f* microelectrode
Mikroelektronik *f* microelectronics
Mikroelektronikbaustein *m* microelectronic component (element, device)
mikroelektronisch microelectronic
Mikroelement *n* very small device, VSD, microelement *(Baustein)*
Mikrofiche *n(m)* microfiche
Mikrofilmausgabe *f* microfilm output
Mikrofilmherstellung *f* microfilming
Mikrofilmlesegerät *n* microfilm reader
Mikrofon *n* microphone, [electroacoustic] transmitter
~/auf den Schalldruck ansprechendes *s.* ~/druckempfindliches
~/bewegliches following microphone
~/druckempfindliches [sound] pressure-actuated microphone, pressure microphone
~/dynamisches dynamic (electrodynamic, moving-coil, moving-conductor) microphone
~/elektrodynamisches *s.* ~/dynamisches
~/elektromagnetisches *s.* ~/magnetisches
~/elektrostatisches electrostatic (capacitor) microphone
~ für Nahbesprechung close-talking microphone
~ für diffusen Schalleinfall random incidence microphone
~/ionisches ionic microphone
~/keramisches ceramic (piezoelectric) microphone
~/lineares line microphone *(mit scharfer Richtwirkung)*
~/magnetisches magnetic (electromagnetic, moving-iron, variable-reluctance) microphone
~/magnetostriktives magnetostriction microphone
~/membranloses diaphragmless microphone
~ mit achtförmiger Richtcharakteristik bilateral (bidirectional) microphone
~ mit beweglicher Spule moving-coil microphone
~ mit kugelförmiger Richtcharakteristik *s.* ~/ungerichtetes
~ mit niedriger Ausgangsleistung low-power microphone
~ mit nierenförmiger Richtcharakteristik cardioid microphone
~ mit Richtwirkung directional microphone
~ mit Störschallunterdrückung antinoise (noise-cancelling) microphone
~/piezoelektrisches piezoelectric (ceramic) microphone
~/scharf bündelndes superbeam microphone
~/schnelleempfindliches velocity microphone
~/störschallunterdrückendes antinoise (noise-cancelling) microphone
~/thermisches thermal microphone
~/ungerichtetes omnidirectional (non-directional) microphone
Mikrofonanlage *f* microphone system, sound pick-up outfit
Mikrofonanordnung *f* microphone placement
Mikrofonanschluß *m* microphone connection
Mikrofonaufhängung *f* microphone suspension
Mikrofonaufnahme *f* microphone recording
Mikrofonaufstellung *f* microphone placement
Mikrofonausrüstung *f***/wetterfeste** outdoor microphone system
Mikrofonbatterie *f* microphone battery
Mikrofonbuchse *f* microphone jack (socket)
Mikrofondrehgalgen *m* rotating microphone boom
Mikrofoneichgerät *n* microphone calibrator (calibration apparatus)
Mikrofoneinheit *f* microphone assembly (unit)
~/wetterfeste outdoor microphone unit, weatherproof microphone system (station)

Mikrofonersatz *m* dummy microphone
Mikrofonflachkabel *n* tape microphone cable
Mikrofongalgen *m* [microphone] boom, microphone gallows
Mikrofongehäuse *n* microphone housing
Mikrofongeräusch *n* microphone noise
Mikrofongitter *n* microphone grille
Mikrofongruppe *f* microphone array
Mikrofonhalteklammer *f* microphone clip
Mikrofonhalterung *f***/biegsame** flexible conduit; gooseneck adapter
Mikrofonie *f* microphonics, microphonism, microphony, microphonic effect
Mikrofonieeffekt *m s.* Mikrofonie
Mikrofoniestörung *f* microphonic trouble
Mikrofonkabel *n* microphone cable (cord)
Mikrofonkappe *f* microphone blanket
Mikrofonkapsel *f* microphone capsule (cartridge); microphone inset
Mikrofonkohle *f* microphonic carbon
Mikrofonkopplung *f* microphone coupling
Mikrofonkreis *m* microphone circuit
Mikrofonmembran *f* microphone diaphragm
Mikrofonnetzgerät *n*, **Mikrofonnetzteil** *n* microphone power supply
Mikrofonöffnung *f* microphone port
Mikrofonort *m* microphone location
Mikrofonpaar *n***/abgeglichenes (ausgesuchtes)** matched microphone pair
Mikrofonrauschen *n* microphone noise
Mikrofonregelpult *n* microphone control desk (console)
Mikrofonsender *m* microphone transmitter
Mikrofonspeisung *f* microphone feed (supply)
Mikrofonstativ *n* microphone tripod (stand)
Mikrofonstrom *m* microphone current
Mikrofonstromkreis *m* microphone circuit
Mikrofonstromversorgung *f s.* Mikrofonspeisung
Mikrofonsystem *n***/trägerfrequentes** microphone carrier system
Mikrofontaste *f* microphone button (key)
Mikrofontrichter *m* microphone mouthpiece
Mikrofonübersteuerung *f* sound overload (overshooting, overmodulation)
Mikrofonübertrager *m* microphone transformer
Mikrofonverstärker *m* microphone (speech-input) amplifier
Mikrofonvorverstärker *m* microphone preamplifier; cathode follower *(mit Röhren)*
Mikrofotografie *f* microphotography
Mikrogefüge *n* microstructure
Mikrogrenztaster *m* micro limit switch
Mikroinstruktion *s.* Mikrobefehl
Mikrokanalplatte *f* microchannel array plate *(photoelektrischer Detektor mit Abbildungsmöglichkeit)*
Mikrokode *m* microcode
Mikrokrümmung *f* microbending
Mikrokühler *m* microcooler *(für Josephson-Bausteine)*
Mikrolegierungsdiffusionstransistor *m* microalloy diffused transistor, MADT
Mikrolegierungstransistor *m* microalloy transistor, MAT
Mikroleistungsverstärker *m* micropower amplifier
Mikroleuchtfleck *m* microspot
Mikrologik *f* micrologic
Mikromanometer *n* micromanometer
Mikrometerfunkenstrecke *f* micrometer spark gap
mikrominiaturisieren to microminiaturize
Mikrominiaturisierung *f* microminiaturization
Mikrominiaturschaltung *f* microminiature circuit
Mikromodul *m* micromodule, microcircuit module
Mikromodulbauelement *n* microelement
Mikromodulbaustein *m s.* Mikromodul
Mikromodultechnik *f* micromodule technique
Mikromomentschalter *m* sensitive switch
Mikromontage *f* microassembly
Mikrophon *n s.* Mikrofon
Mikrophotolithographie *f* microphotolithography
Mikrophotometer *n* microphotometer
Mikroplanfilm *m* microfiche
Mikroplasma *n* microplasma
Mikroplasmabrenner *m* microplasma burner
Mikroplasmagenerator *m* microplasma generator
Mikroplasmaschweißen *n* microplasma welding
Mikroplasmastrahl *m* microplasma jet
Mikroplättchen *n (ME)* wafer
Mikropotentiometer *n* micropotentiometer
Mikroprogramm *n (Dat)* microprogram
mikroprogrammierbar *(Dat)* microprogrammable
Mikroprogrammierbarkeit *f (Dat)* microprogrammability
Mikroprogrammierung *f (Dat)* microprogramming
Mikroprogrammsteuereinheit *f* microprogram control unit, MCU
Mikroprogrammsteuerung *f* microprogrammed control
Mikroprozessor *m (Dat)* microprocessor, MP, microprocessing unit
Mikroprozessorbaustein *m* microprocessor unit, MPU
Mikroprozessorbefehlssatz *m* microprocessor instruction set
Mikroprozessoreinheit *f* microprocessor unit, MPU
Mikroprozessoreinteilung *f* microprocessor classification
Mikroprozessorelement *n* microprocessor slice
Mikroprozessorentwicklungssystem *n* microprocessor development system, MDS
mikroprozessorgesteuert microprocessor-controlled, MP-driven
Mikroprozessorkarte *f* microprocessor card
Mikroprozessorkompilierer *m* microprocessor compiler
Mikroprozessormonitor *m* microprocessor monitor

Mikroprozessorregler *m* microprocessor controller
Mikroprozessorsprachassembler *m* microprocessor language assembler
Mikroprozessorspracheditor *m* microprocessor language editor
Mikroprozessorsteuereinheit *f* microprocessor control unit, MCU
Mikroprozessorsystem *n* microprocessor system
Mikroprozessorwirtslader *m* microprocessor host loader
Mikrorechner *m* microcomputer, MC
~/monolothischer *s.* Einchipmikrocomputer
Mikrorechner... *s. a.* Mikrocomputer...
Mikrorechnerbausatz *m* microcomputer kit
Mikrorechner-Programmiersprache *f***/höhere** programming language for microcomputer *(Basis PL/M)*
Mikrorechnersoftware *f* microcomputer software
Mikrorechnersystem *n* microcomputer system
~/verteiltes distributed microcomputer system
Mikrorille *f* microgroove, fine groove *(Schallplatte)*
Mikrorillenplatte *f* microgroove record
Mikroröhre *f* microtube
Mikroschalter *m* microswitch
~/elektronischer electronic microswitch
Mikroschaltkreis *m* microcircuit, microelectronic (microintegrated) circuit
Mikroschaltung *f* microcircuit
Mikroschaltungsbaustein *m* micromodule, microcircuit module
Mikroschaltungsentwurf *m* microcircuit design
Mikroschaltungstechnik *f* microcircuit engineering
Mikroschaltungsverpackung *f* microcircuit packaging
Mikroschrittmotor *m* microstep motor
Mikrosensor *m* microsensor
Mikroskopierleuchte *f* microscope illuminator (lamp)
Mikroskoplaser *m* microscope laser
Mikrosonde *f* microprobe
Mikrospektrophotometer *n* microspectrophotometer
Mikrospitze *f* protrusion
Mikrostrahl *m* microbeam
Mikrostreifen[leiter] *m* microstrip
Mikrostreifenleitung *f s.* Mikrostripleitung
Mikrostripleitung *f* microstrip transmission line
Mikrostripstrahler *m* microstrip patch radiator
Mikrostriptechnik *f* microstrip technique
Mikrostripübergang *m* microstrip taper
Mikrostruktur *f* microstructure
Mikrostrukturherstellung *f* microfabrication
Mikrotaster *m* micro key, micro-key button
Mikrotelefon *n* hand microtelephone
Mikroübertrager *m* microtransducer
Mikrovoltmeter *n* microvoltmeter
Mikrowelle *f* microwave
Mikrowellenanwendung *f* microwave application
Mikrowellenausbreitung *f* microwave propagation
Mikrowellenbauelement *n* microwave component
Mikrowellenbehandlungsverfahren *n* microwave treatment *(z. B. Kochen)*
Mikrowellenbereich *m* microwave region
Mikrowellendiathermie *f* microwave diathermy *(Elektromedizin)*
Mikrowellendiode *f* microwave diode
Mikrowellenelektronik *f* 1. microwave electronics; 2. microwave electronic equipment
Mikrowellenenergie *f* microwave energy
Mikrowellenenergieerzeuger *m* microwave energy generator *(für 300 bis 30 000 MHz)*
Mikrowellenerwärmung *f* microwave heating
Mikrowellenerwärmungsanlage *f* microwave heating installation
Mikrowellenfeldeffekttransistor *m* microwave field-effect transistor
Mikrowellenfrequenz *f* microwave frequency, extremely high frequency *(> 30 MHz)*
Mikrowellengasentladung *f* microwave gas discharge
Mikrowellengefriertrocknen *n* microwave freeze-drying
Mikrowellengefriertrockner *m* microwave freeze-drier
Mikrowellengenerator *m* microwave generator
Mikrowellengleichrichter *m* microwave detector
Mikrowellenhalbleiter *m* microwave semiconductor
Mikrowellenhalbleiterbauelement *n* microwave semiconductor component
Mikrowellenheizung *f* microwave heating
Mikrowellenherd *m* microwave cooker
Mikrowellenhohlraumresonator *m* resonant mirowave cavity
Mikrowellenkanal *m* microwave channel
Mikrowellenleistung *f* microwave power
Mikrowellenlinsenantenne *f* microwave lens aerial
Mikrowellenmagnetron *n* microwave magnetron
mikrowellenmoduliert microwave-modulated
Mikrowellenofen *m* microwave oven (stove)
Mikrowellenoszillator *m* microwave oscillator
Mikrowellenröhre *f* microwave valve (tube)
Mikrowellenschaltkreis *m* 1. *s.* Mikrowellenschaltung; 2. microwave integrated circuit, MIC
Mikrowellenschaltung *f* microwave circuit
~/gedruckte microwave printed circuit
~/integrierte microwave integrated circuit, MIC
Mikrowellenschmelzschweißen *n* microwave fusion welding
Mikrowellenstrahlung *f* microwave radiation
Mikrowellenstrahlungsgefahr *f* microwave radiation hazard
Mikrowellenstreifenleitung *f***/zweiseitig abgeschirmte** double-screened microwave strip line

Mikrowellenstreustrahlung *f* microwave leakage *(Verlust)*
Mikrowellenstreustrahlungsgrenze *f* microwave leakage limit
Mikrowellenstreustrahlungsleistungsdichte *f* microwave leakage power density
Mikrowellenstreu[strahlungs]verlust *m* microwave leakage
Mikrowellentechnik *f* microwave technique; microwave engineering
Mikrowellentransistor *m* microwave transistor
Mikrowellentrocknung *f* microwave drying
Mikrowellenübertragungskreis *m* microwave transmission circuit
Mikrowellenverriegelung *f* microwave interlock
Mikrowellenverstärker *m* microwave amplifier
Mikrowellenwärmetechnik *f* microwave heating technique
Mikrowellenzirkulator *m* microwave circulator
Milchglas *n* milk glass
Milliamperemeter *n* milliammeter
Millimeterwelle *f* millimetre wave *(λ = 1 bis 10 mm)*
Millimeterwellenbereich *m* millimetre-wavelength range
Million *f* **Befehle je Sekunde** *(Dat)* million instructions per second, MIPS
~ **Gleitkommaoperationen je Sekunde** *(Dat)* million floating-point operations per second, MFLOPS *(Maß für Rechnerleistung)*
~ **Instruktionen je Sekunde** *(Dat)* million instructions per second, MIPS
Millivoltmeter *n* millivoltmeter
Minderheitsladungsträger *m s.* Minoritätsladungsträger
Minderung *f* **der Sprachverständlichkeit** articulation loss (reduction)
~ **der Übertragungsgüte** *(Nrt)* transmission impairment
~ **der Übertragungsgüte durch Bandbegrenzung** transmission impairment due to bandwidth limitation
~ **der Übertragungsgüte durch Frequenzbeschneidung** [frequency] distortion transmission impairment, cut-off impairment
Mindestabstand *m* minimum clearance
~ **gegen Erde** minimum clearance to earth
Mindestanfangskraft *f (Ap)* minimum starting force
Mindestausgangsspannung *f* minimum output voltage
Mindestbeleuchtungsstärke *f* minimum illuminance
Mindestbetätigungskraft *f (Ap)* minimum actuating force *(Schaltfunktion)*
Mindestbetriebswerte *mpl* minimum ratings
Mindestdruck *m* minimum pressure
Mindestdurchschlagspannung *f* minimum breakdown voltage
Mindestelektrizitätsmenge *f* minimum amount of electricity
Mindestenergie *f* minimum energy
Mindestgeschwindigkeit *f* minimum speed
Mindestisolation *f* minimum insulation
Mindestlast *f***/technische** minimum safe output *(Kraftwerk)*
Mindestleistungsrelais *n* minimum power relay, underpower relay
Mindestrückstellzeit *f* minimum reset time
Mindestschmelzstrom *m* minimum fusing current *(Sicherung)*
Mindestschutzabstand *m* minimum protection clearance
Mindestsicherheitsabstand *m (FO)* nearest approach
Mindestsuchzeit *f (Dat)* minimum-access time, minimum latency
Mindestwasserstand *m* minimum water level
Mindestzugriffszeit *f* minimum-access time
Mineralwolle *f* mineral wool
Miniaturbauelement *n* miniature component
Miniaturbürste *f* miniature brush
Miniatureffektscheinwerfer *m* miniature spotlight, minispot, babyspot
Miniaturgerät *n* miniature device
Miniaturgestell *n* minirack
miniaturisieren to miniaturize
Miniaturisierung *f* miniaturization
Miniaturkern *m* miniature core
Miniaturlötgerät *n* miniature soldering instrument
Miniaturmagnetbandgerät *n* miniature [tape] recorder
Miniaturmeßfühler *m* miniature sensing element
Miniaturmikrofon *n* miniature microphone
Miniaturpotentiometer *n* miniature potentiometer
Miniaturröhre *f* bantam tube
Miniaturschalter *m* miniature circuit breaker
Miniaturschaltkreis *m* miniature circuit
Miniaturschaltung *f* miniature circuit[ry]
Miniaturscheibenkondensator *m* miniature disk capacitor
Miniaturschreiber *m* miniature recorder
Miniaturschweißkopf *m* miniature welding head
Miniatursockel *m* miniature cap (base)
Miniatur[steck]verbinder *m* miniature connector
Minikassette *f* minicartridge
Minimalauslöser *m* minimum cut-out
Minimalfrequenz *f* minimum frequency
Minimalphasensystem *n (Syst)* minimum-phase system
Minimalrelais *n* minimum relay
Minimalschalter *m* minimum circuit breaker
Minimalspannung *f* minimum voltage
Minimalstrom *m* minimum current
Minimalstromdichte *f* minimum current density
Minimalstromrelais *n* minimum-current relay, undercurrent relay

Minimalüberschlagspannung *f* minimum flash-over voltage
minimieren to minimize
Minimierung *f* minimization
Minimierungsmethode *f* minimizing technique (method)
Minimum *n* minimum; valley *(z. B. einer Kurve)*
~ **der mittleren Fehlerquadrate** mean-square-error minimum
Minimumanzeige *f* minimum reading
Minimumpeilung *f* minimum direction finding, zero-signal direction finding
Minimumthermometer *n* minimum thermometer
Minirechner *m* minicomputer
Minoritätselektron *n* minority electron
Minoritätsemitter *m (ME)* minority emitter
Minoritäts[ladungs]träger *m (ME)* minority [charge] carrier
Minoritätsträgerbauelement *n* minority carrier device
Minoritätsträgerdichte *f* minority carrier density
Minoritätsträgerdiffusionslänge *f* minority carrier diffusion length
Minoritätsträgerdiffusionsstrom *m* minority carrier diffusion current
Minoritätsträgerdriftstrom *m* minority carrier drift current
Minoritätsträgeremitter *m* minority carrier emitter
Minoritätsträgerextraktion *f* minority carrier extraction
Minoritätsträgergeschwindigkeit *f* minority carrier velocity
Minoritätsträgerinjektion *f* minority carrier injection
Minoritätsträgerlaufzeit *f* minority carrier transit time
Minoritätsträgerlebensdauer *f* minority carrier lifetime
Minoritätsträgerspeicherung *f* minority carrier storage
Minoritätsträgerstrom *m* minority carrier current
Minoritätsträgertransportwirkungsgrad *m* minority carrier transport efficiency
Minoritätsträgerverteilung *f* minority carrier distribution
Minusbürste *f* negative brush
Minusdraht *m* negative (minus) wire
Minuselektrode *f* negative electrode, cathode
Minusimpuls *m* negative pulse
Minusklemme *f* negative terminal
Minusleiter *m* negative conductor
Minusleitung *f* negative (minus) wire
Minusplatte *f* negative plate *(Batterie)*
Minuspol *m* 1. negative pole (terminal); 2. cathode *(z. B. eines Gleichrichters)*
MIPS *(Dat)* million instructions per second
Mired *n* microreciprocal degree, mired, mrd *(Einheit der reziproken Farbtemperatur)*
MIS-... *s.* Metall-Isolator-Halbleiter-...

Mischatelier *n* rerecording room *(Studiotechnik)*
Mischbildentfernungsmesser *m* double-image range finder, superposed-image range finder
Mischeinheit *f* mixing (mixer) unit
Mischeinrichtung *f* [audio] mixer
Mischelektrode *f* mixed electrode
~/mehrfache multiple mixed electrode
mischen 1. to mix; to blend; 2. *(Dat)* to collate, to merge
Mischen *n* 1. mixing; blending *(Zusammensetzungen s. unter* Mischung*)*; 2. *(Dat)* collating, merging; *(Nrt)* interconnecting
Mischer *m* 1. *(Nrt)* mixer, converter; 2. *(Dat)* collator, interpolator
Mischerdiode *f* mixer diode
Mischfarbe *f* blended colour
Mischfrequenzzeichen *n (Nrt)* mixed-frequency signal
Mischgaslaser *m* mixed gas laser
Mischgatter *n* [inclusive] OR circuit
Mischgerät *n s.* Mischer 1.
Mischgitter *n* injection grid *(einer Röhre)*
Mischglied *n (Syst)* mixing element, mixer
Mischhalbleiter *m* mixed semiconductor
Mischheizung *f* combined heating
Mischheptode *f* pentagrid [converter]
Mischkeramik *f* cermet, ceramel *(metallkeramischer Werkstoff)*
Mischkreis *m* mixer circuit
Mischkristall *m* mixed crystal, solid solution
Mischleistungsrelais *n* arbitrary phase-angle power relay
Mischleiter *m* mixed conductor
Mischleitung *f* mixed conduction
Mischlicht *n* mixed (blended) light
Mischlichtanlage *f* blended light installation
Mischlichtbeleuchtung *f* mixed lighting
Mischlichtlampe *f* mixed (blended) light lamp, mercury-tungsten lamp
Mischoxid *n* mixed oxide
Mischoxidglas *n* mixed-oxide glass
Mischphase *f* mixed phase
Mischpotential *n* mixed potential *(z. B. einer mehrfachen Elektrode)*
Mischpotentialbildung *f* mixed potential formation
Mischpult *n* [audio] mixer, mixer (mixing) console, control (monitoring) desk *(Studiotechnik)*
~/zentrales master control [desk]
Mischraum *m* mixing (rerecording) room *(Studiotechnik)*
Mischrauschmaß *n* mixing noise figure
Mischröhre *f* mixer (frequency changer) valve, converter tube
~ **mit fünf Gittern** pentagrid [converter]
~/selbstschwingende self-heterodyning mixer
Mischschalter *m* load-distributing switch
Mischschaltung *f* mixing (mixer) circuit
Mischsteilheit *f* conversion [trans]conductance

Mischstrahlung *f* complex (polychromatic, compound) radiation
Mischstrecke *f* mixing path
Mischstrom *m* pulsating d.c. current; undulatory current
Mischstufe *f* mixing stage, mixer [stage]
~ **in Gitterbasisschaltung** grounded-grid mixer
Mischung *f* 1. mixture, mix, blend; 2. mixing, blending
~**/additive** 1. additive mixing; 2. additive mixture *(Farben)*
~**/homogene** *(Nrt)* homogeneous grading
~ **mit Beschleuniger** accelerated stock *(bei Gießharzen)*
~**/multiplikative** multiplicative mixing
~**/transponierte** *(Nrt)* transposed multiple
mischungsfrei *(Nrt)* free of gradings
Mischungsplan *m (Nrt)* grading plan
Mischungsproblem *n* blending problem *(Optimierung)*
Mischungsreihe *f* blended series *(Farben)*
Mischungsverhältnis *n* 1. mixing (blending) ratio; 2. *s.* Mischungszahl/mittlere
Mischungszahl *f***/mittlere** *(Nrt)* mean interconnecting number
Mischverdrahtung *f* combined wiring
Mischverlust *m* conversion loss *(Röhren)*
Mischwähler *m (Nrt)* load distribution matrix (switch)
Mischweg *m* mixing path
MIS-Feldeffekttransistor *m*, **MISFET** *m* metal-insulator-semiconductor field-effect transistor, MISFET
MIS-Schaltkreis *m* metal-insulator-semiconductor circuit
MIS-Struktur *f* metal-insulator-semiconductor structure, MIS structure
Mißweisung *f***/magnetische** magnetic declination
MIS-Technik *f* metal-insulator-semiconductor technique, MIS technique
Mitabscheidung *f (Galv)* codeposition
Mitfeld *n* positive-sequence field
Mitflußschleppe *f* pulse tail
Mitgang *m* 1. mobility, mechanical admittance; 2. contact follow *(der Kontaktfedern)*
~**/akustischer** acoustic admittance
~**/spezifischer** specific acoustic admittance
Mithöraufforderung *f (Nrt)* invitation monitoring, add-on conference
Mithöreinrichtung *f (Nrt)* monitoring equipment (device), monitor
mithören *(Nrt)* to monitor; *(Nrt)* to listen in, to tap [the wire]
~**/über einen Verstärker** to listen in on a repeater
Mithören *n (Nrt)* monitoring; *(Nrt)* listening-in; overhearing *(zufällig)*; cue review *(bei schnellem Vor- oder Rücklauf)*
~ **beim schnellen Rücklauf** review[ing]
~ **beim schnellen Vorlauf** cueing, cue
~ **der Telefonistin** attendant monitoring
Mithörklinke *f (Nrt)* listening (monitoring, branching) jack
Mithörregler *m (Nrt)* monitoring control
Mithörschalter *m (Nrt)* listening (monitoring) key
Mithörschaltung *f (Nrt)* listening (monitoring) circuit
Mithörschrank *m (Nrt)* monitoring board
Mithörschwelle *f (Ak)* threshold of masking
Mithörstellung *f (Nrt)* listening (monitoring) position
Mithörtaste *f (Nrt)* listening (monitoring) key, monitoring button
Mithörverhinderung *f (Nrt)* prevention of monitoring
Mitkapazitanz *f* positive-sequence capacitive reactance
Mitkomponente *f* positive-sequence component
Mitkopplung *f* positive (regenerative) feedback, feedforward
~**/äußere** separate self-excitation *(beim Transistor)*
~**/innere** auto self-excitation *(beim Transistor)*
Mitlauf *m* pulling *(Frequenz)*
Mitlaufeffekt *m* pulling effect *(Frequenz)*
mitlaufend *(Dat)* on-line
Mitlauffilter *n* tracking (slave) filter
Mitlaufgenerator *m* slave generator
mitläufig *(ET)* positive-sequence
Mitlaufwähler *m (Nrt)* discriminating (repeating) selector
Mitleistung *f* positive-sequence power
Mitlesestreifen *m (Nrt)* local (home) record
Mitnahme *f* pull-in *(Frequenz)*
Mitnahmebereich *m* pulling[-in] range
Mitnahme-Distanzschutzsystem *n* **mit Auslösesignalübertragung** intertripped distance system
~ **mit Auslöse- und Sperrsignalübertragung** interlocked distance system
Mitnahmeeffekt *m* pulling (locking) effect
Mitnahmeoszillator *m* lockable (locked) oscillator
Mitnahmeoszillatorfrequenzteiler *m* locked-oscillator frequency divider
Mitnahmeschaltung *f* intertripping *(Relais)*
Mitnehmer *m* dog *(mechanisch)*
Mitnetz *n* positive-sequence network *(des Mit-, Gegen- und Nullsystems)*
Mitreaktanz *f* positive-sequence [inductive] reactance
mitschneiden *(Ak)* to record
Mitschnitt *m (Ak)* record[ing]
Mitschreibeeinrichtung *f (Dat, Meß)* logger
Mitschreiben *n (Nrt)* local recording
mitschwingen to resonate, to covibrate
mitschwingend resonant
Mitschwingung *f* resonance, resonant vibration, covibration, sympathetic oscillation

Mitselbstadmittanz *f* self-admittance of positive-sequence network
Mitselbstimpedanz *f* self-impedance of positive-sequence network
Mitsprechen *n (Nrt)* side-to-phantom cross talk
Mitsprechkopplung *f (Nrt)* phantom-to-side unbalance
Mitsprech- und Aufschalteeinrichtung *f (Nrt)* preference facility
Mitsystem *n* positive phase-sequence system *(symmetrische Komponenten eines Mehrphasensystems)*
~/mehrphasiges positive-sequence polyphase system
Mitteilung *f* message
~/telefonische telephone message
~/interpersonelle interpersonal message
Mitteilungsanfang *m* start of message
Mitteilungsdienst *m (Nrt)* message box service between users
Mitteilungsende *n* end of message
Mitteilungssignalisierung *f* message-oriented signalling
Mitteilungssystem *n* message system
~/elektronisches electronic messaging system
~/rechnerunterstütztes computer-based message system
Mitteilungs-Transfer-Dienst *m* message transfer service
Mitteilungs-Übermittlung *f* messaging
Mitteilungs-Übermittlungssystem *n* message handling system
Mittel *n* 1. mean, average *(s. a. unter* Mittelwert*)*; 2. medium; agent; means
~/arithmetisches arithmetic mean (average)
~/sauerstoffabgebendes oxygen developing agent
Mittelabgriff *m* centre (central, midpoint) tap
~ am Heizfaden filament centre tap
mittelangezapft centre-tapped, central-tapped, midpoint-tapped
Mittelanschluß *m s.* Mittelanzapfung
Mittelanzapfung *f* centre (central, midpoint) tap
• mit ~ *s.* ~/mittelangezapft
~ am Transformator transformer centre tap
Mitteldruck *m* medium pressure, MP
Mitteldruckteil *m(n) (An)* medium-pressure part
Mitteleinströmung *f (Erz)* centre inflow
Mittelelektrode *f (Hsp)* centre (central) electrode
Mittelfrequenz *f* medium frequency, m.f.
Mittelfrequenzband *n* medium-frequency band
Mittelfrequenzbereich *m* medium-frequency range *(500 bis 10 000 Hz)*
Mittelfrequenzerwärmung *f* medium-frequency heating
Mittelfrequenzgenerator *m* medium-frequency generator
Mittelfrequenzlötanlage *f* medium-frequency soldering plant
Mittelfrequenzsender *m* medium-frequency transmitter
Mittelfrequenzstrom *m* medium-frequency current
Mittelfrequenztransformator *m* medium-frequency transformer
Mittelfrequenzumformer *m* medium-frequency converter
Mittelintegration *f (ME)* medium-scale integration, MSI
Mittelintegrationsschaltung *f* medium-scale integrated circuit
Mittelkern *m* central core *(beim Transformer)*
Mittelkontakt *m* centre [position] contact, central contact
Mittellager *n* centre bearing
Mittelleistungstransistor *m* medium-power transistor
Mittelleiter *m* neutral wire (conductor), middle wire *(Nulleiter)*; centre (inner) conductor *(Kabel)*; centre bar *(Sammelschiene)*
~/geerdeter earthed neutral
~/nichtgeerdeter floating neutral
Mittelleiterstrom *m* neutral conductor current
Mittelmarkierung *f* middle marker beacon
Mittelmastbauweise *f (Eü)* centre-tower arrangement
mitteln to average
Mitteln *n* averaging
~ von Signalen signal averaging
Mittelpunkt *m* 1. centre [point], midpoint; 2. *(ET)* neutral point
~/akustischer acoustic centre
~/geerdeter centre point of earth potential
~/herausgeführter *(An)* neutral brought-out
Mittelpunktanschluß *m* midpoint connection; neutral terminal
Mittelpunktanzapfung *f* midpoint tap
Mittelpunktlage *f* position of the centre
Mittelpunktschaltung *f* centre tap connection
Mittelpunktspeisung *f* centre feed *(Antennentechnik)*
Mittelpunktsverbindung *f* midpoint connection
Mittelpunkttransformator *m* static balancer
Mittelschenkel *m* centre leg (limb)
Mittelschiene *f* centre conductor rail
Mittelschutzkontakt *m* centre earthing contact
Mittelspannung *f* 1. medium voltage; medium-high voltage, distribution voltage; 2. intermediate voltage *(beim Spannungsleiter)*; 3. centre volt *(bei einer Schaltungsgruppe)*
Mittelspannungselektrodenkessel *m* medium-voltage electrode boiler
Mittelspannungsleitung *f* medium-high-voltage line; *(Eü)* intermediate-high-voltage line
Mittelspannungsnetz *n* medium-high-voltage system; *(Eü)* intermediate-high-voltage system
Mittelstellung *f* mid-position, centre position; dead-centre position *(z. B. der Bürsten)*
Mittelstellungskontakt *m* mid-position contact

Mittelstrahl *m* central (mid) ray
Mittelstromschiene *f* centre conductor rail
Mitteltemperaturheizkörper *m* medium-temperature heater
Mitteltemperaturkammerofen *m* medium-temperature box furnace
Mittelung *f s.* Mittelwertbildung
Mittelungspegel *m (Ak)* average (equivalent continuous) sound level, time average [sound pressure] level
Mittelwelle *f* medium[-frequency] wave
Mittelwellenband *n* medium-wave band
Mittelwellenbereich *m* medium-frequency range *(300 bis 3 000 kHz)*
Mittelwellenfunkfeuer *n* medium-frequency transmitter, m.f. radio beacon
Mittelwellen-Kursfunkfeuer *n (FO)* radio range beacon
Mittelwert *m* mean value, average [value]
~/arithmetischer arithmetic mean, average value
~ der Halbwelle half-period average value
~ des Durchlaßstroms average value of on-state current, average on-state current *(des Thyristors)*
~ des Fehlers/quadratischer root-mean-square error
~ des Rauschens average noise
~/gewichteter (gewogener) weighted average (mean)
~/gleitender moving average
~/quadratischer root-mean-square [value], rms value
~/räumlicher spatial (space) average
~/zeitlicher mean time value, time-average[d] value, temporal (time) average
Mittelwertanzeiger *m* average value indicator
Mittelwertbildner *m* averager; signal averager *(zum Ausmitteln von Signalen)*
Mittelwertbildung *f* averaging [process], taking of the mean
~/exponentielle exponential averaging
~/zeitliche averaging in time
Mittelwertkriterium *n***/quadratisches** *(Syst)* root-mean-square [estimation] criterion, root-mean-square error minimum criterion *(z. B. für die Regelgüte)*
Mittelwertrechner *m* average computing device
Mittelwertvoltmeter *n* average voltmeter
Mittenabstand *m* centre-to-centre distance (spacing), centre distance
Mittenanschluß *m* mid-conection
Mittenfrequenz *f* centre (mean, mid-band) frequency, mid-frequency
Mittenverstärkung *f* midrange amplification
mittönen to resound
Mitverbunderregung *f* cumulative compound excitation
Mitzieheffekt *m* pulling effect
Mitziehen *n* pull-in *(Frequenz)*
Mixed-Mode-Betrieb *m* mixed mode of operation
MKL-Kondensator *m* metallized-plastic capacitor *(mit metallisierter Kunststoffolie)*
MKSA-System *n* Giorgi system [of units], m.k.s.a. system, MKSA system
MLCB multilayer circuit board
MMC *s.* Mensch-Maschine-Kommunikation
MMK *(magnetomotorische Kraft) s.* Durchflutung
MMS *s.* Mensch-Maschine-Schnittstelle
Mnemonik *f (Dat)* mnemonics
MNOS metal-nitride-oxide semiconductor
MNOS-Feldeffekttransistor *m*, **MNOSFET** *m* metal-nitride-oxide silicon field-effect transistor, MNOSFET
MNS-Feldeffekttransistor *m* metal-nitride semiconductor field-effect transistor
Mobilfunk *m* mobile radio
Mobilfunk-Anschlußeinrichtung *f* mobile access radio
Mobilität *f* mobility *(z. B. von Ladungsträgern)*
Mobilometer *n* mobilometer *(zur Festigkeitsbestimmung von Kunststoffen)*
Modalanalyse *f* modal analysis
Mode *f* mode; fibre mode *(in einem Lichtwellenleiter)*
~ im [optischen] Mantel cladding mode
~/optische optical mode
~/polare polar mode
~/transversale transversal mode
Modekoppler *m s.* Modenkoppler
Modell *n* 1. model; 2. prototype
~/analoges analogue model *(eines Gliedes)*
~/elektronisches electronic model
~/idealisiertes idealized model *(Kybernetik)*
~ im Originalmaßstab full-scale model
~/internes *(Syst)* internal model
~/kybernetisches cybernetic simulator (model)
~/mathematisches mathematical model
~/physikalisches physical model
Modellanlage *f* pilot plant
Modelleitung *f (Eü)* variable experimental system
modellgestützt model-based
Modellierung *f***/mathematische** *(Dat)* mathematical simulation
Modellmethode *f* model method
Modellnachführung *f* model updating
Modellrechner *m* model computer
Modellregelkreis *m (Syst)* [control system analogue] simulator, model control system
Modellschaltbild *n* model circuit
Modellvereinfachung *f* model reduction *(Herabsetzung der Ordnung)*
Modellverfahren *n* scale-model technique *(in verändertem Maßstab)*
Modellversuch *m* model study (test); scale-model test (experiment) *(in verändertem Maßstab)*
modeln to modulate
Modelung *f* modulation
Modem *m* modem, modulator-demodulator

Modenbild *n* speckle pattern
Modenblende *f (Laser)* mode shutter (blind)
Modendichte *f* mode density
Modendispersion *f* modal dispersion *(Lichtwellenleiter)*
Modenfeld *n* mode field
Modenfilter *n* mode filter
Modenfunktion *f* mode function
Modenkoppler *m* mode coupler
Modenkopplungstheorie *f (Laser)* mode coupling theory
Modenmischung *f* mode coupling
Modenrauschen *n* modal (speckle) noise
Modensprung *m* mode hopping (jumping)
Modenstruktur *f* mode structure
Modentrennung *f* mode splitting
Modenumkehrung *f* mode conversion
Modenverlängerung *f* mode distortion *(Lichtleiter)*
Modenverteilung *f* mode distribution
~ **im Lichtwellenleiter** waveguide mode distribution
Modenverzerrung *f* mode distortion
Modenwandler *m* mode changer (transducer, transformer)
Modenwandlung *f* mode conversion
modifizieren to modify
Modler *m s.* Modulator
Modul *m (El)* module; *(ET)* building block [module]; package
~**/konduktionsgekühlter** *(LE)* conduction-cooled module
modular modular
Modulation *f* 1. modulation; 2. *(Ak)* inflection
~**/additive** *(Nrt)* upward modulation
~**/binär-orthogonale** binary-orthogonal modulation
~**/fehlerhafte** faulty modulation
~**/lineare** linear modulation
~**/mehrfache** multiple modulation
~ **mit unterdrücktem Träger** suppressed-carrier modulation
~**/nichtlineare** non-linear modulation
~**/verzerrungsfreie** linear modulation
Modulationsbandbreite *f* modulation bandwidth
Modulationsbegrenzung *f* modulation limiting
Modulationsbrücke *f* modulation bridge
Modulationsdrossel *f* modulation (modulator) choke
Modulationseinrichtung *f* modulating equipment
Modulationselektrode *f* modulator electrode
Modulationselement *n* modulation element
Modulationsempfindlichkeit *f* modulation sensitivity
Modulationsfähigkeit *f* modulation capability
Modulationsfaktor *m* modulation factor
Modulationsfrequenz *f* modulation frequency
Modulationsfrequenzgang *m* modulation-frequency response
Modulationsfunktion *f* modulating function
Modulationsgrad *m* modulation factor, degree of modulation
Modulationshöchstfrequenz *f* maximum modulating frequency
Modulationsimpuls *m* modulation pulse
Modulationsindex *m* modulation index
Modulationskennlinie *f* modulation characteristic
Modulationsklirrfaktor *m* modulation distortion factor
Modulationskreis *m* modulation circuit
Modulationskurve *f* modulation characteristic
Modulationsleistung *f* audio frequency driving power, modulation power
Modulationsrauschen *n* modulation noise
Modulationsschaltung *f* **nach Harbig, Pungs und Gerth** *s.* HAPUG-Modulation
Modulationssignal *n* modulation signal
Modulationsspannung *f* modulating voltage
Modulationsspiegel *m (Laser)* mirrored radiation chopper
Modulationssteilheit *f* modulation slope
Modulationsstrom *m* modulating current
Modulationsstufe *f* modulation stage
Modulationssystem *n* modulation system
Modulationstiefe *f* modulation depth
~**/einstellbare** variable modulation depth
Modulationstransformator *m* modulation transformer
Modulationsübertragungsfunktion *f (Fs)* remodulation function
Modulationsverstärker *m* modulation amplifier
Modulationsverzerrung *f* modulation distortion
Modulationswelle *f* modulation wave
Modulator *m* modulator
~**/additiver** upward modulator
~**/asymmetrischer** asymmetrical modulator
~**/doppelsymmetrischer** *(Nrt)* double-balanced modulator
~**/elektromechanischer** chopper
~**/multiplikativer** product modulator
~**/symmetrischer** symmetrical modulator
Modulator-Demodulator *m* modulator-demodulator, modem
Modulatorkette *f* modulator chain
Modulatorröhre *f* modulator valve
Modulbauelement *n* modular unit, module
Modulbaustein *m* module component
Modulbauweise *f* modular construction (design)
Modulierbarkeit *f* modulation capability
modulieren to modulate
moduliert/sinusförmig sinusoidally modulated
Modulkarte *f* module card
Modulschaltung *f* modular circuit
Modulumschaltung *f (Nrt)* changing-over of index
Moiré-Effekt *m* moiré effect *(Interferenz)*
Moiré-Interferenzbild *n* moiré [interference] pattern
Moiré-Muster *n* moiré pattern (fringes) *(Interferenz)*

Molektronik *f s.* Molekularelektronik
Molekülaktivierung *f* molecular activation
Molekülanregung *f* molecular excitation
Molekularakustik *f* molecular acoustics
Molekularbewegung *f* molecular motion (movement)
Molekulardruckmanometer *n* molecular [pressure] gauge
Molekularelektronik *f* molecular electronics, molectronics
Molekulargeschwindigkeit *f* molecular velocity
Molekularkraft *f* molecular force
Molekularleitfähigkeit *f* molecular conductivity
Molekularmanometer *n* molecular [pressure] gauge
Molekularschaltung *f* molecular circuit
Molekularsieb *n* molecular sieve
Molekularspeicherung *f (Dat)* molecular storage
Molekularstrahlepitaxie *f* molecular-beam epitaxy, MBE
Molekularströme *mpl***/Ampèresche** molecular Ampere currents
Molekularstromtheorie *f***/Ampèresche** Ampere's theory of magnetization
Molekulartechnik *f (ME)* molecular engineering
Molekularvakuummeter *n* molecular [vacuum] gauge
Molekularverstärker *m* molecular amplifier
~/optischer laser amplifier, optical maser amplifier
Molekülemissionskontinuum *n* continuous molecular emission spectrum
Molekülniveau *n* molecular [energy] level, molecular term
Molekülrekombinationsspektrum *n* molecular recombination spectrum
Molekülrotation *f* molecular rotation, rotation of molecules
Molekülschicht *f* molecular layer
Molekülschwingung *f* molecular vibration
Molekülspektroskopie *f* molecular spectroscopy
Molekülspektrum *n* molecular spectrum
Molybdändisilicidheizelement *n* molybdenum disilicide heating element
Molybdändrahtheizelement *n* molybdenum wire [heating] element
Molybdänelektrode *f* molybdenum electrode
Molybdänheizleiterband *n* molybdenum [heating] tape
Moment *n* 1. moment, momentum; 2. torque *(Zusammensetzungen s. unter* Drehmoment*)*
~ der Zufallsfunktion moment of random function
~/elektrisches electrical moment
~/inneres magnetisches intrinsic magnetic moment
~/magnetisches magnetic moment
~/zentrales central moment *(einer stochastischen Größe)*
Momentananzeige *f* instantaneous display
Momentanbelastung *f* instantaneous load
Momentanbeschleunigung *f* instantaneous acceleration
Momentanfehler *m* instantaneous error
Momentanfrequenz *f* instantaneous frequency
Momentangeschwindigkeit *f* instantaneous velocity
Momentanleistung *f* instantaneous power
Momentanschallpegel *m* instantaneous sound level
Momentanspannung *f* instantaneous voltage
Momentanstrom *m* instantaneous current
Momentanumschalter *m* instantaneous changeover switch
Momentanwert *m* instantaneous value
Momentaufnahme *f* instantaneous exposure
Momentauslösung *f* sudden release
Momentenempfänger *m* synchro (selsyn) receiver
Momentensatz *m* momentum theorem
Momentrelais *n* instantaneous relay
Momentschalter *m* quick-action switch, quick-break switch, quick make-and-break switch
Momentschaltung *f* instantaneous connection
Momentunterbrechung *f* quick break
monaural *(Ak)* monaural
Monitor *m* monitor
Monitordrucker *m (Dat)* monitor printer
Monitordruckwerk *n***/mitlaufendes** *(Dat)* on-line monitor printer
Monitorprogramm *n (Dat)* monitor program (routine)
Monitorsystem *n* monitor system
Monochip... *s. a.* Einchip...
Monochipcomputer *m* monochip (one-chip) computer
Monochromatfilter *n* monochromatic filter
monochromatisch monochromatic, single-frequency
Monochromator *m* monochromator, monochromatic illuminator
Monochromübertragung *f* monochrome (black-and-white) transmission
Monoflop *n* one-shot multivibrator, monoflop
monolithisch monolithic
Monomodebetrieb *m* single-mode operation
Monomode[glas]faser *f* single-mode [optical] fibre
Monomode-Lichtwellenleitersystem *n* monomode optical fibre system
Monopol *m* monopole *(elektrisch oder magnetisch)*
Monopolschwingung *f* monopole oscillation
Monopulsradarsystem *n* monopulse radar system
Monoschicht *f* monolayer, monomolecular layer (film)
Monosilicid *n* monosilicide
Monoskop *n* monoscope, monotron *(Bildsignalwandlerröhre)*
monostabil 1. monostable *(z. B. Schaltung)*; 2. one-shot *(z. B. Multivibrator)*

Mono-Stereo-Übergang *m*/**gleitender** stereo blend
monoton monotonous, monotonic
Monotron *n s.* Monoskop
Monozelle *f* single cell, single-cell battery
Montage *f* 1. mounting; installation *(z. B. einer Anlage)*; assembling, setting-up, assembly *(z. B. eines Geräts)*; packaging *(von Bauelementen)*; 2. editing, cutting *(Tonband, Film)*
~ **auf Federn** spring mounting
~/**feste** fixed mounting
Montageanordnung *f* mounting arrangement
Montageanweisung *f* mounting instruction
Montageausbeute *f (ME)* attachment yield
Montageband *n* assembly line
Montagedraht *m* mounting wire
Montageebene *f* mounting base
Montagegruppe *f* assembly
Montagemaß *n* mounting dimension
Montageplatte *f* mounting plate (panel), mounting (assembly) board
Montageschema *n* mounting diagram
Montagetechnik *f* assembly technique; assembly technology
Montagezeichnung *f* mounting (assembly) drawing
Monte-Carlo-Methode *f* Monte-Carlo method, random walk method
montieren 1. to mount; to install; to assemble; 2. to edit, to cut *(Tonband, Film)*
Montsinger-Regel *f* Montsinger['s] law *(z. B. für Isolierstoffe)*
Moore-Licht *n* Moore light *(Entladungslampe mit Stickstoff- oder Kohlendioxidfüllung)*
Morsealphabet *n* Morse code (alphabet)
Morseapparat *m* Morse telegraph
Morseempfänger *m* Morse receiver
Morsegeber *m* Morse sender
Morsekurve *f (Ch)* Morse curve *(Potentialkurve)*
morsen to morse, to key
Morsepunkt *m* [Morse] dot
Morsesender *m* Morse transmitter
Morsestreifen *m* Morse strip (tape)
Morsestrich *m* [Morse] dash
Morsetaste *f* Morse (telegraph) key
Morsetelegraf *m* Morse telegraph
Morsetelegrafie *f* Morse telegraphy
Morsezeichen *n* Morse signal (character)
MOS *m* metal-oxide semiconductor, MOS
~/**doppeldiffundierter** double-diffused metal-oxide semiconductor, DMOS
~/**doppeltimplantierter** double-implanted metal-oxide semiconductor, DIMOS
~/**komplementärer** complementary metal-oxide semiconductor, CMOS
~/**komplementärsymmetrischer** complementary-symmetry MOS
~ **mit erweitertem Draingebiet/doppeldiffundierter** extended drain DMOS, XDMOS
~ **mit nitriertem Gate** metal-nitride-oxide semiconductor, MNOS
~/**örtlich oxydierter komplementärer** local oxidation complementary metal-oxide semiconductor
Mosaik *n (Fs)* mosaic *(z. B. der Rasterschicht)*
Mosaikelektrode *f* mosaic electrode
Mosaikfilter *n* mosaic filter
Mosaikschirm *m* mosaic screen
Mosaiktelegrafie *f* mosaic telegraphy
MOS-Anreicherungstransistor *m* enhancement-mode MOS transistor
MOS-Feldeffekttransistor *m* metal-oxide-semiconductor field-effect transistor, MOS field-effect transistor, MOSFET
~ **mit vergrabenem Kanal** buried-channel MOSFET
MOSFET *m s.* MOS-Feldeffekttransistor
MOS-Kondensator *m* binary capacitor *(mit spannungsabhängiger Kapazität)*
MOST *s.* MOS-Transistor
MOS-Technik *f* MOS technology
~/**komplementäre** complementary MOS, CMOS
MOS-Thyristor *m (LE)* MOS gated thyristor
MOS-Transistor *m* metal-oxide-semiconductor transistor, MOS transistor, MOST
~/**doppeltimplantierter** double-implanted MOS-transistor, DIMOS transistor
~ **in V-förmig geätzter Vertiefung** vertically etched MOST
MOS-Transistor-Schwellspannung *f* MOS-transistor threshold voltage
Motor *m* motor; engine
~/**ankerstromgesteuerter** armature-controlled motor
~/**belüfteter** ventilated motor
~/**blockierter** stalled motor
~/**direktgekoppelter** direct-coupled motor
~/**drehzahlveränderlicher** varying-speed motor
~/**druckknopfgesteuerter** push-button-controlled motor
~/**explosionsgeschützter** explosionproof motor
~/**flammgeschützter** flameproof motor
~/**fremdbelüfteter** forced-ventilated motor
~ **für den Streifenvorschub** chart motor
~ **für Drehzahlstellung** adjustable-speed motor
~ **für mehrere Drehzahlen (Geschwindigkeiten)** multiple-speed motor, multispeed motor
~ **für veränderliche Drehzahl** variable-speed motor
~/**geeichter** calibrated motor
~/**gekapselter** cased (enclosed) motor
~/**geschlossener** totally enclosed motor
~/**geschützter** protected motor
~/**hydraulischer** hydraulic motor
~ **in Dreieckschaltung** D-connected motor
~/**kompensierter** compensated motor
~/**mantelgekühlter** *s.* ~ mit Mantelkühlung/geschlossener

~ **mit Achsaufhängung** nose-and-axle-suspended motor
~ **mit Anlaufkondensator** capacitor-start motor
~ **mit Außenbelüftung/geschlossener** enclosed ventilated motor
~ **mit Doppelschlußverhalten** motor with compound characteristic
~ **mit Doppelschlußwicklung** compound-wound motor
~ **mit Drehzahländerung** change-speed motor
~ **mit Drehzahlregelung** variable-speed motor
~ **mit drei Drehzahlen** three-speed motor
~ **mit druckfester Kapselung** flange-protected motor
~ **mit Eigenbelüftung** self-ventilated motor
~ **mit einer Wicklung** single-winding motor
~ **mit einstellbarer konstanter Drehzahl** adjustable constant-speed motor
~ **mit Fremdbelüftung** forced-ventilated motor
~ **mit gedruckter Wicklung** printed-circuit motor
~ **mit jalousieartig geschlitzten Schildlagern** motor with louvre-type end shields
~ **mit Kompensationswicklung** compensated motor
~ **mit Kondensatorhilfsphase** capacitor start motor
~ **mit konstantem Moment** constant-torque motor
~ **mit konstanter Drehzahl** constant-speed motor
~ **mit Mantelkühlung/geschlossener** fully enclosed motor with jacket ventilation
~ **mit mehreren Drehzahlen** multiple-speed motor
~ **mit metrischen Abmessungen** metric motor
~ **mit Nebenschlußkennlinie** motor with shunt characteristic
~ **mit Nebenschlußverhalten** shunt-conduction motor
~ **mit regelbarer Drehzahl** adjustable-speed motor
~ **mit Reihenschlußkennlinie** motor with series characteristic
~ **mit Selbstkühlung** self-cooled motor
~ **mit Widerstandshilfsphase** resistance-start motor
~**/offener** open motor *(ohne Wasserschutz)*
~**/polumschaltbarer** pole-changing motor, change-pole induction motor
~**/schlagwettergeschützter** flameproof motor
~**/spritzwassergeschützter** splash-proof motor
~**/stufenlos regelbarer** infinitely variable-speed motor
~**/tropfwassergeschützter** drip-proof motor
~**/unbelüfteter** totally enclosed motor
~**/wassergekühlter** water-cooled motor
~**/wassergeschützter** watertight motor
~**/zweipoliger** bipolar motor
Motoranker *m* motor armature
Motoranlasser *m* motor starter
Motoranlaßschalter *m* motor-starting switch
Motoranschluß *m***/fester** fixed motor connection
Motorantrieb *m* motor drive • **mit** ~ motor-driven
Motorausschalter *m* motor cut-out switch
motorbetätigt motor-operated
motorbetrieben motor-driven
Motorbremslüfter *m* motor-type brake magnet
Motordirektstarter *m (MA)* motor direct on-line starter
Motordrehmoment *n* motor torque
Motordrehzahl *f* motor speed
Motorerregerfehlerrelais *n* motor-field failure relay
Motorerregerschutzrelais *n* motor-field protective relay
Motorfahrschalter *m* motor controller
Motorfeld *n* motor field
Motorfeldregelung *f* motor-field control
Motorgehäuse *n* motor frame
Motorgenerator *m* motor generator
Motorgetriebe *n* motor gearbox
motorgetrieben motor-operated, motor-driven
Motorgruppenschalter *m* motor grouping switch
Motorisolator *m* motor insulator
Motorklemmkasten *m* motor-box connector
Motorkompensator *m* self-balancing potentiometer
Motorkontroller *m* [electric] motor controller
Motorkontrolloszillograph *m (Meß)* engine analyzer
Motorleistung *f* motor output
Motorlocher *m* motor drive punch *(für Lochkarten)*
Motorlochprüfer *m* motor drive verifier *(für Lochkarten)*
Motormagnetfeld *n* magnetic-motor field
Motornennleistung *f* motor rating
Motorregler *m* motor governor
Motorriemenscheibe *f* motor pulley
Motorschalter *m* motor switch, electric motor controller
~**/direkt in das Netz geschalteter** direct-on-line starter
~ **zum Direkteinschalten** across-the-line starter
Motorschutz *m* motor protection
Motorschutzrelais *n* motor protection relay
Motorschutzschalter *m* motor protection (protecting) switch; motor circuit breaker
Motorschutzschalterkombination *f (MA)* motor protecting switch combination
Motorsteller *m* motor controller
Motorsteuerung *f* motor-speed control
~**/elektronische** microcomputer-based engine control
Motorstrombegrenzungsrelais *n* step-back relay
Motorstromkreis *m* motor circuit
Motorstromzweig *m* motor branch circuit
Motorstufe *f* motor stage *(z. B. in einem Übertragungssystem)*
Motorteil *m* motor part
Motorumsteuergerät *n* motor reverser
Motorwähler *m (Nrt)* motor-driven selector

Motorwählersystem *n* machine-switching telephone system
Motorzähler *m* motor (commutator) meter *(zur Energiemessung)*
MP *s.* Mikroprozessor
MP-Kondensator *m s.* Metallpapierkondensator
MPST *s.* Multiprozessorsteuerung
MPX-Filter *n* mpx filter *(Stereoseitenbandfilter)*
MPX-Signal *n* mpx signal *(Stereosignal)*
MR *s.* Mikrorechner
M-Schirm *m* M scope *(Radar)*
MSI *(ME)* medium-scale integration, MSI
MSI-Schaltkreis *m* medium-scale integrated circuit
Muffe *f* sleeve; [conduit] coupling
Muffelofen *m***/elektrischer** electric muffle furnace
Muffenvergußmasse *f* box compound
Mulde *f* well; trough
Muldex *m* muldex, multiplexer-demultiplexer
Müller-Brücke *f* Mueller bridge *(zur Messung von Vierpolwiderständen)*
Multichip *m* multichip
Multichipbauelement *n* multichip component
Multifilamentleiter *m* multifilament conductor
Multifunktionsbaustein *m***/programmierbarer** programmable multifunction universal asynchronous receiver transmitter, MUART
Multilayerchip *m* multilayer chip
Multimikroprozessorsystem *n (Dat)* multimicroprocessor system
Multimodefaser *f* multimode [optical] fibre
Multimode-Gradientenfaser *f* graded-index optical guide
Multimodenbetrieb *m (Laser)* multimode operation
Multimodenlichtleitfaser *f* multimode optical fibre
Multiplett *n* multiplet
~/normales (reguläres) normal (regular) multiplet
~/umgekehrtes inverted multiplet
Multiplettaufspaltung *f* multiplet splitting
Multipletterm *m* multiplet level (term)
Multiplettlinie *f* multiplet line
Multiplettserie *f* multiplet series
Multiplettstruktur *f* multiplet structure
Multiplexabfragezyklus *m (Dat)* multiplex [polling] cycle
Multiplexanlage *f* **mit unterdrücktem Träger** *(Nrt)* suppressed-carrier multiplex equipment
Multiplexanschluß *m* primary rate access
Multiplexbetrieb *m (Nrt)* multiplexing
Multiplex-D-Kanal *m* multiplexed D channel
Multiplexeingang *m* multiplexed input
Multiplexen *n* **durch Modenteilung** mode-division multiplexing
~/optisches optical multiplexing
Multiplexer *m (Dat, Nrt)* multiplexer, multiplexing equipment
Multiplexer-Demultiplexer *m* muldex
Multiplexgerät *n s.* Multiplexer
Multiplexkanal *m (Nrt)* multiplex channel
Multiplexleitung *f (Nrt)* highway, multiplex lead
Multiplexsystem *n (Nrt)* multiplex system
Multiplextechnik *f (Nrt)* multiplex technique
Multiplexzyklus *m (Dat)* multiplex cycle
Multiplikation *f* **mit beliebiger Stellenzahl** arbitrary-precision multiplication
Multiplikationsoperator *m (Dat)* multiplying operator *(ALGOL 60)*
Multiplikationsschaltung *f (Dat)* multiplication circuit
Multiplikationsstelle *f* multiplication point *(z. B. im Regelsystem)*
Multiplikationszeit *f (Dat)* multiplication time
Multiplikator *m***/Euler-Lagrangescher** Euler-Lagrange multiplier
Multiplikatorausgang *m (Dat)* multiplicator output
Multiplikatorregister *n (Dat)* multiplier register
Multipliziereinrichtung *f* multiplying device
~/mechanische mechanical multiplying device
Multipliziertrieb *m (Dat)* mechanical multiplying device
Multiplizierwerk *n (Dat)* multiplication unit
Multipol *m* multipole
multipolar multipolar
Multipolmoment *n***/magnetisches** magnetic multipole moment
Multipolstrahlung *f* multipole radiation
Multiprocessing *n (Dat)* multiprocessing
Multiprogramm *n (Dat)* multiprogram
Multiprogrammierung *f (Dat)* multiprogramming
Multiprozessor *m (Dat)* multiprocessor
Multiprozessorsteuerung *f* multiprocessor-based control
Multiprozessorsystem *n* multiprocessor (multiprocessing) system
Multistabilität *f* multistability
Multitask-Betrieb *m (Dat)* multitasking
Multi-Vari-Karte *f* multi-vari-chart *(Leiterplatte)*
Multivibrator *m* multivibrator
~/astabiler astable multivibrator
~/bistabiler bistable (scale-of-two) multivibrator, flip-flop
~/durchstimmbarer variable-frequency multivibrator
~/freischwingender astable multivibrator
~ mit negativer Vorspannung negative-biased multivibrator
~/monostabiler monostable (one-shot) multivibrator
~/selbsterregter free-running multivibrator
Multivibratorkippschaltung *f* multivibrator circuit
Multiwiretechnik *f* multiwire technique *(Leiterplattenherstellung)*
Multizellularelektrometer *n*, **Multizellularvoltmeter** *n* multiple electrometer, multicellular voltmeter
Mumetall *n* mumetal, nickel iron *(Magnetwerkstoff)*
Mund *m***/künstlicher** *(Nrt)* mouth simulator
Mundstück *n* mouthpiece; nozzle

~ **des Mikrofons** microphone mouthpiece
Munsell-Farbsystem *n* Munsell [colour] system
Münzbehälter *m* coin box
Münzeinwurf *m* coin slot
Münzfernsehen *n* coin television
Münzfernsprecher *m* coin-box telephone, prepayment coin box [telephone]
Münzfernsprechsystem *n* **mit Zahlung bei Antwort** pay-on-answer coin-box system
Münzgerät *n* coin collection device *(s. a.* Münzfernsprecher*)*
Münzguthabenanzeige *f* coin credit indication
Münzrückgabebecher *m* coin return cup
Münzsichtspeicher *m* coin storage window
Münzzähler *m* prepayment (slot) meter
Murray-Schleife *f* Murray loop *(Kabelfehlerortsmessung)*
Muschel *f* ear cap *(Hörer)*
Musik *f***/elektronische** electronic music
musikbespielt music-loaded *(Tonband)*
Musikleistung *f* music power
Musiktruhe *f* radiogramophone
Musikwiedergabetreue *f* music fidelity
Muß-Anweisung *f* mandatory instruction, MUST instruction
Muster *n* 1. sample, specimen; 2. pattern; 3. prototype, model; master [standard]
Musteranalysator *m (Dat)* pattern analyzer
Musteranpassung *f* pattern matching *(Programmierung)*
musterempfindlich pattern-sensitive
Mustererzeugung *f (ME)* pattern generation
Mustererzeugungstechnik *f (ME)* pattern generating technique
Mustergenerator *m (ME)* pattern generator
mustern *(ME)* to pattern *(mit Muster versehen)*
Mustertonspur *f* master sound track
Mustertreue *f*, **Musterübereinstimmung** *f* pattern fidelity
Musterübertragung *f* pattern transfer (replication)
Musterwähler *m* pattern selector
Mutterblechanode *f (Galv)* stripper anode
Mutterblechbad *n (Galv)* stripper tank
Mutterfeld *n* master panel *(Schaltanlage)*
Mutterkatodenblech *n* mother blank *(elektrolytische Raffination)*
Mutterkompaß *m* master compass
Mutterleiterplatte *f* motherboard
Mutteroszillator *m* master oscillator
Mutterplatte *f* 1. mother *(Schallplattenherstellung)*; 2. *s.* Mutterleiterplatte
Muttersender *m* mother transmitter
Mutterstation *f (Nrt)* master station
Muttersteckverbinder *m* female connector *(Buchse)*
Mutterteil *n* female part (piece) *(Buchse)*
Mutteruhr *f* master clock
MW-Bereich *m s.* Mittelwellenbereich
My-Meson *n* muon, mu meson
Myriameterwelle *f* myriametre (myriametric) wave *(λ > 10 000 m)*

N

N *s.* Newton
nachabgleichen to readjust, to rebalance
Nachablenkung *f* postdeflection
Nachanhebung *f (Ak, Nrt)* post-emphasis, deemphasis
Nachbarbildträger *m (Fs)* adjacent picture (vision) carrier
Nachbarbildträgersperre *f* adjacent-picture carrier trap
Nachbarfilter *n* contiguous filter
Nachbarfrequenz *f* adjacent frequency
Nachbarkanal *m (Nrt)* adjacent (flanking) channel
Nachbarkanalauswahl *f* adjacent-channel selection
Nachbarkanalbetrieb *m* adjacent-channel operation
Nachbarkanalunterdrückung *f* adjacent-channel rejection
Nachbarschaftseffekt *m* proximity effect *(Elektronenstrahllithographie)*
Nachbartonträger *m* adjacent sound carrier
nachbehandeln to aftertreat, to re-treat
Nachbehandlung *f* aftertreatment, secondary (additional) treatment
Nachbelichtung *f* postexposure, re-exposure
Nachbeschleunigung *f* post-acceleration, postdeflection acceleration, after-acceleration *(bei Katodenstrahlröhren)*
~**/spiralige** helical postdeflection acceleration
Nachbeschleunigungselektrode *f* post-acceleration electrode, postdeflection accelerating electrode, intensifier electrode, post-accelerator *(Katodenstrahlröhre)*
Nachbeschleunigungsröhre *f* postacceleration tube
~ **großer Helligkeit** high-brilliance postacceleration tube
Nachbessern *n* **von minderwertigen Bandaufnahmen** tape scrubbing
Nachbild *n* afterimage
nachbilden to imitate, to simulate; to reproduce; to copy
~**/eine Leitung** to make an artificial line
Nachbildfehler *m (Nrt)* balancing fault
Nachbildfehlerdämpfung *f* active balance return loss *(einer Leitung)*
Nachbildmesser *m* return-loss measuring set
Nachbildplatten *fpl (Nrt)* balancing network panels
Nachbildprüfer *m (Nrt)* balance tester, impedance [unbalance] measuring set
Nachbildschiene *f (Nrt)* balancing network panel
Nachbildsucher *m (Nrt)* balance tester, impedance unbalance finder

Nachbildung *f* 1. simulation, reproduction; 2. *(Nrt)* balance, balancing network
~/analoge analogue simulation
~/angenäherte *(Nrt)* compromise balance
~/genaue close imitation
~/veränderbare *(Nrt)* adjustable line balance
Nachbildungsfehler *m (Nrt)* balancing fault
Nachbildungsgerät *n* simulation equipment
Nachbildungsgestell *n (Nrt)* balancing network rack
Nachbildungsgüte *f (Nrt)* quality of balance
Nachbildungsimpedanz *f (Nrt)* balancing network
Nachbildungsmesser *m (Nrt)* return-loss measuring set
Nachbildungsprogramm *n* simulator
nachdunkeln to darken
Nachdurchschlagverhalten *n* post-breakdown behaviour
Nachecho *n* retarded echo; postgroove echo *(Schallplatte)*
nacheichen to recalibrate; to check the calibration
Nacheichung *f* recalibration, subsequent verification; field calibration; check[ing] of the calibration
~/periodische periodic verification
nacheilen to lag [behind]
nacheilend lagging
Nacheilkontakt *m* lagging contact
Nacheilung *f* 1. lag, lagging; 2. retardation
~/zeitliche time lag
Nacheil[ungs]winkel *m* lag angle
Nacheinanderverfahren *n (Nrt)* one-at-a-time principle
Nachentzerrung *f (Ak, Nrt)* post-equalization, deemphasis
nachfolgen to follow
Nachformeinrichtung *f* contour follower
Nachformsteuerung *f* copying control; tracer control
Nachfrage *f (Nrt)* inquiry
Nachführeinrichtung *f* follow-up device
nachführen to track; to follow
Nachführregler *m (Syst)* compensating controller
Nachführsystem *n* tracking system
~/automatisches autotrack system
Nachführung *f***/automatische** automatic tracking, autotracking
Nachführungssystem *n s.* Nachführsystem
Nachgiebigkeit *f***/akustische** acoustic compliance
Nachglühen *n* afterglow; glow after discharge *(Gasentladung)*
Nachhall *m (Ak)* reverberation, reverberant sound, echo
Nachhalldauer *f* reverberation time (period)
nachhallen *(Ak)* to reverberate, to echo
nachhallend reverberant
Nachhallgerät *n* reverberator
Nachhallkurve *f* reverberation decay curve
Nachhallraum *m* reverberation room
Nachhallverlängerung *f***[/elektronische]** assisted resonance
Nachhallzeit *f* reverberation time (period)
Nachhallzeitmesser *m* reverberation-time meter, reverberation timer
~/rechnender reverberation calculator (processor)
Nachhallzeitmessung *f* reverberation [time] measurement
Nachhallzeitschablone *f* protractor
Nachhärtung *f* postcure, postcuring, afterbake, postbaking *(von Isolierstoffen)*
Nachhavariezustand *m* postemergency state
Nachhinken *n s.* Nacheilung
Nachimpuls *m* afterpulse
nachkalibrieren to recalibrate
Nachkalibrierung *f* recalibration; calibration (sensitivity) check
Nachkompensation *f* aftercompensation
Nachkontrast *m* successive contrast
Nachkriechen *n***/elastisches** elastic lag *(z. B. bei Spannbändern)*
Nachkühlung *f* aftercooling
Nachladeerscheinung *f* residual charge phenomenon
nachladen to recharge *(z. B. Sammler)*
Nachlauf *m* 1. overtravel *(Weg nach vollzogener Schaltfunktion)*; 2. *(El)* hunting
Nachlaufeinrichtung *f* follow-up device
nachlaufen to follow; to track
Nachlaufen *n***/automatisches** autotracking, automatic tracking
Nachlauffilter *n* tracking (slave) filter
Nachlaufgerät *n***[/automatisches]** automatic curve follower *(numerische Steuerung)*
Nachlaufregelkreis *m (Syst)* servo loop
Nachlaufregelung *f (Syst)* follow-up control [system]
Nachlaufregler *m (Syst)* follow-up controller, follower
Nachlaufschaltung *f* tracking circuit
Nachlaufsteuergenerator *m* tracking frequency multiplier
Nachlaufsteuerung *f* aided tracking *(Radar)*
Nachlaufsynchronisierschaltung *f* follow-up synchronizing circuit
Nachlaufsystem *n (Syst)* follow-up control
Nachleuchtbild *n* residual image
Nachleuchtcharakteristik *f* persistence characteristic
Nachleuchtdauer *f* persistence [time]; afterglow duration
Nachleuchteffekt *m* afterglow effect *(Bildfehler)*
Nachleuchten *n* persistence; afterglow *(Röhren)*; phosphorescence
nachleuchtend persistent; phosphorescent
Nachleuchtschirm *m* long-persistence screen, persistent screen
Nachleuchtzeit *f* persistence [time]
nachmessen to check; to verify
Nachpotential *n* afterpotential
nachprüfen to check [up], to recheck; to verify

Nachprüfung *f* check, recheck; verification
Nachregler *m* adjustment control
Nachricht *f* 1. information; 2. *(Nrt)* message, communication
~/abgehende outgoing message
~/ankommende incoming message
~/diskrete discrete message
~ hoher Priorität high-priority message, high-precedence message
~/mit Vorrang zu übertragende *s.* ~ hoher Priorität
~/verschlüsselte code message
Nachrichten *fpl* **variabler Länge** variable-length messages
Nachrichtenaufzeichnungsgerät *n* message-recording device
Nachrichtenbus *m* communication bus
Nachrichtendarstellung *f* message presentation
Nachrichtenelektronik *f* communications electronics
Nachrichtenführer *m* router
Nachrichtengerät *n* communication[s] equipment
~/hochwertiges high-class communication set
Nachrichtenkabel *n* communication cable
Nachrichtenkanal *m* communication channel
~/benachbarter adjacent channel
Nachrichtenkennung *f* transmission identification
Nachrichtenkode *m* message code
Nachrichtenkopf *m* label
Nachrichtennetz *n* communication system, communication[s] net[work]
~/digitales digital communication network (system)
Nachrichtenregistrierungssystem *n***/automatisches** *(Dat)* automatic message registering system, AMR-system
Nachrichtensammeln *n***/elektronisches** electronic news gathering
Nachrichtensatellit *m* [tele]communications satellite
Nachrichtensatellitensystem *n* communications-satellite system
Nachrichtensenke *f* information drain (sink)
Nachrichtenspeicher *m* communications memory; message store
Nachrichtenspeicherung *f* message storage (storing)
Nachrichtenstelle *f* message centre
Nachrichtensystem *n* communication[s] system, message system
~/inneres interior communication system
~ mit troposphärischer Streuausbreitung tropospheric scatter communication system
~/rechnergestütztes computerized message system
Nachrichtentechnik *f* communication[s] engineering
~/optische optical telecommunication[s]
Nachrichtentheorie *f* communication theory
Nachrichtenübermittlung *f* information transfer (transmission) *(s. a.* Nachrichtenübertragung*)*
Nachrichtenübertragung *f* communications, telecommunication; message transfer
~ durch optische Maser optical maser communications
~/extraterrestrische extraterrestrial communications
~/optische optical communication
~ über Satelliten satellite communication
Nachrichtenübertragungsnetz *n* communication network
Nachrichtenübertragungsteil *n* message transfer part, MTP
Nachrichtenübertragungstheorie *f* communication theory
Nachrichtenverbindung *f* communication link
Nachrichtenverkehr *m* communication [traffic], telecommunication traffic
~/direkter real-time communication
~/terrestrischer earth-bound communication
~ zwischen Erde und Satellit earth-to-satellite communication
Nachrichtenverkehrssender *m* communication transmitter
Nachrichtenvermittlung *f* information switching (connection); call putting through
Nachrichtenweiterleiteinrichtung *f* router
Nachrichtenwellenleiter *m* waveguide for communication
Nachrichtenzeicheneinheit *f* message signal unit
Nachruf *m* *(Nrt)* ring-back signal
Nachrufen *n* *(Nrt)* re-ring
Nachsättigungsgebiet *n* *(ME)* postsaturation region
nachschalten to connect on load side
Nachschaltturbine *f* condensing turbine
Nachschwingen *n* postoscillation
nachstellbar adjustable
Nachstellbewegung *f* corrective motion
nachstellen to [re]adjust; to reset
Nachstellschraube *f* adjusting screw
Nachstellung *f* [re]adjustment; resetting
Nachstellzeit *f* reset time, integral[-action] time
Nachstellzeitgeber *m* reset timer
nachstimmen to retune
Nachstimmkondensator *m* vernier capacitor
Nachstimmung *f* [variable] tuning, fine tuning
Nachstrom *m* post-arc current *(Schalter)*; follow current; back current
Nachsynchronisation *f* *(Ak)* dubbing
nachsynchronisieren *(Ak)* to dub
Nachtalarmschalter *m* night alarm key (switch)
Nachtbelastung *f* night (off-peak) load
Nachtdienstplatz *m* *(Nrt)* night service position
Nachteffekt *m* *(FO)* night effect (error)
Nachtplatz *m* *(Nrt)* night position
Nachtrufnummer *f* *(Nrt)* night service number
Nachtschalter *m* *(Nrt)* night service key

Nachtschaltung *f (Nrt)* night switching, night service connection
Nachtsichtweite *f* night-time visibility range
Nachtspeicherheizgerät *n* night storage heater
Nachtstrom *m* night current
Nachtstromverbraucher *m* night-current consumer
Nachtstromwärmespeicherung *f* night (off-peak) electric thermal storage
Nachttarif *m* night rate, off-peak tariff
Nachtverbindung *f (Nrt)* night service connection
Nachtwecker *m (Nrt)* night bell
Nachverarbeitung *f (Dat)* postprocessing
Nachverstärker *m* postamplifier
Nachwahl *f (Nrt)* postselection, suffix dialling
Nachwähler *m (Nrt)* private branch exchange final selector
Nachwärme *f* afterheat
Nachwärmofen *m* reheating furnace
Nachweis *m* detection; identification; verification
nachweisbar detectable
Nachweisbarkeit *f* detectability
nachweisen to detect; to identify; to verify
Nachweisfühler *m* detector probe
Nachweisgerät *n* detector
~ **mit großem Auflösungsvermögen** high-resolution detector
~**/schnelles** fast detector
Nachweisgrenze *f* detection limit
~**/untere** threshold of detectability
Nachweisimpedanz *f* detection impedance
Nachweiskopf *m* detector probe
Nachwirkung *f* aftereffect; persistence
~**/dielektrische** dielectric relaxation [phenomenon], dielectric fatigue (viscosity), anomalous displacement *(Zeitabhängigkeit durch Isolationswiderstand)*
~**/elastische** residual elasticity, elastic lag *(z. B. in Spannbändern)*
~**/magnetische** magnetic aftereffect (viscosity, lag, creeping), anomalous magnetization
Nachwirkungsbild *n* retained image *(Bildfehler)*
Nachwirkungsstrom *m* transient decay current
Nachwirkungsverlust *m* residual loss
Nachwirkungszeit *f (Nrt)* hangover time
Nachzieheffekt *m*, **Nachziehen** *n (Fs)* streaking [effect]
Nachzündung *f* reignition
Nacktchip *m* bare chip
Nadel *f* needle; stylus *(Plattenspieler)*
Nadelabnutzung *f* stylus wear
Nadelauslenkung *f* stylus excursion
Nadelbewegungslinie *f* stylus trajectory
Nadeldruck *m* stylus pressure (force)
Nadeldrucker *m* wire [matrix] printer, stylus (needle, impact) printer, dot [matrix] printer
Nadelelektrode *f* needle electrode
Nadelfunkenstrecke *f* needle[-point] spark gap
Nadelgalvanometer *n* needle galvanometer
~**/astatisches** Broca galvanometer
Nadelgeräusch *n* needle scratch, surface noise
Nadelgeräuschfilter *n* scratch filter
Nadelgleichrichter *m (Hsp)* mechanical rectifier
Nadelhalter *m* needle (stylus) holder
Nadelimpuls *m* needle pulse, Dirac pulse; *(ET)* spike
Nadelkristall *m* whisker, spicule (acicular) crystal
Nadellager *n* needle bearing
Nadelrückstellkraft *f* stylus drag
Nadelschnelle *f* stylus velocity
Nadelspitze *f* needle point; stylus tip
Nadeltonaufzeichnung *f* disk recording
Nadeltonschneidgerät *n* disk recorder
Nadeltonverfahren *n* disk-recording method, mechanical recording method, sound-on-disk method (system)
Nadelträger *m s.* Nadelhalter
Nadelverschleiß *m* stylus wear
Nagelkopfbonder *m (ME)* nail-head bonder
Nagelkopfbondverfahren *n (ME)* ball (nail-head) bonding
Nahbereich *m* short (close) range; near zone *(Antenne)*; *(Nrt)* direct service area; *(Eü)* proximity zone
Nahbereichsausrüstung *f* close-range equipment
Nahbereichsfunk *m* short-range radio
Nahbereichsnetz *n* local area network
Nahbesprechung *f* close-up miking *(Mikrofon)*
Nahbus *m (Dat)* cabinet bus
Nahecho *n* near echo
Nahechodämpfung *f (Nrt)* anti-clutter gain control
Nahempfang *m (Nrt)* short-distance reception
nähern/sich to approach; to approximate
~**/sich einem Grenzwert** to approach to a limit
~**/sich Null** to go to zero
Näherung *f* approach; approximation
~**/erste** first approximation
~**/Hartreesche** Hartree approach
~ **im Zeitbereich** time domain approach
~**/Rayleighsche** Rayleigh approximation
~**/schrittweise** stepwise approximation
~**/statische** static approximation
~**/statistische** statistical approach
~**/stochastische** stochastic approximation
Näherungsanalyse *f***/quantitative** approximate quantitative analysis
Näherungsbeziehung *f* approximate relationship
Näherungsdarstellung *f* approximate representation
Näherungseffekt *m* proximity effect *(Stromverdrängung bei benachbarten Leitern)*
Näherungsfehler *m* error of approximation
Näherungsformel *f* approximation (approximate) formula
Näherungsgleichung *f* approximation (approximate) equation
Näherungsgröße *f* approximate quantity
Näherungsinitiator *m* proximity switch (sensor)

Näherungslösung *f* approximate solution
~/halbfrequente half-frequency approximate solution
Näherungsmethode *f* approximation (approximate) method, trial-and-error method
Näherungsrechnung *f* approximate computation (calculation)
Näherungssatz *m* approximation argument
Näherungsschalter *m* proximity switch
Näherungsverfahren *n* approximation method, approximate [analytical] method
Näherungswert *m* approximate value
Nahfeld *n* near field
Nahkurzschluß *m (An)* short circuit close to the generator terminal
Nähmaschinenmotor *m* sewing-machine motor
Nahmodem *m* close-range modem
Nahnebensprechabstand *m (Nrt)* near-end signal-to-cross-talk ratio
Nahnebensprechdämpfung *f (Nrt)* near-end cross-talk attenuation
Nahnebensprechen *n (Nrt)* near-end cross talk, intersymbol interference
Nahordnung *f (ME)* short-range order
Nahpeilung *f* short-path bearing
Nahpunkt *m* near point *(Optik)*
Nahschwund *m (Nrt)* short-range fading
Nahschwundantenne *f* short-range fading aerial, low-angle fading aerial
Nahschwundzone *f* close-range fading area
Nahsender *m* short-distance transmitter
Nahstörung *f* close-range disturbing effect
Nahtfolgesteuerung *f* seam tracking *(Elektronenstrahlschweißen)*
Nahtschweißen *n* seam welding
Nahtstelle *f s.* Schnittstelle
Nahverkehr *m (Nrt)* short-distance traffic; toll (junction) traffic
Nahverkehrsamt *n* toll exchange
Nahverkehrsgespräch *n* toll (junction) call
Nahverkehrsleitung *f* toll circuit
Nahverkehrsnetz *n* toll network
Nahverkehrsträgerfrequenzsystem *n* short-haul carrier system
Nahwählverbindung *f* extended-area call
Nahwirkungseffekt *m* proximity effect
~/thermischer thermal proximity effect
Nahwirkungseinfluß *m* proximity influence
Nahwirkungsfehler *m* proximity effect error
Nahwirkungskraft *f* short-range force
Nahwirkungstheorie *f* proximity theory
Nahwirkungsverhältnis *n* proximity effect ratio
Namengebergerät *n (Nrt)* answer-back unit
Namengeberzeichen *n (Nrt)* answer-back signal (code)
NAND NOT-AND, NAND *(Schaltalgebra)*
NAND-Funktion *f* NAND function
NAND-Gatter *n* NAND gate, inhibitory gate
NAND-Glied *n* NAND element
NAND-Schaltung *f* NAND circuit, inversion circuit
NAND-Verknüpfung *f* NAND operation
Nanoamperemeter *n* nanoammeter *(Verstärkervoltmeter)*
Nanosekundenimpuls *m* nanosecond pulse *(Impuls im Nanosekundenbereich)*
Nanosekundenimpulsgeber *m* nanosecond pulse generator
Napfelektrode *f* dished electrode
narbig pitted *(z. B. Oberfläche)*
Narbung *f* pitting
Nase *f* aligning plug *(Röhrensockel)*
Nasenkonus *m* nose cone *(für Mikrofon)*
Naßbehandlung *f* wet treatment
Nässe *f* wetness, moisture; dampness • **vor ~ bewahren** to keep dry
Naßelektrolytkondensator *m* wet electrolytic capacitor
Naßelement *n* wet (hydroelectric) cell *(mit flüssigem Elektrolyten)*
Naßentwicklung *f* liquid development
Naßfestigkeit *f* wet strength *(z. B. von Laminaten)*
naßgewickelt *(MA)* wet-wound *(Bänder bei Hochspannungsisolation)*
Naßkontakt *m* wet contact
Naßvergoldung *f* wet-gilding, water-gilding
Naßverzinkung *f* wet galvanizing
Natriumdampflampe *f* sodium [vapour] lamp
Natrium-D-Linie *f* sodium-D line, D-line of sodium
natriumgekühlt sodium-cooled
Natriumhochdrucklampe *f* high-pressure sodium discharge lamp
Natriumhochdruckplasma *n* high-pressure sodium vapour plasma
Natriumlicht *n* sodium light
Natriumspiegel *m* sodium mirror *(in Natriumdampflampen)*
Natriumverteilung *f* sodium distribution
Naturglimmer *m* natural mica
Naturumlaufkessel *m* natural circulation boiler
Navigationsfunkhilfe *f* aids to navigation radio control, anrac
Navigationsleitsystem *n* navigational guidance system
Navigationsradar *n* navigational radar
Navigationsrechner *m* navigation computer
Navigationssatellit *m* navigational satellite
NB-... *s.* Nennbetriebs...
n-Bereich *m* n-type region, n-region *(Halbleiter)*
N-bewertet *(Ak)* N-weighted
N-Bewertung *f (Ak)* N-weighting
n-Bit-Speicher *m* n-bit memory
NC-Maschine *f* numerically controlled machine
NC-Steuerung *f* numerical control system
N-Darstellung *f* N display *(Radar)*
n-dotiert *(ME)* n-doped, n-type
ND-Teil *m s.* Niederdruckteil
Nebelalarmanlage *f* fog-bell device
Nebelalarmglocke *f* fog bell

Nebelhorn *n* fog-horn, fog siren
Nebelisolator *m (Hsp)* fog-type insulator
Nebelkammer *f* cloud (fog) chamber
Nebelkappe *f*, **Nebelkappenisolator** *m (Hsp)* fog-type insulator
Nebellampe *f* fog lamp
Nebelleuchtdichte *f* fog luminance
Nebelprüfung *f* fog test *(bei Isolatoren)*
Nebelscheinwerfer *m* fog [head-]lamp
Nebelsichtweite *f* visibility in fog
Nebenachse *f* secondary axis *(Kristalle)*; minor axis *(Geometrie)*
Nebenamt *n (Nrt)* satellite exchange
Nebenanlagen *fpl* auxiliary installation
Nebenanode *f* auxiliary anode
Nebenanschluß *m* 1. side terminal; *(Nrt)* private branch extension, extension station *(Nebenstelle)*; 2. *s.* Nebenapparat
Nebenanschlußdichte *f (Nrt)* extension station density
Nebenapparat *m (Nrt)* extension set
Nebenausstrahlung *f* spurious radiation
Nebenbedingung *f* secondary condition
Nebenbefehl *m (Dat)* branch order
Nebenbetrieb *m (Dat)* branch operation
Nebenbild *n* parasitic (ghost) image
Nebendienst *m (Nrt)* auxiliary service
Nebenecho *n* spurious echo
nebeneinandergeschaltet parallel-connected, shunted
nebeneinanderschalten to connect in parallel, to shunt
Nebeneinanderschaltung *f* parallel connection, shunt connection
Nebeneinheit *f* slave unit
Nebenelektrode *f* secondary electrode
Nebenentladung *f* secondary (stray) discharge
Nebenerscheinungen *fpl*/**unerwünschte** parasitics
Nebenfehler *m* minor defect
Nebengeräusch *n* 1. room (ambient) noise; 2. *(Nrt)* sidetone *(Störschall)*
Nebenimpuls *m* satellite pulse
Nebenkeule *f* minor (side, secondary) lobe *(Richtcharakteristik)*
Nebenkeulenecho *n* side echo
Nebenkeulenpegel *m* side lobe level
Nebenkopplung *f* stray coupling
Nebenkreis *m* subcircuit, branch circuit
Nebenleitung *f* side (subsidiary) line
Nebenlinie *f (Nrt)* secondary (side) line
Nebenpeilstelle *f* associate direction-finder station
Nebenprogramm *n (Dat)* auxiliary program (routine)
Nebenquantenzahl *f* second[ary] quantum number
Nebenresonanz *f* subordinate resonance
Nebenschleife *f* minor loop
nebenschließen to shunt, to bypass
Nebenschluß *m* 1. shunt, bypass, parallel connection; 2. *s.* Nebenschlußwiderstand • **in ~** bridge-connected • **in ~ schalten** to shunt
~/induktionsfreier non-inductive shunt
~/induktiver inductive shunt
~/kapazitiver capacitive shunt
~/magnetischer 1. magnetic shunt; 2. shading wedge *(in Spaltpolmotoren)*
Nebenschlußauslösung *f* shunt release
Nebenschlußbildung *f* shunting
Nebenschlußbogenlampe *f* shunt arc lamp
Nebenschlußbremse *f* shunt brake
Nebenschlußcharakteristik *f* shunt characteristic
Nebenschlußdrossel *f* shunt (inductor) reactor, substitutional induction coil
nebenschlußerregt shunt-excited
Nebenschlußerregung *f* shunt excitation
Nebenschlußfeld *n* shunt field
Nebenschlußfeldrelais *n* shunt-field relay
Nebenschlußgenerator *m* shunt[-wound] generator, self-excited generator
Nebenschlußglied *n* shunt element
Nebenschlußkapazität *f* shunt capacitance, shunting capacity
~/parasitäre shunt parasitic capacitance
Nebenschlußklemme *f* shunt terminal
Nebenschlußkommutatormotor *m* shunt[-wound] commutator motor
Nebenschlußkreis *m* shunt circuit, self-excited circuit
Nebenschlußleitung *f* shunt lead
Nebenschlußlichtbogenlampe *f* shunt-type arc lamp
Nebenschlußmotor *m* shunt[-wound] motor, self-excited motor
Nebenschlußregelung *f* shunt control
Nebenschlußrelais *n* shunt relay
Nebenschlußspule *f* shunt coil
Nebenschlußstrom *m* shunt current
Nebenschlußstromkreis *m* shunt circuit
Nebenschlußsummer *m* shunted buzzer
Nebenschlußübergangsschaltung *f* shunt transition circuit
Nebenschlußübertrag *m (Dat)* bypass carry
Nebenschlußübertragung *f* shunt transition
Nebenschlußverhalten *n* shunt characteristic
Nebenschlußverhältnis *n* shunt ratio
Nebenschlußweg *m* shunting path
Nebenschlußwicklung *f* shunt winding
Nebenschlußwiderstand *m* 1. shunt [resistor]; 2. shunt resistance • **mit ~** shunt[ed]
Nebenschlußwirkung *f* shunting effect
Nebenschwingung *f* spurious oscillation
Nebensender *m* slave station (transmitter)
Nebenskalenteilung *f* minor graduation
Nebenspannung *f* spurious voltage
Nebenspeicher *m (Dat)* auxiliary store
Nebenspeiseleitung *f* subfeeder
Nebensprechabstand *m* signal-to-cross-talk ratio

Nebensprechausgleich *m* cross-talk balance
Nebensprechbezugsdämpfung *f (Nrt)* cross-talk reference equivalent
Nebensprechdämpfung *f* cross-talk attenuation
Nebensprechdämpfungsmesser *m* cross-talk meter
Nebensprecheinheit *f* cross-talk unit
Nebensprechen *n (Nrt)* cross talk, intersymbol interference • **mit geringem** ~ low-cross-talk
~/**lineares** linear cross talk
~/**nichtlineares** cross modulation
~/**unverständliches** unintelligible (inverted) cross talk, babble
~/**verständliches** intelligible (uninverted) cross talk
~ **zwischen Hin- und Rückweg** go-[and-]return cross talk
nebensprechfrei cross-talk-proof
Nebensprech-Kompensationsnetzwerk *n (Nrt)* anti-induction network
Nebensprechkopplung *f* cross-talk coupling
Nebensprechmessung *f* cross-talk measurement
Nebensprechpegel *m* cross-talk volume
Nebensprechsperrfilter *n* cross-talk suppression filter
Nebensprechstörung *f* cross-talk trouble
Nebensprechstrom *m* cross-talk current
Nebensprechträgerunterdrückung *f* cross-talk carrier suppression
Nebensprechverlust *m* cross-talk loss
Nebensprechweg *m* cross-talk path
Nebenstelle *f* 1. *(Nrt)* extension station, branch exchange (extension), PBX [extension]; slave station; 2. *s.* Nebenstellenapparat
~/**außenliegende** outside [PBX] station
~/**halb amtsberechtigte** partially restricted extension
~ **mit freier Amtswahl** subscriber's extension station
~/**nicht amtsberechtigte** completely restricted extension
~/**nicht erreichbare** blocked extension
~/**voll amtsberechtigte** unrestricted extension
Nebenstellenanlage *f (Nrt)* private branch exchange, PBX
~/**elektronische** private electronic branch exchange, PEBX
~ **mit Digitalanschluß** digitally connected PBX
~ **mit Direktzugriff** intercom system
~ **mit Handbetrieb** private manual branch exchange, PMBX
~ **mit Wählbetrieb** private automatic branch exchange, PABX
~/**mobile** radio PABX
Nebenstellenapparat *m (Nrt)* extension telephone (set)
Nebenstellen-Computer-Schnittstelle *f* PABX computer interface
Nebenstellenleitung *f (Nrt)* extension line (circuit)
Nebenstellenzentrale *f (Nrt)* private branch exchange, PBX
Nebenstrahlung *f* spurious radiation
Nebenstromkreis *m* branch circuit
Nebenstudio *n* satellite studio
Nebenübertrag *m (Dat)* bypass carry
Nebenuhr *f* slave clock
Nebenweg *m (Ak)* flanking path
Nebenweganode *f* bypass anode
Nebenwegübertragung *f (Nrt)* bypass transmission; *(Ak)* flanking transmission
Nebenwellenpegel *m* spurious frequency level
Nebenwiderstand *m s.* Nebenschlußwiderstand
Nebenzipfel *m s.* Nebenkeule
Nebenzyklus *m* minor cycle
Negation *f* negation
~/**logische** logical negation
Negationsoperation *f* NOT function
negativ negative
~/**elektrisch** negative
~ **gegen** negative [with respect] to
~/**optisch** optically negative
Negativ *n (Galv)* negative matrix *(Form)*; negative *(Fotografie)*
Negativimpuls *m* negative pulse
Negativkohle *f* negative carbon
Negativlack *m s.* Negativresist
Negativleitungsverstärker *m* negative impedance repeater, long line adapter
Negativmodulation *f (Fs)* negative modulation
Negativresist *n (ME)* negative[-acting] resist, negative photoresist
Negativwiderstandsdiode *f* negative resistance diode
negativwirkend negative-acting *(z. B. Resist)*
Negator *m* negator, NOT gate
Negatorschaltung *f* inverse (inverting) gate
Negatron *n* negatron *(zur Erzielung negativer Widerstände)*
Negierbefehl *m (Dat)* ignore instruction
negieren to negate
Negierung *f* negation
neigen to tilt; to incline
Neigung *f* 1. tilt, slope; inclination; 2. trend
Neigungsfehler *m* tilt error
Neigungskoeffizient *m* slope coefficient *(z. B. einer Kurve)*
Neigungsmesser *m* 1. [in]clinometer; 2. declinometer, magnetometer
Neigungswinkel *m* tilt angle, angle of slope; angle of inclination
Nennabgabe *f s.* Nennleistung
Nennableitimpulsstrom *m* nominal discharge current
Nennabschaltleistung *f* contact interrupting rating
Nennanschlußspannung *f* rated supply voltage
Nennanstieg *m* nominal rate of rise; nominal steepness *(z. B. bei Stoßspannungswellen)*

Nennarbeitsbedingungen *fpl* rated operating conditions
Nennaufnahmeleistung *f* rated input
Nennausschaltleistung *f* rated breaking (interrupting) capacity
Nennausschaltstrom *m* rated breaking (interrupting) current
Nennaussetzbetrieb *m* intermittent-duty rating
Nenn-„Aus"-Spannung *f* rated off-voltage
Nennbedingungen *fpl* ratings
Nennbeginn *m* **der Stoßspannung** virtual origin of an impulse
~ **des Spannungszusammenbruchs** virtual instant of chopping *(Stoßspannungsprüftechnik)*
Nennbegrenzungsblitzspannung *f (Hsp)* maximum lightning impulse protective level
Nennbegrenzungsschaltspannung *f (Hsp)* maximum switching impulse protective level
Nennbegrenzungsspannung *f* maximum impulse protective level
Nennbetriebsart *f* rated duty, duty cycle rating
Nennbetriebsleistung *f* rated operational power, nominal operation power
Nennbetriebsspannung *f* rated operational voltage
Nennbetriebsstrom *m* rated operational current
Nennbetriebswert *m* nominal operating value
Nennbürde *f* rated burden *(bei Spannungswandlern)*; rated impedance *(bei Stromwandlern)*
Nenndauerlast *f* continuous rating
Nenndauerleistung *f* continuous load rating; continuous-duty rating
Nenndauerstrom *m* rated continuous current
Nenndeckenspannung nominal exciter ceiling voltage *(Erregermotor)*
Nenndrehmoment *n* rated torque
Nenndrehzahl *f* rated speed
Nenndurchlaßstrom *m* rated (mean) forward current
~**/mittlerer** average forward-current rating
Nenndurchschlagstoßspannung *f* nominal breakdown impulse voltage
100%-Nenndurchschlagstoßspannung *f* 100% rated breakdown impulse voltage
Nenneinschaltstrom *m* rated making current
Nenneinschaltvermögen *n* rated making capacity, contact current-closing rating
Nenn-„Ein"-Spannung *f* rated on-voltage
Nenner *m* denominator *(z. B. einer Übertragungsfunktion)*
Nennerregergeschwindigkeit *f* nominal exciter response
Nennerregerrelais *n* full-field relay
Nennerregerspannung *f* rated field voltage
Nennerregung *f* rated excitation
Nennfrequenz *f* rated (nominal) frequency
Nenngenauigkeit *f* rated accuracy
Nenngleichspannung *f* rated direct voltage
Nenngleichstrom *m* rated direct current
Nenngröße *f* rated quantity; rated size
Nenngrundlast *f* basic load rating
Nennimpedanz *f* rated impedance *(bei Stromwandlern)*
Nennisolation *f* rated (nominal) insulation
Nennisolationsklasse *f* rated insulation class
Nennisolationsniveau *n* rated insulation level
Nennisolierspannung *f* rated insulation voltage
Nennkapazität *f* rating *(Akkumulator)*
Nennkontaktstrom *m* contact current-carrying rating
Nennkurzschlußspannung *f* rated impedance voltage *(Transformator)*
Nennkurzschlußstrom *m* rated short-circuit current
Nennkurzschlußverhältnis *n* full-load short-circuit ratio
Nennkurzzeitstrom *m* rated short-time current
Nennlast *f* rated (nominal) load, load rating
~**/thermische** thermal burden rating
Nennlebensdauer *f* rated life
Nennleistung *f* rated power [output], nominal power, rated output; wattage rating *(in Watt)*; rated capacity; *(An)* rated (nominal) load; rated burden *(bei Spannungswandlern)*; switch capacity *(eines Schalters)*
~**/abgegebene** output rating
Nennleistungseinspeisung *f* rated power supply
Nennleistungsfaktor *m* rated power factor
Nennmeßgenauigkeit *f* rated accuracy
Nennmoment *n* rated torque
Nennpegel *n***/relativer** nominal relative level
Nennphasenspannung *f* rated line-to-ground voltage, rated phase voltage
Nennprimärspannung *f* rated primary voltage
Nennprimärstrom *m* rated primary current
Nennquerschnitt *m* rated cross section *(eines Leiters)*
Nennrestspannung *f (Hsp)* maximum residual voltage
Nennreichweite *f* rated (nominal) range
Nennröhrenstrom *m***/mittlerer** rated average tube current
Nennschaltfrequenz *f* nominal switching frequency
Nennscheinleistungsanschluß *m* rated kilovolt-ampere tap
Nennsekundärspannung *f* secondary voltage rating, rated secondary voltage
Nennsekundärstrom *m* secondary current rating, rated secondary current
Nennspannung *f* rated (nominal) voltage
~ **einer Lampe** lamp rating
~**/maximale** rated maximum voltage
~**/primäre** rated primary voltage
~**/sekundäre** rated secondary voltage
Nennspannungsabfall *m* rated voltage drop
Nennspannungsanlasser *m* full-voltage starter
Nennspannungsbereich *m* range of nominal voltage

Nennsperrspannung *f* recommended crest working voltage
Nennspielraum *m* nominal margin
Nennspitzensperrspannung *f***/wiederkehrende** repetitive peak reverse-voltage rating
Nennstehspannung *f* rated withstand voltage
Nennstehstoßspannung *f* rated (nominal) impulse withstand voltage
Nennstehstrom *m* rated withstand current
Nennstehwechselspannung *f* rated withstand alternating voltage
Nennstrom *m* 1. rated (nominal) current; 2. recommended average on-state current *(Thyristor)*
~ **bei Dauerbetrieb** continuous rated current
~**/primärer** rated primary current
~**/sekundärer** rated secondary current
~**/thermischer** rated thermal current, thermal current rating
Nennstrombelastung *f* rated current load
Nennstrombereich *m* current rating
Nenntemperatur *f* rated (nominal) temperature
Nenntemperaturbeiwert *m* nominal temperature coefficient
Nennüberschlagstoßspannung *f* nominal spark-over impulse voltage
100%-Nennüberschlagstoßspannung *f* 100% rated spark-over impulse voltage
Nennübersetzung *f* rated (nominal) transformation ratio, nominal ratio
Nennwechselspannung *f* rated alternating voltage
Nennwechselstrom *m* rated alternating current
Nennwert *m* rated (nominal) value; rating
~ **der Stuffingrate** *(Nrt)* nominal justification (stuffing)
~**/elektrischer** electrical rating
Nennwerteinstellung *f* nominal adjustment
Nennwiderstand *m* nominal resistance
Nennwirkleistung *f* rated power
Nennwirkungsgrad *m (MA)* declared efficiency
Nennzeilenbreite *f* nominal line width
Nennzeilenteilung *f* nominal line pitch
Nennzuverlässigkeit *f* nominal reliability
Neodymlaser *m* neodymium laser
Neongasanzeigeröhre *f* neon indicator tube
Neon[leucht]röhre *f* neon tube, cold-cathode [fluorescent] tube
Nernst-Brücke *f* Nernst bridge *(Kapazitätsmeßbrücke)*
Nernst-Effekt *m* Nernst effect *(thermomagnetischer Effekt)*
Nernst-Stift *m* Nernst glower
Nettofallhöhe *f* net head *(Wasserkraftwerk)*
Nettofluß *m* net flux
Nettoladung *f* net charge
Nettoleistung *f* net output *(Kraftwerk)*
Nettostörstellendichte *f (ME)* net impurity density
Netz *n* 1. electrical network; mains; power supply system *(Starkstrom)*; network; 2. *s.* Netzwerk
~**/digitales** digital network
~**/elektrisches** electric network
~**/geerdetes** earthed neutral system (network)
~**/gegenläufiges** negative-[phase-]sequence network
~**/gegenseitig synchronisiertes** mutually synchronized network
~**/gelöschtes** resonant earthed system
~**/genulltes** multiple-earthed system
~**/globales** global area network
~**/hauseigenes** domestic area network
~**/hierarchisches** hierarchical network
~ **im Inselbetrieb** isolated system
~**/integriertes** integrated network
~**/kleines lokales** small-scale local area network
~**/kompensiertes** resonant earthed system
~**/leitungsvermitteltes** circuit-switched network
~**/lokales** local area network, LAN
~ **mit Erde als Rückleitung** earth return system
~ **mit geerdetem Nullpunkt** earthed neutral system (network)
~ **mit isoliertem Sternpunkt** isolated neutral system
~ **mit starr geerdetem Sternpunkt** system with solidly earthed neutral
~ **mit Vermittlung** *(Nrt)* switched network
~ **mit Wählbetrieb** *(Nrt)* dial exchange area, automatic [telephone] area
~ **mit Zufallszugriff** random-access network
~ **mit zusätzlichem Nutzen** value-added network
~**/öffentliches** public electricity supply
~ **ohne eigene Vermittlungsstelle** *(Nrt)* no-exchange area
~**/paketvermitteltes** packet-switched network
~**/passives** passive electric network
~**/phasenminimales** *(Syst)* minimum-phase network
~**/ringförmig betriebenes** ring-operated network (system)
~**/selbständiges** dedicated network
~**/serienparalleles** series-parallel network
~**/speisendes** supply network
~**/starres** rigid network
~**/strahlenförmig betriebenes** radially operated network (system)
~**/synchrones** synchronous network
~**/synchrones logisches** *(Dat)* synchronous logic net
~**/synchronisiertes** synchronized network
~**/überlagertes** overlay network
~**/vermaschtes** mesh[-operated] network, network circuit
~**/vermitteltes** switched network
~**/zusammengeschaltetes** [inter]connected system
netzabhängig mains-dependent
Netzabschaltung *f* mains disconnection

Netzabzweigung *f* line tap
Netzanalysator *m***[/dynamischer]** transient [network] analyzer
Netzanalyse *f* network analysis
Netzanode *f* B-eliminator, battery eliminator
Netzanschaltung *f* network access
Netzanschluß *m* power supply, mains connection
• **mit ~** mains-operated, mains-powered
Netzanschlußgerät *n* mains unit, power [supply] unit
Netzanschlußimpedanz *f* supply impedance
Netzanschlußleitung *f* mains lead
Netzanschluß-Rufnummer *f* network user address
Netzanschlußschnur *f* supply (power, line) cord
Netzanschlußstelle *f* mains tapping point
Netzanschlußteil *n* [mains] power pack, power supply unit
~/stabilisiertes stabilized power supply unit
Netzantenne *f* mains aerial
Netzanzapfungspunkt *m* mains tapping point
Netzarchitektur *f* network architecture
~/verteilte distributed communications architecture
Netzausfall *m* mains (power) failure; power-line failure *(Energienetz)*
Netzausläufer *m* spur line, line tap
Netzausschaltrelais *n* network relay
Netzautomatisierung *f (An)* network automation
Netzbelastungsproblem *n* network load problem
Netzbereich *m***/verdeckt numerierter** *(Nrt)* multi-exchange area
Netzbetrieb *m* mains operation
netzbetrieben mains-operated, mains-powered, mains-energized; line-operated
Netzbrumm *m*, **Netzbrummen** *n* [mains] hum, power-line hum (noise), a.c. hum; mains ripple
Netzbrummfilter *n* hum eliminator
Netzdaten *pl* line parameters
Netzdienst *m* distribution service *(Energieversorgung)*; network service
Netzdienst-Zugangspunkt *m* network service access point
Netzebene *f* 1. *(Nrt)* network level; 2. lattice plane *(Kristall)*
Netzeigenschaften *fpl* network capabilities
Netzeinspeisung *f* 1. power supply; 2. network feeder
Netzelektrode *f* net-shaped electrode, [wire-] gauze electrode
Netzempfänger *m* mains-operated receiver
Netzentkopplung *f* system disconnection
Netzersatzanlage *f* emergency (standby) power plant
Netzfilter *n* line filter
Netzfrequenz *f* mains frequency, power[-line] frequency
Netzfrequenzbetrieb *m* mains frequency operation
Netzfrequenz-Induktionsofenanlage *f* mains frequency induction furnace installation
Netzfrequenzmodulation *f* mains frequency modulation
Netzfrequenzplasmabrenner *m* mains frequency plasma torch
Netzfrequenztransformator *m* mains frequency transformer
Netzführung *f (Nrt)* network management
netzgeführt *(Srt)* line-commutated, phase-commutated
Netzgerät *n* mains unit (pack), power [supply] unit, power pack
Netzgeräusch *n* mains (line) noise
netzgespeist mains-fed, supplied from the mains
Netzgleichrichter *m* power (mains) rectifier
Netzgruppe *f (Nrt)* network group, subzone
Netzgruppenamt *n (Nrt)* subzone centre
Netzgruppenendamt *n (Nrt)* subzone terminal exchange
Netzgruppenkanal *m (Nrt)* subzone channel
Netzgruppenwähler *m (Nrt)* code selector
Netzimpedanzrelais *n***/lineares** linear impedance relay
Netzkapazität *f* net load capability
Netzkennlinie *f (An)* normal system-regulating characteristic
Netzkennlinienregelung *f (An)* load-frequency control of interconnected system, system characteristic control
Netzkennung *f (Nrt)* network identification code
Netzknotenpunkt *m (An)* network junction point; *(Nrt)* network centre
Netzknotensteuerung *f* terminal node controller
Netzkonfiguration *f* network (system) configuration
Netzkontrollzentrale *f* network control centre
Netzkopplung *f* system interconnection (tie)
Netzkurzschluß *m* system short circuit
Netzkurzschlußleistung *f* system short-circuit capacity
Netzkurzschlußstrom *m* prospective current [of a circuit]
Netzladeleistung *f* line-charging capacity
Netzladestrom *m* line-charging current
Netzleistung *f* net output
Netzleistungsmerkmal *n* network utility
Netzleiter *m* line conductor
Netzleitstelle *f* system dispatching centre
Netzleitung *f* power line, mains lead
Netzmanagement *n* network management
Netzmodell *n* 1. *(Dat)* network [analogue] computer, circuit (network) analyzer *(zur Nachbildung von Netzen)*; 2. simulated network, artificial-mains network
Netzoptimierung *f* network optimization
Netzparallelschaltung *f* system (network) interconnection *(Zusammenschaltung von Teilnetzen)*

Netzphasenrelais *n* network phasing relay
Netzplan *m* 1. *(Nrt)* exchange area layout, network map; 2. arrow diagram
Netzplanung *f* system planning; *(Nrt)* network planning
Netzprotokoll *n* **für Fertigungsautomatisierung** manufacturing automation protocol, MAP
Netzquelle *f* line source
Netzrauschen *n* mains (line) noise
Netzregelung *f* system regulation, line[-voltage] regulation; network control
Netzregler *m* line[-voltage] regulator
Netzruf *m* *(Nrt)* net call
Netzschalter *m* mains (power) switch
Netzschaltfeld *n* power panel
Netzschaltzentrale *f* network switching centre
Netzschnittstelleneinheit *f* network interface unit
Netzschnur *f* line (power, supply) cord
Netzschutz *m* network limiter *(Strombegrenzer, Sicherung)*
Netzschutzrelais *n* network master relay
Netzschwankung *f* mains fluctuation, line voltage variation
Netzseite *f* line side
Netzspannung *f* mains (supply, line, net) voltage
Netzspannungsänderung *f* mains voltage variation
Netzspannungsbereich *m* range of supply voltage
Netzspannungsregler *m* line [voltage] regulator
Netzspannungsschwankung *f* mains (line) voltage variation, variation in mains supply voltage
Netzspeiseleitung *f* network feeder
Netzspeiser *m* network feeder
netzstabilisiert mains-stabilized
Netzstecker *m* mains (power) plug; wall plug; electric coupler plug
Netzstörung *f* mains-borne interference
Netzstrom *m* mains (power-line) current
Netzstromversorgung *f* mains supply
Netzstruktur *f* system configuration; network architecture
Netzsychronisation *f* mains synchronization
Netzteil *n* power pack (supply unit)
~/getaktetes clocked power supply [unit]
Netztheorie *f* network theory
Netzton *m* mains (line) noise
Netztransformator *m* power (mains) transformer
Netzübergang *m* network gateway
Netzüberlastung *f* network congestion
Netzüberwachung *f* *(Nrt)* transmission maintenance
Netzumschalter *m* power switch, mains [supply] switch
Netzumwandlung *f* system transformation
netzunabhängig mains-independent
Netzunterteilung *f* subdivision of network
Netzverbindung *f* mains connection, network interconnection
Netzverbund *m* [system] interconnection
Netzverkehr *m* net communication
Netzverlust *m* net loss
Netzversorgung *f* mains supply
Netzversorgungsgerät *n* mains supply unit
Netzwerk *n* network
~/aktives elektrisches active electric network
~/differenzierendes differentiating (differential) network
~/dreipoliges three-terminal network
~/duales dual (reciprocal) network
~/ebenes planar network *(zweidimensional)*
~/integrierendes integrating (integral) network
~/lineares linear network
~ mit Integral-Differential-Verhalten *(Syst)* integro-differentiating network
~ mit konzentrierten Parametern network with concentrated parameters (constants)
~ mit konzentrierten Schaltelementen lumped network
~ mit Schleifen loop network
~ mit verteilten Parametern network with distributed parameters (constants)
~/nichtlineares non-linear network
~/nichtumkehrbares non-reciprocal network
~/passives passive network
~/sternförmiges star layout (network)
~/summierendes adding network
~/symmetrisches symmetrical network
~/unsymmetrisches dissymmetrical network
~/verlustbehaftetes lossy network
~/verlustloses non-dissipative network
~/vermaschtes network circuit
~/vierpoliges quadripole network
~/vorhaltgebendes *(Syst)* lead [time] network
~/zeitabhängiges time-dependent network
~/zeitunabhängiges time-independent network
~/zugeordnetes associated network
~ zur Tonanhebung accentuator
Netzwerkanalysator *m* network analyzer
Netzwerkanalyse *f* network analysis
Netzwerkarchitektur *f* *s.* Netzarchitektur
Netzwerkbildner *m* network former
Netzwerkkenngröße *f* network parameter
Netzwerknachbildung *f* artificial network, network model
Netzwerkparameter *m* network parameter
Netzwerkplanung *f* network planning
Netzwerkschicht *f* network layer
Netzwerksynthese *f* network synthesis
Netzwerktheorie *f* network theory
Netzzusammenbruch *m* system split-up, [major] shut-down
Netzzuverlässigkeit *f* system reliability
Netzzweig *m* network branch
Neuausleuchtung *f* relighting
Neubelegung *f* new call
Neuentwurf *m* redesign
Neuinstallation *f* rewiring

Neukurve *f* initial magnetization curve, virgin curve *(Magnetisierung)*
Neumagnetisierung *f* remagnetization
Neunerkomplement *n* nines complement
Neuristor *m* neuristor
Neusilber *n* nickel silver
neutral/elektrisch [electrically] neutral; uncharged
Neutralfilter *n* neutral [density] filter
Neutralgebiet *n (ME)* neutral region
Neutralisationskondensator *m* neutralizing capacitor
Neutralisationskreis *m* neutralizing circuit
Neutralisationsschaltung *f* neutralizing circuit
Neutralisierung *f*/**induktive** inductive neutralization
Neutralisierungstransformator *m* neutralizing transformer
Neutralkeil *m* neutral [density] wedge
Neutrodyn *n s.* Neutrodynschaltung
Neutrodynkondensator *m* neutrodyne (neutralizing) capacitor
Neutrodynschaltung *f* neutrodyne circuit
Neutronenabsorber *m* neutron absorber
Neutronenaktivierung *f* neutron activation
Neutronenbeschuß *m* neutron bombardment
Neutroneneinfang *m* neutron capture
Neutronenfänger *m* neutron absorber
Neutronenfluß *m* neutron flux
Neutronengenerator *m* neutron generator
Neutronenquelle *f* neutron source
Neutronenstrahlung *f* neutron radiation
Neutronenübergang *m* neutron transition
Neuverdrahtung *f* rewiring
Newton *n* newton, N *(SI-Einheit der Kraft)*
NF *s.* Niederfrequenz
n-Gebiet *n (ME)* n-region
n-Gitter-Thyristor *m* n-gate thyristor
n-Halbleiter *m* n-type semiconductor
Nichols-Diagramm *n (Syst)* Nichols chart, frequency-phase characteristic
Nichols-Ortskurve *f (Syst)* Nichols locus
NICHT *n* NOT *(Schaltalgebra)*
nichtabgeschirmt unshielded, unscreened
nichtabgestimmt untuned, non-tuned
nichtadressierbar *(Dat)* non-addressable
nichtamtsberechtigt fully restricted; "exchange barred"
nichtangepaßt mismatched
Nichtauslösestrom *m*/**konventioneller** conventional non-tripping current *(eines Überlastrelais)*
Nichtbegrenzer *m (Dat)* non-delimiter
nichtbereit not ready *(Zustandsbedingung)*
Nichtbereitzustand *m* **[der Senke]** *(Dat)* acceptor not-ready state, ANRS
nichtberührend non-contacting
nichtbesetzt unoccupied *(z. B. Energieband)*
nichtbestrahlt unirradiated
nichtbrennbar non-combustible, incombustible
Nichtbrennbarkeitsrate *f* fire resistance rating
Nichtelektrolyt *m* non-electrolyte
nichtelektrolytisch non-electrolytic
nichtentflammbar non-[in]flammable, flameproof
nichtepitaxial non-epitaxial
nichtflüchtig non-volatile *(z. B. Speicher)*
NICHT-Funktion *f* NOT function *(Schaltfunktion)*
nichtgebunden unbound
nichtgeerdet non-earthed, unearthed, *(Am)* non-grounded
nichtgelötet solderless
Nichtgleichgewichtsladung *f (ME)* non-equilibrium charge
Nichtgleichgewichtspotential *n* non-equilibrium potential
Nichtgleichgewichtsprozeß *m (ME)* non-equilibrium process
Nichtgleichgewichtsstruktur *f (ME)* non-equilibrium structure
nichtgleichrichtend non-rectifying
NICHT-Glied *n* NOT element, inverter [gate] *(Schaltalgebra)*
nichtinvertierend non-inverting
nichtionisiert unionized
nichtkodiert uncoded
nichtkomplementär non-complementary
nichtkorrodierend non-corroding, non-corrosive, corrosion-resistant
nichtkristallin non-crystalline
nichtleitend non-conducting, non-conductive, insulating
Nichtleiter *m* non-conductor, dielectric [material], [electrical] insulator
~/**echter** true dielectric
~/**gasförmiger** gaseous dielectric
~/**vollständiger** ideal dielectric
nichtleuchtend non-luminous
nichtlinear non-linear
Nichtlinearität *f* **mit eindeutiger Kennlinie** *(Syst)* single-valued non-linearity
~ **mit Hysterese** non-linearity with memory
~ **mit mehrdeutiger Kennlinie** *(Syst)* multivalued non-linearity
~ **mit unsymmetrischer Kennlinie** *(Syst)* asymmetric non-linearity
~ **mit zweideutiger Kennlinie** *(Syst)* double-valued non-linearity
~/**natürliche** natural non-linearity
~/**schiefsymmetrische (ungerade)** odd-symmetrical non-linearity
~/**unsymmetrische** asymmetric non-linearity
nichtlokal non-local
nichtlöschbar *(Dat)* non-erasable
nichtlöschend *(Dat)* non-destructive
NICHT-ODER *s.* NOR
nichtohmsch non-ohmic
nichtoxydierend non-oxidizing
nichtoxydiert unoxidized
nichtparametrisch non-parametric
nichtperiodisch non-periodic, aperiodic

nichtplanar non-planar
nichtpolarisierbar non-polarizable
nichtpolarisierend non-polarizing
nichtpolarisiert non-polarized, unpolarized
nichtprogrammierbar non-programmable
nichtrastend non-locking
nichtredundant irredundant
nichtreflektierend 1. non-reflecting; 2. *(Ak)* hard
nichtreversibel irreversible, non-convertible
nichtrostend stainless, rustproof
Nichtrückkehr *f* **zu Null** *(Dat)* non-return-to-zero, NRZ
NICHT-Schaltung *f* NOT (inverter) circuit
nichtschwingend non-oscillating
nichtsperrend non-blocking
nichtsphärisch non-spherical, aspherical
nichtstabil unstable, astable
nichtstationär unsteady; non-stationary; transient
nichtstetig unsteady; discontinuous
nichtstrahlend non-radiative
nichtsymmetrisch non-symmetric, asymmetric[al], unsymmetric, dissymmetric
nichtumhüllt non-encapsulated
nichtumkehrbar non-reversible, irreversible
nichtumkehrend non-inverting
NICHT-UND *s.* NAND
nichtunterscheidbar indistinguishable
Nichtverfügbarkeit *f* non-availability, unavailability, outage
~/geplante scheduled outage (unavailability)
~/kurzzeitige störungsbedingte transient forced outage (unavailability)
~/länger andauernde störungsbedingte permanent forced outage (unavailability)
~/störungsbedingte forced outage (unavailability)
Nichtverfügbarkeitsgrad *m* unavailability factor
Nichtverfügbarkeitsrate *f* outage rate
Nichtverfügbarkeitszeit *f* non-availability time; down time; down duration
nichtverriegelnd non-locking
nichtvorgespannt unbiased
nichtvormagnetisiert unbiased
nichtwiederverwendbar non-reusable
Nichtzustellquittung *f* non-delivery notification
nichtzyklisch non-cyclic[al], acyclic
Nickelanode *f (Galv)* nickel anode
Nickelbad *n (Galv)* nickel bath
Nickelbelag *m* nickel facing
Nickel-Cadmium-Akkumulator *m*, **Nickel-Cadmium-Sammler** *m* nickel-cadmium accumulator, cadmium-nickel storage battery
Nickel-Chrom-Widerstandsdraht *m* calido wire
Nickel-Chrom-Widerstandsheizelement *n* nickel-chromium resistance element
Nickel-Eisen-Akkumulator *m* nickel-iron accumulator, storage battery of iron-nickel type, Edison accumulator
Nickel-Eisen-Batterie *f* nickel-iron battery
Nickel-Eisen-Element *n*, **Nickel-Eisen Zelle** *f* nickel-iron cell
nickelplattiert nickel-clad
Nickel[schutz]schicht *f* nickel coating; *(Galv)* nickel plate (plating)
Nickelzwischenschicht *f* nickel intermediate layer
Niederdruck *m* low pressure
Niederdruckdampfkraftwerk *n* low-pressure plant
Niederdruckentladung *f* low-pressure discharge
Niederdruckgehäuse *n* low-pressure casing
Niederdruckkessel *m* low-pressure boiler
Niederdrucklampe *f* low-pressure [discharge] lamp
Niederdruckplasma *n* low-pressure plasma
Niederdruckpreßverfahren *n* low-pressure moulding, contact pressure moulding *(für Isolierstoffe)*
Niederdrucksäule *f* low-pressure column
Niederdruckteil *m (An)* low-pressure section, LP part
Niederdruckturbine *f* low-pressure turbine
Niederdruckwasserkraftwerk *n* low-head [hydroelectric power] plant
niederenergetisch low-energy
niederfrequent low-frequency
Niederfrequenz *f* low frequency, LF, l.f., audio frequency, AF, a.f. *(30 bis 300 kHz)*
Niederfrequenzanalysator *m* audio-frequency analyzer (spectrometer)
Niederfrequenzausgleich *m* low-frequency compensation
Niederfrequenzband *n* low-frequency band
Niederfrequenzbereich *m* low-frequency range
Niederfrequenzbeschleunigungsmesser *m* low-frequency acceleration pick-up
Niederfrequenzdrossel[spule] *f* low-frequency choke (coil)
Niederfrequenzeingangsstufe *f* audio-frequency preamplifier stage
Niederfrequenzeinrichtung *f (Nrt)* voice-frequency equipment
Niederfrequenzelektrowärmeeinrichtung *f* low-frequency electric-heating appliance
Niederfrequenzfernsprechen *n* voice-frequency telephony, audible telephony
Niederfrequenzfernsprechübertragungstechnik *f* audio-frequency telephone transmission technique
Niederfrequenzfilter *n* low-frequency filter
Niederfrequenzgang *m* low-frequency response
Niederfrequenzgenerator *m* low-frequency generator
Niederfrequenzinduktionserwärmungsgerät *n* low-frequency induction heater
Niederfrequenzinduktionsofen *m* low-frequency induction furnace
Niederfrequenzinduktionswärmebehandlung *f* low-frequency induction heat treatment
Niederfrequenzisolierspannung *f* low-frequency withstand voltage

Niederfrequenzkabel *n* low-frequency cable
Niederfrequenzkenngröße *f* low-frequency characteristic
Niederfrequenzkennwert *m* low-frequency characteristic value
Niederfrequenzkurve *f* low-frequency characteristic
Niederfrequenzlage *f (Nrt)* voice-frequency range
Niederfrequenznaßüberschlagspannung *f* low-frequency wet flash-over voltage
Niederfrequenzofen *m* low-frequency furnace
Niederfrequenzquelle *f* low-frequency source
Niederfrequenzröhre *f* low-frequency valve
Niederfrequenzrufsatz *m (Nrt)* low-frequency ringer
Niederfrequenzrufumsetzer *m (Nrt)* ringing repeater
Niederfrequenzschwebungsoszillator *m* low-frequency beat oscillator
Niederfrequenzschweißen *n* low-frequency welding
Niederfrequenzspektrograph *m* low-frequency spectrum recorder
Niederfrequenzspektrometer *n* low-frequency spectrometer
Niederfrequenzsperre *f* low-frequency filter (rejection)
Niederfrequenzsperrkreis *m* high-pass selective circuit
Niederfrequenzstehspannung *f* low-frequency withstand voltage
Niederfrequenzsteuerleistung *f* audio-frequency driving power
Niederfrequenzstörung *f* low-frequency disturbance (interference)
Niederfrequenzstrom *m* low-frequency [alternating] current
Niederfrequenzstromverstärkung *f* low-frequency current gain
Niederfrequenztechnik *f* low-frequency engineering, audio-frequency engineering
Niederfrequenztransformator *m* low-frequency transformer
Niederfrequenztransistor *m* audio-frequency transistor
Niederfrequenztrockenüberschlagspannung *f* low-frequency dry flash-over voltage
Niederfrequenzüberschlagspannung *f* low-frequency flash-over voltage
Niederfrequenzverstärker *m* low-frequency amplifier
~/gegengekoppelter audio-frequency feedback amplifier
Niederfrequenzzeichengabe *f (Nrt)* low-frequency signalling
Niederführung *f***/abgeschirmte** screened down-lead *(Antenne)*
niederohmig low-resistance; low-impedance
Niederohmwiderstand *m* low resistor, LR
Niederschlag *m (Ch)* deposit, precipitate, sediment; condensate *(Dampf)*
~/angebrannter *(Galv)* burnt deposit
~/elektrolytischer (galvanischer) electrodeposit
niederschlagen to deposit, to precipitate, to sediment; to condense *(Dampf)*
~/chemisch to deposit chemically
~/elektrolytisch (galvanisch) to electrodeposit
~/sich galvanisch to plate out
Niederschlagselektrode *f* precipitation electrode
Niederspannung *f* low voltage (tension), l.v., L.V.
Niederspannungsanlage *f* low-voltage installation; low-voltage [power] plant, low-voltage system
Niederspannungsbeleuchtung *f* low-voltage lighting
Niederspannungsbetrieb *m* low-voltage operation
Niederspannungsbogen *m* low-voltage arc
Niederspannungselektrode *f* low-voltage electrode
Niederspannungs-Festverdrahtung *f* dedicated low-voltage wiring
Niederspannungsheizung *f* low-voltage heating
Niederspannungshochleistungssicherung *f* low-voltage HBC fuse
Niederspannungsinstallation *f* low-voltage wiring
Niederspannungsisolator *m* low-voltage insulator
Niederspannungskraftwerk *n* low-voltage power station
Niederspannungskreis *m* low-voltage circuit
Niederspannungslampe *f* low-voltage lamp
Niederspannungslastschalter *m*, **Niederspannungsleistungsschalter** *m* low-voltage circuit breaker, low-voltage switch
Niederspannungsleitung *f* low-voltage line
Niederspannungslichtbogen *m* low-voltage arc
Niederspannungsnetz *n* low-voltage system
Niederspannungsporzellan *n* low-voltage [electrical] porcelain
Niederspannungssammelschiene *f* low-voltage bus bar
Niederspannungsschaltanlage *f* low-voltage switchgear
~/metallgekapselte low-voltage metal-clad switchboard unit
Niederspannungsschalter *m* low-voltage switch
Niederspannungsschaltgerät *n* low-voltage switchgear (switching device), low-voltage contacting switchgear
~/kontaktgebendes contacting low-voltage switchgear
Niederspannungsschutz *m* low-voltage protection
Niederspannungsschutzeinrichtung *f* low-voltage protection unit
Niederspannungsseite *f* low-voltage side (end)
Niederspannungssicherung *f* low-voltage fuse
Niederspannungsstelltransformator *m* low-voltage regulating transformer

Niederspannungsstrom *m* low-voltage current
Niederspannungstechnik *f* low-voltage engineering
Niederspannungsthyristor *m*/**schneller** low-voltage fast thyristor
Niederspannungstransformator *m* low-voltage transformer
Niederspannungsversorgung *f* low-voltage supply
Niederspannungsversorgungsnetz *n* low-voltage supply system
Niederspannungsverteilung *f* low-voltage distribution
Niederspannungsverteilungsanlage *f*/**gußgekapselte** iron-clad low-voltage distribution system
Niederspannungsverteilungsleitung *f* low-voltage distribution line
Niederspannungsverteilungsnetz *n* low-voltage distribution system
Niederspannungsvoltmeter *n* low-voltage voltmeter
Niederspannungswicklung *f* low-voltage winding
Niederspannungszweig *m* low-voltage arm *(z. B. einer Meßbrücke)*
Niedertastung *f* down-sensing
Niedertemperaturbrennstoffelement *n* low-temperature fuel cell
Niedertemperaturheizkörper *m* low-temperature heater
Niedertemperaturheizung *f*/**eingebaute** built-in radiation heating *(z. B. Wandheizung, Deckenheizung)*
Niedertemperaturofen *m* low-temperature oven (furnace)
Niedertemperaturstrahlungsheizung *f* low-temperature radiant heating
niedertourig low-speed
Niedervakuumröhre *f* low-vacuum valve, soft valve
Niedervoltbatterie *f* low-voltage battery
Niedervoltbogen *m* low-voltage arc
Niedervoltlampe *f* low-voltage lamp
niederwertig low-order *(z. B. Bit)*
Niedrigimpedanzeingang *m* low-impedance input
Nierencharakteristik *f* cardioid characteristic (diagram), apple-shaped diagram
Nierenmikrofon *n* cardioid microphone
Nierenplattenkondensator *m* square-law capacitor
Nife-Akkumulator *m s.* Nickel-Eisen-Akkumulator
Nipkow-Scheibe *f* Nipkow disk
Nippel *m*/**kegeliger** taper joint *(zum Anstücken von Graphitelektroden)*
Nippelgewinde *n* nipple threading *(bei Graphitelektroden)*
Nitrolack *m* cellulose nitrate lacquer *(für Isolierzwecke)*
ni-Übergang *m (ME)* n-i junction
Niveau *n* level
~/angeregtes excited level
~/entartetes degenerate level
~/leeres vacant level
~/metastabiles metastable level
~/tiefes deep-lying level
Niveauabstand *m* level distance
Niveauaufspaltung *f* level splitting
Niveaudiagramm *n* level diagram
Niveaudichte *f* level density
Niveaufläche *f* level surface; equipotential (potential energy) surface
Niveauindikator *m* level indicator
Niveaulinie *f* equipotential line
Niveauregler *m* level controller
Niveauschema *n* energy-level diagram, energy[-level] scheme
Niveauverbreiterung *f* level broadening
Niveauverschiebung *f* level shift
Nivellierschraube *f* levelling screw
n-Kanal-Feldeffekttransistor *m* n-channel field effect transistor
n-Kanal-Metall-Oxid-Halbleiter *m* n-channel metal-oxide semiconductor, n-channel MOS, NMOS
N-Kurve *f (Ak)* noise-rating curve, N-curve, N-weighting curve
n-leitend *(El)* n-conducting, n-type
n-Leiter *m (El)* n-type conductor, electron conductor
n-Leitfähigkeit *f (El)* n-type conductivity
n-Leitung *f (El)* n-type conduction, electron conduction
n-Leitungskanal *m* n-type conduction channel
NLT-Verstärker *m s.* Negativleitungsverstärker
NMOS n-doped metal-oxide semiconductor
nn$^+$-Übergang *m (ME)* n-n$^+$ junction
Nockenanordnung *f* cam arrangement
Nockenantrieb *m* cam drive; cam gear
nockenbetätigt cam-operated
Nockenbetätigung *f* cam operation
Nockenfahrschalter *m* cam controller
nockengesteuert cam-controlled
Nockenkontakt *m* cam[-actuated] contact
Nockenrad *n* cam wheel
Nockenschalter *m* cam[-operated] switch, camshaft switch (contactor)
Nockenschaltwerk *n* camshaft gear
Nockenscheibe *f* cam disk
Nockensteuerung *f* cam control
Nockentrieb *m* cam gear
Nockenverteiler *m* cam distributor
Nockenwelle *f* camshaft
Nominalwert *m* face value *(einer Meßgröße)*
Nomogramm *n* nomogram, nomograph, nomographic (alignment) chart
Nomographie *f* nomography
nomographisch nomographic[al]

Non-voice-Service *m (Nrt)* non-voice service *(Text- und Datendienst)*
NOP *s.* Nulloperation
NOR *n* NOT-OR, NOR *(Schaltalgebra)*
nordmagnetisch north-magnetic
Nordpol *m*/**magnetischer** north magnetic pole, magnetic north pole
NOR-Funktion *f* NOR (dagger) function
NOR-Gatter *n*/**exklusives** exclusive NOR gate
NOR-Glied *n* NOR element
NOR-Logikschaltung *f* NOR logical circuit
Normal *n* [measuring] standard, standard of measurement; master *(s. a.* Normalgerät*)*
~/**abgeleitetes** transfer standard
Normalabgabe *f* normal output
Normalatmosphäre *f* standard atmosphere; *(Nrt)* standard [radio] atmosphere
Normalaufnehmer *m* reference pick-up
Normalausbreitung *f (Nrt)* standard propagation
Normalausrüstung *f* regular equipment
Normalband *n* normal tape
Normalbatterie *f* standard cell
Normalbedingungen *fpl* normal (standard) conditions *(Prüftechnik)*
~/**atmosphärische** standard atmospheric condition *(z. B. in der Hochspannungsprüftechnik)*
Normalbeleuchtung *f* standard lighting
Normalbeobachter *m*/**photometrischer** photometric standard observer
Normalbeschleunigungsaufnehmer *m* reference accelerometer
Normalbetriebszustand *m* normal condition of use
Normalbrechung *f* standard refraction
Normaldispersion *f* normal dispersion
Normaldruck *m* standard (normal) pressure
Normaldruck-CVD atmospheric pressure chemical vapour deposition, APCVD
Normalelelektrode *f* normal electrode
Normalelement *n* standard (normal) cell
~/**ungesättigtes** unsaturated standard cell
Normal-EMK *f* standard electromotive force
Normalenergieniveau *n* normal energy level
Normalform *f* canonical form *(z. B. eines Gleichungssystems)*
~/**Jordansche** Jordan canonical form *(Zustandsgleichung)*
Normalfrequenz *f (Meß)* standard (normal, calibration) frequency
Normalfrequenzdienst *m (Nrt)* standard frequency service
Normalfrequenzempfänger *m* standard frequency receiver
Normalfrequenzgenerator *m* standard frequency generator
Normalfrequenzmonitor *m* standard frequency monitor
Normalgebühr *f (Nrt)* off-peak rate
Normalgerät *n (Meß)* standard (calibration) instrument
Normalinstrument *n s.* Normalgerät
normalisieren to normalize
Normalkalomelektrode *f* normal calomel electrode
Normalklima *n* standard climate
Normalkode *m* standard code
Normalkomponente *f* normal component
Normalkondensator *m (Meß)* standard (calibration) capacitor; reference capacitor
Normalkraft *f* normal force
Normallage *f* normal position
Normallampe *f* standard (normal) lamp
Normallast *f* normal load
Normalleistung *f* normal power (output)
Normalleiter *m* normal conductor
Normallinearität *f* independent linearity *(Potentiometer)*
Normalmagnet *m* magnetic standard, standard magnet
Normalmaß *n* standard measure
Normalmikrofon *n* standard microphone (transmitter); reference microphone
Normalpotential *n* standard [chemical] potential; standard electrode potential
Normalpotentiometer *n* master potentiometer
Normalrauschgenerator *m* standard noise generator
Normalredoxpotential *n* standard redox potential
Normalschwingung *f* normal vibration (mode)
Normalsockel *m* standard cap
Normalspannung *f* normal (standard) voltage
Normalspannungsquelle *f* standard voltage source
Normalspule *f* standard solenoid *(Induktivität)*
Normalstellungskontakt *m* home contact *(Schalter)*
Normalstrahler *m* standard radiator
Normalsubstanz *f* reference material
Normal-Swan-Sockel *m* standard bayonet cap
Normaltaktimpuls *m* standard clock pulse
Normaltastenfeld *n* universal keyboard
Normalton *m* reference tone
Normaluhr *f* standard clock
Normalverteilung *f* normal (Gaussian) distribution *(Statistik)*
~ **von zwei Größen** *(Syst)* bivariate normal distribution
Normalwasserstoffelektrode *f* normal (standard) hydrogen electrode
Normalweg *m (Nrt)* normal route
Normalweiß *n (Fs)* reference white
Normalwiderstand *m* standard (calibration) resistor
Normalzähler *m*/**tragbarer** portable standard meter
Normalzeit *f* standard time
Normalzeitanlage *f* standard time system
Normalzeitgenerator *m* time-base generator
Normalzelle *f* standard cell

Normalzubehör *n* standard equipment
Normbaustein *m* standard modular unit
Normbauteil *n* standardized component (part), standard component
Normbedingungen *fpl* normal conditions *(Prüftechnik)*
Normbetriebsbeanspruchung *f* standard operating duty
Normbezugslage *f* standard reference position *(z. B. bei Schaltgeräten)*
Normblatt *n* standard sheet
normen to standardize
Normfarbtafel *f* standard chromaticity diagram *(CIE-System)*
Normfarbwertanteile *mpl* chromaticity coordinates
Normfarbwerte *mpl* tristimulus values
Normflachrelais *n* standard flat relay
Normformat *n* standard size
Normgestell *n* standard rack
Normhammerwerk *n* standard impact generator *(für Trittschallmessungen)*
Normhörschwelle *f* standard (normal) threshold of audibility
normieren to normalize
Normierung *f* normalization
Normkabel *n* standard cable
Normkugelfunkenstrecke *f* standard sphere gap
Normlichtart *f* standard illuminant *(CIE-System)*
Normluftstrecke *f* standard rod gap
Normpegeldifferenz *f* normalized level difference
Normspektralwerte *mpl* CIE distribution coefficients *(im CIE-System)*
Normstimmtonhöhe *f* standard pitch
Normteil *n* standard part
Normtrittschall *m (Ak)* normalized (standardized) impact sound
Normtrittschallpegel *m* normalized (adjusted) impact-sound level, impact-sound index
Normüberschlagweite *f* standard rod gap
Normung *f* standardization
Normvergleichsfrequenz *f* standard reference frequency
Normvollimpulsspannungswelle *f* standard full-impulse voltage wave
Normvorschrift *f* standard specification
Normwelle *f* standard waveform *(bei Stoßspannungen)*
Normwellenfehler *m* standard-wave error
Normwellenform *f* standard waveform
Normwert *m* standard [value]
Normzeit *f* standard time
Normzustand *m s.* Normalbedingungen
NOR-Schaltung *f* NOR circuit
NOR-Tor *n* NOR gate
NOR-Verknüpfung *f* NOR operation
Notabschaltung *f (An)* emergency shutdown
Notamt *n (Nrt)* temporary exchange
Notantenne *f* emergency aerial
Notation **f/polnische** *(Dat)* Polish notation
~/umgekehrte polnische reverse (inverse) Polish notation
Notauslöser *m (Ap)* emergency release push
Notausschalter *m* emergency [stop] switch, emergency-off switch
Notausschaltung *f* emergency switching
Notbatterie *f* emergency battery
Notbelastung *f* emergency load
Notbeleuchtung *f* emergency lighting
Notbeleuchtungsanlage *f* emergency lighting installation
Notbeleuchtungsbatterie *f* emergency lighting [storage] battery
Notbremsschalter *m* emergency braking switch *(Elektrotraktion)*
Notdruckknopf *m (Ap)* emergency release (stop) push
Noteingriff *m* emergency intervention
Notendschalter *m (An)* emergency limit switch
Notgespräch *n s.* Notruf
Notizblockspeicher *m*, **Notizbuchspeicher** *m (Dat)* scratch-pad memory
Notlaufeigenschaften *fpl* antifriction properties
Notleistung *f* emergency power; emergency rating
Notleitung *f* emergency line
Notleuchte *f* emergency luminaire (lantern)
Notlicht *n* emergency light
Notreparatur *f* emergency maintenance
Notruf *m (Nrt)* emergency (distress) call
Notrufanlage *f* emergency public-address system
Notruffernsprecher *m* emergency station
Notrufnummer *f* emergency number
Notrufsystem *n* emergency public-address system
Notsammelschiene *f* emergency bus bar
Notschalter *m* emergency [stop] switch
Notschalttafel *f* emergency switchboard
Notsender *m* emergency transmitter
Notsignal *n* **im Funksprechdienst** radiotelephone distress call
Notstrom *m* emergency power, standby current
Notstromaggregat *n* emergency power generating set, standby generator set
Notstromanlage *f* emergency power plant, standby power system
Notstrombatterie *f* floating battery
Notstrombeleuchtung *f* emergency lighting
Notstrom-Dieselgenerator *m* standby Diesel generator
Notstromgenerator *m* emergency (standby) generator
Notstromkreis *m* emergency circuit
Notstromsystem *n* emergency [electric] system
Notstromversorgung *f* emergency (standby) power supply
~/unterbrechungsfreie no-break emergency power supply
Notwelle *f (Nrt)* distress wave

Notzeichen *n (Nrt)* distress signal
NOVRAM non-volatile random-access memory
npin-Transistor *m* n-p-i-n transistor
npn-Flächentransistor *m* n-p-n-junction transistor
npn-Transistor *m* n-p-n transistor
n-Pol-Netzwerk *n* n-terminal network
np-Übergang *m (ME)* n-p junction
NRZ-Schrift *f* non-return-to-zero [recording]
NRZ-Verfahren *n (Dat)* non-return-to-zero recording *(Speicherverfahren)*
N-Schirm *m* N scope *(Radar)*
NTC-Widerstand *m* negative temperature coefficient resistor, thermistor *(Heißleiter)*
n-Tor *n* n-port network
n-Typ-Halbleiter *m* n-type semiconductor
Null *f* 1. zero; null; 2. low *(unterer Signalpegel in der Digitaltechnik)* • **über** ~ above zero • **von ~ abweichend** non-zero
~/führende leading zero
~/gestörte disturbed zero
Null... *s. a.* Nullpunkt...
Nullabgleich *m* zero balance (balancing), null balance
~/automatischer automatic zero balancing
Nullabgleichanzeiger *m* null-balance indicator
Nullabgleichmeßmethode *f* null-method of measurement
Nullabgleichmethode *f* zero-balancing method
Nullabgleichverstärker *m* null-balance amplifier
Nullablesung *f* zero reading
Nulladmittanz *f* zero-phase admittance
Nulladreßbefehl *m (Dat)* zero-address command
Nulladungspotential *n* zero charge potential, Lippmann potential
Nulladungspunkt *m* zero point of charge, point of zero charge
Nullanzeige *f* zero indication (reading)
Nullanzeigegerät *n*, **Nullanzeiger** *m* null (zero) indicator, null-point indicator (detector)
Nullastrelais *n* underpower relay
Nullausgang *m* zero output
~/ungestörter undisturbed zero output
Nullausschalter *m* zero cut-out
Nulldrift *f* null (zero) drift
Nulldurchgang *m* zero passage (crossing, transition), passing through zero; bridge balance point
Nulleinstellung *f* zero adjustment (setting)
~/selbsttätige automatic zero adjustment
Nulleistung *f* homopolar power *(Starkstromtechnik)*
Nulleiter *m* zero (neutral) conductor, neutral [wire]; third wire *(Gleichstrom)*
~/geerdeter earthed neutral [conductor]
~/nichtgeerdeter floating neutral
Nulleiterdraht *m* neutral wire
Nulleiterstrom *m* neutral current
Nullelektrode *f* neutral electrode
nullen 1. to zero, to null; to reset to zero; 2. *(ET)* to neutralize, to connect to earth (neutral)
Nullfehler *m* zero error
Nullfeldmaser *m* zero-point field maser
Nullfolgesystem *n* zero-[phase-]sequence system
Nullfolgewiderstand *m* zero-sequence resistance
Nullfrequenz *f* zero frequency
Nullgeschwindigkeitskurve *f* zero velocity curve
Nullimpedanz *f* zero-sequence [field] impedance, zero-phase-sequence impedance
Nullindikator *m* null indicator (detector); nulling device *(in einer Brücke)*
Nullinstrument *n* null (central-zero) indicator, balance [point] indicator, nullmeter, nulling device *(in einer Brücke)*
Nullkapazitanz *f* zero-sequence capacitive reactance
Nullkapazität *f* zero capacitance, self-capacitance
Nullkomponente *f* zero-[phase-]sequence component
Nullkontrolle *f*/**automatische** *(Dat)* automatic zero check
Nullkoordinate *f* homopolar coordinate *(Starkstromtechnik)*
Nullkraftsteckverbinder *m* zero insertion force connector
Nullmarke *f* zero mark
~ **der Skale** [scale] zero
Nullmatrix *f* zero (null) matrix
Nullmenge *f* null set
Nullmethode *f (Meß)* null (zero) method
Nullnetz *n* zero-sequence network *(des Mit-, Gegen- und Nullsystems)*
Nullode *f* nullode, electrodeless tube *(Sperröhre)*
Nulloperation *f* do-nothing operation, no-operation, non operation
Nulloperationsbefehl *m (Dat)* no-operation instruction, do-nothing command
Nullpegel *m* zero level
Nullpegeladresse *f* zero level address
Nullphasenwinkel *m* zero phase angle
Nullphasenwinkelmodulation *f* zero phase modulation
Nullpotential *n* zero (earth) potential
Nullpunkt *m* 1. zero point, zero [mark]; 2. neutral point, earthed neutral; 3. origin *(Koordinatensystem)*
~/absoluter absolute zero *(der Temperatur)*
~ **der Skale** scale zero
~/elektrischer electrical zero
~/freier floating zero
~/herausgeführter *(An)* neutral brought-out
~/künstlicher artificial neutral point
~/unterdrückter suppressed zero
Nullpunkt... *s. a.* Null...
Nullpunktabgleich *m* zero balance
Nullpunktabweichung *f* zero deviation (variation); null (zero) drift
~/bleibende residual deviation
Nullpunktbewegung *f* zero-point motion
Nullpunktdrift *f* null (zero) drift

Nullpunktdrossel *f* absorption coil
Nullpunkteinstellschraube *f (Meß)* zero position control
Nullpunkteinstellung *f* 1. zero adjustment (setting); 2. zero position (adjusting) control *(Einrichtung)*
Nullpunkteinstellvorrichtung *f* zero adjusting device
Nullpunktempfindlichkeit *f* zero relative level sensitivity
Nullpunktenergie *f* zero-point energy, zero-temperature energy, energy of absolute zero
Nullpunkterdung *f* neutral earthing
Nullpunktfehler *m* zero error; balance error *(Verstärker)*; origin distortion
Nullpunktkorrektur *f* zero[-point] correction *(s. a.* Nullpunkteinstellung*)*
Nullpunktpotential *n* zero-point potential
Nullpunktsicherheit *f* zero stability
Nullpunktunruhe *f* zero-point motion
Nullpunktunterdrückung *f (Meß)* zero (range) suppression
Nullpunktverschiebung *f (Syst)* zero offset; *(Meß)* zero displacement; (shift)
Nullpunktverschiebungsfehler *m* zero shift error
Nullpunktwanderung *f* zero drift (shift)
Nullreaktanz *f* zero-[phase-]sequence reactance, zero-sequence inductive reactance
Nullregelung *f* zero control
Nullrückstellmechanismus *m* zero-reset mechanism
Nullrückstellung *f* re-zeroing
~ **eines Zählers** counter reset[ting]
~**/selbsttätige** automatic reset
Nullschwebung *f* zero beat
Nullschwebungsfrequenz *f* zero beat frequency
Nullselbstadmittanz *f* self-admittance of zero-sequence network
Nullselbstimpedanz *f* self-impedance of zero-sequence network
Nullsetzen *n* initializing, zeroing *(z. B. von Zählern)*
Nullsignal *n* zero signal
Nullspannung *f* zero voltage
Nullspannungsauslöser *m* no-voltage trip, zero cut-out
Nullspannungsauslösung *f* no-voltage release
Nullspannungsausschalter *m* no-voltage circuit breaker
Nullspannungsrelais *n* no-voltage relay
Nullspannungsschalter *m* zero-voltage switch
Nullspannungsschalterprinzip *n* zero cross-over technique
Nullstelle *f* zero [value]
~ **der Funktion** zero of function
~ **des Regelkreises** closed-loop zero *(einer Übertragungsfunktion)*
Nullstellenauffüllung *f* null fill-in
Nullstellenkompensation *f* zero compensation
Nullsteller *m* zero adjuster (adjusting device)
Nullstellung *f* zero (null) position
Nullstellungspotentiometer *n* set-zero potentiometer
Nullstrom *m* zero current
Nullstromausschalter *m* zero current cut-out
Nullstromrelais *n* zero current relay
Nullsystem *n* zero-[phase-]sequence system
Nullsystemrelais *n* zero-phase-sequence relay
Nullsystemschutz *m* zero-phase-sequence protection
Nulltemperaturkoeffizient *m* zero temperature coefficient
Nulltransistor *m* zero transistor *(MOS-Transistor mit 0 Volt Schwellspannung)*
Nullung *f* 1. zeroing; 2. protective multiple earthing; neutralization
Nullungsglied *n* null-balance device
Nullunterdrückung *f* zero suppression
Nullvektor *m* zero (null) vector
Nullverstärker *m* null amplifier
Nullwiderstand *m* zero resistivity
Nullzählrate *f* zero count rate
Nullzustand *m* 1. zero state; 2. *(ET)* neutral state
numerieren to number
~**/falsch** to misnumber
~**/fortlaufend** to number consecutively (serially)
Numeriermaschine *f* numbering machine
Numerierung *f* numbering
~**/variable** *(Nrt)* variable numbering
Numerierungsplan *m (Nrt)* numbering plan (scheme)
Numerierungszone *f (Nrt)* numbering area
numerisch numerical
Nummer *f***/falsche** *(Nrt)* wrong number
~**/laufende** consecutive (serial) number
~**/nichtzugeteilte** unalloted number
Nummernansagegerät *n (Nrt)* call announcer
Nummernanzeiger *m (Nrt)* call indicator
Nummernanzeigetafel *f***[/optische]** display panel
Nummerngabeschlußzeichen *n (Nrt)* end-of-pulsing signal
Nummerngeber *m (Nrt)* number indicating system
Nummerngebung *f (Nrt)* numbering
Nummernprüfer *m (Dat)* number-checking unit *(Tabelliermaschine)*
Nummernquittungszeichen *n (Nrt)* number-received signal
Nummernschalter *m (Nrt)* dial
Nummernschalterarbeitskontakt *m (Nrt)* switching contacts
Nummernschalterimpuls *m (Nrt)* dial plate pulse
Nummernschalterimpulskontakt *m* dial pulse contact, impulsing contacts
Nummernschalterkontakt *m (Nrt)* dial contact
Nummernschalterwahl *f (Nrt)* number plate dialling, dial pulsing
Nummernscheibe *f (Nrt)* dial

Nummernscheibeninformation *f* digital information
Nummernscheibenwahl *f* rotary dialling, dial switching
Nummernschlucker *m* *(Nrt)* digit-absorbing selector
Nummernwahl *f* *(Nrt)* impulse action (stepping); selection
~/gesteuerte numerical selection
~/reine all-numerical dialling
~/verzerrte irregular selection
Nummernwähler *m* *(Nrt)* numerical selector
Nummernwahlzeichen *n* *(Nrt)* pulsing signal
Nummernwerk *n* *(Dat)* numberer
Nur-Lese-Speicher *m* *(Dat)* read-only memory, ROM *(Zusammensetzungen s. unter* ROM*)*
Nusselt-Zahl *f* Nusselt number *(thermisches Ähnlichkeitskriterium)*
Nußisolator *m* egg[-shaped] insulator
Nut *f* *(MA)* slot; *(ME)* groove
~/geschlossene closed slot
~/geschrägte skewed slot
~/halboffene half-open slot
~/ringförmige circular groove
Nutanker *m* slotted armature
Nutauskleidung *f* slot cell
Nutbeilage *f* slot packing
Nutbreite *f* slot width
Nutenkeil *m* slot closer
Nutenquerfeld *n* slot field
Nutenschritt *m* slot (coil) pitch *(Wicklungsschritt)*
Nutenverschlußkeil *m* slot closer, dovetail key, [slot] wedge
Nutenwicklung *f* slot winding • **mit** ~ slot-wound
Nutfrequenz *f* slot-ripple frequency
Nutfüllfaktor *m* slot space factor
Nutgrund *m* bottom of the slot
Nuthülse *f* slot liner
Nutisolation *f* slot insulation
Nutisolierhülse *f* slot liner
Nutisoliermaschine *f* *(MA)* cell inserter
Nutkeil *m* [slot] wedge
Nutkeileinschiebemaschine *f* wedge inserter
Nutoberwellen *fpl* slot ripple
Nutraumentladung *f* slot discharge
Nutraumentladungsanzeiger *m* slot-discharge analyzer
Nutschlitzbreite *f* slot opening
Nutstreifen *m* coil side separator *(Isolation zwischen verschiedenen Spulen einer Nut)*
Nutstreuung *f* slot leakage
Nutteilung *f* slot pitch
Nutthermometer *n* embedded temperature detector
Nuttiefe *f* slot depth
Nutzarbeit *f* usefull (effective) work
Nutzausgangsleistung *f* working power output
Nutzaussendung *f* *(Nrt)* wanted emission
Nutzband *n* *(Nrt)* useful band
Nutzbildfläche *f* *(Fs)* useful screen area
Nutzbremsumschalter *m* *(MA)* regeneration switchgroup
Nutzbremsung *f* *(MA)* regenerative braking, recuperation
Nutzdämpfung *f* *(Nrt)* effective transmission equivalent
Nutzeffekt *m* [net] efficiency, working efficiency
~/thermischer thermal utilization factor
Nutzerinterface *n*, **Nutzerschnittstelle** *f* user interface
Nutzfeld *n* *(Nrt)* useful (signal) field
Nutzfeldstärke *f* useful field intensity
Nutzinformation *f* useful information
Nutzkanal *m* user information channel
Nutzkapazität *f* useful capacity; service capacity *(Batterie)*
Nutzlebensdauer *f* useful life [period]
Nutzleistung *f* effective power; actual output *(abgegebene Leistung)*; service output *(Batterie)*
Nutzlichtstrom *m* effective luminous flux, utilized flux
Nutzschall *m* useful sound
Nutzsignal *n* useful signal
Nutzspalt *m* front gap *(Tonkopf)*
Nutzspannung *f* useful voltage, volt efficiency
Nutzstrahl *m* useful beam
Nutzstrom *m* useful current
Nutzungsdauer *f* utilization period; service life
Nutzwärme *f* useful heat
Nutzwiderstand *m* useful resistance
N-Welle *f* N-wave *(Überschallknall)*
Nyquist-Cauchy-Kriterium *n* *(Syst)* [generalized] Nyquist-Cauchy criterion
Nyquist-Flanke *f* *(Fs)* Nyquist slope
Nyquist-Ortskurve *f* Nyquist diagram (plot) *(Stabilitätsalyse)*
Nyquist-Rate *f* Nyquist rate
n-Zone *f* *(ME)* n-region, n-type region

O

OB *s.* Ortsbatterie
Obach-Element *n* Obach cell *(Batterie)*
Oberbeleuchtung *f s.* Oberlichtbeleuchtung
Oberbereich *m* time domain (function range) *(Laplace-Transformation)*
Oberfläche *f* surface; [surface] area
~/aktivierte activated surface
~/belüftete ventilated surface
~/diffus strahlende diffusing surface
~/gerippte ribbed surface
~/glänzende bright (glossy) surface
~/homogene homogeneous surface
~/inhomogene non-homogeneous surface
~/innere inside surface *(z. B. eines Hohlraums)*
~/leitende conducting surface
~/matte matt (dead) surface

~**/metallplattierte** metal-clad surface
~**/polierte** polished surface
~**/spiegelnde** reflective surface
~**/wirksame** active (effective) surface
Oberflächenableitung *f* surface leakage
Oberflächenabtaster *m* surface analyzer
Oberflächenadmittanz *f* surface admittance
Oberflächenaufschmelzen *n* surface fusing
Oberflächenbarriere *f (ME)* surface barrier
Oberflächenbearbeitung *f* surface treatment, surfacing, finish[ing]
Oberflächenbedeckung *f* surface coverage
Oberflächenbehandlung *f s.* Oberflächenbearbeitung
Oberflächenbelag *m* surface layer
Oberflächenbelastung *f***/spezifische** [specific] surface loading
~**/zulässige spezifische** permissible intensity of [specific] surface loading
Oberflächenbeschichtung *f* surface coating
Oberflächenbeschichtungsverfahren *n* coating process
Oberflächenbestrahlung *f* surface irradiation
Oberflächenbeweglichkeit *f* surface mobility
Oberflächendichte *f* **der Ladung** surface charge density
Oberflächendiffusion *f* surface diffusion
Oberflächendipol *m* surface dipole
Oberflächendipolschicht *f* surface dipole layer
Oberflächendonator *m (ME)* surface donor
Oberflächendotierung *f (ME)* surface doping
Oberflächendurchschlag *m* surface breakdown
Oberflächeneffekt *m* surface effect
~**/lichtelektrischer** surface photoeffect (photoelectric effect)
Oberflächeneinebnung *f* surface smoothing
Oberflächenenergie *f* surface energy
Oberflächenenergieniveau *n* surface level
Oberflächenentladung *f* surface discharge
Oberflächenerder *m* surface electrode
Oberflächenerdung *f* surface earthing
Oberflächenerwärmung *f***/hochfrequente** high-frequency surface heating
~**/induktive** inductive surface heating
Oberflächenfaktor *m* surface factor
Oberflächenfangstelle *f (ME)* surface trap
Oberflächenfarbe *f* surface (object) colour
Oberflächenfehler *m* surface defect *(s. a.* Oberflächenstörung*)*
Oberflächenfeldeffekt *m* surface field effect
Oberflächenfeldeffekttransistor *m* surface field-effect transistor
Oberflächenfilm *m* [surface] film
oberflächengekühlt surface-cooled
Oberflächengitter *n* surface lattice
Oberflächengitterlücke *f* surface vacancy
Oberflächenglanz *m* [surface] gloss
Oberflächengrenzschichttransistor *m* surface barrier transistor
Oberflächengüte *f* quality of surface finish, surface quality (finish)
Oberflächenhaftstelle *f* surface trap
Oberflächenhärte *f* surface hardness
Oberflächenhärtung *f* surface hardening
Oberflächenheizkörper *m* surface heater
Oberflächenheterogenität *f* surface heterogeneity
Oberflächeninduktionserwärmung *f* superficial induction heating
Oberflächeninversion *f* surface inversion
Oberflächenion *n* surface ion
Oberflächenionenbewegung *f* surface ion motion
Oberflächenisolationsstrom *m* surface leakage current
Oberflächenkanal *m* surface channel
Oberflächenkonzentration *f* surface concentration
Oberflächenkratzer *m* surface scratch
Oberflächenkühlung *f* surface cooling
Oberflächenladung *f* surface charge
Oberflächenladungsdichte *f* surface charge density, electric surface density
Oberflächenladungstransistor *m* surface charge transistor, surface-controlled transistor
Oberflächenlaser *m* surface laser
Oberflächenleerstelle *f* surface vacancy
Oberflächenleistung *f* surface (superficial) power, surface capacity
Oberflächenleitfähigkeit *f* surface conductivity
Oberflächenleitung *f* surface conduction
Oberflächenleitwert *m* surface conductance
Oberflächenlücke *f* surface vacancy
Oberflächenmagnetisierung *f* skin magnetization
Oberflächenmeßgerät *n* surface measuring instrument
Oberflächenmodifikation *f***/thermische** thermal surface modification *(z. B. durch Strahlungseinwirkung)*
Oberflächenmontage-Bauelement *n* surface-mounted device (component), SMD; surface-mounting component
Oberflächenmontagetechnik *f* surface-mount[ed] technology, SMD technology
oberflächenmontierbar surface-mountable, surface-attachable
oberflächenmontiert surface-mounted
Oberflächennachbehandlung *f* surface finish[ing]; surface aftertreatment
Oberflächennetzebene *f* surface plane *(Kristall)*
Oberflächenorientierung *f* surface orientation
oberflächenpassiviert surface-passivated
Oberflächenphotoverhalten *n* surface photoresponse
Oberflächenpotential *n* surface potential
Oberflächenpotentialschwelle *f* surface potential barrier
Oberflächenprofilmeßgerät *n* surface profilometer
Oberflächenprüfgerät *n* surface[-finish] tester

Oberflächenrandschicht *f (ME)* surface barrier [layer], surface depletion layer; surface edge layer
Oberflächenrauh[ig]eit *f* surface roughness
Oberflächenrekombination *f* surface recombination
Oberflächenrekombinationsgeschwindigkeit *f* surface recombination velocity
Oberflächenriß *m* surface crack
Oberflächenschicht *f* surface layer
Oberflächenschmelzen *n* surface fusing
Oberflächenschutz *m* surface protection
Oberflächenschutzschicht *f (Galv)* protective [deposit]; protective coating
Oberflächenschwingung *f* surface oscillation (vibration)
Oberflächenspannung *f* surface tension (stress)
Oberflächensperrschicht *f (ME)* surface depletion layer (region), surface junction
Oberflächensperrschichttransistor *m* surface-barrier transistor
Oberflächenspiegel *m* surface-coated mirror, front-surface mirror, front-coated mirror
Oberflächensteuerelektrode *f* surface control electrode
Oberflächenstörstelle *f (ME)* surface impurity
Oberflächenstörung *f* surface imperfection (irregularity) *(Kristallgitter)*
Oberflächenstrahldichte *f* surface radiance
Oberflächenstreuung *f* surface scattering
Oberflächenstrom *m* surface current
Oberflächenstruktur *f* surface structure (texture)
Oberflächentemperatur *f* surface temperature
Oberflächentemperaturmessung *f* surface temperature measurement
Oberflächenterm *m* surface term (level)
Oberflächenthermostat *m* surface-type thermostat
Oberflächentrapniveau *n* surface trap level
Oberflächenüberzug *m* surface coating
Oberflächenumordnung *f* surface rearrangement
Oberflächenunipolartransistor *m* surface unipolar transistor
Oberflächenunregelmäßigkeit *f* surface irregularity *(Kristall)*
Oberflächenvaraktor *m*, **Oberflächenvaraktordiode** *f* surface varactor [diode]
Oberflächenverarmungsschicht *f (ME)* surface depletion region
Oberflächenvered[e]lung *f* 1. surface refinement; surface finishing; 2. surface finish
oberflächenvergütet surface-coated
Oberflächenvergütung *f* [surface] coating, blooming
Oberflächenverlust *m* surface loss *(z. B. durch Abstrahlung)*
Oberflächenverschleiß *m* surface abrasion
Oberflächenverunreinigung *f* 1. surface contamination; 2. surface impurity
Oberflächenvorbehandlung *f* surface preparation (pretreatment)
Oberflächenwanderung *f* surface migration
Oberflächenwelle *f* surface wave
~/akustische surface acoustic wave, SAW
~/Rayleighsche Rayleigh wave
Oberflächenwellenfilter *n* surface acoustic wave filter
Oberflächenwellenleitung *f* surface-wave transmission line
Oberflächenwiderstand *m*/**spezifischer** surface resistivity
Oberflächenwirkleitwert *m* surface conductance
Oberflächenwirkwiderstand *m* surface resistance
Oberflächenzentrum *n* surface centre
Oberflächenzustand *m* surface state *(für Elektronen im Energiebändermodell)*
Oberflächenzustandsdichte *f* surface state density
Oberfunktion *f* time domain function
Obergraben *m* headrace *(Kraftwerk)*
oberhalb [gelegen] upstream *(Wasserkraftwerk)*
oberirdisch overhead, aerial *(z. B. Leitung)*
Oberkantegründung *f* top of footing *(Wasserkraftwerk)*
Oberlage *f* upper coil side *(einer Spule)*
Oberleitung *f* overhead line, aerial contact line; trolley wire
Oberleitungsanlage *f* overhead contact system
Oberleitungsbus *m* trolley bus
Oberleitungsdraht *m* overhead wire
Oberleitungsfahrzeug *n* trolley coach
Oberlicht *n* overhead (top) light, skylight
Oberlichtbeleuchtung *f* overhead (top) lighting, sky lighting
Oberschwingung *f* harmonic [oscillation]; *(Ak)* [harmonic] overtone *(s. a.* Oberwelle*)*
~/charakteristische significant overtone
~/harmonische [higher] harmonic; *(Ak)* overtone
Oberschwingungen *fpl*/**geradzahlige** even harmonics
~/ungeradzahlige odd harmonics
Oberschwingungs... *s. a.* Oberwellen...
Oberschwingungsanteil *m* harmonic content *(s. a.* Oberwellenanteil*)*
Oberschwingungsfrequenz *f* harmonic frequency; overtone frequency
Oberschwingungsquarz *m* harmonic mode crystal, overtone crystal
Oberschwingungsstörung *f* harmonic interference
Oberschwingungsunterdrückung *f* harmonic suppression
Oberseite *f* top face (side)
Oberseitenanschluß *m*, **Oberseitenbonden** *n* face[-down] bonding, flip-chip bonding *(Verbindungstechnik integrierter Schaltungen mit dem Verdrahtungssubstrat)*
Oberseitendiffusion *f (ME)* top side diffusion

Oberspannung *f (An)* high-side voltage, upper voltage
Oberspannungsseite *f* high-voltage side
Oberstab *m (MA)* top coil side
Oberstrich *m (Nrt)* maximum telegraphy output *(Leistung)*
Oberstrichleistung *f*, **Oberstrichwert** *m (Nrt)* peak power output
Oberteil *n* top *(z. B. eines Mastes)*
Oberton *m* overtone
Oberwasserbecken *n* headwater pond *(Kraftwerk)*
Oberwasserpegel *m* headwater level *(Kraftwerk)*
Oberwelle *f* harmonic [wave]; ripple *(s. a.* Oberschwingung*)*
Oberwellen *fpl* **/geradzahlige** even harmonics
~ **hoher Ordnungszahl** high harmonics
~**/ungeradzahlige** odd harmonics
Oberwellen... *s. a.* Oberschwingungs...
Oberwellenanalyse *f* harmonic analysis
Oberwellenanhebung *f* accentuation of harmonics
Oberwellenanteil *m* harmonic content; percent ripple, ripple content
Oberwellenbelastbarkeit *f (An)* harmonics load capacity, ability to withstand overstressing by harmonics
Oberwellenerzeugung *f* harmonic generation
Oberwellenfilter *n* harmonic filter (trap)
Oberwellenfreiheit *f* freedom from harmonics
Oberwellenfunkentstörung *f* harmonic interference suppression
Oberwellengehalt *m* harmonic content, [harmonic] distortion factor
Oberwellengenerator *m* harmonic generator
Oberwellenleistung *f* harmonic power
Oberwellenmesser *m* distortion bridge
Oberwellenprüfung *f* harmonic test
Oberwellenquarz *m* harmonic mode crystal, overtone crystal
oberwellenreich rich in harmonics
Oberwellenrufstromgeber *m* harmonic telephone ringer
Oberwellensieb *n* harmonic filter
Oberwellenspannung *f* ripple voltage
~**/relative** percent ripple voltage
Oberwellensperre *f* harmonic suppressor
Oberwellenstrom *m* ripple current
Oberwellenvergleich *m* harmonics comparison
Oberwellenverlust *m* harmonics loss
Oberwellenverminderung *f* suppression of harmonics
Oberwellenwandlungsübertrager *m* harmonic conversion transducer
Objektbefehl *m (Dat)* object command
Objektbeleuchtung *f* object illumination
Objekterkennung *f (Syst)* object recognition
Objektiv *n* objective; lens
Objektivfassung *f* lens mount
Objektivkalibrierung *f* lens calibration
Objektivleistung *f* lens performance
Objektivöffnung *f* lens aperture (opening)
Objektname *m* true name
Objektprogramm *n (Dat)* object program
Objektrechner *m* object (target) computer
OB-Klappenschrank *m (Nrt)* magneto switchboard
Obus *m* trolley bus
ODER *n* OR *(Schaltalgebra)*
~**/ausschließendes** exclusive OR, XOR, non-equivalence
~**/einschließendes** inclusive OR, disjunction
~**/exklusives** *s.* ~/ausschließendes
~**/inklusives** *s.* ~/einschließendes
~**/negiertes** NOR *(Schaltalgebra)*
~**/verdrahtetes** wired OR
ODER-Element *n* OR element
ODER-Funktion *f* OR function, non-equivalence
ODER-Gatter *n* OR gate
~**/exklusives** exclusive OR gate
ODER-Glied *n* OR element
ODER-NICHT-Glied *n* NOR element
ODER-NICHT-Schaltung *f* NOR circuit
ODER-Operation *f* OR operation
~**/negierte** NOR operation
ODER-Schaltkeis *m* OR circuit; OR element, OR device
ODER-Schaltung *f* [logical] OR circuit, OR element
~**/ausschließende** exclusive OR circuit
~**/einschließende** inclusive OR circuit
~**/invertierte (negierte)** NOR circuit
ODER-Tor *n s.* ODER-Gatter
ODER-Verknüpfung *f* OR operation, OR logic (relation)
Odometer *n* odometer
Ofen *m* furnace; oven
~**/automatisch arbeitender** automatically operated furnace
~**/elektrischer** electric furnace (oven)
~ **für dielektrische Erwärmung** dielectric furnace
~ **für kontinuierlichen Betrieb** continuous furnace
~ **für Kristallzüchtung** crystal-growing furnace, crystal-pulling furnace
~ **für Thermoelemente** thermocouple oven *(Eichvorrichtung)*
~ **mit Abschmelzelektrode** consumable-electrode furnace
~ **mit erzwungener Luftumwälzung** forced-air circulation furnace
~ **mit sich verzehrender Elektrode** consumable-electrode furnace
~ **mit verdecktem Lichtbogen** submerged-arc furnace
~ **zur direkten Erwärmung mit Elektroden** direct electrode furnace
~ **zur direkten Widerstandserwärmung** direct resistance furnace

Ofendurchsatz *m* furnace throughput
ofengetrocknet kiln-dried
Ofenleistung *f* furnace output
Ofenleistungsschalter *m* furnace power switch
Ofenröhre *f* furnace tube *(z. B. Gasentladungsröhre)*
Ofenspule *f* furnace inductor
offen 1. open; open-type *(Gerät)*; non-protected; open-ended *(z. B. Leitung, System)*; 2. uncoded *(Nachricht)*
Offenrohrdampfoxydation *f (ME)* open-tube steam oxidation
Offenrohrdiffusion *f (ME)* open-tube diffusion
Offenrohroxydation *f*/**thermische** *(ME)* open-tube thermal oxidation
Offenschleifenspannungsverstärkung *f* open-loop voltage gain
off-line *(Syst, Dat)* off-line *(unabhängig arbeitend)*
Off-line-Betrieb *m* off-line operation
Off-line-Datenübertragung *f* off-line data transmission
Off-line-Speicherung *f* off-line storage
Off-line-System *n* off-line system *(nicht direkt an die Zentraleinheit angeschlossene Anlage)*
Off-line-Verarbeitung *f* off-line [data] processing
öffnen to open; to break *(z. B. Kontakte)*
~/**einen Stromkreis** to open a circuit
öffnend/schnell quick-break *(z. B. Schalter)*
Öffner *m s.* Öffnungskontakt
Öffnung *f* opening, hole; aperture, orifice, vent
~/**freie** effective aperture *(z. B. eines Objektivs)*
~/**volle** maximum aperture *(z. B. der Blende)*
Öffnungsblende *f* aperture stop (diaphragm)
Öffnungsfeder *f* break spring
Öffnungsfehler *m (Licht)* spherical aberration; aperture aberration *(z. B. einer Linse)*; aperture distortion *(einer Elektronenlinse)*
Öffnungsfunke *m* break spark, spark at break
Öffnungsimpuls *m (El)* break pulse
Öffnungskontakt *m* normally closed contact (interlock), break-contact unit (element), break (space) contact; opening contact
Öffnungsperiode *f* opening period
Öffnungsstrom *m* opening current
Öffnungsverhältnis *n (Licht)* relative aperture; aperture ratio *(z. B. eines Objektivs)*
Öffnungsvorgang *m* opening operation
Öffnungsweg *m (Ap)* clearance between contacts, contact gap
Öffnungswinkel *m* beam angle (aperture, width), spread angle *(Strahl)*; angular aperture *(Objektiv)*; angle of aperture (beam) *(Antennentechnik)*
~ **eines Radarstrahls** beam (angular) width of a radar beam
Öffnungszahl *f* aperture [ratio] number, f-number *(Optik)*
Öffnungszeit *f* opening time; break time *(Kontakt)*
Offset *m (Fs)* offset
Offsetspannung *f* offset voltage
Offsetstrom *m* offset current
Ohm *n* ohm *(SI-Einheit des elektrischen Widerstands)*
Ohmmeter *n* ohmmeter
Ohmwert *m* ohmage
Ohne-Rückkehr-zu-Null-Aufzeichnung *f (Dat)* non-return-to-zero [recording] *(Speicherverfahren)*
Ohr *n*/**elektrisches** electric ear
~/**künstliches** artificial ear, ear simulator
Ohradmittanz *f* aural [acoustic] admittance
Ohrbügel *m* ear clip *(beim Hörgerät)*
Ohreingangsimpedanz *f*/**akustische** ear acoustical impedance
Ohreinsatz *m* ear insert *(Hörer)*
Ohrimpedanz *f* aural [acoustic] impedance
Ohrnachbildung *f* ear simulator
ohrumfassend, ohrumschließend circumaural *(z. B. Kopfhörer)*
Okklusion *f* occlusion
Oktalfassung *f* octal socket
Oktalsockel *m* octal base
Oktalstecker *m* octal plug
Oktalzahl *f* octal number
Oktalzahlensystem *n* octal [number] system
Oktalziffer *f* octal digit
Oktavband *n* octave band
Oktavbandanalysator *m* octave-band analyzer
Oktavbandschalldruck *m* octave-band [sound] pressure
Oktavbandschalldruckpegel *m* octave-band [sound] pressure level
Oktave *f* octave
Oktavfilter *n* octave[-band] filter
Oktavpegel *m* octave-band pressure level
Oktett *n* octet
Oktode *f* octode
~ **mit Beschleunigungsgitter** velogrid octode
Okular *n* eyepiece, ocular
~/**Huygenssches** Huygens eyepiece
Okularblende *f* eyepiece diaphragm
Okularfilter *n* eyepiece (ocular) filter
Okularlinse *f* eyepiece lens, eyelens, eyeglass, ocular
Okularprisma *n* ocular prism, prismatic eyepiece
Ölabstreifer *m* oil slinger (scraper)
Ölabstreifring *m* oil scraper ring
Ölanlasser *m* oil[-cooled] starter
Ölatmungsvermögen *n* oil breathing capacity *(Kabel)*
Ölauffanggrube *f* oil pit
Ölauffangwanne *f* oil leakage sump *(Transformator)*
Ölausdehnungsgefäß *n* oil expansion tank
Ölausgleichsgefäß *n* oil conservator *(Ölkabel)*
Ölauslaß *m* oil outlet
Ölaustritt *m* oil leak[age]

Ölbehälter *m* oil pot, oil feeding reservoir; oil tank *(z. B. bei Transformatoren)*
ölbeständig oil-resistant
öldicht oil-tight, oilproof
Öldichtung *f* oil seal
Öldocht *m* oil wick
Öldruck *m* oil pressure
Öldruckbremse *f* hydraulic brake
Öldrucklager *n* oil-pad bearing
Öldurchführung *f* oil-filled bushing
Ölfänger *m* oil catcher
Ölfanggrube *f* oil catch basin
Ölgefäß *n* oil tank *(z. B. bei Transformatoren)*
ölgefüllt oil-filled
ölgekühlt oil-cooled
ölgetaucht oil-immersed
ölgetränkt, ölimprägniert oil-impregnated
Ölkabel *n* oil-filled [pipe] cable
Ölkabelendverschluß *m* oil cable head
Ölkesselschalter *m* dead-tank oil circuit breaker
Ölkondensator *m* oil-filled capacitor, oil dielectric capacitor
Ölkühler *m* oil cooler
Ölleckverlust *m* oil leakage
Ölleitung *f* oil line *(in hydraulischen Einrichtungen)*
Ölnut *f* oil groove
Ölpapier *n* oiled (oil) paper
Ölring *m* oil (oiling) ring
Ölringführung *f* oil ring guide
Ölringlager *n* oil ring bearing
Ölschalter *m* oil[-break] switch, oil circuit breaker; dead-tank oil circuit breaker *(mit Ölzusatzbehälter)*; live-tank oil circuit breaker *(mit Schaltstrecke im Ölgefäß)*
Ölschalteranschluß *m* oil switch connection
Ölschütz *n* oil contactor
Ölseide *f* oiled silk
Ölsicherung *f* oil-break fuse
Ölstandanzeiger *m* oil level gauge (indicator)
Ölstrahlschalter *m* orthojector circuit breaker
Ölströmungsschalter *m* oil-blast circuit breaker
Ölstutzen *m* oil cup
Öltransformator *m* oil-immersed transformer, oil[-filled] transformer
Öltrennschalter *m* oil-break switch
Ölumlaufkühlung *f* forced oil cooling
Ölumlaufschmierung *f* oil-circulating lubrication
Ölversorgung *f* oil supply
Ölvorwärmer *m* oil preheater
Ölzufuhr *f* oil supply
ON *s.* Ortsnetz
Ondograph *m* ondograph
Ondoskop *n* ondoscope
on-line *(Syst, Dat)* on-line *(direkt gekoppelt)*
On-line-Datenübertragung *f* on-line data transmission
On-line-Datenverarbeitung *f* on-line data processing
On-line-Einheit *f* on-line equipment
On-line-Messung *f* on-line measurement
On-line-System *n* on-line system *(direkt an die Zentraleinheit angeschlossene Anlage)*
On-line-Verarbeitung *f* on-line [data] processing
OPAL OPAL, operational performance analysis language *(eine Programmiersprache)*
Opaleszenz *f* opalescence
Opalglas *n* opal glass
Opallampe *f* opal lamp
Opazität *f* opacity
Operand *m (Dat)* operand
~/logischer logical operand
Operandenadresse *f (Dat)* operand address
Operandenkanal *m (Dat)* operand channel
Operandenregister *n (Dat)* operand register
Operation *f* operation
~/arithmetische arithmetic operation
~/Boolesche Boolean operation
~ einer Taktzeit single-shot operation
~/erweiterte extended operation, XOP
~/logische logical operation
~/symbolische symbolic operation
~/zweifelhafte doubtful operation
Operationen *fpl* **je Sekunde** floating-point operations per second, FLOPS *(Maß für Rechnerleistung)*
Operationsbefehl *m (Dat)* operation instruction (command)
Operationsfolge *f (Dat)* operational sequence
Operationsforschung *f* operation (operational) research
Operationsgeschwindigkeit *f (Dat)* operation (operating) speed
Operationskode *m (Dat)* operation code, op-code
Operationsleuchte *f* operating lighting unit
Operationsperiode *f (Dat)* operation cycle
Operationspfad *m* operation path *(Schaltungstechnik)*
Operationsregister *n (Dat)* operation register
Operationsschema *n* operational chart *(Programmierung)*
Operationsspeicher *m* working memory
~ mit wahlfreiem Zugriff random-access memory, RAM *(Zusammensetzungen s. unter* RAM*)*
Operationsverstärker *m* operational amplifier, op-amp
~/freier uncommitted amplifier *(bei Analogrechnern)*
~ mit Verzögerungsglied *(Syst)* delay amplifier
Operationszeit *f* operation time, [instruction] execution time
Operationszyklus *m (Dat)* operation (machine) cycle
Operator *m* operator *(Mathematik)*
~/adjungierter adjoint operator
~/Boolescher Boolean operator
~/Hamiltonscher Hamilton operator
~/hermitescher Hermitian operator

~/Laplacescher Laplacian, Laplace [differential] operator
Operatorenrechnung *f* operational calculus
~/Heavisidesche Heaviside operational calculus
Operatorverstärker *m* operator amplifier
Opferanode *f* sacrificial (expendable, galvanic) anode
Opferschicht *f (ME)* sacrificial layer
Op-Kode *m s.* Operationskode
Optik *f***/geometrische** geometrical (ray) optics
~/integrierte integrated optics; planar waveguide technology *(für Lichtleitzwecke)*
Optimalbedingungen *fpl* optimum conditions
Optimalbetrieb *m* optimum operation
Optimalfilter *n* optimum filter
Optimalitätskriterium *n* optimality (optimal) criterion *(für die Regelgüte)*
Optimalitätsprinzip *n (Syst)* optimality principle
Optimalprogramm *n* optimal (optimally coded) program
Optimalregelung *f (Syst)* optimum control
Optimalsteuerung *f (Syst)* optimal control
Optimalwert *m* optimum value
Optimalwertkreis *m* optimizer, optimum value circuit
Optimalwertregelung *f (Syst)* optimum value control, optimizing control
Optimalwertregler *m (Syst)* optimizing controller
Optimalwertschätzung *f (Syst)* optimum estimation
Optimalwertsteuerung *f (Syst)* optimal control
optimieren to optimize
Optimierung *f (Syst)* optimization
~/indirekte indirect optimization *(auf der Grundlage von Modellen)*
~ mit mehreren Zielfunktionen polyoptimization
~/parametrische parametric optimization
~/statische static optimization
Optimierungsbedingungen *fpl* optimization conditions
Optimierungskriterium *n* optimization criterion
Optimierungsproblem *n* optimization problem
Optimierungsrechner *m* optimizer
Optimierungsregel *f* optimization rule
Optimierungszeit *f* optimization time
Optimierungszeitbedarf *m* optimization time
Optimum *n* optimum
~/asymptotisches asymptotic optimum
optisch-elektronisch *s.* optoelektronisch
Optoelektronik *f* optoelectronics
optoelektronisch optoelectronic, optical-electronic
Optokoppler *m* opto-coupler, opto-electronic [signal] coupler, optical coupler, opto-isolator
Optotransistor *m* optical transistor, optotransistor
Optronik *f s.* Optoelektronik
Ordinatenachse *f* Y-axis
Ordnung *f* order
~/nullte zeroth order
Ordnungszahl *f* 1. ordinal number; 2. *s.* ~ einer Eigenmode
~ der Harmonischen harmonic number, order of harmonics
~ einer Eigenmode modal number
Organ *n (Meß)* element, component
~/aperiodisch gedämpftes aperiodic element
~/astatisches astatic element
~/bewegliches moving element
~/gedämpft schwingendes damped periodic element
Organisationsprogramm *n (Dat)* monitor program (routine), executive (steering) program; *(Syst)* supervisor
orientieren to orient[ate]
Orientierung *f* orientation *(Kristallographie)*; alignment
~/bevorzugte preferred orientation
~/nichtbevorzugte (regellose) random orientation
Orientierungsdreieck *n* orientation triangle
Orientierungsordnung *f* orientation ordering
Orientierungsverfahren *n* survey method *(Verfahren geringer Genauigkeit)*
Orientierungswinkel *m* orientation angle
Original *n* original; master
Originaladresse *f* original address *(Speicher)*
Originalaufnahme *f* direct pick-up *(Schallplatte)*
Originalbereich *m* time domain (function range) *(der Laplace-Transformation)*
Originalfarbe *f* original perceived colour
Originalfernsehaufnahme *f* direct pick-up
Originalmuster *n* master pattern
Originalsendung *f* live broadcast
Originalübertragung *f* live program
Originalvorlage *f* master pattern
Originalzeichnung *f* master drawing
Ort *m* locus, position, location
~/geometrischer [geometrical] locus
orten 1. to locate, to position; 2. to track
~/einen Fehler to locate a fault (trouble)
Orthikon *n* orthicon [tube] *(speichernde Bildaufnahmeröhre)*
orthochromatisch orthochromatic
orthogonal orthogonal
Orthogonalitätsbeziehung *f* orthogonality relation
ortsabhängig locus-dependent, space-depending
Ortsamt *n (Nrt)* local (mirror) exchange
~/kleines automatisches community automatic exchange, CAX
Ortsamtsgruppenwähler *m (Nrt)* local exchange group selector
Ortsbatterie *f (Nrt)* local battery, LB
Ortsbatterieamt *n (Nrt)* local battery exchange
Ortsbatterieapparat *m* local battery telephone set
Ortsbatteriebetrieb *m (Nrt)* local battery working
ortsbesetzt *(Nrt)* locally busy, engaged in local call
Ortsbestimmung *f* position determination; localization
Ortsbetrieb *m (Nrt)* local mode

Ortsdienstleitung *f (Nrt)* local order wire
Ortsempfänger *m (Nrt)* local receiver
Ortsfaktor *m* location parameter
Ortsfernleitungswähler *m (Nrt)* long-distance and local connector
Ortsfernsprechnetz *n (Nrt)* local exchange area
Ortsfernsprechverkehr *m* local telephone traffic
Ortsgespräch *n (Nrt)* local call
Ortsgruppenumschalter *m (Nrt)* local group switch
Ortskabel *n (Nrt)* local cable
Ortskennzahl *f (Nrt)* network selection code, trunk code
Ortsknotenvermittlung *f (Nrt)* local junction exchange
Ortskurve *f* locus [diagram]; circle diagram
~ **der inversen Übertragungsfunktion** inverse transfer locus
~ **des Frequenzgangs** transfer locus, harmonic response diagram
~ **des Leitwerts** conductance locus diagram
~ **des Widerstands** resistance locus diagram
~**/negative** negative locus [diagram]
Ortskurvendiagramm *n* locus diagram
Ortsleitung *f (Nrt)* local line
Ortsnetz *n* 1. *(Nrt)* local exchange (telephone) network, local network; local [telephone] area *(Bereich)*; 2. *(Eü)* urban network, local [distribution] system
~ **mit einer Vermittlungsstelle** single-exchange network
~ **mit Kettenschaltung** local line network with link circuit
~ **mit mehreren Vermittlungsstellen** multi-exchange network
Ortsnetzbereich *m* local telephone area, local [exchange] area
Ortsnetzkennzahl *f* area code *(Selbstwählfernverkehr)*
Ortsnetzstation *f* [distribution] substation
Ortsnetztransformator *m* substation transformer
Ortsnetzübersicht *f* local plant diagram
Ortsselbstwählamt *n (Nrt)* community automatic exchange
Ortssender *m (Nrt)* local (short-distance) transmitter
Ortsteilnehmer *m (Nrt)* local subscriber
Ortsteilnehmersystem *n* local telephone circuit
ortsveränderlich mobile, non-stationary; portable
Ortsverbindung *f (Nrt)* local connection
Ortsverbindungskabel *n (Nrt)* local junction cable
Ortsverbindungsleitung *f (Nrt)* local junction line (circuit)
Ortsverbindungsnetz *n (Nrt)* junction network
Ortsverkehr *m (Nrt)* local communication (traffic)
Ortsverlängerungsleitung *f (Nrt)* local extension circuit
Ortsvermittlungsstelle *f (Nrt)* local exchange
Ortszeiger *m* position vector
Ortung *f (FO)* location; position (direction) finding
Ortungsbake *f (FO)* localizer transmitter
Ortungsfunkdienst *m (FO)* radio determination service
Ortungsgerät *n (FO)* location (position) finder, locator, detector
~**/akustisches** acoustic detector (detecting apparatus), aural detector, auditory direction finder
Ortungssystem *n (FO)* tracking system
OSCAR OSCAR, orbital satellite carrying amateur radio *(ein als Huckepacksatellit auf die Umlaufbahn gebrachter Amateurfunksatellit der USA)*
Öse *f* eyelet, lug, eye
Ösenbolzen *m* eye bolt
OSI open systems interconnection
Osmiumlampe *f* osmium lamp
Osmiumwendel *f* osmium filament
Ostwald-System *n* Ostwald [colour] system
Oszillation *f* oscillation
Oszillator *m* oscillator
~**/durchstimmbarer** variable-frequency oscillator
~**/elektronengekoppelter** electron-coupled oscillator
~**/freischwingender** ringing oscillator
~**/geschwindigkeitsmodulierter** velocity-modulated oscillator
~**/harmonischer** harmonic oscillator
~**/parametrischer** parametron
~**/phasengekoppelter (phasenstarrer)** phase-locked oscillator
~**/quarzgeeichter** crystal-calibrated oscillator
~**/quarzgesteuerter** crystal-controlled oscillator
~**/quarzstabilisierter** crystal-stabilized oscillator
~**/selbsterregter** self-excited oscillator
~**/spannungsgesteuerter** voltage-controlled oscillator
~**/verzerrungsarmer** low-distortion oscillator
Oszillatorabgleich *m* oscillator alignment
Oszillatordrift *f* oscillator drift
Oszillatoren *mpl***/gekoppelte** coupled oscillators
Oszillatorfrequenz *f* oscillator frequency
Oszillatorgegenkopplung *f* oscillator feedback
Oszillatorklystron *n* oscillating klystron
Oszillatorröhre *f* oscillator valve
Oszillatorschaltung *f* oscillator circuit
Oszillatorserienkondensator *m* oscillator padder
Oszillatorspule *f* oscillator coil
Oszillatorstärke *f* oscillator strength
Oszillatorstufe *f* oscillator stage
Oszillatorsynchronisation *f* oscillator synchronization
Oszillatortransistor *m* oscillator transistor
oszillieren to oscillate
~**/mit der gleichen Frequenz** to oscillate in the same frequency
oszillierend oscillatory
Oszillistor *m* oscillistor *(Halbleiterbauelement)*
Oszillogramm *n* oscillogram

Oszillograph *m* oscillograph, cathode-ray oscillograph, CRO
~**/elektromagnetischer** electromagnetic oscillograph
~ **mit Calciumwolframatleuchtschirm** blue-glow oscillograph
~ **zum Aufzeichnen von Einschwingvorgängen** transient recording oscillograph
Oszillographenröhre *f* cathode-ray tube, oscillograph tube
Oszillographenschirm *m* oscillograph screen
Oszilloskop *n* oscilloscope, cathode-ray oscilloscope
~**/lange nachleuchtendes** long-persistence oscilloscope
~ **mit automatischer Bildeinstellung** no-hands oscilloscope
~ **mit zwei Horizontalablenkplattenpaaren** dual gun [cathode-ray tube]
Oszilloskopschirm *m s.* Oszillographenschirm
Output *m* output
Outputmeter *n* output meter
Ovalgitter *n* oval grid
Ovalkatode *f* oval cathode
Ovaltaster *m* oval control push button
OVL *s.* Ortsverbindungsleitung
Owen-Meßbrücke *f* Owen bridge *(Induktivitätsmessung)*
Oxidabnützung *f (ME)* oxide wear-out
Oxidausschnitt *m* oxide cut[-out]
oxidbedeckt oxide-covered
Oxidbildung *f* oxide formation
Oxiddicke *f* oxide thickness
Oxideinfangzentrum *n* oxide trap
Oxideinwuchs *m* oxide encroachment
Oxidelektrode *f* oxide electrode
Oxidermüdung *f* oxide wear-out
Oxiderzeugung *f* oxide growth
Oxidfangstelle *f* oxide trap
Oxidfenster *n* oxide window, oxide cut[-out]
Oxidfilm *m* oxide film
oxidfrei oxide-free
Oxidisolation *f* oxide isolation
Oxidkapazität *f* oxide capacitance
Oxidkatode *f* oxide[-coated] cathode
Oxidkeramik *f* oxide ceramics, oxide-ceramic products
Oxidladung *f* oxide charge
Oxidleitung *f* oxide conduction
Oxidmaskierung *f* oxide masking
Oxidnetzwerk *n* oxide network
oxidpassiviert oxide-passivated
Oxidpassivierungsschicht *f* oxide passivation layer
Oxidpolarisationsstrom *m* oxide polarization current
Oxidpolarisierung *f* oxide polarization
Oxidschicht *f* oxide layer (film); oxide coating *(Schutzschicht)*
~**/anodisch erzeugte** anodic oxide layer
~**/isolierende** insulating oxide layer
Oxidschichtbildung *f* formation of an oxide layer
Oxidschichtkapazität *f* oxide capacitance
Oxid-Silicium-Grenzfläche *f* oxide-silicon interface
oxidüberzogen oxide-coated
Oxidüberzug *m* oxide coating, oxidized finish *(Schutzschicht)*
Oxidverbreiterung *f* oxide encroachment
Oxidwachstum *n* oxide growth
Oxidwiederherstellung *f* oxide regrowth
Oxyarc-Brennschneiden *n* oxy-arc cutting, arc-oxygen cutting
Oxyarc-Elektrode *f* oxy-arc cutting electrode
Oxydation *f***/anodische** anodic (electrolytic) oxidation, anodization
~**/elektrochemische (elektrolytische)** *s.* Oxydation/anodische
~**/thermische** thermal oxidation
~ **von Silicium/lokale** local oxidation of silicon *(Maskentechnik)*
Oxydationsanlage *f***/induktive** inductive oxidation plant
Oxydationsbehandlung *f* oxidizing treatment
Oxydationsbereich *m* oxidation range
oxydationsbeständig oxidation-resistant
Oxydationsbeständigkeit *f* oxidation resistance (stability)
Oxydationsfilm *m* oxidation film
Oxydationsgeschwindigkeit *f* oxidation rate
Oxydationsmittel *n* oxidizing agent (substance), oxidant
Oxydationspotential *n* oxidation potential
Oxydations-Reduktions-Elektrode *f* oxidation-reduction electrode
Oxydations-Reduktions-Potential *n* oxidation-reduction potential
Oxydationsschicht *f* oxidation layer (film)
Oxydationsverfahren *n* oxidation process
Oxydationsvorgang *m* oxidation process
oxydierbar oxidizable
oxydieren to oxidize
~**/anodisch** to anodize
Oxydoreduktion *f* oxidation-reduction, redox reaction
Ozon *n(m)* ozone
Ozonerzeuger *m*, **Ozonisator** *m* ozone generator
Ozonröhre *f* ozone tube
Ozonstrahler *m* air purifier ozone lamp
Ozonwiderstand *m* ozone resistance
0-Zustand *m* 0-state, zero-state *(binärer Schaltkreise)*

P

Paarbildung *f* pair production (formation, generation); pairing

paaren to pair; to match *(z. B. Dioden)*
paarig paired, in pairs
Paarumwandlung *f* pair conversion
Paarung *f* mating
Paarvergleich *m* pair comparison test
Paarvernichtung *f* pair annihilation *(z. B. durch Rekombination)*
paarweise paired, in pairs
P-Abweichung *f (Syst)* proportional offset, position error
packen to pack; to compress; to package
Packung *f* 1. packing, package *(z. B. von Kristallen, Bauteilen)*; 2. packing piece *(Dichtung)*
~/dichteste closest (close) packing *(Kristall)*
~ hoher Dichte high-density packaging *(Bauteile)*
Packungsdichte *f* packing density *(z. B. im Speicher)*; *(ME)* packaging density, component density *(in Schaltkreisen)*
Packungsmaterial *n* packing material
Packungstechnik *f* packaging technique
Packungsverlustleistung *f* package dissipation
Padding-Reihenkondensator *m* oscillator padder
Paging *n (Dat)* paging *(Adressierungsart)*
Paket *n* package, pack, stack *(z. B. Teil eines Blechpakets zwischen zwei Luftschlitzen)*; packet *(z. B. von Bits)*
Paketierung *f* packet assembly
Paketnockenschalter *m* multisection (built-up) rotary switch, packet cam-operated switch
Paketreihung *f* packet sequencing
Paketschalter *m* cam disk switch, gang switch
Paketvermittlung *f (Nrt, Dat)* packet switching
Paketvermittlungsmodul *m* packet channel interface module
PAL 1. phase-alternating lines; 2. programmable array logic
PAL-Fernsehsystem *n* PAL [system], phase alternating lines system
PAL-Verfahren *n (Fs)* PAL-technique, PAL-method
PAM *s.* Pulsamplitudenmodulation
Panoramadarstellung *f* panoramic display
Panoramaempfänger *m* panoramic receiver
Panoramagerät *n* panorama [radar] device
Panoramapotentiometer *n* panpot
Panoramasichtgerät *n* panorama scope
Panzerkabel *n* armoured (shielded) cable
Panzerrohrkabel *n* pipe-type cable
Panzerung *f* armour *(von Kabeln)*
Papier *n*/**leitendes** conductive paper
~/metallisiertes metallized paper
~/paraffiniertes paraffined paper
~/wachsbeschichtetes waxed (wax-coated) paper
Papierabschlußkabel *n* tight-core cable
Papierantrieb *m* paper (chart) drive *(z. B. Registrierstreifen)*
Papieraufnehmer *m* chart take-up
Papierband *n* paper tape
Papierbaumwollkabel *n* paper-cotton-covered cable
~ mit Bleimantel paper-cotton-covered cable with lead covering
Papierelektrophorese *f* paper electrophoresis
Papierführung *f* paper guide
Papierfutterbauweise *f* paper-lined construction *(Batterie)*
Papiergeschwindigkeit *f* paper [feed] speed
Papierhohlkernkabel *n* air-core cable
Papierhohlraumkabel *n* air-space paper-core cable, aspc cable
Papierkabel *n* paper[-insulated] cable
Papierklemme *f* chart clip
Papierkondensator *m* [fixed-]paper capacitor
Papierkopie *f (Dat)* hard copy
Papierluftraumisolierung *f* air-space paper insulation *(Kabel)*
Papierluftraumkabel *n* air-core cable, dry core cable
Papierrohrkondensator *m* paper tubular capacitor
Papierscheiderbauweise *f* paper-lined construction *(Batterie)*
Papierstreifen *m* paper strip; paper tape
Papiertransport *m* paper transport
Papiervorschub *m* paper feed; tape feed; skip
~ nach dem Drucken *(Dat)* skip after
~ vor dem Drucken *(Dat)* skip before
Papiervorschubfinger *m* paper-feeding cam
Papiervorschubwerk *n* paper feed mechanism
Papierzwischenschicht *f* paper interleaf
Pappe *f* cardboard, [paper]board
Parabel *f* parabola, parabolic curve
~/kritische cut-off parabola *(eines Magnetrons)*
Parabelinterpolation *f* parabolic interpolation
Parabolantenne *f* parabolic [reflector] aerial
Parabolhornstrahler *m* parabolic horn (feeder) *(zur Mikrowellenerwärmung)*
Parabolreflektor *m* parabolic (paraboloidal) reflector
Parabolspiegel *m* parabolic (paraboloid) mirror
Parabolspiegellampe *f* parabolic mirror lamp
paraelektrisch paraelectric
Paraffin *n* paraffin [wax]
~/chloriertes chlorinated paraffin
paraffiniert paraffined; paraffin-coated
Paraffinpapier *n* paraffined (wax) paper
Parallaxenfehler *m* parallax error
parallaxenfrei parallax-free
parallel parallel; simultaneous[ly]
Parallelabfrage *f (Dat)* parallel poll (search)
Parallelabtastung *f* parallel scanning
Paralleladdierer *m (Dat)* parallel adder
Paralleladdition *f (Dat)* parallel addition
Parallelanschluß *m* parallel connection
Parallelarbeit *f (Dat)* parallel (concurrent) operation; time-shared operation *(Multiplextechnik)*
Parallelausgang *m (Dat)* parallel output

~/**entschlüsselter** decoded parallel output
Parallelbetrieb *m* parallel (concurrent) operation, operation in parallel
Parallelbewegung *f* parallel motion
Paralleldigitalrechner *m* parallel digital computer
Paralleldrahtleitung *f* parallel wire (conductor) line, Lecher (double) line; twin lead (feeder)
Paralleldrahtspeiseleitung *f* balanced feeder
Paralleldrossel *f* shunt reactor
Paralleldrucker *m* line printer
Parallele *f* parallel
Paralleleingabe *f* *(Dat)* parallel input
Parallel-Eingabe-Ausgabe-Baustein *m* parallel input-output controller
Paralleleinspeisung *f* shunt feed
Parallelentzerrer *m* parallel equalizer
Parallelentzerrung *f* parallel equalization
Parallelfiltermethode *f* parallel-filter method *(Sprachanalyse)*
Parallelfluß *m* parallel flow
Parallelfugenschweißen *n* parallel gap welding
Parallelfunkenstrecke *f* parallel discharger (spark gap)
parallelgeschaltet parallel-connected
Parallelimpedanz *f* shunt (leak) impedance
Parallelinduktivität *f* shunt inductor
Parallelkapazität *f* shunt capacitance
Parallelklinkenstreifen *m* bunching strip
Parallelkompensation *f* shunt compensation *(durch Querdrosseln)*
Parallelkondensator *m* parallel capacitor
Parallelkreis *m* parallel (shunt) circuit
Parallellauf *m*/**idealer** ideal parallel[l]ing
Parallelplattenelektroden *fpl* parallel plate electrodes
Parallelplattenkondensator *m* parallel plate capacitor
Parallelprogrammierung *f* *(Dat)* parallel programming
Parallelprojektion *f* parallel projection
Parallelrecheneinheit *f* parallel arithmetic unit
Parallelrechnersystem *n* parallel computer system
Parallelregler *m* parallel run controller
Parallelreihenschaltung *f* parallel-series connection
Parallelresonanz *f* parallel [phase] resonance, antiresonance
Parallelresonanzfrequenz *f* parallel [phase] resonance frequency
Parallelresonanzkreis *m s.* Parallelschwingkreis
parallelschalten to connect in parallel, to parallel, to shunt; to synchronize and close *(Synchronmaschine)*
Parallelschalter *m* parallel switch
Parallelschaltung *f* parallel (shunt) connection, connection in parallel, shunting, parallel[l]ing; parallel grouping *(z. B. von Motorengruppen)* • **in** ~ in parallel; in bridge
Parallelschnittstelle *f* parallel interface
Parallelschwingkreis *m* parallel resonant (resonance) circuit, antiresonant circuit, branched resonant circuit; tank circuit *(Anodenschwingkreis)*
Parallel-Serien-Rechner *m* parallel-series computer
Parallel-Serien-Schaltung *f* parallel-series connection
Parallel-Serien-Übertragung *f* parallel-serial transmission
Parallel-Serien-Umsetzer *m*, **Parallel-Serien-Wandler** *m* parallel-[to-]serial converter, dynamicizer, serializer
Parallelspeicher *m* parallel memory (store)
Parallelspeicherung *f* parallel storage
Parallelspeisung *f* shunt feed
Parallelspursystem *n* parallel-track system
Parallelstrahl *m* parallel beam
Parallelstrahlenbündel *n* pencil of parallel rays, parallel bundle of rays
Parallelstromkreis *m* parallel (shunt) circuit
Parallel-T-Glied *n s.* Parallelverzweiger
Parallel-T-Oszillator *m* parallel-T oscillator
Paralleltransduktor *m* parallel transductor
Parallelübertrag *m* *(Dat)* carry lookahead
Parallelübertragung *f* parallel transmission
Parallelumsetzer *m* flash converter
Parallelverarbeitung *f* *(Dat)* parallel processing
Parallelverarbeitungssystem *n* *(Dat)* parallel processing system
Parallelverzweiger *m* shunt-T [junction] *(beim Wellenleiter)*
Parallelvielfachklinke *f* branching jack
Parallelwicklung *f* parallel (shunt) winding
~/**mehrgängige** multiple parallel winding
Parallelwiderstand *m* 1. parallel (shunt) resistance; 2. bleeder resistor
Parallelzuführung *f* parallel feeder
Paramagnetikum *n* paramagnetic [material]
paramagnetisch paramagnetic
Paramagnetismus *m* paramagnetism
Parameter *m*/**dimensionsloser** non-dimensional parameter
~/**freier** arbitrary parameter
~/**konzentrierter** lumped parameter
~/**optimaler** optimal parameter
~/**vorgegebener** preset parameter
Parameter *mpl*/**verteilte** distributed parameters
Parameterdarstellung *f* parametric representation
Parameterdrift *f* parameter drift
Parameterempfindlichkeit *f* parameter sensitivity
Parameterfestlegung *f* parameter setting
Parametergebiet *n* parameter region
Parametergleichung *f* parametric equation
Parameterkonverter *m* parametric converter
Parameteroptimierung *f* parameter optimization
Parameterraum *m* parametric space

Parametersatz *m* set of parameters
Parameterstreuung *f* parameter scattering
Parameterunempfindlichkeit *f (Syst)* robustness
Parametervariation *f* parameter variation
Parameterverstärker *m* parametric amplifier
parametrieren to parameterize, to assign parameters
Parametron *n* parametron *(parametrischer Verstärker)*
Parametronlogikschaltung *f* parametron logic circuit
Parametronrechner *m* parametron computer
Parasit *m* parasitic *(parasitäres Element)*
parasitär parasitic
parasitärarm, mit kleinen Parasitärelementen low-parasitic
Pardune *f* guy wire
Pardunenisolator *m (Hsp)* guy insulator
Paritätsänderung *f (Dat)* parity change
Paritätsbit *n (Dat)* parity bit
Paritätsfehler *m (Dat)* parity error
Paritätskontrolle *f (Dat)* parity check, odd-even check
~/geradzahlige even parity check
~/horizontale horizontal parity check
~/ungeradzahlige odd parity check
~/vertikale vertical (lateral) parity check
Paritätsprüfung *f s.* Paritätskontrolle
Paritäts-Überlaufs-Flag *n (Dat)* parity-overflow flag
Paritätsziffer *f* parity digit
Parkflächenbeleuchtung *f* parking area lighting
Parkleitsystem *n* car-park routing system
Parkleuchte *f* parking lamp
Parklicht *n* parking light
Partialbruchzerlegung *f* partial-fraction expansion, decomposition into partial fractions
Partialschwingung *f* partial oscillation (vibration)
Partialstrom *m* half-current, partial current
Partialton *m (Ak)* partial tone
Partialwelle *f* partial wave
partikelbehaftet *(Hsp)* particle-contaminated
partikelinitiiert *(Hsp)* particle-initiated
Partikelstrahlung *f* particle (corpuscular) radiation
Partitionierung *f* partitioning *(Netzberechnung)*
Partnerinstanz *f* peer entity
Partyline-System *n (Dat)* party-line system
Paschen-Bolometer *n* Paschen bolometer
passen to fit
Paßfeder *f* adjusting spring
passieren to pass [through]
Passivator *m s.* Passivierungsmittel
Passivbereich *m* passive region
Passivfilm *s.* Passivschicht
Passivierung *f (Ch)* passivation, passivating treatment
~/anodische anodic passivation
~/chemische chemical passivation
Passivierungsmittel *n* passivating agent, passivator
Passivierungspotential *n (Ch)* passivation potential
Passivierungsstromdichte *f (Ch)* passivation current density
~/minimale minimum current density for passivation
Passivierungszeit *f* passivation time
Passivität *f* passivity
~/chemische chemical passivity
~/mechanische mechanical passivity
Passivitätsbereich *m* passivity region
Passivschicht *f* passive film (layer), passivating film
~/porenfreie non-porous passive layer
Passivzustand *m* passive state
Paßstift *m* set (alignment) pin
Paßteil *n* adapter, mating (fitting) part
Pastekatode *f* paste cathode
Pasteplatte *f*/**gesinterte** pasted sintered plate
pastieren to paste *(Akkumulator)*
Paternosterofen *m*/**widerstandsbeheizter** resistance-heated paternoster furnace
Patientenbetreuung *f*/**rechnergestützte** computer-aided patient management, CAPM
Patrize *f (Galv)* negative matrix
Patrone *f* cartridge
Patronenheizkörper *m* cartridge-type heater
Patronensicherung *f* cartridge (enclosed) fuse
Pauli-Prinzip *n* Pauli exclusion principle
Pauschalgebührenanschluß *m (Nrt)* flat-rate subscription
Pauschalgebührensystem *n (Nrt)* flat-rate system
Pauschaltarif *m* flat-rate tariff, fixed charge tariff
Pauschalzählung *f (Nrt)* flat-rate metering
Pause *f* interval, break, off-time
~/spannungslose dead time interval
Pausenfehler *m* interval error
Pausenkode *m (Nrt)* space code
Pausenkodierung *f (Nrt)* space (gap) coding
Pausenschalter *m* pause selector (switch) *(Plattenwechsler)*
Pausensetzen *n*[**/automatisches]** auto space
Pausentaste *f* pause button
Pausenzeichen *n* interval (station break) signal, station identification *(Rundfunk)*
P-Bereich *m s.* Proportionalbereich
p-Bereich *m* p-type region, p-region *(Halbleiter)*
PB-Transistor *m* permeable-base transistor, PBT
PCM *f* pulse-code modulation
~/adaptive differentielle adaptive differential pulse-code modulation, ADPCM
PCM-Kanal *m* PCM (pulse-code modulation) channel
PCM-Multiplexgerät *n* PCM multiplex equipment
PCM-Multiplexsystem *n* PCM multiplex system
PCM-Übertragungslinie *f* PCM transmission line

PCM-Zeitmultiplexsystem *n* PCM time multiplex system
PCM-Zeitvielfachsystem *n* PCM time multiplex system
PD-... *s.* Proportional-Differential-...
p-dotiert *(ME)* p-doped, p-type
PEARL PEARL, process and experiment automation real-time language *(eine Programmiersprache)*
Pedalschalter *m* foot switch
Pedaltastatur *f* pedal board
Pegel *m* level
~/absoluter absolute level
~ der Hörschwelle hearing level
~ des Gleichlaufimpulses synchronizing signal level
~ in einem Frequenzband band level
~ Null/relativer zero relative level point
~/räumlich gemittelter space average level
~/relativer relative level
Pegelabnahme *f* **je Zeiteinheit** rate of [level] decay
Pegelanalysator *m***/statistischer** *(Ak)* noise level analyzer
Pegeländerung *f* level change
Pegelanstieg *m* [available] gain *(Antennengewinn)*
Pegelanzeige *f* level indication
Pegelanzeiger *m* transmission level indicator
Pegelausgleich *m* equalization of levels
Pegelband *n* level band
Pegelbereich *m* level range
Pegelbereichsschalter *m* level range switch
Pegelbildempfänger *m* level tracing receiver
Pegelbildgerät *n* [frequency] response tracer
Pegeldämpfung *f* *(Ak)* volume loss
Pegeldiagramm *n* level diagram
Pegeldifferenz *f* level difference
Pegeleinregelung *f* level adjustment
Pegeleinstellung *f* level control
Pegelempfänger *m* pilot receiver
Pegelfunkenstrecke *f* protector gap *(an einer Durchführung)*
Pegelgeber *m* level generator (oscillator)
pegelgesteuert level-controlled
Pegelhaltediode *f* clamping diode
Pegelhäufigkeitsanalyse *f* statistical [level] distribution analysis
Pegelklassiergerät *n* statistical [level] distribution analyzer
Pegelklassierung *f* statistical [level] distribution analysis
Pegelkompensator *m* level compensator
Pegelmesser *m* *(Nrt)* level-measuring set, [transmission] level indicator, level (decibel) meter; logarithmic output meter *(am Ausgang)*
Pegelmeßgerät *n s.* Pegelmesser
Pegelmeßpunkt *m* *(Nrt)* level measuring point
Pegelmessung *f* level measurement
Pegelminderung *f* level reduction; *(Ak)* insertion loss *(Einrichtung)*
Pegelpunkt *m* *(Nrt)* level measuring point
Pegelregelung *f* level control (adjustment); *(Ak)* volume control
~/automatische automatic level control
~/verzögerte automatische *(Ak)* delayed automatic volume control
Pegelregler *m* level controller; *(Ak)* volume controller
Pegelschreiber *m* level recorder
Pegelschrieb *m* [graphic] level record
Pegelschwankung *f***/plötzliche** sudden variation of level
~/zeitabhängige time-dependent level variation
Pegelsender *m* level generator (oscillator, transmitter)
Pegelsollwert *m* nominal level
Pegelspannung *f* *(Nrt)* level voltage
Pegelstabilität *f* level stability
Pegelstatistikgerät *n* statistical processor, noise level analyzer
Pegelüberwachung *f* level monitoring
Pegelumfang *m* dynamic span
Pegelumsetzung *f* level conversion
Pegelverschiebung *f* level shift
Pegelwiederherstellung *f* *(Nrt)* level restoring
Peilablesung *f* *(FO)* observed bearing
Peilabschnitt *m* *(FO)* sector
Peilabweichungsanzeigegerät *n* *(FO)* bearing deviation indicator
Peilacht *f* *(FO)* figure-eight diagram, cosine diagram
Peilanlage *f* *(FO)* direction-finding system
Peilantenne *f* *(FO)* direction-finding aerial
Peilbereich *m* *(FO)* detection range
Peilempfänger *m* *(FO)* direction finder
peilen *(FO)* to take a bearing, to find a direction
Peilen *n* *(FO)* direction finding
Peiler *m* *(FO)* direction finder *(s. a. unter* Peilgerät*)*
~/automatischer automatic direction finder, ADF; radio magnetic indicator, RMI
~ mit selbsttätiger Ablesung direction finder with automatic read-out
~/umlaufender rotating direction finder
Peilernetz *n* *(FO)* direction-finder network
Peilfehler *m* *(FO)* direction-finding error, error in bearing
~ durch Ionosphärenübertragung ionospheric[-path] error
Peilfunkempfänger *m* direction-finding receiver
Peilgenauigkeit *f* *(FO)* accuracy of bearing
Peilgerät *n* *(FO)* direction finder, direction-finding set *(s. a. unter* Peiler*)*
~/akustisches acoustic direction finder
~ mit Festrahmenantenne fixed-loop direction finder
Peilinformation *f* *(FO)* bearing information
Peilkorrektur *f s.* Peilungskorrektur

Peillinie *f (FO)* bearing line
Peilmaximum *n (FO)* position of maximum signal
Peilminimum *n (FO)* position of minimum signal
Peilrahmen *m (FO)* direction-finding loop
Peilrose *f* azimuth dial
Peilschärfe *f (FO)* precision of bearing
Peilschwankung *f (FO)* bearing fluctuation
Peilsender *m (FO)* direction-finding transmitter
Peilsignal *n (FO)* direction-finder signal
Peilstörungen *fpl (FO)* direction-finding disturbances
Peilstrahl *m (FO)* bearing ray, beam
Peilung *f (FO)* bearing, direction finding, DF
~/akustische acoustic direction finding
~/entgegengesetzte reciprocal bearing
~/magnetische (mißweisende) magnetic (aberrational) bearing
~ mit Horchgerät auditory direction finding
~/rechtweisende true [compass] bearing
~/unmittelbare direct bearing
~/wahre *s.* ~/rechtweisende
Peilungsanzeiger *m (FO)* bearing indicator
Peilungskorrektur *f* bearing (direction-finding) correction
Peilungsmeßlinie *f* bearing measuring line
Peilverfahren *n*/**aktives** *(FO)* active bearing method
Peilwertberichtigung *f s.* Peilungskorrektur
Peirce-Funktion *f* Peirce function *(Schaltlogik)*
Peitschenantenne *f* whip aerial
Peitschenausleger *m* upsweep (davit) arm
Peitschenmast *m* upsweep (davit) arm column, whip-lash column, whip-shaped lamppost
~/doppelseitiger twin-bracket davit arm column
Peltier-Effekt *m* Peltier effect *(thermoelektrischer Effekt)*
Peltier-Element *n (El)* Peltier element
Peltier-Koeffizient *m* Peltier coefficient
Peltier-Kühlung *f* Peltier cooling
Peltier-Wärme *f* Peltier heat
Peltier-Zelle *f* Peltier cell *(Energieumwandler)*
Pendelangleichungsverfahren *n* method of tracking *(Lautheitsmessung)*
Pendelaufhängung *f* pendulum suspension
Pendelausschlag *m* pendulum swing
Pendelbeschleunigungsmesser *m* pendulous accelerometer
Pendelbewegung *f* pendulum motion (movement)
Pendelfehler *m (Syst)* hunting loss *(bei Optimierung)*
Pendelfrequenz *f* quench[ing] frequency
Pendelfrequenzerzeuger *m* quench generator
Pendelgenerator *m* electric dynamometer *(Belastungsgenerator)*
Pendelgleichrichter *m* vibrating[-reed] rectifier
Pendelkontakt *m* pendulum contact
Pendelkugellager *n* self-aligning ball bearing
Pendelleuchte *f* pendant [lighting] fitting, pendulum fitting
Pendelmagnetometer *n* pendulum magnetometer
pendeln to swing; to oscillate; to hunt
Pendeloszillator *m (Fs)* squegging oscillator, squegger; *(Nrt)* quenching oscillator
Pendelperiode *f (Syst)* hunting period *(bei Optimierung)*
Pendelregler *m* pendulum governor
Pendelrollenlager *n* spherical roller bearing, self-aligning ball bearing
Pendelrückkopplung *f* superregeneration
Pendelrückkopplungsaudion *n* superregenerative detector
~ mit selbsterzeugter Pendelfrequenz self-quenched detector
Pendelrückkopplungsempfang *m* superregenerative reception
Pendelrückkopplungsempfänger *m* superregenerative (quench, self-heterodyne) receiver, superregenerator
Pendelrückkopplungsfrequenz *f* quenching frequency
Pendelrückkopplungsschaltung *f* superregenerative circuit
Pendelrückkopplungsverstärker *m* superregenerative amplifier
Pendelschnur *f* pendant flexible cord *(für Leuchten)*
Pendelschutz *m* out-of step protection
Pendelschwingung *f* pendulum motion *(mechanisch)*; hunting oscillation *(im Regelkreis)*
Pendelsperre *f* surge guard *(Schutzrelais)*
Pendelung *f* oscillation; hunting, cycling [movement]
Pendelzähler *m* oscillating (pendulum, clock) meter
Pendelzone *f (Syst)* hunting zone *(bei Optimierung)*
Penning-Manometer *n* Penning (Philips) gauge
Pentade *f* pentad *(Folge von fünf Binärziffern)*
Pentagrid-Mischröhre *f* pentagrid [converter]
Pentatron *n* pentatron *(Elektronenröhre)*
Pentode *f* pentode, five-electrode valve
~/abgeschirmte screened pentode
~/als Triode geschaltete triode-connected pentode
Pentodengebiet *n* pentode region
Perforation *f* perforation
Perforationsgeräusch *n* sprocket[-hole] noise
Perforationsloch *n* sprocket hole
perforieren to perforate
Pergamentmembran *f* parchment membrane
Periode *f* period; cycle [of oscillation]
~ der Grundwelle fundamental (wave) period
~/konstante fixed period
~/positive nichtleitende positive non-conducting period
~/veränderliche alternating period
Periodendauer *f* cycle duration

~ **der Eigenschwingung** natural period of vibration
~ **eines Instruments** *(Meß)* period of an instrument
~**/veränderliche** alternating period
Periodendauermessung *f* period[-duration] measurement *(bei Schwingungen)*
Periodengleichung *f (Syst)* equation of periods
Periodenlänge *f s.* Periodendauer
Periodenzahl *f* periodicity; number of periods (cycles)
periodisch periodic; cyclic
periodisch-fortschreitend-binär cyclic progressive binary
Periodizität *f* periodicity
Periodizitätsbedingungen *fpl* conditions of periodicity
peripher peripheral
Peripherie *f (Dat)* peripherals, peripheral devices (units)
Peripherieanschlußbaustein *m (Dat)* peripheral interface adapter, PIA
Peripherieeinheit *f (Dat)* peripheral (off-line) equipment
Peripheriegerät *n (Dat)* peripheral [device]
Peripherie-Interface-Adapter *m (Dat)* peripheral interface adapter, PIA
Peripheriespeicher *m (Dat)* peripheral storage
Perle *f* bead *(Isolation)*; *(ME)* pellet; dot
Perlkondensator *m* bead-type capacitor
Perlwand *f* beaded [projection] screen
Permalloy *n* permalloy *(Magnetwerkstoff)*
permanentdynamisch permanent dynamic
Permanentmagnet *m* permanent magnet
Permanentmagnetfeld *n* permanent-magnetic field
Permanentspeicher *m (Dat)* permanent memory (store), non-volatile memory
Permatron *n* permatron *(magnetisch gesteuerte Elektronenröhre)*
Permeabilität *f* 1. permeability; 2. *s.* Permeabilitätszahl
~**/absolute** absolute permeability
~ **des leeren Raums** space permeability
~ **des Vakuums/magnetische** permeability of vacuum (free space)
~**/differentielle** differential permeability
~**/hohe** high permeability
~**/irreversible** irreversible permeability
~**/magnetische** [magnetic] permeability
~**/relative** relative permeability
~**/reziproke** reluctivity, specific reluctance (magnetic resistance)
Permeabilitätsabstimmung *f* permeability tuning
Permeabilitätsbrücke *f* permeability bridge
Permeabilitätszahl *f* relative permeability
Permeameter *n* **mit magnetischer Anziehung** traction permeameter
Permeanz *f* permeance
Permutation *f***/zyklische** cyclic permutation
Permutationsindex *m (Dat)* permutation index
Persistor *m* persistor *(supraleitendes Speicherelement)*
Persistron *n* persistron *(photoelektrisches Bauelement)*
Personenlärmdosimeter *n* personal sound (noise) exposure meter, personal noise dosimeter (dosemeter)
Personenrufanlage *f (Nrt)* personal signalling device, paging system
~**/drahtlose** pocket bell personal signalling device
Perspektivitätszentrum *n* perspective centre, centre of perspectivity (projection)
PERT, PERT-Verfahren *n* program evaluation and review technique, PERT *(Netzwerkplanung)*
Perzeptron *n* perceptron *(Aufnahmegerät zur Zeichenerkennung)*
PE-Schrift *f* phase encoding
Petersen-Spule *f (Hsp)* Petersen (arc-suppression) coil, earth-fault neutralizer
Petri-Netz-Methode *f* Petri's network method
Pfad *m* path
Pfadlänge *f* path length
P-Faktor *m* P-factor *(konstante Bauelementausfallrate)*
Pfeifabstand *m (Nrt, Ak)* singing (stability) margin
Pfeife *f (Ak)* whistle; pipe
~**/Galtonsche** Galton whistle
pfeifen to whistle, to sing; to howl *(durch Rückkopplung)*
Pfeifen *n* 1. *(Nrt)* [local] singing, self-oscillation *(z. B. eines Verstärkers)*; 2. howl
pfeiffrei free of singing
Pfeiffrequenz *f* singing point frequency
Pfeifgrenze *f* singing limit
Pfeifneigung *f* near-singing [condition], tendency to sing
Pfeifpunkt *m* singing point, singing (stability) limit *(rückgekoppeltes System)*
Pfeifpunkteichung *f* feedback-type calibration
Pfeifpunktmesser *m* singing point test set
Pfeifsicherheit *f* singing stability
Pfeifsperre *f* singing suppressor
Pfeifton *m* singing tone, whistle
Pfeiler *m* pillar; column
Pfeilrichtung *f* arrow-head direction
Pflanzenstrahler *m* plant-growth lamp
pflegen to maintain; to service; to attend *(Anlagen)*
Pflichtenheft *n* specifications, target (system) specification
Pflichtenheftforderungen *fpl* standard requirements
Pflichtenheftsmuster *n* model specification
PFM *s.* Pulsfrequenzmodulation
p-Gebiet *n (ME)* p-region, p-type area
P-Gitter-Thyristor *m* p-gate thyristor
P-Glied *n s.* Proportionalglied
p-Halbleiter *m* p-type semiconductor

Phanotron *n* phanotron *(ungesteuerte Gleichrichterröhre)*
Phantomausnutzung *f (Nrt)* use of phantom circuits
Phantombildung *f (Nrt)* phantoming
Phantomgruppe *f (Nrt)* phantom group
Phantomkreis *m (Nrt)* phantom circuit
~ **mit Erdrückleitung** earth return phantom circuit
Phantomleitung *f (Nrt)* phantom circuit
Phantompupinspule *f (Nrt)* phantom circuit loading coil
Phantomschaltung *f (Nrt)* phantom connection
Phantomspeisung *f* phantom powering
Phantomspule *f (Nrt)* phantom [circuit loading] coil
Phase *f* 1. phase *(Schwingung)*; 2. phase conductor (wire) *(Leiter)*; phase winding *(Wicklung)* • **aus der ~ bringen** to outphase • **außer ~** out-of-phase, dephased • **in ~** in-phase; in step • **in ~ bringen** to phase • **ungleiche ~ haben** to differ in phase
~**/leitende** conducting phase
~**/nacheilende** lagging phase
~**/scharfe** wild phase *(Drehstromlichtbogenofen)*
~**/smektische** smectic phase *(Flüssigkristall)*
~**/tote** dead phase *(Drehstromlichtbogenofen)*
~**/veränderliche** variable phase
~**/verschobene** displaced phase
~**/voreilende** leading phase
Phasen *fpl***/gleichmäßig belastete** equally loaded phases
~**/verkettete** interlinked phases
Phasenabgleichkondensator *m* phasing capacitor
phasenabhängig phase-dependent
Phasenabstand *m* phase spacing
Phasenabweichung *f* phase deviation (excursion)
Phasenänderung *f* phase change (shift)
Phasenanpassung *f* phase matching
Phasenanschluß *m* phase connection
Phasenanschnitt[s]steuerung *f* phase-angle control
Phasenanzeiger *m* phase indicator (meter), power-factor indicator
Phasenauflösung *f* phase resolution
Phasenaufspaltung *f* phase splitting
Phasenausfall *m* phase failure
Phasenausfallrelais *n* phase failure relay
Phasenausgleich *m* phase compensation (correction)
Phasenaussortierung *f* phase selection
Phasenbahn *f (Syst)* [phase] trajectory
~ **mit konstanter Beschleunigung** constant-acceleration trajectory
~**/optimale** optimum phase trajectory
Phasenbahnbild *n (Syst)* phase portrait
Phasenbedingung *f* phase condition
Phasenbelag *m* phase (wavelength) constant
Phasenbereich *m* region of phase
Phasenbestimmer *m* phase localizer
Phasenbeziehung *f* phase relation[ship]
Phasenbildpunkt *m* representative point
Phasendetektor *m* phase detector
Phasendiagramm *n* phase [locus] diagram
Phasendifferenz *f* phase difference; space phasing *(Antennentechnik)*
Phasendiskriminator *m* phase discriminator
Phasendispersion *f* phase-frequency characteristic
Phasendrehung *f* phase rotation (displacement), [angular] phase shift
Phasenebene *f (Syst)* phase [extension] plane
Phaseneinstellung *f* phasing
phasenempfindlich phase-sensitive
Phasenentzerrer *m* phase equalizer (corrector)
Phasenentzerrung *f* phase equalization (correction)
Phasenerdschluß *m* one-phase earthing
phasenfalsch misphased
Phasenfehler *m* phase error
Phasenfokussierung *f* phase focussing, bunching
Phasenfolge *f* phase sequence
Phasenfolgekommutierung *f*, **Phasenfolgelöschung** *f* phase-sequence commutation
Phasenfolgeprüfung *f* phase-sequence test
Phasenfolgeumkehr *f* phase-sequence reversal
Phasengang *m* phase response, phase-frequency characteristic
Phasengeschwindigkeit *f* phase velocity (speed), wave velocity
phasengleich in-phase, in the same phase; in step • **~ sein** to be in phase
Phasengleichheit *f* phase coincidence (balance), synchronism of phases
Phasenglied *n* phase-shifting unit
Phasengrenze *f* phase boundary
Phasengrenzfläche *f* interface, boundary surface
Phasengrenzpotential *n* phase-boundary potential, interfacial potential difference
Phasenhub *m* phase deviation
Phasenhubregelung *f***/unverzögerte** instantaneous deviation control
Phasenimpuls *m (Nrt)* phase signal
Phasenindikator *m* phase indicator
Phasenintegralbeziehung *f* phase integral relation
Phaseninverterschaltung *f* phase inverter circuit
Phasenisolierung *f* phase coil insulation *(bei elektrischen Maschinen)*
Phasenjitter *m* phase jitter
Phasenkette *f* phasing network
Phasenkettenoszillator *m* phase shift oscillator
Phasenklemmenspannung *f* terminal voltage of phase
Phasenkodierung *f* phase encoding
phasenkohärent phase-coherent
Phasenkompensation *f* phase compensation
Phasenkonjugation *f* phase conjugation

Phasenkonstante *f* phase constant (coefficient)
Phasenkonstanz *f* stability in phase
Phasenkopplung *f* phase coupling
Phasenkorrektor *m* phase corrector
Phasenkorrektur *f* phase correction
Phasenkurve *f* phase trajectory
Phasenlage *f* phase position • **in gleicher ~** co-phasal
Phasenlampe *f* phase lamp
Phasenlaufzeit *f* phase delay
Phasenleiter *m* phase conductor
Phasenleitung *f* phasing line *(Antennentechnik)*
Phasenmaß *n* image phase constant (factor), wavelength constant
Phasenmesser *m* phase meter, power-factor indicator
Phasenmeßschleife *f* phase sampling loop
Phasenminimumsystem *n (Syst)* minimum phase[-shift] system
Phasenmittelpunkt *m* phase centre
Phasenmodulation *f* phase modulation, PM
Phasenmodulationsaufzeichnung *f* phase modulation recording
Phasenmodulationssystem *n* phase modulation system
Phasenmodulator *m* phase modulator, phaser
~/tonfrequenter audio-frequency phase modulator
Phasenmodulatorröhre *f* phasitron
Phasennacheilung *f* phase lag, lagging of phase
Phasenopposition *f* phase opposition
Phasenorter *m* phase localizer
Phasenprüfer *m* neon tester
Phasenquadratur *f* [phase] quadrature *(90-Phasenverschiebung)*
Phasenrand *m (Syst)* phase margin *(Maß der dynamischen Güte)*
Phasenraum *m* phase space
~/Gibbsscher gamma space
~ höherer Ordnung higher-order phase space, higher-dimensional phase space
Phasenraumelement *n* phase-space cell
Phasenrauschen *n* phase jitter
Phasenregel *f* phase rule
Phasenregelkreis *m* phase-lock[ed] loop
Phasenregelung *f* phase control
~/automatische automatic phase control
Phasenregler *m* phase controller; phase shifter
phasenrein free from phase shift
Phasenreinheit *f* freedom from phase shift
Phasenrelais *n* phase relay, [network] phasing relay
phasenrichtig in-phase
Phasenschieber *m* phase shifter (advancer, modifier); asynchronous capacitor *(rotierend)*; reactive current compensator *(zur Blindleistungskompensation)*
~/asynchroner asynchronous phase compensator
~/digitaler digital phase shifter
~/Leblancscher Leblanc exciter
~/rotierender rotary phase changer (converter)
Phasenschieberkondensator *m* phase-shifting capacitor, power-factor capacitor
Phasenschieberkreis *m* quadrature circuit
Phasenschiebernetzwerk *n* phase shift network
Phasenschieberschaltung *f* phase shift circuit
Phasenschieberspule *f* quadrature coil
Phasenschiebertransformator *m* phase-shifting transformer
Phasenschwingen *n* phase swinging
Phasenspalter *m* phase splitter
Phasenspaltung *f* phase splitting
Phasenspannung *f* phase voltage; line-to-neutral voltage, voltage to neutral
Phasenspektrum *n* phase spectrum *(eines Signals)*
Phasensprung *m* phase jump, [sudden] phase shift
phasenstarr phase-locked
Phasensteller *m* phase shifter
phasensynchronisiert phase-synchronized
Phasenteiler *m* phase splitter, phase-splitting device
Phasenteilerschaltung *f* phase-splitting circuit (network)
Phasenteilung *f* phase splitting
Phasentransformator *m* phase[-shifting] transformer
Phasentrenner *m* phase separator
Phasenübergangswahrscheinlichkeit *f* phase transition probability
Phasenumformer *m* phase converter
Phasenumformung *f* phase transformation
Phasenumkehr *f* phase inversion, reversal of phase
Phasenumkehrrelais *n* phase reversal relay
Phasenumkehrröhre *f* phase inverter valve
Phasenumkehrschalter *m* phase inverter
Phasenumkehrschaltung *f* phase inverter circuit
Phasenumkehrschutz *m* phase reversal protection
Phasenumkehrstufe *f* phase-inverting stage
Phasenumkehrverstärker *m* phase inverter amplifier, paraphase (phase-inverting) amplifier
Phasenumtasten *n* phase-shift keying
Phasenumtastung *f* phase shift keying
Phasenumwandlung *f* 1. *(ET)* phase transformation; 2. phase change (transition)
Phasenungleichheit *f* phase unbalance
Phasenunruhe *f* phase jitter
Phasenunterbrechungsrelais *n* open-phase relay, phase balance relay
Phasenunterschied *m* phase difference, difference in (of) phase
Phasenunterspannungsrelais *n* phase undervoltage relay
Phasenunterspannungsschutz *m* phase undervoltage protection

Phasenvektor *m* phase vector
phasenveränderlich variable in phase
Phasenvergleich *m* phase comparison
Phasenvergleicher *m* phase comparator
Phasenvergleichsrelais *n* phase comparison relay
Phasenvergleichsschaltung *f* phase comparison circuit
Phasenverhältnis *n* phase relation[ship]
phasenverkehrt misphased
phasenverriegelt phase-locked
Phasenverriegelung *f* phase locking
Phasenverschiebung *f* phase shift (displacement, difference), difference (shift) in phase, angular displacement
~ **des Verstärkers** amplifier phase shift
~ **um 90°** phase quadrature
~/**verzögerte** delayed phase shift
~/**zeitliche** time-phase displacement
phasenverschoben out-of-phase, out-phased, dephased, displaced (shifted, offset) in phase • ~ **sein** to be out of phase • **um** $\pi/_2$ ~ in [phase] quadrature
Phasenverzerrung *f* phase distortion
Phasenverzögerung *f* phase retardation (delay, lag)
Phasenverzögerungszeit *f* phase delay time
Phasenvibrator *m* phaser
Phasenvoreilung *f* phase advance (lead), leading of phase
Phasenvorentzerrung *f* phase pre-equalization
Phasenvorlaufkompensation *f* phase lead compensation
Phasenwähler *m* phase selector
Phasenwandeltransformator *m* teaser (teasing) transformer
Phasenwanderung *f (Nrt)* wander
Phasenwechsel *m* phase change
Phasenwelle *f* phase wave
Phasenwicklung *f* phase winding
~/**gespaltene** split phase winding
Phasenwinkel *m* phase angle
~/**dielektrischer** dielectric phase angle
~/**nacheilender** phase angle of lag
~/**voreilender** leading [phase] angle
Phasenwinkelabhängigkeit *f* phase-angle response
Phasenwinkeleinfluß *m (Meß)* power-factor influence
Phasenwinkelfehler *m* phase-angle error, displacement error
Phasenwinkelkorrekturfaktor *m* phase-angle correction factor *(bei Wandlern)*
Phasenwinkelmeßbrücke *f* phase-angle measuring bridge
Phasenwinkelmessung *f* phase-angle measurement
Phasenwinkelrelais *n* phase-angle relay
Phasenwinkelvergleichsschutz *m* phase comparison protection
Phasitron *n* phasitron *(Phasenmodulatorröhre)*
Phenolharz *n* phenolic resin
Phenolharzkleber *m* phenolic cement (adhesive)
Phenolharzkunststoff *m* phenoplast, phenolic plastic
Phenolharzlaminat *n* phenolic laminate
Phenolharzpapier *n* phenolic resin paper
Phenolharzpreßmasse *f* phenolic moulding compound
Phenolharzschichtstoff *m* phenolic laminate
ph-Meßgerät *n* pH meter (instrument)
pH-Meßzelle *f* pH measuring cell
pH-Meter *n* pH meter (instrument)
Phon *n* phon *(Kennwort für die Lautstärkeempfindung)*
Phonobuchse *f* phono jack
Phonograph *m* phonograph
Phonokardiogramm *n* phonocardiogram
Phonon *n* phonon *(Schallquant)*
Phononenvielfachprozeß *m* multiphonon process
Phononenwelle *f* phonon wave
Phonon-Phonon-Wechselwirkung *f* phonon-phonon interaction
Phonskala *f* phon-scale
Phosphordiffusion *f* phosphorus diffusion
phosphordotiert phosphorus-doped
Phosphoreszenz *f* phosphorescence
phosphoreszieren to phosphoresce
phosphoreszierend phosphorescent
phosphorglasiert phosphorus-glazed
Phosphoroskop *n* phosphoroscope *(zur Phosphoreszenzbestimmung)*
Photaktor *m* photactor *(Festkörperbauelement)*
Photo... *s. a.* Foto...
Photoanregung *f* photoexcitation
Photoanregungsquerschnitt *m* photoexcitation cross section
photoätzen to photoetch
Photoätzverfahren *n (ME)* photoetch process
Photoaufnahmelampe *f* photoflood lamp
Photodetektor *m* photodetector, photoconductive detector; photosensor; photoelectric transducer
Photodiffusion *f* photodiffusion
Photodiode *f* photodiode
Photodissoziationskontinuum *n* continuous spectrum of photodissociation
Photoeffekt *m* photoelectric effect, photoeffect
~/**äußerer** external photoelectric effect, photoemissive effect
~/**innerer** internal (inner) photoelectric effect, photoconductive effect
photoelastisch photoelastic
Photoelastizität *f* photoelastic effect
photoelektrisch photoelectric
photoelektromagnetisch photoelectromagnetic
Photoelektron *n* photoelectron
Photoelektronenvervielfacher *m s.* Photovervielfacher 1.
photoelektronisch photoelectronic

Photoelement *n* photovoltaic (barrier-layer) cell, semiconductor (barrier-layer, boundary-layer) photocell *(s. a.* Photozelle*)*
Photoemission *f* photoemission, photoelectric emission
Photoemissionsdetektor *m* photoemissive detector
Photoemissionseffekt *m* photoemissive effect
Photoemissionsstrom *m* photoemission current
Photoempfänger *m* photoelectric transducer
photoempfindlich photosensitive
Photoempfindlichkeit *f* photosensitivity, photoresponse
Photoempfindlichkeitsspektrum *n* photosensitivity spectrum
Photogeneration *f s.* Generation
Photogravierschritt *m (ME)* photoengraving step
Photograviertechnik *f*, **Photogravüre** *f* photoengraving, photogravure
Photoinjektion *f (ME)* photoinjection
Photoionisation *f* photoionization
Photokatode *f* photocathode, photoelectric (photosensitive) cathode; target
Photolack *s.* Photoresist
photoleitend photoconducting, photoconductive
Photoleiter *m* photoconductor
Photoleitfähigkeit *f* photoconductivity
Photoleitung *f* photoconduction
Photoleitungseffekt *m* photoconductive effect
Photoleitungsverstärkung *f* photoconductivity gain
Photoleitwert *m* photoconductance
Photolithographie *f (ME)* photolithography
Photolumineszenz *f* photoluminescence
photomagnetoelektrisch photomagnetoelectric
Photomaske *f* photomask
Photomaskendruck *m* photoresist printing *(Leiterplattenfertigung)*
Photomaskenentwicklung *f* photoresist developing *(Leiterplattenfertigung)*
Photomaskierung *f* photomasking
Photometer *n* photometer
~/integrierendes integrating photometer (sphere), photometric integrator
~/Jolysches Joly photometer
~/lichtelektrisches photoelectric photometer
~/objektives (physikalisches) physical photometer
~/subjektives (visuelles) visual photometer
Photometerauffangschirm *m* photometer test plate
Photometerbank *f* photometer bench
Photometerfeld *n* photometer field
Photometerkopf *m* photometer head
Photometerlampe *f* photometer lamp
Photometerschirm *m* photometer test plate
Photometerwürfel *m* photometric cube, photometer head
~ nach Lummer und Brodhun Lummer-Brodhun cube
Photometrie *f* photometry
~/heterochrome heterochromatic photometry
photometrieren to photometer
photometrisch photometric[al]
Photomultiplier *m s.* Photovervielfacher 1.
Photon *n* photon *(Lichtquant)*
Photonenabsorption *f* photon absorption
Photonenenergie *f* photon energy
Photonenfeld *n* photon field
Photonenfluß *m* photon flux
Photonenflußdichte *f* photon flux density
Photonengas *n* photon gas
Photonenimpuls *m* photon momentum
Photonenrauschen *n* photon noise *(bei lichtelektrischen Empfängern)*
Photonenstrahlung *f* photon radiation
Photonenstrom *m* photon flux
Photonenübergang *m* photon transition
Photon-Phonon-Wechselwirkung *f* photon-phonon interaction
Photon-Photon-Streuung *f* photon-photon scattering, scattering of light by light, Delbrück scattering
Photophorese *f* photophoresis
Photorelais *n* photosensitive relay
Photorepeater *m* photorepeater, [optical] step and repeat camera *(Maskenherstellung)*
Photoresist *n (ME)* [photo]resist, photosensitive resist
~/lichtoptisch strukturiertes patterned UV-resist
~/positiv arbeitendes positive-working photoresist
photoresistbeschichtet photoresist-coated
Photoresistdruck *m* photoresist printing *(Leiterplattenfertigung)*
Photoresistentwicklung *f* photoresist developing
Photoresistmaske *f* photoresist mask
Photoresiststrippmaschine *f* photoresist stripping machine
Photoschicht *f* photolayer
Photoschwelle *f* photoelectric threshold
Photospannung *f* photovoltage, photopotential, photoelectric voltage
Photostrom *m* photocurrent, photoelectric current
Photostromabfall *m* photocurrent decay
Phototelegrafie *f* phototelegraphy
Photothermometrie *f* photothermometry
Photothyristor *m* photothyristor, light-activated thyristor
Phototransistor *m* phototransistor
Photo-Unijunction-Transistor *m***/programmierbarer** light-activated programmable unijunction transistor
Photovaristor *m* photovaristor
Photovervielfacher *m* 1. photomultiplier [tube], multiplier phototube, secondary-emission electron multiplier; 2. photorepeater *(Repetierkamera für die Maskenherstellung)*

~ **in Ringanordnung** Matheson tube
photovoltaisch photovoltaic
Photovolteffekt *m* photovoltaic effect
Photovorlage *f (ME)* master drawing
Photowiderstand *m* 1. photoresistor, photoresistive (photoconductive) cell, light-dependent resistor; 2. photoresistance
Photowiderstandsempfänger *m* photoresistive (photoconductive) detector
Photowiderstandsschicht *f* photoconductive layer
Photowiderstandszelle *f s.* Photowiderstand 1.
Photozelle *f* photocell, photoelectric (photoemissive) cell, phototube, photovalve *(s. a.* Photoelement*)*
~/**gasgefüllte** gas-filled photocell
~/**hochohmige** high-resistance photocell
~/**infrarotempfindliche** infrared-sensitive photocell
Photozellenabtastung *f* photoelectric scanning
Photozellengehäuse *n* photocell case
Photozellenverstärker *m* photocell amplifier
pH-Wert *m* pH value (number)
pH-Wert-Messung *f* pH measurement
pH-Wert-Regler *m* pH controller
PI-... *s.* Proportional-Integral-...
PID-... *s.* Proportional-Integral-Differential-...
Pierce-Geometrie *f* Pierce geometry *(Elektrodensystem für Elektronenkanonen)*
Pierce-Strahlerzeuger *m* pierce-type gun
Piezoaufnehmer *m* piezoelectric pick-up
Piezobauelement *n* piezoelectric[-crystal] element
Piezodiode *f* piezoelectric diode, piezodiode
Piezoeffekt *m* piezo[electric] effect
Piezoelektrikum *n* piezoelectric
piezoelektrisch piezoelectric
Piezoelektrizität *f* piezoelectricity
Piezokeramik *f* piezoelectric ceramics, piezoceramics
Piezokristallscheibe *f* piezoelectric[-crystal] plate
piezomagnetisch piezomagnetic
Piezomagnetismus *m* piezomagnetism
Piezometer *n* piezometer
piezoresistiv piezoresistive
Piezoresonator *m* piezoelectric resonator
Piezowiderstand *m* piezoresistance
Pi-Filter *n* pi-type filter
Pikoamperemeter *n* micromicroammeter *(für Messungen bis 10^{-9} A)*
Pilotanlage *f* pilot plant
Pilotbogen *m* pilot arc
Pilotbogenleistung *f* pilot arc power
Pilotempfänger *m (Nrt)* pilot receiver
Pilotfrequenz *f (Nrt)* pilot frequency
Pilotkanal *m (Nrt)* pilot channel
Pilotkreis *m* pilot circuit
Pilotpegel *m* pilot level
Pilotregler *m* pilot controller
Pilotschalter *m* pilot switch
Pilotschwingung *f (Nrt)* pilot
~/**frequenzvergleichende** frequency-comparison pilot
Pilotton *m* pilot reference
Pilzisolator *m* mushroom insulator, umbrella[-type] insulator
Pilzlautsprecher *m* mushroom loudspeaker
Pilztaster *m*, **Pilztastvorsatz** *m* mushroom [control] push button
Pinch-Effekt *m (Ph)* pinch effect
~/**magnetischer** magnetic pinch effect
Pinch-in-Effekt *m* pinch-in-effect *(Einschnüreffekt)*
Pinch-off-Spannung *f (ME)* pinch-off voltage
Pinch-off-Strom *m (ME)* pinch-off current
PIN-Diode *f*, **pin-Diode** *f* p-i-n diode, p-intrinsic-n diode
pin-Gleichrichter *m* p-i-n rectifier
pin-kompatibel *(El)* pin-compatible
pin-Kompatibilität *f (El)* pin-compatibility *(gleiche Anschlußbelegung)*
Pinphotodiode *f s.* PIN-Diode
pin-Übergang *m (El)* p-i-n junction
PIO parallel input-output, PIO
Pipelinesystem *n* pipeline system *(Mehrfachsystem mit fortlaufender Wiederholung der Operationen)*
Pirani-Manometer *n* Pirani gauge
Pistonphon *n* pistonphone *(zur Schalldruckmessung)*
Pixel *n* pixel, picture element
Pixelkoordinate *f* pixel coordinate
Pixelmatrix *f* pixel matrix
p-Kanal *m (ME)* p-channel
p-Kanal-Feldeffekttransistor *m* p-channel field-effect transistor
p-Kanal-Metall-Oxid-Halbleiter *m* p-channel metal-oxide semiconductor, p-channel MOS, PMOS
p-Kanal-MOSFET *m*/**angereicherter** p-channel enhancement-mode MOS field-effect transistor
p-Kristall *m* p-type crystal
PL/1 programming language 1 *(höhere Programmiersprache)*
PLA programmable logic array
plan plane; flat
Plan *m* 1. schedule, program[me]; 2. design *(Entwurf)*; layout
~/**logischer** functional diagram
planar planar
Planarbauelement *n (ME)* planar device
Planardiode *f* planar diode
Planar-Epitaxie-Struktur *f (ME)* planar epitaxial structure
Planar-Epitaxie-Transistor *m* planar epitaxial transistor
Planarprozeß *m (ME)* planar process
Planarstruktur *f (ME)* planar structure
Planartechnik *f (ME)* planar technique
Planartechnologie *f (ME)* planar technology

Planartransistor *m* planar transistor
Planartriode *f* planar triode
Planarübergang *m (ME)* planar junction
Planelektrode *f* plane electrode
Planende *n* flat end *(eines Laserstabs)*
Planetengetriebe *n* planetary [reduction] gear
Plangitter *n* plane [diffraction] grating
Plankatode *f* plane cathode
planparallel plane-parallel, parallel-plane
Planparallelität *f* plane parallelism
Planschirm *m* flat face *(z. B. einer Elektronenstrahlröhre)*
Planschirmröhre *f* flat-faced tube
Planschliff *m* plane ground joint
Planspiegel *m* plane (flat) mirror
Plantrog *m* flat tank *(elektrolytischer Trog)*
Planung *f*/**rechnergestützte** computer-aided planning, CAP
Planungsdämpfung *f* ascertained attenuation
Plasma *n*/**elektronenstrahlerzeugtes** electron-beam generated plasma
~/**ionisiertes** ionized plasma
Plasmaanzeige *f* plasma display
Plasmaarbeitsgas *n* plasmogenic gas
Plasmaätzen *n* plasma etching
plasmabildend plasma-forming
Plasmablase *f* plasma bubble domain
Plasmabogen *m* plasma arc
Plasmabrenner *m* plasma torch (burner), arc stream burner, electronic torch
~/**elektrisch betriebener** electrically operated plasma torch
Plasmachemie *f* plasma chemistry
Plasmadichte *f* plasma density
Plasmadisplay *n* plasma display
Plasmadomäne *f* plasma bubble domain
Plasmaelektronenstrahl *m* plasma electron beam
Plasmaemissionsspektroskopie *f* plasma emission spectroscopy
Plasmaerwärmung *f* plasma heating
plasmaerzeugt plasma-produced
Plasmafackel *f* plasma torch
~/**laminare** laminar plasma torch
~/**nichtübertragene** non-transferred [arc] plasma torch
Plasmafackelleistung *f* plasma torch power
Plasmafaden *m* plasma column
Plasmaflamme *f* plasma flame
Plasmafrequenz *f* plasma frequency
Plasmagas *n* plasma gas
Plasmagenerator *m* plasma generator
~/**elektrodenloser** electrodeless plasma generator
~/**induktiver** inductive plasma generator
Plasmagleichgewicht *n* plasma balance
Plasmagrenzfläche *f* plasma boundary
Plasmagrenzschicht *f* plasma boundary layer
Plasmahülle *f* plasma sheath
Plasmainjektion *f* plasma injection, injection of plasma
Plasmainjektor *m* plasma injector
Plasmainstabilität *f* instability of plasma
Plasmaionenquelle *f* plasma ion source
Plasmakugel *f* plasma sphere
Plasmalegieren *n* plasma alloying *(Plasmabehandlung von Metallen)*
Plasmaleitfähigkeit *f* plasma conductivity
Plasmalichtbogenbrenner *m* plasma arc torch
Plasmaofen *m* plasma furnace
Plasmaphysik *f* plasma physics
Plasmaquelle *f* plasma source
Plasmaresonanz *f* plasma resonance
Plasmaring *m* plasma annulus
Plasmarotation *f* plasma rotation
Plasmasäule *f* plasma column
Plasmaschlauch *m* streamer *(Gasentladungsstadium)*
Plasmaschmelzofen *m* plasma melting furnace
~ **mit offenem Herd** open-hearth-type plasma melting furnace
Plasmaschneiden *n* plasma cutting
Plasmaschweißen *n* plasma welding
Plasmaschwingung *f* plasma oscillation
Plasmaspritzen *n* plasma spraying
Plasmastrahl *m* plasma jet (beam)
~/**katodischer** cathodic plasma jet
Plasmastrahlbeschichten *n* plasma-jet coating
Plasmastrahlgeschwindigkeit *f* velocity of the plasma jet
Plasmastrahlspritzverfahren *n* plasma-jet spraying process
Plasmastrom *m*, **Plasmaströmung** *f* plasma flow
Plasmatechnologie *f* plasma technology
Plasmatemperatur *f* plasma temperature
Plasmaumschmelzanlage *f* plasma remelting equipment
Plasmaumwandlung *f* plasma conversion
Plasmawechselwirkung *f* plasma interaction
Plasmazerstäubung *f* [plasma] sputtering
Plast *m s.* Kunststoff
Plastiksteckgehäuse *n s.* Kunststoffsteckgehäuse
plastisch plastic
Plateausteilheit *f*/**normierte** normalized plateau slope *(Röhren)*
Platinanode *f* platinum anode
Platinblech *n* platinum sheet
Platindraht *m* platinum wire
Platine *f* 1. mounting plate; 2. *(El)* p.c. card, printed circuit (wiring) board *(Zusammensetzungen s. unter* Leiterplatte*)*; 3. *s.* Wafer
Platinelektrode *f* platinum electrode
platinieren to platinize, to platinate, to platinum-plate
Platinieren *n* platinization, platinum plating
Platinkontakt *m* platinum contact
Platinotron *n* platinotron *(Mikrowellenröhre)*
Platinüberzug *m*/**galvanisch abgeschiedener** platinum plate

Platinwiderstandsthermometer *n* platinum resistance thermometer
Plättchen *n* 1. lamina; 2. *s.* Wafer; 3. *s.* Chip
λ/4-Plättchen *n* quarter-wave plate
Platte *f* 1. plate; slab *(stark)*; sheet *(dünn)*; board; panel; 2. record, disk *(Schallplatte)*; magnetic disk; fixed disk; 3. *s.* Leiterplatte
~/flexible flexible board
~/formierte formed plate *(Sammler)*
~/gedruckte p.c. board *(s. a. unter* Leiterplatte*)*
~/gesinterte pasted sintered plate
~/negative negative plate *(Batterie)*
~/optische optical disk
~/pastierte Faure plate *(im Faure-Akku)*
~/positive positive plate *(Batterie)*
Plattenanode *f* plate anode
Plattenantrieb *m* disk drive
Plattenbatterie *f* layer-built battery
Plattenbauweise *f* panel construction
Plattenbetriebssystem *n (Dat)* disk operating system, DOS
Plattenblitzableiter *m* plate lightning arrester
Plattendatei *f (Dat)* disk file
Plattendicke *f* board thickness
Plattendockspeicher *m* disk file memory
Plattendrehzahl *f* disk speed
Plattenelektrode *f* plate electrode
Plattenelektrometer *n* plate electrometer
Plattenerder *m* earth plate
Plattenfedermanometer *n* diaphragm pressure gauge
~ mit kapazitivem Wandler variable-capacitance pressure gauge
Plattenführung *f* board guide *(Leiterplatte)*
Plattenfunkenstrecke *f* plate spark gap
Plattengeräusch *n* record noise
Plattengitter *n* plate grid *(Batterie)*
Plattengleichrichter *m* dry disk rectifier
Plattengummi *m* sheet rubber
Plattenkondensator *m* plate[-type] capacitor, parallel-plate capacitor
Plattenkurzschluß *m* short-circuit between plates *(Batterie)*
Plattenlaufwerk *n* disk drive
Plattenleiter *m* plate[-shaped] conductor, slab waveguide
~/dielektrischer dielectric slab waveguide
Plattenmikrofon *n* vane microphone
Plattenpaar *n* couple *(der Batterie)*
Plattenrahmen *m* frame of plate *(Sammler)*
Plattenrauschen *n* record noise
Plattensatz *m* pile of plates
Plattensatzpolarisator *m* pile-of-plates polarizer
Plattenschwinger *m***/absorbierend wirkender** *(Ak)* panel absorber
Plattenspeicher *m (Dat)* disk [file] memory, disk store
Plattenspeicheradressenregister *n* disk-memory address register
Plattenspeichereinrichtung *f* disk storage device
Plattenspeichersystem *n* disk file system
Plattenspeicherzugriff *m* disk memory access
Plattenspieler *m* record (disk) player, gramophone, phonograph; record deck *(mit Verstärker)*; turntable
~/selbstrückstellender auto-return turntable
Plattenspielermotor *m* turntable motor
Plattenspielerverstärker *m* gramophone amplifier
Plattenspielerzusatz *m* gramophone attachment
Plattenstapel *m (Dat)* disk pack
Plattenteller *m* record turntable, [phonograph] turntable
Plattentellerantrieb *m* disk drive unit
Plattentellerauflage *f* record support pad
Plattentellermitte *f* middle of turntable
Plattenwechsler *m* record changer, autochanger
Plattenwiedergabegerät *n s.* Plattenspieler
plattieren to plate; to clad
~/elektrolytisch to electroplate
~/mit Gold to gold-plate
plattiert plated; clad
Plattierung *f* 1. plating; cladding *(Vorgang)*; 2. plate, plating *(Schutzschicht)*
~/feine close plating
~/galvanische electroplating
~ im Loch in-hole plating *(Leiterplattenherstellung)*
~ mit bewegten Elektroden mechanical electroplating
~/stromlose electroless (autocatalytic) plating
Plattierungswerkstoff *m* plating (cladding) material
Platymeter *n* platymeter *(zum Messen von Kapazitäten und Dielektrizitätskonstanten)*
Platz *m* 1. place, spot, location; position; site *(z. B. im Kristallgitter)*; 2. *(Nrt)* [operator's] position
~/besetzter *(Nrt)* occupied position
~ der Warteschlange/erster *(Nrt)* head of the queue
~/freier *(Nrt)* reserve position
~ für den internationalen Verkehr *(Nrt)* international position
~/leerer empty state *(im Energiebändermodell)*; vacant site *(Kristallgitter)*
~/unbesetzter *(Nrt)* unoccupied position
~/ungenutzter *(Dat)* dead space
Platzanzeige *f (Dat)* place indication
Platzbelegung *f (Nrt)* position wiring
Platzbeleuchtung *f* local lighting
Platzbuchungssystem *n (Dat)* seat booking (reservation) system
platzen to check *(z. B. Isolierlack)*
Platzherbeiruf *m (Nrt)* attendant (operator) recall
Platzkennzahl *f* attendant code
Platzlampe *f (Nrt)* [position] pilot lamp
Platzlampenrelais *n (Nrt)* pilot relay
Platzlampenschalter *m (Nrt)* pilot-lamp switching key
Platzleistungsmesser *m (Nrt)* position meter

Platzreservierungssystem *n* space reservation system *(Speicher)*
Platzrundenführungsfeuer *n* circling guidance light
Platzschalter *m s.* Platzumschalter
Platzschnur *f (Nrt)* switchboard cord
platzsparend space-saving
Platzumschalter *m (Nrt)* position switching (coupling) key, position switch
Platzverbindungsleitung *f (Nrt)* interposition trunk
Platzverteilung *f (Dat)* space sharing *(Speicher)*
Platzwähler *m (Nrt)* position selector
Platzwechsel *m (Nrt)* [phantom] transposition
Platzwechselfolge *f (Nrt)* transposition scheme
Platzzähler *m (Nrt)* position meter
Platzzusammenschaltung *f (Nrt)* position coupling
Plausibilitätsprüfung *f* plausibility (validity) check
Playback *n* playback
Playback-Verfahren *n* playback [method]
Plazierung *f* placement
p-leitend *(El)* p-conducting
p-Leiter *m (El)* p-type conductor, hole (defect) conductor
p-Leitfähigkeit *f (El)* p-type conductivity
p-Leitung *f (El)* p-type conduction, hole (defect) conduction
p-Leitungskanal *m (El)* p-type conductive channel
Pliotron *n* pliotron *(Dreielektrodenröhre)*
PLL-Schaltkreis *m* phase-locked loop
PLL-Schaltkreiselement *n* phase-locked loop component
PLM *s.* Pulslängenmodulation
Plombierdraht *m* sealing wire
plombieren to seal
Plombierhaube *f* exclusion cap
Plotter *m* plotter
Plottersteuerung *f* plotter control
PLT *s.* Prozeßleittechnik
Plusbürste *f* positive brush
Plusdraht *m* positive (plus) wire
Pluselektrode *f* positive electrode, anode
Plusklemme *f* positive terminal
Plusleiter *m* positive (plus) wire
Plusplatte *f* positive plate *(Batterie)*
Pluspol *m* 1. positive pole (terminal); 2. anode *(z. B. eines Gleichrichters)*
Pluspolung *f* reverse polarity *(Schweißelektrode)*
Plus-und-Minus-Abweichung *f* bilateral tolerance
Plutoniumreaktor *m* plutonium reactor
PM *s.* 1. Permanentmagnet; 2. Phasenmodulation
PME-Effekt *m* photomagnetoelectric effect
PMOS p-channel metal-oxide semiconductor
pneumatisch pneumatic[al]; air-powered, air-operated
Pneumotransmitter *m* pneumatic transmitter
pn-Flächentransistor *m* p-n junction transistor
pnip-Transistor *m*, **p-n-i-p-Transistor** *m* intrinsic barrier transistor
pn-Isolation *f (El)* p-n junction isolation
pnp-Transistor *m* p-n-p transistor
P/0/N-Pulsstuffing *n (Nrt)* positive-zero-negative justification
pn-Sperrschicht *f (El)* p-n junction
pn-Übergang *m (El)* p-n junction (transition)
~/allmählicher graded p-n junction
~/gleichrichtender (sperrender) rectifying p-n junction
PN-Verteilung *f s.* Pol-Nullstellen-Bild
Pockels-Effekt *m* Pockels effect, longitudinal (linear) electrooptical effect
Pockels-Zelle *f* Pockels cell
Poggendorf-Kompensator *m* thermoelectric emf-free potentiometer
Poisson-Gleichung *f* Poisson equation
Poisson-Verteilung *f* Poisson distribution *(Statistik)*
Pol *m* 1. electric pole *(im Stromkreis)*; terminal; 2. pole *(Mathematik, Physik)*
~/ausgeprägter *(MA)* salient pole
~ der Übertragungsfunktion *(Syst)* transfer function pole
~ des [geschlossenen] Regelkreises closed-loop pole *(einer Übertragungsfunktion)*
~/dominierender dominant pole *(der Übertragungsfunktion)*
~ einer Funktion function pole
~/elektrischer electric pole
~/geblechter laminated pole
~/gemeinsamer common leg *(Netzwerktheorie)*
~/geomagnetischer geomagnetic pole
~/konjugierter conjugate pole
~/lamellierter laminated pole
~/magnetischer magnetic pole
~/mehrfacher multiple pole
~/negativer *s.* Minuspol
~/positiver *s.* Pluspol
Polabstand *m* pole distance; *(MA)* pole clearance
Polachse *f (MA)* magnetic axis
Polanker *m* pole armature
Polardiagramm *n* polar diagram (plotting), circular-chart diagram
Polardiagrammschreiber *m* polar recorder (plotter), circular-chart recorder
Polarisation *f* polarization
~/anodische anodic polarization
~/chemische chemical polarization
~/dielektrische dielectric polarization
~/elektrische electric polarization
~/elektrolytische electrolytic polarization
~/elliptische elliptic polarization
~/galvanische *s.* ~/elektrolytische
~/geradlinige linear polarization
~/katodische cathodic polarization
~/magnetische intrinsic induction, magnetic polarization
~/partielle partial polarization
~/remanente remanent polarization

Polarisationsblindwiderstand *m* polarization reactance
Polarisationsebene *f* plane of polarization
Polarisationseffekt *m* polarization effect
Polarisationselement *n* polarization cell
Polarisationsenergie *f* polarization energy
Polarisationsfehler *m* 1. polarization error; 2. *(FO)* night effect [error]
Polarisationsfilter *n* polarizing (polarization) filter, polarizer
Polarisationsfolie *f* polarization foil (sheet)
Polarisationsgrad *m* polarization degree
Polarisationsimpedanz *f* polarization impedance
Polarisationsindex *m* polarization index *(bei Isolationsmessungen)*
Polarisationsinterferenzfilter *n* polarization interference filter, Lyot filter
Polarisationsinterferometer *n* polarizing interferometer
Polarisationskapazität *f* polarizing capacitance (capacity)
Polarisationsladung *f* polarization charge
Polarisationsmagnet *m* polarizing magnet
Polarisationsmikroskop *n* polarizing (polarization) microscope
Polarisationsoptik *f* 1. polarizing optical system *(Anlage)*; 2. polarizing (polarization) optics, optics of polarized light
Polarisationspotential *n* polarization potential
Polarisationsprisma *n* polarizing (polarization) prism
Polarisationsreaktanz *f* polarization reactance
Polarisationsrichtung *f* polarization direction
Polarisationsscheinwerfer *m* polarized headlight
Polarisationsschlitz *m* polarizing slot
Polarisationsschwelle *f* polarization threshold
Polarisationsschwund *m* polarization fading
Polarisationsspannung *f* polarization (polarizing) voltage
Polarisationsspektrometer *n* polarizing spectrometer
Polarisationsstrom *m* polarization (polarizing) current
Polarisationsstromversorgung *f* polarizing power supply
Polarisationsvermögen *n* polarizing power
Polarisationswärme *f* polarization heat
Polarisationswicklung *f* bias winding
Polarisationswiderstand *m* polarization resistance
Polarisationswinkel *m* polarization (Brewster) angle
Polarisationswirkwiderstand *m* polarization resistance
Polarisationszeit *f* polarization time
Polarisationszustand *m* polarization state, state of polarization
Polarisator *m* polarizer
Polarisatoren *mpl***/gekreuzte** crossed polarizers

polarisierbar polarizable
~/ideal (vollständig) ideally polarizable
Polarisierbarkeit *f***/magnetische** susceptibility
~/molekulare elektrische molar electric polarizability
polarisieren to polarize
polarisiert/linear plane-polarized, linearly polarized
~/teilweise partially polarized
~/zirkular circularly polarized
Polarisierung *f* polarization
Polarität *f* polarity
~/magnetische magnetic polarity
Polaritätsanzeige *f* polarity (sign) indication
Polaritätsanzeiger *m* 1. polarity (sign) indicator, pole detector; 2. current direction indicator
Polaritätsfolge *f* polarity sequence
Polaritätsprüfung *f* polarity test
Polaritätsumschlag *m* **der Thermospannung** thermoelectric inversion
Polaritätsunterscheidung *f* polarity discrimination
Polarkoordinaten *fpl* polar coordinates
Polarkoordinatendarstellung *f* polar display
Polarkoordinatennavigation *f* omnibearing distance navigation, rho-theta navigation
Polarkoordinatenoszillograph *m* polar coordinate oscilloscope, cyclograph
Polarkoordinatenröhre *f* polar coordinate [oscillographic] tube
Polarkristall *m* polar crystal
Polarlichtzone *f* auroral belt
Polarographie *f***/oszillographische** oscillographic polarography
polarographisch polarographic
Polarplanimeter *n* polar planimeter
Polarpotentiometer *n* polar (bias) potentiometer
Polarschreiber *m s.* Polardiagrammschreiber
Polarstrahlungsdiagramm *n* polar radiation pattern
Polbefestigungsschraube *f* pole bolt
Polblech *n* polar strip
Polbogen *m* pole arc
Polbolzen *m* terminal pillar
Polbreite *f* pole width
Polbrücke *f* cell connector *(Batterie)*
Pole *mpl***/gleichnamige** like poles
~/ungleichnamige opposite (antilogous) poles
polen to polarize
Polfläche *f* pole surface (face)
~/wirksame active pole surface
Polhorn *n* pole horn (tip) *(Zusammensetzungen s. unter* Polkante*)*
Polieren *n***/anodisches (elektrolytisches)** electropolishing, electrolytic (anodic) polishing, [electro]brightening
Poliergerät *n***/elektrolytisches** electrolytic polisher
Poliermaschine *f* polishing machine, polisher
Poliermittel *n* polishing agent

poliert/auf Hochglanz highly polished, bright-polished
Polizeifunk *m* police radio
Polkante *f* 1. pole edge, edge of pole; 2. pole tip (horn) *(Polschuhspitze)*
~/ablaufende trailing pole horn (tip)
~/auflaufende leading pole horn (tip)
Polkern *m* pole body
Polkernisolation *f* pole-body insulation
Polklemme *f* 1. pole terminal; electrode (cell) terminal *(Batterie)*; 2. binding post
Pollücke *f* pole gap
Polluftspalt *m* pole air gap
Pol-Nullstellen-Bild *n (Syst)* pole-zero configuration
Polpaar *n* pole pair, pair of poles
Polpapier *n* pole-finding paper, pole [reagent] paper, polarity indicating paper
Polpreßplatte *f* pole and plate
Polprüfer *m* pole tester (finder), polarity indicator
Polradspannung *f* synchronous generated (internal) voltage, internal voltage, field e.m.f.
~/subtransiente *(MA)* subtransient internal voltage
Polradwinkel *m (MA)* load angle, rotor [displacement] angle, lagging angle
Polreagenzpapier *n s.* Polpapier
Polschaft *m* pole shank
Polschlüpfen *n* pole slipping *(Synchronmaschine)*
Polschraube *f* connection screw
Polschritt *m* pole step
Polschuh *m* pole shoe (piece)
~/konischer tapered pole piece
Polschuhfläche *f* pole face
Polschuhformgebung *f* pole face shaping
Polschuhschrägung *f* pole face bevel
Polschuhspitze *f* pole tip (horn) *(Zusammensetzungen s. unter* Polkante*)*
Polschuhstreufluß *m* [peripheral] pole leakage flux
Polspitze *f s.* Polschuhspitze
Polspule *f* exciter coil
Polstärke *f* pole strength
Polster *n* cushion, pad
Polstreuung *f* pole leakage
Polstück *n* pole piece
Polstutzen *m* terminal pillar
Polteilung *f* pole pitch
Polumkehr *f* pole (polarity) reversal
Polumschalter *m* pole changing (change-over) switch, change-pole switch
Polumschaltschütz *n* pole changing starter
Polumschaltung *f* pole changing, reversal of poles
Polung *f* polarity
~/umgekehrte reversed polarity
Polverbindung *f* cell connector *(Batterie)*
Polwechsel *m* pole changing, change (alternation) of polarity
Polwechselfeder *f* pole changing spring
Polwechselschalter *m* pole changer (changing switch), polarity reversing switch
Polwechsler *m s.* Polwechselschalter
Polwender *m* polarity inverter
Polwendeschalter *m* pole-reversing switch
polyamidbeschichtet polyamide-coated *(z. B. Isolierung)*
Polydimethylsiloxan *n* polydimethyl siloxane *(für flüssige Dielektrika, Kühlmittel und Trennmittel)*
Polyelektrode *f* polyelectrode
Polyesterdielektrikum *n* polyester dielectric
Polyesterimid *n* polyester imide *(für Isolierlacke)*
Polyesterkondensator *m* polyester capacitor
Polyeth[yl]en *n* polyethylene, polythene, PE
polyethylenisoliert polyethylene-insulated
Polyethylenkabelmantel *m* polyethylene cable sheath
Polygonschaltung *f* polygonal connection
Polyimid *n* polyimide
polykristallin polycrystalline
Polymerresist *n (ME)* polymer resist
Polyoptimierung *f (Syst)* polyoptimization
Polysilicium *n* polysilicon
Polysiliciumtechnologie *f***/halbisolierende** *(ME)* semi-insulated polycrystalline silicon technology, SIPOS
Polystyrolkondensator *m* polystyrene[-film dielectric] capacitor
Polyzid *n* polycide *(Bezeichnung für die Doppelschicht aus Polysilicium und Silicid)*
Pop-Befehl *m (Dat)* pop instruction
Pop-Schutz *m* pop protection *(Mikrofon)*
Pore *f* pore, void
Porendichte *f* pore density
porenfrei non-porous, pore-free
Porengröße *f* pore size
Porenleitfähigkeit *f* pore conductivity
Porenleitung *f* pore conduction
Porenraum *m* pore space
Porenverhütungsmittel *n (Galv)* antipitting agent
Porenvolumen *n* pore volume
porig pored
porös porous, poriferous; pored
Porositätsgrad *m* degree of porosity
Porositätsmesser *m* porosimeter, porosity meter
Porro-Prisma *n* Porro prism
Portabilität *f s.* Übertragbarkeit
Portalbauweise *f* portal design *(Freileitungsanlagen)*
Portalmast *m* portal-type steel tower, portal structure
Porzellanfassung *f* porcelain lamp holder
Porzellanisolator *m* porcelain insulator
Porzellanleuchte *f* porcelain (ceramic) fitting
Porzellanreflektor *m* porcelain reflector
Porzellanspulenkörper *m* porcelain coil former
Porzellanüberwurf *m* porcelain jacket (container) *(einer Durchführung)*

Position *f* position, location
Positioner *m (Syst)* positioner, positioning device *(Stellungsregler)*
Positionierachse *f* positioning axis
positionieren to position, to locate, to place
Positioniergenauigkeit *f* positioning accuracy
Positionierung *f* positioning
Positionierungsloch *n* location hole *(Leiterplatte)*
Positionierungsschlitz *m* location (indexing) notch *(Leiterplatte)*
Positionsanzeige *f* positional indication
Positionsanzeiger *m (Dat)* cursor
Positionsbestimmung *f (FO)* position finding (sensing)
Positionsfernanzeiger *m* remote position indicator
Positionsfolgesystem *n (Syst)* positional servo system
Positionsgeber *m* position sensor
Positionskode *m (FO)* position code
Positionslampe *f* marker light indicator, positional lamp
Positionslichter *npl* position (navigation, running) lights *(bei Schiffen und Flugzeugen)*
Positionsmarke *f (Dat)* cursor
~/nichtlöschende non-destructive cursor
Positionsmarkierung *f* sighting legend *(Leiterplatten)*
Positionsmeldung *f* position report
Positionsschalter *m* position switch
Positionssteuerung *f* positioning (point-to-point) control
positiv[/elektrisch] positive
~/optisch optically positive
Positiv *n (Galv)* positive matrix; positive *(Fotografie)*
Positivimpuls *m* positive pulse
Positivkohle *f* positive carbon
Positivkrater *m* positive crater
Positivlack *m s.* Positivresist
Positivmodulation *f* positive modulation
Positiv-Null-Negativ-Pulsstuffing *n (Nrt)* positive-zero-negative justification
Positivresist *n* positive[-acting] resist, positive photoresist
Positivstopfen *n*, **Positivstuffing** *n (Nrt)* positive pulse stuffing, positive justification
positivwirkend positive-acting *(z. B. Resist)*
Positron *n* positron
Post *f***/elektronische** electronic mail
Posten *m (Dat)* item
Postleitung *f (Nrt)* post-office line
Post-mortem-Programm *n (Dat)* post-mortem program (routine) *(Fehlersuchprogramm)*
Postprozessor *m* postprocessor
Postsystem *n***/internationales elektronisches** international electronic mail system, IEMS
Potential *n* potential • **auf einem ~ erhalten** to maintain at a potential • **von gleichem ~** equipotential
~/anodenstabilisiertes anode-stabilized potential *(bei einem Vidicon)*
~/anziehendes attractive potential
~/äußeres elektrisches outer (external) electric potential, voltaic potential
~ bei offenem Stromkreis open-circuit potential
~/chemisches chemical potential
~ einer Elektrode electrode potential
~ einer stromdurchflossenen Elektrode dynamic electrode potential
~/elektrisches electric potential
~/elektrochemisches electrochemical potential
~/elektrokinetisches electrokinetic (zeta) potential
~/elektroosmotisches electroosmotic potential
~/elektrophoretisches electrophoretic potential
~/gleitendes floating potential
~/inneres elektrisches inner (internal) electrical potential, Galvani potential
~/katodenstabilisiertes cathode-stabilized potential *(bei einem Vidicon)*
~/magnetisches magnetic [field] potential
~/reales real potential
~/reversibles reversible potential
~/spezifisches specific potential
~/stationäres steady potential
~/thermodynamisches free enthalpy, thermodynamic potential
~/vektorielles vector potential
Potentialabfall *m* potential drop, fall of potential
~/ohmscher ohmic overvoltage *(in der Phasengrenzschicht einer Elektrode)*
Potentialabhängigkeit *f* potential dependence
Potentialänderung *f* potential change (variation)
Potentialanstieg *m* potential rise, increase in potential
Potentialausgleich *m* potential equalization
Potentialausgleichsleiter *m* bonding conductor
Potentialbarriere *f* [potential] barrier, potential hill (wall, threshold)
Potentialberg *m s.* Potentialbarriere
Potentialbild *n* potential diagram, electrical image
Potentialdifferenz *f* potential difference
~/absolute absolute potential difference
~/elektrische electric potential difference
~/elektrostatische electrostatic potential difference
Potentialebene *f***/mittlere** bisector potential
Potentialerdung *f* potential earthing
Potentialfeld *n* [scalar] potential field
Potentialfunktion *f* potential function
Potentialgebirge *n* potential profile (relief)
Potentialgefälle *n* potential gradient
Potentialgleichung *f* potential equation
Potentialgradient *m* potential gradient
Potentialkasten *m s.* Potentialsenke
Potentialkurve *f* potential-energy curve
Potentialmulde *f s.* Potentialsenke

Potentialplateau *n* potential plateau
Potentialring *m s.* Potentialsteuerring
Potentialsattel *m* potential saddle
Potentialschwankung *f* fluctuation of potential
Potentialschwelle *f s.* Potentialbarriere
Potentialsenke *f* potential well (pot, trough, depression)
Potentialsprung *m* potential jump
~ **zwischen zwei Elektrolytlösungen** liquid-junction potential
Potentialsteuerring *m* potential grading (equalizing) ring, grading shield ring, potential ring
Potentialströmung *f* irrotational motion
~ **ohne Zirkulation** acyclic irrotational motion
~/**zirkulatorische** cyclic irrotational motion
Potentialstufe *f* potential step
Potentialtopf *m*, **Potentialtrog** *m s.* Potentialsenke
Potentialunterschied *m* potential difference
Potentialverlauf *m* potential curve
Potentialverteilung *f* potential distribution
Potentialwall *m s.* Potentialbarriere
potentiell potential
Potentiometer *n* potentiometer *(s. a. unter* Kompensator*)*
~/**elektronisches** electronic potentiometer
~/**feststellbares** locking potentiometer
~/**gepoltes** bias potentiometer
~/**induktives** inductive potentiometer
~/**konusförmiges** tapered potentiometer
~/**logarithmisches** logarithmically wound potentiometer
~/**mehrgängiges** multiturn potentiometer
~ **mit Folgeregelantrieb** servo-driven potentiometer
~ **mit Mittelabgriff** centre-tapped potentiometer
~ **mit Regeleinrichtung** servo-potentiometer
~/**rechtsdrehendes** right-hand taper *(Widerstand zeigt bei Drehung im Uhrzeigersinn)*
~/**selbstabgleichendes** self-balancing potentiometer
~/**selbstregistrierendes** self-recording potentiometer
Potentiometereinstellung *f* potentiometer setting
Potentiometergeber *m* potentiometer pick-up
Potentiometermeßkreis *m* potentiometer measuring circuit
Potentiometerregelung *f* potentiometer control
Potentiometerschleifer *m* potentiometer slider
Potentiometerstreifen *m* potentiometer bands
Potentiometertemperaturregler *m* potentiometric temperature controller
Potentiometerwiderstand *m* potentiometer-type resistor
Potentiostat *m* potentiostat
potentiostatisch potentiostatic
Potenz *f* power *(Mathematik)*
Potenzfilter *n* Butterworth filter
Potenzgesetz *n* power law
potenzieren to raise to a [higher] power
Potenzreihe *f* power (exponential) series
Potier-Diagramm *n* Potier diagram
Potier-EMK *f* Potier electromotive force
Potier-Reaktanz *f* Potier reactance *(von Synchronmaschinen)*
Poulsen-Lichtbogen *m* Poulsen arc
Pourbaix-Diagramm *n (Ch)* Pourbaix diagram
PPM *s.* Pulsphasenmodulation
pp$^+$-Übergang *m (El)* p-p$^+$ junction
Prädikatenlogik *f* predicate logic *(Schaltlogik)*
Präfix *n (Dat)* prefix
Präfixschreibweise *f (Dat)* prefix (Polish) notation
Prägemaschine *f* embossing machine
Prägung *f* embossed wiring *(gedruckte Schaltung)*
Prallblech *n* baffle plate *(Sekundärelektronenvervielfacher)*
Prallelektrode *f* counter electrode
Prallplatte *f* baffle plate; flapper *(Pneumatik)*
Prallwand *f (Ak)* live end
Prallzeit *f s.* Prellzeit
Präsentationsschicht *f (Nrt)* presentation layer *(in Netzen)*
Prasselgeräusch *n* crackling (frying, rattling) noise
Präzisionsabstimmung *f* precision tuning
Präzisionsanalogrechner *m* precision analogue computer
Präzisionsanflugradar *n* precision approach radar
Präzisionsbauelement *n* precision component
Präzisionserwärmung *f* precision heating
Präzisionsfolienkondensator *m*/**abgleichbarer** adjustable precision polystyrene capacitor
präzisionsgewickelt precision-wound
Präzisionsgitter *n* precision grid
Präzisionsimpulsschallpegelmesser *m* precision impulse sound level meter
Präzisionsinstrument *n* [high-]precision instrument
Präzisionskondensator *m* precision capacitor
Präzisionsmeßbrücke *f* precision bridge
Präzisionsmeßinstrument *n* precision measuring instrument
Präzisionsmessung *f* precision (high-accuracy) measurement
Präzisionsoffset *m (Fs)* precision offset
Präzisionsschallpegelmesser *m* precision sound level meter
~/**integrierender** precision integrating sound level meter
Präzisionsverstärker *m* precision amplifier
Präzisionswicklung *f* precision winding
Präzisionswiderstand *m* precision resistor, precistor
Präzistor *m s.* Präzisionswiderstand
Preemphasis *f* pre-emphasis
P-Regelung *f s.* Proportionalregelung
Prelldauer *f* [contact] bounce time

prellen to bounce [back], to chatter *(Kontakt, Relais)*
Prellen *n* bounce, bouncing, chattering *(Kontakt, Relais)*
prellsicher chatter-proof *(Schalter)*
Prellzeit *f* bounce (chatter) time *(Kontakt)*
pressen 1. to press; to compress, to compact; 2. to mould *(z. B. Kunststoff)*; 3. to squeeze
Pressenbeheizung *f* press heating
Presser *m s.* 1. Dynamikregler; 2. Dynamikkompressor
Preßgaskondensator *m* [precision] compressed-gas capacitor *(Hochspannungsmeßtechnik)*
Preßgasschalter *m* gas-blast switch
Preßgehäuse *n* moulded housing
Preßglaslampe *f* pressed-glass lamp
Preßglassockel *m* pressed-glass base
Preßglimmer *m* micanite
Preßharz *n* [compression-]moulding resin
Preßkabelschuh *m* stamped terminal
Preßkernspule *f* iron-dust core coil
Preßkonstruktion *f* clamping structure *(z. B. von Trafos)*
Preßling *m* moulding
Preßluft *f s.* Druckluft
Preßmasse *f* moulding compound (material)
Preßmatrize *f* pressing matrix *(Schallplatte)*
Preßpappe *f* pressboard
Preßpassung *f* press fit
Preßplatte *f* core end plate *(des Blechpakets bei rotierenden Maschinen)*; clamping plate *(bei Trafokernen)*
Preßring *m* commutator vee ring *(Stromwender)*
Preßschmelzschweißen *n* fusion welding with pressure
Preßschweißen *n* pressure welding
~ **in fester Phase** solid-phase welding
Preßsitz *m* press fit
Preßspan *m* pressboard, press[s]pahn, strawboard
Preßstoffgehäuse *n* casing of plastic material, moulded [bakelite] jacket
Preßstoffplatte *f*/**kupferkaschierte** copper-clad laminate
Preßstück *n*, **Preßteil** *n* moulding, moulded (pressed) part
Pressung *f* compression
Pressung-Dehnung *f (Ak)* companding *(der Dynamik)*
Preßverbinder *m* compression connector
Preßverbindung *f* compression connection
Preßzylinder *m* squeezing cylinder
Primärabstimmspule *f* primary tuning coil
Primäranker *m* primary armature
Primärausfall *m* primary fault (failure)
Primärauslöser *m* direct [overcurrent] release
Primärauslösung *f* direct [overcurrent] release *(Relais)*
Primärbatterie *f* primary (galvanic) battery
Primärelektron *n* primary electron
Primärelement *n* primary cell
Primäremission *f* primary emission
Primärenergie *f* primary energy, crude energy
Primärfarbe *f* primary [colour]
Primärfeld *n* primary field
Primärfolge *f*, **Primärgruppe** *f (Nrt)* primary block, [primary] group
Primärgruppenabschnitt *m (Nrt)* group section
Primärgruppendurchschaltefilter *n (Nrt)* through group filter
Primärgruppendurchschaltepunkt *m (Nrt)* through group connection point
Primärgruppenumsetzer *m (Nrt)* group translating equipment
Primärgruppenverbindung *f (Nrt)* group link
Primärgruppenverteiler *m (Nrt)* group distribution frame
Primärgruppenvoramt *n (Nrt)* group control station
Primärionisation *f* primary ionization
Primärklemme *f* primary terminal, terminal of primary winding
Primärkondensat *n* primary condensate *(Kraftwerk)*
Primärkondensatkühler *m* primary condensate cooler *(Kraftwerk)*
Primärkreis *m* primary circuit
Primärkristall *m* primary crystal
Primärkühlkreis[lauf] *m* primary coolant circuit
Primärleitung *f* primary wire
Primärlichtquelle *f* primary source [of light]
Primärmultiplex *n (Nrt)* primary multiplex
Primärmultiplexanschluß *m* primary rate access
Primärnetz *n* primary network
Primärnormal *n (Meß)* primary standard
Primärradar *n* primary radar
Primärreinigungssystem *n* primary cleaning system *(Kraftstoff)*
Primärrelais *n* primary (main current) relay
Primärspannung *f* primary [terminal] voltage
Primärspule *f* primary coil
Primärstandard *m* primary standard
Primärstrahler *m (Licht)* primary radiator; radiating element *(Antennentechnik)*
Primärstrahlung *f* primary radiation
Primärstrom *m* primary current
Primärstromkreis *m* primary (main) circuit
Primärstromverhältnis *n* primary current ratio
Primärteilchen *n* primary particle
Primärtrennelement *n* primary disconnecting device *(bei Schaltern)*
Primärvalenzen *fpl* reference stimuli, primaries *(Farbvalenzen)*
Primärversorgungsbereich *m (Nrt)* primary service area
Primärwasserzusatz *m* primary water make-up *(Kraftwerk)*
Primärwicklung *f* primary winding

~ **des Transformators** transformer primary [winding]
Primärzelle *f* primary cell
Printspooling *n (Dat)* print spooling *(Druckzwischenspeicherung)*
Prinzip *n***/biquinäres** biquinary principle
~ **der konstanten Leuchtdichte** constant-luminance principle
~ **des detaillierten Gleichgewichts** principle of detailed balance (balancing)
~**/Huygenssches** Huygens principle
Prinzipschaltbild *n* schematic (basic) circuit diagram, circuit (wiring) diagram, elementary connection diagram, circuit principle
Prioritätensteuerung *f (Dat)* priority control
Prioritätsauswähler *m (Dat)* priority encoder
prioritätsgeordnet priority-ordered
Prioritätskaskade *f (Dat)* daisy chain *(Programmierung)*
Prioritätskodierer *m* priority encoder
Prioritätsordnung *f* priority rule
Prioritätsprogramm *n (Dat)* priority program (routine)
Prioritätsschaltung *f***[/serielle]** daisy chain *(Programmierung)*
Prioritätssteuerung *f (Dat)* priority control
Prioritätsunterbrechung *f (Dat)* priority interrupt
Prisma *n***/totalreflektierendes** total-reflecting prism
Prismenbasis *f* prism base
Prismenmonochromator *m* prism monochromator
Prismenspektrograph *m* prism spectrograph
Prismenspektroskop *n* prism spectroscope
Prismenspektroskopie *f* spectroscopy by prism
Prismenspektrum *n* prism (prismatic, dispersion) spectrum
Prismenstrahlteiler *m* prism-type beam splitter
Prismenwinkel *m* prism (refracting) angle
Prison-Bolzen *m* alignment pin
Prisonierstift *m* jack bolt; alignment pin
Privatanschluß *m (Nrt)* private (house) connection
Privatfernsprechanlage *f* private telephone plant (installation)
Privatfernsprechleitung *f* private telephone wire
Privatgespräch *n (Nrt)* private call
Privatnebenstelle *f (Nrt)* subscriber's extension station
Privatnebenstellenanlage *f* **mit Wählbetrieb** *(Nrt)* dial private branch exchange
Privattelefon *n* residence telephone
Probe *f* 1. sample; specimen; 2. test, trial *(s. a. unter* Prüfung*)*
Probeanruf *m (Nrt)* test call
Probebelichtung *f* trial (test) exposure
Probebetrieb *m*, **Probedurchlauf** *m* trial run
Probefahrt *f* test drive
Probekörper *m* test specimen (object), [test] sample
Probelauf *m* trial run, test[ing] run
Probenahme *f* sampling
Probenbehälter *m* sample container
Probenehmer *m* sampler
Probenfunktion *f* sample function *(als Teil einer Menge)*
Probentemperatur *f* sample temperature
Probeverbindung *f* trial connection; *(Nrt)* test call
Problem *n***/logisches** logical problem *(z. B. beim Entwurf einer Steuerung)*
Problemlösungsprogramm *n (Dat)* problem-solving program
problemorientiert *(Dat)* problem-oriented
Produkt *n*:
~**/äußeres** *s.* ~/vektorielles
~**/Boolesches** Boolean (logic) product
~**/inneres** *s.* ~/skalares
~**/skalares** scalar (dot) product
~**/vektorielles** vector (cross) product
Produkthaftung *f* product liability
Produktion *f***/rechnergesteuerte (rechnergestützte)** computer-aided manufacturing, CAM
Produktionsbad *n (Galv)* commercial tank
Produktionsendkontrolle *f* final production testing
Produktionssteuerung *f* production control
Produktrelais *n* product relay
Profil *n* profile; contour; section
~**/Gaußsches** Gaussian profile
Profilbeleuchtung *f* outline lighting
Profildraht *m* profile (section) wire; shaped conductor
Profilleiter *m* shaped conductor
Profilschnittverfahren *n* silhouetting section method *(Halbleiterfertigung)*
Profilsammelschiene *f* rigid bus bar
Programm *n* 1. *(Dat)* program, routine; 2. programme *(Rundfunk, Fernsehen)*; 3. schedule *(Zeitplan)*
~**/abgeschlossenes** closed program
~**/ablaufendes** running program
~**/adressenfreies** symbolic program
~**/allgemeines** general program
~**/allgemeines interpretierendes** general interpretative program
~**/ausgegebenes** written-out program
~**/automatisches** automatic routine
~**/dynamisch verschiebbares** dynamic relocatable program
~**/erzeugendes** *s.* ~/kompilierendes
~**/externes** external program
~**/falsches (fehlerhaftes)** incorrect program
~ **für die Kodeerzeugung** code generating routine
~**/gespeichertes** stored program
~**/internes** internal program
~**/interpretierendes** interpretative program, interpreting routine, interpreter
~**/kodiertes** coded program

~/kompilierendes compiling program, compiler
~/laufendes running program
~/logarithmisches logarithmic program
~/logisches logical program
~/maschinenübersetztes object program
~/mehrfach wiederholtes routine
~/optimales (optimal kodiertes) optimally coded program, minimum-access routine
~/rechnergestütztes computer-assisted program
~/relokatibles relocatable program
~/residentes resident program
~/sich wiederholendes repetitive program
~/simuliertes simulated program
~/symbolisches symbolic program
~/umgewandeltes transformed program
~/unabhängiges independent program
~/unverzweigtes straight-cut program
~/verschiebbares relocatable program
~/verschlüsseltes coded program
~/von Hand eingegebenes hand-set program
~/vorbereitendes preparatory program
~/vorgegebenes predetermined program
~/vorläufiges preliminary program
~/zuordnendes interpretative program
~/zusammensetzendes assembly routine *(s. a.* ~/kompilierendes*)*
~/zyklisches cyclic program
Programmablauf *m* 1. *(Dat)* program flow; pass; 2. *(Syst)* control sequence
Programmablaufplan *m* program flow chart
Programmanweisung *f* program statement
Programmausprüfung *f* program checking (testing)
Programmausstattung *f* software
Programmaustausch *m* program exchange, program interchange (swapping)
Programmband *n* program tape; sequence control tape
Programmbaustein *m* program (software) module
Programmbearbeiter *m s.* Programmierer
Programmbefehl *m* program instruction (command)
Programmbeginn *m* [program] beginning
Programmbibliothek *f* program library
Programmbinder *m s.* Programmverbinder
Programmende *n* program end
Programmfehler *m* program error (fault)
Programmfolge *f* program sequence
Programmfolgesystem *n* sequential programming system
Programmfortschaltung *f* program advance
Programmgeber *m (Syst)* control timer
~ mit Nockensteuerung camshaft timer
programmgesteuert program-controlled; sequence-controlled
Programmherstellung *f*/**automatische** self-programming
Programmhilfsroutine *f* program aid routine
programmierbar programmable
~/vom Anwender user-programmable
programmieren *(Dat)* to program
~/neu to reprogram
Programmieren *n (Dat)* programming *(s. a. unter* Programmierung*)*
~/flexibles flexible programming
~/rechnerorientiertes computer-oriented programming
Programmierer *m* programmer; coder
Programmierfeld *n* programming plugboard
Programmiergerät *n* programming device, programmer [unit], programming terminal, program panel
~/pneumatisches pneumatic programming device
Programmiersprache *f (Dat)* programming language, [coding] language
~ für Simulation simulation coding language
~/höhere high-level [programming] language, HLL
~/maschinenorientierte machine-oriented language, low-level language
~/niedere (niedrige) low-level [programming] language
~/problemorientierte problem-oriented language
Programmiersymbol *n* programming symbol
Programmierung *f (Dat)* programming
~/adressenfreie symbolic programming
~/automatische automatic programming
~/dynamische dynamic programming
~ für wahlfreien Zugriff random-access programming
~ in Maschinensprache machine-language programming
~/kommerzielle commercial programming
~/komplexe complex programming
~/konvexe convex programming
~/lineare linear programming
~/mathematische mathematical programming
~ mit minimaler Zugriffszeit minimum-access programming
~/modulare modular programming
~/nichtlineare non-linear programming
~/optimale optimum programming, minimum-access programming
~/parametrische parametric programming
~/quadratische quadratic (square) programming
~/symbolische symbolic programming
~ von unten nach oben bottom-up
~/zeitoptimale time-optimal programming
~/zugriffszeitunabhängige random-access programming
Programmierungsfehler *m (Dat)* programming error
Programmierungsfeld *n* program board, patch bay *(Analogrechner)*
Programmierungsmethode *f* programming method
Programmierungssprache *f s.* Programmiersprache
Programmierungssystem *n* programming system

Programmierverfahren *n* programming method
Programmkarte *f* program card
programmkompatibel software-compatible
Programmlauf *m (Dat)* program run
Programmnocke *f (Syst)* program cam *(Steuerwalze)*
Programmnumerierung *f* program numbering
programmorientiert program-oriented
Programmpaket *n* program package
Programmplatte *f s.* Programmtafel
Programmprüfung *f* program checking (testing)
Programmregelung *f* program control; time[-pattern] control
Programmregister *n* program (control) register
Programmregler *m* program controller
Programmschalter *m* program switch, controller
Programmschaltwerk *n* microcontroller
Programmschleife *f* program loop (cycle)
Programmschritt *m* program step
Programmschrittzähler *m* sequence counter
Programmsegment *n* control section
Programmspeicher *m* program memory (store)
Programmspeicherung *f* program storage
Programmsprache *f* program language
~/tabellarische tabular program language
Programmsprung *m (Dat)* program jump [branch]
Programmstecker *m* coded image plug
Programmsteuerung *f* program control
~ des Rechners computer program control
Programmsteuerwalze *f (Syst)* program drum
Programmsteuerwerk *n (Dat)* program control unit
Programmstoppschalter *m (Dat)* program stop switch
Programmstreifen *m (Dat)* program tape
Programmstufe *f (Dat)* program level
Programmsuchautomatik *f* automatic program search system
Programmsucher *m***/automatischer** automatic program finder, APF
Programmtafel *f* program panel (table, board)
~/austauschbare replaceable program panel
Programmtaste *f* soft key
Programmtest *m* program check (test)
Programmübersetzung *f* program compilation (translation), compiling
Programmüberwacher *m* tracer
programmüberwacht program-controlled
Programmumschaltung *f* context switch[ing]
Programmumwandler *m* autocoder
Programmumwandlung *f s.* Programmübersetzung
Programmunterbrechung *f* program interruption (stop), interrupt *(s. a. unter* Interrupt*)*
~/bedingte 1. conditional breakpoint; 2. conditional control sequence interruption *(Vorrangsteuerung)*
Programmunterbrechungssystem *n* program interruption system
Programmverbinder *m* linkage editor (edit generator), linker, link editor
Programmverzweigung *f s.* Programmzweig
Programmvorbereitung *f* program preparation
Programmvorwahl *f* program preselection
Programmwartung *f* program maintenance
Programmzähler *m* program counter, PC, sequence counter
Programmzuführung *f* program supply
Programmzustand *m* program status
Programmzweig *m* [program] branch
~/abgeschlossener closed branch
Projektierung *f* **des Regelungsvorgangs** control process design
Projektion *f* projection
~/diaskopische diascopic projection
~/episkopische episcopic projection
~/flächentreue equal-area projection
~/konforme conformal projection
~/schrittweise stepped projection
~/winkeltreue *s.* ~/konforme
Projektionsbelichtung *f* projection printing *(Wafer)*
Projektionsbild *n* screen image (picture), projected image
Projektionsbildröhre *f* projection-type television tube
Projektionsentfernung *f* projection (screen) distance
Projektionsfläche *f* cinema screen
Projektionsgerät *n* projector, projection instrument (equipment)
Projektionskopierung *f* projection printing *(z. B. auf Wafer)*
Projektionslampe *f* projection (projector) lamp
Projektionslampengestell *n* projector lamp filament support
Projektionslicht *n* projecting light
Projektionslithographie *f (ME)* projection lithography
Projektionsmaskierung *f (ME)* projection (out-of-contact) masking
Projektionsröhre *f* projection tube
Projektionsschirm *m* projection screen
Projektionsskaleninstrument *n (Meß)* projected-scale instrument
Projektionsübertragung *f* projection printing
Projektor *m* projector
projizieren to project
PROLOG PROLOG, programming in logic *(eine Programmiersprache)*
PROM *m* PROM, programmable read-only memory
Propellerturbine *f* propeller-type turbine
Proportionalabweichung *f (Syst)* position error, [proportinal] offset
Proportionalbereich *m (Syst)* proportional-control zone (band), proportional band (range), P-band *(P-Regler)*

Proportional-Differential-Regelung *f (Syst)* proportional-derivative[-action] control, PD[-action] control
Proportional-Differential-Regler *m (Syst)* proportional-derivative[-action] controller, PD controller
Proportionalglied *n (Syst)* proportional element
Proportional-Integral-Differential-Glied *n (Syst)* proportional-integral-derivative[-action] element, PID element
~/elektrisches integro-differentiating network
Proportional-Integral-Differential-Regelung *f (Syst)* proportional-integral-derivative[-action] control, PID[-action] control
Proportional-Integral-Differential-Regler *m (Syst)* proportional-integral-derivative[-action] controller, PID controller
Proportional-Integral-Glied *n (Syst)* proportional-integral element, PI element
Proportional-Integral-Regelung *f (Syst)* proportional-integral[-action] control, PI[-action] control
Proportional-Integral-Regler *m (Syst)* proportional-integral[-action] controller, PI controller
Proportionalitätsbereich *m s.* Proportionalbereich
Proportionalitätsfaktor *m (Syst)* proportionality (proportional-action) factor
Proportionalitätsgrenze *f* proportionality limit
Proportionalregelung *f (Syst)* proportional[-action] control, PI[-action] control
Proportionalregler *m (Syst)* proportional[-action] controller, P controller
Proportionalreglerverhalten *n (Syst)* proportional controller action
Proportionalverhalten *n (Syst)* proportional control action, P-action *(eines Reglers)*; offset behaviour *(Regelabweichung)*
Proportionalverstärker *m* proportional amplifier
Proportionalzähler *m* proportional counter
Proportionalzählrohr *n* proportional counter tube
Protokoll *n* protocol; log; listing; record
~/logisches logic protocol *(Rechnernetze)*
Protokollanpassung *f* protocol adapter
Protokollebene *f* protocol layer
Protokollgenerator *m* log generator
protokollieren *(Dat)* to log; to list; to print out; to record
Protokollkennung *f* protocol identifier (indicator)
Protokollschicht *f* protocol layer
PROWAY *s.* Prozeßdatenbus
Prozeduranweisung *f (Dat)* procedure statement
Prozedurvereinbarung *f (Dat)* procedure declaration
Prozentdifferentialrelais *n* percentage (ratio) differential relay
Prozentrelais *n* biased relay
Prozentsatz *m* **der ausgeführten Anmeldungen** *(Nrt)* percentage of effective calls
Prozentvergleichsschutz *m* percentage differential protection, biased differential protection (protective system) *(Relais)*

Prozeß *m*:
~/diskontinuierlicher discontinuous (batch) process
~/elektrothermischer electrothermal process
~/Gaußscher Gaussian process *(Zufallsvorgang)*
~/gesteuerter controlled action
~/irreversibler irreversible process
~/Markowscher Markov process *(Zufallsvorgang)*
~/stochastischer stochastic (random) process
Prozeßausbeute *f* process yield; line yield *(in Fertigungslinien)*
Prozeßautomatisierung *f* automatic process control, process automation
Prozeßdatenbus *m* process data highway, PROWAY
Prozeßdatenverarbeitung *f* process data processing
prozeßentkoppelt *(Syst, Dat)* off-line
Prozeßfolge *f* sequence of processes
prozeßgekoppelt/direkt *(Syst, Dat)* on-line
~/indirekt off-line
prozeßgesteuert process-controlled
Prozeßkorrelator *m***/automatischer** *(Syst)* automatic process correlator
Prozeßleittechnik *f* process control engineering; computer-integrated process control
Prozeßmeßtechnik *f* process measuring technique
Prozeßmeßwerterfassung *f* process measurement logging
Prozeßmodell *n* process model
Prozeßoptimierung *f* process optimization
Prozessor *m* [data] processor, central processing unit
~/abhängiger (untergeordneter) slave processor
Prozessorelement *n* central processing element, CPE, [chip] slice
Prozessorentwicklungsmodul *m* processor evolution module
Prozessorschnittstellenmodul *m* processor interface module
Prozessor-Speicher-Verbindungssystem *n* processor-memory interconnection system
Prozessorunterbrechung *f* processor interrupt
Prozeßprogrammschalter *m* process timer
Prozeßrechentechnik *f* process computing engineering
Prozeßrechner *m* process [control] computer
~/analog arbeitender analogue process computer
~/digital arbeitender digital process computer
Prozeßrechnersteuerung *f* computer-directed process control
Prozeßrechnersteuerungstechnik *f* computer-directed process control technique
Prozeßregelung *f***[/automatische]** automatic process control
Prozeßregelungssystem *n* process control system
Prozeßschnittstelle *f* process interface
Prozeßsteuerung *f (Syst)* process control

~ **durch Rückstreuelektronen** process control by backscattered electrons *(Elektronenstrahlschweißen)*
~**/industrielle** industrial process control
~ **mit Rechner** computer-directed process control
Prozeßsteuerungstechnik *f* process control engineering
Prozeßüberwachung *f* process monitoring
Proximityeffekt *m* proximity effect *(Elektronenstrahllithographie)*
Prüfabdeckung *f* test cap
Prüfablauf *m* test procedure
Prüfabschnitt *m (Nrt)* test section
Prüfader *f (Nrt)* test wire, C-wire
Prüfanlage *f* testing plant; test equipment (set)
Prüfanleitung *f* test chart (instruction)
Prüfanzeiger *m* check indicator
Prüfarm *m* test wiper
Prüfattest *n* test certificate
Prüfaufgabe *f* check problem
Prüfaussage *f* check information
Prüfautomat *m* automatic test equipment, ATE
Prüfbatterie *f* testing battery
Prüfbedingung *f***/allgemeine** general test condition
Prüfbefehl *m* check command
Prüfbefund *m* test result
Prüfbelastung *f* test load
Prüfbericht *m* test report
Prüfbit *n* check bit; parity bit, guard digit
~**/zyklisches** *(Dat)* cyclic check bit
Prüfbitspeicher *m* test bit store
Prüfblatt *n* inspection sheet
Prüfdaten *pl* test data
Prüfdraht *m* test (pilot) wire; *(Nrt)* C-wire
Prüfeinrichtung *f* testing equipment (device, fixture), test rig (outfit), checking feature (device), check instrument
~**/automatische** automatic test equipment; *(Nrt)* routiner
~**/eingebaute** built-in test equipment
~ **für automatische Prüfungen** *(Dat)* automatic routine test equipment
~ **für Nummernschalter** *(Nrt)* dial testing equipment
Prüfelektrode *f* testing electrode
Prüfempfänger *m* test receiver
prüfen to test; to check, to control; to inspect; to verify
~**/auf Besetztsein** *(Nrt)* to verify a busy report
~**/auf Fehler** to check for faults
~**/auf Pfeifsicherheit** *(Nrt)* to test the stability
~**/auf Stabilität** *(Syst)* to prove stability, to make check on stability
~**/den Ruf** *(Nrt)* to test the signalling
~**/mit Sonden** to probe-test
Prüfen *n* **der Eichung** checking of the calibration
~**/hauptkartengesteuertes** *(Dat)* master card control of verification
~**/rechnergestütztes** computer-aided testing, CAT
~ **von verlegten Kabeln** site test on cables
Prüfergebnis *n* test result
Prüffeld *n* 1. test department (laboratory), proving ground; 2. test panel
Prüffinger *m* test finger *(Gerät zur Prüfung des Berührungsschutzes)*
~**/kombinierter** joined test finger
~**/starrer** rigid test finger
Prüffrequenz *f* test frequency
Prüfgegenstand *m s.* Prüfobjekt
Prüfgenerator *m* test (signal) generator; alignment generator (oscillator)
Prüfgerät *n* testing apparatus (instrument, device), test set, tester, check (inspection) instrument
~ **mit Einhandbedienung** hand-held meter
Prüfgestell *n* test board; *(Nrt)* test desk
Prüfgleichspannung *f***/negative** reverse test d.c. voltage *(Thyristor)*
Prüfimpuls *m* test pulse
Prüfkammer *f* test cabinet (chamber)
Prüfkarte *f* test certificate
Prüfkaskade *f* cascaded testing transformer
Prüfkennzeichen *n (Dat)* test flag
Prüfklemme *f* test (calibration) terminal
Prüfklemmenblock *m* test terminal box *(z. B. für Zähler)*
Prüfklima *n* test climate
Prüfklinke *f (Nrt)* test jack
Prüfklinkenfeld *n (Nrt)* test jack panel
Prüfklinkenrahmen *m (Nrt)* test jack frame
Prüfkode *m* test (check) code
Prüfkontaktarm *m (Nrt)* private wiper, P-wiper
Prüfkopf *m* test (probe) head
Prüflabor *n* testing (experimental) laboratory
Prüflampe *f* test lamp
Prüflast *f* test load; dummy load
Prüfleiter *m (Nrt)* third wire
Prüfleiterplatte *f* test circuit board
Prüfleitung *f* test line; *(Nrt)* test wire, C-wire
Prüfleitungswähler *m (Nrt)* test connector
Prüflesen *n (Dat)* read-after-write
Prüfling *m* test piece (specimen, sample, component), check sample; *(Ap)* device under test, DUT
Prüflingskapazität *f* specimen capacitance
Prüfliste *f* check list
Prüflocher *m* control punch *(Lochkarte)*
Prüfmarke *f (El)* target
Prüfmethode *f* testing technique, method of test[ing]
Prüfmuster *n* 1. test specimen, test unit *(s. a.* Prüfling*)*; 2. test pattern *(Bilderkennung)*
Prüfnachricht *f (Nrt)* test pattern message
Prüfnormal *n* calibration standard
Prüfnormalien *pl* standard rules
Prüfobjekt *n* test object (item), specimen [under test] *(s. a.* Prüfling*)*
Prüfplatte *f* test panel (board)

~/einseitig kupferkaschierte single-sided copper-clad test panel
Prüfplatz *m (Nrt)* test[ing] position
Prüfproblem *n* check problem
Prüfprogramm *n* test program (routine, schedule), check program
Prüfprotokoll *n* test certificate, inspection sheet; *(Dat)* test log
Prüfraum *m* test (check, inspection) room
Prüfregeln *fpl* standard rules
Prüfregister *n (Dat)* check register
Prüfreiz *m* test stimulus
Prüfrelais *n* test relay
Prüfroboter *m* inspection robot
Prüfschablone *f* inspection overlay *(für Leiterplatten)*
Prüfschallplatte *f* test record
Prüfschallquelle *f* 1. reference noise generator *(Schalleistungsnormal)*; 2. acoustic (sound level) calibrator *(Mikrofonkalibrierung)*
Prüfschalter *m* test[ing] switch; *(Ap)* feeler switch
Prüfschaltung *f* test (check) circuit
~/einpolig geerdete asymmetric connection
~/symmetrische symmetrical connection
~/synthetische synthetic testing scheme *(z. B. bei Schalterprüfung)*
Prüfschärfepegel *m* severity level
Prüfschein *m* test certificate
Prüfschema *n (Meß)* test program; test diagram
Prüfschneide *f* testing edge
Prüfschnur *f* test (patch) cord
Prüfschrank *m* test board (cabinet, desk)
Prüfschritt *m* test (check) step
Prüfsender *m* test (signal) generator
Prüfsensor *m* diagnosis sensor
Prüfsignal *n* test signal
~/gemischtes composite test signal
Prüfsignalgeber *m* test signal oscillator
Prüfsignalgemisch *n* composite test signal
Prüfsignalgenerator *m* test signal oscillator
Prüfsonde *f* test probe
Prüfspannung *f* test voltage, testing potential; *(Hsp)* isolation voltage
~/endgültige (tatsächliche) final test voltage
~/zulässige withstand test voltage
Prüfspannungsendwert *m* final test voltage
Prüfspannungserzeugung *f* generation of test voltage
Prüfspannungszeichen *n* test voltage symbol
Prüfspitze *f* [test] prod
Prüfspitzenbuchse *f* tip jack
Prüfspule *f* test (search) coil
~/magnetische magnetic test coil
Prüfstand *m* test stand (bay, floor, rig); check room
Prüfstandversuch *m* bench test
Prüfstelle *f* test point
Prüfstoß *m* test pulse
Prüfstrom *m* 1. test[ing] current; 2. *s.* ~/großer
~/großer minimum fusing current *(Sicherung)*
~/kleiner limiting no-damage current
~/thermischer thermal test current
Prüfstromkreis *m* test circuit
Prüfstück *n s.* Prüfling
Prüfsystem *n***/rechnerautomatisiertes (rechnergestütztes)** computer-automated test sytem
Prüftaste *f* test key
Prüftechnik *f* 1. testing technique; 2. testing
~/rechnergestützte computer-aided testing, CAT
Prüftelefon *n* test handset
Prüftisch *m* test bench (desk)
Prüftoleranz *f* test tolerance
Prüfton *m* test tone
Prüftransformator *m* test transformer
Prüfung *f* test[ing], check[ing]; inspection; *(Dat)* numerical check; qualification *(von Meßmitteln)*
~/audiometrische audiometric test[ing]
~ **auf Benetzbarkeit** wettability test
~ **auf Betriebsfähigkeit** *(Dat, Nrt)* clear test
~ **auf Gasdichtigkeit** gas-tight test
~ **auf Umgebungseinflüsse** environmental test
~ **auf unzulässige Kodekombinationen** *(Dat)* forbidden combination check
~/automatische automatic check[ing]
~ **bei aussetzender Entladung** intermittent test *(Batterie)*
~ **bei Dauerbelastung** continuous test
~ **bei feuchter Wärme** damp heat test
~ **bei künstlichem Regen** test under artificial rain
~ **der Lärmentwicklung** noise [emission] test
~/dielektrische dielectric test
~/eingebaute built-in check
~ **einer Meßmittelbauart** pattern evaluation
~ **eines Meßmittels** examination of a measuring instrument
~ **im beregneten Zustand** test under wet conditions
~ **im trockenen Zustand** dry test
~/kombinierte composite test
~/logische logical check
~ **mit paarweisem Vergleich** pair comparison test
~/programmierte programmed check[ing]
~/regelmäßige routine test
~ **unter realen Einsatzbedingungen** field test
~ **von Isolierstoffen** testing of insulating materials
~/zerstörungsfreie non-destructive test
~/zusammengesetzte composite test
Prüfungsauswertung *f* evaluation of test
Prüfunterprogramm *n (Dat)* checking subroutine
Prüfverbindung *f (Nrt)* test call
Prüfverfahren *n* test[ing] method, testing technique; test (inspection) procedure
~/allgemeines general test method
~/direktes direct testing scheme *(z. B. bei Schalterprüfung)*
~ **mit gebogener Katode** *(Galv)* bent-cathode test

~/synthetisches synthetic testing scheme *(z. B. bei Schalterprüfung)*
Prüfverkehr *m (Nrt)* test traffic
Prüfvorgang *m* operation of testing
Prüfvorrichtung *f* testing equipment (device, apparatus)
Prüfvorschrift *f* test specification (instruction)
Prüfwähler *m (Nrt)* test selector
Prüfwert *m* test value; measured value
Prüfzeichen *n* 1. test mark *(zur Abnahmekennzeichnung)*; check character (digit) *(für Prüfzwecke)*; 2. error detection character, EDC
Prüfzeit *f* test (inspection) time, duration of test
Prüfzelle *f* 1. pilot cell *(der Batterie)*; 2. test cell *(für Durchschlagprüfungen an Flüssigkeiten)*
Prüfziffer *f (Dat)* check digit
Prüfzugang *m (Nrt)* test access
Prüfzugangspunkt *m*, **Prüfzugangsstelle** *f (Nrt)* test-access point
Prüfzwischensockel *m* test adapter
Prüfzyklus *m* test cycle
Pseudoabgleich *m* pseudobalance
Pseudoadresse *f (Dat)* pseudoaddress, symbolic (floating) address
Pseudobefehl *m (Dat)* pseudoinstruction; dummy command
Pseudoeffekt *m* pseudoeffect
Pseudokode *m (Dat)* pseudocode, abstract code
Pseudokodeprogramm *n (Dat)* pseudocode program
pseudolinear pseudolinear
Pseudopotential *n* pseudopotential
Pseudoprogramm *n (Dat)* pseudoprogram, symbolic program
Pseudoternärkode *m (Dat)* pseudoternary code
pseudozufällig pseudorandom
Pseudozufallsfolge *f (Dat)* pseudorandom sequence
Pseudozufallsrauschen *n* pseudorandom noise
Psophometer *n* psophometer *(Geräuschspannungsmesser)*
PST-Kode *m* paired selected ternary code *(Pseudoternärkode)*
Psychoakustik *f* psychoacoustics
Psychogalvanometer *n* psychogalvanometer
PTC-Widerstand *m* PTC resistor, positive temperature coefficient resistor
p-Typ-Halbleiter *m* p-type semiconductor
Puffer *m (ET, Dat)* buffer
~/impulsbildender pulse-forming buffer
Pufferbatterie *f* buffer (back-up) battery
Pufferbaustein *m* buffer module
Pufferbetrieb *m* buffer-battery system
Pufferdiode *f* buffer diode
Pufferfeder *f* buffer spring
Pufferflipflop *n* latch flip-flop
Puffergerät *n* buffer unit
Pufferkondensator *m* buffer capacitor
Pufferkontakt *m* buffer contact
Pufferkreis *m* buffer circuit
Pufferladegerät *n* battery booster *(für Batterien)*
Pufferladung *f* trickle (compensating) charge *(Batterie)*
puffern *(ET, Dat)* to buffer; to dampen
Pufferregister *n (Dat)* buffer register
Pufferschicht *f* buffer layer
Pufferspeicher *m (Dat)* buffer memory (store), buffer *(Zwischenspeicher)*; cache *(schneller Speicher)*
~/örtlicher local buffer store
Pufferstufe *f (ET, Dat)* buffer stage, buffer
Pufferverstärker *m (ET, Dat)* buffer amplifier
Pufferverzweiger *m (Nrt)* buffer cabinet
Pufferwirkung *f* buffer action
Pufferzeit *f (Dat)* slack
Puls *m (ET, El)* pulse, [im]pulse train, train of [successive] pulses *(Zusammensetzungen s. unter* Impuls*)*
Puls... *s. a.* Impuls...
Pulsabfallzeit *f* pulse decay (fall) time
Pulsamplitude *f* pulse amplitude (height)
Pulsamplitudenmodulation *f* pulse-amplitude modulation, PAM
Pulsanstiegszeit *f* pulse rise time
Pulsantwort *f* pulse response
Pulsation *f* pulsation
Pulsationsspannungsprüfanlage *f* pulsating voltage-testing equipment *(Überlagerung von Gleich- und Wechselspannung)*
Pulsationsverlust *m* pulsation loss
Pulsbelastung *f* pulse loading
Pulsbetrieb *m* pulsing duty; chopping operation
Pulsbreite *f* pulse width
Pulsbreitenabtastung *f* pulse-width sampling
Pulsbreitenerfassung *f* pulse-width recording
Pulsbreitenmodulation *f* pulse-width modulation
Pulsbreitenmodulator *m* pulse-width modulator
Pulsdauer *f* pulse duration (length)
Pulsdauermodulation *f* pulse-duration modulation, PDM, pulse-length modulation
pulsen to pulse; to chop *(z. B. Gleichstrom)*
Pulser *m* chopper *(für Gleichstrom)*
Pulserzeugung *f* pulse generation
Pulsfolgefrequenz *f s.* Pulsfrequenz
Pulsfrequenz *f* pulse frequency (rate), [pulse] repetition frequency, PRF, [pulse] repetition rate; chopping rate
Pulsfrequenzfernmessung *f* pulse rate telemetering
Pulsfrequenzmodulation *f* pulse-frequency modulation, PFM, pulse rate modulation
Pulsgeber *m*, **Pulsgenerator** *m s.* Impulsgenerator
Pulshöhe *f* pulse height
Pulsieren *n* pulsation; pulsing
pulsierend pulsating; intermittent
Pulskode *m* pulse code

Pulskodemodulation *f* pulse-code modulation, PCM *(Zusammensetzungen s. unter* PCM*)*
Pulslänge *f* pulse length (duration)
Pulslängenkode *m* pulse-length code
Pulslängenkodierung *f (Nrt)* [pulse] duration coding
Pulslängenmodulation *f* pulse-length modulation, pulse-duration modulation, PDM
Pulsleistung *f* pulse power
Pulsmodulation *f* pulse modulation, PM
~/quantisierte quantized pulse modulation
Pulsphasenmodulation *f* pulse-phase modulation, pulse-position modulation, PPM
Pulsradar *n (FO)* pulsed radar
Pulsrahmen *m* pulse frame
Pulsschaltsystem *n***/periodisches** cyclic pulse switching system
Pulsschaltung *f* pulse circuit
Pulsspeicher *m***/periodischer** cyclic pulse store
Pulssteigerungsmodulation *f* pulse-slope modulation, PSM
Pulssteller *m* chopper *(für Gleichstrom)*
Pulsstellerregelung *f* chopper control
Pulsstopfen *n (Nrt)* pulse stuffing, justification
Pulsstromrichter *m* pulse-controlled converter
Pulsstuffing *n s.* Pulsstopfen
Pulsverteilungsverstärker *m* pulse-distribution amplifier
Pulswiederholungshäufigkeit *f s.* Pulsfrequenz
Pulszahl *f* pulse number
Pulszahlmodulation *f s.* Pulskodemodulation
Pulszählmodulation *f* pulse-count modulation, pulse-rate modulation
Pulszeit *f***/mittlere** mean pulse time
Pulszeitmodulation *f* pulse-time modulation, PTM
Pulver *n***/braunes** brown powder *(Fremdschicht auf Palladium-Kontaktwerkstoff)*
Pulvereisenkern *m* dust-iron core
pulverförmig powdery
Pulverfritter *m* powder coherer
Pulverglühkatode *f* powder cathode
pulverig powdery
Pulverkern *m* powder core
pulvermetallurgisch powder-metallurgical
Pulverpreßverfahren *n* press-powder method *(für Leiterplatten)*
Pumpanschluß *m* exhaust port *(Lampe)*
Pumpdiagram *n (Laser)* pump[ing] diagram
Pumpe *f* pump
~/elektromagnetische electromagnetic pump
~/hydraulische hydraulic pump
pumpen to pump
Pumpen *n***/optisches** *(Laser)* optical pumping
Pumpenergie *f (Laser)* pump[ing] energy
Pumpenlampe *f s.* Pumplampe
Pumpfrequenz *f (Laser)* pump[ing] frequency
Pumplampe *f (Laser)* pump[ing] lamp
Pumpleistung *f (Laser)* pump[ing] power
Pumplicht *n (Laser)* pump[ing] light
Pumplichtabsorption *f (Laser)* pump light absorption
Pumplichtintensität *f (Laser)* pumping light intensity
Pumplichtquelle *f (Laser)* pumping [light] source
~/optische optical pumping light source
Pumpquelle *f (Laser)* pump[ing] source, pump
Pumprohr *n* exhaust tube (stem) *(an einer Lampe)*
Pumpsignal *n (Laser)* pump signal
Pumpspannung *f (Laser)* pump[ing] voltage
Pumpspeicher[kraft]werk *n* pumped-storage [hydro]station, pumped-storage hydro power station, storage power station
Pumpspitze *f* pip, tip *(zum Evakuieren einer Röhre)*
Pumpstrom *m* pump current
Pumpsystem *n (Laser)* pump[ing] system
Pumpturbinen-Hydrosatz *m* reversible hydroelectric set
Pumpwellenlänge *f (Laser)* pumping wavelength
Punkt *m* point; dot; spot
~/fester fixed point
~/isoelektrischer isoelectric point
~/kritischer critical point; break point
~/toter dead point (centre); *(Nrt)* dead spot *(ohne Funkempfang)*
~/unkritischer *(Syst)* non-critical point
Punktanzeige *f* incremental display
Punktbauelement *n* dot component *(scheibenförmiges Bauelement)*
Punktbeleuchtung *f* point lighting
Punktberechnungsmethode *f* point-by-point [calculation] method
Punktberührung *f* point contact
Punktbeschleunigung *f* spot acceleration
Punktdefekt *m (ME)* point defect
Punktdiode *f* point diode
Punkte-Balken-Generator *m (Fs)* dot-bar generator
Punktelektrode *f* tip (point) electrode, spot [welding] electrode
punkten *s.* punktschweißen
Punktentladung *f* point discharge
Punktfolge *f (Fs)* dot sequence
Punktfolgefarbenverfahren *n* dot-sequential [colour television] system
punktförmig point-shaped
Punkt-für-Punkt-Messung *f* point-by-point measurement
Punktgenerator *m (Fs)* dot generator
Punkthelle *f (Licht)* point brilliance
punktiert dotted
Punktkontakt *m* point (spot) contact
Punktkontaktdiode *f* point contact diode
Punktkontakttransistor *m* point contact transistor
Punktladung *f* point charge
Punktlichtquelle *f* point light source
Punktlichtscheinwerfer *m* spotlight

punktlöten to spot-solder
Punktmatrixdrucker *m* dot matrix printer
Punktoxydation *f* **von MOS-Halbleitern** local oxidation of metal oxide semiconductors, LOCMOS *(Maskentechnik)*
~ **von Silicium** local oxidation of silicon, LOCOS *(Maskentechnik)*
Punktpol *m* point pole
Punktprodukt *n* dot product
Punkt-Punkt-Steuerung *f* point-to-point control *(Bahnsteuerung eines Roboters)*
Punktquelle *f* 1. point source *(Strahlung)*; 2. *s.* Punktstrahler
Punktraster *m* dot matrix
Punktscheinwerferbeleuchtung *f* spotlighting
Punktschreiber *m* point (dotting) recorder
Punktschweißelektrode *f s.* Punktelektrode
punktschweißen to spot-weld
Punktschweißen *n* spot welding
~**/kurzzeitiges** shot welding
Punktschweißgerät *n* spot-welding equipment
Punktschweißmaschine *f* spot welder (welding machine)
Punktsprung *m (Fs)* dot interlace
Punktsprungabtastung *f (Fs)* dot interlace scanning
Punktsprungsystem *n (Fs)* dot interlace system
Punktsprungverfahren *n (Fs)* dot interlace [scanning] system
Punktsteuerung *f (Syst)* point-to-point [positioning] control, positioning control
Punktstrahler *m (Ak)* monopole source, point emitter (source)
Punkt-Strich-Verfahren *n* dot-dash mode
Punkt-zu-Mehrpunkt-Netz *n (Nrt)* point-to-multipoint network
Punkt-zu-Mehrpunkt-Verbindung *f (Nrt)* point-to-multipoint connection
Punkt-zu-Punkt-Steuerung *f s.* Punkt-Punkt-Steuerung
Punkt-zu-Punkt-Verbindung *f (Nrt)* point-to-point communication (connection)
pupinisieren *(Nrt)* to pupinize, to coil-load
pupinisiert *(Nrt)* coil-loaded
Pupinisierung *f (Nrt)* pupinization, coil (Pupin, series) loading
~**/leichte** light loading
Pupinkabel *n (Nrt)* Pupin cable, coil-loaded cable
Pupinleitung *f (Nrt)* coil-loaded circuit
Pupinpunkt *m (Nrt)* loading point
Pupinspule *f (Nrt)* Pupin (loading) coil
~ **für Luftkabel** aerial-cable loading coil
Pupinspulenkasten *m (Nrt)* loading coil case
Pupinspulenpunkt *m (Nrt)* pupinization point
Pupinspulensatz *m (Nrt)* loading coil unit
Pupinverfahren *n (Nrt)* coil loading
Puppe *f* dolly *(Batterie)*
Purpurgerade *f* purple boundary *(Farbmetrik)*
Push-Befehl *m* push instruction *(Kellerspeicher)*
Putz *m***/schallabsorbierender** acoustic plaster
PVC polyvinyl chloride, PVC
PVC-Isolation *f* PVC insulation
PVC-Kabelmantel *m* PVC cable sheath
PVC-Überzug *m* PVC sheathing
P-Verhalten *n s.* Proportionalverhalten
Pyramidenantenne *f* pyramidal aerial
Pyramidenhorn *n* pyramidal horn
Pyranometer *n* pyranometer *(zur Messung der Globalstrahlung)*
pyroelektrisch pyroelectric
Pyroelektrizität *f* pyroelectricity
Pyrolyse *f* pyrolyis
pyrolytisch pyrolytic
Pyrometer *n* pyrometer *(zur berührungslosen Temperaturmessung)*
~**/optisches** optical pyrometer
~**/thermoelektrisches** thermoelectric pyrometer
Pyrometerlampe *f* pyrometer lamp
Pyrometrie *f* pyrometry
p-Zone *f (El)* p-region, p-type area

Q

Q *s.* 1. Elektrizitätsmenge; 2. Q-Faktor
Q-Achse *f (MA)* quadrature axis
QAM *s.* Quadraturamplitudenmodulation
Q-Band *n* Q-band
Q-Faktor *m* Q factor, quality factor
Q-Faktor-Meßgerät *n* Q-meter
Q-Gruppe *f (Nrt)* Q-group
QIL *s.* Quad-in-line-Gehäuse
Q-Schalter *m* Q-switch *(Güteschalter)*
Q-Schlüssel *m* Q-code
Q-Signal *n* Q signal, coarse chrominance primary *(Farbfernsehen)*
Quad-in-line-Gehäuse *n (El)* quad-in-line package, QUIL[-package]
Quadrantenelektrometer *n* quadrant electrometer
~ **nach Kelvin** Kelvin electrometer
Quadrantenschaltung *f* heterostatic circuit (method) *(bei elektrostatischen Instrumenten)*
Quadrantfehler *m* quadrantal deviation (error)
quadratisch quadratic; square
~ **abhängig** in proportion to the square
Quadratskale *f* square scale
Quadratur *f* quadrature *(90-Phasenverschiebung)*
Quadraturamplitudenmodulation *f (Nrt)* quadrature amplitude modulation, QAM
Quadraturamplitudenumtastung *f* quadrature-amplitude shift keying
Quadraturausgang *m* quadrature output
Quadraturoszillator *m* quadrature oscillator
Quadraturverzerrung *f (Fs)* quadrature distortion
Quadratwurzel *f* square root
Quadratwurzelabhängigkeit *f* square-root dependence
quadrieren to square

Quadrierschaltung *f* squaring circuit (network), squarer
Quadrophonie *f (Ak)* quadrophony
Quadruplexbetrieb *m (Nrt)* quadruplex working
Quadruplextelegraf *m* quadruplex telegraph
Quadrupol *m* quadrupole
Quadrupolabsorption f/elektrische quadrupole electric absorption
Quadrupolantenne *f* quadrupole aerial
Quadrupolfrequenz *f* quadrupole frequency
Quadrupolkopplung *f* quadrupole coupling
Quadrupolresonanz *f* quadrupole resonance
Quadrupolschwingung *f* quadrupole oscillation
Quadrupolstrahlung *f* quadrupole radiation
Quadrupolübergang *m* quadrupole transition
Quadrupolverstärker *m* quadrupole amplifier
Qualität *f* quality; class
~ **des Fernsehbilds** television picture quality
Qualitätsdatenerfassung *f* quality data acquisition
Qualitätskontrolle *f* quality control (checking)
~/rechnergestützte [statistische] computer-aided quality control, CAQ
~/statistische statistical quality control
Qualitätsmerkmal *n* quality characteristic
Qualitätsparameter *m* quality parameter
Qualitätssicherung f/rechnergestützte computer-aided quality assurance
Qualitätssteigerung *f* quality enhancement
Quant *n* quantum
quanteln to quantize
Quantelung *f* quantization
Quantenausbeute *f* quantum efficiency (yield)
Quantenbahn *f* quantum orbit (path)
Quantenbedingung *f* quantum condition
Quanteneigenschaft *f* quantum character (structure, property)
Quantenelektrodynamik *f* quantum electrodynamics
Quantenelektronik *f* quantum electronics
Quantenenergie *f* quantum energy, energy content of quanta
Quantenfeld *n* quantum field
Quantenfeldtheorie *f* quantum (quantized) field theory
Quantenfluktuation *f* quantum fluctuation
Quantenfrequenz *f* quantum frequency
Quantenfrequenzwandler *m* quantum frequency converter
Quantengenerator *m* quantum oscillator, molecular oscillator (generator)
Quanteninterferometer n/supraleitendes superconducting quantum interference device, SQUID
Quantenmechanik *f* quantum mechanics
quantenmechanisch quantum-mechanical
Quantenniveau *n* quantum level
Quantenoptik *f* quantum optics
Quantenoszillator *m* quantum oscillator
Quantenphysik *f* quantum physics
Quantenrauschen *n* quantum noise
Quantenresonanz *f* quantum resonance
Quantensprung *m* quantum jump (transition, leap)
Quantenstatistik *f* quantum statistics
Quantenstrahlung *f* quantum radiation
Quantenstreuung *f* quantum scattering
Quantenstromdichte *f* quantum flux density
quantentheoretisch quantum-theoretical
Quantentheorie *f* quantum theory *(z. B. des Lichts)*
Quantenübergang *m* quantum transition (jump)
Quantenvernichtung *f* quantum annihilation; photon annihilation
Quantenverstärker *m* aser *(Kurzwort)*, amplifier based on stimulated emission of radiation
~/optischer laser amplifier
~/paramagnetischer paramagnetic maser [amplifier]
Quantenzahl *f* quantum number
Quantenzustand *m* quantum state
quantisieren to quantize
Quantisiergerät *n* quantizer
Quantisierung *f* quantization, quantizing
~/gleichmäßige (lineare) uniform quantizing *(Pulskodemodulation)*
~/nichtlineare non-uniform quantizing *(Pulskodemodulation)*
Quantisierungseffekt *m (Nrt)* quantization effect
Quantisierungsfehler *m (Nrt)* quantization error
Quantisierungsgeräusch *n (Nrt)* quantizing noise
Quantisierungsintervall *n* quantizing interval
Quantisierungsrauschen *n (Nrt)* quantization noise
Quantisierungsstufe *f (Nrt)* quantization level (size)
Quantisierungsverzerrung *f (Nrt)* quantization distortion
Quantisierungsverzerrungsleistung *f (Nrt)* quantization distortion power
Quartärgruppe *f (Nrt)* supermastergroup, quaternary group
Quartärgruppenabschnitt *m (Nrt)* supermastergroup section
Quartärgruppenumsetzer *m (Nrt)* supermastergroup translating equipment
Quartärgruppenverbindung *f (Nrt)* supermastergroup link
Quarz *m* quartz [crystal], crystal
~/synthetischer synthetic quartz
Quarzbedampfungsanlage *f* crystal coating plant
quarzbeschichtet quartz-coated
Quarzbeschichtung *f* crystal coating
Quarzblockfilter *n* crystal block filter
Quarzbrenner *m* quartz burner
Quarzdemodulator *m* crystal demodulator
Quarzeichgenerator *m* quartz calibrator
Quarzfadendosimeter *n* quartz fibre dosimeter
Quarzfaser *f* quartz fibre
Quarzfassung *f* crystal mounting

Quarzfenster *n* quartz window
Quarzfilter *n* quartz (crystal, piezoelectric) filter
Quarzfrequenz *f* crystal frequency
quarzgeeicht crystal-calibrated
Quarzgenerator *m* crystal generator
quarzgesteuert crystal-controlled
Quarzglas *n* quartz glass, fused quartz (silica)
Quarzglaslampe *f* quartz lamp
Quarzgrundlage/auf silica-based
Quarzhalter *m* crystal holder
Quarz-Iod-Lampe *f* quartz-iodine lamp
Quarzkondensor *m* *(Licht)* quartz condenser
Quarzkristall *m* quartz crystal
Quarzlampenstrahler *m* quartz lamp emitter
Quarzlinse *f* quartz lens
Quarzmarkengeber *m* crystal marker [generator]
Quarzmonochromator *m* quartz monochromator
Quarzofen *m* crystal oven
Quarzoszillator *m* crystal (quartz) oscillator
Quarzprisma *n* quartz prism
Quarzquetschung *f* quartz pinch
Quarzresonator *m* quartz[-crystal] resonator
Quarzrohr *n* quartz tube
Quarzrohrstrahler *m* quartz tube radiator *(Infrarotstrahler)*
Quarzschwinger *m* quartz[-crystal] resonator
Quarzspektrograph *m* quartz spectrograph
Quarzstab *m* quartz rod
quarzstabilisiert quartz-stabilized, crystal-stabilized
Quarzsteuerung *f* quartz (crystal) control
Quarzstufe *f* crystal oscillator
Quarzuhr *f* quartz (crystal) clock
Quarzverzögerungsleitung *f* quartz delay line
quasiadiabatisch quasi-adiabatic
Quasieffektivwertgleichrichter *m* quasi-r.m.s rectifier
Quasieffektivwertmesser *m* quasi-r.m.s detector
quasielastisch quasi-elastic
Quasi-Fermi-Niveau *n* quasi Fermi level *(Energiebändermodell)*
Quasigleichgewicht *n* quasi-equilibrium
Quasiimpulsrauschen *n* quasi-impulse noise
quasikomplementär quasi-complementary
quasineutral quasi-neutral
Quasineutralität *f* quasi-neutrality
quasioptisch quasi-optical
Quasischeitelwert *m* quasi-peak value
Quasischeitelwertspannungsmesser *m* quasi-peak voltmeter
Quasispitzenwert *m* quasi-peak value
quasistabil quasi-stable
quasistationär quasi-stationary
quasistatisch quasi-static
quasistetig quasi-continuous
quasitransversal quasi-transverse
Quecksilberbatterie *f* mercury battery (cell)
Quecksilberbogen *m* mercury arc
Quecksilberbogenlampe *f* mercury[-arc] lamp
Quecksilberdampf *m* mercury vapour
Quecksilberdampfdruck *m* mercury vapour pressure
Quecksilberdampfentladungsröhre *f* mercury vapour tube
Quecksilberdampfgleichrichter *m* mercury-arc rectifier, mercury[-vapour] rectifier
~/gesteuerter controlled mercury-arc rectifier
~ mit Eisenkammer steel-tank mercury-arc rectifier *(für den Lichtbogen)*
~ mit flüssiger Katode mercury-pool-type rectifier, pool-cathode mercury-arc rectifier
~ mit Metallkolben metal-tank mercury-arc rectifier
~ mit Zündelektroden ignition rectifier
Quecksilberdampflampe *f* mercury-vapour lamp, mercury discharge lamp
Quecksilberdampfmenge *f* quantity of mercury vapour
Quecksilberdampfventil *n s.* Quecksilberdampfgleichrichter
Quecksilberdampfwechselrichter *m* mercury-arc inverter
Quecksilberdiffusionspumpe *f* mercury diffusion pump
Quecksilberelektrode *f* mercury electrode
~/tropfende dropping mercury electrode
Quecksilberelement *n* mercury cell
Quecksilberfreisetzung *f* mercury release
Quecksilbergleichrichter *m* mercury rectifier
Quecksilberhochdruckentladung *f* high-pressure mercury[-vapour] discharge
Quecksilberhochdrucklampe *f* high-pressure mercury[-vapour] lamp, HPMV-lamp
Quecksilberhöchstdrucklampe *f* very-high pressure mercury lamp, extra-high pressure mercury lamp
Quecksilberkatode *f* mercury[-pool] cathode
Quecksilberkontakt *m* mercury[-wetted] contact
Quecksilberkontaktröhre *f* mercury-contact tube
Quecksilberkontaktthermometer *n* mercury-contact thermometer
Quecksilberlampe *f* mercury[-vapour] lamp
~/farbkorrigierte colour-corrected mercury lamp
Quecksilberlampenbeleuchtung *f* mercury lighting
Quecksilberlampenlicht *n* mercury light
Quecksilberlinie *f* mercury line *(Spektrum)*
Quecksilbermotorzähler *m* mercury motor meter
Quecksilberniederdruckentladung *f* low-pressure mercury discharge
Quecksilberniederdrucklampe *f* low-pressure mercury[-vapour] lamp
Quecksilbernormalelement *n* mercury cell
Quecksilberoxidelement *n* oxide-of-mercury cell
Quecksilberrelais *n* mercury relay
Quecksilberresonanzlinie *f* mercury resonance line
Quecksilberresonanzstrahlung *f* mercury resonance radiation

Quecksilberröhrchenschalter *m s.* Quecksilberschalter
Quecksilbersäule *f* mercury column
Quecksilberschalter *m* mercury [tilt] switch
~/magnetischer magnetic mercury switch
Quecksilberschaltrelais *n* mercury switching relay
Quecksilberschaltröhre *f* mercury-switch valve (tube), mercury-in-glass switch, mercury-contact tube
Quecksilberspeicher *m (Dat)* mercury memory (store)
Quecksilberspektrallampe *f* mercury spectral lamp
Quecksilberspektrum *n* mercury spectrum
Quecksilberspiegel *m* mercury mirror
Quecksilberstrahlgleichrichter *m* mercury jet rectifier
Quecksilbertropfelektrode *f* dropping mercury electrode
Quecksilberumlaufzähler *m* mercury motor meter
Quecksilberumschalter *m* mercury switch
Quecksilberunterbrecher *m* mercury interrupter (breaker)
Quecksilberverzögerungsleitung *f* mercury delay line
Quecksilberwattmeter *n* mercury watt-hour meter
Quecksilberwippe *f* mercury switch, mercury-contact tube
Quecksilberzähler *m* mercury motor meter
Quelladresse *f* source address
Quelldichte *f* source density, density of source distribution
Quelle *f* 1. source; 2. *s.* Quellenelektrode
~/gesteuerte controlled source
Quellenelektrode *f* source [electrode] *(eines Feldeffekttransistors)*
Quellenelektrodenkontakt *m* source contact
Quellenerde *f* source earth
Quellenergiebigkeit *f* availability of sources *(z. B. Wärmequellen)*
quellenfrei source-free
Quellengebiet *n (ME)* source region
Quellenimpedanz *f* source impedance
Quellenkode *m (Dat)* source code
Quellenkodierung *f (Dat)* source coding
Quellenleitwert *m* source admittance
Quellenprogramm *n* source program
Quellenrauschen *n* source noise
Quellenspannung *f s.* Urspannung/elektrische
Quellensprache *f s.* Quellsprache
Quellenwiderstand *m* source resistance
Quellkode *m s.* Quellenkode
Quellprogramm *n* source program
Quellsprache *f (Dat)* source language *(Programmierung)*
Quellsprachenübersetzung *f* source language translation
Quench *m* quench *(Zusammenbruch der Supraleitfähigkeit)*
quen[s]chen to quench *(Supraleiter)*
Querableitung *f* shunt impedance
Querachse *f (MA)* quadrature (transverse) axis
Querankergeber *m* cross-anchor detector
Queranordnung *f* transverse arrangement
Queraufstellung *f* transverse arrangement
Queraufzeichnung *f***/magnetische** perpendicular magnetization
Querausgleich *m (Nrt)* capacitance balance
Querbelastung *f* transverse load
Querbewegung *f* transverse motion
Querdifferentialschutz *m* transverse differential protection
Querdrosselspule *f* reactor *(bei Freileitungen)*
Querelement *n* shunt element
Quer-EMK *f* quadrature-axis component of the electromotive force
Querempfindlichkeit *f* transverse [axis] sensitivity, cross-axis sensitivity
Querentzerrer *m* parallel equalizer, shunt admittance[-type] equalizer
Querentzerrung *f* parallel equalization, shunt admittance[-type] equalization
Querfeld *n* transverse (cross) field
Querfeldemitter *m* field-injection gate *(bei steuerstromverstärkenden Thyristoren)*
Querfeldgenerator *m***/Rosenbergscher** Rosenberg [crossed-field] generator
Querfeldinstrument *n* transverse-field instrument
Querfeldmaschine *f* armature-reaction excited machine
Querfeldreaktanz *f* quadrature-axis [armature] reactance
Querfeldschaltsystem *n* cross-field switching system
Querfeldspannung *f* quadrature-field voltage
Querfeldwanderfeldröhre *f* transverse-field travelling-wave tube
quergerichtet transverse, transversal
Querglied *n* shunt component (element, arm) *(Vierpoltheorie)*
Querimpedanz *f* shunt (leak) impedance
~/synchrone quadrature-axis synchronous impedance
Querimpuls *m* transverse momentum *(senkrecht zur Bewegungsrichtung eines Teilchens)*
Querinduktivität *f* shunt (leak) inductance
Querkabel *n (Nrt)* link cable *(zwischen zwei Verzweigern)*
Querkomponente *f* transverse (cross) component
Querkondensator *m* shunt capacitor; transversely mounted capacitor
Querkopplung *f (Nrt)* cross coupling
Querlagenrelais *n* aileron positioning relay *(beim Flugzeug)*
Querleitfähigkeit *f* transverse conductivity
Querleitwert *m* transverse conductance

~/komplexer shunt admittance
Quermagnetisierung *f* transverse (perpendicular) magnetization
Querreaktanz *f (MA)* quadrature reactance
~/subtransiente quadrature-axis subtransient reactance
~/transiente quadrature-axis transient reactance
Querrechnung *f* cross-checking
Querresonanz *f* transverse resonance
Querruf *m* internetwork call
Querschnitt *m* cross section • **mit kreisförmigem (rundem)** ~ circular sectioned (in section)
~/absoluter absolute cross section
~/aktiver effective cross-sectional area *(z. B. eines Kabels)*
~ **des Strahlenbündels** beam cross section
~/kreisförmiger circular [cross] section
~/quadratischer square cross section
~/rechteckiger rectangular cross section
Querschnittsänderung *f* cross-sectional variation
Querschnittsfläche *f* cross-sectional area
Querschnittsübergang *m* change in [cross] section *(Wellenleiter)*
Querschwingung *f* transverse vibration
Querspannung *f* quadrature-axis component of the voltage
Querspule *f* leak coil
Querspuraufzeichnung *f* transverse track recording
Querstab *m*, **Querstange** *f* cross-bar
Querstörsignalunterdrückung *f* transverse stray rejection *(Streifenschreiber)*
Querstrahler *m* broadside [aerial] array
~ **mit flachem Reflektor** billboard aerial
Querstrahlung *f* broadside radiation *(Antenne)*
Querstrahlwanderfeldröhre *f* transverse-beam travelling-wave tube
Querstrom *m* shunt (leakance) current
Quersummenprüfung *f* transverse sum checking
Querträger *m* cross (pole) arm *(am Mast)*; crossbar
Querübersprechen *n* transverse cross talk
Querurspannung *f***/subtransiente** quadrature-axis subtransient electromotive force
~/transiente quadrature-axis transient electromotive force
querverbinden to cross-connect
Querverbindung *f* 1. cross-connection, interconnection; 2. *(Nrt)* interswitchboard line, tie trunk (line)
~ **zwischen zwei privaten Nebenstellenanlagen** *(Nrt)* private branch exchange tie line
Querverbindungsleitung *f (Nrt)* interswitchboard line
Querverkehr *m* internet (cross connection) traffic
Querweg *m (Nrt)* high-usage route
Querwelle *f* transverse wave
Querwiderstand *m* shunt resistor
Querzweig *m* shunt arm *(Vierpoltheorie)*
Quetschausrüstung *f* crimping equipment *(zum Quetschen von Kerbkabelschuhen)*
quetschen to squeeze, to squash; to crimp
Quetschfuß *m* pinched base, pinch, squash *(Röhren)*
Quetschhohlleiter *m* squeezable waveguide
Quetschhülse *f* ferrule
Quetschkondensator *m* book (compression) capacitor
Quetschkontakt *m* crimped contact, crimp[-type] contact
Quetschleitung *f* squeeze section *(Hohlleiter)*
Quetschung *f* pinch *(des Lampenfußes)*
Quetschverbindung *f* 1. pressure-type connection *(von Drähten)*; 2. *(El)* crimp connection *(Anschlußtechnik)*; crimped joint, crimp
Quetschwalze *f* squeegee
Quetschzone *f* crimp area
quietschen to squeal
QUIL-Gehäuse *n (El)* quad-in-line package, QUIL[-package]
Quirl *m* curl *(Maß der Wirbelgröße)*
Quirlantenne *f* turnstile aerial
quittieren to accept, to acknowledge; *(Nrt)* to receipt
Quittierschalter *m (Nrt)* revertive signal switch; *(An)* discrepancy switch
Quittierung *f* 1. *(Dat)* handshake, handshaking; 2. *s.* Quittung
Quittierungseinheit *f (Nrt)* commitment unit
Quittung *f* acknowledg[e]ment
Quittungsanruf *m (Nrt)* notification call
Quittungsbetrieb *m (Dat, Nrt)* handshake, handshaking, handshake procedure
Quittungsbus *m* handshake bus
Quittungskreis *m (An)* acknowledging circuit
Quittungsschalter *m (An)* acknowledging switch (contactor), acknowledger
Quittungssignal *n* acknowledgement signal
Quittungssteuerschalter *m* indicating control switch
Quittungston *m* audible acknowledgement signal, acknowledgement tone
Quittungszeichen *n (Nrt)* acknowledgement signal
Quotientenmesser *m* ratio meter
Quotientenregister *n (Dat)* quotient register
Quotientenrelais *n* quotient relay
Q-Wert *m* Q-value

R

Radantenne *f* cartwheel aerial
Radar *n(m)* 1. radar *(Kurzwort)*, radio detection and ranging *(Rückstrahlortung)*; 2. *s.* Radargerät
~/frequenzmoduliertes frequency-modulated radar, FM radar

~ **mit Doppler-Effekt** Doppler radar
~ **mit künstlicher Apertur** synthetic-aperture radar
Radar-Abstandswarnsystem *n* anti-collision radar
Radarabtaster *m* scanner [unit]
~ **vom G-Typ** G scanner
Radaranlage *f* radar [set]
Radarantenne *f* radar aerial
~/umlaufende rotating radar aerial
Radarantwortbake *f* radar beacon (responder, replier)
Radaranzeige *f* radar display (presentation)
Radarbake *f* ramark
Radarband *n* radar band, K band
Radarbild *n* radar [screen] image, radar display, radar screen picture
Radarbild-Registriergerät *n* radarscope recorder
Radarbildschirm *m* radarscope
~ **vom Typ A** A-scope
Radarbildspur *f* radar trace
Radarecho *n* radar echo (response)
Radarentfernungsmessung *f* radar ranging
Radargerät *n* radar [set]
~/weitreichendes long-range radar
Radargeschwindigkeitsmesser *m* radar speed meter
radargesteuert radar-controlled
Radarhöhenmessung *f* radar height finding
Radarimpuls *m* radar pulse
Radarimpulsgerät *n* radar pulse instrument
Radarkuppel *f* radar dome, radome *(Antennenschutzgehäuse)*
Radarlandegerät *n* approach control radar, acr
Radarmodulator *m* radar modulator
Radarnetz *n* radar net[work], chain-radar system, CR system
Radarquerschnitt *m* radar cross section
Radarreflektor *m* radar reflector
Radarreichweite *f* radar range
Radarschatten *m* radar shadow
Radarschirmbild *n s.* Radarbild
Radarsignal *n***/reflektierendes** return radar signal
Radarstrahl *m* radar beam
Radarstreuungsmessung *f* radar scattering measurement
Radarsuchgerät *n* radar search unit
Radartarnung *f* radar camouflage
Radartechnik *f* radar engineering
Radarverfolgungssystem *n* radar tracking system
Radarzeichen *n* radar trace
Radarzielverfolgung *f* radar tracking
Radechon-Speicherröhre *f* Radechon [storage tube], barrier-grid storage tube
Radeffekt *m (FO)* spoking
Radialanker *m* radial armature
Radialbelüftung *f* radial ventilation
Radialbeschleunigung *f* radial acceleration
Radialblechung *f* radial lamination
Radialflügelgebläse *n* radial-blade blower
Radialgebläse *n* centrifugal blower (fan)
Radiallüfter *m* centrifugal blower (fan)
Radialstrahlröhre *f* radial-beam tube
radialsymmetrisch radially symmetric
Radialturbine *f* radial-flow turbine
Radialverdichter *m* centrifugal compressor
Radiator *m* radiator
Radio *n s.* Rundfunkempfänger
Radio... *s. a.* Funk...
radioaktiv radioactive • ~ **machen** to radioactivate
~/stark highly radioactive, hot
Radioapparat *m s.* Rundfunkempfänger
Radioastronavigation *f* radio astronavigation
Radio-Doppler *m* radio-Doppler
Radiofeldstärke *f* radio field strength
Radiogoniometer *n* radiogoniometer
Radiokompaß *m* radio compass, automatic direction finder, ADF, radio magnetic indicator, RMI
Radiologie *f* radiology
Radiolumineszenzlichtquelle *f* radioluminescent light source, radioactive lamp
Radiometer *n* radiometer, radiation meter
Radiometrie *f* radiometry, radiation measurement
radiometrisch radiometric
Radio-Phono-Gerät *n* radiogramophone
Radiophotogramm *n* radiophotogram
Radiorecorder *m* casseiver
Radioröhre *f* radio valve
Radioskop *n* radioscope
Radioskopie *f* radioscopy
Radiosonde *f* radiosonde
Radiosondenverfahren *n* radio-sounding technique
Radiospektrometer *n* radio spectrometer
Radiospektroskop *n* radio spectroscope *(Anzeigegerät für die Belegung von Funkfrequenzbändern)*
Radiospektrum *n* radio[-frequency] spectrum
Radioteleskop *n* radio telescope
Radiotheodolit *m* radiotheodolite *(Höhenwinkelpeiler)*
Radiowelle *f* radio wave
Radiowellenausbreitung *f* radio wave propagation
Radiowellenspektrometer *n* radio spectrometer
Radius *m***/kritischer** critical radius *(eines Kristallkeims)*
Radkranz *m* rim *(der Synchronmaschine)*
Radmagnetron *n* cavity magnetron
Raffination *f***/elektrolytische** electrolytic refining, electrorefining
Raffinationsofen *m* refining furnace
Rahmen *m* 1. frame, [apparatus] rack; framework; 2. *s.* Rahmenantenne
~/einseitiger single-sided rack
Rahmenantenne *f* frame (loop, coil) aerial
~/drehbare moving frame [aerial]

~/rhombische diamond frame aerial
Rahmenaufhängung/mit frame-supported
Rahmenbegrenzung *f (Nrt)* flag
Rahmenebene *f* plane of frame
Rahmenempfang *m (Nrt)* frame reception
Rahmenerkennungssignal *n (Nrt)* framing signal
Rahmenfolgefrequenz *f (Nrt)* frame repetition rate
Rahmengestell *n* rack; framework
Rahmenimpuls *m* framing pulse *(zur Kennzeichnung eines vollständig übertragenen Impulsrahmens)*
Rahmenkennungssignal *n (Nrt)* frame alignment signal
Rahmenkennungswort *n (Nrt)* bunched frame alignment signal
Rahmenkennzeichnung *f (Nrt)* frame marking
Rahmenpeiler *m (FO)* frame (loop) direction finder
~/kompensierter compensated loop direction finder
Rahmenplatte *f* [pasted] frame plate *(Bleiakkumulator)*
Rahmenprüfzeichenfolge *f (Nrt)* frame checking sequence
Rahmensynchronisation *f (Nrt)* framing, frame alignment
~/gebündelte bunched framing
~/verteilte distributed framing
Rahmensynchronsignal *n (Nrt)* frame alignment signal
Rahmensynchronismus *m (Nrt)* frame synchronism
Rahmenvermittlung *f (Nrt)* frame switching
Rahmenweiterleitung *f (Nrt)* frame relaying
Rahmenzeit *f* frame time *(z. B. Zeit für die Durchführung einer kompletten Rechenoperation)*
Raketenmotor *m* rocket motor
RALU register and arithmetic-logic unit *(eines Mikrorechners)*
RAM *m* random-access memory, RAM, write-read memory • **„RAM freigeben“** “RAM enable”
~/assoziativer inhaltsadressierbarer *s.* ~/inhaltsadressierbarer
~/blockweise adressierter block-oriented random-access memory, BORAM
~/dynamischer dynamic RAM, DRAM *(mit periodischem Wiedereinlesen der Daten)*
~/inhaltsadressierbarer content-addressable random-access memory, CARAM
~/ladungsgekoppelter charge-coupled random-access memory, CCRAM
~/leistungsunabhängiger *s.* ~/nichtflüchtiger
~/linienadressierbarer line-adressable random-access memory
~/nichtflüchtiger non-volatile random-access memory, NOVRAM
Raman-Bande *f* Raman band
Raman-Effekt *m* Raman effect
~/induzierter (stimulierter) induced (stimulated) Raman effect
Raman-Linie *f* Raman line
Raman-Maser *m* Raman maser
Raman-Spektrograph *m* Raman spectrograph
Raman-Spektroskopie *f* Raman spectroscopy
Raman-Spektrum *n* Raman spectrum
Raman-Streuung *f* Raman scattering
Raman-Verschiebung *f* Raman shift
Rampe *f* ramp, slope
Rampenantwort *f (Syst)* ramp response
Rampenfunktion *f (Syst)* ramp function
Rampenimpuls *m* linearly rising impulse
Rampenlicht *n* footlights
Rampensignal *n* ramp signal
Rand *m* edge, border; rim; margin; boundary
~/abreißbarer tear-off edge *(eines Schreibstreifens)*
~ eines Feldes fringe of a field
Randaufhellung *f (Fs)* edge flare
Randauflockerung *f* diffuse edge
Randauflösung *f (Fs)* edge resolution
Randausleuchtung *f* edge (marginal) illumination
Randbedingung *f* boundary (edge) condition
~/erzwungene imposed boundary condition
~/vorgegebene predetermined boundary condition
Randdämpfung *f (Ak)* edge (surface) damping
Randeffekt *m* fringe effect *(z. B. Streufeld am Plattenkondensator)*; edge effect *(Kanteneffekt)*
Randeinschnürung *f* fringing *(in Transistoren)*
Randelementmethode *f* boundary element method, BEM
Randentladung *f* marginal discharge
Randfeld *n* boundary field; fringing field
Randfeuer *n* boundary light
Randfläche f/absorbierende absorbing boundary
~/zylindrische cylindrical boundary
Randgebiet *n* marginal zone (region); fringe area
Randhelligkeit *f* edge brightness
Randisolator *m* edge insulator
Randkontakt *m* rim contact; edge connector, connection portion *(bei Leiterplatten)*
Randlochkarte *f* edge (marginal) punched card
Randlochung *f* marginal perforation
Randmaximum *n* boundary maximum *(Optimierung)*
Randpunkt *m* end point
Randschärfe *f (Fs)* edge acuity (definition)
Randschicht *f (El)* barrier [layer], surface barrier layer
~/innere internal barrier layer
~/isolierende insulating barrier
~/Schottkysche Schottky barrier *(ideal funktionierender Metall-Halbleiter-Übergang)*
Randschichtleitwert *m* barrier admittance
Randschichtpotential *n* boundary potential
Randspannung *f* peripheral stress
Randspur *f* marginal (edge) track *(Magnetband)*
Randstiftleiste *f* edge connector

Randstrahl *m* marginal (edge) ray
Randverarmungszone *f (El)* depletion region
Randverdunkelung *f* limb darkening *(Optik)*
Randverschmierung *f* diffuse edge
Randverzeichnung *f* marginal distortion
Randwert *m* boundary (marginal) value
Randwertaufgabe *f* boundary value problem
Randwertbedingung *f* marginal condition
Randwertbedingungen *fpl***/gemischte** mixed boundary conditions
Randwertkontrolle *f* marginal check[ing]
Randwertproblem *n* boundary value problem
Randwertprüfung *f* marginal check[ing]
Rang *m* rank *(einer Matrix)*
Rangfolge *f* **der Sendungen** *(Nrt)* priority of communications
Rangierdraht *m (Nrt)* jumper wire
Rangierfeld *n (Nrt)* plug board
Rangkorrelationsempfänger *m* rank correlator detector
Rangordnung *f (Syst)* hierarchy
Raphael-Brücke *f* Raphael bridge *(zur Kabelfehlerortsmessung)*
Rapidstartlampe *f* quick-start lamp, rapid-start lamp
Raser *m* raser *(Kurzwort)*, radio wave amplification by stimulated emission of radiation
Rasselgeräusch *n* rattling noise *(Elektronenröhren)*
Rasselwecker *m* trembler bell *(mit Selbstunterbrechung)*
Rastenwerk *n* locating device
Raster *m* screen; grid [pattern]; matrix; *(Fs)* raster; *(Licht)* spill shield, louvre
Rasterabstand *m* grid space (spacing) *(z. B. auf Leiterplatten)*; scan spacing
Rasterabtastung *f (El)* raster (frame) scanning
~/elektronische electronic raster scanning
Rasteraustastung *f (Fs)* frame suppression
Rasterblende *f* scanning diaphragm
Rasterdeckenleuchte *f* fitting for grid ceiling
Rasterdeckung *f* image registration *(gedruckte Schaltung)*
Rasterdurchstrahlungselektronenmikroskop *n* scanning transmission electron microscope
Rasterelektronenmikroskop *n* scanning electron microscope, SEM
Rasterelement *n (Licht)* louvre cell
Rasterfeinheit *f (Fs)* definition of image, fineness of scanning; *(Nrt)* scanning density *(Faksimile)*
Rasterfrequenz *f (Fs)* frame frequency, vertical [frame-]scanning frequency
Rasterfrequenzsender *m* frame-frequency transmitter
Rasterfrequenzteiler *m (Fs)* frame divider
Rastergrundmaß *n* basic grid dimensions
Rasterkonstruktion *f (Licht)* louvre construction
Rasterleuchtdecke *f* louvred [luminous] ceiling
Rasterleuchte *f* louvred fitting
Rastermaß *n* reference grid; stepping pitch; grid pitch
Rastermikroskop *n* scanning microscope
Rasterpapier *n* cross-section paper
Rasterplatte *f* screen; grid [plate]
Rasterpunkt *m* scanning element
Rasterscan-Verfahren *n* raster-scan technique
Rasterscheibe *f* scanning disk *(Oszillographenröhre)*
Rastersystem *n* [base] grid system *(Leiterplatten)*
Rasterteilung *f* grid spacing *(z. B. auf Leiterplatten)*
Rastertiefstrahler *m* concentrating louvred downlighter
Rasterverstärker *m* scanning (frame-frequency) amplifier
Rasterwechselfrequenz *f s.* Rasterfrequenz
Rasterzähler *m* **für Gespräche** *(Nrt)* peg count meter
Rasterzählkarte *f (Nrt)* peg count summary
Rasterzählung *f (Nrt)* peg count
Rastfeder *f* stop spring
Rastknopf *m* release button
Rastpunkt *m* click-stop position
Rastrelais *n* latch-in relay
Raststift *m* click-stop detent
Rastvorrichtung *f* click-stop device
Rastzapfen *m* drop-in pin
Ratiodetektor *m* ratio detector
Rattermarke *f* chatter mark
rattern to rattle; to chatter
Ratterschwingung *f* chatter vibration
Rauchmelder *m* smoke sensor, smokometer *(elektronische Warnanlage)*
rauh rough[-surfaced]
Rauheit *f* roughness *(Oberfläche, Ton)*
Rauheitsprüfer *m* roughness meter (tester), roughometer, profilometer
Rauhigkeit *f s.* Rauheit
Rauhigkeitsfaktor *m* roughness factor
Rauhreifniederschlag *m* hoarfrost deposit *(auf Freileitungen)*
Rauhtiefe *f* peak-to-valley depth (height) *(Oberflächengüte)*
Raum *m* 1. space; 2. room
~/abgeschirmter screened room
~/abstrakter abstract space
~/affiner affine space
~/aktiver active section *(Reaktor)*
~/feldfreier field-free (free-field) space
~/feuchter damp room
~/freier empty (free) space
~/hallender (halliger) [acoustically] live room
~/lichter clear space, clearance
~/luftleerer absolute vacuum
~/luftverdünnter partial vacuum
~/reflexionsfreier anechoic chamber (room), [acoustically] dead room
~/schallisolierter soundproof chamber

~/schalltoter *s.* ~/reflexionsfreier
~/staubfreier clean room
Raumakustik *f* 1. architectural (room) acoustics; 2. acoustic properties of a room
~/einstellbare adaptable acoustics [of a room]
Raumausbreitungsdiagramm *n* free-space diagram
Raumbeleuchtung *f* room illumination
Raumbeleuchtungsstärke *f (Licht)* room illuminance
~/äquivalente equivalent sphere illumination, ESI
Raumbild *n* stereoscopic image
Raumbildentfernungsmesser *m* stereoscopic range finder
Raumbildmesser *m* stereocomparator
Raum-Diversity-Empfang *m (Nrt)* space diversity [reception]
Raumeindruck *m* stereoscopic (spatial) impression
Raumempfinden *n*, **Raumempfindung** *f* 1. space perception *(visuell)*; 2. spaciousness *(akustisch)*
Raumfahrtelektronik *f* space electronics
Raumfahrtfernmessung *f* aerospace telemetry *(Meßwertfernübertragung im kosmischen Raum)*
Raumfahrzeug *n* space vehicle, spacecraft
Raumfaktor *m* space factor *(Antennentechnik)*; *(Licht)* utilance
Raumfrequenz *f* space frequency
Raumgeräusch *n* room noise
Raumgetrenntlage *f (Nrt)* space multiplex
Raumgitter *n* space lattice *(Kristall)*
Raumheizgerät *n* room heating appliance (device)
Raumheizung *f*/**elektrische** electric room heating
~ in Schwachlastzeiten off-peak room heating
~/konvektive convection room heating
Raumindex *m (Licht)* room index (ratio)
Raumkohärenz *f* space coherence *(Lichtwellen)*
Raumkomponente *f* space component
Raumkrümmung *f* space curvature
Raumkurve *f* space curve
Raumladung *f* space charge
Raumladungsänderung *f* space-charge variation
Raumladungsaufbau *m* space-charge build-up
raumladungsbegrenzt space-charge-limited
Raumladungsbegrenzung *f* space-charge limitation
Raumladungsdichte *f* space-charge density
~ der beweglichen Ladungsträger mobile-carrier space-charge density
Raumladungseffekt *m* space-charge effect
Raumladungsfaktor *m* space-charge factor
Raumladungsgebiet *n* space-charge region
raumladungsgesteuert space-charge-controlled
Raumladungsgitter *n* space-charge grid
Raumladungsgitterpentode *f* beam pentode
Raumladungsgitterröhre *f* space-charge tube
Raumladungsgrenzschicht *f* space-charge boundary
Raumladungskapazität *f* space-charge capacitance
Raumladungskonstante *f* space-charge factor, perveance
Raumladungsleitung *f* space-charge conduction
raumladungsneutral space-charge-neutral
Raumladungsneutralität *f* space-charge neutrality
Raumladungspolarisation *f* space-charge polarization
Raumladungsröhre *f* space-charge tube
Raumladungsschicht *f* space-charge layer
Raumladungsschichtkrümmung *f* space-charge layer curvature
Raumladungsschichtverbreiterung *f* space-charge layer widening
Raumladungsstrom *m* space-charge current
Raumladungswelle *f* space-charge wave
~/freie free space-charge wave
Raumladungszerstreuung *f* space-charge debunching
Raumladungszone *f* space-charge region
Raumlagenvielfach *n (Nrt)* time-shared space switch
räumlich three-dimensional, spatial
Räumlichkeit *f s.* Raumwirkung/akustische
Raummehrfachempfang *m* space diversity [reception]
Raummultiplex[verfahren] *n (Nrt)* space-division multiplex[ing], SDM
Raummultiplex-Vielfachzugriff *m (Nrt)* space-division multiple access
Raumquantelung *f* space quantization
Raumresonanz *f* room resonance
Raumschall *m* surround sound
Raumsonde *f* space probe
raumsparend space-saving
Raumstrahlung *f* space radiation
Raumstufe *f (Nrt)* space stage
Raumstufenbaugruppe *f (Nrt)* space-stage module
Raumtemperatur *f* room (ambient) temperature
Raumton *m* stereophonic sound
Raumtoneffekt *m*, **Raumtonwirkung** *f* stereophonic (binaural) effect
Raumüberdeckung *f (Nrt)* volumetric coverage
Raumvektor *m* space vector
Raumwelle *f* space wave; *(Nrt)* sky (ionospheric, indirect) wave
Raumwellenkorrektur *f* sky-wave correction
Raumwellenverzerrung *f* sky-wave contamination
Raumwinkel *m* solid angle
Raumwinkelprojektion *f* solid-angle projection
Raumwirkung *f* spatial (stereoscopic) effect *(Optik)*
~/akustische auditory perspective (ambiance), spaciousness
Raumwirkungsgrad *m (Licht)* room utilization factor
Raum-Zeit-Kontinuum *n* space-time continuum

raumzentriert body-centred, space-centred *(Kristall)*
~/kubisch body-centred cubic
Rauschabstand *m* signal-to-noise ratio
Rauschabstimmung *f* noise tuning
Rauschamplitude *f* noise amplitude
~/mittlere average noise amplitude
Rauschanalyse *f* noise analysis
Rauschanregung *f* random noise excitation
Rauschanzeige *f* noise indication
rauscharm low-noise
Rauschausgleichsschaltung *f* noise-balancing circuit
Rauschbandbreite *f* noise bandwidth
Rauschbegrenzer *m*/**dynamischer** dynamic noise limiter
Rauschbeseitigung *f* noise elimination
Rauschbewertungsfilter *n* [random] noise filter
Rauschbild *n* noise pattern
Rauschcharakteristik *f* noise characteristic
Rauschdiode *f* noise [generator] diode
~/ideale ideal noise diode
Rauschdispersion *f* noise dispersion *(Statistik)*
Rauscheffekt *m* noise (shot) effect, shot noise
Rauschen *n* noise
~/atmosphärisches atmospheric [radio] noise, atmospherics
~/bandbegrenztes Gaußsches band-pass limited Gaussian noise
~/bewertetes weighted noise
~ durch Abbruchfehler truncation noise
~/ergodisches ergodic noise
~/Gauß-Markowsches Gauss-Markoff noise
~/Gaußsches Gaussian noise
~/impulsartiges burst
~/kosmisches cosmic (extraterrestrial) noise
~/kurzzeitiges short-time noise
~/magnetisches magnetic noise
~ mit beschnittenem Spektrum clipped noise
~ mit beschränkter Bandbreite band-limited noise
~/rosa pink noise, 1/f noise
~/schwaches low noise
~/statistisches random noise
~/thermisches thermal (resistance, Johnson) noise
~/weißes white noise
rauschend noisy
Rauschersatzbandbreite *f* equivalent noise bandwidth
Rauschersatzschaltung *f* equivalent noise circuit
Rauschersatzstrom *m* equivalent noise current
Rauscherzeugung *f* noise generation
Rauschfaktor *m* noise figure (factor)
Rauschfilter *n* noise filter
rauschfrei noiseless, noise-free
Rauschgenerator *m* [random-]noise generator
Rauschimpuls *m* noise pulse (burst)
Rauschkennlinie *f* noise characteristic
Rauschkennwert *m* noise parameter
rauschkompensiert noise-compensated
Rauschkomponente *f* noise component
Rauschkriterium *n* noise criterion
Rauschleistung *f* noise power
~/äquivalente noise equivalent power, NEP
Rauschleistungsspektrum *n* noise power spectrum
Rauschleistungsverhältnis *n* noise power ratio
Rauschmessung *f* noise measurement
Rauschminderung *f*[**/niederfrequente**] audio noise reduction
Rauschminderungssystem *n* noise reducer
Rauschminimum *n* noise minimum, minimum noise
rauschmoduliert noise-modulated
Rauschnormal *n* noise standard
Rauschpegel *m* noise level; background level
Rauschquelle *f* noise source
Rauschsignal *n* noise signal; *(Nrt)* contaminating signal
~ mit Festpegel fixed-level noise signal
Rauschsignalgenerator *m* noise signal generator
Rauschspannung *f* noise voltage
Rauschspannungsgenerator *m* noise voltage generator
Rauschspannungsmessung *f* noise-level measurement
Rauschspektrum *n* noise spectrum
Rauschsperre *f* muting
Rauschstrom *m* noise current
Rauschstromanteil *m* noise current component
Rauschstromgenerator *m* noise current generator
Rauschtemperatur *f* noise temperature
Rauschträger *m* noise carrier
Rauschunempfindlichkeit *f* noise immunity
Rauschunterdrücker *m* noise blanker
Rauschunterdrückung *f* noise suppression (rejection, cancellation); random noise rejection
Rauschunterdrückungssystem *n* noise reduction system
Rauschuntergrund *m* noise background
Rauschvektor *m* noise vector
Rauschverhalten *n* noise performance
Rauschverminderung *f* noise reduction
Rauschverteilung *f* noise distribution
Rauschvierpol *m* noise twoport, noisy (four-terminal) network
Rauschzahl *f* noise figure (factor, ratio)
~/zusätzliche excessive noise figure
Rauschzahlanzeiger *m* noise figure indicator
Räuspertaste *f* mute switch
Rautentaste *f (Nrt)* hash key
Rayleigh-Fading *n* Rayleigh fading
Rayleigh-Rückstreuung *f* Rayleigh backscatter[ing]
Rayleigh-Scheibe *f (Ak)* Rayleigh disk

Rayleigh-Streuung *f* Rayleigh scattering *(Lichtstreuung)*
Rayleigh-Stromwaage *f* Rayleigh current balance
Rayleigh-Verteilung *f* Rayleigh distribution
Rayleigh-Welle *f* Rayleigh wave
RC-... *(resistance-capacitance)* Widerstands-Kapazitäts-...
RC-Brücke *f* resistance-capacitance bridge, RC bridge
RC-Differenzierglied *n* resistance-capacitance differentiator, RC differentiator
RC-Filter *n* resistance-capacitance filter, RC filter
~/aktives RC active filter
RC-gekoppelt resistance-capacitance-coupled, RC-coupled
RC-Glied *n* resistance-capacitance element, RC element
RC-Integrierglied *n* resistance-capacitance integrator, RC integrator
RC-Kopplung *f* resistance-capacitance coupling, RC coupling
RC-Netzwerk *n* resistance-capacitance network, RC network
RC-Oszillator *m* resistance-capacitance oscillator, RC oscillator
RC-Schaltung *f* resistance-capacitance circuit, RC circuit
RC-Schwinger *m* resistance-capacitance oscillator, RC oscillator
RC-Schwingkreis *m* RC oscillator circuit
R-C-Teiler *m* mixed[-type] voltage divider
RCTL *s.* Widerstands-Kondensator-Transistor-Logik
RCT-Technik *f* RCT technique
RC-Verstärker *m* resistance-capacitance coupled amplifier, RC amplifier
R-Darstellung *f* R-display *(Radar)*
Read-Diode *f* Read diode *(Lawinenlaufzeitdiode)*
reagieren auf to react to; to respond to
reagierend reacting, reactive
Reaktanz *f* 1. reactance *(Blindwiderstand)*; 2. reactor *(Spule)*
~/akustische acoustic reactance
~ des Gegensystems negative-sequence reactance
~ des Mitsystems positive-sequence reactance
~/kapazitive capacitive (negative) reactance, condensance
~/mechanische mechanical reactance
~/spezifische akustische specific acoustic reactance
~/subtransiente subtransient reactance
~/synchrone synchronous reactance
~/transiente transient reactance
Reaktanzdiode *f* reactance diode
Reaktanzglied *n* reactance element
Reaktanzkreis *m* reactance circuit
Reaktanzmeßglied *n* reactance element
Reaktanzrelais *n* reactance relay
Reaktanzröhre *f* reactance valve
Reaktanzrotor *m* reactance rotor
Reaktanzschaltung *f* reactance circuit
Reaktanzschutz *m* reactance protection
Reaktanzspule *f* reactor
Reaktanzverlauf *m* reactance characteristic
Reaktanzverstärker *m* reactance (parametric) amplifier, mavar
Reaktanzvierpol *m* reactance quadripole
Reaktion *f* reaction; response
~/anodische anodic (anode) reaction
~ auf Tastendruck after-touch function
~/endotherme endothermic reaction
~/erzwungene forced response
~/exotherme exothermic reaction
~/katodische cathodic (cathode) reaction
~/langsame sluggish response
~/potentialbestimmende *(Ch)* potential-determining reaction
Reaktionsarbeit *f (Ch)* work of reaction
Reaktionsaustauschgeschwindigkeit *f* reaction exchange rate
Reaktionsaustauschstromdichte *f* reaction exchange current density
Reaktionsenergie *f***/chemische freie** chemical free energy of reaction
Reaktionsenthalpie *f (Ch)* reaction enthalpy
Reaktionsentropie *f (Ch)* reaction entropy
reaktionsfähig reactive; responsive
Reaktionsgenerator *m* reaction generator
Reaktionsgeschwindigkeit *f* reaction-rate; speed of response *(z. B. eines Regelkreisgliedes)*
Reaktionsgrenzstromdichte *f* limiting reaction current density
Reaktionsimpedanz *f* reaction impedance
Reaktionskapazität *f* reaction capacity
Reaktionskette *f* reaction chain
Reaktionskinetik *f* reaction kinetics
Reaktionsmotor *m* reaction motor
Reaktionsordnung *f***/elektrochemische** electrochemical reaction order
Reaktionspolarisation *f* reaction polarization
Reaktionsschicht *f* reaction layer
Reaktionsschichtdicke *f* thickness of the reaction layer
Reaktionsstrom *m* reaction (kinetic) current
Reaktionsüberspannung *f (Ch)* reaction overtension (overvoltage)
Reaktionszeit *f* reaction time; response time
reaktiv reactive
reaktivieren to reactivate
Reaktor *m* reactor; nuclear reactor
~/druckwassergekühlter pressurized water reactor
~/graphitmoderierter graphite-moderated reactor
~/langsamer slow (thermal) reactor
~/natriumgekühlter sodium[-cooled] reactor
~/schneller fast [neutron] reactor
~/überkritischer supercritical reactor

~/unterkritischer subcritical reactor
Reaktordotierung *f* reactor doping
Reaktorgefäß *n* reactor vessel
Reaktorleistung *f* reactor power
Reaktorregelung *f* reactor control
Reaktorsicherheitshülle *f* reactor containment
Realisierbarkeit *f*/**physikalische** physical realizability
Realkristall *m* real (imperfect, non-ideal) crystal
Realraumübergangsbauelement *n* real-space transfer device
Realstruktur *f* real structure *(Kristall)*
Realteil *m* real part (component)
~ **des spezifischen Standwerts** *(Ak)* unit-area acoustic resistance
~/positiver positive real part
Realzeitbetriebssystem *n (Dat)* real-time system
Realzeitprogrammierung *f (Dat)* real-time programming
Realzeitsystem *n (Dat, Syst)* real-time system
Rechenalgorithmus *m* computing algorithm
Rechenanlage *f* computing machinery (installation), computer [system] *(s. a. unter* Rechner*)*
~/automatische automatic computer
~/digitale digital computer
~ **mit Programmsteuerung** *s.* ~/programmgesteuerte
~/numerische digital computer
~/programmgesteuerte sequential computer, automatic sequence-controlled computer
~/speicherprogrammierte stored-program computer
Rechenanweisung *f* calculation statement
Rechenaufwand *m* computing expenditure
Rechenautomat *m s.* Rechner
Rechenbaustein *m* computing element (unit, component)
Rechenbefehl *m* calculation statement, arithmetic instruction
Recheneinheit *f* arithmetic unit
~/zentrale central processing unit
Recheneinrichtung *f* computing device
Rechenelement *n* computing (arithmetic) element
~/einzelnes individual computing element
Rechenergebnis *n*/**unsinniges** garbage
Rechenfehler *m* computing error, mistake in calculation
Rechengang *m* method of calculation
Rechengenauigkeit *f* accuracy of calculation
Rechengerät *n* computing element *(als Teil einer Automatisierungseinrichtung)*
Rechengeschwindigkeit *f* computing (calculating, arithmetic) speed, computation rate
~/mittlere average calculating speed
Rechenkondensator *m* computing capacitor
Rechenkontrolle *f* computing (numerical) check
Rechenkreis *m*/**logischer** logical computer circuit
Rechenleistung *f* computing capacity; computing (calculating) power
Rechenlocher *m* calculating punch
Rechenmaschine *f* business computer, calculator, computing (calculating) machine *(s. a. unter* Rechner*)*
~/automatische automatic computer
~/dekadische decadic computer
~/digitale digital computer
~/elektromechanische electromechanical computer
~/elektronische electronic computer
~/halbautomatische semiautomatic calculating machine
~/kartengesteuerte card-controlled calculator
Rechenoperation *f* computing (arithmetic) operation, [calculating] operation
~/mittlere average calculating operation
Rechenplan *m* computing plan; flow chart
Rechenprobe *f* computing (numerical) check
Rechenrelais *n* calculating relay
Rechenschaltung *f* computing (arithmetic) circuit
Rechenschritt *m* calculation step
Rechenspeicher *m* computer memory (store), computing memory
~ **mit Serienzugriff** serial-access computer store
Rechentechnik *f* 1. computer technology (engineering); 2. computing equipment, hardware
rechentechnisch computational
Rechenübertragungsoszillator *m* computing transfer oscillator
Rechenunterbrechung *f* **bei Fehler** error interrupt
Rechenverfahren *n*/**iteratives** trial calculation
~/symbolisches complex quantity notation (representation)
Rechenverstärker *m* computing (operational) amplifier
Rechenwerk *n* arithmetic-logic unit, arithmetical unit, arithmetical and logical unit, ALU, arithmetical element (organ)
~ **mit Registern** register and arithmetic and logic unit, RALU
Rechenwerkspeicher *m* internal memory
Rechenwiderstand *m* computing resistor
Rechenzeit *f* computing (calculating) time; machine time
~/effektive effective calculating time
~/elementare basic machine time
Rechenzentrum *n* computing (computation) centre, data (information) processing centre
Rechenzyklus *m* calculation cycle
rechnen *(Dat)* to compute, to calculate; to count
Rechnen *n (Dat)* computation, calculation
~ **mit doppelter Stellenzahl** double-length calculation
~ **mit gleitendem Komma** floating-point calculation
Rechner *m* computer, calculator, computing (calculating) machine *(s. a. unter* Rechenmaschine*)*
~/bionischer bionic computer
~/dekadischer decadic computer

~/elektronischer electronic computer
~/externer external computer
~ für Prozeßsteuerung process control computer
~ für wissenschaftliche Probleme scientific computer
~/interner on-board computer *(z. B. in Fahrzeugen)*; embedded computer *(in Fertigungssysteme integriert)*
~/kommerzieller commercial (business) computer, business calculating machine
~/lochkartengesteuerter card-controlled computer
~/mikroprogrammierter microprogrammed computer
~ mit großer Speicherkapazität large-scale digital computer
~ mit Massenspeicher calculator-mass memory system
~ mit mehreren Eingängen multiaccess computer
~ mit Zeitteilung time-shared computer
~/mittelschneller medium-speed computer
~/optischer optical computer
~/programmgesteuerter program-controlled computer
~/schneller fast (high-speed) computer
~/sequentiell arbeitender sequential computer
~/seriell arbeitender serial computer
~/universeller automatischer universal automatic computer
~/untergeordneter low-level computer
~/zentraler central computer
~ zur Signalverarbeitung signal processor
Rechner... *s. a.* Computer...
rechnerabhängig on-line
Rechnerankopplung *f* computer interfacing
Rechneranlage *f* computer system *(s. a.* Rechenanlage*)*
Rechneranordnung *f* computer arrangement
Rechneranpassungsfähigkeit *f* computer compatibility
Rechneranweisung *f* computer instruction
Rechneranwendung *f* computer application
~ zur Messung und Regelung computer application to measurement and control, CAMAC *(Zweiweg-Interface-System für kernphysikalische Experimentiertechnik)*
Rechnerarchitektur *f* computer architecture
Rechnerausfallzeit *f* computer down-time
Rechnerband *n* computer tape
Rechnerbaugruppe *f* computer component *(Element eines Rechners)*
Rechnerbaustein *m* calculator chip
Rechnerbefehl *m* computer instruction
Rechnerbelastung *f* computer loading
Rechnerbenutzergebühren *fpl* computer user charges
Rechnerbetrieb *m* computer operation
rechnerbetrieben computer-operated *(s. a.* rechnergestützt*)*
Rechnerdiagramm *n* computer diagram
Rechnereinsatz *m* computer application
Rechnerentwicklungssystem *n* computer development system
Rechnerfernsteuerung *f* computer remote control
rechnergestützt computer-based, computer-assisted, computer-aided
Rechnergleichung *f* computer equation
Rechnerkode *m* computer code
Rechnerkonzept *n* computer concept (structure)
Rechnerkopplung *f* computer link
Rechnerkriminalität *f* computer criminality
Rechnerleitprogramm *n* computer master program
Rechnermodellierung *f* emulation *(Softwarenachbildung eines Rechners)*
Rechnernachbildung *f* computer simulation
Rechnernetz *n* computer network
~/aufgewertetes value-added [computer] network
~/lokales local area network
Rechnernetzgerät *n* computer power pack
Rechneroperation *f* computer operation
Rechnerperiode *f* machine cycle
Rechnerprogramm *n* computer program (routine)
Rechnerprogrammiersprache *f* computer-programming language
Rechnerprogrammierung *f* computer programming
Rechnerprüfprogramm *n* computer check program (routine)
Rechnerschaltkreis *m* computer IC, computer [integrated] circuit
Rechnerschaltung *f* computer (computing) circuit
~/logische computer logic circuit
Rechnersimulierung *f* computer simulation
Rechnersprache *f* computer (machine) language
Rechnersteuerung *f***/direkte** direct digital control *(eines Prozesses)*
Rechnerstrichkode *m* computer bar code
Rechnerstruktur *f* computer structure
~/hybride hybrid computer structure
Rechnersystem *n* computer system
~ mit Zeitteilung time-sharing computer system
Rechnersysteme *npl***/zusammenarbeitende** concurrently operating computer systems
Rechnertechnik *f* computer technology
Rechnertelegramm *n* computer message
rechnerunabhängig off-line
rechnerunterstützt computer-aided, computer-assisted, CA, computer-based
Rechnerverbundnetz *n* [interconnected] computer network; distributed system
Rechnervernetzung *f* computer networking; distributed computing
Rechnerverträglichkeit *f* computer compatibility
Rechnerwort *n* computer (information) word
Rechnerzeit *f* computer time

Rechnung *f (Dat)* computation, calculation
~/komplexe complex analysis; symbolic method *(Wechselstromlehre)*
~/kovariante covariant calculation
Rechnungsart *f*/**Boolesche** Boolean calculation
Rechnungsgang *m* method of calculation
Rechteckdraht *m* rectangular wire
Rechteckferrit *m* rectangular (square-loop) ferrite
Rechteckformgüte *f* loop rectangularity *(z. B. der Hysteresekurve)*
Rechteckformung *f* squaring
Rechteckfunktion *f* rectangular function
Rechteckgeber *m* squarer
Rechteckgenerator *m* square-wave generator
rechteckig rectangular
Rechteckigkeitsverhältnis *n* square ratio
Rechteckimpuls *m* rectangular [im]pulse, square[-wave] pulse
~/idealer ideal rectangular (square) pulse
Rechteckimpulsgeber *m* square-wave generator, rectangular pulse generator
Rechteckintegration *f (Dat)* rectangular integration
Rechteckkatode *f* rectangular cathode
Rechteckkurve *f* flat-topped curve
Rechteckleiter *m* rectangular conductor
Rechtecksignal *n* square-wave signal
Rechteckspannung *f* square-wave voltage
Rechteckspannungsgenerator *m* square-wave generator, rectangular waveform generator
Rechteckspule *f* rectangular (square-core) coil
Rechteckwelle *f* rectangular (square) wave *(Folge von Rechteckimpulsen)*
~/abgeschnittene interrupted rectangular wave
~/ununterbrochene uninterrupted rectangular wave
Rechteckwellenanalysator *m* square-wave analyzer
Rechteckwellenantwort *f* square-wave response
Rechteckwellengenerator *m* square-wave generator, rectangular waveform generator
~/freilaufender free-running square-wave generator
Rechteckwellenimpuls *m* square-wave [im]pulse
Rechteckwellenleiter *m* rectangular guide
rechteckwellenmoduliert square-wave-modulated
Rechteckwellenoszillator *m* square-wave oscillator
Rechteckwellensignal *n* square-wave signal
Rechteckwellenspannung *f* square-wave voltage
Rechteckwellenträger *m* square-wave carrier
Rechteckwellenverhalten *n* square-wave response
Rechte-Hand-Regel *f* right-hand rule, corkscrew rule
Rechtsbewegung *f* right-hand motion (movement)
rechtsbündig right-justified
rechtsdrehend 1. clockwise; 2. dextrorotatory, dextrogyratory, dextrogyric *(optische Aktivität)*
Rechtsdrehung *f* 1. clockwise (right-hand) rotation; 2. dextrorotation *(optische Aktivität)*
Rechtsgang *m* right-hand motion (movement)
rechtsgängig right-hand[ed]
Rechtsgewinde *n* right-hand thread
rechtsläufig *s.* rechtsgängig
Rechts-Links-Schieberegister *n* bidirectional (right-left) shift register
rechtspolarisiert right-handed polarized, clockwise polarized
Rechtsquarz *m* right-handed quartz
Rechtsrotation *f* right-handed rotation
Rechtsschieberegister *n* shift-right register
Rechtsschraube *f* right-hand screw
Rechtssinn *m* clockwise direction
Rechtssystem *n* right-handed system *(z. B. Koordinatensystem)*; clockwise rotating system
Rechtsverschiebung *f* right shift *(Schieberegister)*
Rechtswicklung *f* right-handed winding
rechtszirkular right-handed circular
rechtwinklig rectangular, right-angle[d], orthogonal
recken to stretch
redigieren to edit *(z. B. Informationen)*
Redoxbrennstoffelement *n* redox fuel cell
Redoxelektrode *f* redox (oxidation-reduction) electrode
Redoxelektrodenreaktion *f* redox electrode reaction
Redoxpaar *n* redox couple
Redoxpotential *n* redox (oxidation-reduction) potential
Redoxreaktion *f* redox (oxidation-reduction) reaction
Reduktion *f*/**elektrolytische** electrolytic reduction
Reduktionsatmosphäre *f* reducing atmosphere
Reduktionsätzmittel *n (Galv)* reduction discharge agent
Reduktionselektrode *f* reducing electrode
Reduktionsfaktor *m (An)* derating factor
Reduktionskurve *f (An)* derating curve
Reduktionsofen *m*/**elektrischer** electric reduction furnace
Reduktions-Oxydations-... *s.* Redox...
Reduktionspotential *n* reduction potential
Reduktionsvermögen *n* reducing power
Reduktionswärme *f* reduction heat
redundant redundant
Redundanz *f (Dat)* redundancy
~/aktive (funktionsbeteiligte) active (functional) redundancy
~/heiße hot redundancy
~/nichtfunktionsbeteiligte non-functional redundancy, standby redundancy
~/relative relative redundancy
Redundanzprüfung *f*/**zyklische** *(Dat)* cyclic redundancy check, CRC
Redundanzschaltung *f* redundant circuit
Redundanzsystem *n* redundancy system

Redundanztechnik *f* redundancy technique
Redundanzverhältnis *n* redundancy ratio
Redundanzverminderung *f* redundancy reduction
reduzieren to reduce, to decrease
~/den Druck to reduce (decrease) the pressure
reduzierend reductive
Reduzierfassung *f* reduction socket
Reduzierhülse *f* adapter sleeve
Reduzierstück *n* [reducing] adapter, reducer
Reduziertransformator *m* reducing transformer
Reduzierventil *n* reducing valve
Reduzierverbindung *f* reducing joint
Reduzierwiderstand *m* dropping resistor
Reedkontakt *m* [dry-]reed contact
Reedkontakt-Koppelfeld *n (Nrt)* reed cross-point system
Reedrelais *n* [dry-]reed relay
~ mit eingeschmolzenen Kontakten sealed reed relay
Reedschalter *m* reed switch
reell real *(z. B. Zahl, Bild)*
Referenzauflistung *f (Dat)* reference listing
Referenzbedingungen *fpl* reference conditions
Referenzdiode *f* reference (Zener) diode
Referenzlichtstrahl *m* reference beam
Referenzlichtwellenleiter *m* reference fibre *(im Lichtleitinterferometer)*
Referenznormal *n (Meß)* [reference] standard
Referenzspannung *f* reference voltage
Referenzstrahl *m* reference beam
Referenzträger *m (El)* reference carrier
Referenzzähler *m (Dat)* reference counter
reflektieren to reflect, to reverberate
reflektierend reflective, reflecting; *(Ak)* reverberatory
~/stark highly reflecting
reflektiert/partiell partially reflected
Reflektogramm *n (Ak)* reflectogram
Reflektometer *n* reflectometer
Reflektor *m* 1. reflector *(Antennentechnik)*; 2. *s.* Reflektorelektrode
~/breitstrahlender extensive reflector
~/fokussierender focussing reflector
~/gemeinsamer interlocking reflector
~/gespeister driven (fed) reflector
~/lichtstreuender dispersive reflector
~ mit durchbrochener Oberfläche interrupted-surface reflector
~ mit durchgehender Oberfläche continuous-surface reflector
~/optischer optical reflector
~/parabolischer parabolic (paraboloidal) reflector
~/spiegelnder specular reflector
~/strahlungsgekoppelter (ungespeister) parasitic reflector
Reflektorelektrode *f* repeller [elektrode] *(Elektronenröhre)*
Reflektorelement *n* reflector element
Reflektorgitter *n* reflector grid
Reflektorglühlampe *f* incandescent reflector lamp
Reflektorlampe *f* reflector lamp
Reflektorleuchte *f* reflector[-type] fitting
Reflektorleuchtstofflampe *f* fluorescent reflector lamp, internal-reflector fluorescent lamp
Reflektormarke *f* reflector spot
Reflektorschale *f* paraboloid dish
Reflexbild *n* ghost (parasitic) image *(Optik)*
Reflexblendung *f (Licht)* reflected glare
Reflexempfang *m (Nrt)* reflex (dual) reception
Reflexempfänger *m (Nrt)* reflex (dual) receiver
reflexfrei flare-free *(s. a.* reflexionsfrei*)*
Reflexion *f* reflection
~/diffuse diffuse reflection
~/gemischte mixed reflection
~/gerichtete specular (direct, regular) reflection
~/innere internal reflection
~/mehrfache multiple reflection
~/partielle partial reflection
~/selektive selective reflection
~/spiegelnde *s.* ~/gerichtete
~/totale total reflection
~/vollkommen gestreute uniform diffuse reflection
Reflexionsabtastung *f* reflected-light scanning
Reflexionsebene *f* plane of reflection
reflexionsfähig reflective
Reflexionsfähigkeit *f s.* Reflexionsvermögen
Reflexionsfaktor *m* 1. reflection (transition, mismatch) factor, reflectance *(Anpassung)*; 2. *s.* Reflexionskoeffizient
Reflexionsfehler *m* reflection error
Reflexionsfilter *n* reflection filter
Reflexionsfläche *f* reflecting surface
reflexionsfrei reflection-free, reflectionless, nonreflecting
Reflexionsgitter *n* reflecting (reflection) grating
Reflexionsgoniometer *n* reflecting goniometer
Reflexionsgrad *m***/spektraler** spectral reflectance (reflection factor)
Reflexionshologramm *n* reflection hologram
Reflexionsklystron *n* reflex klystron
Reflexionskoeffizient *m* reflection (reflecting) coefficient
Reflexionsleistungsmesser *m* reflecting wattmeter
Reflexionslichthof *m* halation
Reflexionsmaser *m* reflection-type cavity maser
Reflexionsmesser *m* reflectometer, reflectivity meter
Reflexionsmikroskop *n* reflecting (reflected-light) microscope
Reflexionsoberwellen *fpl* reflected harmonics
Reflexionspolarisation *f* polarization by reflection
Reflexionspolarisator *m* reflection polarizer
Reflexionsprisma *n* reflection (reflex) prism
Reflexionsquantenverstärker *m***/paramagnetischer** reflection paramagnetic maser amplifier

Reflexionsrichtung *f* direction of reflection
Reflexionsschallfeld *n (Ak)* secondary sound field
Reflexionssensor *m* reflecting sensor
Reflexionsspektroskopie *f* reflection (reflectance) spectroscopy
Reflexionsspektrum *n* reflection (reflectance) spectrum
Reflexionsstelle *f* 1. point of reflection; 2. transition point *(einer Leitung)*
Reflexionsstörung *f* reflection interference
Reflexionsstrahlungskeule *f* reflection lobe *(Antennentechnik)*
Reflexionstarget *n* reflection target
Reflexionsverhältnis *n* reflection ratio
Reflexionsverlust *m* reflection loss, loss by reflection
Reflexionsvermögen *n* reflectivity, reflecting power
~ **der Oberfläche** surface reflectivity
Reflexionsverstärker *m* reflection amplifier
Reflexionswand *f (Ak)* live end
Reflexionswattmeter *n* reflecting wattmeter
Reflexionswelle *f* reflected wave
Reflexionswellentypfilter *n* reflection mode filter
Reflexionswinkel *m* angle of reflection, reflection angle
Reflexionsziffer *f* reflective index
Reflexklystron *n* reflex klystron
Reflexlicht *n* reflected light
Reflexlichtschranke *f* reflected light barrier
Reflexminderung *f* glare (reflectance) reduction
Reflexstoff *m* retoreflective medium (material)
Reflexverstärkung *f (Nrt)* dual amplification
Reflexwirkung *f* reflecting effect
Refraktion *f*/**atmosphärische** atmospheric refraction
~ **des Lichts** refraction of light
Refraktometer *n* refractometer
Refraktor *m* refractor *(Lichtbrechungskörper)*
Refraktorleuchte *f* refractor fitting *(ändert die räumliche Lichtverteilung einer Lichtquelle mit Hilfe brechender Medien)*
Refresh-Zyklus *m (Dat)* refresh cycle
Regallautsprecher *m* bookshelf loudspeaker
Regel *f*:
~/**Cramersche** *(Syst)* Cramer's rule
~/**erste Kirchhoffsche** Kirchhoff's current law
~/**Hallsche** Hall rule *(Hall-Effekt)*
~/**Lenzsche** Lenz's law (rule)
~/**zweite Kirchhoffsche** Kirchhoff's voltage law
Regelabweichung *f (Syst)* control deviation, [controlling] error, control offset, upset; droop *(beim P-Regler)*
~/**bleibende** steady-state deviation, position (steady-state) error, [steady-state] offset
~ **des [geschlossenen] Regelkreises** closed-loop error
~/**größte** maximum deviation
~ **im Übergangszustand** transient error (deviation)
~/**momentane** transient deviation
~/**quadratische** root-mean-square deviation
~/**vorübergehende** dynamic error (offset)
~/**zulässige** admissible error (offset)
Regelabweichungsschreiber *m* deviation recorder
Regelanlage *f (Syst)* [automatic] control system; control assembly
Regelanlasser *m* starter (starting) rheostat, adjustable starter
Regelantrieb *m* variable-speed drive; *(Syst)* control drive
Regelart *f* control mode
regelbar *(Syst)* controllable; adjustable
~/**getrennt** separately controllable
~/**gleitend** smoothly controllable
~/**stetig** continuously (infinitely) controllable
~/**stufenlos** continuously (infinitely) controllable; steplessly variable
Regelbaustein *m* control component; closed-loop function device
Regelbereich *m* control (regulating) range, control band
Regelblindleistung *f* control reactive power
Regelcharakteristik *f* control characteristics
Regeldauer *f* control time
Regeldiode *f* [automatic] control diode
Regeldrossel *f* regulating (variable) inductor
Regeleingang *m (Ak)* compressor input
Regeleinheit *f* control unit
Regeleinrichtung *f (Syst)* control assembly (device), [automatic] control system, automatic regulator (controller), servomechanism *(s. a. unter* Regler*)*
~ **mit hoher Genauigkeit** high-accuracy servomechanism
~ **mit polarisiertem Relais** polarized-relay servomechanism
~ **mit Rückführung** feedback controller
~ **mit unstetigem Glied** contactor servomechanism
~ **ohne Hilfsenergie** direct (self-operated) controller
~/**rotierende** rotating control unit (device) *(bei bürstenlosen Erregeranordnungen)*
~/**träge** sluggish servomechanism
Regeleinrichtungen *fpl* control hardware
Regelelement *n*/**pneumatisches** pneumatic control element
Regelfaktor *m* control factor, control-action coefficient
Regelfehler *m*/**bezogener** unit control error
Regelfernplatz *m (Nrt)* point-to-point position
Regelfläche *f (Syst)* control area *(Maß für die Regelgüte)*
Regelfrequenzumrichter *m* regulating frequency changer

Regelgenauigkeit *f (Syst)* control accuracy (precision)
~/hohe high-accuracy performance
Regelgerät *n s.* Regler
Regelgeschwindigkeit *f* 1. *(Syst)* control rate, correction rate; 2. *(Ak)* compressor speed *(des Dynamikkompressors)*
Regelgrenze *f (Syst)* control limit
Regelgröße *f (Syst)* controlled value (variable)
Regelgüte *f (Syst)* control performance, regulating quality
Regelhexode *f* variable-mu hexode
Regelkennlinie *f* control characteristics
Regelkreis *m* [closed loop] control system, feedback control system, [control] loop, [automatic] control circuit
~/anpassungsfähiger adaptive loop [control system]
~/aufgeschnittener open-loop control system
~/autonomer non-interacting control system (loop, circuit)
~/geschlossener closed loop [control system], closed control loop
~/innerer inner loop [control system]
~/kontinuierlicher continuous feedback control system
~/nichtlinearer non-linear feedback, control system
~/offener open loop [control system]
~/untergeordneter subloop
~/vermaschter multiloop control system (circuit)
Regelkreisglied *n* control system element (component)
Regellage *f (Nrt)* erect sideband
regellos random; stochastic
regelmäßig regular
Regelmikrofon *n* regulation (control) microphone *(zum Konstanthalten des Schalldruckpegels)*
regeln *(Syst)* to control; to regulate; to govern; to adjust
Regelorgan *n* controlling element
Regelparameter *m* control parameter
Regelpentode *f* variable-mu pentode, remote cut-off pentode
Regelpilot *m (Nrt)* regulating pilot
Regelpotentiometer *n* control potentiometer
Regelpult *n* control board; monitoring desk *(Studiotechnik)*
Regelrelais *n* regulating relay
Regelröhre *f* variable-mu tube (valve), supercontrol tube, remote cut-off tube
~ mit veränderlicher Steilheit variable-mutual conductance tube
Regelschalter *m* regulating switch
Regelschaltung *f* regulating circuit
Regelschleife *f (Syst)* loop; *(Ak)* compressor loop *(Pegelregelung)*
~/automatische phasenstarre automatic phase-locked loop
Regelsiebglied *n* variable filter section
Regelsignal *n (Syst)* control signal
Regelspannung *f* control voltage
Regelspartransformtor *m* regulating autotransformer
Regelstrecke *f (Syst)* open-loop control system, controlled system (process)
Regelstrom *m* control current
Regelsystem *n s.* Regelungssystem
Regeltetrode *f* variable-mu tetrode
Regelthermostat *m* adjustable thermostat, thermoregulator
Regeltrafo *m s.* Regeltransformator
Regeltransformator *m* regulating (control) transformer, variable-voltage transformer *(s. a.* Stelltransformator*)*
Regelung *f (Syst)* automatic (closed-loop) control, [feedback] control, [automatic] regulation; control process
~/abgeschaltete switched-off control
~/adaptive adaptive (self-tuning) control
~/automatische automatic control (regulation) *(ohne Hilfsenergie)*
~/autonome independent control
~ der Bildhelligkeit brightness (brilliance) control
~ der Kippfrequenz *(Fs)* hold control
~ der Übertragungsleistung transfer power control
~ des Leistungskreises power-circuit control
~/differenzierende derivative-action control, D control
~/digitale digital control
~/direkte direct control
~/diskontinuierliche intermittent control
~/drahtlose wireless control
~/duale dual control
~ durch eine dritte Bürste third-brush control
~ durch Polumschaltung pole-changing control
~ durch Reihenparallelschaltung series-parallel control
~ durch veränderbare Widerstände rheostatic control
~/elektrische electrical control
~/elektronische electronic control
~/empfindliche sensitive control
~/entkoppelte non-interacting control, resolved control *(Mehrgrößenregelung)*
~/gekoppelte interacting control
~/grobe coarse control
~ im Betriebszustand steady-state regulation
~/indirekte indirect control
~/intelligente intelligent control
~/kontinuierliche continuous control
~/mechanische mechanical control
~ mit angezapfter Feldwicklung tap[ped]-field control
~ mit D-Regler derivative[-action] control
~ mit endlicher Einstellzeit dead-beat control

~ **mit Hilfsenergie** indirect control
~ **mit Hilfsregelgröße** anticipating control
~ **mit I-Regler** integral[-action] control
~ **mit optimaler Ausregelzeit** time-optimum control
~ **mit PD-Regler** proportional-derivative[-action] control, PD[-action] control
~ **mit PID-Regler** proportional-integral-derivative[-action] control, PID[-action] control
~ **mit PI-Regler** proportional-integral[-action] control, PI[-action] control
~ **mit P-Regler** proportional[-action] control
~ **mit Relais** relay control
~ **mit Spannungsänderung** varying-voltage control
~ **mit Störgrößenaufschaltung** feedforward control
~ **mit Totzone** dead-zone control *(Dreipunktregelung)*
~ **mit Vorhalt** *s.* ~ mit D-Regler
~ **mit Zweipunktglied** on-off control
~/**nichtlineare** non-linear control
~ **ohne Hilfsenergie** direct (self-acting, self-operated, pilot-operated) control
~/**pendelfreie** antihunting control
~/**perfekte** absolutely invariant control
~/**pneumatische** pneumatic control
~/**prozeßparallele rechnergestützte** digital set-point control, DSC
~/**robuste** robust control
~/**schrittweise** regulation in steps
~/**selbstanpassende** autoadapting control
~/**selbsteinstellende** self-tuning control
~/**selbsttätige** automatic closed-loop control, automatic feedback control system
~/**stabile** stable control
~/**stationäre** steady-state regulation
~/**stetige** continuous control
~/**stufenweise** step-by-step regulation
~/**thermostatische** thermostatic control
~/**unstetige** discontinuous (intermittent) control
~/**vermaschte** multiloop control
~/**verzögerte** delayed-action control
~ **von Hand** manual (hand) control
~/**zeitdiskrete** intermittent control
Regelungsalgorithmus *m* control algorithm
Regelungseinrichtungen *fpl* control hardware
Regelungsgüte *f s.* Regelgüte
Regelungsintervall *n (Syst)* control interval
Regelungspilot *m (Nrt)* regulating pilot
Regelungsprozeß *m* control process
Regelungsstabilität *f (Syst)* control stability
Regelungssystem *n (Syst)* [automatic] control system, feedback [control] system, regulating system
~/**einschleifiges** single-loop feedback system
~/**geschlossenes** closed-loop [control] system
~/**mehrschleifiges** multiloop [control] system
~ **mit einseitiger Wirkungsrichtung** unilateral control system
~ **mit geschlossenem Kreis** closed-loop control system
~ **mit getestetem Signal der Regelabweichung** error-sampled control system
~ **mit Hilfsenergie** control system with power amplification, indirect control system
~ **mit hoher Regelgüte** high-performance [control] system
~ **mit Rückführung** feedback control system
~ **mit Totzeit** control system with dead time, control system with time delay
~ **mit Verzögerung** control system with retardation
~ **mit Verzögerungsgliedern** retarded control system
~/**rechnergestütztes** computer-aided control system
~/**selbsttätiges** automatic control system
~/**vermaschtes** complex automatic system, interconnected (multivariable) control system, interacting [automatic] control system, multiloop control system
Regelungstechnik *f* 1. [automatic] control engineering; 2. control technique
Regelungstheorie *f* [automatic] control theory
Regelventil *n (Syst)* controlling (regulating) valve
~ **mit Düse und Prallplatte** flapper-nozzle control valve *(Pneumatik)*
Regelverbrauchstarif *m* block tariff
Regelverhalten *n* control response (behaviour, action)
Regelverstärker *m* automatic gain control amplifier, AGC amplifier, variable-gain amplifier, regulating amplifier
Regelverzerrung *f (Nrt)* characteristic distortion
Regelverzögerung *f* delay of automatic control
Regelvorgang *m* control action
Regelvorrichtung *f* control device (apparatus) *(s. a.* Regler*)*
Regelwarte *f* control centre
Regelweg *m (Nrt)* high-usage circuit (route), normal (primary) route
Regelwegbündel *n (Nrt)* high-usage group
Regelwiderstand *m* variable (adjustable, regulating) resistor, rheostat
Regelwirkung *f* control action
Regelzeitkonstante *f* control time constant
Regelzelle *f* regulating cell *(Batterie)*
Regenbogenfarbmuster *n (Fs)* colour rainbow display
Regendach *n* canopy
regendicht rainproof
Regenecho *n* rain echo *(Radar)*
Regeneration *f* regeneration; recovery
Regenerationsspeicher *m (Dat)* volatile memory (store)

Regenerationstheorie *f (Syst)* regeneration theory *(Stabilitätsuntersuchung)*
Regenerationszyklus *m (Dat)* regeneration cycle
regnerativ regenerative
Regenerativbrennstoffelement *n* regenerative fuel cell
Regenerativverstärker *m (Nrt)* regenerative amplifier, [regenerative] repeater
regenerieren to regenerate; to recover
~/Impulse to reshape pulses
regenerierend regenerative
Regenerierung *f* regeneration; recovery
Regenerierungsintervall *n* regeneration period; scan period (phase) *(bei Röhren)*
Regenerierungsverstärker *m* regnerative amplifier
Regenprüfung *f (Isol)* rain test, test under artificial rain
Regenstörung *f* rain clutter *(Radar)*
Regenschutz *m* rain shield *(Mikrofon)*
Regieanlage *f*, **Regieeinrichtung** *f* cueing device *(Studiotechnik)*
Regiepult *n* central (studio) control desk, master control [desk]
Regieraum *m* central (master) control room, control room (cubicle)
Regiesignal *n* cue
Regime *(Dat)* regime, mode
Register *n* 1. *(Dat, Nrt)* register; 2. index
~/akkumulierendes accumulator register
~/assoziatives associative register
~/dynamisches delay-line register
~ mit automatischer Fortschaltung self-sequencing register
~ mit Flipflops flip-flop register, register of flip-flops
~ mit Umwerter *(Nrt)* register-translator
~ und Arithmetik-Logik-Einheit *f* register and arithmetic-logic unit, RALU *(eines Mikrorechners)*
Registeradressierung *f* implied addressing *(Mikroprozessor)*
Register-Arithmetik-Logik-Einheit *f* register and arithmetic-logic unit, RALU *(eines Mikrorechners)*
Registerauslösung *f (Nrt)* register release
Registerdruckwerk *n (Dat)* register printer
Registererkennungszeichen *n (Nrt)* register code signal
Registergestell *n (Nrt)* register bay
registergesteuert *(Nrt)* register-controlled
Registerlänge *f (Dat)* register length
Registermarke *f (Dat)* register mark
Registerspeicherkapazität *f (Dat)* register storage capacity
Registerstellenzahl *f (Dat)* register length
Registersucher *m (Nrt)* register finder, sender selector
Registersystem *n (Nrt)* register system
~ mit Rückwärtsimpulssteuerung revertive control system
Registerumlauf *m (Dat)* register rotation
Register- und Arithmetik-Logikeinheit *f* register and arithmetic-logic unit, RALU *(eines Mikrorechners)*
Registerwahl *f (Nrt)* director switching
Registerwähler *m (Nrt)* register finder, sender selector
~/numerisch gesteuerter numerically controlled selector
Registerzeichen *n (Nrt)* register signal
Registerzeichengabe *f (Nrt)* register signalling
Registrierballon *m* sounding balloon
Registrierblatt *n* record chart
Registrier-Buchungsautomat *m (Dat)* automatic register accounting machine
Registriereinrichtung *f* recording device (unit); [data] logger *(s. a.* Registriergerät*)*
registrieren to record; to register; to plot
~/fotografisch to record photographically
~/in Listen to list
Registrierfeder *f* recorder (recording) pen
Registrierfehler *m* recording error
Registrierfläche *f* record surface
Registriergalvanometer *n* recording galvanometer
Registriergenauigkeit *f* recording accuracy
Registriergerät *n* recorder, recording (graphic) instrument, [graph] plotter, graphic display unit *(s. a. unter* Schreiber*)*
~/direkt betätigtes direct-acting recording instrument
~/direkt schreibendes direct-writing recorder
~ für Polardiagramme circular-chart recorder, polar plotter (recorder)
~/indirekt arbeitendes indirect-acting recording instrument
~/mechanisches mechanical recorder
Registriergeschwindigkeit *f* recording speed
Registrierglied *n* recording unit
Registrierkanal *m***/schneller** fast recording channel
Registrierkasse *f***/elektrische** electric cash-register
Registrierlaufwerk *n (Meß)* recording clockwork
Registriermarke *f* registration mark
Registriermaschine *f* **mit Addierwerk** add-list machine
Registriermaßstab *m* chart scale
Registrierpapier *n* recording paper, [recorder] chart paper
~/frequenzbedrucktes frequency-calibrated [recording] paper
Registrierpapierträger *m* chart mechanism
Registrierregler *m* recording controller
Registrierscheibe *f* recording disk, round chart
Registrierschreiber *m* chard recorder

Registrierstreifen *m* record (strip) chart, recorder (paper) tape
~ **mit Frequenzeinteilung** frequency-calibrated [recording] paper
Registrierstreifenbreite *f* chart paper width
Registrierstreifenrolle *f* roll of recording paper
Registrierthermometer *n* thermograph, recording thermometer
Registriertinte *f* recorder ink
Registriertrommel *f* recording drum
Registrierung 1. recording; registration; 2. [graphic] record
~**/elektrothermische** electrothermal recording
~**/graphische** graphic recording
Registrierzähler *m (Nrt)* recording meter
Registrierzeit *f* recording time
Regler *m (Syst)* [automatic] controller, control[ling] unit, control device, regulating unit; regulator; governor
~**/adaptiver** adaptive controller
~ **an der Frontplatte** panel controller
~**/automatischer** automatic [feedback] controller, automatic regulator
~**/direkt wirkender** direct-acting controller
~**/direkter** direct-acting controller, self-operated controller
~**/diskontinuierlicher** discontinuous[-action] controller, sampling controller
~**/diskreter** multiposition controller
~**/elektrischer** electric controller
~**/elektrohydraulischer** electrohydraulic controller
~**/elektromechanischer** electromechanical controller
~**/elektropneumatischer** electropneumatic controller
~**/festverdrahteter** programmable controller
~**/freiprogrammierbarer** [free-]programmable controller
~**/halbautomatischer** semiautomatic controller
~**/hydraulischer** hydraulic regulator
~**/kontinuierlicher** continuous-action controller
~**/mechanischer** mechanical-operated controller
~ **mit automatischer Rückführung (Rückstellung)** automatic reset controller
~ **mit D-Verhalten** derivative[-action] controller
~ **mit getastetem Ausgangssignal** output sampling controller
~ **mit Hilfsenergie** power-assisted controller, indirect-acting controller
~ **mit I-Verhalten** integral[-action] controller
~ **mit P-Verhalten** proportional[-action] controller
~ **mit starrer Rückführung** rigid-feedback controller
~ **mit vibrierender Spannung** oscillating voltage regulator
~ **mit Vorhalt** *s.* ~ mit D-Verhalten
~ **mit weitem Proportionalbereich** wide-band controller
~ **ohne Hilfsenergie** direct (self-acting, self-actuated, self-operated, pilot-operated) controller
~**/parallel wirkender** parallel run controller
~**/pneumatischer** pneumatic controller
~**/programmierbarer** programmable controller
~**/proportional-differential-wirkender** proportional-derivative[-action] controller, PD controller
~**/proportional-integral-differential-wirkender** proportional-integral-derivative[-action] controller, PID controller
~**/proportional-integral-wirkender** proportional-integral[-action] controller, PI controller
~**/registrierender** recording controller
~**/selbsteinstellender** self-tuning controller
~**/selbsttätiger** automatic [feedback] controller
~**/statischer** static controller
~**/stetiger** continuous controller
~**/untergeordneter** slave controller *(Kaskadenregelung)*
~**/unterlagerter** secondary controller *(Kaskadenregelung)*
Reglerausfallzeit *f* controller downtime
Reglerausgang *m* controller output
Reglerbaustein *m* packaged control unit
Reglereinstellung *f* controller setting
Reglerfunktion *f* control law
reglergesteuert governor-controlled *(Motoren)*
Reglergetriebe *n* governor gear *(für Motoren)*
Reglerstruktur *f (Syst)* controller figuration
Reglerverhalten *n* controller action (response)
Regressionskurve *f* curve of best fit *(z. B. Kennlinienauswertung)*
regulieren to regulate, to control; to adjust
Regulierschleifringläufer[motor] *m* slip-regulator induction motor
Regulierspule *f* regulating coil
Regulierung *f* regulation, control; adjustment
~**/zeitliche** timing
Regulierwicklung *f* regulating winding
Reibkontakt *m* rubbing contact
Reibkorrosion *f* chafing [corrosion], fretting corrosion, friction oxidation
Reibkupplung *f* friction clutch
~**/magnetische** magnetic friction clutch
Reibprüfung *f* rubbing test *(Isolierstoffprüfung)*
Reibradantrieb *m* friction drive
Reibschwingung *f* stick slip
Reibung *f* friction
~**/Coulombsche** *s.* ~/trockene
~ **der Bewegung** kinetic friction
~ **der Ruhe** static (resting) friction, friction at (of) rest
~**/gleitende** sliding friction
~**/hydraulische** hydraulic friction
~**/innere** internal friction
~**/kinetische** *s.* ~ der Bewegung
~**/ruhende** *s.* ~ der Ruhe
~**/trockene** dry (solid, Coulomb) friction
~**/viskose** viscous friction

Reibungsbeiwert *m* friction factor
Reibungsdämpfung *f* frictional (Coulomb) damping
reibungselektrisch triboelectric
Reibungselektrisiermaschine *f* frictional electric machine, friction machine
Reibungselektrizität *f* triboelectricity, frictional electricity, electricity by friction
~/negative resinous electricity *(Harzelektrizität)*
~/positive vitreous electricity *(Glaselektrizität)*
Reibungsfaktor *m s.* Reibungskoeffizient
Reibungsfehler *m* frictional error
Reibungsgewicht *n* [static] adhesive weight
Reibungskoeffizient *m* friction coefficient (factor), coefficient of friction
Reibungskraft *f* friction[al] force
Reibungskupplung *f* friction clutch
Reibungsleistung *f* friction power
Reibungslumineszenz *f* triboluminescence, friction luminescence
Reibungsmasse *f* adhesive weight
Reibungsmesser *m* tribometer
Reibungsmoment *n* friction torque
Reibungsrelais *n* friction relay
Reibungsströmung *f* viscous flow
Reibungsverlust *m* friction loss
Reibungsverschleiß *m* frictional (abrasive) wear, abrasion
Reibungswiderstand *m* frictional resistance
Reibungswinkel *m* angle of friction (repose)
Reichweite *f* range; *(Nrt)* working distance, range of transmission, coverage • **außer** ~ out-of-range
~/endliche finite range
~/kleine short range
~/quasioptische line-of-sight coverage
~/tatsächliche actual range
~/wirksame effective range
Reichweite-Energie-Beziehung *f* range-energy relation[ship]
Reichweitekorrektur *f (FO)* range correction
Reichweitenvergrößerer *m (Nrt)* range extender
Reichweitenvorhersage *f* range prediction
Reihe *f* series; row; sequence • **in einer ~ [liegend]** in-line • **in** ~ in series
~/binomische binominal series
~/Fouriersche Fourier series
~/harmonische harmonic series
~/konvergente convergent series
~/Taylorsche Taylor series
~/unendliche infinite series
Reihenabstand *m* row pitch *(bei Datenträgern)*
Reihenanlage *f (Nrt)* series telephone set, intercommunication system
~ mit Linientasten house exchange system
Reihenapparat *m (Nrt)* series telephone set
Reihenbelüftung *f* series ventilation
Reihenbetrieb *m (Nrt)* tandem operation
Reihendrossel *f* series reactor
Reihenentwicklung *f* series expansion (development), expansion in series *(Mathematik)*
Reihenentwicklungslösung *f* development solution
Reihenfolge *f* sequence; order
Reihenfolgeprogrammierung *f (Dat)* sequential programming
Reihenfolgespeicher *m (Dat)* sequential memory (store)
Reihenfolgeverarbeitung *f (Dat)* sequential processing
Reihenfolgewahl *f (Dat)* sequential (serial) selection *(Programmierung)*
Reihenfolgezugriff *m (Dat)* serial access
Reihengegenkopplung *f* series [negative] feedback
reihengeschaltet series-connected
Reihengespräch *n (Nrt)* sequence call
Reihenimpedanz *f* series impedance
Reihenklemme *f* series terminal, terminal block
Reihenkompensation *f* series compensation
Reihenkondensator *m* series capacitor
Reihenleitwert *m* series admittance
Reihenmaschine *f* tandem engine
Reihenmodulation *f* series modulation
Reihenparallelanlassen *n* series-parallel starting
Reihenparallelanlasser *m* series-parallel starter
Reihenparallelmatrix *f* series-parallel matrix
Reihenparallelregler *m* series-parallel controller
Reihenparallelschaltung *f* series-parallel connection
Reihenparallelstromkreis *m* series-parallel circuit
Reihenparallelwicklung *f* series-parallel winding
Reihenprüfung *f* series test
Reihenreaktanz *f* series reactance
Reihenrelais *n* series relay
Reihenresonanz *f* series (voltage) resonance
Reihenresonanzfrequenz *f* series resonance frequency
Reihenresonanzkreis *m* series resonant circuit
Reihenresonanzspule *f* series peaking coil
Reihenschalter *m* series (multicircuit) switch
Reihenschaltung *f* series connection, connection in series
~ von Heizfäden series connection of filaments *(bei Röhren)*
Reihenschaltungsbogenlampe *f* series-arc lamp
Reihenschluß *m* series circuit
Reihenschlußanlasser *m* series starter
Reihenschlußbogenlampenregler *m* series-arc lamp regulator
Reihenschlußcharakteristik *f* series characteristic
Reihenschlußerregung *f* series excitation
Reihenschlußgenerator *m* series[-connected] generator, series-wound generator
Reihenschlußkennlinie *f* series characteristic
Reihenschlußkommutatormotor *m* series commutator motor

Reihenschlußleitwert *m* series admittance
Reihenschlußmaschine *f* series[-wound] machine
Reihenschlußmotor *m* series[-wound] motor
~/kompensierter compensated series[-wound] motor
Reihenschlußspule *f* series coil
Reihenschlußverhalten *n* series characteristic
Reihenschlußwicklung *f* series winding • **mit ~** series-wound
Reihenschwingkreis *m s.* Reihenresonanzkreis
Reihenspannung *f* series voltage
Reihenspeisung *f* series feed
Reihenspule *f* series coil
Reihenteilung *f* row pitch *(bei Datenträgern)*
Reihentransformator *m* series transformer
Reihen- und Spaltenabtastung *f* row-and-column scanning
reihenweise serial
Reihenwicklung *f* series winding
Reihenwiderstand *m* series resistance
Reihungsverfahren *n* daisy chaining
rein clean; undoped *(Kristall)*
Reinabsorptionsgrad *m* internal absorptance (absorption factor)
Reinheit *f* purity; cleanliness *(z. B. von Oberflächen)*
~/spektrale spectral purity
Reinheitsgrad *m* degree of purity *(Kristalle, Isolieröle)*
Reinheitsspule *f* purity coil *(Farbbildröhre)*
reinigen to clean; to purify
~/mit dem Staubsauger to vacuum-clean
Reiniger *m s.* Reinigungsmittel
Reinigung *f***/anodische** *(Galv)* anodic (reverse-current) cleaning
~/elektrolytische electrolytic cleaning, electrocleaning
~/katodische cathodic (direct-current) cleaning
~ mit alkalischen Lösungsmitteln alkaline cleaning
~ mit Lösungsmitteln solvent cleaning
~ mit Ultraschall ultrasonic cleaning
~/saure acid cleaning
Reinigungsbad *n***/elektrolytisches** electrocleaner
Reinigungseffekt *m* purifying effect
Reinigungskassette *f* head cleaner (cleaning) cassette *(für Tonköpfe)*
Reinigungsmittel *n* cleaning (purifying) agent, cleaner, purifier
~/alkalisches alkaline cleaner
~/saures acidic cleaner
Reinigungsvorrichtung *f* **für das Zonenschmelzverfahren** floating-zone refining unit
Reinkohle *f* pure coal
Reinraum *m* clean room
Reinstoff *m* pure substance
Reintonaudiogramm *n* pure-tone audiogram
Reintonaudiometer *n* pure-tone audiometer
Reintransmissionsgrad *m* internal transmittance (transmission factor)
reißen to tear; to rupture, to break; to crack
Reißlack *m* brittle lacquer
Reißlast *f* maximum tensile load
Reiter *m***/verstellbarer** adjustable cam
Reiz *m* stimulus
~/optischer optical stimulus
Reizart *f* **eines Farbreizes** chromaticity
Reizdauer *f* duration of stimulus
Reizschwelle *f* threshold of sensation (perception), threshold of feeling (tickle)
Reklamebeleuchtung *f* advertising (sign) lighting
Rekodierung *f* recoding
Rekombination *f* recombination *(von Ladungsträgern)*
~ in der Raumladungszone space charge recombination
Rekombinationsgeschwindigkeit *f* recombination rate (velocity)
Rekombinationskinetik *f* recombination kinetics
Rekombinationskoeffizient *m* recombination coefficient
Rekombinationskontinuum *n* recombination continuum
Rekombinationsleitwert *m* recombination conductance
Rekombinationsleuchten *n* recombination luminescence
Rekombinationsniveau *n* recombination level
Rekombinationsquerschnitt *m* recombination cross section
Rekombinationsrate *f* recombination rate
Rekombinationsspektrum *n* recombination spectrum
Rekombinationsstelle *f* recombination site
Rekombinationsstrahlung *f* recombination radiation
Rekombinationsstrom *m* recombination current
Rekombinationsverlust *m* recombination loss
Rekombinationswahrscheinlichkeit *f* recombination probability
Rekombinationszentrum *n* recombination centre (trap)
rekombinieren to recombine
Rekristallisationsglühen *n* recrystallization annealing
rekristallisieren to recrystallize
Relais *n* relay • **das ~ zum Abfallen bringen** to release the relay
~/ankerloses relay without armature
~/astabiles astable relay
~/bistabiles bistable relay
~/doppelgespeistes two-element relay
~/doppelpolarisiertes double-biased relay
~/einpoliges single-contact relay
~/einseitig eingestelltes biased relay
~/einspuliges single-coil relay
~/elektrodynamisches electrodynamic relay

~/elektromagnetisches electromagnetic[ally operated] relay
~/elektromechanisches electromechanical relay
~/elektronisches electronic relay
~/elektrostatisches electrostatic relay
~/elektrostriktives *s.* ~/piezoelektrisches
~/elektrothermisches electrothermal relay
~/empfindliches sensitive relay
~/ferngesteuertes remote-controlled relay
~/ferrodynamisches ferrodynamic relay
~ für Gegensystem negative-phaseequence relay
~/gedämpftes dashpot relay
~/idealisiertes perfect relay
~/induktionsfreies non-reactive relay
~/integrierendes integrating relay
~/koaxiales coaxial relay
~/kontaktloses solid-state relay
~/langsam abfallendes *s.* ~/verzögertes
~/lichtelektrisches photoelectric relay
~/magnetisches magnetic relay
~/magnetodynamisches magnetodynamic relay
~/magnetoelektrisches magnetoelectric relay
~/magnetostriktives magnetostrictive relay
~/mechanisch verriegeltes mechanical latching relay
~/mechanisches mechanical relay
~ mit Abfallverzögerung slow-release relay
~ mit Annäherungsverschluß approach relay
~ mit Ansprechverzögerung slow-acting relay; slow-operating relay
~ mit Bremszylinder dashpot relay
~ mit eingeschmolzenen Kontakten seal-in relay
~ mit Eisenschluß/eletrodynamisches ferrodynamic relay
~ mit Federlagerung relay with flexible armature
~ mit festgelegtem Zeitverhalten *n* specified-time relay
~ mit L-Anker angle-armature relay
~ mit magnetischem Nebenschluß shunt-field relay
~ mit Quecksilberkontakten mercury-contact relay
~ mit Schneidenlagerung knife-edge [armature] relay
~ mit Schnellauslösung instantaneous-release relay
~ mit Schutzgaskontakt dry-reed relay (switch), sealed-contact relay
~ mit thermischer Verzögerung thermal-delay relay
~ mit Totzone relay with dead band
~ mit verzögerter Auslösung slow-release relay
~ mit Zeitauslösung time-limit release relay
~ mit zwei stabilen Stellungen side-stable relay
~ mit zwei Trennkontakten double-break relay
~ mit zwei Wechselkontakten double-break-and-make relay
~ mit zwei Wicklungen double-wound relay
~/monostabiles monostable relay
~/motorgetriebenes motor-driven relay
~/neutrales neutral (non-polarized) relay
~/nichtmessendes non-measuring relay
~/nichtpolares non-polarized relay
~ ohne festgelegtes Zeitverhalten non-specified-time relay
~/physikalisch-elektrisches physico-electric relay
~/piezoelektrisches piezoelectric relay, electrostrictive (ferrodynamic) relay
~/pneumatisches pressure relay
~/polarisiertes polarized (centre-zero) relay
~/rückfallendes self-reset relay
~/schnell ansprechendes fast-acting relay, fast-operate relay
~/spannungsempfindliches voltage-sensitive relay
~/spannungsunabhängiges voltage restraint relay
~/statisches static relay
~/steckbares plug-in relay
~/thermisches temperature relay
~/thermoelektrisches electrothermal relay
~/trägerfrequenzgesteuertes *(Nrt)* carrier-operated relay, carrier-actuated relay
~/unpolarisiertes neutral (non-polarized) relay
~/verzögertes time-delay relay; slow-release relay, slow-operated relay
~/vibrierendes oscillating relay
~/vollständig primäres total primary relay
~/volltransistorisiertes fully transistorized relay
~/zeitabhängiges dependent time-lag relay
~/zweispuliges double-coil relay
Relaisabdeckung *f* relay housing
Relaisabfallwert *m* relay just-release value
Relaisabfallzeit *f* relay dropping (release) time
Relaisanker *m* relay armature
Relaisankeraufsatz *m n* relay armature stud *(zur Kontaktbetätigung)*
Relaisankerkontakt *m* relay armature contact
Relaisankerluftspalt *m* relay armature gap
Relaisankerverzögerung *f* relay armature hesitation
Relaisanrufsucher *m* relay line finder
Relaisanschlag *m* relay backstop
Relaisansprechwert *m* relay just-operate value
Relaisauslösesignal *n* relay actuating signal
Relaisauslösezeit *f* relay release (releasing) time
Relaisautomatik *f* relay servomechanism
relaisbetätigt relay-actuated, relay-operated
Relaisbetätigungszeit *f* relay actuation time
Relaisbetrieb *m* relay operation
Relaisbetriebszyklus *m* relay duty cycle
Relaisbrücke *f* relay bridge
Relaisdämpfungsring *m* relay damping ring
Relaisdeckel *m* relay cover
Relaisdurchschaltzeit *f* relay bunching time
Relaiserregungsdiagramm *n* relay working diagram

Relaisfernsprechsystem *n* all-relay system *(Wählanlage)*
Relaisfolgesystem *n* contactor servosystem
Relaisgeber *m* direct-point repeater
Relaisgehäuse *n* relay housing
Relaisgeräusch *n* relay hum
Relaisgestell *n* relay bay (rack)
Relaisglied *n* relay element
Relaisgrundplatte *f* relay mounting plate
Relaisgruppe *f* relay group
Relaisheizfühler *m* relay heater-sensor
Relaisjustage *f* relay adjustment
Relaiskennlinie *f* relay characteristic
~ **mit Totzone** relay characteristic with dead zone
~**/statische** static relay characteristic
Relaiskern *m* relay core
Relaiskette *f* relay chain
Relaiskettenschaltung *f* relay chain circuit
Relaisklappe *f* relay shutter
Relaiskleben *n* relay freezing
Relaiskombination *f s.* Relaissatz
Relaiskontakt *m* relay contact
Relaiskontaktanordnung *f* relay contact arrangement
Relaiskontaktansprechzeit *f* relay contact-actuating time
Relaiskraftkennlinie *f* relay load curve
Relaisluftspalt *m* relay air gap
Relaismagnet *m* relay magnet
Relaisnocken *m* relay cam
Relaisprüfgerät *n* relay tester
Relaisrahmen *m* relay frame
Relaisraum *m* relay room
~ **einer Station** *(Eü)* substation relay room
Relaisrechenmaschine *f* relay calculating machine
Relaisregelungssystem *n* relay[-operated] control system
Relaisregler *m* relay[-operated] controller, on-off controller, contactor servomechanism
Relaisröhre *f* trigger tube
Relaissatz *m* relay set (group, assembly, unit)
Relaisschaltung *f* relay circuit (network)
Relaisschaltzeit *f* relay transfer time
Relaisschirm *m* relay screen
Relaisschrank *m* relay frame (box)
Relaisschutz *m* relay protection
~ **mit Trägerfrequenzverbindung** *(Eü)* carrier-pilot relaying
Relaisschutzsystem *n* **mit Trägerfrequenzverbindung** carrier-current pilot relay system
Relaissender *m* relay transmitter, relay [broadcasting] station
Relaisspeicher *m (Dat)* relay memory (store)
Relaisspule *f* relay coil
Relaisspulenabdeckung *f* relay coil serving
Relaisspulenanschluß *m* relay coil terminal
Relaisspulenkasten *m* relay coil tube
Relaisspulenverluste *mpl* relay coil dissipation
Relaisspulenwiderstand *m* relay coil resistance
Relaisstation *f* relay (repeater) station *(einer Richtfunkverbindung)*
Relaisstelle *f s.* Relaisstation
Relaissteuerung *f* relay control
Relaisstift *m* relay stud
Relaisstromkreis *m* relay circuit
Relaisstufe *f* relay stage
~**/vorwärts- und rückwärtszählende** bidirectionally counting relay stage
Relaissuchwähler *m* relay finder matrix, register connector
Relaissystem *n* relay system
Relaistelefonsystem *n* all-relay system *(Wählanlage)*
Relaistreiber *m* relay driver
Relaisübertragung *f* relay transmission, relaying
Relaisumschalter *m* relay switch
Relaisunterbrecher *m* relay interrupter
Relaisverstärker *m* relay amplifier, amplifying relay
Relaisverzögerung *f* relay hesitation
Relaisvorwähler *m* relay preselector
Relaiswähler *m* [all-]relay selector
Relaiswirkung *f* relay action
Relaiszahlengeber *m* relay sender
Relaiszähler *m* relay (magnetic) counter
Relaiszählkette *f* relay counting chain
Relaiszeitgeber *m* relay cycle timer
Relativadressierung *f (Dat)* relative addressing
Relativempfindlichkeit *f* relative response (sensitivity)
Relativregistrierung *f* percentage registration
Relaxationsoszillator *m* relaxation oscillator
Relaxationsschwingung *f* relaxation oscillation
Relaxationszeit *f* relaxation time
Relevanzfilterung *f (Nrt)* relevance filtering
Reliefwirkung *f (Fs)* relief effect
Reluktanz *f* [magnetic] reluctance, magnetic resistance
Reluktanzbrücke *f* [magnetic] reluctance bridge
Reluktanzgenerator *m* reluctance generator
Reluktanzmotor *m* reluctance motor
REM *s.* Rasterelektronenmikroskop
remagnetisieren to remagnetize
remanent remanent
Remanenz *f* remanence, remanent magnetization (magnetism), residual magnetization (induction, flux density)
~**/scheinbare** apparent remanence, [magnetic] retentivity
~**/wahre** true remanence, retentiveness
Remanenzfehler *m* remanence error *(eines Instruments)*
Remanenzfeld *n* residual field
Remanenzverlust *m* magnetic residual loss
Remission *f (Licht)* [diffuse] reflectance

Remissionsansatz *m* reflectance attachment *(beim Spektrophotometer)*
Remissionsfaktor *m* diffuse reflection factor
Remissionsgrad *m* diffuse reflectance
Remissionsnormal *n (Licht)* reflectance standard
Renkfassung *f* bayonet holder
Reparaturabstand *m***/mittlerer** mean time to repair
Reparaturdauer *f* repair duration, active repair time
Reparaturzeit *f***/mittlere** mean repair time
Repeater *m* 1. repeater *(Verstärker einer Richtfunkverbindung)*; 2. *s.* Photorepeater
Repeaterabstand *m* repeater span
Repeaterschaltkreis *m***/integrierter** repeater integrated circuit
Repetierbetrieb *m* repeat chart mode [of operation] *(Pegelschreiber)*
Repetiergerät *n* reset generator
Repetiersteuerung *f* playback method
Reproduktion *f* reproduction
Reproduzierbarkeit *f* reproducibility; repeatability
reproduzieren to reproduce; to repeat
Reproduzierfehler *m* repeatability error
Repulsionsgerät *n* repulsion-type instrument
Repulsionsmeßwerk *n* repulsion-type meter movement *(spezielles Kreuzspulinstrument für Wechselgrößen)*
Repulsionsmotor *m* repulsion[-induction] motor
~/kompensierter compensated repulsion motor
Reserve *f* reserve, standby; back-up
~/einschaltbereite (heiße) hot reserve *(Kraftwerk)*
~/installierte *(An)* installed reserve
~/kalte cold reserve
Reserveader *f (Nrt)* reserve wire
Reserveadern *fpl* stumped pair
Reserveausrüstung *f* back-up [device]
Reservebatterie *f* standby battery *(Notstrombatterie)*; reserve (spare) battery *(Ersatzbatterie)*
Reservebauelement *n* standby component
Reserveeinschub *m* spare withdrawable unit
Reservegenerator *m* standby generator
Reservegerät *n* standby
Reservekabel *n* spare cable
Reservekanal *m (Nrt)* reserve (spare) channel
Reserveleistung *f* standby (reserve) power *(z. B. eines Systems)*
Reserveleitung *f (Nrt)* spare circuit (line), reserve circuit
Reserveleitungsverstärker *m (Nrt)* spare line repeater
Reservenummer *f (Nrt)* unallotted number
Reserveplatz *m (Nrt)* reserve position
Reservesatz *m* spare set
Reserveschaltung *f* spare circuit
Reserveschutz *m* reserve (back-up) protection *(Relais)*
Reservespeicher *m (Dat)* standby store
Reservezustand *m* standby condition
reservieren to reserve
Reset-Bedingung *f s.* Rücksetzbedingung
Reset-Zustand *m* reset state
resident *(Dat)* resident
Resident-Assembler *m (Dat)* resident assembler
Resident-Kompiler *m (Dat)* resident compiler
Resident-Makroassembler *m (Dat)* resident macroassembler
Residuenmethode *f* method of residues *(Laplace-Transformation)*
Resist *n(m)* resist *(photoempfindlicher Lack)*
Resistablösung *f* resist stripping
Resistanz *f***/akustische** acoustic resistance
~/mechanische mechanical resistance
~/spezifische akustische specific acoustic resistance
Resistanzrelais *n* resistance relay
Resistanzschutz *m* resistance protection *(eines Relais)*
resistbeschichtet resist-coated
Resistbild *n* resist image
Resistfilm *m* resist film
Resistron *n* resistron *(Bildaufnahmeröhre)*
Resiststruktur *f* resist pattern
Resisttechnik *f* resist technology
Resolver *m* resolver *(Vektorzerleger)*
Resonanz *f* resonance • **bei** ~ at resonance • **in ~ befindlich** resonant • **in ~ geraten** to resonate • **in ~ sein [mit]** to be resonant
~ **bei Schwingungsanregung** vibration resonance
~/optische optical resonance
~/scharfe sharp resonance
~/subharmonische subharmonic resonance
~/unerwünschte spurious resonance
Resonanzabsorber *m* resonance absorber
Resonanzabsorption *f* resonance absorption
Resonanzabsorptionsmessung *f* resonance absorption measurement
Resonanzabstimmung *f* resonance tuning
Resonanzansauggeräuschdämpfer *m* resonator intake silencer
Resonanzanstieg *m* resonant rise
Resonanzanzeige *f* resonance indication
Resonanzanzeiger *m* resonance indicator
Resonanzbeschleuniger *m* resonance accelerator
Resonanzbreite *f* resonance (resonant) width
Resonanzbrücke *f* resonance bridge
Resonanzeffekt *m* resonance effect (phenomenon)
Resonanzfeld *n* resonance field
Resonanzfluoreszenz *f* resonance fluorescence
Resonanzform *f* mode of resonance
Resonanzfrequenz *f* resonance (resonant) frequency
~ **im eingebauten Zustand** mounted resonant frequency

Resonanzfrequenzmesser *m* resonance frequency meter
resonanzgeerdet resonant-earthed
Resonanzgrundfrequenz *f* first resonating frequency
Resonanzhohlraum *m* resonant cavity
Resonanzkreis *m* resonant (resonance, resonating) circuit; tuned circuit
Resonanzkreisfrequenz *f* angular resonance frequency
Resonanzkupplung *f* resonant link *(Strombegrenzung)*
Resonanzkurve *f* resonance curve
~ **mit zwei Maxima** double-hump resonance curve
Resonanzleitung *f* line resonator
Resonanzleitwert *m* resonance conductance
Resonanzlinie *f* resonance [spectrum] line
Resonanzmaximum *n* resonance peak
Resonanzmesser *m*, **Resonanzmeßgerät** *n* resonance instrument
Resonanzmeßmethode *f* resonance method of measurement
Resonanznähe *f* vicinity of resonance
Resonanznebenschluß *m* resonant shunt
Resonanzniveau *n* resonance level (state) *(Elementarteilchen)*
Resonanzpotential *n* resonance potential
Resonanzprüfung *f* resonance test
Resonanzpunkt *m* [self-]resonance point
Resonanzrelais *n* resonance relay; tuned-reed relay
Resonanzringschalter *m* ring switch *(Mikrowellentechnik)*
Resonanzschalldämpfer *m* reactive (resonant-absorption) silencer
Resonanzschaltung *f* **mit Eisenkernspule** ferroresonant circuit
Resonanzschärfe *f* sharpness of resonance
Resonanzschwingung *f* resonance vibration, covibration
Resonanzschwingungstyp *m* resonance mode
Resonanzspalt *m* resonance gap
Resonanzspektrum *n* resonance spectrum
Resonanzstelle *f* resonance point
Resonanzstrahlung *f* resonance radiation
Resonanzstromkreis *m* resonant (resonance) circuit
Resonanztachometer *n* vibrating-reed tachometer
Resonanzüberhöhung *f* resonant rise
Resonanzüberspannung *f* resonance overvoltage
Resonanzübertragung *f* resonance transfer
Resonanzverstärker *m* resonance amplifier; single-tuned amplifier *(für eine Frequenz)*
Resonanzverstärkung *f* resonance amplification
Resonanzwecker *m* tuned (harmonic) telephone ringer
Resonanzwellenlänge *f* resonance wavelength
Resonanzwellentyp *m* resonance mode
Resonanzwellentypfilter *n* resonance-mode filter
Resonanzzustand *m s.* Resonanzniveau
Resonator *m (Ak)* resonator; *(Laser)* [cavity] resonator, [resonant] cavity
~**/konzentrischer** *(Laser)* concentric resonator
~**/piezoelektrischer** piezoelectric resonator
~**/schwach gedämpfter** persistent resonator
Resonatorbedingung *f (Laser)* resonant cavity condition
Resonatorlänge *f (Laser)* cavity length
Resonatorspiegel *m (Laser)* resonator (cavity) mirror
Resonatorstrom *m* resonator current
Rest *m***/zirkulierender** recirculating remainder *(Verfahren zur D/A-Wandlung*
Restablenkung *f* remanent deviation
Restabnehmer *m (An)* remainder *(verbleibender Abnehmer nach einer Störung)*
Restabweichung *f (Syst)* offset
Restbrumm *m* residual hum
Restbrummspannung *f* residual hum voltage
Restdämpfung *f* net (overall) attenuation, overall transmission loss
~ **am Pfeifpunkt** *(Nrt)* singing point equivalent
Restdämpfungsmessung *f* net loss measurement, [overall] attenuation measurement
Restdurchlässigkeit *f* off-peak transmission *(bei Interferenzfiltern)*
Restenergie *f* residual energy
Restfehler *m* residual (remaining) error
Restfehlerrate *f* residual error rate
Restflußdichte *f* residual flux density
Restgas *n* residual gas
Restgasbindung *f* gettering *(Elektronenröhren)*
Restgleichstrom *m* **in Durchlaßrichtung** continuous off-state current *(Thyristor)*
~ **in Sperrichtung** continuous reverse blocking current *(Thyristor)*
Restglied *n* remainder, remaining term *(Mathematik)*
Restimpuls *m* residual [im]pulse
Restinduktion *f* residual induction
Restinduktivität *f* residual inductance
Restintensität *f* residual intensity
Restkapazität *f* residual capacity
Restkraft *f* residual force
Restkurzschlußstrom *m***/bedingter** conditional residual [short-]circuit current
Restladung *f* residual (remanent) charge
Restmagnetisierung *f s.* Remanenz
Restoberwellen *fpl* residual ripple
Restpotential *n* afterpotential
Restrückstrom *m* residual reverse current
Restseitenband *n (Nrt)* vestigial sideband, VSB
Restseitenbanddatenübertragung *f* vestigial sideband data transmission
Restseitenbandfilter *n (Nrt)* vestigial sideband filter
Restseitenbandmodulation *f (Nrt)* vestigial sideband modulation

Restseitenbandübertragung *f (Nrt, Fs)* vestigial (asymmetrical) sideband transmission
Restspannung *f* residual voltage
~ **eines Ableiters** *(Hsp)* residual voltage of an arrester, *(Am)* discharge voltage of an arrester
Reststörpegel *m* net level of interference *(Funkstörung)*
Reststrahlen *mpl* residual rays, reststrahlen
Reststrahlung *f* residual radiation
Reststrahlverfahren *n* residual radiation method
Reststrom *m* residual current; tail current *(Transistor)*
Reststromstoß *m* residual pulse
Restträger *m (Fs)* residual carrier
Restüberspannung *f* residual overvoltage
Restverkehr *m (Nrt)* traffic lost
Restwelligkeit *f* residual ripple
Restwiderstand *m* residual resistance
Resynchronisationszeit *f (Nrt)* timing recovery time, frame alignment recovery time *(Pulskodemodulation)*
retardiert retarded *(z. B. Argument)*
Retardierung *f* retardation
Retentionszeit *f* retention (holding) time
Retikel *n (ME)* reticle *(Zwischennegativ)*
Retikelmaske *f* reticle [photo]mask
Retortengraphit *m*, **Retortenkohle** *f* retort (gas) carbon
Retroreflexion *f (Licht)* reflex reflection *(Reflexion vorzugsweise in die Einfallsrichtung)*
Rettdatei *f* save (retrieval) file
Rettebereich *m* **für Unterbrechungsbehandlung** interrupt handler save area
Reusenantenne *f* cage aerial, eel-buck-shaped aerial
Reusenstrahler *m* pyramidal horn
reversibel reversible
Reversierbetrieb *m* reversing (reversible) operation
reversieren to reverse
Reversiermotor *m*, **Reversionsmotor** *m* reversing (reversible) motor
Revolver *m* [rotating] turret *(Kamera)*
Revolverblende *f* disk (rotating) diaphragm
Reynolds-Zahl *f* Reynold's number
Rezipient *m* vacuum chamber
Reziprozitätseichverfahren *n* reciprocity calibration method, reciprocity method of calibration
Reziprozitätssatz *m*, **Reziprozitätstheorem** *n* reciprocity (reciprocal) theorem
R-Gespräch *n (Nrt)* reversed-charge call
Rheostat *m* rheostat, variable resistor
Rhodinieren *n*[**/galvanisches**] rhodium plating
rhodiumplattiert rhodium-plated
Rhodiumüberzug *m*/**galvanisch abgeschiedener** rhodium plate
rhomboedrisch rhombohedral
Rhombusantenne *f* rhombic aerial, diamond [shaped] aerial
Rho-Theta-Navigationssystem *n* rho-theta navigational system *(Polarkoordinatensystem)*
Rhumbatron *n* rhumbatron, cavity resonator
Rhysimeter *n* rhysimeter *(zum Messen von Strömungsgeschwindigkeiten)*
Rhythmusmesser *m* rhythmometer
Ribaud-Effekt *n (Wä)* Ribaud effect *(ungleichmäßige Stromdichteverteilung in Kreisplatten)*
Richtantenne *f* directional (beam) aerial
~**/einseitige** unidirectional aerial
Richtantennengruppe *f* aerial array
Richtantennensystem *n* **mit einstellbarem Strahlungswinkel** multiple-unit steerable aerial system *(Musa-Antenne)*
Richtcharakteristik *f* directional pattern (characteristic) *(s. a.* Antennencharakteristik*)*; *(Ak)* directivity characteristic, polar response (pattern); beam pattern
~**/achtförmige** figure-eight [directional] pattern
~**/kugelförmige** omnidirectional (non-directional) characteristic, omnidirectional response
~**/nierenförmige** cardioid characteristic, apple-shaped [directional] pattern
~**/zweiseitige** bidirectional characteristic
Richtdiagramm *n (Ak)* directive (directivity) pattern, directivity diagram *(Schallabstrahlung)*
Richtempfang *m* directional [wireless] reception, directive beam reception
Richtempfänger *m* [uni]directional receiver
richten 1. to direct; 2. to straighten; 3. to level
~ **auf/direkt** to aim directly at *(z. B. Laser)*
Richtentfernung *f* diffuse-field distance
Richtfähigkeit *f* directivity *(Antennentechnik)*
Richtfaktor *m* 1. coefficient of directivity *(Antennentechnik)*; 2. *(Ak)* directivity factor; 3. rectification factor *(Gleichrichter, Diode)*
Richtfeuer *n* directing (leading) light
Richtfunk *m (Nrt)* directional (directive) radio
Richtfunkabschnitt *m* radio relay section
Richtfunkbake *f* directive radio beacon
Richtfunkbetriebsstelle *f s.* Richtfunkbake
Richtfunkempfänger *m* directional radio receiver
Richtfunkfeuer *m* directional radio beacon
Richtfunkkanal *m* directional radio channel
Richtfunklinie *f* radio [relay] link
Richtfunknetz *n* radio link network
Richtfunkrelaisstelle *f* directional radio repeater
Richtfunksender *m s.* Richtfunkstation
Richtfunkstation *f* radio relay station
Richtfunkstrecke *f* radio [relay] link
Richtfunksystem *n* radio relay system
Richtfunkverbindung *f* radio [relay] link
~ **auf Sichtweite** line-of-sight radio relay link
~ **mit troposphärischer Streuausbreitung** tropospheric-scatter radio relay link
~ **mit vielen Funkfeldern** multi-hop radio relay link
Richtfunkzubringerlinie *f* radio link

Richtigkeit *f* **eines Meßmittels** freedom from bias of a measuring instrument
Richtkoppler *m* directional coupler, directive feed [assembly]
~/elektromagnetischer directional electromagnetic coupler
Richtkraft *f (Meß)* deflecting force
Richtmagnet *m* directing magnet, control[ling] magnet
Richtmikrofon *n* [uni]directional microphone
~/scharf bündelndes narrow acceptance-angle microphone
Richtmoment *n (Meß)* deflecting torque
Richtschärfe *f (Ak)* sharpness of directivity
Richtsendeanlage *f (Nrt)* beam transmitting station
Richtsendung *f (Nrt)* beam emission, directional transmission
Richtstrahl *m* directional (directed, radio) beam
Richtstrahlantenne *f* beam (directional) aerial
~/drehbare rotary beam aerial
Richtstrahlbake *f* beacon transmitter
Richtstrahlempfangsanlage *f* directional receiver
Richtstrahler *m* 1. *s.* Richtstrahlantenne; 2. *s.* Richtstrahlsender; 3. *(Wä)* directional radiator
Richtstrahlsender *m* beam (directional) transmitter
Richtstrahlsystem *n (FO)* beam system
Richtstrahlung *f* directional (directive) radiation
Richtung *f* 1. direction; 2. bearing *(einer Peilung)* • **abwechselnd in beiden Richtungen** *(Nrt)* two-way alternate • **gleichzeitig in beiden Richtungen** *(Nrt)* two-way simultaneous • **in alle Richtungen** omnidirectional • **in zwei Richtungen** bidirectional
richtunggebend directive, directional
Richtungsabhängigkeit *f* directional dependence, directional (angular) response
Richtungsanzeige *f* indication of direction
Richtungsanzeiger *m* direction indicator
~/magnetischer magnetic direction indicator
Richtungsauflösungsvermögen *n (FO)* bearing resolution
Richtungsausscheidung *f (Nrt)* route segregation
Richtungsbetrieb *m (Nrt)* directional operation
Richtungsdämpfungsmaß *n* angular deviation loss
Richtungsdaten *pl* directional data; *(FO)* bearing data
Richtungseigenschaft *f* directional property
Richtungseindruck *m (Ak)* directional impression
Richtungsempfindlichkeit *f* directional sensitivity
Richtungsfähigkeit *f s.* Richtfähigkeit
Richtungsfaktor *m (Ak)* directivity factor
Richtungsfeld *n* directional field
Richtungsfokussierung *f (Laser)* direction focus[s]ing
Richtungsgabel *f s.* Zirkulator
Richtungsglied *n* directional element *(Relais)*
Richtungshören *n (Ak)* directional hearing
Richtungsindikator *m* directional detector
Richtungskennzeichen *n***/falsches** *(Nrt)* improper routine character
Richtungskoppler *m* 1. *(Nrt)* route matrix; 2. *s.* Richtkoppler
Richtungsmaß *n (Ak)* directivity index, directional gain
Richtungsnull *f* directional null
Richtungspfeil *m* arrow
Richtungsrelais *n* [current] directional relay
Richtungsschalter *m* direction switch
Richtungsschreiben *n (Nrt)* simplex telegraphy
Richtungsschrift *f* non-return-to-zero recording
Richtungssender *m* radio (transmitter) beacon
Richtungstaktschrift *f* phase encoding
richtungsunabhängig non-directional, non-directive
Richtungsverkehr *m (Nrt)* simplex operation
Richtungsverteilung *f* directional distribution
Richtungsvorwahl *f* directional preselection
Richtungswahl *f (Nrt)* route selection
Richtungswähler *m* directional selector; *(Nrt)* route connector (selector)
~ für Hauptvermittlungen sectional centre route selector
Richtungswahlschaltung *f (Nrt)* route switching network
Richtungswahlstufe *f (Nrt)* route (group) selection stage
Richtungswahrnehmung *f (Ak)* directional perception
Richtungswechsel *m* change of (in) direction
Richtungswechsler *m (Nrt)* reversing switch
Richtungswender *m* reverser
Richtungsziffer *f (Nrt)* routing digit
Richtverbindung *f (Nrt)* radio [relay] link *(Zusammensetzungen s. unter* Richtfunkverbindung*)*
Richtverhältnis *n* 1. directivity *(Antennentechnik)*; 2. *(Srt)* blocking-to-forward resistance
Richtvermögen *n* directivity *(Antennentechnik)*
Richtverstärkungsfaktor *m* directive gain *(Antenne)*
Richtwandler *m* unidirectional transducer
Richtwert *m* recommended (guide) value; approximate value
Richtwirkung *f* 1. directional effect, directional (directive) efficiency *(Antennentechnik)*; 2. *s.* Richtfähigkeit
~/einseitige unidirectional action
Richtwirkungsgrad *m (Srt)* rectification efficiency
Riemenantrieb *m* belt (strap) drive
Riemenscheibe *f* belt pulley
Riementrieb *m* belt (strap) drive
Rieselkollektor *m* trickling water collector
Riesenfangstelle *f*, **Riesenhaftstelle** *f* giant trap *(Halbleiter)*
Riesenimpulserzeugung *f* giant-pulse generation
Riesenimpulslaser *m* giant-pulse laser

Riesenimpulslaserwirkung *f* giant-pulse laser action
Riesenintegration *f (ME)* giant-scale integration, GSI
Riffelglas *n* ribbed glass
riffeln to ripple; to corrugate
Riffelung *f* corrugation
RIGFET *m* resistive insulated-gate field-effect transistor
Rille *f* groove *(z. B. einer Schallplatte)*
rillen 1. to groove, to cut grooves; 2. *s.* riffeln
Rillenabstand *m* groove spacing *(Schallplatte)*
Rillenbreite *f* groove width
Rillendurchmesser *m* groove diameter
Rillenfahrdraht *m* grooved wire
Rillenform *f* groove shape
Rillengeschwindigkeit *f* groove speed
Rillenisolator *m* corrugated insulator
Rillenoberfläche *f* groove face
Rillenprofil *n* groove profile (contour)
Rillenquerschnittsform *f* groove shape
Rillenwand *f* groove wall
Rillenwinkel *m* groove angle
Ring *m* ring; collar; washer
~/Grammescher Gramme ring
~/Landoltscher Landolt circle
Ringabschaltvermögen *n* closed loop breaking capacity
Ringanker *m (MA)* ring[-wound] armature
~/Grammescher Gramme ring armature
Ringantenne *f* ring aerial
Ringausschaltstrom *m* closed loop breaking current
Ringblitz *m* ring (circular) flash
Ringbus *m (Dat)* ring (token) bus
Ringdemodulator *m* ring demodulator
Ringdichtung *f* ring seal *(Elektronenröhren)*
Ringdipol *m* ring dipole
Ringe *mpl***/Haidingersche** Haidinger (constant-angle, constant-deviation) fringes *(Interferenz)*
Ringelektrode *f* ring (annular) electrode
Ringeln *n* curl *(des Bandes)*
Ringentladung *f* ring (toroidal) discharge
Ringfläche *f* ring surface
ringförmig ring-shaped, annular; toroidal
Ringheizkörper *m* ring-type heater
Ringinduktor *m* ring (annular) inductor *(z. B. zum Induktionshärten)*
Ringinterferometer *n***[/optisches]** Sagnac interferometer, [optical-fibre] interferometer, optical gyroscope, fibre loop gyroscope
Ringkabelanschluß *m* ring main cable connection; two-way supply
Ringkabelstation *f* ring main substation
Ringkern *m* toroid[al] core, ring core *(z. B. einer Spule)*
Ringkernmagnetometer *n* ring-core magnetometer
Ringkernpermeabilität *f* toroidal-core permeability
Ringkernschaltung *f* toroidal-core network
Ringkernspeicher *m* toroidal-core store
Ringkerntransformator *m*, **Ringkernwandler** *m* toridal[-core] transformer
Ringkontakt *m* annular contact
Ringkoordinaten *fpl* toroidal coordinates
Ringkopf *m* ring head *(Tonbandgerät)*
Ringkreis *m* ring circuit *(Mikrowellentechnik)*
Ringlampe *f* circular [fluorescent] lamp
Ringlaser *m* ring laser
Ringleiter *m* circulator
Ringleitung *f (Eü)* ring mains (system), closed-loop network, loop [feeder]
Ringleuchtstofflampenleuchte *f* circular fluorescent lamp fitting
Ringmagnet *m* ring (annular) magnet
Ringmischer *m* double-balanced mixer
Ringmodulator *m* ring-type modulator
Ringmuster *n* ring pattern
Ringnetz *n***/lokales** *(Nrt)* local area loop network
~ mit Sendeberechtigungsmarkierung token ring
Ringofen *m* annular furnace, ring kiln
Ringöler *m* ring oiler
Ringoszillator *m* ring oscillator
Ring-Punkt-Elektrode *f (ME)* ring-dot electrode
Ringquantengenerator *m***/optischer** ring laser
Ringsammelschiene *f* ring bus [bar], mesh
Ringsammelschienenstation *f* mesh substation
Ringschaltung *f (Nrt)* closed-circuit arrangement
Ringschieben *n*, **Ringschiften** *n (Dat)* register rotation, circular (cyclic, ring) shift
Ringschmierlager *n* ring-oil bearing
Ringschmierung *f* ring lubrication
Ringskale *f* ring dial, dial scale
Ringspaltplasmatron *n* ring gap plasmatron *(Sputterquelle)*
Ringspeicher *m* toroidal-core store
Ringspiegel *m* ring mirror
Ringspiegellinse *f* ring mirror lens
Ringspule *f* toroidal (annular) coil
Ringstromwandler *m* ring current transformer
Ringstruktur *f* annular structure
Ringthermoelement *n* ring-shaped thermocouple
Ringtransformator *m* 1. ring (toroidal) transformer; 2. *s.* Ringübertrager
Ringübertrager *m (Nrt)* [toroidal] repeating coil, phantom coil
Ringverbinder *m* lead collar
Ringverschiebung *f (Dat)* ring shift *(Registerumlauf bei Schieberegister)*; roll down [stack] *(z. B. bei polnischer Notation)*
Ringverschmelzung *f* ring seal *(Elektronenröhren)*
Ringwaage *f* ring balance
Ringwandler *m* toroidal-core transformer
Ringwicklung *f* ring winding
~/geschlossene closed-coil armature
Ringzähler *m* ring counter, closed counting chain

~/in zwei Richtungen arbeitender bidirectional ring counter
~/mehrstufiger multistage ring counter
~ mit gasgefüllten Röhren gas-tube ring counter
~ mit überkreuzten Zusammenschaltungen switch-tail ring counter
~/umsteuerbarer reversible ring counter
Rinnenkonzentrator *m* trough concentrator
Rippe *f* rib, gill *(Heizkörper)*; rib, fin *(Kühlrippe)*
Rippenheizkörper *m* finned-type heating element, ribbed heating unit
Rippenleitwert *m (Wä)* fin conductance
Rippenring *m* gill *(Heizkörper)*
Rippenrohr *n* gilled pipe *(Heiz- oder Kühlkörper)*
Risikolosigkeit freedom from care
Riß *m* crack, flaw
~/feiner fissure
~/interkristalliner intercrystalline (grain boundary) crack
Rißausbreitung *f* crack propagation
Rißbildung *f* cracking, crack formation
Rißdetektor *m* crack detector
Rißempfindlichkeit *f* susceptibility to cracking
rissig werden to check, to crack *(z. B. Isolierlacke)*
Rißprüfer *m* crack detector
Rißprüfung *f* crack detection
R-Karte *f* control chart for ranges
RLC-Brücke *f* resistance-inductance-capacitance bridge, RLC bridge, universal bridge
RLC-Stromkreis *m* simple series circuit
RL-Netzwerk *n* resistance-inductance network, RL network
RL-Phasenbrücke *f* resistance-inductance phase-angle bridge
RMM read-mostly memory, RMM
Röbel-Anordnung *f (MA)* Roebel transposition *(bei Leiterstäben)*
Röbelstab *m (MA)* composite conductor
Roboter *m* robot
~/intelligenter intelligent robot, smart arm
Robotertechnik *f*, **Robotik** *f* robotics
Robustheit *f (Syst)* robustness
Rocky-Point-Effekt *m* Rocky-Point effect *(plötzlicher Anstieg der Elektronenemission in Senderöhren)*
Rogowski-Elektrode *f* uniform-field electrode
Rohelektrolyt *m* crude electrolyte
Rohglimmer *m* natural mica
Rohr *n* tube, pipe; conduit; duct
~/[ab]geschlossenes sealed tube
~/Kundtsches *(Ak)* Kundt's tube, standing wave apparatus
Rohrabdichtung *f* duct sealing
Rohranfang *m* duct entrance
rohrbelüftet/geschlossen totally enclosed pipe-ventilated
Rohrbiegung *f* conduit bend
Röhrchenplatte *f* tubular (tube-type) plate *(Batterie)*
Röhrchensicherung *f* glass-enclosed fuse
Rohrdipolantenne *f* sleeve-dipole aerial
Rohrdistanzstück *n* duct spacer
Röhre *f* 1. valve, *(Am)* tube *(Elektronenröhre)*; 2. *s.* Rohr
~/abgeschmolzene sealed-off valve (tube)
~/antimikrofonische antimicrophonic valve (tube)
~/auseinandernehmbare demountable valve (tube)
~/Braunsche Braun valve (tube)
~/direktgeheizte directly heated valve (tube)
~/elektrodenlose electrodeless valve (tube)
~/gasgefüllte gas-filled valve (tube)
~/gasgefüllte lichtelektrische gas phototube
~/Geißlersche Geissler valve (tube)
~/geschwindigkeitsmodulierte velocity-modulated valve (tube)
~ großer Steilheit *s.* ~/steile
~/harte hard valve (tube)
~/hochbeheizte bright valve (tube)
~/hochohmige high-internal-resistance valve (tube)
~/klingfreie non-microphonic valve (tube)
~/kommerzielle industrial valve (tube)
~/Kundtsche *s.* Rohr/Kundtsches
~/luftgekühlte air-cooled valve (tube)
~ mit aufgespritztem Metallüberzug spray-shielded valve (tube)
~ mit ausgedehntem Sperrbereich extended cut-off valve (tube)
~ mit automatischer Gittervorspannungserzeugung self-biased valve (tube)
~ mit Elektronenbündelung aligned-grid valve (tube)
~ mit Geschwindigkeitsmodulation velocity-modulated valve (tube)
~ mit großem Verstärkungsfaktor high-mu valve (tube)
~ mit hochwertiger Gradation high-gamma valve (tube)
~ mit induktiver Auskopplung inductive-output valve (tube)
~ mit Loktalsockel loktal-base valve (tube)
~ mit Metallüberzug metallized valve (tube)
~ mit veränderlicher Steilheit variable-mu tube, variable-mutual [conductance] valve
~ ohne Regelcharakteristik sharp cut-off valve (tube)
~/quetschfußfreie loktal-base valve (tube)
~/rauscharme low-noise valve (tube)
~/rückgekoppelte back-coupled valve (tube)
~/selbsterregte self-excited valve (tube)
~/selbstgleichrichtende self-rectifying valve (tube)
~/sockellose footless valve (tube)
~/sofort betriebsfähige instant-heating filament valve (tube)
~/steile high-mu valve (tube), high-slope valve, high-transconductance valve
~/taube deaf valve (tube)

~**/undichte** leaky valve (tube)
~**/ungeregelte** sharp cut-off valve (tube)
~**/weiche** soft valve (tube)
Röhrenabschirmung *f* valve (tube) shield
Röhrenanheizzeit *f* valve (tube) heating time
Röhrenausfall *m* valve (tube) failure
röhrenbestückt valved
Röhrenbestückung *f* valve (tube) complement
röhrenbetrieben valve-operated, tube-operated
Röhrenbrückenschaltung *f* two-valve bridge circuit
Röhrenbrumm *m* valve (tube) hum
Röhrendaten *pl* ratings of the valve (tube)
Röhrendiode *f* thermionic diode
Röhrenelektrometer *n* valve (tube) electrometer
Röhrenelektronik *f* valve (tube) electronics
Röhrenempfänger *m* valve (tube) receiver
Röhrenfassung *f* valve (tube) socket, valve holder
~**/federnde** antivibration socket (valve holder), antimicrophonic socket
Röhrenfehlstrom *m* valve (tube) fault current
Röhrenfenster *n* valve (tube) window
Röhrenfuß *m* valve (tube) base, stem *(einer Elektronenröhre)*
Röhrengenerator *m* valve generator (oscillator), tube (thermionic) generator
röhrengesteuert valve-controlled, tube-controlled
Röhrengleichrichter *m* valve (vacuum-tube, discharge-tube) rectifier
Röhrenhalter *m* valve (tube) clamp
~**/n-poliger** n-pin valve holder
Röhrenheizfaden *m* valve (tube) heater
Röhreninnenwiderstand *m* differential anode resistance
Röhrenisolator *m* tubular insulator
Röhrenkabel *n* duct (conduit) cable
Röhrenkennlinie *f* valve (tube) characteristic
Röhrenkleinsignalkennwert *m* valve (tube) small-signal parameter
Röhrenklingen *n* microphonic effect
Röhrenkolben *m* valve (tube) envelope; tube; bulb
~**/metallisierter** metallized bulb
Röhrenkopplung *f* [inter]valve coupling
Röhrenlebensdauer *f* valve (tube) life
Röhrenleistung *f* valve power (output), tube power
Röhrenlinearmotor *m* tubular linear motor
röhrenlos valveless, tubeless
Röhrenmagnet *m* tubular magnet
Röhrenmodulator *m* valve (tube) modulator
Röhrenphotometer *n* valve (tube) photometer
Röhrenprüfgerät *n* valve (tube) tester
Röhrenprüfung *f* valve (tube) testing, valve checking; filament activity test
Röhrenrauschen *n* valve (tube) noise, valve hiss
Röhrenrelais *n* valve (tube) relay
Röhrenschalter *m* tubular switch; vacuum-tube switch
Röhrenschaltung *f* **für Frequenzmodulation** valve (tube) reactor modulator
Röhrenschirm *m* tube face
Röhrensender *m* valve (tube) transmitter
Röhrensicherung *f* tubular (tube) fuse
Röhrensockel *m* valve (tube) base
Röhrensockelstift *m* valve (tube) pin
Röhrenspeicher *m* cathode-ray tube memory
Röhrenstabilisator *m* valve (tube) stabilizer
Röhrensummer *m* [electron] tube generator
Rohrentladung *f* pipe discharge
Röhrentyp *m* valve type
Röhrenverstärker *m* valve (tube) amplifier
Röhrenvoltmeter *n* valve (thermionic) voltmeter, [electron] tube voltmeter, electronic voltmeter
~ **mit Anodengleichrichtung** anode bend voltmeter
~ **mit Gittergleichrichtung** grid leak voltmeter
~ **mit Spitzenwertanzeige** electronic peak-reading voltmeter
Röhrenwand *f* tube wall
Röhrenwechsel *m* valve (tube) replacement
Röhrenwicklung *f***/konzentrische** concentric winding
Röhrenwiderstand *m***/innerer** plate resistance, a.c. resistance
Röhrenzeitschalter *m* electronic timer
Röhrenzwischenstecker *m* valve (tube) adapter
Rohrerder *m* earth rod
Rohrerdsammelleitung *f* tubular earthing bus
Rohrfedermanometer *n (Meß)* Bourdon tube
Rohrgarnitur[en *fpl***]** *f* conduit fittings
rohrgekühlt duct-ventilated, [inlet-]pipe-ventilated
Rohrheizkörper *m* tubular heater (heating element)
Rohrkabel *n* pipe[-type] cable
Rohrkabelstück *n* pothead tail *(zwischen Verzweigungsmuffe und Freileitung)*
Rohrkondensator *m* tubular capacitor
Rohrleitung *f* tubing, piping, conduit
~**/konzentrische** coaxial (concentric) tube
Rohrmast *m* tubular mast
Rohrmuffe *f* conduit coupling
Rohrofen *m***/elektrischer** electric tubular furnace
Rohrpostleitung *f* [pneumatic] dispatch tube
Rohrrippe *f* gill *(Heizkörper)*
Rohrschelle *f* conduit (tube) clip, conduit cleat, pipe clamp
Rohrschlitzantenne *f* pylon aerial
Rohrschweißen *n***/induktives** inductive tube welding
~**/konduktives** conductive tube welding
Rohrspirale *f* pipe coil
Rohrteiler *m* cut-off attenuator *(Wellenleiter)*
Rohrtrimmer *m***/keramischer** tubular ceramic trimmer
Rohrturbine *f* bulb-type turbine
Rohrturbinensatz *m* bulb-type unit

Rohrverbindungsstück *n* tube (pipe) joint, conduit coupling
Rohrverzweigung *f* pipe branching, manifold
Rollbahnbefeuerung *f* taxiway lighting
Rolle *f* roll[er]; spool, reel *(z. B. Tonband, Film)*
rollen/nach oben to scroll up *(Bildschirminhalt)*
~/nach unten to scroll down
Rollen *n* scrolling *(Schirmbildverschiebung nach oben oder unten)*
~/zeilenweises racking up
Rollenboden *m* roller base *(Elektroofen)*
Rollenelektrode *f* roller electrode, contact roller *(zum E-Schweißen)*
Rollenhebel *m* lever roller
Rollenherddurchlaufofen *m* continuous-roller hearth-type oven (furnace)
Rollenindikator *m (Dat)* roll indicator *(Informationsverarbeitung)*
Rollenisolator *m* spool insulator
Rollenkontakt *m* roller contact
Rollenlager *n* roller bearing
~/vorgespanntes spring-loaded bearing
Rollenprüfstand *m* chassis dynamometer
Rollenzählwerk *n* drum-type counter mechanism
Rollfeder *f* coil spring
Rollfederbürstenhalter *m* coil-spring brush holder
Rollkondensator *m* roll-type capacitor
Rollwiderstand *m* rolling resistance
ROM read-only memory, ROM *(s. a. unter* Festwertspeicher*)*
~/bereits vom Hersteller programmierbarer factory-programmable read-only memory, FROM
~/durch Schmelzverbindung programmierbarer fusible read-only memory, fusible ROM, FROM
~/lösch- und programmierbarer erasable programmable read-only memory, erasable PROM, EPROM
~/maskenprogrammierter mask-programmed ROM
~/veränderbarer alterable read-only memory
röntgen to X-ray
Röntgenanlage *f* X-ray equipment
Röntgenapparat *m* X-ray apparatus
Röntgenaufnahme *f* X-ray photograph, radiograph, radiogram
Röntgenbestrahlung *f* X-ray irradiation, X-irradiation
Röntgenbeugung *f* X-ray diffraction
Röntgenbild *n* X-ray image (pattern), radiograph, radiogram
Röntgenbildverstärker *m* X-ray image amplifier (intensifier)
Röntgenblitz *m* X-ray flash
Röntgenblitzröhre *f* X-ray flash tube
Röntgendiagramm *n* X-ray pattern
Röntgendurchleuchtung *f* radioscopy, fluoroscopy
Röntgenfilm *m* X-ray film
Röntgenkristallstrukturanalyse *f* X-ray crystal-structure analysis, crystallographic analysis
Röntgenlaser *m* X-ray laser, XRASER
Röntgenlithographie *f* X-ray lithography
Röntgenmeßgerät *n*, **Röntgenmeter** *n* roentgen meter, r-meter, roentgenometer
Röntgenoskopie *f* radioscopy, fluoroscopy
Röntgenröhre *f* X-ray tube
Röntgenschirm *m* X-ray screen, fluorescent roentgen screen
Röntgenschutzschirm *m* X-ray shield
Röntgenspektrograph *m* X-ray spectrograph
Röntgenspektrum *n* X-ray spectrum (diffraction pattern)
Röntgenstrahl *m* X-ray beam
Röntgenstrahlen *mpl* X-rays
Röntgenstrahlendiagramm *n* X-ray pattern
Röntgenstrahlenlaser *m s.* Röntgenlaser
Röntgenstrahlenquelle *f* X-ray source
Röntgenstrahlenschutz *m* X-ray protection
Röntgenstrahler *m* X-ray source
Röntgenstrahllithographie *f* X-ray lithography
Röntgenstrahlung *f* X-radiation, X-rays
Rosa-Filter *n (Ak)* pink-noise filter *(Filter mit 3 dB Abfall je Oktave)*
Rosa-Rauschen *n (Ak)* pink noise
Rosenberg-Generator *m* Rosenberg generator
rostbeständig rust-resistant, stainless
Rostbeständigkeit *f* rust (stain) resistance
Rostermüdung *f* corrosion fatigue
rostfrei rustless, stainless
Rostnarbe *f* corrosion pit
Rostschutzanstrich *m* anticorrosive (rust-protective) coating
Rostschutzmittel *n* rust preventive (inhibitor), anticorrosive (rust-protecting) agent
rostverhindernd rust-preventing, rust-protective
Rotanteil *m (Licht)* red content
Rotation *f* rotation; curl *(eines Vektors)*
Rotationsabsorptionslinie *f* rotational absorption line
Rotationsabsorptionsspektrum *n* rotational absorption spectrum
Rotationsbande *f* rotational band
Rotationsbandenspektrum *n* rotational band spectrum
Rotationsbeschleunigung *f* rotational acceleration
Rotationsbewegung *f* rotational (rotary) motion
Rotations-EMK *f* rotational electromotive force, rotational emf
Rotationsenergie *f* rotation[al] energy; angular kinetic energy
Rotationsfeinstruktur *f* rotational fine structure
rotationsfrei irrotational
Rotationsgeber *m* rotating capacitor-type generator *(zur Gleichspannungserzeugung)*
Rotationsgeschwindigkeit *f* **des Plasmabogens** rotation speed of the plasma arc

Rotationsindex *m* rotational index *(Informationsverarbeitung)*
Rotationsmagnetismus *m* rotation magnetism
Rotationsniveau *n* rotational level
Rotationsquantenzahl *f* rotational quantum number
Rotationsrelais *n* rotary relay
Rotationsschwingungsbande *f* rotation-vibration band
Rotationsschwingungsspektrum *n* rotation-vibration spectrum
Rotationsspektrum *n* rotational spectrum
Rotationsstehwellendetektor *m* rotatory standing-wave detector
Rotationssymmetrie *f* rotational symmetry
Rotationsterm *m* rotational level
Rotationstermschema *n* rotational level diagram, rotational term scheme
Rotationsvakuumpumpe *f* rotary vacuum pump
Rotationsverdichter *m* rotary compressor
Rotationsvoltmeter *n* rotary voltmeter
Rotationswärme *f* rotational heat
Rotationszentrum *n* rotation centre
Rotationszustand *m* rotational state
Rotationszustandssumme *f* rotational partition function
rotempfindlich red-sensitive
Rotfilter *n*/**dunkles** deep red filter
rotierend rotating; revolving
Rotor *m* 1. *s.* Läufer; 2. curl
~ **eines Vektorfelds** curl of a vector field
Rotor... *s. a.* Läufer...
Rotorbandage *f* armature bandage
Rotorblech *n* rotor (armature) core disk, rotor lamination (stamping)
Rotorbuchse *f* rotor bushing
Rotorkörper *m* rotor body
Rotorkranz *m* spider rim
Rotorpaket *n* rotor (moving) plates *(Drehkondensator)*
Rotorplatte *f* rotor (moving) plate *(Drehkondensator)*
~/**geschlitzte** slotted rotor plate
Rotorspannung *f* rotor (armature) voltage
Rotorspindel *f* rotor shaft
Rotorstillstandsprüfung *f* locked-rotor test
Rotorwelle *f* rotor shaft
Rotorwicklung *f* rotor (armature) winding
Rousseau-Diagramm *n* *(Licht)* Rousseau diagram
Routh-Kriterium *n* Routh criterion
Routine *f* *(Dat)* routine
Routinekontrolle *f* routine check
Routinemessung *f* routine measurement
Routinewartung *f* routine maintenance
R-Schirm *m* R-scope *(Radar)*
RS-Flipflop RS flipflop, set-reset flipflop
RSM *s.* Ruf- und Signalmaschine
RTL resistor-transistor logic, RTL
RT-Modul *m* resistor-transistor module

Rubinglimmer *m* ruby mica
Rubinlasersender *m* ruby laser transmitter
Rubrik *f* *(Dat)* column
Rubylithfolie *f* rubylith foil
Rückansicht *f* rear view
Rückantwort *f* *(Nrt)* reply, reanswer
Rückarbeitsprüfverfahren *n* *(MA)* back-to-back test
~/**elektrisches** electrical back-to-back test
~/**mechanisches** mechanical back-to-back test
Rückarbeitsverfahren *n* *(MA)* back-to-back method
ruckartig jerky
Rückassembler *m* *(Dat)* disassembler
Rückauslösung *f* back release
rückbilden to reshape *(z. B. Impulse)*
Rückbildung *f* restitution *(von Zeichen)*
Rückdrehmoment *n* restoring moment
Rückdruck *m* back pressure
Rückdruckfeder *f* **für den Anker** armature return spring
Rückdruckregler *m* back-pressure regulator
Ruckeffekt *m* jump phenomenon, stick-and-slip effect *(bei trockener Reibung)*
Rückemission *f* reverse emission
Rücken *m* tail *(eines Impulses)*; *(Hsp)* wave tail (back) *(einer Stoßspannungswelle)*
Rücken-an-Rücken-Aufstellung *f* back-to-back installation
Rückenhalbwertszeit *f* virtual time to half value *(Stoßspannungsprüftechnik)*
Rückenüberschlag *m* wave-tail flashover
Rückfahrscheinwerfer *m* back-up lamp
Rückfalleigenzeit *f* *(An)* inherent drop-off time
rückfallen/wieder to revert *(Relais)*
Rückfallrelais *n* step-back relay
Rückfallverhältnis *n* disengaging ratio *(Relais)*
Rückfallwert *m* disengaging value *(Relais)*
Rückfaltung *f* aliasing
rückfedernd resilient, elastic
Rückflächenspiegel *m* rear, surface mirror
Rückflanke *f* trailing edge *(Impuls)*
~/**steile** steep trailing edge
Rückflußdämpfung *f* *(Nrt)* reflection loss, active (structural) return loss
Rückflußdämpfungsmesser *m* reflection measuring set
Rückflußrelais *n* reverse power relay
Rückflußspannung *f* return voltage
Rückflußstrom *m* return current
Rückflußweg *m* **der Kraftlinien** flux return path
Rückfrage *f* *(Nrt)* inquiry, request, call hold, intermediate call
~ **nach jedem Wort** automatic request
Rückfrageapparat *m* *(Nrt)* call-back apparatus
Rückfrageeinrichtung *f* *(Nrt)* request apparatus
Rückfragehäufigkeit *f* *(Nrt)* repetition rate; call-back frequency
Rückfrageknopf *m* *(Nrt)* request button

rückfragen *(Nrt)* to inquire, to call back, to hold for inquiry
Rückfragesignal *n (Nrt)* request signal
Rückfragevorrichtung *f (Nrt)* call-back facility
Rückfrageweg *m (Nrt)* call-back circuit
Rückfragezeit *f (Nrt)* request time
ruckfrei jerk-free
Rückführfeder *f* restoring spring; controlling spring
Rückführglied *n (Syst)* feedback element
Rückführkreis *m* feedback loop
Rückführrelais *n (Nrt)* clear-out relay
Rückführschaltung *f* feedback circuit
Rückführung *f (Syst)* feedback *(im Regelkreis) (s. a. unter* Rückkopplung*)*
~/äußere external (monitoring) feedback
~/automatische automatic feedback
~/geschwindigkeitsabhängige derivative feedback
~/innere internal feedback; inherent feedback *(ohne Regler)*
~ mit Verzögerung *s.* ~/verzögerte
~ mit Vorzeichenumkehr degenerative feedback
~/nachgebende elastic feedback
~/negative degenerative feedback
~/positive regenerative feedback
~/stabilisierende stabilizing feedback
~/stabilisierte stabilized feedback
~/verzögerte delayed (lagged) feedback
~/vorhalterzeugende rate feedback
Rückführungsbeanspruchung *f* restoration stress
Rückführungsregelung *f* feedback control
Rückführungsschaltung *f* feedback circuit
Rückführungsschleife *f* feedback (control) loop
Rückgang *m (MA)* return [motion, travel] *(s. a.* Rücklauf 1.*)*
Rückgangsverhältnis *n* reset[ting] ratio *(Relais)*
Rückgangswert *m* reset[ting] value *(Relais)*
Rückgangszeit *f* reset[ting] time *(Relais)*
Rückgewinnung *f* 1. recuperation; 2. recovery *(z. B. von Informationen)*
Rückhaltebecken *n* retaining basin
Rückhaltezeit *f* retention (storage) time
Rückholfeder *f* return (pull-off) spring; controlling spring
Rückholmoment *n* restoring moment
Rückhörbezugsdämpfung *f (Nrt)* sidetone reference equivalent
Ruckhördämpfung *f (Nrt)* anti-sidetone [induction]
Rückhördämpfungsschaltung *f (Nrt)* anti-sidetone device
Rückhören *n (Nrt)* sidetone
Rückhörweg *m* sidetone path
Rückkante *f* back edge *(eines Impulses)*
Rückkehr *f* return
~ in Ruhestellung homing [action] *(z. B. Zeiger)*
~ zu Null return to zero
Rückkehradresse *f (Dat)* return address
Rückkehrbefehl *m (Dat)* return command (instruction)
Rückkehrwert *m* resetting value
Rückkehr-zu-Null-Aufzeichnung *f* return-to-zero recording
Rückkehr-zu-Null-Verfahren *n* return-to-zero method
Rückkeulenecho *n (Nrt)* back echo
rückkoppeln to feedback
Rückkopplung *f* feedback, back coupling *(s. a. unter* Rückführung*)*
~/akustische acoustic feedback (break-through)
~/induktive inductive feedback
~/kapazitive capacitive (electrostatic) feedback
~/negative negative feedback *(Gegenkopplung)*
~/positive feedforward, positive feedback *(Mitkopplung)*
~/wilde stray reaction effect
Rückkopplungsaudion *n* regenerative [valve] detector, feedback detector
Rückkopplungsbinärdekade *f* feedback binary decade
Rückkopplungseffekt *m* back-coupling effect
Rückkopplungselement *n* feedback element
Rückkopplungsempfänger *m (Nrt)* regenerative (feedback) receiver
Rückkopplungsempfangsschaltung *f (Nrt)* feedback receiving circuit
Rückkopplungsfaktor *m* feedback factor
Rückkopplungsfilter *n* feedback filter
rückkopplungsfrei non-regenerative, without feedback
Rückkopplungsgenerator *m* feedback oscillator
Rückkopplungsgrad *m* feedback coefficient
Rückkopplungskanal *m* feedback channel
Rückkopplungskondensator *m* reaction capacitor
Rückkopplungskreis *m* regenerative circuit
Rückkopplungspfeifen *n* howl
Rückkopplungsschaltung *f* feedback circuit
~/induktive (Meißnersche) Meissner circuit
Rückkopplungssignal *n* feedback (return) signal
Rückkopplungssperre *f (Nrt)* reaction (singing) suppressor, anti-reaction device
Rückkopplungsspule *f* feed (tickler) coil
Rückkopplungsstrecke *f* feedback path
Rückkopplungstransformator *m* reaction transformer
Rückkopplungsverstärker *m* feedback (regenerative) amplifier
Rückkopplungsverstärkung *f* feedback (regenerative) amplification
Rückkopplungsverzerrung *f* distortion due to feedback
Rückkopplungsweg *m* feedback path; singing path
Rückkopplungswicklung *f* feedback winding; *(MA)* self-excitation winding
Rückkopplungswiderstand *m* feedback resistor

Rückkopplungszweig *m* feedback path; singing path
Rückkühlbetrieb *m (An)* return cooling operation
rückkühlen to cool back
Rücklauf *m* 1. return (backward) movement; return, reverse [motion]; return (back) stroke *(Mechanik)*; 2. reverse run[ning], rewind, run-back *(z. B. Magnetband)*; 3. return trace, retrace, flyback *(Elektronenstrahl)*; 4. reflux
~/automatischer auto-rewind *(Magnetband)*
~ der Nummernscheibe *(Nrt)* return of dial
~/schneller fast reverse (rewind) *(Magnetband)*
Rücklaufaustastung *f (Fs)* flyback blanking
Rücklaufdifferenz *f* return difference
rücklaufen lassen to rewind *(Magnetband)*
Rücklaufgeschwindigkeit *f* return speed; rewind speed *(Magnetband)*
Rücklaufhemmung *f* reversal prevention, escapement mechanism *(bei Elektrizitätszählern)*
Rücklaufhochspannung *f (Fs)* flyback extra-high tension
Rücklaufintervall *n* return interval
Rücklaufmotor *m* rewind motor *(Magnetbandgerät)*
Rücklaufrelais *n* homing relay
Rücklaufschaltung *f* return circuit
Rücklaufsperre *f* backstop
Rücklaufspule *f* rewind spool *(Magnetbandgerät)*
Rücklaufspur *f* return trace *(Elektronenstrahl)*
Rücklaufstrahl *m* return beam
Rücklauftaste *f* rewinding key *(Magnetbandgerät)*
Rücklaufzeile *f (Fs)* retrace (return) line
Rücklaufzeit *f* retrace (return) time
Rückleistung *f* reverse power
Rückleistungsauslösung *f* reverse power circuit breaking
Rückleistungsrelais *n* reverse power relay
Rückleistungsschutz *m* reverse power protection
Rückleiter *m* return conductor (wire)
~/gemeinsamer common return wire
Rückleitung *f* return line (circuit)
~/magnetische magnetic yoke
~/metallische metallic return wire
Rückleitungskabel *n* return cable
Rückmeldeanlage *f (Nrt)* revertive communication apparatus
Rückmeldeeingang *m (Dat)* check back input
Rückmeldefeld *n (Nrt)* revertive signal panel
Rückmeldeglocke *f (Nrt)* reply bell
Rückmeldelampe *f (An)* ancillary lamp
Rückmeldesignal *n (Nrt)* repeating signal
Rückmeldung *f* 1. *(Nrt)* reply; 2. audible ringing signal, check-back [signal], static signal
~/negative *(Dat)* negative acknowledge[ment]
Rücknahmetaste *f* cancellation (cancelling) key *(s. a.* Löschtaste*)*
rückordnen to re-sort *(z. B. Lochkarten)*
Rückpeilung *f (FO)* back bearing
Rückprall *m* rebound, recoil
rückprallen to bounce
Rückprojektierung *f* back (rear) projection
Rückprojektions[bild]wand *f* rear projection screen
Rückprowand *f s.* Rückprojektions[bild]wand
Rückprüfung *f* check-back; *(Nrt)* number verification
Rückprüfzeichen *n***/automatisches** *(Nrt)* automatic retest signal
Rückruf *m (Nrt)* ring-back, call-back, recall
Rückrufbetrieb *m (Nrt)* delay working
Rückruftaste *f (Nrt)* recall (ring-back) key, camp-on-busy button (key)
Rückrufwähler *m (Nrt)* reverting call switch
Rückschaltpunkt *m* release point
Rückschaltung *f* backspacing, shift-in
Rückschaltungskode *m (Nrt)* shift-in code
Rückschaltzeichen *n (Nrt)* change-back signal
Rückschaltzeit *f* backspacing time
Rückschlag *m* backstroke, rebound
Rückschlagimpuls *m* kick-back pulse
Rückschlagventil *n* back-pressure valve
Rückschluß *m***/magnetischer** magnetic yoke, back iron
Rückschnappdiode *f* step-recovery diode
Rückseite *f* back[side], rear *(z. B. eines Geräts)*
Rückseitenätzung *f (ME)* back etching
Rückseitenmontage *f (ME)* backside mounting
Rücksetz... *s. a.* Rückstell...
Rücksetzanforderung *f* reset request
Rücksetzanzeige *f* reset indication
rücksetzbar resettable
Rücksetzbedingung *f* reset condition
Rücksetzeingang *m* reset input
rücksetzen to reset; to release *(Relais)*
Rücksetz-Setz-Flipflop *n* reset-set flip-flop
Rücksetzsignal *n (Dat)* reset signal
Rücksetzung *f* reset *(Zusammensetzungen s. unter* Rückstellung*)*
Rückspannung *f* inverse voltage
rückspeichern *(Dat)* to restore
Rückspeichern *n (Dat)* restoring
Rückspeisung *f* rear feed *(Antennentechnik)*
Rückspiegelung *f* aliasing
Rückspielautomatik *f* auto replay
rückspielen to play back *(Platte, Magnetband)*
Rücksprechkanal *m* talk-back channel *(zum Gegensprechen)*
Rücksprung *m (Dat)* return
Rücksprungadresse *f (Dat)* return address
Rücksprungbefehl *m (Dat)* return command (instruction), return
rückspulen to rewind *(Magnetband)*
Rückspulen *n* rewinding; reverse run[ning]
Rückspulmotor *m* rewind motor *(Magnetbandgerät)*
Rückspultaste *f* rewind button
Rückstand *m* residue; *(Galv)* slime
Rückstell... *s. a.* Rücksetz...

Rückstellanode *f* reset anode
rückstellbar resettable
Rückstelleinrichtung *f* reset[ting] device
rückstellen to reset, to clear *(z. B. einen Zähler)*
Rückstellen *n* **auf Null** re-zeroing
Rückstellfeder *f* return spring; control spring
Rückstellimpuls *m* reset pulse
Rückstellklappe *f (Nrt)* self-restoring drop (indicator)
Rückstellklappenschrank *m (Nrt)* switch-board with plug-restored indicator
Rückstellknopf *m* reset button
Rückstellkonstante *f (Meß)* restoration (control) constant
Rückstellkraft *f* restoring force
Rückstellmagnet *m* resetting magnet
Rückstellmoment *n* restoring moment (torque)
Rückstellmomentgradient *m* restoring torque gradient
Rückstellrelais *n* resetting relay
Rückstellschalter *m* reset[ting] switch
Rückstellschaltung *f* resetting (restoring) circuit
Rückstelltaste *f* resetting key
Rückstellung *f* reset[ting]
~ **auf Null** zero reset *(Speicher, Zähler)*
~**/automatische** automatic reset, self-resetting
~ **eines Zählers** counter reset[ting]
~**/elektrische** electrical reset
~**/manuelle** manual reset
Rückstellvorgang *m* clearing action *(z. B. im Speicher)*; *(Nrt)* recovery procedure
Rückstellvorrichtung *f* reset[ting] device
Rückstellwicklung *f* reset winding
Rückstellzeit *f* reset[ting] time
Rückstellzeitgeber *m* reset timer
Rückstoß *m* recoil
Rückstoßelektron *n* recoil (Compton) electron
Rückstoßkraft *f* repulsive force
Rückstrahlaufnahme *f* [Laue] back-reflection pattern
rückstrahlen to reradiate; to reflect
Rückstrahler *m* reflector, rear (reflex) reflector; *(FO, Nrt)* reradiator
Rückstrahlfehler *m (Nrt)* reradiation error; *(FO)* quadrantal deviation (error)
Rückstrahlfläche *f* reflecting surface; *(FO)* echo area *(Radar)*
Rückstrahlortung *f s.* Radar 1.
Rückstrahlquerschnitt *m (FO)* reflecting cross section
Rückstrahlung *f* reflection; back radiation *(z. B. eines Heizwiderstands)*
~ **an Wolken** *(FO)* cloud return
Rückstrahlungsvermögen *n* reflectivity, reflecting power; *(Licht)* albedo
Rückstreudiagramm *n (Nrt)* backscatter diagram
Rückstreu-Echolot *n* backscatter ionospheric sounder
Rückstreuelektron *n* backscattered electron
Rückstreufaktor *m* backscattering coefficient
Rückstreumaß *n* backscattering differential
Rückstreuung *f* backscatter[ing]
~**/direkte** short-distance backscatter
~**/indirekte** long-distance backscatter
~ **von Strahlung** backscattering of radiation
Rückstrom *m* reverse (return, inverse) current; back[ward] current
Rückstromabschaltung *f* reverse-current cut-out
Rückstromauslöser *m (Ap)* directional tripping magnet
Rückstromauslösung *f* reverse-current release, reverse-power release
Rückstromautomat *m* discriminating cut-out
Rückstromleitung *f* return circuit; negative feeder
Rückstromrelais *n* reverse-current relay, discriminating (directional) relay
Rückstromschalter *m* reverse-current switch, discriminating (directional) circuit breaker
Rückstromselbstschalter *m* reverse-current circuit breaker
Rücktaste *f* resetting key; *(Nrt)* backspacer
Rücktransformation *f* inverse transformation
Rücktransformierte *f* inverse transform
Rückübersetzungsprogramm *n (Dat)* disassembler
Rückübertragung *f (Nrt)* retransmission
~**/automatische** *(Dat)* automatic retransmission
Rückumformer *m (Syst)* inverse converter
rückumsetzen *(Dat)* to convert back
rückumwandeln to reconvert
Rückumwandlung *f* reconversion
Rückverdrahtung *f* back-wiring
~**/gedruckte** printed back-wiring
Rückverdrahtungsleiterplatte *f* back panel wiring board, p.c. back-wiring panel, backplane
Rückverdrahtungs-Mehrlagenleiterplatte *f* multilayer pc (printed circuit) platter, multilayer composite backplane
Rückverdrahtungsplatte *f* mother board, back-wiring board, backplane
Rückwand *f* back [plate], rear panel *(z. B. eines Gehäuses)*
Rückwandecho *n* back-face reflection
Rückwandler *m (Syst)* inverse converter
Rückwandlung *f* reconversion
Rückwandplatine *f s.* Rückverdrahtungsleiterplatte
Rückwandverdrahtung *f* back-panel wiring *(Leiterplatte)*
Rückwärtsabtastung *f* rear scanning method
Rückwärtsauslösung *f (Nrt)* called-party release
Rückwärtsbesetztzeichen *n (Nrt)* backward busy signal
Rückwärtsbewegung *f* backward (retrograde) motion
Rückwärtsdiode *f* backward diode
Rückwärtsentkopplung *f* feedback uncoupling *(Mehrgrößensysteme)*

Rückwärts-Erdumlaufecho *n (Nrt, FO)* backward round-the-world echo
Rückwärtserholungszeit *f* reverse recovery time
rückwärtsgerichtet backward, retrograde
Rückwärtskennzeichen *n* backward call indicator
Rückwärtskurzschlußstrom *m* reverse short-circuit current
Rückwärtslesen *n (Dat)* reverse reading
Rückwärtsregler *m* backward-acting regulator
Rückwärtsrichtung *f* back[ward] direction, reverse direction
Rückwärtsscheinleitwert *m* backward transfer admittance
Rückwärtsscheitelsperrspannung *f* circuit crest working reverse voltage
Rückwärtsschritt *m (Dat)* backspace
Rückwärtsschwankung *f* flucutation in reverse direction
Rückwärtssignal *n (Nrt)* backward signal
Rückwärtssperrzeit *f* circuit reverse blocking interval
Rückwärtsspitzenspannung *f***/periodische** circuit repetitive peak reverse voltage
Rückwärtsspitzensperrspannung *f* circuit non-repetitive peak reverse voltage
Rückwärtssteuerung *f (Nrt)* backward supervision
Rückwärtsstrom *m (El)* reverse[-blocking] current, inverse (back) current *(s. a.* Sperrstrom*)*
Rückwärtsstromverstärkung *f* reverse-current gain
~ **in Basisschaltung** reverse common-base current gain
Rückwärtsverfolgen *n (Nrt)* call tracing
Rückwärtswanderwelle *f* backward [travelling] wave
Rückwärtswelle *f* backward wave
Rückwärtswellenmagnetfeldröhre *f* M-carcinotron, M-type backward-wave [oscillator] tube
Rückwärtswellenoszillator *m* backward-wave oscillator, b.w.o.
Rückwärtswellenröhre *f* carcinotron, backward-wave [oscillator] tube
~ **ohne Querfeld** O-type carcinotron [tube]
Rückwärtszähleinrichtung *f* count-down facility, down-counter
rückwärtszählen to count down
Rückwärtszählen *n* count-down, counting down *(von Zeiteinheiten z. B. beim Start)*
Rückwärtszähler *m (Dat)* down-counter, count-down counter
~**/binärer** binary down-counter
Rückwärtszeichen *n (Nrt)* backward signal
Rückweg *m* return path; *(Nrt)* return circuit
Rückwicklung *f* rewind
rückwirkend reacting, reactive
Rückwirkung *f* 1. reaction; 2. loading effect *(durch Belastung bei Spannungsmeßgeräten mit kleinem Innenwiderstand)*; 3. *s.* Rückkopplung
rückwirkungsfrei non-reactive
Rückwirkungskapazität *f* reverse transfer capacitance
Rückwirkungsleitwert *m* reaction conductance
Rückwirkungsspannung *f* back voltage
Rückwirkungswiderstand *m* reaction impedance
Rückzerstäubung *f (ME)* reverse sputtering
Rückzipfelecho *n (FO)* back echo
Rückzugfeder *f* restoring spring
rückzünden to arc back, to backfire
Rückzündung *f (Srt)* arcing (arc) back, backfire; *(Hsp)* restrike
Ruf *m (Nrt)* ring, ringing *(s. a. unter* Anruf*)*
• **„abgehende Rufe gesperrt"** "outgoing calls barred" • **beiderseits kein** ~ no ring each way • **„Ruf angenommen"** "call accepted" • **„Ruf nicht angenommen"** "call not accepted"
~**/abgestimmter** tuned ringing
~**/erster** immediate ringing
~**/gesperrter abgehender** barred outgoing toll traffic
~**/handbetätigter** manual ringing
~**/intermittierender** interrupted ringing
~**/mangelhafter** defective ringing
~**/maschinell erzeugter** power ringing
~ **mit verabredeten Zeichen** code ringing
~**/periodischer** interrupted ringing
~**/selbsttätiger** keyless (machine) ringing
Ruf... *s. a.* Anruf...
Rufabschaltrelais *n* tripping (ringing trip) relay
Rufabschaltung *f* ring trip[ping]
Rufadresse *f (Dat)* call address *(für Unterprogramm)*
Rufanlage *f* personnel calling system
Rufannahme *f* call acceptance
Rufanschaltleistung *f* automatic trunk
Rufanschaltrelais *n* ringing relay
Ruf-Antwort-System *n (Dat)* call-reply system
Rufbeantwortung *f* call response
Rufbefehl *m (Dat)* call[ing] instruction, call command *(für Unterprogramm)*
Rufbereichswechsel *m* roaming
Rufeinrichtung *f* signalling set
rufen *(Nrt)* to ring; *(Dat)* to call [up]
Rufen *n (Nrt)* ringing; *(Dat)* calling
~ **in Schleifenschaltung** loop ringing
~ **mit [gleichstrom]überlagertem Wechselstrom** superposed ringing
Rufgenerator *m* ringing generator
Rufkontrollampe *f* ringing pilot lamp
Rufleitung *f* ringdown line
Rufleitungserkennung *f* calling line identification
Rufmaschine *f* ringing (signalling) unit
Rufnummer *f* telephone (call, subscriber's) number
Rufnummernanzeige *f* calling number identification
Rufnummernanzeiger *m* call indicator
~**/akustischer** call announcer

Rufnummerngeber *m* automatic dialler, autodialler, repertory dialler
Rufnummernregister *n* call number directory
Rufnummernspeicher *m* **und -geber** *m* drum information assembler and dispatcher
Rufnummernsperre *f* barring
Rufnummernumsetzung *f* call number conversion
Rufnummernverteilung *f* numbering scheme
Rufnummernzuordnung *f* call number assignment
Rufpegel *m* ringing level
Rufprüfeinrichtung *f* signal testing apparatus
Rufprüfung *f* signalling test
Rufrelais *n* ringing (signalling) relay; calling relay
Rufrelaissatz *m* ringing relay unit
Rufsatz *m* ringing set, signalling equipment (set), [telephone] ringer
Rufschalter *m* ringing key
Rufspannung *f* ringing voltage
Ruf-Sprech-Schalter *m* ringing and speaking key
Rufstellung *f* ringing position
Rufstörungen *fpl* ringing failures, signalling faults
Rufstrom *m* ringing (signalling) current
~/gleichstromüberlagerter *s.* ~/überlagerter
~/niederfrequenter low-frequency ringing current
~/überlagerter superposed ringing current
Rufstromabschalterelais *n* trip relay
Rufstromanzeiger *m* ringing current indicator
Rufstromerzeuger *m s.* Rufstromgenerator
Rufstromfrequenz *f* ringing (signalling) frequency
Rufstromgenerator *m*, **Rufstrommaschine** *f* ringing [current] generator, ringing machine, ringer
Rufstromquelle *f* ringing source
Rufstromschaltung *f* ringing connection
Ruftakt *m* ringing cadence; ringing cycle
Ruftaste *f* ringing key
~ mit Rücksignal repeating bell push
Rufübertragung *f***/trägerfrequente** carrier signalling
Rufüberwachungslampe *f* ringing pilot lamp
Rufumlegung *f* [call] transfer
Rufumleitung *f* call diversion (forwarding); transfer of call
Rufumsetzer *m* ringer, ringing equipment
Rufumsetzung *f* ringing
Ruf- und Signalmaschine *f* ringing and signalling machine
Rufversuch *m* ringing (signalling) test
Rufverzug *m* post-dialling delay
Rufwegelenkung *f* call routing
Rufweiterleitung *f* call forwarding; call redirection
~ bei besetztem Anschluß busy line transfer
Rufweiterschaltung *f s.* Rufweiterleitung
Rufzeichen *n* ring-forward signal
~/hörbares audible signal
Rufzeichenfolge *f* series of call signs
Rufzustand *m* ringing condition

Ruhe *f* 1. rest; 2. silence, quietness • **in** ~ at rest; non-operative, inoperative
Ruheanschlag *m (Nrt)* spacing stop
Ruhebereich *m* region of non-operation *(Relais)*
Ruhegalvanispannung *f* zero-current Galvani tension
~ einer Elektrode static electrode potential
Ruhegeräusch *n (Nrt)* break noise
Ruhehörschwelle *f* resting threshold
Ruhekontakt *m* rest[ing] contact, normally closed contact (interlock)
Ruhelage *f* rest position; equilibrium position; home position *(z. B. Zeiger)*
~/falsche *(Ap)* off-normal contact rest condition
Ruheleistung *f* standby power
Ruhemasse *f* rest mass
ruhend 1. at rest; non-operative; idle; 2. stationary; static
Ruhepotential *n* open-circuit potential, static electrode potential; rest[ing] potential
Ruhepunkt *m (Syst)* rest point *(z. B. im Zustandsraum)*; point of stagnancy *(Phasenebene)*
Ruhereibung *f* static friction
Ruheschiene *f (Nrt)* spacing stop
Ruhespannung *f* open-circuit voltage, static (offload) voltage *(galvanische Zelle)*
Ruhestellung *f* rest position; home position, offposition *(z. B. Schalter)*; idle position
Ruhestrom *m* closed-circuit current, rest (quiescent) current; zero-signal current
Ruhestromalarmgerät *n* closed-circuit alarm device
Ruhestromanlage *f* closed-circuit system
Ruhestrombatterie *f* closed-circuit battery
Ruhestrombetrieb *m* closed-circuit working
Ruhestrombuchse *f (Nrt)* open-circuit jack
Ruhestromkreis *m* closed circuit
Ruhestromprinzip *n* closed-circuit principle
Ruhestromrelais *n* idle-current relay
Ruhestromschaltung *f* closed-circuit connection; idle-current connection *(Relais)*; circuit on standby
Ruhestromsignal *n* closed-circuit signal
Ruhestromtelefonklinke *f* open-circuit jack
Ruheverlustleistung *f* standby power dissipation
Ruhewert *m* quiescent (steady) value
Ruhezellspannung *f s.* Ruhespannung
Ruhezustand *m* quiescent (rest) state; *(Nrt)* freecircuit condition; release condition *(Relais)*; source idle state; *(Dat)* acceptor idle state, AIDS
~ der Listener-Funktion listener idle state
~ des Bauelements device clear idle state
Rührbewegung *f* stirring motion *(z. B. von Schmelzen)*
Rühreffekt *m* stirring effect
Rühren *n***/elektrisches** electrical stirring *(z. B. von Schmelzbädern)*
Rührer *m s.* Rührwerk
Rührgeschwindigkeit *f* stirring rate

Rührspule *f* stirring coil
Rührwerk *n* agitator, stirrer, stirring device
~/elektromagnetisches electromagnetic stirrer *(z. B. für Schmelzen)*
~/induktives inductive stirrer
Rumpelfilter *n* rumble (subsonic) filter
Rumpelgeräusch *n* rumble noise
Rumpeln *n* rumble *(Störgeräusch beim Plattenspieler)*
Runddose *f* circular box
Runddraht *m* round wire
Runddrahtgeflecht *n* wire braid *(für Kabel)*
Rundfeuer *n (MA)* flash[ing]-over, commutator flashing
Rundfeuerschutz *m* flash barrier *(gegen Überschläge)*
Rundfunk *m* 1. radio, broadcast[ing]; 2. *s.* Rundfunksendung; 3. *s.* Rundfunknetz
Rundfunkabstimmsystem *n* radio tuning system
Rundfunkanlage *f* radio installation
Rundfunkband *n* broadcast band
Rundfunkdienst *m* broadcast service
Rundfunkeingang *m* broadcast [frequency] input *(Tonbandgerät)*
Rundfunkeinstrahlung *f* radio irradiation
Rundfunkempfang *m* radio reception
Rundfunkempfänger *m* radio receiver (set), radio, receiving set, broadcast receiver
~ mit Kassettenteil casseiver
~/transistorisierter transistorized [broadcast] receiver
Rundfunkempfangsgerät *n s.* Rundfunkempfänger
Rundfunkempfangsstation *f* broadcast receiving station
Rundfunkentstörungsdienst *m* radio interference suppression service
Rundfunkgerät *n s.* Rundfunkempfänger
Rundfunkhörer *m* radio (broadcast) listener
Rundfunkkabel *n* radio (broadcast) transmission cable
Rundfunkkanal *m* radio transmission channel
Rundfunkkreis *m* broadcast circuit
Rundfunkkundendienst *m* radio service
Rundfunkleitung *f s.* Rundfunkübertragungsleitung
Rundfunknetz *n* broadcasting network
Rundfunkpilotfrequenz *f* radio pilot frequency
Rundfunkschaltstelle *f* programme switching centre
Rundfunksender *m* radio (broadcasting) transmitter
Rundfunksendung *f* [radio] broadcast, radio transmission
Rundfunksonderdienste *mpl* special broadcasting messages
Rundfunkstation *f* broadcasting station
Rundfunkstudio *n* broadcast (radio) studio
Rundfunktechnik *f* 1. radio engineering; 2. broadcasting technique *(Sendetechnik)*
Rundfunkübertragung *f* [radio] broadcasting, radio (programme) transmission, broadcast [transmission]
~ über Relaissender broadcast relaying
Rundfunkübertragungsleitung *f* broadcasting wire, programme line (circuit), music circuit
Rundfunkübertragungstechnik *f* broadcast transmission technique
Rundfunkverbindung *f* programme link
Rundfunkwellen *fpl* type A4 waves
Rundfunkzentralstelle *f* programme booking centre
Rundfunkzwischenübertragung *f* broadcast relaying *(Relaissender)*
Rundhohlleiter *m* circular waveguide *(Wellenleiter)*
~/gekrümmter curved circular waveguide
Rundkabel *n* round cable
Rundkern *m* circular core
Rundlauf *m* concentricity, true running
Rundlauffehler *m* run-out
Rundlauftoleranz *f* concentricity tolerance
Rundlautsprecher *m* circular loudspeaker
Rundleiter *m* round conductor
Rundmagnetisierung *f* circular magnetization
Rundschnitt *m (MA)* circular blanking die *(Werkzeug)*
Rundschreibeinrichtung *f (Nrt)* broadcast telegraph system
Rundschreibverbindung *f (Nrt)* multiaddress circuit
Rundsendeeinrichtung *f* multi-addressing device
Rundsenden *n (Nrt)* multi-address calling, multiple destination
Rundsichtanzeigegerät *n (FO)* plan-position indicator, P.P.I.
Rundsichtdarstellung *f (FO)* plan-position indicator display
~ mit Mittelpunktsvergrößerung expanded-centre plan display
Rundsichtpeiler *m* rotating aerial direction finder
Rundsichtradar *n* surveillance (panorama) radar
Rundsichtradaranlage *f* surveillance radar element
Rundspulinstrument *n* round-coil measuring instrument
Rundstecker *m* circular connector (plug)
Rundsteuerung *f* centralized ripple control
Rundstrahlantenne *f* omnidirectional (omni) aerial, non-directional aerial
Rundstrahlbake *f* omnidirectional radio beacon
rundstrahlend omnidirectional
Rundstrahler *m s.* Rundstrahlantenne
Rundstrahlfestfeuer *n* omnidirectional fixed light
Rundstrahlfunkfeuer *n* omnidirectional radio beacon
Rundstrahlung *f* circular radiation *(Antennentechnik)*

Rundsuchradar *n(m) s.* Rundumsuchradar
Rundumfunkfeuer *n* omnidirectional radio beacon
Rundumleuchte *f* rotating flashing beacon
Rundumsuchradar *n(m)* panorama (all-around search) radar
Rundungsfehler *m (Dat)* rounding (truncation) error
Rundungsrauschen *n* round-off noise
Runge-Kutta-Verfahren *n* Runge-Kutta method
Rush-Effekt *m* **des Stroms** current rush
Rush-Strom *m* current rush
Russell-Winkel *m* Russell angle
Rußkohle *f* sooty coal
Rutherford-Rückstreuung *f* Rutherford backscattering
Rutildiode *f* rutile diode
Rutilkristall *m* rutile crystal
rutschen to slip, to slide
Rutschkupplung *f (MA)* slip friction clutch, [safety] slipping clutch
Rutschstreifen *m (MA)* chafing strip
Rüttelfestigkeit *f* vibration resistance
Rütteltisch *m* vibration table (exciter), shaker
Rüttelversuch *m* vibration test
Rydberg-Formel *f* Rydberg series formula
Rydberg-Konstante *f* Rydberg constant
RZ-Speicherverfahren *n (Dat)* return-to-zero recording method
RZ-Verfahren *n (Dat)* return-to-zero recording

S

S *s.* Siemens
Saalgeräusch *n (Ak)* room (hall, crowd) noise
Saalregler *m (Ak)* remote volume control
Saatelement *n* seed element *(Reaktor)*
Sabin *n*, **Sabine-Einheit** *f (Ak)* sabin *(Einheit der Schallabsorptionsfläche)*
Saft *m (sl)* juice, power *(Strom)*
Sägezahnantenne *f* zigzag aerial
sägezahnartig, sägezahnförmig sawtooth-shaped, saw-tooth[ed]
Sägezahngenerator *m* sawtooth generator
Sägezahnimpuls *m* sawtooth (serrated) pulse
Sägezahnmodulation *f* sawtooth modulation
Sägezahnmodulationsspannung *f* sawtooth modulation voltage
Sägezahnoszillator *m* sawtooth oscillator
Sägezahnschwingung *f* sawtooth oscillation, sawtooth wave[form]
Sägezahnsignal *n* sawtooth (ramp) signal
Sägezahnspannung *f* sawtooth voltage
Sägezahnstrom *m* sawtooth current
Sägezahnverschlüsselung *f* sweep-time encoding
Sägezahnverschlüßler *m* sweep-time encoder
Sägezahnwellenform *f* sawtooth waveform
Sägezahnzeitablenkung *f* sawtooth sweep
Sagittalschnitt *m* sagittal focus *(Optik)*
Sagnac-Effekt *m* Sagnac effect
Sagnac-[Faser-]Interferometer *n* Sagnac interferometer, [optical-fibre] interferometer, optical (fibre loop) gyroscope
Saha-Gleichung *f* Saha['s] equation, Saha ionization formula
Saisontarif *m* seasonal tariff
Saite *f* string, chord
Saitenelektrometer *n* string electrometer
Saitengalvanometer *n* string galvanometer
Saldenwähler *m (Dat)* balance selector
Saldiergerät *n*/**elektronisches** *(Dat)* electronic balancing unit
Saldiermaschine *f (Dat)* balancing machine
Saldierzähler *m (Dat)* accumulating counter
Saldo *m (Dat)* balance
Salmiakelement *n* Leclanché [dry] cell
Salzablagerungsdichte *f (Hsp)* salt deposit density
~/äquivalente *f* equivalent salt deposit density *(bezogen auf Null)*
Salzbad *n* salt bath, bath of molten salt
Salzgehalt *m* salt content; salinity
Salzgehaltmesser *m*/**elektrischer** electrical salinometer
Salzkruste *f (Galv)* crust
Salznebel *m* salt mist *(Klimaprüfung)*
Salznebelprüfung *f* salt-fog test
Salznebelverfahren *n (Hsp)* salt-fog method
Salzsprühversuch *m* salt [spray] test *(zur Bestimmung der Porosität von Metallüberzügen)*
Sammelanode *f* collecting (gathering) anode
Sammelanschluß *m (Nrt)* collective line
Sammelanschlußleitung *f (Nrt)* PBX (private branch exchange) group; equivalent line group; collective line
Sammelanschlußleitungsbündel *n s.* Sammelanschlußleitung
Sammeldienstleitung *f (Nrt)* omnibus speaker circuit, split-order wire
Sammelelektrode *f* collecting electrode, collector *(Elektronenröhre)*
Sammelfehler *m* accumulative error
Sammelfernplatz *m (Nrt)* trunk concentration position
Sammelgefäß *n* collecting pot *(Akkumulator)*
Sammelgespräch *n (Nrt)* conference call
Sammelgesprächseinrichtung *f (Nrt)* conference call installation, multiphone system
Sammeljob *m (Dat)* batched job
Sammelleitung *f (Nrt)* party line, omnibus circuit (bar), concentration line; *(Dat)* bus
Sammelleitungssystem *n (Nrt)* omnibus system
Sammelleitungswähler *m (Nrt)* private branch exchange final selector
Sammellinse *f* convergent (converging) lens, positive (concave) lens
sammeln to collect; to accumulate; *(Licht)* to collimate
Sammelnummer *f (Nrt)* collective number

Sammelraum *m* catcher space *(Klystron)*; collecting space *(Akkumulator)*
Sammelrufnummer *f (Nrt)* group number
Sammelschalter *m (Nrt)* concentration switch
Sammelschaltung *f (Nrt)* multiplex connection; omnibus circuit, conference connection
Sammelschiene *f* 1. *(ET, An)* bus [bar], collecting bar; 2. *s.* Bus
~**/doppelte** double bus [bar]
~**/durchgehende** continuous (through) bus bar
~**/einfache** single bus bar
~ **für Daten** [data] bus
~**/gekapselte** isolated-phase bus [bar]
~**/gesicherte** fail-safe bus [bar]
~ **mit endlicher Kurzschlußleistung** finite bus
~ **mit Längskupplung** switchable bus bar
~**/starre** infinite bus
Sammelschienenanlage *f* bus-bar installation
Sammelschienendifferentialrelais *n* bus-bar differential relay
Sammelschienendifferentialschutz *m* bus-bar differential protection
Sammelschienendrossel *f* bus-bar choke (inductor)
Sammelschienenisolator *m* bus-bar insulator
Sammelschienenkanal *m* bus way
~**/gekapselter** isolated-phase bus bar
Sammelschienenkasten *m* bus-bar box
Sammelschienenkraftwerk *n* bus-bar [power] station
Sammelschienenkuppelschalter *m* bus coupler circuit breaker
Sammelschienenkupplung *f* bus-bar coupling, *(Am)* bus tie
Sammelschienenlängstrenner *m* bus-bar sectionalizing switch
Sammelschienenlängstrennung *f* bus-bar sectionalizing
Sammelschienennetz *n (An)* gridiron
Sammelschienenquerverbindung *f* bus-bar coupling, *(Am)* bus tie
Sammelschienenraum *m* bus-bar chamber
Sammelschienenschutzrelais *n* bus protection relay
Sammelschienenschutzsystem *n* bus-bar protective system
Sammelschienentrennschalter *m* selector switch disconnector
Sammelschienentrennung *f* bus-bar sectionalizing
Sammelspule *f* concentration coil
Sammelstörmeldung *f* centralized alarm
Sammelteilungsfehler *m* accumulated pitch error *(z. B. optisches Gitter)*
Sammelübersetzung *f (Dat)* batched compilation
Sammelwirksamkeit *f (El)* collection efficiency
Sammelzähler *m* total counter
Sammler *m* accumulator, accumulator [storage] battery, secondary cell, storage battery (cell) *(Zusammensetzungen s. unter* Akkumulator*)*
Sammlerbatterie *f s.* Sammler
Sammlergefäß *n* accumulator container, containing cell
Sammlerglas *n* accumulator jar
Sammlerplatte *f* accumulator plate
Sammlerzelle *f* accumulator cell, storage [battery] cell
Sammlung *f* collection
Sampling-Diode *f* sampling diode
Sampling-Kontakt *m* sampling contact
Sampling-Oszilloskop *n* sampling oscilloscope
Sampling-Theorem *n* sampling theorem
Sandwichbauweise *f* sandwich construction
Sandwichelement *n* sandwich element
Sandwichplatte *f* sandwich panel (board)
Sandwichstruktur *f (El)* sandwich structure
Saphirsubstrat *n* sapphire substrate
Satellit *m***/direktstrahlender** direct broadcasting satellite
~**/künstlicher** artificial satellite
Satelliten-Erfassungsgebiet *n (Nrt)* satellite coverage area
Satellitenrechner *m* satellite computer
Satellitenrelaisstation *f (Nrt)* satellite repeater
Satellitensender *n* satellite transmitter
Satellitenübertragungsweg *m* satellite circuit
Satellitenübertragungswege *mpl***/hintereinandergeschaltete** tandem satellite circuits
Satellitenverbindung *f* satellite link (circuit)
Satellitenverkehr *m* satellite communication
Satellitimpuls *m* satellite pulse
satt saturated, deep *(Farbe)*
Sattelmoment *n* cogging (pull-up) torque *(niedrigstes Drehmoment hochlaufender Asynchronmaschinen)*
Sattelpunkt *m* dip *(Drehmomentsattel)*; *(Syst)* saddle [point]
Sattelspule *f* saddle coil
sättigen to saturate
Sättigung *f* saturation
~ **des Verstärkers** amplifier saturation
~**/magnetische** magnetic saturation
Sättigungsbedingung *f* saturation condition
Sättigungsbereich *m* saturation range; *(Syst)* zone of saturation *(z. B. einer Kennlinie)*
Sättigungsbetrieb *m* saturation operation
Sättigungsdefizit saturation deficit
Sättigungsdichte *f* saturation density
Sättigungsdiode *f* saturated diode
Sättigungsdriftgeschwindigkeit *f (ME)* saturation drift velocity
Sättigungsdrossel *f* saturable[-core] reactor
Sättigungsdrosselverstärker *m* saturable reactor amplifier
Sättigungsemission *f* saturation emission
sättigungsfähig saturable

Sättigungsfaktor *m* saturation factor
Sättigungsfeldstärke *f* saturation field intensity (strength)
Sättigungsflußdichte *f* saturation flux density
Sättigungsgebiet *n* saturation region
Sättigungsgeschwindigkeit *f* saturation velocity
Sättigungsgleichrichter *m* saturated rectifier
Sättigungsgrad *m* degree of saturation
Sättigungsinduktivität *f* saturation inductance
Sättigungsionenstrom *m* saturation ion current
Sättigungskennlinie *f* saturation characteristic
Sättigungsknie *n* saturation bend *(Magnetisierungskennlinie)*
Sättigungskonzentration *f* saturation concentration
Sättigungskurve *f* saturation curve
Sättigungslogik *f***/gesteuerte** controlled saturation logic
Sättigungsmagnetisierung *f* saturation magnetization
Sättigungspegel *m* saturation level
Sättigungspermeameter *n* saturation permeameter
Sättigungsrauschen *n* saturation noise
Sättigungsspannung *f* saturation voltage
Sättigungssperrstrom *n (El)* reverse saturation current
Sättigungsspule *f* iron[-core] reactor, iron inductor
Sättigungsstrom *m* saturation current
Sättigungstemperatur *f* saturation temperature
Sättigungswiderstand *m* saturation resistance
Sättigungszustand *m* saturation state
Satz *m* 1. set *(z. B. von Maschinen)*; assembly *(Montagegruppe)*; 2. *(Dat)* record; sentence; block *(NC-Satz)*; 3. theorem, law
~**/erster Kirchhoffscher** current-balance equation *(Knotenpunktsatz)*
~**/Gaußscher** Gaussian theorem *(Vektoranalysis)*
~**/Helmholtzscher** Thévenin (Helmholtz) theorem
~**/Laplacescher** Laplace (Ampère) law
~**/symmetrischer** symmetrical set
~**/Thomsonscher** Thomson['s] theorem *(Elektrostatik)*
~ **von der Erhaltung der elektrischen Ladung** law of conservation of [electric] charge
~ **von der Erhaltung der Energie** energy principle
~ **von der Erhaltung der Leistung** law of conservation of power
~**/zweiter Kirchhoffscher** mesh rule *(Maschensatz)*
Satzanzeige *f* block (sequence) number display
Satzaufruf *m* block call
Satzendezeichen *n* end-of-record character
Satzfolgebetrieb *m* automatic mode of operation
Satzformat *n* record (block) format
Satzlänge *f* record length
~**/feste** fixed record length
~**/variable** variable record length
Satzlücke *f* record gap, end-of-record gap
Satzpotentiometer *n* ganged potentiometer
Satzsuchlauf *m* block search
Satzunterdrückung *f* optional block skip, block skip (delete)
Satzverarbeitung *f* sentence processing
Satzverständlichkeit *f (Ak, Nrt)* intelligibility of phrases, phrase intelligibility, sentence articulation
sauber clean
Säubern *n* clean[s]ing; descumming *(Abziehen z. B. von Lackresten)*
sauer *(Ch)* acid, sour
Sauerstoff *m***/aktiver** active oxygen
Sauerstoffabsorption *f* oxygen absorption
sauerstoffangereichert oxygen-enriched, oxygenated
Sauerstoffanreicherung *f* oxygenation
Sauerstoffelektrode *f* oxygen electrode
Sauerstoffentwicklung *f* oxygen formation (evolution)
sauerstofffrei oxygen-free
Sauerstoffgehalt *m* oxygen content
Sauerstoffionenleerstelle *f (El)* oxygen-ion vacancy
Sauerstoffkonzentration *f* oxygen concentration
Sauerstoffleerstelle *f (El)* oxygen vacancy
Sauerstoff-Lichtbogen-Schneiden *n* oxy-arc cutting
Sauerstoffmangel *m* oxygen deficiency
Sauerstoffnaßoxydation *f* wet oxygen oxidation
Sauerstoffträger *m* oxygen carrier
Sauerstoffüberspannung *f (Ch)* oxygen overvoltage
sauerstoffverunreinigt oxygen-contaminated
Sauerstoffverunreinigung *f* oxygen contamination
Sauerstoff-Wasserstoff-Zelle *f* oxygen-hydrogen cell
Sauganode *f* accelerator, suction (first) anode *(Katodenstrahlröhre)*
Saugbelüftung *f* induced ventilation
Saugdrossel *f* drainage coil
saugen to suck
Saugfähigkeit *f* absorptive power (capacity)
Saugkreis *m* acceptor circuit, series-tuned wave trap; absorption (absorber) circuit, trap circuit
Sauglüfter *m* exhauster, exhaust[ing] fan
Saugrohr *n* suction pipe
Saugspule *f* series reactor
Saugtransformator *m* draining (booster) transformer
Saugventilator *m* air extraction fan
Saugvermögen *n s.* Saugfähigkeit
Saugzug *m* induced (suction) draught
Saugzuglüfter *m s.* Sauglüfter
Säule *f* 1. post, pillar; 2. pile *(Batterie)*; stack *(z. B. bei Stoßanlagen)*
~**/positive** positive column *(Gasentladung)*; arc stream

~/Voltasche Voltaic column (battery), voltaic (galvanic) pile
Säulenausführung *f (Ap)* column type
Säulendiagramm *n* bar diagram, bar graph (chart)
Säulenisolator *m* post insulator
Säulenschalter *m* column circuit breaker *(Hochspannungsleistungsschalter)*
Säulentemperatur *f* column temperature
Saum *m* border; edge; fringe
Säureakkumulator *m* lead[-acid] accumulator
Säurebad *n (Galv)* acid bath
Säurebeschleuniger *m* acid catalyst *(z. B. Härter für Harze)*
säurebeständig acid-resistant, acid-proof, resistant (stable) to acid
Säuredichte *f* acid density *(beim Akkumulator)*
säurefest *s.* säurebeständig
säurefrei acid-free
Säuregehalt *m* 1. acid content; 2. *s.* Säuregrad
Säuregrad *m* [degree of] acidity
säurehaltig acid-containing, acidic, acidiferous
Säurehärter *m s.* Säurebeschleuniger
Säureharz *n* acidic resin
Säureheber *m* acid siphon; battery syringe
Säuremesser *m* acidimeter
Säuretauchung *f (Galv)* acid dip
Säuretiter *m* acid titre *(Potentiometrie)*
Savart *n (Ak)* savart *(Frequenzschritt 1/1 000 Dekade)*
SAW-Ableiter *m* non-linear resistor-type arrester
SBC single-board-computer
SBD *s.* Sendebezugsdämpfung
Scanistor *m* scanistor *(Halbleiterbauelement)*
Scattering-Übertragung *f (Nrt)* scattering transmission
Scatter-System *n***/troposphärisches** *(Nrt)* tropospheric scatter communications system
SC-Filter *n* switched-capacity filter
Schabefestigkeit *f* scrape resistance
Schablone *f* template *(auf Kopiermaschine)*; *(ME)* mask; stencil *(Siebdruck)*; puppet *(Schaltungsentwurf)*
schablonenartig stencil-like
Schablonenätzung *f* groove etching
Schablonenspule *f* preformed (diamond-type) coil, Eikmeyer coil
Schablonenwicklung *f* preformed winding
Schacht *m* shaft, duct, canal
Schachtdeckel *m* shaft (manhole) cover
Schachtelung *f* 1. *(Dat)* nesting; 2. frequency overlap
Schachtofen *m***/elektrischer** electric shaft furnace
Schachttürkontakt *m (Ap)* gate switch
Schachttürkontakt-Überbrückungsschalter *m (Ap)* gate bypass switch
Schaden *m* damage; defect
schadhaft damaged; defective; faulty
Schädigung *f* 1. damaging, damage; 2. *s.* Schaden
Schädlichkeitskriterium *n* damage-risk criterion
Schadstoff *m* pollutant, contaminant; noxious substance
Schaftisolator *m* pin-type insulator
Schäkelisolator *m* shackle insulator
Schale *f* 1. cup, pan; dish; 2. shell *(Atom)*
~/abgeschlossene (vollbesetzte) closed (completed) shell
Schalenaufbau *m* shell structure *(Atom)*
Schalenelektrode *f* dished electrode
Schalenelektrometer *n* cup electrometer
Schalenkern *m* pot core *(HF-Technik)*
Schalenleerstelle *f* shell vacancy
Schalenstruktur *f* shell structure
Schalentheorie *f* shell theory
Schall *m* sound
~/diffuser diffuse sound
~/festkörperübertragener structure-borne sound
~/flüssigkeitsübertragener fluid-borne sound
~/luftübertragener airborne sound
~/unhörbarer inaudible sound
Schallabsorber *m* sound (acoustic) absorber
schallabsorbierend sound-absorptive, sound-absorbing, sound-absorbent
Schallabsorption *f* sound (acoustic) absorption
~/molekulare molecular sound absorption
Schallabsorptionsgrad *m* sound (acoustic) absorption coefficient, sound (acoustic) absorption factor, sound (acoustical) absorptivity
~ für diffusen Schalleinfall reverberant (reverberation) absorptivity, reverberant absorption coefficient
~ für senkrechten Schalleinfall normal-incidence acoustic absorptivity (absorption coefficient)
~ nach Sabine Sabine coefficient
Schallabsorptionsmaterial *n***, Schallabsorptionsstoff** *m* sound-absorbing material, sound absorbant (absorber)
Schallabstrahlung *f* acoustic emission, sound radiation, emission of sound; sound projection
Schalladmittanz *f* acoustic admittance
Schallamplitude *f* acoustic amplitude
Schallanalysator *m* sound analyzer
Schallaufnehmer *m* sound receiver, acoustic sensor; sound probe
Schallaufzeichnung *f* 1. sound recording; 2. sound record
Schallaufzeichnungsgerät *n* sound recorder
Schallausbreitung *f* sound propagation
Schallausbreitungskonstante *f* acoustical propagation constant
Schallauslöschung *f* sound cancellation
Schallausstrahlung *f s.* Schallabstrahlung
Schallbake *f* sound beacon
Schallbereich *m* sound range
schallbetätigt sound-operated
Schallbeugung *f* sound diffraction
Schallbrechung *f* sound (acoustic) refraction
Schallbündel *n* sound (acoustic) beam

Schallbündelung *f* sound focussing (concentration), acoustic focussing
Schallbündelungsgrad *m* sound (acoustic) power concentration
Schalldämmaß *n* sound reduction index, [sound] transmission loss
~/**bewertetes** airborne sound-insulation index
~/**mittleres** average transmission loss
schalldämmend sound-insulating, sound-proof
Schalldämmplatte *f* acoustic board, acoustical plate
Schalldämmstoff *m* sound-insulating material
Schalldämmung *f* 1. sound (acoustical) insulation, soundproofing; 2. sound transmission loss *(Kennwert)*
Schalldämmzahl *f s.* Schalldämmung 2.
schalldämpfend sound-damping, silencing
Schalldämpfer *m* silencer, [sound] damper, muffler, mute, acoustical filter
Schalldämpfung *f* sound (acoustic) damping, sound attenuation (deadening), muffling, muting
schalldicht soundproof[ed] • ~ **machen** to deafen
Schalldichte *f* sound energy density
~/**spektrale** spectral noise density
Schalldissipationsgrad *m* sound dissipation factor
Schalldose *f* sound box, acoustic pick-up
Schalldosimeter *n* sound exposure meter
Schalldosis *f* sound exposure
Schalldosispegel *m* sound exposure level
Schalldruck *m* sound (acoustic, sonic) pressure
~ **in einem Frequenzband** band pressure
~ **in einem Oktavband** octave-band pressure
~ **in einem Terzband** third-octave band pressure
~/**momentaner** instantaneous sound pressure
Schalldruckdichtepegel *m*[/**spektraler**] pressure spectrum level
Schalldruckgradient *m* sound pressure gradient
Schalldruckkalibrator *m* sound pressure calibrator
Schalldruckpegel *m* sound pressure level, SPL
~/**A-bewerteter** A-weighted sound level, sound level A
~/**bewerteter** [weighted] sound level
~ **in einem Frequenzband** band-pressure level
Schalldruckpegelmessung *f* sound level measurement
Schalldurchgang *m* sound transmission, transmission of sound
Schalldurchlaßgrad *m* sound transmission coefficient
schalldurchlässig sound (acoustically) transparent
Schalldurchlässigkeit *f* sound permeability (transmittance)
Schallehre *f* acoustics
Schalleinfall *m* sound incidence
~/**senkrechter** normal sound incidence
~/**streifender** grazing sound incidence
Schalleinwirkung *f* sound exposure
Schalleistung *f* sound (acoustic) power
~/**abgestrahlte** radiated sound power
~/**momentane** instantaneous acoustic power
Schalleistungsdichte *f* sound energy flux density
Schalleistungsdichtepegel *m*[/**spektraler**] power spectrum level
Schalleistungsmessung *f* sound power measurement, acoustic-power measurement
Schalleistungspegel *m* sound power level
Schalleistungspegelmessung *f* sound power measurement, acoustic-power measurement, sound emission measurement
Schalleistungsquelle *f* sound power source
Schalleistungsrechner *m* sound power calculator
Schalleistungsspektrum *n* sound power spectrum
schalleitend sound-conducting
Schalleiter *m* sound conductor
Schalleitfähigkeit *f* sound conductivity
Schalleitung *f* sound conduction
Schalleitungsvermögen *n* sound conductivity
Schallemission *f* sound (acoustic) emission, AE
Schallemissionsanalyse *f* acoustic emission analysis, AE analysis
Schallempfang *m* sound (acoustic) reception
Schallempfänger *m* sound (acoustic) receiver
~/**elektroakustischer** electroacoustic receiver
~/**magnetostriktiver** magnetostriction sound receiver
Schallempfindlichkeit *f* acoustic sensitivity
Schallempfindung *f* acoustical perception (sensation)
schallen to sound; to echo
schallend sounding
Schallenergie *f* sound energy
Schallenergiedichte *f* sound energy density, energy density of sound
~/**momentane** instantaneous sound energy density
Schallenergiefluß *m* sound energy flux
Schallereignis *n* sound (noise) event
Schallerregung *f* sound excitation (generation)
schallerzeugend sound-generative
Schallerzeuger *m* sound (acoustic) generator
Schallerzeugung *f* sound generation
Schallexposimeter *n* sound exposure meter
Schallexposition *f* sound exposure
Schallfeld *n* sound field
~/**diffuses** reverberant (diffuse) sound field, reverberant field
~/**freies** free [sound] field
~/**frontales (frontal einfallendes)** frontal (frontally incident) sound field
~/**ungestörtes** undisturbed sound field
Schallfeldgröße *f* sound field quantity
Schallfluß *m* [acoustical] volume velocity, [acoustical] volume current
Schallgeber *m* sounder

~/magnetostriktiver magnetostriction sound generator
Schallgeschwindigkeit *f* sound (sonic) speed, sound (sonic) velocity, speed (velocity) of sound
schallgesteuert sound-operated
Schallgrenze *f* sound (sonic) barrier
schallhart sound-reflecting, [acoustically] hard
Schallimmitanz *f* acoustic immitance
Schallimpedanz *f* acoustic impedance
~/spezifische specific (unit-area) acoustic impedance
Schallimpedanzmessung *f* **am Trommelfell** tympanometry
Schallimpuls *m* sound (acoustic) pulse, sound impulse (burst)
Schallintensität *f* sound intensity, sound energy flux density, acoustic intensity [per unit area], acoustic power [per unit area]
~/momentane instantaneous acoustic intensity [per unit area]
Schallintensitätskalibrator *m* sound intensity calibrator
Schallintensitätsmeßgerät *n* sound intensity analyzer
Schallintensitätsmeßsonde *f* sound intensity probe
Schallintensitätspegel *m* sound intensity level
Schallintensitätssonde *f* sound intensity probe
schallisoliert sound-insulated, sound-proof[ed]
Schallisolierung *f* sound (acoustical) insulation, soundproofing, sound deadening, quieting
Schallkennimpedanz *f* characteristic acoustic impedance
Schallmauer *f* sound (sonic) barrier
Schallmerkmal *n* acoustic cue
Schallmeßmikrofon *n* sound ranging microphone
Schallmeßstation *f* sound ranging station
Schallmessung *f* sound (acoustical) measurement
Schalloch *n*, **Schallöffnung** *f* sound hole (aperture), louvre *(Lautsprecher)*
Schallortung *f* sound location (ranging, direction finding)
Schallortungsgerät *n* sound locator, sound (acoustic) direction finder
Schallpegel *m* sound [pressure] level
~/bewerteter weighted sound level
Schallpegelanzeige *f* sound level indication (reading, read-out)
Schallpegelanzeiger *m* sound level indicator
Schallpegeleichgerät *n* sound level calibrator
Schallpegelmesser *m* sound level meter, SLM
~ **geringer Genauigkeit** sound (noise) survey meter
~/integrierender integrating sound level meter, noise average meter, Leq meter
~ **normaler Genauigkeit** ordinary sound level meter
Schallpegelmeßgerät *n* s. Schallpegelmesser
Schallpegelmessung *f* sound level measurement
Schallpegelverteilung *f* sound level distribution
Schallpegelzulässigkeitstest *m* noise-level acceptance test
Schallplatte *f* record, disk, gramophone (phonograph) record
Schallplattenabtaster *m* [gramophone] pick-up
Schallplattenaufnahme *f* disk recording
Schallplattenaufnahmegerät *n* disk recorder
Schallplattenmatrize *f* **[/unbespielte]** record blank
Schallplattenoriginal *n* lacquer original
Schallplattenschneidgerät *n* disk recorder
Schallplattenverstärker *m* gramophone (pick-up) amplifier
Schallquant *n* phonon, sound quantum
Schallquelle *f* sound (acoustic) source, source of sound (acoustic energy)
~/punktförmige point source
~/ungerichtete simple (non-directional) sound source
Schallquellenleistung *f* sound source energy
Schallreaktanz *f*/**spezifische** specific (unit-area) acoustic reactance
schallreflektierend sound-reflecting, [acoustically] hard
Schallreflexion *f* sound (acoustic) reflection
Schallreflexionsfaktor *m* sound reflection factor
Schallreflexionsgrad *m*, **Schallreflexionskoeffizient** *m* sound (acoustic) reflection coefficient
Schallreiz *m* sound (acoustic) stimulus
Schallresistanz *f*/**spezifische** specific (unit-area) acoustic resistance
Schallrille *f* sound groove *(Schallplatte)*
Schallschatten *m* sound (acoustic) shadow
Schallschirm *m* baffle board; gobo *(Mikrofon)*
schallschluckend sound-absorptive, sound-absorbing, sound-absorbent, sound-deadening
Schallschlucker *m* sound (acoustic) absorber
Schallschluckgrad *m* s. Schallabsorptionsgrad
Schallschluckstoff *m* sound-absorbing material, sound absorbant (absorber)
Schallschluckung *f* sound (acoustic) absorption, sound deadening
Schallschnelle *f* sound [particle] velocity, acoustic velocity
Schallschnellepotential *n* sound velocity potential
Schallschutz *m* noise prevention, sound-proofing; deadening of noise[s]
Schallschutzforderung *f* noise-control requirement
Schallschutzkabine *f* acoustic booth
Schallschutzverfahren *n* soundproofing method
Schallschwingung *f* sound oscillation (vibration), acoustic oscillation
Schallsender *m* sound (audio) transmitter; sound (acoustic) source, sound generator (projector)
Schallsonde *f* sound probe

Schallspeicherung *f* **[auf Band]/digitale** digital audio tape, DAT
~ **in Längsspur/digitale** stationary head DAT (digital audio tape), S-DAT
~ **in Schrägspur/digitale** rotary head DAT (digital audio tape), R-DAT
Schallspektrogramm *n* sound (acoustic) spectrogram
Schallspektroskopie *f* sound spectroscopy
Schallspektrum *n* sound (acoustic) spectrum
Schallspektrumanalysator *m* sound spectrum analyzer
Schallspiegel *m* sound mirror
Schallstärke *f* sound intensity, [sound] volume
Schallstärkemeßgerät *n* phonometer
Schallstärkepegel *m* sound intensity level
Schallstrahl *m* sound (acoustic) ray, sound beam
Schallstrahlung *f* sound radiation (emission)
Schallstrahlungsdruck *m* sound radiation pressure
Schallstrahlungsdruckmesser *m* acoustic radiometer
Schallstrahlungsimpedanz *f*, **Schallstrahlungsstandwert** *m* sound radiation impedance
Schallstreuung *f* sound (acoustic) scattering, scattering of sound
Schalltechnik *f* acoustics, acoustic (audio) engineering
Schalltheorie *f* theory of sound
Schalltilgung *f* sound absorption (deadening)
schalltot aphonic, acoustically inactive (inert); anechoic, acoustically dead *(reflexionsfrei)*
~**/teilweise** semianechoic
Schalltrichter *m* acoustic horn (trumpet), [loudspeaker] horn, sound funnel
Schallübertragung *f* sound transmission; noise conduction (transmission) *(unerwünscht)*
Schallumfang *m* sound range
Schallunterdrückung *f* sound suppression
Schallverstärkung *f* acoustic gain; sound (acoustic) reinforcement *(mit Lautsprecheranlage)*
Schallverteilung *f* sound distribution
Schallvolumen *n* [sound] volume
Schallwahrnehmung *f* acoustical perception (sensation)
Schallwand *f* sound panel, baffle board; loudspeaker (deflecting) baffle
Schallwandler *m* sound (electroacoustic, audio) transducer *(Mikrofon)*
Schallweg *m* sound path
Schallweglänge sound-path length
Schallwelle *f* sound (acoustic) wave
Schallwellenbündel *n* sound beam
Schallwellenlänge *f* acoustic wavelength
Schallwellenverstärkung *f* acoustic-wave amplification
Schallwiedergabe *f* sound (acoustic) reproduction
Schallzeichen *n* acoustic signal
Schallzerstreuung *f* sound diffusion
Schaltader *f* jumper wire
Schaltalgebra *f* switching (logic) algebra, circuit (Boolean) algebra
Schaltanlage *f* switchgear [assembly], switch-gear
~**/fabrikfertige** factory-assembled switchgear unit
~**/gasisolierte** *(Eü)* gas-insulated substation
~**/gekapselte** encapsulated (enclosed) switchgear
~**/geschottete** compartment-type switchgear
~**/gußgekapselte** metal-enclosed switchgear, armoured switchgear
~**/masseisolierte** compound-filled switchgear
~**/metallgekapselte** metal-enclosed switchgear
~ **mit getrennten Phasen** isolated-phase switchgear
~**/offene** open-type switchgear
Schaltanlagenanordnung *f* switchgear assembly
Schaltanlageninformationssystem *n* switchgear information system
Schaltanlagentechnik *f* 1. switchgear technique; 2. switchgear equipment
Schaltanlasser *m* **mit Schütz** contactor switching starter
Schaltanordnung *f* switching arrangement
Schaltanwendung *f* switching application
Schaltarm *m* wiper, actuating arm
Schaltarmwelle *f* wiper shaft
Schaltart *f* switching mode
Schaltauftrag *m (Nrt)* circuit connection order
schaltbar switchable
Schaltbedingung *f* switching criterion *(z. B. eines Relais)*
Schaltbefehl *m* switching command
Schaltbetätigung *f* switching operation
Schaltbetriebsart *f* switching mode
Schaltbewegung *f* switching motion
Schaltbild *n* [circuit] schematic; [schematic] circuit diagram, connection diagram; wiring diagram *(Verdrahtungsbild)*
~**/einphasiges** one-line diagram
Schaltbogen *m* switch arc
Schaltbrett *n* switchboard, switch (prepatch) panel, plug board
Schaltbuch *n* circuit manual
Schaltbuchse *f* jack
Schaltdiode *f* switching diode
Schaltdraht *m (Nrt)* connecting (jumper, hook-up) wire
Schaltdrahtverbindung *f (Nrt)* jumper connection, jumpering
Schalteinheit *f (Nrt)* bank
Schalteinrichtung *f* switching equipment (facility)
~**/schlagwettergeschützte** flame-tight switchgear
Schalteinsatz *m* switch component
Schaltelement *n* switching element
~ **auf der Basis des Hall-Effekts** *(Meß)* Hall effect digital switch
~**/konzentriertes** lumped element
Schaltempfindlichkeit *f* switching sensitivity

schalten 1. to switch; to connect *(Verbindung herstellen)*; 2. to change over *(Getriebe)*
~/an Masse to connect to frame (ground)
~/aufeinanderfolgend to switch sequentially
~/eine andere Leitung *(Nrt)* to change to another line
~/eine Leitung wieder normal *(Nrt)* to restore a circuit
~/hintereinander *s.* ~/in Reihe
~/in Brücke to tee across, to bridge
~/in Dreieck to connect in delta (mesh)
~/in Kaskade to connect in cascade, to cascade
~/in Nebenschluß *s.* ~/parallel
~/in Reihe (Serie) to connect in series
~/neu to rearrange
~/normal to set at normal
~/parallel to connect in parallel, to parallel, to shunt
~/simultan *(Nrt)* to superimpose
~/zur Schleife *(Nrt)* to loop
~/zwei Leitungen zur Schleife *(Nrt)* to loop two circuits
Schalten *n* switching
~ bei Phasenverschiebung out-of-phase switching
~/funkenloses sparkless breaking
~/gleichzeitiges simultaneous switching
~ mit konstantem Strom constant-current switching
~/prellfreies bounce-free operation
~/unbeabsichtigtes (zufälliges) accidental switching
Schalter *m* switch; circuit breaker *(für große Leistungen)*; contactor; pull-down *(eines Inverters)*
~ an der Frontplatte front-panel switch
~ an der Lampenfassung lamp-holder switch
~/automatisch ausgelöster automatic tripping contactor
~/automatischer automatic switch
~/automatischer elektronischer electronic automatic switch
~/berührungssicherer all-insulated switch
~/dekadischer decade switch
~/dreipoliger three-pole switch (circuit breaker)
~/eingelassener flush (recessed, sunk) switch; panel switch
~/einpoliger single-pole switch
~/elektrischer electric switch
~/elektromagnetischer electromagnetic switch
~/elektronischer electronic switch (contactor)
~/fremderregter shunt-trip recloser
~ für Aufputzinstallation/einpoliger single-pole surface switch
~ für drei Heizstufen three-heat switch *(Elektroherd)*
~ für Geräuschsperre muting switch
~ für kleine Stromstärke low-level switch
~ für Nachtwecker *(Nrt)* night bell switch
~ für Unterputzinstallation/einpoliger single-pole flush switch
~/gekapselter enclosed switch
~/geräuschloser no-noise switch
~/geschützter protected switch[-gear]
~/gittergesteuerter gate-controlled switch
~/halbversenkter semiflush (semirecessed) switch
~/handbetätigter [manually operated] switch
~/kapazitätsarmer anticapacitance switch
~/mechanisch gekuppelter coupled (linked) switch
~/mehrpoliger mulipole (multiple-contact) switch
~ mit Anzeigeglimmröhre glow switch
~ mit bedingter Auslösung fixed trip mechanical switching device
~ mit Doppelunterbrechnung double-break switch
~ mit Einschaltsperre circuit breaker with lock-out device
~ mit Fernregelung remote-control switch
~ mit Freiauslösung trip-free mechanical switching device, free-handle circuit breaker
~ mit fünf Ausgängen five-point switch
~ mit geschichteten Bürsten laminated-brush switch
~ mit Magnetantrieb electromagnetic switch, electromagnetically operated switch
~ mit magnetischer Blasung magnetic blow-out circuit breaker
~ mit Minimalauslösung minimum circuit breaker
~ mit Mittelpunktslage [der Kontakte] centre-break switch (disconnector)
~ mit Schauzeichen indicating switch
~ mit Schmelzsicherung fuse switch
~ mit Schnappeffekt snap-action switch
~ mit Schutzkasten protected switch[gear]
~ mit selbsttätiger Wiedereinschaltung automatic-reclosing circuit breaker
~ mit Sperre locking switch
~ mit Sperrgehäuse *s.* ~/verschlossener
~ mit UMZ-Auslösung *(Ap)* definite time-lage circuit breaker
~ mit verzögerter Auslösung delay-action circuit breaker
~ mit vorderseitigem Anschluß front-connected switch
~ mit waagerechter Schaltstrecke horizontal break switch
~ mit Wiedereinschaltvorrichtung automatic reclosing circuit breaker
~ mit Zeitverzögerungsauslösung *s.* ~ mit UMZ-Auslösung
~/motorbedienter tapped switch
~/nichtrastender non-locking switch, spring-return switch
~/normaler general-use switch
~/offener open switch
~ ohne Freiauslösung fixed-handle circuit breaker

~/**ölarmer** small-oil-volume circuit breaker, live-tank oil circuit breaker
~/**prellfreier** no-bounce switch
~/**schlagwettergeschützter** flameproof switch
~/**schnell wirkender** fast-acting switch (trip)
~/**stoßfester** shock-proof switch
~/**teilweise versenkter** semiflush (semirecessed, semisunk) switch
~/**verschlossener** asylum (locked-cover) switch, locking (secret) switch
~/**versiegelter** secret switch
~/**zehnstufiger** ten-position switch
~/**zweipoliger** two-pole switch, double-pole switch (circuit breaker), double-break switch
~/**zweiseitig wirkender** double-action switch
Schalter *mpl*/**gekoppelte** coupled switches; linked switches
Schalteramt *n (Nrt)* cross-bar exchange
Schalteranlassen *n* switch starting
Schalteranschluß *m* switch connection
Schalterauslösung *f* **durch Zwischenrelais** indirect tripping of a circuit breaker
Schalterbetätigung *f* actuation of switch
Schalterbetätigungsplatte *f* **mit Griff** cover plate and handle
Schalterdeck *n (Ap)* contact plate
Schalterdeckel *m* switch cover
Schalterdiode *f* booster diode
Schalterebene *f* switch deck; *(Ap)* contact plate
Schaltereinbau *m* circuit-breaker mounting
Schaltereinheit *f* circuit-breaker unit
Schalterelement *n* switching element; pull-down *(eines Inverters)*
Schalterfassung *f (Ap)* key holder
Schalterfeder *f* switch spring
Schaltergestell *n* switch frame
Schaltergetriebe *n* circuit-breaker mechanism
Schalterglimmlampe *f* glow lamp for switch
Schaltergrundplatte *f* switch base
Schaltergruppe *f* switch train *(gleichzeitig geschaltete Schalter)*
Schalterkappe *f* switch cover
Schalterkontakt *m* switch contact
Schalterlampe *f* switch lamp
Schalterleitung *f* switch lead
Schalteröl *n* switch (circuit-breaker) oil
Schalterpol *m* circuit-breaker pole
Schalterprellen *n* chatter of switch, bounce
Schaltersockel *m* switch base
Schalterstellung *f* switch position
Schaltersteuernocken *m* sequence switch cam
Schalterstromkreis *m* switch circuit
Schaltfähigkeit *f* switching capability
Schaltfassung *f* switch socket (lampholder)
Schaltfeder *f* interrupter spring; switch spring
Schaltfehlerschutz *m* switch fault protection, incorrect switching protection
Schaltfeld *n* switchboard [section], [switch] panel, switch (patch) bay
~/**ausschwenkbares** swing-out panel
Schaltfeldeinheit *f* switchboard unit
Schaltfeldüberwachungslampe *f* switchboard supervisory lamp
Schaltfeldüberwachungsrelais *n* switchboard supervisory relay
Schaltfolge *f* switching sequence *(z. B. bei einem Zweipunktglied)*; duty cycle; operating sequence
Schaltfrequenz *f* switching frequency, frequency of switching
Schaltfunke *m* spark at break
Schaltfunkenstrecke *f* triggered spark gap
Schaltfunktion *f* switching function; *(Dat)* logical function
~/**kanonische** canonical switching function
Schaltgerät *n* switchgear, switching device
~/**ausfahrbares** *(An)* draw-out switchgear
~/**automatisch betätigtes** automatically operated switchgear
~/**berührungsloses** proximity switchgear
~/**fahrbares** truck-type switchgear
~/**feuchtigkeitsgeschütztes** moisture-proof switchgear
~/**ganz gekapseltes** fully enclosed switchgear
~/**gußgekapseltes** iron-clad switchgear
~/**kontaktloses** contactless switchgear
~/**mechanisches** mechanical switchgear
~/**metallgekapseltes** metal-clad switchgear
~/**nichtausfahrbares** non-draw-out switchgear
~/**offenes** open-type switchgear
~/**sekundäres** secondary switchgear
~/**staubdicht gekapseltes** dust-proof switchgear
~/**tropfwassergeschütztes** drip-proof switchgear
~/**ungeschütztes** open-type switchgear
Schaltgeräusch *n* switch click, switching noise
Schaltgerüst *n* frame-type switchboard, switch framework, switching structure
Schaltgeschwindigkeit *f* switching speed (rate); speed of operation
Schaltgestell *n (Nrt)* switching rack
Schaltgetriebe *n* change-speed gear (mechanism), gear box
Schaltglied *n* switching element; contact element (mechanism), *(Dat)* logical element
~ **mit Doppelunterbrechung** double-break contact element
~ **mit Einfachunterbrechung** single-break contact element
Schaltglieder *npl*/**elektrisch voneinander unabhängige** electrically independent contact elements
Schaltgruppe *f* vector group *(Transformator)*
Schaltgruppenbezeichnung *f* vector group symbol
Schalthäufigkeit *f* switching frequency (rate), frequency of operating cycles; *(Ap)* duty classification
~ **je Stunde** *(Ap)* operations per hour

Schalthäuschen *n (An)* switch hut, kiosk
Schalthebel *m* switch (change) lever, key, actuating arm *(eines Schalters)*; *(MA)* operating (control) lever; trip lever
~/nichtrastender non-locking key
Schalthub *m* length of travel
Schalthysterese *f (Syst)* switching hysteresis, overlap, differential gap, [operating] differential
Schaltimpuls *m* switching pulse
Schaltkabel *n* jumper cable
Schaltkammer *f* arc [quenching] chamber; explosion chamber *(bei Leistungsschaltern)*
Schaltkammerzylinder *m* switch chamber cylinder
Schaltkapazität *f* switching capacity; wiring capacity
Schaltkarte *f* circuit board (card)
~/gedruckte p.c. (printed circuit) card
Schaltkasten *m* switch box; control box
Schaltkenngröße *f* switching characteristic
Schaltkennzeichen *n (Nrt)* switching signal
~ **rückwärts** backward signal
~ **vorwärts** forward signal
Schaltkern *m* switching core
Schaltklinke *f* jack; *(MA)* pawl
Schaltknagge *f* stop dog
Schaltknopf *m* button
Schaltkoeffizient *m* switching coefficient
Schaltkondensatorfilter *n* switched-capacitor filter, SC filter
Schaltkondensatornetzwerk *n* switched-capacitor network
Schaltkontakt *m* switching contact
Schaltkreis *m (ET, ME)* [switching] circuit
~/bipolarer integrierter bipolar integrated circuit
~/breitbandgekoppelter broad-band-coupled circuit
~/elementarer elementary circuit
~/externer external switching circuit
~ **für den Teilnehmeranschluß** *(Nrt)* subscriber-line integrated circuit
~/großintegrierter *s.* ~/hochintegrierter
~/halbkundenspezifischer integrierter semi-custom IC
~/hochintegrierter large-scale integrated circuit, LSI circuit high-density circuit
~/höchstintegrierter very large-scale integrated circuit, VLSI circuit
~/integrierter integrated circuit, IC
~/integrierter logischer integrated logic circuit
~/integrierter magnetischer integrated magnetic circuit
~/kundenspezifischer integrierter custom-design integrated circuit, custom IC
~/linearer integrierter linear integrated circuit, LIC
~/magnetischer magnetic circuit
~ **mit Gitteranordnung** gate-array circuit
~ **mit mehreren Chips/integrierter** multichip integrated circuit
~ **mit mittlerer Integrationsdichte** medium-scale integrated circuit, MSI circuit
~ **mit niedriger Integrationsdichte** small-scale integrated circuit, SSI circuit
~ **mit sehr hoher Integrationsdichte** *s.* ~/höchstintegrierter
~ **mit sehr hoher Schaltgeschwindigkeit/integrierter** very high-speed integrated circuit, VHSIC
~ **mit vom Kunden verbindbaren Logikgattern** gate array
~ **mit Zellenstruktur** cell array circuit
~/mittelintegrierter *s.* ~ mit mittlerer Integrationsdichte
~/monolithischer (monolithisch integrierter) [integrated] monolithic circuit, [single-]chip circuit
~/ternärer ternary switching circuit
~/vorgefertigter semicustom circuit *(Kundenwunschschaltkreis)*
~ **zur Klangerzeugung** sound chip
Schaltkreisanalyse *f* circuit analysis
Schaltkreisanordnung *f* circuit layout
Schaltkreischip *m* integrated circuit die
Schaltkreisdichte *f* circuit density
Schaltkreise *mpl***/doppelte** duplicate circuitry
Schaltkreisebene *f* circuit level
Schaltkreisemulator *m* in-circuit emulator
Schaltkreisentwurf *m* [switching] circuit design
Schaltkreisfamilie *f* [switching] circuit family
Schaltkreisfläche *f* circuit area
Schaltkreislage *f* circuit position
Schaltkreislogik *f* circuit logic
Schaltkreisplatte *f* circuit board (card, plaque) *(Leiterplatte)*
Schaltkreisprüfung *f* circuit testing
Schaltkreistechnik *f* circuit technique; IC technology
~ **des Rechners** computer circuitry
~ **im Submikrometerbereich** submicron circuit technology
Schaltkupplung *f* clutch [coupling], shifting clutch
Schaltleiste *f* connecting block
Schaltleistung *f* switching (breaking, rupturing) capacity *(eines Schalters)*
Schaltleistungsprüfung *f* switching performance test
Schaltlichtbogen *m* switch arc
Schaltlinie *f (Syst)* switching line
Schaltlitze *f* stranded hook-up wire
Schaltlogik *f* switching (circuit) logic
Schaltmagnet *m* switching (driving) magnet
Schaltmaschine *f* switching machine
Schaltmatrix *f***/optische** optical matrix switch
Schaltmechanismus *m* switching mechanism; circuit-breaker mechanism
Schaltmesser *n* switch (contact) blade *(Messerkontakt)*
Schaltmotor *m* timing (time) motor

Schaltnetz *n* switching network; *(Dat)* combinatory circuit
Schaltnetzteil *n* switching[-mode] power supply
Schaltnetzteilübertrager *m* switching power-supply transformer
Schaltnocken *m (MA)* trip (trigger) cam
Schaltorgan switching member
Schaltpause *f* switch interval
Schaltphase *f* switching phase
Schaltplan *m* [schematic] circuit diagram, connection (wiring) diagram, circuit layout
Schaltplatte *f* 1. circuit board (card); 2. contact wafer
~/gedruckte printed circuit board
Schaltpult *n* switch[ing] desk, control console (desk), desk [switchboard]
Schaltpunkt *m (Syst)* switching point *(z. B. im Kennlinienfeld)*
Schaltpyramide *f* pyramid *(logische Schaltung)*
Schaltrate *f* switching rate
Schaltraum *m* switch room
Schaltregler *m* switching controller (regulator)
Schaltrelais *n* switching (contactor) relay
~ mit eingeschmolzenen Kontakten sealed switching relay
Schaltrichtung *f* direction of switching
Schaltrichtungsbedingung *f (Syst)* direction of switching condition
Schaltröhre *f* switch[ing] tube, contact tube, electronic switch
Schaltsatz *m* spring assembly
Schaltsäule *f* switch box pillar (column), switchgear pillar, pillar[-type] switchgear, [distribution] pillar
Schaltschema *n s.* Schaltbild
Schaltschloß *n* latch
Schaltschrank *m* switch cabinet, cubicle
Schaltschritt *m* 1. make-and-break cycle; 2. front pitch *(bei Wicklungen)*
Schaltschütz *n* contactor
Schaltschwelle *f* switching threshold
Schaltsicherung *f* switch fuse
Schaltsignal *n* switch[ing] signal
Schaltspannung *f* switching voltage
Schaltspannungsbegrenzungsfaktor *m* switching impulse protection factor
Schaltspannungsstehfestigkeit *f* switching surge withstand strength
Schaltspiel *n* switching cycle; *(MA)* operating cycle
~/lastfreies no-load operating cycle *(z. B. bei der mechanischen Lebensdauerprüfung)*
Schaltspiele *npl (Ap)* alternations
Schaltspielzahl *f (Ap)* alternation number; *(MA)* operation cycle number
Schaltstange *f* operation (operating) pole, hook (switch) stick, switch (actuating) rod
Schaltstangenbetätigung *f* hook-stick operation
Schaltstelle *f (Nrt)* switching centre
Schaltstellung *f* switch (operating) position *(beim Schalter)* • **die ~ ändern** to change over *(Relais)*
Schaltstoß *m* switching surge (transient)
Schaltstrahl *m* gate beam *(Elektronenröhren)*
Schaltstrecke *f* clearence between contacts, contact-break distance, length of gap (break)
Schaltstrom *m* switching current
Schaltstück *n* contact element (piece, stud, member); contactor
~/bewegliches moving (movable) contact member
~/festes fixed contact [member]
Schaltstücklebensdauer *f* contact [member] life
Schaltstufe *f* 1. switching stage *(beim Stufenschalter)*; 2. *s.* Schaltstellung; 3. *(Ap)* controller notch
Schaltsymbol *n* circuit (wiring) symbol *(s. a.* Schaltzeichen*)*
Schaltsystem *n* switching system; circuitry
~/binäres binary [switching] system
~/optimales optimum switching system
~/ruhendes static switching system
~/ultraschnelles ultrarapid switching system
~/zentralgesteuertes *(Nrt)* common-collector circuit
Schalttabelle *f* [switching] sequence table
Schalttafel *f* switchboard, panel [board], control panel (board); *(Dat)* plugboard, patchboard *(für Programme)*
~/freistehende free-standing switchboard, floor-mounted switchboard; self-supporting switchboard
~/geschlossene (verschalte) enclosed switchboard
Schalttafelanschluß *m* switchboard connection
Schalttafeleinbau *m* panel mounting
Schalttafelfeld *n* switchboard panel
Schalttafelfront *f***/berührungssichere** dead-front switchboard
Schalttafelinstrument *n* switchboard (panel) instrument, panel meter
Schalttafellampe *f* switchboard lamp
Schalttafelmeßgerät *n* switchboard [measuring] instrument, panel meter
Schalttafelmontage *f* switchboard mounting, panel[-frame] mounting
Schalttafelprogrammierung *f* switchboard programming
Schalttafelschalter *m* panel switch
Schalttafelstecker *m* panel plug
Schalttafelsteuerung *f* panel control
Schalttagebuch *n* circuit manual
Schalttheorie *f* switching theory
Schalttisch *m* switch[ing] desk
Schalttakt *m* switching cycle
Schalttaste *f* switching key
Schalttechnik *f* 1. switching technique 2. *s.* Schaltungstechnik

Schalttransistor *m* switching transistor, transistor switch; pass transistor *(zwischen zwei Gattern)*
~ **mit mittlerer Arbeitsgeschwindigkeit** medium-speed switching transistor
Schaltüberschlagimpulsspannung *f* switching impulse spark-over voltage
Schaltüberspannung *f* switching overvoltage (surge), overvoltage due to switching transients
Schaltüberspannungsstehfestigkeit *f* switching surge withstand strength
Schaltüberwachungsrelais *n* closing relay
Schaltuhr *f* switch clock, timer, clock relay
~ **für Elektroherde** range timer
Schalt- und Arretierbewegung *f* switch-and-lock movement
Schalt- und Schwingtransistor *m* switching and swinging transistor
Schaltung *f* 1. circuit [arrangement], wiring, circuitry; connection; 2. switching [operation] *(s. a.* Schaltvorgang*)*; 3. *s.* Schaltplan; 4. *s.* Schaltkreis
~/analoge analogue circuit
~/äquivalente equivalent network
~/arithmetische arithmetic circuit
~/asymmetrisch-heterostatische asymmetrical heterostatic circuit
~/belastete loaded circuit
~/bistabile bistable circuit
~/dielektrisch isolierte integrierte dielectrically insulated integrated circuit, DIIC
~/differenzierende differentiating circuit
~/digitale logische digital logic circuit
~/doppelseitige gedruckte double-sided printed circuit
~/ebene planar network *(zweidimensional)*
~/eingelegte flush circuit *(Leiterplatte)*
~/einseitige gedruckte single-sided printed circuit
~/elektrische electric network
~/elektronische electronic circuit
~/festverdrahtete logische hard-wired logic [circuit]
~/flexible gedruckte flexible printed circuit
~/freischwingende free-running circuit
~ **für automatische Suche** automatic search circuit
~ **für Entschlüsselung** decoding circuit
~ **für Paritätsprüfung** parity check circuit
~ **für Phasenregelung** *(Syst)* phase-control circuit
~/geätzte etched circuit
~/gedruckte printed circuit, p.c.; ceramic-based circuit *(nach der Einbrennmethode hergestellt)*
~/geräuschvermindernde anti-sidetone circuit
~/geschlossene packaged circuit
~/gestanzte stamped wiring
~/großintegrierte large-scale integration, LSI
~/heterostatische heterostatic circuit (method) *(bei elektrostatischen Instrumenten)*
~/idiostatische idiostatic circuit (method)*(bei elektrostatischen Instrumenten)*
~ **in Hybridtechnik/integrierte optische** integrated optical hybrid circuit
~/innere internal circuit
~/integrierende integrating circuit
~/integrierte integrated circuit, IC
~/integrierte logische integrated logic circuit
~/logische logic[al] circuit
~/lötaugenlose mini-pad circuit *(bei Leiterplatten)*
~/mehrlagige (mehrschichtige) gedruckte multilayer printed circuit
~/mikroelektronische microelectronic circuit, microcircuit
~ **mit einstellbarer Periode/monostabile** variable-period monostable circuit
~ **mit Einzelbauelementen** discrete-component circuit
~ **mit hoher Eingangsimpedanz** high-input impedance circuit
~ **mit konzentrierten Parametern** lumped-constant network
~ **mit Mehrlochkernen/logische** multi-aperture core logic
~ **mit mitlaufender Ladespannung** bootstrap circuit
~ **mit verteilten Elementen** distributed circuit
~ **mit Widerständen** resistance circuit
~ **mit zwei stabilen Lagen** bistable circuit
~/mittelintegrierte medium-scale integration, MSI
~/molekularelektronische molecular circuit
~/monostabile monostable circuit
~ **nach Kundenwunsch** custom circuit
~/nichtstabile astable circuit
~/passive passive circuit
~/phasenminimale minimum-phase network
~/schnell wirkende fast-acting circuit
~/sehr hoch integrierte very large-scale integration, VLSI
~/speziell zugeschnittene *(Dat)* dedicated circuit
~/steckbare gedruckte plug-in printed circuit [board]
~/symmetrische symmetrical connection; balanced circuit
~/symmetrisch-heterostatische symmetrical heterostatic circuit *(z. B. von Elektromotoren)*
~/tiefgelegte impressed circuit *(gedruckte Schaltung)*
~/umgekehrte inverted circuit
~/ungedruckte unprinted circuit *(z. B. Multiwireplatte)*
~/unsymmetrische asymmetric connection; unbalanced circuit
~/vergossene potted circuit
~/versetzte staggered circuit
~/verzögerte time-delay connection
~/volltransistorisierte all-transistor circuit
~ **von Starkströmen** power-circuit control
~/vorverdrahtete prewired circuit
~/zugeordnete associated circuit

~ **zur Begrenzung des weißen Rauschens** white noise clip circuit
~ **zur Erzeugung von Impulsen** pulse-forming circuit
~ **zur Mittelwertbildung von Impulsen** pulse-averaging circuit
~ **zur Unterscheidung von Impulsen** pulse discrimination circuit
~**/zweiseitige gedruckte** double-sided printed circuit
Schaltungsanalysator *m* circuit analyzer
Schaltungsanalyse *f* circuit analysis
Schaltungsanordnung *f* circuit arrangement (configuration, layout), circuitry
Schaltungsart *f* connection system
Schaltungsaufbau *m* circuitry; circuit design *(z. B. bei Leiterplatten)*
~**/gedruckter** printed circuitry
Schaltungsauslegung *f* circuit layout
Schaltungsausfall *m* circuit failure
Schaltungsbaustein *m* circuit module (element)
Schaltungsbild *n* circuit configuration
Schaltungsbrettchen *n* circuit plaque
Schaltungsdiagramm *n* interconnection diagram
Schaltungsebene *f* circuit level
Schaltungseingang *m* circuit input
Schaltungseinheit *f* circuit module; cell
Schaltungselement *n* circuit element (component)
~**/aktives** active circuit element
~**/akustisches** acoustic circuit element
Schaltungsentwurf *m* circuit design (concept), design of circuits
Schaltungsfehler *m* circuit fault; circuit failure
Schaltungsfläche *f* circuit area
Schaltungsfrequenz *f* circuit frequency
Schaltungsfunktion *f* circuit function
Schaltungsgruppe *f* circuit array
schaltungsintegriert in-circuit
Schaltungskapazität *f* wiring capacity
Schaltungskarte *f* circuit plaque (card) *(s. a.* Leiterplatte*)*
Schaltungskenngröße *f* circuit parameter
Schaltungskonstrukteur *m* circuit designer
Schaltungslogik *f* circuit logic
Schaltungsmodul *m* circuit module
Schaltungsmuster *n* circuit pattern
Schaltungsparameter *m* circuit parameter
Schaltungspause *f* circuit blue-print *(Kopie)*
Schaltungsplatte *f* circuit board (card) *(s. a.* Leiterplatte*)*
~**/gedruckte** printed circuit board, p.c.
Schaltungsprüfgerät *n* in-circuit tester
Schaltungsprüfung *f* circuit test[ing]
Schaltungsserie *f* set of circuits
Schaltungssimulation *f* circuit simulation
Schaltungsstruktur *f* circuit configuration (arrangement), network configuration
Schaltungstechnik *f* 1. circuit engineering; 2. circuitry *(Ausrüstung)*; 3. *s.* Schaltkreistechnik
Schaltungstopologie *f* circuit topology
Schaltungsverdrahtung *f* circuit wiring
Schaltungszweig *m* leg
Schaltvariable *f* logic (switching) variable
Schaltverbinder *m* coil connector
Schaltverbindung *f* 1. interconnection, wiring, circuit connection; 2. cell connector *(Batterie)*
Schaltverlust *m (Nrt)* switching loss
~**/reiner** net switching loss
Schaltvermögen *n* switching capability; breaking capacity
~**/asymmetrisches** asymmetric breaking capacity
Schaltverstärker *m* switching amplifier
Schaltverzögerung *f* switching delay, time delay of switch
Schaltvorgang *m* 1. switching, switching action (process, operation); 2. [switching] transient *(Übergangsvorgang)*
Schaltvorrichtung *f* switchgear, switching equipment (device)
Schaltwagen *m (Ap)* 1. truck-type switchgear, carriage-type switchgear; 2. disconnecting truck
Schaltwalze *f (Ap)* controller drum
Schaltwalzenanlasser *m* drum starter
Schaltwalzenstellung *f* controller position
Schaltwarte *f* switchboard gallery, switch gallery (station); control room
Schaltwärter *m* switchboard attendant
Schaltweg *m* 1. contact travel; 2. contact gap; 3. *(Nrt)* switched path
Schaltwelle *f* interrupter (wiper) shaft; *(Nrt)* selector shaft
Schaltwerk *n* 1. switch (intermittent) mechanism; contact mechanism; 2. *(Dat)* sequential circuit
Schaltwerkhebel *m* stepping pawl *(Telegrafie)*
Schaltwert *m* switching value
Schaltzahl *f* number of operations
Schaltzeichen *n* circuit (graphic) symbol *(in Stromlaufplänen)*; logical symbol *(für logische Schaltungen)*
Schaltzeit *f* switching time
Schaltzeitkonstante *f* switching time constant
Schaltzelle *f* cubicle, cell [of switchboard]; regulating cell *(Batterie)*
Schaltzentrale *f* central control room
Schaltzunge *f* reed *(Reedrelais)*
Schaltzyklus *m* switching cycle; operating sequence
Scharfabbildung *f* 1. focus[s]ing, [sharp] definition; 2. sharp (high-definition) image[ry]
Scharfabstimmung *f* sharp (fine) tuning
~**/automatische** automatic tuning, automatic frequency (tuning) control, AFC
Scharfätzung *f (Galv)* final etching
Schärfe *f* sharpness; definition *(Optik)*; acuity *(z. B. Hörschärfe)*
~**/gestochene** *(Fs, Licht)* crisp definition

~/größte sharpest focus
Scharfeinstellung *f* 1. focus[s]ing adjustment, sharp facussing *(z. B. Elektronenstrahl)*; critical focussing; 2. fine tuning control, critical adjustment *(Frequenzabstimmung)*
Scharfeinstellungsregler *m* focus [automatic] controller, focus control (regulator)
Schärfentiefe *f* depth of focus *(im Bildraum)*
Schärferegler *m s.* Scharfeinstellungsregler
scharfkantig sharp-edged
Schatten *m* shadow, shade
~/harter harsh shadow
~/tiefer deep shadow
~/weicher soft shadow
Schattenbereich *m s.* Schattengebiet
Schattenbild *n* shadow image
Schattenbildverfahren *n* shadowgraph technique
Schattengebiet *n (FO)* shadow region (area), blind area
Schattengrenze *f* shadow border
Schattenkegel *m* shadow cone
Schattenmaske *f (Fs)* shadow (aperture, lens) mask
Schattenmaskenröhre *f (Fs)* shadow mask tube (valve), aperture (lens) mask tube *(Farbbildröhre)*
Schattenstelle *f (Nrt)* blind spot *(Empfangsloch)*
Schattenwinkel *m* shadow angle *(z. B. einer Anzeigeröhre)*
Schattenwirkung *f* shadow effect
Schattenwurf *m* shadow cast, cast shadows
Schattenzone *f* shadow zone
Schatter *m (Licht)* window screen
Schatterfehler *m (Licht)* screen [shadow] error
Schattierung *f* shading; shade
Schätzung *f* estimation; evaluation; assessment
~/erwartungsgetreue unbiased estimation
Schätzwert *m* estimated value
Schaubild *n* diagram, graph; operational chart *(Programmierung)*
Schauerentladung *f* shower discharge, showering arc
Schaufensterbeleuchtung *f* shop window lighting
Schaufensterlicht *n* shop window light
Schaukastenbeleuchtung *f* showcase (display-case) lighting
schaukeln to rock, to swing
Schaukelschwingung *f* rocking vibration *(Spektroskopie)*
Schaumfeuerlöscher *m* foam extinguisher
Schaumgummi *m* foam[ed] rubber, latex foam [rubber]
Schaumkeramik *f* foam ceramics
Schaumkohlenstoff *m* foam carbon
Schaumregulierungsmittel *n* foam-control agent
Schaumstoff *m* foamed (expanded) plastic, plastic foam
Schauzeichen *n* annunciator; flag; visual signal (indicator)
~ mit Signalkontakt indicator with alarm contact
Schauzeichenkästchen *n (Nrt)* indicator box
Scheibchen *n* 1. die *(Kristall)*; wafer, slice; chip; 2. disk; pulley
Scheibe *f* 1. disk, disc; 2. *s.* Wafer; 3. rotor
~/stroboskopische stroboscopic disk
Scheiben... *s. a.* Wafer...
Scheibenanker *m* disk armature
Scheibenankerrelais *n s.* Scheibenrelais
Scheibenantenne *f* disk-type aerial
Scheibenbearbeitung slice processing
Scheibendiode *f* disk-seal diode
Scheibeneinschmelzung *f* disk seal *(Röhren)*
Scheibenelektrode *f* disk electrode
Scheibenfeder *f* plate spring
Scheibenfunkenstrecke *f* disk discharger
Scheibengehäuse *n (Srt)* disk case
Scheibenhalter *m* slice holder
Scheibenisolator *m* disk insulator
Scheibenkondensator *m* dis[-type] capacitor
Scheibenkonusantenne *f* discone aerial
Scheibenkupplung *f* disk (plate) clutch
Scheibenläufer *m* disk armature
Scheibenmagnet *m* induction disk *(beim Scheibenrelais)*
Scheibenmotor *m* disk (pancake) motor
Scheibenrelais *n* 1. movable-disk relay; 2. indicating (induction) disk relay
Scheibenröhre *f* disk-seal valve (tube), parallel-plane tube, coplanar grid tube
Scheibenschalter *m* wafer switch
Scheibenspeicher *m (Dat)* disk [file] memory, floppy disk
Scheibenspeicherung *f* disk data storage
Scheibenspule *f* disk (flat, plane, pancake) coil; sandwich-wound coil *(Transformator)*
Scheibenstromwender *m (MA)* disk (plate) commutator
Scheibenthyristor *m* disk-seal thyristor
Scheibenträger *m (ME)* slice carrier
Scheibentriode *f* disk-seal triode
Scheibenumschalter *m* plate commutator
Scheibenwicklung *f* disk winding; sandwich winding *(Transformator)*
Scheibenwischermotor *m* screen wiper motor
Scheider *m* separator *(Batterie)*
Scheidewand *f* separating wall, partition [wall]; diaphragm
Scheidung *f* separation
~/elektrolytische electroparting
~/elektromagnetische electromagnetic separation
Scheinbefehl *m (Dat)* dummy instruction
Scheinenergiezähler *m* apparent-energy meter
Scheinkomponente *f* apparent component
Scheinleistung *f* apparent power (voltamperes, voltamps), vector power, complex power
Scheinleistungsmesser *m* voltammeter, voltampere meter
Scheinleistungszähler *m* apparent power meter

Scheinleitwert *m* admittance
Scheinspannung *f* apparent voltage
Scheinstrom *m* apparent current
Scheinverbrauchszähler *m* volt-ampere-hour meter, kilovolt-ampere-hour meter
Scheinwerfer *m* floodlight; headlight; [beam] projector; searchlight
~/**asymmetrischer** asymmetric projector
Scheinwerferbeleuchtung *f* floodlighting; searchlight illumination
Scheinwerfereinstellung *f* aim[ing] of headlamps
Scheinwerferlampe *f* headlamp, headlight lamp
Scheinwerferlicht *n* floodlight; searchlight beam
Scheinwerferphotometrie *f* searchlight photometry
Scheinwerferspiegel *m* searchlight mirror (reflector)
Scheinwerfersystem *n* headlight unit, headlighting system
Scheinwiderstand *m* 1. impedance; 2. impedor *(Bauelement)*
~/**akustischer** acoustic impedance
~ **im Anodenkreis/äußerer** plate load impedance
~/**komplexer** complex impedance
~/**mechanischer** mechanical impedance
~/**spezifischer akustischer** specific acoustic impedance
~/**statischer** steady-state impedance
~/**übertragener** reaction impedance
Scheinwiderstandsangleicher *m* impedance corrector
Scheinwiderstandsanpassung *f* impedance match[ing]
Scheinwiderstandsbrücke *f* impedance bridge
Scheinwiderstandskompensator *m* impedance compensator
Scheinwiderstandsmatrix *f* impedance matrix
Scheinwiderstandsmeßbrücke *f* impedance bridge
Scheinwiderstandsmesser *m*, **Scheinwiderstandsmeßgerät** *n* impedance meter, impedometer
Scheinwiderstandsverhältnis *n* impedance ratio
Scheinwirkung *f* pseudoeffect
Scheitel *m* crest, peak; apex
Scheitelbrechwert *m* vertex power
Scheitelbrechwertmesser *m* focimeter
Scheitelfaktor *m* crest (peak) factor; amplitude factor *(Schwingung)*
Scheitelfaktormeßbrücke *f* crest (peak) factor bridge
Scheitelpunkt *m* apex, vertex
Scheitelpunktspeisung *f* vertex feed *(Antennentechnik)*
Scheitelspannung *f* crest (plate) voltage
Scheitelspannungsmesser *m* crest (peak) voltmeter
~/**registrierender** recording peak voltmeter
Scheitelstrom *m* peak current
Scheitelüberschlag *m* crest flashover
Scheitelwert *m* peak [value], crest value magnitude; mode *(Statistik)*
~ **der Sperrspannung** peak inverse (blocked) voltage
~ **des Durchlaßstroms** peak-repetitive on-stage current *(Thyristor)*
~ **des Einschaltstroms** peak making current
~ **des Katodenstroms** peak cathode current
~ **des Stroms** peak value of current, maximum current
~ **einer Kurve** peak of a curve
Scheitelwertmeßeinrichtung *f* peak value measuring equipment
Scheitelwertmesser *m* crest voltmeter
Scheitelzeit *f* peak delay *(Lichtblitz)*; *(Hsp)* time to peak
Schelle *f* 1. clamp [fitting], clip; brace; anchor log *(am Mast)* stay strap; 2. sliding tap *(am abgreifbaren Widerstand)*
Schellenanschluß *m* **für Drahtwiderstände** clamp terminal for wire-wound resistors
Schema *n* 1. pattern, system, schema; 2. diagram, scheme; *(ET)* wiring (circuit) diagram
~ **für die Phasenregelung** *(Syst)* phase-control circuit
Schemadiagramm *n (Dat, Syst)* block diagram
Schenkel *m* leg; limb *(z. B. eines Magnetkerns)*
~/**abgestufter** stepped leg *(Transformator)*
Schenkelpolläufer *m* salient-pole rotor
Schenkelwicklung *f* coil of the inductor
Scherbeanspruchung *f* shear[ing] stress
Scherbius-Kaskade *f* Scherbius cascade (system)
Scherbius-Phasenschieber *m* Scherbius advancer
Scherenarmwandleuchte *f* extending wall lamp
Scherenstromabnehmer *m* pantograph
Scherfestigkeit *f* shear strength
Schering-Brücke *f (Meß)* Schering bridge, power-frequency bridge, RX meter
Scherschwinger *m* shear vibrator (resonator), shear-design pick-up
Scherschwingung *f* shear vibration
Scherung *f* shearing
Schicht *f* layer; film; *(dünn)*; *(Galv)* coat[ing], deposit
~/**absorbierte** adsorbed layer
~/**anodisch erzeugte** anodized layer (coating)
~/**anodische** anode layer
~/**aufgedampfte** evaporated film
~/**begrabene** *(ME)* buried layer
~/**chemisch aufgebrachte** chemically deposited film
~/**dielektrische** dielectric layer
~/**diffundierte** diffused layer
~/**dünne** [thin] film
~/**einlagige** unilayer
~/**ferroelektrische** ferroelectric film

~/galvanisch aufgebrachte electrodeposit
~/im Vakuum aufgedampfte vacuum-evaporated layer
~/infrarotempfindliche infrared-sensitive film
~/ionisierte ionized layer
~/katodische cathode layer
~/leitende conducting coat[ing], conductive layer
~/lichtempfindliche light-sensitive layer, photolayer, photosensitive film
~/magnetische magnetic layer
~/monomolekulare monomolecular layer
~/periphere peripheral layer
~/physikalische *(Nrt)* physical layer *(in Netzen)*
~/reflexmindernde antireflection coating (film)
~/vergrabene *(El)* buried layer
~/wärmereflektierende heat-reflecting coating
Schichtanordnung *f* sandwich structure
Schichtbauelement *n* junction electronic component
schichtbildend film-forming
Schichtbildung *f* film formation, formation of layers
Schichtbürste *f* laminated brush
Schichtdicke *f* layer (film) thickness; coating thickness
Schichtenbildung *f* lamination
Schichtendetektor *m* sandwich detector
Schichtenfolge *f* *(Galv)* sequence of coatings
Schichtengitter *n* layer lattice *(Kristall)*
Schichtenkatode *f* layer cathode
Schichtenleiter *m* laminated conductor (line)
Schichtenmanagement *n* *(Nrt)* layer management *(eines Netzes)*
Schichtenmodell *m* *(Nrt)* layer model *(eines Netzes)*
Schichtenspaltung *f* delamination
Schichtenströmung *f* laminar flow
Schichtenwicklung *f* layer winding
Schichthöhe *f* layer altitude
Schichtkatode *f* coated filament *(bei Röhren)*
Schichtkern *m* laminated core
Schichtkristalltransistor *m* junction transistor
Schichtladung *f* layer charge
Schichtlage *f* sublayer
Schichtleiter *m* planar guide *(für Licht)*
Schichtleitfähigkeit *f* layer conductivity
Schichtleitwert *m* layer conductance
Schicht-Licht[wellen]leiter-Technik *f* planar waveguide technology
Schichtpreßpapier *n* laminated paper
Schichtpreßstoff *m s.* Schichtstoff
Schichtschalttechnik *f* film circuitry
Schichtseite *f* 1. *(Isol)* coated side; 2. emulsion side (surface) *(Film)*
Schichtstoff *m* laminate, laminated plastic (material)
~/kupferkaschierter copper-clad laminate
Schichtstoffherstellung *f* **unter Druck** contact laminating *(Isoliermaterial)*
Schichtstruktur *f* sandwich [structure], layer structure
Schichttechnik *f* substrate technique *(zur Herstellung integrierter Schaltkreise)*
Schichtträger *m* substrate; [film] base
Schichttransistor *m* junction transistor
Schichtung *f* lamination *(Preßstoffe)*
Schichtverband *m* interlaminar bonding *(Kunststoffe)*
Schichtwachstum *n* layer growth
Schichtwiderstand 1. *s.* Dünnschichtwiderstand; 2. *s.* Dickschichtwiderstand; 3. film (sheet) resistance, layer resistivity
Schiebebefehl *m* *(Dat)* shift instruction
Schiebeeinheit *f* *(ET, Dat)* shift unit
Schiebeeinrichtung *f* shifter, shift unit
Schiebeimpuls *m* shift pulse
Schiebekontakt *m* sliding (slide) contact
Schiebekupplung *f* sliding coupling
Schiebekurzschlußkreis *m* sliding short circuit
Schieber *m* slider, runner
Schieberegister *n* *(Dat)* shift register
~/binäres binary shift register
~/dynamisches dynamic shift register
~/k-stufiges k-stage shift register
~/rückgekoppeltes feedback shift register
Schieberegler *m* sliding control[ler], flat-scale fader
Schieberstange *f* slide rod
Schiebeschalter *m* sliding (slide) switch
Schiebespule *f* slide coil, sliding inductance
Schiebetaste *f* sliding button
Schiebetastenschalter *m* sliding key switch
Schiebewelle *f* sliding (slide) shaft
Schiebewicklung *f* shift winding
Schiebewiderstand *m* sliding (slide) resistor, [variable] rheostat
Schiebezahnrad *n* sliding gear
schief oblique
Schieflast *f* load unbalance, unbalanced load
Schieflastrelais *n* negative-phase-sequence relay
Schieflastschutz *m* load unbalance protection, negative-sequence protection
Schieflastschutzrelais *n* negative-phase-sequence protection relay
Schieflaststrom *m* unbalanced current *(durch Unsymmetrie verursacht)*
schiefwinkling oblique[-angled]
Schielen *n* **der Antenne** squint of aerial *(Winkelfehler)*
Schielwinkel *m* squint angle *(Antennentechnik)*
Schiene *f* 1. rail, bar; guide (slide) bar *(Gleitschiene)*; 2. *(ET, An)* bus [bar] *(s. a. unter* Sammelschiene*)*; 3. *s.* Stromschiene
~/gekapselte enclosed bus
~/metallgekapselte metal-enclosed bus, metal-clad bus

Schienenbremse f/elektromagnetische electromagnetic shoe brake
Schienenbus *m* rail car
Schienenhebelkontakt *m* electrical depression bar
Schienenklemme *f* rail clamp
Schienenkontakt *m* rail (track) contact; electrical depression bar
Schienenrückleitung *f* rail return
Schienenschnellmontage *f* rapid mounting on rails
Schienenstrom *m* rail current
Schienenstromabnehmer *m* track sliding contact
Schienenstromkreis *m* track circuit
Schienenstromwandler *m* bar-type [current] transformer, bank-type current transformer
Schienenverbinder *m* rail bond
Schienenverbindung *f* rail joint
Schiffsantenne *f* shipboard aerial
Schiffsfunksprechanlage *f* shipboard radiotelephone system
Schiffsgenerator *m* marine (ship) generator
Schiffspeilanlage *f* ship direction finding installation
Schifsradar *n* ship-borne radar, marine radar
Schiffsscheinwerfer *m* shipboard (naval) searchlight
Schirm *m* 1. screen *(z. B. einer Elektronenstrahlröhre)*; 2. [protective] screen; shield; *(Ak)* acoustic shield; 3. [lamp] shade
~ **einer Farbbildröhre** *(Fs)* colour picture screen
~**/elektromagnetischer** electromagnetic screen *(gegen äußere Wechselfelder)*
~**/elektrostatischer (kapazitiver)** electrostatic screen
~**/magnetischer** magnetic screen (shield)
~**/metallisierter** metallized screen
~ **mit aufgedampfter Aluminiumhaut** aluminized screen
~ **mit langer Nachleuchtdauer** long-persistence screen
~ **zur Potentialsteuerung** *(Hsp)* grading screen
Schirmantenne *f* umbrella aerial
Schirmbecher *m* shielding can
Schirmbild *n* screen (fluorescent) image; pattern *(z. B. bei Oszillographen)*
Schirmbildaufnahme *f* screen photograph
Schirmbildverschiebung *f* scrolling *(nach oben oder unten)*
Schirmbreite *f* screen width
Schirmelektrode *f* shield grid (electrode)
Schirmfaktor *m* screen[ing] factor, degree of screening
Schirmgewebespeicher *m* woven-screen memory (store)
Schirmgitter *n* screen grid *(Elektronenröhre)*
Schirmgitterendröhre *f* screen grid output valve
Schirmgitterleitung *f* screen grid lead
Schirmgittermodulation *f* screen grid modulation
Schirmgitterröhre *f* screen grid valve (tube)
~ **mit veränderlichem Durchgriff** variable-mu screen grid valve
Schirmgitterröhrenoszillator *m* tri-tet oscillator
Schirmgitterrückkopplung *f* screen grid feedback
Schirmgitterspannung *f* screen grid voltage
Schirmgitterstrom *m* screen [grid] current
Schirmgitterverlust *m* screen grid loss
Schirmgitterverlustleistung *f* screen grid dissipation
Schirmgittervorspannung *f* screen grid bias
Schirmgitterwiderstand *m* screen grid resistance
Schirmgitterzuführung *f* screen grid lead
Schirmhelligkeit *f* screen brightness
Schirmisolator *m* umbrella[-type] insulator
Schirmkabel *n* screened cable
Schirmkrümmung *f* screen curvature
Schirmleiter *m* shieldwire
Schirmleuchte *f* shade fitting
Schirmnutzfläche *f (Fs)* useful screen area
Schirmträger *m* faceplate *(einer Katodenstrahlröhre)*
Schirmung *f* screening, shielding
Schirmwirkung *f* screening (shielding) effect
~**/magnetische** magnetic screening effect
Schlag *m* 1. shock *(Stromberührung)*; 2. stroke *(Blitzschlag)*; 3. eccentricity, run-out *(exzentrischer Lauf)*; wobble; 4. *s.* Drall 2. • **einen ~ bekommen** to get an electric shock
~**/elektrischer** [electric] shock
schlagartig sudden, abrupt *(z. B. Entladung)*
schlagen 1. to strike, to blow; 2. to beat; 3. to run eccentrically; to wobble
~**/einen Funken** to strike a spark
~**/heftig** to bang
Schlagfestigkeit *f* impact resistance (strength), resistance to shock
Schlaggeräusch *n***/dumpfes** thump
Schlaghärte *f* impact hardness
Schlagprüfung *f* electric shock test *(für Bauelemente)*
Schlagschatten *mpl* deep (umbra) shadows
Schlagspaltung *f* impact cleaving
Schlagweite *f* sparking distance *(eines Funkens)*
schlagwettergeprüft firedamp-tested
schlagwettergeschützt firedamp-proof
Schlagwetterschutz *m* firedamp protection
Schlagwetterschutzkapselung *f* firedamp enclosure
Schlagzähigkeit *f s.* Schlagfestigkeit
Schlamm *m (Galv)* sludge, mud, slime
Schlammbildung *f* sludging, sludge formation *(z. B. bei Isolierölen)*
Schlauch *m* hose; [flexible] tubing
~ **mit geflochtenen Einlagen** bobbin hose
Schlauchfolie *f* blown tubing (film)
~**/flachgelegte** lay-flat tubing

Schlauchleitung *f* hose [line], [rubber-]sheathed cable
Schlechtzahl *f* rejection number *(Prüflos)*
Schleichdrehmoment *n* crawling torque
Schleichdrehzahl *f* crawling speed
schleichen to crawl, to run at crawling speed, to creep
Schleichgang *m* creep feed
Schleier *m* fog, haze
Schleierbildung *f* fogging *(auf Film)*; *(Licht)* veiling effect
Schleierblendung *f* veiling glare
Schleierleuchtdichte *f* veiling luminance
Schleierschwärzung *f* fog density
Schleifabnutzung *f* abrasion wear
Schleifarm *m* wiper arm
Schleifbahn *f* grinding trace
Schleifbürste *f* brush
Schleifdraht *m* slide wire
~/eingeteilter (graduierter) graduated (calibrated) slide wire
Schleifdrahtkompensator *m* slide-wire potentiometer
Schleifdrahtmeßbrücke *f* slide-wire bridge, slide-meter bridge
Schleifdrahtwiderstand *m* slide-wire resistor
Schleife *f* loop
~ des Programms *(Dat)* loop of the routine
~/geöffnete opened loop
~/geschlossene closed loop
~/innere internal loop (circuit) *(eines Systems)*
~/offene open loop
schleifen/eine Leitung *(Nrt)* to loop a line
Schleifendämpfung *f (Nrt)* loop loss (attenuation)
Schleifendipol *m* folded dipole
Schleifenfilter *n* loop filter
Schleifengalvanometer *n* loop galvanometer
Schleifengang *m* loop response
Schleifeninduktor *m* loop inductor
Schleifenkapazität *f* wire-to-wire capacity *(Doppelleitung)*
Schleifenmessung *f (Nrt)* loop measurement (transmission test), go-and-return measurement
Schleifennetzwerk *n* loop network
Schleifenoszillogramm *n* loop oscillogram, oscillographic record
Schleifenoszillograph *m* moving-coil oscillograph, Duddell (loop, galvanometer) oscillograph
Schleifenprobe *f (Dat)* echo checking
Schleifenprüfung *f s.* Schleifenmessung
Schleifenrichtkoppler *m* loop directional coupler
Schleifenstopp *m (Dat)* loop stop
Schleifenstrom *m* loop current
Schleifenverfahren *n* loop test *(z. B. bei Fehlerortbestimmung)*
Schleifenverstärkung *f* loop gain
Schleifenwahl *f (Nrt)* loop dialling
Schleifenwicklung *f (MA)* lap (parallel) winding
~/eingängige simplex lap winding, simple parallel winding
~/gekreuzte reversed lap (parallel) winding
~/mehrgängige multiplex (muliple) lap winding, multiplex parallel winding
Schleifenwiderstand *m* loop resistance
Schleifenwiderstandsmessung *f* loop resistance measurement
Schleifer *m* slider; wiper
Schleiferlogik *(El)* brush logic
Schleiferschiene *f* collector bar *(Potentiometer)*
Schleifkohle *f* carbon strip
Schleifkontakt *m* 1. sliding (friction, rubbing) contact; continuity-preserving contact *(Relais)*; 2. wiper
Schleifleiste contact strip *(Kohlekontakt)*
Schleifleitung *f* contact wire (conductor); collector wire
Schleifring *m* [concentric] slip ring, slip (collector) ring
Schleifringankermotor *m* slip-ring induction motor
Schleifringanlasser *m* collector ring starter
Schleifringbürste *f* slip-ring brush
Schleifringkapsel *f* collector-ring cover
Schleifringläufer *m* slip-ring rotor, wound-rotor motor
Schleifringläufermotor *m* slip-ring [induction] motor, wound-rotor [induction] motor
Schleifringmotor *m* slip-ring motor
Schleifringnabe *f* collector-ring hub
Schleifringseite *f* slip-ring side
Schleifringspannung *f* slip-ring voltage
Schleifringstrom *m* slip-ring current
Schleifstück *n* shoe *(eines Stromabnehmers)*
Schleppantenne *f* trailing [wire] aerial
Schleppantennenfehler *m* aircraft effect
Schleppdrahtantenne *f* trailing wire aerial
Schleppkabel *n* trailing cable
Schleppkante *f* back edge *(Impuls)*
Schleppkontakt *m* trailing contact *(Relais)*
Schlepplötmaschine *f* drag-soldering machine
Schleppschalter *m* ganged control switch, continuity switch
Schleppzeiger *m* slave pointer
Schleuderbeschichtung *f (ME)* spin coating
Schleuderdeckelschalter *m* lid-operated switch for spin dryer
Schleuderdrehzahl *f* overspeed
Schleuderfestigkeit *f* centrifugal forces resistance *(von Lack)*
schleudern to centrifuge, to centrifugate
Schleudertrommel *f* centrifugal drum
Schliere *f* schliere; stria, streak
Schlierenaufnahme *f* schlieren photograph
Schlierenbildung *f* striation
Schlierentechnik *f* schlieren method
schließen to close *(z. B. Stromkreis)*; to lock
~/einen Kontakt to close a contact
~/einen Schalter to close a switch

~/einen Stromkreis to close a circuit
~/wieder to reclose
Schließen *n* closing *(z. B. eines Kontakts)*
~ und Unterbrechen *n* make and break
schließend/schnell quick-make *(z. B. Schalter)*
Schließer *s.* Schließkontakt
Schließkontakt *m* closer, make contact [element], a-contact, normally open contact (interlock), NO contact
Schließperiode *f* closing period
Schließrelais *n* closing relay
Schließspannung *f* closing voltage
Schließspule *f* closing coil
Schließstrom *m* closing current
Schließungsfunke *m* spark at make
Schließungsimpuls *m* make impulse
Schließvorgang *m* closing operation
Schließvorrichtung *f* closing device
Schließzeit *f* closing time; make time *(Kontakt)*
Schlinge *f* curl
Schlingenisolator *m* Hewlett insulator
Schlitten *m* carriage
Schlitz *m* slit, slot
Schlitzanode *f* split anode
Schlitzanodenmagnetron *n* split-anode magnetron
Schlitzantenne *f* slot aerial
Schlitzbild *n* slit image
Schlitzblende *f* slit diaphragm, slot[ted] diaphragm
Schlitzdipol *m* slotted dipole
Schlitzelektrode *f* slotted electrode
Schlitzführung *f* slit guidance, slotted guide
Schlitzgruppenstrahler *m* slot array
Schlitzinduktor *m* split inductor
Schlitzkoppelfaktor *m* slot coupling factor
Schlitzleitung *f* strip line, strip-type transmission (waveguide) line
Schlitzmaske *f* slot (split) mask
Schlitzmaskenröhre *f* split[-mask] anode tube
Schlitzrohrstrahler *m* slotted cylinder aerial
Schlitzscheibe *f* slotted disk
Schlitzschweißen *n* slot welding
Schlitzspeisung *f (Nrt)* Cutler feed
Schlitzstrahler *m* slot radiator
Schlitzstrahleranordnung *f* slot array
Schlitzstrahlerkombination *f* slot array
Schlitzstromverhältnis *n* slot current ratio
Schlitz- und Lochmagnetron *n* hole-and-slot magnetron
Schlitzverschluß *m* focal-plane shutter, slotted shutter
Schlömilch-Zelle *f* electrolytic detector
Schloß *n* lock
Schloßkontakt *m* key switch
schluckend *(Ak)* absorbent, absorbing, absorptive
Schluckgrad *m (Ak)* absorption coefficient (factor), acoustical absorptivity
Schluckleitung *f (Nrt)* ballast line
Schluckvermögen *n (Ak)* absorbing (absorptive) power, absorptivity
Schlupf *m (MA)* slip, slippage; *(Ak)* drift; creep
schlüpfen to slip
Schlüpfen *n* pole slipping *(Synchronmaschine)*
Schlupffrequenz *f* slip frequency
Schlupfmotor *m* cumulative compound motor
Schlupfregler *m* slip regulator
Schlupfreibung *f* slip friction
Schlupfrelais *n* slip relay
Schlupfspule *f* slip coil
Schlupfvariable *f* slack variable *(Optimierung)*
Schlupfwiderstand *m* slip resistance
Schlußbetätigungszeichen *n (Nrt)* clearing confirmation signal
Schlußdraht *m* end wire
Schlüssel *m* 1. key; 2. *(Dat, Nrt)* code; cipher *(Zusammensetzungen s. unter* Kode*)*
Schlüsseladresse *f (Dat)* key (leading) address
Schlüsselinformation *f* key information
Schlüsselschalter *m* detachable-key switch, loose-key switch
Schlüsseltaster *m* key-operated [control] push button
Schlüsseltasterschalter *m* push-button key switch
Schlüsselwort *n* 1. code (clue, key) word; 2. *(Dat)* index word, descriptor
Schlußimpuls *m* terminal pulse *(letzter Impuls einer Serie)*
Schlußklappe *f (Nrt)* supervisory (ring-off) indicator
Schlußlampe *f (Nrt)* supervisory (clearing) lamp
Schlußleuchte *f* tail lamp
Schlußlicht *n* tail light
Schlußprüfung *f* final inspection
Schlußrelais *n (Nrt)* clearing relay
Schlußwort *n* **außerhalb des Kontextes** *(Nrt)* key word out-of-context, KWOC
Schlußzeichen sign-off signal; *(Nrt)* final character; disconnect (on-hook, clear-back) signal
Schlußzeichengabe *f (Nrt)* clearing
Schlußzeichenrelais *n (Nrt)* supervisory (clearing) relay
Schmalband *n (Nrt)* narrow band
Schmalbandanalysator *m* narrow-band analyzer
~ mit konstanter Bandbreite constant-bandwidth narrow-band analyzer
~ mit konstanter relativer Bandbreite constant-percentage bandwidth narrow-band analyzer
Schmalbandempfang *m (Nrt)* narrow-band reception
Schmalbandfernsehen *n* narrow-band television
Schmalbandfilter *n* narrow-band filter
~/magnetostriktives narrow-band magnetostrictive filter
schmalbandig narrow-band
Schmalbandinterferenz *f* narrow-band interference
Schmalbandkabel *n* narrow-band cable
Schmalbandkanal *m* narrow-band channel

Schmalbandkodierung *f* subband coding
Schmalbandrauschen *n* narrow-band [radio] noise
Schmalbandrauschgenerator *m* narrow-band noise generator
Schmalbandsignal *n* narrow-band signal
Schmalbandspektrum *n* narrow-band spectrum
Schmalbandsystem *n* narrow-band system
Schmalbandübertragung *f* narrow-band transmission
Schmalbandverhalten *n* narrow-band response
Schmalbandverstärker *m* narrow-band amplifier
Schmalbasisdiode *f* narrow-base diode
Schmalbündelantenne *f* pencil-beam aerial
Schmaldruck *m* compressed print
Schmalfilm-Lichtwurflampe *f* home cinema lamp
Schmalfilmprojektor *m* substandard (narrow-gauge) projector
Schmalkanaleffekt *m (El)* small-width effect
Schmelzbad *n* molten bath
schmelzbar meltable, fusible
~/leicht low-melting
~/schwer high-melting
Schmelzbrücke *f* fusible link *(zerstörbare Leiterbahn)*
Schmelzdauer *f* melting (fusing) time
Schmelzdotierung *f (ME)* melt doping
Schmelzdraht *m* fuse (fusible) wire
Schmelzdrahtsicherung *f* wire fuse
Schmelze *f* melt, fusion
Schmelzeinsatz *m* fuse link (member), fusible element *(Sicherung)*
Schmelzelektrolyse *f s.* Schmelzflußelektrolyse
Schmelzelement *n* fusible element *(Sicherung)*
schmelzen to melt, to fuse
Schmelzen *n* melting, fusion
~ durch Elektronenbeschuß electron-bombardment melting
~/tiegelfreies *s.* Zonenschmelzen/tiegelfreies
Schmelzfluß *m* melt, fusion
Schmelzflußelektrolyse *f* fused-salt electrolysis, electrolysis of fused (molten) electrolytes
Schmelzflußelektrolysezelle *f* electrolytic furnace
Schmelzgeschwindigkeit *f* speed of melting, melting rate
Schmelzkanal *m* fusion channel
Schmelzkurve *f* melting (fusion) curve
Schmelzlackierung *f* hot-melt enamelling
Schmelzlegierung *f* fusible alloy
Schmelzleiter *m* fuse (fusible) element, fusing conductor *(Sicherung)*
Schmelzmittel *n* flux, fluxing agent
Schmelzofen *m***/elektrischer** electric melting furnace
Schmelzperle *f* bead
Schmelzplasmatron *n* melting plasmatron
Schmelzpunkt *m* melting point
Schmelzschweißverfahren *n* fusion welding process
Schmelzsicherung *f* [safety] fuse, fuse (fusible) cut-out, blow-out fuse
~ mit Signalgabe alarm fuse
Schmelzsicherungsfestwertspeicher *m* fusible read-only memory, FROM
Schmelzspannung *f* melting voltage
Schmelzstreifen *m* fusible metal strip
Schmelzstrom *m* melting current
Schmelztemperatur *f* melting temperature
Schmelztiegel *m* [melting] crucible, melting pot
Schmelzverbindung *f* fusible (fuse) link
Schmelzwärme *f* melting heat, heat of fusion
Schmelzzone *f* 1. melting zone *(des Ofens)*; 2. molten (float) zone *(Zonenschmelzen)*
Schmelzzonenrichtung *f* direction of zoning (zone travel) *(Zonenschmelzen)*
Schmerzgrenze *f*, **Schmerzschwelle** *f (Ak)* threshold of pain, upper threshold of hearing
Schmetterlingsantenne *f* superturnstile aerial, batwing aerial
Schmetterlingskreis *m (Fs)* butterfly circuit
Schmidt-Leistungsdiagramm *n (Meß)* Schmidt chart
Schmieranlage *f* lubrication system; oiling system
Schmiereigenschaften *fpl* lubricating properties
schmieren to lubricate
Schmierfett *n* [lubricating] grease
Schmierfilm *m* lubricating film
Schmiermittel *n* lubricant, lubricating agent
Schmiernippel *m* lubricating nipple, grease fitting
Schmierpistole *f* grease gun
Schmierring *m* oiling ring, collar oiler
Schmiersystem *n* lubrication (oiling) system
Schmierung *f* lubrication
Schmitt-Trigger *m* Schmitt trigger, threshold detector
Schmitt-Triggerschaltung *f* Schmitt trigger circuit
schmoren to scorch *(z. B. Kabel)*
Schmorzeit *f* scorch time
Schmutzsignal *n (Nrt)* contaminating signal *(z. B. Verzerrungen)*
Schnappbefestigung *f* snap-on fastening
Schnappkontakt *m* snap-action contact; instantaneous make-and-break contact
Schnappmagnet *m* snap magnet
Schnappschalter *m* snap[-action] switch
Schnappstift *m* locking pin
Schneckentrieb *m* worm drive
Schnee *m (Fs)* snow *(Bildstörung)*; grass *(Radar)*
Schneidabziehverfahren *n* cut-and-peel method, cut-and-strip method *(Leiterplattenherstellung)*
Schneiddose *f* mechanical recording head *(Film, Tonband)*
Schneide *f* 1. cutting edge; knife edge *(Meßschneide)*; 2. [slit] jaw *(Monochromator)*
schneiden 1. to cut *(z. B. Kristalle)*; 2. to record *(aufzeichnen)*; to edit, to cut *(Film, Magnetband)*
~/in Scheiben to slice *(z. B. Kristalle)*
~/in Würfel to dice

Schneiden *n* **mit Laser** cutting with laser
Schneidenanker *m* knife-edge armature
Schneidenankerrelais *n* knife-edge [armature] relay
Schneidetisch *m* cutting table; [sound-]editing table, [sound-]editing machine *(Studiotechnik)*
Schneidgerät *n* **mit Abhörmöglichkeit** editing [tape] recorder
Schneidkante *f* cutting edge
Schneidklemm-Steckverbinder *m* insulation displacement connector
Schneidnadel *f s.* Schneidstichel
Schneidscheibe *f* cutting wheel
Schneidstichel *m* [sound-]recording cutter, [cutting] stylus *(Schallplatte)*
Schneidstift *m s.* Schneidstichel
Schnellabschalter *m* high-speed switch (circuit breaker)
Schnellabschaltung *f* high-speed disconnection (switching-off)
Schnelladung *f* quick (boost) charge, rapid charging *(Batterie)*
Schnellalterungsprüfung *f* accelerated aging test
Schnellamt *f (Nrt)* no-delay exchange, toll exchange
Schnellamtsleitung *f (Nrt)* no-delay exchange line, toll line
schnellansprechend fast-response, fast-acting, quick-operating
Schnellaufzeichnung *f* high-speed recording
Schnellauslöser *m* instantaneous trip
~/magnetischer tripping magnet
Schnellauslösung *f* instantaneous tripping *(einer Schaltung)*; quick release
Schnellausschalter *m* quick-break switch
Schnellbetätigung *f* quick operation
Schnellbetrieb *m (Nrt)* no-delay service, demand service
Schnelldivision *f (Dat)* high-speed division
Schnelldrucker *m (Dat, Nrt)* high-speed printer, rapid printer
Schnelleaufnehmer *m (Ak)* velocity pick-up
Schnelleinschaltsystem *n* rapid-starting system
Schnellentladung *f* rapid discharge
Schnellepegel *m (Ak)* velocity level
Schnellepotential *n (Ak)* velocity potential
Schnellerregereinrichtung *f* field forcing device
Schnellerregung *f* high-speed excitation
Schnellerwärmung *f* high-speed heating, rapid (fast) heating
Schnelleser *m (Dat)* high-speed reader
Schnellgang *m* rapid travel
Schnellgespräch *n (Nrt)* no-delay call
schnellhärtend fast-setting, fast-curing
Schnellkopieren *n* high-speed dubbing *(Bänder, Kassetten)*
Schnellmethode *f* quick method
Schnellmontage *f* quick method of mounting
Schnellmultiplikation *f (Dat)* high-speed multiplication
Schnellnachrichtentechnik *f* high-speed telecommunication
Schnellocher *m (Dat)* high-speed punch
Schnellphotometer *n* rapid photometer
Schnellprogrammieren *n (Dat)* forced coding
Schnellrechenanlage *f s.* Schnellrechner
Schnellrechenelement *n (Dat)* high-speed computing element
Schnellrechner *m (Dat)* high-speed computer, fast computer
Schnellregelung *f* fast control
Schnellregler *m* fast (high-speed) controller, high-speed regulator; *(Ap)* automatic regulator
Schnellrelais *n* high-speed relay, quick-acting relay, fast-operating relay
Schnellrücklauf *m* quick (rapid) return; high-speed rewind *(Magnetband)*
Schnellschalter *m* high-speed switch, fast-action switch
Schnellschaltrelais *n s.* Schnellrelais
Schnellschlußventil *n (An)* quick-operating valve, rapid shut-off valve
Schnellschreiber *m* high-speed [pen] recorder
Schnellspeicher *m (Dat)* high-speed memory (store), rapid memory *(s. a.* Schnellzugriffsspeicher*)*
Schnellspeicherblock *m* high-speed memory block
Schnellspeichersystem *n* high-speed storage system
Schnellstanzen *n (Dat)* [straight] gang punching
Schnellstanzer *m (Dat)* gang punch
Schnellstart *m* fast start
Schnellstartlampe *f* quick-start lamp, rapid-start lamp
Schnellstartschaltung *f (Licht)* quick-start circuit
Schnellsteuerrelais *n* booster relay
Schnellstopptaste *f* [temporary] stop button, stop key
Schnelltelegraf *m* high-speed telegraph, automatic telegraph
Schnelltelegrafie *f* high-speed telegraphy
Schnelltrennrelais *n* fast-release relay
Schnelltrennschalter *m* quick-break switch
schnelltrocknend quick-drying, fast-drying
Schnellüberzug *m (Galv)* flash plate
Schnellunterbrecher *m* ticker
Schnellunterbrechung *f* quick break
Schnellverbindung *f (Nrt)* fast selection
Schnellverbindungsbuchse *f* quick-connect receptacle
Schnellverkehr *m (Nrt)* no-delay operation (service, working), toll traffic
Schnellverkehrsamt *n (Nrt)* no-delay exchange, toll exchange
Schnellverkehrsleitung *f (Nrt)* no-delay circuit, toll circuit

Schnellverkehrsnetz *n (Nrt)* no-delay network, toll network
Schnellverkehrsplatz *m (Nrt)* toll-switching position
Schnellverkehrsschrank *m (Nrt)* toll switchboard
Schnellverkehrswähler *m (Nrt)* toll final selector
Schnellvorlaufsteuerung *f* fast-forward control
Schnellvorlauftaste *f* fast-forward button
Schnellwiedereinschalter *m* fast-reclose circuit breaker
Schnellwiedereinschaltrelais *n* fast-reclose relay
Schnellwiedereinschaltung *f* fast (rapid, high-speed) reclosing *(einer Leitung)*; fast automatic reclosing
Schnellwiedereinschaltzyklus *m (An)* fast (rapid) auto-reclosing cycle
schnellwirkend quick-acting, fast-operate
Schnellzähler *m* high-speed counter, fast counter
Schnellzählkreis *m* fast counting circuit
Schnellzählsystem *n* fast counting system
Schnellzugriff *m (Dat)* fast (immediate) access
Schnellzugriffsspeicher *m (Dat)* quick-access (store), fast-access memory, immediate-access memory, zero-access memory *(s. a.* Schnellspeicher*)*
Schnitt *m* 1. section; 2. editing, cutting *(Film, Magnetband)*
~/senkrecht zur elektrischen Achse verlaufender perpendicular cut *(Quarz)*
Schnittansicht *f* sectional view
Schnittebene *f* section[al] plane
Schnittgeschwindigkeit *f* cutting speed
Schnittpunkt *m* intersection point *(z. B. der Peilstrahlung)*; crossing *(von Kurven)*
Schnittstelle *f* interface *(Anpassungsschaltung) (s. a. unter* Interface*)*
~/direkte digitale direct digital interface
~/programmierbare periphere programmable peripheral interface
Schnittstellen... *s. a.* Interface...
Schnittstellenadapter *m* interface adapter
~/peripherer peripheral interface adapter, PIA
Schnittstellenelement *n***/peripheres** peripheral interface element
„Schnittstellenfunktion zurücksetzen" "interface clear"
Schnittstelleninformation *f* interface information
Schnittstellenkompatibilität *f* interface compatibility
Schnittstellenleitung *f* interface circuit
Schnittstellenstruktur *f* interface structure
Schnittverlust *m* kerf loss *(Dynamoblech)*
Schnittweite *f (Licht)* back focus (focal distance)
Schnittzeichnung *f* sectional drawing
Schnur *f* [flexible] cord
~/einadrige single-conductor cord
~ mit zwei Steckern double-plugged cord
~/zweiadrige double-conductor cord, twin flex (flexible cord)
schnurlos cordless
Schnurpaar *n (Nrt)* cord pair, pair of cords
Schnurschalter *m* pendant switch
~ mit Druckknopf pear (pendant) push
Schnurschaltung *f (Nrt)* cord circuit
~ mit Zeichengabe über a/b-Ader bridge-control cord circuit
~ mit Zeichengabe über c-Ader sleeve-control cord circuit
~/vereinfachte sleeve-control cord circuit
Schnurstecker *m* cord connector
Schnurverstärker *m (Nrt)* cord circuit repeater
Schnurverstärkerplatz *m (Nrt)* cord repeater position
Schock *m***/akustischer** acoustic shock
Schocken *n* shock test, shock *(Prüftechnik)*
Schongangkontakt *m* overdrive contact
Schönschriftdrucker *m* letter quality printer
Schottky-Barriere *f (El)* Schottky barrier
Schottky-Defekt *m (El)* Schottky defect
Schottky-Diode *f* Schottky [barrier] diode
Schottky-Effekt *m (El)* Schottky effect
Schottky-Emission *f (El)* Schottky emission
Schottky-Fehlordnung *f (El)* Schottky disorder (defect)
Schottky-Feldeffekttransistor *m* Schottky [barrier] field effect transistor
Schottky-Gleichrichterdiode *f* Schottky rectifier diode
Schottky-Logik *f***/integrierte** integrated Schottky logic, ISL
Schottky-Rauschen *n* Schottky (shot) noise
Schottky-Schaltung *f* Schottky circuit
Schottky-Transistor-Logik *f* Schottky transistor-transistor logic, Schottky TTL (T"L)
~/leistungsarme low-power Schottky TTL *(mit gegenüber TTL stark vermindertem Leistungsbedarf)*
schräg 1. oblique *(z. B. Winkel)*; inclined *(geneigt)*; 2. diagonal
Schrägbeleuchtung *f* oblique illumination
Schrägfehler *m* skew error
Schrägkante *f* chamfer; bevel
Schräglager *n* angular bearing
Schräglichtbeleuchtung *f* oblique illumination
Schrägspurabtastung *f* helical scan
Schrägstrahler *m* angle lighting fitting
Schrägungsfaktor *m* skew factor *(einer Wicklung)*
Schrank *m* cabinet *(für Geräte)*; *(Nrt)* switchboard
~/gegen elektromagnetische Felder abgeschirmter screened cublice
~/schnurloser *(Nrt)* cordless switchbard
Schrankbauform *f* cabinet type
Schranke *f* barrier; bound *(Mathematik)*
~/obere upper bound, superior limit
Schrankherbeiruf *m (Nrt)* operator re-call, flashing
Schrankreihe *f (Nrt)* suite
Schraubanker *m* screw anchor *(Freileitungen)*
Schraubanschluß *m* screw terminal

Schraubendrehereinstellung *f* screwdriver adjustment
Schraubenfeder *f* helical (coil) spring
schraubenförmig helical, screw-shaped
Schraubenlinie *f* helix, helical line
Schraubenlinienabtastung *f* helical scanning
Schraubfassung *f* screwed socket, screwed [lamp] holder
Schraubkern *m* 1. threaded core *(Kern mit Gewinde)*; 2. screw core *(Abstimmspule)*
Schraubklemme *f* screw[-type] terminal
Schraubkontakt *m* screwed contact
Schraubkopf *m* fuse carrier *(Stöpselsicherung)*
Schraubkopplung *f* threaded coupling
Schraubmodul *m (LE)* module with stud
Schraubschieberabstimmer *m* slide screw tuner *(Hohlrohrleiter)*
Schraubsicherung *f* screwed-type fuse, screw-plug fuse
Schraubsockel *m* [Edison] screw cap
Schraubstecker *m* screw[ed] plug
Schraubverbindung *f* screwed connection (joint)
Schreibarm *m* writing arm
Schreibautomat *m* automatic typewriter, writing automaton
~/bandgesteuerter tape-operated electric type-writing machine
Schreibbreite *f* pen travel *(des Meßschreibers)*
Schreibdichte *f* recording (packing) density *(z. B. einer Diskette)*
Schreibelektrode *f* recording electrode
Schreibempfang *m (Nrt)* recorder (visual) reception
schreiben to write; to record; to plot; to trace; to rewrite *(z. B. Speicherinformationen)*
Schreiben *n* **ohne Speicherung** *(Dat)* non-storage writing
Schreib-Endverstärker *m* final writing amplifier
Schreiber *m* recorder, plotter, grapher, graph (chart) recorder *(s. a. unter* Registriergerät*)*
~/automatischer autoplotter
~/durch Servomotor gesteuerter servooperated recorder
~/elektromechanischer electromechanical recorder
~/elektronischer electronic recorder
~/pneumatischer pneumatic recorder
Schreiberanschluß *m* recorder connection
Schreiberfeder *f* recorder pen
Schreibermechanismus *m* recorder mechanism
Schreiberpapier *n* recording paper (chart)
Schreiberstreifen *m* paper tape, recorder chart
Schreibfeder *f* recording (plotting) pen
Schreibfläche *f* record surface
Schreibgerät *n s.* Schreiber
Schreibgeschwindigkeit *f* writing (recording, pen response) speed, recording rate; slewing rate *(XY-Schreiber)*
Schreibimpuls *m* write pulse
~/voller full write pulse *(Speicher)*
Schreibkopf *m* record[ing] head, write head
Schreib-Lese-Kopf *m (Dat)* write-read head
Schreib-Lese-Speicher *m (Dat)* write-read memory, random-access memory, RAM *(Zusammensetzungen s. unter* RAM*)*
Schreiblocher *m* print[ing] punch
Schreibmaschine *f***/elektrische** electric typewriter
Schreibröhrchen *n* siphon pen
Schreibruhezustand *m* idle-circuit condition *(Telegrafie)*
Schreibspindel *f* **für Blattempfänger** *(Nrt)* helix scroll
Schreibspirale *f (Nrt)* helix
Schreibspitze *f* stylus
Schreibspur *f* recording track, trace
Schreibstift *m* stylus, [recorder] pen; plotting bar
~/beheizter hot stylus
Schreibstiftabhebevorrichtung *f* pen lifting device
Schreibstiftauslenkung *f* pen deflection
Schreibstifthub *m* pen lift
Schreibstrahl *m* writing beam
Schreibstreifen *m s.* Schreiberstreifen
Schreibstrom *m* write (record) current
Schreibsystem *n* writing system
Schreibtakt *m* write clock
Schreibtelegraf *m (Nrt)* recording telegraph
~/automatischer ticker
Schreibtelegrafie *f* signal recording telegraphy
Schreibtischleuchte *f* desk fitting
Schreibtrommel *f* recording drum
Schreibunterdrückung *f* print suppression
Schreibverfahren *n* recording mode *(z. B. bei Magnetbändern)*
Schreibverstärker *m (Dat)* record[ing] amplifier
Schreibwagensteuerung *f* carriage control
Schreibwalze *f* platen roller
Schreibwalzensteuerung *f* platen control
Schreibweise *f (Dat)* notation; representation
~/biquinäre biquinary notation
~/halblogarithmische floating-point representation
~/ingenieurtechnische engineering notation
~/klammerfreie *(Dat)* prefix (Polish) notation
~/komplexe complex quantity notation
~/symbolische symbolic notation
Schreibwerk *n* recording mechanism
Schreibwicklung *f* write winding *(Speicher)*
Schreibzeit *f* writing time
Schreibzyklus *m* write (writing) cycle
Schrieb *m* [graphic] record
~ des Schleifenoszillographen oscillographic record
Schriftart *f* [character] font, type style
Schriftdekodierer *m* character encoder
Schriftform *f* letter type
Schriftzeichen *n (Dat)* [print] character
Schriftzeichenmatrix *f* print character matrix

Schritt *m* 1. step; interval; 2. pitch *(Wicklung)*; 3. *(Nrt)* signal element; elementary interval *(Telegrafierschritt)*
~ **eines Telegrafiezeichens** code element
Schrittakt *m (Nrt)* signal element timing
Schrittantrieb *m* step switching mechanism
Schrittelement *n* unit element *(Telegrafie)*
Schrittfehlerquote *f* element error rate
Schrittfortschaltung *f* step sequencing
Schrittfunktion *f* step function
Schrittgeschwindigkeit *f* modulation rate; telegraph[ic] speed, signalling speed; line digit rate; symbol rate
Schrittlänge *f (Nrt)* [unit] duration of signal
Schrittlaständerung *f* step load change
Schrittmacherbatterie *f* pacemaker battery
Schrittmesser *m* pedometer; step counter
Schrittmotor *m* stepping (stepper) motor
Schrittregelung *f* step[-by-step] control
Schrittregler *m* step[-by-step] controller, step regulator
Schrittrelais *n* stepping relay
Schrittschaltelektromagnet *m (Nrt)* stepping electromagnet
Schrittschalter *m s.* Schrittschaltwerk
Schrittschaltmagnet *m (Nrt)* stepping magnet
Schrittschaltmechanismus *m* stepping mechanism
Schrittschaltrad *n* step wheel
Schrittschaltrelais *n* stepping relay
~ **für beide Drehrichtungen** add-and-subtract relay
Schrittschaltspule *f* stepping coil
Schrittschaltsystem *n* step-by-step system
Schrittschalttelegraf *m* step-by-step telegraph
Schrittschaltung *f* step-by-step action
Schrittschaltwähler *m (Nrt)* step-by-step selector (switch)
Schrittschaltwähleramt *n (Nrt)* step-by-step office
Schrittschaltwählersystem *n (Nrt)* step-by-step automatic system
Schrittschaltwerk *n* step-by-step switch[gear], stepping mechanism (switch), step switching mechanism
Schrittspannung *f* step (pace) voltage
Schrittsteuertabelle *f* step control table
Schrittsteuerung *f* step-by-step control
Schritt-Takt *m (Nrt)* signal element timing
Schrittumsetzer *m (Nrt)* code converter
Schrittverfahren *n* step-by-step process
Schrittverkürzung *f (Nrt)* pulse-length reduction
Schrittverlängerung *f (Nrt)* pulse-length extension
Schrittverzerrung *f* step distortion
Schrittwahl *f (Nrt)* step-by-step selection
Schrittwähler *m s.* Schrittschaltwähler
schrittweise step-by-step
Schrittzähler *m* step counter
Schröder-Verfahren *n* Schroeder method, integrated impulse response method
Schroteffekt *m*, **Schrotrauschen** *n* shot effect (noise), Schottky (shot-effect) noise
Schrotstrom *m* shot current
schrumpfen to shrink, to contract
Schrumpfring *m* retaining ring
Schrumpfriß *m* shrinkage (contraction) crack
Schrumpfspannung *f* shrinkage stress
Schrumpfung *f*/**lineare** linear shrinkage
Schrumpfverbindung *f* contraction connection
Schrumpfzugabe *f* shrinkage allowance
Schub *m* 1. thrust; 2. shear
Schubfestigkeit *f* shear strength
Schubkraft *f* 1. propelling power, thrust [force]; 2. shearing force
Schubstange *f* push rod
Schubzahl *f* shearing coefficient
Schuko... *s.* Schutzkontakt...
Schuppengraphit *m* flaky graphit
Schuppenlochstreifen *m (Dat)* chadless tape
Schuppenlochung *f* chadless perforation
Schußschweißen *n* shot welding
Schüttelprüfung *f* vibration test[ing], shake test
Schüttelresonanz *f* vibration resonance
Schutz *m* protection
~/**anodischer** plate protection
~ **des Energiesystems** power system protection
~ **durch Opferanoden[/katodischer]** sacrificial-anode protection
~/**elektrischer** electrical protection
~ **gegen Berühren** protection against [accidental] contact
~ **gegen Spritzwasser** protection against splash[ed] water
~ **gegen Tropfwasser** protection from (against) dripping water
~ **gegen Überhitzung** protection against overheating
~ **gegen zu hohe Berührungsspannungen** protection against electric shock [hazard]
~/**katodischer** cathodic protection
~/**mechanischer** mechanical protection
~ **mit Trägerfrequenzverbindung** carrier-current protection
~/**überlagerter** reserve (back-up) protection *(Relais)*
~/**verzögerter** time-delay protection, time-lag protection
Schütz *n* 1. contactor; 2. *(Erz)* control gate
~/**einpoliges** single-pole contactor
~/**elektronisches** solid-state contactor
~/**verriegeltes** latched contactor
Schutzabdeckung *f* protection (protecting) cover
Schutzabschirmung *f* guard shield
Schutzabstand *m* working clearance
Schützanlasser *m* contactor starter
Schutzanode *f* false anode
Schutzanstrich *m* protective coating (layer)
Schutzanzug *m*/**leitfähiger** conductive clothing

Schutzart *f* international protection *(internationaler Standard)*, IP; protective system; type of enclosure
~ **e** protection e *(erhöhte Sicherheit)*
Schutzband *n* 1. *(Nrt)* [interference] guard band; 2. protective tape *(z. B. aus Thermoplast)*
Schutzbeleuchtung *f* protective lighting
Schutzbeschaltung *f* reverse voltage divider *(von Thyristoren)*
Schutzblech *n* protecting sheet
Schutzdach *n* canopy
Schutzdeckplatte *f* protective cover plate
Schutzdiode *f* damping diode
Schutzdose *f* protection box
Schutzdraht *m* guard (sheathing) wire *(Kabel)*
Schutzdrossel *f* choke (line choking) coil, protective inductor, screening reactor
Schutzeinrichtung *f* protector, protective equipment
~ **gegen Bremsmomente** antiplugging protection
Schutzelektrode *f* guard electrode
schützen 1. to protect; to guard; 2. to shield
schützend protective
Schutzerdung *f* protection (protective) earthing
Schützfahrschalter *m* contactor controller
Schutzfärbung *f (Galv)* protective colouration
Schützfeld *n* contactor panel
Schutzfunkenstrecke *f* protective [spark] gap, voltage discharge gap
Schutzgas *n* protective (inert) gas
Schutzgasatmosphäre *f* protective atmosphere, inert [gas] atmosphere
Schutzgaskontakt *m* dry-reed contact, [sealed] reed contact
Schutzgaskontaktrelais *n* [dry-]reed relay
Schutzgaslichtbogenschweißung *f* inert-gas[-shielded] arc welding
Schutzgasofen *m* protective-atmosphere furnace
Schutzgasrelais *n* [dry-]reed relay
Schutzgasschweißung *f* inert-gas-shielded [arc] welding
Schutzgehäuse *n* protective casing (enclosure)
Schutzgitter *n* protecting grid *(z. B. Mikrofon)*; guard *(z. B. Leuchte)*
Schutzglas *n* protecting glass
Schutzglimmröhre *f* protector tube
Schutzgrad *m* degree of protection
Schutzgradkennzeichen *n* interelement protection, IP
Schutzgüte *f* quality of protection
Schutzhaube *f* protecting cap, protection cover
Schutzhorn *n* arcing horn
Schutzhülle *f* protecting sheathing (covering); plastic enclosure
~/**äußere** serving *(z. B. für Kabel)*
Schutzisolierung *f* protective insulation
Schutzkabel *n* protection cable
Schutzkappe *f* protecting cap, protection cover, fender
Schutzkasten *m* protecting case, protective box
Schutzkegel *m* cone of protection *(z. B. Blitzschutz)*
Schutzkennlinie *f* selectivity characteristic *(z. B. eines Relais)*
Schutzklasse *f* protection class
Schutzklasseneinteilung *f* protection classification
Schutzkleinspannung *f* protection low voltage
Schutzkondensator *m* protective capacitor
Schutzkontakt *m* 1. [centre] earthing contact, grounding contact; protective contact; 2. sealed contact
Schutzkontaktbuchse *f* socket outlet with earthing contact
Schutzkontaktsteckdose *f* earthing (protective) contact socket
Schutzkontaktstecker *m* plug with earthing contact, earthing contact[-type] plug, safety plug
Schutzkühlung *f* protective cooling
Schutzlack *m* protective lacquer
Schutzlage *f* shield layer
Schutzleiter *m* protective (earthed) conductor, protective earthing conductor
Schutzleiteranschluß *m* protective conductor connection; protective earth terminal
Schutzleitungssystem *n* protective conductor (line) system; *(An)* equipment earth
Schutzmantel *m* protective sheath[ing]; jacket, coating *(eines Lichtwellenleiters)*
Schutzmaßnahme *f* safety precaution, protective measure
Schutzmast *m* stay guard
Schutzmittel *n* protective, protecting agent, protectant
Schutzmuffe *f* protecting (protective) sleeve
Schutznetz *n (Hsp)* guard cradle
Schutzpfahl *m* stay guard
Schutzpotential *n* protective (guard) potential
Schutzrelais *n* protection (protective, guard) relay
~ **mit Vormagnetisierung** biased relay
Schützrelais *n* contactor relay
~/**sofort ansprechendes** instantaneous contactor relay
~/**verzögertes** time-delay contactor relay
Schutzring *m* guard ring
Schutzringelektrode *f* guard-ring electrode
Schutzringelektrodenanordnung *f* guard-ring electrode arrangement *(für Meß- und Prüfzwecke)*
Schutzringkondensator *m* guard-ring capacitor
Schutzrohr *n* protective (protection) tube; conduit
Schutzrohrkontakt *m* [dry-]reed contact
Schutzrohrkontaktrelais *n* [dry-]reed relay, sealed contact relay
Schutzschalter *m* protective (safety) switch, automatic circuit breaker; *(Ap)* earth-leakage trip (circuit breaker)
~/**thermischer** self-resetting thermal cut-out

Schutzschaltung *f* protection (protective, safety) circuit
Schutzschicht *f* [protective] coating, protective layer
~/anodische galvanic (sacrificial) coating
~/dünne protective film
~/elektrochemisch hergestellte electrodeposity, electroplated coating
~/keramische ceramic coating
Schutzschild *m* guard shield
Schutzschirm *m* protective screen; baffle *(Ionenröhren)*
Schutzsignal *n* guard signal
Schützsteuerschalter *m* contactor controller
Schützsteuerung *f* 1. contactor control; 2. contactor equipment (control system)
Schützsteuerwalze *f* contactor controller
Schutzstrecke *f* gap section
Schutzstromkreis *m* protective (guard) circuit
Schutzsystem *n***/gestaffeltes** overlap protective system
Schutzüberzug *m s.* Schutzschicht
Schutzverhältnis *n* protective ratio
Schutzverzögerung *f* guard delay
Schutzvorrichtung *f* protective device; safeguard
~/elektrische electric protection device
Schutzwand *f* flash barrier *(gegen Überschläge)*; protective wall (screen, shield)
Schutzwiderstand *m* 1. protecting (protective, guard) resistor, bleeder [resistor] *(Bauelement)*; 2. protective resistance *(Größe)*
Schutzwinkel *m* angle of protection
Schutzziffer *f (Dat)* guard digit
schwächen to attenuate, to damp; to diminish; to muffle *(Schall)*
schwächer werden to fade *(Funkwellen)*
Schwachfeldbeweglichkeit *f* low-field mobility
Schwachlast *f* low load
Schwachlasttarif *m* low-load rate
Schwachlastzeit *f* light-load period
Schwachstrom *m* weak (light) current, low[-voltage] current
Schwachstromkabel *n* weak-current cable
Schwachstromkontakt *m* light-duty contact
Schwachstromleistungskreis *m* low-energy power circuit
Schwachstromleitung *f* weak-current line
Schwachstromtechnik *f* light-current engineering, weak-current engineering; communication engineering
Schwächung *f* attenuation; fading
~/geometrische geometric attenuation
Schwächungsgesetz *n (Licht)* extinction law
Schwalbenschwanzkeil *m* doventail key
Schwallöten *n* flow (wave) soldering *(Leiterplattenherstellung)*
Schwallötmaschine *f* wave-soldering machine
Schwallötverfahren *n* flowsolder method (principle) *(für Leiterplatten)*
Schwammgummi *m* sponge rubber
Schwanenhals *m* flexible conduit (extension rod), gooseneck [adapter] *(für Mikrofon)*
schwanken to fluctuate *(z. B. Strom, Spannung)*; to vary
schwankend fluctuating
Schwankung *f* fluctuation; variation, change, swing
~/absolute absolute fluctuation
~ der Versorgungsspannung change in supply voltage
~/kurzzeitige short-term fluctuation
~/statistische statistical fluctuation
~/zeitliche [time] fluctuation
~/zufällige random fluctuation
Schwankungen *fpl* **innerhalb eines Chips** intra-die fluctuation
~ zwischen Chips inter-die fluctuations
Schwanzstrom *m* tail current *(Transistor)*
Schwarmanalyse *f* cluster analysis
Schwarzanhebung *f (Fs)* pedestal
schwärzen to blacken; to darken
Schwarzfernseher *m* unlicensed TV viewer
Schwarzglas *n* black glass
Schwarzhörer *m* unlicensed listener
Schwarzimpuls *m* black signal
Schwarzlichtlampe *f* black-light lamp
Schwarzlichtleuchtstofflampe *f* black fluorescent lamp
Schwarzlichtstrahler *m* black-light lamp
Schwarzlücke *f (Fs)* blanking interval
Schwarzpegel *m (Fs)* black level
Schwarzpegelaussteuerung *f (Fs)* black-level modulation
Schwarzpegelklemmung *f (Fs)* black-level clamping
Schwarzschulter *f (Fs)* porch
~/vordere front porch
Schwarzsender *m (Nrt)* unregistered (illegal) transmitter, radio pirate
Schwarzsignal *n* dark spot signal
Schwarzsteuerdiode *f* d.c. restorer (clamp diode)
Schwarzsteuerung *f (Fs)* d.c. restoration (restoring)
Schwarzstrahler *m* black radiator
Schwarzstromsignal *n* dark spot signal
Schwarztreppe *f s.* Schwarzschulter
Schwärzung *f* 1. blackening; 2. optical (photographic) density
Schwärzungsbelag *m* colloidal graphite *(Elektronenröhren)*
Schwärzungskurve *f* optical density curve, densitometric curve
Schwärzungsmesser *m* [optical] densitometer
~/photoelektrischer photoelectric densitometer
Schwärzungsmessung *f* densitometry
Schwärzungsskala *f* density reference scale
Schwärzungsumfang *m* density range
Schwarzvorläufer *m (Fs)* leading black

Schwarzweißbildröhre *f (Fs)* monochrome (picture) tube
Schwarzweißempfang *m (Fs)* black-and-white reception
Schwarzweißempfänger *m* monochrome (black-and-white) receiver
Schwarzweißfernsehen *n* monochrome (black-and-white) television
Schwarzweißfernsehübertragung *f* monochrome television transmission
Schwarzweißkanal *m (Fs)* monochrome channel
Schwarzweißkanal-Bandbreite *f* monochrome channel bandwidth
Schwarzweißsignal *n* monochrome (black-and-white) signal
Schwarzweißsprung *m* black-to-white transition
Schwarzweißübertragung *f* black-and-white transmission
Schwarzwert *m (Fs)* black level
Schwarzwerthaltung *f (Fs)* black-level alignment
Schwarzwertimpuls *m (Fs)* pedestal
Schwebegate *n* floating gate
Schwebegate-MOST *m* floating gate avalanche MOST, FAMOST
Schwebegatetransistor *m* floating gate transistor
Schwebeschmelzen *n* levitation melting
~/elektromagnetisches electromagnetic levitation remelting
Schwebespannung *f* floating voltage
Schwebesystem *n* levitation system
Schwebeteilchen *n* suspended particle
Schwebezone *f* float[ing] zone *(Zonenschmelzen)*
Schwebezonenreinigung *f* floating-zone refining *(Kristallzüchtung)*
Schwebezonenschmelzen *n* floating-zone melting *(Kristallzüchtung)*
Schwebstoff *m* suspended matter (material)
Schwebung *f* beat [vibration]
Schwebungsamplitude *f* beat amplitude
Schwebungsanzeige *f* beat indication
Schwebungsempfang *m* beat reception
Schwebungserscheinung *f* beat effect
Schwebungsfrequenz *f* beat frequency
~ **Null** zero beat frequency
Schwebungsfrequenzoszillator *m s.* Schwebungsgenerator
Schwebungsgenerator *m* beat frequency oscillator, beating (heterodyne) oscillator
Schwebungslücke *f s.* Schwebungsnull
Schwebungsmethode *f* beat method
Schwebungsnull *f* zero beat, beat note zero
Schwebungsoszillator *m s.* Schwebungsgenerator
Schwebungsperiode *f* beat cycle (period)
Schwebungssignal *n* beat note signal, audio-frequency signal
Schwebungssummer *m* beat buzzer (frequency oscillator), low-frequency beat oscillator, [audio-frequency] heterodyne generator
Schwebungston *m* beat note, difference (differential) tone
Schwebungsunterdrückung *f* beat cancel
Schwebungsverfahren *n* beat method
Schwebungsvorgang *m* beat[ing] effect
Schwefelsäure *f* sulphuric acid
Schwefelwasserstoffdampf *m* hydrogen sulphide vapour
Schweigezone *f (Nrt)* silent zone (area), shadow (silent) region
Schweißaggregat *n* welding set
Schweißanlage *f* welding unit (installation)
Schweißautomat *m* automatic welder
Schweißeinrichtung ***f*/dielektrische** dielectric welding equipment
Schweißelektrode *f* welding electrode
~/getauchte dipped (coated) electrode
schweißen/autogen to weld autogenously
~/elektrisch to weld electrically, to electroweld
Schweißen *n* **mit konstanter Leistung** constant-power welding
Schweißgenerator *m* [arc] welding generator
Schweißgerät *n* welding equipment (set)
~/halbautomatisches semiautomatic welding equipment
Schweißgrenzstromstärke *f* critical welding current
Schweißkreis *m s.* Schweißstromkreis
Schweißleitung *f* welding lead
Schweißlichtbogen *m* welding arc
Schweißlichtbogenspannung *f* welding arc voltage
Schweißlöten *n* braze welding
Schweißraupe *f* [welding] bead
Schweißroboter *m* welding robot
Schweißrolle *f* welding roll[er], wheel[-shaped] electrode
Schweißspur *f* weld signature
Schweißstrom *m* welding current
Schweißstromkreis *m* welding [current] circuit
Schweißstromquelle *f* welding current source (supply)
Schweißtransformator *m* welding transformer
Schweißumformer *m* welding converter (motor generator)
Schweißverbindung *f* weld[ed] joint
Schweißzeitbegrenzung *f* welding-time control
Schweißzeitgeber *m*, **Schweißzeitsteuergerät** *n* welding timer
Schwelle *f (El)* threshold; threshold value *(s. a. unter* Schwellwert*)* • **unterhalb der ~ [liegend]** subthreshold
~/photoelektrische photoelectric threshold
Schwellenaudiogramm *n* threshold audiogram
Schwellenbedingung *f* threshold condition
Schwellenbestimmung *f* threshold determination
Schwellendosis *f* threshold dose
Schwellenenergie *f* threshold energy
Schwellenfeld *n* threshold field

Schwellenfeuer *n* threshold lights *(Landebahnbefeuerung)*
Schwellengerade *f* threshold (Hartree) line *(Röhren)*
Schwellenleuchtdichte *f* threshold luminance
Schwellenlogiknetzwerk *n* threshold logic network
Schwellenpegel *m (Ak)* threshold level
Schwellenpotential *n* threshold potential
Schwellenspannung *f* threshold voltage
Schwellenstrom *m* threshold current
Schwellenüberschreitung *f* threshold exceedance
Schwellenwert *s.* Schwellwert
Schwellton *m* swelling tone
Schwellwert *m* threshold [value]
~ **der Torspannung** threshold gate voltage
~**/einstellbarer** adjustable threshold [value]
Schwellwertabstand *m* backlash
Schwellwertbedingung *f* threshold condition
Schwellwertdetektor *m* threshold detector, Schmitt trigger
Schwellwertdosis *f* threshold dose
Schwellwertelement *n* threshold element
Schwellwertgeber *m* threshold value indicator, sector alignment indicator
Schwellwertkurve *f (Ak)* increasing-value curve
Schwellwertlogik *f***/variable** variable threshold logic
Schwellwertmeßfühler *m* threshold detector
Schwellwertmessung *f* threshold measurement
Schwellwertregelung *f* threshold control
~**/selbsttätige** automatic threshold control
Schwellwertschaltung *f* threshold circuit
Schwellwertsignal *n* threshold signal
Schwellwertspannung *f* threshold voltage
Schwellwertstrom *m* treshold current
Schwellwertüberschreitung *f* threshold exceedance
Schwellwertverschiebung *f* threshold shift
Schwenk *m* tilt *(Kamera)*
Schwenkabtastung *f (Ak)* swivel scan
Schwenkarm *m* swing lever, swinging (swivel) arm
Schwenkbereich *m* swinging range *(Scheinwerfer)*
schwenken to swing, to swivel; to tilt
Schwenkhebel *m (Ap)* joystick
~ **für Wahlschaltungen** joystick selector *(bei Befehlsgeräten)*
Schwenkmikrofon *n* scanning microphone
Schwenkrahmen *m* swivel frame
Schwenkrahmenbauweise *f* hinged-frame construction
Schwenkzapfen *m* pivot pin
Schwerebeschleunigung *f* gravity acceleration, acceleration of (due to) gravity
Schwergewichtsmauer *f* gravity dam *(Wasserkraftwerk)*
Schwerhörigenfernsprecher *m* impaired hearing telephone
Schwerhörigkeit *f* hardness of hearing; deafness
~**/berufsbedingte** occupational deafness (hearing loss)
Schwerkraft *f* gravity, gravitational (gravity) force
Schwerkraftregler *m* gravity regulator *(Drehzahlregler mit Fliehkraftpendel)*
Schwerpunkt *m* centre of gravity (mass)
~ **der spektralen Empfindlichkeit** spectral centroid
schwimmen to float
Schwimmer *m* float[er] *(Meßglied für den Flüssigkeitsabstand)*
Schwimmerregel *f***/Ampèresche** Ampere's rule, Amperian float law
Schwimm[er]schalter *m* float switch, liquid level switch
schwinden 1. *(Nrt)* to fade; 2. to shrink *(Werkstoffe)*
~**/zeitweilig** to fade out at intervals
Schwindmaß *n* measure (degree) of shrinkage
Schwindspannung *f* shrinkage stress
Schwindungsriß *m* shrinkage crack
Schwindzugabe *f* shrinkage allowance
Schwinganker *m* swinging lever *(Arm eines Magnetsystems)*
Schwingankerhörer *m* rocking armature receiver
Schwingaudion *n (Nrt)* autodyne (self-heterodyne) detector, self-heterodyne receiver
Schwingaudionempfang *m (Nrt)* self-heterodyne reception
Schwingbeschleunigung *f* vibration[al] acceleration
Schwingdrossel *f* swinging choke
Schwinge *f s.* Schwinghebel
schwingen 1. *(Ph)* to oscillate; to vibrate; to resonate; 2. to swing; to rock
~**/mit der gleichen Frequenz** to oscillate in the same frequency
~**/mit hoher Frequenz** to oscillate at a high frequency
~**/pendelnd** to sway
schwingend oscillating, oscillatory; vibriting, vibratory; swaying *(pendelnd)*
Schwinger *m* oscillator; vibrator; resonator
schwingfähig oscillatory
Schwinggeschwindigkeit *f* vibration[al] velocity
Schwinggrenze *f* oscillation limit
Schwinggröße *f* oscillating quantity
Schwinghebel *m* rocker, rocking lever
Schwingherd *m* shaking hearth
Schwingkammer *f* resonant cavity
Schwingkondensator *m* vibrating capacitor
Schwingkondensatorelektrometer *n* vibrating-capacitor electrometer
Schwingkondensatorverstärker *m* vibrating-capacitor amplifier
Schwingkontakt *m* oscillating (vibrating) contact
Schwingkraft *f* vibrating (vibratory) force

Schwingkreis *m* resonating circuit; oscillating (oscillator, oscillatory) circuit
~/geschlossener closed oscillating circuit
~/koaxialer coaxial resonant circuit
~/nichtlinearer non-linear oscillator
Schwingkreisanregung *f* resonant-circuit excitation
Schwingkreiswechselrichter *m* oscillating-circuit inverter
Schwingkurve *f* swing curve, load angle time curve *(Stabilität)*
Schwingleistung *f* oscillatory power
Schwingmagnet *m* vibrating magnet
Schwingquarz *m* quartz[-crystal] oscillator, oscillator (oscillating) crystal
~ mit kleinem Temperaturkoeffizienten low-drift crystal
Schwingröhre *f* oscillating valve (tube), oscillator (generator) valve
~/selbsterregte self-excited oscillator tube
Schwingspiegel *m* oscillating mirror
Schwingspule *f* oscillator coil; moving coil, voice (speech) coil *(Lautsprecher)*
Schwingspulenzähler *m* oscillating meter
Schwingspulsystem *n* moving-coil system
Schwingstärke *f (MA, Ak)* vibration severity
Schwingstärkemesser *m* vibration severity meter
Schwingstrom *m* oscillating (oscillatory) current
Schwingtisch *m (Ak)* vibratory (vibration) table, shake table, shaker
~/elektrodynamischer electrodynamic (moving-coil) vibration table
~/elektromagnetischer electromagnetic shaker (vibration exciter)
Schwingtischsteuerung *f* shaker (vibration exciter) control
Schwingtopf *m* cavity resonator
Schwingung *f (Ph)* oscillation; vibration *(meist mechanisch)*; swing • **in ~ geraten** to self-oscillate
~/abklingende dying-out oscillation, dead-beat oscillation, decaying oscillation
~/akustische acoustic (sound) vibration
~/aperiodische aperiodic (dead-beat) oscillation
~/aufklingende increasing oscillation
~/elastische elastic vibration
~/elektromagnetische electromagnetic oscillation
~/erzwungene forced oscillation (vibration)
~/freie free oscillation
~/gedämpfte damped oscillation
~/harmonische harmonic oscillation (vibration)
~/kollektive collective oscillation
~/langperiodische long-period oscillation
~/longitudinale longitudinal vibration (oscillation)
~/mechanische mechanical vibration
~/parasitäre parasitic oscillation
~/polare polar mode vibration
~/schlecht abklingende oscillation with bad attenuation
~/selbsterregte self-sustained oscillation, self-oscillation
~/sinusförmige sine (harmonic) oscillation
~/stabile stable oscillation
~/stationäre steady-state oscillation
~/subharmonische subharmonic [oscillation]
~/transversale transversal vibration (oscillation)
~/ungedämpfte undamped (continuous, sustained) oscillation
~/unharmonische anharmonic vibration (oscillation)
~/unkontrollierte free oscillation
~/wilde parasitic (spurious) oscillation
Schwingungen *fpl***/gekoppelte** coupled oscillations
~/symmetrische symmetrical oscillations
~/wilde parasitics
Schwingungsamplitude *f* vibration[al] amplitude, amplitude of oscillation
Schwingungsanalyse *f* modal analysis
Schwingungsanregung *f* vibrational excitation
Schwingungsanzeiger *m* oscillation detector (indicator), vibration indicator
Schwingungsart *f* mode of oscillation (vibration), [vibrational] mode
Schwingungsaufnehmer *m* vibration pick-up
~/berührungsloser non-contacting vibration pick-up
~/[elektro]dynamischer electrodynamic (moving-coil) vibration pick-up
~/induktiver variable-inductance vibration pick-up
~/magnetischer magnetic (variable-reluctance) vibration pick-up
~/piezoelektrischer piezoelectric vibration pick-up
Schwingungsbauch *m* antinode, [vibration] loop
Schwingungsbereich *m* oscillation range
Schwingungsbeschleunigung *f s.* Schwingbeschleunigung
Schwingungsbreite *f* peak-to-valley value
schwingungsdämpfend vibration-absorbing, anti-vibration
Schwingungsdämpfer *m* vibration absorber (isolator, damper), buffer; conductor vibration damper *(in Übertragungsleitungen)*
Schwingungsdämpfung *f* vibration damping, absorption of vibration
Schwingungsdauer *f* vibration (oscillation) period; *(Meß)* period of an instrument
Schwingungsdrehimpuls *m* vibrational angular momentum
Schwingungsebene *f* plane of oscillation (vibration)
Schwingungseinsatz *m* start of oscillations
Schwingungseinsatzpunkt *m* point of self-oscillation, singing point
Schwingungsenergie *f* vibrational energy
schwingungserregend vibration-exciting
Schwingungserreger *m* 1. vibration exciter (generator); 2. shake table, shaker *(Prüftechnik)*

~/[elektro]dynamischer electrodynamic (moving-coil) vibration pick-up
~/elektromagnetischer electromagnetic shaker
~ für Eichzwecke *(Ak)* vibration calibrator
Schwingungserregeranlage *f* vibration-exciting equipment
Schwingungserregung *f* excitation of oscillations; vibration excitation
Schwingungserzeuger *m s.* Schwingungsgenerator
Schwingungserzeugung *f* oscillation generation
schwingungsfähig oscillatory
Schwingungsfähigkeit *f* oscillation capability
schwingungsfest vibration-proof, vibration-resistant
Schwingungsfestigkeit *f* vibration resistance
Schwingungsform *f* mode of oscillation (vibration), modal shape
schwingungsfrei 1. vibration-free, non-oscillating; 2. aperiodic *(z. B. Zeiger eines Meßinstruments)*
Schwingungsfreiheit *f* absence of vibration
Schwingungsfrequenz *f* oscillation (vibrational) frequency, frequency of vibration
Schwingungsgenerator *m* oscillator, vibration generator
Schwingungsgrenze *f* oscillation limit
Schwingungsimpedanz *f* swing impedance
Schwingungsisolator *m* vibration (shock) isolator
schwingungsisoliert vibration-isolated
Schwingungsknoten *m* node, nodal point [of vibration]
~ ohne vollständige Auslöschung partial node
schwingungskohärent vibration-coherent
Schwingungskondensatorverstärker *m* vibrating-capacitor amplifier
Schwingungskontrolle *f* vibration monitoring
Schwingungskreis *m s.* Schwingkreis
Schwingungsmagnetometer *n* oscillation magnetometer
Schwingungsmaximum *n* peak of oscillation
Schwingungsmesser *m* vibration meter, vibrometer; ride meter *(im Fahrzeug)*
~ für die Einwirkung auf den Menschen *(Ak)* human[-response] vibration meter
~/schreibender *s.* Schwingungsschreiber
Schwingungsmode *f* vibrational mode
Schwingungsmodell *n (Syst)* transient analyzer
Schwingungspegel *m* oscillation level
Schwingungsperiode *f* period of oscillation
~/bistabile bistable period
Schwingungsphase *f* oscillation phase
Schwingungsprüfung *f* vibration test[ing]
~ mit gleitender Frequenz sweep-sine vibration test[ing], swept frequency vibration test
Schwingungsrelais *n* vibration relay
Schwingungsrichtung *f* vibration direction
Schwingungsschreiber *m* vibrograph
~/mechanischer [mechanical] vibrograph
Schwingungsschutz *m* vibration protection; vibration insulation
Schwingungssystem *n* oscillation system
Schwingungstechniik *f* vibration engineering
Schwingungstheorie *f* theory of vibrations
Schwingungstilger *m* [dynamic-]vibration absorber
Schwingungstyp *m* [vibrational] mode, mode of oscillation (vibration)
~/abklingender evanescent mode
~/polarer polar mode
Schwingungsüberwachung *f* vibration monitoring
Schwingungsverhalten *n* oscillatory response
Schwingungsverstärker *m* vibration amplifier
Schwingungsversuch *m* vibration test
Schwingungswächter *m* vibration sentinel (guard)
Schwingungswandler *m* vibration transducer
Schwingungsweite *f* amplitude of oscillation (vibration), amplitude
Schwingungswellentyp *m s.* Schwingungstyp
Schwingungszahl *f* frequency, vibration number
Schwingungszug *m* oscillation train (pattern)
Schwingungszustand *m* vibrational state, oscillating regime
Schwingweg *m* vibration[al] displacement
Schwingweite *f s.* Schwingungsweite
Schwingzunge *f* vibrating reed
Schwund *m (Nrt)* fading [effect] • **~ haben** to fade *(Funkwellen)*
~/frequenzselektiver frequency-selective fading
~ mit Rayleigh-Charakteristik Rayleigh fading
~/selektiver selective fading
Schwundausgleich *m***/selbsttätiger** automatic volume control, AVC
Schwundausgleicher *m* antifading device
Schwundausgleichkreis *m* automatic volume (gain) control circuit
Schwundcharakteristik *f* fading characteristic
Schwundeffekt *m* fading effect
schwundfrei fading-free
Schwundfrequenz *f* fading (loss) frequency
Schwundminderer *m* antifading device
schwundmindernd antifading
Schwundminderung *f* reduction of fading
Schwundperiode *f* fading period
Schwundregelung *f* fading control, automatic gain control
~/verzögerte automatische delayed (biased) automatic volume control
Schwundriß *m* shrinkage crack *(Gießharze)*
Schwungkraftanlasser *m* inertia starter
Schwungmasse *f* centrifugal (gyrating) mass
~ der Antriebsrolle drive capstan flywheel
Schwungmomentfaktor *m* factor of inertia
Schwungrad *n* flywheel
Schwungradschaltung *f* flywheel circuit
Schwungradsynchronisierung *f* flywheel synchronization
Schwungradsynchronisierungsschaltung *f* flywheel synchronization circuit

Schwungscheibe *f* flywheel
Scott-Schaltung *f* Scott connection
Scott-Transformator *m* Scott-connected transformer
Scrambler *m* scrambler *(Sprachverschüßler)*
Screening-Audiometer *n* screening audiometer
SECAM-Fernsehsystem *n (**sé**quentielle **c**ommunication **à** **m**emoire)* SECAM [system]
Sechselektrodenröhre *f* six-electrode tube
Sechsfarbenschreiber *m* six-colour recorder
Sechsphasengabelschaltung *f* gork connection
Sechsphasengleichrichter *m* six-phase rectifier
Sechsphasenleitung *f* six-phase transmission line
Sechsphasenstrom *m* six-phase current
Sechsphasenstromkreis *m* six-phase circuit
sechsphasig hexaphase
Sechspol *m* six-terminal network
Sechspolröhre *f* hexode
Sechsskalenpotentiometer *n* six-dial potentiometer
Sechsstufenfilter *n* six-step filter
sechsstufig six-stage
Sechzehnerleitung *f (Nrt)* quadruple phantom circuit
Sedimentationspotential *n (Galv)* sedimentation potential
Seebeck-Effekt *m* Seebeck (thermoelectric) effect
Seebeck-Zelle *f* Seebeck cell *(Energieumwandler)*
See-Echo *n (FO)* sea returns
Seefernsprechkabel *n* submarine telephone cable
Seefunk *m* maritime radio
Seefunkdienst *m* maritime (marine) radio service
Seefunkendeinrichtung *f* maritime terminal
Seefunknetzkoordinierungsstelle *f* maritime network coordinating station
Seefunkprüfeinrichtung *f* maritime test terminal
Seefunkstelle *f* marine radio station
Seefunkteilnehmersystem *n* maritime local system
Seefunkübertragungsweg *m***/terrestrischer** maritime terrestrial circuit
Seefunkzentrale *f* maritime centre
Seegangecho *n*, **Seegangsreflex** *m (FO)* sea clutter (echo)
Seekabel *n* submarine (ocean, undersea) cable
Seekabelmorsekode *m* cable Morse code *(Dreielementekode)*
Seekabel[zwischen]verstärker *m* submarine cable repeater
Seele *f* core *(Kabel)*
Seelenelektrode *f* cored (flux-cored) electrode, flux core tpye electrode *(Lichtbogenschweißen)*
Seenachrichtenverbindung *f* naval communication
Seenotfrequenz *f***/internationale** international distress frequency
Seenotruf *m* distress call
Seenotverkehr *m* distress work (traffic)
Seenotwelle *f* [navel] distress wave, distress frequency
Seenotzeichen *n* distress signal
Seesprechfunkdienst *m* maritime radiotelephone system
~/beweglicher maritime mobile radiotelephone service
seewasserbeständig sea-water-resistant, saltwater-proof
Seezeichenbeleuchtung *f* sea marks lighting
S/E-Gerät *n s.* Sende-Empfangs-Gerät
Segment *n* segment *(z. B. des Stromwenders)*
• **aus Segmenten** segmental
Segmentantenne *f* pillbox aerial
Segmentauflage *f* segmental shoe *(Segmentlager)*
Segmentblech *n* segmental core disk
Segmentdrucklager *n* horseshoe bearing
Segmentlager *n* pad-type bearing *(z. B. bei Hydrogeneratoren)*
Segmentspannung *f* segment (bar) voltage *(am Stromwender)*
Segmentteilung *f* segment pitch
Segregationskoeffizient *m* segregation coefficient *(Zonenschmelzen)*
Sehen *n***/räumliches** stereoscopc vision
Sehfeld *n* visual field, field coverage; *(Fs)* camera coverage
Sehne *f* chord *(Mathematik)*
Sehnenverfahren *n* chord method *(zur Dickenbestimmung galvanischer Überzüge)*
Sehnenwicklung *f (MA)* chord (fractional-pitch) winding
Sehnung *f (MA)* chording
Sehnungsfaktor *m* pitch factor [of winding], chording factor
Sehschwelle *f* visual threshold
Sehweite *f* visual (sight) distance
Sehwinkel *m* visual angle
seideisoliert/einfach single-silk-covered *(Draht)*
Seidenlackdraht *m* varnished-silk braided wire
seideumsponnen/doppelt (zweifach) double-silk-covered *(Draht)*
Seignettesalzkristall *m* Seignette electric crystal
Seil *n* rope, cable
Seilaufhängung *f* catenary suspension
Seilbahn *f* cableway, cable railway
seilbetätigt cable-operated
Seilbremse *f* cable brake
Seildurchhang *m* sag of rope
Seilerder *m* conductor earthing electrode
Seilklemme *f* stay clip
Seilsammelschiene *f* flexible bus bar
Seilschwebebahn *f* aerial (overhead) ropeway, cableway
Seilschwingungen *fpl* conductor vibrations, wind-excited line vibrations *(Leiterseile)*
Seiltanzen *n* conductor dancing, galloping *(Leiterseile)*
Seiltrommel *f* cable drum
Seilwinde *f* rope (cable) winch

Seite *f* 1. side; end *(z. B. einer Maschine)*; 2. page *(z. B. Block digitaler Daten)*
~/beschichtete *(Isol)* coated side
~/geerdete earthed end *(z. B. einer Spule)*
Seitenadressierung *f (Dat)* page addressing; paging
Seitenanker *m* side guy *(eines Mastes)*
Seitenankerrelais *n* side-armature relay
Seitenanschluß *m* side terminal; side contact *(einer Elektronenröhre)*
Seitenband *n (Nrt)* sideband
~ in der Regellage erect sideband
~/invertiertes inverted sideband
~/oberes upper sideband
~/unerwünschtes unwanted sideband
~/unteres lower sideband
Seitenbandanalysator *m* sideband analyzer
Seitenbandbeschneidung *f* sideband reduction
Seitenbänder *npl***/störende** *(Nrt)* spurious sidebands *(z. B. durch Verzerrung entstehend)*
Seitenbandfrequenz *f* sideband [component] frequency
Seitenbandinterferenz *f* sideband (adjacent-channel) interference
Seitenbandkodierung *f* subband coding
Seitenbandleistung *f* sideband power
Seitenbandmodulation *f* sideband modulation
Seitenbandstörung *f s.* Seitenbandinterferenz
Seitenbandunterdrückung *f* sideband suppression
Seitenbeleuchtung *f* side lighting
Seitenbestimmer *m (FO)* sense finder
Seitenbestimmung *f (FO)* sense finding (determination)
Seitenbestimmungsantenne *f* sense (sensing) aerial
Seitendruck *m* side thrust *(z. B. beim Tonarm)*
Seitendrucker *m (Dat)* page[-at-a-time] printer
Seitenecho *n (FO)* side echo
Seitenfläche *f* side face
Seitenfrequenz *f* side frequency
Seitenführung *f* side guiding
Seitenisolator *m* lateral insulator
Seitenkennung *f (FO)* sensing
Seitenkraft *f* skating force *(Schallplatte)*
Seitenlänge *f* leg length *(einer Rhombusantenne)*
Seitenleiter *m* lateral conductor
Seitenmarkierungsleuchte *f* side marker lamp
Seitenpeilung *f (FO)* relative bearing
Seitenschalter *m (FO)* sense finder
Seitenschneider *m* side-cutting pliers
Seitenschrift *f (Ak)* lateral recording *(Nadeltontechnik*
Seitenspeicher *m* page memory
Seitensperre *f* side lock
seitenverkehrt laterally inverted, reversed
Seitenverstellung *f* lateral adjustment
Seitenvorschub *m* page feed *(Schreiber)*
Seitenwandfläche *f* sidewall area
Seitenwandkapazität *f (ME)* sidewall capacitance
Seitenzipfel *m* side lobe *(Antennentechnik)*
Seitenzipfelecho *n (FO)* side echo
Sekantenlinearisierung *f (Syst)* secant linearization
Sekantenmethode *f (Syst)* secant method *(Linearisierung)*
Sekretäranlage *f (Nrt)* executive secretary system
Sektor *m* sector; compartment
~/rotierender *(Licht)* rotating sector
Sektorabtasten *n (FO)* sector scanning
Sektorabtastungsfunkfeuer *n* sector-scanning beacon
Sektoranzeige *f*, **Sektordarstellung** *f (FO)* sector display
Sektorenblende *f***/verstellbare** *(Licht)* variable shutter
Sektorenöffnung *f* sector aperture
Sektorenphotometer *n* sector photometer
Sektorenscheibe *f* sector disk
Sektorhorn *n* sectoral horn
Sektorkabel *n* sector cable
Sektorkennung *f* sector identifier *(Floppy-Disk)*
Sektorleiter *m* segmental conductor
Sekundäranker *m* secondary armature
Sekundärauslöser *m* indirect over-current release
Sekundärbatterie *f* secondary (storage) battery
Sekundärdurchbruch *m (ME)* secondary breakdown
Sekundärecho *n (FO)* second-trace echo
Sekundäreffekt *m* secondary effect
Sekundärelektron *n* secondary electron
Sekundärelektronenausbeute *f* secondary electron yield
Sekundärelektronenemission *f s.* Sekundäremission
Sekundärelektronenleitung *f* secondary electron conduction
Sekundärelektronenvervielfacher *m* secondary electron multiplier, [electron-]multiplier phototube, photomultiplier
Sekundärelement *n* secondary element (cell)
Sekundäremission *f* secondary [electron] emission
Sekundäremissionsbildverstärker *m* secondary emission image intensifier
Sekundäremissionscharakteristik *f* secondary emission characteristic
Sekundäremissionskatode *f* dynode
Sekundäremissionsverhältnis *n* secondary emission ratio
Sekundärfehler *m* secondary fault (failure)
Sekundärgruppe *f (Nrt)* supergroup
Sekundärgruppenabschnitt *m* supergroup section
Sekundärgruppenumsetzer *m* supergroup translating equipment, supergroup modulator
Sekundärgruppenverbindung *f* supergroup link
Sekundärion *n* secondary ion

Sekundärionenmassenspektroskopie *f* secondary-ion mass spectroscopy
Sekundärionisation *f* secondary ionization
Sekundärklemme *f* secondary terminal
Sekundärkontakt *m* dependent contact
Sekundärkreis *m* 1. *s.* Sekundärstromkreis; 2. harmonic suppressor *(bei Sendern)*
Sekundärkühlkreis[lauf] *m* secondary coolant circuit
Sekundärlichtquelle *f* secondary source [of light]
Sekundärmultiplex *m* second-order multiplex
Sekundärnetz *n* secondary network
Sekundärnormal *n (Meß)* secondary standard, reference standard
Sekundärprogramm *n (Dat)* secondary program
Sekundärradar *n* secondary radar [winding]
Sekundärrelais *n* secondary relay
Sekundärschiene *f* reaction plate, secondary *(bei Linearmotoren)*
Sekundärsicherung *f* secondary fuse
Sekundärspannung *f* secondary [terminal] voltage
Sekundärspeicherung *f (Dat)* secondary storage
Sekundärspule *f* secondary coil
Sekundärstrahler *m* secondary radiator
Sekundärstrahlung *f* secondary radiation
Sekundärstrom *m* secondary current
Sekundärstromkreis *m* secondary circuit
Sekundärteilchen *n* secondary particle
Sekundärversorgungsbereich *m (Nrt)* secondary service area
Sekundärverteileranschlüsse *mpl* secondary distribution mains
Sekundärverteilereinspeisung *f* secondary distribution feeder
Sekundärwasserkreislauf *m* secondary water circuit *(Kraftwerk)*
Sekundärwicklung *f* secondary winding, secondary
~ **des Transformators** transformer secondary
Sekundärzelle *f s.* Sekundärelement
Selbstabgleich *m* self-adjustment; automatic balancing, auto-balancing
selbstabgleichend self-adjusting; self-balancing
Selbstabsorption *f* self-absorption
selbstadjungiert self-adjoint, hermitian
Selbstadmittanz *f* **des Gegensystems** self-admittance of negative-sequence network
~ **des Mitsystems** self-admittance of positive-sequence network
~ **des Nullsystems** self-admittance of zero-sequence network
selbständig self-sustaining, self-sustained, self-maintained *(z. B. elektrische Entladung)*
selbstangetrieben self-propelled
Selbstanlasser *m* self-starter, automatic starter
Selbstanlauf *m* self-starting
selbstanlaufend self-starting
selbstanpassend self-adapting, self-adaptive
Selbstanschlußbetrieb *m (Nrt)* automatic telephone working
Selbstanschlußfernsprechamt *n* automatic telephone exchange
Selbstanschlußsystem *n* automatic telephone system
Selbstantrieb/mit self-propelled
Selbstaufheizkatode *f* ionic-heated cathode
Selbstaufheizung *f* internal heating
Selbstausgleich *m (Syst)* inherent regulation, self-regulation *(einer Strecke)*
Selbstauslöseeinrichtung *f* automatic tripping device
Selbstauslöser *m* automatic release, delayed action mechanism (release)
Selbstauslösung *f* automatic (delayed action) release
Selbstausschalter *m* automatic circuit breaker
Selbstaustausch *m* self-exchange
selbstbelüftet dry-type self-cooled *(Transformator)*
Selbstdiffusion *f* self-diffusion
Selbstdotierung *f (ME)* autodoping
Selbsteichung *f* self-calibration
selbsteinstellend self-adjusting
Selbsteinstellung *f* self-adjustment, automatic adjustment
Selbstmissionselektrode *f* self-electrode
Selbstenergie *f* self-energy
Selbstentladung *f* self-discharge, spontaneous (self-sustained) discharge
Selbstentzündung *f* self-ignition, spontaneous ignition
Selbsterfassung *f* autoregistering
Selbsterhitzung *f* self-heating
selbsterregend self-exciting
Selbsterregerwicklung *f* self-excitation winding
selbsterregt self-excited
Selbsterregung *f* self-excitation
~**/direkte** auto self-excitation
~**/getrennte** separate self-excitation
~**/harte** hard self-excitation *(bei Instabilität im Großen)*
~**/kritische** critical self-excitation
Selbsterregungsfähigkeit *f* self-excitation capability
Selbsterregungsschaltung *f* self-excited circuit
selbsterzeugt self-generated
selbstfokussierend self-focus[s]ing, autofocussing, autofocus
Selbstfokussierung *f***/elektrostatische** electrostatic self-focussing
selbstgekühlt self-cooled, natural-cooled
selbstgelöscht self-commutated
selbstgetrieben self-propelled
Selbsthaltekontakt *m* self-holding contact, lock-type contact; seal-in contact
Selbsthalterelais *n* latching relay
Selbsthalteschaltung *f* seal-in circuit
selbsthärtend self-curing *(z. B. Vergußmasse)*

Selbstheilung *f* self-healing *(z. B. von Kondensatoren, Bauelementen)*
Selbstheizung *f* internal heating
selbsthemmend self-locking
Selbstimpedanz *f* **des Gegensystems** self-impedance of negative-sequence network
~ **des Mitsystems** self-impedance of positive-sequence network
~ **des Nullsystems** self-impedance of zero-sequence network
Selbstinduktion *f* [self-]induction
Selbstinduktivität *f* 1. self-inductor; 2. [self-]inductance
~**/dekadisch einstellbare** *(Meß)* decade inductance box
Selbstionisation *f* autoionization
Selbstjustierung *f* self-alignment
Selbstkapazität *f* self-capacitance
Selbstklemme *f* self-clipping device
Selbstkontrolle *f* automatic check[ing]
Selbstkühlung *f* self-cooling
selbstlernend self-learning
selbstleuchtend self-luminous, self-lighting
Selbstleuchter *m* self-luminous body, primary radiator
selbstlöschend self-quenching *(Speicher)*; self-extinguishing *(Teilentladungen)*
~**/nicht** non-self-quenching
Selbstlöschung *f* self-extinction *(bei Teilentladungen)*
Selbstmischer *m s.* Selbstüberlagerer
Selbstmordschaltung *f (MA)* oppose-field connection
selbstoptimierend *(Syst)* self-optimizing
Selbstoptimierung *f (Syst)* self-optimization
Selbstorganisation *f* self-organization *(z. B. von Automaten)*
Selbstprogrammierung *f (Dat)* self-programming, automatic programming
Selbstprüfung *f (Dat)* self-checking
Selbstregelung *f* self-regulation, inherent regulation; automatic control
selbstregistrierend self-recording
Selbstregler *m* automatic controller (control unit)
selbstreinigend self-cleaning; self-wiping *(Kontakt)*
Selbstreinigungswirkung *f* wiping action *(Kontakt)*
Selbstreparatur *f* self-repair *(z. B. von Automaten)*
selbstreparierend self-repairing
Selbstreproduktion *f* self-reproduction *(von Automaten)*
Selbstrückstellung *f* self-resetting
Selbstsättigung *f* self-saturation
Selbstschalter *m* automatic cut-out, automatic circuit breaker
selbstschließend self-closing
selbstschmierend self-lubricating
Selbstschmierung *f* self-lubrication
selbstschreibend self-recording
Selbstschreiber *m* self-recording unit
selbstschwingend self-oscillating, self-oscillatory
selbstsperrend self-locking
Selbstsperrung *f* self-locking
Selbststarter *m* self-starter
Selbststartlampe *f* self-starting lamp
Selbststeuergerät *n* automatic (robot) pilot, autopilot
Selbststeuerung *f (Syst)* automatic control; automatic flight control *(Flugzeug)*
Selbststreuung *f* self-scattering
selbsttätig self-acting, automatic
Selbsttriggerung *f* internal triggering
Selbstüberlagerer *m (Nrt)* auto-heterodyne, autodyne *(beim Superhetempfang)*
selbstüberlagernd *(Nrt)* autodyne, autoheterodyning
Selbstüberlagerungsempfang *m (Nrt)* autodyne reception
Selbstüberwachungseinrichtung *f* self-test facility
Selbstumkehr *f* self-reversal, self-inversion
Selbstumschaltung *f* subscriber-activated change-over
selbstunterbrechend self-interrupting
Selbstunterbrecher *m* automatic interrupter
Selbstunterbrecherschaltung *f* self-interrupting circuit
Selbstunterbrechung *f* self-interruption, automatic interruption
selbstverlöschend self-extinguishing
Selbstwählferndienst *m (Nrt)* trunk dialling service
~ **nach Ortsnetzen anderer Staaten** nationwide dialling
Selbstwählferngespräch *n (Nrt)* dialled trunk call
Selbstwählfernverkehr *m (Nrt)* subscriber trunk (distance) dialling, long-distance dialling, direct distance dialling
~**/internationaler** international dialling
Selbstwähl[fernverkehrs]netz *n* direct distance dialling network
Selbstwartung *f* self-maintenance
selbstzündend self-ignitible
Selbstzündung *f* self-ignition, autoignition
Selektion *f* selection
Selektionsgrad *m* degree of selection
selektiv selective
Selektivabfrage *f* selective polling
Selektivempfänger *m* selective detector (receptor)
Selektivfilter *n* selective filter; *(FO)* fixed-target rejection filter
Selektivität *f* selectivity; overcurrent discrimination
~**/kontinuierlich regelbare** continuously variable selectivity
~**/spektrale** spectral selectivity
Selektivitätskurve *f* selectivity characteristic

Selektivtätsregelung *f* selectivity control
Selektivrelais selective relay
Selektivruf *m (Dat)* selective call[ing]; *(Nrt)* selective ringing
Selektivrufzeichen *n* selective call signal
Selektivschutz *m* selective protection
Selektivschutzsystem *n* discriminating protective system
Selektivstrahler *m (Licht)* selective (non-full) radiator
Selektode *f* variable mutual conductance tube, selectode *(Elektronenröhre)*
Selektor *m* selector
Selektron *n* selectron *(Speicherröhre)*
Selektronspeicher *m* selectron memory (store)
Selengleichrichter *m* selenium rectifier
Selenphotoelement *n* selenium cell (photocell)
Selenschütz *n* selenium relay
Selensperrschichtzelle *f* selenium barrier layer cell, selenium photovoltaic cell
Selenzelle *f* selenium [photo]cell
Selsyn *n* selsyn, synchro *(Meßwandler für Winkel)*
Selsynempfänger *m* selsyn repeater
Selsyngeber *m* selsyn transmitter
Semantik *f* semantics *(Beziehung zwischen Zeichen und deren Bedeutungen)*
semantisch semantic
semiempirisch semiempirical
semipermeabel semipermeable
Sendeabruf *m (Nrt)* polling
Sendeanlage *f* transmitting plant
Sendeantenne *f* transmitting aerial
Sendeaufforderung *f* polling call
Sendeaufforderungszeichen *n* proceed-to-transmit signal
Sendeaufruf *m (Nrt)* polling
~/automatischer auto-poll
Sendeband *n* transmission band
sendebereit clear to send
Sendebezugsdämpfung *f (Nrt)* sending reference equivalent
~/relative relative equivalent for sending
Sendediagramm *n* transmission diagram
Sendeeinrichtung *f* transmitting equipment
Sendeempfänger *m s.* Sende-Empfangs-Gerät
Sende-Empfangs-Gerät *n* transmitter-receiver, transceiver, transmitting and receiving set
~/tragbares handy-talkie
Sende-Empfangs-Kontakt *m* transmit-receive contact
Sende-Empfangs-Relais *n* transmit-receive relay
Sende-Empfangs-Röhre *f* transmit-receive tube
Sende-Empfangs-Schalter *m* transmit receive switch
Sende-Empfangs-Umschalter *m* transmit-receive switch, transmitting and receiving switch
Sende-Empfangs-Weiche *f* transmitter-receiver filter (circuit); *(FO)* duplexer
Sendeendstelle *f* transmitting terminal
Sendefolgenummer *f* forward (transmitter send) sequence number
Sendegebäude *n* transmitter house
Sendegerät *n* transmitting apparatus (set), transmitter
Sendegeschwindigkeit *f* transmission speed
Sendekanal *m* transmission (transmit) channel
Sendekontrolle *f* check of transmission
Sendelaser *m* transmitting laser
Sendelaufnummer *f* send sequence number
Sendeleistung *f* transmitting (sending) power
Sendeleitung *f* transmitter cable
Sendemast *m* radio mast, transmitter tower
senden to send, to transmit; to broadcast *(Rundfunk)*; *(Fs)* to televise, *(Am)* to telecast
~/drahtlos to transmit by radio
~/gleichzeitig *(Nrt)* to multiplex
~/nochmals to rebroadcast *(Rundfunk, Fernsehen)*
~/Trennstrom *(Nrt)* to space
~/über Relais[station] to rebroadcast
~/Wechsel *(Nrt)* to send reversals
Sendepegel *m* transmitting (output) level
Sendepulsnullfleckspur *f (FO)* main bang
Sender *m (Nrt)* transmitter, sender; projector *(Ultraschall)*
~/fremdgesteuerter controlled (driven) transmitter
~ für automatische Telegrammnumerierung automatic numbering transmitter
~/gepeilter tuned-in transmitter
~/optischer optical transmitter
~/quarzgesteuerter crystal-controlled transmitter
~/transportabler transportable transmitter
Senderaum *m* 1. [broadcasting] studio; 2. source room *(für Schalldämmungsmessung)*
Senderausfall *m* transmitter outage (failure)
Senderdämpfung *f* transmitter attenuation
Sendereichweite *f* transmission range, range [of transmission], coverage
Sendereingang *m* transmitter input
Sendereinstellknopf *m* tuning knob
Sender-Empfänger *m s.* Sende-Empfangs-Gerät
Senderendröhre *f* transmitter output valve (tube), main transmitting direction valve
Senderendstufe *f* power amplifier
Senderenergie *f* transmitter energy
Senderfrequenz *f* transmitter frequency
Senderichtung *f (Nrt)* direction of transmission, transmitting (sending) direction
Senderkontakt *m* transmitter contact
Senderleistung *f* transmitter power
Sendernetz *n* radio network
Senderöhre *f* transmitting (sending) valve, transmitter valve (tube)
~ mit Anodenkühlung cooled-anode transmitting valve, CAT valve
Senderrelais *n* transmitter relay
Senderröhre *f s.* Senderöhre

Senderschaltung *f* transmitter circuit
Senderschwingkreis *m* tank circuit
Senderseite *f s.* Sendeseite
senderseitig at the transmitting (sending) end, transmitting-end, sending-end
Senderspeisung *f* transmitter current supply
Sendersperröhre *f* anti-transmit-receive tube
Sendersperrzelle *f* transmitter-blocker cell
Senderstromversorgung *f* transmitter current supply
Senderstufe *f* transmitting stage, stage
Senderverstärker *m* transmitter amplifier
Senderverzerrung *f* transmitter distortion
Senderweiche *f* transmitter filter (cell)
Sendesaal *m* studio
Sendeseite *f* transmitting (sending, transmitter) end
Sendespannung *f* transmitting voltage
Sendestärke *f* transmitting power • **mit voller** ~ on full power
Sendestation *f* transmitting (sending) station, transmitter station; *(Nrt)* master station
~ **im gleichen Kanal** *(Fs)* co-channel station
Sendestelle *f s.* Sendestation
Sendestrom *m* transmitting current
Sendestromverhalten *n* transmitting current response
Sendesystem *n* transmitting system
Sendetrommel *f* drum transmitter
Sendeverstärker *m* transmitting amplifier
Sendeverzerrung *f* transmission distortion
Sendewählschiene *f (Nrt)* combination bar
Sendewelle *f* transmitting wave
Sendewirkungsgrad *m* transmitting efficiency
Sendezähler *m* meter relay
Sendezeit *f* time of transmission; broadcasting time *(Rundfunk)*
Sendung *f* 1. transmission; 2. programme *(Sendefolge)* • **auf ~ sein** to be on the air
~/computergenerierte (mittels Computer erzeugte) electronic computer-originated message, ECOM
Senke *f* 1. drain *(Elektrode eines Feldeffekttransistors)*; 2. sink; dip
Senkengebiet *n (El)* drain region
Senkenspannung *f (El)* drain voltage
Senkenstrom *m (El)* drain current
Senkrechtimpuls *m* vertical pulse
Senkrechtleiter *m* vertical conductor
Sensibilisator *m* sensitizer
Sensibilisierungsvorgang *m* sensitizing process
Sensistor *m* sensistor *(Si-Transistor mit stark temperaturabhängigem Widerstand)*
Sensitometerlampe *f* sensitometric lamp
Sensitometrie *f* sensitometry
Sensor *m* sensor
~/akustischer acoustic sensor
~/bildverarbeitender image-processing sensor
~/faseroptischer optical-fibre sensor
~/induktiver variable-inductance sensing element
~/integrierter integrated sensor
~/intelligenter smart sensor
~/optischer imaging device
~/optoelektronischer optoelectronic sensor
~/spulenförmiger sensing coil
~/tastempfindlicher tactile sensor
Sensorbildschirm *m* sensor screen, touch-sensitive screen
Sensorik *f* sensor technology
Sensorschalter *m* sensor switch
Sensortaste *f* sensor key, touch pad
Sensortechnik *f* sensor technology
Separator *m* separator *(Batterie)*
Separatrix *f (Syst)* separatrix *(Trennphasenbahn)*
separieren to separate
Sequentiellrechner *m* sequential computer
Sequenzamplitudendichte *f* sequential amplitude density *(Walsh-Funktion)*
Sequenzer *m* sequencer *(Tonfolgespeicher)*
Sequenzmultiplex *n* sequence-multiplexing
Sequenzspeicher *m* sequence memory (store)
Serie *f* series
seriell serial *(z. B. Speicherung)*
Seriell-Parallel-Umsetzung *f s.* Serien-Parallel-Umsetzung
Serienabfragezustand *m***/aktiver** *(Dat)* serial poll active state
Serienablesung *f* serial read-out
Serienbauelement *n* series element
Serienbetrieb *m* series (serial) operation
Seriendrucker *m* serial printer
Serieneinspeisung *f* series supply
Serienelement *n* series element
Serienfeld *n* series field
Serienfertigung *f* series (quantity) production
Serienfunkenstrecke *f* multiple spark gap
Seriengegenkopplung *f* series feedback
Seriengenerator *m* series-wound generator
Seriengerät *n* standard set
seriengeschaltet series-connected, connected in series
Seriengesetz *n* series law
Seriengrenze *f* series limit *(z. B. von Spektrallinien)*
Serieninterface *n* serial interface
Serienkondensator *m* series capacitor
Serienlampe *f* series lamp *(Glühlampe für Reihenschaltung)*
Serienleitwert *m* series admittance
Serienlinie *f* series line *(Spektrum)*
Serienmaschine *f* series-wound machine
Serienmodell *n* standard model
Serienmodulation *f* series (serial) modulation
Serienmotor *m* series-wound motor
Serien-Parallel-Anlasser *m* series-parallel starter
Serien-Parallel-Anlaßschalter *m* series-parallel switching starter
Serien-Parallel-Kombination *f* mixed grouping

Serien-Parallel-Schalter *m* series-parallel switch
Serien-Parallel-Umsetzer *m* series-to-parallel converter, staticizer
Serien-Parallel-Umsetzung *f* series-to-parallel conversion
Serien-Parallel-Wandler *m s.* Serien-Parallel-Umsetzer
Serien-Parallel-Wicklung *f* series-parallel winding
Serienreaktanz *f* series reactance
Serienrechenwerk *n (Dat)* serial arithmetic unit
Serienrechner *m* serial (sequential) computer
Serienrelais *n* series relay
Serienresonanz *f* series (voltage) resonance
Serienresonanzkreis *m* series resonance circuit
Serienschalter *m* multicircuit switch
Serienschaltung *f* series connection
Serienschnittstelle *f* serial interface
Serienschwingkreis *m* series resonance (tuned) circuit
Seriensignal *n (Syst)* series signal
Serienspardiode *f* booster diode
Serienspeicher *m* serial (sequential) store
Serienspeicherung *f* serial storage
Serienspeisung *f* series feeding (supply), serial feed
Serienspule *f* series coil
Serientransduktor *m* series transductor
Serientrimmer *m* padding capacitor, padder
Serienverbindung *f (Nrt)* polling call
Serienverfahren *n* serial operation
Serienverknüpfung *f (Dat)* serial configuration
Serienverteilersystem *n* series distribution system
Serienwiderstand *m* 1. series resistor; 2. series resistance
~ **mit vernachlässigbarem Temperaturkoeffizienten** *(Meß)* swamping resistance
Serienwortdarstellung *f (Dat)* serial word representation
Serienzugriff *m (Dat)* serial access
Service *m* service, servicing
servicefreundlich easy to service
Service-Ingenieur *m* field engineer
Service-Prüfprogramm *n* service checking routine
servoähnlich servolike
Servoanwendung *f* servo application
Servogerät *n* servo unit
servogeregelt servo-controlled
Servomechanismus *m (Syst)* servomechanism
~/mehrstufiger multicascade servomechanism
~/zweistufiger two-stage servomechanism
Servomotor *m* servomotor, servo *(in Regelsystemen) (Zusammensetzungen s. unter* Stellmotor*)*
Servoregelung *f* servo control
~/hydraulische hydraulic servo
Servosteuersystem *n (Syst)* servo control system
Servoventil *n* servo valve
~/hydraulisches hydraulic servo valve
Servoverstärker *m* servo amplifier
Servozylinder *m* slave cylinder
Sessionseinheit *f (Nrt)* session entity *(in Netzen)*
Setzeingang *m* set (S) input
setzen:
~/außer Betrieb to put out of operation, to take out of service; to stop
~/eine Stange to set a pole
~/in Betrieb to put (set) into operation, to start [up], to actuate
~/unter Druck to pressurize
~/unter Spannung to apply a voltage
~/unter Strom to energize
~/wieder in Gang to re-engage
~/zu Null to zero
Setzimpuls *m* set pulse
Setzimpulseingang *m* set pulse input
Setzleitung *f* set line
Setzschwelle *f* setting threshold
Setzwicklung *f* setting coil
SEV *s.* Sekundärelektronenvervielfacher
SFET *s.* Sperrschichtfeldeffekttransistor
SF_6-Leistungsschalter *m* SF_6 (sulphur hexafluoride) circuit breaker
SF_6-Schaltanlage *f (Eü)* gas-insulated substation
Shannon-Fano-Huffmann-Kode *m (Dat)* Shannon-Fano-Huffmann code
Sheffer-Funktion *f* Sheffer stroke function *(Schaltlogik)*
Sheffer-Strich *m* Sheffer stroke *(NAND-Funktion)*
SHF *s.* Superhochfrequenz
Shunt *m s.* 1. Nebenschluß; 2. Nebenschlußwiderstand
SI *s.* Einheitensystem/Internationales
sicher safe, proof; reliable *(betriebssicher)*
~/geometrisch geometrically safe *(Reaktortechnik)*
Sicherheit *f* safety, reliability; security, freedom from danger *(Gefahrlosigkeit)*; freedom from care *(Risikolosigkeit)*
~/erhöhte increased safety *(Ex-Schutz)*
~ **gegen Abhören** *(Nrt)* safety from interception
~/zweifache twofold safety
Sicherheitsabschätzung *f* security assessment
Sicherheitsabstand *m* 1. clearance; 2. *s.* Sicherheitsband
Sicherheitsanforderungen *fpl* safety requirements
Sicherheitsauslösung *f* safety release
Sicherheitsausschalter *m* safety cut-out
Sicherheitsband *n* [interference-]guard band *(zwischen Frequenzbändern)*
Sicherheitsberechnung *f* security evaluation
Sicherheitsbestimmungen *fpl* safety regulations
Sicherheitsbügel *m* retaining clip
Sicherheitseinrichtung *f* safety device
Sicherheitsfaktor *m* safety factor
Sicherheitsfilm *m* safety [base] film
Sicherheitsfunkenstrecke *f* safety [spark] gap

Sicherheitsgrenze *f* safety limit
Sicherheitsgrenzschalter *m* safety limit switch
Sicherheitsindex *m (Syst)* certainty index; confidence index *(Statistik)*
Sicherheitsklemme *f* safety terminal
Sicherheitskode *m (Dat)* error-correcting code
Sicherheitskoeffizient *m* safety factor
Sicherheitskontrolle *f* safety control
Sicherheitsleuchte *f* safety lamp
Sicherheitsmaßnahme *f* safety precaution
Sicherheitsmeldung *f* safety message
Sicherheitsöffnung *f (MA)* relief door
Sicherheitsregler *m* safety governor
Sicherheitsrelais *n* safety relay
Sicherheitsriegel *m* safety catch
Sicherheitsring *m* retaining ring
Sicherheitsrückruf *m* secure dial-back
Sicherheitsschalter *m* safety switch
Sicherheitsschaltung *f* safety circuit
Sicherheitsschleife *f* safety loop
Sicherheitssignal *n* safety signal
Sicherheitsspalt *m* safe gap
Sicherheitsspielraum *m* margin of safety
Sicherheitsstarter *m (Licht)* safety starter switch
Sicherheitsüberwachung *f* safety control
Sicherheitsüberwachungsmerkmal *n* safety control feature
Sicherheitsvorrichtung *f* safety device
Sicherheitsvorschriften *fpl* safety regulations
Sicherheitswinkel *m (Srt)* margin of commutation
sichern 1. to secure; to [safe]guard, to protect; 2. to fuse
Sicherung *f* 1. fuse [unit]; fuse link; 2. protection; 3. safeguard
~ **des Speicherinhalts** *(Dat)* memory protection
~/**dünndrähtige** fine-wire fuse
~/**durchgebrannte** blown fuse
~/**einpolige** single-pole fuse
~/**flinke** fast[-action] fuse, instantaneous (quick-break, quick-trip) fuse
~/**flüssigkeitsgefüllte** liquid-filled fuse
~/**geschlossene** enclosed fuse
~/**granulatgefüllte** granular-filled fuse [unit]
~/**halbgeschlossene** semienclosed fuse
~/**mehrpolige** multipole fuse
~ **mit freiliegendem Schmelzdraht** open-wire fuse
~ **mit Löschflüssigkeit** liquid-quenched fuse
~ **mit Unterbrechungsmelder** indicating fuse
~/**nichtverwechselbare** non-interchangeable fuse
~/**offene** open-wire fuse
~/**regenerierbare** factory-renewable fuse
~/**schnellabschaltende** *s.* ~/flinke
~/**strombegrenzende** current-limiting fuse
~/**träge** time-delay fuse, time-lag fuse, delay[-action] fuse, slow-blow fuse
~/**überflinke** high-speed fuse [link]
~/**vorgeschaltete** *(An)* back-up fuse, line[-side] fuse
~/**zweipolige** bipolar (double-pole) fuse
Sicherungsalarmanlage *f* fuse alarm device
Sicherungsanlage *f* protective device
Sicherungsanschluß *m* fuse terminal
Sicherungsausschalter *m* fuse disconnecting switch
Sicherungsautomat *m* automatic circuit breaker
Sicherungsbemessung *f* fuse rating
Sicherungsbolzen *m* safety bolt
Sicherungsdraht *m* fuse wire
Sicherungseinrichtungen *fpl* fusegear
Sicherungseinsatz *m* fuse cartridge (link)
~/**geschlossener** *(An)* enclosed fuse link
Sicherungselement *n* fuse link *(Schmelzeinsatz)*; fuse block (unit)
Sicherungsfassung *f* fuse holder
Sicherungsfüllung *f* fuse filler
Sicherungsgestell *n (Nrt)* protector rack
Sicherungsgriff *m* fuse carrier *(Rohrpatronensicherung)*
Sicherungsgrundplatte *f* fuse support
Sicherungshalter *m* fuse holder
Sicherungshebel *m* safety catch
Sicherungskasten *m* fuse (cut-out) box
Sicherungsklemme *f* fuse clip *(Einsteckkontakt)*
Sicherungskontakt *m* fuse contact
Sicherungskoordinierung *f* coordination of fuse
Sicherungskörper *m* fuse body
Sicherungsleiste *f* fuse strip
Sicherungsnormal *n (Meß)* duplicate (reserve) standard
Sicherungspatrone *f* fuse cartridge, cartridge (enclosed) fuse
Sicherungsrohr *n* fuse tube
Sicherungsschalter *m* fuse[-disconnecting] switch
Sicherungsschicht *f (Nrt)* data link layer
Sicherungssockel *m* fuse socket, cut-out base
Sicherungsstift *m* securing pin
Sicherungstafel *f* fuse panel (board)
Sicherungstrenn[schalt]er *m* fuse disconnector
Sicherungszange *f* fuse tongs
Sichtanzeige *f* visible indication, [visual] display
~/**helle** bright display
Sichtanzeigegerät *n* visual indicator
Sichtanzeigeprozessor *m* visual image processor
Sichtausbreitung *f (FO)* sight (line-of-sight) propagation
sichtbar visible • ~ **machen** to render visible; to display
Sichtbarkeit *f* visibility
Sichtbarkeitsgrad *m* visibility factor
Sichtbarkeitsgrenze *f*, **Sichtbarkeitsschwelle** *f* visibility threshold, threshold of visibility
Sichtbarkeitsverhältnisse *npl* conditions of visibility
Sichtbegrenzung *f* limited vision
Sichtdarstellung *f* visual presentation
Sichteinheit *f s.* Sichtgerät
Sichtfunkpeiler *m s.* Sichtpeiler

Sichtgerät *n* visual display unit, VDU, video display unit, terminal, display [unit]; CRT (cathode-ray tube) display system; indicator; oscilloscope
Sichtlinie *f* line of sight
Sichtlochkarte *f (Am)* peek-a-boo card
Sichtmesser *m* visibility meter
Sichtminderung *f* visibility loss
Sichtpeiler *m* optical (cathode-ray) direction finder, bearing indicator
Sichtpeilverfahren *n* optical (cathode-ray) direction finding
Sichtreichweite *f s.* Sichtweite
Sichtröhre *f* character display (indicator) tube
Sichtscheibe *f* window
Sichtspeicherröhre *f* character (viewing) storage tube
~ **mit Dunkelschrift** dark-trace tube
Sichtweite *f* visibility [range], visual (optical) range
~/**deutliche** distance of distinct vision
~/**optische** optical distance
Sichtwiedergabe *f* video representation
Sickenverbindung *f* crimped joint
Sieb *n* 1. *(El)* filter, eliminator; 2. screen *(z. B. für Siebdrucktechnik)*
Siebaudiometer *n* screening audiometer
Siebblende *f* diaphragm with marginal holes
Siebdrossel *f* filter (smoothing) choke
Siebdruck *m* [silk-]screen printing
Siebdruckeinrichtung *f* screen printer
Siebdruckfarbe *f* silk-screen ink, screen [printing] ink
Siebdruckpaste *f* silk-screen paste
Siebdruckrahmen *m* silk-screen frame
Siebdruckverfahren *n* [silk-]screen printing, screening method, screen printing technique
sieben *(El)* to filter
Siebenpolröhre *f* heptode
Sieben-Schichten-Modell *n* seven layer model *(Kommunikation offener Systeme)*
Siebensegmentanzeige *f* seven-segment display, seven-bar segmented display, stick display
Siebglied *n (El)* filtering unit, filter [element]
Siebkette *f (El)* filter [network], wave[-band] filter, band (selective) filter
Siebkondensator *m* filter capacitor
Siebkreis *m* selective (harmonic suppression) circuit
Siebschaltung *f* filter circuit
Siebung *f (El)* filtering
Siebwiderstand *m* filter resistor
Siedepunktserhöhung *f* boiling point elevation (rise)
Siederohr *n* boiling tube
Siedewasserkühlung *f* cooling by boiling water
Siedewasserreaktor *m* boiling water [nuclear] reactor, BWR
Siegellack *m* sealing wax
SI-Einheit *f* SI unit
Siemens *n* siemens, S, reciprocal ohm, *(Am)* mho *(SI-Einheit des elektrischen Leitwerts)*
Si-Gate-Technik *f s.* Siliciumgatetechnik
Signal *n* signal
~/**abgehendes** *(Nrt)* go-signal
~/**akustisches** sound (acoustic, audible) signal
~/**analoges** analogue signal
~/**aufgeprägtes** insert signal *(z. B. für Prüfzwecke)*
~/**auslösendes** command signal
~/**bandbegrenztes** bandwidth-limited signal
~/**binär bewertetes** weighted binary signal
~/**binäres** binary signal (command), high-low signal
~/**bipolares** bipolar signal *(umgetastetes Signal)*
~/**deterministisches** deterministic signal
~/**digitales** digital signal
~/**diskontinuierliches** discontinuous signal
~/**diskretes** discrete signal
~/**dreieckförmiges** triangular signal
~/**elektrisches** electric signal
~/**entschlüsseltes** decoded signal
~/**externes** external signal
~/**getastetes** sampled signal
~/**gleichphasiges** in-phase signal
~/**großes** high-level signal
~/**halbautomatisches** semiautomatic signal
~/**hörbares** ~/akustisches
~/**kodiertes** code[d] signal
~/**kontinuierliches** continuous signal
~/**mehrdimensionales** multiple signal *(mindestens zwei Informationsparameter)*
~ **mit begrenzter Bandbreite** bandwidth-limited signal
~ **mit beschränkten Werten** bounded signal
~ **mit großer Bandbreite** wide-band signal
~ **mit hohem Pegel** high-level signal
~ **mit unbegrenzter Bandbreite** infinite-bandwidth signal
~/**nichtdeterministisches** non-deterministic signal
~/**numerisches** numerical signal
~/**optisches** visual (optical) signal
~/**quantisiertes** sampled-data signal
~/**rauschfreies** noise-free signal
~/**rechteckförmiges** square signal
~/**regelloses** random signal
~/**sägezahnförmiges** sawtooth signal
~/**schwaches** low-level signal
~/**sinusförmiges** sinusoidal signal
~ **„Testen und Setzen"** *(Dat)* "test-and-set" signal
~/**undeutliches** *(Nrt)* mushy signal
~/**unerwünschtes** unwanted signal
~/**ungestörtes** undisturbed signal
~/**unipolares** unipolar signal
~/**unsymmetrisches** dissymmetrical signal
~/**willkürliches** arbitrary signal
~/**zeitkontinuierliches** continuous-time signal
~/**zeitquantisiertes** discrete-time signal
~/**zufälliges** random signal
~/**zurückkommendes** return signal

~/zusammengesetztes composite signal
Signalabschwächung *f* signal attenuation
Signalabstand *m* signal distance
Signalader *f (Nrt)* signal wire
Signalalphabet *n (Nrt)* signalling alphabet
Signalamplitude *f* signal amplitude
Signalanalysator *m* signal analyzer
Signalanpassung *f* signal matching
Signalanzeiger *m***/registrierender** recording signal indicator
Signalaufzeichnung *f* signal recording
Signalausfall *m (Nrt)* drop-out
Signalausgang *m* signal output
Signalausgangsstrom *m* signal output current
Signalauswertezeit *f (Nrt)* signal recognition time
Signalbatterie *f* signalling battery
Signalbegrenzer *m (Syst)* signal limiter (clipper)
Signalbündel *n* burst
Signaldämpfung *f* signal attenuation
Signale *npl* **mit Frequenzabstand** frequency-spaced signals
Signaleingang *m* signal input
Signaleinrichtung *f* signal device
Signalelektrode *f* signal electrode *(Bildaufnahmeröhre)*
Signalempfänger *m* signal receiver
Signalerfassung *f (Ak)* waveform acquisition (capture)
Signalerneuerung *f* signal regeneration
Signalfarbe *f* signal colour
Signalfilter *n* signal filter
Signalflügelkontakt *m* arm contact
Signalfluß *m (Syst)* signal flow, flow of signals
Signalflußbild *n*, **Signalflußdiagramm** *n s.* Signalflußplan
Signalflußplan *m (Syst)* signal-flow diagram (graph), [functional] block diagram
~/linearer linear signal-flow graph
Signalfolge *f***/typische** signature
Signalfolgefehler *m (Syst)* illogical sequence error
Signalformer *m* signal conditioner
Signalformextraktor *m (Ak)* waveform retriever
Signalformung *f* signal shaping (conditioning)
Signalformungsschaltung *f* signal-shaping network
Signalformungsverstärker *m* signal-shaping amplifier
Signalfrequenz *f* signal frequency
Signalgabe *f (Nrt)* signalling
~/abschnittsweise link-by-link signalling
~ außerhalb des Bands outband signalling
Signalgabeplan *m (Nrt)* signalling plan
Signalgabesystem *n (Nrt)* signalling system
Signalgenerator *m* signal generator (oscillator)
Signalgerät *n* signal device
Signalgeschwindigkeit *f* signal velocity, speed of signalling
Signalgleichrichter *m* detector
Signalgleichrichtereinheit *f* detection unit
Signalgleichrichterschaltung *f* detector circuit
Signalhupe *f* electric hooter (horn) *(Kraftfahrzeug)*
Signalidentifikation *f* signal identification
Signalimpuls *m* signal pulse
signalisieren to signal, to signalize
Signalisierung *f* **außerhalb der Zeitlagen** *(Nrt)* out-slot signalling
~/durchgehende end-to-end signalling
~ innerhalb der Zeitlagen in-slot signalling
Signalisierungskanal *m (Nrt)* signalling channel
~/zentraler common signalling channel
Signalkanal *m* signal channel
Signalkompression *f* signal compression
~/analoge analogue [signal] compression
Signalkontrast *m* signal contrast
Signalladung *f* signal charge
Signallampe *f* signal (indicator, pilot, annunciator) lamp; panel indicator lamp *(an Schalttafeln)*; alarm lamp
Signallampentafel *f* signal lamp board
Signallaufzeit *f* signal transfer (propagation) time, signal delay time
Signalleistung *f* signal power
~/verfügbare mittlere available mean signal power
Signalleitung *f* signal line
Signallicht *n* signal (indicator) light
Signalmarkierer *m* signal tracer
Signalmittelung *f* signal averaging
Signal-Nebensprech-Verhältnis *n (Nrt)* signal-to-cross talk ratio
Signalpegel *m* signal level; logic level *(in Logikschaltungen)*
Signalpegelmeßgerät *n* signal strength meter
Signalpegelmeßplatz *m* transmission measuring level
Signalprozessor *m (Dat)* signal (digital) processor
Signalquelle *f* signal source
Signalrahmen *m (Nrt)* signalling shelf
Signal-Rausch-Charakteristik *f* signal-to-noise characteristic
Signal-Rausch-Verhältnis *n* signal-to-noise ratio
Signalröhre *f* signal (glow-discharge) tube
Signalrücklicht *n* signal back light
Signalrückmelder *m (Nrt)* signal indicator
Signalscheibe *f (Nrt)* signal shutter
Signalschwankung *f* jitter
Signalsirene *f* coding siren
Signalspannung *f* signal voltage
Signalspeicher *m (Dat)* [signal] latch; *(Ak)* transient recorder; event recorder
Signalspeicherröhre *f* signal converter storage tube
Signalspeicherung *f* signal storage
~/digitale digital signal storage
Signalstabilisierung *f (Syst)* signal stabilization
Signalstärke *f* signal strength (intensity)
Signalstärkemesser *m* signal meter
Signalsteuerrelais *n* signal control relay

Signalstrom *m* signal current
Signalstromkreis *m* signal circuit; *(Nrt)* line circuit
Signaltafel *f* signal board, annunciator
Signalteil *m* **des Einschwingvorgangs** transient component [of signal]
~/erzwungener forced component [of signal]
~/flüchtiger (freier) free component [of signal], transient component (part)
~/niederfrequenter low-frequency component [of signal]
~/stationärer steady-state component [of signal]
Signalthermometer *n* alarm thermometer
Signalübertragung *f* signal transmission
Signalübertragungsgeschwindigkeit *f* signal transmission rate
Signalübertragungsschalter *m* signal transfer switch
Signalübertragungszeit *f* signal transfer time
Signalüberwachung *f* signal control
Signalumformer *m* signal transducer
Signalumformung *f* signal conversion
Signalumsetzer *m* signal converter
Signalumwandlung *f* signal conversion
Signalverarbeitung *f* signal processing (conditioning)
~/empfangsseitige postreception processing
~ nach Demodulation post-detection signal processing
Signalverarbeitungseinheit *f* signal processor
Signalverdichtung *f* signal compression
Signalverfolger *m* signal tracer
Signalvergleicher *m* comparing element
Signalverstärker *m* signal amplifier
Signalverstärkung *f* signal amplification
Signalverzerrung *f* signal distortion
Signalverzögerung *f* signal delay
Signalwähler *m* signal selector
Signalwandler *m* signal converter (transducer)
Signalweg *m* signal path
Signalwegenetz *n (Nrt)* signal network
Signalwelle *f* signal wave
Signalwicklung *f* signal winding
Signalwiedergabe *f* signal reproduction
Signalzerhackung *f* signal chopping
Signaturanalysator *m* signature analyzer
Signaturregister *n* feedback shift register
Signifikanzgrad *m*, **Signifikanzniveau** *n* significance level
Signifikanztest *m* significance test
Silbenabschneidung *f* mutilation of syllables
Silbenverständlichkeit *f* syllable articulation (intelligibility), intelligibility of syllables
Silberbelag *m* silver coating
silberbelegt silver-surfaced
Silberbromidelektrode *f* silver bromide electrode
Silber-Cadmium-Element *n* silver-cadmium cell
Silberchloridbatterie *f* silver chloride battery
Silberchloridelektrode *f* silver chloride electrode
Silberdraht *m* silver wire
Silberelektrode *f* silver electrode
Silberfilm *m* silver film
Silberglimmerkondensator *m* silvered-mica capacitor
Silberiodidelektrode *f* silver iodide electrode
Silberoxidelement *n* silver oxide cell
silberplattieren to silver-plate
silberplattiert silver-clad, silver-plated
Silber-Silberchlorid-Elektrode *f* silver-silver chloride electrode
Silber-Zink-Akkumulator *m* silver-zinc storage battery, zinc-silver accumulator
Silber-Zink-Element *n* silver-zinc cell
Silber-Zink-Trockenelement *n***/alkalisches** alkaline silver-zinc dry cell
Silent-Block *m* silent block *(Schwingungsdämpfung)*
Silicatglas *n* silicate glass
Silicium *n* silicon
~ auf Isolator silicon on insulator, SOI
~ auf Saphir silicon on sapphire, SOS *(Zusammensetzungen s. unter* SOS*)*
~/hochreines high-purity silicon
~/polykristallines polysilicon
Siliciumanreicherungs-N-Kanal-MOS-Transistor *m* enhancement n-channel silicon MOS-transistor
Siliciumanreicherungs-P-Kanal-MOS-Transistor *m* enhancement p-channel silicon MOS-transistor
Silicium-auf-Saphir-Transistor *m* silicon-on-sapphire transistor
Siliciumbauelement *n (El)* silicon device
Siliciumcarbid *n* silicon carbide *(Widerstandswerkstoff)*
Siliciumcarbidheizelement *n* silicon carbide heating element
Siliciumcarbidstab *m* silicon carbide rod *(Heizelement)*
Siliciumcarbidstein *m* silicon carbide brick
Silicium-Dehnungsmeßstreifen *m* silicon tensometer
Siliciumdiode *f* silicon diode
Siliciumdioxid *n* silicon dioxide
Siliciumflächendiode *f* silicon junction diode
Siliciumflächengleichrichter *m* silicon junction rectifier
Siliciumflächenleistungsdiode *f* silicon junction power diode
Siliciumgatetechnik *f* silicon-gate technique *(für integrierte MIS-Schaltungen)*
Siliciumgleichrichter *m* silicon rectifier
~/gesteuerter silicon controlled rectifier
Siliciumgleichrichterdiode *f***/schnelle** *(LE)* fast-recovery silicon rectifier diode
Siliciumkleinflächengleichrichter *m* small-area silicon rectifier
Siliciumkristallgleichrichter *m* silicon crystal rectifier
Siliciumlegierungstransistor *m* silicon alloy transistor

Siliciumnitrid *n* silicon nitride
Siliciumnitridpassivierung *f* silicon nitride passivation
Siliciumoxid *n* silicon oxide
Siliciumphotoelement *n* silicon photovoltaic cell
Siliciumplanar-npn-Phototransistor *m* silicon planar n-p-n phototransistor
Siliciumplanartechnik *f* silicon planar technique
Siliciumplättchen *n* silicon die (wafer)
Silicium-pn-Diode *f* silicon p-n diode
Silicium-pn-Sperrschicht *f* silicon p-n junction
Silicium-pn-Übergang *m* silicon p-n junction (transition)
Siliciumscheibe *f* silicon wafer (slice)
Siliciumschmelze *f* silicon melt
Siliciumsolarelement *n* silicon solar cell
Siliciumsperrschichtphotoelement *n* silicon photovoltaic cell
Siliciumstab *m* silicon rod
Siliciumstromtor *n* silicon thyratron
Siliciumsubstrat *n* silicon substrate
Siliciumtemperaturaufnehmer *m* silicon temperature sensor
Siliciumthyristor *m* silicon-controlled rectifier
Siliciumtortechnik *f* silicon-gate technique *(für integrierte MIS-Schaltungen)*
Siliciumtransistor *m* silicon transistor
Siliciumunterlage *f* silicon substrate
Siliciumwiderstand *m* silicon resistor
Siliciumzelle *f* silicon cell
Silikonfett *n* silicone grease
Silikongummi *m* silicone rubber
Silizium *n s.* Silicium
Silospeicher *m* push-up storage
Silumin *n* silumin *(Aluminium-Silicium-Legierung)*
Simplexbetrieb *m (Nrt)* simplex operation (working), one-way operation
Simplexverbindung *f (Nrt)* simplex circuit
Simplexverkehr *m s.* Simplexbetrieb
SIMULA simulation language
Simulation *f* simulation
Simulationsgeschwindigkeit *f* simulation speed
Simulationsprogramm *n* simulator [program], simulation routine
Simulationsprüfung *f* simulation testing
Simulationssprache *f (Dat)* simulation language
Simulator *m* [training] simulator
simulieren to simulate
Simulierung *f* simulation
Simultanbetrieb *m* simultaneous (composite) working
Simultanbewegung *f* concurrent motion
Simultanblendung *f* simultaneous glare
Simultaniteration *f* simultaneous iteration
Simultankontrast *m* simultaneous contrast
Simultanleitung *f* bunched circuit
Simultanrechner *m* simultaneous (parallel) computer
Simultanschaltung *f (Nrt)* composite (superposed) circuit
Simultansteuerung *f*/**elektronische** simultaneous electronic control
Simultantelegraf *m* superposed telegraph
Simultantelegrafenleitung *f* telegraph superposed circuit
Simultantelegrafie *f* simultaneous telegraphy
Simultanübertragung *f (Nrt)* simultaneous transmission
Simultanverarbeitung *f (Dat)* simultaneous (parallel) processing
Simultanverfahren *n* simultaneous colour television system
Singularität *f* singularity
~/wesentliche essential (significant) singularity
sin²-Impuls *m* sin-squared impulse
sinken to drop, to fall, to decrease *(z. B. Spannung, Temperatur)*
Sinterelektrode *f s.* Söderberg-Elektrode
Sinterhartmetall *n* [cemented] hard metal, cemented [hard] carbide
Sinterkatode *f* self-baking cathode
Sinterkontaktwerkstoff *m* sintered[-powder metal] contact material
Sintermetall *n* sintered[-powder] metal
sintern to sinter
Sintertränktechnik *f* sinter metal impregnation
Sinusablenkung *f* sine-wave sweep
Sinusbedingung *f* sine condition
~/Abbesche Abbe's sine condition
Sinusbewegung *f* sine movement
Sinusbussole *f* sine galvanometer
Sinusdiagramm *n* sinusoidal diagram
Sinusfeld *n* sinusoidal field
sinusförmig sinusoidal, sine-shaped
Sinusfunktion *f* sine (sinusoidal) function
~/abklingende damped sine [function]
~/exponentiell abklingende exponentially damped sine [function]
Sinusfunktionsgenerator *m* sine function generator
Sinusgenerator *m s.* Sinuswellengenerator
Sinusgröße *f* sinusoidal quantity, sinusoid
Sinuskompensator *m* sine potentiometer
Sinus-Kosinus-Kompensator *m s.* Sinus-Kosinus-Potentiometer
Sinus-Kosinus-Potentiometer *n* sine-cosine potentiometer, flat card resolver
Sinuspotentiometer *n* sine potentiometer
Sinusprogramm *n (Dat)* sine program (routine)
Sinusrauschgenerator *m* sine-random generator
Sinusschwingung *f* sinusoidal vibration (oscillation), sine[-wave] oscillation, harmonic oscillation
~/gedämpfte damped sine-wave oscillation
Sinusspannung *f* sinusoidal voltage, sine[-wave] voltage
Sinusstrom *m* sine (sinusoidal) current, simple harmonic current

Sinustransformation *f* sine transform
Sinuswelle *f* sine (sinusoidal, harmonic) wave
~ **mit kontinuierlich einstellbarer Phase** continuously variable-phase sine wave
Sinuswellenablenkung *f* sine-wave sweep
Sinuswellenform *f* sine-wave form
Sinuswellengenerator *m* sine-wave generator (oscillator), sinusoidal (harmonic) oscillator
Sinuswellenschwingung *f* sine-wave oscillation
~/gedämpfte damped sine-wave oscillation
SIPOS *s.* Polysiliciumtechnologie/halbisolierende
Sitz *m* 1. seat[ing]; 2. fit
Sitzbeschleunigungsmesser *m s.* Sitzkissenaufnehmer
sitzend/straff close-fit *(eng toleriert)*
Sitzkissenaufnehmer *m (Meß)* seat accelerometer *(mit integrierten Beschleunigungsaufnehmern)*
Sitzungsschicht *f (Nrt)* session layer *(in Netzen)*
Skala *f* scale
Skalar *m* scalar [quantity]
Skalarfeld *n* scalar field
Skalarfunktion *f* scalar function
Skalarpotential *n* scalar potential
Skalarprodukt *n* scalar product
Skalarprozessor *m* scalar processor
Skale *f (Meß)* scale; dial
~/gleichmäßig geteilte evenly divided scale
~/kombinierte semidigital scale, seminumerical scale
~/lineare (linear geteilte) linear reading
~ **mit konstantem Abstand der Teilungsmarken** equidistant scale
~ **mit konstantem Skalenwert** constant-interval scale
~ **mit quadratischer Teilung** square-law scale
~/nichtlineare non-linear scale
~/quadratisch geteilte square-law scale
~/regelmäßige regular scale
Skalenablesung *f* scale reading
Skalenabschnitt *m* scale zone
Skalenanfangswert *m* minimum scale value
Skalenanpassung *f* **durch gesteuerte Division** scaling by controlled division *(z. B. bei Meßgrößenwandlern)*
Skalenausschlag *m* scale deflection, swing on the dial
Skalenbeleuchtung *f* dial illumination
Skalenbereich *m* scale range, [measuring] range
Skalenbezifferung *f* scale numbering
Skalenblatt *n* [indicator] dial
Skaleneinheit *f* scale unit
Skaleneinteilung *f* graduation, scale division, scale
Skalenendmarke *f* scale end mark
Skalenendwert *m* maximum (end, full) scale value
Skalenfaktor *m* 1. deflection factor *(reziproke Empfindlichkeit eines Meßgeräts)*; 2. scale factor *(Umrechnungsverhältnis)*
Skalenfehler *m* scale error
Skaleninstrument *n* direct-reading instrument
Skalenintervall *n* scale interval (spacing)
Skalenkontrolle *f* ranging
Skalenlampe *f* dial lamp
Skalenlänge *f* scale length (span)
Skalenmarke *f* scale mark, graduation line (mark)
Skalenparameter *m* scale parameter
Skalenscheibe *f* [graduated] dial
Skalenseil *n* drive cord
Skalenstrich *m* scale mark (line)
Skalenteilung *f* scale division, graduation, scale
Skalenteilungsfehler *m* scale error
Skalenträger *m* dial
Skalentrieb *m* dial drive
Skalenumfang *m* scale span
Skalenverzerrung *f* scale distortion *(Ablesefehler bei Instrumenten)*
Skalenvollausschlag *m* full scale
Skalenwert *m* value of a scale division, scale interval; [scale] reading
~/kleinster minimum scale value
Skalenzeiger *m* dial pointer
Skalierbarkeit *f* scalability
Skalieren *n***/dynamisches** *(ME)* zooming
Skalierung *f (ME)* scaling *(Abmessungsänderung nach bestimmten Regeln)*
Skalierungsfaktor *m* scaling factor
S-Karte *f* control chart for standard deviations
Skating-Kraft *f* skating force *(Schallplatte)*
Skiaskop *n* skiascope
Skiatron *n* skiatron
Skineffekt *m* skin effect *(Stromverdrängung)*
Skintiefe *f* skin depth
Slave-Prozessor *m (Dat)* slave processor
SMA surface-mounted assembly
SMA-Technologie *f (ME)* surface-mounted technology, SMA *(von Chip-Bauelementen)*
Smart-Sensor *m* smart sensor
Smartware *f (Dat)* Smartware *(Betriebskomfort)*
SMD surface-mounted device, SMD
SMD-Technik *f (ME)* surface-mount[ing] technology, SMD technology
Smith-Diagramm *n* Smith chart
Sockel *m* 1. socket, lamp base (cap); base *(Elektronenröhre)*; fuse base *(Sicherung)*; [mounting] plug *(Relais)*; 2. pedestal
~/achtpoliger eight-pin base
~/schwingungsfreier antivibration base
~/stiftloser side [contact] base
Sockeladapter *m* valve adapter
Sockelanschlußklemme *f* terminal of lampholder
Sockelart *f* type of lamp cap
Sockelkitt *m* basing (capping) cement *(z. B. für Röhren)*
Sockelmantel *m* base covering
sockeln to base, to cap *(Elektronenröhren)*
Sockelschaltbild *n* terminal lead designation

Sockelschaltung *f* pin connection; basing *(Elektronenröhren)*
Sockelstift *m* base prong, [base] pin
Sockel[übergangs]widerstand *m* socket resistance
Sockelwulst *m(f)* cap skirt
Söderberg-Elektrode *f* Söderberg (self-baking, continuous) electrode *(Reduktionsofen)*
Soffittenlampe *f* tubular [line] lamp
Sofortdurchschlag *m* instantaneous breakdown
Sofortkommando *n* immediate command
Sofortoperation *f* immediate operation
Sofortregler *m* instantaneous controller
Sofortruf *m (Nrt)* immediate ringing
Sofortsperre *f (Nrt)* immediate busy
Sofortverkehr *m (Nrt)* no-delay operation (service, working), demand traffic (service), no-hang-up service
Sofortzugriff *m (Dat)* immediate access
Softerror *m* soft error *(z. B. durch* α*-Teilchenbestrahlung)*
Software *f (Dat)* software *(Programmausstattung einer Datenverarbeitungsanlage)*
~ **für höhere Programmiersprachen** high-level software
~/**wiederverwendbare** general-purpose software
Softwareausstattung *f* software package
Softwareemulation *f* software emulation
Softwareentwicklung *f* software development
Softwareentwicklungssystem *n* software development system
softwaregesteuert software-controlled
softwarekompatibel software-compatible
softwarekontrolliert software-controlled
Softwaremodul *m* software module
Softwarepaket *n* software package
Softwaretechnik *f* software engineering
Softwaretreiber *m* software driver
Softwareunterstützung *f* software support
Sohn *m* stamper *(Zwischenstufe bei der Schallplattenherstellung)*
SOI *(ME)* silicon on insulator, SOI
Solarbatterie *f* solar battery; solar-cell array
solarbatterie[n]gespeist solar-powered
Solarbatteriesystem *n* solar cell system
Solarelement *n* solar cell
Solarkollektor *m* [solar] collector
Solarkonstante *f* solar constant
Solarkonverter *m* solar energy converter
Solarstrahlung *f* solar radiation
Solarzelle *f* solar cell
Solarzellenanordnung *f* solar-cell array; solar battery
Solenoid *n* solenoid
~/**ideales zylindrisches** ideal solenoid
Solenoidanlasser *m* solenoid starter
Solenoidkern *m* solenoid core
Solenoidmagnet *m* solenoid magnet
Solenoidrelais *n* solenoid relay
Solistenmikrofon *n* soloist's microphone
Soll *n* must value *(Relais)*
Sollabmessung *f* nominal dimension
Sollage *f* commanded position
Sollbahn *f* set line *(numerische Steuerung)*
Sollfrequenz *f (Nrt)* listed (assigned) frequency
~/**zugeteilte** allocated frequency
Sollgeschwindigkeit *f* set (desired) speed
Sollkennlinie *f* **eines Meßwandlers/statische** static nominal transduction characteristic
Sollmaß *n* required dimension
Sollstellung *f* required position
Sollstrom *m* desired current
Sollweg *m* set path *(numerische Steuerung)*
Sollwert *m* 1. *(Syst)* reference value (input), control point; 2. set point, set value
~ **der Regelgröße** final controlled condition
~/**durch Motor verstellbarer** motorized set point
Sollwertanzeiger *m* set-point indicator
~/**registrierender** set-point recorder
Sollwertbereich *m* set-value range; operating differential *(Dreipunktregler)*
Sollwerteingang *m* reference input
Sollwerteinsteller *m s.* Sollwertgeber
Sollwerteinstellung *f* set-point adjustment
Sollwertferneinstellung *f* remote set-point adjustment
Sollwertgeber *m* set-point adjuster, setting (set-point) device, reference input element; schedule setter
Sollwertschreiber *m* set-point recorder
Sollwertsignal *n* reference input signal
Sollzustand *m* desired state *(Systemanalyse)*
Sommermaximum *n* summer peaks *(Lastfluß)*
Sonagramm *n* sonagram *(Frequenz-Zeit-Intensität bei Sprachanalyse)*
Sonar *n* sonar, sound navigation and ranging
Sonarausrüstung *f* sonar [detection] equipment, sonar [set]
Sonarbereich *m* sonar range (region)
Sonarempfänger *m* sonar receiver (detector)
Sonarkuppel *f* sonar dome
Sonarrichtungsanzeiger *m* bearing deviation indicator for sonar
Sonarschreiber *m* sonar recorder
Sonde *f* [sensing] probe, sensor, measuring probe; sonde *(Radiosonde)*; search electrode *(z. B. im elektrolytischen Trog)*
~/**akustische** acoustic (sonic) probe
~/**aperiodische** untuned probe
~/**auf- und niedergehende** hunting probe
~/**magnetische** magnetic field probe
~/**verschiebbare** travelling probe
Sondenabstand *m* probe spacing
Sondenankopplung *f* probe coupling
Sondenausführung *f* probe configuration
Sondengerät *n* prober, probe unit
Sondenkennlinie *f* probe characteristic
Sondenmessung *f* probe measurement

Sondenmikrofon *n* probe microphone
Sondenröhre *f* dissector tube, image dissector [tube]
Sondenspitze *f* probe tip
Sondenspule *f (Meß)* pick-up coil
Sondenstellung *f* probe position
Sonderausrüstung *f* special equipment
Sonderbauart *f* special version
Sonderfernmeldenetz *n* functional communications network
Sonderfunkspruch *m* special radio message
Sonderkonstruktion *f* special construction (design)
Sonderlampe *f* special-purpose lamp
Sonderleitung *f (Nrt)* special circuit
Sondernetz *n (Nrt)* dedicated network
Sonderzeichen *n* special character
Sondierballon *m* sounding balloon
Sondierung *f* probing
Sone *n* sone *(Kennwort zur Angabe der Lautheit)*
Sone-Skala *f* sone scale
Sonik *f* sonics *(technische Anwendung von Schallschwingungen)*
Sonnenbatterie *f s.* Solarbatterie
Sonneneinstrahlung *f* insolation
Sonnenenergiewandler *m* solar energy converter
Sonnenenergie-Wärmekraftwerk *n* solar thermal power plant
Sonnengangnachführung *f* sun tracking
Sonnenkraftwerk *n* solar power plant (station), helioelectric power plant
Sonnenlicht *n* sunlight
Sonnenrauschen *n* solar noise
Sonnenstrahlmagnetron *n* rising-sun magnetron
Sonnenstrahlung *f* solar radiation
Sonnentemperatur *f* solar temperature
Sonnenzelle *f s.* Solarzelle
Sonometer *n* sonometer
sortieren *(Dat)* to sort out
Sortieren *n***/blockweises** *(Dat)* block sort[ing]
Sortierer *m (Dat)* sorter, sorting machine
Sortiergerät *n* 1. *(Dat)* sorting unit; 2. grading apparatus
Sortiergeschwindigkeit *f (Dat)* sorting speed
Sortierleser *m (Dat)* sorter reader
Sortiermaschine *f (Dat)* sorting machine, sorter
Sortiermethode *f (Dat)* sorting procedure
Sortier-Misch-Generator *m* sort-merge generator
Sortierproblem *n (Dat)* sorting problem
Sortierung *f (Dat)* sorting
Sortiervorgang *m (Dat)* sorting operation
Sortierzeichen *n (Dat)* selection character
SOS 1. *(ME)* silicon on sapphire, SOS; 2. *(Nrt)* SOS *(internationales Notrufzeichen)*
SOS-Technik *f (ME)* silicon on sapphire technique, SOS technique *(Dünnschichttechnik)*
SOS-Transistor *m* silicon-on-sapphire transistor
SOS-Zeichen *n (Nrt)* SOS call
Sourcebasisschaltung *f (El)* grounded-source circuit
Sourcebasisverstärker *m (El)* grounded-source amplifier
Sourceelektrode *f* source [electrode] *(Feldeffekttransistor)*
Sourcefolger *m (El)* source follower
Sourcefolgerschaltung *f (El)* source follower circuit
Sourcegebiet *n (El)* source region
Sourceimpedanz *f (El)* source impedance
Sourcekontakt *m (El)* source contact
Sourceschaltung *f (El)* [grounded-]source circuit
Sourcestrom *m (El)* source current
Sourcesubstrat *n (El)* source substrate
Sourceverstärker *m (El)* [grounded-]source amplifier
Spacistor *m* spacistor *(Verstärkerelement)*
Spalt *m* 1. gap; slit *(Optik)*; 2. crack, fissure; cleavage *(z. B. im Kristall)*
Spaltabstand *m* gap separation
Spaltausfluchtung *f* gap alignment
Spaltausleuchtung *f* slit illumination
Spaltbacke *f* slit jaw *(z. B. eines Monochromators)*
spaltbar fissionable *(z. B. Kernbrennstoff)*; cleavable *(Kristall)*
Spaltbarkeit *f* fissionability *(z. B. von Kernbrennstoff)*; cleavability *(z. B. von Kristallen)*
Spaltbild *n* slit image
Spaltblende *f* slit diaphragm
Spaltbreite *f* gap width (clearance, spacing) *(Luftspalt)*; gap length *(Magnetkopf)*; slit width, width of slit *(Optik)*
~/effektive effective slit width; effective gap length
Spaltbürste *f* split brush
Spaltdämpfung *f* gap loss
Spaltdurchbruchspannung *f* gap breakdown voltage
Spalte *f* column *(Matrix, Lochkarte)*
Spaltebene *f* cleavage plane *(Kristall)*
spalten to split *(z. B. Phasen oder Pole)*; to cleave *(Kristalle)*; to fission *(z. B. Kernbrennstoffe)*
Spaltenapproximation *f (Dat)* column approximation
Spaltenergie *f* fission energy *(Kernenergie)*
Spaltenvektor *m* column vector (matrix)
spaltfähig *s.* spaltbar
Spaltfeld *n* gap field *(Magnetkopf)*
Spaltfestigkeit *f* cleavage strength; interlaminar strength *(von Kunststoffen)*
Spaltfläche *f* cleavage face *(Kristall)*
Spaltglimmer *m* laminated (sheet) mica; mica splittings
Spalthöhe *f* slit height
Spaltkappe *f* slit cover
Spaltkorrosion *f* crevice corrosion
Spaltkristall *m* cleavage crystal
Spaltlampe *f* slit lamp
Spaltlänge *f* slit height (length)

Spaltleiterschutz *m* divided-conductor protection
Spaltlöten *n* close joint soldering
Spaltmaterial *n s.* Spaltstoff
Spaltphase *f* split phase
Spaltphasenmotor *m* split-phase motor
Spaltphasensystem *n* split-phase system
Spaltpol *m* split (shaded) pole
Spaltpolkeil *m* shading wedge
Spaltpolmotor *m* shaded-pole motor
Spaltpolumformer *m* split-pole converter
Spaltprodukt *n* fission product *(Kernspaltung)*
Spaltstoff *m* fissionable material (fuel), fissile material *(Kernbrennstoff)*
Spalttiefe *f* gap depth *(Magnetkopf)*
Spaltung *f* 1. fission *(Kernbrennstoffe)*; 2. splitting; cleavage *(Kristalle)*; delamination *(Schichtstoffe)*; 3. separation *(z. B. von Niveaus)*
~ **im Vakuum** vacuum cleavage
Spaltungsenergie *f* fission energy *(Kernenergie)*
Spaltungstechnik *f* cleavage technique
Spannanker *m* strainer *(Antennenmast)*
Spannarm *m* tape tensioning arm
Spannband *n* taut (tension) band; filament suspension *(für Meßwerklagerung)*
Spannbandaufhängung *f* taut[-band] suspension, strained suspension
Spannbandgalvanometer *n* suspension galvanometer; Einthoven galvanometer
Spannbandhalterung *f*, **Spannbandlagerung** *f* taut-band suspension
Spannbügelvorrichtung *f* taut-tape attachment
Spanndraht *m* bracing (span, anchoring) wire, tension cable
Spanndrahtaufhängung *f* taut-wire suspension *(z. B. von Meßinstrumenten)*
Spanndrahtschelle *f* anchor log
spannen to strain, to stress; to tension; to stretch *(längen)*
Spannfeld *n (Eü)* line section, span
Spanngitterröhre *f* frame grid valve
Spannhülse *f* clamping sleeve
Spannklemme *f* anchor clamp
Spannring *m* clamp collar
Spannrolle *f* idle pulley, idler [pulley]
Spannschraube *f* tightener
Spannseil *n* guy *(Mast)*
Spannung *f* 1. *(ET)* voltage, potential difference; 2. stress; strain; tension *(mechanisch)* • **unter ~ [befindlich]** live, alive, voltage-carrying • **unter ~ stehen** to be live
~ **am Arbeitspunkt** bias voltage
~/**angelegte** applied voltage
~/**äußere** external voltage
~ **bei Belastung** on-load voltage *(an den Klemmen)*
~ **bei maximaler Leistung** maximum power point voltage
~/**betriebsfrequente wiederkehrende** power-frequency recovery voltage
~/**bioelektrische** bioelectric potential
~/**bleibende** remanent voltage
~ **der Phase/treibende** source voltage of phase
~ **des Polradfelds** synchronous electromotive force *(bei Synchronmaschinen)*
~ **durch Wärmerauschen** thermal agitation voltage
~/**effektive** effective (root-mean-square) voltage
~/**eingeprägte** impressed voltage
~/**elektrische** [electric] voltage, [electric] potential difference
~/**erdsymmetrische** balanced[-to-earth] voltage
~/**galvanische** *(Ch)* Galvani tension
~ **gegen Erde** voltage to earth
~/**gepulste** chopped impulse wave
~/**gleichbleibende** steady voltage
~/**gleichphasige** in-phase voltage
~/**hochfrequente** radio-frequency voltage
~/**höchstzulässige** maximum permissible voltage
~ **in ausgeschaltetem Zustand** off-state voltage
~ **in Durchlaßrichtung** forward (on-state) voltage
~ **in Rückwärtsrichtung** reverse voltage
~/**induzierte** induced voltage
~/**influenzierte** electrostatic voltage
~/**innere** internal stress *(mechanisch)*
~/**konstante** constant voltage
~/**magnetische** magnetomotive force, m.m.f.
~/**mittlere** average voltage
~/**obere** top voltage
~/**photoelektrische** photoelectric voltage, photovoltage
~/**positive** forward voltage
~/**pulsierende** pulsating voltage
~/**reduzierte** abated voltage
~/**rotatorisch induzierte** rotational electromotive force
~/**stabilisierte** stabilized voltage
~/**stufenförmige** step voltage
~/**subtransiente** subtransient voltage
~/**thermische** thermal strain
~/**transformatorisch induzierte** transformer electromotive force
~/**transiente** transient voltage; transient electromotive force
~/**treppenförmige** staircase voltage
~/**ultrahohe** ultrahigh voltage *(1 000 bis 1 500 kV)*
~/**unsymmetrische** unbalanced voltage
~/**untere** bottom voltage
~/**verbrauchte** absorbed voltage
~/**verkettete** phase-to-phase voltage, line-to-line voltage, voltage between lines, mesh (line) voltage
~/**verschleppte** vagabond voltage
~/**vorgegebene** predetermined voltage
~/**wattlose** idle voltage
~/**wellige** ripple voltage
~/**wiederkehrende** recovery voltage
~ **zwischen Anode und Katode** anode-to-cathode voltage

spannungführend live, alive, voltage-carrying, hot
Spannungsabfall *m* voltage (potential) drop, fall of potential; voltage loss
~ **am Kontakt** contact [voltage] drop
~ **einer Röhre** valve (tube) voltage drop
~ **in der Zuleitung** lead voltage drop
~ **in Durchlaßrichtung** forward (on-state) voltage drop *(Thyristor, Diode)*
~**/induktiver** inductive voltage drop
~**/innerer** internal voltage drop
~**/ohmscher** ohmic voltage drop, ohmic (resistance) drop
~ **zwischen Anode und Katode** anode-[to-]cathode voltage drop
Spannungsabgriff *m* voltage tap[ping]
Spannungsabsenkung *f* voltage dip
Spannungsachse *f* voltage axis
Spannungsänderung *f* voltage change (variation)
Spannungsänderungsgeschwindigkeit *f* rate of voltage change
Spannungsanstieg *m* voltage increase (rise)
~ **in Durchlaßrichtung** rise of off-state voltage
Spannungsanzapfung *f* voltage tap[ping]
Spannungsanzeiger *m* voltage indicator (detector)
Spannungsaufbau *m* voltage build-up
Spannungsausbeute *f* voltage efficiency
Spannungsausfall *m* voltage breakdown
Spannungsausgleich *m* compensation of voltage
Spannungsausgleicher *m* voltage balancer
Spannungsauslösung *f* shunt tripping *(Relais)*
Spannungsbauch *m* potential antinode
Spannungsbeanspruchung *f* voltage stress
Spannungsbegrenzer *m* voltage limiter
Spannungsbereich *m* voltage range
Spannungs-Blindleistungs-Regelung *f* voltage-var control
Spannungsdauerfestigkeit *f* voltage life
Spannungs-Dehnungs-Kurve *f* stress-strain curve
Spannungsdifferenz *f* voltage difference
Spannungsdurchführung *f* bushing
Spannungsdurchschlag *m* dielectric (disruptive, voltage) breakdown
Spannungseffektivität *f* voltage efficiency
Spannungseinbruch *m* voltage dip
Spannungseinfluß *m* voltage influence
Spannungseinkopplung *f* voltage feed
Spannungseinstellung *f* voltage control
spannungsempfindlich voltage-sensitive
Spannungsempfindlichkeit *f* voltage sensitivity
Spannungserhöher *m* booster
Spannungserholungszeit *f* voltage recovery time
Spannungserzeugung *f* induction *(erstes Maxwellsches Gesetz)*
Spannungsfeld *n* 1. electric potential field; 2. strain field
Spannungsfernmeßgerät *n* televoltmeter
spannungsfest voltage-proof
Spannungsfestigkeit *f* voltage sustaining capability; dielectric strength (rigidity), disruptive strength
Spannungsflackern *n* voltage flicker
Spannungsfolger *m* unity-gain amplifier
spannungsfrei 1. stress-free, strain-free, unstressed *(mechanisch)*; 2. *s.* spannungslos
Spannungs-Frequenz-Umsetzer *m* voltage-[to-] frequency converter
Spannungs-Frequenz-Umsetzung *f* voltage-[to-] frequency conversion
Spannungs-Frequenz-Wandler *m s.* Spannungs-Frequenz-Umsetzer
Spannungsgefälle *n* voltage (potential) gradient
Spannungsgegenkopplung *f* inverse (negative) voltage feedback
spannungsgemindert stress-relief
Spannungsgenauigkeit *f* voltage acccuracy
Spannungsgenerator *m* voltage generator
spannungsgespeist voltage-fed
spannungsgesteuert voltage-controlled
spannungsgleich equipotential
Spannungsgleichhalter *m* constant-voltage regulator
Spannungsgleichhaltung *f* voltage stabilization (regulation, control)
Spannungsgradient *m***/kritischer** critical rate-of-rise off-state voltage *(Thyristor)*
Spannungsgrenze *f* voltage limit
Spannungshaltung *f* voltage scheduling *(Energiesystem)*
Spannungshub *m* voltage swing
Spannungsimpuls *m* voltage [im]pulse
spannungsinduziert voltage-induced
Spannungskennlinie *f* voltage characteristic
Spannungsklasse *f* voltage class
Spannungsknoten *m* potential node
Spannungskoeffizient *m* **des spezifischen Widerstands** tension coefficient of resistivity
Spannungskomparator *m* voltage comparator
Spannungskonstanthalter *m* voltage stabilizer, constant-voltage regulator
Spannungskonstanthaltung *f* voltage stabilization
Spannungskontrollanzeige *f* voltage check display
Spannungskorrosion *f* stress corrosion
Spannungskreis *m* voltage circuit
spannungslos dead
Spannungsmaximum *n* voltage maximum
Spannungsmesser *m* voltmeter
~**/digitaler** digital voltmeter
~**/elektrostatischer** electrostatic voltmeter
~**/magnetischer** magnetic potentiometer
~ **nach dem Generatorprinzip** generator voltmeter
~**/rotierender** rotary (generating) voltmeter
Spannungsmittelwert *m***/arithmetischer** average voltmeter

Spannungsnennwert *m* voltage rating
Spannungsnormal *n* voltage standard
Spannungspegel *m* voltage level
Spannungspegeldiagramm *n* voltage level diagram
Spannungspfad *m* voltage path; shunt (voltage) circuit
Spannungsprüfer *m* voltage (potential) tester, voltage detector (indicator), circuit (live-line) tester
Spannungsprüfung *f* [high-]voltage test; [dielectric] withstand-voltage test, dielectric test
Spannungsquelle *f* voltage source (supply)
~ **für Gittervorspannung** grid bias supply
~**/stabilisierte** voltage-stabilizing circuit
Spannungsreferenzdiode *f* voltage reference diode
Spannungsregelkennlinie *f* voltage regulation curve
Spannungsregelrelais *n* voltage-regulating relay
Spannungsregelsystem *n* voltage-regulating system
Spannungsregeltransformator *m* voltage-regulating transformer
Spannungsregelung *f* voltage control
~**/einstellbare** adjustable voltage control
Spannungsregler *m* 1. voltage control[ler], voltage regulator; constant-voltage regulator, stabilized-voltage regulator *(Spannungskonstanthalter)*; variable-voltage regulator *(für wählbare Spannungswerte)*; 2. line drop compensator *(für Übertragungsleitung)*
~**/direktwirkender** direct-acting voltage control[ler]
~**/induktiver** induction voltage regulator
Spannungsreihe *f* 1. circuit voltage class *(bei Wandlern)*; 2. *s.* ~/elektrochemische
~**/elektrochemische** electrochemical series, electromotive [force] series, emf series, displacement series
~**/Voltasche** Volta electromotive series
Spannungsrelais *n* voltage[-control] relay
Spannungsresonanz *f* voltage (parallel) resonance
Spannungsrichtungsrelais *n* voltage (polarity) directional relay
Spannungsrichtverhältnis *n* detector voltage efficiency
Spannungsrißkorrosion *f* stress-crack corrosion, stress-corrosion cracking
Spannungsrückkopplung *f* voltage feedback
Spannungsrückwirkung *f* voltage reaction
Spannungsschnellregler *m* automatic voltage regulator
Spannungsschreiber *m* voltage recorder
Spannungsschutz *m* voltage protection
Spannungsschwankung *f* voltage variation
Spannungsspeisung *f* voltage feed, end-feed, end-fire *(Antennentechnik)*
Spannungsspitze *f* voltage spike
Spannungsspitzen *fpl* glitches *(Störimpulse)*
Spannungssprung *m* voltage transient; voltage jump (step)
Spannungsstabilisator *m* constant-voltage regulator, stabilized-voltage regulator, voltage stabilizer
Spannungsstabilisatorröhre *f* voltage regulator (stabilizing) tube
Spannungsstabilisierung *f* voltage stabilization
Spannungsstabilisierungsschaltung *f* voltage-stabilizing circuit
Spannungsstabilität *f* voltage stability
Spannungssteigerungsversuch *m (Hsp)* successive discharge test
Spannungssteilheit *f***/höchstzulässige** maximum allowable rate of rise of applied forward voltage
~**/kritische** critical rate of rise of reapplied voltage *(bei Thyristoren)*
Spannungssteller *m* [automatic] voltage regulator, voltage control[ler]
~**/elektronischer** electronic voltage regulator
Spannungsstoß *m* voltage impulse, [voltage] surge
~ **auf der Leitung** *(Nrt)* line surge
Spannungs-Strom-Charakteristik *f* voltage-current characteristic (plot)
Spannungs-Strom-Entladekennlinie *f* **des Ableiters** arrester discharge voltage-current characteristic
Spannungs-Strom-Messung *f* voltmeter-ammeter method
Spannungs-Strom-Verhältnis voltage-to-current ratio
Spannungsstufe *f* voltage step
Spannungsstufenregler *m* step-voltage regulator
Spannungssymmetrieüberwachung *f* voltage phase-balance protection
Spannungsteiler *m* [capacitance-]voltage divider, potential divider; attenuator; static balancer *(Transformator)*; *(Meß)* volt box
~**/abgeschirmter** shielded voltage divider
~**/aufsteckbarer** plug-on voltage divider
~**/gemischter** mixed[-type] voltage divider
~**/gesteuerter ohmscher** shielded resistor[-type] voltage divider
~**/induktiver** inductive potential divider
~**/kapazitiver** capacitive (capacitor) voltage divider, capacitance potential divider
~ **mit nichtlinearen Widerständen** non-linear-resistive potential divider
~**/nichtlinearer** tapered (graded) potentiometer, function generating potentiometer, non-linear attenuator
~**/ohmscher** resistance voltage divider, resistor-type [voltage] divider
Spannungsteilerregel *f* Kirchhoff's voltage law
Spannungsteilerwiderstand *m* voltage-dividing resistor

Spannungsteilungsverhältnis *n* ratio of voltage division
Spannungstransformator *m* voltage (potential) transformer
Spannungsübergangszustand *m* voltage transient
Spannungsüberhöhung *f***/betriebsfrequente** system-frequency overvoltage
Spannungsüberlagerung *f* voltage superposition
Spannungsüberschwingen *n* voltage overshoot
Spannungsübersetzung *f* voltage transformation (transfer)
Spannungsübersetzungsverhältnis *n* voltage [transformation] ratio
Spannungsumkehrschalter *m* voltage inverter switch
Spannungsverdoppler *m* voltage doubler
Spannungsverdopplerschaltung *f* voltage-doubling circuit, cascade voltage doubler, Greinacher circuit
Spannungsvergleich *m* voltage comparison
Spannungsvergleichsdiode *f* voltage reference diode
Spannungsverhalten *n* voltage response
Spannungsverlauf *m* voltage curve, potential gradient
Spannungsverlust *m* voltage loss
Spannungsversorgung *f* voltage supply
Spannungsverstärker *m* voltage amplifier, booster
Spannungsverstärkerröhre *f* voltage amplifying valve (tube)
Spannungsverstärkerstufe *f* voltage amplifying stage
Spannungsverstärkung *f* voltage amplification (gain)
Spannungsverstärkungsfaktor *m* voltage amplification factor (ratio)
Spannungsverteilung *f* voltage distribution *(z. B. an Isolatoren)*
Spannungsvervielfacher *m* voltage multiplier
Spannungsvervielfacherschaltung *f* voltage multiplication circuit, Bouwer's circuit, Cockcroft-Walton cascade generator *(Greinacher-Schaltung mit Villard-Grundstufe)*
Spannungswähler *m* voltage selector
Spannungswählerfeld *n* **des Netztransformators** mains tapping panel
Spannungswählertafel *f* tapping panel
Spannungswahlschalter *m* line voltage selector
Spannungswandler *m* voltage (potential) transformer
~ **in Resonanzschaltung/kapazitiver** resonance capacitor transformer
~ **in Topfausführung** insulator-type transformer
Spannungswelle *f* 1. voltage wave; 2. stress wave
Spannungswellenform *f* voltage waveform
Spannungszeiger *m* voltage vector *(komplexe Rechnung)*
Spannungs-Zeit-Fläche *f* voltage-time area, voltage-time integral
Spannungs-Zeit-Kennlinie des Ableiters arrester discharge voltage-time curve
Spannungs-Zeit-Umwandlung *f* voltage-time conversion
Spannungs-Zeit-Verhalten *n* voltage-time response
Spannungszunahme *f* increase of potential
Spannungszusammenbruch *m* voltage collapse (dip)
Spannungszustand *m* state of stress
~**/homogener** homogeneous stress
Spannungszwischenkreisstromrichter *m* voltage source d.c. link converter
Spannvorrichtung *f* clamping device
Spannweite *f* span [length] *(Freileitungen)*
~ **der Anzeigen** *(Meß)* spread (range of the dispersion) of indications
~**/horizontale** span length *(Freileitungen)*
Spanplatte *f* chipboard
Sparbeize *f* *(Galv)* pickling inhibitor
Spardiode *f* efficiency (booster) diode
Sparkatode *f* low-consumption cathode; economy filament *(direkt geheizte Katode)*
Sparlampe *f* energy-saving lamp
Sparschaltung *f* economizing circuit
Spartransformator *m* autotransformer
Sparwiderstand *m* economy resistor
Speicher *m* 1. [computer] memory, store, storage [device]; 2. *(Nrt)* director; 3. accumulator; 4. *s.* Speicherbecken
~**/adressierbarer** addressable memory (store)
~**/adressierter** addressed memory (store)
~**/assoziativer** associative memory (store), content-addressable memory
~**/äußerer** external memory (store)
~**/bitorganisierter** bit-organized memory (store)
~**/byteorientierter** byte-oriented memory
~**/dynamischer** dynamic memory (store)
~**/eingebauter** internal memory (store)
~**/einseitiger** one-sided memory (store)
~**/elektronenstrahladressierter** electron beam addressed memory, e-beam addressed memory, EBAM
~**/elektronischer** semiconductor storage (store)
~**/elektrostatischer** electrostatic memory (store)
~**/energieabhängiger** volatile memory (store)
~**/externer** external memory (store); peripheral memory (store)
~**/ferroelektrischer** ferroelectric memory (store)
~**/ferromagnetischer** ferromagnetic memory (store)
~**/freier** free memory (store)
~**/holographischer** holographic memory (store)
~**/inhaltsadressierter** content-addressed memory, CAM

~/interner internal memory (store)
~/kapazitiver capacitor store
~/kryoelektricher cryoelectric memory (store)
~/kryogen[isch]er cryogenic memory (store)
~/langsamer slow-access memory (store), slow memory
~/linearer linear memory (store)
~/löschbarer erasable memory (store)
~/magnetischer magnetic memory (store)
~ mit adressierbarem Inhalt content-addressable memory (store), CAM
~ mit Auswahlansteuerung selectively addressable memory (store)
~ mit beliebigem Zugriff *s.* ~ mit wahlfreiem Zugriff
~ mit bewegten Domänen moving-domain memory
~ mit direktem Zugriff *s.* ~ mit wahlfreiem Zugriff
~ mit geringer Zugriffszeit low-access memory (store)
~ mit großer Kapazität bulk memory (store), file memory
~ mit kurzer Zugriffszeit fast-access memory (store), short-access memory, immediate-access memory
~ mit langer Zugriffszeit slow-access memory (store), slow memory
~ mit Lichtpunktabtastung flying-spot memory (store)
~ mit mehreren stabilen Lagen multistable memory (store)
~ mit seriellem Zugriff serial-access memory (store)
~ mit wahlfreiem Zugriff random-access memory (store), RAM *(Zusammensetzungen s. unter* RAM*)*
~ mit Wortstruktur word-structured memory (store)
~ mit zwei [verschiedenen] Zugriffszeiten two-level memory (store)
~ nach Kundenwunsch custom[-made] memory
~/nichtflüchtiger non-volatile memory (store)
~/n-stufiger n-stage memory (store)
~/peripherer peripheral memory (store)
~/permanenter permanent memory (store), non-volatile memory
~/photochemischer photochemical memory (store)
~/primärer primary memory (store)
~/regenerativer regenerative memory (store)
~/saldierender balancing store
~/serieller serial memory (store)
~/statischer static memory (store)
~/supraleitender cryogenic memory (store)
~ und Umrechner *m***/zentraler** *(Nrt)* controlling register-translator
~/virtueller virtual memory
~/volladressierter addressed memory (store)
~/vom Hersteller programmierter factory-programmed memory
~/wortorganisierter word-organized memory (store)
~/zeichenorganisierter character-organized memory (store)
~/zentraler central memory (store), accumulator
~/ziffernorganisierter digit-organized memory (store)
~/zugriffszeitfreier zero-access memory (store)
Speicherabruf *m* memory recall, MR
Speicherabteilung *f* file
Speicherabzug *m* [memory] dump
Speicheradresse *f* memory (storage) address
Speicheradressenregister *n* memory address register
Speicheradressenzähler *m* memory address counter
Speicheranforderung *f* memory request
Speicheranordnung *f* memory array
Speicheransteuerungsschaltung *f* memory selection circuit
Speicherauffüllung *f* character fill
Speicheraufruf *m* memory recall, MR
Speicherausdruck *m* dump memory print[-out]
Speicherauszug *m* [memory] dump
Speicherbaugruppe *f* memory element (component)
Speicherbecken *n* [storage] reservoir *(Wasserkraftwerk)*
~/oberes elevated reservoir, headwater pond
Speicherbelegung *f* store layout
Speicherbelegungsplan *m* memory map
Speicherbereich *m* memory area, storage region
Speicherbereichszuordnung *f* memory mapping
Speicherbetrieb *m* storage operation
Speicherbildröhre *f* display storage tube
Speicherblock *m* memory block (stack)
Speicherbus *m* memory bus
Speicherdichte *f* recording density *(Magnetband)*; *(Dat)* storage (bit) density
Speicherdiode *f* storage diode
Speichereffekt *m* storage effect
Speichereinheit *f* memory module (unit)
Speicherelektrode *f* accumulation electrode, [energy] storage electrode
Speicherelektrodenkapazität *f* capacitance of storage electrode
Speicherelement *n* memory (storage) element
~/binäres binary storage element, binary cell
~/schnell schaltendes fast-switching storage element
~/statisches static memory (storage) element
Speicherenergie *f* stored energy
Speicherfähigkeit *f* storage capability; storage capacity
Speicherfeld *n* memory field
Speicherfeldeffekttransistor *m* field-effect memory transistor

Speicherfernsehen *n* storage television
Speichergeber *m* storage transmitter
Speichergerät *n* storage device
Speicherglied *n* storage element *(Regelkreis)*
Speichergruppe *f* memory array; file
Speicherheizgerät *n* storage heater, thermal storage heating equipment
Speicherheizung *f* [thermal] storage heating
Speicherinhalt *n* 1. *(Dat)* memory contents; 2. reservoir capacity *(Wasserkraftwerk)*
Speicherintegrator *m* storage integrator
Speicherkamera *f* storage camera
Speicherkapazität *f* memory (storage) capacity
Speicherkarte *f* memory board (card)
~/lesbare ROM card
~/les- und beschreibbare RAM card
Speicherkatode *f* storage cathode
Speicherkatodenstrahlröhre *f* storage cathode-ray tube
Speicherkondensator *m* storage (reservoir) capacitor
Speicherkraftwerk *n* storage power station
Speicherkreis *m* memory circuit
Speicherladung *f* stored charge
Speicherleiterplatte *f* memory board
Speichermatrix *f* memory matrix
Speichermedium *n* storage medium, data recording medium
Speichermosaik *n (Fs)* mosaic screen
speichern 1. *(Dat)* to store; 2. to store, to accumulate
~/auf Band to store on tape
~/Datengruppen to pack
~/Informationen to store information
~/Wärme to store heat
Speichern *n* **von Fernsehsendungen** television recording
Speicheroberfläche *f* storage surface
Speicheroperation *f* storage operation
Speicherorganisation *f* memory (store) organization; storage architecture
Speicheroszilloskop *n* storage oscillograph (oscilloscope)
Speicherpaket *n* memory stack
Speicherplatte *f* 1. *(Dat)* storage (memory) disk; 2. *s.* Bildspeicherplatte
Speicherplatz *m* memory (store) location, storage location (position); memory space
Speicherplätze *mpl***/nicht mehr benötigte** not-more-needed memory
Speicherplatzrückführung *f* memory recovery
~/dynamische dynamic memory recovery
Speicherplatzzuordnung *f* storage allocation
speicherprogrammiert storage programmed
Speicherprogrammierung *f* memory programming
Speicherprogrammsteuerung *f* stored-program control
Speicherprüfbit *n* memory check bit
Speicherpumpe *f* storage pump *(Pumpspeicherwerk)*
Speicherregister *n* memory [data] register, storage register
Speicherrelais *n* memory (storage) relay
Speicherröhre *f* memory (storage) tube, cathode-ray memory tube
~/bistabile bistable storage tube
~/elektrostatische electrostatic memory tube
Speicherschaltdiode *f* snap-off diode
Speicherschaltung *f* memory (store) circuit
Speicherschleife *f* storage loop
Speicherschutz *m* memory protection *(z. B. ein Schlüssel)*
Speicherschutzeinrichtung *f* memory protection
Speicherschutzparitätsfehler *m* memory protect parity error
Speichersender *m* storage transmitter
Speicherspule *f***/supraleitende** superconducting magnetic energy storage, SMES
Speicherstation *f* storage station *(z. B. eines Pumpspeicherwerks)*
Speicherstelle *f s.* Speicherplatz
Speicherstrom *m* memory current
Speichersuchregister *n* memory search register
Speichersystem *n* memory system; filing system *(für Magnetkarten)*
~/wortorganisiertes word-organized memory system
Speichertakt *m* storage cycle
Speichertrommel *f* storage (magnetic) drum
Speicherung *f* 1. *(Dat)* storage; 2. storage, accumulation; 3. capture, hold *(eines Momentanzustands)*
~ des Spitzenwerts peak (maximum) hold
~/dynamische dynamic storage
~/elektromagnetische electromagnetic storage
~/elektrostatische electrostatic storage
~/explizite explicit storage *(z. B. von Überträgen)*
~ in Serie serial storage
~/indexsequentielle *(Dat)* index-sequential organization
~/löschbare erasable storage
~/magnetische magnetic storage
~ mit hoher Informationsdichte high-density information storage
~/statische static storage
~/unlöschbare non-erasable storage
~/zeitweilige temporary storage
~/zugriffszeitfreie zero-access storage
Speicherungsschwelle *f* storage threshold
Speicherungszeitraum *m* storage period
Speichervermittlung *f* 1. *(Nrt)* store-and-forward switching; 2. relay switching centre; perforated tape exchange
Speichervermittlungstechnik *f (Nrt)* message switching
Speicherverwaltungseinheit *f* memory management unit, MMU *(Mikrorechner)*

Speicherwähleinrichtung *f (Nrt)* repertory dialler
Speicherwärme *f* stored heat
Speicherwechselplatte *f* cartridge disk
Speicherwirkung *f (Syst)* storage function
Speicherwirkungsgrad *m* storage efficiency
Speicherzähler *m* storage counter
Speicherzeit *f (Dat)* storage (retention) time; holding time *(bei Sichtspeicherröhren)*
Speicherzeitkonstante *f* storage time constant
Speicherzelle *f* storage location, memory (storage) cell; register *(Wortspeicher)*
~/binäre binary cell
~ mit Schreib- und Lesemöglichkeit read-write memory cell
Speicherzone *f* storage zone
Speicherzugriff *m*/**direkter** direct memory access, DMA
Speicherzugriffszeit *f* store access time
Speicherzuordnung *f*, **Speicherzuweisung** *f* storage allocation
Speicherzyklus *m* memory cycle
Speicherzykluszeit *f* memory cycle time
Speiseabschnitt *m* supply section
Speisebatterie *f* supply battery
Speisebrücke *f* feeding (battery supply) bridge
Speisedämpfung *f* feeding loss
Speisedrossel *f* feed coil
Speisekabel *n* feeder cable
Speiseleitung *f* feeder [line], feed (supply) line
~/abgehende outgoing feeder
~/konzentrische concentric (coaxial) feeder, concentric transmission line
~/symmetrische balanced feeder
speisen to feed, to supply; to power; to energize
Speisepumpe *f* feed pump
Speisepunkt *m* feeding point
Speisequelle *f* supply
~/direkte direct feeder
Speiserelais *n* feeding relay, [battery] supply relay
Speiserohr *n* feed pipe
Speiseschiene *f* feeder bar
Speisespannung *f* supply (energizing) voltage; rail voltage
Speisespannungsleitung *f* power rail
Speisestrom *m* supply (feeding, energizing) current
Speisestromkreis *m* supply circuit
Speisestromverlust *m* feeding current loss, battery supply loss
Speiseübergangsspannung *f* supply transient voltage
Speisewasser *n* feed water
Speisewasseraufbereitung *f* feed-water conditioning, boiler-water treatment
Speisewasserprüfer *m*/**elektrolytischer** electrolytic water tester
Speisewasservorwärmer *m* feed-water heating plant, boiler feed preheater, economizer
Speisung *f* feeding, supply; energization
~ des Reglers regulator supply
~ einer Wicklung excitation of a winding
~ in Reihenschlußschaltung series feeding
~ mit Trägerfrequenz carrier excitation
~ über die Signalleitung line drive
Spektralanalysator *m* spectrum analyzer
Spektralanalyse *f* spectral (spectrum, spectrographic) analysis
Spektralanteil *m* spectral (spectrum) component
Spektralapparat *m* spectroscopic instrument, dispersing system
Spektralaufnahme *f*, **Spektralaufzeichnung** *f* 1. spectrogram, spectrum chart; 2. spectrum recording
Spektralbande *f* spectral band
Spektralbandverfahren *n* spectral band method
Spektralbereich *m* spectral region (range)
~/kurzwelliger short-wave spectral range
~/sichtbarer visible spectral range (region), visible part [of the spectrum]
Spektralbreite *f* spectrum width
Spektralcharakteristik *f* spectral-response characteristic
Spektraldichte *f* spectral (spectrum) density
Spektralfarbe *f* spectral colour
Spektralfarbenzug *m* spectrum locus
Spektralfilter *n* spectral filter
Spektralfluorometer *n* spectrofluorimeter
Spektralfunktion *f* spectral function
Spektralgebiet *n s.* Spektralbereich
Spektralkomponente *f* spectral (spectrum) component
Spektrallampe *f* spectral (spectrum, spectroscopic) lamp
Spektrallinie *f* spectral (spectrum) line
Spektrallinienaufspaltung *f* line splitting
Spektrallinienbreite *f* spectral-line width
Spektralmaskenverfahren *n* dispersion and mask method
Spektralordnung *f* spectral order, order of spectrum
Spektralpegel *m* spectrum level
Spektralphotometer *n* spectrophotometer
~/lichtelektrisches photoelectric spectrophotometer
~/registrierendes recording spectrophotometer
Spektralphotometrie *f* spectrophotometry
Spektralröhre *f* Geissler [discharge] tube
Spektralschablone *f* spectrum template
Spektralschwerpunkt *m* [wavelength] spectral centroid
Spektralserie *f* spectral[-line] series
Spektralverschiebung *f* spectrum shift
Spektralwert *m (Licht)* distribution coefficient
Spektralwertfunktion *f* colour-matching function
Spektralwertkurve *f* colour-matching curve
Spektrenprojektor *m* projection comparator
Spektrenvergleich *m* spectrum comparison
Spektrofluorometer *n* spectrofluorimeter

Spektrogramm *n* spectrogram
Spektrograph *m* spectrograph
~/magnetischer magnetic spectrograph
Spektrographie *f* spectrography
spektrographisch spectrographic
Spektrometer *n* spectrometer
Spektrometrie *f* spectrometry
~/laufzeitverzögerte time-delay spectrometry
Spektrophotometer *n* spectrophotometer
Spektroradiometer *n* spectroradiometer
Spektroskop *n* spectroscope
Spektroskopie *f* spectroscopy
spektroskopisch spectroscopic
Spektrum *n*/**diskontinuierliches** discontinuous spectrum
~ eines Zeitabschnitts gated spectrum
~/elektromagnetisches electromagnetic spectrum
~/energiegleiches equal-energy spectrum
~/Fraunhofersches Fraunhofer spectrum
~/gleichförmiges uniform spectrum
~/harmonisches harmonic spectrum
~/infrarotes infrared spectrum
~/kontinuierliches continuous[-frequency] spectrum, continuum
~/sichtbares visible spectrum
~/störabstandverbessertes enhanced spectrum
Spektrumformer *m* spectrum shaper
Sperrableitstrom *m* reverse leakage current
Sperrbandbreite *f* [filter] stop band
Sperrbereich *m* 1. *(El)* cut-off region; non-conducting zone *(Thyristor)*; 2. *(Nrt)* suppressed frequency band, [filter] stop band, [filter] attenuation band
Sperrbereichshohlleiter *m* below-cut-off waveguide
Sperrbestätigungskennzeichen *n (Nrt)* blocking-acknowledgement signal
Sperrbyte *n (Dat)* lock byte
Sperrdämpfung *f* blocking attenuation; stop band attenuation, attenuation in suppressed band *(eines Filters)*; *(Ak)* out-of-band rejection
Sperrdauer *f* blocking period *(bei positiver Anodenspannung)*; *(Nrt)* stop pulse period
Sperrdiode *f* blocking (inverse) diode
Sperrdurchbruchkennlinie *f* reverse breakdown characteristic
Sperre *f* 1. [inter]lock, locking device; latch; 2. *(Nrt)* blackout, suppressor; 3. gate *(Vakuumröhren, Gasentladungsröhren)*
~ ankommender Gespräche *(Nrt)* incoming-call barring
~ im abgehenden Verkehr *(Nrt)* block of outgoing traffic
~/selbsthaltende holding interlock
Sperreigenschaft *f (ME)* blocking property
Sperreingang *m (Dat)* inhibiting input
Sperrelais *n* locking (lock-in, latching) relay *(selbsthaltend)*; guard relay
sperren 1. to lock, to interlock; to block; 2. *(Dat)* to inhibit; 3. *(Nrt)* to take out of service, to intercept, to suspend *(einen Anschluß)*
Sperren *n* **der Pilotschwingung** *(Nrt)* pilot blocking
~ eines Anrufs *(Nrt)* call barring
~/gegenseitiges deadlock
Sperrerholungszeit *f* reverse recovery time *(Thyristor)*
Sperreststrom *m* reverse leakage current
Sperrfeder *f* retaining (click) spring
Sperrfilter *n* suppression (absorbing) filter; [band-] rejection filter, band-elimination filter; blocking filter (network)
Sperrflüssigkeit *f* sealing liquid
Sperrfrequenz *f* stop frequency *(eines Filters)*
Sperrgatter *n* inhibition gate, inhibiting circuit
Sperrgebiet *n (El)* cut-off region *(s. a.* Sperrbereich*)*
Sperrgitter *n* barrier grid *(Röhren)*
Sperrgitteroszillator *m* blocking grid oscillator
Sperrgitterröhre *f* barrier-grid tube
Sperrgitterspeicherröhre *f* barrier-grid storage tube, Radechon [storage tube]
Sperrglied *n* blocking element, inhibitor
Sperrichtung *f* blocking direction; *(El)* reverse (inverse, backward, high-resistance) direction
~ eines Gleichrichterkontakts back direction of a rectifying contact
Sperrimpuls *m* inhibitory (inhibiting) pulse
Sperrkennlinie *f* blocking characteristic; *(El)* reverse (inverse) characteristic
Sperrkennwert *m* characteristic reverse value
Sperrkette *f (Nrt)* higher limiting filter
Sperrklinke *f* blocking pawl; latch
Sperrklinkenrelais *n* lock relay
Sperrkondensator *m* blocking (isolating) capacitor
Sperrkontakt *m* blocking contact
Sperrkreis *m* rejection (rejector, stopper, antiresonance) circuit, wave trap; parasitic stopper (suppressor) *(zur Unterdrückung wilder Schwingungen)*
Sperrkreisfilter *n* suppression filter
Sperrleitung *f* inhibit line
Sperrleitwert *m* back conductance
Sperrmagnet *m* locking (blocking) magnet, electric lock
Sperrmöglichkeit *f (Nrt)* suspension facility
Sperrmuffe *f* barrier joint *(für Massekabel)*; stop joint *(für Druckkabel)*
Sperrnocken *m (Nrt)* stop cam
Sperröhre *f* nullode, electrodeless tube
Sperrperiode *f* reverse period
Sperrsättigungsstrom *m (El)* reverse (inverse) saturation current
Sperrschalter *m* holding key
Sperrschaltung *f* rejection (inhibiting, stopper) circuit; muting circuit

Sperrschicht *f* blocking layer; *(El)* barrier layer, depletion layer (region), space-charge layer; junction
~/eigenleitende intrinsic barrier layer
~/magnetische magnetic barrier layer
Sperrschichtausdehnung *f* depletion-layer spreading
Sperrschichtberührungsspannung *f* depletion-layer contact voltage
Sperrschichtbreite *f* junction width
Sperrschichtdicke *f* junction thickness
Sperrschichteffekt *m s.* Sperrschichtphotoeffekt
Sperrschichtelement *n s.* Sperrschichtphotozelle
Sperrschichtfeldeffekttransistor *m* junction field-effect transistor, JFET
Sperrschichtfläche *f* junction area
Sperrschichtgleichrichter *m* barrier-layer rectifier, junction rectifier; [electronic] contact rectifier
~ mit Dauerkontakt welded-contact rectifier
Sperrschichtgrenze *f* depletion-layer boundary
Sperrschichthöhe *f* junction height
Sperrschichtisolation *f* junction isolation
Sperrschichtkapazität *f* barrier[-layer] capacitance, junction (transition) capacitance
~ bei Vorspannung Null zero-bias junction capacitance
Sperrschichtlaufzeit *f* depletion-layer transit time, transition-layer transit time
Sperrschichtphotoeffekt *m* photovoltaic effect, barrier-layer photoeffect, depletion-layer photoeffect
Sperrschichtphotozelle *f* photovoltaic cell, barrier-layer [photo]cell
Sperrschichtspannung *f* junction (depletion-region) voltage
Sperrschichttemperatur *f* junction (barrier-layer) temperature
Sperrschichttransistor *m* depletion layer transistor
Sperrschichtzelle *f s.* Sperrschichtphotozelle
Sperrschritt *m (Nrt)* stop signal
~/einfacher single stop signal
Sperrschwinger *m* blocking [tube] oscillator, self-blocking oscillator, squegger
~/quarzblockierter crystal-locked blocking oscillator
Sperrsignal *n* inhibiting signal; *(Nrt)* blocking signal
Sperrspannung *f* cut-off voltage; off-state voltage *(Thyristor)*; *(El)* back (reverse, inverse, blocking) voltage
~/effektive root-mean-square reverse voltage
~ einer Elektrode cut-off voltage of an electrode
~/maximale effektive maximum root-mean-square reverse voltage
~/positive forward off-state voltage
Sperrspannungsscheitelwert *m* peak inverse voltage
Sperrspannungssprung *m* initial inverse voltage *(Gasentladungsröhren)*
Sperrstift *m* catch pin
Sperrstrom *m* cut-off current; off-state current *(Thyristor)*; *(ME)* reverse[-blocking] current, inverse (back) current; inverse leakage current; anode test current *(Gefäßgleichrichter)*
~/positiver forward off-state current
Sperrtaste *f* locking button (key); *(Nrt)* make-busy key
Sperrtastenvorsatz *m* locked push button
Sperrübergangsstrom *m* reverse recovery current
Sperrübertragung *f (Nrt)* joint access
Sperrung *f* 1. interlock; blocking; cut-off *(Abschalten einer Leitung)*; 2. *(Nrt)* suspension *(eines Anschlusses)*
~/rückwärtige *(Nrt)* extended engaged condition, backward busying
Sperrventil *n* stop valve
Sperrverhalten *n* rejection characteristic
Sperrverhältnis *n* reverse ratio
Sperrverlust *m* reverse [direction] loss
~ in Schaltrichtung forward off-state loss
Sperrverlustleistung *f* reverse power loss
Sperrverzögerung[szeit] *f (El)* reverse recovery time; *(Nrt)* splitting time
Sperrverzugsladung *f* recovery charge
Sperrverzugszeit *f* reverse recovery time
Sperrvorrichtung *f* locking device; *(Nrt)* plugging-up device
Sperrvorspannung *f* reverse bias
Sperrwandler *m* reverse converter
Sperrwicklung *f* inhibit winding
Sperrwiderstand *m* reverse resistance
Sperrwirkung *f* 1. blocking action; 2. stop band effect *(eines Filters)*
Sperrwort *n (Dat)* lock word
Sperrzeichen *n (Nrt)* blocking signal
Sperrzeit *f* blocking period (time); off-period *(Thyristor)*; dead time *(Zähler)*; idle period *(Stillstand)*
Sperrzellenrelais *n* rectifier relay
Sperrziffer *f (Nrt)* call-barring number
Sperrzustand *m* off-state *(Thyristor)*; cut-off state; blocking state *(z. B. Relais)*
Spezialausführung *f* special design (construction)
Spezialgerät *n* special-purpose instrument
Spezialmotor *m* special-purpose motor
Spezialnutmotor *m* double squirrel-cage motor
Spezialprozessor *m* special[-purpose] processor
Spezialrechner *m* special-purpose computer, single-purpose computer; special processor
Spezialschaltkreis *m* special-purpose circuit
Spezifikation *f* specification
Sphärometer *n* spherometer
Spiegel *m* mirror, reflector
~/parallaxenfreier parallax-free mirror, antiparallax mirror
~/sphärischer spherical [reflecting] mirror
~/teildurchlässiger semitransparent (semireflecting, two-way) mirror

Spiegelanordnung *f* arrangement of mirrors
Spiegelantenne *f* reflector aerial
Spiegelbelag *m* mirror (reflecting) coating
Spiegelbild *n* mirror (reflected) image
Spiegelbildantenne *f* image aerial
Spiegelbildmethode *f* *(El)* method of electric images
Spiegeldämpfung *f* *(Nrt)* image attenuation
Spiegeldämpfungskoeffizient *m* image attenuation coefficient
Spiegelebene *f* mirror (reflecting) plane
Spiegelelement *n* reflector element
Spiegelfläche *f* mirror (reflecting) surface
Spiegelfrequenz *f* *(Nrt)* image frequency
Spiegelfrequenzband *n* *(Nrt)* image band
Spiegelfrequenzselektion *f* image frequency selection
Spiegelfrequenzstörung *f* second-channel interference *(Überlagerungsempfänger)*
Spiegelfrequenzverhalten *n*, **Spiegelfrequenzwiedergabe** *f* image response *(Überlagerungsempfänger)*
Spiegelgalvanometer *n* mirror (reflecting) galvanometer
Spiegelinstrument *n* mirror instrument
Spiegelmetall *n* speculum metal
Spiegelmonochromator *m* mirror (reflecting) monochromator
Spiegelöffnung *f* reflector aperture
Spiegeloptik *f* mirror (reflecting) optics, reflective optical system
Spiegelquelle *f* image source
Spiegelrasterleuchte *f* mirror screen fitting
Spiegelreflektor *m* mirror reflector
Spiegelskale *f* mirror[-backed] scale *(bei Meßgeräten)*
Spiegelsymmetrie *f* mirror symmetry
Spiegeltrommel *f* mirror drum
Spiegelungsprinzip *n* image principle *(Feldtheorie)*
Spiegelverhältnis *n* *(Nrt)* image ratio *(Verhältnis der Empfangsfrequenz zur Spiegelfrequenz)*
Spiegelwirkung *f* mirror (reflecting) effect
Spiel *n* 1. *(MA, Ap)* duty cycle; 2. [mechanical] play, backlash; clearance; 3. game
~/elektronisches electronic game
~/kontinuierliches continuous duty cycle
~/strategisches strategic game
~/wärmemechanisches thermal-mechanical cycling
~/zulässiges permissible clearance
Spielflächenbeleuchtung *f* acting-area [spot] lighting
Spielmatrix *f* pay-off matrix *(Mathematik)*
Spielpartnermaschine *f* game playing machine
Spielraum *m* 1. margin; 2. play, backlash; clearance; allowance *(s. a. unter* Spiel*)*
~ des Springschreibers margin of start-stop apparatus
~/regelmäßiger *(Nrt)* net margin
Spielregel *f* rule of the game
Spieltheorie *f* theory of games, game theory
Spielwert *m* game value, worth of a game
Spike-Emission *f* *(Laser)* spike mode emission
Spike-Rauschen *n* *(Nrt)* spike noise
Spin *m* spin, [intrinsic] angular momentum
Spin-Bahn-Kopplung *f* spin-orbit[al] coupling
Spin-Bahn-Term *m* spin-orbit coupling term
Spin-Bahn-Wechselwirkung *f* spin-orbit interaction
Spindel *f* lead screw *(z. B. zur Bewegung des Supports)*
Spinentartung *f* spin degeneracy
Spinentartungsfaktor *m* spin degeneracy factor
Spinmultiplett *n* spin multiplet
Spinne *f* spider *(Armstern)*
Spinquantenzahl *f* spin quantum number
Spin-Raman-Effekt *m* spin Raman effect
Spinresonanz *f* spin resonance
Spinrichtung *f* spin direction
Spinterm *m* spin term
Spinthariskop *n* spinthariscope
Spinwelle *f* spin wave
Spiralabtastung *f* spiral (helical, circular) scanning *(Bildabtastung)*
Spiralantenne *f* helical (helix) aerial
~ in gedruckter Schaltungstechnik printed circuit spiral aerial
Spiralfeder *f* coil spring
spiralförmig spiral[-shaped], helical
Spiralheizelement *n* helical [heating] element
Spiralkontraktometer *n* *(Galv)* spiral contractometer *(zur Prüfung der inneren Spannungen von Überzügen)*
Spirallochscheibe *f* spiral disk
Spiralplatte *f* helical plate *(Batterie)*
Spiralrohrstrahlungskühler *m* spiral-tube radiator cooler
Spiralspule *f* spiral coil
Spiraltrimmer *m* cone capacitor
Spiralversetzung *f* spiral dislocation *(Kristall)*
Spiralwindung *f* spiral turn
Spirituslack *m* spirit varnish *(Isolierlack)*
Spitze *f* 1. tip; pivot *(z. B. bei Lagern in Meßinstrumenten)*; top *(z. B. eines Mastes)*; 2. peak; maximum; crest; peak; 3. *s.* Spannungsspitze
~/absolute absolute peak *(Energieversorgung)*
~/scharfe sharp peak • **mit scharfer ~** sharp-pointed
Spitzenabstand *m* peak separation
Spitzenarbeitsspannung *f* peak working voltage
Spitzenausgangsleistung *f* peak output power, maximum power output
Spitzenbegrenzer *m* peak clipper
Spitzenbelastung *f* *(Erz)* peak [load], maximum load; peak demand

Spitzenbelastungszeit *f* peak time *(Energieversorgung)*
Spitzenbetriebsspannung *f* peak working voltage
Spitzenbetriebssperrspannung *f* working peak reverse voltage
Spitzendetektor *m* peak detector
Spitzendiode *f* point contact diode
Spitzendurchgangsspannung *f* peak forward voltage
Spitzendurchlaßnennstrom *m* peak forward current rating
Spitzendurchlaßstrom *m* peak forward (on-state) current
~/höchstzulässiger periodischer maximum forward peak repetitive on-state current
~/nichtwiederkehrender non-repetitive peak on-state current
~/wiederkehrender repetitive peak on-state current
Spitzendurchzündspannung *f* peak restriking voltage
Spitzeneinschaltstrom *m* peak switching current
Spitzenelektrode *f* point (peak) electrode
Spitzenentlader *m* point discharger
Spitzenentladung *f* point discharge
Spitzen-Flächen-Transistor *m* point-junction transistor
Spitzenfunkenentladung *f* needle-point discharge
Spitzenfunkenstrecke *f* needle-point spark gap, needle gap
Spitzengleichrichter *m* peak[-responsive] rectifier, peak-type rectifier; point contact rectifier
Spitzengleichrichtung *f* point rectification
spitzenhaltig peaky *(Signal)*
Spitzenhaltigkeit *f* peakiness *(Signal)*
Spitzenkapazität *f* peak capacity
Spitzenkontakt *m* point contact
Spitzenladekennlinie *f* peak charge characteristic
Spitzenlager *n* point (conical) bearing
Spitzenlast *f (Erz, Eü)* system peaks, peak (maximum) load *(z. B. des Netzes)*
Spitzenlastkraftwerk *n* peak-load plant (power station), peaking power station
Spitzenlaststrom *m* peak load current
Spitzenlastzeit *f* peak load period
Spitzenleistung *f* 1. peak output (power); 2. peak performance *(Güte)*
Spitzenmodulationshubmesser *m* peak modulation deviation meter
Spitzennennbetriebssperrspannung *f* working peak reverse voltage rating
Spitzenpegel *m* peak level
Spitzenpegelanzeiger *m (Ak)* peak noise indicator
Spitzenschalldruck *m* peak sound pressure
Spitzensonde *f* point probe
Spitzenspannung *f* peak (crest) voltage; ceiling voltage *(Erregermaschine)*
~/höchstzulässige maximum peak applied voltage
~/nichtwiederkehrende non-repetitive peak voltage *(Thyristor)*
~/wiederkehrende repetitive peak voltage
Spitzenspannungsabfall *m* **[in Durchlaßrichtung]** peak forward voltage drop *(Thyristor)*
Spitzenspannungsmesser *m* peak[-reading] voltmeter, crest voltmeter
Spitzensperrspannung *f* peak inverse (reverse) voltage, crest reverse voltage, peak blocked voltage
~/höchstzulässige negative periodische maximum repetitive peak reverse voltage
~/höchstzulässige positive periodische maximum repetitive peak off-state voltage
~/negative repetitive peak reverse voltage
~/nichtwiederkehrende non-repetitive peak reverse voltage
~/periodische repetitive peak off-state voltage
~/positive peak blocked voltage
~/wiederkehrende *s.* ~/periodische
Spitzensperrstrom *m* maximum off-state current
~/höchstzulässiger nichtperiodischer maximum non-repetitive peak reverse current
Spitzenstreuleistung *f (Nrt)* spike leakage power
Spitzenstreuung *f* spike leakage
Spitzenstrom *m* peak current
~ beim Ansprechen der Sicherung/höchstzulässiger peak current allowable during fusing
~/höchstzulässiger periodischer peak repetitive forward current
~ in Durchlaßrichtung *s.* Spitzendurchlaßstrom
Spitzentransformator *m* series peaking transformer
Spitzentransistor *m* point [contact] transistor
Spitzenverbrauch *m* peak consumption
Spitzenverkehr *m (Nrt)* peak traffic
Spitzenvoltmeter *n* peak[-reading] voltmeter
Spitzenwert *m* peak (crest) value, top value
~ der Anodenspannung in Durchlaßrichtung peak forward anode voltage
~ der Störgröße *(Syst)* interference peak
Spitzenwertanzeige *f* peak reading
Spitzenwertanzeiger *m* peak indicator
Spitzenwertbegrenzung *f* [peak] clipping
Spitzenwertgleichrichter *m* peak value rectifier
Spitzenwertmesser *m* peak meter
Spitzenwertschaltung *f* peak-reading circuit
Spitzenwertspeicherung *f* peak (maximum) hold
Spitzenzähler *m (Meß)* demand (peak) meter
Spitzenzeit *f* peak time • **außerhalb der ~** off-peak
Spitze-Platte-Anordnung *f (Hsp)* point-to-plane arrangement, peak-to-plane arrangement
Spitze-Platte-Entladung *f (Hsp)* point-to-plane discharge, peak-to-plane discharge
Spitze-Spitze-Anordnung *f (Hsp)* point-to-point arrangement, peak-to-peak arrangement
Spitze-Spitze-Entladung *f (Hsp)* point-to-point discharge, peak-to-peak discharge

Spitze-Spitze-Gleichrichtung *f* peak-to-peak rectification
Spitze-Spitze-Voltmeter *n* peak-to peak voltmeter
Spitze-Spitze-Wert *m* peak-to-peak value
Spitze-zu-Spitze-... *s.* Spitze-Spitze-...
Spitzlichtbeleuchtung *f* spot lighting
Spleiß *m* splice
Spleißdämpfung *f* splice (splicing) loss
spleißen to splice *(Kabel)*
Spleißen *n* splicing, splice
~ **von Kabeladern** cable-conductor splicing
Spleißgerät *n* splice machine
Spleißkassette *f* splice organizer
Spleißschutzhülse *f* splice reinforcement tube
Spleißstelle *f* splice, splice (cable) joint
Spleißtechnik *f* splicing technique
Spleißumhüllung *f* splice enclosure
Spleißung *f s.* 1. Spleißen; 2. Spleiß
Spleißverbinder *m* splice reinforcement tube
Spontanbetrieb *m (Nrt)* asynchronous response mode
~**/gleichberechtigter** asynchronous balanced mode
Spooling *n (Dat)* spooling *(Zwischenspeicherung beim Drucker)*
Sprachanalysator *m* speech (voice) analyzer
Sprachanalyse *f* speech (voice) analysis
Sprachaudiometer *n* speech audiometer
Sprachaudiometrie *f* speech audiometry
Sprachaufnahme *f*, **Sprachaufzeichnung** *f* speech (voice) recording; voice logging *(Protokoll)*
Sprachaufzeichnungsgerät *n* speech recording equipment
Sprachausgabe *f* voice output; *(Dat)* language output; audio response
~**/gepufferte** buffered language output
Sprachausgabeeinheit *f*, **Sprachausgabegerät** *n* 1. *(Dat)* speech output unit; 2. *s.* Sprachsynthesegerät
Sprachausgabesystem *n* **für Text** text-to-speech system
Sprachband *n s.* Sprachfrequenzband
Sprachband-Codec *m* voice band codec
Sprachbereich *m s.* Sprachfrequenzbereich
Sprachbeschneidung *f* speech clipping
sprachbetätigt voice-actuated
Sprachdeutlichkeit *f (Ak, Nrt)* articulation
Sprache *f (Ak)* speech; *(Dat)* language
~**/amplitudenbegrenzte** peak-clipped speech
~**/anwenderorientierte** user-oriented language
~**/chiffrierte** *(Nrt)* coded (cipher) language
~**/deutliche** clear (clearly articulated) voice
~**/künstliche** artificial language; *(Ak)* vocoderized speech
~**/maschinenorientierte** machine-oriented language
~ **mit stark angehobenen Tiefen** boomy speech
~**/offene** *(Nrt)* ordinary (plain) language
~**/problemorientierte** problem-oriented language *(Programmierung)*
~**/rechnerorientierte** computer-oriented language
~**/sichtbare** visible speech
~**/spezielle** special-purpose language
~**/symbolische** symbolic language
~**/undeutliche** blurred voice
~**/universelle rechnerorientierte** universal computer-oriented language
~**/verfahrensorientierte** procedure-oriented language
~**/verschlüsselte** 1. *s.* ~/chiffrierte; 2. scrambled (inverted) speech *(durch Umkehrung des Sprachfrequenzbandes)*
~**/verzerrte** blurred voice
Sprachebene *f* language level
Spracheditor *m (Dat)* language editor
Spracheingabe *f* speech (voice) input
~ **für Rechner** voice computer input
Spracheingabeeinheit *f* voice data entry unit
Sprachein- und -ausgabesystem *n* voice store-and-follow system
Spracherkennung *f* voice recognition
~**/automatische** automatic voice recognition
Spracherzeugung *f* speech (voice) synthesis
Sprachfrequenz *f* speech (voice) frequency
Sprachfrequenzband *n* speech [frequency] band, voice band
Sprachfrequenzbereich *m* speech frequency range, voice [frequency] band
Sprachfrequenzkennlinie *f (Nrt)* telephone frequency characteristic
sprachgesteuert voice-operated, voice-controlled
Sprachgüte *f* quality of speech
Sprachkanal *m* voice channel
Sprachkennziffer *f (Nrt)* language digit
Sprachkodierer-Dekodierer *m* voice coder
Sprachlautstärke *f* speech volume
Sprachleitung *f* voice line
Sprachmodulation *f* speech (voice) modulation
sprachmoduliert speech-modulated, voice-modulated
Sprachpausennutzung *f (Nrt)* speech interpolation
Sprachpegel *m* speech (voice) level
Sprachrahmen *m (Nrt)* voice frame
Sprachrohr *n* megaphone, speaking tube
Sprachrückhören *n (Nrt)* speech sidetone
Sprachschutz *m (Nrt)* voice protection
Sprachschutzfaktor *m (Nrt)* guard circuit coefficient
Sprachschwingung *f* speech oscillation
Sprachsichtgerät *n* visible speech analyzer
Sprachsignal *n* speech (voice) signal
Sprachsignalverarbeitung *f* speech [signal] processing
Sprachspeicherdienst *m* voice mail service
Sprachspeicher- und -wiedergabesystem *n* voice store-and-follow system

Sprachstörpegel *m* speech interference level, SIL
Sprachsynthese *f* speech (voice) synthesis
~ **aus Phonemen (Sprachlauten)** phoneme linking
~/**elektronische** electronic speech synthesis
Sprachsynthesegerät *n* speech (voice) synthesizer
Sprachübersetzung *f*/**automatische** *(Dat)* automatic language translation
~/**maschinelle** machine translation
Sprachübersetzungsmaschine *f* language translation computer
Sprachübertrager *m (Nrt)* transmission bridge
Sprachübertragung *f* speech (voice) transmission
~/**digitale** speech digit signalling *(Pulskodemodulation)*
~/**paketvermittelte** packetized voice transmission
Sprach- und Datennetz *n*/**integriertes** integrated voice and data network
Sprachverarbeitung *f* speech processing
Sprachverschlüsselung *f* 1. speech encoding; 2. *s.* Sprachverzerrung
Sprachverschlüsselungseinrichtung *f s.* Sprachverschlüßler
Sprachverschlüßler *m* 1. speech (voice) encoder; 2. *s.* Sprachverzerrer 1.
Sprachverständigung *f* vocal communication
Sprachverständlichkeit *f* 1. [speech] intelligibility, speech articulation (discrimination); 2. articulation index *(Zahlenwert)*
~/**prozentuale** percentage [speech] intelligibility
Sprachverständlichkeitsprüfung *f* **mit Einzelsilben** articulation test
~ **mit Sätzen (Wörtern)** intelligibility (listening) test
Sprachverzerrer *m* [speech] scrambler
Sprachverzerrung *f* [speech] scrambling
Sprachwiedergabe *f* voice reproduction
Spratzprüfung *f* crackling test *(Isolieröl)*
Spread-Spektrum-Signal *n* spread spectrum signal *(Signalübertragung)*
Sprechader *f (Nrt)* speaking (speech) wire
Sprechadern *fpl* speaking pair
Sprechanlage *f* interphone (intercommunication) system, intercom
Sprechbatterie *f* speaking battery
Sprechbereich *m* speaking range
sprechbereit ready to talk (speak)
Sprechen *n*/**rauschfreies** *(Nrt)* noise-free speech
Sprecheradresse *f*/**eigene** *(Nrt)* my talk address
Sprecherecho *n* talker echo
Sprechererkennung *f* speaker identification
Sprecherleitung *f* speaker wire
Sprechfrequenz *f* speech (voice) frequency
Sprechfrequenzbereich *m* speech frequency range
Sprechfrequenzverluste *mpl* telephonic frequency losses
Sprechfunkgerät *n* radiotelephone, walkie-talkie
Sprechfunknetz *n* radiotelephony network
Sprechgarnitur *f* head gear; *(Nrt)* operator's [telephone] set
Sprechgeschwindigkeit *f* speech velocity
Sprech-Hör-Kopf *m* record-playback head *(für kombinierte Aufnahme und Wiedergabe)*
Sprech-Hör-Vergleichsmessung *f* voice-ear measurement
Sprech-Hör-Vergleichsprüfung *f* voice-ear test
Sprechkanal *m* voice channel
Sprechkapsel *f* telephone transmitter capsule (inset), transmitter capsule; microphone capsule
Sprechkreis *m (Nrt)* talking (speaking) circuit
Sprechleistung *f (Nrt)* speech power
Sprechleitung *f (Nrt)* speaking wire
~ **für die Telegrammübermittlung** phonogram circuit
Sprechmöglichkeit *f*/**wechselnde** *(Nrt)* call splitting
Sprechpegel *m* speech (vocal) level
Sprechprobe *f* voice test[ing]; *(Nrt)* talking test
Sprechreichweite *f* speaking range
Sprechschalter *m (Nrt)* talking (speaking) key; microphone switch; press-to-talk switch *(Handmikrofon)*
Sprechspule *f* voice (moving) coil *(Lautsprecher)*
Sprechstelle *f (Nrt)* telephone (subscriber's) station
~/**bewegliche** mobile telephone station
~/**digitale** digital voice terminal
~ **mit Rückhördämpfung** anti-sidetone set
~/**öffentliche** public telephone station
~/**umschaltbare** alternative telephone station
Sprechstellendichte *f* telephone density
Sprechstellenleitung *f* subscriber's service line
Sprechstellung *f (Nrt)* talking (speaking) position
Sprechstrom *m* speech (voice) current; *(Nrt)* speaking current
Sprechstromkreis *m* speaking circuit
Sprechtaste *f (Nrt)* speaking key; microphone key (switch)
Sprechtrichter *m* inlet (mouthpiece) of microphone, mouthpiece of transmitter
Sprechumschalter *m (Nrt)* combined listening and speaking key
Sprech- und Mithörschalter *m s.* Sprechumschalter
Sprech- und Rufschalter *m (Nrt)* talking-ringing key
Sprechverbindung *f* speech (voice) communication
~/**gestörte** distorted communication
Sprechverstärker *m* speech amplifier
Sprechversuch *m (Nrt)* talking (speech) test
Sprechweg *m (Nrt)* speech path (circuit, channel), speaking circuit, talking path
Sprechwegdurchschaltung *f (Nrt)* speech-path switching
Sprechwegenetzwerk *n (Nrt)* speech-path network, switching network

Sprechzeit *f (Nrt)* conversation time
Sprechzeug *n (Nrt)* operator's headset, operator's [phone] set
Sprechzustand *m* conversation state
Spreizfederbefestigung *f (Ap)* expanding spring fixing
Springblende *f***[/automatische]** [full-]automatic diaphragm
Springeinrichtung *f***/hauptkartengesteuerte** *(Dat)* master-card-controlled skipping feature
Springen *n* 1. hopping *(Festkörperphysik)*; 2. *s.* Sprung
Springschreiber *m (Nrt)* start-stop teleprinter (apparatus)
Springstarter *m* snap starter
spritzen 1. to sputter; 2. to spray
Spritzgießen *n*, **Spritzguß** *m* injection moulding *(Kunststoffe)*
Spritzgußgehäuse *n* injection-moulded case
Spritzgußmasse *f* injection-moulding compound *(für Isolierungen)*
Spritzgußteil *n* injection-moulded part
Spritzlackieren *n* [paint] spraying, spray varnishing
Spritzmasse *f* spraying compound
spritzverzinkt zinc-sprayed, galvanized by spraying
spritzwassergeschützt splash-proof
Sprödbruch *m* brittle fracture
spröde brittle • ~ **werden** to embrittle
Sprossenschrift *f* variable-density [sound] track
sprühen 1. to spark; to sputter; 2. to spray
Sprühentladung *f* corona discharge (brushing), spray discharge
Sprühentwickler *m* spray developer
Sprühfestigkeit *f* spray-proofness
Sprühgerät *n* sprayer
Sprühspitze *f* spray point *(z. B. bei Bandgeneratoren)*
Sprühverlust *m (Hsp)* corona loss
Sprung *m* 1. *(Dat, Syst)* jump, step *(z. B. Unstetigkeit im Signalverlauf)*; branch *(in einem Programm)*; transfer [of control]; 2. hop *(Funkwellen)*; 3. transition *(Elektronen)*; jog *(Kristallgitter)*; 4. crevice; crack
~/bedingter conditional jump (transfer)
~ in der Steuerbefehlsfolge/bedingter conditional transfer of control
~/unbedingter unconditional jump (transfer), necessary jump
~ zum Unterprogramm jump to subroutine
Sprungantwort *f (Syst)* step (jump) response, step-function [time] response
Sprungantwortzeit *f (Syst)* step response time
Sprunganweisung *f s.* Sprungbefehl
Sprunganzeige *f* intermittent display
Sprungausfall *m* sudden failure *(z. B. eines Bauteils)*
Sprungbedingung *f (Dat)* jump condition
Sprungbefehl *m* jump instruction (order), branch instruction; "go-to" statement
~/bedingter conditional jump order
Sprungbewegung *f* jump motion
Sprungcharakteristik *f* step-function response characteristic, transient characteristic
Sprungeingang *m* step input
Sprungeinschaltung *f* closing snap action
Sprungfrequenz *f* jump frequency
Sprungfunktion *f* step (jump) function; unit step [function], Heaviside unit function
Sprungfunktionsantwort *f* step-function response
Sprunghäufigkeit *f* jump frequency
Sprungkennlinie *f* step-function response characteristic
Sprungkontakt *m* snap-action contact
Sprungmagnet *m* snap magnet
Sprungprogramm *n* jump program (routine)
Sprungschaltglied *n* snap-action contact element
Sprungspannung *f* step voltage; initial inverse voltage *(Gasentladungsröhren)*
Sprungspannungsprüfung *f* step-voltage test
Sprungstelle *f* discontinuity *(Mikrowellentechnik)*
Sprungtemperatur *f* transition temperature *(Supraleiter)*
Sprungübergangsfunktion *f (Syst)* unit step response, indicial response
Sprungverzerrung *f* transient distortion
Sprungwelle *f* surge
Sprungwellendämpfungsschaltung *f* surge suppression network
Sprungwellentest *m (MA)* waveform test
Sprungwert *m* level-change value
Sprungzone *f (Nrt)* skip area
SPS *s.* Steuergerät/speicherprogrammierbares
Spulbetrieb *m (Dat)* spooling *(Zwischenspeicherung beim Drucker)*
Spule *f* 1. *(ET)* coil, inductance coil; 2. reel, spool *(z. B. für Magnetband)*
~/angezapfte tapped coil
~/astatische astatic coil
~/auswechselbare plug-in coil
~/blank gewickelte blank-wound coil
~/blinde idle coil
~/drehbare rotatable (revolving) coil
~/eingängige single-turn coil
~/einlagige single-layer coil
~/eisenlose air-cored coil
~/feste fixed coil
~/gestürzte back-wound coil *(Transformator)*
~ in Kleinstausführung midget coil
~/kernlose air-cored coil; coreless coil
~/kreuzgewickelte lattice-wound coil, cross-wound coil
~/krumme curved coil
~/luftgekühlte air-cooled coil
~/mehrlagige multilayer coil
~ mit einem Gleitkontakt single-slider coil
~ mit einer Windung single-turn coil

~ **mit Eisenkern** iron-core coil
~ **mit Hochfrequenzeisenkern** powdered (dust) iron-core coil
~ **mit mehreren Windungen** multiturn coil
~ **mit Mittelanzapfung** centre-tapped coil, mid-tap coil
~ **mit Verlusten** resistive coil (inductor)
~ **mit Wabenwicklung** honeycomb (lattice-wound) coil
~ **mit zwei Gleitkontakten** double-slider coil
~/nichtangeschlossene open-ended coil
~/nichtlineare non-linear coil
~/offene open coil
~/quadratische square-core coil
~/ringförmige annular coil
~/schablonengewickelte form[er]-wound coil
~/scheibengewickelte sandwich-wound coil
~/sechseckige hexagonal coil
~/tote dummy coil
~/verlustarme low-loss coil
~/verschiebbare sliding coil
~/vieleckige polygonal coil
~/vorgeformte preformed coil
~/zweiteilige split coil
~/zylindrische cylindrical coil
spulen to reel, to wind, to spool
Spulenabbindung *f* coil lashing
Spulenabgleich *m* coil alignment
Spulenabgriff *m* coil tap
Spulenabstand *m* loading coil distance (spacing), coil (load) spacing
Spulenabstützung *f* coil support
Spulenanschluß *m* coil terminal; coil tap
Spulenanschlußdraht *m* coil lead
Spulenanzapfung *f* coil tap[ping]
Spulenbandgerät *n* open-reel [tape] recorder
Spulendraht *m* coil (magnet) wire
Spuleneinbindemaschine *f* coil taping machine
Spulenenergieaufnahme *f* coil consumption
Spulenentfernung *f* coil spacing
Spulenentwurf *m* coil design
Spulenfeld *n* 1. *(Nrt)* loading section, pupinization section *(Pupinspule)*; 2. coil section *(Abschnitt)*
Spulenfeldergänzung *f* *(Nrt)* building-out network
Spulenflansch *m* coil flange; spool flange (head)
Spulenfluß *m* coil flux linkage
Spulenform *f* coil configuration
Spulenformfaktor *m* coil shape factor
Spulenformmaschine *f* coil forming machine
Spulengalvanometer *n* coil galvanometer
Spulengestell *n* coil rack
Spulenglimmschutz *m* coil-side corona shielding
Spulengröße *f* reel size
Spulengruppe *f* coil group
Spulengüte *f* coil quality, coil Q, coil figure of merit, coil [magnification] factor
Spulenhalter *m* coil holder (support, mount)
~/oberer upper coil support
Spulenisolation *f* coil insulation
Spulenkabel *n* *(Nrt)* coil-loaded cable
Spulenkasten *m* 1. *(Nrt)* coil box, loading coil pot; 2. *(MA)* coil insulation frame, field spool (coil flange)
~ **für Freileitungen** loading pot for overhead lines
Spulenkern *m* core
~/einstellbarer slug
Spulenkette *f* low-pass filter, upper limiting filter
Spulenkontakt *m* coil contact
Spulenkopf *m* coil end, end winding, overhang
Spulenkörper *m* coil shell, [coil] former; bobbin [core]
Spulenkreis *m* coil circuit
Spulenlack *m* coil varnish
Spulenleistungsaufnahme *f* coil consumption
Spulenmuffe *f* coil piece
Spulenplan *m* *(Nrt)* loading scheme
Spulenpotentiometer *n* inductive potentiometer, ipot
Spulenpresse *f* coil press
Spulenpunkt *m* *(Nrt)* loading point
Spulenrahmen *m* coil form
Spulensatz *m* bank of coils, coil set (assembly); *(Nrt)* loading unit
Spulenschalter *m* coil switch
Spulenscheibe *f* coil flange
Spulenschenkel *m* coil side
Spulenseite *f* 1. coil side; 2. *(MA)* group of conductors
Spulenseiten *fpl* **je Nut** coil sides per slot
Spulenseitenglimmschutz *m* coil-side corona shielding
Spulenspannung *f* coil voltage
Spulensystem *n* coil system
Spulentonbandgerät *n* open-reel machine (tape recorder)
Spulenträger *m* bobbin, coil brace
Spulenträgerisolation *f* coil insulation
Spulentrommelachse *f* coil-turret shaft
Spulenunterlage *f* lower coil support
Spulenverbinder *m* coil connector
Spulenvorwiderstand *m* *(Meß)* swamping resistor *(zur Temperaturkompensation)*
Spulenweite *f* coil span (width), coil pitch *(in Nutteilungen)*
Spulenwickelmaschine *f* coil winder, coil winding machine (bench), coil forming machine
Spulenwicklung *f* coil winding
~/konzentrische concentric winding
Spulenwiderstand *m* coil resistance
Spülöl *n* circulating oil
Spur *f* trace; track *(z. B. auf Magnetband)*
~/einfache single trace
~/feinfokussierte finely focussed trace
~/frequenzmodulierte frequency-modulated track
~/kontrastreiche high-contrast trace
~/verriegelte locked trace
Spurabstand *m* track spacing
Spuramplitude *f* amplitude of trace

Spuranfangskennsatz *m (Dat)* start of track label
Spuranpassung *f (Ak)* coincidence [effect], wave coincidence
Spurauswahl *f* track selection, selection of tracks *(Speicher)*
Spurbreite *f* track width
Spurdichte *f* track density
Spurelement *n* track element *(Lochband, Magnetband)*
Spurenanordnung *f***/versetzte** interlaced track arrangement
Spurende *n* end of track, ETR
Spurende[kenn]satz *m* end of track label
Spurenelement *n* trace element
Spurenkennzeichnung *f* trace identification
Spurenmenge *f* trace amount
Spurenverunreinigung *f* trace impurity
Spurenzugriff *m* trace selection
Spurfehler *m* track[ing] error
Spurhaltevermögen *n* trackability, tracking ability *(Lochband, Magnetband)*
Spurkennzeichner *m* trace indentifier
Spurmischung *f (Ak)* overdubbing
Spurnachführung *f***/dynamische** dynamic track following, DTF *(z. B. bei Videorecordern)*
Spurregulierung *f* tracking control *(z. B. bei Videorecordern)*
Spurumschaltmatrix *f (Dat)* track switch matrix
Spurverzerrung *f* tracking distortion
Spurzentrierung *f***/dynamische** *s.* Spurnachführung/dynamische
Spurzwischenraum *m* track gap
Sputtern *n (Ph)* sputtering
~ **mit Gleichstrom** d.c. sputtering
~ **mit Planarmagnetronquelle** planar magnetron sputtering
SSI small-scale integration
Stab *m* 1. bar, rod; 2. armature bar (conductor)
~ **einer Anlaufwicklung** amortisseur bar
Stabanker *m* bar-wound armature
Stabanode *f* bar anode
Stabantenne *f* rod aerial; whip aerial
~/ausziehbare telescopic rod aerial
Stabantrieb *m* rod drive
Stabausdehnungsregler *m* thermobar controller
Stabausdehnungstemperaturregler *m* rod-type thermostat
Stabbatterie *f* cylindrical (tubular) cell, torch battery
Stabdarstellung *f* stick representation *(einer Entwurfszeichnung)*
Stabdurchführung *f* rod seal
Stabeinbindemaschine *f (Isol)* bar-taping machine
Stabelektrode *f* bar (pencil) electrode
Stabelement *n* cylindrical (torch) cell
Staberder *m* earth[ing] rod
Stabfunkenstrecke *f* rod spark gap
Stabgleichrichter *m* cartridge-type rectifier

stabil stable, rigid; resistant
~/bedingt conditionally stable
~ **bei offenem Regelkreis** *(Syst)* open-loop-stable
~/dynamisch dynamically (transiently) stable
~/thermisch heat-resistant, thermally stable
Stabilbrennspannung *f* tube voltage drop *(Stabilisator)*
Stabilisation *f* stabilization
Stabilisator *m* 1. stabilizer; voltage stabilizer, constant-voltage regulator; 2. voltage regulator tube (valve), voltage reference tube; bias clamping tube *(einer Glimmröhre)*
stabilisieren to stabilize *(z. B. Strom)*
stabilisiert/durch Dämpfung *(Syst)* damper-stabilized
Stabilisierung *f* stabilization
~ **des kleinen Regelkreises** *(Syst)* mirror-loop stabilization
~ **durch Hintereinanderschaltung** *(Syst)* series stabilization
~ **durch Rückführung** *(Syst)* feedback [method of] stabilization
~ **durch Vorhaltglied** *(Syst)* series phase lead stabilization
Stabilisierungsbereich *m* stabilization range
Stabilisierungseinrichtung *f (Syst)* stabilizer, stabilizing element (network)
Stabilisierungsnetz[werk] *n (Syst)* stabilizing network
Stabilisierungsschaltung *f (Syst)* stabilizing (antihunting) circuit
Stabilisierungssignal *n* stabilizing signal
Stabilisierungstransformator *m* stabilizing transformer
Stabilisierungsverfahren *n* method of stabilization
Stabilisierungswicklung *f* stabilizing winding
Stabilisierungswiderstand *m* stabilizing resistor
Stabilität *f* 1. stability *(z. B. einer Regelung)*; 2. stability, rigidity *(mechanisch)*; resistance
~/aperiodische aperiodic stability
~/asymptotische asymptotic stability
~/bedingte conditional stability
~ **bei kurzer Betriebsdauer** short-run stability
~ **der Entladung** stability of discharge
~ **der geschlossenen Schleife** closed-loop stability
~ **des Plasmas** plasma stability
~/dynamische dynamic (transient) stability
~ **eines Systems** system stability
~ **im Großen** stability in the large
~ **im Kleinen** stability in the small
~/kurzzeitige short-time stability
~ **linearer Systeme** stability of linear systems
~/lokale local stability *(im Zustandsraum)*
~/natürliche dynamische natural dynamic (transient) stability
~/statische steady-state stability
~/thermische thermal stability

Stabilitätsabschätzung *f* stability estimation
Stabilitätsanalyse *f* stability analysis
Stabilitätsbedingung *f* stability condition
Stabilitätsbereich *m* stability domain *(im Zustandsraum)*
Stabilitätsgebiet *n* stability (stable) region *(im Kennlinienfeld)*
Stabilitätsgrenze *f* stability limit
~/dynamische dynamic (transient) stability limit
~/natürliche natural stability limit
Stabilitätsgüte *f* degree of stability
Stabilitätskennlinie *f* stability characteristic
Stabilitätskonstante *f* stability constant
Stabilitätskontrolle *f* stability check
Stabilitätskriterium *n* stability criterion
~/algebraisches algebraic stability criterion
~/Hurwitzsches Hurwitz criterion [of stability]
~ nach Michailow-Leonhard Leonhard criterion [of stability], Michailov criterion
~ nach Nyquist-Cauchy Nyquist-Cauchy criterion [of stability]
stabilitätsmindernd destabilizing
Stabilitätsrand *m* stability limit, borderline of stability *(eines Regelungssystems)*
~/absoluter absolute stability limit (margin)
Stabilitätsregler *m* stability controller
Stabilitätsreserve *f* stability margin *(Kenngröße zur Beurteilung der Stabilität)*
Stabilitätssatz *m*/**Ljapunowscher** Liapunov theorem of stability
Stabilitätsspielraum *m* margin of stability
Stabilitätsuntersuchung *f (Syst)* stability analysis
Stabilitätsverhalten *n* stability behaviour
Stabinduktor *m* rod inductor *(Induktionshärten)*
Stabisolator *m* rod (stick) insulator
Stabistor *m* stabistor *(Halbleiterbauelement)*
Stabkondensator *m* cylindrical capacitor
Stab-Kugel-Funkenstrecke *f* rod-sphere gap
Stabmagnet *m* bar (rod) magnet, magnetic bar
Stab-Platte-Anordnung *f* rod-plate system
Stab-Platte-Funkenstrecke *f* rod-plate spark gap, rod-plane gap
Stabreflektor *m* rod mirror
Stabregelung *f* rod control *(Reaktor)*
Stab-Stab-Funkenstrecke *f* rod-rod-gap
Stabstrahler *m*/**keramischer** ceramic rod radiator *(Infrarotstrahler)*
Stabstromwandler *m* bar-type [current] transformer, bank-type current transformer
Stabstruktur *f (ME)* bar structure
Stabtaschenleuchte *f* electric torch
Stabwandler *m* single-turn transformer, bar transformer
Stabwicklung *f* bar winding
~/verdrillte cable-and-bar winding
Stabwiderstand *m* rod resistor *(z. B. Heizwiderstand)*
Stack *m s.* Stapelspeicher
Stackzeiger *m s.* Stapelzeiger
Stadionbeleuchtung *f* stadium illumination
Stadtbeleuchtung *f* municipal lighting
Stadtfunkrufdienst *m* regional radio-paging service
Staffel *f (Nrt)* progressive grading
Staffelgruppe *f (Nrt)* grading group
staffeln to stagger; *(Nrt)* to grade
~/Bürsten to stagger brushes
~/Zeit to stagger time
Staffelplan *m* time distance graph *(Distanzschutz)*
Staffelschutz *m* stepped-curve distance-time protection
Staffelung *f* staggering; *(Nrt)* grading
~ von Gruppen grading of groups
Staffelungsplan *m (Nrt)* grading diagram (scheme)
Staffettenbetrieb *m* continuous play *(von Magnetbändern)*
Stahl *m*/**unmagnetischer** non-magnetic steel
Stahlaluminium *n* steel-cored aluminium *(für Freileitungen)*
Stahlbandbewehrung *f* steel tape armour
Stahlbehälter *m* steel container *(der Batterie)*
Stahlblech *n* sheet steel; steel plate
Stahlblechgehäuse *n* sheet steel box
Stahlblechverkleidung *f* sheet steel panelling
Stahlblechzellenkasten *m* steel container *(der Batterie)*
Stahldraht *m*/**kupferummantelter** copper-clad steel wire
Stahlgittermast *m* lattice steel mast
Stahlmast *m* steel tower
Stahlpanzer *m* steel armour
Stahlpanzerrohr *n* steel (metal) conduit
Stahlröhre *f* all-metal valve (tube)
Stahlröhrensockel *m* all-metal tube base
Stahlrohrkabel *n* pipe-type cable
Stahlseil *n* steel cable (rope)
Stahlstäbchen *n* **zur Blitzstrommessung** magnetic indicator for lightning currents, surge-crest ammeter link, surge current indicator
Staketenphänomen *n* railing phenomenon *(Radarstörung)*
Stammdatei *f* master file (data set)
Stammdateiverzeichnis *n* master-file directory
Stammkapazität *f (Nrt)* side circuit capacitance
Stammleitung *f (Nrt)* side (physical) circuit
Stammspule *f (Nrt)* side circuit loading coil
Stand *m* 1. level *(z. B. von Flüssigkeiten)*; 2. position; 3. state
~/fahrbarer trolley *(für Geräte)*
Standard *m*/**abgestimmter** harmonized standard
~/verbindlicher mandatory standard
Standardabweichung *f (Meß)* standard deviation; root-mean-square deviation *(Statistik)*
Standardausführung *f* standard design, unitized version
Standardausrüstung *f* standard equipment

Standardbauelement *n***/elektronisches** standard electronic component
Standardbaugruppe *f* standard assembly
Standardbaustein *m* standard module (modular unit), general-purpose component
Standardbauweise *f* unitized construction
Standardbefehl *(Dat) m* standard instruction (statement)
Standardbefehlsvorrat *m* standard instruction set
Standardbezugsspannung *f* standard reference voltage
~ **einer Elektrode** standard electrode potential
Standardeinheit *f* standard unit
Standardelektrode *f* standard electrode (half-cell)
Standardelektrodenpotential *n* standard [electrode] potential
Standard-EMK *f* standard electromotive force
Standardfehler *m* standard error
Standardfeld *n (Eü)* unit panel
Standardform *f* **der abgeschnittenen Prüfblitzspannung** standard chopped lightning impulse
~ **der Prüfschaltspannung** standard switching impulse
Standardfunktion *f* built-in function
Standardgalvanispannung *f* standard Galvani tension
Standardgehäuse *n* standard casing
Standardgröße *f* standard size
Standardhammerwerk *n* standard impact generator *(für Trittschallmessungen)*
Standardimpulsgenerator *m* clock
Standardinterface *n (Dat)* standard (general-purpose) interface
standardisiert standard[ized]; unitized
Standardisierung *f* standardization
Standardkalomelelektrode *f* standard calomel electrode
Standardleiterplatte *f* standard-pattern printed circuit board
Standardmodul *m* standard module
Standardpegel *m* standard level
Standardplatte *f* blank board *(halbfertige durchkontaktierte Leiterplatte)*
Standardpotential *n***/[elektro]chemisches** standard chemical potential
Standardschaltkreis *m* standard circuit
Standardschaltung *f* standard circuit
Standardscheibe *f* master slice
Standardschnittstelle *f (Dat)* standard (general-purpose) interface
Standardspeicher *m (Dat)* standard memory
Standardtrittschallpegel *m***[/bewerteter]** *(Ak)* impact sound index
Standardwasserstoffelektrode *f* standard hydrogen electrode
Standardwelle *f* standard waveform *(bei Stoßspannungen)*
Standardwert *m* default value
Standard-Weston-Element *n* standard Weston cell
Standardzelle *f* standard cell
Ständer *m* 1. *(MA)* stator; 2. pillar, post
Ständeranlasser *m* reduced-voltage starter, stator resistance starter *(mit Widerständen)*
~**/induktiver** primary reactor starter *(bei Asynchronmaschinen)*
~**/ohmscher** primary resistor starter *(bei Asynchronmaschinen)*
Ständerblech *n* stator [core] lamination
Ständerblechpaket *n* stator core
Ständererdschlußschutz *m* stator earth-fault protection
Ständerjoch *n* stator (frame) yoke
Ständerplatte *f* stator plate
Ständerspule *f* stator coil
Ständerstrom *m* stator current
Ständerwickelmaschine *f* stator winder (winding machine)
Ständerwicklung *f* stator winding
~**/wassergekühlte** water-cooled stator winding
Ständerwicklungskupfer *n* stator winding copper
Ständerwicklungsprüfung *f* stator winding test
Ständerwiderstandsanlassen *n* stator resistance starting
Standhöhe *f* level *(z. B. von Flüssigkeiten)*
Standleitung *f (Nrt)* dedicated circuit; leased line
Standlicht *n* parking light; marker light *(Kraftfahrzeug)*
Standort *m* location, position
Standortbestimmung *f (FO)* position finding
Standortfehler *m* site error
Standortfehlerempfindlichkeit *f* site error susceptibility
Standortmeldung *f* position report
Standortpeilung *f (FO)* position fixing
Standverbindung *f (Nrt)* dedicated line
Standverbindungsnetz *n (Nrt)* station-to-station system
Standwächter *m* level controller
Standwert *m***/akustischer** acoustic impedance
~ **einer akustischen Masse** acoustic inertance
~ **für die Auslenkung** displacement impedance
~**/mechanischer** mechanical (velocity) impedance
~**/spezifischer** specific (unit-area) acoustic impedance
Stange *f* bar, rod; pole
~**/angeschuhte** shoed pole
~**/verstrebte** strutted pole
Stangenabstand *m* pole distance *(Freileitung)*
Stangenanode *f* bar anode
Stangenausrüstung *f* pole fittings *(Freileitung)*
Stangenbild *n* pole diagram *(Freileitung)*
Stangenfuß *m* pole footing
Stangen-Induktionserwärmungseinrichtung *f* bar induction heater
Stangenschalter *m* rod-operated switch
Stangenstromabnehmer *m* trolley

Stangenwähler *m (Nrt)* panel selector
Stangenwählersystem *n (Nrt)* panel system
Stanniol *n* tin foil, foil tin
Stanniolband *n* tin foil tape
Stanniolbelag *m* tin foil coating
Stanniolelektrode *f* tin foil electrode
Stanniolkondensator *m* tin foil capacitor
Stanniolpapier *n* tin foil paper
Stanniolsicherung *f* tin fuse
Stanniolüberzug *m* tin foil sheathing
Stanzabfall *m* chad *(beim Lochen)*
Stanzautomat *m (Dat)* automatic punch
stanzen to punch, to stamp
Stanzen *n*/**blindes** touch-typing *(Telegrafie)*
~/**direktes** straight gang punching
Stanzer *m (Dat)* punch, [tape] perforator
Stanzgeschwindigkeit *f* punch velocity, punching speed (rate)
Stanzloch *n* punched hole
Stanzmagnet *m* punching magnet
Stanzmatrize *f* cutting die
Stanzrest *m* chad *(beim Lochen)*
Stanzschablone *f* punching template
Stanzstift *m* perforating pin
Stanztechnik *f* stamped wiring *(für gedruckte Schaltungen)*
Stanzteil *n* stamping *(z. B. Elektroblech)*
Stanzvorrichtung *f* punching device
STAP *s.* Störungsablaufprotokoll
Stapel *m (Dat)* stack; batch
Stapelbetrieb *m (Dat)* batch processing (operation), batch mode
Stapelfehler *m* stacking fault *(Kristall)*
Stapelfehlordnung *f* stacking disorder *(Kristall)*
Stapelfernbearbeitung *f (Dat)* remote batch processing
Stapelfernverarbeitung *f (Dat)* remote batch processing
Stapelfolge *f* stacking sequence
Stapelglasseide *f (Isol)* chopped strands
Stapeljob *m (Dat)* background job
stapeln *(Dat)* to stack
Stapelprozeß *m (Dat)* batch process
Stapelregister *n (Dat)* stack
Stapelspeicher *m (Dat)* stack [memory], push-down stack (store); LIFO (last-in-first-out) memory
Stapelung *f* stacking
Stapelverarbeitung *f (Dat)* batch processing
Stapelzeiger *m (Dat)* stack pointer *(Register zur Speicherung des zuletzt in den Stack eingegebenen Registerinhalts)*
Stärke *f* strength *(z. B. des Stroms)*; intensity *(z. B. einer Strahlung)*; force *(Kraft)*
~ **des elektrischen Felds** intensity of the electric field
~ **des Empfangssignals** received signal strength
~ **des magnetischen Felds** intensity of the magnetic field
Stark-Effekt *m* Stark effect
~/**quadratischer** quadratic Stark effect
Stark-Effekt-Aufspaltung *f* Stark [effect] splitting
Stark-Effekt-Modulation *f* Stark modulation
Stark-Effekt-Verbreiterung *f* Stark [effect] broadening
Starkfeld *n* high field
Stark-Schwach-Verhalten *n* high-low action *(Kybernetik)*
Starkstrom *m* power[-line] current, heavy current
Starkstromanlage *f* power installation
Starkstromgeräusch *n (Nrt)* [power-]induced noise, power-induction noise
Starkstromgleichrichter *m* power rectifier
Starkstromkabel *n* [electric] power cable
~ **mit Hilfsadern** [power] cable with pilot cores
Starkstromkondensator *m* heavy-current capacitor
Starkstromkreis *m* power (heavy-current) circuit
Starkstromkreuzung *f* power-line crossing
Starkstromleitung *f* power (heavy-current) line; power circuit
Starkstromnetz *n* heavy-current system, power mains
Starkstromnetzanschluß *m* power supply system
Starkstromrelais *n* heavy-duty relay
Starkstromschalter *m* heavy-current switch
Starkstromstörungen *fpl (Nrt)* interference from power lines
Starkstromtechnik *f* heavy-current engineering
Starkstromübertragungsnetz *n* power transmission system
Starkstromverteilerkabel *n* power distribution cable
Starkstromwecker *m* power bell
starr rigid
Startadresse *f (Dat)* starting (initial) address
Startbefehl *m (Dat)* initial instruction
Startdrehmoment *n* initial torque
starten to start; to initiate
startend/schnell rapid-starting
Starter *m* starter; *(Licht)* starter [switch]; *(Srt)* trigger electrode
Starteranode *f* starter anode
Starterbatterie *f* starter battery
Starterbetrieb *m (Licht)* starter switch operation
Starterfassung *f (Licht)* starter holder
Startgeschwindigkeit *f* starting velocity
Startimpuls *m* 1. starting (initiating) pulse, start[ing] impulse; 2. *(FO)* main bang
Startpolarität *f* start polarity
Startprogramm *n (Dat)* start-up program
Startsignal *n* start signal
Start-Stopp-Apparat *m (Nrt)* start-stop apparatus
Start-Stopp-Betrieb *m* start-stop operation
Start-Stopp-Kommando *n (Nrt)* start-stop command
Start-Stopp-Multivibrator *m* start-stop multivibrator

Start-Stopp-System *n* start-stop system
Start-Stopp-Tastung *f (Nrt)* start-stop modulation
Start-Stopp-Übertragung *f (Nrt)* start-stop transmission
Start-Stopp-Verzerrungsgrad *m (Nrt)* degree of start-stop distortion
Startvorrichtung *f* starting device
Startzeichen *n* start signal
Startzeit *f* start time
Station *f (Nrt, Eü)* station; *(Erz)* substation; *(Dat)* [data] terminal
~/angerufene called station
~/automatische automatic station
~/empfangende receiving station
~/gerufene called station
~/ortsfeste base (fixed) station
~/rufende calling station, caller
~/sendende transmitting station
~/ständig besetzte permanently manned substation
~/transportable [trans]portable station
~/unbesetzte unmanned substation
~/zeitweise bemannte (besetzte) semiattended station; attended substation
stationär 1. stationary, steady[-state]; 2. stationary, fixed
Stationaritätsbedingung *f* steady-state condition
Stationsableiter *m* station-type arrester *(Ableitstrom ~10 kA)*
Stationsaufforderung *f (Nrt)* query, enquiry
Stationsruf *m* code ringing *(Eisenbahn)*
Stationsschalter *m* station key
Stationsschaltzelle *f* station-type cubicle switchgear
Stationstaste *f* station key
Stationswahl *f***/automatische** *(Nrt)* automatic station selection
Stationswähler *m (Nrt)* station selector
statisch statical
Statistik *f* 1. statistics *(Wissenschaft)*; 2. statistic *(Zusammenfassung, Tabelle)*
statistisch statistical
Stativ *n* [floor] stand; tripod
Stativgewinde *n* tripod mounting thread
Stator *m (MA)* stator, frame[work]
~/bewickelter wound stator core
~/drehbarer rotatable frame
~/verschiebbarer end-shift frame
Statorblechpaket *n* stator iron core
Statoreisen *n* stator iron
Statorfeld *n* stator field
Statorgehäuse *n* stator frame
Statorisolation *f* stator insulation
Statorpaketiermaschine *f* stator stacker
Statorplatten *fpl* fixed plates *(Drehkondensator)*
Statorspulenstützisolator *m* stator coil pin
Stator-Stab-Isolation *f* stator-bar insulation
Status *m (Dat)* state, status *(s. a. unter* Zustand*)*
~ der unbedingten Beendigung must-complete mode
Status... *s. a.* Zustands...
Statusabfrage *f* status interrogation (check)
Statusbit *n* status (condition) bit
Statussignal *n (Dat)* state signal
Statuswort *n (Dat)* status word
Statuswortregister *n* status word register
Staubabdichtung *f* dust seal
Staubablagerung *f* dust deposit, dust settling[s]
Staubabscheider *m* dust separator (collector, precipitator)
Staubabscheidung *f***/elektrostatische** electrostatic [dust] precipitation
Staubbekämpfung *f* dust control (suppression)
Staubbeugung *f* dust diffraction *(Optik)*
staubdicht dustproof, dust-tight
Staubdichtung *f* dust seal
staubfrei dust-free, dustless
Staubgehalt *m* dust content (loading)
Staubgenerator *m***/elektrostatischer** dust flow-type electrostatic generator *(zur Gleichspannungserzeugung)*
staubgeschützt dustproof, sealed against dust
staubhaltig dusty, dust-laden
Staubhaube *f* dust cover
Staubmeßgerät *n* dust counter (sampler), konimeter
Staubsauger *m* vacuum-cleaner
Staubschutz *m* 1. dust protection; 2. *s.* Staubschutzkappe
Staubschutzkappe *f* dust cover *(z. B. am Mikrofon)*
staubsicher dustproof
Staubteilchen *n* dust particle
staubtrocken dust-dry *(z. B. Lackschicht)*
Staudruck *m* dynamic pressure; *(Ak)* back pressure
Staudrucktachometer *n* velocity-head tachometer
Staufferbüchse *f* grease cup
Stauscheibe *f* orifice plate
Steckanschluß *m* plug and socket connection, plug-in connection, push-on termination, quick conector • **mit ~** plug-connected
steckbar pluggable, plug-in
Steckbaugruppe *f* plug-in unit
Steckbaustein *m* plug-in module
Steckbügel *m (Nrt)* U-link
Steckdose *f* socket, [electric] coupler socket, plug connector (box), connector socket, [socket] outlet, [convenience] receptacle; power point • **in die ~ stecken** to socket
~ an der Frontplatte front-panel socket
~/mehrpolige multicontact socket
Steckeinheit *f* plug-in unit *(einsteckbares Bauelement)*
~/herausziehbare draw-out unit
stecken to plug; to insert; to socket *(in die Steckdose)*

Stecker *m* plug; connector [plug], male connector; attachment plug, coupler *(s. a. unter* Steckverbinder*)*
~/berührungssicherer shock-proof plug
~/dreipoliger three-pin plug
~/einpoliger single-pole plug
~ für Oberflächenmontage *(El)* surface-mount connector
~ für Wandsteckdosen wall plug
~/gekoppelter mated connector
~/gepolter polarized plug
~/kodierter coded image plug
~/konzentrischer concentric (coaxial) connector
~/mehrpoliger multipole connector; multipin plug *(Steckerleiste)*
~ mit Schutzkontakt earthing contact-type plug
~/n-poliger n-pin plug
~/unverwechselbarer non-interchangeable plug
~/zweipoliger two-pin plug, biplug
Steckeranschluß *m s.* Steckanschluß
Steckerbelegung *f* [connector] pin assignment
Steckerbezeichnung *f* connector identifier
Steckerbuchse *f* [connector] jack, female conector
Steckerdämpfung *f* connector loss *(in optischen Übertragungsstrecken)*
Steckerfeld *n* plug (matrix) panel
Steckergehäuse *n* connector housing
Steckerkabel *n* patch (attachment) cord
steckerkompatibel plug-compatible
Steckerkontakt *m s.* Steckkontakt
Steckerkörper *m* plug body
Steckerleiste *f* multipoint (multiway) connector; frame connector; edge conector *(bei Leiterplatten)*
Steckerleitung *f s.* Steckerschnur
Steckerloch *n* [connector] receptable, plug hole
Steckerpaar *n* connector pair
Steckerschalter *m* plug switch
Steckerschnur *f* patch cord, cord and plug
Steckerspitze *f* plug tip
Steckerstift *m* plug (contact) pin, male plug
Steckerteil *m(n)* male connector *(eines Steckverbinders)*
Steckfassung *f* plug[-in] socket
~ mit Mittelkontakt central contact cap
Steckfeld *n* pin (plug-in) board, plug-in section; *(Dat)* patch (control) panel *(eines Analogrechners)*; programming plugboard
Steckhülse *f* pin bushing
Steckkabel *n* plug-in cable
Steckkarte *f* plug-in card (board), p.c. plug-in card
Steckklemme *f* plug clamp; clamp terminal
Steckkontakt *m* plug (connector) contact, male [housing] contact
Steckkontaktleiste *f* multipoint (multiway) connector, rack-and-panel connector *(s. a.* Steckerleiste*)*
Steckkopplung *f* adapter jack
Stecklampe *f (Nrt)* jack lamp
Steckmodul *m* plug-in module
Steckplatte *f* breadboard
Steckrelais *n* plug-in relay
Steckschalter *m* plug-in switch
Stecksockel *m* plug base
Stecksockelrelais *n* plug-in relay
Steckspule *f* plug-in coil
Steckstift *m* pin
Stecktafel *f* plug board, pin (plug-in) board; *(Nrt)* peg board; *(Dat)* patch (control) board *(für Programme)*
Steckverbinder *m* connector, plug-and-socket connector, plug-and-socket [connection] *(s. a. unter* Steckverbindung*)*
~/direkter direct plug connector, edge[board] connector
~/luftdicht verschlossener hermetic sealed connector
~ mit Koaxialanschluß coaxial connector
~ mit Schalter switch plug
~ mit Wickelanschluß wire-wrap connector
~/optischer optical connector
~/unverwechselbarer non-interchangeable connector; non-reversible connector
~/zweipoliger two-way connector
Steckverbinderleiste *f* multipoint (multiway) connector
Steckverbinderpaar *n* connector pair
Steckverbinderstift *m* connector pin (plug)
Steckverbindung *f* 1. plug[-and-socket] connection; 2. connector assembly (pair), connector; pin-and-socket connector *(s. a. unter* Steckverbinder*)*
~/elektrische electric pin-and-socket coupler
~ für gasgefüllte Leitungen pressurized connector
~ für Thermoelemente thermocouple connector
~/indirekte indirect plug connection
~/konzentrische concentric plug and socket
~ mit Schutzkontakt plug and socket with earth contact
~ mit Sperre restrained plug and socket
Steckverlust *m* insertion loss *(Kontakt)*
Steckvorrichtung *f* plug and socket, socket outlet and plug, coupler
Steckzyklus *m* mating cycle *(bei Steckverbindern)*
Steg *m* 1. land *(Schallplatte)*; 2. cell connector *(Batterie)*; 3. rib *(im Isolationsmaterial)*
Steghohlleiter *m* ridged waveguide *(Wellenleiter)*
Stegleitung *f***[/zweiadrige]** twin lead
Stegmagnetron *n* vane magnetron
Stegspannung *f* segment voltage
Stehbildprojektion *f* still (slide) projection
Stehbildprojektor *m*, **Stehbildwerfer** *m* still (slide) projector
stehen/in Verbindung 1. to contact; 2. *(Nrt)* to [inter]communicate
~/in Wechselwirkung to interact
stehenbleiben to stall, to run down *(Motor)*

~/in einer Stellung to stop at a position
stehend/unter Spannung (Strom) live, current-carrying
~/untereinander in Beziehung interrelated
Stehlager *n* pillow block, pedestal bearing
~/geneigtes angle pillow block
Stehlagerisolation *f* pedestal bearing insulation
Stehlampe *f*, **Stehleuchte** *f* floor [standard] lamp
Stehlichtbogen *m* permanent arcing
Stehschaltspannung *f* switching impulse withstand voltage
Stehspannung *f* withstand voltage
Stehstoßspannung *f (Hsp)* withstand impulse voltage, impulse-withstand voltage; dry impulse-withstand voltage *(im trockenen Zustand)*; wet impulse-withstand voltage *(im beregneten Zustand)*
Stehstoßspannungsfestigkeit *f (Hsp)* impulse-withstand voltage capability
Stehstoßspannungsprüfung *f (Isol)* impulse-withstand voltage test
Stehwechselspannung *f* withstand alternating voltage
Stehwellenmesser *m* standing-wave meter
Stehwellenverhältnis *n* [voltage] standing-wave ratio, v.s.w.r.
Stehwellenverhältnismesser *m* standing-wave meter (ratio bridge)
steif stiff, rigid
Steife *f* stiffness, rigidity
~/akustische acoustic stiffness
Steifigkeitsreaktanz *f* stiffness reactance
Steigeisen *npl* [pole] climbers, lineman's climbers
Steigeleitung *f s.* Steigleitung
steigen to rise, to increase
~ **mit/quadratisch** to increase as a square of
steigern to increase, to enhance; to raise *(z. B. Temperatur)*; to boost
Steigeschacht *m* cable chute
Steigleitung *f* rising main, riser cable (wire)
Steig- und Sinkgeschwindigkeitsanzeiger *m* rate-of-climb indicator
Steigung *f* 1. pitch *(Gewinde)*; 2. gradient, slope
~ **eines Gitters** grid pitch
Steigungsfehler *m* pitch error
steil steep; abrupt
Steilheit *f* transconductance, mutual conductance, transadmittance *(Elektronenröhre)*; slope *(Maß des Kennlinienanstiegs)*
~ **der Dämpfungskurve** *(Ak)* rate of attenuation
~ **der Impulsfront** pulse front slope
~ **der Kennlinie** *s.* ~/dynamische
~/dynamische dynamic transconductance, mutual (dynamic) slope
~/komplexe transadmittance
Steilheitsgrenzfrequenz *f* transconductance cut-off frequency
Steilheitskennlinie *f* mutal characteristic
Steilheitsmesser *m* mutual conductance meter
Steilheitsrelais *n* rate of change relay
Steilstrahlung *f (FO)* high-angle radiation
Steinlager *n* jewel[led] bearing *(z. B. in Meßinstrumenten)*
Steinschraubanker *m* rock [stay] anchor *(Freileitungen)*
Steinwolle *f* rock (mineral) wool
Stellantrieb *m* servo (motor) drive, actuating mechanism, actuator, motor element
~/stetiger continuous servo drive
stellbar/stufenlos infinitely adjustable
Stellbereich *m* control (operating) range
Stellbewegung *f* corrective motion
Stelldruck *m* control (actuating) pressure
Stelle *f* 1. *(Dat)* digit; digit position (place); 2. site *(z. B. im Kristallgitter)*; 3. place, position; location
~/aktive active centre
~/binäre binary position
~/heiße hot spot
~/niederwertigste (niedrigstwertige) least-significant digit, lowest-order digit
~/undichte leak
~/ungelochte *(Dat)* blank
Stelleinrichtung *f* servo unit (equipment); correcting equipment
stellen/auf Null to zero *(z. B. Meßgerät)*; to reset
~/in eine Reihe to line up
~/Kontakte enger to close up contacts
Stellenauslesesystem *n (Dat)* digit reading system
Stellenschreibweise *f (Dat)* positional notation
Stellenübertragungsnachlauf *m (Dat)* carry-in
Stellenübertragungsvorlauf *m (Dat)* carry-out
Stellenverschiebung *f* arithmetic shift
~ **im Akkumulator (Speicher)** accumulator shift
~ **nach links** left shift
~ **nach rechts** right shift
~/zyklische cyclic shift
Stellenverschiebungsregister *n (Dat)* shift[ing] register
~/binäres binary shift register
Stellenwert *m (Dat)* place (local) value
Stellenwertverschiebung *f* **Stellenwertversetzung** *f s.* Stellenverschiebung
Stellenzahl *f* number of digits
~/maximale capacity
Stellgeschwindigkeit *f* control (regulating) speed; floating speed (rate) *(beim I-Regler)*
Stellgetriebe *n* control gear
Stellglied *n* actuating mechanism, actuator; control (controlling, positioning) element; final control element *(z. B. am Ausgang einer Meßeinrichtung)*; executing (correcting) device, effector, regulating element
~/akustisches acoustic controller
~/hydraulisches hydraulic [power] actuator
~ **mit Antrieb** motor-driven final controlling element
~/pneumatisches pneumatic actuator

Stellgröße *f* 1. regulated quantity; manipulated variable; 2. correcting (actuating) variable
Stellgrößenvektor *m (Syst)* control vector *(Mehrgrößensystem)*
Stellhebel *m* adjusting lever
Stellhub *m* correcting displacement *(Stellglied)*
Stellknopf *m* adjusting knob
Stellkolben *m* piston operator *(hydraulisch)*
Stellkondensator *m* adjustable capacitor
Stellmagnet *m* controlling (operating) magnet
Stellmotor *m* servomotor, servo; pilot motor
~/asynchroner asynchronous servomotor
~ für lineare Bewegung linear motion servomotor
~/hydraulischer hydraulic servomotor
~ mit konstanter Geschwindigkeit constant-speed servomotor
~ mit veränderlicher Geschwindigkeit variable-speed servomotor
~/pneumatischer pneumatic servomotor
Stellort *m (Syst)* control point
Stellpotentiometer *n* variable potentiometer
Stellrad *n* control wheel, handwheel
Stellrelais *n* positioning relay
Stellring *m* adjusting ring (collar)
Stellschraube *f* adjusting screw
Stelltransformator *m* adjustable (adjusting) transformer, [voltage-]regulating transformer, variable[-ratio] transformer
Stellung *f* position
~/geöffnete open position
~ in Umfangsrichtung circumferential stagger
~/nichterregte de-energized position
Stellungsanzeigelampe *f (An)* ancillary lamp
Stellungsfehler *m* position error
Stellungsfernanzeiger *m* remote position indicator
Stellungsgeber *m (Syst)* position indicator; *(FO)* position encoder
Stellungslichter *npl* aircraft navigation lights
Stellungsregler *m (Syst)* positioner *(z. B. bei Stellmotoren)*
Stellungsrückführung *f* position feedback
Stellungsrückkopplung *f* position feedback
Stellventil *n* regulating valve
Stellvorrichtung *f* adjusting device
Stellwicklung *f* regulating winding
Stellwiderstand *m* regulating resistor, rheostat
Stellzeit *f* regulating time
Stempel *m* piston
Step-und-Repeat-Verfahren *n (ME)* step and repeat *(Waferbelichtung)*
Steradiant *m* steradian *(SI-Einheit des Raumwinkels)*
stereo *s.* stereophon
Stereoadapter *m* stereo adapter
Stereoanlage *f* stereo [system], stereo set
Stereoaufnahme *f* 1. *(Ak)* stereo recording; 2. stereo photograph
Stereoaufnahmegerät *n s.* Stereorecorder
Stereobild *n* stereo[scopic] image
Stereobildpaar *n* stereo[scopic] pair
Stereodekoder *m* stereo decoder
Stereoeffekt *m* stereo[phonic] effect; stereoscopic effect
Stereoempfang *m* stereo reception
Stereoempfänger *m* stereo receiver
Stereographie *f* stereography
stereographisch stereographic
Stereokomparator *m* stereocomparator
Stereometer *n* stereometer
Stereomikroskop *n* stereo[scopic] microscope
Stereomischpult *n* stereo[phonic] mixer
Stereopaar *n s.* Stereobildpaar
stereophon stereophonic
Stereophonie *f* stereophonics
stereophonisch stereophonic
Stereorecorder *m* stereo recorder
Stereoschallplatte *f* stereo record
Stereoseitenbandfilter *n* mpx filter
Stereosignal *n* stereo[phonic] signal
~/einkanalig kodiertes mpx signal
stereoskopisch stereoscopic
Stereoton *m* stereo[phonic] sound
Stereotonbandgerät *n* stereo recorder
Stereotonwiedergabe *f* stereophonic reproduction of sound
Stereoübertragungsanlage *f* stereo[phonic] sound system
Stereoverstärker *m* stereo[phonic] amplifier
Sterilisator *m***/elektrischer** electric sterilizer (sterilizing apparatus)
Sternantenne *f* star aerial
Sternblende *f* star-shaped diaphragm
Stern-Dreieck *n* star-delta, wye-delta
Stern-Dreieck-Anlasser *m* star-delta starter
Stern-Dreieck-Anlauf *m* star-delta starting, wye-delta starting
Stern-Dreieck-Schaltautomat *m* automatic star-delta starter
Stern-Dreieck-Schalter *m* star-delta switch (starter), wye-delta switch
Stern-Dreieck-Schaltung *f* star-delta connection, wye-delta connection
Stern-Dreieck-Transformation *f* three-branch star-mesh conversion
Stern-Dreieck-Umformung *f* star-mesh conversion
sterngeschaltet star-connected, wye-connected, Y-connected
Sterngleichrichterstromkreis *m* star rectifier circuit
Sterngriff *m* star knob
Sternkabel *n* spiral-eight cable
Sternnetz *n* star layout (network, structure), Y-network; *(Nrt)* radial network
Sternpunkt *m* star (neutral) point
~/geerdeter earthed neutral
~/herausgeführter neutral brought-out

~/künstlicher artificial neutral point
~/offener open neutral point
Sternpunktanschluß *m* neutral terminal
Sternpunktbildner *m (Eü)* [neutral] earthing transformer
Sternpunktdrossel *f***/dreiphasige** three-phase neutral electromagnetic coupler
Sternpunkterdung *f* neutral earthing (grounding)
~/induktive inductive [neutral] earthing
Sternpunkterdungsdrossel *f***/einphasige** single-phase neutral earthing reactor
Sternpunktklemme *f* neutral terminal
Sternpunktleiter *m* neutral conductor
Sternpunkttransformator *m* earthing transformer
Sternschaltung *f* star (wye) connection, Y-connection
Sternschauzeichen *n (Nrt)* star indicator
Sternspannung *f* star voltage, Y-voltage
Stern-Stern-Schaltung *f* star-star connection
Sternverbindung *f* star (wye) junction
Sternvierer *m (Nrt)* star quad
Sternviererkabel *n* spiral-four quad, [star] quad cable
Sternviererverseilung *f* spiral-four twisting
stetig continuous, steady[-state]; constant
Stetigbahnsteuerung *f* continuous-path control
~ von Maschinen continuous machine control
Stetigbahnsteuerungsanlage *f* continuous-path system
Stetigkeit *f* continuity, steadiness; smoothness *(Kurve)*
Stetigkeitsbedingung *f* continuity condition
Steuerader *f (Nrt)* control wire
Steueradresse *f* control address
Steueralgorithmus *m* control algorithm
Steueranweisung *f* control statement
Steuerapparat *m (Ap)* control-circuit apparatus
Steuerausbeute *f* control ratio *(Röhre)*
Steuerausgang *m* control output
Steuerband *n (Dat)* control (pilot) tape
Steuerbarkeit *f* controllability *(eines Systems)*
Steuerbefehl *m (Dat)* control command (instruction)
Steuerbefehlsregister *n (Dat)* control register
Steuerbereich *m* control area
Steuerbewegung *f* controlling motion
Steuerbit *n* control bit
Steuerblock *m* control block
Steuerbrücke *f* control bridge
Steuerbus *m (Dat)* control bus
Steuerdaten *pl* control data
Steuerdruck *m (Ap)* control load
Steuereingang *m* control input
Steuereinheit *f* control unit, controller
Steuereinrichtung *f* control element (device), control[ling] mechanism *(s. a. unter* Steuergerät*)*
~/programmierbare programmable controller
Steuerelektrode *f* control (modulator) electrode; gate *(Transistor)*
~/abgesetzte offset gate
Steuerelektronik *f* control electronics
Steuerelement *n* control[ling] element *(des Regelkreises)*, driver
~/elektrochemisches electrochemical control element
Steuerempfänger *m* control receiver
Steuerfolge *f* control sequence
Steuerfrequenz *f* pilot frequency, clock rate; drive frequency
Steuerfrequenzempfänger *m* pilot receiver
Steuergenerator *m* control (pilot) generator
Steuergerät *n* controller, control unit
~/automatisches automatic controller
~/speicherprogrammierbares stored-program controller
~/verbindungsprogrammiertes hard-wired programmed controller, wired-program controller
~/zentrales central controller
Steuergestänge *n* control mechanism (linkage)
Steuergetriebe *n* control gear
Steuergitter *n* control grid *(Elektronenröhren)*
~/negatives negative control grid
Steuergittereinsatzspannung *f* grid base voltage
Steuergittermodulation *f* control-grid modulation
Steuergitterverlustleistung *f* control-grid dissipation
Steuergittervorspannung *f* grid bias voltage, control-grid bias
Steuergleichspannung *f* direct-current control voltage
Steuerglied *n* control[ling] element *(des Regelkreises)*
Steuerhebel *m* control lever; joystick
Steuerimpuls *m* control (master) pulse
Steuerkabel *n* control cable
Steuerkennlinie *f* control characteristic; *(Srt)* transfer characteristic
Steuerkette *f* 1. *(Syst)* open-loop [control] system; 2. timing chain *(mechanisch)*
Steuerknopftaster *m* control push button
Steuerkolben *m* actuating piston
Steuerkontakt *m* control contact; gate *(Transistor)*
Steuerkontaktfeder *f* moving contact spring
Steuerkreis *m (Syst)* control circuit (loop)
Steuerkreisspannung *f* control-circuit voltage *(z. B. am Kontakt eines Befehlsgeräts anliegend)*
Steuerkugel *f* control ball
Steuerleistung *f (Syst)* control power; *(El)* gate power *(z. B. eines Thyristors)*
~/mittlere average gate power
Steuerleitung *f* control wire (line); pilot wire
Steuerlochung *f* control punching
Steuerlogik *f* control logic
~ des Druckwerks *(Dat)* printer control logic
Steuermagnet *m* control[ling] magnet
Steuermatrix *f (Syst)* control matrix; distribution matrix *(Zustandsgleichung)*
steuern to control; to steer

~/**mit Relais** to relay
~/**zeitlich** to time
Steueroszillator *m* master oscillator
Steuerpotential *n* control potential
Steuerprogramm *n (Dat)* control program (routine); master control program; driver [routine] *(für periphere Geräte)*
Steuerprozessor *m* control processor
Steuerpult *n* control console (desk), control [switch]board, operator console
Steuerquarz *m* control crystal
Steuerquittungskreis *m* acknowledging circuit
Steuerquittungsschalter *m* 1. acknowledgement switch, acknowledger; 2. control discrepancy switch
Steuerraum *m* active region *(von Steuerbauelementen)*; buncher space *(Elektronenröhren)*
Steuerregister *n (Dat)* control register
Steuerrelais *n* control (pilot) relay
~/**magnetisches** magnetic control relay
Steuerring *m* grading shield [ring] *(zur Potentialsteuerung)*
Steuerröhre *f* control valve; master oscillator valve
Steuer-ROM *m* control read-only memory, CROM
Steuersäule *f* control column
Steuerschalter *m* control switch[group], controller; pilot switch; *(MA)* camshaft controller; sequence switch *(Folgeschalter)*; *(Nrt)* register controller
~/**elektromagnetischer** electromagnetically operated control switch
~/**elektropneumatischer** electropneumatic controller
~/**handbetätigter** manual controller
~/**indirekt angetriebener** pilot controller
~ **mit elektromagnetischer Betätigung** full magnetic controller
Steuerschaltkreis *m*, **Steuerschaltung** *f* control circuit
Steuerschieber *m* control valve
~/**druckentlasteter** reaction-compensated valve
~/**hydraulischer** hydraulic valve piston
Steuerschirm *m* grading shield *(Potentialsteuerung)*
Steuerschrank *m* control cabinet
Steuerschwingung *f* drive oscillation
Steuersender *m* master (pilot) oscillator, control transmitter, driver [transmitter]
~/**eigenerregter** self-excited master oscillator
Steuersignal *n (Syst)* control signal; driving signal; control command
~/**binäres** *(Dat)* binary command
~/**sinusförmiges** driving sinusoidal signal
Steuersignalfluß *m* control signal flow
Steuerspannung *f* control[-circuit] voltage *(z. B. am Kontakt eines Befehlsgeräts)*; gate voltage *(Thyristor)*; trigger voltage
Steuerspeicher *m (Dat)* control memory (store), control read-only memory, CROM
Steuerspur *f* control track *(z. B. bei Tonaufzeichnung)*
Steuerstrom *m* control current; gate current *(Thyristor)*
Steuerstromkreis *m* 1. pilot[-wire] circuit; 2. control circuit (loop)
Steuerstromkupplung *f* control current connector
Steuerstromschalter *m* control switch
Steuerstromtaste *f* enabling key
Steuerstromunterbrecher *m* control cut-out switch *(im Leistungskreis)*
Steuerstromverriegelung *f* control-circuit interlock
Steuerstufe *f* control stage; master oscillator stage *(Steuersender)*; crate-controller *(beim CAMAC-System)*
Steuersystem *n* control[ling] system
Steuertafel *f* control board (panel)
Steuertakterzeugung *f* control pulse generation
Steuertaktgenerator *m* control pulse clock
Steuertaste *f* control key
Steuerteil *n* master control unit
Steuerträger *m (Nrt)* pilot carrier
Steuerung *f* 1. *(Syst)* control; open-loop control; *(Nrt)* directing, routing; excitation *(von Sendestufen)*; 2. control mechanism; controller
~/**automatische** automatic control
~ **der Heizlast** control of heat load
~ **der ISDN-Verbindungsleitungen** ISDN link controller
~ **des Durchlaufs** sweep control *(z. B. Frequenz)*
~/**direkte numerische** direct numerical control, DNC
~/**diskontinuierliche** *s.* ~/zeitdiskrete
~/**duale** dual control
~ **durch Lochband** tape control
~/**elektronische** electronic control
~/**hierarchische** multilevel control
~/**hydraulische** hydraulic control
~/**kaskadengeschaltete** concatenated control
~/**lichtelektrische** photoelectric control
~/**lokale** local control
~/**magnetische** magnetic control
~ **mit Computer/numerische** computerized numerical control, CNC
~ **mit Handaufruf/numerische** hand numerical control
~ **mittels Sprache** oral control
~ **nach der Lage** positioning control
~/**numerische** numerical control
~/**offene** feedforward control
~/**optimale** optimal control
~/**programmierbare** programmable controller
~/**rechnergestützte** computer-aided control [system]
~/**rechnergestützte numerische** computerized numerical control, CNC
~/**selbstanpassende** auto-adaptive control, self-adaptive control
~/**übergeordnete** superordinated control

~ **von Hand** manual (hand) control
~**/zeitdiskrete** discrete-time control
Steuerungsablauf *m***/gespeicherter** stored control
Steuerungsablaufplan *m* control flow chart
Steuerungsalgorithmus *m* control algorithm
Steuerungsanweisung *f* instruction
Steuerungsfestwertspeicher *m* control read-only memory, CROM
Steuerungsoperation *f* control operation
Steuerungsprogramm *n (Dat)* handling routine, control program
Steuerungsschaltung *f* control circuit
~**/automatische** automatic control circuit
Steuerungssystem *n* control system
~**/automatisches** automatic control system
~**/numerisches** numerical control system
Steuerungstechnik *f* control engineering; control technology
Steuerungs- und Regelungstechnik *f* automatic control engineering
Steuervektor *m* control[-force] vector *(Zustandsgleichung)*
Steuerventil *n* control (pilot) valve; servo valve
~**/hydraulisches** hydraulic pilot valve
Steuerverfahren *n* **mit mehreren Modellen** *(Syst)* multiple-model technique
Steuerverluste *mpl* gate losses *(Thyristor)*
Steuerverstärker *m* control amplifier
Steuerwagen *m* driving trailer
Steuerwalze *f* barrel (drum-type) controller
Steuerwarte *f* [central] control room
Steuerwechselspannung *f* alternating-current control voltage
Steuerwelle *f (MA)* camshaft
Steuerwerk *n* control unit
Steuerwicklung *f* control [field] winding; drive winding *(für Magnetkerne)*
Steuerwinkel *m***/maximaler** *(Srt)* inverter limit
Steuerwirkung *f* control action
Steuerwort *n (Dat)* control word
Steuerzeichen *n (Dat)* control character; flag
Steuerzeichenkette *f* control character string
Steuerzentrale *f* central control station
Steuerzylinder *m* control (modulator) electrode *(Elektronenröhren)*
Stichanschluß *m* stub feeder
Stichel *m* stylus *(Schallplatte)*
Stichleitung *f* stub [line], dead-end feeder; branch line; [matching] stub *(Antennentechnik)*
~**/durch Kurzschlußbügel abgeschlossene** closed stub
Stichleitungsantenne *f* stub-matched aerial
Stichleitungsfilter *n***/koaxiales** coaxial stub filter
Stichprobe *f* 1. [random] sample; 2. *s.* Stichprobenkontrolle
Stichprobenentnahme *f***/unverfälschte** unbiased sampling
Stichprobengebiet *n* sample space
Stichprobenkontrolle *f* sampling (random) test, spot check, sample lot inspection
Stichprobenmittelwert *m* sample mean
Stichprobenprüfung *f s.* Stichprobenkontrolle
Stichprobenumfang *m* sample size
Stichprobenverteilung *f* sampling distribution
Stichversorgungsleitung *f* stub feeder
Stichwort *n* key word; *(Dat)* index word
Stickstoffatmosphäre *f* nitrogen atmosphere
Stickstoff-Kohlendioxid-Laser *m* nitrogen-carbon dioxide laser
Stickstofflampe *f* nitrogen lamp
Stickstofflaser *m* nitrogen laser
Stickstoffmikrowellenentladung *f* nitrogen microwave discharge
Stickstoffplasma *n* nitrogen plasma
Stielstrahler *m* rod radiator *(Antenne)*
Stift *m* 1. pin; stud; prong; 2. stylus *(Fühlstift)*; 3. [light] pen *(für Bildschirm)*; stylus
~**/elektronischer** electronic pencil
~**/federnder** spring pin
Stiftanordnung *f* pin allocation *(Aufnahmestift)*
Stiftaufhängung *f* pin suspension
Stiftdrucker *m* stylus (wire) printer
Stiftführung *f* pin guide
Stifthalterung *f* pin support
Stiftklemme *f* prong terminal
Stiftkontakt *m* pin contact
Stiftkopplung *f* pin coupling
Stiftsockel *m* pin-type socket, pin base (cap)
Stiftsockellampe *f* pin-type socket lamp
Stiftstecker *m* pin plug; connector plug *(einer Steckverbindung)*
Stiles-Crawford-Effekt *m* Stiles-Crawford effect
Stille *f* silence, quietness
stillegen, stillsetzen to close down, to shut down *(z. B. eine Anlage)*
Stillstand *m* stop; standstill • **im ~ und abgeschaltet** rest and de-energized • **zum ~ bringen** to arrest; to stop
Stillstandskleben *n (MA)* standstill locking
Stillstandsmoment *n* stalled torque
Stillstandszeit *f* outage (idle) time, downtime
Stimmaufzeichnung *f***/optische** voice printing
Stimme *f* voice
~**/künstliche** artificial voice
Stimmengewirr *n* **durch Nebensprechen** *(Nrt)* babble
Stimmgabelmodulator *m* tuning-fork frequency modulator
Stimmgabeloszillator *m* [tuning-]fork oscillator
Stimmumfang *m (Ak)* diapason
Stirndauer *f (Hsp)* virtual front time
Stirndurchschlag *m (Hsp)* front-of-wave flashover
Stirnfläche *f* [end] face, front [sur]face
~**/faseroptische** fibre-optic face plate *(Vidikonröhre)*

Stirnflächenkopplung *f* butt joint *(Lichtwellenleiter)*
Stirnkontakt *m* front contact
Stirnkopf *m s.* Stirnverbindung
Stirnseite *f* front [end]
Stirnsteilheit *f* [virtual] steepness of the front *(Stoßspannung)*
Stirnstoßspannungsprüfung *f (Hsp)* front-of-wave impulse spark-over test
Stirnüberschlag *m (Hsp)* front-of-wave flash-over, wave-front flash-over
Stirnverbindung *f (MA)* end winding, overhang
Stirnzeit *f* [virtual] front time, rise time *(Stoßspannung)*
Stitchbonden *n (ME)* stitch bonding
Stitchbonder *m (ME)* stitch bonder
stochastisch stochastic
Stockpunkt *m* setting (solidification) point *(Öl)*
Stockwerkanzeiger *m* lift floor annunciator *(Aufzug)*
Stockwerkrelais *n* cab-hold relay
Stockwerkschalter *m* floor[-stop] switch, cab-hold switch
Stockwerkschaltung *f*/**automatische** automatic floor-stop operation
Stoff *m* substance, matter, material *(s. a. unter* Substanz*)*
~/absorbierender absorber, absorbing substance
~/adsorbierender adsorbent, absorber, adsorbing substance
~/adsorbierter adsorbate, adsorbed substance
~/diamagnetischer diamagnetic [material]
~/eigenleitender intrinsic material
~/elektrisch wirksamer electrically active substance
~/ferroelektrischer ferroelectric [material]
~/ferromagnetischer ferromagnetic [material]
~/fester solid
~/filmbildender film former, film-forming substance
~/fluoreszierender fluorescent material
~/nichtleitender non-conducting material
~/paramagnetischer paramagnetic [material]
~/piezoelektrischer piezoelectric [material]
~/reiner pure substance
~/supraleitender superconductor
Stoffaustausch *m* mass transfer
Stoffbespannung *f* cloth covering
Stofftransport *m*, **Stoffübergang** *m* mass transfer
Stopfbit *n (Nrt)* stuffing (justifying) digit
Stopfbüchse *f* compression gland
Stopfbüchsenöl *n* gland-seal oil
Stopfwort *n (Nrt)* stuffing word
Stopp *m* stop, halt
~/fehlerbedingter check-stop
Stoppbefehl *m (Dat)* breakpoint (halt, stop) instruction
~/bedingter conditional breakpoint instruction
stoppen to stop; to halt *(z. B. Programm)*
Stoppflächenbefeuerung *f* stopway lighting
Stoppimpuls *m* stop pulse
Stopplampe *f* stop lamp
Stopplicht *n* stop light
Stopptaste *f* stop button
Stoppweg *m* stop distance
Stoppzeit *f* stop time
Stöpsel *m* plug; peg
Stöpselfeld *n (Nrt)* plug (patch) board
Stöpselinduktivität *f* plug inductance box, inductance box with plugs *(Meßspulensatz in Stöpselschaltung)*
Stöpselkondensator *m* plug capacitance box, capacitance box with plugs *(Meßkondensatorsatz in Stöpselschaltung)*
Stöpselmeßbrücke *f* plug-type measuring bridge
stöpseln to plug
Stöpselumschalter *m* plug switch
Stöpselunterbrecher *m* infinty plug
Stöpselverbindung *f* plug connection
Stöpselwiderstand *m* plug resistance box, resistance box with plugs *(Meßwiderstandssatz in Stöpselschaltung)*
Störabstand *m* signal-to-noise ratio, SNR, S/N, noise ratio
Störabstrahlung *f* noise radiation (emission)
Störamplitudenmodulation *f* incidental (unwanted) amplitude modulation
störanfällig interference-prone
Störanfälligkeit *f* liability (susceptibility) to interference; liability to noise
Störansprechen *n* unwanted response
Störaufnahme *f* stray pick-up; *(Nrt)* interference pick-up
Störausgangsgröße *f* spurious output
Störausgangssignal *n (Syst)* noise output [signal], disturbance output
Störband *n (El)* impurity (defect) band
Störbandleitung *f* impurity band conduction
Störbeeinflussung *f* [disturbing] interference; electrical interference
~/induktive inductive interference
Störbefreiung *f s.* Störbeseitigung
Störbefreiungskondensator *m* anti-interference capacitor
Störbegrenzer *m* noise (interference) limiter
Störbegrenzung *f* noise (interference) limitation
Störbereich *m* disturbance range
Störbeseitigung *f* interference elimination
Störcharakteristik *f* interference characteristic
Störecho *n* unwanted echo
Störeffekt *m* interference (parasitic, spurious) effect
Störeinbruch *m*/**totaler** *(Nrt)* clustered error
Störeinfluß *m* interference effect
Störeingangssignal *n (Syst)* disturbance input [variable], unwanted input
Stör-EMK *f* parasitic electromotive force

Störempfindlichkeit *f* disturbance sensitivity; electromagnetic susceptibility *(gegen elektromagnetische Störungen)*
stören to trouble, to disturb; to interfere [with] *(durch Überlagerung)*; *(Nrt)* to jam *(durch Störsender)*
Störer *m (Nrt)* disturbing station *(s. a.* Störsender*)*
Störfaktor *m* noise factor (figure); interference factor *(bei Überlagerungsstörungen)*
Störfall-Meldesystem *n* emergency response system *(für kerntechnische Anlagen)*
Störfeld *n* noise (interference) field
Störfeldabstand *m* field-to-noise ratio
Störfeldstärke *f* noise-field intensity, field strength of the unwanted signal
Störfestigkeit *f* interference (noise) immunity, immunity from disturbance (noise)
Störfilter *n* noise filter
Störflecke *mpl (FO)* clutter
störfrei interference-free, noise-free
Störfreiheit *f* freedom from interference
Störfrequenz *f* interfering (disturbance, parasitic) frequency
Störfrequenzgang *m* interfering frequency response
Störfrequenzmodulation *f* incidental frequency modulation
Störfunkstelle *f* radio jamming station, jammer
Störfunktion *f (Syst)* disturbance (disturbing, perturbation) function
Störgebiet *n (Nrt)* interference area; mush area *(speziell bei Gleichwellenbetrieb)*
Störgeräusch *n* disturbing (undesired, parasitic, background, ambient) noise, parasitics; interfering noise *(Interferenzstörungen)*
~ **durch Übersprechen** cross (cross-talking) noise
Störgeräuschgenerator *m* interference generator
Störgeräuschsignal *n* background noise signal
Störgröße *f* disturbance [variable], perturbation [variable]; interference quantity
~**/sinusförmige** harmonic disturbance [variable]
Störgrößenaufschaltung *f (Syst)* disturbance-variable compensation, disturbance [variables] feedforward, feedforward control
Störgrößenvektor *m* disturbance vector
Störhalbleiter *m s.* Störstellenhalbleiter
Störimpuls *m* disturbing (spurious, interference) pulse; glitch
Störimpulsspeicher *m* glitch memory
Störimpulstriggerung *f* glitch triggering
Störkraft *f* disturbing force
Störleistung *f* interference power
Störmeßgerät *n* interference measuring apparatus
Störmessung *f* interference measurement
Störmodulation *f* unwanted (spurious) modulation; jamming modulation
Stornierungstaste *f* cancellation key
Störniveau *n* 1. noise (interference) level; 2. *(ME)* impurity (defect) level
Störpegel *m* disturbance (background, noise) level; interference level *(Interferenzstörungen)*
Störquelle *f* disturbing (noise) source
Störquote *f* down-time rate; outage time rate
Störrauschen *n* background (spurious) noise
Störreflexion *f* undesired reflection
Störschall *m* wind noise *(Mikrofon)*
Störschallunterdrückung *f* noise cancellation
Störschutz *m* 1. noise suppression, radio shielding; EMI-protection, electromagnetic interference protection; 2. noise-suppression anti-interference device
Störschutzfilter *n* noise (anti-interference) filter; interference trap, noise killer
Störschutzkondensator *m* noise suppression capacitor, antinoise (anti-interference) capacitor, radio-interference capacitor
Störschwelle *f (Ak)* threshold of discomfort (annoyance)
Störschwingung *f* undesired (parasitic) oscillation
Störschwingungsunterdrücker *m* parasitic stopper (suppressor)
Störsender *m* unwanted (interfering) transmitter; jamming transmitter (station)
Störsendung *f* jamming
Störsenkungssystem *n* noise reduction system
störsicher interference-proof
Störsicherheit *f* noise immunity
Störsignal *n* disturbance (unwanted, parasitic, interfering, spurious) signal; *(Dat)* drop-in [signal]; extraneous signal *(Umwelteinfluß)*; hit *(in Übertragungsleitungen)*
~**/elektrisches** electromagnetic interference, EMI
~**/elektronisches** electronic hash
~ **im hohen Frequenzbereich** high-frequency interference signal
~**/künstlich erzeugtes** man-made noise
~**/überlagertes** superposed interference signal
Störsignalkompensation *f (Fs)* shading correction
Störsignalüberlagerung *f***/durch elektromagnetische Felder hervorgerufene** electromagnetic field interference
~**/magnetische** magnetic field interference
~ **zwischen Meßkreis und Erde** common-mode interference
Störsimulator *m* interference simulator
Störspannung *f* interference (disturbing, noise) voltage
~**/induktive** inductive interference voltage
Störspannungsgenerator *m* noise generator
Störspannungsmesser *m* interference voltage meter
Störspannungsmeßmethode *f* radio interference test method *(z. B. bei Teilentladungsmessung)*
Störspannungsmessung *f* noise-level measurement
Störspannungsverhalten *n* signal-to-noise characteristic

Störspannungsverhältnis *n* signal-to-noise ratio
Störsperre *f* atmospheric suppressor *(bei atmosphärischen Störungen)*; interference suppressor *(bei Interferenzstörungen)*
Störspitze *f* pulse spike
Störstelle *f* 1. *(El)* [crystal] impurity, imperfection; lattice (crystal) defect; 2. fault
~/atomare point defect (imperfection)
~/chemische chemical impurity
~/eindimensionale line defect
~/flache shallow impurity
~/ionisierte ionized impurity
~/kristalline crystalline imperfection
~/linienhafte line defect
~/Schottkysche Schottky defect
Störstellenatom *n* impurity (foreign) atom
Störstellenausscheidung *f* impurity segregation
Störstellenband *n* impurity (defect) band
Störstellenbeweglichkeit *f* impurity (defect) mobility
Störstellendichte *f* impurity density (concentration)
Störstellendiffusion *f* impurity diffusion
Störstellendotierung *f* impurity doping
Störstellenelement *n* impurity element
Störstellenfluß *m* impurity flux
störstellenfrei impurity-free
Störstellengehalt *m* impurity content
Störstellengradient *m* impurity gradient
Störstellenhalbleiter *m* impurity (extrinsic defect) semiconductor
störstellenhaltig impurity-bearing
Störstellenion *n* impurity ion
Störstellenionisationsenergie *f* impurity ionization energy
Störstellenkonzentration *f* impurity concentration
Störstellenladung *f* impurity charge
störstellenleitend extrinsic
Störstellenleitfähigkeit *f* impurity (extrinsic) conductivity
Störstellenleitung *f* impurity (extrinsic, defect) conduction
Störstellenniveau *n* impurity (defect) level
Störstellenphotoleitung *f* extrinsic photoconduction
Störstellenplatz *m* impurity (defect) site
Störstellenprofil *n* impurity (doping) profile
Störstellenquelle *f* impurity supply
Störstellenstoßionisation *f* impurity impact ionization
Störstellenstreuung *f* impurity scattering
Störstellenterm *m* impurity (defect) term, impurity level (state)
Störstellenverarmung *f* impurity depletion
Störstellenverteilung *f* impurity distribution
Störstellenzentrum *n* impurity (defect) centre
Störstellenzustand *m* impurity state
Störstrahlung *f* spurious emission (radiation), stray radiation, radiated interference
Störstrom *m* disturbance (disturbing) current; interference current *(bei Interferenzstörungen)*
Störterm *m s.* Störstellenterm
Störton *m* interfering tone
Störung *f* 1. failure, fault, trouble; malfunction; line fault, interruption; breakdown; 2. disturbance; interference; [interfering] noise, parasitic noise; jamming *(durch Störsender)*; mush *(beim Funkbetrieb)*; 3. imperfection, disorder *(Kristall)*
~/atmosphärische atmospheric (static) interference, atmospheric [radio] noise, atmospherics
~/äußere external (extraneous) disturbance
~/aussetzende intermittent failure
~/binäre *(Syst)* binary disturbance
~ der Sprachverständigung speech (communication) interference
~ durch Belastung *(Syst)* load disturbance
~ durch den Nachbarkanal *(Nrt)* adjacent-channel interference
~ durch Einheitssprung *(Syst)* unit-step disturbance
~ durch Elektrogeräte *(Nrt)* industrial radio interference, man-made interference
~ durch Schwund propagation disturbance
~ durch Übersprechen cross-talk trouble
~ durch Zündfunken ignition interference
~/elektromagnetische electromagnetic disturbance; electromagnetic interference, EMI; diathermy interference *(durch elektromedizinische Geräte)*
~ innerhalb eines Systems intrasystem interference
~/ionosphärische ionospheric disturbance
~/kosmische *(Nrt)* extraterrestrial (cosmic) disturbance
~/kurzzeitige *(Syst)* momentary disturbance; transient disturbance
~/magnetische magnetic disturbance; magnetic interference
~ mit beschränkter Bandbreite *(Syst)* band-limited disturbance (noise)
~/schädliche harmful interference
~/sprungartige *(Syst)* step disturbance
~/stochastische stochastic disturbance
~/zufällige random disturbance
Störungsablaufprotokoll *n* incident review log
Störungsabstand *m* mean time between malfunctions, mtbm
störungsanfällig accident-sensitive
Störungsanfälligkeit *f* fault liablity, susceptibility to trouble
Störungsanzeige *f* failure (malfunction) indication, trouble alarm
Störungsaufzeichner *m* trouble recorder
Störungsaufzeichnung *f* fault recording
Störungsausfall *m* accidental breakdown
Störungsaustaster *m* noise silencer
Störungsbericht *m* fault report

Störungsbeseitigung *f* fault clearance (clearing); *(Am)* debugging
Störungsdauer *f* fault duration, malfunction time
Störungsdienst *m* fault clearing (complaint) service, repair service
Störungseingrenzung *f* fault localization
störungsfrei trouble-free; *(Nrt)* free from (of) unwanted signals
Störungsglocke *f* trouble bell
Störungskarte *f* fault card
Störungsmeldeleitung *f (Nrt)* trouble junction
Störungsmeldung *f (Nrt)* failure indication
Störungsplatz *m (Nrt)* trouble desk
Störungsprotokoll *n* fault log (record); fault print-out
Störungsrechnung *f* perturbation calculation (method) *(Systemanalyse)*
Störungsrelais *n* trouble relay
Störungsrest *m (FO)* clutter residue
störungssicher fail-safe
Störungssignal *n (Nrt)* trouble signal (tone)
Störungsspeicher *m (Dat)* off-normal memory
Störungsstatistik *f* fault statistics
Störungsstelle *f* 1. fault section; 2. *(Nrt)* fault-clearing service
Störungssuchaufgabe *f* trouble-location problem
Störungssuche *f* trouble location (shooting, tracking); interference location
Störungssucher *m (Nrt)* faultsman, trouble man
~ **im Außendienst** external faultsman
~ **im Innendienst** internal faultsman
Störungssuchgerät *n* interference locator
Störungssuchprogramm *n (Dat)* trace (tracing) routine
Störungstheorie *f* perturbation theory
Störungsübertragungsfunktion *f (Syst)* disturbance transfer function
Störungsüberwachungsplatz *m (Nrt)* trouble (exchange testing) position
Störungsvektor *m (Syst)* disturbance[-force] vector
Störungsverhinderung *f* interference prevention
Störungszeichen *n (Nrt)* trouble tone, interfering signal; *(FO)* clutter signal
Störungszeit *f (Nrt)* fault time
Störunterdrücker *m* noise blanker
Störunterdrückung *f* interference (noise) suppression
Störverminderungssystem *n*/**automatisches** automatic noise reduction system
Störwelle *f (Nrt)* interference (disturbing) wave
Störzentrum *n s.* Störstellenzentrum
Stoß *m* 1. impact; shock, push; impulse; 2. [voltage] surge; burst *(z. B. Strahlung)*; collision *(Teilchen)*; 3. *(Ak)* bump
~/**elastischer** elastic collision
~ **erster Art** collision of the first kind, endoergic collision
~ **identischer Teilchen** identical particle collision
~/**mechanischer** [mechanical] shock, bump
~ **zweiter Art** collision of the second kind, exoergic collision
Stoßamplitude *f* surge amplitude
Stoßanregung *f* collision excitation *(Teilchen)*; shock (impulse, impact) excitation *(Schwingung)*
Stoßansprechkennlinie *f* impulse spark-over characteristic *(Ableiter)*
Stoßantwort *f* impulse response
Stoßaufzeichnungsgerät *n (Ak)* bump recorder
Stoßausbreitungserdwiderstand *m* pulse-current propagation earth resistance *(Stromstoß)*
Stoßbelastung *f* shock (impact) load
Stoßbeschleunigungsaufnehmer *m* shock accelerometer
Stoßbetrieb *m* burst mode
stoßdämpfend shock-absorbing
Stoßdämpfer *m* shock absorber, buffer, dashpot
Stoßdämpfung *f* shock absorption; collision damping *(z. B. bei Spektrallinien)*
Stoßdämpfungskomponente *f* shock-absorbing component
Stoßdauer *f* shock duration
Stoßdurchgangsstrom *m* surge on-state current *(Thyristor)*
Stoßdurchschlag *m* impulse breakdown
Stoßdurchschlagspannung *f* impulse breakdown voltage, flash-over impulse voltage
Stoßentladung *f* impulse discharge
Stoßentladungsschweißen *n* electrostatic percussion welding
Stoßentladungsspannung *f* impulse flash-over voltage
Stoßerregung *f* shock (impulse) excitation; forced excitation *(Generator)*
Stoßerwärmung *f* shock heating
Stoßerzeuger *m* impulse generator
stoßfest impact-resistant, shock-resistant, shock-proof
Stoßfestigkeit *f* impact resistance, shock resistance (strength)
Stoßfolgeprüfung *f* shock test; *(Ak)* bump test[ing]
stoßfrei shock-free
Stoßfrequenz *f* collision frequency
Stoßfunktion *f* impulse function
Stoßgalvanometer *n* ballistic galvanometer
Stoßgenerator *m* impulse generator
stoßgeschützt shockproof
Stoßhäufigkeit *f* collision frequency
Stoßionisation *f* collision (impact) ionization
Stoßionisationswahrscheinlichkeit *f* impact-ionization probability
Stoßkennlinie *f* volt-time curve, impulse flash-over volt-time characteristic
Stoßklinke *f* driving pawl
Stoßkontakt *m* butting contact *(gleichzeitiger Metallkontakt an Polysilicium- und Siliciumebene)*
Stoßkreis *m* impulse circuit

Stoßkurzschluß *m* sudden short circuit
Stoßkurzschlußstrom *m* instantaneous (asymmetric) short-circuit current
~/dreiphasiger asymmetric three-phase short-circuit current
Stoßkurzschlußwechselstrom *m* initial [alternating] short-circuit current, subtransient [alternating] short-circuit current
~/dreiphasiger subtransient symmetrical three-phase short-circuit current
Stoßlast *f* shock load
Stoßmagnet *m* thrust-type solenoid
Stoßmagnetisierung *f* flash magnetization
Stoßofen *m* [continuous] pusher-type furnace, push heating furnace
Stoßpegel *m* impulse level
Stoßprüfung *f* shock test
Stoßquerschnitt *m* collision cross section
Stoßreaktanz *f* transient reactance
~/flüchtige subtransient reactance
Stoßrelais *n* rate-of-change relay
stoßsicher impact-resistant, shockproof
Stoßspannung *f* impulse (pulse, surge) voltage
~/abgeschnittene chopped impulse voltage
Stoßspannungsanlage *f*/**mehrstufige** multistage impulse generator
Stoßspannungsansprechspannung *f* impulse spark-over voltage *(Ableiter)*
Stoßspannungsbeanspruchung *f* impulse voltage stress
Stoßspannungscharakteristik *f* impulse flash-over volt-time characteristic
Stoßspannungsdurchschlag *m* impulse breakdown
Stoßspannungserzeugung *f* impulse voltage generation
Stoßspannungsfestigkeit *f* resistance to surge (pulse) voltage
Stoßspannungsgenerator *m* impulse [voltage] generator, surge (pulse) voltage generator
~/einstufiger single-stage impulse [voltage] generator
~/Marxscher Marx generator
~/mehrstufiger multistage impulse voltage generator
Stoßspannungskaskade *f* impulse voltage cascade
Stoßspannungskreis *m* impulse circuit
Stoßspannungspegel *m* impulse level
Stoßspannungsprüfanlage *f* impulse voltage testing plant
Stoßspannungsprüftechnik *f* impulse voltage test technique
Stoßspannungsprüfung *f* impulse (surge) voltage test, impulse test
Stoßspannungsschaltung *f*/**Marxsche** Marx circuit
Stoßspannungsschreiber *m* impulse (surge) voltage recorder
Stoßspannungsschutzpegel *m* impulse protective level
Stoßspannungsteiler *m* surge potential divider
Stoßspannungsüberschlag *m* impulse spark-over, impulse flash-over
Stoßspannungsvollwelle *f* full-impulse voltage
Stoßspannungswelle *f* voltage surge
~/abgeschnittene chopped impulse voltage
Stoßspektrum *n* impact spectrum
Stoßsperrspannung *f* reverse surge voltage
Stoßspitzensperrspannung *f*/**höchstzulässige nichtperiodische** maximum non-repetitive peak reverse voltage
Stoßstärke *f* shock strength
Stoßstelle *f* reflection point
Stoßstrahlung *f* collision radiation
Stoßstrom *m* impulse (pulse, surge) current; peak withstand current
~/höchstzulässiger nichtperiodischer maximum non-repetitive peak on-state surge current, maximum peak forward non-repetitive surge current
~ in Durchlaßrichtung forward surge current
~ während einer Periode one-cycle surge [forward] current
Stoßstromgenerator *m* impulse current generator, surge [current] generator, pulse [current] generator, high-current impulse generator
Stoßstromkreis *m* impulse circuit
Stoßübergangswahrscheinlichkeit *f* collision-transition probability
Stoßüberschlag *m* impulse flash-over
Stoßüberschlagspannung *f* impulse spark-over voltage *(Ableiter)*
Stoßüberspannung *f* voltage surge
Stoßverbindung *f* butt joint *(Trafoschenkel)*
Stoßverbreiterung *f* collision broadening (widening), impact broadening *(von Spektrallinien)*
Stoßverhalten *n* impulse response
Stoßverhältnis *n* impulse ratio
Stoßversuch *m* [im]pulse test
Stoßwahrscheinlichkeit *f* collision probability
Stoßwelle *f* shock wave
Stoßwinkel *m* shock angle
Stoßwirkungsquerschnitt *m* collision cross section
Stoßzahl *f* collision coefficient
Stoßzeit *f* collision time
Straffunktionsmethode *f* penalty function method *(Optimierung)*
Strahl *m* 1. ray; beam *(gebündelt) (s. a. unter* Strahlen*)*; 2. jet
~/abgelenkter deflected beam
~/achsenparalleler axial parallel beam
~/auftreffender impinging beam
~/außeraxialer abaxial (extraaxial) ray
~/außerordentlicher extraordinary ray
~/dicht gebündelter tight beam
~/einfallender incident ray
~/einzelner individual beam

~/energiereicher high-energy beam
~/fächerförmiger fan beam *(Antenne)*
~/gebündelter focussed beam
~/kegelförmiger conical beam
~/konvergenter convergent beam
~/phasenkohärenter phase-coherent beam
~/reflektierter (rücklaufender) reflected (reverse) beam
~/scharf begrenzter sharply defined beam
~/scharf fokussierter well-focussed beam
~/scharfer sharp ray
~/schräger skew ray
~/stark gebündelter highly collimated beam
~/zerhackter chopped beam
Strahlaberration *f* ray (beam) aberration
Strahlablenker *m* jet deflector *(für Flüssigkeiten oder Gase)*
Strahlablenkung *f* ray (beam) deflection
~/akustooptische acousto-optic beam steering
Strahlablösung *f* jet separation *(Hydraulik)*
Strahlabschwächung *f* beam attenuation, attenuation in the beam
Strahlabtastung *f* beam scanning
Strahlachse *f* beam axis
Strahlapertur *f* beam aperture (width, angle)
Strahlaufspaltungsverhältnis *n* splitting ratio
Strahlaufspreizung *f* beam spreading *(Elektronenstrahl)*
Strahlauftreffleck *m* beam spot
Strahlausrichtung *f* beam collimation (alignment, centring)
Strahlaustaster *m* beam blanker
Strahlaustrittsgeschwindigkeit *f* jet velocity *(Hydraulik)*
Strahlbegrenzer *m* beam-limiting device, beam limiter
Strahlbegrenzung *f* beam limiting, limitation of the beam
Strahlbelastung *f* beam load
Strahlbreite *f* beam width
Strahlbündelung *f* beam focus[s]ing (convergence), concentration of the beam, focus[s]ing
Strahldefokussierung *f* beam defocus[s]ing
Strahldichte *f* radiant intensity; radiance
~/reduzierte basic radiance
Strahldichtenormal *n* radiance standard
Strahldivergenz *f* beam divergence (spread)
Strahldruck *m* jet pressure *(Hydraulik)*
Strahleinstellung *f* beam positioning (adjustment)
Strahleinwirkdauer *f* beam action time *(Elektronenstrahlbearbeitung)*
Strahlelektrode *f* beam-forming electrode *(Elektronenröhre)*
strahlen to radiate, to emit rays
Strahlen *mpl*/**dunkle** invisible rays
~/harte hard rays
~/konvergierende converging rays
~/kosmische cosmic rays
Strahlenaustrittsfenster *n* transparent window; tube window (aperture) *(Eektronenröhre)*
Strahlenbahn *f* ray path
Strahlenbegrenzungsblende *f* limitation diaphragm
strahlenbrechend refracting
Strahlenbrechung *f* refraction
~/atmosphärische atmospheric refraction
Strahlenbündel *n* 1. beam [of rays], bundle (pencil, cone) of rays; 2. *(Hsp)* brush of rays
~/breites broad beam
~/enges narrow beam
Strahlenbündelung *f* beam focus[s]ing
strahlend 1. radiative, radiant, radiating; 2. brilliant *(Klang, Bild)*
Strahlendosis *f* radiation dose (dosage)
Strahlendurchgang *m* radiation passage
strahlendurchlässig [radiation-]transparent
Strahlendurchlässigkeit *f* transparency
Strahleneinwirkung *f* radiation effect
Strahlenemission *f* emission [of radiation]
Strahlenergie *f* beam energy
Strahlenfalle *f* beam trap *(Auffängerelektrode der Katodenröhre)*
Strahlenfilter *n* ray filter
Strahlengang *m* ray (light, beam) path, path of rays; optical path (train)
Strahlengefährdung *f* radiation hazard
Strahlenintensität *f* radiation (radiant) intensity, intensity of radiation
Strahlenkegel *m* ray cone, cone of rays
Strahlenkonvergenz *f* beam convergence
Strahlennachweisgerät *n* radiation detector
Strahlennetz *n* *(An)* radial network, radially operated network (system)
Strahlenoptik *f* geometrical (ray) optics
Strahlenrelais *n* radiation relay
Strahlenschaden *m* irradiation injury, radiation damage
Strahlenschranke *f s.* Lichtschranke
Strahlenschutz *m* radiation protection, protection against radiation
Strahlenselektion *f* radiation selection
strahlensicher radiation-proof
Strahlenstruktur *f* ray structure
Strahlenteiler *m* beam splitter (divider), radiation divider, beam-dividing element
Strahlenteilerfläche *f* beam divider face
Strahlenteilung *f* beam splitting (division)
~/induzierte induced beam splitting, IBS
Strahlenteilungsprisma *n* beam division prism
Strahlenteilungssystem *n* beam splitting system
Strahlenteilungsverhältnis *n* splitting ratio
Strahlenüberwachung *f* radiation monitoring (survey)
Strahlenunterbrecher *m* beam chopper
Strahlenverlauf *m* course of beam; path of rays
Strahlenwarngerät *n* radiation monitor
Strahlenwirkung *f* radiation effect

Strahler *m* 1. emitter; radiator, radiation source; 2. *(Wä)* radiation (radiating) element; wire-type radiator; 3. aerial; 4. *(Ak)* projector *(Ultraschall)*
~/aktiver primary radiator *(Antenne)*
~/dielektrischer dielectric radiator *(Antenne)*
~/grauer (nichtselektiver) grey body, non-selective radiator
~ nullter Ordnung zero-order radiator, zero-order source [of radiation]
~/passiver parasitic (passive) aerial
~/Planckscher Planckian radiator
~/plattenförmiger plate-type radiator
~/schwarzer black body, black[-body] radiator, full (complete) radiator
~/selektiver selective radiator
~/stroboskopischer stroboscopic lamp (light source)
~/weicher soft radiator
Strahlerabstand *m* element spacing *(Antenne)*
Strahlerband *n* beam array *(Antenne)*
Strahlerebene *f* array, bay, layer *(Antenne)*
Strahlerfläche *f (Wä)* radiator surface
Strahlergruppe *f* multiple aerial
Strahlerkopf *m* bracket *(Antenne)*
Strahlerpaar *n* two-element array *(Antenne)*
Strahlerwand *f* curtain, multielement array *(Antenne)*
Strahlerweiterung *f* spread of beam
Strahlerzeugungsraum *m* beam generation compartment
Strahlerzeugungssystem *n* beam generation system
Strahlfleck *m* beam spot
Strahlfokussierung *f* beam focus[s]ing, focus[s]ing
~/elektrostatische electrostatic beam focus[s]ing
Strahlführungssystem *n* beam guidance system *(Elektronenstrahlanlage)*
Strahlgeometrie *f* beam geometry
Strahlinstabilität *f* beam instability
Strahlintensität *f* beam intensity
Strahljustierung *f* beam adjustment
Strahlkonvergenz *f* beam convergence
Strahlkörper *m (Wä)* radiator
Strahlleistung *f* beam power
Strahllöschpunkt *m*, **Strahllöschspannung** *f (Nrt)* blackout point
Strahlmodulationsfaktor *m* beam-modulation percentage *(Superorthikon)*
Strahlnachführung *f* beam tracking *(Elektronenstrahlbearbeitung)*
Strahlpentode *f* beam pentode
Strahlperveanz *f* beam perveance *(Elektronenstrahl)*
Strahlprofil *n* beam profile
Strahlprüfung *f (Galv)* jet test *(Dickenbestimmung von Überzügen)*
Strahlpumpe *f* jet pump *(Vakuumpumpe)*
Strahlquerschnitt *m* beam cross section
Strahlregelelektrode *f* ray-control electrode
Strahlrichtung *f* beam (ray) direction
Strahlröhre *f* beam tube
Strahlrücklauf *m (Fs)* beam return; flyback *(Elektronenstrahlröhre)*
Strahlschalter *m* beam switch
Strahlspannung *f* beam voltage
Strahlsperrung *f (Fs)* gating
Strahlstärke *f* radiant intensity
Strahlsteuerelektrode *f* ray-control electrode
Strahlsteuerung *f* ray control
Strahlstreuung *f* beam divergence
Strahlstrom *m* beam current
Strahlsuchhilfe *f* beam finder
Strahlsystem *n* gun *(Katodenstrahlröhre)*
Strahlteiler *m s.* Strahlenteiler
Strahlteilung *f s.* Strahlenteilung
Strahltetrode *f* beam power valve
Strahlturbine *f* turbo-jet
Strahlung *f* 1. radiation; 2. emission
~/annähernd monochromatische quasi-monochromatic radiation
~/charakteristische characteristic radiation
~/direkt ionisierende directly ionizing radiation
~/durchdringende penetrating radiation
~/elektromagnetische electromagnetic radiation
~/energiereiche energetic (high-energy, high-level) radiation
~/gestreute scattered radiation
~/gleichmäßig dichte uniformly dense radiation
~/graue grey-body radiation
~/harte hard (penetrating) radiation
~/indirekt ionisierende indirectly ionizing radiation
~/infrarote infrared radiation
~/ionisierende ionizing radiation
~/kohärente coherent radiation
~/kontinuierliche continuous (steady) radiation
~/kosmische cosmic radiation
~/kurzwellige short-wave[length] radiation
~/langwellige long-wave[length] radiation
~/monochromatische monochromatic radiation
~/nichtkohärente non-coherent radiation
~/nichtpolarisierte unpolarized radiation
~/photochemische photochemical radiation
~/polarisierte polarized radiation
~/primäre primary radiation
~/quasimonochromatische pseudomonochromatic radiation
~/radioaktive radioactive radiation
~/rückwärtige backward radiation
~/schwarze black-body radiation
~/selektive selective radiation
~/sichtbare visible radiation, light [radiation]
~/stimulierte stimulated (induced) radiation
~/thermische thermal radiation
~/ultraviolette ultraviolet radiation
~/unsichtbare invisible radiation
~/weiche soft radiation

~/zirkular polarisierte circularly polarized radiation
~/zusammengesetzte complex radiation
Strahlungsabsorption *f* radiation absorption
Strahlungsabsorptionsvermögen *n***/gesamtes** radiant total absorptance
Strahlungsanalysator *m* radiation analyzer
strahlungsangeregt radiation-induced
Strahlungsanregung *f* radiation excitation, excitation by electromagnetic radiation *(z. B. eines Gases)*
Strahlungsanteil *m* fraction (portion) of radiation
Strahlungsäquivalent *n***/photometrisches** luminosity factor [of radiation]
Strahlungsausbeute *f* radiating (radiant) efficiency
Strahlungsaustausch *m* radiation interchange
Strahlungsbedingung *f* radiation condition
strahlungsbeheizt radiation-heated
Strahlungsbereich *m* radiation range
Strahlungsbolometer *n* bolometer
Strahlungscharakteristik *f* radiation characteristic; radiation pattern (diagram) *(Antenne)*
Strahlungsdetektor *m* radiation detector
~/thermischer thermal radiation detector
Strahlungsdiagramm *n* radiation pattern (diagram), field pattern *(Antenne)*
~ in polarer Darstellung polar radiation pattern
Strahlungsdichte *f* radiation density
Strahlungsdosis *f* radiation dosage (dose)
~/maximale maximum permissible [radiation] dose
Strahlungsdruck *m* radiation pressure
Strahlungsdurchgang *m* radiation passage (transmission)
strahlungsdurchlässig radiation-transparent
Strahlungseffekt *m* radiation effect
Strahlungseinfang *m* radiative capture
Strahlungseinwirkung *f* radiation action
Strahlungselement *n* radiating element *(Antennentechnik)*
Strahlungsemission[sstärke] *f* radiant emittance
Strahlungsempfänger *m* radiation detector
~/lichtelektrischer photodetector, photocell [receiver]
~/thermischer thermal detector
strahlungsempfindlich radiation-sensitive
Strahlungsempfindlichkeit *f* radiation sensitivity
Strahlungsenergie *f* radiation (radiant) energy
Strahlungsenergieband *n* radiation energy band
Strahlungsenergiedichte *f* radiant energy density, energy density of radiation
Strahlungsenergiefluß *m* radiation energy flux
Strahlungsenergieverteilung *f* radiation energy distribution
Strahlungsfaktor *m* radiation factor
Strahlungsfeld *n* radiation field
~/starkes high-radiation field
Strahlungsfläche *f* radiating area (surface); emitting area (surface)
Strahlungsfluß *m* radiant flux; radiant power
~/gleichmäßiger uniform radiant flux
~/spezifischer specific radiant flux
Strahlungsflußdichte *f* radiant flux density
strahlungsfrei radiationless, radiation-free
Strahlungsfrequenz *f* radiation frequency
Strahlungsfunktion *f (Licht)* relative spectral energy distribution
Strahlungsgefährdung *f* radiation hazard
strahlungsgekühlt radiation-cooled
strahlungsgeschützt radiation-proof
Strahlungsgesetz *n* law of [thermal] radiation, radiation law
~/Kirchhoffsches Kirchhoff radiation law, Kirchhoff's law of emission
~/Plancksches Planck's radiation law (equation)
~/Rayleigh-Jeanssches Rayleigh-Jeans law (equation)
~/Stefan-Boltzmannsches Stefan-Boltzmann law [of radiation]
~/Wiensches Wien's [radiation] law
Strahlungsgleichgewicht *n* radiation (radiative) equilibrium
Strahlungsgröße *f* radiometric quantity
Strahlungsgürtel *m* radiation belt
Strahlungsheizgerät *n***/elektrisches** electric radiation heater
Strahlungsheizkörper *m* radiant heater (heating element)
Strahlungsheizung *f* radiant heating
~ durch Wandheizplatten radiant panel heating
Strahlungsheizwiderstand *m* radiant resistor
Strahlungshöhe *f* equivalent (radiation) height, effective height of aerial
Strahlungsimpedanz *f* radiation impedance
strahlungsinduziert radiation-induced
Strahlungsintensität *f* radiation intensity, intensity of radiation
Strahlungsionisation *f* radiation ionization *(z. B. eines Gases)*
Strahlungskalorimeter *n* radiation calorimeter
Strahlungskegel *m* radiation cone
Strahlungskennlinie *f* radiation pattern
Strahlungskeule *f* [radiation] lobe *(Antenne)*
Strahlungskochplatte *f***/elektrische** electric radiant type of hot-plate
Strahlungskonstante *f* radiation constant
Strahlungskopplung *f* radiation coupling
Strahlungskühlung *f* radiation cooling
Strahlungslappen *m s.* Strahlungskeule
Strahlungsleistung *f* 1. radiation (radiant) power; 2. luminous efficiency *(Lichtausbeute)*; 3. radiated power *(Antenne)*
~/auftreffende mittlere mean impinging radiation power
~/empfangene received radiation power
~/spektrale spectral radiant power
strahlungslos radiationless, non-radiative
Strahlungsmaximum *n* radiation peak

Strahlungsmenge *f* radiant energy, quantity (amount) of radiation
Strahlungsmesser *m* radiometer
Strahlungsmeßtechnik *f* radiation measuring technique
Strahlungsmessung *f* radiometry, radiation measurement
Strahlungsnormal *n* radiation standard
Strahlungsofen *m* radiation furnace (stove)
~/widerstandsbeheizter radiation resistance furnace
Strahlungspyrometer *n* radiation pyrometer
~ **mit Thermoelement** thermocouple pyrometer
Strahlungsquant *n* photon, radiation quantum
Strahlungsquelle *f* radiation source, source [of radiation]
~/gleichförmige punktartige uniform point source
~/punktförmige point source [of radiation]
Strahlungsrekombination *f* radiative recombination
strahlungsrekristallisieren to beam-recrystallize
Strahlungsrichtung *f* direction of radiation
Strahlungsschaden *m* radiation damage
Strahlungsschirm *m* radiation shield
Strahlungsschutz *m* 1. protection against radiation; 2. radiation shield
Strahlungsschwächung *f* radiation attenuation
Strahlungsschwächungskoeffizient *m* radiation attenuation coefficient
Strahlungsschwankung *f* fluctuation in radiation
Strahlungssicherheit *f* radiation safety
Strahlungssonde *f* radiation probe
Strahlungsstärke *f* radiation intensity, level of radiation
Strahlungsteiler *m s.* Strahlenteiler
Strahlungstemperatur *f* radiation temperature
Strahlungsthermometer *n* pyrometer
Strahlungsübergang *m* radiative transition
Strahlungsüberwachungsgerät *n* radiation monitor
Strahlungsverlust *m* radiation (radiative) loss
Strahlungsvermögen *n* emissivity, emissive (radiative) power, radiating capacity
Strahlungsverteilung *f* distribution of radiation
Strahlungswärme *f* radiant (radiating) heat
Strahlungswärmeaustausch *m* radiant heat exchange (interchange)
Strahlungswarngerät *n* radiation alarm monitor
Strahlungswiderstand *m* radiation resistance *(Antenne)*
Strahlungswinkel *m* angle of radiation *(Antenne)*
Strahlungswirkungsgrad *m* radiation efficiency
Strahlungszähler *m* radiation counter
Strahlungszipfel *m s.* Strahlungskeule
Strahlverbreiterung *f* beam spread, broadening [of beam]
Strahlverlauf *m* beam trajectory (path)
Strahlverschlucker *m* beam trap *(Auffängerelektrode in Katodenröhren)*
strahlwassergeschützt *(MA)* hose-proof
Strahlwelligkeit *f* beam ripple
Strahlwinkel *m* beam angle
Strahlzentrierung *f* beam alignment
Strahlzone *f* beam zone
Strang *m* 1. strand *(Leiter aus grobem Draht)*; 2. *(MA)* phase winding
stranggepreßt extruded
Strangklemme *f* phase (line) terminal
Strangspannung *f (MA)* phase voltage
S-Transistor *m* switching and swinging transistor, S-transistor
Straßenbeheizung *f***/elektrische** electric road warming
Straßenbeleuchtung *f* street (road) lighting
Straßenbeleuchtungspraxis *f* street lighting practice
Straßenfahrzeug *n***/elektrisches** electric road vehicle
Straßenleuchtdichtemesser *m* street lighting luminance meter
Straßenleuchte *f* street lighting lantern (fixture, luminaire)
Straßenmischlichtleuchte *f* blended-light street lighting lantern
Strategie *f***/optimale** optimal strategy *(z. B. von Automaten)*
Streamer *m* streamer *(Gasentladungsstadium)*
~/baumförmig verästelter *(Hsp)* tree-like streamer
Streamerbüschel *n (Hsp)* tree-like streamer
Streamerentladung *f* streamer discharge
Streamerkanal *m* streamer channel
Streamer-Leader-Übergang *m (Hsp)* streamer-leader transition
Strebe *f* brace, tie *(Mast)*
streckbar extensible
Strecke *f***/elektrifizierte** electrified track
Streckenausrüstung *f (Nrt)* line equipment
Streckenblock *m***/automatischer** automatic line (section) block *(Eisenbahn)*
Streckendämpfung *f (Nrt)* path attenuation
Streckendämpfungsmessung *f (Nrt)* transmission efficiency test, path attenuation test
Streckenfernsprecher *m* portable telephone [set]
Streckenfeuer *n* route beacon, course light *(Flugwesen)*
Streckenmarkierungsfunkfeuer *n* en-route marker beacon
Streckenmessung *f (Nrt)* end-to-end measurement (test)
Streckenradar *n(m)* en-route radar
Streckenschalter *m* track (sectionalizing) switch *(Eisenbahn)*
~ **mit Hornkontakten** horn-break switch
Streckenschutz *m* pilot protection *(Relais)*
~ **mit direktem Vergleich** pilot protection with direct comparison
~ **mit Funkverbindung** radio link protection

~ **mit Hilfsleitung** *(Ap)* pilot-wire protection
~ **mit indirektem Vergleich** pilot protection with indirect comparison
~ **mit Trägerfrequenzverbindung** carrier-current protection
Streckensteuerung *f* *(Nrt)* straight-cut control [system]; *(Syst)* straight-line control; linear path control
Streckentelefon *n* portable telephone [set]
Streckentrenner *m* section insulator, sectionalizing switch, air section break
Streckenüberwachungszeichen *n* *(Nrt)* route monitoring signal
Streckgrenze *f* yield point
Streckspannung *f* yield stress
Streckung *f* elongation; stretching
streichen 1. *(Nrt)* to cancel *(Anmeldung)*; *(Dat)* to delete; 2. to coat; to paint
Streichung *f* cancellation; deletion
Streifen *m* strip; chart; tape *(s. a.* Lochstreifen*)*
Streifen... *s. a.* Lochstreifen...
Streifenabtastung *f* rectilinear scanning
Streifenabwickelvorrichtung *f* tape unreeling device
Streifenanschluß *m* strip terminal
Streifenaufhängung *f* strip suspension
Streifenbreite *f* chart width; tape width
Streifendichtung *f* strip sealing
Streifendruck *m* tape printing
Streifendrucker *m* tape printer
Streifenende *n* tape outage, end of tape
Streifenfernschreiber *m* tape teleprinter
Streifengeber *m* [perforated] tape transmitter
Streifengeschwindigkeit *f* chart speed *(beim Vorschub)*
streifengesteuert tape-controlled, tape-operated
Streifenidentifizierung *f* lane identification *(Navigation)*
Streifeninformation *f* tape information
Streifenkennung *f* lane identification *(Navigation)*
Streifenkode *m* tape code
Streifenlaser *m* stripe-geometry laser
Streifenleiter *m*, **Streifenleitung** *f* strip [transmission] line, microstrip, [microwave] stripline
Streifenlesekopf *m* tape reading head
Streifenleser *m* tape reader *(s. a.* Lochbandleser*)*
Streifenlocher *m* [paper] tape punch, tape perforator
~**/[loch]kartengesteuerter** card-controlled tape punch, card-to-tape punch
~ **mit Tastensteuerung** keyboard-actuated tape punch
~**/schneller** high-speed paper tape punch
Streifenschneider *m* strip cutter
Streifenschreiber *m* [strip] chart recorder, tape printer
Streifenschrittvorschub *m* tape-feed stepping mechanism
Streifentransport *m* tape transport
Streifentransportmechanismus *m* tape transport mechanism
Streifenvorschub *m* tape transport, tape (paper) feed
Streiflicht *n* sided light, light glance
Streuausbreitung *f***/ionosphärische** ionospheric scatter
~**/troposphärische** tropospheric scatter
Streuausbreitungsverfahren *n* *(Nrt)* scatter-propagation method
Streubereich *m* 1. scattering region; 2. spread; zone of dispersion
~ **der Peilung** *(FO)* spread (range) of bearings
Streubild *n* *(FO)* dispersion diagram
Streuecho *n* *(FO)* scatter echo
Streueffekt *m* scattering effect
Streuelektron *n* scatter (stray) electron
Streuemission *f* stray emission
Streu-EMK *f* *(MA)* spurious electromotive force
streuen to scatter, to stray; to disperse; to leak
streuend scattering; divergent *(Optik)*
Streufaktor *m* scattering factor; [magnetic] leakage factor
Streufeld *n* leakage field, [magnetic] stray field
~**/elektrostatisches** stray electrostatic field
~**/magnetisches** magnetic stray field
Streufeldeffekt *m* stray-field effect
Streufeldtransformator *m* leak transformer
Streufluß *m* leakage (stray) flux
~**/magnetischer** magnetic leakage flux
Streufrequenz *f* scattering frequency
Streugrenze *f* *(Meß)* limit of scattering
Streuimpedanz *f* leakage (stray) impedance
Streuindikatrix *f* scattering (diffusion) indicatrix
Streuinduktion *f* leakage (stray) induction
Streuinduktivität *f* leakage (stray) inductance
Streukapazität *f* leakage (stray, spurious) capacitance; fringing capacitance
~ **der Verdrahtung** wiring capacitance
Streukegel *m* *(Licht)* cone of dispersion, scattering cone
Streukoeffizient *m* [magnetic] leakage coefficient, leakage factor; scattering coefficient
Streukopplung *f* stray coupling; spurious (undesired) coupling
Streukörper *m* scatterer, scattering element; diffuser
Streukraft *f* *(Galv)* throwing power
Streukurve *f* scattering curve
Streulastverluste *mpl* *(MA)* leakage (stray) load loss
Streulicht *n* stray (scattered) light
Streulichtquelle *f* stray light source
Streulichtverfahren *n* scattered-light method
Streumatrix *f* scattering matrix
Streupfad *m* leakage path
Streuquerschnitt *m* scattering cross section
Streurate *f* scattering rate
Streureaktanz *f* leakage reactance

Streuscheibe *f (Licht)* diffusion disk
Streuschirm *m (Licht)* diffusing screen (sheet)
Streuschwund *m* scatter fading
Streuspalt *m* leakage air gap *(Magnet)*
Streuspanne *f* **der Anzeigen** *(Meß)* spread (range of the dispersion) of indications
Streuspektrumsignal *n* spread spectrum signal *(Signalübertragung)*
Streustrahlen *mpl* scattered rays
Streustrahlübertragung *f (Nrt)* scattering transmission
Streustrahlübertragungssystem *n*/**troposphärisches** *(Nrt)* tropospheric scatter communications system
Streustrahlung *f* leakage (stray) radiation; scattered (spurious, undesired) radiation
Streustrom *m* leakage (stray) current
Streustromkorrosion *f* leakage (stray) current corrosion, electrocorrosion
Streutheorie *f* scattering theory
Streutransformator *m* constant-current transformer
Streuung *f* 1. scatter[ing]; dispersion; leakage; *(Licht)* diffusion; 2. spreading; variance
~ **an beweglichen Ladungsträgern** *(ME)* mobile-carrier scattering
~ **an ionisierten Störstellen** ionized impurity scattering
~ **an optischen Gitterschwingungen** optical mode scattering
~ **der Anzeigen** *(Meß)* dispersion of indications, scatter
~ **der Kennwerte** spread in characteristics
~ **der Peilung** spread of bearings
~ **der Verteilung** variance of distribution
~ **der Zufallsgröße** variance of random value
~ **des magnetischen Kraftflusses** magnetic leakage
~ **des Rauschens** noise dispersion
~/**doppelt verkettete** double-linkage leakage
~ **durch polare Schwingungen** polar mode scattering
~/**elastische** elastic scattering
~/**kohärente** coherent scattering
~/**magnetische** magnetic leakage
~ **neutraler Teilchen** neutral particle scattering
~/**strahlende unelastische** radiative inelastic scattering
~/**troposphärische** tropospheric scattering
~/**unelastische** inelastic scattering
~/**vollkommene** perfect diffusion
Streuungsart *f* scattering mode
Streuungsbild *n* dispersion diagram
Streuungsdämpfung *f* optical-stray loss
Streuungsmodus *m* scattering mode
Streuungswinkel *m s.* Streuwinkel
Streuverlust *m* leakage (stray) loss; scatter[ing] loss
Streuvermögen *n* scattering power; diffusibility, diffusing power; *(Galv)* throwing power
Streuweg *m* leakage path
Streuwelle *f*/**Coulombsche** Coulomb scattering wave
Streuwiderstand *m* stray resistance
Streuwinkel *m* angle of scattering; divergence angle
~/**maximaler** maximum scattering angle
Streuwirkung *f* scattering effect
Streuzentrum *n* scattering centre
Streuziffer *f* coefficient of dispersion
Strich *m* line; dash *(Morsealphabet)*; bar
~/**Shefferscher** Sheffer stroke *(NAND-Funktion)*
Strichdarstellung *f* stick representation *(einer Entwurfszeichnung)*
Strichgitter *n* ruled (groove) grating
Strichkode *m* bar code *(z. B. auf Verpackungen)*
Strichkodeleser *m* bar code reader (scanner)
Strichkodeschild *n* bar code label
Strichlänge *f* dash length
strichpunktiert dash-dotted
Strichpunktlinie *f* dash-dotted line, dash-and-dot line
Strichraster *m (Fs)* bar pattern
Strichsignal *n* dash signal
Strichteilung *f* [line] graduation *(Skale)*
Strichzahl *f* number of grooves per unit length *(Beugungsgitter)*
String *m (Dat)* string *(Zeichenfolge)*
String-Befehl *m (Dat)* string command
strippen *(ME)* to strip *(z. B. Resistschichten)*
Stroboskop *n* stroboscope, motion analyzer
~/**elektrisches** electric stroboscope
Stroboskopie *f* stroboscopy, motion analysis
Stroboskopimpuls *m* strobe pulse
stroboskopisch stroboscopic
Stroboskoplampe *f* stroboscopic lamp (light source)
Stroboskopscheibe *f* stroboscopic disk
Strom *m* 1. [electric] current; 2. stream, flow, flux • **ohne** ~ *s.* stromlos • **unter** ~ **[stehend]** live, current-carrying
~/**abklingender** decaying current
~ **am Arbeitspunkt** bias current
~/**anodischer** anodic current
~/**augenblicklicher** instantaneous current
~/**ausgeglichener** smoothed current
~ **bei Begrenzungsspannung** current at clamp voltage
~ **bei maximaler Leistung** maximum power point current
~ **bei Torspannung Null** *(ME)* zero-gate-voltage current
~ **der Querachse** quadrature-axis current
~/**dielektrischer** dielectric current
~/**eingeprägter** impressed (applied, load-dependent) current

~/eingeschwungener stationary (steady-state) current
~/einwelliger single-wave current
~/elektrischer electric current
~/erdsymmetrischer balanced-to-earth current
~/faradischer faradic current
~/galvanischer galvanic (voltaic) current
~/geglätteter smoothed current
~/geringer low current
~/gleichgerichteter rectified current
~/gleichphasiger in-phase current
~ in Durchlaßrichtung *(ME)* forward (on-state) current
~/in einer Richtung fließender one-directional current; unidirectional current
~ in Sperrichtung *(ME)* reverse (off-state) current
~/induzierter induced current
~/innerer internal current
~/kapazitiver capacitance current
~/katodischer cathodic current
~/konstanter constant current
~/kritischer critical current *(Supraleitung)*
~/lückender discontinuous current
~/magnetischer magnetic current
~/maximal zulässiger safe (maximum permissible) current
~/mittlerer average current
~/nacheilender lagging current
~/nichtfaradischer non-faradic current *(z. B. kapazitiver Strom)*
~/nichtstationärer non-stationary current, non-steady-state current
~/parasitärer parasitic current
~/phasenverschobener dephased (out-of-phase) current
~/photoelektrischer photocurrent, photoelectric current
~/polarographischer polarographic current
~/pulsierender pulsating current; pulsed current
~/quasistationärer quasi-stationary current
~/raumladungsbegrenzter space-charge-limited current
~/schwacher low current
~/schwingender oscillating current
~/sinusförmiger sinusoidal (simple harmonic) current
~/starker strong current
~/stationärer stationary (steady-state) current
~/subtransienter subtransient current
~/thermisch angeregter thermally stimulated current
~/thermisch erzeugter thermally generated current
~/thermoelektrischer thermocurrent, thermoelectric current
~/überlagerter super[im]posed current
~/unterbrochener discontinuous current
~/vagabundierender stray (leakage, vagabond) current
~/verketteter line (interlinked) current
~/voreilender leading current
~/wandernder *s.* ~/vagabundierender
~/wattloser wattless (reactive) current
Stromabfall *m* decrease (decay, fall) of current
Stromabgabe *f* current delivery
Stromabgleich *m* current balance
stromabhängig current-dependent; current-controlled
Stromabnehmer *m* 1. current collector (pick-up); trolley [current collector], pantograph *(für Elektrofahrzeuge mit Oberleitungsbetrieb)*; brush; 2. current consumer
Stromabnehmerarm *m* trolley arm
Stromabnehmerbügel *m* sliding (collector) bow
Stromabnehmerkopf *m* trolley head
Stromabnehmerrolle *f* trolley wheel
Stromabnehmerstange *f* trolley boom
Stromabriß *m* current chopping
Stromabschaltung *f* power cut-off, current switch-off
Stromabschwächung *f* current attenuation
Stromänderung *f* current change
Stromanschlußstelle *f* [power] supply point
Stromanstieg *m* current rise, increase (build-up) of current
~ in Durchlaßrichtung rise of forward (on-state) current
Stromanstiegsgeschwindigkeit *f* rate of rise of forward (on-state) current
~/höchstzulässige maximum allowable rate of rise of forward current
Stromanstiegsrelais *n* rate of change relay
Stromanteil *m* current component
Stromanzeigelampe *f* current indicator lamp
Stromanzeiger *m* current (circuit) indicator
Stromart *f* current type (class), kind (type) of current
Stromausbeute *f* current gain; *(Ch)* current efficiency
~/anodische anode efficiency
~/katodische cathode efficiency
Stromausfall *m* power (electric supply) failure
~/bevorstehender impending power failure
Stromausgleich *m* compensation (balance) of current, current balance
Stromausgleichsbatterie *f* floating trickle
Stromausgleichsrelais *n* current-balance relay
Stromaustrittszone *f* *(Galv)* positive (anodic) area
Strombahn *f* current path
Strombauch *m* current antinode (loop)
Strombedarf *m* current demand (requirement)
strombegrenzend current-limiting
Strombegrenzer *m* current limiter, current-limiting device; demand limiter
~/elektronischer electronic current limiter
~/induktiver inductive current limiter *(supraleitend)*
~ mit Parallelwiderstand/ohmscher ohmic current limiter with parallel resistor

~/ohmscher ohmic current limiter
Strombegrenzung *f* current limitation (limiting); current-limit control
Strombegrenzungsdrossel *f* current-limiting reactor (coil), series reactor, protective reactance coil
Strombegrenzungsschalter *m* current-limiting circuit breaker
Strombegrenzungssicherung *f* current-limiting fuse
Strombegrenzungswiderstand *m* current-limiting resistor
Strombelag *m* electric loading; *(MA)* current coverage
Strombelastbarkeit *f* current-carrying capacity *(Leiter, Kabel)*; ampacity *(in Ampere)*
Strombelastung *f* current load[ing]
Strombereich *m* current range
Strombereichsgrenze *f***/obere** upper limit of current range
strombetrieben current-operated
Strombilanzgleichung *f s.* Satz/erster Kirchhoffscher
Strombrücke *f***/durchbrennbare** fusible link *(zerstörbare Leiterbahn)*
Stromdichte *f* [electric] current density
~/gleichförmige uniform current density
~/kapazitive capacitive current density
~/kritische critical current density
Stromdichteverlauf *m* current density distribution
Stromdifferentialrelais *n* phase-balance relay
Stromdifferentialschutz *m (Ap)* current phase-balance protection
stromdurchflossen current-carrying
Stromdurchfluß *m*, **Stromdurchgang** *m* current flow, passage of current
Ströme *mpl***/verzweigte** branched currents
Stromeinprägung *f* constrained-current operation
Stromeintritt *m* current intake
Stromeintrittszone *f (Galv)* negative (cathodic) area
Stromempfindlichkeit *f* current sensitivity (response)
strömen to stream, to flow
Stromentnahme *f* current drain
Stromentnahmeschiene *f* conductor rail
Stromerzeuger *m* electric generator
Stromerzeugung *f* electric power generation
~/thermoelektrische thermoelectric generation of current
Stromerzeugungsanlage *f* generating plant
Stromfluß *m* current flow, flow of current
~ in einer Richtung unidirectional current flow
~/überlagerter superimposed current flow
Stromflußrelais *n* power direction relay
Stromflußwinkel *m* angle of current flow; *(Srt)* conducting period
Strom-Frequenz-Wandler *m* current-to-frequency converter
stromführend current-carrying, live
Stromführ[ungs]zeit *f* current conduction time; conducting interval
Stromgegenkopplung *f* current feedback
stromgekoppelt current-fed
stromgesteuert current-controlled
Stromgleichung *f* current equation
Stromgrenze *f* current limit
Stromgrenzwert *m***/zulässiger oberer und unterer** limit of effective current range
Stromimpuls *m* current impulse, pulse of current
~/nichtabklingender steady current impulse
Stromimpulsgenerator *m* current pulse generator
Stromindikator *m* current indicator
Strominjektionslogik *f (ME)* current injection logic, CIL *(extrem schnelle Logik mit Josephson-Brücke)*
Strominstabilität *f* instability of current
Stromkennlinie *f* **der Sicherung** fuse time-current characteristic
Stromkippgerät *n* current sweep generator *(Ablenkgerät)*
Stromklemme *f* current terminal, feeder clamp
Stromknoten *m* current node
Stromkomponente *f* current component
Stromkopplung *f* current feed *(Antennentechnik)*
Stromkorrosion *f* anodic corrosion
Stromkreis *m* [electric] circuit • **vom ~ trennen** to isolate
~/abgezweigter branched (derived) circuit
~/angekoppelter coupled circuit
~/angeschlossener associated circuit
~/aperiodischer aperiodic circuit
~/äußerer external circuit *(bei Teilentladungsmessungen)*
~/belasteter loaded circuit
~/eingeschalteter closed circuit
~/geerdeter earthed circuit
~/geregelter controlled circuit
~/geschlossener closed circuit
~/in Reihe geschalteter series circuit
~/induktiver inductive circuit
~/innerer internal circuit
~/kapazitiver capacitive circuit
~ mit Erdrückleitung earth return circuit
~ mit konzentrierten Schaltelementen lumped circuit
~ mit Schienenrückstromleiter loop circuit
~/nichtlinearer non-linear circuit
~/offener open circuit
~/parallelgeschalteter shunt circuit
~/privater private owned circuit
~/steckbarer receptacle circuit *(am Analogrechner)*
~/umschaltbarer reversible circuit
~/unabgeglichener unbalanced wire circuit
~/verlustloser zero-loss circuit
~/verzweigter branched circuit
Stromkreisentkopplung *f* decoupling of circuits
Stromkreisimpedanz *f* circuit impedance

Stromkreiskonstante *f* circuit constant
Stromkreisparameter *m* circuit parameter
Stromkreisunterbrechung *f* open, circuit interruption
Stromlaufplan *m* [schematic] circuit diagram, wiring diagram
Stromleiter *m* [electric] conductor
Stromleitung *f* 1. [current] conduction; 2. power supply line, current lead
Stromlieferung *f* current supply
Stromlinienbild *n* flow pattern
stromlos dead, de-energized, currentless, zero-current; balanced *(Meßbrücke)* • ~ **machen** to de-energize
Stromlosigkeit *f* absence of current
Strommenge *f* amount of current
Strommeßbereich *m* current [measuring] range
Strommesser *m* current measuring instrument, amperemeter, ammeter
Strommessung *f* current measurement
Strommeßwiderstand *m* current sensing resistor
Strommittelwert *m* **in Durchlaßrichtung** mean forward current
Stromnennwert *m* current rating
Stromnulldurchgang *m* current zero
~/betriebsfrequenter power-frequency current zero
Strompegel *m* current level
Strompfad *m* current path
~/gemeinsamer common path (branch)
Stromphase *f* current phase
Strompulsgenerator *m* current pulse generator
Stromquelle *f* source [of current], current (power) source, current supply
~/konstante stable current source
Stromquellenerde *f* source earth
Stromrauschen *n* current noise
Stromrauschleistung *f* current noise power
Stromrauschpegel *m* current noise level
Stromregelröhre *f* series regulator valve (tube); ballast tube
Stromregelung *f* current control
~ durch eine dritte Bürste third-brush current control
Stromregler *m* current regulator (control)
Stromrelais *n* current relay
Stromresonanz *f* current resonance
Stromresonanzfrequenz *f* antiresonance (parallel-resonant) frequency
Stromresonanzkreis *m* antiresonant (parallel-resonant) circuit; series resonance circuit
Stromresonanzpunkt *m* antiresonance peak *(bei Filtern)*
Stromrichter *m* [current] converter, static converter; rectifier
~/gittergesteuerter grid-controlled rectifier
~/lastkommutierter load-commutated converter
~/netzgeführter (netzkommutierter) line-commutated converter
~/ruhender static converter
Stromrichterantrieb *m* converter[-fed] drive
Stromrichterarm *m* converter arm
Stromrichterbrücke *f* converter bridge
Stromrichtereinheit *f* converter unit
Stromrichtergruppe *f* converter group; rectifier group
Stromrichterkaskade *f* converter cascade
~/untersynchrone subsynchronous static converter cascade
Stromrichterkreis *m* converter circuit
Stromrichtersatz *m* converter set
Stromrichterschalter *m* converter circuit breaker
Stromrichterschaltschrank *m* converter cubicle
Stromrichterschaltung *f* converter connection
Stromrichtersperren *n* converter blocking
Stromrichtertechnik *f* converter engineering
Stromrichterzweig *m* converter arm
Stromrichtung *f* current direction, direction of current [flow]
Stromrichtungsrelais *n* current directional relay, power direction relay
Stromrichtungsschutz *m* **mit Hilfsader** *(Ap)* duplex protective system
Stromrückgang *m s.* Stromabfall
Stromrückgewinnung *f* recuperation of current
Stromrückgewinnungsschalter *m* regeneration switchgroup
Stromrückkopplung *f* current feedback
Stromrückkopplungskreis *m* current feedback circuit
Stromrückkopplungsmultivibrator *m* current feedback multivibrator
Stromrückkopplungsschaltung *f* current feedback circuit
Stromrücklauf *m* return of current
Stromrückleitungskabel *n* return cable
Stromschalter *m* current switch
Stromschaltlogik *f (ME)* current mode logic, CML
Stromschiene *f* line (current) bar, bus [bar] *(in Schaltanlagen)*; contact (conductor, third) rail *(Elektrotraktion)*
~/seitliche side contact (conductor) rail
Stromschienenisolator *m* third-rail insulator
Stromschleife *f* current loop
Stromschleifenantenne *f* slotted-ring aerial
Stromschließer *m* circuit closer
Stromschluß *m* circuit closing
Stromschritt *m (Nrt)* marking signal, signal element
Stromschutz *m* current protection
~/gerichteter directional current protection
~/nichtgerichteter non-directional current protection
Stromschwankung *f* current fluctuation
Stromschwingung *f* current oscillation
Stromsenkenlogik *f***/austauschbare (kompatible)** compatible current-sinking logic, CCSL

Strom-Spannungs-Beziehung *f* current-voltage relationship
Strom-Spannungs-Kennlinie *f* current-voltage characteristic (curve), volt-ampere characteristic, I-V characteristic; anode characteristic *(einer Röhre)*
~ **des Ableiters** arrester discharge voltage-current characteristic
~ **des Thyristors** anode-to-cathode voltage-current characteristic
~ **in Durchlaßrichtung** forward characteristic
~ **in Sperrichtung** reverse characteristic
~**/statische** static volt-ampere characteristic
~**/unsymmetrische** asymmetric characteristic
Strom-Spannungs-Kurve *f s.* Strom-Spannungs-Kennlinie
Stromspeisung *f* current (centre) feed *(Antennentechnik)*
Stromspitzenwert *m* peak value of current
Stromspule *f* current coil
Stromstabilisierung *f* current stabilizing
Stromstärke *f* current intensity (strength); amperage *(in Ampere)*
~ **bei Endausschlag** *(Meß)* full-scale current
Stromstärkebereich *m* **für höchste Meßgenauigkeit** effective current range [of a meter], accurate current range
Stromstärkefernmeßgerät *n* teleammeter
Stromstärkemesser *m s.* Strommesser
Stromstärkemeßfühler *m* magnetooptic current sensor *(auf Basis des Faraday-Effekts arbeitend)*
Stromstoß *m* current [im]pulse, current surge (rush)
~**/kurzer** temporary current surge
Stromstoßrelais *n* impulse relay
Stromstoßspeicher *m* impulse storing device
Stromstoßübertrager *m* [im]pulse repeater
Stromstoßunterdrücker *m (Nrt)* digit absorber
stromteilend current-sharing
Stromteiler *m* current divider
Stromteilerdrossel *f* current-dividing coil
Stromteilerfaktor *m* current division factor *(Transistor)*
Stromteilernetzwerk *n* current-dividing network
Stromteilerregel *f* Kirchhoff's current law
Stromteilung *f* current division
Stromtor *n* thyratron, hot-cathode gas-filled tube (valve); gas tube switch, electronic relay
Stromträger *m* current carrier
~**/beweglicher** mobile current carrier
Stromübergang *m* current transition (transfer)
Stromübernahme *f* current transfer *(Elektronenröhre)*
Stromübersetzung *f* current transformation *(Transformator)*
Stromübersetzungsverhältnis *n* current [transformation] ratio
Stromüberwachungsanzeiger *m* current monitoring meter
Stromumkehr *f* reversal of current, current reverse
Strömung *f* flow
~**/hydrodynamische** hydrodynamic flow
~**/isotherme** isothermal flow
~**/laminare** laminar (streamline) flow
~**/stationäre** steady flow
~**/turbulente (verwirbelte)** turbulent flow [motion]
~**/viskose** viscous flow
~**/wirbelfreie** non-vortical flow
~**/zweidimensionale** two-dimensional flow
Strömungsakustik *f* flow acoustics
Strömungsart *f* flow regime
Strömungsbild *n* flow pattern (diagram)
Strömungsfeld *n* flow field
~**/stationäres elektrisches** steady-state electric field
Strömungsgeräusch *n* 1. turbulence-induced noise, aerodynamically induced noise; 2. *(Ak)* flow noise
Strömungsgeschwindigkeit *f* flow rate, velocity of flow
~ **eines Luftstroms** air-blast velocity
Strömungsimpedanz *f (Ak)* flow impedance
Strömungslinie *f* flow line
Strömungsmesser *m* flow (rate-of-flow) meter
Strömungsplasmatron *n* stream plasmatron
Strömungspotential *n* stream[ing] potential
Strömungsrelais *n* flow relay
Strömungsrichtung *f* flow direction
Strömungsüberwachungsrelais *n* flow relay
Strömungswächter *m (Meß)* air[foil] flowmeter
Strömungswiderstand *m* flow resistance
Stromunterbrecher *m* current interrupter; contact (circuit) breaker
Stromunterbrechung *f* current interruption
Stromunterbrechungsmelderelais *n* power cut-off relay
Stromverbrauch *m* current (power, electricity) consumption
Stromverbraucher *m* current consumer
Stromverbrauchszähler *m* [electric-]supply meter, energy meter
Stromverdrängung *f* 1. current displacement; skin effect; 2. proximity effect
Stromverdrängungsfaktor *m* current displacement factor
Stromvergleichsschutz *m* current comparison relaying
Stromverhältnis *n* current ratio
Stromverlauf *m* current path (flow)
Stromverlust *m* current loss, leakage
Stromversorgung *f* power (current) supply; power feeding
~ **des Senders** transmitter supply
~ **für das Gitter** C power supply *(Röhren)*
~ **für Gatter** gate supply
~**/konstante** stable [power] supply

~ **mit Sonnenbatterien** solar cell power supply
~/**stabilisierte** stabilized power supply
~/**unterbrechungsfreie** uninterruptible power supply
Stromversorgungseinrichtung *f* power supply equipment
Stromversorgungsgerät *n* power supply unit
Stromversorgungsgeräusch *n* ripple noise, hum; battery supply circuit noise
Stromversorgungsnetz *n* power [supply] system, supply network, mains
Stromversorgungsstation *f* power supply station
Stromversorgungssystem *n* power supply system
Stromverstärker *m* current amplifier
Stromverstärkung *f* current amplification (gain)
~ **bei niedrigem Pegel** *(El)* low-level current gain
~ **in Bassischaltung** *(El)* common-base current gain, grounded-base current gain
~ **in Emitterschaltung** *(El)* common-emitter current gain, grounded-emitter current gain
~ **in Kollektorschaltung** *(El)* common-collector current gain, grounded-collector current gain
~/**inverse** *(El)* inverse current gain
Stromverstärkungsfaktor *m* current amplification factor
Stromverteilung *f* current distribution
~/**primäre** primary current distribution
Stromverteilungsrauschen *n* current distribution noise, partition noise
Stromverteilungssteuerung *f* current distribution control
Stromvervielfachung *f* current multiplication
Stromverzweigung *f* current branching
Stromverzweigungspunkt *m* [current] node
Stromwaage *f* electrodynamic (ampere, current) balance
~ **nach Helmholtz** Helmholtz [ampere] balance
~ **nach Kelvin** Kelvin [ampere] balance
~ **nach Rayleigh** Rayleigh balance, Rayleigh ampere (current) balance
Stromwächter *m* current relay
Stromwandler *m* current transformer
~/**frequenzanaloger** current-to-frequency converter
~ **mit Zusatzmagnetisierung** compound-wound current transformer, auto-compounded current transformer
Stromwärme *f* Joule heat
Stromwärmeverlust *m* copper loss[es], I"R loss
Stromwechsel *m* alternation
Stromweg *m* current path
Stromwelle *f* current wave
Stromwellen *fpl* current ripples
Stromwender *m (MA)* commutator, collector
~/**eingegossener** moulded commutator
~/**mechanischer** commutator rectifier
Stromwender... *s. a.* Kommutator...
Stromwenderanker *m* commutator armature
Stromwenderanschluß *m* commutator lug
Stromwenderaufziehmaschine *f* commutator placer
Stromwenderbohrung *f* commutator bore
Stromwenderbuchse *f* commutator sleeve
Stromwenderbürste *f* commutator brush
Stromwenderfahne *f* commutator lug (riser), commutator connector
Stromwenderglimmer *m* commutator mica
Stromwenderisolierhülse *f* commutator shell insulator
Stromwenderisoliermanschette *f* commutator vee-ring insulator
Stromwenderkonstruktion *f* commutator design
Stromwenderkörper *m* commutator shell
Stromwenderkranz *m* commutator riser
Stromwenderlamelle *f* commutator segment (bar), collector bar
Stromwenderlauffläche *f* commutator-brush track
Stromwendermanschette *f* commutator collar
Stromwendermaschine *f* commutator machine
Stromwendernabe *f* commutator hub
Stromwenderoberfläche *f* commutator [sur]face
Stromwenderpatina *f* commutator oxide film
Stromwenderpreßring *m* commutator vee ring
Stromwenderraum *m* commutator compartment
Stromwenderschritt *m* commutator pitch
Stromwenderschrumpfring *m* commutator shrink ring
Stromwenderschweißmaschine *f* commutator fuser
Stromwendersegment *n* commutator segment (bar), collector bar
Stromwenderspannung *f* commutator voltage
Stromwendersteg *m* commutator bar, collector bar
Stromwenderteilung *f* commutator pitch
Stromwendung *f* commutation *(Zusammensetzungen s. unter* Kommutierung*)*
Stromwert *m* current value
Stromzähler *m s.* Stromverbrauchszähler
Stromzeiger *m* current pointer
Stromzufuhr *f* [electric] current supply, supply [of current]
Stromzuführung *f* 1. *s.* Stromzufuhr; 2. power supply conductor, supply lead; contact system *(Oberleitung, Stromschiene)*; leading-in wire
Stromzunahme *f s.* Stromanstieg
Stromzweig *m* current branch (path), branch circuit
Stromzwischenkreisstromrichter *m* current source d.c.-link converter, constant-current d.c.-link converter
Strophotron *n* strophotron *(Höchstfrequenzelektronenröhre)*
Strowger-Wähler *m (Nrt)* Strowger selector (switch)
Strudelpunkt *m (Syst)* focus *(Phasenebene)*

~/**instabiler** unstable focus
Struktogramm *n* structured chart, structogram
Struktur *f* 1. structure; configuration; 2. texture; 3. *(ME)* pattern
~ **des Informationsworts** *(Dat)* information word format (structure)
~ **eines Worts** *(Dat)* word format
~/**elektronische** electronic structure
~/**geordnete** ordered structure
~/**gestörte** imperfect (defect) structure
~/**innere** internal structure
~/**körnige** granular structure
~/**kristallographische** crystallographic structure
~ **mit hoher Ausbeute** high-yield structure
~ **mit kurzgeschlossenem Emitter** shorted-emitter structure
~ **mit V-förmigen Gräben** *(ME)* V-MOS structure
Strukturauflösung *f (ME)* pattern definition
Strukturdipol *m* structural dipole
Struktureigenschaft *f* structure feature
Strukturelement *n* structural component
strukturempfindlich structure-sensitive
Strukturerkennung *f* pattern recognition *(Optoelektronik)*
Strukturfehler *m* structural defect
Strukturgröße *f* pattern size; feature size
Strukturieranweisung *f* configuration instruction
Strukturierdaten *pl* configuration data
strukturieren *(ME)* to pattern
strukturiert/teilweise semistructured
Strukturiertastatur *f* configuration keyboard
Strukturierungsverfahren *n (ME)* patterning technique
Strukturinstabilität *f (Syst)* structural instabilitiy
Strukturmerkmal *n* structure feature
Strukturmodell *n (Syst)* structure model
Strukturproblem *n* structure problem
Strukturschema *n* block schematic diagram
Struktursynthese *f* structural (structure) synthesis *(eines Regelungssystems)*
Stückliste *f* parts list, table of parts (items)
Stückprüfung *f* routine test
Stückprüfungseinrichtung *f* routine test equipment
Studio *n* studio
~ **mit Nachhall** live studio
~ **mit sehr kurzer Nachhallzeit** [acoustically] dead studio
~ **ohne Nachhall** dead studio
~/**schalltotes** [acoustically] dead studio
~ **zum Nachvertonen** dubbing studio
Studioabhöreinrichtung *f* monitoring studio station
Studioaufnahme *f* studio recording (pick-up)
Studioausrüstung *f* studio equipment
Studiobeleuchtung *f* studio lighting
Studiobetrieb *m* studio operation
Studioeinrichtung *f* studio equipment
Studioleuchte *f* studio fitting (luminaire)
Studiomikrofon *n* studio microphone
Studiosendung *f* studio broadcast
Studiotechnik *f* studio engineering; studio equipment
Studioverstärker *m* programme amplifier
Stufe *f* 1. step; stage; 2. grade
~/**anodische** anodic wave *(Polarographie)*
~ **in Basisschaltung** *(ME)* common-base stage
~ **in Emitterschaltung** *(ME)* common-emitter stage
~/**kinetische** kinetic wave *(Polarographie)*
~/**vorhergehende** preceding stage
~/**zeitgesteuerte** timed step
Stufenabschwächer *m* stepped attenuator
Stufenbatterie *f* cascade battery
Stufenbeleuchtung *f* stair lighting
Stufendrehschalter *m* rotary stepping switch
Stufenfolge *f* sequence of steps *(z. B. in einem Prozeß)*
Stufenfrequenz *f* step frequency
Stufenfunktion *f (Syst)* step (inter-stage) function *(bei Kennlinien)*
stufengezogen rate-grown *(Kristall)*
Stufenindex *n* step index
Stufenindex-Lichtleitfaser *f* step-index optical fibre
Stufenindexprofil *n* step index profile *(Lichtwellenleiter)*
Stufenkeil *m* step (discontinuous) wedge *(Graukeil)*
Stufenkennlinie *f* stepped curve
Stufenkompensator *m* deflection potentiometer
Stufenlänge *f* step length
Stufenlinse *f* Fresnel (stepped, corrugated) lens
Stufenlinsenkleinscheinwerfer *m* Fresnel spotlight
Stufenmeßmarke *f* step-strobe marker
Stufenprozeß *m* step process
Stufenrolle *f* stepped roller
Stufenschalter *m* step[ping] switch, tap[ping] switch, [on-load] tap changer; multicontact (multiple-contact) switch
Stufenschaltung *f* step switching
Stufenscheibe *f* stepped [cone] pulley
Stufenschütz *n* tapping contactor
Stufenspannung *f* step voltage
Stufenspannungsregler *m* step voltage regulator
Stufenspule *f* bank-wound coil
Stufenteiler *m* step attenuator
Stufentransformator *m* step transformer
Stufenübergang *m (ME)* step junction
Stufenversetzung *f* edge dislocation *(Kristall)*
Stufenverstärker *m* cascade amplifier
Stufenverstärkung *f* stage gain
Stufenvielfachschalter *m* multicontact gang switch *(zur Wellenumschaltung)*
Stufenwachstum *n* step growth *(Kristall)*
stufenweise step-by-step
Stufenwicklung *f* bank[ed] winding

Stufenzahl *f* step number
Stufenziehen *n* rate growth *(Kristall)*
Stuffingposition *f (Nrt)* stuffable (justifiable) digit time slot
Stuffingrate *f (Nrt)* justification rate
Stuffingsteuerungszeichen *n (Nrt)* stuffing (justification) service digit
Stuffingverhältnis *n (Nrt)* stuffing (justification) ratio
Stuffingzeichen *n (Nrt)* justifying digit
Stufung *f* **der Hörempfindung** auditory sensation scale
~ **der Isolation** coordination of insulation
stumm [geschaltet] *(Ak)* mute
Stummabstimmung *f* 1. quiet tuning; 2. tuning silencer, interstation noise suppressor
~**/automatische** interstation (intercarrier) noise suppression
Stummschalter *m* mute switch
Stummschaltung *f* muting
Stummtaste *f* mute switch
Stummtastung *f* muting *(z. B. beim Abstimmen)*
Stumpfkabel *n* stub cable
Stumpfnahtschweißen *n* butt seam welding
stumpfschweißen to butt-weld
Stumpfstoß *m* butt joint *(Schweißen)*
Stundenbetrieb *m* one-hour duty
Stundendrehmoment *n* one-hour torque
Stundendrehzahl *f* one-hour speed
Stundenleistung *f* one-hour output (rating), hourly output
Stundenzugkraft *f* tractive effort at one-hour rating
Sturzspule *f* back-wound coil *(Transformator)*
Sturzwicklung *f* continuous turned-over winding
Stützbatterie *f* back-up battery
Stütze *f* support; brace, bracket; prop
stützen to support
Stützenisolator *m* pin[-type] insulator, rigid-type insulator, cap-and-pin insulator
~**/zusammengesetzter (zweiteiliger)** double-section pin-type insulator
Stützer *m* insulated support
Stützerstromwandler *m* bushing-type current transformer
Stützisolator *m s.* Stützenisolator
Stützkondensator *m* back-up capacitor
Stützkörper *m* supporting body *(an Leitungen)*
Stützmast *m* anchor tower
Stützstelle *f* node *(Interpolation)*
styroflexisoliert styroflex-insulated *(z. B. Kabel)*
Styroflexkondensator *m* styroflex-insulated capacitor
Styrol *n* styrene
Subfernsprechfrequenz *f* subtelephone frequency
subharmonisch subharmonic
Subharmonische *f* subharmonic
Sublimationstemperatur *f* sublimation temperature
Sublimationswärme *f* sublimation heat
Submikrometerschaltkreistechnik *f* submicron circuit technology
Subminiaturbauteil *n* subminiature component
Subminiaturbauweise *f* subminiature construction
subminiaturisiert subminiaturized
Subminiaturkonstantstromröhre *f* current reference ion chamber, curpistor
Subminiaturrechner *m* subminiature (microminiature) computer
Subminiaturröhre *f* subminiature valve (tube); bantam tube
Subminiatursteckverbinder *m* subminiature connector
Subminiaturtechnik *f* subminiature engineering
Suboptimierung *f (Syst)* suboptimization *(z. B. eines Teilsystems)*
Substanz *f* substance, matter, material *(s. a. unter* Stoff*)*
~**/anionenaktive** anionic surfactant
~**/gelöste** dissolved substance, solute
~**/kationenaktive** cationic surfactant
~**/oberflächenaktive** surface-active agent, surfactant
substituieren to substitute
Substitutionseichung *f* substitution method of calibration, calibration by substitution
Substitutionsleitfähigkeit *f* substitution conductivity
Substitutionsleitung *f* substitution conduction
Substitutionsmeßmethode *f* substitution method of measurement
Substitutionsplatz *m*, **Substitutionsstelle** *f* substitutional site *(Mischkristall)*
Substitutionsstörstelle *f* substitutional impurity *(Mischkristall)*
Substitutionsverfahren *n* substitution method (technique)
Substrat *n* substrate
~**/polykristallines** *(Galv)* polycrystalline substrate
Substratdotierung *f (ME)* substrate doping
Substrathalter *m* substrate holder
Substratheizer *m* substrate heater
Substratkapazität *f (ME)* substrate capacitance
Substrattechnik *f* substrate technique
Substrattemperatur *f* substrate temperature
Substrattiefe *f (ME)* substrate depth
Substratvorspannung *f (ME)* substrate bias
Substratvorspannungserzeugerschaltung *f* substrate pump
Substratwiderstand *m***/spezifischer** *(ME)* substrate resistivity
Subtrahierimpuls *m (Dat)* subtract pulse
Subtraktionsübertrag *m (Dat)* subtract carry
Subtraktivdurchkontaktierungsverfahren *n* etched-foil through-hole process *(Leiterplattenherstellung)*
Subtraktivverfahren *n* subtractive (etched-foil) process; *(Am)* copper-clad process *(Leiterplattenherstellung)*

Subtransientreaktanz *f* subtransient reactance
Suchalgorithmus *m (Dat)* search algorithm
Suchantenne *f* sensing aerial
Suchbereich *m (FO)* detection range
Suchbetrieb *m* search mode
Suchempfang *m (Nrt)* search reception
suchen to search, to seek; *(Nrt)* to hunt
~/einen Fehler to trace a fault, to locate a fault (trouble); to diagnose faults
Sucher *m* viewfinder *(Optik)*; *(Nrt)* line selector (finder)
Sucherparallaxe *f* viewfinder parallax
Sucherstrahl *m* finder beam
Suchfilter *n (Syst)* detecting element
Suchgerät *n* detector, locator
Suchimpuls *m (FO)* transmitted pulse, main bang
Suchkreis *m*/**automatischer** *(Syst)* automatic search circuit
Suchlauf *m* search [run]; cueing, cue *(z. B. beim Tonbandgerät)*
~ rückwärts review[ing]
~/sichtbarer cue-review function *(Videorecorder)*
Suchmethode *f s.* Suchverfahren
Suchordnung *f (Nrt)* search order
Suchradar *n* search radar
Suchschalter *m (Nrt)* finder
Suchscheinwerfer *m* searchlight, spotlight; adjustable spot light (lamp) *(Kraftfahrzeug)*
Suchsonde *f* hunting probe
Suchspule *f* search (exploring) coil *(z. B. zur Kabelortung)*; *(Meß)* probe (pick-up) coil
Suchstellung *f (Nrt)* choice
Suchsystem *n* search system; computer-coded search system, CCS *(z. B. für Kassettentonbandgeräte)*
Suchton *m* search tone
Suchverfahren *n (Dat)* search[ing] method, search procedure
Suchvorgang *m (Dat)* search[ing] process
Suchwähler *m (Nrt)* finder switch
Suchzeichen *n (Nrt)* inquiry signal
Suchzeit *f (Dat)* search[ing] time; access time
Südpol *m*/**magnetischer** south magnetic pole
Sukzessivkontrast *m* successive contrast
Summand *m (Dat)* addend
Summandenregister *n (Dat)* addend register
Summationsoperator *m (Dat)* adding operator
Summationsschaltung *f (Syst)* adding (summing) network *(für Signale)*
Summationsverstärker *m* summing amplifier
Summator *m (Dat)* summator
Summe *f*/**Boolesche** logic sum
~/vektorielle vector sum
summen to buzz; to hum
Summenausgabe *f* sum output
Summendruck *m (Dat)* total printing
Summenerfassung *f* bulk registration
Summenfehler *m* cumulative error
Summenfrequenz *f* sum frequency
Summengesprächszählung *f* summation call metering
Summenhäufigkeit *f* [absolute] cumulative frequency *(Statistik)*
Summenkennlinie *f* overall characteristic
Summenklirrfaktor *m* total distortion
Summenkontrolle *f (Dat)* summation check, total checking
Summenlautheit *f* summation loudness
Summenlocher *m (Dat)* summary punch
Summenlochung *f (Dat)* total punching
Summenprüfung *f s.* Summenkontrolle
Summenregel *f*, **Summensatz** *m* sum rule
Summenschwingungsbild *n* composite waveform
Summensignal *n* composite signal
Summenstanzer *m (Dat)* summary punch
Summentabulator *m (Dat)* total tabulator
Summenton *m (Ak)* summation tone
Summentrieb *m (Dat)* mechanical adding device
Summenübertragung *f (Dat)* total transfer
Summenwerk *n (Dat)* total mechanism
Summenwirkung *f* cumulative effect
Summenzähler *m* summation meter
Summenzeitkonstante *f* total time constant
Summenzelle *f* sum cell
Summer *m* buzzer, sounder
Summerempfang *m (Nrt)* reception by buzzer
Summergerät *n (Nrt)* buzzer set
Summerrelais *n* buzzer relay
Summerschauzeichen *n* buzzer indicator
Summerton *m (Nrt)* buzzer sound (tone)
~ zur Anzeige unbenutzter Leitungen dead-number tone
Summerzeichen *n* buzzer signal
summieren to sum, to add [up]
Summierer *m* summator
Summiergeschwindigkeit *f* accumulating speed
Summierglied *n (Syst)* summing element *(z. B. im Regelkreis)*
Summierstelle *f (Syst)* summing point *(im Signalflußplan)*
Summiertrieb *m (Dat)* mechanical adding device
Summierungsrelais *n* integrating relay
Summierverstärker *m* summation amplifier
Summierzähler *m* accumulating counter
Summstreifen *m* buzz track
Summton *m*, **Summzeichen** *n* humming sound (tone)
Superakzeptor *m (ME)* superacceptor
Superfernsprechfrequenz *f* super-telephone frequency
Supergitter *n* superlattice *(Folge von nm-dünnen, einkristallinen Kristallschichten)*
Superhet *m s.* Überlagerungsempfänger
Superhet[erodyn]empfang *m s.* Überlagerungsempfang
Superhochfrequenz *f* superhigh frequency, SHF, s.h.f. *(3 000 bis 30 000 MHz)*

Superikonoskop *n* supericonoscope *(Bildaufnahmeröhre)*
Superlattice *n s.* Supergitter
superlinear superlinear
Superorthikon *n* image orthicon *(speichernde Bildaufnahmeröhre)*
Superpositionsprinzip *n* superposition principle
Superpositionssatz *m* superposition theorem
Superregenerativverstärker *m* superregenerative amplifier
Superturnstile-Antenne *f* batwing (superturnstile) aerial
Supplementwinkel *m* adjacent angle
Supraelektron *n* superelectron
supraflüssig superfluid, superliquid
Supraionenleiter *m* superionic conductor
supraleitend superconducting, superconductive, sc
Supraleiter *m* superconductor
~/harter hard superconductor
~/idealer ideal superconductor
~/weicher soft superconductor
supraleitfähig *s.* supraleitend
Supraleitfähigkeit *f* superconductivity, supraconductivity
Supraleitungselektron *n* superconducting electron, superelectron
Supraleitungsspeicher *m* cryogenic store
Supraleitungsstrom *m* supercurrent
Surface-barrier-Transistor *m* surface barrier transistor
Suspension *f* suspension
Suszeptanz *f* susceptance
~/induktive inductive susceptance
Suszeptanzrelais *n* susceptance relay
Suszeptibilität *f* susceptibility
~/diamagnetische diamagnetic susceptibility
~/paramagnetische paramagnetic susceptibility
Swan-Sockel *m s.* Bajonettsockel
SWF, SWFV *s.* Selbstwählfernverkehr
Symbol *n* symbol; character, sign
~/binäres binary symbol
~ einer Einheit unit symbol
~/logisches logical symbol
Symboldruck *m* symbol printing
Symbollayout *n (ME)* symbolic layout
Symbologie *f* symbology
Symbolsprache *f (Dat)* symbolic language
Symbolzeichnung *f* symbolic artwork *(in der IS-Entwurfstechnik)*
Symistor *m* bidirectional triode thyristor, triac
Symmetrie *f* symmetry; balance *(z. B. von Gegentaktverstärkern)*
~ der Spannung symmetry of voltage
~ der Ströme symmetry of currents
Symmetrieachse *f* symmetry axis, axis of symmetry *(Kristall)*
Symmetriedämpfung *f* balanced attenuation
Symmetriedetektor *m* balance detector
Symmetrieebene *f* symmetry plane, plane of symmetry *(Kristall)*
Symmetrieeigenschaft *f* symmetry property
Symmetriefaktor *m* symmetry factor *(elektrochemische Kinetik)*
Symmetrierdrossel *f* current-balancing reactor
Symmetriereinrichtung *f* balancing equipment
symmetrieren to balance *(z. B. Gegentaktverstärker)*
Symmetrierglied *n s.* Symmetriertransformator
Symmetrierkondensator *m* hash-filter capacitor
Symmetrierleitung *f* balancing line
Symmetrierschaltung *f* balancing circuit
Symmetrierstufe *f* balancer
Symmetriertransformator *m*, **Symmetrierübertrager** *m* balanced transformer, balanced-to-unbalanced transformer, balun
Symmetrierung *f* balancing
Symmetrierungsschleife *f* balancing loop
Symmetrierwiderstand *m* balancing resistor
symmetrisch symmetric[al]; balanced
~ gegen Erde balanced to earth
~ zu einer Achse symmetrical about an axis
Symmistor *m s.* Symistor
Synchro *n* synchro, self-synchronous device, selsyn
Synchrodrehmomentempfänger *m* synchro torque receiver *(mit mechanischem Ausgangssignal)*
Synchroempfänger *m* synchro receiver
Synchrogeber *m* synchro transmitter
Synchroindikator *m* synchro indicator
synchron synchronous
Synchronantrieb *m* synchronous drive
Synchronausfallzeit *f (Nrt)* out-of-frame alignment time
Synchrondigitalrechner *m* synchronous digital computer
Synchrondrehmoment *n* synchronous torque
Synchrondrehzahl *f* synchronous speed
Synchroneinrichtung *f* synchronizing facility
Synchronempfänger *m* synchronous receiver
Synchronfunkenstrecke *f* synchronous [rotating] spark gap
Synchrongenerator *m* synchronous generator, [synchronous] alternator
Synchrongeschwindigkeit *f* synchronous speed
Synchrongleichrichter *m* synchronous rectifier
Synchronimpedanz *f* synchronous impedance
Synchronisation *f* synchronization
Synchronisationsbereich *m (MA)* pull-in range
Synchronisationsfehler *m* synchronization error; *(Fs)* jitter
Synchronisationsglied *n* synchronizer
Synchronisationsimpuls *m* synchronizing pulse
Synchronisationsröhre *f* synchronizing valve (tube)
Synchronisationssignal *n* synchronizing (synchronization) signal

~/gebündeltes *(Nrt)* bunched synchronizing signal
Synchronisationsstufe *f* synchronization set
Synchronisator *m* synchronizer
Synchronisiereinrichtung *f* synchronizer; *(Dat)* interlock
synchronisieren to synchronize; *(El)* to lock
Synchronisiergerät *n* synchronizer, synchronization (sync) set
~/elektronisches electronic synchronizer
Synchronisierimpuls *m* **für die Zeilenablenkung** *(Fs)* horizontal synchronizing pulse
Synchronisierrelais *n* synchronizing relay
Synchronisierschaltung *f* synchronizing circuit
Synchronisiersignal *n* synchronizing (sync) signal
Synchronisiersystem *n* synchronizing (sync) system
Synchronisierung *f* synchronizing, synchronization; timing
~/automatische automatic synchronizing
~ des Trägers carrier synchronization
Synchronisierungsbereich *m* synchronizing (retaining) range *(eines Oszillators)*
Synchronisierungsorgan *n* *(Dat)* interlock
Synchronisierungsrelais *n* synchronizing relay
Synchronisierungsschaltung *f* synchronizing circuit
~ für Horizontalablenkung line time-base synchronization circuit
Synchronisierungssystem *n* synchronizing (sync) system
Synchronisiervorrichtung *f* synchronizer
Synchronisierwelle *f* timing shaft
Synchronismus *m* synchronism
Synchronkabel *n* synchronization (flash) lead
Synchronkomparator *m* *(Fs)* synchronous comparator
Synchronlinearmotor *m* synchronous linear motor
Synchronmaschine *f* synchronous machine
~ mit Klauenpolen homopolar synchronous machine
Synchronmesser *m* synchronometer
Synchronmotor *m* synchronous motor
Synchronoskop *n* synchronoscope
Synchronphase *f* synchronous phase
Synchronphasenschieber *m* synchronous phase advancer
Synchronschalter *m* synchronous switch
Synchronsignal *n* synchronizing signal
Synchronsignalgeber *m* synchronizing pulse generator
Synchronsignalregenerator *m* synchronizing pulse regenerator
Synchronsteuerung *f* synchronization control
Synchronstudio *n* dubbing studio
Synchrontaktgeber *m* synchronizer
Synchrontelegraf *m* synchronous telegraph
Synchrontelegrafie *f* synchronous telegraphy
Synchronuhr *f* synchronous clock (timer)
Synchronverstärker *m* synchronous amplifier
Synchronwert *m* synchronous value *(von Bildsignalen)*
Synchronzeitgeber *m* synchronous timer
Synchronzerhacker *m* synchronous vibrator
Synchrophasenmesser *m* synchro phase meter
Synchrophasenschieber *m* synchro phase shifter
Synchroübertrager *m* synchro transmitter
Syntaxalgorithmus *m* *(Dat)* syntactic algorithm
Syntaxprüfung *f* *(Dat)* syntactic checking
Synthese *f* **von Strahlungscharakteristiken** aerial pattern synthesis
Syntheseproblem *n* synthesis problem *(Netzwerktheorie)*
Synthesizer *m* synthesizer
synthetisch synthetic[al], artificial, man-made
System *n***/abbildendes** image-forming system
~/adaptives adaptive system
~/additives additive system *(Leiterplatten)*
~/anoptisches *(Fs)* anoptic system
~/anpassungsfähiges adaptive system
~/arhythmisches *(Nrt)* start-stop system
~/astatisches *(Ap)* astatic system
~/autonomes autonomous system
~/berührungsloses non-contact system
~/bezogenes unity-ratio system
~/binärdigitales logisches binary digital logic system
~/binäres binary (two-state) system
~/dekadisches decade system
~/diskontinuierliches discontinuous system
~/dyadisches dyadic system *(zur Darstellung von Werten)*
~/dynamisches dynamic (moving-coil) system
~/einheitliches *(Dat)* unified system
~/einschleifiges one-loop system *(Regelung)*
~/entscheidendes decision system
~ erster Ordnung first-order system
~/fast lineares almost linear system
~/fehlererkennendes error-detecting system
~/fehlertolerantes fault-tolerant system
~ für Laborautomatisierung laboratory information management system, LIMS
~/gedämpftes damped system
~/geerdetes earthed system
~/gegenläufiges negative-phase-sequence system
~/geräuschempfindliches sound detection system
~/geregeltes [automatic] controlled system
~/geschlossenes *s.* ~ mit Rückführung
~/gestörtes faulty (perturbated) system
~/gut ausgelegtes well-engineered system
~/hexagonales hexagonal system *(Kristall)*
~/impulsmoduliertes pulse-modulated system
~/integriertes integrated system
~/klassisches classical system
~/konservatives conservative system

~/**lernendes** learning system; trainable system
~/**lineares** linear system
~/**mehrschleifiges** multiloop system
~/**metrisches** metric system [of units]
~ **mit automatischer Stabilisierung** automatic stabilization system
~ **mit Dämpfung** system with damping
~ **mit diskreten kontinuierlichen Signalen** discrete-continuous system
~ **mit einem Freiheitsgrad** one-degree-of-freedom system
~ **mit endlicher Ausregelzeit** finite-settling-time system
~ **mit endlicher Impulsantwort** finite impulse response system, FIR system
~ **mit fester Wortlänge** *(Dat)* fixed-length system
~ **mit geschlossenem Regelkreis** *s.* ~ mit Rückführung
~ **mit hintereinandergeschalteten Gliedern** cascade system
~ **mit hohem Verstärkungsfaktor** high-gain system
~ **mit internem Modell** internal-model system
~ **mit konstanten Koeffizienten** constant-coefficient system
~ **mit konzentrierten Parametern** lumped-parameter system
~ **mit mehreren Freiheitsgraden** many-degree-of-freedom system, multiple-degree-of-freedom system
~ **mit mehrfacher Rückkopplung** multiloop feedback system
~ **mit Nachlaufregelung** positioning [control] system
~ **mit niedrigem Verstärkungsfaktor** low-gain system
~ **mit Parameternachführung** parameter-tracking system
~ **mit Rückführung** feedback [control] system, closed-loop [control] system
~ **mit rückwärtiger Stromstoßgabe** *(Nrt)* revertive pulsing system
~ **mit Schaltglied** switched system
~ **mit selbsterregten Schwingungen** autooscillation (hunting) system, self-sustained oscillations system
~ **mit Stromschiene** third-rail system
~ **mit überkritischer Dämpfung** overdamped system
~ **mit unendlicher Impulsantwort** infinite impulse response system
~ **mit unterkritischer Dämpfung** underdamped system
~ **mit variablen Koeffizienten** variable-coefficient system
~ **mit veränderlicher Dämpfung** variable-damped system
~ **mit verteilten Parametern** distributed-parameter system, system with distributed parameters
~ **mit verteilter Intelligenz** distributed-intelligence system
~ **mit Verzögerung zweiter Ordnung** second-order system
~ **mit zeitlich nicht veränderlichen Parametern** time-invariant parameter system
~ **mit zeitlich veränderlichen Parametern** time-varying parameter system
~ **mit Zeitplanregelung** time-pattern control system
~ **mit zufallsverteilter Abtastung** randomly sampled system
~ **mit zwei stabilen Zuständen** two-state system
~/**mittelgroßes** medium-scale system
~/**nichtlineares** non-linear system
~/**nichtschwingendes** non-oscillating system
~/**offenes** open[-loop] system
~/**optisches** optical (lens) system
~/**phasenminimales** minimum-phase [control] system
~/**photoelektrisches** photoelectric system
~/**physikalisch realisierbares** physically realizable system
~/**pneumatisches** pneumatic (air-operated) system
~/**quasiharmonisches** quasi-harmonic system *(mit annähernd sinusförmigen Signalen)*
~/**quasilineares** quasi-linear system
~/**rechnergesteuertes** computer-controlled system
~/**rückführungsfreies** open-loop system
~/**rückgekoppeltes** feedback control system
~/**schlüsselfertiges** turnkey system
~/**schwingfähiges** oscillation system
~/**selbstanpassendes** [self-]adapting system, self-adaptive [control] system
~/**selbsteinstellendes** self-adjusting system
~/**selbstkorrigierendes** self-correcting system
~/**selbstorganisierendes** self-organizing system
~/**selbstregelndes** adaptive control system
~/**selbsttätiges** self-acting [control] system
~/**stabiles** stable system
~/**stetiges** continuous[-time] system
~/**stochastisches** stochastic system
~/**strukturinstabiles** structurally unstable system
~/**ternäres** ternary system
~/**trichromatisches** trichromatic system
~/**überbestimmtes** inconsistent system
~/**unbeobachtbares** unobservable system
~/**ungedämpftes** non-damped system
~/**ungesättigtes** unsaturated system
~/**unscharfes** fuzzy system
~/**verlustbehaftetes** lossy system
~/**verlustloses** lossless system
~/**vermaschtes** multiloop (multiple) system
~/**vierstelliges** *(Nrt)* four-figure system
~/**völlig verkabeltes** *(Nrt)* system wholly in cable
~/**zeitdiskretes** discrete-time system
~/**zeitinvariantes** time-invariant system

~/zeitvariables time-varying system
~/zu schwach gedämpftes underdamped system
~ zur Schweißzeitbegrenzung/elektronisches electronic welding-time control
~ zur Steuerung von Datenflüssen *(Dat)* data flow control system
~ zweiter Ordnung second-order system
Systemabweichung *f*/**relative** percent system deviation
Systemanalyse *f* system analysis
systematisieren to systematize
Systemaufbau *m* system architecture
Systemaufteilung *f (El)* partitioning *(auf einzelne Schaltungen)*
Systembandbreite *f* system bandwidth
Systembelastung *f* system load
Systembetriebszuverlässigkeit *f* system operational reliability
Systemblockade *f (Dat)* deadlock, deadly embrace
Systembus *m (Dat)* backplane bus
Systemebene *f* system level
systemeigen *(Dat)* resident
Systemelement *n* system element
Systemerder *m (Eü)* earth[ing] mat
Systemerdleiter *m* system earthing conductor
Systemerholungszeit *f* system recovery time
Systemfehler *m* system error
Systemfrequenz *f* system frequency
Systemfunktion *f* system-driving function
systemgebunden system-linked, system-inherent
systemgerecht system-compatible, compatible
Systemidentifikation *f (Dat)* system identification
Systeminitialisierungshilfe *f* automated system initialization
Systemintegration *f* system integration
systemintern in-system, in-circuit
Systemkabel *n (Nrt)* internal cable *(für Amtsverdrahtung)*
Systemkopplung *f* system interconnection
Systemmatrix *f* system (transition) matrix
Systemparameter *m* system parameter
Systemplanung *f* system planning
Systemprogramm *n (Dat)* system program
Systemprogrammierung *f (Dat)* system programming
Systemprotokollausgabe *f* log task
Systemprüfung *f* system testing
Systemrauschen *n* system noise
Systemrücksetzen *n (Dat)* system reset
Systemsimulation *f* system simulation *(durch Analogtechnik)*
Systemsimulator *m* system simulator
Systemstabilität *f* system stability
Systemstruktur *f* system structure
Systemsynthese *f* system synthesis; network synthesis
Systemtechnik *f* system[s] engineering
Systemteil *m*/**linearer** linear portion of a system
Systemtheorie *f* system theory
Systemträger *m* lead frame
~ des Zählers meter frame (support)
Systemüberschwingen *n* system overshoot
Systemunterlagen *fpl (Dat)* software
Systemverbindung *f* handshaking
Systemverhalten *n* system behaviour (performance)
Systemverlust *m* system loss
Systemverstärkung *f* system gain
Systemverwirklichung *f* system implementation
Systemverzögerungszeit *f* system delay time
Systemwiederanlauf *m (Dat)* system-reported restart
Systemwiederherstellung *f (Dat)* system recovery
Systemwirksamkeit *f* system effectiveness
Systemzusammenbruch *m* system split-up
Systemzuverlässigkeit *f* system reliability
SYSTRAN-System *n* SYSTRAN system, system translation system *(vollautomatisches Übersetzungssystem)*
Szintillation *f* scintillation
Szintillationsblitz *m* scintillation
Szintillationsdetektor *m* scintillation counter (detector)
Szintillationsmeßkopf *m* scintillation head
Szintillationsschirm *m* scintillation screen
Szintillationsschwund *m* scintillation fading
Szintillationszähler *m* scintillation counter
Szintillatorwerkstoff *m* scintillator material

T

T *s.* Tesla
Tabellarisierung *f* tabulation
Tabellarisierungskontrolle *f* tabulation control
Tabelle *f* table; list; chart
~ der aktiven Dateien active file table
Tabellenlesen *n* table look-up
Tabellensichtgerät *n (Dat)* tabular display equipment
Tabellensuchbefehl *m (Dat)* table search instruction (order)
Tabellensuchen *n (Dat)* table look-up
Tabellenwert *m* tabulated (tabular) value
Tabellenwerte *mpl* tabulated data
tabellieren to tabulate, to tab
Tabelliermaschine *f* tabulating machine, tabulator
~/alphabetische alphabetic[al] tabulator
~/druckende printing tabulator
~/elektronische electronic tabulating machine
Tabulator *m* tabulator
Tabulatorknopf *m* tabulator button
T-Abzweigklemme *f* branch terminal
TACAN-System *n* tactical air navigation
Tachodynamo *m*, **Tachogenerator** *m* tachogenerator, tachometer generator, tachodynamo

Tachograph *m* tachograph
Tachometer *n* tachometer; speedometer *(für Fahrzeuge)*
~/elektronisches electronic tachometer
Tachometeranzeiger *m*/**elektrischer** electric tachometer indicator
Tachometerprüfer *m* tachometer tester
Tachometerrückführung *f* tachometer feedback
Tafel *f* 1. panel, board *(Schalttafel)*; 2. plate; sheet *(z. B. Dynamoblech)*; 3. table *(z. B. für Aufzeichnungen)*
Tagesbelastung *f* day load *(Energienetz)*; *(An)* daily load
Tageslärmdosis *f (Ak)* daily noise dose
Tageslicht *n* daylight, natural light
~ im Innenraum interior daylight
~/künstliches artificial daylight
Tageslichtbeleuchtung *f* daylight illumination
Tageslichtbeleuchtungsstärke *f* daylight illuminance
Tageslichtberechnung *f* daylight calculation
Tageslichtblendung *f* daylight glare
Tageslichtergänzungsbeleuchtung *f* permanent supplementary artificial lighting
Tageslichtfilter *n* daylight filter
Tageslichtlampe *f* daylight lamp
Tageslichtleuchtstofflampe *f* daylight fluorescent lamp
Tageslichtphotometer *n* hemeraphotometer
Tageslichtprojektion *f* daylight projection
Tageslichtprojektor *m* daylight projector
Tageslichtquotient *m* daylight factor
Tageslichtschirm *m* daylight screen *(Projektionsschirm)*
Tagesreichweite *f* daylight service range *(Funkverkehr)*
Tagesscheibe *f* 24-hour dial
Tagessichtweite *f* daytime visibility range
Tageszeittarif *m* time-of-day tariff
Takt *m* 1. *(Dat)* clock pulse, clock [cycle] *(Zeitmaß)*; stroke *(Verbrennungsmotor)*; 2. *(Ak)* measure
Taktdiagramm *n* clocking scheme, timing diagram
Takteingang *m* clock input
Takteinrichtung *f* clock system
Takten *n* clocking; timing
Takterzeugung *f*/**externe** external clocking
Taktfeuer *n* rhythmic light *(z. B. Leuchtfeuer)*
Taktflanke *f* edge [of the clock pulse], slope
taktflankengesteuert edge-triggered
Taktfrequenz *f* clock frequency (rate), clock (timing) pulse rate; repetition rate *(z. B. bei der Abtastung)*
Taktfunken *m* timed spark
Taktgeber *m* clock (timing) generator; timing (synchronizing) pulse generator, timer; master clock; cabling tapper; cadence tapper *(Telegrafie)*
~/quarzstabiler crystal clock
Taktgeberbetrieb *m* synchronous operation; fixed-cycle operation
Taktgeberfrequenz *f* clock (master) frequency
Taktgeberimpuls *m* clock pulse
Taktgeberimpulsfrequenz *f* clock-pulse frequency
Taktgeberkette *f* timing chain
~ mit Verzögerungsleitung delay-line timing chain
Taktgebung *f* cadence *(Telegrafie)*
Taktgenauigkeit *f* clock accuracy
Taktgenerator *m s.* Taktgeber
Taktgeschwindigkeit *f* cadence speed *(Telegrafie)*
Taktgewinnung *f* timing [extraction] *(Pulskodemodulation)*; timing recovery
Taktimpuls *m* clock (timing) pulse
Taktimpulsfolge *f* clock rate
Taktimpulsgeber *m*, **Taktimpulsgenerator** *m* clock-pulse generator
Taktimpulsquelle *f* clock-pulse source, source of clock pulses
Taktinformation *f* timing information
Taktjitter *m* phase jitter; timing jitter
Taktlochreihe *f (Dat)* index hole sequence; sprocket channel *(Lochband)*
Taktmarkierspur *f* clock [marker] track
Taktoperation *f* clock operation
Taktpause *f* clock pulse space
Taktplan *m s.* Taktschema
Taktprogramm *n* clock program
Taktrichter *m* aligner *(Pulskodemodulation)*
Taktrückgewinnung *f* timing recovery
Taktschema *n* clocking scheme
Taktsignal *n* clock[ing] signal, clock pulse
Taktspur *f* clock [marker] track, timing track; sprocket track *(Lochband)*
Taktstabilität *f* timing stability
Taktsteuerung *f* clock (timing) control
Taktsynchronisation *f* clock synchronization
Takttreiber *m* clock driver
Taktverstärker *m* clock pulse amplifier
Taktverteiler *m* clock distributor
Taktwiederherstellung *f* timing recovery
Taktzeit *f* cycle time
Taktzeitfehler *m* timing error
Taktzyklus *m* clock cycle
Talbot *n* talbot *(SI-fremde Einheit der Lichtmenge; 1 Talbot = 1 lm · s)*
Talpunkt *m (ME)* valley point *(Tunneleffekt)*
Talspannung *f (ME)* valley [point] voltage
Talsperre *f* [hydro]dam, barrage
Talstrom *m (ME)* valley [point] current
Talwert *m (ME)* valley (trough) value
Tandemantrieb *m* tandem drive
Tandemheizelement *n* coiled-coil heating element
Tandemmotor *m* tandem motor
Tandemverbindungsleitung *f (Nrt)* tandem junction

Tandemvermittlungsstelle *f (Nrt)* tandem exchange
Tandemwähleinrichtung *f (Nrt)* tandem dial system
Tandemwahlstufe *f (Nrt)* tandem stage
Tangentenmethode *f* tangents method *(Systemanalyse)*
Tangentialbeschleunigung *f* tangential acceleration
Tangentialbürste *f (MA)* tangent brush
Tangentialgeschwindigkeit *f* tangential velocity
Tangentialkomponente *f* tangential component
Tangential[schub]kraft *f* tangential force
Tangentialwellenpfad *m* tangential wave path
Tankkreis *m* tank circuit
Tannenbaumantenne *f* pine-tree aerial, Christmas-tree aerial
T-Anpassungsglied *n* T-matching network
Tantalanode *f* tantalum anode
Tantalelektrolytkondensator *m* tantalum electrolytic capacitor
Tantalgleichrichter *m* tantalum rectifier
Tantalheizelement *n* tantalum heating element
Tantallampe *f* tantalum lamp
Tantalschicht *f* tantalum film
T-Antenne *f* T-aerial, T-shaped aerial
Tanzen *n* trembling *(des Bildes)*
~ **der Leiterseile** *(Eü)* conductor dancing, galloping
Tänzerwalze *f* dancer roll *(Meßeinrichtung für mechanische Spannungen in Materialbahnen)*
Target *n* target *(1. Fangelektrode in Elektronenröhren; 2. Speicherplatte in Bildaufnahmeröhren)*
Targetabschaltspannung *f* target cut-off voltage
Targetkapazität *f* target capacitance
Targetteilchen *n* target particle
Tarif *m* rate, tariff
~/**eingliedriger** one-part tariff
~ **für die Landwirtschaft** rural rate
~ **für Hochspannungsabnehmer** high-tension customers' rate
~ **für Industrieabnehmer** industrial rate
~ **für Kleinabnehmer** small customers' rate
~/**mehrgliedriger** several-part tariff
Tarifform *f* form of rate
Tarifgleichung *f* rate formula
Tarifschaltuhr *f* tariff switching clock
Taschenakkumulator *m* pocket accumulator
Taschenbeleuchtungsstärkemesser *m* pocket illumination photometer, pocket-size illuminance meter
Taschendosimeter *n* pocket dosimeter
Taschenempfänger *m* pocket [radio] set
Taschengerät *n* pocket instrument
Taschenlampe *f* electric torch, battery (pocket) lamp
Taschenlampenbatterie *f* torch battery
Taschenlampenglühlampe *f* torchbulb
Taschenlampenhülse *f* torchcase
Taschenleuchtdichtemesser *m* pocket-size luminance meter
Taschenrechner *m* pocket calculator (computer), hand-held calculator
Taschenrechnerschaltkreis *m* calculator chip
Taschensender *m* pocket transmitter
Taschentelefon *n* hand-held telephone
Task *m (Dat)* task *(selbständiger Programmteil)*
Tastanordnung *f* keying system
Tastatur *f* keyboard
~/**alphanumerische** alphanumeric keyboard
~ **mit Buchstaben-Ziffern-Sperre** shift-lock keyboard
~ **mit Folienschaltern** keyboard with membrane-switch arrays
Tastaturabfrage *f* keyboard inquiry
Tastatureingabe *f* keyboard entry (input)
Tastaturkodierer *m* keyboard encoder
Tastaturlocher *m* keyboard punch
~/**druckender** printing keyboard perforator
Tastaturschalter *m* keyboard switch
Tastaturterminal *n* keyboard terminal
Tastaturtonwahl *f (Nrt)* touch-tone calling (dialling)
Tastaturverwaltung *f* keyboard management
Tastaturwahl *f* keyboard selection
Tastbetrieb *m (Ap)* inching, jogging
Tastbildschirm *m* touch[-sensitive] screen, touch-sensitive CRT (cathode-ray tube)
Taste *f* key; [push-]button
~ **für externe Unterbrechungen** console interrupt key
~/**halbautomatische** semiautomatic key
~ **mit magnetischer Auslösung** locking push button with magnetic release
~/**programmierbare** programmable (soft) key
Tastelement *n* 1. keying element; 2. sensing element
tasten 1. *(Nrt)* to key; 2. to scan; to trace
~/**einen Sender** to key a transmitter
Tastenanschlag *m* key stroke
Tastenbetätigungszeit *f* push-button operating time
Tasteneingabe *f* touch input, key entry
Tasteneinheit *f* push-button unit
Tastenfeld *n* keyboard; touch panel *(mit Kurzhubtasten)*
Tastenhebel *m* key lever
Tastenhub *m* lift of key
Tasteninstrument *n* keyboard [instrument]
~ **mit Digitalinterface (MIDI)** MIDI keyboard
Tastenknopf *m* key button
Tastenlocher *m* key punch; *(Nrt)* keyboard perforator
~/**druckender** printing keyboard perforator
Tastenreihe *f* bank (row) of keys, bank of buttons
Tastensatz *m* key set
Tastenschalter *m* push-button switch, key switch
Tastenschalterkontakt *m* keyboard contact

Tastensperre *f* 1. keyboard locking; 2. key lock
Tastensteuerung *f* button control
Tastenstreifen *m (Nrt)* key strip
Tastentelefon *n* touch-dialling [hand-]set, key pad [telephone] set, push-button telephone
Tastenwahl *f* key selection; *(Nrt)* key pulsing, push-button dialling, touch-tone dialling
Tastenwahlapparat *m s.* Tastentelefon
Tastenwahlblock *m (Nrt)* key pad, push-button dial
Tastenwerk *n (Nrt)* keyboard unit
Tastenzählung *f* key metering
Taster *m* 1. feeler [pin], tracer [finger]; sampling element; *(Meß)* probe; 2. push-button switch, key switch
Tasterdraht *m* feeler wire
Tastfilter *n* keying filter
Tastfrequenz *f (Nrt)* keying frequency; scanning frequency
Tastgerät *n* **mit Speicher** *(Nrt)* keying unit with memory
Tastgeräusch *n* key click
Tastgeschwindigkeit *f* keying speed
~/beschleunigte (erhöhte) advanced keying speed
Tasthub *m (Nrt)* frequency shift *(Frequenzumtastung)*
Tastimpuls *m* gate (gating) pulse
Tastimpulsgenerator *m* gating pulse generator
Tastklick *m* key click
Tastkopf *m* scanning (sensing) head; *(Meß)* probe
Tastkreis *m* keying circuit
Tastleitung *f (Nrt)* keying circuit
Tastregelung *f* keyed control
Tastrelais *n* keying relay; system-sensitive relay
Taströhre *f* keying valve
Tastspitze *f* probe (feeler, tracer) tip, prod
Tastspule *f* exploring (search, magnetic test) coil
Taststift *m* feeler [pin], contact feeler (stylus); tracer finger, [contour] tracer
Tastung *f* keying; sampling [action]
~ **im Primärkreis** primary keying *(des Anodenspannungstransformators)*
Tastverhältnis *n* keying ratio; *(Syst)* make-to-break ratio; *(Nrt)* mark-to-space ratio; pulse duty factor *(von Impulsfolgen)*; duty cycle *(Magnetron)*; burst-duty factor
Tastvoltmeter *n* probe[-type] voltmeter *(Röhrenvoltmeter mit Tastkopf)*
Tastwahl *f s.* Tastenwahl
Tastwelle *f (Nrt)* keying (marking) wave
Tastzeit *f* sampling time
Tastzwischenraum *m (Nrt)* keying space
tatzgelagert nose-[and-axle-]suspended
Tatzlager *n* axle (nose) bearing
Tatzlagerantrieb *m* nose suspension drive
Tatzlageraufhängung *f* nose suspension
Tatzlagerbehälter *m* axle-bearing-cap cover
Tatzlagermotor *m* nose-[and-axle-]suspended motor, axle-hung motor
Tatzlagerschale *f* axle-bearing cap
Tatzlagerung *f* nose suspension
taub machen to deafen *(durch Lärmeinwirkung)*
Taubheit *f* deafness
Tauchankermagnet *m* plunger-type magnet
Tauchanlage *f* dipping plant
Tauchätzeinrichtung *f* immersion etching equipment *(für Leiterplatten)*
Tauchbad *n* dipping bath *(z. B. zum Löten)*
Tauchbadofen *m* bath furnace
Tauchbatterie *f* plunge (plunging) battery
Tauchbeschichten *n* dip coating
Tauchelektrode *f* immersion (dipped, dip-coated) electrode; immersible electrode
~ **mit Flußmittel** fluxed electrode
tauchen to immerse, to dip; to plunge
Tauchflüssigkeit *f* dipping fluid
Tauchheizkörper *m* immersion heater
Tauchhülse *f* thimble
Tauchkern *m* plunger
Tauchkernrelais *n* plunger relay
Tauchkernspule *f* plunger coil (solenoid), sucking coil (solenoid)
Tauchkerntransformator *m* telescoping coil transformer
Tauchkolben *m* plunger
Tauchkondensator *m* plunger-type capacitor
Tauchkühlung *f* immersion cooling
Tauchlack *m* dipping varnish
Tauchlackiersystem *n* dipping (dip-varnishing) system
Tauchlösung *f* dipping solution
Tauchlötbad *n* dip-soldering bath
tauchlöten to dip-solder
Tauchlöten *n* dip soldering
Tauchlötprüfung *f* dip solder test
Tauchlöttechnik *f* dip-soldering technique
Tauchlötverfahren *n* dip-soldering method
Tauchplattierung *f* electroless plating
Tauchrelais *n* dipper relay, dipping contactor
Tauchsieder *m* immersion heater
Tauchsonde *f* immersion (depth) probe
Tauchspule *f* plunger-type coil; moving (voice) coil *(z. B. für Lautsprecher)*
Tauchspulenregler *m* immersion-coil regulator
Tauchspulmikrofon *n* moving-coil microphone
Tauchthermoelement *n* immersion (dip) thermocouple
Tauchthermostat *m* immersion thermostat
Tauchtrimmer *m* plunger-type trimmer
Tauchtrommel *f (Galv)* dipping drum
Tauchüberzug *m (Galv)* immersion deposit
Tauchverfahren *n* dipping process (method), immersion technique
tauchverzinken to hot-dip galvanize, to zinc-dip
Tauchverzinken *n* [hot-dip] galvanizing, galvanizing by dipping

Taumelfehler *m* couple in balance
Taupunkt *m* dew point
Taupunkthygrometer *n* dew-point hygrometer
Taupunktunterschreitung *f* fall below the dew point
Täuschung *f***/optische** optical (visual) illusion
Tausenderamt *n (Nrt)* three-figure exchange
Tausendersystem *n (Nrt)* three-digit system
Tausenderwahlstufe *f (Nrt)* thousands digit
Taxeinheit *f (Nrt)* unit charge
TC-Bonden *n* thermocompression bonding
TCL transistor-coupled logic
T-Dämpfungsglied *n* T-pad
TDR-Messung *f*, **TDR-Verfahren** *n* time domain reflectometry *(Optik)*
Teach-in-Programmierung *f* teach-in programming *(Programmierung durch Vorführen der technologischen Operationen durch den Bediener)*
Teachware *f* teachware *(Unterrichtsprogramme)*
Technik *f* 1. engineering *(Wissenschaft)*; technology *(Wissenschaft von der Anwendung im Produktionsprozeß)*; 2. technique, method, procedure *(Herstellungsweise)*; 3. equipment; systems; *(Dat)* hardware
~ **der optischen Informationsübertragung** optical guided-wave technology
~**/keramische** ceramic-based circuit method *(zur Herstellung gedruckter Schaltungen)*
~**/thermionische** thermionic technique
~ **unterteiler Bits** split-bit technique
Technologie *f* [process] technology
~ **integrierter Schaltungen** integrated circuit technology
technologisch technologic[al]
teigartig, teigig dough-like, pasty
Teil *m* part, portion; section
~ **der Doppelschicht/diffuser** diffuse double layer
~ **der Kennlinie/gekrümmter** curved portion of the characteristic
~ **der Kennlinie/gerader** straight portion of the characteristic
~ **des Ausgangssignals/erzwungener** *(Syst)* forced response
~ **des Ausgangssignals/freier** *(Syst)* natural response
~ **des Endsystems** *(Nrt)* user agent
~**/inhomogener** inhomogeneous part *(eines elektrischen Feldes)*
~**/nichtbestrahlter** unirradiated portion
~**/regulärer** regular part *(z. B. einer Funktion)*
Teil *n* part, component, element, member
~**/abnehmbares** removable element
~**/bewegliches** movable (moving) element
~**/freiliegendes leitfähiges** exposed conductive part
~**/leitendes** conducting part
~**/lösbares** detachable link
~**/spannungführendes** live part
~**/stromführendes** current-carrying part
~**/unbewegliches** stationary part
Teilabsorptionsvermögen *n* fractional absorbancy
Teilabtastung *f* partial scanning
Teiladditivverfahren *n* semi-additive process *(Leiterplattenherstellung)*
Teilamt *n (Nrt)* satellite (dependent) exchange, subexchange
Teilaufgabe *f (Dat)* task
Teilausfall *m* partial failure
Teilausfallrate *f* part[ial] failure rate
teilautomatisch partial automatic
Teilautomatisierung *f* partial automation
Teilband *n* sub-band
Teilbelichtung *f* partial exposure
Teilberechtigung *f (Nrt)* partial authorization
Teilbereich *m* subrange
Teilbereichsumschalter *m (Nrt)* radio area switch-over
Teilbetriebszeit *f* partial operating time
Teilbild *n* partial image, subimage; *(Fs)* field
Teilbildfrequenz *f (Fs)* field frequency (repetition rate)
Teilbildkontrollröhre *f (Fs)* field monitoring tube
Teilblechpaket *n (MA)* core package, package core *(zwischen zwei Luftschlitzen)*
Teilblock *m (Dat)* subblock
Teilchassissystem *n* sectional chassis system
Teilchen *n***/adsorbiertes** adsorbed particle
~**/beschichtetes** coated particle *(Reaktortechnik)*
~**/beschleunigtes** accelerated particle
~**/direkt ionisierendes** directly ionizing particle
~**/emittiertes** ejected particle
~**/energiereiches** high-energy particle
~**/festes** solid particle
~**/geladenes** charged particle
~**/getroffenes** struck (target) particle
~**/neutrales** neutral (uncharged) particle
~**/suspendiertes** suspended particle
~**/ungeladenes** uncharged (neutral) particle
Teilchenbeschleuniger *m***/linearer** linear [particle] accelerator
Teilchengeschwindigkeit *f* particle velocity
Teilchengleichgewicht *n* charged-particle equilibrium
Teilchenpaar *n* pair of particles *(z. B. Elektron und positives Ion)*
Teilchenstrahlung *f* particle (corpuscular) radiation
Teilchenverschiebung *f* particle shift (displacement)
Teilchenwanderung *f* **durch Lawinendurchbruch** *(El)* avalanche-induced migration, AIM
Teildruck *m* partial pressure
teildurchlässig partially transmitting, semitransparent

Teildurchschlag *m* partial (incomplete) breakdown
Teile *mpl* **[/dezimale]** submultiple *(von Einheiten)*
Teilebeschreibung *f* part description
Teilefamilie *f* part family
Teilegruppe *f* subassembly
teilen 1. to split; 2. to graduate *(z. B. Skalen)*; 3. to divide *(Mathematik)*
~ **durch** to divide by
~**/in Abschnitte** to section[ize]
~**/in zwei Teile** to bisect
Teilentladung *f* partial discharge; *(Hsp)* corona
~**/äußere** external discharge
~**/innere** internal discharge
Teilentladungseinsatz *m* discharge inception
Teilentladungseinsatzspannung *f* ionization point
teilentladungsfrei discharge-free
Teilentladungsimpuls *m***/erster** *(Hsp)* initial corona pulse
Teilentladungsimpulsladung *f (Hsp)* corona charge
Teilentladungsmessung *f* partial discharge measurement; *(Hsp)* corona measurement
Teilentladungsnachweisgerät *n (Hsp)* corona detector
Teilentladungsnormal *n* discharge standard
Teilentladungsschwelle *f* ionization level
Teilentladungswiderstandsfähigkeit *f (Hsp)* corona resistivity
Teilentladungszerstörung *f (Hsp)* corona damage
Teiler *m* 1. divider; voltage divider; 2. divisor *(Mathematik)*; 3. scaler *(Impuls-Untersetzer)*
~**/kapazitiver** capacitor divider
Teilerdkapazität *f* partial earth capacity
Teilergerät *n* divider unit
Teilerkette *f* divider chain *(zur Frequenzteilung)*
Teilerschaltung *f* divider circuit
Teilerstufe *f* dividing stage
~ **im Verhältnis 1:2** divide-by-two stage *(Oszillator)*
Teileschaltplan *m* component circuit diagram
teilevakuiert partially evacuated
Teilfuge *f* joint; frame split; [mould] parting line
Teilgalvanisierung *f* partial plating
Teilgruppentrennung *f (Dat)* unit separator *(Fernverarbeitung)*
Teilionisation *f* partial ionization
Teilkapazität *f* partial capacitance, *(Am)* direct capacitance
~ **zwischen Elektroden** direct interelectrode capacitance
Teilknoten *m (Ak)* partial node
Teilkollektiv *n* sub-population
Teilkörperschwingung *f (Ak)* hand-arm vibration
Teilkreis *m* 1. graduated (divided) circle *(Kreisteilung)*; 2. pitch (reference, rolling) circle *(Zahnrad)*

Teillast *f* partial load, part-load, subload, underload
Teillastgebiet *n* partial-load region
Teillastprüfung *f* partial-load test, light-load test
Teillautheit *f* partial loudness
Teilleiter *m* conductor element; *(Eü)* subconductor *(Bündelleiter)*; *(MA)* component conductor *(z. B. eines Röbelleiters)*
Teilleitfähigkeit *f* partial conductivity
Teilleseimpuls *m (Dat)* partial read pulse
Teillesestrom *m (Dat)* partial read current
Teilmenge *f* subset
Teilnehmer *m (Nrt)* subscriber, party; *(Dat)* user • **„Teilnehmer besetzt"** "subscriber busy", "subscriber engaged" • **„Teilnehmer nicht anwesend"** "absent subscriber" • **„Teilnehmer zeitweise nicht erreichbar"** "subscriber temporarily unobtainable"
~**/angerufener** called subscriber
~**/anmeldender (anrufender)** calling subscriber
~**/belästigter** molested subscriber
~**/beweglicher** mobile subscriber
~**/verlangter** called (wanted) subscriber
Teilnehmerabfrageklinke *f* local jack
Teilnehmeranlage *f* subscriber's installation
Teilnehmeranschluß *m* subscriber's station
Teilnehmeranschlußgerät *n* user terminal
Teilnehmeranschlußleitung *f* subscriber's line
Teilnehmeranschlußschaltung *f* user line circuit
Teilnehmerapparat *m* subscriber's [telephone] set, subset
Teilnehmeraußenstelle *f* outstation
Teilnehmerbeobachtung *f* subscriber observation
Teilnehmerbetriebssystem *n* time-sharing operating system
Teilnehmereinführung *f* subscriber's lead-in
Teilnehmereinheit *f* subscriber's unit
Teilnehmereinrichtung *f* subscriber's (customer premises) equipment
Teilnehmereinrichtungen *fpl* subscriber's premises
Teilnehmerendstelle *f* subscriber terminal
Teilnehmerfernschreibdienst *m s.* Telex
Teilnehmerfernwahl *f* subscriber distance dialling
Teilnehmergebührenbeobachtung *f* subscriber charging observation
Teilnehmerhauptanschluß *m* subscriber's main station, main telephone station
Teilnehmerinformation *f* subscriber's control information
Teilnehmerkabel *n* subscriber's cable
Teilnehmerkennung *f* [network] user identification, subscriber's identification
Teilnehmerklasse *f* subscriber's class
Teilnehmerklinke *f* subscriber's (answering) jack
Teilnehmerleitung *f* subscriber's line
~ **auf dem Lande** rural subscriber's line
~ **zum Fernamt** long-distance loop
Teilnehmermeldung *f* called party's answer

Teilnehmernebenanschluß *m*, **Teilnehmernebenstelle** *f* subscriber's extension station
Teilnehmernetz *n* domestic area network
Teilnehmer-Netz-Schnittstelle *f* user-network interface
Teilnehmernummer *f s.* Teilnehmerrufnummer
Teilnehmerrechnung *f* subscriber's account
Teilnehmerrufnummer *f* subscriber's telephone number, directory number *(s. a. Rufnummer)*
Teilnehmersatz *m*, **Teilnehmerschaltung** *f* [subscriber's] line circuit, line termination circuit
Teilnehmerschleife *f* subscriber's loop
Teilnehmerschnittstelle *f* subscriber line interface [circuit]
Teilnehmersprechstelle *f* 1. subscriber's station, substation; 2. *s.* Teilnehmerapparat
Teilnehmersystem *n* subscriber's local system
Teilnehmerverbindung *f***/durchgeschaltete** user-to-user connection
Teilnehmerverfahren *n* time sharing *(Zeitmultiplexverfahren)*
Teilnehmerverhalten *n* subscriber behaviour
Teilnehmerverkehrswert *m* subscriber traffic rate
Teilnehmerverzeichnis *n* telephone directory
Teilnehmervielfach[feld] *n* subscriber's multiple
Teilnehmervielfachklinke *f* subscriber's multiple jack
Teilnehmerwahl *f* subscriber dialling
Teilnehmerwahlstufe *f* subscriber's stage
Teilnehmerzentrale *f* private branch exchange
Teilnehmerzugang *m* customer access
~/einfacher basic customer access
~/erweiterter extended customer access
Teilniveau *n* sublevel
Teiloktavbereich *m* fractional octave band
Teiloktavfilter *n* fractional-octave band filter
Teilpaket *n* **[des Blechkerns]** core section
Teilplatte *f* graduated plate
Teilplattierung *f* partial plating; selective plating *(gedruckte Schaltungen)*
Teilpolarisation *f* partial polarization
teilpolarisiert partially (partly) polarized
Teilprogramm *n (Dat)* partial (part) program
teilprogrammiert partial-programmed
Teilprüfung *f* partial [system] test
Teilrahmen *m (Nrt)* subframe
Teilraster *m (Fs)* frame, *(Am)* field
Teilschaltung *f* subcircuit
Teilscheibe *f* graduated disk; index plate (disk)
Teilschicht *f* sublayer
Teilschreibimpuls *m* partial write pulse
Teilschreibstrom *m* partial write current
Teilschritt *m* partial pitch *(Wickeltechnik)*
Teilschrittanlasser *m* incremental starter
Teilschwingung *f* partial oscillation (vibration)
~/harmonische harmonic [component]
Teilsignal *n* partial signal
Teilspannung *f* partial voltage
Teilstrahl *m* **[im Interferometer]** interferometer arm
Teilstrahlung *f* partial radiation
Teilstrahlungstemperatur *f* luminance (brightness) temperature *(eines strahlenden Körpers)*
Teilstreckenvermittlung *f (Nrt)* section-by-section switching, store-and-forward switching, message switching [service]
Teilstreckenvermittlungsnetz *n* section-by-section switching network
Teilstrich *m* graduation line (mark), division mark; scale division, index graduation
Teilstrichabstand *m* scale spacing (interval), length of a scale division
Teilstrom *m* partial (component) current
Teilstromdichte *f* partial current density
Teilsystem *n* partial system, subsystem
Teilsystemprüfung *f* partial system test
Teilton *m* partial tone
Teiltonkomponente *f (Ak)* formant
teiltransistorisiert partly transistorized
Teilübertrag *m (Dat)* partial carry
Teilübertragungsverlust *m* incremental transmission loss
Teilung *f* 1. splitting; partition; 2. pitch *(z. B. Polteilung)*; 3. graduation *(Skale)*; 4. division *(Mathematik)*
~/logarithmische logarithmic graduation *(einer Skale)*
Teilungsfehler *m* 1. error of division, dividing error; 2. graduation (index) error *(Skale)*; 3. pitch error
Teilungsgenauigkeit *f* accuracy in graduating
Teilungsmarke *f* scale (gauge) mark
Teilungsverhältnis *n* division ratio
Teilungswürfel *m (Licht)* beam-splitting cube
Teilvakuum *n* partial vacuum
Teilvermittlungsstelle *f (Nrt)* sub-centre; dependent exchange
Teilversetzung *f* partial dislocation *(Kristall)*
Teilvielfachfeld *n (Nrt)* partial multiple
Teilwelle *f* partial wave (mode)
Teilwicklungsanlasser *m* part-winding starter
Teilzone *f* subzone
Telefaxgerät *n* telefax machine, telecopier
Telefon *n* telephone, phone *(s. a. unter* Fernsprechapparat*)*
~/batterieloses sound-powered telephone
~/drahtloses cordless telephone
~/dynamisches sound-powered telephone
~/lautsprechendes loudspeaking telephone [set], loudspeaker [telephone] set
~ mit Bildschirm display telephone
~/schnurloses cordless telephone
~/tragbares portable telephone
Telefon... *s. a.* Fernsprech...
Telefonabhören *n* [tele]phone-tapping
Telefonadapter *m* telephone adapter
Telefonanruf *m* telephone call

Telefonantwortgerät *n* telephone answering equipment, telephone answerer
Telefonbuch *n* telephone directory
~/elektronisches electronic directory
Telefonbuchse *f* telephone jack
Telefondraht *m* telephone wire
Telefongespräch *n* telephone call (conversation)
Telefonhörer *m* telephone earphone (receiver), handset, receiving set
Telefonhörer... *s.* Hörer...
Telefonie *f* telephony
~/drahtlose radiotelephony
Telefonieempfang *m* telephone reception
Telefoniekonzentrator *m* speech concentrator
telefonieren to telephone, to phone
Telefoniestrom *m* telephone current
Telefonieträgerstrom *m* telephone carrier current
telefonisch by telephone, telephonic[al]
Telefonist *m*, **Telefonistin** *f* telephone operator, [phone] operator
Telefonkabine *f* telephone booth
Telefonlampe *f* calling (call) lamp
Telefonnummer *f s.* Rufnummer
Telefonograph *m* telephonograph
Telefonscheibe *f s.* Wählscheibe
Telefonschnur *f* telephone cord
Telefonsignal *n* telephone signal
Telefonstand *m* telephone stall
Telefonstecker *m* telephone[-type] plug, phone plug
Telefonzelle *f* telephone cabin (box, booth), call (phone) box
Telefonzentrale *f* telephone exchange (central office)
Telegraf *m* telegraph
Telegrafenalphabet *n* telegraph alphabet (code)
Telegrafenamt *n* telegraph station (office)
Telegrafenanschlußkabel *n* telegraph terminal cable
Telegrafenarbeiter *m* wireman
Telegrafenbau *m* telegraph construction
Telegrafendienst *m* telegraph service
Telegrafendraht *m* telegraph wire
Telegrafengebühr *f* telegraph charge
Telegrafengleichung *f* telegraphic equation
Telegrafenkabel *n* telegraph cable
Telegrafenkanal *m* telegraph channel
Telegrafenkode *m* telegraph code (alphabet)
~/bivalenter two-condition telegraph code
Telegrafenleitung *f* telegraph circuit (line)
~ mit Sprechbetrieb phonogram circuit
Telegrafenlinie *f s.* Telegrafenleitung
Telegrafenmast *m* mast, telegraph pole
Telegrafenmodler *m* telegraph modulator
Telegrafennetz *n* telegraph network
Telegrafenordnung *f* telegraph regulations
Telegrafenrelais *n* telegraph relay
Telegrafenstelle *f* telegraph station (centre)
Telegrafentaste *f* telegraph key
Telegrafentechnik *f* telegraph engineering
Telegrafenverbindung *f* telegraph connection
Telegrafie *f* telegraphy
~/alphabetische alphabetic telegraphy
~ auf Achterkreisen telegraphy on double phantom circuits
~ auf Viererkreisen telegraphy on single phantom circuits
~/drahtlose radiotelegraphy
~ im Sprachband intraband telegraphy
~/optische visual telegraphy
Telegrafiedrucker *m* **für Spezialkodes** direct printer
Telegrafieempfang *m* telegraphy reception
Telegrafieempfangsfunktion *f* telegraph arrival curve
Telegrafiefunker *m* radiotelegraph operator
Telegrafiegerät *n* telegraph apparatus
telegrafieren to telegraph, to send a telegram (cable)
~/drahtlos to radiotelegraph
Telegrafierfrequenz *f* telegraphic (signalling, dot) frequency
Telegrafiergeräusch *n* telegraphic noise, thump
Telegrafiergeschwindigkeit *f* telegraph (signalling) speed, modulation rate
Telegrafiernebensprechen *n* telegraph cross talk
Telegrafierstrom *m* telegraph (signalling) current
Telegrafierstromschritt *m* telegraph signal element
Telegrafiertastung *f* telegraphic keying
Telegrafierweg *m* telegraph route
Telegrafierzeichen *n* telegraph signal
Telegrafiesender *m* telegraph transmitter (sender)
Telegrafieübertrager *m* telegraph repeater
Telegrafieübertragungseinrichtung *f***/entzerrende** telegraph regenerative repeater
Telegrafievermittlung *f***/allgemeine** general telegraphy exchange, gentex
Telegrafieverstärker *m* telegraph repeater
Telegrafieverteiler *m* telegraph distributor
Telegrafieverzerrung *f* telegraph distortion
Telegrafieverzerrungskontrollinstrument *n* telegraph distortion monitor
Telegrafiewählvermittlungsstelle *f* telegraph dial exchange
Telegrafiewort *n* telegraph word *(fünf Zeichen plus Pause)*
Telegrafiezeichenverzerrung *f* telegraph signal distortion
telegrafisch telegraphic[al], by telegram
Telegrafist *m* telegraph operator
Telegramm *n* telegram, message; cable *(Überseetelegramm)*
~/dringendes urgent telegram
~ mit bezahlter Rückantwort reply-paid telegram
~/über Telex aufgegebenes printergram
~/zugesprochenes phonogram

Telegrammannahme- und -durchsageplatz *m* phonogram position
Telegrammanschrift *f* telegraphic (cable) address
Telegrammaufnahme *f* phonogram position
Telegrammformular *n* telegram blank, message form
Telegrammlaufzeit *f* telegram (message) transition delay
Telegrammschlüssel *m* [telegraph] code
Telegrammvordruck *m* telegram (message) blank
Telegrammzusprechdienst *m* phonogram service
Telegraph *m s.* Telegraf
Teleinformatik *f* teleinformatics
Telekommunikation *f* telecommunications
Telekonferenz *f* teleconference
Teleleuchtdichtemesser *m* telephotometer
Telemeter *n* telemeter
~/spannungsgekoppeltes voltage-type telemeter
Telemetrie *f* telemetry
Teleoperation *f* teleoperation
Telephon *n s.* Telefon
Telephotometrie *f* telephotometry
Teleskopantenne *f* telescopic aerial
Teleskopelektrodenständer *m* telescope electrode pole *(Lichtbogenofen)*
Teleskopstoßdämpfer *m* telescopic damper (shock absorber)
Teletex *n* teletex *(Textübermittlung über Fernmeldenetz, dialogfähig)*
Teletext *m* teletext, [broadcast] videotex, VTX
Teletext... *s.* Bildschirmtext...
Teletex-Telex-Umsetzer *m* teletex-telex converter
Telex telex, teleprinter exchange service
Telex *n* telex *(Dokument)* • **ein ~ schicken** to telex
Telex... *s. a.* Fernschreib...
Telexamt *n* telex exchange
~/elektronisches electronic telex exchange, Eltex
Telexanschluß *m* telex connection • **~ haben** to be on the telex
telexen to telex
Telexleitung *f* telex line (circuit)
Telexnetz *n* telex network
Telexnetzübertragung *f* telex interface
Telexplatz *m* telex position
Telexteilnehmer *m* telex subscriber
Telexverbindung *f* telex connection
Telexverkehr *m* telex traffic
telezentrisch telecentric
Telleranode *f* plate (disk) anode
Tellerisolator *m* plate insulator
Tellerrohr *n* stem tube *(Glühlampe)*
TEM-Mode *f* transverse electromagnetic (electric and magnetic) mode, TEM mode *(Wellenleiter)*
TE-Mode *f* transverse electric mode, TE mode, H mode (wave) *(Wellenleiter)*
Temperatur *f*/**absolute** absolute temperature
~ der Kontaktstelle junction temperature *(Thermoelement)*
~/eingestellte konstante constant predetermined temperature *(z. B. am Temperaturregler)*
~/erhöhte elevated temperature
~/konstante constant (steady) temperature
~/kritische critical temperature *(Supraleitung)*
~/mittlere mean temperature
~/wahre true temperature
Temperaturabfall *m* temperature drop (fall, decrease)
temperaturabhängig temperature-dependent
Temperaturabhängigkeit *f* temperature dependence
~ eines Widerstands resistance-temperature characteristic
Temperaturänderung *f* temperature variation; change in temperature
~/plötzliche thermal shock
Temperaturanstieg *m* temperature rise (increase)
~/innerer internal temperature rise
Temperaturanstiegsgeschwindigkeit *f* temperature rise rate
Temperaturanzeiger *m* temperature indicator; heat detector *(z. B. in Alarmanlagen)*
Temperaturausgleich *m* temperature equalization
~/automatischer automatic temperature compensation
Temperaturbedingungen *fpl*/**gleichmäßige** uniform temperature conditions
Temperaturbegrenzer *m* temperature limiter
temperaturbegrenzt temperature-limited
Temperaturbeiwert *m*/**abgestimmter** matched temperature coefficient
~/bestimmter (vorgeschriebener) specified temperature coefficient
Temperaturbereich *m* temperature range (region)
temperaturbeständig temperature-resistant, thermally stable
Temperaturbeständigkeit *f* temperature resistance (stability)
Temperaturdrift *f* temperature drift
Temperatureinfluß *m* temperature effect (influence)
Temperatureinstellung *f* temperature setting
Temperaturempfindlichkeit *f* temperature sensitivity
Temperaturerhöhung *f s.* Temperaturanstieg
Temperaturfeld *n*/**inturbides** inturbide temperature field
~/räumliches spatial temperature field
Temperaturfestigkeit *f* temperature resistance
Temperaturfühler *m* temperature sensor (detector), temperature-sensing device (element), thermometer (pyrometer) probe
~/eingebetteter embedded temperature detector
~ mit Schutzrohr thermometer tube
Temperaturgeber *m* temperature transmitter
Temperaturgefälle *n* temperature gradient
temperaturgeregelt temperature-controlled, thermostatically controlled

Temperaturgradient *m* temperature gradient
Temperaturkoeffizient *m* **des elektrischen Widerstands** temperature coefficient of resistance
~ **des elektrischen Widerstands/negativer** negative electric resistance temperature coefficient
~**/negativer** negative temperature coefficient
~**/positiver** positive temperature coefficient
Temperaturkompensation *f* temperature compensation
temperaturkompensiert/in sich self-temperature-compensated
temperaturkonstant 1. constant-temperature; 2. thermally stable *(Materialeigenschaft)*
Temperaturkorrektur *f***/automatische** automatic temperature compensation
Temperaturkurve *f* **eines Widerstands[thermometers]** resistance-temperature characteristic
Temperaturleitfähigkeit *f*, **Temperaturleitzahl** *f* thermal conductivity (diffusivity)
Temperaturmeßfarbe *f* colour for temperature measurement; temperature-indicating paint
Temperaturmeßgerät *n* temperature measuring instrument (equipment)
~ **mit Berührungsthermoelement** thermocouple thermometer
Temperaturnormal *n* standard of temperature
Temperaturprofil *n* temperature distribution
Temperaturregelbaustein *m* temperature control module
Temperaturregeleinrichtung *f***/automatische** automatic temperature control device
Temperaturregelelement *n* temperature-controlling element
Temperaturregelsystem *n* temperature control system
Temperaturregelung *f* temperature control
~**/automatische** automatic temperature control
Temperaturregistrierung *f* temperature recording
Temperaturregler *m* temperature controller, thermoregulator, [high-sensitivity] thermostat
Temperaturrelais *n* thermal relay
Temperaturrückgang *m s.* Temperaturabfall
Temperaturschalter *m* temperature switch; thermal relay
Temperaturschreiber *m* temperature recorder, thermograph
Temperaturschwankung *f* temperature variation (swing), variation in temperature
~**/periodische** cyclic temperature variation
Temperatursenkung *f* reduction in temperature
Temperaturskale *f* temperature scale
~**/absolute** absolute temperature scale
~**/thermodynamische** thermodynamic temperature scale
Temperaturspannung *f* 1. voltage equivalent of thermal energy; 2. thermal stress
temperaturstabil temperature-stable, temperature-resistant
temperaturstabilisiert temperature-stabilized
Temperaturstabilität *f* temperature stability
Temperaturstellglied *n* temperature controller
Temperaturstrahler *m* temperature radiator, thermal radiator (source)
Temperaturstrahlung *f* temperature radiation, thermal (heat) radiation
temperaturunabhängig temperature-independent
Temperaturunabhängigkeit *f* independence of temperature
temperaturunempfindlich temperature-insensitive
Temperaturverlauf *m* temperature variation
Temperaturverteilung *f* temperature distribution
~**/gleichmäßige** uniform temperature distribution
~ **im stationären Zustand** steady-state temperature distribution
~**/radiale** radial temperature distribution
Temperaturwächter *m* temperature [indicator] controller, thermostat
Temperaturwahlschalter *m* temperature selector
Temperaturwechselbeständigkeit *f* thermal-shock resistance, resistance to temperature changes
Temperaturwirbel *m* temperature eddy
Temperatur-Zeit-Programm *n* time-temperature program
Temperaturzunahme *f s.* Temperaturanstieg
TEM-Typ *m* transverse electric and magnetic mode, TEM mode *(Wellenleiter)*
TEM-Welle *f* transverse electromagnetic wave, TEM wave
Tensionsthermometer *n* vapour-pressure thermometer, vapour-actuated thermometer
Term *m* term, [energy] level, energy state
~**/anomaler** anomalous term
~ **der Übertragungsfunktion/langsam abklingender** *(Syst)* slowly decaying transient term
~**/variabler** variable (current) term
Termabstand *m* level distance
Termaufspaltung *f* term splitting (separation)
Terminal *n* [data] terminal, terminal unit
~**/intelligentes** intelligent (self-controlled) terminal
Terminal-Interface *n (Dat)* terminal interface
Terminal-sharing *n (Dat)* terminal sharing *(gemischte Benutzung von Leitungen)*
Termordnung *f***/umgekehrte** inverse order of terms
Termschema *n* term scheme, [energy-]level diagram
Termstruktur *f* term structure
Termsystem *n* term system
Termverschiebung *f* [energy] level shift
Ternärsystem *n* ternary system
Ternärzahl *f* ternary number
T-Ersatzschaltbild *n s.* T-Ersatzschaltung
T-Ersatzschaltung *f* T-equivalent circuit, equivalent T circuit, equivalent-T [network]

Tertiärgruppe *f (Nrt)* mastergroup
Tertiärgruppenabschnitt *m* mastergroup section
Tertiärgruppenumsetzer *m* mastergroup translating equipment
Tertiärgruppenverbindung *f* mastergroup link
Tertiärwicklung *f* tertiary winding
Terzanalysator *m (Ak)* third-octave band analyzer
Terzband *n* third-octave band
Terzbandschalldruck *m* third-octave band pressure
Terzbandschalldruckpegel *m* third-octave band pressure level
Terzbereich *m* third-octave band
Terzfilter *n* third-octave [band] filter
Terz[schalldruck]pegel *m* third-octave band [sound] pressure level
Tesla *n* tesla, T *(SI-Einheit der magnetischen Induktion)*
Tesla-Röhre *f* Tesla tube
Tesla-Spule *f* Tesla coil
Tesla-Transformator *m* Tesla transformer (induction coil)
Test *m*/**logischer** logical test
Testadapter *m* check adapter *(Prüftechnik)*; *(Dat)* in-circuit emulator
Testbild *n (Fs)* test pattern
Testbildgeber *m*, **Testbildgenerator** *m* [television] pattern generator
Testbildröhre *f* monotron, monoscope *(Bildsignalwandlerröhre)*
Testbitspeicher *m* test bit store
Testelement *n* test piece; *(ME)* test pattern
testen to test, to check out
Testfarbe *f* test colour [sample]
Testfarbenverfahren *n* test colour method
Testflag *n (Dat)* test flag
Testgenerator *m* test generator
~/**niederfrequenter** low-frequency test generator
Testgerät *n* test set, tester
Testmarke *f (El)* target
Testmuster *n* test pattern
Testmustergenerator *m* test-pattern generator
Testobjekt *n (FO, Meß)* target
Testprogramm *n (Dat)* test routine (program)
Testreiz *m* test stimulus
Teströhre *f* test electron tube
Testscheibe *f* test slice
Testsignal *n* test signal
Teststruktur *f (ME)* test pattern (structure)
Test- und Setzoperation *f (Dat)* test-and-set operation, TAS-operation
Test-und-Setz-Signal *n (Dat)* test-and-set signal
Testzuverlässigkeit *f* test reliability
Tetra[chlorkohlenstoff] *m* carbon tetrachloride, tetrachloromethane
Tetrade *f* tetrad *(Folge von vier Binärziffern)*
Tetradenkode *m* tetrad code, four-line binary code
Tetrajunction-Transistor *m* tetra-junction transistor *(Doppeltransistor mit vier Grenzschichten)*
Tetrode *f* tetrode, four-electrode valve
Tetrodentransistor *m* tetrode transistor
TE-Welle *f* transverse electric wave, H-wave *(Wellenleiter)*
~/**zylindersymmetrische** circular electric wave
Textaufbereitungsprogramm *n (Dat)* text editor
Texteditor *m (Dat)* text editor
Textformat *n (Nrt)* text interchange format
Textformatierungssystem *n (Dat)* text formatting system
Textgenerator *m (Dat)* text editor
Textilbewehrung *f* textile armouring *(Kabel)*
Textkommunikation *f* text communication
Textprozessor *m* word processor
Textspeicherdienst *n* electronic mail service
Textübermittlung *f* message transmission
Textübermittlungsformat *n* text interchange format
Text- und Datendienst *m* non-voice service
Textur *f* texture
Texturtyp *m*/**feldorientierter** field-oriented texture type *(Kristall)*
Textverarbeitung *f* text processing; word processing; sentence processing; text manipulation
~/**rechnerunterstützte** computer-aided text processing
Textzeichen *n* message character
TF-... *s.* Trägerfrequenz...
T-Flipflop trigger flip-flop, T flip-flop
T-förmig tee-shaped
T-Glied *n* T-section
~/**überbrücktes** *(El)* bridged-T network
Theorem *n*/**Parsevalsches** Parseval theorem
Theorie *f*:
~ **der endlichen Automaten** finite-automata theory
~ **der Impulssysteme** pulse circuits theory
~ **der logischen Netze** theory of logical nets
~ **der Massenbedienung** *(Syst)* mass servicing theory
~ **der Punktmengen** point-set theory
~ **der Regelung** control theory
~ **der zufälligen Fehler** random errors theory
~ **endlicher Automaten** finite-automata theory
Thermion *n* thermion
Thermionenrelais *n* thermionic relay
thermionisch thermionic
thermisch thermal
Thermistor *m* thermistor, thermally sensitive resistor *(Heißleiter)*
Thermistormeßfühler *m* thermistor sensor
Thermistormotorschutz *m* thermistor motor protection
Thermistorschutz *m* thermistor protection circuit
Thermoamperemeter *n* thermoammeter
Thermoauslöser *m* thermal cut-out
Thermobatterie *f* thermoelectric battery
Thermodiffusion *f* thermal diffusion, thermodiffusion

Thermodruckbindung *f s.* Thermokompressionsbindung
Thermoeffekt *m* thermal effect
thermoelastisch thermoelastic
thermoelektrisch thermoelectric
Thermoelektrizität *f* thermoelectricity
Thermoelektron *n* thermoelectron, thermionic electron
Thermoelektronenemission *f* thermionic emission
Thermoelement *n* thermocouple, thermoelectric element (couple)
~/direkt geheiztes self-heating thermocouple *(durch Strom)*
~/hochempfindliches fast-response thermocouple
~ mit kleiner Eigenzeit fast-response thermocouple
~ mit quadratischer Charakteristik square-law thermocouple
~/schnellansprechendes fast-response thermocouple
Thermoelementstecker *m* thermocouple plug
Thermoelementthermometer *n* thermocouple thermometer
Thermoelementvakuummeter *n* thermocouple vacuum gauge
Thermoelementverstärker *m* thermocouple amplifier
Thermoemissionsenergieumformer *m* thermionic energy converter
Thermo-EMK *f* thermoelectromotive force, thermal (thermo) emf
Thermogalvanometer *n* thermocouple galvanometer, thermogalvanometer
Thermogramm *n* thermogram
Thermograph *m* thermograph, temperature recorder
Thermokompression *f* thermocompression, thermal compression
Thermokompressionsbindung *f (ME)* thermocompression bond
Thermokompressionsbonden *n (ME)* thermocompression bonding
Thermokompressionsbonder *m (ME)* thermal compression bonder
Thermokompressionsverbindung *f (ME)* thermocompression bond
Thermokontakt *m (ME)* thermojunction
Thermokraft *f* thermoelectric power (force)
Thermokraftmessung *f* thermal emf measurement
Thermokreuz *n* thermal (thermoelectric) cross, thermocross
Thermolumineszenz *f* thermoluminescence, thermal luminescence
thermomagnetisch thermomagnetic
Thermometer *n***/eingebautes** embedded temperature detector
~/elektronisches electronic thermometer
~ für tiefe Temperaturen low-temperature thermometer
~/lichtleiterkompatibles fibre-optic thermometer
~ mit Sofortanzeige instant-reading thermometer
~/thermoelektrisches thermoelectric (thermocouple) thermometer
Thermometerregler *m* thermometer controller
Thermometerwiderstand *m* thermometer resistance
Thermopaar *n s.* Thermoelement
Thermoplast *m* thermoplastic [material]
Thermoregler *m* thermal controller
Thermorelais *n* thermal (thermoelectric, electrothermal) relay
Thermosäule *f* thermopile, thermoelectric battery
Thermoschalter *m* thermal circuit breaker
Thermospannung *f* thermoelectric voltage (potential), thermovoltage, thermoelectromotive force, thermo emf
Thermospannungsmesser *m* thermal voltmeter
Thermospannungsumformer *m* thermal voltage converter
thermostabil thermostable, thermoresistant
Thermostarter *m* thermal starter [switch]
Thermostat *m* thermostat, temperature controller
~ mit spiralförmigen Bimetallstreifen helical bimetal-strip thermostat
~ zur Messung an Oberflächen surface-type thermostat
Thermostateinstellung *f* thermostat setting
thermostatgeregelt thermostatically controlled
thermostatisch thermostatic
Thermostatregler *m* thermostatic controller
Thermostatschalter *m* thermostat switch
thermostimuliert thermostimulated
Thermostrom *m* thermoelectric current, thermocurrent
Thermostromumformer *m* thermocurrent converter
Thermoübergang *m (ME)* thermojunction
Thermoumformer *m* thermoconverter, thermal (thermocouple) converter
~ in Brückenschaltung *(Meß)* bridge-type thermocouple instrument *(direkt geheizt)*
Thermoumformerinstrument *n* thermocouple instrument
Thermoumlaufkühlung *f* natural circulation water cooling
Thermovoltmeter *n* thermovoltmeter, thermocouple voltmeter
Thermowattmeter *n* thermowattmeter, thermocouple wattmeter
Thomson-Brücke *f*, **Thomson-Meßbrücke** *f* Thomson (Kelvin, double) bridge
thoriert thorium-coated, thoriated
T-Hybride *f* hybrid (magic) tee, hybrid-junction, hybrid T *(Wellenleiter)*

Thyratron *n* thyratron, hot-cathode gas-filled tube (valve); gas tube switch, electronic relay
Thyratronrelais *n* thyratron relay
Thyratronröhre *f* thyratron [valve]
thyratronstabilisiert thyratron-stabilized
Thyristor *m* thyristor, silicon controlled rectifier, SCR
~/asymmetrischer asymmetric thyristor
~/ausschaltbarer turn-off thyristor
~/bidirektionaler bidirectional triode thyristor, triac
~/feldgesteuerter field-controlled thyristor
~/gitterabschaltbarer gate turn-off thyristor, GTO
~/lichtgeschalteter light-activated silicon-controlled rectifier
~/lichtgezündeter light-fired thyristor
~ mit extrem kurzer Freiwerdezeit ultrafast turn-off thyristor
~ mit Feldsteuerung field-controlled thyristor
~ mit MOS-Steuerelektrode MOS-gated thyristor
~/rückwärtsleitender reverse-conducting thyristor
~/vom Gate her abschaltbarer *s.* ~/gitterabschaltbarer
Thyristorbaugruppe *f* thyristor module
Thyristorbrückenschaltung *f***/vollgesteuerte** fully controlled thyristor bridge circuit
Thyristordiode *f***/rückwärtsleitende** reverse-conducting diode thyristor
~/rückwärtssperrende reverse-blocking diode thyristor
Thyristordrehzahlsteller *m* thyristor speed controller
Thyristoreinheit *f* thyristor unit
Thyristoren *mpl***/antiparallel geschaltete** back-to-back thyristors, thyristors in antiparallel connection
Thyristorfrequenzumrichter *m* thyristor cycle converter
Thyristorgerät *n* **mit Phasenanschnittssteuerung** phase-controlled thyristor unit
thyristorgeregelt thyristor-controlled
thyristorgespeist thyristor-fed
Thyristorhelligkeitssteuergerät *n* thyristor light level controller
Thyristorkonverter *m* thyristor converter
Thyristormodul *m* thyristor module
Thyristorstarter *m* thyristor starter switch
Thyristorstromrichter *m* thyristor converter
Thyristortriode *f***/rückwärtsleitende** reverse-conducting triode thyristor
~/rückwärtssperrende reverse-blocking triode thyristor
Thyristorwechselrichter *m* thyristor frequency converter
~/statischer static thyristor inverter
Thyristorwechselstromsteller *m* thyristor alternating-current regulator *(mit Regelglied)*
Thyristorzündung *f* thyristor firing
ticken to tick, to click
Ticker *m (Nrt)* ticker
Tickerzeichen *n* ticking tone
tief deep; *(Ak)* low-pitched *(Tonhöhe)*
Tiefätzung *f (Galv)* final etching
Tiefbasiselement *n (ME)* deep-base element
Tiefdiffusion *f* sink diffusion
Tiefdruck-CVD *f* low-pressure CVD (chemical vapour deposition)
Tiefenabtastung *f* depth scan
Tiefenanhebung *f* bass emphasis (boost), low-note accentuation (compensation, emphasis), low-frequency accentuation
Tiefenaufzeichnung *f* hill-and-dale recording, vertical recording *(Schallplatte)*
Tiefenausgleich *m* bass (low-frequency) compensation
tiefenbeschnitten high-passed
Tiefenbetonung *f***[/unerwünschte]** *(Ak)* boominess
Tiefeneinstellung *f* depth adjustment
Tiefenentzerrer *m* bass compensator
Tiefenmeßgerät *n* depth measuring appliance
Tiefenprofilbestimmung *f (ME)* depth profiling
Tiefenregler *m* bass control, [tone] control for bass
Tiefenschlucker *m (Ak)* low-frequency absorber
Tiefenschreiber *m***/elektrischer** electric depth recorder
Tiefenschritt *f* depth recording, Edison track *(Schallplatte)*
Tiefenwiedergabe *f (Ak)* low-note response
tiefgefrieren to deep-freeze
Tiefgefriertechnik *f* deep-freezing technique
Tiefkühlanlage *f* deep-freezing plant
tiefkühlen to deep-freeze; to refrigerate
Tiefkühlschrank *m* deep-freezer, food freezer
Tiefkühltruhe *f* deep-freeze chest, [food] freezer
tiefliegend deep-lying
Tiefnutläufer *m* deep-bar rotor
Tiefpaß *m (Ak, Nrt)* low pass [filter], LP, LPF
~/akustischer low-pass acoustical filter
~ hinter DAU (Digital-Analog-Umsetzer) reconstruction filter
~/linearer linear low-pass filter
~/normierter normalized low-pass filter
Tiefpaßfilter *n* low-pass filter
Tiefpaßkettenleiter *m* low-pass delay network
Tiefpaßverstärker *m* low-pass amplifier
Tiefpaßwirkung *f* upper frequency band limitation
Tiefschweißverfahren *n* deep welding process *(z. B. beim Elektronenstrahlschweißen)*
Tiefseekabel *n* deep-sea cable, submarine cable
Tiefseeverstärker *m (Nrt)* deep-water submerged repeater
Tiefsperre *f (Ak)* low-frequency suppression filter
Tiefstrahl *m* lower beam *(bei asymmetrischem Abblendlicht)*
Tiefstrahler *m* downlighter, narrow-angle lighting fitting

Tiefstromabnehmer *m* plough *(an Elektrofahrzeugen)*
Tiefsttonlautsprecher *m* subwoofer
Tieftemperaturbereich *m* low-temperature range (region)
Tieftemperaturfestigkeit *f* resistance to low temperature
Tieftemperaturforschung *f* cryogenics
Tieftemperaturmaser *m* cryogenic maser
Tieftemperaturphysik *f* cryophysics
Tieftemperaturspeicherelement *n* low-temperature storage element
Tieftemperaturstrahler *m* low-temperature radiator
Tieftemperaturtechnik *f* cryogenics, cryogenic engineering
Tieftemperaturverstärker *m* cryogenic amplifier
Tieftonempfindlichkeit *f (Ak)* bass response
tieftönend low-pitched
Tieftonlautsprecher *m* bass (low-frequency) loudspeaker, boomer, woofer [loudspeaker]
Tieftonregler *m* bass control, [tone] control for bass
Tieftonwiedergabe *f* low-note response
Tieftrog *m* deep tank *(elektrolytischer Trog)*
Tiegel *m* crucible
~/leitender conducting crucible
Tiegelofen *m* crucible [melting] furnace
~/elektrischer electric crucible furnace
Tiegelwand *f* crucible wall
tilgen to quench *(Lumineszenz)*; *(Dat)* to erase, to delete
Tilgung *f* quenching *(Lumineszenz)*
Time-sharing *n (Dat)* time sharing *(zeitlich geschachtelte Abarbeitung mehrerer Programme)*
Tinte *f*/**leitfähige** conductive (electrographic) ink
~/magnetische magnetic ink
Tintenpatrone *f* ink cartridge *(für Meßschreiber)*
Tintenschreiber *m* ink recorder (writer)
Tintenstrahlaufzeichnung *f* ink-vapour recording
Tintenstrahldrucken *n* ink-jet printing
Tintenstrahlschreiber *m* ink-jet recorder
Tippbetrieb *m (Ap)* inching [mode], jogging
Tirill-Regler *m* Tirill (automatic) regulator, oscillating voltage regulator
Tischanalogrechner *m* analogue desk computer
Tischapparat *m* table set
Tischempfänger *m* table receiver
Tischgerät *n* table instrument (set), table top unit, bench-mounted instrument
Tischgrill *m*/**elektrischer** electric table-type roaster (grill)
Tischinstrument *n s.* Tischgerät
Tischleuchte *f* table [standard] lamp
Tischlötgerät *n* bench soldering machine
Tischmodell *n* table mounting model
Tischprojektor *m* table projector
Tischrechner *m* desk computer (calculator), desk-sized computer
Tischtelefon *n* table telephone [set], desk [telephone] set
Titelanspielautomatik *f* intro check
Titration *f*/**amperometrische** *(Ch)* amperometric titration
~/coulometrische coulometric titration
~/konduktometrische conductometric titration
~/potentiometrische potentiometric (electrometric) titration
T-Klemme *f* tee (branch) joint
T²L transistor-transistor logic, TTL
T-Mode *f* transverse mode
T-Muffe *f* tee joint
TM-Welle *f* transverse magnetic wave, TM wave, E wave
~/zylindersymmetrische circular magnetic wave
T-Netzwerk *n*/**überbrücktes** *(El)* bridged-T network
Tochtergerät *n* slave set (unit)
Tochterleiterplatte *f* daughterboard
Tochtersender *m* slave transmitter
Tochterstation *f* slave station
Tochteruhr *f* slave clock
Tochtervermittlungsstelle *f (Nrt)* slave exchange
Token *n (Dat)* token *(Kennzeichen für Kommunikationssteuerungen)*
Token-Bus *m* token bus
Token-Netz *n* **mit Ringtopologie, Token-Ring** *m* token ring network
Toleranz *f* tolerance, allowance, allowable (permissible) variation, allowable (permissible) limits
Toleranzanzeiger *m* limit pointer
Toleranzbereich *m* tolerance range, permissible variation
Toleranzbrücke *f s.* Toleranzmeßbrücke
Toleranzgrenze *f* tolerance limit
~/obere upper tolerance limit
Toleranzkarte *f* tolerance chart
Toleranzmaß *n* limit gauge
Toleranzmeßbrücke *f* limit (deviation) bridge
Toleranzprüfung *f* marginal check[ing], marginal testing
Toleranztabelle *f* tolerance chart
TOMAL TOMAL, task-oriented microprocessor application language *(eine Programmiersprache)*
Ton *m* 1. [pure] tone, sound *(s. a. unter* Klang*)*; 2. accent *(Tonfall)* • **„kein Ton“** “no tone”
~/digital aufgezeichneter digital sound
~/halber half-tone
~/reiner pure tone (sound)
~/überlagerter bias tone
Ton... *s. a.* Klang...
Tonabnehmer *m* pick-up, sound pick-up, gramophone (phonograph) pick-up; pick-up arm
~/[elektro]dynamischer [electro]dynamic pick-up, moving-coil pick-up
~/elektromagnetischer electromagnetic (variable-reluctance) pick-up
~/kapazitiver capacitor pick-up

~/magnetischer magnetic (moving-iron) pick-up
~ nach dem Kohlemikrofonprinzip carbon contact pick-up
Tonabnehmeranker *m* pick-up cartridge
Tonabnehmereinsatz *m* pick-up inset (cartridge)
Tonabnehmerkopf *m* playback head, pick-up
Tonabnehmerzusatz *m* gramophone (phonograph) attachment
Tonabstimmung *f* sound (tone) tuning
Tonabtastspalt *m* sound-scanning slit
Tonabtaststelle *f* sound pick-up point
Tonabwandlung *f* inflection
Tonalarm *m* aural alarm
Tonalarmgerät *n* audio warning unit
Tonarm *m* tone (pick-up) arm
Tonarmanhebevorrichtung *f* tone arm elevator
Tonarmlager *n* tone arm bearing
Tonarmresonanz *f* arm resonance
Tonarmsicherung *f* tone arm clamp
Tonassistent *m* boom operator
Tonatelier *n* sound studio
Tonaufnahme *f* 1. [sound] record; 2. sound recording
Tonaufnahmeanlage *f* sound-recording system
Tonaufnahmegerät *n* sound recorder
Tonaufnahmelampe *f* [sound-]recording lamp
Tonaufnahmesystem *n* sound-recording system
Tonaufnahmeverstärker *m* sound-recording amplifier
Tonaufzeichnung *f* 1. [sound] recording; 2. record, phonogram
Tonausfall *m* loss of sound, drop-out
Tonband *n* magnetic [recording] tape
~/[vor]bespieltes prerecorded tape
Tonband... *s. a.* Band...
Tonbandarchiv *n* [magnetic] tape archive
Tonbandaufnahme *f* 1. [magnetic] tape recording; 2. tape record
Tonbandgerät *n* [magnetic] tape recorder
Tonbandkopie *f* dub, [magnetic] sound copy
Tonbandkopieranlage *f* magnetic sound-record copying machine
Tonbandmotor *m* tape drive motor, capstan motor
Tonbandschneidegerät *n* **mit Abhörmöglichkeit** editing tape recorder
Tonbandspule *f* tape spool
Tonblende *f* tone control, sound corrector, bass-treble control[ler]
Toneinsatz *m* [sound] attack
Tonempfänger *m* tone receiver
tönen 1. *(Ak)* to sound, to generate (emit) sound; 2. to tone, to tint *(Farbton)*
tönend sounding; sonorous
tonerzeugend sound-generative
Tonerzeugung *f* sound generation
Tonfall *m* accent
Tonfärbung *f* colour, timbre *(s. a.* Klangfarbe*)*
Tonfenster *n* sound gate *(Filmtechnik)*
Tonfilm *m* sound (talking) film, talking movies
Tonfilmlampe *f* sound-film exciter lamp
Tonfilmprojektor *m* sound [picture] projector
Tonfilter *n* tone filter
Tonfolgespeicher *m* sequencer
Tonfrequenz *f* audio frequency, AF, a.f., sound (sonic) frequency; *(Nrt)* voice (speech) frequency
Tonfrequenzband *n* audio-frequency band
Tonfrequenzbereich *m* audio-frequency range
Tonfrequenzfernwahl *f (Nrt)* voice-frequency dialling
Tonfrequenzfernwahleinrichtung *f (Nrt)* voice-frequency selecting system
Tonfrequenzfilter *n* audio[-frequency] filter
Tonfrequenzgang *m* audio-frequency response
Tonfrequenzgebiet *n* audio-frequency range
Tonfrequenzgenerator *m* audio-frequency oscillator, audio[-frequency] generator; *(Nrt)* voice-frequency generator
Tonfrequenzprüfplatz *m* audio test station
Tonfrequenzrelais *n (Nrt)* voice-frequency relay, buzzer relay
Tonfrequenzruf *m (Nrt)* voice-frequency ringing (signalling)
Tonfrequenzrufsatz *m (Nrt)* voice-frequency ringer
Tonfrequenzspektrograph *m* audio-frequency spectrum recorder
Tonfrequenzspektrometer *n* audio-frequency spectrometer
Tonfrequenzspektrum *n* audio (audible) spectrum
Tonfrequenztelegrafie *f* voice-frequency telegraphy
Tonfrequenzträger *m* audio-frequency carrier
Tonfrequenzübertrager *m* audio-frequency transformer
Tonfrequenzumtastung *f* audio-frequency shift keying
Tonfrequenzverstärker *m* audio[-frequency] amplifier, audio-output amplifier
Tonfrequenzzeichengabe *f (Nrt)* voice-frequency signalling
Tonfülle *f (Ak)* tone fullness
Tongemisch *n* complex sound
Tongenerator *m* audio-frequency signal generator, tone oscillator (generator)
Tonhaltepedal *n* sostenuto pedal
Tonhöhe *f* tone pitch, [musical] pitch
~/hohe high pitch
~/niedrige low pitch
Tonhöhenbestimmung *f* pitch extraction
Tonhöhenempfindung *f* pitch perception
Tonhöhenerkennung *f* pitch determination (extraction)
Tonhöhenmaßstab *m* pitch-scale, mel-scale
Tonhöhenschwankung *f* pitch fluctuation; jitter
~/langsame wow
~/schnelle jitter, flutter
Tonhöhenschwankungen *fpl* [wow and] flutter

Tonhöhenschwankungsmesser *m* pitch variation indicator, wow-and-flutter meter
Tonhöhenverhältnis *n* pitch interval
Tonhöhenverschiebung *f*/**gleitende** pitch bend
Tonimpuls *m* tone burst
Toningenieur *m* audio-control engineer, sound engineer (technician); sound recordist *(für Aufzeichnungen)*
Tonkamera *f* sound[-recording] camera
Tonkameramann *m* recordist
Tonkanal *m (Fs)* sound channel
Tonkardiogramm *n* phonocardiogram
Tonkonserve *f* [sound] record
Tonkopf *m* sound head, pick-up
Tonkopfgruppe *f* head stack
Tonkopfreiniger *m* head cleaner; cassette head cleaner *(für Kassettengeräte)*
Tonkopfverschmutzung *f* head contamination
Tonleitung *f* program[me] line
tonlos soundless
Tonmeister *m* [sound] monitoring operator, recordist, monitor man; sound recordist *(für Aufzeichnungen)*
Tonmischeinrichtung *f* sound mixer
Tonmischung *f* sound mixing, dubbing
Tonmodulation *f* sound modulation
tonmoduliert sound-modulated, tone-modulated
Tonmontagegerät *n* editing [tape] recorder
Tonnenverzeichnung *f (Fs)* barrel distortion *(einer Bildröhre)*
~/horizontale horizontal barrel distortion
~/vertikale vertical barrel distortion
Tonpuls *m* repeated tone burst, sequence of [tone] bursts
Tonqualität *f* sound (tone, tonal) quality
Tonquelle *f* tone source
Tonregieraum *m* sound (audio) control room
Tonreinheit *f* purity of tone
tonrichtig tone-compensated *(frequenzgangkompensiert)*
Tonrille *f* record (sound) groove *(Schallplatte)*
Tonrolle *f* capstan *(Magnetbandgerät)*
Tonrollenantrieb *m* capstan drive
Tonsäule *f* loudspeaker (sound) column, public-address pillar, multiple [loud]speaker
Tonschrift *f* tone print
Tonschwingung *f* sound (audio, acoustic, sonic) vibration
Tonselektor *m* sound (tone) selector
Tonsender *m* sound (audio, acoustic) transmitter
Tonsendung *f* sound broadcasting
Tonsignal *n* sound (aural) signal
Tonsignalrhythmus *m (Nrt)* tone cadence
Tonsignalverarbeitung[seinrichtung] *f*/**digital gesteuerte** digitally controlled audio, DCA
Tonskala *f* tone scale
Tonspektrum *n* audio-frequency spectrum
Tonsperrkreis *m* sound (audio) trap
Tonspur *f* sound (voice) track
~ in Amplitudenschrift variable area sound track
~ in Sprossenschrift variable density sound track
~ in Zackenschrift variable area sound track
Tonspurabtastung *f* sound track scanning
Tonstärke *f* loudness *(in Phon)*
Tonstreifen *m s.* Tonspur
Tonstreifen *mpl (Fs)* sound interference band
Tonstudio *n* sound studio
Tontechnik *f* audio engineering, sound (acoustic) engineering
Tontechniker *m* audio-control engineer, sound technician (engineer)
Tonteil *m (Ak)* sound section
Tonträger *m* sound carrier
~/tonmodulierter tone-modulated sound carrier
Tonüberblendung *f* sound fading (change-over)
Tonübertrager *m* tone transmitter
Tonumfang *m* tone (tonal) range, diapason
Tönung *f* [colour] tint, tone, hue
Tonunterdrückung *f* sound suppression
Tonverstärker *m* sound amplifier, audio[-frequency] amplifier
Tonverstärkung *f* sound amplification, audio[-frequency] amplification; sound reinforcement *(mit Lautsprecheranlage)*
Tonwecker *m* tone ringer
Tonwiedergabe *f* sound reproduction
Tonwiedergabegerät *n* sound reproducer
Tonwiedergabeoptik *f* sound-head lens *(Filmtechnik)*
Tonzeitdehnung *f* acoustic slow motion
Tonzeitraffung *f* acoustic fast motion
Top-Down *n*, **Top-down-Methode** *f (Dat)* top-down method *(Programmierung von oben nach unten)*
Topf *m* 1. pot *(z. B. Magnettopf)*; 2. *s.* Potentialsenke
Topfanode *f* can anode
Topfkern *m* cup core
Topfkreis *m* cavity resonator, coaxial resonant cavity *(Höchstfrequenztechnik)*
Topfmagnet *m* pot magnet; screened (shielded) electromagnet
Topfmagneterregerspule *f* pot magnet coil
Topfmeßwandler *m* potted measuring transformer
Topfsockel *m* shaped base
Topfspulung *f* pack winding
Topfwandler *m* insulator-type transformer
Topfzeit *f* potlife *(Verarbeitungszeit z. B. von Mehrkomponentenlacken)*
Topographie *f* topography
Topologie *f* topology
Topplicht *n* top light
Tor *n* 1. *(El)* gate; 2. *(Dat)* port
Toranschluß *m* gate terminal
Torbaustein *m* gate (gating) unit
Torelektrode *f* gate electrode *(Feldeffekttransistor)*
Torelement *n* gate (gating) element
Torfeld *n* gate field

Torimpuls *m* gate pulse
Torisolation *f* gate insulation
Tor-Kanal-Diode *f* gate-channel diode
Tor-Kanal-Kapazität *f* gate-to-channel capacitance
Torkapazität *f* gate capacitance
Torkreis *m* gate circuit
Tornisterempfänger *m (Nrt)* portable (kit bag) receiver
Tornistergerät *n (Nrt)* portable set, portable
Toroid *n* toroid, toroidal coil
Torröhre *f* gate (gating) valve
Torschaltung *f* gate (gating) circuit
Torschaltungselement *n* gate (gating) element
Torsignal *n* gate signal
Torsion *f* torsion, twist
Torsionsanzeiger *m* torsion indicator
Torsionsband *n* torsion ribbon
Torsionsdynamometer *n* torsion dynamometer
Torsionsfeder *f* torsion spring
Torsionsgalvanometer *n* torsion galvanometer
Torsionshohlleiter *m* twisted waveguide
Torsionskopf *m* torsion head
Torsionskraft *f* torsional (twisting) force
Torsionsmodul *m* torsion[al] modulus
Torsionsmoment *n* torsion[al] moment, torsion[al] torque
Torsionsschwingung *f* torsional vibration
Torsionsspannung *f* torsion[al] stress
Torsionsstab *m* torsion rod (bar)
Torsionssteifigkeit *f* torsional rigidity (stiffness)
Torsionswattmeter *n* torsion-head wattmeter
Torsionswelle *f* torsion[al] wave
Torsionswinkel *m* angle of torsion
Torspannung *f* gate voltage
Torsprechanlage *f* door (gate) interphone
Torstrom *m* gate current
Torsystem *n* gating system
Torus-Sputterquelle *f* torus plasmatron
Torwellenform *f* gating waveform, gate *(Radar)*
Torzeitgenauigkeit *f* gating accuracy *(eines Schnellzählers)*
Totalausfall *m* blackout [failure]
Totaldurchgang *m (Ak)* total transmission
Totalreflexion *f* total reflection
~**/verhinderte** frustrated total [internal] reflection *(Lichtleiter)*
Totalreflexionsprisma *n* [totally] reflecting prism
Totalschwund *m* blackout, fade-out *(Funktechnik)*
Totalspannungsausfall *m* station blackout
Totalstrom *m (Dat)* full current
totlegen to dead-end *(Leitung)*
Totmannknopf *m*, **Totmannkurbel** *f* dead-man's handle, safety control handle; canopy switch
Totpunkt *m* dead point (centre)
~**/oberer** upper dead point
~**/unterer** bottom dead point
Totraum *n (Nrt, FO)* zone of silence
Tötung *f* **durch elektrischen Strom** electrocution
Totzeit *f (Syst)* dead (delay) time, lag [time] *(z. B. bei der Signalübertragung)*
~ **zur Korrektur** correction lag *(eines Signals)*
Totzeitglied *n (Syst)* dead-time element, lagging element; *(MA)* backlash element
Totzeitkorrektion *f* dead-time correction, coincidence correction
Totzone *f* dead zone (band), inert zone *(z. B. einer Relaiskennlinie)*; *(Nrt, FO)* zone of silence
Tourenzahl *f* rotational speed, speed [of revolution], number of revolutions per unit time
Tourenzähler *m* revolution (speed) counter, speedometer
Townsend-Entladung *f* Townsend discharge
Townsend-Koeffizient *m* Townsend coefficient
Townsend-Lawine *f* Townsend avalanche
T-Profil *n* T-section
Trabant *m***/künstlicher** artificial satellite
Trabantenstation *f (Nrt)* tributary station
Tracer *m (Dat)* tracer *(Programmüberwacher)*
Tracermethode *f* tracer (indicator) method
Track-Ball *m* track ball *(Kugel zur Cursorsteuerung)*
Trafo *m s.* Transformator
Trafostation *f* transformer station; *(Eü)* distribution substation
Tragband *n* stay brace *(Leitungen)*
tragbar portable *(Gerät)*
träge sluggish, slow[-acting]
tragen to carry; to support
~**/einen Strom** to carry a current
Träger *m* 1. carrier *(z. B. Ladungsträger, Signalträger)*; 2. base, substrate; support[ing material]; 3. bracket; arm
~**/eingeschwungener** steady carrier
~**/hochfrequenter** radio-frequency carrier
~**/sprachgesteuerter** voice-controlled carrier
~**/unmodulierter** unmodulated carrier
~**/unterdrückter** suppressed (quiescent) carrier
~**/versetzter** offset carrier *(Trägerfrequenz)*
Trägerabfrage *f* carrier sense
Trägerabschaltzeit *f* carrier stop time
Trägerabstand *m* carrier frequency spacing
Trägeramplitude *f* carrier amplitude
Trägeramplitudenabweichung *f (Nrt)* carrier shift
Trägeranlaufzeit *f* carrier start time
Trägeranreicherungsschicht *f* carrier accumulation layer
Trägerarm *m* bracket
Trägerart *f* carrier species
Trägerbesetzung *f* carrier population (occupancy)
~**/optimale** optimum carrier population
Trägerbetrieb *m* transmitted carrier operation
Trägerbeweglichkeit *f* carrier mobility
Trägerbildung *f* carrier generation
Trägerdichte *f* carrier density
Trägerdicke *f* base material thickness
Trägerdiffusion *f* carrier diffusion
Trägerdurchbruch *m* carrier breakthrough

Trägereinfang *m* carrier trapping
Trägerelektrode *f (Meß)* supporting electrode
Trägerelektrolyt *m* supporting electrolyte
Trägererzeugung *f* carrier generation
Trägerextraktion *f (ME)* carrier extraction
Trägerfalle *f (ME)* carrier trap
Trägerfluß *m (ME)* carrier flow
Trägerfolie *f* carrier film (sheet)
Trägerfrequenz *f (Nrt)* carrier frequency
~/mittlere mean carrier frequency
~/virtuelle virtual carrier frequency
Trägerfrequenzbausteinsystem *n* building block carrier system
Trägerfrequenzbereich *m* carrier-frequency range
Trägerfrequenzbespulung *f* carrier loading
trägerfrequenzbetrieben carrier-excited *(z. B. Schwingungsaufnehmer)*
Trägerfrequenzbrücke *f* carrier-frequency bridge
Trägerfrequenzeinrichtung *f* carrier[-frequency] equipment
Trägerfrequenzendeinrichtung *f* carrier terminal equipment
Trägerfrequenzfernsprechen *n* carrier telephony
Trägerfrequenzfreileitung *f* open-wire carrier circuit
Trägerfrequenzgerät *n* carrier-frequency telephone set
Trägerfrequenzgestell *n* carrier system rack
Trägerfrequenzgrundeinrichtung *f* basic carrier telephone equipment
Trägerfrequenzgrundleitung *f* carrier line link
~/koaxiale coaxial line link
Trägerfrequenzgrundleitungsabschnitt *m* carrier line section
Trägerfrequenzimpuls *m* carrier-frequency pulse
Trägerfrequenzkabel *n* carrier-frequency cable (lead), carrier cable
~/angepaßtes balanced carrier cable
Trägerfrequenzkanal *m* carrier channel
Trägerfrequenzkoaxialkabelsystem *n* carrier-frequency coaxial cable system
Trägerfrequenzkoppelkondensator *m* carrier-current coupling capacitor *(Energieversorgung)*
Trägerfrequenzleitung *f* carrier line (circuit)
Trägerfrequenznachrichtenübermittlung *f s.* Trägerfrequenzübertragung
Trägerfrequenzpegelmeßplatz *m* carrier-frequency level test set
Trägerfrequenz-Rundfunkeinrichtung *f* carrier radio transmission equipment
Trägerfrequenzsperre *f* carrier-current line trap
Trägerfrequenzsystem *n* carrier[-frequency] system
~ für Nahverkehr short-haul carrier telephone system
~/koaxiales coaxial carrier system
Trägerfrequenztechnik *f* carrier-current technique
Trägerfrequenztelefonie *f* carrier[-frequency] telephony
~ auf Starkstromleitungen carrier telephony on power circuits
Trägerfrequenztelegrafie *f* carrier telegraphy
Trägerfrequenzübertragung *f* carrier-current communication, carrier transmission
Trägerfrequenzumtastung *f* carrier-frequency shifting
Trägerfrequenzunterdrückung *f* carrier suppression
Trägerfrequenzverbindung *f* carrier link
Trägerfrequenzverschiebung *f* carrier-frequency shifting
Trägerfrequenzverstärker *m* carrier amplifier
Trägerfrequenzverstärkergerät *n* carrier amplifier unit
Trägergas *n* carrier (basic) gas
Trägergaszusammensetzung *f* carrier gas composition
Trägergeschwindigkeit *f* carrier velocity
Trägerhafteffekt *m* carrier trap effect
Trägerinjektion *f (ME)* carrier injection
Trägerinterferenz *f* carrier interference
Trägerkonzentration *f* carrier density
Trägerkonzentrationsgefälle *n* carrier concentration gradient
Trägerlaufzeit *f* carrier transit time
Trägerlawine *f* carrier avalanche
Trägerlebensdauer *f* carrier lifetime
Trägerleistung *f (Nrt)* carrier power
Trägerleitung *f (Nrt)* carrier line (circuit)
Trägermaterial *n* base (supporting) material, base, substrate
~/metallkaschiertes metal-clad base material
Trägermaterialdicke *f* base material thickness
Trägermodulation *f* carrier modulation
Trägernebenschluß *m* carrier bypass
Trägerpegel *m* carrier level
Trägerplatte *f* supporting (mounting) plate
Träger-Rausch-Abstand *m* carrier-to-noise ratio
Trägerrekombination *f* carrier recombination, recombination of carriers
Trägerrest *m* carrier remainder (leak); residual carrier
Trägerrückgewinnung *f* carrier recovery
Trägerschwingungsamplitude *f* carrier amplitude
Trägersignal *n* carrier signal
Trägerspeicherung *f* carrier storage
Trägerstatistik *f* carrier statistics
Trägerstreifen *m (El)* lead strip
Trägerstreuung *f* carrier scattering
Trägerstrom *m* carrier current
Trägerstromkanal *m* carrier-current channel
Trägerstromtelegrafie *f* carrier[-current] telegraphy
Trägerstromverstärker *m* carrier repeater
Trägerstromweg *m* carrier-current channel
Trägersubstanz *f* carrier substance *(s. a.* Trägermaterial*)*
Trägertelefonie *f* carrier[-frequency] telephony

Trägerunterdrückung *f* carrier suppression
Trägerverarmung *f* carrier depletion
Trägerverstärker *m* carrier amplifier
Trägervervielfachung *f* carrier multiplication
Trägerverwischung *f (Nrt)* carrier dispersal
Trägerwelle *f* carrier wave
Trägerwellenoszillator *m* carrier-wave oscillator
Trägerwellensystem *n*/**versetztes** offset carrier system
Trägerwerkstoff *m s.* Trägermaterial
Trägerwert *m* carrier value
Trägerzusatz *m* reinsertion of carrier
Tragfähigkeit *f* [load-]carrying capacity; bearing capacity (strength)
Tragflächenantenne *f* wing aerial
Trägheit *f* inertia
~/**akustische** acoustic inertia (inertance, mass)
~ **der Belastung** load inertia *(Störgröße)*
~/**mechanische** mechanical inertia
~/**thermische** thermal inertia
trägheitsarm low-inertia
Trägheitsbeschleunigungsaufnehmer *m (Meß)* mass cantilever
Trägheitsfaktor *m* factor of inertia
Trägheitsfehler *m* inertial error
trägheitsfrei inertialess
Trägheitskraft *f* inertia (inertial) force, force of inertia
Trägheitsmoment *n* moment of inertia
~/**axiales** axial moment of inertia
~ **der Belastung** load inertia *(Störgröße)*
trägheitsstabilisiert inertially stabilized
Tragkabel *n* messenger (bearer) cable *(Kabeltragseil)*
Tragkraft *f* load[-carrying] capacity; portative force *(Magnet)*
Traglager *n* angular (journal) bearing
Traglast *f* burden, ultimate load
Tragmast *m* straight-line support *(Freileitung)*; supporting pole (mast)
Tragöse *f* eye bolt
Tragring *m* support ring; thrust collar *(des Traglagers)*
Tragringisolator *m* support-ring insulator
Tragseil *n* messenger (bearer) cable *(Kabeltragseil)*; catenary (suspending) wire, suspension strand *(Freileitung)*
Tragstern *m*/**oberer** upper bracket *(Wasserkraftgenerator)*
Trag- und Führungslager *n*/**kombiniertes** combined thrust and guide bearing
Tragvermögen *n s.* Tragfähigkeit
Trainer *m* training simulator *(Energiesystem)*
Training *n*/**computerunterstütztes** computer-assisted training
Traktion *f* traction
~/**elektrische** electric traction
Traktionsbatterie *f* traction battery
tränken to impregnate; to steep, to soak
Tränkharz *n* impregnating resin
Tränklack *m* impregnating (insulating) varnish
Tränkmittel *n* impregnating agent
Tränkmittelbeständigkeit *f* resistance to impregnants
Tränkung *f (Isol)* impregnation; steeping, steep[age], soaking
Tränkverfahren *n* impregnating procedure
Transatlantikwahl *f (Nrt)* TAT signalling
Transduktor *m* transductor, magnetic amplifier
~ **in Reihenschaltung** series transductor
~/**spannungssteuernder** amplistat
Transduktordrossel *f* transductor choke
Transduktorregler *m* transductor controller
Transduktorrelais *n* transductor relay
Transduktorverstärker *m* transductor [amplifier], magnetic amplifier
Transferbefehl *m (Dat)* transfer instruction (command)
Transferkontrolle *f (Dat)* transfer check
Transferstrom *m (Dat)* transfer current
Transfluxor *m* transfluxor
Transfluxorlogik *f* transfluxor logic
Transfluxorregister *n* transfluxor register
Transformation *f* transformation
~/**Fouriersche** Fourier transformation
~/**inverse** inverse transformation
~/**kanonische** canonical transformation
~/**Laplacesche** Laplace transformation
~/**leistungsinvariante** power-invariant transformation
Transformationsgleichung *f* transformation equation
Transformationsglied *n* matching pad *(Anpassungsübertrager)*
~ **für Deltaanpassung** delta-matching transformer *(Antennentechnik)*
Transformationskodierung *f*/**adaptive** *(Dat)* adaptive transform coding
Transformationsstück *n* transforming section
Transformationstheorie *f* transformation theory
Transformator *m* transformer
~/**abgeschirmter** shielded (screened) transformer
~/**abgestimmter** tuned transformer
~ **für Beleuchtungszwecke** light transformer
~/**gepanzerter** shielded transformer
~ **mit Anzapfungen** tapped (split) transformer
~ **mit Fremdbelüftung** *s.* ~ mit Luftkühlung
~ **mit geteilter Wicklung** *s.* ~ mit Anzapfungen
~ **mit Luftkühlung** air-cooled transformer, air-blast transformer
~ **mit offenem Eisenkreis** open-core transformer
~ **mit Scheibenwicklung** sandwich winding-type transformer
~/**ölgekapselter** oil-immersed transformer
~/**selbstgekühlter** self-cooled transformer
~ **zur Spannungserhöhung** step-up transformer
λ/4-Transformator *m* quarter-wave transformer
Transformatoranzapfung *f* transformer tap

Transformatorbank *f* three-phase [transformer] bank
Transformatorblech *n* transformer sheet
~/gestanztes core lamination, stamping
~/kornorientiertes grain-oriented transformer sheet
Transformatorbrücke *f* transformer bridge
Transformatoren *mpl* **in Kaskadenschaltung** cascaded transformers
Transformatoren... *s.* Transformator...
Transformatorerdungsschalter *m* transformer earthing switch
Transformatorersatzschaltung *f* equivalent circuit of a transformer
Transformatorfahrzeug *n* transformer carriage
transformatorgekoppelt transformer-coupled
Transformatorgleichrichter *m* transformer rectifier
Transformatorhaus *n* transformer house
Transformatorkabelanschlußkasten *m* transformer cable-terminating box
Transformatorkaskade *f* cascaded transformers
Transformatorkern *m* transformer core
Transformatorkessel *m* transformer tank
Transformatorkopplung *f* transformer coupling
Transformatorleistung *f* transformer capacity
Transformatormittelschenkel *m* centre leg (limb)
Transformatornennwert *m* transformer rating value
Transformatoröl *n* transformer oil
Transformatorprimärnennspannung *f* transformer primary voltage rating
Transformatorrelais *n* transformer relay
Transformatorrückkopplung *f* transformer feedback
Transformatorsekundärnennstrom *m* transformer secondary current rating
Transformatorspannung *f* transformer voltage
Transformatorspule *f* transformer coil
Transformatorstation *f* transformer station; *(Eü)* distribution substation
Transformatorstufenschalter *m* [transformer] tap changer
Transformatorverlust *m* transformer loss[es]
Transformatorverlustleistung *f* transformer loss
Transformatorverstärker *m* transformer amplifier
Transformatorwagen *m* transformer carriage
Transformatorwicklung *f* transformer winding
Transformatorzelle *f* transformer vault
transformieren to transform
Transformierte *f* transform
Transientendigitalisierer *m* transient digitizer
Transientenrecorder *m* transient recorder
~ mit analoger Zwischenspeicherung transient digitizer
Transinformation *f (Dat)* transinformation *(tatsächlich übermittelter Informationsgehalt)*
Transinformationsbelag *m***/mittlerer** average transinformation content per symbol
Transinformationsfluß *m***/mittlerer** average transinformation rate per time
Transinformationsgehalt *m* transinformation content
~/mittlerer average transinformation content
Transistor *m* transistor
~/bipolarer bipolar transistor
~/diffundierter diffused transistor
~/diffundiert-legierter diffused-alloy transistor
~ in integrierter Schaltung integrated circuit transistor
~/integrierter integrated circuit transistor
~/legierter alloy-junction transistor
~/legierungsdiffundierter alloy-diffused transistor
~ mit diffundiertem Kollektor diffused collector transistor
~ mit diffundiertem [pn-]Übergang diffused junction transistor
~ mit diffundierter Basis diffused base transistor
~ mit durchlässiger Basis permeable-base transistor, PBT *(ungenaue Bezeichnung)*
~ mit eigenleitender Zwischenschicht intrinsic barrier transistor
~ mit einem pn-Übergang unijunction transistor
~ mit exponentiellem Driftfeld exponential drift field transistor
~ mit graduierter Basis graded-base transistor
~ mit homogen dotierter Basis uniform-base transistor
~ mit homogener Basis homogeneous-base transistor
~ mit inhomogen dotierter Basis graded-base transistor
~ mit isoliertem Gate insulated-gate transistor, IGT
~ mit isolierter Basis insulated-base transistor, IBT
~ mit npn-Übergang n-p-n junction transistor
~ mit Oberflächenfeldeffekt surface field-effect transistor
~ mit Verarmungswirkung depletion mode transistor
~ mittlerer Leistung medium-power transistor, intermediate-power transistor
~ mittlerer Schaltgeschwindigkeit medium-speed switching transistor
~/rauschender noisy transistor
~/superschneller high electron movement transistor, HEMT
~/unipolarer unipolar transistor
Transistoralterung *f* transistor aging
Transistorausfall *m* transistor failure
Transistorbasis *f* transistor base
Transistorbaugruppe *f* transistor assembly
transistorbestückt transistorized
Transistorbestückung *f* transistorization
Transistorblitzgerät *n* transistorized flash unit
Transistorbrückenschaltung *f (Srt)* transistor bridge circuit

Transistor-Dioden-Logik *f* transistor diode logic, TDL
Transistordriftbeweglichkeit *f* drift mobility of transistor
Transistorempfänger *m* transistor radio, transistorized radio [receiver]
Transistorentwurf *m* transistor [level] design *(z. B. einer Schaltung)*
Transistorersatzschaltung *f* transistor equivalent circuit
Transistorgebiet *n* transistor region
Transistorgehäuse *n* transistor can
transistorgesteuert transistor-controlled
transistorgetrieben transistor-driven
Transistorgleichung *f* transistor equation
Transistorglied *n***/statisches logisches** static logic transistor element
Transistorgrenzfrequenz *f* transistor cut-off frequency
Transistorgrundschaltung *f* basic transistor circuit
Transistorhochfrequenzersatzschaltung *f* transistor high-frequency equivalent circuit
Transistorhörgerät *n* transistor hearing aid
transistorieren *s.* transistorisieren
Transistorinverter *m* transistor inverter
transistorisieren to transistorize
Transistorisierung *f* transistorization
Transistorkennlinienschreiber *m* transistor characteristic (curve) tracer
Transistorkühlkörper *m* transistor heat sink
Transistorleistung *f* transistor performance
Transistorlogik *f* transistor logic [circuit]
~/basisgekoppelte base-coupled logic, BCL
~/direktgekoppelte direct-coupled transistor logic [circuit], DCTL
~/emittergekoppelte emitter-coupled transistor logic [circuit], ECTL
~/gemischte merged transistor logic
~/kollektorgekoppelte collector-coupled transistor logic, CCTL
~/komplementäre complementary transistor logic, CTL
~/lastkompensierte diodengekoppelte load-compensated diode-transistor logic [circuit], LCDTL
~/mehremittergekoppelte (vielemittergekoppelte) multiemitter-coupled transistor logic, MECTL
Transistorlogikschaltung *f s.* Transistorlogik
Transistormultivibrator *m***/monostabiler** transistor monostable multivibrator
Transistornetzgerät *n* transistor power supply
Transistornetzwerk *n* transistor network
Transistoroszillator *m* transistor oscillator
Transistorradio *n s.* Transistorempfänger
Transistorrauschen *n* transistor noise
Transistorrelais *n* transistor relay
Transistorschalter *m* transistor switch
Transistorschaltstufe *f* transistor switching stage
Transistorschaltung *f* transistor circuit
Transistorschaltungsentwurf *m* transistor circuit design
Transistorschieberegister *n* transistor shift register
Transistorsender *m* transistor transmitter
Transistorspannungskonstanthalter *m* transistor constant-voltage controller
Transistorsperrschwinger *m* transistor blocking oscillator
Transistorstabilisierungsnetzwerk *n* transistor stabilization network
Transistorstromversorgung *f* transistor power supply
Transistorstufe *f* transistor stage
~/gegengekoppelte transistor feedback stage
Transistortetrode *f* transistor tetrode
Transistor-Transistor-Logik *f* transistor-transistor logic, TTL, T^2L
~/störsichere high-level transistor-transistor logic
Transistor-Transistor-Logikschaltung *f s.* Transistor-Transistor-Logik
Transistortriode *f* transistor triode
Transistortyp *m* transistor type
Transistor-$\frac{W}{L}$-Verhältnisfestlegung *f* transistor ratioing
Transistorverlustleistung *f* transistor dissipation
Transistorverstärker *m* transistor amplifier
Transistorverstärkung *f* transistor gain
Transistorvideoverstärker *m (Fs)* transistor video amplifier
Transistorvorspannungsschaltung *f* transistor bias circuit
Transistorvorverstärkung *f* transistor preamplification
Transistorwechselrichter *m* transistor inverter
Transistor-Widerstands-Logik *f* transistor-resistor logic, TRL
Transistorwirkung *f* transistor action
Transistorzerhacker *m* transistor chopper
Transitamt *n (Nrt)* transit exchange (centre)
Transitbelegungszeichen *n (Nrt)* transit seizing signal
Transitblockierung *f (Nrt)* transit failure
Transitfrequenz *f (ME)* transition frequency
Transitionszeit *f* transition (rise) time *(bei Einschaltvorgängen)*
Transitleitung *f* transit line (circuit)
Transitregister *n (Nrt)* transit register
Transitron *n* transitron
Transitverkehr *m (Nrt)* transit traffic
Transitvermittlung *f (Nrt)* transit switching
Translation *f* translation
Translationsbewegung *f* translatory motion
Translationswelle *f* translational wave
translatorisch translatory
Transmission *f***/gemischte** *(Licht)* mixed transmission

~/vollkommen gestreute uniform diffuse transmission
Transmissionsdynamometer *n* transmission dynamometer
Transmissionsgitter *n* transmission grating
Transmissionsgrad *m* 1. transmittance, transmission factor; 2. transmission efficiency
~/spektraler spectral transmittance
Transmissionshohlraummaser *m* transmission-type cavity maser
Transmissionskoeffizient *m* transmission coefficient (factor)
Transmissionsstufengitter *n* transmission echelon
Transmitter *m* transmitter
~ mit D-Anteil (Vorhalt) *(Syst)* differential transmitter
Transmultiplexer *m (Nrt)* transmultiplexer
transparent transparent
Transparenz *f* transparence, transparency
Transphasor *m* transphasor *(optischer Transistor)*
Transponder *m* transponder, transmitter responder
Transponierungsempfang *m (Nrt)* supersonic heterodyne reception *(Superhet)*
Transponierungsempfänger *m* superheterodyne receiver
Transport *m* transport; transfer
transportabel transportable; portable
Transportfaktor *m (ME)* transport factor
Transportgleichung *f (ME)* transport equation
Transportmodell *n (ME)* transport model
Transportschicht *f (Nrt)* transport layer *(eines Netzes)*
Transportspur *f* sprocket channel *(Lochband)*
Transportverzug *m* transport delay
Transportwalze *f* feed roll
Transportzeit *f* transport time
transversal transverse, transversal
Transversalaufzeichnung *f***/magnetische** transverse magnetization
Transversalbewegung *f* transverse motion
Transversalfilter *n* transversal filter
Transversalschwingung *f* transverse vibration (oscillation)
Transversalschwingungsmode *f* angular mode
Transversalwelle *f* transverse wave
~/magnetische transverse magnetic wave
Trap *m* 1. *(Dat)* trap *(Programmunterbrechung durch unerlaubte Befehle)*; 2. *(ME)* trap, trapping site *(Elektronenhaftstelle)*
Trapezentzerrung *f* keystone correction
Trapezfehler *m* keystone distortion
Trapezverzeichnung *f*, **Trapezverzerrung** *f* keystone distortion
Trapezwelle *f* trapezoidal wave *(aus trapezförmigen Impulsen)*
Trapezzeilensignalform *f (Fs)* line keystone waveform
Trapezzeilensignalkorrektur *f (Fs)* line keystone correction
Trasse *f* route *(Kabel, Leitung)*; *(Nrt)* artery
Trassenlänge *f* transmission route length
Trassieren *n* tracking *(Leiterplatten)*
Träufelharz *n* trickle resin
Träufelimprägnierung *f* trickle impregnation
Traverse *f* cross bar, side arm
Treffaktor *m (Dat)* recall factor *(Informationswiederauffindung)*
Treffer *m (Dat)* hit
treiben 1. *(MA)* to drive, to propel; 2. to drift
~/Schaltelemente to drive switching elements
Treiber *m* 1. *(Dat)* driver; 2. exciter *(Elektronenröhrentechnik)*
Treiberimpuls *m* drive pulse
Treiberröhre *f* driver tube
Treiberschaltung *f* drive (driving, driver) circuit
Treibersignal *n* drive (driving) signal
Treiberstufe *f (Nrt)* driver (driving) stage
Treibertransistor *m* driver [driving] transistor
Treiberverstärker *m (Nrt)* driver (drive) amplifier
Treiberwicklung *f* drive winding *(für Magnetkern)*
Treibimpulsgenerator *m* drive pulse generator
Treibkreis *m s.* Treiberschaltung
Treibriemen *m* driving belt
Treibrolle *f* capstan *(Magnetbandgerät)*
Treibseil *n* driving rope
Treibstrom *m* drive current
Trendverfolgung *f* trending
trennbar *(El)* disconnectible; separable
Trenndiode *f* buffer diode
Trenneinrichtung *f* interrupt facility
Trennelement *n* separator *(Batterie)*
trennen 1. *(El)* to disconnect; to break, to interrupt; to open, to isolate *(Stromkreis)*; *(Nrt)* to clear, to cut off; 2. to cut *(Kristalle)*; 3. to separate; to grade *(nach Korngrößen)*
~/eine Verbindung to break (interrupt, clear) a connection
Trennendverschluß *m* cable distribution head
Trenner *m s.* Trennschalter
Trennerdungsschalter *m (An)* combination isolating earthing switch
Trennfaktor *m* separation factor
Trennfilter *n (Nrt)* channel (separation) filter *(Kanalweiche)*
Trennfläche *f* interface; cleavage plane *(Kristall)*
Trenngüte *f* separation efficiency
Trennimpuls *m* break pulse *(Schaltgerät)*; *(Nrt)* mark[ing] pulse
Trennkipper *m (Nrt)* splitting key
Trennklinke *f (Nrt)* interruption (break) jack
Trennkondensator *m* separating (isolating) capacitor; blocking capacitor
Trennkontakt *m* break contact; blocking contact; *(Nrt)* spacing contact
Trennkreis *m* buffer
Trennlasche *f* disconnecting (isolating) link

Trennrelais *n* cut-off relay
Trennröhre *f* buffer valve (tube)
Trennschalter *m* disconnecting switch, disconnector; isolating switch; *(Nrt)* interruption key
~/einpoliger single-pole switch
~ mit Schaltstangenbetätigung hook-stick disconnecting switch
Trennschaltung *f* isolation network
trennscharf selective
~/nicht unselective
Trennschärfe *f (Nrt)* selectivity; discrimination
~ eines Filters filter selectivity
~ gegen den Nachbarkanal adjacent-channel selectivity
Trennscheibe *f* cutting wheel
Trennschicht *f* interlayer, separating layer
~/dielektrische dielectric wall
Trennschritt *m (Nrt)* spacing interval
Trennschrittfrequenz *f (Nrt)* space frequency
Trennschutzschalter *m* isolating switch
trennseitig *(Nrt)* on the spacing side
Trennsicherung *f* bridge fuse *(in Steckdosen)*
Trennsteckverteiler *m* terminal disconnect patchboard
Trennstelle *f* separation point; *(Nrt)* break-jack point, test[ing] point
Trennstellung *f (Nrt)* splitting position
Trennsteuerschalter *m (An)* isolating control switch
Trennstrecke *f* 1. air break; *(Hsp)* isolating distance; 2. circuit sever
Trennstrom *m (Nrt)* spacing current
Trennstromwelle *f (Nrt)* spacing wave
Trennstück *n* separator
Trennstufe *f* separator stage; buffer (isolating, decoupling) stage
Trennsubstanz *f (Galv)* stripping compound *(als Unterlage zur Erzeugung abstreifbarer Überzüge)*
Trennsymbol *n (Dat)* sentinel
Trenntaste *f* cut-off key
Trenntransformator *m* isolation transformer
Trennumschalter *m* double-throw disconnecting switch
Trennung *f* 1. *(El)* disconnection; interruption; opening; isolation; *(Nrt)* cut-off; spacing; 2. separation; grading *(nach Korngröße)*; 3. tearing *(Netzberechnung)*
~ der Eisenverluste separation of iron losses
~ der Sender/räumliche *(Nrt)* non-co-siting of transmitters
~ durch Ionenaustausch ion-exchange separation
~/elektrolytische electolytic separation, electroparting
~/elektromagnetische electromagnetic separation
~/elektrostatische electrostatic separation
~/sofortige quick release
~/unscharfe indistinct selectivity
~/verzögerte slow release
~/vorzeitige *(Nrt)* premature disconnection
~/zwangsläufige *(Nrt)* compulsory disconnection
Trennungsgrad *m (Nrt)* degree of selection
Trennungskontakt *m (Nrt)* spacing contact
Trennungslinie *f* line of separation
Trennverfahren *n***/analytisches** *(Syst)* segregation procedure
Trennvermögen *n* selectivity
Trennverstärker *m* buffer (isolating) amplifier; *(Nrt)* trap amplifier; distribution amplifier *(Antennentechnik)*
Trennwand *f* partition [wall]; dividing (separating) wall
~/halbhohe partial-height partition
~/zweischalige double partition
Trennwiderstand *m* isolating resistor
Trennwirkungsgrad *m* separation efficiency
Trennzeichen *n (Nrt)* break (cut-off) signal; *(Dat)* separator
Trennzeit *f (Nrt)* splitting (spacing) time
Treppenbeleuchtung *f* stairway lighting
treppenförmig stepped, staircase-like *(z. B. Funktion)*
Treppenfunktion *f* staircase (step) function
Treppenfunktionssignal *n* staircase signal
Treppengenerator *m* staircase generator
Treppenhausbeleuchtung *f* staircase lighting
Treppenschalter *m* landing switch *(für Treppenhausautomaten)*
Treppenspannung *f* staircase voltage
Treppenspannungsgenerator *m* staircase generator
Treppenwellenform *f* staircase waveform
Treppenwicklung *f* stepped winding, split[-throw] winding
Tretdynamo *m* pedal dynamo
treten/in Wechselwirkung to interact
Tretgenerator *m* pedal generator
Triac *m (LE)* triac, bidirectional triode thyristor
Trial-and-error-Methode *f* trial-and-error method *(Kybernetik)*
Triaxialaufnehmer *m* triaxial accelerometer
triboelektrisch triboelectric
Triboelektrizität *f* triboelectricity
Tribolumineszenz *f* triboluminescence
Tribometer *n* tribometer
Trichter *m* [acoustic] horn
~ des Hochtonlautsprechers cellular horn
Trichterantenne *f* horn aerial
Trichterhals *m* [flared] throat *(Lautsprecher)*
Trichterlautsprecher *m* exponential-horn loudspeaker, horn[-type] loudspeaker
Trichtermodell *n* funnel model
Trichteröffnung *f* mouth of horn *(Lautsprecher)*
Trichterstrahler *m* horn aerial
Tricktaste *f* trick button (key)
Trieb *m* drive
Triebachse *f* driving (drive) axle

Triebeinheit *f* motive power unit *(Motor)*
Triebkraft *f* driving force
Triebrad *n* driving (drive) wheel
Triebstange *f* driving bar
Triebwageneinheit *f* motor train unit, multiple-unit stock
Triebwagenzug *m***/vielfachgesteuerter** multiple-unit train
Triebwerk *m (MA)* driving mechanism, power transmission equipment; engine *(Antriebsanlage für Luftfahrzeuge, Raketen)*
Triebwerksregelung *f* jet-engine control
Trigatron *n* trigatron *(Impulsmodulationsröhre)*
Trigger *m* trigger
~/symmetrischer symmetrical trigger
Triggerbaustein *m* trigger module
Triggerdiode *f* trigger diode
~/bidirektionale (in zwei Richtungen arbeitende) diode alternating-current switch, diac
Triggereingang *m* trigger input
Triggereinrichtung *f* triggering facility
Triggerelektrode *f* trigger electrode
Triggerflipflop *n* trigger flip-flop
Triggerimpuls *m* trigger (triggering) pulse
Triggerimpulsdauer *f* trigger pulse duration
Triggerkennlinie *f* triggering characteristic
Triggerkreis *m* trigger [circuit] *(zur Erzeugung von Schaltimpulsen)*
triggern *(El)* to trigger *(durch Impuls ansteuern)*
~/eine Röhre to trigger a tube
~/umschichtig to trigger alternately
Triggern *n* **am Kollektor** collector triggering
Triggerpegel *m* trigger (triggering) level
Triggerpegeleinstellung *f* trigger level setting
Triggerpegelregelung *f* trigger level control
Triggerröhre *f* trigger tube
Triggerschalter *m* trigger switch
Triggerschaltung *f* trigger [circuit] *(zur Erzeugung von Schaltimpulsen)*; *(Dat)* toggle circuit
~/monostabile single-shot trigger circuit
Triggersignal *n* trigger signal
Triggerspannung *f* trigger voltage
Triggerung *f* triggering, trigger action
~ des Vorgangs event triggering
~/einmalige one shot
~ mit einstellbarem Triggerpegel adjustable trigger-level triggering
Triggerzähler *m (Dat)* toggle counter
Triggerzündanlage *f* trigger starting system *(z. B. bei Leuchtstoffröhren)*
trimmen to trim
Trimmen *n* trimming
Trimmer *m* trimmer [capacitor], trimming capacitor
Trimmschleife *f* adjusting loop *(an Spulen)*
Trimmstift *m* trimming tool
Trinistor *m* trinistor *(steuerbarer Si-Gleichrichter)*
Triode *f* triode, three-electrode valve (tube), triode valve
~ für Katodensteuerung grounded-grid triode
~ mit planparallelen Elektroden plane-electrode triode
~/steile high-mu triode, hi-mu triode
Triodengebiet *n* triode region
Triodenoszillator *m* triode oscillator
Triodenröhre *f s.* Triode
Triodenschaltung *f* triode connection
Triodenverstärker *m* triode amplifier
Triplet *n* triplet [lens] *(Dreilinsensystem)*
Triplett *n* triplet *(Atomspektrum)*
Tripletterm *m* triplet term (level)
Triplettfeinstruktur *f* triplet fine structure
Triplettzustand *m* triplet state
Triplexbetrieb *m (Nrt)* triplex operation
Tripolantenne *f* tripole aerial
Tri-state-Gatter *n* three-state gate *(Schaltung mit drei Zuständen)*
Tri-state-Logik *f (Dat)* tristate logic
Tritt *m* 1. step; 2. footstep, footfall *(hörbar)* • **außer ~** *(MA)* out-of-step
Trittschall *m (Ak)* impact sound (noise), footfall (footstep) sound
Trittschalldämmung *f* impact-sound insulation, footfall (footstep) sound insulation
Trittschalldämpfung *f* footfall sound attenuation (absorption)
Trittschallhammerwerk *n* tapping machine
Trittschallminderung *f* impact-sound reduction
Trittschallpegel *m* impact-sound level
Trittschallschutz *m* impact-sound insulation
Trittschallschutzmaß *n* impact-protection margin
Trochotron *n* trochotron *(Schaltröhre)*
trocken 1. dry; 2. *(Ak)* aphonic, acoustically inactive (inert), [acoustically] dead
Trockenadapter *m* dehumidifier *(für Mikrofone)*
Trockenanlage *f s.* Trocknungsanlage
Trockenapparat *m s.* Trockner 1.
Trockenätzen *n* dry etching
Trockenätzmaske *f (El)* dry etch mask
Trockenbatterie *f* dry[-cell] battery
Trockenbehandlung *f* dry processing
Trockendrossel *f* dry-type reactor
Trockeneis *n* dry ice, carbon dioxide ice (snow)
Trockenelement *n* dry cell
Trockengleichrichter *m* dry (metallic) rectifier, dry plate (contact) rectifier
Trockengleichrichtergruppe *f* metallic rectifier stack [assembly]
Trockengleichrichterrelais *n* rectifier relay
Trockenkondensator *m* dry-type capacitor
Trockenkurve *f* curing diagram *(bei Isolierlacken)*
Trockenmittel *n* drier, drying agent, desiccant, dehumidifier
Trockenofen *m* drying oven (stove)
Trockenprozeß *m* drying process
Trockenprüfung *f* dry test
Trockenschleuder *f* centrifugal (spin) dryer
Trockenschrank *m* drying oven, [electric] dryer
Trockentransformator *m* dry-type transformer

~ **mit Luftkühlung** air-blast [dry-type] transformer
Trockentrommel *f* drying drum (roll); rotary dryer
Trockenüberschlagprüfung *f* dry spark-over test
Trockenverfahren *n* dry processing
Trockenwärmeprüfung *f* dry heat test *(Klimatest)*
Trockenzeit *f* stoving time *(bei ofentrocknenden Lacken)*
Trockenzentrifuge *f* centrifugal dryer
Trockenzungenrelais *n* reed relay
trocknen to dry, to desiccate, to dehumidify; to cure *(Isolierlacke)*
Trockner *m* 1. drier, dryer, drying apparatus; 2. *s.* Trockenmittel
~ **mit Widerstandsheizung** resistance drier
Trocknung *f*/**dielektrische** dielectric drying
~/**elektrische** electrodesiccation
Trocknungsanlage *f* drying plant
Trocknungsverfahren *n* drying process
Trog *m* trough; tank; tray
~/**elektrolytischer** electrolytic tank
Trogzelle *f* tank-type cell
T-Rohr *n* tee pipe
Trommel *f* drum, cylinder
Trommelabtastung *f* drum scanning
Trommeladresse *f (Dat)* drum address
Trommeladressenregister *n (Dat)* drum address register
Trommelanker *m* drum[-wound] armature, drum rotor
Trommelbelegungsplan *m (Dat)* drum layout chart
Trommelblende *f* drum shutter
Trommeldrehgeschwindigkeit *f* drum rotation speed
Trommeldurchmesser *m* drum diameter
Trommelfaktor *m* drum factor
Trommelfernsehkanalwähler *m* turret-type television tuner
Trommelgalvanisierung *f* barrel [electro]plating, drum metal plating
Trommelgeschwindigkeit *f* drum speed
Trommelläufer *m* drum rotor
Trommelmarke *f (Dat)* drum mark
Trommelnutzlänge *f* usable drum length *(Faksimile)*
Trommelnutzumfang *m* usable drum circumference *(Faksimile)*
Trommelofen *m*/**elektrischer** electric drum furnace
Trommelrotor *m* drum rotor
Trommelschnellspeicher *m (Dat)* high-speed drum store
Trommelschreiber *m* drum[-chart] recorder
Trommelspeicher *m (Dat)* drum memory (store)
Trommelwicklung *f* drum winding
Tropenausführung *f* tropical finish
tropenfest tropic-proof, tropicalized, resistant to tropical conditions
tropengeeignet suitable for tropical climate (service)
Tropenisolation *f* insulation for tropics
Tropfelektrode *f* dropping electrode
Tropfmethode *f (Galv)* dropping test *(zur Dickenbestimmung von Überzügen)*
tropfwasserdicht, tropfwassergeschützt drip-proof, drip-tight
Tropfwasserprüfung *f* drip-proof test
Tropfwasser- und Berührungsschutz/mit drip-proof screen-protected
Trübglas *n* opal glass
Trübheit *f*, **Trübung** *f* opacity; cloudiness
Trübungspunkt *m* cloud point
T-Schaltung *f* T network, tee network
T-Schaltungen *fpl*/**parallele** parallel-T network
T-Stück *n* T-piece, tee junction (connector), conduit tee *(Rohrverbindung)*
TTL *s.* Transistor-Transistor-Logik
Ttx *s.* Teletex
Tuchbespannung *f* cloth (fabric) covering
Tulpenkontakt *m* contact cluster
Tumblerschalter *m* tumbler switch
Tunnelbeleuchtung *f* tunnel lighting
Tunneldiode *f* tunnel (Esaki) diode
Tunneldiodenkennlinie *f* tunnel diode characteristic
Tunneldiodenspeicher *m* tunnel diode memory (store)
Tunneldiodenverstärker *m* tunnel diode amplifier
Tunneleffekt *m* tunnel effect, tunnelling [effect] *(Durchgang eines Ladungsträgers durch einen Potentialwall)*
Tunneleffektwiderstand *m* tunnelling resistance
Tunnelelektrolumineszenz *f* tunnel electroluminescence
Tunnelemissionsverstärker *m* tunnel emission amplifier
tunneln *(El)* to tunnel
Tunnelofen *m*/**elektrischer** electric tunnel furnace
Tunnelstrom *m* tunnel current
Tunneltransistor *m* tunnel transistor
Tunneltriode *f* tunnel triode
Tunnelübergang *m* tunnel junction
Tunnelungswahrscheinlichkeit *f* tunnelling probability
Tür *f*/**halbautomatische** semiautomatic gate *(Aufzug)*
Turbine *f* turbine
Turbinenwelle *f* turbine shaft (spindle)
Turbogenerator *m* turbo-generator, turbine-generator, turbo-alternator, inductor-type synchronous generator
Turbogeneratoreinheit *f* turbo-generator unit
Turbogeneratorsatz *m* turbo-generator set
turbulent turbulent
Turbulenz *f* turbulence
turbulenzfrei non-turbulent
Turbulenzskala *f* scale of turbulence

Türklingel *f* [electric] door bell
Türkontakt *m* door contact; car-door electric contact *(Kraftfahrzeug)*
Turm *m* tower *(Antenne)*
Turner-Filter *n (Licht)* frustrated total-reflection interference filter
Türöffner *m***/lichtelektrischer** photoelectric door opener
Türschalter *m* door switch
Türschließer *m* door closer
Türsicherungsschalter *m* safety door-interlock switch
Türsprechanlage *f* door intercom system; door interphone
Türverluste *mpl (Wä)* door losses *(z. B. eines Ofens an der geöffneten Tür)*
Türverriegelung *f* door latch (interlock)
Tuschierabdruck *m* blueing mark
t-Verteilung *f* t-distribution
T-Verzweigung *f* T-junction
Twistor *m* twistor *(Festkörperspeicherbauelement)*
Twistorspeicher *m (Dat)* twistor memory (store)
TW-Vermittlungsstelle *f s.* Telegrafiewählvermittlungsstelle
Typanerkennung *f* type approval
Typbezeichnung *f* type designation
Typendruck *m* type printing
Typendrucker *m* type printer (printing apparatus)
Typenrad *n* type (print) wheel
Typenraddrucker *m* wheel printer
Typenreinigung *f* cleaning of types
Typenrolle *f* type wheel
Typenschild *n* type plate
Typgenehmigung *f* type approval
typgeprüft type-tested
Typotron *n* typotron *(Sichtspeicherröhre)*
Typprüfung *f* type acceptance test; prototype test
Typvereinbarung *f (Dat)* type declaration
T-Zuleitung *f* tee feeder

U

UART *(Dat)* universal asynchronous receiver-transmitter
Überanpassung *f* overmatching
überbeanspruchen to overstress; to overstrain
überbelasten to overload; to overstress
überbelichten to overexpose
Überbelichtung *f* overexposure
Überbereichsmessung *f* overrange measurement
überblenden 1. to fade (change) over, to fade out and in, to fade up and down *(Ton)*; 2. to dissolve *(Film)*
Überblender *m s.* Überblendregler
Überblendregler *m (Ak, Fs, Nrt)* fading regulator, fader control[ler], fader
Überblendung *f* 1. *(Ak, Fs, Nrt)* fading, fade-over, cross-fading; 2. dissolve *(Film)*
~/scharfe cutting
~/weiche fade-over; lap dissolve
Überblendungsstufe *f* fade-over stage
überbrücken to bridge; to shunt, to bypass; to jumper *(durch Schaltdraht)*
~/durch Kurzschluß to short [out]
überbrückt bridged [across]
Überbrückung *f***[/elektrische]** 1. bridging; 2. bypass
Überbrückungsdraht *m* jumper
Überbrückungsfilter *n* bypass filter
Überbrückungskabel *n* jumper cable; *(Nrt)* interruption cable
Überbrückungskondensator *m* bypass capacitor
Überbrückungsrelais *n* impulse series relay
Überbrückungsschalter *m* bypass switch; field breaking (discharge) switch
Überbrückungsschwingkreis *m* resonant shunt
Überbrückungsstück *n* bridging connector
Überbrückungsverstärker *m (Nrt)* switching selector repeater
Überbrückungswiderstand *m (An)* bypass resistance
überdämpft overdamped
Überdämpfung *f* overdamping
überdecken 1. to sweep *(einen Bereich)*; 2. to cover; to mask; to overlap; *(ME)* to overlay *(Photolithographie)*
Überdeckung *f* 1. overlap[ping], lap; covering; *(FO, Nrt)* blanketing *(durch Störsender)*; 2. *(ME)* overlay *(Photolithographie)*
Überdeckungsfehler *m (ME)* overlay error
Überdeckungsgenauigkeit *f (ME)* overlay accuracy
Überdeckungslänge *f* overlapping length
Überdeckungsmessung *f (ME)* overlay measurement
Überdeckungsverhältnis *n (Licht)* percentage overlap
überdimensionieren to oversize
Überdrehzahl *f* overspeed
Überdrehzahlschutz *m* overspeed protection
Überdrehzahlwächter *m* overspeed monitor
Überdruck *m* overpressure
Überdruckschalter *m* maximum pressure governor
übereinandergeschichtet stacked
übereinanderliegend overlapping
übereinstimmend conformal, conformable; corresponding; in accordance; matching *(sich gleichend)*
~/nicht discordant
Übereinstimmung *f* conformity; correspondence; synchronization *(z. B. zeitlich)*; coincidence; match
~ der Zeichenfolge digit-sequence integrity
~/exakte exact match *(Informationsverarbeitung)*
~/genaue *(Ak)* [high] fidelity *(mit dem Original)*

Übereinstimmungskontrolle *f (Dat)* consistency check
überempfindlich hypersensitive
Überempfindlichkeit *f* hypersensitivity
übererregt overexcited
Übererregung *f* overexcitation
Überfall *m* overflow, overfall *(Wasserkraftwerk)*
Überfangglas *n* flashed glass
Überfangglasglocke *f* flashed glass globe
überflüssig superfluid, superliquid
überfluten to flood
Überfrequenzschutz *m* overfrequency protection
überführen to transfer; to convert
Überführung *f* transfer; transmission; conversion
~/bedingte *(Dat)* conditional transfer
Überführungswärme *f* heat of transfer
Überführungszahl *f* transference (transport) number
Übergabeleitung *f (Nrt)* interposition trunk
Übergabespannung *f* service voltage
Übergabestelle *f* interchange point, point of interconnection
Übergang *m* 1. transition; 2. change[-over]; 3. *(El)* junction *(Übergangszone)*
~/abrupter step junction
~/diffundierter diffused junction
~/direkter direct transition
~/dotierter doped junction
~/erlaubter permitted (allowed) transition
~/exponentieller exponential transition
~/gezogener grown junction
~/induzierter induced (stimulated) transition
~/kegelförmiger conical transition *(Hohlleiter)*
~/legierter alloy junction
~/linearer linear-graded junction
~/optisch erlaubter optically allowed transition
~/stimulierter stimulated (induced) transition
~/strahlender radiative (emission) transition
~/strahlungsloser radiationless transition
~/stufenförmiger step junction
~/verbotener forbidden transition
~ zu einem tieferen Niveau down transition
~ zwischen Energiebändern interband (band-to-band) transition
~ zwischen Niveaus interlevel transition
Übergangsabweichung *f***/relative** percent transient deviation
Übergangsbedingung *f* transient condition
Übergangsbereich *m* transition region (range)
Übergangsbewegung *f* transient motion
Übergangsbildung *f* junction formation
Übergangsbreite *f* junction width
Übergangsdämpfung *f (Nrt)* joint loss
Übergangsdicke *f* junction thickness
Übergangselement *n* transition element
Übergangserscheinung *f* transient effect
Übergangsfassung *f* reduction socket
Übergangsfenster *n (ME)* via window *(zwischen zwei Verbindungsleitungsebenen)*
Übergangsfläche *f* 1. interface; 2. transition surface
Übergangsform *f* transitional form
Übergangsformstück *n* connecting duct *(Kabel)*
Übergangsfrequenz *f (Nrt)* transition frequency; turnover (cross-over, change-over) frequency; *(El)* transit[ion] frequency
Übergangsfunktion *f* transfer function; transient function (response), [unit] step response
Übergangsgebiet *n s.* Übergangszone
Übergangsgeschwindigkeit *f* transition speed; slewing rate
Übergangsgradient *m* junction gradient
Übergangskapazität *f* transition capacitance; *(El)* junction capacitance
~ bei Vorspannung Null zero-bias junction capacity
Übergangskennlinie *f* transition characteristic
~/dimensionslose *(Syst)* non-dimensional response curve (characteristic)
Übergangskontaktwiderstand *m* contact resistance
Übergangskriechen *n* transient creep
Übergangslast *f* transition load
Übergangsmatrix *f (Syst)* transition matrix *(Zustandsgröße)*
Übergangsmetall *n* transition metal
Übergangsperiode *f* transition period
Übergangspotential *n (ME)* junction potential
Übergangsprozeß *m (Syst)* transient process
~/erwünschter desired transient process
Übergangspunkt *m* transition point
Übergangsrand *m* junction edge
Übergangsreaktanz *f* transient reactance
Übergangsschalter *m* transient switchgroup
Übergangsschicht *f* transient layer
Übergangsspannung *f (ME)* junction voltage
~/innere subtransient internal voltage
Übergangsstecker *m* adapter plug, plug adapter
Übergangsstrom *m* transient current
Übergangsströmung *f* transient flow
Übergangsstück *n* adapter
Übergangsstufe *f* transition stage; intermediate step
Übergangstemperatur *f* transition temperature
Übergangstiefe *f (ME)* junction depth
Übergangsverarmungsschicht *f (ME)* junction depletion layer
Übergangsverhalten *n* 1. transient response (behaviour, performance); 2. transient characteristic, characteristic (unit step) response *(Kenngröße)*
~/monotones monotonous transient response
~/optimales optimum transient response
Übergangsverkehr *m* transition traffic
Übergangsverlauf *m* transfer curve *(Vierpol)*
Übergangsverlust *m* transition loss; contact loss
Übergangsverschiebung *f* junction lag

Übergangsverzerrung *f* transient distortion; transient intermodulation
Übergangsvorgang *m* transient [phenomenon]; transient process
~ **beim Wechsel von Abtasten auf Halten** sample-to-hold switching transient
Übergangsvorgänge *mpl* **beim Ein- und Ausschalten** make-and-break transients
Übergangswahrscheinlichkeit *f* transition probability
~**/Einsteinsche** Einstein (probability] coefficient
Übergangswiderstand *m* transition resistance; contact resistance; structure footing resistance *(Freileitungsmast)*; *(ME)* junction resistance
Übergangszeit *f* transition time (period); transient time
Übergangszone *f* transition region (zone, range); *(ME)* junction region (area)
Übergangszustand *m* 1. transient [regime]; 2. activated state
übergehen/auf eine andere Welle to shift to another wave
übergießen to cover by pouring *(z. B. mit Vergußmasse)*
Übergitter *n* superlattice *(Folge von nm-dünnen, einkristallinen Schichten)*
Überglasung *f* glaze *(Isolierkeramik)*
übergreifen to overlap *(Wiedereinschaltung)*
Übergruppe *f (Nrt)* supergroup
Übergruppenträger *m (Nrt)* supergroup carrier
Überhang *m* overhang *(z. B. bei Straßenleuchten)*
Überheizungsalarm *m* overheating warning
Überhitzung *f***/lokale (örtliche)** local overheating
Überhitzungsschutz *m* overheating protection
Überhöhungsfaktor *m* advantage factor *(Reaktortechnik)*
überholen to overhaul, to recondition
Überholprogramm *n (Dat)* overhaul program
Überhörfrequenz *f* ultrasonic (superaudible) frequency
Überhorizontübertragung *f (Nrt)* over-the-horizon transmission
Überhorizontverbindung *f (Nrt)* transhorizon link
Überkompensation *f* overcompensation
überkompensieren to overcompensate
Überkompoundierung *f* overcompounding
Überkorrektion *f*, **Überkorrektur** *f* overcorrection
überkorrigieren to overcorrect
überkreuzen/sich to cross
Überkreuzung *f* 1. overcrossing; overhead crossing *(beim Fahrdraht)*; 2. cross-over
Überkreuzungsstelle *f* cross-over point
überkritisch supercritical, hypercritical
überladen to overload; to overcharge *(z. B. Batterie)*
Überladung *f* overload; overcharge, overcharging *(Akkumulator)*
Überlagerer *m s.* Überlagerungsoszillator
überlagern to super[im]pose; *(Nrt)* to heterodyne
überlagert/mit Gleichstrom superposed with direct current
Überlagerung *f* 1. super[im]position, interference *(von Wellen)*; *(Nrt)* [super]heterodyning; 2. *(ME)* overlay
~ **von Stoßspannungen** *(Fs)* black-level shift
Überlagerungsabschnitt *m* overlay *(Programm)*
Überlagerungsanalysator *m* heterodyne analyzer
Überlagerungsdetektor *m* heterodyne (beat) detector
Überlagerungseffekt *m* super[im]position effect; beat effect
Überlagerungsempfang *m (Nrt)* [super]heterodyne reception, beat (double-detector) reception
Überlagerungsempfänger *m (Nrt)* [super]heterodyne receiver, superhet, beat receiver
Überlagerungsfrequenz *f* heterodyne (beat) frequency; *(Nrt)* supertelephone frequency
Überlagerungsfrequenzmesser *m* heterodyne frequency meter
Überlagerungsgenerator *m* heterodyne generator (oscillator)
Überlagerungskode *m* superimposed code
Überlagerungskomponente *f* beat component
Überlagerungskreis *m* superposed circuit
Überlagerungsnachweisverfahren *n* heterodyne detection [technique] *(Prüfverfahren)*
Überlagerungsoszillator *m* heterodyne oscillator, beat[-frequency] oscillator, BFO; local oscillator
Überlagerungsoszillatorröhre *f* local-oscillator tube
Überlagerungspfeifen *n* heterodyne whistle
Überlagerungsprinzip *n* superposition principle; heterodyne principle
Überlagerungssatz *m* superposition theorem
Überlagerungsschaltung *f* superheterodyne circuit
Überlagerungsschwingung *f* heterodyne oscillation; local oscillation
Überlagerungssegment *n* overlay *(Programm)*
Überlagerungssteilheit *f* conversion transconductance
Überlagerungsstörung *f* heterodyne interference
Überlagerungsstrom *m* superposed current
Überlagerungssummer *m* heterodyne generator
Überlagerungstechnik *f* heterodyne detection [technique] *(Prüf- und Nachweisverfahren)*
Überlagerungstelefonie *f* superposing telephony
Überlagerungstelegrafie *f* super[im]posed telegraphy, superaudio telegraphy
Überlagerungston *m* beat note
Überlagerungsunempfindlichkeit *f* immunity to interference
Überlagerungsverfahren *n* beat method
Überlagerungsvorsatzgerät *n (Nrt)* superheterodyne converter
Überlagerungswellenmesser *m* heterodyne wavemeter (frequency meter)
Überlagerungswirkung *f* beat effect

Überlagerungswirkungsgrad *m* conversion efficiency *(eines Klystronoszillators)*
Überland[frei]leitung *f* [long-distance] transmission line, overhead transmission (supply) line
Überlandzentrale *f (Eü)* rural (long-distance) power station
überlappen/sich to overlap
Überlappung *f* overlap[ping], lap *(z. B. in der Isolierwickeltechnik)*
Überlappungsintegral *n* overlap integral
Überlappungskapazität *f* overlap capacitance
Überlappungsschalter *m* make-before-break switch
Überlappungswinkel *m* overlap angle
Überlappungszeit *f* overlap time; bridging time
Überlassen *n* **von Leitungen** *(Nrt)* leased-circuits service
Überlast *f* overload; overcharge *(Akkumulator)*
~ **eines Meßmittels** overload of a measuring instrument
Überlastanzeiger *m* overload indicator
Überlastausschalter *m* overload circuit breaker
Überlastbarkeit *f* overload capability (capacity)
~**/elektrische** electric overload capacity
~**/thermische** thermal overload capacity
Überlastbarkeitsbereich *m* overload margin
Überlastdrehmoment *n* excess torque
überlasten to overload
überlastgeschützt overload-protected
Überlastgrenze *f* overload limit
Überlastkupplung *f* safety clutch
Überlastniveau *n* overload level
Überlastprüfung *f* overload test
Überlastrelais *n* overload (overcurrent) relay
~**/thermisches** overload temperature relay, thermal overload capacity relay
Überlastschalter *m* overload circuit breaker
Überlastschutz *m s.* Überlastungsschutz
Überlaststrom *m* overload current
Überlastung *f* 1. overload[ing]; overstrain; 2. *s.* Überlast
Überlastungsauslöser *m* overload release
Überlastungsauslösung *f* overload release
Überlastungsfähigkeit *f s.* Überlastbarkeit
Überlastungsfaktor *m* overload factor
Überlastungsgrenze *f* overload limit
Überlastungsschutz *m* 1. overload protection; 2. overload protector (protective device) • **mit** ~ overload-protected
Überlastungsstoßstrom *m* overload surge current
Überlauf *m* 1. spill-over, overflow *(Wasserkraftwerk)*; 2. *(Dat)* overflow *(z. B. des Zahlenbereichs, der Speicherkapazität)*; *(Nrt)* overrun
Überlaufanzeige *f (Dat)* overflow indication
Überlaufanzeigeeinrichtung *f (Dat)* overflow detector
Überlaufbelegung *f* overflow call
Überlaufbit *n (Dat)* overflow bit
Überlaufempfangslocher *m* overflow reperforator
überlaufen *(Dat)* to skip
Überlaufen *n (Nrt)* racing-over
Überlaufkontakt *m (Nrt)* overflow contact
Überlaufkontrolle *f (Dat)* overflow control
Überlaufmenge *f* spill volume *(Daten)*
Überlaufplatz *m (Nrt)* overflow position
Überlaufschalter *m (Dat)* overflow switch
Überlaufsystem *n* overflow system
Überlaufverkehr *m (Nrt)* overflow traffic
Überlaufweg *m (Nrt)* overflow route
Überlaufzähler *m (Nrt)* analysis meter
Überlebensfähigkeit *f* **/bedingte** conditional probability of survival
~ **von Fernmeldenetzen** survivability of communication networks
Überleitungsamt *n (Nrt)* transfer exchange
Überleitungseinrichtung *f* transfer facility
überlesen to ignore *(Informationsverarbeitung)*
Überloch *n* overpunch *(Lochkarte)*
überlochen to overpunch *(Lochkarte)*
Überlochung *f* overpunching
Überlochzeichen *n* overpunch character
übermitteln to transmit
~**/als Fernschreiben** to telex
~**/funktelefonisch** to radiotelephone
~**/telegrafisch** to telegraph, to send by telegraph
Übermittlung *f (Nrt)* transmission
~ **in Reihen** transmission in series
~**/nochmalige** retransmission
~ **von Gleichstromzeichen** direct-current transmission, d.c. transmission
~**/wechselweise** alternate operation
Übermittlungsabschnitt *m (Nrt)* transmission section
Übermittlungsende *n* end of message
Übermittlungsfehler *m (Nrt)* message error
Übermittlungsschlußzeichen *n (Nrt)* end-of-message signal
Übermittlungssicherheit *f (Nrt)* transmission security
Übermodulation *f* overmodulation
übermodulieren to overmodulate
Übernahme *f* taking-over
Übernahmebericht *m* taking-over report
Übernahmekennlinie *f* transition characteristic *(Thyratron)*
Übernahmestrom *m* take-over current
Übernahmetaste *f* enter key
überprüfen to check, to inspect; to monitor
Überprüfung *f* check; *(Dat)* check-back
~ **am Einsatzort** field check
Überputzdose *f* surface-type box
Überputzschalter *m* surface switch
Überputzsteckdose *f* surface socket
Überrahmen *m* multiframe *(Pulskodemodulation)*
Überregelung *f (Syst)* overshooting
Überregelungsfaktor *m* overshooting ratio *(Verhältnis der Überregelung zum stationären Wert)*
Überreichweite *f* overshoot, overrange, overcoverage

Überreichweitenverbindung *f* *(Nrt)* over-the-horizon link
Überrückkopplung *f* superregeneration
übersättigen to supersaturate
Überschallgeschwindigkeit *f* supersonic (hypersonic) speed, supersonic velocity
Überschallichtzelle *f* supersonic light relay
Überschallknall *m* sonic boom
Überschallplasmabrenner *m* supersonic plasma burner
Überschallstrom *m* supersonic flow (stream)
Überschaltdrossel *f* centre-tapped reactor; transition coil
überschalten to change over
Überschaltwiderstand *m* transition resistance
Überschießeffekt *m* *(ME)* overshoot effect
Überschlag *m* 1. arc-over, spark-over, flash-over, breakover *(z. B. Funken, Lichtbogen)*; 2. estimate, estimation
überschlagen 1. to spark over, to flash over *(Lichtbogen)*; 2. to estimate
Überschlagen *n* **eines Funkens** spark-over
Überschlaglöscheinrichtung *f* flash suppressor
Überschlagprüfung *f* flash-over test, spark-over test
~/trockene dry spark-over test
Überschlagschutz *m* flash guard
Überschlagspannung *f* arcing (sparking) voltage, spark-over (flash-over) voltage; needle-point voltage *(Spitzenfunkenstrecke)*
50%-Überschlagspannung *f* critical impulse flash-over voltage
Überschlagstoßspannung *f* spark-over impulse voltage, impulse flash-over voltage
~/50%ige 50% impulse flash-over voltage
Überschlagstrecke *f* spark-over path (distance), flash-over distance
Überschlagweite *f* sparking distance (gap) *(eines Funkens)*
überschneiden/sich to overlap; to intersect
Überschneidungsfrequenz *f* cross-over frequency
überschreiben *(Dat)* to overwrite
Überschreibung *f* **eines Fernsprechanschlusses** transfer of a telephone agreement
überschreiten to exceed; to overshoot; to overtravel
Überschreitung *f* exceeding; overrange *(z. B. des Meßbereichs)*; overtravel; *(Dat)* overflow *(z. B. des Zahlenbereichs, der Speicherkapazität)*
Überschreitungspegel *m* exceedance level
Überschuß-Drei-Kode *m* *(Dat)* excess-three code
Überschußelektron *n* excess electron
Überschußenergie *f* excess (surplus) power
Überschußhalbleiter *m* excess (n-type) semiconductor
Überschußinformation *f* redundant information
Überschußladung *f* excess charge
Überschußladungsträger *m* excess carrier
überschußleitend *(El)* n-conducting, n-type
Überschußleitung *f* *(El)* excess (n-type) conduction
Überschußloch *n* excess hole
Überschußtechnik *f* redundancy technique
Überschußträger *m* excess carrier
Überschwingbegrenzer *m* anti-overshoot *(in Regelkreisen)*
Überschwingen *n* *(Syst)* overshoot[ing]; overtravel; *(Fs)* ringing
~/maximales peak overshoot
Überschwingung *f* *(Meß)* ballistic (damping) factor *(relative Größe)*
Überschwingweite *f* *(Syst)* transient overshoot; *(Meß)* maximum overshoot
Überschwingzeit *f* *(Syst)* overshoot period *(z. B. bei einer Übergangsfunktion)*
Überseefernwahl *f* *(Nrt)* overseas dialling
Überseekabel *n* *(Nrt)* transoceanic cable
Überseeverbindung *f* *(Nrt)* transoceanic communication
Überseeverkehr *m*/**drahtloser** *(Nrt)* transoceanic radio traffic (service)
übersetzen to translate *(Daten, Informationen)*; to compile
Übersetzer *m* 1. *(Dat)* translator; interpreter; compiler *(Programm)*; transcriber *(Kodeumsetzer)*; 2. *(Nrt)* coder; decoder
~/elektrooptischer electrooptical translator
Übersetzung *f* 1. translation; 2. *(ET)* transformation ratio; 3. *(MA)* transmission (gear) ratio *(Getriebe)*
~/automatische automatic translation
~/maschinelle machine translation
~ von Algorithmen algorithm translation
Übersetzungsfehler *m* *(ET)* ratio error *(in Prozenten)*
Übersetzungsgetriebe *n* transmission gear
Übersetzungsprogramm *n* *(Dat)* translating program, compiling routine; assembler, assembly program *(von Programm- in Maschinensprache)*
Übersetzungsverhältnis *n* 1. *(ET)* transformation (voltage) ratio *(Transformator)*; turn[s] ratio *(der Windungen)*; 2. *(MA)* transmission (gear) ratio *(Getriebe)*
~ eines Transformators transformer [voltage] ratio, transformation (voltage) ratio of a transformer
~/tatsächliches true transformation ratio
Übersicht *f* 1. survey; 2. summary
Übersichtsleuchtdiagramm *n* luminous flow line diagram
Übersichtsplan *m* *(Nrt)* communication chart
Übersichtsschaltplan *m* survey diagram
Übersichtsverfahren *n* survey method *(Verfahren geringer Genauigkeit)*
Überspannung *f* overvoltage, excess[ive] voltage
~/atmosphärische overvoltage of atmospheric origin

~/äußere external overvoltage
~/innere internal overvoltage
~/konzentrationsbedingte concentration overvoltage
~/transiente transient overvoltage
~/zeitweilige temporary overvoltage
Überspannungen *fpl* **kurzer Stirndauer** fast transients *(im Nanosekundenbereich)*
Überspannungsabfall *m* decrease in overvoltage
Überspannungsableiter *m* overvoltage (surge) arrester, [lightning] arrester
~/elektrolytischer electrolytic lightning arrester
~/funkenstreckenloser *(Eü)* gapless arrester
~/gasgefüllter *(Nrt)* gas-filled protector
~ mit Luftstrecke *(Nrt)* air-gap protector
Überspannungsart *f* type of overvoltage
Überspannungsauslösung *f* overvoltage release (tripping)
Überspannungsbegrenzer *m* overvoltage limiter (suppressor), voltage surge protector
Überspannungsbegrenzungsschaltung *f* surge suppression circuit
überspannungsfest overvoltage-proof
Überspannungsprüfung *f* overvoltage test
Überspannungsrelais *n* overvoltage relay
Überspannungsschalter *m* overvoltage circuit breaker
Überspannungsschutz *m* overvoltage (excess voltage) protection; surge protection *(Wanderwellenschutz)*
Überspannungsschutzeinrichtung *f* overvoltage protector (protective device)
Überspannungsschutzschalter *m* overvoltage safety switch
überspannungssicher overvoltage-proof
Überspannungsstoß *m* overvoltage transient, surge
Überspannungs[stoß]welle *f* overvoltage (excess voltage) wave, surge
Überspeichereffekt *m* *(Dat)* overstorage effect
Überspieladapter *m* dubbing adapter
überspielen to rerecord, to transfer; to tape, to put on tape; to dub *(mischen)*
Überspielen *n* rerecording; tape dubbing *(Bänder, Kassetten)*
~ mit erhöhter Geschwindigkeit high-speed dubbing
Überspielgerät *n* copier
Übersprechdämpfung *f* cross-talk attenuation
Übersprechen *n* *(Nrt, Dat)* cross talk, cross feed, cross-talk noise • **ohne** ~ cross-talk-proof
~ der Seitenfrequenzen sideband splash
~ zwischen den Kanälen interchannel cross talk
Übersprechkopplung *f* *(Nrt)* cross coupling, side-to-side unbalance
Übersprechstörung *f* cross-talk interference
überspringen 1. to spark (flash) over *(Funken)*; 2. *(Dat)* to skip *(z. B. Befehle, Programmteile)*
Überspringen *n* 1. spark-over, flash-over *(Funken)*; 2. mode shift *(Magnetron)*; 3. *(Dat)* skipping
~ von Rillen groove skipping *(Schallplatte)*
überstanzen *(Dat)* to overpunch
übersteuern to overmodulate, to overdrive *(z. B. Elektronenröhren)*; to override *(Impuls)*; to overload
Übersteuerung *f* overmodulation, overdriving; overload[ing]
Übersteuerungsanzeiger *m* overload (clipping) indicator
Übersteuerungsbetrieb *m* overdrive mode
Übersteuerungspunkt *m* overload point
~ des Verstärkers *(Nrt)* amplifier saturation point
Übersteuerungsreserve *f* power-handling capacity, crest factor capability, overload margin; peak-handling capacity; *(Ak)* headroom
Übersteuerungsschalter *m* override switch
Übersteuerungsschutzrelais *n* signal overload relay
Überstrahlung *f* *(Nrt)* overshoot (overthrow) distortion; *(Fs)* bloom[ing]
überstreichen to sweep [over], to cover; to scan
~/einen Bereich to cover a range
Überstreichung *f*/**kontinuierliche** continuous coverage *(eines Bereichs)*
Überstrom *m* overcurrent, excess[ive] current; surge current *(Stoßstrom)*; forward overload current *(beim Thyristor)*
~ bei Aussetzbetrieb overload current during intermittent operation
Überstromauslöser *m* *(Ap)* overcurrent (overload) trip; series [overcurrent] trip *(mit direkter Strommessung)*
~/abhängig verzögerter inverse time-delay overcurrent release
~/zeitabhängig verzögerter inverse time-lag overcurrent release
~/zeitunabhängig verzögerter definite time-lag overcurrent release
Überstromauslöserelais *n* **mit Wiedereinschaltautomatik** recycling overcurrent relay
Überstromauslösung *f* overcurrent (overload) release, overcurrent circuit breaking, tripping
~/dynamische inverse-time overcurrent tripping
~/stromunabhängig verzögerte definite time-lag overcurrent release
Überstromausschalter *m* overcurrent circuit breaker
Überstromautomat *m* overload trip (tripping device)
Überstromfaktor *m* overcurrent factor
Überstromklasse *f* overcurrent class
Überstromrelais *n* overcurrent (overload, maximum current) relay
~/magnetisches magnetic overload relay
~/richtungsabhängiges directional overcurrent relay

Überstromrichtungsrelais *n (Eü)* directional overcurrent relay
Überstromschalter *m* overcurrent (overload) switch; overcurrent (maximum) circuit breaker; line contactor (circuit breaker)
~/**einpoliger** single-pole overcurrent circuit breaker
Überstromschutz *m* overcurrent (overload) protection
~/**gerichteter (richtungsabhängiger)** *(An)* directional overcurrent protection
Überstromschutzschalter *m s.* Überstromschalter
Überstromselektivität *f* overcurrent discrimination
Überstromspule *f* overcurrent (overload) coil
Überstrom-Unterspannungs-Schalter *m* overcurrent-undervoltage circuit breaker
Überstromventil *n* overcurrent valve
Überstromzeitauslöser *m*/**begrenzt abhängiger** inverse time-lag overcurrent trip with definite minimum
Überstromzeitrelais *n* overcurrent time relay, time overcurrent relay
Überstromzeitschutz *m* overcurrent time protection
~/**abhängiger** inverse-time overcurrent protection
übersynchron supersynchronous
Übertemperatur *f* excess temperature, overtemperature
Übertonfrequenz *f* superaudible frequency
Übertrag *m (Dat)* carry, CY, carry-over
~/**automatischer** self-instructed carry
~ **in die nächsthöhere Stelle** carry-out
~/**künstlicher** artificial carry
~/**lokaler** local carry
~/**selbsttätiger** self-instructed carry
~/**teilweiser** partial carry
~/**vollständiger** complete carry
~ **von vorheriger Stelle** carry-in
Übertragbarkeit *f* transmissibility; transferability; portability *(von Programmen)*
übertragen 1. to transfer; to transmit; 2. to radio *(durch Funk)*; to broadcast *(Rundfunksendung)*; 3. *(Dat)* to carry [over]; 4. to map *(Schaltkreisentwurf)*
~ **auf/Energie** to transfer (transmit) energy to
~/**durch Fernsehen** to televise, to telecast
~/**durch Relaisstationen** to relay
~/**durch Rundfunk** to broadcast
~/**elektrische Energie** to transmit electric energy
~/**im Fernsehen** to televise, to telecast
~/**nochmals** to rebroadcast *(eine Sendung wiederholen)*
Übertrager *m* transmitter; transformer; *(Nrt)* repeating coil
~/**angepaßter** matched transformer
~/**fahrbarer** mobile transmitter
~/**quarzstabilisierter** crystal-stabilized transmitter
~/**symmetrischer** *(Nrt)* three-coil transformer

Übertrageramt *n (Nrt)* repeating station
Übertragerbrücke *f* transformer bridge
Übertragergestell *n (Nrt)* repeating coil rack
Übertragerpaar *n (Nrt)* matched repeating coils
Übertragerprüfgestell *n (Nrt)* repeater test rack
Übertragerspule *f (Nrt)* repeating coil
Übertragerstreuung *f* leakage of transformer
Übertragerverlust *m* transformer loss
Übertragerverzerrung *f* transformer distortion
Übertragsbit *n (Dat)* carry bit
Übertragskontakt *m (Dat)* carry[-over] contact
Übertragssignal *n (Dat)* carry[-over] signal
Übertragszeit *f (Dat)* carry[-over] time
Übertragszelle *f* carry cell
Übertragung *f* 1. transfer[ence]; transmission, transmitting; 2. *(Dat)* translation; transcription *(vom Band)*
~/**abschnittsweise** *(Nrt)* retransmission
~/**asynchrone** *(Nrt)* asynchronous transmission
~ **auf Kabeln** cable transmission
~/**aufeinanderfolgende** serial transfer
~ **bei schrägem Einfall** oblique-incidence transmission
~/**blockweise** block transfer *(von Daten)*
~ **des geschlossenen Regelkreises** closed-loop transfer function
~ **des Impulsdachs** pulse top transmission
~ **des Zählerstands** count transmission
~/**direkte** direct transmission
~/**drahtlose** radio transmission
~/**elektrische** electric transmission *(Kraft)*
~/**faseroptische** optical-fibre transmission
~/**fernmeldetechnische** telecommunication
~/**frequenzgetastete** frequency shift transmission
~/**gleichzeitige** simultaneous transmission
~ **großer Datenmengen** bulk transmission of data
~ **innerhalb eines Netzes** intrapool transmission
~/**kodetransparente** *(Nrt)* code transparent transmission
~ **mit einer [einzigen] Reflexion** *(Nrt)* one-hop transmission
~ **mit Gleichstromanteil** *(Nrt)* direct-current transmission, d.c. transmission
~ **mit negativer Modulation** negative transmission
~ **mit unterdrückter Trägerwelle** *(Nrt)* suppressed-carrier transmission
~ **mittels Lochstreifens/abschnittsweise** *(Nrt)* perforated tape retransmission
~ **ohne Gleichstromanteil** *(Nrt)* alternating-current transmission, a.c. transmission
~/**optische** optical (fibre optic) transmission
~/**schlechte** poor transmission
~ **sehr breiter Frequenzbänder** *(Nrt)* transmission of very wide frequency bands
~/**serielle** serial transmission (transfer)
~/**simultane** simultaneous transmission
~/**trägerfrequente** carrier transmission

~ **über Nebenwege** *(Ak)* flanking transmission
~ **von elektrischer Energie** electric energy transmission
~ **von Sprache und Daten/abwechselnde** alternate voice/data [transmission]
~ **von Sprache und Daten/gleichzeitige** data over voice [transmission]
~/**wiederholte** retransmission
Übertragungsabschnitt *m* transmission link
Übertragungsadmittanz *f* transfer admittance
Übertragungsanforderung *f* information request message
Übertragungsanlage *f* sound [transmission] system
~/**stereophone** stereophonic sound system
Übertragungsart *f* mode of transmission
Übertragungsband *n* transmission band; communication band
Übertragungsbandbreite *f* transmission bandwidth
Übertragungsbefehl *m* transfer command (instruction)
~/**bedingter** conditional transfer instruction
Übertragungsbereich *m* transmission range
Übertragungsbestätigungszeichen *n* transmission confirmation signal
Übertragungsblockierung *f* transmission failure
Übertragungscharakteristik *f* transfer characteristic
Übertragungsdämpfung *f* transmission loss
Übertragungseigenschaften *fpl* transmission properties
Übertragungseinheit *f* transmission unit
Übertragungseinrichtung *f* transmission equipment
Übertragungsende *n* end of message
Übertragungsendezeichen *n* end-of-transmission character
Übertragungsfähigkeit *f* transmitting capacity
Übertragungsfaktor *m* 1. transmission factor; *(Syst)* transfer coefficient (factor); 2. gain *(im Sinne von Verstärkung)*
~/**axialer** *(Ak)* axial response (sensitivity)
~ **bei hohen Frequenzen** treble (high-frequency) response
~ **bei naher Besprechung** close-talking response (sensitivity)
~ **bei tiefen Frequenzen** bass (low-frequency) response
~ **des D-Glieds** *s.* ~/differentieller
~/**differentieller** derivative-action factor, differential-action factor
~ **eines Vierpols** quadripole propagation factor (constant)
~/**elektroakustischer** electroacoustic transmission factor
~ **für das freie Schallfeld** free-field response (sensitivity)
~ **für Schall** acoustic sensitivity
~ **im diffusen Schallfeld** random[-incidence] response, random[-incidence] sensitivity
~ **im Durchlaßbereich** *(Ak)* pass-band gain
~ **in Achsrichtung** *(Ak)* on-axis response
~ **in Querrichtung** transverse axis response (sensitivity), transverse response
~/**integraler** integral-action factor
~/**proportionaler** proportional-action factor
~/**relativer** relative response
Übertragungsfehler *m* [line] transmission error, message error
Übertragungsfilter *n* transmission filter
Übertragungsfolgeschalter *m* transfer sequence switch
Übertragungsfrequenz *f* transmission frequency
Übertragungsfrequenzband *n* transmission band
Übertragungsfrequenzgang *m* frequency response
Übertragungsfunktion *f* 1. *(Syst)* transfer function; 2. performance operator *(Operatorenrechnung)*
~ **der Rückführung** feedback transfer function
~ **des Ausgangssignals** output transfer function *(Regelkreis)*
~ **des geschlossenen Regelkreises** closed-loop transfer function, transfer function of the closed-loop system
~ **des Glieds** component transfer function
~ **des offenen Regelkreises** open-loop transfer function
~ **des Regelkreises** closed-loop transfer function, output transfer function
~ **des Stellglieds** actuating transfer function
~ **des Vorwärtszweigs** forward transfer function *(Regelkreis)*
~ **für zwei Frequenzen** bifrequency transfer function *(bei Gliedern mit zeitlich veränderlichen Parametern)*
~/**optimale** optimum transfer function
Übertragungsfunktionsrechner *m* transfer function computer
Übertragungsgenauigkeit *f* transmission accuracy
Übertragungsgeschwindigkeit *f* transmission rate (speed); *(Nrt)* transfer rate, signalling speed
~/**äquivalente** equivalent bit rate
Übertragungsgewinn *m* transmission gain; transducer gain
Übertragungsgleichung *f* transfer equation
Übertragungsglied *n* *(Syst)* transmission (transfer) element; block [link] *(im Blockschema)*
~/**binäres** binary element
~/**elektrohydraulisches** electrohydraulic component
~/**lineares** linear transmission element
~ **mit Feder und Dämpfungskörper** spring-dashpot element
~/**nichtlineares** non-linear transmission element; non-linear gain element

Übertragungsgüte *f* transmission quality (performance), transfer quality; merit *(im Funksprechbetrieb)*
~ **für Sprache** quality of speech, voice quality
Übertragungsgüte-Index *m* transmission performance rating
Übertragungsimpedanz *f*/**mechanische** mechanical transfer impedance, transfer mechanical impedance
Übertragungsimpuls *m* transmitting pulse
Übertragungskanal *m* communication channel, [transmission] channel
Übertragungskapazität *f* transmission capability
Übertragungskennlinie *f* transfer characteristic (curve) *(Vierpol)*; gain characteristic
Übertragungskennung *f* transmission identification
Übertragungskode *m* line code
Übertragungskonstante *f* transmission (transfer) constant
Übertragungskontrolle *f (Dat)* transfer check
Übertragungskreis *m* transmission (transfer) circuit
Übertragungskurve *f (Ak)* response (fidelity) curve
Übertragungslage *f* **von TF-Gruppen** *(Nrt)* group allocation
Übertragungsleistung *f* transmission efficiency; transmission (transfer) power
Übertragungsleitung *f* transmission line
~/**abgeschirmte** shielded transmission line
~/**angepaßte** matched transmission line
~ **mit Kreuzungsausgleich** transposed transmission line
~/**symmetrische** balanced transmission line
Übertragungsleitwert *m* transfer conductance; transconductance *(Bipolartransistor)*
~ **rückwärts** reverse transfer admittance
~ **vorwärts** forward transfer admittance
Übertragungsmaß *n* 1. transmission (transfer) constant; image transfer constant *(des Vierpols)*; propagation factor (constant); 2. *(Ak)* sensitivity level
~ **eines Vierpols** quadripole propagation factor (constant), quadripole image transfer constant
~/**relatives** frequency response level
Übertragungsmatrix *f (Syst)* transfer matrix
Übertragungsmedium *n* transmission (transmitting) medium
Übertragungsmeßeinrichtung *f*/**automatische** *(Nrt)* automatic transmission measuring equipment, ATME
Übertragungsmeßpegel *m* transmission measuring level
Übertragungsmittel *n (Nrt)* communication medium
Übertragungsmodell *n* transmission model
Übertragungsnetz *n* transmission network, primary transmission network, primary system
Übertragungspegel *m* transmission level
Übertragungspegelmeßplatz *m* transmission measuring set
Übertragungsplanung *f* transmission layout
Übertragungsprüfeinrichtung *f (Nrt)* transmission-testing equipment
Übertragungsprüfung *f (Dat)* transfer check
Übertragungsrichtung *f (Nrt)* direction of transmission
Übertragungsschalter *m* transfer switch
Übertragungsschnittstelle *f*/**programmierbare** programmable communication interface
Übertragungsschnittstellenbaustein *m*/**asynchroner (asynchron arbeitender)** asynchronous communications interface adapter, ACIA
~/**programmierbarer** programmable communications interface
Übertragungsschnittstellenschaltung *f*/**asynchron arbeitende** asynchronous communications interface adapter, ACIA
Übertragungssicherheit *f* transmission reliability
Übertragungsspannung *f* transfer voltage
Übertragungssteuerung *f (Nrt)* link control
Übertragungssteuerverfahren *n* link control procedure
Übertragungsstrecke *f*/**zweiseitig benutzbare** *(Nrt)* bidirectional line
Übertragungsstromkreis *m (Nrt)* communication[s] circuit
Übertragungssystem *n* transmission system; *(Nrt)* communication[s] system
~/**optisches** light wave [transmission] system
~/**quellenloses** sourceless transmission system
Übertragungstechnik *f (Nrt)* transmission technique
Übertragungs- und Vermittlungsnetz *n*/**integriertes digitales** *(Nrt)* integrated digital transmission and switching network
Übertragungsverfahren *n* transmission mode
Übertragungsverhalten *n* transient response (characteristic)
Übertragungsverhältnis *n* transfer ratio
Übertragungsverlust *m* transmission loss, loss in transmission
~/**zusätzlicher** transmission penalty
Übertragungsverzerrung *f* transmission distortion
Übertragungsverzögerung *f* transmission lag; *(Syst)* transfer lag
Übertragungswagen *m* outside broadcast vehicle, OB van, mobile substation (transmission unit)
Übertragungsweg *m (Nrt)* communication path *(s. a.* Übertragungskanal*)*; transmission path *(Graph)*
~/**automatisch betriebener** automatically operated circuit
~/**drahtgebundener** land line
~ **für den Begleitton** effects circuit
~ **für hohe Geschwindigkeiten** high-speed circuit
~/**überlagerter** superposed circuit

Übertragungswiderstand *m* transfer resistance
Übertragungswinkel *m* transmission angle
Übertragungswirkungsgrad *m* transmission efficiency
Übertragungszeit *f (Nrt)* transmission time
Übertragungszustand *m (Syst)* transfer state
Übertragzähler *m* carry counter
Überverbrauch *m* overload consumption
Überverbrauchszähler *m* excess meter
Überverbunderregung *f* overcompound excitation
Überverdichtung *f* overcompression, overpressure
überwachen to monitor; to supervise, to observe; to control
~/die Aussteuerung to monitor the [transmission] level
~/getrennt to monitor separately
~/nach Gehör to monitor aurally
Überwachsen *n (ME)* overgrowth *(einer Schicht)*
Überwachung *f* monitoring; supervision, observation; control; checking
~ der Aussteuerung [transmission] level control, dynamic-range control
~ der Besetzt- und Verlustfälle *(Nrt)* congestion supervision
~ der Maschine/technische machine attendance
~ durch Stichproben sampling observations
~/laufende routine test
~ während des Betriebs in-service monitoring
~/zyklische sequential monitoring
Überwachungsbauteil *n* control element
Überwachungseinheit *f* watchdog unit; watchdog monitor
Überwachungseinrichtung *f* supervisory equipment (system); monitor[ing] equipment
Überwachungsempfänger *m* monitoring [radio] receiver
Überwachungsfrequenz *f (Nrt)* monitoring frequency
Überwachungsgerät *n* monitoring instrument, monitor; surveillance instrument (device)
Überwachungsgestell *n (Nrt)* supervisory rack
Überwachungsglied *n* monitoring (supervisory) element
Überwachungskontakt *m* controlling contact *(am Schaltgerät)*; detector contact *(in Regelanlagen)*
Überwachungskreis *m* supervising circuit
Überwachungslampe *f (Nrt)* supervisory (pilot) lamp
Überwachungsplatz *m (Nrt)* observation desk, supervisor's position (desk)
~/zentraler central monitoring position, C.M.P.
Überwachungsprogramm *n (Dat)* supervising program, supervisor, monitor program; check[ing] routine; tracing routine
~/allgemeines general [monitor] checking routine
Überwachungspult *n* control desk; *(Nrt)* monitor[ing] desk
Überwachungsradar *n* surveillance radar
Überwachungsradargerät *n* surveillance radar unit
Überwachungsrelais *n* supervisory relay
Überwachungsschalter *m* monitoring switch
Überwachungsschrank *m (Nrt)* service-observing board
Überwachungsspeicher *m (Dat)* guard memory (store)
Überwachungsstation *f* control station
Überwachungssystem *n* supervisory system, monitor[ing] system
Überwachungszeichen *n (Nrt)* supervisory (pilot) signal
Überwachungszeit *f* check time
überweisen to transfer
Überweisung *f* transfer
Überweisungsfernamt *n (Nrt)* transfer exchange
Überweisungsleitung *f (Nrt)* transfer line, trunk junction
Überweisungswähler *m (Nrt)* allotting switch
überziehen to cover; to clad *(z. B. mit Metall)*; to coat *(beschichten)*
~/mit Kupfer to copper[-plate]
~/mit Metall to metal-coat; to clad
Überziehen *n* **durch Heißtauchen** hot-dip coating; hot dipping
~/galvanisches [electro]plating
überzogen/mit Polyamid polyamide-coated
Überzug *m* cover; cladding *(z. B. aus Metall)*; [protective] coating; film
~/anodisch hergestellter anodic (anodized) coating
~/anodischer sacrificial (galvanic) coating
~/aufgespritzter sprayed coating
~/elektrophoretisch abgeschiedener electrophoretic coating
~/galvanischer electrodeposit, [electro]plate, galvanic coating
~/gelartiger gel-coat finish
~/glänzender bright plate
~/lichtempfindlicher photosensitive coating
~/nichtmetallischer non-metallic coating
~/verbrannter burned (burnt) deposit
Überzugsharz *n* coating resin
Überzugslack *m* coating (finishing) varnish, finish
Überzugsleitfähigkeit *f* coating conductivity
Überzugsmaterial *n* covering material; coating material
U-Bewertung *f (Ak)* U weighting
Übungsgerät *n* training device
U-Graben-MOSFET *m*, **U-Graben-MOS-Transistor** *m* U-groove metal-oxide semiconductor field-effect transistor, U-groove MOSFET, UMOSFET
UHF *s.* Ultrahochfrequenz
UHF-Senderfrequenz *f* ultrahigh-frequency transmitter frequency
UHP-Lichtbogenofen *m* ultrahigh-power arc furnace

Uhr f/elektrische electric clock
~/quarzgesteuerte crystal[-controlled] clock
Uhrenbatterie *f* watch cell
Uhrenschaltkreis *m* crystal-clock integrated circuit, crystal-clock IC
Uhrprogramm *n* clock program
Uhrwerk *n* clockwork driver *(z. B. für Meßschreiber)*
Uhrzeigersinn *m* clockwise direction
UI-Charakteristik *f s.* Spannungs-Strom-Charakteristik
U-Karte *f* control chart for numbers of defects per unit *(Leiterplattenherstellung)*
UKW *(Ultrakurzwelle)* very high frequency, VHF, v.h.f. *(30 bis 300 MHz)*, ultrashort wave
UKW-Bereich *m* very-high-frequency range, VHF range (region)
UKW-Drehfunkfeuer *n* very-high-frequency omnidirectional range, VHF omnidirectional radio range, VOR
UKW-Empfänger *m* very-high-frequency receiver, VHF receiver
UKW-Frequenzmesser *m* very-high-frequency meter
UKW-Hilfssender *m***/unbemannter** unattended VHF satellite transmitter
UKW-Kursfunkfeuer *n* visual and aural range
UKW-Sender *m* very-high-frequency transmitter, VHF transmitter
UKW-Sprechfunkdienst *m* very-high-frequency radiotelephone service
UKW-Träger *m* very-high-frequency carrier
ULA uncommitted logic array *(nach Kundenwunsch verdrahtbarer Universalschaltkreis)*
U-Lampe *f* U-shaped lamp
Ulbricht-Kugel *f* Ulbricht (integrating) sphere
ULSI *(ME)* ultra large-scale integration
ultraakustisch ultra-acoustic
Ultrahochfrequenz *f* ultrahigh frequency, u.h.f., UHF *(300 bis 3 000 MHz)*
Ultrahochfrequenzband *n* ultrahigh-frequency band
Ultrahochfrequenzbereich *m* ultrahigh-frequency range
Ultrahochfrequenzerwärmung *f* ultrahigh-frequency heating, hyper-frequency heating
Ultrahochfrequenzmischer *m* ultrahigh-frequency mixer
Ultrahochfrequenzofen *m* ultrahigh-frequency furnace, hyper-frequency furnace
Ultrahochgeschwindigkeitslogik *f* ultrahigh-speed logic
Ultrahochvakuum *n* ultrahigh vacuum
Ultraintegration *f (ME)* ultra large-scale integration, ULSI
Ultrakurzwelle *f* very high frequency, VHF, v.h.f. *(30 bis 300 MHz)*, ultrashort wave *(Zusammensetzungen s. unter* UKW*)*
Ultrarot *n s.* Infrarot
Ultraschall *m* ultrasonic (supersonic) sound, ultrasound
Ultraschallakustik *f* ultrasonics
Ultraschallbereich *m* ultrasonic range
Ultraschallbestrahlung *f* exposure to ultrasonic waves
Ultraschallbonden *n (ME)* ultrasonic bonding
Ultraschalldämpfung *f* ultrasonic attenuation
Ultraschalldefektoskop *n s.* Ultraschallprüfgerät
Ultraschalldetektor *m* ultrasonic detector
Ultraschalldickenmesser *m* ultrasonic thickness gauge
Ultraschallecholot *n* ultrasonic [echo] sounder
Ultraschallecholotgerät *n* ultrasonic echo sounding device
Ultraschallecholotung *f* ultrasonic echo sounding, supersonic [echo] sounding
Ultraschallehre *f* ultrasonics
Ultraschalleistung *f* ultrasonic power
Ultraschallempfänger *m* ultrasonic receiver
Ultraschallentfernungsmessung *f* ultrasonic distance measurement
Ultraschallentfettung *f* ultrasonic degreasing
Ultraschallerwärmungsgerät *n* ultrasonic heater
Ultraschallfrequenz *f* ultrasonic (supersonic, superacoustic, ultra-audible) frequency
Ultraschallgeber *m* ultrasonic generator
ultraschallgebondet ultrasonically bonded
Ultraschallgenerator *m* ultrasonic [power] generator
Ultraschallintensität *f* ultrasonic intensity
Ultraschallkreuzgitter *n* ultrasonic cross grating
Ultraschallnachweis *m* ultrasonic detection *(z. B. von Teilentladungen)*
Ultraschallöteinrichtung *f* ultrasonic soldering equipment
Ultraschallöten *n* ultrasonic soldering
Ultraschallotung *f* ultrasonic sounding
Ultraschallprüfgerät *n* ultrasonic (supersonic) flaw detector, ultrasonic analyzer (material tester)
Ultraschallprüfung *f* ultrasonic (supersonic) testing, ultrasonic flaw detection *(zerstörungsfreie Werkstoffprüfung)*
Ultraschallquelle *f* ultrasonic (supersonic) source
Ultraschallrauschsignal *n* ultrasonic stochastic signal
Ultraschallreiniger *m* ultrasonic cleaner
Ultraschallreinigung *f* ultrasonic cleaning
Ultraschallreinigungsanlage *f* ultrasonic cleaning equipment
Ultraschallschwächung *f* ultrasonic attenuation
Ultraschallschwinger *m* ultrasonic vibrator (crystal)
Ultraschallsender *m* ultrasonic (supersonic) transmitter
Ultraschallsignal *n* ultrasonic signal
Ultraschallsonde *f* ultrasonic probe
Ultraschallstrahl *m* ultrasonic (supersonic) beam, ultrasonic ray

Ultraschallstroboskop *n* ultrasonic (supersonic) stroboscope
Ultraschallverbindung *f (ME)* ultrasonic bond
Ultraschallverzögerungsleitung *f* ultrasonic (supersonic) delay line
Ultraschallwandler *m* **mit Schwingquarz** ultrasonic quartz transducer
Ultraschallwelle *f* ultrasonic (supersonic) wave
Ultraschallwerkstoffprüfgerät *n s.* Ultraschallprüfgerät
ultrastabil *(Syst)* ultrastable
Ultraviolett *n* ultraviolet, UV
Ultraviolettabsorption *f* ultraviolet absorption
Ultraviolettabsorptionsbande *f* ultraviolet absorption band
Ultraviolettabsorptionsspektrum *n* ultraviolet absorption spectrum
Ultraviolettanregung *f* ultraviolet excitation, excitation by ultraviolet
Ultraviolettbereich *m* ultraviolet region
Ultraviolettbestrahlung *f* ultraviolet irradiation
ultraviolettempfindlich ultraviolet-sensitive
Ultraviolettfilter *n* ultraviolet filter
Ultraviolettlaser *m* ultraviolet laser, UVASER
Ultraviolettspektrographie *f* ultraviolet spectrography
Ultraviolettspektrometer *n* ultraviolet spectrophotometer
Ultraviolettspektroskopie *f* ultraviolet spectroscopy
Ultraviolettspektrum *n* ultraviolet spectrum
Ultraviolettstrahler *m* ultraviolet lamp
Ultraviolettstrahlung *f* ultraviolet radiation
Ultraviolettstrahlungsmeßgerät *n* ultraviolet radiation measuring instrument
Umbruchfestigkeit *f (Isol)* cantilever strength
Umdrehung *f* revolution, rotation; turn
~/vollständige turnover
Umdrehungen *fpl* **je Minute** revolutions per minute *(technische Kenngröße für Drehzahlen oder Umlauffrequenzen)*
Umdrehungsdauer *f* time of revolution
Umdrehungsgeschwindigkeit *f* speed of revolution
Umdrehungsperiode *f* revolution period
Umdrehungspunkt *m* centre of revolution (rotation)
Umdrehungszähler *m* revolution (speed) counter
Umfang *m* 1. circumference, periphery; 2. dimension; volume; amount; 3. range; coverage
~ des Dynamikbereichs volume-range ratio
Umfangsgeschwindigkeit *f* circumferential velocity, peripheral velocity (speed)
Umfangslinie *f* peripheral line
Umfangsspannung *f* peripheral stress
umfassen/einen Bereich to cover a range
Umfeld *n (Licht)* surround [field] *(z. B. zu einem Vergleichsfeld)*
Umfeldblendung *f* indirect glare
Umfeldhelligkeit *f* surrounding brightness
Umfeldleuchtdichte *f* surroundings luminance
umflechten to braid *(Litze)*
Umflechtung *f* braiding
umformen *(ET)* to convert; to transform
Umformer *m* converter *(z. B. für Energie)*; transducer; transformer
~/asynchroner induction motor-generator
~/rotierender rotary converter
Umformersatz *m* motor-generator set; converter set
Umformgenauigkeit *f* conversion accuracy
Umformung *f (ET)* conversion; transformation
~ des Signalflußbilds block manipulation
~/statische static conversion
umgeben to surround; to enclose *(einschließen)*
umgebend ambient, surrounding
Umgebung *f* environment
~ des Koordinatenursprungs environment of origin
~/elektromagnetische electromagnetic environment
~/staubige dusty environment
Umgebungsbedingungen *fpl* ambient (environmental) conditions
Umgebungsbeleuchtung *f* ambient lighting
Umgebungsdruck *m* ambient pressure
Umgebungseinfluß *m* ambient influence
Umgebungsfeld *n* ambient field
Umgebungsfeuchtigkeit *f* ambient (surrounding) humidity
Umgebungsgeräusch *n*, **Umgebungslärm** *m* ambient (environmental) noise
Umgebungslärmpegel *m* ambient [noise] level
Umgebungslicht *n* ambient light
Umgebungsluft *f* ambient (surrounding) air
Umgebungsluftdruck *m* ambient pressure
Umgebungsmedium *n* ambient medium
Umgebungsprüfbedingung *f* environmental test condition
Umgebungsschall *m* surround sound
Umgebungsschutz *m* environmental protection
umgebungsstabilisiert environment-stabilized
Umgebungsstrahlung *f* radiation background
Umgebungstemperatur *f* ambient (environmental) temperature
umgehen to circumvent; to bypass
Umgehungsfilter *n* bypass filter
Umgehungsleitung *f* bypass line
Umgehungsschalter *m* shunt switch
Umgehungsschaltung *f* bypass connection
Umgehungsschiene *f* transfer bus bar *(Schaltanlage)*
Umgehungssystem *n* bypass system
Umgrenzungslinie *f* circumferential (peripheral) line, contour
umgruppieren to regroup *(z. B. Übertragungsglieder)*; to rearrange

Umgruppierung *f* **an der Oberfläche** surface rearrangement
umhüllen to sheathe; to case; to jacket; to cover
Umhüllende *f* envelope *(Kurvenzug)*
umhüllt/mit Isoliermaterial coated with insulating material
Umhüllung *f* 1. sheath; jacket, casing; enclosure; 2. sheathing; covering; serving *(z. B. für Kabel)*
~/halbgeschlossene semiprotected enclosure
~/nichtleitende insulating cover
~/wasserdichte waterproof enclosure
Umkapselung *f* canning
Umkehr *f* reversal
Umkehranlasser *m* reversing starter
umkehrbar reversible; invertible
~/nicht irreversible
Umkehrbarkeit *f* reversibility; invertibility
Umkehrbetrieb *m* reversing (reversible) operation, auto reverse
Umkehreinrichtung *f* reverser
umkehren to reverse, to invert; to return
~/die Polarität to reverse the polarity
Umkehrformel *f* inversion formula
Umkehrfrequenz *f* inversion frequency
Umkehrfunktion *f* inverse function
Umkehrgleichrichter *m* two-way rectifier
Umkehrgruppierung *f (Nrt)* reversed trunking scheme
Umkehrhebel *m* reversing lever
Umkehrintegral *n* inversion integral
Umkehrintegrator *m* inverse integrator
Umkehrkontakt *m* reverse contact
Umkehrkontroller *m* drum[-type] controller *(Elektromotor)*
Umkehrmaschine *f* reversing machine
Umkehrmodulation *f* negative modulation
Umkehrmotor *m* reversible (bidirectional) motor
Umkehrmultiplett *n* inversion multiplet
Umkehrprisma *n* [image] erecting prism, inverting prism
Umkehrpunkt *m***/thermischer** inversion temperature
Umkehrreaktion *f* reverse reaction
Umkehrschalter *m* reversing switch
Umkehrschaltung *f* reversing circuit
Umkehrspanne *f (Meß)* hysteresis error; *(Syst)* incremental hysteresis *(nichtlineare Glieder)*
Umkehrspannung *f* turnover voltage
Umkehrspiegel *m* reversing mirror
Umkehrstromrichter *m* two-way rectifier
Umkehrstufe *f* inverter stage
Umkehrtaste *f (Nrt)* reversing key
Umkehrtemperatur *f* inversion temperature
Umkehrung *f* reversal, reversion; inversion
~ des Sprachfrequenzbands speech inversion *(Kodierverfahren)*
Umkehrverbindung *f* reversible connection; *(Nrt)* revertive call
Umkehrverstärker *m* inverting (inverter) amplifier
Umkehrzeit *f* reverse time
umkippen to flip *(Multivibrator)*
umklöppeln to braid *(Litze)*
Umklöppeln *n* braiding
umkodieren *(Dat)* to convert
Umkodierer *m (Dat)* [code] converter
Umkodierung *f (Dat)* code conversion
umkristallisieren to recrystallize
Umladung *f (ET)* recharge
Umladungsprozeß *m* recharging process
Umlagerung *f***/innermolekulare** intramolecular rearrangement
Umlauf *m* [re]circulation, rotation; *(Dat)* cycle; revolution; turn[over]
~ gegen den Uhrzeigersinn counterclockwise rotation
~ im Uhrzeigersinn clockwise rotation
~/natürlicher natural circulation
~/vollständiger complete rotation
Umlaufbahn *f* trajectory
Umlaufblende *f* rotating[-disk] shutter
Umlaufdauer *f* time of rotation
umlaufen to circulate, to rotate; to revolve
umlaufend [re]circulating, circulatory, rotary; revolving
Umlauffrequenz *f* rotational frequency; circulation frequency
Umlaufgeschwindigkeit *f* rotation[al] speed; circulation speed, speed of circulation *(z. B. der Kühlflüssigkeit)*; *(Dat)* cycle rate
~ eines Zeichens character cycle rate
Umlaufintegral *n* circulatory (contour) integral, line integral round a circuit
Umlaufkühlung *f* closed-circuit cooling (ventilation)
Umlaufpeiler *m* rotating aerial direction finder
Umlaufpotentiometer *n* rotating potentiometer
Umlaufpumpe *f* circulation pump
Umlaufrichtung *f* direction of rotation; circulation direction
Umlaufschmierung *f* circulation lubrication
Umlaufspannung *f s.* Urspannung/magnetische
Umlaufspeicher *m (Dat)* circulating memory (store)
Umlaufunterbrecher *m* rotation interrupter
Umlaufvakuumpumpe *f* rotary vacuum pump
Umlaufverteiler *m (Nrt)* rotary-type distributor
Umlaufverzögerung *f* round trip delay
Umlaufweg *m* path encircling *(Feldberechnung)*
~ um eine Masche path round a mesh
~ um eine Schleife path around the loop
Umlaufzähler *m (Dat)* cycle counter
Umlaufzeit *f* rotation (turn-around) time; circulation time
umlegen *(Nrt)* to transfer *(ein Gespräch)*
~/eine Verbindung to transfer a connection
~/einen Anruf auf einen anderen Apparat to transfer a call to another number
Umlegen *n* [call] transfer

~ **auf Prüfeinrichtung** plugging-up
Umlegungszeichen *n (Nrt)* transfer signal
umleiten to bypass
Umleitung *f* 1. redirection, alternative routing, rerouting; 2. bypass, by-pass
Umleitungsventil *n* bypass valve
Umleitungswähler *m (Nrt)* director selector
Umlenkkasten *m* turn-back box
Umlenkrolle *f* idler (idle) pulley, idler
Umlenkspiegel *m* 1. *(Laser)* deflecting reflector, deviating mirror; 2. passive (plane) reflector *(Antennentechnik)*
Umlenkung *f* rerouting
Umlöten *n* changing of soldering connections
Umluftheizung *f* heating by circulating air, recirculation air heating
Ummagnetisierung *f* remagnetization, magnetic reversal, reversal of magnetism; cyclic magnetization
Ummagnetisierungsarbeit *f* [magnetic] hysteresis energy
Ummagnetisierungsverlust *m* [magnetic] hysteresis loss
Ummagnetisierungszeit *f* remagnetization time
ummanteln to jacket, to sheathe *(z. B. Kabel)*; to [metal-]clad
Ummantelung *f* 1. jacketing, sheathing; cladding *(mit Metall)*; 2. jacket, envelope, enclosure
Umordnung *f* rearrangement
Umorientierung *f* reorientation
U-MOSFET *s.* U-Graben-MOSFET
umpolen to change (reverse) the polarity; to commutate
Umpolen *n* pole changing, reversal of poles *(Polumschaltung)*
Umpolung *f* 1. pole change, change (alternation) of polarity, polarity reversal *(Polwechsel)*; 2. *s.* Umpolen
Umpolungsschalter *m* pole changing switch, polarity reversing switch
Umpolungsspannung *f* turnover voltage
umrechnen to convert; *(Nrt)* to translate
~**/auf Normalbedingungen** to correct to standard [atmospheric] conditions
Umrechner *m (Nrt)* translator, translating equipment; coder; decoder
Umrechnerzählwerk *n (Nrt)* director meter
Umrechnung *f* conversion; *(Nrt)* translation
Umrechnungsfaktor *m* conversion factor
Umrechnungskonstante *f* conversion constant
Umrechnungstabelle *f* conversion table
Umrichter *m* converter, inverter; frequency changer (converter)
Umrißbeleuchtung *f* outline lighting
Umrüststecker *m* convertible connector
Umrüststeckverbinder *m* convertible connector
Umsatz *m* conversion *(z. B. Energieumsatz)*
umschaltbar switchable
~**/in Stufen** contiguous
Umschaltdauer *f* switching period *(z. B. eines Zweipunktglieds)*
Umschaltdoppelkontakt *m* twin change-over contact
Umschalteinheit *f* switchboard unit; change-over unit
Umschaltekontakt *m s.* Umschaltkontakt
umschalten to switch over; to change over; to commutate *(Stromwendung)*; to reverse
Umschalten *n* [change-over] switching
~ **der Kerne** *(Dat)* core switching
Umschalter *m* change-over switch, double-throw switch (circuit breaker); two-way switch *(für zwei Stromkreise)*; selector switch
~**/einpoliger** single-pole double-throw switch
~**/elektronischer** electronic commutator
~**/zweipoliger** double-pole double-throw switch, double-pole two-way switch
Umschaltfeld *n***/automatisches** automatic change-over panel
Umschaltfolge *f s.* Umschaltungsfolge
Umschaltfrequenz *f (Nrt)* change-over frequency
Umschalthebel *m* change lever *(eines Schalters)*
Umschaltklinke *f (Nrt)* transfer jack
Umschaltkontakt *m* change-over contact [element], double-throw contact, transfer (two-way) contact
~**/dreipoliger** three-pole change-over contact
~**/einpoliger** single-pole change-over contact
~ **mit neutraler Stellung** two-way contact with neutral position
~ **mit Unterbrechung** *(Ap)* break-before-make contact; two-way break-before-make contact *(Relais)*
~**/unterbrechungsloser** two-way make-before-break contact *(Relais)*
Umschaltpause *f* switch interval
Umschaltperiode *f* reversing cycle
Umschaltpunkt *m* switch point *(z. B. auf Kennlinien)*; flip-over point *(bei Schalthysterese)*
Umschaltrelais *n* switching (change-over) relay
Umschaltscheibe *f* shift disk *(bei Schaltgeräten)*
Umschaltschrank *m (Nrt)* local battery switchboard
Umschaltschütz *n* change-over contactor
Umschalttaste *f* shift key *(bei Schaltgeräten)*
Umschaltung *f* [change-over] switching; change-over, changing-over; commutation *(Stromwendung)*; *(Nrt, Dat)* escape
~ **auf Bescheiddienst** *(Nrt)* intercepting
~ **auf Ersatzstromversorgung** change-over to standby power supply
~**/automatische** automatic change-over
Umschaltungsfolge *f* switching (change-over) sequence *(z. B. bei einem Zweipunktglied)*; tap-changing sequence
Umschaltventil *n* switching valve
Umschaltvorrichtung *f* change-over facility
Umschaltwalze *f* reversing switch drum

Umschaltzeichen *n* commutation signal
Umschaltzeit *f* switching (change-over) time
Umschaltzeitkonstante *f* reverse time constant
Umschlag *m* change[-over]; transition
Umschlagfarbe *f* changing colour *(Temperaturmessung)*
Umschlagpunkt *m* transition point *(Kennlinie)*
Umschlagrelais *n* throw-over relay
Umschlagzeit *f* transit time *(z. B. eines Relais)*
umschmelzen to remelt, to re-fuse
Umschmelzofen *m* **mit Abschmelzelektrode** consumable-electrode remelting furnace
Umschmelzverfahren *n* remelting process
umschneiden to rerecord *(Magnetband)*; to dub *(mischen)*
Umschnitt *m* rerecording *(Magnetband)*; dubbing
umschreiben *(Dat)* to transcribe, to copy
Umschreiben *n* **von Daten** *(Dat)* transcription of data
Umschreiber *m (Dat)* transcriber
Umschwingdrossel *f* ring-around reactor
Umschwingkreis *m* ring-around circuit
Umschwingzweig *m* ring-around arm
umsetzen to convert; to transform; to translate *(z. B. Daten)*; to transpose *(Telegrafie)*
~/digital to digitize
~/elektrische Energie nutzlos in Wärme to waste watts (power)
~/in Energie to convert into power
~/Sonnenstrahlung in elektrische Leistung to convert solar radiation into electrical power
Umsetzer *m (ET)* converter [unit]; transformer; *(Dat, Nrt)* converter, translator; coder
~/logarithmischer logarithmic converter
~ mit schrittweiser Annäherung successive-approximation converter
~/optischer optical converter
Umsetzereinheit *f* conversion unit
Umsetzereinrichtung *f (Nrt)* translating (modulating) equipment
Umsetzung *f* conversion; transformation; *(Dat, Nrt)* translation
~ von Wärme in elektrische Energie heat-electric energy conversion
Umsetzungseinrichtung *f* transductor
Umsetzungsgeschwindigkeit *f* conversion rate (speed) *(z. B. bei Kodierung)*
Umsetzungsverlust *m (Dat, Nrt)* translation loss
umspannen to transform
Umspanner *m* transformer *(Zusammensetzungen s. unter* Transformator*)*
Umspannstation *f (Eü)* distribution substation
Umspannung *f* transformation
Umspannungsverhältnis *n* transformation ratio
Umspannverlust *m* transformer loss[es]
Umspannwerk *n* power substation, transformer (transforming) station, transformer substation
~/automatisches automatic substation
~/bedienungsloses unattended substation
~/ferngesteuertes remote-controlled substation
umspeichern *(Dat)* to restore, to dump
Umspeicherung *f (Dat)* restoring, dump[ing]
umspielen *s.* überspielen
umspinnen to braid *(Litze)*
Umspinnung *f* braiding, covering
umsponnen/mit Baumwolle cotton-covered *(Draht)*
Umspringen *n* mode shift *(Magnetron)*
umspulen to rewind
Umspulen *n* rewind
Umspuler *m* rewinder
Umspulzeit *f* rewind time
Umstellung *f* change-over; conversion
~ auf automatischen Fernsprechbetrieb conversion to automatic telephone working
~ eines Amts auf Wählbetrieb *(Nrt)* conversion of an exchange to dial working
umsteuerbar reversible
Umsteuergröße *f (Dat)* modifier
Umsteuergruppenwähler *m (Nrt)* routing group selector
Umsteuerhebel *m* reversing lever
umsteuern to reverse
Umsteuern *n (Nrt)* reswitching
Umsteuerung *f* reversal, reversion *(der Drehrichtung)*
Umsteuerungshebel *m* reversion lever
Umsteuerwähler *m (Nrt)* routing selector
~ mit Mitlaufwerk discriminating selector repeater
umströmen to circumflow
umtasten to shift
umtelegrafieren to retransmit
Umtelegrafieren *n* retransmission
Umwälzpumpe *f* recirculation (circulating) pump
Umwälzung *f* circulation
umwandelbar convertible
~/nicht non-convertible
umwandeln to convert, to change; to transform; to translate *(Informationen)*
~/Daten to convert data
~/Elektrizität in Wärme to convert electricity to heat
~/in ein Signal to convert into a signal
~/irreversibel to convert irreversibly
Umwandler *m* converter [unit]
Umwandlung *f* conversion; transformation; translation *(von Informationen)*; change
~ eines Schlüssels in eine Adresse *(Dat)* key-to-address transformation
~/innere internal conversion
~/statische static conversion
~ von Elektrizität in Wärme conversion of electricity into heat
Umwandlungsgeschwindigkeit *f* conversion speed (rate)
Umwandlungskoeffizient *m* conversion factor
Umwandlungsleistung *f* conversion power
Umwandlungslinie *f* conversion line

Umwandlungsprogramm *n (Dat)* conversion (change) program
Umwandlungspunkt *m* transformation point (temperature), transition point (temperature)
~/magnetischer magnetic transition point
Umwandlungstemperatur *f s.* Umwandlungspunkt
Umwandlungsverlust *m* conversion loss *(bei Energieumwandlung)*
Umwandlungswärme *f* heat of transformation (transition)
Umwandlungswirkungsgrad *m* conversion efficiency
Umwandlungszeit *f (Dat)* conversion time
Umwegecho *n (FO)* mirror (multiple) reflection echo
Umwegleitung *f* phasing line *(Antenne)*
λ/2-Umwegleitung *f* [half-wave] balun *(Antenne)*
Umweglenkung *f*, **Umwegverkehr** *m (Nrt)* alternate (alternative) routing, rerouting
Umweltbedingungen *fpl* environmental conditions
Umweltbelastung *f* environmental pollution
Umwelteinfluß *m* environmental influence (effect)
Umwelteinflußprüfung *f* environmental test
umweltfreundlich environment-friendly, environmentally acceptable
umwenden to turn [over]
Umwerter *m (Nrt)* director, translator
~ **zur Leitweg- und Zonenbestimmung** translator for route and zone determination
Umwertung *f (Nrt)* translation
umwickeln 1. to wrap around; 2. to rewind *(neu wickeln)*
~/mit Band to tape
Umwickler *m* rewinder
Umwicklung *f* 1. wrapping; covering; 2. rewinding
UMZ-Relais *n (Ap)* independent (constant) time element, independent (definite) time-lag relay *(Spannungsmeldezeitrelais)*
unabgeglichen unbalanced, out-of-balance *(z. B. eine Brücke)*
unabgeschirmt unshielded, unscreened
unabgestimmt untuned, non-tuned
unabhängig independent; self-contained; *(Syst)* autonomous; *(Dat)* off-line
~ **arbeitend[/von einer Anlage]** *(Syst, Dat)* off-line
~/linear linearly independent
~/stochastisch statistically independent
Unausgeglichenheit *f* unbalance
unaustauschbar non-interchangeable
Unauswechselbarkeit *f* non-interchangeability
unbeansprucht unloaded *(mechanisch)*
unbedient unattended, unmanned
unbeeinflußt unaffected
Unbefugter *m* unauthorized person
unbegrenzt unbounded, unlimited; infinite
~/zeitlich unlimited, indefinite
Unbehaglichkeitsschwelle *f* threshold of discomfort
unbelastet unloaded, non-loaded, off-load; unstressed
unbelichtet unexposed
unbeschädigt undamaged
unbeschichtet uncoated
unbesetzt vacant *(z. B. Gitterplatz)*; unoccupied, unfilled *(z. B. Energieniveau)*; *(Nrt)* clear, free, disengaged, idle
unbespult non-loaded
unbeständig instable, unstable, unsteady
unbestimmt indeterminate
~/statisch statically indeterminate
Unbestimmtheitsprinzip *n* uncertainty principle
unbestückt bare, unloaded *(Leiterplatte)*
unbeweglich immobile, stationary
unbewehrt unarmoured, non-armoured *(z. B. Kabel)*
unbunt achromatic *(im farbmetrisch vereinbarten Sinne)*
Unbuntbereich *m* achromatic region
Unbuntempfindung *f* achromatic sensation
Unbuntpunkt *m* achromatic point
UND *n* AND *(Schaltalgebra)*
~/logisches AND operator
~/negiertes NAND
~/verdrahtetes wired AND
undeutlich indistinct, blurred; illegible, unreadable; *(Nrt)* inarticulate, unintelligible
UND-Funktion *f* AND function
UND-Gatter *n* AND gate, AND (coincidence) circuit
~/invertiertes AND-NOT gate
UND-Glied *n s.* UND-Gatter
undicht leaky; porous • ~ **sein** to leak
Undichtheit *f*, **Undichtigkeit** *f* leakiness
Undichtigkeitsgrad *m* leak rate; degree of porosity
undissoziiert undissociated
UND-NICHT-Gatter *n* AND-NOT gate, inhibitory gate, inhibiting circuit
UND-NICHT-Schaltung *f*, **UND-NICHT-Tor** *n s.* UND-NICHT-Gatter
UND-ODER-Schaltung *f* AND-OR circuit
UND-Operation *f***/negierte** NAND operation
UND-Operator *m* AND operator
undotiert undoped
UND-Schaltung *f*, **UND-Tor** *s.* UND-Gatter
undurchdringbar, undurchdringlich impermeable, impervious, impenetrable; proof
Undurchdringlichkeit *f* impermeability, imperviousness
undurchlässig impermeable, impenetrable, impervious; tight; *(Licht)* opaque
~ **für Röntgenstrahlen** opaque to X-rays, radiopaque
~ **für Wärme[strahlung]** athermanous, adiathermic, heat-tight
Undurchlässigkeit *f* impermeability, impenetrability, imperviousness; tightness; *(Licht)* opacity

Undurchsichtigkeit *f* opacity, opaqueness
UND-Verknüpfung *f* collation
uneingeschränkt unconditional *(z. B. Gültigkeit eines Kriteriums)*
unempfindlich insensitive; robust *(z. B. Gerätekonstruktion)*
~ gegen Schwingungen insensitive to vibration
Unempfindlichkeit *f* insensitiveness, insensitivity *(z. B. gegen Störungen)*; robustness
Unempfindlichkeitszone *f (Syst)* dead zone (band) *(z. B. in Kennlinien)*
unendlich infinite • **~ werden** to approach infinity
Unendlicheinstellung *f* infinity adjustment
unentwickelt undeveloped
unerwünscht unwanted; parasitic
Unfall *m* accident • **Unfälle vermeiden** to avoid accidents
Unfallbericht *m* accident report
Unfallgefahr *f* accident hazard
unfallsicher accident-proof
ungedämpft undamped, non-damped, non-attenuated
ungeerdet non-earthed, unearthed, *(Am)* ungrounded; floating *(ohne Erdpotential)*
ungefiltert unfiltered
ungeglättet unsmoothed
ungehindert free
ungekühlt uncooled
ungeladen uncharged, neutral
Ungenauigkeit *f* inaccuracy, imprecision
Ungenauigkeitswinkel *m (FO)* bad-bearing area (sector)
ungeordnet disordered, disarranged *(z. B. Kristall)*
ungepaart unpaired
ungerade odd, uneven
Ungerade-gerade-Prüfung *f (Dat)* odd-even check
ungeradzahlig odd-numbered
ungeregelt uncontrolled
ungerichtet non-directional, undirectional, omnidirectional
ungesättigt unsaturated, non-saturated
ungeschaltet *(Laser)* non-Q-switched
ungeschützt unguarded, non-protected; bare *(z. B. Draht)*; open-type *(Gerät)*; unsafe *(z. B. Daten)*; unsecured *(z. B. Datei)*
ungesichert 1. uncoded *(Nachricht)*; 2. unfused
ungestört undisturbed; undistorted *(z. B. Kristallgitter)*
ungestreut unscattered
ungleich unequal
ungleichförmig non-uniform, discontinuous
Ungleichförmigkeit *f* non-uniformity, discontinuity; notching ratio *(beim Anfahren über stufenweise Spannungsänderung)*
~ des Wellenwiderstands impedance irregularity
Ungleichheit *f* diversity; disparity *(Pulskodemodulation)*
ungleichmäßig uneven; non-uniform
Ungleichmäßigkeit *f* unevenness; non-uniformity
ungültig non-valid, invalid • **~ machen** to nullify; to cancel
unharmonisch anharmonic, unharmonious; *(Ak)* discordant
unhörbar inaudible
Unhörbarkeit *f* inaudibility
Unijunction-Transistor *m* unijunction transistor, double-base diode
~/komplementärer complementary unijunction transistor
~/lichtaktivierter light-activated programmable unijunction transistor
unipolar unipolar, monopolar; homopolar
Unipolarfeldeffekttransistor *m* unipolar field-effect transistor
Unipolargenerator *m* unipolar (homopolar) generator
Unipolarität *f* unipolarity
Unipolarmaschine *f* unipolar (homopolar) machine, acyclic machine
Unipolarsystem *n* monopolar system
Unipolartastung *f (Nrt)* unipolar operation
Unipolartransistor *m* unipolar transistor *(Feldeffekttransistor)*
unisoliert uninsulated
UNIVAC universal automatic computer
Universalanschluß *m* universal telecommunication socket
Universalgestell *n (Nrt)* miscellaneous apparatus rack
Universalmeßbrücke *f* universal bridge, resistance-iductance-capacitance-bridge *(Wechselstrommeßbrücke)*
Universalmeßgerät *n*, **Universalmeßinstrument** *n* universal [measuring] instrument, multipurpose [measuring] instrument, multipurpose (universal) meter, multimeter
Universalmotor *m* universal motor
Universalrechner *m* general-purpose computer, universal (multipurpose) computer, main frame
Universalschalter *m* general-use switch
Universalschaltkreis *m* uncommitted logic array, ULA *(nach Kundenwunsch verdrahtbar)*
Universalschaltkreistechnik *f* master-slice technology
Universalschweißmaschine *f* universal welding machine
Universalsicherungshalter *m* universal fuse link
Universalsoftware *f* general-purpose software
Universaltestbild *n* composite test pattern
Universalverstärker *m* universal amplifier
Univibrator *m* univibrator, monostable (one-shot) multivibrator, monoflop
Univibratorkippschaltung *f* single-shot trigger circuit
unklar blurred *(Sprache)*
unkompensiert unbalanced, uncompensated
unlöslich insoluble *(z. B. Isolierlack)*

unmagnetisch non-magnetic; unmagnetized
unmaskiert unmasked
unmoduliert unmodulated
unpaarig unpaired
unperiodisch non-periodic
unplattiert unplated
unpolarisierbar non-polarizable
unpolarisiert non-polarized, unpolarized
unregelmäßig irregular; erratic *(Bewegung)*
unrein impure; *(Ak)* out-of-tune
Unrichtigkeit *f* **eines Meßmittels** bias error, total systematic error
Unruhe *f* **der Tachometeranzeige** tachometer ripple *(Störgröße)*
unrund non-circular; out-of-round, out-of-truth; eccentric
Unrundheit *f* non-circularity; out-of-roundness
~ **des Strahlungsdiagramms** circularity ratio *(Antenne)*
unscharf unsharp; blurred *(z. B. Fernsehbild)*; out-of-focus *(Optik)*; broad *(Rundfunk)*
Unschärfe *f* unsharpness; blurring *(z. B. des Fernsehbilds)*; loss (lack) of definition *(Optik)*
Unschärfe[n]kreis *m (Licht)* circle of confusion, confusion disk
Unschärferelation *f* uncertainty principle (relation)
unschmelzbar infusible, non-fusible
unsicher uncertain
Unsicherheit *f* uncertainty
unsichtbar invisible
unstabil unstable, astable
~**/thermisch** thermally unstable
unstetig unsteady; discontinuous
Unstetigkeit *f* unsteadiness; discontinuity
Unstetigkeitsstelle *f* [point of] discontinuity *(Mikrowellentechnik)*
unstrukturiert unstructured; untextured; unpatterned *(z. B. Chip)*
Unsymmetrie *f* asymmetry, dissymmetry; unbalance *(in Gegentaktverstärkern)*
Unsymmetrien *fpl***/gleichzeitige** simultaneous unbalances
Unsymmetriespannung *f* asymmetric voltage
unsymmetrisch asymmetric[al], non-symmetrical; unbalanced
Unterabteilung *f* subgroup
Unteramt *n (Nrt)* subexchange, subcentre, satellite (minor) exchange, dependent station
Unterätzeffekt *m* undercutting effect *(Leiterplattenherstellung)*
unterätzen to undercut
Unterätzen *n*, **Unterätzung** *f* undercut
Unterbaugruppe *f* subassembly
Unterbelag *m* bottom plate *(eines Dünnschichtkondensators)*
unterbelastet underload; underrun
Unterbelastung *f* underload[ing]; derating
unterbelichten to underexpose
Unterbelichtung *f* underexposure
Unterbereich *m* 1. *(Meß)* subrange; 2. Laplace domain, S plane *(Laplace-Transformation)*
unterbrechen to interrupt, to disconnect; to isolate *(einen Stromkreis)*; to break; to open; to cut off *(Stromversorgung)*; *(Dat)* to halt *(Programm)*
~**/ein Gespräch** to intercept a conversation
~**/eine Leitung** to break a line
~**/einen Stromkreis** to break a circuit
Unterbrecher *m* interrupter; disconnector; [circuit] breaker; contact breaker; cut-out
~**/elektrolytischer** electrolytic interrupter
~**/magnetischer** magnetic contactor
~**/selbsttätiger** automatic breaker
~**/umlaufender** rotary interrupter
Unterbrecherfeder *f* breaker spring
Unterbrecherfunke *m* interrupter spark
Unterbrecherkontakt *m* interrupter (interrupting) contact, break[ing] contact
~ **beim Zündmagnet** breaker point (contact) *(Kraftfahrzeug)*
Unterbrechermesser *n* interrupter blade
Unterbrechernocken *m* interrupter cam
Unterbrecherschalter *m s.* Unterbrechungsschalter
Unterbrecherscheibe *f* interrupter disk (wheel)
Unterbrecherspule *f* trip coil
Unterbrecherwelle *f* interrupter shaft
Unterbrechung *f* 1. interruption, disconnection; break[ing] *(Kontakt)*; cut-out, cut-off; 2. *(Dat) s.* Interrupt; 3. *(Nrt)* spacing *(Trennzeit)* • **mit ~ [auftretend]** intermittent
~ **des Ausgangskreises** direct-current interruption *(Gleichrichterinstrument)*
~**/längere** sustained interruption
~**/langsame** slow interruption
~**/plötzliche** sudden interruption
~**/selbsttätige** automatic interruption
~**/zeitweilige** intermittent disconnection
Unterbrechungs... *s. a.* Interrupt...
Unterbrechungsdauer *f* interruption duration
Unterbrechungseinrichtung *f* interrupt facility
Unterbrechungsfunke *m* break spark
Unterbrechungsklinke *f* break jack
Unterbrechungslichtbogen *m* interruption arc
Unterbrechungsmöglichkeit *f (Nrt)* suspension facility; *(Dat)* interrupt facility
Unterbrechungsrelais *n* interruption relay
Unterbrechungsschalter *m* break switch; interrupter switch
Unterbrechungssteuereinheit *f* interrupt controller
Unterbrechungstaste *f* break key; *(Nrt)* interruption (cut-off) key
unterbringen to accommodate; to place; to house *(z. B. Geräte in Gehäusen)*
unterbrochen interrupted, disconnected; intermittent; discontinuous; chopped-up *(Übertragung)*
Unterdämpfung *f* underdamping
Unterdruck *m* diminished pressure, partial vacuum

unterdrücken to suppress; to damp out *(Schwingungen)*; to reject
Unterdrückerkreis *m* squelch circuit
Unterdruckschalter *m* minimum pressure switch
Unterdrückung *f* suppression; rejection
~/**asynchrone** asynchronous quenching *(in nichtlinearen Systemen)*
~ **der Konvektion** inhibition of convection
~ **des Seitenbands** sideband suppression
~ **von Eigenschwingungen** *(Syst)* self-oscillation elimination, suppression (quenching) of self-oscillations
~ **von Funkstörungen** radio interference control
~ **von Wählimpulsen** *(Nrt)* digit absorption
Unterdrückungsfaktor *m* rejection factor *(Maß für die Gleichtaktunterdrückung in Gegentaktmeßverstärkern)*; *(Nrt)* cancellation ratio
Unterdrückungsschaltung *f* squelch circuit
Untereinheit *f* subassembly *(Baueinheit)*
untererregt underexcited
Untererregungsschutz *m* underexcitation protection
Unterflurfeuer *n* [runway] flush-marker light *(Luftfahrt)*
Unterflurkontakt *m* underground contactor *(Kabel)*
Unterflurstation *f* underground substation
Unterfrequenzrelais *n* underfrequency relay
Unterfrequenzschutz *m* underfrequency protection
Unterführungsleuchte *f* underpass fitting
Untergalvanisierung *f* strike deposit
untergebracht/in Gestellen *(Nrt)* bay-mounted
Untergrenze *f* lower limit
Untergrund *m* background
~/**störender** interfering background
Untergrundbeleuchtung *f* background lighting (illumination), back-lighting
Untergrundhelligkeit *f* background brightness
Untergrundrauschen *n* background noise
Untergrundstrahlung *f* background radiation
Untergrundterm *m* background term
Untergruppe *f* subgroup, subassembly
Untergruppentrenner *m* record separator
unterhalten to maintain; to service
Unterhaltung *f*/**laufende (regelmäßige)** routine maintenance
Unterhaltungselektronik *f* entertainment (consumer) electronics, home electronics
Unterhaltungsgebühren *fpl* maintenance charges
Unterhaltungskosten *pl* maintenance cost
Unterimpedanz *f* underimpedance
Unterimpedanzanregungsrelais *n* underimpedance starting relay
Unterkanal *m* lower canal *(Kraftwerk)*
Unterkompensation *f (MA)* undercompensation
Unterkompoundierung *f* undercompounding
Unterkorrosion *f* underfilm corrosion *(z. B. unter galvanischen Überzügen)*
Unterkreuzung *f (ME)* cross-under
unterkühlen to supercool, to subcool, to undercool
Unterkühler *m* subcooler, undercooler
Unterkupferung *f* copper undercoating, pre-copper plating *(Leiterplattenherstellung)*
Unterlage *f* 1. base, support; substrate; sublayer; 2. low layer, low[er] coil side *(Wicklung, Spule)*
~/**federnde** elastic foundation
~/**polykristalline** *(Galv)* polycrystalline substrate
Unterlagen *fpl*/**technische** engineering data; documentation
Unterlager *n* **des Zählers** meter bottom bearing
Unterlagerungsfernwähler *f (Nrt)* low-frequency dialling
Unterlagerungsfrequenz *f* subaudio frequency
Unterlagerungstelegrafie *f* subaudio telegraphy, superacoustic (infra-acoustic) telegraphy
Unterlast *f* underload
Unterlastausschalter *m* underload circuit breaker
Unterlastrelais *n* underpower relay
Unterlaststufenschalter *m* underload tap changer
Unterlastung *f* deration
Unterlastungsfaktor *m* derating factor
Unterlastungskurve *f* deration curve
Unterlegscheibe *f* stay washer
Untermenge *f* subset
Untermodulation *f* undermodulation
Unterniveau *n* sublevel
Unternormalbrechung *f (Nrt)* subrefraction, substandard refraction
Unterprogramm *n (Dat)* subroutine, subprogram
~ **bei Unterbrechung** interrupt (service) routine
~/**dynamisches** dynamic subroutine
~ **für elementare Funktion** elementary function subroutine
~ **für logische Operation** logical subroutine
~ **für mathematische Funktionen** mathematical function subroutine
~/**geschlossenes** closed subroutine
~/**logisches** logical subroutine
~/**offenes** open (in-line) subroutine
~ **zur Dezimal-Binär-Umsetzung** decimal-to-binary conversion subroutine
~/**zusammenhängendes** linked subroutine
Unterprogrammaufruf *m (Dat)* subroutine call
Unterprogrammbibliothek *f (Dat)* subroutine library, library of subroutines
Unterpulver-Lichtbogenschweißen *n* submerged arc welding
Unterputzanlage *f* buried (concealed) installation
Unterputzdose *f* flush device box, flush socket
Unterputzleitung *f* buried (concealed) wire
Unterputzschalter *m* flush (recessed) switch
~/**einpoliger** single-pole flush switch
Unterputzschalterplatte *f* flush plate
Unterputzverlegung *f* buried (concealed) wiring
Unterricht *m*/**rechnerunterstützter** computer-assisted instruction, CAI
Unterrichtsprogramme *npl (Dat)* teachware

Untersampling *n (Dat)* undersampling *(Abtastung mit Filterung bei verletztem Abtasttheorem)*
Untersatz *m* pedestal; [console] base; support
Unterschallfrequenz *f s.* Infraschallfrequenz
Unterschallgeschwindigkeit *f* subsonic speed (velocity)
unterscheidbar distinguishable, discernible
unterscheiden to distinguish, to discriminate; to differentiate
Unterscheidungsimpuls *m s.* Kennpuls
Unterscheidungsschwelle *f* discrimination threshold
Unterscheidungston *m* discriminating tone
Unterscheidungsvermögen *n* discrimination *(Frequenzmodulation)*
Unterschicht *f* 1. *(Isol)* back-up material; 2. *s.* Unterlage 1.
Unterschiedsempfindungsgeschwindigkeit *f* speed of contrast perception
Unterschiedsschwelle *f* discrimination (difference, differential) threshold
Unterschwingen *n* undershoot
Unterschwingung *f*/**harmonische** subharmonic
Unterseekabel *n* submarine (ocean) cable
Unterseeleitung *f* submarine line
Unterseeverstärker *m (Nrt)* submerged repeater
Untersetzer *m* scaler
Untersetzereinheit *f* scaling unit
Untersetzerschaltung *f* scaling circuit, scaler
Untersetzerstufe *f* scaling stage
~ **4:1** count-by-four circuit
Untersetzung *f* 1. scaling; 2. [gear] reduction; 3. *s.* Untersetzungsgetriebe
Untersetzungsfaktor *m* scaling factor
Untersetzungsgetriebe *n* reduction gear[ing]
Untersetzungsverhältnis *n* step-down ratio *(Transformator)*; reduction ratio *(Getriebe)*
Unterspannung *f* undervoltage
Unterspannungsauslöser *m* undervoltage trip (release)
Unterspannungsauslösung *f* undervoltage release (tripping), low-voltage release
Unterspannungsrelais *n* undervoltage (low-voltage, minimum voltage) relay
Unterspannungsschalter *m* undervoltage circuit breaker
Unterspannungsschutz *m* undervoltage protection
Unterspannungsschütz *n* undervoltage contactor, minimum cut-out
Unterspannungszeitschutz *m* time undervoltage protection
Unterstation *f* [distribution] substation *(Umspannstation)*; satellite substation
Untersteuerung *f (Ak)* underload
Untersteuerungsreserve *f (Ak)* footroom
Unterstromauslösung *f* undercurrent release
Unterstromausschalter *m* undercurrent circuit breaker
Unterstromrelais *n* undercurrent (underload) relay
Unterstromschalter *m* undercurrent circuit breaker
Unterstromschutz *m* undercurrent protection
untersuchen to investigate, to examine, to analyze; to test
~/**auf Stabilität** *(Syst)* to check for stability
~/**mit Sonden** to probe
untersynchron subsynchronous
Untersystem *n* subsystem
Unterteil *n* base; fuse base *(einer Sicherung)*
unterteilen to subdivide; to partition; to sectionalize; to split up
~/**in mehrere Kanäle** to multiplex *(Übertragungskanal)*
unterteilt/gleich evenly divided
untertonfrequent infrasonic, subsonic
Untertonfrequenz *f* subaudio frequency
Untervermittlung *f (Nrt)* subexchange
Unterverteiler *m* subsidiary distribution box; *(Nrt)* secondary cross-connection point
Unterverteilerstation *f* [electric] power substation
Unterverteilungsstelle *f* subsidiary distribution point
Unterverzweiger *m (Nrt)* subcabinet
Unterwasseranstrahlung *f* underwater [flood-] lighting
Unterwasserbecken *n* tailwater pond *(Kraftwerk)*
Unterwasserfernsehen *n* underwater television
Unterwasserfernsehkamera *f* underwater television camera
Unterwassergraben *m* tailrace *(Kraftwerk)*
Unterwasserkabel *n* submarine (ocean) cable
Unterwasser-Lichtwellenleiterkabel *n* submarine optical fibre cable
Unterwassermikrofon *n* hydrophone
Unterwasserortung *f* underwater echo ranging
Unterwasserortungsgerät *n* sonar
Unterwasserschall *m* underwater sound
Unterwasserschallempfänger *m* sonar receiver (detector)
Unterwasserschallsender *m* sonar transmitter, underwater sound transmitter (projector)
Unterwasserschallzeichen *n* submarine sound signal
Unterwasserverstärker *m (Nrt)* submerged repeater
Unterwegsverstärker *m (Nrt)* wayside repeater station
Unterwerk *n* substation
~/**automatisches** automatic substation
~/**bedienungsloses** unattended substation
~/**fahrbares** mobile substation
~/**ferngesteuertes** remote-controlled substation
untrennbar inseparable
ununterbrochen uninterrupted; continuous, steady-state
unveränderlich invariable; constant; fixed; stable
~/**zeitlich** time-invariant

unverändert unchanged, unaltered
unverdrillt untransposed *(Leitung)*
unvereinbar incompatible
unverlötet solderless
unverschlüsselt plain *(Telegramm)*; *(Dat)* uncoded; absolute *(Programmierung)*
unverständlich unintelligible
Unverständlichkeit *f (Nrt, Dat)* unintelligibility
unverstärkt unamplified
unverstellbar non-adjustable
unvertauschbar non-interchangeable
unverträglich incompatible
unverwechselbar non-interchangeable; non-reversible *(z. B. Steckvorrichtung)*
Unverwechselbarkeitsnut *f* polarizing slot *(Leiterplatte)*
unverzerrt undistorted, distortionless
unverzinkt ungalvanized
unverzögert undelayed, instantaneously operating
unverzweigt unbranched, non-branched
Unwucht *f* unbalance, out-of-balance
~/thermische thermal unbalance *(Rotor)*
unzerlegt undispersed *(Licht)*
Unzustellbarkeitsmeldung *f (Nrt)* advice of non-delivery
UPS uninterruptible power supply
Urband *n* master tape *(Studiotechnik)*
Ureichkreis *m* **für die Bestimmung der Bezugsdämpfung/neuer** *(Nrt)* new fundamental system for the determination of reference equivalents, NOSFER
Urladen *n (Dat)* bootstrap (initial program) loading
Urlader *m (Dat)* bootstrap (initial program) loader *(Ladeprogramm)*
Urmodell *n* master form *(Elektrotypie)*
Urspannung *f*/**elektrische** electromotive force, emf, internal voltage
~ im Querkreis quadrature-axis electromotive force
~/magnetische magnetomotive force, mmf
Urspannungsquelle *f* voltage generator
Ursprung *m* 1. origin; 2. source *(Spannungsquelle)*
Ursprungsadresse *f* source address
Ursprungsdaten *pl* source data
Ursprungsfunkstelle *f* station of origin
Ursprungskode *m* source code
Ursprungsprogramm *n* source (original) program
Ursprungspunkt *m* point of origin
Ursprungsvermittlung[sstelle] *f (Nrt)* origination exchange
Urstromquelle *f* current generator
USART *(Dat)* universal synchronous-asynchronous receiver-transmitter
USRT *(Dat)* universal synchronous receiver-transmitter
U-Stromrichter *m* constant-voltage d.c. link converter
UT *s.* Unterlagerungstelegrafie
ÜT *s.* Überlagerungstelegrafie
UV-... *s.* Ultraviolett...
Uviolglas *n* uviol glass
Ü-Wagen *m s.* Übertragungswagen

V

V *s.* Volt
VA *s.* Voltampere
Vakuum *n* vacuum
~/echtes real vacuum
Vakuumablagerung *f* vacuum deposition
Vakuumableiter *m* vacuum arrester
Vakuumanlage *f* vacuum plant (system); evacuating equipment
Vakuumaufdampfung *f s.* Vakuumbedampfung
vakuumbedampft vacuum-deposited, vacuum-evaporated
Vakuumbedampfung *f* vacuum deposition (evaporation); vacuum metallizing *(mit Metalldampf)*
Vakuumbedampfungsanlage *f* vacuum evaporation (coating) plant
Vakuumbehandlung *f* vacuum treatment, treatment in vacuum
vakuumbeschichtet vacuum-coated
Vakuumblitzableiter *m* vacuum lightning arrester (protector)
vakuumdicht vacuum-tight
Vakuumdichtung *f* vacuum seal
Vakuumdielektrikum *n* vacuum dielectric
Vakuumdruckimprägnierung *f* vacuum pressure impregnation
Vakuumdurchschlag *m* vacuum breakdown
Vakuumeffekt *m* vacuum effect (phenomenon)
Vakuumelektronenkanone *f* vacuum electron gun
Vakuumemissionsphotozelle *f* vacuum photo-emissive tube
Vakuumentgasung *f* vacuum degassing (outgassing)
Vakuumentkopplung *f* vacuum decoupling
Vakuumfenster *n* vacuum window
Vakuumflasche *f* vacuum flask
Vakuumfunken *m* vacuum spark
Vakuumgefäß *n* vacuum tank
vakuumgeglüht vacuum-annealed
Vakuumgleichrichter *m* vacuum[-tube] rectifier
Vakuumglühlampe *f* vacuum [tungsten-filament] lamp
Vakuumimprägnierung *f* vacuum impregnation (impregnating)
Vakuuminduktionsofen *m* vacuum induction furnace
Vakuumkammer *f* vacuum chamber
Vakuumkapillare *f* vacuum capillary
Vakuumkessel *m* vacuum reservoir
Vakuumkolben *m* vacuum envelope
Vakuumkondensator *m* vacuum capacitor
Vakuumkryostat *m* vacuum cryostat

Vakuumleitung *f* vacuum line
Vakuumlichtbogenofen *m* vacuum arc furnace
~ **mit Abschmelzelektrode** consumable-electrode vacuum arc [melting] furnace
Vakuumlichtbogenschmelzofen *m* vacuum-arc refining furnace
Vakuumlichtgeschwindigkeit *f* velocity of light in vacuo (free space)
Vakuummanometer *n*/**thermoelektrisches** thermocouple vacuum gauge (meter)
Vakuummeßgerät *n s.* Vakuummeter
Vakuummetallbedampfer *m* vacuum metallizer
Vakuummetallisierung *f* vacuum metallizing, vacuum coating by evaporation
Vakuummeter *n* vacuum gauge (meter), vacuometer
Vakuumofen *m*/**elektrischer** electric vacuum furnace
Vakuumpermeabilität *f* permeability of vacuum
Vakuumphotoelement *n*, **Vakuumphotozelle** *f* vacuum photocell (phototube)
Vakuumpumpanlage *f* vacuum pump system
Vakuumpumpe *f* vacuum pump
Vakuumrelais *n* vacuum relay
Vakuumröhre *f* vacuum tube (valve)
Vakuumröhrenschalter *m* vacuum-tube switch
Vakuumröhrenschaltung *f* vacuum-tube circuit
Vakuumröhrenstabilisator *m* vacuum-tube stabilizer, vacuum-valve stabilizer
Vakuumröhrenverstärker *m* vacuum-tube amplifier
Vakuumsaugkopf *m* vacuum chuck
Vakuumschaltanlage *f* vacuum switchgear
Vakuumschalter *m* vacuum switch (interrupter)
Vakuumschaltlichtbogen *m* vacuum switching arc
Vakuumschlauch *m* vacuum tubing
Vakuumschmelzen *n* vacuum melting
Vakuumschmelzofen *m* vacuum melting furnace
Vakuumschütz *n* vacuum contactor
Vakuumspaltung *f* vacuum cleavage
Vakuumspektrograph *m* vacuum spectrograph
Vakuumsystem *n* vacuum system; evacuated system
Vakuumtechnik *f* vacuum engineering
Vakuumtechnologie *f* vacuum technology
Vakuumthermoelement *n* vacuum thermocouple
Vakuumthermosäule *f* vacuum thermopile
Vakuum-Ultraviolett *n* vacuum (extreme) ultraviolet
Vakuum-Ultraviolettlaser *m* vacuum ultraviolet laser
Vakuum-Ultraviolettspektroskopie *f* vacuum ultraviolet spectroscopy
Vakuumumschmelzen *n* vacuum remelting
Vakuumverdampfer *m* vacuum evaporator
Vakuumverdampfungsanlage *f* vacuum evaporation plant
Vakuumverfahren *n* vacuum process
Vakuumverschluß *m* vacuum sealing
Vakuumverteileranlage *f* vacuum switchgear
Vakuumwärmebehandlung *f* vacuum heat treatment
Vakuumwellenlänge *f* vacuum wavelength
Valenz *f* valence, valency
Valenzband *n* valence band *(Energiebändermodell)*
Valenzbandenergieniveau *n* valence band energy level
Valenzbandkante *f* valence band edge
Valenzband-Leitungsband-Anregung *f* intrinsic excitation
Valenzbandstreuung *f* valence band scattering
Valenzbandstruktur *f* valence band structure
Valenzbandverzerrung *f* valence band distortion
Valenzbandzustand *m* valence band state
Valenzbindung *f* valence bond
Valenzbindungsmethode *f* valence-bond method
Valenzelektron *n* valence (bonding, outershell) electron
Valenzelektronenband *n* valence electron band
valenzgesättigt valency-saturated
valenzgesteuert valency-controlled *(Reaktion)*
Valenzhalbleiter *m* valence semiconductor
Valenzschale *f* valence shell
Valenzschwingung *f* stretching (valence) vibration
Valenzschwingungsbande *f* stretching band
Valenzschwingungsfrequenz *f* stretching frequency
Valenzstufe *f* valence stage
Valenzwinkel *m* valence angle
Valenzzustand *m* valence state
VA-Meter *n s.* Voltamperemeter
Van-de-Graaff-Beschleuniger *m* van de Graaff accelerator
Van-de-Graaff-Generator *m* van de Graaff generator, [electrostatic] belt generator
V-Antenne *f* vee aerial, V aerial
~/**senkrechte (umgekehrte)** inverted-V aerial
Vaporimeter *n* vaporimeter
VAr volt-ampere reactive *(Einheit der elektrischen Blindleistung)*
Varaktor *m* varactor, variable-capacitance diode, varicap, voltage-variable capacitor diode *(Halbleiterdiode mit spannungsabhängiger Kapazität)*
Varaktordiode *f s.* Varaktor
Variable *f* variable
~/**abhängige** dependent variable
~/**komplexe** complex variable
~/**künstliche** artificial variable
~/**linear unabhängige** linearly independent variable
~ **mit Index** subscripted variable
~/**stochastische** random variable
~/**unabhängige** independent variable
~/**zufallsabhängige** random variable
Variablenprüfung *f* inspection by variables *(Gütekontrolle)*

Variablensubstitution *f* change of the variable
Variablentransformation *f* transformation of variables
Variantenbegrenzung *f* variety control
Varianz *f* variance, mean square deviation *(Statistik)*
Variation *f* variation
~/parametrische parametric variation
Variationsbedingung *f* variational condition
Variationskoeffizient *m (Ap)* coefficient of variation
Variationslösung *f* variational solution
Variationsprinzip *n* variational principle
Variationsproblem *n* variational problem *(z. B. bei der Optimierung)*
Variationsrechnung *f* variational calculus, calculus of variations
Variationsverfahren *n* variational method
variierend/mit der Zeit time-varying
Variodenregler *m* variode regulator
Varioilluminator *m* varioilluminator
Variokoppler *m* variocoupler
Variometer *n* variometer, variable (continuously adjustable) inductor, inductometer
~/magnetisches magnetic variometer
Varioobjektiv *n* [variable-focus] zoom lens *(Objektiv mit veränderlicher Brennweite)*; varifocal lens, [variable-power] zoom lens *(Objektiv mit veränderlicher Vergrößerung)*
Varioplex *m (Nrt)* varioplex *(Kanalteiler)*
Varistor *m* varistor, voltage-dependent resistor
Varmeter *n* varmeter, reactive volt-ampere meter
Vaterplatte *f* original master, [metal] master *(Schallplattenmatrize)*
VDE = Verband deutscher Elektrotechniker
VDE-Bestimmung *f* VDE-regulation
Vektor *m* vector; phasor *(Operator)*
~ **der Abweichungen** *(Syst)* error vector
~ **der elektrischen Feldstärke** electric field vector
~ **der Leistungsdichte** Poynting['s] vector
~ **der Störgrößen** *(Syst)* disturbance[-force] vector
~/magetischer magnetic vector
~/Poyntingscher Poynting['s] vector
~/umlaufender rotating vector
Vektorabtastungselektronenstrahlsystem *n (Meß)* vector-scan electron-beam system
Vektoradresse *f (Dat)* vector [address]
Vektordarstellung *f* vector[ial] representation, vector display
Vektordiagramm *n* vector diagram
Vektorfeld *n* vector field
~/röhrenförmiges tubular vector field
Vektorgenerator *m* vector generator
Vektorgleichung *f* vector equation
Vektorgraph *m* vectorscope unit
Vektorkomponente *f* vector component
Vektoroperator *m* vector operator
Vektorpotential *n* vector potential
Vektorpotentialfeld *n* vector potential field
Vektorprodukt *n* vector (cross, outer) product
Vektorraum *m* vector space
Vektorrichtung *f* vector direction
Vektorscan-Elektronenstrahlanlage *f* vector-scan electron-beam system
Vektorschreibweise *f* vector notation
Vektorunterbrechung *f (Dat)* vector interrupt
Vektorzerleger *m* resolver
Velozitron *n* time-of-flight [mass] spectrograph, velocity spectrograph
Ventil *n* 1. valve *(hydraulisch, pneumatisch)*; 2. *s.* ~/elektrisches
~/abgeschmolzenes sealed rectifier
~/druckluftbetätigtes air-operated valve
~/elektrisch betätigtes electrically operated valve
~/elektrisches rectifier, electric valve
~/elektrochemisches (elektrolytisches) electrolytic rectifier
~/elektropneumatisches electropneumatic valve
~/hydraulisches hydraulic valve
~ **mit Eisengefäß** steel-armour rectifier
~ **mit flüssiger Katode** pool rectifier
~ **mit Stellmotorantrieb** servo-operated valve
~/von Hand einstellbares manually operated valve
Ventilableiter *m* valve[-type] arrester, non-linear resistance (resistor-type) arrester
Ventilationsweg *m* ventilating passage
Ventilator *m* blower, [ventilating] fan, ventilator, cooling fan
~/transportabler portable blower
Ventilatorabdeckung *f* fan cover
Ventilatorflügel *m* fan blade (vane)
Ventilatorgehäuse *n* fan housing (casing)
Ventilatorkühler *m* fan cooler
Ventilatormotor *m* fan motor
Ventilatorwind *m* fan blast
Ventilatorwirkung *f* fanning action
Ventileinstellung *f* valve setting
ventilgesteuert valve-controlled
Ventilkegel *m* valve cone
Ventilkennlinie *f* valve characteristic
Ventilklappe *f* flapper
Ventilschieber *m***/hydraulischer** hydraulic valve piston (actuator)
Ventilstellungsregler *m* valve positioner
Ventilwinkel *m* valve angle
Ventilwirkung *f* valve action
Venturimesser *m* Venturi meter *(Strömungsmesser)*
Venturirohr *n* Venturi tube
veraltet/technisch technically obsolete
veränderlich variable; adjustable
~/periodisch periodic[al]
~/zeitlich time-variable
Veränderliche *f s.* Variable
verändern to vary, to change, to alter
Veränderung *f* variation, change, alternation
Veränderungsgeschwindigkeit *f* rate of change

verankern to anchor, to tie
Verankerung *f* anchorage, bracing; staying
Verankerungsdraht *m* anchoring wire
veranschlagen to rate; to estimate
verarbeiten to process, to work; to handle
~/Daten to accept data
~/Impulse to accept pulses
~/parallel to process in parallel
Verarbeitung *f* processing, working; handling
~/abschnittweise *(Dat)* batch[-bulk] processing
~/automatische automatic processing
~/blockweise *s.* ~/abschnittweise
~ großer Informationsmengen *(Dat)* bulk information processing
~/mitlaufende *(Dat)* in-line processing
~/planlose *(Dat)* random processing
Verarbeitungseinheit *f* processing unit, processor *(für Daten)*
~/zentrale central processing unit, CPU
Verarbeitungsgerät *n* processor
Verarbeitungsgeschwindigkeit *f* processing speed
Verarbeitungsinstanz *f (Nrt)* application entity
Verarbeitungsmodul *m (Dat)* running module
Verarbeitungsrechner *m* central computer (processor), host computer
Verarbeitungsstruktur *f (Dat)* processing structure
Verarbeitungstemperatur *f* processing temperature
verarmen to deplete
Verarmung *f (El)* depletion
~ an Ladungsträgern carrier depletion
Verarmungsbereich *m* depletion (exhaustion) region
Verarmungsbetrieb *m* depletion mode
Verarmungsgebiet *n* depletion region
Verarmungsladung *f* depletion charge
Verarmungslasttransistor *m* depletion load transistor
Verarmungs-MISFET *m* depletion MISFET
Verarmungs[rand]schicht *f* depletion region (layer), depletion layer of barrier, exhaustion layer
Verarmungsschichtausdehnung *f* depletion layer spreading
Verarmungsschichtbreite *f* depletion-layer width
Verarmungszone *f* depletion region (layer)
verästeln/sich to ramify *(z. B. ein Kriechweg auf einer Isolation)*
Verästelung *f* ramification, treeing
Verbacken *n* bonding *(Isolierlack)*
verbessern 1. to improve; to upgrade; 2. to correct
~/die Oberflächengüte to finish
~/die Übergangsgüte *(Syst)* to improve the dynamic response
Verbindbarkeit *f* routability *(von Leiterzügen)*
verbinden 1. *(ET)* to connect *(leitend)*; to interconnect; *(Nrt)* to put through; *(ME)* to bond; 2. to link; to couple; to join
~/durch Löten to solder-bond
~/durch Schaltdraht to jumper
~/elektrisch leitend to connect, to bond together
~/galvanisch to connect directly
~ mit to link with
~/mit Erde to connect to earth
~/miteinander to interconnect, to intercouple
~/paarweise to couple
Verbinden *n* **von Kabeladern** cable-conductor splicing
Verbinder *m* connector
~/elektrischer electric connector
~/innerer internal connector
~/zweipoliger twin connector
Verbindung *f* 1. connection; joint *(Verbindungsstelle)*; junction; *(Dat)* link; *(ME)* bond; *(Nrt)* [inter]communication; connecting line; 2. connection; joining; junction; interlinking *(z. B. von Systemen)*; linkage *(im Programmablaufplan)*; *(ME)* bonding • **~ bekommen** *(Nrt)* to get through • **„Verbindung hergestellt“** “call connected” • **in ~ stehen** to contact; *(Nrt)* to [inter]-communicate • **keine ~ bekommen** *(Nrt)* to can not get through (a line)
~/abgelehnte *(Nrt)* refused call
~/abgelötete unsoldered joint
~/ankommende *(Nrt)* incoming (incident) circuit
~ auf Sicht *(Nrt)* line-of-sight communication
~/digitale *(Nrt)* digital link
~/direkte direct connection
~/drahtlose radio communication
~ durch ein Amt *(Nrt)* connection through an exchange
~/durchkontaktierte plated-through interconnection, through-hole plated joint *(Leiterplatten)*
~/einseitig betriebene *(Nrt)* one-way link
~/einseitige *(Nrt)* unilateral connection
~/elektrische connection, electrical joint, contact, junction
~/feste virtuelle *(Nrt)* permanent virtual circuit
~/festgeschaltete (festverschaltete) *(Nrt)* non-switched connection, dedicated (fixed) connection
~/flexible flexible connection
~/galvanische direct (metallic) connection
~/gekennzeichnete *(Nrt)* flagged call
~/gewickelte wire-wrap connection
~/gleichrichtende rectifying junction
~/innere internal connection
~/leitungsgebundene *(Nrt)* line communication
~/lötfreie solderless connection
~/metallorganische organometallic compound
~ mit Masse mass connection
~/nicht zustande gekommene *(Nrt)* ineffective (uncompleted) call
~/nichtgelötete solderless connection
~/nichtlösbare permanent junction

~/niederohmige low-resistance connection
~ ohne Repeater unrepeatered link
~ ohne Wahl *s.* ~/festgeschaltete
~/optische optical coupling
~/schmelzbare *(El)* fusible link
~/thermoelektrisch wirkende thermojunction
~/überlagerte *(Nrt)* superposed circuit
~/unausführbare *(Nrt)* unobtainable number
~ ungenügender Güte *(Nrt)* unsatisfactory call
~/unmittelbare *(Nrt)* direct [circuit] connection
~/verdrahtete wired connection
~/verschachtelte lap joint *(Trafoschenkel)*
~/verzögerte *(Nrt)* delayed call
~/virtuelle virtual circuit
~/wasserdichte watertight joint
~/wechselseitig betriebene *(Nrt)* two-way link
~/zeitweilige *(Nrt)* temporary connection
~/zufällige *(Nrt)* random jointing
~/zugentlastete non-tension joint *(z. B. bei Freileitungen)*
~/zustande gekommene *(Nrt)* effective (completed) call
~ zwischen Ämtern *(Nrt)* interoffice connection
~ zwischen Lichtleitern optical coupling
Verbindungsabbau *m (Nrt)* clearing of a connection, call clear-down
Verbindungsabnehmer *m* communication server
Verbindungsabschnitt *m* connection element
Verbindungsabweisung *f (Nrt)* call rejection
Verbindungsanforderung *f (Nrt)* connection request; call request
Verbindungsart *f* connection type
Verbindungsaufbau *m (Nrt)* 1. trunking scheme; 2. completion of calls
~/automatischer autodialling
~/erfolgloser call failure indication
~/nichtschritthaltender common-control switching
~/schritthaltender step-by-step operation, stage-by-stage switching
Verbindungsauslösungsverzug *m (Nrt)* clearing delay
Verbindungsbus *m* interconnecting bus
Verbindungsdose *f* joint box, access fitting
Verbindungsdraht *m* jumper, [inter]connecting wire; *(ME)* bonding lead
Verbindungserkennung *f* connection identification
Verbindungsfeld *n* 1. *(Nrt)* patch[ing] bay; 2. *(ME)* bonding pad
Verbindungsgestell *n (Nrt)* patching bay
Verbindungsglied *n* [connecting] link
Verbindungshalbleiter *m* compound semiconductor
~/aus zwei Elementen bestehender binary compound semiconductor
Verbindungsherstellungsverzug *m (Nrt)* connecting delay
Verbindungshülse *f* jointing sleeve *(Kabel)*
Verbindungskabel *n* [inter]connection cable, connecting (junction) cable
Verbindungsklemme *f* connecting terminal, lead clamp, bonding clip; binding post
Verbindungsklinke *f (Nrt)* multiple jack
Verbindungslasche *f* connecting link; splice piece
Verbindungsleiste *f* terminal yoke
Verbindungsleitung *f* connecting lead (wire), interconnection line; *(Nrt)* junction [line], trunking circuit, link (tie) line
~/abgehende outgoing junction
~/freie idle junction (trunk)
~ für Dienstleistungsbetrieb order-wire junction
~ für Tandembetrieb tandem junction
~ für Wechselverkehr two-way junction
~/koaxiale coaxial line link
Verbindungsleitungsbetrieb *m (Nrt)* trunking
Verbindungsleitungsbündel *n (Nrt)* junction (trunk) group
~ für alle Abgangsplätze outgoing trunk multiple
~ für einen Teil der Abgangsplätze split trunk group
Verbindungsleitungsfeld *n (Nrt)* junction line panel
Verbindungsleitungsführung *f* routing *(beim Schaltungsentwurf)*
~/kanalweise channel routing
Verbindungsleitungsmuster *n (ME)* interconnection pattern
Verbindungsleitungsnetzwerk *n* interconnection network
Verbindungsleitungsschicht *f (ME)* interconnection layer
Verbindungsleitungssucher *m* junction finder
Verbindungsleitungsverkehr *m* trunking traffic
Verbindungsleitungsvielfachfeld *n* junction multiple
Verbindungsleitungswiderstand *m* interconnect resistance
Verbindungslöten *n* joint soldering
Verbindungsmatrix *f* junction matrix; *(Nrt)* call control matrix
Verbindungsmerkmal *n* connection attribute
Verbindungsmuffe *f* connecting sleeve; cable-jointing sleeve
Verbindungsmuster *n (ME)* interconnection pattern
Verbindungsnippel *m* connecting pin *(z. B. zum Anstücken von Graphitelektroden)*
Verbindungsplan *m* interconnection scheme; *(Nrt)* junction (connection) diagram
Verbindungsplatte *f* joint plate
Verbindungsplatz *m (Nrt)* B-position, incoming (inward) position
Verbindungspunkt *m* connection (junction) point
Verbindungsregeln *fpl* link control protocol *(Rechnernetze)*
Verbindungssatz *m (Nrt)* junctor

Verbindungsschalter *m (Nrt)* position grouping key
Verbindungsschicht *f* link layer
Verbindungsschiene *f* connection (connecting, terminal) bar
Verbindungsschnur *f* connecting (flexible) cord, flex, cord; *(Nrt)* calling cord
~/steckbare patch[ing] cord
Verbindungsstange *f* connecting rod
Verbindungsstecker *m* connecting plug, connector
Verbindungsstelle *f* 1. joint; junction; cable joint; *(ME)* bonding site; 2. thermojunction *(eines Thermoelements)*; 3. interface
~/geklemmte clinched joint
Verbindungsstellentemperatur *f* junction temperature *(Thermoelement)*
Verbindungssteuerung *f* link control
Verbindungssteuerverfahren *n (Nrt)* call control procedure
Verbindungssteuerzeichen *n (Nrt)* call control character
Verbindungsstift *m* connecting pin
Verbindungsstöpsel *m* connecting plug; *(Nrt)* calling plug
Verbindungsstück *n* connecting (joining) piece; coupling; link; tie; bridging connector *(in Meßbrücken)*
Verbindungsstufe *f* connecting stage
Verbindungssystem *n* interconnection (link) system; *(ME)* bonding system
Verbindungstechnik *f (ME)* bonding technique
Verbindungsteil *n* connecting device
Verbindungstest *m* link test
Verbindungstransistor *m* pass transistor *(zwischen zwei Gattern)*
verbindungsunabhängig connectionless
Verbindungs- und Verteildose *f* multi-joint box
Verbindungsverlust *m* connection (joint) loss
Verbindungsversuch *m*/**wiederholter** *(Nrt)* repeated call
Verbindungsverzögerung *f (Nrt)* call-release delay
Verbindungswiderstand *m* interconnect resistance
Verbindungswiederherstellung *f* call restoration
Verbindungswunsch *m (Nrt)* call intent
Verbindungszustandssignal *n* call progress signal
verblassen to fade *(Farbe)*
verbleien to lead-coat
~/galvanisch to lead-plate
Verbleien *n* leading, lead-coating
~/galvanisches lead [electro]plating
verblocken to interlock
Verblockung *f* interlock[ing]
~/elektromagnetische electromagnetic locking
Verblockungsrelais *n* interlocking relay
Verbrauch *m*/**spezifischer** specific consumption
verbrauchen/Leistung to consume power; to dissipate power
~/Spannung to absorb voltage
~/Strom to consume current
Verbraucheranlage *f* consumer's installation
Verbraucheranschluß *m* consumer's terminal
Verbrauchereinheit *f* consumer unit
Verbraucherkreis *m* load circuit
Verbraucherleitung *f* consumer's (service) main; service cable
Verbraucherstromkreis *m* load circuit
Verbraucherwiderstand *m* load resistance
verbraucht dissipated; exhausted *(Batterie)*; used up
verbrennbar combustible
Verbrennung *f* combustion
Verbrennungsluft *f* combustion air
Verbrennungsmaschine *f* combustion engine
Verbrennungsmotor *m* combustion engine
Verbrennungsregelung *f* combustion control *(z. B. bei Dampferzeugern)*
Verbrennungswärme *f* combustion heat, heat of combustion
Verbundanweisung *f (Dat)* compound statement
Verbundbauweise *f* sandwich construction
verbunden connected, linked; *(Dat)* on-line
• **~ werden** *(Nrt)* to get through
~/direkt direct-connected
~/galvanisch direct-coupled
~/mit der Anlage *(Syst, Dat)* on-line
~/mit Erde earth-connected
~/nicht *(Dat)* off-line
~ sein/falsch *(Nrt)* to have got the wrong number
Verbunderregung *f* compound excitation
~ mit lastabhängig sinkender Spannung under-compound excitation
~ mit lastabhängig steigender Spannung over-compound excitation
~ zur Spannungskonstanthaltung level compound excitation
Verbundglas *n* laminated glass
Verbundkarte *f (Dat)* dual punch card
Verbundkorrosionsschutz *m* joint cathodic protection
Verbundlage *f* bond[ing] layer *(Leiterplatten)*
Verbundlagendicke *f* bond layer thickness
Verbundlampe *f* mixed (blended) light lamp
Verbundleiterplatte *f* printed circuit board sandwich
Verbundleitung *f (Eü)* tie line
Verbundlochkarte *f (Dat)* dual punch card
Verbundmetall *n* composite metal; clad metal
Verbundmotor *m* compound motor
Verbundnetz *n* 1. interconnected network; *(Eü)* integrated transmission system, intrasystem; interconnection *(Verbindung von Energieversorgungsnetzen)*; 2. *(Nrt)* mixed network
Verbundplatte *f* sandwich panel; composite board *(Leiterplatte)*

Verbundröhre *f* multisection (multi-unit) valve, multiple[-unit] valve
Verbundskale *f* combination scale
Verbundspule *f* compound coil
Verbundstoff *m* composite; *(Isol)* combined plastic
Verbundsystem *n (Eü)* interconnected network of transmission lines, grid system
Verbundtransistor *m* compound transistor
Verbundüberzug *m (Galv)* composite plate
Verbundwerkstoff *m* composite [material], compound material; clad material
Verbundwicklung *f* compound winding
Verbundwirkung *f* compound effect
verchromen *(Galv)* to chromium-plate
Verchromung *f***[/galvanische]** chromium [electro]plating
verdampfbar evaporable, vaporizable
~/leicht volatile
Verdampfbarkeit *f* evaporability, vaporizability
verdampfen to evaporate, to vaporize; to volatilize
Verdampfer *m* evaporator, vaporizer
Verdampfung *f* evaporation, vaporization
~ durch Elektronenbeschuß electron bombardment evaporation
~/plötzliche flash evaporation
Verdampfungsanlage *f* vaporizing plant
Verdampfungsenergie *f* evaporation energy
verdampfungsfähig *s.* verdampfbar
Verdampfungsgeschwindigkeit *f* evaporation (vaporization) rate
Verdampfungsheizfaden *m* evaporating filament
Verdampfungskühlung *f* evaporation cooling
Verdampfungspunkt *m* evaporating (vaporization) point
Verdampfungsquelle *f* evaporation (evaporating, vaporizing) source
Verdampfungsrückstand *m* evaporation residue
Verdampfungssubstanz *f* evaporant
Verdampfungstemperatur *f* evaporating (vaporization) temperature
Verdampfungswärme *f* evaporation (vaporization) heat
verdecken to cover; to mask
Verdeckung *f (Ak)* [auditory] masking
Verdeckungseffekt *m* masking effect
Verdeckungsgeräusch *n* masking noise, masker
Verdeckungswirkung *f* masking effect
vedichtbar condensable *(Dampf)*; compressible
Verdichtbarkeit *f* condensability *(Dampf)*; compressibility
verdichten 1. to condense; to compress; 2. to compact *(z. B. einen Schaltkreis)*; to pack *(Bauelemente)*
~/Daten to condense data, to reduce data
Verdichter *m* compressor
~/rotierender rotary compressor
~/zweistufiger two-stage compressor
Verdichtung *f* 1. condensation; compression; 2. compaction *(z. B. eines Schaltkreisentwurfs)*; packing *(z. B. von Informationen)*
Verdichtungsgrad *m* 1. degree of compression; 2. *(Dat)* condensation degree *(von Informationen)*
Verdickungsmittel *n* thickening agent, thickener *(z. B. für Isolierlacke)*
Verdoppler *m* doubler
Verdopplerschaltung *f* two-stage multiplier circuit
Verdopplerstufe *f* doubler stage
Verdopplungsröhre *f* frequency doubler valve
verdrahten to wire [up]
~/nach Kundenwunsch to custom-wire
~/neu to rewire
verdrahtet wired
~/fest hard-wired
Verdrahtung *f* wiring, circuit (interconnection) wiring; cabling
~/blanke bare wiring
~/feste permanent wiring, hard-wiring
~/flexible flexible wiring
~/flexible gedruckte flexible printed wiring (circuitry)
~/freie multiwiring
~/geätzte etched wiring
~/gedruckte printed wiring
~/hitzebeständige heat-resisting wiring
~/rechnergestützte computer-aided wiring
~/sekundäre secondary wiring
~/starre *s.* ~/feste
~/wilde multiwiring
Verdrahtungsbild *n* wiring pattern (configuration), wire pattern
Verdrahtungsdichte *f* wiring density
Verdrahtungsebene *f* wiring plane (level)
~/flexible flexible wiring plane
Verdrahtungsentwurf *m* wiring layout (design)
Verdrahtungsfläche *f* wiring area
Verdrahtungskapazität *f* wiring capacity
Verdrahtungsliste *f (Dat)* wiring list
Verdrahtungsmaschine *f* wiring machine
Verdrahtungsmuster *n s.* Verdrahtungsbild
Verdrahtungsplan *m* wiring (connection) diagram, wiring scheme (list)
Verdrahtungsplatte *f* wiring board; backplane *(für Rückverdrahtung)*
~/doppelseitige (zweiseitig gedruckte) double-sided printed wiring board
Verdrahtungsschablone *f* wiring jig
Verdrahtungsschema *n s.* Verdrahtungsplan
Verdrahtungsseite *f* wiring side
Verdrahtungsstelle *f* wiring point
Verdrahtungsstreukapazität *f* stray wiring capacity
verdrängen to displace; to deplete
Verdrängen *n (Nrt)* pre-emption *(Zwangstrennung)*
Verdrängung *f* displacement *(z. B. Strom)*
verdrehen to twist
Verdrehspannung *f* torsional (twisting) stress

Verdrehsteifigkeit *f* torsional rigidity (stiffness)
Verdrehung *f* torsion, twist
Verdrehungskraft *f* torsional (twisting) force
Verdrehungsmoment *n* torsion (twisting) moment
Verdrehungswinkel *m* torsion angle, angle of twist
Verdreifacherstufe *f* tripler stage
verdrillen to twist; to transpose *(Drähte)*
Verdrillung *f* twisting; transposition *(Röbelstab)*
Verdrillungsabschnitt *m* transposition interval
Verdrillungsisolator *m* transposition insulator
Verdrillungsmast *m* transposition pole *(Holz)*; transposition tower *(Stahl)*
Verdrillungszyklus *m* transposition cycle
Verdrosselung *f* choking, installation of chokes
verdunkeln to black out; to darken; to dim
Verdunkelung *f* black-out; darkening; dimming
Verdunkelungscharakteristik *f* dimmer-light output characteristic
Verdunkelungsschalter *m* dimming switch
Verdunkelungsvorrichtung *f* dimmer *(z. B. bei Lampen)*
verdünnen to dilute *(z. B. Flüssigkeiten)*; to rarefy *(Gase)*; to thin; to attenuate
Verdünner *m***/reaktiver** *(Isol)* reactive diluent
verdunsten to evaporate, to vaporize, to volatilize
Verdunstungsgeschwindigkeit *f* rate of evaporation
Verdunstungskühlung *f* evaporative (evaporation) cooling
Vered[e]lung *f* refinement; finishing *(Oberflächen)*
vereinbar[/miteinander] compatible
Vereinbarkeit *f* compatibility
Vereinbarung *f (Dat)* declaration *(Programmierung)*
Vereinbarungssymbol *n*, **Vereinbarungszeichen** *n (Dat)* declarator
vereinheitlichen to standardize; to unify
Vereinheitlichung *f* standardization; unification
vereinigen to combine; to unite; to join, to assemble *(z. B. Teile)*
~/im Brennpunkt to focus
vereinzeln to single; to separate
Vereisung *f* icing
verengen to narrow, to restrict; to contract
Verengung *f* 1. narrowing, constriction; contraction; 2. neck; constriction
Verfahren *n* process, method; procedure, technique
~ der integrierten Impulsantwort integrated impulse response method, Schroeder method
~ der Wurzelortskurve *(Syst)* root-locus technique
~/fehlerkorrigierendes error-correcting procedure
~ mit Frequenzdurchlauf swept frequency method
~ mit periodischer Stromumkehr *(Galv)* periodic reverse process
~/pneumatisches pneumatic method
~/subtraktives subtractive method
~/technisches engineering method *(Verfahren mittlerer Genauigkeit)*
~/vektorielles vectorial method
~/verkürztes short cut
Verfahrensentwicklung *f* process development
Verfahrensfehler *m* process deficiency; *(Meß)* error of approximation
Verfahrensforschung *f* operations (operational) research
Verfahrensschritt *m* proces[sing] step
Verfahrensüberwachung *f* process control
verfärben to discolour; to stain; to colour *(Kristalle)*
~/elektrolytisch to colour electrolytically
Verfärbung *f* discolouration; staining; colouration *(Kristalle)*
~/elektrolytische electrolytic colouration
Verfärbungsgrad *m* degree of colouration
Verfeinerung *f* refinement; improvement *(z. B. von Techniken)*
verfestigen 1. to strengthen; to stiffen; 2. to harden; 3. to solidify
~/sich 1. to solidify, to set; 2. to harden
Verfestigungspunkt *m* solidification point
Verfestigungsverlauf *m* solidification process
verflechten to interweave *(Litze)*; to interlace *(z. B. Speicheradressen)*
verflüchtigen/sich to volatilize
Verflüssiger *m* liquefier *(für Gase)*; condenser *(Kälteanlagen)*
verfolgen to track; to trace
~/das Minimum to track the minimum *(Optimalwertregelung)*
Verfolgung *f* tracking; tracing
~ böswilliger Anrufe *(Nrt)* malicious call tracing
Verfolgungsradar *n(m)* tracking radar
verformbar[/plastisch] plastic, plastically mouldable
~/warm thermoplastic
Verformbarkeit *f* 1. deformability; 2. plasticity
Verformung *f* 1. deformation; strain; 2. forming *(Umformung)*
Verformungsgrad *m* degree of deformation
Verformungspotential *n* deformation potential
verfügbar available
Verfügbarkeit *f* availability
Verfügbarkeitsfaktor *m* availability factor
Verfügbarkeitsrate *f* availability rate *(z. B. eines Generators)*
Verfügbarkeitsspeicher *m* availability store
Verfügbarkeitszeit *f* availability time, up-duration, up-time
Verfügungsfrequenz *f (Nrt)* assigned (allotted) frequency
vergießbar castable, pourable
vergießen to cast, to pour; to compound *(mit Isoliermasse)*; to seal *(z. B. Batterie)*
Vergiftung *f* poisoning
verglast glass-encapsulated, glass-enclosed

Vergleich *m* comparison • **im ~ zu** compared to
~ **von Bit zu Bit** bit-to-bit comparison
Vergleichbarkeit *f* reproducibility *(von Messungen)*
vergleichen to compare; *(Dat)* to collate
Vergleichen *n*/**bisektionelles** binary compare
Vergleicher *m* comparator
Vergleicherschaltung *f*/**elektronische** electronic comparator circuit
Vergleichsbedingungen *fpl* reference conditions
Vergleichsblock *m* reference block *(bei numerischer Steuerung)*
Vergleichsbrücke *f* comparison bridge
Vergleichsbrückenschaltung *f* comparison bridge circuit
Vergleichseichung *f* comparison [method of] calibration
Vergleichseinrichtung *f* comparator [unit]
Vergleichselektrode *f* comparison (reference) electrode
Vergleichselement *n (Meß)* discriminating element *(s. a.* Vergleichsglied*)*
Vergleichsfeld *n (Licht)* comparison field
Vergleichsfläche *f* comparison surface; reference surface
Vergleichsfrequenz *f* comparison (comparative) frequency; reference frequency
Vergleichsgenerator *m* reference oscillator
Vergleichsglied *n (Syst)* comparison (comparing) element *(beim Regler)*; deviation detector
Vergleichsinstrument *n* reference instrument
Vergleichskalibrierung *f* comparison [method of] calibration
Vergleichskondensator *m* reference capacitor
Vergleichslampe *f* comparison lamp
Vergleichsleitung *f (Nrt)* reference line
Vergleichsmaßstab *m* comparison standard; reference standard
Vergleichsmesser *m* comparometer
Vergleichsmessung *f* comparison [method of] measurement
Vergleichsmethode *f* comparison (comparative) method
Vergleichsoperation *f* comparison [operation], relational operation
Vergleichspegel *m* reference level
Vergleichsprüfung *f* comparison test, comparator check; *(Dat)* cross validation
Vergleichspunkt *m* reference point *(im Regelkreis)*
Vergleichsschallquelle *f* reference sound source, sound power source
Vergleichsschaltung *f* 1. *(Meß)* comparator circuit; 2. differential connection *(Relais)*
Vergleichsschutz *m* differential protection *(Relaisschutzsystem)*
Vergleichsspannung *f* reference voltage
Vergleichsspannungsröhre *f* voltage reference tube
Vergleichsspektrum *n* comparison spectrum; reference (standard) spectrum
Vergleichsstelle *f* reference junction *(eines Thermoelements)*
~ **für die Umgebungstemperatur** ambient reference junction
Vergleichsstrahl *m* reference (comparison) beam
Vergleichsstrahlengang *m* comparison path, reference beam
Vergleichsstrom *m* reference current
Vergleichsstromkreis *m (Nrt)* reference telephone circuit
Vergleichstemperatur *f* reference temperature
Vergleichsthermoelement *n* reference thermocouple
Vergleichston *m* comparison tone
Vergleichsvorrichtung *f* comparator [unit]
Vergleichswiderstand *m* reference resistance
Vergleichszahl *f* comparative figure (number)
vergolden to gild, to gold-coat; *(Galv)* to gold-plate
vergoldet gilt; gold-coated
Vergoldung *f*/**galvanische** gold [electro]plating
vergossen sealed-in
vergraben *(ME)* to bury
vergrößern to magnify; to enlarge; to increase
~/**Abmessungen** to oversize
~/**maßstäblich** to scale up
Vergrößerung *f* magnification; enlargement; increase
~/**laterale** lateral magnification
~/**lineare** linear magnification
~/**nutzbare** useful magnification
Vergrößerungsfaktor *m* magnification factor *(Optik)*; enlargement factor
Vergrößerungsglas *n* magnifying lens, magnifier
Vergrößerungslampe *f* enlarger (magnifying) lamp
Vergrößerungsmaßstab *m* scale of enlargement
Vergußmasse *f* potting compound; cast[ing] compound; sealing compound (material)
vergütet antireflection-coated *(Optik)*
Verhaken *n*/**mechanisches** mechanical sticking
verhallen *(Ak)* to die away
Verhallungsgerät *n (Ak)* reverberator, reverberation (reverb) unit
Verhalten *n* behaviour; performance; response, action *(Regelung)*
~/**anodisches** anodic behaviour
~/**asymptotisches** asymptotic behaviour
~ **bei Hochfrequenz** high-frequency response
~ **des Reglers** controller action
~/**differenzierendes** *(Syst)* derivative [control] action, D action
~/**dynamisches** *(Syst)* dynamic behaviour (performance)
~/**fehlerhaftes** erratic behaviour
~ **gegenüber Stoßspannung** impulse response
~/**integrierendes** *(Syst)* integral [control] action, I action

~/kurzschlußflinkes short-circuit quick response
~/lineares linear performance *(z. B. eines Stromkreises)*
~/optimales optimum behaviour; optimal response *(des Regelkreises)*
~/periodisches periodic behaviour
~/proportionales *(Syst)* proportional [control] action, P action
~/stationäres *(Syst)* steady-state behaviour (performance)
~/statisches *(Syst)* static behaviour
~/tatsächliches *(Syst)* actual behaviour (operation)
~/unerwünschtes spurious response
~/vorgeschriebenes desired performance *(einer Regelung)*
~/zeitliches time behaviour
~ zweiter Ordnung/differenzierendes *(Syst)* second-derivative action
Verhältnis *n* ratio; proportion; relation
~ der Oberflächengröße zum Volumen surface-to-volume ratio
~ Ladung-Masse charge-mass ratio
~/relatives percent ratio
Verhältnisarm *m* ratio arm *(einer Brückenschaltung)*
Verhältnisgleichrichter *m* ratio detector
Verhältniskode *m (Nrt, Dat)* fixed-ratio code, fixed-count code
Verhältnisnetzwerk *n* ratio network
Verhältnisrechner *m* ratio computer
Verhältnisregelung *f (Syst)* ratio control
Verhältnisregler *m (Syst)* ratio controller
Verhältnistelemeter *n* ratio-type telemeter *(Fernmeßeinrichtung mit getrennten Kanälen für Phase und Amplitude)*
Verhältniswiderstand *m* ratio resistor *(Brückenschaltung)*
Verhältniszweig *m* ratio arm *(Brückenschaltung)*
Verharrungsdauer *f* standing time
verhindern to prevent, to inhibit
~/Laserwirkung to block laser action
Verhinderungsimpuls *m* inhibitory pulse
Verifizierung *f* verification
verjüngt tapered, conic[al]
verkabeln to cable
Verkabelung *f* cabling *(s. a.* Verdrahtung*)*
Verkabelungszentrum *n* wire centre
verkadmen[/galvanisch] to cadmium-plate
Verkanten *n* tilting
verkapseln to encapsulate
Verkapselungsstoff *m* encapsulant
Verkehr *m (Nrt)* communication; traffic
~/abgehender outgoing (originating) traffic
~/abgewickelter handled (carried) traffic
~/ankommender incoming traffic
~/doppeltgerichteter both-way traffic (operation)
~/einseitiger one-way traffic
~/fehlgeleiteter misrouted traffic
~/gegenseitiger intercommunication
~/geglätteter smooth[ed] traffic
~/geleisteter carried (handled) traffic
~/gemischter mixed traffic
~/gerichteter one-way traffic (operation)
~/interaktiver *(Dat)* interactive mode
~/kontradirektionaler contradirectional communication
~/künstlicher artificial (simulated) traffic
~ mit dem Hilfsplatz assistance traffic
~ mit Mehradressennachrichten multiaddress traffic
~/schwacher slack traffic
~/simulierter simulated traffic
~/starker heavy traffic
~/wechselweiser simplex communication
~/zufallsverteilter pure-chance traffic
~ zwischen zwei festen Punkten point-to-point communication
verkehren/miteinander to [inter]communicate
Verkehrsabwicklung *f* handling of traffic
Verkehrsangaben *fpl* traffic data
Verkehrsangebot *n* traffic offered
Verkehrsanstieg *m* traffic growth
Verkehrsaufkommen *n* traffic incidence
Verkehrsausgleich *m* traffic balancing
Verkehrsausscheidungszahl *f* prefix
Verkehrsauswertung *f* traffic analysis
Verkehrsbelastbarkeit *f* traffic performance
Verkehrsbelastung *f* traffic load
Verkehrsbeobachtung *f* traffic observation
Verkehrsbewegung *f* traffic fluctuations
Verkehrsbeziehung *f* traffic relation
Verkehrseinheit *f* traffic unit
Verkehrsfehlergrenzen *fpl* maximum permissible errors in service
Verkehrsfluß *m* traffic flow
Verkehrsfrequenz *f* traffic frequency; working frequency
Verkehrsführung *f* traffic routing
Verkehrsfunk *m* traffic [broadcast] program
Verkehrsfunkkennung *f* traffic program identification
Verkehrsgüte *f* grade of service
Verkehrsintensität *f s.* Verkehrsstärke
Verkehrskapazität *f* traffic capacity
Verkehrsklassenkontrollzeichen *n* class-of-traffic check signal
Verkehrsklassenzeichen *n* class-of-traffic character
Verkehrskontrollsystem *n* traffic control system
Verkehrskonzentrator *m* remote switching unit
Verkehrsleistung *f* traffic capacity
Verkehrslichter *npl* traffic lights *(Straßenverkehr)*
Verkehrsmatrix *f* traffic matrix
Verkehrsmenge *f* traffic amount (volume)
Verkehrsmesser *m* traffic (demand) meter
Verkehrsmessung *f* traffic metering
Verkehrsquelle *f* traffic source

Verkehrsquellendichte *f* density of traffic sources
Verkehrsradar *n* vehicular radar
Verkehrsregistrierung *f* call-count record
Verkehrsrückgang *m* reduction of traffic
Verkehrsschreiber *m* [telephone] traffic recorder, recording demand meter
Verkehrsschwankung *f* traffic variation
Verkehrssignalanlage *f***/rechnergesteuerte** computer-controlled traffic signal system
Verkehrssimulation *f* traffic simulation
Verkehrsspitze *f* traffic peak, peak of traffic
Verkehrsstärke *f* traffic flow, intensity of traffic
Verkehrsstatistik *f* traffic statistics
Verkehrsstauung *f* traffic congestion
Verkehrstheorie *f* traffic engineering
Verkehrsübersicht *f* traffic record
Verkehrsüberwachung *f* traffic supervision
Verkehrsüberwachungsgerät *n* traffic supervision device
Verkehrsumfang *m* traffic volume (flow, load)
Verkehrsverlust *m* traffic loss
Verkehrsweg *m* traffic route (channel)
Verkehrswelle *f* communication wave
~/allgemeine general communication wave
Verkehrswert *m s.* Verkehrsstärke
Verkehrswerteinheit *f* unit of traffic intensity
Verkehrswertschreiber *m s.* Verkehrsschreiber
Verkehrszahlen *fpl* traffic data
Verkehrszähler *m* traffic meter
Verkehrszählung *f* traffic metering (recording)
Verkehrszeichenbeleuchtung *f* traffic sign lighting *(Straßenverkehr)*
Verkehrsziel *n* traffic destination
Verkehrszunahme *f* traffic growth (increase)
verketten to chain, to interlink; to concatenate
~/einen Fluß to link a flux
verkettet [inter]linked
Verkettung *f* 1. interlinking *(von Systemen)*; *(Dat)* concatenation; 2. *(Dat)* daisy chain
~/elektromagnetische electromagnetic linkage
Verkettungsoperation *f* link operation *(Programmierung)*
verkitten to cement *(z. B. Isolatoren)*; to lute, to seal
verkleben to cement, to glue, to bond
verkleiden to case, to cover, to sheathe; to jacket; to lag, to line *(mit Dämmstoff)*
Verkleidung *f* casing, cover[ing], closing, sheath[ing]; lagging, lining *(mit Dämmstoff)*
~/schalldämmende blimp *(z. B. für Kamera)*
Verkleidungsblech *n* fairing plate
verkleinern to reduce, to diminish; to decrease
~/Abmessungen to undersize
~/maßstäblich to scale down
Verkleinerung *f* reduction [in size], diminution; scaling-down
~/fotografische *(ME)* photoreduction
Verkleinerungsfaktor *m* reduction (demagnification) factor
verklemmen/sich to jam
verklingen *(Ak)* to die away
verknüpfen to [inter]link; to interconnect
~/durch ein Gatter to gate
~/durch eine ODER-Operation to OR
~/durch eine UND-Operation to AND
Verknüpfung *f* linkage; interconnection
~/logische logical interconnection
~/programmierte programmed interconnection
Verknüpfungsbefehl *m (Dat)* connective (logical) instruction
Verknüpfungsglied *n* switching (logical) element; *(Dat)* link
~ mit Halbleiterdioden semiconductor diode gate
Verknüpfungsschaltung *f* switching circuit; logic [assembly]
~ mit direktgekoppelten Transistoren direct-coupled transistor logic
~ mit Kollektorverstärker emitter follower logic
~/sehr schnelle high-speed logic circuit
Verknüpfungstafel *f* truth table; boolean operation table
Verknüpfungszeichen *n* link *(Informationsverarbeitung)*
verkohlen to char
verkoppeln to couple
Verkopplung *f* coupling; interconnection
verkupfern to copper; *(Galv)* to copper-plate
Verkupferung *f* coppering; *(Galv)* copper-plating
verkürzen to shorten; to cut [down]
Verkürzungskapazität *f* shortening capacity
Verkürzungskondensator *m* shortening capacitor
verlagern to displace; to shift
Verlagerung *f* displacement; shift
verlängern to extend; to elongate
~/eine Leitung to extend a line
Verlängerung *f* extension; elongation; prolongation *(z. B. zeitlich)*
Verlängerungsfaktor *m* filter (multiplying) factor *(Optik)*
Verlängerungskabel *n* extension cable
Verlängerungsleitung *f* extension line (lead), continuation lead
~/künstliche *(Nrt)* artificial extension line, pad
~/nichtverzerrende *(Nrt)* distortionless pad
Verlängerungsschnur *f* extension lead, *(Am)* extension cord
Verlängerungswelle *f* extension shaft
Verlängerungswiderstand *m* pad[ding] resistor
verlangsamen to slow [down]; to decelerate; to delay
Verlangsamung *f* slowing down; deceleration
Verlärmung *f* noise pollution
verlassen/die Reichweite *(Nrt)* to pass out of range
Verlauf *m* 1. course, behaviour *(z. B. einer Kurve, einer Funktion)*; 2. run *(eines Kabels)*; 3. curve, characteristic
~ der Ausfallrate failure rate curve

~ **der Feldlinien** field pattern
~ **der Restdämpfung** overall attenuation curve
~ **des Anodenstroms** anode current envelope
~**/exponentieller** exponential character
~**/optimaler** optimum behaviour
~**/spektraler** spectral distribution (characteristic)
~**/stetiger** continuity
~**/zeitlicher** variation with time
verlaufen/im Zickzack to zigzag
~**/logarithmisch** to proceed logarithmically
verlaufend/in einer Richtung unidirectional
~**/nach einem Quadratgesetz** square-law
~**/radial** radial
Verlauffilter *n* graduated [density] filter, variable-density filter *(Optik)*
verlegen to lay [out] *(Kabel)*; to wire *(z. B. Drähte)*; to install
~**/ein Kabel** to run a cable
~**/eine Leitung** to erect (install) a line
~**/in die Erde** to bury *(Kabel)*
~**/oberirdisch** to run [a wire] overhead
~**/über Putz** to wire on the surface
~**/unterirdisch** to bury, to lay underground
Verlegung *f* laying *(Kabel)*; wiring *(Leitung)*; installation
~**/auf Putz** surface mounting (wiring)
~ **eines Fernsprechanschlusses** transfer of a subscriber's phone
~**/unter Putz** concealed installation wiring
Verlegungsplan *m* **für Fabrikationslängen** *(Nrt)* factory length allocation
verletzen to injure; to violate *(z. B. Regeln)*
~**/sich** to injure
Verletzungsspannung *f* injury potential *(für Lebewesen)*
verlieren/Energie to lose energy
verlitzen to strand *(Draht)*
Verlust *m* 1. loss; 2. dissipation
~ **am Übertragungsfaktor** loss in gain
~ **durch Konvektion** convection loss
~ **durch Lichtstreuung** optical-stray loss
~ **durch Mikrokrümmung** microbending loss
~ **in Durchlaßrichtung** forward power loss
~ **in Sperrichtung** reverse power loss
~**/innerer** internal loss
~**/kapazitiver** capacitive leak
~**/magnetischer** magnetic loss
~**/ohmscher** ohmic (resistance) loss
~**/thermischer** thermal loss
Verlustanteil *m* dissipative component
verlustarm low-loss
Verlustausgleich *m* loss compensation
verlustbehaftet lossy
Verlustbelegung *f (Nrt)* lost call
Verlustbetrieb *m* loss-type operation
Verluste *mpl* loss[es]
~**/dielektrische** dielectric losses *(im Kondensator)*
~**/elektrische** electric losses
~ **im Behälter** can losses *(magnetische Verluste)*
~ **im Eisenkreis** iron (core) losses
~ **in der Erregermaschine** exciter losses
~**/konstante** constant losses
~**/lastabhängige** load[-depending] losses, variable losses
~**/lastunabhängige** load-independent losses, constant losses
~**/stationäre** standing losses
~**/veränderliche** variable losses
Verlustfaktor *m* loss factor; leakage factor
~**/dielektrischer** dielectric loss (dissipation) factor; dielectric power factor *(im Dielektrikum)*
~**/mechanischer** mechanical loss factor
Verlustfaktorkennlinie *f* loss factor characteristic; *(Isol)* power factor-voltage characteristic
Verlustfaktormeßgerät *n* loss factor meter
Verlustfaktormessung *f* loss factor (tangent) test
Verlustfläche *f* loss area
Verlustformel *f***/Erlangsche** *(Nrt)* Erlang loss formula
verlustfrei lossfree, lossless; non-dissipative
Verlust[kenn]größe *f* loss parameter
Verlustkomponente *f* dissipative component
Verlustkonstante *f (Nrt)* damping constant
Verlustleistung *f* dissipation [power], loss [power]; power loss (dissipation); *(MA)* stray (leakage) power
~**/elektrische** electric loss power
~ **in der Antenne** aerial loss
~**/thermische** thermal loss power
Verlustleitung *f* lossy line
verlustlos *s.* verlustfrei
verlustreich lossy
Verluststrom *m* lost current; *(Isol)* leakage current
Verluststromphasenwinkel *m* magnetic loss angle
Verlustsystem *n (Nrt)* loss system
Verlustverkehr *m (Nrt)* lost traffic
Verlustwahrscheinlichkeit *f* loss probability *(z. B. eines Anrufs)*
Verlustwärme *f* dissipation heat; waste heat
Verlustwärmerückgewinnung *f* waste heat recovery
Verlustwert *m* loss parameter
Verlustwiderstand *m* dissipative resistance, [dissipation] loss resistance
Verlustwinkel *m* [dielectric] loss angle, loss tangent *(bei Dielektrika oder Wandlern)*; insulation power factor
~**/dielektrischer** dielectric loss angle
Verlustzähler *m* loss meter
Verlustzeit *f* loss (lost) time
Verlustziffer *f* loss factor, coefficient of loss
~ **von Gesprächen** *(Nrt)* percentage of lost calls
vermaschen to intermesh
vermascht [inter]meshed; *(Syst)* complex, multiloop; interconnected
Vermaschung *f* intermeshing; *(Syst)* interconnection

vermieten *(Nrt)* to lease *(Leitungen)*
vermindern to decrease; to diminish; to reduce, to lower; to degrade
~/die abgegebene Leistung to reduce (decrease) the output
~/die Vorspannung *(El)* to debias
Verminderung *f* decrease; diminution; reduction; degradation
~ der Übertragungsgüte durch Leitungsgeräusche *(Nrt)* noise transmission impairment
~ der Vorspannung debiasing
Verminderungsfaktor *m* depreciation factor *(bei Beleuchtungsanlagen)*
Vermittlung *f (Nrt)* 1. [circuit] exchange; 2. *s.* Vermittlungsstelle
~/dezentrale decentralized exchange
~/digitale digital switching
~ durch Vorbelegung pre-emptive switching
~ mit Induktoranruf magneto exchange
Vermittlungseinheit *f* switching unit
Vermittlungseinrichtung *f* switching equipment
Vermittlungsgüte *f* switching quality, grade of switching performance
Vermittlungsknoten *m* signalling terminal, intervening node
Vermittlungskraft *f* operator
Vermittlungsplatz *m* switchboard (junction, operator's) position, attendant console
Vermittlungsprotokoll *n* network protocol
Vermittlungspult *n* toll board
Vermittlungsrechner *m* switching processor; gateway *(zwischen verschiedenen Datennetzen)*
Vermittlungsschicht *f* network layer *(eines Netzes)*
Vermittlungsschrank *m* switchboard
~ mit Zeichengabe über a/b-Ader bridge-control switchboard
~ mit Zeichengabe über c-Ader sleeve-control switchboard
Vermittlungsstelle *f* switching centre, exchange
~/elektronische electronic exchange
~ mit Handbetrieb manual [telephone] exchange
~ mit Wählbetrieb automatic [telephone] exchange
~/private private non-branch exchange
~/private elektronische private electronic exchange, PEX
~/zentrale parent exchange
Vermittlungssystem *n***/elektronisches** electronic switching system, ESS
~/zeitgeteiltes time-division switching system
Vermittlungstechnik *f* switching technique
Vermittlungs- und Prüfamt *n* switching and testing centre, STC
Vermittlungs- und Prüfzentrum *n***/internationales** international switching and testing centre, ISTC
vernachlässigbar negligible
vernachlässigen to neglect
vernehmbar audible
verneinend negative
verneint negated
Verneinung *f* negation
vernetzen 1. to cross-link *(z. B. Kunststoffe)*; 2. *(Nrt)* to connect into a network
Vernetzung *f* 1. cross-linkage, [intermolecular] cross linking *(von Kunststoffen)*; 2. *(Nrt)* networking
vernichten to annihilate; to destroy
Vernichtung *f* annihilation; destruction
vernickeln to nickel[ize]; *(Galv)* to nickel-plate
Vernickelung *f* nickel-plating, nickel facing
Vernickelungsbad *n (Galv)* nickel[-plating] bath (solution)
Verpackungstechnik *f* packaging technique
Verrastung *f* locating device
verrauscht noisy
Verrechnungseinheit *f* accounting unit
Verrechnungsgebühr *f* customer charge
verriegelbar lockable; fitted with lock and key *(Steckverbindung)*
verriegeln to [inter]lock, to block; to latch
Verriegelung *f* 1. locking, interlock[ing], blocking; latching; 2. locking device (mechanism), latch
• **mit ~** restrained-type
~/elektrische electrical interlock (locking)
~/elektromagnetische *(Ap)* electromagnetic locking
~/logische logical interlock
~/magnetische magnetic interlocking
~/mechanische mechanical interlock
Verriegelungsbaustein *m* latch attachment
Verriegelungscharakteristik *f* latching characteristic
Verriegelungseinrichtung *f* interlocking device
Verriegelungskontakt *m* interlocking contact *(elektrische Verriegelung)*
Verriegelungsmechanismus *m* interlocking mechanism
Verriegelungsrelais *n* interlocking relay
Verriegelungsschalter *m* [inter]locking switch, key switch
Verriegelungsschaltung *f* interlock[ing] circuit, blocking circuit
Verriegelungsschraube *f* operating bolt *(bei Steckvorrichtungen)*
Verriegelungsschütz *n* interlocking contactor
Verriegelungsstift *m* locking pin
Verriegelungsstromkreis *m* interlock[ing] circuit, blocking circuit
Verriegelungssystem *n* interlocking system
Verriegelungstaster *m* locked control push button
verringern to decrease, to diminish; to reduce; to attenuate
~/die Bandbreite to compress the bandwidth
~/die Lautstärke to reduce volume
Verringerung *f* decrease, diminution; reduction

~ **der Dämpfung** damping reduction
~ **der Radarreichweite** radar performance degradation
Verröbelung *f*, **Verroebelung** *f* transposition
verrußen to soot
versagen to fail, to break down
Versagen *n* failure, breakdown, outage; malfunction
Versandlänge *f* shipping length *(z. B. für Kabel)*
Versatz *m (Fs)* offset
Versatzdämpfung *f* offset loss
verschachteln to interleave, to interlace; to nest *(z. B. Unterprogramme)*
Verschachtelung *f* interleaving, interlacing; nesting *(von Unterprogrammen)*
~ **von Nachrichtenblöcken** message interleaving
~**/wortweise** word interleaving
Verschachtelungsniveau *n* nesting level
verschalen to encase; to line *(mit Dämmstoff)*
Verschalten *n*, **Verschaltung** *f* faulty connection (wiring)
verschiebbar shiftable; slidable; relocatable *(z. B. Programmadressen)*; scrollable *(z. B. Bildschirminhalt)*
Verschiebeankermotor *m* displacement-type armature motor
Verschiebebefehl *m (Dat)* shift[ing] instruction
Verschiebeeinrichtung *f (Dat)* shift unit, shifter
Verschiebefrequenz *f* set-off frequency
Verschiebeimpuls *m* shift pulse
Verschiebeimpulsgenerator *m* shift-pulse generator
verschieben to shift *(z. B. die Phase)*; to set off; to displace; to slide; to relocate *(Programmadressen)*; to rotate *(z. B. Bits in einem Register)*; to scroll *(z. B. Bildschirminhalte)*
~**/den Arbeitspunkt** *(Syst)* to displace the operating point
~**/sich nach oben** to scroll up, to shift up
~**/sich nach unten** to scroll down, to shift down
Verschiebeoperation *f* shifting operation
Verschiebeoperator *m (Syst)* shift (displacement) operator
Verschieberegister *n (Dat)* shift register
Verschiebestromleistungsfaktor *m* displacement power factor
Verschiebung *f* 1. shift[ing]; displacement; 2. offset
~**/anfängliche** *(Syst)* initial displacement *(der Signalwerte)*
~**/antiferroelektrische** antiferroelectric displacement
~**/dielektrische** dielectric displacement
~**/elektrische** electric displacement
~**/elektrostatische** electrostatic displacement
~**/logische** *(Dat)* logical shift[ing]
~**/magnetische** magnetic displacement
~**/schrittweise** *(Syst)* incremental shift
~**/seitliche** lateral displacement (shift, translation)
~ **von Interferenzstreifen** interferential fringe shifts
~**/waagerechte** horizontal displacement
~**/zeitliche** time displacement
~**/zyklische** *(Dat)* cyclic (circular, end-around) shift; register rotation, ring shift *(Registerumlauf bei Schieberegistern)*
Verschiebungsdiagramm *n* shift diagram
Verschiebungseinheit *f (Dat)* shift unit
Verschiebungsfaktor *m* displacement factor
Verschiebungsfeld *n* displacement field
Verschiebungsfluß *m* electric (displacement) flux
Verschiebungsflußdichte *f* dielectric (electric) flux density
Verschiebungsgesetz *n***/Wiensches** Wien['s] displacement law
Verschiebungskode *m* **für Zahlen** figure shift code
Verschiebungsoperation *f (Dat)* shift operation *(z. B. eines Schieberegisters)*
Verschiebungsregler *m* shift controller
Verschiebungssatz *m* lag theorem *(der Laplace-Transformation)*
Verschiebungssensor *m (Meß)* displacement transducer
Verschiebungsstrom *m* displacement current, dielectric [displacement] current
Verschiebungsstromdichte *f* displacement current density
~**/elektrische** electric displacement density
Verschiebungswicklung *f* shift winding
verschieden different; distinct; unequal
verschiedenfarbig heterochromatic, different-coloured
verschlechtern/sich to deteriorate
Verschlechterung *f* **der Güte** *(Syst)* deterioration of performance *(z. B. einer Regelung)*
Verschleiß *m* wear
~ **durch Schleifwirkung** abrasive wear, abrasion
Verschleißausfall *m* wear-out failure
verschleißbeständig wear-resistant; abrasion-resistant
Verschleißbeständigkeit *f* wear resistance; abrasion resistance
Verschleißbremse *f s.* Verschleißschutzstoff
verschleißen to wear [out]
verschleißfest *s.* verschleißbeständig
Verschleißfläche *f* wearing surface
Verschleißgeschwindigkeit *f* wearing rate
Verschleißgüte *f* wearing quality
Verschleißprüfung *f* wear[ing] test
Verschleißschutzstoff *m* antiwear agent
Verschleißteil *n* wearing part
verschließen/hermetisch to seal [hermetically]
~**/luftdicht** to close (seal) airtight
verschlossen/luftdicht hermetically closed (sealed)
Verschluß *m* 1. lock; seal *(hermetisch)*; cover, cap; shutter *(Optik)*; 2. closure; locking; sealing

~/elektrooptischer electrooptical shutter
~/luftdichter 1. airtight seal; 2. hermetic sealing
~/öldichter oil seal
Verschlußauslösung *f* shutter release
Verschlußdeckel *m* [cover] lid, lock cover
verschlüsseln to code, to encode, to [en]cipher
verschlüsselt/binär binary-coded
~/biquinär biquinary-coded
~/numerisch numerically coded
Verschlüsselung *f* 1. coding; encoding *(s. a. unter* Kodierung*)*; 2. *s.* Kode
~/absolute absolute coding
~/halbautomatische semiautomatic coding
~/numerische numerical coding
Verschlüsselungs... *s. a.* Kodier...
Verschlüsselungsgerät *n* coder, encoder, coding device *(Zusammensetzungen s. unter* Kodierer*)*
Verschlüsselungsmatrix *f* key matrix
Verschlüsselungsskale *f* coding dial
Verschlußgeschwindigkeit *f* shutter speed
Verschlüßler *s.* Verschlüsselungsgerät
Verschlußmaterial *n* sealing material
Verschlußstopfen *m* vent plug *(einer Batterie)*
Verschlußzeit *f* shutter speed (interval)
verschmelzen to fuse [together], to melt; to seal *(Glas)*
Verschmelzung *f* fusion; sealing
Verschmelzungsenergie *f* fusion energy
Verschmelzungsfrequenz *f (Licht)* [critical] fusion frequency
verschmieren to blur *(z. B. Fernsehbild)*
verschmoren to scorch *(z. B. Kabel)*
verschmutzen to contaminate; to pollute
Verschmutzung *f* contamination; pollution
Verschmutzungsgrad *m* degree of pollution
Verschmutzungsklasse *f (Hsp)* pollution (severity) level
verschränken to interlace; *(Nrt)* to interconnect
Verschränken *n (Nrt)* interconnection, slipping
verschweißen to weld; to seal *(bes. Kunststoffe)*
verschwinden to disappear; to vanish
~/zeitweilig *(Nrt)* to fade out at intervals
verschwommen blurred; indistinct
versehen to provide; to equip
~/mit Bondhügeln to bump
~/mit Gehäuse to [en]case
~/mit Glasur to glaze
~/mit Muster[n] to pattern
~/mit Schutzvorrichtung to guard
~/mit Zusätzen to dope *(z. B. Isolierstoffe)*
versehen/mit Kern cored
~/mit Knöpfen knobbed
~/mit Konturen contoured
~/mit Kreisrippen gilled
~/mit Maßeinteilung graduated
~/mit Mittelanzapfung central-tapped
~/mit Nutwicklung slot-wound
~/mit scharfer Spitze sharp-pointed
~/mit Schutzüberzug *(ME)* capped *(z. B. mit GaAs)*
~/mit Silberbelag silver-surfaced
~/mit Skale scaled
~/mit Tasten keyed
Verseifung *f* saponification *(z. B. von Isolierölen)*
Verseilelement *n* stranded element; stranding element
verseilen to strand, to twist *(Kabel)*
~/zum Vierer to quad
Verseilfaktor *m* lay ratio
Verseilmaschine *f* twisting machine
verseilt/kurzdrallig cabled with a short lay
Verseilung *f* stranding, laying up, cabling
versenkt flush-mounted
versetzen 1. to displace; to offset; to stagger; 2. to dislocate *(im Kristallgitter)*
~/in Schwingung to set into vibration
Versetzung *f* 1. displacement; offset; staggering; 2. dislocation *(Kristall)*
~/partielle partial dislocation
Versetzungsbewegung *f* dislocation movement
Versetzungsdichte *f* dislocation concentration
Versetzungsenergie *f* energy of dislocation
versetzungsfrei dislocation-free
Versetzungsgehalt *m* dislocation content
Versetzungskonzentration *f* dislocation concentration
Versetzungsmuster *n* dislocation pattern
Versetzungspotential *n* dislocation potential
Versetzungsspirale *f* dislocation spiral
Versetzungssprung *m* [dislocation] jog
Versetzungsstruktur *f* dislocation structure
Versetzungsvervielfachung *f* dislocation multiplication
Versetzungswinkel *m* displacement angle
Versiegelung *f***/chemische** chemical deposition *(bei gedruckten Schaltungen)*
versilbern to silver[-coat]; *(Galv)* to silver-plate
versilbert silvered, silver-coated; *(Galv)* silver-plated
Versilberung *f* silver plating
versorgen to supply; to feed
~/mit Energie to power, to energize
Versorgung *f* 1. supply; 2. *(Nrt)* coverage
~ des Reglers *(Syst)* regulator supply *(mit Hilfsenergie)*
~/doppelseitige two-way supply
~ vom übergeordneten Netz supply from public power system
Versorgungsbetriebe *mpl* **[für Elektroenergie]** utilities
Versorgungsgebiet *n* supply area; *(Nrt)* service area, primary coverage area
Versorgungsleitung *f* supply line; feeder
~/elektrische electric supply (power) line
Versorgungsleitungsspannung *f* supply line voltage
Versorgungslücke *f (Nrt)* coverage gap

Versorgungsnetz *n* [supply] mains; supply circuit *(z. B. im Haushalt)*
~/leistungsstarkes powerful supply system, high-power system
Versorgungsplan *m* coverage diagram *(Antennentechnik)*
Versorgungssicherheit *f* service security
Versorgungsspannung *f* supply voltage
Versorgungstransformator *m* supply transformer
Versorgungsunterbrechung *f* interruption of supply (service)
Versorgungszuverlässigkeit *f* reliability of supply, service reliability
verspannen to guy *(Masse)*
verspiegeln to aluminize, to silver *(z. B. Reflektoren)*
verspiegelt aluminized, silvered, mirrored; reflecting
~/teilweise partially silvered
Verspiegelung *f* aluminizing, silvering
~/metallische metal backing
Versprödungsriß *m* embrittlement crack
versprühen to atomize, to spray
Verständigung *f*/**mangelhafte** *(Nrt)* defective conversation
~/schlechte transmission trouble, poor transmission
Verständigungsgüte *f* communication[s] quality; readability
verständlich intelligible; audible
~/gut highly intelligible
Verständlichkeit *f* 1. intelligibility, articulation; audibility; 2. *s.* Verständlichkeitsfaktor
~/prozentuale percent intelligibility (articulation)
~/schlechte poor audibility
Verständlichkeitsfaktor *m* articulation index
Verständlichkeitsminderung *f* articulation reduction; articulation loss
Verständlichkeitsprüfung *f* intelligibility (articulation) test; listening test
Verständlichkeitsverlust *m* discrimination loss
verstärken 1. to amplify; to boost *(z. B. Signale)*; to fade up *(Funkwellen)*; 2. to reinforce, to strengthen; 3. to intensify
~/durch Resonanz to resonate
~/elektrolytisch (galvanisch) to increase by electrodeposition
~/wieder to reamplify
Verstärker *m* amplifier; intensifier; *(Nrt)* repeater *(einer Richtfunkverbindung)*; booster
~/abgestimmter tuned (resonance) amplifier
~/abstimmbarer tunable amplifier
~/ausgeglichener balanced amplifier
~ der Regelabweichung *(Syst)* error amplifier
~/direktgekoppelter direct-coupled amplifier
~/dreistufiger three-stage amplifier
~/driftarmer low-drift amplifier
~/driftberichtigter (driftkompensierter) drift-corrected amplifier
~/dynamikbegrenzender volume-limiting amplifier, [dynamic] compressor, volume contractor
~/eingebauter integral amplifier
~/einstufiger *(Nrt)* single-stage repeater (amplifier)
~/elektronisch modulierter electronically modulated amplifier
~/entzerrender *(Nrt)* equalizing repeater (amplifier)
~/fest eingeschalteter *(Nrt)* through-line repeater (amplifier)
~ für horizontale Ablenkung horizontal amplifier, X-amplifier
~ für vertikale Ablenkung vertical amplifier, Y-amplifier
~/geschwindigkeitsmodulierter velocity-modulated amplifier
~/gleichspannungsgekoppelter d.c.-coupled amplifier
~/hochwertiger high-fidelity amplifier
~ in Wendelform/parametrischer helix parametric amplifier
~/logarithmischer logarithmic gain amplifier
~/magnetischer magnetic amplifier, magamp, transductor
~/mehrstufiger multistage amplifier
~ mit automatischer Lautstärkeregelung (Pegelregelung) gain-adjusting amplifier
~ mit automatischer Verstärkungsregelung automatic gain control amplifier
~ mit Gegenkopplung/dreistufiger three-stage feedback amplifier
~ mit negativer Rückkopplung negative feedback amplifier
~ mit Rückführung feedback amplifier
~ mit Selbstsättigung/magnetischer self-saturated magnetic amplifier
~ mit transistorisiertem negativen Leitungswiderstand long line adapter
~ mit veränderlichem Verstärkungsfaktor variable-gain amplifier
~ mit veränderlicher Kapazität/parametrischer variable-capacitance parametric amplifier
~/mittels Netzwerks abgestimmter network-tuned amplifier
~/modulierter modulated amplifier
~/nichtlinearer non-linear amplifier
~/nullpunktkonstanter amplifier with stabilized zero
~/optischer optical amplifier
~/optoelektronischer optoelectronic amplifier
~/paramagnetischer paramagnetic amplifier
~/parametrischer parametric (reactance) amplifier, mavar, mixer amplifier by variable reactance
~/photoelektrischer photoelectric amplifier
~/pseudologarithmischer pseudologarithmic amplifier
~/rückgekoppelter feedback amplifier
~/schnellansprechender magnetischer high-speed magnetic amplifier

~/**selektiver** selective amplifier
~/**signalformender** *(Nrt)* signal-shaping amplifier
~/**symmetrischer** balanced amplifier
~/**synchronisierter** synchronous (lock-in) amplifier
~/**thermionischer** thermionic amplifier
~/**übersteuerter** overdriven amplifier
~/**unsymmetrischer** unbalanced (single-ended) amplifier
Verstärkerabschnitt *m (Nrt)* repeater section
Verstärkerabstand *m (Nrt)* repeater spacing
~/**zulässiger** admissible repeater spacing
Verstärkeramt *n (Nrt)* repeater station
Verstärkeramtsverdrahtung *f (Nrt)* repeater station cabling
Verstärkeranlage *f* speech reinforcement system
Verstärkerausgang *m* amplifier output; *(Nrt)* repeater output
Verstärkerbandbreite *f* amplifier bandwidth
Verstärkerbatterie *f* booster battery
Verstärkerbetrieb *m* amplifier operation
Verstärkerbucht *f (Nrt)* repeater bay
Verstärkereingang *m* amplifier input; *(Nrt)* repeater input
Verstärkereinheit *f* amplifier unit
Verstärkereinschub *m* plug-in amplifier
Verstärkerfeld *n (Nrt)* repeater section
Verstärkerfeldlänge *f (Nrt)* repeater section length
Verstärkergehäuse *n (Nrt)* repeater housing
Verstärkergeräusch *n* amplifier noise
Verstärkergestell *n (Nrt)* repeater bay (rack)
Verstärkerinstallation *f* amplifier (power-feeding) installation
Verstärkerkette *f* amplifier chain, chain of amplifiers
Verstärkerkreis *m* amplifying circuit
Verstärkermaschine *f* rotating amplifier
Verstärkermeßplatz *m* amplifier test desk; *(Nrt)* repeater test desk
Verstärkerprüfgestell *n (Nrt)* repeater test rack
Verstärkerrauschen *n* amplifier noise
Verstärkerrelais *n* amplifying relay
Verstärkerröhre *f* amplifier valve (tube), amplifying valve
Verstärkersaal *m (Nrt)* repeater room
Verstärkersatz *m* amplifier unit
Verstärkerschaltung *f* amplifier circuit; *(Nrt)* repeater circuit
~/**bandfiltergekoppelte** band-pass amplifier circuit
Verstärkerspule *f* boost coil
Verstärkerstation *f* amplifier (power-feeding) station
Verstärkerstelle *f (Nrt)* repeater station
~/**ferngespeiste** dependent station
Verstärkerstromkreis *m* amplifier circuit
Verstärkerstufe *f* amplifier (amplifying) stage, stage of amplification
Verstärkervoltmeter *n* transistorized voltmeter
Verstärkerwicklung *f* amplifying winding
Verstärkung *f* 1. amplification; boost[ing]; [transmission] gain; *(Nrt)* repeater gain; 2. [amplifier] gain *(Verstärkungsfaktor)*; 3. reinforcement, strengthening
~ **des geöffneten Regelkreises** open-loop gain
~ **des latenten Bilds** latent image intensification
~/**differentielle** differential gain
~ **im Durchlaßbereich** *(Ak)* pass-band gain
~ **im Tonfrequenzbereich** audio[-frequency] amplification
~ **innerhalb des Durchlaßbands** in-band gain
~/**konstante** stable gain
~/**lineare** linear amplification
~/**maximal erreichbare** maximum available gain
~ **mit Gegenkopplung** closed-loop gain
~ **ohne Rück- und Gegenkopplung** open-loop gain
~/**photoelektronische** photoelectronic amplification
~/**rauschfreie** noiseless amplification
~/**regelbare** variable gain
~/**relative** relative gain *(Antenne)*
~/**verfügbare** available gain
~/**vom Anwender eingestellte** user-set gain
~ **von Oberwellen** accentuation of harmonics
~ **von Radarechos** boosting of radar echoes
~/**zeitgeregelte** time-controlled gain
Verstärkungsbandbreiteprodukt *n* gain-bandwidth product
Verstärkungsbereich *m* amplification range
Verstärkungsfaktor *m* amplification factor (coefficient), gain [factor]
~ **bei Gegenkopplung** closed-loop gain
~ **des Vervielfachers** multiplier gain
~ **Eins** unity gain
~/**mittlerer** average gain factor *(bei nichtlinearer Regelung)*
~ **ohne Rück- und Gegenkopplung** open-loop gain
~/**reziproker** reciprocal of amplification factor
Verstärkungsfestlegung *f (Syst)* gain setting
Verstärkungsgleichung *f* gain equation
Verstärkungsglied *n (Syst)* amplification element, amplifying circuit
Verstärkungsgrad *m* amplification (gain) factor, degree of amplification
~ **des geöffneten Regelkreises** open-loop gain
Verstärkungskoeffizient *m* amplification coefficient
Verstärkungskonstante *f* amplification constant
Verstärkungskonstanz *f* gain stability
Verstärkungskurve *f* gain characteristic, amplification curve
Verstärkungsmesser *m* gain measuring device (set)
Verstärkungsmessung *f* gain measurement; *(Nrt)* repeater gain measurement
Verstärkungsmode *f* amplification mode
Verstärkungsregelung *f* gain control
~/**automatische** *(Syst)* automatic gain control (regulation) a.g.c., AGC

~/sprachgesteuerte voice-operated gain control
~/stufenweise step-by-step gain control
~/unverzögerte automatische instantaneous automatic gain control
Verstärkungsregler *m* gain controller
~/sprachgesteuerter voice-operated gain adjusting device
Verstärkungsrippe *f* stiffening rib
Verstärkungsschaltung *f* amplifying circuit
Verstärkungsstufe *f* amplification stage
Verstärkungs- und Frequenzgang *m (Syst)* gain and frequency response
Verstärkungsverlust *m* gain loss, loss in gain
Verstärkungsziffer *f (Nrt)* repeater gain
versteifen to stiffen, to strengthen; to reinforce; to brace *(mit Stützen)*
Versteifung *f* stiffening, strengthening
Versteifungsmittel *n* stiffening agent
Versteifungsrippe *f* stiffening rib
verstellbar adjustable
Verstellbarkeit *f* adjustability
verstellen to adjust; to shift
Verstellgetriebe *n* variable-speed gear *(Dampfturbine)*
Verstellmotor *m* 1. servomotor, pilot motor; 2. brush-shifting motor
Verstellung *f* adjustment; shifting
~ des Ventilschiebers valve displacement
~/seitliche lateral adjustment
verstimmen to detune, to mistune
verstimmt detuned, mistuned, off-tune, off-resonance
Verstimmung *f* 1. *(Ak)* detuning; 2. unbalance *(Brücke)*
~/thermische thermal detuning (frequency drift)
Verstimmungsdämpfung *f* off-resonance attenuation
Verstimmungslage *f* detuning position
Verstimmungsmessung *f* detuning measurement
Verstimmungsschutz *m* off-resonance trip
Verstimmungsverfahren *n* detuning method
verstreben to brace, to strut, to stay
Verstrebung *f* 1. bracing, strutting; 2. brace, strut, stray
verstreckt/biaxial *(Isol)* biaxially stretched
verstümmeln *(Nrt)* to mutilate, to garble
Verstümmelung *f (Nrt)* mutilation, garble
Verstümmelungsgrad *m* mutilation rate
Versuch *m* test, experiment, trial; run
Versuchsableiter *m* tentatively selected arrester
Versuchsamt *n (Nrt)* trial exchange
Versuchsanlage *f* experimental plant; pilot plant
Versuchsanordnung *f* experimental arrangement (set-up), test set-up
Versuchsaufbau *m* 1. *(El)* breadboard[ing] *(Schaltungsaufbau)*; 2. breadboard model
~ einer Schaltung breadboard circuit
Versuchsauswertung *f* evaluation of test
Versuchsdauer *f* duration of test (experiment)
Versuchseinrichtung *f* test rig
Versuchselektrode *f* test electrode
Versuchsergebnis *n* test (experimental) result
Versuchsfehler *m* experimental error
Versuchsfeld *n* test field
Versuchsfunkstelle *f* experimental radio station
Versuchsgerät *n* experimental equipment (device)
Versuchskraftwerk *n* experimental power station
Versuchslabor *m* experimental laboratory
Versuchsmethode *f* experimental method
Versuchsmodell *n* breadboard model
Versuchsmuster *n* laboratory model
Versuchsnetz *n* trial network
Versuchsprotokoll *n* test report
Versuchsreihe *f* series of experiments, test series
Versuchsschaltung *f* experimental circuit; temporary circuit
Versuchsstrecke *f (Nrt)* experimental route
Versuchsverbindung *f (Nrt)* test call
Versuch-und-Irrtum-Methode *f* trial-and-error method
vertauschbar exchangeable, replaceable
Vertauschung *f* commutation; permutation
~/zyklische *(Dat)* cyclic permutation
Vertauschungsmeßmethode *f* transposition method of measurement
Vertauschungsrelation *f* commutation relation
verteilen 1. to distribute; 2. to disperse
~/elektrische Energie to distribute electric energy
~/gleichmäßig to distribute uniformly (evenly)
Verteiler *m* distributor, distribution board (frame) *(Schaltanlage)*; terminal box *(für Kabel) (s. a. Verteilerdose)*; *(Nrt)* junction box, patching bay *(s. a.* Verteilergestell*)*
~/digitaler digital distribution frame
~/gußgekapselter iron-clad distribution board
~/kombinierter combined distribution frame *(Haupt- und Zwischenverteiler)*
~/rotierender rotary distributor
Verteileramt *n (Nrt)* distribution centre
Verteilerbedienfeld *n* distribution control unit
Verteilerdose *f* distribution (distributing, junction) box
Verteilerfernamt *n (Nrt)* via centre
Verteilergestell *n (An)* distribution frame; *(Nrt)* repeater distribution frame
~ für HF-Verstärker *(Nrt)* high-frequency repeater distribution frame
Verteilerkabel *n* power distribution cable
Verteilerkanal *m* distributor duct; plenum *(Sonnenkraftwerk)*
Verteilerkasten *m* distribution (distributing) box; link (conduit) box *(Installationstechnik)*
Verteilermast *m* distribution pole
Verteilernetz *n* power distribution network
Verteilernocken *m* distributor cam
Verteilerpunkt *m* distributing point; *(Nrt)* switching point
~/virtueller virtual switching point

Verteilerregister *n (Dat)* distributor register
Verteilerrohr *n* distributor duct
Verteilersäule *f* distributing pillar
Verteilerschaltdraht *m (Nrt)* jumper wire
Verteilerschalttafel *f* distribution (branch) switchboard *(s. a.* Verteilertafel*)*
Verteilerscheibe *f* distributor disk
Verteilerschiene *f* distribution bus bar, bus
Verteilerschrank *m* distributing cabinet (pillar); *(An)* link box
Verteilersicherungstafel *f* distribution fuse board
Verteilerstelle *f* distributor point
Verteilerstück *n* manifold *(Rohrleitung)*
Verteilertafel *f* distribution (distributing) board, distribution panel
Verteilerverstärker *m* distributing amplifier
Verteilerwähler *m* distributing selector
Verteilerwelle *f* distributor shaft
Verteilerwerk *n* switching station
verteilt/punktförmig distributed in lumps
~/statistisch statistically distributed
~/über die Oberfläche spaced about the surface
~/zufällig randomly distributed
Verteilung *f* 1. distribution; 2. dispersion
~/asymmetrische asymmetric distribution
~/asymptotische asymptotic distribution
~/binomische binomial distribution
~/Boltzmannsche Boltzmann distribution
~ der Einfallabstände *(Nrt)* call interarrival distribution
~ der Ladungen charge distribution
~ der Photonen im Szintillator scintillator photon distribution
~ der Wahrscheinlichkeitsdichte probability density distribution
~/exponentielle exponential distribution
~/Gaußsche Gauss[ian] distribution
~/gleichmäßige (homogene) uniform distribution
~/Maxwellsche Maxwell[ian] distribution
~/Plancksche Planck distribution
~/Poissonsche Poisson distribution
~/radiale radial distribution
~/räumliche spatial (geometric) distribution
~/Rayleighsche Rayleigh distribution
~/spektrale spectral distribution
~/statistische statistical distribution, distribution of a random variable
~/stetige continuous distribution
~/unsymmetrische *(Fs)* skew distribution
~ von Elektroenergie distribution of electrical energy
~/zeitliche temporal (time) distribution
~/zufällige random distribution
Verteilungsanlage *f* distributing plant
Verteilungscharakteristik *f***/spektrale** spectral characteristic *(z. B. eines Bildschirms)*
Verteilungsdichtefunktion *f* density function *(Statistik)*
Verteilungsfaktor *m* distribution factor
Verteilungsfunktion *f* distribution function; *(Ph)* partition function
~/bedingte conditional distribution function
~/Gaußsche Gaussian function
Verteilungsgesetz *n* distribution law *(einer stochastischen Größe)*
Verteilungskabel *n* distribution (distributing) cable
Verteilungskabelnetz *n (Nrt)* secondary network
Verteilungskanal *m* distribution conduit *(Kabel)*
Verteilungskode *m* distribution code
Verteilungskoeffizient *m* distribution coefficient; *(Ph)* partition coefficient
Verteilungskurve *f* distribution curve
Verteilungsleitung *f* distribution wire
Verteilungsnetz *n* distribution (distributing) network, distribution system
Verteilungsphotometer *n* distribution photometer
Verteilungsphotometrie *f* distribution photometry
Verteilungsplan *m (Nrt)* allocation table *(für Frequenzen)*
Verteilungsproblem *n (Dat)* distribution problem
Verteilungspunkt *m* distribution point
Verteilungsrauschen *n* partition noise *(Stromverteilung)*
Verteilungsschalter *m* section switch
Verteilungsschaltgerät *n* distribution switchgear
Verteilungsschalttafel *f* distribution switchboard
Verteilungsschaltung *f* distribution circuit
Verteilungsschiene *f* distributing bus bar, bus
Verteilungsschwerpunkt *m* centre of distribution
Verteilungssystem *n* distribution system
Verteilungstemperatur *f* distribution temperature
Verteilungsvermögen *n* distributing capacity
Verteilungszentrum *n* distribution centre *(Energieversorgung)*
Vertikalablenkelektrode *f* vertical deflection electrode
Vertikalablenkgerät *n* vertical time-base generator
Vertikalablenkplatte *f* vertical deflection electrode *(Oszilloskop)*
Vertikalablenkplatten *fpl* vertical plates, Y-plates *(Katodenstrahlröhre)*
Vertikalablenkung *f* vertical deflection (sweep); *(Fs)* field sweep
Vertikalabschwächer *m* vertical attenuator
Vertikalantenne *f* vertical aerial (radiator)
~ mit Anzapfspeisung shunt-fed vertical aerial
Vertikalantrieb *m* vertical drive
Vertikalauflistung *f (Dat)* vertical tabulation
Vertikalauflösung *f (Fs)* vertical resolution
Vertikalaustastlücke *f (Fs)* field blanking interval
Vertikalbeleuchtung *f* vertical illumination
Vertikalbeleuchtungsstärke *f* vertical illuminance
Vertikaldiagramm *n* vertical diagram, vertical [radiation] pattern *(Antenne)*
Vertikaldraht *m* vertical wire *(z. B. einer Kernmatrix)*
Vertikaldrahtantenne *f* vertical wire aerial

Vertikaleinstellung *f (Fs)* vertical centring control
Vertikalendstufe *f (Fs)* vertical final stage
Vertikalfrequenz *f (Fs)* vertical (field) frequency
Vertikalmaschine *f* vertical machine
Vertikal-MOSFET *m* vertical metal-oxide semiconductor field-effect transistor, vertical MOSFET
Vertikalschalter *m* vertical break switch
Vertikalschalttafel *f* vertical switchboard
Vertikalschweißmaschine *f* vertical welding machine
Vertikalstrahler *m* vertical radiator, vertically polarized aerial
Vertikalstrahlungsdiagramm *n* vertical radiation pattern *(Antennentechnik)*
Vertikalsynchronimpuls *m (Fs)* vertical synchronization pulse
Vertikaltabellierung *f (Dat)* vertical tabulation
Vertikalverstärker *m* vertical amplifier, V-amplifier
Vertikalverstärkung *f* vertical gain
verträglich compatible
~/nicht incompatible
Verträglichkeit *f* compatibility
~/elektromagnetische electromagnetic compatibility, EMC *(Teil der Störfestigkeit) (Zusammensetzungen s. unter* EMV*)*
Verträglichkeitsbedingung *f* compatibility condition
Vertrauensbereich *m* confidence interval *(Statistik)*
Vertrauensgrenze *f* confidence limit; *(Meß)* limiting error
Vertrauensintervall *n* confidence interval *(Statistik)*
Vertrauenstest *m* confidence test *(Statistik)*
Vertrauenswert *m* confidence level *(Statistik)*
verunreinigen to contaminate; to pollute
Verunreinigung *f* 1. contamination; pollution; 2. impurity, contaminant, foreign substance
~/chemische chemical impurity
Verunreinigungsatom *n* impurity atom
verunreinigungsdotiert impurity-doped
Verunreinigungselement *n* impurity element
Verunreinigungskonzentration *f* impurity concentration
Verunreinigungsniveau *n* impurity level
Verunreinigungsquelle *f* impurity supply
Verunreinigungsstoff *m s.* Verunreinigung 2.
verursachen/einen [elektrischen] Durchschlag to cause breakdown
~/einen Kurzschluß to short-circuit
Verursacherprinzip *n* polluter-pays principle *(Umweltschutz)*
vervielfachen to multiply
Vervielfacher *m***/photoelektronischer** photoelectronic multiplier, photomultiplier, multiplier phototube
Vervielfacherdiode *f* multiplier diode
Vervielfacherschaltung *f* multiplier circuit
Vervielfacherstufe *f* multiplier stage
Vervielfachung *f* multiplication
Vervielfachungsfaktor *m* multiplication factor
Vervielfachungsschaltung *f* multiplication circuit
~/Marxsche Marx multistage generator *(Stoßspannungserzeugung)*
~/zweistufige two-stage multiplier circuit
Vervielfältigung *f* reproduction; copying
vervierfachen to quadruple, to quadruplicate
Vervierfacher *m* times-four multiplier, quadrupler
Vervollkommnung *f* improvement
~ der Systemgüte system level enhancement
Vervollständigung *f* 1. completion; 2. complement
verwalten/Daten to manage data
Verwaltung *f* **des Zeichengabeverkehrs** *(Nrt)* signalling traffic management
verwandeln *s.* umwandeln
verwaschen blurred
Verweilen *n* **bei Resonanz** resonance dwelling
Verweiltank *m* delay tank
Verweilzeit *f* time of stay, retention (holding, hold-up) time; *(MA)* dwell time
Verweistabelle *f* look-up table
verwendbar applicable, usable
verwenden to apply, to use
Verwendung *f* application, use
Verwendungsmöglichkeit *f* applicability, usability, application possibility
verwirbelt turbulent
Verwirbelung *f* turbulence
Verwirrungsgebiet *n (FO)* confusion (interference) region
verwischen to blur *(z. B. Fernsehbild)*
verwitternd/nicht non-weathering
Verwitterungsbeständigkeit *f* weathering resistance
verzehren/sich to consume *(z. B. Elektrode)*
verzeichnen to distort *(Optik)*
Verzeichnis *n* list; register; schedule, table; *(Dat)* directory
~ der Funkstellen list of stations
Verzeichnung *f* distortion *(Optik)*
~/kissenförmige *(Fs)* pincushion (trapezium) distortion
~/tonnenförmige *(Fs)* barrel distortion
verzeichnungsfrei distortionless, free from distortion
verzerren to distort; to blur *(Sprache)*
Verzerrung *f* distortion
~/allgemeine *(Nrt)* general distortion
~/arhythmische start-stop distortion
~/charakteristische characteristic distortion
~ der Frequenzgangkennlinie amplitude-frequency distortion
~ der Graustufenskale *(Fs)* grey-scale distortion
~ der Kurvenform wave[form] distortion
~ der Wellenamplitude wave amplitude distortion
~ dritter Ordnung third-order distortion

~ **durch Mehrwegeübertragung** *(Nrt)* multipath distortion
~ **durch ungerade Oberwellen** odd-harmonic distortion
~ **durch Zufallsgrößen** *s.* ~/zufällige
~ **durch Zwischenmodulation** *(Nrt)* intermodulation distortion, combination-tone distortion
~**/einseitige** bias distortion
~**/geringe** low distortion
~ **infolge Quantisierung** *(Nrt)* quantization distortion
~**/isochrone** *(Nrt)* isochronous distortion
~**/kubische** cubic (third-harmonic) distortion, distortion of the third order, cube-law distortion
~**/laufzeitabhängige** transit-time-dependent distortion
~**/lineare** linear distortion
~**/negative** negative distortion
~**/nichtlineare** non-linear distortion
~**/quadratische** second-harmonic distortion, distortion of second order
~**/stationäre** stationary distortion
~**/trapezförmige** keystone distortion
~**/unregelmäßige** irregular distortion
~**/zufällige** fortuitous (stochastic, irregular) distortion
Verzerrungsausgleich *m* compensation of distortion
Verzerrungsdetektor *m (Nrt)* distortion detector
Verzerrungsenergie *f* distortion energy
Verzerrungsfaktor *m* distortion factor; harmonic distortion factor
verzerrungsfrei distortion-free, distortionless, non-distorting
Verzerrungsfreiheit *f* freedom from distortion
~ **eines Signals** signal fidelity
Verzerrungsgeräusch *n* distortion noise
Verzerrungsgrad *m* degree of distortion
~**/konventioneller (zuverlässiger)** conventional degree of distortion
Verzerrungskompensation *f* distortion compensation
Verzerrungsleistung *f* total harmonic power, THP
Verzerrungsmesser *m*, **Verzerrungsmeßgerät** *n* distortion meter (analyzer), distortion measuring equipment
Verzerrungsmessung *f***/regelmäßige** routine distortion test
Verzerrungsnormal *n* distortion standard
Verzerrungspegel *m* level of distortion
Verzerrungsprodukt *n* distortion product
verzinken to zinc[-coat], to galvanize
~**/galvanisch** to zinc-plate, to electrogalvanize
Verzinken *n* zinc-coating, galvanization
~**/galvanisches** zinc-plating, electrogalvanizing
~ **im Tauchverfahren** galvanizing by dipping
Verzinkungsbad *n* zinc plating solution (bath)
verzinnen to tin[-coat]
~**/galvanisch** to tin-plate, to electrotin
Verzinnen *n* tinning, tin-coating
~**/galvanisches** tin-plating, electrotinning
Verzinnungsbad *n* tin-plating solution (bath)
Verzögerer *m* retarder; slug *(beim Relais)*
verzögern 1. to delay *(zeitlich)*; to retard; 2. to decelerate, to slow [down]
~**/den Phasenwinkel** to retard the phase [angle]
~**/sich** to lag
verzögert/abhängig inverse time-lag
~**/unabhängig** definite time-lag
~**/zeitlich** delayed [in time], time-lag
Verzögerung *f* 1. [time] delay, [time] lag, lagging; retardation; 2. deceleration
~**/begrenzt abhängige** inverse time lag with definite minimum *(Relais)*
~ **des Phasenwinkels** *(Syst)* phase lag
~ **durch magnetische Speicherung** magnetic delay *(z. B. von Signalen)*
~**/exponentielle** *(Syst)* exponential lag
~**/relative** relative delay
~**/stromunabhängige** constant time lag
~**/thermische** thermal lag
~**/zeitliche** time delay (lag)
Verzögerungsaufnahme *f* delay pick-off
Verzögerungsbereich *m* delay range, range of delay
Verzögerungsbit *n* delayed bit *(Maschinenfehler-Unterbrechungscode)*
Verzögerungsdrossel *f* delay reactor
Verzögerungseinheit *f* delay unit
Verzögerungseinrichtung *f* slow-down device
~**/thermische** thermal time element
Verzögerungselektrode *f* decelerating electrode *(Elektronenstrahlröhre)*
Verzögerungselement *n* delay element
Verzögerungsentzerrer *m (Syst)* lag-lead equalizer
Verzögerungsflipflop *n* delay (D-type) flip-flop
verzögerungsfrei free from delay (lag)
Verzögerungsgenerator *m* delay generator
Verzögerungsglied *n (Syst, Nrt)* delay element (unit, component), [time-]lag element
~ **erster Ordnung** *(Syst)* first-order delay element
Verzögerungsinduktivität *f* delay reactor (inductor)
Verzögerungskette *f* low-pass delay network
Verzögerungskraft *f* decelerative force
Verzögerungskreis *m* delay circuit
Verzögerungsleitung *f* delay line; delay cable *(Stoßspannungsmeßtechnik)*
~**/akustische** acoustic (sonic) delay line
~**/elektrische** electric delay line
~**/elektromagnetische** electromagnetic delay line
~**/magnetische** magnetic delay line
~**/magnetostriktive** magnetostrictive (magnetostriction) delay line
~**/periodische** periodic delay line
Verzögerungsleitungsfrequenzteiler *m* delay-line frequency divider

Verzögerungsleitungsverfahren *n* delay-line technique
Verzögerungslinse *f* **für Mikrowellenantennen** path length microwave lens
Verzögerungsmittel *n* delay medium, retarder
Verzögerungsperiode *f* delay period
Verzögerungspotential *n* retarding potential
Verzögerungsrelais *n* 1. time-lag relay, [time-] delay relay; 2. decelerating relay *(in Antriebssystemen)*; restraining relay
Verzögerungsschalter *m* [time-]delay switch; definite time-lag circuit breaker
~/thermischer thermal delay switch
Verzögerungsschaltung *f* [time-]delay circuit, delay network, lag circuit; retarder
Verzögerungsspannung *f* delay voltage
Verzögerungsspeicher *m* delay-line memory (store), circulating memory
Verzögerungsspule *f* retardation coil; delay reactor
Verzögerungstaster *m* time-delay push button
Verzögerungswinkel *m* lag (delay) angle; retardation angle
Verzögerungszeit *f* 1. delay time, lag time; time delay (lag); retardation time; propagation delay *(in Digitalschaltungen)*; 2. *(El)* recovery time *(Sperrverzögerung)*; 3. decelerating time *(bei Antrieben)*
~/stromunabhängige definite time limit
Verzögerungszeitkonstante *f* time constant of time delay
Verzögerungszeitschalter *m* delay timer
Verzonen *n (Nrt)* zoning
Verzoner *m (Nrt)* zoner
Verzug *m* time lag *(s. a.* Verzögerung*)*
Verzugszeit *f s.* Verzögerungszeit
Verzunderung *f* scaling *(z. B. von Kontakten)*
verzweigen/sich to branch; to ramify *(z. B. Kriechweg auf einer Isolation)*
Verzweiger *m* 1. tee junction; 2. distributor; distribution point, D.P.
Verzweigerbereich *m (Nrt)* cross-connection area, cabinet district
verzweigt branched
~/baumförmig dendritic
Verzweigung *f* 1. branch[ing]; junction *(Wellenleiter)*; bypass, by-pass; 2. *s.* Verzweigungspunkt
~/bedingte conditional branch
Verzweigungsadresse *f (Dat)* branch address
Verzweigungsalgorithmus *m* branch-and-bound algorithm *(Programmierung)*
Verzweigungsbefehl *m (Dat)* branching instruction (order)
Verzweigungskabel *n (Nrt)* distribution (secondary) cable
Verzweigungsmuffe *f* trifurcating joint; *(Nrt)* multiple cable joint
Verzweigungsoperation *f* branching operation
Verzweigungsprogramm *n (Dat)* branching program (routine)
Verzweigungspunkt *m (El)* branch[ing] point; junction point, node; *(Nrt)* connection point; *(Syst)* take-off point, pick-off point *(im Signalflußplan)*
Verzweigungssteckverbinder *m* cross connector
Verzweigungsstelle *f s.* Verzweigungspunkt
Verzweigungstechnik *f* branching technique
Verzweigungsverhältnis *n (An)* branching ratio
verzwillingen to twin *(Kristalle)*
V-FET *m*, **VFET** *m* vertical field-effect transistor
V-Graben *m (ME)* V groove, V-shaped groove
V-Graben-MOSFET *m*, **V-Graben-MOS-Transistor** *m* V-groove metal-oxide semiconductor field-effect transistor, V-groove MOSFET, VMOSFET
Vh *s.* Hauptverteiler
VHSI very high-speed integration *(> 50 – 100 MHz Taktfrequenz)*
VHSI-Schaltkreis *m (El)* very high-speed integrated circuit
Vibration *f* vibration
Vibrationselektrometer *n* vibrating-reed electrometer
Vibrationsfreiheit *f* absence of vibration
Vibrationsgalvanometer *n* vibration galvanometer
vibrationsgeschützt vibration-protected
Vibrationslinearisierung *f* linearization by vibration *(mittels aufgeprägter Schwingung)*
Vibrationsmeßgerät *n* vibrating-reed instrument
Vibrationsregler *m* vibrating regulator *(Regler mit Relaissummer)*; Tirill regulator *(für Generatorspannungen)*
Vibrationsrelais *n* vibrating relay
Vibrationsspule *f* vibrating coil
Vibrationszubringer *m***/elektromagnetischer** electromagnetic vibratory feeder
Vibrator *m***/Kappscher** Kapp vibrator
Vibratorschaltung *f***/modifizierte** modified multivibrator circuit
vibrieren to vibrate
vibroakustisch vibroacoustic[al]
Vibrograph *m* vibrograph
Vibrometer *n* vibration meter, vibrometer
Videoaufnahme *f* video recording
Videoaufnahmegerät *n s.* Videorecorder
Videoausgang *m* video [output] terminal, video interface
Videoband *n* video tape
Videobandaufnahme *f* video tape recording
Videodatenterminal *n* video data terminal
Videoeingang *m* video [input] terminal
Videofrequenz *f* video frequency
Videofrequenzband *n* video frequency band
Videofrequenzgang *m* video frequency response
Videofrequenztechnik *f* video frequency engineering
Videoheimverfahren *n* video home system *(für Kassettenaufzeichnung)*
Videoimpuls *m* video pulse

Videoimpulsgeber *m* video pulse generator
Videokassetten-Aufzeichnungsverfahren *n* video cassette recording technique
Videokassettenrecorder *m* video cassette recorder
Videokonferenzdienst *m* video teleconferencing service
Videokonferenzteilnehmer *m* video conference party
Videokonverter *m* video converter
Videokopf *m* video head
Videomagnetband *n* video [magnetic] tape
Videomagnetkopf *m* video magnetic head
Videooszillograph *m* video oscilloscope
Videoplatte *f* video disk
Videorecorder *m* video [tape] recorder, television recording unit
~ **mit feststehendem Kopf** longitudinal video tape recorder
Videosignal *n* video signal
~/zusammengesetztes composite video signal
Videospeicherplatte *f* video disk
Videotelefon *n* videophone, video telephone, viewphone
Videotelefonie *f* videophony
Videotext *m* videotex, teletex
Videotext... *s.* Bildschirmtext...
Videoverstärker *m* video [frequency] amplifier
Videowiedergabegerät *n* video player
Vidicon *n s.* Vidikon
Vidikon *n* vidicon, vidicon camera (pick-up) tube
~ **mit hoher Elektronenstrahlgeschwindigkeit** high-beam-velocity vidicon
Vidikon[aufnahme]röhre *f s.* Vidikon
Vielachsensteuerung *f* multi-axis control
vieladrig multicore, multiwire
Vielbereichsmeßgerät *n* multirange instrument (meter)
Vielchipelement *n* multichip integrated circuit
vieldeutig ambiguous; multivalued
Vieldeutigkeit *f* ambiguity
Vieleckschaltung *f* polygonal connection
Vielelektrodenröhre *f* multielectrode valve
Vielelektronenproblem *n* many-electron problem
Vielfachabfrageeinrichtung *f (Nrt)* multiple answering equipment
Vielfachanruf *m* multi-call
Vielfachanschluß/mit multiterminal
Vielfachantenne *f* multiple aerial
Vielfachausgang *m (Dat)* multiple output; multiterminal
Vielfachausnutzung *f (Nrt)* multiplexing
Vielfachbetrieb *m (Nrt)* multiple operation
Vielfachbildumsetzer *m* multi-image pattern
Vielfachbus *m (Dat)* multiple bus
Vielfachdiode *f* multiple diode
Vielfachecho *n* multiple echo
Vielfacheingang *m (Dat)* multiple (multiway) input; multiterminal
Vielfachemittertransistor *m* multiemitter (multiple-emitter) transistor
Vielfachempfang *m (Nrt)* multiple reception
Vielfaches *n* multiple *(z. B. einer Einheit)*
Vielfachfeld *n (Nrt)* multiple field, bank multiple
~ **zum Prüfen einer bestehenden Verbindung** check multiple
Vielfachfilter *n* multifilter
Vielfachfunkenstrecke *f* multiple spark gap
Vielfachfunktionschip *m (El)* multiple-function chip
vielfachgeschaltet *(Nrt)* connected in multiple, multiple-connected
Vielfachgleichrichter *m* multiple rectifier
Vielfachinstrument *n* multipurpose instrument (meter), multirange instrument, multimeter, volt-ohm milliammeter
~/digitales digital multimeter, DMM
~/elektronisches electronic volt-ohm-mA meter
Vielfachkabel *n (Nrt)* multiple cable; bank cable *(für Kontaktfeld)*
Vielfachklinke *f (Nrt)* multiple jack
Vielfachkoinzidenz *f (Nrt)* multiple coincidence
Vielfachkontakt *m* multiple contact
Vielfachleitung *f* multiwire line
Vielfachmagnetron *n* multicavity (cavity) magnetron
Vielfachmeßgerät *n s.* Vielfachinstrument
Vielfachprüfgerät *n (Nrt)* multitester
Vielfachpunktschweißen *n* multiple-electrode spot welding, multispot welding
Vielfachrahmen *m* multiframe *(Pulskodemodulation)*
Vielfachreflexion *f* multiple reflection
vielfachschalten *(Nrt)* to multiply
Vielfachschalter *m* multipoint switch
Vielfachschaltung *f (Nrt)* multiple connection (teeing), multiplying
~/gerade straight multiple
~/gestaffelte overlapping (graded) multiple
~/verschränkte slipped multiple
Vielfachschicht *f* multilayer
Vielfachschrank *m (Nrt)* multiple switchboard
Vielfachspur *f* multiple track
Vielfachsteckverbinder *m* multipoint (multiway) connector
Vielfachstoß *m* multiple collision
Vielfachstreuung *f* multiple scattering
Vielfach-TF-Sprecheinrichtung *f* multichannel carrier telephone system
Vielfachtonspur *f* multiple sound track
Vielfachtransistorstruktur *f* multiple transistor structure
Vielfachunterbrechungsklinke *f (Nrt)* series multiple jack
Vielfachverarbeitung *f (Dat)* multiprocessing
Vielfachverdrahtung *f* multiple wiring
Vielfachverkabelung *f (Nrt)* multiple cabling

Vielfachzählung *f* multimetering, multiple metering; *(Nrt)* multiple registration
Vielfachzugriff *m (Dat, Nrt)* multiple access, multiaccess
~ **im Zeitmultiplex** time division multiple access
~ **mit Leitungsabfrage (Trägererkennung)** carrier sense multiple access
~ **mit Zeitteilung** time-division multiple access, TDMA
vielfarbig polychromatic; multicolour[ed]
Vielfaserkabel *n* multifibre cable
Vielgitterröhre *f* multigrid valve
Vielkammermagnetron *n* multicavity (multisegment) magnetron
Vielkanalanalysator *m* multichannel analyzer
vielkanalig multichannel
Vielkanalkabel *n* multichannel cable
Vielkanalsystem *n* multichannel system
Vielkanalverstärker *m* multichannel amplifier
Vielkanalwechselstromtelegrafiesystem *n*, **Vielkanal-WT-System** *n* multichannel carrier telegraph system
Vielkontaktrelais *n* multicontact relay
Viellinienspektrum *n* multiline (many-line) spectrum
Viellochgelenkleisten *fpl* multihole joinable strips *(Heizleiterträger)*
Vielniveaurekombination *f (ME)* multilevel recombination
Vielniveaustörstelle *f (ME)* multilevel impurity
Vielniveausystem *n (ME)* multilevel system
Vielniveauverhalten *n* many-level behaviour
Vielphasenwattmeter *n* polyphase wattmeter
Vielphasenwattstundenzähler mm polyphase watt-hour meter
vielphasig polyphase
Vielphononenstreuung *f* multiphonon scattering
Vielphononenübergang *m* multiphonon transition
Vielpol *m* multipole
vielpolig multipolar, multipole
Vielpunktschweißstraße *f*/**automatische** automatic multiple-spot welding line
Vielschichtenstruktur *f* multilayer structure
vielschichtig multilayer[ed]
Vielschichtkatode *f* multilayer cathode
Vielschichtkondensator *m*/**keramischer** multilayer ceramic capacitor
Vielschichtleiterplatte *f* multilayer board *(Zusammensetzungen s. unter* Mehrlagenleiterplatte*)*
Vielschichtverbindung *f* multilayer interconnection
Vielschlitzmagnetron *n* multislot magnetron
vielseitig versatile; multifunctional, multi-purpose
Vielseitigkeit *f* versatility; flexibility
Vielsondenmanipulator *m* multiprobing fixture (tool)
Vielsprecher *m (Nrt)* high-calling-rate subscriber
Vielspulenrelais *n* multicoil relay
vielspurig multitrack, multiple-track
Vielspursystem *n (Dat)* multitrack system
vielstellig multidigit
Vielstufenzähler *m* multistage (many-stage) counter
Vieltalhalbleiter *m* multivalley semiconductor
Vielteilchensystem *n* many-particle system
Vieltypwellenleiter *m* multimode waveguide
Vielzellenlautsprecher *m* multicellular loudspeaker
Vielzugriffsrechner *m* multiaccess (multiple-access) computer
Vielzweckchip *m (El)* multiproject chip
Vieradressenbefehl *m (Dat)* four-address instruction
vieradrig four-wire
Vierbuchstabenkode *m* four-letter code
Vierdrahtamt *n (Nrt)* four-wire exchange
Vierdrahtbetrieb *m (Nrt)* four-wire operation
Vierdrahtdämpfung *f (Nrt)* four-wire equivalent
Vierdrahtgabel *f (Nrt)* 1. four-wire terminating set; 2. *s.* Vierdrahtgabelschaltung
Vierdrahtgabelschaltung *f (Nrt)* four-wire termination
Vierdrahtkabel *n* four-wire cable
Vierdrahtleitung *f (Nrt)* four-wire line (circuit)
Vierdrahtschaltung *f (Nrt)* four-wire connection (switching)
Vierdrahtstammleitung *f (Nrt)* four-wire side circuit
Vierdrahtverbindung *f* four-wire connection
Vierdrahtverstärker *m (Nrt)* four-wire repeater
Vierelektrodenofen *m* four-electrode furnace *(Elektroschlackeumschmelzofen)*
Vierelektrodenröhre *f* four-electrode valve
Vierer *m* 1. quad *(Kabel)*; 2. *(Nrt)* phantom circuit
Viererausnutzung *f (Nrt)* phantom utilization
Viererbelastung *f (Nrt)* phantom loading
Viererbespulung *f (Nrt)* phantom loading
Viererbetrieb *m (Nrt)* phantom [circuit] operation, phantom working
Viererbildung *f (Nrt)* phantoming
Viererbündel *n* quadruple (four-conductor) bundle, quadruplex bundle conductor *(Kabel)*
Vierergruppe *f (Nrt)* phantom group
Viererkapazität *f (Nrt)* phantom (side-to-side) capacity
Viererkreisübertrager *m (Nrt)* phantom circuit repeating coil
Viererleitung *f (Nrt)* phantom circuit
viererpupinisiert *(Nrt)* phantom-loaded, composite-loaded
Viererpupinisierung *f (Nrt)* phantom loading
Viererschaltung *f (Nrt)* phantom connection
Viererschleifenkapazität *f s.* Viererkapazität
Viererseil *n* quad
Viererspule *f (Nrt)* phantom circuit loading coil
viererverseilt quadded
Viererverseilung *f* quad formation *(Kabel)*
vierfach quadruple, fourfold

Vierfachbetrieb *m (Nrt)* quadruplex [system]
vierfachdiffundiert *(ME)* quad-diffused
Vierfachemitterfolger *m* quadruple emitter follower
Vierfachtelegraf *m* quadruplex telegraph
Vierfachtelegrafie *f* quadruplex telegraphy
Vierfachzwillingskabel *n* quadruple pair cable
Vierfrequenz-Diplextelegrafie *f* four-frequency diplex telegraphy, twinplex
Vierfrequenzfernwahl *f (Nrt)* four-frequency dialling
Viergitterregelmischröhre *f* fading-mix hexode
Viergitterregelröhre *f* fading hexode
Vierkanalbetrieb *m* four-channel [mode of] operation
Vierkanalbinärkode *m* four-channel binary code
Vierkanalstereophonie *f* four-channel stereophonic sound
Vierkursfunkfeuer *n* four-course beacon
Vierleiteranlage *f* four-wire installation (system)
Vierleiterkabel *n* four-conductor cable, four-core cable, cable in quadruples
Vierleiternetz *n s.* Vierleiteranlage
Vierniveau-Festkörperlaser *m* four-level solid-state laser
Vierniveaulaser *m* four-[energy-]level laser
Vierniveaumaser *m* four-level maser
Vierniveausystem *n* four-level [laser] system, four-energy-level system
Vierphasensystem *n* four-phase system
vierphasig quarter-phase
Vierpol *m* quadripole [network], four-pole network (circuit), four-arm network, four-terminal network, two-port [network]
~/aktiver active quadripole
~/äquivalenter equivalent four-pole
~/elektrischer electric quadripole
~ in T-Schaltung T-network
~/linearer linear quadripole
~/magnetischer magnetic quadripole
~/nichtlinear non-linear quadripole
~/passiver passive quadripole (four-terminal network)
~/symmetrischer symmetrical (balanced) quadripole
~/umkehrbarer reciprocal two-port network
Vierpoldämpfung *f*, **Vierpoldämpfungsfaktor** *m* quadripole attenuation factor (constant) *(Dämpfungsmaß)*
Vierpolelement *n* four-terminal device
Vierpolerregung *f* quadripole excitation
Vierpolersatzschaltbild *n* four-pole equivalent circuit
Vierpolfrequenz *f* quadripole frequency
vierpolig quadripolar, four-terminal, four-pole, tetrapolar
Vierpolkopplung *f* quadripole coupling
Vierpolkreuzglied *n* lattice (bridge) network
Vierpolnetzwerk *n s.* Vierpol
Vierpol-Reihen-Parallel-Ersatzschaltung *f* hybrid equivalent four-pole network
Vierpolresonanz *f* quadripole resonance
Vierpolröhre *f* tetrode, four-electrode valve
Vierpolschaltung *f s.* Vierpol
Vierpoltheorie *f* four-pole theory
Vierpolübergangsfrequenz *f* quadripole frequency
Vierpolübertragungsmaß *n* image transfer constant
Vierpolverstärker *m* quadripole amplifier
Vierschichtbauelement *n* four-layer component (device), p-n-p-n component
Vierschichtdiode *f* four-layer diode, p-n-p-n diode
Vierschichtstruktur *f* four-layer structure, p-n-p-n structure
Vierschichttransistor *m* four-layer transistor, p-n-p-n transistor, hook [collector] transistor
Vierschichttriode *f* four-layer triode, p-n-p-n triode
Vierschlitzmagnetron *n* four-segment anode magnetron
Vierspeziesrechner *m (Dat)* four-rules calculator
Vierspitzenmeßkopf *m* four-point probe
Vierspitzenmessung *f* four-point probe measurement
Vierspitzensonde *f* four-point probe
Vierspuraufzeichnung *f* four-track recording
vierspurig four-track *(Magnetband)*
Vierspurmagnetband *n* four-track tape
Vierstellungsventil *n* four-position valve
Viertelkreisfehler *m* quadrantal deviation (error)
Viertelspur *f* four track *(Magnetband)*
Viertelwelle *f* quarter wave
Viertelwellenabstand *m* quarter-wave gap
Viertelwellenanpassungsglied *n s.* Viertelwellenübertrager
Viertelwellenanpassungstransformator *m* quarter-wave [matching] transformer
Viertelwellenantenne *f* quarter-wave aerial
Viertelwellenkopplung *f* quarter-wave coupling
Viertelwellenleitung *f* quarter-wave [transmission] line, quarter-wave stub
Viertelwellenplättchen *n* quarter-wave plate
Viertelwellensperre *f* quarter-wave attenuator
Viertelwellenübertrager *m*, **Viertelwellenumformer** *m* quarter-wave transformer
Viertelzollmikrofon *n* quarter-inch microphone
virtuell virtual *(z. B. Bild)*
viskos viscous
Viskosität *f* viscosity
visuell visual
V-Karte *f* control chart for coefficients of variation *(Leiterplattenherstellung)*
V-Kontakt *m* V-type contact
V-Kurve *f* V-curve
Vliesverbundwerkstoff *m (Isol)* composite fleece material
VLSI *(ME)* very large-scale integration
VLSI-Schaltkreis *m (ME)* very large-scale integrated circuit, VLSIC

VMOSFET *m s.* V-Graben-MOSFET
VMOS-Struktur *f (ME)* 1. V-groove MOS structure; 2. vertical MOS structure
VMOS-Technik *f (ME)* V-groove MOS technology, V-MOS technology
Vokoder *m* vocoder, voice [en]coder *(Kodiergerät für akustische Sprachsignale)*
~**/spektraler** cepstrum vocoder *(Sprachdekodierer)*
Vokodersprache *f* vocoderized speech
Volladdierer *m (Dat)* full adder
Vollamt *n (Nrt)* main exchange
Vollamtsberechtigung *f (Nrt)* direct outward dialling, direct exchange access
Vollanode *f* solid anode (plate)
Vollanodenmagnetron *n* single-anode magnetron
Vollast *f* full load (rating); full-load output
Vollastanlauf *m* full-load starting
Vollastbenutzungsstunden *fpl* full-load utilization
Vollastcharakteristik *f* full-load characteristic
Vollastleistung *f* full-load output
Vollastpumpe *f* full-load pump
Vollastspannung *f* full-load voltage
Vollaststrom *m* full-load current
Vollausfall *m (Ap)* complete failure
Vollausschlag *m (Meß)* full-scale deflection, full scale
Vollausschlagablesung *f* full-scale reading
Vollaussteuerung *f (Dat)* full scale *(Bereich)*
vollautomatisch full-automatic, fully automatic
Vollbelastung *f* full load
Vollbelegung *f (Nrt)* occupancy
Vollbelegungsverlust *m (Nrt)* loss of occupancies
Vollbetriebszeit *f* full operating time
Vollbrückenschaltung *f (Srt)* full bridge circuit
Volldraht *m* solid wire
vollelektrisch all-electric
vollelektronisch all-electronic
vollenden to complete
Vollfarbe *f* full colour
vollgesteuert *(Srt)* fully controlled
Vollgummischnur *f* all-rubber conductor
Vollimpuls *m* full-[im]pulse wave
Vollkabel *n* solid-insulation cable
Vollkernisolator *m* solid-core [suspension] insulator
Vollkernrotor *m* solid-iron rotor
Vollkohlebürste *f* massive carbon brush
vollmagnetisch all-magnetic
Vollmantelkabel *n* solid-jacket cable
Vollpol[synchron]maschine *f* non-salient pole machine, drum-type machine, cylindrical-rotor (round-rotor) machine
Vollschutz *m* complete protection
Vollsperre *f (Nrt)* total barring
„Vollsperre“ “all calls barred”
Vollspur *f* single (full) track *(Magnetband)*
Vollspuraufzeichnung *f* single-track recording
volltönend *(Ak)* deep [sounding], rich in tone
volltransistorisiert all-transistor[ized]
Vollvermittlungsstelle *f (Nrt)* main exchange
Vollwählbetrieb *m (Nrt)* full dial service
Vollweggleichrichter *m* full-wave rectifier
Vollweggleichrichterschaltung *f* full-wave rectifier circuit
Vollwegstromversorgung *f***/ungeglättete** unsmoothed full-way supply
Vollwelle *f* full wave
Vollwellenimpuls *m* full-[im]pulse wave
Vollwellenmodulator *m* full-wave demodulator
Vollzugsordnung *f* **für den Funkdienst** *(Nrt)* radio regulations
~ **für den Telegrafendienst** telegraph regulations
Vollzustand *m* full condition *(z. B. eines Zählers)*
Volt *n* volt, V *(SI-Einheit der elektrischen Spannung)*
Volta-Effekt *m* Volta effect
Volta-Element *n* Volta (voltaic) cell
voltaisch voltaic
Voltameter *n* voltameter, coulo[mb]meter *(Ladungsmengenmesser)*
Voltampere *n* voltampere, va, VA *(SI-Einheit der Scheinleistung)*
Voltamperemeter *n* volt-ampere meter, voltameter, VA-meter *(Scheinleistungsmesser)*
Voltamperestunde *f* volt-ampere hour, VAh
Voltamperestundenzähler *m* volt-ampere-hour meter
Volta-Potential *n* Volta (voltaic) potential, contact potential (electricity), outer electric potential
Volta-Spannung *f* Volta tension (potential difference)
Voltmeter *n* voltmeter *(Spannungsmesser)*
~**/absolutes** absolute voltmeter
~**/elektronisches** electronic voltmeter
~**/elektrostatisches** electrostatic voltmeter
~ **für Hochspannung/elektrostatisches** high-voltage electrostatic voltmeter
~ **für zwei Meßbereiche** double-range voltmeter
~**/hochohmiges** high-impedance voltmeter, high-resistance voltmeter
~ **mit Hilfsnebenwiderständen** voltmeter multiplier
~ **mit Spitzenwertanzeige** peak-reading voltmeter
~**/vergleichendes** slide-back voltmeter
Voltmeterumschalter *m* voltmeter switch
Voltsekunde *f s.* Weber
Volt-Zeit-Kurve *f* volt-time curve
Volumen *n* volume; bulk *(bei Festkörpern)*
Volumenabsorption *f* volume (bulk) absorption
Volumenänderung *f* volume change
Volumenanregung *f* volume excitation
volumenbegrenzt bulk-limited
Volumenbeweglichkeit *f* bulk mobility
Volumen-CCD[-Element] *n* bulk charge-coupled device
Volumencoulometer *n* volumetric voltameter (coulometer)

Volumendichte *f* volume density
Volumendiffusionskoeffizient *m* volume diffusion coefficient
Volumendilatometer *n* volume dilatometer
Volumendurchschlag *m* bulk breakdown
Volumeneffekt *m* volume (bulk) effect
Volumeneinheit *f* unit [of] volume
Volumenhologramm *n* volume hologram
Volumenkontraktion *f* contraction in volume
Volumenkonzentration *f* volume (bulk) concentration
Volumenladung *f* volume charge
Volumenlebensdauer *f* volume lifetime, bulk [carrier] lifetime
Volumenleistung *f* volume power
~/spezifische specific volume throughput
Volumenleitfähigkeit *f* volume (bulk) conductivity
Volumenleitung *f* volume conduction
Volumenpotential *n* volume (bulk) potential
Volumenregler *m* volume regulator
Volumenrekombination *f* volume (bulk) recombination
Volumenrekombinationshäufigkeit *f* volume recombination rate
Volumenschwindung *f*, **Volumenschwund** *m* volume shrinkage
Volumensperrschicht *f* bulk depletion region
Volumenstörstelle *f* bulk impurity
Volumenstrahldichte *f* volume radiance
Volumenstrahler *m (Licht)* volume radiating (radiation) source
Volumenstreuung *f* bulk scattering
Volumenträgerlebensdauer *f* bulk carrier lifetime
Volumenverluste *mpl* volume losses
Volumenvoltameter *n* volume voltameter
Volumenwiderstand *m* bulk resistance
~/negativer bulk negative resistance
~/spezifischer bulk (volume) resistivity
Volumenzustand *m* volume (bulk) state *(Erregerniveau im Festkörperinneren)*
vorabgestimmt pretuned
Vorabgleich *m* preliminary adjustment
Vorabhörweg *m (Nrt)* closed circuit
Vorablagerung *f s.* Vorbelegung 2.
Vorableiter *m (Nrt)* forward protector
Voradaption *f* preadaptation
voraltern to age before use; to burn in
Voralterungsprüfung *f* burn-in *(Zuverlässigkeitsprüfung durch Betrieb bei erhöhter Temperatur)*
Voramt *n (Nrt)* control station
Voranhebung *f* pre-emphasis
Voranode *f* first anode
Vorausabschätzung *f (Syst)* a priori estimate
Vorausberechnung *f* advance calculation
Vorauskodierung *f***/lineare** linear predictive coding
voraussagen to forecast, to predict
voraussetzen to assume
Voraussetzung *f* assumption
Vorbedingung *f* precondition; prerequisite
Vorbegehung *f* **einer Linie** *(Nrt)* preliminary inspection of a line
vorbehandeln to pretreat, to prepare, to precondition
Vorbehandlung *f* pretreatment, preparatory treatment, preparation, preconditioning
vorbelasten to preload
Vorbelastung *f* initial load; base load; *(An)* preceding load
Vorbelastungswiderstand *m* bleeder resistance *(für Gleichrichter)*
Vorbelegung *f* 1. *(Nrt)* pre-emption; 2. *(ME)* predeposition *(Aufdampftechnik)*
Vorbelegungsphase *f* predeposition phase
Vorbelegungsrate *f* predeposition rate
Vorbelegungstemperatur *f* predeposition temperature
Vorbelegungszeit *f* predeposition time
Vorbeleuchtung *f* priming illumination
Vorbelichtung *f* pre-exposure
Vorbereitung *f* preparation; pretreatment; initialization
~ einer Verbindung *(Nrt)* preparation of a call
Vorbereitungsprozeß *m (Dat)* initialization
Vorbereitungszeichen *n (Nrt)* prefix signal
Vorbereitungszeit *f* lead time *(z. B. für numerisch gesteuerte Maschinen)*; preparation (make ready) time; set-up time
Vorbeschleunigung *f* preacceleration
vorbestimmt predetermined
vorbeugen to prevent
Vorbrennen *n* prebaking
Vorderansicht *f* front view
Vorderblende *f* front shutter *(Optik)*
Vorderelektrode *f* front electrode
Vorderfläche *f* front face
Vorderflächenprojektionsröhre *f* front-surface projection valve
Vorderflanke *f* leading edge *(Impuls)*
Vorderplatte *f* front panel
Vorderseite *f* front [side], face; component side *(Bauteilseite einer Leiterplatte)*
Vorderwand *f* front panel
Vorderwandzelle *f* front-wall cell *(Photoelement)*
vordotieren *(El)* to predope
Vordrossel *f* input reactor
Vordruck *m* form, blank
Vordurchschlagstrom *m* prebreakdown [electric] current
Vorecho *n* pregroove echo *(Schallplatte)*
voreilen to lead *(Phase)*; to advance
voreilend leading; advancing
Voreilung *f* lead[ing] *(z. B. des Phasenwinkels)*; advance
~/zeitliche time lead
Voreil-Verzögerungs-Netzwerk *n (Syst)* lead-lag network

Voreilwinkel *m* lead (advance) angle
Voreilzone *f* zone of advance
Voreinflugzeichen *n* outer marker [beacon]
voreinstellen to preset
Voreinstellung *f* presetting; *(Meß)* pointing *(von Skalen)*; *(Fs)* prefocus[s]ing
Voreinstellzähler *m* predetermined counter
Vorentladung *f* predischarge; prebreakdown; pilot streamer *(Beginn eines Durchschlags)*
Vorentladungsbogen *m (Hsp)* precontact arc
Vorentladungskanal *m* predischarge track
Vorentladungskreis *m* keep-alive circuit
Vorentladungsstrom *m* preconduction (predischarge) current *(Gasentladungsröhre)*
Vorentwurf *m* preliminary design
Vorentzerrung *f* pre-equalization, pre-emphasis
Vorerhitzer *m* preheater
Vorerhitzung *f* preheating
Vorfeldeinrichtung *f (Nrt)* outside plant equipment, out-of-area equipment; *(Nrt)* pair gain system
Vorfeldscheinwerfer *m* apron floodlight
Vorfertigungsstadium *n* preproduction stage
Vorfilter *n* prefilter;coarse-balance filter
~ **für A/D-Wandlung** anti-aliasing filter
Vorfilterung *f* prefiltering
Vorfokussierung *f* prefocus[s]ing, preliminary focus[s]ing
vorformen to preform
Vorführapparat *m* demonstration apparatus (set); projection equipment
Vorführprogrammierung *f* teach-in programming *(durch Vorführen der technologischen Operationen seitens des Bedieners)*
Vorfunkenstrecke *f* auxiliary spark gap *(in Ableitern)*
Vorgabe *f* default
Vorgabewert *m* [pre]set point
Vorgabezähler *m* predetermined counter
Vorgalvanisierbad *n* strike bath (solution)
Vorgalvanisierung *f* strike deposit *(stromlos)*
Vorgang *m* process; action, operation
~**/aperiodischer** aperiodic (acyclic) process
~**/bandbegrenzter** band-limited process
~**/exponentiell verlaufender** exponential process (action)
~**/monotoner** *(Syst)* monotonous process
~**/nichtperiodischer** non-periodic process (action)
~**/nichtumkehrbarer** irreversible process
~**/periodischer** periodic (cyclic) process
~**/regelloser** random process
~**/stetiger** continuous process
~**/umkehrbarer** reversible process
~**/vorübergehender** transient [phenomenon]
vorgeben to predetermine; to preset; *(Dat)* to prestore *(z. B. Anfangswerte)*
vorgegeben default *(z. B. Wert)*
Vorgeschichte f/magnetische previous magnetic history
vorgespannt biased
~**/durch Feder** spring-loaded
~**/einseitig** unilaterally biased
~**/in Durchlaßrichtung** forward-biased
~**/in Rückwärtsrichtung (Sperrichtung)** reverse-biased
~**/nicht** unbiased
Vorgruppe *f (Nrt)* pregroup
Vorgruppenumsetzer *m (Nrt)* pregroup translator
Vorhalt *m (Syst)* derivative (rate) action, [phase] lead
Vorhalteinheit *f (Syst)* prediction unit
Vorhaltepunkt-Steuerung *f* command point anticipation
Vorhaltfilter *n (Syst)* derivative element (filter)
Vorhaltglied *n (Syst)* derivative (lead) element
Vorhaltregelung *f (Syst)* derivative[-action] control, D control, differential[-action] control
Vorhaltregler *m* derivative controller, differential[-action] controller
Vorhaltschaltung *f (Syst)* lead network
Vorhaltverhalten *n (Syst)* response to the derivative
Vorhaltwirkung *f (Syst)* derivative (rate) action
Vorhaltzeit *f (Syst)* derivative-action time, derivative (rate) time *(z. B. Kennwert für Regler)*
Vorhaltzeitkonstante *f* derivative factor *(PD-Regler)*
Vorheizen *n* preheating, preliminary heating
Vorheizzeit *f* preheating time
vorherbestimmt predetermined
Vorhersagemodell *n* prediction model
vorhersagen to predict, to forecast
vorimprägnieren to preimpregnate; *(Isol)* to precompound
Vorimpuls *m* prepulse; *(Nrt)* prefix signal
~**/verzögerter** delayed prepulse
Vorionisation *f* preionization *(bei Gasentladungsröhren)*
Vorionisator *m* ignitor
vorionisiert preionized
Vorisolation *f* preinsulation
vorjustiert prealigned
Vorkontakt *m* primary arcing contact
Vorladelogik *f* precharge logic
Vorlage *f* artwork; pattern; original; master; copy
Vorlast *f* initial load
Vorlauf *m* advance; pretravel *(bei Schaltelementen)*; forward run
~ **des Betätigungselements** *(Ap)* pretravel of the actuator
~ **des Kontaktelements** *(Ap)* pretravel of the contact element
~**/schneller** fast forward
Vorlaufimpuls *m (Meß)* transmitted (incident) pulse
Vorlichtbogen *m* prearc
vorlochen to prepunch *(Lochkarten)*
vormagnetisieren to premagnetize, to bias

Vormagnetisierung *f* magnetic bias[ing], bias magnetization, bias, bias[s]ing; presaturation
Vormagnetisierungsfrequenz *f* bias frequency
Vormagnetisierungsgenerator *m* bias generator (oscillator)
Vormagnetisierungskopf *m* premagnetization (bias) head *(Tonband, Videotechnik)*
Vormagnetisierungsmagnet *m* bias magnet
Vormagnetisierungspegel *m* bias [magnetization] level
Vormagnetisierungsstrom *m* bias[ing] current
Vormagnetisierungswicklung *f* bias winding, biasing coil
Vormeldestromkreis *m (Nrt)* warning circuit
Vormerken *n (Nrt)* booking
Vornorm *f* draft (tentative) standard
Vorortsbereich *m (Nrt)* suburban area
Vorortsgespräch *n (Nrt)* suburban call
Vorortsleitung *f (Nrt)* suburban junction, toll circuit
Vor-Ort-Steuerung *f* local control
Vorortsüberwachung *f (Nrt)* suburban (local) supervision
Vorortsverbindung *f (Nrt)* suburban (toll) connection
Vorortsverkehr *m (Nrt)* suburban (toll) traffic
voroxydieren to preoxidize
vorpolarisieren to prepolarize
Vorprozessor *m (Dat)* preprocessor
Vorprüfung *f* pre-acceptance inspection, preliminary test
Vorrang *m* precedence, priority
Vorranglogik *f (Dat)* priority (majority) logic
Vorrangprogramm *n (Dat)* priority program (routine)
Vorrangunterbrechung *f (Dat)* priority interrupt *(eines Programms)*
Vorrangverkehr *m (Nrt)* priority traffic
Vorrangwahl *f (Nrt)* precedence dialling
Vorratskabel *n* spare cable
Vorratskatode *f* dispenser cathode
Vorreaktanz *f* series (external) reactance
Vorregler *m* preregulator; *(Ak)* pre-fader
Vorreinigung *f (Galv)* precleaning, cleaning before plating
Vorreinigungsverfahren *n* precleaning process
Vorrichtung *f* device, equipment; appliance
~/direktanzeigende direct-reading device
~/kontaktlose contactless device
~/lichtelektrische photoelectric device
Vorröhrenmodulation *f* series modulation
vorrücken to advance *(z. B. Zähler, Lochstreifen)*
~/den Phasenwinkel to advance the phase
~/um einen Schritt to advance one step
Vorrücken *n* advance
Vor-Rück-Verhältnis *n (Nrt)* front-to-back ratio
Vorsättigungsgebiet *n* presaturation region
Vorsatzgerät *n* accessory device, attachment
Vorsatzlinse *f* auxiliary (supplementary) lens
Vorsatzstecksockel *m* valve adapter
Vorschaltdrossel *f* series reactor
vorschalten to connect in series; to connect on line side
Vorschalteschrank *m (Nrt)* auto-manual exchange
Vorschaltfunkenstrecke *f* series spark gap
Vorschaltgerät *n (Licht)* series reactor, ballast
~ für Leuchtstofflampen fluorescent lamp ballast
~/starterloses starterless ballast
Vorschaltkondensator *m* series capacitor
Vorschaltlampe *f* ballast lamp
Vorschaltmaschine *f (An)* high-pressure machine
Vorschalttransformator *m* series transformer
Vorschaltung *f***/induktive** inductor (choke) ballast
~/kapazitive capacitor ballast
Vorschaltwiderstand *m s.* Vorwiderstand
Vorschrift *f* specification; instruction; regulation[s]
Vorschub *m* feed; advance
~/automatischer automatic feed, self-feeding
~/feinstufiger sensitive feed
~/schrittweiser pick feed *(numerische Steuerung)*
Vorschubeinrichtung *f* feeder *(z. B. für Lochband)*
Vorschubgeschwindigkeit *f* feed rate (speed)
~ des Papiers paper speed
Vorschubloch *n* feed (centre) hole
Vorschubmagnet *m* spacing magnet
Vorschubmotor *m* chart motor *(für Bandvorschub)*
Vorschubregelung *f* feed control
Vorschubregler *m* feed adjuster
Vorschubwerk *n* feed mechanism
Vorschwellspannungsleitung *f* subthreshold conduction
Vorschwingung *f* preoscillation
Vorsetzsignal *n* preset signal
„Vorsicht"-Signal *n* "Caution" signal
Vorsichtsmaßnahme *f* precaution [measure]
Vorspannband *n* leader tape, tape leader
vorspannen *(El)* to bias; to prime *(Gasentladungsröhren)*
~/in den Aus-Zustand to bias-off
~/in Durchlaßrichtung to forward-bias
~/in Sperrichtung to reverse-bias, to back-bias
~/rückwärts to back-bias
Vorspannen *n* bias[s]ing
Vorspannung *f (El)* bias [voltage], biasing voltage (potential); priming voltage
~/automatische automatic bias
~ für C-Betrieb C-bias
~/in Sperrichtung gepolte back bias
~/innere internal bias
~/positive keep-alive bias *(bei Nulloden)*
~/selbsttätige automatic bias
Vorspannungskontakt *m* bias [voltage] contact
vorspannungslos unbiased
Vorspannungspegel *m* bias [voltage] level
Vorspannungsregelung *f* bias [voltage] control
Vorspannungsrichtung *f* direction of bias
Vorspannungsstabilität *f* bias [voltage] stability

Vorspannungswiderstand *m* bias resistor
Vorspannungszustand *m* **Null** zero-bias condition
vorspeichern to prestore *(Daten)*
vorspringend projecting, protruding; salient
Vorsprung *m* projection; nose
Vorsteckstift *m* cotter pin
Vorsteuerung *f (Dat)* input control
Vorstrom *m* preconduction current *(Gasentladungsröhre)*
Vorstufe *f* prestage, preceeding stage; *(Nrt)* preselector stage
Vorstufenmodulation *f* low-level modulation, low-power modulation
Vortor *n* time-base gate
Vortriebskraft *f* propelling power, thrust
Vortriggerimpuls *m* pretriggering signal
vorübergehend transient; temporary
Vorübertrager *m (Nrt)* input transformer
Vorvakuum *n* initial vacuum, forevacuum
Vorvakuumpumpe *f* [vacuum] forepump, backing pump
vorverarbeiten *(Dat)* to preprocess
Vorverarbeitung *f* preprocessing
Vorverarbeitungsprozessor *m (Dat)* preprocessor
vorverdrahtet prewired
Vorverdrahtung *f* prejumpering
Vorverkupferung *f (Galv)* copper strike
vorverstärken to preamplify
Vorverstärker *m* preamplifier
~ **für Schwingungsaufnehmer** vibration pick-up preamplifier
~**/ladungsempfindlicher** charge preamplifier
~**/spannungsempfindlicher** voltage preamplifier
Vorverstärkertransformator *m* preamplification transformer
Vorverstärkung *f* preamplification
vorverzerren to bias *(beim Schaltkreisentwurf)*
Vorverzerrung *f* predistortion; pre-emphasis; *(Nrt)* precorrection; bias *(Photolithographie)*
Vorwahl *f* preselection; presetting
Vorwahldrehzahl *f* preset speed
vorwählen to preselect; to preset
Vorwähler *m* preselector; *(Nrt)* subscriber's uniselector, minor switch
~**/erster** *(Nrt)* primary line switch
~**/zweiter** *(Nrt)* secondary line switch
Vorwählergestell *n (Nrt)* line switchboard
Vorwahlgeschwindigkeit *f* preset speed
Vorwahlgetriebe *n***/elektrisches** electric preselector gear
Vorwahlimpuls *m (Dat)* preselection pulse
Vorwahlnummer *f (Nrt)* prefix
Vorwahlregelung *f* presetting control
Vorwahlstufe *f* presetting stage; *(Nrt)* preselection stage, stage of preselection
Vorwahlzahl *f (Dat)* preselection number
Vorwahlzähler *m* preselection counter
Vorwählziffer *f (Nrt)* access prefix
vorwärmen to preheat, to warm [up]
Vorwärmer *m* preheater
Vorwärmofen *m***/elektrischer** electric preheating oven (furnace)
Vorwärmschrank *m* preheating cabinet (cupboard)
Vorwärmtemperatur *f* preheating temperature, feed-heat temperature
Vorwärmung *f* preheating, warming[-up]
Vorwärtsanbieten *n (Nrt)* trunk offering signal
Vorwärtsauslösung *f (Nrt)* calling-party release, calling-subscriber's release
Vorwärtserdumlaufecho *n (FO, Nrt)* forward round-the-world echo
Vorwärtserholungszeit *f (El)* forward recovery time
Vorwärtsglied *n (Syst)* forward element (circuit) *(im Regelkreis)*
Vorwärtskanal *m (Syst)* forward channel
Vorwärtskennzeichen *n* forward call indicator
Vorwärtspotential *n (El)* forward potential
Vorwärtsregler *m* forward-acting regulator
Vorwärtsrichtung *f* forward direction
Vorwärts-Rückwärts-Dekadenzähler *m* bidirectional decade scaler
Vorwärts-Rückwärts-Schieberegister *n* bidirectional shift register
Vorwärts-Rückwärts-Zähler *m* bidirectional (forward-backward, up-down) counter
Vorwärtssignal *n (Syst)* forward signal *(im Regelkreis)*
Vorwärtsspannung *f* forward voltage
Vorwärtssperrzeit *f* circuit off-state interval
Vorwärtsspitzensperrspannung *f* circuit non-repetitive peak off-state voltage
Vorwärtssteilheit *f* forward transadmittance
Vorwärtssteuerung *f (Nrt)* forward supervision
Vorwärtsstoßstrom *m (El)* surge forward current
Vorwärtsstreuung *f* forward scattering
Vorwärtsstrom *m (El)* forward current
Vorwärtsstromverstärkung *f* forward-current gain
Vorwärtsübertragungsfunktion *f (Syst)* forward transfer function
Vorwärtsvorspannung *f (El)* forward bias [voltage]
Vorwärtswahl *f (Nrt)* forward selection
vorwärtszählen to count up (forwards)
Vorwärtszählen *n* counting-up
Vorwärtszähler *m* up-counter, count-up counter
Vorwärtszweig *m (Syst)* forward path *(im Regelkreis)*
Vorwegänderung *f* premodification *(Programmierung)*
Vorwegparameter *m* preset parameter *(Programmierung)*
Vorwiderstand *m* series resistor, [voltage] dropping resistor; ballast resistor *(bei Elektronenröhren)*; *(Meß)* multiplier [resistor]; compensat-

ing resistor *(Temperaturkompensation)*
~/äußerer *(Meß)* instrument multiplier *(zur Bereichserweiterung)*
~ der Haltespule economy resistor
~/induktiver inductive stabilizer *(z. B. für Leuchtstofflampen)*
~/selbstregelnder ballast resistor
Vorzeichen *n* sign • **mit entgegengesetztem ~** opposite in sign • **mit negativem ~** negative in sign • **mit positivem ~** positive in sign • **negatives ~ haben** to be negative in sign • **positives ~ haben** to be positive in sign
~ der Ladung sign of charge
Vorzeichenanzeige *f (Dat)* sign indication
Vorzeichenanzeiger *m (Dat)* sign [change] indicator
Vorzeichenauswertung *f* sign evaluation
Vorzeichenfestlegung *f* sign convention
Vorzeicheninverter *m* sign inverter (changer)
Vorzeichenkennlochung *f (Dat)* sign [punch] indication
Vorzeichenprüfung *f (Dat)* sign checking
Vorzeichenregister *n (Dat)* sign register
Vorzeichensteuerung *f (Dat)* sign control
Vorzeichenumkehr *f (Dat)* sign reversal (inversion)
Vorzeichenumkehrglied *n s.* Vorzeicheninverter
Vorzeichenumkehrung *f s.* Vorzeichenumkehr
Vorzeichenunterdrückung *f* sign suppression
Vorzeichenvereinbarung *f* sign convention
Vorzeichenvertauscher *m* sign changer (inverter)
Vorzeichenwechsel *m (Dat)* sign change
Vorzeichenziffer *f (Dat)* sign digit
Vorzerleger *m* predisperser
Vorzimmeranlage *f (Nrt)* manager and secretary service, secretarial system
Vorzugsfrequenz *f* preferred frequency
Vorzugsorientierung *f* preferred orientation *(Kristall)*
Vorzugsreihe *f* preferred series, series of preferred values
Vorzugsrichtung *f* preferential (privileged, easy-axis) direction
Vorzugswert *m* preferred value *(z. B. bei Normreihen)*
Vorzugszeit *f* preferred time
Vorzündung *f* advance ignition
Voutenbeleuchtung *f* cornice lighting
VPE vapour phase epitaxy, VPE
V-Rille *f* V-groove
Vs *s.* Weber
VSD very small devices
VStH *s.* Vermittlungsstelle mit Handbetrieb
V-Stoß *m* V-joint *(z. B. beim Transformatorkern)*
VStW *s.* Vermittlungsstelle mit Wählbetrieb
VT *s.* Videotext
VTL variable threshold logic
VTS video tuning system
VTX *s.* Videotext
Vulkanisationstemperatur *f* vulcanization (curing) temperature
Vulkanisationszeit *f* vulcanization (curing) time
Vulkanisiermittel *n* vulcanizing (curing) agent

W

W *s.* Watt
Waage *f* balance
~/Langmuirsche Langmuir balance
~/magnetische magnetic balance
Waagebalkenoszillator *m* rocking beam oscillator
Waagebalkenrelais *n* balanced beam relay
Wabenkondensor *m* honeycomb condenser (lens)
Wabenkühler *m* honeycomb radiator
Wabenraster *m* honeycomb grid
Wabenspule *f* honeycomb (duolateral) coil, lattice-wound coil
Wabenstruktur *f* honeycomb structure
Wabenwicklung *f* honeycomb (duolateral) winding
Wachsbildung *f* formation of wax[es] *(z. B. bei Isolierölen)*
Wachsdraht *m* paraffined wire
wachsen to grow *(z. B. Kristalle)*; to increase, to rise
Wachsen *n* growth, growing *(z. B. von Kristallen)*; increase
Wachspapier *n* waxed (wax-coated)) paper
Wachstum *n* growth *(von Kristallen)*
~/dendritisches dentritic growth
Wachstumsbedingung *f* growth (growing) condition
Wachstumsfehler *m* growth defect
Wachstumgsgeschwindigkeit *f* growth rate
Wachstumsparameter *m* growth parameter
Wachstumsphase *f* growth phase
Wachstumsrate *f* growth rate
Wachstumsresist *n (ME)* growth resist
Wachstumsrichtung *f* growth direction
Wachstumsschritt *m* growth step
Wachstumsspirale *f* growth spiral
Wachstumsstelle *f* growth site, growing point
Wachstumsstufe *f* growth step
Wachstumsverhinderungsschicht *f (ME)* growth resist
Wachsüberzug *m* wax coating
Wächter *m* automatic controller; watchdog, protective device; guard; sentinel
Wackelkontakt *m* loose connection (contact), defective (poor, intermittent, tottering) contact
Wackeln *n* jitter *(z. B. Bildinstabilität, Tonschwankung)*
Wafer *m (ME)* wafer *(Ausgangsmaterial für Chips)*, [semiconductor] slice
~ mit verschiedenen Schaltkreisen multiwafer
~/unbeschichteter blank wafer

Waferausbeute *f* wafer yield
Waferbearbeitungskosten *pl* wafer processing cost
Waferbearbeitungsstart *m* wafer start
Waferbelichtung *f***/direkte** direct wafer exposure
Waferdirektbelichtung *f***/schrittweise** direct-step-on-wafer exposure, DSW
Waferfassung *f* wafer socket
Waferritzen *n* wafer scribing
Wafer-Stepper *m* wafer-stepper, wafer-stepping machine *(zur schrittweisen Projektionsbelichtung von Wafern)*
Waffeleisen *n***/elektrisches** electric waffle iron
Wagen *m* carriage *(Büromaschine)*; trolley *(für Geräte)*
Wagenauslösung *f* carriage release *(Schreibmaschine)*
Wagenbeleuchtung *f* coach lighting *(Eisenbahn)*
Wagendrucker *m* carriage typewriter
Wagenrücklauf *m* carriage return *(Fernschreiber)*
Wagenrücklaufkode *m* carriage return code
Wagenstellungsregister *n* carriage position register
Wagen[vorschub]steuerung *f* carriage control
Wagner-Erdung *f*, **Wagner-Hilfszweig** *m* Wagner earth *(in Meßbrücken)*
Wahl *f* 1. *(Nrt)* dialling; selection; 2. choice
~/direkte direct dialling
~/erzwungene numerical selection
~/freie hunting operation (action), hunting; automatic hunting
~ in einer Ebene rotary hunting
~ mit Gleichstromimpulsen direct-current dialling (selection)
~/schritthaltende *f* direct dialling
~/systemeigene out-of-band dialling
~ über verschiedene Höhenschritte level hunting
~/unvollständige incomplete dialling, mutilated selection
~/verkürzte abbreviated dialling
~/zweistufige tandem selection
Wahlabrufzeichen *n (Nrt)* proceed-to-select signal
Wählapparat *m (Nrt)* selecting apparatus
Wahlaufforderung *f*, **Wählaufforderung** *f (Nrt)* proceed to dial
Wahlaufforderungszeichen *n (Nrt)* proceed-to-select signal
Wählautomat *m (Nrt)* auto-dialler, call maker
wählbar/mit Schalter selectable by (with) switch
Wählbeginndauer *f (Nrt)* initial dialling delay
Wählbeginnzeichen *n (Nrt)* start-of-pulsing signal
Wahlbereitschaft *f* dialling standby
Wählbetrieb *m (Nrt)* automatic working
Wähleinrichtung *f (Nrt)* automatic (exchange) switching equipment, dial equipment selective mechanism
wählen *(Dat)* to select; *(Nrt)* to dial *(eine Nummer)*
~/durch Programm to select by program
~/neu to redial
Wählen *n (Dat)* selection; *(Nrt)* dialling
~ mit aufgelegtem Handapparat on-hook dialling
Wahlendezeichen *n (Nrt)* number-received signal
~ rückwärts end-of-selection signal
~ vorwärts end-of-pulsing signal
Wähler *m (Nrt)* selector [switch]
~/großer major switch
~/mehrstufiger multipoint selector
~ mit freier Wahl hunter
~ mit n-Kontakten n-point switch
~ mit nur einer Bewegungsrichtung uniselector
~ mit Reedkontakten reed selector
~ mit zehn Ausgängen ten-point selector
~ mit Ziffernunterdrückung digit-absorbing selector
~/schnellaufender high-speed selector
~/zehnteiliger ten-point selector
Wählerantrieb *m (Dat, Nrt)* selector drive
Wählerarm *m (Nrt)* wiper
Wählerbank *f (Dat; Nrt)* selector bank
Wählerbetrieb *m (Nrt)* dial service
Wählerbogen *m (Nrt)* selector arc
Wählerbucht *f s.* Wählergestell
Wählergeräusch *n (Nrt)* dialling noise
Wählergestell *n (Nrt)* selector rack (bay)
Wählerheb[e]schritt *m (Nrt)* vertical step of selector
Wählerkamm *m (Nrt)* permutation plate
Wählerkern *m (Nrt)* selector core
Wählerkontaktfeld *n (Nrt)* selector bank
Wählerlauf *m***/ununterbrochener** *(Nrt)* continuous hunting
Wählermagnet *m (Nrt)* selecting magnet
Wählerprüfeinrichtung *f***/automatische** *(Nrt)* routiner
Wählerrahmen *m (Nrt)* selector shelf
Wählerraum *m (Nrt)* terminal room, switchroom
Wählerrelais *n* discriminating relay; *(Nrt)* stepping relay
Wählerruhekontakt *m (Nrt)* normal contact of selector
Wählersaal *m (Nrt)* apparatus room
Wählerschaltmagnet *m (Nrt)* selector stepping magnet
Wählerschiene *f (Nrt)* selector (permutation, combination) bar
Wählerstufe *f (Nrt)* rank of selectors
Wählersystem *n* selector system *(s. a.* Wählsystem*)*
Wählervielfach *n***/einfaches** *(Nrt)* straight banks
~/verschränktes slipped banks
Wählervielfachfeld *n (Nrt)* selector multiple
Wählfernschalter *m (Nrt)* remote line concentrator
Wählgeschwindigkeit *f (Nrt)* dial speed
Wahlhilfe *f* operator assistance
Wählimpuls *m (Nrt)* dialling impulse
Wählimpulsgabe *f* dial pulse signalling

Wählimpulsgeber *m* dial pulse generator
Wählimpulsverhältnis *n* dial ratio
Wahlinformation *f (Nrt)* selection (digital) information
Wählkorrektur *f* dial pulse correction
Wählleitung *f* dial line
Wählliste *f* dial list
Wählmagnet *m (Nrt)* selecting magnet
Wählnebenstellenanlage *f*/**automatische** *(Nrt)* private automatic branch exchange, PABX
Wählnetz *n*/**öffentliches** public switched telephone network
Wählnetzplan *m (Nrt)* switching plan
Wählorgan *n (Nrt)* selecting mechanism
Wählpause *f* interdigital pause
Wählprüfnetz *n* subscriber line testing network
Wahlregister *n (Dat)* selective register
Wahlsatz *m* digit circuit
Wahlschalter *m* selector (connector) switch
Wählscheibe *f (Nrt)* [telephone] dial, disk
Wählscheibenapparat *m* dial telephone set
Wählscheibenimpuls *m* dial impulse
Wählscheibeninformation *f* selection (digital) information
Wählschiene *f (Nrt)* code bar
Wahlspeicher *m* dialling register
Wahlsperre *f* dialling restriction
Wählsterneinrichtung *f (Nrt)* line concentrator
Wählsternschalter *m (Nrt)* automatic line connector
Wahlstufe *f* selection (selector, switching) stage
Wählsystem *n (Nrt)* dial (switching) system, automatic telephone system
Wähltastatur *f (Nrt)* dialling keyboard
Wahltaster *m (Ap)* selecting control push button
Wähltonempfänger *m* dial tone receiver
Wähltonverzug *m (Nrt)* predialling delay
Wahlumsetzer *m (Nrt)* dial converter
Wählverbindung *f* switched connection
Wählvermittlung *f (Nrt)* dial (automatic) exchange
~/**automatische** automatic circuit exchange
~/**elektronische** electronic automatic exchange, EAX
Wählvermittlungsstelle *f* automatic [telephone] exchange
Wählvermittlungssystem *n (Nrt)* dial switching system
Wahlvorbereitung *f* call preparation
Wählvorgang *m (Nrt)* dialling procedure, selective process
Wählwerk *n (Nrt)* selecting (selective) mechanism
Wahlwiederholung *f* redialling, dialling repetition
Wählzeichen *n (Nrt)* pulsing (digital, numerical) signal
Wählzeichengabe *f* dial pulse signalling
Wahlziffer *f* dial digit
Wahrheitsfunktion *f* truth function *(Schaltlogik)*
Wahrheitsmatrix[tafel] *f* truth table *(Schaltlogik)*
Wahrheitswert *m* truth value *(Schaltlogik)*
Wahrheitswerttafel *f* truth table *(Schaltlogik)*
wahrnehmbar perceptible; detectable; observable; visible
Wahrnehmbarkeitsgrenze *f* limit of perceptibility, detection threshold
wahrnehmen to perceive; to detect; to observe; to sense
Wahrnehmung *f* perception; detection; observation; sensation
~/**subjektive** subjective perception
Wahrnehmungsart *f* form of perception
Wahrnehmungsschwelle *f* threshold of sensation (perception); detection threshold; visual threshold
~/**absolute** absolute threshold of luminance *(kleinste wahrnehmbare Leuchtdichte)*
Wahrnehmungsvermögen *n* perceptivity
Wahrnehmungsverzögerung *f* delay in perception
Wahrscheinlichkeit *f* probability
~/**bedingte** conditional probability
~ **des Besetztseins** *(Ph)* probability of engagement; *(Nrt)* probability of busy
~ **einer technischen Störung** probability of failure
~ **Null** zero probability
Wahrscheinlichkeitsbeziehung *f (Syst)* probabilistic relationship
Wahrscheinlichkeitsdekodierung *f (Dat)* probabilistic decoding
Wahrscheinlichkeitsdichte *f* probability density
Wahrscheinlichkeitsdichtefunktion *f* probability density function
Wahrscheinlichkeitsdichteverteilung *f* probability density distribution
Wahrscheinlichkeitsfaktor *m* probability factor
Wahrscheinlichkeitsfunktion *f* probability function
Wahrscheinlichkeitsgesetz *n* probability law, law of probability
Wahrscheinlichkeitskurve *f* probability curve
Wahrscheinlichkeitslogik *f* probability logic
Wahrscheinlichkeitsrechnung *f* probability theory (calculus), calculus of probability
Wahrscheinlichkeitsstrom *m* probability current
Wahrscheinlichkeitstheorie *f s.* Wahrscheinlichkeitsrechnung
Wahrscheinlichkeitsverteilung *f* probability distribution
~/**bedingte** conditional probability distribution
Wahrscheinlichkeitsverteilungsfunktion *f* probability distribution function
Wall *m* barrier
Walze *f* drum; roll; cylinder
Walzenanlasser *m (An)* drum starter, barrel controller
Walzenbeheizung *f* roll heating
Walzenfahrschalter *m* drum (cylindrical) controller

Walzenschalter *m* drum[-type] controller, controller *(Elektromotor)*; barrel controller (switch), drum switch
Walzenschütz *n* drum gate *(Kraftwerk)*
Wälzkontakt *m* rolling contact
Wälzlager *n* rolling bearing, rolling-element bearing
Walzwerksantrieb *m*/**elektrischer** electric rolling mill drive
Wamoskop *n* wamoscope *(Bildwiedergaberöhre kombiniert mit einer Wanderfeldröhre)*
WAN wide-area network, WAN
Wand *f*/**feuerfeste** refractory wall
Wandabsorption *f* wall absorption
Wandapparat *m* wall telephone set
Wandarm *m* wall bracket
Wandaufhängung *f* wall mounting
Wandauskleidung *f* panel lining *(z. B. zur Schalldämmung)*
Wandbefestigung *f* wall mounting
Wandbeheizung *f* wall heating *(z. B. unter Verwendung von Heiztapeten)*
Wanddurchführung *f* wall bushing
Wandeinführung *f* wall entrance
Wandeinführungsisolator *m* wall lead-in insulator
Wanderfeld *n* travelling (moving) field
Wanderfeldendröhre *f* travelling-wave power tube
Wanderfeldinduktionsmotor *m s.* Wanderfeldlinearmotor
Wanderfeldlaser *m* travelling-wave laser, travelling-wave optical maser
Wanderfeldlinearmotor *m* travelling-field [induction] motor, asynchronous linear motor
Wanderfeldmagnetfeldröhre *f*, **Wanderfeldmagnetron** *n* travelling-wave magnetron
Wanderfeldmaser *m* travelling-wave maser
~/**optischer** *s.* Wanderfeldlaser
Wanderfeldröhre *f f* travelling-wave tube, TWT
~/**elektrostatisch fokussierte** electrostatically focussed travelling-wave tube
~ **mit Doppelstegwellenleiter** double-ladder travelling-wave tube
~/**wendelgekoppelte** helix-coupled travelling-wave tube
Wanderfeldröhrenverstärker *m* travelling-wave amplifier
Wanderkontakt *m* travelling contact
wandern to travel *(Feld, Welle)*; to move; to migrate *(z. B. Ionen)*; to drift *(z. B. Nullpunkt)*
Wanderstecker *m*, **Wanderstöpsel** *m* wander plug, flit-plug
Wanderung *f* travel; movement; migration
~ **der Oszillatorfrequenz** oscillator drift
~ **im elektrischen Feld** electromigration
~/**lawineninduzierte** *(El)* avalanche-induced migration, AIM
~ **von Versetzungen** migration of dislocations *(Kristall)*
Wanderungsenergie *f* migration energy
Wanderungsgeschwindigkeit *f* migration rate (speed, velocity); drift speed
~/**absolute** absolute velocity of migration
Wanderungsverluste *mpl* migration loss
Wanderweglänge *f* migration length
Wanderwelle *f* 1. travelling wave; 2. surge *(Überspannungswelle)*
~/**gegenläufige (rücklaufende)** backward-travelling wave
Wanderwellenantenne *f* travelling-wave aerial
Wanderwellenlaser *m* travelling-wave laser, travelling-wave optical maser
Wanderwellenleitung *f* travelling-wave line
Wanderwellenrelais *n* travelling-wave relay
Wandfernsprecher *m* wall telephone set
Wandheizung *f* panel heating *(Niedertemperaturstrahlungsheizung)*
Wandimpedanz *f (Ak)* wall impedance
Wandinstrument *n* wall[-mounted] instrument
Wandisolator *m* wall insulator
Wandkonsole *f* wall bracket
Wandladung *f* wall charge
Wandladungsdichte *f* wall charge density
Wandleitwert *m* wall admittance
Wandler *m* transducer *(z. B. Signalwandler)*; converter [unit]; transformer *(für Strom oder Spannung)*
~/**aktiver** active transducer
~/**bilateraler** bilateral transducer
~/**dynamischer** dynamic (moving-coil) transducer
~/**einseitiger** unilateral transducer
~/**elektroakustischer** electroacoustic transducer
~/**elektrodynamischer** electrodynamic transducer
~/**elektromechanischer** electromechanical transducer
~/**elektrooptischer** optical transmitter
~ **für Stoßvorgänge** impact transducer
~/**induktiver** inductive transducer, [variable-]inductance transducer, variable-reluctance transducer, magnetic circuit transducer
~/**kapazitiver** [variable-]capacitance transducer, capacitive transducer
~/**linearer** linear transducer
~/**linear-logarithmischer** linear-to-logarithmic converter unit
~/**magnetischer** magnetic (variable-reluctance) transducer
~/**magnetostriktiver** magnetostrictive transducer
~ **mit bewegter Spule/induktiver** *s.* ~/dynamischer
~ **mit elektrischem Widerstand** resistance transducer
~ **mit Hilfsenergie** passive transducer
~/**nichtumkehrbarer** irreversible transducer
~/**ohmscher** variable-resistance transducer
~/**optoelektrischer** optical receiver
~/**optoelektronischer** optoelectronic transducer
~/**passiver** passive transducer
~/**photoelektrischer** photoelectric transducer

~/**piezoelektrischer** piezoelectric transducer
~/**piezoresistiver** piezoresistive transducer
~/**reziproker** reciprocal transducer
~/**symmetrischer** symmetrical transducer
~/**thermionischer** thermionic [energy] converter
~/**umkehrbarer** reversible transducer
~ **zur Erzeugung negativer Widerstandskennlinien** negative impedance converter
Wandlerelement transducing (sensing) element *(eines Aufnehmers)*
~ **mit einem aktiven Dehnungsmeßstreifen** single[-active] arm strain-gauge sensing element
Wandlerempfindlichkeit *f* transducer sensitivity
Wandlerspeisung *f* transducer excitation
Wandlerstromauslösung *f* transducer tripping
Wandlerverlust *m* transducer loss
Wandleuchte *f* wall fitting
Wandmontage *f* wall (surface) mounting
Wandphänomen *n* wall effect
Wandplattenheizer *m*/**elektrischer** electric panel heater
Wandreflexion *f* wall reflection
Wandreflexionsgrad *m* wall reflectance (reflection factor)
Wandrekombination *f* wall recombination
Wandschrank *m* wall-mounting cabinet
Wandsteckdose *f* wall receptacle (socket), wall outlet [box]
Wandtafelbeleuchtung *f* blackboard (chalkboard) lighting
Wandtemperatur *f* wall temperature
Wandverkleidung *f*/**schallabsorbierende** sound-absorbing wall draping (lining)
Wandverluste *mpl* wall loss[es]
Wandverschiebung *f* wall displacement; boundary movement
Wandverteilergestell *n (Nrt)* wall-mounted distribution rack
Warenkode *m*/**universeller** *(Dat)* universal product code, UPC
Warmbadhärten *n* hot (high-temperature) quenching
Warmbehandlung *f* heat treatment
Wärme *f* heat
~/**feuchte** damp heat *(Klimabeanspruchung)*
~/**freie** free (uncombined) heat
~/**gespeicherte** stored (accumulated) heat
~/**Joulesche** Joule heat
~/**latente** heat of transformation (transition)
~/**spezifische** specific heat
~/**strahlende** radiant heat
~/**Thomsonsche** Thomson heat
Wärmeabfuhr *f s.* Wärmeabführung
Wärmeabführung *f* 1. heat dissipation (removal); heat sinking; 2. power dissipation *(Verlustabführung in elektrischen Maschinen und Geräten)*
Wärmeabgabe *f* heat output (emission, delivery); heat release
Wärmeabgabefläche *f* heat-emitting surface
Wärmeableitung *f* heat dissipation (removal)
Wärmeableitvorrichtung *f* heat dissipator, heat-dissipating device; heat sink *(z. B. für Transistoren, Dioden)*
Wärmeabschirmung *f* heat shielding
Wärmeabsorption *f* heat (thermal) absorption
Wärmeabstrahlung *f* radiation of heat
Wärmealterung *f* heat (thermal) aging
Wärmeäquivalent *n* thermal equivalent, equivalent of heat
~/**elektrisches** electric heat equivalent
~/**mechanisches** mechanical heat equivalent
Wärmeaufnahme *f* heat (thermal) absorption
Wärmeaufnahmefläche *f* heat-absorbing surface
Wärmeaufnahmekennlinie *f* heat sink characteristic
Wärmeaufnahmevermögen *n* heat absorption capacity
Wärmeausbeute *f* heat yield
Wärmeausbreitung *f* propagation of heat
Wärmeausdehnung *f* thermal expansion, expansion due to heat
Wärmeausdehnungskoeffizient *m* thermal expansion coefficient, coefficient of thermal expansion
~/**linearer** coefficient of linear thermal expansion
Wärmeausgleich *m* heat compensation
Wärmeauslöser *m* thermally operated device
Wärmeausnutzung *f* heat (thermal) efficiency, heat utilization
Wärmeausstrahlung *f* heat (thermal) radiation, heat emission
Wärmeaustausch *m* heat exchange (interchange) • **ohne** ~ adiabatic
~ **durch Strahlung** radiant heat exchange
Wärmeaustauscher *m* heat exchanger (interchanger)
~/**sekundärer** secondary heat exchanger
wärmebehandeln to heat-treat
Wärmebehandlung *f* heat treatment
~ **durch Elektronenstrahlung** heat-treatment by electrons
~/**induktive** induction (inductive) heat treatment
~ **mit Schutzüberzug** capped anneal *(GaAs-Mikroelektronik)*
~ **unter Vakuum** vacuum heat treatment
Wärmebehandlungsbereich *m* heat treatment zone
Wärmebelastung *f* heat load
wärmebeständig heat-resistant, heat-proof; thermally stable, thermostable
Wärmebeständigkeit *f* heat resistance; thermal stability (resistivity), heat-resisting quality
Wärmebeständigkeitsklasse *f* insulation class
Wärmebildung *f* heat generation (development)
wärmedämmend heat-insulating
Wärmedämmstoff *m* heat insulator, heat-insulating material

Wärmedämmung *f* heat (thermal) insulation, thermic protection; insulation against loss of heat
Wärmedetektor *m* thermal detector
Wärmediffusion *f* thermal diffusion, thermodiffusion
Wärmedrift *f* thermal drift
Wärmedurchgang *m* heat transfer
Wärmedurchgangskoeffizient *m* heat-transmission coefficient
Wärmedurchgangswiderstand *m s.* Wärmewiderstand
wärmedurchlässig diathermanous, diathermic
Wärmedurchlässigkeit *f* diatherma[n]cy
Wärmedurchsatz *m* heat throughput
Wärmedurchschlag *m* heat (thermal) breakdown, temperature-induced breakdown, breakdown due to thermal instability
Wärmeeinwirktiefe *f* depth of heat penetration
wärmeelektrisch thermoelectric
Wärmeelektrizität *f* thermoelectricity
wärmeempfindlich heat-sensitive, thermosensitive
Wärmeenergie *f* heat (thermal) energy
Wärmeentwicklung *f* heat development
Wärmeersatzschaltung *f* thermal equivalent circuit
wärmeerzeugend heat-producing, heat-generating
Wärmeerzeugung *f* heat production (generation)
Wärmefestigkeit *f s.* Wärmebeständigkeit
Wärmefluß *m* heat flow (flux), thermal flux
Wärmefortleitung *f* propagation of heat
Wärmegefälle *n* heat gradient; heat drop *(Turbine)*
Wärmegerät *n*/**elektrisches** electric heating apparatus
Wärmegewinnung *m* gain of heat
Wärmehaltevermögen *n* heat-retaining capacity
wärmehärtbar thermosetting *(Kunststoffe)*
Wärmeimpuls *m* heat pulse
Wärmeimpulsschweißen *n* impulse heat sealing, thermal impulse welding
Wärmeinhalt *m* heat content, enthalpy
Wärmeisolation *f* heat (thermal) insulation
~/vollständige perfect heat insulation
Wärmeisolator *m* heat insulator
wärmeisoliert heat-insulated, thermally insulated
Wärmeisolierung *f* heat (thermal) insulation
Wärmekapazität *f* heat (thermal) capacity, capacity of heat
Wärmekompensation *f* heat compensation
Wärmekontakt *m* heat-operated contact, thermal contact
Wärmekonvektion *f* heat convection
Wärme-Kraft-Kopplung *f* combined heat and power
Wärmekraftmaschine *f* heat (thermal) engine
Wärmekraftmaschinensatz *m* thermoelectric generating set
Wärmekraftwerk *n* thermal power station (plant)
~ auf Sonnenenergiebasis solar thermal power plant
wärmeleitend heat-conductive
Wärmeleiter *m* heat (thermal) conductor
~/schlechter poor heat conductor
Wärmeleitfähigkeit *f* heat (thermal) conductivity
Wärmeleitfähigkeitskoeffizient *m* coefficient of heat conductivity
Wärmeleitung *f* heat (thermal) conduction
Wärmeleitungsmanometer *n* **[nach Pirani]** Pirani gauge
Wärmeleitwiderstand *m* heat conduction resistance
Wärmemengenregler *m* heat controller
Wärmemesser *m* heat measuring device, calorimeter
Wärmemessung *f* heat measurement, calorimetric test
wärmen to warm [up], to heat
Wärmeplatte *f*/**elektrische** electric warming plate
Wärmepumpe *f* heat pump
~/thermoelektrische thermoelectric heat pump
Wärmepunkt *m* hot spot *(heißester Punkt)*
Wärmequelle *f* heat source
Wärmequellenverteilung *f* distribution of heat sources
Wärmerauschen *n* thermal [agitation] noise, Johnson (resistance) noise
Wärmerauschgenerator *m* thermal noise generator
Wärmerauschnormal *n* thermal noise standard
Wärmerauschquelle *f* thermal noise source
Wärmerauschspannung *f* thermal noise voltage
Wärmeregelung *f* heat (thermal) control
Wärmerohr *n* heat pipe
Wärmerückgewinnung *f* heat regeneration, recovery of heat
Wärmerückhaltevermögen *n* heat-retaining capacity
Wärmerückstrahlung *f* heat reflection
Wärmeschaltbild *n* thermal circuit diagram
Wärmeschaltwarte *f* thermal control room
Wärmeschock *m* heat (thermal) shock
Wärmeschutz *m* 1. heat (thermal, thermic) protection, protection against heat; heat (thermal) insulation; 2. heat insulator; thermal protector
Wärmeschutzfilter *n* heat[-absorbing] filter, heat absorber; heat-protecting filter
Wärmeschutzisolierung *f* heat insulation
Wärmeschutzschirm *m* heat shield
Wärmeschutzstoff *m* heat insulator, heat-insulating material
Wärmeschutzvorrichtung *f* thermal protector
Wärmesenke *f* heat sink
Wärmesenkenkennlinie *f* heat sink characteristic
Wärmespannung *f* thermal stress (strain)
Wärmespeicher *m*/**elektrischer** electric heat accumulator, electric thermal storage heater
wärmespeichernd heat-storing

Wärmespeicherung *f* heat storage
Wärmespeichervermögen *n* heat storage capacity
wärmestabilisiert heat-stabilized
Wärmestoß *m* thermal shock
Wärmestoßprüfung *f* thermal shock test
Wärmestrahler *m* heat radiator
Wärmestrahlung *f* heat (thermal) radiation
~/selektive selective heat radiation
Wärmestrahlungstherapie *f* radiant heat therapy
Wärmestrom *m* flow
~/Thomsonscher Thomson heat flow
Wärmestromdichte *f* heat flow density
Wärmetechnik *f* heat engineering
Wärmeträgheit *f* thermal inertia
Wärmetransportmittel *n* heat transfer fluid
Wärmeübergang *m* heat transfer *(s. a.* Wärmeübertragung*)*
Wärmeübergangsformel *f***/Newtonsche** Newton's heat transmission equation
Wärmeübergangskoeffizient *m* heat-transfer coefficient
Wärmeübergangswiderstand *m* thermal (heat-transfer) resistance
Wärmeübergangszahl *f* heat-transfer coefficient, coefficient of heat transmission, convection coefficient
Wärmeübertragung *f* heat (thermal) transmission, heat transfer (convection)
Wärmeübertragungsdichte *f* heat-transfer density
Wärmeübertragungskoeffizient *m* heat-transfer coefficient
Wärmeumlauf *m* heat circulation
Wärmeumsatz *m* heat transformation
Wärmeunbeständigkeit *f* thermal instability
wärmeundurchlässig adiathermic, athermanous, impervious to heat
Wärmeverbrauch *m* heat consumption
Wärmeverlust *m* heat loss
~ durch Konvektion heat loss by convection
~ durch Strahlung heat loss by radiation
~/Joulescher Joule heat loss
Wärmeversorgung *f* heat supply
Wärmeverteilung *f* heat distribution
Wärmeverteilungsbild *n* heating pattern
Wärmeverzug *m* thermal lag
Wärmewelle *f* heat wave *(im Infrarotbereich)*
Wärmewiderstand *m* thermal resistance
~/äußerer external (case-to-cooling-medium) thermal resistance
~/innerer internal (junction-to-case) thermal resistance
~/spezifischer specific thermal resistance, thermal resistivity *(Kehrwert der Wärmeleitfähigkeit)*
Wärmewiderstandsfähigkeit *f s.* Wärmebeständigkeit
Wärmewirbel *m* temperature eddy
Wärmewirkungsgrad *m* thermal efficiency
Wärmezeitkonstante *f* thermal time constant
Wärmezone *f* heating zone
Wärmezufuhr *f* heat input; heat supply
Wärmezustand *m* thermal state (condition)
Warmfestigkeit *f* high-temperature strength, hot strength
Warmhalteleistung *f* holding power *(z. B. eines Ofens)*
Warmhalteofen *m* holding furnace
warmlaufen to run hot *(Motor)*
~ lassen to run hot
Warmluft *f* hot air
Warmluftmantel *m* hot-air jacket
Warmluftstrom *m* current of warm air
Warmstart *m* hot start; hot start-up *(Kraftwerk)*
Warmstartlampe *f* hot-start lamp, hot-cathode lamp, preheat lamp
Warmwasser-Flügelradzähler *m* winged wheel-type warm-water meter
Warmweiß *n* warm-white *(Leuchtstofftyp)*
Warnanlage *f* warning system (device)
Warnbeleuchtung *f* approach lighting *(Flugsicherung)*
Warngerät *n* warning device
Warnlampe *f* warning (alarm) lamp; [panel] indicator lamp, pilot lamp *(an Schalttafeln)*
Warnmeldung *f* warning notice
Warnpfeife *f* warning whistle
Warnrelais *n* warning (alarm) relay
Warnschild *n* danger sign
Warnsignal *n* warning signal; danger signal
Warnungsbake *f* airport danger (hazard) beacon *(Flugsicherung)*
Warnungspfeil *m* danger arrow
Warnungsschild *n s.* Warnschild
Warnvorrichtung *f* warning (signalling) device, alarm
Warnwert *m* preset point *(vor Erreichen des Sollwerts)*
Wartbarkeit *f* maintainability
Warte *f* control room
~/lärmgeschützte soundproof cabin; booth
Warteanforderung *f* wait request
Warteansagegerät *n* musical hold device
Warteanzeiger *m* **für Passagiere** waiting passenger indicator
Wartebelastung *f (Nrt)* waiting traffic
Wartebetrieb *m* disconnected mode
Wartedauer *f (Nrt)* delay, waiting time
Wartefeld *n (Nrt)* call storing panel, waiting array
Wartelampe *f (Nrt)* call storage lamp
Warteliste *f (Nrt)* waiting list
warten to maintain, to service
Warten *n* **auf Freiwerden** *(Nrt)* camp (park) on busy
Wartenrechner *m* control room computer
Warteplatz *m (Nrt)* queue place
Warteproblem *n (Dat, Syst)* queue problem
Warteprogramm *n (Dat)* waiting program, queueing routine

Warteschaltung *f (Dat)* queueing circuit; *(Nrt)* holding circuit
Warteschlange *f (Dat, Syst, Nrt)* [waiting] queue, waiting line
Warteschlangenbetrieb *m* queueing
Warteschlangen-Netzwerkmodell *n* queueing network model
Warteschlangensystem *n* queueing system
~ **mit Priorität** priority queue *(Bedienungstheorie)*
Warteschlangentheorie *f* queueing (waiting line) theory
Warteschleife *f* wait[ing] loop
Wartesignal *n* wait signal; *(Nrt)* delay lamp
Wartestation *f (Nrt)* passive station
Wartestatus *m (Dat)* wait state
Wartestellung *f* standby position *(Bereitschaft)*
Wartesystem *n (Dat, Syst)* queueing system; *(Nrt)* delay system
~ **mit Anrufreihung** *(Nrt)* call queueing system
Warteton *m (Nrt)* hold-on tone
Warteverkehr *m (Nrt)* waiting traffic
Wartevermittlung *f (Nrt)* camp-on switching
Wartewahrscheinlichkeit *f (Nrt)* probability of delay
Wartezeit *f (Nrt)* delay, waiting time
~ **nach der Wahl** postdialling delay
Wartezeitbetrieb *m (Nrt)* delay working
Wartezeitverkehr *m (Nrt)* delayed traffic
Wartezustand *m* standby condition *(Bereitschaft)*; *(Dat)* wait status, wait[ing] state, acceptor waiting mode; *(Nrt)* camp-on
~**/unabhängiger** asynchronous disconnected mode
Wartung *f* maintenance; servicing
~ **bei laufendem Betrieb** on-condition maintenance
~**/laufende** running maintenance, routine repair work
~**/vorbeugende** preventive maintenance
Wartungsarbeiten *fpl***/planmäßige** scheduled maintenance
wartungsarm low-maintenance
Wartungsdauer *f* maintenance duration; maintenance outage time
~**/vorausberechnete mittlere** assessed mean active maintenance time
Wartungsfähigkeit *f* maintainability, serviceability
Wartungsfeld *n* maintenance panel
wartungsfrei maintenance-free, service-free
wartungsfreundlich easy to maintain (service), maintainable
Wartungsfreundlichkeit *f* **von Programmen** *(Dat)* program maintainability
Wartungshäufigkeit *f* maintenance outage frequency
Wartungskosten *pl* maintenance charges (cost)
Wartungsprogramm *n* maintenance program, service routine
Wartungsreparatur *f* corrective maintenance
wartungstechnisch maintenance-engineering
Wartungsvorschrift *f* maintenance instructions
Wartungszeit *f* maintaining (servicing) time
Wartungszeitraum *m* maintenance interval, mean time between maintenance, MTBM
Wäscheschleuder *f* spin-drier
Wäschetrockner *m* [electric] clothes-drier, tumble-drier
Waschmaschine *f***/elektrische** electric washing machine
Wasser *n***/destilliertes** distilled water
~**/schweres** heavy water
Wasseraufbereitungsanlage *f* water treatment plant
~**/sonnenenergiebetriebene** solar still
Wasseraufnahme *f* water absorption *(z. B. von Öl)*
wasserbeständig water-resistant
Wasserdampf *m* steam, water vapour
Wasserdampfdurchlässigkeit *f* water vapour permeability
Wasserdampfundurchlässigkeit *f* water vapour resistance
wasserdicht water-tight, waterproof
Wasserdichtung *f* waterproof seal
Wasserdurchlässigkeit *f* water permeability *(z. B. von Isolierungen)*
wassergekühlt water-cooled
Wasserkraftgenerator *m* hydroelectric (water-wheel) generator, hydrogenerator
Wasserkraftmaschinensatz *m* hydroelectric generating set
Wasserkraftwerk *n* hydroelectric power plant (station), water power plant
Wasserkühler *m* water cooler
Wasserkühlmantel *m* [cold] water jacket, water cooling jacket
Wasserkühlung *f* water cooling; water-cooling system
Wasserschall *m* waterborne sound, hydrosound
Wasserschallaufnehmer *m*, **Wasserschallempfänger** *m* hydrophone, sonar receiver
Wasserschallortungsgerät *n* sonar
Wasserschallsender *m* sonar transmitter
Wasserschloß *n* [differential] surge tank, surge shaft *(Wasserkraftwerk)*
Wasserschutz *m* water protection
Wasserstoffatmosphäre *f* hydrogen atmosphere
Wasserstoffbogen *m* hydrogen arc
Wasserstoffcoulometer *n* hydrogen voltameter
Wasserstoffelektrode *f* hydrogen [gas] electrode
Wasserstoffentladung *f* hydrogen discharge
Wasserstoffentladungslampe *f* hydrogen discharge lamp
Wasserstoffentwicklung *f* hydrogen generation *(Elektrolyse)*
Wasserstoffglimmentladung *f* hydrogen glow discharge
Wasserstoffkühler *m* hydrogen cooler

Wasserstofflampe *f* hydrogen [discharge] lamp, hydrogen arc lamp
Wasserstoff-Sauerstoff-Brennstoffelement *n* hydrogen-oxygen fuel cell, hydrox fuel cell
Wasserstoff-Sauerstoff-Schweißen *n* oxyhydrogen welding
Wasserstoff-Sauerstoff-Zelle *f* hydrogen-oxygen cell
Wasserstoffschweißen *n* hydrogen welding
Wasserstoffthyratron *n* hydrogen thyratron
Wasserstoffüberspannung *f* hydrogen overvoltage
Wasserstoffunkenstrecke *f* hydrogen spark gap
Wasserstoffvoltameter *n* hydrogen voltameter
Wasserturbine *f* hydraulic (water) turbine
Wasserumlauf *m* water circulation (cycle)
Wasserumlaufkühlung *f* circulating water cooling
Wasserumwälzpumpe *f* circulating water pump
wasser- und luftgekühlt water-air-cooled
wasserundurchlässig water-tight, waterproof, impermeable to water
Watt *n* watt, W *(SI-Einheit der elektrischen Leistung)*
Wattkomponente *f* watt (active) component
wattlos wattless
Wattmeter *n* wattmeter, active power meter
~/astatisches astatic wattmeter
~/elektrodynamisches electrodynamic (dynamometer-type) wattmeter
~/elektronisches electronic wattmeter
~ mit Thermoumformern thermal watt converter
Wattsekunde *f s.* Joule
Wattstundenwirkungsgrad *m* watt-hour efficiency
Wattstundenzähler *m* watt-hour [demand] meter, [active-]energy meter
Wattzahl *f* wattage
Wb *s.* Weber
Weber *n* weber, volt-second, Vs *(SI-Einheit des magnetischen Flusses)*
Wechsel *m* change; alternation
~ der Gebührenpflicht *(Nrt)* reverse of charges
Wechsel *mpl (Nrt)* reversals
Wechselanteil *m* alternating (pulsating, oscillating) component *(z. B. einer Spannung, eines Stroms)*
Wechselband *n* alternate tape
Wechselbetrieb *m (Nrt)* simplex operation (working), simplex; half-duplex operation
Wechsel-EMK *f* oscillating electromotive force
Wechselentladung *f* alternating discharge
Wechselfeld *n* alternating (pulsating) field, a.c. field
Wechselfeldfokussierung *f* periodic field focussing
Wechselfeldhysterese *f* alternating (dynamic) hysteresis
Wechselfeldkreis *m***/magnetischer** periodic magnetic circuit
Wechselfeldmaschine *f* alternating flux machine
Wechselfeuer *n* changing (alternating) light *(Leuchtfeuer)*
Wechselfluß *m***/magnetischer** alternating [magnetic] flux
Wechselgetriebe *n* change-speed gear
Wechselgröße *f* alternating (oscillating) quantity
~/symmetrische symmetrical alternating quantity
Wechselimpedanz *f* mutual impedance
Wechselinduktion *f* mutual induction
Wechselinduktivität *f* mutual inductance
Wechselinformation *f* mutual information, [average] transinformation *(Wahrscheinlichkeitstheorie)*
Wechselkomponente *f* alternating (pulsating, oscillating) component
Wechselkontakt *m* change-over contact; double-throw contact
~/einpoliger single-pole double-throw contact
~ mit neutraler Stellung two-way contact with neutral position
~ mit Unterbrechung [change-over] break-before-make contact
~ ohne Unterbrechung change-over make-before-break contact
~/unterbrechungsloser make-before-break contact
Wechselkraft *f* alternating force
Wechselmagnetisierung *f* alternating magnetization
wechseln to change; to alternate; to shift *(Telegrafie)*
~/das Vorzeichen to change sign; *(ET)* to alternate in polarity
wechselnd/sinusförmig sinusoidally varying
Wechselplatte *f* cartridge disk
Wechselpolfeldmagnet *m* heteropolar field magnet
wechselpolig heteropolar
Wechselpolmaschine *f* alternating flux machine
Wechselpotential *n* alternating potential
Wechselrad[getriebe] *n* change gear
Wechselrelais *n* polar[ized] relay, centre zero relay
Wechselrichter *m* inverter, d.c.-to-a.c. inverter (converter), inverted rectifier, rectifier inverter
~/statischer static inverter
~/umkehrbarer reversible power converter
Wechselrichtung *f* a.c. conversion
Wechselschalter *m* change-over switch, double-throw switch; two-way switch *(Installationstechnik)*
~ mit Unterbrechung break-before-make switch
~/unterbrechungsloser make-before-break switch
Wechselschaltung *f* two-way wiring *(Installationstechnik)*
Wechselschließer *m* transfer contact
Wechselschreiben *n s.* Wechselbetrieb

Wechselschrift *f (Dat)* non-return-to-zero [recording] *(Speicherverfahren)*
wechselseitig mutual; both-way; two-way alternate
Wechselspannung *f* alternating voltage (potential), a.c. voltage
~/periodische periodic alternating voltage
Wechselspannungsamplitude *f* alternating-voltage amplitude
Wechselspannungsanalogrechner *m* a.c. [voltage] analogue computer
Wechselspannungsdurchführung *f* a.c. [voltage] bushing
Wechselspannungskomponente *f* alternating component of voltage, a.c. [voltage] component
Wechselspannungsprüfanlage *f* a.c. [voltage] testing plant
Wechselspannungsquelle *f* a.c. [voltage] source
Wechselspannungsröhrenvoltmeter *n* a.c. [voltage] vacuum tube voltmeter
Wechselspannungssignal *n***/verstärktes** amplified a.c. [voltage] signal
Wechselspannungssteller *m* a.c. [voltage] controller
Wechselspannungsüberschlagspannung *f* power-frequency spark-over voltage
Wechselsperre *f* reciprocal interlocking *(Relais)*
Wechselsprechanlage *f* interphone, two-way telephone system, talk-back device
Wechselsprechbetrieb *m* intercommunication system, intercom, two-way communication
Wechselsprechen *n s.* Wechselbetrieb
Wechselsprechgerät *n* two-way communication headset
Wechselspulinstrument *n* change coil instrument
Wechselstrom *m* alternating current, a.c., A.C.
~/einphasiger single-phase alternating current
~/gleichgerichteter rectified alternating current
~/hochfrequenter high-frequency alternating current
~/mehrphasiger polyphase alternating current
Wechselstromanlasser *m* a.c. starter
Wechselstromanodenspannung *f* a.c. anode voltage
Wechselstromanteil *m* a.c. component [of current]
wechselstrombetrieben a.c.-operated
Wechselstromblinkvorrichtung *f* a.c. flasher
Wechselstrombogen *m* a.c. arc
Wechselstrombrücke *f* a.c. bridge
Wechselstrombrückenschaltung *f* a.c. bridge circuit
Wechselstromdurchführung *f* a.c. bushing
Wechselstromeffektivwert *m* **der Nennspannung** alternating-current root-mean-square voltage rating
Wechselstromeinstreuung *f* a.c. pick-up
Wechselstromentladung *f* a.c. discharge
Wechselstromentladungsröhre *f* a.c. discharge tube
Wechselstromerzeuger *m s.* Wechselstromgenerator
Wechselstromfahrbetrieb *m* a.c. traction
Wechselstromgenerator *m* a.c. generator (dynamo), alternator
Wechselstromgerät *n* a.c. device (equipment)
wechselstromgespeist a.c.-powered *(s. a.* wechselstrombetrieben*)*
Wechselstromgleichrichter *m* a.c. rectifier
Wechselstrom-Gleichstrom-Umsetzer *m* a.c.-to-d.c. converter alternating-current/direct-current converter
Wechselstromgröße *f* a.c. quantity
Wechselstrominduktivität *f* a.c. inductivity
Wechselstromkommutatormotor *m* a.c. commutator motor
Wechselstromkomponente *f* alternating-current component, a.c. component [of current]
Wechselstromkreis *m* a.c. circuit
Wechselstromlehre *f* theory of alternating current
Wechselstromleistung *f* a.c. power
Wechselstromleistungsschalter *m* a.c. circuit breaker
Wechselstromleistungssteller *m* a.c. power controller
Wechselstromleitfähigkeit *f* a.c. conductivity
Wechselstromleitung *f* a.c. line
Wechselstromleitungsbetrieb *m* a.c. line operation
Wechselstromlichtbogen *m* a.c. arc
Wechselstromlichtbogenschweißen *n* a.c. arc welding
Wechselstromlokomotive *f* a.c. electric locomotive
Wechselstromlöschkopf *m* a.c. erasing head *(Magnetband)*
Wechselstrommehrfachtelegrafie *f* a.c. multiple telegraphy
Wechselstrommeßbrücke *f* alternating-current [measuring] bridge, a.c. impedance bridge
Wechselstrommesser *m* a.c. ammeter
Wechselstrommessung *f* a.c. measurement
Wechselstrommotor *m* a.c. motor
Wechselstrommotorkondensator *m* a.c. motor capacitor
Wechselstromnebenschlußmotor *m* a.c. shunt motor
Wechselstromnetz *n* a.c. mains (network, system)
Wechselstromnetzmodell *n* a.c. network analyzer
Wechselstromperiode *f* a.c. cycle
Wechselstromquelle *f* a.c. source (supply)
Wechselstromreihenschlußmotor *m* a.c. series[-wound] motor
Wechselstromrelais *n* a.c. relay
~ mit einer Betätigungsspannung single-element a.c. relay
Wechselstromruf *m (Nrt)* a.c. ringing
Wechselstromschweißgerät *n* a.c. welding set (equipment, unit)

Wechselstromspule *f* a.c. coil
Wechselstromsynchronübertragung *f (Nrt)* a.c. synchronous transmission
Wechselstromtachometer *n* a.c. tachometer
Wechselstromtastung *f (Nrt)* a.c. keying
Wechselstromtechnik *f* a.c. engineering
Wechselstromtelegrafie *f* voice-frequency [carrier] telegraphy, VFT
Wechselstromtelegrafieeinrichtung *f* voice-frequency telegraph equipment
Wechselstromtelegrafieempfänger *m* voice-frequency telegraph receiver
Wechselstromtelegrafiegestell *n* voice-frequency telegraph rack
Wechselstromtelegrafiegrundleitung *f* voice-frequency bearer circuit
Wechselstromtelegrafieleitung *f* voice-frequency telegraph line
Wechselstromtelegrafiesystem *n* voice-frequency telegraph system
Wechselstromtraktion *f* a.c. traction
Wechselstromturbogenerator *m* a.c. turbo generator, turbo alternator
Wechselstromverhalten *n* a.c. behaviour
Wechselstromverlust *m* a.c. loss[es]
Wechselstromverstärker *m* a.c. amplifier
Wechselstromwahl *f (Nrt)* a.c. dialling
Wechselstromwecker *m (Nrt)* a.c. ringer, magneto bell
Wechselstromwert *m* magnitude of alternating current
Wechselstromwicklung *f* a.c. winding
Wechselstromwiderstand *m* alternating-current resistance, [a.c.] impedance, variational resistance
~ **der Elektrode** electrode a.c. resistance
Wechselstromwiderstände *mpl* conjugate impedances
Wechselstromzähler *m* a.c. meter
Wechselstromzeichengabe *f (Nrt)* a.c. signalling
Wechseltaste *f (Nrt)* shift key
Wechseltemperatur *f* alternating temperature
Wechselverkehr *m (Nrt)* simplex operation (telegraphy) *(s. a.* Wechselbetrieb*)*
Wechselverkehrsleitung *f (Nrt)* simplex circuit, both-way trunk
Wechselvorgang *m* changing operation
Wechselwirkung *f* interaction • **in ~ stehen** to interact
~/Coulombsche Coulomb interaction
Wechselwirkungsart *f* mode of interaction
Wechselwirkungsbereich *m* interaction range
Wechselwirkungseffekt *m* interaction effect
Wechselwirkungsenergie *f* interaction energy
wechselwirkungsfrei non-interacting
Wechselwirkungskraft *f* interaction force
Wechselwirkungsoperator *m* interaction operator
Wechselwirkungspotential *n* interaction potential
Wechselwirkungsraum *m* interaction space
Wechselwirkungszeit *f* interaction time
Wechselzahl *f* number of cycles (alternations)
Wechselzeichen *n (Nrt)* shift signal, reversal
Wechsler *m s.* Wechselkontakt
Weckdienst *m (Nrt)* alarm-call service, wake-up service
wecken *(Nrt)* to ring
Wecken *n (Nrt)* ringing
Wecker *m* [telepohone] ringer, bell
~ **mit Selbstunterbrechung** trembler bell
Weckerabschaltung *f (Nrt)* attendant bell-off
Weckerausschalter *m (Nrt)* bell stop
Weckerfallklappe *f (Nrt)* bell indicator drop
Weckerumschalter *m (Nrt)* ringing change-over switch
Weckruf *m* wake-up call
Weckstrom *m (Nrt)* ringing current
Weckstromkreis *m (Nrt)* ringing circuit
Weckuhranschluß *m* sleep timer jack
Weg *m* path; course; route
~/benutzergesteuerter user-controlled path
~/kreisförmiger circular path *(Graphentheorie)*
~/kritischer critical path *(Netzplantechnik)*
wegätzen to etch off
Wegaufnehmer *m* displacement gauge (pick-up, transducer)
Wegauswahl *f (Nrt)* path selection
Wegdurchschaltung *f (Nrt)* path setting
Wegemanagement *n* route management
Wegenetzwerk *n (Nrt)* switching matrix
Wegeprüfung *f (Nrt)* route testing
Wegesuchabschnitt *m (Nrt)* path-finding section
Wegesuchen *n (Nrt)* path finding
Weggeber *m***/induktiver** inductive displacement pick-up
Weglänge *f* path length
~/freie free path
~/mittlere freie mean free path
~/optische optical path length, optical (light) path, optical distance (length)
Weglängenmesser *m* [h]odometer
weglaufen to drift *(Frequenz)*
Weglaufen *n* drift; runaway
~ **der Frequenz** frequency drift
Wegmeßgerät *n* position measuring device; displacement measuring device *(s. a.* Weglängenmesser*)*
Wegmessung *f* displacement measurement; trajectory measurement
Wegsuchabschnitt *m (Nrt)* path finding section
Wegsuche *f* 1. *(Nrt)* path finding (search); 2. routing *(beim Schaltungsentwurf)*
Wegübergangsrelais *n* highway-crossing relay, level-crossing relay
Wegunterschied *m* path difference *(zweier Strahlen)*
Wegwerfteil *n* throw-away part, disposable part, single-use part
Weg-Zeit-Diagramm *n* path-time diagram

Wehnelt-Elektrode *f s.* Wehnelt-Zylinder
Wehnelt-Katode *f* Wehnelt cathode
Wehnelt-Unterbrecher *m* Wehnelt interrupter
Wehnelt-Zylinder *m* Wehnelt cylinder, modulator electrode
Weibull-Verteilung *f* Weibull distribution
Weichblei *n* soft lead
Weiche *f*/**elektrische** cross-over network, [separating] filter
Weicheisenanker *m* soft-iron armature, iron-core armature
Weicheiseninstrument *n* soft-iron instrument, moving-iron instrument, electromagnetic instrument
Weicheisenkern *m* soft-iron core
Weicheisenoszillograph *m* soft-iron oscillograph
Weicheisenvoltmeter *n* moving-iron voltmeter
Weichenkontrollrelais *n* switch-control relay
Weichenriegelkontakt *m* lock circuit contact
Weichenriegelschalter *m* lock circuit controller
Weichgummi *m* soft rubber
Weichkupfer *n* soft copper
Weichlot *n* soft (tin) solder
Weichlöten *n* soft-soldering
Weichmacher *m* softener, plasticizer
weichmagnetisch soft magnetic *(Werkstoff)*
Weichtastung *f* soft keying
Weichzeichner *m (Licht)* umbrella-shaped reflector; diffusing disk
Weichzeichnerfilter *n (Fs)* soft-focus filter
Weidezaun *m*/**elektrischer** electric fence
Weihnachtsbaumbeleuchtung *f* Christmas-tree lighting
Weil-Verfahren *n* Weil scheme *(Schalterprüfschaltung)*
Weiß *n* **gleicher Energien** equal-energy white
Weißanteil *m* white content, whiteness
Weißgleichen *fpl* isotints *(im Ostwald-Farbsystem)*
Weißgrad *m* degree of whiteness
Weißgradmesser *m* photoelectric reflectometer (reflection meter)
Weißpegel *m (Fs)* white level
Weißstandard *m* white reference (reflectance) standard
Weißvorläufer *m (Fs)* leading white
Weitabdämpfung *f* ultimate attenuation
Weitbereichlautsprecher *m* wide-range loudspeaker
weiterbefördern to retransmit *(Telegrafie)*
weiterführen/eine Leitung to extend a line
weitergeben 1. to pass; *(Nrt)* to relay, to repeat *(mit Relais)*; 2. *s.* weitervermitteln
Weiterleitung *f* **von Schall** sound conduction
Weiterprüfsignal *n (Nrt)* retest signal
Weiterschaltleitung *f (Nrt)* transfer circuit
Weiterschalttaste *f (Nrt)* transfer key
Weitersenden *n* **einer Nachricht** message retransmission
~/**Nachrichten** to relay messages
Weitervermitteln *n (Nrt)* retransmission
Weiterwachsen *n (ME)* overgrowth *(einer Schicht)*
weitreichend long-range
Weitschirmisolator *m* wide-petticoat insulator
Weitstreckennavigation *f (FO)* long-range navigation [system], loran
Weitverkehr *m (Nrt)* long-range communication; *(Nrt)* long-distance traffic
Weitverkehrsfernsprechsystem *n* long-distance telephone system, long-haul telephone system
Weitverkehrsgespräch *n (Nrt)* long-distance call
Weitverkehrsleitung *f (Nrt)* long-distance circuit, long-haul circuit
Weitverkehrsnetz *n (Nrt)* long-distance network, wide-area network, WAN
Weitverkehrsplatz *m (Nrt)* long-distance trunk position
Weitverkehrs-Trägerfrequenzfernsprechen *n* long-range carrier-frequency telephony
Weitverkehrsübertragung *f* long-haul transmission
Weitverkehrsverbindung *f (Nrt)* long-distance communication, long-haul link; long-range circuit, long-haul circuit
weitverzweigt highly ramified
Welle *f* 1. wave; 2. *(MA)* shaft
~/**abgeschnittene** chopped [impulse] wave
~/**anodische** anodic wave *(Polarographie)*
~/**austretende** outgoing wave
~/**biegsame** flexible shaft
~/**durchgehende** through-going shaft *(Turbine)*
~/**durchgelassene** transmitted wave
~/**ebene** plane wave
~/**einfallende (einlaufende)** incident (incoming) wave
~/**elektrische** electric shaft *(Gleichlaufschaltung)*; magslip system, synchro
~/**elektromagnetische** electromagnetic wave
~/**elliptisch polarisierte** elliptically polarized mode
~/**fortschreitende** travelling (propagating, progressive) wave
~/**gebrochene** refracted wave
~/**gedämpfte** damped wave
~/**gekoppelte** coupled wave
~/**gepulste** chopped impulse wave
~/**harmonische** harmonic wave
~/**hinlaufende** forward (progressive) wave
~/**impulsmodulierte** pulse-modulated wave
~/**indirekte** *(Nrt)* ionospheric wave *(Fernwelle)*; sky (indirect) wave *(reflektierte Welle)*
~/**katalytische** catalytic wave *(Polarographie)*
~/**kinetische** kinetic wave *(Polarographie)*
~/**leitungsgebundene** guided wave
~/**linksdrehend polarisierte** left-hand[ed] polarized wave, anticlockwise (counterclockwise) polarized wave
~/**modulierte** modulated wave

~/modulierte ungedämpfte modulated continuous wave, m.c.w., M.C.W.
~/periodische periodic wave
~/polarisierte polarized wave
~/rechtsdrehend polarisierte right-hand[ed] polarized wave, clockwise polarized wave
~/reflektierte *(Nrt)* reflected (sky, indirect) wave
~/rücklaufende backward[-travelling] wave, regressive wave
~/senkrecht polarisierte vertically polarized wave
~/sinusförmige sine (sinusoidal, harmonic) wave
~/sprachmodulierte speech-modulated wave
~/stehende standing (stationary) wave
~/tonmodulierte sound-modulated wave
~/transversalelektrische transverse electric wave
~/transversalelektromagnetische transverse electromagnetic wave
~/ungedämpfte undamped (continuous) wave
~/ungedämpfte unterbrochene interrupted continuous wave
~/unsymmetrische asymmetric wave
~/vertikal polarisierte vertically polarized wave
~/vorlaufende forward[-travelling] wave
~/zylindrische cylindrical wave
wellen/sich to corrugate; to cup *(z. B. Magnetband, Film)*
Wellen *fpl***/anomal polarisierte** abnormally polarized waves
~/gemischte hybrid waves
~/getastete modulierte keyed modulated waves
~/getastete tonüberlagerte ungedämpfte *(Nrt)* type A2 waves
~/getastete ungedämpfte *(Nrt)* type A1 waves
~/Hertzsche Hertzian waves
~/tonmodulierte ungedämpfte *(Nrt)* type A3 waves
~/ungedämpfte *(Nrt)* type AO waves
Wellenabsorption *f* wave absorption
Wellenanalysator *m* wave analyzer
Wellenanteil *m* wave component
Wellenantenne *f* wave aerial; Beverage aerial
~ mit waagerechten Querstabantennen fishbone aerial
Wellenanzeiger *m* wave detector, cymoscope
Wellenart *f s.* Wellentyp
wellenartig undulatory, wavelike
Wellenausbreitung *f* wave propagation
~/leitergebundene guided wave propagation
Wellenausbreitungsgeschwindigkeit *f* wave velocity
Wellenauslöschung *f* wave quenching
Wellenbahn *f* wave path
Wellenband *n* wave band
Wellenbauch *m* antinode, [wave] loop
Wellenbereich *m* wave range (band) *(Frequenzband)*
Wellenbereichsschalter *m* wave range switch
Wellenberg *m* wave crest, peak of wave
Wellenbeugung *f* wave diffraction
Wellenbewegung *f* wave motion; undulation
Wellenbildung *f* wave generation
Wellenbündel *n* wave beam
Wellenbündelung *f* wave concentration
Wellendämpfungskonstante *f* wave attenuation constant
Wellendetektor *m* wave detector, cymoscope
Wellendichtung *f* labyrinth seal ring
Wellendrehmoment *n* shaft torque
Wellenerzeugung *f* wave generation
Wellenfalle *f* wave trap
Wellenfilter *n* wave filter
~/elektrisches electric wave filter
Wellenform *f* waveform, wave shape
~/verzerrte distorted waveform
Wellenformanalysator *m* waveform analyzer
Wellenformgenerator *m* waveform generator
Wellenformverzerrung *f* wafeform (wave) distortion
Wellenformwandler *m* waveform converter
Wellenfortpflanzung *f* wave propagation, transmission of waves
Wellenfortpflanzungsvektor *m* wave propagation vector
Wellenfrequenz *f* wave frequency
Wellenfront *f* wave front *(z. B. bei Überspannungen)*
~/steile steep wave front
Wellenfrontgeschwindigkeit *f* wave-front velocity
Wellenfunktion *f* wave function
Wellengeschwindigkeit *f* wave velocity
Wellengleichung *f* wave equation
~/Diracsche Dirac wave equation
Wellengruppe *f* wave group (packet)
Wellenhöhe *f* 1. shaft height; 2. amplitude
Welleninterferenz *f* wave interference
Wellenknoten *m* [wave] node, nodal point
Wellenkontakt *m* shaft contact
Wellenkraftwerk *n* wave power station
Wellenlager *n* shaft bearing
Wellenlänge *f* wavelength
~ des Absorptionsmaximums absorption peak wavelength
~/farbtongleiche dominant wavelength
~/halbe one-half wavelength
~ im Vakuum vacuum wavelength
~/komplementäre complementary wavelength
~/kritische critical wavelength
~/kürzeste shortest wavelength
~/maximale maximum (peak) wavelength
~/minimale minimum wavelength
~/natürliche natural wavelength
wellenlängenabhängig wavelength-dependent
Wellenlängenabhängigkeit *f* wavelength dependence
Wellenlängenänderung *f* wavelength shift (change)
Wellenlängenbereich *m* wavelength range
Wellenlängendehner *m* line stretcher *(Hohlleiter)*

Wellenlängengrenze *f* wavelength limit
Wellenlängenkalibrierung *f* wavelength calibration
Wellenlängenmesser *m* **[nach dem Überlagerungsprinzip]** heterodyne wavemeter
Wellenlängenmessung *f* wavelength measurement
Wellenlängenmitte *f* centre of wavelength
Wellenlängen-Multiplex[-Verfahren] *n* wavelength division multiplex[ing]
Wellenlängennormal *n* wavelength standard, primary standard of wavelength
Wellenlängenskale *f* wavelength scale
Wellenlängenspektrum wavelength spectrum
Wellenlängentabelle *f* wavelength table
Wellenleiter *m* waveguide *(Hochfrequenztechnik)*; *(Ak)* wave duct
~/angepaßter matched waveguide
~/dielektrischer dielectric waveguide
~ für Weitverkehr/wendelförmiger long-distance helical waveguide
~/geschlitzter slotted waveguide
~/optischer *s.* Lichtleiter
Wellenleiterabschwächer *m* waveguide attenuator
Wellenleiterbeschleuniger *m* waveguide accelerator
Wellenleiterbrücke *f* waveguide bridge
Wellenleiterdämpfung *f* waveguide attenuation
Wellenleiteröffnung *f* nozzle; spout
Wellenleiterschalter *m* waveguide switch
Wellenleitwert *m* wave admittance, [characteristic] admittance
Wellenlinienschreiber *m* ondograph
Wellenmechanik *f* wave mechanics
wellenmechanisch wave-mechanical
Wellenmesser *m* wavemeter, cymometer
Wellennatur *f* **des Lichts** wave character (nature) of light
Wellenoptik *f* wave optics
Wellenpaket *n* wave packet
Wellenparameter *m* wave parameter *(der Leitung)*
Wellenparameterfilter *n* conventional (composite) filter
Wellenparametertheorie *f* wave parameter theory
Wellenperiode *f* wave period
Wellenreflexion *f* wave reflection; *(FO)* wave clutter *(Seegangsstörung)*
Wellenrichter *m* director *(Antenne)*
Wellenrücken *m* wave tail *(Wanderwelle)*
Wellenschalter *m* wave (band) switch, wave[-length] changing switch, frequency-range switch *(Frequenzband)*; change-tune switch
Wellenschlucker *m* wave trap; surge absorber *(bei Übergangsvorgängen)*
Wellenspannung *f* ripple d.c. voltage, undulatory voltage
Wellenspannungsprüfung *f* shaft voltage test
Wellenspule *f* wave-wound coil
Wellenstirn *f* wave front *(z. B. bei Überspannungen)*
~/geneigte tilted wave front
Wellenstrahlung *f* undulatory radiation
Wellenstrom *m* 1. shaft current *(angetrieben von der in einer rotierenden Welle induzierten Spannung)*; 2. pulsating d.c. current *(Mischstrom)*; ripple (undulatory) current
Wellental *n* wave trough
Wellentheorie *f* **des Lichts** wave theory of light
Wellentyp *m* [wave] mode, type of wave
~/vorherrschender dominant mode
Wellentypfilter *n* mode filter
Wellentypkoppler *m* mode coupler
Wellentypumformer *m* mode transducer (transformer, changer)
Wellentypumformung *f* [wave] mode conversion
Wellentypwandler *m s.* Wellentypumformer
Wellenübertragungsmaß *n* image transfer constant *(Vierpol)*
Wellenumdrehungsanzeiger *m* shaft revolution indicator
Wellenumformer *m* wave converter
Wellenumschalter *m* wave change (changing) switch, [wave-]band switch
Wellenverkürzung *f* wavelength shortening
Wellenverlängerung *f* 1. wavelength extension; 2. shaft extension
Wellenverteilung *f* allocation of frequencies
Wellenwicklung *f* wave winding, spiral winding
~/mehrgängige multiple-wave winding, multiplex wave winding
Wellenwiderstand *m* [characteristic] wave impedance, characteristic impedance *(Wellenleiter)*; natural impedance *(z. B. von Übertragungsleitungen)*
~/bezogener normalized impedance
~/differentieller diffesential characteristic impedance
~/komplexer complex characteristic impedance
~/normierter normalized impedance
Wellenzahl *f* wave number *(Kehrwert der Wellenlänge)*
Wellenzapfen *m* shaft journal
Wellenzug *m* wave train, train of waves
Wellenzugfrequenz *f* wave group frequency
Wellenzugunterbrechung *f* wave train interruption
Welle-Teilchen-Dualismus *m* wave-particle duality
wellig rippled; wavy; corrugated
Welligkeit *f* 1. ripple; waviness; corrugation; 2. *s.* Welligkeitsfaktor • **mit konstanter** ~ equiripple
~ der Oberfläche surface waviness
~ einer Schallplatte record warp
~ im Durchlaßbereich *(Ak)* pass-band ripple
Welligkeitsanteil *m* ripple component
Welligkeitsfaktor *m* ripple factor, voltage standing wave ratio
Welligkeitsfilter *n* ripple filter

Welligkeitsfrequenz *f* ripple frequency
Welligkeitsgrad *m* percentage ripple, ripple percentage
Welligkeitsstrom *m* ripple current
Wellplattenkondensator *m* corrugated plate capacitor
Wellrohr *n* bellows *(pneumatisches Meßglied)*
Weltfernsprechnetz *n* world telephone network
Weltleitwegplan *m (Nrt)* world routing plan
Weltraumfunkverkehr *m* space radio communication
Wendefeld *n* commutating (reversing) field
Wendefeldspannung *f* quadrature-field voltage
Wendefeldwicklung *f* commutating winding
Wendegeschwindigkeitsmesser *m* turn meter
Wendel *f* [coiled] filament *(Glühlampe)*; helix; spiral
~ **aus Widerstandsdraht** coil of resistance wire
~ **einer Projektionslampe** projection lamp filament
~**/gerade** line (linear) filament
Wendelabdampfung *f* filament evaporation
Wendelabmessungen *fpl* filament dimensions
Wendelanordnung *f* filament arrangement
Wendelantenne *f* helical (helix) aerial
Wendelaufhängung *f* filament mounting (arrangement)
Wendelbild *n* filament image
Wendelbruch *m* filament (spiral) fracture
Wendeldetektor *m* helical detector *(z. B. Mikrowellenwendelantenne)*
Wendeldurchhang *m* filament sag, sag in wire
Wendelheizkörper *m***/freiabstrahlender (nichteingebetteter)** open-type coil heater
Wendelhohlleiter *m* helical (helix) waveguide
Wendelinduktor *m* helical inductor *(Induktionserwärmung)*
Wendelkabel *n* coiled cable
Wendelleiter *m* helical conductor
Wendelleitung *f* helical line
Wendelmaschine *f* coiled-filament forming apparatus *(Glühlampenherstellung)*
Wendeln *n* spiralling *(der Lichtsäule in einer Leuchtstofflampe)*
Wendelpotentiometer *n* helical potentiometer, spindle[-operated] potentiometer
Wendelschnur *f* coiled cord
Wendelstrahler *m* wire-type radiator
wenden to commutate *(Strom)*
Wendepol *m* commutating pole, interpole; auxiliary pole
Wendepolfeld *n* commutating [pole] field
Wendepolluftspalt *m* interpole air gap
Wendepolumschalter *m (An)* reversing pole change-over switch
Wendepolwicklung *f* commutating [field] winding
Wendepolzone *f* commutating zone
Wendeschalter *m* reversing switch[group], [current] reverser
Wendeschütz *n* reversing starter
Wendetangentenverfahren *n* inflectional-tangent method
Wendezeiger *m* turn indicator
Wendezone *f* commutating zone
Wendezug *m* reversible motor-coach train *(Triebwagen)*
Wendung *f* 1. turn; 2. inflection *(Mathematik)*
Wenigsprecher *m (Nrt)* low-calling-rate subscriber
WENN-Anweisung *f (Dat)* IF-statement
WENN-DANN-Verknüpfung *f* IF-THEN operation, conditional implication operation
Werbefernsehen *n* commercial (sponsored) television
„Wer da"-Zeichen *n (Nrt)* "Who are you" signal, WRU signal
Werkstoff *m***/halbleitender** semiconducting material
~**/keramischer** ceramic material
~**/magnetischer** magnetic material
~**/metallkeramischer (mischkeramischer)** cermet, ceramal, ceramet
~**/plattierter** clad material
~**/thermoplastischer** thermoplastic
Werkstoffdämpfung *f* material damping, attenuation of the material, mechanical hysteresis [effect]
Werkstoffehler *m* fault in material
Werkstoffermüdung *f* fatigue of materials
Werkstoffprüfgerät *n* material tester (analyzer), flaw detector
Werkstoffprüfung *f* material[s] testing
~ **mit Ultraschall** ultrasonic (supersonic) flaw detection, ultrasonic material testing
~**/zerstörungsfreie** non-destructive material testing
Werkzeugmaschine *f***/numerisch gesteuerte** numerically controlled machine tool
Werkzeugmaschinensteuerung *f* machine-tool control
Wert *m* value *(z. B. einer physikalischen Größe)*; quantitiy; magnitude; amount *(Betrag)*
~**/aktueller** *(Dat)* actual value
~ **am stationären Endzustand** *(Syst)* steady-state value, final value
~**/analoger** analogue quantity
~**/angezeigter** *(Meß)* indicated value [of a quantity]; uncorrected result [of a measurement]
~ **der eingeschalteten Spannung/flüchtiger** instantaneous [total] value of the on-state voltage
~ **der Übertragungsgüte** *(Nrt)* transmission performance rating
~ **des Ausschaltstroms** circuit-breaking transient current
~ **eines Spiels** game value, worth of a game *(Kybernetik)*
~**/eingesetzter** default
~**/experimentell ermittelter** experimental value

~/gemessener *(Meß)* measured value [of a quantity]; corrected result [of a measurement]
~/geschätzter estimated value
~/gestörter disturbed value
~ größter Häufigkeit mode *(Statistik)*
~ im Anfangsbereich lower-range value
~/kritischer critical value *(z. B. der Stabilität)*
~/reeller real value
~/registrierter recorded value
~/reziproker reciprocal [value]
~/richtiger true value; face value *(einer Meßgröße)*
~/stationärer steady[-state] value, stationary value
~/tatsächlicher actual value
~/typischer representative value
~/vereinbarter stipulated value
~/vorgegebener default
~/wahrer *s.* ~/richtiger
~/zu erwartender expected value
~/zulässiger tolerable value; admissible value *(z. B. der Regelabweichung)*
Werte *mpl*/**abgetastete** sampled data
~/aufeinanderfolgende succeeding values
Wertebereich *m* range of values
Wertetabelle *f* primary data
Wertheim-Effekt *m* Wertheim effect
Wertigkeit *f (Ch)* valence, valency
~/aktive active valence
~/elektrochemische electrochemical valence, electrovalence
Weston-Element *n* Weston cell
Weston-Normalelement *n* Weston normal (standard) cell
wetterfest weather-resistant, weatherproof
Wetterfunkstelle *f* radio weather broadcast station
wettergeschützt weather-protected
Wetterschutz *m* rain shield *(Mikrofon)*
Wetterschutzhaube *f* radome *(für Antennen)*
Wetterschutzmantel *m* weather protecting sleeve *(für Antennen)*
Wettlaufbedingung *f* race condition *(in Computern)*
Wheatstone-Brücke *f* Wheatstone bridge
Wheatstone-Telegraf *m* Wheatstone telegraph
Whisker *m* [crystal] whisker
Whiskerwachstum *n* whisker growth
Wichtung *f* weighting *(Informationsverarbeitung)*
Wickel *m* reel
Wickelautomat *m* automatic winding (coiling) machine
Wickelbauweise *f* baffle-type construction *(bei magnetischen Kernen)*
Wickelbreite *f* layer width
Wickeldraht *m* wrapping wire *(für Wickelanschlüsse)*; winding wire *(für Spulen)*
~/runder round winding wire
Wickelfaktor *m* winding factor; chording factor
Wickelfläche *f* winding area
Wickelgeschwindigkeit *f* windig speed
Wickelkern *m* strip-wound core, bobbin core, [winding] bobbin; mandrel *(Drahtwendelung)*
Wickelkondensator *m* roller-type capacitor, paper capacitor
Wickelkopf *m* winding head, end-winding, overhang, coil end
Wickelkopfabdeckung *f* overhang cover
Wickelkopfabstützung *f* coil end bracing
Wickelkopfschutzschild *m* end-winding shield
Wickelkopfträger *m* end-winding support
Wickelkörper *m* former; coil form
Wickellockenprüfung *f* mandrel test *(Spannungsprüfung)*
Wickellötverbindung *f* wrapped and soldered joint
Wickelmaschine *f* [coil] winding machine, coil winder (winding bench)
Wickelmotor *m* reel (tape-tensioning) motor
wickeln to wind; to coil; to reel *(z. B. auf Spulen)*; to crimp *(Kontakttechnologie)*
~/in Schichten to layer-wind
Wickelraum *m (MA)* winding space
Wickelschritt *m* winding pitch; back pitch *(Schaltschritt)*
Wickelsinn *m* direction of winding, winding direction (sense)
Wickelspule *f* winding spool
Wickelstift *m* wrap[ping] post *(für Wire-wrap-Verbindung)*
Wickeltechnik *f (El)* wire-wrap technique, wire wrapping *(für lötfreie Verbindungen)*
Wickelteller *m* [tape] reel
Wickelträger *m* winding support
Wickelverbindung *f (El)* wire-wrap connection, solderless wrapped connection
Wicklung *f* winding • **mit verteilter** ~ distributed-wound
~/äußere outer winding
~/bifilare bifilar winding
~/durchlaufende continuous winding
~/ebene smooth winding
~/eingefügte inserted winding
~/einlagige single-layer winding
~/geschlossene closed-circuit winding
~/gesehnte chorded (short-pitch) winding
~/gestürzte back-wound coil *(Transformator)*, continuous inverted winding
~/glatte smooth winding
~/hochohmige high-impedance winding
~/induktionsarme poor-induction winding
~/induktionsfreie non-inductive winding
~/kapazitätsarme bank[ed] winding
~/konzentrierte concentrated winding
~/konzentrische concentric winding
~/kurzgeschlossene short-circuited winding
~/linksumlaufende left-handed winding
~/mehrgängige multiplex winding
~ mit Schrittverkürzung short-pitch winding, chorded winding

~ **mit Schrittverlängerung** long-pitch winding
~ **mit verkürztem Schritt** *s.* ~ mit Schrittverkürzung
~ **mit verlängertem Schritt** *s.* ~ mit Schrittverlängerung
~ **mit zwei Polen** bipolar winding
~/**niederohmige** low-resistance winding
~/**offene** open-circuit winding
~/**ohmsche** resistance winding
~/**polumschaltbare** pole-changing winding, change-pole winding
~/**schrittverkürzte** *s.* ~ mit Schrittverkürzung
~/**verdrillte (verseilte)** twisted winding
~/**verteilte** distributed winding
~/**wilde** random winding *(ohne Drahtführung)*
~/**zweipolige** bipolar winding
Wicklungsanschluß *m* winding termination
Wicklungsfaktor *m* winding factor (coefficient)
Wicklungsinduktivität *f* winding inductance
Wicklungsisolation *f* winding insulation
Wicklungskapazität *f* [inter]winding capacitance, internal capacitance *(Spulen)*
Wicklungskurzschluß *m* interwinding fault
Wicklungsnennspannung *f* winding voltage rating
Wicklungspotential *n* winding potential
Wicklungsprobe *f* check of windings *(z. B. bei der Drahtlackprüfung)*
Wicklungsquerschnitt *m* winding cross section, cross-sectional area of winding
Wicklungsschema *n* winding diagram
Wicklungsschritt *m* winding pitch
Wicklungssinn *m* sense of winding
Wicklungsträger *m* winding support; bobbin
Wicklungsverluste *mpl* copper losses, I^2R losses, winding losses
Widerhall *m* echo, reverberation
widerhallen to echo, to reverberate
Widerstand *m* 1. resistance *(Größe)*; 2. resistor *(Bauteil)* • **mit (von) niedrigem spezifischen ~** low-resistivity
~/**abgestufter** stepped resistance
~ **bei Stromverdrängung** dermal resistance
~/**bezogener** per-unit resistance
~/**dekadisch einstellbarer** *(Meß)* decade resistance box
~ **der Basis/spezifischer** base resistivity
~ **der Batterie[/innerer]** battery resistance
~ **der Thermoelementzuleitung** thermocouple lead resistance
~ **des Antennenleiters** aerial wire resistance
~ **des geerdeten Leiters** resistance of earthed conductor
~ **des Gegensystems/induktiver** negative-sequence inductive reactance
~ **des Gegensystems/ohmscher** negative-sequence resistance
~ **des Mitsystems/induktiver** positive-sequence inductive reactance
~ **des Mitsystems/ohmscher** positive-sequence resistance
~ **des Nullsystems/induktiver** zero-sequence inductive reactance
~ **des Nullsystems/ohmscher** zero-sequence resistance
~/**dielektrischer** dielectric (insulation) resistance
~/**differentieller** differential (incremental) resistance
~/**drahtgewickelter** wire-wound resistor
~/**dynamischer** dynamic resistance
~/**eingebauter** integrated resistor
~/**eingebetteter** embedded resistor *(z. B. bei Elektrowärmegeräten)*
~/**einstellbarer** *s.* ~/regelbarer
~/**elektrischer** electrical resistance
~/**hochbelastbarer** heavy-duty resistor
~/**hochohmiger** high-meg resistor, high-value[d] resistor
~ **im eingeschalteten Zustand** on-resistance *(Leistungstransistor)*
~/**induktionsfreier** non-inductive resistor
~/**induktiver** inductive reactance
~/**innerer** internal resistance; plate (anode) resistance *(Elektronenröhre)*
~/**integrierter** integrated resistor
~ **je Längeneinheit** *(Isol)* resistance per unit length
~/**kapazitiver** capacitance, capacity
~/**komplexer** impedance
~/**lichtelektrischer** photoresistor, photoconductive cell
~/**linear veränderbarer** linear taper *(Potentiometer)*
~/**magnetfeldabhängiger** magnetic field-dependent resistor
~/**magnetischer** 1. magnetic resistance, [magnetic] reluctance; 2. magnetoresistor [device]
~ **mit Anzapfung** tapped resistor
~ **mit Speicherwirkung** *(Dat)* memory resistor, memristor
~/**mittlerer spezifischer** mean resistivity
~/**negativer** negative resistance
~/**niedriger** low-value resistor
~ **Null** zero resistivity
~ **Null/spezifischer** zero resistivity
~/**ohmscher** ohmic (active) resistance
~/**parallelgeschalteter** shunt resistance
~/**phasenreiner** *s.* ~/ohmscher
~/**piezoelektrischer** piezoresistance
~/**regelbarer** rheostat, variable (adjustable) resistor, potentiometer
~/**spannungsabhängiger** voltage-dependent resistor, varistor *(Halbleiterwiderstand)*
~/**spezifischer** specific resistance, [electrical] resistivity
~/**spezifischer elektrischer** resisitivity
~/**spezifischer magnetischer** [magnetic] reluctivity, specific reluctance *(Kehrwert der Permeabilität)*
~/**stabförmiger** rod resistor *(z. B. Heizwiderstand)*

~/statischer static resistance
~/stetig einstellbarer continuously adjustable resistor
~/stufenweise einstellbarer dial resistor
~/tatsächlicher actual resistance
~/temperaturkompensierender temperature-compensating resistor
~/thermischer thermal resistance
~/ummantelter sheathed resistor *(Heizwiderstand)*
~/unsymmetrischer asymmetric resistance
~/verteilter distributed resistance *(Widerstandsbelag)*
~/vorgeschalteter series resistor
~/wellenförmiger undulatory (undulated) resistor *(z. B. eines Bandheizleiters)*
~/wendelförmiger helical resistor
~/winkelfreier resistance with zero phase angle
~/wirksamer spezifischer effective resistivity
Widerstandsabschalter *m* resistance cut-out switchgroup
Widerstandsabstimmung *f* resistance tuning
Widerstandsabstufung *f* resistance grading *(auf Wickelköpfen)*
Widerstandsänderung *f* resistance change (variation)
~/magnetische magnetoresistance
Widerstandsanlassen *n* resistance starting
Widerstandsanlasser *m* rheostatic starter
Widerstandsausgleich *m* resistance balance
Widerstandsbank *f* **mit mehreren Schaltungskombinationen** dial resistance box
widerstandsbehaftet resistive
widerstandsbeheizt resistance-heated
Widerstandsbelag *m* 1. distributed resistance; 2. *(Isol)* resistance per unit length
Widerstandsbereich *m* resistance (ohmic) range
Widerstandsbeschleunigung *f* resistance acceleration
Widerstandsbremsung *f* resistance (rheostatic) braking
~/elektrische rheostatic electric braking
Widerstandsbrücke *f* resistance bridge
Widerstandscharakteristik *f***/fallende** negative resistance characteristic
Widerstandsdämpfung *f* resistance attenuation
Widerstandsdehn[ungs]meßdraht *m* strain-sensitive resistance wire
Widerstandsdehnungsmeßstreifen *m* resistance strain gauge
~/aufgeklebter bonded strain gauge
Widerstands-Dioden-Technik *f* resistor-diode technique
Widerstandsdraht *m* resistance wire
Widerstandselement *n* resistance (resistive) element *(aus Widerstandsmaterial)*; resistor element *(Widerstandskörper)*
Widerstandserdung *f* resistance earthing
Widerstandserhöhung *f* resistance increase
Widerstandserwärmung *f* resistance heating
~/direkte direct resistance heating
~/indirekte indirect resistance heating
widerstandsfähig resistant; stable
Widerstandsfähigkeit *f* resistivity; resistance, stability
~/chemische chemical resistance (stability)
~ gegen Temperaturänderungen resistivity to temperature changes
Widerstandsfilm *m* resistive film
Widerstandsgeber *m* resistance transducer
~/selbstabgleichender potentiometer recorder
widerstandsgekoppelt resistance-coupled
Widerstandsgerade *f* resistance line
Widerstandshalter *m* resistor holder
Widerstandsheizelement *n* resistance heating element
~ für Vakuumofen vacuum-furnace resistance heating element
Widerstandsheizgerät *n***/direktes** direct resistance heater
~/indirektes indirect resistance heater
Widerstandsheizkörper *m* resistance heating element
Widerstandsheizschicht *f* heating film
Widerstandsheizung *f* resistance heating
~/direkte direct resistance heating
~/indirekte indirect resistance heating
Widerstands-Induktivitäts-Netzwerk *n* resistance-inductance network
Widerstandskapazität *f* **einer elektrolytischen Zelle** cell constant
Widerstands-Kapazitäts-... *s. a.* RC-...
Widerstands-Kapazitäts-Brücke *f* resistance-capacitance comparison bridge, RC bridge
Widerstands-Kapazitäts-Glied *n* resistance-capacitance element, RC element
Widerstands-Kapazitäts-Kopplung *f* resistance-capacitance coupling, RC coupling
Widerstands-Kapazitäts-Netzwerk *n* resistance-capacitance network, RC network
Widerstands-Kapazitäts-Schaltung *f* resistance-capacitance circuit, RC circuit
Widerstandskasten *m* resistance box *(für Meßzwecke)*
Widerstandskennlinie *f* load line *(bei Elektronenröhren)*
Widerstandskette *f* chain of resistors
Widerstandskomponente *f* resistance (resistive) component
Widerstands-Kondensator-Transistor-Logik *f* resistor-capacitor-transistor logic, RCTL
Widerstands-Kondensator-Transistor-Technik *f* resistor-capacitor-transistor technique, RCT technique
Widerstandskopplung *f* resistance (resistive) coupling
Widerstandskörper *m* resistor core
Widerstandskaft *f* 1. resisting force (power); 2. drag force *(Strömungswiderstand)*

Widerstandslampe *f* resistance lamp
Widerstandslichtbogenofen *m* resistance arc furnace
Widerstandsmagnetometer *n* resistance magnetometer
Widerstandsmanometer *n* resistance manometer
Widerstandsmaterial *n* resistance material
Widerstandsmeßbrücke *f* resistance (Wheatstone) bridge
Widerstandsmeßgerät *n* resistance measuring instrument, ohmmeter
Widerstandsmessung *f* resistance measurement
Widerstandsnebenschluß *m* shunting resistance
Widerstandsnetzwerk *n* resistance network
Widerstandsnormal *n* 1. resistance standard; 2. standard resistor
Widerstandsofen *m* resistance furnace
~/direkter direct resistance furnace
~/indirekter indirect resistance furnace
~ mit erzwungener Konvektion forced-convection resistance furnace
Widerstandsoperator *m* impedance operator, vector (complex) impedance
Widerstandspolarisation *f* resistance (ohmic) polarization
Widerstandspunktschweißen *n* resistance spot welding
Widerstandsrauschen *n***[/thermisches]** thermal (resistance, Johnson) noise
Widerstandsregelung *f* resistance control
Widerstandsregler *m* rheostatic controller, rheostat
Widerstandsrelais *n* resistance relay
Widerstandsröhre *f* ballast tube
Widerstandsrückkopplung *f* resistance feedback
Widerstandsschaltung *f* resistive circuit
Widerstandsschicht *f* resistive film
Widerstandsschmelzofen *m* resistance melting furnace
Widerstandsschweißelektrode *f* resistance welding electrode
Widerstandsschweißen *n* resistance welding
~/induktives induction resistance welding
Widerstandsschweißgerät *n* resistance welder (welding unit)
Widerstandsspannungsregler *m* rheostatic-type voltage regulator
Widerstandsspannungsteiler *m* resistance (resistive) voltage divider, resistor-type [voltage] divider
Widerstandsspeicherofen *m* charge resistance furnace
Widerstandsspule *f* resistance coil
Widerstandsstoßschweißen *n* electropercussive welding
Widerstandsstufe *f* resistance step
Widerstandstemperaturanzeiger *m* resistance temperature indicator
Widerstandstemperaturfühler *m* resistance temperature probe (detector), temperature-sensitive resistor
Widerstandstemperaturkoeffizient *m* resistance temperature coefficient
Widerstandsthermometer *n* resistance thermometer (pyrometer), thermometer resistor
Widerstandsthermometerregler *m* resistance thermometer controller
Widerstandstoleranz *f* resistance tolerance
Widerstands-Transistor-Logik *f* resistor-transistor logic, RTL
Widerstands-Transistor-Modul *m* resistor-transistor module
Widerstands-Transistor-Schaltung *f* resistor-transistor circuit
Widerstands-Transistor-Technik *f* resistor-transistor technique, RT technique
Widerstandsüberanpassung *f* overmatching of impedance
Widerstandsüberspannung *f* ohmic overvoltage *(in der Phasengrenzschicht einer Elektrode)*
Widerstandsumformer *m* resistance transducer
Widerstandsverlust *m* rheostat[ic] loss
Widerstandsvorschaltung *f (Licht)* resistor ballast
Widerstandswannenofen *m* resistance bath furnace
Widerstandswert *m* resistance value
Widerstandswicklung *f* resistance winding
Widerstandszelle *f***[/photoelektrische]** photoconductive cell, photoresistor
Widerstandszündkabel *n* resistive ignition cable
Wiederablagerung *f* redeposition
Wiederabstrahlung *f* reradiation
Wiederanlauf *m (Dat, Nrt)* restart
wiederanlegen to reapply *(z. B. Spannung)*
Wiederanruf *m (Nrt)* recalling, timed recall
~/automatischer automatic recall
Wiederansprechwert *m* revert-reverse value *(Relais)*
Wiederauffinden *n* retrieval *(z. B. von gespeicherten Informationen)*
~ einer Stelle message retrieval *(in einer Aufzeichnung)*
Wiederauffindungszyklus *m (Dat)* retrieval cycle
wiederaufladbar rechargeable
wiederaufladen to recharge *(z. B. Batterie)*
Wiederaufladestrom *m* recharging current
Wiederaufladezeit *f* recycle time
Wiederaufnahme *f* **der Übertragung** *(Nrt)* putback of transmission
Wiederbelichtung *f* re-exposure
Wiedereinfangen *n* recapture, retrapping *(z. B. von Elektronen)*
Wiedereinfügen *n* **des Trägers** *(Nrt)* reinsertion of the carrier
Wiedereinschaltintervall *n* reclosing interval
Wiedereinschaltrelais *n* reclosing relay
~/automatisches autoreclose relay
Wiedereinschaltsicherung *f* reclosing fuse

Wiedereinschaltsperre *f (Eü)* reclosing interlock; antipumping device *(Relais)*
Wiedereinschaltung *f* reclosure antipumping device *(Relais)*
~/automatische autoreclosing, automatic circuit reclosing, automatic reclosure *(Zusammensetzungen s. unter* AWE*)*
Wiedereinschaltzeit *f* reclosing time
Wiedereinschaltzyklus *m***/automatischer** *(An)* rapid autoreclosing cycle
Wiedereintakten *n* retiming *(Pulskodemodulation)*
Wiedererhitzung *f* reheating
wiedererkennen to recognize
Wiedererkennen *n* recognition
~ des Gesprochenen speech recognition
Wiedererwärmung *f* reheating
Wiedergabe *f* 1. reproduction; 2. playback, *(Platte, Magnetband)*; display *(optische Anzeige)*; restitution *(Telegrafie)*
~/dreidimensionale three-dimensional display
~/farbrichtige colour-correct reproduction
~/fehlerhafte *(Nrt)* incorrect restitution
~/hochwertige high-fidelity reproduction
~/originalgetreue *(Ak)* faithful (high-fidelity) reproduction
~/vollkommene *(Nrt)* perfect restitution
~ vom Band tape playback
Wiedergabecharakteristik *f* playback (reproducing) characteristic
Wiedergabeeinrichtung *f (Ak)* playback (replay) unit; display device *(Sichtanzeiger)*
Wiedergabeelement *n (Nrt)* restitution element
Wiedergabeentzerrer *m* reproduction equalizer
Wiedergabefläche *f* reproducible area
Wiedergabefrequenzgang *m* playback (reproducing) characteristic, playback frequency response, fidelity curve
Wiedergabegerät *n* reproducer; replay unit
Wiedergabegeschwindigkeit *f* playback (replay, reproduction) speed
Wiedergabegrundfarbe *f (Fs)* display primary
Wiedergabekopf *m* playback (replay, reproducing) head
Wiedergabekurve *f* playback (reproducing) characteristic, fidelity curve
Wiedergabepegel *m* playback level
Wiedergabetaste *f* play button
Wiedergabetonzeitraffer *m* playback time compressor
Wiedergabetreue *f* fidelity [of reproduction], faithfulness of reproduction
~/hohe high fidelity, hi-fi
Wiedergabeverluste *mpl* playback loss
Wiedergabeverstärker *m* playback (replay, reproducing) amplifier
Wiedergabeverzögerung *f (Nrt)* restitution delay
Wiedergabezeit *f* reading (display) time *(z. B. bei Sichtspeicherröhren)*
wiedergeben 1. to reproduce; 2. to play back, to display (visuell); 3. to render *(z. B. Farben)*
Wiedergewinnung *f* recovery
wiederherstellen 1. to restore; 2. to repair
~/den Pegel to level-restore
~/eine Leitung to restore a circuit
Wiederherstellung *f* restoration; restitution; recovery procedure
~ unterbrochener Verbindungen *(Nrt)* re-establishment (restoration) of interrupted connections
~ von Signalen signal reproduction (restoration)
Wiederherstellungsprozedur *f (Dat)* failsoft
Wiederhochfahren *n* **der Spannung** restoration of voltage
Wiederholanforderung *f (Nrt)* repeat request
wiederholbar repeatable; reproducible
Wiederholbarkeit *f* repeatability *(z. B. von Messungen)*; reproducibility
Wiederholdauer *f* repetition period
wiederholen to repeat; *(Dat)* to rerun, to roll back *(Programm)*; to refresh *(eine Information)*
~/eine Sendung to rebroadcast
~/periodisch to recycle
wiederholend/sich repetitive
Wiederholer *m* repeater
Wiederholerbake *f (FO)* radar (responder) beacon, racon
Wiederholgenauigkeit *f* repeat accuracy
Wiederholkamera *f (ME)* repeater camera
Wiederholperiode *f* repetition period
Wiederholprogramm *n (Dat)* rerun program (routine), roll-back routine
Wiederholpunkt *m (Dat)* rerun (roll-back) point *(im Programm)*
Wiederholspeicher *m* refresh memory
Wiederholtaste *f* repeat key
Wiederholung *f* repetition; recurrence; *(Dat)* iteration *(des Programmschritts)*; retry
~ auf Abfrage (Anforderung) repeat on request
~/automatische *(Nrt)* automatic repetition
~/bedingte conditional repetition
~ der Nachricht message repetition
~ der Übertragung *(Nrt)* rerun of transmission
~ des Verbindungsversuchs/automatische *(Nrt)* automatic repeat attempt
~/schnelle quick repeat
Wiederholungs... *s. a.* Wiederhol...
Wiederholungsbefehl *m (Dat)* repetition instruction, repetitive command, iterative order
Wiederholungsfehler *m* repetitive error
Wiederholungsfrequenz *f* repetition frequency (rate), recurrence frequency
Wiederholungsklinke *f (Nrt)* ancillary (auxiliary) jack
Wiederholungslampe *f (Nrt)* ancillary lamp
Wiederholungsprüfung *f* periodic test
Wiederholungsschalter *m* repeat switch
Wiederholungssendung *f* rebroadcast
Wiederholungsvorgang *m* repetitive operation
Wiederholungswahrscheinlichkeit *f* repetition probability

Wiederholungszeit *f* recurrence period
Wiederkehr *f* **der Rufstromsendung** *(Nrt)* ringing periodicity
wiederkehrend recurrent, recurring
Wiederkehrfehler *m* repeatability error
Wiederkehrfrequenz *f* frequency of recurrence
Wiederkehrspannung *f* recovery voltage
~/transiente transient recovery voltage
Wiederschließen *n*/**automatisches** auto-reclosing, automatic circuit reclosing
wiederschreiben to rewrite *(z. B. Speicherinformationen)*
Wiederstarten *n (Dat)* restart
wiederverdrahten to rewire
wiedervereinigen to recombine
~/sich to recombine
Wiedervereinigung *f* recombination
Wiedervereinigungsgesetz *n* recombination law
Wiedervereinigungskoeffizient *m* recombination coefficient
Wiedervereinigungsprozeß *m* recombination process *(Ladungsträger)*
Wiederverfestigung *f* recovery strength *(in Gasentladungsstrecken)*
Wiederzündspannung *f* reignition (restriking) voltage
Wiederzündung *f* reignition, restriking
Wiederzündzeit *f (Licht)* restarting time
Wiederzuschaltung *f*/**automatische** automatic reclosing
Wiegeanlage *f*/**elektronische** electronic weighing equipment
Wien-Brücke *f* Wien [capacitance] bridge
Wien-Brückenoszillator *m* Wien bridge oscillator
Wiener-Filter *n* Wiener filter *(Optimalfilter)*
willkürlich random; arbitrary
Wimmelbewegung *f* random-jump motion
Winchesterplatte *f (Dat)* Winchester disk
Wind *m*/**elektrostatischer** convective discharge
Winddruck *m* lateral thrust due to wind *(Antenne)*
Windfahnenrelais *n* wind vane relay
Windgenerator *m* wind-driven [electric] generator, wind [turbine-]generator
Windgeräusch *n* wind (aerodynamically induced) noise *(Mikrofon)*
Windgeschwindigkeit *f* air[-blast] velocity
windgetrieben wind-driven
Windkanal *m* 1. wind tunnel (channel); 2. air duct *(Lüftung)*
Windkraftanlage *f* wind power plant, wind-driven plant
Windkraftgenerator *m s.* Windgenerator
Windkraftwerk *n* wind power station
Windmühle *f* windmill *(Windkraftwerk)*
Windschirm *m*, **Windschutz** *m* windscreen, windshield *(Mikrofon)*
Windung *f* 1. turn *(einer Spule)*; 2. convolution
~/einzelne single turn
~/gegenläufige opposite turn
~/tote dead-end turn, unused (idle) turn
Windungen *fpl*/**benachbarte** adjacent turns
Windungsfläche *f* turn area
Windungsfluß *m* turn flux
Windungsganghöhe *f* pitch of turns
Windungsisolation *f* [inter]turn insulation
Windungskapazität *f* interturn capacitance *(Spule)*; self-capacitance *(zwischen zwei Windungen)*
Windungslänge *f*/**mittlere** mean length per turn
Windungsprüfung *f* coil (interturn) test, turn to turn test
Windungsschluß *m* interturn short circuit
Windungsschlußprüfer *m* interturn short-circuit tester
Windungsschlußschutz *m* protection against interturn short-circuits
Windungsspannung *f* turn to turn voltage
Windungsverhältnis *n* turns ratio, ratio of transformation *(Transformator)*
Windungszahlenverhältnis *n* turns ratio
Windungszwischenlage *f* turn separator
Winkel *m*/**angezeigter** indicated angle
~/Brewsterscher Brewster's (polarizing) angle
~ der Abweichung angle of deviation
~/elektrischer electrical angle
~/toter dead angle (corner); *(Nrt)* clip position
winkelabhängig angle-dependent
Winkelabhängigkeit *f* angular (angle) dependence; *(Ak)* directional (angular) response
Winkelabspannmast *m (Eü)* dead-end angle structure (tower) *(Stahl)*; dead-end angle pole *(Holz)*
Winkelabweichung *f* angular (angle) deviation
Winkelabweichungsverlust *m* angular deviation loss *(Bündelungsmaß)*
Winkelabzweigdose *f* angle conduit box
Winkeländerung *f* angular change
Winkelantrieb *m* angular drive
Winkelaufdampfung *f* angle evaporation
Winkelauflösungsvermögen *n* angular resolution
Winkelausschlag *m* angular deflection
Winkelbauweise *f* angular arrangement *(von Schaltanlagen)*
Winkelbeschleunigung *f* angular acceleration
Winkelbeschleunigungsmesser *m* angular accelerometer
Winkelblech *n* gusset
Winkeldispersion *f (Licht)* angular dispersion
Winkeldose *f* angle [conduit] box
Winkel-Fehlanpassungs-Dämpfung *f* angular misalignment loss
Winkelfrequenz *f* angular (radian) frequency, angular velocity, pulsatance
Winkelfunktion *f* angular function
Winkelgenauigkeit *f* angular accuracy
Winkelgeschwindigkeit *f* angular velocity (speed, rate)
Winkelgitterreflektor *m* grid-type [corner] reflector

Winkelgrenzfrequenz *f* angular cut-off frequency
Winkelimpuls *m* angular momentum
Winkelkorrelation *f* angular (angle) correlation
Winkellage *f (Syst)* angular position *(als Signal)*
Winkelmaß *n* 1. angular measure; 2. *(ET)* phase constant *(Leitungstheorie)*
Winkelmast *m* angle tower (structure, support)
Winkelmeßsystem *n* angular position measuring system
Winkelmessung *f* angular measurement, measurement of angle[s]
Winkelmodulation *f* angle modulation
Winkelmoment *n* angular momentum
Winkelmuster *n* chevron *(Bubble-Speicher)*
Winkelöffnung *f* angular aperture
Winkelreflektor *m*, **Winkelreflektorantenne** *f* corner reflector [aerial]
Winkelschritt *m* angular increment
Winkelspiegel *m* corner mirror (reflector), double mirror
Winkelstahlmast *m* angle-iron lattice tower
Winkelstellung *f* angular position, angularity
Winkelstellungsgeber *m* **mit digitalem Ausgang** shaft position digitalizer *(an mechanischer Welle)*
Winkelstück *n* [conduit] elbow *(für Rohrverbindungen)*
Winkelstütze *f* bracket
Winkelthermometer *n* angle thermometer
Winkeltreue *f* angular accuracy (correctness), conformality
Winkelumsetzer *m (Meß)* angle-to-digit converter
Winkelvergrößerung *f* angular magnification
Winkelverschiebung *f*, **Winkelversetzung** *f* angular displacement
Winkelverteilung *f* angular distribution
Winkelvoreilung *f*, **Winkelvorlauf** *m* angular advance
Wippanker *m* rocking armature
Wippe *f* rocker
~/beleuchtete illuminated rocker
Wipp[en]schalter *m* rocker[-dolly] switch, rocker-actuated switch
Wirbel *m* 1. curl *(Vektorfeld)*; 2. eddy, whirl, vortex
Wirbelablösung *f* eddy shedding
Wirbelbett *n* fluidized bed
Wirbelbewegung *f* vortex motion, turbulence
Wirbelbildung *f* formation of eddies, eddying, turbulence
Wirbelfeld *n* curl (rotational, vortex) field, circuital vector field
wirbelfrei irrotational, non-turbulent; free from eddy currents
Wirbelkern *m* vortex core
wirbeln to whirl; to spin
Wirbelpfad *m* vortex path
Wirbelpunkt *m* centre, vortex *(Gleichgewichtspunkt in der Phasenebene)*
Wirbelquelle *f* vortex source
Wirbelsatz *m* vortex (vorticity) theorem
Wirbelschicht *f* fluidized bed
Wirbelschichtverfahren *n* fluid-bed process, fluidized process
Wirbelsintern *n* fluid-bed coating, dip-coating in powder
Wirbelstabilisierung *f* vortex (whirl) stabilization *(z. B. bei Plasmabögen)*
Wirbelstrahl *m* vortical beam
Wirbelstrom *m* eddy (Foucault) current
Wirbelstromaufnehmer *m* eddy-current transducer
Wirbelstrombahn *f* eddy-current circuit
Wirbelstrombremse *f* eddy-current brake
Wirbelstrombremsung *f* eddy-current braking
Wirbelstromdämpfer *m (MA)* copper damper
Wirbelstromdämpfung *f* eddy-current damping, electromagnetic damping
Wirbelstromdickenmeßgerät *n* eddy-current thickness gauge
Wirbelströme *mpl* eddies
Wirbelstromerwärmung *f* eddy-current heating process
Wirbelstromfehler *m* eddy-current error
Wirbelstromkopplung *f* eddy-current coupling
Wirbelstrommeßgerät *n* eddy current gauge
Wirbelstromtachometer *n* eddy-current tachometer, drag-type tachometer
Wirbelströmung *f* turbulent flow
Wirbelstromverluste *mpl* eddy losses
Wirbelstromwärme *f* eddy-current heat
Wirbelung *f* turbulence
Wirbelvektor *m* vortex vector
Wirbelzentrum *n* vortex centre
Wire-wrap-Verbindung *f s.* Wickelverbindung
Wirkbelastung *f s.* Wirklast
Wirkdämpfung *f* effective attenuation; actual loss
wirken to act; to operate
wirkend/in einer Richtung unidirectional [acting]
~/langsam slow-acting
~/schnell fast-acting
~/stetig continuously operating
Wirkenergie *f* active energy
Wirkenergiezähler *m* active-energy meter
Wirkfläche *f* active (effective) area *(Nutzfläche)*
Wirkkomponente *f* active (effective, real, in-phase, watt) component
Wirklast *f* resistive (non-inductive) load *(ohmsche Last)*
Wirkleistung *f* active (effective, real, actual, wattful) power, true power (watts); wattage *(Wattzahl)*
~/aufgenommene active input
Wirkleistungsfrequenzregelung *f (An)* load-frequency control
Wirkleistungsmesser *m* active power meter
Wirkleistungsrelais *n* active power relay
Wirkleistungsverbrauch *m* watt consumption
Wirkleistungsverlust *m* resistive loss

Wirkleitwert *m* [effective] conductance, active admittance
Wirkpegel *m* effective level
Wirkpermeabilität *f* effective permeability
Wirksamkeit *f* effectiveness, efficiency; activity
~ **eines Systems** system effectiveness
Wirkschallfeld *n* active sound field
Wirkschema *n* actual operating diagram
Wirkspannung *f* active voltage
Wirkstrom *m* active (real, in-phase, wattful) current, energy (watt) component of current
Wirk- und Blindleistungsschreiber *m* recording watt- and varmeter
Wirkung *f* action; effect
~ **der Strahlungsleistung** effect of radiant power
~ **des Haltegliedes** *(Syst)* holding action
~/**diskontinuierliche** discontinuous action
~ **eines P-Glieds** *(Syst)* proportional action, P-action
~ **eines Zweipunktglieds** *(Syst)* two-level action
~/**gleichzeitige** simultaneous action
~/**resultierende** combined effect
~/**verzögerte** *(Syst)* time-lag action
Wirkungsbereich *m* range of effectiveness; sphere of action
Wirkungsfaktor *m* efficiency factor *(z. B. bei Stoßanlagen)*
Wirkungsgrad *m* efficiency [factor] • **von hohem** ~ high-efficiency
~ **bei Vollbelastung** full-load efficiency
~ **der Anode** anode efficiency
~ **der Leistungsumwandlung** power conversion efficiency
~ **des Rückwärtswellenoszillators** backward-wave oscillator efficiency
~/**elektrischer** electric efficiency
~/**elektrothermischer** electrothermal efficiency
~/**energetischer** energetic (energy conversion) efficiency
~/**höchster** peak efficiency
~/**idealer** ideal efficiency
~ **in Amperestunden** ampere-hour efficiency
~/**mechanischer** mechanical efficiency
~/**optimaler** optimal efficiency
~/**thermischer** thermal efficiency
Wirkungsgradkurve *f* efficiency plot; utilization curve *(Lichtberechnung)*
Wirkungsgradtabelle *f* utilization table *(Lichtberechnung)*
Wirkungsgradverfahren *n* utilization method *(Lichtberechnung)*
Wirkungsgröße *f* action quantity
Wirkungskurve *f*/**bakterizide** *(Licht)* bactericidal effect curve
Wirkungsquantum *n* [elementary] quantum of action
~/**Plancksches** Planck's constant [of action]
Wirkungsquerschnitt *m* 1. effective cross section; 2. [nuclear] cross section, cross-section target area
~/**partieller** partial cross section
~/**thermischer** thermal cross section
~/**totaler** total (bulk) cross section
Wirkungsweg *m* *(Syst)* actuating (control) path
Wirkungsweise *f* operational (operating) mode, [mode of] action
~/**gestufte** *(Syst)* step-by-step action
~/**kontinuierliche** *(Syst)* permanent action
Wirkverbrauchszähler *m* [kilo]watt-hour meter
Wirkverlust *m* resistive loss
Wirkwiderstand *m* ohmic resistance *(Gleichstromwiderstand)*; active (effective, true) resistance
~/**akustischer** acoustic resistance
~/**mechanischer** mechanical resistance
~/**spezifischer** effective resistivity
~/**spezifischer akustischer** specific acoustic resistance
Wirkwiderstandsbelag *m* effective resistance per unit length
Wirtschaftlichkeit *f* **der Speicherung** storage economy *(Speicherplatzausnutzung)*
Wirtsgitter *n* host lattice
Wirtskristall *m* host crystal
Wirtsrechner *m* host computer
Wischer *m* temporary line fault *(kurzzeitiger Fehler in Leitungen)*
Wischimpuls *m* wipe pulse
Wischkontakt *m* wiping (wipe, momentary) contact
Wischrelais *n* flick contactor, impulse relay
Wismutkatode *f* bismuth cathode
Wismutlot *n* bismuth solder
Wismutspirale *f* bismuth spiral
Wissensbankcomputer *m* knowledge-base computer
Witterungsbedingungen *fpl* atmospheric conditions
witterungsbeständig weather-resistant, weatherproof
Witterungsbeständigkeit *f* resistance to atmospheric conditions, weather[ing] resistance
Witterungseinfluß *m* atmospheric influence
Wobbelbereich *m*, **Wobbelbreite** *f* sweep (wobbling) range, sweep width
Wobbelfrequenz *f* sweep (wobbling, warble) frequency
Wobbelgenerator *m* sweep generator (oscillator), wobbulator, wobbler
Wobbelhub *m* sweep range
Wobbelmeßplatz *m* sweep-level measuring set
wobbeln to sweep, to wobble, to warble
Wobbeln *n* sweeping, wobbling
Wobbeloszillator *m s.* Wobbelgenerator
Wobbelschaltung *f* wobble circuit
Wobbelsender *m* wobbulator, wobbler, sweep signal generator
Wobbelton *m* warble tone

Wobbeltonoszillator *m* warble tone generator
Wobbelverfahren *n* sweep frequency method
Wobbelzusatz *m* sweep attachment
Wobbler *m s.* Wobbelgenerator
Wochenschalter *m (An)* one-week switch
Wochenscheibe *f* week (seven-day) dial
Wohlauer-Verfahren *n (Licht)* Wohlauer['s] method
Wohnungsinstallation *f* domestic installation
Wölbungsmesser *m* spherometer
Wolfram *n*/**thoriertes** thoriated tungsten
Wolframabscheidung *f* tungsten deposition
Wolframanode *f* tungsten anode
Wolframbandlampe *f* tungsten ribbon lamp
Wolframbogenlampe *f* tungsten arc lamp
Wolframdrahtlampe *f* tungsten filament lamp
Wolframeinkristall *m* single crystal of tungsten
Wolframeinschmelzglas *n* glass for sealing in tungsten
Wolframelektrode *f* tungsten electrode
Wolframemitter *m*/**thorierter** thoriated tungsten emitter
Wolframfaden *m* tungsten filament
Wolframfadenlampe *f* tungsten filament lamp
Wolfram-Glas-Einschmelzung *f* glass-to-tungsten seal
Wolframgleichrichter *m* tungsten rectifier
Wolfram-Halogen-Kreislauf *m (Licht)* tungsten-halogen cycle, regenerative tungsten cycle
Wolframhalogenlampe *f* tungsten halogen lamp
Wolframheizfaden *m* tungsten filament
Wolframkatode *f*/**thorierte** thoriated tungsten cathode
Wolframkontakt *m* tungsten contact
Wolframpulvermetallurgie *f* tungsten powder metallurgy
Wolfram-Rhenium-Draht *m* tungsten-rhenium wire
Wolframscheibe *f* tungsten disk
Wolframsinterung *f* sintering (hot-pressing) of tungsten
Wolframstabkatode *f* tungsten-rod cathode
Wolframtransport *m* tungsten transport
Wolframverfestigung *f* strengthening of tungsten
Wolframwendel *f* tungsten filament
Wolke-Erde-Blitzentladung *f* cloud-to-ground lightning flash
Wolkenelektrizität *f* cloud (atmospheric) electricity
Wolkenentladung *f* cloud [lightning] discharge, intracloud discharge
Wolkenhöhenmesser *m*/**photoelektrischer** ceilometer
Wolkenscheinwerfer *m* cloud searchlight
Wollaston-Prisma *n* Wollaston prism
Wort *n (Dat)* word *(Folge von Zeichen)*
~/ganzes full word
Wortabfrage *f s.* Wortauswahl
Wortadresse *f (Dat)* word address
Wortauswahl *f (Dat)* word selection
Wortauswahltechnik *f (Dat)* word selection technique
Wortdarstellung *f (Dat)* word representation
Worte *npl*/**je Minute** words per minute, WPM *(Maß für die Telegrafiergeschwindigkeit)*
Wörterblock *m (Dat)* block *(Einheit einer zusammenhängenden Informationsmenge)*
Worterkennungsschaltung *f (Dat)* word recognizer
Wortgeber *m*, **Wortgenerator** *m (Dat)* word generator
Wortlänge *f (Dat)* word length
~/feste fixed word length
~/variable variable word length
Wortlaufzeit *f (Dat)* word time
wortorganisiert *(Dat)* byte-organized
Wortstruktur *f (Dat)* word structure
Wortübertragungszeit *f* word time
Wortverständlichkeit *f (Nrt)* discrete word intelligibility, intelligibility of words, word articulation
Wortverstümmelung *f (Nrt)* clipping
Wortwahl *f (Dat)* word selection
Wortwahlspeicher *m (Dat)* word-select store
Wortzähler *m* word counter
Wortzählung *f* word counting
Wortzeit *f (Dat)* word time
Wrapverbindung *s.* Wickelverbindung
Wright-Zähler *m* Wright meter, reason meter *(elektrolytischer Zähler)*
WT *s.* Wechselstromtelegrafie
wuchten to balance *(s. a.* auswuchten*)*
Wuchtmaschine *f* balancing machine
Wulf-Elektrometer *n* Wulf (bifilar) electrometer
Würfelantenne *f* cubical aerial
Würgelötstelle *f* soldered twisted joint, twisted soldered joint
Würgemontage *f* twist tab mounting
Wurzelexponent *m* index (order) of a root
Wurzelortskurve *f* root locus
Wurzelortskurvenmethode *f* root-locus method

X

X-Ablenkplatten *fpl* X-plates, horizontal plates *(Katodenstrahlröhre)*
X-Ablenkung *f* horizontal deflection, X [axis] deflection *(Katodenstrahlröhre)*
x-Achse *f* X axis
x-Achsenverstärker *m* X axis amplifier
X-Band *n* X-band *(Radar)*
X-Band-Frequenz *f* X-band frequency
X-Einheit *f* X-unit *(Längeneinheit in der Röntgenspektroskopie; 1 XE =* 10^{-13} *m)*
Xenonblitzröhre *f* xenon flash tube
Xenonbogenlampe *f* xenon arc lamp
Xenonentladungslampe *f* xenon discharge lamp
Xenonhochdrucklampe *f* xenon high-pressure lamp

Xenonimpulslampe *f* pulsed xenon lamp
Xenonkurzbogenlampe *f* short-arc xenon lamp, xenon compact-arc lamp
Xenonlicht *n* xenon light
Xenonlichtbogen *m* xenon arc
Xerographie *f* xerography
X-Glied *n* lattice section *(Kreuzglied)*
X-Kern *n* X core, cross core
X-Loch *n*, **X-Lochung** *f (Dat)* X punch, eleven punch
X-Matrix-Leiterzug *m* X-matrix conductor *(geradliniger Leiterzug zwischen durchkontaktierten Bohrungen)*
X-Schaltung *f***/äquivalente** equivalent lattice network
X-Spannungsteiler *m* X potentiometer
X-Verschiebung *f* X shift
X-Verstärker *m* X-amplifier, horizontal amplifier
X-Welle *f* X-wave
XY-Aufnahmeverfahren *n* X-Y technique *(Stereophonie)*
XY-Ausgabe *f* X-Y display
XY-Darstellung *f* X-Y presentation
XY-Drucker *m* X-Y plotter
XY-Registriergerät *n* X-Y recorder
XY-Schalter *m* X-Y switch
XY-Schreiber *m* X-Y plotter, graph (two-axis) plotter, XY-recorder
XY-Wähler *m* X-Y selector

Y

Y-Ablenkplatten *fpl* Y-plates, vertical plates *(Katodenstrahlröhre)*
Y-Ablenkung *f* vertical deflection, Y [axis] deflection *(Katodenstrahlröhre)*
y-Achse *f* Y axis
y-Achsverstärker *m* Y axis amplifier
YAG yttrium aluminium garnet *(Lasermaterial)*
Yagi-Antenne *f* Yagi[-Uda] aerial
YAG-Laser *m* YAG laser, yttrium-aluminium-garnet laser
Y-Draht *m* vertical wire *(z. B. einer Kernmatrix)*
Y-Endstufe *f* vertical final stage
YIG yttrium iron garnet *(Lasermaterial)*
Y-Kanal *m* Y channel *(Oszilloskop)*
Y-Koppler *m* optical coupler
Y-Kopplung *f* wye junction
Y-Lage-Regelung *f (Fs)* vertical centring control
Y-Loch *n (Dat)* Y punch, overpunch *(Zwölferloch)*
Y-Matrix *f* Y-matrix, admittance matrix
Y-Matrix-Leiterzug *m* Y-matrix conductor *(in Y-Richtung zwischen den Bohrungen verlaufender Leiterzug)*
Y-Schaltung *f* Y-connection
Y-Spannungsteiler *m* Y potentiometer
Yttrium-Aluminium-Granat *m* yttrium aluminium garnet *(Lasermaterial)*
Yttrium-Eisen-Granat *m* yttrium iron garnet *(Lasermaterial)*
Yttriumferrit *m* yttrium ferrite
Y-Verschiebung *f* Y shift
Y-Verstärker *m* Y-amplifier, vertical, amplifier
Y-Verzweigung *f* Y-branch, wye-branch
Y-Vierpolparameter *m* Y-parameter, admittance parameter
Y-zu-M-Konverter *m* Y-to-M converter

Z

Z-Abschluß *m* match termination
Z-Achse *f* Z axis
Z-Achsverstärker *m* Z axis amplifier
Zacke *f* 1. blip, pip *(Impuls)*, spike; peak *(Diagramm)*; 2. serration *(Verzahnung)*
Zackenschrift *f* variable-area track *(Tonspur)*
Zähigkeit *f* 1. toughness, tenacity *(von Werkstoffen)*; 2. viscosity
~**/dynamische** absolute viscosity
~**/magnetische** magnetic viscosity
Zähigkeitsprüfung *f* tenacity test
Zahl *f* number; figure
~**/Abbesche** Abbe number (value)
~**/achtstellige** eight-digit number
~**/binäre** binary number
~**/biquinäre** biquinary number
~ **der Anrufe** *(Nrt)* number of calls
~ **der gleichzeitigen Anrufe** *(Nrt)* number of simultaneous calls
~ **der Schaltspiele** number of operations
~**/duale** binary number
~**/Faradaysche** Faraday constant
~**/ganze** integer [number]
~**/gerade** even number
~**/komplexe** complex number
~**/konjugiert-komplexe** conjugate-complex number
~ **mit doppelter Wortlänge** double-length number, double-precision number
~**/ungerade** odd number
~**/vorgewählte** preset number
~**/zweiziffrige** two-digit number
Zählader *f (Nrt)* meter wire, M-wire; marked wire *(bei Kabeln)*
Zählbereich *m (Dat)* capacity *(maximale Stellenzahl)*; count range
Zählbetragdrucker *m (Dat)* result printer
Zählbetragumsetzer *m (Dat)* result converter
Zähldekade *f* counting decade
Zähleingang *m* counting input
Zähleinrichtung *f (Dat)* counter, counting device
~ **am Kartenmischer** collator counting device
Zähleinsatz *m* start of charging *(Gebührenzählung)*
zählen to count
Zahlenbereich *m (Dat)* capacity

~/binärer *(Dat)* binary number range
Zahlendarstellung *f* number representation (notation)
Zahlenebene *f*/**Gaußsche (komplexe)** Gaussian (complex) plane, plane of complex numbers
Zahleneingabe *f* numerical entry (input)
Zahleneinstellschalter *m* thumb-wheel switch
Zahlenfaktor *m* numerical factor
Zahlenfolge *f* sequence of numbers
Zahlengeber *m (Nrt)* impulse machine, [key] sender
Zahlengeberplatz *m* key sender position
Zahlengeberrelais *n* impulse relay
Zahlengebertaste *f* sender key
Zahlengruppe *f (Dat)* [computer] word
Zahlenkomplement *n* complement
Zahlenschreibweise *f* number notation
Zahlensymbol *n (Dat)* numeral
Zahlensystem *n* number system
~/binäres (duales) binary number system
~/hexadezimales hexadecimal number system
~ mit der Basis acht octal number system
Zahlenwert *m* numerical value *(einer physikalischen Größe)*
~ einer Meßgröße number of measure
Zahlenwertanzeige *f* digital display
Zähler *m* 1. counter, counting unit; totalizer; 2. [electric] meter; *(Meß)* integrating meter (instrument), recorder; 3. *(El)* scaler *(Impulszählung)*
~/binärer binary counter
~/dekadischer decade counter
~/druckender *(Dat)* scaler-printer
~/elektrischer electric[-supply] meter
~/elektrodynamischer Thomson meter
~/elektronischer electronic counter
~ für die Besetzt- und Verlustfälle *(Nrt)* overflow register, congestion meter
~ für Durchdreher *(Nrt)* all-trunks-busy register
~ für Ereignisse event counter
~ für fünf Dezimalstellen five-decimal digit counter
~ für Listenelement *(Dat)* reference counter
~ für niedrige Drehzahlen low-speed counter
~ in zwei Richtungen arbeitender *s.* ~/umkehrbarer
~/langsamer low-speed counter
~ mit Festkörperbauelementen solid-state counter
~ mit Handrückstellung hand-reset counter
~ mit Maximumzeiger [meter with] maximum-demand indicator
~ mit Vorwahleinrichtung predetermining counter *(Digitalmeßtechnik)*
~/photoelektrischer photoelectric counter
~/rückstellbarer resettable counter
~/schneller high-speed counter
~/selbstlöschender self-quenching counter, self-quenched counter
~/summierender totalizing counter
~/umkehrbarer bidirectional (reversible) counter
~/voreingestellter preset counter
~/zugeordneter associated counter
~ zum Subtrahieren *(Dat)* subtract counter
Zählerablesung *f* meter reading
Zähleranzeige *f* count
Zähleranzeigegerät *n* counter presentation unit
Zählerausgabe *f* counter output (exit)
Zählerausgabeerfassung *f* counter output reading
Zählerbaustein *m* counting module *(für Digitalmeßgeräte)*
Zählerbelastung *f*/**maximale** maximum load (rating) of a meter
~/minimale minimum load (rating) of a meter
Zählereingang *m* counting input
Zählereinstellvorrichtung *f* meter-adjusting device
Zählerfrequenzmesser *m* counter frequency meter
Zählergebühr *f* meter charge
Zählergehäuse *n* meter case
Zählergestell *n (Nrt)* meter rack
Zählergrundplatte *f* meter base
Zählerkapazität *f* counter capacity
Zählerkappe *f* meter cover
Zählerkonstante *f* meter constant, constant of a meter
Zählerkontrollampe *f (Nrt)* meter pilot lamp
Zählerleerlauf *m* meter creeping, creep
Zählermeßbereich *m* meter range (capacity)
Zählerregister *n* count register
Zählerrelais *n* metering relay
Zählerrückstellung *f* counter reset[ting]
Zählerschaltuhr *f* meter change-over clock, time switch
Zählerschaltung *f* counter (counting) circuit
Zählerschrank *m* meter cupboard
Zählerstand *m* count; meter reading • **den ~ ablesen** to read the meter
Zählerstufe *f* counter stage
Zählertafel *f* meter board (panel)
Zählertaste *f (Nrt)* meter key
Zählerüberlauf *m* counter overflow
Zählerüberwachung *f* metering control
Zählerüberwachungslampe *f (Nrt)* meter pilot lamp
Zählerumschaltwerk *n (Meß)* discriminator
Zählervoreinstellung *f* counter preset
Zählerzeitgeber *m* counter timer
Zählerzeitgeberschaltkreis *m* counter timer circuit, CTC
Zählfaktor *m (El)* scaling factor
Zählfolge *f* counting sequence
Zählfrequenz *f* counting frequency (rate)
Zählgenauigkeit *f* accuracy of count[ing]
Zählgerät *n* counting instrument (unit), counter
Zählgeschwindigkeit *f* counting speed, count[ing] rate

Zählgeschwindigkeitsmesser *m* counting rate meter
Zählimpuls *m* count[ing] pulse; meter (metering) pulse; integrating pulse
Zählimpulse *mpl* counts
~ **je Kanal** counts per channel
~ **je Sekunde** counts per second
Zählimpulsgeber *m* meter pulse sender
Zählkapazität *f* count[ing] capacity
Zählkette *f* counting chain
~**/geschlossene** closed counting chain
Zahlknopf *m (Nrt)* pay button
Zählkode *m* counting code
~**/binär-dezimaler** binary-decimal counting code
Zählkreis *m* counting (counter) circuit
Zählmagnet *m* magnetic counter
Zählmechanismus *m* counting mechanism
Zähloperation *f* counting operation
Zählperiode *f* count[ing] period
Zählpfeil *m* reference arrow
Zählrate *f* count[ing] rate
Zählratemesser *m* counting rate meter
Zählregister *n* count register
Zählrelais *n* counting (metering) relay
Zählrichtung *f* counting direction, direction of counting
Zählrohr *n* [radiation] counter, counting tube *(Kernstrahlung)*
Zählröhre *f* counting tube, [decade] counter tube
~ **mit kalter Katode** cold-cathode counting tube, dekatron
~**/selbstlöschende** self-quenched counter tube
Zählröhrenanzeige *f* count[ing] tube read-out
Zählrohrfenster *n* counter window
Zählrolle *f* number wheel
Zählschalter *m* count switch
Zählschaltung *f* 1. counting (counter) circuit; 2. *(El)* scaling circuit
~**/integrierende** integrating counting circuit
Zählstellung *f* counting position
Zählstörung *f (Nrt)* metering failure (fault)
Zählstoß *m* count *(Impuls)*
Zählstufe *f* counting stage
~**/binäre** binary counting stage
~**/dekadische** decade counting stage
Zählsystem *n* counting system
Zähltechnik *f* counting technique
Zahlton *m (Nrt)* pay tone
Zähl- und Druckwerk *n (Dat)* scaler-printer
Zählung *f* count, counting; *(Nrt)* metering; registering
~ **durch periodische Impulse** periodic pulse metering
~ **durch Stichproben** *(Dat)* call count
~ **durch Stromumkehr** *(Nrt)* reverse battery metering
~ **von Vorgängen** *f* event counting
Zählunterdrückung *f (Nrt)* non-metering, non-registering
Zählverhinderungsrelais *n (Nrt)* non-metering relay
Zählverlust *m* counting loss
Zählvorgang *m* counting operation; counting cycle
Zählvorrichtung *f* counting mechanism
Zählwerk *n* count[ing] mechanism, counter; totalizer; meter
~ **eines Zählers** counting mechanism of a meter
~**/mechanisches** mechanical counter (register)
Zählwort *n* counter word
Zahlzeichen *n* character
Zählzeit *f* count[ing] time, counting-operation time
Zählzyklus *m* counting cycle
Zahn *m* **[im Blechpaket]** core tooth
Zahnanker *m* toothed-ring armature
Zahnfrequenz *f* tooth [pulsation] frequency
Zahninduktion *f* tooth induction
Zahnradanode *f* gear-shaped anode
Zahnradantrieb *m* gear drive
Zahnradbahn *f* rack railroad (railway)
Zahnradgetriebe *n* toothed [wheel] gearing
Zahnscheibe *f* toothed disk
Zahnschiene *f* rack rail
Zahnstangenantrieb *m* rack-and-pinion drive
Zange *f* pince, hand *(Roboter)*
Zangenamperemeter *n* clamp ammeter
Zangeninstrument *n* prong-type [measuring] instrument
Zangenstrommesser *m* clip-on ammeter
Zangenstromwandler *m* clip-on current transformer
Zangenverbinder *m* double brace *(Leitung)*
Zangenwandler *m* split-wire type transformer, split-core type transformer
Z-Ankerrelais *n* Z-armature relay
Zapfen *m* pivot *(z. B. bei Lagern in Meßinstrumenten)*; stud
Zapfenaufhängung *f* pivot suspension
Zapfenlager *n* pivot bearing, pillow
Zapfentemperatur *f* stud temperature *(Lagertemperatur)*
Zaponlack *m* zapon cellulose lacquer
Zaum *m***/Pronyscher** Prony brake, brake dynamometer
Zaun *m***/elektrischer** electric fence
ZB *s.* Zentralbatterie
Z-Bake *f (FO)* zero marker, Z-marker beacon
ZB-Apparat *m s.* Fernsprechapparat mit Zentralbatterie
Z-Diode *f* Z-diode, voltage-regulator diode, reference (Zener) diode
Z-Dioden-Regler *m* Zener diode regulator
Z-Dioden-Stabilisierung *f* Z-diode stabilization
Zeeman-Aufspaltung *f* Zeeman splitting
Zeemann-Effekt *m* Zeeman effect *(Aufspaltung der Spektrallinien unter Einfluß eines Magnetfeldes)*
~**/umgekehrter** inverse Zeeman effect
Zeeman-Energieniveau *n* Zeeman energy level

Zeeman-Komponente *f* Zeeman component
Zeeman-Triplett *n* Zeeman triplet
Zeeman-Übergang *m* Zeeman transition
Zeeman-Verschiebung *f* Zeeman displacement (shift)
Zehnerkomplement *n (Dat)* tens complement
Zehnerkomplementform *f (Dat)* tens complement form
Zehnerlogarithmus *m* common logarithm
Zehnerstufe *f (Nrt)* tens digit
Zehnersystem *n* decimal (decade) system
Zehnerteilschaltung *f* scale-of-ten circuit
Zehnerübertrag *m (Dat)* tens (decimal) carry
Zehnerübertragung *f (Dat)* tens transfer
Zehneruntersetzer *m*/**einfacher** single-decade counting unit
zehnstellig *(Dat)* ten-digit
Zehntausendersystem *n (Nrt)* four-figure system
Zeichen *n* sign; mark; signal; symbol; *(Dat)* character; label
~/**alphabetisches** alphabetical character
~/**alphanumerisches** alphanumerical character
~/**bis zur Quittung wiederholt gesendetes** *(Nrt)* repeated-until-acknowledged signal
~/**digitales** digital signal
~/**durch Funkstörung verdecktes** clouded (swamped) signal
~/**elektrisches** electric signal
~/**falsches** false signal
~/**logisches** logical symbol
~/**nichtnumerisches** non-numerical character
~ **ohne Schreibschritt** non-spacing character
~/**sichtbares** visible signal
~/**verstümmeltes** mutilated character
~/**zulässiges** admissible character
~/**zusammengesetztes** compound signal
Zeichen *npl*/**aufeinanderfolgende** consecutive symbols
~ **je Sekunde** characters per second
~ **je Zeile** characters per line
Zeichenabstand *m (Nrt)* spacing interval; *(Dat)* character spacing
Zeichenabtastung *f (Dat)* mark sensing
~/**elektronische** electronic character sensing
~/**optische** mark scanning
Zeichenanalysator *m* pattern analyzer *(Mustererkennung)*
Zeichenanpassung *f* character alignment
Zeichenanzeiger *m* signal indicator
Zeichenanzeigeröhre *f* symbol display tube
Zeichenausgang *m* sign output
Zeichenbreite *f* character width
Zeichendehnung *f* character expansion
Zeichendichte *f (Dat)* packing density *(Informationsdichte)*; character density *(Anzahl der Zeichen je Längeneinheit)*
Zeichendrucker *m* character (symbol) printer
Zeichenelement *n (Nrt)* signal element (component), code element; *(Dat)* character element
Zeichenempfänger *m (Nrt)* signal receiver
Zeichenentfernung *f* signal distance
Zeichenentschlüsselung *f (Dat)* decryption
Zeichenerkennung *f (Dat)* character recognition; pattern recognition (detection) *(Mustererkennung)*; *(Nrt)* signal recognition
~/**optische** optical character recognition
Zeichenerkennungsgerät *n* pattern recognizer
Zeichenerkennungslogik *f (Dat)* character recognition logic; pattern recognition logic
Zeichenerzeugung *f* character generation
Zeichenfehlerquote *f (Nrt)* character error rate
Zeichenfolge *f (Dat)* character sequence (series); *(Nrt)* signal train
Zeichenfrequenz *f (Nrt)* signal frequency
Zeichengabe *f (Nrt)* signalling
~/**abschnittsweise** link-by-link signalling
~/**assoziierte** associated signalling
~ **außerhalb der Zeitlagen** out-slot signalling
~ **außerhalb des Sprachbandes** outband signalling
~/**blockweise** en bloc signalling
~/**erzwungene** compelled signalling
~ **innerhalb der Zeitlagen** in-slot signalling
~ **innerhalb des Sprachbandes** in-band signalling
~/**leitungsgebundene** line signalling
~/**nichtassoziierte** non-associated signalling
~/**quasiassoziierte** quasi-associated signalling
~ **über gemeinsamen Signalkanal** common-channel signalling
~/**unsymmetrische** unbalanced signalling
~ **zwischen Ämtern** inter-exchange signalling
~ **zwischen Registern** interregister signalling
~ **zwischen Teilnehmer und Netz** user-to-network signalling
Zeichengabeeinheit *f* signal unit
Zeichengabeplan *m* signalling plan
Zeichengaberechner *m* signalling processor
Zeichengabestufe *f* marking stage *(Telegrafie)*
Zeichengabesystem *n* signalling system
Zeichengabetransferstelle *f* signalling transfer point
Zeichengeber *m (Dat, Nrt)* character generator
~/**akustischer** sounder
Zeichengebung *f* marking *(Telegrafie)*
Zeichengenerator *m* character generator
Zeichengeschwindigkeit *f* plotting speed
Zeichengraphik *f* character graphics
Zeichengrenze *f* character boundary
Zeichengröße *f* character size
Zeichenhervorhebung *f* character highlighting
Zeichenintegration *f* signal integration *(im Speicher)*
Zeichenkanal *m*/**zentraler** common signalling channel
Zeichenkette *f* [character] string
Zeichenkode *m* character code
Zeichenkomponente *f* signal component

Zeichenkontakt *m* marking contact *(Telegrafie)*
Zeichenkontrollgerät *n (Nrt)* signal comparator
Zeichenkorrektur *f* correction *(Telegrafie)*
~ **am Empfänger** local correction
Zeichenleser *m (Dat)* character (mark) reader
~ **für Kaufhallen** supermarket scanner
Zeichenlochung *f (Dat)* mark-sensed punching
Zeichenmaschine *f*/**numerische (numerisch gesteuerte)** numerically controlled plotter
~/**rechnergesteuerte** computerized drafting machine
Zeichenmenge *f (Dat)* character set
Zeichennachahmung *f (Nrt)* signal imitation
Zeichennachbildung *f (Nrt)* signal simulation
Zeichennormierung *f* sign standardization
Zeichenparität *f* character parity
Zeichenpegel *m* signal level
Zeichenrahmen *m* character frame
Zeichenreihung *f* character string
Zeichensatz *m (Nrt)* character set
~/**dynamisch frei definierbarer** dynamically redefinable character set
~/**fernladbarer** dynamically redefinable character set
Zeichenschreibröhre *f* character-writing tube, character storage (display) tube
Zeichenschritt *m* code pulse, signal element
Zeichenschrittfrequenz *f* mark frequency *(Telegrafie)*
Zeichenspielraum *m* signal margin
Zeichenstärke *f* signal intensity (strength)
Zeichenstrom *m* marking current *(Telegrafie)*
Zeichenstromausfall *m* fade
Zeichentafel *f (Dat)* graphics tablet
Zeichentisch *m* plotting board (table), graphics tablet
Zeichentopologie *f (Dat)* character topology
Zeichenübertragung *f (Dat)* character transfer; *(Nrt)* signal transmission
Zeichenübertragungsrate *f (Dat)* character transfer rate
Zeichenübertragungssystem *n (Nrt)* signal transmission system
Zeichenumkehrung *f* mark inversion *(Telegrafie)*
Zeichenumkodierung *f* character code translation
Zeichenumsetzungsverzögerung *f (Nrt)* signal-tranfer delay
Zeichenunterbrechung *f (Nrt)* split
Zeichenverarbeitung *f* pattern processing *(von Flächenmustern)*
Zeichenverzerrung *f (Nrt)* signal (telegraph) distortion
Zeichenvorrat *m* character fond (set, repertoire)
Zeichenwechsel *m (Nrt)* inversion
Zeichenwelle *f* signal wave, marking wave *(Telegrafie)*
Zeichenwiedergabe *f* signal reproduction
Zeichenwiederholung *f (Dat)* character repetition
Zeichenwiederholungsfrequenz *f* pattern repetition frequency
zeichnen 1. to draw; to plot; to trace; 2. to mark
Zeichnen *n* /**rechnergestütztes** computer-aided design and drawing
zeichnerisch graphic[al]
Zeichnung *f* drawing; plan; plot
~/**maschinell hergestellte** mechanical drawing
~/**verbindliche** certified drawing
Zeichnungsausschnitt *m* window
Zeichnungsdatei *f* plot file
Zeichnungsherstellung *f*/**automatische** automatic drawing
Zeichnungslesemaschine *f* line tracer
Zeiger *m* 1. indicator; [meter] pointer, needle *(Meßgerät)*; cursor; 2. phasor *(Zeigerdiagramm)*
~/**feststehender** marking pointer
~/**geknickter** bent pointer
~/**umlaufender** rotating vector
~/**verstrebter** truss pointer
Zeigerablesung *f* indicator (pointer) reading
Zeigeranschlag *m* stop
Zeigerauslenkung *f s.* Zeigerausschlag
Zeigerausschlag *m* pointer (needle) deflection, needle throw; pointer excursion
~/**voller** full-scale deflection
Zeigerdämpfung *f* pointer damping
Zeigerdarstellung *f* vector representation
Zeigerdiagramm *n* vector diagram; phasor diagram
Zeigerdifferenz *f* phasor difference
Zeigerende *n* tail end of pointer
Zeigerfrequenzmesser *m* pointer (direct-reading) frequency meter
Zeigerfunktion *f* phasor function
Zeigergalvanometer *n* pointer-type galvanometer
Zeigerinstrument *n* pointer (indicating) instrument
Zeigermeßgerät *n* pointer-type meter, pointer instrument
Zeigerprodukt *n* phasor product
Zeigerschreibweise *f* vector notation
Zeigerspitze *f* pointer tip
Zeigerstellung *f* pointer position
Zeigersumme *f* phasor sum
Zeigervariable *f* locator variable
Zeile *f* line; row *(Matrix)*
~/**aktuelle** current line
Zeilenablenkfrequenz *f (Fs)* line (horizontal) frequency
Zeilenablenkgerät *n (Fs)* [horizontal] sweep unit
Zeilenablenkoszillator *m (Fs)* horizontal sweep oscillator
Zeilenablenkschaltung *f (Fs)* horizontal sweep circuit
Zeilenablenkspule *f (Fs)* horizontal sweep (scanning) coil
Zeilenablenksystem *n (Fs)* horizontal deflection system

Zeilenablenkung *f (Fs)* line (horizontal) sweep, horizontal deflection
Zeilenabstand *m* line[-to-line] spacing, scanning separation
Zeilenabtastung *f (Fs)* line scanning
Zeilenamplitude *f* line amplitude
Zeilenausreißen *n (Fs)* tearing
Zeilenaustastimpuls *m (Fs)* line blanking pulse
Zeilenaustastlücke *f (Fs)* line blanking interval
Zeilenaustastpegel *m (Fs)* line blanking level
Zeilenbreite *f (Fs)* line width
Zeilenbreitenregelung *f (Fs)* horizontal size control
Zeilenbreitenregler *m (Fs)* line amplitude control
Zeilendiode *f (Fs)* damping diode
Zeilendrucker *m* line printer
Zeilenfolgeabtastung *f* sequential scanning
Zeilenfrequenz *f (Fs)* line[-scanning] frequency, horizontal scanning frequency
Zeilenfrequenzteiler *m (Fs)* line divider
Zeilengleichlaufimpuls *m (Fs)* line (horizontal) synchronizing pulse
Zeilenkipp *m (Fs)* line sweep
Zeilenkippgenerator *m (Fs)* horizontal time-base generator, horizontal sweep oscillator, line frequency generator
Zeilenkippgerät *n s.* Zeilenkippgenerator
Zeilenkippschaltung *f* line sweep circuit
Zeilenlänge *f* line length
Zeilenoffset *m (Fs)* line offset *(Versatz)*
Zeilenpaarung *f (Fs)* pairing, twinning
Zeilenregister *n (Dat)* line register
Zeilenrücklauf *m (Fs)* horizontal flyback (retrace), line flyback
Zeilenrückschlagspannung *f (Fs)* [line] flyback voltage
Zeilenrückschritt *m (Nrt)* reverse line feed
Zeilenschaltung *f*/**fünffache** *(Dat)* five-fold line spacing
Zeilenschlupf *m (Fs)* line slip
Zeilenschreiber *m* line tracer
Zeilenschwungradschaltung *f (Fs)* line flywheel circuit
Zeilensichtbarkeit *f (Fs)* line visibility
Zeilensprung *m* line jump; *(Fs)* interlaced scanning
Zeilensprungabtastung *f (Fs)* interlaced scanning
Zeilensprungverfahren *n (Fs)* interlaced scanning
Zeilenstellungsregister *n (Dat)* line position register
Zeilensynchronisation *f (Fs)* line (horizontal) synchronization
Zeilensynchronisiergenerator *m (Fs)* horizontal sychronizing generator
Zeilensynchronisierimpuls *m (Fs)* line (horizontal) synchronizating pulse
Zeilentor *n* line gate
Zeilentransformator *m (Fs)* line transformer
Zeilenüberdeckung *f (Fs)* overlapping of lines
Zeilenunterdrückung *f (Fs)* line suppression
Zeilenvektor *m* row vector
Zeilenvorschub *m (Dat, Nrt)* line feed
Zeilenvorschubkode *m* line feed code
Zeilenwähler *m (Fs)* line selector
Zeilenwechselfrequenz *f (Fs)* line frequency
Zeilenzahl *f (Fs)* number of [scanning] lines
Zeilenzähler *m (Dat, Nrt)* line counter
Zeit *f* **bis zum Ausfall/mittlere** mean time to failure, MTTF
~ **bis zum Durchschlag** *(Hsp)* time to breakdown
~ **bis zum ersten Ausfall/mittlere** mean time to first failure, MTTFF
~ **bis zur Inbetriebnahme** run-up time *(einer Apparatur)*
~ **bis zur Reparatur/mittlere** mean time to repair
~ **der Leitungsbelegung** *(Nrt)* occupancy
~ **der Mittelwertbildung** averaging time
~ **des Selbstausgleichs** *(Syst)* self-regulating time
~ **geringer Belastung** light-load period
~/**mittlere freie** mean free time
~ **starker Belastung** heavy-load period
~/**verkehrsreiche** *(Nrt)* busy hours
~/**verkehrsschwache** *(Nrt)* slack (light) hours, slack period
~ **zur Fehlerbeseitigung** fault correction time
~ **zur Fehlerlokalisierung** fault location time
~ **zwischen Ausfällen/mittlere** mean time between failures
~ **zwischen unentdeckten Fehlern/mittlere** mean time between undetected failures, MTBUF
~ **zwischen Wartungen/mittlere** mean time between maintenance
95%-Zeit *f (Syst)* setting time, response time to within 5% *(Kenngröße zur Beurteilung von Übergangsfunktionen)*
zeitabhängig time-dependent
Zeitabhängigkeit *f* time dependence
Zeitablauf *m* lapse [of time]
Zeitablaufanzeigegerät *n* elapsed time indicator
Zeitablenkeinheit *f* sweep unit
Zeitablenkfrequenz *f* sweep frequency
Zeitablenkgenerator *m* sweep generator (oscillator), time-base generator
Zeitablenkgerät *n* time-base device *(Oszillograph)*
Zeitablenkgeschwindigkeit *f* sweep rate (speed) *(Oszillograph)*
Zeitablenkschaltung *f* time-base circuit, sweep circuit
Zeitablenkspannung *f* sweep voltage
Zeitablenkung *f* sweep *(Oszillograph)*; time-base deflection
~/**einmalige** single-shot sweep
~/**lineare** *(Fs)* linear sweep
Zeitablenkungsbereich *m* sweep (time-base) range
Zeitablenkungsschaltung *f* sweep (time-base) circuit

Zeitablenkverzögerung *f* sweep delay[ing], delayed sweep
Zeitabschnitt *m* **konstanten Stroms** *(ME)* constant-current phase
Zeitabstand *m* time interval (spacing)
~/**diskreter** discrete time interval
Zeitabstufung *f* graded time setting
Zeitachse *f* time axis
Zeitamplitudenwandler *m* time-amplitude converter
Zeitanalysator *m* time analyzer
Zeitansage *f*/**telefonische** speaking clock [announcement]
Zeitansagedienst *m*/**telefonischer** post-office speaking clock service
Zeitanzeiger *m* time marker
Zeitauflösung *f* time resolution
Zeitaufteilung *f (Syst)* time-multiplex basis *(zur Übertragung mehrerer Signale auf einem Kanal)*
Zeitausfallrate *f* down-time rate
Zeitauslösung *f* time release
Zeitbasis *f* time base
~/**kreisförmige** circular time base *(Katodenstrahlröhre)*
~/**nichtlineare** non-linear time base
Zeitbasisdehnung *f* time-base extension
Zeitbegrenzung *f* time limit; *(Nrt)* time-out
Zeitbegrenzungsrelais *n* time-limit relay
~/**reziprok abhängiges** inverse time-limit relay
Zeitbelastungsfestigkeit *f* time load withstand strength
Zeitbereich *m* time range; time domain *(Laplace-Transformation)*
Zeitbereichfilterung *f* signal averaging
Zeitbereichreflektometrie *f* time domain reflectometry
Zeitdauer *f* [time] period, duration
Zeitdehner *m* sweep magnifier
Zeitdehnung *f* sweep magnification; time dilatation
Zeitdiagramm *n* time chart, timing chart (diagram)
zeitdiskret discrete-time
Zeitdrucker *m* time printer
Zeiteinheit *f* unit [of] time
Zeiteinstellung *f* timing, time adjustment
Zeitelement *n* timing element, [constant-]time element
Zeitfehler *m* timing error
Zeitfolge *f* time sequence; timing cycle
~/**bestimmte (feste)** fixed time sequence
Zeitfolgeverfahren *n (Fs)* field (frame) sequential system
Zeitfolgezählung *f* elapsed time counting
Zeitfunktion *f* time function
~/**abklingende** decreasing time function
~/**abgetastete** sampled time function
~/**bandbegrenzte** band-limited time function
~/**kontinuierliche** continuous time function
Zeitfunktionsdatei *f* history file
Zeitgeber *m* timing (time) generator, timer; master clock, clock
~/**elektronischer** electronic timer
~ **mit automatischer Rückstellung** automatic reset timer
~ **mit Nockensteuerung** camshaft timer
Zeitgeberbetrieb *m* fixed-cycle operation *(Betrieb in konstanten Zyklen)*
Zeitgeberfrequenz *f* clock frequency
Zeitgebergenerator *m* timing generator
Zeitgeberkontakt *m* clock-operated contact
Zeitgeberschaltung *f* timing circuit
Zeitgeberzähler *m* timer counter
zeitgesteuert timed
Zeitgetrenntlageverfahren *n (Nrt)* time separation, ping pong transmission method
Zeitglied *n* timing (time) element, time function element, timer
Zeitimpuls *m* timing (time) pulse, clock pulse
Zeitimpulsumwandler *m* time-pulse converter
Zeitimpulszählung *f* time-pulse metering, periodic pulse metering, p.p.m.
Zeitintegral *n* time integral
Zeitintervall *n* time interval, [time] period
zeitinvariant time-invariant
Zeitkanal *m s.* Zeitlage
Zeitkompressionsmultiplex *n* time compression multiplexing
Zeitkonstante *f* time constant
~ **des Gleichglieds** *(Syst)* time constant of the aperiodic component
~/**einstellbare** *(Syst)* adjustable time constant
~/**subtransiente** subtransient time constant; *(MA)* direct-axis subtransient time constant
~/**thermische** *(Syst)* thermal time constant
~/**transiente** transient time constant
Zeitkonstanz *f* time stability
Zeitkontakt *m* time closing contact
Zeitkontrolle *f* time check
Zeitkontrollimpuls *m* time-control pulse, trigger timing pulse
zeitkritisch time-critical, critical with respect to time
Zeitlage *f* time slot *(Pulskodemodulation)*
Zeitlagenrückgewinnungsschaltung *f* timing recovery time circuit
Zeitlagenschieber *m* time-slot interchanger
Zeitlagenverschachtelung *f* time-slot interleaving
Zeitlagenvielfach *n* time-slot interchange element
Zeitleitung *f* temporary circuit
Zeitlupe *f* slow motion
~/[**langsam] durchlaufende** zoom scan
Zeitlupenkamera *f* high-speed camera
Zeitlupentechnik *f* time expansion technique
Zeitmarke *f* time mark[er], timing (event) mark
Zeitmarkenabstand *m* time-marker interval
Zeitmarkengabe *f* time (event) marking

Zeitmarkengeber *m*, **Zeitmarkengenerator** *m* time-mark generator, timing (event) marker; clock-pulse generator *(im Oszilloskop)*
Zeitmarkierung *f* event marking
Zeitmaßstab *m* time scale; time base
Zeitmesser *m* 1. time meter; chronometer; 2. time[-interval] measuring instrument, timing unit
~ **mit Zifferanzeige** digital clock
Zeitmessung *f* time measurement; timing
~/**kumulative** cumulative timing
Zeitmittelung *f*/**sychrone** sychronous time averaging, time history ensemble averaging
Zeitmittelwert *m* mean time value, time-averaged value
Zeitmodulation *f* time modulation
zeitmoduliert time-modulated
Zeitmultiplex *n (Nrt)* time[-division] multiplex; *(Dat)* time sharing
Zeitmultiplexsystem *n (Nrt)* time-division multiplex system, TDM system; *(Dat)* time-sharing system
Zeitmultiplextelegrafie *f* time-division [multiplex] telegraphy
Zeitmultiplexübertragung *f*/**asynchrone** asynchronous time-division multiplex transmission
Zeitmultiplex-Vielfachzugriff *m* time-division multiple access
Zeitnahme *f* measurement of time; timing
zeitoptimal time-optimal
Zeitphase *f* time phase
Zeitplan *m* [time] schedule, time chart
Zeitplangeber *m* schedule timer
Zeitplanprogrammierung *f* schedule programming
Zeitplanregelung *f* time scheduling; *(Syst)* time [schedule] control, program[med] control
Zeitplanregler *m (Syst)* time schedule controller, program controller; timer
Zeitplansteuerung *f* scheduling control
Zeitprogramm *n* timed program
zeitproportional time-proportional
Zeitpunkt *m* **der Signalabtastung** *(Syst)* sampling instant
~ **der Signalaufnahme** *(Syst)* pick-up instant
~ **der Störungsmeldung** *(Nrt)* fault report time
~ **des ersten Überschwingens** *(Syst)* overshoot time *(Kenngröße)*
~ **des Gesprächsbeginns** *(Nrt)* time-on
~ **des Gesprächsschlusses** *(Nrt)* time-off
~/**diskreter** *(Syst)* discrete instant *(z. B. bei der Abtastregelung)*
Zeitquantisierung *f* time quantization *(z. B. bei der Abtastung)*
Zeitraffer *m* time-lapse [equipment] • **im ~ zeigen** to show speeded up
Zeitrafferkamera *f* time-lapse camera, camera for time-lapse motion
Zeitraffertechnik *f* time compression technique
Zeitraffer-Verzögerungsleitung *f* delay-line time compressor
Zeitraffung *f* time scaling, acceleration
Zeitraum *m* period [of time], time interval
~ **der Rufstromsendung** *(Nrt)* ringing period
Zeitregistriergerät *n* time recorder
Zeitrelais *n* timing (time-invariant) relay, time-lag relay, time-delay relay
~/**abhängiges** dependent time-lag relay
~/**begrenzt abhängiges** inverse time-lag relay with definite minimum
~/**elektronisches** electronic time-lag relay
~/**magnetisches** magnetic time relay
~/**mechanisches** mechanical time relay
~/**reziprok abhängiges** inverse time-lag relay, inverse time-limit relay
~/**unabhängiges** independent (definite) time-lag relay
Zeitrelaisanrufschaltung *f (Nrt)* time-relay call connection
Zeitschachtelung *f (Dat)* time sharing
~/**asynchrone** asynchronous time sharing
Zeitschachtelungsdatenerfassung *f* time-sharing data acquisiton
Zeitschalter *m* time[r] switch, time-limit switch
~/**elektronischer** electronic timer
~ **für die Anzeige** *(Dat)* display timer
~/**lichtelektrischer** phototimer
Zeitschaltuhr *f* time switch
Zeitschaltung *f* timing (time) circuit
Zeitscheibe *f* time slice
Zeitschlitz *m s.* Zeitlage
Zeitschreiber *m* time (event) recorder, chronograph
Zeitschwankung *f* time variation
Zeitsignal *n (Nrt)* time signal (tone); *(El)* timing signal
Zeitsignalanlage *f* time signalling system
Zeitsignalgenerator *m* timing generator
Zeitsperre *f* time-out
Zeitstaffelung *f* time grading
Zeitstaffelungsdiagramm *n* timing diagram
Zeitstandprüfung *f* long-run test
Zeitsteuereinheit *f* timing unit
Zeitsteuerung *f* timing; time-program control, time scheduled open loop control
Zeitsteuerungsimpuls *m* timing [im]pulse
Zeitsteuerungsschaltung *f* timing circuit
Zeitsteuerungssignal *n* timing signal
Zeit-Strom-Kennlinie *f* time-current characteristic
Zeit-Strom-Prüfung *f* time-current test
Zeitstufe *f*/**erste** stage 1 time *(Distanzschutz)*
~/**zweite** stage 2 time
Zeitstufenbaugruppe *f* time-stage module
Zeitsummenzähler *m* elapsed time meter
Zeittaktgeber *m* timer
~ **für Ortsgespräche** *(Nrt)* local call timer
Zeittaktzähler *m* time pulse counter
Zeitteilung *f* time division; *(Dat)* time sharing
Zeitteilungssystem *n s.* Zeitmultiplexsystem

Zeittransformation *f* time-scale change *(mathematische Operation)*
Zeitüberwachung *f (Nrt)* timing supervision, timeout
Zeitumkehr *f* time reversal
zeitunabhängig time-independent
Zeitunabhängigkeit *f* time independence
Zeitunterschied *m* time difference
zeitvariabel time-variant
Zeitverfügbarkeit *f* availability factor
Zeitverhalten *n (Syst)* time (transient) response *(bei Übergangsvorgängen)*; dynamic response (behaviour)
~/aperiodisches underdamped time response
Zeitverhältnis *n* time ratio
Zeitverlauf *m* time behaviour
~ der Bussignale *(Dat)* bus timing
Zeitverlaufsdarstellung *f* waveform plot *(bei Funktionen)*
Zeitverzögerungsschalter *m* definite time-lag circuit breaker
Zeitverzögerungsschaltung *f* time-delay circuit
Zeitverschiebung *f* time displacement
zeitverzögert time-delayed
Zeitverzögerung *f* time delay (lag); gate-controlled time delay *(beim Einschalten eines Thyristors)*; *(Syst)* dead time *(z. B. bei Signalübertragung)*
~/abhängige inverse time lag
~/feste fixed time lag
~/unterdrückte suppressed time delay
~/vorgegebene definite time delay, fixed time lag
Zeitverzögerungsrelais *n s.* Zeitrelais
Zeitverzögerungsspektrometrie *f* time-delay spectrometry
Zeitverzug *m s.* Zeitverzögerung
Zeitvielfach *n (Nrt)* time multiple
Zeitvielfachsystem *n (Nrt)* time-division system
Zeitvielfachzugriff *m* time-division multiple access
Zeit-Weg-Kurve *f* time-path curve
zeitweilig temporary; transient
Zeitwelle *f* timing wave
Zeitzähler *m* [elapsed] time meter; hour meter; *(Nrt)* chargeable-time indicator, time check
Zeitzählmechanismus *m* timing mechanism
Zeitzählung *f* timing, time metering
~ für Ortsgespräche *(Nrt)* local call timing
Zeitzählvorgang *m* time metering operation
Zeitzeichen *n (Nrt)* time signal (tone)
~/großes major time signal
Zeitzeichendienst *m (Nrt)* time signal service
Zeitzeichengeber *m (Nrt)* signal time transmitter; chronopher
Zeitzonenzähler *m (Nrt)* time [and] zone meter
Zeitzonenzählung *f (Nrt)* time and distance metering, time zone metering
Zeitzyklus *m* timing cycle
Zelle *f* 1. cell; element; 2. booth; cubicle *(Schaltanlage)*; 3. *(Dat)* storage cell (location)
~/abgeschirmte shielded cell
~/alkalische alkaline cell
~/asymmetrische asymmetric cell
~/binäre *(Dat)* binary cell
~/elektrolytische electrolytic cell, [electrolysis] cell
~/galvanische galvanic (voltaic) cell
~/gegengeschaltete countercell
~/heiße hot cell
~/lichtelektrische photoelectric cell (tube), photocell, phototube
~/lichtempfindliche light-sensitive cell
~/optoelektronische opto-electronic cell
~/ortsfeste stationary cell
Zellenaufbau *m (Galv)* cell construction
Zellenbibliothek *f* cell library *(Schaltkreisentwurf)*
Zellenbildschirm *m* multicellular screen
Zellenbrücke *f* intercell connector *(Batterie)*
Zellendeckel *m* [battery] cell lid, cell cover
Zellen-EMK *f* cell electromotive force, cell emf
Zellenfunk *m* cellular radio
Zellengefäß *n*, **Zellenkasten** *m* cell box, jar, container *(Batterie)*
Zellenkonstante *f* cell constant
Zellenkühlturm *m* cell cooling tower
Zellenleistung *f* cell performance
Zellenlogik *f (Dat)* cellular logic
Zellenpotential *n* cell potential
Zellenprüfer *m* cell tester *(Akkumulator)*
Zellenreaktion *f* cell reaction
Zellenrechner *m* cell computer *(einer Fertigungszelle)*
Zellenrohling *m f (Galv)* cell blank
Zellenschalter *m* battery [regulating] switch, accumulator switch, end cell switch
Zellenschaltersammelschiene *f* sectionalized bus bar *(Batterie)*
Zellenspannung *f* cell voltage (potential)
~ bei offenem Stromkreis open-circuit voltage, off-load voltage
~ bei Stromfluß closed-circuit voltage, on-load voltage, working voltage
Zellenstopfen *m* battery cell plug
Zellenstrom *m* cell current
Zellentwurf *m* cell layout *(integrierte Schaltung)*
Zellenverschluß *m* cell cover
Zellenwiderstand *m* cell resistance
Zellenwirkungsgrad *m* cell efficiency
Zellenzusammensetzung *f (Galv)* cell composition
Zellmatrix *f* cell array
Zellstoff *m* cellulose
Zementkanal *m* cement duct *(Kabeldurchführung)*
Zener-Diode *f s.* Z-Diode
Zener-Durchschlag *m* Zener breakdown
Zener-Durchschlagspannung *f* Zener breakdown voltage
Zener-Effekt *m* Zener effect
Zener-Impedanz *f* Zener impedance
Zener-Knieimpedanz *f* Zener knee impedance
Zener-Prüfstrom *m* Zener test current

Zener-Spannung *f s.* Z-Spannung
Zener-Strom *m s.* Z-Strom
Zentimeterwellen *fpl* centimetre waves
Zentimeterwellenbereich *m* centimetre-wave region
Zentimeterwelleneinrichtung *f* centimetre-wave device (equipment)
Zentimeterwellenerzeuger *m* centimetre-wave oscillator
Zentralabschirmung *f* centre shield
Zentralantrieb *m* centre drive
Zentralbatterie *f (Nrt)* central (common) battery, CB
Zentralbatteriebetrieb *m (Nrt)* common-battery working
Zentralbus *m* central bus
Zentrale *f* central station; control room; *(Nrt)* [local] exchange
Zentralebene *f* central level *(Fertigungssteuerung)*
Zentraleinheit *f* central processing unit, CPU, processor
Zentralfernsteuerung *f* central remote control
zentralgesteuert centrally controlled
Zentralkanal-Zeichengabesystem *n* common-channel signalling system
Zentralkompensation *f* central power-factor compensation, central reactive-power compensation
Zentralkontrolle *f* centralized check
Zentralmoment *n* central moment *(einer stochastischen Größe)*
Zentralprozessor *m* [central] processor
Zentralrechner *m* central computer
Zentralspeicher *m* main memory
Zentralsteuerung *f (Syst)* central[ized] control; *(Nrt)* common control
Zentraluhrenanlage *f* electrical time-distribution system
Zentralumschalter *m (Nrt)* intercommunication switch
Zentralverriegelung *f* central locking system
Zentralverschluß *m* between-the-lens shutter *(Optik)*
Zentralverstärker *m* central amplifier
Zentralwert *m* **der Lebensdauer** median life
Zentriereinrichtung *f* centring device
zentrieren to centre
Zentrierfassung *f* centring (centrable) mount
Zentrierfehler *m* centring (centration) error
Zentriermembran *f* spider *(Lautsprecher)*
Zentrifugalanlasser *m* centrifugal starter (starting switch)
Zentrifugalbeschleunigung *f* centrifugal acceleration
Zentrifugalregler *m* centrifugal force controller (governor)
Zentrifugalrelais *n* centrifugal relay
Zentrifugaltachometer *n* centrifugal (flyball) tachometer *(mechanischer Drehzahlmesser)*
zentrisch central; centred
~/nicht acentric
Zentrum *n* centre, *(Am)* center
~/aktives active centre
~/akustisches [effective] acoustic centre
Zerfall *m* 1. decay, disintegration *(Kernzerfall)*; 2. decomposition; 3. dissociation *(in Ionen)*
zerfallen 1. to decay, to disintegrate; 2. to decompose; 3. to dissociate
Zerfallsgesetz *n* [radioactive] decay law
Zerfallskonstante *f* decay (disintegration) constant, decay coefficient *(Kernzerfall)*
~/partielle partial decay constant
Zerfallsprodukt *n* decay (disintegration) product *(Kernzerfall)*
Zerfallsreihe *f***[/radioaktive]** decay (disintegration) series, radioactive series
Zerfallswahrscheinlichkeit *f* decay (disintegration) probability *(Kernzerfall)*
Zerfallszeit *f* decay (disintegration) time, decay period *(Kernzerfall)*
zerhacken to chop
Zerhacker *m* chopper, d.c.-[to-]a.c. chopper; vibratory converter
~/elektromechanischer mechanical chopper
~/elektronischer electronical chopper
~/lichtelektrischer photoelectric chopper
Zerhackerfrequenz *f* chopper frequency
Zerhackergleichspannungsverstärker *m* chopper-type direct-current amplifier
Zerhackermodulator *m* chopper modulator
Zerhackerschaltung *f* chopper circuit
Zerhackerscheibe *f* chopper disk
Zerhackerstabilisierung *f* chopper stabilization
Zerhackertransistor *m* chopper transistor
Zerhackerverstärker *m* chopper amplifier
zerhackt chopped [up]
Zerhackungsfrequenz *f* chopping frequency
zerlegbar demountable; decomposable
zerlegen 1. to demount, to disassemble *(in Einzelteile)*; 2. to decompose; to dissect; to disperse *(z. B. Licht)*; to separate *(z. B. Spektrum)*
~/einen Vektor in Komponenten to resolve a vector into components
~/elektrolytisch to electrolyze
~/in Abschnitte to section[al]ize
~/in Schichten to delaminate
~/spektral to disperse into a spectrum
Zerlegung *f* disassembling; decomposition; dissection; dispersion *(Licht)*
~ **der Farben** dispersion of colours
~ **des Phasenraums** *(Syst)* phase-space decomposition (dissection) *(in Teilgebiete)*
~/zeilenweise line-by-line analysis
Zero-Reader *m* zero reader *(kombinierter Anzeiger in Flugzeugen)*
Zerreißfestigkeit *f* breaking (ultimate tensile) strength; tearing strength
zerschneiden to cut *(z. B. Kristalle)*
zersetzen to decompose

~/durch Elektrolyse to electrolyze
~/durch Pyrolyse to pyrolyze
~/sich to decompose
Zersetzung *f* decomposition
~/elektrolytische *s.* Elektrolyse
~/thermische thermal decomposition
Zersetzungspotential *n (Ch)* decomposition potential
Zersetzungsprodukt *n* decomposition product
Zersetzungsspannung *f (Ch)* decomposition voltage
Zersetzungswärme *f* decomposition heat
Zersetzungszelle *f* decomposition cell, decomposer
zerspalten *s.* spalten
zerstäuben 1. to sputter; 2. to atomize
~/miteinander (zusammen) to cosputter
Zerstäubung *f* 1. sputtering *(mit Ionenstrahl)*; 2. atomization, atomizing
~ mit Getter getter-sputtering
~ mit Vorspannung bias-sputtering
~/reaktive reactive sputtering
Zerstäubungsätzung *f* sputter etching
Zerstäubungstarget *n* sputtering target
Zerstäubungstechnik *f* sputtering technique *(Dünnschichttechnik)*
zerstören 1. to destroy, 2. to corrode *(oberflächlich)*
zerstörungsfrei non-destructive
Zerstörungstemperatur *f* destruction temperature
zerstreuen to scatter, to spread; to dissipate *(Energie, Wärme)*; to disperse *(z. B. Licht)*
zerstreut scattered; diffuse
Zerstreuung *f* scattering; diffusion; dissipation *(Energie, Wärme)*
Zerstreuungskreis *m (Licht)* circle of confusion
Zerstreuungslinse *f* divergent (diverging, negative) lens
zerteilen/in Chips *(ME)* to dice
Zertifikat *n* certificate
Zetapotential *n* zeta (electrokinetic) potential
ZF *s.* Zwischenfrequenz
Z-Fehler *m* impedance irregularity
Zickzackdrossel *f* zigzag choke
Zickzackpunktschweißung *f* staggered spot welding
Zickzackreflexion *f* zigzag reflection
Zickzackschaltung *f* 1. zigzag connection [of polyphase circuit]; 2. interconnected star
Zickzackstreufluß *m* zigzag leakage flux
Zickzacktransformator *m* interconnected star
Zickzackwendel *f* zigzag [spiral] filament, vee filament
Ziehbereich *m* lock-in range, pull-in range *(bei Frequenzen)*
Ziehbetrieb *m* pulling operation *(Kristallziehen)*
Ziehdraht *m* draw-rope
Ziehdüse *f* wire-drawing die, diamond die *(Wendelherstellung)*
Zieheffekt *m* pulling effect, pull-in [effect] *(Frequenzziehen)*
ziehen to draw *(z. B. Draht)*; to pull *(z. B. Kristalle)*
~/aus der Schmelze to pull (grow) from the melt *(Kristalle)*
~/eine Freileitung to string a line
~/einen Lichtbogen to draw an arc
Ziehfrequenz *f* pull-in frequency
Ziehgeschwindigkeit *f* pulling speed (rate), pull rate *(Kristallziehen)*; wire-drawing speed
Ziehkristall *m* pulled crystal
Ziehstab *m* pulling rod *(Kristallziehen)*
Ziehstrumpf *m* cable grip
Ziehverfahren *n***/vertikales** vertical-pulling technique *(Kristallziehen)*
Ziehvorgang *m* pulling operation *(Kristallziehen)*
Zieladresse *f (Dat)* destination address
Zielanflugeinrichtung *f (FO)* homing device
Zielauffindung *f (FO)* target location (detection)
Zielausdruck *m***/einfacher** simple designation expression *(ALGOL 60)*
Zieldatenstation *f* destination station
Zielerfassung *f (FO)* target acquisition (pick-up)
Zielpunkterkennung *f (Nrt)* multiconnection endpoint identifier
Zielstrahl *m* collimator ray
Zielsuche *f***/akustische** *(FO)* acoustical homing
Zielsuchgerät *n (FO)* accurate position finder
~/akustisches acoustical homing device
Zieltaste *f* name key
Zielverfolgung *f (FO)* [target] tracking
~ mit Suchradar search-radar tracking
Zielverfolgungsgerät *n (FO)* tracker, tracking instrument
~/automatisches autotracker
Zielverfolgungsradar *n* [target] tracking radar; missile radar *(für Flugkörper)*
Zielverfolgungssystem *n (FO)* tracking system
Zielvermittlungsstelle *f (Nrt)* terminating (destination) exchange
Zielwarteschlange *f* destination queue
Zielzeichen *n (FO)* target blib (pip)
Zierlampe *f* decorative lamp
Ziffer *f* figure, numeral *(einzeln)*; digit, figure *(in einer mehrstelligen Zahl)*
~/binäre binary digit
~/funktionelle function digit
~/geltende significant figure
~/höchstwertige most significant digit
~ mit höchstem Stellenwert most significant digit
~ mit nächsthöherem Stellenwert higher-order digit
~ mit niedrigem Stellenwert low-order digit
~/nächsthöhere higher-order digit
~/niederwertigste least significant digit
~/redundante (überschüssige) redundant digit
Ziffernanzeige *f* digital display (read-out), numerical (digital) indication
~/einzeilige in-line digital read-out

~/sechsstellige six-place digital read-out
Ziffernanzeigeeinheit *f* digital display (read-out) unit
Ziffernanzeigeröhre *f* numerical display tube, digital (numerical) indicating tube
Ziffernaufnahme *f* digit reception
Ziffernausgabe *f (Dat)* digital output
Ziffernauswahl *f* digit selection
Zifferndarstellung *f* digital notation (representation)
~/einzeilige in-line digital presentation
~ mit gemischter Basis mixed-base notation (presentation)
Zifferneingabe *f (Dat)* digital input
Ziffernempfänger *m (Nrt)* digit receiver
Ziffernfolgefrequenz *f* digit repetition rate
Ziffernfrequenz *f* digit rate
Ziffernimpuls *m* digit [im]pulse, numerical pulse
Zifferintegrieranlage *f* digital differential analyzer, DDA
Zifferninterpolator *m* digital interpolator
Ziffernkode *m* digital code
Ziffernleseeinrichtung *f***/elektronische** figure-reading electronic device
Ziffernlesemaschine *f* numeral reading machine
Ziffernlochung *f* numerical (digit) punching
Ziffernperiode *f* digit period
Ziffernplatz *m s.* Ziffernstelle
Ziffernquittungszeichen *n (Nrt)* digit acknowledg[e]ment signal
Ziffernrad *n* number wheel
Ziffernrechner *m* digital computer
~/elektronischer electronic digital computer
~ mit Programmsteuerung program-controlled digital computer
Ziffernrolle *f* number wheel
Ziffernschalter *m* digit switch
Ziffernschaltung *f* figure (numerical) switching
Ziffernschreiber *m* digital recorder
Ziffernsichtgerät *n* digital display unit
Ziffernskale *f* digital (numerical) scale
Ziffernspeicher *m* digital memory (store)
Ziffernspeicherung *f* digital storage
Ziffernspur *f* digit track
Ziffernstelle *f* digit[al] position, digit place
Ziffernsymbol *n* numeral
Zifferntastatur *f* digit (figure) keyboard
Zifferntaste *f* digit (numerical, figure) key
Zifferntastenfeld *n* digit (figure) keyboard
Ziffernteil *m* numerical (digit) section, numerical portion
Zifferntrommel *f* digit drum
Ziffernübermittlung *f (Nrt)* digit transfer
Ziffernübertragung *f (Nrt)* digit transmission
Ziffernumschaltung *f* figure[s] shift *(s. a.* Ziffernschaltung*)*
Ziffernumschaltungszeichen *n (Nrt)* figure-shift signal
Ziffernumwertung *f* digit translation
Ziffern- und Zeichenfeld *n (Nrt)* figures case
Ziffern- und Zeichenwechsel *m (Nrt)* figures shift
Ziffern- und Zeichenwechselzeichen *n (Nrt)* figures-shift signal
Ziffernweitergabe *f (Nrt)* digit retransmission
Ziffernzähler *m* digital counter
Ziffernzeit *f* digit time
ZIG *s.* Zählimpulsgeber
Zimmerantenne *f* room (indoor) aerial
Zimmergerät *n* room (indoor) apparatus
Zimmertemperatur *f* room (ordinary) temperature
Zinkanode *f* zinc anode
Zinkanschluß *m* zinc terminal (pole) *(Batterie)*
Zinkätzung *f* zinc etching
Zinkauflage *f s.* Zinkschutzüberzug
Zinkbatterie *f* zinc battery
Zinkblendegitter *n* zinc blende lattice
Zinkdraht *m* zinc wire
Zink-Eisen-Element *n* zinc-iron cell
Zinkelektrode *f* zinc electrode
Zink-Luft-Batterie *f* zinc-air battery
Zinkpol *m* zinc pole (terminal) *(Batterie)*
Zink-Sauerstoff-Element *n* zinc-oxygen cell
Zinkschutzüberzug *m (Galv)* [protecting] zinc coating, zinc deposit
Zinksulfidschirm *m* zinc sulphide screen
Zinnchloridlampe *f* tin chloride lamp
Zinnenspannung *f* square-wave voltage
Zinnfolie *f* tinfoil
Zinnoxidwiderstand *m* tin-oxide resistor
zinnplattiert tin-plated
Zinnspektrallampe *f* tin spectral lamp
Zinnüberzug *m* tin coating
Zipfel *m* lobe *(im Richtdiagramm)*
Zipfelumschaltung *f* lobe switching
Zirconiumbogen *m* zirconium arc
Zirconiumbogenlampe *f* zirconium arc lamp
Zirconiumgetter *m* zirconium getter
Zirconiumlampe *f* zirconium [arc] lamp
Zirkularpolarisation *f* circular polarization
Zirkularpolarisationskoppler *m* circular-polarization coupler
Zirkulationssatz *m* circulation theorem
Zirkulator *m* circulator, microwave (waveguide) circulator
zirkumaural circumaural *(z. B. Kopfhörer)*
Zischeffekt *m* hiss effect
Zischen *n* hiss *(z. B. Mikrofon)*
~ des Lichtbogens hissing of the arc
Zischlautbegrenzer *m (sl)* de-esser
Zitierregister *n (Dat)* citation index
Zitterbewegung *f* trembling (vibratory, oscillatory) motion *(z. B. eines Bildes)*
Zitterelektrode *f* vibrating (vibratory) electrode
Zittern *n (Fs, Nrt)* jitter *(z. B. eines Signals)*

Z-Markierungsfunkfeuer *n* Z-marker beacon, zero-marker beacon
Z-Matrix *f* Z-matrix, impedance matrix
Zollmikrofon *n* one-inch microphone
Zone *f* zone; region
~/aktive active section *(Reaktor)*
~/empfangslose *(Nrt)* skip zone, silent zone (area); blind spot *(Empfangsloch)*
~/funkentstörte radio-frequency interference-free zone
~/geschützte protected zone
~/neutrale neutral zone; neutral axis *(bei Gleichstrommaschinen)*
~/tote 1. *(Syst)* dead zone (band); 2. *s.* ~/empfangslose
~/verbotene forbidden (unallowed) band, energy [band] gap *(im Bändermodell)*
Zonenausleuchtungsmethode *f (Licht)* zonal factor method
zonenbehandelt zone-processed
Zonenbreite *f* phase spread (belt) *(bei Wicklungen elektrischer Maschinen)*
Zonendotierung *f (ME)* zone doping
Zonenelektrophorese *f* zone electrophoresis
Zonenfaktor *m (MA)* spread factor
Zonenfaktormethode *f (Licht)* zonal factor method
Zonenfehler *m* zonal aberration *(z. B. von Spiegeloptiken)*
Zonenfolge *f* sequence of zones (regions)
zonengereinigt zone-purified, zone-refined *(Kristalle)*
zonengeschmolzen zone-melted
Zonenlänge *f* zone length
Zonenlichtstrom *m* zonal [luminous] flux
Zonenlichtstromdiagramm *n* zonal flux diagram
Zonenlichtstromverfahren *n* zonal flux (cavity) method
Zonenlochung *f (Dat)* zone punching
Zonennivellierung *f (ME)* zone levelling
Zonenplatte *f* zone (zonal) plate
zonenreinigen to zone-refine, to zone-purify *(Kristalle)*
Zonenreinigung *f* zone refining (purification)
Zonenschmelzen *n* zone melting *(Kristalle)*
~/tiegelfreies floating-zone melting, zone floating
Zonenschmelzofen *m* zone-melt[ing] furnace
Zonenschmelzverfahren *n* zone-melt[ing] technique
Zonentarif *m* zone rate; block tariff
Zonenwirkungsgrad *m (Licht)* zonal cavity coefficient
Z-Schiene *f* Z-rail
Z-Spannung *f* Zener voltage
Z-Strom *m* [continuous] Zener current *(der Z-Diode)*
Z-Transformation *f* Z-transform *(Laplace-Transformation)*
Zubehör *n* accessory (associated) equipment; fittings
~ für die Monomode-Lichtleittechnik single-mode optical componentry
Zubringer *m (Nrt)* offering trunk
Zubringerbündel *n (Nrt)* group of incoming lines
Zubringerleitung *f* allotting circuit; *(Nrt)* extension line (circuit); offering trunk
Zubringerteilgruppe *f (Nrt)* grading [sub]group
Zubringerübertragung *f* outside broadcast transmission
züchten to grow *(Kristalle)*
~/durch Ziehen aus der Schmelze to grow by pulling from the melt
Zuchtkeim *n* seed *(Kristalle)*
Züchtung *f* growing, growth *(Kristalle)*
~ aus der Dampfphase vapour-phase growth
~ dünner Kristallstreifen web crystal growth
~ im Hochvakuum high-vacuum growing
Zuerst-Eintreten – zuerst-Austreten *s.* FIFO-Prinzip
zufällig accidental, random
Zufallsausfall *m* random failure
Zufallsauswahl *f* random sampling *(Statistik)*
Zufallsbelegung *f (Nrt)* random occupancy
Zufallsentscheidung *f* chance decision
Zufallsentscheidungsgenerator *m* chance decision generator
Zufallsereignis *n* random event (phenomenon)
Zufallsfehler *m* random (accidental) error
Zufallsfunktion *f* random function
Zufallsgenerator *m* random-check generator
Zufallsgesetz *n* law of chance
Zufallsgröße *f* random quantity
Zufallshandlung *f* random action
Zufallsimpuls *m* random pulse
Zufallsimpulsgenerator *m* random pulse generator
Zufallsprogramm *n (Dat)* random program
Zufallsprozeß *m (Syst)* random process
~/Gaußscher Gaussian random process
~/nichtstationärer non-stationary random process
~/stationärer stationary random process
Zufallsrauschen *n (Syst)* random noise
Zufallssignal *n* random signal
Zufallsstichprobe *f***/einfache** simple random sample
Zufallsstreuung *f* random dispersion, chance variation
Zufallsvariable *f* random variable
Zufallsverkehr *m (Nrt)* random traffic
~/reiner pure chance traffic
Zufallszahl *f* random number
Zufallszahlenerzeugung *f* generation of random numbers
Zufuhr *f* feed, supply
zuführen to feed, to supply
Zufuhrmagazin *n* feed hopper *(für Lochkarten)*
Zuführung *f* feed[ing] *(s. a.* Zuleitung*)*
Zuführungsdraht *m* feed wire, lead[-in] wire, feeder

Zuführungskabel *n* leading-in cable, feeder [cable]
Zuführungskanal *m* inlet duct *(für Kühlluft)*
Zuführungsleitung *f* feed line, supply lead *(s. a.* Zuleitung*)*
Zuführungsrohr *n* feed (inlet) pipe
Zuführungsvorrichtung *f* feed equipment *(z. B. für Lochkarten)*
Zug *m* 1. traction, tractive force; 2. tension; 3. pull[ing]; draw[ing]
~/magnetischer magnetic pull
Zugang *m* access
~/frontaler front access
~/linguistischer linguistic approach *(Systemtheorie)*
zugänglich accessible
Zugänglichkeit *f* accessibility
Zugangseinheit *f* access unit
~ mit freier Kanalwahl free search terminal interface
Zugangskennung *f (Nrt)* access code
Zugangsöffnung *f* access opening
Zugangsstelle *f* access point
Zugbeanspruchung *f* tension (tensile) stress
Zug-Druck-Steckverbinder *m* push-pull connector *(besondere Kopplung bei Steckverbindern)*
zugelassen approved *(z. B. den Schutzbestimmungen entsprechend)*
Zugelektrode *f* pull electrode
Zugentlastung *f* 1. pull relief; 2. cord fastener, cord (cable) grip *(Vorrichtung)*
Zugentlastungsschleife *f* pull-relief loop
zugeschnitten/mit Hilfe eines Lasers auf Kundenwunsch laser-customized
Zugfeder *f* tensioning (pull-off) spring
Zugfestigkeit *f* tensile strength
Zugförderung *f***/batterieelektrische** battery-electric traction
~/elektrische electric traction
Zugklammer *f* cable grip
Zugkontakt *m* pull contact
Zugkraft *f* traction; tractive force *(z. B. des Magneten)*; thrust *(z. B. beim Linearmotor)*
Zugkraftmesser *m* tractive force meter
Zugleistung *f* tractive power *(z. B. des Magneten)*
Zugriff *m (Dat)* access
~/einfacher basic access
~/indexsequentieller index-sequential access mode, ISAM
~/manueller manual access
~ mit Zeitteilung/stochastischer *(Dat)* slotted random access
~/quasidirekter quasi-random access
~/schneller quick access
~/serienweiser serial access
~ über Schlüssel keyed access
~/wahlfreier (willkürlicher) random access
Zugriffsbit *n* reference bit
Zugriffsgeschwindigkeit *f* access speed
Zugriffskapazität *f* access capacity
Zugriffskodierung *f* access coding
Zugriffslücke *f* access gap *(zeitdiskrete Steuerung)*
Zugriffsmethode *f* access method
Zugriffsperiode *f* access cycle
Zugriffsstelle *f* access point
Zugriffszahl *f* accession number *(z. B. zur Literatursuche)*
Zugriffszeit *f* access time *(Speicher)*
~/kurze short access time
Zugriffszyklus *m* access cycle
Zugschalter *m* pull (cord) switch
Zugseil *n* cabling rope
Zugseilschalter *m* slack-rope switch *(Lift)*
Zugspannung *f* tensile (tension) stress
Zugsteuerung *f***/automatische** automatic train control
Zuhaltemechanismus *m* hold-closed mechanism
Zuladung *f* additional charge
zulässig permissible, allowable; tolerable
~/maximal maximum permissible
~/nicht non-permissible
Zulassung *f* **eines Meßmittels** pattern approval *(amtliche Anerkennung)*
Zulassungsnummer *f* type approval number
zulassungspflichtig subject to approval, liable to registration
Zulassungszeichen *n* conformity symbol
Zulaufrohr *n* inlet (feed, charging) pipe
Zuleitung *f* 1. lead, lead-in [wire]; *(Nrt)* confluent link; 2. feed (supply) line; 3. feeding, supply
~/freie flying connecting lead
~ zum Nebenanschluß shunt lead
Zuleitungsdraht *m* lead wire, lead[ing]-in wire
Zuleitungsinduktivität *f* lead inductance
Zuleitungskapazität *f* lead capacitance
Zuleitungsschnur *f* flexible lead
Zuleitungswiderstand *m* lead resistance
Zuletzt-Eintreten-zuerst-Austreten *s.* LIFO-Prinzip
Zuluft *f* inlet air
Zunahme *f* increase, rise; growth
~ der Leitfähigkeit increase in conductivity
~ um eine Gößenordnung order of magnitude increase
~/zeitliche time increase
Zündanode *f* ignition (igniting, starting) anode; exciting anode
Zündausfall *m* misfire *(bei Elektronenröhren)*
Zündbedingung *f* ignition condition
Zünddrehzahl *f* firing speed
Zünddrossel *f* ignition choke
Zündeinsatz *m* ignition point
Zündeinsatzsteuerung *f* ignition phase control
Zündelektrode *f* ignition (igniting, starting) electrode, igniter, starter; excitation electrode; *(Hsp)* central electrode
Zündelektrodenstrom *m* igniter current

zünden to fire; to ignite *(z. B. Elektronenröhren)*; to strike *(Lichtbogen)*
~/eine Entladung to strike a discharge
zündend/schnell rapid-starting
Zündentladung *f* pilot leader *(Blitzforschung)*
Zünder *m* igniter
~/elektrischer electric detonator (blasting cap) *(für Sprengstoffe)*
zündfähig ignitable
Zündfolge *f* firing order
Zündfunke *m* ignition (igniting) spark
Zündfunkengleichrichter *m* pilot spark arc rectifier
Zündfunkenstrecke *f* ignition spark gap, pilot gap *(in Stoßspannungsanlagen)*
Zündgerät *n* ignition set
Zündgrenze *f* ignition limit
Zündgruppe *f (Srt)* ignition group
Zündimpuls *m* ignition (firing, starting) pulse
Zündimpulstransformator *m* ignition pulse transformer, peaking transformer
Zündkabel *n* ignition cable (lead); coil lead *(von Zündspule zum Verteiler)*; [spark] plug wire *(vom Verteiler zur Zündkerze)*
~/halbleitendes semiconducting ignition cable
Zündkennlinie *f* firing (control) characteristics *(Ignitron)*; gate characteristic
Zündkerze *f* [spark] plug *(Kraftfahrzeug)*
Zündkreis *m* firing circuit; ignition (starting) circuit; *(Fs)* unblanking circuit
Zündkreischarakteristik *f* ignition circuit characteristic
Zündkreisschutzwiderstand *m* ignitor-protective resistor
Zündpille *f* ignition tablet *(Blitzlampe)*
Zündpunkt *m* ignition point; breakover point *(z. B. beim Lichtbogen)*; timing point *(Kraftfahrzeug)*
Zündregelung *f* ignition control
Zündschalter *m* ignition (igniter) switch; firing key
Zündschaltung *f* firing circuit
Zündschlüssel *m* ignition key
Zündspannung *f* 1. ignition (igniting) voltage *(z. B. in Elektronenröhren)*; starting voltage *(z. B. in Gasentladungslampen)*; striking voltage (potential) *(z. B. eines Lichtbogens)*; 2. [gate] trigger voltage *(Thyristor)*; 3. *(Hsp)* sparking potential; breakdown voltage *(Funkenstrecke)*
~/obere maximum gate trigger voltage *(Thyristor)*
~/untere minimum gate trigger voltage *(Thyristor)*
Zündspannungsabfall *m* ignition (starting) voltage drop
Zündspitze *f* ignition peak
Zündspule *f* ignition coil
Zündstift *m* ignitor *(Gasentladungsröhre)*
Zündstiftbrenndauer *f* ignitor firing time
Zündstiftelektrode *f* ignitor electrode
Zündstiftentladung *f* ignitor discharge
zündstiftgesteuert ignitor-controlled *(Ignitron)*
Zündstiftröhre *f* ignitron
Zündstiftschwingung *f* ignitor oscillation
Zündstiftsteuerung *f* ignitor control
Zündstörungen *fpl* car (capacity) ignition noises
Zündstoß *m* ignition (starting) pulse *(Thyratron, Gasentladungsröhre)*
Zündstrecke *f* ignition (starting, starter) gap *(Gasentladungsröhre)*
Zündstreifen *m* ignition (starting) strip; conductive strip *(einer Lampe)*
Zündstrom *m* 1. ignition (starting, firing) current *(z. B. in Elektronenröhren)*; arc start[ing] current *(Lichtbogen)*; 2. gate trigger current *(Thyristor)*; 3. *(Hsp)* breakover current
~/oberer maximum gate trigger current *(Thyristor)*
Zündstromkreis *m* ignition circuit
Zündtemperatur *f* ignition temperature
Zündüberspannung *f* ignition overvoltage
Zündung *f* 1. firing; ignition *(z. B. von Elektronenröhren)*; striking *(des Lichtbogens)*; 2. ignition [system] *(Kraftfahrzeug)* • **die ~ einstellen** to adjust the timing, to time the ignition
~/elektrische electric ignition
~/sichere *(LE)* certain triggering
~/unabhängige independent firing
Zündungskontrolloszillograph *m* ignition analyzer
Zündungsregler *m* ignition controller
Zündversager *m* misfire *(bei Elektronenröhren)*
Zündverteiler *m* ignition distributor
Zündverzögerung *f* firing delay; ignition delay (lag), retarded ignition *(Röhre)*; gate-controlled delay [time] *(Thyristor)*
Zündverzögerungswinkel *m* firing delay angle
Zündverzug *m s.* Zündverzögerung
Zündvorrichtung *f* ignition device, igniter
~/elektrische electrical ignition system
Zündwilligkeit *f* flashability *(Blitzlampe)*
Zündwinkel *m* firing angle
Zündzeit *f* firing time; gate-controlled turn-on time *(Thyristor)*
Zündzeitpunkt *m* firing point; ignition time
Zunge *f* reed *(beim Zungenfrequenzmesser)*
~/schwingende vibrating reed
Zungendrehzahlmesser *m* reed tachometer
Zungenfrequenz *f* reed frequency
Zungenfrequenzmesser *m* vibrating-reed frequency meter, [tuned-]reed frequency meter, reed gauge
Zungenfrequenzrelais *n* vibrating-reed relay, tuned-reed relay
Zungenkontakt *m* rubbing (wiping) spring contact; wedge contact; reed contact *(im Schutzrohr)*
Zungenlautsprecher *m* reed loudspeaker
Zungenrelais *n* reed relay
Zungenresonanzrelais *n s.* Zungenfrequenzrelais
Zungenschalter *m* reed switch
Zungenüberwachungsschalter *m* point control switch
Zungenunterbrecher *m* vibrating-reed break

zuordnen *(Dat)* to assign; to allocate *(z. B. Speicherplätze)*
Zuordner *m (Dat)* allocator; *(Nrt)* coordinator
Zuordnung *f (Dat)* assignment; allocation *(z. B. von Speicherplätzen)*; coordination
~/unbedingte *(Dat)* demand allocation
Zuordnungsliste *f* assignment (cross-reference) list
Zuordnungsproblem *n (Dat)* assignment problem
Zuordnungsprogramm *n (Dat)* assignment program (routine)
Zuordnungsspeicher *m* assignment store
Zuordnungszähler *m* allocation (location) counter
zurückbleiben to lag; to remain
zurückbleibend remanent, residual
zurückdrehen to turn back
Zurückdrehen *n* back-off *(z. B. eines Reglerparameters)*
zurückfallen auf to drop (jump) back to *(z. B. Spannung)*
zurückführen *(Syst)* to feed back *(z. B. Signale)*; to return *(s. a.* zurückstellen*)*
zurückgewinnen to recover
zurückhalten to retain, to withhold
zurückkehren to return
~/in die Ruhelage to return to normal
zurückleiten to reconduct
zurücklesen to play back *(gespeicherte Information)*
zurückprallen to rebound
zurückrufen *(Nrt)* to call (ring) back, to recall
zurückschalten to switch back
~/schrittweise *(Dat)* to backspace
zurückschlagen to backfire *(z. B. Lichtbogen)*
zurückschwingen to swing back
zurücksetzen to reset
zurückspulen to rewind *(z. B. Magnetband)*
zurückstellbar resettable
zurückstellen to reset; to restore *(Speicher)*; to clear *(Zähler)*
~/auf Null to return to zero
~/eine Anmeldung *(Nrt)* to defer a call
Zurückstellung *f***/selbsttätige** automatic reset *(auf den Anfangswert)*
zurückstoßen to repulse
zurückstrahlen to reradiate
zurückstreuen to scatter back
zurückübertragen to retransfer
zurückverfolgen to trace back
zurückverwandeln to convert back; to retransform
zurückwerfen to reflect [back] *(Strahlung)*; to reverberate *(Schall)*
Zusammenbacken *n* packing *(Kohle im Mikrofon)*
zusammenballen to agglomerate; to cluster
Zusammenbau *m* assembly, assemblage; mounting
~/automatischer automated assembly
~/fester permanent assembly
zusammenbauen to assemble; to mount
~/raumsparend to package
zusammenbrechen to break down *(Feld, Verbindung)*
Zusammenbruch *m* breakdown *(z. B. Übertragungsstrecke, elektromagnetisches Feld)*
zusammendrängen to compact
zusammendrücken to compress; to squeeze
Zusammenfassung *f* **zu einer Baueinheit** *(ME)* embodiment
zusammenfügen to join; to fit together *(Steckverbindung)*
Zusammenführung *f* 1. *(Dat)* junction *(Programmierung)*; 2. *(El)* fan-in *(am Eingang)*
zusammengesetzt composite; assembled
zusammenhängend/mehrfach multiply connected
~/untereinander interrelated
zusammenkitten to bond together; to cement together
zusammenkleben to stick together *(z. B. Kontakte)*
zusammenkoppeln to couple [together]
zusammenmischen to collate, to merge *(Lochkarten)*
zusammenpassen to match; to fit together
zusammenquetschen to pinch; to squeeze
zusammenschalten to interconnect, to connect together (up); to [inter]couple
~/vorübergehend to patch
~/zu einem [geschlossenen] Stromkreis to loop
Zusammenschaltung *f* interconnection
~ der Komponentennetze *(Eü)* interconnection of component networks
~ von Rechnern interconnection of computers
zusammenschiebbar telescopic; collapsible
zusammenschmelzen to melt (fuse) together
Zusammenschmoren *n* **von Kontakten** scorching of contacts
zusammensetzen to assemble, to mount; to compose
~/zu einer Einheit *(Ap)* to bank
zusammenstellen/tabellarisch to table, to tabulate, to schedule
Zusammenstellung *f* 1. arrangement, composition; 2. assembly; 3. catalogue; schedule
Zusammenstoß *m* impact, impingement, collision
zusammenstoßen to impact, to impinge, to collide
Zusammentreffen *n* coincidence; concurrence
zusammenwirken mit to interact with
Zusatz *m* 1. additive [substance]; 2. supplement; attachment; 3. *(Dat)* bypack *(zur Herstellung von Programmkompatibilität)*
~/bei Beizbädern pickling compound
Zusatzaggregat *n* additional set
Zusatzausrüstung *f* auxiliary (extra) equipment
Zusatzbatterie *f* booster (subsidiary) battery
Zusatzbauteil *n* additional component (unit)
Zusatzbeleuchtung *f* additional (supplementary) lighting

Zusatzbelichtung *f* additional (extra) exposure
Zusatzblitz *m* booster flash; auxiliary flash
Zusatzbremswiderstand *m* additional brake resistance
Zusatzeinrichtung *f* additional (auxiliary) equipment
Zusatzfiltersatz *m* extension filter set
Zusatzfunktion *f* miscellaneous function *(eines Geräts)*; special function *(eines PC)*
Zusatzgenerator *m* booster
Zusatzgerät *n* attachment, additional (ancillary) unit, accesory device (instrument), supplementary apparatus
~ **für Bandschleifenbetrieb** tape-loop adapter
Zusatzgeräte *npl* 1. additional (ancillary) equipment; 2. *(Dat)* peripheral equipment, peripherals
Zusatzheizeinrichtung *f***[/elektrische]** booster heater
Zusatzheizung *f***/elektrische** electric booster heating
Zusatzimpedanz *f* incremental impedance
Zusatzkondensator *m* additional capacitor
Zusatzkontrolle *f (Dat)* additional checking
Zusatzkurzschlußstrom *m* supplementary short-circuit current
Zusatzlampe *f* subsidiary lamp
Zusatzlast *f* additional load
Zusatzleistung *f* additional power
Zusatzlogik *f (Dat)* additional logic
Zusatzmaschine *f* [positive] booster
~ **für Zu- und Gegenschaltung** reversible booster
~ **in Gegenschaltung** negative booster
~ **mit Differentialerregung** differential booster
Zusatzmittel *n s.* Zusatz 1.
Zusatzoptik *f* additional (ancillary) optics
Zusatzpermeabilität *f* incremental permeability
Zusatzpumpe *f* booster pump
Zusatzschalter *m* booster switch
Zusatzschaltung *f* additional circuit
Zusatzsender *m* back-up sender
Zusatzspannung *f* additional (boosting) voltage
Zusatzspeicher *m (Dat)* backing memory (store), secondary store, add-on memory
Zusatzspeicherung *f* backing (secondary) storage
Zusatzstrahler *m* additional radiator
Zusatzteil *n (Dat)* slave unit
Zusatzton *m* bias tone
Zusatzträger *m* supplementary carrier
Zusatztransformator *m* additional (auxiliary, booster) transformer
Zusatzverlust *m* supplementary loss
Zusatzversorgung *f* back-up supply
Zusatzverstärker *m* additional (booster) amplifier
Zusatzwiderstand *m* 1. additional (supplementary) resistance; 2. instrument multiplier *(zur Bereichserweiterung eines Meßinstruments)*
Zuschalten *n* switching-on
Zuschaltwinkel *m* connection angle *(beim Synchronisieren)*
zuschmelzen to seal [up]
zuschneiden/auf bestimmte Anforderungen *(ME)* to tailor
Zustand *m* state, status; condition
~**/abgeglichener** null condition *(einer Brücke)*
~**/aktivierter** activated state
~**/analoger** analogue state
~**/angeregter** excited state
~**/ausgeschalteter** off-state
~**/betriebsfähiger** operative condition
~ **der Listenerfunktion/adressierter** *(Dat)* listener addressed state
~ **der Listenerfunktion/aktiver** *(Dat)* listener active state
~ **der Nichtfügbarkeit** *(Nrt)* down-state
~ **der Verfügbarkeit** *(Nrt)* up-state
~ **des stabilen Gleichgewichts** condition of stable equilibrium
~ **des Systems** system state
~**/dynamischer** dynamic state; transient state
~**/eingeschalteter** on-state
~**/eingeschwungener** steady-state condition, steady state
~**/energetischer** energetic state
~**/entarteter** degenerate state
~**/erzwungener** *(Syst)* forced state
~**/fester** solid state
~**/gelöschter** *(Dat)* clear condition
~**/gesperrter** cut-off condition
~**/gestörter** *(Syst)* disturbed state
~**/gleichbleibender** steady-state condition, steady state
~**/hochangeregter** highly excited state
~ **im Arbeitspunkt** *(Syst)* reference state
~**/kristalliner** crystalline state
~**/leitender** conducting condition (state), conductive condition
~**/logischer** *(El)* logic state (level)
~**/nichtleitender** non-conducting state
~**/nichtstationärer** non-steady state
~**/quasistationärer** quasi-stationary state
~**/remanenter** remanent state
~**/sensibilisierter** sensitized state
~**/Shockleyscher** Shockley state
~**/stationärer** stationary (steady) state
~**/subtransienter** *(MA)* subtransient state
~**/supraleitender** superconducting state
~**/symmetrischer** symmetrical state
~**/thermisch stationärer** steady thermal state
~**/thermodynamischer** thermodynamic state
~**/transienter** transient state
~**/unbelasteter** no-load condition
~**/unbesetzter** empty (vacant) state
~**/unerregter** de-energized state
~**/ungestörter** undisturbed condition
~**/unmodulierter** zero modulation [state]
0-Zustand *m* 0-state, zero-state *(binärer Schaltlogik)*
Zustands... *s. a.* Status...

Zustandsänderung f/isoenergetische isoenergetic change [of state]
Zustandsanzeige-Flipflop *n (Dat)* flag flip-flop
Zustandsbyte *n (Dat)* status (condition) byte
Zustandsdiagramm *n* state diagram, phase (constitution) diagram
Zustandsdichte *f* density of states
Zustandsdichtefunktion *f* state-density function, density-of-states function
zustandsempfindlich pattern-sensitive
Zustandserkennung *f* state estimation *(Energiesystem)*
Zustandsfunktion *f* state function
Zustandsgleichung *f* state (condition) equation, equation of state
Zustandsgröße *f* state value (variable), parameter of state
Zustandskennzeichen *f* status flag
Zustandsmeldung *f* status signal; status display *(Leitwartentechnik)*
Zustandsraum *m* state space
Zustandsraumdarstellung *f* state-space representation
Zustandsregelung *f (Syst)* state control
Zustandsregister *n (Dat)* status register *(zur Zwischenspeicherung von Statusinformationen)*
Zustandsschätzung *f* state estimation
Zustandssumme *f* state sum, partition function, sum over (of) states
Zustandsübergang *m* state transition
Zustandsübergangsmatrix *f* state transition matrix; fundamental matrix
Zustandsüberwachung *f* state monitoring; condition monitoring
Zustandsvariable *f* state variable
Zustandsvektor *m* state vector
Zustandswahrscheinlichkeit *f* state probability
Zustellanruf *m* delivery call
zustreben/auf Null to go (tend) to zero
Zuteilung *f* assignment, allotting *(z. B. von Frequenzbändern)*; allocation *(z. B. von Speicherplätzen)*
Zuteilungsproblem *n* allocation problem *(bei der Prozeßoptimierung)*
Zuteilungsvielfachkabel *n (Nrt)* bank cable
Zutritt *m* access
Zutrittsberechtigung *f* access authorization
zuverlässig reliable, dependable; fail-safe
Zuverlässigkeit *f* reliability, dependability
~/absolute absolute reliability
~ der Übertragung transmission reliability
~ der Versorgung reliability of supply
~/höchste maximum reliability
~ im Betrieb service reliability
Zuverlässigkeitsdaten *pl* reliability data
Zuverlässigkeitsfaktor *m* reliability factor
Zuverlässigkeitsgrößen *fpl* reliability characteristics
Zuverlässigkeitsprüfung *f* reliability (dependability) test
Zuverlässigkeitstheorie *f* reliability theory
Zuwachs *m* increment; increase
~/erlaubter allowed increment *(z. B. des Phasenwinkels)*
~/unerlaubter forbidden increment *(z. B. des Phasenwinkels)*
Zuwachsgröße *f* size of the increment *(z. B. eines Signals)*
Zuwachsinduktor *m* incremental inductor
Zuwachskosten *pl* incremental costs *(wirtschaftliche Lastverteilung)*
Zuwachsspeicher *m* increment[al] store
zuweisen *(Dat)* to allocate *(z. B. Speicherplätze)*; to assign, to allot *(z. B. Frequenzen)*
Zuweisung *f* allocation, assignment
~/optimale optimal allocation *(von Speicherplätzen)*
ZVE *s.* Verarbeitungseinheit/zentrale
Z-Vierpolparameter *m* Z-parameter
Zwangsabschaltung *f* forced outage
~ durch Dauerschaden persistence-cause forced outage
Zwangsauslösung *f* forced release, automatic cleardown
Zwangsbelüftung *f* forced ventilation
Zwangsdurchlaufkühlung *f* once-through cooling
Zwangsführung *f* restricted guidance
Zwangslauf[gebe]verfahren *n (Nrt)* compelled signalling system
Zwangstrennung *f* pre-emption
Zwangstrennungsverhinderung *f* pre-emption protection
Zwangsumlauf *m* forced circulation [system]
zweiachsig biaxial
Zweiadressenbefehl *m (Dat)* two-address instruction
Zweiadressenbefehlskode *m (Dat)* two-address instruction code
Zweiadressenkode *m (Dat)* two-address code
Zweiadressenmaschine f/elektronische *(Dat)* electronic two-address machine
Zweiadressensystem *n* two-address system
zweiadrig double-wire, two-core, double-conductor *(Kabel)*
zweiatomig diatomic, biatomic
zweiäugig binocular
Zwei-aus-fünf-Kode *m* two-out-of-five code
Zweibandkabel *n* twin-band [telephone] cable
Zweibitschieberegister *n (Dat)* two-bit shift register
Zweideutigkeit *f* ambiguity
Zweidrahtbetrieb *m (Nrt)* two-wire operation
Zweidrahtgetrenntlagesystem *n* equivalent four-wire system
Zweidrahtklemme *f* two-wire terminal
Zweidrahtleitung *f* two-wire line
Zweidrahtregelung *f* two-wire control

Zweidrahtschaltung *f* two-wire connection
Zweidrahtstromkreis *m* two-wire circuit
Zweidrahtsystem *n* two-wire system
Zweidrahtverbindung *f* two-wire connection
Zweidrahtverstärker *m (Nrt)* two-wire repeater (amplifier)
Zweidrahtwicklung *f* bifilar winding
Zweidrahtzwischenverstärker *m (Nrt)* two-wire [intermediate] repeater
Zweiebenenantenne *f* two-bay aerial, two-level aerial
Zweiebenenleiterplatte *f* two-sided printed-circuit board, double-sided printed-wiring board
~/starre rigid two-sided p.c. board
Zweiebenenplatte *f s.* Zweiebenenleiterplatte
Zweiebenenwendelanordnung *f (Licht)* biplane filament arrangement
Zweielektrodensystem *n* two-electrode system *(Elektronenstrahlerzeugung)*
Zweieranschluß *m (Nrt)* two-party line system, dual subscriber connection
Zweieranschlußleitung *f (Nrt)* shared-service line, two-party line
Zweieranschlußsystem *n (Nrt)* two-party line system
Zweieranschlußteilnehmer *m (Nrt)* two-party subscriber
Zweierbündel *n* twin conductor
Zweierkomplement *n (Dat)* two's complement
Zweierstoß *m* binary (two-body) collision
Zweifachantenne *f* dual aerial
Zweifach-Fallbügelpunktschreiber *m* duplex chopper-bar recorder
Zweifachisolatorenkette *f* double suspension insulator string *(aus Hängeisolatoren)*
Zweifachkabel *n* twin cable
Zweifachkatodenstrahlerzeuger *m* double gun
Zweifachkondensator *m* two-gang capacitor
Zweifachregelung *f* dual control
Zweifachtelegrafie *f* duplex telegraphy
Zweifachuntersetzungsschaltung *f* scale-of-two circuit
Zweifachzeitablenkung *f* double time base *(Oszillograph)*
Zweifadenelektrometer *n* bifilar electrometer
Zweifadenlampe *f* double (twin) filament lamp
Zweifadenwicklung *f* bifilar winding
zweifädig bifilar
Zweifarbenlumineszenzdiode *f* two-colour light-emitting diode
Zweifarbenpyrometer *n* two-colour pyrometer
zweifarbig two-colour[ed], dichromatic
Zweiflankenmethode *f (El)* dual-slope method
Zweiflügelblende *f* two-wing shutter
Zweifrequenzantenne *f* dual-frequency aerial
Zweifrequenzbetrieb *m* double-frequency operation
Zweig *m* branch; leg; arm
~/abgeschlossener closed branch
~/aufsteigender ascending limb *(z. B. der Hystereseschleife)*
~/gemeinsamer common branch
~/kapazitiver capacitive branch
Zweigadmittanzmatrix *f* branch-admittance matrix
Zweigamt *n (Nrt)* branch exchange
Zweigangkondensator *m* two-gang capacitor
zweigehäusig double-cased
Zweigimpedanzmatrix *f* branch-impedance matrix
Zweigitterröhre *f* double-grid valve, bigrid valve
Zweigkreisschalter *m* branch switch
Zweigleitung *f* branch line
Zweigprogramm *n (Dat)* branch program (routine)
Zweigschalter *m* branch switch
Zweigstrom *m* branch current
Zweigwiderstand *m* branch resistance
Zweikammerklystron *n* two-cavity klystron
Zweikanalausführung *f* dual-channel version
Zweikanal-Einseitenband-Verfahren *n (Nrt)* independent-sideband transmission
Zweikanalelektronenschalter *m* two-channel electronic switch
Zweikanal-Frequenzumtastung *f (Nrt)* double-frequency shift keying
Zweikanalimpulsgenerator *m* twin-channel pulse generator
Zweikanaloszilloskop *n* dual-channel oscilloscope
Zweikanalschalter *m* two-channel selector
Zweikanalsichtpeiler *m* double-channel cathode-ray direction finder
Zweikanalsimplex *n (Nrt)* two-way simplex [system]
Zweikanalüberwachung *f* dual watch
Zweikanalverstärker *m* two-channel amplifier
Zweikanalvorverstärker *m* twin-channel preamplifier
Zweikomponentenlack *m* two-component varnish, two-part varnish
Zweikomponentenleuchtstoff *m* two-component phosphor (electroluminescent material)
Zweikörperstoß *m* two-body collision
Zweikreisabstimmung *f* two-circuit tuning
Zweikreisbandfilter *n* two-section bandpass filter
Zweikreisempfänger *m* double-circuit receiver
Zweikreisfilter *n* two-section filter
Zweikreisreflexklystron *n* two-circuit reflex klystron
Zweikreisverstärker *m* double-tuned amplifier
Zweikurvenschreiber *m* double-line recorder
Zweilagenwicklung *f* two-layer winding
zweilagig two-layer
Zweilampenleuchte *f* twin-lamp fitting
Zweilaufregler *m (Syst)* two-speed controller *(mit I-Verhalten)*
Zwei-Leistungsschalter-Methode *f* two-breaker arrangement
Zweileiterkabel *n* two-conductor cable, twin-core cable, double-core cable

Zweileiterschnur *f* twin cord
Zweileitersystem *n* two-wire system
Zweileitungsbetrieb *m* two-line service
Zweilinienschreiber *m* double-line recorder
Zweimikrofonsonde *f* two-microphone probe, p-p probe
Zweimikrofonverfahren *n* two-microphone technique
Zweimotorenantrieb *m* double-motor drive
Zweiniveausystem *n (ME)* two-level system
zweiohrig *(Ak)* binaural
Zweiphasenanker *m* two-phase armature
Zweiphasenasynchronmotor *m* two-phase asynchronous motor
Zweiphasen-Dreileiter-Netz *n* two-phase three-wire system
Zweiphasen-Fünfleiter-Netz *n* two-phase five-wire system
Zweiphasengebiet *n* two-phase region
Zweiphasengenerator *m* two-phase generator (alternator)
Zweiphasenimpulssignal *n* two-phase pulse signal
Zweiphaseninduktionsmotor *m* two-phase induction motor, Ferraris motor
Zweiphasenkomponente *f*/**Kimbarksche** Kimbark's two-phase component
Zweiphasenmittelpunktschaltung *f* two-phase centre-tap rectifier circuit *(Gleichrichter)*
Zweiphasenmotor *m* two-phase motor
Zweiphasennetz *n* two-phase system
Zweiphasenraum *m* two-phase field
Zweiphasenrelais *n* two-element relay
Zweiphasenschaltung *f* two-phase circuit, biphase connection
Zweiphasenstrom *m* two-phase current, biphase current
Zweiphasen-Vierleiter-Netz *n* two-phase four-wire system
Zweiphasenwechselstrom *m* two-phase alternating current, biphase alternating current
Zweiphasenzähler *m* two-phase meter
zweiphasig two-phase, biphase, quarter-phase
Zweiphotonenabsorption *f* two-photon absorption
Zweiphotonenemission *f* two-photon emission
Zweiphotonenionisation *f* two-photon ionization
Zweipol *m* two-terminal network, two-port
Zweipoldarstellung *f* two-port representation, two-terminal representation
Zweipolersatzschaltbild *n* Thévenin equivalent circuit *(einer offenen Meßbrücke)*
zweipolig two-pole, double-pole; two-pin *(Stekker)*; dipolar
Zweipolkondensator *m* two-terminal capacitor
Zweipolnetzwerk *n* two-terminal network
Zweipolquelle *f* Thévenin generator, two-terminal source
Zweipolröhre *f* two-electrode tube; diode
Zweipolstecker *m* two-contact plug, two-pin plug, two-pole plug
Zweipoltheorie *f* Thévenin's theorem *(Satz von der Ersatzspannungsquelle)*; Norton['s] theorem *(Satz von der Ersatzstromquelle)*
Zweiprozessor-Konfiguration *f* dual processor configuration
Zweipulsgleichrichter *m (Srt)* two-phase rectifier
Zweipunktbetrieb *m* on-off operation
Zweipunktlager *n* two-point bearing
Zweipunktregelung *f (Syst)* two-position control, on-off control, bang-bang control; high-low control *(Grenzwertregelung)*
Zweipunktregler *m (Syst)* two-position [action] controller, two-step action controller, on-off controller, bang-bang servo
~ **mit Hysterese** on-off controller with overlap (hysteresis)
Zweipunktrelais *n* on-off relay
Zweipunktsystem *n* on-off system
Zweipunktverhalten *n (Syst)* two-position action, two-level action, on-off action
Zweirampen-A-D-Wandler *m (El)* dual-slope A-D converter
Zweirichtungsdiode *f* bidirectional diode
Zweirichtungsimpuls *m* bidirectional pulse
Zweirichtungsoptokoppler *m* bilateral photoisolator circuit
Zweirichtungsschieberegister *n (Dat)* bidirectional shift register
Zweirichtungsthyristortriode *f (LE)* bidirectional triode thyristor, triac
Zweirichtungstransduktor *m* bilateral transductor
Zweirichtungstreppenspannungsgenerator *m* bidirectional staircase generator
Zweirichtungsumschalte-Arbeitskontakt *m* double-throw make-before-break contact
Zweirichtungsumschalte-Ruhekontakt *m* double-throw break-before-make contact
Zweirichtungszähler *m (Dat)* bidirectional (reversible) counter
Zweischichtbelag *m* two-layer coating
zweischichtig two-layer
Zweischichtlackdraht *m* dual-coat enamelled wire
Zweischichtwicklung *f* double layer winding
Zweischlitzmagnetron *n* two-split magnetron, two-segment magnetron, split-anode magnetron
Zweischnur[klappen]schrank *m (Nrt)* double-cord switchboard
Zweischrittdiffusion *f (ME)* two-step diffusion
Zweiseitenband *n (Nrt)* double sideband
Zweiseitenbandbetrieb *m* double-sideband operation
Zweiseitenbandfernsehen *n* double-sideband telephony
Zweiseitenbandmodulation *f* double-sideband modulation

Zweiseitenbandmultiplexanlage *f* double-sideband multiplex equipment
Zweiseitenbandsystem *n* double-sideband system
Zweiseitenbandübertragung *f* double-sideband transmission
Zweisignalentfernungsmessung *f* two-signal ranging
Zweisondenverfahren *n* double probe technique *(Ultraschall)*
Zweispiegelsystem *n* two-mirror system
Zweispuraufzeichnung *f* half-track recording, two-track recording
Zweispurbetrieb *m* dual-trace operation
Zweispurgerät *n s.* Zweispurtonbandgerät
zweispurig half-track, two-track
Zweispurtonbandgerät *n* dual-track [tape] recorder, half-track recorder, two-track recorder
zweistellig two-digit, two-place
Zweistellungsschalter *m* on-[and-]off switch
Zweistiftsockel *m* bipin cap
Zweistiftstecker *m* two-pin connector
Zweistoffmanometer *n* two-fluid manometer
Zweistoffsystem *n* binary (two-component) system
Zweistrahlelektronenstrahlröhre *f* **mit Maschenelektroden** double-beam mesh cathode-ray tube
Zweistrahlflächenspeicherröhre *f* graphecon storage tube
Zweistrahlgerät *n* two-beam instrument, double-beam instrument
Zweistrahlhologramm *n* two-beam hologram
Zweistrahlinterferometrie *f* two-beam interferometry
Zweistrahloszilloskop *n* dual-beam oscilloscope, double-beam oscilloscope
Zweistrahl-Samplingoszillograph *m* dual-trace sampling oscillograph
Zweistrahlverfahren *n* double-beam method (technique)
Zweistufenrelais *n* two-step relay
Zweistufenverstärker *m* two-stage amplifier
zweistufig two-stage, two-step
Zweisystemmeßwerk *n* dual-system meter movement
Zweitaktschalter *m* double-action switch
Zweitaktschieberegister *n (Dat)* double-line shift register
Zweitanruf *m* secondary call
Zweitarifzähler *m* dual-tariff-rate hour meter *(Elektrizitätszähler mit Doppelzählwerk)*
Zweitblitz *m s.* Zusatzblitz
Zweiteiler *m* scale-of-two circuit
zweiteilig two-part, two-piece
Zweitonmehrfrequenz *f* dual-tone multiple frequency, DTMF *(Tastwahlverfahren)*
Zweitontelegrafie *f* two-tone telegraphy
Zweitonverfahren *n (Meß)* intermodulation method
Zweitor *n/***erdsymmetrisches** balanced two-port network
Zweitorgatter *n* two-input gate
Zweiträgerverfahren *n* two-carrier system
Zweitweg *m (Nrt)* secondary route
Zweitwicklung *f* secondary winding
Zweiwattmeterschaltung *f* Aron measuring circuit
Zweitwattmeterverfahren *n* two-wattmeter method
Zweiwegeführung *f* dual routing
Zweiwegelautsprecher *m* two-way [loud]speaker system
Zweiweggatter *n* dual gate
Zweiweggleichrichter *m* double-way rectifier, full-wave rectifier
Zweiweggleichrichterröhre *f* full-wave rectifier valve
Zweiwegschaltung *f (Srt)* two-way circuit, double-way connection; *(Nrt)* duplex telegraph circuit
Zweiwegverstärker *m (Nrt)* go-and-return repeater
Zweiwertigkeit *f* two-valuedness *(Schaltlogik)*
Zweiwicklungstransformator *m* two-windig transformer
Zweizeitenverschluß *m* two-speed shutter
zweiziffrig two-digit
Zweizonenofen *m* two-zone furnace
Zweizweckmeßgerät *n* dual-purpose meter
Zwergglühlampe *f* miniature lamp
Zwergmikrofon *n* midget microphone
Zwergrelais *n* midget relay
Zwergröhre *f* microtube, miniature tube, midget valve
Zwergsockel *m* pygmy (miniature) cap
Zwergtubenkabel *n* small-diameter coaxial cable
Z-Widerstand *m/***dynamischer** dynamic Zener impedance
Zwillingsantenne *f* twin aerial, pair of aerials
Zwillingsantrieb *m* twin drive
Zwillingsarbeitskontakt *m* twin make contact
Zwillingsbildung *f* twinning, twin formation *(Kristall)*
Zwillingsbogenlampe *f* twin-arc lamp
Zwillingsebene *f* twinning plane *(Kristall)*
Zwillingsgrenze *f* twin boundary *(Kristall)*
Zwillingskabel *n* twin cable; bifilar cable
Zwillingsklinke *f (Nrt)* pair of jacks
Zwillingskondensator *m* twin capacitor
Zwillingskontakt *m* twin (double) contact
Zwillingskontaktarm *m* twin contact wiper
Zwillingskontrolle *f s.* Zwillingsprüfung
Zwillingskristall *m* twin [crystal]
Zwillingsprüfung *f (Dat)* twin (duplication) check
Zwillingsruhekontakt *m* twin break contact
Zwischenablesung *f* intermediate reading
Zwischenabschwächer *m* interstage attenuator
Zwischenabtastbereich *m* interscan range
Zwischenamt *n (Nrt)* intermediate exchange (office)

Zwischenband *n* intermediate band, interband
Zwischenbandrekombination *f (ME)* interband recombination
Zwischenbandtelegrafie *f* interband telegraphy
Zwischenbeizen *n (Galv)* interstage pickling
Zwischenbild *n* intermediate image; reticle *(Photorepeattechnik)*
Zwischenbildfokussierung *f* intermediate-image focus[s]ing
Zwischenbildkameraröhre *f* image camera tube
Zwischenbildorthikon *n (Fs)* image orthicon
Zwischenbildplatte *f* intermediate plate *(Photolithographie)*
Zwischenechosperre *f (Nrt)* intermediate echo suppressor
Zwischenelektrode *f* interelectrode *(z. B. beim Plasmabrenner)*
Zwischenelektrodenkapazität *f* [direct] interelectrode capacitance *(z. B. von Photozellen)*
Zwischenelektrodenlaufzeit *f* interelectrode transit time
Zwischenelektrodenleitfähigkeit *f* interelectrode conductivity
Zwischenergebnis *n (Dat)* temporary (intermediate) result, subtotal
Zwischenergebnisspeicherung *f (Dat)* working storage
Zwischenfassung *f* [socket] adapter; lamp-cap adapter
Zwischenfeld *n* intermediate field
Zwischenfilmverfahren *n (Fs)* intermediate-film system (technique)
Zwischenflächenladung *f (ME)* interface charge
Zwischenflächenzustand *m (ME)* interface state
Zwischenfrequenz *f (Nrt)* intermediate frequency, i.f., I.F.
zwischenfrequenzabgestimmt intermediate-frequency-tuned
Zwischenfrequenzabgleich *m* intermediate-frequency alignment
Zwischenfrequenzbandbreite *f* intermediate-frequency bandwidth
Zwischenfrequenzbandfilter *n* intermediate-frequency band filter
Zwischenfrequenzbandpaßübertrager *m* bandpass intermediate frequency transformer
Zwischenfrequenzbildverstärker *m (Fs)* video intermediate-frequency amplifier
Zwischenfrequenzbreitbandausgang *m* wideband intermediate-frequency output
Zwischenfrequenzdurchbruch *m* intermediate-frequency breakthrough (breakdown)
Zwischenfrequenzempfänger *m* superheterodyne (transposition) receiver
Zwischenfrequenzempfindlichkeit *f* intermediate-frequency sensitivity
Zwischenfrequenzregelpentode *f* intermediate-frequency remote cut-off pentode
Zwischenfrequenzsaugkreis *m*, **Zwischenfrequenzsperrkreis** *m* intermediate frequency trap
Zwischenfrequenzstufe *f* intermediate-frequency stage
Zwischenfrequenzstufen *fpl* **mit gemeinsamem Emitter** common-emitter intermediate-frequency stages
Zwischenfrequenzteil *n* intermediate-frequency section
Zwischenfrequenzübertrager *m* intermediate-frequency transformer
Zwischenfrequenzverstärker *m* intermediate-frequency amplifier
~/linear-logarithmischer linear-logarithmic intermediate-frequency amplifier
Zwischenfrequenzverstärkung *f* intermediate-frequency amplification
Zwischengetriebe *n* intermediate gearing
Zwischengitter *n* interlattice *(Kristall)*
Zwischengitteratom *n* interstitial [atom]
Zwischengitterdefekt *m* interstitial defect
Zwischengitterdiffusion *f* interstitial diffusion
Zwischengitterlage *f* interstitial position
Zwischengitterlücke *f* interstitial void
Zwischengitterplatz *m* interstitial site (position)
Zwischengitterstörstelle *f* interstitial impurity
Zwischengitterwanderung *f* interstitial migration
Zwischenglied *n (Dat)* link
Zwischengröße *f* internal state variable
Zwischenhaftniveau *n (ME)* intermediate trap level
Zwischenhören *n (Nrt)* listening-through, listening-in
Zwischenhörrelais *n* listening-in relay
Zwischenklemme *f* intermediate terminal
Zwischenkontakt *m* intermediate contact
Zwischenkreis *m* intermediate circuit, buffer; *(Srt)* link
~/abgestimmter tuned intermediate circuit
Zwischenkreisabstimmung *f* intermediate circuit tuning, buffer tuning
Zwischenkreisdrossel *f* direct-current link reactor *(beim Wechselrichter)*
Zwischenkreisempfang *m* intermediate circuit reception
Zwischenkreisspule *f* link coil
Zwischenlage *f* intermediate layer, interlayer, [inter]ply; inner (interconnecting) layer *(gedruckte Schaltung)*
~/isolierte insulated intermediate layer
Zwischenlagenverbindung *f* interply connection *(Mehrlagenleiterplatte)*
Zwischenleitung *f (Nrt)* link
Zwischenleitungsanordnung *f (Nrt)* interstage line arrangement, link system
Zwischenleitungsbündel *m (Nrt)* link group
Zwischenlinse *f* intermediate lens
Zwischenmantel *m* intersheath *(Kabel)*
Zwischenmodulation *f* intermodulation

Zwischennegativ *n* reticle *(Photorepeattechnik)*
Zwischenniveau *n* intermediate level
Zwischenphase *f* intermediate phase, interphase
Zwischenplatte *f* intermediate plate *(Photolithographie)*
Zwischenraum *m* space, spacing; interstice; gap; interval; *(Dat)* blank *(Leerstelle)*; identifier gap *(Floppy-Disk)*
~/atomarer atomic interspace
~/falscher split *(Telegrafie)*
Zwischenraumzeichen *n* space signal
Zwischenregenerator *m* *(Nrt)* regenerative repeater
Zwischenregister *n* *(Dat)* intermediate register
Zwischenrelais *n* intermediate (supplementary) relay
Zwischenrufen *n* *(Nrt)* break-in keying
Zwischenrufrelais *n* *(Nrt)* break-in relay
Zwischenruftaste *f* *(Nrt)* break-in key
zwischenschalten to interconnect; to insert; to tap into
Zwischenschalter *m* intermediate switch
Zwischenschaltung *f* interconnection; *(Nrt)* cut-in
Zwischenschaltzeit *f* intervening time
Zwischenschicht *f* intermediate layer, interlayer; interface [layer]
~/dielektrische dielectric wall
~/„klebende“ flooding compound *(Kabel)*
zwischenschichten to sandwich [between]
Zwischenschichtwiderstand *m* interface resistance
Zwischenschwingung *f* intermediate oscillation
Zwischensender *m* intermediate (relay) transmitter; repeating station *(Rundfunk)*; retransmitter
Zwischensicherung *f* intermediate fuse
Zwischensockel *m* [socket] adapter
Zwischenspeicher *m* *(Dat)* intermediate [data] store, temporary store (memory), buffer [store]; scratch-pad memory; latch *(Speicherelement)*
Zwischenspeicherbetrieb *m* *(Nrt)* store-and-forward interworking
Zwischenspeicherflipflop *n* latch flip-flop
zwischenspeichern to store temporarily, to buffer; to latch
Zwischenspeicherregister *n* temporary storage register, buffer register; scratch-pad register; latch register
Zwischenspeicherung *f* *(Dat)* intermediate (temporary, working) storage
Zwischensprache *f* *(Dat)* intermediate (meta) language
Zwischensprechkopplung *f* interaction cross-talk coupling
Zwischenstecker *m* adapter plug, [plug] adapter; reducing adapter
Zwischenstelle *f* *(Nrt)* field equipment
Zwischenstellenschalter *m* *(Nrt)* subexchange switch
Zwischenstellenumschalter *m* *(Nrt)* interthrough switch
Zwischenstopp *m* *(Dat)* break point *(im Programm)*
Zwischenstück *n* 1. adapter, connecting piece; reducing adapter; 2. spacer
Zwischenstufe *f* 1. intermediate (intermediary) stage, interstage; 2. *(Dat)* buffer stage *(Zwischenspeicher)*
Zwischensummierung *f* *(Dat)* subtotalling
Zwischentalstreuung *f* *(ME)* intervalley scattering
Zwischenträger *m* 1. *(Fs)* subcarrier, intercarrier; 2. *(ME)* interconnector
Zwischenträgerfrequenz *f* subcarrier (intercarrier) frequency
Zwischenträgerkanal *m* *(Nrt)* intercarrier channel
Zwischenträger-Zwischenfrequenz-Stufe *f* intercarrier intermediate-frequency stage
Zwischentransformator *m* interstage (intermediate) transformer; adapter transformer
Zwischenüberhitzung *f* intermediate superheating
Zwischenübertrager *m* interstage (intermediate) transformer
Zwischenverbindung *f* *(ME)* interconnection
Zwischenverstärker *m* intermediate repeater (amplifier); regenerative amplifier • **ohne ~** nonrepeatered
Zwischenverstärkerrelais *n* intermediate repeater relay
Zwischenverteiler *m* intermediate distributor; *(Nrt)* intermediate distributing frame
Zwischenwahl *f* *(Nrt)* interdialling
Zwischenwahlzeit *f* *(Nrt)* interdigital interval (pause), inter-train pause
Zwischenwelle *f* *(MA)* spacer shaft
Zwischenzeichenstrom *m* *(Nrt)* spacing current
Zwischenzeichenwelle *f* *(Nrt)* spacing wave
Zwitterion *n* zwitterion, amphoteric ion
Zwittersteckverbinder *m* hermaphrodite connector
Zwölffach-Fernsprechsystem *n* telephone system for twelve channels
Zyklen *mpl*/**aufeinanderfolgende** successive cycles
zyklisch cyclic[al]; periodic[al]
Zykloidenbahn *f* cycloidal orbit (path)
Zyklotron *n* cyclotron
Zyklotronfrequenz *f* cyclotron frequency
Zyklotronkreisfrequenz *f* cyclotron angular frequency
Zyklotronresonanz *f* cyclotron resonance
Zyklotronresonanzfrequenz *f* cyclotron resonance frequency
Zyklotronschwingung *f* cyclotron oscillation
Zyklotronstrahlenergie *f* cyclotron beam energy
Zyklotronwelle *f* cyclotron wave
Zyklus *m* cycle; period; closed chain *(im Graphen)*
~ des Programms *(Dat)* program cycle (loop)

~/geschlossener closed cycle
~/innerer *(Dat)* inner loop *(eines Programms)*
Zyklusabzweigung *f* cycle-stealing *(Rechenorganisation)*
Zyklusanweisung *f* repetitive statement
Zyklusindex *m (Dat)* cycle index
Zyklusindexrückstellung *f (Dat)* cycle reset
Zykluskriterium *n (Dat)* cycle criterion
Zyklusrücksetzunng *f (Dat)* cycle reset
Zyklussteuerung *f* cycle control
Zykluszahl *f (Dat)* cycle index
Zykluszähler *m (Dat)* cycle [index] counter
Zykluszeit *f* 1. *(Dat)* cycle time; 2. *(Syst)* sampling time
~ **des Speichers** memory cycle time
Zylinderantenne *f* cylindrical aerial
Zylinderdomäne *f***/magnetische** cylindrical magnetic domain
Zylinderelektrode *f* cylinder electrode
Zylinderfunktion *f* cylinder (cylindrical) function
Zylinderkatode *f* cathode cylinder
Zylinderkondensator *m* cylindrical (cylinder) capacitor
Zylinderlinse *f* cylindrical lens
Zylinderspaltmagnetron *n* hole-and-slot magnetron
Zylinderspule *f* [electric] solenoid
Zylindersymmetrie *f* cylindrical symmetry
Zylinderwelle *f* cylindrical wave
Zylinderwicklung *f* cylindrical (concentric) winding
ZZZ *s.* Zeitzonenzähler